孙传尧 主编

选矿工程师手册

Handbook for Mineral Processing Engineers

（第1册）

上卷：选矿通论

北 京
冶 金 工 业 出 版 社
2015

内 容 提 要

本手册由孙传尧院士主编，130 多位专家、学者合力撰写而成。初稿完成后又历经三次较大规模的审稿。各章的主要作者均是该领域多年从事科研、设计、教学和选矿生产实践的知名学者和工程技术专家，具有相当丰富的理论基础和工程技术、生产实践经验。

本手册共 47 章，分上、下两卷（共 4 册）出版。上卷是选矿通论，涵盖矿产资源与矿床、工艺矿物学、各类选矿方法专论，选矿厂生产的共性技术，烧结矿、球团矿生产，选矿试验研究及选矿厂设计等；下卷是选矿工业实践，涵盖各种固体矿产资源的选矿新技术与装备、典型选矿厂生产实例，并附有国内外同类选矿厂的技术资料。此外，还特别安排章节重点介绍了选矿厂生产技术管理、选矿厂尾矿系统、选矿厂环境保护、二次资源综合利用及三废处理、生物冶金及选矿、矿物材料等内容，以适应新时期技术创新的需求。

本手册内容广博，既有现代选矿理论、传统的和最新的工艺技术及装备，又与选矿厂生产实践紧密结合。希望本手册能成为矿物加工界的大专院校师生，科研和设计机构的工程技术人员、选矿厂工程师、企业家以及相关的领导人员手中的一部当代最新、最全的矿物加工领域的百科全书。

图书在版编目(CIP)数据

选矿工程师手册．第 1 册/孙传尧主编．—北京：冶金工业出版社，2015. 3

“十二五” 国家重点图书

ISBN 978-7-5024-6818-7

Ⅰ. ①选…　Ⅱ. ①孙…　Ⅲ. ①选矿—手册　Ⅳ. ①TD9-62

中国版本图书馆 CIP 数据核字(2014) 第 277281 号

出 版 人　谭学余
地　　址　北京市东城区嵩祝院北巷 39 号　邮编　100009　电话　(010)64027926
网　　址　www. cnmip. com. cn　电子信箱　yjcbs@cnmip. com. cn
责任编辑　徐银河　杨秋奎　美术编辑　彭子赫　版式设计　孙跃红
责任校对　王永欣　刘　倩　责任印制　牛晓波
ISBN 978-7-5024-6818-7
冶金工业出版社出版发行；各地新华书店经销；三河市双峰印刷装订有限公司印刷
2015 年 3 月第 1 版，2015 年 3 月第 1 次印刷
787mm × 1092mm　1/16；58. 5 印张；1413 千字；906 页
218. 00 元

冶金工业出版社　投稿电话　(010)64027932　投稿信箱　tougao@cnmip. com. cn
冶金工业出版社营销中心　电话　(010)64044283　传真　(010)64027893
冶金书店　地址　北京市东四西大街 46 号(100010)　电话　(010)65289081(兼传真)
冶金工业出版社天猫旗舰店　yjgy. tmall. com

鸣　　谢

《选矿工程师手册》编撰支持单位：

鞍山钢铁集团公司

中国铝业公司

鞍钢集团矿业公司

金川集团股份有限公司

中国有色矿业集团有限公司

中国黄金集团公司

白银有色集团股份有限公司

广西华西集团股份有限公司车河选矿厂

东北大学

中南大学

广州有色金属研究院

昆明理工大学

江西铜业集团公司

大冶有色金属集团控股有限公司

中信重工机械股份有限公司

包头钢铁集团有限责任公司

湖南柿竹园有色金属有限责任公司

云南磷化集团有限公司

新疆有色金属工业（集团）有限责任公司

武汉理工大学

武汉科技大学

江西理工大学

辽宁科技大学

北京有色金属研究总院

湖南有色金属研究院

长沙矿冶研究院

中国地质科学院郑州矿产综合利用研究所

中国地质科学院矿产综合利用研究所

中国瑞林工程技术有限公司

中国恩菲工程技术有限公司

威海市海王旋流器有限公司

长沙有色冶金设计研究院

马鞍山矿山研究院

北京凯特破碎机有限公司

北京矿冶研究总院

《选矿工程师手册》作者名录

第1章	王京彬　杨　兵　孙延绵　梅友松　周圣华	北京矿产地质研究院
第2章	肖仪武　费湧初　贾木欣	北京矿冶研究总院
第3章	王泽红　韩跃新	东北大学
第4章	段希祥　肖庆飞 雷存友 吴彩斌	昆明理工大学 中国瑞林工程技术有限公司 江西理工大学
第5章	魏德洲　高淑玲　刘文刚	东北大学
第6章	王常任　袁致涛 刘永振　梁殿印(6.3~6.5)　徐建民(6.14)	东北大学 北京矿冶研究总院
第7章	钟　宏　王　帅	中南大学
第8章	胡岳华　黄红军 沈政昌(8.4)	中南大学 北京矿冶研究总院
第9章	黄礼煌　罗仙平　邱廷省　梁长利 张一敏	江西理工大学 武汉理工大学
第10章	汪淑慧 印万忠 茹　青	核工业北京化工冶金研究院 东北大学 北京矿冶研究总院
第11章	邱冠周　冯其明　罗家珂	中南大学 北京矿冶研究总院
第12章	温建康 邱冠周 陈勃伟　武　彪　刘兴宇　周桂英 尹华群	北京有色金属研究总院 中南大学 北京有色金属研究总院 中南大学
第13章	余仁焕　徐新阳	东北大学
第14章	周俊武　曾荣杰	北京矿冶研究总院
第15章	马锦黔　张廷东　刘海洪　宫香涛	中冶北方工程技术有限公司
第16章	田文旗　岑　建　郑学鑫	中国恩菲工程技术有限公司

第17章	邓朝安 张光烈 夏菊芳　唐广群 刘翠萍	中国恩菲工程技术有限公司 中冶北方工程技术有限公司 中国恩菲工程技术有限公司 中冶北方工程技术有限公司
第18章	杨慧芬　孙春宝	北京科技大学
第19章	姜　涛　范晓慧　李光辉　张元波 贺淑珍　饶明军	中南大学
第20章	韩跃新 郑水林 朱一民	东北大学 中国矿业大学(北京) 东北大学
第21章	魏明安　赵纯禄	北京矿冶研究总院
第22章	陈　雯 樊绍良	长沙矿冶研究院 马鞍山矿山研究院
第23章	麦笑宇 张永来	长沙矿冶研究院 马鞍山矿山研究院
第24章	孙体昌　寇　珏	北京科技大学
第25章	张文彬　方建军　刘殿文	昆明理工大学
第26章	赵纯禄　魏明安　程　龙	北京矿冶研究总院
第27章	程新朝 李晓东 王中明　宋振国	北京矿冶研究总院 湖南柿竹园有色金属有限责任公司 北京矿冶研究总院
第28章	吴伯增 黄闰芝 蒋荫麟 余忠保　陈建明　杨林院	广西有色金属集团有限公司 广西华锡集团股份有限公司 云南锡业集团(控股)有限责任公司 广西华锡集团股份有限公司
第29章	王荣生　罗思岗　王福良　赵明林	北京矿冶研究总院
第30章	袁再柏	锡矿山闪星锑业有限责任公司
第31章	何发钰　吴熙群　田祎兰　宋　磊 王立刚　李成必	北京矿冶研究总院
第32章	于晓霞　程少逸　岳春瑛　张秀品 胡保拴	金川集团股份有限公司 西北矿冶研究院
第33章	彭永锋	贵州汞矿

第34章	胡岳华　冯其明　黄红军	中南大学
第35章	周少珍　周秀英	北京矿冶研究总院
第36章	丁　勇	宜春钽铌矿
第37章	董天颂	广州有色金属研究院
第38章	董天颂　高玉德	广州有色金属研究院
第39章	车丽萍 池汝安 罗仙平	包钢集团矿山研究院 武汉工程大学 江西理工大学
第40章	印万忠 刘耀青 马英强	东北大学 北京矿冶研究总院 东北大学
第41章	张忠汉　胡　真	广州有色金属研究院
第42章	汪淑慧	核工业北京化工冶金研究院
第43章	冯安生　李英堂　张志湘 刘亚川 朱赢波　高惠民 吴照洋	中国地质科学院郑州矿产综合利用研究所 中国地质科学院矿产综合利用研究所 武汉理工大学 中国地质科学院郑州矿产综合利用研究所
第44章	池汝安　张泽强　罗惠华　李冬莲	武汉工程大学
第45章	刘炯天 张海军　桂夏辉	郑州大学 中国矿业大学
第46章	王　勇 武豪杰 董家辉 张兆元	大冶有色金属集团控股有限公司 太原钢铁(集团)有限公司 江西铜业股份有限公司 鞍钢集团矿业公司
第47章	张一敏 周连碧 罗仙平 陈代雄 包申旭	武汉理工大学 北京矿冶研究总院 江西理工大学 湖南有色金属研究院 武汉理工大学
附录	茹　青　刘耀青	北京矿冶研究总院

《选矿工程师手册》审稿专家名录

（按姓氏笔画）

一 审 专 家

马　力　北京矿产地质研究院
文书明　昆明理工大学
王化军　北京科技大学
王启柏　铜陵有色金属集团控股有限公司
王继生　中信重工机械股份有限公司
王　勇　大冶有色金属集团控股有限公司
车小奎　北京有色金属研究总院
卢寿慈　北京科技大学
刘慧纳　东北大学
孙仲元　中南大学
孙传尧　北京矿冶研究总院
孙炳泉　马鞍山矿山研究院
毕学工　武汉科技大学
池汝安　武汉工程大学
汤集刚　北京矿冶研究总院
余仁焕　东北大学
吴伯增　广西有色金属集团有限公司
张一敏　武汉理工大学
张云海　北京矿冶研究总院
张文彬　昆明理工大学
张光烈　中冶北方工程技术有限公司
张忠汉　广州有色金属研究院
张泾生　长沙矿冶研究院
张荣曾　中国矿业大学(北京)
张振亭　中国恩菲工程技术有限公司
张　覃　贵州大学
李长根　北京矿冶研究总院
李成必　北京矿冶研究总院
李茂林　长沙矿冶研究院
杨华明　中南大学
杨　强　国土资源部矿产资源储量评审中心
谷万成　核工业北京化工冶金研究院
邱冠周　中南大学
邵铨瑜　中国瑞林工程技术有限公司
陈代雄　湖南有色金属研究院
陈正学　长沙矿冶研究院
周连碧　北京矿冶研究总院
周秀英　北京矿冶研究总院
林培基　江钨集团寻乌南方稀土有限责任公司
罗　茜　东北大学
罗家珂　北京矿冶研究总院
罗新民　湖南有色金属研究院
姚书典　北京科技大学
段其福　中信泰富有限公司
胡永平　北京科技大学
胡岳华　中南大学
赵明林　北京矿冶研究总院
夏晓鸥　北京矿冶研究总院
徐建民　北京矿冶研究总院
高新章　北京矿冶研究总院

董天颂　广州有色金属研究院
谢建国　长沙矿冶研究院
韩　龙　北京矿冶研究总院
管则皋　广州有色金属研究院
魏克武　东北大学
魏明安　北京矿冶研究总院
魏德洲　东北大学

二 审 专 家

文书明　昆明理工大学
王　勇　大冶有色金属集团控股有限公司
王化军　北京科技大学
冯安生　中国地质科学院郑州矿产综合利用研究所
冯其明　中南大学
包国忠　金川集团股份有限公司
卢寿慈　北京科技大学
刘永振　北京矿冶研究总院
刘石桥　中冶长天国际工程有限责任公司
刘亚川　中国地质科学院矿产综合利用研究所
刘洪均　中国铝业公司
刘耀青　北京矿冶研究总院
印万忠　东北大学
孙仲元　中南大学
孙传尧　北京矿冶研究总院
孙体昌　北京科技大学
孙春宝　北京科技大学
朱穗玲　北京矿冶研究总院
汤玉和　广州有色金属研究院
何发钰　北京矿冶研究总院
余仁焕　东北大学
杨传福　冶金工业出版社
张　麟　大冶有色金属集团控股有限公司
张一敏　武汉科技大学
张文彬　昆明理工大学
张光烈　中冶北方工程技术有限公司
李长根　北京矿冶研究总院
李晓东　湖南柿竹园有色金属有限责任公司
邱显扬　广州有色金属研究院
邵铨瑜　中国瑞林工程技术有限公司
陈代雄　湖南有色金属研究院
陈俊文　中国恩菲工程技术有限公司
陈登文　中国恩菲工程技术有限公司
幸伟中　北京矿冶研究总院
罗仙平　江西理工大学
罗家珂　北京矿冶研究总院
姚书典　北京科技大学
胡永平　北京科技大学
胡岳华　中南大学
胡保拴　西北矿冶研究院
茹　青　北京矿冶研究总院
倪　文　北京科技大学
徐文立　清华大学
徐建民　北京矿冶研究总院
敖　宁　北京矿冶研究总院
高金昌　长春黄金研究院
梁冬云　广州有色金属研究院
韩跃新　东北大学
雷存友　中国瑞林工程技术有限公司

谭学余　冶金工业出版社

魏明安　北京矿冶研究总院

魏德洲　东北大学

三 审 专 家

刘殿文　昆明理工大学

刘耀青　北京矿冶研究总院

印万忠　东北大学

孙传尧　北京矿冶研究总院

孙体昌　北京科技大学

朱穗玲　北京矿冶研究总院

张文彬　昆明理工大学

张光烈　中冶北方工程技术有限公司

茹　青　北京矿冶研究总院

敖　宁　北京矿冶研究总院

主要编辑人员

刘耀青　北京矿冶研究总院

茹　青　北京矿冶研究总院

敖　宁　北京矿冶研究总院

朱穗玲　北京矿冶研究总院

前　言

选矿，现称矿物加工，此前有一段时间称矿物工程，现在也有称矿产资源加工的。在我国现今学科分类中，矿物加工属于矿业工程的二级学科。国外一些国家也有纳入冶金工程、化学工程，甚至材料科学与工程的。无论学科名称如何演变，在我国从事固体矿产资源加工的大多数企业仍然称选矿厂。而且，这一传统的名称还会延续很长时间。

选矿，在矿产资源开发和综合利用的产业链中，是介于地质、采矿与冶金或化工之间几乎不可缺少的重要环节；矿物材料是矿物加工的新领域，属于无机非金属材料的范畴。对此，业内的同行都明白。但遗憾的是，社会上还有不少人，提起地质、采矿和冶金他们大都知道，但对选矿专业却缺乏了解。时至今日，甚至还有学理工科的人，一提起选矿就误认为是手里提个锤子漫山遍野去找矿。

冶金和化工所需的原料，例如精矿，是有国家标准的，而进入选矿厂的原矿却谈不上标准，因为从采场运来什么矿石选矿厂就选什么矿石，从未听说有哪一家选矿厂把运来的矿石又拉回采场的。要把无标准的，甚至杂乱无章的、低品位复杂共生的矿产资源，加工成单独有序的、合乎国家标准的精矿供冶炼厂或化工厂冶炼、加工，其中有价元素的富集比要达到几倍、几十倍甚至几百倍、上千倍。这一复杂过程需要具有流程工业特点的不同类型、不同规模，乃至原矿日处理量高达十几万吨的现代化巨型选矿厂来完成。对此，选矿厂的工程师和技术工人不分昼夜地作出了直接的贡献。选矿研究和设计人员为工艺、装备的技术进步和工程转化提供了技术支撑。

有研究表明，一个国家在工业化阶段，随着工业化的进程，对矿产资源的需求是快速增长的，几乎没有例外。中国正处于工业化中后期的中高速发展阶段，加之众多的十三亿人口以及城镇化建设进程的加快，今后几十年，国家对矿产资源消耗强度的增加是不争的事实。

地质学家认为，中国处于环太平洋成矿域、中亚成矿域和特提斯成矿域三大构造成矿域的交汇带；组成中国大陆的各小板块之间相互碰撞、岩矿物质混合，导致成矿物质复杂；各成矿带之间有相互交接与物质混合；早、晚形成的矿床之间有叠加作用。上述因素决定了我国地质构造环境的复杂性和矿床成因的多样性，由此形成了我国矿产资源诸多的特点：总量较丰富，矿种较全，其中钨、锡、锑、钼和稀土是优势矿种。但国民经济和社会发展需求量较大的大宗矿产却不足。此外，矿产禀赋差，贫矿多、富矿少，共伴生复杂矿多、单一矿少，小矿多、大矿少。就连近年来在我国西藏、新疆和云南等省区发现的一批新矿床，也大体上遵循了上述规律。还由于地理、交通、海拔、气候和水电等因素，导致了采选开发的困难。

在今后较长一个时期内，我国对矿产资源的需求持续增加，矿物加工的难度增大，而且对节能减排、生态环境的要求日趋严格。因此，选矿工程师和研究、设计人员面临严峻的挑战。

面对这一挑战，国家已采取了应对措施，包括加强高等院校矿物加工学科的建设；提升选矿专业队伍的技术创新平台及选矿厂的建设、技术改造与更新等。目前，全国共有33所大学设有矿物加工专业，每年招收2660余名本科生、540余名硕士研究生和约100名博士研究生，教师人数达550人。此外，还有9家研究院所招收该专业的研究生，每年培养约50名工学硕士。

全国约有30家科研院所设有选矿及相关专业的研究机构，从事该领域的科研人员约1500人，这还不包括地勘系统和民营机构的统计。

据估计，全国各类型的选矿厂数量在1万座以上，任职的选矿工程师更难计其数。

上述每一项数字均排世界第一，这是任何国家都无法与我国相比的。并且，我国已取得了一大批举世瞩目的成果。近年来，在多届国际矿物加工大会上（IMPC），中国的论文数和参会人数在几十个国家中屡次排名伯仲，足已引起国际矿物加工界的高度关注。选矿或曰矿物加工，这一传统的专业学科，无论国际还是国内都是支撑国家可持续发展的产业，绝非是夕阳产业。但必须承认，在矿物加工领域的某些方面，我们与发达矿业大国相比还有明显的差距。

依靠创新驱动发展，实现中国从矿业大国向矿业强国的转变，这是全国选矿工作者肩负的历史使命。

《选矿工程师手册》就是在这一大背景下撰写、编辑出版的。

早在几年前，冶金工业出版社就策划出版这部书，时任总编辑、现任社长的谭学余先生邀我牵头主编这部手册。我很感谢出版社对我的信任，也愿意承担这一任务，只是顾虑工作量大，困难多，涉及的作者和审编人员多，并且又都是业务骨干，工作原本已饱满，承接这一工作必定要增加同行专家的负担。另外，我当时作为执行副主席协助主席、中国工程院副院长王淀佐先生继申办成功后，历经五年时间筹备并组织了由北京矿冶研究总院承办，于2008年在北京召开的第二十四届国际矿物加工大会，这是矿物加工界的奥林匹克盛会，也是第一次在亚洲国家召开，被国际同行公认为迄今为止组织得最好的一次学术会议。显然，基于当时的背景也无力启动编辑这一部大书。对此，我油然而生一种歉意，如果早几年动手，这部手册会早些时候呈献在读者手中。

本书历经五年时间，由来自国内三十多个高等院校、科研和设计机构以及相关企业的130多位专家、学者撰稿协作而成。各章的主要执笔者，均是该领域中多年从事科研、设计、教学、生产实践和选矿厂生产技术管理的学术带头人和技术专家，他们有丰富的理论基础和工程实践经验，熟悉国内外的情况。有的作者还深入到多家企业了解最新的生产情况，以便采用最新的数据。各位作者辛勤的努力使本书的编辑工作基点高，质量有保证。

审稿也是一项浩大的工程。全书分三次审稿。参加一审的有50多位专家，分别承担某章或几章的审稿工作。作者根据一审专家意见修改后提交二审。二审由两次会审完成。会上先由两位主审专家对每章提出初审意见，再经与会专家充分讨论形成会议决议提交作者再次修改，修改后提交三审。三审也是会审，形成三审会议决议再提交作者修改，对于修改量不大的章节，由审稿专家代为完成。参加二审、三审的会审专家也达50多人。在撰稿和审稿的专家中不乏有国内外知名的老一代学者。对于学术观点争议较大的几个章节，还另外召开专门会议请专家充分研讨，力求内容科学、准确。全书统稿后交出版社之前，再请矿物加工专业具有研究员职称或博士学位的专业人员以读者的身份读稿，提出修改意见。应该说，作者和审编者还算认真、尽力了。

全书共47章，分上、下两卷4册出版。各章均列有三级目录，书后附录提供了选矿专业常用的资料供读者查阅。上卷是选矿通论，涵盖矿产资源与矿床、工艺矿物学、各种选矿方法专论，选矿厂生产的共性问题，烧结矿、球团矿生产，选矿试验研究及选矿厂设计等；下卷是选矿工业实践，涵盖各种固体矿产资源的选矿新技术与装备、典型选矿厂生产实例，并附有国内外同类选矿厂的技术资料。此外，还特别安排章节择重介绍了选矿厂生产技术管理、选矿厂尾矿系统、选矿厂环境保护、二次资源综合利用及三废处理、生物冶金及选矿、矿物材料等内容，以适应新时期技术创新的需求。

希望本手册的出版能成为矿物加工界大专院校的广大师生，科研院所和工程设计机构的科学研究及工程设计人员，选矿厂工程师，企业家以及相关的领导人员手中的一部具有现代选矿理论，传统和最新的工艺技术、装备，并与生产实践紧密结合的，具有理论和实用价值的最新、最全面的矿物加工领域的百科全书。

感谢冶金工业出版社的选题策划并将本书申请列为国家重点图书出版。尤其要感谢社长、编审谭学余先生的信任、委托，现场指导和帮助；感谢原总编辑兼副社长杨传福编审的具体指导和帮助，感谢责任编辑徐银河女士辛勤的认真负责的工作。

本手册的全部编辑工作是依托北京矿冶研究总院完成的。主要院领导及众多相关人员给予了极大的支持，有的院领导直接承担审稿工作或参加审稿会。特别是该院的刘耀青、茹青、敖宁和朱穗玲四位研究员作为主要编辑人员，为全书的撰稿、审编和编务工作付出了极大的辛劳。矿物加工科学与技术国家重点实验室、中国矿业联合会选矿委员会、中国有色金属学会选矿学术委员会的骨干人员直接参与了本书的撰稿和审编工作。

本手册的编辑出版工作还得到了著名学者王淀佐先生、陈清如先生、余永富先生、卢寿慈先生、孙玉波先生和孙仲元先生的指导与支持。

本手册是在无专款经费的情况下开展工作的。各位作者、审编者和所在单位给予充分的理解和支持。整个编辑和出版工作得到了三十多个著名企业、高等院校和研究设计机构的支持，没有上述的这些支持和帮助，本书不可能完成编辑和出版工作。借此机会，向全体作者、审稿和编辑人员以及所有支持单位一并表示感谢，是各位的力挺和业界的大力协作，共同为行业作出了贡献。

关于本手册参考文献的标注，起初在编写大纲中有统一要求，但各章作者的观点及文稿中的实际标注方式并未统一。经编者与出版社充分协商并考虑到手册的特点，决定文稿内不加标注，而统一在每章末尾将文献列出。请文献作者及读者谅解。

由于编者的知识面不宽，学术水平有限，主编这样一部手册缺乏经验，深感力不从心。虽经努力，但书中错漏之处难免，敬请广大专家、读者和选矿专业的同行批评指正。

最后，将笔者的一首小诗奉献给读者：

选矿厂交响曲

那座庞然大物是选矿厂，并非布达拉宫。
厂里传出的交响曲，
听起来是那样高亢又令人振奋。
奏出这和弦的不是小号、单簧管，
也不是定音鼓和提琴，
那是几百台机器在轰鸣和回响交混。
深夜里，一位选矿工程师在车间查巡，
他的眼里还漂浮着几片红云，
说起工厂的工艺设备他如数家珍，
任何一点异常也逃不过他的耳朵和眼神。
他，犹如一位出色的指挥家，
不让乐手发出任何离谱的弦音。

矿物加工科学与技术国家重点实验室主任
中国矿业联合会选矿委员会主任委员
中国有色金属学会选矿学术委员会主任委员
中国工程院院士、北京矿冶研究总院研究员

2014 年 11 月　于北京

总　目　录

第 1 册

上卷：选矿通论

第 1 章　矿产资源及矿床类型
第 2 章　工艺矿物学
第 3 章　破碎与筛分
第 4 章　磨矿与分级
第 5 章　重力选矿
第 6 章　磁电选矿
第 7 章　选矿药剂
第 8 章　浮选
第 9 章　化学选矿
第 10 章　拣选

第 2 册

上卷：选矿通论

第 11 章　复合力场及特殊分选
第 12 章　生物冶金及选矿
第 13 章　选矿产品脱水
第 14 章　选矿厂过程检测及自动控制
第 15 章　选矿厂物料输送
第 16 章　选矿厂尾矿系统
第 17 章　选矿厂设计
第 18 章　二次资源综合利用和三废处理
第 19 章　烧结矿与球团矿生产
第 20 章　矿物材料
第 21 章　选矿试验研究

第 3 册

下卷：选矿工业实践

第 22 章　铁矿选矿
第 23 章　锰矿选矿
第 24 章　铬矿选矿
第 25 章　铜矿选矿
第 26 章　铅锌矿选矿
第 27 章　钨矿选矿
第 28 章　锡矿选矿
第 29 章　钼矿选矿
第 30 章　锑矿选矿
第 31 章　硫铁矿选矿
第 32 章　镍矿选矿
第 33 章　汞矿选矿

第 4 册

下卷：选矿工业实践

第 34 章　铝土矿选矿
第 35 章　锂铍矿选矿
第 36 章　钽铌矿选矿
第 37 章　钛矿选矿
第 38 章　锆矿选矿
第 39 章　稀土矿选矿
第 40 章　金银矿选矿
第 41 章　铂族金属矿选矿
第 42 章　铀矿选矿
第 43 章　非金属矿选矿
第 44 章　磷矿选矿
第 45 章　煤炭分选
第 46 章　选矿厂生产技术管理
第 47 章　选矿厂环境保护
附　录

目　录

第1章　矿产资源及矿床类型 …… 1
1.1　矿床的基本概念 …… 1
1.2　矿床成因类型 …… 1
1.3　矿床工业类型 …… 5
1.3.1　金属矿床工业类型 …… 6
1.3.2　非金属矿床工业类型 …… 10
1.3.3　煤炭（煤）工业分类 …… 10
1.4　国外矿产资源储量分类 …… 17
1.4.1　关于政府的分类方案 …… 17
1.4.2　关于行会的分类方案 …… 18
1.4.3　关于国际组织的分类 …… 18
1.4.4　俄罗斯的矿产储量分类 …… 20
1.5　我国矿产资源储量分类 …… 21
1.5.1　计划经济时期矿产资源储量分类标准简介 …… 21
1.5.2　现行矿产资源/储量分类标准 …… 22
1.5.3　新旧分类的对比 …… 24
1.6　国内外矿产资源/储量分类对比 …… 25
1.7　矿产资源常用术语及矿床规模划分 …… 26
1.7.1　矿产资源常用术语 …… 26
1.7.2　我国矿产资源储量规模划分标准 …… 30
1.8　中国矿产资源的特点 …… 32
1.8.1　金属矿产资源特点 …… 33
1.8.2　非金属矿产资源特点 …… 40
1.8.3　煤炭矿产资源特点 …… 45
1.8.4　矿床类型与矿石可选性的关系 …… 50
参考文献 …… 53
第2章　工艺矿物学 …… 55
2.1　选矿工艺矿物学概述 …… 55
2.1.1　选矿工艺矿物学研究的目的意义 …… 55
2.1.2　选矿工艺矿物学研究内容 …… 55
2.2　选矿工艺矿物学研究方法 …… 57
2.2.1　矿物分离法 …… 57
2.2.2　显微镜研究法 …… 59
2.2.3　化学分析方法 …… 60
2.2.4　矿物微束分析法 …… 62
2.2.5　矿物表面分析法 …… 63
2.2.6　矿物结构分析法 …… 64
2.2.7　矿物热分析法 …… 65
2.2.8　矿物自动图像分析法 …… 66
2.3　矿石（原矿）工艺矿物学研究 …… 67
2.3.1　采样 …… 67
2.3.2　光片、薄片的磨制 …… 68
2.3.3　化学分析样的制备 …… 70
2.3.4　矿物鉴定 …… 70
2.3.5　矿物定量 …… 70
2.3.6　矿石的结构构造 …… 72
2.3.7　矿石中元素的赋存状态 …… 76
2.3.8　矿物粒度测量 …… 80
2.3.9　磨选产品的矿物单体解离度测定 …… 84
2.3.10　影响有价元素回收的矿物学因素 …… 85
2.4　选矿产品工艺矿物学研究 …… 91
2.4.1　选矿实验室选矿产品的工艺矿物学研究 …… 91
2.4.2　选矿厂生产流程考查的工艺

矿物学研究 …………………… 92
2.4.3　编制选矿厂流程考查工艺矿物学研究成果图 ………… 92
2.4.4　选矿厂生产流程考查工艺矿物学研究实例 …………… 93
2.5　常见矿物的鉴定特征及理化性质……………………………… 100
参考文献 ……………………………… 139

第3章　破碎与筛分 ………………… 140

3.1　矿石粉碎的理论基础…………… 140
3.1.1　破碎过程的技术指标……… 140
3.1.2　岩矿的机械强度、可碎性与可磨性…………………………… 141
3.1.3　粉碎设备的施力方式……… 144
3.1.4　粉碎的功耗学说…………… 145
3.2　破碎机械的种类、安装与维护…………………………………… 147
3.2.1　破碎机械 …………………… 147
3.2.2　破碎设备的选择与计算…… 184
3.2.3　破碎设备的安装与维护…… 186
3.3　筛分原理及筛分过程…………… 190
3.3.1　筛分的定义 ………………… 190
3.3.2　筛分作业 …………………… 190
3.3.3　筛分过程 …………………… 191
3.3.4　筛分原理 …………………… 191
3.3.5　筛分作业的评价 …………… 193
3.3.6　筛分动力学及其应用 ……… 194
3.4　筛分机械的种类、安装与维修…………………………………… 198
3.4.1　筛分机械分类 ……………… 198
3.4.2　筛分机械 …………………… 199
3.4.3　筛分设备的选择与计算…… 209
3.4.4　筛分设备的安装 …………… 213
3.4.5　筛分设备的维修…………… 214
3.5　破碎筛分工艺流程……………… 214
3.5.1　破碎筛分流程的确定 ……… 214
3.5.2　常见的破碎筛分流程 ……… 217
3.6　破碎筛分生产的主要影响因素…………………………………… 218
3.6.1　破碎过程的主要影响因素………………………… 218
3.6.2　筛分过程的主要影响因素………………………… 219
3.7　破碎筛分作业的操作运行……… 222
3.7.1　破碎作业的操作运行……… 222
3.7.2　筛分作业的操作运行……… 224
3.7.3　破碎车间开、停车顺序…… 225
3.8　破碎筛分车间防尘……………… 225
3.8.1　通风除尘主要措施………… 225
3.8.2　除尘系统 …………………… 225
3.9　破碎筛分车间技术考查………… 226
3.9.1　技术考查内容……………… 226
3.9.2　技术考查的方法和步骤…… 226
3.9.3　破碎流程考查的计算……… 228
3.9.4　破碎流程考查结果分析…… 229
参考文献 ……………………………… 229

第4章　磨矿与分级 ………………… 231

4.1　磨矿理论………………………… 231
4.1.1　钢球磨矿理论……………… 231
4.1.2　棒磨机中的磨矿理论……… 236
4.1.3　矿石的自磨理论…………… 236
4.1.4　邦德磨矿理论与应用……… 236
4.2　磨矿机的种类、安装与维护…… 238
4.2.1　磨矿机的种类……………… 238
4.2.2　磨矿机的应用范围………… 239
4.2.3　磨矿机的安装……………… 243
4.2.4　磨矿机的维护和检修……… 243
4.3　磨矿介质………………………… 246
4.3.1　钢球………………………… 246
4.3.2　钢棒………………………… 248
4.3.3　短柱形介质………………… 249
4.3.4　砾石及矿石介质…………… 249
4.4　磨矿机结构……………………… 250
4.4.1　筒体的支撑………………… 250
4.4.2　给、排料装置……………… 250
4.4.3　磨矿机的传动装置………… 250
4.5　磨矿领域的新发展……………… 251
4.5.1　磨矿设备大型化…………… 251

4.5.2 磨矿流程的多样化 ………… 252
4.5.3 传动系统的变化 …………… 252
4.6 分级原理及分级过程 ………… 252
4.6.1 分级原理及分级在磨矿循环中的作用 ……………… 252
4.6.2 分级过程对磨矿循环的影响与调节 ……………… 255
4.6.3 水力分级的弊病及克服的措施 …………………… 256
4.7 分级设备的种类、安装与维护 …………………… 256
4.7.1 磨矿分级循环中常用的分级设备 ………………… 256
4.7.2 分级设备的安装与维护 …… 259
4.8 磨矿分级流程 ………………… 260
4.8.1 磨矿分级流程的选择及确定 ……………………… 260
4.8.2 一段磨矿分级流程 ………… 262
4.8.3 两段磨矿分级流程 ………… 263
4.8.4 三段或多段磨矿分级流程 ……………………… 266
4.8.5 自磨/半自磨流程 ………… 267
4.8.6 砾磨流程 …………………… 270
4.9 磨矿分级作业的主要影响因素 ……………………… 271
4.9.1 影响磨矿的主要因素 ……… 271
4.9.2 影响分级作业的主要因素 ……………………… 278
4.10 磨矿分级操作 ……………… 279
4.10.1 磨矿分级的启停车程序 … 279
4.10.2 磨矿分级操作要领 ……… 280
4.10.3 磨矿机胀肚及处理 ……… 280
4.10.4 分级设备跑粗及浓细度波动的原因与处理 ……… 281
4.10.5 磨矿分级机组的自动控制 ……………………… 282
4.11 磨矿产品的粒度特性及分析 … 283
4.11.1 磨矿机的技术效率测定分析 ……………………… 283
4.11.2 磨矿产品的单体解离度分析 ……………………… 284
4.11.3 磨矿产品的粒度及均匀性分析 ……………………… 284
4.12 磨矿分级作业的生产管理及技术考查 ……………………… 284
4.12.1 磨矿分级作业评价的数质量指标 ………………… 284
4.12.2 磨矿分级作业的指标管理 ……………………… 285
4.12.3 磨矿分级过程的动态考查分析 ………………… 288
4.12.4 磨矿分级过程的分析与调节 ……………………… 288
参考文献 ……………………………… 289

第5章 重力选矿 ………………… 290

5.1 重选基本原理 ………………… 291
5.1.1 颗粒在介质中的沉降运动 ……………………… 291
5.1.2 颗粒群在介质中按密度分层 ……………………… 298
5.1.3 矿石在斜面流中的分选 …… 300
5.1.4 矿石在旋转流中的分选 …… 306
5.2 水力分级 ……………………… 308
5.2.1 水力分析 …………………… 308
5.2.2 多室及单槽水力分级机 …… 311
5.2.3 螺旋分级机 ………………… 315
5.2.4 水力旋流器 ………………… 317
5.2.5 分级效果的评价 …………… 321
5.3 重介质分选 …………………… 323
5.3.1 重悬浮液的性质 …………… 324
5.3.2 重介质分选设备 …………… 327
5.3.3 重介质分选工艺流程 ……… 335
5.4 跳汰分选 ……………………… 336
5.4.1 物料在跳汰机内的分选过程 ……………………… 337
5.4.2 跳汰机 ……………………… 342
5.4.3 影响跳汰分选的工艺因素 ……………………… 350
5.5 溜槽分选 ……………………… 352

5.5.1 粗粒溜槽 …… 352
5.5.2 扇形溜槽和圆锥选矿机 …… 353
5.5.3 螺旋选矿机和螺旋溜槽 …… 356
5.5.4 沉积排料型溜槽 …… 359
5.6 摇床分选 …… 363
5.6.1 摇床的分选原理 …… 364
5.6.2 摇床的类型及构造 …… 367
5.6.3 摇床床面的构造形式 …… 373
5.6.4 摇床的运动特性 …… 374
5.6.5 摇床分选的影响因素 …… 376
5.7 离心分选设备 …… 377
5.7.1 离心选矿机 …… 377
5.7.2 尼尔森选矿机 …… 380
5.7.3 法尔康选矿机 …… 381
5.8 风力分选 …… 382
5.8.1 风力分选原理和应用领域 …… 382
5.8.2 风力分选设备 …… 383
5.9 洗矿 …… 393
5.9.1 洗矿作用及黏土性质对洗矿过程的影响 …… 393
5.9.2 洗矿设备 …… 395
5.9.3 洗矿流程 …… 398
5.10 典型的重选工艺流程 …… 400
5.10.1 金矿石的重选工艺流程 …… 401
5.10.2 锡矿石的重选工艺流程 …… 402
5.10.3 黑钨矿石的重选 …… 405
5.10.4 锑矿石的重选 …… 406
5.10.5 钛矿石的重选 …… 406
5.10.6 稀土砂矿和稀散金属矿石的重选 …… 408
5.10.7 含金冲积砂矿的重选 …… 409
5.10.8 黑色金属矿石的重选 …… 411
5.10.9 铝土矿的重选 …… 414
5.10.10 其他固体矿产资源的重选 …… 414
参考文献 …… 418

第6章 磁电选矿 …… 419

6.1 矿物的磁性、磁性分析与测量 …… 419
6.1.1 矿物按磁性的分类 …… 419
6.1.2 强磁性矿物的磁性 …… 420
6.1.3 影响强磁性矿物磁性的因素 …… 421
6.1.4 弱磁性矿物的磁性 …… 424
6.1.5 矿物磁性对磁选过程的影响 …… 424
6.1.6 矿物比磁化率的测定 …… 426
6.1.7 矿石的磁性分析 …… 428
6.2 磁选原理及分选过程 …… 432
6.2.1 磁选的基本条件 …… 432
6.2.2 回收磁性矿粒需要的磁力 …… 432
6.3 弱磁选设备的种类、操作与维护 …… 433
6.3.1 干式永磁磁选设备 …… 434
6.3.2 湿式永磁筒式磁选机 …… 440
6.4 强磁选设备的种类、操作与维护 …… 447
6.4.1 干式强磁选机 …… 448
6.4.2 湿式强磁选机 …… 454
6.5 高梯度磁选机的结构特性、操作与维护 …… 460
6.5.1 萨拉型高梯度磁选机 …… 460
6.5.2 高梯度磁选机的操作与维护 …… 468
6.6 超导电的基本理论 …… 469
6.6.1 超导电性的基本概念与基本性质 …… 469
6.6.2 超导材料、低温的获得和保持 …… 469
6.6.3 超导磁选机及其应用 …… 471
6.7 磁选机中常用的磁性材料 …… 476
6.7.1 软磁材料 …… 476
6.7.2 硬磁材料 …… 477
6.8 磁路计算与磁系设计 …… 480
6.8.1 磁路欧姆定律 …… 480
6.8.2 磁系设计 …… 480
6.9 典型的磁选工艺流程 …… 486

6.10 磁选车间的生产管理和技术考查 …… 489
6.10.1 生产管理 …… 489
6.10.2 工艺技术考查 …… 490
6.11 电选的基本原理 …… 491
6.11.1 矿物的电性质 …… 491
6.11.2 颗粒在电场中带电的方法 …… 492
6.11.3 电选的基本条件及分离过程 …… 494
6.11.4 电选的作用机理及分选过程 …… 494
6.12 电选机的种类、操作与维护 …… 495
6.12.1 辊筒式电选机 …… 495
6.12.2 电选机的操作与维护 …… 499
6.13 典型的电选工业实践 …… 501
6.13.1 白钨锡石的电选 …… 501
6.13.2 稀有金属矿石的电选 …… 502
6.14 磁场计算和电场计算简述 …… 506
6.14.1 由复势函数解析计算场强梯度的公式 …… 506
6.14.2 对辊式磁选机分选空间磁场的计算 …… 506
6.14.3 圆柱形多极磁选机磁场的计算 …… 508
6.14.4 琼斯式磁选机齿板气隙磁场的计算 …… 510
6.14.5 铁磁性椭球内外磁场以及退磁因子的计算 …… 512
6.14.6 静电选矿机电场的计算 …… 513
参考文献 …… 514

第7章 选矿药剂 …… 517

7.1 捕收剂 …… 517
7.1.1 概述 …… 517
7.1.2 硫化矿浮选捕收剂 …… 517
7.1.3 氧化矿浮选捕收剂 …… 533
7.1.4 烃类油捕收剂 …… 548
7.2 浮选调整剂 …… 550
7.2.1 概述 …… 550
7.2.2 pH 值调整剂 …… 551
7.2.3 分散剂 …… 552
7.2.4 抑制剂 …… 554
7.2.5 活化剂 …… 564
7.3 起泡剂与消泡剂 …… 567
7.3.1 起泡剂的结构与作用 …… 567
7.3.2 松醇油起泡剂 …… 568
7.3.3 醇和酚类起泡剂 …… 569
7.3.4 醚醇类起泡剂 …… 571
7.3.5 酯类起泡剂 …… 572
7.3.6 消泡剂 …… 572
7.4 絮凝剂和凝聚剂 …… 575
7.4.1 概述 …… 575
7.4.2 无机凝聚剂 …… 575
7.4.3 有机絮凝剂 …… 580
7.4.4 微生物絮凝剂 …… 585
7.5 化学选矿药剂 …… 586
7.5.1 概述 …… 586
7.5.2 浸出剂 …… 586
7.5.3 化学沉淀剂 …… 595
7.5.4 萃取剂 …… 602
7.5.5 吸附剂 …… 615
7.6 其他选矿助剂 …… 624
7.6.1 助磨剂 …… 624
7.6.2 助滤剂 …… 625
7.6.3 乳化剂 …… 627
7.6.4 造块黏结剂 …… 628
7.6.5 缓蚀剂 …… 631
7.6.6 阻垢剂 …… 633
参考文献 …… 634

第8章 浮选 …… 638

8.1 浮选理论 …… 638
8.1.1 矿物表面润湿性与浮选 …… 638
8.1.2 表面电性与浮选 …… 645
8.1.3 浮选剂在矿物表面的吸附 …… 651
8.1.4 浮选速率 …… 655
8.2 浮选工艺影响因素 …… 659
8.2.1 浮选工艺物理影响因素的

调控 …… 659
8.2.2 浮选工艺化学影响因素的调控 …… 663
8.3 浮选药剂的联合应用 …… 669
8.3.1 混合用药效果 …… 669
8.3.2 混合用药配方类型 …… 670
8.3.3 混合用药的机理 …… 670
8.4 浮选设备的种类、安装与维护 …… 671
8.4.1 浮选设备的分类 …… 671
8.4.2 浮选设备的安装与维护 …… 672
8.5 浮选流程 …… 689
8.5.1 浮选原则流程的选择 …… 689
8.5.2 浮选流程内部结构 …… 692
8.5.3 浮选流程图 …… 693
8.6 特殊浮选法 …… 694
8.6.1 选择性絮凝浮选 …… 694
8.6.2 分支浮选工艺 …… 697
8.6.3 载体浮选 …… 700
8.6.4 聚团浮选 …… 702
8.6.5 微泡浮选 …… 703
8.7 电化学调控浮选 …… 704
8.7.1 硫化矿电化学浮选中电位的测定 …… 704
8.7.2 硫化矿物电位调控浮选的实现途径 …… 705
8.8 浮选流程考查与计算 …… 706
8.8.1 原始指标数的确定 …… 706
8.8.2 原始指标数的分配 …… 707
8.8.3 原始指标数值的选择 …… 707
8.8.4 浮选流程的计算 …… 708
8.9 典型的浮选工业实践 …… 709
8.9.1 硫化矿浮选实践 …… 709
8.9.2 金属氧化矿浮选实践 …… 727
参考文献 …… 737

第9章 化学选矿 …… 742

9.1 概论 …… 742
9.1.1 化学选矿发展简史 …… 742
9.1.2 化学选矿的特点 …… 743
9.1.3 化学选矿的基本作业流程 …… 743
9.2 矿物原料的焙烧 …… 745
9.2.1 焙烧的基本原理 …… 745
9.2.2 氧化焙烧与硫酸化焙烧 …… 747
9.2.3 还原焙烧 …… 750
9.2.4 氯化焙烧 …… 755
9.2.5 钠盐烧结焙烧 …… 763
9.2.6 煅烧 …… 763
9.2.7 焙烧设备 …… 765
9.3 矿物原料的浸出 …… 767
9.3.1 概述 …… 767
9.3.2 浸出的理论基础 …… 769
9.3.3 常压酸法浸出 …… 775
9.3.4 常压碱法浸出 …… 779
9.3.5 盐浸 …… 783
9.3.6 细菌浸出 …… 785
9.3.7 热压浸出 …… 791
9.3.8 浸出工艺 …… 793
9.4 固液分离 …… 798
9.4.1 概述 …… 798
9.4.2 固液分离方法 …… 799
9.4.3 固液分离工艺 …… 807
9.5 有用组分的分离与回收 …… 810
9.5.1 离子交换吸附法 …… 810
9.5.2 有机溶剂萃取法 …… 822
9.5.3 化学沉淀法 …… 832
9.5.4 结晶沉淀法 …… 837
9.5.5 金属沉淀法 …… 840
9.6 化学选矿实践 …… 847
9.6.1 难选原矿和尾矿的化学选矿 …… 847
9.6.2 难选中矿的化学选矿 …… 867
9.6.3 粗精矿除杂 …… 874
参考文献 …… 876

第10章 拣选 …… 878

10.1 概述 …… 878
10.2 拣选法的理论基础及分类 …… 879
10.2.1 理论基础 …… 879

10.2.2　拣选法分类及应用 ……… 880
10.3　矿石特性对拣选的影响 ……… 885
10.3.1　矿石中有用组分的分布 … 885
10.3.2　矿石的粒度特性 ………… 886
10.3.3　拣选特征与矿石有用组分的相关程度 …………………… 886
10.4　拣选的原则流程 ……………… 887
10.5　手选 ……………………………… 888
10.5.1　手选处理矿石的粒度范围 ………………………… 888
10.5.2　废石选出率 ……………… 888
10.5.3　手选设备 ………………… 888
10.5.4　手选应用实例 …………… 888
10.6　矿石拣选的可选性研究 ……… 889
10.6.1　实验室试验 ……………… 890
10.6.2　半工业试验 ……………… 892
10.7　拣选机 ………………………… 892
10.7.1　拣选机的组成 …………… 892
10.7.2　工业用拣选机 …………… 894
参考文献 …………………………… 905

第1章 矿产资源及矿床类型

1.1 矿床的基本概念

矿产资源是人类社会赖以生存和发展的重要物质基础。人类很早就已开发利用天然矿产资源。早期社会以石器时代、青铜器时代、铁器时代来划分，正是反映了矿产资源利用对社会生产力发展的决定作用。

人们一般把具有工业利用价值的矿产产出的地方叫矿床。在矿床地质学中，矿床是指由地质作用形成的、所含金属或其他有用物质在当前技术经济条件下能被开采利用的综合地质体。该定义一方面说明矿床是地质作用产物，其形成及其特征是由所处的地质环境决定的；另一方面，也说明能否作为矿床还与经济技术条件有关，作为矿床来开采，应是在技术上可行，在经济上有效益。

矿床中金属或其他有用物质富集的地质体称为矿体，矿体周围的岩石叫做围岩。矿体与围岩之间有些有自然边界，如矿脉以裂隙壁为边界；有些则没有清晰的边界，如金属矿物在岩石中呈弥散分布，其边界是靠系统采样分析圈定的。一个金属矿床多数情况下有几个至几十个或更多的矿体，但通常有1~2个主矿体，主矿体的储量一般占整个矿床储量的50%以上。

矿体的形态是多种多样的，简单的如脉状、层状、板状，复杂的如复脉状、网脉状、不规则状等。矿体按照在空间三轴坐标上产出的特征，可分为在两个方向上有较大延伸的，如层状、脉状矿；在一个方向上显著延伸的，如柱状、筒状矿；或者在三大方向上均较发育的，如囊状矿。

矿床的成因是多样的，人们对矿床成因的认识也是在不断的进步。最早认为矿床是“水成”的，随后又产生了“火成”的认识，“水成论”与“火成论”长期争论。到20世纪初，根据矿体与围岩、构造等方面的关系，又提出了同生矿床和后生矿床的概念。同生矿床是指矿床与围岩在同一地质过程中、同时或基本同时形成的，如岩浆矿床在岩浆期内形成，沉积矿床在沉积-成岩期形成等。后生矿床是指形成时间晚于围岩的矿床，例如金属矿脉是在围岩早已固结并产生破裂裂隙中含矿热液进入才形成的。许多金属矿床、矿体周围的岩石常发生某种成分、结构及颜色的改变而引起岩石外貌的变化，这样的岩石叫做蚀变围岩，对于识别矿床成因和找寻矿体都有重要意义。到20世纪中叶后，随着研究的深入，发现一些重要矿床的形成，是“火成”与“水成”地质作用共同作用的产物，既具有同生成矿特征，也具有后生成矿特征，如“喷流沉积型（SEDEX，VMS）”并得到广泛应用，故本书也使用此名称。

1.2 矿床成因类型

矿床成因类型是根据矿床成因划分的矿床类型。目前，对矿床成因类型的划分意见尚不一致。长期以来，在我国矿产勘查工作中应用最广的，是以成矿作用为基础的矿床成因分类，如按成矿作用划分为内生矿床、外生矿床和变质矿床，以及它们之间的叠加复合的矿床等。

矿床成因类型的划分有助于深入理解矿床的形成机理、时空分布规律，有助于合理部署找矿勘探工作。据此，本书参照已有的矿床成因分类，按照三大地质成矿作用和叠生作用，首先将主要金属矿床（指固体矿床，下同）分为内生矿床、外生矿床、变质矿床和叠生矿床四大类，其中喷流沉积型矿床，虽是内生与外生作用结合下所形成的矿床，按照习惯用法，仍将其置于内生矿床类。在上述四大类划分的基础上，再按容矿岩石（或岩石建造）、流体作用和有关成矿特点，将矿床分为各种不同成因（亚）类型；在这些矿床成因（亚）类型中，又根据矿种或矿石组合，将其分为不同矿种的相关矿床成因类型，并列举不同矿种有代表性的矿床或矿床式，其中有的还作了简要说明，以供参考（表1-2-1A、B、C）。

表1-2-1A 我国金属矿床成因类型（内生矿床）

矿床成因类型	矿种（矿石类型）	代表性的矿床式、矿床实例
岩浆型	钒钛磁铁矿型	四川攀枝花式，河北大庙，新疆尾亚等
	铬铁矿	西藏罗布莎式、西藏东巧，新疆萨尔托海等
	铜镍硫化物型	甘肃金川，新疆黄山、喀拉通克，吉林红旗岭，四川杨柳坪式（铜镍硫化物铂族矿床）、力马河，吉林赤柏松等
	稀土、铌	湖北庙垭正长岩—碳酸岩稀土、铌矿
花岗伟晶岩型	铍、锂、铌、钽等	新疆可可托海式绿柱石、锂辉石、铌钽铁矿等，四川丹巴呷基卡式锂辉石、绿柱石、铌钽铁矿床等，福建南平西坑钽、铌矿，云南龙陵黄连沟绿柱石、铌钽铁矿
碱性伟晶岩型	稀土、铌、锆	四川冕宁牦牛坪轻稀土（铌）矿、会理路枯，新疆拜城
岩浆—热液型（岩浆期后热液矿床）	稀土、锆、铍、铌钽	内蒙古巴尔哲式钠长石化、钠闪石霓石碱性花岗岩重稀土、锆、铍矿，山东微山郗山稀土矿
	钽铌、锂、锡等	江西宜春式钠长石化花岗岩钽（铌）锂铷矿，广西栗木钠长石化黑云母花岗岩钽（铌）锡矿床
	钨、锡、铍等	江西大余西华山、全南大吉山、于都盘古山、兴国画眉坳，内蒙古太仆寺白石头洼等石英脉黑钨矿床，江西大余九龙、洪水寨，滇西来利山等云英岩钨锡矿床，甘肃肃北塔儿沟石英脉白钨、黑钨矿床，吉林珲春杨金沟石英脉白钨矿床，福建清流行洛坑含钼黑白钨细脉型和黑白钨石英大脉型矿床
	钼（钨）	辽宁葫芦岛兰家沟钼矿床，广东五华白石嶂钼钨矿，浙江青田石坪川钼矿，新疆哈密白山钼矿等含矿石英脉、细脉矿
	铜、锡多金属矿	内蒙古林西大井铜、锡、银多金属脉状矿床，广西武鸣两江脉状铜矿床（含少量铅锌矿）
	银、铅、锌	内蒙古克什克腾旗拜仁达坝银铅锌矿，云南鹤庆北衙铅锌矿（含银、金），湖南临湘桃林铅锌矿，河南洛宁铁炉坪银铅锌矿，吉林四平银（金）矿，云南盈江狮子山银铅锌矿等
	金 矿	与花岗岩类有关的破碎-蚀变岩型金矿：山东焦家、玲珑、三山岛等金矿，广东河台，河北宽城峪儿崖金矿；与花岗岩类有关石英脉型金矿：辽宁丹东五龙，内蒙古赤峰金厂沟梁，河北东坪式金矿（碱性斑岩体内石英-钾长石脉、蚀变岩金矿），云南墨江式（与基性-超基性岩有关石英脉金矿），煎茶岭式（与超基性岩有关金矿）
	锑 矿	广西南丹大厂茶山，西藏那曲美多，安徽黑广山

续表 1-2-1A

矿床成因类型	矿种（矿石类型）	代表性的矿床式、矿床实例
接触交代型（矽卡岩型）	铁 矿	湖北大冶式，广东连平大顶式，河北邯邢式，山东莱芜式
	铜 矿	湖北大冶铜录山、阳新丰山洞，江西九江城门山，安徽铜陵冬瓜山，河北承德寿王坟
	铅锌（银）矿	湖南常宁水口山、桂阳黄沙坪，内蒙古巴林左旗白音诺，辽宁建昌八家子式，甘肃安西花牛山
	钨多金属	湖南郴州柿竹园、新田岭，新疆若羌白干湖，黑龙江宾县弓棚子，云南麻栗坡南秧田
	锡石硫化物	云南个旧、都龙，江西德安曾家垅，青海兴海日龙沟，湖南郴县野鸡尾等
	钼 矿	辽宁葫芦岛杨家杖子，黑龙江阿城五道岭，河南栾川三道庄
	金矿（共、伴生）	湖北阳新鸡笼山铜金矿、大冶铜录山铜金矿，安徽铜陵马山金矿、凤凰山铜金矿、狮子山铜金矿
斑岩型	铜 矿	江西德兴铜厂，西藏江达玉龙、墨竹工卡驱龙铜矿，内蒙古新巴尔虎右旗乌奴格吐山，黑龙江嫩江多宝山，新疆哈密土屋、托里包古图，山西垣曲铜矿峪，云南中甸普朗
	钼 矿	陕西华县金堆城，河南栾川上房沟、汝阳东沟，吉林永吉大黑山，河北丰宁撒岱沟门，福建福安赤路，黑龙江大兴安岭岔路口，安徽金寨沙坪沟等
	（钼、锡）钨矿	江西都昌阳储岭钨钼矿床，广东澄海莲花山钨矿、信宜银岩锡矿
	铁 矿	宁芜地区玢岩铁矿：陶村式、梅山式、凹山式、姑山式；西藏江达加多岭玢岩铁矿
陆相火山—次火山岩型（陆相火山—热液型）	铜（金）矿	福建上杭紫金山铜（金）矿，江西德兴银山铜矿，吉林珲春小西南岔铜（金）矿，内蒙古突泉莲花山铜矿
	铅锌矿	内蒙古新巴尔虎右旗甲乌拉铅锌（银）矿床，浙江黄岩五部铅锌矿床，云南姚安铅矿床
	银（铅锌）矿	江西贵溪冷水坑银（铅锌）矿床，内蒙古新巴尔虎右旗查干布拉根银（铅锌）矿床，额仁陶勒盖银矿床，河北丰宁牛圈子银（金）矿床，山西灵丘支家地银（铅锌）矿床，浙江新昌后岸银矿床，广东梅州嵩溪银（锑）矿床
	金 矿	黑龙江嘉荫团结沟金矿床、逊克东安金矿，吉林汪清刺猬沟金矿床，内蒙古赤峰陈家杖子金矿床，台湾基隆金瓜石金矿床，新疆伊宁阿希金矿床，河南嵩县祈雨沟金矿床（隐爆角砾岩型）
热液型（层控热液矿床）	铅锌银矿	密西西比河谷型（MVT 型）铅锌矿床：广东仁化凡口矿床，云南会泽（矿山厂、麒麟厂）矿床，贵州水城杉树矿床，江苏南京栖霞山矿床，江西德安张十八铅锌矿床，湖南花垣李梅锌（铅）矿床、渔塘寨铅锌矿床、凤凰桐木槿锌（铅）矿床；层控砂（砾）岩型铅锌矿床：云南兰坪金顶矿床，新疆乌恰乌拉根矿床
	锑 矿	湖南冷水江锡矿山锑矿床，云南广南木利锑矿床，甘肃西和崖湾锑矿床，贵州独山半坡锑矿床、晴隆县大厂锑矿床，西藏那曲美多锑矿床、江牧萨拉岗锑矿床
	金 矿	微细浸染型（卡林型）金矿床：贵州贞丰烂泥沟、册亨板其、兴仁紫木函矿床，广西凤山金牙、田林高龙，山西凤县八卦庙，四川松潘东北寨金矿床等
	汞 矿	贵州万山、务川汞矿

续表 1-2-1A

矿床成因类型	矿种（矿石类型）	代表性的矿床式、矿床实例
喷流沉积型	铁 矿	海相沉积岩容矿：内蒙古包头白云鄂博铁、稀土、铌矿床，海南昌江石碌铁、铜、钴矿床，甘南肃南镜铁山铁矿床
		海相火山岩容矿：云南新平大红山铁（铜）矿床，内蒙古陈巴尔虎旗谢尔塔拉铁锌矿床，新疆富蕴蒙库铁矿、哈密雅满苏铁矿
	铜 矿	海相沉积岩容矿（SEDEX）型：云南东川落雪铜矿床、汤丹铜矿床、易门狮子山铜矿床，内蒙古乌拉特后旗霍各乞铜矿床、炭窑口铜锌（硫）矿床、东升庙铅锌铜（硫）矿床，山西中条山闻喜篦子沟铜矿床、垣曲胡家峪铜矿床
		海相火山岩容矿（VMS）型：甘肃白银白银厂铜多金属矿床，新疆哈巴河阿舍勒铜多金属矿床，云南普洱大平掌铜多金属矿床，辽宁清原红透山铜（锌）矿床，浙江绍兴西裘铜（锌）矿床，青海门源红沟铜矿床，河南桐柏刘山岩锌铜矿床
	铅锌（银）矿	海相沉积岩容矿（SEDEX）型：甘肃成县长坝-李家沟铅锌矿床，陕西凤县铅硐山铅锌矿床、柞水银洞子银铅多金属矿床，青海大柴旦锡铁山铅锌矿床，河北兴隆高板河铅锌矿
		海相火山岩容矿（VMS）型：甘肃白银小铁山铅锌矿床，新疆富蕴可可塔勒铅锌矿床

表 1-2-1B 我国金属矿床成因类型（外生矿床）

矿床成因类型	矿种（矿石类型）	代表性的矿床式、矿床实例
风化壳型	稀土矿	离子吸附型：江西龙南足洞（富重稀土）、寻乌河岭轻稀土矿，广西富贺钟花山、陆川清湖、钦州等
	铝土矿	红土型：广西贵港三水铝土矿，海南文昌蓬莱三水铝土矿
	镍 矿	红土型镍矿：云南墨江安定镍矿床（墨江式）
	金 矿	铁帽型：安徽铜陵黄师涝山式金矿；红土型：湖北嘉鱼蛇屋山式金矿
	铁 矿	广东大宝山铁矿
	锰 矿	山西灵丘洞沟锰（银）矿，内蒙古集宁李清地（AgMn），广东连州小带（Mn-PbZn），广西东平锰矿、大新下雷锰矿、高鹤锰矿
风化堆积型	铝土矿	广西平果那豆式铝土矿床，滇东南卖酒坪铝土矿
	锰 矿	广西柳江思荣锰矿、平乐锰矿
古风化壳沉积型	铝土矿	产于碳酸盐岩基底：山西孝义克俄铝土矿床，河南新安张窑院，贵州修文小山坝；产于硅酸盐岩基底：贵州务川瓦厂坪铝土矿床、务川大竹园，重庆南川大佛岩铝土矿
海相沉积型	铁 矿	河北宣龙式铁矿：河北宣化庞家堡铁矿床，宁乡式铁矿，湖北建始官店铁矿床、长阳火烧坪铁矿床，陕西柞水大西沟铁矿床，新疆和静莫托沙拉铁（锰）矿床
	锰 矿	辽宁朝阳瓦房子式锰矿床，湖南湘潭式锰矿，贵州松桃杨立掌锰矿床，湖北长阳古城锰矿床，四川城口高燕锰矿床，云南鹤庆锰矿床，陕西紫阳屈家山锰矿床，新疆昭苏锰矿床
	铜 矿	新疆阿克陶县土根曼苏砂岩铜矿床、特格里曼苏砂铜矿床
	金 矿	海相古砂砾岩型：山西老宝滩式
	镍（钼）、银矿	黑色岩系型：湖南大庸天门山镍钼矿，湖北兴山县白果园银矿，贵州黄家湾

续表 1-2-1B

矿床成因类型	矿种（矿石类型）	代表性的矿床式、矿床实例
陆相沉积型	铁　矿	山西晋城关山铁矿床、陵川张寸铁矿床，四川万源庙沟铁矿床，重庆纂江铁矿床
	铜　矿	云南大姚六苴铜矿床、大村铜矿床、牟定郝家河铜矿床，新疆萨热克铜矿、大山口砂岩铜矿床，湖南麻阳九曲湾砂岩铜矿床，四川会理大铜厂砂砾岩铜（银）矿床
砂矿型	金　矿	黑龙江桦南四方台砂金矿，青海曲麻莱县大场金矿，陕西汉中地区嘉陵江金矿，西藏申扎县崩纳藏布金矿
	铌、钽、锆、稀土、钛矿	河砂矿：广东增城派潭铌（钽）铁矿，云南勐海康、勐阿磷钇矿独居石矿 滨海砂矿：海南陵水-万宁锆英石、钛铁矿，广东电白博贺独居石、钛铁矿
	锡　矿	云南个旧砂锡矿床，广西南丹大厂、富贺钟砂锡矿

表 1-2-1C　我国金属矿床成因类型（变质矿床、叠生矿床）

成矿地质作用类别	矿床成因类型	矿种（矿石类型）	代表性的矿床式、矿床实例
变质矿床	沉积变质型	铁　矿	辽宁鞍山式铁矿，新疆天湖式铁矿，山西鱼洞子、袁家村铁矿，江西新余式等
		菱镁矿	辽宁海成大石桥式
	花岗-绿岩型	金　矿	辽宁凌源柏杖子式，吉林桦甸夹皮沟式，黑龙江鹤岗东风山式，河北迁西金厂峪式
叠生矿床	叠加、改造型	铅、锌、锡、铜、钼、金、银矿	云南澜沧老厂银铅锌铜钼矿床，辽宁凤城青城子铅锌银金矿田，广西南丹大厂锡多金属矿田，江西铅山永平铜矿床等；青海大柴旦滩间山金矿床，辽宁婿岭金矿床，内蒙古朱拉扎嘎金矿床（变质碎屑岩中改造成矿）；湖南汝城大坪铁矿（宁乡式铁矿，改造后以磁铁矿为主）

非金属矿、煤矿矿床成因类型，在此就不单独阐述了，随后在探讨这些矿床的工业类型时，结合作些阐述。

1.3　矿床工业类型

矿床工业类型是根据矿床在工业上的利用价值，特别是体现出有关采矿、选矿、冶炼等开采与矿石加工工艺及应用方面的特征所划分的矿床类型。划分矿床工业类型主要是在不同矿种（或矿种组合）矿床成因类型的基础上，根据矿床成矿地质特征、矿床规模、矿体埋深与形态产状，矿石类型、结构构造、主要矿石矿物、脉石矿物，主金属、共生矿、伴生矿品位，有害组分含量和围岩的性质等。矿床工业类型的划分，有利于明确主要找矿方向，有助于矿床的综合评价的开发利用，本书主要阐述固体金属矿床的工业类型，同时，摘要阐述非金属矿床工业类型和煤炭（煤）的工业分类，现分述如下。

1.3.1 金属矿床工业类型

根据地质矿产行业标准中附录所列矿床主要工业类型列于表1-3-1。为节省篇幅，划分矿床工业类型的主要因素未列出，仅列出矿种、矿床工业类型和矿床实例3项。现就本章中所列矿床工业类型的有关情况作些说明：

（1）钨矿床工业类型行业标准附录中的“硅质岩钨矿”现改为“层控型钨矿”，“斑岩型”金矿，改为“火山-次火山岩型”金矿等。

（2）锡矿床工业类型，基本上是参考《中国有色金属矿山地质》中锡矿床工业类型编写的。

（3）稀有金属矿和稀土金属矿，相当一部分重要矿床和矿种是重复的，故在行业标准附录的矿床工业类型的基础上，将二者合并，并参考《矿山地质手册》等有关资料，编写成稀有、稀土金属矿床工业类型。

（4）行业标准附录中的“其他类型铁矿床”，按《矿山地质手册》中的铁矿床工业类型，归入沉积变质碳酸盐型铁矿中。

（5）各矿种矿床工业类型中的代表性矿床，有的做了一些调整和补充。同时，为便于查找这些矿床，尽可能补充了省（区）、县（旗）名称。

表1-3-1 我国主要金属矿床工业类型

矿种	矿床工业类型	矿床实例
铁矿	一、岩浆型铁矿床	
	1. 岩浆分异型铁矿床	四川攀枝花铁矿
	2. 岩浆贯入式铁矿床	河北承德大庙铁矿
	二、接触交代型铁矿床	湖北大冶铁矿
	三、与火山-侵入活动有关的铁矿床	
	1. 与陆相火山-侵入活动有关的铁矿床（玢岩铁矿）	江苏南京梅山铁矿，安徽马鞍山凹山铁矿、陶村铁矿
	2. 与海相火山-侵入活动有关的铁矿床	云南新平大红山铁矿
	四、沉积铁矿床	
	1. 浅海相沉积铁矿床	
	①震旦纪沉积菱铁矿赤铁矿矿床	河北宣化庞家堡铁矿、赤城大岭堡铁矿
	②泥盆纪沉积菱铁矿赤铁矿床	湖北长阳火烧坪铁矿、青岗坪铁矿
	2. 海陆交替-湖相沉积铁矿床	山西阳泉千亩坪褐铁矿赤铁矿床、陵川张寸褐铁矿赤铁矿床，重庆綦江赤铁矿、菱铁矿床
	五、沉积变质铁矿床	
	1. 变质铁硅建造铁矿床	辽宁鞍山铁矿、本溪庙儿沟铁矿，河北迁安铁矿、滦县司家营铁矿，山西代县峨口（山羊坪）铁矿、岚县袁家村铁矿，甘肃肃南镜铁山铁矿，山东沂源韩旺铁矿
	2. 变质碳酸盐型铁矿床	吉林大栗子铁矿，内蒙古包头白云鄂博铁矿，海南石碌铁矿
	六、风化淋滤型铁矿床	广东大宝山铁矿

续表 1-3-1

矿 种	矿床工业类型	矿 床 实 例
铜 矿	一、斑岩型铜矿床	江西德兴铜厂、富家坞，西藏玉龙、驱龙，黑龙江多宝山，新疆土屋、包谷图，内蒙古乌奴格吐山等
	二、矽卡岩型铜矿床	安徽铜官山，湖北铜录山，江西城门山，辽宁华铜，黑龙江弓棚子，河北寿王坟
	三、变质岩层状铜矿床	云南东川汤丹、易门狮山、三家厂，山西中条胡家峪，辽宁清原红透山
	四、超基性岩铜镍矿床	甘肃金川，吉林磐石红旗岭，四川力马河，云南金平，新疆喀拉通克、黄山
	五、砂岩铜矿床	云南大姚六苴、郝家河，湖南车江，四川会理大铜厂，新疆萨热克
	六、火山岩黄铁矿型铜矿床	甘肃白银厂，青海红沟，云南大红山，河南刘山岩
	七、脉状铜矿床	安徽穿山洞、铜牛井，江苏铜井，湖北石花街，吉林二道羊岔
铅锌矿	一、碳酸盐岩型铅锌矿	广东凡口，云南会泽矿山厂、麒麟厂，辽宁柴河，江苏栖霞山，贵州杉树林，辽宁青城子
	二、细碎屑岩型铅锌矿	内蒙古东升庙，甘肃厂坝、李家沟，陕西铅硐山、银洞梁，河北高板河，浙江乌岙，广西泗顶
	三、矽卡岩型铅锌矿	湖南水口山、黄沙坪，辽宁桓仁，广西拉么
	四、海相火山-沉积岩型铅锌矿	甘肃白银厂小铁山，青海锡铁山，新疆可可塔勒，四川白玉呷村
	五、砂砾岩型铅锌矿	云南兰坪金顶，新疆乌恰乌拉根
	六、脉状铅锌（银）矿	河北蔡家营，内蒙古甲乌拉，湖南桃林，云南白秧坪
银 矿	一、碎屑岩型银矿	湖北白果园，广东梅县嵩溪
	二、千枚岩片岩型银矿	河南破山，山西银洞子，辽宁高家堡子
	三、陆相火山-次火山岩型银矿	内蒙古额仁陶勒盖、查干布拉根，江西冷水坑，浙江大岭口
	四、脉状银矿（各类围岩中）	内蒙古赤峰官地，江西虎家尖，安徽鸡冠石，湖南桃林
镍 矿	一、基性-超基性岩铜镍矿	甘肃金川，吉林红旗岭，四川力马河，新疆喀拉通克、黄山
	二、脉状硫化镍-砷化镍矿	辽宁柜子哈达、万宝钵
	三、沉积型硫化镍矿	湖南大浒镍矿
	四、风化壳型镍矿	云南墨江（产于超基性岩风化残坡积层中，硅酸镍型）
钼 矿	一、斑岩型钼矿	陕西金堆城，河南汝阳东沟，吉林大黑山，河北撒岱沟门，内蒙古敖仑花
	二、矽卡岩型钼矿	辽宁杨家杖子，河南栾川三道庄，黑龙江五道岭
	三、脉状钼矿	辽宁葫芦岛兰家沟，浙江青田砰川，安徽太平荫坑，广东五华白石嶂
	四、沉积型钼矿	云南广通麂子湾，贵州兴义大际山

续表 1-3-1

矿 种	矿床工业类型	矿 床 实 例
钨 矿	一、石英脉型钨矿	江西西华山、盘古山、大吉山、岿美山，湖南瑶岗仙（黑钨），广东曲江瑶岭、连平锯板坑（钨、锡、钼多金属矿），福建清流行洛坑（细脉、大脉）
	二、矽卡岩型钨矿	湖南郴县柿竹园、新田岭、宜章瑶岗仙（白钨），黑龙江宾县弓棚子，云南麻栗坡南秧田
	三、斑岩型钨矿	广东澄海莲花山，江西都昌阳储岭
	四、云英岩型钨矿	江西大余九龙脑、洪水寨
	五、层控型钨矿	湖南桃源沃溪，广西武鸣大明山
锡 矿	一、锡石-长石类锡矿床 1. 蚀变花岗岩型 2. 花岗斑岩型	 广西栗木老虎头 广东信宜银岩、锡坪，江西会昌岩背
	二、锡石-石英类锡矿床 1. 云英岩型 2. 电气石型 3. 石英脉型	 江西大余九龙脑，广西罗城宝坛，云南腾冲，广东大营 云南个旧老厂、卡房、滇西云龙铁厂等 广东五华宝山嶂、阳春锡山、连平锯板坑，内蒙古锡林浩特毛登，广西钟山珊瑚
	三、锡石-矽卡岩型锡矿床 1. 磁铁矿矽卡岩型 2. 硫化物矽卡岩型	 内蒙古克什克腾旗黄岗梁，广东连平大顶，四川泸沽 云南个旧、麻栗坡都龙，江西德安曾家垅，广西德保钦甲
	四、锡石-硫化物类锡矿床 1. 绿泥石型 2. 硫化物型 3. 硫化物-硫盐型	 广东湖安飞凤山、海丰银瓶山（小型、品位低） 云南个旧，内蒙古林西大井，湖南临武香花岭，广西融水九谋，广东潮州厚婆坳 广西南丹大厂、芒场
	五、砂锡类矿床	云南个旧、麻栗坡都龙，广西平桂、大厂等
汞 矿	一、层状汞矿	贵州万山、务川
	二、脉状汞矿	贵州松桃大园、黄平肖家冲
锑 矿	一、层状锑矿	湖南冷水江锡矿山，云南广南木利，贵州晴隆大厂
	二、脉状锑矿	广西南丹大厂，贵州独山半坡
金 矿	一、破碎带蚀变岩型	山东焦家、新域、三山岛
	二、含金石英脉型 1. 石英单脉型 2. 石英网脉及复脉带型 3. 石英硅化钾化蚀变岩型	 辽宁丹东五龙，吉林桦甸夹皮沟 河北迁西金厂峪 河北崇礼东坪、后沟，内蒙古哈达门
	三、矽卡岩型	辽宁复县华铜，山东沂南，湖北阳新吉龙山，黑龙江桦南县老柞山

续表 1-3-1

矿 种	矿床工业类型	矿 床 实 例
金 矿	四、火山-次火山相关型	黑龙江嘉荫团结沟，福建上杭紫金山，台湾金瓜石
	五、角砾岩型	河南嵩县祈雨沟，陕西太白双王，黑龙江东宁
	六、微细粒浸染型	贵州贞丰烂泥沟、册亨板其，广西凤山金牙，陕西凤县八卦庙，四川松潘东北寨
	七、砂金型	黑龙江呼玛兴隆沟，甘肃文县碧口，四川松潘漳腊，内蒙古察哈尔右翼中旗金盒，新疆阿尔泰
稀有、稀土金属矿	一、碱性岩-碳酸岩型	湖北竹山庙垭铌、稀土矿
	二、伟晶岩型 1. 花岗伟晶岩 2. 碱性伟晶岩	 新疆阿勒泰，四川康定，福建南平等铍、锂、钽（铌）、铷、铯矿床 四川冕宁牦牛坪轻稀土（铌）矿、会理路枯铌（锆）矿，新疆拜城钽铌矿
	三、蚀变花岗岩型 1. 钠长石、锂云母花岗岩 2. 钠长石、白云母花岗岩型 3. 钠长石、黑磷云母（铁锂云母）花岗岩 4. 钠长石、钠闪石碱性花岗岩	 江西宜春钽（铌）、锂、铷（铯）矿 广西恭城栗木钽、锡矿，江西全南大吉山钽（铌）、钨矿（69号） 江西横峰葛源钽（铌）矿、石城姜坑里钽铌矿，广东博罗525钽（锆）、铌矿 内蒙古扎鲁特旗巴尔哲稀土、锆、铍、铌矿
	四、含铍条纹岩型	湖南临武香花岭锡铍矿、宜章界牌岭锡铍矿
	五、云英岩型	广东潮安万峰山铍矿、惠阳杓麻山铍矿，湖南临湘虎形山铍矿
	六、脉型 1. 含矿石英脉 2. 碱性岩-脉型稀土矿	 云南香格里拉麻花坪钨铍矿，江西兴国画眉坳钨铍矿，湖南茶陵湘东金竹垄钽铌矿 山东微山县郗山，四川冕宁三岔河、木落
	七、火山岩	新疆和布克赛尔白杨河铍（羟硅铍石）铀矿，福建平和福里石铍（钼）矿
	八、层控型（或铁铌稀土型）	内蒙古包头白云鄂博稀土、铌、铁矿
	九、风化壳型 1. 风化壳离子吸附稀土矿 2. 风化壳	 江西龙南足洞（重稀土）、寻乌河岭，广西富贺钟花山、陆川清湖 江西宜春风化壳铌钽铁矿，广东博罗524风化壳铌铁矿
	十、砂矿型	滨海砂矿：海南陵水-万宁锆英石、钛铁矿；广东电白博贺独居石 河砂矿：广东增城派潭铌（钽）铁矿；云南勐海勐康、勐阿磷钇矿独居石矿
菱镁矿	一、镁质碳酸盐岩层中的晶质菱镁矿	1. 古元界菱镁矿床（最主要的矿床类型）：辽宁大石桥至海城一带菱镁矿，山东掖县粉子山 2. 太古宇菱镁矿床（一般为中小型）：河北邢台补透、大河 3. 震旦系菱镁矿床（规模很小）：四川汉源县桂贤、团宝山
	二、超基性岩中的风化淋滤型隐晶质菱镁矿	内蒙古达茂旗乌珠尔铬铁矿中共生的菱镁矿，矿床规模小，需选矿

1.3.2 非金属矿床工业类型

非金属矿床是指除金属矿产、矿物燃料及水资源以外的具有经济价值的岩石、矿物等自然资源产地。因此，非金属矿产又称为“工业矿物和岩石”。在表1-3-2中，以“工业矿物”和“工业岩石”分别列出相关的非金属矿床工业类型。

非金属矿产的开发利用已达250余种（2005年），远多于金属矿产，其应用领域还在不断扩大。非金属矿不仅是发展建材、陶瓷、化工、轻工和农业的基础原料，而且在冶金、交通、机械、能源、环保、医疗医药和国防工业中也起着极为重要的作用，更要注意的是，非金属矿在发展高新技术产业中具有不可替代的优势，已成为新型材料（工程陶瓷等）、航天、光导通信、超导体、激光、电子信息工程等的重要原料或配料。因此，非金属矿产的勘查与开发利用至关重要。

非金属矿床，已根据成矿地质作用和含矿建造类型划分出了相关的非金属矿床成因类型，但没有一个完整统一定为工业类型的分类，笔者根据前述矿床工业类型的定义，在矿床成因的基础上，结合矿种、矿物相关开发应用条件的矿床分类，定为非金属矿床工业类型，因其中已具有矿床成因的内容，故不再述矿床成因类型，现根据《矿产资源工业要求手册》、硫铁矿等非金属矿地质勘查规范的国家行业标准，在有关省（区）建材及其他非金属矿产储量表等资料的基础上，列出我国主要非金属矿床工业类型，其中有的非金属矿产的矿床工业类型（如膨润土、耐火黏土等）有一定的调整、取舍与修改，矿床实例也有一定的增补。

1.3.3 煤炭（煤）工业分类

煤是在特定的地史时期内，在滨海（海陆交替）和内陆空间盆地内，由于植物和少许浮游生物遗体，经过复杂的生物化学作用逐渐堆积，埋葬后又受到地质作用而形成的“固体可燃矿产”。

煤矿床的成因分类，在此仅做一个简要的概述，煤矿床属于植物成因产物，与古植物生命活动有关。煤的原始有机质分为腐泥质和腐殖质，因此，Γ. 伊万诺夫将煤的成因分为两大类别，一个类别是腐殖煤，其中又分两个等级，即腐殖煤和残殖煤。还有一个类别是腐泥煤，其中也分两个等级，即腐殖腐泥煤和纯腐泥煤。在该煤的成因分类中，还分别列出了这两个类别煤的原始物质的种类，煤中保留的植物残体、沉积和堆积水体环境，转变过程等内容。这种煤矿成因分类说，对成煤物质类别，物质来源及其相关特点的认识是重要的，对实践具有指导意义。同时，从含煤建造、构造盆地和相关的变质作用研究煤矿的成因类型也是很重要的，尚冠雄（1998年）提出按沉积特征类型——近海型、内陆型和煤盆地构造类型，划分了中国煤矿床成因类型。其中在近海型（海陆交替型煤系）中有4个煤盆地构造类型，包括华北石炭纪、二叠纪、扬子二叠纪、东南二叠纪、三叠纪，三江穆棱白垩纪和台湾晚第三纪（新近纪）等典型煤田及同类煤田；内陆型中也有4个煤盆地构造类型，包括川滇三叠纪，准噶尔、吐哈、鄂尔多斯侏罗纪，东北及内蒙古东部白垩纪，抚密断裂带早第三纪（古近纪）和昭通晚第三纪（新近纪）等典型煤田及同类煤田，对我国煤矿成因类型的这一论述，有利于研究我国煤炭的工业分类，也有益于这方面的科研与勘查工作。

表 1-3-2　我国主要非金属矿床工业类型

矿　种		矿床工业类型	矿 床 实 例
一、工业矿物	金刚石	1. 金伯利岩型金刚石矿床	山东蒙阳，辽宁复县和贵州黔阳金刚石矿床
		2. 钾镁煌斑岩型金刚石矿床	（美国阿肯色州“大草原溪”岩管矿床）
		3. 榴辉岩型金刚石矿床	江苏东海榴辉岩中含有金刚石
		4. 金刚石砂矿床	以残积、坡积、冲积为主，还有滨海沉积、冰川沉积和风积砂矿
	石　墨	1. 片麻岩大理岩透辉岩变粒岩混合岩化型晶质石墨矿床	山东莱西南墅，黑龙江鸡西柳毛，内蒙古兴和石墨矿床
		2. 片岩区域变质型晶质石墨矿床	江西金溪峡山石墨矿床
		3. 花岗岩混染同化型晶质石墨矿床	新疆尉犁托克布拉克、奇台苏吉泉石墨矿床
		4. 含煤碎屑岩接触变质型土状石墨矿床	吉林磐石，湖南鲁塘土状石墨矿床
	磷	1. 生物化学沉积型磷块岩矿床（含磷层：Z_2、$\in_1$、D_1）	贵州开阳，云南昆阳，湖北荆襄，四川金河、马边磷块岩矿床
		2. 风化淋滤残积型磷块岩矿床	湖南黄荆坪磷块岩矿床
		3. 沉积变质型磷灰岩矿床	内蒙古布龙土，江苏锦屏，安徽宿松，湖北大悟黄麦岭灰岩矿床
		4. 变质交代型磷灰岩矿床	河北丰宁，黑龙江鸡西磷灰岩矿床
		5. 碱性、基性、超基性岩内生型磷灰石矿床	河北马营，陕西凤县磷灰石矿床
		6. 偏碱性超基性岩内生型磷灰石矿床	河北矾山磷灰石矿床
	硫	Ⅰ. 硫铁矿型 1. 沉积变质硫铁矿矿床	广东云浮大降坪硫铁矿床
		2. 火山岩硫铁矿矿床	安徽马鞍山向山、铜陵何家小岭硫铁矿矿床
		3. 沉积-沉积改造硫铁矿床	广东梨树下硫铁矿矿床
		4. 矽卡岩硫铁矿矿床	广东阳春黑石岗硫铁矿矿床，河南银家沟硫铁矿矿床
		5. 热液充填交代型硫铁矿矿床	广东英德樟坑硫铁矿矿床，浙江龙游硫铁矿矿床
		Ⅱ. 煤系沉积型 煤系沉积硫铁矿床	山西阳泉锁簧、桑掌沟，四川叙永大树硫铁矿矿床
		Ⅲ. 多金属型 1. 火山沉积多金属硫铁矿矿床	新疆哈巴河阿舍勒铜锌硫矿床，甘肃白银厂铜多金属硫矿床
		2. 沉积变质多金属硫铁矿矿床	内蒙古乌拉特后旗东升庙、炭窑口铜铅锌多金属硫铁矿矿床
		3. 矽卡岩多金属硫铁矿矿床	安徽铜陵新桥，湖南浏阳七宝山铅锌铜多金属硫铁矿矿床

续表 1-3-2

矿种		矿床工业类型	矿床实例
一、工业矿物	钾盐	1. 第四纪盐湖型钾镁盐矿床（钾盐液相为主）	青海柴达木盆地察尔汗盐湖，新疆罗布泊北凹地，西藏藏北扎布耶钾镁盐矿床
		2. 中、新生代陆相碎屑-蒸发岩型钾盐矿床	云南思茅野井、大汶口钾盐矿床
		3. 海相-海陆交互相碳酸盐-蒸发岩型杂卤石矿床	四川渠县农乐杂卤石矿床（与石膏共生，硫酸钾含量16%～28%）
		4. 地下卤水型钾盐矿床	四川东北“川25井”富钾卤水矿床
	硼	1. 沉积变质再造型硼矿床（为我国硼矿床主要类型）	以硼镁石（遂安石）为主的矿床：辽宁凤城二台子、营口后仙峪，吉林集安高台沟硼镁石矿床；以硼镁铁矿（磁铁矿）-硼镁石为主的矿床：辽宁凤城翁泉沟硼矿床
		2. 盐湖型硼矿床	青海大柴旦，西藏藏北（申扎北）扎布耶茶卡、班戈湖硼矿床
		3. 接触交代型硼矿床	湖南常宁七里坪硼矿床，江苏六合冶山硼镁石矿床
		4. 地下卤水型硼矿床	四川威远含硼油田水矿床
		5. 火山沉积型硼矿床	新疆和田、西西尔塔克硼矿床（规模小品位低未开发）
	重晶石（$BaSO_4$）毒重石（$BaCO_3$）	Ⅰ. 重晶石 1. 沉积型层状重晶石矿床	贵州天柱大河边、镇乐纪，湖南新晃汞溪，山西安康石梯，福建永安李坊重晶石矿床
		2. 热液脉状重晶石矿床	广西象州潘村，山东郯城房庄，西藏江达温泉重晶石矿床
		3. 残坡积型重晶石矿床	广西象州寺村，海南儋州冰岭，云南昆明后山村重晶石矿床
		Ⅱ. 毒重石 沉积型层状毒重石矿床	陕西紫阳黄柏树湾，重庆城口巴山等毒重石矿床
	萤石（CaF_2）	Ⅰ. 单一萤石矿床 1. 硅酸盐岩中充填型脉萤石矿床	浙江武义杨家、遂昌湖山，湖南衡南，湖北红安，甘肃高台萤石矿床
		2. 碳酸盐岩中充填交代型脉状、透镜状萤石矿床	浙江常山八面山，江西德安，四川三河水，云南老厂萤石矿床
		3. 碳酸盐岩中层控型层状、似层状萤石矿床	内蒙古四子王旗查干敖包萤石矿床
		Ⅱ. 共、伴生萤石矿床 1. 铅锌硫化物共、伴生萤石矿床	湖南临湘桃林伴生萤石矿床
		2. 锑硫化物共、伴生萤石矿床	贵州晴隆大厂碧康共、伴生萤石矿床
		3. 钨锡多金属伴生萤石矿床	湖南郴州柿竹园伴生萤石矿床
		4. 稀土、铁伴生萤石矿床	内蒙古包头白云鄂博稀土、铁矿床伴生萤石矿床

续表 1-3-2

矿种		矿床工业类型	矿床实例
一、工业矿物	石膏（$CaSO_4 \cdot 2H_2O$）硬石膏（$CaSO_4$）	1. 安山质火山岩热液交代型硬石膏矿床	安徽庐江罗河硬石膏矿床
		2. 矽卡岩型硬石膏矿床	湖北大冶金山店硬石膏矿床
		3. 海相碳酸盐硫酸盐岩沉积型石膏或硬石膏矿床（主要矿床类型）	山西太原圪疗沟、晋祠石膏矿床，江苏南京周村硬石膏矿床
		4. 滨海相碎屑岩碳酸盐岩沉积型石膏矿床	辽宁辽阳灯塔，甘肃天祝火烧城石膏矿床
		5. 湖相含盐碎屑岩沉积型石膏矿床	湖北应城龙王集、盛家滩，山东泰安大汶口、枣庄底阁石膏矿床
		6. 河湖碎屑沉积型石膏矿床	湖南澧县伍家峪石膏矿床
	硅灰石（$CaSiO_3$）	1. 矽卡岩型硅灰石矿床	湖北大冶小箕铺硅灰石矿床
		2. 接触热变质海相碳酸盐岩型硅灰石矿床	吉林梨树大顶山、磐石蒧子，浙江长兴李家巷硅灰石矿床
		3. 区域变质镁硅质白云岩型硅灰石矿床	吉林浑江硅灰石矿床
	滑石 $Mg_3[Si_4O_{10}](OH)$	1. 镁质碳酸岩区域变质型滑石矿床	辽宁海城范家堡子，广西龙胜鸡爪，山东海阳徐家店滑石矿床
		2. 镁质碳酸盐岩热液交代型滑石矿床	甘肃金塔四道洪山，重庆南桐，广西马山镇圩滑石矿床
		3. 超基性岩热液蚀变型滑石矿床	新疆托克逊库米什、青海茫崖滑石矿床
		4. 蛇纹岩区域变质型滑石矿床	台湾宜兰南澳源头山滑石矿床
		5. 海相硅质岩碳酸盐岩沉积型滑石黏土（镁质黏土）或黑滑石矿床	湖南新化鸡叫岩滑石黏土（镁质黏土）矿床，江西广丰黑滑石矿床
	石棉（为温石棉的简称，温石棉又称蛇纹石石棉）	1. 镁质超基性岩热液蚀变型石棉矿床	青海茫涯，四川石棉县石棉矿床
		2. 碳酸盐岩热液蚀变型石棉矿床	河北涞源烟煤洞，辽宁金州，吉林集安石棉矿床
		3. 蛇纹岩热液蚀变型石棉矿床	台湾花莲县丰田石棉矿床（其中含蛇纹石石棉）
		4. 科马提岩蛇纹石化型石棉矿床	加拿大门诺、南非巴伯顿石棉矿床，我国现未发现此类矿床
	蛭石	1. 超基性岩碳酸盐风化型蛭石矿床	新疆尉犁且干布拉克，山西夏县十峪蛭石矿床
		2. 霓霞岩霞石正长岩风化型蛭石矿床	四川南江柯坪、旺苍水磨乡蛭石矿床
		3. 矽卡岩水化型蛭石矿床	内蒙古达茂旗哈达特蛭石矿床
		4. 混合岩化伟晶岩水化型蛭石矿床	陕西潼关，内蒙古丰镇、乌拉特前旗前台沟蛭石矿床

续表 1-3-2

矿种		矿床工业类型	矿床实例
二、工业岩石	高岭土（是以高岭石族矿物为主组成的黏土或岩石的总成，该族矿物为高岭石、埃洛石、地开石、珍珠石）	1. 花岗岩或混合片麻岩风化残积型高岭土矿床	江西景德镇高岭村、九江星子，福建漳州观音山高岭土矿床
		2. 中酸性火山岩单纯风化或热液蚀变叠加风化型高岭土矿床	福建永春大丘（单纯风化），苏州阳观山（蚀变叠加）高岭土矿床
		3. 花岗岩体边缘混合岩蚀变风化型高岭土矿床	湖南衡山界牌、马迹桥高岭土矿床
		4. 石英斑岩、细晶岩脉风化型高岭土矿床	安徽祁门坑口，福建晋江白安高岭土矿床
		5. 酸性凝灰岩蚀变型高岭土矿床（有的地开石较多）	江西上饶下高州，浙江江青田北山高岭土矿床、浙江松阳，新疆伊宁白杨沟高岭土（地开石）矿床
		6. 长石石英砂岩风化型高岭土矿床	广东茂名阁高岭土矿床
		7. 古喀斯特岩溶淋滤充填或充填叠加蚀变型高岭土矿床	前者有四川叙永、山西阳泉高岭土矿床，后者有江苏苏州阳东东段、阳东白蟮岭高岭土矿床
		8. 含硫热泉蚀变型高岭土矿床	云南腾冲、西藏羊八井高岭土矿床
		9. 煤系沉积型高岭土矿床	山西平朔，辽宁本溪高岭土矿床
		10. 河湖、滨海碎屑沉积型高岭土矿床	江西吉安凤凰圩河湖沉积高岭土矿床，福建晋江第四纪滨海沉积高岭土矿床
	膨润土（又名膨土岩、斑脱岩，是主要由蒙脱石组成的黏土岩）	1. 河湖相沉积型膨润土矿床	广西宁明超大型膨润土矿床，甘肃金昌红泉，吉林双阳宝善，广东高州膨润土矿床
		2. 火山沉积型膨润土矿床	江苏句容甲山，内蒙古兴和县高庙子，浙江临安平山膨润土矿床
		3. 酸性熔岩水解型膨润土矿床（常与沸石和珍珠岩矿层共生与过渡）	河南罗山县、信阳县刘家冲、上天梯珍珠岩沸石膨润土矿床，内蒙古乌拉特前旗白庙子珍珠岩沸石膨润土矿床
		4. 安山质凝灰岩或集块岩水解型膨润土矿床	新疆托克逊县柯尔碱膨润土矿床
		5. 火山碎屑岩风化型膨润土矿床	河北宣化堰家沟膨润土矿床
	耐火黏土（耐火度≥1580℃）	耐火黏土不同矿石类型耐火度是不同的，高铝黏土类型，用于高铝质耐火材料，耐火度≥1770℃；硬质黏土类型，用于黏土质耐火材料，耐火度≥1630℃；半软质黏土类型，用于结合剂，耐火度≥1630℃；软质黏土类型，用于结合剂，耐火度≥1580℃。矿床类型归在水泥配料用黏土岩类中，黏土矿床类型，有风化残积型黏土矿床、河湖沉积型黏土矿床等3种矿床类型；黏土岩的矿床类型，有古侵蚀面上的硬质黏土和高铝质类型黏土矿床，此类型矿床主要用作耐火材料，如山西阳泉、介休，河南新安，贵州修文、清镇硬质黏土矿床等。与煤共生的软质黏土、硬质黏土矿床，其中耐火黏土资源量约有50亿吨。黏土岩的矿床类型有4个，前面仅介绍了与耐火黏土关系密切的两种	

续表 1-3-2

矿种		矿床工业类型	矿床实例
二、工业岩石	硅藻土（硅藻遗骸组成的岩石）	1. 与玄武质岩浆喷发有关的沉积型硅藻土矿床（陆内喷发间歇期附近湖盆沉积）	吉林长白马鞍山，山东临朐解家沟，云南寻甸，浙江嵊州，内蒙古土贵乌拉硅藻土矿床
		2. 湖相碎屑沉积型硅藻土矿床（二叠纪玄武岩风化提供硅藻物质，沉积成矿）	四川米易回汉沟硅藻矿床
		3. 海相沉积硅藻土矿床	这种类型矿石质量较好，规模大，与泥灰岩、白垩或黏土互层，有的含矿岩系中夹火山岩。常含磷或海绿石，我国现未见此类矿床
	石灰岩 大理岩	Ⅰ. 石灰岩 1. 海相化学沉积型混晶石灰岩矿床	安徽铜陵伞形山石灰岩矿床（超大型）
		2. 海相机械沉积型颗粒石灰岩矿床	浙江杭州石龙山，山东济南党家庄石灰岩矿床
		3. 海相生物沉积（生物礁）型石灰岩矿床	安徽灵璧耳毛山，湖北鹤峰三叉溪、利川柏杨礁灰岩矿床（饰面石材）
		Ⅱ. 大理岩 1. 区域变质型大理岩矿床	台湾花莲和仁，黑龙江伊春浩良河，云南大理点苍山大理岩（“苍白玉”）矿床
		2. 接触变质大理岩矿床	北京房山大理岩（“汉白玉”）矿床
	白云岩、 白云石大理岩	Ⅰ. 白云岩 1. 海相沉积型白云岩矿床	江苏南京幕府山，贵州水城堰塘，台湾花莲清昌山白云岩矿床
		2. 湖相沉积型白云岩矿床	我国现未发现
		Ⅱ. 白云石大理岩 区域变质型白云石大理岩矿床	辽宁营口陈家堡子，山东掖县黄山后白云石大理岩矿床（后者为饰面石材“雪花白”）

在煤炭成因分类的基础上，为指导煤矿勘查及煤的有效利用，按国家新颁布的标准，主要根据煤的干燥无灰基挥发分、黏结指数、胶质层最大厚度、奥亚膨胀度和煤的透光率等，将自然界的煤划分为 14 个工业分类（表 1-3-3）。

表 1-3-3 我国煤炭主要工业分类

序号	类别		分类标准					煤矿实例
			干燥无灰基挥发分(V_{daf})/%	黏结指数(G)	胶质层最大厚度(Y)/mm	奥亚膨胀度(b)/%	透光率(P_M)/%	
1	无烟煤		0~10					宁夏汝箕沟煤矿、山西萌营煤矿
2	烟煤	贫煤	>10~20	≤5				山东淄博煤矿
3		贫瘦煤	>10~20	>5~20				河南鹤壁煤矿
4		瘦煤	>10~20	>20~65				辽宁本溪煤矿、山西太原西山煤矿
5		焦煤	>10~28	>65	≤25	≤150		山西汾西煤矿，淮北石台煤矿
6		1/3 焦煤	>28~37	>65	≤25	≤220		山西霍西煤矿
7		肥煤	>10~37	>85	>25	>220		河北开滦、河北峰峰
8		气肥煤	>37	>85	>25	>220		江西乐平煤矿、浙江长广煤矿
9		气煤	>28	>35	≤25	≤220		山东枣庄肥城煤矿、江苏邳县煤矿
10		1/2 中黏煤	>20~37	>30~50				山西大同
11		弱黏煤	>20~37	>5~30				内蒙古鄂尔多斯煤矿、山东坊子煤矿
12		不黏煤	>20~37	≤5				内蒙古东胜、陕西神府
13		长焰煤	>37	0~35			>50	辽宁阜新煤矿
14	褐煤		>37				0~50	云南昭通煤矿、内蒙古海拉尔市宝日希勒煤矿

表 1-3-3 中所列各类别煤的用途与地理分布：

（1）高变质煤　是表中所列的无烟煤和贫煤。除可作动力与民用燃料外，在缺乏瘦煤的地区，贫煤也可充当配煤炼焦的瘦化剂使用；质量好的无烟煤，可作气化原料、高炉喷吹和铁矿粉烧结的燃料以及制造电石、电极和炭素材料等。

无烟煤和贫煤集中分布在我国晋东南地区和黔中一带，约占全国高变质煤资源储量的75%，中南、西南和华东南部也广泛分布，其中，福建省100%为高变质煤，湖南、湖北、广东、四川的高变质煤占全省煤炭资源量的70%左右，北京占到97%左右。由于这些省（市）煤炭资源总量不大，因而高变质煤占全国比例很少。

（2）中变质烟煤　包括贫瘦煤、瘦煤、焦煤、1/3焦煤、肥煤、气肥煤和气煤等7种，主要用途是配煤炼焦，或用作动力燃料、制造煤气、生产氮肥、少数气煤还可用来炼油。

中变质烟煤主要分布在山西、安徽、山东、贵州、黑龙江、河北、新疆、河南、内蒙古、陕西等10省（自治区），约占全国中变质煤资源储量的80%以上，特别是山西省不仅资源储量丰富，而且质量好，品种全，各种煤类都占有相当大的比例。其他省、市、自治区，除福建、台湾、海南、上海、港澳外，都有赋存，但数量和质量相差很大。

(3) 低变质烟煤　包括1/2中黏煤、弱黏煤、不黏煤和长焰煤等4种。长焰煤和弱黏煤是煤炼油的主要煤源，1/2中黏煤是配煤炼焦的原料。同时可当作气化原料和动力燃料用煤。

低变质烟煤主要分布在我国西北和华北各省（自治区），约占全国低变质煤资源储量的95%以上，东北地区有少量分布，其余地区仅有零星分布。

(4) 褐煤　是煤化程度最低的煤。多用作燃料、气化或低温干馏的原料，也可用来提取褐煤蜡、腐殖酸、制造磺化煤或活性炭。

褐煤集中分布在内蒙古东部，云南中西部和黑龙江东部地区，约占全国褐煤资源储量的90%以上，其他省（自治区）也有少量和零星分布。

1.4 国外矿产资源储量分类

人类通过矿产勘查活动，以获得其数量或体积以及质量、赋存状态、加工利用性能、开采技术条件等方面的信息，矿产资源量即是指在勘查活动中估算的矿产资源的数量或体积。

矿产储量是指在已查明的矿产资源量中，地质可靠程度较高、具有现实经济开采价值、扣除了设计及开采损失的可采出的资源量。

矿产资源储量分类始于1902年英国采矿工程学会。当时为了解决采矿计划问题而按矿体揭露程度来划分矿石储量级别。1927年以后，矿产资源储量分类演化成两大不同体系。一种是以苏联为代表的计划经济体制国家的矿产储量分类体系，另一种是以美国为代表的市场经济国家的矿产资源分类体系。前者适应于计划经济体制，后者适应于市场经济体系。由于计划经济体制的解体，目前国际上以市场经济国家的矿产储量分类体系为通行。

发达的市场经济国家，一般并行两套资源储量分类方案。一套是由政府机构制定并只在机构内部执行的分类方案，是为政府摸清国家资源家底、进行资源形势分析、制订矿产勘查开发政策服务的；一套是由矿业行会制定并为整个行业所执行的方案，这套方案既是企业实际勘查工作以及储量估算等所依据的标准，也是可行性研究、矿山设计、矿权评估、矿权转让、上市招股、合资合作等所依据的标准。

1.4.1 关于政府的分类方案

美国是最早制定政府资源储量分类标准的国家，其标准在世界上的影响力也最大，我们引用和看到的矿产资源方面的数据多是美国地质调查局公布的。其他有关国家基本上是仿照美国的标准。美国矿业局和地质调查局1980年制定的分类方案示于表1-4-1、表1-4-2。美国使用双表资源储量分类框架，第一表为储量-资源量表，第二表为储量基础-资源量表；建立了四个基本类型：查明资源量、储量基础、储量、未查明资源量，前三类为层层包含关系。首先按地质可靠程度分为查明资源（discovered）和未查明资源（undiscovered）两类。在已查明的资源量下再分为确定的（measured）、推定的（indicated）和推断的（inferred）三类，其中将确定的和推定的又合称为探明的。经济性分为经济的、边际经济的、次经济的三类。

储量基础是查明资源量的一部分，它能满足现行采矿和生产所要求的条件，但未扣除设计和采矿损失，是原地的。

表 1-4-1　美国地质调查局 1980 年矿产资源储量分类第一表

<table>
<tr><td rowspan="3">累计产量</td><td colspan="3">查明资源</td><td>潜在资源</td></tr>
<tr><td colspan="2">探明的</td><td rowspan="2">推断的</td><td rowspan="2">概率范围
假定的　假想的</td></tr>
<tr><td>确定的</td><td>推定的</td></tr>
<tr><td>经济的</td><td colspan="2">储　量</td><td>推断储量</td><td rowspan="3"></td></tr>
<tr><td>边际经济的</td><td colspan="2">边际储量</td><td>推断边际储量</td></tr>
<tr><td>次经济的</td><td colspan="2">探明的次经济资源量</td><td>推断的次经济资源量</td></tr>
<tr><td>其他产出</td><td colspan="4">包括非传统的低品位物质</td></tr>
</table>

表 1-4-2　美国地质调查局 1980 年矿产资源储量分类第二表

<table>
<tr><td rowspan="3">累计产量</td><td colspan="3">查明资源</td><td>潜在资源</td></tr>
<tr><td colspan="2">探明的</td><td rowspan="2">推断的</td><td rowspan="2">概率范围
……（或）……
假定的　假想的</td></tr>
<tr><td>确定的</td><td>推定的</td></tr>
<tr><td>经济的</td><td colspan="2" rowspan="2">储量基础</td><td rowspan="2">推断储量基础</td><td rowspan="3"></td></tr>
<tr><td>边际经济的</td></tr>
<tr><td>次经济的</td><td colspan="2">探明的次经济资源量</td><td>推断的次经济资源量</td></tr>
<tr><td>其他产出</td><td colspan="4">包括非传统的低品位物质</td></tr>
</table>

储量是储量基础中的可采部分。

未查明资源是推断存在的矿产资源，由与查明资源不相连的那些矿床组成。为反映不同的地质可靠程度（概率范围），又分为假定的和假想的两类。假定的资源量是指根据已知的地质条件，有理由预测存在于已知矿区或相似地质条件区域的尚未发现的资源。假想的资源量是指在尚无矿产发现的有利地质环境中可能存在的资源。

1.4.2　关于行会的分类方案

西方各国的分类都很相似，可以澳大利亚联合矿石储量委员会（JORC）的分类方案（图 1-4-1）为代表，普遍为西方矿业公司所采用，也是国际采矿冶金协会（CMMI）所建立的国际分类方案的基础。首先将矿产资源分为储量和资源量。资源量是内蕴经济的原地的矿产资源，根据工程控制程度分为确定的、推定的和推断的三类。储量均是经济的可采出的资源量，根据工程控制程度分为证实的（proved）和概略的（probable）储量。资源量与储量之间依据转换因子进行转换。

1.4.3　关于国际组织的分类

这一类的方案主要有联合国和国际采矿冶金协会（CMMI）的分类方案。

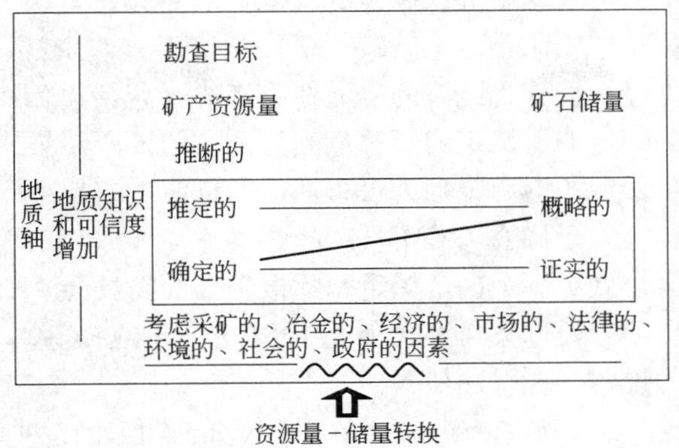

图 1-4-1 澳大利亚矿产资源储量分类表

1.4.3.1 联合国的 UNFC 的化石能源和矿产资源分类框架

联合国制定 UNFC 分类框架的目的是力图将世界各国资源储量类型都包括在其大框架中。因此，联合国的分类方案并不是提供一种可供各国政府或企业直接使用的分类方案，而是为各种资源储量分类方案提供一个用于对比的框架，各国的资源储量类型可以在框架中找到自己的位置。

联合国分类方案采用的是三维分类法，水平轴（*G* 轴）是勘查阶段，纵轴（*F* 轴）是可行性评价阶段，第三个轴（*E* 轴）是经济可靠性。将可行性研究作为分类要素之一是其重要特点。每个类型由三个代码表示：第一位代码表示经济状态，第二位代码表示可行性研究状态，第三位代码表示地质（勘查阶段或地质可靠性）状态。联合国 UNFC 分类框架的二维表示如图 1-4-2 所示。

联合国国际框架		详细勘探	一般勘探	普 查	踏 勘
	国际系统				
可行性研究或采矿报告		1 证实的矿储量（111）			
		2 可行性矿产资源量（211）			
预可行性研究		1 概略的矿产储量（121）	1 概略的矿产储量（122）		
		2 预可行性矿产资源量（221）	2 预可行性矿产资源量（222）		
地质研究		3 确定的矿产资源量（331）	3 推定的矿产资源量（332）	3 推断的矿产资源量（333）	? 踏勘的矿产资源量（334）

注：经济可靠性类型：1= 经济的；2= 潜在经济的；3= 经济的到潜在经济的（内蕴经济的）；？ =经济意义未定的。图中的（121）为资源储量类型的编码。
可行性矿产资源和预可行性矿产资源为暂定名词。

图 1-4-2 联合国矿产资源储量分类框架

联合国方案，按地质可靠程度分为确定的（331）、推定的（332）、推断的（333）和踏勘的（334）资源量四类，前三类（331～333）相当于查明资源，第四类（334）相当于未查明资源。再根据经济性分为经济的、潜在经济的（包括边际经济的和次经济的）和内蕴经济的。将经济的确定的、推定的资源量划为证实的矿产储量或概略的矿产储量，而将潜在经济的确定的、推定的资源量划为可行性矿产资源量或预可行性矿产资源量。

1.4.3.2 国际采矿冶金协会（CMMI）的分类方案

国际采矿冶金协会设立了一个矿产储量国际报告标准委员会（CRIRSCO）从事分类标准研究，该委员会提出的分类方案与澳大利亚JORC的分类方案基本一致，并对各资源量储量类型做了更详细的说明，现引述如下：

（1）推断的资源量（inferred resources）：是以低的置信水平对其吨位、密度、形状、物理特点、品位和矿物含量进行估算的矿产资源。它是根据地质现象、采样推断的，其地质和品位的连续性是假定的而非证实的。它是通过使用适当的技术方法，从有限的或质量不确定及不可靠的露头、探槽、浅井、坑道、钻孔等所采集的信息为基础而估算的。估算的置信水平往往不足以采用技术和经济参数，对其进行经济可行性评价时要慎重。

（2）推定的资源量（indicated resources）：是以合理的置信水平对其吨位、品位和矿物含量进行评估的矿产资源。它是通过使用合理的技术方法，从露头、探槽、浅井、坑道、钻孔等所采集的勘查、取样和化验信息为基础估算的。虽不能肯定但足以假设其地质和品位的连续性。估算的置信水平足以采用技术和经济参数，并能评估其经济可行性。

（3）确定的资源量（measured resources）：是以高置信水平对其吨位、品位和矿物含量进行评估的矿产资源。它是通过使用合理的技术方法，从露头、探槽、浅井、坑道、钻孔等所采集详细可靠的勘查、取样和化验信息为基础估算的。采样工程密度足以确定其地质和品位的连续性。估算的置信水平足以采用技术和经济参数，并能以高置信水平来评估其经济可行性。

（4）证实的储量（proved reserve）：是确定的资源量中的经济可采部分。它包括了开采时可能出现的贫化和损失。此时至少进行过一次预可行性级别的研究，包括根据切合实际假定的采矿、冶金、经济、市场、法律、环境、社会和政府因素进行研究和转换。这些研究表明在报告时，能够合理地认定适合开采。

（5）概略的储量（probable reserve）：是推定的资源量中的经济可采部分，某些情况下也包括确定的资源量的经济可采部分。它包括了开采时可能出现的贫化和损失。此时至少进行过一次预可行性级别的研究，包括根据切合实际的假定的采矿、冶金、经济、市场、法律、环境、社会和政府因素进行研究和转换。这些研究表明在报告时，能够合理地认定适合开采。

1.4.4 俄罗斯的矿产储量分类

1997年俄罗斯颁布了新的矿产储量分类标准（图1-4-3），基本保留了前苏联的分类框架，即将矿产资源储量分为平衡表内的经济储量和平衡表外的潜在经济储量两类，然后对两类储量进行分级，分为A、B、C1、C2四级，相当于我国原分类中的A、B、C、D四级。

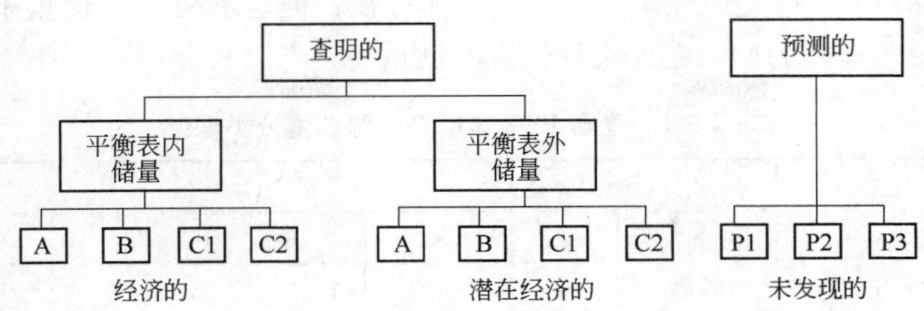

图 1-4-3 俄罗斯矿产储量分类框架

同时作了以下重要修改：

（1）取消了对储量级别比例的要求。

（2）对表内和表外储量赋予了更明确的经济含义。

对平衡表内储量（经济储量）又分为两个亚类：

（1）在市场竞争条件下，评价时进行采选的是有经济效益的储量。

（2）在市场竞争条件下，评价时进行采选的是不能保证得到经济效益，但在国家采取的特殊措施（税收优惠、补贴等）的支持下，可以开采的储量，即边际经济的储量。

平衡表外储量（潜在经济储量）也分为两个亚类：

（1）符合表内储量要求，但在评价时期限于矿山技术、法律、生态等条件不宜利用的储量。

（2）在评价时，由于矿石质量低劣或开采加工条件复杂，进行采选在经济上不合理，但如果技术进步可降低生产成本或提高矿物原料价值，使其开发利用可以取得经济效益的储量。

2003 年俄罗斯矿业经济研究所提出了新的分类草案，采用的是联合国的分类框架。计划经济的矿产储量分类体系是否会废除，还不得而知。

1.5 我国矿产资源储量分类

1.5.1 计划经济时期矿产资源储量分类标准简介

我国最早的矿产资源储量分类标准是在计划经济体制下，于 1954 年从苏联引进的，经过 20 余年的吸收、应用、消化和完善，到 20 世纪 70 年代末基本形成了一套以表内、表外两类，A、B、C、D 四级为基础的分类框架。随着我国改革开放的发展，1983 年在上述框架中，将未查明矿床的预测储量分为 E、F、G 三级。到 1992 年底最终形成《固体矿产勘探规范总则》，为旧分类体系画上了句号。该规范（表 1-5-1）将矿产储量分为表内、表外两大类。表内为能利用储量，再根据矿床内外部技术经济条件分为 a、b 两个亚类。a 亚类为评价时进行采选有经济效益的储量，b 亚类为改善外部经济条件后即能利用。需要指出的是，a、b 两个亚类在勘探工作中并没有实际使用；表外为暂难利用储量。每类再分为 A、B、C、D、E 五级。A 级储量是矿山编制采掘计划依据的储量，由生产部门探求；B 级是矿山建设设计依据的储量，又是地质勘探阶段探求的高级储量，并可起到验证 C 级储量的作用；C 级是矿山建设设计依据的储量；D 级是进一步布置地质勘探工作和矿山建设远景规划的储量；E 级是经探矿工程证实矿体存在，但达不到 D 级储量条件的储量，是矿区的远景储量，不作为矿山建设设计依据的储量。

表 1-5-1 我国 1992 年矿产资源储量分类框架

<table>
<tr><td rowspan="4">固体矿产地质勘探规范总则 1992 年</td><td colspan="2">分 类</td><td colspan="5">分 级</td></tr>
<tr><td rowspan="2">能利用储量</td><td>a</td><td>A</td><td>B</td><td>C</td><td>D</td><td>E</td></tr>
<tr><td>b</td><td>A</td><td>B</td><td>C</td><td>D</td><td>E</td></tr>
<tr><td colspan="2">尚难利用</td><td>A</td><td>B</td><td>C</td><td>D</td><td>E</td></tr>
</table>

1.5.2 现行矿产资源/储量分类标准

由于计划经济时期的矿产资源储量分类标准不能适应社会主义市场经济要求，也不能与国际通行规则接轨，1999 年进行了改革，制定了《固体矿产资源/储量分类》(GB/T 17766—1999)。该分类是以 1997 年 2 月联合国经济和社会委员会发布的《联合国国际储量/资源分类框架》为基础制定的。

分类主要依据四个勘查阶段（勘探、详查、普查、预查）中，获得的四种不同地质可靠程度（探明的、控制的、推断的、预测的）和相应的可行性评价阶段（可行性研究、预可行性研究、概略研究），所获得的不同经济意义（经济的、边际经济的、次经济的、内蕴经济的、经济意义未定的），将矿产资源储量分为储量、基础储量、资源量三大类十六种类型，并给予编码。它既可用矩阵形式表示（表 1-5-2），以地质可靠程度、可行性评价阶段、经济可靠性程度三方面信息组成矩阵；也可用三维形式（图 1-5-1）表示，水平轴（*G* 轴）是

表 1-5-2 中国矿产资源储量分类框架

<table>
<tr><td rowspan="2">地质可靠程度 / 类型 / 经济意义</td><td colspan="3">查明矿产资源</td><td>潜在矿产资源</td></tr>
<tr><td>探明的</td><td>控制的</td><td>推断的</td><td>预测的</td></tr>
<tr><td rowspan="4">经济的</td><td>可采储量（111）</td><td></td><td></td><td></td></tr>
<tr><td>基础储量（111b）</td><td></td><td></td><td></td></tr>
<tr><td>预可采储量（121）</td><td>预可采储量（122）</td><td></td><td></td></tr>
<tr><td>基础储量（121b）</td><td>基础储量（122b）</td><td></td><td></td></tr>
<tr><td rowspan="2">边际经济的</td><td>基础储量（2M11）</td><td></td><td></td><td></td></tr>
<tr><td>基础储量（2M21）</td><td>基础储量（2M22）</td><td></td><td></td></tr>
<tr><td rowspan="2">次边际经济的</td><td>资源量（2S11）</td><td></td><td></td><td></td></tr>
<tr><td>资源量（2S21）</td><td>资源量（2S22）</td><td></td><td></td></tr>
<tr><td>内蕴经济的</td><td>资源量（331）</td><td>资源量（332）</td><td>资源量（333）</td><td>资源量（334）？</td></tr>
</table>

注：表中所用编码（111～334）中的第 1 位数表示经济意义：1= 经济的，2M= 边际经济的，2S= 次边际经济的，3= 内蕴经济的，？= 经济意义未定的；第 2 位数表示可行性评价阶段：1= 可行性研究，2= 预可行性研究，3= 概略研究；第 3 位数表示地质可靠程度：1= 探明的，2= 控制的，3= 推断的，4= 预测的。b 代表未扣除设计和采矿损失的基础储量。

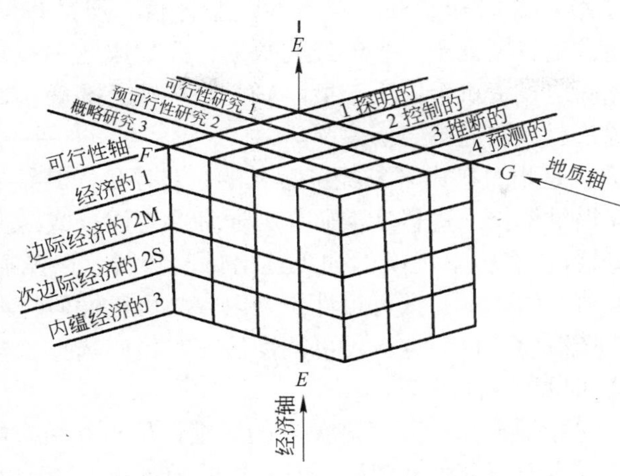

图 1-5-1　中国矿产资源储量分类框架图

地质可靠程度，纵轴（*F* 轴）是可行性评价阶段，第三个轴（*E* 轴）是经济意义。

分类将矿产资源按照地质可靠程度，划分为查明矿产资源和潜在矿产资源两大类别。

查明矿产资源是指经勘查工作已发现的矿产资源的总和。依据其地质可靠程度和可行性评价所获得的不同结果，可分为储量、基础储量、资源量三大类。

（1）储量：是指基础储量中（已扣除了设计和采矿损失）的经济可采部分。根据地质可靠程度和可行性研究阶段的不同，分为可采储量（111）和预可采储量（121、122）。

（2）基础储量：是指在探明的或控制的资源量中，经（预）可行性研究表明属于经济的或边际经济的那部分资源量，未扣除设计和采矿损失。

（3）资源量：是指查明矿产资源的一部分和潜在的矿产资源。包括经（预）可行性研究的次边际经济的矿产资源和未经（预）可行性研究的内蕴经济的矿产资源。

内蕴经济的四种资源量是地质报告中反映地质勘查成果的主要量化指标，既是转化为其他资源/储量的基础，也是理解和把握其他所有资源/储量的基础。

（1）探明的资源量（331）：是指在矿区范围依照勘探阶段的精度要求，详细查明了矿床地质特征、矿体的形态、产状、规模、矿石质量、品位及开采技术条件；矿体的连续性已经确定，矿产资源数量估算所依据的数据详尽，可信度高。

（2）控制的资源量（332）：是指对矿区一定范围依照详查阶段的精度要求，基本查明了矿床的主要地质特征、矿体的形态、产状、规模、矿石质量、品位及开采技术条件；矿体的连续性基本确定，矿产资源数量估算所依据的数据较多，可信度较高。

（3）推断的资源量（333）：是指对矿区按照普查阶段的精度要求，大致查明矿产的地质特征以及矿体的展布特征、品位、质量，也包括那些地质可靠程度较高的基础储量或资源量外推的部分。矿体的连续性是推断的，矿产资源数量的估算所依据的数据有限，可信度较低。

（4）预测的资源量（334）?：是指经过预查工作，依据区域地质研究成果、遥感、地球物理、地球化学等异常以及极少量工程资料，确定具有矿化潜力的地区，并和已知矿床类比而估计的资源量，属于潜在矿产资源，有无经济意义尚不确定。

可行性评价分为概略研究、预可行性研究、可行性研究三个阶段。

（1）概略研究：是指对矿床开发经济意义的概略评价。所采用的矿石品位、矿体厚度、埋藏深度等指标通常是我国几十年来的经验数据，采矿成本是根据同类矿山生产估计的。其目的是为了由此确定投资机会。由于概略研究一般缺乏准确参数和评价所必需的详细资料，所估算的资源量只具有内蕴经济意义。

（2）预可行性研究：是指对矿床开发经济意义的初步评价，其结果可以为该矿床是否进行勘探或可行性研究提供依据。进行这类研究，通常应有详查或勘探后采用参考工业指标求得的矿产资源/储量数，实验室规模的加工选冶试验资料，以及通过价目表或类似矿山开采对比所获得数据估算的成本。预可行性研究内容与可行性研究内容相同，但详细程度次之。当投资者为选择拟建项目而进行预可行性研究时，应选择适合当时市场价格的指标及各项参数，且论证项目尽可能齐全。

（3）可行性研究：是指对矿床开发经济意义的详细评价，其结果可以详细评价拟建项目的技术经济可靠性，可作为投资决策依据。所采用的成本数据精确度高，通常依据勘探所获得的储量数及相应的加工选冶性能试验结果，其成本和设备报价所需各项参数是当时的市场价格，并充分考虑了地质、工程、环境、法律和政府的经济政策等各种因素的影响，具有很强的时效性。

对地质可靠程度不同的查明矿产资源，经过不同阶段的可行性评价，按照评价当时经济上的合理性，可以划分为经济的、边际经济的、次边际经济的、内蕴经济的。

（1）经济的：其数量和质量是依据符合市场价格确定的生产指标计算的。在可行性研究或预可行性研究当时的市场条件下开采，技术上可行，经济上合理，环境等其他条件允许，即每年开采矿产品的平均价值能足以满足投资回报的要求。或在政府补贴和（或）其他扶持条件下，开发是可能的。

（2）边际经济的：在可行性研究或预可行性研究当时，其开采是不经济的，但接近于盈亏边界，只有在将来由于技术、经济、环境等条件的改善或政府给予其他扶持的条件下可变成经济的。

（3）次边际经济的：在可行性研究或预可行性研究当时，其开采是不经济的或技术上不可行，需大幅度提高矿产品价格或技术进步，使成本降低后方能变为经济的。

（4）内蕴经济的：仅通过概略研究做了相应的投资机会评价，未做预可行性研究或可行性研究。由于不确定因素多，无法区分其是经济的、边际经济的，还是次边际经济的。

1.5.3 新旧分类的对比

首先，就实际工作而言，可作简单的对比，331≈A级+B级，332≈C级，333≈D级+E级。储量及基础储量属于表内储量，次边际经济的资源量属于表外储量。旧分类只涵盖了新分类中“查明矿产资源”，而没有涵盖新分类中“潜在矿产资源”即“预测的资源量（334）?”。内蕴经济的资源量（331、332、333）既可是表内的，也可是表外的。在实际工作中，显然是以表内的为主。

其次，就方法而言，新分类采用的是三维分类，除了传统的地质可靠程度和经济意义外，引入了可行性研究作为分类要素之一，要求严格确定矿产资源的经济意义；而旧分类对可行性研究没有明确要求，对经济意义只划分了两类，即可利用储量（表内）和暂难利用储量（表外），“表外”相当于新分类的“边际经济的”和“次经济的”。

另外，就分类概念而言，旧分类将各类勘查程度及经济意义的矿产资源统统叫做“储量”，储量几乎是矿产资源的同义词。而新分类将旧分类中的“储量”一分为三，即储量、基础储量、资源量，这样无疑使分类更细致、内涵更准确、使用更方便，也实现了与国际通行规则的接轨。

1.6 国内外矿产资源/储量分类对比

我国分类与国外政府分类及行会分类对比列于表1-6-1。

表1-6-1 我国矿产资源/储量分类与国外政府分类、行会分类对比表

对比因素	我国分类体系	国外政府分类体系	国外行会分类体系
分　类	资源量、基础储量、储量（查明资源量）、未查明资源量四类	资源量、储量基础、储量（查明的资源量）、未查明资源量三至四类	资源量、储量（查明的资源量）二类
分　级	储量、基础储量：探明的、控制的二级；资源量：探明的、控制的、推断的、预测的四级	储量：证实的、概略的、推断的二至三级 资源量：确定的、推定的、推断的、预测的（其中又分为假设的、假想的）四至五级	储量：证实的、概略的二级 资源量：确定的、推定的、推断的三级
地质可靠性	探明的、控制的、推断的、预测的四级	确定的、推定的、推断的、踏勘的四级	确定的、推定的、推断的三级
经济性	经济的、边际经济的、次边际经济的、内蕴经济的四类	经济的、边际经济的、次经济的、内蕴经济的三至四类	经济的、内蕴经济的二类
可行性研究	分类要素之一	有的作为分类要素 有的不作为分类要素	不作为分类要素
转换因子	可行性研究结果	只考虑经济因素	综合考虑经济、采矿、冶金、市场、法律、环境、社会、政府因素
适应对象	政府、企业共同使用	政府机构使用	企业使用

在行会分类体系中，以澳大利亚的JORC分类方案最为通行，普遍为西方矿业公司所采用，也为政府、证券机构等所普遍接受。现将我国分类的资源/储量类别与其作一个简单的对比：

证实的储量相当于111 +121；

概略的储量相当于122；

确定的资源量相当于111b +121b +2M11 +2M21 +2S11 +2S21 +331；

推定的资源量相当于122b +2M22 +2S22 +332；

推断的资源量相当于333。

在政府分类体系中，以美国地质调查局的分类方案影响最大，我们引用和看到的储量、储量基础、资源量等矿产资源方面的数据多是美国地调局公布的。现将我国分类的资源/储量类别与其作一个简单的对比：

储量相当于111 +121 +122；

储量基础相当于111b +121b +2M11 +2M21 +122b +2M22 +储量；

查明资源量相当于2S11 +2S21 +2S22 +331 +332 +333 +储量基础；

潜在资源量相当于334?。

联合国的分类方案是我国制定分类方案的基础，两者的资源/储量类别是完全一致的。

1.7 矿产资源常用术语及矿床规模划分

1.7.1 矿产资源常用术语

参考《矿产资源工业要求手册》、国家有关固体矿产资源/储量分类标准等资料，将有关矿产资源常用术语简述如下：

【矿石】 在现有的技术和经济条件下，能够从中提取有用组分（元素或矿物）或利用其特性的自然矿物聚集体。包括金属矿石、非金属矿石，以及煤、油页岩、铀矿石等有用的岩石。

【夹石】 指夹于矿体中或矿体间的非矿岩石。在矿床的储量计算中，夹石的剔除，受一定工业指标的限定。

【矿层】 沉积岩层序中或层状侵入体中的层状矿体。其中，大多为同生矿床，部分为后生矿床，后者如沿某些沉积岩层发育的交代矿体，具有似层状的特点。矿层常被其中的岩石夹层分割为分层，分层又可分割为薄层。因此，矿层可划分为简单的（无岩石夹层）和复杂的（有夹石层）两类。

【矿脉】 沿着围岩的裂隙充填或交代而成的脉状矿体。这种矿体的形成均晚于围岩。一般与围岩产状不一致的，叫穿切矿脉；与围岩产状一致的，叫顺层矿脉。矿脉的大小不一，脉宽从几毫米至数米，个别达数十米；脉长从几米至几百米，少数达数千米。因此，根据具体情况，矿脉有大脉、中脉、小脉、细脉和微脉或线脉之分。

【共生矿产】 同一矿区（矿床）内，存在两种或多种分别都达到工业指标要求，并具有小型以上规模（含小型）的矿产，即为共生矿产。共生矿产又分为同体共生矿和异体共生矿。对共生矿产应进行综合勘查、综合评价。

【同体共生矿】 同一矿体中，赋存两种或两种以上的矿产分别达到工业指标要求，并具小型规模以上者，称同体共生矿，如铅锌矿、铜镍矿、铅锌铜矿、钨锡矿、钛锆砂矿等。同体共生矿一般是综合圈定矿体，分别计算储量。

【异体共生矿】 同一矿区（矿床）内，赋存两种或多种矿产，分别达到工业指标要求，并具有小型以上矿床规模，可分别圈出矿体，如海南石碌铁矿铜钴异体共生矿，云南大红山铁铜异体共生矿等。

【伴生矿产】 主矿体中，伴生其他有用矿物、元素，但未达到工业指标要求或未达到小型规模，技术经济上不具有单独开采价值，须与主要矿种综合开采、回收利用的矿产。我国已探明的金属矿床中，单一矿种的矿床相对较少，大部分伴生有几种或多种伴生矿产，特别是分散元素，基本上都是作为伴生矿产产出的。伴生矿产虽不能单独开采利用，但开采主要组分时，可以综合回收利用，这对充分利用矿产资源，提高矿床经济价值和社会效益，意义重大。因此，在矿产勘查时，应对伴生矿产综合评价，以确保矿山合理建设生产，为资源的充分开发利用提供地质依据。

【矿产资源储量】 指矿产资源的蕴藏量，表示方式有矿石量、金属量或有用组分量、有用矿物储量等，多数以质量（吨、千克、克拉）计，少数以体积（立方米）计。矿产资源储量是矿产地质工作一项主要成果，也是制订国民经济计划、进行矿山建设的重要依据。据《固体矿产资源/储量分类》(GB/T 17766—1999)，矿产资源储量可分为储量、基础储量、资源量三类。

【矿产勘查工业指标】 是在当前的技术经济条件下，工业部门或矿山企业对原矿矿产品质和开采条件所提出的要求，也是评定矿床工业价值、圈定矿体和估算资源储量的依据。提供矿山建设设计使用的地质报告中采用的工业指标（包括多矿种共生或伴生的综合工业指标）。在过去计划经济条件下，是根据国家的各项技术经济政策、资源情况、开采和加工的技术水平，结合国家当前和长远的需要，由地质勘查单位提出有关地质资料和对工业指标的初步意见，经设计部门在进行技术经济条件评价的基础上，按隶属关系报请主管领导机关批准下达。在社会主义市场经济条件下，则由探矿权人或采矿权人根据有关法律法规、市场供需情况、矿体特征，考虑未来采、选、冶加工方案、投资效益等而确定。工业指标的确定方法有类比法、统计法、价格法、方案比较法、综合评价法等。工业指标的确定应和采、选、冶方案以及与其相关的矿体圈定方案和矿产经济模型通盘考虑，以求达到地质上可能，技术上可行，经济上合理。一般固体矿产的工业指标主要包括边界品位、最低工业品位、矿区平均品位、有害组分最大允许含量、物理和化学特性要求、最小可采厚度、最低工业米百分值、夹石剔除厚度以及剥离系数、边坡稳定角和开采深度等要求。此外，还可针对某些矿产的特殊情况和要求，提出其他项目的工业指标。矿产的一般工业指标只是在普查找矿阶段，作为矿床评价和估算资源储量时的参考。在详查、勘探阶段确定矿产工业指标时，除要参照矿产一般工业指标外，还必须遵守有关部门规定。必须强调指出，同一矿种的不同矿床或矿段，或同一矿床或矿段在不同时期的工业指标不是固定不变的，它们的工业指标会因为资源品质的差异、社会需求的差异、选矿与相关工艺的进步、市场价格的变化、环境保护政策的改变而变化。

【边界品位】 又称边际品位，固体矿产矿体圈定时的一项品质指标。指在资源储量估算中圈定矿体时，对单个矿样中有用组分含量的最低要求，以作为区分矿石与围岩的一个最低品位界限。有用组分含量低于边界品位的样品，其代表的地段一般为围岩或夹石。用单指标体系时，边界品位圈出的即为矿体。用双指标体系时，需用最低平均可采品位指标衡量边界品位圈出的单个工程或块段是否为矿体，如单工程或块段的平均品位高于最低平均可采品位时则为矿体，平均品位介于工业品位与边界品位之间的矿体或矿段，其拥有的资源储量则为暂不能利用（次边际经济）的资源储量。

【最佳边界品位】 欧美等西方国家利用计算机技术采用三维矿块模型和边界品位单一指标作为选别开采单元的依据，高于此品位的单元可以开采。随市场价格的变动，边界品位要相应变动。这种定期或不定期变动以保证获取最大利润的指标，称最佳边界品位。

【最低工业品位】 全称最低工业可采品位或最低平均可采品位；有些矿种的实例将它简称为工业品位。根据当前经济技术条件，工业部门或矿山企业对矿产提出的一项品质指标，作为划分矿石品级，区分能利用（经济的）资源储量与暂不能利用（次边际经济的）资源储量的重要标准。具体地说，是根据边界品位圈定的单个勘探工程或所揭露的单个矿段中有用组分平均含量的最低要求。工业品位是保证所圈出的工业矿体的平均品位，能够等于或高于工业部门或矿山企业所要求的质量或利润标准的品位。对品位变化不均匀和极不均匀的矿体，工业品位可用于块段以至矿体，在块段或矿体中允许有个别工程控制的矿体平均品位低于工业品位，但不得有连续相邻两个工程都低于最低工业品位。否则，应予剔除，单独计算。

【综合工业品位】 在某些矿床或矿体中，有两种或两种以上矿产，其中任一种都达不到各自单独的工业品位要求，按等价原则，将其折算为某一主要组分的等价品位，或是按几种矿产品的综合价格制定综合工业品位，并据此确定相应的综合边界品位。

【块段最低工业品位】 圈定矿体的工业指标之一，矿床中所划分块段的平均品位不能低于此指标值。对于一些低品位、规模巨大的矿床或矿体，块段最低工业品位的设置，应该保证矿山企业的均衡正常生产、资源合理利用和必要的利润。

【矿床(区)最低工业品位】 全矿床（区）的工业矿石最低允许的总平均品位。是衡量矿床是否值得开发建设和开发后能否获得预期经济效益的一项指标。

【矿区平均品位】 整个矿区中有用组分的总平均含量，是从整体上衡量矿床贫富程度的一项参数。

【特高品位】 特高品位样品的简称，又称风暴品位。矿床中那些比一般品位高出许多倍的少数矿样。这种矿样一般在矿化很不均匀的个别富矿地段出现。它使矿体或矿体某一部分的平均品位计算结果剧烈增高，据以求得的有用组分资源储量也大大超过实际的资源储量。为了在资源储量估算时能够比较准确地反映有用组分的实际资源储量，缩小它对平均品位计算的影响，通常需要采用一定的方法进行处理。

【可采厚度】 全称最小可采厚度。根据当前采矿技术和矿床地质条件对固体矿产提出的一项工业指标。指在一定的技术经济条件下，对有开采价值的单层矿体的最小厚度要求，以作为资源储量估算圈定工业矿体时，区分能利用（经济的）资源储量与暂不能利用（边际经济的）资源储量的标准之一。

【夹石剔除厚度】 又称最大允许夹石厚度。工业部门根据采矿技术和矿床地质条件对固体矿产提出的一项工业指标。指在资源储量估算圈定矿体时，允许夹在矿体中间非工业矿石（夹石）部分的最大厚度。厚度大于或等于此指标的，作为围岩，不圈入矿体；反之，应取样分析与工业矿石部分一并计算平均品位作为矿体的一部分，估算资源储量。

【有用组分】 又称有益组分。在目前的技术和经济条件下，矿产中可以被工业利用的成分。它是评定矿产品质的主要标志之一。按其含量和工业意义，可分为主要有用组分和伴生有用组分。

【主要有用组分】 矿石中具有经济价值、在当前技术经济条件下可单独提取利用的主要组分。它是矿产勘查、开采的主要对象，也是评价矿石品质的一项主要内容。

【伴生有用组分】 又称伴生有益组分。矿产中与主要有用组分相伴生的其他有用组分。它既包括在加工利用或开采过程中可以综合回收的有用组分，又指加工利用时虽不能单独回收，但进入产品并对产品品质有利的成分。前者如某些铁矿石中所含有的钴、镍、钒、钼等，当其达到一定含量并在加工中可以被综合回收时，这些成分便称为铁矿的伴生有用组分；锌矿石中的镉、铅矿石中的银等，亦然。后者如含锰的铁矿石，虽然在生产时不单独回收锰，但锰在钢铁中能增强产品的硬度、延展性、韧性和抗磨能力，所以也属于铁矿的伴生有用组分。含有伴生有用组分的矿床，不仅提高了其工业利用的价值，而且在评价时可以适当降低对主要有用组分的含量要求，从而扩大了工业矿石的储量。因此，注意查明伴生有用组分的种类、含量及赋存状态，对矿床进行综合评价，对于提高地质勘查工作的成效，合理、充分地开发和利用矿产资源，有重要意义。

【有害组分】 矿产中对加工生产过程或产品品质起不良影响的组分。它是评定矿产品质的一项指标。例如，在直接入炉的富铁矿石中如果含有一定量的硫、磷、砷，便会降低钢铁产品的强度，使其在高温或冷却时变脆。要排除它们，则须增加燃料和熔剂的消耗，并降低生产效率，所以是铁矿的有害组分。因此在工业部门对矿产工业指标的要求中，有害组分最大平均含量不得超过一定的限度。但是，有害组分与有用组分的概念也是相对的，当其达到一定的含量并在生产技术上可以被综合回收时，便转变为有用组分。例如，铁矿石含有少量的锡，就能降低钢铁的强度，是有害组分；但当其超过一定的含量（如大于千分之几），并在技术上可以回收，经济上又合理的时候，锡便成为伴生有用组分。

【勘查深度】 又称最大勘查深度。它是衡量矿床勘查程度的因素之一。勘查深度是根据当前开采技术水平能够开采到的深度或将来能够达到的最大开采深度所确定的探矿工程控制矿体估算资源储量的最大深度。由于不同类别的矿产，其矿床地质条件各异，经济价值和矿产品售价不一，因而各类矿产矿床的勘查深度必定有所差别。考虑到矿床勘查和开发的经济效益以及最有效地利用勘查资金，除稀缺矿产和盲矿体外，一般情况下，是根据矿产资源条件、矿山建设规模、矿山服务年限、开采开拓方式和矿山投资收益等，确定矿床的勘查深度。当前，一般矿床的勘查深度，以500～1000m为宜。延深大的、埋藏深的盲矿体和生产矿山的延深勘查，当视情况而定。此外，对露天开采矿床尚有剥采比、露采边坡角和爆破安全距离等方面的要求，也需要根据矿床实际情况确定。一般对矿体延深不大的工业矿床，最好一次勘查完毕。矿体延深很大的矿床，勘查深度应与未来矿山的首期开采深度一致，在此深度以下，可打少量深孔控制其远景，为矿山总体规划提供资料。

【矿产勘查工作阶段划分术语】 矿产勘查工作分为预查、普查、详查、勘探四个阶段：

预查是指依据区域地质和（或）物化探异常研究结果、初步野外观测、极少量工程验证以及与地质特征相似的已知矿床类比、预测，提出可供普查的矿化潜力较大地区；有足够依据时可估算出预测的资源量。

普查是指对可供普查的矿化潜力较大地区、物化探异常区，采用露头检查、地质填图、数量有限的取样工程及物化探方法，大致查明普查区内地质、构造概况；大致掌握矿体（层）的形态、产状、质量特征；大致了解矿床开采技术条件；类比研究了区内的矿石加工选冶性能；同时提出是否具有进一步开展详查工作的价值，或圈定出详查区范围。

详查是指对普查圈出的详查区，通过大比例尺地质填图及各种勘查方法和手段，采用比普查阶段较密的系统取样，基本查明地质、构造、主要矿体形态、产状、大小和矿石质量，基本确定矿体的连续性，基本查明矿床开采技术条件，对矿石的加工选冶性能进行类比或实验室流程试验研究，做出是否具有工业价值的评价。必要时圈出勘探范围，提供编制项目预可行性研究、矿山总体规划和矿山项目建议书使用。对直接提供开发利用的矿区，其矿石加工选冶性能试验研究程度，应达到可供矿山建设设计的要求。

勘探是指对已知具有工业价值的矿床或经详查圈出的勘探区，通过加密各种采样工程，其间距足以肯定矿体（层）的连续性，详细查明矿床地质特征，确定矿体的形态、产状、大小、空间位置和矿石质量特征，详细查明矿体开采技术条件，对矿石的加工选冶性能进行实验室流程试验或实验室扩大连续试验，必要时应进行半工业试验，为可行性研究或矿山建设设计提供依据。

【矿产勘查可行性评价阶段划分术语】 矿产勘查可行性评价工作依据研究程度的不同可分为概略研究、预可行性研究和可行性研究三个阶段。

概略研究是指对矿床开发经济意义的概略评价，目的是为了确定投资机会，但由于缺乏准确的参数和评价所必需的详细资料，所估算的资源量只具有内蕴经济意义。概略研究成果可由具有资质的勘查单位编制。

预可行性研究是指对矿床开发经济意义的初步评价，目的是为矿床的进一步勘探或开展可行性研究提供决策依据。预可行性研究报告应由具有资质的矿山设计单位编制。

可行性研究是指对矿床开发经济意义的详细评价，其目的是详细评价拟建项目的技术经济可靠性，其结果可作为项目投资决策的依据。可行性研究报告必须由具有资质的矿山设计单位编制。

1.7.2 我国矿产资源储量规模划分标准

根据国土资源部2000年4月24日发布的矿产资源储量规模划分标准（国土资发［2000］133号），将我国主要金属矿产储量规模划分列于表1-7-1。

表1-7-1 我国常用金属矿产和煤矿资源储量规模划分表

序号	矿种名称		规模		
			大型	中型	小型
	铁				
1	（贫矿）	矿石/亿吨	≥1	0.1~1	<0.1
	（富矿）	矿石/亿吨	≥0.5	0.05~0.5	<0.05
2	锰	矿石/万吨	≥2000	200~2000	<200
3	铬铁矿	矿石/万吨	≥500	100~500	<100
4	钒	V_2O_5/万吨	≥100	10~100	<10
	钛				
5	（金红石原生矿）	TiO_2/万吨	≥20	50~20	<5
	（金红石砂矿）	矿物/万吨	≥10	2~10	<2
	（钛铁矿原生矿）	TiO_2/万吨	≥500	50~500	<50
	（钛铁矿砂矿）	矿物/万吨	≥100	20~100	<20
6	铜	金属/万吨	≥50	10~50	<10
7	铅	金属/万吨	≥50	10~50	<10
8	锌	金属/万吨	≥50	10~50	<10
9	铝土矿	矿石/万吨	≥2000	500~2000	<500
10	镍	金属/万吨	≥10	2~10	<2
11	钴	金属/万吨	≥2	0.2~2	<0.2
12	钨	WO_3/万吨	≥5	1~5	<1
13	锡	金属/万吨	≥4	0.5~4	<0.5
14	铋	金属/万吨	≥5	1~5	<1
15	钼	金属/万吨	≥10	1~10	<1
16	汞	金属/吨	≥2000	500~2000	<500
17	锑	金属/万吨	≥10	1~10	<1
	镁				
18	（冶镁白云岩） （冶镁菱镁矿）	矿石/万吨	≥5000	1000~5000	<1000
19	铂族	金属/吨	≥10	2~10	<2

续表 1-7-1

序号	矿种名称		规模 大型	中型	小型
		金			
20	（岩金）	金属/吨	≥20	5~20	<5
	（砂金）	金属/吨	≥8	2~8	<2
21	银	金属/吨	≥1000	200~1000	<200
		铌			
22	（原生矿）	Nb_2O_5/万吨	≥10	1~10	<1
	（砂矿）	矿物/吨	≥2000	500~2000	<500
		钽			
23	（原生矿）	Ta_2O_5/吨	≥1000	500~1000	<500
	（砂矿）	矿物/吨	≥500	100~500	<100
24	铍	BeO/吨	≥10000	2000~10000	<2000
		锂			
25	（矿物锂矿）	Li_2O/万吨	≥10	1~10	<1
	（盐湖锂矿）	LiCl/万吨	≥50	10~50	<10
26	锆（锆英石）	矿物/万吨	≥20	5~20	<5
27	锶（天青石）	$SrSO_4$/万吨	≥20	5~20	<5
28	铷（盐湖中的铷另计）	Rb_2O/吨	≥2000	500~2000	<500
29	铯	Cs_2O/吨	≥2000	500~2000	<500
		稀土			
30	（砂矿）	独居石/吨	≥10000	1000~10000	<1000
		磷钇矿/吨	≥5000	500~5000	<500
	（原生矿）	REO/万吨	≥50	5~50	<5
	（风化壳矿床）	（铈族氧化物）/万吨	≥10	1~10	<1
	（风化壳矿床）	（钇族氧化物）/万吨	≥5	0.5~5	<0.5
31	钪	Sc/吨	≥10	2~10	<2
32	锗	Ge/吨	≥200	50~200	<50
33	镓	Ga/吨	≥2000	400~2000	<400
34	铟	In/吨	≥500	100~500	<100
35	铊	Tl/吨	≥500	100~500	<100
36	铪	Hf/吨	≥500	100~500	<100
37	铼	Re/吨	≥50	5~50	<5
38	镉	Cd/吨	≥3000	500~3000	<500
39	硒	Se/吨	≥500	100~500	<100
40	碲	Te/吨	≥500	100~500	<100
		煤			
41	（煤田）	原煤/亿吨	≥50	10~50	<10
	（矿区）	原煤/亿吨	≥5	2~5	<2
	（井田）	原煤/亿吨	≥1	0.5~1	<0.5

1.8　中国矿产资源的特点

我国疆域辽阔，成矿地质条件优越。中国地处欧亚板块的东南部，东与太平洋板块相连，南与印度板块相接；地跨古亚洲构造域、滨太平洋构造域和特提斯-喜马拉雅构造域。这三大构造域造就了滨太平洋、古亚洲、特提斯-喜马拉雅三大成矿域。总体上，我国地层发育，沉积类型多样，地质构造复杂，岩浆活动频繁，变质作用强烈，为矿产的形成、富集提供了有利条件，形成丰富多彩的矿床类型。现已发现矿床、矿点达 20 多万处，其中有查明资源储量的矿产地 1.8 万余处，是世界上矿产资源总量丰富、矿种齐全、配套程度较高的少数几个国家之一。

正确认识矿产资源特点，对保障我国经济社会发展的矿产资源需求具有重要意义。自 20 世纪 80 年代以来，国家有关部委曾多次组织中国矿产资源保障程度的研究和论证工作。其中，有代表性的第一轮矿产资源保障程度论证始于 1987 ~ 1988 年，由国家计委、经委、科委组织地矿部会同有关工业部门就我国 80 种矿产对 2000 年国民经济建设保证程度开展联合论证。第二轮矿产资源保障程度论证，是在 1992 ~ 1995 年，由国家计委、地矿部组织地矿和相关产业部门进一步论证我国 45 种矿产资源对国民经济建设的保证程度。进入 21 世纪以来，国土资源部于 2000 年组织实施了新一轮矿产资源可供性研究和论证。接着中国工程院于 2003 年设立重大咨询项目，组织地矿和产业部门的院士、专家开展中国可持续发展矿产资源战略研究。这四次大规模的中国矿产资源保障程度研究、论证工作和原中国矿业协会倡议的由朱训同志组织策划编著《中国矿情》大型论著，为正确认识我国矿产资源特点奠定了重要基础。近年来国务院发展研究中心、中国工程院、中国地质调查局等部门组织专家、学者以综合研究的视角，超部门和行业的跨度，从国家战略高度上思考，论证我国矿产资源保障程度及其特点。这些研究和论证工作取得的成果具有代表性的论著有：我国有色金属矿产资源对建设保证程度研究报告，称为第一轮矿产资源保证程度论证（地质矿产部、中国有色金属工业总公司，1988）；我国主要有色金属矿产资源对 2010 年国民经济建设保证程度论证报告，称第二轮论证（地质矿产部、中国有色金属工业总公司，1995）。此外还有我国矿产资源实力与矿产进出口政策研究报告（中国地质矿产信息研究院，1994），社会主义市场经济条件下矿产资源政策问题研究报告（中国矿业协会矿产资源委员会，1997）；出版专著有：朱训主编《中国矿情》，周宏春等著《中国矿产资源形势与对策研究》，中国工程院重大咨询项目课题组著《中国可持续发展矿产资源战略研究》；以及中国地质科学院全球矿产资源战略研究中心（王安建、王高尚等主笔）：全球矿产资源战略研究 2001 ~ 2002 年报告和王安建等著《矿产资源与国家经济发展》（社会版）。

在这些研究报告和专著中，对我国矿产资源的特点及其保障程度作了科学客观的评估，取得了基本共识，认为我国矿产资源既有优势，也有劣势，显现“优劣并存”的基本态势。本章在此认识的基础上，依据我国金属矿产、非金属和煤等矿产资源的成矿环境、分布规模、矿产储量、矿床类型、矿石品质、开发条件和产销供需等因素加以综合分析研究，将我国金属、非金属（含冶金辅助原料、化工原料）和煤炭等矿产资源的主要特点概述如下。

1.8.1 金属矿产资源特点

金属矿产资源分为黑色金属、有色金属、贵金属、放射性金属（本章不涉及）、稀有金属、稀土金属、稀散金属和半金属等矿产资源。

据国土资源部2010年《全国矿产资源储量通报》公布，截至2010年全国具有查明资源储量的金属矿产54种，包括：铁矿、锰矿、铬铁矿、钒矿、钛矿、铜矿、铅矿、锌矿、铝土矿、镁矿、镍矿、钴矿、钨矿、锡矿、铋矿、钼矿、汞矿、锑矿、铂族金属（铂矿、钯矿、铱矿、铑矿、锇矿、钌矿）、金矿、银矿、铌矿、钽矿、铍矿、锂矿、锆矿、锶矿、铷矿、铯矿、稀土矿（镧矿、铈矿、镨矿、钕矿、钐矿、铕矿、钆矿、铽矿、镝矿、钇矿）、锗矿、镓矿、铟矿、铊矿、铪矿、铼矿、镉矿、钪矿、硒矿、碲矿。

综观金属矿产资源的成矿地质条件，成矿地区分布、矿床规模、矿产品位、开发条件、资源富有和配套程度以及产销供需等因素，我国金属矿产资源的主要特点分述如下。

1.8.1.1 *矿产品种齐全配套，资源富有程度不一*

我国半个多世纪的大规模地质勘查工作证实，中国是世界上矿产品种齐全配套的少数几个国家之一。据原中国地质矿产信息研究院的一份研究报告的统计，在全球145个国家中，拥有探明储量的矿种超过30种以上的国家，只有中国、前苏联、美国、南非、加拿大、澳大利亚、印度、巴西等少数国家。其中，中国是探明矿产种类最多的国家，全球已知有经济价值的矿产在我国均有发现和探明了储量。在中国《矿产资源法实施细则》上确认有探明储量的矿产达168种。探明矿产种类多，说明我国疆域辽阔，成矿条件多样，有利于形成各种矿产资源，为立足国内矿产资源建成较为完整的工业体系创造了有利条件。

矿产品种齐全配套是个优势，但是品种富有程度不一，存在资源结构性矛盾。我国需求量大的黑色金属（铁、锰、铬）和产销量占95%以上的“四大有色”金属（铜、铝、铅、锌）等大宗金属矿产储量相对不足，满足不了国民经济发展的需求，须大量进口补充；而小金属矿产❶资源却很丰富，著称全球。诸如稀土、钒、钛、钨、钼、锡、锑、镁以及部分稀有金属锂、钽、铌和稀散金属等矿产。这些小金属矿产探明的储量长期以来居世界前三位。其中第一位的有稀土、菱镁矿、钒、钛、钨、钼、锡、锑、铋等矿产；分散金属矿产也很丰富；仅有镍、钴、金、铂族金属等小金属矿产探明储量不能满足需求。

1.8.1.2 *矿产资源总量丰富，人均占有资源量少*

一个国家的矿产资源丰富与否，常与世界矿产资源储量对比，表示其资源特点。有的试图用储量价格进行汇总对比，但不现实，因难以确定矿产储量价格。有的用矿产储量潜在价值总值对比，其计算式为：矿产储量潜在价值总值＝该矿产储量的有用组分全部加工成为矿产品的数量×该矿产品的国际单位价格。据原中国地质矿产信息研究院于1993年完成的各国矿产储量潜在价值总值研究报告，较系统地测算了全球上百个国家拥有的各类矿产储量的潜在价值总值，并作了横向分析对比。据当时测算的我国矿产储量潜在价值总值为16.56万亿美元，仅次于美国（29.84万亿美元）和前苏联（21.85万亿美元），居世界第三位。但由于我国人口众多，人均占有量较少。据原中国地质矿产信息研究院测算统

---

❶钢铁、有色金属行业，将67种金属中应用广、产销量大的铁、铝、铜、铅、锌等习称大宗矿产或大金属，其余均称小金属或小金属矿产。

计的数据：中国矿产储量人均潜在价值总值为 1.511 万美元，与世界对比，仅占世界矿产储量人均潜在价值总值（2.604 万美元）的 58%，排居世界第 53 位（表 1-8-1）。这就是近年来在书刊中通常所表述的“我国矿产资源总量丰富，居世界第三位，但由于我国人口众多，人均占有资源量少”等特点的论说依据。

表 1-8-1 世界 10 大矿业国矿产储量潜在价值总值占有情况

国 家	潜在价值总值/亿美元	世界排名	人均潜在价值总值/万美元	世界排名	1 平方公里潜在价值总值/万美元	世界排名
美 国	298392.750	1	12.017	19	318.387	17
前苏联	218478.538	2	7.565	25	97.525	34
中 国	165616.624	3	1.511	53	172.513	24
南 非	89054.095	4	25.664	10	729.322	10
澳大利亚	66250.270	5	41.406	5	86.238	39
沙特阿拉伯	53566.010	6	38.180	7	239.134	20
加拿大	52639.986	7	20.092	14	52.767	57
德 国	47823.643	8	5.933	28	1339.425	6
印 度	39057.621	9	0.425	92	118.815	31
英 国	31393.032	10	5.527	30	1286.056	7
全 球	1377228.735		2.604		92.122	

表达“我国矿产资源总量丰富，人均占有资源量较少”的特点还有一种表达方式，即在 20 世纪 90 年代，原中国地质矿产信息研究院，采用当时的矿产资源储量分类 A + B + C 级表内储量（个别矿种再加上 D 级储量）与国外的储量基础大致相当的对比原则进行对比，将我国的 45 种主要矿产探明储量，与世界各国储量基础和人均占有资源量等数据进行国际排序对比，编制出我国主要矿产储量规模优劣态势图型❶。本章仿此编制方法，采用国土资源部信息中心最近编著出版的《2011 ~ 2012 世界矿产资源年评》公布的世界各国 21 种金属矿产的储量数据，进而统计中国的 21 种金属矿产储量占世界同类矿产储量的比例和居世界位次（表 1-8-2），并据此编制中国主要金属矿产储量规模优劣势态图型（图 1-8-1）。图 1-8-1 中，横坐标为我国 21 种金属矿产的储量在世界排序位次，纵坐标是我国 21 种金属矿产储量占世界储量的百分比（%）。从矿产储量人均拥有量来看，我国 13 亿人口占世界总人口数的 20% 左右❷，所以凡是我国矿产的储量占世界储量的百分比值小于 20% 的，即是我国人均拥有量低于世界人均拥有量的矿产（图中铝、铜、铅、锌、镍、铁、锰、铬、金、银、钴、铂等 12 种矿产）；高于世界人均拥有量、排居世界第一、二位的优势矿产资源有钨、锑、稀土、钼、锡、钒、钛、锂、镁等 9 种矿产。

---

❶中国地质矿产信息研究院，我国矿产资源实力与矿产进出口政策研究报告（1994）。

❷我国人口数，据“十二五”规划纲要：2005 年 130756（万人），2010 年 134100（万人）；世界人口总数，据中国地图出版社编制出版发行的《世界地图》（2007）公布的至 2005 年估计，全世界人口约 65 亿人。

表 1-8-2 中国主要金属矿产储量与世界储量的比较（2011 年）

矿种		世界储量/万吨	中国储量/万吨	中国占世界的比例/%	中国居世界位次
铁矿	矿石	1700×10^4	230×10^4	13.5	4
锰矿	Mn	63000	4400	7.0	6
铬矿	矿石	48000	108.9	0.2	6
镍矿	Ni	8000	300	3.8	9
钴矿	Co	750	8	1.1	9
钨矿	W	310	190	61.3	1
钼矿	Mo	1000	430	43.0	1
钒矿	V	1400	510	36.4	1
铜矿	Cu	69000	3000	4.3	5
铅矿	Pb	8500	1400	16.5	2
锌矿	Zn	25000	4300	17.2	2
铝土矿	矿石	280×10^4	8.3×10^4	3.0	8
菱镁矿	矿石	28.5×10^4	6.3×10^4	22.1	2
钛铁矿	TiO_2	65000	20000	30.8	1
锡矿	Sn	480	150	31.3	1
锑矿	Sb	180	95	52.8	1
金矿	Au	5.1	0.19	3.7	8
银矿	Ag	53.0	4.3	8.1	5
铂族	金属	6.6			
稀土金属	REO	11000	5500	50.0	1
锂矿	Li	1300	350	26.9	2

注：1. 资料来源：据国土资源部信息中心《世界矿产资源年评》（2011～2012 年）（地质出版社，2012 年 12 月第 1 版），公布的世界 21 种金属矿产储量数据编制此表。《世界矿产资源年评》自 2010 年以来，只公布储量数据。

2.《世界矿产资源年评》（2011～2012 年）无中国铂族金属储量数据，如按中国矿产资源储量通报（2011）的数据，统计排序位次将在 5 位后。铬矿也无中国数据，故引用中国储量通报（2011）的资料。

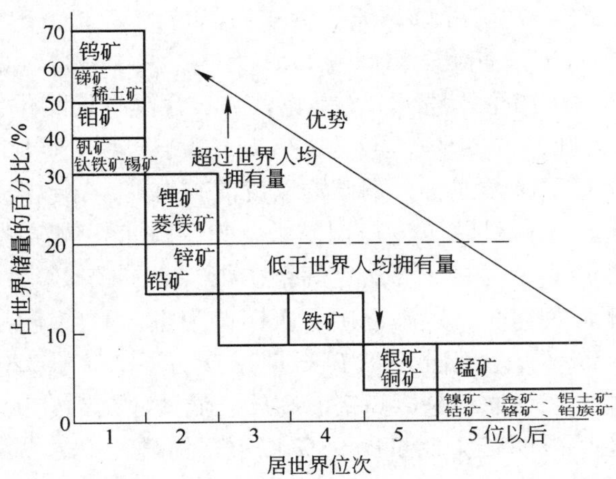

图 1-8-1 中国主要金属矿产储量规模优劣势态图（2014 年编制）

所谓优势矿产资源应具备三条基本标准：一是超过世界人均拥有量；二是占世界储量20%以上；三是在世界排序第一、二、三位。达到这三条基本标准的金属矿产资源称为优势资源；达不到这三条基本标准称为非优势资源，其中在世界排序第5位以后的为劣势资源。就此而论，我国金属矿产资源呈现“优劣并存”势态。所谓劣势资源，是指矿产储量短缺和选冶难的矿产。其实这种矿产的特点是，多数矿床共（伴）生珍贵的稀散金属，综合利用价值巨大，呈现“劣中有优”；应整装勘查开发，充分发挥矿产资源自身优势，扬长避短，可获取最大经济效益。

1.8.1.3　低品位（贫矿）矿石多，高品位（富矿）矿石少

金属矿产贫富之分，是由矿床（矿区）的有用组分的品位或主要有用矿物的含量所决定的。矿石品位是衡量矿床经济价值的主要指标，作为划分矿石贫富的重要依据。富矿是指矿石的主要有用组分或主要有用矿物富集，与同一矿床或同类矿床中矿石相比品位较高，在技术经济条件及加工利用上具有较高经济效益的矿石。有的富矿石不经过选矿就可以直接入炉或直接加工利用。贫矿则指主要有用组分的品位或主要有用矿物的含量与同类矿石（或矿床）相比，品位较低的矿石（或矿床）。通常贫矿要经过选矿，球团、烧结（对铁精矿而言）处理后，才能入炉冶炼或加工利用。贫矿在当代选冶技术进步的条件下，虽然品位较低增加了采选工作量及成本，但由于技术上可行，经济上合理，仍具有开发利用价值。因此，当前世界上不少易采选的大型、超大型的贫矿床（田）得以充分开发利用。如含铁石英岩型铁矿、斑岩型铜钼矿、低品位铅锌银矿以及虽然主要组分品位较低，但共伴生组分丰富具有巨大的综合利用价值的矿床。目前，我国对这些矿床（田）通过整装勘查、综合评价、综合利用和采用先进的采选冶技术、工艺，使贫矿变富矿，已成现实。

从我国已勘查的金属矿产资源的特点来看，关系到经济社会发展需求量大的大宗矿产——黑色金属铁、锰、铬，以及有色金属铜、铝、铅、锌等资源，是贫矿多，富矿少。据《全国矿产资源储量通报》（2009）统计的数据显示，截至2009年底，铁矿查明资源储量（矿石量）646亿吨，其中富矿9.2亿吨，占1.4%，贫矿占98.6%。铁矿石平均品位33.5%，比世界铁矿平均品位低10%以上，比澳大利亚、巴西、印度等含铁品位在60%以上大而富的铁矿低20%~30%；锰矿查明资源储量（矿石量）87027万吨，其中富矿4041.8万吨，占4.6%，贫矿占95.4%，锰矿石品位约22%，不到世界商品锰矿标准48%的一半；铬矿（矿石量）查明资源储量1151万吨，其中富矿（$Cr_2O_3 > 32\%$）339.7万吨，占29.5%；铜矿查明资源储量8026万吨，矿石含铜平均品位为0.87%。其中富铜矿（$Cu > 1\%$）1924万吨，占24%，贫矿占76%，低于智利、赞比亚等拉美、非洲国家的铜矿。我国铜矿床的矿石物质成分，铜矿物以黄铜矿为主，导致铜精矿品位低（含铜小于30%）；而国外如赞比亚和刚果（金）铜矿带、美国贝尔特铜矿带以及俄罗斯乌多坎、德国曼斯费尔德、波兰卢宾、阿富汗艾纳克等铜矿带（区）有10多个超大型、品位富的层控砂页岩型铜矿。铜矿物组合，以辉铜矿、斑铜矿为主，原矿铜品位高达4%以上，铜精矿铜平均品位高达45%左右。铝土矿（矿石量）查明资源储量320261.4万吨，其中作为我国生产氧化铝的主要矿石原料是以高铝、高硅、低铁、低铝硅比为特点的一水硬铝石型铝土矿，占全国铝土矿查明资源储量的98%以上，铝硅比（A/S）多数在4~7，属生产氧化铝的劣质矿石原料。优质铝土矿，仅占20%左右，80%左右为中低品位（A/S）矿石；铅锌矿查明资源储量：铅矿4851.1万吨，锌矿10695.3万吨。铅锌矿品位以中等品

位为主，富矿较少，铅锌品位在 8% ~10% 的富矿储量仅占总储量的 17% 左右。铅锌比值：1992 年统计值为 1∶2.5，2008 年统计值为 1∶2.2，都是锌明显地高于铅，这是我国铅锌矿的特点之一。国外铅锌矿的铅锌比值一般为 1∶1.2。

1.8.1.4 多金属复杂矿床多，单一金属矿床少

中国幅员辽阔又处在几大板块接壤区域，构造—岩浆活动频繁，变质作用发育，形成了多组分综合性矿床，综合开发利用价值巨大。

就综合性矿床探明的储量而言，黑色金属中共（伴）生有益组分的铁矿约占全国铁矿储量的 1/3，一批大型铁矿床（区）共（伴）生有益组分有钒、钛、铜、铅、锌、钨、锡、钼、镍、钴、铬、锑、金、银、镉、镓、锗、稀土、铌、铀、钍、氟、石膏等 30 多种。如我国内蒙古白云鄂博矿床是世界罕见的铁、稀土、铌超大型综合性矿床，赋存 70 多种元素和 180 多种矿物。探明的稀土、铌储量分别占全国储量的 94% 和 72%。目前，已综合开发利用的有铁、镧、铈、镨、钕、钐、铕、钆、铽、镝、钍、铌、锰、磷、氟等 15 种元素，创造了可观的经济社会效益。有色金属矿产资源约 80% 以上是综合性矿床。如铜矿，有统计资料显示，在统计的 900 多个矿床（区）中单一矿床仅占其总储量的 27%，综合矿占其总储量的 73%。不少铜矿山生产的铜精矿含有可观的金、银、镍、钴、钨、钼、锡、铂族元素以及镉、铟、镓、锗、铊、铼、硒、碲等稀散元素。铅锌矿床也共（伴）生多种有益组分，绝大部分是综合性矿床，单一矿床很少。大多数铅锌矿床（田）不同程度地共（伴）生铜、铁、硫、金、银、锡、锑、钨、钼、汞、钴、镉、铟、镓、锗、硒、碲、铊、钪等元素。有些铅锌矿床开采的矿石共（伴）生元素多达 50 多种。尤其是共（伴）生大量的银、金，是我国铅锌综合性矿床一大特点，共（伴）生银的储量占全国银储量的 60% 以上，在采选冶生产过程中综合回收银的产量占全国银产量的 70% ~80%。铝土矿也有不少综合性矿床（区）。在成矿类型上，中国铝土矿主要是古风化壳一水硬铝石型矿床，与国外三水铝石红土型铝土矿有不同的特点，是共（伴）生矿产较多，不像红土型铝土矿那样单一。在中国古风化壳一水硬铝石型铝土矿的成矿带上，一个矿床（区）的覆岩层常有工业煤层和优质石灰岩。在含矿岩系中经常共（伴）生黏土矿、铁矿和硫铁矿等，而且许多古风化壳一水硬铝石型铝土矿还伴生有重要经济价值的镓、锂、钒、稀土、铌、钽、钛、钪等多种有益组分。国内外已成功地从铝土矿中回收镓、钒、钪等高经济价值的资源。目前，世界上 90% 以上的金属镓是在氧化铝生产过程中综合提取的。中国氧化铝厂从生产氧化铝过程中综合回收镓的产能已达 60t 以上。从氧化铝生产中回收钒已在工业上实现，成为提取钒的重要来源。在生产氧化铝时，95% 以上的所含的钪进入赤泥中，近年来国外进行了从铝土矿制取钪精矿的半工业实验。我国广西平果铝土矿、山西铝土矿等都伴生有丰富的钪，颇有综合回收利用价值。遗憾的是，在 20 世纪 80 年代以前勘探的铝土矿因受专业分工和部门制约的影响，对综合性铝土矿床共（伴）生煤、黏土、石灰岩、硫铁矿等矿产和伴生有益组分未能综合勘查，因而许多铝土矿床（区），对共（伴）生的矿产和有益元素赋存状态、准确含量及矿物组成等，基本上是情况不明。同样，在勘探一些煤矿、黏土矿等大中型矿床（田）时，对伴生可观的铝土矿资源也未能综合勘探。

除以上大宗金属矿产（铁、铜、铅、锌、铝）的综合性矿床多外，小金属矿产的综合性矿床也很多。如赋存在镁铁-超镁铁岩中的铜镍硫化物矿床，共伴生大量钴、铂、金、

银以及稀散金属，成为综合性矿床，综合利用价值巨大。依托金川矿床建成了采选冶配套的大型有色冶金、化工联合企业——金川集团有限公司，主产镍、铜、钴和稀贵金属，硫酸等化工产品及相应系列深加工与盐类产品。镍和铂族金属分别占全国产量的88%和90%以上，是国内最大的镍钴生产基地和铂族金属提炼中心。

钒钛磁铁矿是赋存在偏碱性镁铁-超镁铁岩内的岩浆多金属矿床。主要分布在河北承德、四川攀枝花-西昌地区（简称攀西，下同）。尤其攀西地区蕴藏着丰富的铁、钒、钛等多金属矿产。据2009年《全国矿产资源储量通报》公布的查明资源储量，截至2009年底，四川省铁矿石储量98.7亿吨（主要是攀西地区的钒钛磁铁矿储量），原生钛（磁）铁矿（TiO_2）6.8亿吨，钒矿（V_2O_5）4289.8万吨。在攀西地区已勘查出30多个大中型钒钛磁铁矿矿床，在区内68400km^2面积内，平均每2000km^2左右就有一个矿床出现，是一个少有的矿床集中区。其中，攀枝花市的攀枝花、米易县白马、盐边县红格、西昌市太和等4个钒钛磁铁矿区，均为世界级的超大型矿床。4大矿区的表内合计钒钛磁铁矿石储量40多亿吨，平均铁品位约30%，TiO_2品位约10%，矿床成分以铁、钒、钛共生为主，并伴生镍、钴、铬、铂和钪、镓、硒、碲等稀散金属，综合利用价值巨大，是国家确定的全国矿产资源综合利用三大基地之一（金川、白云鄂博、攀枝花），并划定设立首批铁矿国家规划矿区。

全国单一钨矿床很少，其储量仅占全国钨储量（WO_3）的8%左右，90%以上的钨矿床是以钨为主，共（伴）生锡、钼、锑、稀土和铅锌等为主的综合矿床。锡矿，单一锡矿床仅占全国锡矿储量的12%，约计80%以上的锡储量主要取自于锡铜锑锌等共生或伴生的多金属综合矿床。钼矿，多数为铜钼、钨钼共生或伴生多金属综合矿床，约计占全国钼储量的70%以上。综合性的铜钼和钨钼矿床主要伴生组分是铅、锌、钴、金、银、铍、铼、锇、铂、铀、铟、硒、碲等。锑矿，除以辉锑矿为主的单锑硫化物超大型的湖南锡矿山矿田以外，还有一批锡铅锌锑、金锑钨等伴生多组分的综合矿床，约占全国锑储量的30%以上，伴生元素主要是铅、锌、金、银、钨、汞、铋、砷、硫、镍、钴、镉、铟、硒、碲和铂族元素等。

1.8.1.5 小金属矿床超大型多，大金属矿床超大型少

大型-超大型矿床的多少，是衡量一个国家矿产资源丰富程度和资源实力的重要标志之一。因而，矿业大国都十分重视寻找和勘查开发大型、超大型矿床，以获取巨大经济社会效益。然而对超大型矿床的定义至今尚未取得共识。甚至对超大型矿床的名称也有多种表述。如世界级、特大型、巨型、超巨型矿床等之类名称。储量规模多大才能称为超大型矿床也没有取得一致的认同标准。我国著名矿床地质学家涂光炽院士主张，目前暂对超大型、巨型、世界级、特大型等不作更细划分，它们可以互相通用。但他提倡选用超大型矿床这个名称，认为是较早地被国际会议采用的❶，有冠名优先权。他还强调划分矿床规模应当结合中国实际情况，并建议以原全国矿产储量委员会于1987年公布矿床规模划分标准❷为基础，将“储量超过此规定大型矿床储量5倍以上的矿床称为超大型矿床”。并以

❶1987年在加拿大温哥华举行的国际地球物理与大地测量学术讨论会（IUGG）上曾建议将“超大型矿床的全球背景”作为20世纪90年代12个地球科学重大研究课题之一。

❷原全国矿产储量委员会曾于1987年公布的《矿床规模划分标准》与国土资源部于2000年公布的《矿产资源储量规模划分标准》有关金属矿产资源大、中、小型矿床规模划分标准基本相同，只是表示符号有所不同，前者用“>”，后者用“≥”符号。

此在其出版的《中国超大型矿床（Ⅰ）》中编制出中国有色金属若干矿种和非金属若干矿种超大型矿床规模表（表1-8-3）。

表1-8-3 超大型矿床规模举例

矿　种	大型矿床规模①	超大型矿床规模②	矿　种	大型矿床规模①	超大型矿床规模②
Cu、Pb、Zn	>50万吨	>250万吨	萤　石	>100万吨	>500万吨
Mo、Ni、Sb	>10万吨	>50万吨	重晶石	1000万吨	>5000万吨
W、Bi	>5万吨	>25万吨	菱镁矿	5亿吨	>25亿吨
Sn	>4万吨	>20万吨	滑　石	>500万吨	>2500万吨
Hg	>2000t	>10000t	磷块岩	>5亿吨	>25亿吨
Ag	>1000t	>5000t	膨润土	>5亿吨	>25亿吨
Au	>20t	>100t	叶蜡石	>200万吨	>1000万吨

① 中国矿产储量委员会（1987）。

② 涂光炽等著《中国超大型矿床（Ⅰ）》。

根据涂光炽给出的超大型矿床的定义及其规模划分标准，分析中国金属矿产超大型矿床在各类金属矿产中分布的特点是：大宗金属矿产超大型矿床少，小金属矿产超大型矿床较多。这一点与国外一些矿业国拥有的超大型矿床不同。如中国铁矿、铝土矿至今也没有发现像巴西、澳大利亚那样的超大型富铁矿床；铝土矿也没找到像几内亚、澳大利亚、印度、越南等国家的亿吨以上的超大型三水铝石红土型铝土矿。铜矿虽然中国有江西德兴和西藏玉龙、驱龙三个超大型铜矿，但就其矿床规模和数量也比不上国外那样多和规模那样大。统计资料显示，世界铜矿储量500万吨以上的超大型铜矿有69个，其中美国14个、智利12个、赞比亚5个、加拿大4个、秘鲁4个。中国迄今也未勘查出像智利的丘基卡玛塔（铜储量6000多万吨）那样大的超大型斑岩铜矿。铅锌矿虽有云南金顶、甘肃厂坝、广东凡口、内蒙古东升庙等4个超大型矿床，但其规模、品位都不如澳大利亚的布罗肯希尔，美国的红狗，朝鲜的检德，波兰的上西里西亚等知名的超大型铅锌矿那样规模大、品位富。总之，我国大宗矿产超大型矿床少，在全球比较，处于劣势地位。但我国稀土、钨、锡、钼、锑、汞、镁、钛等小金属矿产丰富，超大型矿床较多，品位较富，具有特色，有的堪称独一无二，在全球处于优势地位。如内蒙古白云鄂博稀土-铁-铌矿，甘肃金川铜镍钴铂矿，湖南柿竹园钨锡铋多金属矿，云南个旧锡多金属矿，广西大厂锡锑多金属矿，陕西金堆城钼矿，河南栾川南泥湖钼（钨）矿、三道庄钼（钨）矿，湖南锡矿山锑矿，贵州万山汞矿，辽宁大石桥菱镁矿，四川攀枝花钒钛（磁）铁矿等超大型矿床。

综上所述，我国矿情基本特点，是矿产资源总量多，人均拥有量少。从这个最基本也是最重要的特点考量，开发矿业应走资源节约型路子，建设资源节约型、环境友好型社会。应大力发展循环经济，强化资源管理，有效保护、合理开发和综合利用矿产资源。

从我国金属矿产资源品种齐全配套，但富有程度不一，有丰有欠，以及贫矿多、富矿少，综合矿多、单一矿少，小金属矿产超大型矿床多，大金属矿产超大型矿床少等“优劣并存”的特点出发，应扬长避短，发挥稀土、钨、钼、锡、锑、镁、钛、钒等诸多小金属矿产资源丰富、规模巨大的优势，补铁、铝、铜、铅等大金属矿产不足的缺欠。在开发矿业过程中，坚持整装勘查，强化综合找矿；坚持贫富兼采，依靠采选冶科技进步，合理开发矿产资源。

全球的矿产资源是全人类的财富。但由于地壳运动的不均衡性和地质构造活动的多期性、复杂性而导致矿产资源分布极不均衡，使各国的矿产资源在品种和数量上有多有少，甚至没有，在矿种品质上有好有次。因而各国矿业界都感到只靠本国的矿产资源难以支撑经济社会可持续发展，渴望加强矿业开发国际合作，互利共赢。随着经济全球化、一体化深入发展，我国积极利用两种资源、两个市场，在立足国内勘查、开发矿产资源的同时，加快实施“走出去”战略的步伐，到境外勘查开发矿产资源，做好资源配置，保障我国经济发展的资源需求，为促进全球矿业发展和经济繁荣作出贡献。

1.8.2 非金属矿产资源特点

从利用上看，非金属矿产资源少数是利用其化学元素和化合物的，而多数是以其特有的物理、化学技术性能利用整体矿物或岩石。因而有些国家则称非金属矿产资源为“工业矿物与岩石”。

非金属矿产资源是应用广泛、开发前景广阔的一种自然资源。许多工业部门及国防高新技术等都离不开非金属材料，在建筑、冶金、化工、轻工、石油、地勘、机械、农业、医药、珠宝和环保等诸多领域得以广泛应用，并随着经济社会的发展，科学技术的进步和创新，其应用范围已扩展到航天、激光、光导、新能源等高新技术新领域。同时，非金属矿产资源及其制品和材料又与人们生活息息相关。有资料统计，世界人年均消费非金属矿量约5t。世界舆论认为非金属矿产资源开发利用水平已成为一个国家经济综合发展的重要标志之一。

中国是世界上已知非金属矿产资源丰富、品种较齐全配套、质地较优异的少数国家之一。本节所述非金属矿产资源特点是以《中国矿情》第三卷“非金属矿产资源概况”为基础，利用2005~2010年《全国矿产资源储量通报》相关数据资料，加以综合表述的中国非金属矿产资源主要特点。

1.8.2.1 非金属矿产资源种类比较齐全

中国非金属矿产资源品种比较齐全配套。按工业用途，可分为冶金辅助原料矿产、化工原料矿产、建材及其他矿产三大类型，其品种、数量、资源配套较为完整。据《全国矿产资源储量通报》截至2010年底，全国非金属矿产资源具有查明资源储量的共有92种矿产（按亚种计159种），产地达7000多处，并不断有新的发现和增长。目前已被工业利用的非金属矿物达150多种、岩石50余种，建成了3万多座非金属矿山，开发利用的主要矿产原料有：

冶金辅助原料矿产（17种）：蓝晶石、硅线石、红柱石、菱镁矿、普通萤石、熔剂用灰岩、冶金用白云岩、冶金用石英岩、冶金用砂岩、铸型用黏土、铸型用砂岩、铸型用砂、冶金用脉石英、耐火黏土、铁矾土、耐火用橄榄岩、熔剂用蛇纹岩等，矿区约1000多处。

化工原料矿产（28种）：自然硫、硫铁矿、伴生硫、磷矿、伴生磷、钾盐、钠硝石、明矾石、芒硝、重晶石、毒重石、天然碱、电石用灰岩、制碱用灰岩、化肥用灰岩、化工用白云岩、化肥用砂岩、含钾砂页岩、含钾岩石、化肥用橄榄岩、化肥用蛇纹岩、泥炭、盐矿、镁盐、碘、溴、砷、硼矿等矿产，矿区2000多处。

建材及其他矿产（只列举主要矿种计47种）：金刚石、石墨、水晶、刚玉、硅灰石、滑石、石棉、蓝石棉、云母、长石、石榴子石、叶蜡石、透辉石、透闪石、蛭石、沸石、石膏、方解石、冰洲石、玛瑙、白垩、硅藻土、高岭土、陶瓷土、凹凸棒石黏土、海泡石黏土、伊利石黏土、累托石黏土、膨润土、泥灰岩、角闪岩、辉石岩、玄武岩、闪长岩、辉长岩、安山岩、霞石正长岩、花岗岩、珍珠岩、浮石、凝灰岩、粗面岩、大理岩、板岩、片麻岩等，矿区约4000多处。

1.8.2.2 矿产资源总体丰富，少数矿产不能保障需求

中国经过60年来的大规模地质勘探工作证实，非金属矿产资源总体丰富，且品种较齐全。从国计民生对非金属矿产需求来看，业内专家认为，大部分矿产资源可以保障国民经济可持续发展的需求。探明储量丰富的矿种有萤石、菱镁矿、重晶石、芒硝、石墨、滑石、石棉、石材、碎云母、硅灰石、石膏、膨润土、盐矿、水泥灰岩、玻璃硅质原料、花岗石和大理石等。这些矿产不仅能够满足国内需求，还有余量出口作为国际贸易交流的重要产品之一。其中，非金属矿产品与制品如水泥，萤石、重晶石、滑石、菱镁矿、石墨等的产量多年来居世界首位。石墨、滑石、萤石、重晶石的出口量一直占世界贸易量的35%~60%。仅有少量矿产不能保障国内需求，如钾盐、金刚石、优质高岭土、天然碱、中高档宝石、玉石等矿产。

中国非金属矿产资源丰富，集中地体现在矿产种类多、储量多、矿区（床）数量多和分布既广泛又相对集中等特点上。据《2010年全国矿产资源储量通报》公布的截至2010年底非金属矿产储量等相关数据资料，中国主要非金属矿产资源矿种、矿区数和储量及其分布，并对每种矿产按省（区、市）以查明资源储量排序（1~6位），列于表1-8-4。

1.8.2.3 非金属矿产分布既广泛又相对集中

中国成矿区域广阔，蕴藏着丰富的非金属矿产资源。截至2010年底已探获非金属矿产的查明资源储量有30个省（区、市），矿产92种（按亚种计159种），分布态势既广泛又相对集中。其中，分布在20~30个省（区、市）的有31种矿产（表1-8-4），覆盖面占全国省（区、市）的65%以上，分布在25~30个省（区、市）的矿产占全国省（区、市）的80%~97%，计有17种矿产，即冶金辅助原料矿产8种：萤石、熔剂用灰岩、冶金用菱镁矿、冶金用白云岩、冶金用石英岩、耐火黏土、（半）软质黏土、（半）硬质黏土；化工原料矿产3种：硫铁矿、伴生硫、磷矿；建材矿产6种：陶瓷土、水泥用灰岩、水泥配料用砂岩、水泥配料用黏土、饰面用大理岩、饰面用花岗岩。其中，冶金用白云岩、硫铁矿、陶瓷土、水泥用灰岩、大理岩、水泥配料黏土等大宗矿产地几乎遍及全国各省（区、市）。

在非金属矿产中，尚有一部分相对集中或高度集中分布的矿种。其中有应用广、需求量大和稀有贵重的非金属矿种。如冶金辅助原料矿产和炼镁主要矿石原料：菱镁矿，查明资源储量（矿石量）36.42亿吨，分布于辽宁、山东、西藏、新疆、河北、四川等12省（区），其中高度集中分布于辽宁（32.51亿吨）、山东（2.47亿吨），两省合计占全国菱镁矿查明资源储量的96%；冶金用砂岩（矿石量）2.97亿吨，分布于内蒙古、贵州、江西、湖北、湖南、四川等9省（区）；铸型用砂岩（矿石量）8238.68万吨，仅分布于四川、贵州、河南等7省（区、市）。化工原料矿产：自然硫（硫量）3.33亿吨，分布于山东、云南、新疆等9省（区），并高度集中分布于山东（占全国硫查明资源储量的98%）；磷矿（富矿 $P_2O_5>30\%$ 矿石量）11.90亿吨，分布于贵州、云南、湖北、四川、湖南等9省，并高度集中分布于黔、滇、鄂，3省合计占全国磷矿（富矿）查明资源储量的91%；

表1-8-4 中国主要非金属矿产资源分布概况

矿种		储量单位	查明资源储量	分布居前6位省（区、市）的矿种（以查明资源储量多少依次排序）	矿区数
冶金辅助原料矿产	冶金用石英岩	矿石/万吨	104401.84	青（30949）、京、辽、甘、豫、皖（5177）等23个省（区、市）	124
	普通萤石	矿物或 CaF_2/万吨	16008.83	湘（9542）、浙、赣、黔、内蒙古、粤（280）等25个省（区、市）	449
	（半）软质黏土	矿石/万吨	57333.51	吉（10601.16）、鲁、晋、冀、豫、湘（2873）等25个省（区、市）	
	（半）硬质黏土	矿石/万吨	160357.27	晋（44662.46）、内蒙古、豫、冀、鲁、辽（11405）等25个省（区、市）	
	耐火黏土	矿石/万吨	245837.10	晋（67404）、豫、内蒙古、鲁、冀、辽（12631）等27个省（区、市）	474
	熔剂用灰岩	矿石/亿吨	136.47	辽（23.54）、冀、川、豫、桂、晋（6.51）等27个省（区、市）	283
	冶金用白云岩	矿石/亿吨	110.21	冀（12.88）、皖、内蒙古、鄂、晋、辽（5.53）等29个省（区、市）	284
	冶金用菱镁矿	矿石/亿吨	36.42	辽（32.51）、鲁、藏、新、冀、川（0.0794）等12个省（区）	98
化工原料矿产	盐矿	NaCl/亿吨	13160.43	陕（8857.43）、青、鄂、苏、滇、赣（138.56）等20个省（区、市）	198
	泥炭	矿石/万吨	27894.40	粤（9274.6）、桂、黑、青、内蒙古、浙（911）等21个省（区、市）	233
	重晶石	矿石/万吨	37755.56	黔（13143.72）、湘、桂、甘、陕、鲁（1960.79）等24个省（区、市）	219
	电石用灰岩	矿石/万吨	559175.73	青(211586.53)、内蒙古、陕、皖、冀、滇(20064.8)等24个省(区、市)	100
	磷矿	矿石/亿吨	186.34	滇（41.70）、鄂、湘、黔、川、陕（6.77）等27个省（区、市）	540
	伴生硫	硫/万吨	49513.24	赣（9779.44）、皖、吉、滇、闽、陕（2604.04）等27个省（区、市）	407
	硫铁矿	矿石/万吨	569020.88	川(110041.85)、皖、黔、粤、滇、内蒙古(39022.85)等28个省(区、市)	673

续表 1-8-4

矿　种		储量单位	查明资源储量	分布居前6位省（区、市）的矿种（以查明资源储量多少依次排序）	矿区数
建材及其他矿区	滑　石	矿石/万吨	26696.42	辽（8142.11）、赣、青、鲁、桂、豫（473.29）等20个省（区、市）	126
	石墨（晶质）	矿物/万吨	18490.19	黑（11356.64）、川、鲁、豫、内蒙古、陕（451.59）等20个省（区、市）	112
	水泥用大理岩	矿石/万吨	410422.32	黑(156118.90)、豫、内蒙古、新、吉、辽(19395.62)等20个省(区、市)	190
	玻璃用砂岩	矿石/万吨	86947.64	鲁（27495.08）、冀、赣、湘、苏、川（5227.09）等22个省（区、市）	144
	云母（片云母）	工业原料云母矿物/吨	461929.87	苏（353445）、新、鲁、内蒙古、川、晋（3373）等22个省（区）	184
	石　膏	矿石/亿吨	769.07	鲁（481.56）、内蒙古、皖、苏、宁、湘（29.33）等23个省（区）	316
	水泥配料用页岩	矿石/万立方米	119362.09	桂（37190.70）、皖、辽、赣、粤、滇（5748.5）等23个省（区、市）	106
	膨润土	矿石/万吨	279593.73	桂（69004.30）、新、内蒙古、苏、皖、黑（14595.4）等23个省（区）	171
	高岭土	矿石/万吨	210038.94	桂（48507.19）、粤、陕、闽、皖、赣（9582.66）等24个省（区）	396
	饰面用花岗岩	矿石/万立方米	218004.65	鲁（48061.64）、桂、琼、京、冀、新（12746.94）等27个省（区、市）	519
	长　石	矿石/万吨	220165.51	皖（162675）、黑、陕、青、鄂、湘（3214.13）等24个省（区、市）	244
	水泥配料用砂岩	矿石/万吨	204651.30	皖（39727.71）、鄂、滇、湘、冀、桂（12102.88）等25个省（区、市）	244
	饰面用大理岩	矿石/万立方米	137436.84	冀（33770.60）、粤、桂、皖、陕、川（8466.91）等28个省（区、市）	226
	陶瓷土	矿石/万吨	115280.80	鲁（25140.69）、赣、新、津、苏、粤（4097.95）等29个省（区、市）	311
	水泥用灰岩	矿石/亿吨	1020.90	皖（102.36）、豫、陕、鲁、川、冀（55.08）等29个省（区、市）	2122
	水泥配料用黏土	矿石/万吨	235546.17	豫(23168.80)、桂、苏、皖、内蒙古、黑(11212.50)等30个省(区、市)	487

注：1. 数据来源：2010年全国矿产资源储量通报。
2. 表中仅列举分布于20个以上省（区、市）的矿种，并标注第一和第六位省（区、市）的查明资源储量。
3. 表中矿种查明资源储量和矿区数，系指该矿种的全国数据；硬（软）质黏土矿区数包括在全国耐火黏土矿区数。

钾盐（KCl）9.30亿吨，分布于青海、新疆、云南、西藏等7省（区），并高度集中分布于青、新两省（区），合计占全国钾盐（KCl）查明资源储量的96%，其中青海7.35亿吨，占79%；天然碱（$Na_2CO_3+NaHCO_3$）1.13亿吨，仅分布于河南、内蒙古、西藏、青海、广东等5省（区），主要集中分布在河南和内蒙古两省（区），合计占全国天然碱查明资源储量的94%。建材矿产：金刚石探明有储量的主要分布在辽、鲁、湘、苏、黔5省，其中辽、鲁两省合计储量占全国金刚石（矿物量）查明资源储量的97%；蓝石棉主要分布在探明有储量的滇、豫、陕、川4省，其中滇、豫两省合计占全国蓝石棉查明资源储量的94%；隐晶质石墨（矿石量）5820.72万吨，分布于湖南、内蒙古、广东、吉林、陕西等9省（区、市），其中高度集中分布于湖南、内蒙古、广东3省（区），合计占全国隐晶质石墨查明资源储量的88%。

此外，还发现一些罕见的、具有专门用途的诸如光学水晶、光学萤石、工艺水晶、玛瑙、晶质石墨、冰洲石、刚玉等非金属矿产，探获有储量的矿区目前分布仅局限于1~3个省（区）。

1.8.2.4 *矿石质量不一，优质矿石居多*

从非金属矿产资源矿石质量上看，我国冶金辅助原料矿产和建材原料矿产的优质矿石居多，化工原料矿产质地较差。

在矿石质量上，据尹惠宇、崔越昭统计，有不少非金属矿产品及其制品质地优异，博得国内外市场青睐并畅销。如著称世界的中国鳞片状晶质石墨、隐晶质石墨，出口到40多个国家和地区，出口量占世界贸易量的40%~50%；质地纯正的萤石和重晶石，中国萤石在世界市场中居主导地位，中国是重晶石的最大出口国；膨胀位数高的珍珠岩矿；以矿物品种见优的沸石矿（斜发沸石和丝光沸石）；纤维状优质低铁的硅灰石矿；豪华典雅的汉白玉（大理石）和贵妃红（花岗石）等。但化工原料矿产硫和磷以及硼矿等矿石品位偏低或矿石难选。全国硫铁矿矿石平均硫品位仅为18.18%；磷矿储量中，富矿（$P_2O_5>30\%$）仅占总量的7.4%，且磷矿总体矿石类型以难选的胶磷矿型为主；约90%的硼矿储量属难选的硼镁铁矿型矿石。

1.8.2.5 *非金属矿产成矿时间长，空间分布广*

中国非金属矿产资源就成矿时空而论，成矿时间长，空间分布广。从太古宙（3600~2500百万年）至新生代（65.5~0.0115百万年）[1] 均有矿床形成；成矿区域在大地构造的稳定区与活动区均有分布。在这样成矿地质背景条件下，所形成的矿床具有多样性，有变质、沉积、岩浆（侵入）、火山和风化等多种成因类型，并以变质型、沉积型和火山岩型最为重要，而且各种成因类型形成的非金属矿产资源基本上有一定的专属性，即不同成因类型具有不同的矿产种类：

（1）与变质作用有关的赋存于变质岩系中的矿产。矿床大多数赋存于地台或古隆起区构造基底的太古宙-元古宙（2500~635百万年）深变质结晶片岩或新元古代（1000~635百万年）浅变质岩系中。主要矿产有菱镁矿、滑石、花岗石、大理石、硼矿、磷矿、硫矿、蓝晶石和碎云母等。

---

[1] 本节所描述的有关矿产成矿地质历史时期：宙（宇）、代（界）、纪（系）、世（统）等地质年代年龄值，据国际地层表（国际地层委员会2008），摘自《矿产资源工业要求手册》，北京：地质出版社，2010，872~875。

(2) 与沉积作用有关的非金属矿产主要有石灰岩、白云岩、砂岩、页岩、耐火黏土、重晶石、高岭土、磷矿和盐类矿产等。成矿时代以古生代（542～251 百万年）和新生代（65.5～0.0115 百万年）为主，成矿受沉积盆地控制，分布广泛，矿化面积较大，常成片分布。沉积岩型矿床中成矿时代较晚的蒸发沉积矿床又称为盐类矿床，可细分为古代盐湖矿床和现代盐湖矿床。盐类矿床包括石膏、盐矿、钾盐、硼矿、芒硝、天然碱等多种矿产。

(3) 与火山作用有关的赋存于火山岩系中的矿床。主要矿产有珍珠岩、沸石、膨润土、萤石、明矾石、刚玉、红柱石、硅藻土、石膏和具有装饰或建筑性能的可作为石材利用的各种火山岩类型的矿产。如铸石用玄武岩、饰面用玄武岩、建筑用玄武岩、水泥混合材用玄武岩、建筑用安山岩、水泥混合材用安山玢岩、饰面用安山岩以及浮石、火山灰、火山渣等矿产。火山作用成矿时代，以中生代（251～65.5 百万年）为主，与燕山期岩浆活动有关。典型矿床有喷发和水解作用形成的珍珠岩、沸石、膨润土矿床和由喷发、沉积作用形成的浮石、火山灰、凹凸棒石黏土和硅藻土等矿床。由喷发蚀变作用形成的刚玉、红柱石、明矾石等矿床。还有火山岩本身即可用为建筑石材的如流纹岩、安山岩、玄武岩等。

(4) 与侵入岩浆作用有关的非金属矿床。主要矿产有金刚石、石棉、硫铁矿、重晶石、云母、宝石、玉石和花岗石等。成矿时代以燕山期（230～67 百万年）为主。由岩浆成矿作用而形成的典型非金属岩浆矿床有产于超基性岩的石棉矿床；有位于华北郯庐断裂两侧的产于金伯利岩管（脉）的金刚石矿床；产于前寒武纪变质岩系内花岗伟晶岩体中的白云母矿床；与燕山期岩浆岩有关的接触交代型硼矿床；长江中下游成矿带，与燕山期中酸性岩浆岩有关的铜（钼）、铅锌等矿床，共（伴）生了规模可观的硫铁矿床以及接触带上的（湖北大冶）硅灰石矿床和产于下泥盆统的热液充填型重晶石矿床，以及与岩浆活动有关的多种宝石、玉石矿床和广泛分布的花岗石矿床。

(5) 风化残余型和砂矿型矿床。与风化地质作用有关的矿产，目前仅发现高岭土、膨润土、残坡积重晶石和河流砂矿金刚石等。但这些矿产尚未发现规模较大的、分布较广的矿床，多数为矿点，有待进一步追索和勘查。

1.8.3 煤炭矿产资源特点

煤是属于化石燃料类的一种矿产资源，又称“煤炭”，是我国能源矿产资源的重要组成部分。

我国成煤地质条件优越，煤炭资源丰富，分布广泛，品种齐全，是我国 20 多种优势矿产资源的重要品种之一。在资源现状、地理分布、煤炭种类、开发条件等方面，有其自身的特点。

1.8.3.1 煤炭资源丰富，为世界三个煤炭大国之一

中国煤炭资源丰富。煤炭行业早在 20 世纪 80 年代就对我国煤炭远景进行了调查评价。预测煤炭总资源量为 50592 亿吨，并经地矿和煤炭等部门共同进行大规模地质勘探工作证实，我国煤炭资源极为丰富、分布广泛、煤种齐全。据国土资源部《2010 年全国矿产资源储量通报》和《2011 年中国矿产资源报告》（地质出版社，2011 年 10 月第 1 版，13）公布的数据，截至 2010 年年底，全国探获煤炭查明资源储量 13411.88 亿吨（本节引

用的储量数据均以《2010年全国矿产资源储量通报》为准），其中基础储量2795.83亿吨、资源量10616.05亿吨，分别占全国煤炭查明资源储量的20.8%和79.2%。

中国煤炭资源丰富，举世瞩目。但在世界地位排序却论说不一。有的认为是第二位，有的说是第三位，还有的说是第一位。我国煤田地质勘查资深专家梁继刚等曾对此进行过研讨，认为排序多种之说，是由于各国对煤矿资源的评价原则、方法和选用参数不尽相同，而整理报道出来的资源量和储量缺乏全球可比性。但有一点却得到共识，即中国是世界煤炭资源大国之一。据不同国际组织和一些专家、学者对煤炭资源的多次评价所取得的共识，公认世界煤炭资源量和储量主要是由前苏联、美国和中国三个煤炭资源大国构成的。

近年来，国土资源部信息中心编著的《世界矿产资源年评》，根据BP Statistical Review of World Energy（2011）公布的世界煤探明可采储量（截至2010年底）为8609.38亿吨进行排序研究。世界煤储量在20亿吨以上的国家共有18个，合计探明可采储量8230.57亿吨，占世界探明可采储量总量的95.6%，其中美国、中国和俄罗斯属于煤资源大国，煤探明可采储量都在千亿吨以上，三国合计煤探明可采储量5088.05亿吨，占世界煤探明可采储量总量的59.1%。美国煤探明可采储量2372.95亿吨，占世界煤探明可采储量总量的27.6%，居世界第一位；俄罗斯煤探明可采储量1570.10亿吨，占世界煤探明可采储量总量的18.2%，居世界第二位；中国煤探明可采储量1145.00亿吨，占世界煤探明可采储量总量的13.3%，居世界第三位。

此外，《世界矿产资源年评》还对世界产煤国按产量进行排序统计：2010年世界煤产量约为72.73亿吨，其中19个主要产煤国（煤产量在2500万吨以上）煤产量为70.45亿吨，占世界煤产量的96.9%；煤产量超过亿吨的国家有中国、美国、印度、澳大利亚、俄罗斯、印度尼西亚、南非、德国、波兰和哈萨克斯坦，合计煤产量为65.21亿吨，占世界煤产量的89.7%；位于世界前五位的依次是中、美、印、澳、俄。中国2010年煤产量32.40亿吨，占世界煤总产量的44.5%，居世界第一位，且多年来（2000~2010年）一直是世界第一。

1.8.3.2 煤炭资源分布既广泛又相对集中

中国幅员辽阔，成煤地质条件优越，蕴藏着丰富的煤炭矿产资源，其分布既广泛又相对集中。表现在：

从全国探明的煤炭查明资源储量来看，除上海市未发现煤炭资源和台湾省虽有煤炭矿山但未见储量统计资料外，目前全国已探明有煤炭查明资源储量的有30个省（区、市）。截至2010年底，全国煤炭查明资源储量共计13411.88亿吨，矿区8854个。煤炭查明资源储量在100亿吨以上的有14个省（区），详见表1-8-5。其中，超过千亿吨的依次排序为内蒙古（3577.45亿吨）、山西、新疆、陕西（1654.23亿吨）等4省（区），合计10338.78亿吨，占全国煤炭查明资源储量的77.1%；超过百亿吨的有贵州（593.62亿吨）、宁夏、安徽、云南、河南、山东、黑龙江、河北、甘肃、四川（117.76亿吨）等共计14个省（区），合计煤炭查明资源储量13062.11亿吨，占全国煤炭查明资源储量的97.4%。其中前五位省（区）蒙、晋、新、陕、黔合计10932.40亿吨，占全国81.5%。这些省（区）的煤炭资源，又集中分布在几个大型、超大型聚煤盆地中，为建设大型、超大型煤炭生产基地提供了丰富的物质基础。

表 1-8-5　中国主要省（区、市）煤炭资源概况

地　区	矿区数	查明资源储量/亿吨	占全国/%	排　序
全　国	8854	13411.88		
内蒙古	527	3577.45	26.7	1
山　西	609	2673.79	20.0	2
新　疆	491	2433.31	18.1	3
陕　西	216	1654.23	12.3	4
贵　州	985	593.62	4.4	5
宁　夏	107	348.09	2.6	6
安　徽	221	299.58	2.2	7
云　南	405	295.33	2.2	8
河　南	315	279.74	2.1	9
山　东	303	253.25	2.0	10
黑龙江	238	217.83	1.6	11
河　北	249	167.45	1.2	12
甘　肃	220	150.68	1.1	13
四　川	621	117.76	0.9	14
合　计	5507	13062.11	97.4	

注：数据来源：《2010 年全国矿产资源储量通报》，国土资源部（2011 年 5 月）。

从地质上看，中国煤炭时空分布特征是构成煤炭资源在地理分布上既广泛又相对集中的一个重要的成矿地质条件。

中国煤炭具有多时代产出特征。地质勘查和科研揭示，具有工业价值的煤炭资源主要赋存在石炭纪、二叠纪、侏罗纪、白垩纪、古近纪和新近纪。其中，以石炭纪、二叠纪、侏罗纪的成煤最为丰富，尤以侏罗纪的煤炭为多，约占煤炭资源总量的 45% 以上。

中国煤炭资源在成矿空间上展现出西部多、东部少；北部多、南部少的成矿地质特征。在西部和北部的成煤区域，广泛分布着石炭系、二叠系、三叠系、侏罗系、白垩系、古近系和新近系等含煤地层和煤层，蕴藏着丰富的煤炭资源。在大兴安岭-太行山-雪峰山一线以西的山西、内蒙古、陕西、宁夏、甘肃、青海、新疆、四川、重庆、贵州、云南、西藏等 12 个省（区、市）的煤炭查明资源储量合计 11932.88 亿吨（2010 年数据），占全国煤炭查明资源储量的 89%；而在该线以东的 20 个省（区、市），合计只有 1479 亿吨，仅占全国的 11%。分布在昆仑山-秦岭-大别山一线以北的北京、天津、河北、辽宁、吉林、黑龙江、山东、江苏、上海、安徽、河南、山西、陕西、内蒙古、宁夏、甘肃、青海、新疆等 18 个省（区、市）的煤炭查明资源储量 12267.88 亿吨，占全国煤炭查明资源储量的 91.5%。而在该线以南的 14 个省（区、市）合计只有 1144 亿吨，仅占全国的 8.5%。

综上所述，我国煤炭资源地理分布总格局是西多东少、北富南贫，而且高度集中分布在中、西部地区的山西、内蒙古、陕西、新疆、宁夏、贵州等 6 省（区）。截至 2010 年底，这 6 省（区）的合计煤炭查明资源储量达 11280.49 亿吨，占全国煤炭查明资源储量的 84.1%，这是自然界禀赋的客观地质条件。这种不均匀分布格局，决定了北煤南运、西

煤东调的长期发展态势。

1.8.3.3 共（伴）生矿产多，综合开发综合利用价值大

地质勘查工作证实，我国许多大中型、超大型煤田以及煤炭成矿区带上的含煤地层中，共（伴）生规模可观的非金属矿产和有色、稀有、稀散、稀土等金属矿产。如在含煤地层中有高岭土（岩）、耐火黏土、铝土矿、膨润土、硅藻土、油页岩、石墨、硫铁矿、石膏、硬石膏、石英砂岩和煤成气等；煤层中除有煤层气（瓦斯）外，还有镓、锗、钒、放射性铀、钍等元素；此外，在含煤地层的基底和盖层中还有石灰岩、大理岩、岩盐、矿泉水和泥炭等，共计有30多种矿产，分布广泛，储量丰富，颇有整装勘查、综合开发、综合利用价值。

高岭土（岩）在我国主要聚煤的含煤地层中几乎都有分布，其中，以石炭纪-二叠纪含煤地层最为重要，储量多、品位高、质量好。矿床规模一般在数千万吨以上，有的达几亿至几十亿吨，属中型至特大型矿床。代表性的产地有：山西大同、介休，山东新汶，河北唐山、易县，陕西蒲白和内蒙古准格尔等地的木节土；山西阳泉、河南焦作等地的软质黏土等。

我国大多数耐火黏土几乎都产于含煤地层中，已发现的矿产地达200多处，主要分布于山西、河南、山东、贵州等省。

有统计资料显示，在全国31个大型膨润土的矿床中，产于含煤地层中的有25个。产于含煤地层中的探明储量可观，已达数亿吨。

硅藻土矿床主要分布在吉林、黑龙江、山东、浙江、云南、四川、湖南、海南、广东、西藏、福建、山西等地。成矿时代以晚第三纪（新近纪）为主，且多与褐煤共生。目前探明的硅藻土储量（以查明资源储量计）43173万吨（矿石量）中，含煤地层中的储量约占2/3。

中国的油页岩多数与含煤地层和煤层以及黏土矿等共生密切。油页岩主要成矿期也是地质历史上的成煤期，全国主要含煤省（区）几乎都有油页岩分布。所谓油页岩是富含有机质、具有微细层理的沉积岩，由于包含丰富的成油物质，故称油母页岩。油页岩具有可燃性也称之为可燃性矿产。我国油页岩分布较广但由于勘探程度低，目前仅有16个省（区）计算了矿产储量，截至2010年底，查明资源储量978.4亿吨。其中，吉林、辽宁和广东的储量较多，分别为819.93亿吨、41.71亿吨和53.92亿吨，合计915.56亿吨，占全国油页岩查明资源储量的93.6%。

我国的工业硫源60%以上来自硫铁矿，而含煤地层中共生硫铁矿占各类硫铁矿储量的30%以上。主要赋存在南方上二叠统和北方的中石炭统，产地集中在南、北两大地区：南方有四川、贵州、云南和湖北；北方有河南、河北、陕西和山西。目前，全国伴生硫矿产储量，截至2010年底伴生硫查明资源储量49513.24万吨。这部分储量是赋存在煤炭矿田（床）和金属矿田（床）中，分布于27个省（区、市）。

截至2010年底，石膏查明资源储量（矿石量）769.07亿吨，分布于23个省（区、市），其中，相当多的位于含煤地层中或其上覆、下伏地层中的储量，具有综合开发、综合利用价值。

总之，我国含煤地层中蕴藏着丰富的共（伴）生有益矿产资源，具有整装勘查、开发、综合利用的价值，走以煤为本、综合开发、综合利用多种经营的路子，是提高煤炭矿业经济效益的必由之路。

1.8.3.4 煤类齐全但数量不均衡有丰有欠

我国煤类齐全。按国家现行的煤炭分类标准，将自然界的煤划分为14大类，即褐煤、长焰煤、不黏煤、弱黏煤、1/2中黏煤、气煤、肥煤、气肥煤、1/3焦煤、焦煤、瘦煤、贫瘦煤、贫煤、无烟煤等。这14类煤种在我国成煤区域中均有赋存，只是有丰有欠之别。

从煤的基本用途上看，通常将煤炭资源划为炼焦用煤和非炼焦用煤两大部分。从煤炭资源富有程度上看，我国非炼焦用煤很丰富，而优质炼焦用煤较少。截至2010年底，全国煤炭查明资源储量为13411.88亿吨，其中炼焦用煤为2941.43亿吨，仅占全国煤炭查明资源储量的22%，而且基础储量也仅有1023.54亿吨。由此可见，我国非炼焦用煤查明资源储量是丰富的，约占全国煤炭矿产查明资源储量的75%以上。特别是其中的低变质烟煤（长焰煤、不黏煤、弱黏煤及未分类煤）所占比重较大，而且煤质优异。业内专家评论，这三类煤具有灰分低、硫分低和可选性好等优点。已知各主要矿区的原煤灰分一般均在15%以下，硫分小于1%。其中，不黏煤的平均灰分为10.85%，硫分为0.75%；弱黏煤的平均灰分为10.11%，硫分为0.87%。这表明，不黏煤和弱黏煤的煤质均好于全国其他各煤类。例如，著称国内外的山西大同煤田的弱黏煤和新开发的陕北神府矿区及内蒙古西部东胜煤田中的不黏煤，灰分为5%～10%，硫分小于0.7%，被誉为天然精煤。它不仅是优质动力用煤，而且部分还可以作气化原料煤。其中部分弱黏煤还可作炼焦配煤。因而，我国的低变质烟煤储量多、矿田规模大、煤质好，是我国煤炭资源的一大优势。

无烟煤是非炼焦用煤的主要品种之一，是成矿煤化程度最高的煤，具有挥发分低、密度大、硬度高、火力强等优点，用途广泛，通常作民用和动力燃料。主要分布在山西、贵州、河南、四川、宁夏、湖北等省（区）。

我国炼焦用煤（气煤、肥煤、焦煤和瘦煤），占全国煤炭查明资源储量的22%，不仅所占比重不大，而且品种也不均衡。其中，气煤占炼焦用煤的40.6%，而且肥煤、焦煤和瘦煤三个炼焦基础煤，分别仅占18.0%、23.5%和15.8%。炼焦用煤的原煤灰分一般在20%以上，多属中灰煤，基本上没有低灰和特低灰煤，且硫分偏高，不具优势。

煤类品种虽全，但有丰有欠。真正具有优势的和勘查开发有潜力、有后劲的是低变质烟煤，而优质无烟煤和优质炼焦用煤都不多，属于稀缺煤种。这就是我国煤类齐全，但数量上不均衡有丰有欠的基本态势。

1.8.3.5 适宜地下开采的储量多露天开采的储量少

开发煤炭资源，有露天采煤、地下采煤两大部分。煤矿露天开采的主要优点是，生产空间不受限制，可用大型机械设备，矿山建设规模大，劳动生产率高，生产成本低，建设速度快，回采率可达90%以上，资源利用合理，而且劳动条件好，安全有保证，死亡率仅为地下采煤的1/30左右。

从地质的角度来看，露天和地下开采是由成煤成岩成矿地质条件决定的。据第二次全国煤田预测结果，埋深在600m以浅的预测煤炭资源量，占全国煤炭预测资源总量的26.8%，埋深在600～1000m的占20%，埋深在1000～1500m的占25.1%，埋深在1000～2000m的占28.1%。据对全国煤炭保有储量的粗略统计，煤层埋深小于300m的约占30%，埋深在300～600m的约占40%，埋深在600～1000m的约占30%。其储量在地域分布上，京广铁路以西的煤田，煤层埋藏较浅，不少地方可以采用平峒或斜井开采，其中晋北、陕北、内蒙古、新疆和云南的少数煤田的部分地段，还可露天开采；京广铁路以东的煤田，煤层埋藏较深，特别是鲁西、苏北、皖北、豫东、冀南等地区，煤层多赋存在大平原之上，上覆新生界松散层多在200~400m，有的已达600m以上，建井困难，而且多用特殊凿井。与世界主要产煤国家相比，我国煤层埋藏较深，多以薄—中厚煤层为主，巨厚煤层少。因而，可作为露天开采的煤炭储量很少，估计不足千亿吨。据《中国煤炭开发战略研究》课题组统计，适合露天开采的主要矿区（或煤田）有13个，即山西平朔、河保偏，陕西神府，内蒙古准格尔、东胜、胜利、伊敏、霍林河、宝日希勒、天宝山，云南小龙潭、昭通，新疆等地煤矿。

综上所述，我国煤炭资源适合露天开采的煤田（或矿区）少，适宜地下开采的煤田多，非炼焦用煤储量丰富，特别是其中的低变质烟煤规模大、煤质好、储量多，约占全国煤炭储量的40%以上。因此，应根据我国煤炭资源特点和成矿地质条件，发挥自有资源优势，扬长避短，开发好、保护好、利用好，以保障我国经济社会可持续发展所需要的煤炭资源。

1.8.4 矿床类型与矿石可选性的关系

矿床类型是指在前述矿床成因分类和矿床工业分类的基础上，按矿种划分的矿床类型。如铜矿工业类型有：斑岩型铜矿、层状铜矿（包括含铜砂岩、含铜页岩）、含铜块状硫化物或含铜黄铁矿型矿床、矽卡岩型铜矿、铜—镍硫化物矿床及含铜石英脉型矿床等6种铜矿工业类型。

矿床类型与矿石可选性之间的关系，是评价矿产从普查、详查到能否转入勘探以及评估矿床开发利用价值的重要依据。矿石可选性试验已列入国家标准《固体矿产地质勘查规范总则》(GB/T 13908—2002）之中，要求在详查、勘探阶段必须进行矿石加工选冶技术性能试验。

1.8.4.1 矿床类型与矿石可选性之间的关系

矿床类型与矿石可选性之间的关系，表现在矿石中的各种矿物成分在选矿过程中的分选难易程度，称为矿石可选性。有的矿石是易选的，有的是难选的。从地质角度看，矿石可选性主要取决于各矿床类型中成矿元素的赋存状态、矿物组合、矿石结构构造、矿物嵌布粒度以及解离程度等参数特征。

根据矿石选矿的难易程度，以矿产勘查、矿床物质成分研究和选矿实验为基础，按国家和行业制定的选矿工业指标，可将矿石（或矿床）工业类型划分为易选、较易选、难选等三种类型。其主要指标：

（1）易选矿石类型（精矿品位大于国家规定的最低要求，回收率大于90%）；

（2）较易选矿石类型（精矿品位大于国家规定的最低要求，回收率70%~90%）；

（3）难选矿石类型（精矿品位大于国家规定的最低要求，回收率50%~70%）。

这样按选矿难易程度划分矿石（或矿床）工业分类方案，标准明确，简便易行，适用于矿产勘查、矿山开采。实践表明，矿床物质成分简单的，多为易选和较易选的矿床类型。如沉积变质型铁矿床、斑岩型铜钼矿床、石英脉型黑钨矿床等；而那些成矿物质的多源化、成矿作用的多样化、成矿时代的多期化的“三多”矿床多属于难选矿床类型，如内蒙古白云鄂博铁、稀土、铌、氟等超大型矿床，湖南柿竹园以钨、锡、铋、钼为主的超大型钨多金属矿床等。

下面以铁矿为例，按矿石（或矿床）工业类型分类方案，结合实例简要介绍易选、较易选和难选等3种类型❶。

A 易选矿石（或矿床）类型实例

所谓易选的铁矿类型，矿石铁精矿品位TFe应达到60%，选矿回收率达90%以上。在生产实践中，只有少数铁矿床达到和接近这样的选矿指标，如河北涉县符山铁矿。该矿床为接触交代型铁矿（邯邢式），矿床物质成分简单，以磁铁矿、赤铁矿、黄铁矿为主，矿石结构以自形晶、他形晶、半自形晶粒状为主，矿石构造以致密块状、条带状、浸染状为主，这些都是有利于选矿的优越条件。矿石TFe平均品位43.33%，高炉富矿占80%。其中，2号矿体矿石湿式磁选，入选矿石品位TFe 39.0%，精矿品位TFe 64.0%，尾矿品位TFe 8.0%，回收率TFe 90.0%；7号矿体矿石干式磁选，入选矿石品位TFe 43.0%，精矿品位TFe 64.0%，尾矿品位TFe 8.0%，回收率TFe 90.0%。两个矿体均属于易选矿石类型。

B 较易选矿石（或矿床）类型实例

较易选的铁矿石或矿床类型，在我国铁矿资源中居于多数。其矿床类型主要有沉积变质型、接触交代（矽卡岩）型和与火山-侵入活动有关的铁矿床等类型。其中，探明铁矿石储量多、规模大、分布较集中的是沉积变质型铁矿，探明的铁矿石储量占全国铁矿石总储量的57.7%，具有“大、贫、浅、易（选）”等特点，即矿床规模大，含铁量低，矿体多数出露于地表或浅部，易采易选。铁矿石入选品位TFe 20%～30%，铁精矿品位TFe 60%以上，回收率TFe达80%以上，属于较易选矿床类型，主要集中分布在鞍（山）本（溪）地区、冀东地区、五台-吕梁地区。其选矿主要指标举例如下：

（1）鞍本地区开采已久的鞍山大孤山超大型铁矿，入选矿石品位TFe 32.25%，磁铁矿精矿TFe品位66.27%，尾矿品位TFe 9.06%，回收率TFe 83.25%。本溪南芬超大型铁矿，矿石入选品位TFe 29.6%，精矿品位TFe 67.55%，尾矿品位TFe 8.42%，选矿回收率80.55%。

（2）冀东地区的迁安大石河大型铁矿，入选矿石品位TFe 24.77%，精矿品位TFe 68.16%，尾矿品位TFe 6.64%，选矿回收率81.85%。滦县司家营超大型铁矿的北区磁铁矿石可选性试验，磁选入选矿石品位TFe 26.25%，精矿品位TFe 64.60%，尾矿品位TFe 6.45%，选矿回收率83.80%；南区赤铁矿石用弱磁—强磁—浮选方法，入选矿石品位TFe 31.23%，精矿品位TFe 65.01%，尾矿品位TFe 9.69%，选矿回收率TFe 81.51%。

属于较易选的矿石（或矿床）工业类型还有接触交代（矽卡岩）型和与火山-侵入活动有关的铁矿床类型。其中，接触交代型（矽卡岩）具有代表性的矿床为鄂东大冶铁矿（铁山铁矿），是武钢重要的铁矿石生产基地，开采历史悠久，选厂在20世纪90年代对东露天采区和地下采区的混合矿，选矿生产入选矿石品位TFe 39.87%，铁精矿品位57.38%，尾矿品位19.3%，选矿回收率72.61%。与火山-侵入活动有关类型的铁矿具有代表性的矿床为宁（南京）-芜（湖）地区的梅山、吉山等矿床，其选矿主要指标：梅山铁矿为大型富铁矿床，原矿品位TFe 45.04%，精矿品位TFe 63.54%，选矿回收率

❶ 中国铁矿石（或矿床）类型实例及其储量、品位和选矿实验、选厂生产主要选矿指标等为当时的资料数据，引自《中国铁矿志》（冶金工业出版社，1993）。

83.46%。吉山铁矿为大型浸染状贫磁铁矿床，原矿品位 TFe 26.4%，精矿品位 TFe 59.4%，选矿回收率 67.41%，近于较易选矿石（或矿床）类型。

C　难选矿石（或矿床）类型实例

宁乡式沉积型铁矿床属于难选矿石（或矿床）类型之一。经勘查和矿床地质研究，这类铁矿床成因类型为沉积型铁矿。宁乡式铁矿是海相沉积型铁矿，以产于湖南宁乡一带的上泥盆统海相地层中的鲕状赤铁矿矿床为代表。该类型铁矿广泛分布于华南的鄂、湘、赣、川、滇、黔、桂诸省（区）以及甘南地区等，是我国分布最广、储量最多的海相沉积型铁矿。探明的铁矿石储量达 37 亿多吨（含表外储量），占全国已探明铁矿石储量的 9% 左右，占全国沉积型铁矿探明储量的 74%。矿石可选性实验，在 20 世纪 60、70 年代所作的选矿实验证实难选，未能达到富铁降磷目的，而且久攻不下。如鄂西 4 个大型宁乡式铁矿，含磷高出铁矿石工业指标限定有害组分最大允许含量的几倍，至今仍未有效解决铁、磷分离问题。

从地质角度考察，造成南方宁乡式铁矿难选的主要因素，经原桂林冶金地质研究所（桂林矿产地质研究院的前身）于 1972 年用高倍显微镜观察和配合电子探针测试分析，揭示了此类矿床的鲕状、粒状、块状、砾状等矿石结构构造中，有胶体物质胶结，并普遍赋存于鲕状矿石结构构造内，其胶体物质，经电子探针测试分析，主要是铁、磷或铁、磷、硅胶状体，其元素赋存状态：铁为微粒赤铁矿、菱铁矿、褐铁矿，磷主要是微粒胶磷矿，硅为石英微粒集合体。这种胶体物铁、磷或铁、磷、硅等微粒矿物组合难以分离，是造成此类矿石在选矿过程中未能达到富铁、降磷的主要原因，属难选矿床类型。如鄂西官店大型赤铁矿床，矿石入选品位 TFe 48.09%，磷 1.06%，精矿品位 TFe 52.81%，磷 0.17%，回收率 84.14%，尾矿品位 TFe 32.6%，磷 3.95%。可见精矿品位仅比入选矿石品位提高了 5 个百分点，而且磷也居高不下，属难选高磷赤铁矿石。桂东北鹿寨县屯秋铁矿，也是海相沉积型赤铁矿床。矿石平均品位 TFe 44.05%，磷平均品位 0.78%，硫平均品位 0.12%，SiO_2 平均品位 21.65%。经焙烧磁选半工业试验，入选矿石品位 TFe 43.6%，精矿品位 TFe 49%，回收率 85%，也属于难选高磷赤铁矿石。

须说明一点，中国海相沉积型赤铁矿床，在南方、北方均有分布。北方主要集中分布于河北宣化和龙关一带，故称宣龙式沉积型铁矿。南方宁乡式铁矿和北方的宣龙式铁矿都有鲕状矿石结构构造，但鲕状矿石的鲕核成分不同：南方宁乡式铁矿鲕核成分主要是铁、磷或铁、磷、硅胶体物质，属于高磷难选矿石（床）类型；北方宣龙式赤铁矿床矿石以他形粒状结构为主，鲕粒的核心多是结晶较好的菱铁矿，胶结物则是他形铁质碎粒，与铁矿物较易分离，属于较易选矿石（床）类型。

1.8.4.2　正确划分矿石类型对采集矿石可选性试样至关重要

采集具有代表性的矿石可选性试样，是在正确划分矿石类型的基础上进行的。因此，在《固体矿产地质勘查规范总则》中明确规定“在矿区范围内，针对不同的矿石类型，采集具有代表性的样品，进行加工选冶性能试验”。

湖南川口-杨林坳钨矿，就是在正确划分矿石类型的基础上，采集了具有代表性的试样进行矿石可选性实验，取得了成功的典型实例。该矿床位于衡南县城以东约 40km 处，原是一个石英大脉型钨矿，因开采多年，资源枯竭，亟待接续资源。1978 ~ 1987 年，湖南省有色地勘局二一四队，在川口-杨林坳地区，把找矿注意力从石英大脉型转移到杨林坳一带细脉带类型上，从普查到详查阶段，需要做矿石可选性实验，以确定该矿床能否转入到进一步勘探和开发利用。

二一四队在勘查过程中划分矿石类型经过了从不成功到成功的探索。据《中国矿床发现史·湖南卷》记述：开始以氧化矿与原生矿来划分矿石类型，确定钨华（WO_3）占有率大于10%划归氧化矿，小于10%的划归原生矿。按此标准划分本矿床原生矿占90%。于是1980年对该矿床板岩型原生矿石进行可选性试验，回收率68.46%，钨精矿品位低，效果不好。1982年又做补充可选性试验，回收率50.7%，效果更差。同年又对砂岩型原生矿做可选性试验，回收率仅41.64%~49.29%。面对这样的选矿回收率，能否从详查转入勘探阶段，进退两难。经过对各取样点的野外重新编录检查，发现矿石大部分属氧化—半氧化。于是决定再从氧化程度入手对矿石类型进行划分，对1.3万米坑道、4万余米岩矿心进行重新编录，按矿石的颜色、结构、构造及受风化程度，划分出原生矿石、半风化矿石和风化矿石3种矿石类型。然后，对2100余个物相分析结果按3种矿石自然类型进行统计和分析，确定了3种矿石类型相应的物相指标：钨华（WO_3）占有率小于3%划属原生矿石，3%~7%划分为半风化矿石，大于7%的划属风化矿石。

按此标准重新划分矿石类型后，1983年对板岩型原生矿石再做可选性试验，获得选矿回收率78.35%的好效果；1984年又对砂岩型原生矿石做可选性试验，回收率达到81.07%，宣告了杨林坳细脉带型原生钨矿具有开发利用的价值，从而转入勘探。经近8年的勘探，投入钻探35400m，坑探467m，探明可供开发利用储量（WO_3）16.34万吨，平均品位（WO_3）0.46%，属大型钨矿，1987年经省储委审查一次通过。该大型钨矿床的发现和勘探的成功，使川口钨矿山从闭坑的困境中摆脱出来，1991年动工兴建新选厂，1993年投产。

参 考 文 献

[1] 地质矿产部《地质辞典》办公室．地质辞典(四)[M]．北京：地质出版社，1985：22~23.

[2] 中华人民共和国国土资源部．中华人民共和国地质矿产行业标准[S]：DZ/T0200—2002、DZ/T0214—2002、DZ/T0201—2002、DZ/T0205—2002、DZ/T0203—2002、DZ/T0204—2002、DZ/T0202—2002、DZ/T0215—2002、DZ/T0206—2002、DZ/T0207—2002、DZ/T0209—2002、DZ/T0210—2002、DZ/T0211—2002、DZ/T0212—2002、DZ/T0213—2002. 北京：中国标准出版社，2003.

[3] 《中国有色金属矿山地质》编委会．中国有色金属矿山地质[M]．北京：地质出版社，1991：55~59.

[4] 《矿山地质手册》编委会．矿山地质手册[M]．北京：冶金工业出版社，1996：475~476.

[5] 《矿产资源工业要求手册》编委会．矿产资源工业要求手册[M]．北京：地质出版社，2010：4~16，882~885.

[6] 朱训主编．中国矿情（第一卷）[M]．北京：科学出版社，1999：51~61.

[7] В И 斯米尔诺夫．矿床地质学[M]．北京：地质出版社，1981：404~410.

[8] 尚冠雄．试论中国煤矿成因类型[J]．中国煤田地质，1998(2).

[9] 国土资源部矿产资源储量评审中心．固体矿产资源/储量分类技术参考资料[G]. 1999：9~21.

[10] 国家质量技术监督局．固体矿产资源/储量分类，GB/T1766—1999[S]．北京：中国标准出版社，1999：1~6.

[11] 杨兵．中国新的矿产资源/储量分类标准与国际主要分类标准的对比研究[J]．中国地质，2009，36

(4):940~947.

[12] 孙延绵. 铜矿、铅锌矿、钨矿[C]//朱训主编. 中国矿情（第二卷）. 北京：科学出版社，1999：182~190，235~246，351~360.

[13] 项仁杰. 铝土矿[C]//朱训主编. 中国矿情（第二卷）. 北京：科学出版社，1999：285~294.

[14] 周宏春，等. 中国矿产资源形势与对策研究[R]. 北京：科学出版社，2005：1~10.

[15] 中国工程院重大咨询项目课题组. 中国可持续发展矿产资源战略研究[R]. 北京：科学出版社，2005.

[16] 王京彬，等. 我国有色金属矿产资源储量及特点[C]//有色金属课题组. 有色金属矿产资源可持续发展战略研究，北京：科学出版社，2005：58~70.

[17] 国土资源部信息中心. 世界矿产资源年评(2011~2012)[M]. 北京：地质出版社，2012.

[18] 涂光炽，等. 中国超大型矿床(1)[M]. 北京：科学出版社，2000：3~7.

[19] 尹惠宇，等. 非金属矿产资源概论[C]//朱训主编. 中国矿情（第三卷）. 北京：科学出版社，1999：1~23.

[20] 梁继刚，等. 煤[C]//朱训主编. 中国矿情（第一卷）. 北京：科学出版社，1999：201~331.

[21] 吕宪俊主编. 工艺矿物学[M]. 长沙：中南大学出版社，2011：92~94.

[22] 杜春林. 铁矿矿床类型[C]//朱训主编. 中国矿情（第二卷）. 北京：科学出版社，1999：37~41.

[23] 赵一鸣，华承恩. 宁乡式沉积铁矿床的时空分布和演化[J]. 矿床地质，2000(4):350~361.

[24]《中国矿床发现史·湖南卷》编委会. 衡南县川口—杨林坳钨矿[C]//钱大都主编. 中国矿床发现史. 北京：地质出版社，1996：145~148.

第2章 工艺矿物学

作为应用矿物学分支的工艺矿物学，是在矿物学和矿物原料处理工艺学之间发展起来的边缘学科，它以工业固体原料及其产物的矿物学特征和加工时组成矿物性状为研究目标。工艺矿物学在确定合理的选矿和冶金工艺流程，以及提高工厂生产指标，进行选、冶工厂生产过程诊断分析等方面起着重要的作用。

选矿工艺矿物学是运用矿物学理论、方法和手段，研究与选矿工艺有关的矿物性质及其行为规律的边缘学科；冶金工艺矿物学主要研究与提取冶金工艺有关的矿物相变、元素行为规律及其影响因素。提取冶金过程实际上是由一系列的化学反应组成的，所以要求对原料、不同条件下的中间产物、最终产品及渣进行相组成鉴定，以助于了解过程的变化和把握有价或有害元素在不同条件下的行为规律，最终达到实现冶金条件的最佳化和了解过程机理的目的。

本章重点介绍选矿工艺矿物学的研究内容及研究方法。

2.1 选矿工艺矿物学概述

2.1.1 选矿工艺矿物学研究的目的意义

选矿工艺矿物学研究是选矿工艺研究的组成部分，是分离提取科学的基础，也是选矿工艺研究的第一阶段。在合理开发和利用矿产资源过程中，选矿工艺矿物学的作用越来越为人们所重视。无论是确定合理选矿工艺流程还是提高选矿厂生产技术指标以及生产过程的分析等，都必须开展工艺矿物学研究，以掌握矿石或选矿物料的物质成分与工艺特征。随着矿产资源的不断开发与利用，愈来愈多的低品位、复杂多金属矿石和二次原料（包括尾矿和废渣）的合理利用摆在选矿工作者面前，只有依靠选矿和工艺矿物学工作者创造性的合作，才有可能实现工艺流程最佳化。此外，为了以最小的能耗与物耗获得最大的效益，需要对选矿厂实行精细化管理，优化选矿生产工艺流程，特别是对选矿产品（精矿、尾矿及各类中间产品）的考查，离不开工艺矿物学研究。随着现代测试水平的提高及相关学科的不断渗透，丰富了工艺矿物学研究的理论基础、方法与手段，对矿石工业评价也会有新的认识，可以改进甚至根本改变已有的矿石处理工艺方案，使矿产资源得到合理利用。

总之，为了满足矿产资源综合利用程度不断深化的需求，选矿工艺矿物学研究领域将会继续延伸和拓宽，为提高和发展适合各类固体矿产资源特点的选矿工艺技术作出贡献。

2.1.2 选矿工艺矿物学研究内容

选矿工艺矿物学主要研究矿石工艺性质和选矿过程产品的矿物特征参数（含量、解离度及粒度等）的变化规律，为制定合理的选矿工艺流程以及优化选矿生产工艺流程提供理论依据，实现矿产资源利用的优化。

原矿中组成矿物的分选性与矿物的解离性是决定矿石可选性的内因。矿物的分选性取决于矿石中各组成矿物的物性差（如密度、润湿性、磁性、介电性等），矿物的解离性取决于矿物的嵌布特征与嵌布粒度。因此，在制定选矿工艺流程前必须对矿石的工艺性质进行详细的研究，掌握矿石中各组成矿物的解离性及分选性，利用目的矿物与其他矿物性质的差异，选择相适应的分选方法。在选矿过程中，为了检查选矿分离效果，查明精矿品位低、杂质含量高、尾矿金属流失或粒级回收率差异的原因，究竟是分选效果不佳还是尚未单体解离，以便采取相应措施，就必须对选矿流程中的产品进行工艺矿物学研究。

总体来说，选矿工艺矿物学研究的任务，是为选矿工艺流程的研究制定与改进选矿厂工艺流程，提供所需的关于矿石的组成矿物及其工艺性质方面的资料。

选矿工艺矿物学研究的主要内容如下：

（1）查明矿石及其流程产物的组成元素和含量。通常是借光谱分析、化学分析等方法进行的，用以查明矿石中所含元素的种类和含量，以便确定回收的主元素、伴生元素和选矿产品中有害元素对选矿工艺、产品质量和环境的影响等。

（2）元素的化学物相分析。对矿石中主要回收元素进行化学物相分析，例如：铜矿要进行原生硫化铜、次生硫化铜、氧化铜、水溶铜、与铁结合氧化铜和与硅结合氧化铜等物相中铜含量的分析，可以大致了解该元素的赋存状态。通过了解矿石中主要回收元素的氧化率，可以确定矿石类型是硫化矿、氧化矿还是混合矿。

（3）矿石的矿物组成及含量。矿石或选矿产品的矿物组成一般是很复杂的，工艺矿物学研究首先要查明矿石的矿物组成，确定各种矿物的含量，特别是主要回收的元素、伴生元素以及有害杂质元素的矿物种类，明确选矿要回收的目的矿物以及影响选矿回收的矿物种类和性质等。

（4）矿石的结构和构造。矿石的结构、构造表征矿物在矿石中的几何形态和结合关系。结构是指某矿物在矿石中的结晶程度，矿物颗粒的形状、大小和相互结合关系；而构造是指矿物集合体的形态、大小和相互关系。前者多借助光学显微镜观察，后者一般是利用手持标本肉眼观察。矿石的结构和构造决定了矿物的结晶程度、粒度大小、嵌布关系，影响矿石中有用矿物的可解离性和分选性。

（5）矿石中有用、有害元素的赋存状态。为了有效地富集有用成分，除去有害成分，必须查明矿石中有用及有害元素存在于哪些矿物相中，它们以何种形式存在于各相应矿物相中，其含量分布如何等，以便有的放矢地采取相应的分选措施使之回收或排除。元素赋存状态的考查是在前面工作的基础上进行的，必要时再分别作一些单矿物的元素分析工作，以便确定该元素在各矿物中的含量分布。

（6）有用矿物和有害矿物的嵌布粒度。矿物的嵌布粒度是矿物的一种几何形态大小的度量。矿物嵌布粒度是决定其单体解离所需物料磨矿细度的主要因素，对产品的质量和生产工艺都有重要影响。在进行选矿工艺研究时，矿物的粒度大小既是确定破碎方法和磨矿细度的关键因素，又是选择流程方案的依据。因此，矿物的粒度测定非常重要，是工艺矿物学研究的一项重要内容。

（7）磨矿产品和选矿产品中有用矿物和有害矿物的解离度。磨矿产品中某种矿物单体的含量与该矿物的总量比值的百分数，称为该矿物的单体解离度。单体解离是选矿厂碎磨作业的基本目标之一，单体解离度是确定最佳磨矿细度的重要依据。欲了解分选矿物的解离特性，应对不同磨矿细度下的磨矿产品和选矿工艺产品进行矿物单体解离度测定，了解产品中矿物连生体的连生特性，以确定合理的磨矿细度和评价分选效果。

（8）评价影响有价元素回收的矿物学因素。工艺矿物学研究工作完成后，要根据所研究矿石的性质特点，全面总结影响有价元素回收的矿物学因素，以及根据选矿工艺条件提出提高选矿指标的途径。

2.2 选矿工艺矿物学研究方法

选矿工艺矿物学研究是一项复杂和繁琐的工作，研究时要根据矿种类型、矿石的氧化程度、元素的种类、含量的高低、综合利用的元素等矿石性质、特点选择不同的研究方法。比较常用的研究方法有光学显微镜法、仪器测试分析法、矿物分离法、矿物性质研究法等。

2.2.1 矿物分离法

矿物分离是工艺矿物学研究的重要手段，随着测试技术的不断发展，单矿物分离已逐渐被替代，但是目前还不能完全被替代。单矿物分离技术是在重砂矿物分析基础上发展起来的。人工重砂主要是为了富集重矿物，根据人工重砂的矿物组合特征，可以发现与某些矿产有关的指示性矿物，指导找矿工作。而单矿物分离则是为了提纯目的矿物（包括轻矿物和重矿物）。通过提纯单矿物，便于矿石物质成分查定、元素的赋存状态研究、矿物物理性质及化学成分测定、矿物可浮性研究、矿物表面性质研究等。单矿物分离是根据矿物的物理性质（密度、磁性、电性）、表面性质、化学性质等差异进行。自然界的矿石是复杂多组分并以多矿物集合体形式产出，由于嵌布关系复杂，分离难度较大。从复杂多金属矿石中提取单矿物是一项复杂细致的工作，分离过程包括三个阶段，即标本检查、破碎筛分和分选。在矿物分离前需进行矿石的破碎、筛分、沉降等样品准备，然后根据目的矿物与其他矿物的物理、化学性质的不同选择不同的分离方法。

2.2.1.1 重力分离法

重力分离法是沿用重砂分离和重力选矿的方法，可分为手工淘洗、机械淘洗（摇床、振动溜槽、螺旋溜槽等）、重液分离、重液离心分离等。

A 手工淘洗

手工淘洗是利用淘洗盘在水中进行人工操作的淘洗方法，是最常用的分离矿物或富集矿物的方法。密度不同的矿物在水中经外力作用而达到分离的方法。这种方法设备简单，操作方便，成本低。

B 摇床

摇床是利用密度和粒度不同的矿物在床面一定坡度下及横向水流冲刷和床面往复纵向不对称摇动时进行矿物分带而分离的方法。这种方法适用于大量样品的富集分离。摇床根据被分离矿物的粒度大小分为矿砂摇床和矿泥摇床两种，矿砂摇床适用于粒径大于0.074mm的样品，矿泥摇床用于选别粒径小于0.074mm的样品。摇床分选矿物的条件包括以下三个方面：

（1）冲程和冲次：摇床的冲次一般是每分钟 250 ~ 400 次，冲程为 9 ~ 16mm。摇床的冲程和冲次与被选矿物有很大关系。一般分选粗粒级时，其冲程要比分选细粒级矿物时大，而冲次比分选细粒级矿物时小。

（2）冲洗水量和床面倾角：冲洗水量和床面倾角是影响矿物分带的主要因素。矿物分离时要先调节床面倾角。

（3）给矿速度与给水量：给矿速度与给水量会影响床面扇形分带，给矿速度要均匀，连续不断。给水量要适当。

C 溜槽

溜槽有振动溜槽、螺旋溜槽、皮带溜槽三种，都是选矿重选设备。皮带溜槽适用于粗选分离粒度为 0.15 ~ 0.074mm 的矿物。振动溜槽、螺旋溜槽适于分离粒度 0.074 ~ 0.025mm 的样品。溜槽分离设备简单，操作方便、效率高、成本低。

D 重液分离

把矿物置于一定密度的液体中，如矿物的密度大于液体密度，则矿物下沉；如矿物的密度小于液体密度，则矿物浮在液体表面。这样可选择一系列密度不同的液体把不同密度的矿物分开。重液分离时最常用的重液有三溴甲烷（密度为 2.89g/cm^3）、四溴乙炔（密度为 2.97g/cm^3）、二碘甲烷（密度为 3.32g/cm^3）、杜列液（密度为 3.20g/cm^3）等。重液分离是矿物分离工作中最常用的分离手段，重液能将密度相差较小，不能用淘洗方法分离的矿物分开。但是重液的成本较贵，不能大量使用，样品在重液分离前需经淘洗富集或磁选富集，然后再重液分离。另一个就是重液多具毒性，分离时应在通风良好的条件下进行。部分重液应存放在避光阴暗处。

E 重液离心分离

重液分离时分离样品的粒度应大于 0.074mm，小于 0.074mm 的样品分离效果就差。如果要分离粒度小于 0.074mm 的样品就要用离心机分离。重液离心分离是借助离心力，加速矿物在重液中分层进行分离的方法。

2.2.1.2 磁力分离法

磁力分离法是按矿物的磁性强弱分离矿物的方法。

A 磁选

磁选是矿物分离最常用的方法，磁选的目的是将强磁性矿物从样品中分离出来。强磁性矿物种类较少，只有磁铁矿、磁黄铁矿、钛磁铁矿、自然铁、铁铂矿、方黄铜矿、磁赤铁矿（γ-Fe_2O_3）等。磁选最常用的工具是永久磁铁和磁选管。

B 自动磁力分离仪

自动磁力分离设备是矿物分离最常用的分离仪器。矿物分离时只要调节仪器的水平倾角和侧面倾角，然后根据矿物磁化系数调节磁场强度就可分离纯矿物。该仪器的磁场强度高（最大磁场强度达 1.5 ~ 2.5T），调节方便，可以连续调节，仪器的水平倾角和侧面倾角可按矿物分离效果随意选择调节，分离过程可自动进行，分离效果很好。

C 电磁液体分离仪

电磁液体分离是利用顺磁性液体（分离介质）在不均匀外磁场作用下，能够产生一种特殊的物理现象——“加重”，通过对介质加重程度的调节，使矿物以类似重选法的表现形式按密度和磁化系数的差异进行分离。

电磁液体分离的整个过程都是通过分离介质而起作用，分离介质的物理、化学性质，在很大程度上影响着分离仪器的分离效果。因此选择介质很重要。对分离介质的要求是：磁化率高、浅色透明、黏度小、化学性质稳定、无毒、价格便宜、来源充足等。顺磁性液体一般以 $Mn(NO_3)_2 \cdot 6H_2O$ 和 $MnCl_2 \cdot 4H_2O$ 水溶液较好。

2.2.1.3 电性分离法

电选分离法是按矿物的电性进行分离，分为静电分离和高频介电分离。

A 静电分离

静电分离是以矿物的电学性质（导电率和电容）为基础，利用矿物在静电场中所受到的静电力（吸引力和排斥力）不同来分离矿物。矿物对电流的传导能力称为矿物的导电性。矿物的导电性在很大程度上依赖于化学键的类型。具有金属键的矿物，因在其结构中有自由电子存在，所以导电性强；离子键或共价键矿物导电性弱或不导电。矿物的导电性分成三种：良导体矿物（自然金、自然铜、石墨等）、半导体矿物（黄铁矿、方铅矿、毒砂、黄铜矿、闪锌矿等）、非导体矿物（石英、长石、云母、方解石、石膏、石棉等）。

B 介电分离

介电分离是根据矿物介电常数的差异而进行矿物分离的一种方法。将适量样品置于适当的介电液中，插入分离电极，在电场作用下，则介电常数大于介电液的矿物颗粒被吸附于电极，介电常数小于介电液的矿物颗粒则被电极排斥，从而使介电常数不同的矿物彼此分离。电场可采用低频电场或高频电场。用高频介电分离仪，矿样中可以有导电矿物存在，而在低频介电分离中则不能有导电矿物存在，否则会引起短路。常用的介电液有四氯化碳、乙醇、蒸馏水等。矿物介电分离必须是被分离的矿物的介电常数差大于2时才能获得较好的分离效果。

2.2.1.4 矿物表面性质分离法

矿物表面性质分离法主要是浮选。浮选分离矿物也是很好的方法，这部分分离矿物方法可参考浮游选矿有关资料。

2.2.1.5 选择性溶解矿物分离法

矿物的选择性溶解常常作为提取矿物的辅助方法，该法不受矿物粒度下限的限制，关键是合理选择溶剂，以达到矿物最有效地选择性溶解。溶剂的选择可参见各种化学物相分析著作。

此外还有超声波分选、风力分选、矿物形态分选（主要分离云母类片状矿物、辉钼矿、石墨等矿物）等等。

2.2.2 显微镜研究法

随着科学技术的不断发展，大型测试分析仪器的发展和更新较快，但是显微镜研究仍然是选矿工艺矿物学研究的重要手段，通过实体双筒显微镜、透射偏光显微镜、反射偏光显微镜等光学显微镜观察鉴定，确定原矿或选矿产品的矿物组成、含量、嵌布关系、粒度组成、磨选产品的解离度分析、有价矿物在选矿过程中的变化规律等。

2.2.2.1 实体显微镜研究法

实体显微镜研究法在双目实体显微镜下对矿样中重要矿物进行各种物理性质的详细观察，如观察矿物的晶形、颜色、光泽、解理、裂开、断口、透明度等，从而进行矿物的定性、定量研究。利用实体显微镜可进行重砂矿物鉴定、重选产品检查和提纯单矿物等研究。进行实体观察，一般较清晰直观，缺点是双目实体显微镜的放大倍数较低，最大倍率仅150倍左右，对于复杂矿石中微细粒矿物无法进行研究鉴定，因此其利用受到限制。

2.2.2.2 透射偏光显微镜研究法

透射偏光显微镜研究法是利用晶体光学和光性矿物学原理及方法，将研究的矿石或岩石样品磨制成薄片，在偏光显微镜下观察可见光通过矿物晶体所发生的折射、反射、干涉等现象，测定其折射率、双折射率、轴性、光性、光轴角等系列光学性质，从而鉴定矿物和测定矿物的粒度、解离度等各种工艺参数。透射偏光显微镜研究在透明矿物的研究鉴定中有其重要地位。另外，利用透射偏光显微镜还可以进行油浸法研究，就是将矿物碎屑浸没在载玻片上的一小滴浸油（折射率已知的油液）中，在偏光显微镜单偏光或正交偏光下观察碎屑的形状、颜色、多色性、正负突起、消光性质、轴性、光性等特征，在单偏光下比较矿物碎屑与浸油的折射率，多次更换折射率不同的浸油，直至矿物碎屑与浸油的折射率相等时，单偏光下看不见矿物的轮廓线，此时矿物的折射率与浸油折射率相等，即能得出矿物的折射率值，从而准确地定出矿物的名称。油浸法鉴定适用于透明矿物的产品检查，在选矿试验或选矿厂中也常用。

2.2.2.3 反射偏光显微镜研究法

反射偏光显微镜也称为反光显微镜或矿相显微镜，是用来观察、研究不透明矿物的一种光学显微镜。它通过光在矿物光面上反射时所产生的现象，观察和测定矿物的反射率、反射色、内反射、偏光图以及化学试剂的浸蚀反应等来鉴定矿物。反射偏光显微镜与透射偏光显微镜的区别是它具有垂直照明器，光源通过照明器内的反射器，使光线反射到矿石光片表面上，再从光片表面反射到目镜，就可对不透明矿物进行观察和鉴定。工艺矿物学研究中通过反射偏光显微镜观察矿物的晶形、解理、硬度、反射率、反射色、双反射、均质性和非均质性、内反射等进行不透明矿物的鉴定，进而可对矿石或选矿产品进行观察和测定矿物含量、嵌布关系、重要矿物的粒度测量、单体解离度分析和元素的赋存状态等各种工艺矿物学参数的研究。

2.2.3 化学分析方法

化学分析方法包括化学分析法和仪器分析法。以物质的化学反应为基础的分析方法称为化学分析法，主要有容量分析法、重量分析法和化学物相分析法。以物质的物理和物理化学性质为基础的分析方法称为仪器分析法。

2.2.3.1 化学分析法

A 容量分析法

容量分析法又称为滴定分析法，是将样品制成溶液，滴加已知浓度的标准溶液，直到反应终了为止，根据所用标准溶液的体积，计算出被测组分的含量。容量分析依性质可分为中和法、氧化法和沉淀法。容量法对成分复杂矿石或矿物中的绝大部分元素都能进行分析。该方法具有操作方便、快速、准确度高、费用低的特点，但分析灵敏度不够高。

B 重量分析法

重量分析法是将被测定物质通过化学处理，得到成分固定的化合物或单质，称量后计算出被测组分的含量。重量分析法操作麻烦。

C 化学物相分析法

测定矿石中不同矿物或不同种类的矿物中某元素的含量，是研究矿石中物质组成、元素赋存状态的一种定量分析法。化学物相分析是通过选择不同的溶剂，在相应的条件下，根据矿物在溶剂中的溶解度或溶解速度的不同，通过选择溶解的方法，使不同矿物彼此分离，然后分别测定目的元素在各个矿物或各类矿物中的含量的一种方法。一般地说，选择性溶解法，就是在一定的条件下，选择合适的溶剂，有目的地溶解矿石或选矿产品中某些组分，保留某些组分，并通过对所处理的矿石或选矿产品进行化学分析，从而确定各种元素存在的矿物形式。例如，铜矿中铜矿物有黄铜矿、辉铜矿、蓝辉铜矿、铜蓝、孔雀石、蓝铜矿、胆矾、硅孔雀石等。按化学溶解性的不同把它们分成五类（矿物相），即水溶铜（胆矾）、自由氧化铜（孔雀石、蓝铜矿）、次生硫化铜（辉铜矿、蓝辉铜矿、铜蓝）、原生硫化铜（黄铜矿）和结合氧化铜（硅孔雀石）。首先称取0.2000g样品加50mL去离子水在室温条件下浸出1h过滤，滤液测定铜为水溶铜中铜；残渣加0.5g抗坏血酸+1：1氨水+2.5g碳酸氨50mL，氧化矿浸出1h，硫化矿浸出30min后过滤，滤液测出的铜为自由氧化铜中铜；残渣加2%氰化物在室温条件下浸出45min后过滤，滤液测出的铜为次生硫化铜中铜；残渣加饱和溴水在浸出6h后过滤，滤液测出的铜为原生硫化铜中铜；残渣加2：1硝硫混酸加热冒烟、冷却，溶液测铜为结合氧化铜中铜。

化学物相分析所测得的数据，是矿石或选矿产品中某元素赋存于各类矿物的金属量。要根据此结果计算矿石或选矿产品中某矿物的质量含量，则应将金属量除以该矿物中某元素的实际含量或用矿物的某元素理论含量进行计算。

2.2.3.2 仪器分析法

仪器分析法主要包括原子吸收光谱法、电感耦合等离子体原子发射光谱法、X射线荧光光谱法（XFS）、极谱法、紫外可见分光光度法等。

A 原子吸收光谱法

原子吸收光谱法（AAS）是利用气态原子可以吸收一定波长的光辐射，使原子中外层的电子从基态跃迁到激发态的现象而建立的。由于各种原子中电子的能级不同，将有选择性地共振吸收一定波长的辐射光，这个共振吸收波长恰好等于该原子受激发后发射光谱的波长，由此作为元素定性的依据，而吸收辐射的强度可作为定量的依据。AAS现已成为无机元素定量分析应用最广泛的一种分析方法。该法具有检出限低、准确度高、选择性好（即抗干扰好）、分析速度快等优点。该法主要适用样品中微量及痕量组分分析。

B 电感耦合等离子体原子发射光谱法

电感耦合等离子体原子发射光谱法（ICP-AES）是以等离子体为激发光源的原子发射光谱分析方法，可进行多元素的同时测定。样品由载气（氩气）引入雾化系统进行雾化后，以气溶胶形式进入等离子体的中心通道，在高温和惰性气氛中被充分蒸发、原子化、电离和激发，使所含元素发射各自的特征谱线。根据各元素的特征谱线存在与否，鉴别样品中是否含有某种元素（定性分析）；由特征谱线的强度测定样品中相应元素的含量（定量分析）。该法具有检出限低、准确度高、线性范围宽且多种元素同时测定等优点，从理论上讲，它可用于测定除氩以外的所有元素。

C X射线荧光光谱法

当照射原子核的X射线能量与原子核的内层电子的能量在同一数量级时，核的内层电子共振吸收射线的辐射能量后发生跃迁，而在内层电子轨道上留下一个空穴，处于高能态的外层电子跳回低能态的空穴，将过剩的能量以X射线的形式放出，所产生的X射线即为代表各元素特征的X射线荧光谱线。其能量等于原子内壳层电子的能级差，即原子特定的电子层间跃迁能量。只要测出一系列X射线荧光谱线的波长，即能确定元素的种类；测得谱线强度并与标准样品比较，即可确定该元素的含量。由此建立了X射线荧光光谱分析法（XFS），它具有谱线简单、基体影响小、选择性高、测定范围宽等优点，可对原子序数大于9的所有元素作无损分析。

D 极谱法

极谱法是通过测定电解过程中所得到的极化电极的电流-电位（或电位-时间）曲线来确定溶液中被测物质浓度的一类电化学分析方法。其特点是灵敏度高、试液用量少，可测定浓度极小的物质。

E 紫外可见分光光度法

紫外可见分光光度法是根据物质分子对波长为200～760nm这一范围的电磁波的吸收特性所建立起来的一种定性、定量和结构分析方法。该法操作简单、准确度高、重现性好。适用于低含量组分测定，还可以进行多组分混合物的分析。

2.2.4 矿物微束分析法

矿物微束分析是利用具有一定能量的聚焦微电子束对矿物样品进行激发，将入射束与样品交互作用产生的各种信号加以分离、收集和检测，从而获得矿物微区的化学成分和形貌特征的分析技术。它是工艺矿物学研究方法之一。按使用的仪器分类，常用的分析方法有电子探针分析、透射电镜分析和扫描电镜分析等。

2.2.4.1 电子探针分析法

电子探针分析法（EPMA）的全称是电子探针X射线显微分析法。电子探针是利用0.5～1μm的高能电子束激发样品，通过电子与样品的相互作用产生的特征X射线、二次电子、吸收电子、背散射电子及阴极荧光等信息来分析样品的微区内（微米范围内）成分、形貌和化学结合状态等特征。电子探针是几个微米范围内的微区分析，微区分析是它的一个重要特点之一，它能将微区化学成分与显微结构对应起来，是一种显微结构的分析。电子探针是目前微区元素定量分析最准确的仪器。电子探针的检测极限（能检测到的元素最低浓度）一般为0.01%～0.05%。定量分析的相对误差为1%～3%，对原子序数大于11、含量在10%以上的元素，其相对误差通常小于2%。

2.2.4.2 透射电子显微镜分析法

透射电子显微镜简称透射电镜（TEM）。它是利用高能电子束与试样物质相互作用产生的透射电子束，进行高倍图像观察或用电子衍射花样进行矿物组成、晶体结构分析的仪器。透射电镜以电子束作为照明源，以电磁场作为电子透镜，使电子聚焦成像。透射电镜可放大数十万倍直接分辨原子，分辨率达2×10^{-10}～3×10^{-10}m。透射电镜适合对微细粒矿物、隐晶质矿物、黏土矿物的形貌及结构进行分析。

2.2.4.3 扫描电子显微镜分析法

扫描电子显微镜简称扫描电镜（SEM），它是利用细聚焦电子束在样品表面扫描时激发出来的各种物理信号来调制成像的。扫描电镜若配有X射线能谱仪或波谱仪，那么在观察矿物微观结构的同时，还可对矿物进行微区元素成分分析。

扫描电镜测试样品可用光片、薄片或粉末颗粒，但必须保证试样能导电。如果样品导电不好，必须对样品进行喷碳或喷金属膜，以保证有较好的图像质量和元素分析的正确性。

扫描电镜的特点是图像的分辨率高，二次电子像分辨率可达 $50\times10^{-10}\sim70\times10^{-10}$m，较透射电镜略低；放大倍数变化范围大，可放大十几倍到几十万倍，且连续可调；图像景深大，富有立体感；试样制备简单；在观察形貌的同时，还可利用从样品发出的其他信号作微区成分分析。

2.2.5　矿物表面分析法

研究矿物表面层和吸附层元素的含量及其分布，或表层元素间的结合状态与结构，以及表面的几何形状、物性等，都称为矿物表面分析。矿物表面分析法包括俄歇谱仪分析、X 射线光电子能谱分析、离子探针分析、激光显微发射光谱分析、质子探针分析、原子力显微镜等。

2.2.5.1　俄歇谱仪分析法

俄歇电子能谱仪（AES）是一种利用高能电子束为激发源的表面分析技术，它的分析区域受激原子发射出具有元素特征的俄歇电子。俄歇谱仪是利用不同元素具特征能量值的俄歇电子进行轻元素分析为主，以研究样品表面两三个原子层的成分，和数百纳米到数万纳米深度内成分的变化。这种方法的优点是：在靠近表面 50～200nm 范围内化学分析的灵敏度高；数据分析速度快；能探测周期表上 He 以后的所有元素。正因如此，俄歇电子特别适用于作表面化学成分分析。通过正确测定和解释 AES 的特征能量、强度、峰位移、谱线形状和宽度等，能直接或间接地获得固体表面的组成、浓度、化学状态等多种信息。

2.2.5.2　X 射线光电子能谱分析法

X 射线光电子能谱分析（XPS）是用 X 射线去辐射样品，使原子或分子的内层电子或价电子受激发射出来。被光子激发出来的电子称为光电子，可以测量光电子的能量，以光电子的动能为横坐标，相对强度（脉冲/s）为纵坐标可作出光电子能谱图，从而获得待测物组成。X 射线光电子能谱分析主要应用是测定电子的结合能来实现对表面元素的定性分析，包括价态。X 射线光电子能谱的主要特点是它能在不太高的真空度下进行表面分析研究，这是其他方法都做不到的。

2.2.5.3　离子探针分析法

离子探针分析仪，即离子探针（IPA），又称二次离子质谱（SIMS），是利用电子光学方法把惰性气体等初级离子加速并聚焦成细小的高能离子束轰击样品表面，使之激发和溅射二次离子，经过加速和质谱分析，测量离子的质荷比和强度，从而确定固体表面所含元素的种类和数量。分析区域可降低到 1～2μm 直径和 5nm 的深度，正是适合表面成分分析的功能，它是表面分析的典型手段之一。

离子探针显微分析在功能上与电子探针类似，只是以离子束代替电子束，以质谱仪代替 X 射线分析器。与电子探针相比，离子探针有以下几个特点：

（1）由于离子束在固体表面的穿透深度（几个原子层的深度）比电子束浅，可对这样的极薄表层进行成分分析。

（2）可分析包括氢、锂元素在内的轻元素，特别是氢元素，这种功能是其他仪器不具备的。

（3）可探测痕量元素（约 50×10^{-9}，电子探针的极限约为0.01%）。

（4）可作同位素分析。

2.2.5.4 激光显微发射光谱分析法

激光显微发射光谱（LMESA）分析是以激光为激发光源的光谱仪器，由激光光源和光谱仪两大部分组成。前者包括激光器、显微镜、辅助电极和电源柜。激光器产生激光，显微镜观察试样并聚焦激光束，辅助电极使激光气化的试样蒸气激发发光，电源柜为激光器和辅助电极的供电线路。光谱仪摄谱并记录产生的光谱。本装置可对试样的极微细部分进行元素的定性和半定量分析。激光显微发射光谱分析是光子微束分析中应用最多，以聚焦微激光束取样，或与取样同时又激发的原子发射光谱分析，可分析高含量和微量元素，又能同时分析多元素并把全部光谱信息永久保存，缺点是分辨率仅为5μm、精密度低（5%～25%）、不能分析的元素多达30个。

2.2.5.5 质子探针分析法

质子探针（PIXE）分析是利用粒子加速器将质子能量加速到2～4MeV，经过电磁聚焦得到微米级的高能质子束，用这种高能质子束激发微区内的待检测的物质，可使样品中部分原子的内壳电子被击出产生空穴，于是外层电子向空穴跃迁，同时发出该原子的特征X射线，通过测定X射线能量和强度，结合各种原子参数（如电离截面、荧光产额等），可以通过样品中元素的种类及百分含量，同时通过移动样品或用微束对样品表面进行光栅式扫描，还可得到选区的次级电子图像和各元素的空间分布图。由于质子束在样品中的散射较小，以入射束的减速所造成的X射线背景较低，质子探针具有分辨率高（0.5～1μm）和检测限低（1×10^{-6}）的优点，精度可优于电子探针100倍，是目前测定微量元素含量及确定元素在空间分布的最佳方法之一。

2.2.5.6 原子力显微镜法

原子力显微镜（AFM）是一种用来研究固体材料表面结构的分析仪器。它通过检测待测样品表面和一个微型力敏感元件之间的极微弱的原子间相互作用力来研究物质的表面结构及性质。它主要由带针尖的微悬臂、微悬臂运动检测装置、监控其运动的反馈回路、使样品进行扫描的压电陶瓷扫描器件、计算机控制的图像采集、显示及处理系统组成。当针尖与样品充分接近相互之间存在短程相互斥力时，检测该斥力可获得纳米级分辨率表面结构信息。AFM能提供真正的三维表面图，不需要对样品做任何特殊处理，而且在常压下可以良好工作。AFM的缺点在于成像范围太小，速度慢，受探头的影响太大。

原子力显微镜的应用范围十分广泛，其适用于生物、高分子、陶瓷、金属材料、矿物等固体材料表面纳米结构的观测。

2.2.6 矿物结构分析法

矿物结构分析法是利用晶体对高能量电磁辐射的衍射效应来研究矿物晶体结构（如晶体的晶胞参数、空间群、各原子在晶胞中位置等）的矿物学研究技术。

2.2.6.1 X射线衍射分析法

X射线衍射分析（XRD）是利用晶体形成的X射线衍射，对物质进行内部原子在空间分布状况的结构分析方法。将具有一定波长的X射线照射到结晶性物质上时，X射线因在结晶内遇到规则排列的原子或离子而发生散射，散射的X射线在某些方向上相位得到加强，从而显示与结晶结构相对应的特有的衍射现象。X射线衍射方法具有不损伤样品、无污染、快捷、测量精度高、能得到有关晶体大量完整性的信息等优点。X射线衍射分析法主要用于区别晶质、非晶质矿物，区别晶质矿物所属晶簇和对称程度，查定矿石中矿物相，也可进行半定量或定量分析，并可区别同质异象及类质同象。X射线衍射法分为照相法与衍射仪法两种，试样有单晶与多晶（粉末）之分。用于单晶的照相法有旋转晶体法与固定晶体的劳埃法，也称布拉格法；衍射法有单晶四圆衍射法和转靶衍射法。用于多晶的，有粉末照相法和粉末衍射法。

2.2.6.2 电子衍射分析法

电子衍射分析法与X射线衍射法一样，电子衍射法的几何原理都遵循布拉格公式，不同的是它忽略了衍射波与入射波之间，以及衍射波之间的相互作用。电子衍射按电子加速电压的不同，分为高能（HEED，数万至十万伏）、中能（MEED，数千至数万伏）和低能（LEED，数十至数千伏）3种。按电子散射方式又分为透射式和反射（背散射）式电子衍射。

在利用衍射研究晶体结构时，证明电子和中子都是十分有用的粒子。如使一束粒子流在适当条件下指向晶体时，将会与X射线一样遵循布拉格定律而被衍射。但电子、中子被晶体衍射的行为与X射线是不完全相同的，这就意味着电子衍射、中子衍射能提供某种特殊的信息。产生快速电子流可在与电镜的仪器构造和操作原理几乎相同的仪器中实现。所产生电子流的波长由施加的电压决定。在相同电压下所得到的电子流波长比通常用于X射线波长要短得多，但其穿透能力远低于X射线。电子极易被空气吸收，因而必须将电子流、试样和照相底板都放在同一个真空器内，这个真空器就是电子衍射仪，它是电子衍射的主要组成部分。

电子衍射和X射线衍射一样，可以用来作物相鉴定、测定晶体取向和原子位置。但是电子衍射的原子散射因子与X射线衍射有较大的不同，所以各衍射线的相对强度与X射线情况有较大的不同，因此对多晶电子衍射花样进行分析时，主要利用JCPDS卡片中的d值数据，至于强度数据可作参考。所以电子衍射花样的鉴定最好利用芬克索引。由于电子衍射具有某些特征，除具有研究晶体结构的功能外，在研究矿物表面结构时，远较X射线衍射优越。

2.2.7 矿物热分析法

矿物热分析是利用矿物在加热过程中的热效应或质量、体积的变化来鉴定矿物。矿物的热分析有差热分析、热重分析、差示扫描量热分析、逸出气体分析和热膨胀分析等。在工艺矿物学研究中应用较广的主要为差热分析和热重分析两种方法。

差热分析（DTA）是利用矿物在加热过程中所发生的吸热、放热效应来研究和鉴定矿物的一种方法。一些矿物在加热过程中发生脱水、分解、多晶转变或晶体结构破坏等反应，这种反应是吸热反应；若发生氧化和重结晶，则伴随有放热效应。这两类反应分别在差热曲线上表现为向下弯曲的吸热谷和向上弯曲的放热峰。测定时将粉末状矿物与中性体（氧化铝）分别装入两个样品室中，同时放到高温加热炉中，等速加热升温，用热电偶把矿物加热过程中所发生热效应的热能转化成电能接于检流计或记录笔端。矿物的热效应不同，获得的差热曲线的形态不同，有热效应矿物的差热曲线在大致固定的温度区间有一个或多个吸热谷、放热峰，或者二者都有，据此可进行矿物鉴定和研究。差热分析法有一定的局限性，只适用于能产生热效应的矿物，如碳酸盐类矿物、黏土矿物及含水或其他挥发分的矿物。

热重分析（TG）是测定矿物在加热过程中质量变化的一种热分析方法。一些矿物在加热过程中，因脱水或分解释放出挥发分而失重，记录不同温度下矿物失重的百分数，以鉴定矿物和研究矿物在加热过程中的变化。特别是黏土矿物、碳酸盐矿物在加热时失去水分或放出二氧化碳气体等，使矿物质量减少。而硫化矿物在受到氧化时质量增加，热重分析是根据矿物加热时的特点来鉴定矿物。热重分析一般在热天平上进行，故又称热天平法。测定时将矿物粉末装入石英或白金坩埚中，悬挂于天平上，并置于可控制的高温炉中等速升温加热，用热电偶连接在高温计上连续记录炉温变化，矿物的失重通过砝码连续记录，然后绘制成失重曲线，自动化的热天平可以自动记录矿物温度和失重并绘制失重曲线。将热重分析和差热分析配合使用，把所得结果差热分析曲线和热重分析曲线结合在一起进行综合考虑鉴定矿物效果会更好。

2.2.8　矿物自动图像分析法

矿物自动图像分析仪的出现，是工艺矿物学领域所取得的最新成就，它不仅使矿物解离度测定实现了自动化，而且也使矿物解离度测定的准确性和可重现性得到了很大提高。澳大利亚联邦科学与工业研究组织（CSIRO）开发研制的 QEMCSCAN 系统和澳大利亚昆士兰大学 Julius Kruttschnitt 矿物研究中心（JKMRC）研制的 MLA 系统已经于 21 世纪初投入使用，可以自动测定矿物解离度、矿物嵌布粒度、矿物相对含量、矿物嵌布复杂程度等工艺矿物学参数。

基于扫描电镜的矿物自动分析系统，是由扫描电镜、能谱仪及一套工艺矿物学参数自动测试软件构成。该系统的最大特点是充分利用背散射电子图像，广泛借鉴现代图像分析技术，能谱分析模式灵活多变，从工艺矿物学思路设计软件，针对测试样品建立标准矿物序列，分析测试和数据处理分开，充分保障了测试效率，矿物的自动识别准确性高，具有避免虚假矿物边缘相出现的能力。该系统首先通过背散射电子图像区分环氧树脂片中矿石颗粒与环氧树脂基底，测试工作只针对矿石颗粒开展；背散射电子图像能够区分颗粒中不同矿物相，再在每个矿物相上布置 X 射线能谱测试点以准确鉴定矿物；经背散射电子图像区分矿物相和 X 射线能谱分析准确鉴定矿物后，该系统就可得到一套由成千上万个矿物颗粒组成的图像系列，此图像系列中包含了所有测到的矿物颗粒的相关信息（周长、面积、最长径、最短径、等效圆直径、椭圆短轴等），以及矿物颗粒之间的嵌布关系、矿物组成等。通过软件计算即可得到整体样品各项工艺矿物学参数（矿物的解离度、矿物的嵌布粒度、矿物种类和含量等）。由于该系统具有自动测试功能，测试效率高、信息丰富、精确性及重复性好，已成为工艺矿物学研究的重要手段。

基于扫描电镜的矿物自动分析系统，目前最主要应用于选矿厂选矿流程考察，定期全面测定矿山选矿流程产品工艺矿物学参数，查找选矿流程缺陷，稳定选矿产品质量，引领流程优化。

2.3 矿石（原矿）工艺矿物学研究

2.3.1 采样

原矿工艺矿物学研究的准备阶段分为研究矿样的采取和制片两部分。采样是工艺矿物学研究的基础，也是最重要的一项工作，所采样品的代表性直接关系到整个工艺矿物学研究数据和所提供资料的准确性。如果所采样品没有代表性，那么即使后面的工作做得如何精确细致，所测的各种数据和研究结果的价值都不会高，而且还有可能所提供的信息是错误的。工艺矿物学所提供的各种资料和数据准确与否直接影响到整个选矿工艺研究过程和研究质量。所以，要重视工艺矿物学研究的采样工作，绝对不要随便拣几块矿石，那是没有意义的，还不如不做，以免对选矿工艺产生误导。

为保证采取具有代表性的矿样，需要在充分研究已有地质资料的基础上，由科研、设计、矿山地质部门共同进行采样设计。采样分为现场采样和从选矿试验大样中采样。

矿样的代表性一般要求如下：

（1）一般情况下，应采取全矿床或矿床开采范围内具有充分代表性的矿样。当采样条件不具备，或考虑到矿床的开采进度时，也可采取代表选矿厂投产后 5 ~ 10 年间处理的矿石，对于有色金属矿山和化学矿山应不少于 5 年。

（2）矿样应能代表矿床内各种类型和各种品级的矿石。应根据不同类型和品级的矿石分别采取；各种类型和各种品级的矿样质量比，应与矿床内各种类型和各种品级矿石储量的比例基本一致，或应与矿山投产若干年内送选矿石中的比例基本一致。

（3）矿样主要组分的平均品位、品位波动情况、伴生有益有害成分和可供综合回收成分的含量，应与矿床相应范围内的各类型和品级矿石（或矿山投产若干年内送选矿石）的基本情况一致。

（4）从矿体顶、底板围岩和夹石中采取的矿岩样种类、成分和比例应与矿床开采时的实际情况基本一致。

2.3.1.1 现场采样

现场采样工作比较复杂，要与有关单位协商，包括矿山、设计、施工、科研等单位，然后做一个采样设计或者制定一个采样方案。在采样前需阅读地质报告，了解该矿床的地质特征、矿体产状、矿石的矿物组成、结构构造、矿石的技术物理特性以及采矿方法、出矿方案、品位变化、矿石类型等。在此基础上，制定出合理的采样设计，布置采样点及确定采样数量，使样品具有充分的代表性。采集样品的块度：长 × 宽 × 厚为 100mm × 80mm × 60mm 左右。数量按不同金属而定，一般黑色金属矿取 30 ~ 40 块，有色金属矿取 40 ~ 60 块，贵金属矿取 50 ~ 100 块。有时根据工作需要，也可采一部分富矿样，供单矿物分离和矿物性质研究使用。

2.3.1.2 从选矿试验大样中采样

有时选矿研究大样已经采好，并已装箱运到研究单位。此时，工艺矿物学研究样的采集就比较简单。由于这种样品是按采样要求采取的，已经考虑了采样的各种因素，具有代表性，所以只要从选矿大样中采取即可。先阅读采样说明书，采样时最好把每种类型的样品倒出、混匀、铺平后按方格网法采取。采取块度 50 ~ 100mm 的样品 30 ~ 100 块，一般黑色金属矿取30~40块，有色金属矿取40~60块，贵金属矿取50~100块。

2.3.2 光片、薄片的磨制

在光学显微镜下研究矿石的矿物组成、矿物之间的关系、矿物形状及大小时，必须将上述样品磨制成高质量的光片及薄片。光片及薄片的磨制质量对鉴定矿物和观察结构特征影响极大，如果磨制质量不好，常常会影响鉴定工作的准确性。

2.3.2.1 光片的磨制

矿石光片的磨制过程如下：

（1）样品的切割。先用切片机对所采矿石样品进行切割，要求切片方位上金属矿物要集中。若遇到具有条带状、层状、脉状和透镜状等构造的矿石，应使切片平面垂直于层理、脉状等延向。疏松散粒的样品，可先用树胶胶结加固后，再进行磨制。粗坯的两个面都要求平整，以免影响下一道工序。切片大小一般为40mm×30mm×10mm，可视情况改变大小。采取的每块矿石样品分别切割一片进行磨制。

（2）粗磨。切好的粗坯最好在粗磨之前煮一次胶，这既可防止粗磨时样品破碎，又可使胶堵塞裂隙和空隙，避免因粗磨料进入样品而造成鉴定失误和粗磨料在细磨、精磨时划出条痕。光片四周应磨成圆边，抛光时不致使光片棱角划破抛光盘上的呢料。

（3）细磨。细磨的目的是使光片基本上达到细平光滑，使表面的孔穴和划痕减至最低限度。细磨可选择W20号、W10号、W7号金刚砂在细磨机上研磨。

（4）精磨。精磨是在细磨的基础上，用更精细的微粉金刚砂进行精磨。磨料愈细，光片愈易磨至细腻光滑，这不仅可缩短抛光时间，而且也是提高光片质量的关键环节。精磨可采用W7号、W5号、W3.5号、W2.5号及W1.5号金刚砂研磨。每种金刚砂研磨的时间一般要超过1min，一般的样品精磨仅用W7号和W3.5号金刚砂即可，只有较硬的样品才需加用W2.5号金刚砂和W1.5号金刚砂微粉磨料。精磨应在专用的玻璃板上进行。一般需两块玻璃板（大小以400mm×400mm×5mm为宜）：一块专用作W7号和W5号金刚砂研磨，另一块专供W3.5号和W2.5号金刚砂研磨。两块不可混用，以保证精磨质量。

（5）抛光。抛光是将磨好的光片在抛光机上抛光，是磨制光片最后的也是重要的一个环节。经过抛光处理，光片在更微细磨料（W1号、W0.5号金刚砂）和抛光盘面的作用下成镜面，最后达到光洁度的要求。一般用氧化铬粉在呢子上进行抛光，效果也很好。抛光盘转速以800~1000 r/min为宜。

2.3.2.2 薄片的磨制

薄片的磨制一般采用如下工序：

（1）样品的切片。切片之前，要选好切片方位，一般要选择样品中多种矿物集中的部位；如有层理和片理，应选取与之垂直的部位切片，块状或致密状的样品，则可用切片机任意切割。切取的样品规格一般为25mm×28mm×3mm。

（2）粗磨底平面。粗磨底平面是将切割下来的样品切片的底面磨平整，并适当磨薄，以备粘贴在载玻片上。磨盘转速以800~1000 r/min为宜，磨料可选用100~150号金刚砂。粗磨底平面后的切片规格一般为24mm×26mm×2mm。

（3）样品的胶结。胶结的目的在于使样品结构牢固，利于以后各工序的加工和确保制片质量。采用低相对分子质量的环氧树脂胶结样品比较牢固，易于提高磨片质量。硬化剂可采用乙二胺，用量一般为树脂质量的6%～8%。

(4) 细磨底平面。细磨底平面这一工序是在专用细磨机上进行，其目的是使底平面更趋平整和光滑，以利于粘片和保证细磨薄的质量。细磨底平面以选用W20号金刚砂为最佳，进一步细磨可用W10～W14号金刚砂微粉磨料。

(5) 粘片。粘片是将底平面已磨平的样品，用胶粘结在载玻片上，以备下一步磨薄之用。粘片胶要符合胶结力强、透明度好及折光率适当（N1.54左右）的要求，一般采用固体树脂胶，如加拿大树胶、冷杉胶及光学树脂胶等。

(6) 粗磨薄片。粗磨薄片工序是在粗磨机上将粘片后的样品磨薄到0.08～0.1mm，要求粗磨薄片厚度均匀，没有震裂的裂纹及脱胶、掉块等现象。磨料最好选用150号金刚砂。

(7) 细磨薄片。细磨薄片要求的厚度是0.03～0.04mm。这一工序是整个薄片磨制过程的关键。细磨薄以选用W20号或W14号金刚砂为宜。磨盘转速为600～800r/min。操作要合理、熟练，要集中精力，小心谨慎，切不可掉以轻心。

(8) 薄片的精细磨薄和厚度检验。这是薄片的最后修正阶段，要使薄片达到0.03mm的标准厚度。精磨薄片大多是在一块厚玻璃板上进行，可选用W7号微粉磨料，加水呈黏稠状，磨料不可过多。厚度检验需在偏光显微镜下进行。主要根据代表性矿物的标准干涉色来确定。如石英干涉色为白色或灰白色，长石干涉色为灰色时，即可认为达到0.03mm的标准厚度。

(9) 盖片。制薄片的最后一道工序是加盖玻片，即在精磨成0.03mm标准厚度的薄片上，用胶粘上盖玻璃。一般盖片胶采用液态冷杉胶或光学树胶等。加盖片的目的是为了在偏光显微镜下能更好地观察，并有利于长期保存。

2.3.2.3 砂样的粘固

对于碎、磨、选矿产品，不管是制成光片还是薄片，其关键的工序都是样品的胶结粘固。常用的胶结方法为嵌样机压型法、环氧树脂粘结法和冷杉胶粘结法。

A 嵌样机压型法

嵌样机压型法是用酚醛、聚氧乙烯等塑料粉为胶结材料，将样品与塑料粉经过嵌样机加温加压制成型块供制片用。型块直径为25mm，厚5mm。该方法的优点是型块中砂粒一般胶结牢固，利于磨平、抛光和保存，适用于嵌样胶结中、粗粒砂样。缺点是不易胶结细粉状样品，且方法本身操作费工，效率低。

B 环氧树脂粘结法

用低相对分子质量的环氧树脂做粘结胶，所胶结的样品结实坚固，不仅适用于各种粒度的样品，而且可以根据需要制成光片或薄片。因此，环氧树脂粘结方法是目前砂粒制片中应用最广、最受欢迎的方法。硬化剂可采用乙二胺，用量一般为树脂质量的6%～8%。用环氧树脂胶结砂样有两种方法：一种是粘片胶结法；另一种是浇铸成型法。

(1) 粘片胶结法。粘样时将胶液先滴在载玻片中间，然后将砂样混合在胶液中，即可加热使树脂固化。该方法适用于中粒、细粒砂样的制片。

(2) 浇铸成型法。对各种粒度的砂粒样品或小块样品，为便于加工、使用和长期保存，可以采用环氧树脂浇铸成型法，使样品胶固在一定大小的环氧树脂胶块中。模具系用聚四氟乙烯棒车制而成，模套的直径一般为25mm，深度为8～10mm。浇铸前，先将样品置于模具底平面上，随后将配好的环氧树脂浇入模具中搅匀，然后放入电烘箱内加热固化，一般加热温度60~80℃，经3~4h恒温即可固化。

C 冷杉胶粘结法

冷杉胶的粘结效果远不如环氧树脂佳，因此制片质量较低。其优点是操作简单，效率高。将载玻片在酒精灯上加温至80~100℃，放入冷杉胶熔化，撒样品于胶面上搅匀，用平玻璃将胶压平。冷却后即可进入磨制工序。

2.3.3 化学分析样的制备

化学分析样品是将2~0mm选矿综合样磨至小于0.074mm，根据样品粒度大小，取样质量参照里恰尔茨-切乔特公式 $Q=kd^2$。其中，Q 代表取样最少质量，单位为kg；d 为样品颗粒最大粒度，单位为mm；k 为经验系数。k 值决定于矿石性质及其中有用组分的均匀程度。品位变化大，k 值应取大一些，反之小一些。具体矿石样品加工的经验 k 值：铁、锰矿为0.1~0.2；铬矿一般为0.25~0.3；铜、铅、锌矿为0.1~0.2，若伴生有贵金属时取0.3~0.5；银矿石为0.2~0.8。

2.3.4 矿物鉴定

矿物鉴定必须是宏观与微观相结合，以达到鉴定的正确性。首先从外表宏观观察识别矿物，根据矿物的颜色、光泽、形态、硬度、密度、条痕（粉末的颜色）、解理、断口以及其他性质（如弹性、脆性、挠性等）进行肉眼或借助于放大镜鉴定。微观识别矿物的方法很多，光学显微镜是最常用的方法。利用偏光显微镜观察薄片，根据矿物形状、解理、颜色、多色性、糙面、突起、折射率、干涉色、光性正负以及轴性等光学性质鉴定透明矿物；利用反光显微镜观察光片，根据矿物形状、反射率、反射色、硬度、多色性、非均性、内反射等光学性质鉴定不透明矿物。

此外，也可以辅助于X射线衍射（矿物的结构特征）、扫描电子显微镜及电子探针（矿物的化学组成特征）等方法进行矿物鉴定。总之，在矿物鉴定时，所有的矿物都要鉴定出来，方能进行下一阶段的研究。

2.3.5 矿物定量

矿石是由天然矿物组成的集合体。对矿石进行的化学分析，只能了解其中化学元素的组成，而无法掌握其中的矿物组成。研究人员习惯于用化学分析的结果来计算矿物含量，这种方法对于矿物组成比较简单的矿石可以，但对组成比较复杂、矿物种类比较多的矿石就不适用了。选矿工艺分离的对象是矿物，矿石中同一种元素往往会以不同的矿物形式产出，这些含有同种元素的不同矿物，其物理化学性质和选矿工艺性质相差悬殊，其选矿方法和选矿工艺流程也截然不同，有的甚至在目前的经济技术条件下还难以利用。比如铜矿石中铜矿物有原生硫化铜矿物（黄铜矿、斑铜矿），也有次生硫化铜矿物（铜蓝、辉铜矿、蓝辉铜矿），还有氧化铜矿物（赤铜矿、黑铜矿）、碳酸铜矿物（孔雀石、蓝铜矿）。此外还有硅孔雀石、假孔雀石、胆矾、水胆矾等。较常见的铜矿物就有几十种，含铜矿物有三百多种；铝土矿中含铝的矿物也有几十种。因此，矿石的矿物组成研究对矿物加工工艺的选择具有重要意义。通过对选矿工艺流程中产品的组成矿物的定量，可以从矿物学角度详细分析各选矿作业的效率，这有助于分析目的矿物和有害矿物在流程中的走向及其行为的规律。这对于分析选矿的流程结构和工艺条件的合理性，以指导选矿工艺的优化具有重要意义。

矿物定量的方法较多，常用的矿物定量方法有分离矿物定量法、显微镜下矿物定量法、化学分析矿物定量法、选择溶解矿物定量法、自动图像分析矿物定量法等。

2.3.5.1 分离矿物定量法

分离矿物定量法是一个传统的方法，它是利用矿石中某种矿物或某些矿物的特殊性质或者利用某种矿物与其他矿物性质上的差异，将某种矿物或某些矿物从矿石中分离出来而进行定量的一种方法。这种分离方法主要适用于某些易于分选且嵌布粒度比较粗的矿物。这种方法准确可靠，但适用范围有限。例如，欲测定某矿石中磁铁矿的含量，假如该矿石仅含有磁铁矿一种强磁性矿物，那么称取一定量粒度小于 0.074mm 的代表性矿石样品放入水中，然后用磁铁吸出其中的磁铁矿颗粒并称取其质量 W_2。最后根据磁性部分的质量 W_2 与原样品的质量 W_1 相比的百分数，即为矿石样品中磁铁矿的质量百分含量。

2.3.5.2 显微镜下矿物定量法

显微镜下矿物定量法是将2~0mm 的选矿试验综合样先碎成0.5mm 以下，再筛分成若干粒级，分别算出每个粒级的产率，然后每个粒级缩分出一部分具有代表性的样品用环氧树脂、乙二胺胶结固化磨制成光片。一般粗粒级 5~7 片，细粒级磨 2~3 片。

显微镜下定量必须是在定性基础上，把所有矿物都鉴定准确后才可以进行矿物定量。定量方法一般采用线段法。定量时把每个粒级的光片放在显微镜下，借助机械台移动和目镜测微尺测量有用矿物及其他矿物线段长，逐行测定并做好记录，最后统计每种矿物的线段长，再求出每种矿物在该粒级百分比，再乘以该粒级的产率和该矿物的密度，就得出该矿物的含量。显微镜定量是一项基础工作，虽然既费时又费力，但每个从事工艺矿物学研究的人员都必须了解它。

2.3.5.3 选择溶解矿物定量法

选择溶解矿物定量方法是利用某种矿物特殊的化学性质，用特定的化学试剂进行选择性溶解来进行矿物定量。这种方法实际就是化学物相分析方法。

2.3.5.4 自动图像分析矿物定量法

自动图像分析矿物定量法是把扫描电镜、能谱分析和图像分析处理结合在一起，通过灰度区分矿物、能谱分析鉴定识别矿物以及图像分析软件测量各矿物的面积，然后乘以矿物的密度，则可计算出各种矿物的质量比，这样整体计算出矿样的矿物含量。为了样品的代表性，可考虑用 -0.074mm 综合样测定样品的矿物含量。

2.3.5.5 化学分析矿物定量法

化学分析矿物定量法是利用矿石的化学成分与矿石中组成矿物的化学成分的相关性，用数学运算方法来进行矿物定量。该方法不受组成矿物含量和嵌布粒度的影响。但某一种元素往往是由很多种矿物组成的，如硅、铝、钙等元素是由几十种甚至几百种矿物组成的，所以就很难计算了。但对于组成单一的或组成比较简单的矿物还是可以应用的。

总之，矿物定量是一项复杂的、繁琐的工作，各种定量方法的误差也比较大，所以用某种单一的方法进行准确定量是很困难的，必须用综合方法来定量。建议以化学法为基础，结合物理法进行矿物定量效果会更好。

2.3.6　矿石的结构构造

矿石构造是指组成矿石的矿物集合体的特点，即矿物集合体的形态、相对大小及其空间相互的结合关系等，它所反映的是矿物及其集合体的空间分布特征。矿物集合体是组成矿石构造的基本单位，矿物集合体空间的相互结合关系组成各种形态的矿石构造。

矿石结构是指矿石中矿物颗粒的特点，即矿物颗粒的形状、相对大小、相互嵌布关系或矿物颗粒与矿物集合体的嵌布关系，它所反映的是矿物本身的形态特征。矿物颗粒是组成矿石结构的基本单位，矿物颗粒的大小和形态各有不同，矿物颗粒间的相互嵌布关系组成了各种形态的矿石结构。

矿石的结构、构造所反映的虽是矿石中矿物的外形特征，但却与它们的生成条件密切相关，因而对于研究矿床成因具有重要意义。矿石的结构、构造特点，对于矿石的可选性同样具有重要意义，而其中最重要的则是有用矿物颗粒形状、大小和相互结合的关系，因为它们直接决定着破碎、磨矿时有用矿物单体解离的难易程度以及连生体的特性。因此，矿石的结构和构造是矿石破碎、磨矿和选矿工艺选择的主要依据，也是选矿工艺矿物学的重要内容。

2.3.6.1　*矿石的主要构造类型及其特性*

矿石的构造在矿相学等地质书籍中已有详细介绍，这里主要是对与选矿工艺有关的矿石构造进行列表分类，并对每一类构造进行简单描述。矿石的主要构造类型见表 2-3-1。

表 2-3-1　矿石的主要构造类型

矿石构造名称		构造特性
浸染状	浸染状构造	浸染状构造的特点是在非金属矿物基质内，有散染状的金属矿物或金属矿物集合体嵌布。根据嵌布粒度大小分为三类。浸染状构造除星点状构造外，是易于解离的
	星点状构造	
	斑点状构造	
延长状	条带状构造	延长状构造的特点是有用矿物集合体沿着一个方向延伸，这类构造最易于破碎，但若条带本身矿物结构复杂、并有非金属矿物存在时，影响再细磨时解离
	脉状构造	
	层状构造	
	透镜状构造	
浑圆状	鲕状构造	浑圆状构造在外形上是浑圆的，共同的特点是集合体中均有细小的碎屑矿物或者环带中有晚期的矿物嵌布，这些矿物若为有害杂质，常影响精矿质量
	结核状构造	
	肾状、豆状构造	
	环带状构造	
	海绵晶铁构造	
不规则状	块状构造	不规则状构造的特点除单一矿物集合体呈块状构造外，共同的特点是有用矿物有二期（或几个世代）以上形成的，所以构造是比较复杂的，一般来说对选矿较为不利
	角砾状构造	
	交错网脉状构造	
	土状、皮壳状构造	
	蜂窝状构造	
	胶状构造	

A 浸染状

在描述浸染状构造时，要指出有用矿物是单一的还是几种矿物集合体，然后指出集合体粒度及含量（可以是估量）和分布均匀度，并指出基质非金属矿物的种类。浸染状构造分为以下三类：

(1) 浸染状构造：属于中粒嵌布，粒度大于0.1mm，有用矿物含量大于3%，嵌布较为均匀。

(2) 星点状构造：属于细粒嵌布，粒度小于0.1mm，有用矿物含量小于3%，嵌布不均匀。

(3) 斑点状构造：有用矿物粒度大小不均，分布也不均匀，呈散染状嵌布在矿石中。

浸染状构造除星点状构造外，大多数是易于解离的。只要磨细到超过金属矿物的粒度大小，就能与脉石解离。但当有用矿物中含有细小杂质包裹体时，便难于解离。本类构造以浸染状为主，常见于岩浆期后矿石中。

B 延长状

在描述延长状构造时，需要说明条带（或夹层）的组成矿物种类及他们之间的关系、集合体的宽度、条带的对称性、重复出现或与脉石相间成条带等。还要指出条带界线的规则程度以及是否再经过溶蚀作用等现象。本类构造分为条带状构造、层状构造、脉状构造和透镜状构造等。

延长状构造适于选矿，但如条带中构成矿物的结构复杂，溶蚀交代现象显著或细小脉石矿物包裹体较多时，同样影响细磨造成解离上的困难。

C 浑圆状

浑圆状构造分为结核状（包括肾状、豆状）构造、鲕状构造及环带状构造等。在描述浑圆状构造时，除了说明浑圆状矿物颗粒的大小及组成成分外，更主要的是要把环带中心及相间环带中含有何种杂质矿物及它们的颗粒大小、形态等加以说明。本类构造以环带及鲕状构造为主，常见于浅成矿床及沉积矿床。若鲕粒核心大部分为一种有用矿物组成，另一部分鲕粒核心为脉石矿物组成，胶结物为脉石矿物，此时可在较粗的磨矿细度下（相当于鲕粒的粒度），得到粗精矿和最终尾矿。欲再进一步提高粗精矿的质量，常需要磨到鲕粒环带的大小，此时磨矿粒度极细，造成矿石泥化，使分选指标急剧下降。因此，复杂的鲕状构造矿石采用机械选矿的方法一般难以得到高质量的精矿。

D 不规则状

不规则状构造分为块状构造、角砾状构造、交错网脉状构造、土状、皮壳状构造、蜂窝状构造等。

(1) 块状构造。矿石矿物集合体成致密排列，矿石内矿物的分布没有一定的规律，有用矿物呈结晶集合体作为矿石的基质部分，而脉石矿物成细小颗粒或细脉存在于矿石中。在描述时要说明构成矿石基质的有用成分是单一金属矿物还是多金属矿物，与非金属矿物在块状矿石中存在的形态以及分布的均匀程度。这些因素直接影响选矿工艺流程及精矿品位。

(2) 角砾状构造。角砾状构造的特点是由两种不同时代的矿物集合体结合而成的，早期矿物形成角砾，后期矿物形成胶结物。若有用矿物组成角砾，脉石矿物为胶结物，则破碎到角砾粒度便可获得最终尾矿。但如有用成分为胶结物，脉石矿物为角砾，则需在粗磨后，经选别再细磨。

（3）交错网脉状构造。交错网脉状构造的特点是在早期形成的矿物集合体中穿插有晚期生成矿物的不规则网脉。从可选性的观点来看，它和角砾状的矿石基本相同。如果网脉很细小，也影响有用矿物与脉石的解离。在描述时需特别注意网脉状矿物集合体的结构及粒度。

（4）土状、皮壳状、蜂窝状构造。土状、皮壳状、蜂窝状构造主要在氧化矿石中较常见。这种构造的矿物成分较复杂，有用矿物较细小，结构松软，在选矿过程中易泥化，对富集有较大影响。具有这种构造的矿石需经特殊处理。

2.3.6.2 矿石的主要结构类型及其特性

矿石的结构类型很多，在矿相学等地质书籍中已有较详细的介绍。这里主要对与选矿工艺有关的矿石结构进行列表分类，并对每一类结构进行简单描述。矿石的主要结构类型见表2-3-2。

表2-3-2 矿石主要结构类型

矿石结构名称		结构特点
结晶作用形成的结构	自形晶粒结构	结晶作用形成的结构除他形晶粒结构不易解离，隐晶结构不利于选矿外，其他结构一般来说矿物解离度是比较高的
	半自形晶粒结构	
	他形晶粒结构	
	斑状集晶结构	
	隐晶结构	
交代作用形成的结构	溶蚀结构	交代作用形成的结构中有用矿物的解离度随交代程度的深浅而定。 这种结构不仅解离差，同时影响选别效果
	交代残余结构	
	交错结构	
	镶边结构	
	反应边结构	
	骸晶结构	
固溶体分离作用形成的结构	乳浊状结构	固溶体分离作用形成的结构除板状结构外，一般机械磨矿很难使其单体解离
	格状结构	
	板状结构	
	叶片状结构	
重结晶作用形成的结构	放射状、粒状结构	重结晶作用形成的结构的特点是矿物重新再结晶，对单一矿物来说是呈粒状产出，接触关系较为简单，所以易于解离成单体
	环带胶体结构	
	压碎结构	
	揉皱结构	

A 结晶作用形成的结构

结晶作用形成的结构是以结晶程度进行分类，包括自形晶粒结构、半自形晶粒结构、他形晶粒结构、斑状集晶结构和隐晶结构。

（1）自形晶粒结构。自形晶粒结构矿物结晶颗粒具有完好的结晶外形，如锡石、黄铁矿、毒砂等。矿物颗粒间由于自形程度完整而接触界线平滑，矿石经碎磨后易于沿矿物间接触面解离，所以解离程度最好。

（2）半自形晶粒结构。半自形晶粒结构是由两种或两种以上矿物晶粒的关系而定。其中有一种晶粒是各种不同自形程度的结晶颗粒，较后形成的颗粒则往往是他形晶并溶蚀交代先前形成的矿物颗粒。

（3）他形晶粒结构。矿物晶粒不具有完整晶面，常位于自形晶颗粒的间隙或裂隙中，因此矿物的外形是不定的。常由一种或几种矿物的他形颗粒集合体组成，常见于黄铜矿、闪锌矿、方铅矿等。几种矿物集合体的接触界线不平整，有时溶蚀显著，呈弯曲状的接触线。

（4）斑状集晶结构。细粒矿物集合体的基质中，具有一定程度的自形矿物的巨晶，这种巨晶称为斑状集晶结构。这种结构一般溶蚀现象不显著，因而接触界线较为平整。较常见的有黄铁矿、毒砂，在闪锌矿细粒基质中呈斑状集晶结构。

（5）隐晶结构。矿物结晶组分异常小，以至于用普通显微镜不能区别它们，如隐晶质的石墨等。

呈自形、半自形及斑状集晶结构的矿物，如果有用矿物粒度不是过细，在磨矿过程中单体解离度是较高的。而呈他形晶粒结构，单体解离就比较困难。结晶的石墨、辉钼矿是最易浮的。但具隐晶质结构的石墨、辉钼矿其可选性很差。

B 交代作用形成的结构

交代作用形成的结构包括以下几种：

（1）溶蚀结构。溶蚀结构是指早期生成矿物的晶粒被晚期生成矿物集合体所溶蚀交代，因而两种矿物的接触界线很不规则，常呈不平坦的锯齿形的边界线。这种结构在硫化矿床的矿石中分布极为普遍。

（2）交代残余结构。交代残余结构的特征是早期生成的矿物晶粒被晚期生成矿物集合体的溶蚀交代进一步加深，晚期矿物的溶蚀交代作用更强烈，使被溶蚀的早期矿物的晶粒仅剩残余物，在晚期矿物集合体内这些残余物颗粒极不规则，接触界线也极为复杂。

（3）交错结构。交错结构是指较晚期的矿物侵入到早期矿物颗粒内而呈极不规则的树枝状、网格状和其他不规则状的外形，这种颗粒之间接触界线大多是弯曲的，此类结构在硫化矿石中较普遍。

（4）骸晶结构。骸晶结构是指较早结晶的矿物被晚期矿物从中心向外进行交代，而早期矿物仍保持着原来一定的外形。这种结构是黄铁矿和毒砂所特有的。

（5）镶边结构。镶边结构是指晚期矿物沿早期矿物边缘交代，形似镶边。如铜蓝、蓝辉铜矿沿黄铜矿边缘交代。

呈交代作用结构的矿物的可选性，从溶蚀、交代残余到交错结构，一般矿物的解离程度逐渐变差（在其他条件相同情况下），这类结构的矿石需细磨到远远小于有用矿物的粒度，才能获得单体解离，选矿要彻底分离它们是比较困难的。

C 固溶体分离作用形成的结构

固溶体分离作用形成的结构包括以下几种：

（1）乳浊状结构。乳浊状结构是指一种矿物在另一种基质矿物中呈极细小的乳滴状嵌布，乳滴状颗粒分布一般无规律性，但有时可见少数颗粒成平滑的接触线。如闪锌矿中乳滴状黄铜矿、方铅矿中乳滴状辉银矿。

（2）格状结构。格状结构是指一种矿物分布在另一种矿物内的几个不同结晶方向，可通过光片在高倍镜下观察，晶片在主要矿物中成三角形、菱形、矩形或由四、五组平行排列的晶片而组成的格子。如钛铁矿在磁铁矿中呈格状结构，赤铁矿-钛铁矿、辉铜矿-斑铜矿等均属格状结构。

（3）板状结构。板状结构是指矿物呈板状晶体分布在基质矿物中，有时具有定向排列。如磁铁矿颗粒中的赤铁矿板状晶体，黄铜矿中方黄铜矿板状晶体等。

格状等固溶体分离结构，由于接触边界平滑，也比较容易分离，但对于呈细小乳滴状的矿物颗粒，要解离出来就非常困难。

D　重结晶作用形成的结构

重结晶作用形成的结构包括以下几种：

（1）放射状、球粒状结构。放射状、球粒状结构的特点是组成矿物的纤维晶体以放射状排列组成放射状结构。若放射状结构的分泌物成为滚圆的堆积，则称为球粒状结构。一般可通称为放射状、球粒状结构。

（2）环带胶体结构。环带胶体结构是指胶体物质经过重结晶作用形成的变晶颗粒常保留有凝胶沉淀物的同心环带，常见的有胶状黄铁矿、针铁矿、孔雀石等。

（3）压碎结构。压碎结构是指矿物受压力作用而呈现裂缝和带棱角的碎块，这种结构是坚硬而又性脆的矿物所特有的。如黄铁矿、毒砂、锡石、铬铁矿等。压碎结构一般有利于磨矿及单体解离。

2.3.7　矿石中元素的赋存状态

矿石和选矿产品中元素的赋存状态是工艺矿物学研究的基本任务之一。元素在矿石中的赋存形式与其自身的晶体化学性质及其形成时的物理、化学条件有关。元素的赋存状态包含两个含义：即元素的赋存和元素的状态两个方面。元素的赋存就是矿石或选矿产品中有益、有害元素分布在哪种矿物里面。状态就是指元素在矿石中以何种形式存在。通过对元素赋存状态的研究，查明元素在矿石中的存在形式和分布规律，对选矿工艺的选择和优化具有重要意义。元素在矿石中的赋存状态或存在形式是地质作用的产物，它反映了矿床形成的历史，它与地球化学、晶体化学、矿物学、结晶学、矿床学等基础地质学科有着密切关系。元素赋存状态研究不仅是地质人员研究元素地球化学规律、成矿物理化学条件和矿床成因等的重要依据，而且也是选矿工艺研究人员制订工艺流程、评价选矿产品质量的科学依据。矿石中有价元素的可利用性不仅取决于元素在矿石中的含量，还取决于元素的赋存状态。

2.3.7.1　元素在矿石中的赋存状态

某种元素在矿石中的产出形式与其自身的晶体化学性质和形成的物理、化学条件有关，元素在矿石中的赋存状态可划分为 3 种主要的产出形式，即独立矿物形式、类质同象形式和吸附形式。

A　独立矿物

当元素呈独立矿物形式存在时，该元素构成了矿物的主要和稳定的成分之一，并占据矿物晶格的特定位置。如铜的独立矿物有黄铜矿、辉铜矿、赤铜矿、黑铜矿、赤铜铁矿、孔雀石、蓝铜矿、磷铜矿等。

B 类质同象

类质同象是元素在矿物中的一种较常见的赋存形式，它是指在矿物晶格中类似质点间相互替代而不改变矿物结构的现象。呈类质同象形式产出的元素与独立矿物形式不同，这类元素通常不是矿物晶格中的主要和稳定的成分，而是由于其结晶化学性质与矿物中的某个主元素的结晶化学性质相似，在一定的条件下，以次要元素或微量元素的形式进入矿物晶格，这些元素进入矿物晶格后不改变矿物的晶体结构。

如果矿物相互替换的质点成任意比例无限替换，称为完全类质同象。例如，钨铁矿晶体中 Fe^{2+} 被 Mn^{2+} 替代的数量，可以从零一直变化到100%，亦即最后达到纯的 $MnWO_4$，即钨锰矿。其两端的纯组分，称为端员矿物，如上所述的钨铁矿和钨锰矿。

如果相互替换的质点只局限于一个有限的范围内，称为不完全类质同象。例如，在钾长石 $K[AlSi_3O_8]$ 中可有部分 K^+ 被 Na^+ 替代，在钠长石 $Na[AlSi_3O_8]$ 中也可有部分的 Na^+ 被 K^+ 替代。再如，在闪锌矿 ZnS 中，可有 Fe^{2+} 替代部分的 Zn^{2+}，但替代量不超过约45%(分子数)。所以，钾-钠长石系列和闪锌矿-铁闪锌矿系列都属于不完全类质同象系列。

此外，一些在地壳中丰度很低的稀有元素，往往以类质同象替代的方式进入适当的其他化合物的晶格中，形成不完全类质同象，它们的替代量都非常小。这种微量元素以不完全类质同象形式替代晶体中主要元素的现象，在地球化学中特称为内潜同晶；而这些替代元素则常被称为类质同象杂质。

在类质同象替换中常把次要成分称为类质同象混入物。当相互替换的质点电价相同时，称为等价类质同象。例如，前述的黑钨矿（Mn^{2+} 与 Fe^{2+} 相互替代）、钾-钠长石系列(K^+ 与 Na^+ 相互替代)。如果替换的质点电价不同，称为异价类质同象。例如霓辉石，其 $(Na,Ca)(Fe^{3+},Fe^{2+})[Si_2O_6]$ 中的 Ca^{2+} 与 Na^+ 以及 Fe^{2+} 与 Fe^{3+} 之间均为异价的替代关系。任何异价类质同象混晶的类质同象替代必须有电价补偿，以维持电价的平衡。如霓辉石中，每有一个 Fe^{2+} 替代一个 Fe^{3+}，同时就有一个 Ca^{2+} 替代一个 Na^+。

稀散元素本身不形成独立矿物，只能以类质同象混入物的状态分散在其他矿物中，如闪锌矿中的镓、辉钼矿中的铼、黄铁矿中的钴等，由于这些元素含量通常极少，因而一般在化学式中不表现出来。这些稀散元素一般先选载体矿物再用冶金方法回收。

C 吸附形式

呈吸附形式产出的元素是指元素呈吸附状态存在于某种矿物中，根据其吸附的性质分为物理吸附、化学吸附和交换吸附。呈吸附形式产出的元素可以是简单阳离子、配阴离子或胶体粒子，其载体矿物主要与黏土矿物和氧化铁、氧化锰等胶体矿物有关。因为这些矿物表面常带有电荷，易于吸附其他质点。例如：我国华南地区的离子吸附型稀土矿床，其特点是稀土元素以简单的阳离子形式被多水高岭石和高岭石等黏土矿物吸附；铁帽型金矿中，褐铁矿 $Fe_2O_3 \cdot nH_2O$ 呈正胶体，其表面往往吸附带负电荷的金胶体微粒 $\{mAu^0 + nAu(OH)_3 + Au(OH)_4\}^-$。

2.3.7.2 元素赋存状态的研究方法

元素赋存状态的研究方法虽然很多，但其研究方法的选择主要取决于原料性质，最常用的有单矿物分离法、选择性溶解法、X射线衍射法、矿物微束分析法、差热分析法、数理统计法和电渗析法等。前五种方法前面已有介绍，在此不再赘述。下面主要介绍数理统计法和电渗析法。

A 数理统计法

数理统计是把大量样品的化学分析数据用数理统计方法进行综合、整理、计算来获得有关数据，并根据统计的数据了解元素之间的相关性。常用的数理统计方法主要有：

（1）一元线性回归分析相关系数法。

（2）平均值与均方差法。这是利用矿石中两种元素之间的消长关系、离散程度、变化系数来判断元素的存在形式或赋存状态。

B 电渗析法

电渗析方法主要用于考查胶状矿石或矿石中的部分胶状形成物，研究其中是否存在有吸附形式的元素。这些元素不是组成矿物基本组分的主要元素，而是被带有与该元素相反电荷的胶体矿物所吸附。电渗析仪由三个用半透膜（一般用羊皮膜）分割的小室组成。图2-3-1所示是伯维尔型电渗析仪示意图。左、右两室分别装有直流电的正、负极，中室放入矿石粉末加水制成的悬浊液，并不断搅拌。两个边室的上部和下部各有一个小圆孔，上孔为供水孔，与装蒸馏水的瓶子相连；下孔为排水孔，可通过两通阀调节排水速度。在两个边室内装有虹吸管，以保证电极有固定高度的液面。电极连接在可调直流电源上。矿物悬浊液在直流电场的作用下，如果矿物中有呈吸附状态的离子存在（吸附在胶体矿物质点表面上），由于电位差使这些被吸附的离子进入溶液，透过半渗透膜向电荷相反的电极室扩散，阳离子迁移至阴极室，阴离子迁移至阳极室，并聚集在铂网电极的周围（半透膜的毛细孔很小，只允许离子通过而不允许胶体矿物通过）。电渗析之后电极室（阴极室和阳极室）中溶液的离子含量愈高，反映吸附离子的数量越大。

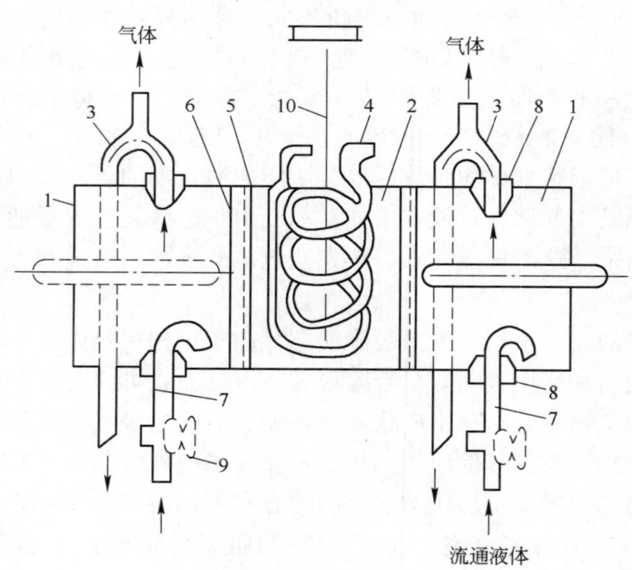

图2-3-1 伯维尔型电渗析仪示意图

1—电极室；2—中室；3—虹吸管；4—冷却器；5—薄膜；6—电极；
7—输入液体管；8—橡皮塞；9—通水栓；10—搅拌器

C 元素平衡分配计算

元素平衡分配计算是分析目的元素在矿石各矿物中的分配比例。它必须在详细地研究矿石物质组成，特别是元素赋存状态考查清楚的基础上进行。在元素赋存状态研究的基础上，根据矿物定量研究的结果和元素在不同矿物中含量的测定结果，可以计算出元素在矿石中各矿物的配分量，也就是对元素赋存状态进行定量描述。通过元素配分计算结果，可以了解矿石中有价元素和有害元素的分布规律，为选矿选择工艺条件和优化工艺指标提供科学依据。

元素平衡分配计算具体运算可按下列步骤进行：

（1）目的元素在各矿物中的配分量计算见式（2-3-1）：

$$C_i = W_i A_i \tag{2-3-1}$$

式中 C_i——目的元素在 i 矿物中的配分量,%；

W_i——矿石中 i 矿物的相对含量,%；

A_i——目的元素在 i 矿物中的含量,%。

（2）目的元素在各矿物中的相对配分比见式（2-3-2）：

$$P_i = \frac{C_i}{\Sigma C_i} \times 100\% \tag{2-3-2}$$

式中 P_i——目的元素分配到 i 矿物中的相对配分比；

ΣC_i——矿石各矿物中目的元素配分量之和。

D 铅锌金银多金属矿中金的赋存状态研究实例

由显微镜观察和扫描电镜X射线能谱分析可知，矿石中的金一部分是以银金矿、金银矿的形式存在，但是还有很大一部分是用氰化钠溶液或8% I_2 + 15% NH_4I 溶液也浸不出的金，这部分金可能是以显微金和次显微金的形式存在。为了查明矿石中金的赋存分布情况，对矿石中主要矿物进行分离富集，得出富集的黄铁矿精矿、方铅矿精矿、闪锌矿精矿、含毒砂的黄铁矿精矿。先测定这些富集精矿中主要矿物的含量，然后用0.5% NaCN溶液在室温下充气搅拌24h浸取金，并化验残渣中的金含量。然后用解联立方程方法得出黄铁矿、方铅矿、闪锌矿和脉石矿物中金的含量。主要矿物中金的含量计算结果见表2-3-3。

表2-3-3 主要矿物中金的含量计算结果 （%）

矿 物	黄铁矿精矿	方铅矿精矿	闪锌矿精矿	毒砂、黄铁矿精矿
黄铁矿	94.4	5.34	3.40	69.4
毒 砂	0.40			4.67
方铅矿	0.32	84.8	0.29	0.20
闪锌矿	0.39	4.17	92.8	0.30
脉石矿物	4.49	5.69	3.51	25.34
合 计	100.00	100.00	100.00	100.00
氰化前/$g \cdot t^{-1}$	5.45	6.0	0.86	6.38
氰化后/$g \cdot t^{-1}$	5.39	0.68	0.55	5.66
氰化不溶金	98.90	11.33	63.95	88.71

注：*P*—黄铁矿含金（g/t）；*A*—毒砂含金（g/t）；*G*—方铅矿含金（g/t）；*S*—闪锌矿含金（g/t）；*X*—脉石矿物含金（g/t）。

列出联立方程组见式（2-3-3）（式中符号见表2-3-3注）：

$$
\begin{aligned}
&\text{黄铁矿精矿：}94.4P+0.4A+0.32G+0.39S+4.49X=100\times5.39\\
&\text{方铅矿精矿：}5.34P+84.8G+4.17S+5.69X=100\times0.68\\
&\text{闪锌矿精矿：}3.4P+0.29G+92.8S+3.51X=100\times0.55
\end{aligned}
\tag{2-3-3}
$$

综合脉石单矿物分析含金为0.08g/t。

解方程组（2-3-3），得出方铅矿含金为0.42g/t，闪锌矿含金为0.38g/t。

下面根据黄铁矿精矿、毒砂黄铁矿精矿的分析结果列出方程（见式（2-3-4）），计算毒砂和黄铁矿的含金量。

$$
\begin{aligned}
&\text{黄铁矿精矿：}94.4P+0.4A+0.32G+0.39S+4.49X=100\times5.39\\
&\text{毒砂黄铁矿精矿：}69.4P+4.67A+0.29G+0.3S+25.34X=100\times5.66
\end{aligned}
\tag{2-3-4}
$$

解方程组（2-3-4），得出黄铁矿含金为5.54g/t，毒砂含金为38.38g/t。

表2-3-4所示为金在各种矿物中的平衡分配情况。

表2-3-4 矿石中金的平衡分配

矿物名称	矿物含量/%	矿物中金的品位/$g\cdot t^{-1}$	金的金属量/$g\cdot t^{-1}$	占有率/%
方铅矿	4.31	0.42	0.02	0.87
闪锌矿	8.15	0.38	0.03	1.30
黄铁矿	27.1	5.54	1.5	65.22
毒 砂	0.74	38.38	0.28	12.17
脉 石	59.7	0.08	0.05	2.18
金银矿、银金矿			0.42①	18.26
原 矿			2.30	

①金矿物的金含量为矿石中的总金量与其他矿物的金含量的差减值。

由表2-3-4可以看出，在通常的磨矿细度条件下尽量将裸露金的影响消除后，矿石中有77.39%的金分布在黄铁矿和毒砂中，在常规的条件下，这部分金用NaCN和I_2+KI溶液是很难浸出的，可能是以显微金和次显微金的形式存在。方铅矿、闪锌矿和脉石矿物中的金只占4.35%。另外有18.26%的金是以金银矿和银金矿等明金的形式存在，可以通过选矿或冶金方法处理加以回收。

2.3.8 矿物粒度测量

矿物分选时重要矿物（指有用矿物和有害矿物）的粒度特性，既是决定磨矿细度和破碎方法的关键因素，又是选矿工艺流程方案选择的重要依据。如实地反映原矿中重要矿物的粒度特性并对各粒级的含量分布作系统的分析具有重要意义。

工艺矿物学研究所表达的矿物粒度实际上指的是矿物的工艺粒度，为同一矿物集合体颗粒大小。所以矿物粒度划分的单元要根据选矿工艺的要求，即选矿工艺过程中几种矿物不需分离而一起回收时，则这几种矿物相嵌的集合体颗粒即为测量时的粒度单元。如黄铜矿与辉铜矿、铜蓝、蓝辉铜矿组成的集合体；如全硫化物浮选时，所有硫化物集合体作为一个整体看待。当被测矿物为含杂矿物时，如闪锌矿中含有乳滴状黄铜矿、方铅矿中含有微细粒银矿物时，只要这种矿物的量很少，且粒度很细，磨矿时不可能单体解离的，且不影响金属回收和精矿质量标准时，可将含杂矿物一起作为划分单元。

2.3.8.1 矿物粒度测量方法

自然界生成的矿物其形状和大小并不相同，有些呈粒状、有些却呈片状、细脉状、针状等。由于矿石中组成矿物的颗粒大小并不一致，我们所欲知的是某种或某几种组成矿物的粒度特性，而不是少数几个颗粒的粒径尺寸。所以测量工作应该对具有代表性样品进行众多颗粒的系统测量，以便掌握该矿物的粒度范围及其在各粒级中的含量分布特性。

测定块状矿石组成矿物的粒度特性时，由于不能直接测定矿石内部各粒级的颗粒数，而只能在矿石的磨光面上进行对比测量。测数各粒级的颗粒数主要采用面测法和线测法进行。

A 面测法

面测法也称视域法，即在具有代表性的磨光面或薄片的一定面积范围内测出各粒级的颗粒数或频率。面测法采用逐个视域来观测测量，然而此法存在三大缺点：

(1) 目镜测微尺横放在视域中间，那么远离测微尺颗粒难以准确判别它们究竟属何粒级。若转动目镜以读取颗粒的截径则势必增加很大麻烦和误差，况且目镜测微尺常较视域短，也就是说靠近边沿的颗粒就无法直接量度。

(2) 当视域的颗粒数较多时，常出现重数和漏数误差。

(3) 跨越视域内外两边的矿物颗粒粒径的判断是困难的。由于观测者无法观察颗粒视域外部的情况，因此难以判断它们究竟应属哪一粒级的颗粒。假若凡是跨在视域内外两边的颗粒都不予计算的话，则势必引起粗粒含量偏低，细粒级含量偏高的误差。

面测法主要适用于含量少的矿物粒度测量。

B 线测法

粒度测量用的线测法，目前仍多采用“截距法”（或称直线法），是最常用的矿物粒度测量方法。应用此法时，目镜测微尺的放置方向与显微镜机械台的移动方向一致，观测者逐个视域累计测微尺上各粒级颗粒的颗粒数。判断颗粒属于哪一粒级是按测微尺上的随遇截距决定的。

选择测线间距的主要因素应该取决于矿物颗粒在矿石中的嵌布均匀性。总的来说，在同一数量磨光的情况下，测线间距愈短，即测线增多，所测得的结果愈接近它的真实情况。当各粒级颗粒在矿石中呈不均匀嵌布时，应该增加磨光面的块数，而减少每块光片的测线数目，也就是说可以加大测线的间距，以便在不增加工作量的情况下获得较满意的结果。又若矿物各粒级的颗粒在矿石中呈均匀嵌布且由于所能提供测量的矿石截面又不多，那么适当增加测线的数目即缩短测线的间距，进而达到足够的精确度。

2.3.8.2 矿物粒度测量统计及计算方法

为了保证测量的精确度和代表性，矿物统计颗粒数一般按照矿物量来定，矿物量大于10%，统计颗粒数一般要大于5000颗；矿物量为1%~10%，统计颗粒数一般要大于3000颗；矿物量为0.1%~1%，统计颗粒数一般要大于1000颗；矿物量为0.01%~0.1%，统计颗粒数一般要大于500颗。对于贵金属矿物，或者其他矿物量小于0.01%的矿物，统计颗粒数一般要大于50颗。

由于所要掌握的是矿物的粒度特性，而不是个别颗粒的粒径大小。因此，粒度测量工作是先划定一系列的测量粒级，以便根据各粒级的颗粒数与平均粒径的乘积计算矿物在各粒级中的含量分布。矿物粒度测量统计的原始记录表格见表2-3-5。表2-3-5所示的粒度分级，对于一般矿石来说是适用的，但遇到粗粒嵌布矿物时，可在上限再增加粗粒级。如果矿物是以微细粒嵌布为主，则可将－0.010mm粒级进行更细的分类，可分至0.005mm或0.002mm，这样更适合矿石工艺性质的分类。

表2-3-5　矿物粒度特性统计

粒度范围/mm	平均粒径 d/mm	矿物名称							
		颗粒数 n	线段值 nd	占有率/%	累计/%	颗粒数 n	线段值 nd	占有率/%	累计/%
+2.000									
－2.000 +1.651	1.825								
－1.651 +1.168	1.422								
－1.168 +0.833	1.00								
－0.833 +0.589	0.711								
－0.589 +0.417	0.503								
－0.417 +0.295	0.356								
－0.295 +0.208	0.256								
－0.208 +0.147	0.178								
－0.147 +0.104	0.126								
－0.104 +0.074	0.089								
－0.074 +0.043	0.058								
－0.043 +0.020	0.031								
－0.020 +0.015	0.017								
－0.015 +0.010	0.012								
－0.010	0.005								

各粒级占有率计算公式见式（2-3-5）：

$$p = \frac{n_i d_i}{\sum n_i d_i} \times 100\% \tag{2-3-5}$$

式中　p——占有率；

n_i——第 i 粒级的颗粒数；

d_i——第 i 粒级的平均粒径。

2.3.8.3　*矿物粒度测量结果表示方法*

矿物粒度测定的任务是确定矿物颗粒大小及其分布特性。矿物粒度测量结果可用列表方法表示，也可用作图方法表示。

例如，某一水硬铝石型铝土矿的显微镜下矿物粒度测量结果见表2-3-6，表2-3-6中列出了一水硬铝石、含硅脉石矿物的自然粒度和工艺粒度（富集合体粒度）的粒度测量结果。对每种矿物列出了每个粒级的百分含量和累计百分含量。

表 2-3-6 显微镜下粒度测量统计结果

粒度范围/mm	一水硬铝石				含硅脉石矿物			
	自然粒度		工艺粒度		自然粒度		工艺粒度	
	含量/%	累计/%	含量/%	累计/%	含量/%	累计/%	含量/%	累计/%
+2.000			0.96	0.96			3.01	3.01
-2.000 +1.651			0.66	1.62			1.54	4.55
-1.651 +1.168			1.72	3.34			1.69	6.24
-1.168 +0.833			1.62	4.96			2.68	8.92
-0.833 +0.589			2.88	7.84			2.80	11.72
-0.589 +0.417	0.72	0.72	5.07	12.91			2.15	13.87
-0.417 +0.295	1.86	2.58	6.24	19.15	1.24	1.24	2.40	16.27
-0.295 +0.208	2.94	5.52	7.85	27.00	0.35	1.59	3.56	19.83
-0.208 +0.147	4.26	9.78	8.84	35.84	2.46	4.05	6.80	26.63
-0.147 +0.104	6.17	15.95	11.53	47.37	2.97	7.02	12.56	39.19
-0.104 +0.074	7.25	23.20	11.36	58.73	5.39	12.41	15.91	55.10
-0.074 +0.043	17.88	41.08	15.60	74.33	12.83	25.24	21.30	76.40
-0.043 +0.020	22.49	63.57	11.56	85.89	24.68	49.92	11.81	88.21
-0.020 +0.015	11.74	75.31	5.04	90.93	11.76	61.68	7.34	95.55
-0.015 +0.010	9.32	84.63	3.95	94.88	14.27	75.95	2.86	98.41
-0.010	15.37	100.00	5.12	100.00	24.05	100.00	1.59	100.00

作图方式表示矿物粒度特性如图 2-3-2 所示。

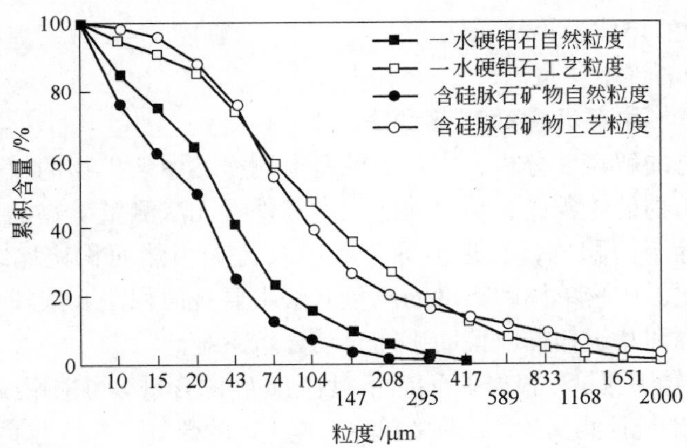

图 2-3-2 矿物的粒度特性曲线表示法

2.3.8.4 矿物粒度大小分类

矿物颗粒或集合体的粒度大小直接影响矿物单体解离情况及矿物可选性，通常选矿工艺要求有效的粒度范围。在工艺矿物学研究中，常以粗粒、中粒、细粒、微粒等相对量来描述矿石中有用矿物的粒度大小，为了使用方便把矿物粒度大小分为六类，见表 2-3-7。

表 2-3-7 矿物粒级划分范围

粒 级	极粗粒	粗 粒	中 粒	细 粒	微 粒	超微粒
粒度范围/mm	>2.0	2.0~0.3	0.3~0.1	0.10~0.01	0.010~0.003	<0.003

2.3.9 磨选产品的矿物单体解离度测定

矿石中矿物的单体解离是选矿中破碎、磨矿作业的一项基本目标，是确定最佳磨矿细度的重要依据。矿物在可选粒度范围内的解离，直接影响到分选效果。因此，对矿物的单体解离及时做出正确的查定，是工艺矿物学研究最重要的任务之一。矿物的粒度分析和单体解离度分析是确定最佳磨矿细度的重要依据，是选矿工艺研究过程中一个重要的参数。在选矿过程中既要保证目的矿物的充分单体解离，又要防止过磨而增加能耗，所以选矿工艺研究中首先要确定合理的磨矿细度，这就要测定目的矿物的单体解离度。

2.3.9.1 *矿物解离度的概念及其测量方法*

矿石中的有用矿物和脉石矿物绝大多数都是紧密连生在一起的，如果不先将它们单体解离，机械选矿方法难以使矿物彼此分离。矿石粉碎后，由于粒度变小，原来连生在一起的各种矿物，有一些在不同矿物间的界面上裂开，达到了一定程度的解离。有用矿物的解离程度是以矿物的单体解离度加以度量的。在细粉碎的矿石中，有些颗粒只含有一种矿物，称为矿物单体；另外一些颗粒还是由几种矿物连生在一起的，称为矿物连生体。磨选产品中某矿物的解离度，就是该矿物的单体解离的量与样品中该矿物总量之比值，一般用百分数表示，计算公式见式（2-3-6）：

$$F = \frac{f_1}{f_1 + f_2} \times 100\% \qquad (2\text{-}3\text{-}6)$$

式中 F——某矿物的单体解离度，%；

f_1——该矿物的单体量；

f_2——该矿物的连生体量。

2.3.9.2 *矿物单体解离度的测量方法*

磨选产品中矿物的解离度分析，实际上就是要测样品中该矿物的单体解离的量和连生体的量，也就是该矿物的体积比，从目前的技术条件看无法测量矿物的体积，根据体视学原理，体积比近似等于面积比，也近似等于线段长比。当然面积比比线段长比更接近实际，误差更小。因此，矿物单体解离度的测量方法主要有面积法和线段截取法。实现的手段主要有光学显微镜和基于扫描电镜的矿物自动分析系统。

常规的光学显微镜下测量，根据矿石特性、目的矿物的含量等可采用线段截取法或视域法测量统计。测定时分别统计测算各种矿物的单体、连生体的数量。有时为了显示连生体的大小，可将连生体中有用矿物所占的比例再细分为：大于 3/4、3/4~1/2、1/2~1/4、小于 1/4。

基于扫描电镜的矿物自动分析系统能把扫描电镜、能谱分析和图像功能结合在一起，通过灰度区分矿物，通过能谱分析鉴定识别矿物，通过图像分析结果获得各目标矿物的解离度，其解离度可以按任意比例划分。

由于试样中颗粒粒度分布不均，利用环氧树脂胶结时易产生重力分异现象，为了使测量结果更符合实际，应预先把试样分成若干粒级，通常按筛分的级别产物进行测定，一般分成+0.074mm、-0.074mm+0.038mm、-0.038mm三个粒级。尽管这样做会使得解离度测定过程复杂化，但它可以同时测定试样的颗粒粒度分布和各粒级矿物解离度的优点，因而将会增大测定结果的实用价值。

基于扫描电镜的矿物自动分析系统可直接测量出各粒级样品中目的矿物的解离度，那么全试样中目的矿物的解离度由各粒级目的矿物解离度乘以粒级产率以及目的矿物的矿物含量加权计算而得（见式（2-3-7））。即：

$$F_A = \frac{\sum_{i=1}^{n} \gamma_i \cdot W_{iA} \cdot f_{iA}}{\sum_{i=1}^{n} \gamma_i \cdot W_{iA}} \tag{2-3-7}$$

式中 F_A——全试样中A矿物的解离度,%；

γ_i——i粒级产率,%；

W_{iA}——i粒级产品中A矿物的含量,%；

f_{iA}——i粒级产品中A矿物的解离度,%。

解离度样品制备必须保证取样均匀代表性强，同时控制胶的浓度和样品与胶的比例，充分搅拌尽量使颗粒分开，否则将会把已解离又聚集在一起的单体颗粒误认为连生体，产生解离度测试误差。

矿物解离度测定时需统计的颗粒数一般也参照矿物量来定，矿物量大于10%，统计颗粒数一般要大于500颗；矿物量为1%~10%，统计颗粒数一般要大于300颗；矿物量为0.1%~1%，统计颗粒数一般要大于100颗；矿物量为0.01%~0.1%，统计颗粒数一般要大于50颗。

2.3.9.3 影响矿物解离的因素

影响矿物解离的因素主要有以下几种：

(1) 矿物的结晶粒度大小。

(2) 矿物的颗粒形状（自形、半自形、他形等）。

(3) 矿物颗粒间的界面特征（直线、犬牙交错、弯曲等）。

(4) 矿物的硬度、脆性、矿物相对可磨性等。

(5) 磨矿方法、磨矿时间、磨矿介质和充填率、球磨机装球大小、球的配比、矿物的选择性裂解等都是影响矿物解离的重要因素。

2.3.10 影响有价元素回收的矿物学因素

选择适应矿石性质的在技术上可行、经济上合理的工艺方案是矿产资源开发中的重要环节，而矿石工艺矿物学信息将为最佳方案的选择提供科学依据。工艺矿物学研究所涉及的矿物组成、有价元素的赋存状态和目的矿物的嵌布特征是影响选矿方法的选择以及产品中有价元素的品位、回收率的重要因素，现分述如下。

2.3.10.1 有价元素的赋存状态

A 矿物产出形式

在矿物原料中同一种元素往往会以不同的矿物形式产出。例如，在铁矿石中铁的赋存形式最常见的就有磁铁矿、赤铁矿、褐铁矿和菱铁矿，而含褐铁矿及菱铁矿高的矿石就难选；在铜矿石中铜的产出形式则更为复杂，铜既可以呈硫化矿物的形式产出，也可以呈氧化矿物的形式产出，硫化铜矿物主要有黄铜矿、斑铜矿、辉铜矿、黝铜矿、铜蓝等，氧化铜矿物主要有赤铜矿、孔雀石、蓝铜矿、硅孔雀石、水胆矾、氯铜矿等。这些含有同种元素的不同矿物，彼此性质有差异，选矿方法和选矿工艺流程也截然不同。

山东某金矿碳酸盐型金矿石中含金 19. 17g/t。通过基于扫描电子显微镜的矿物自动分析仪分析，矿石中金以独立矿物存在，为自然金、碲金矿和碲金银矿，三种金矿物的相对比例及矿石中金的分布情况见表 2-3-8。

表 2-3-8 矿石中金的元素平衡 (%)

名 称	金矿物相对比率	金的分布率
自然金	55. 91	79. 72
碲金矿	41. 18	19. 10
碲金银矿	2. 91	1. 18

可见，矿石中有 20. 28% 的金赋存于碲化物中，由于这些碲化物自身矿物性质决定了它们在氰化浸出的过程中难以被浸出，所以通过氰化浸出回收赋存于它们之中的金比较困难。

B 类质同象

类质同象是矿物中普遍存在的一种现象，它会影响矿物的成分变化以及由此引起的矿物物理化学性质的差异。以类质同象形式存在的稀有及分散元素，选矿时应注意综合回收。

陕西紫阳-洙溪河钒钛磁铁矿中钛、铁品位分别为 8. 14%、19. 85%。矿石中磁铁矿普遍含钛，为钛磁铁矿。表 2-3-9 所示为钛磁铁矿的 X 射线能谱分析结果。通过弱磁选可以富集钛磁铁矿，但该铁精矿的铁品位理论上最高也只能达到 60. 82%。由于钛磁铁矿中钛无法通过机械方法与铁分离，因此它不仅影响铁精矿的品位也造成钛的损失。

表 2-3-9 钛磁铁矿的 X 射线能谱分析 (%)

序 号	Fe	Ti	V	Mn	Al	O
1	60. 00	8. 82	0. 34	0. 33	0. 41	30. 10
2	58. 96	7. 97	0. 48	0. 45	1. 23	30. 91
3	60. 47	7. 49	0. 62	0. 37	1. 09	29. 96
4	60. 68	7. 53	0. 46	0. 40	1. 00	29. 93
5	61. 78	7. 90	0. 63	0. 51	0. 86	28. 32
6	61. 62	6. 87	0. 53	0. 00	1. 10	29. 88
7	62. 69	6. 89	0. 37	0. 31	0. 86	28. 88
8	60. 18	7. 43	0. 47	0. 37	1. 32	30. 23
9	62. 26	7. 36	0. 41	0. 00	0. 52	29. 45
10	61. 84	6. 86	0. 47	0. 31	1. 13	29. 39
11	61. 18	7. 70	0. 45	0. 00	1. 03	29. 64

续表 2-3-9

序 号	Fe	Ti	V	Mn	Al	O
12	59.93	7.79	0.49	0.00	1.31	30.48
13	61.75	7.28	0.53	0.00	0.80	29.64
14	61.15	7.22	0.41	0.35	0.80	30.07
15	59.80	7.41	0.53	0.00	0.91	31.35
16	61.12	7.71	0.38	0.00	1.02	29.77
17	60.07	8.48	0.50	0.41	0.80	29.74
18	59.05	7.82	0.40	0.00	1.25	31.48
19	61.33	7.56	0.45	0.34	0.94	29.38
20	60.48	7.95	0.58	0.36	0.90	29.73
21	59.31	8.3	0.38	0	1.22	30.79
22	62.35	6.77	0.46	0.32	0.8	29.3
23	61.78	8.02	0.45	0	0.76	28.99
24	61.47	7.63	0.34	0	0.69	29.87
25	61.44	7.11	0.46	0.33	0.84	29.82
26	60.01	7.65	0.38	0	0.87	31.09
27	60.69	7.51	0.38	0	0.94	30.48
28	60.2	7.53	0.44	0.33	1.05	30.45
29	61.44	6.11	0.48	0	0.87	31.1
30	60.23	8.06	0.48	0.43	1.02	29.78
31	60.43	7.48	0.51	0	1.05	30.53
32	60.62	7.79	0.39	0.41	1.14	29.65

稀散元素本身不形成独立矿物，只能以类质同象混入物的状态分散在其他矿物中，如闪锌矿中的镓、锗、镉，辉钼矿中的铼，黄铁矿中的钴等。凡口铅锌矿矿石中闪锌矿含镓0.019%、锗0.016%、镉0.163%；金欣钼矿中辉钼矿含铼0.157%；赞比亚卢安夏铜钴矿矿石中约有40%的黄铁矿含钴，钴含量平均为4.80%。由于这些元素含量通常极少，因而一般在化学式中不表现出来。这些稀散元素一般先选载体矿物再用冶金方法回收。

C 吸附形式

呈吸附形式产出的元素是指元素呈吸附状态存在于某种矿物中，其载体矿物主要与黏土矿物和氧化铁、氧化锰等胶体矿物有关。因为这些矿物表面常带有电荷，所以易于吸附其他质点。印度尼西亚红土型镍矿为超基性-基性岩深度风化的产物，矿石中没有发现有镍、钴的独立矿物，它们主要分布在褐铁矿及锰的水合氧化物中，但锰的水合氧化物对镍、钴的吸附能力要比褐铁矿强，褐铁矿和锰的水合氧化物的X射线能谱分析见表2-3-10和表2-3-11。矿石中的镍、钴用机械选矿方法是无法回收的，如果采用湿法高压酸浸的工艺，这些含镍、钴的矿物能被溶解，有利于镍、钴的浸出。

表 2-3-10 褐铁矿的 X 射线能谱分析 (%)

序号	Fe	Ni	Co	Mn	Cr	Ti	Si	Al	Mg	O
1	61. 06	0. 82	—	—	0. 80	—	0. 65	1. 09	—	35. 58
2	62. 12	0. 74	—	—	0. 65	—	0. 86	1. 47	—	34. 16
3	62. 63	0. 23	—	—	0. 69	—	1. 79	2. 75	—	31. 91
4	61. 32	0. 42	—	—	1. 34	—	1. 05	1. 08	—	34. 79
5	59. 81	0. 13	—	—	0. 58	—	2. 96	3. 32	—	33. 20
6	51. 22	0. 68	—	—	2. 32	—	4. 62	5. 66	—	35. 50
7	60. 89	0. 33	—	—	1. 38	—	0. 81	1. 13	—	35. 46
8	54. 02	1. 16	—	—	2. 11	—	3. 67	4. 91	—	34. 13
9	55. 35	0. 81	—	—	2. 52	1. 00	3. 30	4. 59	—	32. 43
10	57. 24	0. 46	—	—	1. 46	—	0. 94	2. 15	—	37. 75
11	63. 38	0. 89	—	—	1. 02	—	1. 28	1. 42	—	32. 01
12	57. 81	0. 42	—	—	1. 14	—	2. 10	2. 78	0. 98	34. 77
13	60. 37	0. 37	—	—	1. 60	0. 36	2. 08	1. 44	—	33. 78
14	65. 20	0. 17	—	—	0. 41	—	1. 35	1. 19	0. 23	31. 45
15	60. 42	0. 54	—	—	0. 56	—	3. 86	2. 14	—	32. 48
16	60. 50	0. 46	0. 31	1. 08	1. 24	—	0. 95	1. 57	0. 42	33. 47
17	48. 35	0. 63	0. 28	7. 30	0. 32	—	1. 72	3. 26	—	38. 14
18	55. 51	0. 70	0. 13	4. 63	0. 73	—	0. 77	2. 08	—	35. 45
19	52. 66	0. 49	0. 08	4. 97		—	2. 61	2. 18	—	37. 01
20	68. 61	0. 34	—	—	—	—	0. 98	—	—	30. 07
21	63. 14	0. 47	—	—	2. 19	0. 31	0. 61	1. 05	—	32. 23
22	66. 95	0. 56	—	—	—	—	1. 09	—	—	31. 40
23	63. 12	1. 27	—	—	1. 13	—	0. 57	2. 51	—	31. 40
24	58. 97	0. 38	—	—	0. 87	—	3. 14	2. 02	0. 98	33. 64
25	64. 48	0. 59	—	—	1. 29	—	0. 91	1. 29	—	31. 44

表 2-3-11 锰的水合氧化物的 X 射线能谱分析 (%)

序 号	Mn	Ni	Co	Fe	Al
1	39. 6	8. 69	4. 47	12. 66	10. 23
2	12. 4	2. 99	1. 17	53. 31	5. 77
3	14. 48	11. 51	2. 00	2. 33	—
4	13. 60	10. 95	1. 72	7. 75	—
5	14. 75	8. 40	2. 02	21. 60	—
6	12. 13	7. 53	2. 10	32. 65	—
7	15. 79	11. 37	2. 55	21. 02	—
8	21. 28	13. 95	3. 11	26. 92	—
9	23. 85	11. 85	3. 71	8. 31	—

续表2-3-11

序 号	Mn	Ni	Co	Fe	Al
10	15.56	9.66	2.27	20.98	—
11	34.23	9.13	22.38	—	—
12	46.64	19.70	2.10	1.17	—
13	20.97	10.77	0.87	—	—
14	46.46	4.91	0.54	1.68	—
15	39.97	5.09	0.50	1.47	—

2.3.10.2 目的矿物的嵌布特性

目的矿物的嵌布特性直接决定着破碎、磨矿时目的矿物单体解离的难易程度以及连生体的特性。在选矿工艺过程中，它是影响矿石可选性的重要方面，也是确定磨矿流程和选别流程结构的重要依据。如果目的矿物嵌布关系复杂、矿物粒度小且紧密结合在一起，则选矿流程复杂、磨矿段数多、选矿技术指标低、选矿成本高。

鄂西高磷鲕状赤铁矿的铁品位较高，平均达到42.59%，但其中有害元素磷、铝、硅的含量也较高，分别为0.87%、6.99%和22.32%。矿石属于典型的“宁乡式铁矿”，即低硫高磷的酸性氧化铁矿石。赤铁矿主要以鲕状产出（见图2-3-3），鲕核为鲕绿泥石、石英、胶磷矿；赤铁矿多与鲕绿泥石互层呈同心环带结构（见图2-3-4），赤铁矿环带和鲕绿泥石环带间界线一般不清，嵌布关系极为复杂；非鲕粒状赤铁矿以星点状、脉状和不规则状嵌布于脉石矿物中（见图2-3-5），粒度极细，大多小于0.010mm。胶磷矿部分呈不规则状分布于脉石中或赤铁矿颗粒间隙中；部分以鲕核或鲕环与赤铁矿紧密嵌布（见图2-3-6），粒度较细，一般小于0.015mm。由于鲕绿泥石、胶磷矿与赤铁矿嵌布关系非常复杂，且粒度细，即使在细磨条件下矿物间也不能充分单体解离，通过机械选矿方法难以有效脱除这些杂质矿物，从而直接影响铁精矿的质量，该矿石属极难选矿石。

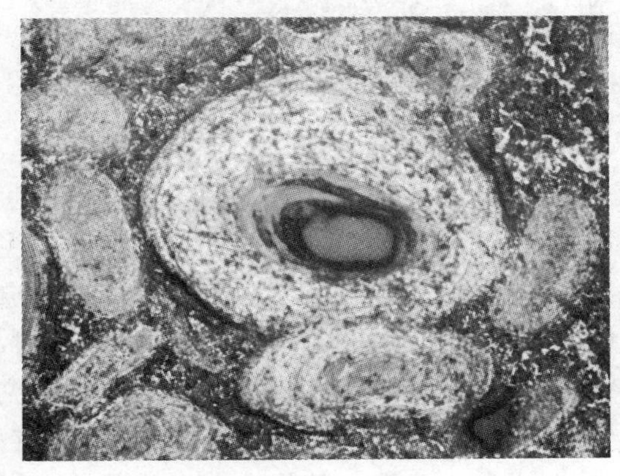

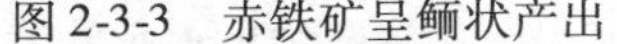

图2-3-3 赤铁矿呈鲕状产出

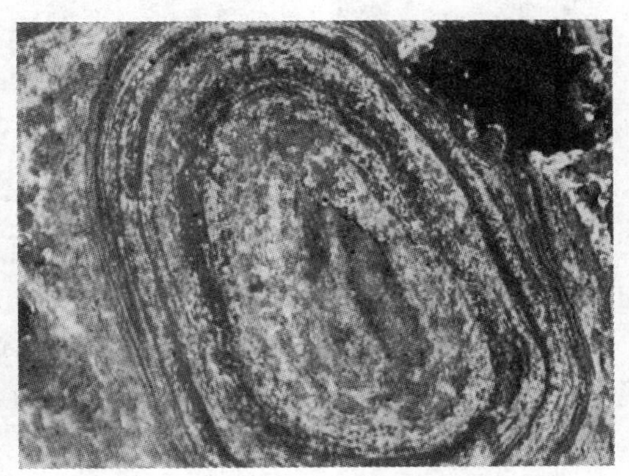

图2-3-4 赤铁矿与鲕绿泥石呈同心环带结构

河北丰宁钛铁矿属赋存于辉长岩体中的高磷低钛的岩浆型矿床。矿石中的钛铁矿多以不规则粒状嵌布在脉石矿物中，粒度较粗。磷灰石多以不规则状、圆粒状、椭圆状与钛铁矿、磁铁矿及脉石等矿物形成简单的共生关系，且粒度也粗，易于单体解离（见图

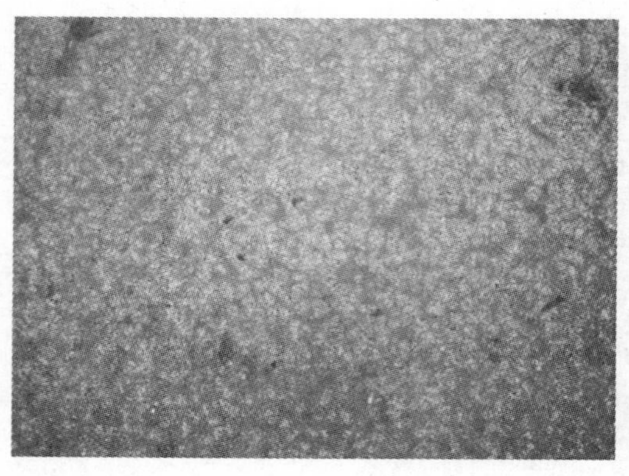

图 2-3-5 赤铁矿呈星点状嵌布于脉石中

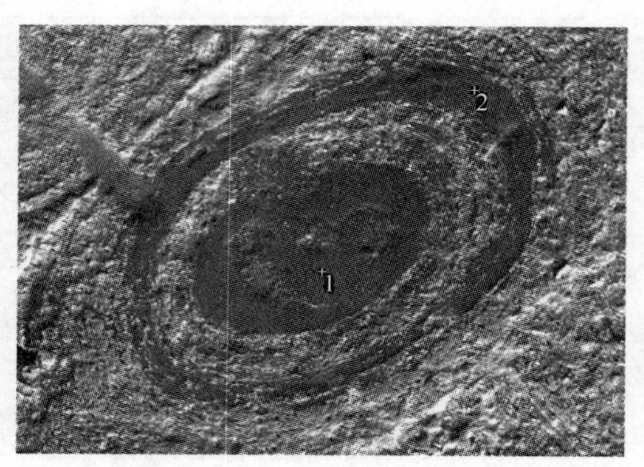

图 2-3-6 胶磷矿（1、2）呈鲕核和鲕环产出

2-3-7），对钛精矿质量影响很小。磁铁矿常呈星点状、网脉状分布在脉石矿物中（见图 2-3-8），嵌布粒度很细，绝大部分小于 0.074mm，而小于 0.010mm 部分就多达 36.50%。因此，即使细磨，大部分的磁铁矿也难以与脉石矿物和钛铁矿解离，难以用弱磁选回收磁铁矿，而当在强磁选条件下回收钛铁矿时，与脉石矿物连生的磁铁矿又会和与其连生的脉石矿物一起进入钛铁矿精矿中，从而造成钛铁矿难以富集。

图 2-3-7 磷灰石（Ap）嵌布在脉石矿物中

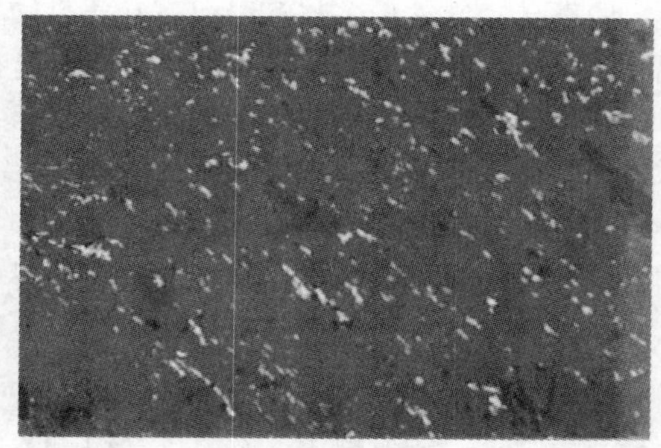

图 2-3-8 微细粒磁铁矿浸染在脉石矿物中

卡林型金矿是我国重要的金矿类型之一，主要分布在西秦岭（甘肃的阳山金矿、寨上金矿、大水金矿，陕西的庞家河金矿、金龙山-丘岭金矿等）和滇黔桂地区（贵州的烂泥沟、板其、丫他金矿，广西的高龙、金牙金矿，云南的堂上、那能金矿等）。利用扫描电子显微镜-能谱分析、电子探针分析、激光剥蚀 ICP-MP 微区原位成分分析和透射电子显微镜-能谱分析等手段，对卡林型金矿中金的赋存状态进行研究，金主要以纳米级（不可见金）包裹体形式被包含在毒砂和黄铁矿中，少量以显微自然金（小于 0.01mm）赋存于石英和硅酸盐矿物中，虽不排除金呈类质同象替代的形式存在于载金矿物中，但这种情况很少。由于金主要以不可见金的形式被包含在毒砂和黄铁矿中，因此，通过细磨直接氰化浸出金的效果会很差，氰化前必须进行氧化预处理。

2.3.10.3 *脉石矿物*

脉石矿物也是影响有价元素回收的重要因素，尤其是层状矿物对金属硫化物的浮选影响较大。层状矿物这里主要指的是滑石、叶蜡石、绢云母、蛇纹石、石墨、高岭石、蒙脱石、伊利石、绿泥石等矿物。由于滑石、叶蜡石、绢云母、蛇纹石、石墨具有良好的天然可浮性，而细分散的黏土矿物，具有很细的粒度、高比表面积以及强的离子交换能力，当矿石中存在较多的这些层状矿物，必将影响有价元素的精矿品位和回收率。

栾川钼矿田上房沟矿区辉钼矿含量为0.37%，而滑石的含量高达11.53%。铜陵冬瓜山铜矿黄铜矿含量为2.35%，而滑石的含量为5.11%、蛇纹石含量为7.55%。由于滑石自然可浮性好于辉钼矿和黄铜矿，无论采用预先浮滑石或抑制滑石的浮选流程，都会给钼、铜的回收造成影响。

西藏玉龙铜矿Ⅱ号矿体次生富集硫化铜矿石中铜矿物主要为蓝辉铜矿、辉铜矿和铜蓝，含量为3%，铜矿物粒度细，小于0.02mm的就多达44.3%；而多水高岭石、高岭石和斜绿泥石等矿物的含量达10%。通过细磨后，原生矿泥和次生矿泥量大，不预先脱泥会恶化浮铜作业，而脱泥又会带走一部分细粒铜矿物，影响铜的回收率。

白钨矿具有很好的可浮性，若矿石中存在与其性质相类似的含钙脉石矿物，如方解石、萤石、磷灰石等，则会导致浮选过程复杂，需要进行加温精选。包钢白云鄂博氧化铁矿石的选别过程中，由于碱金属的载体矿物含铁硅酸盐脉石（主要是霓石）与弱磁性的赤铁矿，在磁选、反浮选中的行为基本一致而难以分选，导致铁精矿中 Na_2O、K_2O 等碱金属含量偏高。

2.4 选矿产品工艺矿物学研究

选矿产品的工艺矿物学研究，在选矿工艺研究和选矿厂生产中对确定磨矿细度、磨矿段数、选矿厂生产过程流程考查、流程结构的合理性、工艺过程稳定性的诊断和改进具有重要作用。

选矿产品的工艺矿物学研究，主要是对选矿工艺流程试验中或选矿厂生产过程中的原矿、精矿、尾矿及中间产物的物质组成及其工艺性质的研究。分析研究的主要内容是，查明选矿厂生产过程相关作业产品的化学组成和矿物组成，根据产品的化学成分和矿物组成、粒度、解离度，分析计算选矿厂的金属平衡和矿物走向、有益和有害元素的粒级分布等。为选矿厂优化工艺过程和提高生产技术管理水平提供重要依据。

2.4.1 选矿实验室选矿产品的工艺矿物学研究

选矿产品的工艺矿物学研究包括实验室选矿试验产品和选矿厂生产过程产品的研究。工艺矿物学研究主要通过各种仪器的分析测试，查明选矿产品中元素的存在状态、矿物的解离和连生情况、有用矿物在选矿产品中的粒度分布等，为选矿工艺确定合理的磨矿制度、分选工艺制度和流程结构的改进奠定基础。

2.4.1.1 *原矿磨矿产品*

原矿磨矿产品研究主要是对原矿不同磨矿阶段的不同磨矿细度条件下的产品进行目的矿物单体解离度分析、连生体的连生形式以及单体和连生体的粒度分布等的研究。

2.4.1.2 *精矿*

精矿的研究主要研究其有害元素的存在状态以及杂质矿物的含量和解离情况；对影响精矿质量的矿物学因素进行分析并提出提高精矿质量的途径等。

2.4.1.3 中矿

中矿的研究主要研究其矿物组成以及目的矿物单体解离度及其连生形式、粒度分布等，以决定中矿返回的作业地点。

2.4.1.4 尾矿

尾矿的研究主要检查其中有价元素的赋存状态、目的矿物的单体解离度以及连生体的形式和粒度组成，查明尾矿中有价元素损失的原因。

2.4.2 选矿厂生产流程考查的工艺矿物学研究

对选矿厂生产流程定期进行考查，旨在提高选矿生产指标，提高经济效益。流程考查一般由选矿工艺人员完成，工艺矿物学研究主要是对选矿厂开口产品或中间作业产品进行矿物查定。

选矿厂根据需要，可对全流程进行考查，也可对局部流程进行考查，以便了解选矿流程中各种矿物的行为、矿物在流程中的走向。全流程考查时应对流程中所有开口物料进行取样化验研究，并进行矿物分析、粒度分析、解离度分析。特别是影响精矿质量的非目的矿物的混杂和尾矿中目的矿物的流失状态应重点研究。在进行选矿工艺流程考查时，主要对下述产品开展工艺矿物学研究。

2.4.2.1 原矿的分级溢流产品

对原矿采用分级溢流，对分级溢流产品再进行筛水析分析，并对各粒级中有价元素进行化验，检查各粒级中目的矿物的解离度或对整个矿样进行单体解离度分析等工作，判别磨矿细度合理性，有否过粉碎现象或粒度分布不合理，探寻进一步提高选矿指标的可能性。

2.4.2.2 粗选产品

检查粗选产品（或粗精矿）中有害杂质元素的含量、矿物种类以及解离特征等，为粗精矿的进一步处理或精选提供依据。

2.4.2.3 精选产品

对精矿进行筛水析并进行化验，了解精矿中有价元素和有害杂质元素在各粒级中的分布、矿物组成，并对各粒级产品中杂质矿物的解离度和粒度分布进行分析，为进一步提高精矿品位，降低精矿中有害杂质的含量提供依据。

2.4.2.4 中矿

查明中矿中目的矿物的粒度分布、单体解离情况和连生体形式，与连生的脉石矿物种类等，为中矿的进一步处理提出建议。

2.4.2.5 尾矿

查明有价元素的赋存状态、目的矿物的粒度分布、单体解离度以及连生体的连生形式等，查明有价元素损失的原因，为进一步采取措施，提高有价金属元素的回收率提供依据。

2.4.3 编制选矿厂流程考查工艺矿物学研究成果图

在进行选矿厂流程考查的工艺矿物学研究时，其研究结果除了用表格和文字的形式表达外，还可编制选矿厂流程考查工艺矿物学研究成果图。如果是反映磨矿效果的工艺矿物学研究成果图，可将磨矿产品的粒度、粒级分布、矿物的解离特性等数据填入相应的流程部位；如反映矿物在流程中的走向，可将产品中矿物组成、含量的数据填入相应的流程位置；如果要反映流程中目的矿物的单体解离和连生关系，可将目的矿物的单体解离度和连生情况填入流程相应部位，这样对工艺矿物学的研究结果看起来更方便、更清楚。选矿工艺人员根据工艺矿物学研究成果图可对流程的结构、选别的效果、工艺制度、选矿设备利用效率等更充分地了解。所以在进行选矿厂工艺流程考查时，编制选矿厂流程考查工艺矿物学研究成果图的效果更佳。

2.4.4 选矿厂生产流程考查工艺矿物学研究实例

选矿厂生产流程考查样采自某铅锌选矿厂Ⅱ系列，该系列经不断改造，在原Ⅱ系列基础上进行设备更新改造，浮选机采用充气性能好、大型节能型浮选机，采用优先选铅、铅粗选尾矿再磨的优先浮选流程（见图2-4-1）。该系列设计处理能力为2050t/d，改造后的流程具有处理量大、节电、省药剂等优点。由于流程考查样很多，现选择一部分作业供参考。

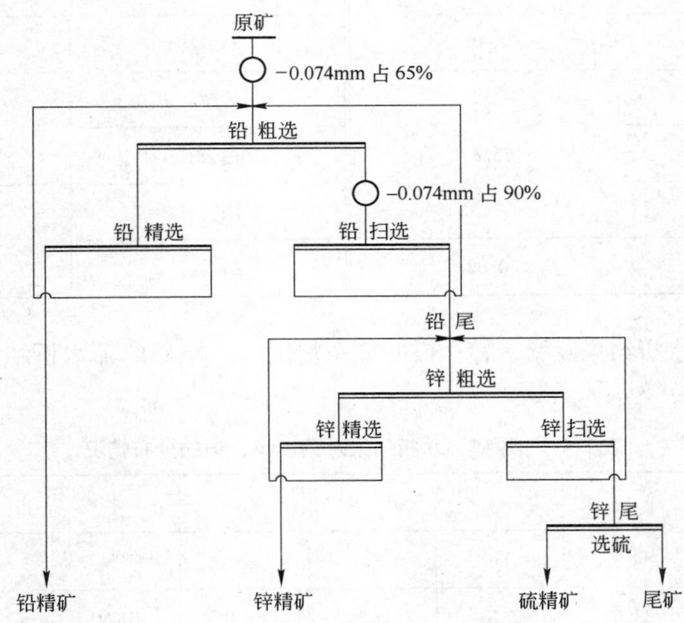

图2-4-1 铅、锌优先浮选流程

2.4.4.1 采样时某铅锌选矿厂Ⅱ系列的生产指标

采样时某铅锌选矿厂Ⅱ系列的生产指标见表2-4-1。

表2-4-1 某铅锌选矿厂Ⅱ系列的生产指标 (%)

产品	产率	品位			回收率		
		Pb	Zn	Fe	Pb	Zn	Fe
原矿	100.00	5.00	12.70	20.70	100.00	100.00	100.00
铅精矿	8.19	51.00	5.00	13.35	83.51	3.22	5.28
锌精矿	22.19	1.30	54.15	6.10	5.77	94.64	6.54
锌尾	69.62	0.77	0.39	26.22	10.72	2.14	88.18

2.4.4.2 选矿厂主要产品的矿物学分析

A 原矿磨矿产品

a 原矿的矿物组成及含量 原矿的矿物组成及含量见表2-4-2。

表2-4-2 原矿的矿物组成及含量 (%)

矿物名称	含 量	矿物名称	含 量
方铅矿	5.25	黄铜矿	0.11
铅 矾	0.15	黝铜矿	
白铅矿		铜 蓝	
闪锌矿	18.55	车轮矿	微
菱锌矿	0.20	银矿物	微
毒 砂	1.10	石 英	19.36
黄铁矿	35.87	方解石	14.43
白铁矿		白云石	
磁黄铁矿		绢云母	4.95
辰 砂	0.02	绿泥石	

b 原矿的筛水析结果及铅、锌、银的分布情况 原矿的筛水析结果及铅、锌、银的分布情况见表2-4-3。

表2-4-3 原矿筛水析结果及铅、锌、银的分布情况 (%)

粒级/mm	产 率	品 位			占有率		
		Pb	Zn	$Ag/g \cdot t^{-1}$	Pb	Zn	Ag
+0.074	22.66	2.10	12.35	67.0	10.50	23.74	15.30
-0.074 +0.038	16.72	3.30	12.15	79.0	12.18	17.24	13.31
-0.038 +0.020	20.04	5.60	11.70	117.0	24.77	19.89	23.63
-0.020 +0.010	15.21	5.65	12.55	119.0	18.96	16.20	18.24
-0.010	25.37	6.00	10.65	115.5	33.59	22.93	29.52
原 矿	100.00	4.53	11.79	99.2	100.00	100.00	100.00

c 原矿中方铅矿和闪锌矿的单体解离度分析结果 原矿中方铅矿和闪锌矿的单体解离度分析结果见表2-4-4。

表 2-4-4 原矿中方铅矿和闪锌矿的单体解离度分析结果 （%）

粒级/mm	方铅矿				闪锌矿			
	单体	连生体			单体	连生体		
		Ga-Py	Ga-Sp	Ga-ga		Sp-Ga	Sp-Py	Sp-ga
+0.074	15.7	33.5	35.3	15.5	36.8	16.2	34.2	12.8
-0.074 +0.038	47.7	23.1	18.8	10.4	65.6	10.6	18.7	5.1
-0.038 +0.020	65.5	14.4	12.9	7.2	79.6	7.4	10.4	2.6
-0.020 +0.010	83.1	8.0	6.2	2.7	89.5	4.2	4.6	1.7
-0.010	95.9	2.1	1.5	0.5	97.0	1.2	1.6	0.2
原 矿	71.6	12.1	10.9	5.4	72.6	8.1	14.5	4.8

注：Ga—方铅矿；Sp—闪锌矿；Py—黄铁矿；ga—脉石矿物。

从表 2-4-3 和表 2-4-4 的结果看出，在磨矿细度 -0.074mm 占 65% 时，原矿中方铅矿和闪锌矿的单体解离度分别为 71.6% 和 72.6%，解离不够充分。同时方铅矿性脆，又呈粗细不均匀嵌布，有一部分方铅矿粒度特别细，为避免磨矿过程中方铅矿产生过粉碎，应该采用阶段磨矿制度。

B 铅精矿

a 铅精矿的矿物组成及含量 铅精矿的矿物组成及含量见表 2-4-5。

表 2-4-5 铅精矿的矿物组成及含量 （%）

矿物名称	含 量	矿物名称	含 量
方铅矿	58.4	银黝铜矿	0.15
闪锌矿	6.80	深红银矿	
黄铁矿	28.22	螺状硫银矿	
白铁矿		硫锑铜银矿	
磁黄铁矿		石 英	2.80
毒 砂	0.10	方解石	1.92
黄铜矿	0.30	白云石	
黝铜矿		绢云母	1.30
铜 蓝			

b 铅精矿筛水析结果及铅、锌、银的分布情况 铅精矿筛水析结果及铅、锌、银的分布情况见表 2-4-6。

表 2-4-6 铅精矿筛水析结果及铅、锌、银的分布情况 (%)

粒级/mm	产 率	品 位			占有率		
		Pb	Zn	Ag/g·t^{-1}	Pb	Zn	Ag
+0.038	4.19	45.90	4.75	687.5	3.82	4.61	4.19
-0.038+0.020	21.84	48.25	2.95	695.0	20.96	14.93	22.07
-0.020+0.010	38.98	48.60	5.00	650.0	37.68	45.18	36.85
-0.010	34.99	53.95	4.35	725.0	37.54	35.28	36.89
铅精矿	100.00	50.28	4.31	687.6	100.00	100.00	100.00

c 铅精矿中闪锌矿的单体解离度分析结果 铅精矿中闪锌矿的单体解离度分析结果见表2-4-7。

表 2-4-7 铅精矿中闪锌矿的单体解离度分析结果 (%)

粒级/mm	闪 锌 矿			
	单 体	连 生 体		
		Sp-Ga	Sp-Py	Sp-ga
+0.038	33.0	59.7	4.4	2.9
-0.038+0.020	46.2	48.0	3.9	1.9
-0.020+0.010	61.1	35.2	2.5	1.2
-0.010	91.4	7.5	0.8	0.3
铅精矿	68.3	28.4	2.2	1.1

注：Ga—方铅矿；Py—黄铁矿；Sp—闪锌矿；ga—脉石矿物。

从表2-4-6和表2-4-7的结果看出，为提高铅精矿品位，降低铅精矿中闪锌矿和黄铁矿的含量，主要是寻找对细粒方铅矿选择性好，对闪锌矿和黄铁矿捕收力弱的捕收剂；强化对单体闪锌矿和黄铁矿的抑制；磨矿要均匀，避免方铅矿、闪锌矿和黄铁矿的过粉碎。由于方铅矿和闪锌矿的粒度太细，也造成了二者分离的困难，互含现象严重。

C 锌精矿

a 锌精矿的矿物组成及含量 锌精矿的矿物组成及含量见表2-4-8。

表 2-4-8 锌精矿的矿物组成及含量 (%)

矿物名称	含 量	矿物名称	含 量
闪锌矿	77.55	银黝铜矿	
方铅矿	1.26	深红银矿	
黄铁矿		螺状硫银矿	0.04
白铁矿	10.95	硫锑铜银矿	
磁黄铁矿		石 英	6.60
毒 砂	0.14	方解石	
辰 砂	0.05	白云石	1.80
黄铜矿		氧化钙	
黝铜矿	0.10	绢云母	
铜 蓝		绿泥石	1.50

b　锌精矿的筛水析结果及铅、锌、银的分布情况　锌精矿的筛水析结果及铅、锌、银的分布情况见表2-4-9。

表2-4-9　锌精矿筛水析结果及铅、锌、银的分布情况　(%)

粒级/mm	产　率	品　位			占有率		
		Pb	Zn	$Ag/g \cdot t^{-1}$	Pb	Zn	Ag
+0.074	6.58	1.07	45.50	125.0	6.32	6.12	5.32
-0.074 +0.038	17.22	1.11	46.00	130.0	17.15	16.19	14.20
-0.038 +0.020	26.85	1.07	48.00	140.0	25.78	26.33	23.84
-0.020 +0.010	29.68	1.11	51.05	168.8	29.57	30.96	31.78
-0.010	19.67	1.20	50.75	200.0	21.18	20.40	24.96
锌精矿	100.00	1.11	48.94	157.6	100.00	100.00	100.00

c　锌精矿中方铅矿的单体解离度分析结果　锌精矿中方铅矿的单体解离度分析结果见表2-4-10。

表2-4-10　锌精矿中方铅矿单体解离度分析结果　(%)

粒级/mm	方　铅　矿			
	单　体	连　生　体		
		Ga-Sp	Ga-Py	Ga-ga
+0.074	3.1	90.4	6.5	0.0
-0.074 +0.038	11.2	80.6	4.7	3.5
-0.038 +0.020	29.6	64.1	3.9	2.4
-0.020 +0.010	44.6	50.5	2.8	2.1
-0.010	77.3	22.7	0.0	0.0
锌精矿	39.3	55.8	3.1	1.8

注：Ga—方铅矿；Py—黄铁矿；Sp—闪锌矿；ga—脉石矿物。

从上述结果看出，锌精矿中含有较多的黄铁矿（10.95%）、脉石矿物（9.9%）和方铅矿（1.26%）等，这是影响锌精矿质量的主要原因。

锌精矿中方铅矿的单体解离度只有39.3%，方铅矿的单体主要在-0.020mm粒级中。由于锌精矿中方铅矿的连生体较复杂，方铅矿在闪锌矿中呈细粒嵌布，连生体中方铅矿的粒度细小，进一步细磨，即使有部分粒度稍大的方铅矿连生体能单体解离，但方铅矿的单体解离度提高的幅度不会太大。所以降低锌精矿中铅的含量，主要是在优先选铅时，强化对细粒单体方铅矿和方铅矿富连生体的捕收，以降低铅尾中细粒方铅矿的损失或避免在磨矿或选别循环过程中方铅矿的过粉碎，以提高铅的回收率。

降低锌精矿中黄铁矿的含量，主要是如何有效地抑制单体黄铁矿，需要采用对黄铁矿捕收力弱、强抑制的药剂。

D 锌尾矿

a 锌尾矿的矿物组成及含量 锌尾矿的矿物组成及含量见表2-4-11。

表2-4-11 锌尾矿的矿物组成及含量 (%)

矿物名称	含 量	矿物名称	含 量
方铅矿	0.49	毒 砂	0.22
白铅矿	0.25	石 英	19.17
铅 矾		方解石	17.31
闪锌矿	1.21	白云石	
菱锌矿	0.19	氧化钙	
黄铁矿	55.25	绢云母	5.90
白铁矿		绿泥石	

b 锌尾矿筛水析结果及铅、锌、银的分布情况 锌尾矿筛水析结果及铅、锌、银的分布情况见表2-4-12。

表2-4-12 锌尾矿筛水析结果及铅、锌、银的分布情况 (%)

粒级/mm	产 率	品 位			占有率		
		Pb	Zn	$Ag/g \cdot t^{-1}$	Pb	Zn	Ag
+0.074	11.51	0.53	1.61	16.0	10.30	21.64	9.05
-0.074 +0.038	20.32	0.55	0.83	18.5	18.87	19.70	18.47
-0.038 +0.020	23.32	0.64	0.74	23.8	25.20	20.15	27.26
-0.020 +0.010	16.82	0.39	0.66	18.4	11.08	12.97	15.20
-0.010	28.03	0.73	0.78	21.8	34.55	25.54	30.02
锌 尾	100.00	0.59	0.86	20.4	100.00	100.00	100.00

c 锌尾矿中方铅矿、闪锌矿的单体解离度分析结果 锌尾矿中方铅矿、闪锌矿的单体解离度分析结果见表2-4-13。

表2-4-13 锌尾矿中方铅矿、闪锌矿的单体解离度分析结果 (%)

粒级/mm	方 铅 矿				闪 锌 矿			
	单体	连生体			单体	连生体		
		Ga-Sp	Ga-Py	Ga-ga		Sp-Ga	Sp-Py	Sp-ga
+0.074	1.4	6.8	48.7	43.1	13.1	6.9	50.1	29.9
-0.074 +0.038	12.2	8.8	41.7	37.3	34.6	9.4	35.1	20.9
-0.038 +0.020	39.9	5.9	31.4	22.8	52.2	7.5	24.0	16.3
-0.020 +0.010	69.5	2.5	15.7	12.3	84.9	1.5	9.0	4.6
-0.010	88.6	0.4	7.1	3.9	96.2	0.0	2.4	1.4
锌 尾	50.8	4.3	25.0	19.9	55.7	5.1	24.4	14.8

注：Ga—方铅矿；Py—黄铁矿；Sp—闪锌矿；ga—脉石矿物。

由表2-4-12和表2-4-13的结果看出，降低锌尾矿中铅、锌的含量，主要是考虑如何有效回收这部分单体方铅矿、闪锌矿（占50%以上），特别是回收粒度小于0.038mm的单体方铅矿、闪锌矿。由于方铅矿、闪锌矿的单体粒度较细，又与细粒单体黄铁矿等矿物在一起，所以在工艺上要强化对细粒单体方铅矿、闪锌矿的捕收，寻找对细粒方铅矿、闪锌矿选择性好、捕收力强的捕收剂。另一方面，在磨矿和选别过程中要避免方铅矿、闪锌矿的过粉碎。只要是单体，在流程结构上就要采取早收、快收，避免循环和再磨，那么锌尾矿中铅、锌的含量还可以降低。

E　尾矿

a　尾矿的矿物组成及含量　　尾矿的矿物组成及含量见表2-4-14。

表2-4-14　尾矿的矿物组成及含量　（%）

矿物名称	含　量	矿物名称	含　量
方铅矿	0.46	毒　砂	0.20
白铅矿	0.34	石　英	34.50
铅　矾		方解石	29.10
闪锌矿	1.22	白云石	
菱锌矿	0.21	氧化钙	
黄铁矿	29.55	绢云母	4.32
白铁矿		绿泥石	

b　尾矿筛水析结果及铅、锌、银的分布情况　　尾矿筛水析结果及铅、锌、银的分布情况见表2-4-15。

表2-4-15　尾矿筛水析结果及铅、锌、银的分布情况　（%）

粒级/mm	产　率	品　位			占有率		
		Pb	Zn	Ag/g·t^{-1}	Pb	Zn	Ag
+0.074	16.47	0.41	1.61	15.0	11.86	29.50	14.97
-0.074+0.038	17.15	0.46	1.14	16.0	13.86	21.75	16.63
-0.038+0.020	20.43	0.34	0.50	16.0	12.20	11.37	19.81
-0.020+0.010	23.36	0.43	0.51	14.5	17.64	13.25	20.53
-0.010	22.59	1.12	0.96	20.5	44.44	24.13	28.06
总尾矿	100.00	0.57	0.90	16.5	100.00	100.00	100.00

c 尾矿中方铅矿、闪锌矿的单体解离度分析结果 尾矿中方铅矿、闪锌矿的单体解离度分析结果见表2-4-16。

表2-4-16 尾矿中方铅矿、闪锌矿的单体解离度分析结果 (%)

粒级/mm	方铅矿				闪锌矿			
	单体	连生体			单体	连生体		
		Ga-Py	Ga-Sp	Ga-ga		Sp-Py	Sp-Ga	Sp-ga
+0.074	1.3	31.4	21.9	45.4	16.3	48.4	9.5	25.8
−0.074 +0.038	2.6	28.0	21.9	47.5	30.4	40.8	7.6	21.2
−0.038 +0.020	16.7	22.5	19.4	41.4	45.0	35.5	4.2	15.3
−0.020 +0.010	44.5	15.2	12.4	27.9	75.5	11.3	1.6	11.6
−0.010	76.5	8.7	4.5	10.3	91.3	4.2	0.3	4.2
总尾矿	44.4	16.9	12.2	26.5	48.6	29.7	5.2	16.5

注：Ga—方铅矿；Py—黄铁矿；Sp—闪锌矿；ga—脉石矿物。

由表2-4-15和表2-4-16的结果看出，尾矿中方铅矿、闪锌矿主要与黄铁矿和脉石矿物连生，由于尾矿中方铅矿、闪锌矿与黄铁矿、脉石矿物的连生关系复杂，而且富连生体较少，因此通过细磨，进一步提高方铅矿、闪锌矿的单体解离度，收效甚小，经济上不一定合算，方铅矿、闪锌矿的单体解离度提高的幅度不会太大。因此，降低总尾矿中铅、锌的含量，主要考虑回收这部分细粒单体方铅矿、闪锌矿。在工艺上要强化对细粒单体方铅矿、闪锌矿的捕收或者在磨矿和选别过程中要防止方铅矿、闪锌矿的过粉碎。

2.4.4.3 选矿厂流程考查工艺矿物学研究成果图

在选矿厂工艺流程考查的基础上，对所取选矿产品进行详细矿物学研究后，编制选矿厂流程考查工艺矿物学研究成果图（见图2-4-2）。

2.5 常见矿物的鉴定特征及理化性质

为查阅方便，下面将常见矿物的理化性质及鉴定特征以表格形式汇集在一起。表2-5-1所示是常见矿物的理化性质及鉴定特征，由于表2-5-1中内容较多，为减少篇幅，有些名词以代号表示。常见矿物的特性代号：X—主要粉晶谱线；（+）—正光性，（-）—负光性；D—矿物密度（g/cm^3）；H—莫氏硬度；HV—维氏硬度（kg/mm^2）；χ—比磁化率（$cgs \times 10^{-6}$）；介电—介电常数（60Hz）；高频—介电常数（高频）；电阻—电阻率（$\Omega \cdot m$）；R—反射率；N_g、N_m、N_p—二轴晶矿物的大、中、小主折率；$2V$—二轴晶矿物的光轴角；化学成分—百分含量（%）。

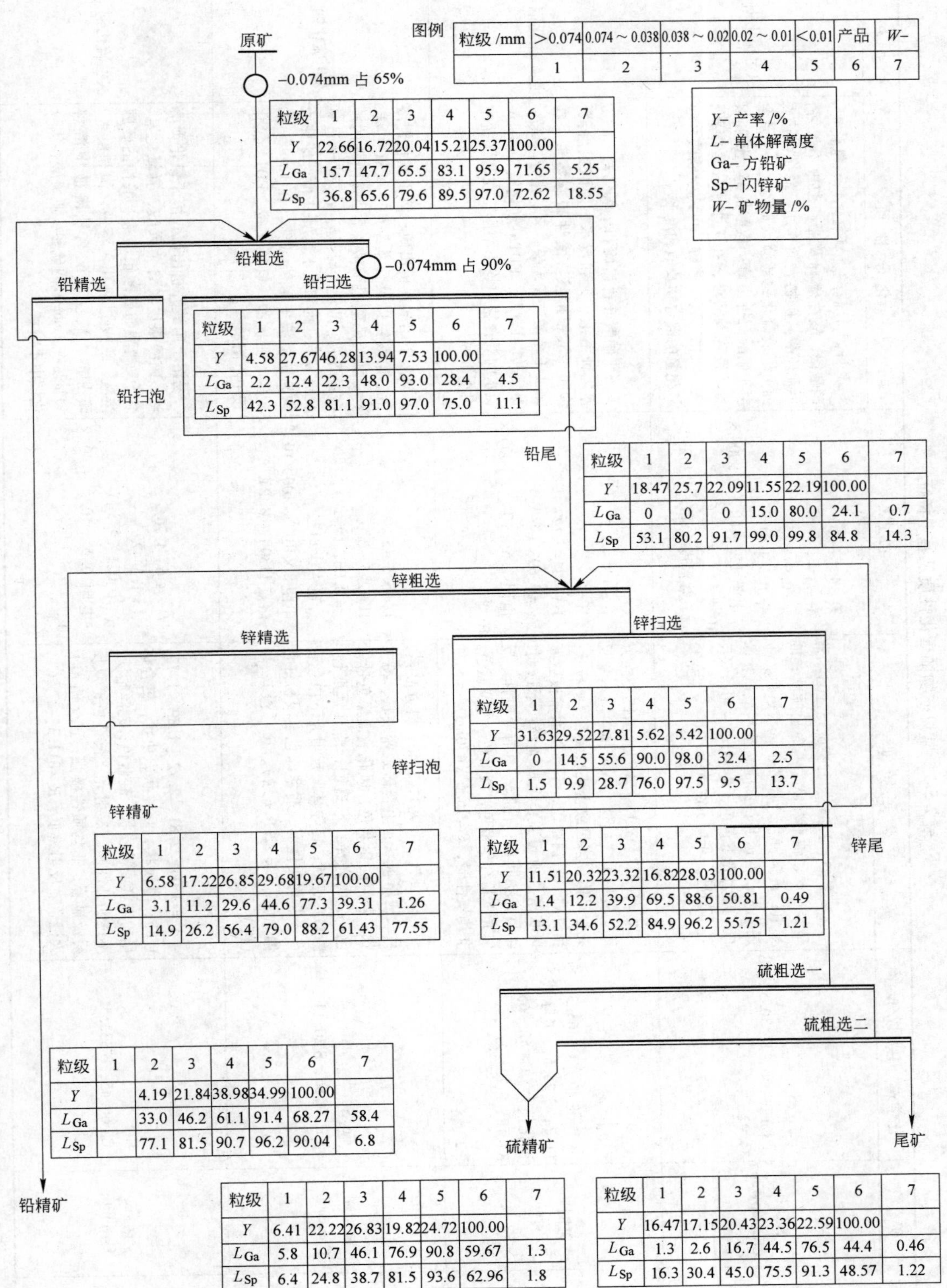

图例

粒级 /mm	>0.074	0.074～0.038	0.038～0.02	0.02～0.01	<0.01	产品	W-
	1	2	3	4	5	6	7

原矿

粒级	1	2	3	4	5	6	7
Y	22.66	16.72	20.04	15.21	25.37	100.00	
L_{Ga}	15.7	47.7	65.5	83.1	95.9	71.65	5.25
L_{Sp}	36.8	65.6	79.6	89.5	97.0	72.62	18.55

铅扫泡

粒级	1	2	3	4	5	6	7
Y	4.58	27.67	46.28	13.94	7.53	100.00	
L_{Ga}	2.2	12.4	22.3	48.0	93.0	28.4	4.5
L_{Sp}	42.3	52.8	81.1	91.0	97.0	75.0	11.1

铅尾

粒级	1	2	3	4	5	6	7
Y	18.47	25.7	22.09	11.55	22.19	100.00	
L_{Ga}	0	0	0	15.0	80.0	24.1	0.7
L_{Sp}	53.1	80.2	91.7	99.0	99.8	84.8	14.3

锌扫泡

粒级	1	2	3	4	5	6	7
Y	31.63	29.52	27.81	5.62	5.42	100.00	
L_{Ga}	0	14.5	55.6	90.0	98.0	32.4	2.5
L_{Sp}	1.5	9.9	28.7	76.0	97.5	9.5	13.7

锌精矿

粒级	1	2	3	4	5	6	7
Y	6.58	17.22	26.85	29.68	19.67	100.00	
L_{Ga}	3.1	11.2	29.6	44.6	77.3	39.31	1.26
L_{Sp}	14.9	26.2	56.4	79.0	88.2	61.43	77.55

锌尾

粒级	1	2	3	4	5	6	7
Y	11.51	20.32	23.32	16.82	28.03	100.00	
L_{Ga}	1.4	12.2	39.9	69.5	88.6	50.81	0.49
L_{Sp}	13.1	34.6	52.2	84.9	96.2	55.75	1.21

铅精矿

粒级	1	2	3	4	5	6	7
Y		4.19	21.84	38.98	34.99	100.00	
L_{Ga}		33.0	46.2	61.1	91.4	68.27	58.4
L_{Sp}		77.1	81.5	90.7	96.2	90.04	6.8

硫精矿

粒级	1	2	3	4	5	6	7
Y	6.41	22.22	26.83	19.82	24.72	100.00	
L_{Ga}	5.8	10.7	46.1	76.9	90.8	59.67	1.3
L_{Sp}	6.4	24.8	38.7	81.5	93.6	62.96	1.8

尾矿

粒级	1	2	3	4	5	6	7
Y	16.47	17.15	20.43	23.36	22.59	100.00	
L_{Ga}	1.3	2.6	16.7	44.5	76.5	44.4	0.46
L_{Sp}	16.3	30.4	45.0	75.5	91.3	48.57	1.22

图 2-4-2 选矿厂流程考察工艺矿物学研究成果图

表 2-5-1 常见矿物的理化性质及鉴定特征

类别	矿物	化学式、主要成分/%	鉴定特征	物理性质	化学性质	物相
铜矿物	黄铜矿 Chalcopyrite	$CuFeS_2$ Cu 34.56，Fe 30.52，S 34.92	X = 3.03、1.855、1.586、1.205；常呈半自形、他形粒状，有时呈脉状；能导电；黄铜黄色，常带杂斑状锖色；金属光泽；不透明；贝壳状至不平坦状断口。反射光下黄色，R=41.5~40；双反射不明显，非均质性微弱	D=4.1~4.3 H=3~4 χ=0.915（平均） 介电大于81 电阻 $150\times10^{-6}\sim9000\times10^{-6}$ 放热温度600℃，730℃	在1mol/L硫酸、氢氧化铵、氰化钾、硝酸银、酸性硫脲及亚硫酸中不溶解，但亚硫酸与矿物表面作用，最终在其表面上生成硫化铜薄膜（暗红色）。完全溶于硝酸而析出硫；盐酸使部分铁和痕量的铜转入溶液；在王水中完全溶解；在二氯化二硫中溶解；可溶于醋酸和过氧化氢的混合物及饱和溴水	原生硫化铜
	斑铜矿 Bornite	Cu_5FeS_4 理论值：Cu 63.3，Fe 11.2，S 25.5。实际成分变化很大，Cu 52~65，Fe 8~18，S 20~27	X=1.937、3.18、2.74；晶体呈立方体、菱形十二面体、八面体，但不常见完整晶体，多见致密块状或不规则粒状；新鲜面呈暗铜红色，不新鲜面常被蓝紫斑状锖色所覆盖；金属光泽；不透明；细贝壳状断口；性脆；具有导电性。反射光下粉红至橙色，淡紫色、紫罗蓝色。非均质性弱，R=16.6（470nm）	D=4.9~5.5 H=3 HV=114~127 χ=0.693（平均） 电阻 $1.6\times10^{-6}\sim6000\times10^{-6}$	溶于硝酸并析出硫和二氧化氮。溶于氰化钾溶液、饱和溴水、硝酸银溶液、饱和硫酸银溶液、酸性硫脲溶液。在1mol/L硫酸、亚硫酸、氢氧化铵、氨水-碳酸铵、EDTA、EDTA-氯化铵、EDTA-氨水的混合物中均不溶解；在高铁盐中也不溶解	原生硫化铜
	辉铜矿 Chalcocite	Cu_2S Cu 79.86，S 20.14	X=1.870、1.969、2.40；斜方晶系，柱状或厚板状；集合体致密块状、粉末状；新鲜面铅灰色，风化表面黑色带锖色；金属光泽；不透明；略具延展性；断口贝壳状；良导体。反射光下白色带蓝，非均质性弱，翡翠绿色至浅粉红色偏光色，R=22.5（绿）、16（橙）、15（红）	D=5.5~5.8 H=2.5~3.0 χ=0.061（平均） 介电大于81 电阻 $8\times10^{-6}\sim100\times10^{-6}$ 熔点1130℃（M.P）	易溶于硝酸并析出硫；溶于氰化钾溶液、硝酸银以及含苹果酸、氢氧化氨、柠檬酸的硝酸银溶液、含5%醋酸的硫酸银溶液、酸性的硫脲溶液、醋酸-过氧化氢溶液、饱和溴水、溴-甲醇。酸性硫酸高铁溶液中溶解50%。在1mol/L的硫酸、亚硫酸、氢氧化铵、EDTA-氯化铵中不溶解	次生硫化铜
	铜蓝 Covellite	CuS Cu 66.45，S 33.55	X=3.04、2.81、2.72、1.89、1.73、1.55；薄板状、叶片状、块状，集合体呈粉末状或被膜状；靛蓝色；光泽暗淡；不透明；性脆。反射光下靛蓝色；双反射极显著；非均质性极强；正交偏光下火橙色。反射率低，R=811.3~27	D=4.6~4.76 H=1.5~2 χ=0.021（平均） 电阻 $0.2\times10^{-6}\sim40\times10^{-6}$	易溶于硝酸并析出硫；溶于氰化钾溶液、硝酸银以及含苹果酸、氢氧化氨、含5%醋酸的硫酸银溶液、酸性的硫脲溶液、醋酸-过氧化氢溶液、饱和溴水、溴-甲醇。酸性硫酸高铁溶液中溶解50%。在1mol/L的硫酸、亚硫酸、氢氧化铵中不溶解	次生硫化铜

续表 2-5-1

类别	矿　物	化学式、主要成分/%	鉴定特征	物理性质	化学性质	物　相
铜矿物	孔雀石 Malachite	$CuCu[CO_3](OH)_2$ CuO 71.95，CO_2 19.90，H_2O 8.15	X=2.82、3.63、2.49；柱状、针状、纤维状、放射状、皮壳状、葡萄状、晶簇状等；绿色、暗绿、墨绿；玻璃至金刚光泽。透射光下绿色或无色；二轴晶（－）；$2V$=43°，N_g=1.909，N_m=1.875，N_p=1.655。多色性强	D=4～4.5 H=3.5～4 χ=1.66 电阻 10^7～10^9 吸热温度 390℃，1080℃	易溶于稀硫酸、稀硝酸、氨水、亚硫酸、氰化物溶液、浓的碳酸钠溶液；可溶于氨水-碳酸铵、EDTA-氯化铵溶液。不溶于水及中性硝酸盐溶液	自由氧化铜
	蓝铜矿 Azurite	$Cu_2Cu[CO_3]_2(OH)_2$ CuO 69.24，CO_2 25.53，H_2O 5.23	X=3.50、5.15、2.53、3.54、2.24；短柱状、厚板状、粒状、晶簇状、放射状、土状等；深蓝色；玻璃光泽；透明至半透明；性脆。透射光下浅蓝至暗蓝色；二轴晶（＋）；$2V$=68°；N_g=1.838，N_m=1.758，N_p=1.730。多色性、吸收性明显；反射光下灰色，内反射为蓝色，反射率 R=7～9	D=3.7～3.9 H=3.5～4 χ=3.078 吸热温度 400℃附近，1000～1100℃之间有分叉状吸热谷	易溶于稀硫酸、稀硝酸、氨水、亚硫酸、氰化物溶液、浓的碳酸钠溶液；可溶于氨水-碳酸铵、EDTA-氯化铵溶液。不溶于水及中性硝酸盐溶液	自由氧化铜
	硅孔雀石 Chrysocolla	$(Cu,Al)_2H_2Si_2O_5 \cdot nH_2O$ 化学分析：CuO 44.43，SiO_2 35.41，H_2O 18.72，Al_2O_3 痕量	X=1.49、2.92、8.3；常呈隐晶质或胶态集合体，钟乳状、皮壳状、土状等；绿色、浅蓝绿色至白色，含杂质时变成褐色、黑色。二轴晶（－），也可见一轴晶（＋），N_g=1.598，N_m=1.597，N_p=1.592	D=2～2.3 H=2.4 χ=5.64（平均）	溶于酸同时析出硅酸；在氰化钾溶液中部分溶解；可溶于2%的酒石酸中；完全溶于EDTA-氯化铵溶液；在氨水-碳酸铵溶液中溶解不完全。不溶于水及中性硝酸银	结合氧化铜
	赤铜矿 Cuprite	Cu_2O Cu 88.8，O 11.2	X=2.46、2.12、1.65、1.51、1.28；粒状、粉末状，红色至近于黑色，表面有时铅灰色；金刚光泽至半金属光泽；性脆。透射光下多为红色、胭红色；均质体。N=2.849。反射光下微带蓝色之白色或微带蓝色之浅灰色；内反射血红色，有时呈现异常非均质性及异常多色性；反射率 R=29（黄）、21.5（红）、22.5（橙）、30（绿）、25.7（白）	D=5.85～6.15 H=3.5～4.5 HV=143～312 χ=0.010（平均） 介电 16.20 电阻 10～50 熔点 1236℃(M.P)	溶于盐酸、盐酸-硫酸肼中；在硝酸、磷酸、氢氧化铵及氰化钾等溶液中均溶解；溶于1mol/L硫酸（含亚硫酸钠）中，但是在没有氧化剂时仅溶解一半赤铜矿，而另一半赤铜矿成金属状态析出；当有氧化剂存在时，在含碳酸铵的氢氧化铵中完全溶解；在酸化的三价铁盐溶液中极易溶解；还可溶于EDTA-氯化铵	自由氧化铜

续表 2-5-1

类别	矿　物	化学式、主要成分/%	鉴定特征	物理性质	化学性质	物　相
铜矿物	黑铜矿 Tenorite	CuO Cu 79.89，O 20.11	X = 2.513、2.307、1.882、1.500、1.370；细小板状或叶片状、鳞片状、土状集合体；钢灰、铁黑至黑色；金属光泽；性脆；细鳞片有弹性和挠性。透射光下呈胶状、同心放射状或细粒状集合体；多色性明显。二轴晶，$N_g > N_m$，2V大，N_m = 2.63（红光），重折率强，反射光下呈带黄的亮灰色至白色，反射率R = 20（红）、27.1（蓝），非均质性清晰	D = 5.8 ~ 6.4 H = 3.5 ~ 4 HV = 236	易溶于稀盐酸、稀硫酸、稀硝酸；在氨水中实际上不溶解，但溶液中有铵盐时，则溶解；溶于氰化钾溶液煮沸的醋酸及盐酸羟胺。微溶于氢氧化钾、氯化铵和碳酸铵溶液	自由氧化铜
	自然铜 Native copper	Cu 原生自然铜成分中有时含有 Fe（2.5%以下）、Au（2% ~ 3%）、Ag、Bi、Hg等混入物。次生自然铜却较纯净	X = 2.085、1.806、1.276、1.088；常呈不规则的树枝状、片状、扭曲的铜丝状、纤维状等；铜红色，表面常因氧化成棕褐色被膜；金属光泽；不透明；无解理；锯齿状断口；具延展性；具良好的导电性和导热性。反射光下铜红色，玫瑰色；R = 61（绿）	D = 8.5 ~ 8.9 H = 2.5 ~ 3.0 介电大于81 熔点1084℃（M. P）	易溶于稀硝酸。盐酸溶解自然铜时，冷的盐酸溶解缓慢，煮沸时溶解迅速。在浓硫酸中只有加热时才溶解并析出二氧化硫；不溶于稀硫酸；苛性碱对其作用极微弱；溶于氰化钾溶液中，与浓氰化钾溶液反应剧烈，并放出氢气。在酸化的三价铁盐中溶解完全；溶于卤素的水溶液；易溶于王水；还溶于硝酸银溶液	自然铜
镍矿物	镍黄铁矿 Pentlandite	$(Fe,Ni)_9S_8$ 在 Fe : Ni = 1 : 1 时，Fe 32.55，Ni 34.22，S 33.23	X = 1.770、3.025、1.940、1.024、2.900；粒状或不规则粒状集合体；叶片状、火焰状微细粒包裹体；古铜黄色；金属光泽；不透明；无磁性；导电性好。反射光下呈亮的浅黄白色，有时带棕色色调。反射率 R = 47.2 ~ 51.8（绿）、48.7 ~ 51.5（橙）、48.2 ~ 50.8（红）	D = 4.5 ~ 5 H = 3 ~ 4 HV = 201 ~ 310 电阻 $1 \times 10^{-6} \sim 11 \times 10^{-6}$ 良导电	溶于硝酸，常转变为紫硫镍矿和辉铁镍矿，在氧化带分解成易溶于水的碧矾或镍矾。用盐酸处理时（特别含镍贫的类质同象）部分溶解；溶于硝酸；在硝酸和王水中溶解并析出硫；被过氧化氢分解后，再以柠檬酸铵或酒石酸铵溶液处理时完全溶解；还可溶于饱和溴水	硫化镍
	紫硫镍矿 （紫硫镍铁矿） Violarite	$FeNi_2S_4$ Fe 18.52，Ni 38.94，S 42.54	X = 1.68、2.86、0.969、2.39、1.83、3.36；半自形晶或他形；棕褐色至玫瑰紫色；金属光泽；不透明；光片在空气中自行崩裂，时间长成粉末状。反射光下淡紫色或红棕色；反射率 R = 32.4（绿）、38.9（橙）、40.7（黄）；均质	D = 4.5 ~ 4.8 H = 4.5 ~ 5.5 HV = 231.75 ~ 332	用盐酸处理时（特别含镍贫的类质同象）部分溶解；溶于硝酸；被过氧化氢分解后，再以柠檬酸铵溶液处理，即被溶解。在硝酸和王水中溶解并析出硫；溶于饱和溴水。在盐酸、亚硫酸、硫酸、氢氧化铵中均不溶解	硫化镍

续表 2-5-1

类别	矿物	化学式、主要成分/%	鉴定特征	物理性质	化学性质	物相
镍矿物	硫镍矿 Polydymite	$NiNi_2S_4$ Ni 57.86，S 42.14	X = 2.85、1.82、1.67、2.36、3.33、1.114；致密粒状或微细粒包裹体产出，少量呈钟乳状；浅灰至钢灰色，常具有暗锖色；金属光泽；不透明；弱延展性。反射光下带玫瑰色或黄色色调的灰白色；磨光性较好；反射率 R = 44（绿）、44.92（橙）、38.44（红），均质	D = 4.5 ~ 5.0 H = 4.5 ~ 5 HV = 285 ~ 375 χ = 0.335	在盐酸、亚硫酸、硫酸、含硫酸铜的硫酸-氢氟酸、有机酸、氢氧化铵中均不溶解。在硝酸和王水中溶解并析出硫；被过氧化氢分解后，再以柠檬酸铵或酒石酸铵溶液处理时完全溶解；还可溶于饱和溴水	硫化镍
	针镍矿 Millerite	NiS Ni 64.67，S 35.33	X = 4.75、2.76、1.86；针状、放射状、毛发状、束状集合体，板状、粒状集合体；浅黄铜黄色，有时呈锖色；强金属光泽；不透明；性脆。反射光下乳黄色-黄白色；双反射弱（在油中清楚）；强非均质性	D = 5.2 ~ 5.6 H = 3 ~ 3.5 HV = 234 χ = 0.136（平均） 介电不大于 33.7 电阻 4×10^{-7}	溶于硝酸和王水；在盐酸、亚硫酸、硫酸、含硫酸铜的硫酸-氢氟酸、有机酸、氢氧化铵中均不溶解。在硝酸和王水中溶解并析出硫；被过氧化氢分解后，再以柠檬酸铵或酒石酸铵溶液处理时完全溶解；还可溶于饱和溴水	硫化镍
	镍纤蛇纹石（硅镁镍矿） Garnierite	$Ni_6Si_4O_{10}(OH)_8$ 化学分析：SiO_2 31.0，NiO 51.5，H_2O^+ 9.7，H_2O^- 4.1	呈纤维状、钟乳状、土状、胶状、溶渣状、块状等；暗绿色并带各种色调；贝壳状断口；呈胶体者为均质体，隐晶质偏胶体为非均质体；二轴晶，正、负光性；含 NiO 2% ~ 5% 者折射率为 1.59，完全或接近均质；含 NiO 47% 者，二轴晶（+），$2V$ = 0° ~ 10°，N_g = 1.630，N_m = N_p = 1.622①，$N_g - N_p$ = 0.008 ~ 0.010	D = 2.27 ~ 2.93 H = 2 ~ 3.5 χ = 9.803、9.967 吸热 620℃、625℃、925℃ 放热 800℃	被草酸分解；完全溶于盐酸、硝酸和硫酸中；溶于含硫酸铜的硫酸-氢氟酸及醋酸。在亚硫酸、酒石酸、柠檬酸溶液、氢氧化铵以及过氧化氢中均不溶解	硅酸镍
	富镍绿泥石 Nimite	$(NI,Al)_3(OH)_6\{(Ni,Al)_3[Al,Si_3O_{10}](OH)_2\}$ 化学分析：SiO_2 27.27，Al_2O_3 15.21，Fe_2O_3 4.35，FeO 2.78，NiO 29.49，H_2O^+ 10.48	X = 7.10、3.55、14.2；块状或微细脉状；黄绿色；二轴晶（－）；$2V$ = 15°，N_g ≈ 1.647，N_m = 1.647，N_p = 1.637	D = 3.19 H = 3	溶于盐酸、硝酸；被草酸破坏；可溶于含硫酸铜的稀硫酸-氢氟酸溶液。少量溶于饱和溴水；不被过氧化氢分解。不溶于亚硫酸、酒石酸、柠檬酸以及氢氧化铵	硅酸镍

续表 2-5-1

类别	矿物	化学式、主要成分/%	鉴定特征	物理性质	化学性质	物相
镍矿物	镍华 Annabergite	$Ni_3(H_2O)_8[AsO_4]_2$ NiO 37.46，As_2O_5 38.44，H_2O 24.10	X=6.58、2.98、3.18；柱状、板状、皮壳状、土状等；白色、灰色、浅绿至深黄绿色透明至半透明；弱金刚光泽；解理面上珍珠光泽。反射光下无色；多色性弱；二轴晶（+）；$2V=84°$，也有具负光性的，$N_g=1.687$，$N_m=1.658$，$N_p=1.622$	D=3.07 H=1.5~2.5 薄片具挠性	溶于盐酸。易溶于酸和氢氧化铵；溶于含抗坏血酸的醋酸、2mol/L 柠檬酸或酒石酸溶液。不溶于水及过氧化氢	氧化镍
	碧矾 Morenosite	$Ni(H_2O)_7[SO_4]$ NiO 26.69，H_2O 44.84，SO_3 28.47	X=4.20、5.3、2.85；短柱状、钟乳状、皮壳状产出；浅绿白色至绿色；透明至半透明；玻璃光泽。透射光下绿色；二轴晶（－）；$2V=41°54'$；$N_g=1.492$，$N_m=1.489$，$N_p=1.469$	D=1.976 H=2~2.5	溶于水、氢氧化铵、过氧化氢等溶液中；还溶于无水乙醇	氧化镍
	翠镍矿 Zaratite	$Ni_3[CO_3](OH)_4 \cdot 4H_2O$ NiO 59.59，CO_2 11.7，H_2O 28.71	X=5.07、8.93、2.45；等轴晶系；致密块状，皮壳状；翡翠绿色；透明至半透明；玻璃光泽至油脂光泽；性脆。折射率 N=1.56~1.61	D=2.57~2.69 H=3.5	不溶于水，溶于盐酸，溶于硝酸。800℃下过氧化钠可熔融	氧化镍
钴矿物	硫钴矿 Linnaeite	Co_3S_4 Co 57.96，S 42.02	X=2.83、1.67、2.36；粒状、块状集合体；浅灰至钢灰色，通常具铜红至紫灰的锖色；金属光泽；不透明。反射光下白色带粉红色；反射率 R=46.5（绿）、44（橙）；均质	D=4.8~5.0 H=4.5~5.5	溶于热硝酸并析出硫；可溶于过氧化氢、溴水等溶液。在盐酸、亚硫酸、氢氧化铵、铵盐溶液中均不溶解。亦不溶于氨水-氯化铵溶液。在170℃时溶于二氯化二硫	硫化钴
	方钴矿 Skutterudite	$CoAs_3$ Co 20.77，As 79.23	X=2.585、1.607、1.078，1.041；粒状集合体；锡白-银灰色，有时具彩色锖色；金属光泽；不透明；性脆。反射光下反射光下白色，反射率 R=60（绿）、53.5（橙）、51（红）	D=6.6~6.79 H=5.5~6 χ=0.077（平均） 电阻 1×10^{-6}~12×10^{-6}	在加热的情况下被硝酸溶解，并生成红（Co）或绿色溶液	砷化钴

续表 2-5-1

类别	矿 物	化学式、主要成分/%	鉴 定 特 征	物理性质	化 学 性 质	物 相
钴矿物	硫铜钴矿 Carrolite	$CuCo_2S_4$ Co 38，Cu 20.52，S 41.48	X = 1.676、2.875、1.094、2.388、1.231、1.182；性质与硫钴矿、方硫镍矿相似	D = 4.758 χ = 0.365 ~ 0.580	化学性质参照硫钴矿	硫化钴
	砷钴矿 Modderite	(Co, Ni, Fe) As_{3-x} 或 (Co, Ni, Fe) As_{3+x} Co、Ni、Fe 的含量在较大范围内变动	其结构呈稍有畸变的 NiAs 型结构，似链状。白色，与红砷镍矿、方铅矿和铂簇矿物共生	D = 6.27 ~ 7.30 H = 5.5 ~ 6.0 χ = 0.127 ~ 0.107	在浓硝酸中溶解并析出三氧化二砷；在 180℃时溶解于二氯化二硫；可溶于过氧化氢。在盐酸、亚硫酸、氢氧化铵及铵盐溶液中均不溶解	砷化钴
	水钴矿 Heterogenite	CoO(OH) Co 81.5，O 8.70，H_2O 9.80	X = 4.55、2.36、1.84、1.45；根据结构分为水钴矿-3R 和水钴矿-2H；球状、肾状、粒状集合体；黑色或浅黑至浅红褐色；玻璃光泽；透射光下棕褐色，N = 1.85。反射光下呈淡褐的白色；多色性强；反射率 R = 25.5（绿）、20（橙）、18（红）	D = 3.44 ~ 4.32 H = 3 ~ 4.5 χ = 1.007 ~ 1.166	易溶于无机酸；溶于醋酸-过氧化氢、醋酸-亚硫酸钠溶液。不溶于 EDTA-过氧化氢	氧化钴
	菱钴矿 Spherocobaltite	$Co[CO_3]$ CoO 62.9，CO_2 37.1	方解石型结构；玫瑰红色至黑色；玻璃光泽；具菱面体解理。透射光下无色；一轴晶（－）；N_o = 1.855，N_e = 1.600	D = 4.1 H = 3 ~ 4	在酸中溶解；在氯化铵的氨溶液中加热时溶解；还溶于醋酸-过氧化氢。不溶于水和过氧化氢	氧化钴
	钴华 Erythrite	$Co_3(H_2O)_8[AsO_4]_2$ CoO 37.54，As_2O_5 38.39，H_2O 24.07	X = 6.65、1.677、3.22；针状、厚板状、土状集合体；紫红、桃红或深红色，也有的近于无色；透明至半透明；弱金刚光泽；土状集合体暗淡无光泽；薄片具挠性；二轴晶（＋）；$2V$ 近于 90°；也有呈负光性的。反射光下紫红色；多色性明显；N_g = 1.629，N_m = 1.663，N_p = 1.701②	D = 3.18 H = 1.5 ~ 2.5	易溶于酸；部分溶于苛性钾溶液；还可溶于含硫酸铜的稀硫酸-氢氟酸、氨水-氯化铵、醋酸-过氧化氢等溶液。不溶于水、过氧化氢	氧化钴

续表2-5-1

类别	矿物	化学式、主要成分/%	鉴定特征	物理性质	化学性质	物相
铅矿物	方铅矿 Galena	PbS Pb 86.6，S 13.4	X=3.429、2.969、2.099；粒状、不规则状、致密块状；立方体解理；铅灰色；金属光泽；具弱导电性；良检波性。反射光下白色；常见三角孔；均质体；反射率 R=43	D=7.4～7.6 H=2～3 χ=0.052（平均） 介电大于81 电阻 10^{-7}～10^{-2} 熔点1115℃(M.P)	溶于稀硝酸生成硝酸铅并析出硫；溶于浓硝酸析出硫酸铅和硫；溶于浓盐酸或热盐酸放出硫化氢；溶于王水，生成硫酸铅和氯化铅的混合物；溶于冷的柠檬酸放出硫化氢；溶于含氯化钠的三氯化铁溶液中；还溶于含25%氯化钠的溴水中。在水、醋酸、醋酸铵中不溶解	硫化铅
	白铅矿 Cerussite	$Pb[CO_3]$ PbO 83.53，CO_2 16.47	X=3.58、1.94、1.86、3.50、3.08、1.08、2.08、1.310；晶体板状或假六方双锥状、集合体钟乳状、肾状、致密块状、土状等；白色或灰色；玻璃到金刚光泽；性脆；在阴极射线作用下呈浅蓝绿色。透射光下无色；二轴晶（－）；$2V=8°34'$。光轴角随温度降低而减小；$2E=11°$，$r>v$。N_g=2.076，N_m=2.074，N_p=1.803	D=6.4～6.6 H=3～3.75 χ=0.032（平均） 介电5.47 吸热360℃、390℃、470℃ 放热410℃、500℃	溶于醋酸、醋酸-醋酸铵、5mol/L苛性钾溶液；易溶于硝酸、浓盐酸。100目(0.147mm)的样品在10%磷酸溶液中100℃下5min完全溶解。不溶于饱和溴水、三氯化铁溶液。溶于硝酸，也溶于KOH	氧化铅
	铅矾 Anglesite	$Pb[SO_4]$ PbO 73.6，SO_3 26.4	X=3.00、4.26、3.33；粒状、致密块状、钟乳状、镶边状等产出；无色至白色；常被外来杂质染成灰、浅黄或浅褐色、浅绿色；金刚光泽；贝壳状断口；性脆；紫外灯照射下显荧光。透射光下无色；二轴晶（+）；$2V=75°$，N_g=1.894，N_m=1.882，N_p=1.877	D=6.1～6.4 H=2.5～3 χ=0.039（平均） 介电7.02 吸热400℃、490℃、850℃	在硝酸中易溶解；加热时在浓硫酸中溶解（但以水稀释时析出沉淀）。在硝酸铵、氯化钠及醋酸铵溶液中均溶解。不溶于醋酸溶液，也不溶于不含氯化钠的三氯化铁和饱和溴水中。还可溶于5mol/L的苛性钾溶液	氧化铅
	铅黄 Massicot	PbO Pb 92.83，O 9.17	X=3.067、2.946、2.744、2.377；集合体块状、鳞片状、土状等；黄色，有时带淡红色调；光泽暗淡；细小碎片透明；具挠性，但无弹性；透射光下浅白黄色；二轴晶（+）；$2V$约为90°，50°±10°。在蓝光下为二轴晶（－）；N_g=2.71，N_m=2.61，N_p=2.51(Li)；N_g-N_p=0.20；强色散。反射光下灰白色；反射率 R=18.2～21.2(Li)；双反射不显著；白色的内反射强烈地掩盖其非均质性	D=9.56 H=2	在水及三氯化铁溶液中不溶解。在浓盐酸、浓硝酸、醋酸、苛性钾、醋酸铵等溶液中均溶解。还可溶于含0.5%盐酸的25%氯化钠溶液	氧化铅

续表 2-5-1

类别	矿物	化学式、主要成分/%	鉴定特征	物理性质	化学性质	物相
铅矿物	铅铁矾 Plumbojarosite	$PbFe_6[SO_4]_4(OH)_{12}$ PbO 19.74，Fe_2O_3 42.37，SO_3 28.33，H_2O 9.56	X=3.066、5.935、1.829；显微六方板状、皮壳状或团块状；浅黄褐到暗褐色；光泽暗淡或丝绢光泽；一轴晶(-)；N_o=1.875，N_e=1.786	D=3.64 H=柔软	溶于硝酸；在煮沸的盐酸中缓慢溶解。不溶于醋酸，苛性钾、氯化钠、醋酸铵、醋酸-醋酸铵、饱和溴水等溶液	铅铁矾
	铅丹 Minium	Pb_2PbO_4 Pb 90.67，O 9.33	X=3.38、2.90、2.79、6.23；块状、土状、皮壳状及细鳞片状产出；鲜红色或褐红色，有时为黄色；弱油脂光泽。透射光下为红色或棕红色；强多色性，深红褐色至无色；负延性；平行消光；N=2.42，具异常的绿干涉色	D=8.9 H=2.5~3	在盐酸中溶解并析出氯气；在氯化钠、醋酸、醋酸铵、三氯化铁等溶液中不溶解。在硝酸中氧化铅（PbO）溶解，但二氧化铅（PbO_2）不溶解而留在残渣中；溶于苛性钾溶液中	氧化铅
锌矿物	闪锌矿 Sphalerite	ZnS Zn 67.10，S 32.90	X=3.123、1.912、1.633；晶体呈四面体与立方体、菱形十二面体聚形、粒状集合体或葡萄状、同心圆状等；颜色变化大，无色到浅黄、棕褐至黑色，成分中铁含量增高而变深。也有呈绿、红、黄等色；绿色者成分中含钴；红色者成分中含锡、铟、银和钼；黄色者含镓、锗、铜、汞和镉；金刚光泽至半金属光泽；不导电。透射光下浅黄、浅褐或无色，折射率 N=2.37，均质体；反射光下灰色，内反射为不同程度的褐红~褐黄色。反射率 R=17.5（白色）	D=3.9~4.2 H=3~4.5 χ=0.285（平均） 介电 5.29	溶于盐酸；溶于浓硝酸并析出硫；溶于过氧化氢、饱和溴水、酸性三氯化铁。不溶于 0.5mol/L 硫酸（在 3mol/L 硫酸中溶解）和某些有机酸（醋酸、酒石酸、蓖麻子油酸）；不溶于氨水-氯化铵（或碳酸铵）的溶液中；也不溶于 3.5% 的 EDTA（pH 值为 9.5）和 2% 的氢氧化钾溶液	硫化锌
	纤锌矿 Wurtzite	ZnS Zn 67.10，S 32.90	X=3.107、1.902、1.625、1.106、1.044；短柱状、板状，纤维状、皮壳状集合体；浅色至棕色和浅褐黑色；松脂光泽；性脆弱；一轴晶(+)，N_e=2.378，N_o=2.356（钠光）；N_e=2.350，N_o=2.330（锂光）。具非均质性与闪锌矿相区别	D=4.0~4.1 H=3.5~4	溶于盐酸（比闪锌矿稍困难）；溶于浓硝酸并析出硫；溶于过氧化氢、饱和溴水、酸性三氯化铁。不溶于 0.5mol/L 硫酸（在 3mol/L 硫酸中溶解）和某些有机酸（醋酸、酒石酸、蓖麻子油酸）；不溶于氨水-氯化铵（或碳酸铵）的溶液	硫化锌

续表 2-5-1

类别	矿物	化学式、主要成分/%	鉴定特征	物理性质	化学性质	物相
锌矿物	红锌矿 Zincite	ZnO Zn 80.34，O 19.66	X=2.476、2.816、2.602、1.626、1.477；粒状、叶片状；橙黄、暗红或褐红色；金刚光泽；性脆；具反磁性；具有检波性。透射光下暗红-黄色。一轴晶（+），N_e = 2.056（530nm）、2.005（670）；N_o = 2.039（530）、1.990（670nm）；N_e-N_o=0.017(530nm)；反射光下浅玫瑰棕色；反射率 R=11、10、8。颗粒边缘显较弱的双反射；弱非均质性；内反射为红色、淡红色、黄白色	D=5.64~5.68 H=4~5 HV=917~1300 χ=0.342 介电 33.7 熔点 1670℃(M.P)	不溶于水和过氧化氢；在饱和溴水中溶解少量。溶于醋酸、酒石酸及蓖麻子油酸等有机酸中；溶于盐酸、硝酸、0.5mol/L 的硫酸。溶于 2% 苛性钾、3.5%的 EDTA（pH 值为 9.5）；当有铵盐（碳酸铵或氯化铵）存在时，能溶于氨水	氧化锌
	菱锌矿 Smithsonite	Zn[CO_3] ZnO 64.90，CO_2 35.10	X=2.75、1.70、3.56、1.072；肾状、葡萄状、钟乳状；纯者为白色，含铁者染成淡黄或褐色；含锰者染色成黑色；含铜者染成绿色；玻璃光泽；透明至半透明；具菱面体解理。透射光下无色，一轴晶（-）；折射率随含钙、镁、锰量的增高而降低，含铁量的增多而增大；重折率大。反射光下灰色，反射率低（R<10%）；内反射无色，黄褐色	D=4.0~4.5 H=4.25~5 χ=0.082（平均） 吸热 460℃、500℃、590℃	在弱酸溶液（包括醋酸）、2mol/L 苛性钾溶液、氨水-氯化铵（或碳酸铵）溶液中溶解；还可溶于10%醋酸-15%醋酸钠-10%氯化铵溶液；溶于 3.5% EDTA（pH 值为 9.5±0.5）、5%硫酸铜（煮沸 3h）。部分溶于蓖麻子油酸、氰化钾溶液。不溶于过氧化氢、酒石酸溶液、纯氨水	碳酸锌
	锌尖晶石 Gahnite	$ZnAl_2O_4$ ZnO 44.3，Al_2O_3 55.7	X=2.44、2.86、1.43；常见八面体、菱形十二面体和立方体；暗绿、灰绿、黑绿色；半透明；玻璃光泽；N=1.78~1.82	D=4.0~4.6 H=7.5~8	不溶于盐酸及硝酸；遇硫酸略能溶之。在醋酸、过氧化氢、饱和溴水、氰化钾、蓖麻子油酸以及氨水-碳酸铵等溶液中均不溶解	尖晶石
	水锌矿 Hydrozincite	$Zn_3Zn_2[CO_3]_2(OH)_6$ ZnO 74.12，CO_2 16.03，H_2O 9.85	X = 6.77、2.48、2.72、6.77；薄片状、纤维状、钟乳状、隐晶质集合体；白色、灰色、有时呈浅黄色、浅棕色等；珍珠光泽、丝绢光泽；性脆。透射光下无色，二轴晶（-）；$2V$ = 40°，N_g = 1.750，N_m = 1.736，N_p = 1.640；$r<v$ 强	D=3.5~4 H=4~4.5（晶体）、2~2.5（集合体）	可溶于盐酸、硝酸、0.5mol/L 硫酸、2mol/L 苛性钾、氨水-氯化铵（或碳酸铵）、醋酸、2% 氰化钾、3.5% EDTA（pH 值为 9.5）、10% 冰醋酸-15% 醋酸钠-10% 氯化铵（沸水浴 30min）；不溶于水和过氧化氢	氧化锌

续表 2-5-1

类别	矿物	化学式、主要成分/%	鉴定特征	物理性质	化学性质	物相
锌矿物	硅锌矿 Willemite	$Zn_2[SiO_4]$ ZnO 73.0，SiO_2 27.0	X=1.423、2.632、2.844、2.323、1.849；块状、粒状、放射状、钟乳状集合体；无色或带绿的黄色，有时呈带黄的褐色，当含锰时呈浅红色；玻璃光泽或油脂光泽；贝壳状断口；性脆。透射光下无色；一轴晶（+）；$N_o=1.691\sim1.694$，$N_e=1.719\sim1.723$	$D=3.89\sim4.18$ H=5~6 $\chi=7.671$ 介电 5.55 熔点 1510℃(M.P)	部分溶于氨水-氯化铵和氨水-碳酸铵溶液中；溶于2mol/L的苛性钾溶液、浓盐酸和浓硝酸；在冷的稀盐酸中溶解析出硅酸；可溶于醋酸；在饱和的柠檬酸冷溶液中分解；在3mol/L硫酸中溶解。不溶于0.5mol/L硫酸、过氧化氢、饱和溴水、氰化钾、醋酸铵及EDTA等溶液	硅酸锌
	异极矿 Hemimorphite	$Zn_4(H_2O)[Si_2O_7](OH)_2$ ZnO 67.5，SiO_2 25.0，H_2O 7.5	X=3.102、6.597、3.286、5.359、2.560；晶体呈板状；集合体呈粒状、放射状、皮壳状、肾状、钟乳状等；无色，集合体呈白色、灰色并带黄、褐、绿、蓝等色调；透明；玻璃光泽；解理面具珍珠光泽。透射光下无色；二轴晶（+）；$2V=46°$，$N_g=1.636$，$N_m=1.617$，$N_p=1.614$；$N_g-N_p=0.022$	$D=3.40\sim3.50$ H=4~5 $\chi=0.058$	溶于酸（包括醋酸）并析出硅酸胶体；溶解在2mol/L的苛性钾溶液；溶于氨水-碳酸铵与氨水-氯化铵溶液中；被冷的饱和柠檬酸溶液分解；可溶于酒石酸、5%硫酸铜溶液、冰醋酸-饱和醋酸钠-氯化铵溶液。不溶于过氧化氢、EDTA溶液	硅酸锌
	皓矾 Goslarite	$Zn(H_2O)_7[SO_4]$ ZnO 28.3，SO_3 27.84，H_2O 43.83 成分中有铜、镁、铁、锰等代替锌	X=4.21、5.36、4.18；块状、粒状、纤维状、皮壳状、钟乳状等；无色，块体呈白色、浅绿色、浅蓝和浅褐色；透明至半透明；玻璃光泽或丝绢光泽；性脆；易溶于水，易脱水。透射光下无色；二轴晶(−)；2V中等或小；$N_g=1.470\sim1.485$，$N_m=1.475\sim1.480$，$N_p=1.447\sim1.463$	$D=1.978$ H=2~2.5	易溶于水以及各种其他溶剂	硫酸锌
钨矿物	黑钨矿 Wolframite	$(FeMn)[WO_4]$ Fe-Mn间完全类质同象，在这一系列中含Mn$[WO_4]$分子在80%以上称钨锰矿，$Fe[WO_4]$分子在80%以上称钨铁矿，介于二者之间则通称黑钨矿	晶体厚板状、板状或短柱状；集合体多为板状、致密状；褐黑至黑色；性脆；具弱磁性；透射光下暗红色，二轴晶（+）。反射光下灰白色，反射率 R=15.8~18.5（470nm）、16.0~18.7（546nm）、15.7~18.4（589nm）、15.4~18.0（650nm）	D随铁的含量增高而加大 H=4~5.5 $\chi=5.947$ 介电 12.51	用浓盐酸和硝酸处理时，部分溶解并生成三氧化钨的黄色沉淀；浓热的苛性碱可使黑钨矿中钨溶解；在加热到冒三氧化硫的硫酸中溶解；不溶于氢氧化铵、稀盐酸-过氧化氢、醋酸-三氯化铝、碳酸钠及草酸溶液	黑钨矿

续表 2-5-1

类别	矿物	化学式、主要成分/%	鉴定特征	物理性质	化学性质	物相
钨矿物	钨锰矿 Huebnerite	Mn[WO_4] MnO 23.42，WO_3 76.58	X = 2.99、1.76、2.50、2.22、1.72、1.52；晶体呈柱状或长柱状，少数板状；集合体呈束状、放射状；浅红、浅紫、褐黑色；磁性极弱或无；二轴晶（+）；N_g = 2.30 ~ 2.32，N_m = 2.22，N_p = 2.17 ~ 2.20，$2V$ = 70°	D = 6.7 ~ 7.3 H = 4 ~ 5 χ = 5.557（平均）	用浓盐酸和硝酸处理时，部分溶解并生成三氧化钨的黄色沉淀；浓热的苛性碱可使黑钨矿中钨溶解；在加热到冒三氧化硫的硫酸中溶解；不溶于氢氧化铵、稀盐酸-过氧化氢、醋酸-三氯化铝、碳酸钠及草酸溶液	黑钨矿
	钨铁矿 Ferberite	Fe[WO_4] FeO 23.65，WO_3 76.35	X = 2.93、1.71、2.19、1.77、1.51；晶体呈板状、集合体呈块状；黑色 ~ 褐黑；金刚光泽或半金属光泽；性脆；具弱磁性；二轴晶（+）；N_g = 2.414，N_m = 2.305，N_p = 2.255，$2V$ = 68°。反射光下灰白色	D = 7.079 ~ 7.60 H = 4 ~ 4.5 χ = 4.98（平均） 吸热 700℃，宽小 放热 100℃、300℃，宽小	用浓盐酸和硝酸处理时，部分溶解并生成三氧化钨的黄色沉淀；浓热的苛性碱可使黑钨矿中钨溶解；在加热到冒三氧化硫的硫酸中溶解。不溶于氢氧化铵、稀盐酸-过氧化氢、醋酸-三氯化铝、碳酸钠及草酸溶液。在 700℃下灼烧 30min 可降低溶解率	黑钨矿
	白钨矿 Scheelite	Ca[WO_4] CaO 19.4，WO_3 80.6	X = 3.10、1.95、1.59、1.25；晶体常呈双锥状，块状、不规则粒状集合体；无色 ~ 白色，有时见浅黄色、浅紫色、浅褐色；油脂光泽或金刚光泽；透明至半透明；在紫外光下发浅蓝色至黄色荧光。透射光下无色；干涉色低；一轴晶（+）；N_o = 1.920，N_e = 1.937	D = 5.8 ~ 6.2 H = 4.5 ~ 5 χ = 0.049 吸热 100℃，宽小	被盐酸及硝酸分解并析出能溶于碱和氢氧化铵的钨酸；而氢氧化铵和苛性碱对此矿物并不起明显作用。在普通压力下，碳酸钠溶液使白钨矿缓慢而不完全分解；当压力增加时，分解实际上是完全的。在浓硫酸中加热到冒三氧化硫时溶解；可溶于草酸、草酸-过氧化氢。在 700℃下灼烧 30min，可提高白钨矿在溶剂中的溶解率	白钨矿
	钨华 Tungstite	$WO_3 \cdot H_2O$ WO_3 92.8，H_2O 7.2	X = 3.49、2.68、2.56；针状、放射状集合体或粉末状、土状；亮黄、姜黄、金黄等色；松脂光泽。透射光下黄色；二轴晶（−）；$2V$ = 27°，N_g = 2.26，N_m = 2.24，N_p = 2.09。吸收性强，N_g > N_m > N_p。N_g 为深黄色，N_m 为浅黄色，N_p 为无色	D = 5.5 H = 2.5 ~ 3	溶于碱、氢氧化铵、碳酸钠溶液。除氢氟酸外，不溶于其他任何酸。磷酸珠球反应呈蓝色（含钨）。闭管中加热放水，色变白	钨华

续表 2-5-1

类别	矿 物	化学式、主要成分/%	鉴 定 特 征	物理性质	化 学 性 质	物 相
钨矿物	水钨华 Hydrotungstite	$WO_3 \cdot 2H_2O$ WO_3 86.57，H_2O 13.43	X=3.46、2.30、1.719、3.30、3.24；板状，浅黄绿色到深绿色；玻璃光泽，二轴晶（－）；$2V=52°$，$N_g=2.04$，$N_m=1.95$，$N_p=1.70$；吸收性 $N_g>N_m>N_p$。N_g 为深绿色，N_m 为黄绿色，N_p 为无色	D=4.64 H=2~2.5	不溶于酸，可溶于氢氧化铵。磷酸珠球反应呈蓝色。闭管实验放出大量水，色变黄然后变白	钨 华
锡矿物	锡石 Cassiterite	SnO_2 Sn 78.8，O 21.2	X=3.35、2.64、1.77；长柱状、针状、双锥状、板状等，柱面、锥面具条纹；褐色至黑色，含铌钽高者呈沥青黑色；金刚光泽；性脆；一般无磁性。透射光下无色、浅黄、浅褐等色；一轴晶（+）；具有很高的折射率和重折率；有时呈二轴晶（+），$2V=0°\sim38°$，多色性强弱不定；吸收性 $N_o>N_e$。反射光下呈浅灰色至带棕的灰色；非均质性明显；内反射白色、淡黄至黄棕色；反射率随含钽量的增加而增高。反射率 R=11.3~11.7（470nm）、10.9~11.1（546nm）、10.7~11.1（589nm）、10.5~10.8（650nm）	D=6.8~7.0 H=6~7 χ=0.81 介电 27.75 高频 23.4~24.0 熔点 1630℃(M.P)	在酸中（包括氢氟酸、王水）不溶解；只有在冒烟的硫酸中长时间加热或用氢氟酸加硫酸处理时，才能有小部分溶解；灼烧后的粉末仅仅在和苛性钾或碳酸钾与硫的混合物熔融后才能溶解。不溶于盐酸-氯酸钾、溴-四氯化碳	锡石相
	黝锡矿（黄锡矿）Stannine	Cu_2FeSnS_4 Cu 29.5，Fe 13.1，Sn 27.5，S 29.9	X=1.888、3.064、1.103、1.618；呈不规则粒状或细小包裹体产出；微带橄榄绿色调的钢灰色、黄灰色等；金属光泽；性脆。反射光下呈橄榄绿色调的亮灰色或灰白色；反射率 R=21（绿）、21（橙）、19（红），在浸油中明显地降低；双反射不显著；在浸油中非均质效应较清楚；无内反射；常见叶片状和聚片状双晶	D=4.30~4.52 H=3~4	溶于 $HCl+KClO_3$，在硝酸中分解；溶于含氯酸钾的盐酸；被硝酸分解析出硫和二氧化锡；还可溶于浓硫酸、浓磷酸和王水。不溶于 1∶3 的硫酸、3%的草酸。在浓硝酸和王水中溶解并析出硫和二氧化锡；如果在王水中硝酸不多，锡便留在溶液中；在含氯酸钾的盐酸中溶解；在硫酸中也溶解	硫化锡
	圆柱锡矿 Cylindrite	$Pb_3Sb_2Sn_4S_{14}$ Pb 35.06，Sb 12.76，Sn 26.88，S 25.3	X=3.85、2.88、5.73；圆筒状、块状和球形集合体；浅黑铅灰色；金属光泽；微具延展性。反射光下白色带浅灰；双反射显著；非均质明显弱。R=30.4~32.9（470nm）、28.2~30.9（546nm）、28.1~30.9（589nm）、27.9~30.6（650nm）	D=5.46 H=2.5	不溶于水；溶于 30%双氧水-EDTA-柠檬酸-高氯酸的混合物	硫化锡

续表 2-5-1

类别	矿 物	化学式、主要成分/%	鉴 定 特 征	物理性质	化 学 性 质	物 相
钼矿物	辉钼矿 Molybdenite	MoS_2 Mo 59.94，S 40.06	X（2H 型 6.01、2.50、2.27、1.82、1.58）；（3R 型 6.09、2.34、2.19、1.89、1.75）；片状、叶片状、鳞片状，也有呈细小颗粒状；铅灰色，金属光泽；薄片有挠性，具油腻感。反射光下和双反射极强，R_o 白色，R_e 晦暗的灰色带暗淡的蓝色调；非均质性很强；偏光镜不完全正交时暗蓝色；反射率 R_o =47.0(480nm)；R_o =41.7，R_e = 22.0(550nm)；R_o = 40.0，R_e = 20.9(590nm)；R_o =40.0，R_e =20.1(650nm)	D=4.7～5.0 H=1～1.5 χ=1.263（平均） 介电大于81	完全溶于王水，溶于热硫酸和热硝酸。硝酸将辉钼矿氧化为三氧化钼，此三氧化钼以粉末状态沉淀；完全溶解于热的王水中；在次氯酸钾（或次氯酸钠）中易溶解；在苛性碱溶液、氨水、碳酸钠溶液中不溶解	硫化钼
	钼华 Molybdite	MoO_3 Mo 66.66，O 33.34	X = 6.90、3.80、3.45、3.25；叶片状、针状、板状等；蜜黄色、淡绿黄色到无色；金刚光泽，解理面上为珍珠光泽；透明；具挠性；二轴晶（+）；$N_g=b$，$N_m=a$，N_g 和 N_m 大于 2.0；重折率大，具相当大的光轴色散	D=4.7 H=1～2	易溶于盐酸；在硝酸中溶解，但易从硝酸中析出；在王水、碱溶液和碳酸钠溶液中均溶解；还可溶于氢氧化铵、5mol/L 苛性钾以及含硫酸铜的稀硫酸-氢氟酸的混合液	氧化相
	钼铅矿（彩钼铅矿）Wulfenite	Pb[MoO_4] PbO 60.79，MoO_3 39.21	X=3.19、2.00、1.77、1.63、1.045；板状、薄板状、锥状或粒状集合体；黄色、稻草黄色、蜡黄色、橘黄色至橘红色等；金刚光泽。透射光下无色透明；一轴晶（−）；N_o = 2.40，N_e = 2.28；平行消光，负延长	D=6.5～7.0 H=2.5～3 χ=0.081、0.013	浓盐酸使矿物分解而析出二氯化铅；在浓硫酸中溶解，还可溶于 5mol/L 苛性钾、含过氧化氢的1%盐酸-25%氯化钠、王水、含硫酸铜的硫酸-氢氟酸溶液。在醋酸、氨水、醋酸铵、三氯化铁、醋酸-醋酸铵、饱和溴水中不溶解	氧化钼
硫矿物	黄铁矿 Pyrite	FeS_2 Fe 46.55，S 53.45	X=1.6332、2.709、2.423；粒状、致密块状、球状结核、烟灰状等；浅黄铜色，表面常有黄褐色锖色；强金属光泽；不透明；顺磁性；导电性与结晶方向和成分有关。反射光下黄白色；均质；反射率 R = 54.5（白）、53.6（橙）、53（红）、54.2（绿）	D=4.9～5.2 H=6～6.5 χ=25.49（平均） 介电大于33.7，小于81 电阻 1.2×10^{-6}～600×10^{-6} 熔点 642℃ 相变 910℃时转变为 α-白铁矿	完全溶解于浓硝酸，与白铁矿不同的是：白铁矿溶解时析出硫，而黄铁矿则很难析出硫；王水使黄铁矿溶解而析出硫。热的稀硫酸溶液对黄铁矿不起作用；也不溶于盐酸、含氯化亚锡的盐酸、含硫酸铜的稀硫酸与氢氟酸的混合液中。溶于15%的硝酸（水浴中）、醋酸-过氧化氢、溴水及氯水中（在溴水中溶解较慢，而在氯水中则较迅速）。在二氯化二硫中加热到300℃时溶解；黄铁矿和白铁矿不同，它在1.5mol/L 硫化钠中不溶解；在苛性钠中通以氯气时则完全溶解。在氢氟酸中不溶解；高价铁盐的稀溶液在沸腾的温度下使黄铁矿分解，冷时分解很慢；高铁盐对黄铁矿的氧化作用，比对白铁矿氧化作用剧烈得多	硫化物

续表 2-5-1

类别	矿物	化学式、主要成分/%	鉴定特征	物理性质	化学性质	物相
硫矿物	磁黄铁矿 Pyrrhotite	$Fe_{1-x}S$ S 的含量达到 39% ~ 40%	X = 2.062、1.10、2.63、1.045；晶体板状、柱状、双锥状，完整晶体少见，常呈粒状、不规则状等。暗青铜黄色，带褐色锖色；金属光泽；不透明；性脆；单斜磁黄铁矿具铁磁性，六方磁黄铁矿具顺磁性，但磁性程度差别很大，磁化率和其他性质随成分变化。反射光下浅玫瑰棕色；弱多色性；强非均质性；反射率 R_g = 36.6（绿），34.2（橙），36.2（红）；R_p = 33.0（绿），38.3（橙），33.1（红）	D = 4.60 ~ 4.70 H = 3.5 ~ 4.5 熔点 1195℃(M.P) 加热到 300℃时分解 χ = 27173（平均） 介电大于 81 电阻 2×10^{-6} ~ 160×10^{-6}	溶于盐酸，但比较困难；稀硝酸（1∶1）冷时对磁黄铁矿不起作用，在加热时则溶解；很难溶于氢氟酸；可溶于氯水、溴水、溴甲醇、溴四氯化碳和过氧化氢溶液中；在硫化钠的沸溶液中溶解；稀硫酸和柠檬酸甚至在冷时也能分解磁黄铁矿而放出硫化氢。不溶于含硫酸铜的稀硫酸与氢氟酸的混合液。在 HF 中溶解	磁黄铁矿相
铝矿物	一水硬铝石 Diaspore	$Al_2O_3 \cdot H_2O$ Al_2O_3 85，H_2O 15	X = 3.99、2.317、2.131；晶体呈板状、柱状或针状；片状、鳞片状，集合体隐晶质粒状及胶态豆、鲕状；颜色为白、灰白、黄褐、灰绿、浅红或无色；玻璃光泽；贝壳状断口；性脆。透射光下无色；二轴晶（+），2V = 84° ~ 86°。N_g = 1.730 ~ 1.752，N_m = 1.705 ~ 1.725，N_p = 1.682 ~ 1.706，$N_g - N_p$ = 0.04 ~ 0.05	D = 3.2 ~ 3.5 H = 6.5 ~ 7	不溶于酸（硫酸例外），其中包括氢氟酸在内。氢氧化钾溶液对它不起作用。剧烈灼烧后的矿物溶于硫酸中，原矿物溶于加热到放出三氧化硫的硫酸中。常温下不溶于氢氧化钾、氢氧化钠等溶液	硬铝石相
	三水铝石 Gibbsite	$Al(OH)_3$ Al_2O_3 65.35，H_2O 34.65	X = 4.82、4.34、4.30；集合体呈放射纤维状、鳞片状、皮壳状、钟乳状或豆状、球粒结核状；主要呈胶态非晶质或微细结晶质，细粒土状块体；土白色或近白色，浅绿色、浅红白色或浅红黄色；玻璃光泽；性脆。透射光下无色；通常呈细晶状、柱状、放射状或钟乳状、豆状、结核状集合体；二轴晶（+）；N_g = 1.587，$N_m = N_p$ = 1.566，温度能影响光性方位	D = 2.3 ~ 2.43 H = 2.5 ~ 3.5	三水铝石在盐酸、硫酸及氢氧化钠中的溶解度如下： 溶剂　溶解条件　不溶的残渣/% 盐酸(密度 1.10g/cm^3)　煮沸溶解 5min　20.7 盐酸(密度 1.10g/cm^3)　冷溶 2h　83.7 硫酸(密度 1.35g/cm^3)　煮沸溶解 5min　3.8 硫酸(密度 1.35g/cm^3)　冷溶 2h　57.7 苛性钠浓溶液　煮沸溶解 5min　2.1 苛性钠浓溶液　冷溶 2h　86.9 三水铝石完全溶解于下列溶剂： 在 1mol/L 的苛性钾溶液中加热到 100℃处理 4h； 在盐酸（密度 1.19g/cm^3）溶液中加热到 100℃处理 2h；在 11.5mol/L 的硫酸溶液中，加热到 100℃处理 1h；在浓硫酸中加热到放出三氧化硫	软铝石相

续表 2-5-1

类别	矿 物	化学式、主要成分/%	鉴定特征	物理性质	化学性质	物相
铝矿物	一水软铝石（亦称勃姆石）Boehmite	$Al_2O_3 \cdot H_2O$ Al_2O_3 85，H_2O 15	X=6.11、3.16、2.35。晶体呈极细小片状或扁豆状，通常呈隐晶质块体或胶态集合体；无色或微黄的白色；玻璃光泽。透射光下无色；N_g = 1.65 ~ 1.67，N_m = 1.65 ~ 1.66，N_p = 1.64 ~ 1.65，N_g-N_p = 0.015；二轴晶，正（负）光性；2V中等到至大	D=3.01 ~ 3.46 H=3.5	不溶于水和加热到100℃以下的1mol/L的氢氧化钾溶液中。在浓盐酸中于100℃下作用3h，只有5% ~ 6%变成溶液。在11.5mol/L的硫酸中无论是原矿物，或者是在500℃时脱水的矿物，当100℃时都完全溶解	软铝石相
	刚玉 Corundum	Al_2O_3 Al 52.91，O 47.09	X=2.085、2.552、1.601、3.479、1.374、2.379；晶体呈桶状、柱状、板状、叶片状；颜色多种多样，蓝灰、黄灰、无色、白色，还有紫、红、黄、绿、蓝、棕、黑色，都很常见。透射光下无色、玫瑰红、蓝或绿色；深色晶体具有强多色性；一轴晶（－）；N_o = 1.767 ~ 1.771，N_e = 1.759 ~ 1.763，N_o-N_e = 0.008，折光率的变化取决于类质同象混入物	D=3.95 ~ 4.4 H=9 χ=0.20 ~ 10 介电 5.35 高频 11.0 ~ 13.2 电阻 108 ~ 1011 熔点 2050℃（M. P）	不溶于盐酸、硝酸；在加热到100℃的情况下，不溶于1mol/L的苛性钾溶液；在加热到冒出三氧化硫的浓硫酸中也不溶解；与硫酸氢钾熔融而溶解，被溶解成铝酸盐的三氧化二铝于105℃时为0.56%，190℃为78.7%，230℃时为79%	刚玉相
	高岭石 Kaolin	$Al_4[Si_4O_{10}](OH)_8$ Al_2O_3 39.5，SiO_2 46.54，H_2O 13.96	X = 7.15、3.57、1.487、2.338、1.126、1.287；晶体呈假六方板状、鳞片状、结晶非常微细，电子显微镜下才能观察晶体形状，常呈隐晶质致密状或土状集合体；晶体碎片无色；致密块体呈白色；晶体碎片或解理面上呈珍珠光泽；致密块状呈无光泽或土状光泽；鳞片具挠性。透射光下无色、细鳞片状；二轴晶（－）；2V = 10° ~ 57°；N_g = 1.560 ~ 1.570，N_m = 1.559 ~ 1.569，N_p = 1.533 ~ 1.565；N_g-N_p = 0.006	D=2.6 ~ 2.63 H=2 ~ 3.5 介电 11.18 熔点 1780℃ 吸热 500 ~ 600℃ 放热 950 ~ 1000℃、1230 ~ 1280℃	溶于盐酸；在11.5mol/L硫酸中于100℃下处理10h，约溶2%，但是在500℃下脱水的高岭石被11.5mol/L的硫酸溶解；原高岭石在加热到放出三氧化硫的浓硫酸中溶解；300目（0.05mm）的样品在浓磷酸中加热到300℃时，经35min溶解。不溶于100℃的1mol/L的苛性钾	硅酸盐

续表 2-5-1

类别	矿 物	化学式、主要成分/%	鉴 定 特 征	物理性质	化 学 性 质	物 相
铝矿物	叶蜡石 Pyrophyllite	$Al_2[Al_4O_{10}](OH)_2$ Al_2O_3 28.3，SiO_2 66.7，H_2O 5.0	X = 3.07、9.3、2.538、2.421、4.6、1.496；常见鳞片状、放射状集合体或隐晶致密块体；白色、浅绿、浅黄等色；玻璃光泽，致密块状者油脂光泽；半透明；叶片柔软；无弹性。透射光下无色；二轴晶（－）；$2V$ = 53°～62°；N_g = 1.596～1.601，N_m = 1.586～1.589，N_p = 1.534～1.556，N_g-N_p = 0.050	D = 2.65～2.90 H = 1～1.5 熔点 1700℃ 吸热 880℃、775℃、633℃	在浓盐酸、11.5mol/L 的硫酸、0.5mol/L 的硫酸溶液中加热到 100℃ 时不溶解，在浓硫酸中加热到放出三氧化硫气体时部分溶解。300 目（0.05mm）样品在 85% 磷酸中加热到 270℃ 时经 25min 溶解	硅酸盐
铁矿物	磁铁矿 Magnetite	Fe_3O_4 Fe 72.4，O 27.6	X = 2.53、1.61、1.48、4.85；晶体呈八面体、菱形十二面体，粒状集合体；黑色；半金属光泽；无解理；性脆。反射光下灰色带棕色色调；反射率 R = 21；典型的铁磁性物质；居里点为 578℃；室温下磁饱和为 92～93 电磁单位/克；[111] 为最易磁化方向	D = 4.9～5.2 H = 5.5～6 HV = 530～559 χ = 100000（平均） 介电大于 37，小于 81 熔点 1590℃（M.P）	微溶于亚硫酸；完全溶解于盐酸和硝酸中，但在稀硝酸中溶解得特别慢；于盐酸或溴氢酸中加二氯化锡可促进其溶解；在氢氟酸中溶解，但缓慢。醋酸、柠檬酸、酒石酸在短时间内对磁铁矿不起作用。可溶于含硫酸铜的硫酸-氢氟酸混合液；还可溶于 1:1 磷酸以及含 EDTA 的 1:3 磷酸。不溶于饱和溴水、饱和氯水。 在 650℃ 可被氢气还原为金属铁。 应注意的是，在磁铁矿的各亚种，因杂质不同其性质可能与磁铁矿有所不同，例如含 Ti、Mg 较高者，其化学性质较稳定	磁性铁
	赤铁矿 Hematite	Fe_2O_3 Fe 69.94，O 30.06	X = 2.69、1.68、2.48、1.053、1.82、1.476、1.442；晶体板状、鳞片状，粒状，集合体呈隐晶质的致密块状、土状、鲕状、豆状、肾状等；钢灰色至铁黑色，常带浅蓝锖色，隐晶质或粉末状变种呈暗红色至鲜红色；金属光泽至半金属光泽；无解理；性脆；细薄片有弹性；室温条件下反铁磁性。反射光下带浅蓝的灰色，R = 21（红光）、25（橙光）、26（绿光）；在颗粒界面上有微弱的双反射；内反射不常见；具叶片状双晶	D = 5～5.3 H = 5.5～5.6 HV = 792 χ = 7.69～576.9 介电大于 81 熔点 1350℃（M.P）	溶于浓盐酸，但较缓慢（磁铁矿较易溶，钛铁矿则更难溶），若有二氯化锡及其他还原剂存在时，溶解速度显著地加快。难溶于硝酸和王水。还可溶于含硫酸铜的稀硫酸与氢氟酸的混合物（水浴）；在溴氢酸（含二氯化锡）中也溶解。在氢氟酸中溶解较难。不溶于醋酸、醋酸-过氧化氢、饱和溴水、酒石酸与亚硝酸钠的混合液	氧化铁

续表 2-5-1

类别	矿物	化学式、主要成分/%	鉴定特征	物理性质	化学性质	物相
铁矿物	褐铁矿 Limonite	通常所称的褐铁矿实际上是以包括针铁矿、水针铁矿、含水氧化硅、泥质等所组成的混合体。化学成分变化大，通常含水达12% ~ 14%，含铁可达35% ~40%	晶体针状、鳞片状，集合体纤维状、葡萄状、钟乳状、节结状、蜂窝状、致密状、土状等；褐、暗褐、褐黑、褐黄、红褐色；半金属光泽，性脆。透射光下黄、黄褐、红褐色。反射光下灰色，微带蓝色	$D=3.3\sim4.0$ $H=1\sim4$ $\chi=25\sim32$	性质与针铁矿相似，含水愈多者愈溶于无机酸。在稀的亚硝酸中溶解慢。在醋酸中不溶解，也不溶于饱和溴水	氧化铁
	菱铁矿 Siderite	$FeCO_3$ FeO 62.01，CO_2 37.99	$X=2.77$、1.73、2.11、3.55、1.95；晶体菱面体状、短柱状、粒状，土状、致密块状集合体；浅灰白或浅黄白色，有时微带浅褐色，风化后转为褐色、棕红、黑色；玻璃光泽；透明至半透明。透射光下无色，灰色；一轴晶（-）。$N_e=1.575\sim1.633$，$N_o=1.782\sim1.875$	$D=3.7\sim4.0$ $H=3.5\sim4.5$ $\chi=115.88$（平均） 介电 6.74 吸热 400 ~600℃ 放热 600 ~800℃	易溶于无机酸，也溶于醋酸、醋酸-过氧化氢、饱和的三氯化铝、10%的酒石酸-1%的亚硝酸钠、10%甲酸、0.5%的高氯酸。少量溶于饱和溴水	碳酸铁
	针铁矿 Goethite	FeOOH Fe_2O_3 89.9，H_2O 10.1	$X=4.21$、2.69、2.44；晶体呈针状、柱状、薄板状、鳞片状；通常呈豆状、肾状或钟乳状、放射纤维状、致密块状、土状，也有呈鲕状、结核状；红褐、暗褐至黑色，黄褐色等；金刚至半金属光泽；性脆。反射光下灰色；强非均质性；反射率 $R=13$（红色）、14（橙色）、17.5（绿色）；内反射淡褐红	$D=4\sim4.3$ $H=5\sim5.5$ $HV=525\sim624$、$772\sim824$ 介电 11.70	在稀盐酸中溶解得很慢，但可溶解完全。易溶于含二氯化锡的盐酸（或溴氢酸）和含硫酸铜的稀硫酸-氢氟酸。不溶于醋酸、醋酸-过氧化氢、饱和溴水。650℃时可被氢气还原为金属铁	氧化铁
	镜铁矿 Specular iron ore	Fe_2O_3 Fe 69.94，O 30.06	片状赤铁矿称为镜铁矿，颜色钢灰至铁黑，具灿烂光泽，明亮如镜，结晶块状；鳞片状者也称为云母赤铁矿；具金属光泽，细小鳞片状或贝壳状。透射光下淡灰、暗黑，$N_m=3.01$，$N_p=2.78$	$D=5.1\sim5.3$ $H=5.5\sim6.5$ $\chi=82.69\sim615$	镜铁矿较次生的赤铁矿稳定，在溶剂中更难溶些	氧化铁
	纤铁矿 Lepidocrocite	FeO(OH) Fe_2O_3 89.9，H_2O 10.1。含吸附水者称水纤铁矿	$X=6.26$、3.29、2.47；鳞片状或纤维状集合体，暗红至红黑色，鳞片状块体有时微带金色；金刚光泽。反射光下浅灰白色；具强非均质性；多色性强，由黄到橙红	$D=4.09\sim4.10$ $H=4\sim5$	性质与针铁矿相似，溶于无机酸中。易溶于盐酸溶液；在稀的亚硝酸中溶解慢。在醋酸中不溶解，也不溶于饱和溴水	氧化铁

续表 2-5-1

类别	矿 物	化学式、主要成分/%	鉴 定 特 征	物理性质	化 学 性 质	物 相
铬矿物	铬铁矿 Chromite	$FeCr_2O_4$ FeO 32.09，Cr_2O_3 67.91	X = 2.51、1.91、1.61；晶体呈八面体，常呈粒状集合体，黑色，不透明，碎片半透明；金属～油脂光泽。反射光下灰白色，微带褐色；反射率 R = 15（绿光）、12.5（橙光）、12.5（红光）；内反射红褐色；折射率 N = 2.16；具弱磁性	D = 5.09 H = 5.5 χ = 1.36 熔点大于 1800℃	在酸和碱中不溶解；在磷酸和硫酸混合酸中以及高氯酸中加热时，能很好地溶解。不溶于硫酸-氢氟酸	铬铁矿相
钛矿物	金红石 Rutile	TiO_2 Ti 60，O 40	X = 3.245、1.687、2.489；晶体柱状、针状；集合体纤维状、放射状、致密块状等；暗红、褐红色，黄、橘黄，富铁者黑色；金刚光泽。透射光下黄至红褐色；多色性弱至清楚；一轴晶（+）；N_o = 2.605～2.66，N_e = 2.899～2.901。反射光下灰色有时微具淡蓝色调；内反射浅黄到褐红色；反射率 R = 21.0（470nm）、23.0 ～ 23.5（546nm）、22.3～23.0（589nm）、22.0 ～ 22.6（650nm）	D = 4.2～4.3 H = 6～6.5 χ = 0.550（平均） 介电 5.85 电阻 29～910 熔点 1825℃（M.P）	不溶于所有酸。在盐酸和氢氟酸的混合物中不溶解，而其他钛矿物均溶解；在含硫酸铵的硫酸中，当加热到冒硫酸烟时金红石完全溶解。不溶于含氟化物的硝酸。溶于热磷酸，加入过氧化钠可使溶液变成黄褐色	金红石相
	钛铁矿 Ilmenite	$FeTiO_3$ FeO 47.34，TiO_2 52.66	X = 2.74、1.72、2.54；晶体呈厚板状、菱面体状、有时呈薄板状，集合体呈不规则粒状、致密块状；铁黑色或钢灰色，很薄的薄片呈深褐色；金属-半金属光泽；无解理；贝壳状断口；性脆；具弱磁性。透射光下不透明或有极少数微透明，呈暗褐色；一轴晶（－）；具有非常高的折射率和强重折率。反射光下浅棕至暗棕色调，微弱多色性；双反射明显，内反射不明显，非均质性显著；常见叶片状双晶；反射率 R = 19.6～20.2（480nm）、19.5 ～ 20.1（540nm）、19.6 ～ 20.0（580nm）、19.3 ～ 19.5（640nm）	D = 4～5 H = 5～6.5 HV = 873.1～890.1 χ = 31779 介电大于 81 电阻 29～910	在硝酸中溶解较困难；缓慢溶于热浓盐酸；长时间的用氢氟酸处理时可溶解；可溶于含硫酸铜的稀硫酸与氢氟酸的混合液（水浴）；也溶于 8mol/L 盐酸与氢氟酸（1∶1）混合液。溶于加热到冒烟的硫酸-硫酸铵。不溶于醋酸、稀盐酸以及含氟化铵的硝酸；不溶于饱和溴水。 一般地说，富铁的钛铁矿较活泼。例如钛赤铁矿性质近似于赤铁矿而与钛铁矿性质相差甚远；磁性钛铁矿和非磁性钛铁矿在各种溶剂中的溶解情况大致相同，但一般磁性钛铁矿易溶些，而非磁性钛铁矿较难溶些，也是由于它们含铁量不同	钛铁矿相

续表 2-5-1

类别	矿 物	化学式、主要成分/%	鉴 定 特 征	物理性质	化 学 性 质	物 相
钛矿物	钙钛矿 Perovskite	$CaTiO_3$ CaO 41.24，TiO_2 58.76	X = 2.70、1.91、2.72；晶体立方体，晶面具平行晶棱的条纹；集合体呈不规则粒状；灰黑色及红褐色、橙黄、亮黄色；金刚光泽或半金属光泽。透射光下呈黄绿色、褐色，反射光下像闪锌矿，呈灰色；内反射多为褐色；均质体；有时为二轴晶（+）；2V = 90°，N = 2.30 ~ 2.38；多色性弱	D = 3.97 ~ 4.04 H = 5 ~ 6 χ = 3.866	在硫酸和盐酸中加热即分解。碳酸钠溶液对钙钛矿不起作用。在含氟化铵的硝酸中溶解；在盐酸-氢氟酸的混合物中溶解完全	其他钛矿物相
钒矿物	钒云母 Roscoelite	$K\{V_2[AlSi_3O_{10}](OH)_2\}$ 化学分析：SiO_2 48.05，Al_2O_3 15.00，V_2O_3 14.62，MgO 4.32，K_2O 6.19，H_2O^+ 5.44	X = 2.58、4.51、10.2；大部分晶体呈亮绿色纤维状，少数片状；丝绢光泽；质地柔软。透射光下绿色；具多色性；二轴晶（-）；2V = 10° ~ 15°，N_g = 1.704，N_m = 1.685，N_p = 1.615	D = 2.88 H = 2.5 吸热 150℃、573℃、750 ~ 850℃、900℃ 放热 380℃	不溶于 5% 的硫酸溶液；不溶于 30% 的盐酸溶液；30% 的氢氟酸溶液沸水浴可溶解	硅铝酸盐相
	钒铅矿 Vanadinite	$Pb_5(VO_4)_3Cl$ PbO 78.3，V_2O_5 19.3，Cl 2.4	X = 3.37、3.06、2.98；六方柱状，针状、毛发状，有时呈骸晶或多孔状；集合体呈晶簇状、球状；色鲜红、橙红、浅褐红或鲜褐色；透明到近乎不透明；半金刚光泽；性脆；一轴晶（-）；N_o = 2.416，N_e = 2.350	D = 6.66 ~ 6.88 H = 2.5 ~ 3	可溶于硝酸、盐酸、苛性钾、0.5% 盐酸-25% 氯化钠等溶液。部分溶于 10% 冰醋酸 - 15% 醋酸钠 - 10% 氯化铵溶液。可溶于含 0.5% 盐酸的 25% 氯化钠溶液。不溶于醋酸、氯化钠、醋酸铵	钒酸盐相
锑矿物	辉锑矿 Stibnite	Sb_2S_3 Sb 71.4，S 28.6	X = 3.566、3.045、2.757、2.511、1.933、1.687；晶体长柱状、针状、矢状、乱纤维状、粒状集合体；铅灰色或钢灰色，表面常有蓝色的锖色；金属光泽；不透明。反射光下白色到灰白色；双反射显著；非均质性强；平行消光；细粉末在油中可见深红色内反射	D = 4.51 ~ 4.66 H = 2 ~ 2.5 χ = 4.96 ~ 6 介电 11.5	溶于热盐酸并放出硫化氢；被浓硝酸分解为锑的硝酸盐或硫酸盐并析出不溶性的偏锑酸沉淀；被浓硫酸分解为二氧化硫、硫和硫酸锑；在王水中能溶解；在硫化钠溶液中缓慢溶解，完全溶于加热到 90 ~ 100℃ 的硫化钠溶液中；溶于 2% 苛性钾溶液中，更易溶于含酒石酸或 EDTA 的苛性钾溶液中；溶于硫酸与硫酸氢钾的混合物中；与碳酸钠在普通的温度下不作用，但煮沸时可完全溶解 不溶于稀酸、含硫酸铜的盐酸及酒石酸	硫化锑相

续表 2-5-1

类别	矿 物	化学式、主要成分/%	鉴 定 特 征	物理性质	化 学 性 质	物 相
锑矿物	锑华 Valentinite	Sb_2O_3 Sb 83.54，O 16.46	X=3.124、1.513、1.830、1.921、2.468、1.181；集合体呈柱状、片状、羽毛状、粒状、土状或皮壳状；无色、白色，有时带淡灰、淡黄、黄褐或红色色调；金刚光泽，解理面显珍珠光泽；性脆；不导电。透射光下无色或浅黄色，二轴晶（-）。N_g=2.358，N_m=2.352，N_p=2.18，N_g-N_p=0.178（钠光）；2V很小。反射光下灰白色，反射率R=14~16（黄光）；非均质性清楚。内反射明显	D=5.7~5.76 H=2.5~3	溶于10%酒石酸和盐酸（于盐酸溶液中加水可析出白色沉淀）；在硫化铵溶液中变成棕色，并缓慢溶解；在苛性钾中溶解。溶于1∶3硝酸，含EDTA或酒石酸的苛性钾、硫化钠溶液、酒石酸溶液；易溶于盐酸、王水。不溶于水	氧化锑
	方锑矿 Senarmontite	Sb_2O_3 Sb 83.54，O 16.46	X=3.212、1.962、1.673、1.071；集合体呈粒状、致密块状，有时形成皮壳状，骸晶状；无色至灰白色；金刚光泽至玻璃光泽；性脆；不导电。透射光下无色；均质体；N=2.087（Na）；见异常双折射；二轴晶（-）；2V较大	D=5.22~5.78 H=2~2.5	溶于1∶3硝酸，含EDTA或酒石酸的苛性钾、硫化钠溶液、酒石酸溶液；易溶于盐酸、王水。不溶于水	氧化锑
	锑赭石（黄锑矿）Cervantite	$Sb_2O_3 \cdot Sb_2O_5$ Sb 79.19，O 20.81	X=3.06、2.91、1.854、1.635；粉末状、皮壳状、针状、致密块状、鳞片状集合体；黄色到红色，有时无色。二轴晶（-），2V很小；N=1.67~2.05	D=4.08 H=4~5	在浓盐酸、王水、煮沸的苛性碱及硫化钠中溶解。不溶于稀盐酸、稀硝酸、酒石酸、1mol/L及2mol/L冷的苛性钾溶液	氧化锑
	黄锑华 Stibiconite	Sb $Sb_2O_6 \cdot OH$ Sb 76.37，O 23.42	X=2.96、5.93、1.81；晶体少见；常呈粉末状、皮壳状等胶状集合体；浅黄至黄白色。透射光下无色；N=1.605~1.97；二轴晶（-）；2V很小；N=1.67~2.05	D=6.44 H=4~5.5	在浓盐酸、王水、煮沸的苛性碱及硫化钠中溶解。不溶于稀盐酸、稀硝酸、酒石酸、1mol/L及2mol/L冷的苛性钾溶液	氧化锑

续表 2-5-1

类别	矿 物	化学式、主要成分/%	鉴 定 特 征	物理性质	化 学 性 质	物 相
铋矿物	辉铋矿 Bismuthinite	Bi_2S_3 Bi 81.3，S 18.7	X = 3.50、3.08、2.79、1.935、1.725；柱状、针状或毛发状、粒状；锡白色，表面常有黄色和蓝色的锖色；强金属光泽；不透明；微具挠性，具可切性。反射光下白色；反射率 R_p = 41.46（绿）、40.86（橙）、39.60（红）；双反射在空气中显著而弱；非均质性显著	D = 6.4 ~ 6.8 H = 2 ~ 2.5 电阻 3.35 ~ 70	在常温下迅速地被硝酸分解而析出硫；溶于浓硝酸时有白色或灰白色沉淀析出，此沉淀遇氢氧化铵又能溶解；浓硫酸在加热时能溶解辉铋矿并析出二氧化硫；在硫化钠中显著溶解，有氢氧化钠存在时溶解得更好。容易被三氯化铁、硫酸高铁溶液分解；在甲胺和乙胺溶液中溶解；可溶于盐酸-盐酸羟胺、氨水-氯化铵、醋酸-氯化铵等混合物。在水及氢氧化铵中不溶解；在稀硫酸-抗坏血酸、稀硫酸-硫脲、醋酸-EDTA、冷的稀草酸中不溶解	硫化铋
	自然铋 Bismuth	Bi 成分较纯，有时含微量 Fe、Pb、Sb、S、Te 等元素	X = 3.21、1.423、2.28、2.37、1.87、1.645、1.138；晶体呈菱面体、假立方体，但完整晶体少见，常呈粒状、羽毛状或树枝状、致密块体；新鲜面为银白色，微带浅黄，空气中呈淡红晕色；强金属光泽；不透明；性脆；具逆磁性。反射光下黄色；反射率 R = 67.5（绿）、62（橙）、65（红）；弱非均质；双反射及反射多色性不明显；无内反射	D = 9.7 ~ 9.83 H = 2 ~ 2.5 熔点 271.3℃ 沸点 1560 ± 5℃ 介电大于 81 电阻 100×10^{-8}	溶于硝酸及王水；在强热的浓硫酸中溶解而放出二氧化硫；与稀硫酸几乎不起作用；过氧化氢使铋溶解；当无空气时，盐酸不与之作用，若有空气（有过氧化氢更好）存在，铋能溶解；也能溶于三价铁盐和含硝酸银的甲酸。有氧化剂存在时，能加速铋在酸中溶解。在氨水、含氯化亚锡的盐酸、稀盐酸-苯醋酸、稀硫酸-抗坏血酸、稀硫酸-硫脲、冷的稀草酸、醋酸-EDTA 溶剂中不溶解	自然铋
	铋华 Bismite	Bi_2O_3 Bi 89.68，O 10.32	X = 3.232、2.676、1.640；晶体少见；常呈块状、粉末状、土状或叶片状集合体；浅黄-黄、浅绿-橄榄绿、黄绿-绿黄色；半金刚光泽；细薄碎片透明。二轴晶；强色散；N = 2.42	D = 9.41，集合体 4.36 H = 4.5，集合体 1 ~ 2 熔点 820℃	不溶于水、氢氧化铵、氢氧化铵-氯化铵及高铁溶液。稍溶于碱溶液中。易溶于盐酸、硫酸和硝酸；还可溶于稀盐酸-二氯化锡、稀盐酸-苯醋酸、稀硫酸-抗坏血酸、稀硫酸-硫脲、甲酸-硝酸银、醋酸-EDTA、醋酸-氯化铵及硫脲	氧化铋
	泡铋矿 Bismutite	$Bi_2[CO_3]O_2$ Bi_2O_3 91.37，CO_2 8.63	X = 2.98、6.9、3.75、2.75、3.44、2.15、1.96；叶片状、短纤维状，集合体粉末状，土状；绿黄色粉末呈辉铋矿假象，薄膜状等；色白、绿、黄等；土状光泽。透射光下近无色；一轴晶（-）；N_o = 2.13，N_e = 1.94；纤维具平行消光及正延长	D = 7.0 ~ 8.3 H = 3 ~ 4 χ = 0.096 吸热 500℃、620℃、720℃	溶于酸。在氨水-氯化铵中少量溶解。在醋酸-EDTA 中部分分解。溶于无机酸、稀盐酸-二氯化锡、稀盐酸-苯醋酸、浓盐酸-盐酸羟胺、稀硫酸-抗坏血酸、稀硫酸-硫脲、冷的稀酸、甲酸-硝酸银、醋酸-氯化铵、硫脲、3%的醋酸等溶液	氧化铋

续表 2-5-1

类别	矿物	化学式、主要成分/%	鉴定特征	物理性质	化学性质	物相
砷矿物	雄黄 Realgar	AsS（或 As_4S_4） As 70.10，S 29.90	X=3.166、2.931、2.717、1.122、1.855；细微粒状、致密块状、柱状、针状等；橘红色；金刚光泽；透明至半透明；解理完全；非导电体。透射光下显强多色性；二轴晶（－）；N_g=2.704，N_m=2.684，N_p=2.538，$2V$=46°42′（590nm）。反射光下暗灰色；非均质性强；内反射红带黄色；反射率 R=20.5（绿）、26（橙）、26.5（红）	D=3.56～3.59 H=1.5～2 熔点 310℃ 介电 7.6 熔点 310℃（M. P）	在盐酸中溶解时，析出柠檬黄色的絮状沉淀；在碱中溶解不完全；溶于硝酸，析出硫；在王水中很容易分解；当加热时，微溶于二硫化碳和苯；在氯水中溶解；在碳酸钠溶液中溶解。溶于王水	雄黄
	雌黄 Orpiment	As_2S_3 As 60.91，S 39.09	X=4.775、2.707、2.446、1.793；短柱状、片状、杆状，肾状、球状、皮壳状等；柠檬黄色（略带绿色）；油脂光泽至金刚光泽；薄片透明，具挠性；不导电；逆磁性。透射光下柠檬黄色；二轴晶（－）；N_g=3.02，N_m=2.81，N_p=2.4；N_g-N_p=0.62，$2V$=76°。反射光下灰白色，双反射强；非均质性强；反射率 R=32（绿）、26（橙）、26（红）	D=3.4～3.5 H=1～2 介电 7.42 熔点 328℃（M. P）	在氢氧化钾和氢氧化铵溶液中溶解并析出褐色沉淀；在硫化钠和碳酸钠中完全溶解而生成硫代亚砷酸钠。在二硫化碳和苯中于 150℃以下不溶解；不溶于盐酸。可被王水分解（析出褐色沉淀）；也溶于氯水。在沸水中雌黄分解极少，有酸存在时促进溶解；发烟硝酸与磨细的雌黄反应猛烈，发出带有破裂声的闪光。溶于王水及 KOH。溶于硝酸	雌黄
	毒砂 Arsenopyrite	FeAsS Fe 34.30，As 46.01，S 19.69	X=2.665、2.429、1.812、1.388；柱状、短柱状，集合体粒状或致密块状；锡白至钢灰色，锖色浅黄；金属光泽；不透明；性脆。反射光下白色，微具乳黄色调；双反射弱；非均质性明显；反射率 R=50.1（绿）、51.55（橙）、50.74（红）	D=5.9～6.29 H=5.5～6 HV=988～1094 χ=0.03 介电大于 81 电阻 20×10^{-6}～300×10^{-6}	在盐酸、苛性钾、碳酸钠等溶液中不溶解；被硝酸分解并析出硫和三氧化二砷；可溶于醋酸-过氧化氢、饱和溴水、氯水、王水。硫酸中溶解，硝酸溶，慢泡析出 S 及 As_2O_3	硫砷化物

续表 2-5-1

类别	矿 物	化学式、主要成分/%	鉴 定 特 征	物理性质	化 学 性 质	物 相
锰矿物	软锰矿 Pyrolusite	MnO_2 Mn 63.19，O 36.81	X=3.14、2.41、1.63；柱状、针状、棒状，集合体放射状、烟灰状或隐晶质或土状；在电镜下观察呈片状、球状和不规则状；钢灰至黑色，表面常带浅蓝的金属锖色；半金属光泽；不透明；性脆。反射光下呈白色或带乳黄色调；多色性明显；强非均质性；无内反射；反射率白光下平行 c 轴 R_e=42，垂直 c 轴 N_o=31、30.0~36.3（589nm）、29.5~35.5（548nm）、39.0~47.0（525nm）、32.0~33.2（650nm）	D=4.7~5.0 H 硬度随形态和结晶程度而异，显晶质者为6~6.6，隐晶或块状集合体可降至1~2，并可污手 χ=6.453（平均） 介电大于81 相变550~650℃变为β-褐锰矿	在氯化铵及硫酸铵中不溶解。溶于盐酸而放出氯。在冷的浓硫酸及浓磷酸中不溶解，在温度为110℃以上开始溶解，但是加 Hg 作催化剂时，软锰矿便溶解于冷的稀硫酸和磷酸中。如果加还原剂，在硫酸中完全分解。硝酸（无论是浓的还是稀的）作用都很慢。溶于亚硫酸、硫酸亚铁、氢氟酸和10%醋酸的亚硫酸钠溶液	软锰矿
	硬锰矿 Psilomelane	$BaMn^{2+}Mn_9^{4+}O_{20}\cdot 3H_2O$ 其成分变化很大	X=2.41、2.19、3.48；晶体少见，常呈葡萄状、肾状、皮壳状、钟乳状、土状、致密块状等；黑色到暗钢灰色；半金属光泽，土状者为土状光泽；不透明；反射率为10~20	D=4.7 H=4.6 χ=8.073（平均）	溶于盐酸。在盐酸中溶解而放出氯气；细粉状的矿物在柠檬酸中煮沸而放出二氧化碳；易溶于亚硫酸和草酸	
	褐锰矿 Braunite	$Mn^{2+}Mn_6^{3+}SiO_{12}$ MnO 11.74，Mn_2O_3 70.41，SiO_2 17.85	X=2.72、1.656、2.14；粒状集合体；棕黑色至钢灰色；半金属光泽；具弱磁性。反射光下灰白，微带褐色，非均质；反射率 R=20.4~21.7（465nm）	D=4.72~4.83 H=6~6.5 χ=28.3（平均）	溶于盐酸。在盐酸中溶解而放出氯气，并形成硅胶，在热浓硫酸中溶解而放出氧气。Hg 是褐锰矿在酸中溶解的催化剂；用稀硫酸或稀硝酸加热处理时，三氧化二锰中的一半锰与硅酸锰中锰均转入溶液。溶于亚硫酸	水锰矿
	菱锰矿 Rhodochrosite	$Mn[CO_3]$ MnO 61.71，CO_2 38.29	X=2.850、1.762、3.65；粒状、柱状、鲕状、菱面体，晶面弯曲；淡玫瑰红色或淡紫红色，随含钙量增加，颜色变浅；致密块体呈白色、黄色、灰白色、褐黄色，氧化后表面变褐黑色；玻璃光泽；性脆。透射光下无色或浅玫瑰红色；一轴晶（-）；N_e=1.597，N_o=1.816，折光率随成分中含钙量增加而降低，随含铁量增多而增高；强色散	D=3.6~3.7 H=3.5~4.5 χ=28.5 介电6.77 吸热640℃、550℃ 放热755℃、840℃	微溶于水。溶于稀无机酸、酸性硫酸铵、碱性的EDTA溶液。100目(0.147mm)的样品在100℃下10%的磷酸中5min溶解完全。在亚硫酸中溶解缓慢	碳酸锰

续表 2-5-1

类别	矿物	化学式、主要成分/%	鉴定特征	物理性质	化学性质	物相
金矿物	自然金 Native gold	Au 在其成分中常含银。含金量大于80%	X = 2.35、2.03、1.43、1.226、0.933；晶体为八面体，少数为菱形十二面体，晶体少见，常呈不规则粒状、磨圆状、团块状、薄片状、鳞片状、树枝状、纤维状等；金黄色，富含银者为淡黄-乳黄色；金属光泽；无解理；具延展性，可压成薄箔；导热、导电性强。反射光下金黄色；均质体；无内反射；反射率 R=47.0（绿）、82.5（橙）、86（红）。强导热性	D=15.6~18.3 H=2~3 HV=31 χ= −0.64~0.12 介电大于81 电阻 10^{-2}~10^{-6} 熔点1063℃	不溶于单独存在的盐酸；溶于沸硝酸、王水和氰化钾；可溶于生成游离氯的混合物中，例如：盐酸和铬酸的混合物。被250℃的浓硫酸溶解，也溶解于硫酸与碘酸或硫酸与高锰酸钾的混合物中；溶于热的硒酸。自然金可溶于氰化钾、氰化钠溶液、酸性硫脲、硫代硫酸铵、丙二腈等。因此可用混汞、氰化、液氯化法提取	自然金
	银金矿 Electrum	（Au，Ag） 含金量50%~80%，银与金之间为一完全类质同象	晶体呈板状、薄片状，常见不规则状、树枝状，无解理，延展性强；淡黄白色、浅黄色；强金属光泽；不透明；导电性好。反射率很高，但低于自然金和自然银，呈带黄的亮白色；均质性	D=12~15 H=2~3 HV=72	易溶于 NaCN 溶液，粒度大于0.1mm的溶解速度很慢，以致消耗大量氰化物，需经重选和混汞后再氰化	自然金
	碲金矿 Calaverite	AuTe Au 43.59，Te 56.41 有少量银代替金	X = 3.10、2.09、2.19、1.195、0.888；晶体柱状、针状，常见粒状等；草黄-银白色；金属光泽；不透明；无解理；性脆。反射光下乳白色，新鲜光面很亮，后渐变暗；双反射弱；非均质性明显；反射率 R=56.5（绿）、54（橙）、52.5（红）	D=9.10~9.40 H=2.5~3 熔点464℃ 相变温度184℃转为α-碲金矿 电阻 6×10^{-6}~12×10^{-6}	溶于硝酸，产生铁锈色的金沉淀 金的碲化物在碱性氰化液中经长时间氰化可分解，但先焙烧 $Au_2Te + O_2 \longrightarrow 2Au + TeO_2$ 使金还原成金属状态更易分解	碲化物
银矿物	自然银 Silver	Ag 成分往往不纯净，常含Au和Hg的混入物。此外见有微量的Sb、Bi、Cu、As、Pt等	X=2.370、2.050、1.436、1.232、0.936；晶体为立方体、八面体，常呈细长网状、树枝状、毛发状丝状弯曲，皮壳状、粒状、块状等；银白色，表面氧化后具灰黑色被膜；金属光泽；表透明；无解理；具延展性；良导电性和导热性。反射光下银白色，带奶油色调；反射率 R=95.5（绿）、94（橙）、93（红）	D=10.1~11.1 H=2.5~3 HV=35.1 介电大于81 电阻 1.5×10^{-8} 熔点961℃（M.P）	溶于硝酸；与卤素有明显作用，可溶于氯水生成氯化银；在沸硫酸中迅速溶解，据此可从金和铂（合金）中分离出银来；易溶于 NaCN 溶液，粒度大于0.1mm溶解速度很慢，消耗大量氰化物，在氰化前需重选和混汞，以除掉粗粒自然银	自然银

续表 2-5-1

类别	矿物	化学式、主要成分/%	鉴定特征	物理性质	化学性质	物相
银矿物	深红银矿 Pyrargyrite	Ag_3SbS_3 Ag 59.76，Sb 22.48，S 17.76	X=3.35、3.20、2.79、2.55、1.680、1.600；晶体六方柱状，常呈粒状或块状；深红色、黑红色或暗灰色；金刚光泽；半透明；性脆。一轴晶（-）；折射率 $N_m=3.084$，$N_p=2.881$。反射光下灰色带淡蓝色；非均质性强；内反射洋红色；反射率 R=32.5（绿）、27.0（橙）、24.5（红）	D=5.77~5.86 H=2~2.5	在氰化物溶液中不太容易溶解，但经焙烧和更换溶液后，回收率可以提高	硫化银
	淡红银矿 Proustite	Ag_3AsS_3 Ag 65.42，As 15.14，S 19.44	X=3.20、2.75、2.53、1.94；晶体柱状，常见致密块状或粒状；颜色深红到朱红色；金刚光泽；半透明；性脆；不导电。一轴晶（-）；多色性血红-洋红；折射率 $N_m=3.088$，$N_p=2.792$。反射光下灰带淡蓝；强非均质性；内反射深红色；反射率 R=28（绿）、21.5（橙）、20.5（红）	D=5.57~5.64 H=2~2.5	在氰化物溶液中不太容易溶解，但经焙烧和更换溶液后，回收率可以提高。在硝酸中溶解，析出硫和 As_2O_3	硫化银
	黝锑银矿 Freibergite	$(Ag,Cu)_{12}Sb_4S_{13}$ 探针分析结果：Ag 36.0，Cu 12.4，Sb 25.1，S21.8	X=3.00、1.839、1.568、2.60、2.45、2.04、1.900；晶体呈四面体；常呈致密块状、半自形、他形粒状或细脉状等；钢灰至铁黑色；金属至半金属光泽；不透明；无解理。反射光下灰白色，带浅褐色；内反射褐红色；均质；反射率 R=27.0（绿）、24.0（橙）、20.5（红）	D=4.6~5.4 H=3~4.5	在氰化物溶液中很难溶解，但焙烧后其在氰化物溶液中的溶解度可提高，其溶解度随含量而变化	硫化银
	辉银矿 Argentite	Ag_2S Ag 87.06，S 12.94	X=3.17、2.24、1.819；晶体呈细柱状、板状、细针状，多呈细脉状、浸染状、被膜状等；银灰色到铁黑色；新鲜断口金属光泽；具挠性和延展性；良导电性。反射光下灰色；弱非均质性；弱双反射；反射率 R=36.57（白）、30.43（绿）、27.20（橙）、24.48（红）	D=7.2~7.4 H=2~2.5 介电大于81	在 NaCN 溶液中溶解速度很慢，需长时间直接氰化。在硝酸中溶，后加入 HCl 有 AgCl 沉淀	硫化银

续表 2-5-1

类别	矿物	化学式、主要成分/%	鉴定特征	物理性质	化学性质	物相
银矿物	角银矿 Cerargyrite	AgCl Ag 75.3，Cl 24.7	X = 2.80、1.97、1.254；皮壳状或薄膜状产出；新鲜面无色或微带浅黄、浅蓝浅褐色，风化后颜色变暗，直呈黑色；金刚光泽；隐晶质块体具蜡状光泽；无解理；具延展性；均质体	D = 5.55 H = 1.0 ~ 2 熔点 455℃（M.P）	易溶于 NaCN 溶液、$Na_2S_2O_3$ 溶液、卤水溶液。在硝酸中溶，后加入 HCl 有 AgCl 沉淀	氯化物
	碲银矿 Hessite	Ag_2Te Ag 62.86，Te 37.14	X = 2.31、2.87、2.25；晶体呈假等轴状或短圆柱状；常呈细粒状、致密块状集合体；铅灰到钢灰色；金属光泽；不透明。反射光下灰白色；双反射从浅褐色到浅红色；非均质性强；色散效应从深黄到深蓝色；反射率 R = 43（绿）、40（黄）、42（红）	D = 8.24 ~ 8.45 H = 2 ~ 3 电阻 $4\times10^{-6}\sim100\times10^{-6}$	溶于硝酸。溶于硫酸中则溶液变白。在硝酸中很快变成褐色	碲化物
汞矿物	辰砂 Cinnabar	HgS Hg 86.2，S 13.8	X = 3.372、2.869、2.074、1.678；晶体板状、柱状；集合体不规则粒状、致密块状、粉末状和皮壳状等；暗红色到鲜红色，有时带铅灰色的锖色；金属光泽；晶体薄片半透明；不导电；具逆磁性。透射光下为红色；有多色性；一轴晶（+）；折射率 N_e = 3.272，N_o = 2.913，$N_e - N_o$ = 0.359。反射光下纯白色到浅蓝白色；双反射显著；强非均质性；内反射亮血红色到朱红色	D = 8.0 ~ 8.2 H = 2 ~ 2.5 HV = 36.1 ~ 169.81 介电 6.2 $\chi = 2\times10^{-6}\sim31.2\times10^{-6}$ 电阻 $2\times10^{-6}\sim1\times10^{-3}$	一般辰砂要比黑辰砂难溶些，100 目（0.147mm）的样品在浓磷酸中于 300℃ 时经 40min 也溶解甚微 溶于王水、氨水。盐酸、硝酸及苛性钾对辰砂不起作用，但是在与浓硝酸长久煮沸时，开始生成 $2HgS\cdot Hg(NO_3)_2$ 的白色沉淀，继续煮沸时，逐渐溶解而变成 $Hg(NO_3)_2$。在碱金属的硫化物或碱土金属的硫化物的浓溶液中溶解生成硫代酸盐。在硫化铵溶液中不溶解；在硫化钠水溶液中随着硫化钠的浓度增加而溶解度增大	硫化物
	自然汞 Mercury	Hg 偶含少量金和银	菱面体晶形，也有呈薄膜状或细小的水滴状；银白色、锡白色；金属光泽	D = 14.26 沸点 357℃	易与氯作用生成二氯化汞；易溶于热的稀、浓硝酸，稀硝酸与汞生成低价汞盐（$Hg_2(NO_3)_2$），与浓硝酸则形成高价汞盐；王水与汞作用剧烈；在碱金属的硫化物中不溶解，但加入弱氧化剂时，可能形成硫化汞而溶解；与某些金属能生成固态或液体的汞齐。与不含氧的稀硫酸、稀盐酸及稀碱不作用；在浓硫酸中，普通的温度下溶解甚微，但加热时易形成硫酸汞	自然汞

续表 2-5-1

类别	矿物	化学式、主要成分/%	鉴定特征	物理性质	化学性质	物相
铂族矿物	砷铂矿 Sperrylite	$PtAs_2$ Pt 56.58，As 43.42	X=1.801、0.777、1.148、2.98、0.798；粒状，晶体完整；锡白色；金属光泽；性脆。反射光下白色；均质性；反射率 R=56.5（绿）、55（橙）、52.5（红）	D=10.58 H=6~7 χ=1.12~0.21、0.0141~0.0026 介电 14、16.3 电阻 10^{-8}~10	化学性质稳定。不溶于酸。可溶于王水	
	自然铂 Platinum	Pt 通常含 Fe，当 Fe 含量达 9%~11%时，即形成它的亚种——粗铂矿	X=2.261、1.953、1.386、1.182；晶体未见，集合体呈细结核状，有时为钟乳状，内部具放射状构造；白色；金属光泽；无解理；均质性。反射率 R=70（绿光）、73（橙光）、70~83（红光），无内反射；微具磁性	D=15~19 H=4~4.5	铂的化学活性极低，它在各种酸中均不溶解；可溶于王水，但比金困难得多	
	自然钯 Palladium	Pd 化学分析：Pd 86.1~100，Pt 0~1.6，Rh 0~3，Pb 0~8.1	X = 2.246、1.945、1.376、1.173、1.162、2.21、1.923、1.362；常为浑圆粒状、放射纤维状、结核状、钟乳状板状等；银白色，带白的钢灰色；不透明；金属光泽；无解理；具延展性。反射光下亮白微带黄色；反射率 R=69（绿）、70（橙）、71.5（红）；均质性	D=10.84~11.97 H=4.5~5 电阻 3.10×10^{-8} 熔点 1552℃	不溶于盐酸、硝酸	
	硫铂矿 Cooperite	PtS Pt 85.89，S 14.11	X = 3.03、1.510、1.918；晶体呈柱状、不规则粒状；钢灰色；金属光泽；不透明。反射光下灰带浅黄褐；弱非均质性；反射率 R=37.0~42.4	D=9.5 H=5.5	不被王水分解。盐酸、硫酸、硝酸中无反应	
	铱锇矿 Syserstkite	$(Os_{0.5\sim0.8}Ir_{0.2\sim0.5})$ 探针分析：Os 41.8~86.5，Ir 12.3~48.9，Ru 0~8.9	X=2.345、2.146、2.060、1.582、1.226、1.149；六方板状、不规则碎屑状；钢灰色、银白色或锡白色；金属光泽；解理完全。反射光下灰白色；强非均质性；双反射明显；反射率 R=60.1~63.3（绿）、62.6~63.4（橙）、56.2~58.3（红）	D=20~22.5 H=5.8~7.6， HV=806~1600 χ=(−0.81~0.58) 介电 81 电阻 10^{-10}~10^{-2}	盐酸、硫酸、硝酸中无反应	

续表 2-5-1

类别	矿 物	化学式、主要成分/%	鉴 定 特 征	物理性质	化 学 性 质	物 相
铂族矿物	承铂矿 Chengbolite	$PtTe_2$ Pt 43.31，Te 56.69	X=2.896、2.086、1.560、1.096；细长条状或浑圆三角形；银灰色；强金属光泽。反射光下亮白色微带黄；多色性微弱；非均质性明显；反射率 $R=51.6$（绿）、42.9（橙）、42.1（红）	$D>10$ HV=142	矿物细粒在王水中加热可溶解	
	硫锇矿 Erlichmanite	OsS_2 Os 74.8，S 25.2	X = 3.24、2.810、1.987、1.694、0.787、0.780；粒状；无磁性	$D=9.59$ H=7～7.5 HV=1358～1786	不溶于水，不溶于盐酸。780～800℃下过氧化钠可熔融	
稀土矿物	独居石 Monazite	$(Ce,La,\cdots)[PO_4]$ Ce_2O_3 20～30，$(La,Nd)_2O_3$ 30～40，P_2O_5 22～31.5	X=3.09、2.87、3.30；晶体柱状、板状；棕红色、黄色带绿色调、有时呈黄绿色；油脂光泽～玻璃光泽；透明至半透明；性脆；弱磁性。薄片中黄褐～无色，二轴晶（+）；$2V=11°～15°$。$N_g=1.840～1.850$，$N_m=1.780～1.791$，$N_p=1.780～1.790$；具微弱多色性	$D=4.9～5.5$ H=5～5.5 $\chi=18.61$、11.32 吸热 350℃、880℃	独居石化学性质比较稳定，在高氯酸中溶解时，其溶解率与高氯酸的浓度关系极密切：浓度由 10%～15% 时溶解率逐渐增加；浓度由 15%～20% 时，溶解率反而下降；浓度大于 20%，溶解率又随浓度增加而增大，在浓高氯酸中仅 10min 即完全溶解。硫酸的浓度对独居石的溶解率没有明显的影响，在浓硫酸中溶解完全需要 35min。难溶于盐酸与硝酸，即在浓盐酸和浓硝酸中也溶解不完全	独居石
	氟碳铈矿 Bastnaesite	$(Ce,La)[CO_3](FOH)$ 已知分析值：Ce_2O_3 37.27，La_2O_3 37.62，CO_2 17.31，F 7.01	X 未加热，X=2.865、3.53、2.042、1.297、1.885、1.663；晶体六方柱状、细小板状；黄色、浅绿或褐色；玻璃或油脂光泽；透明到半透明；有时有放射性；弱磁性。透射光下无色或淡黄色；具有弱多色性；一轴晶（+）；$N_e=1.825～1.837$，$N_o=1.723～1.735$	$D=4.72～5.12$ H=4～4.5 HV=520～590 $\chi=11.34$ 吸热 420～600℃	溶于盐酸其溶解率随酸的浓度增加而增加，在高氯酸中溶解时，与高氯酸的浓度有很大关系；实验证明，在 30% 的高氯酸中的溶解率最高；在盐酸、硝酸、高氯酸这三种酸中，较易于溶于高氯酸。将该矿加热到 500℃，即转化为氟氧化物。此氟氧化物更易溶于 10% 的盐酸，借此，可将氟碳酸盐与独居石分离	氟碳酸盐
	磷钇矿 Xenotime	$Y[PO_4]$ Y_2O_3 61.40，P_2O_5 38.60	X=1.749、1.703、3.343；晶体短柱状、等向双锥状，相似于锆石晶体；淡黄、红褐、灰白色，有时呈黄绿色；玻璃光泽至油脂光泽；透明至半透明。一轴晶（+）；具弱多色性；$N_o=1.720$，$N_e=1.827$	$D=4.4～5.1$ H=4.5 $\chi=28.86$ 吸热 120℃、625℃、945℃、970℃、995℃ 放热 370℃、660℃	盐酸不溶。含三氯化铝的盐酸溶液、氢氟酸。溶于硝酸。800℃碳酸钠可熔融	磷酸盐

续表 2-5-1

类别	矿物	化学式、主要成分/%	鉴定特征	物理性质	化学性质	物相
稀有元素矿物	易解石 Aeschynite	(Ce,Th)(Ti,Nb)$_2$O$_6$ ΣCe$_2$O$_3$(15.5 ~ 19.5)，ThO$_2$(11.2 ~ 29.5)，TiO$_2$(1.2 ~ 23.9)，Nb$_2$O$_5$(23.8 ~ 32.5)，Ti：Nd 接近于1：1	X = 3.013、2.938、1.589、1.820、1.695；粒状、板状、针状；棕褐色、黑色，含钍高时紫红色；油脂光泽至金刚光泽。非晶质化为均质体；透射光下呈黑色，不透明。未晶质化在透射光下透明，褐色，多色性显著；二轴晶（±）；N_g = 2.34，N_p = 2.28，$N_g - N_p$ = 0.06。反射光下呈褐灰色，反射率 R = 15 ~ 16；内反射较弱为褐色。自然界产出的易解石结晶质较少。加热到 700 ~ 800℃有一放热峰，变为结晶体质	D = 4.94 ~ 5.37 H = 5.17 ~ 5.49 χ = 16.01	部分溶解于盐酸、硝酸，在浓盐酸中长时间加热可完全溶解；易溶于磷酸、氢氟酸、浓硫酸和含硫酸铵的硫酸中。应该指出，似晶体化深者易溶解；相反，在600℃下灼烧使其重结晶，降低溶解度	易解石
	锂辉石 Spodumene	LiAl[Si$_2$O$_6$] Li$_2$O 8.07，Al$_2$O$_3$ 27.44，SiO$_2$ 64.49	X = 2.914、2.789、4.193、2.450、4.352、3.442、3.185；晶体柱状、针状，集合体叶片状、棒状、放射状；灰白色、无色、灰烟色、灰绿色、玫瑰、淡紫和黄色；玻璃至珍珠光泽；解理完全。透射光下无色；二轴晶（+）；多色性弱；N_g = 1.662 ~ 1.679，N_m = 1.655 ~ 1.669，N_p = 1.648 ~ 1.663，$N_g - N_p$ = 0.014 ~ 0.027；非导体	D = 3.03 ~ 3.22 H = 6.5 ~ 7 χ = 0.21、4.86 介电 8.42 熔点 1380℃ 吸热 1080℃	不溶于盐酸。溶于磷酸	
	锂云母（鳞云母）Lepidolite	K{Li$_{2-x}$Al$_{1+x}$[Al$_{2x}$Si$_{4-2x}$O$_{10}$]F$_2$} 其中 x = 0 ~ 0.5。成分变化较大	X = 9.93、3.33、2.61（1M 型）、10.0、2.58、1.99（2M$_2$ 型）；晶体呈大小不等的鳞片状，常见鳞片状集合体；玫瑰色、浅紫色，有时为白色，含锰时呈桃红色；透明；玻璃光泽；薄片具弹性。透射光下无色，有时呈浅玫瑰色或淡紫色；二轴晶（-），2V = 25° ~ 45°，N_g = 1.556 ~ 1.610，N_m = 1.554 ~ 1.610，N_p = 1.535 ~ 1.570	D = 2.8 ~ 2.9 H = 2 ~ 3 吸热 875 ~ 975℃ 放热 335℃ χ = 1.18、0.82 ~ 2.24 介电 7.36 电阻 $10^{11} \sim 10^{14}$	100 目（0.147mm）样品在浓磷酸中加热到 270℃时经 20min 溶解；与其他作用很弱。与盐酸、硫酸、硝酸不反应	

续表 2-5-1

类别	矿物	化学式、主要成分/%	鉴定特征	物理性质	化学性质	物相
稀有元素矿物	铌铁矿 Columbite	$(Fe^{2+},Mn)Nb_2O_6$ 理论值：Nb_2O_5 78.88，FeO 10.63，MnO 10.49。 与钽铁矿之间呈完全类质同象，故成分变化很大	X=2.970、3.66、1.72；晶体薄板状、厚板状、柱状；集合体不规则粒状、块状、晶族状、放射状；铁黑色至褐黑色；金属光泽至半金属光泽；不透明；性脆；弱至强电磁性。透射光下暗红色暗褐色；半透明至不透明；二轴晶（－）；N_m=2.40，$2V$=70°～85°。反射光下灰白带褐色，内反射褐红，暗樱桃红；弱非均性；反射率 R=15.5～20.95	D=5.37～7.85 H=4.2 HV=240～1021 χ=7.188	在盐酸或高氯酸中难溶；在含硫酸的氢氟酸或高氯酸中可完全溶解；10∶1的盐酸与磷酸的混合酸，对铌铁矿中铁的溶解有一定的选择性，即氧化亚铁的溶解量相对较大。铌铁矿的化学组成，尤其是其中的五氧化二钽的含量对矿物的溶解度影响较大，成分介于铌铁矿与钽铁矿之间的矿物，由于其稳定性较差，因而溶解度最大	铌钽铁矿
	钽铁矿 Tantalite	$(Fe^{2+},Mn)Ta_2O_6$ 理论值：Ta_2O_5 86.12，FeO 6.98，MnO 6.90。与铌铁矿之间呈完全类质同象，故成分变化很大	X=2.970、3.66、1.72；晶体板状、厚板状、柱状；集合体不规则粒状、块状、晶族状、放射状；金属光泽至半金属光泽；不透明；性脆；弱至强电磁性。透射光下暗红色至黑色，多色性弱；二轴晶（＋）。$2V$=65°～72°。N_g=2.43，N_m=2.32，N_p=2.26，重折率0.17。反射光下灰白带红褐；内反射红褐；反射率 R=16.15～19.00	D=8.175（最大） H=6	在盐酸或高氯酸中难溶；在含硫酸的氢氟酸或高氯酸中可完全溶解；10∶1的盐酸与磷酸的混合酸，对铌铁矿中铁的溶解有一定的选择性，即氧化亚铁的溶解量相对较大。铌铁矿的化学组成，尤其是其中的五氧化二钽的含量对矿物的溶解度影响较大，成分介于铌铁矿与钽铁矿之间的矿物，由于其稳定性较差，因而溶解度最大	铌钽铁矿
	烧绿石 Pyrochlore	$(Ca,Na)_2Nb_2O_6(OH,F)$ Na_2O 8.52，CaO 15.41，Nb_2O_5 73.05，F 5.22	X=3.01、1.834、1.563；晶体呈八面体、立方体、菱形十二面体，集合体为不规则粒状；暗棕色、浅红棕色、黄绿色、非晶质化后颜色变深；金刚光泽到油脂光泽；半透明。透射光下呈浅黄、浅红色、无色，均质性，有时具弱非均质。N=1.96～2.27。反射光下呈浅褐、黄、浅黄绿色；反射率 R=8.2～13.7	D=4.03～5.40 H=5～5.5 HV=538～663 χ=0.262（平均） 电阻 10^7～10^{12}	不溶于水；不溶于盐酸、硝酸，溶于硫酸。干燥氢氧化钠酒精喷灯温度条件下可熔	烧绿石

续表2-5-1

类别	矿 物	化学式、主要成分/%	鉴 定 特 征	物理性质	化 学 性 质	物 相
稀有元素矿物	重钽铁矿 Tapiolite	$FeTa_2O_6$ FeO 13.99，Ta_2O_5 86.01	X=1.74、3.33、2.56、4.55；柱状或粒状，褐黑至黑色，碎片红褐色；强金刚光泽至金属光泽；不透明；无解理；性脆；无磁性。透射光下浅黄、红黑、黑色；强多色性；一轴晶（+）。N_o=2.27~2.30，N_e=2.42~2.45。N_e-N_o=0.15。反射光下浅灰白-浅蓝灰色；内反射红褐、褐色；反射率R_o=15.10，R_e=17.55	D=7.36~7.85 H=6 无明显吸热和放热反应	溶于氢氟酸，在其他酸中几乎不溶	铌钽铁矿
	细晶石 Microlite	$(Ca,Na)_2(Ta,Nb)_2O_6(O,OH,F)$ CaO 10.43，Na_2O 5.76，Ta_2O_5 82.14，H_2O 1.67	X=2.98、1.83、1.563；晶体呈八面体、菱形十二面体、四角三八面体，不规则粒状集合体；浅黄、黄褐色，少量呈橄榄绿色；玻璃-油脂光泽。透射光下无色或带浅黄色、浅绿色；透明；N=1.93~2.023。反射光下呈褐、黄或浅黄绿色；反射率R=8.2~13.7	D=5.9~6.4 H=5~6 HV=656~753 吸热200℃± 放热500~540℃	不溶于水；不溶于盐酸、硝酸，溶于硫酸。干燥氢氧化钠酒精喷灯温度条件下可熔	烧绿石
	绿柱石 Beryl	$Be_3Al_2[Si_6O_{18}]$ BeO 14.1，Al_2O_3 19，SiO_2 66.9	X=2.867、3.254、7.98；晶体呈六方柱状，也常见长柱状、短柱状或板状。纯绿柱石无色透明，混入杂质后显不同色调，常见的有绿、黄绿、粉红色、深鲜绿色；玻璃光泽；透明至半透明。透射光下无色；透明；一轴晶（-）；N_o=1.566~1.602，N_e=1.562~1.594	D=2.6~2.9 H=7.5~8 χ=1.902 介电1.573 放热1150℃（很小）	在无机酸中非常稳定，无论是在盐酸中或是在硫酸中均不溶解；甚至在氢氟酸中也很难将其完全溶解；300目（0.05mm）样品在浓磷酸中于300℃下经40min不溶解	
	日光榴石 Helvine	$Mn_4[BeSiO_4]_3S$ 理论值：MnO 51.12，BeO 13.52，SiO_2 32.47，S 5.78	X=3.75、3.40、2.62、2.22、1.95、1.129；晶体呈四面体、三角三四面体或球状块体；黄色、黄褐色，少数为绿色；玻璃光泽或松脂光泽。透射光下淡黄、淡褐至无色，均质体。N=1.728~1.749	D=3.20~3.44 H=6~6.5	矿物粉末用盐酸或磷酸加热溶解，可放出H_2S气体。易溶于无机酸；在盐酸中分解生成硫化氢气体，并有胶状硅胶析出；在硝酸和硫酸中溶解时生成硝酸铵和硫酸铵，并有单体硫析出	

续表 2-5-1

类别	矿物	化学式、主要成分/%	鉴定特征	物理性质	化学性质	物相
稀有元素矿物	锆石 Zircon	$Zr[SiO_4]$ ZrO_2 67.01，SiO_2 32.99	X = 3.30、1.711、2.516、4.43、3.63、1.648；晶体为四方双锥和柱体的聚形，也见柱状、板柱状、双锥状；无色、淡黄色、黄褐色、紫红色、淡红色、蓝色、绿色等；玻璃至金刚光泽；透明到半透明；性脆。透射光下无色至淡黄色；多色性很弱；一轴晶（+）；$2V = 0° \sim 10°$；色散强；$N_o = 1.91 \sim 1.96$（均质体为 1.60～1.83），$N_e = 1.957 \sim 2.04$，$N_e - N_o = 0.053 \sim 0.08$	$D = 4.4 \sim 4.8$ H = 7.5～8 $\chi = 0.12$（平均） 介电 1.609 高频 8.59～12.0	在热的浓硫酸中溶解很弱；在浓磷酸中加热到 300℃，经 40min 不溶解。不溶于硝酸、盐酸	
放射性元素矿物	钍石 Thorite	$Th[SiO_4]$ ThO_2 81.5，SiO_2 18.5	X 未加热，X = 4.67、3.57、2.644、1.835、2.222。加热至 850℃ 2h：X = 4.73、3.54、2.67、2.218、1.82。加热至 900℃ 2h：X = 4.69、3.53、2.669、1.825、2.21、2.018、1.179、1.825、2.21。晶体呈四方双锥或复四方双锥与四方柱的聚形，常见柱状、粒状、致密块状等；黑色、褐色、黄色等；半透明；玻璃光泽至油脂光泽；具强放射性。透射光下黄褐色、红褐色、棕黄至橘黄；一轴晶（-），$N_o = 1.80$；蚀变而成均质 $N_o = 1.68 \sim 1.72$；有时显波状消光；常呈均质体或部分为非均质体	$D = 4.4 \sim 5.4$ H = 5 $\chi = 4.17$ 吸热 180℃、370℃、410℃ 放热 570℃、870℃	不溶于水；盐酸中溶解。硝酸、硫酸中缓溶 与金属钠金属钾反应	
	晶质铀矿 Uraninite	$U_m^{4+}U_n^{6+}O_{2m+3n}$ 含 U 55%～64%，并常含 Th、Ra、TR 等元素。Pb 和 He 是 U 蜕变后的产物	X = 3.163、1.934、1.654、1.255、1.224、1.117；晶体较小，粒状、钟乳状或土或土状集合体；黑色、灰黑色、褐黑色或绿黑色、棕色；碎片通常不透明，有时透光呈暗褐色；新鲜断口呈强树脂光泽；性脆；具强放射性和弱电磁性。透射光下黑色，不透明或微透明；折射率很高。反射光下灰色带淡棕色调；无双反射；均质；反射率 $R = 14 \sim 19$	$D = 10.36 \sim 10.96$ H = 6～7 吸热 200℃左右 放热 570～750℃ 熔点 2827℃（M. P）	溶于硝酸成黄色液体。加氢氧化铵后生成黄色铀酸铵 $(NH_4)_2UO_4$ 沉淀。溶于王水	

续表 2-5-1

类别	矿物	化学式、主要成分/%	鉴定特征	物理性质	化学性质	物相
碳质矿物	石墨 Graphite	C 成分纯净者极少，往往含各种杂质	X = 3.692、3.352、1.675、1.230、1.1543；六方板状，鳞片状等；铁黑至钢灰色；金属光泽；具良好导电性。在透射光下不透明，极薄片能透光，呈浅绿灰色；一轴晶（-）；折射率为1.93~2.07。反射光下浅棕灰色；反射多色性明显；双反射显著；非均质性强；偏光色为稻草黄色；反射率 R_o = 23（红）、R_e = 5.5（红）。隐晶集合体呈土状者光泽暗淡，不透明	D = 2.09 ~ 2.23 H = 1 ~ 2	在常温下是化学性质稳定的元素，遇酸无变化。在加热的情况下，溶于氯酸钾和发烟硝酸中，非结晶状的石墨作用更易。在300℃时，在浓磷酸中经30min不溶解	
	金刚石 Diamond	C 经常含有硅、铝、钙、镁、锰、钛、铬、氮等杂质	等轴系，晶体呈八面体，菱形十二面体，立方体最少见，也见多面体结晶；粒状；无解理；白、黄、淡黄、淡蓝、淡棕；金刚～油脂光泽；透明或部分不透明。薄片中无色，强色散，常见异常干涉色	D = 3.52 H = 10 介电 4.58 电阻 2.7	不溶于盐酸、硫酸、硝酸	
硅质矿物	石英 Quartz	SiO_2 Si 46.7，O 53.3	X = 4.25、3.343、2.456、2.281、2.236；晶体常呈柱状、少量板状；常呈晶簇和粒状集合体；肾状、钟乳状隐晶质者为石髓；呈结核状石髓为燧石；无色、乳白色。无色透明者称为水晶，紫色者为紫水晶；玻璃光泽；无解理。透射光下无色透明；一轴晶（+）；N_o = 1.544，N_e = 1.553，$N_e - N_o$ = 0.009。石英的电学、热学和某些力学性质具有明显的异向性。石英具有压电性，应用很广	D = 2.65 H = 7 χ = -0.41 ~ 0.53 介电 6.53 高频 4.19 ~ 5.00 熔点 1713℃(M.P) 相变 573℃为β相，870 ~ 1470℃为鳞石英	在常温常压下盐酸、硝酸和硫酸对石英不起作用。在室温下唯一的溶剂是氢氟酸。300目（0.05mm）的石英粉，在浓磷酸中加热到300℃时基本不溶（40min），而在此条件下绝大多数硅酸盐矿物和其他矿物可完全溶解。石英粉末与碱煮沸，随着所用碱的种类和浓度不同，将有不同程度的溶解，如加15%的苛性钾煮沸32h，石英可完全溶解	游离 SiO_2

续表 2-5-1

类别	矿 物	化学式、主要成分/%	鉴 定 特 征	物理性质	化 学 性 质	物 相
钾质矿物	正长石 Ortholclase	K[$AlSi_3O_8$] K_2O 16.9，Al_2O_3 18.4，SiO_2 64.7	X = 3.18、4.12、3.80；晶体短柱状、厚板状，集合体粒状、块状或隐晶致密状；肉红色、黄褐色及浅红黄；透明度差；玻璃光泽至珍珠光泽；性脆。二轴晶（－）；光轴角变化范围大。N_g = 1.524 ~ 1.533，N_m = 1.523 ~ 1.530，N_p = 1.519 ~ 1.526，$N_g - N_p$ = 0.006 ~ 0.007	D = 2.55 ~ 2.63 H = 6 ~ 6.5 χ = −0.33 介电 6.20 熔点 1170℃(M.P)	与苛性钾浓溶液煮沸时，分解成溶于水的碱式硅酸盐和不溶于水而溶于酸的铝硅酸钾。在酸中（除氢氟酸外）不溶解	硅酸盐
	白云母 Muscovite	KAl_2[$AlSi_3O_{10}$]$(OH)_2$ K_2O 11.8，Al_2O_3 38.5，SiO_2 45.2，H_2O 4.5	X = 3.32、9.95、2.57、（2M 型）；X = 9.97、3.33、4.99（3T 型）。晶体呈斜方或假六方板状、叶片状，集合体叶片状、粒状鳞片状；无色或浅黄、灰、浅绿、红色、棕褐色；透明至半透明；玻璃光泽；薄片具弹性。透射光下无色，有时带淡绿或浅褐色；二轴晶（－）；$2V$ = 35° ~ 50°；N_g = 1.588 ~ 1.615，N_m = 1.582 ~ 1.611，N_p = 1.552 ~ 1.572。3T 白云母为一轴晶	D = 2.76 ~ 3.1 H = 2 ~ 3 吸热小于 200℃、800 ~ 900℃ χ = 2.93 介电 10 高频 6.19 ~ 8.00	在氢氟酸中溶解；100 目（0.147mm）样品在浓磷酸中加热到 270℃时经 20min 即溶解。煮沸的盐酸和硫酸对白云母的作用很弱	硅酸盐
	黑云母 Biotite	K(Mg, Fe)$_3$[$AlSi_3O_{10}$]$(OH)_2$ 组分不定，与金云母在化学组成上的主要不同点是含 Fe 较高，含 Mg 相对低一些	X = 10.0、3.34、2.63、1.541；晶体假六方板状、叠层柱状，集合体叶片状、鳞片状；黑色、深褐色，有时带浅红、浅绿；透明至不透明；玻璃光泽；薄片具弹性。透射光下呈黄、褐或绿色；二轴晶（－）；$2V$ = 0° ~ 25°；N_g = 1.620 ~ 1.677，N_m = 1.620 ~ 1.676，N_p = 1.573 ~ 1.623。折射率随铁含量增加而增大；多色性强	D = 3.02 ~ 3.12 H = 2 ~ 3 χ = 54.24 介电 9.28 高频 6.19 ~ 9.30 电阻 $10^7 \sim 10^{12}$	溶于稀硫酸、稀硝酸、含二氯化锡的盐酸、含硫酸铜的稀硫酸-氢氟酸。少量溶于溴水。部分溶于甲酸溶液、高氯酸溶液。不溶于醋酸、醋酸-过氧化氢，10% 的中性三氯化铝、含 0.25g 菲罗啉的 10% 氯化铵溶液（pH 值为 4.5 ~ 4.8）	硅酸盐

续表 2-5-1

类别	矿物	化学式、主要成分/%	鉴定特征	物理性质	化学性质	物相
钙质矿物	方解石 Caleite	$CaCO_3$ CaO 56.03，CO_2 43.97	X = 3.03、1.910、1.873、2.28、1.60；晶体呈片状、板状、菱面体、偏三角面体状，集合体纤维状、粒状、致密块状、钟乳状、鲕状等；无色或白色；有时被 Fe、Mn、Cu 等元素染成浅黄、浅红、紫、褐黑等各种颜色。透射光下无色，一轴晶（-）；N_e = 1.4864，N_o = 1.6584；重折率高。反射光下灰色；反射率低（R = 4% ~ 6%）；内反射无色	D = 2.6 ~ 2.9 H = 2.5 ~ 3.75 χ = 1.52 介电 69.0 ~ 75.2 电阻 107 ~ 1012 吸热 990℃、920℃、940℃。750℃开始分解	在稀无机酸及某些有机酸中很容易溶解	碳酸盐
	白云石 Dolonite	$CaMg(CO_3)_2$ CaO 30.41，MgO 21.86，CO_2 47.33	X = 2.80、1.77、1.76、2.15、1.055；晶体呈菱面体、柱状、板状，集合体粒状、多孔状肾状、致密块状；纯者白色，含铁则呈灰色至暗褐色；玻璃光泽；解理面常弯曲。透射光下无色；一轴晶（-）；具有很大的重折率	D = 2.8 ~ 2.9 H = 3.5 ~ 4 吸热 780℃、920℃ 放热 730℃、860℃ 介电 60.1 ~ 70.7 电阻 1012 ~ 1014	缓慢溶于醋酸和柠檬酸中；在加热的情况下可完全溶于盐酸。100 目（0.147mm）的样品在100℃下10%的磷酸中经5min即溶解。易溶于硝酸、硫酸	碳酸盐
磷质矿物	磷灰石 Apatite	$Ca_5(PO_4)_3(F,Cl,OH)$ CaO 55.38，P_2O_5 42.06，H_2O 0.56，F 1.25，Cl 2.33，其中 F、Cl、OH 以等比计算	X = 2.80、2.70、1.77、3.44（氟磷灰石）；X = 2.81、2.72、2.78（羟磷灰石）。晶体六方柱状、厚板状，集合体粒状、结核状、块状等；无色、白色、浅绿、黄绿、褐红、浅紫色；玻璃光泽。透射光下无色；一轴晶（-）。氟磷灰石 N_o = 1.633，N_e = 1.629；羟磷灰石 N_o = 1.651，N_e = 1.647。各种磷灰石的折射率、重折率同附加阴离子成分有关	D = 3.18 ~ 3.21 H = 5 χ = 0.53 介电 5.72 吸热 390℃ 放热 510℃	易溶于盐酸、硝酸、硫酸；在加热时溶解于浓度大于10%的醋酸；溶于醋酸-过氧化氢	磷酸盐
镁质矿物	橄榄石 Olivine	$(Mg,Fe)_2[SiO_4]$ 化学组成中镁、铁间为一完全类质同象，规定为一种矿物	X（镁橄榄石）= 3.875、2.441、2.250、1.741、1.475、1.347。X（铁橄榄石）= 3.71、2.85、2.03、1.755、1.508、1.383。柱状、短柱状或厚板状，常呈粒状集合体；无色、黄绿、橄榄绿色、绿色至绿黑色；玻璃光泽；透明至半透明。透射光下无色、浅绿、绿色；含铁多者多色性中等到明显；二轴晶（±）；$2V$ = 82° ~ 134°；N_g = 1.669 ~ 1.879，N_m = 1.651 ~ 1.869，N_p = 1.636 ~ 1.827，$N_g - N_p$ = 0.033 ~ 0.052	D = 3.2 ~ 4.4 H = 6.5 ~ 7	溶于盐酸（含铁高的样品比含铁低的样品易溶解），在酸中溶解时形成胶状的硅胶；100 目（0.147mm）的样品在浓磷酸中加热至250℃时，经10min即溶解；还可溶于含二氯化锡的盐酸（或氢溴酸）和含硫酸铜的稀硫酸-氢氟酸；在甲酸中溶解一半以上。不溶于醋酸、醋酸-过氧化氢、饱和溴水	硅酸盐

续表 2-5-1

类别	矿物	化学式、主要成分/%	鉴定特征	物理性质	化学性质	物相
镁质矿物	叶蛇纹石 Antigorite	$Mg_6[Si_4O_{10}](OH)_8$ MgO 43，SiO_2 44.1，H_2O 12.9 根据成分变化分为：铁叶蛇纹石、锰叶蛇纹石、镍叶蛇纹石、铝叶蛇纹石、铬叶蛇纹石和氟叶蛇纹石	X = 7.43、4.622、3.690、2.522、2.176；叶片状、粒状集合体；黄绿色至绿色，淡黄色至无色；油脂或蜡状光泽。透射光下多为板条形的叶片状；二轴晶（-）；$2V$ = 37° ~ 61°；N_g = 1.562 ~ 1.574，N_m = 1.565，N_p = 1.558 ~ 1.567，$N_g - N_p$ = 0.004 ~ 0.007	D = 2.60 ~ 2.70 H = 3 ~ 3.5 HV = 31.47 ~ 143.6 χ = 15.79 介电 11.84	被酸分解（纤维蛇纹石特别容易）。组成为 $H_4Mg_3Si_2O_9$ 的蛇纹石，其100目（0.147mm）样品在85%磷酸中加热到250℃时，经10min溶解；可溶于含二氯化锡的盐酸、3∶2的盐酸、硫酸-氢氟酸。还可溶于盐酸-氟氢化铵的溶液中。不溶于醋酸、醋酸-过氧化氢、含0.25g菲罗啉的10%氯化铵溶液 组成为 $Mg_6[Si_4O_{10}](OH)_8$ 的蛇纹石，在以沸盐酸或硫酸处理时，氧化镁溶解，如有氧化铁也溶解；残留的硅酸溶于煮沸的碳酸钠溶液	硅酸盐
	纤蛇纹石 Chrysotile	$Mg_6[Si_4O_{10}](OH)_8$ MgO 43，SiO_2 44.1，H_2O 12.9 根据其成分变化分为：铁纤蛇纹石、锰纤蛇纹石、镍纤蛇纹石、铝纤蛇纹石和铬纤蛇纹石	X = 7.25、3.604、1.537；显晶质或隐晶质，显晶质呈纤维状或纤维束状集合体；白色、淡绿色、绿色、黄色、有时淡红色、褐色；丝绢光泽。透射光下淡绿，淡黄或无色；二轴晶（+）；$2V$ = 30° ~ 35°；N_g = 1.555，N_m = 1.543，N_p = 1.542；$N_g - N_p$ = 0.013	D = 2.36 ~ 2.5 H = 2 ~ 3		硅酸盐
	利蛇纹石 Lizardite	$Mg_6[Si_4O_{10}](OH)_8$ MgO 43，SiO_2 44.1，H_2O 12.9	X = 7.31、4.529、3.660、2.565、2.141、1.530；鳞片状、粒状集合体；绿黄色。透射光下呈细小鳞片状；无色；无多色性；二轴晶（-）；$2V$ 小；$N_g = N_m$ = 1.555，N_p = 1.545；平均折射率 N = 1.54 ~ 1.55	D = 2.513 H = 2		硅酸盐
	滑石 Talc	$Mg_3[Si_4O_{10}](OH)_2$ Mg 31.72，SiO_2 63.12，H_2O 4.76	X = 9.25、3.104、1.525、4.64、2.471、1.383；常见叶片状、鳞片状集合体，有时为致密状，少数为纤维状集合体；白色或微带浅黄，粉红、浅绿的白色；玻璃光泽，具珍珠变彩；解理薄片具挠性；致密块状呈暗淡光泽；有良好的绝缘性、耐热、耐酸性。透射光下无色；二轴晶（-）；$2V$ = 0° ~ 30°；N_g = 1.580 ~ 1.600，N_m = 1.580 ~ 1.594，N_p = 1.530 ~ 1.550；$N_g - N_p$ ≈ 0.05	D = 2.58 ~ 2.83 H = 1 χ = 14.60 介电 9.41 吸热 950℃、999℃，940℃	100目（0.147mm）的样品在浓磷酸中于270℃下经20min溶解。不溶于其他酸	硅酸盐

续表 2-5-1

类别	矿 物	化学式、主要成分/%	鉴 定 特 征	物理性质	化 学 性 质	物 相
镁铁质矿物	铁绿泥石（蠕绿泥石）Ripidolite	$(Mg, Fe, Al)_3(OH)_6\{(Mg, Fe, Al)_3[Si, Al]_4O_{10}(OH)_2\}$ 化学分析：SiO_2 26.45，Al_2O_3 20.88，FeO21.06，Fe_2O_3 2.82，MgO16.84，H_2O 11.09	$X=7.07$、14.1、3.54；假六方板状，集合体呈块状、粒状及鳞片状；绿色、黑绿色或灰绿色，透明至半透明；玻璃光泽；解理片具挠性。透射光下黄绿色；有多色性；二轴晶（+）；$2V=0°$；$N_g=1.621\sim1.655$，$N_m=1.618\sim1.646$，$N_p=1.618\sim1.646$	$D=2.88\sim3.08$ $H=2\sim3$ 吸热105℃、605℃、829℃ 放热760℃、870℃	易溶于浓无机酸，富含Fe的绿泥石还易溶于稀无机酸；可溶于20%氟化铵-3%盐酸。少量溶于饱和溴水、含10%盐酸的饱和三氯化铝和氯化镁溶液。部分溶于酒石酸-亚硝酸钠溶液、20%醋酸、稀高氯酸以及0.5%盐酸。不溶于含0.25g菲罗啉的10%氯化铵溶液。在含少量盐酸的三氯化铝中以及甲酸溶液中基本不溶解	硅酸盐
	普通辉石 Augite	$(Ca, Mg, Fe^{2+}, Fe^{3+}, Ti, Al)_2[(Si, Al)_2O_6]$ 含 $CaSiO_3$ 组分25%~45%，含 $MgSiO_3$ 组分10%~65%，含 $FeSiO_3$ 组分10%~65%	$X=2.99$、1.62、1.43、2.56；晶体短柱状，集合体粒状；灰褐、褐、紫褐、绿黑色；玻璃光泽。透射光下无色、浅褐、浅紫褐到浅绿褐色；二轴晶（+）；$2V=25°\sim60°$；$N_g=1.694\sim1.772$，$N_m=1.672\sim1.750$，$N_p=1.670\sim1.743$；$N_g-N_p=0.018\sim0.033$；多色性弱到中等	$D=3.23\sim3.52$ $H=5.5\sim6$	酸对辉石实际上不作用，但锥辉石、钝钠辉石除外，这两种辉石被浓盐酸和硫酸缓慢地分解；在氢氟酸-硫酸的混合酸中分解很快；在0.5%的高氯酸中小部分溶解；部分溶于含EDTA为1∶3的磷酸	硅酸盐
	角闪石 Hornblende	$Ca_2(MgFe^{2+})_4Al[Si_7AlO_{22}](OH)_2$ 是一个组分极为复杂的矿物，这是由于类质同象置换关系复杂多样而造成的	$X=2.70$、3.09、3.38；晶体柱状、细柱状，粒状集合体；深绿色到绿黑色；半透明；玻璃光泽。透射光下浅绿、绿、浅黄褐色；具明显多色性；二轴晶（－）；$2V\approx60°\sim86°$；$N_g\approx1.632\sim1.730$，$N_m\approx1.618\sim1.714$，$N_p\approx1.610\sim1.705$	$D=3.03\sim3.27$ $H=5\sim6$	100目（0.147mm）样品在85%磷酸中加热到270℃时，经20min全部溶解；溶于含硫酸铜的硫酸-氢氟酸中；少量溶解在含二氯化锡的盐酸以及3∶2的盐酸。不溶于醋酸、醋酸-过氧化氢、饱和溴水、含二氯化锡的氢溴酸。在650℃下不被氢还原	硅酸盐
	斜绿泥石 Clinochlore	$(Mg, Fe, Al)_3(OH)_6\{(Mg, Fe^{2+}, Al)_3[Si, Al]_4O_{10}(OH)_2\}$ 化学分析：SiO_2 28.73，Al_2O_3 22.48，FeO 12.06，Fe_2O_3 0.06，MgO 24.32，H_2O 12.53	$X=7.12$、3.56、2.55、14.3；晶体六方板状，块状或粒状，土状集合体，少数呈桶状；无色、浅黄、浅绿到深绿，随成分中铁含量增加而颜色加深；玻璃光泽到土状光泽；透明；解理片具挠性。透射光下浅绿至黄绿色；二轴晶（+）；$2V\approx0°\sim14°$；$N_g\approx1.575\sim1.594$，$N_m\approx1.572\sim1.594$，$N_p\approx1.572\sim1.584$	$D=2.60\sim2.78$ $H=2\sim2.5$ 吸热160℃、645℃、900℃ 放热955℃	容易为强酸所分解；某些绿泥石被硫酸完全分解；盐酸对原绿泥石作用很弱，对灼烧过的绿泥石作用很强。100目（0.147mm）的样品在85%的磷酸中于270℃下经20min可完全溶解	硅酸盐

①据系统矿物学中册P398。
②据系统矿物学下册P127。

参考文献

[1]《选矿手册》编委会．选矿手册(第一卷)[M]．北京：冶金工业出版社，1991.

[2] 王璞，等．系统矿物学（上、中、下)[M]．北京：地质出版社，1982.

[3] 中国地质科学院地质矿产研究所．金属矿物显微镜鉴定[M]．北京：地质出版社，1978.

[4] 中国地质科学院地质矿产研究所．透明矿物显微镜鉴定[M]．北京：地质出版社，1977.

[5] 常丽华，等．透明矿物薄片鉴定手册[M]．北京：地质出版社，2006.

[6] 南京大学地质学系矿物岩石学教研室．结晶学与矿物学[M]．北京：地质出版社，1978.

[7] 北京矿冶研究院．化学物相分析[M]．北京：冶金工业出版社，1979.

[8]《有色金属工业分析丛书》编辑委员会．矿石和工业产品化学物相分析[M]．北京：冶金工业出版社，1992.

[9] 张志雄，等．矿石学[M]．北京：冶金工业出版社，1981.

[10] 许时．矿石可选性研究（修订版)[M]．北京：冶金工业出版社，1989.

[11] 包相臣．矿相学教程[M]．成都：成都科技大学出版社，1993.

[12] 耿建民．岩矿制片和制样技术[M]．北京：科学出版社，1982.

[13] 杜一平．现代仪器分析方法[M]．上海：华东理工大学出版社，2008.

[14] 刘世宏，等．X 射线光电子能谱分析[M]．北京：科学出版社，1988.

[15] 张振儒，等．近代岩矿测试新技术[M]．长沙：中南工业大学出版社，1987.

[16]《矿山地质手册》编委会．矿山地质手册[M]．北京：冶金工业出版社，1995.

[17] 周乐光．工艺矿物学[M]．北京：冶金工业出版社，2002.

[18] 任允芙．冶金工艺矿物学[M]．北京：冶金工业出版社，1996.

[19] 黄德志，戴塔根，胡斌，等．显微金赋存状态的质子探针分析[J]．地质地球化学，2002(3).

[20] 方明山，肖仪武，童捷矢．MLA 在铅锌氧化矿物解离度及粒度测定中的应用[J]．有色金属（选矿部分)，2012(3).

[21] 杨晓勇，王奎仁，戴小平，等．质子探针分析方法研究矿石中微细粒金的赋存状态——以皖中沙溪斑岩铜（金）矿床为例[J]．高校地质学报，1998(1).

[22] 王昭宏．激光显微发射光谱岩矿分析法[M]．北京：科学出版社，1990.

[23] 肖仪武．工艺矿物学新进展[C]//彭觥．当代矿山地质地球物理新进展．长沙：中南大学出版社，2004.

[24] 贾木欣．国外工艺矿物学进展和发展趋势[J]．矿冶，2007(2).

[25] 红钢．河南铝土矿工艺矿物学研究[J]．轻金属，2001(11).

[26] 方明山，肖仪武，童捷矢．山东某金矿中金的赋存状态研究[J]．矿冶，2012(3).

[27] 傅贻谟．凡口铅锌矿选矿厂生产流程的工艺矿物学评价[J]．矿冶，2002(4).

[28] 刘岁林，田云飞，陈红．原子力显微镜原理及应用技术[J]．现代仪器，2006(6).

[29] 斯米尔诺夫．矿化硫床氧化带[M]．地质部编译出版室译．北京：地质出版社，1955.

[30] 韦东．鄂西高磷鲕状赤铁矿提铁降杂技术研究[J]．现代矿业，2011(5).

[31] 陈懋弘，毛景文，陈振宇，等．滇黔桂“金三角”卡林型金矿含砷黄铁矿和毒砂的矿物学研究[J]．矿床地质，2009，28(5).

[32] 华曙光，王力娟，贾晓芳，等．陕西镇安丘岭卡林型金矿金的赋存状态和富集机理[J]．地球科学，2012，37(5).

[33] 曹晓峰，Mohamed Lamine Salifou Sanogo，吕新彪，等．甘肃枣子沟金矿床成矿过程分析——来自矿床地质特征、金的赋存状态及稳定同位素证据[J]．吉林大学学报（地球科学版），2012，42(4).

[34] 孙振亚，刘永康．卡林型金矿超显微金的分析电镜研究[J]．电子显微学报，1993(2).

[35] 贺春明，刘启生．上房沟矿区高滑石型钼铁矿石选矿工艺探讨[J]．中国矿山工程，2006，35(1).

[36] 梅光军，余军，葛英勇，等．降低包头铁精矿钾、钠含量的浮选试验研究[J]．金属矿山，2006(2).

第3章 破碎与筛分

3.1 矿石粉碎的理论基础

用外力克服固体物料质点间的内聚力而使大块物料变化成小块的过程称为粉碎。在选矿厂，按照粉碎力的作用形式及产物粒度的不同通常将粉碎过程分为破碎及磨碎。粉碎力主要是压碎，粉碎产物粒度大于5mm时称为破碎；粉碎力主要是磨剥、冲击，粉碎产物粒度小于5mm时称为磨碎。

3.1.1 破碎过程的技术指标

破碎过程的技术指标主要包括破碎比和破碎效率。

3.1.1.1 *破碎比*

破碎比是给料粒度与产物粒度的比值，常用字母 i 表示。根据具体的计算方法，破碎比又可细分为极限破碎比 $i_{极限}$、名义破碎比 $i_{名义}$ 和真实破碎比 $i_{真实}$。

（1）极限破碎比 $i_{极限}$ 用物料破碎前后的最大粒度 $D_{最大}$ 和 $d_{最大}$ 计算出来的破碎比称为极限破碎比，亦即：

$$i_{极限} = D_{最大}/d_{最大} \tag{3-1-1}$$

物料的最大粒度由95%的物料通过筛子的正方形筛孔的边长表示。物料的最大粒度可以从累积产率粒度特性曲线中得到。在进行破碎工艺设计时常常采用极限破碎比。

（2）名义破碎比 $i_{名义}$ 用破碎机给料口的有效宽度（$0.85b$）和排料口宽度 $b_{排}$ 计算出来的破碎比称为名义破碎比，亦即：

$$i_{名义} = 0.85b/b_{排} \tag{3-1-2}$$

给入破碎机的最大块颗粒直径应当比给矿口宽度 b 小15%才能被破碎机啮住。粗碎机的排矿口取最大宽度，中、细碎破碎机取最小宽度。在进行破碎机负荷的近似计算时常采用名义破碎比。

（3）真实破碎比 $i_{真实}$ 用给料平均粒度 $D_{平均}$ 和产物平均粒度 $d_{平均}$ 计算出来的破碎比称为真实破碎比，亦即：

$$i_{真实} = D_{平均}/d_{平均} \tag{3-1-3}$$

由于计算真实破碎比用的平均粒度是各级别的统计平均值，比较真实地反映了破碎过程的破碎程度，故在试验研究工作中常采用真实破碎比。

由于采矿方法、运输条件及选矿厂规模的不同，送到选矿厂的原料粒度也不同。目前井下开采的矿石最大粒度为200～600mm，露天开采的矿石最大粒度则为1200～

1500mm。选别作业所要求的入选粒度很细，通常在0.3mm以下。目前所用的破碎和磨碎设备，由于结构上的原因，所能处理物料的给料粒度和产品粒度都有一定范围，要把从矿山开采出来的粒度为几百毫米，甚至上千毫米的料块，靠一台设备一次粉碎到选别所需要的粒度是不可能的，必须通过若干台不同类型的破碎和磨碎设备，分段进行处理。在选矿厂中“段”是根据所处理物料的给料和产品的粒度来划分的。一般分为两个大的阶段，即破碎阶段和磨碎阶段（统称为粉碎段）。对磨碎段用自磨（半自磨）的粉碎工艺，其破碎通常采用一段；对磨碎段采用常规磨矿的粉碎工艺，其破碎通常采用两段或三段；磨碎通常采用一段、两段或三段。各段的大致粒度范围见表3-1-1。

表3-1-1 破碎和磨碎作业的分段以及各段大致粒度范围情况

作业名称		给料最大粒度/mm	产物最大粒度/mm
破碎	粗碎	1500~300	350~100
	中碎	350~100	100~40
	细碎	100~40	30~(6~8)
磨碎	粗磨（棒磨、球磨）	30~10	3.0~0.3
	粗磨（（半）自磨）	300~250	
	细磨	3.0~0.3	0.1

每一作业的破碎比称为部分破碎比，整个破碎回路的破碎比称为总破碎比，记为$i_{总}$。总破碎比$i_{总}$等于各段破碎比的乘积，即：

$$i_{总} = i_1 \times i_2 \times i_3 \times \cdots \times i_n \tag{3-1-4}$$

3.1.1.2 破碎效率

破碎效率反映的是破碎过程的成效。破碎效率通常定义为每消耗1kW·h能量所获得的破碎产物的吨数。

除了采用上述定义外，也有人主张采用破碎机技术效率来评价破碎过程。破碎机的技术效率E是指破碎产物中新产生的某一细粒级的质量与给料中大于该粒级的质量之比，其数学表达式为：

$$E = \frac{Q(\beta - \alpha)}{Q(100 - \alpha)} \times 100\% = \frac{\beta - \alpha}{100 - \alpha} \times 100\% \tag{3-1-5}$$

式中 Q——破碎机的生产能力，t/h；

β——产物中指定细粒级别的质量分数，%；

α——给料中指定细粒级别的质量分数，%。

3.1.2 岩矿的机械强度、可碎性与可磨性

3.1.2.1 岩矿的机械强度

岩矿的机械强度是指岩矿在机械力的作用下抵抗外力破坏的能力。由于施加的外力不

同，有抗压强度、抗剪强度、抗弯强度和抗拉强度。机械强度是用单位面积上所承受的机械力大小来表示的，单位为 Pa、kPa 或 MPa。岩矿所能承受外力的最大值叫强度极限。所施加的外力一旦超过这一极限，岩矿即被粉碎。根据受力的不同，有抗压、抗剪、抗弯和抗拉强度极限。

根据静载下测定的结果，各种岩矿的抗压强度极限最大，抗剪强度极限次之，抗弯强度极限又次之，抗拉强度极限最小。因此选择机械强度极限最小的那种形式的力来粉碎岩矿，应当是最经济最合理的，然而要对岩矿施加拉力却不那么方便。在实际破碎矿石时，往往是施加压力为最多，因此矿石粉碎的难易程度，一般用抗压强度极限来衡量，在选矿上习惯用普氏硬度系数作为划分岩矿坚固性的标准。普氏硬度系数为抗压强度极限的百分之一，用符号 f 表示：

$$f = \frac{\delta_p}{100} \quad 或 \quad f \approx \frac{\delta_p}{1000} \tag{3-1-6}$$

式中 δ_p——抗压强度极限，kg/cm^2 或 MPa。

按照普氏硬度系数 f 可将岩石按坚固性分为十级，f 值由 0.3 到 20，具体见表 3-1-2。f 值愈大表示矿石愈坚固。

选矿工艺计算中，常将矿石简化分为硬、中硬、软三级，也有简化为很硬、硬、中硬、软及很软等五级的，见表 3-1-3。

选矿厂处理的矿石，结构及力学性质是不均匀的。矿石中各种矿物成分的机械强度不一样；各种矿物集合体之间的聚合力比同种矿物内部的小；同样矿物集合体中，晶体内部质点间的聚合力比晶面上的要大，再加上矿物晶体形成过程中存在的不连续性及不均匀性，以及矿石开采过程中的受力作用，使矿石内部形成许多微观的及宏观的裂纹，从而使原矿的力学性质极不均匀。一般来说，随着矿石粒度的减小，各种影响强度的宏观裂纹逐渐减少甚至消失，因此，矿物颗粒愈细，机械强度愈大，愈难粉碎。

3.1.2.2 可碎性和可磨性

可碎性和可磨性反映物料被粉碎的难易程度，它决定于矿石的机械强度。同一粉碎机械，在同一条件下，处理坚硬矿石与处理软矿石相比较，前一种情况的生产率较低，功率消耗也较大。矿石的可碎性系数和可磨性系数既反映矿石的坚固程度，也能用来定量地衡量粉碎机械的工艺指标，因此，应用极为广泛。

适宜的可碎性和可磨性表示方法必须反映它与物料性质、破碎和磨碎的条件以及产品细度之间的关系。通常采用下述两种方法表示其可碎性和可磨性。

A 相对比较法

相对比较法确定物料的可碎性和可磨性是基于实践基础而确定的。在选矿工艺上常用“可碎性系数”及“可磨性系数”来定量地表示岩矿的机械强度对碎磨过程的影响。

可碎性系数和可磨性系数的表示法有多种，选矿上常用的如下：

$$可碎性系数 = \frac{破碎机在同样条件下破碎指定矿石的生产率}{该破碎机破碎中硬矿石的生产率} \tag{3-1-7}$$

$$可磨性系数 = \frac{磨机在同样条件下磨细指定矿石的生产率}{该磨机磨细中硬矿石的生产率} \tag{3-1-8}$$

表 3-1-2　普氏岩石分级表

等级	坚固性程度	岩　石	f	我国一些选矿厂处理的矿石的f值
1	2	3	4	5
Ⅰ	最坚固的岩石	最坚固、细致和有韧性的石英岩和玄武岩，其他各种特别坚固的岩石	20	大孤山赤铁矿（12～18），大孤山磁铁矿（12～16），东鞍山铁矿（12～18），铁山（12～16），南芬铁矿（12～16），海南铁矿（12～15），大冶铁矿（10～16），大吉山钨矿（10～14），通化铜矿（8～12），铜官山（9～17），寿王坟（8～12），桓仁铅锌矿（8～12），新冶铜矿（8～10），赤马山（8～9），双塔山铁矿（9～13），因民铜矿（8～10），凹山铁矿（8～12），水口山铅锌矿（8～10），青城子铅锌矿（8），华铜（6～10），篦子沟（6～10）
Ⅱ	很坚固的岩石	很坚固的花岗质岩石，石英斑岩，很坚固的花岗岩，硅质片岩，比上一级较不坚固的石英岩，最坚固的砂岩和石灰岩	15	
Ⅲ	坚固的岩石	花岗岩（致密的）和花岗质岩石，很坚固的砂岩和石灰岩，石英质矿脉，坚固的砾岩，极坚固的铁矿	10	
Ⅲa	坚固的岩石	石灰岩（坚固的），不坚固的花岗岩，坚固的砂岩，坚固的大理石和白云岩，黄铁矿	8	
Ⅳ	颇坚固的岩石	一般的砂岩，铁矿	6	
Ⅳa	颇坚固的岩石	硅质页岩，页岩质砂岩	5	
Ⅴ	中等的岩石	坚固的黏土质岩石，不坚固的砂岩和石灰岩，各种页岩（不坚固的），致密的泥灰岩	4	
Ⅴa	中等的岩石		3	
Ⅵ	颇软弱的岩石	软弱的页岩，很软弱的石灰岩，白垩，岩盐，石膏，冻结的土壤，无烟煤，普通泥灰岩，破碎的砂岩，胶结砾石，石质土壤	2	
Ⅵa	颇软弱的岩石	碎石质土壤，破碎的页岩，凝结成块的砾石和碎石，坚固的煤，硬化的黏土	1.5	
Ⅶ	软弱的岩石	黏土（致密的），软弱的烟煤，坚固的冲积层—黏土质土壤	1.0	
Ⅶa	软弱的岩石	轻砂质黏土，黄土，砾石	0.8	
Ⅷ	土质岩石	腐殖土，泥煤，轻砂质土壤，湿砂	0.6	
Ⅸ	松散质岩石	砂，山麓堆积，细砾石，松土，采下的煤	0.5	
Ⅹ	流沙质岩石	流砂，沼泽土壤，含水黄土及其他含水土壤	0.3	

注：1. 将每一种岩石划分到这种或那种等级时，不仅仅单独地按照其名称，而且必须按照岩石的物理状态，并根据它的坚固性与分级表中列出的诸岩石进行比较。风化的、破碎的、打碎成个体的、经断层挤压过的、接近于地表的岩石，一般说来，应当把它划分到比处于完整状态的同种岩石稍低的等级中。

2. 上述的岩石坚固性系数，可以认为是对所有各种不同方面岩石相对坚固性的表征，它在采矿中的意义在于：手工开采时的采掘性；浅眼以及深孔的凿岩性，应用炸药时的爆破性，在冒落时的稳定性；作用于支架上的压力等等。

3. 在分级表中指出的数值是对某一类岩石中所有岩石而言的（例如：页岩类，石英岩类，石灰岩类等等），而不是对此类个别岩石而言的；因而，在特定情况下确定f值时，必须十分慎重，并且这一f值在不同的情况下是不一样的。

表 3-1-3　选矿工艺计算中矿石硬度分级表

A. 矿石硬度分三级	软	中　硬		硬	
普氏硬度值（f 值）	<8	8 ~ 16		16 ~ 20	
可碎性系数 K_1	1.1 ~ 1.2	1.00		0.90 ~ 0.95	
B. 矿石硬度分五级	很　软	软	中　硬	硬	很　硬
普氏硬度值（f 值）	<2	2 ~ 4	4 ~ 8	8 ~ 10	>10
可碎性系数 K_1	≥2.00	2.0 ~ 1.5	1.5 ~ 1.0	1.0 ~ 0.75	0.75 ~ 0.5

通常用石英代表中硬矿石，它的可碎性系数和可磨性系数都是1。硬矿石的强度大，可碎性系数和可磨性系数都小于1，粉碎机械处理它的生产率比处理中硬矿石的低；软矿石的强度小，可碎性系数和可磨性系数都大于1，粉碎机械处理它的生产率就比处理中硬矿石的大。

B　邦德功指数法

用物料的邦德冲击破碎功指数和邦德磨矿功指数衡量被粉碎物料的可碎性和可磨性，其实质是按照功耗表示物料的可碎性和可磨性。

邦德冲击破碎功指数和邦德磨矿功指数分别反映了物料的可碎性和可磨性。

邦德冲击破碎功指数和邦德磨矿功指数可由实验室试验测定。

3.1.3　粉碎设备的施力方式

所谓施力方式是指粉碎力对待破碎物料的作用方式。目前，岩矿的粉碎几乎都是采用机械破碎法，施力方式可分为压碎、劈碎、折断、磨剥和冲击等，如图 3-1-1 所示。

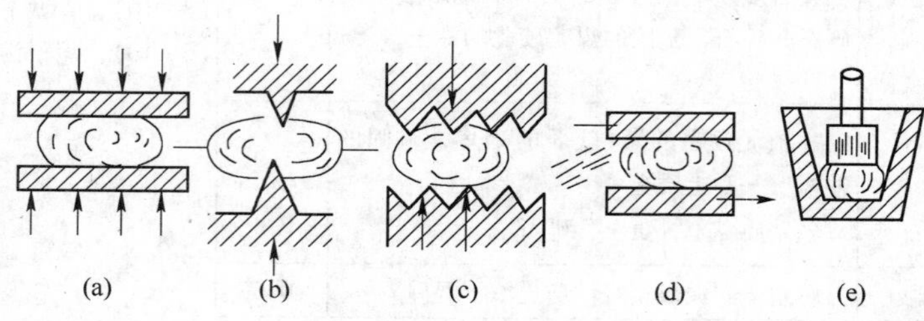

图 3-1-1　粉碎机械对矿石的施力方式

（1）压碎。如图 3-1-1（a）所示，它是利用两个工作面逐渐靠近矿石时所产生的压力使矿石粉碎。这种方法的特点是作用力逐渐加大，力的作用范围较大。

（2）劈碎。如图 3-1-1（b）所示，它是利用尖齿楔入矿石的劈力使矿石粉碎，其特点是力的作用范围比较集中，发生局部破裂。

（3）折断。如图 3-1-1（c）所示，矿石在粉碎时，由于受到方向相对、力量集中的弯曲力，使矿石折断而破碎。这种方法的特点是除在外力作用点处受劈力外，还受到弯曲力的作用，因此易于使矿石粉碎。

（4）磨剥。如图 3-1-1（d）所示，它是利用工作面在矿石表面上作相对移动，从而产生对矿石的剪切力，这种力是作用在矿石表面上，所以适用于对细粒物料的磨碎。

（5）冲击。如图 3-1-1（e）所示，它是利用瞬时的冲击力作用在矿石上，由于撞击速度高，变形来不及扩展到被撞击物的全部，就在撞击处产生相当大的局部应力。冲击对矿石的破坏作用最大，所以粉碎效果最好。由于作用力是瞬时作用在矿石上，所以冲击又称为动力粉碎。

需要说明的是，任何一种粉碎机械都不是只用一种力粉碎矿石，通常是以某种力为主辅以其他种类力的作用，因此，粉碎机械施于矿石的力是复杂的。

针对不同的矿石性质而选用合适的施力方式是粉碎中的一条重要原则，即施力方式要适应于矿石性质，才会有好的破碎效果。

3.1.4 粉碎的功耗学说

在粉碎过程中，粉碎机械对物料做功，使其发生变形，当变形超过极限时即产生粉碎。发生粉碎后，外力所做的功有一少部分转变成了新生表面的表面能，而其余大部分则以热的形式损失掉。由此可见，物料的粉碎过程从宏观的角度看是一个粒度减小的过程，但它的力学实质却是一个功能转换过程。物料粉碎的功耗学说就是关于物料粉碎过程中功能转换规律的理论，也就是关于在一定的给料粒度条件下输入到粉碎过程中的能量与其产物粒度之间关系的研究。

迄今为止，已经提出了多种物料粉碎的功耗学说，但没有一个能与实际情况完全吻合。这主要有两方面的原因，其一是供给粉碎设备的能量，绝大部分转化为热、声、振动、机械摩擦损失和电损失等，仅有一小部分用于粉碎物料，而用于物料粉碎的这部分能量又无法单独测定；其二是物料都具有一定的塑性，消耗一定的能量使其形状改变，但并不产生新的表面，而所有的物料粉碎功耗学说都假定物料是脆性的，即认为物料粉碎前的伸展或收缩不消耗能量。

在已提出的物料粉碎功耗学说中，被矿物加工界广泛接受的是面积学说、体积学说和裂缝学说。

3.1.4.1 面积学说

物料粉碎功耗的面积学说是雷廷智（P. R. Rittinger）于 1867 年提出的。这一学说认为，物料粉碎过程中消耗的能量与这一过程所产生的新表面积成正比。由于一定质量、粒度均匀的物料的表面积与其粒度成反比，所以雷廷智面积学说的数学表达式为：

$$E = K(1/D_2 - 1/D_1) \tag{3-1-9}$$

式中 E——输入到粉碎过程的能量；

K——常数；

D_1——给料的粒度；

D_2——粉碎产物的粒度。

大量的研究结果表明，面积学说适用于产物粒度小于 10μm 的细磨过程。

3.1.4.2 体积学说

物料粉碎功耗的体积学说是吉尔皮切夫（В. П. Кирпичев）和基克（F. Kick）分别于 1874 年和 1885 年单独提出的。这一学说认为，物料粉碎过程中消耗的能量与颗粒的体积减小成正比。也就是说，外力对物料所做的功主要用来使其中的颗粒发生变形，当变形超过极限时即发生破裂，而物体发生变形积蓄的能量与其体积成正比，因此粉碎物料所消耗的功与颗粒的体积减小成正比。这一学说的数学表达式为：

$$A = 2.303KQ\lg i \tag{3-1-10}$$

式中 A——粉碎物料需要的功；

K——常数；

i——粉碎过程的粉碎比；

Q——粉碎物料的吨数。

根据赫基（R. T. Hukki）的研究结果，体积学说适用于物料的粗碎过程。

3.1.4.3　裂缝学说

物料粉碎功耗的裂缝学说是邦德（F. C. Bond）通过对许多粉碎过程的归纳分析，于1952 年提出的。邦德裂缝学说的数学表达式为：

$$W = \frac{10W_i}{\sqrt{P}} - \frac{10W_i}{\sqrt{F}} \tag{3-1-11}$$

式中 W——粉碎物料所消耗的功，kW · h/st；

P——粉碎产物中 80% 颗粒通过的方形筛孔的边长，μm；

F——给料中 80% 颗粒通过的方形筛孔的边长，μm；

W_i——功指数，kW · h/st。

这里的 st 代表短吨，即 907.18kg。功指数是一个表征物料抗击粉碎能力的参数，在数值上等于把 1st 理论上粒度为无限大的物料粉碎到 80% 颗粒通过 100μm 的筛孔所需要的能量。

邦德对这一学说所做的解释是，粉碎物料时，外力所做的功首先使物料发生变形，当变形超过极限后即生成裂缝，裂缝一旦产生，储存在物料内部的变形能即促使其扩展，继之形成断面。因此，粉碎物料所需要的功，应考虑变形能和表面能两部分，前者与体积 V 成正比，后者与表面积 S 成正比。若等同地考虑这两部分能量，则所需要的功 W 应同它们的几何平均值成正比，亦即：

$$W \propto \sqrt{VS}$$

或

$$W \propto \sqrt{D^3 \cdot D^2} = D^{2.5} \tag{3-1-12}$$

对于单位体积的物料，则有：

$$W \propto D^{2.5}/D^3 = 1/D^{0.5} \tag{3-1-13}$$

式中 D——颗粒直径。

目前，在试验研究和生产实践中，邦德的裂缝学说常用于以下几个方面：

（1）在测定出了功指数 W_i 的情况下，计算各种粒度范围的粉碎、磨碎功耗；

（2）选择粉碎和磨碎设备；

（3）比较粉碎设备的工作效率。

关于功指数 W_i 的测定，邦德提出了如下几种方法：

（1）用邦德本人设计的双摆式冲击试验机测出物料的冲击破碎强度 C（单位为 lb · ft/in），并测出物料的密度 ρ_1，则物料的破碎功指数 W_{ic} 为：

$$W_{ic} = 2.59C/\rho_1 \tag{3-1-14}$$

（2）用 $D \times L = 305\text{mm} \times 610\text{mm}$ 的邦德棒磨机测定物料的棒磨可磨度，也就是测出它每转一周新产生的试验筛孔 P_i(μm)以下粒级物料的质量 m_{rp}(g)，并测出给料及产物中有80%通过的试验筛孔边长 F_{80}(μm)和 P_{80}(μm)，则物料的棒磨功指数 W_{ir}为：

$$W_{ir} = 68.32/\left[P_i^{0.23} \cdot m_{rp}^{0.625}\left(\frac{10}{\sqrt{P_{80}}} - \frac{10}{\sqrt{F_{80}}}\right)\right] \tag{3-1-15}$$

（3）用 $D \times L = 305\text{mm} \times 305\text{mm}$ 的邦德球磨机测定物料的球磨可磨度，也就是测出它每转一周新产生的试验筛孔 P_i(μm)以下粒级物料的质量 m_{bp}(g)，并测出给料及产物中有80%通过的试验筛孔边长 F_{80}(μm)和 P_{80}(μm)，则物料的球磨功指数 W_{ib}为：

$$W_{ib} = 49.04/\left[P_i^{0.23} \cdot m_{bp}^{0.82}\left(\frac{10}{\sqrt{P_{80}}} - \frac{10}{\sqrt{F_{80}}}\right)\right] \tag{3-1-16}$$

用上述方法测得的功指数称为实验室功指数。W_{ir}与内径为2.4m的棒磨机开路湿式磨矿时的功指数一致，W_{ib}与内径为2.4m的溢流型球磨机湿式闭路磨矿时的功指数一致。

3.2　破碎机械的种类、安装与维护

3.2.1　破碎机械

目前选矿厂广泛应用的是机械破碎法。破碎机械有很多种，其分类方法也有很多种。在选矿厂中，常根据所处理物料的粒度将破碎机械分为粗碎、中碎和细碎破碎机。

3.2.1.1　粗碎破碎机

粗碎破碎机用于将待处理的原料破碎到适合于运输或中碎设备处理的粒度，且通常采用开路作业方式。生产中常用的粗碎设备主要有颚式破碎机和旋回破碎机两类。

A　颚式破碎机

颚式破碎机出现于1858年。它虽然是一种古老的破碎设备，但具有构造简单、工作可靠、制造容易、维修方便等优点，至今仍在冶金矿山、建筑材料、化工和铁路等部门获得广泛应用，在金属矿山中，它主要用于对坚硬或中硬矿石进行破碎。

颚式破碎机的突出特点是它的工作部件是两个像动物颚一样的颚板，两个颚板以一个适宜的夹角安装。一个颚板通常固定不动，称为定颚；另一个颚板工作时可相对于定颚摆动，称为可动颚板或动颚。

颚式破碎机通常是按照可动颚板（动颚）的运动特性来分类的。工业上应用最广泛的主要有两种类型：简摆颚式破碎机（双肘板颚式破碎机）和复摆颚式破碎机（单肘板颚式破碎机）。

颚式破碎机的规格用给矿口宽度 B 乘以长度 L 来表示，即 $B \times L$。

a　简摆颚式破碎机　　简摆颚式破碎机的动颚上端固定在一个心轴上，工作时动颚的上端固定不动，下端相对于定颚做简单的前后摆动，所以习惯上又称为简单摆动颚式破碎机。

图3-2-1是简摆颚式破碎机的结构简图。从图3-2-1中可以看出，这种设备主要由机架、工作机构、传动机构、调整机构、保险装置和润滑装置等部分组成。

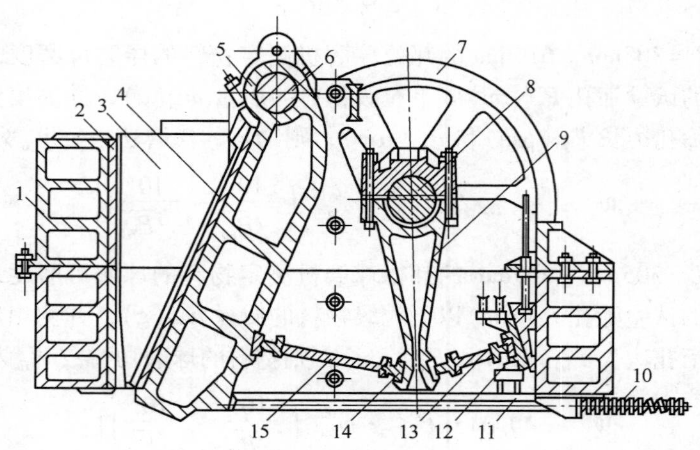

图 3-2-1 简摆颚式破碎机结构

1—机架；2—破碎齿板；3—侧面衬板；4—破碎衬板；5—可动颚板；6—心轴；7—飞轮；8—偏心轴；9—连杆；10—弹簧；11—拉杆；12—楔块；13—后肘板；14—肘板支座；15—前肘板

机架：机架是破碎机最笨重的部件，要有足够的强度，因它要承受破碎物料的强大挤压力。可用铸钢整体铸造或焊接，但随着破碎机规格的增大，机架庞大，给运输和制造带来很大困难，因此大型颚式破碎机（规格大于1200mm×1500mm）的机架做成上下两部分（或几部分）的组合体。

工作机构：简摆颚式破碎机工作机构是指固定颚板和可动颚板5构成的破碎腔。它们分别衬有高锰钢（ZGMn13）制成的破碎齿板2和4，用螺栓分别固定在固定颚板和可动颚板上。为了提高破碎效果，两破碎衬板的表面通常都带有纵向波纹齿形，齿形排列方式是动颚破碎齿板的齿峰正好对准定颚破碎齿板的齿谷，这样有利于矿石的弯折破碎作用。近几年来，颚式破碎机有的采用曲面的破碎齿板，即排矿口部分接近平行，这样可使破碎产品粒度均匀，排矿不易堵塞。为了使衬板和颚板间能紧密而牢固地贴合在一起，使衬板各点受力较均匀，常在衬板与颚板间垫有可塑性材料，如铅、锌或某些合金的衬垫。破碎腔的两个侧壁也装有平滑的锰钢衬板。

传动机构：简摆颚式破碎机可动颚板的运动是借助偏心连杆和推力板来实现的，它是由飞轮7、偏心轴8、连杆9、前推力板（前肘板）15和后推力板（后肘板）13组成。两个飞轮分别装在偏心轴的两端。偏心轴支承在机架侧壁上的轴承中。连杆上部装在偏心轴上，前、后推力板的一端分别支承在连杆下部两侧的推力板支座14的凹槽上，前推力板的另一端支承在动颚下部的推力板支座中。后推力板的另一端支承在机架后壁的推力板支座中。当电动机通过皮带轮带动偏心轴旋转时，使连杆做上下运动，从而带动推力板运动，前、后两推力板所形成的夹角不断改变推动动颚运动，可动颚板围绕心轴6做往复摆动，从而破碎矿石。当动颚向前摆动时，水平拉杆11通过弹簧10来平衡动颚和推力板所产生的惯性力，使动颚和推力板紧密结合，不致分离。当动颚后退时，弹簧又可起协助作用。

由于颚式破碎机是间断工作的，即有工作行程和空转行程，所以，它的电动机负荷极不均衡。为使负荷均匀，就要在动颚向后移动（离开固定颚板）时，把空转行程的能量储存起来，以便在工作行程（破碎矿石）时，再将能量全部释放出去。利用惯性的原理，在偏心轴两端各装设一个飞轮就能达到这个目的。为了简化机器结构，通常把其中一个飞轮兼作传递动力用的皮带轮。对于采用两个电动机分别驱动的大型颚式破碎机，两个飞轮都制成皮带轮，即皮带轮同时也起飞轮作用。

偏心轴或主轴是破碎机的重要零件，简摆颚式破碎机的动颚悬挂轴又叫心轴。偏心轴是带动连杆做上下运动的主要零件，由于它们工作时承受很大的破碎力，一般都采用优质合金钢制作。

连杆只有简摆颚式破碎机才有，它由连杆体和连杆头组成。由于工作时承受拉力，故用铸钢制作。连杆体有整体的和组合的两种，前者多用于中、小型颚式破碎机，后者主要用于大型颚式破碎机。为了减少连杆的惯性作用，应力求减轻连杆体的质量，所以，中、小型颚式破碎机一般采用“工”字形、“十”字形断面结构，而大型颚式破碎机则采用箱形断面形式。

肘板又名推力板，它既是向动颚传递运动的零件，又是破碎机的保险装置。肘板在工作中承受压力，一般采用铸铁整体铸成，也有铸成两块，再用铆钉或螺栓连接起来的。

调整机构：调整装置是指破碎机排矿口大小的调整机构。随着破碎齿板的磨损，排矿口逐渐增大，破碎产品粒度不断变粗。为了保证产品粒度的要求，必须利用调整装置，定期调整排矿口尺寸。

颚式破碎机的排矿口调整方法主要有三种形式：

（1）垫片调整。在后推力板支座和机架后壁之间，放入一组厚度相等的垫片。利用增加或减少垫片层的数量，使破碎机的排矿口减小或增大。这种方法可以多级调整，机器结构比较紧凑，可以减轻设备重量，但调整时一定要停车。大型颚式破碎机多采用这种调整方法。

（2）楔块调整。借助后推力板支座与机架后壁之间的两个楔块的相对移动来实现破碎机排矿口的调整（图3-2-2）。转动螺栓上的螺帽，使调整楔块3沿着机架4的后壁做上升或下降移动，带动前楔块2向前或向后移动，从而推动推力板或动颚，以达到排矿口调整的目的。此法可以达到无级调整，调整方便，节省时间，不必停车调整，但增加了机器的尺寸和重量。中、小型颚式破碎机常常采用这种调整装置。

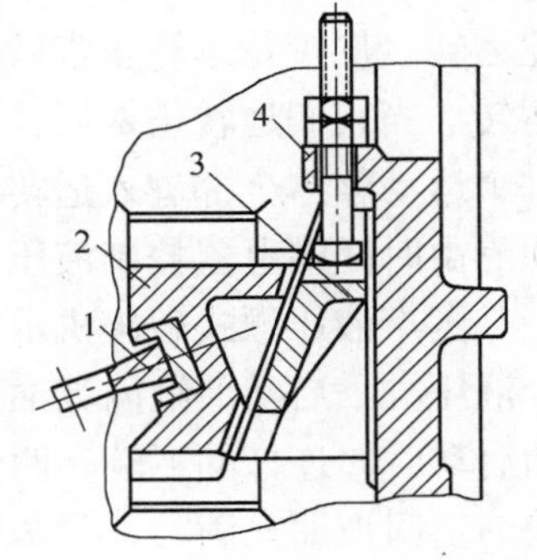

图3-2-2　楔块调整装置
1—推力板；2—楔块；
3—调整楔块；4—机架

（3）液压调整。近年来还有在设备的后肘板和机架的后壁之间安装液压推动缸来调整排矿口的，如图3-2-3液压颚式破碎机中的调整液压油缸8所示。

保险装置：它是当颚式破碎机的破碎腔进入非破碎物体时，为了有效地防止机器零件不致损坏，而采用的一种安全措施。最常用的是采用后推力板作为破碎机的保险装置。后推力板一般使用普通铸铁材料，而且通常在进行设备设计时，人为地提高后肘板的许用应力（约提高30%），从而使后肘板的断面面积减小，强度降低，当破碎腔内落入不能被破碎的大块物料时，后肘板折断，从而保护其他重要部件不受损坏。对液压颚式破碎机，调整液压缸（如图 3-2-3 中 8）的液压值，也可起到保护的作用。

润滑装置：颚式破碎机的润滑方式既有稀油润滑，也有干油润滑。大型颚式破碎机的偏心轴受力较大，往往采用稀油循环润滑，心轴采用干油润滑，而小型颚式破碎机则全部采用干油润滑。

为了保证设备正常工作，大型颚式破碎机的偏心轴处还设有冷却水循环系统，以帮助散热。

图 3-2-4 是简摆颚式破碎机的工作原理示意图。当皮带轮带动偏心轴旋转时，牵动连杆上下运动，从而带动前、后肘板做舒展和收缩运动。前、后肘板的运动带动动颚前后摆动，当动颚向前运动靠近定颚时，对破碎腔内的物料进行破碎；当动颚后退时，已破碎的物料借重力从破碎腔内落下。简摆颚式破碎机的偏心轴每旋转一周，有半周进行破碎，半周排料。

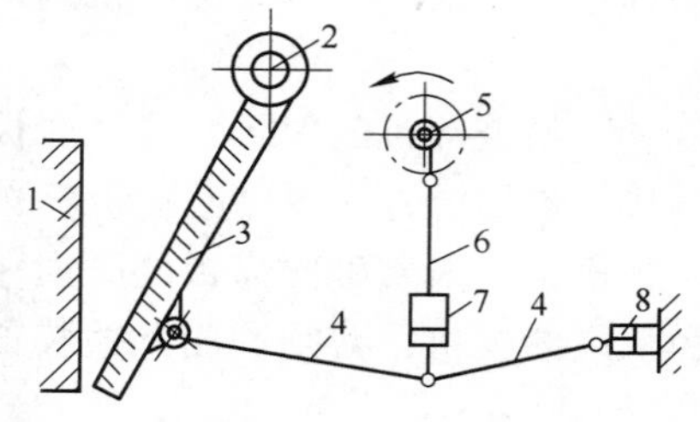

图 3-2-3　液压颚式破碎机

1—固定颚板；2—动颚悬挂轴；3—可动颚板；4—前（后）推力板；5—偏心轴；6—连杆；7—连杆液压油缸；8—调整液压油缸

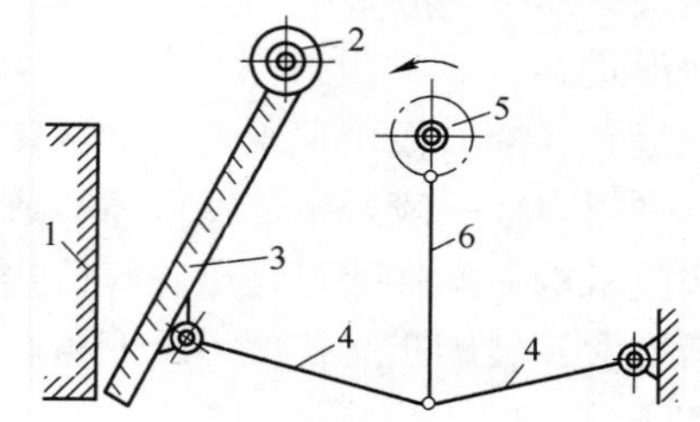

图 3-2-4　简摆颚式破碎机的工作原理

1—定颚；2—心轴；3—动颚；4—前、后肘板；5—偏心轴；6—连杆

简摆颚式破碎机的摆动系统重心低，启动转矩大，致使大型颚式破碎机的启动比较困难。为了更好地解决这一问题，国产 1200mm × 1500mm 简摆颚式破碎机采用了分段启动装置，它与一般简摆颚式破碎机的不同之处在于，在这种设备上，皮带轮与偏心轴和飞轮与偏心轴之间各安装了 1 个离合器。启动前两个离合器都是打开的，第 1 步启动只有皮带轮运转。皮带轮运转正常后，它与偏心轴之间的离合器闭合，从而使偏心轴与皮带轮一起运转。当它们运转正常后，飞轮与偏心轴之间的离合器闭合，皮带轮、偏心轴和飞轮成为一个运动整体全部进入运转状态。离合器的打开与闭合由液压系统控制，各段启动的时间间隔由时间继电器控制液压系统来实现。

国产液压颚式破碎机示意图如图 3-2-3 所示。这种设备的结构特点是在连杆上装有一个液压缸，启动前缸内无油，活塞与缸体可以发生相对运动。启动时开始充油，因而刚开始启动时，连杆的下端、两个肘板和动颚均不运动，只有缸体以上的部件运动。当液压缸内的空间被油充满时，活塞与缸体之间不能再发生相对运动，从而使肘板和动颚都进入运动状态。

在连杆上安装液压缸的作用，除了实现如上所述的分段启动外，还起过载保护作用，当破碎腔内落入不能被破碎的大块物料时，缸体内油压急剧上升，缸体上的安全阀打开，缸内的油自动流出，从而使动颚停止运动，避免事故发生。如前所述，在这种设备的后肘板和机架的后壁之间也设有一个液压缸，用于调整排料口大小，同时起到保护作用。

b　复摆颚式破碎机　图 3-2-5 是复摆颚式破碎机的结构简图。它与简摆颚式破碎机的主要不同在于，去掉了心轴和连杆，动颚直接悬挂在偏心轴上，动颚的下端只连结一个肘板。这些结构的改变，使得工作时动颚在空间作平面运动，即动颚既在水平方向上有前后摆动，在垂直方向上也有运动，所以复摆颚式破碎机又称为复杂摆动颚式破碎机。

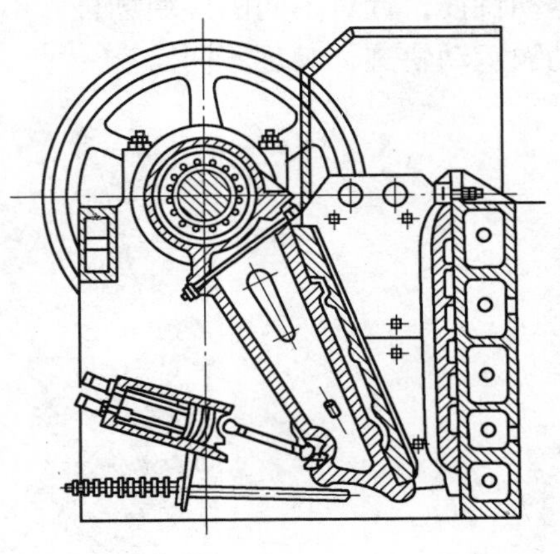

图 3-2-5　复摆颚式破碎机的结构

与简摆颚式破碎机相比，复摆颚式破碎机质量较轻，构件较少，结构紧凑，安装、调试、维修方便，但动颚质量和破碎力均集中在偏心轴上，使其受力状况恶化，所以复摆颚式破碎机以前多制造成中小型设备。随着高强度材料和大型滚柱轴承的出现，复摆颚式破碎机已实现大型化。许多国家都相继生产出了给料口宽度达 1000 ~ 1500mm 的大型复摆颚式破碎机。

复摆颚式破碎机和简摆颚式破碎机结构上的差异，使它们的动颚运动特征也有所不同（见图 3-2-6 左图），从而导致了两种破碎机性能上的一系列差异。复摆颚式破碎机动颚的上部水平行程大，适合上部压碎大块物料的要求，同时它还具有较大的垂直行程（为水平行程的 2.5 ~ 3.0 倍），对物料有明显的研磨作用，并能促进排料。因此，复摆颚式破碎机的产物粒度较细，破碎比较大（一般可达 4 ~ 8，而简摆颚式破碎机只能达 3 ~ 6），但颚板的磨损也比较严重。另外，复摆颚式破碎机的动颚是上下交替破碎和排料，空转的行程约为 1/5，而简摆颚式破碎机是半周破碎、半周排料，因而规格相同时，复摆颚式破碎机的生产能力通常是简摆颚式破碎机的 1.2 ~ 1.3 倍。

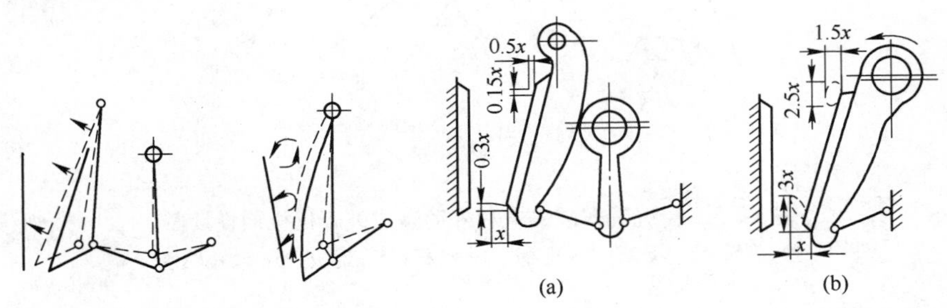

图 3-2-6　颚式破碎机的动颚运动分析
（a）简摆颚式破碎机；（b）复摆颚式破碎机

c　外动颚式破碎机　除了简摆颚式破碎机和复摆颚式破碎机以外，外动颚式破碎机也已经在生产中得到了应用。

图 3-2-7 为外动颚式破碎机结构简图，它与传统颚式破碎机主要不同在于，改变了沿

用100多年来传统复摆颚式破碎机以四连杆机构中的连杆作为动颚的传统设计。将四连杆机构中的连杆作为破碎机的边板。动颚与连杆分离，使连杆的运动特征已不再约束动颚的运动特征，针对不同的应用场合和不同的破碎物料性质，只要改变机构参数，就可以调整动颚运动轨迹，满足不同需求。

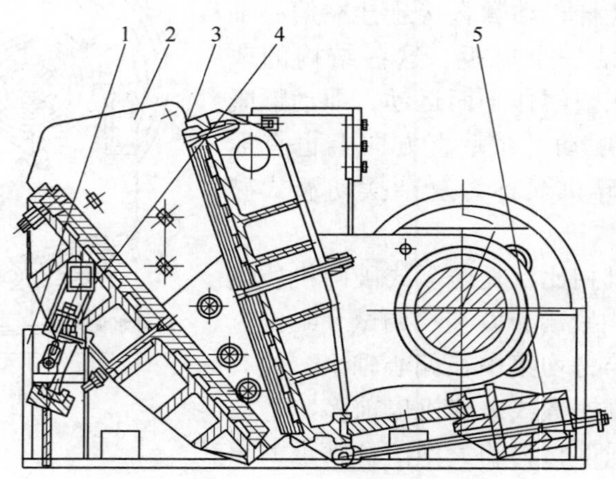

图3-2-7 外动颚式破碎机结构简图

1—机架；2—动颚部；3—静颚部；4—拉紧部；5—调整部

传统颚式破碎机机构设计如图3-2-8（a）所示，外动颚式破碎机机构设计如图3-2-8（b）所示。

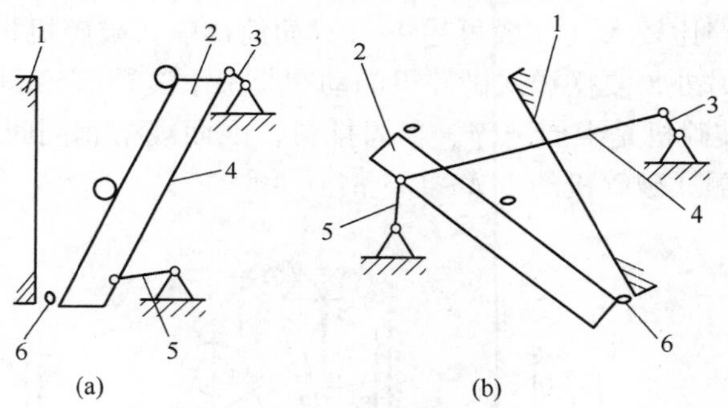

图3-2-8 传统颚式破碎机和外动颚式破碎机机构设计图

1—静颚；2—动颚；3—曲柄；4—连杆；5—肘板；6—动颚轨迹

外动颚式破碎机的机构设计与传统的颚式破碎机完全不同，其结构特点是：

（1）不像传统复摆颚式破碎机那样采用偏心连杆套环装置而是通过活动边板将偏心运动传到外侧的动颚上；

（2）动颚板和偏心轴位于破碎腔及静颚两侧，通过活动侧板将偏心运动传递给颚板；

（3）负悬挂机构，皮带轮及飞轮不在机器的上部而在设备中部两侧；

（4）静颚由悬挂轴悬挂在机架上，静颚绕悬挂轴旋转以改变排料口大小，控制排料粒度；

(5) 采用大偏心矩，使物料能有效破碎；

(6) 对大型破碎机，为减轻设备重量、提高刚度，机架设计为可拆卸式，机架为焊接箱型结构，既减轻了重量，又增加了刚度，便于井下狭小空间运输安装移动。

从结构和运动特点方面看，外动颚式破碎机属负支撑复摆颚式破碎机类型。

外动颚式破碎机动颚是连杆上一条曲线，通过设计合理的曲线形状和位置可以改变动颚的运动性能：

(1) 动颚运动轨迹理想。外动颚式破碎机，从根本上改变机构设计原理入手，动颚与连杆分离。连杆的运动特性，不再约束动颚的运动特性。只要改变机构参数，就可以灵活地调整动颚运动轨迹，从而获得理想的动颚运动特性。

(2) 齿板寿命长。动颚运动轨迹决定了被破碎物料在破碎与排料过程中与衬板之间的相对运动及受力状况。破碎机不同的结构设计，不同的结构参数及不同的腔形会得到不同的动颚轨迹。外动颚式破碎机动颚运动轨迹的磨损方向及行程比远远小于同型号的传统颚式破碎机，从而降低了齿板磨损，见表 3-2-1。

表 3-2-1 外动颚式破碎机与传统颚式破碎机行程对比（以 90120 机型为例）

序号	外动颚式破碎机 90120				传统颚式破碎机 90120			
	距进料口距离 /mm	破碎行程 /mm	磨损行程 /mm	行程特性值	距进料口距离 /mm	破碎行程 /mm	磨损行程 /mm	行程特性值
1	230	26.2	31.4	1.20	0	37.9	49.2	1.30
2	460	25.9	31.3	1.21	263.3	32.6	50.1	1.54
3	690	26.1	31.1	1.19	526.7	28.0	51.0	1.82
4	920	27.0	31.0	1.15	790.0	24.3	52.0	2.14
5	1150	28.5	30.8	1.08	1053.3	22.1	53.0	2.40
6	1380	30.4	30.7	1.01	1316.7	21.8	53.9	2.48
7	1610	32.8	30.7	0.94	1580.0	23.4	54.0	2.35
8	1840	35.4	30.6	0.86	1843.3	26.6	55.9	2.10
9	2070	38.3	30.6	0.80	2106.7	31.0	56.9	1.84
10	2300	41.5	30.5	0.74	2370.0	36.0	58.0	1.61

(3) 生产能力高、能耗低。由于外动颚式破碎机动颚与静颚的位置与传统复摆颚式破碎机正好相反，动颚的往复运动为破碎机提供了可靠的进料保障，并促进了排料，所以生产能力比传统颚式破碎机高。

(4) 外动颚式破碎机以较小的偏心距就可获得比同规格传统颚式破碎机大的动颚破碎行程，设备转速提高 10%，单位时间内破碎次数和排料次数增加，从而提高了生产能力。外动颚式破碎机小的磨损行程大大减少了无用功，能耗低；单机比传统设备节能 15% ~30%，破碎系统节能 1 倍以上。如表 3-2-2 所示为两种机器的不同参数的对比。

表 3-2-2 外动颚式破碎机与传统颚式破碎机性能对比

序 号	项 目	传统颚式 90120 型	外动颚式 90120 型	指标对比
1	生产能力/$t \cdot h^{-1}$	550	670	提高 21.82%
2	产品粒度上限/mm	240	190	降低 20.83%
3	整机高度/mm	3025	2250	降低 25.60%
4	喂料高度/mm	2640	1500	降低 43.2%
5	机器功率/kW	110	90	降低 27.3%

（5）运行平稳、噪声小。由于动颚外置使动颚上各点的运动轨迹长轴与偏心距成倍数关系，因而外动颚式破碎机可以较小的偏心距获得与传统颚式破碎机相同的动颚破碎行程，因此设备运行平稳，转速提高。

（6）机器高度降低。与传统颚式破碎机相比，同型号的外动颚式破碎机高度有效降低。如图 3-2-9 和表 3-2-3 所示。

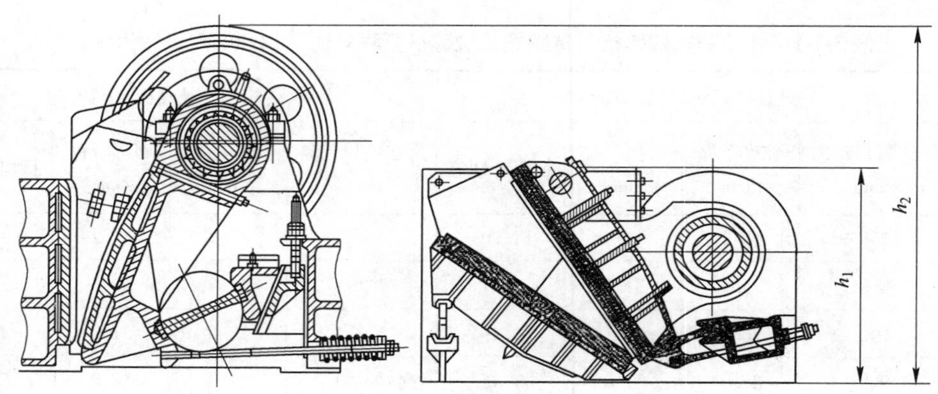

图 3-2-9 两种机器高度对比

表 3-2-3 外动颚式破碎机与传统颚式破碎机高度对比

序 号	传统颚式		外动颚式		高度差	
	型号	外形尺寸/mm	型号	外形尺寸/mm	差值/mm	%
1	600900	2520 × 1840 × 2303	600900	2560 × 2342 × 1636	−667	−29
2	7501060	2620 × 2302 × 3110	7501060	3400 × 2690 × 2115	−995	−32
3	9001200	3789 × 2826 × 3025	9001200	3835 × 3062 × 2616	−409	−14
4	10001200	3889 × 2826 × 3025	10001200	3915 × 3065 × 2635	−390	−13
5	12001500	4200 × 3750 × 3820	12001500	4700 × 3752 × 3206	−614	−16

d 惯性振动破碎机　近些年，国外先后研制出了一些应用新装置、新原理的颚式破碎机，如加拿大“高尔奇”破碎机装有液压传动装置，有可靠的过载保护；德国“克鲁普”公司研制的新型颚式破碎机能产生高速冲击力，可破碎一些较坚固的矿石和材料；法国研究能实现强制排料的颚式破碎机，该机很大程度上消除了重力对物料在破碎腔中移动的影响，增加了颚板对物料的作用频率；美国“依格尔·克拉塞”公司的颚式破碎机采

用了倾斜位置的工作室，动颚板处于下位，消除了物料在排料期间对定颚板的摩擦力，能使产品在破碎腔陡坡区内快速通过。这些新型颚式破碎机主要是从过载保护、提高破碎力、提高处理能力等方面进行优化，提高了颚式破碎机的技术性能。但这些没有突破传统的四连杆机构设计，不能高效破碎难处理矿石，不能有效降低其破碎损失，更不适合处理钢渣等特殊物料。

根据工业应用需要，北京矿冶研究总院研制出了GZP系列惯性振动破碎机，如图3-2-10所示，惯性振动破碎机有两个工作体，工作体上端分别固定在一个主轴上，工作时分别由一个电机驱动，两个电机相向旋转并通过弹性联接装置带动激振器高速转动，产生同步相向的激振力，由此引起高频振动，带动工作体绕各自的主轴运动，对破碎腔内的物料施加高频脉动冲击力，实现对坚硬物料的破碎。

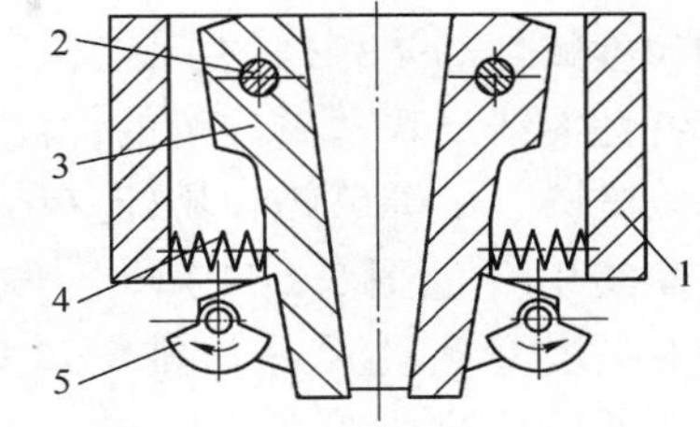

图3-2-10 惯性振动破碎机结构
1—机架；2—主轴；3—工作体；4—减振弹簧；5—激振器

大多的脆硬物料，都含有一定数量的晶格缺陷，振动破碎是通过施加一定的力，对物料进行多次打击，使物料沿晶格缺陷处逐渐裂开并被破碎，这种破碎方式，既降低了能量的消耗，又可减少过粉碎，还可降低机体的受力，延长机器寿命。根据振动破碎理论，对于坚硬难破碎物料，利用频繁碰撞对物料施加巨大的冲击能量和冲击力，能达到良好的破碎效果，因此，它适用于难处理矿石、冶金炉渣等的破碎。

GZP惯性振动破碎机的破碎力调整方法主要有三种形式：

（1）偏心质量调整。激振器安装在工作体的后部，激振器的偏心质量由两块或两块以上的偏心块组成，调整偏心块的相对角度就能够相应地调整激振力，以达到调整破碎力的目的。

（2）转速调整。根据不同应用需要，可安装不同大小的皮带轮得到不同的传动比，或使用变频器等，来调整激振器的转速，以得到合适的破碎力。

（3）减振弹簧调整。也可以调整减振弹簧的刚度，从而改变系统的弹性系数，以调整破碎力。

GZP惯性振动破碎机的特点是：

（1）结构简洁。没有采用四连杆结构设计，而是钟摆式结构设计。

（2）可“空载”或“带负荷”启停车。特有的结构和工作原理，方便应用。

（3）工作效率高。由激振器提供动态的冲击工作力，而不是静态的挤压工作力。

（4）工作频率高。得到高频脉动激振力，使物料受到多次的粉碎作用，更能有效破碎。

（5）破碎比大。冲击破碎得到更大破碎力的同时，高频作用能得到最高接近10的破碎比，有利于简化破碎流程。

（6）柔性系统。激振器、工作体、主轴、减振弹簧等组成柔性系统，不仅能允许“过铁”现象发生，还能实现“选择性破碎”。

（7）不需要安装基础。两个工作体可以实现“自同步”，整个系统能够实现动平衡，安装使用时不需要安装基础和地脚螺栓。

（8）可处理复杂结构物料。柔性系统、高频冲击作用，能够破碎钢渣等特殊物料，从而满足冶金渣等固体废弃物综合利用的需要。

e 颚式破碎机产品的典型粒度特性曲线及应用 生产实践表明，同一类型的破碎机，尽管它们的规格不同，但破碎同一种物料时，产物的粒度特性却是相似的，因此，破碎机的产品粒度特性曲线反映了破碎机的性能。这种曲线一般都以难碎、中等可碎和易碎三种典型的物料为代表而绘出（见图 3-2-11）。由于曲线的横坐标以相对粒度（筛孔尺寸与排料口宽度的比值）表示，所以从该曲线上可以查出任意排料口宽度，破碎产物的最大粒度、产物中粒度大于排料口尺寸的质量分数（即残余百分率）、产物中任意粒度下的产率和任意产率下的粒度；还可以根据生产工艺所要求的破碎产物中某一粒级的产率、破碎产物的最大粒度等，从该曲线上查出所需要的破碎机排料口宽度。

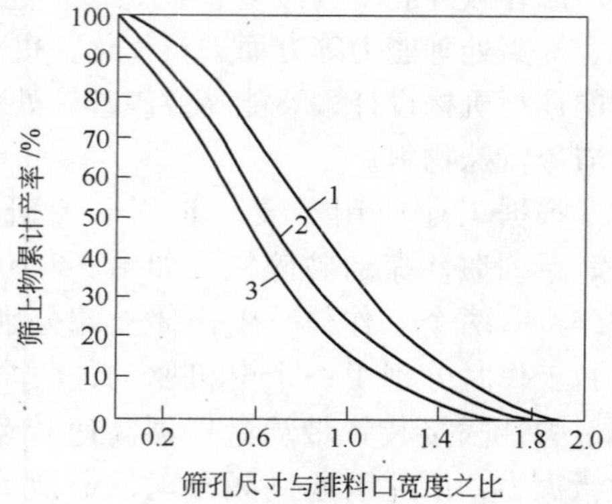

图 3-2-11 颚式破碎机产品粒度特性曲线

1—难碎物料；2—中等可碎物料；3—易碎物料

f 颚式破碎机的主要工作参数 影响破碎机工作性能的主要参数有给矿口宽度、排矿口宽度、啮角和偏心轴转数：

（1）给矿口宽度。给矿口宽度决定破碎机的最大给矿粒度，这是选择破碎机规格时非常重要的数据，也是设计人员以及破碎机操作工人应该了解的数据，以免在生产中由于粒度太大的矿石进入破碎机而影响正常生产。

颚式破碎机的最大给矿粒度是由破碎机啮住矿石的条件决定的。一般颚式破碎机的最大给矿粒度（D）是破碎机给矿口宽度（B）的 85%，即 $D=0.85B$。

（2）排矿口宽度。排矿口宽度的大小直接影响着破碎机的生产率、功率消耗和破碎板的磨损。

颚式破碎机排料口宽度的定义是指在破碎腔底部，当动颚板与定颚板相距最远时（开口边）一颚板的齿峰和另一颚板的齿谷之间的距离。排料口的最小宽度必须保证物料在破碎腔的下部不产生过压实现象，也就是不造成排料口的堵塞。

（3）啮角。啮角 α 是指钳住矿石时可动颚板和固定颚板之间的夹角（图 3-2-12）。在破碎过程中，啮角应该保证破碎腔内的矿石不至于跳出来，这就要求矿石和颚板工作面之间产生足够的摩擦力，以阻止矿块在破碎时被挤出去。颚式破碎机的啮角一般为 20°～24°。

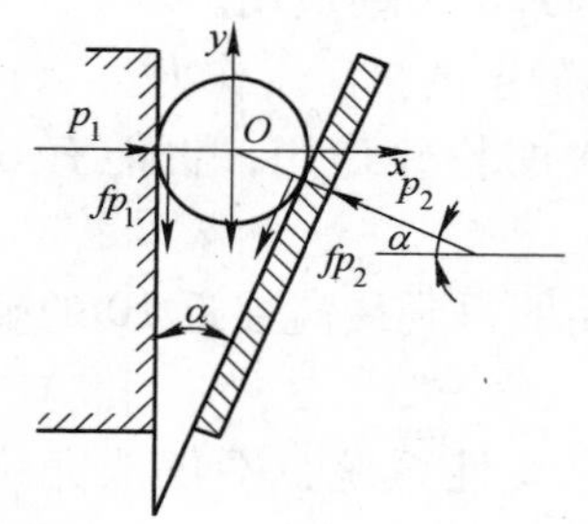

图 3-2-12 颚式破碎机的啮角及物料块

应当指出，随着啮角的减小，排矿口尺寸必然增大，故啮角大小对破碎机生产能力的影响很大。适当减小啮角，可以增加破碎机的生产能力，但又会引起破碎比的变化。如果在破碎比不变的情况下，啮角的减小将会增大破碎机的结构尺寸。

（4）偏心轴转数。颚式破碎机偏心轴转数是指在单位时间（min）内动颚摆动的次数。对简摆颚式破碎机而言，偏心轴每转一转，动颚就往复摆动一次，前半转为破碎矿石的工作行程，后半转为排出矿石的空转行程。增加动颚摆动次数，可增加破碎机的生产能力，但有一定限度。当动颚摆动次数增到一定程度时，矿石来不及从排矿口排出，反而造成破碎腔堵塞。因此，偏心轴转数高低应适宜。

g 颚式破碎机的技术规格 我国目前所生产的颚式破碎机，其技术规格见表3-2-4。

表3-2-4 颚式破碎机定型产品技术规格

类型	型号及规格	最大给矿粒度/mm	排矿口调节范围/mm	处理量/t·h^{-1}	主轴转数/r·min^{-1}	机器重量/t	传动电机	
							型号	功率/kW
复摆	PE150×250	125	10~40	1~3	300	1.1		5.5
	PE200×350	160	10~50	2~5	285	1.6		7.5
	PE250×400	210	20~80	5~50	300	2.5		17
	PE400×600	320	40~100	25~64	260	6.3		30
	PE600×900	500	75~200	56~192	250	10.06		75
	PE900×1200	750	130±25	180m^3/h	225	44.13		110
复摆细碎型	PEX150×750	120	10~40	8~35	300	3.5	Y108L-6	15
	PEX250×600	210	10~40	7~22		5.23	Y200L$_2$6	22
	PEX250×750	210	15~50	13~35		6.01	Y225M-6	30
	PEX250×1200	210	20~50	40~85	300	13.22		60
简摆	PJ900×1200	750	100~180	180~270	180	55.365		110
	PJ1200×1500	1000	150±40	310m^3/h	160	110.38	YR500-12	160
	PJ1500×2100	1300	180±45	550m^3/h	120	187.66	YR500-12	250

注：P—破碎机；E—颚式；J—简单摆动；X—细碎型。

目前所生产的外动颚式破碎机，主要分为大破碎比D系列和低矮A系列两种，其技术规格见表3-2-5和表3-2-6。

表3-2-5 外动颚式破碎机D系列技术规格

型 号	给料口尺寸/mm	最大进料粒度/mm	排放口调整范围/mm	给料高度/mm	处理能力/m^3·h^{-1}	电机功率/kW	主轴转速/r·min^{-1}	整机重量/t	外形尺寸/mm
PWD4075	400×750	340	20~50	1170	4~22	37	355	10.8	2186×1970×1480
PWD40120	400×1200	340	20~50	1133	6.5~35	75	286	16.9	2385×2642×1394
PWD50100	500×1000	425	30~60	1119	16~48	75	286	16.6	2365×2442×1466
PWD6090	600×900	510	80~130	1240	35~80	75	244	18.1	2560×2342×1636
PWD60135	600×1350	510	80~130	1309	45~100	75	244	28.6	2800×2990×1810
PWD75106	750×1060	630	90~140	1536	55~130	90	244	28.9	3400×2690×2115
PWD75150	750×1500	630	90~140	1605	77~184	110	260	52.8	3680×3426×2140
PWD90120	900×1200	750	100~165	2088	65~220	110	260	51.5	3835×3062×2616

表 3-2-6 外动颚式破碎机 A 系列技术规格

型号	进料口尺寸/mm	最大进料粒度/mm	排放口调整范围/mm	给料高度/mm	处理能力/$m^3 \cdot h^{-1}$	电机功率/kW	主轴转速/$r \cdot min^{-1}$	整机重量/t	外形尺寸/mm
PWA4075	400×750	340	40~100	1170	15~55	37	355	10.8	2186×1970×1480
PWA40120	400×1200	340	40~100	1133	20~70	75	286	16.9	2385×2642×1394
PWA50100	500×1000	425	60~130	1119	35~100	75	286	16.6	2365×2442×1466
PWA6090	600×900	510	120~190	1240	75~120	75	244	18.1	2560×2342×1636
PWA60135	600×1350	510	120~190	1309	90~135	75	244	28.6	2800×2990×1810
PWA75106	750×1060	630	130~210	1536	110~180	90	244	28.9	3400×2690×2115
PWA75150	750×1500	630	130~210	1605	155~255	110	260	52.8	3680×3426×2140
PWA90120	900×1200	750	140~220	2088	170~270	110	260	51.5	3835×3062×2616
PWA100120	1000×1200	850	150~250	2068	190~300	110	260	52.0	3915×3065×2635
PWA120150	1200×1500	1020	150~300	2375	275~575	200	217	102	4700×3752×3206

GZP 惯性振动破碎机工业应用产品的技术规格见表 3-2-7。

表 3-2-7 惯性振动破碎机技术规格

规格型号	给料粒度/mm	P_{90}产品粒度/mm	产量/$t \cdot h^{-1}$	工作频率/$r \cdot min^{-1}$	电机功率/kW	设备质量/t
GZP145	<350	40	40~70	1100~1500	22×2	17
GZP165	<350	40	50~90	1100~1300	45×2	21
GZP185	<450	60	55~100	1100~1300	37×2	21
GZP225	<800	70	180~260	1000~1200	75×2	60

B 旋回破碎机

a 旋回破碎机的结构及工作原理 旋回破碎机又称为粗碎圆锥破碎机。第 1 台旋回破碎机于 1878 年问世，是根据美国人查尔斯（B. Charles）的专利制造的。旋回破碎机完成破碎工作的主要部件是内外两个以相反方向放置的截头圆锥体，内锥体锥顶向上称为动锥，外锥体锥顶向下称为定锥，两者之间的环形间隙即是破碎腔。

旋回破碎机的规格常用破碎机给料口宽度/排料口宽度（中国）或给料口宽度-动锥底部直径（欧洲和美国）表示。

中心排矿式旋回破碎机的基本结构如图 3-2-13 所示。从图中可以看出，旋回破碎机主要由机架、工作机构、传动机构、调整机构和润滑系统等部分组成。

机架：机架由横梁、中部机架及下部机架用螺栓连结而成。中部机架内壁铺有数圈衬板而成为定锥。机架下部通过 4 块放射状筋板而固着中心套筒。动锥悬吊在横梁上。

工作机构：旋回破碎机的工作机构由动锥和定锥组成，矿石在动锥及定锥构成的破碎腔内被破碎。定锥即中部机架，其内镶有用短钢制成的衬板 11，每排衬板中有一块为长方

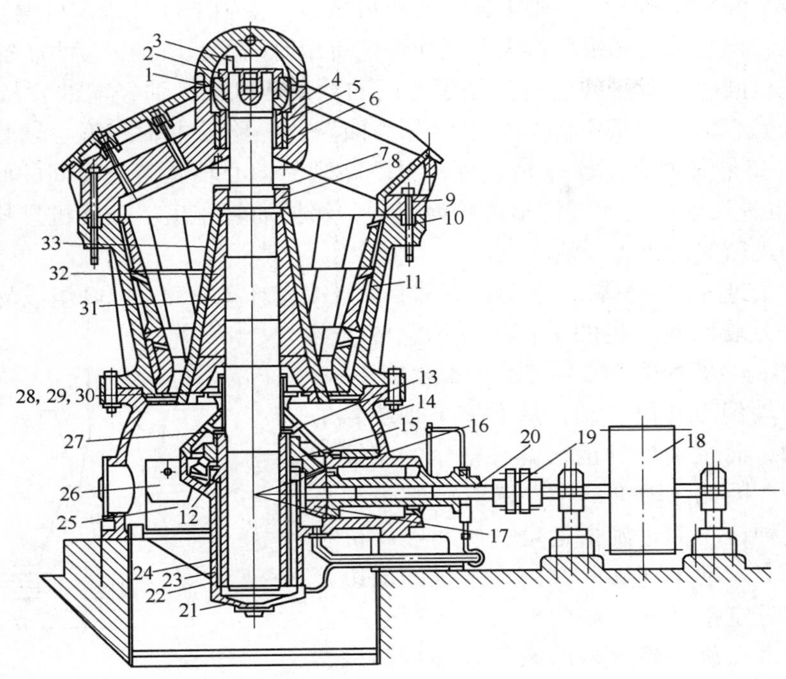

图 3-2-13 中心排料式旋回破碎机结构

1—锥形压套；2—锥形螺母；3—楔形键；4—衬套；5—锥形衬套；6—支承环；7—锁紧板；8—螺母；9—横梁；10—固定圆锥；11—衬板；12—止推圆盘；13—挡油环；14—下机架；15—大圆锥齿轮；16—护板；17—小圆锥齿轮；18—三角皮带轮；19—弹性联轴器；20—传动轴；21—机架下盖；22—偏心轴套；23—衬套；24—中心套筒；25—筋板；26—护板；27—压盖；28、29、30—密封套环；31—主轴；32—可动圆锥；33—衬板

形，其余为扇形，安装时，最后装长方形的，并用楔铁固定。

动锥体 32 压合在主轴 31 上，其表面套有锰钢衬板 33，为了使衬板与锥体结合紧密，在两者间注入锌合金，并在衬板上用螺母 8 压紧，在螺母上又装有锁紧板 7，以防螺母退扣。

主轴通过装在其上端的锥形螺母悬挂在横梁顶点的锥形轴承上，锥形轴承能满足动锥摆动及自转的要求。主轴下端插入偏心套的偏心轴孔中，偏心套插在中心套筒内，中心套筒内壁压有衬套。偏心轴套上端安装有大圆锥伞齿轮，与大伞齿轮啮合的小伞齿轮安装在水平传动轴上。两个伞齿轮和中心套筒用压盖压紧，压盖上端插入动锥底部的环形槽内。

传动机构：破碎机的转动，是由电机经三角皮带轮 18、弹性联轴节 19、传动轴 20、小伞齿轮 17、大伞齿轮 15 使偏心轴套 22 转动，从而带动主轴和动锥一起作旋摆运动。主轴上端悬挂在横梁上，下端插在偏心轴套的偏心孔中，其中心线就以悬吊点为顶点画一圆锥面。

调整机构：由于碎矿机的动锥和定锥上的衬板是直接和矿石接触的，磨损较快。当动锥衬板磨损后，排矿口就会增大，排矿粒度随之变粗。为了使粒度能满足下一步的要求，排矿口应及时调整。旋回破碎机排矿口的调整，是通过旋转主轴悬挂装置上的锥形螺帽，使主轴上升或下降来调整的。主轴上升，排矿口减小；主轴下降，排矿口增大。这种调整装置简单可靠，但主轴及动锥质量大，因而调整所用时间长，劳动强度大，需停车。

润滑系统：破碎机所需的润滑油是用专门的油泵压入的，油经输油管从机架下盖 21 上的油孔进入偏心轴套下部空隙处，由此分为两路，一路沿主轴与偏心轴套间的间隙上升，至挡油环 13 被阻挡而送至伞齿轮处；另一路则沿偏心轴套与衬套间的间隙上升，经止推圆盘 12 也进入伞齿轮处，使伞齿轮润滑后，经排油管排出。破碎机悬挂装置采用干油润滑，定期用压油枪压入干油。

为防止粉尘进入运动部件，在动锥下部有由三个套环 28、29 和 30 组成的密封装置。

图 3-2-14 是旋回破碎机的工作原理示意图。当电动机通过皮带轮及弹性联轴节带动水平轴旋转时，两个伞齿轮带动偏心套筒转动，从而使主轴绕悬吊点做圆周摆动，而主轴自身也在偏心轴套的摩擦力矩作用下自转。因此，动锥的运动既有公转也有自转，动锥的这种运动称为旋摆运动，旋回破碎机也正是因此而得名。动锥在破碎腔内沿定锥的周边滚动，当动锥靠近定锥时进行破碎，与之相对的一边则进行排料，因而旋回破碎机的破碎和排料都是连续进行的。

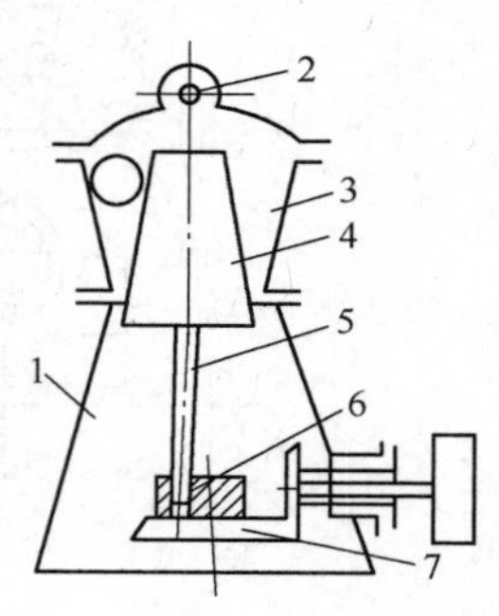

图 3-2-14 旋回破碎机的工作原理

1—下机架；2—悬挂点；3—固定圆锥；4—可动圆锥；5—主轴；6—偏心轴套；7—伞齿轮

设备工作时，进入破碎腔的物料不断受到冲击、挤压和弯曲作用而破碎；被破碎的物料靠自重从破碎机底部排出。旋回破碎机的最大给料粒度通常为给料口宽度的 0.85 倍。

应该指出的是，旋回破碎机空转时，动锥的自转方向与偏心轴套一致，但动锥的自转速度比偏心轴套低许多。给入物料后，由于物料对动锥体的摩擦力矩比偏心套对它的摩擦力矩要大得多，所以工作时动锥沿反向自转。

由于一般旋回破碎机的保险可靠性差和排矿口调整困难，劳动强度大，所以目前国内外都尽量采用液压技术来实现保险和排矿口的调整，这是因为液压装置具有调整容易、操作方便、安全可靠和易于实现自动控制等优点。液压旋回破碎机通常有两种结构方式，或者在主轴支撑点的悬吊环处安装液压缸，让主轴和动锥的重量及破碎力都作用在液压缸上；或者在主轴的底部设置液压缸，让主轴直接支撑在液压缸上。通过改变液压缸中的油量和油压，可以使主轴上升或下降，从而改变破碎机的排料口大小。此外，安装液压缸还可以起到过载保护作用。

b 旋回破碎机的性能 就当前我国选矿厂破碎车间的情况来看，粗碎设备不是采用旋回破碎机，就是使用颚式破碎机。为了正确选择和合理使用粗碎设备，现将它们简要分析对比如下。

与颚式破碎机比较，旋回破碎机的优点主要有：

（1）破碎作用较强，当给料口宽度相同时，旋回破碎机的生产能力是颚式破碎机的 2.5 ~3.0 倍，破碎每吨物料的能耗为颚式破碎机的 0.5 ~0.7 倍。

（2）工作平稳，要求的基础重量仅为自身重量的 2 ~3 倍，而颚式破碎机要求的基础重量则为设备自身重量的 5 ~ 10 倍。

(3) 可以挤满给料，不需设置料仓和给料机，而颚式破碎机则要求均匀给料，需要设料仓和给料机，特别是当给料的最大粒度大于 400mm 时，需要安装价格昂贵的重型板式给料机。

(4) 旋回破碎机易于启动。

(5) 旋回破碎机破碎产物中呈片状的物料较颚式破碎机破碎产物中的要少。

旋回破碎机的主要缺点是：

(1) 机身较高，所以厂房的建筑费用较高。

(2) 设备自身的重量较大，当给料口的宽度相同时，旋回破碎机的重量为颚式破碎机的 1.7 ~ 2.0 倍，故设备的投资费用较高。

(3) 当破碎潮湿或黏性物料时，旋回破碎机容易堵塞。

(4) 旋回破碎机安装、维护比较复杂，检修亦不方便。

c　旋回破碎机产品粒度特性曲线　　旋回破碎机的产品粒度特性曲线如图 3-2-15 所示。对比图 3-2-15 和图 3-2-11 不难发现，由于旋回破碎机是连续工作，所以其破碎产品的粒度比颚式破碎机的稍细、均匀一些。

d　旋回破碎机的主要参数　　旋回破碎机的工作参数是反映破碎机的工作状况和结构特征的基本参数。它的主要参数有给矿口宽度、排矿口宽度、啮角和动锥摆动次数、动锥底部直径。

(1) 给矿口宽度。旋回破碎机的给矿口宽度是指动锥离开定锥处两锥体上端的距离。旋回破碎机给矿口宽度的选取原则与颚式破碎机相同。

(2) 排矿口宽度。旋回破碎机的排矿口宽度是指动锥远离定锥时两锥体下端的最大距离。

(3) 啮角。旋回破碎机啮角 α 是指可动锥和固定锥表面之间的夹角（图 3-2-16）。一般取 $\alpha = 22° \sim 27°$。

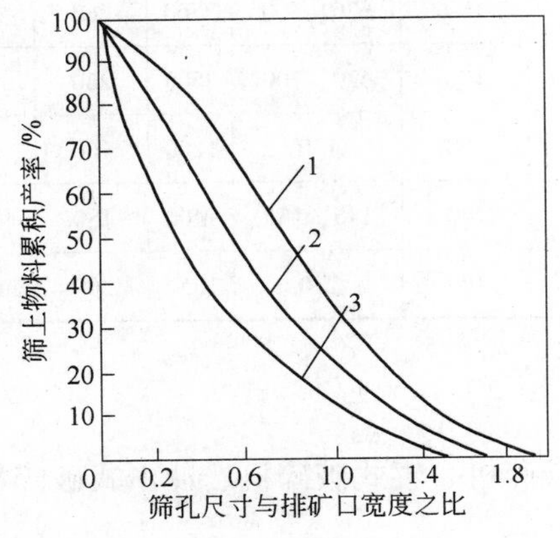

图 3-2-15　旋回破碎机的产品粒度特性曲线

1—难碎物料；2—中等可碎物料；3—易碎物料

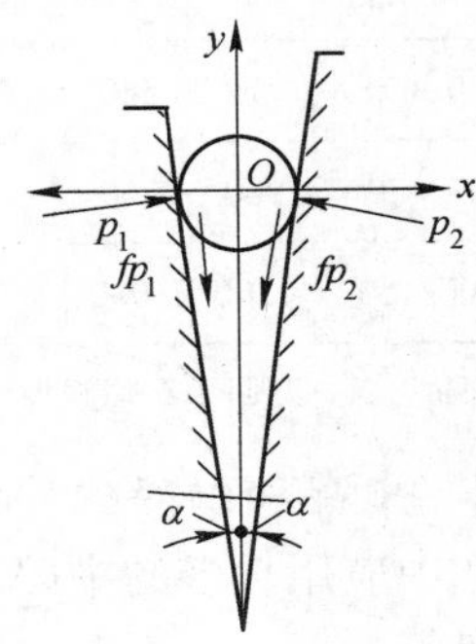

图 3-2-16　旋回破碎机的啮角及物料块在破碎腔中的受力情况

(4) 动锥摆动次数，即偏心轴套的转速。实际工作中，通常是按下面的经验公式来计算动锥的摆动次数（n，r/min）：

$$n = 175 - 50B \tag{3-2-1}$$

式中，B 为旋回破碎机的给矿口宽度，m。

（5）动锥底部直径。是指在排料口水平面动锥的直径。

e 旋回破碎机的技术规格和性能 旋回破碎机的技术规格和性能列于表 3-2-8 中。

表 3-2-8 旋回破碎机的技术规格和性能

类型	型号及规格	进料口宽度/mm	最大给矿粒度/mm	处理量/$t \cdot h^{-1}$	排矿口调节范围/mm	动锥转速/$r \cdot min^{-1}$	电动机功率/kW	动锥底部直径/mm	动锥最大提升高度/mm	破碎机质量/t
普通型	PX-500/75	500	400	170	75		130		140	43.5
	PX-900/150	900	750	500	150		180		140	143.6
液压重型	PXZ-500/60	500	420	140～170	60～75	160	130	1200	160	44.1
	PXZ-700/100	700	580	310～400	100～130	140	155，145	1400	180	91.9
	PXZ-900/90	900	750	380～510	90		210		200	141
	PXZ-900/130	900	750	625～770	130～160	125	210	1650	200	141
	PXZ-900/170	900	750	815～910	170～190	125	210	1650	200	141
	PXZ-1200/160	1200	1000	1250～1480	160～190	110	310	2000	220	228.2
	PXZ-1200/210	1200	1000	1640～1800	210～230	110	310	2000	220	228.2
	PXZ-1400/170	1400	1200	1750～2060	170～200	105	430，400	2200	240	314.5
	PXZ-1400/220	1400	1200	2160～2370	220～240	105	430，400	2200	240	305
	PXZ-1600/180	1600	1350	2400～2800	180～210	100	620，700	2500	260	481
	PXZ-1600/230	1600	1350	2800～2950	230～250	100	620，700	2500	260	481
液压轻型	PXQ-700/100	700	580	200～240	100～120	160	130	1200	160	45
	PXQ-900/130	900	750	350～400	130～150	140	145，155	1400	180	87
	PXQ-1200/150	1200	1000	600～680	150～170	125	210	1650	200	145

注：P—破碎机；X—旋回；Z—重型；Q—轻型。

3.2.1.2 中碎和细碎破碎机

目前生产中应用较多的中碎和细碎设备有圆锥破碎机、辊式破碎机、冲击式破碎机以及高压辊磨机等。

A 圆锥破碎机

a 圆锥破碎机的结构 圆锥破碎机是旋回破碎机的改造形式，主要用作中碎和细碎设备，所以习惯上又称为中细碎圆锥破碎机。圆锥破碎机的规格通常用动锥底部直径表示（如 ϕ1700 弹簧圆锥破碎机、ϕ2200 液压圆锥破碎机），于 1880 年开始用于工业生产，其基本结构如图3-2-17所示。从图3-2-17中可以看出，这种设备的机械结构与旋回破碎机非常相似，故对比着不同之处来介绍圆锥破碎机。两者的区别主要表现在：

（1）破碎工作件的形状及放置不同。旋回破碎机两个圆锥的形状都是急倾斜，且动锥是正立的截头圆锥，定锥是倒立的截头圆锥；而圆锥破碎机两个圆锥的形状均为缓倾斜的正立截头圆锥，而且两锥体之间具有一定长度的平行破碎区（平行带），以便使物料在破碎机内经受多次破碎；此外动锥的顶部还设置了一个给料盘，以保证物料均匀地进入破碎腔。

（2）由于旋回破碎机的动锥形状为急倾斜，破碎物料时，作用在它上面的垂直分力较小，所以采用结构比较简单的悬吊式支撑；而圆锥破碎机的动锥形状为缓倾斜，破碎物料时，作用在它上面的垂直分力很大，需要采用球面轴承支撑，为此动锥体（见图3-2-17）下端加工成球面，支撑在球面轴瓦上，球面轴瓦固定在球面轴承座上，轴承座直接盖住下面伞齿轮传动系统和中心套筒。

（3）旋回破碎机采用干式防尘装置，而圆锥破碎机采用水封防尘装置，以适应粉尘较大的工作环境。

（4）旋回破碎机借助于升降动锥来调节排料口的大小；圆锥破碎机则通过升降定锥来调节排料口的大小。在图3-2-17所示的圆锥破碎机中，支承环被弹簧压紧在圆柱形机架

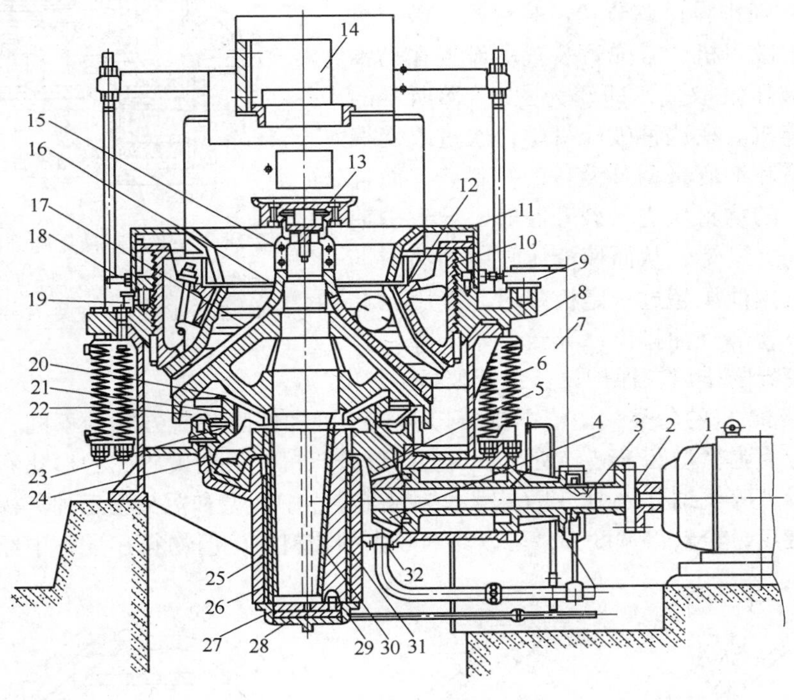

图3-2-17 圆锥破碎机结构

1—电动机；2—联轴节；3—传动轴；4—小圆锥齿轮；5—大圆锥齿轮；6—保险弹簧；7—机架；8—支承环；9—推动油缸；10—调整环；11—防尘罩；12—固定锥衬板；13—给料盘；14—给料箱；15—主轴；16—可动锥衬板；17—可动锥体；18—锁紧螺母；19—活塞；20—球面轴瓦；21—球面轴承座；22—球形颈圈；23—环形槽；24—筋板；25—中心套筒；26—衬套；27—止推圆盘；28—机架下盖；29—进油孔；30—锥形衬套；31—偏心轴承；32—排油孔

上，调整环借梯形螺纹拧在支承环内，定锥衬板通过U形栓固定在调整环内。支承环上缘沿周边设有若干个锁紧缸，充油后锁紧缸的活塞向上顶起拧在锁紧环上的锁紧螺母。锁紧螺母被向上顶起时，使调整环与支承环之间的梯形螺纹锁紧，从而保护梯形螺纹免遭破坏。调整环上固定有防尘罩，它的外圆周边有一圈齿块。当液压缸推动齿块时，就可以使调整环旋转。锁紧螺母卸载后，就松开了梯形螺纹，此时借助于液压缸向下旋转调整环，使排料口减小，向上旋转调整环，则排料口增大。排料口调整好以后，使锁紧缸充油，锁紧梯形螺纹。

（5）旋回破碎机的过载保护装置可有可无，但圆锥破碎机的过载保护装置则必不可少。在圆锥破碎机中，连接支承环和机架的弹簧有两个作用，其一是设备正常工作时，它产生足够大的压力把支承环（定锥的一部分）压死，保证破碎过程正常进行；其二是当有不能被破碎的异物进入破碎腔时，破碎力急剧增加，迫使弹簧压缩，整个定锥被向上抬起，让不能被破碎的物料块顺利排出，此后弹簧又恢复正常工作状态。这种借助于弹簧装置实现排料口调节和过载保护的破碎机称为弹簧圆锥破碎机。若弹簧装置由设置在动锥主轴下面的液压缸取代，即变为图3-2-18所示的液压圆锥破碎机。在这种破碎机中，通过改变液压缸中的油量和油压来调节设备的排料口，而且当不能被破碎的物料块进入破碎腔时，导致主轴上所受的轴向力剧增，从而使液压缸中的油压迅速上升，当缸内油压超过一定极限时，液压缸上安全阀打开，让部分油排出，导致主轴下降，排料口增大，使异物排出，保护设备免遭破坏。

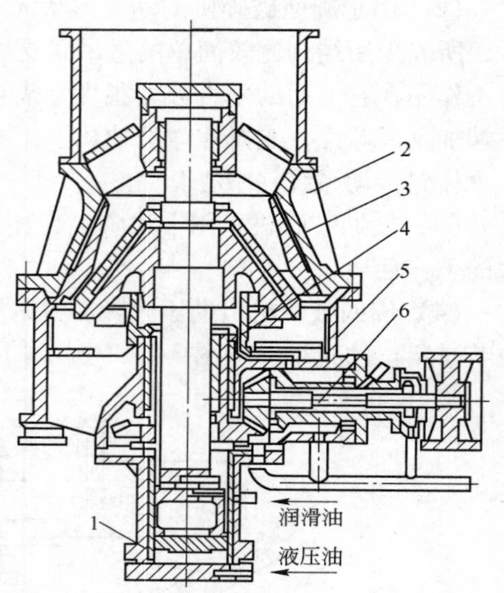

图3-2-18 底部单缸液压圆锥破碎机结构

1—液压油缸；2—固定锥；3—可动锥；4—偏心轴套；5—机架；6—传动轴

b 圆锥破碎机的分类 依据排料口调整装置和保险装置方式的不同，中、细碎圆锥破碎机可分为弹簧型圆锥破碎机和液压型圆锥破碎机。根据破碎腔的形状和平行带的长度可以把圆锥破碎机细分为图3-2-19所示的标准型、中间型和短头型三种。标准型圆锥破碎机的平行带短，给料口宽度大，可以给入较大的物料块，但物料在设备中经受的破碎次

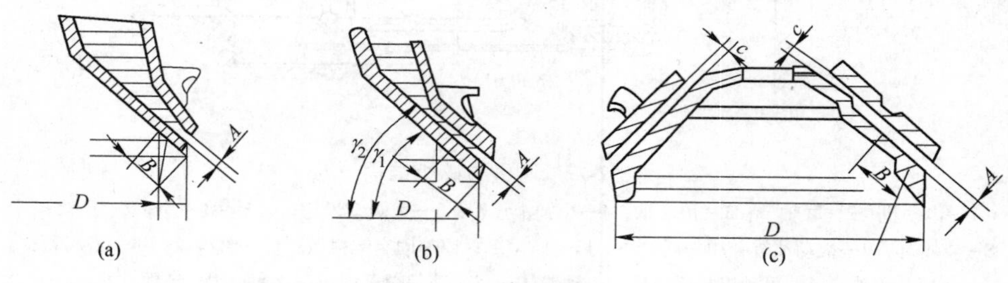

图3-2-19 中碎和细碎圆锥破碎机的破碎腔形式

（a）标准型；（b）中间型；（c）短头型

数较少，产物粒度粗，因而常被用作中碎设备。短头型圆锥破碎机的平行带较长，物料在设备内经受的破碎次数多，产物粒度细，但给料口的宽度小，所以被用作细碎设备。中间型介于二者之间。

c 圆锥破碎机的性能 中、细碎圆锥破碎机具有比旋回破碎机约快 2.5 倍的转速和大 4 倍的摆动角。这样高转速、大冲程的碎矿过程，有利于破碎腔内矿石的破碎，同时在破碎腔的下部还有一定长度的平行带，矿石在通过平行带区时，至少能被破碎一次，所以它的生产能力高、产品粒度较均匀，适于中硬及硬矿石的破碎。它的主要缺点是构造复杂，制造和检修都比较麻烦。此外，对破碎含泥和含水较高的矿石，排矿口容易堵塞。

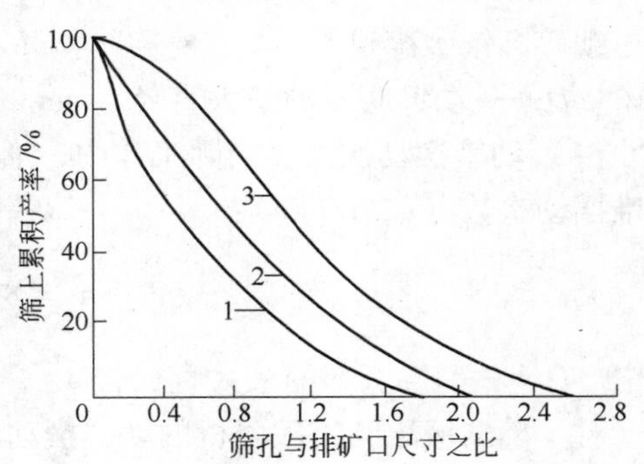

图 3-2-20 标准圆锥破碎机产品粒度特性曲线
1—易碎性矿石；2—中等可碎性矿石；3—难碎性矿石

d 圆锥破碎机的粒度特性曲线 标准型圆锥破碎机的产品粒度特性曲线如图 3-2-20 所示，短头型圆锥破碎机在开路和闭路破碎时的产品粒度特性曲线分别如图 3-2-21 及图 3-2-22 所示。

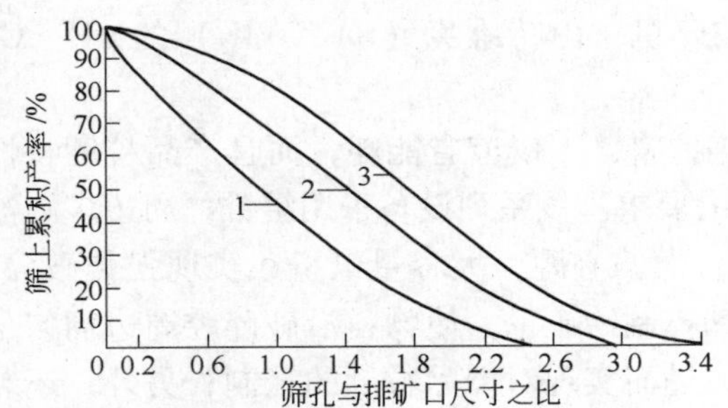

图 3-2-21 短头圆锥破碎机开路破碎时产品粒度特性曲线
1—易碎性矿石；2—中等可碎性矿石；3—难碎性矿石

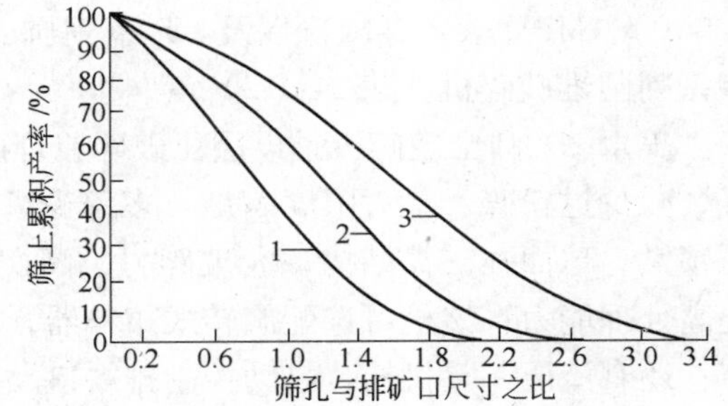

图 3-2-22 短头圆锥破碎机闭路破碎时产品粒度特性曲线
1—易碎性矿石；2—中等可碎性矿石；3—难碎性矿石

e 圆锥破碎机的主要参数 中、细碎圆锥破碎机的工作参数主要有给矿口与排矿口宽度、啮角、平行带长度和动锥摆动次数。

(1) 给矿口与排矿口宽度。中、细碎圆锥破碎机的给矿口宽度也是指动锥离开固定锥处两锥体上端的距离；排矿口宽度是指动锥靠近定锥时两锥体下端的最小距离。中、细碎圆锥破碎机，一般给矿口宽度 $B=(1.20\sim1.25)D$，给矿粒度 D 视破碎流程决定。对于中、细碎设备来说，破碎产品的粒度组成常比给矿口宽度更为重要。在确定中碎圆锥破碎机的排矿口宽度时，必须考虑破碎产品中过大颗粒对细碎机给矿粒度的影响，因为中碎机一般不设检查筛分，而细碎圆锥破碎机通常都有检查筛分。

(2) 啮角。中、细碎圆锥破碎机的啮角 α 同旋回破碎机。中碎破碎机一般取 $\alpha=20°\sim23°$；细碎破碎机一般无需考虑啮角问题。

(3) 平行带长度。为了保证破碎产品达到一定的细度和均匀度，中、细碎圆锥破碎机的破碎腔下部必须设有平行碎矿区（或平行带），以保证矿石排出之前，在平行带中至少受一次挤压破碎。平行带长度 L 与破碎机的类型和规格有关。

中碎圆锥破碎机
$$L = 0.085D \tag{3-2-2}$$

细碎圆锥破碎机
$$L = 0.15D \tag{3-2-3}$$

式中 D——动锥底部的最大直径，mm。

(4) 动锥摆动次数。实际工作中，通常是按下面的经验公式来计算弹簧圆锥破碎机的动锥摆动次数（n，r/min）：

$$n = 81(4.92 - D) \tag{3-2-4}$$

式中 D——动锥底部的最大直径，m。

对于单缸液压圆锥破碎机的动锥摆动次数，可用下列经验公式计算：

$$n = 400 - 90D \tag{3-2-5}$$

f 圆锥破碎机的技术规格　国产各种规格的弹簧圆锥破碎机和单缸液压圆锥破碎机的技术规格列于表 3-2-9 中。

除国产设备外，目前生产中使用较多的圆锥破碎机主要有美卓（METSO）的 HP（表 3-2-10）、MP（表 3-2-11）以及 GP 系列圆锥破碎机；山特维克（SANDVIK）的 CH、CS 型系列圆锥破碎机（表 3-2-12）等。

美卓 HP 圆锥破碎机是以层压破碎原理破碎物料，不仅节省能耗，而且产品粒度特性好，减少过粉碎，最大限度满足“多碎少磨”的要求。该系列设备采用缓锥，周边多缸液压锁紧、球面瓦支撑结构，大破碎力，高摆频，大偏心距，大容量电机，实现强化破碎，提高处理能力；该机可选配旋转式布料器，自动控制给矿量，使物料沿破碎腔周边均匀分布；还有液压调整机构，自动控制排料口尺寸，进而实现对产品粒度的控制；另外，还装有液压保险及过铁释放的清理系统，以保证破碎机安全作业。MP 系列圆锥破碎机设计的最大容许破碎力比 HP 系列多缸液压圆锥破碎机的还要大，并且机架设计更加结实。与 HP 和 MP 系列多缸液压圆锥破碎机相比，GP 系列单缸液压圆锥破碎机具有如下特点：主轴浮动，排矿口调整、过铁和破碎力施加都是依靠主轴连动动锥上下移动来实现的；破碎机机架在破碎力的作用下受拉应力；动锥衬板是机械加工面，更换衬板时不需使用填料；与同规格圆锥破碎机相比，GP 系列单缸液压圆锥破碎机的设计最大破碎力相对来说要比 HP 系列多缸液压圆锥破碎机的小。

山特维克圆锥破碎机的主要特点是：陡锥、高摆频、小偏心距、主轴简支梁支承形式、底部单缸液压支承、顶部星型架结构，具有较深的破碎腔、较大的进料粒度，尤其适应细碎作业工况的坚硬岩石破碎；特别针对重型恶劣工况设计制造，具有更高的可靠性；恒定破碎型，具有稳定的性能和更长的衬板寿命；更便捷、更低成本的维护；高度的灵活性，可根据生产条件的变化，方便地调整破碎比和生产能力；具有超载、过铁的自动保护系统；采用 ASRi 智能型排料自动控制系统能够实时地监视、显示破碎机的运行工况并对系统进行调整。

表 3-2-9　中细碎圆锥破碎机技术规格

类型		型号及规格	进料口宽度/mm	最大给料粒度/mm	排矿口调节范围/mm	处理量/t·h^{-1}	电动机功率/kW	动锥最大提升高度/mm	最重件质量/t	质量(包括电动机)/t
单缸液压	标准	PYY900/135	135	115	15~40	40~100	55	60	2.2	9.34
		PYY1200/190	190	160	20~45	90~200	95	100	5.08	19.33
		PYY1650/230	230	240	25~50	210~425	155	140	9.25	37.82
		PYY2200/290	290	300	30~60	450~900	280	200	21.85	74.5
	中型	PYY900/75	75	65	6~20	17~55	55	60	2.2	8.31
		PYY1200/150	150	130	9~25	45~120	95	100	5.08	19
		PYY1650/230	230	195	13~30	120~280	155	140	9.25	35.7
		PYY2200/290	290	230	15~35	250~580	280	200	21.85	78.94
	短头	PYY900/60	60	50	4~12	15~50	55	60	2.2	8.32
		PYY1200/80	80	70	5~13	40~100	95	100	5.08	17.6
		PYY1650/100	100	85	7~14	100~200	155	140	9.25	35.6
		PYY2200/130	130	110	8~15	200~380	280	200	21.85	73.4
弹簧	标准	PYB-600	75	65	12~25	40	30		1.06	5.6
		PYB-900	135	115	15~50	50~90	55		2.9	10.8
		PYB-1200	170	145	20~50	110~168	110		5	25
		PYB-1750	250	215	25~60	280~430	155		10.83	50.3
		PYB-2200	350	300	30~60	590~1000	280，260		18.512	84
	中型	PYZ-900	70	60	5~20	20~65	55		2.9	10.82
		PYZ-1200	115	100	8~25	42~135	110		5	25
		PYZ-1750	215	185	10~30	115~320	155		10.83	50.5
		PYZ-2200	275	230	10~30	200~580	280，260		18.512	85
	短头	PYD-600	40	36	3~13	12~23	30		1.06	5.6
		PYD-900	56	40	3~13	15~50	55		2.9	10.93
		PYD-1200	60	50	3~15	18~105	110		5	25.7
		PYD-1750	100	85	5~15	78~230	155		10.83	50.5
		PYD-2200	130	100	5~15	120~340	280，260		18.512	8.5

注：P—破碎机；第一个 Y—圆锥；第二个 Y—液压；B—标准；Z—中型；D—短头。

表 3-2-10 HP系列多缸液压圆锥破碎机主要技术参数

型　号	HP100	HP200	HP300	HP400	HP500	HP800
破碎机总重/kg	5400	10400	15810	23000	33150	64100
定锥、定锥衬板、调整帽、料斗/kg	1320	2680	3525	4800	7200	15210
动锥、动锥衬板和给料盘/kg	600	1200	2060	3240	5120	9300
最大推荐功率/kW	90	132	200	315	355	600
转动轴转速/r · min^{-1}	750 ~ 1200	750 ~ 1200	700 ~ 1200	700 ~ 1000	700 ~ 950	700 ~ 950

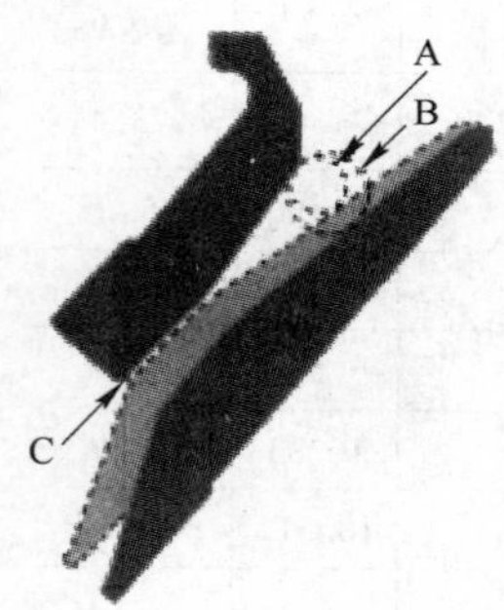

破碎机型号	破碎腔型	标准型			短头型		
		紧边给料口 A① /mm	开边给料口 B② /mm	最小排料口 C③ /mm	紧边给料口 A① /mm	开边给料口 B② /mm	最小排料口 C③ /mm
HP100	超细	—	—	—	20	50	6
	细	—	—	—	50	100	9
	中	—	—	—	70	97	9
	粗	—	—	—	100	124	13
	超粗	—	—	—	150	176	21
HP200	细	95	128	14	25	66	6
	中	125	156	17	54	70	6
	粗	185	208	19	76	114	10
	超粗	—	—	—	—	—	—
HP300	细	107	148	13	25	72	6
	中	150	190	16	53	100	8
	粗	211	240	20	77	123	10
	超粗	233	267	25	—	—	—
HP400	细	111	164	14	40	104	6
	中	198	245	20	52	107	8
	粗	252	292	25	92	143	10
	超粗	299	333	30	—	—	—
HP500	细	133	182	16	40	105	8
	中	204	246	20	57	116	10
	粗	286	322	25	95	152	13
	超粗	335	372	30	—	—	—
HP800	细	219	264	16	33	98	5
	中	267	308	25	92	150	10
	粗	297	340	32	155	210	13
	超粗	353	375	32	—	—	—

①“A”是在最小排料口“C”时对应的紧边给料口；

②“B”是在最小排料口“C”时对应的开边给料口；

③ 最小排料口是指不引起调整环跳动时所能实现的最小排料口，它随矿石性质和作业条件的不同而改变。

表 3-2-11 MP 系列多缸液压圆锥破碎机主要技术参数

标准与短头型		MP1000	MP800
破碎机主机总重/t		153.134	120.57
主机架总成、包括主轴和主机架衬板/t		49.441	41.45
定锥总成、包括定锥衬板、调节帽和料斗/t		33.112	26.00
调整环、锁紧环、锁紧缸和调节装置/t		30.990	17.157
动锥总成、动锥衬板和给料盘/t		17.573	15.96
传动轴箱、传动轴和破碎机皮带轮/t		4.113	3.195
动锥衬板/t		5.538	6.00
定锥衬板/t		5.837	7.46
液压动力装置(液压站)/t		1.211	1.125
成套润滑系统（风冷）	干重(无油)/t	3.492	3.492
	油箱装满油时的重量/t	5.125	5.125
成套润滑系统（水冷）	干重(无油)/t	4.046	4.046
	油箱装满油时的重量/t	5.678	5.678
安装滑滚的风冷器	干重(无油)/t	2.730	2.087
	油箱装满油时的重量/t	3.020	2.313

MP800	紧边给料口/mm	开边给料口/mm	紧边排料口/mm	给料口处的最小压缩比	MP1000	紧边给料口/mm	开边给料口/mm	紧边排料口/mm	给料口处的最小压缩比
短头细碎	40	91	6	2.28	短头细碎	64	128	8	2.00
短头中碎	68	117	6	1.72	短头中碎	104	169	10	1.63
短头粗碎	113	162	12	1.43	短头粗碎	140	203	10	1.45
标准超细碎	144	193	19	1.34	标准超细碎	241	295	22	1.22
标准细碎	241	282	19	1.17	标准细碎	242	300	25	1.24
标准中碎	308	347	25	1.13	标准中碎	343	390	32	1.14
标准粗碎	343	384	32	1.12	标准粗碎	360	414	38	1.15

表 3-2-12 山特维克圆锥破碎机技术规格及主要参数

型号	CS 系列				CH 系列					
	CS420	CS430	CS440	CS660	CH420	CH430	CH440	CH660	CH870	CH880
对应的老型号	S2800	S3800	S4800	S6800	H2800	H3800	H4800	H6800	H7800	H8800
维修时最大起重重量/kg	2300	5100	8100	16500①	1400	2900②	4700②	7300		22000②
总重/kg	6800	12000	19300	36500	5300	9200	14300②	23500②		66500②
功率/kW	90	160	250	315	90	160	250	315	500	600
腔型	EC、C	EC、C、MC	EC、C、MC	EC、C	EC、C、M、MF、F、EF	EC、C、MC、M、MF、F、EF	EC、C、MC、M、MF、F、EF	EC、CX、C、MC、M、MF、F、EF	EC、C、MC、M、MF、F、EF	EC、C、MC、M、MF、F、EFX、EF、EEF
给料最大粒度/mm（对应于腔型）	240、200	360、300、235	450、400、300	560、500	135、90、65、50、38、29	185、145、115、90、75、50、35	215、175、140、110、85、70、38	275、245、215、175、135、115、85、65	300、240、195、155、100、90、80	370、330、260、195、130、120、100、85、75

注：CS 系列圆锥破碎机三种标准破碎腔型可选，EC—特粗，C—粗，MC—中粗。CH 系列圆锥破碎机多种标准破碎腔型可选。EC—特粗，CX—准特粗，C—粗，MC—中粗，M—中，MF—中细，F—细，EFX—准特细，EF—特细，EEF—超细。

① 上架体总成 + 臂架总成的重量。②对应细腔破碎机的重量。如果是粗腔破碎机，这些重量将会减少，CH430 减少 380kg；CH440 减少 600kg；CH660 减少 600kg；CH880 减少 3800kg。

B 惯性圆锥破碎机

a 惯性圆锥破碎机的结构及工作原理 惯性圆锥破碎机是前苏联选矿研究设计院（现俄罗斯圣·彼得堡“米哈诺布尔”科技股份公司）经过四十多年努力研究，在大量的理论和试验工作的基础上，研制出在破碎领域具有革命性突破的节能细碎设备，它以先进的破碎理论、独特的设计思路、合理的机械结构和优良的性能代表了圆锥破碎机的世界最高水平。

经北京矿冶研究总院引进，并和“米哈诺布尔”科技股份公司合作完善和优化，它可以最高程度实现“料层选择性破碎”，具有破碎比大、高效节能、技术指标稳定、操作方便等优点，特别是它能够开路配置、一段工作完成中细碎，得到 -10mm 粒度的产品，很好地满足“多碎少磨”新工艺的要求和提高磨机的处理能力。

惯性圆锥破碎机由动力部分、传动部分和工作部分组成。如图 3-2-23 所示，惯性圆锥破碎机底架下面设计有减振垫，机体和底架之间安装有减振器，动锥通过动锥支撑安装在机体上，定锥直接固定在机体上。动锥和定锥安装有耐磨衬板，两衬板之间形成惯性圆锥破碎机的工作部分——破碎腔。工作动力由高速旋转的激振器产生，电动机通过皮带轮、传动轴和万向接轴等使具有偏心不对称质量的激振器高速旋转，产生巨大的惯性离心力，通过动锥轴传递给动锥，动锥在力的作用下振动冲击破碎腔中的物料，使物料破碎。

惯性圆锥破碎机破碎力的大小不同于其他圆锥破碎机那样由被破碎物料的硬度和

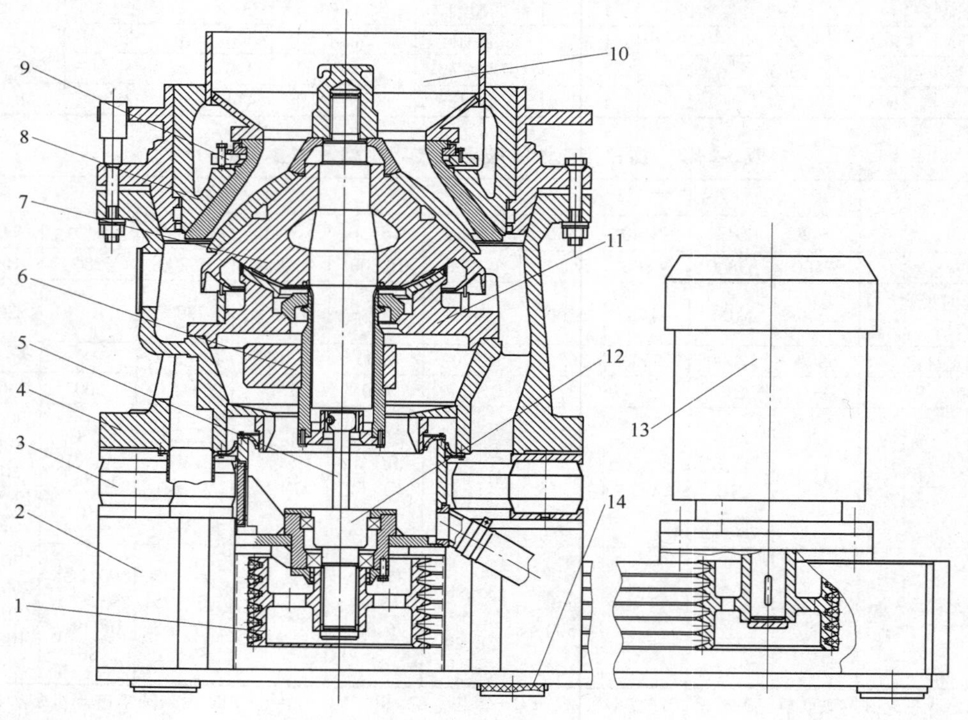

图 3-2-23 惯性圆锥破碎机结构

1—皮带轮；2—底架；3—减振器；4—机体；5—万向接轴；6—激振器；7—动锥；8—定锥；9—衬板固定装置；10—料斗；11—动锥支撑；12—传动轴；13—电动机；14—减振垫

破碎腔中物料的充填率来决定，而是由不平衡转子及动锥的离心力决定的。因此，对于所选定的静力矩和不平衡转子的转速，其破碎力大小已经确定，几乎与物料硬度和破碎腔充填率变化无关，调整不平衡转子的静力矩和转速即可针对任何工作条件得到所需的破碎力。惯性圆锥破碎机动锥的振幅不像偏心圆锥破碎机那样受传动链限制是确定的，而取决于物料层抗压强度与破碎力的平衡条件，具有随机性和选择性。

被粉碎的物料在破碎腔中的移动大约持续几秒钟，受破碎作用达30次左右。物料颗粒在每个移动循环中改变其相对相邻颗粒的方位，使相互作用力的矢量也不断改变。由此达到改变被粉碎物料的负载方向的目的，同时造成强制性破碎条件，破碎相邻那些粒子键力弱的颗粒，在等强度的颗粒中，那些剪切力和错位滑动方向重合的颗粒发生破碎。由于沿料层不均匀，动锥每滚动一周都伴随着100多次的振动，这种振动产生的脉动力加强了破碎作用。

惯性圆锥破碎机既可用于粉碎任何硬度的脆性物料（矿石、铁合金等），又可以选择性解离物料（钢渣、铜渣等），这些物料的组成结构带有晶体特性，具有最小过粉碎的晶体选择性解离是靠向物料体积层施加严格定量的通常为惯性的压力，同时还要施加引起相间联系逐渐松散的脉冲振动剪切负载来达到。

惯性圆锥破碎机和其他圆锥破碎机在结构和工作原理上主要有以下几点不同：

（1）前者的轴套无偏心，主轴不带锥度；后者是偏心轴套，轴套和主轴都有锥度。

（2）前者是皮带传动，轴套和传动轴间通过万向节轴柔性连接；后者是伞齿轮传动，大齿轮固定于轴套上。

（3）前者的动锥运动轨迹（偏转幅度）是不确定的，是由破碎腔中物料等情况决定的，“选择性破碎”效果更强；后者动锥运动轨迹是确定的。

（4）前者是通过激振器高速旋转的离心力带动动锥产生冲击振动力完成破碎；后者是通过偏心轴套迫使动锥做偏心运动产生挤压等作用完成破碎。

b 惯性圆锥破碎机的性能 就当前大多数选矿厂破碎车间的情况来看，中碎、细碎设备主要是圆锥破碎机，一般各配置一台，而惯性圆锥破碎机能一次性完成中细碎工作，可以配置为一段开路。为了合理选择中细碎设备和优化破碎工艺流程，现将它们简要分析对比如下。

与其他圆锥破碎机比较，惯性圆锥破碎机的优点主要有：

（1）破碎频率比传统的圆锥破碎机要高一倍左右。

（2）破碎比大（8～30），产品粒度细且均匀。

（3）工作方式主要是振动冲击动力粉碎，工作效率和能效更高。

（4）能够实现动平衡，安装使用时，无需庞大的基础，无需地脚螺栓固定。

（5）技术性能稳定，产品粒度受衬板磨损程度、排料口间隙大小等的影响很小。

（6）粒型大部分为近立方体，对加工玻璃、耐火材料和矿山堆浸工艺原料较有利。

（7）传动系统和工作系统都是柔性结构，当破碎腔中卡有大块不可破碎物发生“过铁”时，动锥停止摆动，激振器继续旋转，不会损坏设备。

（8）破碎力可以根据需要调整，破碎力值可以达到其他圆锥破碎机的几倍，同时它具有柔性结构特点，故可以中细碎各种硬度的脆性物料，自磨半自磨流程产生的“顽石”，甚至是钢渣等冶金炉渣。

c　惯性圆锥破碎机的粒度特性曲线　惯性圆锥破碎机的产品粒度特性曲线如图3-2-24所示。

d　惯性圆锥破碎机的技术参数　部分规格的惯性圆锥破碎机的技术参数列于表3-2-13中。

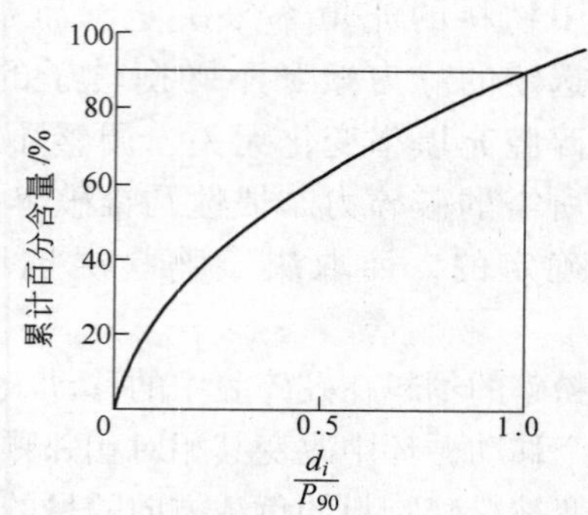

图3-2-24　惯性圆锥破碎机产品粒度特性曲线
（d_i—检测粒度，mm；P_{90}—P_{90}产品粒度（见表3-2-13），mm）

C　辊式破碎机

辊式破碎机是工业上应用最早的一种破碎设备，于1806年首次用于工业生产。由于这种破碎设备结构简单、工作可靠，至今仍被广泛用于破碎脆性、黏结、冻结和不耐研磨的物料（例如石灰石、煤炭、白垩、石膏、钨矿石和较软的铁矿石等）。

表3-2-13　惯性圆锥破碎机技术规格

项　目		数　值			
规格型号		GYP-600	GYP-900	GYP-1200	GYP-1500
产量/t·h^{-1}		15～20	30～50	60～100	140～220
给料粒度/mm		<50	<70	<90	<150
排料间隙/mm		25～35	25～40	45～60	60～90
P_{90}产品粒度/mm		<5	<8	<10	<13
装机功率/kW		55	110	185	250
主机质量/t		9	20	34	60
主机尺寸	长/mm	2470	3210	3725	4500
	宽/mm	1475	1890	2560	3000
	高/mm	2070	2210	3215	3900

注：GYP-60、GYP-100、GYP-200、GYP-300、GYP-450、GYP-1750、GYP-2200规格因应用较少，篇幅所限，未列出。

辊式破碎机的规格用辊子直径乘以长度表示，即$D\times L$。

a　辊式破碎机的类型　根据辊子的数目可以将辊式破碎机分为单辊式破碎机（又称为颚辊式破碎机）、双辊式破碎机（又称为对辊破碎机）、三辊式破碎机、四辊式破碎机和六辊式破碎机；根据辊面形状可分为光滑辊面辊式破碎机和齿辊破碎机。

b　辊式破碎机的结构和工作原理　图3-2-25是标准弹簧双辊破碎机的结构简图。它主要由破碎辊、调整装置、弹簧保险装置、传动装置和机架等组成。

破碎辊：是在水平轴上平行装置两个相向回转的辊子，它是辊式破碎机的主要工作机构。其中一个辊子的轴承座（图中右侧）是可动的，用以调整排矿间隙，另一个辊子的轴

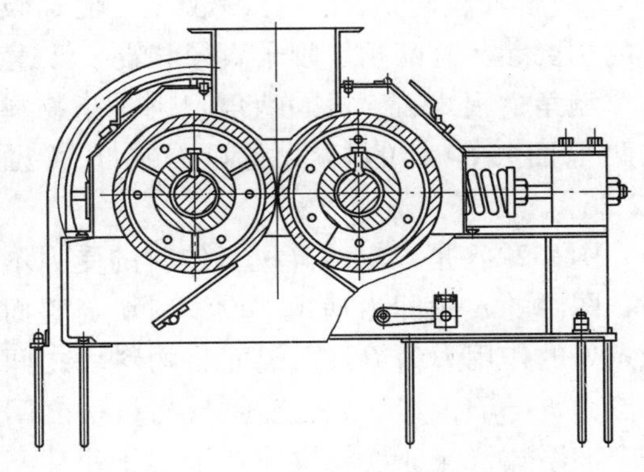

图 3-2-25　双辊破碎机结构

承座是固定的，破碎辊是由轴、轮毂和辊皮构成。辊子轴采用键与锥形表面的轮毂配合在一起，辊皮固定在轮毂上，借助三块锥形弧铁，利用螺栓螺母将它们固定一起的。由于辊皮与矿石直接接触，所以它需要时常更换，而且一般都是用耐磨性好的高锰钢或特殊碳素钢制造。

调整装置：调整装置用来调整两破碎辊之间的间隙大小（即排矿口），它是通过增减两个辊子轴承座之间的垫片数量，或者利用蜗轮调整机构进行调整的，以此控制破碎产品粒度。

弹簧保险装置：它是辊式破碎机很重要的一个部件，弹簧松紧程度对破碎机正常工作和过载保护都有极重要作用。设备正常工作时，弹簧的压力应能平衡两个辊子之间所产生的作用力，以保持排矿口的间隙，使产品粒度均匀。当破碎机进入非破碎物体时，弹簧应被压缩，迫使可动破碎辊横向移动，排矿口宽度增大，保证机器不致损坏。非破碎物体排除后，弹簧恢复原状，机器正常工作。

传动装置：电动机通过三角皮带（或齿轮减速装置）和一对长齿齿轮，带动两个破碎辊做相向旋转运动。该齿轮是一种特制的标准长齿，当破碎机进入非破碎物体，两辊轴之间的距离将发生变化，这时长齿齿轮仍能保证正常的啮合。但是，这种长齿齿轮很难制造，工作中常常卡住或折断，齿轮修复也很困难，而且工作时噪声较大。因此，长齿齿轮传动装置主要用于低转数的双辊式破碎机，辊子表面的圆周切向速度小于 3m/s。转数较高（圆周切向速度大于 4m/s）的破碎机，常采用单独的电动机分别带动两个辊子旋转，这就需要安装两台电动机，故价格较贵。

机架：机架一般采用铸铁铸造，也可采用型钢焊接或铆接而成，要求机架结构必须坚固。

辊式破碎机工作时两个圆辊做相向旋转，当物料通过两个辊子之间的间隙时，由于物料和辊子之间的摩擦作用，将给入的物料卷入两辊所形成的破碎腔内，物料经受很大的压力而破碎。破碎产品在重力作用下从两个辊子之间的间隙处排出，该间隙的大小即决定破碎产品的最大粒度。

c　辊式破碎机的性能　　齿面和带沟槽辊式破碎机一般用于粗碎或中碎软质和中硬物料；光面辊式破碎机用于细碎或粗磨坚硬或特硬物料。

辊式破碎机的破碎产品中过粉碎粒级较少，这是该设备的一个重要优点。在选择破碎机类型时，除了比较各种破碎机的生产能力、功率消耗、工作可靠性、机器质量和尺寸等技术特征外，过粉碎少往往是选定辊式破碎机的一个重要因素。

单辊破碎机除压碎和劈碎外，还利用剪切力进行破碎工作，这对破碎某些物料（例如海绵铁或焦炭）很有效，而且齿牙的形状和布置变化方案很多，以适应物料特性和产品粒度的要求。

但是，这种设备的生产能力低，占地面积大，且磨损严重。

d 辊式破碎机的主要参数 辊式破碎机的主要参数有啮角、辊子直径和辊子转速。

啮角：辊式破碎机的啮角 α 则是指物料块与两辊面接触点的切线之间的夹角（见图 3-2-26）。

图 3-2-26 是双辊破碎机工作时的受力示意图，图中的 α 角即为啮角。设物料块与辊面接触点处的作用力为 P，则辊面与物料块之间的摩擦力 $F = fP$，其中 f 是辊面与物料块之间的静摩擦系数，保证物料块被两个辊子钳住不向上飞出的力学条件是：

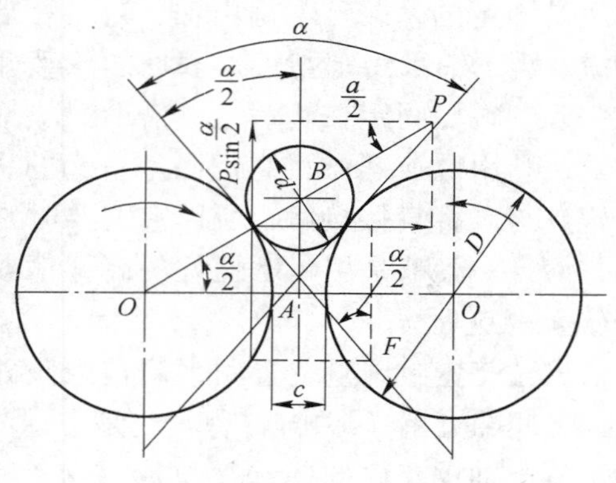

图 3-2-26 物料块在双辊破碎机中的受力情况

$$2P\sin(\alpha/2) \leqslant 2fP\cos(\alpha/2) + G \tag{3-2-6}$$

式中，G 是物料块自身的重力，与 $2fP\cos(\alpha/2)$ 相比可以忽略不计，因而上式可近似地表示为：

$$2P\sin(\alpha/2) \leqslant 2fP\cos(\alpha/2) \tag{3-2-7}$$

$$\tan(\alpha/2) \leqslant f = \tan\phi \tag{3-2-8}$$

式中，ϕ 是物料块与破碎机械工作部件表面之间的静摩擦角。由上式可得：

$$\alpha \leqslant 2\phi \tag{3-2-9}$$

式（3-2-9）就是所有以工作部件压碎物料的破碎机械必须满足的力学条件。

由式（3-2-9）可知，最大啮角应小于或等于摩擦角的两倍。

当辊式破碎机破碎矿石时，一般取摩擦系数 $f = 0.3 \sim 0.35$；或摩擦角 $\phi = 16°50' \sim 19°20'$，则破碎机最大啮角 $\alpha \leqslant 33°40' \sim 38°40'$。

辊子直径：光面辊式破碎机的辊子直径应当等于最大给矿粒度的 20 倍左右，也就是说，这种双辊式破碎机只能作为矿石的中碎和细碎。对潮湿黏性物料，辊子直径应当大于最大给矿粒度的 10 倍以上。齿形（槽形）辊式破碎机的辊子直径较光面破碎机要小，齿形的辊子直径约为 2 ~ 6 倍的最大给矿粒度；槽形的辊子直径约为 10 ~ 12 倍最大给矿粒度。所以，齿形辊式破碎机可以对石灰石或煤进行粗碎。

辊子转速：破碎机合适的转速与辊子表面特征、物料的坚硬性和给矿粒度等因素有关。一般，给矿粒度愈大、矿石愈硬，则辊子的转速应当愈低。槽形（齿形）辊式破碎机的转速应低于光面辊式破碎机。但是，破碎机的生产能力与辊子的转速成正比。为此，近年来趋向选用较高转速的破碎机。然而，转速的增加是有限度的。转速太快，摩擦力随之减小，若转速超过某一极限值时，摩擦力不足以使矿石进入破碎腔，从而形成“迟滞”现象，不仅动力消耗剧增，而且生产能力显著降低，同时辊皮磨损严重，所以，破碎机的转速应有一个合适的数值。辊子最合适的转速，一般根据试验来确定。通常，光面辊子的圆周切向速度 $v = 2 \sim 7.7$ m/s，不应大于 11.5m/s；齿形辊子的圆周切向速度 $v = 1.5 \sim 1.9$ m/s，不得大于 7.5m/s。

e 辊式破碎机的技术规格 辊式破碎机定型产品的技术规格见表 3-2-14。

表 3-2-14　辊式破碎机定型产品的技术规格

规格型号	辊子规格（直径×长度）/mm	给矿粒度/mm	排矿粒度/mm	生产能力/t·h^{-1}	辊子转速/r·min^{-1}	电动机功率/kW	机器质量/t
400×250 双辊	400×250	20～32	2～8	5～10	200	11×2	1.3
600×400 双辊	600×400	8～36	2～9	4～15	120	11	2.55
750×500 双辊	750×500	40	2～10	3～17		28	12.25
1200×1000 双辊	1200×1000	40	2～12	15～90	122.5	2×40	45.3
1100×1600 单辊	1100×1600		≤100			20	15
1500×2800 单辊	1500×2800		≤200			55	55
900×700 单辊	900×700	40～100		16～18	上 104/下 189		27.3
450×500 双齿辊 600×750 双齿辊	450×500 600×750	200 600	0～25 0～50 0～75 0～100 0～50 0～75 0～100 0～125	20，35 45，55 60，80 100，125	64 50	8，11 20 22	3.786 6.712
1100×1620 单齿辊	1600×1620		<100	60～90	4.32/5.81	22	15
1600×2640 单齿辊	1600×2640		150	400	6	40	37.4

D　冲击式破碎机

通常物料的抗冲击强度比其抗压强度要小一个数量级，而且高频冲击下能量散失较少。因此，采用冲击的方式破碎物料时，破碎效率高，破碎单位质量物料的能耗低。冲击式破碎机正是基于这一事实而发展起来的。利用冲击能破碎物料的机械主要有反击式破碎机、锤式破碎机等。

a　反击式破碎机　　反击式破碎机的规格以转子的直径及长度 $D \times L$ 表示。反击式破碎机的转子轴通常采用水平安装，转子轴被置于垂直方向的称为立式冲击破碎机。反击式破碎机按照转子的数目，分为单转子和双转子两种；双转子反击式破碎机按照两个转子的配置方式，又细分为两转子反向的、两转子同向的和呈高差配置的三种。

(1) 反击式破碎机的结构。单转子反击式破碎机的结构如图 3-2-27 所示。这种设备由转子、打击板、反击板和机体等部件组成，转子上固定有 3 块以上的打击板。在上机体上悬吊着 2 块反击板，构成 2 个破碎腔。

转子：是反击式破碎机最重要的工作部件，必须具有足够的质量，以适应破碎大块矿石的需要。因此，大型反击式破碎机的转子，一般采用整体式的铸钢结构。这种整体式的转子，不仅重量较大，坚固耐用，而且便于安置打击板。有时也采用数块铸钢或钢板构成圆盘叠合式的转子，这种组合式的转子，制造方便，容易得到平衡。小型的破碎机采用铸

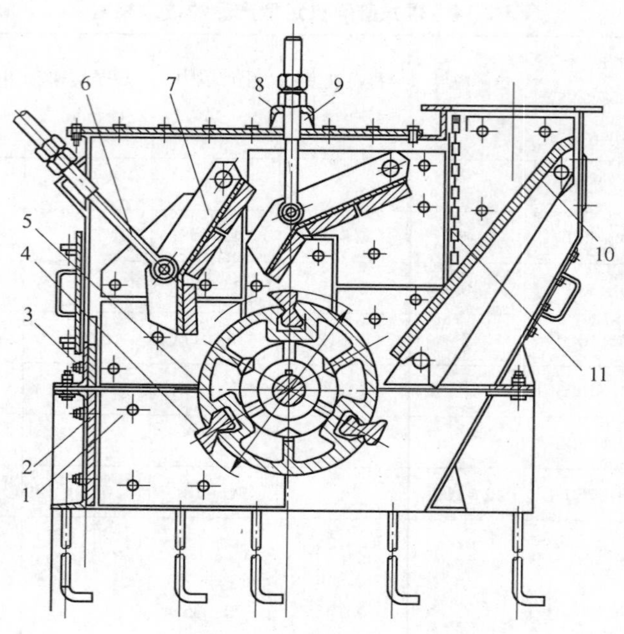

图 3-2-27 单转子反击式破碎机结构

1—机体保护衬板；2—下机体；3—上机体；4—打击板；5—转子；6—拉杆螺栓；7—反击板；8—球面垫圈；9—锥面垫圈；10—给料溜板；11—链幕

铁制作，或者采用钢板焊接的空心转子，但强度和坚固性较差。

打击板：是反击式破碎机中最容易磨损的工作零件，要比其他破碎机的磨损程度严重得多。打击板的磨损程度和使用寿命与其材质、矿石的硬度、打击板的线速度（转子的圆周速度）、打击板的结构形式等因素直接有关，其中打击板的材质问题是决定磨损程度的主要因素。

反击板：反击板的结构形式对破碎机的破碎效率影响很大。反击板有折线形或渐开线形等结构。折线形的反击板结构简单，但不能保证矿石获得最有效的冲击破碎；渐开线形反击板的特点是在反击板的各点上矿石都是以垂直的方向进行冲击，因而破碎效率较高。另外，反击板也可制成反击栅条和反击辊的形式，这种结构主要起筛分作用，提高破碎机的生产能力，减少过粉碎现象，并降低功率消耗。

（2）工作原理。单转子反击式破碎机工作时，物料沿带筛孔的给料溜板给入，粒度小于筛孔尺寸的物料块，在沿溜板下滑的过程中，透过溜板直接进入破碎产物中，而粒度大于筛孔的物料块则进入破碎腔。高速旋转的打击板打击物料块，使之受到冲击破碎的同时，还以一定的速度飞向反击板。当物料块撞击到反击板时，它将再次受到冲击破碎，并被反弹回打击板。破碎过程将如此反复进行，直到物料块的粒度小于第 1 个破碎腔的排料口尺寸后，即进入第 2 个破碎腔继续破碎。当然，物料块在破碎腔内除了经受打击板和反击板的冲击破碎作用之外，物料块之间的相互撞击也会产生一定的冲击破碎作用，加速物料的破碎过程。粒度达到要求的物料块从最后一个破碎腔排出，形成最终破碎产物。

整个转子和反击板等工作部件用一个罩子罩住，给料口处设有链幕，以防止破碎腔内的物料块往外飞。

打击板和反击板下缘之间的间隙即是反击式破碎机的排料口，调节拉杆上的螺母就可以调整破碎机排料口的大小。

当有不能被破碎的物料块进入破碎腔时，反击板被向上顶起，这样的物料块排出后，反击板又落下，从而起到过载保护作用。

（3）工作性能。在反击式破碎机中，物料块越大，它的动能也就越大，受到的冲击破碎作用也越强，所以反击式破碎机的产品粒度比较均匀。在这种设备的破碎过程中，能量损失小，破碎效率高，而且物料块容易在结合力较弱的不同组分结合面上发生破裂。另外，反击式破碎机的质量轻，体积小，结构简单，但破碎比可高达 30～40，最大可达 150，这是其他任何一种破碎设备都无法比拟的。因而采用反击式破碎机时，可以简化破碎流程，节省投资费用。只是由于它的转子高速旋转，磨损严重成了这种设备的致命弱点。因此，长期以来只用于破碎一些脆性和硬度不大的物料。

（4）主要参数。反击式破碎机的主要参数包括转子直径和转子转速。

1）转子直径：转子直径可按下式计算：

$$D = \frac{100(d + 60)}{54} \tag{3-2-10}$$

式中　D——转子直径，mm；

d——给矿块尺寸，mm。

对于单转子反击式破碎机，将上式计算的结果乘以 0.7。

转子直径与长度的比值一般为 0.5～1.2。矿石抗冲击力较强时，选用较小的比值。

2）转子转速：转子的圆周速度（打击板端点的线速度），从冲击破碎的特点来看，它是反击式破碎机的主要工作参数。该速度的大小，对于打击板的磨损、破碎效率、排矿粒度和生产能力等均有影响。一般来讲，速度增高，排矿粒度变细，破碎比增大，但打击板和反击板的磨损也加剧。所以，转子的圆周速度不宜太高，一般在 15～45m/s 范围以内。用做粗碎时，圆周速度可取小一些；用做细碎时，应取较大的速度。

（5）技术规格。我国生产的反击式破碎机的技术规格见表 3-2-15。

表 3-2-15　反击式破碎机的技术规格

形式	转子尺寸（直径×长度）/mm	最大给矿粒度/mm	排矿粒度/mm	生产能力 $/t \cdot h^{-1}$	电动机功率/kW	转子转速 $/r \cdot min^{-1}$	机器质量/t	制造厂
单转子	500×400	100	<20	4～10	7.5	960	1.35	上海重型机械厂有限公司
	1000×700	250	<30	15～30	40	680	5.54	
	1250×1000	250	<50	40～80	95	475	15.25	
	1600×1400	500	<30	80～120	155	228，326，456	35.6	
双转子	1250×1250	850	<20（90%）	80～150	130 155	第一转子 565 第二转子 765	58	

b　锤式破碎机　　锤式破碎机是利用高速回转锤子的打击作用而进行破碎的。如图

3-2-28 所示，工作时，铰接的锤头高速回转，对给入的大块物料进行打击，并使其抛向机体内壁的承击板上，在承击板上物料进一步冲击破碎后，落到下面的格筛上，粒度合格的产物从箅条缝隙中排出，箅条上的物料继续被锤头打击、挤压或研磨，直至全部透过箅条为止。锤式破碎机适用于破碎脆性物料。

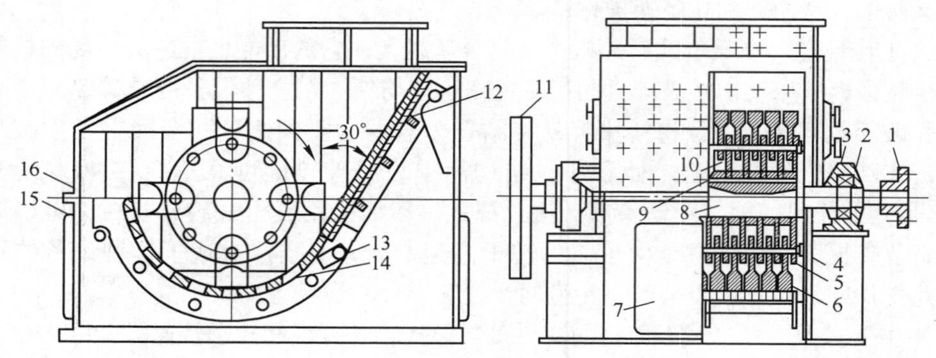

图 3-2-28 锤式破碎机结构

1—弹性联轴节；2—球面调心滚柱轴承；3—轴承座；4—销轴；5—销轴套；6—锤头；7—检查门；8—主轴；9—间隔套；10—圆盘；11—飞轮；12—破碎板；13—横轴；14—格筛；15—下机架；16—上机架

锤式破碎机又可分为两类：单转子锤式破碎机和双转子锤式破碎机。

锤式破碎机的规格用转子工作直径 D 和转子长度 L 表示，即 $D \times L$。

锤式破碎机具有结构简单、机器紧凑、处理能力大、破碎比大以及功率消耗小等优点；其主要缺点是物料含水分过高时易堵塞格筛缝，锤头磨损较快。

图 3-2-28 所示的是我国生产的 PCB1600 × 1600 单转子不可逆锤式破碎机的结构图，该机器由传动装置、转子、格筛和机架等部分组成。

电动机通过弹性联轴节直接带动主轴旋转。主轴通过球面调心滚柱轴承安装在机架两侧的轴承座中，在主轴的一端装有起缓冲作用的飞轮。转子由主轴、圆盘和锤头等组成。主轴上装有 11 个圆盘，圆盘间装有间隔套，以防止圆盘轴向移动。锤头铰接悬挂在贯穿所有圆盘的销轴上。圆盘上还配有第二组销轴孔，当锤头磨损后，可将锤头及销轴移到第二组孔内安装，以继续利用锤头。格筛设在转子下方，由弧形筛架和筛板组成。筛板利用自重和相互挤压方式固定在筛架上，弧形筛架两端悬挂在横轴上，横轴通过吊环螺栓悬挂在机架外侧的凸台上，调节吊环螺旋可以改变锤头顶部与筛板之间的间隙。格筛左端与机架内壁之间有一间隔空腔，便于非破碎物从此空腔排出机外；格筛的右上方装有平面形破碎板。

国产单转子锤式破碎机的技术特征见表 3-2-16。

E 高压辊磨机

长期的工作实践表明，破碎过程的能耗和钢耗都明显比磨碎过程低，所以多碎少磨是物料粉碎过程一直坚持的一项重要原则。联邦德国 Thyssen Krupp Polysius 公司于 1985 年制造出了世界上第一台规格为 1800mm × 570mm 的工业型高压辊磨机，注册商标为 POLYCOM，于 1986 年在 Leimen 水泥厂正式投入工业使用。继 Krupp 公司之后，联邦德国的 KHD Humboldt Wedag 公司、美国的 Fuller 公司等也先后生产出了多种规格的高压辊磨机。

表 3-2-16　国产单转子锤式破碎机的技术特征

规　格	PCB600×600	PCB800×600	PCB1000×800	PCB1600×1600
转子直径/mm	600	800	1000	1600
转子长度/mm	600	600	800	1600
转子转速/r·min^{-1}	1000	980	975	585
最大给料粒度/mm	100	200	200	350
排料粒度/mm	<35	<10	<13	<20
处理能力/t·h^{-1}	12~15	18~24	25~65	300
锤头总数/个	20	36	48	40
电动机功率/kW	18.5	55	115	480
设备质量①/t	1.2	2.53	5.05	26.60
外形尺寸（长×宽×高）/mm	1055×1020×1122①	1495×1678×1020①	3514×2230×1515	6015×3364×2700

① 不包括电动机。

a　高压辊磨机的结构　　高压辊磨机的结构主要由机架、压辊、轴承、驱动装置、喂料装置、液压、润滑和控制等系统组成。电机通过万向联轴器、减速机与安装在机架水平滑辊上的辊子系统（轴承和安装在轴承上的辊子）连接。挤压力的形成是通过两个直径相等、转速相同且相向旋转的辊子压力和物料自重压力构成的。两个压辊，其中一个辊子的轴承座是固定的，称为固定辊；另一个辊子的轴承座与液压缸连接，随着缸内压强的变化，可以使辊子沿径向前后移动，因而称为活动辊。2 个辊子分别由 2 台电动机通过各自的减速装置带动，其中带动活动辊的电动机及其减速装置安装在一活动小车上，可以随着活动辊一起前后移动。压力则通过高压油缸加载到动辊两端的轴承座上。高压辊磨机的结构示意图如图 3-2-29 所示。

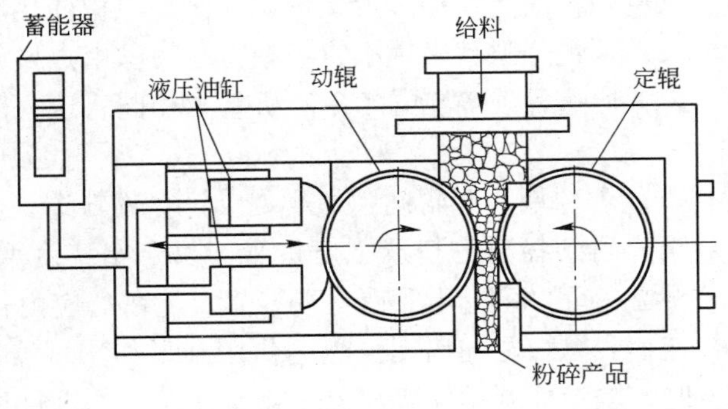

图 3-2-29　高压辊磨机结构

b　工作原理　　高压辊磨机工作时，两个压辊等速相向旋转，喂料在料柱重力和两辊表面压力的共同作用下连续地进入破碎腔。粉碎压力由动辊通过两辊间的密实料层颗粒传递到定辊。随着物料层的前进和辊隙的逐渐减小，料层颗粒便在密实状态下被压实和预粉碎，首先是形状不规则的大物料块受到点接触压力，使物料的整体体积减小而趋于密实，并随辊子一起向下移动，与此同时物料也由受点接触压力变为受线接触压力，使物料更加密实。随着物料密实程度的急剧增加，内应力也迅速上升。当物料通过两个辊子之间的最小间隙时，将受到更大的压力，使物料内部的应力超过其抗压强度极限，这时物料块内便开始出现裂纹并不断扩展，致使物料块从内部开始破碎，形成结构松散的饼状小块（见图3-2-30）。

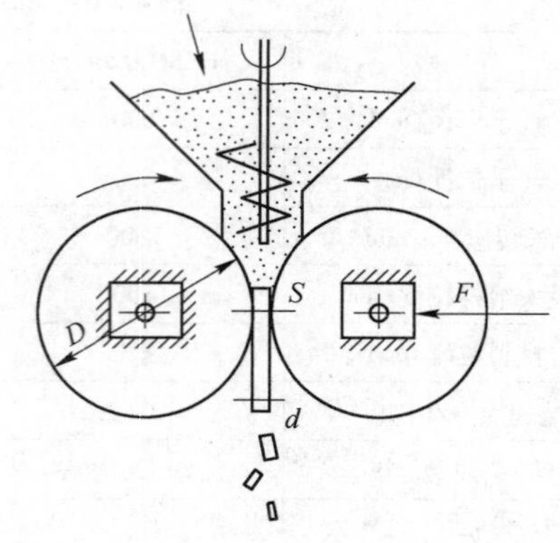

图3-2-30 高压辊磨机工作原理

高压辊磨机的粉碎方式属于粒群粉碎或粒间粉碎、层压粉碎。对于“层压粉碎”，德国舒纳德教授作了这样的阐述：“物料不是在破碎机工作面上或其他粉碎介质间作单个颗粒的破碎或粉磨，而是作为一层（或一个料层）得到粉碎。该料层在高压下形成，压力导致颗粒挤压其他邻近颗粒，直至其主要部分破碎、断裂，产生裂纹或劈碎。”研究表明，脆性矿石用高压粉碎方式进行层压粉碎时，所需能耗远远低于传统的粉碎方式（如冲击、剪切等）。层压粉碎的关键在于：在有限的空间内，压力不断增加使颗粒间间隙越来越小，直至颗粒之间可以互相传递应力，当应力强度达到颗粒压碎强度时，颗粒即开始粉碎。因此，料层粉碎有以下特点：

（1）料层介质的作用施加在多层聚集的物料群上；

（2）施加稳定而持续的高压；

（3）尽量减少冲击破碎；

（4）充分利用二次粉碎能量。

高压辊磨机的层压粉碎大致可以分为三个阶段：

（1）满料密实阶段。当物料在重力和辊面摩擦力的共同作用下进入粉碎作业区后，即受到较小压力的作用，物料颗粒因此互相靠近、密实，松散容积变化较大。随着物料的推进，物料密实度逐渐增大，两辊间隙越来越小，各颗粒之间已由点接触过渡到面接触，有些颗粒开始沿解离面破碎，但这种破碎与寻常破碎机基本相同。这一阶段颗粒的密实度大约由10%增大到45%。

（2）层压粉碎阶段。随着料层向两辊间隙最小处推进，物料进一步密实为由颗粒群构成的料层，应力强度继续升高到物料的挤压强度极限。由于密实度增高（密实度由45%增大到80%～85%），颗粒之间的间隙几乎趋向于零，因此在高应力作用下，密实状态的颗粒之间进行着应力传递，各颗粒之间出现强烈的作用和反作用（交互作用力），当压力强度达到颗粒压碎强度时，颗粒即开始粉碎。鉴于物料几何、物理性质的差异，颗粒层压粉碎行为一般在较大的应力范围内发生。

（3）结团排料阶段。压力在粉碎过程中达到最大时，粉碎概率亦达到最大值，已碎颗粒必然在高应力作用下重新排列各自的位置，个别粗颗粒被众多细颗粒所包围，此时颗粒间应力传递相当分散；由于各颗粒重新排列的密实料层被挤到两辊间隙最小处，各颗粒之间的间隙几乎趋向于零，密实度更高（高达85%），产生排列结团现象，此时应迅速排出。

必须指出的是，层压粉碎的主要作用取决于密实料层间的互相作用和反作用，以及粒间的应力传递，并非取决于两辊之间的辊隙。换言之，一定要有料层，且料层数必须大于6（以料层数等于6~10时，层压粉碎效果最好，单位产品电耗最低）；另外，颗粒之间的密实度必须超过45%（甚至达到80%~85%）才能发生层压粉碎行为。当密实度小于10%，颗粒表现为单颗粒粉碎；当密实度在10%~45%时，表现为单颗粒粉碎和层压粉碎相并存的行为，即常规破碎机的破碎作业行为。

c　高压辊磨机特点　　这种磨机在应用上有如下特点：

(1) 设备作业率高。轴承等转动部件规格大，抗压、抗磨损能力强，使用寿命长；与物料接触件少、易磨损部位耐磨处理技术先进，检修量少；自动控制、自动检测、自动保护与预警预报系统先进，人机对话界面简单、易操作；工作时两辊间距大于给矿最大粒度，与给矿最大粒度相当的金属块的混入不致伤害辊面。因而设备运行安全、平稳、可靠，作业率高。

(2) 设备适应能力强。高压辊磨机可对细碎产品进行预粉磨（产品粒度小于3mm，其中-0.074mm的占25%以上）；也可对中碎产品进行破碎，同时完成常规细碎和超细碎两段破碎作业工作量（产品粒度小于6mm）。对传统细碎作业难以通过的含水、含泥偏高的黏性矿石也能轻松处理。因此，高压辊磨机适应能力强。

(3) 工艺流程配置简单。高压辊磨机生产能力大，破碎比正常在8~10倍。高压辊磨机所承担的碎、磨工作越多，流程配置越简单。

(4) 土建投资省。设备生产能力大，工艺配置简单；结构紧凑、外形尺寸小，占地面积小；破碎作用发生在两个辊子间，产生的挤压力被机架吸收，设备基础基本无需考虑动载荷，基础工程量小，土建投资少。

(5) 实现了“多碎少磨”、“能抛早抛”的方针。采用高压辊磨机，不但具有较好的选择性破碎效果，而且可以形成大量的细粒和微细粒产品，因此具备了较好的分离条件，充分实现了“多碎少磨”、“能抛早抛”并举。

(6) 显著降本扩能。以层压破碎为基础的高压辊磨机，效率明显高于以压应力和剪应力为主的球磨破碎（压应力效应是剪应力效应的5倍左右），因此破碎能耗低；高压辊磨产品料饼中大量的细粒和微细粒，以及粗粒内部具有丰富的应力裂纹，意味着磨矿功指数显著降低，后续球磨系统电耗下降，并且产能提高30%以上，吨矿材料消耗成本低，使系统降本增效成果更显著。

(7) 改善选别指标、提高作业效率。高压辊磨作业使矿石颗粒内、两种矿物界面处应力较为集中，解理面处容易发生分离或形成微裂纹，有利于在较粗的磨矿细度下形成有用矿物单体，从而减少磨矿作业量，同时可减少过磨带来的金属流失、改善选别指标和过滤作业效率。

(8) 设备运转平稳。物料通过静压挤碎，没有激烈碰撞和冲击，因而噪声低。

设备给料、破碎、排料都在相对密闭的系统内完成，而且设备数量少、除尘点少，易于实现除尘，生产环境整洁。

高压辊磨机在结构上的特点是：

近年推出的、替代柱钉辊面的粉末冶金耐磨表面（拥有专利），使辊胎基体和耐磨表面天衣无缝地合为一体，克服了柱钉性脆易折、难修复、边端效应大、能承受的压力有限等不足，并具备自我修补功能，在改善耐磨强度和使用寿命的同时，在作业率、单位消耗等指标上也有明显优势。

相互独立的液压系统分别对动辊的两端施压，完成对给料的高压挤压破碎。两个系统的压力可以分别设置、在线改变，从而保证整台设备高度的灵活性、适应性以及平衡给料、自我保护的能力，即使短时间内给料不够均匀，也能保证正常生产且不会受到损坏。但在特殊情况下也可合用一个液压系统。

拥有专利的、极短时间内可同时向两侧打开的机架，打开时4根基柱变为滑轨便于置换辊胎，大幅度减少了停机检修时间，进一步提高了作业率。

利用闭合结构实现辊压机运行过程变速箱扭矩的缓冲、抵消和吸收，不但大大减少了传动轴的长度和振动，而且省去了变速箱的底座和地基，在节省基建费用和时间的同时，为维修工作带来方便。

双列向心自动调心滚子轴承，保证了辊轴可以在很小的范围内瞬时偏离平行位置。在给矿不均匀或给矿中混有金属部件等情况下，这种设计能够保证设备不受损害。

d　高压辊磨机的工作参数　　高压辊磨机的工作参数主要是啮角（α）、压辊直径（D）和宽度（B）、两辊间隙宽度（e）、辊面压力以及辊面速度等。此外物料性质（如物料含水率，给料粒度等）对高压辊磨机粉碎产品性能指标也有一定的影响。

（1）啮角。高压辊磨机啮角的定义同辊式破碎机，它与两辊间隙宽度的关系为：

$$\alpha^2 = \frac{2e(\eta - 1)}{D} \tag{3-2-11}$$

$$V = \eta e L v \tag{3-2-12}$$

式中　e——两辊间隙宽度；

D——辊子直径；

η——物料压实度；

V——高压辊磨机的体积产量；

L——辊子长度；

v——物料速度。

（2）压辊直径（D）和宽度（B）。对于同一种物料，D、B越大，生产能力越大；对于几何参数相似或相同的磨机（D/B不变），在同样条件下，磨机产量与辊子直径的平方成正比。

小的宽径比有利于减弱压辊在给料不均或有金属块介入的情况下的偏斜程度，而大的宽径比有利于减弱设备的边缘效应。辊径越大，咬合力就越强，可以允许较大颗粒或块料的给入，还可以采用大的轴承，降低轴承上的单位负荷。

世界上每个高压辊磨机设计制造企业对于高压辊磨机压辊直径与宽度都有自己的推荐值，如Polysius公司$D/B>2.5$，KHD公司$D/B=2.5\sim1$，Fuller公司$D/B=1.4\sim0.8$等。而国内高压辊磨机挤压辊直径与宽度之比$D/B=3.0\sim0.5$。

（3）两辊间隙宽度。两辊间隙宽度e与辊子直径D的比值（e/D）称为相对间隙宽度，一般为0.01～0.02，即两辊间隙宽度约为辊子直径的1%～2%。辊子间隙宽度与高压辊磨机的物料通过量密切相关，间隙越大，通过量也越大。辊子间隙宽度可以调节，视物料性质（硬度、形状、结构特点等）、湿度、粒度组成、最大给料粒度、物料与辊间的摩擦力等因素而定。两辊间隙宽度一般为6~12mm。

（4）辊面压力。高压辊磨机粉碎物料的原理就是基于压应力对料层的作用，因此，辊面压力对其工艺特性具有决定意义的影响。一般情况下，随着辊面压力的增加，产物中某指定级别的含量增加，但当压力增加到某个值后，压力增加，细级别的产物趋于饱和，不再有明显的增加；在较小的压力下，细粒级的产率小，比能耗较高；当压力较大时，由于细粒级产率趋于饱和，已生成的细粒对未破碎的粗粒产生保护效应，比能耗增大。因此，比能耗随压力的增大有一个最低点，其对应的辊面压力为较适宜的压力。综上所述，高压辊磨机的工作压力不是愈高愈好，选择最佳压力状态应根据物料的性质、给料粒度以及其他工艺参数的不同来加以确定。

（5）辊面速度。当辊子直径一定时，辊面线速度与其转速成线性关系。对于给定的物料，开始时产量与线速度成正比增加，然而过高的线速度会导致产量降低，因此存在一个速度上限，超过此上限，设备运转不稳定；给料粒度越小，物料流动性越好，线速度也越高。

最大线速度的选择取决于要求的产品细度，若产量一定时，所取的线速度越高，磨机的规格就越小。一般地，辊子表面线速度为0.5~2.0m/s，最高可达3.0m/s。

（6）最大给料粒度。最大给料粒度d_{max}与辊子直径D有以下关系：

$$d_{max} = (0.07 \sim 0.08)D \tag{3-2-13}$$

一般给料粒度小于50mm，最大可达80mm。

除上述因素外，高压辊磨机给料粒度组成以及含水量等对磨机的工作特性也有影响。

e　高压辊磨机工业应用典型工艺流程　　高压辊磨机的应用主要有三种典型的工艺流程：开路工艺流程、半开路工艺流程、闭路工艺流程。

（1）开路工艺流程。高压辊磨机在金属矿山的应用中采用开路工艺流程的代表矿山有金堆城钼业公司、马钢和尚桥铁矿选厂等。高压辊磨机开路工艺流程如图3-2-31所示。开路工艺流程的优点是工艺流程简单、顺畅，系统稳定，操作管理方便；缺点是这种流程忽略了高压辊磨机的边缘效应，把侧漏和没有碎到的矿石作为辊磨机碎矿最终产品，因此产品粒度范围宽，粗细不均，物料未得到充分辊压，破碎效果不好。

（2）半开路工艺流程。高压辊磨机在金属矿山的应用中采用半开路工艺流程的代表矿山有司家营铁矿、塞浦路斯塞尔雷它铜矿等。半开路应用工艺流程见图3-2-32。高压辊磨机的排矿产物通过分料装置分出边缘产物（边料）和中部产物分别堆存，边料所占的比例可在0%~50%任意调节。辊磨机的给料量也可通过改变产物或边料

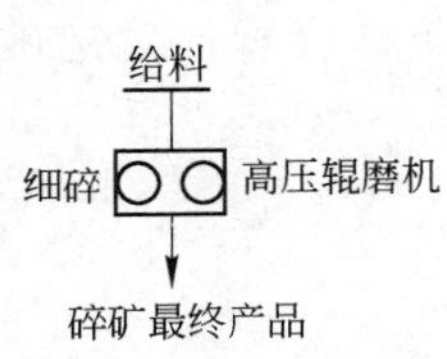

图3-2-31　高压辊磨机开路工艺流程

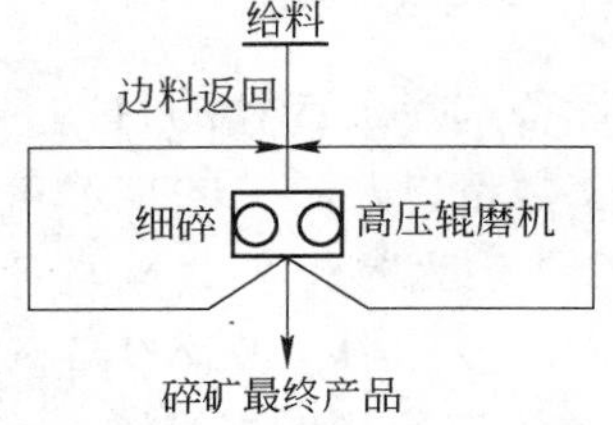

图3-2-32　高压辊磨机半开路工艺流程

的循环返回量来加以调节。该工艺流程同样具有工艺流程简单、顺畅，系统稳定，操作管理方便等优点，同时又考虑到了边缘效应和侧漏情况，通过切边法，把部分没有经过辊压的粗粒矿物返回高压辊磨机，循环返回量可以根据现场情况方便的调节。但是切边法并不能把没有经过高压辊磨机辊压的粗粒矿物全部返回，与开路系统配置相比，粗颗粒产品所占比例有大幅下降，但破碎还是不彻底，因此产品粒度范围宽，粗、细不均。碎矿最终产品中的物料仍然有部分未得到高压辊磨机的充分辊压，不利于最大限度地降低磨矿作业的工作量、改善选别指标。

(3) 闭路工艺流程。高压辊磨机在金属矿山的应用中采用闭路工艺流程的代表矿山有重钢西昌矿业有限公司太和铁矿，马钢南山铁矿，智利 CMH 公司等。闭路工艺流程如图 3-2-33 所示。在高压辊磨机的闭路应用工艺流程中，若选用湿筛法，一般不需要打散机；若选用干筛法，则需要打散机。该流程实现了对给矿各粒级的高效破碎，最终碎矿产品粒度范围更窄、粉矿含量高、颗粒内部微裂纹丰富、已解离或准解离状态的有用矿物比例更高，后续磨矿更容易，有利于改善精矿品位和有用矿物回收率。最大的优点是节能降耗、增产提质、简化后续磨选流程。这种工艺流程的问题在于细颗粒物料筛分一直存在着处理量偏低的问题。高压辊磨机的产品多是矿饼形式，若选用闭路干式筛分作业，则筛分前一般需设打散工艺，但目前还没有适用的打散设备，若要将矿饼完全打散，使得打散产品中的小颗粒矿饼小于筛网孔径（为使高压辊磨机充分发挥作用，筛网孔径一般在 4mm 左右），就势必造成能量的浪费。若要打散工艺不浪费过多的能量，则打散效果又不好，总有部分矿饼循环返回高压辊磨机，既降低了高压辊磨机的处理量，又产生能量的浪费。干式筛分效率随网孔的减小下降很快，若筛分粒度小于 6mm 左右时，一般要采用湿法。若选用闭路湿式筛分作业，辊压形成的料饼在湿式筛分中可以松散，可以不用打散设备。将高压辊磨机产品全部通过细孔筛网，对筛分设备要求较高，筛分效率比较低，循环返回量大，工艺流程复杂。

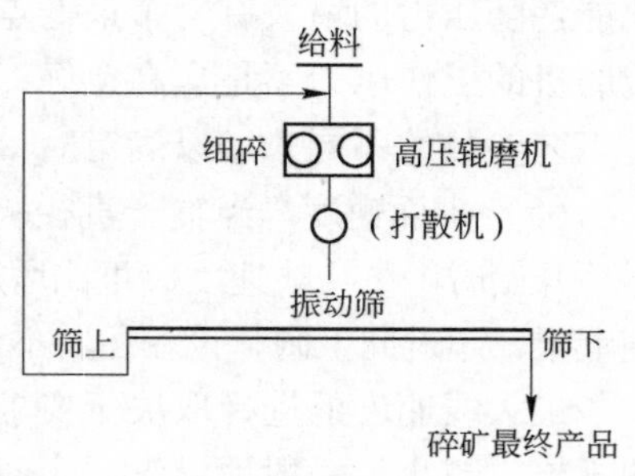

图 3-2-33 高压辊磨机闭路工艺流程

f 高压辊磨机的技术规格 表 3-2-17 是洪堡·威达克公司（德国 KHD 公司）的高压辊磨机规格型号及技术参数。表 3-2-18 是国产 CLM 系列高压辊磨机部分规格型号及技术参数。

3.2.2 破碎设备的选择与计算

破碎设备选择与计算的目的是在满足工艺要求的条件下，合理地确定破碎设备的类型、规格、数量以及相关的技术参数。

3.2.2.1 破碎设备选择与计算依据

在选矿厂设计中，破碎设备选择与计算的依据是：

(1) 选矿厂的建设规模，工作制度及各段破碎设备的作业率；

(2) 所处理矿石的物理化学性质；

(3) 设计的破碎工艺流程图（包括数、质量流程图）；

表 3-2-17 洪堡·威达克公司高压辊磨机规格型号及技术参数

型 号	2-140/30	4-140/50	7-140/80	10-140/110	13-140/140	16-170/140	20-170/180
辊径×辊宽/mm	1400×300	1400×500	1400×800	1400×1100	1400×1400	1700×1400	1700×1800
名义压力/N·mm^{-2}	4.76	5.71	6.25	6.49	6.38	6.30	6.54
辊面速度/m·s^{-1}	0.8~1.8	0.8~1.8	1.0~1.8	1.0~1.8	1.2~1.8	1.4~2.2	1.4~2.2
辊子转速/r·min^{-1}	10.9~24.6	10.9~24.6	13.6~24.6	13.6~24.6	16.4~24.6	15.7~24.7	15.7~24.7
电动机功率/kW	2×(90~200)	2×(160~365)	2×(355~630)	2×(500~900)	2×(800~1120)	2×(800~1600)	2×(1400~2100)
液压缸数	2	2	2	2	2	2	2
柱塞直径/mm	280	400	530	650	700	770	900
液压系统最大压力/Pa	162	159	159	151	162	161	157
给料水分/%	<10	<10	<10	<10	<10	<10	<10
给料最高温度/℃	120	120	120	120	120	120	120
给料最大粒度/mm	2×辊隙	2×辊隙	2×辊隙	2×辊隙	2×辊隙	2×辊隙	2×辊隙
主机重量/kg	39448	55250	82821	111028	139886	191749	271453

表 3-2-18 国产 CLM 系列高压辊磨机部分规格型号及技术参数

规格型号	辊子直径	mm	1400	1700	1800	2000	2400	2600	3000
	辊子宽度	mm	300/400/500	400/600/800/1000	600/800/1000/1200	600/800/1000/1200/1400/1600	800/1000/1200/1400/1600/1800	1000/1200/1400/1800/2000	1000/1200/1400/1600/1800/2000/2400/2600
入料粒度		mm	$F_{95}\leqslant 40$/$F_{max}\leqslant 60$	$F_{95}\leqslant 50$/$F_{max}\leqslant 70$	$F_{95}\leqslant 55$/$F_{max}\leqslant 80$	$F_{95}\leqslant 60$/$F_{max}\leqslant 90$	$F_{95}\leqslant 70$/$F_{max}\leqslant 100$	$F_{95}\leqslant 80$/$F_{max}\leqslant 110$	$F_{95}\leqslant 90$/$F_{max}\leqslant 120$
物料通过量		m^3/h	40~95	80~285	140~385	190~835	360~1205	520~1545	690~2680
最大配套电动机功率		kW	800	2000	2800	5000	7200	9000	16000
入料水分		%	≤8						
产品粒度			−5mm≥80%；−3mm≥65%；−0.075mm≥15%						

(4) 设备计算参数的试验资料及类似选厂的生产指标；

(5) 对建厂装备水平与自控水平的要求；

(6) 定型设备产品样本，新设备鉴定资料。

3.2.2.2 破碎设备选择与计算原则

(1) 选定的设备类型、规格、台数应满足选矿厂建设规模及所处理矿石的物理性质

（硬度、密度、黏性、含黏土量、水分、给矿中的最大粒度等）、处理量、破碎产品粒度以及设备配置等要求。若适应要求的设备方案较多时，需通过技术经济比较择优选用。

（2）上、下工序所选用的设备负荷率应当均衡，同一作业设备类型、规格应当相同，设备的台数应当与设置的系列数相适应。

（3）选用的设备必须是工作可靠，操作方便，维修简单，耗电少，生产费用低，易于解决备件供货的定型产品或经过鉴定确认可以推广使用的新设备。

（4）设计时应注意选用与所建厂规模相适应的大型设备，力争减少生产设备数量和系列数，以便降低投资和经营费，实现自动控制和管理。

（5）为了确保主机的作业率，与主机相关的设备应按实际需要给予一定数量的备品备件。

3.2.2.3 破碎设备处理量计算方法

破碎设备处理量与被破碎物料的物理性质（可碎性、密度、解理、湿度、粒度组成等），破碎机的类型、规格及性能，以及工艺要求（破碎比、开路或闭路工作、给矿均匀性及产品粒度）等因素有关。由于破碎过程的影响因素很多，而且许多因素的具体影响机理尚没有完全研究透彻，所以很难从理论上推导出破碎机生产能力的精确计算公式，因此，在设计计算时，多采用经验公式进行概略计算，然后根据实际条件及类似厂矿生产数据加以校正。

具体计算方法请参阅本书第17章“选矿厂设计”。

需要指出的是，经验公式都有局限性，应注意其使用条件。特别是对于颚式破碎机、旋回破碎机及圆锥破碎机，因制造厂家不同，同类型、同规格设备，由于破碎腔、偏心距、转速、功率等，可能各不相同，因而处理量将各有差异，而经验公式中的修正系数尚未考虑这些设备构造参数。设计计算时，可以按样本处理量乘以被破碎矿石的硬度、密度、给矿粒度和水分等修正系数来校正。

3.2.3 破碎设备的安装与维护

3.2.3.1 颚式破碎机的安装与维护

颚式破碎机一般安装在混凝土基础上。鉴于颚式破碎机的重量较大，工作条件恶劣，而且机器在运转中又产生很大的惯性力，促使基础和机器系统发生振动。基础的振动又直接引起其他机器设备和建筑物结构的振动。因此，颚式破碎机的基础，一定要与厂房的基础隔开。同时，为了减少振动，在破碎机基础与机架之间放置橡皮或木材作衬垫。

颚式破碎机在使用操作中，必须注意经常维护和定期检修。在破碎车间中，颚式破碎机的工作条件是非常恶劣的，设备的磨损是不可避免的。但应该看到，机器零件的过快磨损，甚至断裂，往往都是由于操作不正确和维护不好造成的，例如，润滑不良将会加速轴承的急剧磨损。所以，正确的操作和精心的维护是延长机器使用寿命和提高设备运转率的重要途径。在日常维护工作中，应当正确判断设备故障，准确分析原因，从而迅速地采取消除方法。

颚式破碎机常见的故障、产生原因和消除方法列于表3-2-19中。

表 3-2-19 颚式破碎机工作中的故障及消除方法

设备故障	产生原因	消除方法
破碎机工作中听到金属的撞击声，破碎齿板抖动	破碎腔侧板衬板和破碎齿板松弛，固定螺栓松动或断裂	停止破碎机，检查衬板固定情况，用锤子敲击侧壁上的固定楔块和衬板上的固定螺栓，或者更换动颚破碎齿板上的固定螺栓
推力板支承（滑块）中产生撞击声	弹簧拉力不足或弹簧损坏，推力板支承滑块产生很大磨损或松弛，推力板头部严重磨损	停止破碎机，调整弹簧的拉紧力或更换弹簧，更换支承滑块，更换推力板
连杆头产生撞击声	偏心轴轴承磨损	重新刮研轴或更换新轴衬
破碎产品粒度增大	破碎齿板下部显著磨损	将破碎齿板调转 180°或调整排矿口，减小其宽度尺寸
剧烈的劈裂声后，动颚停止摆动，飞轮继续回转，连杆前后摇摆，连杆弹簧松弛	由于落入非破碎物体，使得推力板破坏或者铆钉被剪断，由于下述原因使连杆下部破坏：工作中连杆下部安装推力板支承滑块的凹槽出现裂缝；安装没有进行适当计算的保险推力板	停止破碎机，拧开螺帽，取下连杆弹簧，将动颚向前挂起，检查推力板支承滑块，更换推力板；停止破碎机，修理连杆
紧固螺栓松弛，特别是组合机架的螺栓松弛	振动	全面地扭紧全部连接螺栓，当机架拉紧螺栓松弛时，应停止破碎机，把螺栓放在矿物油中预热到 150℃后再安装
飞轮回转，破碎机停止工作，推力板从支承滑块中脱出	拉杆的弹簧损坏；拉杆损坏；拉杆螺帽脱扣	停止破碎机，清除破碎腔内矿石，检查损坏原因，更换损坏的零件，安装推力板
飞轮显著地摆动，偏心轴回转减慢	皮带轮和飞轮的键松弛或损坏	停止破碎机，更换键，校正键槽
破碎机下部出现撞击声	拉杆缓冲弹簧的弹性消失或损坏	更换弹簧

在一定条件下工作的设备零件，其磨损情况通常是有一定规律的，工作一定时间以后，就需要进行修复或更换，这段时间间隔叫做零件的磨损周期，或称为零件的使用期限。根据易磨损周期的长短，还要对设备进行计划检修。计划检修又分为小修、中修和大修。

小修：是破碎车间设备修理的主要形式，即设备日常的维护检修工作。小修时，主要是检查更换严重磨损的零件，如破碎齿板和推力板支承座等；修理轴颈，刮削轴承；调整和紧固螺栓；检查润滑系统，补充润滑油量等。

中修：是在小修的基础上进行的。根据小修中检查和发现的问题，制定修理计划，确定需要更换零件的项目。中修时经常要进行机组的全部拆卸，详细地检查重要零件的使用状况，并解决小修中不可能解决的零件修理和更换问题。

大修：是对破碎机进行比较彻底的修理。大修除包括中、小修的全部工作外，主要是拆卸机器的全部部件，进行仔细的全面检查，修复或更换全部磨损件，并对大修的机器设备进行全面的工作性能测定，以达到和原设备具有同样的性能。

3.2.3.2 旋回破碎机的安装与维护

旋回破碎机的地基应与厂房地基隔离开，地基的重量应为机器重量的 2～3 倍。装配时，首先将下部机架安装在地基上，然后依次安装中部和上部机架。在安装过程中，要注意校准机架套筒的中心线与机架上部法兰水平面之间的垂直度，下部、中部和上部机架的水平，以及它们的中心线是否同心。接着安装偏心轴套和圆锥齿轮，并调整间隙。随后将动锥放入，再装好悬挂装置及横梁。

旋回破碎机的修理工作如下：

小修：检查破碎机的悬挂零件；检查防尘装置零件，并清除尘土；检查偏心轴套的接触面及其间隙，清洗润滑油沟，并清除沉积在零件上的油渣；测量传动轴和轴套之间的间隙；检查青铜圆盘的磨损程度；检查润滑系统和更换油箱中的润滑油。

中修：除了完成小修的全部任务外，主要是修理或更换衬板、机架及传动轴承。一般约为半年一次。

大修：一般为 5 年进行一次。除了完成中修的全部内容外，主要是修理下列各项：悬挂装置的零件，大齿轮与偏心轴套，传动轴和小齿轮，密封零件，支承垫圈以及更换全部磨损零件和部件等。同时，还必须对大修以后的破碎机进行校正和测定工作。

旋回破碎机工作中产生的故障及其消除方法见表 3-2-20。

3.2.3.3 圆锥破碎机的安装与维护

安装时首先将机架安装在基础上，并校准水平度，接着安装传动轴。将偏心轴套从机架上部装入机架套筒中，并校准圆锥齿轮的间隙。然后安装球面轴承支座以及润滑系统和水封系统，并将装配好的主轴和动锥插入，接着安装支承环、调整环和弹簧，最后安装给料装置。

中、细碎圆锥破碎机修理工作的内容如下：

小修：检查球面轴承的接触面；检查圆锥衬套与偏心轴套之间的间隙和接触面；检查圆锥齿轮传动的径向和轴向间隙；校正传动轴套的装配情况；测量轴套与轴之间的间隙；调整保护板；更换润滑油等。

中修：在完成小修全部内容的基础上，重点检查和修理：动锥的衬板和调整环、偏心轴套、球面轴承和密封装置等。中修的间隔时间取决于这些零部件的磨损状况。

大修：除了完成中修的全部项目外，主要是对圆锥破碎机进行彻底检修。检修的项目有：更换动锥机架、偏心轴套、圆锥齿轮和动锥主轴等。修复后的破碎机，必须进行校正和调整。大修的时间间隔取决于这些部件的磨损程度。

表 3-2-21 所示为中、细碎圆锥破碎机工作中产生的故障及消除方法。

表 3-2-20 旋回破碎机工作中产生的故障及其消除方法

设备故障	产生原因	消除方法
油泵装置产生强烈的敲击声	油泵与电动机安装不同心； 半联轴节的销槽相对其槽孔轴线产生很大的偏心距； 联轴节的胶木销磨损	使其轴线安装同心； 把销轴堆焊出偏心，然后重刨； 更换销轴
油泵发热（温度为40℃）	稠油过多	更换比较稀的油
油泵工作，但油压不足	吸入管堵塞； 油泵的齿轮磨损； 压力表不精确	清洗油管； 更换油泵； 更换压力表
油泵工作正常，压力表指示正常压力，但油流不出来	回油管堵塞； 回油管的坡度小； 黏油过多； 冷油过多	清洗回油管； 加大坡度； 更换比较稀的油； 加热油
油的指示器中没有油或油流中断，油压下降	油管堵塞； 油的温度低； 油泵工作不正常	检查或修理油路系统； 加热油； 修理或更换油泵
冷却过滤前后压力表的压力差大于0.439kPa	过滤器中的滤网堵塞	清洗过滤器
在循环油中发现很硬的掺和物	滤网撕破； 工作时油未经过过滤器	修理或更换滤网； 切断旁路，使油通过过滤器
流回的有减少，油箱中的油也显著减少	油在破碎机下部漏掉； 或者由于排油沟堵塞，油从密封阀中露出	停止破碎机工作，检查和消除漏油原因； 调整给油量，清洗或加深排油沟
冷却器前后温度差过小	水阀开得过小，冷却水不足	开大水阀，正常给水
冷却器前后的水与油的压力差过大	散热器堵塞； 油的温度低于允许值	清洗散热器； 在油箱中将油加热到正常温度
从冷却器出来的油温度超过45℃	没有冷却水或水不足； 冷却水温度高； 冷却系统堵塞	给入冷却水或开大水阀，正常给水； 检查水的压力，使其超过最小许用值； 清洗冷却器
回油温度超过60℃	偏心轴套中摩擦面产生有害的摩擦	停机，拆开检查偏心轴套，消除温度增高的原因
传动轴润滑油的回油温度超过60℃	轴承不正常，阻塞，散热面不足或青铜套的油沟断面不足等	停止破碎机，拆开和检查摩擦表面
随着排油温度的升高，油路中的油压也增加	油管或破碎机零件上的油沟堵塞	停止破碎机，找出并消除温度升高的原因
油箱中发现水或水中发现油	冷却水的压力超过油的压力； 冷却器中的水管局部破裂，使水渗入油中	使冷却水的压力比油的压力低0.549kPa； 检查冷却器水管连接部分是否漏水
油被灰尘弄脏	防尘装置未起作用	清洗防尘装置及密封装置，清洗油管并重新换油
强烈劈裂声后，动锥停止转动，皮带轮继续转动	主轴折断	拆开破碎机，找出折断损坏的原因，安装新的主轴
破碎时产生强烈的敲击声	动锥衬板松弛	校正锁紧螺帽的拧紧程度； 当铸锌剥落时，需重新浇铸
皮带轮转动，而动锥不动	连接皮带轮与传动轴的保险销被剪断（由于掉入非破碎物体）； 键与齿轮被损坏	消除破碎腔内的矿石，拣出非破碎物体，安装新的保险销； 拆开破碎机，更换损坏的零件

表 3-2-21 中、细碎圆锥破碎机工作中产生的故障及消除方法

设备故障	产生原因	消除方法
传动轴回转不均匀，产生强烈的敲击声或敲击声后皮带轮转动而动锥不动	圆锥齿轮的齿由于安装的缺陷和运转中传动轴的轴向间隙过大而磨损或损坏； 皮带轮或齿轮的键损坏； 主轴由于掉入非破碎物体而折断	停止破碎机，更换齿轮，并校正啮合间隙； 换键； 更换主轴，并加强拣铁工作
破碎机产生强烈的振动，动锥迅速运转	主轴由于下列原因而被锥形衬套包紧： 主轴与衬套之间没有润滑油或油中有灰尘； 由于可动圆锥下沉或球面轴承损坏； 锥形衬套间隙不足	停止破碎机，找出并消除原因
破碎机工作时产生振动	弹簧压力不足； 破碎机给入细的和黏性物料，给矿不均匀或给矿过多； 弹簧刚性不足	拧紧弹簧上的压紧螺帽或更换弹簧； 调整破碎机的给矿； 换成刚性较大的强力弹簧
破碎机向上抬起的同时产生强烈的敲击声，然后又正常工作	破碎腔中掉入非破碎物体，时常引起主轴折断	加强拣铁工作
破碎或空转时产生可以听见的劈裂声	动锥或定锥衬板松弛； 螺钉或耳环损坏； 动锥或定锥衬板不圆而产生冲击	停止破碎机，检查螺钉拧紧情况和铸锌层是否脱落，重新铸锌； 停止破碎机，拆下调整环，更换螺帽与耳环； 安装时检查衬板的椭圆度，必要时进行机械加工
螺钉从机架法兰孔和弹簧中跳出	机架拉紧螺帽损坏	停机，更换螺钉
破碎产品中含有大块矿石	动锥衬板磨损	下降定锥，减小排矿口间隙
水封装置中没有流入水	水封装置的给水管不正确	停机，找出并消除给水中断的原因

3.3 筛分原理及筛分过程

3.3.1 筛分的定义

筛分就是将颗粒大小不同的混合物料，通过单层或多层筛子分成若干个不同粒度级别的过程。

3.3.2 筛分作业

筛分作业按照用途不同可分为以下几类：

（1）准备筛分 将松散物料分为若干个级别，然后，分别送至下一步工序进行处理，称为准备筛分。

（2）预先筛分 物料进入破碎机之前，用筛子将物料中小于破碎机排矿口宽度的细粒级筛分出去，仅将大于排矿口宽度的物料给入破碎机进行破碎，从而减少破碎机的负荷，避免物料过粉碎。

（3）检查筛分 对破碎机的产品进行筛分，使筛上产品返回破碎机再破碎的筛分作

业，筛下产品则为该破碎段的合格产品。一般只在最后一段破碎作业采用。

（4）独立筛分　将物料按用户要求筛分成若干粒度级别，直接作为出厂产品的筛分作业。

（5）选择筛分　当物料中有用成分在各个粒级中的分布有显著差别时，可以通过筛分将有用成分富集的粒级与含有用成分较少的粒级分开，前者作为粗精矿；后者送选别工序或当作尾矿处理。这种对有用成分起选择性作用的筛分作业，实质上是一种选别工序，因而也称为“筛选”。

除此之外，在选矿厂中，有时筛分作业也可作为脱水、脱介筛分或者洗矿筛分。

筛分作业一般采用干法。但对于潮湿物料及夹带泥质的物料，进行干法筛分很困难，需要采用在筛面上喷冲洗水，将细粒级物料及泥质冲洗下去。

3.3.3　筛分过程

松散物料的筛分过程，可以看做由两个阶段组成：

（1）易于穿过筛孔的颗粒通过不能穿过筛孔的颗粒所组成的物料层到达筛面；

（2）易于穿过筛孔的颗粒透过筛孔。

要使这两个阶段能够实现，物料在筛面上应具有适当的运动，一方面使筛面上的物料层处于松散状态，物料层将会产生析离（按粒度分层），大颗粒位于上层，小颗粒位于下层，容易到达筛面，并透过筛孔；另一方面，物料和筛子的运动都促使堵在筛孔上的颗粒脱离筛面，有利于颗粒透过筛孔。

在筛分作业中，给入筛分机的物料称为入筛物料。入筛物料中粒度大于筛孔尺寸而留在筛面上的那部分物料称为筛上物；粒度小于筛孔尺寸的那部分物料，透过筛面形成筛下产品，习惯上将这一产品称为筛下物。实践表明，物料粒度小于筛孔 3/4 的颗粒，很容易通过粗粒物料形成的间隙，到达筛面，到达筛面后它就很快透过筛孔，这种颗粒称为“易筛颗粒”；物料粒度小于筛孔，但又大于筛孔 3/4 的颗粒，通过粗粒组成的间隙比较困难，这种颗粒的直径愈接近筛孔尺寸，它透过筛孔的困难程度就愈大，因此，这种颗粒称为“难筛颗粒”；入筛物料中粒度在筛孔尺寸的 1～1.5 倍的那部分颗粒，极易堵塞筛孔，干扰筛分过程的正常进行，因此习惯上把它们称为“阻碍颗粒”。

3.3.4　筛分原理

颗粒通过筛孔的可能性称为筛分概率，一般来说，矿粒通过筛孔的概率受到下列因素影响：①筛孔大小；②矿粒与筛孔的相对大小；③筛子的有效面积；④矿粒运动方向与筛面所成的角度；⑤矿料的含水量和含泥量；⑥筛面孔隙率。

由于筛分过程是许多复杂现象和因素的综合，使筛分过程不易用数学的形式来全面描述，这里仅仅从颗粒尺寸与筛孔尺寸的关系进行讨论，并假定了某些理想条件（如颗粒是垂直地投入筛孔），得到颗粒透过筛孔概率的公式。

松散物料中粒度比筛孔尺寸小得多的颗粒，在筛分开始后，很快就落到筛下产物中，粒度与筛孔尺寸愈接近的颗粒，透过筛孔所需的时间愈长。所以，物料在筛分过程中通过筛孔的速度取决于颗粒直径与筛孔尺寸的比值。

研究单颗矿粒透过筛孔的概率如图 3-3-1 所示。假设有一个由无限细的筛丝制成的筛网，筛孔为正方形，每边长度为 L。如果一个直径为 d 的球形颗粒，在筛分时垂直地向筛孔下落，可以认为，颗粒与筛丝不相碰时，它就可以毫无阻碍地透过筛孔。换言之，要使颗粒顺利地透过筛孔，在颗粒下落时，其中心应投在绘有虚线的面积 $(L-d)^2$ 内（图 3-3-1a）。

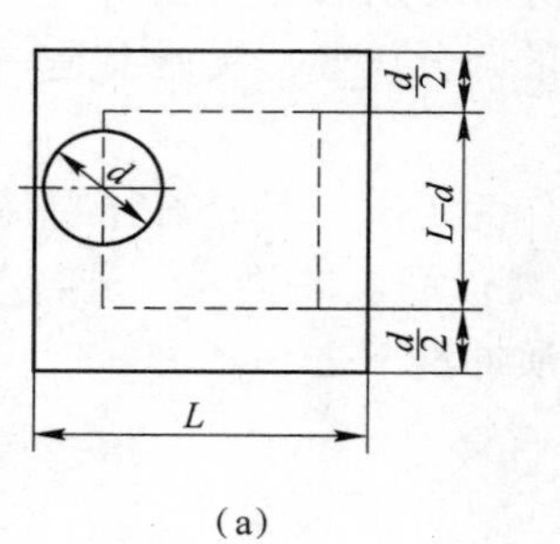

(a)

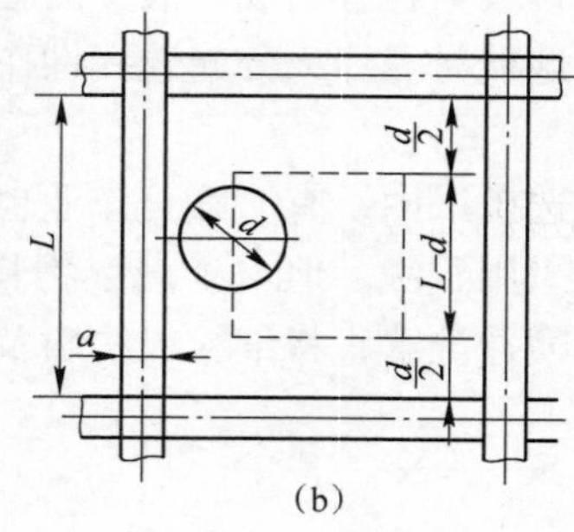

(b)

图 3-3-1 颗粒透过筛孔示意图

由此可见颗粒透过筛孔或者不透过筛孔是一个随机现象。如果矿粒投到筛面上的次数为 n 次，其中有 m 次透过筛孔，那么颗粒透过筛孔的频率 f 就是：

$$f = \frac{m}{n} \tag{3-3-1}$$

当 n 很大时，频率总是稳定在某一个常数 p 附近，这个稳定值 p 就叫做筛分概率。因此筛分概率也就客观地反映了矿粒透筛可能性的大小，$0 \leqslant p \leqslant 1$。

$$p = \frac{m}{n} \tag{3-3-2}$$

可以设想，有利于颗粒透过筛孔的次数与面积 $(L-d)^2$ 成正比，而颗粒投到筛孔上的次数，与筛孔的面积 L^2 成正比。因此，颗粒透过筛孔的概率，就决定于这两个面积的比值：

$$p = \frac{(L-d)^2}{L^2} = \left(1 - \frac{d}{L}\right)^2 \tag{3-3-3}$$

颗粒被筛丝所阻碍，使它不透过筛孔的概率等于 $(1-p)$。

某事件发生的概率为 p 时，如果使该事件以概率 p 出现需要重复 N 次，N 值与概率 p 成反比，即：

$$p = \frac{1}{N} \tag{3-3-4}$$

这里所讨论的 N 值就是颗粒透过筛孔的概率为 p 时必须与颗粒相遇的筛孔数目。由此可见，筛孔数目越多，颗粒透过筛孔的概率越小，当 N 值无限增大时，p 愈接近于零。

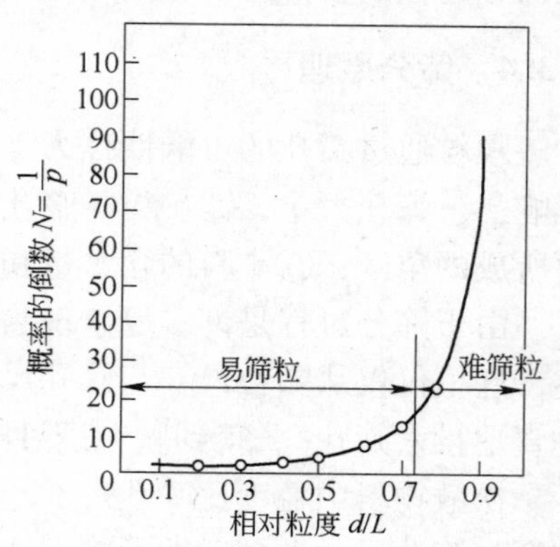

图 3-3-2 颗粒透过筛面概率的倒数与颗粒和筛孔相对尺寸的关系

取不同的 $\frac{d}{L}$ 比值计算出的 p 和 N 值，见表 3-3-1。利用这些数据可画出图 3-3-2 的曲线。曲线可大体划分为两段，在颗粒直径 d 小于 $0.75L$ 的范围内，曲线较平缓，随着颗粒直径的增大，颗粒透过筛面所需的筛孔数目有所增加。当颗粒直径超过 $0.75L$ 以后，曲线较陡，颗粒直径稍有增加，颗粒透过筛面所需的筛孔数目就需要很多。因此，用概率理论可以证明，在筛分实践中，把 $d<0.75L$ 的颗粒称为“易筛颗粒”和 $d>0.75L$ 的颗粒称为“难筛颗粒”是有道理的。

表 3-3-1 颗粒透过筛孔概率与颗粒及筛孔相对尺寸的关系

d/L	p	$N=1/p$	d/L	p	$N=1/p$
0.1	0.810	2	0.7	0.090	11
0.2	0.640	2	0.8	0.040	25
0.3	0.490	2	0.9	0.010	100
0.4	0.360	3	0.95	0.0025	400
0.5	0.250	4	0.99	0.0001	10000
0.6	0.160	7	0.999	0.000001	100000

若考虑筛丝的尺寸（图 3-3-1b），与上面所讨论的原理一样，得到颗粒透过筛面的概率公式：

$$p=\frac{(L-d)^2}{(L+d)^2}=\frac{L^2}{(L+a)^2}\left(1-\frac{d}{L}\right)^2 \tag{3-3-5}$$

式中 a——筛丝直径；

L——方形筛孔的边长。

式（3-3-5）说明，筛孔尺寸愈大，筛丝和颗粒直径愈小，则颗粒透过筛孔的可能性愈大。

3.3.5 筛分作业的评价

在生产实践中，常用数量指标和质量指标作为评价筛分作业效果好坏的依据。评价筛分作业的数量指标就是筛子的生产率，也就是单位时间内给到筛子上（或单位筛面面积上）的物料量，常用 t/h 或 t/(m^2 · h)做单位；评价筛分作业的质量指标是筛分效率 E。

筛分作业的目的就是分出入筛物料中粒度比筛孔尺寸小的那部分细粒级别。理想的情况是，粒度比筛孔尺寸小的所有颗粒都进入筛下物中，粒度比筛孔尺寸大的所有颗粒都留在筛面上形成筛上物。然而在实际生产中，由于多种因素的影响，使得筛上物中总是或多或少地残留一些粒度比筛孔尺寸小的细颗粒，而筛下物中有时也会因筛面磨损或操作不当而混入一些粒度比筛孔尺寸大的粗颗粒。所谓筛分效率，就是通过筛分实际得到的细粒级别的质量占入筛物料中所含的粒度小于筛孔尺寸的那部分物料的质量百分数。如果用 Q、C、T 和 α、β、θ 分别代表入筛物料、筛下物、筛上物的质量和入筛物料、筛下物、筛上物中粒度小于筛孔尺寸的那部分物料的质量分数（见图 3-3-3），则根据定义，筛分效率 E 的计算公式为：

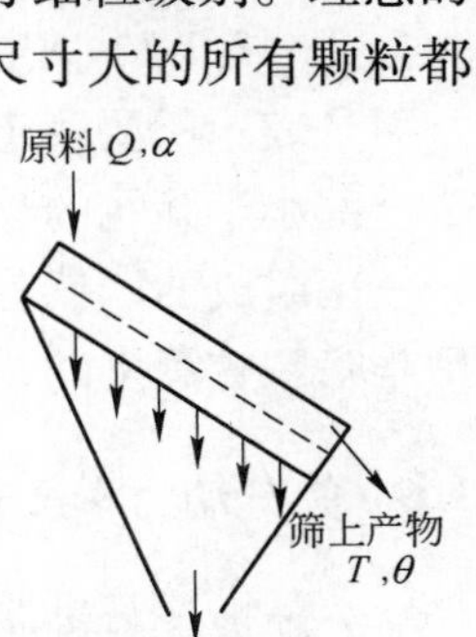

图 3-3-3 筛分过程示意图

$$E = \frac{C\beta}{Q\alpha} \times 100\% = \left(1 - \frac{T\theta}{Q\alpha}\right) \times 100\% \tag{3-3-6}$$

在实际生产中，由于直接测定 Q 和 C 比较困难，所以常常根据筛分过程中物料量的平衡关系进行间接测定和计算筛分效率。

在物料的筛分过程中，存在如下的物料量平衡关系：

$$Q = T + C$$

$$Q\alpha = T\theta + C\beta$$

由上述两式可推导出：

$$\frac{C}{Q} = \frac{\alpha - \theta}{\beta - \theta}$$

将上式代入式（3-3-6）得：

$$E = \frac{\beta(\alpha - \theta)}{\alpha(\beta - \theta)} \times 100\% \tag{3-3-7}$$

筛面未磨损或磨损轻微时，可以认为 $\beta = 1$，于是有：

$$E = \frac{\alpha - \theta}{\alpha(1 - \theta)} \times 100\% \tag{3-3-8}$$

筛分效率的测定方法如下：在入筛物料流中、筛下物料流中和筛上物料流中每隔 15 ~ 20min 取一次样，应连续取样 2 ~ 4h，将取得的平均试样在检查筛里筛分，检查筛的筛孔与生产用筛子的筛孔相同。分别求出原料、筛下和筛上产品中小于筛孔尺寸级别的百分含量 α、β 和 θ，代入式（3-3-7）中求出筛分效率。如果没有与所测定筛子的筛孔尺寸相等的检查筛子时，可以用套筛作筛分分析，将其结果绘成筛析曲线，然后由筛析曲线图中求出该级别的百分含量 α、β 和 θ。

有时用全部小于筛孔物料来计算筛分效率，这样算得的结果称为总筛分效率。有时只对其中的一个或几个粒级作计算，算得的结果称为部分筛分效率。部分筛分效率的计算方法与公式（3-3-7）相同，只不过此时在公式中 α、β 和 θ 不是表示小于筛孔尺寸粒级的含量，而是表示所要测定的某个粒级的含量。

全部小于筛孔的物料，包含易筛颗粒和难筛颗粒，所以总筛分效率就是这两类粒子的筛分效率组成的。倘若部分筛分效率是用易筛颗粒求得的，它必然比总筛分效率大；如果是用难筛颗粒算出的，它比总筛分效率小。

3.3.6　筛分动力学及其应用

筛分动力学主要研究筛分过程中筛分效率与筛分时间的关系。在物料的筛分过程中，筛分开始时，在较短时间内，“易筛颗粒”很快透过筛孔，筛分效率增加很快，随后的一段时间内，筛上物料中的“难筛颗粒”比例增加，筛分效率降低；过了一定时间以后，

“易筛颗粒”和“难筛颗粒”的比例达到平衡，筛分效率大致保持不变（见图3-3-4）。下面用筛分石英颗粒时筛分效率随筛分时间的变化来做说明，见表3-3-2。

表3-3-2　石英筛分效率与时间的试验资料

筛分时间 t/s	由试验开始计算的筛分效率 E	$\lg t$	$\lg\left(\lg\frac{E}{1-E}\right)$	$\lg\frac{1-E}{E}$
4	0.534	0.6021	−0.47939	−0.05918
6	0.645	0.7782	−0.34698	−0.25665
8	0.758	0.9031	−0.21028	−0.49594
12	0.830	1.0792	−0.11379	−0.68867
18	0.913	1.2553	+0.02531	+1.02136
24	0.941	1.3802	+0.08955	+1.20273
40	0.975	1.6021	+0.20466	−1.57512

如果把表中的第三列和第五列数据绘在对数坐标纸上，以横坐标表示 $\lg t$，以纵坐标表示 $\lg\frac{1-E}{E}$，就可以得到一条直线，如图3-3-5所示。

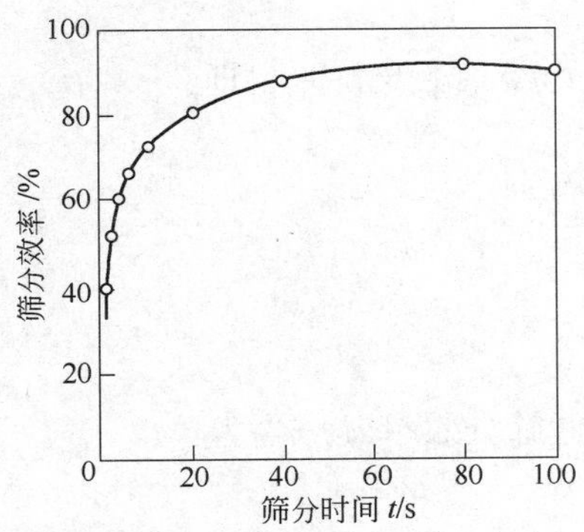

图3-3-4　筛分效率与筛分时间的关系

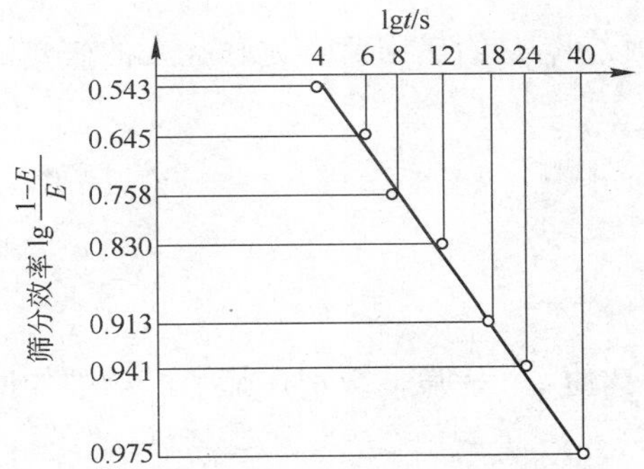

图3-3-5　筛分效率 $\lg\frac{1-E}{E}$ 与筛分时间 $\lg t$ 的关系

对图3-3-5可以写出直线方程式：

$$\lg\frac{1-E}{E} = -m\lg t + \lg a$$

式中　m——直线的斜率；

$\lg a$——直线在纵坐标上的截距。

因此

$$\lg\frac{1-E}{E} = \lg(t^{-m}\cdot a)$$

即

$$E = \frac{t^m}{t^m + a} \tag{3-3-9}$$

式中，参数 m 及 a 与物料性质及筛分进行情况有关，对于振动筛，m 可取3，由式(3-3-9)

可导出 $a = \frac{1 - E}{E}$，若 $E = 50\%$ 时，$a = t_{50}^m$，所以参数 a 是筛分效率为 50% 时筛分时间的 m 次方。因此参数 a 可以看做是物料的可筛性指标。

经过试验证明，筛分宽级别物料，例如破碎产物，筛分结果可以用几段直线组成的折线表示。这种情况表明，方程式的参数在不同的线段上有不同的数值。第一段直线的筛分效率为 40% ~60%；第二段直线的筛分效率为 90% ~95%；第三段直线相当于更高的筛分效率。对接近于筛孔尺寸（$0.75L \sim 1.0L$）的窄级别物料进行筛分时，筛分效率从5% ~95% 的整个范围内，都可以用一根直线表示。

筛分时间与筛分效率之所以有上述关系，可以用下面的理论来解释：

令 W 为某一瞬间存在于筛面上的比筛孔小的矿粒的质量，$\frac{dW}{dt}$为比筛孔小的矿粒被筛去的速率（t 是筛分时间），因为每一瞬间的筛分速率可假设为与该瞬间留在筛面上的比筛孔小的矿粒的质量成正比，即：

$$\frac{dW}{dt} = -kW \tag{3-3-10}$$

式中，k 为比例系数，负号表示 W 随时间的增加而减少。积分上式得：

$$\ln W = -kt + C$$

设 W_0 是给矿中所含比筛孔小的矿粒的质量，当 $t = 0$ 时，$W = W_0$，即：

$$\ln W_0 = C$$

因此

$$\ln W - \ln W_0 = -kt$$

或

$$\frac{W}{W_0} = e^{-kt}$$

比值 $\frac{W}{W_0}$ 是筛下级别在筛上产物中的回收率，因此筛分效率 E 应当为：

$$E = 1 - \frac{W}{W_0}$$

或

$$E = 1 - e^{-kt} \tag{3-3-11}$$

更符合实际的公式为：

$$E = 1 - e^{-kt^n} \quad 或 \quad 1 - E = e^{-kt^n} \tag{3-3-12}$$

对式（3-3-12）取两次对数，可得到：

$$\lg\left(\lg\frac{1}{1 - E}\right) = n\lg t + \lg(k\lg e)$$

若以纵坐标轴表示 $\lg\left(\lg\frac{1}{1 - E}\right)$，横坐标轴表示 $\lg t$，则用式（3-3-12）做出的图形是一条直线，直线的斜率为 n。

把式（3-3-12）改写为：

$$E = 1 - \frac{1}{e^{kt^n}}$$

将 e^{kt^n} 分解为级数

$$e^{kt^n} = 1 + kt^n + \frac{(kt^n)^2}{2} + \cdots$$

取级数的前两项代入式（3-3-12），得到：

$$E = 1 - \frac{1}{1 + kt^n} = \frac{kt^n}{1 + kt^n} \tag{3-3-13}$$

式（3-3-13）是式（3-3-12）的近似式，如果令 $k = \frac{1}{a}$，则：

$$E = \frac{t^n}{a + t^n}$$

所以式（3-3-13）与式（3-3-9）相同。

参数 k 和 n，既取决于被筛物料的性质，也取决于筛分的工作条件。如果设 $k = \frac{1}{t^n}$，则式（3-3-12）为 $E = 1 - \frac{1}{e} = 1 - \frac{1}{2.71} = 63.1\%$，对于式（3-3-13），$E = \frac{1}{2} = 50\%$，因此称参数 k 为物料的可筛性指标。

设筛面长度为 L，因此 $t \propto L$，故式（3-3-13）可表示为：

$$E = \frac{K'L^n}{1 + K'L^n} \tag{3-3-14}$$

同样式（3-3-12）可表示为：

$$1 - E = e^{-K'L^n} \tag{3-3-15}$$

利用筛分动力学公式，可以研究筛子的负荷与筛分效率的相互关系。如果筛孔尺寸和物料沿筛面运动的速度一定，则筛面上的物料层厚度取决于筛子的给料量。给料量愈多，物料层厚度就愈大，筛分效率则愈低。因为小于筛孔的级别比较难于通过较厚的物料层而透筛（透筛的含义就是通过筛面或筛孔）。给料量很大时，为了达到相同的筛分效率，必须增加筛分时间。因此，可以近似地认为，筛分效率不变时，筛子的生产率与筛分时间成反比，即

$$\frac{Q_1}{Q_2} = \frac{t_2}{t_1} \tag{3-3-16}$$

式中 Q_1，Q_2——筛子的生产率；

t_1，t_2——达到规定筛分效率所需要的筛分时间。

由式（3-3-9）可知：

$$t^m = \frac{aE}{1 - E} \quad 或 \quad t = \sqrt[m]{\frac{aE}{1 - E}}$$

如果筛分时间相同，而给矿量为 Q_1 及 Q_2，相应的筛分效率则为 E_1 及 E_2，代入式（3-3-16），得

$$\frac{Q_1}{Q_2} = \frac{\sqrt[m]{\dfrac{aE_2}{1 - E_2}}}{\sqrt[m]{\dfrac{aE_1}{1 - E_1}}}$$

$$\frac{Q_1}{Q_2} = \sqrt[m]{\frac{E_2(1 - E_1)}{E_1(1 - E_2)}} \tag{3-3-17}$$

这个公式表达出筛子的生产率和筛分效率之间的关系。

应用这个公式时，要先知道 m 值。如果收集到一些生产率和相应的筛分效率的试验数据，就可以找到它。振动筛可以取 $m = 3$，按照式（3-3-17）计算的结果列于表 3-3-3 中，表中取筛分效率为 90% 时的相对生产率是 1，并列出试验平均值。可以看出按式（3-3-17）的计算结果与试验值基本相近。

表 3-3-3 振动筛的筛分效率与生产率的关系

筛分效率/%		40	50	60	70	80	90	92	94	96	98
生产率 /t · h^{-1}	试验平均值①	2.3	2.1	1.9	1.6	1.3	1.0	0.9	0.8	0.6	0.4
	$m = 3$ 时，按式（3-3-17）的计算值	2.36	2.09	1.82	1.57	1.31	1.00	0.92	0.83	0.72	0.585

① 目前在选矿厂设计中，振动筛生产率的计算采用表中的试验平均值。

利用筛分动力学公式可以研究筛分效率与筛面长度的关系。在选矿厂中，有时需要提高筛子的筛分效率和处理能力，为缩小破碎产物粒度和增加破碎机生产能力创造条件，措施之一就是在配置条件允许的情况下增加筛子的长度，筛分动力学为这种措施提供了理论依据。

令 t_1、L_1 和 E_1 为第一种情况下的筛分时间、筛面长度和筛分效率；t_2、L_2 和 E_2 为第二种情况下的筛分时间、筛面长度和筛分效率。因为筛分时间与筛面长度成正比，故式（3-3-14）可以写为：

$$L_1^n = \frac{E_1}{K'(1 - E_1)} \quad 及 \quad L_2^n = \frac{E_2}{K'(1 - E_2)}$$

从而

$$\left(\frac{L_1}{L_2}\right)^n = \frac{E_1}{1 - E_1} \times \frac{1 - E_2}{E_2} \tag{3-3-18}$$

或

$$E_2 = \frac{L_2^n E_2}{L_1^n - L_1^n E_1 + L_2^n E_1}$$

对于振动筛，此处的 n 值为 3。

3.4 筛分机械的种类、安装与维修

3.4.1 筛分机械分类

筛分机械的分类方法较多，可按运动轨迹、传动方式分类，也可按其用途分类。按其

结构、工作原理和用途，大体上分为表3-4-1所列几类。

表3-4-1 筛分机的分类

筛分机类型	运动轨迹	最大给料粒度/mm	筛孔尺寸/mm	用 途
固定格筛	静止	1000	25～300	预先筛分
圆筒筛	圆筒按一定方向旋转	300	6～50	矿石分级、脱泥
滚轴筛	筛轴按一定方向旋转	200	25～50	预先分级、大块矿物筛分脱介
摇动筛	近似直线	50	13～50 0.5	分级、脱水、脱泥等
圆振动筛	圆、椭圆	400	6～100	分级
直线振动筛	直线、准直线	300	3～80 0.5～13	分级、脱水、脱介
共振筛	直 线	300	0.5～80	分级、脱水、脱介
概率筛	直线、圆、椭圆	100	15～60	矿物分级
等厚筛	直线、圆	300	25～40 6～25	矿物分级
高频振动筛	直线、圆、椭圆	2	0.1～1 （20～50目）	细粒物料分级、回收
电磁振动筛	直 线			细粒物料分级

为了便于叙述，我们将其归结为固定筛、振动筛、细筛和其他筛分设备四类，分别就它们的结构特征、工作性能和应用情况进行介绍。

3.4.2 筛分机械

3.4.2.1 固定筛

固定筛是指在工作中筛框不运动的一类筛分机械。在工业生产中应用较多的固定筛有固定格筛、固定条筛和滚轴筛三种。

A 固定格筛和固定条筛

固定格筛和固定条筛都是由固定的钢条或钢棒构成筛面的筛分设备。其中，固定格筛通常用于生产规模和粗碎设备生产能力较小的分选厂，它常呈水平安装在原料仓的顶部，以保证给入选厂的物料粒度符合要求。筛出的大块物料通常借助于人工破碎使之达到过筛粒度。

固定条筛主要用作粗碎和中碎前的预先筛分设备，安装倾角一般为40°～50°，以保证物料能在筛面上借助于重力自动下滑，其结构如图3-4-1所示。

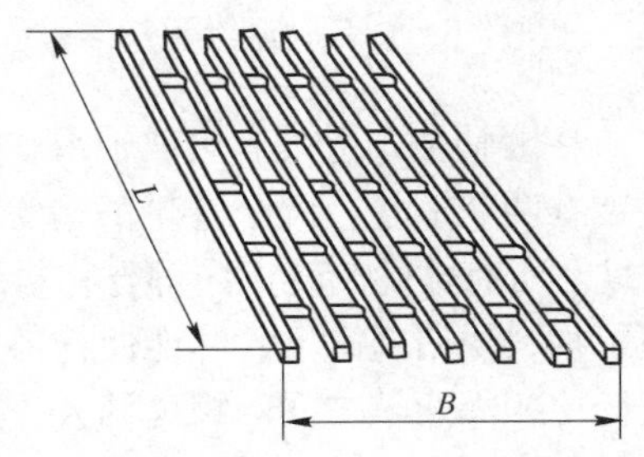

图3-4-1 固定条筛的结构示意图

固定条筛的筛孔尺寸（在横向上两棒条之间的间距）约为筛下物所要求的粒度上限的1.1～1.2倍，但一般不小于50mm。筛面宽度要求大于入筛物料中最大块尺寸的2.5倍，以防止大块物料在筛面上架拱，筛面长度一般为筛面宽度的2倍。

固定条筛的突出优点是结构简单，无运动部件，不消耗动力；但筛孔容易堵塞，筛分效率较低（仅有

50%～60%），且需要较大的安装高差。

B　滚轴筛

滚轴筛的筛面由多根旋转的滚轴排列而成。滚轴上有圆盘，相邻滚轴和圆盘之间的间隙即是这种筛子的筛孔。滚轴筛通常以 15°左右的倾角安装，借助于滚轴的旋转，使给到筛面上的物料逐渐向排料端移动，同时完成筛分作业。

滚轴筛常用于筛分粗粒级物料，其筛孔尺寸往往大于 15mm。与前述 2 种固定筛比较，滚轴筛的筛分效率较高，所需的安装高度较小，但结构却比较复杂。目前，这种筛分机多用于选煤厂和炼铁厂。

不同类型滚轴筛之间的区别主要体现在圆盘的形状上，目前生产中最常用的滚轴筛主要有 GS 型香蕉型滚轴筛、HGP 滚轴筛和 DGS 等厚滚轴筛等。

圆盘滚轴筛如图 3-4-2 所示，它主要由筛架、滚轴和圆盘等组成。筛架上装有 7 根滚轴，滚轴构成的平面成 15°倾斜。每根轴上有 9 个与轴铸成一体的圆盘。

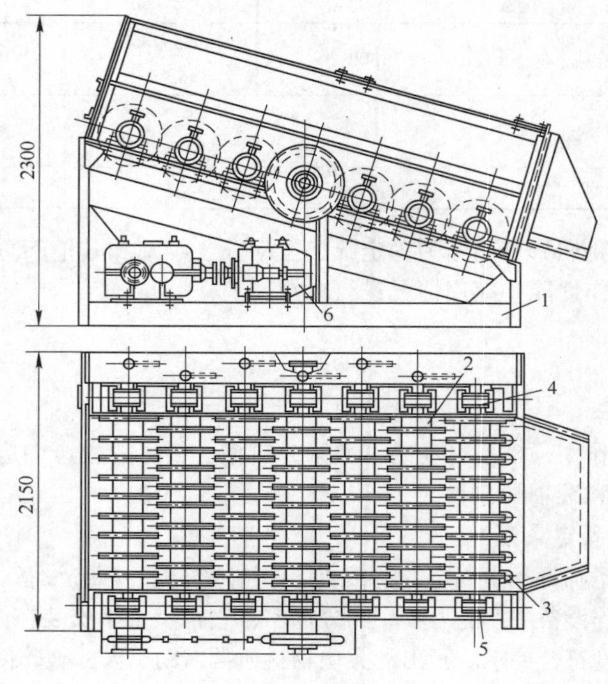

图 3-4-2　圆盘滚轴筛

1—筛架；2—滚轴；3—圆盘；4—滚珠轴承；5—链轮；6—电动机

在滚轴轴颈上装有滚珠轴承，这些轴承安置在筛架的轴承座中。为了传递运动，每根轴上装有两个链轮，两个链轮的齿数分别为 18 和 20，因此相邻两根轴之间的传动比约等于 1.11。所有轴的旋转方向都与物料的运动方向相同，由于两相邻轴的旋转速度不同，从而避免了物料块堵塞筛孔，并能使物料加速向排料端移动。滚轴上的圆盘是交错排列的，圆盘的直径比相邻两轴之间的距离稍大一些，这样可以使筛面上的物料更好地松散并向前移动。

3.4.2.2　振动筛

振动筛是指筛框作小振幅、高振次振动的一类筛分机械，常用对粒度在 350～0.25mm

之间的物料进行筛分。这类筛分机的规格用筛面的宽度 B 和长度 L（$B \times L$）表示。由于筛框作小振幅、高振次的强烈振动，有效地消除了筛孔堵塞现象，大大提高了筛子的生产率和筛分效率（$E = 80\% \sim 90\%$）。这类筛分机械既可以用于碎散物料的筛分作业，又可用于固体物料的脱水、脱泥、脱介等作业，因而在固体物料的分选过程中应用最广泛。

根据筛框的运动轨迹，振动筛可分为圆（椭圆）运动振动筛和直线运动振动筛两类，前者包括惯性振动筛、自定中心振动筛和重型振动筛；后者包括双轴直线振动筛和共振筛。

A 惯性振动筛

惯性振动筛有时也称为单轴惯性振动筛，目前中国生产的惯性振动筛有悬挂式和座式两种。

图 3-4-3 和图 3-4-4 分别是 SZ 型惯性振动筛的外形图和工作原理示意图。从图中可以看出，这种筛子有 8 个主要组成部分，其中筛网固定在筛箱上，筛箱安装在两个椭圆形板簧上，板簧底座固定在基础上，偏重轮和皮带轮安装在主轴上，重块安装在偏重轮上。改变重块在偏重轮上的位置，可以得到不同的离心惯性力，以此来调节筛子的振幅。主轴通过两个滚动轴承固定在筛箱上。筛箱一般呈 15°～25°倾斜安装，以促进物料在筛面上向排料端运动。

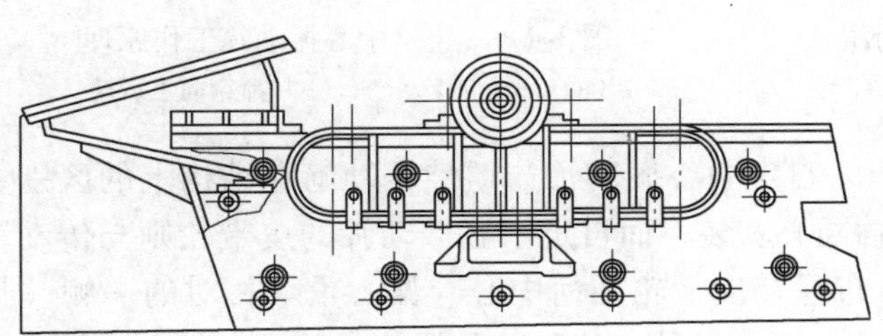

图 3-4-3 SZ 型惯性振动筛结构

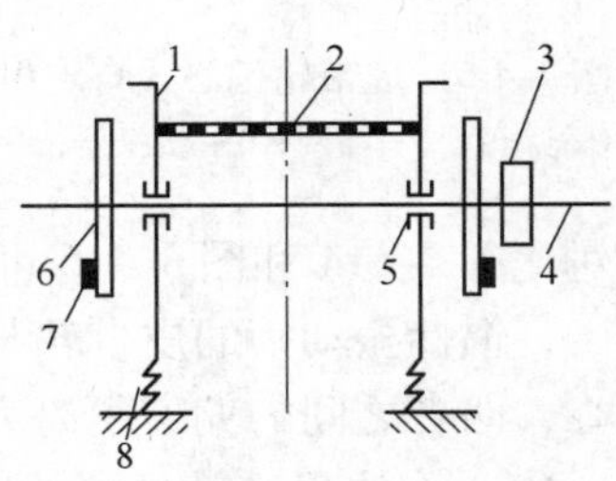

图 3-4-4 惯性振动筛工作原理

1—筛箱；2—筛网；3—皮带轮；4—主轴；5—轴承；6—偏重轮；7—重块；8—板簧

当电动机带动皮带轮转动时，偏重轮上的重块即产生离心惯性力，从而引起板簧作拉伸或压缩运动，其结果使筛箱沿椭圆轨迹或圆轨迹运动。惯性振动筛也正是因筛子的激振力是离心惯性力而得名。

在惯性振动筛的工作过程中，若假定重块的质量和旋转半径分别为 q 和 r，筛箱加负荷的质量为 Q，筛子的振幅为 a，则不平衡重块产生的激振惯性力矩为 qgr（g 为全力加速度），筛箱运动所产生的惯性阻力矩为 Qga。由于这种筛分机通常都在远超共振状态下工作（筛子的振动频率 ω 与其固有频率 ω_0 之比远远大于 1），所以两个惯性力矩的大小相等，方向相反，即有：

$$qgr = Qga \tag{3-4-1}$$

从式（3-4-1）可以看出，当 q、r 一定时，筛子的振幅 a 将随着给料速度的波动而变化，从而使筛分效率也随着负荷的波动而变化。因此，惯性振动筛要求给料速度尽量保持恒定。

另外，惯性振动筛工作时，由于皮带轮的几何中心在空间做圆运动，致使皮带时松时紧，造成电动机的负荷波动，这既影响电动机的使用寿命，也会加速皮带的老化。为了减小这一不利影响，惯性振动筛的振幅一般都比较小，所以这种筛子只适合用来筛分中、细粒级的碎散物料，入筛物料中的最大块粒度常常不超过 100mm，而且这种筛分机的规格也不能做得太大。

B　自定中心振动筛

自定中心振动筛目前在工业生产中应用最多。它同样也有座式和悬挂式两种，其突出特点是皮带轮的旋转中心线在工作中能自动保持不动。

图 3-4-5 和图 3-4-6 分别是皮带轮偏心式自定中心振动筛的结构图和工作原理示意图。

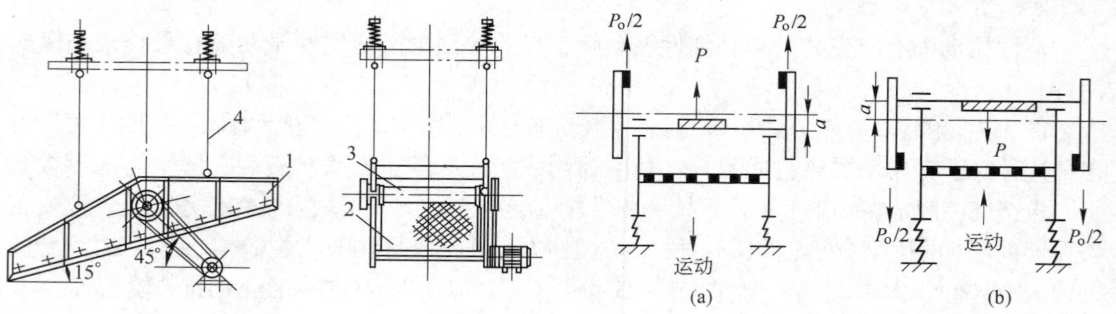

图 3-4-5　皮带轮偏心式自定中心振动筛
1—筛箱；2—筛网；3—激振器；4—弹簧吊杆

图 3-4-6　自定中心振动筛工作原理
（a）筛箱向下运动；（b）筛箱向上运动

对比图 3-4-4 和图 3-4-6 可以看出，自定中心振动筛与惯性振动筛在结构上的区别主要在于，惯性振动筛的皮带轮与传动轴同心安装，而自定中心振动筛的皮带轮则与传动轴不同心，两者之间的偏离距离为 a，a 布置在皮带轮几何中心与偏心重块相对的一侧（见图 3-4-6），在这里 a 就是筛子工作时的振幅。另外，这种筛分机的中部也有偏心质量，当它与偏心重块在同一个方向时可以获得最大的激振力，而在相反方向时则激振力最小。

从图 3-4-6 中可以看出，在电动机的带动下，当偏心质量向上运动时，离心惯性力的方向也向上，由于运动滞后于激振力 180°的相位角，所以此时筛子向下运动，装在筛箱上的主轴当然也一起向下运动，而这时皮带轮的几何中心则位于主轴的上方（见图 3-4-6a）。相反，当偏心质量向下运动时，筛箱及主轴则向上运动，皮带轮的几何中心位于主轴的下方（见图 3-4-6b）。由此可见，借助于这种特殊的机械结构，实现了筛子在工作过程中皮带轮的几何中心（即旋转中心）保持不动，主轴的中心线绕皮带轮几何中心线旋转。同时也必须指出，采用这种机械结构，虽然能实现皮带轮自定中心，但固定在筛箱上的主轴以及固定在主轴上的皮带轮都参与了振动过程，致使振动质量较大。为了有效地减少参与振动的质量，常常采用图 3-4-7 所示的机械结构，这种筛分机叫做轴承偏心式自定中心振动筛。

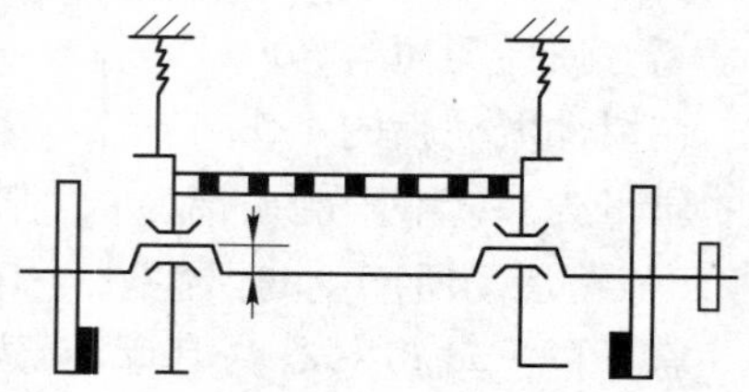

图 3-4-7　轴承偏心式自定中心振动筛结构及工作原理

由图 3-4-7 可知，不平衡重块的位置恰好与偏心轴颈的位置相反，从而实现了与皮带轮偏心式自定中心振动筛完全一样的工作原理。然而在这种筛分机中，主轴和皮带轮都不参与振动，只做回转运动，所以参与振动的质量小，能耗低，且可以获得较大的振幅。

由于自定中心振动筛在工作过程中能自定中心，从而大大地改善了电动机和传动皮带的工作条件，使得这种筛子的振幅可以比惯性振动筛的大一些，振动频率比惯性振动筛的低一些，规格也可以比惯性振动筛制造得大一些，筛分物料的最大块粒度也相应提高到了150mm。

C　重型振动筛

重型振动筛是一种特殊的座式皮带轮偏心式自定中心振动筛，其基本结构如图3-4-8所示。重型振动筛的突出特点是，结构坚固，能承受较大的冲击负荷，适合于筛分密度大、粒度粗的物料，给料的最大块粒度可达350mm。

重型振动筛在机械结构上的突出特点是，不在筛子的主轴上设置偏心质量，借助于一个自动调整振动器产生激振力，从而避免了在启动或停车过程中，由于共振作用而使筛子的振幅急剧增加所带来的危害。

重型振动筛自动调整振动器的机械结构如图3-4-9所示。它的突出特点是，可以为筛分机提供一个大小随筛子的转速变化的激振力。当筛子在启动或停车过程中通过共振区的低转速范围时，重锤产生的离心惯性力不足以压缩弹簧，而处在旋转中心附近，这时施加到筛子上的激振力很小，从而使筛子平稳地通过共振区。当筛子的主轴在电动机的带动下以高速旋转时，重锤产生的离心惯性力迅速增加，从而压迫弹簧到达轮子的外缘，使筛分机在较大的激振力作用下进入正常工作状态。

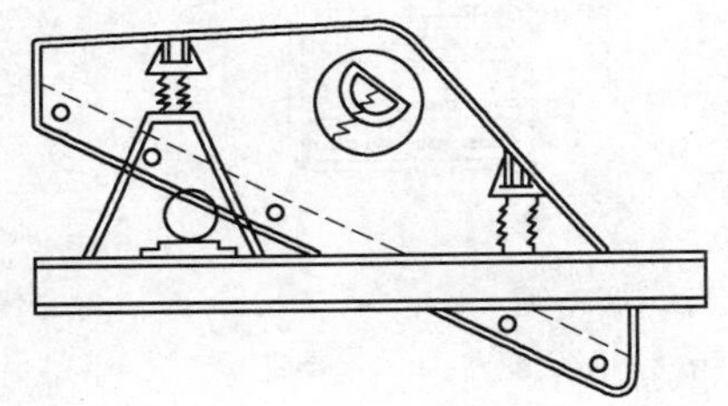

图3-4-8　重型振动筛结构示意图

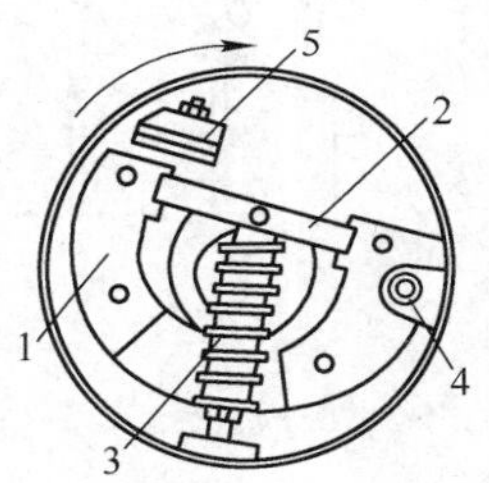

图3-4-9　重型振动筛的自动调整振动器

1—重锤；2—卡板；3—弹簧；4—小轴；5—撞铁

D　双轴直线振动筛

双轴直线振动筛是靠两根带偏心重块的主轴作同步反向旋转而产生振动的筛分机，其筛面呈水平或稍微倾斜安装。与圆运动振动筛相比，双轴直线振动筛具有如下的特点：

（1）运动轨迹为直线，激振力大、振幅大、振动强，物料在筛面上的运动情况比较好，因而筛分效率比较高、生产能力大，可以筛分粗粒级物料；

（2）筛面可以水平安装，因而降低了筛子的安装高度；

（3）由于筛箱常呈水平安装，所以它除了用于物料的筛分以外，特别适合于物料的脱水、脱泥和脱介；

（4）激振器比较复杂，两根轴的制造精度要求高，而且需要良好的润滑条件。

双轴直线振动筛激振器的工作原理如图3-4-10所示。两偏心重块的质量相等，且作同步反向回转，所以在任何时候，两偏心重块产生的离心惯性力在K方向（即振动方

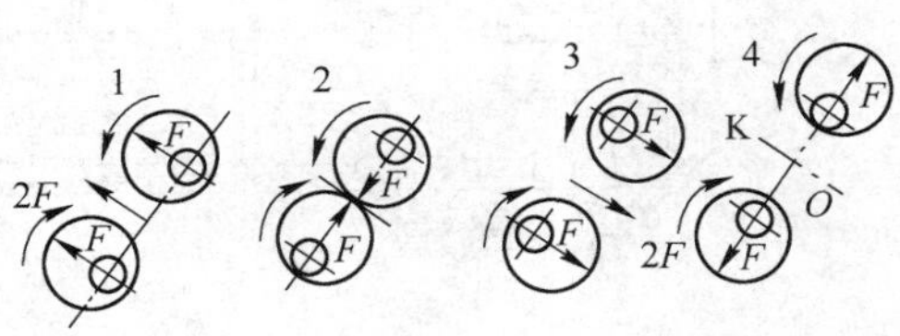

图3-4-10　双轴直线振动筛激振器工作原理

向）上的分力总是互相叠加，而在垂直于K方向上的离心惯性力分力总是互相抵消，从而形成了单一的沿K方向的激振力，驱动筛分机作直线振动。

双轴直线振动筛的激振器有箱式、筒式和自同步式三种。箱式激振器和筒式激振器的主要区别是轴的长短和偏心重块的形式，前者采用带偏心重块的短轴，而后者则采用长偏心轴。自同步式激振器的突出特点是，两根轴分别用电动机驱动。

图3-4-11是箱式激振器双轴直线振动筛的构造。这种筛分机主要由双层筛面的筛箱、激振器和吊挂装置组成。吊挂装置包括钢丝绳、隔振弹簧和防摆配重。倾斜安装的箱式激振器由电动机带动，产生与筛面成45°角的往复运动，以便使物料在筛面上有最大的运动速度。被筛物料从右侧给入，在筛面上跳跃前进，筛下产品从下部排出，收集在筛下漏斗中，而筛上产品从左侧排出。

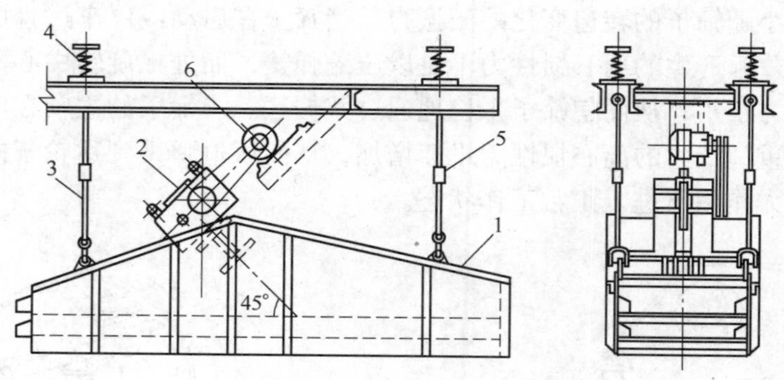

图3-4-11 箱式激振器双轴直线振动筛

1—筛箱；2—激振器；3—钢丝绳；4—隔振弹簧；5—防摆配重；6—电动机

图3-4-12是ZS型筒式激振器直线振动筛，它分单层和双层两种。筛箱安装在支撑装置上，支撑装置共有四组，包括压板、座耳、弹簧和弹簧座，座耳为铰链式，便于调整筛箱的角度。更换弹簧座可以把筛箱的倾角调整成0°、2.5°和5°。

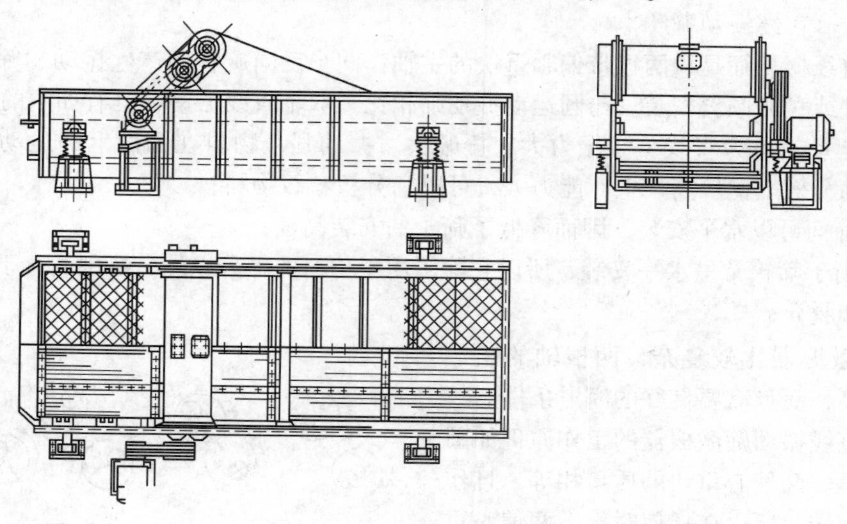

图3-4-12 ZS型筒式激振器直线振动筛

E　共振筛

上述四种振动筛都是在远离共振的非共振状态下工作，其工作频率远大于系统的固有频率，而共振筛却是在共振状态下工作，其工作频率接近于系统的固有频率，共振筛也恰恰是因此而得名。

根据激振机构的不同，可以将共振筛细分为弹性连杆式共振筛和惯性式共振筛两种类型。目前在生产中使用的弹性连杆式共振筛主要有 RS 型共振筛、$15m^2$ 双筛箱共振筛、$30m^2$ 双筛箱共振筛和 CDR-84 型双筛箱共振筛等；惯性式共振筛主要有 SZG 型惯性式共振筛和平衡底座式惯性共振筛等。

RS 型共振筛的结构如图 3-4-13 所示。这种筛分机具有筛箱和平衡架两个振动体，平衡架通过橡胶弹簧固定在基础上。筛箱与平衡架之间装有导向板弹簧和由带间隙的非线性弹簧组成的主振弹簧。电动机带动装在平衡架上的偏心轴，然后通过装有传动弹簧的连杆，将力传给筛箱，驱动筛箱作往复运动，同时，平衡架也受到反方向的作用力，而做反向运动。

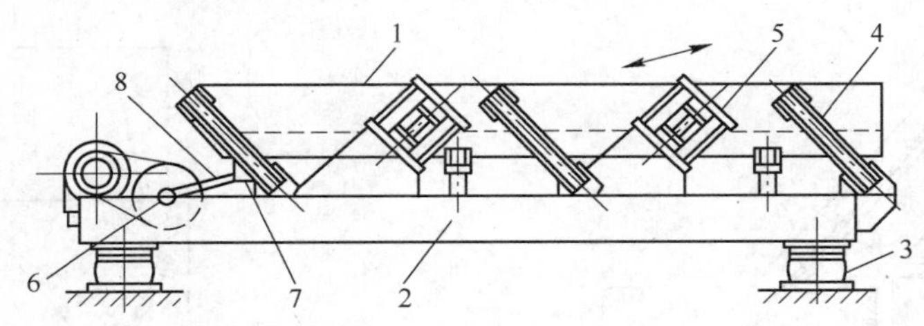

图 3-4-13　RS 型共振筛的结构图

1—筛箱；2—平衡架；3—橡胶弹簧；4—导向板弹簧；
5—主振弹簧；6—偏心轴；7—传动弹簧；8—连杆

在 RS 型共振筛中，有四种不同形式的弹簧。主振弹簧具有较大的刚度，使系统处于近共振状态下工作，它的作用是储存能量和释放能量；导向板弹簧的作用是使筛箱与平衡架沿垂直于板弹簧的方向振动；传动弹簧用以传递激振力，并减小筛分机工作过程中传给偏心轴的惯性力和筛分机启动时电动机的转矩，使系统实现弹性振动；隔振弹簧（即橡胶弹簧）用以隔离机器的振动，减小传给基础的动载荷。

共振筛的筛箱、弹簧和机架等部分组成一个弹性系统，产生弹性振动。在筛分机的工作过程中，筛箱的振动动能和弹簧系统的弹性势能互相转化，所以只需要给筛子补充在能量转换过程中损失掉的能量，即可维持正常工作。

共振筛的突出特点是筛面面积大、生产能力大、筛分效率高，且能耗比较低。但这种筛分机的制造工艺复杂，橡胶弹簧也容易老化。

3.4.2.3　细筛

细筛一般指筛孔尺寸小于 0.4mm 的筛分设备。细筛适用于粉体物料的筛分和分级，当物料中欲回收成分在细级别中大量富集时，细筛常作为分选设备（即选择筛分）使用，经过细筛可得到高品位的筛下物。

按振动频率划分，细筛可分为固定细筛、中频振动细筛和高频振动细筛三类，中频细筛的振动频率一般为 13～20Hz；高频细筛的振动频率一般为 23～50Hz。目前生产中使用的固定细筛主要有平面固定细筛和弧形细筛等，中频细筛主要有 HZS1632 型双轴直线振动细筛和 ZKBX1856 型双轴直线振动细筛等，高频细筛主要有 GPXS 系列、DZS 系列高频振动电磁细筛、德瑞克高频振动细筛、MVS 型电磁振动高频振网筛、双轴直线振动高频细筛和单轴圆振动高频细筛等。

平面固定细筛（图 3-4-14）通常以较大的倾角安装，筛面倾角一般为 45°～50°。筛面是由尼龙制成的条缝筛板，缝宽通常在 0.1～0.3mm 之间变动。平面固定细筛的筛分效率不高，但因结构十分简单，应用较为广泛。

生产中使用的弧形细筛如图 3-4-15 所示，这种细筛利用物料沿弧形筛面运动时产生的离心惯性力来提高筛分过程的筛分效率。弧形细筛的构造也比较简单，但筛分效率却明显比平面固定细筛的高。

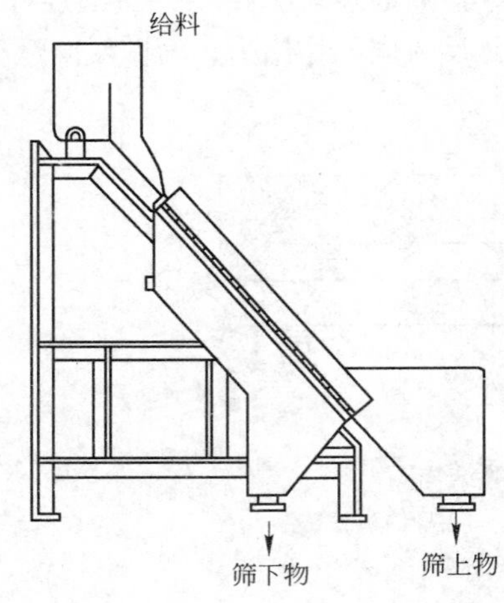

图 3-4-14 平面固定细筛

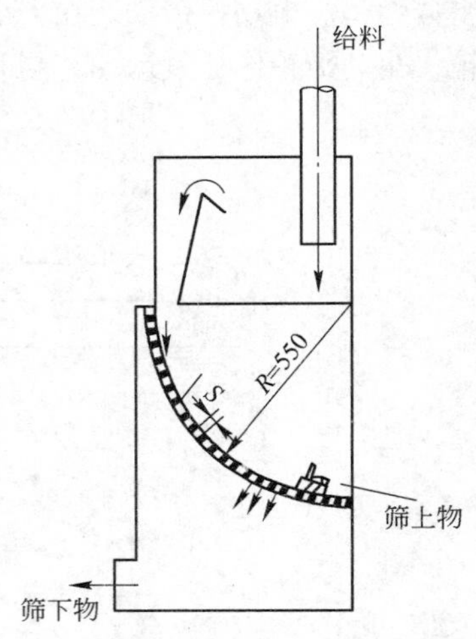

图 3-4-15 弧形细筛

固定细筛的工作原理与前面所述的振动筛不同。在振动筛中，筛孔尺寸是筛下产物的最大块粒度极限值，而在固定细筛中，物料沿筛面的切线给入，颗粒随浆体一起沿筛面以速度 v 运动（图 3-4-16）。当粒度小于筛孔尺寸的颗粒经过筛孔上方时，由于重力的作用，产生一个垂直向下的速度 v_G，此时，颗粒以 v 与 v_G 的矢量和 v_x 运动。从图中可以看出，只有和速度 v_x 的方向指向筛孔下边缘后方的颗粒，才能进入筛下物中。其余颗粒则随浆体

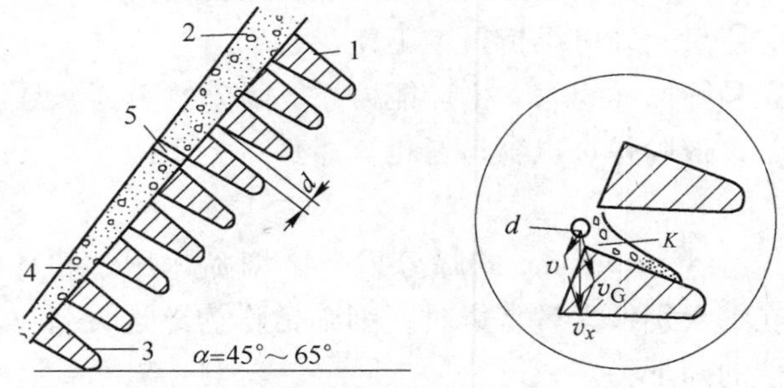

图 3-4-16 细筛的工作原理示意图

1—筛条；2—浆体；3—筛下产物；4—筛上产物；5—筛孔；d—透筛最大粒度

流一起越过筛孔，继续沿筛面运动。根据实践经验，固定细筛的分离粒度与筛孔尺寸之间的关系为：

$$d = \frac{1}{2}SK \tag{3-4-2}$$

式中 d——分离粒度，mm；

S——筛孔尺寸，mm；

K——系数，一般为0.75～1.25。

即分离粒度大约只有筛孔尺寸的一半。

关于 d 与 S 的关系，国内外的经验数据如表3-4-2所示。

表3-4-2 分离粒度与筛孔尺寸的应用经验数据

细筛筛孔尺寸/mm	0.3	0.25	0.20	0.15	0.10
分离粒度/mm	0.15	0.10	0.074	0.063	0.044

美国德瑞克公司生产的聚氨酯筛网重叠式高频振动细筛，是目前以最小占地面积和最小功率获取最大筛分能力的高频振动细筛，其结构如图3-4-17所示。这种细筛的特点是并联给料、直线振动配合15°～25°的筛面倾角，筛分物料流动区域长，传递速度快，筛网开孔率高且耐磨损。筛网的筛孔通常为0.15mm和0.10mm。

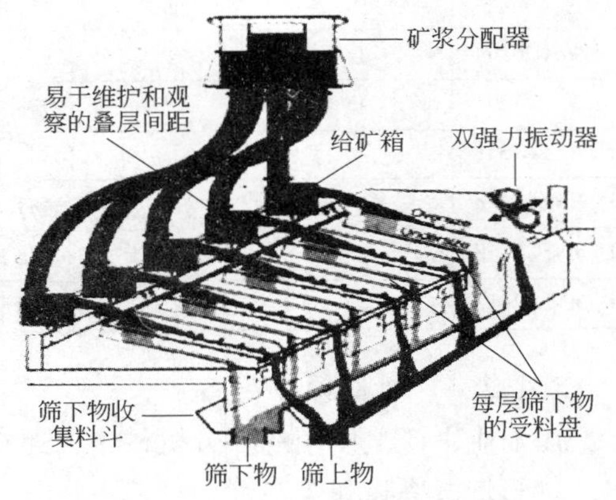

图3-4-17 德瑞克重叠式高频振动细筛的结构示意图

目前，德瑞克重叠式高频振动细筛有两种规格：1.2m和1.5m宽，分别配置2×1.9kW和2×3.8kW的动力。该细筛还可配置重复造浆槽，适合从给料中筛除细粒级物料。

MVS型电磁振动高频振网筛是一种筛面振动筛分机械，其结构如图3-4-18所示。这种筛分设备的突出特点和技术特征体现在：①筛

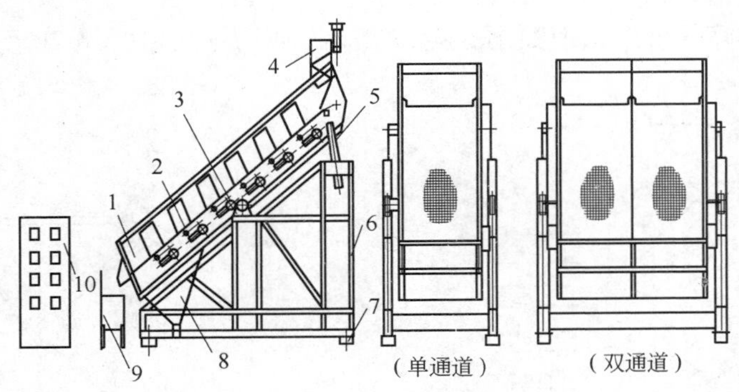

图3-4-18 MVS型系列电磁振动高频振网筛结构

1—筛箱；2—筛网；3—振动器；4—给料箱；5—筛面倾角调整装置；6—机架；7—橡胶减振器；8—筛下漏斗；9—筛上接矿槽；10—控制柜

面振动、筛箱不动；②筛面高频振动，频率 50Hz，振幅 1 ~ 2mm，有很高的振动强度，其加速度可达 8g ~ 10g，是一般振动筛振动强度的 2 ~ 3 倍，所以不堵塞，筛面自清洗能力强，筛分效率高，处理能力大；③筛面由 3 层筛网组成；④筛分机的安装角度可随时方便地调节，以适应物料的性质及不同筛分作业；⑤筛分机的振动参数采用计算机集中控制；⑥功耗小，每个电磁振动器的功率仅 150W；⑦实现封闭式作业，减少环境污染。

MVS 型电磁振动高频振网筛工作时，布置在筛箱外侧的电磁振动器通过传动系统把振动导入筛箱内，振动系统的振动构件托住筛网并激振筛网。筛网采用两端折钩、纵向张紧。每台设备沿纵向布置有若干组振动器及传动系统，电磁振动器由电控柜集中控制，每个振动系统分别具有独立激振筛面，可随时分段调节。筛箱安装具有一定倾角，并且可调。物料在筛面高频振动作用下沿筛面流动、分层、透筛。目前，用于选矿厂的常用型号及主要技术性能见表 3-4-3。

表 3-4-3　选矿厂常用 MVS 高频振网筛型号及主要技术性能

型　号	筛面层数	筛面面积/m^2	外形尺寸/mm	给料浓度/%	处理量/$t \cdot h^{-1}$	功率/kW
MVS_K2020	1	4	2778 × 2676 × 2623	30 ~ 45	15 ~ 25	1.2
MVS_K2420	1	4.8	2778 × 3076 × 2623		20 ~ 30	1.2
D_3MVS_K1518	3	8.1	4348 × 3674 × 3255		30 ~ 45	1.2
D_2MVS_K2418	2	8.64	3481 × 3296 × 2750		30 ~ 50	1.6
D_3MVS_K2418	3	12.96	4348 × 4750 × 3297		45 ~ 75	2.4
D_4MVS_K2418	4	17.28	5200 × 4750 × 3900		60 ~ 100	3.2

3.4.2.4　其他筛分设备

在工业生产上使用的筛分机械中，还有 2 种筛分机的工作原理与前面所介绍的明显不同，它们是概率筛和等厚筛。

A　概率筛

概率筛的筛分过程是按照概率理论进行的，由于这种筛分机是瑞典人摩根森（F. Mogensen）于 20 世纪 50 年代首先研制成功的，所以又叫做摩根森筛。中国研制的概率筛于 1977 年问世，在工业生产中得到广泛应用的有自同步式概率筛和惯性共振式概率筛等。

自同步式概率筛的工作原理如图 3-4-19 所示，其结构如图 3-4-20 所示。这种筛分设

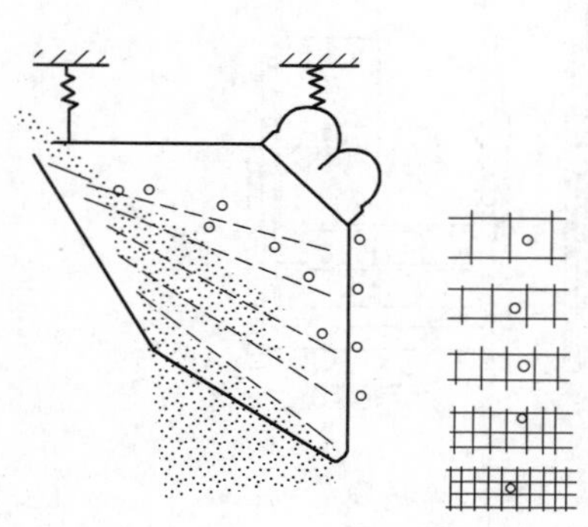

图 3-4-19　自同步式概率筛的工作原理

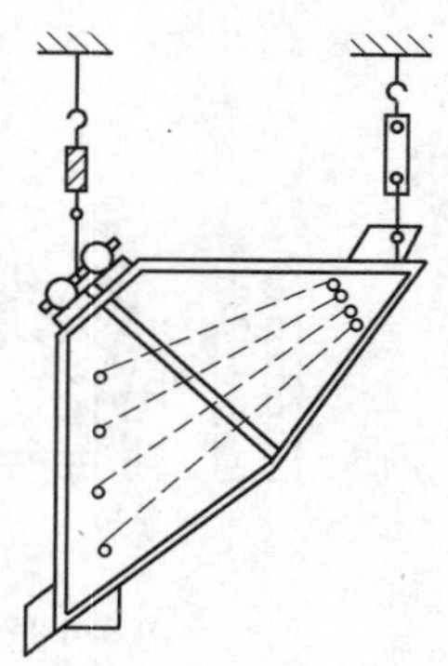

图 3-4-20　自同步式概率筛结构

备由 1 个箱形框架和 3 ~ 6 层坡度自上而下递增、筛孔尺寸自上而下递减的筛面所组成。筛箱上带偏心块的激振器使悬挂在弹簧上的筛箱作高频直线振动。物料从筛箱上部给入后，迅速松散，并按不同粒度均匀地分布在各层筛面上，然后各个粒级的物料分别从各层筛面下端及下方排出。

惯性共振式概率筛的结构如图 3-4-21 所示，它与自同步式概率筛的主要区别是激振器的形式及主振动系统的动力学状态。自同步式激振器的振动系统在远离共振的非共振状态下工作，而惯性共振式概率筛采用的单轴惯性激振器的主振系统，则在近共振的状态下工作。

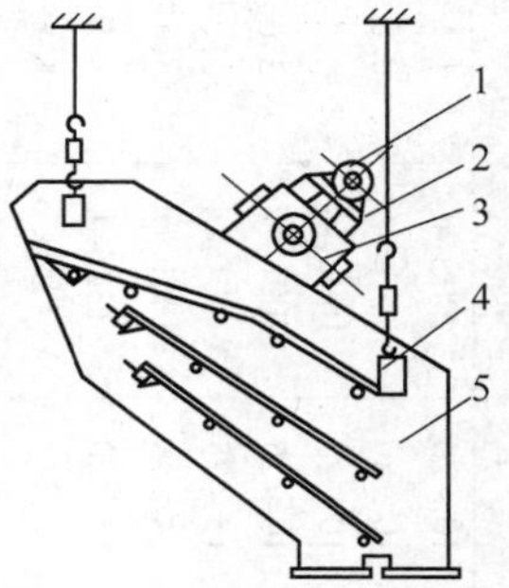

图 3-4-21 惯性共振式概率筛结构
1—传动部分；2—平衡质体；
3—剪切橡胶弹簧；4—隔振弹簧；5—筛箱

概率筛的突出优点是：①处理能力大，单位筛面面积的生产能力可达一般振动筛的 5 倍以上；②由于采用了较大的筛孔尺寸和筛面倾角，物料透筛能力强，不容易堵塞筛孔；③结构简单，使用维护方便，筛面使用寿命长，生产费用低。

B 等厚筛

等厚筛（物料层厚度在筛分过程中基本保持一致）是一种采用大厚度筛分法的筛分机械，在其工作过程中，筛面上的物料层厚度一般为筛孔尺寸的 6 ~ 10 倍。普通等厚筛具有 3 段倾角不同的冲孔金属板筛面，给料段一般长 3m，倾角为 34°；中段长 0. 75m，倾角为 12°；排料段长 4. 5m，倾角为 0°。筛分机宽 2. 2m，总长度达 10. 45m。

等厚筛的突出优点是生产能力大、筛分效率高，但机器庞大、笨重。为了克服这些缺点，人们将概率筛和等厚筛的工作原理结合在一起，研制成功了一种采用概率分层的等厚筛，称为概率分层等厚筛。

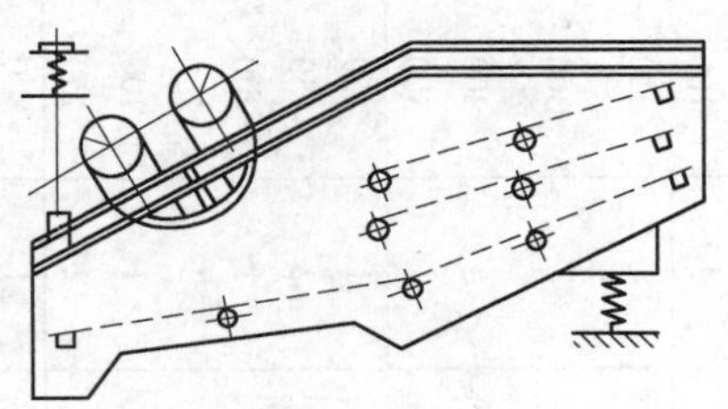

图 3-4-22 概率分层等厚筛结构

概率分层等厚筛的结构特点是第 1 段基本上采用概率筛的工作原理，而第 2 段则采用等厚筛的筛分原理，其结构如图 3-4-22 所示。这种筛分机由筛框、2 台激振电动机和带有隔振弹簧的隔振器等 3 个组成部分。筛框由钢板与型钢焊成箱体结构，筛框内装有筛面。第 1 段筛面倾角较大，层数一般为 2 ~ 4 层，长度为 1. 5m 左右；第 2 段筛面倾角较小，层数一般为 1 ~ 2 层，长度为 2 ~ 5m。筛分机的总长度比普通等厚筛缩短了 2 ~ 4m。

概率分层等厚筛既具有概率筛的优良性能，又具有等厚筛的优点，而且明显地缩短了机器的长度。

3. 4. 2. 5 筛分设备技术性能

国产常用筛分设备及技术规格见表 3-4-4。

3. 4. 3 筛分设备的选择与计算

3. 4. 3. 1 筛分设备的选择

影响筛分设备类型选择的主要因素有：

表 3-4-4 国产常用筛分设备及技术规格

类 型	型号与规格	工作面积/m^2	筛网层数/层	最大给料粒度/mm	处理量/$t \cdot h^{-1}$	筛孔尺寸/mm	双振幅/mm	振次/次·min^{-1}	筛面倾角/(°)	电动机		质量/t
										型号	功率/kW	
自定中心振动筛	SZZ 400×800	0.29	1	50	12	1~25	3	1500	10~20	Y90S-4	1.1	0.12
	SZZ_2 400×800	0.29	2	50	12	1~16	3	1500	10~20		0.8	0.149
	SZZ 800×1600	1.2	1	100	20~25	3~40	6	1430	10~25	$Y100L_1$-4	2.2	0.498
	SZZ_2 800×1600	1.2	2	100	20~25	3~40	6	1430	10~25	$Y100L_2$-4	3.0	0.772
	SZZ 900×1800	1.62	1	60	20~25	1~25	6	1000	15~25	$Y100L_1$-4	2.2	0.44
	SZZ_2 900×1800	1.62	2	60	20~25	1~25	6	1000	15~25	$Y100L_1$-4	2.2	0.6
	SZZ 1250×2500	3.13	1	100	150	6~40	1~3.5	850	15~20	Y132S-4	5.5	1.021
	SZZ_2 1250×2500	3.13	2	150	150	6~50	2~6	1200	15	$Y132M_2$-6	5.5	1.26
	SZZ_2 1250×4000	5	2	150	120	3~60	2~6	900	15	Y132M-4	7.5	2.5
	SZZ 1500×3000	4.5	1	100	245	6~16	8	800	20~25		7.5	2.234
	SZZ_2 1500×3000	4.5	2	100	245	6~40	2.5~5	840	15~20		7.5	2.511
	SZZ 1500×4000	6	1	75	250	1~13	8	810	20~25	Y132M-4	15	2.582
	SZZ_2 1500×4000	6	2	100	250	6~50	5~10	800	20	Y160L-4	15	3.412
	SZZ 1800×3600	6.48	1	150	300	6~50	8	750	25		17	4.626
	SZZ_2 1800×3600	6.48	2	150	300	6~70	7	820	20		15	3.6
惯性振动筛	SZ 1250×2500	3.1	1	100	70	6~40	4	1450	15~25	YB132S-4	5.5	1.093
	SZ_2 1250×2500	3.1	2	100	70~200	6~40	4.8	1300	15~25	YB132S-4	5.5	1.387
	SZ 1500×3000	4.5	1	100	70~150	6~40	4.8	1300	15~25	YB132S-4	5.5	1.388
	SZ_2 1500×3000	4.5	2	100	100~300	6~40	6	1000	15~25	YB132S-4	5.5	1.797
重型振动筛	H-1735 1750×3500	6.1	1	300	300~600	25~100	8~10	750	20~25	Y160L-4	15	3.994
	2H-1735 1750×3500	6.1	2	300	400~700	上25~100 下25~50	7~8	750	22~25	Y160L-4	15	5.28
	2H-2460 2400×6000	14.4	2	300		22~50	8~10	735	15~25	Y280S-4	37	15.8
	YH-1836 1800×3600	6.48	1	300	900	150	6~8	970	20		10	4.935
共振筛	SZG 1000×2500	2.5	1	150			12~18	650~750			4	2.23
	2SZG 1200×3000	3.6	2	150			12~18	650~750			5.5	3.44
	SZG 1500×3000	4.5	1	200		3~50	12~20	650~750			7.5	3.523
	2SZG 1500×4000	6	2	150			12~18	550~800			7.5	5.58
	SZG 2000×4000	8	1	100		10~50	12~20	650~750			11	7.14
	2SZG 2000×4000	8	2	150			12~18	650~750			11	6.5
直线振动筛	ZKX1536 1500×3600	5	1	300	35~55	0.5~13	8.5~11	890		Y132M-4	7.5	5.091
	2ZKX1536 1500×3600	5	2	300	35~55	3~80	8.5~11	890		Y132M-4	7.5	7.114

续表 3-4-4

类　型	型号与规格	工作面积/m²	筛网层数/层	最大给料粒度/mm	处理量/t·h⁻¹	筛孔尺寸/mm	双振幅/mm	振次/次·min⁻¹	筛面倾角/(°)	电动机		质量/t
										型号	功率/kW	
直线振动筛	ZKX1548 1500×4800	6	1	300	42~70	0.5~13	8.5~14.5	890		Y160M-4	11	7.443
	2ZKX1548 1500×4800	6	2	300	42~70	3~80 0.5~13	8.5~14.5	890		Y160M-4	11	8.789
	ZKX1836 1800×3600	7	1	300	45~85	0.5~13	8.5~14.5	890		Y132M-4	7.5	5.428
	2ZKX1836 1800×3600	7	2	300	45~85	3~80 0.5~13	8.5~14.5	890		Y160M-4	11	7.78
	ZKX1848 1800×4800	8.9	1	100	60~100	0.5~13	8.5~11	890		Y160M-4	11	6.085
	2ZKX1848 1800×4800	8.9	2	150	60~100	3~80 0.5~13	10	890		Y160L-4	15	7.545
	ZKX2448 2400×4800	9	1	300	80~125	0.5~13	8.5~14.5	890		Y160L-4	15	7.886
	2ZKX2448 2400×4800	9	2	300	80~125	3~80 0.15~13	8.9~14.5	890		Y180L-4	22	11.143
	ZKX2460 2400×6000	14.9	1	100	95~170		8.5~11	890		Y180L-4	22	13.33
	2ZKX2460 2400×6000	14	2	300	95~170	3~80 0.15~13	8.9~14.5	890		Y180L-4	22	16.17
	ZKX2160 2100×6000	13	1	300	90~150	0.15~13	8~11	890		YZ180L-4	22	10.426
	2ZKX2160 2100×6000	13	2	300	90~150	13~80 0.15~13	8~11	890		YZ200L-4	30	13.991
直线振动筛（细筛）	ZKB1545 1500×4500	6	1	30	150	0.5~1.5	4.59	970	0~15		10×2	5.362
	ZKB1856 1800×5600	10	1	30		0.5~1.5	11	970	0~15		7.5	5.306
	ZKB1856A 1800×5600	10	1	30	120~200	0.5~1.5	11	970	0~15	Y160L-6	11×2	6.466
	ZKB2163 2100×6300	13	2	30	120	13~50(上) 0.25~13(下)	11	970	0~15	Y180L-6	15	10.83
圆振动筛	YA1236	4	1	200	80~240	6~50	9.5	845	20	Y160M-4	11	4.890
	2YA1236	4	2	200	80~240	6~50	9.5	845		Y160M-4	11	5.184
	YA1530	4	1	200	80~240	6~50	9.5	845		Y160M-4	11	4.480
	YA1536	5	1	200	100~350	6~50	9.5	845		Y160M-4	11	5.092
	2YA1536	5.6	2	400	100~350	6~50	9.5	845		Y160L-4	15	5.588
	YAH1536	5	1	400	160~650	30~150	9.5	755		Y160M-4	11	5.461
	2YAH1536	5.6	2	400	160~650	30~200（上） 6~50（下）	11	755		Y160L-4	15	5.919
	YA1542	5.5	1	200	110~385	6~50	9.5	845		Y160M-4	11	5.308
	2YA1542	5.5	2	200	110~385	30~150	9.5	845		Y160L-4	15	6.086

续表 3-4-4

类型	型号与规格	工作面积/m^2	筛网层数/层	最大给料粒度/mm	处理量/$t \cdot h^{-1}$	筛孔尺寸/mm	双振幅/mm	振次/次·min^{-1}	筛面倾角/(°)	电动机		质量/t
										型号	功率/kW	
圆振动筛	YA1548	6	1	200	120~420	6~50	9.5	845		Y160L-4	15	5.918
	2YA1548	6	2	200	120~420	6~50	9.5	845		Y160L-4	15	6.321
	YAH1548	6	1	400	200~780	30~150	11	755		Y160L-4	15	6.650
	2YAH1548	6	2	400	200~780	30~150	11	755		Y160L-4	15	7.317
	YA1836	7	1	200	140~220	3~50	9.5	845		Y160M-4	11	5.205
	2YA1836	7	2	200	140~220	3~50	9.5	845		Y160L-4	15	5.713
	YAH1836	7	1	400	220~910	30~150	11	755		Y160M-4	11	5.700
	2YAH1836	7	2	400	220~900	30~200(上) 5~50(下)	11	755		Y160L-4	15	6.198
	YA1842	7	1	200	140~490	6~150	9.5	845		Y160L-4	15	5.829
	2YA1842	7	2	200	140~490	6~150	9.5	845		Y160L-4	15	6.170
	YAH1842	7	1	400	450~800	30~150	11	755		Y160L-4	15	6.215
	2YAH1842	7	2	400	450~800	30~150	11	755		Y160L-4	15	7.037
	YA1848	7.5	1	200	150~525	6~50	9.5	845		Y160L-4	15	6.227
	2YA1848	7.5	2	200	150~525	6~50	9.5	845		Y160L-4	15	6.945
	YAH1848	7.5	1	0~150	250~1000	30~150	11	755			13	6.014
	2YAH1848	7.5	2	400	250~1000	30~150	11	755		Y160L-4	15	7.636
	YA2148	9	1	210	180~630	6~50	9.5	748		Y160M-4	18.5	9.287
	2YA2148	9	2	210	180~630	6~50	9.5	748		Y160L-4	22	10.532
	YAH2148	10.4	1	400	270~1200	13~200	11	708		Y160M-4	18.5	10.430
	2YAH2148	9	2	400	270~1200	30~150	11	708		Y160L-4	22	11.160
	YA2160	13	1	200	230~800	3~80	9.5	748		Y160M-4	18.5	9.926
	2YA2160	11.5	2	200	230~800	6~50	9.5	748		Y160L-4	22	11.218
	YAH2160	11.5	1	400	350~1500	30~150	9.5	708		Y160L-4	30	12.230
	2YAH2160	11.5	2	400	350~1500	30~150	11	708		Y160L-4	30	13.425
	YA2448	10	1	200	200~700	6~50	9.5	748		Y160M-4	18.5	9.834
	YAH2448	10	1	400	310~1300	6~50	9.5	708		Y160L-4	30	11.762
	2YAH2448	10	2	400	310~1300	30~150	9.5	708		Y160L-4	30	12.833
	YA2460	14	1	200	260~780	6~50	9.5	748		Y160L-4	30	12.240
	2YA2460	14	2	200	260~780	6~50	9.5	748		Y160L-4	30	13.583
	YAH2460	14	1	400	400~1700	30~150	9.5	708		Y160L-4	30	13.096
	2YAH2460	14	2	400	400~1700	30~150	9.5	708		Y160L-4	30	14.420

注：A—偏心轴；B—双机同步；D—等轴、吊式、等厚；H—重型；K—块偏心激振器；G—共振；S—筛、双轴、滚轴筛；X—箱式激振器；Y—圆运动、筛盘异型；Z—中心、振动、直线运动、座式。

（1）被筛物料的特性（包括物料的粒度特性、水分和黏土的含量、密度、硬度、颗粒形状等）；

（2）筛分设备的结构性能（包括筛网面积、筛网层数、筛孔尺寸和形状、筛分机的振幅和转速等）；

（3）选矿工艺要求（包括生产能力、筛分效率、筛分方法、筛分机的安装倾角等）。

选择筛分设备时，应综合考虑上述各因素的影响。

3.4.3.2 筛分设备生产能力计算

影响筛分设备生产能力的因素主要有三个方面：

（1）物料性质。物料的粒度组成特性对筛分设备的生产能力有重大影响；被筛物料中“易筛粒”、“难筛粒”以及粒度为1～1.5倍筛孔尺寸的“阻碍颗粒”的含量对筛子的生产能力影响很大；物料的含水量及黏土含量对筛子的生产能力影响也很大；此外，物料的颗粒形状及密度对筛子的生产能力也有影响。

（2）筛子特性。包括筛面的种类及工作参数，如筛孔形状及尺寸、有效筛分面积大小、筛子的长度及宽度、筛面倾角、筛子的运动状态等。

（3）操作条件如给矿的均匀性、要求的筛分效率以及采用的筛分方法（干筛或湿筛）等。

对一定的筛子来说，影响生产能力的主要因素是入筛物料的性质、要求的筛分效率及采用的筛分方法。至于操作条件在一定范围内是可以通过调整而达到最佳状态的。

由于影响筛分设备生产能力的因素很多，目前还不能用理论公式来计算筛分设备的生产能力。在选矿厂设计中，筛分设备的生产能力的计算，通常是以单位筛分面积的平均生产能力为基本生产能力，再根据影响筛分设备生产能力的主要因素进行修正而得出，或者采用经验公式来计算。在设计过程中，一般是根据要求的矿石处理量计算出所需的筛分面积，然后选择筛子的规格和计算所需筛子的台数。

筛分设备生产能力具体计算方法参阅本书第17章“选矿厂设计”。

3.4.4 筛分设备的安装

筛分机安装时应按照安装图及使用说明书进行，安装顺序是：

（1）安装支承装置的支架和电机架。安装时先将基础找平，然后装设支架和电动机架，调整相对位置，顺次装上隔振弹簧。弹簧要按标记值选配；每个支点的两个弹簧其静压缩量基本上要相等；出料端和入料端的左右两侧两个支点弹簧的静压缩量应两两相等。

（2）吊装筛箱。将筛箱连接在支承或吊挂装置上。装上后，应当同时调整筛箱倾角，使其符合安装图的规定。筛箱横向应找平，对于吊式，四根钢丝绳拉力应均匀，钢绳拉力可通过测量弹簧压缩量判断。如果筛箱偏斜，调节四根钢丝绳的长度，座式可以在弹簧座下加减垫片。

（3）安装电动机和三角皮带，安装万向联轴节。电动机接线通电后回转方向应符合总图要求。

（4）检查筛箱与溜槽、筛下漏斗间相对位置，要求上下方向大于100mm、宽度方向大于50mm、料流方向应有大于80mm的工作间隙。

3.4.5 筛分设备的维修

（1）经常检查筛分机上各连接螺栓的紧固情况，若发现松动应及时拧紧。

（2）筛网与物料直接接触，易磨损，故应经常检查筛网是否张紧，有无破损，如有破损应及时更换。

（3）振动器若采用润滑脂润滑，应每月加注一次润滑油。加油量不应超过整个轴承空间的三分之二，否则会引起轴承温度过高。

（4）振动器使用6个月后，应检查油质情况，发现润滑脂变干或有硬块时，应立即清洗并更换新脂，要求轴承每年清洗一次，发现损坏及时更换。

（5）筛箱侧板和横梁如出现裂缝应及时焊补，焊补时应严格按照焊接工艺进行。

（6）为提高筛网的寿命，可在筛网金属丝上敷上一层耐磨橡胶，或采用特制的橡胶筛面。近年来还采用新材料制作筛网，如用尼龙制作的筛网可以使用3~6个月。

（7）筛分机的轴承一般8~12个月更换一次，传动皮带2~3个月更换一次，弹簧寿命不低于3~6个月，筛框的寿命应在两年以上。

在筛分机中修及大修时，要更换筛分机的成套部件，如激振器和筛框等。筛分机一般在两年内不进行大修，而只更换某些零部件。为了减少筛分机停歇修理的时间，在工作场所应储备有足够数量的易损件，如筛网、弹簧等。

3.5 破碎筛分工艺流程

3.5.1 破碎筛分流程的确定

3.5.1.1 确定破碎流程的基本原则

破碎的基本目的是使物料达到一定粒度的要求。在选矿中，破碎的目的是：

（1）供给棒磨、球磨、自磨、半自磨等最合理的给矿粒度；

（2）使粗粒嵌布矿物初步单体解离，以便用粗粒级的选别方法进行选矿，如重介质选、跳汰选、干式磁选等；

（3）直接为选别或冶炼等提供最合适的入选、入炉原料。

破碎筛分工艺流程（简称破碎流程）是由破碎作业和筛分作业所组成的矿石破碎工艺过程。不同的目的要求不同的粒度，因而破碎流程有多种类型。对于应用自磨（半自磨）工艺的选矿厂，一般采用一段破碎流程；对于应用常规磨矿工艺的选矿厂，一般采用两段或三段破碎流程。虽然选矿厂的破碎流程多种多样，但都有如下三个共同点：①破碎是分段进行的；②破碎机和筛分机通常是配合使用的；③各破碎段都有相应的合适设备，其差别只是破碎段数，筛子的配置位置和所采用的设备类型、规格不同而已。

3.5.1.2 破碎段

破碎段是破碎流程的最基本单元。破碎段数的不同以及破碎机和筛子的组合不同，便有不同的破碎流程。

矿石每经过一次破碎机称为一个破碎段。每个破碎段由破碎机及其辅助设备构成。

破碎段的基本形式如图3-5-1所示，（a）为单一破碎作业的破碎段；（b）为带有预先筛分作业的破碎段；（c）为带有检查筛分作业的破碎段；（d）和（e）均为带有预先筛分和检查筛分作业的破碎段，其区别仅在于前者是预先筛分和检查筛分在不同的筛分作业上进行，后者是在同一筛分作业上进行，所以（e）可看成是（d）的改变。因此破碎段实际上只有四种形式。

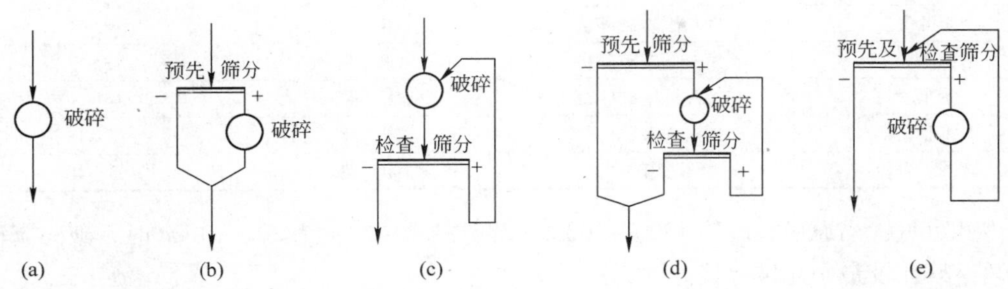

图 3-5-1 破碎段的基本形式

两段以上的破碎流程是不同破碎段形式的各种组合，故有许多可能的方案。但是，合理的破碎流程，可以根据需要的破碎段数，以及应用预先筛分和检查筛分的必要性等加以确定。

3.5.1.3 破碎段数的确定

需要的破碎段数取决于原矿的最大粒度，要求的最终破碎产物粒度，以及各破碎段所能达到的破碎比，即取决于要求的总破碎比及各段破碎比。

原矿中的最大粒度与矿石的赋存条件、矿山规模、采矿方法、原矿的运输装卸方式等有关。露天开采时，主要取决于矿山规模和装矿电铲的容积，一般为 300～1500mm；井下开采时，主要取决于矿山规模和采矿方法，一般为 200～600mm。

破碎最终产物粒度视破碎的目的而不同。如自磨机的给矿粒度上限要求为 150～350mm，棒磨机的合理给矿粒度上限为 20～40mm，球磨机合理给矿粒度上限为 10～20mm。合理的最终破碎产物粒度，主要取决于工艺的要求和技术经济指标比较的结果。

确定球磨机最适宜的给矿粒度时，需要考虑破碎和磨矿总的技术经济指标。破碎的产物粒度愈大，破碎机的生产能力就愈高，破碎费用就愈低；但磨机的生产能力将降低，磨矿费用增高。反之，破碎的产物粒度减小，破碎机的生产能力减小，破碎费用增高；但磨矿机的生产能力将提高，磨矿费用可减少。因此，应综合考虑破碎和磨矿，选取使总费用最小的粒度，作为适宜的破碎最终产物粒度。选矿厂的生产规模愈大，缩小球磨机的给矿粒度，产生的经济效益愈大。

另一方面，确定最终破碎产物粒度时，必须考虑拟选用的破碎机所能达到的实际破碎产物粒度，即不得超过允许的排矿口调节范围，以便在设备许可的情况下，获得较小的破碎产物粒度。

每一破碎段的破碎比取决于破碎机的类型、破碎段的形式、所处理矿石的硬度等。常用破碎机所能达到的破碎比见表 3-5-1，处理硬矿石时，破碎比取小值；处理软矿石时，破碎比取大值。

表 3-5-1　各种破碎机在不同工作条件下的破碎比范围

破碎段数	破碎机类型	破碎流程	破碎比范围
第Ⅰ段	颚式破碎机和旋回破碎机	开　路	3～5
第Ⅱ段	标准圆锥破碎机	开　路	3～5
第Ⅱ段	中型圆锥破碎机	开　路	3～6
第Ⅱ段	中型圆锥破碎机	闭　路	4～8
第Ⅲ段	短头圆锥破碎机	开　路	3～6
第Ⅲ段	短头圆锥破碎机	闭　路	4～8
第Ⅲ段	对辊破碎机	闭　路	3～15
第Ⅱ、Ⅲ段	反击式破碎机	闭　路	8～40

由此可见，当原矿粒度为1500～200mm及磨机给矿粒度为20～10mm时，破碎流程的最大总破碎比及最小总破碎比分别为：

$$i_{最大} = \frac{D_{上限}}{d_{下限}} = \frac{1500}{10} = 150 \qquad i_{最小} = \frac{D_{下限}}{d_{上限}} = \frac{200}{20} = 10$$

式中　$i_{最大}$，$i_{最小}$——破碎作业的最大及最小总破碎比；

$D_{上限}$，$D_{下限}$——原矿最大上限粒度和下限粒度（最大粒度指能通过95%矿量的方筛孔尺寸）；

$d_{上限}$，$d_{下限}$——破碎产物（磨机给料）最大上限粒度和下限粒度。

对照表3-5-1所列出每段破碎比数值便可知，即使最小的总破碎比为10，用一段破碎也难以完成，而最大的总破碎比150，用三段破碎便可完成。故球磨作业前的破碎段通常用二段或三段。当原矿粒度小于300mm时，可取二段。其他情况下所需的破碎段数可依此类推。

3.5.1.4　筛分作业的设置

为了提高破碎效率和控制产品粒度，常在破碎流程中设置筛分作业，按筛分作业的作用，可分为预先筛分和检查筛分。

当处理含泥较高而又潮湿的矿石时，采用预先筛分可避免或减轻破碎机排矿口的堵塞。一般说来，在各段破碎前采用预先筛分是有利的。但采用预先筛分需增加厂房高度和建厂的基建费用，故对地形条件不允许的情况，以及破碎机的生产能力有较大富余或粗碎机采用挤满给矿时，可不设预先筛分。是否采用预先筛分作业应对具体情况作具体分析。

采用检查筛分控制粒度是合理的。但是采用检查筛分作业，需要增加筛子和运输设备，因此也增加动力消耗，所以一般只在破碎流程的最后一段才采用检查筛分。

3.5.1.5　开路破碎与闭路破碎

在一个破碎段中，设置有检查筛分作业的叫闭路破碎；没有设置检查筛分作业的叫开路破碎。在同一破碎段中可以同时设有预先筛分作业和检查筛分作业，这两个筛分作业可以分开设置，也可以合并设置，如图3-5-1（d）及图3-5-1（e）所示。

3.5.1.6　循环负荷

在闭路破碎中，经检查筛分后，返回本段破碎机的筛上产物量称为循环负荷量。循环负荷量与该破碎机原给矿量之比，用百分数表示，则称为循环负荷率。循环负荷率的大小，取决于矿石的硬度、破碎机排矿口尺寸及检查筛分的筛孔尺寸和筛分效率。短头圆锥破碎机与振动筛形成闭路破碎中硬矿石时，循环负荷率一般为100%～200%。

3.5.1.7 洗矿作业的设置

在处理含泥量较多的氧化矿或其他含泥含水较多的矿石时，容易堵塞破碎筛分设备、矿仓、溜槽、漏斗，使破碎机生产能力显著下降，甚至影响正常生产，此时破碎流程必须考虑设置洗矿设施。一般认为原矿含水量大于5%、含泥大于5%~8%，就应该考虑洗矿，并以开路破碎为宜。

对某些矿石（如黑钨矿等）为了便于手选、光电选矿或重介质选矿，也需要设置洗矿作业。有些矿石（如沉积铁锰矿床）在破碎过程中经过洗矿、脱泥，使有用矿物富集可获得合格产品。

3.5.2 常见的破碎筛分流程

3.5.2.1 两段破碎流程

两段破碎流程有两段开路和两段一闭路两种形式，如图3-5-2所示。

在这两种流程中，以两段一闭路流程为最常见。因第二段破碎与检查筛分构成闭路，可以保证破碎产品粒度符合要求，为磨矿作业创造有利条件。两段一闭路破碎流程只适用于地下采矿原矿粒度不大或者小型矿山。

当选矿厂生产规模不大，且第一段破碎机生产能力有富余时，第一段可不设预先筛分，即选用第一段不设预先筛分的两段一闭路破碎流程。而两段开路破碎流程，只有在某些重力选矿厂将破碎产物直接送到棒磨机进行磨矿时才采用。

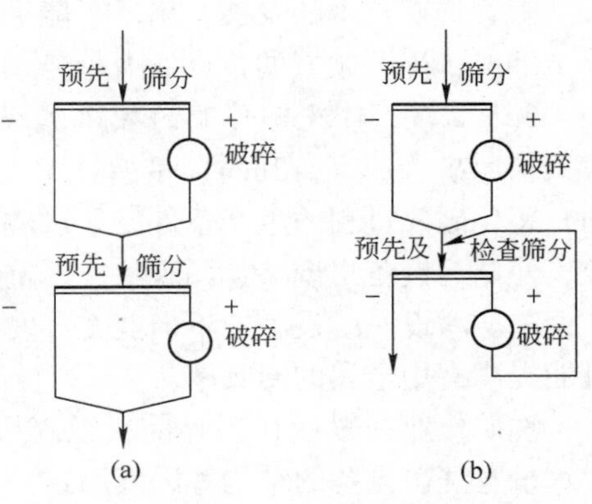

图3-5-2 两段破碎流程

（a）两段开路流程；（b）两段一闭路流程

3.5.2.2 三段破碎流程

三段破碎流程的基本形式有：三段开路和三段一闭路两种，如图3-5-3所示。

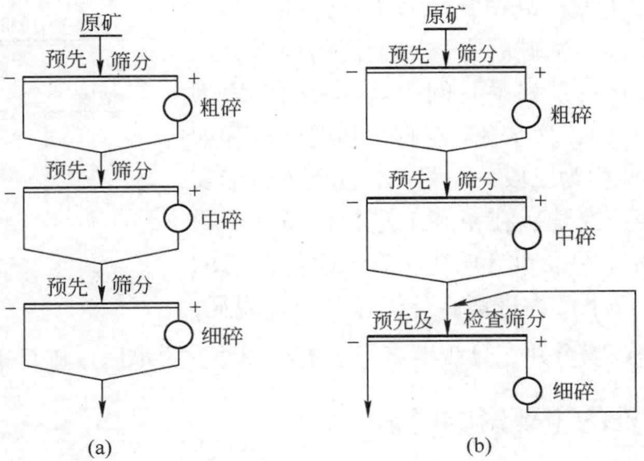

图3-5-3 三段破碎流程

（a）三段开路流程；（b）三段一闭路流程

三段一闭路破碎流程作为磨矿的准备作业，获得了较广泛的应用。一般来说，不论是井下开采还是露天开采的矿石，只要含泥较少，不堵塞破碎机和筛孔，都可采用三段一闭路破碎流程对其进行有效处理。大量工业实践证明，该流程破碎产品粒度上限可以控制在12～20mm，能给磨矿作业提供较为理想的给料，因此，规模不同的选矿厂都可以采用。

三段开路破碎流程与三段一闭路破碎流程相比，所得破碎产物粒度较粗，但它可以简化破碎车间的设备配置，节省基建投资。因此，在磨矿给矿粒度要求不严或磨矿段的粗磨采用棒磨，以及处理含水分较高的泥质矿石和受地形限制等情况下，可以采用这种流程。在处理含泥含水较高的矿石时，它不至于像三段一闭路流程那样，容易使筛网和破碎腔堵塞。采用三段开路加棒磨的破碎流程，不需复杂的闭路筛分和返回产物的运输作业，且棒磨受给矿粒度变化影响较小，排矿粒度均匀，可以保证后续磨矿作业的操作稳定，同时生产过程产生的粉尘较少，因而可以改善劳动卫生条件。当要求磨矿产物粒度粗（重选厂）或处理脆性（钨、锡矿）、大密度（铅矿）矿物时，可采用这一流程。

随着选矿技术的发展，出现了能量前移的趋势。因为破碎效率高及磨矿效率低，故多碎少磨成了碎磨领域的技术发展趋势，即应加强破碎，降低破碎产品最终粒度。

3.5.2.3 带洗矿作业的破碎流程

当原矿含泥（-3mm）量超过5%～10%或含水量为5%～8%时，细粒级就会黏结成团，恶化破碎过程的生产条件，如造成破碎机的破碎腔和筛分机的筛孔堵塞，发生设备事故，使储运设备出现堵、漏现象，严重时使生产无法进行。此时，应在破碎流程中增设洗矿设施。增设洗矿设施，不但能充分发挥设备潜力，使生产正常进行，改善劳动强度，而且能提高有用金属的回收率。

洗矿作业一般设在粗碎前或粗碎后，视原矿粒度、含水量及洗矿设备的结构等因素而定。常用的洗矿设备有洗矿筛（格筛、振动筛、圆筒筛）、槽式洗矿机、圆筒洗矿机等。洗矿后的净矿，有的需要进行破碎，有的可以作为合格粒级。洗出的泥，若品位接近尾矿品位，则可废弃；若品位接近原矿品位，则需进行选别。

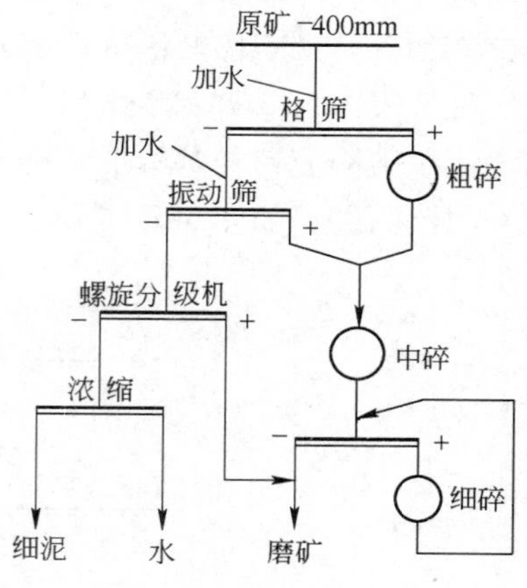

图3-5-4 带洗矿作业的破碎流程

由于原矿性质不同，洗矿的方式和细泥的处理方式也不同，因而流程多样，现列举一例。原矿为矽卡岩型铜矿床，含泥6%～11%，含水8%左右，其洗矿流程如图3-5-4所示，破碎流程为三段一闭路。为使破碎机能安全、正常地生产，第一次洗矿在格筛上进行，筛上产物进行粗碎，筛下产物进入振动筛再洗。第二次洗矿后的筛上产物进入中碎，筛下产物进螺旋分级机分级、脱泥，分级返砂与最终破碎产物合并，分级溢流经浓密机缓冲、脱水后，进行单独的细泥处理。

3.6 破碎筛分生产的主要影响因素

3.6.1 破碎过程的主要影响因素

破碎过程的影响因素可归纳为物料性质、破碎设备性能和操作条件三大类。

3.6.1.1 物料性质

对破碎过程有影响的物料性质主要包括物料的硬度、密度、平均粒度和结构、含水量、含泥量等。物料硬度越大，越不容易破碎，破碎设备的生产能力就越低；物料的密度越大，按给料计的设备处理能力就越大；当物料的最大粒度一定时，平均粒度越细，需要的破碎工作量就越少；结构疏松、节理发育良好的物料容易被破碎，破碎设备的生产能力高，而含水、含泥量大的物料易黏结，严重时会导致破碎腔堵塞。

3.6.1.2 破碎设备性能

破碎设备是完成破碎的工具和手段，设备性能的优劣及结构因素对破碎的影响是很大的。这一类影响因素主要包括：设备的类型及规格、转速与行程、给料口及排料口的大小、平行带长度、啮角等。

破碎设备的类型和规格是决定它能否满足特定作业要求的首要条件，因而在选择破碎设备时，首先要根据待碎物料的性质和数量，确定采用什么类型的设备及其规格。同一破碎作业采用不同类型的破碎设备得到的生产率是不同的。

通常，随着转速增加破碎机的生产率也稍有增加，但功耗也增大，而当转速增加较大时功耗急增，但生产率增加甚微。太高的转速还会导致生产率下降及破碎机堵塞，因为排矿也需要一定的时间，特别是中细碎圆锥破碎机，转速过高会使物料离心力增加而跳起来堵塞破碎腔。所以，通常不用增加转速的方法来增加生产率。

动颚和动锥的行程一般是设计设备时就定了的，规格大的行程大；处理硬而脆的矿石选取小的行程，软而黏的矿石取大的行程。

破碎机的最大给矿块度，是以破碎机能否啮住矿石为条件确定的。一般破碎机的最大给矿块度是破碎机给矿口宽的80% ~85%。

就一台具体的设备来说，排料口的尺寸实际上决定着它的工作质量和生产能力。当排料口过大时，大部分物料未经破碎即通过排料口，从而使设备的生产能力很大，但破碎比却很小；反之，当排料口过小时，虽然破碎比会明显增大，但设备的生产能力却因此而严重下降。所以，在确定破碎机的排料口尺寸时，应根据具体情况，两者兼顾，综合考虑。

为了保证破碎产品达到一定的细度和均匀度，中、细碎圆锥破碎机的破碎腔下部必须设有平行碎矿区（或平行带），使矿石排出之前在平行带中至少受一次挤压破碎。平行带长度L与破碎机的类型和规格有关。

破碎机的最大（极限）啮角由被破碎物料与破碎机工作面间的摩擦系数决定，可以用力的分析方法求得。各种破碎机啮角大小，可在一定范围内调节，在生产中，只要调节排矿口大小，也就改变了啮角大小，但啮角的调节范围是在破碎机设计和制造时就已确定的。各种破碎机的极限啮角都应小于二倍摩擦角。

3.6.1.3 操作条件

影响破碎过程的操作条件主要是给料条件和破碎设备的作业形式。连续均匀地给料既能保证生产正常进行，又能提高设备的生产能力和工作效率；此外，闭路破碎时，破碎机的生产能力（按合格产品计）可增加15% ~40%。

3.6.2 筛分过程的主要影响因素

筛分过程的影响因素主要包括物料性质、筛分机特性和操作条件三方面。

3.6.2.1　物料性质

物料性质对筛分过程的影响主要体现在待筛物料的粒度组成、含水量、含泥量和颗粒形状等几个方面，其中以物料粒度组成的影响最为重要。待筛物料中易筛颗粒、难筛颗粒和阻碍颗粒的含量是影响筛分作业数、质量指标的重要因素，易筛颗粒含量越高，筛分越容易进行，在给料速度一定的情况下，筛分效率将随着易筛颗粒含量的增加而上升；而难筛颗粒和阻碍颗粒的含量越高，筛分越难于进行，筛分作业的数、质量指标将随之而下降。因此，在实际生产中，一般要求入筛物料中的最大块粒度不大于筛孔尺寸的 2.5 ~ 4.0 倍。

干筛时，若入筛物料中含有较多的水或泥，则会使细粒黏结成团或附着在粗粒表面而不易透筛，从而使筛分效率急剧下降。因此，当物料含水、含泥较多时，需要采用湿筛或进行预先洗矿脱泥以强化筛分过程、改善筛分指标。

此外，入筛物料的颗粒形状也会对筛分过程产生一定的影响。一般来说，圆形颗粒容易通过方形筛孔，长条状、板状及片状颗粒则难于通过方形筛孔，而容易通过长条形筛孔。在实际生产中，破碎产物的颗粒大都呈多角形，它们通过方形筛孔比通过圆形筛孔要容易一些。

3.6.2.2　筛分机特性

筛分机特性对筛分过程的影响主要体现在筛面形式、筛面尺寸、筛孔形状、筛孔尺寸、筛分机的运动特性、筛面倾角等方面。其中，筛分机的运动特性是决定筛分效率的主要因素，两者之间的对应关系如表 3-6-1 所示。

表 3-6-1　不同类型筛分机的筛分效率

筛分机类型	固定筛	摇动筛	振动筛
筛分效率/%	50 ~ 60	70 ~ 80	90 以上

即使是同一种运动性质的筛子，它的筛分效率又随筛面运动强度不同而有差别。筛面的运动可以使物料在筛面上散开，有利于细粒通过松散物料层而透过筛孔，筛分效率因此而提高。如果筛面运动强度过大或过小，都不利于细粒透过筛孔。

实际生产中使用的筛面主要有棒条形筛面、钢板冲孔筛面、钢丝编织筛面、橡胶筛面、聚氨酯筛面等。棒条形筛面耐冲击、耐磨损、使用寿命长，且价格便宜，但筛分效率较低；钢丝编织筛面的筛分效率较高，但抗冲击性能和耐磨性都比较差，使用寿命短，价格高；钢板冲孔筛面则介于二者之间。因此，棒条形筛面和钢板冲孔筛面多用在处理粗粒级物料的筛分设备上，而钢丝编织筛面则常用于处理细粒级物料的筛分设备上。橡胶筛面具有耐磨性好、重量轻、噪声小、生产制造简单、成本较低、筛孔形式多元化（有方形、圆形及缝条形，还有钢条制的芯子，外面裹以橡胶结构的筛面）、筛分效率高等优点。聚氨酯筛面的优点是：使用寿命长，承载能力大，是目前世界上耐磨性能最佳的筛面材料；筛面有自洁性能，不堵孔、筛分效率高；适用范围广，专业适用性强，适用任何型号的振动筛并可量机制作；筛分精度高；工作噪声低。

筛孔形状主要影响筛下产物的最大块粒度 d_{max}。筛下产物的最大块粒度 d_{max} 与筛孔公称尺寸 s 之间的关系可用式（3-6-1）表示。

$$d_{max} = k \cdot s \quad (3\text{-}6\text{-}1)$$

系数 k 的取值取决于筛孔的形状，圆形筛孔 $k=0.7$，正方形筛孔 $k=0.9$，长方形筛孔 $k=1.2\sim1.7$（板状或长条状颗粒取大值）。

筛孔愈大，单位筛面的生产率愈高，筛分效率也增大。但筛孔的大小取决于采用筛分的目的及对产品粒度的要求。当要求筛上产物中含细粒尽量少时，应采用较大的筛孔；反之，若要求筛下产物中尽可能不含大于规定粒度的颗粒时，则应以规定粒度作为筛孔尺寸。在破碎筛分流程中所采用筛子的筛孔尺寸，应依据破碎机的工作要求来选择，其中预先筛分的筛孔尺寸一般在本段破碎机的排矿口宽度与它的产物的最大粒度之间选择，而检查筛分的筛孔尺寸应取决于要求的最终破碎产物的最大粒度，其值通常比细碎机的排矿口宽度大，具体数值应视破碎机的负荷率确定。

对一定的物料，生产率主要取决于筛面宽度（B），筛分效率主要取决于筛面长度（L）。在筛子生产率及物料沿筛面运动速度恒定的情况下，筛面宽度越大，料层厚度将越薄；长度越大，筛分时间越长。料层厚度减小及筛分时间加长都有利于提高筛分效率。当筛面窄而长时，筛面上物料层厚度增大，使细粒难以接近筛面并透过筛孔，给矿量和筛分效率降低；反之，筛面宽而短时，筛面上物料层厚度减小，使细粒易于通过筛孔，但此时颗粒在筛面上停留时间短，通过筛孔的概率减小，因此筛分效率也会降低。一般情况下，$B:L=1:2.5$ 或 $1:3$。

一般情况下，筛子是倾斜安装的，以便于排出筛上物料。倾角大小要适宜，倾角过小，物料在筛面上运动速度太慢，虽然筛分效率高，但筛子的生产率减小；反之，倾角太大，物料排出太快，筛分效率降低。当筛面倾斜安装时，可以让颗粒顺利通过的筛孔尺寸只相当于筛孔的水平投影，如图3-6-1所示。能够无阻碍地透过筛孔的颗粒直径等于 $d=l\cos\alpha-h\sin\alpha$，式中 l 为筛孔尺寸，h 为筛面厚度，α 为筛子的倾角。由此可见，筛面的倾角愈大，使颗粒通过时受到的阻碍愈大。因此，筛面的倾角要适当。表3-6-2所示为筛面的倾角与筛下产物最大粒度及筛孔尺寸的关系。

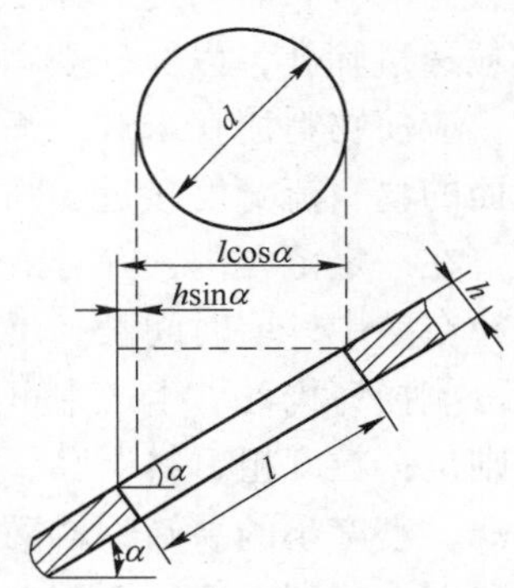

图3-6-1　单个颗粒透过倾斜筛面的筛孔示意图

表3-6-2　倾斜筛面与筛下物最大粒度的关系

保证筛去最大粒度必需的筛孔大小			
圆　孔		方　孔	
水　平	40°～45°倾斜	水　平	40°～45°倾斜
1.4d	(1.85～2)d①	1.16d	1.52d

① 颗粒在5～30mm时用2d，在40～60mm用1.85d。

筛面倾角的大小直接影响物料在筛面上的运动速度和筛分效率，见表3-6-3。由此可见，随着振动筛安装倾角的增大，筛面上物料的运动速度明显加快，同时，筛分效率下降。

表 3-6-3　筛面倾角与筛分效率、运动速度的关系

筛面倾角/(°)	15	18	20	22	24	26	28
筛分效率/%	94.51		93.80	83.4	81.29	76.65	68.93
物料运动速度/m · s^{-1}		0.305	0.41	0.51	0.61		

3.6.2.3　筛分机操作条件

筛分机操作条件的影响主要包括给矿量、给料的均匀性、筛子的振幅和振次。

给矿量增加，筛子的生产率增大，但筛分效率降低，原因是筛子负荷加重。生产实践证明，随着筛子负荷的增加，筛分效率最初下降较慢，而后即迅速下降。给料量过大时，筛面成为一个溜槽，实际上只起运输物料的作用，透过筛孔而进入筛下的产物为数极少。在小筛孔的筛面上由于给料量的增大所造成的筛分效率下降更为显著。因此，对于筛分作业，既要生产率高，又要保证较高的筛分效率，两者应当兼顾。

均匀地向筛面给入物料并将其均匀地分配在筛宽上，是筛分过程相当重要的因素。给料的均匀性是指任何相同的时间间隔内给入筛子的物料重量应该相等；入筛物料沿筛面宽度方向的分布要均匀。让物料沿整个筛子的宽度铺满一薄层，既充分利用筛面，又要利于细粒透过筛孔，以保证获得较高的生产能力和筛分效率。为了保证给料的均匀性和连续性，应使物料流在未进入筛子之前的运动方向与筛面上料流的方向一致，并尽可能使进入筛面的物料流宽度接近于筛面宽度。

在一定范围内，筛分效率和生产率随筛子振幅和振次的增加而增大。但振幅过大会使矿粒在空中停留时间长，反而减少矿粒透筛的概率，降低筛分效率。而且振幅和振次过高还可能损坏构件。生产中可根据物料的具体情况对筛子的振幅和振次作适当调整。调整的原则是：粒度粗、料层厚、密度大、黏滞性大的难筛物料用较大的振幅；而对粒度细、料层薄、密度小的易筛物料采用小振幅。筛分粗粒物料时宜采用较大的振幅和较小的振次；筛分细粒时则采用小振幅高振次。

3.7　破碎筛分作业的操作运行

3.7.1　破碎作业的操作运行

为了保证破碎机连续正常的运转，充分发挥设备的生产能力，必须重视对破碎机的正确操作。

3.7.1.1　颚式破碎机的操作运行

启动前的准备工作：

在颚式破碎机启动前，必须对设备进行全面、仔细检查：检查破碎机齿板的磨损情况，调好排矿口尺寸；检查破碎腔内有无矿石，若有大块矿石，必须取出；连接螺栓是否松动；皮带轮和飞轮的保护外罩是否完整；三角皮带和拉杆弹簧的松紧程度是否合适；贮油箱（或干油贮油器）油量的注满程度和润滑系统的完好情况；电气设备和信号系统是否正常等。

使用中的注意事项：

在启动破碎机前，应该首先开动油泵电动机和冷却系统，待油压和油流指示器正常

时，再开动破碎机的电动机。启动以后，如果破碎机发出不正常的敲击声，应马上停车，查明和消除弊病后，重新启动机器。

破碎机必须空载启动，启动后经一段时间，运转正常方可开动给矿设备。给入破碎机的矿石应逐渐增加，直到满载运转。

操作中必须注意均匀给矿，矿石不许挤满破碎腔；而且给矿块的最大尺寸不应该大于给矿口宽度的0.85倍。同时，应避免电铲的铲齿和钻机的钻头等非破碎物体进入破碎机。另外，要经常注意是否有大矿块卡住破碎机的给矿口。

运转当中，如果给矿太多或破碎腔堵塞，应该暂停给矿，待破碎机内的矿石碎完排空后，再开动给矿机，但这时不应停止破碎机运转，除非有特殊情况发生，如进入了不可破碎的物料。

在机器运转中，应该采取定时巡回检查，观察破碎机各部件的工作状况和轴承温度。对于大型颚式破碎机的滑动轴承，更应该注意轴承温度，通常轴承温度不得超过60℃，以防止合金轴瓦的熔化，产生烧瓦事故。当发现轴承温度很高时，除特别紧急情况外，切勿立即停止运转，应及时采取有效措施降低轴承温度，如加大给油量，强制通风或采用水冷却等。待轴承温度下降后，方可停车，进行检查和排除故障。

破碎机停车时，必须按照生产流程顺序进行停车。首先一定要停止给矿，待破碎腔内的矿石全部排出以后，再停破碎机和皮带机。当破碎机停稳后，方可停止油泵润滑。

应当注意，破碎机因故突然停车，事故处理完毕准备开车前，必须清除破碎腔内积压的矿石，方可开车运转。

3.7.1.2 旋回破碎机的操作运行

旋回破碎机安装完毕后，应进行5～6h的空载试运行。在试运行中仔细检查各个连接件的连接情况，并随时测量油温是否超过60℃。空载试运行正常，再进行负荷试运行。

在启动旋回破碎机之前，须检查润滑系统、破碎腔以及传动件等情况。检查完毕，开动油泵5～10min，使破碎机的各运动部件都受到润滑，然后再开动主电动机。让破碎机空转1～2min后，再开始给矿。破碎机工作时，须经常按操作规程检查润滑系统，并注意在密封装置下面不要过多地堆积矿石。停车前，先停止给矿，待破碎腔内的矿石完全排出以后，才能停主电动机，最后关闭油泵。停车后，检查各部件，并进行日常的维护工作。

3.7.1.3 中细碎圆锥破碎机的操作运行

中、细碎圆锥破碎机安装好后，需要进行7～8h空载试车。如无问题，再进行12～16h有载试验，此时，排油管回油温度不应超过50～60℃。

破碎机启动以前，首先检查破碎腔内有无矿石或其他物体；检查排矿口的宽度是否合适；检查弹簧保险装置是否正常；检查油箱中的油量、油温（冬季不低于20℃）情况；并向水封防尘装置给水，再检查其排水情况，等等。

作了上述检查，并确信检查正确后，可按下列程序开动破碎机。

开动油泵检查油压，正常运转3～5min后，再启动破碎机。破碎机空转1～2min，一切正常后，然后开动给矿机进行破碎工作。

给入破碎机中的矿石，应该从分料盘上均匀地给入破碎腔，否则将引起机器的过负荷，并使动锥和定锥的衬板过早磨损，而且降低设备的生产能力，并产生不均匀的产品粒度。同时，给入矿石不允许只从一侧（面）进入破碎腔，而且给矿粒度应控制在规定的范围内。

注意均匀给矿的同时，还必须注意排矿问题，如果排矿堆积在破碎机排矿口的下面，有可能把动锥顶起来，以致发生重大事故。发现排矿口堵塞后，应立即停机，迅速进行处理。

对于细碎圆锥破碎机的产品粒度必须严格控制，以提高磨矿机的生产能力和降低磨矿费用。为此，要求定期检查排矿口的磨损状况，并及时调整排矿口尺寸，以保证破碎产品粒度的要求。

为使破碎机安全正常生产，还必须注意保险弹簧在机器运转中的情况。如果弹簧具有正常的紧度，但支承环经常跃起，此时不能随便采取拧紧弹簧的办法，而必须找出支撑环跳动的原因，除了进入非破碎物体以外，可能是由于给矿不均匀或者过多，排矿尺寸过小，潮湿矿石堵塞排矿口等原因造成的。

为了保持排矿口宽度，应根据衬板磨损情况，每两三天顺时针回转调整环使其稍稍下降，可以缩小由于磨损而增大了的排矿口间隙。当调整环顺时针转动2～2.5圈后，排矿口尺寸仍不能满足要求时，就需要更换衬板了。

停止破碎机，要先停给矿机，待破碎腔内的矿石全部排出后，再停破碎机的电动机，最后停油泵。

3.7.2 筛分作业的操作运行

3.7.2.1 筛分作业试运转

筛分机安装完毕，应该进行空车试运转，初步检查安装质量，并进行必要的调整。

(1) 筛子应空车试运转，时间不得少于8h，在此时间内，观察筛子是否启动平稳，迅速，无特殊噪声，观察筛子振幅是否符合要求。

(2) 筛子运转时，筛箱振动不应产生横摆，如出现横摆其原因可能是两侧弹簧高差过大，吊挂钢丝绳的拉力不均、转动轴不水平或三角胶带过紧，应进行相应的调整。

(3) 开车4h内，轴承温度渐增，然后保持稳定，最高温度不得超过75℃。

(4) 如果开车后有异常噪声，或轴承温度急剧升高，应立即停机，检查轴是否转动灵活及润滑是否良好等，待排除故障后再启动。

(5) 开车2～4h，停机检查各连接部件有否松动，如果有松动待紧固后再开车。

(6) 试车8h如无故障，应对安装工程验收。

3.7.2.2 筛分作业的操作运行

(1) 开机前应对激振器等润滑部件进行油量检查，保证适宜的油位；确保齿轮轴承等部件润滑良好。

(2) 检查连接件是否松动，保证其紧固性，特别是固定激振器的螺栓。

(3) 筛分机的启动次序是：如有除尘装置应先开动除尘装置然后启动筛分机，待运转正常后，才允许向筛面均匀地给料。停机顺序与此相反。

(4) 筛分机正常运转时，要密切注意轴承的温度。

(5) 运转过程中要注意筛分机有无强烈噪声。筛箱振动是否平稳，若筛箱有摇晃现象，应检查四根支承或吊挂弹簧的刚度是否一致，有无折断情况。

(6) 设备在运行期间，应定期检查磨损情况，若有的零件已磨损过度，应及时更换。

3.7.3 破碎车间开、停车顺序

破碎车间的生产是连续的，为了保证其连续性，因此整个车间各机组的开停车都应按一定顺序进行。开车的顺序是与矿流的运动方向相反，逆着工艺过程由后至前，即从最后的产品运输机开起，一直开到原矿的给矿，停车顺序则与上述方向相反。在很多情况下，遇到某个设备发生故障时，只停止该设备所处工艺流程前的给矿及运输设备，主机可不停止运转。在有些情况下（如矿石临时供应不上或其他原因），也只停止给矿及运输设备，全部主机不停。这样主要是为了节省动力，保证不发生物料堆积和堵塞等故障。

3.8 破碎筛分车间防尘

在破碎筛分车间，在物料（矿石）破碎筛分、转运，矿仓给料和排料等处，即凡产生粉尘的地方，若不采取有效的通风除尘措施，任其自由扩散，将严重污染工作环境和大气，对人体造成极大的危害。其解决方法常采用综合防尘措施，从车间、工艺流程设计时就应通盘考虑布置，除尘系统、设备安装到生产使用、维护管理应各尽其责。

3.8.1 通风除尘主要措施

（1）物料加湿，一般采用喷嘴加湿，将喷雾器安装在易产生粉尘的地方。如破碎机给矿口的上方、破碎机排矿口处（一般安在排料胶带上）、振动筛的筛上处。

（2）将产尘点用密闭罩盖起来，将粉尘局限在一定的空间内，是保证抽风除尘达到良好效果的前提。用通风机再从密闭罩内抽出一定的空气，罩内形成一定的负压，防止粉尘逸出罩外。应注意除尘风管倾角，以不小于60°为宜，垂直管及斜管风速8～15m/s，水平管风速将加大一倍以上，保持18～25m/s。

（3）抽出的含尘气体需除尘净化，使之符合排放标准后再排放到室外大气中。除尘净化设备有：旋风除尘器，可用做第一段除尘，因为效率不太高（60%～80%）很少单独使用；滤袋除尘器，收尘效率较高（95%～99%）可捕收粒径小于10^{-4}mm的粉尘，常用脉冲袋式除尘器，其脉冲阀需用压缩空气；湿式净化设备，这种类型设备有喷淋除尘器、水膜除尘器、洗浴式除尘器，文氏管除尘器等，净化效率较高，结构简单。无论干式或湿式除尘器，其底流捕集的粉尘或泥浆都应选择性能优良的阀门或其他形式的排放部件，确保底流卸出通畅。对底流排出的粉尘或泥浆应给予妥善地处理和回收利用，方能确保除尘系统的正常运行。

3.8.2 除尘系统

除尘系统是由抽风罩、抽风管道、除尘器、通风机、排气管道（包括烟囱）、管道附件、排尘设备以及维护检测设施等组成；将产尘设备散发出的粉尘通过抽风罩、管道进入除尘器内净化，粉尘经排尘设备排出，净化后的气体经排气管道（或烟囱）排至大气。含尘气体的这种运动是通风机的作用，也称为机械除尘系统。除尘系统可分为就地式、分散式和集中式三种：

（1）就地式除尘系统是将除尘器直接设置在产尘设备处，就地捕集和回收粉尘，但因受到操作场地的限制，应用面较窄。

（2）分散式除尘系统是将一个或数个产尘点的抽风合为一个系统，除尘器和通风机安

装在产尘设备附近，其优点是管路短、布置简单、风量易平衡，但粉尘回收较麻烦。

（3）集中式除尘系统是将全车间厂房的产尘点的抽风全部集中为一个除尘系统，可以设置专门除尘室，由专人看管。其优点是粉尘回收容易实现机械化，但管网较复杂，阻力不易达到平衡，运行调节较难，管道易磨损和堵塞。

3.9 破碎筛分车间技术考查

破碎筛分车间技术考查是对流程各作业的工艺条件、技术指标、作业效率进行全面测定和考查，其目的是通过对流程中各产物的数量及粒度的测定和设备的考查，进行综合分析，从中发现生产中存在的问题及薄弱环节，进而提出改进措施，以期把选矿技术经济指标提高一步；同时为降低成本，改进操作、改革工艺及对选矿厂科学管理提供必要的数据和资料。

3.9.1 技术考查内容

（1）原矿（采场来矿）的矿量、含水含泥量及粒度特性。如选矿厂来矿是由几个采场供矿，则应记录各采场供矿的比例。

（2）破碎机的生产能力（单位排矿口宽及台时的生产能力）、负荷率，破碎机排矿口宽度，破碎机产物的粒度特性。

（3）筛分机的台时生产能力、负荷率及筛分效率。

（4）破碎筛分流程中各产物的矿量及产率，指定粒级（一般为破碎最终产物的粒级）的含量。

现厂可根据具体情况，针对生产中薄弱环节对其中一项或几项进行测定和考查，也可对流程中的某一段或两段进行局部考查。

3.9.2 技术考查的方法和步骤

3.9.2.1 考查前的准备工作

（1）由于考查的工作量大，需要的人力多，在考查前必须明确考查的目的和内容，充分做好人力和物力的准备。

（2）对采场出矿情况调查，保证考查期间原矿具有代表性。

（3）对破碎筛分设备的运转及完好情况进行调查，该维修的及时安排维修，以保证取样过程中设备运转正常。

（4）安排各取样点的取样人员，取样工具及盛样器皿，并贴好标签。

3.9.2.2 取样和测定

A 取样点的布置

取样点的多少和样品的种类（如筛析样、水分样、重量样等）是由考查的内容决定的，全流程考查取样点的布置，如图 3-9-1 所示。若只进行局部考查，取样点可以少些。

B 取样量

破碎流程考查的特点是矿块大，取样量大。为了使试样具有代表性，则其最小重量 Q(kg)必须遵循如下公式

$$Q = Kd^2 \tag{3-9-1}$$

式中 K——与矿石性质有关的系数，一般取 0.1 ~ 0.2；

d——试样中最大矿块粒度，mm。

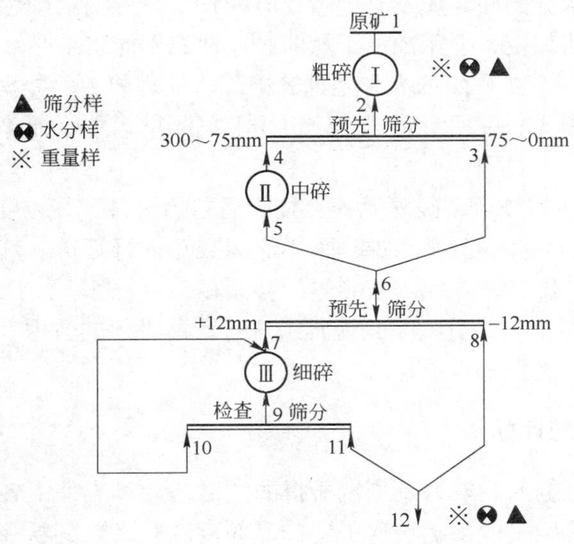

图 3-9-1 破碎筛分流程取样点布置

（图中数字“1 ~ 12”为取样点序号）

C 取样时间

一般为一个班，并每隔一定时间（15 ~ 30min）各点同时取样一次，各点每次取样方法应相同，取样量应基本相等。在取样时间内应记录各台设备的运转情况及主要技术操作条件，以及采场来矿车数，如在取样时间内发生设备事故，或停电断矿等情况，应及时处理和详细记录，如取样时间不足正常班的 80%，则样品无代表性，应重新取样。取好的样品要妥善保管，贴上标签，以免混错。

D 取样方法

破碎筛分产物的取样方法，有抽车取样法，刮取法和横向截流法三种。

（1）抽车取样法 适用于原矿的取样，当原矿用矿车或箕斗运输时，可用抽车法取样，抽车的次数决定于取样期间来矿的车数和所需的试样量。不论取样量多少，抽取的车数不得过少，否则代表性不足。如果采场有不同类型的矿石和不同出矿点分别装车，则抽车取样时应注意抽取各种类型及各出矿点的矿石，使之具有代表性。

（2）刮取法 对于破碎筛分过程中的松散物料，常用的是从皮带运输机上刮取试样，即用一定长度的刮板，垂直于矿流运动方向沿料层全宽和全厚刮取一段矿石。小型皮带或速度慢的可以在皮带运行中取样，如果皮带很宽或速度太快，则应将皮带停下来进行刮取。

（3）横向截流法 这也是破碎筛分产物常用的取样方法之一，即每隔一定时间，在筛子或皮带运输机的头部垂直于矿流运动方向截取一定量的物料作为试样。

E 流程考查中应测定的内容

（1）原矿计量 破碎车间原矿的处理量是流程考查中的重要指标，也是考查设备效率的必要数据，可用选矿厂的计量设备计量。若无计量设施，则可用先记录车数、然后抽车称重的办法进行计量。

（2）水分测定　矿石中的含水量是流程考查的内容之一，也是计算破碎车间干矿处理量不可缺少的数据。水分的测定应及时进行，时间长了将影响准确性。可用自然干燥法测定，也可用加温干燥法测定，但用加温干燥时，应注意不能将结晶水除去。

（3）排矿口的测定　排矿口的大小是计算破碎机处理能力的数据之一。其测定方法可用卡尺或铅块测量。颚式、旋回及对辊破碎机用卡尺测量；中、细碎圆锥破碎机则用铅块测量。

（4）物料粒度特性的测定　破碎流程考查所遇到的物料，其粒度一般都在6mm以上。对于这种粗粒物料粒度特性的测定，都是采用非标准筛进行筛析。其筛析方法、步骤、数据的处理和计算以及粒度特性曲线的绘制等，参阅相关资料。

（5）筛分效率的测定　筛分效率是流程考查计算所必须的数据，其测定和计算方法在前面已作了详细介绍，这里不再重述。

3.9.3 破碎流程考查的计算

破碎流程计算是根据原始资料及测定所得的数据，计算流程中各产物的矿量 Q(t/h)，产率 γ(%)及小于某粒级（一般为破碎最终产品粒度的粒级）的粒级含量 β(%)；计算各段破碎、筛分设备的生产率、负荷率和破碎比等。

3.9.3.1 破碎流程的计算

A 计算所需的原始数据

（1）按原矿干矿重量计的生产率，Q(t/h)；

（2）原矿及各段破碎产物的粒度特性；

（3）各筛子的筛分效率。

B 计算方法

根据所得的原始数据，用平衡原理进行计算。

（1）重量或产率平衡　即进入某作业的矿石重量 Q_0 或产率 γ_0 等于该作业排出的各产物的重量或产率之和，即

$$Q_0 = Q_1 + Q_2 \quad \text{或} \quad \gamma_0 = \gamma_1 + \gamma_2 \tag{3-9-2}$$

式中 Q_1，Q_2，γ_1，γ_2——分别为从该作业排出产物的重量和产率。

（2）粒级的重量平衡　即进入某作业的某粒级的重量等于该作业的各产物中该粒级的重量之和，即

$$Q_0\beta_0 = Q_1\beta_1 + Q_2\beta_2 \quad \text{或} \quad \gamma_0\beta_0 = \gamma_1\beta_1 + \gamma_2\beta_2 \tag{3-9-3}$$

式中 β_0，β_1，β_2——分别为该作业给矿及产物中小于计算粒级的含量，%。

C 计算所用的公式

各种类型破碎流程的计算公式详见本书第17章“选矿厂设计”。

3.9.3.2 各设备生产能力、负荷率及各段破碎比的计算

A 设备生产能力及负荷率的计算

（1）破碎设备生产能力及负荷率的计算　破碎机的计算生产能力可根据相关公式进行计算（详见本书第17章“选矿厂设计”）。

根据破碎机的计算生产能力 Q 与流程计算或实测的进入该破碎机的矿石量（此矿石量即为该破碎机的实际处理量）Q_d(t/h)，然后采用下列公式计算其负荷率，即：

$$\eta = \frac{Q_d}{Q} \times 100\% \tag{3-9-4}$$

式中 η——负荷率。

（2）筛分设备生产能力及负荷率的计算　筛分效率可根据流程考查中所测出的筛子给矿、筛上产物的粒度组成、筛下产物的粒度组成，然后采用式（3-3-7）进行计算。

生产能力计算参阅本书第17章“选矿厂设计”。

负荷率的计算方法与破碎设备负荷率的计算方法相同。

B　各段破碎比的计算

各段破碎比，是根据流程考查中原矿及各段破碎机产物的粒度特性曲线，分别求出原矿及各段破碎产物的最大粒度，用式（3-1-1）进行计算。

3.9.4　破碎流程考查结果分析

流程考查结果的分析，是根据考查过程中所测得的数据及计算结果，对整个流程和设备运转情况进行科学分析，从中发现问题，从而提出解决的方法和合理化建议，以指导现场生产，提高设备的利用率和各项生产指标。由于各选矿厂的破碎流程不相同，其考查的目的也不一样，因而对考查结果分析所侧重的方面也就不同，但一般说来，包括以下几个方面的内容：

（1）取样时间内，生产情况的简要介绍和分析。其中主要是原矿的代表性，各设备的运转情况及主要技术操作条件。

（2）流程中各产物的矿量、产率的分配情况分析。主要了解各破碎机和筛子的生产率及同一作业多台设备矿量分配是否均衡，进一步分析流程结构的合理性，从中发现流程结构中所存在的问题。

（3）设备运转情况分析。包括对各台破碎机、筛分机的生产率、负荷率、筛分效率及操作因素的分析，以发现设备生产率不高或负荷不足的原因，并提出解决办法。同时了解设备的运转及磨损情况。

（4）分析各段破碎产品的粒度组成，结合各段破碎机排矿口测定结果，分析缩小最终产品粒度的可能性和方法。

最后应根据分析所发现的问题，提出总的解决办法及合理化建议。

参考文献

[1] 魏德洲．固体物料分选学[M].2版．北京：冶金工业出版社，2009.
[2] 丘继存．选矿学[M]．北京：冶金工业出版社，1987.
[3] 谢广元．选矿学[M]．徐州：中国矿业大学出版社，2001.
[4] 段希祥．碎矿与磨矿[M].2版．北京：冶金工业出版社，2006.
[5] 李启衡．碎矿与磨矿[M]．北京：冶金工业出版社，1980.
[6] 杨家文．碎矿与磨矿技术[M]．北京：冶金工业出版社，2006.
[7] 邱俊，等．铁矿选矿技术[M]．北京：化学工业出版社，2009.

[8] 王运敏，等．中国黑色金属矿选矿实践(上册)[M]. 北京：科学出版社，2008.
[9]《现代铁矿石选矿》编委会．现代铁矿石选矿(上册)[M]. 合肥：中国科学技术大学出版社，2009.
[10]《选矿设计手册》编委会．选矿设计手册[M]. 北京：冶金工业出版社，1990.
[11] 冯守本．选矿厂设计[M]. 北京：冶金工业出版社，2002.
[12] 周龙廷．选矿厂设计[M]. 长沙：中南工业大学出版社，1999.
[13] 戴少生．粉碎工程及设备[M]. 北京：中国建材工业出版社，1994.
[14] 郎宝贤，等．破碎机[M]. 北京：冶金工业出版社，2008.
[15] 郎宝贤，等．圆锥破碎机[M]. 北京：机械工业出版社，1998.
[16] 李兴久，等．破碎筛分车间除尘[M]. 北京：冶金工业出版社，1977.
[17] 雷季纯．粉碎工程[M]. 北京：冶金工业出版社，1990.
[18] 于春梅，等．选矿原理与工艺[M]. 北京：冶金工业出版社，2008.
[19] 谷剑峰．建材机械设备管理与安装修理技术（下册）[M]. 武汉：武汉工业大学出版社，1991.
[20] 曹中一．破碎粉磨机械使用维修[M]. 北京：机械工业出版社，1991.
[21]《中国选矿设备手册》编委会．中国选矿设备手册（上册）[M]. 北京：科学出版社，2006.
[22] 饶绮麟，张峰．新型外动颚破碎机的理论研究（上）——新型外动颚破碎机虚拟样机的技术研究[J]. 有色金属（选矿部分），2007(4):22 ~ 25.
[23] 饶绮麟，张峰等．新型外动颚破碎机的理论研究（下）——新型外动颚破碎机虚拟样机的技术研究[J]. 有色金属（选矿部分），2007(5):32 ~ 37.
[24] 张峰，饶绮麟．外动颚匀摆破碎机运动仿真分析[J]. 有色金属（季刊），2006. 58(4):96 ~ 99.
[25] 王旭．振动颚式破碎机工作机理研究[D]. 北京：北京矿冶研究总院，2010.
[26] 夏晓鸥．惯性圆锥破碎机的动力学研究[D]. 北京：北京科技大学，2009.
[27] 刘常诗．选矿厂设计[M]. 北京：冶金工业出版社，1994.
[28] 朱俊士．选矿试验研究与产业化[M]. 北京：冶金工业出版社，2004.
[29] 陶珍东，郑少华．粉体工程与设备[M]. 北京：化学工业出版社，2003.
[30] 刘磊．贫赤铁矿高压辊磨机粉碎-高效分选技术研究[D]. 沈阳：东北大学，2012.

第 4 章 磨矿与分级

破碎筛分与磨矿分级均为矿石分选之前的准备作业，磨矿分级的任务是将破碎后的矿石进一步磨碎到适合选别要求的粒度。磨矿产品质量直接影响着后续选别作业技术指标的好坏，同时，无论在选矿厂建设投资还是在运营成本中，磨矿分级均占有较大比重，因此，在选矿试验、工厂设计和生产管理中，磨矿分级是选矿工程师关注的重要环节之一。

4.1 磨矿理论

磨矿是一个矿石粒度减小及分散的过程，它将较粗的矿块或矿粒磨成较细粒度的粒群。它借助磨矿介质与筒体衬板之间及磨矿介质相互之间的相对运动对矿块或矿粒实施打击及研磨，实现矿块或矿粒的磨碎。各类磨矿介质实施磨碎的行为方式是不同的，因此也就产生了不同磨矿介质的磨矿理论。

4.1.1 钢球磨矿理论

4.1.1.1 钢球的运动与磨矿作用

磨矿机筒体产生转动，并牵动筒体内的介质运动时，便产生了磨矿作用。

钢球的运动状态受众多因素的影响。影响最大的是筒体的转速 n(r/min)及磨矿机内钢球的充填率 φ(%)。此外，内衬板的形状 x，矿浆浓度 C(%)，钢球尺寸 d，干磨还是湿磨，矿石的性质均对钢球运转状态产生影响。因此，钢球的运动状态是一个受众多因素影响的状态函数 u：

$$u = f(n,\varphi,x,C,d,\cdots)$$

磨矿机内钢球的运动状态是一多变量的状态函数，依变量的个数及性质不同而呈现不同的运动状态。故钢球的运动状态是纷繁的，目前用数学手段量化确定钢球的运动状态还是困难的。研究者们拍摄了磨矿机内钢球的运动状态，从中选出三种典型的运动状态，如图 4-1-1 所示。

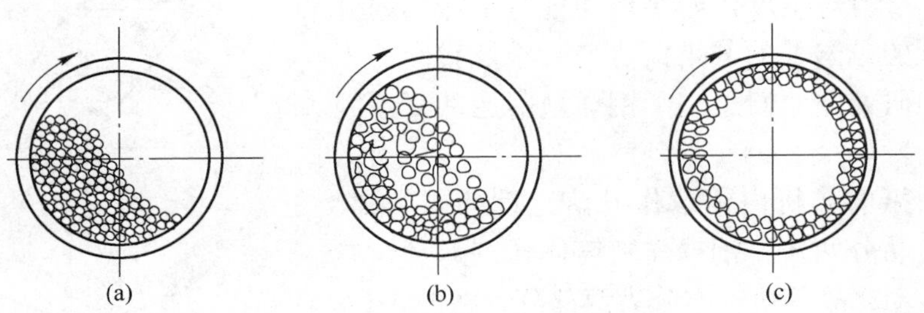

图 4-1-1 磨矿机内钢球的三种典型运动状态

(a) 泻落运动状态；(b) 抛落运动状态；(c) 离心运动状态

实际上，磨矿机内钢球的运动状态是混杂状态或过渡状态。为方便分析问题，选出三种典型状态进行分析。

钢球作泻落运动状态时，球荷随筒壁一起向上运动，到一定高度后从上沿斜坡滚下。钢球随筒壁向上滚动及向下滚动过程中均相互研磨使矿粒磨细，而从斜坡滚落至底脚衬板处才产生一定的冲击作用。所以，泻落式下的磨矿作用以研磨为主、冲击为辅。

钢球作抛落运动状态时，在钢球上升过程中存在着钢球与衬板及钢球与钢球之间的研磨作用，对矿石进行研磨。当钢球上升到上方时向下作抛落过程中，对下面的衬板和球荷以及矿粒产生强烈的冲击破碎作用，所以，钢球作抛落运动时磨矿作用以冲击为主、研磨为辅。

钢球作离心运转时，钢球与衬板之间、钢球与钢球之间没有相对运动，也就不产生磨矿作用。

为了避免钢球离心状态的出现，对磨矿机提出了“临界转速”来限制转速。所谓临界转速，即是使钢球产生离心化的最小转速或使钢球不产生离心化的最大转速。以一个抛落运动的钢球为代表，在分析它的受力及运动情况下推导出钢球运动的转速 n(r/min)及临界转速 n_K(r/min)，分别为：

$$n = \frac{30}{\sqrt{R}}\sqrt{\cos\alpha} \tag{4-1-1}$$

$$n_K = \frac{30}{\sqrt{R}} = \frac{42.4}{\sqrt{D}} \tag{4-1-2}$$

式中 R，D——分别为磨矿机筒体扣除衬板厚度后的半径及直径，m。

实际转速 n 占临界转速 n_K 的百分数 ψ 称为转速率，由前两式得：

$$\psi = \frac{n}{n_K} \times 100\% = \sqrt{\cos\alpha} \quad 或 \quad \psi^2 = \cos\alpha \tag{4-1-3}$$

转速率 ψ 表示磨矿机转速的相对高低。转速率的高低应根据磨矿作用的要求来决定。

4.1.1.2 钢球的运动理论与磨矿作用分析

钢球的运动状态十分复杂，即使是在三种典型的运动状态中，也只能作一些定性描述。只有钢球作抛落运动时，才能从数学上对其作定量的描述。因此，这里的钢球的运动理论实际上只是指钢球作抛落运动的理论。

很多选矿学者对钢球作抛落运动进行了深入的分析研究。典型的是国外的戴维斯、列文松及我国的王文东等学者的研究，他们建立了钢球抛落运动下系统的运动学理论。

观察及拍摄磨矿机内钢球作抛落运动状态可知，钢球作抛落运动分两步：钢球先随筒体作圆运动，然后再作抛落运动，故其轨迹亦分为两部分，在图4-1-2中表示出钢球作圆运动及抛物运动的轨迹。以脱离点 A 为原点，取 xAy 坐标，在此坐标系中，圆心在磨矿

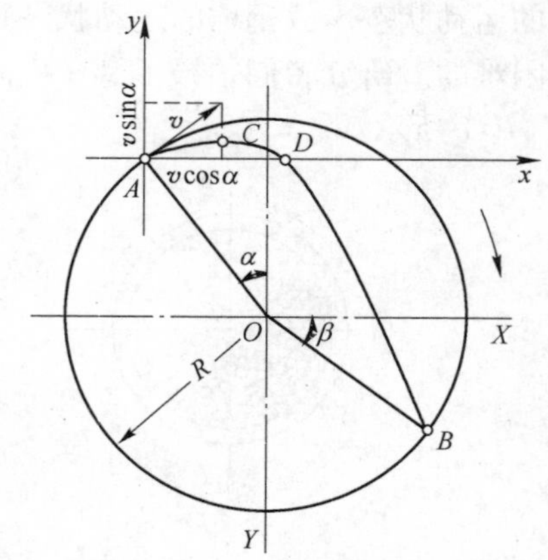

图4-1-2 球的圆运动及抛物线运动轨迹

机中心 O 点及半径为 R 的圆曲线的方程式为：

$$(x - R\sin\alpha)^2 + (y + R\cos\alpha)^2 = R^2 \tag{4-1-4}$$

而在 xAy 坐标系统中，从脱离点 A 以初速度 v 抛出的抛落运动方程式为：

$$y = x\tan\alpha - \frac{x^2}{2R\cos^3\alpha} \tag{4-1-5}$$

式（4-1-4）及式（4-1-5）是钢球作抛落运动的两个基本方程式，用它们可以对抛落运动作数学上的量化计算描述。

应用上述两个基本方程式，可以解方程而计算出抛物线顶点 C、与水平轴交点 D 及落回点 B 的坐标值。

$$C\text{ 点}\begin{cases} x_C = R\sin\alpha\cos^2\alpha & (4\text{-}1\text{-}6) \\ y_C = \dfrac{1}{2}R\sin^2\alpha\cos\alpha & (4\text{-}1\text{-}7) \end{cases}$$

$$D\text{ 点}\begin{cases} x_D = 2R\sin\alpha\cos^2\alpha & (4\text{-}1\text{-}8) \\ y_D = 0 & (4\text{-}1\text{-}9) \end{cases}$$

$$B\text{ 点}\begin{cases} x_B = 4R\sin\alpha\cos^2\alpha & (4\text{-}1\text{-}10) \\ y_B = -4R\sin^2\alpha\cos\alpha & (4\text{-}1\text{-}11) \end{cases}$$

在抛落运动中，脱离角 α 及落回角 β 是钢球作抛物运动的两个重要参数。脱离角 α 是脱离点 A 到磨矿机中心 O 的连线与 y 轴的夹角，α 角大表示钢球上升高度小，α 角小表示球上升高度大，α 角为零时，表示钢球不再脱落并进入离心运转。

转速率 $\psi = \sqrt{\cos\alpha}$ 及 $\psi^2 = \cos\alpha$，则当转速率 ψ 已知时可求出脱离角 α，如果磨矿机半径 R 已知，则可以用式(4-1-6)～式(4-1-11)等计算出 B、C、D 点坐标，也就能画出抛物线轨迹，在图4-1-3中，磨矿机中各层球均有自己的脱离点 A_i，各层球脱离点 A_i 的连线是脱离点 A_i 的轨迹。由钢球运动方程式 $n = \frac{30}{\sqrt{R}}\sqrt{\cos\alpha}$ 可得 $R_i = \frac{900}{n^2}\cos\alpha_i = a\cos\alpha_i$，为一极坐标方程，它是以磨矿机中心 O 为极点，坐标轴 OY 为极轴的圆曲线方程，当 n 给定时，a 为常数。从而推知，诸 A_i 皆在以 O_1 为圆心及 $O_1O = \frac{a}{2}$ 为半径的圆上，这个圆就是各脱离点 A_i 的轨迹。

落回角 β 是落回点 B 到磨矿机中心的连线与 X 水平轴的夹角，β 角小时表示钢球下落的高度小，β 角大时表示钢球下落的高度大，在 XOY 坐标系统中做坐标变换后可求出：

$$\beta = 3\alpha - 90° \tag{4-1-12}$$

从圆中还可以看出，从 OA 到 OB 为抛落运动的圆心角为 4α，而球作圆运动部分的圆心角为 $2\pi - 4\alpha$。

落回点 B_i 到磨矿机中心的距离为 R_i，与极轴 OY 之间的极角 θ 为：$\theta = \beta_i + 90° = 3\alpha$。落回点 B_i 也在圆运动的轨迹上，也遵从公式 $n = \frac{30}{\sqrt{R}}\sqrt{\cos\alpha}$，照样有极坐标方程式 $R = a\cos\alpha = a\cos\frac{\theta}{3}$，当 $\theta = 270°$ 时，$R = 0$，此方程表示的曲线（巴斯赫利螺线）将通过磨矿

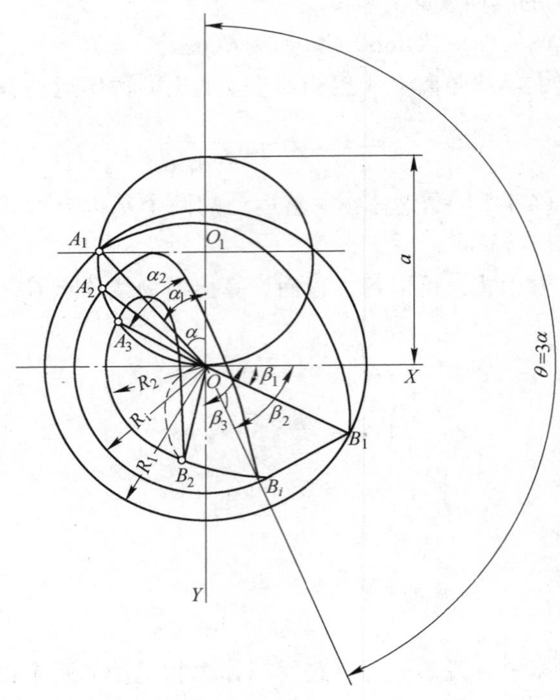

图 4-1-3　脱离点（A_i）和落回点（B_i）的轨迹

机中心（即极点），此曲线就是落回点 B_i 的轨迹。

由图 4-1-3 可知，愈接近磨矿机的中心，它的脱离点轨迹和落回点轨迹愈靠拢，到了磨矿机中心 O 处即汇于一点。从现象上看，愈靠近磨矿机中心的球层，它的圆运动和抛物线运动相互干扰愈厉害，以至于二者几乎不可分。因此，最内层球的半径 R_2 必有一极限值，小于它，球层即无明显的圆运动和抛物运动，这个极限值叫最小球层半径 $R_{最小}$，对应的脱离角为最大脱离角。在 XOY 坐标系统中，X_B 有极值存在即是对应的 $R_{最小}$，用 $\frac{dx_B}{d\alpha}=0$ 求极值的办法可找到判断球层保持明显的圆运动和抛物运动极限状态的两个相关联的指标是：

$$\alpha_{最大}=73°44' \qquad (4\text{-}1\text{-}13)$$

$$R_{最小}=\frac{900}{n^2}\cos 73°44'=\frac{250}{n^2} \qquad (4\text{-}1\text{-}14)$$

根据以上抛物运动规律，当知道磨矿机的半径 R、转速 n，就可以确定抛物运动各特殊点的位置，脱离点的轨迹及落回点的轨迹，就可以将磨矿机断面上运动的球荷划分为四个区（见图 4-1-4），从而可进一步分析各个区域中的磨矿作用：

图 4-1-4　磨矿机内的各区域和球荷切面积

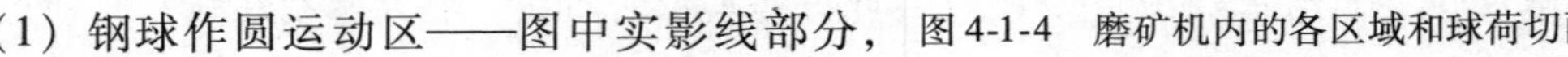

（1）钢球作圆运动区——图中实影线部分，

钢球都作圆运动，矿石被钳在钢球之间受磨剥作用。此区内钢球磨矿作用较弱。

（2）钢球作抛物落下区——图中虚影线部分，表明钢球纷纷下落的区域。在钢球下落的过程中，没有磨着矿石，直至落到用落回点 BB_2 表示的底脚时，钢球才对矿石起冲击作用。此区钢球极活跃，有强烈冲击，有跳动，磨矿作用最强。

（3）肾形区——靠近磨矿机中心的部分，钢球的圆运动和抛物线运动已难明显的分辨。在未画影线形状如肾的区域中，钢球仅作蠕动，磨矿作用很弱。当装球较多而转速又不足以使它们活跃地运动时，肾形区就较大，磨矿效果也较差。

（4）空白区——在抛物落下区之外的月牙形部分，为钢球未到之处，当然没有磨矿作用。转速过低时，钢球抛落不远，空白区就较大。转速过高，钢球抛得远，空白区虽然小，但钢球直接打击矿浆面以上衬板，既造成衬板严重磨损，无效的打击又降低能量利用率，磨矿效率变差。

由图4-1-4看出，磨矿机内各个区域的面积是动态的，它由磨矿机的转速率及钢球充填率决定，圆运动区 Ω_1 的研磨作用占优，抛落区 Ω_2 则是冲击作用占优势。根据磨矿作用的需要，可以通过改变磨矿机转速率及钢球充填率来调节各区域的磨矿作用。

磨矿过程是个能量转变过程，而磨矿作用又是由钢球来完成的。钢球落下时冲击矿石的能量，取决于钢球的质量和落下的高度。落下高度取决于磨矿机直径和转速。当磨矿机直径一定时，转速决定着钢球下落的高度。由式（4-1-7）及式（4-1-11）知，钢球在磨矿机内下落的高度 H 的绝对值为 $H = y_C + y_B = \frac{1}{2}R\sin^2\alpha\cos\alpha + 4R\sin^2\cos\alpha = 4.5R\sin^2\alpha\cos\alpha$。

假定最外层球有最大的落下高度，此时 $\frac{dH}{d\alpha} = 0$ 时，即 $\alpha = 54°44'$，求出对应的转速率 $\psi = 76\%$。此种方法只考虑最外层球有最有利的工作条件，其他多数球层则处于不利的工作条件，认为是不合理的办法。

如果设想全部球荷的质量集中在某一层球，此层球可以代表全部球荷，称它为“中间缩聚层”。它的球层半径 R_O 就是全部球荷绕磨矿机中心 O 作圆运转的回转半径。根据扇形对 O 点的转动惯量半径的求法可以得到：

$$R_O = \sqrt{\frac{R_1^2 + R_2^2}{2}} = \sqrt{\frac{R_1^2 + (kR_1)^2}{2}} \tag{4-1-15}$$

当中间缩聚层有最大落下高度时，$\alpha_0 = 54°44'$，可求出此时对应的转速率 $\psi = 88\%$。此种方法比前一种方法合理，考虑全部球荷处于最有利的工作条件。

实际生产中，常将 $\psi < 76\%$ 的磨矿机称为低转速磨矿机，$\psi > 88\%$ 的称为高转速磨矿机，而将 $\psi = 76\% \sim 88\%$ 称为适宜转速率。通常，工业磨矿机的转速率介于 75% ~85% 之间。

戴维斯、列文松和王文东等人依据磨矿机内钢球作抛落运动的轨迹建立钢球运动方程式，由此可分析钢球的能态及指导磨矿机转速与重要参数的选择确定。它建立在磨矿机内钢球不滑动的前提下。由于生产中的磨矿机大多装球40%左右，而且有矿砂存在，磨矿机内钢球基本不滑动，符合钢球抛物运动的理论的前提条件，故有不少结论与生产实际相符。但是，如果磨矿机内球荷出现滑动，则钢球抛落运动理论不适用，得出的结论不可信。即使在钢球抛落运动理论适合的范围内，得出的结论也不一定可靠。例如，按此理论计算，当转速率$\psi=76\%$时，适宜的装球率算出来为40%，但实际生产中则高出40%不少，甚至达48%～50%；当转速率$\psi=88\%$时，算出的实际装球率为50%，实际生产中则比这个值低得多，可能只35%～40%。因此，在理论适用的范围内，对其计算结果也要十分审慎。

本章开始时就指出，磨矿机内钢球的运动状态是依多种因素而变的无数状态函数。用典型的抛落状态下推导出的规律不可能适用于无数种状态。在这一点上说，本小节推导出的抛落运动规律只能作定性描述，能否用于定量计算应十分审慎，其结果只供参考。

4.1.2　棒磨机中的磨矿理论

棒磨机与球磨机的结构与工作原理大体相似，但由于介质的形状不一样，导致二者在结构及工作原理上有许多不同。球形介质在多维几何空间中均可转动，故钢球可以作泻落运动，也可以作抛落运动。不论钢球作何种运动，均能产生磨矿作用。而钢棒则不然，它只能绕自己的中心线转动，如果棒的中心线不能保持平行，则会产生乱棒，或叫“架垛”，钢棒将失去磨矿作用。这一特点决定了棒只能在磨矿机内泻落而不能呈抛落，因抛落运动难于维持棒之间的平行状态。故此，棒磨机的转速率一般较低，通常比球磨机的低10%～15%，而且磨矿机内两端的端盖衬板要求较平滑，不会挂住棒造成乱棒。还有，给矿粒度不宜太大，否则也容易造成乱棒。

因此，在棒磨机内，棒是呈泻落或滑落，对矿粒起压碎、击碎及研磨作用。对棒的运动只能作此定性的描述。棒的磨矿作用也限定了只能是压碎、击碎及研磨。单根棒的质量比单个球的大得多，因此，在棒向下滑落或泻落时，对下面的矿粒产生巨大的压碎或击碎作用，对夹在其间的矿粒产生研磨作用。

4.1.3　矿石的自磨理论

关于矿石自磨的原理，存在着不同的看法及争议，归纳起来不外三种：

（1）干式自磨机的设计者，加拿大的韦斯顿（D. Weston）提出，自磨机中的磨矿作用有三种：①矿块自由下落时的冲击作用；②矿石由压应力突变为张应力的瞬时应力作用；③矿块之间相互摩擦作用。第①、③两种作用没有什么争议，第②种作用则根据不足，因为在直径大的自磨机中，矿石由下而上的过程中是有相当时间间隔的，实际计算表明，矿石从在下面受压到上面撤销压力，至少都有1.5～2.0s的时间间隔。因此，矿石受压到压力消失是个“渐变”过程，故第②种作用不存在。

（2）邦德的学生C. A. 罗兰（C. A. Rowland）认为，自磨机中更多的是磨削作用或摩擦作用，冲击作用较少，即认为以磨削为主。

（3）第三种意见认为，自磨机中的磨矿作用和球磨机中一样，仍是冲击和磨削两种作用。

上述认识中都还缺乏足够的证明资料，因此也难统一。虽然矿石自磨原理上存在争议和不统一，但这不影响自磨技术的发展。因为理论研究落后于生产实践是常有的事情。

4.1.4　邦德磨矿理论与应用

有关粉碎功耗有三种学说：①1867年雷廷格尔（P. R. Rittinger）提出面积学说，也称第一理论，认为破碎或磨矿所需的功与产生的新表面积成正比。②1874 年吉尔皮切夫（В. П. Кирличев）及 1885 年基克（Kick）提出体积学说，也称第二理论，认为破碎或磨矿所需的功与破碎颗粒的体积成正比。③1952 年邦德（F. C. Bond）提出裂缝学说，也称第三理论，认为破碎矿石时，外力作用的功首先使物体发生变形，当局部变形超过临界点后即生成裂缝，裂缝形成之后，储在物体内的变形能即使裂缝扩展并生成断面。因此，粉碎物料所需要的功，应该考虑变形能和表面能两部分，前者与体积成正比，后者与表面积成正比。

在矿石碎磨领域还有一些其他功耗理论，但业内公认就是如上三个功耗学说。三个功耗学说尽管各自强调功耗的方面不同，因为在矿石破碎过程中，产生变形、产生裂缝及形成新生表面积均是不同阶段中产生的现象，或者说，三个功耗学说分别描述了不同破碎阶段的耗功规律，它们都有片面性，但互不矛盾，却互相补充。

业内众多的学者对三个功耗学说开展了广泛的应用研究及验证研究，取得了不少成果。最有说服力的是芬兰学者胡基（R. T. Hukki）及中国学者李启衡教授。他们仿照工业上的办法，进行了工作量巨大的试验研究，他们的研究得出如下结论：

（1）三个学说各看到了破碎过程的一个阶段，体积学说看到了受外力发生变形的阶段，裂缝学说看到了裂缝的形成及发展，面积学说看到的是破碎后形成新表面。因此，每个学说各看到破碎的一个阶段，只能在一定的破碎范围才较可靠。

（2）破碎时的破碎比不大，新生表面积不多，变形能占主要部分，因而用体积学说计算功耗较可靠。磨矿时破碎比大，新生表面积多，表面能是主要的，故用面积学说计算功耗较适宜。裂缝学说是在一般破碎及磨矿设备上做试验总结出来的，在中等破碎比的情况下大致与它符合。

（3）粗碎以上，以体积学说较为准确，细磨阶段面积学说较准确，细碎粗磨则以邦德学说较为准确。

（4）在超细磨的范围内即使是面积学说，也与实际不相符合。因此，每个功耗学说都有它自己适用的范围。

邦德裂缝学说的数学表达式（亦称为邦德公式）如下：

$$W = W_i\left(\frac{10}{\sqrt{P}} - \frac{10}{\sqrt{F}}\right) \tag{4-1-16}$$

式中　W——将 1st❶ 给矿粒度为 F 的矿石破碎到产品粒度为 P 所耗的功，kW · h/st；

W_i——邦德功指数，即将“理论上无限大的粒度”破碎到 80% 通过 100μm 筛孔宽的粒度时所需的功，kW · h/st；

F——给矿粒度（以 80% 通过方筛孔的孔宽表示），μm；

P——产品粒度（以 80% 通过方筛孔的孔宽表示），μm。

在此三个功耗学说中，裂缝学说及其邦德公式实用价值最大。其主要用途是计算磨矿功耗，选择磨矿设备。C. A. 罗兰提出了一套完整的计算磨矿功耗，选择磨矿设备办法，得到广泛应用。有关这方面内容详见本手册第 17 章“选矿厂设计”中的第 17. 4. 5. 2 节

❶1st（1 短吨）= 907. 18kg。

“磨矿设备计算”。此外，邦德公式也在评价碎磨设备工作效率等诸多方面得到应用。

段希祥教授认为，邦德理论既然适用于细碎及粗磨阶段，而且该理论的基本公式可用于工程计算，那么就可以定量地算出破碎交给磨矿的能耗最低的粒度值。

细碎及粗磨的作业粒度如图4-1-5所示，假设中碎产品粒度不变，即 F_{K_1} 是定值，磨矿产品粒度 P_{K_2} 也由工艺决定，是个定值。细碎产品 P_{K_1} 就是粗磨的给矿 F_{K_2}，即 $P_{K_1}=F_{K_2}$，它们是变数，令 $d=P_{K_1}=F_{K_2}$。将邦德原式（4-1-16）改写为：$W=W_i\cdot\frac{(\sqrt{F}-\sqrt{P})}{\sqrt{F}}\cdot\sqrt{\frac{100}{P}}$，其实质不变。细碎作业消耗的功 $W_{碎}=W_i\cdot\frac{(\sqrt{F_{K_1}}-\sqrt{P_{K_1}})}{\sqrt{F_{K_1}}}\cdot\sqrt{\frac{100}{P_{K_1}}}$，粗磨作业消耗的功 $W_{磨}=W_i\cdot\frac{(\sqrt{F_{K_2}}-\sqrt{P_{K_2}})}{\sqrt{F_{K_2}}}\cdot\sqrt{\frac{100}{P_{K_2}}}$，细碎及粗磨的总能耗 $W_{总}=W_{碎}+W_{磨}$，欲使 $W_{总}$ 最低，用数字上求极小值的办法，令 $W_{总}$ 的导数为零，则得 $W_{碎}=W_{磨}$ 时，对应的粒度 d_K 为：

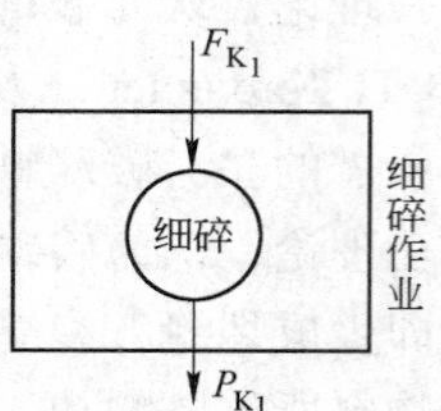

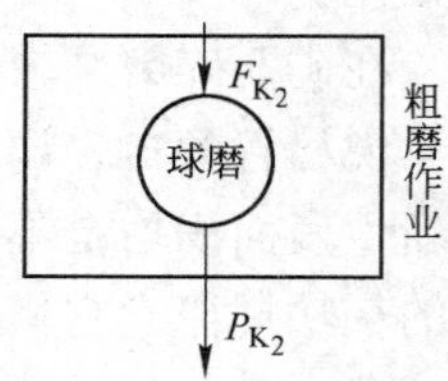

图4-1-5　细碎及粗磨的作业粒度

$$d_K=\left(\frac{2\sqrt{F_{K_1}}\sqrt{P_{K_2}}}{\sqrt{F_{K_1}}+\sqrt{P_{K_2}}}\right)^2 \tag{4-1-17}$$

即在 d_K 粒度下，细碎及粗磨的总能耗最低。如果细碎给矿 F_{K_1} 为50～75mm，粗磨产品粒度 P_{K_2} 为0.5mm，可求出 $d_K=2\sim4$mm。这个粒度普通细碎机是远达不到的。如果把细碎机改为棒磨机，50～75mm给矿对棒磨机可以承受，而且2～4mm刚好是棒磨机的产品粒度范围，这就是“破碎＋棒磨＋球磨”流程具有最低能耗的理论依据。欧美国家及地区不少选矿厂广泛采用“棒磨＋球磨”流程，统计的结果，其能耗比“破碎＋球磨”流程的低。这可能是“破碎＋棒磨＋球磨”流程在欧美国家及地区得到广泛应用的原因。近年来，高压辊磨破碎设备的应用，产品粒度可以实现2～4mm，使碎磨能耗大幅度降低，进一步论证了“破碎＋磨矿”的能耗最低的理论。

4.2　磨矿机的种类、安装与维护

4.2.1　磨矿机的种类

磨矿机的种类与分类的方法有关，不同的分类方法下磨矿机的种类也不同。

（1）按磨矿机内装的介质种类不同分为：①球磨机；②棒磨机；③自磨机；④砾磨机。球磨机以钢球作磨矿介质，棒磨机以钢棒作磨矿介质，自磨机以矿石作磨矿介质，砾磨机以一定尺寸的同种矿石或卵石作磨矿介质。按磨矿介质的种类进行磨矿机分类是最常用的分类方法，它也最直观最本质地反映磨矿机的特征。

（2）按磨矿机的排矿方式不同分为：①溢流排矿磨矿机；②格子排矿磨矿机；③周边排矿磨矿机。

(3) 按磨矿机筒体长度 (L) 与直径 (D) 之比值不同分为：①短筒形磨矿机 ($\frac{L}{D} \leqslant 1$)；②长筒形磨矿机 ($\frac{L}{D} \geqslant 1 \sim 1.5$ 甚至 $2 \sim 3$)；③管磨机 ($\frac{L}{D} \geqslant 3 \sim 5$)。

(4) 按磨矿机筒体形状不同分为：①圆筒形磨矿机；②圆锥形磨矿机。

(5) 按照磨矿机的工作特性分为：①卧式磨矿机（如球磨机）；②塔式（立式）磨矿机；③振动球磨机。

第(2)~(5)种分类法分别从磨矿机的某一特征上进行分类，反映了磨矿机在该特征上的实际情况。

实践中也常采用联合分类方法，如（1）与（2）联合，可称格子型球磨机、溢流型球磨机、中心排矿棒磨机、周边排矿棒磨机；方法（1）与（3）联合，可称为短筒形球磨机、长筒形球磨机、圆锥形球磨机等。

通常将磨矿粒度 $P_{80} > 74\mu m$(200 目)的称为粗磨，磨矿粒度 $P_{80} = 74 \sim 38\mu m$(200 ~ 400 目)称为细磨。磨矿粒度 $P_{80} < 38\mu m$(400 目)称为超细磨。随着矿产资源的开发，需要细磨和超细磨的矿石越来越多。在细磨及超细磨中采用常规的球磨机，哪怕是长筒形的溢流球磨机，磨矿效率也不高，而采用塔式磨矿机（立式磨矿机）、SMD 磨矿机、艾萨磨和雷蒙磨等，可以得到较高的磨矿效率。

常规磨矿机的主要类型如图 4-2-1 所示。

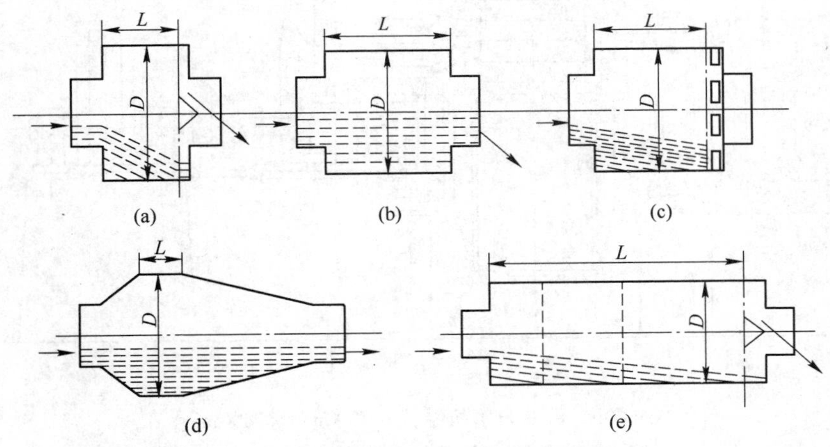

图 4-2-1 磨矿机的主要类型

(a) 短筒格子或溢流型；(b) 长筒溢流型；(c) 周边排矿型；(d) 圆锥溢流型；(e) 多仓（室）管磨机

湿式格子型球磨机、湿式自磨机的构造分别如图 4-2-2、图 4-2-3 所示。

4.2.2 磨矿机的应用范围

4.2.2.1 球磨机的应用范围

格子型球磨机是低水平强制排矿，磨矿机内储存的矿浆少，因此，密度较大的矿物不易在磨矿机内集中，过粉碎比溢流型球磨机的轻，磨矿速度可以较快。通常格子型磨矿机的生产率比溢流型球磨机的高 10% ~20%。

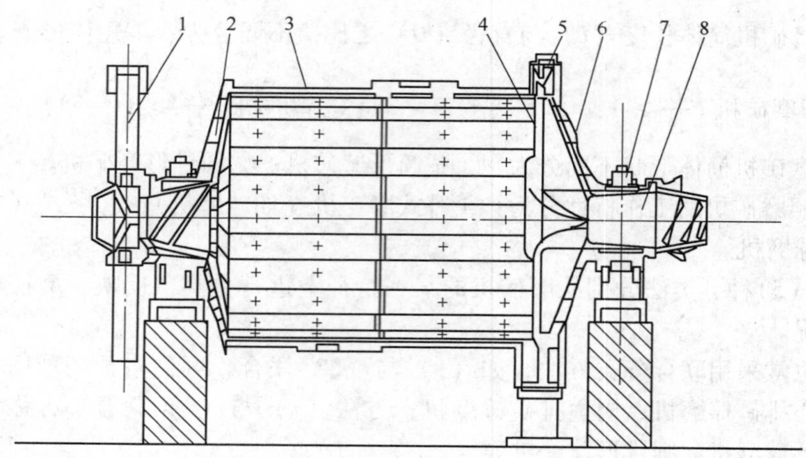

图 4-2-2 湿式格子型球磨机的构造

1—联合给矿器；2—给矿端端盖；3—筒体；4—排矿格子板；
5—传动大齿轮；6—排矿端端盖；7—主轴承；8—中空轴颈

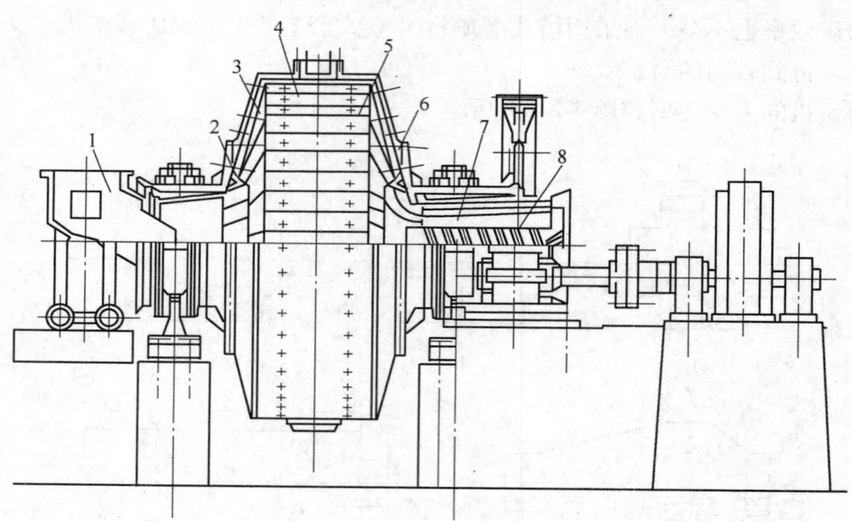

图 4-2-3 湿式自磨机结构（5500mm×1800mm）

1—给矿小车；2—波峰衬板；3—端盖衬板；4—筒体衬板；
5—提升衬板；6—格子板；7—圆筒筛；8—自返装置

溢流型球磨机构造简单，管理及检修均比较方便，用于细磨时比格子型好，所以用它的选矿厂较多。

当要求磨矿粒度上限大于0.2mm时，宜采用格子型球磨机或溢流型球磨机；当要求磨矿粒度上限小于0.2mm时，宜用溢流型球磨机或其他形式的细磨磨矿机；当需要进行两段磨矿时，第一段用格子型球磨机或溢流型球磨机，第二段用溢流型球磨机或其他形式的细磨磨矿机；当需要进行粗精矿再磨时，宜采用溢流型球磨机或其他形式的细磨磨矿机。

4.2.2.2 棒磨机的应用范围

钨锡矿和其他稀有金属矿的重选或磁选厂，为了防止过粉碎引起的危害，常采用棒磨机。

棒磨机适合于粗粒级磨矿，其给矿粒度上限一般为25～15mm，产品粒度上限一般为3～1mm。

4.2.2.3 自磨机的应用范围

首先，矿石自磨要求矿石性质要适合自磨要求。粒度嵌布较粗，解理发育完全、密度较大的矿石。在自磨机中受到冲击力和磨剥力的作用后，容易沿晶粒间界或不同矿物的相界解离。对于这类矿石采用自磨工艺，经济效果显著。

一般地，磨蚀性强的矿石在自磨机中能够形成良好的介质，研磨作用大。对于这类矿石若采用常规磨矿，金属介质消耗高，磨矿费用也较高。如非金属的白刚玉，硬度很高，磨蚀性很强，若采用自磨处理，经济效果明显。对于含泥、含水量高的矿石，在中细碎及筛分等作业中易产生堵塞，严重影响生产。若采用常规碎磨，必须增设洗矿设施，否则无法生产。若采用矿石自磨，可以省去中细碎及洗矿设施，顺利地解决堵塞问题，自然在经济上非常有利。

自磨在生产中会出现顽石积累，为了消除顽石积累的影响，常采用如下措施：①往自磨机中加磨机容积5%～15%的钢球，即为半自磨；②自磨机格子板开砾石窗，引出部分砾石（顽石），经破碎后返回自磨机（即形成ABC流程）。两种措施可单独采用，有时同时采用（即形成SABC流程）。

4.2.2.4 砾磨机的应用范围

砾磨所用砾石密度一般小于钢球，但砾石与被磨物料之间的摩擦系数、接触面积均大于钢球，故砾磨过程中冲击力较弱而磨剥力较强，适用于细磨及易泥化的物料的磨碎，如铝、钨矿石的细磨；它的产品铁质污染轻，后续湿法冶金处理时可减少酸耗，忌铁物料或作业也宜采用砾磨，如铀矿、金矿浸出前的磨碎。

4.2.2.5 细磨和超细磨及其应用范围

A 塔式磨矿机（立式磨矿机）

塔式磨矿机主要由日本库波塔（Kubota）公司研制、日本爱立许（Eirich）、瑞典美卓（Metso）、中国长沙矿冶装备公司和北京机电科技公司等生产，其结构如图4-2-4所示。

塔式磨矿机有一个立式固定的磨矿室，其中有一个螺旋搅拌器，用于搅动直径12mm的钢球。螺旋以梢速度3m/s旋转。矿浆泵将原矿浆从磨矿机底部给入，磨矿产品从磨矿机顶部溢出。塔式磨矿机一般需要与水力旋流器组成闭路作业，其适宜产品粒度P_{80}为74～20μm。

塔式磨矿机已广泛用于贱金属、金矿、铜冶炼炉渣和铁矿的再磨作业。

B SMD磨矿机

SMD磨矿机为美卓公司产品，也是一种立式搅拌磨。磨矿室的高度与直径比为1∶1。在磨矿机中心轴上有一些长棒作为搅拌器用，旋转时梢速度为11m/s。依靠一套筛孔尺寸为30μm的筛网将砂介质保存在磨矿机中。介质一般为1～5mm的河砂。该磨矿机的产品粒度通常在$P_{80}<20$μm。目前在国外已用于铜、铅、锌粗精矿超细磨作业。SMD磨矿机的结构如图4-2-5所示。

C 艾萨磨矿机

艾萨磨磨矿机是由德国耐驰-菲迈特克（Netzsch Feinmahtec）公司和澳大利亚艾萨（Isa）公司共同研制，其结构如图4-2-6所示。

艾萨磨矿机是一组水平安装在悬臂轴上的圆盘，这些圆盘高速（梢速度20m/s）旋转。矿浆泵将矿浆从进料口给入磨矿机，磨矿产品从排料端内分离器流出，而介质借助很

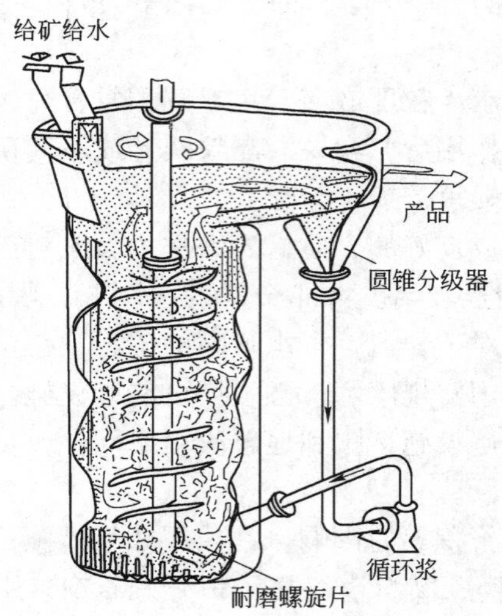

图 4-2-4 塔式磨矿机的结构

图 4-2-5 SMD 磨矿机的结构

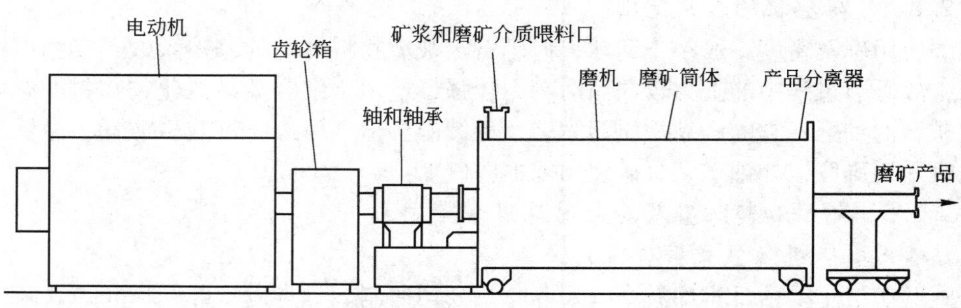

图 4-2-6 艾萨磨的结构

高的离心力，仍保存在磨矿机中。所用介质有陶瓷、河砂、冶炼炉渣等，粒度一般为0.5～3mm。

艾萨磨矿机有较高的能量强度，可达300kW/m^3，而球磨机和塔式磨矿机却只有20～40kW/m^3。因此，其单位容积有较高的处理能力。由于该机排料端设有分离器，可以在机内对物料进行分级，因此磨矿回路可以实现开路磨矿。目前，在世界各地已安装了数十台艾萨磨用于粗精矿的细磨和超细磨作业。如南非的安吉罗（Anglo）铂选矿厂，安装了一台2600kW的M10000艾萨磨，给矿粒度 $F_{80}=42.5\mu m$，产品粒度 $P_{80}=16.5\mu m$，单位功耗为37kW·h/t。通常，艾萨磨适宜的产品粒度 $P_{80}=45\sim5\mu m$。

D 干式制粉所用的细磨和超细磨

a 雷蒙磨 雷蒙磨又称悬辊磨或摆式磨粉机，属于圆盘不动型盘磨机，是一种“环-辊”碾磨结合气流筛选、气力输送形式的制粉设备。最大给料粒度不大于20mm，产品粒度上限按不同要求可在0.125～0.044mm（120～325目）范围内调节。我国已生产3辊、4辊、5辊甚至6辊的雷蒙磨，主要用于莫氏硬度7级以下，湿度在6%以下的各类非金属矿石、金属氧化物及化工合成物等非易燃易爆的矿产物料。

b　振动磨　　振动磨是由槽形或圆形磨矿筒体及安装其上的激振器，支承弹簧所组成。磨矿介质充填率可达65%～85%，磨矿介质为钢球、钢锻、氧化铝球、瓷球或其他材质。磨矿介质直径一般为10～50mm。振动频率在1000～1500次/min，振幅为3～20mm。根据物料的特性和产品粒度要求来选择频率和振幅的大小。最大给料粒度不大于20mm，产品粒度通常为-0.074mm(200目)，甚至可达-0.0188mm(800目)以上。可以单台间歇磨，也可多台连续磨，既可干式，亦可湿式。已广泛用于耐火、建材、化工、电子材料和各类矿产品的细磨和超细磨。

c　气流磨　　气流磨是用蒸汽、空气或其他气体以一定压力射入机内，产生高速旋转的涡流，使机内物料颗粒随之旋转运动，从而在颗粒间发生碰撞、冲击、研磨而使物料磨碎。给料粒度通常小于0.15mm，最大不超过10mm，并要求给料粒度均匀。产品粒度可达10～1μm，气流的工作压力0.6～1MPa。我国已能生产多种型号的气流磨，各型号的技术参数均有所不同。气流磨已广泛用于化工、矿产、涂料、冶金等行业要求细磨或超细磨的物料。

上述制粉用的细磨和超细磨设备资料，可详见《中国选矿设备手册》及相关厂商的资料。

4.2.3　磨矿机的安装

磨矿机的安装详见《选矿机械设备工程安装验收规范》(GB 50377—2006）中6.5磨矿机安装。对于引进的设备或大型磨矿机的安装应按设备厂商提供的技术文件严格执行。

4.2.4　磨矿机的维护和检修

磨矿机检修分为检查性维修和预防性维修。磨矿机检查性维修计划见表4-2-1，磨矿机预防性维修计划见表4-2-2。

表4-2-1　磨矿机检查性维修计划

检修部位	维修检查内容	时间间隔	磨矿机状态
主轴承	密　封	1次/周	运行或停机
	温度传感器	1次/月	运　行
	轴承表面磨损	1次/年	停　机
润滑系统	油箱油位	1次/周	运　行
	仪器仪表	1次/周	运　行
筒体和大齿轮	大齿轮和齿轮轴	1次/周	运　行
	衬　板	1次/月	运行或停机
齿轮轴润滑	密封和润滑	1次/月	运行或停机
传动系统	主电动机状态	1次/日	运　行
	气动离合器状态	1次/日	运　行
齿轮罩和喷雾系统	喷雾状态	1次/月	停　机
	喷雾仪器仪表和管道	1次/周	运　行
	润滑脂泄漏	1次/周	运　行
	校准压力表	1次/周	运　行
	润滑脂油桶	1次/周	运行或停机
进料端	检查进料密封	1次/周	运　行
	检查进料中空轴内衬	1次/月	停　机
排料端	检查出料中空轴内衬	1次/月	停　机
	检查筒筛磨损	1次/月	停　机

表 4-2-2　磨矿机预防性维修计划

检修部位	维修检查内容	时 间 间 隔	磨矿机状态
主轴承	密封更换	根据需要	停 机
	轴瓦更换	根据需要	停 机
	轴承座清洗	1 次/年	停 机
润滑系统	滤油器更换	按需要，压差信号表明滤油器是否堵塞	停 机
	低压泵润滑	1 次/4 月	停 机
	高压泵润滑	1 次/4 月	停 机
	油箱清洗、管道冲洗和油品更换	1 次/年	停 机
筒体和大齿轮	连接件的拧紧	每次按要求试转，然后在磨矿机运行 1 ~ 3 周进行第一次拧紧，6 个月后进行复紧，以后每年至少进行一次拧紧	停 机
	衬板更换	根据磨损或损坏需要	停 机
	齿面的清洗和检查	1 次/年	停 机
小齿轮传动轴组	轴承润滑	1 次/月	运行或停机
	齿面检查	1 次/年	停 机
	轴承检查	1 次/年	停 机
主电动机	电动机轴承的润滑	1 次/6 月	停 机
齿轮罩和喷雾系统	气源仪表的维护	1 次/周	停 机
	废油收集器的更换	1 次/2 月	运行或停机
	齿轮罩润滑脂清理	1 次/年	停 机
	喷射润滑系统的冲洗和清理	1 次/年	停 机
进料端	进料密封更换	根据磨损或损坏需要	停 机
	检查进料中空轴内衬	根据磨损或损坏需要	停 机
	进料装置衬板更换	根据磨损或损坏需要	停 机
排料端	出料中空轴内衬更换	根据磨损或损坏需要	停 机
	筒筛的更换	根据磨损或损坏需要	停 机

磨矿机的常见故障原因及其消除方法列于表 4-2-3 中。

表 4-2-3 磨矿机的常见故障、原因及消除方法

故障的现象	原 因	消 除 方 法
主轴承融化，轴承冒烟或电动机超负荷断电	1. 供给轴颈的润滑油中断； 2. 砂土落入轴承中	1. 清洗轴承并更换润滑油； 2. 修整轴承和轴颈或重新浇注
磨矿机启动时，电动机超负荷或不能启动	启动前没有盘磨	盘磨后再启动
油压过高或过低	1. 油管堵塞，油量不足； 2. 油黏度不合，过脏，过滤机堵塞	1. 消除油压增加或降低的原因； 2. 换油，清理过滤机
电动机电源不稳定或过高	1. 勺头活动，给矿器松动； 2. 返砂中有杂物； 3. 中空轴润滑不良； 4. 排矿浓度过高； 5. 筒体周围衬板重量不平衡或磨损不均匀； 6. 齿轮过渡磨损； 7. 电动机电路上有故障	上紧勺头或给矿器，改善润滑状况，更换衬板，调整操作，更换或修理齿轮，排除电气故障
轴承发热	1. 给矿量多或不足；油质不合格，弄污； 2. 轴承安装不正或落杂物； 3. 油路不通，润滑油环不工作	停止给矿，查明原因，更换污油，清洗轴承，检查润滑油环
球磨机振动	1. 齿轮啮合不好，或磨损过甚； 2. 地脚螺丝或轴承丝松动； 3. 大齿轮联结螺丝或对开螺丝松动； 4. 传动轴承磨损过甚	调整齿间隙，拧紧松动螺丝，修整或更换轴瓦
突然发生强烈振动和撞击声	1. 齿轮啮合间隙混入铁杂质； 2. 小齿轮轴串动； 3. 齿轮打坏； 4. 轴承或固定在基础上的螺丝松动	消除杂物，拧紧螺丝，修整或更换轴瓦
端盖与筒体联结处、衬板螺钉处漏矿浆	1. 联结螺丝松动，定位销子过松； 2. 衬板螺丝松动，密封垫圈磨损，螺栓打断	拧紧或更换螺丝，拧紧定位销子，加密封垫圈

球磨矿机易损零件的平均寿命和最低储备量见表 4-2-4。

表 4-2-4 球磨机备品备件的最低储备量

零件名称	材 料	寿命/月	每台机器最少备用量/套
筒体衬板	锰钢/铬钼钢	6~8	1
端盖衬板	锰钢/铬钼钢	8~10	1
轴颈衬板	锰钢/铬钼钢	12~18	1
格子板衬板	锰钢/铬钼钢	6~18	1
给矿器勺体	碳钢或白口铁	8	1
给矿器体壳	碳钢或白口铁	24	1
滚动轴承	轴承合金	60	1
衬板螺钉	碳 钢	6~8	0.5

球磨机故障备件的储备量见表 4-2-5。

表 4-2-5　球磨机故障备件的储备量

零件名称	材　料	寿命/月	每台机器最少备用量/套（件）
主轴承轴瓦	巴氏合金或铜瓦	120	1
小齿轮	合　金	48 ~ 60	1
大齿轮	合　金	48 ~ 60	1

4.3　磨矿介质

磨矿机中的磨矿是靠磨矿机内所装的磨矿介质完成的。磨矿是个动力学过程，磨矿介质是破碎力的实施体，靠磨矿介质打击及研磨矿石或矿粒。磨矿也是能量转变过程，它将磨矿机筒体传给的机械能变为介质的位能及动能，当介质下落时，又将介质机械能传给矿块，成为矿石的变形能及破裂能，最后形成矿粒的新生表面能，破碎损失能则损失于周围的介质空间。在此过程中，磨矿介质起了能量的媒介体作用。

4.3.1　钢球

球形磨矿介质应用最广泛，原因是：①球形介质有良好的转动性能，各个方向均能转动，泻落运动及抛落运动均可适用；②尺寸可大可小，适应于不同破碎力的需要；③粗磨（磨矿产品最大粒度 3.3 ~ 0.15mm）、中磨（磨矿产品最大粒度 0.074mm）、细磨（磨矿产品最大粒度 0.038mm 或更细）均适用。球形介质从 1893 年起就进入工业应用。

钢球的规格以直径表示，如 ϕ100mm、ϕ80mm 等。介质的加工方法则有锻压、铸造等。

尺寸是球形介质的极重要参数，它决定着磨矿机内打击次数的多少及研磨面积的大小，也即决定着磨矿作用的强弱；它还决定着磨矿产品的粒度组成，也还影响着球耗及电耗的高低。作为选矿前的磨矿，应以解离矿物为主要目的，并保证产品粒度较均匀，故球形介质尺寸计算受到业内的高度重视。欧美各国广泛使用的是包括多个影响因素的经验公式，最典型的是如下两个：

（1）阿里斯·查尔默斯公司公式：

$$D_b = 25.4\left(\frac{F}{k_m}\right)^{1/2}\left(\frac{S_S W_i}{C_S\sqrt{D}}\right)^{1/3} \tag{4-3-1}$$

（2）诺克斯洛德公司公式：

$$D_b = 25.4\sqrt{\frac{FW_i}{C_S k_m}\sqrt{\frac{S_S}{\sqrt{D}}}} \tag{4-3-2}$$

式中　D_b——所需钢球尺寸，mm；

F——给矿粒度（以 80% 通过方筛孔的孔宽表示），μm；

k_m——经验修正系数，对湿式溢流型球磨机 $k_m = 350$；对湿式格子型球磨机 $k_m = 330$；对干式格子型球磨机 $k_m = 335$；

S_S——矿石密度，t/m^3；

W_i——待磨矿石功指数，kW·h/t；

D——磨矿机内径，ft；

C_S——磨矿机转速率，%。

上述两个计算公式的计算结果误差偏大或偏小，只在一定粒度范围较适用。段希祥教授经过研究和实践推导出的球径半理论公式：

$$D_b = K_c \frac{0.5224}{\psi^2 - \psi^6} \sqrt[3]{\frac{\sigma_{压}}{10\rho_e D_0}} d_f \tag{4-3-3}$$

式中 D_b——特定磨矿条件下给矿粒度 d_f 所需的精确球径，cm；

K_c——综合经验修正系数，按表4-3-1中选取；

ψ——磨矿机转速率，%；

$\sigma_{压}$——岩矿单轴抗压强度，kg/cm^2；

d_f——磨矿机给矿95%过筛粒度，cm；

ρ_e——钢球在矿浆中的有效密度，t/m^3：

$$\rho_e = \rho - \rho_n, \quad \rho_n = \frac{\rho_t}{R_d + \rho_t(1 - R_d)} \tag{4-3-4}$$

ρ——钢材密度，$\rho = 7.8t/m^3$；

ρ_n——矿浆密度，t/m^3；

ρ_t——矿石密度，t/m^3；

R_d——磨矿机内磨矿浓度，%；

D_0——磨矿机内钢球"中间缩聚层"直径，$D_0 = 2R_0$。

$$R_0 = \sqrt{\frac{R_1^2 + R_2^2}{2}} = \sqrt{\frac{R_1^2 + (kR_1)^2}{2}} \tag{4-3-5}$$

式中，$k = \frac{R_2}{R_1}$ 与转速率 ψ 及装球率 φ 有关，可直接由表4-3-2求取。

表4-3-1 综合经验修正系数 K_c

粒度 d_f/mm	50	40	30	25	20	15	12	10
K_c	0.57	0.66	0.78	0.81	0.91	1.00	1.12	1.19
粒度 d_f/mm	5	3	2	1.2	1.0	0.6	0.3	0.15
K_c	1.41	1.82	2.25	3.18	3.44	4.02	5.46	8.00

表4-3-2 各种装球率 φ 及转速率 ψ 时参数 k 值

φ/% \ ψ/%	65	70	75	80	85	90	95	100
30	0.527	0.635	0.700	0.746	0.777	0.802	0.819	0.831
35	—	0.511	0.618	0.683	0.726	0.759	0.781	0.797
40	—	0.237	0.508	0.606	0.669	0.711	0.740	0.760
45	—	—	0.288	0.506	0.600	0.656	0.694	0.721
50	—	—	—	0.332	0.508	0.502	0.644	0.676

球形介质的材质可以是钢材、铸铁、合金材料。球形介质的密度则与材质有关，常见的球磨介质的密度见表4-3-3。

表4-3-3 常见的球形介质的密度

材 质	密度/$t \cdot m^{-3}$	堆密度/$t \cdot m^{-3}$
锻 钢	7.8	4.85
铸 钢	7.5	4.65
铸 铁	7.1	4.4
稀土中锰球墨铸铁	7.0	4.35
铬钼合金钢	7.5	4.65

球磨机的球荷通常占整个容积的30%～50%，细磨时则可能低至30%以下。

4.3.2 钢棒

钢棒是应用最早的磨矿介质，大约1870年就进入工业应用。

棒的规格以棒的直径表示，如ϕ100mm、ϕ75mm等。钢棒的直径为100～50mm，大于100mm没有必要，小于40mm也没必要，因为报废的旧棒直径也为40mm左右。棒的长度通常比筒体的内部长度短50mm左右。棒荷之间孔隙较小，棒与棒之间的间隙为16.5%，棒荷占整个棒荷容积的83.5%。因此，棒的堆密度大，为6.5t/m^3。棒荷占磨矿机容积的35%～45%。

钢棒一般选用耐磨性好而韧性不高的高碳钢制造，韧性好的钢棒磨到一定直径后就会卷曲起来，使磨矿机的棒荷混乱。但韧性差的钢棒又容易断棒，韧性应能保证棒磨至40mm以下开始断棒。

棒泻落或滑落的介质动力学尚不清楚，不可能由介质运动推出半理论棒径公式，棒径计算只有经验公式，最高到半经验公式，通常只有两个：

奥列夫斯基公式：
$$d_B = (15 \sim 20) d_{80}^{0.5} \tag{4-3-6}$$

邦德公式：
$$d_B = 2.08 \left(\frac{\delta W}{\psi \sqrt{D}} \right) d_{80}^{3/4} \tag{4-3-7}$$

式中 d_B——棒径，mm；

δ——矿石密度，t/m^3；

W——棒磨功指数，kW·h/st；

ψ——磨矿机转速率，%；

D——磨矿机内径，m；

d_{80}——给矿粒度（以80%通过方筛孔的孔宽表示），μm。

应该指出，世界各地对粒度的表示方法不同，选矿界常见如下几种表示方法：

（1）前苏联、中国等国家通常以95%的物料过筛的筛孔尺寸代表此批物料的最大粒度（以d_{max}或d_{95}表示）。

（2）欧美等国家及地区常用80%物料过筛的筛孔尺寸表示此批物料的粒度（以d_{80}表示，对给料和产品粒度，则分别以F_{80}和P_{80}表示）。

(3) 段希祥教授将球径半理论公式转换为棒径半经验公式：

$$D_B = (0.48 \sim 0.5) K_c \cdot \frac{0.5224}{\psi^2 - \psi^6} \sqrt[3]{\frac{\sigma_{压}}{10\rho_e D}} \cdot d_f \tag{4-3-8}$$

给矿粒度大于20mm的系数取0.5，小于20mm取0.48，其他参数同式（4-3-3）。经多个实例计算验证，式（4-3-8）较为接近实际。

4.3.3 短柱形介质

钢棒用于粗磨，钢球则可用于粗、中、细磨，但钢球用于细磨则有众多不合理的地方，故在中细磨中推出短柱形介质，它具有研磨面积大、细磨能力强的优势，而且短线接触又具有产品较均匀及过磨轻的优势，此外，采用成本低的铸造方法可以降低介质生产成本。目前，全国有上百个选矿厂细磨中采用短柱形介质取代传统钢球。如果此类介质在质量和成本上加以改进，在中、细磨中短柱形介质会具有比钢球更大的应用空间。

由于短柱形介质采用铸造，为脱模方便，短柱的一头大，一头小，故短柱形介质的规格以大头直径 D(mm) × 长度 L(mm) 表示。对此短柱形介质，有不同的称呼，有叫“铸段”的，有叫“磨段”的，还有叫“钢段”或“铁段”的。还有两头做成球面的，称为“胶囊球”的，都属于短柱形介质。

短柱形介质的尺寸可以采用等质量换算法确定，先确定所需的球径，再按与球质量相等的原则换算出所需的短柱形介质规格。

短柱形介质可以用铸铁，也可以用低铬合金。在细磨中采用普通铸铁作介质材质，可以弃其性脆易碎的缺点，而扬其耐磨及成本低的优点。

4.3.4 砾石及矿石介质

无论是用钢球或钢棒作磨矿介质，它们均要和坚硬的矿石直接接触，要消耗较多的钢材，使磨矿成本升高。早在20世纪30年代，人们到河滩上捡来卵石当磨矿介质，虽然也能起磨矿作用，但河滩上的卵石有限，满足不了工业生产的需要。后来人们干脆以一定块度的矿块作磨矿介质进行磨矿，同样能取代钢介质。第二次世界大战中钢材价格猛涨也曾刺激了矿石介质应用的发展，到50年代矿石自磨正式进入工业生产，砾磨也仍然保持应用。

矿石自磨及砾磨虽然均以矿物材料作磨矿介质，但二者仍是有区别的。矿石自磨是以原矿粗碎后的矿石，块度为350～0mm或250～0mm的矿石作为原料给入自磨机，矿石既是磨矿原料也是磨矿介质，在自磨机中进行自磨矿。它要求矿石有足够强度，不致进入自磨机后粗块很快消失，失去磨矿介质。但矿石也不能太硬，否则自磨生产率太低或自磨过程难以正常进行。当粗碎的自然产品块粉比例严重不合理时应作适当配矿。当自磨机中出现顽石积累影响自磨生产时，需要采取消除顽石的措施。自磨过程中的顽石积累是指粒度30～80mm的矿块，在自磨中它们的生成速度大于消失速度，从而出现累积，严重降低自磨生产率，在此情况下，需往自磨机中加入一定量 ϕ100～150mm 的大钢球构成了“半自磨”，或在磨矿机格子板上开砾石窗，引出部分顽石，并经破碎后返回自磨机等措施，解决顽石积累问题。砾磨则是必须专门制备砾磨介质，在80～30mm，分为数个级别分别装仓，按一定比例及砾石消耗定额不断补入砾磨机，用于磨碎矿石。砾石介质也在砾磨中磨碎消失。

4.4 磨矿机结构

4.4.1 筒体的支撑

4.4.1.1 耳轴式支撑

耳轴式支撑是目前普遍采用的支撑形式，即进出料端的中空轴支撑在轴承座上，无论是球磨机、棒磨机、自磨机，还是半自磨机，其轴承有滚动和滑动两类。轴承的润滑有动静压和全静压之分。轴瓦的材质：巴氏合金（铅锑合金、锡锑合金）适用于中小型磨机，铅铜锌合金和锌合金适用于大中型磨矿机和单片瓦上。

4.4.1.2 托辊式支撑

托辊式支撑是磨矿机筒体支撑在几组托辊上。常见于长筒形的多室的管磨机上，通常磨矿机的直径不大。

4.4.1.3 滑履式轴承支撑

滑履式轴承支撑与托辊支撑不同的是筒体支撑在2组或4组滑履轴承上。轴承本身具有调节功能，以防摆动和偏心。这样，可以不需要铸造精密且笨重的进出料端盖。这种支撑方式已用于大型水泥球磨机和半自磨机上。

4.4.1.4 悬臂式支撑

悬臂式支撑是筒体支撑在单个滚动轴承上，齿轮减速箱在同一支撑结构上，筒体上没有齿轮圈和传动齿轮。安装维修简便，能耗低，已在南非金矿和铂矿完成工业试验，并取得专利。

4.4.2 给、排料装置

4.4.2.1 给料装置

给料装置主要有以下几种：

（1）鼓形给料器，适用于小型球磨机和棒磨机。

（2）联合给料器，即鼓形给料器与蜗形给料器的组合，使用于与螺旋分级机闭路的中小型格子型球磨机。

（3）管式给料器，适用于各种规格的球磨机和棒磨机，对大型磨矿机还需配置移动的小车。

（4）溜槽给料器，适用于自磨/半自磨机，通常都配置可移动的小车。

4.4.2.2 排料装置

通常在磨矿机排料端设置可更换的圆筒筛，可将矿渣和废钢球与矿浆分离。对格子型球磨机和自磨/半自磨机，有时在圆筒筛内设自返装置，将未磨碎的粗粒矿石返回磨矿机。

4.4.3 磨矿机的传动装置

（1）单电动机的齿轮传动，传递功率可高达8500kW甚至10000kW。

1）同步电动机—空气离合器—小齿轮直联磨矿机大齿轮。

2）异步电动机—减速机—小齿轮直联磨矿机大齿轮。

（2）双电动机、双（多）齿轮传动，传递功率可高达 17000kW 甚至 20000kW 以上。

1）双同步电动机—空气离合器—双小齿轮直联磨矿机大齿轮。

2）双异步电动机—组合型减速机—双小齿轮直联磨矿机大齿轮。

若每个减速机有两个小齿轮与磨矿机大齿轮啮合，可减小大齿轮宽度，具有自调整功能，传动效率高。称谓组合柔性传动系统。已在一些半自磨机上应用。

（3）无齿轮传动。

1）环形电动机传动，磨矿机筒体作为电动机的转子的一部分，同步电动机的定子线圈环绕在磨矿机筒体外的环形壳体内。传递功率可高达 20000kW 以上。

2）中心传动，异步电动机—行星齿轮减速机—在磨矿机中轴线上直联磨矿机。传动功率取决于行星齿轮减速机的能力。多用于环境非常恶劣的厂房，要将磨矿机与传动装置隔开配置。

4.5 磨矿领域的新发展

4.5.1 磨矿设备大型化

从 20 世纪 80 年代后，磨矿设备克服了机械制造和电动机制造上的困难，逐渐大型化，球磨机的直径达 5m 以上，自磨/半自磨机的直径已突破 9m，达到 10m 以上。

据 1999 年至 2011 年间不完全统计，全世界生产的 ϕ11.6m（38ft）以上的大型自磨/半自磨机已达 35 台以上。1999 年 F. L. 史密斯（F. L. Smith）公司与美卓公司分别为澳大利亚卡迪亚铜金矿和智利的古纳西卡（Lagnna Seca）铜矿生产了 ϕ12.2m（40ft）半自磨机，安装了 20000kW 的环形电动机。

2009 年，我国中信泰富西澳大利亚的 SINO 铁矿生产了 6 台 ϕ12.2m × 11m（40ft × 36ft）的自磨机，安装了 28000kW 的环形电动机。2010 年美卓纽曼特（Newmant）公司为秘鲁的 Cangas 金铜矿生产了 1 台 ϕ12.8m × 7.62m（42ft × 25ft）的半自磨机，安装了 28000kW 环形电动机，配置了高频率变速装置，额定转速 8.86r/min（即 74% 临界转速率），最大转速 10r/min，是目前世界上最大的半自磨机。目前，国内已安装了 7 台 ϕ10.4m（34ft）半自磨机，2 台 ϕ10.97m（36ft）的半自磨机。

2003 年美卓公司生产了 2 台 ϕ7.92m × 11.58m（26ft × 38ft）球磨机，功率 14300kW，用于智利的古纳西卡铜矿，2007 年又生产了 2 台 ϕ7.92m × 12.2m（26ft × 40ft）用于南非的铂矿。2010 年 F. L. Smith 公司生产了 1 台 ϕ8.12m（28ft）球磨机，装配功率为 20000kW 的环形电动机，用于秘鲁一座铜矿。

2009 年中信重工生产了 6 台 ϕ7.92m × 13.6m（26ft × 45ft）球磨机，传动功率为 2 × 7800kW 双同步电动机，2010 年又为乌奴克吐山铜钼矿Ⅱ期生产了 1 台 ϕ7.92m × 13.6m（26ft × 45ft）球磨机，安装了功率为 2 × 8500kW 双同步电动机。

世界最大的干式双筒球磨机系克虏伯-波利休斯（Krupp polysius）生产的 ϕ6.2m × 25.5m（20ft × 84ft）功率为 11200kW 环形电动机，用于美国难处理的卡林型金矿。

据报道，ϕ13.4m（44ft）的半自磨机，配 32000kW 环形电动机，ϕ9.1m（30ft）球磨机，配 28000kW 环形电动机，已在设计中。

4.5.2 磨矿流程的多样化

磨矿流程的多样化包括：

（1）在磨矿回路中增加了破碎作业，出现了 ABC、SABC、APC 的磨矿流程。在自磨-球磨（AB）、半自磨-球磨（SAB）和自磨-砾磨（AP）流程中，由于在自磨/半自磨机中产生了“顽石”就需加大格子板的开孔或加开排出“顽石”的“砾石窗”，将其破碎后，再返回自磨/半自磨机中，否则，将严重影响其正常生产，使磨矿回路的能力和效率下降。

（2）高压辊磨（HPGR）进入半自磨—球磨—破碎（SABC）流程中。由于 SABC 流程中，破碎机处于开路作业，破碎产品通常在 12.5mm 左右甚至更大，返回半自磨机中，不能有效地降低半自磨机的给矿粒度，使半自磨机能力下降。在破碎作业中，使用高压辊磨机，使其排矿粒度达 6mm 以下，不再返回半自磨机中，而是给至球磨机或球磨排矿的泵池中，使其进入球磨的磨矿回路中。这样，半自磨机处于开路作业，整个流程的生产比较平稳，达到甚至超过了设计生产能力，且单位功耗也下降了。在墨西哥的一个低品位多金属矿，规模 13 万吨/天，已有生产实践。

（3）自磨-立式磨-破碎构成两段 AVC 流程。自磨机和圆锥破碎机与水力旋流器构成第一段闭路，立式磨矿机与第二段水力旋流器闭路的两段 AVC 流程。处理铅、锌、银矿的康明顿（Canmington）矿，就是采用上述流程。

（4）单段自磨/半自磨流程得到合理应用。许多磨矿专家认为，在一个作业里要将粗碎排矿粒度，磨碎到适合选冶的产品粒度是难以想象的。然而，生产实践突破了这种见解。经比较，当矿石适合一段磨矿（磨矿粒度较粗）时，无论在投资、经营和生产管理等方面，一段自磨/半自磨流程优于任何两段磨矿流程。分级设备，对中等规模选矿厂，可以用高频细筛，对大型选矿厂，可用细筛 + 旋流器或单独的旋流器。

4.5.3 传动系统的变化

4.5.3.1 变速传动

为适应矿石性质的变化，保持稳定的生产状态，磨矿机可采取变速传动。即在临界转速率 55% 到 85% 之间调整磨矿机的转速，特别是对大型自磨机/半自磨机甚至砾磨机，无论是采用单机或双机的齿轮传动，还是无齿轮的环形电动机，均可采用高压变频，实现变速传动。

4.5.3.2 转子驱动器—多齿轮的柔性传动

转子驱动器—多齿轮的柔性传动是由一个绕线转子的滑环电动机和一个可再生的 PWM 晶体管逆变器（LCI）构成一种新型的转子驱动器。由于其结构简单和经济上的优势，在未来的大型磨矿机上将越来越常见。

4.6 分级原理及分级过程

4.6.1 分级原理及分级在磨矿循环中的作用

4.6.1.1 分级原理

分级是将粒度范围宽广的矿粒群分为粒度范围窄的数个级别的过程。按矿粒几何尺寸进行的分级通常是借助单层或多层筛子分成若干个不同粒度级别的过程，称为筛分。按矿粒在介质（水或空气）中沉降速度的不同，把物料分离成两个或两个以上粒度级别的过程称为分级过程。通常，筛分是用于较粗粒级的分级，分级是用于较细粒级的分级。筛分常用于破碎作业中的物料分级或磨矿较粗物料分级，分级常用于磨矿或选别前的物料分级。

分级是磨矿循环中的重要辅助作业，与湿式磨矿配套的是水力分级，与干式磨矿配套的是风力分级。选矿厂中应用最广的是水力分级。

颗粒在流体介质中运动时会受到阻力，阻力随颗粒运动速度增大而增加。当重力和流体阻力之间达到平衡时，颗粒体达到沉降末速，此后，颗粒匀速下降。当颗粒的沉降末速小于上升水流速度，形成溢流产品；当颗粒的沉降末速大于上升水流速度，形成沉砂或底流产品。

流体阻力有黏性阻力和绕流阻力，影响颗粒的临界沉降末速大小。在分散良好的矿浆中，当固体的质量百分数（也称重量浓度）约小于15%时，颗粒进行自由沉降运动（Taggart，1945）。黏性阻力可由斯托克斯（Stokes，1891）定律求出，其沉降末速为：

$$v = \frac{gd^2(D_s - D_f)}{18\eta} \tag{4-6-1}$$

绕流阻力可由牛顿定律求出，其沉降末速为：

$$v = \left[\frac{3gd(D_s - D_f)}{D_f}\right]^{1/2} \tag{4-6-2}$$

式中 v——沉降末速，m/s；

η——流体黏度，Pa·s；

D_s——颗粒密度，t/m^3；

D_f——流体密度，t/m^3。

斯托克斯定律适用于粒径小于50μm左右的颗粒。粒度上限可由无量纲雷诺数求出。牛顿定律适用于粒径大于0.5mm的颗粒。因此，存在一个中间粒度分布，此粒度分布恰是大多数湿式分级物料的粒度范围。

随着矿浆中固体颗粒比例的增大，颗粒的群集效应更加明显，颗粒的沉降速度开始下降。矿浆体系开始变得如重液一样，其密度是矿浆的密度而不是荷载液体的密度；此时，干涉沉降占主导优势。由于矿浆的密度和黏度较高，颗粒通过矿浆进行干涉沉降分离，沉降阻力主要是由紊流引起的。颗粒的近似沉降速度由修正的牛顿定律求出：

$$v = k[d(D_s - D_p)]^{1/2} \tag{4-6-3}$$

式中 D_p——矿浆密度，t/m^3。

颗粒的密度越小，有效密度 $D_s - D_p$ 减少的效应越显著，沉降速度下降得越大。同理，颗粒越大，沉降速度随矿浆密度的增大而下降得越显著。这在分级机的设计中是至关重要的。实际上，干涉沉降使粒度对分级的影响越小，进而强化了密度对分级的影响。

4.6.1.2 分级效率

理论上说，分级是把小于某一粒度的细颗粒分离到溢流中去，而把大于该粒度的粗粒物料分到沉砂中去。但实际分级时，溢流和沉砂中都有粗粒及细粒的相互混杂。为了评价分级过程进行的完全程度，引入分级效率 E 来评价分级过程的好坏。但从不同的角度来评价就有不同的评价指标。

分级效率是指合格粒级在溢流中的回收率，这个效率称为量分级效率 $E_{量}$：

$$E_{量} = \frac{\beta(\alpha - \theta)}{\alpha(\beta - \theta)} \times 100\% \tag{4-6-4}$$

式中 α——给矿中小于某一指定粒度的级别含量，%；

β——溢流中小于某一指定粒度的级别含量，%；

θ——沉砂中小于某一指定粒度的级别含量，%。

量分级效率只考虑了合格粒级进入溢流的回收率，没有考虑不合格粒级的混入率，即使是所有物料都进入溢流，没有分级作用，此时量分级效率仍为 100%，显然不科学。为了准确评价分级过程，引入分级质效率的概念，即溢流中合格粒级的回收率减去不合格粒级的混入率，用 $E_{质}$ 表示：

$$E_{质} = \frac{(\alpha - \theta)(\beta - \alpha)}{\alpha(\beta - \theta)(1 - \alpha)} \times 100\% \tag{4-6-5}$$

根据分级效率的高低就可以评价分级过程进行的好坏，进一步寻找分级效率低的原因，然后调整分级设备参数，提高分级效率。

4.6.1.3 分级在磨矿循环中的作用

在闭路磨矿循环作业中，分级作业起着控制磨矿产品粒度、提高磨矿效率、优化磨矿产品粒度组成、更合理利用磨矿能量四个重要作用。

（1）控制磨矿产品粒度。一般说来，磨矿机控制粒度的能力都差。棒磨机的情况好一些，棒条之间的孔隙像无数的棒条筛，故棒磨机排出的产品粒度粗而均匀，因此棒磨机在有些情况下可以开路磨矿。球磨机和自磨机/半自磨机较差，开路磨矿时，给矿多时排矿粗，给矿少时排矿细，粒级范围宽，产品粒度极不均匀。由于磨矿机本身控制粒度的能力差，只有在磨矿机以外另设置分级设备，用分级设备辅助磨矿机控制粒度，合格的粒级排出磨矿循环，不合格的粗粒级返回磨矿机再磨。

（2）提高磨矿效率。分级能提高磨矿效率是通过分级返砂实现的。分析磨矿机中的磨矿情况，不同长度下的磨矿效率是不相同的。给矿端物料粒度粗，钢球磨矿的效率高，因为钢球落下打着的几乎均是不合格粗粒。随着物料向磨矿机排矿端流动，磨矿机内的物料粒度逐渐变细，磨矿效率逐渐下降。到排矿端时，粗粒含量较低，磨矿的效率也较低。而分级中形成的返砂几乎是不合格的粗粒，故返砂返回磨矿机后改变了磨矿机给矿的粒度组成，同时，返砂加入磨矿机后增大了给矿量，也增大了物料在磨矿机中的流动速度，也就改变了磨矿机长度内各级别的分布差异，进而使整个磨矿机长度范围内能高效率工作。随着返砂量的增大磨矿效率会提高。但是，过大的返砂量可能导致磨矿机的堵塞。因此，适当增大分级返砂是有好处的，但返砂过大反而有害。

（3）优化磨矿产品粒度组成。分级设备与磨矿机组成闭路，不仅控制了磨矿产品的粒度，不合格的粒级继续返回磨矿机再磨，合格的粒级及时排出磨矿循环，也就优化了磨矿产品的粒度组成。合格的粒级及时排出磨矿循环，避免返回磨矿机过磨，这就减少了过磨及过粉碎。磨不细的粗粒级返回磨矿机，过细的粒级减少了，这必然使磨矿产品粒度更均匀，优化了磨矿产品粒度组成。

（4）更合理地利用磨矿能量。磨矿时磨矿机消耗的能量与磨矿机内钢球的装载量有关，与矿料在磨矿机内的充填水平有关。闭路磨矿并未改变磨矿机内的钢球装载量及矿浆水平，因此，闭路磨矿并未增加磨矿机的功率，但磨矿机生产率增加了，即磨矿的能量得到合理的利用。闭路磨矿下产品粒度均匀，比表面积减小，能量用于形成有用的表面积，而过磨及过粉碎粒级的表面积则是无用的表面积。也就是说，磨矿的能耗虽未增加，但减少了无用的表面积而增加有用的表面积，这与传统的面积学说是一致的。

4.6.2　分级过程对磨矿循环的影响与调节

分级是磨矿循环中的辅助作业，分级过程进行的好坏直接影响着磨矿过程，这些影响主要包括如下几个方面：

（1）提高分级效率，就是将合格的粒级尽可能多地排出磨矿分级循环，使混入返砂的合格粒级尽量减少，尽可能使返砂为不合格的粗粒，有利于提高磨矿机生产率及合理利用磨矿能量。分级效率低时，磨矿机生产率的下降幅度，比分级效率高时的下降幅度大。在同一循环负荷（俗称返砂比）下，分级效率 E 愈高，磨矿机生产率也愈高（见图 4-6-1）。

（2）高循环负荷下有较高的磨矿机生产率（见图 4-6-1），而且在高的循环负荷上分级效率的波动对生产率的影响较小；在低的循环负荷（$C=200\%$ 以下），分级效率的波动对磨矿机生产率影响很大。在同一分级效率下，高循环负荷对应有高的生产率。

（3）循环负荷适当增大有好处，但存在一个极限值（见图 4-6-2）。理论上推导出，当循环负荷趋于无穷大时，相对生产率比值：

$$\frac{Q_2}{Q_1}=\frac{0.602}{0.4343}=1.386 \tag{4-6-6}$$

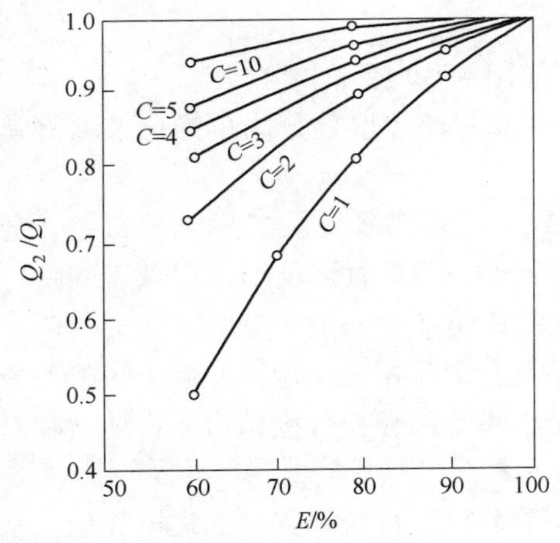

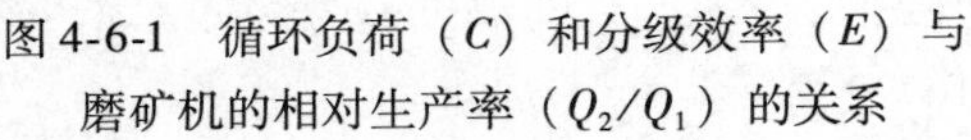
图 4-6-1　循环负荷（C）和分级效率（E）与磨矿机的相对生产率（Q_2/Q_1）的关系

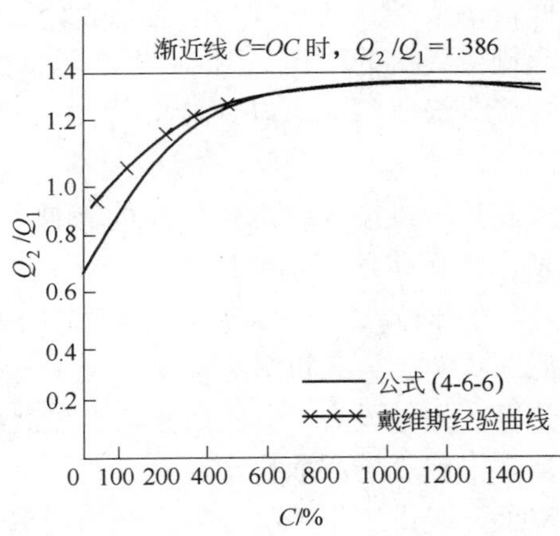

图 4-6-2　循环负荷（C）与相对生产率（Q_2/Q_1）的关系

图 4-6-2 说明最初磨矿机相对生产率随循环负荷增加而迅速增加，到一定范围，尽管循环负荷增加很多，磨矿机的相对生产率却增加甚微。因此，过高的循环负荷并无好处。

一般当循环负荷 $C>600\%$ 时，会超过磨矿机的通过能力，出现磨矿机阻塞。

因此，分级设备的调节主要围绕提高分级效率的目标进行，其次是循环负荷的调节。循环负荷太小，无异于开路磨矿，没有发挥闭路磨矿的优势，适当增大循环负荷有好处。

4.6.3 水力分级的弊病及克服的措施

水力分级是在水介质中进行的，分级是按颗粒在水中的沉降速度进行的。由于颗粒密度、形状对沉降有影响，必然出现分级粒度的不合理性，大密度的小颗粒与小密度的大颗粒必然处于同一水力粒度中，这是水力分级的弊病之一。

水力分级机如果与磨矿机闭路，则大密度的单体矿物粒子必然在沉砂中富集而返回磨矿机再磨，造成大密度矿物的过磨及过粉碎，对下一步的选冶作业十分不利，这是水力分级的又一弊病。在选择性磨矿现象显著的矿石磨矿分级循环中采用水力分级设备是不太适合的。

克服水力分级的上述两个弊病的有效措施，是采用严格按矿粒几何尺寸分级的筛子取代水力分级设备进行分级，在生产中可采用负倾角筛与磨矿机闭路磨矿，在细磨回路中可采用平面敲打细筛及高频振动细筛取代螺旋分级机或旋流器分级。

4.7 分级设备的种类、安装与维护

4.7.1 磨矿分级循环中常用的分级设备

在磨矿分级循环中常用的分级设备主要是机械分级机、水力旋流器及筛子等。

4.7.1.1 螺旋分级机

在机械分级机中，早些年出现及应用过的耙式分级机及浮槽分级机因结构不合理及性能差而被淘汰了，现在常用的是螺旋分级机。

螺旋分级机的结构如图4-7-1所示，工作原理如图4-7-2所示。

螺旋分级机的规格以螺旋叶片的直径表示，以螺旋轴的根数分为单螺旋及双螺旋分极机。

螺旋分级机按分级机矿浆面的高低分为低堰式、高堰式及沉没式螺旋分级机，如图4-7-2所示，矿浆面在轴承以下（$c—c$ 面）的为低堰式，矿浆面淹没轴承但低于螺旋叶片沿的（$b—b$ 面）为高堰式，矿浆淹没4～5圈螺旋叶片的（$a—a$ 面）为沉没式。

低堰式螺旋分级机只起洗矿时的搅拌作用，不起分级作用。高堰式螺旋分级机用于粗颗粒分级，如一段磨矿分级闭路。沉没式螺旋分级机用于细颗粒分级，由于占地面积过大逐步被水力旋流器所取代。

螺旋分级机工作平稳可靠，结构简单，并易与磨矿机呈自流配置，加之电耗低，从而得到广泛应用，特别是中小型选矿厂在一段磨矿中用得较多。它的缺点是分级效率低（最高也就达到60%左右），占地面积大，处理能力相对较小。

4.7.1.2 水力旋流器

水力旋流器是磨矿分级循环中常用的分级设备，特别细磨中用得最多，在大型选矿厂中粗磨也常取代螺旋分级机。

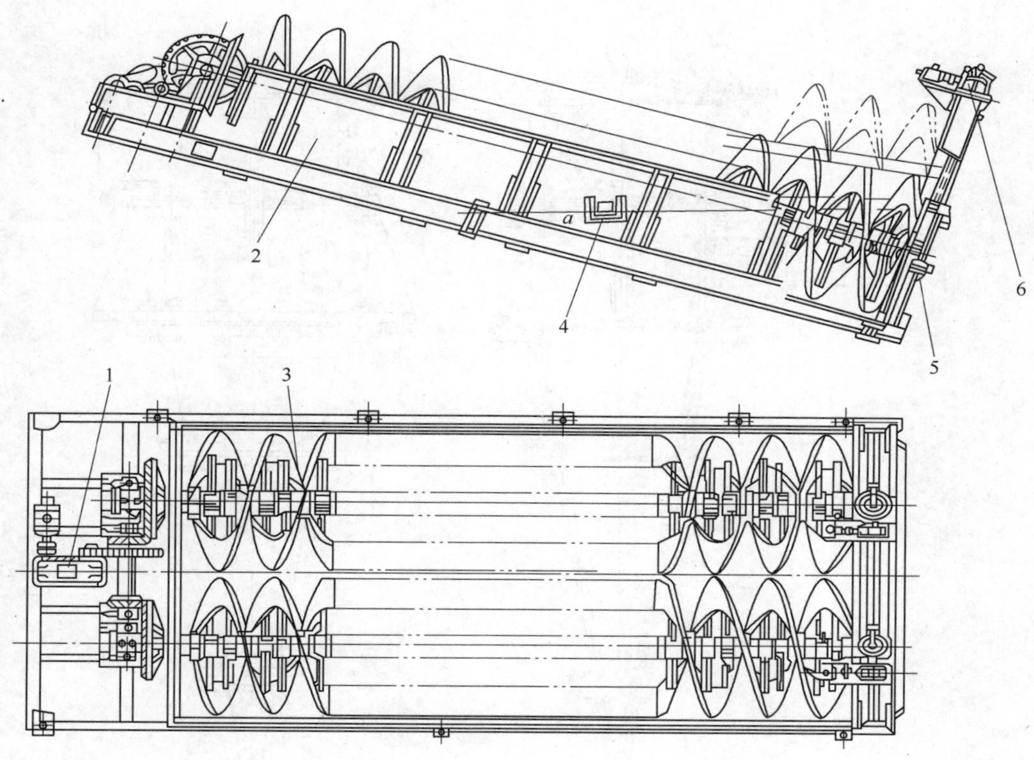

图 4-7-1　螺旋分级机的结构（高堰式双螺旋）
1—传动装置；2—水槽；3—左、右螺旋轴；4—进料口；5—放水阀；6—提升机构

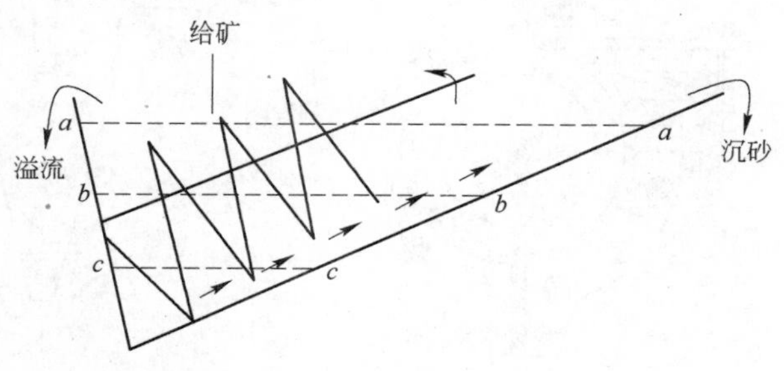

图 4-7-2　螺旋分级机的工作原理

旋流器的规格以圆柱筒直径表示，其构造及工作原理如图 4-7-3 所示。水力旋流器的工作原理：当矿浆用砂泵（或高差）以一定压力（一般是 0.05 ~ 0.25MPa）和流速（5 ~ 12m/s）经给矿管沿切线方向进入圆筒后，矿浆便以很快的速度沿筒壁旋转，而产生很大的离心力。在离心力和重力的作用下，较粗、较重的矿粒被抛向器壁，沿螺旋线的轨迹向下运动，并由圆锥体下部的排砂嘴排出，而较细的矿粒则在锥体中心和水形成内螺旋状的上升矿浆流，经溢流管排出。

水力旋流器构造简单，占地少，分级效率高，生产率大。其缺点是所需动力消耗大，给料口和沉砂嘴易磨损。

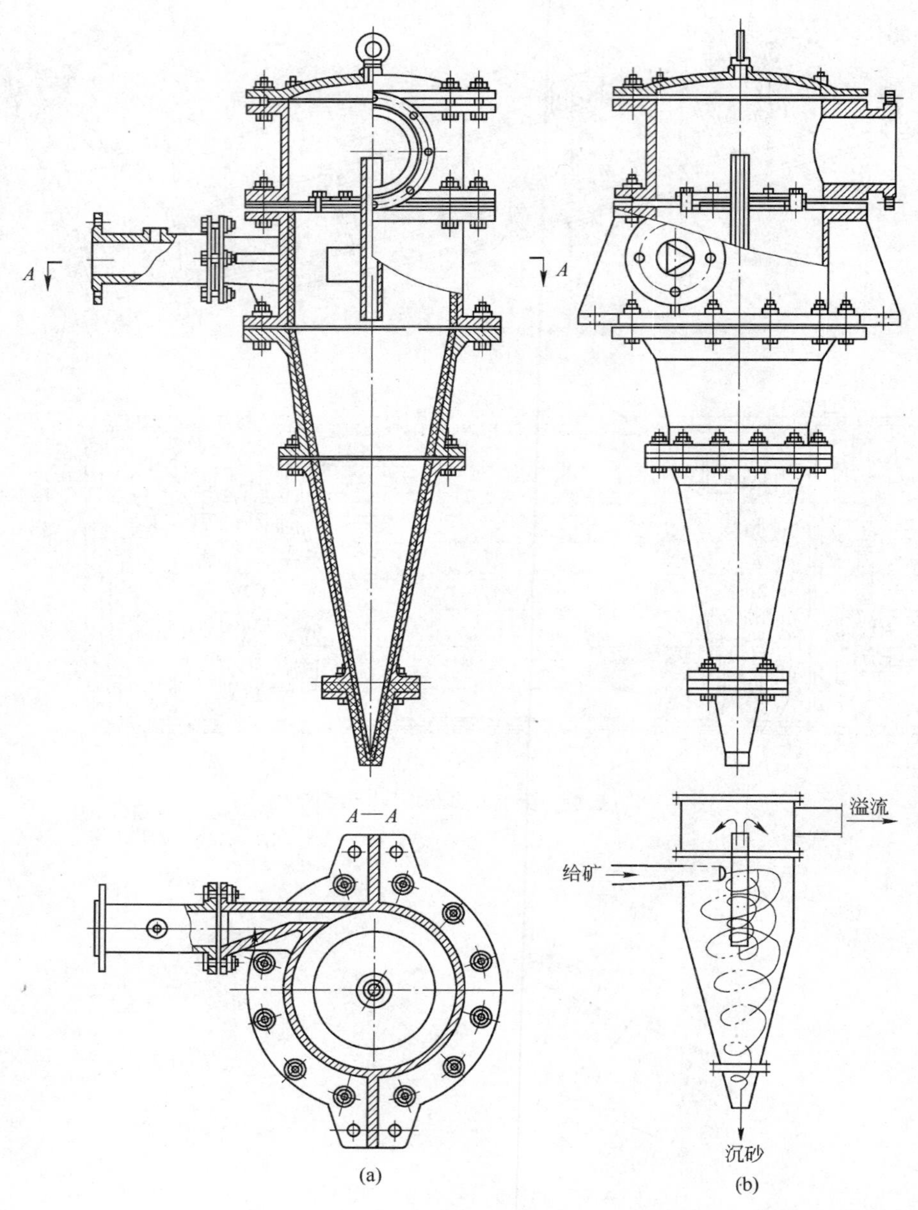

图 4-7-3　水力旋流器的构造（a）和工作原理（b）

4.7.1.3　筛子

为了克服水力分级设备产品粒度不均匀及大密度矿物粒子在沉砂中富集的弊病，生产实践中可以采用严格按几何尺寸分级的筛子来代替水力分级设备与磨矿机闭路，或者采用旋流器与筛子的联合分级流程。

用于磨矿循环中的细筛设备主要有德瑞克筛、陆凯筛和击振细筛（包括直线振动筛），由于配置了双强力激振器，使物料在筛面上产生直线和重力加速强力振动，且振幅大，增大了物料的透筛几率，使其筛分效率高，分离粒度可达 0.074mm，在国内许多选矿厂得到普遍应用。特别是近年来德瑞克筛和陆凯筛已生产出重叠筛箱的配置，结构简单、质量轻，且每层均独立给矿、矿浆能均匀分配到整个筛面上。筛上和筛下物料均可分别汇集一起排出，使磨矿循环的配置也更趋合理。有关这两种细筛在生产上的实例，可参见《中国黑色金属矿选矿实践》。有关细筛的内容可见本手册第3章。

直线振动筛在球磨循环中已很少采用，只在半自磨机排矿处当作分级设备，如金川公司、白银公司、祥光冶炼厂、贵溪冶炼厂的炉渣选矿的半自磨回路中。

4.7.2 分级设备的安装与维护

分级设备的安装详见《矿机械设备工程安装验收规范》(GB 50377—2006) 中的“7.2 螺旋分级机安装”、“7.3 水力旋流器安装”、“7.4 细筛安装”。

4.7.2.1 螺旋分级机的维护

(1) 各润滑点均以钠基润滑脂或钙基润滑脂润滑。

(2) 每班应查看减速机内部润滑油是否在油针刻线上，每6个月换一次油。

(3) 应经常检查下部支座或中间架轴瓦、轴承、密封圈是否磨损，以便及时更换。

(4) 轴承润滑必须每隔4h用手动干油泵向轴承内压注高压油，以保持轴承的密封性能。

4.7.2.2 螺旋分级机的故障解决办法

(1) 断轴：这通常是由返砂量忽大忽小，负荷不匀；轴材料加工质量差；安装不正或轴弯曲等因素造成，可以通过焊接或换轴来解决。

(2) 下降时提升齿轮空转：这是因为槽内沉砂太多，可以通过挖放沉砂来解决。

(3) 螺旋叶或辐条弯曲：这是由于返砂量过大而返砂槽堵塞或启动时，返砂过多；开车前螺旋提升不够造成，可以通过修正或更换螺旋叶片或辐条来解决。

(4) 法兰盘或填料塞得过松：垫子不严会使下轴头进砂，通过修理轴头来解决。

(5) 提升杆振动：这可能是由轴头弯曲、下轴头内进砂、轴头滚珠磨坏导致的，清洗更换就可以解决。

4.7.2.3 水力旋流器的配置形式

水力旋流器的配置形式通常分为：单台旋流器、旋流器组、母子旋流器。

根据分级粒度和处理能力的要求，可以选择不同规格的旋流器。分级粒度愈细，要求旋流器的直径愈小；旋流器的处理能力与直径相关，直径愈大处理能力愈大。为了解决分级粒度和处理能力的矛盾，在应用中，以分级粒度选择旋流器的规格，按处理能力确定旋流器的数量。这样就形成了一个作业可能是一个、两个或多个旋流器。

单台旋流器的处理能力有限，使用中还没有备用，仅在中小型选矿厂生产中应用。

两个或多个旋流器一起使用，称为旋流器组，是常见的使用形式。为了满足分级粒度的要求，旋流器的规格最小直径仅10mm，一组最多可以达到50个。为了满足处理量的需要，选矿厂旋流器最大直径达到了1500mm。

为了保证分级的溢流质量，将一段旋流器的分级溢流直接与二段旋流器的给料口对接，进行第二次分级。这种配置称为母子旋流器。由于它配置紧凑，环节少，在中小型选厂应用较多。

4.7.2.4 水力旋流器的维护

水力旋流器正常运行时，应时常检查给矿压力表的稳定性、溢流及沉砂流量大小、排料状态，并定时检测溢流、沉砂的浓度和粒度。

A 压力波动

给料压力应稳定在生产要求范围内，不得产生较大波动。给料压力发生波动，影响旋流器的设备性能及分级效果。波动通常是由泵池液位下降和空气曳引造成泵给料不足或泵内进入杂物堵塞造成的。运行长时间后压力下降是由泵磨损造成。

调整：若是泵池液位下降引起的压力波动可以通过增加液位或改变泵速来调整；若是由泵堵塞或磨损引起的压力波动，则需检修泵。

B 堵塞

检查所有运行中的旋流器溢流和沉砂排料是否通畅。如果旋流器溢流和沉砂的流量减少或沉砂断流，则表明旋流器发生堵塞。

调整：若是溢流、沉砂流量均减小，则可能是旋流器进料口堵塞，此时应关闭堵塞旋流器的进料阀门，将其拆下，清除堵塞物；若是沉砂流量减小或断流，则是沉砂口堵塞，此时可将法兰拆下，清除沉砂口中杂物。

C 沉砂参数分析

经常观察旋流器沉砂排料状态，并定期检测沉砂浓度和粒度。沉砂浓度波动或“沉砂夹细”均应及时调整。旋流器正常工作状态下，沉砂排料应呈“伞状”。如沉砂浓度过大则沉砂呈“柱状”或呈断续“块状”排出。

调整：沉砂浓度大可能是由给料浆液浓度大或沉砂口过小造成的。可以先在进料处补加适量的水，若沉砂浓度仍大，则需更换较大的沉砂口。若沉砂呈“伞状”排出，但沉砂浓度小于生产要求浓度，则可能是进料浓度低造成的，此时应提高进料浓度。“沉砂夹细”的原因可能是沉砂口径过大、溢流管直径过小、压力过高或过低。可以先调整好压力，再更换一个较小规格的沉砂口，逐步调试到正常生产状态。

D 溢流参数分析

定时检测溢流浓度及粒度。溢流浓度增大或“溢流跑粗”可能与给料浓度增大和沉砂口堵塞有关。

调整：发现“溢流跑粗”可以先检测沉砂口是否堵塞，再检测进料浓度，并根据具体情况调整。

4.7.2.5 直线振动细筛及其他细筛的安装与维护

直线振动细筛及其他细筛的安装和维护请参阅本手册第 3 章“破碎与筛分”。

4.8 磨矿分级流程

4.8.1 磨矿分级流程的选择及确定

在选矿厂中，分级作业和磨矿作业组成为一个磨矿回路，所有磨矿回路的总和构成磨矿分级流程，简称磨矿流程。其中，分级作业类型有预先分级、检查分级和控制分级。磨矿作业类型有棒磨、球磨、自磨/半自磨和砾磨。磨矿和分级的主要任务是使有用矿物达到理想的单体解离度，为后续选冶作业提供合适的入选粒度组成，并防止物料的过粉碎。

4.8.1.1 磨矿分级流程的选择

磨矿流程选择主要依据矿床地质特性、矿石特性（包括矿物嵌布粒度和嵌布特性）、后续作业的要求和技术经济的分析以及项目的特点等条件决定。

（1）矿山地质特性和矿床的赋存状态，氧化带或风化带的分布及深度，含泥、含水状况等。在自然界中，均质的矿床是极少见的，上、中、下部各矿体的碎磨特性也是不尽相同的，都会影响到磨矿流程的选择和确定。在一些看似干旱少雨的地区，地下水也不丰富，但岩层的渗透性良好，在矿体与围岩接触处有大量黏土存在，又有断层和裂隙，冬季积雪又厚，矿石遇水易泡软和结团。这样，采用传统的常规破碎和球磨工艺流程就难以正常生产，必须改用自磨/半自磨的工艺流程。

（2）矿石的特性，即矿石的碎磨特性参数。除物理机械参数，如密度（S.G）、无侧限抗压强度（UCS）外，需要通过实验手段获取，它们是邦德破碎功指数（W_C），邦德棒磨功指数（W_r），邦德球磨功指数（W_b），矿石的磨蚀指数（A_i），及 JK 落重试验参数（$A\times b$，t_a，DW_i 等），半自磨功指数（WAG/WSAG），矿石的可磨度或可磨度系数，所需的测试内容及有关情况见表 4-8-1。

表 4-8-1 矿石测试内容及有关情况

试验内容		磨矿机直径/m	粒度上限/mm	闭路筛孔/mm	所需矿样/kg	试验
棒磨功指数		0.305	12.7	1.18	15	闭路循环
球磨功指数		0.305	3.35	变化	10	闭路循环
自磨半自磨试验①	介质适应性	1.83	16.5	—	750	批次
	JK 落重试验	—	63	—	75	单颗粒
	SMC 试验	—	31.5	—	20	单颗粒
	半自磨功指数（SPI）	0.305	38.1	1.7	10	批次
	可磨度试验	0.305	2	变化	2	批次
	半工业试验	1.83	200	变化	>50000	连续

①自磨/半自磨试验表中列出多种方法，对特定工程可选择其中的 1~2 种方法。

（3）后续生产工艺对磨矿粒度的要求，这是由有用矿物的嵌布粒度和特性所决定。毕竟磨矿是后续选冶工艺的准备作业，必须满足后续的选矿（浮选、磁选、重选作业）和水冶（浸出作业）的粒度要求。例如，重选的上限粒度为 0.5~2mm，采用常规破碎 + 棒磨的流程。对粗、细不均匀嵌布的矿石，无论是铁矿和有色金属矿，都可采用阶段磨矿流程。对于细粒嵌布的铁矿石，可在粗磨抛尾后，对粗精矿采用细筛再磨流程。国内的南芬、程潮、弓长岭等铁选厂就用这样的流程。对低品位的有色金属矿，也大都可采用粗磨抛尾，粗精矿再磨的流程，如德兴铜矿的流程。利比里亚的邦格铁选厂处理粗粒嵌布的赤铁矿和细粒嵌布的磁铁矿，选用了粗碎后自磨 + 球磨的碎磨工艺流程。自磨与筛子闭路，-0.6mm 的筛下产品进入两段螺旋选矿机可得最终精矿，螺旋尾矿，经浓密后进磁选，获磁选精矿。刚果（金）希图鲁铜矿，处理风化严重、含泥含水的高品位氧化铜矿，后续生产工艺为搅拌浸出，浸出粒度要求 -0.5mm，采用单段半自磨 + 高频细筛闭路的磨矿流程，投产后，效果良好。

（4）技术经济的分析比较。在技术上可以通过各种实验手段或参照类似生产企业的实践，拟定出待处理矿石的磨矿流程。但在经济上，仍然要通过流程方案的分析和比较，选择一个更为经济合理的工艺流程，甚至应考虑环保和节能的因素，菲利普斯·道奇（Phelps Dolge）在秘鲁投资了色若·维尔迪（Cerro Verde）铜钼矿，日产量10.8万吨，矿石平均邦德功指数15.3kW·h/t，HPGR所需压力介于3.5～4MPa，磨矿产品粒度-125μm，拟定了SABC和HPGR+单段球磨流程，经分析比较，HPGR流程要比SABC流程投资多5300万美元。单位电耗，SABC流程为20.11kW·h/t，而HPGR为15.91kW·h/t。每吨矿石的生产费用，SABC流程要比HPGR流程多0.369美元，一年为1350万美元，最终选定了HPGR+单段球磨的工艺流程。太钢袁家村铁矿，年产量2200万吨，根据矿石碎磨特性参数和高压辊磨试验资料，拟定了半自磨-球磨、老三段-球磨和高压辊磨-球磨三个磨矿流程方案进行比较。从经济分析看，半自磨方案投资高于另两个方案，但经营费低于另两个方案。为此，选定了经济效益最好的半自磨+球磨的流程方案。

（5）项目的性质和工程特点。对于一些改、扩建的项目，由于受现场条件限制和不能影响现有生产的约束，难以像新建项目一样，进行多种流程方案的比较，只能根据现场条件确定。马鞍山的凹山选矿厂是40多年的老厂，由于原矿品位下降，不能达到原有的精矿生产量，经试验，确定选用高压辊磨机作为第四段破碎，达到-3mm，然后磁选抛尾，使进入球磨机的粒度减小和磨矿量减少，使原矿处理量从500万吨/年增至700万吨/年，精矿生产量超过了原有的产量。金堆城钼矿要扩大产能，将原三段闭路破碎，改为开路，增设高压辊压作第四段开路破碎，使破碎产品粒度下降至 $P_{80}=8$mm，提高了球磨机的生产能力，达到降本增效的目的。澳大利亚的勒佛罗伊（Lefrrog）金矿，年产量由310万吨扩至480万吨，由原有生产的SABC流程，经五个改造方案的财务净现值和内部收益率，技术风险分析，建设进度、操作和维修及进一步扩建的潜力的比较和评估，最终选定用新建大型单段半自磨+破碎（SAC）的流程。

4.8.1.2　磨矿分级流程中磨矿段数的选择原则

在磨矿分级流程中，磨矿段数的选择主要取决于由矿石嵌布粒度特性所决定的磨矿产品粒度。

（1）磨矿产品粒度 $P_{80}>106\mu m$（相当于-200目小于65%）一般应选用单段磨矿回路。对于常规三段破碎或用高压辊磨的破碎和单段球磨流程应尽可能降低球磨的给矿粒度 F_{80}，对自磨/半自磨流程，给料粒度+150mm在20%左右的可选择单段全自磨流程，否则应选择单段半自磨流程。

（2）磨矿产品粒度 $P_{80}=106\sim75\mu m$（相当于-200目65%～80%），对于小型选矿厂可以考虑单段磨矿流程。对于大中型选矿厂，应选择两段磨矿回路（包括常规两段球磨，ABC、APC或SAB和SABC的自磨/半自磨两段流程）。

（3）磨矿产品粒度 $P_{80}=75\sim55\mu m$（相当于-200目80%～90%）时。无论是常规磨矿还是自磨/半自磨流程均宜选择两段磨矿回路。

（4）磨矿产品粒度 $P_{80}<55\mu m$（相当于-200目90%以上）时，无论是常规磨矿还是自磨/半自磨流程一般宜选择三段磨矿回路。

4.8.2　一段磨矿分级流程

采用一段磨矿流程时，磨矿机开路工作容易产生过粉碎现象。通常，磨矿机都是与分级机构成闭路循环，常用流程有以下三种，如图4-8-1所示。

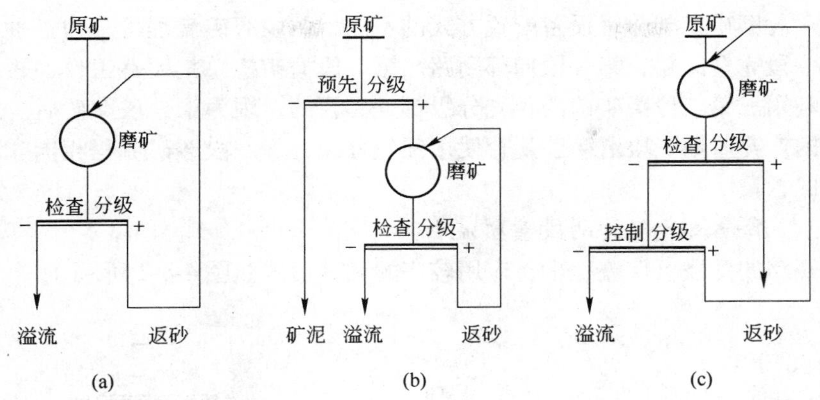

图4-8-1 一段磨矿流程

（a）带检查分级；（b）带预先和检查分级；（c）带控制分级

对于常规磨矿，带检查分级的一段磨矿流程是应用最广泛的一段磨矿流程。矿石直接给入磨矿机，给矿最适宜的粒度上限一般为6~20mm。磨矿后的产物进入检查分级分出大部分合格的粒级，不合格的粒级返回磨矿机构成循环负荷。

当处理量含有大量（15%）合格产物的细粒矿石，以及有必要将原生矿泥和矿石中所含可溶性盐类预先单独处理时，可采用带预先分级和检查分级的一段磨矿流程。预先分级的目的在于除去磨矿机给矿中粒度合格的产物，从而增加磨矿机的生产能力；或者分出矿泥，以便单独处理。预先分级一般在机械分级设备中进行，为了防止机械过分磨损，给矿粒度的上限不应超过6~7mm。为了合理地进行预先分级，给矿中合格粒级的含量不小于14%~15%。利用预先分级分出来的原生矿泥和可溶性盐类，如果与磨碎产物的性质相差较大，则单独处理能提高选别指标。若无单独处理的必要，则流程中的预先分级作业和检查分级作业可以合并成一个作业。

当要在一段磨矿的条件下得到较细的产物，或者必须利用一段磨矿流程进行阶段选别时，可采用带控制分级的一段磨矿流程。在进行机械分级时，总有一些在粒度上不合格的颗粒不可避免的混入溢流中，采用控制分级可以获得较细的粒级。但是，这种流程中，检查分级溢流的矿量大于原给矿量，需要较多的分级设备；同时造成磨矿机的给矿粒度不均匀，合理装球困难，使得磨矿效率降低；并且由于被分出的溢流量变动大，致使分级设备工作也不稳定。这些原因限制了控制分级的应用。这种流程和适于细磨与进行阶段选别的两段流程相比较，优点是可以利用一台磨矿机代替两段流程中所安装的两台磨矿机。这个优点在中小型选矿厂得到充分的体现，但在大型选矿厂采用带控制分级的一段磨矿流程需慎重。

4.8.3 两段磨矿分级流程

为了得到较细的磨矿产物以及需要进行阶段选别时，必须采用两段磨矿流程。进行阶段选别时，第一磨矿段的产物进入第一段选别，选得精矿、中矿（有时可能是混合精矿或粗精矿）经第二段磨矿后，再进入第二段选别。

根据第一段磨矿机与分级设备配置方式的不同，两段磨矿流程可分为三种类型：第一段开路；第一段完全闭路；第一段局部闭路。第二段磨矿机总是闭路工作，否则，将不能有效地加以利用。第二段磨矿前的预先分级都是必要的，因为第一段磨矿后一定会产生大量粒度合格的产物。第一段磨矿前是否使用预先分级，和一段磨矿流程相同，取决于原矿中合格级别的含量。

4.8.3.1 第一段开路的两段磨矿流程

第一段开路的两段磨矿流程中，应用较广的几种形式如图 4-8-2 所示。

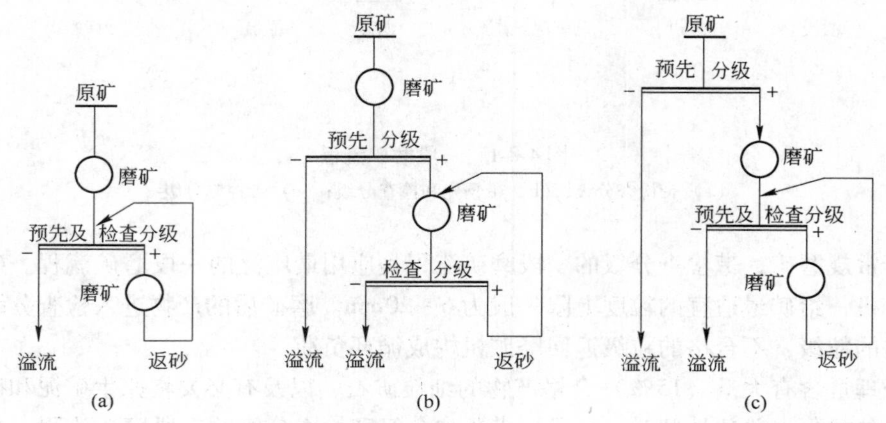

图 4-8-2 第一段开路的两段磨矿流程

这类流程的主要优点是：没有溢流的再分级，合格粒级只通过分级设备一次，需要的分级设备较少；负荷是经过第一段磨矿的排矿经分级设备传给第二段，调节比较简单。第一段开路工作的磨矿机以选择棒磨机最为有利，在大型选厂中采用这种流程，可使破碎流程在开路情况下有效地工作。

这类流程的缺点是：为了使开路的磨矿机能有效的工作，必须使第二段磨矿机的容积大大超过第一段磨矿机的容积（棒磨作开路时两段磨矿机容积可接近）。由于开路工作磨矿机的排矿粒度较粗，且浓度大，必须用较陡的自流运输溜槽，或专门的机械运输装置，才能将第一段磨矿机的排矿传递给第二段磨矿，配置较复杂，操作也不方便。因此，这种流程只有在大型选厂中才有条件采用。

图 4-8-2 中（a）流程和（b）流程的区别在于，前者的预先分级和检查分级是合一的，后者是分开的。采用后者有可能分出一段磨矿后的矿泥、原矿中所含可溶性盐类，以及第一段磨矿时的易碎部分，它们在单独的循环中选别，可以改善选别效果。但是，由于矿泥和易碎部分已从第一段分级设备中分出，第二段分级设备只处理粒状物料，这种情况在磨矿产生次生矿泥较少的结晶状矿石时，由于此类矿石在磨矿中容易打成薄片而不易粉碎成细粒，常常沉积在磨矿机或分级机底层，恶化检查分级机的工作。（c）流程先进行预先分级，只有在含原生矿泥较多并有分出单独处理的必要时，才予采用。

由于这类流程没有细粒级的再分级，不易得到较细的产物，产物中 -0.074mm（-200目）粒级的平均含量只能达到65%～75%。需要得到更细的磨矿产物时，应采用第一段完全闭路的两段磨矿流程。

4.8.3.2 第一段完全闭路的两段磨矿流程

第一段完全闭路的两段磨矿流程是常用的两段磨矿流程。常见的流程形式如图 4-8-3 所示。

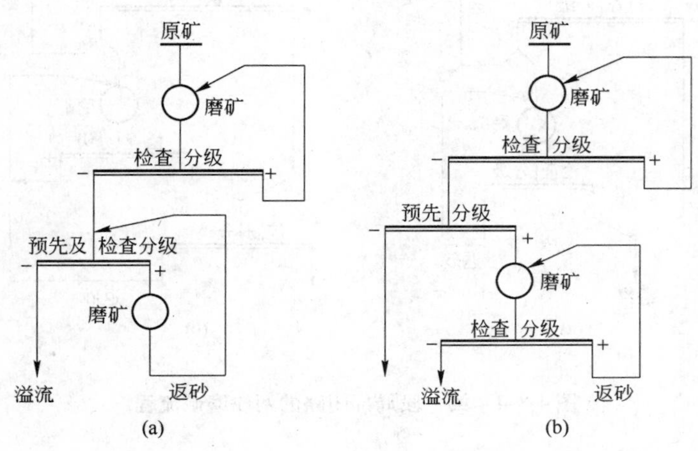

图 4-8-3 第一段全闭路的两段磨矿流程

这种流程常用于处理硬度较大，嵌布粒度较细的矿石，以及在要求磨矿粒度达 0.1mm 以下大型和中型选矿厂。

正确地分配第一段和第二段磨矿机的负荷，是使磨矿机达到高产的重要条件。如果第一段分出过细的产物，则第二段磨矿机将出现负荷不足，使磨矿机的总生产能力降低。如果在第一段分出过粗的产物，将使第一段负荷不足，第二段负荷过多，同样会降低磨矿机的总生产能力。两段磨矿负荷的合理分配，可由适当控制第一段分级的溢流粒度来达到。

该类型流程的缺点是：两段之间的负荷调节困难；在第一段分级设备中得到粗粒溢流，会使该分级设备不能有效地工作；由于全部矿石的合格粒级需两次通过分级设备，所需的分级设备多，设备投资较高。

该流程的优点是：可能达到的磨矿粒度比其他流程均高，可以实现细磨；设备的配置比第一段开路简单，因为第一段闭路时的负荷是通过分级的溢流传递给第二段的，可用较小坡度溜槽来输送溢流，因此两段的磨矿机可以安装在同一水平上。

图 4-8-3 中流程（a）和流程（b）的区别仅在于第二段的分级，前者的预先分级和检查分级是合并的，后者是分开的。采用流程（b）时，原生矿泥和矿石中的易碎部分不再进入第二段的检查分级设备，对于产生次生矿泥的矿石，第二段分级设备的工作可能不稳定，因而会降低分级效率。采用流程（a）时，当破碎车间的最终产物粒度减小时，磨矿机的生产能力会有所增加，这时分级机可能成为磨矿车间的薄弱环节。在这种情况下，可以改用流程（b），或安装补充的中间分级设备。

4.8.3.3 第一段局部闭路的两段磨矿流程

第一段局部闭路的常见流程形式如图 4-8-4 所示。

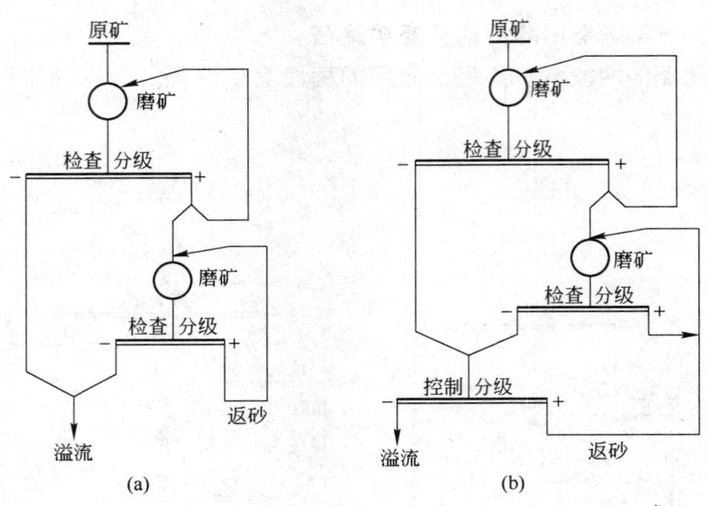

图 4-8-4 第一段局部闭路的两段磨矿流程

局部闭路流程的优点是：各磨矿段的负荷调整比较简单；各段均可得到任何数量的循环负荷；可得到比两段闭路磨矿流程产物较粗的最终产物，可以避免贵重金属聚集于磨矿的循环中。

局部闭路流程的缺点是：返砂从第一段运输到第二段，需要用坡度大的溜槽或采用运输机械；第二段磨矿的检查分级，在处理产生少量的次生矿泥的矿石时，会引起分级设备工作的困难。

图 4-8-4 中，流程（a）的每一合格粒级只通过分级设备一次，需要的分级量不大，但却难以得到较细的最终产物；流程（b）中溢流经过了控制分级，能得到较细的最终产物，但需要安装较多的分级设备。

4.8.4 三段或多段磨矿分级流程

三段或多段磨矿分级流程可分为阶段磨矿分级流程和连续磨矿分级流程。

在处理细粒嵌布矿石，需要进行细磨或超细磨（最终磨矿粒度 $P_{80}<55\mu m$）才能得到高品位精矿时，可采用三段或多段磨矿分级流程。如包钢选矿厂采用了一段棒磨、二段球磨、三段球磨的连续磨矿分级流程；大孤山和弓长岭铁选矿厂采用了一段球磨、二段球磨选别，三段细筛筛上球磨再磨的多段磨矿分级流程；歪头山选矿厂采用了一段自磨、二段球磨、三段细磨再磨的阶段磨矿分级了流程；袁家村铁选矿厂采用了一段半自磨、二段球磨、三段球磨的阶段磨矿分级流程。

在处理嵌布粒度和共生关系很复杂的有色金属矿石时，为避免有用矿物的泥化或共生的解离，通常是获取局部的粗精矿或中矿然后进行再磨再选，或采用多段磨矿分级、多段选别的流程，以提高精矿品位。

4.8.5　自磨/半自磨流程

按磨矿段数、工艺调整方法或强化手段的不同，常见自磨/半自磨流程有如下几种：

（1）单段自磨/半自磨流程（AG/SAG）；

（2）自磨-砾磨流程（AP）；

（3）自磨-砾磨-破碎流程（APC）；

（4）自磨/半自磨-球磨流程（AB/SAB）；

（5）自磨/半自磨-球磨-破碎流程（ABC/SABC）；

（6）带中间粒度破碎的自磨流程。

4.8.5.1　单段自磨/半自磨流程（AG/SAG）

单段自磨流程（AG）是指经粗碎后的矿石（充当磨矿介质的粗粒级矿石要占一定比例）给入自磨机，自磨机排料经分级后得到的粗粒返回自磨机，细粒则直接进入后续作业。单段自磨流程（AG）如图4-8-5所示。单段半自磨（SAG）流程与单段自磨流程基本相同，不同的是在磨矿机内添加一定数量钢球介质，并因此对其给矿粒度的要求不像一段自磨那样严格。

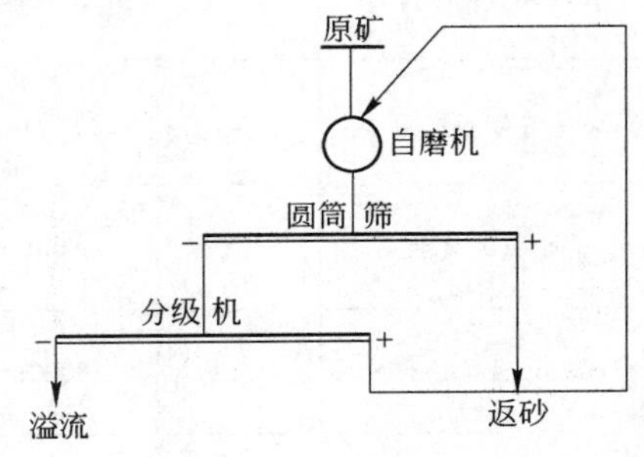

图4-8-5　单段自磨流程

单段自磨/半自磨流程适于处理有用矿物嵌布粒度较粗、硬度中等的矿石，产品粒度一般只达到－0.074mm占60%～65%或更粗。

为了控制磨矿产品的粒度，单段自磨/半自磨一般均为闭路磨矿，且除了设有检查分级外，一般还设有控制分级的设备。用作检查分级的设备有圆筒筛、振动筛、弧形筛、螺旋分级机等，作为控制分级的设备除个别采用螺旋分级机外，多数为水力旋流器。

单段自磨/半自磨流程工艺流程和配置简单，能充分发挥自磨技术的特点。

在所有采用单段半自磨流程中，美国科罗拉多州亨德森（Henderson）钼选矿厂的磨矿处理量最大，是北美最大的钼选厂，2002年产量为9300t钼精矿。磨矿回路采用半自磨机与水力旋流器构成闭路。使用1台ϕ9.14m×3.35m、5223kW半自磨机，3台ϕ8.53m×4.57m、5723kW半自磨机，这4台半自磨机均采用双齿轮驱动方式。至今该厂已经生产运行了20多年。

埃尔索尔达多（El Soldado）矿山位于智利首都圣地亚哥以北120km处。选矿厂能力为日处理矿石18500 t。磨矿回路采用1台ϕ10.36m×5.18m半自磨机，由2台同步电动机通过离合器驱动，功率为11200kW，设备利用系数为95%～97%。半自磨机与1组8个直径为660mm的水力旋流器（其中5个工作、3个备用）构成闭路。半自磨机排矿进入筛子筛分，产生的砾石在一个单独的破碎机进行破碎。筛子筛下产品被泵送至水力旋流器组。水力旋流器底流返回作为半自磨机的给料。

单段自磨/半自磨流程（AG/SAG）工程实例见表4-8-2。

表 4-8-2　单段自磨/半自磨流程（AG/SAG）工程实例

选厂名称	矿种	规　模	磨矿机规格/m × m	功率/kW	分级设备
Canington（澳）	银铅锌	201 万吨/a	ϕ8.4 × 4.5 AG	4474.2(6000hp)	旋流器
Lefroy（澳）	金	480 万吨/a	ϕ10.97 × 5.5 SAG	13500 环形	旋流器
Olympic Dam（澳）	铜铀金	2 万吨/d	ϕ11.6 × 7.78 AG	18000 环形	旋流器
Bronzewing（澳）	镍	100 万吨/a	ϕ5.2 × 8 SAG	3400	旋流器
Seet Iles（加）	铁	900 万吨/a	ϕ9.14 × 3.05 SAG	—	旋流器 + 击振细筛
Tarkwa（加纳）	金	420 万吨/a	ϕ8.2 × 12.8 SAG	2 × 7000	旋流器
Kumto（吉尔吉斯斯坦）	金	120 万吨/a	ϕ6.1 × 7.32 AG	4000	旋流器
Navachah（纳米比亚）	金	4800t/d	ϕ4.8 × 9.2 AG	3000	旋流器
Yanacocha（秘鲁）	金	15000t/d	ϕ9.76 × 9.76 SAG	16500 环形	旋流器
Mponeng（南非）	金	2000t/d	ϕ4.75 × 9.18 SAG	1900	旋流器
Rabbit Lake（美）	铀	1500t/d	ϕ6.1 × 1.83 SAG	—	旋流器
Xitoru	铜	3000t/d	ϕ5.5 × 1.8 SAG	800	细筛

4.8.5.2　自磨-砾磨流程（AP）

自磨-砾磨流程是指第一段用自磨机粗磨，第二段用砾磨机进行细磨的磨矿工艺，如图 4-8-6 所示。因砾磨机的磨矿介质（砾石）取自第一段自磨机，从实质上说它也算是矿石自磨。第一段自磨机可在闭路条件下工作，也可开路工作，而第二段则都采用闭路磨矿。砾磨机用的砾石可由破碎系统供给，也可由自磨机供给。

自磨-砾磨流程因不耗用钢球，经营费用较低，且自磨机有意排出部分难磨粒子，既可解决砾磨机所需的磨矿介质，又可提高它自身的处理能力，但因砾石的密度远小于钢球的密度，故要求处理量相同时，砾磨机的容积要大于球磨机，投资相应较高。

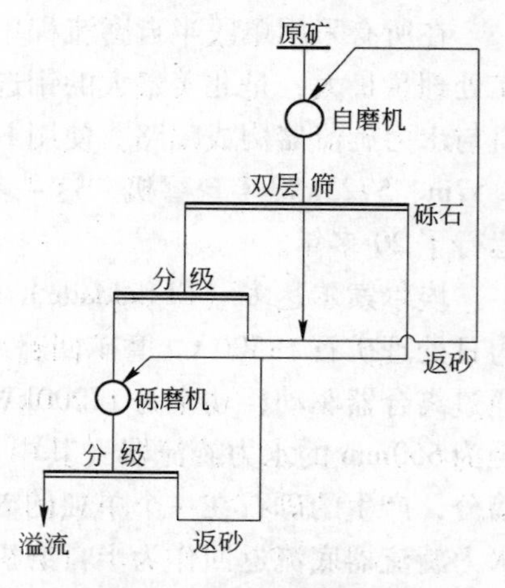

图 4-8-6　自磨-砾磨流程

4.8.5.3 自磨-砾磨-破碎流程（APC）

自磨-砾磨-破碎流程，实际上是由自磨-砾磨流程衍生而来，通常是磨矿产品粒度要求很细的坚硬铁矿，从自磨机排出的难磨粒度级数量大，作为砾磨介质用不完，若返回自磨机，会影响自磨效果，同样会引起难磨粒级的积累。因此，需要进行破碎后，再将其返回自磨机，这样才不会影响自磨机的生产。如美国的帝国铁矿和瑞典的基律纳铁矿等选矿厂都是这类流程的典型实例。

4.8.5.4 自磨/半自磨-球磨流程（AB/SAB）

当处理硬度中等，有用矿物嵌布粒度较细（平均在0.1mm以下）的矿石，单段自磨/半自磨不能满足磨矿粒度要求，同时又不能得到足够数量的砾石作为第二段砾磨的介质时，应采用自磨/半自磨-球磨流程，如图4-8-7所示。

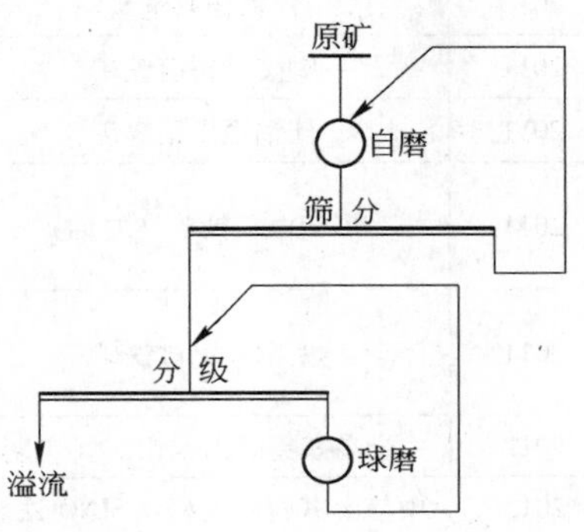

图4-8-7 半自磨-球磨流程

半自磨-球磨流程简单，灵活性好，适应性强，几乎对任何矿石都能适应。因此该流程已成为选矿厂碎磨工艺设计的主要方案，也是选矿厂设计优先选择的磨矿流程之一并得到广泛应用。国外有很多选矿厂采用半自磨-球磨流程，例如，加拿大克拉拉伯尔镍选矿厂、阿根廷阿卢姆百雷拉铜金矿选矿厂、美国国家钢铁公司球团厂、澳大利亚芒特艾萨铅锌选矿厂等。我国也有许多矿山采用了这种流程。

4.8.5.5 自磨/半自磨-球磨-破碎流程（ABC/SABC）

自磨-球磨-破碎（ABC）流程是将自磨机的顽石引出进行破碎，破碎产品返回自磨机，这是解决自磨顽石积累及提高生产率的措施。而半自磨-球磨-破碎流程（SABC）为了解决磨矿机中顽石积累问题，采取向磨矿机添加一定数量钢球以及从磨矿机中排出“顽石”进行破碎后再返回半自磨机中的两种措施。

自磨-球磨-破碎（ABC）流程多用于铁矿选矿厂，中信泰富西澳大利亚SINO铁矿选矿厂为我国设计，规模为8400万吨/年，采用了ABC流程。一段磨矿为ϕ12.20m×10.97m自磨机（采用环形电动机，功率28000kW），二段磨矿为ϕ7.93m×13.6m球磨机，顽石破碎为H8800圆锥破碎机，选矿厂共6个系列，已于2013年部分投产。

我国第一个采用SABC流程的是中金乌奴克吐山铜钼矿，二期规模42000t/d，采用一台ϕ11m×5.4m半自磨机及一台ϕ7.9m×13.6m球磨机（功率2×8500kW），是目前国内选矿厂最大的半自磨机及球磨机。

卡迪亚铜矿设计处理量2065t/h，采用SABC流程。粗磨采用1台ϕ12.19m×6.7m半自磨机，功率为19403kW的环形电动机。添加125mm钢球，装球率为12%，总的磨内填充率为30%~35%，临界转速率为74%~81%。半自磨机排矿格子板孔隙为70mm和90mm，通过1台ϕ4.47m×5.13m的圆筒筛，筛上粗粒给至2台MP1000砾石破碎机，筛下产品进入第二段磨矿。第二段磨矿采用2台平行的ϕ6.71m×11.13m球磨机，每台球磨机由2台4377kW电动机驱动。球磨机加直径为78mm和64mm两种尺寸的钢球，装球率为35%，循环负荷350%。球磨机与水力旋流器构成闭路。

近年来采用SAB、SABC及ABC流程的工程实例见表4-8-3。

表 4-8-3 近年来采用 SAB、SABC 及 ABC 流程的工程实例

投产年份	矿 山 名 称	工艺	处理能力/$t \cdot d^{-1}$	半自磨机规格/m×m	球磨机规格/m×m
2004	贵州锦丰金矿	SAB	4500	ϕ5.03×5.8	ϕ5.03×6.05
2004	铜陵冬瓜山铜矿	SAB	13000	ϕ8.5×4	ϕ5.03×8.3
2006	江铜贵冶厂（冶炼渣）	SAB	5000	ϕ5.2×5.2	ϕ5.03×8.3
2007	中金乌奴克吐山铜钼矿	SABC	15000	ϕ8.8×4.8	ϕ6.2×9.5
2010	江铜城门山铜矿	SAB	5000	ϕ6.4×3.3	ϕ4.8×7
2010	昆钢大红山铁矿	SAB	400 万吨/a	ϕ8.53×4.27	ϕ4.8×7.0
2010	江铜德兴铜矿	SABC	22500	ϕ10.37×5.19	ϕ7.32×10.68
2011	铜陵新桥硫铁矿	SAB	6000	ϕ6.4×4.88	ϕ4.8×8
2011	江铜银山铅锌矿	SAB	6500	ϕ7.5×3.5	ϕ4.8×7
2011	攀钢白马铁矿（二期）	SAB	27000	ϕ9.15×5.03 ϕ7.32×4.27	ϕ5.03×8.5
2011	太钢袁家村铁矿	SAB	2200 万吨/a	ϕ10.36×5.5	ϕ7.32×12.5 ϕ7.32×11.28
2012	中金乌奴克吐山铜钼矿（二期）	SABC	42000	ϕ11×5.4	ϕ7.9×13.6
2013	中信泰富西澳大利亚 SINO 铁矿	ABC	8400 万吨/a	ϕ12.2×10.97	ϕ7.93×13.6

4.8.5.6 带中间粒度破碎的自磨流程

原矿经粗碎以后，从中筛出部分粗粒级，作为自磨的磨碎介质。其余粗碎产物继续进行中、细碎，破碎到相当于一般球磨机的给矿粒度后，给入自磨机进行自磨，流程如图 4-8-8 所示。该流程的特点是，将 150～80mm 颗粒进入中碎，将自磨的难磨粒级（即 80～20mm）的临界颗粒，用细碎破碎后返回自磨机中，以达提高自磨效率的目的。根据资料介绍，可提高自磨效率 25%～50%。

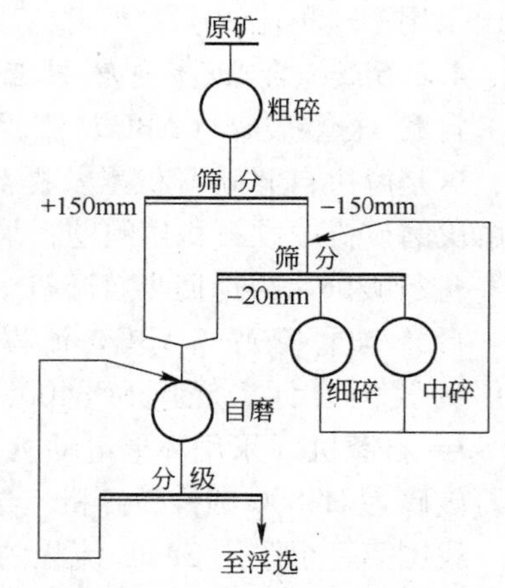

图 4-8-8 带中间粒度破碎的自磨流程

不难看出，由于该流程既和传统的破碎流程有相似之处，又具有自磨的某些优越性，因此，它为传统破碎流程的改造提供了依据。另一方面，由于它增加了中、细碎作业，流程复杂，投资大，相应带来洗矿、储运等一系列问题，抵消了自磨技术的一些特点，故在新设计厂矿中较少采用。

4.8.6 砾磨流程

砾磨机主要作为棒磨机或自磨的二次磨矿设备，以进行细磨；少数情况下用于一段磨矿，代替棒磨进行粗磨。

我国某铜矿棒磨-砾磨流程如图 4-8-9 所示。该矿属含铜矽卡岩类型矿石，密度 3.2～3.6t/m^3，矿石硬度 $f=12\sim16$，要求磨矿粒度 -0.074mm 占 65%。

此流程的特点是：原矿经三段破碎，破碎到 -25mm 以后，给入棒磨机进行粗磨，再

入砾磨机进行细磨，砾磨介质从粗碎产物中由筛分获得，砾磨中难磨粒级间断排出返回棒磨机处理，砾介的大小和数量容易控制，生产条件比较稳定，操作容易掌握。

芬兰奥托昆普公司克列蒂铜矿两段砾磨流程如图4-8-10所示。原矿经三段破碎后给入第一段砾磨机进行粗磨，粗磨的产物再进行第二段砾磨机细磨。第一段砾磨机的砾介从粗碎产物中筛出，第二段砾磨的砾介从中碎产物中筛出。若第二段砾磨机的砾介消耗量大，所用砾介可从粗碎产物中筛出部分加以补充。

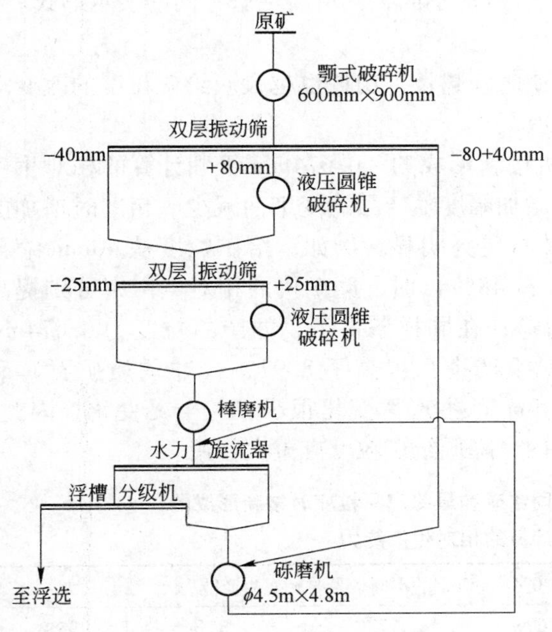

图4-8-9　某铜矿棒磨-砾磨流程

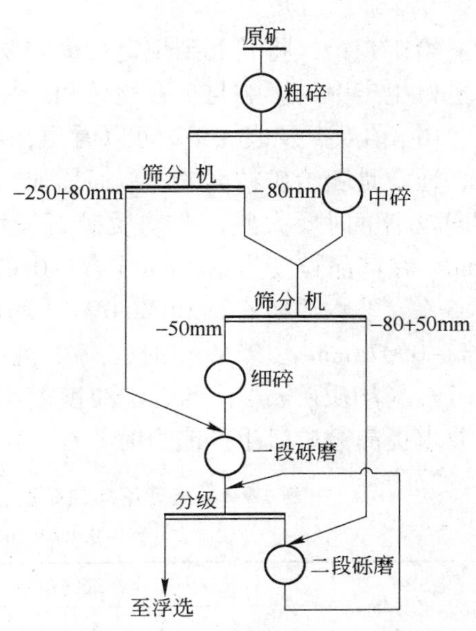

图4-8-10　克列蒂铜矿两段砾磨流程

4.9　磨矿分级作业的主要影响因素

4.9.1　影响磨矿的主要因素

磨矿过程的影响因素主要包括三个方面：①入磨矿石性质及特性；②设备的性能及特性；③操作因素。

4.9.1.1　入磨矿石的影响

A　矿石性质

影响磨矿的矿石性质主要是矿石的力学性质，包括硬度、韧性、解理及结构缺陷等。硬度由矿石中的矿物结晶粗细及相互间的键合力强弱决定。一般的矿物及矿石力学特性均是硬而脆，所以矿石的碎磨电耗很大。韧性大的矿石也难碎磨，冲击破碎的效果不好，剪切磨剥的效果较好。矿石中存在解理的矿石硬度降低，容易碎磨。矿石中有结构缺陷的，无论是宏观的还是微观的裂纹均降低矿石的强度，有利于碎磨。矿石中含泥量大，特别是含胶性泥多的矿石，易使矿浆黏性太大，较难流动及排出磨矿机，影响磨矿机生产率。矿石中一些片状及纤维状矿物的大量存在也影响磨矿，它们易打成片状或纤维状而难磨细。

还有，诸如煤及滑石一类，硬度很低，但在磨矿中由于滑而不易被啮住，也难磨细，它们的功指数可能大大超过硬矿石。此外，矿石中各种矿物的可磨性不同，有的易磨碎（如锡石、黑钨矿、方铅矿等），有的难磨细（如石英等），对有显著的选择性磨细现象，应及时把磨细的锡石等排出，免遭过粉碎。总之，矿石的力学性质是各种各样的，要针对矿石的力学特性来选择与之相适应的磨矿条件才会有好的磨矿效果。宏观上说，矿石可磨性可以综合地反映出矿石性质对磨矿过程的影响。对常规磨矿，矿石可磨性一般以功指数或相对可磨性系数表示；对自磨/半自磨，由于试验方法不同，其可磨性有不同的表示形式。

B 给矿粒度

给矿越粗，将其磨到规定粒度需要的磨矿时间越长，功耗也越大。给矿粒度的改变对磨矿机生产率的影响与矿石性质和产品粒度有关。

由表4-9-1及表4-9-2可以看出，磨矿机按新形成的 -0.074mm 级别计算的相对生产率，通常是随给矿粒度的降低而增加，但其增加幅度随产品的变细而减少。粗磨时增加的幅度较细磨时要大些，非均质矿石较均质矿石更为明显。例如，给矿粒度从 40mm 缩至 5mm，在产品粒度为 0.3mm（合 -0.074mm 占 48%）时，磨矿机的相对生产率分别提高 39.5%（非均质矿石）和 32.0%（均质矿石）；在同样条件下，如产品粒度为 0.074mm（合 -0.074mm 占 95%）时，磨矿机的相对生产率只提高了 8.97%（非均质矿石）和 17.7%（均质矿石）。当给矿粒度缩小至 -5mm，生产率变化很小，甚至无变化。因此，当要求提高磨矿机生产能力时，在一定范围内，降低给矿粒度有重大作用。

表4-9-1 处理不均匀矿石，在不同给矿和最终产品粒度时按新形成的 -0.074mm 级别计算的相对生产能力

给矿粒度/mm	在最终产品中，-0.074mm 级别的不同含量时相对生产能力					
	40%	48%	60%	72%	85%	95%
-40 +0	0.77	0.81	0.83	0.81	0.80	0.78
-30 +0	0.83	0.86	0.87	0.85	0.83	0.80
-20 +0	0.89	0.92	0.92	0.88	0.86	0.82
-10 +0	1.02	1.03	1.00	0.93	0.90	0.85
-5 +0	1.15	1.13	1.05	0.95	0.91	0.85
-3 +0	1.19	1.16	1.06	0.95	0.91	0.85

表4-9-2 处理均质矿石，在不同给矿和最终产品粒度时按新形成的 -0.074mm 级别计算的相对生产能力

给矿粒度/mm	在最终产品中，-0.074mm 级别的不同含量时相对生产能力					
	40%	48%	60%	72%	85%	95%
-40 +0	0.75	0.79	0.83	0.86	0.88	0.90
-20 +0	0.86	0.89	0.92	0.95	0.96	0.96
-10 +0	0.97	0.99	1.00	1.01	1.02	1.02
-5 +0	1.04	1.05	1.05	1.05	1.05	1.05
-3 +0	1.06	1.06	1.06	1.06	1.06	1.06

我国某些厂矿生产实践多次指出，适当地缩小破碎最终产品粒度是提高磨矿机生产率的一种有效措施。例如我国某选矿厂的 ϕ3.2m×3.1m 格子型球磨机的给矿粒度与磨矿机处理能力的关系见表 4-9-3。

表 4-9-3　ϕ3.2m×3.1m 格子型球磨机的给矿粒度与处理能力的关系

给矿粒度 +18mm/%	14.4	5.79	2.25	1.49
磨矿机生产率/$t \cdot h^{-1}$	50.06	53.87	60.40	64.25

破碎及磨矿领域当今最时尚的方案是多碎少磨及以碎代磨，磨矿机最适宜的给矿粒度，根据技术经济计算的结果决定。因为磨矿机给矿粒度细，破碎作业的费用就高；磨矿机给矿粒度粗，破碎作业的费用虽低，但磨矿费用反而很高。如果把破碎矿磨矿费用合并考虑，在某一粒度时，总费用最低，此粒度即磨矿机最适宜的给矿粒度，通常由经验决定，最好进行方案计算及比较后确定。

C　产品粒度

磨矿产品粒度直接影响着后续作业的指标。磨矿产品粒度过粗，有用矿物和脉石没有获得充分解离，太细了又引起较严重的过粉碎，两种情况都会使后续作业指标降低。如将磨矿粒度改变为较细后，能量消耗和钢耗增加，生产率降低，每细磨 1t 矿石的费用比粗磨时要高。因此，确定磨矿粒度必须按技术经济条件综合考虑。

磨矿产品的粒度，通常是用磨至大于某筛级的筛上量百分数或小于某粒级含量（如 -0.074mm）表示，表 4-9-4 为选矿厂常用磨矿粒度的表示法，可作为参考。国外通常用 P_{80} 表示。

表 4-9-4　磨矿粒度表示法

磨矿粒度/mm	0.5	0.4	0.3	0.2	0.15	0.1	0.074
网　目	32	35	48	65	100	150	200
-0.074mm 含量/%		35~45	45~55	55~65	70~80	80~90	95

磨矿产品粒度对于生产能力的影响，决定于两个相互矛盾的因素。一方面，磨粗粒原矿至规定粒度时，随磨矿时间的增长，被磨物料的平均粒度皆愈来愈小，磨矿机的生产能力因而愈到后期愈高；另一方面，由于磨矿的选择作用，易磨部分已被磨细，剩下的都是难磨部分，因而磨矿机的生产能力愈到后期愈低。由于这两种情况相反的因素影响，磨矿产品粒度与磨矿机处理能力的关系，可能是上升的、下降的或先上升后下降，以及实际上没有变化等情况，随这两个矛盾因素的对比所决定。大体上说，对于非均质矿石，磨矿机的相对生产能力随磨矿粒度的增加而减少（见表 4-9-1）。对于均质矿石，磨矿机的相对生产能力随磨矿粒度的增加而增加（见表 4-9-2）。

总之，凡矿石可磨性愈差、给矿愈粗、产品愈细，磨矿机的生产率愈小，按 kW·h/t 计算的磨矿功耗指标愈高。操作工首先要根据矿石的性质、给矿粗细、给矿量和产品粒度来决定操作条件，就是为了力求得到较好的磨矿指标。

4.9.1.2　设备性能与特性

A　磨矿机的类型

各种类型的磨矿机（包括自磨机/半自磨机、棒磨机、格子型球磨机、溢流型球磨机以及各种超细磨磨矿机）都有其各自的适用条件，比如矿石性质、给矿粒度、产品粒度等。设备选型时一定要根据矿山特定矿石条件、工艺条件及相关参数选择最适宜的磨矿设备，以充分发挥其性能特点及效率。否则将适得其反，设备性能及效率会大打折扣。

B　磨矿机的直径和长度

同一类型的磨矿机，它的功率及生产能力与磨矿机的直径和长度有关。磨矿机所需的有用功率（kW）与直径和长度的关系为：

$$N = K_1 D^{(2.5\sim2.6)} L \tag{4-9-1}$$

磨矿机的生产能力与直径和长度的关系为：

$$Q = K_2 D^{(2.5\sim2.6)} L \tag{4-9-2}$$

式中　K_1，K_2——比例系数；

D——磨矿机筒体直径，m；

L——磨矿机筒体长度，m。

长度主要影响到磨矿时间，因而影响到磨矿产品粒度。用规格为 1830mm × 6170mm（$D \times L$）的球磨机磨滑石的试验说明：在距给矿端的长度等于直径处，所完成的磨矿工作量为总的 85%；在距给矿端的长度为直径的 1.3 倍处，完成了磨矿工作总量的 90%，这是和磨矿动力学的原理相符合的。由此可知，过短的磨矿机不能完成规定的磨矿粒度，过长了会增加动力消耗，并产生过粉碎。目前，国产的球磨机长度与直径之比为 0.78 ~ 3，棒磨机的长度一般是直径的 1.5 ~ 2 倍。

近年来，随着选矿厂日处理量的增加，大型选矿厂不断出现，球磨机和棒磨机的规格日渐增大。磨矿机规格增大的好处是：比生产率（利用系数）高，筒体质量与磨矿介质质量之比小，克服摩擦阻力所耗之功较小；用一台较大磨矿机比用几台较小磨矿机看管方便，所占面积小，按处理 1t 矿石计的成本也较低。但实践证明，直径大于 4m 时由于装球减少及转速降低，比生产率（1m^3 磨矿机容积的生产能力）反而下降，比生产率最大的是直径为 2.7 ~ 3.6m 的球磨机。因此，大型球磨机有降低成本的优势，但直径大于 4m，比生产率下降的负面影响也应考虑。

C　磨矿机转速

关于磨矿机转速率的问题，总的说来，有在临界转速以下工作和超临界转速运转两种不同的情况。磨矿机的转速与装球率紧密相关，不能将它们分开孤立地研究。

图 4-9-1 概括了在临界转速内工作的磨矿机的有用功率与转速率和装球率的关系，说明了在装球率保持一定时，有用功率是随转速率不同而变化的，当转速率为某一适宜值时，有用功率可达最大值。既然有用功率是指发生磨矿作用所消耗的功率，与有用功率相对应的生产率，它与转速率的关系，基本上和有用功率与转速率的关系类似。只是 $\psi = 30\%$ 时，因为滑动厉害，二者相差

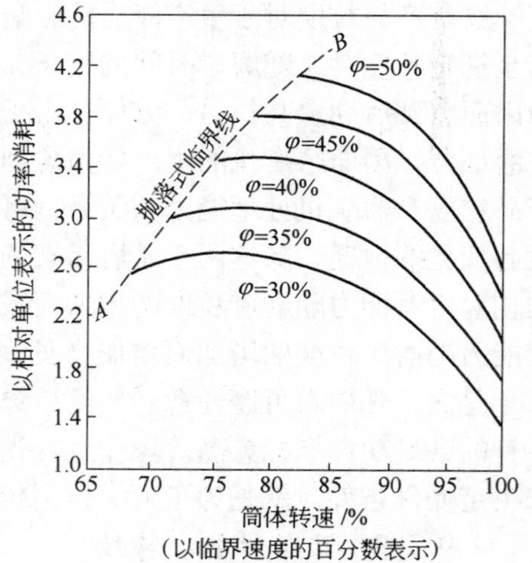

图 4-9-1　在不同筒体转速率和不同装球率下磨矿机所需的有用功率

很大。但当装球率达到50%时，摩擦力大到足以克服滑动，二者即变为一致。

目前制造厂推荐的磨矿机转速率大致在66%～85%，多数在80%以下，转速稍偏低，就很难达到高的生产率。近几年来我国某些厂矿生产实践证明，适当地提高磨矿机的现有转速，是提高选矿厂处理能力措施之一。例如某选矿厂将ϕ3.2m×3.1m格子型球磨机转速率由74%提高到88%，磨矿机的处理能力约提高10%～15%；另一个重选厂，将ϕ1.5m×3.0m棒磨机的转速率由84%提高到97.4%，生产率提高了25%，效果较为显著。但棒磨机转速率不宜过高，转速过高时容易乱棒。而且还应当注意，随着转速率提高后，钢球和衬板的磨耗量有所增加，磨矿机的传动功率也增加，磨矿机的振动也较厉害，必须加强设备管理和维修工作。并采取合理的措施，适当地降低装球率，相应的调整磨矿浓度和提高分级设备的效率。同时，还应考虑传动部件的强度和电动机的负荷情况。

直到目前为止，绝大多数的磨矿机仍然是在临界转速以下工作，超临界转速磨矿机仅是个别情况，在这方面，国内外已进行过很多研究工作。试验和生产均表明，超临界转速磨矿尽管有提高磨矿机生产率等某些优点，但仍存在一些问题，有待于进一步研究解决。

D 衬板类型

由于外界的能量是通过筒体衬板传递给磨矿介质，使之产生符合磨碎要求的运动状态，因此，衬板的形状和材质对磨矿机的工作效果、能耗和钢耗等均有很大的影响。

按几何形状普通衬板可分为表面平滑和表面不平滑两类。不同的衬板表面形状，对磨矿介质和矿石的提升高度也不一样。表面平滑或带波形的衬板，磨矿介质与衬板之间的相对滑动较大，研磨作用较强，但在相同转速下磨矿介质被提升的高度及抛射所做的功较小，冲击力较弱，故适用于细磨。而对于矿石粗磨，要求磨矿介质对矿石有较大的冲击力，这就要把磨矿介质提升得更高，有更大的抛射作用，采用突棱形或阶梯形衬板较为适宜。

目前金属矿选矿厂磨矿机衬板仍以高锰钢衬板为主，它具有较高的韧性和良好的加工硬化特性。但在加工硬化的同时又引起衬板的膨胀，发生弯曲变形，易使衬板的连接螺栓切断、钢耗大、成本高和效率低等缺陷。近年又研制成功橡胶衬板、磁性衬板和角螺旋衬板，在磨矿机上应用取得显著节能效果。

橡胶衬板的密度为1.1～1.2t/m^3，同等规格的磨矿机，橡胶衬板的质量约为锰钢衬板的1/4，所以节能效果十分显著，节电率都在10%以上。由于橡胶比较耐磨，一般金属矿二段磨矿作业一套橡胶衬板配用两套压条使用寿命可达3～5年，这就大大降低了磨矿成本。通常橡胶衬板的厚度较锰钢衬板薄，增加了磨矿机有效容积，致使磨矿机生产能力也有所提高。此外，橡胶衬板还具有成本低、噪声小、减少球耗、磨矿机运转平稳、产品过粉碎少、改善劳动强度等优点。

磁性衬板是靠磁力在衬板表面吸附一层磁性颗粒和介质碎片，形成保护层，从而延长衬板的使用寿命，同时借助磁力，衬板可直接贴吸在磨矿机筒体内表面上，不需用螺栓固定，大大减轻了安装维护的工作量。由于这种衬板比普通锰钢衬板薄，质量几乎要轻一半，因此，不仅可以节约大量能源，还可提高磨矿机处理量，应该指出的是磁性衬板主要用于二段、三段磨矿，其使用寿命可达8年以上。

近年来的研究表明，通过改变衬板整体结构形状来改变磨矿介质在筒体中的运动规律，可以增强磨矿介质和物料之间的穿透和混合作用，从而提高磨矿效率。于是出现了角螺旋衬板。磨矿机由普通衬板改为角螺旋衬板后，虽然容积和装球率都减小了，但处理量仍能提高，单位电耗及球耗则明显降低。我国现已将角螺旋衬板作为新设计磨矿机的定型衬板之一。除此之外，新结构衬板还有锥体分级衬板、环沟衬板等，试验均已取得较好效果。

4.9.1.3 磨矿机操作因素的影响

磨矿机操作因素的影响主要包括装球和补球、磨矿浓度以及给矿速度等。

A 装球和补球

a 磨矿介质的形状和密度 很早以前，就有人用圆锥体、立方体、圆盘形、短柱形和月牙形等形状的磨矿介质，但实践证明它们的效果都不如球形及长圆棒形的好。

在其他条件不变时，磨矿介质的密度愈大，磨矿机的功率消耗和生产率都比较高。一般都用钢或铸铁作磨矿介质。

b 装球量或装球率 不同转速有不同的极限装球率。在临界转速以内操作时，装球率通常是30% ~50%。磨矿机的生产率（Q，t/h）和装球质量（G）的关系，可以用下面经验公式表示：

$$Q = (1.45 \sim 4.48) G^{0.6} \tag{4-9-3}$$

磨矿机消耗的功率（N，hp）和装球质量（G）的关系，也可以用下面的经验公式表达：

$$N = CG\sqrt{D} \tag{4-9-4}$$

式中 D——磨矿机内直径，m；

G——装球质量，t；

C——与装球率和磨矿介质种类有关的系数。

这些经验指出，当装入的钢球是有效工作的时候，装球愈多，生产率愈大，功率消耗也愈大，但装球过多，由于转速的限制，靠近磨矿机中心的那部分球只是蠕动，不能有效工作。通常装球率不超过 50%。超临界转速工作，装球量要减少到能保证不发生离心运转，但也不可以少到削弱生产能力的程度。

在选矿厂生产上，测定磨矿机的装球率 φ，通常是采用测量静止磨矿机球荷表面到磨矿机筒体的最高点距离 a 的大小，来估算装球率，具体测定和计算如下：

图 4-9-2 所示为磨矿机横截面，影线部分表示磨矿机静止时球荷所占的面积，D 为磨矿机内直径，测定球荷表面 CBE 到磨矿机筒体的最高顶点 A 的距离为 a（mm），则球荷表面到磨矿机中心的距离 b 为

$$b = a - R = a - \frac{D}{2}$$

在已知 b 值后，可按经验公式求得磨矿机的装球率 φ 是：

$$\varphi = \left(50 - 127\frac{b}{D}\right) \times 100\% \tag{4-9-5}$$

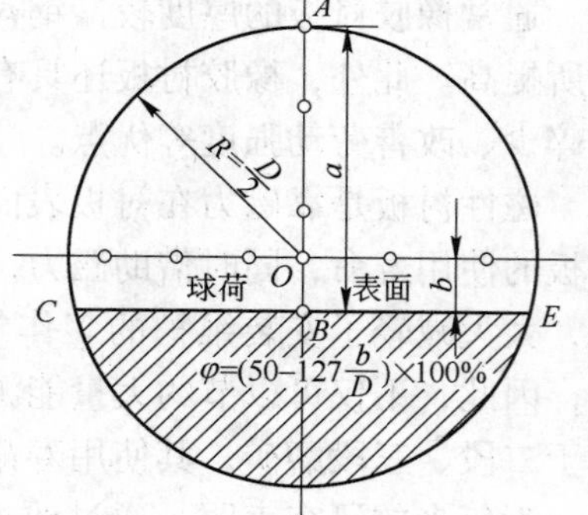

图 4-9-2 装球率测量示意图

c 装球种类 一定质量的球，直径小的个数多，

每落下一批的打击次数也较多。直径大的球，个数虽少，每批落下的打击次数少，但每次的打击力量却较大。矿石中有粗粒也有细粒，粗粒宜用大球打，细粒宜用小球磨。因此，实践证明，最初开车时只装一种球，它的效果没有装几种球的好。

最初配好的钢球为初装球，一经启动磨矿后，钢球就开始磨损，如果不补给球，球的大小和质量就不符合需要，磨矿机的生产率和磨矿效率都会降低。钢球的磨损与矿石的硬度、矿石的粒级组成、磨矿产品的粒度、磨矿机的转速率和装球量以及钢球的材质等因素有关，钢球的磨损情况大致见表4-9-5。

表4-9-5　每吨矿对于不同材质钢球的磨损情况　(kg)

材　质	粗磨到0.2mm	中磨到0.15mm	细磨到0.074mm
铬　钢	0.50	0.75	1.00
碳素钢	0.75	1.00	1.25
铸　铁	1.00	1.25	1.50

生产中的补球通常是按前一日的处理量及钢球的单耗指标（kg/t）算出球总量，再按不同规格比例分摊补加量，通常以1~2种混合球补入。有些选矿厂由于某种原因而3~5天，或一个星期乃至半月补球一次，导致磨矿效果就较差，且磨矿效果波动也大。

B　磨矿浓度

磨矿浓度通常是用磨矿机中矿石的质量占整个矿浆质量的百分数表示。矿浆愈浓，它的黏性愈大，流动性较小，通过磨矿机较慢。在浓矿浆中，钢球受到浮力较大，它的有效密度就较小，打击效果也较差。但浓矿浆中含的固体矿粒较多，被钢球打着的矿石也较多。稀矿浆的情况恰好相反。矿浆太浓，它里面的粗粒沉落较慢，使用溢流型磨矿机，容易跑出粗砂；使用格子型磨矿机，因有格子挡着，太粗的矿粒不易跑出。矿浆太稀，细的矿粒也容易沉下，这时，如果是溢流型磨矿机，产品就比较细，过粉碎较大；如果是格子型球磨机，稀矿浆就便于把细的或稍粗的矿粒冲出格子孔，过粉碎就比较小。矿浆浓度与磨矿效果的关系与被磨物料性质及工艺条件有关，不同的物料性质和工艺条件其适宜的磨矿浓度亦有所差别。

C　给矿速度

磨矿机内的矿量小时不仅生产率低，而且形成空打的现象，使磨损和过粉碎都严重。为了使磨矿机有效地工作，应当维持充分高的给矿速度，以便在磨矿机中保持多量的待磨矿石。随着给矿速度的提高，由磨矿动力学可知，排矿产物中合格粒级的含量就减小，而产出的合格粒级数量却增加，比功耗将降低，磨矿效率显著提高。如果给矿速度超过磨矿机在特定操作制度下的某额定值时，磨矿机将发生过负荷，出现排出钢球，吐出大块矿石及涌出矿浆等情况，甚至被堵塞。因此，给矿必须连续均匀，不要时多时少，使后续作业受到不好影响，所以磨矿机的给矿量都不许存在太大的波动。

分析了操作条件的影响后不难看出，在上面许多的因素中，首先要认清矿石性质和要求达到产品粒度，无论影响磨矿效果的因素是怎样地复杂，但打击效果必然是最重要的。只要能够针对矿石的性质正确地决定转速、装球、给矿速度和磨矿浓度，就可以得到好的打击效果。由于转速一般不变，所以决定装球量及装球尺寸至关重要。当然，对其他因素也应综合考虑，才会有好的磨矿效果。

4.9.2 影响分级作业的主要因素

4.9.2.1 螺旋分级机分级效果的影响因素

影响螺旋分级机分级过程的因素很多，主要分为三个方面：即矿石性质、设备构造、操作方法。

A 矿石性质

（1）分级给料的含泥量及粒度组成。分级给料的含泥量或细粒级愈多，矿浆黏度愈大，则矿粒在矿浆中的沉降速度愈小，溢流产物的粒度就愈粗；在这种情况下，为保证获得合乎要求的溢流粒度，可适当增大补加水，以降低矿浆浓度。如果给料中含泥量少，或者经过脱泥处理，则应适当提高矿浆浓度，以减少返砂中夹带过多的细粒级物料。

（2）矿浆的密度和颗粒形状。在浓度和其他条件相同的情况下，分级物料的密度愈小，矿浆的黏度愈大，溢流产品粒度变粗；反之，分级物料的密度愈大，矿浆的黏度愈小，溢流产品粒度变细，返砂中细粒级含量增加。所以，当分级密度大的矿石时，应适当提高分级浓度；而当分级密度小的矿石时，应适当降低分级浓度。由于扁平矿粒比圆形或近圆形矿粒的沉降慢，分级时应采用较低的矿浆浓度，或加快溢流产品的排出速度。

B 设备构造

（1）分级机槽子的倾角大小。槽子的倾角大小不仅决定分级的沉降面积，还影响螺旋叶片对矿浆的搅动程度，因而也就影响溢流产物的质量。槽子的倾角小，分级机沉降面积大，溢流粒度较细，返砂中细粒含量增多；反之，槽子的倾角增大，沉降面积减小，粗粒物料下滑机会较多，溢流粒度变粗，但返砂夹细较少。当然，分级机安装之后，其倾角是不变动的，只能在操作条件下适应已定的倾角。

（2）溢流堰的高低。调整溢流堰的高度，可改变沉降面积的大小。当溢流堰加高时，可使矿粒的沉降面积增大，分级区的容积也增大，因此，螺旋对矿浆面的搅动程度相对较弱，使溢流粒度变细。而当要求溢流粒度较粗时，则可降低溢流堰的高度。

（3）螺旋的转速。螺旋的旋转速度不仅影响溢流产品的粒度，也影响输送沉砂的能力。因此，在选择螺旋转速时，必须同时满足溢流粒度和返砂生产率的要求。转速愈快，按返砂计的生产能力愈高，但因对矿浆的搅拌作用变强，溢流中夹带的粗粒增多，适合于粗磨循环中使用的分级机。而在第二段磨矿或细磨循环中使用的分级机，要求得到较细的溢流产品，螺旋转速应尽量放慢一些。

C 操作方法

（1）矿浆浓度。矿浆浓度是分级机操作中一个最重要的调节因素，生产中通常都是通过它来控制分级溢流粒度的。一般来说，矿浆浓度低，溢流粒度细，浓度增大，溢流粒度变粗。这是因为在较浓的矿浆中，矿浆的黏度较大，颗粒沉降受到的干扰大，沉降速度变慢，有些较粗的矿粒还来不及沉下便被水平流动的矿浆带出溢流堰，使溢流粒度变粗。但是，矿浆浓度很低时，也可能出现溢流粒度变粗的情况。这是由于浓度太低了，为了保持一定的按固体质量计算的生产能力，矿浆量必然很大，致使分级机中的矿浆流速随之增大，从而把较粗的矿粒也冲到溢流堰中去。所以在实际生产中，对于处理指定矿石的分级机，有其最适宜的分级矿浆浓度。在此适宜浓度下，当保持一定的分级粒度时，可获得最大的生产率；而保持一定的生产率时，可得到最小的分离粒度，这一浓度就称为临界浓度。实际生产中的临界浓度值要通过试验并参考类似选矿厂分级作业的指标来确定。

(2) 给矿量及给矿的均匀程度。矿浆浓度一定时，若给入分级机的矿量增多，则矿浆的上升流速和水平流速也随之增大，因而使溢流粒度变粗。反之，矿量减少，则溢流粒度变细，返砂中的细粒含量增多。所以分级机的给矿量应适当，且要保持均匀稳定，才能使分级过程正常进行，获得良好的分级效果。

4.9.2.2 水力旋流器分级效果的影响因素

A 矿石性质

影响水力旋流器分级过程的因素，矿石性质与螺旋分级机影响因素相同。

B 设备构造

(1) 旋流器直径。旋流器直径是指圆筒部分的直径。要求分离粒度大时，宜用较大直径的旋流器；要求分离粒度小时，宜用较小直径的，以多个旋流器构成机组来满足处理量的需要。国外选矿厂应用的多为75～1000mm的旋流器，其中75～100mm旋流器的分离粒度为10～19μm，500mm以上的旋流器的分离粒度为74～200μm。由于小旋流器沉砂口易堵塞，在满足分离粒度的要求下，应尽可能地采用大直径的旋流器。

(2) 给矿口直径。旋流器给矿口多呈矩形和椭圆形，以等面积的圆的直径，即当量直径来表示给矿口直径。它与给矿管呈渐近线连接较好。给矿口直径一般为旋流器直径的0.2～0.4倍，为溢流管直径的0.4～1倍。

(3) 溢流管直径和沉砂口直径。在其他因素不变时，增大溢流管直径，旋流器的处理量随之增大，溢流粒度变粗；减小沉砂口直径，沉砂粒度和分离粒度将变粗，沉砂浓度增大。

(4) 锥角。分级用旋流器的锥角在10°～40°，以15°～20°较普遍。锥角过大，矿浆阻力增加，会影响处理量；过小，矿浆运行路线长，虽有利于提高分级效率，但旋流器高度剧增，给配置和操作管理带来不便。

C 操作方法

(1) 给矿压力。旋流器的给矿压力直接影响处理量，随其增大而增大。给矿压力也影响分离粒度，但若靠增大压力来减小分离粒度，动力消耗太大。一般当要求的分离粒度较大时，宜用大直径和较低压力的旋流器，反之用小直径和较大压力的旋流器。分级过程中，压力必须保持稳定。

(2) 给矿浓度。对分级有较大影响，分级过程中应尽可能保持给矿浓度稳定。

4.10 磨矿分级操作

4.10.1 磨矿分级的启停车程序

磨矿分级机组的启动停车应有正确的启停次序。

启动时，先开动分级设备，再开动磨矿机，然后再开动磨矿机的给矿皮带运输机，最后开动矿仓下面的给矿机。启动前必须检查，使分级设备与给矿器的给料箱不致被返砂堵塞。

停车时，应尽可能把磨矿机及分级机内的物料处理完毕。在将要处理完毕时，分级机中残留物已不多了，为使细砂沉淀，可使分级机停转10～15min，然后重新开动，这样重复两三次，然后再停止磨矿机和分级机。

如果临时停车，应立即把所有电动机关掉，然后采取措施防止分级机螺旋被矿砂埋死。为此，可提起分级机螺旋。如停车5~7min可使分级机继续工作，如停车时间长，应把分级机中的矿浆放入事故池中。

4.10.2 磨矿分级操作要领

4.10.2.1 准备阶段

（1）检查各转动部分安全装置是否良好，减速机、衬板、大小齿轮、螺旋叶片、螺丝等有无松动和磨损现象。

（2）检查轴承、齿轮、各润滑点润滑油情况，不足要补加润滑油。

（3）检查溢流槽口、返砂槽口及闭路系统畅通情况。

（4）通知电工检查绝缘情况，接通电源送电。

4.10.2.2 开车阶段

（1）检查完毕，下一工序正常，方可开车。

（2）先启动开关，正常后启动按钮。

（3）先启动分级机/渣浆泵，再启动球磨机。

（4）给矿，调整给水，注意返砂、溢流情况。

4.10.2.3 运转阶段

（1）给料均匀，球磨排矿、溢流、返砂正常，保证矿浆浓度及粒度。

（2）注意各润滑点，保证良好润滑。

（3）注意机器声音，防止漏浆和螺旋叶片脱落，按时补加钢球。

（4）电动机温度应小于60℃，注意电流表指示。

（5）注意排矿溜槽及溢流筛有无钢球和杂物，及时清理，保持畅通。

4.10.2.4 停车阶段

（1）正常停车，先停给料，球磨运转一段时间后再停车。

（2）停车步骤为停物料，停球磨机，停分级机/渣浆泵，再关闭给水阀门。

4.10.3 磨矿机胀肚及处理

胀肚现象的产生是磨矿机工作失调的结果。因为一定规格与形式的磨矿机，在一定的磨矿条件下，只允许一定的通过能力。当原矿性质发生变化，或给矿量增大或粗粒给矿增大而增大循环负荷时，超过了磨矿机本身的通过能力，就会“消化不了”，即发生胀肚现象。再就是操作不当也会引起磨矿机的胀肚，例如磨矿用水量掌握不当，直接影响磨矿浓度，而磨矿浓度过高则可能引起胀肚。还有磨矿介质装入的总量或球径配比的不合理也会引起胀肚。磨矿机胀肚，一方面使磨矿机失去对矿石的磨碎能力或使磨矿能力降低，另一方面严重的胀肚会导致磨矿机的损坏。对溢流型磨矿机来说，严重胀肚时磨矿机的进料口和排料口都会吐大块的矿石和球；格子型球磨机则会由进料口吐矿吐球。

磨矿机发生胀肚时，一般会出现以下现象：①球磨机主电动机电流表指示电流在急剧下降；②分级溢流开始跑粗，返砂量在逐渐加大，溢流浓度增加、粒度变粗；③磨矿机给矿端有矿浆向外喷出；④磨矿机运转声音沉闷，噪声变小，几乎听不见钢球的冲击与泻落的声音。

磨矿机胀肚时主电动机电流下降的原因主要是：由于磨矿机要运转就要克服其本身的质量所产生的阻力与摩擦力，所以需要消耗能量，但这部分的消耗一般来说还是较小的，而绝大部分能量是消耗在矿石的磨矿过程。由于磨矿机胀肚，磨矿作用大为下降，因此电能转换为磨矿作用的机械能大大减少，所以表现出主电动机电流下降。从磨矿介质（钢球）运动状况来看，由于磨矿机胀肚，物料增加，浓度增大、钢球被提升的高度降低，磨矿作用力小，所以动能减少而使电流下降。在磨矿机工作正常的情况下，电流大，磨矿效率也高。

磨矿机胀肚主要处理方法有：①减少给矿机给矿量或短时间内停止给矿。这样可以减轻磨矿机的工作负荷，减少磨矿机通过的给矿量。②调节用水量。磨矿浓度一定要严格控制好，过大或过小都将产生不良的影响。浓度过高时，矿浆流动速度较慢，同时磨矿介质冲击作用变弱，对溢流型球磨机，其排矿粒度变粗，而格子球磨机则可能出现胀肚现象。③合理添加磨矿介质。如果磨矿机内介质的装入量不足，应适当补加大尺寸的磨矿介质。

4.10.4 分级设备跑粗及浓细度波动的原因与处理

分级溢流跑粗是指分级产品中不合格的粗粒级超过了规定范围。跑粗的恶果，特别是在阶段磨矿，阶段选别的浮选流程中，会使浮选（粗选）不起泡。如不及时发现和处理，粗砂逐渐在浮选槽四周堆积，使浮选机搅拌困难，皮带发出异常声音。由于浮选机电动机负荷增加，出现温度升高，严重时冒烟，甚至烧毁和“死槽”（所谓死槽，是浮选机被粗砂埋死），迫使整个浮选系统停车，把粗砂放掉后才能重新开车，造成严重的金属流失。

产生跑粗的原因，主要是原矿中粉矿的比例增大，排矿水没有适量增加或排矿水管道堵塞，引起返砂急剧减少或无返砂；或者是处理矿石粒度细，给矿量过大；此外，返砂水管或给矿水管堵塞，没有及时发现，一旦开水，磨矿机内矿浆大量涌出所造成。

当发现分级溢流浓度小，排矿浓度也小，返砂粒度又细的时候，应当增加磨矿机给矿量。

防跑粗还要控制好磨矿机处理量及水量。当处理矿石粒度较细的时候，处理量不能提得太高，及时适量地调整排矿水，经常观察水压及水管流水情况，正常调整时，应根据矿石性质变化及时进行，但调整量不能太大，同时不能过于频繁，否则造成不正常。

返砂水和给矿水不宜经常变动，根据矿石性质，难磨的排矿浓度小一点，易磨的矿石可大一点，一般保持在75%～80%。

水力旋流器沉砂浓度一般在75%左右，呈伞状喷出为正常。若浓度过大沉砂呈绳状（或柱状），此时溢流可能跑粗；若沉砂浓度过低，表现为伞状的角度很大，很难维持磨矿需要的浓度。两种情况均属不正常，应该避免。

多台旋流器共同工作时，如果沉砂排出状态不一，可能的原因之一是矿浆分配不均匀所致，矿浆分配器应该采用对称的几何结构，比如圆形排列，如果在对称结构的条件下依然出现明显的沉砂浓度差异，需要检查下锥体和沉砂口的磨损状态，更换被磨损的部件。

当溢流浓度突然增大，应首先观察进入浮选机的矿浆量是否变小。若矿浆量没有变小，而旋流器沉砂又正常，若旋流器作为第二段分级设备时，说明一段磨矿的处理量增得太多，应及时与一段磨矿联系，保持稳定的处理量；如果进入下一作业的矿浆减少，应检查补加水是否变化，水管有无堵塞，同时可适当增加补加水。

当溢流浓度突然变小，应立即检查旋流器沉砂情况。如果是旋流器沉砂“拉稀”，说明矿量不足或砂泵压力不够，应立即联系检查处理。

溢流量突然增大，应先检查旋流器下锥是否堵塞，如果下锥堵塞，立即把补加水全部关闭，并停止供矿 1 ~ 2min，使其恢复正常。堵塞旋流器的原因，多半是一段磨矿处理量过大或分级机溢流跑粗所致。

4.10.5 磨矿分级机组的自动控制

磨矿机组的自动控制不仅是节省劳动力问题，更重要的是稳定操作，把作业条件控制在最佳水平，以达到提高产量，降低消耗的目的；特别是自磨机及半自磨机，由于磨矿机内的料位或介质负荷变化快，因此必须安装自动控制系统，以保证磨矿机的高效率、低消耗。

据国外报道，磨矿分级机组自动控制可提高产量 2.5% ~ 10%，处理 1t 矿石可节省电能 0.4 ~ 1.4kW · h。我国一些选矿厂的磨矿分级自动控制经验表明，采用自动控制系统时，磨矿操作的各项指标的波动范围均比人工操作小。

由于影响磨矿效率的因素很多，特别是矿石性质的多变，因此，到现在为止，还没有把这些因素统一起来而制定出统一的数学模型在生产中应用。一般是根据具体矿石和条件，经过试验得出适宜的操作范围，在生产中控制磨矿机在此范围内运转。国内外磨矿分级机组自动控制成功的经验是采用专家系统，最近采用模糊逻辑控制。

磨矿分级机组自动控制系统的主要参数包括：

(1) 功率。功率与磨矿机的转速率、矿浆浓度、磨矿介质充填率、衬板形状等有关。自磨机的负荷变化可采用功率信号或轴压信号反映。

(2) 声音强度。声音强度与介质运动状态和球料比有关，它可表示磨矿机负荷大小。测定时需要将某些无关的声音滤掉。

(3) 新给矿量。在给矿皮带上安置传感器（电子秤或核子秤），传递和记录负荷质量，并用来控制磨矿机磨矿加水量。

(4) 水力旋流器的渣浆泵池的液位。液位控制是旋流器稳定工作的常用方法，可以通过液位—变频器—给矿泵构成一个闭环控制，稳定旋流器的给矿压力。液位可用超声波、原子吸收、压差及浸入料浆的吹泡管的压力等方法测出。

(5) 矿浆流量。矿浆流量可用矿浆磁性流量计测定，先测出矿浆的体积流量，再通过矿浆密度和体积流量计算而测出矿浆的质量流量。

(6) 给水量。给水量影响磨矿浓度和效率，通过电磁阀控制给水流量。

(7) 矿浆浓度。矿浆浓度用浓度计测定。

(8) 磨矿产品粒度。磨矿产品粒度用粒度检测仪测定。

选矿厂磨矿分级机组自动控制可分为定值控制和自寻优或最优化控制两种方式。选用时必须充分研究原矿性质、工艺流程、设备配置及生产指标的具体情况，确定合适的方案。

4.11 磨矿产品的粒度特性及分析

4.11.1 磨矿机的技术效率测定分析

磨矿机的技术效率是指经磨碎后所得产物中合格粒级的质量分数与给矿中原来所含大于合格粒级（所谓合格粒级，就是其粒度上限应小于规定的最大粒度，而其粒度的下限要减去过粉碎部分）的质量分数之间的比，其计算公式为：

$$E_{效} = \frac{(\gamma - \gamma_1) - (\gamma_3 - \gamma_2)\left(1 - \dfrac{\gamma_1 - \gamma_2}{100 - \gamma_2}\right)}{100 - \gamma_1} \times 100\% \tag{4-11-1}$$

式中 $E_{效}$——磨矿机技术效率，%；

γ——磨矿机排矿中小于规定的最大粒度级别的产率，%；

γ_1——给矿中小于规定的最大粒度级别的产率，%；

γ_2——给矿中过粉碎部分的产率，%；

γ_3——排矿中过粉碎部分的产率，%；

$100 - \gamma_1$——给矿中所含大于合格粒度的产率，%；

$\gamma - \gamma_1$——磨矿过程中所含生成的小于规定的最大粒级的产率，%；

$(\gamma_3 - \gamma_2)\left(1 - \dfrac{\gamma_1 - \gamma_2}{100 - \gamma_2}\right)$——在磨矿过程中新生成的过粉碎部分的产率，%。

影响磨矿技术效率的主要因素概括起来有以下几个方面：

（1）矿石性质的影响。矿石的组成及物理性质对磨矿技术效率的影响很大。例如当矿石中有用矿物粒度较粗、结构松散脆软时，较易磨碎。而当有用矿物的嵌布粒度变细、结构致密以及硬度较大时，则比较难磨。一般来说，粗粒级在粗磨时较容易，产生合格粒度的速度较快，而细磨较难。因为随着粒度的减小物料的脆弱面也相应减少，即变得越来越坚固，所以产生合格粒度的速度也就较慢。因此，粗磨的磨矿技术效率比细磨的高。

（2）设备因素的影响。设备因素对磨矿技术效率有一定的影响。例如，溢流型球磨机排矿速度较慢，大密度的矿粒不易排出，容易产生过粉碎现象。另外，与磨矿机构成闭路的分级机，当分级效率低时，易过粉碎，因此会降低磨矿技术效率。

（3）操作因素的影响。操作因素无疑要影响磨矿技术效率。例如，在闭路磨矿时，循环负荷过大，并超过了磨矿机正常的通过能力时，在磨矿产品中会出现跑负现象。而循环负荷过小，或是没有，则易造成过粉碎现象。又如循环负荷过大，则磨矿产品中跑粗现象严重，而循环负荷不足，则过粉碎严重。因此，磨矿时要求给矿均匀、稳定。给矿量时大时小都会影响磨矿技术效率的提高。

各段磨矿粒度确定得不合理，也影响磨矿技术效率的提高。

磨矿浓度对磨矿技术效率影响甚大。因为磨矿浓度直接影响磨矿时间，浓度过大，物料在磨矿机内流动较慢，被磨时间增加，容易过粉碎。另外，在高浓度的矿浆中粗粒不易下沉，易随矿浆流走，造成跑粗。矿浆浓度过稀，会使物料流动速度加快，被磨时间缩短，也会出现跑粗，同时大密度的矿粒易沉积于矿浆底层，还会造成过粉碎现象。因此，在操作中应掌握适宜的磨矿浓度，这就要求严格控制用水量。一般来说粗磨浓度常为75%～82%，细磨浓度一般为65%～75%。

4.11.2　磨矿产品的单体解离度分析

矿石中的有用矿物（待回收矿物）及脉石矿物（待抛弃矿物）紧密嵌生在一起，将有用矿物与脉石矿物及各种有用矿物之间相互解离开来是选别的前提条件，也是磨矿的首要任务。因此，选矿前的磨矿在性质上属解离性磨矿。没有有用矿物的充分解离就没有高的回收率及精矿品位。有用矿物与脉石矿物还呈连生体状态时不容易回收，即使回收起来品位也低。因此，选矿对磨矿的首要要求就是磨矿产品有高的单体解离度，这也是判别磨矿产品质量的首要标准。

单体是在矿石粉碎产品中只含有一种矿物的颗粒；连生体是两种或两种以上矿物连生在一起的颗粒。某矿物的单体解离度，就是该矿物的单体解离粒的颗粒数与含该矿物的连生体颗粒数及该矿物的单体解离粒的颗粒数之和的比值，一般用百分数表示。

$$C = \frac{A}{A + B} \times 100\% \tag{4-11-2}$$

式中　C——某矿物的单体解离度，%；

A——该矿物的单体解离个数；

B——含有该矿物的连生体个数。

4.11.3　磨矿产品的粒度及均匀性分析

选别指标的好坏在很大程度上取决于磨矿产品的质量。磨矿产品的质量就包括磨矿产品的粒度、过粗粒级含量、过粉碎粒级的含量和磨矿产品的均匀性。

磨矿粒度是用来表示磨矿产品粒度的大小，习惯上常用小于 0.074mm 粒度的含量来表示。磨矿产品的粒度详见表 4-9-4。如果磨矿产物过粗，各种矿物粒子彼此未达到充分的单体分离，解离度低，有大量的连生体存在，在选别过程中不能把有用矿物充分的选出来，即使选出来，因为连生体多，精矿品位也不会高，反而尾矿品位会增加，最终选出的精矿品位和回收率都低；但如磨得过细，产生矿泥，无论哪种选矿方法均不能有效回收，此时称为过粉碎。如重选时对小于 19μm 的细粒就难以回收，而浮选的有效回收下限多为 10μm，同时过磨产生的矿泥，会加大药剂消耗，使选矿成本增加，浮选过程失去选择性，甚至浮选将无法进行，给后续作业也造成困难。此外，磨得过细，即使选出来，精矿产品的脱水也很困难。

选矿工作者应当重视磨矿流程和设备的选择，严格掌握操作条件，把磨矿粒度严格控制在试验确定的最佳范围。

4.12　磨矿分级作业的生产管理及技术考查

4.12.1　磨矿分级作业评价的数质量指标

评价磨矿分级作业的指标不外两大类，一类是数量指标，另一类是质量指标。

数量指标包括：

（1）磨矿机处理量。磨矿机处理量是指一台磨矿机在一定的给矿粒度及产品粒度下每小时处理的矿量，单位为“吨/(台·时)”，或称为磨矿机的台时矿量。该指标能快速直观地判明磨矿机工作的好坏，但必须指明给矿粒度及产品粒度，在同一个选矿厂规格相同的几台磨矿机的给矿粒度及产品粒度均相同，能够由磨矿机处理量 Q 的大小直接判明各台磨矿机工作的好坏。但不同选矿厂，磨矿机的规格可能不同，给矿粒度与产品粒度也不尽相同，仅凭处理量 Q 的大小难以判别磨矿机工作的好坏。

(2) 磨矿机单位容积处理量。此指标消除了磨矿机容积的影响，单位为"$t/(m^3 \cdot h)$"，比较科学，但仍具有前面的指标的缺陷，必须指明给矿粒度及产品粒度。

(3) 磨矿机 -200 目(0.074mm)利用系数。此指标消除了磨矿机容积的影响，也消除了给矿粒度及产品粒度的影响，以每小时每立方米磨矿机容积新生成的 -200 目的吨数来评价磨矿机工作效果，单位为"-200 目 $t/(m^3 \cdot h)$"。此指标能比较科学地反映不同磨矿机不同给矿粒度及产品粒度下工作效果的好坏，也称单位容积生产率。

(4) 分级量效率。分级量效率是指分级作业给料中某特定细粒级经分级后进入溢流中的质量占给料中该粒级的质量的百分数，也就是该粒级在溢流中的回收率。分级量效率，在实际计算中既可按小于分离粒度的粒级来计算，也可按某一粒度（常用 200 目(0.074mm)）级别来计算。

质量指标包括：

(1) 磨矿效率。磨矿效率以"t(原矿)/(kW·h)"或"-200 目 t/(kW·h)"表示能量使用效率的高低。

(2) 磨矿技术效率。磨矿技术效率能够从技术上评价磨矿过程的好坏。磨矿技术效率愈高愈好，愈低说明磨矿愈糟糕。

(3) 磨矿钢球单耗。在磨矿中，磨矿作业的费用约有 40% 消耗在钢铁消耗上，其中绝大部分为钢球消耗，故将钢球单耗列为考核选矿厂工作业绩的重要指标之一，单位为"kg/t"。

(4) 分级质效率。分级质效率反映溢流中粗粒级的混杂程度，它可以用细粒级在溢流中的回收率（$E_{细}$）与粗粒级在溢流中的回收率（$E_{粗}$）之差来表示。

4.12.2 磨矿分级作业的指标管理

磨矿分级作业的评价指标虽然很多，但实际生产中的管理指标主要包括磨矿机的原矿处理量、矿浆浓度、磨矿产品粒度等。

4.12.2.1 *磨矿机的原矿处理量*

磨矿机的原矿处理量是考查磨矿分级流程的重要指标之一，也是考查磨矿机效率的必要数据。

进入选矿厂磨矿机处理的矿石的计量方法较多，主要根据运矿方式。一般在厂内的皮带运输机上计量，大多数选矿厂在磨矿机的给矿皮带上安装机械皮带秤或电子皮带秤自动称量，其误差要求不超过 ±2%，因此要经常对皮带秤校验。

小型选矿厂也有人工计量的，即在磨矿机给矿皮带上刮取一定长度的矿量，称重后根据皮带速度可计算出矿量。每小时刮取数次，取其平均值。人工计量不方便并且误差较大。可用下面公式计算每小时的处理量：

$$Q = \frac{3.6qvf}{L} \tag{4-12-1}$$

式中 Q——每小时的处理量，t/h；

q——刮取的矿量，kg；

v——带式输送机速度，m/s；

f——原矿含水系数（一般取 0.98，若含水量较大时，必须实测）；

L——刮取皮带的长度，m。

4.12.2.2 矿浆浓度

矿浆浓度包括磨矿机内的矿浆浓度、螺旋分级的矿浆浓度和水力旋流器的矿浆浓度。

矿浆浓度是选矿工艺过程中影响选矿指标极重要的因素之一。在磨矿过程中，矿浆浓度影响磨矿技术效率，在分级时，矿浆浓度对分级粒度有很大影响，一般来说，浓度高分级粒度较粗，反之则细。

测定矿浆浓度的方法较多。选矿厂目前仍使用浓度壶，今后要逐渐采用自动检测仪或采用自动控制浓度的装置。

利用浓度壶测定浓度的原理是先测出矿浆的密度，利用式(4-12-2)计算矿浆的浓度：

$$p = \frac{\delta(\Delta - 1)}{\Delta(\delta - 1)} \times 100\% \tag{4-12-2}$$

式中 p——矿浆浓度，即固体含量质量分数，%；

δ——矿石的密度，t/m³；

Δ——矿浆的密度，t/m³。

矿石的密度 δ 已知，浓度壶的空重及容积亦可预先测得，当浓度壶装满矿浆后称出其质量就可以计算出矿浆的密度，代入公式就可以求出矿浆的浓度。

在现场通常预先制成一个表格，对一个特定的浓度壶只要称出它装满矿浆后的质量，再从表上查浓度值。现以表 4-12-1 为例，若浓度壶的容积为 1000mL，称出矿浆质量后从表中查出浓度值。如处理矿石密度为 3.8g/cm³，称出实际矿浆质量为 1284g，从表4-12-1中查出浓度为 30%，矿浆固液比为 1∶2.33。这种表格可以扩大。

表 4-12-1 浓度壶测定的矿浆浓度表

浓度/%	固液比	矿石的密度/g·cm⁻³				
		2.6	3.0	3.4	3.8	4.2
		矿浆的质量/g				
29	1∶2.45	1217	1240	1257	1272	1284
30	1∶2.33	1226	1250	1269	1284	1296
31	1∶2.23	1236	1261	1280	1296	1309
32	1∶2.15	1245	1271	1292	1309	1322
33	1∶2.03	1255	1282	1304	1321	1336

4.12.2.3 磨矿产品粒度

在磨矿过程中，为了使矿石中的有用矿物达到充分的单体分离，以便为选别作业创造有利条件，经过试验研究后，确定磨矿粒度，并以 -200 目含量的百分比来表示。检查粒度的方法较多。现场一般都是在分级溢流取样筛析。这里介绍一种快速筛析法：用一定容积的浓度壶，装满矿浆试样称重。得到矿浆加壶的质量为 q_1(g)，把矿浆倒入浸在水盆中的筛子（用200 目或100 目的标准筛）进行湿式筛分，用细水流喷洗，直到洗出的水清净为止，然后将筛上产物移回壶中，加水至原来称矿浆的同一标线处。重新称量，得到筛上产物加壶及水的质量为 q(g)，已知瓶的质量为 a(g)，壶的体积为 b(mL)，筛上产物

（+200 目或 +100 目）的粒度级别为：

$$x = \frac{q - a - b}{q_1 - a - b} \times 100\% \tag{4-12-3}$$

应当指出，这一检测方法是假定筛上产物和筛下产物的密度相等，如果它们的密度相差很大时，这一检测方法的结果为近似值。

测得的粒度数据可与浓度数据一起列入表格，组合三维的矿浆浓粒度表。某铜矿矿石密度为 $3t/m^3$，浓度壶重 292g，壶容积 236mL，按实际称量及计算的溢流浓细度对照表见表 4-12-2，从表中可以方便快速的按照浓度壶称重数据找出对应的浓度和粒度。

表 4-12-2　浓度壶测定的溢流浓细度对照表

总质量/g	592	594	596	598	600	602	604	606	608	610	612	614	616	618
浓度/%	32.0	32.8	33.6	34.3	35.1	35.8	36.5	37.3	38.0	38.7	39.4	40.1	40.7	41.4
筛上质量/g　　细度/%														
545.0	73.4	74.2	75.0	75.7	76.4	77.0	77.6	78.2	78.8	79.3	79.8	80.2	80.7	81.1
545.5	72.7	73.5	74.3	75.0	75.7	76.4	77.0	77.6	78.1	78.7	79.2	79.7	80.1	80.6
546.0	71.9	72.7	73.5	74.3	75.0	75.7	76.3	76.9	77.5	78.0	78.6	79.1	79.5	80.0
546.5	71.1	72.0	72.8	73.6	74.3	75.0	75.7	76.3	76.9	77.4	78.0	78.5	79.0	79.4
547.0	70.3	71.2	72.1	72.9	73.6	74.3	75.0	75.6	76.3	76.8	77.4	77.9	78.4	78.9
547.5	69.5	70.5	71.3	72.1	72.9	73.6	74.3	75.0	75.6	76.2	76.8	77.3	77.8	78.3
548.0	68.8	69.7	70.6	71.4	72.2	73.0	73.7	74.4	75.0	75.6	76.2	76.7	77.3	77.8
548.5	68.0	68.9	69.9	70.7	71.5	72.3	73.0	73.7	74.4	75.0	75.6	76.2	76.7	77.2
549.0	67.2	68.2	69.1	70.0	70.8	71.6	72.4	73.1	73.8	74.4	75.0	75.6	76.1	76.7
549.5	66.4	67.4	68.4	69.3	70.1	70.9	71.7	72.4	73.1	73.8	74.4	75.0	75.6	76.1
550.0	65.6	66.7	67.6	68.6	69.4	70.3	71.1	71.8	72.5	73.2	73.8	74.4	75.0	75.6
550.5	64.8	65.9	66.9	67.9	68.8	69.6	70.4	71.2	71.9	72.6	73.2	73.8	74.4	75.0
551.0	64.1	65.2	66.2	67.1	68.1	68.9	69.7	70.5	71.3	72.0	72.6	73.3	73.9	74.4
551.5	63.3	64.4	65.4	66.4	67.4	68.2	69.1	69.9	70.6	71.3	72.0	72.7	73.3	73.9
552.0	62.5	63.6	64.7	65.7	66.7	67.6	68.4	69.2	70.0	70.7	71.4	72.1	72.7	73.3
552.5	61.7	62.9	64.0	65.0	66.0	66.9	67.8	68.6	69.4	70.1	70.8	71.5	72.2	72.8
553.0	60.9	62.1	63.2	64.3	65.3	66.2	67.1	67.9	68.8	69.5	70.2	70.9	71.6	72.2
553.5	60.2	61.4	62.5	63.6	64.6	65.5	66.4	67.3	68.1	68.9	69.6	70.3	71.0	71.7
554.0	59.4	60.6	61.8	62.9	63.9	64.9	65.8	66.7	67.5	68.3	69.0	69.8	70.5	71.1
554.5	58.6	59.8	61.0	62.1	63.2	64.2	65.1	66.0	66.9	67.7	68.5	69.2	69.9	70.6
555.0	57.8	59.1	60.3	61.4	62.5	63.5	64.5	65.4	66.3	67.1	67.9	68.6	69.3	70.0
555.5	57.0	58.3	59.6	60.7	61.8	62.8	63.8	64.7	65.6	66.5	67.3	68.0	68.8	69.4
556.0	56.3	57.6	58.8	60.0	61.1	62.2	63.2	64.1	65.0	65.9	66.7	67.4	68.2	68.9
556.5	55.5	56.8	58.1	59.3	60.4	61.5	62.5	63.5	64.4	65.2	66.1	66.9	67.6	68.3
557.0	54.7	56.1	57.4	58.6	59.7	60.8	61.8	62.8	63.8	64.6	65.5	66.3	67.0	67.8
557.5	53.9	55.3	56.6	57.9	59.0	60.1	61.2	62.2	63.1	64.0	64.9	65.7	66.5	67.2
558.0	53.1	54.5	55.9	57.1	58.3	59.5	60.5	61.5	62.5	63.4	64.3	65.1	65.9	66.7
558.5	52.3	53.8	55.1	56.4	57.6	58.8	59.9	60.9	61.9	62.8	63.7	64.5	65.3	66.1
559.0	51.6	53.0	54.4	55.7	56.9	58.1	59.2	60.3	61.3	62.2	63.1	64.0	64.8	65.6

有的选矿厂每班取一综合粒度样，在加工室烘干后缩分出100g，再经湿式筛分测出粒度。

4.12.3 磨矿分级过程的动态考查分析

磨矿分级过程的动态考查，是根据考查过程中所测得的数据及计算结果，对整个流程和设备运转情况进行科学分析，从中发现问题，从而得出解决的方法和合理化建议，以指导现场生产，提高设备的利用率和各项生产指标。由于各选矿厂的磨矿分级流程不相同，其考查的目的也不一样，因此对考查结果分析所侧重的方面也就不同。但一般说来，包括以下几个方面的内容：

（1）考察期间的生产情况简要介绍和分析，其中主要是原矿的代表性，各设备的运转情况及主要技术操作条件。

（2）流程中各产物的矿量、产率的分配情况分析，主要了解各磨矿机和分级设备的负荷分配，以及同一作业多台设备矿量分配是否均衡。进一步分析流程结构的合理性，从中发现流程结构中所存在的问题。

（3）设备工作效率及运转情况分析，包括对各台磨矿机、分级设备的生产率、负荷率、分级效率、循环负荷，以及钢球添加情况、浓度、粒度等操作因素的分析，从而发现设备生产能力发挥不好的原因，并提出解决方法。同时了解设备的运转及磨损情况。

（4）分析磨矿产品过粉碎或磨不细的原因。

（5）应根据分析所发现的问题，提出解决办法及合理化建议。

4.12.4 磨矿分级过程的分析与调节

为了降低磨矿成本及保证选别作业的各项指标，必须对磨矿分级过程进行分析及调节，其内容包括：

（1）原矿品位在一段时期内应该相对保持稳定，如果原矿品位变化频繁，磨矿制度难以确定。因为原矿品位不同，它们的可磨性往往不一样，一般高品位矿石比较好磨。原矿品位的频繁波动，对浮选的影响尤为敏感，药剂制度难以控制。所以，入磨前应该进行配矿，把高、低品位的矿石混合在一起，使入磨矿石的品位保持均匀稳定。

（2）入磨矿石的粒度影响在4.9.1.1节中已经论述，其控制也可以进行配矿处理，多碎少磨或以碎代磨是各选矿厂的共识，为了保证矿石的粒度，可以增加破碎的段数或与筛子构成闭路磨矿，或选用高性能破碎机。

（3）磨矿产品的浓度和粒度也和给矿量一样，经确定以后不能超过允许的波动范围。对开路磨矿，在磨矿机排料中进行检测，对闭路磨矿则测定分级作业的分级溢流。磨矿产品的浓度和粒度都是靠调节给水量来控制。

（4）对磨矿介质也要进行定期清理，清除废球或废棒，测定介质的充填率和配比，以建立合理的补加球制度。

（5）定期测定磨矿效率和分级效率，磨矿分级的循环负荷及磨矿机装载量等，以保证磨矿机有最大的生产能力。

参考文献

[1] 李启衡．碎矿与磨矿[M]．北京：冶金工业出版社，1980.

[2] 段希祥．碎矿与磨矿[M]．2版．北京：冶金工业出版社，2006.

[3] 中南矿冶学院，东北工学院．破碎筛分[M]．北京：中国工业出版社，1961.

[4] 安德烈耶夫．有用矿物的破碎、磨碎及筛分[M]．北京矿业学院译．北京：中国工业出版社，1963.

[5]《选矿设计参考资料》编写组．选矿设计参考资料[M]．北京：冶金工业出版社，1972.

[6]《选矿设计手册》编委会．选矿设计手册第二卷第一、二分册[M]．北京：冶金工业出版社，1993.

[7] 段希祥．选择性磨矿及其应用[M]．北京：冶金工业出版社，1991.

[8] 段希祥．球磨机介质工作理论与实践[M]．北京：冶金工业出版社，1999.

[9] 徐小荷，余静．岩石破碎学[M]．北京：煤炭工业出版社，1984.

[10] 李启衡．粉碎理论概要[M]．北京：冶金工业出版社，1993.

[11] 段希祥．球磨机球径的理论计算研究[J]．中国科学：A辑，1989(8)：856～863.

[12] 段希祥．贫磁铁石英岩矿石细磨的新方向[J]．中国科学：A辑，1992(5)：548～554.

[13] 段希祥．球径半理论公式的修正研究[J]．中国科学：E辑，1997(12)：510～515.

[14] Д. К. Крюков. Усовершенствавание Размльного Обрудованния Горнооба гатительных Предприятний [J]. Издательство "недра", Москва, 1996：10～44.

[15] Pit and quarry handbook purceasing guide for the nonmetallic minerals industriess [J]. Sixty-second edition 1969.

[16] BELA BEKE D S C. The process of fine grinding[J]. Akademiai Kiado, Budquest, 1981.

[17] 段希祥．碎散物料的 P_{80} 和 d_{95} 粒度及其相互换算[J]．有色金属（选矿部分），1985(5)：27～31.

[18] 选矿手册编委会．选矿手册第二卷第二分册[M]．北京：冶金工业出版社，1993.

[19] 高明炜，等．细磨和超细磨工艺的最近进展[J]．国外金属矿选矿，2006(12).

[20] 张光烈．高效节能碎磨设备的技术特点及应用[J]．中国矿业，2012(12).

[21] 刘建远．关于矿石粉碎特性参数及其测定方法[J]．金属矿山，2011(10).

[22] 余浔，邵全瑜．影响碎磨工艺选择的主要因素流程方案的种类[J]．现代矿业，2010(9).

[23] Brian Pultand：Comminution circuit selection-Key drivers and circuit limitations, SAG 2006. Conference, Vancouver, BC, Canada.

第 5 章　重力选矿

重力选矿是按照矿物的密度差对矿物进行分选的选矿方法，简称重选。重选的历史悠久，大约在 400 多年前就出现了原始形式的跳汰机。1830 ~ 1840 年间，在德国的哈兹（Harz）矿区出现了早期活塞跳汰机，它一问世就不断得到改进并被推广使用。此后，美国于 1890 年制造了第一台选煤用打击式摇床；大型气动选煤用鲍姆（Baum）跳汰机也于 1892 年问世；1896 ~ 1898 年威尔弗利（Wilfley）发明了现代形式的摇床。

1921 年用重介质选矿法分选块煤成功用于工业生产，1936 年美国的马斯科特（Mascot）矿山首次成功利用重介质选矿法分选铅锌矿石。此后，1939 年在荷兰开始使用水力旋流器进行浓缩和分级；1941 年美国人汉弗莱（Humphreys）研制成功了螺旋溜槽（螺旋选矿机）。至此，跳汰、摇床、溜槽和重介质分选等常用的重力选矿方法都成功实现了工业化生产。

重选的实质就是借助于多种力的作用，实现按物料的密度分离。然而，在分选过程中，颗粒的粒度和形状也会产生一定的影响。因此，如何最大限度地发挥密度的作用，限制粒度和颗粒形状的影响，一直是重选理论研究的核心。

重选过程必须在某种流体介质中进行。常用的介质有水、空气、重介质（重液或重悬浮液），其中应用最多的介质是水，称为湿式分选；以空气为介质时称为风力分选；在重介质中进行的分选过程称为重介质分选。

从宏观的角度讲，介质的作用在于使颗粒群松散悬浮并按密度实现分层，此后可借介质流动或辅以机械机构将密度不同的产物分离。所以重选的实质就是一个松散-分层-分离过程，松散是实现分层的必要条件，分层是重选过程的目的，分离是分选过程的最终结果。

重选适合处理所含的矿物之间具有较大密度差的固体矿产资源，是钨、锡、金矿石（特别是砂金矿、砂锡矿）和煤炭的主要分选方法，在含稀有金属（铌、钽、钛、锆等）的砂矿和非金属矿产资源的处理过程中也得到了广泛应用。

矿石重选的难易程度主要取决于矿石中高密度矿物和低密度矿物之间的密度差，通常用重选可选性准则 E 值进行初步判断：

$$E = \frac{\rho_1' - \rho}{\rho_1 - \rho} \tag{5-0-1}$$

式中　ρ_1，ρ_1'，ρ——分别为低密度矿物、高密度矿物和分选介质的密度，kg/m^3。

根据 E 的数值可将矿石的重选难易程度分为 5 级，具体见表 5-0-1。

表 5-0-1　矿石重选的难易程度

E 值	>2.50	2.50 ~ 1.75	1.75 ~ 1.50	1.50 ~ 1.25	<1.25
重选难易程度	极容易	容易	中等	困难	极困难

5.1 重选基本原理

重选理论实质上就阐述矿石中不同密度的矿物，在重选过程中实现松散、分层的作用机制及影响因素，概括起来主要包括：①颗粒及颗粒群的沉降理论；②颗粒群按密度分层的理论；③颗粒群在斜面流中的分选理论。

5.1.1 颗粒在介质中的沉降运动

垂直沉降是颗粒在介质中运动的基本形式。在真空中，不同密度、不同粒度、不同形状的颗粒，其沉降速度是相同的，但它们在介质中因所受浮力和阻力不同而有不同的沉降速度。因此，介质的性质是影响颗粒沉降过程的主要因素。

5.1.1.1 介质的密度和黏度

介质的密度是指单位体积内介质的质量，单位为 kg/m³。液体的密度常用符号 ρ 表示，而重悬浮液的密度通常用符号 ρ_{su} 表示，其计算公式为：

$$\rho_{su} = \varphi\rho_1 + (1-\varphi)\rho = \varphi(\rho_1-\rho)+\rho \tag{5-1-1}$$

或

$$\rho_{su} = (1-\varphi_1)(\rho_1-\rho)+\rho = \rho_1 - \varphi_1(\rho_1-\rho) \tag{5-1-2}$$

式中 φ——重悬浮液的固体体积分数或容积浓度，即固体体积与重悬浮液总体积之比；

φ_1——重悬浮液的松散度，即液体体积与重悬浮液总体积之比，$\varphi_1 = 1-\varphi$；

ρ_1——固体颗粒的密度，kg/m³；

ρ——液体的密度，kg/m³。

除了重悬浮液的密度、容积浓度之外，在生产中还常常用到重悬浮液（或矿浆）的质量浓度 c，亦即重悬浮液（或矿浆）中固体的质量分数，它与其他参数之间的关系为：

$$c = \frac{\rho_1\varphi}{\rho_{su}} \times 100\% \tag{5-1-3}$$

黏度是流体的重要性质之一。均质流体在作层流运动时，其黏性符合牛顿内摩擦定律，亦即：

$$F = \mu A\frac{du}{dy} \tag{5-1-4}$$

式中 F——黏性摩擦力，N；

μ——流体的动力黏度，Pa·s；

A——摩擦面积，m²；

du/dy——速度梯度，s^{-1}。

流体的动力黏度 μ 与其密度 ρ 的比值称为运动黏度，以 ν 表示，单位为 m²/s，即：

$$\nu = \frac{\mu}{\rho} \tag{5-1-5}$$

单位摩擦面积上的黏性摩擦力称为内摩擦切应力，记为 τ，单位为 Pa，其计算公式为：

$$\tau = \mu\frac{du}{dy} \tag{5-1-6}$$

5.1.1.2 介质对颗粒的浮力和阻力

体积为$V(m^3)$的固体颗粒，在密度为ρ的均质介质中所受的浮力$F(N)$为：

$$F = V\rho g \tag{5-1-7}$$

该颗粒在密度为ρ_{su}的重悬浮液中所受的浮力$F(N)$为：

$$F = V\rho_{su}g = V\rho g + V\varphi(\rho_1 - \rho)g \tag{5-1-8}$$

介质对颗粒的阻力又称为介质的绕流阻力，根据阻力产生时的具体情况，介质对颗粒的阻力又细分为摩擦阻力和压差阻力两种。

摩擦阻力又称为黏性阻力或黏滞阻力，产生的基本原因是：当颗粒与介质间有相对运动时，由于流体具有黏性，紧贴在颗粒表面的流体质点随颗粒一起运动，由此向外，流体质点运动速度与颗粒的运动速度之间的差异逐渐增加，流层间出现了速度梯度，层间摩擦力层层叠加，最后使颗粒受到一个宏观的阻碍发生相对运动的力。

产生压差阻力的基本原因是：当流体以较高的速度绕过颗粒流动时，由于流体黏性的作用导致边界层发生分离，使得颗粒后部出现旋涡（卡门涡街），从而导致颗粒前后的流体区域出现压强差，致使颗粒受到一个阻碍发生相对运动的力。

颗粒在介质中运动时，所受的阻力以哪一种为主，主要决定于介质的绕流流态，所以通常用表征流态的雷诺数来判断。在这种情况下，雷诺数的表达式为：

$$Re = \frac{dv\rho}{\mu} \tag{5-1-9}$$

式中 Re——介质的绕流雷诺数；

d——固体颗粒的粒度，m；

v——颗粒与介质之间的相对运动速度，m/s；

ρ——介质的密度，kg/m^3；

μ——介质的动力黏度，Pa·s。

当颗粒与介质之间的相对运动速度较低时，介质呈层流流态绕过颗粒（见图5-1-1(a)），此时颗粒所受的阻力以黏性阻力为主。斯托克斯（Stokes）在忽略压差阻力的条件下，利用积分的方法，求得作用于球形颗粒上的黏性阻力R_s计算式为：

$$R_s = 3\pi\mu dv \tag{5-1-10}$$

式（5-1-10）可用于计算绕流雷诺数$Re<1$时的介质阻力。

当颗粒与介质之间的相对运动速度较高时，介质呈湍流流态绕过颗粒，在这种情况下，颗粒后面出现明显的旋涡区（见图5-1-1(b)），致使压差阻力占绝对优势，在不考虑黏性阻力的条件下，牛顿和雷廷智推导出的作用于球形颗粒上的压差阻力R_{N-R}计算式为：

$$R_{N-R} = \left(\frac{1}{16} \sim \frac{1}{20}\right)\pi d^2 v^2 \rho \tag{5-1-11}$$

式（5-1-11）可用于计算绕流雷诺数$Re = 10^3 \sim 10^5$时的介质阻力。

绕流雷诺数$Re = 1 \sim 10^3$范围内为阻力的过渡区，黏性阻力和压差阻力均占有相当比例，忽略任何一种都将使计算结果严重偏离实际。

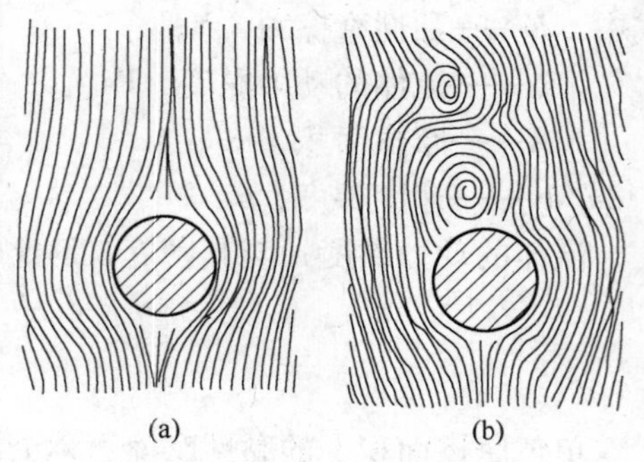

图5-1-1 介质绕流球体的流态
(a) 层流；(b) 湍流

为了寻求阻力计算通式，有人利用 π 定理推导出了介质作用在颗粒上的阻力与各物理量之间的关系为：

$$R = \psi d^2 v^2 \rho \tag{5-1-12}$$

式中　ψ——阻力系数，是绕流雷诺数 Re 的函数。

对于球形颗粒，ψ 与绕流雷诺数 Re 之间呈单值函数关系，1893 年英国物理学家李莱（Rayleigh）通过试验，在绕流雷诺数为 $10^{-3} \sim 10^6$ 的范围内，测出了图 5-1-2 所示的 ψ-Re 关系曲线，习惯上称为李莱曲线，它表明球形颗粒在介质中沉降时的阻力变化规律。

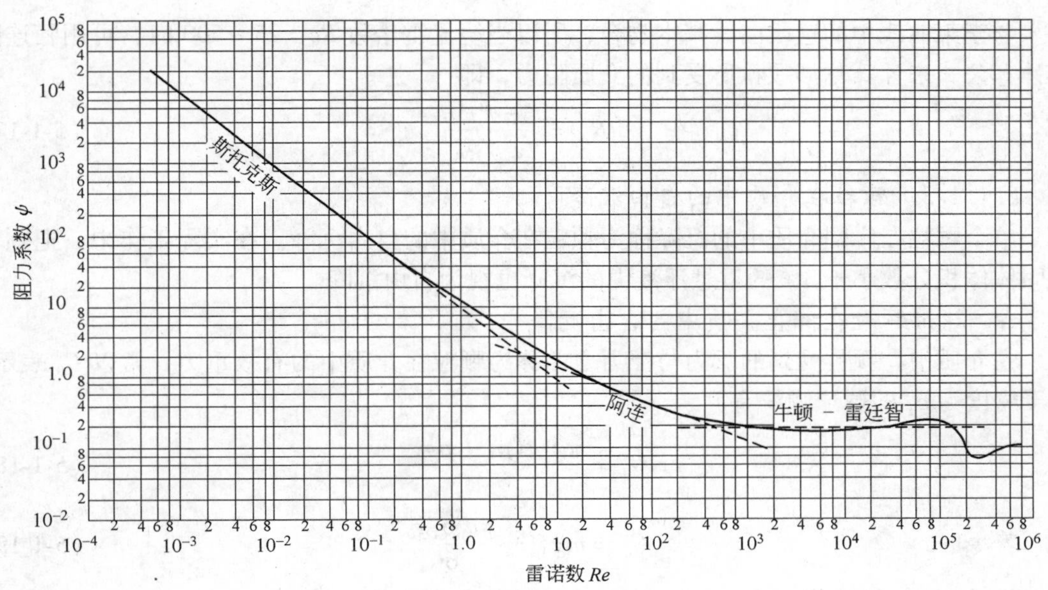

图 5-1-2　ψ-Re 关系曲线（李莱曲线）

根据斜率的变化情况，李莱曲线可大致分为 3 段。

（1）当雷诺数很小时，李莱曲线近似为一条直线，阻力系数 ψ 与绕流雷诺数 Re 的关系为：

$$\psi = \frac{3\pi}{Re} \tag{5-1-13}$$

写成对数形式得：

$$\lg\psi = \lg(3\pi) - \lg Re \tag{5-1-14}$$

在对数坐标中，式（5-1-14）为一条直线，其斜率为 -1，在李莱曲线上恰好与 $Re < 1$ 的部分吻合。这充分证明，斯托克斯阻力计算公式很好地反映了在层流绕流条件下球形颗粒运动的阻力规律。

（2）当 Re 在 $10^3 \sim 10^5$ 的范围内时，李莱曲线近似与横轴平行，可将 ψ 视为一常数，其值大致为$\left(\frac{1}{16} \sim \frac{1}{20}\right)\pi$。此绕流雷诺数区域称为牛顿阻力区，阻力系数取其中间值$\frac{1}{18}\pi$，所以牛顿-雷廷智阻力计算公式可简化为：

$$R_{N-R} = \frac{\pi d^2 v^2 \rho}{18} \tag{5-1-15}$$

这说明牛顿-雷廷智阻力计算公式近似地反映了湍流绕流条件下，球形颗粒运动的介质阻力变化规律。

(3) 当 Re 在 25 ~ 500 范围内时，阿连提出的介质阻力系数 ψ 与绕流雷诺数 Re 之间的函数关系式为：

$$\psi = \frac{5\pi}{4\sqrt{Re}} \tag{5-1-16}$$

与李莱曲线中的这段曲线基本吻合，所以当绕流雷诺数 $Re = 25 \sim 500$ 时，可用阿连阻力计算公式来计算球形颗粒所受到的介质阻力，即：

$$R_A = \frac{5\pi d^2 v^2 \rho}{4\sqrt{Re}} \tag{5-1-17}$$

5.1.1.3 颗粒在介质中的自由沉降

单个颗粒在广阔介质中的沉降称为颗粒在介质中的自由沉降。在实际工作中，把颗粒在固体体积分数小于 3% 的重悬浮液中的沉降也视为自由沉降。

A　球形颗粒在静止介质中的自由沉降

在介质中，颗粒受到的重力与浮力之差称为颗粒在介质中的有效重力，常以 G_0 表示。对于密度为 ρ_1 的球形颗粒有：

$$G_0 = \frac{\pi d^3 g(\rho_1 - \rho)}{6} \tag{5-1-18}$$

若令

$$G_0 = mg_0 = \frac{\pi d^3 \rho_1 g_0}{6} \tag{5-1-19}$$

将式 (5-1-19) 代入式 (5-1-18) 并整理得：

$$g_0 = \frac{(\rho_1 - \rho) g}{\rho_1} \tag{5-1-20}$$

式中　g_0——颗粒在介质中因受有效重力作用而产生的加速度，称为初加速度，m/s^2。

当 $\rho_1 < \rho$ 时，$g_0 < 0$，此时颗粒在介质中上浮；当 $\rho_1 > \rho$ 时，$g_0 > 0$，颗粒在介质中下沉。

颗粒在介质中开始沉降时，在初加速度 g_0 的作用下，速度越来越大，与此同时，介质对运动颗粒所产生的阻力也相应不断增加，因介质阻力的作用方向恰好同颗粒的运动速度方向相反，而使得颗粒沉降的加速度逐渐减小，最后阻力增加到与颗粒的有效重力相等，沉降速度也就达到了最大值，以后便以此速度等速下沉，称为颗粒的自由沉降末速，记为 v_0。当绕流雷诺数 $Re < 1$ 时，v_0 的计算式为：

$$v_{0S} = \frac{d^2 g(\rho_1 - \rho)}{18\mu} \tag{5-1-21}$$

式 (5-1-21) 称为斯托克斯自由沉降末速计算公式，可用来计算 0.1mm 以下的球形石英颗粒在水中的自由沉降末速。

当绕流雷诺数 $Re = 10^3 \sim 10^5$ 时，v_0 的计算式为：

$$v_{0N} = \sqrt{\frac{3dg(\rho_1 - \rho)}{\rho}} \tag{5-1-22}$$

式（5-1-22）称为牛顿-雷廷智自由沉降末速计算公式，可用来计算粒度为 2.8 ~ 57mm 的球形石英颗粒在水中的自由沉降末速。

当绕流雷诺数 $Re = 25 \sim 500$ 时，v_0 的计算式为：

$$v_{0A} = \sqrt[3]{\frac{4g^2(\rho_1 - \rho)^2}{225\mu\rho}}d \tag{5-1-23}$$

式（5-1-23）称为阿连自由沉降末速计算公式，可用来计算粒度为 0.4 ~ 1.7mm 的球形石英颗粒在水中的自由沉降末速。

B 颗粒的自由沉降等降比

由于颗粒的自由沉降末速同时受到密度、粒度等因素的影响，所以在同一介质中，性质不同的颗粒可能具有相同的沉降末速。密度不同而在同一介质中具有相同沉降末速的颗粒称为等降颗粒；在自由沉降条件下，等降颗粒中低密度颗粒与高密度颗粒的粒径之比称为自由沉降等降比，记为 e_0，即：

$$e_0 = \frac{d_1}{d_2} \tag{5-1-24}$$

式中 d_1——等降颗粒中低密度颗粒的粒径，m；

d_2——等降颗粒中高密度颗粒的粒径，m。

对于密度分别为 ρ_1 和 ρ_1'、粒径分别为 d_1 和 d_2 的两个颗粒，在等降条件下，由 $v_{01} = v_{02}$，可得关系式：

$$\sqrt{\frac{\pi d_1 g(\rho_1 - \rho)}{6\psi_1\rho}} = \sqrt{\frac{\pi d_2 g(\rho_1' - \rho)}{6\psi_2\rho}}$$

由上式可解出：

$$e_0 = \frac{d_1}{d_2} = \frac{\psi_1(\rho_1' - \rho)}{\psi_2(\rho_1 - \rho)} \tag{5-1-25}$$

式（5-1-25）表明，自由沉降等降比 e_0 随着两种颗粒密度差（$\rho_1' - \rho_1$）和介质密度 ρ 的增加而增加。当两个等降颗粒同时处于斯托克斯阻力范围内时，由公式（5-1-21）得：

$$e_{0S} = \sqrt{\frac{\rho_1' - \rho}{\rho_1 - \rho}} \tag{5-1-26}$$

当两个等降颗粒同时处于阿连阻力范围内时，由公式（5-1-23）得：

$$e_{0A} = \sqrt[3]{\left(\frac{\rho_1' - \rho}{\rho_1 - \rho}\right)^2} \tag{5-1-27}$$

当两个等降颗粒同处于牛顿阻力范围内时，由公式（5-1-22）得：

$$e_{0N} = \frac{\rho_1' - \rho}{\rho_1 - \rho} \tag{5-1-28}$$

由上述三个计算公式可以看出，对于两种密度不变的固体颗粒，随着绕流流态从层流向湍流过渡，自由沉降等降比逐渐增大。正是由于微细粒级的等降比较小，才使得它们很难有效地按密度实现分层。上述三个计算公式还表明，等降比随着高密度和低密度颗粒的密度差增加而上升，从而使得重选的分选精确度增加，但对分级过程的不利影响将更加突出。

实践中把低密度大颗粒与高密度小颗粒的粒度比小于自由沉降等降比 e_0 的混合物料称为窄级别物料；反之则称为宽级别物料。

5.1.1.4　颗粒在悬浮粒群中的干涉沉降

A　颗粒在干涉沉降过程中的运动特点

颗粒在悬浮粒群中的沉降称为干涉沉降。此时颗粒的沉降速度除了受自由沉降时的影响因素支配外，还增加了一些新的影响因素。这些附加影响因素归纳起来大致如下：

（1）粒群中任意一个颗粒的沉降，都将导致周围介质的运动，由于存在大量的固体颗粒，又会使介质的流动受到某种程度的阻碍，宏观上相当于增加了流体的黏性；

（2）当颗粒在有限范围的悬浮粒群中沉降时，将在颗粒与颗粒之间或颗粒与器壁之间的间隙内产生一上升股流（见图 5-1-3），使颗粒与介质的相对运动速度增大；

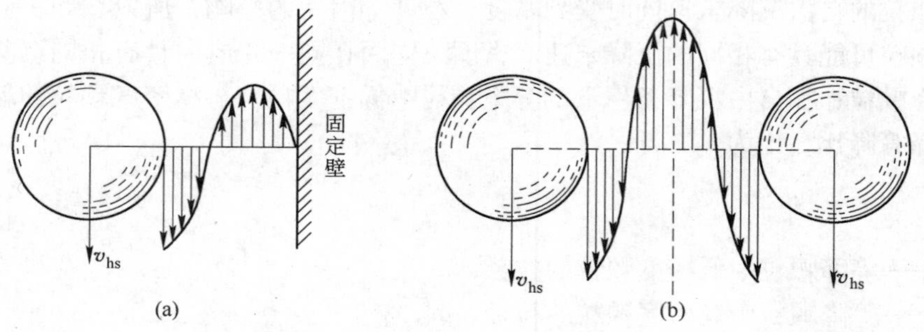

图 5-1-3　干涉沉降时的上升股流

（a）颗粒与器壁之间；（b）颗粒与颗粒之间

（3）固体粒群与流体介质组成的悬浮体密度 ρ_{su} 大于介质的密度 ρ，因而使颗粒所受到的浮力作用比在纯净流体介质中要增大；

（4）颗粒之间的相互摩擦、碰撞，也会消耗一部分颗粒的运动动能，使粒群中每个颗粒的沉降速度都有一定程度降低。

上述诸因素的影响结果，使得颗粒的干涉沉降速度小于自由沉降速度。其降低程度随悬浮体中固体颗粒密集程度的增加而增加，因而颗粒的干涉沉降速度并不是一个定值。

B　颗粒的干涉沉降速度计算公式

为了探讨颗粒的干涉沉降规律，不少学者曾进行了大量的研究工作。其中研究结论比较成熟，且最早出现在相关著作中的研究成果，是苏联人利亚申柯（П. В. Лященко）于 1940 年完成的。

利亚申柯的试验装置如图 5-1-4 所示。他在研究中为了便于观测，将粒度均匀、密度相同的物料置于上升水流中悬浮，当上升水速一定时，物料的悬浮高度亦为一定值，物料中每个颗粒在空间的位置宏观上可认为是固定不变的。按照相对性原理，即当水流为静止时，各个颗粒将以相当于水流在净断面上的上升流速 u_a 下降，所以颗粒此时的干涉沉降

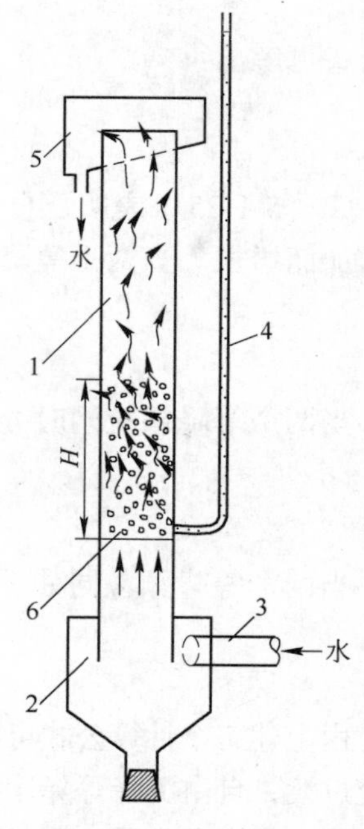

图 5-1-4　干涉沉降试验装置

1—悬浮物料用玻璃管；2—涡流管；3—切向给水管；4—测压管；5—溢流槽；6—筛网

速度 v_{hs} 可以用 u_a 表示，即：

$$v_{hs} = u_a \tag{5-1-29}$$

利亚申柯通过试验发现物料的干涉沉降速度是单个颗粒的自由沉降末速 v_0 及悬浮体容积浓度 φ 的函数，即有关系式：

$$v_{hs} = f(v_0, \varphi) \tag{5-1-30}$$

在某一水流上升速度 u_a 下，物料达到稳定悬浮时，悬浮体中每个颗粒的受力情况均可表示为：

$$G_0 = R_{hs}$$

或

$$\frac{\pi d^3 g(\rho_1 - \rho)}{6} = \psi_{hs} d^2 v_{hs}^2 \rho$$

由上式解出颗粒的干涉沉降速度计算公式为：

$$v_{hs} = \sqrt{\frac{\pi d g(\rho_1 - \rho)}{6\psi_{hs}\rho}} \tag{5-1-31}$$

式中 R_{hs}——颗粒在干涉沉降条件下所受到的介质阻力，N；

ψ_{hs}——颗粒在干涉沉降条件下的阻力系数。

通过实际测定，测得 ψ_{hs} 与 φ 之间的关系曲线如图 5-1-5 所示。

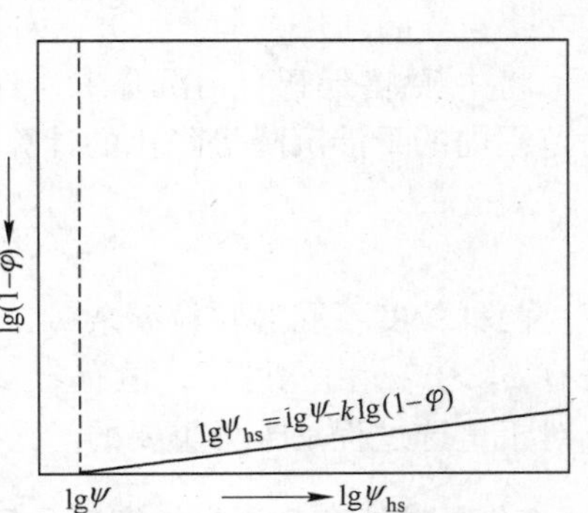

图 5-1-5 ψ_{hs} 与 φ 的关系曲线

由图 5-1-5 中的曲线可以看出，在双对数直角坐标系中，ψ_{hs} 与 φ 呈直线关系，据此可写出一般的直线方程：

$$\lg\psi_{hs} = \lg\psi - k\lg(1 - \varphi) \tag{5-1-32}$$

由式（5-1-32）得：

$$\psi_{hs} = \frac{\psi}{(1 - \varphi)^k} \tag{5-1-33}$$

将式（5-1-33）代入式（5-1-31）得：

$$v_{hs} = \sqrt{(1 - \varphi)^k \frac{\pi d g(\rho_1 - \rho)}{6\psi\rho}}$$

令 $k/2 = n$，上式可简化为：

$$v_{hs} = v_0(1 - \varphi)^n \tag{5-1-34}$$

式（5-1-34）是由均匀物料的悬浮试验结果，推导出的颗粒干涉沉降速度计算式。从式（5-1-34）中可以看出：

（1）对于一定粒度、一定密度的固体颗粒，v_{hs} 并无固定值，而是随着 φ 的增大而减小，这与 v_0 明显不同，v_0 是颗粒的固有属性，在一定的介质中有固定值。

（2）指数 n 表征物料中颗粒的粒度和形状的影响，粒度越小，形状愈不规则，n 值越大，v_{hs} 也就越小。大量的研究表明，对于球形颗粒，在牛顿阻力区 $n = 2.39$，在斯托克斯阻力区 $n = 4.7$。

C 干涉沉降等降比

若将由密度不同、粒度不同的颗粒构成的宽级别物料置于上升介质流中悬浮，当流速稳定后，即在管中形成松散度自上而下逐渐减小的悬浮柱（见图5-1-4）。在下部形成比较纯净的高密度粗颗粒层；而上部则是比较纯净的低密度细颗粒层；中间相当高的范围内是混杂层。若将各个薄层中处于混杂状态的颗粒视为等降颗粒，则对应的低密度颗粒与高密度颗粒的粒度之比，即可称为干涉沉降等降比，记为 e_{hs}，亦即：

$$e_{hs} = \frac{d_1}{d_2} \tag{5-1-35}$$

由于混合粒群在同一上升介质流中悬浮，所以粒群中每一个颗粒的干涉沉降速度都是相同的。因此，对于同一层中不同密度的颗粒必然存在如下的关系：

$$v_{01}\varphi_1^{n_1} = v_{02}\varphi_1'^{n_2} \tag{5-1-36}$$

如果两颗粒的自由沉降是在同一阻力范围内，则有 $n_1 = n_2 = n$。将斯托克斯自由沉降末速计算公式（5-1-21）代入式（5-1-36），即可解出斯托克斯阻力范围内的干涉沉降等降比的计算公式为：

$$e_{hsS} = \frac{d_1}{d_2} = \sqrt{\frac{\varphi_1'^{n}(\rho_1' - \rho)}{\varphi_1^{n}(\rho_1 - \rho)}} = e_{0S}\left(\frac{\varphi_1'}{\varphi_1}\right)^{2.35} \tag{5-1-37}$$

将牛顿-雷廷智自由沉降末速计算公式（5-1-22）代入式（5-1-36），即可解出牛顿阻力范围内的干涉沉降等降比的计算公式为：

$$e_{hsN} = \frac{d_1}{d_2} = \frac{\varphi_1'^{2n}(\rho_1' - \rho)}{\varphi_1^{2n}(\rho_1 - \rho)} = e_{0N}\left(\frac{\varphi_1'}{\varphi_1}\right)^{4.78} \tag{5-1-38}$$

两种粒度不同的颗粒混杂时，总是粒度小者松散度大，而粒度大者松散度小，所以总是有 $\varphi_1' > \varphi_1$，由此可见，恒有 $e_{hs} > e_0$，且 e_{hs}随着悬浮体容积浓度的增加而增大，这一特点对于重选过程是十分重要的。

5.1.2 颗粒群在介质中按密度分层

矿物颗粒群按密度分层是重选的核心问题，许多学者依据自己的研究结果，就此问题提出了理论见解。

5.1.2.1 按颗粒在介质中的运动速度差分层学说

从矿物颗粒在介质中的运动差异出发，探讨分层原因的学说提出最早，主要包括有按颗粒的自由沉降速度差分层学说、按颗粒的干涉沉降速度差分层学说等。

按颗粒的自由沉降速度差分层学说最早由雷廷智（P. R. Rittinger）提出，他认为在垂直介质流中，矿物颗粒群的分层是按照其中的低密度矿物颗粒和高密度矿物颗粒的自由沉降速度差发生。依据雷廷智的分层学说，重选只能有效分选窄级别给料。由式（5-1-26）、式（5-1-27）和式（5-1-28）3个自由沉降等降比的计算公式可以看出，当两种矿物的密度一定时，随着颗粒粒度的减小，等降比也相应下降，表明细粒级矿石的重选比粗粒级矿石的要困难。

19世纪末，雷廷智的分层学说在欧洲大陆曾有广泛的影响，绝大多数选矿厂和选煤厂都严格按照窄级别对原料进行分级后给入重选作业，大大增加了分选流程的复杂程度。然而，在英国则基于实践经验，对煤炭采用宽级别重选，同样取得了良好效果，这在一定程度上否定了雷廷智的分层学说。

为了解释可以对宽级别给矿进行有效重选的生产现象，门罗（R. H. Monroe）于1888

年提出了矿物颗粒按干涉沉降速度差分层的学说。由于恒有 $e_{hs} > e_0$，且 e_{hs} 随着悬浮体中固体体积分数的增加而增大，所以重选不仅可以对宽级别给矿进行有效分选，而且矿石悬浮体中的固体体积分数越大，按密度分层的效果也越好。因此，与雷廷智的自由沉降分层学说相比，门罗的干涉沉降分层学说更接近重选生产实际。

5.1.2.2 按悬浮体密度差分层的学说

按悬浮体密度差分层的学说最早由 A. A. 赫尔斯特和 R. T. 汗库克提出，其实质就是将混杂的床层视为由局部高密度矿物悬浮体和局部低密度矿物悬浮体构成。在重力作用下，床层内部存在着静力不平衡，最终导致按密度分层。

局部低密度矿物和高密度矿物悬浮体的密度分别为：

$$\rho_{su1} = \varphi(\rho_1 - \rho) + \rho \tag{5-1-39}$$

$$\rho_{su2} = \varphi'(\rho_1' - \rho) + \rho \tag{5-1-40}$$

按此学说实现正分层（高密度矿物在下层）的条件是：

$$\varphi'(\rho_1' - \rho) + \rho > \varphi(\rho_1 - \rho) + \rho \tag{5-1-41}$$

以某种方式改变 φ 和 φ' 的相对值，使发生反分层（低密度矿物在下层）的条件是：

$$\varphi'(\rho_1' - \rho) + \rho < \varphi(\rho_1 - \rho) + \rho \tag{5-1-42}$$

而当 $\varphi'(\rho_1' - \rho) + \rho = \varphi(\rho_1 - \rho) + \rho$ 时，两种密度的矿物处于混杂状态。

利亚申柯通过悬浮试验认为上述关系是正确的，但后人经过大量的试验检验，除了看到正、反分层的变化外，发现计算的临界（混杂）状态上升水流速度值总是比理论值要小。

这一学说实际上是无法用悬浮试验验证的。因为只要有流体的动力存在，便破坏了静态分层的条件。只有当悬浮体的体积分数很高，悬浮粒群的流体动力很小时，才接近静态分层条件。

当悬浮体中的高密度矿物颗粒的粒度明显比低密度矿物颗粒的小时，高密度矿物颗粒构成的悬浮体对低密度矿物颗粒将产生重介作用。针对这一情况，我国的张荣曾和姚书典等人于 1964 年提出了按重介质作用原理分层的学说。他们利用与利亚申柯相同的试验方法得出结论：当高密度矿物悬浮体的密度超过低密度矿物的密度（$\rho_1 < \varphi'(\rho_1' - \rho) + \rho$）时，发生正分层。

随着上升水流速度的增大，高密度矿物扩散开来，其悬浮体密度减小，乃至低于低密度矿物的密度时，发生反分层。出现分层转变（混杂）时的临界上升水流速度 u_{cr} 为：

$$u_{cr} = v_{02}\left(1 - \frac{\rho_1 - \rho}{\rho_1' - \rho}\right)^{n_2} \tag{5-1-43}$$

式中 n_2——高密度矿物干涉沉降速度公式中的指数。

5.1.2.3 位能分层学说

由热力学第二定律可知，任何封闭体系都趋向于自由能的降低，即一种过程如果变化前后伴随有能量的降低，则该过程将自发地进行。德国人迈耶尔（E. W. Mayer）根据这一原理，认为矿石的重选分层过程是一个位能降低的自发过程。因此，当矿石层适当松散时，高密度矿物颗粒下降，低密度矿物颗粒上升，应该是一种必然的趋势。

图 5-1-6 表示了煤炭分层前与分层后的理想变化情况。若取煤炭层的底面为基准面，煤炭层的断面面积为 A，分层之前的位能 E_1 可用煤炭层重心 O 至底面的距离乘以煤炭层的总质量来表示，即：

$$E_1 = \frac{h_1 + h_2}{2}(m_1 + m_2) \tag{5-1-44}$$

分层之后的位能 E_2 为：

$$E_2 = \frac{h_2}{2}m_2 + \left(h_2 + \frac{h_1}{2}\right)m_1 \tag{5-1-45}$$

分层前后位能的降低值 ΔE 为：

$$\Delta E = E_1 - E_2 = \frac{m_2 h_1 - m_1 h_2}{2} \tag{5-1-46}$$

设低密度矿物与高密度矿物的密度分别为 ρ_1 和 ρ_1'、在矿石层中的体积分数分别为 φ 和 φ'，介质的密度为 ρ，则有：

$$m_1 = Ah_1\varphi\rho_1$$

$$m_2 = Ah_2\varphi'\rho_1'$$

代入式（5-1-46）得：

$$\Delta E = \frac{h_1 h_2 A(\varphi'\rho_1' - \varphi\rho_1)}{2} \tag{5-1-47}$$

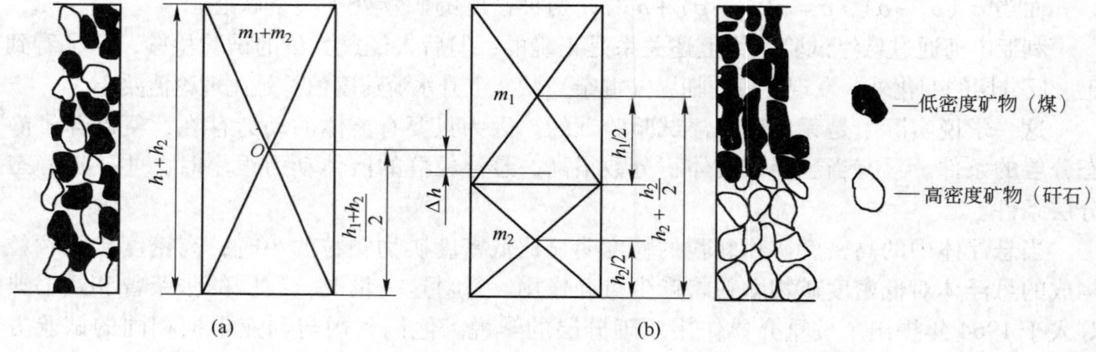

图 5-1-6 分层前后矿石层位能的变化示意图

（a）分层前；（b）分层后

m_1，m_2—床层内低密度矿物和高密度矿物的质量；h_1，h_2—床层内低密度矿物和高密度矿物的堆积高度

由于在分层过程中，床层内低密度、高密度矿物各自的数量不发生变化，式(5-1-47)中的$\frac{h_1 h_2 A}{2}$为定值，而且当分层过程可以发生时，ΔE 必定为正值。因此，也就存在着 $\varphi'\rho_1' > \varphi\rho_1$。粒度相同而密度不同的两种矿物，在自然堆积时，其 φ 是相同的，因此，分层结果必然是高密度矿物位于下层，低密度矿物位于上层。

5.1.3 矿石在斜面流中的分选

在沿斜面流动的水流中进行矿石分选也具有十分悠久的历史。采用厚水层进行粗、中粒级矿石分选的设备称为粗粒溜槽，其中的水流呈较强的湍流流态；处理细粒级矿石的斜面流分选设备主要有摇床、螺旋溜槽（螺旋选矿机）、圆锥选矿机、离心选矿机等，其中的水流多呈弱湍流或层流流态。

5.1.3.1 层流斜面流的运动特性及矿石在其中的松散

A 层流斜面流的水力学特性

当水流沿斜面呈层流流动时，流速沿深度的分布规律可由黏性摩擦力与重力的平衡关系导出。如图 5-1-7 所示，在距槽底 h 高处取一底面积为 A 的流体单元，作用在该单元上的黏性摩擦力 F 为：

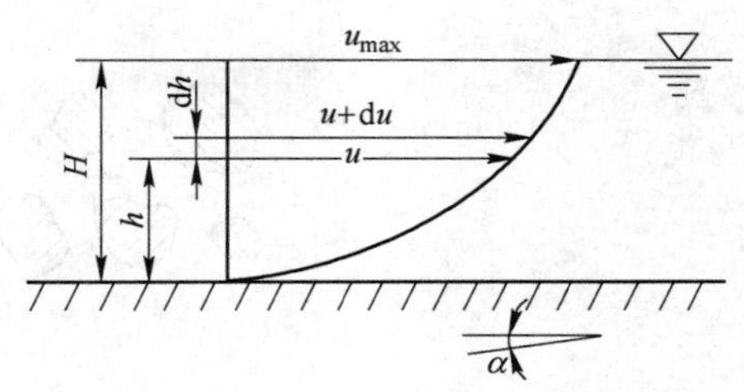

图 5-1-7 层流水速沿深度的分布情况

$$F = \mu A \frac{du}{dh} \tag{5-1-48}$$

式中 $\frac{du}{dh}$——沿流层厚度方向的速度梯度。

作用在该单元上的重力沿流动方向的分量 W 为：

$$W = (H - h)A\rho g\sin\alpha \tag{5-1-49}$$

当水流作恒定流动时，根据力的平衡关系，有：

$$\mu A \frac{du}{dh} = (H - h)A\rho g\sin\alpha \tag{5-1-50}$$

由此得：

$$du = \frac{(H - h)\rho g\sin\alpha}{\mu}dh \tag{5-1-51}$$

对式（5-1-51）积分得：

$$u = \frac{(2H - h)h\rho g\sin\alpha}{2\mu} \tag{5-1-52}$$

式中 α——槽底倾角。

液流表层的最大水流速度 u_{max} 和全流层的平均流速 v 分别为：

$$u_{max} = \frac{H^2\rho g\sin\alpha}{2\mu} \tag{5-1-53}$$

$$v = \frac{H^2\rho g\sin\alpha}{3\mu} = \frac{2u_{max}}{3} \tag{5-1-54}$$

即层流斜面水流的平均流速为其最大流速的$\frac{2}{3}$。

B 矿石在层流斜面流中的松散机理

拜格诺（R. A. Bagnold）经研究发现，当悬浮液（或矿浆）中的固体颗粒连续受到剪切作用时，垂直于剪切方向将产生一种斥力（或称作分散压），使物料具有向两侧膨胀的倾向，斥力的大小随速度梯度的增大而增大。当剪切的速度梯度足够大，以致使斥力达到与固体在介质中的有效重力平衡时，颗粒即呈悬浮状态，如图 5-1-8 所示。这一学说被称为层间斥力学说或拜格诺层间斥力学说，它恰当地解释了在层流斜面流中矿石的松散机理。

拜格诺从研究中发现，悬浮液（或矿浆）作层流切变运动时，颗粒间相互作用的切应力性质与颗粒的接触方式有关，速度梯度较高时，颗粒直接发生碰撞，颗粒的惯性力对切

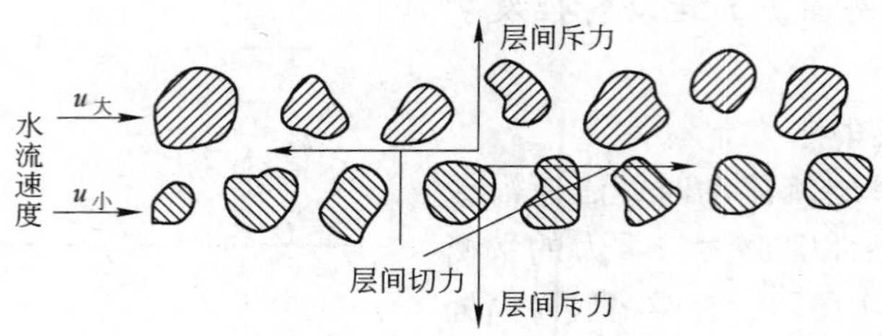

图 5-1-8　拜格诺的层间剪切力和层间斥力示意图

应力的形成起着主导作用，称作惯性切应力τ_{in}，其大小与速度梯度的平方成正比；速度梯度或悬浮体的容积浓度较低时，颗粒间通过水化膜发生摩擦，此时液体的黏性对切应力的产生起主导作用，称作黏性切应力τ_{ad}，其大小与速度梯度的一次方成正比；与此同时，切应力与层间斥力之间也有着一定的比例关系，若斥力压强为 p，则完全属于惯性剪切时，$\dfrac{\tau}{p}=0.32$；基本属于黏性剪切时，$\dfrac{\tau}{p}=0.75$。

在层流斜面流中，若使矿石发生松散悬浮，则任一层间的斥力压强 p 应等于单位面积上矿石在介质中的法向有效重力 G_h，在临界条件下为：

$$p = G_h = (\rho_1 - \rho)g\cos\alpha\int_h^H \varphi \mathrm{d}h \tag{5-1-55}$$

式中　α——斜面的倾角；

h——某层距底面的高度；

H——斜面矿浆流的深度。

若已知高度 h 以上至顶面的矿石平均体积分数为 φ_{aV}，则 G_h 可近似地按下式计算：

$$G_h = (\rho_1 - \rho)g(H - h)\varphi_{aV}\cos\alpha \tag{5-1-56}$$

5.1.3.2　湍流斜面流的运动特性及矿石在其中的松散

湍流流态发生在流速较大的情况下，其特点是流层内出现了无数的旋涡（见图 5-1-9）。经过深入的研究发现，湍流的产生和发展存在着有次序的结构，称作拟序结构。这种结构显示，湍流的初始旋涡是以流条形式在固体壁附近形成的。在速度梯度的作用下，流条不断地滚动、扩大，发展到一定大小后即迅速离开壁面上升，并对液流产生扰动。最初生成的旋涡范围很小，但转动强度很大，且在流场内是不连续的，属于小尺度旋涡。在底部流条中间还无规则地交替出现非湍流区。随着小尺度旋涡上升扩展、相互兼并，结果又出现了转动速度较低但范围较大的大尺度旋涡。在相邻的两大尺度旋涡间发生着运动方向的转变。在转变中，大的旋涡被搅动分散开来，形成许多小的波动运动。最后在黏滞力作用下，速度降低，动能转化为热能损耗掉。与此同时，新的旋涡又在底部形成和向上扩展，如此循环不已，构成图 5-1-9 所示的湍流运动状态。

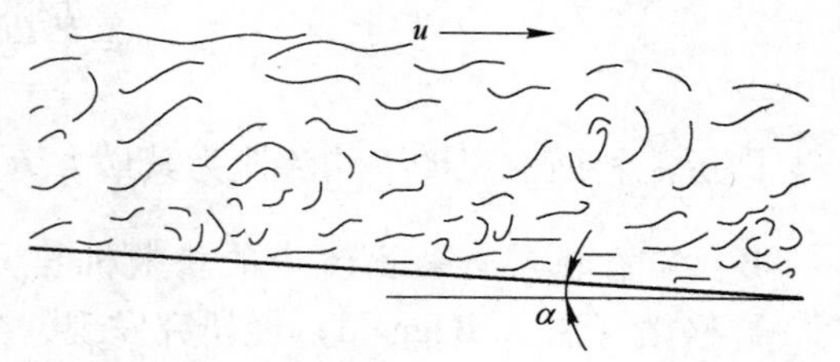

图 5-1-9　湍流中旋涡运动示意图

A 湍流中水速沿深度的分布规律

在湍流中，由于旋涡的存在，使流场内任何一点的速度时刻都在变化，所以湍流流态的速度均系时均流速，其速度沿水深的分布曲线可近似地表示为：

$$u = u_{\max}\sqrt[n]{\frac{h}{H}} \tag{5-1-57}$$

式中，n 为常数，随雷诺数 Re 的增大而增大，并与槽底的粗糙度有关，在粗粒溜槽中其值为4～5，在矿砂溜槽中 n 值为2～4。

根据式（5-1-57），可求得 h 高度以下流层的平均流速 v_h 和整个流层的平均流速 v，分别为：

$$v_h = \frac{nu_{\max}\sqrt[n]{\frac{h}{H}}}{n+1} \tag{5-1-58}$$

$$v = \frac{nu_{\max}}{n+1} \tag{5-1-59}$$

B 湍流中的脉动速度

在湍流斜面流中，任何一点的流速都在随时间发生变化，如图5-1-10所示，流体质点在某点的瞬时速度围绕着该点的时均流速上下波动，流体质点的瞬时速度偏离时均流速的数值（$u'-u$）称作脉动速度。显然，脉动速度在3个互相垂直的方向上均存在，但对重选过程影响较大的是法向脉动速度，因为它是湍流斜面流中推动颗粒松散悬浮的主要作用因素。由于其平均值为零，所以法向脉动速度 u_{im} 的大小以瞬时脉动速度的时间均方根表示，即：

$$u_{\mathrm{im}} = \sqrt{\frac{\int u_y'^2 \mathrm{d}t}{T}} \tag{5-1-60}$$

式中 u_{im}——法向脉动速度，m/s；

u_y'——法向瞬时速度，m/s。

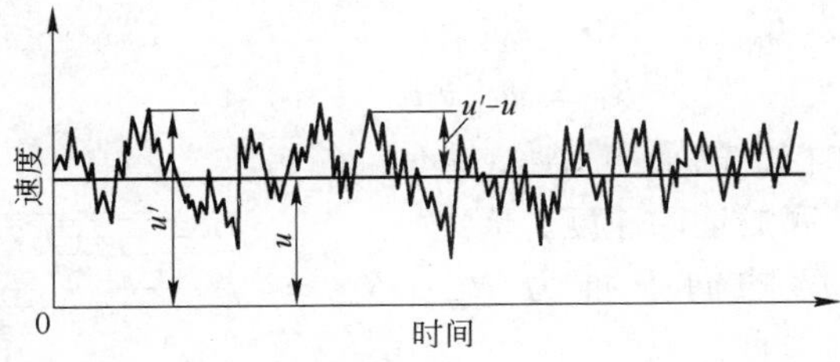

图5-1-10 湍流中的瞬时速度变化情况

研究表明，法向脉动速度有如下一些规律：

（1）在槽底处其值为零，离开槽底后其值迅速增大至峰值，此后略有减小。明斯基用快速摄影法，在光滑槽底的溜槽中，当 $Re=2\times10^4$ 时，测得的脉动速度与槽深的关系如

图 5-1-11 所示。

（2）法向脉动速度与水流的最大速度或平均速度成正比，即：

$$u_{im} = Ku_{max} \tag{5-1-61}$$

式中的比例系数 K 可由表 5-1-1 查得。

（3）法向脉动速度的大小除了与水流的最大速度或平均速度有关外，还与槽底的粗糙度有关，因为槽底越粗糙，小尺度旋涡越发达，因而法向脉动速度也就越大。

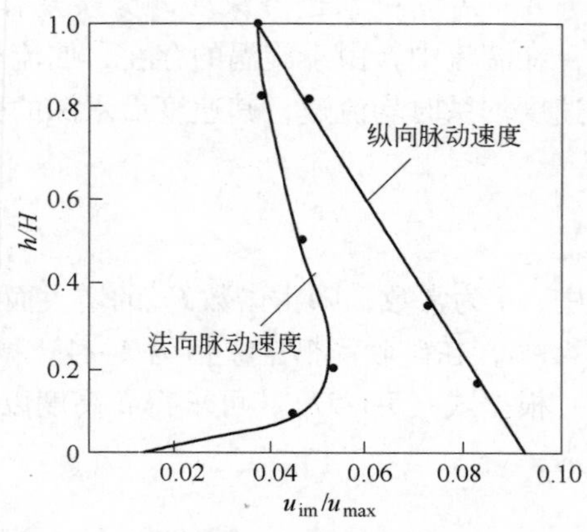

图 5-1-11 脉动速度与槽深的关系

C 矿石在湍流斜面流中的松散机理

湍流斜面流中的法向脉动速度是推动矿物颗粒松散悬浮的主要因素之一，称为“湍流扩散作用”，与黏性底层中的拜格诺层间斥力一起维持湍流斜面流中矿石的松散。矿石在湍流斜面流中借法向脉动速度维持松散悬浮的同时，它们又会对法向脉动速度起到抑制作用，称为固体的“消湍作用”。

表 5-1-1 比例系数与槽深的关系

h/H	0.05	0.18	0.42	0.54	0.65	0.68	0.80	0.91
K	0.046	0.048	0.046	0.042	0.041	0.040	0.040	0.038

拜格诺通过试验发现，在斜面水流的 Re 值为 2000 的条件下加入固体颗粒，当固体的体积分数达到 30% 时，矿浆流的湍流程度显著减弱；当体积分数增至 35% 时，矿浆流的湍流特征完全消失，从上到下均呈现层流流态。

D 在湍流斜面流中颗粒沿槽底的运动

图 5-1-12 是湍流斜面流中颗粒沿槽底运动时的受力情况，此时作用在颗粒上的力有：

（1）颗粒在水中的有效重力 G_0：

$$G_0 = \frac{\pi d^3(\rho_1 - \rho)g}{6}$$

（2）水流的纵向推力 R_x：

$$R_x = \psi d^2(u_{d,av} - v)^2\rho$$

式中 $u_{d,av}$——作用于颗粒上的平均水速，m/s；

v——颗粒沿槽底的运动速度，m/s。

（3）法向脉动速度的向上推力 R_{im}：$R_{im} = \psi d^2 u_{im}^2 \rho$。

（4）水流绕流颗粒产生的法向举力 P_y，这种力是由于水流绕流颗粒上表面时，流速加快，压强降低所引起；当颗粒的粒度较粗、质量相对较大时，这种力可以忽略不计。

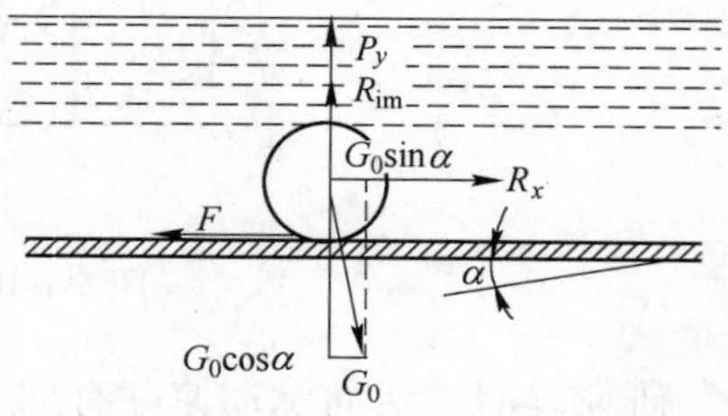

图 5-1-12 湍流斜面流中颗粒在槽底的受力情况

（5）颗粒与槽底间的摩擦力 F：

$$F = fN$$

式中 f——摩擦系数；

N——颗粒作用于槽底的正压力，其值为：$N = G_0\cos\alpha - P_y - R_{im}$。

当颗粒以等速沿槽底运动时，沿平行于槽底方向上力的平衡关系为：

$$G_0\sin\alpha + R_x = f(G_0\cos\alpha - P_y - R_{im}) \tag{5-1-62}$$

对于粗颗粒来说，法向举力 P_y 和脉动速度上升推力 R_{im} 均较小，可以略去不计。将其余各项的表达式代入式（5-1-62）得：

$$(u_{d,av} - v)^2 = \frac{\pi d(\rho_1 - \rho)g(f\cos\alpha - \sin\alpha)}{6\psi\rho} \tag{5-1-63}$$

设水流推力 R_x 的阻力系数 ψ 与颗粒自由沉降的阻力系数值相等，则将颗粒的自由沉降末速 v_0 代入后，开方移项即得：

$$v = u_{d,av} - v_0\sqrt{f\cos\alpha - \sin\alpha} \tag{5-1-64}$$

式（5-1-64）即是颗粒沿槽底运动的速度公式，它表明颗粒的运动速度随水流平均速度的增加而增大，随颗粒的自由沉降末速及摩擦系数的增大而减小。因而改变槽底的粗糙度可改善溜槽的分选指标。

式（5-1-64）还表明，颗粒的密度愈大，自由沉降末速也愈大，沿槽底运动的速度也就愈慢。自由沉降末速较大的高密度颗粒，在向槽底沉降阶段，随水流一起沿槽底运动的距离本来就比较短，加之沿槽底运动的速度又比较慢，从而得以同低密度颗粒实现分离。

5.1.3.3 *矿石在斜面流中的分层*

在绝大部分矿砂溜槽中没有沉积层，高密度产物连续排出，矿浆流的流态一般是弱湍流，而矿泥溜槽则多数有沉积层，选别过程大都在近似层流的矿浆流中进行。

在弱湍流斜面矿浆流中，由于矿石的消湍作用，底部的黏性底层将增厚，根据流态的差异及上、下层中固体浓度的不同，一般可将整个矿浆流分为4层（见图5-1-13）。最上一层中法向脉动速度比较小，固体浓度很低，称为表流层；中间较厚的层内，小尺度旋涡发达，在湍流扩散作用下，携带着大量低密度颗粒向前流动，可称为悬移层；下部液流的流态发生了变化，若在清水中即属于黏性底层，在这里颗粒大体表现为沿层运动，所以可称为流变层；在间断作业的斜面流分选设备中，分选出的高密度产物在矿浆流的最底层沉积下来，形成沉积层。

在固定矿泥溜槽等设备上，矿浆流近似呈层流流态，但表面仍有鱼鳞波形式的扰动，只是它的影响深度不大。因此，也同样可以把整个矿浆流分为4层（见图5-1-14），即表

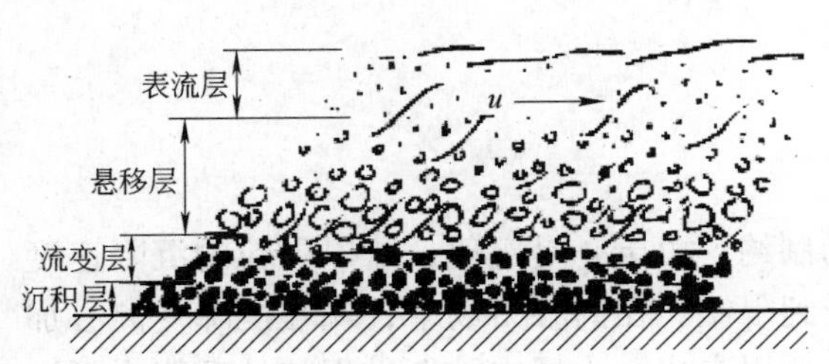

图5-1-13 弱湍流斜面矿浆流的结构

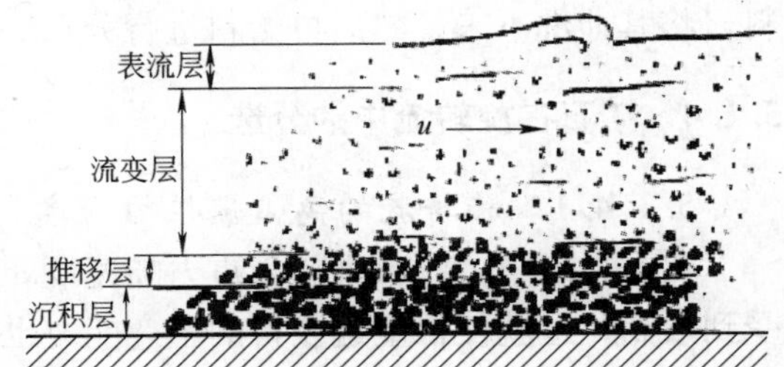

图5-1-14 层流斜面矿浆流的结构

面极薄的表流层；中间层浓度分布较均匀，厚度相对较大，且近似呈层流流态运动，但仍有微弱的大尺度旋涡的扰动痕迹，属于流变层；下部颗粒失去了活动性，形成了沉积层；在流变层和沉积层之间往往存在一厚度很小的推移层，这一层中的矿物颗粒之间几乎没有相对运动，近似呈整体向前移动。

在表流层中，存在着不大的法向脉动速度，沉降末速小于这里的脉动速度的颗粒，即难以进入底层，始终悬浮在表流层中，随液流一起进入低密度产物中。所以表流层中的脉动速度基本上决定了设备的粒度回收下限。

弱湍流斜面矿浆流中的悬移层借较大的法向脉动速度悬浮着大量的矿物颗粒，并形成上稀下浓、矿粒粒度上细下粗的悬浮体。这与不均匀粒群在垂直上升介质流中的悬浮情况类似，密度大、粒度粗的矿物颗粒较多地分布在下部，同时大尺度旋涡又不断地使上下层中的矿粒相互交换，高密度矿粒被送到下面的流变层中，而从流变层中被排挤出的低密度矿粒则上升到悬移层中。经过一段运行距离后，悬移层中将主要剩下低密度矿物颗粒，随矿浆流一起排出，所以悬移层中既发生初步分选，又起着运输低密度矿物颗粒的作用。

弱湍流斜面矿浆流中的流变层和层流矿浆流中的流变层一样，在这一层中，基本不存在旋涡扰动，固体浓度很高，速度梯度也较大，靠层间斥力维持矿粒松散。在这种情况下，矿物颗粒之间的密度差成为了分层的主要依据。与此同时，由于细颗粒在下降过程中受到的机械阻力较小，所以分层后处在同密度粗颗粒的下面，其结果如图 5-1-15 所示。这样的分层结果称作析离分层。

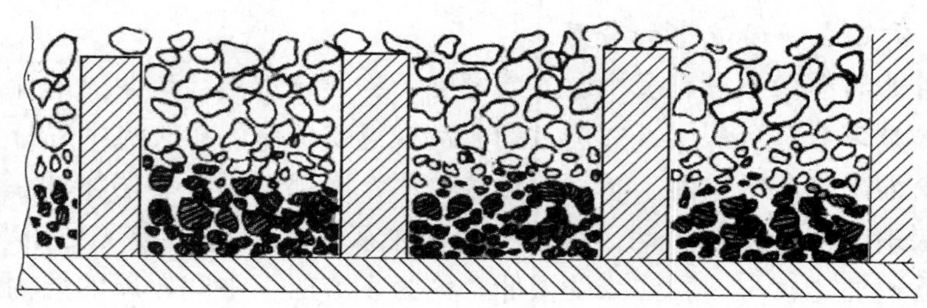

图 5-1-15　析离分层后矿石层中颗粒的分布情况

○—低密度颗粒；●—高密度颗粒

层流斜面矿浆流中的高密度微细颗粒，进入底层后与槽底相黏结，很难再运动，于是聚集起来形成沉积层。沉积层是一种高浓度的类似塑性体的流层，其厚度少许增大即会引起滚团和局部堆积，使分层过程无法正常进行，所以沉积层达到一定厚度后，即应停止给料，将其冲洗下来，然后再给料进行分选。

5.1.4　矿石在旋转流中的分选

5.1.4.1　*旋转流的离心惯性力强度*

在重力场中，颗粒沉降受重力加速度 g 的制约，由于 g 是定值，所以颗粒的沉降速度受到限制，这就使得重选设备的生产能力也受到限制。在离心力场中，颗粒沉降受离心加速度 a 的制约，由于 a 是可以调节和改变的，所以在离心力场中重选过程的处理能力可以比在重力场中的大。离心加速度 a 为：

$$a = \omega^2 r = \frac{u_t^2}{r} \tag{5-1-65}$$

式中　r，ω，u_t——分别为颗粒运动的旋转半径（m）、旋转角速度（rad/s）和旋转线速度（m/s）。

离心加速度与重力加速度的比值称为离心力强度，用 i 表示，即：

$$i = \frac{a}{g} = \frac{\omega^2 r}{g} \tag{5-1-66}$$

在离心力场中对矿石进行重选时，离心力强度在数十倍至百余倍之间变化，所以重力往往可以忽略。

在实践中，形成旋转流的主要方式有 4 种，其一是将矿浆在一定的压强下给入圆形容器，迫使其产生回转运动（如旋流器、通过式离心分离器等）；其二是圆形容器回转运动，其壁上的矿浆随着作回转运动（如离心选矿机、尼尔森选矿机等）；其三是借助于中心叶轮的转动，带动矿浆作回转运动（如离心式风力分级机等）；其四是使矿浆在螺旋槽中流动（如螺旋溜槽等）。

在离心力场中，由于离心加速度很大，是重力加速度的数十倍，所以介质流动速度一般都很快，即使在坡度很小的斜面流（如离心选矿机、螺旋溜槽）中，流态也基本上属于湍流，所以，矿浆沿斜面的平均流速 v 为：

$$v = C\sqrt{H\frac{\omega^2 R}{g}\sin\alpha} \tag{5-1-67}$$

式中　C——谢才系数；

H——矿浆流的厚度，m；

R——过水断面的水力半径，m；

α——斜面倾角。

5.1.4.2　颗粒在旋转流中的径向沉降运动

在旋转流中，离心惯性力沿径向向外，在介质内部产生压强梯度，即：

$$\frac{\mathrm{d}p}{\mathrm{d}r} = \rho\omega^2 r \tag{5-1-68}$$

颗粒在介质中要受到一个向心浮力的作用，对于球形颗粒，受到的向心浮力 F_r 为：

$$F_\mathrm{r} = \frac{\pi d^3}{6}\rho\omega^2 r \tag{5-1-69}$$

如果颗粒与介质同步旋转，忽略重力以后，若颗粒与介质无相对运动，则在径向受到的合力 F_0 为：

$$F_0 = \frac{\pi d^3}{6}(\rho_1 - \rho)\omega^2 r \tag{5-1-70}$$

如果 $\rho_1 > \rho$，则颗粒沿径向向外作沉降运动，设相对速度为 v_r，则颗粒受到的介质阻力 R_r 为：

$$R_\mathrm{r} = \psi d^2 v_\mathrm{r}^2 \rho \tag{5-1-71}$$

当 F_0 和 R_r 大小相等时，可得到颗粒的离心沉降末速 $v_{0\mathrm{r}}$ 为：

$$v_{0\mathrm{r}} = \sqrt{\frac{\pi d(\rho_1 - \rho)}{6\psi\rho}\omega^2 r} \tag{5-1-72}$$

对于微细颗粒，当离心沉降运动的雷诺数 $Re<1$ 时，颗粒的离心沉降末速 v_{0rs} 为：

$$v_{0rs} = \frac{d^2(\rho_1 - \rho)}{18\mu}\omega^2 r \tag{5-1-73}$$

5.2 水力分级

所谓水力分级就是根据颗粒在水中沉降速度的差异，将物料（矿石）分成不同粒级的过程。水力分级涉及的主要概念有分级粒度、分级产物粒度和分离粒度。

分级粒度是根据颗粒的沉降速度或介质的上升流速，按沉降末速公式计算出来的、分开两种产物的临界颗粒的粒度。

分级产物粒度是分级产物粗细程度的一个数字化量度，常常以产物的粒度范围（如 0.1 ~ 0.05mm 或 -0.1mm +0.05mm）或某一特定粒级（如 +0.074mm 或 -0.074mm）在产物中的质量分数来表示。

分离粒度是指实际进入沉砂和溢流中各有 50% 的极窄级别的粒度，是通过对分级的沉砂和溢流产物进行实际粒度分析得到的，一般用 d_{50} 表示。

水力分级在工业生产中的应用包括以下几个方面：

（1）与磨矿机组成闭路作业，及时分出粒度合格的产物，减少过磨，提高磨矿机的生产能力和磨矿效率；

（2）在某些重选作业之前，将物料分成多个级别，分别入选；

（3）对物料进行脱水或脱泥；

（4）测定微细物料（-0.074mm）的粒度组成，水力分级的这种应用常称为水力分析。

5.2.1 水力分析

水力分析简称水析，是分析微细物料粒度组成的常用方法，在试验研究和工业生产中应用非常广泛。

几乎所有的水析均是在自由沉降条件下进行的，所以可以利用颗粒自由沉降末速公式进行计算，且水力分析处理的物料粒度一般均为 -0.074mm，所以常用斯托克斯自由沉降末速计算公式（5-1-21）进行计算，且通常不考虑颗粒形状的影响。同时，在实际操作中，由于物料粒度很细，为了防止颗粒互相团聚，影响分析结果，通常要加入浓度为 0.01% ~ 0.2% 的水玻璃或其他分散剂。

常用的水析方法有重力沉降法和上升水流法，此外还可用沉降天平、激光粒度分析仪等分析仪器对微细物料进行粒度分析，有时也可以利用离心沉降法进行粒度分析。

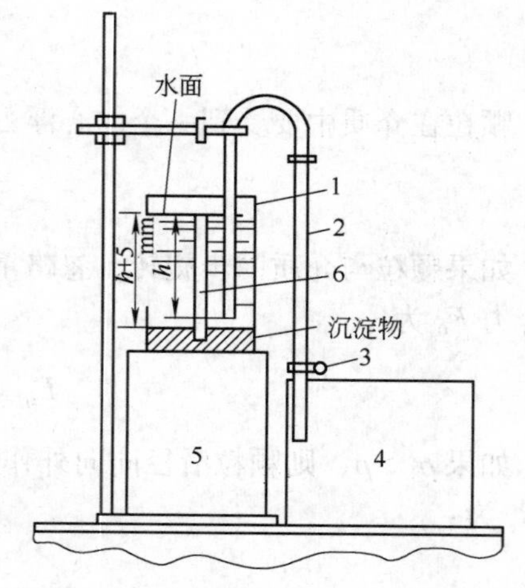

图 5-2-1 沉降法水析装置

1—玻璃杯；2—虹吸管；3—夹子；4—溢流接收槽；5—玻璃杯座；6—标尺

5.2.1.1 重力沉降法

重力沉降法常用的分析装置如图 5-2-1 所示。

在一个容积为1～2L的玻璃容器外面，距上口不远处从上向下标注刻度。虹吸管的短管部分插入玻璃杯内，管口距玻璃杯底部应留有5～10mm的距离，以便为物料沉积留出足够的空间。虹吸管的另一端带有夹子，并插入溢流接收槽内。

进行粒度分析时，准确地称量50～100g待测物料，配成液固比为6：1～10：1的矿浆后倒入玻璃杯内，补加液体到规定的零刻度处。补加液体必须保证矿浆的容积浓度 φ 不大于3%。由该刻度到虹吸管口的距离 h，就是颗粒的沉降距离。设预定的分级粒度为 d_{cr}，在水中的自由沉降末速为 v_{0cr}，则沉降 h 高度所需的时间 t 为：

$$t = \frac{h}{v_{0cr}} = \frac{18h\mu}{d_{cr}^2(\rho_1 - \rho)g} \tag{5-2-1}$$

式中 t——沉降时间，s；

h——沉降高度，m；

v_{0cr}——预定分级颗粒的自由沉降末速，m/s；

μ——液体的黏度，Pa·s；

d_{cr}——预定分级颗粒的粒度，m；

ρ_1——待分析物料的密度，kg/m³；

ρ——液体的密度，kg/m³。

开始沉降前，借搅拌使颗粒充分悬浮。停止搅拌后，立即开始计时。经过 t 时间后，打开虹吸管，吸出 h 高度内的矿浆，随同矿浆一起吸出的颗粒粒度全都小于 d_{cr}。上述操作需重复数次，直到吸出的上清液几乎不含固体颗粒为止。最后留在玻璃杯内的固体，是颗粒粒度都大于 d_{cr} 的产物。如需要分出多个粒级产物，则需按预定的分级粒度分别计算出相应的沉降时间 t，由细到粗依次进行上述操作。

将每次吸出的矿浆分别按粒度合并，静置沉淀，然后烘干，计量，化验，即可计算出各粒级的产率、金属分布率等数据。

这种水析方法比较准确，但费工、费时，多用来对其他水析方法进行校核，或者在没有连续水析仪器的情况下使用，或者用于制备微细粒级试验样品。

5.2.1.2 上升水流法

利用上升水流进行水析的典型装置是连续水析器，图5-2-2所示为连续水析器装置。

工作时以相同流量的水流依次流过直径不同的分级管，在其中产生不同的上升水速，从而使物料按沉降速度不同分成5个级别。水析器中水流的流量 q_v 与水析器分级管的断面面积 A 和分级临界颗粒的自由沉降末速 v_0 之间的关系为：

$$A = \frac{\pi D^2}{4} = \frac{q_v}{v_0} \tag{5-2-2}$$

在每个分级管中，自由沉降末速 v_0 大于管内上升水流速度 v_a 的颗粒即沉降下来，而 v_0 小于 v_a 的颗粒将进入下一个分级管内，依次进行分级。在每个分级管内保持悬浮的颗粒即为该次分级的临界颗粒。

在实际操作中，每次水析用物料为50g左右，装入带搅拌器的玻璃杯内。给料前将各分级管和连接胶管都充满水，打开管夹，小流量均匀给料，使矿浆流入各分级管内。在一般情况下，给料时间约为1.5h，以保证各个分级管中均满足自由沉降条件，2h后停止搅拌，待最末一级管中流出的溢流水清澈时停止给水。然后用夹子夹住各分级管下端的软胶

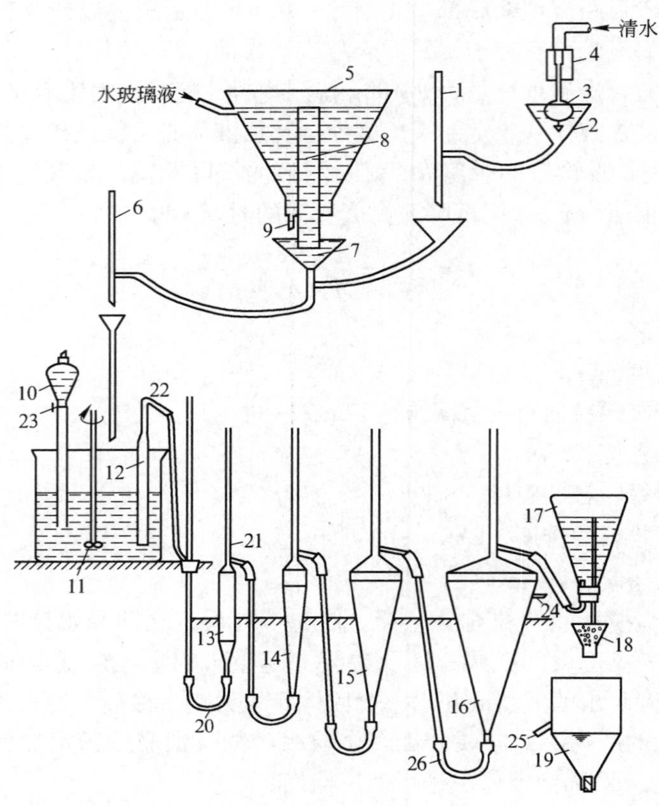

图 5-2-2 连续水析器装置

1—清水滴管；2，7—漏斗；3—浮标；4—水阀；5—盛分散剂的锥瓶；6—分散剂调节滴管；8—进气中心管；9—分散剂溶液排放管；10—盛料锥形漏斗；11—搅拌器；12—吸浆管；13～16—分级管；17—调节液面的锥瓶；18—添加絮凝剂的漏斗；19—接收最细粒级的锥瓶；20，26—乳胶管；21—气泡排放管；22—虹吸管；23—矿浆排放阀；24，25—溢流管

管，按粗细顺序将各级产物清洗出来，再进行烘干、计量、化验。

在整个水析过程中，给水流量 q_v 保持恒定是获得准确分析结果的关键，因而要求每 0.5h 测定 1 次。与此同时，及时排出气泡排放管 21 中的气泡，避免水析器中的水流流速下降甚至停止流动，也极为重要。这种水析方法 1 次可获得多级产品，操作简便，只需要保持水的流量恒定不变，所得结果也比较准确，但水析 1 个样品一般需要 8h 左右。

5.2.1.3 旋流水析法

旋流水析法是在离心力场中对细粒级（-0.074mm）物料进行水力分析的方法，其分析过程在 5 个串联的水力旋流器中进行，水力旋流器的沉砂口垂直朝上，溢流口朝下，前一个旋流器的溢流管是下一个旋流器的给矿管，旋流器的沉砂口与装有排矿阀门的容器连接。进行水析操作时，排矿阀门处于关闭状态。

采用旋流水析法对物料进行粒度分析时，一次给矿量在 100g 左右。给矿用水调成矿浆，使矿粒充分松散，矿浆量通常小于150mL。将矿浆给入给矿容器中，充满水，并装在管路上，然后关闭阀门，启动水泵，将流量阀门开到最大位置。当水流流过各旋流器后，从1号旋流器开始，通过底流阀逐个排出旋流器中的空气及杂物，再将底流阀关闭。打开给矿容器阀门，使给矿在5min之内进入旋流器。调整水流流量，使转子流量计的读数由大变小，直至所要求的值。记录时间，在30min之内完成水析过程。水析完毕时，将流量调至最大值。从5号旋流器开始，逐个卸下底流容器中的分级产物，然后关闭水泵。将所得各个产物烘干、计量，计算各粒级产率。

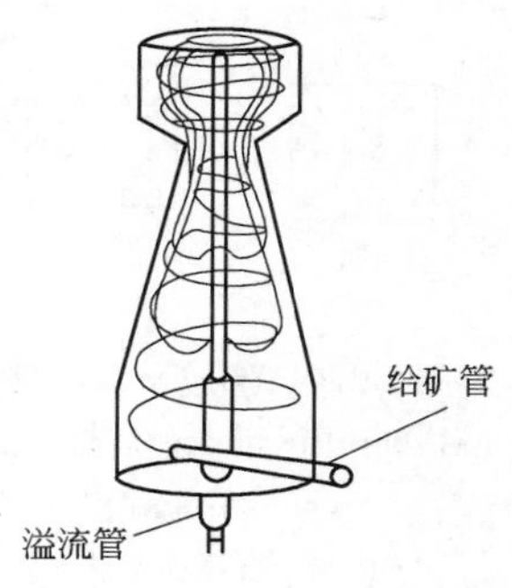

图5-2-3 矿浆和颗粒在水力旋流器中的运动状态

矿浆和颗粒在水力旋流器中的运动状态如图5-2-3所示，矿浆沿切向给入旋流器后，以很高的速度旋转运动，在后续不断给入的矿浆的推动下，矿浆进入顶部容器，固体颗粒在该容器中受到强烈扰动并趋向于返回锥体部分。颗粒在返回过程中，同样处于高速旋转运动状态，所以受到离心惯性力的作用，对于大于分离粒度的颗粒，受到的离心惯性力大，又进入到旋转着向上流动的流层中，返回到顶部容器，小于分离粒度的颗粒受到的离心惯性力小，处于中部旋转着向下流动的流层，最后从下部的溢流管排出，进入下一个旋流器中。

5.2.2 多室及单槽水力分级机

在矿石分选的生产实践中，常常需要将其分成若干个粒度范围较窄的级别，以便分别给入分选设备，对其进行有效的分选或生产出具有不同质量的产品。完成这项作业使用的主要设备是水力分级机，其工作原理有基于自由沉降的和基于干涉沉降的两种。由于后者的处理能力大，所以目前生产实践中多采用干涉沉降式水力分级机。

在水力分级机中，形成干涉沉降条件的方法有图5-2-4所示的几种形式。

混合粒群在上升水流中粒度自下而上逐渐减小，如果连续给料并不断将上层细颗粒和下层粗颗粒分别排出，即可达到分级的目的。目前生产中应用较多的多室水力分级机有云锡式分级箱、机械搅拌式水力分级机、筛板式槽型水力分级机等；使用较多的单槽水力分级机有脱泥斗、倾斜浓密箱等。它们被广泛用在物料的分级、浓缩、脱泥等作业中。

5.2.2.1 *云锡式分级箱*

云锡式分级箱的结构如图5-2-5所示。设备的外观呈倒立的角锥形，底部的一侧接有给水管，另一侧设沉砂排出管。分级箱常是4～8个串联工作，中间用溜槽连接起来，箱的上表面尺寸（$B \times L$）有200mm×800mm、300mm×800mm、400mm×800mm、600mm×800mm、800mm×800mm等5种规格。主体箱高约1000mm，安装时由小到大排列。

为了减小矿浆进入分级箱内时引起的扰动，并使箱内上升水流均匀分布，在箱的上表面垂直于流动方向安装有阻砂条，阻砂条之间的缝隙约10mm。从矿浆中沉落的固体颗粒经过阻砂条的缝隙时，受到上升水流的冲洗，细颗粒被带入下一个分级箱中，粗颗粒在分级箱内大致按干涉沉降规律分层，最后由沉砂口排出。沉砂的排出量用手轮旋动砂芯来调节。给水压强一般稳定在300kPa左右。用阀门控制给水量，自首箱至末箱依次减小。

云锡式分级箱的优点是结构简单、不耗动力、便于操作；缺点是耗水量较大（通常为

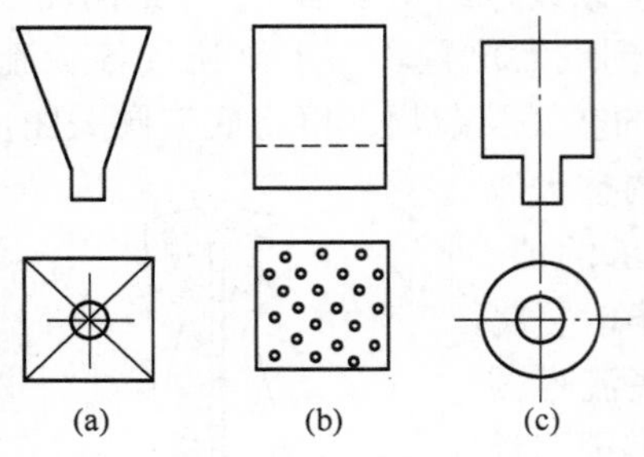

图5-2-4 形成干涉沉降的方法示意图
(a)利用向上扩大的断面形成不同粒级悬浮层；
(b)利用筛板支撑粒群悬浮；
(c)利用变断面水速不同支撑粒群悬浮

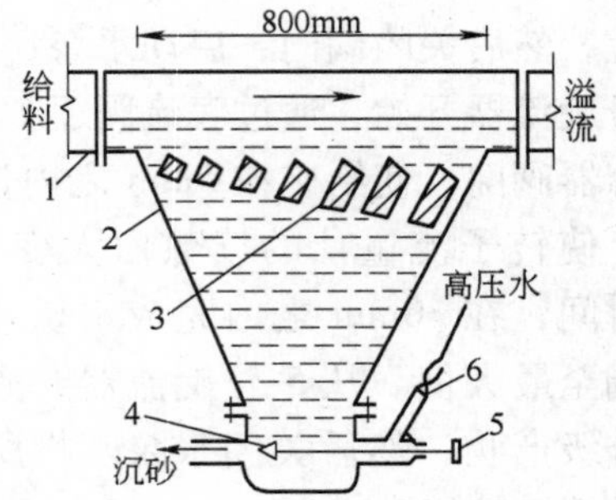

图5-2-5 云锡式分级箱
1—矿浆溜槽；2—分级箱；3—阻砂条；
4—砂芯（塞）；5—手轮；6—阀门

处理物料质量的5~6倍)，且矿浆在箱内易受扰动，分级效率低。

5.2.2.2 机械搅拌式水力分级机

机械搅拌式水力分级机的构造如图5-2-6所示，它的主体部分是4个角锥形分级室，各室的断面面积自给料端向排料端依次增大，在高度上呈阶梯状排列。角锥箱下方连接有圆筒部分、带玻璃观察孔的分级管和给水管。高压水流沿分级管的径向或切线方向给入，在给水管的下面还有缓冲箱，用以暂时堆存沉砂产物。从分级室排入缓冲箱的沉砂量由连杆下端的锥形塞控制。连杆从空心轴的内部穿过，轴的上端有一个圆盘，由蜗轮带动旋转。圆盘上有1~4个凸缘，圆盘转动时凸缘顶起连杆上端的横梁，从而将锥形塞提起，使沉砂间断地排入缓冲箱中。空心轴的下端装有若干个搅拌叶片，用以防止颗粒结团并将悬浮的粒群分散开。空心轴与蜗轮连接在一起，由传动轴带动旋转。

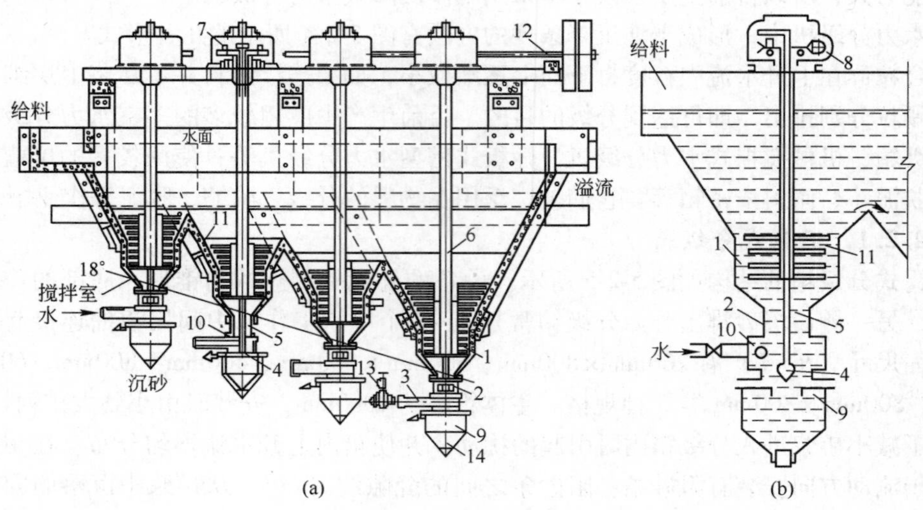

图5-2-6 机械搅拌式水力分级机
(a)整机断面图；(b)分级箱
1—圆筒；2—分级管；3—给水管；4—锥形塞；5—连杆；6—空心轴；7—凸缘；8—蜗轮；
9—缓冲箱；10—观察孔；11—搅拌叶片；12—传动轴；13—活瓣；14—沉砂排出孔

矿浆由分级机的窄端给入，微细颗粒随上层液流向槽的宽端流去。较粗颗粒则依沉降速度不同逐次落入各分级室中。由于分级室的断面面积自上而下逐渐减小，上升水速则相应地增大，因而可明显地形成干涉沉降分层。下部粗颗粒在沉降过程中受到分级管中上升水流的冲洗，再度被分级。最后，当锥形塞提起时将粗颗粒排出。悬浮层中的细颗粒随上升水流进入下一个分级室中。以后各室中的上升水速逐渐减小，沉砂的粒度也相应变细。

这种分级机的分级效率较高，沉砂浓度亦较大，水耗低（不大于 $3m^3/t$），处理能力大。其主要缺点是构造复杂，设备高度大，配置比较困难，而且沉砂口易堵塞。

5.2.2.3　筛板式槽型水力分级机

筛板式槽型水力分级机是借助于设置在分级室中的筛板造成干涉沉降条件，其结构如图 5-2-7 所示。

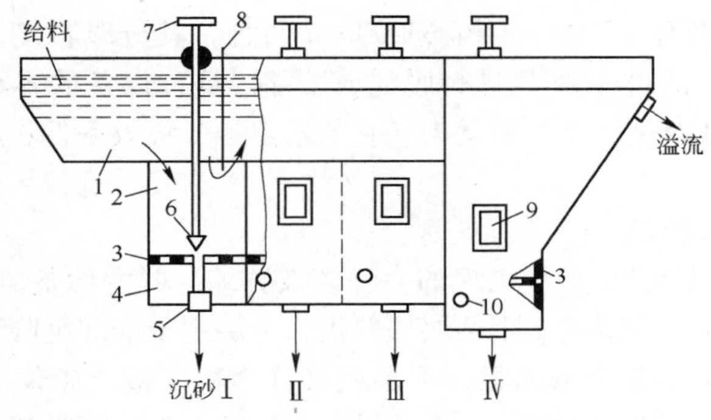

图 5-2-7　筛板式槽型水力分级机的结构

1—给料槽；2—分级室；3—筛板；4—高压水室；5—排料口；6—排料调节塞；7—手轮；8—挡板（防止粗粒越室）；9—玻璃窗；10—给水管

机体外形为一角锥箱，箱内用垂直隔板分成 4 ~ 8 个分级室，每室的断面面积为 200mm × 200mm。筛板到底部留有一定的高度，高压水流由筛板下方引入，经筛孔向上流动，悬浮在筛板上方的粒群在干涉沉降条件下分层。粗颗粒通过筛板中心的排料孔排出，其排出数量由排料调节塞控制。

筛板式槽型水力分级机工作时，矿浆由设备窄端给入，流经各室。各室的上升水速依次减小，因而排出由粗到细的各级产物。这种分级设备的优点是构造简单，不需动力，高度较小，便于配置，但分级效率不高，而且沉砂浓度较低。

5.2.2.4　脱泥斗

脱泥斗又称为圆锥分级机，既可用作脱泥浓缩设备，也可用作粗分级设备。脱泥斗的外形为一倒立圆锥，如图 5-2-8 所示。中心插入给料圆筒，矿浆沿切线方向给入中心圆筒，然后由圆筒下端折上再向周边溢流堰流去。在上升分速度带动下，细小颗粒进入溢流中，沉降速度大于液流上升分速度的粗颗粒则向下沉降，从底部沉砂口排出。脱泥斗按溢流体积计的处理能力与圆锥底面积及分级临界颗

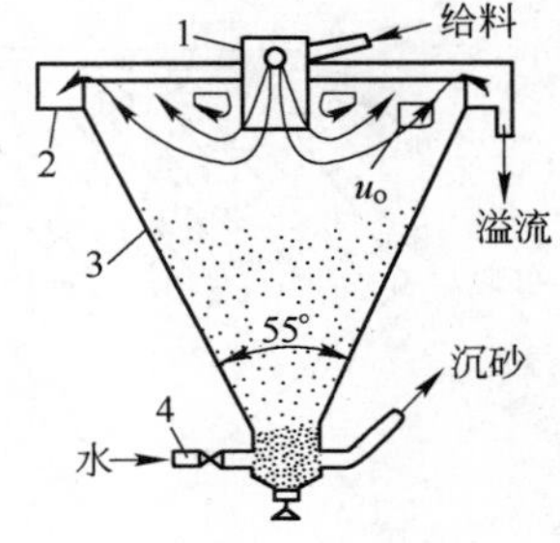

图 5-2-8　脱泥斗的结构简图

1—给料圆筒；2—环形溢流槽；3—锥体；4—给水管

粒的沉降末速之间的关系为：

$$KA = \frac{q_{ov}}{v_0} \tag{5-2-3}$$

式中　K——考虑到“死区”而取的系数，一般为 0.75；

q_{ov}——溢流的体积流量，m^3/s；

v_0——分级临界颗粒的沉降末速，m/s；

A——脱泥斗工作时矿浆的液面面积，m^2，其计算式为：

$$A = \frac{\pi(D^2 - d^2)}{4} \tag{5-2-4}$$

D——圆锥的上底面直径，m；

d——给料圆筒的直径，m。

常用的脱泥斗规格有 ϕ2000mm 和 ϕ3000mm 两种，其分级粒度多在 0.074mm 以下，给料粒度一般为 2mm，用来对物料进行脱泥或浓缩。这种设备的容积大，可兼有储料作用，且结构简单，易于制造，不耗费动力。它的缺点是分级效率低，安装高差较大，设备配置不方便。

5.2.2.5　倾斜浓密箱

倾斜浓密箱是 20 世纪 50 年代出现的一种高效浓缩、脱泥设备，其构造如图 5-2-9 所示。这种设备的特点是箱内设有上下两层倾斜板，上层用于增加沉降面积，下层用于减小旋涡扰动，所以上层板又称为浓缩板，下层板又称为稳定板。矿浆沿整个箱的宽度给入后，通过倾斜板之间的间隙向上流动，在此过程中颗粒在板间沉降聚集。沉降到板上的颗粒借重力向下滑落，由设备底部的排料口排出；含微细颗粒的溢流则由设备上部的溢流槽排出。

颗粒在浓缩板间的运动情况如图 5-2-10 所示。设浓缩板的倾角为 α，板长为 l，板间的垂直距离为 s，矿浆流沿板间的流动速度为 v。若某临界颗粒的沉降末速为 v_0，则它向板面法向运动的分速度 v_{0z} 为：

$$v_{0z} = v_0\cos\alpha \tag{5-2-5}$$

沿浓缩板倾斜方向运动的分速度 v_{0y} 为：

$$v_{0y} = v - v_0\sin\alpha \tag{5-2-6}$$

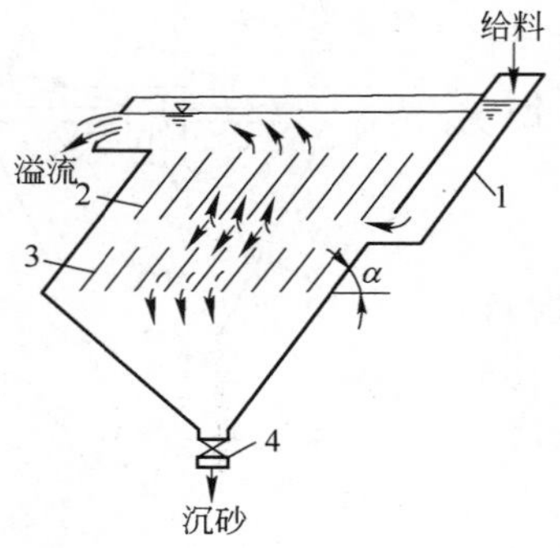

图 5-2-9　倾斜浓密箱结构示意图

1—给料槽；2—浓缩板；3—稳定板；4—排料口

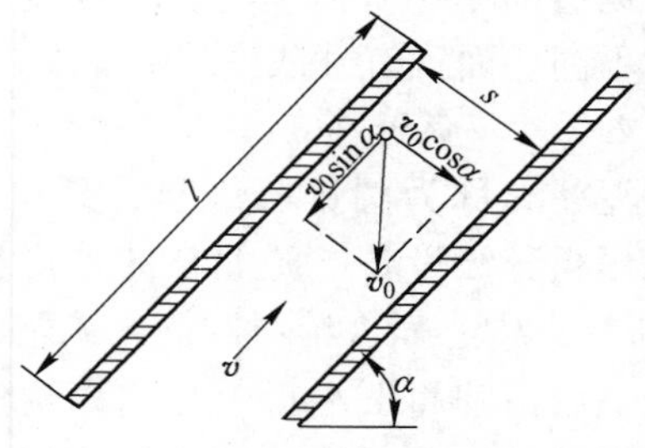

图 5-2-10　颗粒在浓缩板间的运动

分级的临界颗粒就是那些在沿板长 l 运动的时间内恰好沿浓缩板的法向运动了 s 距离的颗粒，所以存在关系式：

$$\frac{s}{v_0\cos\alpha} = \frac{l}{v - v_0\sin\alpha} \tag{5-2-7}$$

设浓密箱内部的宽度为 b，浓缩板的个数为 n，则溢流量 q_{ov} 为：

$$q_{ov} = nbsv \tag{5-2-8}$$

将式（5-2-7）代入式（5-2-8）得：

$$q_{ov} = nbv_0(l\cos\alpha + s\sin\alpha) \tag{5-2-9}$$

式（5-2-9）是浓密箱按溢流体积计的处理量计算式。当 $\alpha = 90°$ 时，即变成以垂直流工作的浓密机，设此时溢流体积处理量为 q'_{ov}，则有：

$$q'_{ov} = nbsv_0 \tag{5-2-10}$$

式（5-2-10）中的 ns 相当于不加倾斜板时箱表面的有效长度，此时箱表面的面积 A 为：

$$A = nbs \tag{5-2-11}$$

将式（5-2-10）与式（5-2-9）对比可见，设置倾斜板时浓密箱的有效表面积 A' 为：

$$A' = nb(l\cos\alpha + s\sin\alpha) \tag{5-2-12}$$

倾斜浓密箱的宽度 b 一般为 900 ~ 1800mm，浓缩板的长度 l 为 400 ~ 500mm，安装倾角 α 为 45° ~ 55°，板间的垂直距离 s 为 15 ~ 20mm，浓缩板的个数 n 为 38 ~ 42。这种设备结构简单，容易制造，不消耗动力，单位设备占地面积的处理能力大，脱泥效率高。其缺点是倾斜板之间的间隙易堵塞，需要定期停机处理。

5.2.3 螺旋分级机

螺旋分级机主要用于同磨矿设备组成闭路作业，或用来洗矿、脱水和脱泥等，其主要特点是利用连续旋转的螺旋叶片提升和运输沉砂。

螺旋分级机的外形是 1 个矩形斜槽（见图 5-2-11），槽底倾角为 12° ~ 18.5°，底部呈近似半圆形。槽内安装有 1 或 2 个纵长的轴，沿轴长连续地安置螺旋形叶片，借上端传动机构带动螺旋轴旋转。矿浆由槽子旁侧中部附近给入，在槽的下部形成沉降分级面。粗颗粒沉到槽底，然后被螺旋叶片推动，向斜槽的上方移动，在运输过程中同时进行脱水。细颗粒被表层矿浆流携带经溢流堰排出。分级过程与在脱泥斗中进行的基本相同，如图 5-2-12 所示。

设分级矿浆面的长度为 L，溢流截面高度为 h，矿浆纵向流速为 v，分级临界颗粒的沉降速度为 v_{0cr}，则由关系式：

$$\frac{h}{v_{0cr}} = \frac{L}{v}$$

得：

$$v_{0cr} = \frac{vh}{L} \tag{5-2-13}$$

如分级机单位时间的溢流量为 q_V，溢流堰宽度为 b，则有关系式：

$$vh = \frac{q_V}{b}$$

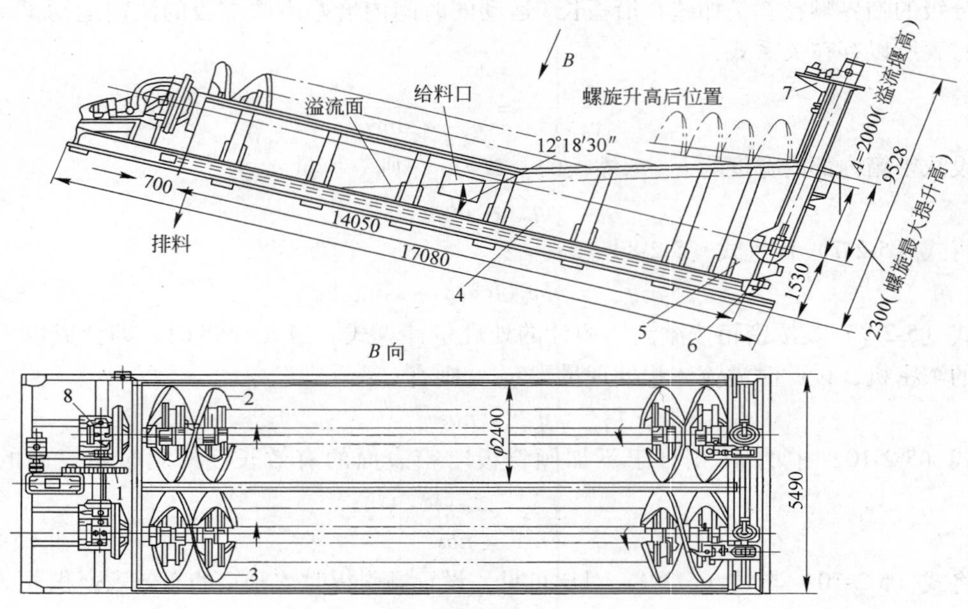

图 5-2-11 φ2400mm 沉没式双螺旋分级机

1—传动装置；2—左螺旋；3—右螺旋；4—水槽；5—下部支座；6—放水阀；7—升降机构；8—上部支承

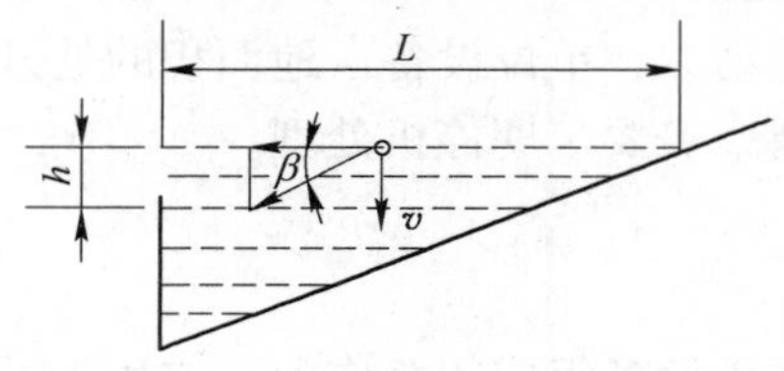

图 5-2-12 螺旋分级机的分级原理示意图

将上述关系式代入式（5-2-13）得：

$$v_{0\mathrm{cr}} = \frac{q_V}{bL} \tag{5-2-14}$$

螺旋分级机根据螺旋数目不同可分为单螺旋分级机和双螺旋分级机。按溢流堰的高低又分为低堰式、高堰式和沉没式3种。

低堰式螺旋分级机的溢流堰低于螺旋轴下端的轴承。这种分级机的分级面积小，螺旋搅动的影响大，溢流粒度粗，所以一般用作洗矿设备。

高堰式和沉没式螺旋分级机的溢流堰均高于螺旋轴下端的轴承，两者的区别是沉没式螺旋分级机的螺旋叶片下部末端全部浸没在矿浆中，而高堰式螺旋分级机的螺旋叶片下部末端则有部分露出矿浆表面。因此，沉没式螺旋分级机适用于细粒级物料的分级，而高堰式适用于较粗粒级物料的分级。一般来说，分级粒度在0.15mm以上时采用高堰式，在0.15mm以下时采用沉没式。

螺旋分级机按溢流中固体量计的生产能力，常用下列经验公式进行计算：

对于高堰式：

$$Q_1 = mK_1K_2(94D^2 + 16D) \qquad (5\text{-}2\text{-}15)$$

对于沉没式：

$$Q_1 = mK_1K_2(75D^2 + 16D) \qquad (5\text{-}2\text{-}16)$$

如已知需要同溢流一起分出的固体物料量 Q_1，则所需要的分级机的螺旋直径 D 可按下式计算：

对于高堰式：

$$D = -0.08 + 0.103\sqrt{\frac{Q_1}{mK_1K_2}} \qquad (5\text{-}2\text{-}17)$$

对于沉没式：

$$D = -0.07 + 0.115\sqrt{\frac{Q_1}{mK_1K_2}} \qquad (5\text{-}2\text{-}18)$$

式中 Q_1——按溢流中固体量计的分级机生产能力，t/d；

m——分级机螺旋的个数；

D——分级机螺旋直径，m；

K_1——物料密度修正系数，见表 5-2-1；

K_2——分级粒度修正系数，见表 5-2-2。

表 5-2-1 物料密度修正系数 K_1 值

物料密度/kg · m^{-3}	2700	2850	3000	3200	3300	3500	3800	4000	4200	4500
K_1	1.00	1.08	1.15	1.15	1.30	1.40	1.55	1.65	1.75	1.90

表 5-2-2 分级粒度修正系数 K_2 值

分级粒度/mm		1.17	0.83	0.59	0.42	0.30	0.20	0.15	0.10	0.075	0.061	0.053	0.044
K_2	高堰式	2.50	2.37	2.19	1.96	1.70	1.41	1.00	0.67	0.46			
	沉没式						3.00	2.30	1.61	1.00	0.72	0.55	0.36

根据溢流处理量由式（5-2-17）和式（5-2-18）计算出分级机的规格后，还需要按返砂处理量进行验算。返砂量 Q_s 的计算公式为：

$$Q_s = 135mK_1nD^3 \qquad (5\text{-}2\text{-}19)$$

式中 Q_s——按返砂中固体量计算的生产能力，t/d；

n——螺旋转速，r/min。

5.2.4 水力旋流器

水力旋流器是在回转流中利用离心惯性力进行分级的设备，由于它的结构简单、处理能力大、工艺效果良好，故广泛用于分级、浓缩、脱水以至选别作业。

水力旋流器的构造如图 5-2-13 所示，其主体是由 1 个空心圆柱体与 1 个圆锥连接而成。在圆柱体的中心插入 1 个溢流管，沿切线方向接有给矿管，在圆锥的下部留有沉砂口。旋流器的规格用圆柱体的内径表示，其尺寸变化范围为 50 ~ 1000mm，其中以 125 ~ 500mm 的旋流器较为常用。

矿浆在压力作用下沿给矿管进入旋流器后，随即在空心圆柱体内壁的限制下作回转运动。惯性离心加速度 a 与重力加速度 g 之比称为离心力强度或离心因数，用 i 表示，由定义得：

$$i = \frac{a}{g} \tag{5-2-20}$$

由于离心因数通常为几十乃至上百，因此在旋流器中重力的影响可以忽略不计。正是由于颗粒所受的离心惯性力远远大于自身的重力，而使其沉降速度明显加快，使得设备的处理能力和作业指标都得到了大幅度的提高。

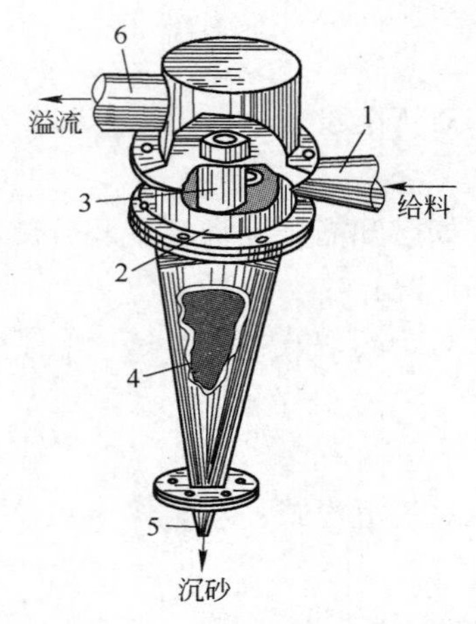

图 5-2-13　水力旋流器的结构

1—给料管；2—圆柱体；3—溢流管；4—圆锥体；5—沉砂口；6—溢流排出管

5.2.4.1　水力旋流器的分级原理

矿浆在一定压强下通过给矿管沿切向进入旋流器后，在旋流器内形成回转流，其切向速度在溢流管下口附近达最大值。同时，在后面矿浆的推动下，进入旋流器内的矿浆，一面向下运动，一面向中心运动，形成轴向和径向流动速度，即矿浆在旋流器内的流动属于三维运动，其流动情况如图 5-2-14 所示。

矿浆在旋流器内向下运动的过程中，因流动断面逐渐减小，所以内层矿浆转而向上运动，即矿浆在水力旋流器轴向上的运动是外层向下，内层向上，在任意一高度断面上均存在着一个速度方向的转变点。在该点上矿浆的轴向速度为零。把这些点连接起来，即构成一个近似锥形面，称为零速包络面，如图 5-2-15 所示。

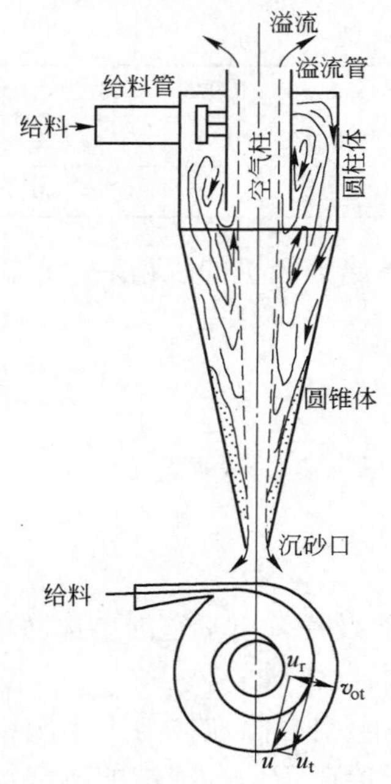

图 5-2-14　矿浆在水力旋流器纵断面上的流动示意图

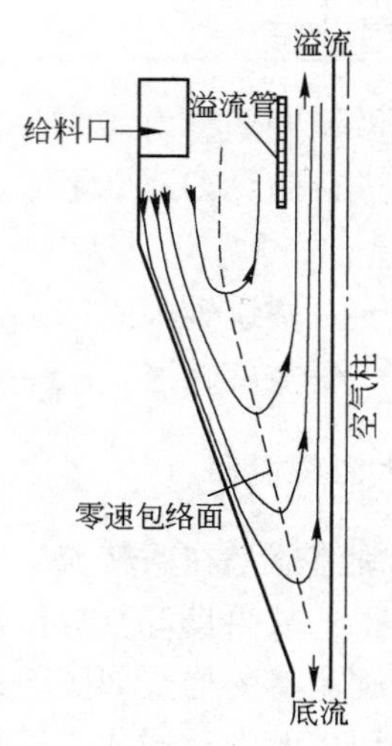

图 5-2-15　水力旋流器内液流的轴向运动速度及零速包络面

位于矿浆中的固体颗粒，由于离心惯性力的作用而产生向外运动的趋势，但由于矿浆由外向内的径向流动的阻碍，使得细小的颗粒因所受离心惯性力太小，不足以克服液流的阻力，而只能随向内的矿浆流一起进入零速包络面以内，并随向上的液流一起由溢流管排出，形成溢流产物；而较粗的颗粒则借较大的离心惯性力克服向内流动矿浆流的阻碍，向外运动至零速包络面以外，随向下的液流一起由沉砂口排出，形成沉砂产物。

5.2.4.2 水力旋流器的工艺计算

A 旋流器的生产能力计算

波瓦洛夫于1961年将水力旋流器视为流体通道，按局部阻力关系推导出了水力旋流器按矿浆体积计的生产能力计算式为：

$$q_V = K_0 d_f d_{ov} \sqrt{p} \tag{5-2-21}$$

或

$$q_V = K_1 D d_{ov} \sqrt{p} \tag{5-2-22}$$

式中 q_V——旋流器按矿浆体积计的生产能力，m^3/h；

D——旋流器圆柱体部分的内径，m；

d_f——旋流器给矿口的当量直径，m，当给矿口的宽×高 = $b \times l$ 时，换算式为：

$$d_f = \sqrt{\frac{4bl}{\pi}}$$

d_{ov}——旋流器的溢流管内径，m；

p——给矿进口压强，kPa；

K_0，K_1——系数，随 d_f/D 而变化，其数值见表5-2-3，其中 $K_0 = K_1/(d_f/D)$。

表5-2-3 旋流器处理量公式中 K_0 与 K_1 的数值

d_f/D	0.1	0.15	0.20	0.25	0.30
K_0	1100	987	930	924	987
K_1	110	148	186	231	296

B 旋流器分离粒度 d_{50} 的计算式

旋流器的分离粒度通常按如下经验公式进行计算：

$$d_{50} = 149 \sqrt{\frac{d_{ov} D c}{K_D d_s (\rho_1 - \rho) \sqrt{p}}} \tag{5-2-23}$$

式中 d_{50}——旋流器的分离粒度，μm；

d_{ov}——旋流器的溢流管直径，cm；

D——旋流器圆柱部分（圆筒）的内径，cm；

d_s——旋流器的沉砂口直径，cm；

c——旋流器给料的固体质量分数，%；

ρ——水的密度，kg/m^3；

ρ_1——矿物颗粒的密度，kg/m^3；

p——旋流器给矿口处的压强，kPa；

K_D——旋流器的直径修正系数，与旋流器直径 D 的关系为：

$$K_D = 0.8 + \frac{1.2}{1 + 0.1D} \tag{5-2-24}$$

根据生产实践经验，水力旋流器溢流产物的最大粒度约为 d_{50} 的 1.5～2.0 倍。由式（5-2-23）可见，减小旋流器的直径和溢流管的直径，或增大沉砂口的直径和降低给料浓度，均有助于减小分离粒度，增大给料压强虽然也可以减小分离粒度，但效果不会显著。

5.2.4.3　影响水力旋流器工作的因素

影响水力旋流器工作情况的因素包括旋流器的结构参数和操作条件。

影响水力旋流器工作情况的结构参数主要是旋流器的直径 D，其他结构尺寸均以此而变化。分级用旋流器的结构尺寸关系一般是：

$$d_f = (0.08 \sim 0.4)D$$

$$d_{ov} = (0.2 \sim 0.4)D$$

d_{ov}/d_s（或其倒数）称作角锥比，它是影响溢流和沉砂体积产率及分级粒度的重要参数，生产中使用的旋流器的角锥比通常为3～4。

旋流器的结构参数对其体积处理量和分离粒度的影响可由各计算式看出。给矿口和溢流管直径与体积处理量呈线性关系，在旋流器直径一定的情况下，改变两者的尺寸是调节处理量的简便方法。减小给矿口和溢流管直径时，分离粒度亦将变细，但这种影响只在开路分级条件下才会表现出来。在闭路分级时，分级粒度被磨机的能力所制约，旋流器的结构参数影响不明显。

旋流器的直径对分离粒度和处理量有重要影响，对微细粒级物料进行分级或脱泥时，应采用小直径旋流器，并可由多个旋流器并联工作以满足处理量的要求。沉砂口的大小对处理量影响不大，但对沉砂产率和沉砂浓度有较大影响。旋流器锥角的大小关系到矿浆向下流动的阻力和分级面的大小。细分级或脱泥时应当采用较小的锥角（10°～15°），粗分级或浓缩时应采用较大的锥角（25°～40°）。

圆筒的高度和溢流管插入深度，在一定范围内对处理量和分级粒度没有明显影响，但过分增大或减小将影响分级效率。

影响水力旋流器工作情况的操作参数主要是给料压强和给料浓度。给料压强直接影响着旋流器的处理能力，对分级粒度影响较小。一般来说，采用较高压强（150～300kPa）可获得稳定的分级效果，但带来的问题是磨损增加。给料方式可采用稳压箱或砂泵直接给料，从节能和稳定操作角度考虑，采用后一种给料方式效果较好。

给料浓度主要影响旋流器的分级效率。处理微细粒级物料时，应采用较低的给料浓度。根据生产经验，当分级粒度为0.074mm时，给料浓度以10%～20%为宜，而分级粒度为0.019mm时，浓度应取5%～10%。

5.2.4.4　水力旋流器的应用和发展

旋流器以其结构简单、处理量大而获得了广泛应用。目前旋流器的规格继续向两个极端方向发展。一是微型化，已经制成了 ϕ10mm 的微管旋流器，可用于 2～3μm 高岭土的超细分级。另一方向是大型化，国外已有直径达 1000～1400mm 的大型水力旋流器，用作大型球磨机闭路磨矿的分级设备。同时，为了提高单台设备的生产能力，减小设备占地面积，大型选矿厂普遍采用旋流器组作分级设备。

在旋流器的结构方面，因用途不同，已出现了许多变种形式，图 5-2-16 列出了生产中应用的几种。

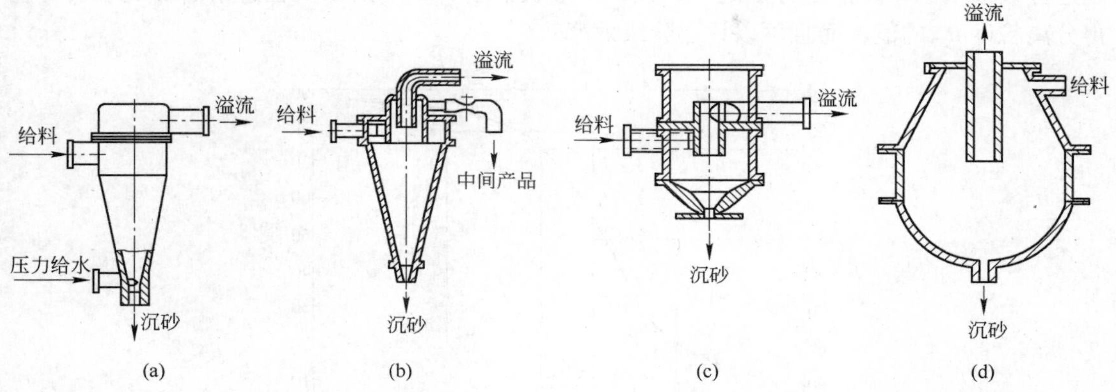

图 5-2-16 几种变种形式的水力旋流器

（a）带有冲洗水的旋流器；（b）三产品旋流器；（c）短锥旋流器；（d）脱砂旋流器

图 5-2-16（a）是底部补加冲洗水的旋流器，有利于减少混入沉砂中的微细颗粒的数量；图 5-2-16（b）是一种三产品水力旋流器，通过溢流管外的套管获得一定量的中间产品，可使溢流和沉砂的粒度界限更加清楚；图 5-2-16（c）被称为短锥旋流器，锥体角度达到 90°～140°，由于沉砂难以排出，在底部形成旋转的高密度物料层，可以进行按密度分选，常用作砂金矿的粗选设备；图 5-2-16（d）是脱砂旋流器，专门用于从瓷土等原料中脱出硅砂。除上述几种变种形式外，还有沉砂串联的旋流器、溢流串联的旋流器（母子旋流器）、微管旋流器组以及带导向板的旋流器等，可根据不同的用途进行选择。

5.2.5 分级效果的评价

在理想情况下，分级应该严格按物料的粒度进行，分成图 5-2-17（a）所示的粗、细两种产物。但由于受水流的紊动和颗粒密度、形状以及其他一些因素的影响，致使实际的分级产物并不是严格按分级粒度分开，而是有所混杂。混杂的规律是在沉砂中粒度越细的颗粒混杂越少，在溢流中粒度越粗的颗粒混杂越少（见图 5-2-17（b））。这种混杂反映了分级的不完善程度，常采用分级效率对其进行评定。

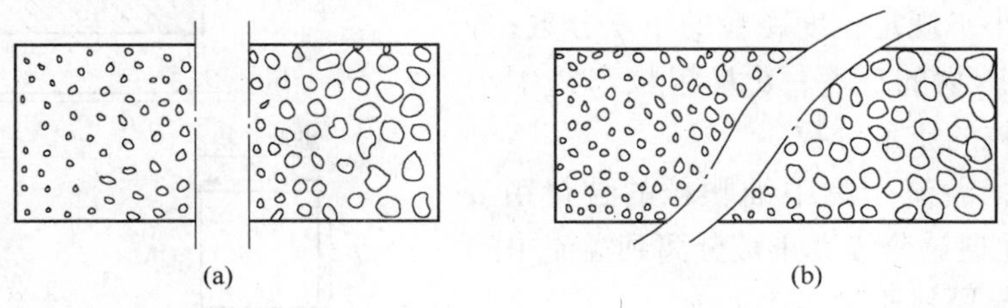

图 5-2-17 理想和实际分级产物对比

（a）理想分级情况；（b）实际分级情况

5.2.5.1 粒度分配曲线

粒度分配曲线是表示原料中各个粒级在沉砂或溢流中的分配率随粒度变化的曲线，是表达分级效率的常用图示方法之一，其基本形状如图5-2-18所示。在这条曲线上不仅可查得分离粒度 d_{50} 的值，而且可以评定分级效率。

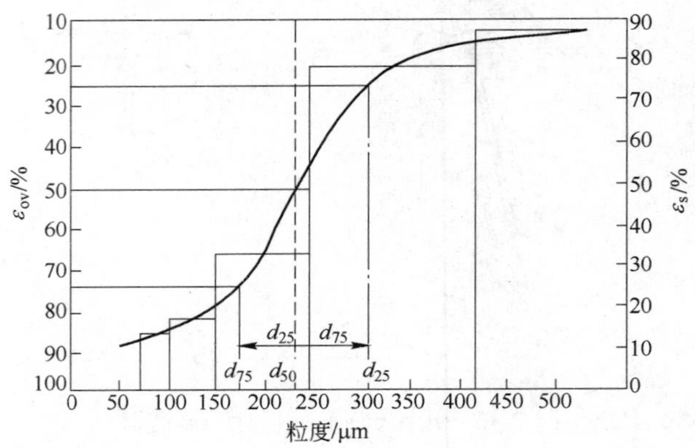

图5-2-18 粒度分配曲线

ε_{ov}—各个粒级在溢流中的分配率；ε_s—各个粒级在沉砂中的分配率

分配曲线的形状反映了分级效率。曲线愈接近于垂直，即曲线的中间部分愈陡，表示分级进行的愈精确，分级效率愈高。理想分级结果的分配曲线，中间部分应是在 d_{50} 处垂直于横轴的直线。因此可用实际分配曲线的中间段偏离垂线的倾斜程度来评定分级效率。在数值上，取分配率为25%或75%的粒度值与分离粒度 d_{50} 的差值作为评定尺度，称为可能偏差，用 E_f 表示，其常用的计算式为：

$$E_f = \frac{d_{25} - d_{75}}{2} \tag{5-2-25}$$

式中 d_{25}，d_{75}——溢流中分配率为25%和75%的矿物颗粒粒度。

5.2.5.2 分级效率的计算公式

上述粒度分配曲线绘制起来很麻烦，所以生产实践中较为普遍地应用公式计算分级效率。如图5-2-19所示，图中的 α 是原料中小于分离粒度（或某指定粒度）的细粒级质量分数；β 是细粒产物中小于规定粒度颗粒的质量分数；γ 是分级后细粒产物的产率；θ 是粗粒产物中小于规定粒度颗粒的质量分数。

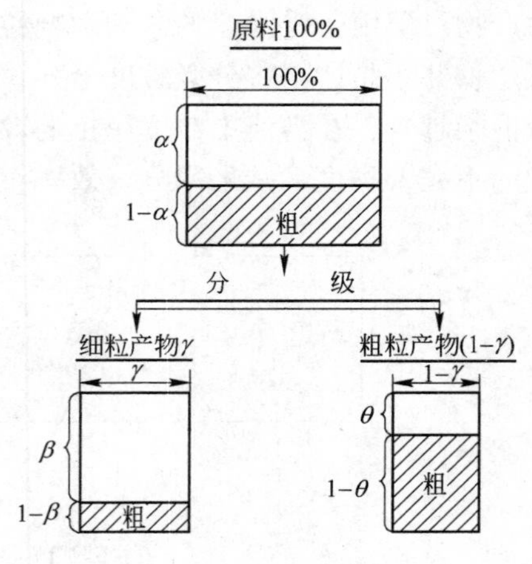

图5-2-19 分级效率计算图

经过分级，溢流产物中细颗粒的含量由 α 提高到 β，因此通过分级真正被分离到溢流中的细颗粒的质量与原料质量之比 Γ 为：

$$\Gamma = \gamma(\beta - \alpha) \tag{5-2-26}$$

在理想分级条件下，小于规定粒度的颗粒

应全部进入溢流，粗颗粒则不进入，所以此时的溢流产率 $\gamma_0=\alpha$，且 $\beta=1$，被有效分级的细颗粒质量与原料质量之比 Γ_0 成为：

$$\Gamma_0 = \gamma_0(1-\alpha) = \alpha(1-\alpha) \tag{5-2-27}$$

分级效率 η 的物理含义是实际被分级出的细颗粒量与理想条件下应被分级出的细颗粒量之比，用百分数表示，即：

$$\eta = \frac{\Gamma}{\Gamma_0} = \frac{\gamma(\beta-\alpha)}{\alpha(1-\alpha)} \times 100\% \tag{5-2-28}$$

由细颗粒质量在产物中的平衡关系：

$$\alpha = \gamma\beta + (1-\gamma)\theta$$

得

$$\gamma = \frac{\alpha-\theta}{\beta-\theta} \times 100\% \tag{5-2-29}$$

将式（5-2-29）代入式（5-2-28）中，得到分级效率的计算式：

$$\eta = \frac{(\alpha-\theta)(\beta-\alpha)}{\alpha(\beta-\theta)(1-\alpha)} \times 100\% \tag{5-2-30}$$

式（5-2-30）是分级的综合效率计算式，它同时考虑了细粒级在溢流中的回收率和溢流质量的提高。如果只考虑细粒级在溢流中的回收率，则称为分级的量效率，记为 ε_f，即：

$$\varepsilon_f = \frac{\gamma\beta}{\alpha} \times 100\% = \frac{\beta(\alpha-\theta)}{\alpha(\beta-\theta)} \times 100\% \tag{5-2-31}$$

另一方面，式（5-2-28）可改写为：

$$\begin{aligned}\eta &= \frac{\gamma(\beta-\alpha\beta-\alpha+\alpha\beta)}{\alpha(1-\alpha)} \times 100\% \\ &= \left[\frac{\gamma\beta}{\alpha} - \frac{\gamma(1-\beta)}{1-\alpha}\right] \times 100\% \end{aligned} \tag{5-2-32}$$

式（5-2-32）等号右侧第 1 项表示细粒级在溢流中的回收率 ε_f，第 2 项为粗粒级在溢流中的回收率 ε_c。所以分级效率又代表溢流中细、粗两个粒级的回收率之差，即：

$$\eta = \varepsilon_f - \varepsilon_c \tag{5-2-33}$$

5.3 重介质分选

在密度大于 1000kg/m³ 的介质中分选矿石的过程称为重介质选矿。分选时介质密度常选择在物料中待分开的两种矿物的密度之间，分选结果将获得高密度产物和低密度产物。

工业生产中使用的重介质是由密度比较大的固体微粒分散在水中构成的重悬浮液，其中的高密度固体微粒起到了加大介质密度的作用，称为加重质。加重质的粒度一般要求 -0.074mm占 60% ~80%，能均匀分散于水中。位于重悬浮液中的粒度较大的矿物颗粒将受到像均匀介质一样的增大了的浮力作用。

为了适应工业生产的需要，要求加重质的密度较高、价格低廉、便于回收、不成为分选产品的有害杂质。根据这些要求，在工业上使用的加重质主要有硅铁（$\rho_1=6800\text{kg/m}^3$）、方铅矿（$\rho_1=7500\text{kg/m}^3$）、磁铁矿（$\rho_1=5000\text{kg/m}^3$）、黄铁矿（$\rho_1=4900\sim5100\text{kg/m}^3$）、毒砂（砷黄铁矿，$\rho_1=5900\sim6200\text{kg/m}^3$）。

硅铁是硅和铁的合金，以含硅 5% ~18% 最适合作加重质使用，含硅过高，则韧性太强，不易粉碎。用硅铁作加重质，可配成密度为3200～3500kg/m^3 的重悬浮液，可采用磁选法对其进行回收。

用作加重质的方铅矿通常是选矿厂选出的方铅矿精矿，可配制密度为3500kg/m^3 的重悬浮液，可采用浮选法对其进行回收。

用作加重质的磁铁矿通常采用铁品位在60%以上的磁选精矿，配制的重悬浮液最大密度可达2500kg/m^3，磁铁矿加重质可用磁选法回收。

从分选原理来看，重介质分选仅受固体颗粒密度的影响，与粒度、形状等其他因素无关。但在实际分选过程中，由于重悬浮液的黏度较高，致使在其中的颗粒的运动速度明显降低，尤其是那些粒度很小的高密度颗粒，甚至尚没来得及沉降，即被介质带入了轻产物中，导致分选的精确度明显下降。此外，细小的颗粒与加重质的分离也比较困难。所以原料在入选前必须将细粒级分离出去。

用重介质分选法选煤时，一般给料粒度下限为3～6mm，上限为300～400mm。经过一次分选，即可得到精煤。用重介质分选法选别金属矿石时，通常给料粒度下限为1.5～3.0mm，上限为50～150mm。若用重介质旋流器进行分选，则给矿粒度下限可降低到0.5～1.0mm。

在实际生产中，由于受重悬浮液最高密度的限制，无法分选出高纯度的高密度产物，所以除了选煤以外，重介质分选法主要用作预选作业，即从待分选矿石中选出低密度成分。例如，用于除去矿石中已单体解离的脉石颗粒或混入的围岩。这种方法常用来处理呈集合体嵌布的有色金属矿石，在破碎以后，将已经单体解离的脉石颗粒除去，可以减少给入磨碎和选别作业的矿石量，降低生产成本。

5.3.1 重悬浮液的性质

5.3.1.1 重悬浮液的密度

重悬浮液的密度有物理密度和有效密度之分。重悬浮液的物理密度由加重质的密度和体积分数共同决定，用符号 ρ_{su} 表示，计算式为：

$$\rho_{su} = \varphi(\rho_{hm} - 1000) + 1000 \tag{5-3-1}$$

式中 ρ_{hm}——加重质的密度，kg/m^3；

φ——重悬浮液的容积浓度，受流体流动性限制，采用磨碎的加重质时 φ 的最大值为17%～35%，大多数为25%，采用球形颗粒加重质时，φ 的最大值可达43%～48%。

由于不可能采用过高 ρ_{hm} 的加重质和过高的 φ 值，所以无法配置很高密度（ρ_{su}）的重悬浮液。生产中使用的重悬浮液的密度一般为1250～3500kg/m^3。

在结构化重悬浮液中分选固体物料时，受静切应力 τ_0 的影响，颗粒向下沉降的条件为：

$$\frac{\pi d^3 \rho_1 g}{6} > \frac{\pi d^3 \rho_{su} g}{6} + F_0$$

式中 d——固体颗粒的直径，m；

ρ_1——固体颗粒的密度，kg/m^3；

F_0——由静切应力引起的静摩擦力，其值与颗粒表面积 A 和静切应力 τ_0 成正比：

$$F_0 = \frac{\tau_0 A}{k} \tag{5-3-2}$$

k——比例系数，与颗粒的粒度有关，介于0.3～0.6，当颗粒的粒度大于10mm时，$k=0.6$。

由上述两式，可得颗粒在结构化重悬浮液中能够下沉的条件是：

$$\rho_1 > \rho_{su} + \frac{6\tau_0}{kdg} \tag{5-3-3}$$

式（5-3-3）中的$\frac{6\tau_0}{kdg}$相当于重悬浮液的静切应力引起的密度增大值。所以对于高密度颗粒的沉降来说，重悬浮液的有效密度ρ_{ef}为：

$$\rho_{ef} = \rho_{su} + \frac{6\tau_0}{kd_V g} \tag{5-3-4}$$

由于静切应力的方向始终同颗粒的运动方向相反，所以当低密度颗粒上浮时，重悬浮液的有效密度ρ'_{ef}则变为：

$$\rho'_{ef} = \rho_{su} - \frac{6\tau_0}{kd_V g} \tag{5-3-5}$$

由式（5-3-4）和式（5-3-5）可以看出，重悬浮液的有效密度不仅与加重质的密度和体积分数有关，同时还与τ_0及固体颗粒的粒度有关。

密度介于上述两项有效密度之间的颗粒，既不能上浮，也不能下沉，因而得不到有效的分选。这种现象在形状不规则的细小颗粒上表现尤为突出，是造成分选效率不高的主要原因，这再次表明入选前脱除细小颗粒的必要性。

5.3.1.2　重悬浮液的黏度

重悬浮液是非均质两相流体，它的黏度与均质液体不同。其差异主要表现在重悬浮液的黏度即使温度保持恒定，也不是一个定值，同时重悬浮液的黏度明显比分散介质的大。其原因可归结为如下3个方面：

（1）重悬浮液流动时，由于固体颗粒的存在，既增加了摩擦面积，又增加了流体层间的速度梯度，从而导致流动时的摩擦阻力增加。

（2）固体体积分数φ较高时，因固体颗粒间的摩擦、碰撞，使得重悬浮液的流动变形阻力增大。

（3）由于加重质颗粒的表面积很大，它们彼此容易自发地连接起来，形成一种局部或整体的空间网状结构物，以降低表面能（见图5-3-1），这种现象称为重悬浮液的结构化。在形成结构化的重悬浮液中，由于包裹在网格中的水失去了流动性，使得整个重悬浮液具有了一定的机械强度，因而流动性明显减弱，在外观上即表现为黏度增加。

结构化重悬浮液是典型的非牛顿流体，其突出特点是，有一定的初始切应力τ_{in}（如图5-3-2所示），只有当外力克服了这一初始切应力后，重悬浮液才开始流动。当流动的速度梯度达到一定值后，结构物被破坏，切应力又与速度梯度保持直线关系，此时有：

$$\tau = \tau_0 + \mu_0 \frac{\mathrm{d}u}{\mathrm{d}h} \tag{5-3-6}$$

式中　τ——结构化重悬浮液的切应力，Pa；

τ_0——结构化重悬浮液的静切应力，Pa；

μ_0——结构化重悬浮液的牛顿黏度，Pa · s；

$\frac{du}{dh}$——结构化重悬浮液流动过程的速度梯度，s^{-1}。

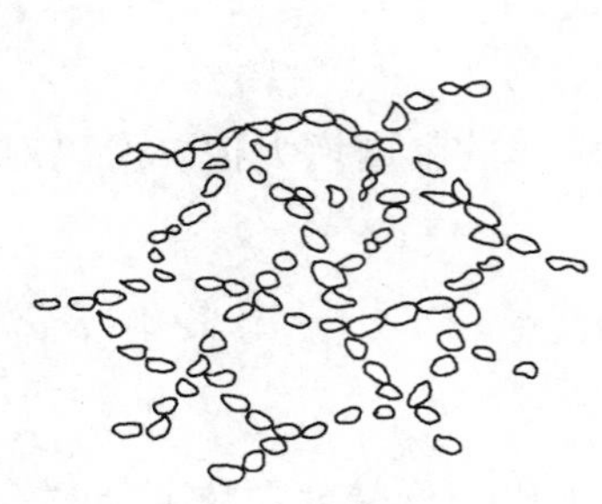

图 5-3-1　重悬浮液结构化示意图

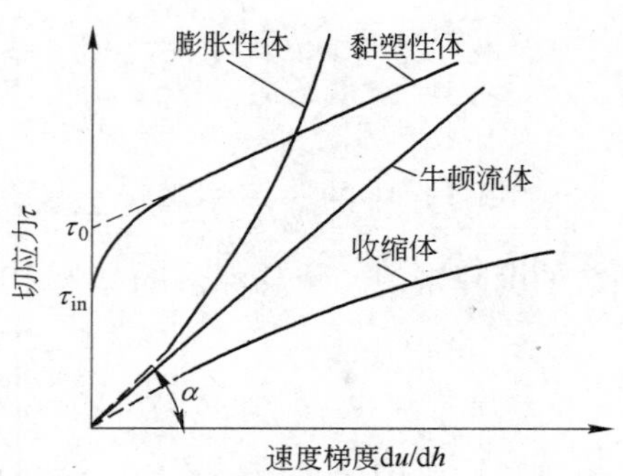

图 5-3-2　不同流体的流变特性曲线

5.3.1.3　重悬浮液的稳定性

重悬浮液的稳定性是指重悬浮液保持自身密度、黏度不变的性能。通常用加重质颗粒在重悬浮液中沉降速度 v 的倒数来描述重悬浮液的稳定性，称作重悬浮液的稳定性指标，记为 Z，即：

$$Z = \frac{1}{v} \tag{5-3-7}$$

Z 值越大，重悬浮液的稳定性越高，分选过程的技术指标也稳定，但待分选物料的分离速度相应降低，因此，适宜的 Z 值要视具体情况而定，并非越大越好。

加重质颗粒的沉降速度 v 可用沉降曲线求出，将待测的重悬浮液置于量筒中，搅拌均匀后，静止沉淀，片刻在上部即出现一清水层，下部浑浊层界面的下降速度即可视为加重质颗粒的沉降速度 v。将浑浊层下降高度与对应的时间画在直角坐标纸上，将各点连接起来得 1 条曲线（见图 5-3-3），曲线上任意一点的切线与横轴夹角的正切即为该点的瞬时沉降速度。从图 5-3-3 中可以看出，沉降开始后，在相当长一段时间内曲线的斜率基本不变，评定重悬浮液稳定性的沉降速度即以这一段为准。

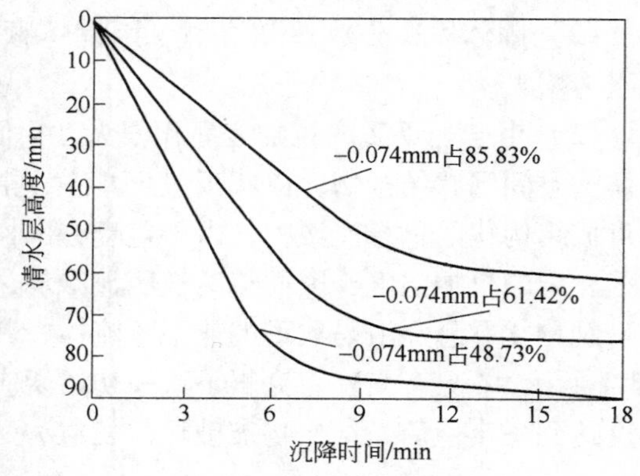

图 5-3-3　测定磁铁矿重悬浮液稳定性的沉降曲线

5.3.1.4　影响重悬浮液性质的因素

影响重悬浮液性质的因素主要包括重悬浮液的固体体积分数、加重质的密度、粒度和颗粒形状等。

重悬浮液的固体体积分数不仅影响重悬浮液的物理密度，而且当浓度较高时又是影响重悬浮液黏度的主要因素。试验表明，重悬浮液的黏度随固体体积分数的增加而增加，如图 5-3-4 所示，图中的黏度单位以流出毛细管的时间表示。

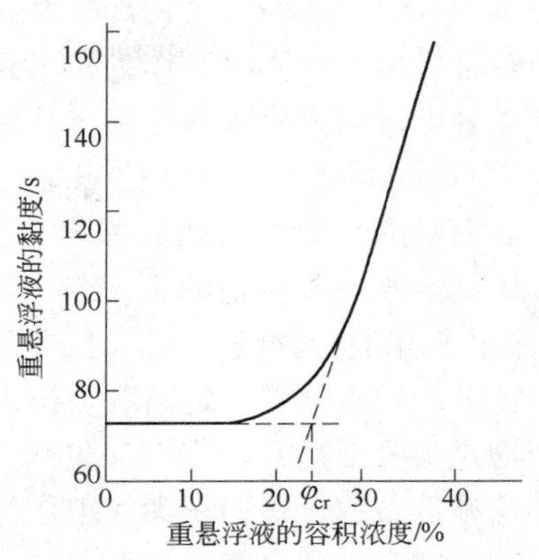

图 5-3-4 重悬浮液的黏度与其容积浓度的关系

从图 5-3-4 中可以看出，固体体积分数较低时，黏度增加缓慢，而当固体体积分数超过某临界值 φ_{cr}时，黏度急剧增大。φ_{cr}称为临界固体体积分数。当重悬浮液的固体体积分数超过临界值时，颗粒在其中的沉降速度急剧降低，从而使设备的生产能力明显下降，分选效率也将随之降低。

加重质的密度主要影响重悬浮液的密度，而粒度和颗粒形状则主要影响重悬浮液的黏度和稳定性。

重悬浮液的黏度越大其稳定性也就越好，但颗粒在其中的沉降或上浮速度较低，使设备的生产能力和分选精确度下降；如果重悬浮液的黏度比较小，则稳定性也比较差，严重时会影响分选过程的正常进行。因此，应综合考虑这两个指标。

此外，在选矿生产实践中，常常采用搅拌来保证重悬浮液的稳定性，这也是各种重介质分选设备不可或缺的功能。

5.3.2 重介质分选设备

5.3.2.1 圆锥形重介质分选机

圆锥形重介质分选机有内部提升式和外部提升式两种，结构如图 5-3-5 所示。

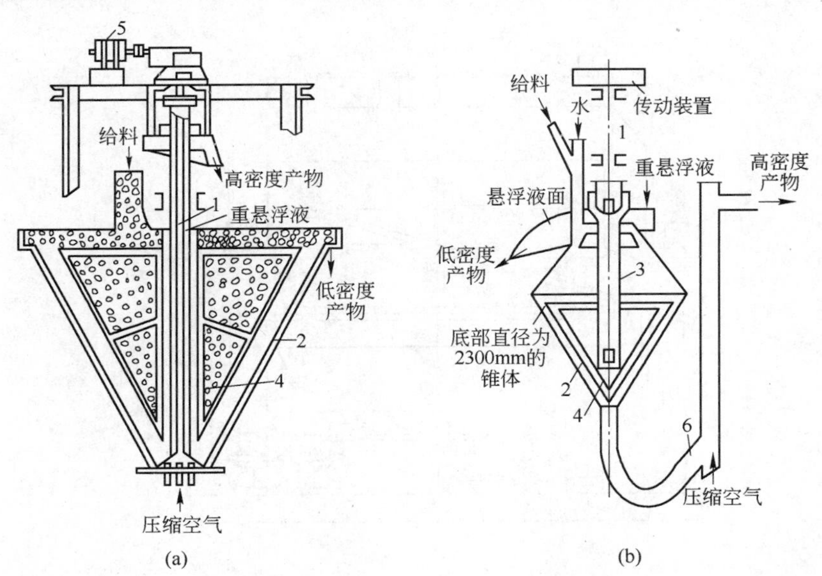

图 5-3-5 圆锥形重介质分选机

（a）内部提升式单锥分选机；（b）外部提升式双锥分选机

1—中空轴；2—圆锥形分选槽；3—套管；4—刮板；5—电动机；6—外部空气提升管

图 5-3-5（a）所示为内部提升式单锥分选机，即在倒置的圆锥形分选槽内，安装有空心回转轴。空心轴同时又作为排出高密度产物的空气提升管。中空轴外面有 1 个带孔的套管，重悬浮液给入套管内，穿过孔眼流入分选圆锥内。套管外面固定有两个三角形刮板，以 4 ~ 5r/min 的速度旋转，借以维持重悬浮液密度均匀并防止待分选物料沉积。入选物料由上表面给入，密度较低的部分浮在表层，经四周溢流堰排出，密度较高的部分沉向底部。压缩空气由中空轴的下部给入。当中空轴内的高密度产物、重悬浮液和空气组成的气-固-液三相混合物的密度低于外部重悬浮液的密度时，中空轴内的混合物即向上流动，将高密度产物提升到一定高度后排出。外部提升式分选机的工作过程与此相同，只是高密度产物是由外部提升管排出（见图 5-3-5（b））。

这种设备的分选面积大、工作稳定、分离精确度较高。给料粒度范围为 5 ~ 50mm。适于处理低密度组分含量高的物料。它的主要缺点是需要使用微细粒加重质，介质循环量大，增加了介质回收和净化的工作量，而且需要配置空气压缩装置。目前生产中应用较多的是 ϕ2400mm 的圆锥形重介质分选机，锥角为 65°，搅拌转速为 6r/min，给矿粒度为 6 ~ 30mm，处理能力为 43 吨/(台 · 时)。

5. 3. 2. 2　鼓形重介质分选机

鼓形重介质分选机的构造如图 5-3-6 所示，外形为一横卧的鼓形圆筒，由 4 个辊轮支撑，通过设置在圆筒外壁中部的大齿轮，由传动装置带动旋转。在圆筒内壁沿纵向设有带孔的扬板。入选物料与重悬浮液一起从筒的一端给入。高密度颗粒沉到底部，由扬板提起投入排料溜槽中，低密度颗粒则随重悬浮液一起从筒的另一端排出。这种设备结构简单，运转可靠，便于操作。在设备中，重悬浮液搅动强烈，所以可采用粒度较粗的加重质，且介质循环量少，它的主要缺点是分选面积小，搅动大，不适于处理细粒物料，给料粒度通常为 6 ~ 150mm。

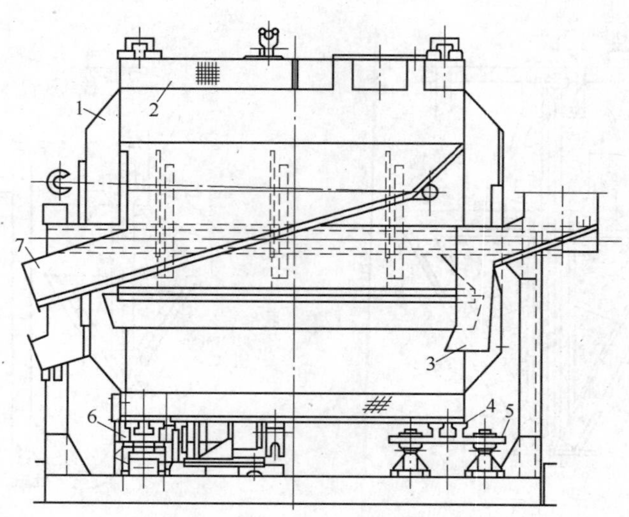

图 5-3-6　鼓形重介质分选机

1—转鼓；2—扬板；3—给料漏斗；4—托辊；5—挡辊；6—传动系统；7—高密度产物漏斗

生产中使用的鼓形重介质分选机主要有表 5-3-1 所列的两种。

表 5-3-1 部分型号的鼓形重介质分选机的性能

规格/mm×mm	给矿粒度/mm	处理能力/t·h^{-1}	转速/r·min^{-1}	电动机功率/kW
ϕ1800×1800	5~60	20~40	—	7.5
ϕ2600×2500	5~60	40	1，12，14	7.5

5.3.2.3 重介质振动溜槽

重介质振动溜槽的结构如图5-3-7所示。机体的主要部分是个断面为矩形的槽体，支承在倾斜的弹簧板上，由曲柄连杆机构带动做往复运动。槽体的底部为冲孔筛板，筛板下有5~6个独立水室，分别与高压水管连接。在槽体的末端设有分离隔板，用以分开低密度产物和高密度产物。

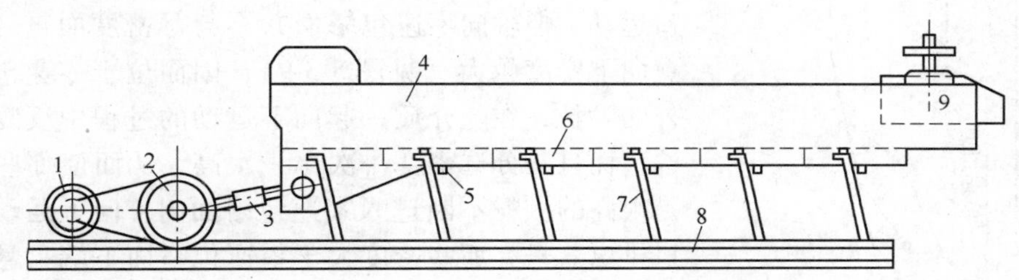

图 5-3-7 重介质振动溜槽的结构示意图
1—电动机；2—传动装置；3—连杆；4—槽体；5—给水管；6—槽底水室；
7—支承弹簧板；8—机架；9—分离隔板

设备工作时，待分选物料和重悬浮液一起由给料端给入重介质振动溜槽，介质在槽中受到摇动和上升水流的作用形成一个高浓度的床层，它对物料起着分选和运搬作用。分层后的高密度产物从分离隔板的下方排出，而低密度产物则由分离隔板上方流出。

重介质振动溜槽的优点是：床层在振动下易松散，可以使用粗粒（-1.5mm）加重质。加重质在槽体的底部浓集，浓度可达60%，提高了分选密度，因此又可采用密度较低的加重质，例如用来对铁矿石进行预选时，可以采用细粒铁精矿作加重质。

重介质振动溜槽的处理能力很大，每100mm槽宽的处理量达7t/h，适于分选粗粒物料，给料粒度一般为6~75mm。设备的机体笨重，工作时振动力很大，需安装在坚固的地面基础上。部分型号的重介质振动溜槽的技术性能见表5-3-2。

表 5-3-2 部分型号的重介质振动溜槽的技术性能

规 格	槽体尺寸（长×宽×高）/mm×mm×mm	安装倾角/(°)	给矿粒度/mm	处理能力/t·h^{-1}	冲程/mm	冲次/min^{-1}	耗水量/t·h^{-1}	给水计示压强/kPa	电动机功率/kW
LZC-0.4	5000×400×500	3	6~75	30~35	18	380	30~35	300~400	7.5
LZC-1.0	5500×1000×550	3	6~75	70~80	18	380	40~50	300~400	22.0

5.3.2.4 重介质旋流器

重介质旋流器属离心式分选设备，其结构与普通旋流器基本相同。在重介质旋流器内，加重质颗粒一方面在离心惯性力作用下向器壁产生浓集，同时又受重力作用向下沉降，致使重悬浮液的密度自内而外、自上而下增大，形成图 5-3-8 所示的等密度面。图中所示的情况是给入旋流器的重悬浮液密度为 1500kg/m³，溢流密度为 1410kg/m³，沉砂密度为 2780kg/m³。

在重介质旋流器内也同样存在轴向零速包络面。同重悬浮液一起给入重介质旋流器的待分选物料，在自身重力、离心惯性力、浮力（包括径向的和轴向的）和介质阻力的作用下，不同密度和粒度的颗粒将运动到各自的平衡位置。分布在零速包络面以内的颗粒，密度较小，随向上流动的重悬浮液一起由溢流管排出，成为低密度产物；分布在零速包络面以外的颗粒，密度较大，随向下流动的重悬浮液一起向着沉砂口运动。但轴向零速包络面并不与等密度面重合，而是愈向下密度越大（见图 5-3-9），因而位于零速包络面以外的颗粒，在随介质一起向下运动的过程中反复受到分选，而且是分选密度一次比一次高，从而使那些密度不是很高的颗粒不断进入零速包络面内，向上运动由溢流口排出。只有那些密度大于零速包络面下端重悬浮液密度的颗粒，才能一直向下运动，由沉砂口排出，成为高密度产物。由此可见，重介质旋流器的分离密度取决于轴向零速包络面下端重悬浮液的密度。

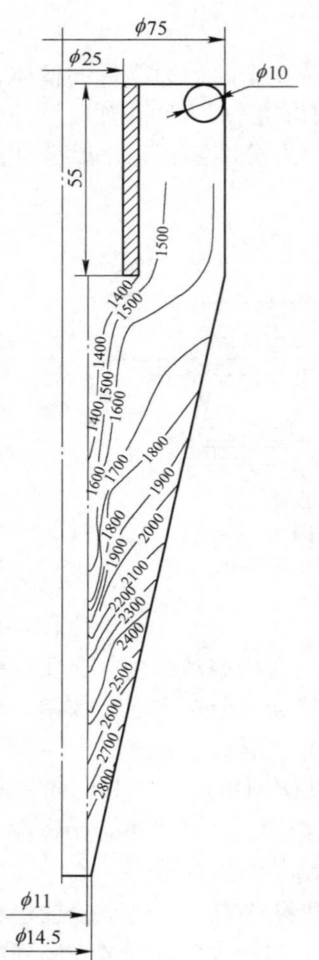

图 5-3-8　重介质旋流器内等密度面的分布情况（密度单位为 kg/m³）

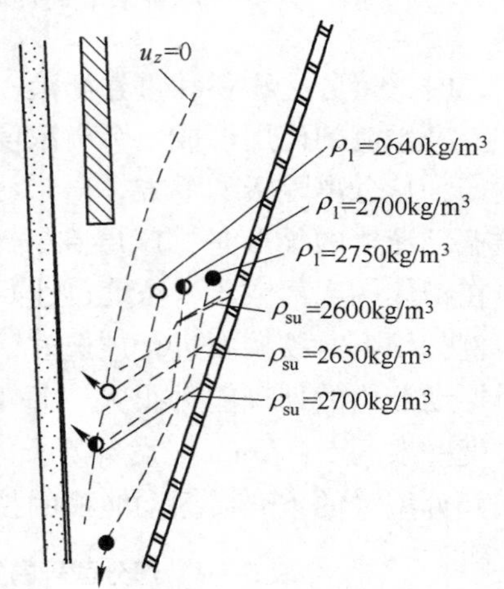

图 5-3-9　重介质旋流器分选原理示意图

影响重介质旋流器选别效果的因素主要有溢流管直径、沉砂口直径、锥角、给料压强和给入的固体物料与重悬浮液的体积比等。

给料压强增加，离心惯性力增大，既可以增加设备的生产能力，又可以改善分选效果。但压强增加到一定值后，选别指标即基本稳定，但动力消耗却继续增大，设备的磨损剧增。所以给料压强一般在 80～200kPa 范围内。

增大沉砂口直径或减小溢流管直径，都会使零速包络面向内收缩，分离密度降低，高密度产物的产率增加。

加大锥角，加重质的浓集程度增加，分离密度提高，高密度产物的产率下降，但由于重悬浮液密度分布更加不均而使得分选效率降低，所以锥角一般取为15°~30°。

给入的固体物料体积与重悬浮液体积之比一般为1:4 ~1:6，增大比值将提高设备的处理能力，但因颗粒分层转移的阻力增大而使得分选效率降低。

在生产实践中，大直径重介质旋流器常采用倾斜安装，而小直径重介质旋流器则采用竖直安装。

重介质旋流器的优点是处理能力大，占地面积小，可以采用密度较低的加重质，且可以降低分选粒度下限，最低可达0.5mm，最大给料粒度为35mm，但为了避免沉砂口堵塞和便于脱出介质，一般的给料粒度范围为2~20mm。部分型号的重介质旋流器的技术性能见表5-3-3。

表5-3-3 部分型号重介质旋流器的技术性能

规 格	内径/mm	给矿口直径/mm	溢流口直径/mm	沉砂口直径/mm	锥角/(°)	最大给矿粒度/mm	给矿压强/MPa	处理能力/t·h^{-1}
ZJX-1450	1450	428	300~400	180~250	20	130	0.035~0.1	445~625
ZJX-1350	1350	400	300~400	180~250	20	120	0.035~0.1	350~540
ZJX-1200	1200	357	280~350	180~250	20	115	0.035~0.1	305~425
ZJX-1150	1150	300	280~350	180~250	20	100	0.035~0.1	280~395
ZJX-1000	1000	262	280~320	160~240	20	80	0.035~0.1	210~295
ZJX-850	850	218	280~320	210~250	20	60	0.035~0.1	153~215
ZJX-710	710	175	280~320	160~240	20	50	0.035~0.1	106~150
ZJX-600	600	150	200~240	120~180	20	40	0.035~0.1	76~108
ZJX-350	350	87	100~140	40~70	20	10	0.035~0.1	26~36

5.3.2.5 重介质涡流旋流器

重介质涡流旋流器的结构如图5-3-10所示，实质上它是一倒置的旋流器，不同之处是由顶部插入一空气导管，使旋流器中心处的压强与外部的大气压强相等，借以维持分选过程正常进行。调节空气导管喇叭口与溢流管口的距离，可以改变产物的产率分配，减小两者之间的距离，可以降低低密度产物的产率。该设备的另一个特点是沉砂口和溢流口的直径接近相等，所以可处理粗粒（2~60mm）物料。这种设备的处理量较大，比相同直径的重介质旋流器大1倍以上。

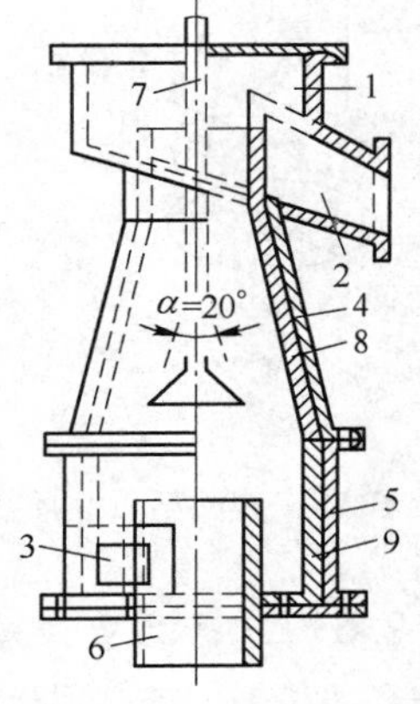

图5-3-10 重介质涡流旋流器的结构
1—接料槽；2—高密度产物排出口；3—给料口；4—圆锥体外壳；5—圆筒体外壳；6—低密度产物排出口；7—空气导管；8—圆锥体内衬；9—圆筒体内衬

重介质涡流旋流器的工作过程与重介质旋流器的基本相同。它的优点是分选效率高，能分选密度差较小的物料，可以采用粒度较粗（+0.074mm占50%~85%）的加重质，有利于介质的净化和降低加重质的消耗。

A 荻纳型重介质涡流旋流器

荻纳型重介质涡流旋流器又称 D. W. P 型动态涡流分选器，设备外形呈圆筒状，其构造如图 5-3-11 所示。这种设备的特点是，待分选物料同少量重悬浮液（大约占重悬浮液总体积的 10%）一起从圆柱上部的给料口给入，其余大部分重悬浮液则由靠近下端的切向管口给入，入口处的压强为 60～150kPa。介质在圆柱体内形成中空的旋涡流，密度大的颗粒在离心惯性力作用下甩向器壁，与一部分介质一起沿筒壁上升，通过高密度产物排出口排出；密度小的颗粒分布在空气柱周围，随部分重悬浮液一起向下流动，最后通过圆柱体下部的排料口排出。

荻纳型重介质涡流旋流器的优点是构造简单，体积小，单位处理量需要的厂房面积小；给料粒度下限可达 0. 2mm，因此可预先多丢弃低密度成分，降低分选成本；给料压强低，颗粒在设备内的运动速度低，设备磨损轻，使用寿命长。

B 特拉伊-费洛型重介质涡流旋流器

特拉伊-费洛型重介质涡流旋流器实际上是由两个荻纳型涡流旋流器串联而成，结构如图 5-3-12 所示。筒体上有两个渐开线形的介质进口和两个形状相同的高密度产物排出口。第 1 段分选后的低密度产物进入第 2 段再选，所以可分出两种高密度产物。当给入不同密度的重悬浮液时，还可依次选出 3 种密度的产物。例如处理方铅矿-萤石矿石时，可以分出方铅矿、萤石和脉石矿物，分选指标比荻纳型旋流器的高。

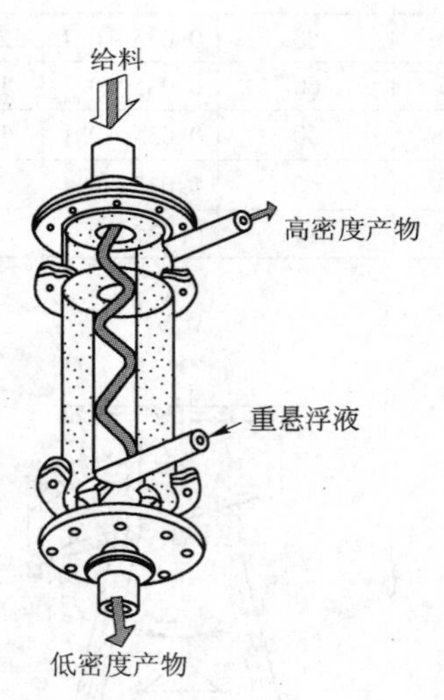

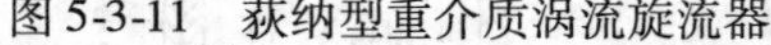

图 5-3-11 荻纳型重介质涡流旋流器

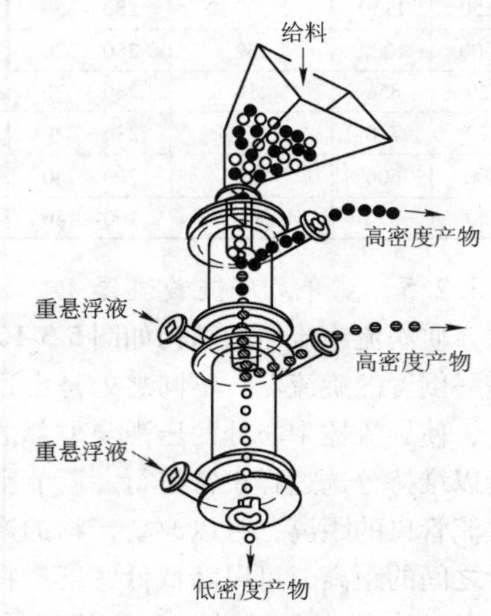

图 5-3-12 特拉伊-费洛型重介质涡流旋流器

5.3.2.6 三产品重介质旋流器

三产品重介质旋流器是由两台两产品重介质旋流器串联而成的，分有压给料和无压给料两大类，两者的分选原理相同。第一段采用低密度重悬浮液进行主选，选出低密度产物（精煤），高密度产物随大量经一段浓缩的高密度重悬浮液给入第二段旋流器进行再选，分选出中间密度产物（中煤）和高密度产物（矸石）。三产品旋流器的主要优点是只用一套重悬浮液循环系统，简化再选物料的输送，因而工艺简单、基建投资少、生产成本较低，在选煤厂得到了广泛的应用。3NZX 系列有压给料三产品重介质旋流器的型号和主要技术参数见表 5-3-4。

表 5-3-4 3NZX 系列有压给料三产品重介质旋流器的型号和主要技术参数

设备型号	一段筒体直径 /mm	二段筒体直径 /mm	入料粒度 /mm	工作压强 /MPa	最小循环量 /$m^3 \cdot h^{-1}$	生产能力 /$t \cdot h^{-1}$
3NZX 1200/850	1200	850	≤80	0.20~0.30	800	280~400
3NZX 1000/700	1000	700	≤70	0.15~0.22	600	170~300
3NZX 850/600	850	600	≤60	0.12~0.17	450	100~180
3NZX 710/500	710	500	≤50	0.10~0.15	300	70~120
3NZX 500/350	500	350	≤25	0.05~0.10	210	25~60

3NWX 系列无压给料三产品重介质旋流器的一段旋流器为圆筒形，二段旋流器为圆筒形或圆筒圆锥形，其结构如图 5-3-13 所示。3NWX 系列无压给料三产品重介质旋流器的主要性能参数见表 5-3-5。

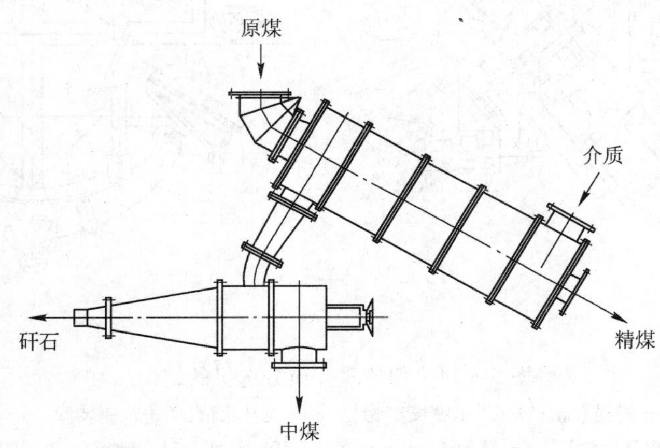

图 5-3-13 3NWX 系列无压给料三产品重介质旋流器的结构

表 5-3-5 3NWX 系列无压给料三产品重介质旋流器的主要性能参数

设备型号	一段筒体直径 /mm	二段筒体直径 /mm	横截面积 /m^2	生产能力 /$t \cdot h^{-1}$	单位生产能力 /$t \cdot (m^2 \cdot h)^{-1}$
3NWX 1500/930	1500	930	1.3527	400~450	302~339
3NWX 1250/900	1250	900	1.2266	300~400	245~326
3NWX 1200/850	1200	850	1.5040	200~250	177~211
3NWX 1000/700	1000	700	0.7850	160~200	204~255
3NWX 850/600	850	600	0.5617	100~140	176~247
3NWX 700/500	700	500	0.3847	70~100	182~260
3NWX 600/400	600	400	0.2826	50~70	177~248
3NWX 500/350	500	350	0.1963	25~50	127~255

5.3.2.7　斜轮重介质分选机和立轮重介质分选机

斜轮重介质分选机和立轮重介质分选机广泛用于选煤生产实践中。

斜轮重介质分选机有两产品的和三产品的两大类，两产品的设备构造如图 5-3-14 所示。它是由分选槽、高密度产物提升轮和低密度产物排出装置等主要部件组成。分选槽是由钢板焊接而成的多边形槽体，上部呈矩形，底部顺沉物流向的两块钢板倾角为 40°或 45°。提升高密度产物的斜轮装在分选槽旁侧的机壳内，由电动机经减速机带动旋转。斜提升轮的下部与分选槽底部相通，提升轮的骨架用螺栓与轮盖固定在一起。斜提升轮轮盘的边帮和底盘分别由数块立筛板和筛底组成。在轮盘的整个圆面上，沿径向装有冲孔筛板制造的若干块叶板，高密度产物主要由叶板刮取提升。斜提升轮的轴由支座支承，支座用螺栓固定在机壳支架上。排低密度产物轮呈六角形，由电动机通过链轮带动旋转。

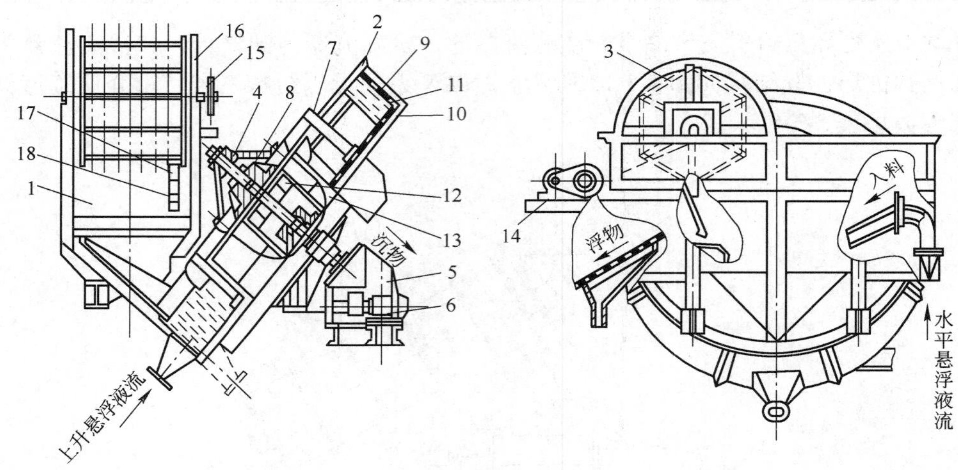

图 5-3-14　斜轮重介质分选机的结构

1—分选槽；2—斜提升轮；3—排低密度产物轮；4—提升轮轴；5—减速装置；6，14—电动机；7—提升轮骨架；8—转轮盖；9—立筛板；10—筛底；11—叶板；12—支座；13—轴承座；15—链轮；16—骨架；17—橡胶带；18—重锤

斜轮重介质分选机兼用水平液流和上升液流，在给料端下部位于分选带的高度引入水平液流，在分选槽底部引入上升液流。水平液流不断给分选带补充性质合格的重悬浮液，防止分选带的介质密度降低。上升液流造成微弱的上升水速，防止重悬浮液沉淀。水平和上升液流使分选槽中重悬浮液的密度保持均匀稳定，同时形成水平液流运输浮物。待分选物料进入分选机后，按密度分为浮物和沉物两部分。浮物由水平液流运输至溢流堰处，由排低密度产物轮刮出。沉物下沉至分选槽底部，由斜提升轮提升至上部排料口排出。

斜轮重介质分选机的优点是分选精确度高、分选物料的粒度范围宽（可达 6 ~ 1000mm）、处理能力大（分选槽宽 4m 的斜轮重介质分选机的处理能力可达 350 ~ 500t/h）、所需重悬浮液的循环量少、重悬浮液的性质比较稳定；其缺点是设备外形尺寸大、占地面积大。

立轮重介分选机作为块煤分选设备，在生产中也得到了广泛应用。例如，德国的太司卡（TESKA）型立轮重介质分选机、波兰的荻萨（DISA）型立轮重介质分选机、中国的

JL 系列立轮重介质分选机等。

立轮重介质分选机与斜轮重介质分选机工作原理基本相同，其差别仅在于分选槽槽体型式、高密度产物提升轮安放位置和方位等机械结构上有所不同。在设备生产能力相同的条件下，立轮重介质分选机具有体积小、质量轻、功耗少、分选效率高及传动装置简单等优点。

5.3.3 重介质分选工艺流程

重介质分选工艺流程一般包括原料准备、介质制备、物料分选、介质回收及介质再生作业，以磁铁矿或硅铁作加重质的重介质分选流程如图 5-3-15 所示。

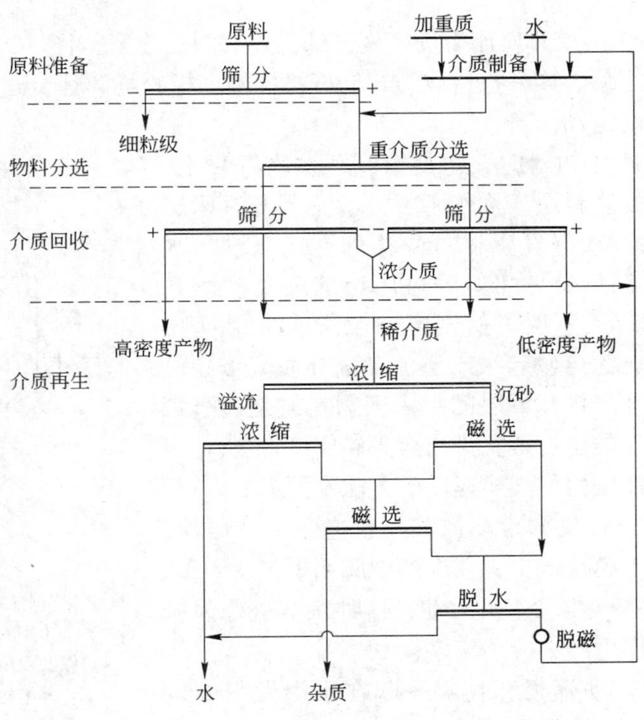

图 5-3-15 以磁铁矿或硅铁作加重质的重介质分选流程

（1）原料准备。重介质选别前的原料准备包括破碎、筛分、洗矿、脱水等作业。其目的是制备出粒度合乎要求、含泥量低、水分含量恒定的入选给料，以保证分选过程中介质黏度波动小，分选密度稳定。入选物料的上下限粒度一般是根据可选性试验的结果确定，入选前由筛分作业控制。为了减少物料中的含泥量，设置专门的洗矿作业或在筛分的同时向筛面上喷水洗掉颗粒表面附着的细泥。

（2）介质制备。将块状的加重质（浇铸的硅铁、块状的磁铁矿等）破碎、磨碎到符合粒度要求，然后调配成一定密度的重悬浮液供使用。采用喷雾法制成的硅铁或微细粒级磁铁矿精矿等作加重质时，则不必进行破碎和磨矿。

（3）物料分选。物料分选即在重介质分选设备内进行高、低密度组分的分离，这是重介质分选的中心环节。操作过程中应保持给料量稳定，并控制重悬浮液的性质少变，将其

密度的波动控制在 ±20kg/m³ 之内。

（4）介质的回收。随同分选产物一起从设备中排出的重悬浮液需要回收、循环使用。简单的回收方法是用筛分设备筛出介质，这项工作一般分两段进行，由第一段筛分机脱出的大量介质仍保持原有的性质，可以直接返回分选流程中使用。在第二段筛分机上则进行喷水，借以洗掉黏附在物料块上的加重质，由此得到的稀重悬浮液，需要进行净化和再生处理。

（5）介质的净化和再生。对稀介质进行提纯并提高浓度的作业称为介质的净化和再生，提纯后的重悬浮液可根据生产流程的具体情况送到适当的部位。

5.4　跳汰分选

跳汰分选是指在交变介质流中按密度分选固体物料的过程。图 5-4-1 所示为简单的隔膜跳汰机结构。利用偏心连杆机构或凸轮杠杆机构推动橡胶隔膜往复运动，从而迫使水流在跳汰室内产生脉动运动。

用跳汰机分选固体物料时，物料给到跳汰室筛板上，形成一个比较密集的物料层，称作床层。水流上升时床层被推动松散，使颗粒获得发生相对位移的空间条件，水流下降时床层又逐渐恢复紧密。经过床层的反复松散和紧密，高密度颗粒转入下层，低密度颗粒进入上层（见图 5-4-2）。上层的低密度物料被水平流动的介质流带到设备之外，形成低密度产物；下层的高密度物料或是透过筛板，或者是通过特殊的排料装置排出成为高密度产物。

推动水流在跳汰室内作交变运动的方法主要有：

（1）利用偏心连杆机构带动橡胶隔膜迫使水流运动，这样的跳汰机称作隔膜跳汰机，在生产中应用最多；

（2）利用压缩空气推动水流运动，这种跳汰机称为无活塞跳汰机，在选煤生产中应用较多；

（3）借机械力带动筛板和物料一起在水中做交变运动，这种跳汰机称为动筛跳汰机。

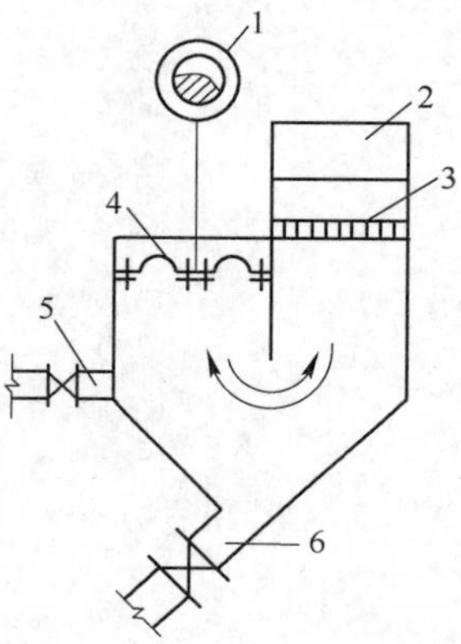

图 5-4-1　简单的隔膜跳汰机结构
1—偏心轮；2—跳汰室；3—筛板；4—橡胶隔膜；5—筛下给水管；6—筛下高密度产物排出管

跳汰分选过程中，水流每完成 1 次周期性变化所用的时间称为跳汰周期。表示水流速

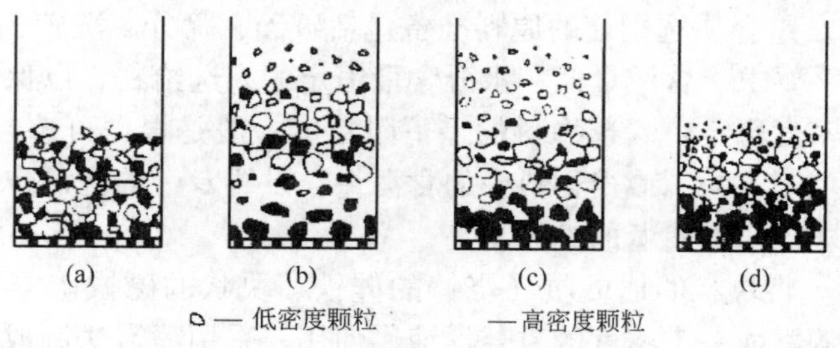

图 5-4-2　跳汰分层过程示意图
（a）分层前颗粒混杂堆积；（b）上升水流将床层抬起；（c）颗粒在水流中沉降分层；（d）水流下降、床层紧密、高密度颗粒进入下层

度在1个周期内随时间变化的曲线称为跳汰周期曲线。水流在跳汰室内运动的最大距离称为水流冲程；而隔膜或筛板（动筛跳汰机）运动的最大距离称作机械冲程。水流或隔膜每分钟运动的周期次数称为冲次。水流冲程与机械冲程之比称作冲程系数。

跳汰分选是处理粗、中粒级固体物料的最有效方法，它的工艺简单，设备处理能力大，分选效率高，可经1次选别得到最终产品（成品产物或抛弃产物），所以应用范围十分广泛。

5.4.1 物料在跳汰机内的分选过程

5.4.1.1 跳汰分选原理

在跳汰分选过程中，水流呈非恒定流动，流体的动力作用时刻在发生变化，使得床层的松散度（床层中分选介质的体积分数）也处于周期性变化中。床层在变速水流推动下运动，颗粒在其中松散悬浮，但又不属于简单的干涉沉降。在整个分选过程中，床层的松散度并不大，颗粒之间的静力压强对分层转移起重要作用。由于动力和静力因素交织在一起，而且又处于变化之中，所以很难用简单的解析式描述其分层过程。

概括地讲，物料在跳汰分选过程中发生按密度分层，主要是基于初加速度作用、干涉沉降过程、吸入作用等。

（1）初加速度作用。初加速度作用又称为跳汰初加速度学说，是美国人高登（A. M. Gaudin）于1939年基于动力学观点提出的关于跳汰选矿分层理论的一种见解。此学说认为在交变水流跳汰机中，不同密度矿粒是依靠它们每次升起后转为下降时的初加速度差发生分层的。在交变水流作用下，物料在跳汰机内发生周期性的沉降过程，每当沉降开始时，颗粒的加速度均为其初加速度 g_0（式（5-1-20））。由于 g_0 仅与颗粒的密度 ρ_1 和介质密度 ρ 有关，且 ρ_1 越大，g_0 也越大，因而在沉降末速达到之前的加速运动阶段，高密度颗粒获得较大的沉降距离，从而导致物料按密度发生分层。

（2）干涉沉降过程。交变水流推动跳汰室内的物料松散悬浮以后，颗粒便开始了干涉沉降过程，由于颗粒的密度越大，干涉沉降速度也越大，在床层松散期间，沉降的距离也越大，从而使高密度颗粒逐渐转移到床层的下层。

（3）吸入作用。吸入作用发生在交变水流的下降运动阶段，随着床层逐渐恢复紧密状态，粗颗粒失去了发生相对转移的空间条件，而细颗粒则在下降水流的吸入作用下，穿过粗颗粒之间的空隙，继续向下移动，从而使细小的高密度颗粒有可能进入床层的最底层。

5.4.1.2 颗粒在跳汰分选过程中的运动分析

在跳汰分选过程中，颗粒受到非恒定运动介质流的作用。在这种情况下，颗粒除受介质的速度阻力作用外，还有因水流的加速度运动和颗粒的加速运动所引起的附加力的作用。设垂直向上的方向为正，介质的密度为 ρ，介质运动的速度和加速度分别为 u 和 a，颗粒的密度和粒度分别为 ρ_1 和 d，颗粒的运动速度为 v，颗粒与介质的相对运动速度为 v_c（$v_c = v - u$），在忽略机械阻力的条件下，跳汰过程中颗粒的运动微分方程为：

$$\frac{\pi d^3 \rho_1}{6} \frac{\mathrm{d}v}{\mathrm{d}t} = G_0 + R_1 + R_2 + P_B$$

式中 G_0——颗粒在介质中的有效重力：

$$G_0 = \frac{\pi d^3(\rho_1 - \rho)g}{6}$$

R_1——水流的相对速度阻力：

$$R_1 = \pm \psi d^2 v_c^2 \rho$$

R_2——介质的加速度附加惯性阻力：

$$R_2 = -\zeta \frac{\pi d^3}{6} \cdot \rho \cdot \frac{dv_c}{dt}$$

ζ——质量联合系数，与颗粒形状有关，球形颗粒 $\zeta = 0.5$；

P_B——加速运动的介质流对颗粒的附加推力：

$$P_B = \frac{\pi d^3}{6}\rho a$$

亦即：

$$\frac{\pi d^3}{6}\rho_1 \frac{dv}{dt} = \frac{\pi d^3}{6}(\rho_1 - \rho)g \pm \psi d^2 v_c^2 \rho - \frac{\zeta \pi d^3 \rho}{6}\frac{dv_c}{dt} + \frac{\pi d^3}{6}\rho a$$

或

$$\frac{dv}{dt} = \frac{\rho_1 - \rho}{\rho_1}g \pm \frac{6\psi v_c^2 \rho}{\pi d \rho_1} - \zeta \frac{\rho}{\rho_1}\frac{dv_c}{dt} + \frac{\rho}{\rho_1}a \tag{5-4-1}$$

将 $v_c = v - u$ 代入式（5-4-1），经整理后得：

$$\frac{dv}{dt} = \frac{(\rho_1 - \rho)g}{\rho_1 - \zeta\rho} \pm \frac{6\psi(\nu - u)^2\rho}{\pi d(\rho_1 - \zeta\rho)} + \frac{(1 - \zeta)\rho a}{\rho_1 - \zeta\rho} \tag{5-4-2}$$

式（5-4-2）即是颗粒在非恒定垂直运动介质流中的运动微分方程。它首先由维诺格拉道夫（Н. Н. Виноградов）于 1952 年提出，后来又经过赫旺（В. И. Хван）等人补充。

由式（5-4-2）可以看出，颗粒运动的加速度基本上由三种加速度因素构成，一是重力加速度因素，二是速度阻力加速度因素，三是由介质的加速度引起的附加推力加速度因素。

重力加速度是静力性质因素，随颗粒密度的增加而增大，与颗粒的粒度和形状无关，所以属于按密度分层的基本作用因素。

速度阻力加速度与颗粒的密度和粒度同时有关，高密度细颗粒与低密度粗颗粒因有相近的速度阻力加速度，将引起同样的运动，以至不能有效分层。这项影响随着相对速度的增大、作用时间的延长而增强。减小这项因素影响的唯一办法是减小相对速度及控制其作用时间。

第 3 项是由介质加速运动引起的颗粒运动加速度，也是只与颗粒的密度有关。但由于介质加速度的方向是变化的，其对分层的影响亦不一样。当介质的加速度方向向上时，高密度颗粒的上升加速度比低密度颗粒的小，对按密度分层有利。反之，加速度方向向下时，高密度颗粒则会因加速度小而滞留在上层，对按密度分层不利。所以在采用跳汰分选法选别物料时，水流向下的加速度应尽量减小。

应该指出，式（5-4-2）表示的颗粒在跳汰分选过程中的运动微分方程，忽视了床层悬浮体内静压强增大对颗粒运动的影响，仍然用介质的密度计算颗粒所受到的浮力，这是不符合实际的。此外，这一公式还忽略了机械阻力的影响，所以只能用来定性地分析一些因素对跳汰分选过程的影响。

5.4.1.3　偏心连杆机构跳汰机内水流的运动特性及物料的分层过程

目前在工业生产中应用最多的是采用偏心连杆机构传动的跳汰机，在这类跳汰机内水流运动有着共同的特性。如图 5-4-3 所示，设偏心轮的转速为 n(r/min)（相当于跳汰冲次）、旋转角速度为 ω(rad/s)、偏心距为 r(m)，跳汰机的机械冲程 $l=2r$。如偏心距在图中从上方垂线开始顺时针转动，经过 t 时间（s）转过 φ 角（rad），则：

$$\varphi = \omega t \quad \omega = \frac{\pi n}{30} \tag{5-4-3}$$

当连杆长度相对于偏心距较大（一般连杆长度约为偏心距的 5～10 倍以上）时，隔膜的运动速度近似等于偏心距端点的垂直运动分速度 c，即

$$c = r\omega\sin\varphi = \frac{l\omega\sin\omega t}{2} \tag{5-4-4}$$

若用 β 表示跳汰机的冲程系数，则跳汰室内的水流运动速度 u 为：

$$u = \beta c = \frac{\beta l\omega\sin\omega t}{2} \tag{5-4-5}$$

将式（5-4-3）代入式（5-4-5）中，经整理得：

$$u = \frac{\beta l n\pi\sin\omega t}{60} \tag{5-4-6}$$

式（5-4-6）表明，在偏心连杆机构驱动下，水流速度随时间的变化呈正弦曲线，如图 5-4-4 所示。因此，习惯上把由偏心连杆机构驱动的隔膜跳汰机的周期曲线称为正弦跳汰周期曲线。水流运动的加速度 a 和位移 h 分别为：

$$a = \frac{\beta l\omega^2\cos\omega t}{2} = \frac{\beta l n^2\pi^2\cos\omega t}{1800} \tag{5-4-7}$$

$$h = \frac{\beta l(1-\cos\omega t)}{2} \tag{5-4-8}$$

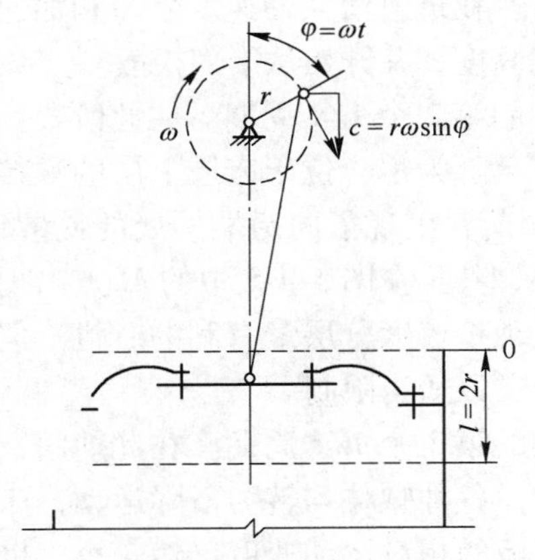

图 5-4-3　偏心连杆机构运动示意图

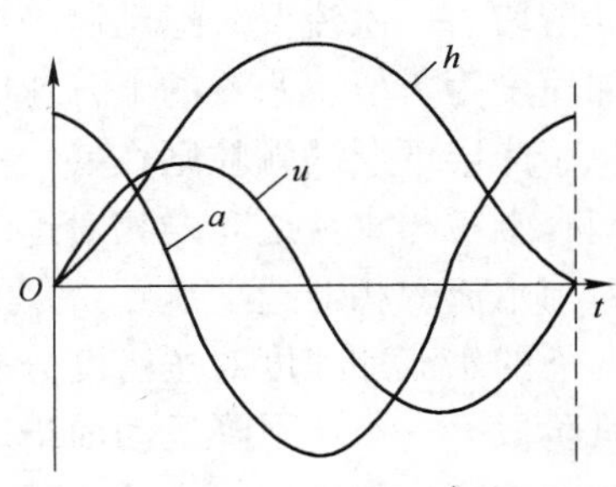

图 5-4-4　正弦跳汰周期的水流速度及加速度和位移曲线

由式（5-4-6）、式（5-4-7）、式（5-4-8）可以看出，水流速度、加速度和位移与冲程、冲次之间的关系为：

$$u \propto ln \tag{5-4-9}$$

$$a \propto ln^2 \tag{5-4-10}$$

$$h \propto l \tag{5-4-11}$$

这说明改变冲程和冲次，对水流速度、加速度和位移的影响是不同的。

为了分析在正弦跳汰周期的各阶段物料的分层过程，将 1 个周期分成图 5-4-5 所示的 4 个阶段。

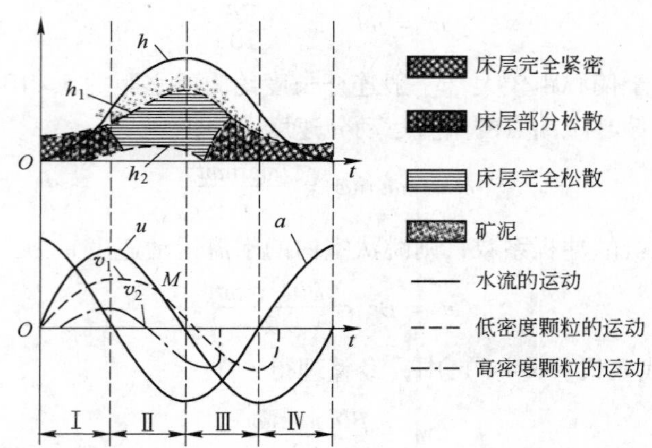

图 5-4-5　在正弦跳汰周期的 4 个阶段床层的松散-分层过程

h，h_1，h_2—水流、低密度颗粒和高密度颗粒的位移；u，v_1，v_2—水流、低密度颗粒和高密度颗粒的运动速度；a—水流运动的加速度

第Ⅰ阶段——水流上升运动前半期，即水流运动的第 1 个 1/4 周期。在这一阶段，水流的速度和加速度均为正值。此阶段的初期，床层呈紧密状态静止在筛板上面，随着水流上升速度的增加，当速度阻力和加速度推力之和大于床层在介质中的重力时，床层开始整体离开筛面上升。总的来看，这一阶段床层比较紧密，在迅速增大的速度阻力和加速度推力作用下，床层几乎是被整体抬起，占据一定的空间高度，并开始从下部松散。

第Ⅱ阶段——水流上升运动后半期，即水流运动的第 2 个 1/4 周期。在此阶段，水流的运动加速度为负值，水流的上升速度逐渐减小，直至降为零。位于床层上层的颗粒继续上升，位于床层下层的颗粒则在底层空间逐层向下剥落，出现了向两端扩展的松散形式。在此期间，颗粒与水流之间的相对运动速度愈来愈小，甚至在图 5-4-5 中的 M 点出现了低密度颗粒与水流的相对运动速度为零的时刻，这是实现按密度分层最有利的时机。但此阶段方向向下的水流加速度对按密度分层不利，所以应予以适当限制。

第Ⅲ阶段——水流下降运动前半期，即水流运动的第 3 个 1/4 周期。在此期间，水流的速度和加速度均为负值，水流的下降速度迅速增大，各种颗粒均转为下降运动，床层在收缩中继续按密度发生分层。在这一阶段，颗粒与水流的相对运动速度仍然较小，也属于有利于按密度分层的时期。随着床层下部的颗粒不断落回筛面，整个床层逐渐恢复紧密，粗颗粒首先失去活动性，而细小颗粒则继续穿过粗颗粒的间隙下降，最终使低密度粗颗粒在床层中所占据的位置上移。

第Ⅳ阶段——水流下降运动后半期，即水流运动的第 4 个 1/4 周期。这一阶段床层进入紧密期，主要分层形式是吸入作用，这种作用对分选宽级别物料是特别有利的，但其强度必须适当。过强的吸入作用会使低密度细颗粒也进入底层，而且还会使下一周期的床层松散进程迟缓，降低设备的处理能力。

由上述分析可以看出，水流运动的第 2 个和第 3 个 1/4 周期是物料实现按密度分层的有利时期，适宜的跳汰周期应延长这两段时间，但在以偏心连杆机构驱动的隔膜跳汰机中，水流被迅速推动向下运动，使床层很快紧密，从而缩短了床层的有效分层时间。

5.4.1.4 跳汰周期曲线

在一个跳汰周期内，水流的运动可有上升、静止和下降 3 个特征段，它们可按不同的大小和时间比例组成多种周期曲线形式，其中大多数跳汰机的周期曲线不含静止段，除了一些特殊结构的跳汰机（如动筛跳汰机）以外，交变水流跳汰机的周期曲线大致有图 5-4-6 所示的 4 种形式。

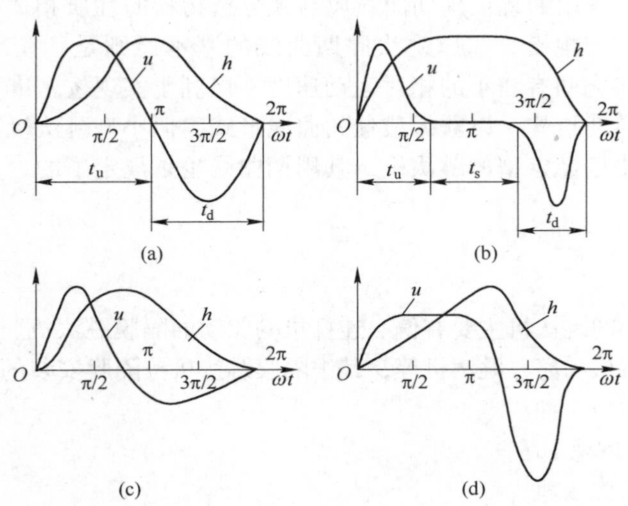

图 5-4-6 跳汰周期曲线的基本形式

（a）正弦跳汰周期曲线，$t_u = t_d$；（b）带有静止期的跳汰周期曲线，$t_u + t_d < 2\pi$；（c）快速上升的跳汰周期曲线，$t_u < t_d$；（d）慢速上升的跳汰周期曲线，$t_u > t_d$

h，u—水流上升高度和速度；t_u，t_s，t_d—水流上升期、静止期和下降期的时间

（1）正弦跳汰周期曲线。在这种周期中，水流上升和下降的作用时间和大小均相等。考虑到床层滞后于水流上升并提前下降，所以床层的有效分层时间较短，吸入作用也过强，因此生产中总是要在筛下补加上升水，此时水速变为：

$$u = \frac{\beta l \omega \sin\omega t}{2} + u_s \tag{5-4-12}$$

式中 u_s——筛下补加水上升速度，m/s。

筛下补加水的上升速度实际上是不大的，对周期曲线在纵坐标方向上的位置影响很小，但它可以使床层不致过分紧密，使下一周期易于抬起松散。

（2）带有静止期的跳汰周期曲线。这是麦依尔提出的处理粗粒煤的跳汰周期曲线，一个周期分为水流急速上升、静止、缓速下降 3 个阶段。水流急速上升时，床层被整体抬起，然后水流静止（其实仍有缓慢地上升及下降运动），床层松散开来，颗粒以较小的相对运动速度在水流中沉降，松散期较长，可使物料有效地发生按密度分层。及至床层落到筛面上，水流的低速吸入作用，又可将高密度细颗粒补充回收到底层。这种周期曲线比较适合处理平均密度较小或粒度较细的物料。

（3）快速上升的跳汰周期曲线。这种周期曲线是由倍尔德（B. M. Bird）提出的曲线演化而来的，水流在迅速上升后，紧接着即转为下降运动。下降水速较缓而作用时间较长，可以减小床层与水流间的相对速度，有助于物料按密度分层，适合于处理平均密度较高的物料。

（4）慢速上升的跳汰周期曲线。这种跳汰周期曲线又称托马斯周期曲线。水流以较低速度上升，并保持一段较长时间，然后迅速转为下降。水流下降速度较大，但作用时间短。床层在较长时间内处于松散状态，有利于提高设备的处理能力，但流体的速度阻力影响较大，不适合处理宽级别物料。

在生产实践中，采用的跳汰周期曲线应与被分选物料的性质相适应，并考虑到作业要求、生产能力和生产规模。选择跳汰周期曲线的基本原则是：在床层的有效松散期内，保持颗粒和水流之间有较小的相对运动速度，以利于实现按密度分层。大型跳汰机可以采用较复杂的传动机构，以获得最佳的曲线形式，但小型跳汰机不得不服从于简化结构的要求。生产中已经定型的跳汰机，其周期曲线也是规定了的，能够调节的余地非常有限。

5.4.2 跳汰机

目前生产中使用的跳汰机主要有偏心连杆机构驱动的隔膜跳汰机、圆形跳汰机、无活塞跳汰机、动筛跳汰机和离心跳汰机等，其中隔膜跳汰机按隔膜安装的位置不同又分为旁动型、下动型和侧动型 3 种。

5.4.2.1 隔膜跳汰机

A 旁动型隔膜跳汰机

旁动型隔膜跳汰机又称为上动型或丹佛（Denver）跳汰机，其结构如图 5-4-7 所示，其主要组成部分有机架、传动机构、跳汰室和底箱。跳汰室面积为 $B \times L = 300\text{mm} \times$

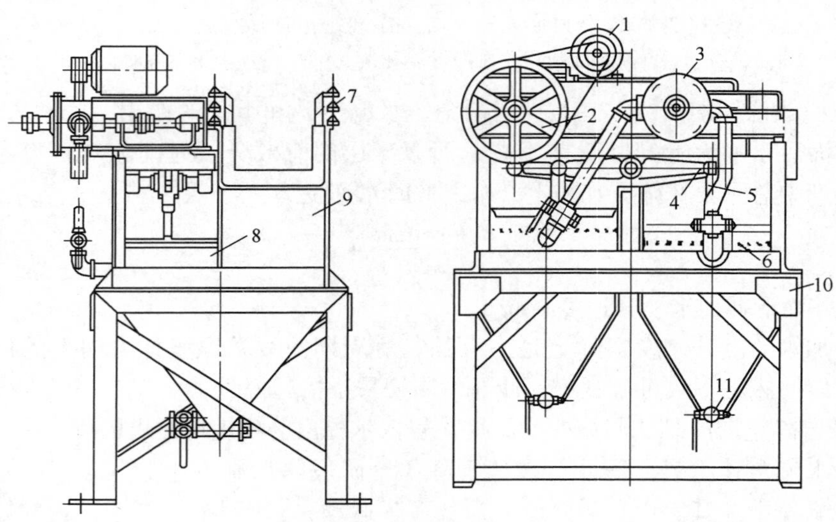

图 5-4-7 隔膜跳汰机的结构（300mm×450mm 双室旁动型）
1—电动机；2—传动机构；3—分水阀；4—摇臂；5—连杆；6—橡胶隔膜；
7—筛网压板；8—隔膜室；9—跳汰室；10—机架；11—排料阀门

450mm，共2室，串联工作。为了配置方便，设备有左式和右式之分。从给料端看，传动机构在跳汰室左侧的为左式，在跳汰室右侧的为右式。

电动机带动偏心轴转动，通过摇臂杠杆和连杆推动两个隔膜交替上下运动。隔膜呈椭圆形，四周与机箱作密封联结。在隔膜室下方设补加水管。底箱顶尖处设有排料阀门，可间断或连续地排出透过筛孔的细粒高密度产物。

这种跳汰机的冲程系数为0.7左右，入选物料的最大粒度可达12～18mm，最小回收粒度可达0.2mm，水流接近正弦曲线运动。选出的低密度产物随水流一起越过跳汰室末端的堰板排出，选出的高密度产物则有两种排出方法。大于2～3mm的高密度产物聚集在筛板上方，常采用设置在靠近排料端筛板中心处的排料管排出，称为中心管排料法；2～3mm以下的高密度产物则透过筛孔排入底箱，称为透筛排料法。采用透筛排料法时，为了控制高密度产物的排出速度和质量，有时在筛板上铺设一层粒度为筛孔尺寸的2～3倍、密度与高密度产物的接近或略高一些的物料层，称作人工床层。

这种跳汰机由于隔膜位于跳汰室一旁，设备不能制造得太大，否则水速会分布不均，所以目前生产中使用的规格仅有300mm×450mm一种。且耗水量较大（处理1t物料的耗水量在3～4m^{3}以上）。单台设备的生产能力为2～5t/h。

B 下动型圆锥隔膜跳汰机

下动型隔膜跳汰机的结构特点是传动装置和隔膜安装在跳汰室的下方。两个方形的跳汰室串联配置，下面各带有1个可动锥斗，用环形橡胶隔膜与跳汰室密封联结。锥斗用橡胶轴承支承在摇动框架上。框架的一端经弹簧板与偏心柄相连。当偏心轴转动时即带动锥斗上下运动。设备的结构如图5-4-8所示。锥斗的机械冲程可在0～26mm的范围内调节，更换皮带轮可有240r/min、300r/min和360r/min三种冲次。

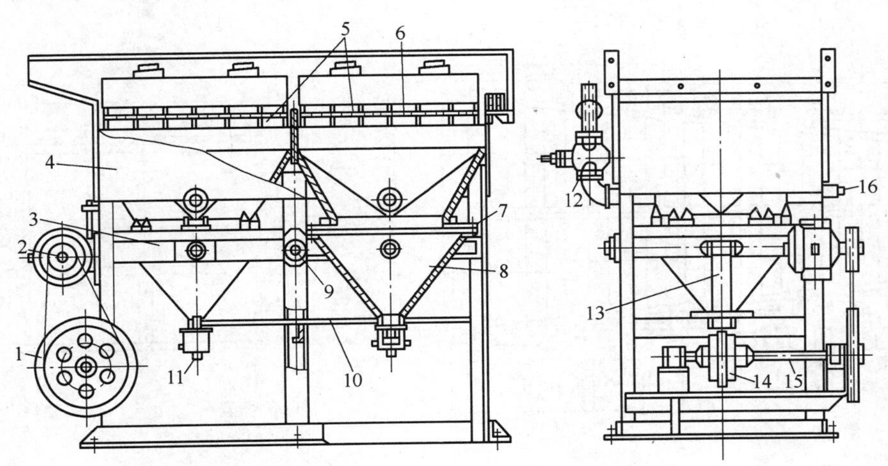

图5-4-8 1000mm×1000mm双室下动型隔膜跳汰机的结构

1—大皮带轮；2—电动机；3—活动框架；4—机架；5—筛格；6—筛板；7—隔膜；8—可动锥；9—支承轴；10，13—弹簧板；11—排料阀门；12—进水阀门；14—偏心头部分；15—偏心轴；16—木塞

这种跳汰机不设单独的隔膜室，占地面积小，水速分布也比较均匀。高密度产物采用透筛排料法排出。但锥斗承受着整个设备内的水和物料的重力，所受负荷大，而且传动装

置设在机体下部，检修不便，也容易遭受水砂的侵蚀。这种跳汰机的冲程系数小（只有0.47左右），水流的脉动速度较弱，不适宜处理粗粒物料，且设备的处理能力较低，一般仅用于分选6mm以下的物料。LTA-1010/2型（1000mm×1000mm）双室下动型隔膜跳汰机的最大给矿粒度为5mm，台时处理能力为25t。

属于下动型圆锥隔膜跳汰机类型的还有1070mm×1070mm矩形跳汰机。这种设备多用在采金船上，其外形与1000mm×1000mm双室下动型隔膜跳汰机的类似，不同处是采用凸轮驱动，且两个隔膜同步运动。在这种设备中，水流的位移-时间曲线呈锯齿波形，既降低了水耗，又提高了细粒级的回收率。

C 侧动型隔膜跳汰机

侧动型隔膜跳汰机的特点是隔膜垂直地安装在跳汰机筛板以下的底箱侧壁上，在传动机构带动下，在水平方向上作往复运动。根据跳汰室的形状又可分为梯形侧动隔膜跳汰机和矩形侧动隔膜跳汰机两种。

a 梯形侧动隔膜跳汰机

梯形侧动隔膜跳汰机的结构如图5-4-9所示。跳汰室上表面呈梯形，全机共有8个跳汰室，分为2列，用螺栓在侧壁上连接起来形成一个整体。每两个对应大小的跳汰室为一组，由1个传动箱中伸出的横向通过的长轴带动两侧的垂直隔膜运动，因此它们的冲程、冲次是完全相同的。全机分为4组，可采用4种不同的冲程、冲次进行工作。全机共有两台电动机，每台驱动两个传动箱。筛下补加水由两列设在中间的水管引入到各室中，在水流进口处设有弹性盖板，当隔膜前进时，借水的压力使盖板遮住进水口，中断给入筛下水；当隔膜后退时盖板打开，补充给入筛下水，以减小下降水流的吸入作用。

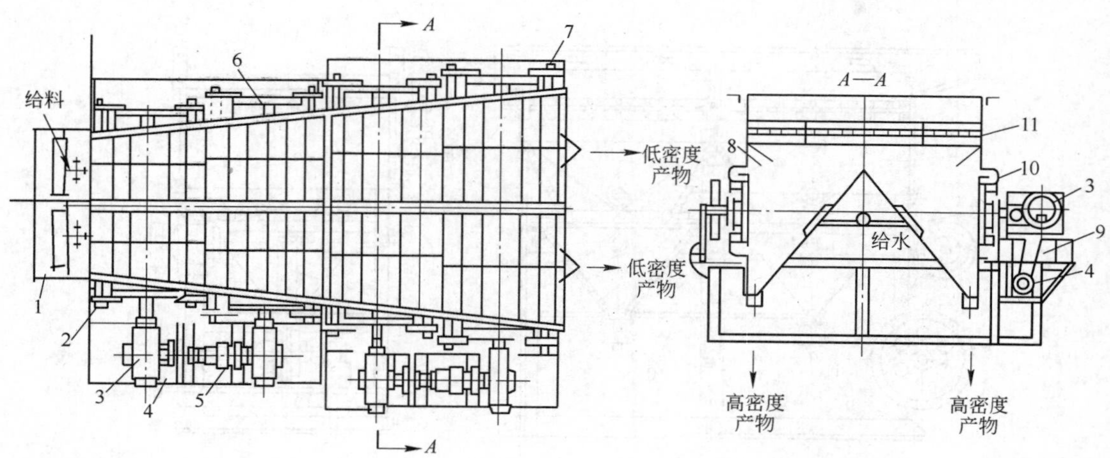

图5-4-9 梯形侧动隔膜跳汰机的结构(900mm×(600~1000)mm)

1—给料槽；2—前鼓动箱；3—传动箱；4，9—三角皮带；5—电动机；6—后鼓动箱；7—后鼓动盘；8—跳汰室；10—鼓动隔膜；11—筛板

梯形跳汰机的设备规格用单个跳汰室的纵长×（单列上端宽~下端宽）表示。目前生产中使用的梯形跳汰机有600mm×(300~600)mm和900mm×(600~1000)mm两种规格。

单台设备的生产能力前者为 3 ~ 6t/h，后者为 10 ~ 20t/h。

由于筛板宽度从给料端到排料端逐渐增大，所以床层厚度相应逐渐减小，加之各室的冲程依次由大变小，冲次由小变大，使得前部适合于分选粗粒级，后部可有效地分选细粒级。所以该设备的适应性强，回收粒度下限低，有时可达 0.074mm，广泛用于处理 -5mm 的物料，最大给料粒度可达 10mm。设备的主要缺点是占地面积大。

b 矩形侧动隔膜跳汰机

跳汰机筛面呈矩形的侧动隔膜跳汰机有吉山-Ⅱ型和大粒度跳汰机等。

吉山-Ⅱ型矩形侧动隔膜跳汰机有单列二室和双列四室两种规格。图 5-4-10 所示为单列二室矩形侧动隔膜跳汰机的外形。设备的特点是机械冲程可调范围大，最大为 50mm，加之冲程系数大，所以选别物料的粒度上限可达 20mm；其次是分选出的粗粒高密度产物采用一端排料法排出，其排料装置如图 5-4-11 所示。沿筛板末端整个长度上开缝，在高密度产物排出通道两侧设内、外闸门，外闸门插入床层一定深度，用于控制高密度产物的质量，调节内闸门的高度，则可以改变高密度产物的排出速度。为使排料顺利进行，在盖板顶部设排气孔，以使内部与大气相通。

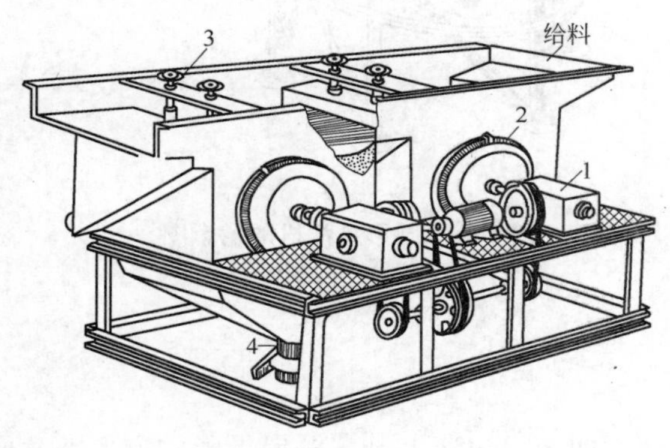

图 5-4-10 吉山-Ⅱ型单列二室矩形侧动隔膜跳汰机的结构

1—传动箱；2—隔膜；3—手轮（调节筛上高密度产物排料闸门用）；4—筛下高密度产物排料管

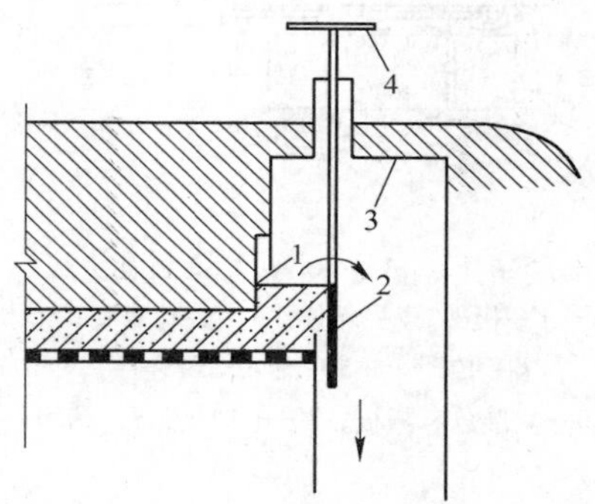

图 5-4-11 筛上高密度产物排出装置

1—外闸门；2—内闸门；3—盖板；4—手轮（调节内闸门用）

大粒度跳汰机有 AM-30 和 LTC-75 两种型号，前者的最大给料粒度为 30mm，后者为 75mm。两种设备的结构形式相同，均为双列四室，由偏心连杆机构带动隔膜运动。图 5-4-12 是 AM-30 型大粒度跳汰机的结构。

物料在筛面上分层后，由 V 形隔板控制分选产物的排出。V 形隔板的底缘距筛面有一定距离，底层高密度产物通过该间隙进入跳汰室末端的筛面上，在水流的鼓动下越过排料堰板排出。上层低密度产物则沿 V 形隔板板面向两侧移动，到达每室的末端侧壁越过堰板排出。LTC-75 型跳汰机的跳汰室面积为 $L \times B = 1500\text{mm} \times 1800\text{mm}$，冲程调节范围为 0 ~ 100mm，给矿粒度为 10 ~ 75mm。

5.4.2.2 圆形跳汰机和锯齿波跳汰机

圆形跳汰机的上表面为圆形，可认为是由多个梯形跳汰机合并而成的。带旋转耙的液压圆形跳汰机的外形如图 5-4-13 所示。这种跳汰机的分选槽是个圆形整体或是放射状地分成若干个跳汰室，每个跳汰室均独立设有隔膜，由液压缸中的活塞推动运动。跳汰室的数目根据设备规格而定，最少为 1 个，最多为 12 个，设备的直径为 1.5～7.5m。待选物料由中心给入，向周边运动，高密度产物由筛下排出，低密度产物从周边的溢流堰上方排出。

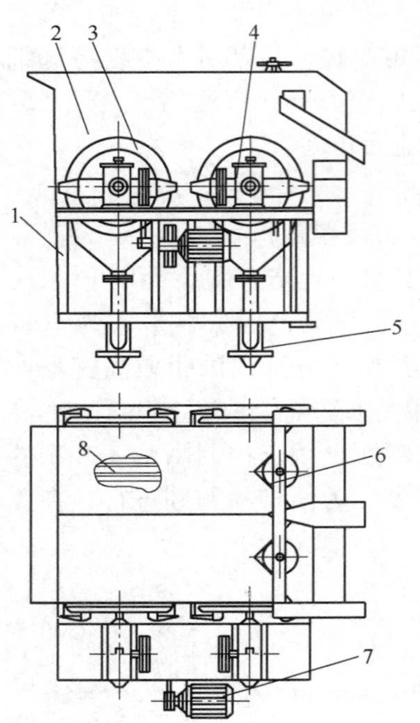

图 5-4-12 AM-30 型大粒度跳汰机
1—机架；2—箱体；3—鼓动隔膜；4—传动箱；5—筛下排料装置；6—V 形分离隔板；7—电动机；8—筛板

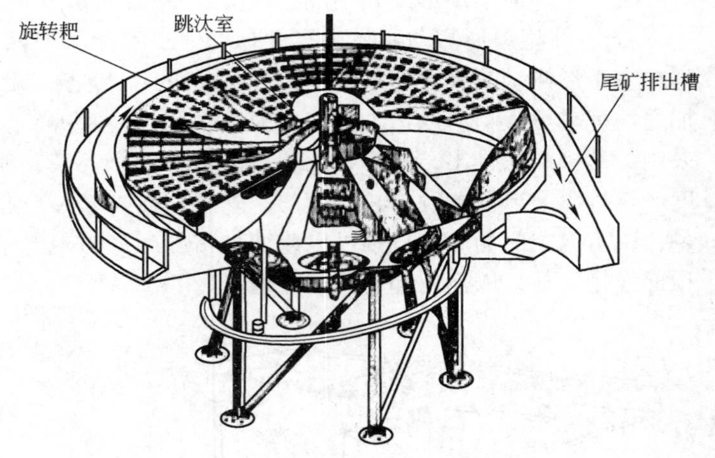

图 5-4-13 液压圆形跳汰机的示意图

圆形跳汰机的突出特点是，水流的运动速度曲线呈快速上升，缓慢下降的方形波，而水流的位移曲线则呈锯齿波（见图 5-4-14）。这种跳汰周期曲线能很好地满足处理宽级别物料的要求，且能有效地回收细颗粒，甚至在处理 －25mm 的砂矿时可以不分级入选，只需脱除细泥。对 0.1～0.15mm 粒级的回收率可比一般跳汰机提高 15% 左右。

圆形跳汰机的生产能力大，耗水少，能耗低。ϕ7.5m 的圆形跳汰机，每台每小时可处理 175～350m^3 的砂矿，处理每吨物料的耗水量仅为一般跳汰机的 1/2 到 1/3，驱动电动机的功率仅为 7.5kW。这种设备主要用在采金船上进行粗选，经一次选别即可抛弃 80%～90% 的脉石，金回收率可达 95% 以上。

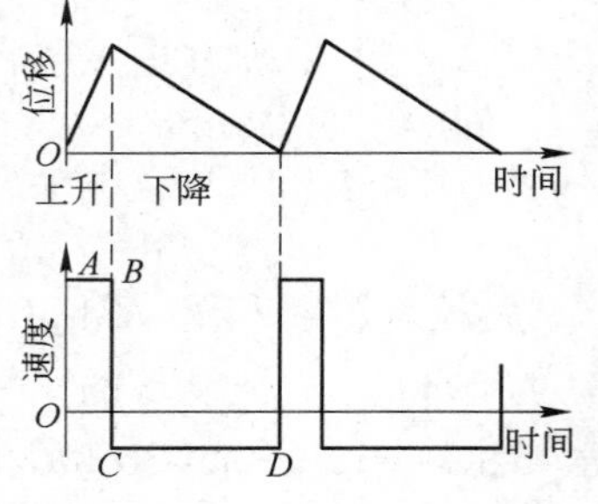

图 5-4-14 圆形跳汰机的隔膜运动曲线

JT 型锯齿波跳汰机同样具有锯齿波形跳汰周期曲线，因而也具有圆形跳汰机的特点。生产中使用的 JT 型锯齿波跳汰机的主要技术参数见表 5-4-1。

5.4.2.3 *无活塞跳汰机*

无活塞跳汰机以压缩空气代替了早期的活塞，故称为无活塞跳汰机。主要用于选煤，但在铁矿石、锰矿石的分选中亦有应用。无活塞跳汰机按压缩空气室与跳汰室的相对位置不同，又可分为筛侧空气室跳汰机和筛下空气室跳汰机两种。

表 5-4-1　JT 型锯齿波跳汰机的设备型号和主要技术参数

设备型号	跳汰室形状	跳汰室面积/m^2	冲次/$r \cdot min^{-1}$	冲程/mm	给矿粒度/mm	生产能力/$t \cdot h^{-1}$
JT-5	梯形、单列、双室	5	80～140 无级	15，20	-8	10～15
JT-2	矩形、单列、双室	2	50～170	12，17，21	-8	4～6
JT-1	矩形、单室	1	80～1200	15，20，25	-6	2～3
JT-0.57	梯形、单列、单室	0.57	50～170	12，17，21	-5	1～1.5

A　筛侧空气式跳汰机

生产中使用的筛侧空气室跳汰机有 LTG 系列、BM 系列、CT 系列筛侧空气室跳汰机等。

筛侧空气室跳汰机又称鲍姆跳汰机，工业应用的历史较长，技术上也比较成熟。按其用途可细分为块煤跳汰机（给料粒度为 5～125mm）、末煤跳汰机（给料粒度为 0.5～5mm）和不分级煤用跳汰机 3 种。图 5-4-15 是 LTG-15 型筛侧空气室不分级煤用跳汰机（左式）的结构简图，这种跳汰机的筛面最小者为 $8m^2$，最大者为 $16m^2$。

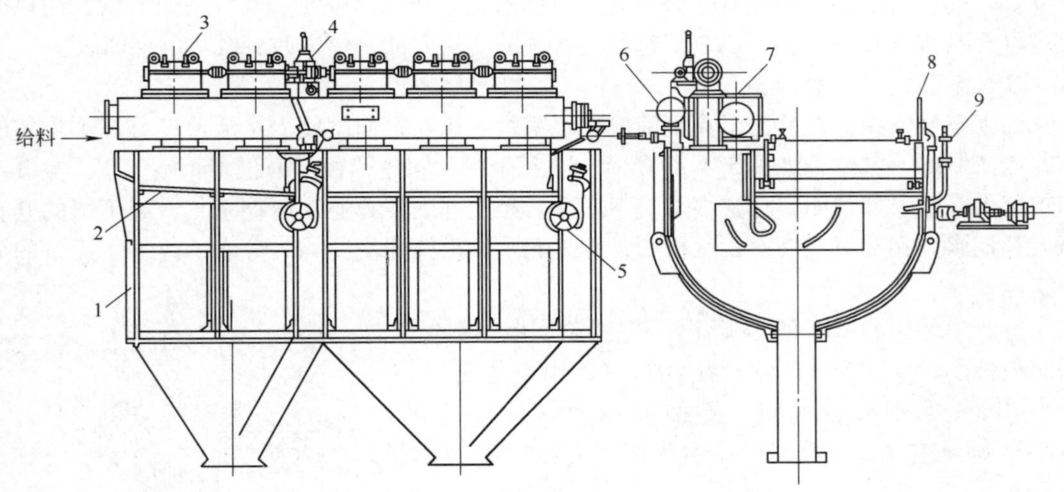

图 5-4-15　LTG-15 型筛侧空气室不分级煤用跳汰机（左式）
1—机体；2—筛板；3—风阀；4—风阀传动装置；5—排料装置；6—水管；7—风包；8—手动闸门；9—测压管

LTG-15 型筛侧空气室跳汰机的机体用纵向隔板分成空气室和跳汰室，两室下部相通。空气室的上部密封并与特制的风阀连通。借助于风阀交替地鼓入与排出压缩空气，即在跳汰室内形成相应的脉动水流。入选的原煤在脉动水流的作用下分层，并沿筛面的倾斜方向向一端移动。由跳汰室第 1 分选段选出的高密度产物为矸石，第 2 段选出的高密度产物为

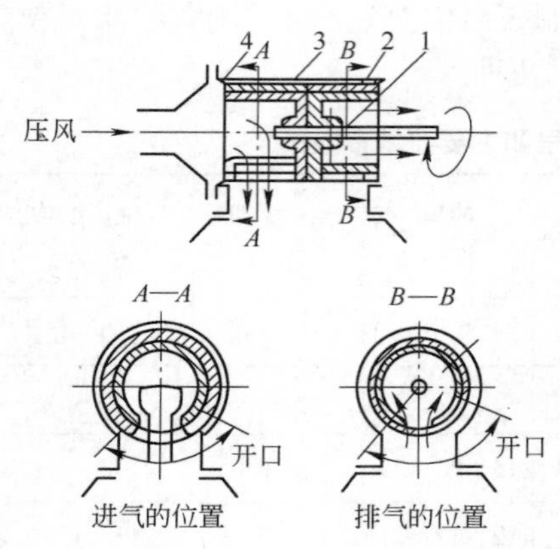

图5-4-16 旋转风阀的结构图

1—旋转滑阀；2—排气调整套；3—进气调整套；4—套筒

中煤。它们分别通过末端的排料闸门进入下部底箱，并与透筛产品合并，用斗子提升机捞出运走。上层低密度产物经溢流堰排出即为精煤。

通过风阀改变进入的风量，可以调节水流的冲程；改变风阀的旋转速度，可以调节水流的冲次。生产中使用的风阀有滑动风阀（立式风阀）、旋转风阀（卧式风阀）、滑动式数控风阀、电控气动风阀等。

旋转风阀的结构如图5-4-16所示，在1个横卧的套筒内有1个旋转的滑阀，在滑阀和套筒上均有开孔。滑阀从中间隔开，分成进气和排气两部分，进气部分同高压空气进气管连接，排气部分则与大气相通。滑阀由电动机带动在套筒内旋转，当滑阀进气部分上的开孔与套筒上的开孔对应时，高压空气进入跳汰机的空气室，使跳汰室中产生上升水流，这时为进气期；当滑阀进气部分的开口离开套筒上开孔，而排气部分的开孔仍未与套筒上的开孔相遇时，跳汰室内的水流运动暂时停止，这一阶段称为膨胀期；直到滑阀排气部分的开孔与套筒上的开孔相遇时，跳汰机空气室内的压缩空气开始排入大气，这一阶段称为排气期，此期间跳汰室内的水流借重力下降。在套筒与滑阀之间还有一调节套筒，上面也有开孔，可在一定范围内转动，用以改变进气孔与排气孔的大小，以改变进气与排气的作用时间，借以改变跳汰周期曲线。

B 筛下空气室跳汰机

筛下空气室跳汰机是为了克服筛侧空气室跳汰机在筛面宽度上水流速度分布不均匀的问题而研制的，其结构如图5-4-17所示。在每个跳汰室的筛板下面设多个空气室。空气室的下部敞开，上部封闭，在其端部上下开孔。经上部的开孔通入压缩空气，经下部的开孔给入补加水。在筛下空气室跳汰机中，空气和水流沿筛面横向均匀分布，改善了设备的分选指标。

生产中使用的LTX系列筛下空气室跳汰机，筛面面积最小者为6.5m^2，最大者为35m^2，用于分选100～0mm的不分级原煤，筛面面积为35m^2的LTX-35筛下空气室跳汰机的单台生产能力为350～490t/h。

生产中使用的筛下空气室跳汰机主要有LTX系列、SKT系列、HSKT系列、LKT系列、X系列、ZSKT系列筛下空气室跳汰机和日本的高桑跳汰机、德国的巴达克（Batac）跳汰机等，其中德国洪堡特维达格公司生产的巴达克跳汰机，规格最大者的跳汰室筛板面积已达42m^2，用这种规格的巴达克跳汰机分选末煤时，单台设备的生产能力为600t/h，分选块煤时为1000t/h。

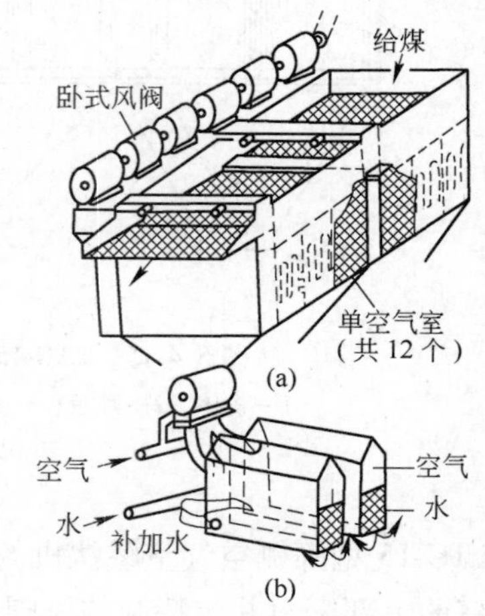

图5-4-17 筛下空气室跳汰机结构示意图

（a）整机结构；（b）空气室结构

无活塞跳汰机均采用透筛排料和一端排料相结合的方法排出高密度产物。

5.4.2.4 动筛跳汰机

动筛跳汰机借助筛板运动松散床层，松散力强而耗水少，特别是分选大块物料时，具有定筛跳汰机无法达到的效能。目前生产中使用的动筛跳汰机，都是采用液压传动，按其结构又有单端传动式和两端传动式之分。德国洪堡特维达格公司生产的单端传动式液压动筛跳汰机的工作过程如图 5-4-18 所示。

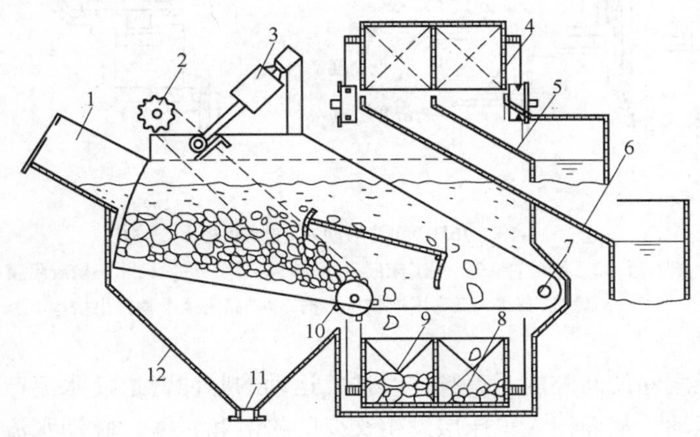

图 5-4-18 单端传动式液压动筛跳汰机的工作过程

1—给料槽；2—液压马达；3—液压缸；4—排料提升轮；5—低密度产物溜槽；6—高密度产物溜槽；7—销轴；8—低密度产物；9—高密度产物；10—高密度产物排料控制轮；11—筛下产物排出口；12—机箱

这种跳汰机的筛板安置在端点由销轴固定的长臂上，臂长大约为筛面长的 2 倍。臂的另一端由设在上方的液压缸的活塞杆带动上下运动。待分选的物料给到振动臂首端的筛板上，床层在筛板振动中松散-分层并向前推移。高密度产物由筛板末端的排料轮控制排出，低密度产物则越过堰板卸下。两种产物分别落入被隔板隔开的提升轮内，随着提升轮的转动，被提升起来后卸到排料溜槽中，通过排料溜槽排到机外。

液压动筛跳汰机的突出优点是单位筛面的处理能力大、省水、节能。用于分选大块原煤时，给料粒度为 25 ~ 300mm，筛板的最大冲程可达 500mm，冲次通常为 25 ~ 40r/min，生产能力可达 80t/(m^2 · h)以上。

5.4.2.5 离心跳汰机

目前生产中应用最多的离心跳汰机是澳大利亚一地质有限公司生产的凯尔西(Kelsey) 系列离心跳汰机。J650 型凯尔西离心跳汰机的结构如图 5-4-19 所示。这种跳汰机的跳汰室呈水平安装，并在旋转驱动机构的带动下，以 4800r/min 左右的速度旋转。脉动臂在与跳汰室一起旋转的同时，还在凸轮机构的驱动下，每秒钟完成 17 ~ 34 次的连续往复运动。

给料从给料管给入跳汰机，离心惯性力使给入的物料分布在人工床层上，水自给水管

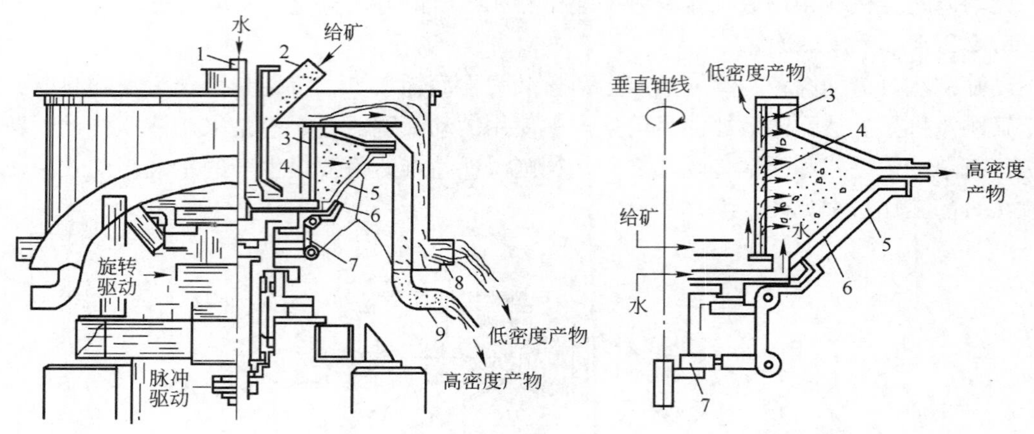

图 5-4-19 J650 型凯尔西离心跳汰机的结构

1—给水管；2—给矿管；3—人工床层；4—筛板；5—脉冲臂；6—橡胶隔膜；
7—凸轮机构；8—低密度产物排出槽；9—高密度产物排出槽

送到脉冲臂和筛板之间的间隙内。高频连续往复运动的脉冲臂迫使水流产生一个通过人工床层向前的脉动运动，从而使人工床层发生交变的松散和紧密，脉动水流还使给料和人工床层的颗粒依据自身的密度产生不同的加速度，并在离心惯性力的联合作用下使给料中的不同密度组分得到分离。高密度产物透过人工床层和筛孔进入箱体后，通过排料阀排到高密度产物排出槽中。低密度产物在人工床层上面形成的旋转环被新给入的物料排挤到低密度产物排出槽中。

凯尔西离心跳汰机适合于处理高密度成分含量较低的细粒物料，可有效分选 40μm 以下的固体物料。

5.4.3 影响跳汰分选的工艺因素

跳汰分选的工艺影响因素主要包括冲程、冲次、给矿水、筛下补加水、床层厚度、人工床层组成、给料量等生产中可调的因素。给料的粒度和密度组成、床层厚度、筛板落差、跳汰周期曲线形式等，虽然对跳汰的分选指标也有重要影响，但在生产过程中这些因素的可调范围非常有限。

5.4.3.1 冲程和冲次

冲程和冲次直接关系到床层的松散度和松散形式，对跳汰分选指标有着决定性的影响。需要根据处理物料的性质和床层厚度来确定，其原则是：①床层厚、处理量大时，应增大冲程，相应地降低冲次；②处理粗粒级物料时，采用大冲程、低冲次，而处理细粒级物料时则采用小冲程、高冲次。

过分提高冲次会使床层来不及松散扩展，而变得比较紧密，冲次特别高时，甚至会使床层像活塞一样呈整体上升、整体下降，导致跳汰分选指标急剧下降。所以隔膜跳汰机的冲次变化范围一般为 150～360r/min，无活塞跳汰机和动筛跳汰机的冲次一般为 30～80r/min。冲程过小，床层不能充分松散，高密度粗颗粒得不到向底层转移的适宜空间；而冲程过大，则又会使床层松散度太高，颗粒的粒度和形状将明显干扰按密度分层，当选别宽级别物料时，高密度细颗粒会大量损失于低密度产物中。具体物料适宜的跳汰冲程通常需要通过试验来确定。

5.4.3.2 给矿水和筛下补加水

给矿水和筛下补加水之和为跳汰分选的总耗水量。给矿水主要用来湿润给料，并使之有适当的流动性，给料中固体质量分数一般为30%～50%，并应保持稳定。筛下补加水是操作中调整床层松散度的主要手段，处理窄级别物料时筛下补加水可大些，以提高物料的分层速度；处理宽级别物料时，则应小些，以增加吸入作用。跳汰分选每吨物料的总耗水量通常为3.5～8m^3。

5.4.3.3 床层厚度和人工床层

跳汰机内的床层厚度（包括人工床层）是指筛板到溢流堰的高度。适宜的跳汰床层厚度由采用的跳汰机类型、给料中欲分开组分的密度差和给料粒度等因素决定。用隔膜跳汰机处理中等粒度或细粒物料时，床层总厚度不应小于给料最大粒度的5～10倍，一般在120～300mm。处理粗粒物料时，床层厚度可达500mm。另外，给料中欲分开组分的密度差大时，床层可适当薄些，以增加分层速度，提高设备的生产能力；欲分开组分的密度差小时，床层可厚些，以提高高密度产物的质量。但床层越厚，设备的生产能力越低。

人工床层是控制透筛排料速度和排出的高密度产物质量的主要手段。生产中要求人工床层一定要保持在床层的底层，为此用作人工床层的物料，其粒度应为筛孔尺寸的2～3倍，并比入选物料的最大粒度大3～6倍；其密度以接近或略大于高密度产物的为宜。生产中常采用给料中的高密度粗颗粒作人工床层。分选细粒物料时，人工床层的铺设厚度一般为10～50mm，分选稍粗一些的物料时可达100mm。人工床层的密度越高、粒度越小、铺设厚度越大，高密度产物的产率就越小，回收率也就越低，但密度却越高。

5.4.3.4 筛板落差

相邻两个跳汰室筛板的高差称为筛板落差，它有助于推动物料向排料端运动。一般来说，处理粗粒物料或欲分开组分的密度差较大的物料时，落差应大些；处理细粒物料或难选物料时，落差应小些。旁动型隔膜跳汰机和梯形跳汰机的筛板落差通常为50mm，而粗粒跳汰机的筛板落差则可达100mm。

5.4.3.5 给矿性质和给矿量

跳汰机的处理能力与给矿性质密切相关。当处理粗粒、易选矿石，且对高密度产物的质量要求不高时，给矿量可大些；反之则应小些。同时，为了获得较好的分选指标，给矿的粒度组成、密度组成和给矿浓度应尽可能保持稳定，尤其是给矿量，更不要波动太大。跳汰机的处理能力随给矿粒度、给矿中欲分开组分的密度差、作业要求和设备规格而有很大变化。为了便于比较，常用单位筛面的生产能力（$t/(m^2 \cdot h)$）表示。常用跳汰机的生产能力见表5-4-2。

表 5-4-2　常用跳汰机的生产能力

设备类型	钨矿石		锡矿石		铁矿石	
	给矿粒度/mm	处理能力/t·(m²·h)⁻¹	给矿粒度/mm	处理能力/t·(m²·h)⁻¹	给矿粒度/mm	处理能力/t·(m²·h)⁻¹
旁动型	18~8	10~12	20~6	11~15		
	8~2	8~10	6~2	5.5~7.4		
			2~0	3.7		
下动型	8~5	3~5				
	5~2	2.5~3.5				
吉山-Ⅱ型	8~4	10~15				
梯　形	1.5~0.25	2.6~3.5	5~0	2.8	10~2	2.8~3.5
					2~0	2.6

5.5　溜槽分选

借助于斜槽中流动的水流进行物料分选的方法统称为溜槽分选。这是一种随着海滨砂矿或湖滨砂矿的开采而发展起来的古老的分选方法，但古老的设备绝大部分已被新型设备所代替。

根据处理物料的粒度，可把溜槽分为粗粒溜槽和细粒溜槽两种，粗粒溜槽用于处理2~3mm以上的物料，选煤时给料最大粒度可达100mm以上；细粒溜槽常用来处理-2mm的物料，其中用于处理2~0.074mm物料的又称为矿砂溜槽，用于处理-0.074mm物料的又称为矿泥溜槽。

粗粒溜槽主要用于选别含金、铂、锡及其他稀有金属的砂矿。粗粒溜槽工作时，槽内的水层厚度达10~100mm以上，水流速度较快，给料最大粒度可达数十毫米，槽底装有挡板或设置粗糙的铺物。

细粒溜槽的槽底一般不设挡板。仅有少数情况下铺设粗糙的纺织物或带格的橡胶板。细粒溜槽工作时，槽内水层厚度大者为数毫米，小者仅有1mm左右。矿浆以比较小的速度呈薄层流过设备表面，是处理细粒和微细粒级物料的有效手段，因而目前在生产中得到了非常广泛的应用。

溜槽类分选设备的突出优点是结构简单，生产费用低，操作简便，所以特别适合于处理高密度组分含量较低的物料。

5.5.1　粗粒溜槽

设在陆地上的粗粒溜槽通常用木材或钢板制成，长约15m，大多数宽0.7~0.9m，槽底倾角为5°~8°。在溜槽内每隔0.4~0.5m设横向挡板，挡板由木材或角钢制成。粗粒溜槽的工作过程如图5-5-1所示。

物料入选前常将10~20mm以上的粗粒级筛除，然后和水一起由溜槽的一端给入，在强烈湍流流动中松散床层，高密度细颗粒进入底层后被挡板保护，留在槽内，上层的低密度颗粒则被水流带到槽外，经过一段时间给料后，高密度颗粒在槽底形成一定厚度的积

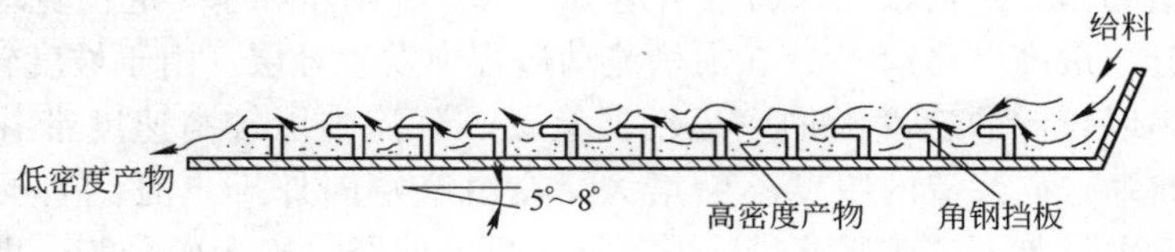

图 5-5-1 固定粗粒溜槽的工作过程

累，即停止给料，并加清水清洗。再去掉挡板进行人工耙动冲洗，得到的高密度产物，再用摇床或跳汰机进行精选。

槽内设置的挡板的形式有许多种，按排列方式可分为图 5-5-2 所示的直条挡板、横条挡板和网格状挡板等几种典型的形式。直条挡板的水流阻力小，适合于捕集较粗的高密度颗粒。横条挡板能激起较强的旋涡，有助于床层松散并对高密度颗粒有较大的阻留能力，生产中得到了广泛应用。

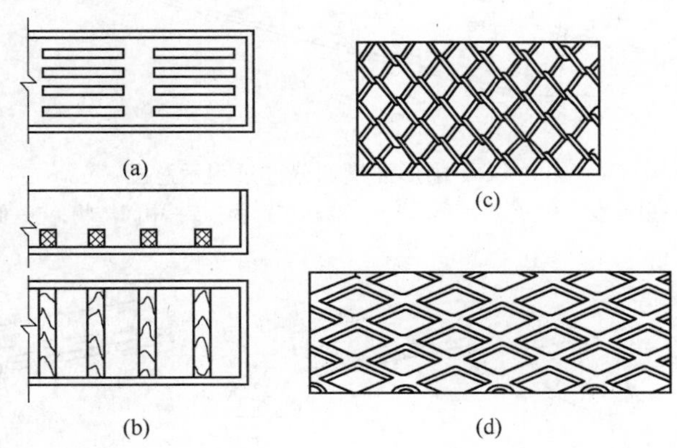

图 5-5-2 选金用粗粒溜槽的挡板形式

（a）直条挡板；（b）横条挡板；（c），（d）不同形式的网格状挡板

粗粒溜槽的结构简单，生产成本低廉，处理高密度组分含量较低的物料时，能有效地分选出大量的低密度产物，因此一直是应用广泛的粗选设备。

物料在粗粒流槽中的分选过程包括在垂直方向上的沉降和沿槽底运动两个阶段。前者主要受颗粒性质和水流法向脉动速度的影响，使得粒度粗或密度大的颗粒首先沉降到槽底，而细小的低密度颗粒则可能因沉降速度低于水流的法向脉动速度而始终呈悬浮状态。颗粒沉到槽底以后，基本上呈单层分布，不同性质的颗粒将按照沿槽底运动的速度不同发生分离。

5.5.2 扇形溜槽和圆锥选矿机

扇形溜槽是 20 世纪 40 年代出现的连续工作型溜槽，主要用于处理细粒（0.038 ~ 3mm）海滨砂矿。20 世纪 60 年代则发展成圆锥选矿机。

5.5.2.1 扇形溜槽

扇形溜槽的分选过程如图 5-5-3 所示，槽底为一光滑平面，由给料端向排料端作直线收缩。扇形溜槽的槽底倾角较大，通常可达16°~20°，物料和水一起由宽端给入，浓度很高，固体质量分数最高可达65%，在沿槽流动过程中发生分层。由于坡度较大，高密度颗粒不发生沉积，以较低的速度沿槽底运动，上层矿浆流则以较高速度带着低密度颗粒流动。由于槽壁收缩，矿浆流的厚度不断增大，在由窄端向外排出时，上层矿浆流冲出较远，下层则接近垂直落下，矿浆流呈扇形展开，用截取器将扇形面分割，即得到高密度产物、低密度产物及中间产物。扇形溜槽即是由此扇形分带而得名。扇形溜槽的产品截取方式，主要有图5-5-4所示的3种。

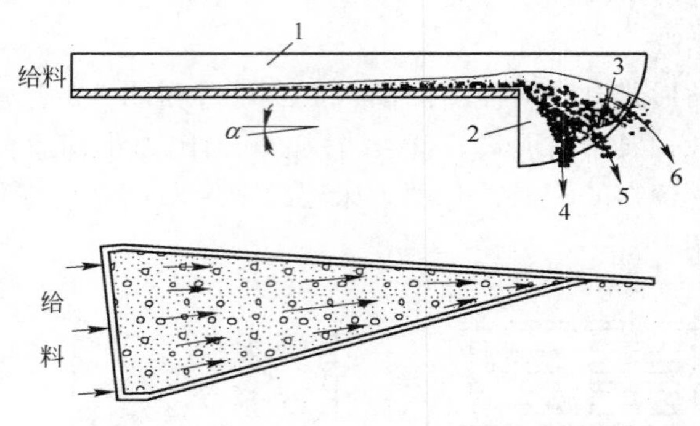

图5-5-3 扇形溜槽的分选过程示意图

1—槽体；2—扇形板；3—分料楔形块；4—高密度产物；5—中间产物；6—低密度产物

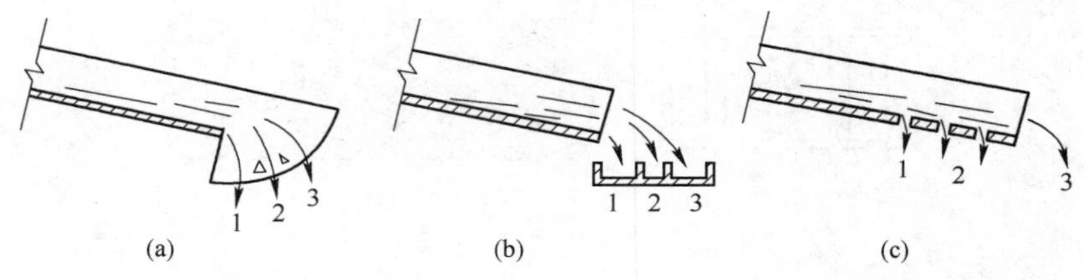

图5-5-4 扇形溜槽的产品截取方式

(a) 在扇形板上截取；(b) 接料槽截取；(c) 开缝截取

1—高密度产物；2—中间产物；3—低密度产物

前苏联的保嘎托夫等人对扇形溜槽的分选原理进行的研究结果表明，在溜槽前部约3/4区域内，矿浆流基本呈层流流动，在接近排料端约1/4区域内转变成湍流流动。在层流区段，物料借剪切运动产生的分散压松散，高密度颗粒在离析作用下转入下层，低密度粗颗粒则转移至上层，相当于前边所描述的流变层中的分层情况。到了湍流区段，在法向脉动速度作用下，颗粒按干涉沉降速度差重新调整，结果是高密度粗颗粒下降至最底层，而原先混杂在高密度粗颗粒中间的低密度细颗粒则转移至最上层，使高密度产物的质量进一步提高。生产实践表明，待分选物料中高密度组分的含量对分层过程有重要影响，当高密度组分的含量低于1.5%~2.0%时，分选指标明显变坏，其原因就是未能形成足够厚度的高密度物料层。

影响扇形溜槽分选指标的因素包括结构因素和操作因素两个方面。

影响扇形溜槽分选指标的结构因素主要包括：

（1）尖缩比。尖缩比即排料端宽度与给料端宽度之比。一般给料端宽 125 ~ 400mm，排料端宽 10 ~ 25mm，故尖缩比介于 1/20 ~ 1/10。

（2）溜槽长度。溜槽长度主要影响物料在槽中的分选时间，其值为 600 ~ 1500mm，以 1000 ~ 1200mm 为宜。

（3）槽底材料。槽底表面应有适当的粗糙度，以满足分选过程的需要。常用的槽底材料有木材、玻璃钢、铝合金、聚乙烯塑料等。

影响扇形溜槽分选指标的操作因素主要包括：

（1）给矿浓度。给矿浓度是扇形溜槽最重要的操作因素，在扇形溜槽中，保持较高的给矿浓度是消除矿浆流的紊动运动，使之发生析离分层的重要条件。实践表明，适宜的给矿固体质量分数为 50% ~65%。

（2）坡度。扇形溜槽的坡度比一般平面溜槽要大些，其目的是提高矿浆的运动速度梯度。坡度的变化范围为 5° ~25°，常用者为 16° ~20°，最佳坡度应比发生沉积的临界坡度大 1° ~2°。

扇形溜槽适合于处理含泥少的物料（如海滨砂矿和湖滨砂矿），其有效处理粒度范围为 0.038 ~2.5mm，对 -0.025mm 粒级的回收效果很差。扇形溜槽的富集比很低，所以主要用作粗选设备，其主要优点是结构简单，本身不需要动力，且处理能力大。

5.5.2.2 圆锥选矿机

圆锥选矿机的工作表面可认为是由多个扇形溜槽去掉侧壁拼成圆形而成，分选即在这倒置的圆锥面上进行（见图 5-5-5），由于消除了扇形溜槽侧壁的影响，因此改善了分选效果。最初由澳大利亚昆士兰索思波特矿产公司的赖克特（E. Reichart）研制成功的是单层圆锥选矿机，后来又制成了双层圆锥选矿机（见图 5-5-6）和多段圆锥选矿机，以简化生产流程和提高设备的生产能力。

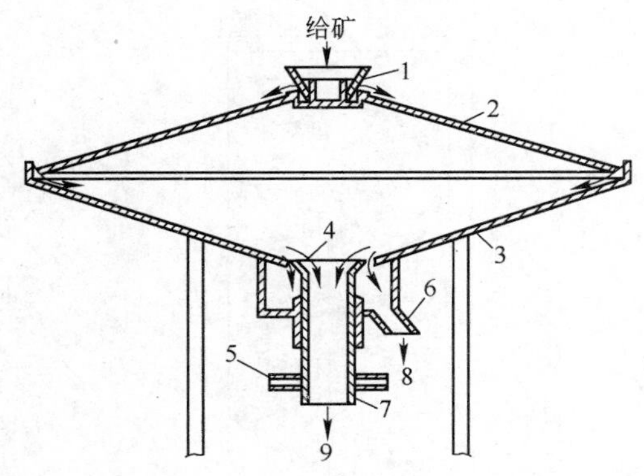

图 5-5-5 单层圆锥选矿机

1—给料斗；2—分配锥；3—分选锥；4—截料喇叭口；5—转动手柄；6—高密度产物管；7—低密度产物管；8—高密度产物；9—低密度产物

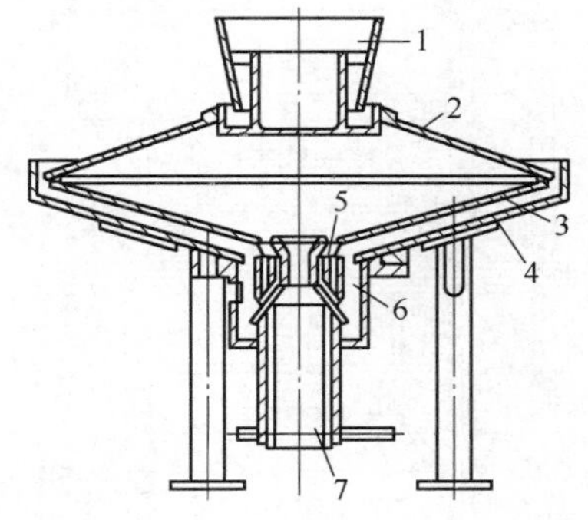

图 5-5-6 双层圆锥选矿机

1—给料斗；2—分配锥；3—上层分选锥；4—下层分选锥；5—截料喇叭口；6—高密度产物管；7—低密度产物管

目前国内外制造的圆锥选矿机均是采用多段配置，在一台设备上连续完成粗、精、扫选作业。为了平衡各锥面处理的物料量，给料量大的粗选和扫选圆锥制成双层的，而精选圆锥则是单层的。单层精选圆锥产出的高密度产物再在扇形溜槽上精选。这样由1个双层锥、1～2个单层锥和1组扇形溜槽构成的组合体，称作1个分选段。三段七锥圆锥选矿机的结构如图5-5-7所示。

圆锥选矿机的影响因素与扇形溜槽的相同，但回收率比扇形溜槽的高，而富集比比扇形溜槽的低。它的主要优点是处理能力大，分选成本低，适合处理低品位砂矿。其缺点是设备高度大，在工作中不易观察分选情况。

圆锥选矿机的适宜给矿粒度为0.074～2mm，给矿浓度通常为55%～65%，DS2000型七锥圆锥选矿机的台时处理能力为50～80t；DS3000型七锥圆锥选矿机的台时处理能力为220～350t。

5.5.3 螺旋选矿机和螺旋溜槽

将底部为曲面的窄长溜槽绕垂直轴线弯曲成螺旋状，即构成螺旋选矿机或螺旋溜槽，两者的区别在于螺旋选矿机的螺旋槽内表面呈椭圆形，在螺旋槽的内缘开有精矿排出孔，沿垂直轴设置精矿排出管；而螺旋溜槽的螺旋槽内表面呈抛物线形，分选产物都从螺旋槽的底端排出。这种设备于1941年首先在美国问世，由汉弗雷（I. B. Humphreys）制成，所以国外又称作汉弗雷螺旋分选机。20世纪60年代，苏联又对螺旋槽的槽底形状进行了一些改进，使之更适合于处理细粒级物料。在螺旋选矿机或螺旋溜槽内，物料在离心惯性力和重力的联合作用下实现按密度分选。根据螺旋槽嵌套的个数，把螺旋选矿机或螺旋溜槽细分为不同头数的螺旋选矿机或螺旋溜槽。

螺旋溜槽的结构如图5-5-8所示。这种设备

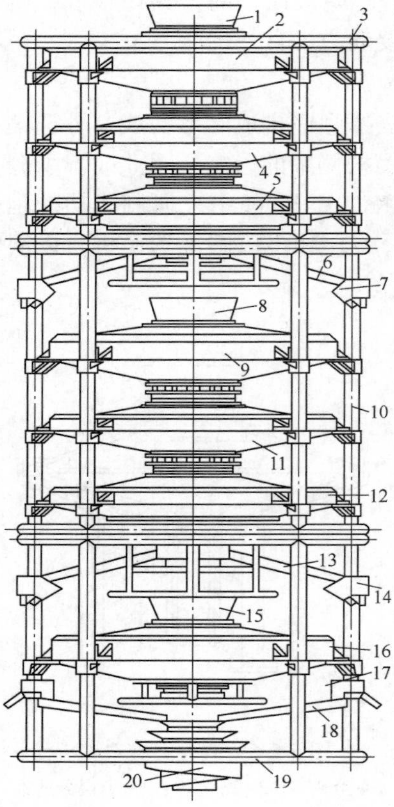

图5-5-7 三段七锥圆锥选矿机的结构

1,8,15—给料槽；2,9,16—双层圆锥；3—上支架；4,5,11,12—单层圆锥；6,13,18—扇形溜槽；7—上接料器；10—中支架；14—中接料器；17—下接料器；19—下支架；20—总接料器

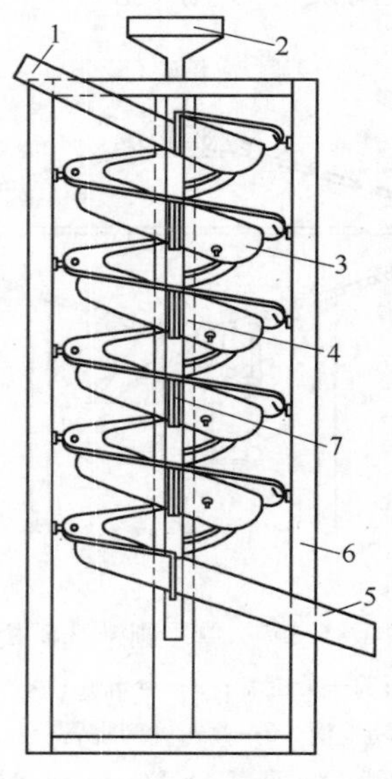

图5-5-8 螺旋溜槽的结构示意图

1—给料槽；2—冲洗水导管；3—螺旋槽；4—连接用法兰盘；5—低密度产物槽；6—机架；7—高密度产物排出管

的主体由3~5圈螺旋槽组成，螺旋槽在纵向（沿矿浆流动方向）和横向（径向）上均有一定的倾斜度。这种设备的优点是结构简单，处理能力大，本身不消耗动力，操作维护方便。其缺点是机身高度大，给料和中间产物需用砂泵输送。

5.5.3.1 螺旋选矿机和螺旋溜槽的分选原理

A 液流流动特性

在螺旋槽内，矿浆一方面在重力的作用下，沿螺旋槽向下作回转运动，称为主流或纵向流；另一方面在离心惯性力的作用下，在螺旋槽的横向上作环流运动，称为副流或横向二次环流。这就形成一螺旋流，即上层液流既向下又向外流动，而下层液流则既向下又向内流动。

纵向流的流速分布如图5-5-9（a）所示，与其他斜面流的没什么差异。横向二次环流的流速分布如图5-5-9（b）所示，以相对水深$\frac{h}{H}=0.57$处为分界点（此处的流速为零），上部液流向外流动，速度在表面达最大值；下部液流向内流动，速度在$\frac{h}{H}=0.25$处达最大值。

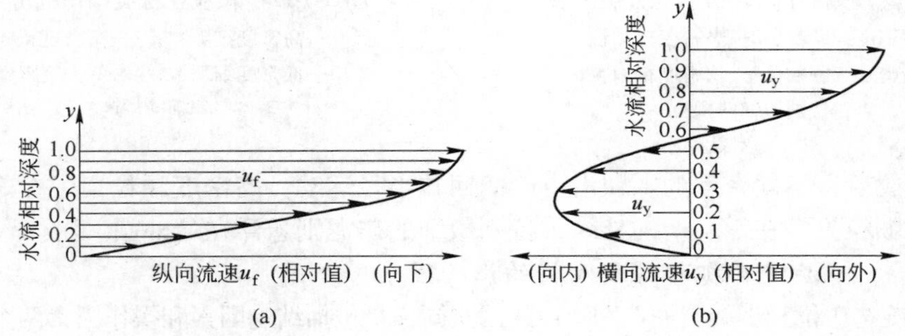

图5-5-9 螺旋槽内水流的速度分布

（a）水流在纵向上沿深度的速度分布；（b）水流在横向上沿深度的速度分布

从槽的内侧至外侧，矿浆流层厚度逐渐增大，纵向流速也随之增加（见图5-5-10），矿浆流的流态也由层流逐渐过渡为湍流。试验表明，增大给入的矿浆量时，矿浆流的外缘

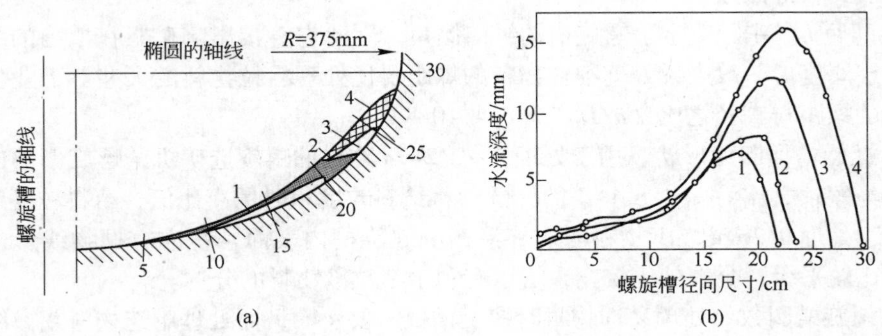

图5-5-10 不同流量下水流厚度沿螺旋槽径向的变化

（a）水层厚度分布；（b）水层厚度分布测定点流量

1—0.61L/s；2—0.84L/s；3—1.56L/s；4—2.42L/s

流层增厚，纵向流速也相应增大，而对矿浆流的内缘附近却影响不大。

B 不同密度颗粒在螺旋槽中的分选

物料在螺旋选矿机或螺旋溜槽内的分选过程经历了分层和分带两个阶段。

矿浆给入螺旋槽后，其中的固体物料在沿槽运动中首先发生分层，作用原理与一般弱湍流薄层斜面流中的分选过程相同，其结果如图5-5-11所示。分层过程约经过一圈即完成，此后不同密度的颗粒在流体动力和重力的共同作用下，在螺旋槽横断面上展开成带。分带需3~4圈完成，其结果如图5-5-12所示。

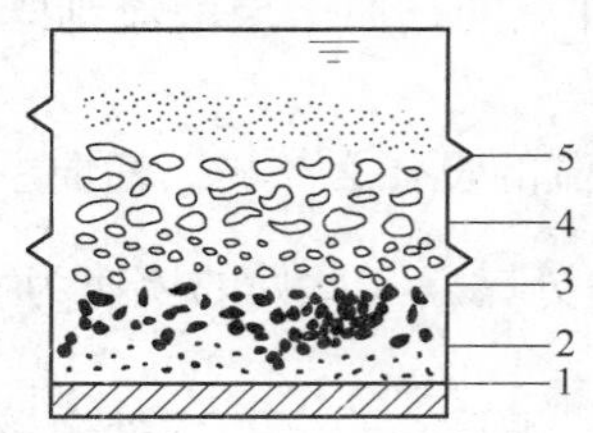

图5-5-11 颗粒在螺旋槽内的分层结果

1—高密度细颗粒；2—高密度粗颗粒；3—低密度细颗粒；4—低密度粗颗粒；5—特别微细的颗粒

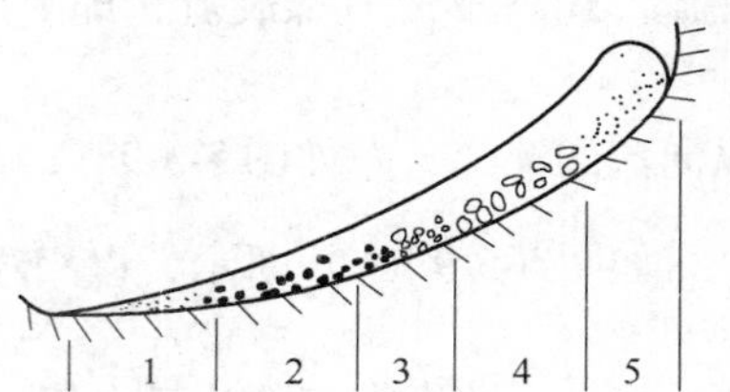

图5-5-12 颗粒在螺旋槽内的分带结果

1—高密度细颗粒；2—高密度粗颗粒；3—低密度细颗粒；4—低密度粗颗粒；5—特别微细的颗粒

分带完成后，不同密度的颗粒沿自己的回转半径运动。高密度颗粒集中在螺旋槽的内缘，低密度颗粒集中在螺旋槽的外缘，特别微细的矿泥则悬浮在最外圈。

5.5.3.2 螺旋选矿机和螺旋溜槽的影响因素

影响螺旋选矿机和螺旋溜槽选别指标的因素同样是包括结构因素和操作因素两个方面。

影响螺旋选矿机和螺旋溜槽选别指标的结构因素主要有：

（1）螺旋直径 D。螺旋直径是螺旋选矿机和螺旋溜槽的基本参数，它既代表设备的规格，也决定了其他结构参数。研究表明，处理1~2mm的粗粒物料时，以采用 ϕ1000mm或 ϕ1200mm以上的大直径螺旋为有效；处理0.5mm以下的细粒物料时，则应采用较小直径的螺旋。在选别0.074~1mm的物料时，采用直径为500mm、750mm和1000mm的螺旋溜槽均可收到较好的效果。

（2）螺距 h。螺距决定了螺旋槽的纵向倾角，因此它直接影响矿浆在槽内的纵向流动速度和流层厚度。一般来说处理细粒物料的螺距要比处理粗粒物料的大些。工业生产中使用的设备的螺距与直径之比（h/D）为0.4~0.8。

（3）螺旋槽横断面形状。用于处理2~0.2mm物料的螺旋选矿机，螺旋槽的内表面常采用长轴与短轴之比为2∶1~4∶1的椭圆形，给料粒度粗时用小比值，给料粒度细时用大比值。用于处理0.2mm以下物料的螺旋溜槽的螺旋槽内表面常呈立方抛物线形，由于槽底的形状比较平缓，分选带比较宽，所以有利于细粒级物料的分选。

（4）螺旋槽圈数。处理易选物料时螺旋槽仅需要4圈，而处理难选物料或微细粒级物料（矿泥）时可增加到5~6圈。

影响螺旋选矿机和螺旋溜槽选别指标的操作因素主要有：

（1）给矿浓度和给矿量。采用螺旋选矿机处理2~0.2mm的物料时，适宜的给矿浓度范围为10% ~35%（固体质量分数）；采用螺旋溜槽处理 -0.2mm 粒级的物料时，粗选作业的适宜给矿浓度为30% ~40%（固体质量分数），精选作业的适宜给矿浓度为40% ~60%（固体质量分数）。当给矿浓度适宜时，给料量在较宽的范围内波动对选别指标均无显著影响。

（2）冲洗水量。采用螺旋选矿机处理 2 ~0.2mm 的物料时，常在螺旋槽的内缘喷冲洗水以提高高密度产物的质量，而对回收率又没有明显的影响。1 台四头螺旋选矿机的耗水量约为 0.2 ~0.8L/s。在螺旋溜槽中一般不加冲洗水。

（3）产物排出方式。螺旋选矿机通过螺旋槽内侧的开孔排出高密度产物，在螺旋槽的末端排出中间产物和低密度产物；螺旋溜槽的分选产物均在螺旋槽的末端排出。

（4）给矿性质。给矿性质主要包括给矿粒度、给矿中低密度矿物和高密度矿物的密度差、颗粒形状及给矿中高密度组分的含量等。工业型螺旋选矿机的给矿料粒度一般为 -2mm，回收粒度下限约为 0.04mm；螺旋溜槽的适宜分选粒度范围通常为 0.3 ~0.02mm。

在生产实践中，常用下式计算螺旋选矿机和螺旋溜槽的生产能力 G(kg/h)：

$$G = mK_k \rho_{1,av} D^2 \sqrt{d_{max} \frac{\rho_1 - 1000}{\rho_1' - 1000}}$$

式中 m——螺旋槽个数；

$\rho_{1,av}$——给矿的平均密度，kg/m^3；

ρ_1——给矿中高密度矿物的密度，kg/m^3；

ρ_1'——给矿中低密度矿物的密度，kg/m^3；

D——螺旋槽外径，m；

d_{max}——给矿最大粒度，mm；

K_k——矿石可选性系数，介于 0.4 ~0.7，处理易选矿石时取大值。

生产中使用的部分螺旋溜槽的设备型号和主要技术参数见表 5-5-1。

表 5-5-1 生产中使用的部分螺旋溜槽的设备型号和主要技术参数

设备型号	螺旋槽外径/mm	给矿粒度/mm	给矿浓度/%	生产能力/t·h^{-1}
BL1500-A，A2	1500		20 ~40	6 ~10
BL1500-C	1500		20 ~50	7 ~11
BL1500-B	1500		20 ~60	8 ~12
BL1500-F	1500		20 ~50	8 ~12
5LL-1200	1200	0.3 ~0.03	25 ~55	4 ~6
5LL-900	900	0.3 ~0.03	25 ~55	2 ~3
5LL-600	600	0.2 ~0.02	25 ~55	0.8 ~1.2
5LL-400	400	0.2 ~0.02	25 ~55	0.15 ~0.2

5.5.4 沉积排料型溜槽

有沉积层的溜槽类分选设备主要包括铺面溜槽、皮带溜槽、摇动翻床、横流皮带溜槽、振摆皮带溜槽等。

5.5.4.1 铺面（布）溜槽

铺面（布）溜槽的结构如图 5-5-13 所示，常用木板或铁板制作。槽宽 1.0 ~ 1.5m、长 2 ~ 3m。头部有分配矿浆用的匀分板，槽底面不设挡板，而采用表面粗糙的棉绒布、毛毯、棉毯、尼龙毯等做铺面。工作时槽面坡度为 7° ~ 8°，匀分板角度为 20° ~ 25°。给矿粒度一般为 −1mm，给矿浓度（固体质量分数）通常为 8% ~ 15%。

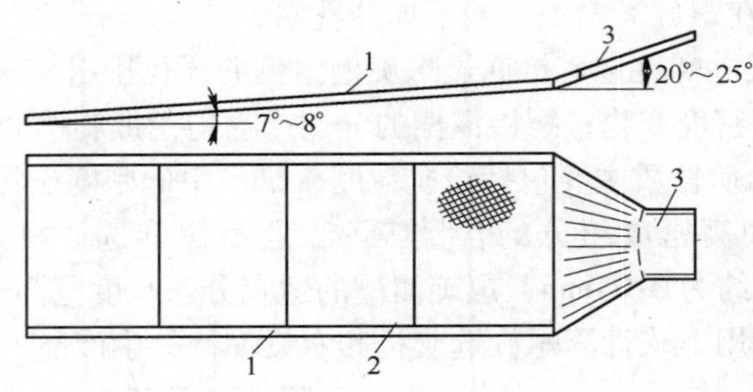

图 5-5-13 铺面（布）溜槽

1—槽体；2—铺布；3—匀分板

铺面溜槽的工作方式为间歇式。矿浆自匀分板上部给入，在槽内形成均匀流层，高密度矿物沉积在槽面上，低密度矿物随矿浆流排出。当沉积物积累到一定数量后（比如经过一个班或几个班时间），停止给矿，将铺布取出，在容器中清洗回收高密度产物。然后将铺布铺好，进行下一周期的工作。

5.5.4.2 皮带溜槽

皮带溜槽是沉积排料型连续工作的微细粒级物料精选设备，其结构如图 5-5-14 所示，主要分选部件是低速运动的皮带，皮带上表面长约 3m，宽 1m，倾斜 5° ~ 17°，距首轮中心 0.4 ~ 0.6m 处经匀分板给料。矿浆基本呈层流流态沿皮带向下流动。在流动的过程中，不同密度的颗粒基于前述的分选原理发生分层，位于上层的低密度颗粒随矿浆流一起由下

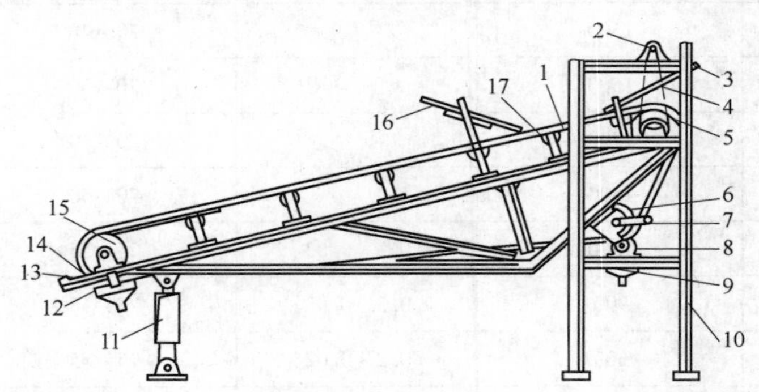

图 5-5-14 皮带溜槽的结构

1—皮带；2—天轴；3—给水匀分板；4—传动链条；5—首轮；6—下张紧轮；7—冲洗高密度产物水管；8—毛刷；9—高密度产物槽；10—机架；11—调坡螺杆；12—低密度产物槽；13—滑动支座；14—螺杆；15—尾轮；16—给料匀分板；17—托辊

端排出，成为低密度产物。从给料点到皮带末端为设备的粗选带，其长度为2.5m左右。分层后沉积到皮带面上的高密度颗粒随带面向上移动。在皮带上端给入冲洗水，进一步清洗出低密度颗粒，从给料点到皮带首端这一段长约0.4m，为精选带。高密度颗粒随带面绕过首轮后，加水冲洗并用转动的毛刷将高密度产物卸下，从而实现连续作业。

皮带溜槽的富集比和回收率都比较高，但设备的生产能力很低，所以主要用作一些微细粒级物料的精选设备。影响其分选指标的因素主要是带面的运行速度、带面坡度、粗选和精选段的皮带面长度等。

带面的速度越大，粗选时间越长，精选时间越短，适宜的带面速度约为0.03m/s；适宜的带面坡度为5°~17°。操作中的调节因素是冲洗水量和给矿浓度等。给矿的适宜固体质量分数值为25%~45%，在此范围内波动对选别指标影响不大；最终的精选作业冲洗水量以5~7L/min为宜，初次精选以2~4L/min为宜。皮带溜槽的给料粒度一般为-0.074mm，有效回收粒度下限可达0.01mm，但多数为0.02mm。

5.5.4.3 40层摇动翻床

摇动翻床是一种沉积型间歇工作设备，但整个过程都是在控制机构监控下自动完成。设备共有40层床面，分为2组，分别安装在两个框架内（见图5-5-15）。床面采用玻璃钢制作，长1525mm，宽1220mm，每层厚1.5mm，床面间距12.5mm。两侧用厚塑料板与框架连成一体，工作时床面倾角为1°~3°。两个框架连同传动装置用2根钢丝绳悬挂在钢架上。

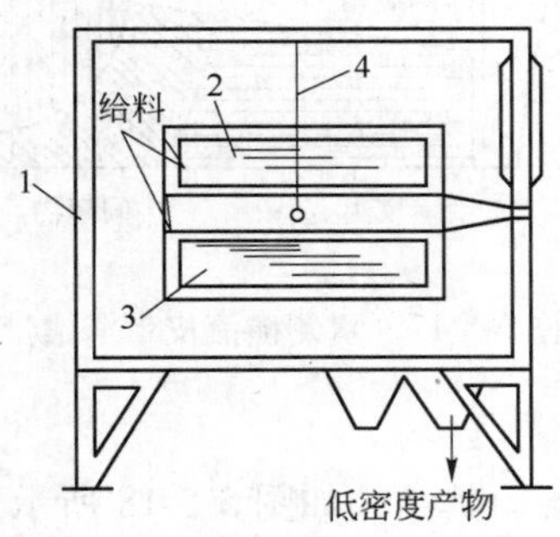

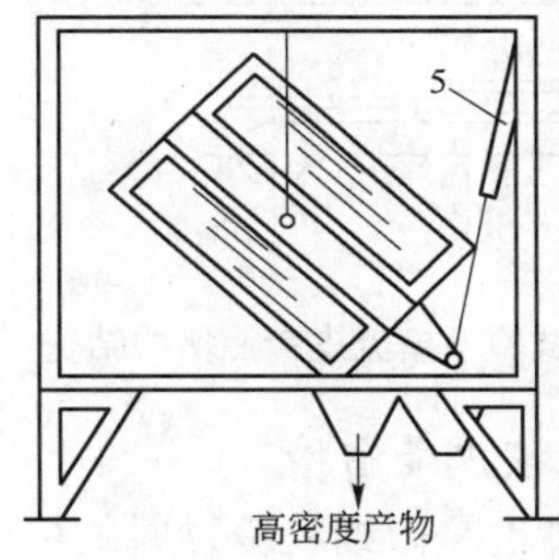

图5-5-15 40层摇动翻床示意图

1—机架；2，3—上、下组床面；4—悬挂用钢丝绳；5—翻转床面汽缸

这种设备的特点是在2组床面中间装有不平衡重锤，用1台功率为367.5W的直流电动机带动做旋转运动。不平衡重锤的质量为6.8kg，距旋转轴的轴心300mm，转动速度为150~260r/min，随着不平衡重锤的转动，床面亦做回转运动，其振幅为5~7mm，为了保证床面运动平稳，在框架两侧用弹簧张紧。

矿浆由分配箱分别给到每个床面上，在沿床面流动过程中因受到回转剪切而松散，并发生分层。高密度颗粒沉积在床面上，低密度颗粒随矿浆流一起排出，经过一段时间后，停止给料，借汽缸推动使床面倾斜，沉积在床面上的高密度颗粒随即滑下，然后给入低压水冲洗床面。约经过30s的冲洗时间后，床面恢复原位，继续进行下一个分选周期。

40层摇动翻床的分选工作面面积达74.4m^2，而占地面积仅有4.6m^2，选别-0.074mm的锡矿石时，处理能力达2.1~3.1t/h，给矿浓度一般为15%，回收粒度下限以石英计时可达0.01mm。这种设备的缺点是床面间的垂直距离太小，当床面上出现物料分布不均等异常情况时，难以被发现和及时处理。

5.5.4.4 横流皮带溜槽

横流皮带溜槽是与摇动翻床配套使用的微细粒级物料精选设备，其结构类似于皮带溜槽与摇床的联合体。它的分选工作面是一用4根钢丝绳悬挂在机架上的无级调速皮带，带面沿横向倾斜，纵向则呈水平。在带面下面安置不平衡重锤，皮带在沿纵向缓慢移动的同时，做回转剪切运动。图5-5-16是单侧试验型横流皮带溜槽的结构。矿浆由带面上方一角给入，在沿横向流动中发生分层，高密度颗粒沉积在带面上随皮带运动，通过中间产物区进入精选区，借横向水流冲走混杂在其中的低密度颗粒，最后利用冲洗水将其冲入高密度产物槽中，低密度产物及中间产物则由侧边排出。

工业生产中使用的横流皮带溜槽相当于将2台单侧试验型溜槽合并在一起，给料从中间的脊背向两侧流下。带面上分选区的分布情况如图5-5-17所示。

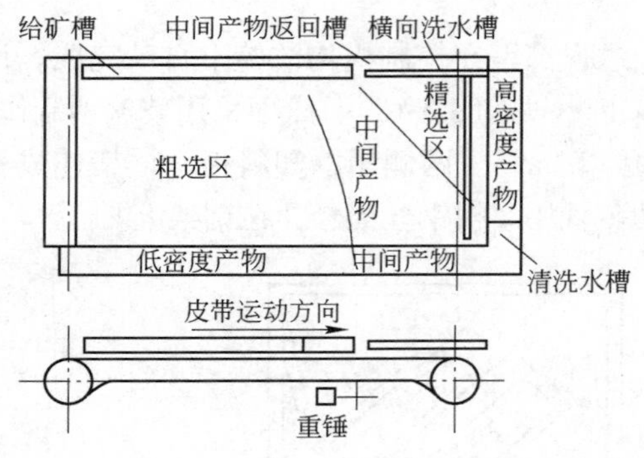

图5-5-16 单侧试验型横流皮带溜槽的结构

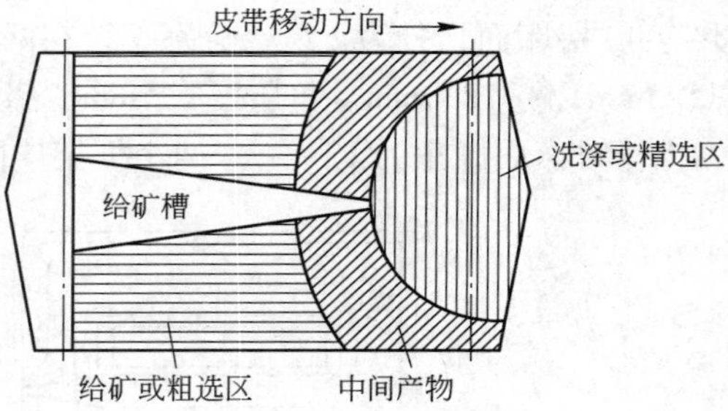

图5-5-17 双侧横流皮带溜槽带面上分选区分布

5.5.4.5 振摆皮带溜槽

振摆皮带溜槽也是微细粒级物料的精选设备，其结构如图5-5-18所示。设备的主体工

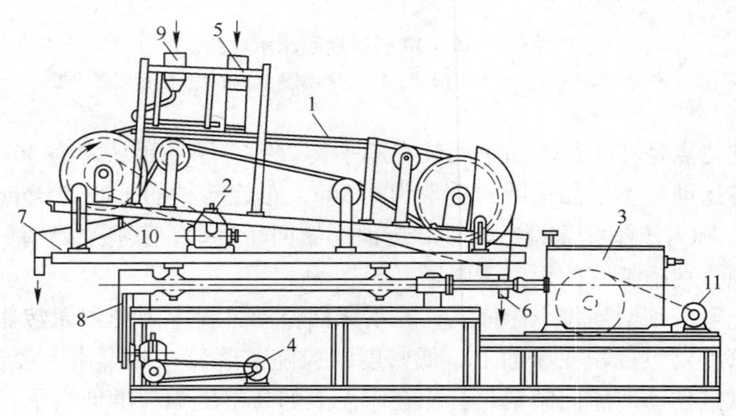

图5-5-18 800mm×2500mm振摆皮带溜槽的结构

1—选别皮带；2—皮带传动电动机；3—摇床头；4—摆动驱动电动机；5—给料装置；6—低密度产物排出管；7—高密度产物槽；8—摆动机构；9—给水斗；10—喷水管；11—振动驱动电动机

作件为一弧形无级调速皮带，带面绕皮带轮运行，同时在摇床头带动下做差动振动，并在摆动机构带动下做左右摆动，摆角在8.5°～25°。带面纵向坡度为1°～4°，在首轮带动下以大约0.05m/s的速度向倾斜上方运行。给料点设在距首轮大约800mm处，给料匀分板设在皮带两侧，每当皮带摆至最高位置时，矿浆即轮番给入。矿浆流在凹下的皮带表面上，也做左右摆动，形成浪头、浪尾交替运动（见图5-5-19），同时又沿皮带的倾斜方向向下流动。带面的差动运动有助于物料的松散分层，带面的差动运动推动颗粒运动的方向指向带面倾斜的上方。

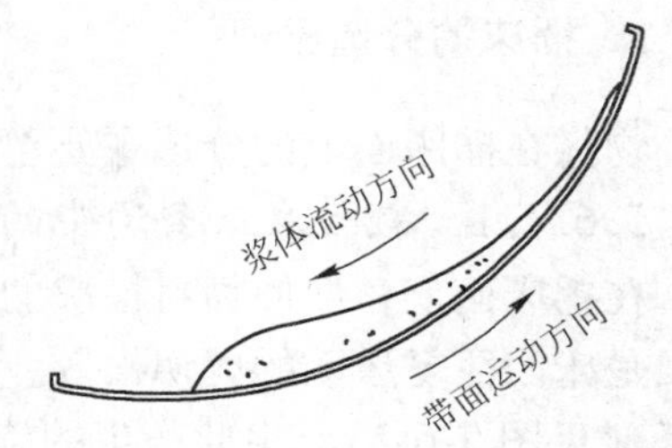

图5-5-19　矿浆在皮带面上的横向流动

矿浆流在带面上做非恒定流动，其运动轨迹呈S形，矿浆的剪切流动及带面的振动促使物料很快按密度发生分层。微细的高密度颗粒被浪头携带到皮带两侧，并在那里沉积下来；高密度粗颗粒则沉积在皮带中心附近。沉积下来的高密度颗粒随带面一起向上移动，通过给料点进入精选区，在那里进一步被水流冲洗，以清除夹杂在其中的低密度颗粒，最后绕过首轮，用水冲洗排入高密度产物槽内。在皮带中心附近的上层矿浆流中主要悬浮着低密度颗粒，它们随矿浆流一起向下流动，从皮带末端排出，成为低密度产物。

振摆皮带溜槽的生产能力很低，单台设备的处理量只有40～70kg/h。但由于它交替地利用了湍流松散和层流沉降，所以分选的精确度很高，其最大优点是可以分开微细粒级物料中密度差较小的组分，因此适合做精选设备，尤其适合处理其他细粒级物料分选设备产出的中间产物。其回收粒度下限可达0.02mm。

5.6　摇床分选

摇床的基本结构如图5-6-1所示，它由床面、机架和传动机构三个基本部分构成。平面摇床的床面近似呈矩形或菱形，横向有0.5°～5°的倾斜，在倾斜的上方设有给矿槽和给水槽，习惯上把这一侧称为给矿侧，与之相对应的一侧称为尾矿侧；床面与传动机构连接的那一端称为传动端，与之相对应的那一端称为精矿端。床面上沿纵向布置有床条，其高度自传动端向精矿端逐渐降低，但自给矿侧到尾矿侧却是逐渐增高，而且在精矿端沿1条或2条斜线尖灭。摇床的传动机构习惯上称为床头，它推动床面做低速前进、急停和快速返回的不对称往复运动。

用摇床分选密度较大的物料时，有效选别粒度范围为0.02～3mm；分选煤炭等密度较小的物料时，给料粒度上限可达10mm。摇床的突出优点是工艺过程稳定、分选精确度高、

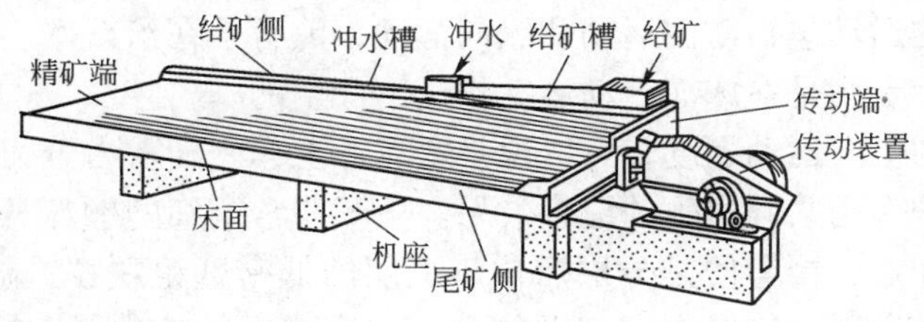

图5-6-1　平面摇床外形

富集比高（最大可达 300 左右），因而可用于制备纯矿物；其主要缺点是占地面积大，处理能力低。

5.6.1 摇床的分选原理

物料在摇床面上的分选主要包括松散分层和搬运分带两个基本阶段。

5.6.1.1 颗粒在床条沟中的松散分层

在摇床面上，促使物料松散的因素基本上有两种，其一是横向水流的流体动力松散，其二是床面往复运动的剪切松散。水流沿床面横向流动时，每越过一个床条，就产生一次水跃（见图 5-6-2），由此产生的旋涡，推动上部颗粒松散，它的作用类似于在上升水流中悬浮物料，细小的颗粒即被水流带走。所以当给料粒度很细时，应减弱这种水跃现象。

上述旋涡的作用深度一般是很有限的，所以大部分下层颗粒的松散是借助于床面的差动运动实现的。由于紧贴床面的颗粒和水流接近于同床面一起运动，而上层颗粒和水流则因自身的惯性而滞后于下层颗粒和水流，所以产生了层间速度差，导致颗粒在层间发生翻滚、挤压、扩展，从而使物料层的松散度增大（见图 5-6-3）。这种松散机理类似于拜格诺提出的惯性剪切作用，但因剪切运动不是连续发生的，因而不能使物料充分悬浮起来，只是扩大了颗粒之间的间隙，使之有了发生相对转移的可能。

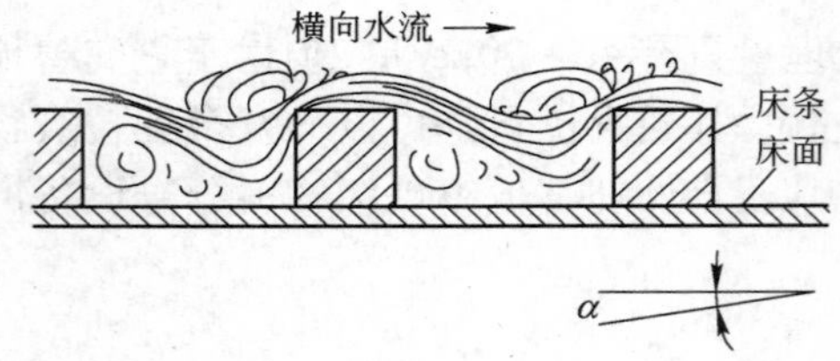

图 5-6-2 在床条间产生的水跃现象和旋涡

α—床面横向倾角

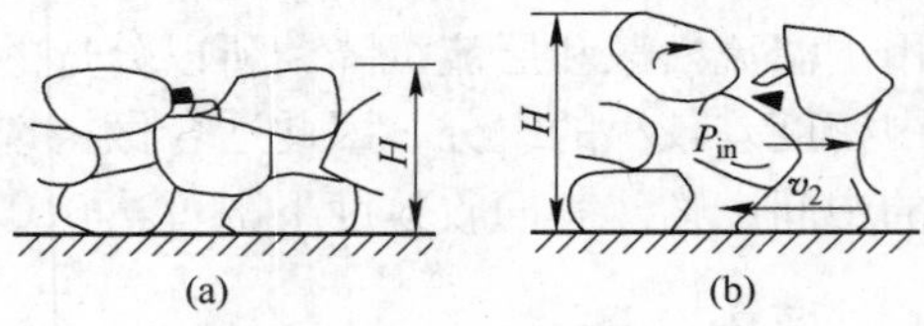

图 5-6-3 借层间的速度差松散床层示意图

（a）床层静止时；（b）床层相对运动时

P_{in}—颗粒惯性力；v_2—下层颗粒的纵向运动速度

在这种特有的松散条件下，物料的分层几乎不受流体动力作用的干扰，近似按颗粒在介质中的有效密度差进行。其结果是高密度颗粒分布在下层，低密度颗粒被排挤到上层。同时由于颗粒在转移过程中受到的阻力主要是物料层的机械阻力，所以同一密度的细小颗粒比较容易地穿过变化中的颗粒间隙进入底层。这种分层结果与在螺旋溜槽中的相似，习惯上称为析离分层，分层后颗粒在床条沟中的分布情况如图 5-6-4 所示。

5.6.1.2 颗粒在床面上的搬运分带

颗粒在床面上的运动包括横向运动和纵向运动，前者是在给矿水、冲洗水以及重力的作用下产生的；而后者则是在床面差动运动作用下产生的。

颗粒在床面上的横向运动速度，可以说是水流冲洗作用和重力分力构成的推动力与床条所产生的阻碍保护作用共同产生的综合效果。由于非常微细的颗粒悬浮在水流表面，所以首先被横向水流冲走，接着便是分层后位于上层的低密度粗颗粒；随着向精矿端推进，床条的高度逐渐降低，因而使低密度细颗粒和高密度粗颗粒依次暴露到床条的高度以上，并相继被横向水流冲走；直到到达了床条的末端，分层后位于最底部的高密度细颗粒才被

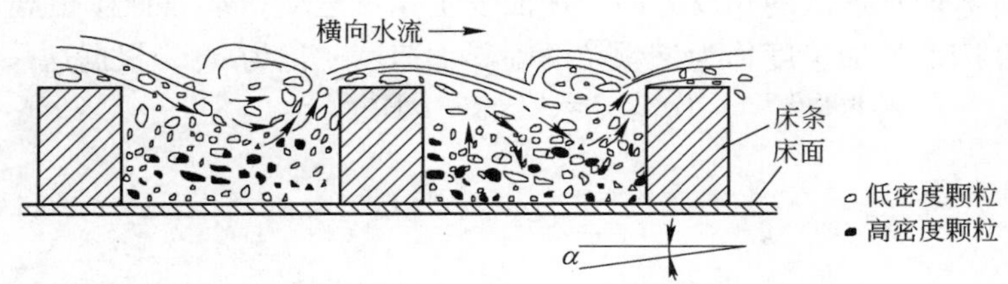

图 5-6-4 粒群在床条沟内的分层示意图

横向水流冲走。因此，不同性质的颗粒在摇床面上沿横向运动速度的大小顺序是：非常微细的颗粒最大，其次是低密度的粗颗粒、低密度的细颗粒、高密度的粗颗粒，最后才是高密度的细颗粒。这种运动的结果是沿着床面的纵向，床层内物料的高密度组分含量不断提高，因而是一精选过程，床条高度的降低对提高高密度产物的质量有着重要作用。在横向上由于床条的高度逐渐升高，因此可以阻留偶尔被水流冲下的高密度颗粒，所以是一扫选过程。

在精矿端，一般都有一个没有床条的三角形光滑平面区，在这里依靠颗粒在水流冲洗作用下的运动速度差，进一步脱除混杂在其中的低密度颗粒，使高密度产物的质量再次得到提高，所以这一区域常被称为精选带。

颗粒在床面上的纵向运动是由床面的差动运动引起的。当床面做变速运动时，在静摩擦力作用下随床面一起运动的颗粒即产生一惯性力。随着床面运动加速度的增加，颗粒的惯性力也不断增大，直到颗粒的惯性力超过了它与床面之间的最大静摩擦力时，颗粒即同床面发生相对运动。如图 5-6-5 所示，假定床面的瞬时加速度和瞬时速度分别为 a_x 和 v_x，位于床面上某一密度为 ρ_1、体积为 V 的颗粒，以有效重力 G_0 作用于床面上，则在床面加速度 a_x 的影响下，颗粒产生的惯性力 P_{in} 和所受到的静摩擦力的最大值 $F_{st,max}$ 分别为：

$$P_{in} = V\rho_1 a_x \tag{5-6-1}$$

$$F_{st,max} = V(\rho_1 - \rho) g f_{st} \tag{5-6-2}$$

式中 f_{st}——矿物颗粒与床面的静摩擦系数；

ρ_1，ρ——分别为矿物颗粒和介质的密度，kg/m³。

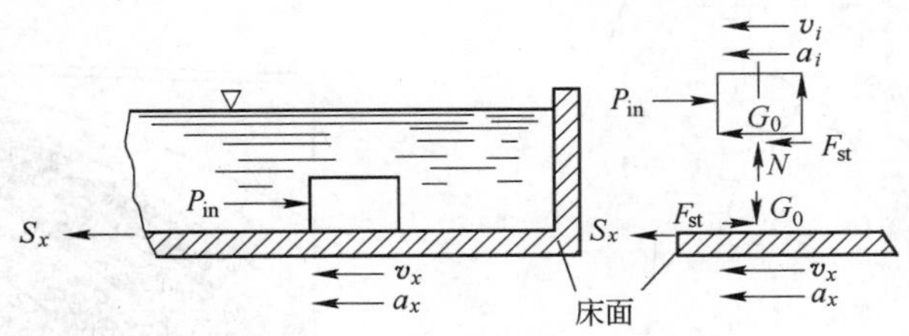

图 5-6-5 颗粒在床面上的受力分析

v_i—颗粒的运动速度；a_i—颗粒的运动加速度

如果 $F_{st,max} > P_{in}$，则颗粒具有与床面相同的运动速度和加速度，两者之间不发生相对运动。反之，如果 $F_{st,max} < P_{in}$，则摩擦力使颗粒产生的加速度将小于床面的运动加速度，

所以颗粒即沿着床面加速度的相反方向同床面发生相对运动。某一颗粒相对于床面刚要发生相对运动时，床面的加速度称为该颗粒的临界加速度，记为 a_{cr}，根据这一定义，有：

$$V\rho_1 a_{cr} = V(\rho_1 - \rho) g f_{st}$$

由上式得：

$$a_{cr} = \frac{(\rho_1 - \rho) g f_{st}}{\rho_1} \tag{5-6-3}$$

欲使颗粒沿床面向前运动，则床面的向后加速度必须大于颗粒的临界加速度。颗粒一旦开始同床面发生相对运动，静摩擦系数 f_{st} 即转变为动摩擦系数 f_{dy}，作用在颗粒上的摩擦力 F_{st} 也相应地变为动摩擦力 F_{dy}，颗粒在 F_{dy} 作用下产生的加速度 a_{dy} 为：

$$a_{dy} = \frac{(\rho_1 - \rho) g f_{dy}}{\rho_1} \tag{5-6-4}$$

因为 $f_{st} > f_{dy}$，所以当床面的加速度达到或超过 a_{cr} 以后，颗粒运动的加速度要小于床面的加速度，从而使得颗粒与床面间出现了速度差。

由于摇床面运动的正向加速度（方向为从传动端指向精矿端）小于负向加速度，所以颗粒在床面的差动运动作用下，朝着精矿端产生间歇性运动。由于分层后位于下层的高密度颗粒因与床面直接接触，所以向前移动的平均速度较大，而上层低密度颗粒向前移动的平均速度则较小，所以不同性质的颗粒沿床面纵向运动速度的大小顺序是：高密度细颗粒最大，其次是高密度粗颗粒、低密度细颗粒、低密度粗颗粒，纵向运动速度最小的是悬浮在水流表面的非常微细的颗粒。

颗粒在摇床面上的最终运动速度即是上述横向运动速度与纵向运动速度的矢量和。颗粒运动方向与床面纵轴的夹角 β 称为颗粒的偏离角。设颗粒沿床面纵向的平均运动速度为 v_{ix}，沿床面横向的平均运动速度为 v_{iy}，则：

$$\tan\beta = \frac{v_{iy}}{v_{ix}} \tag{5-6-5}$$

由此可见，颗粒的横向运动速度越大，其偏离角就越大，它就越偏向尾矿侧移动；而颗粒的纵向运动速度越大，其偏离角则越小，它就越偏向精矿端移动。由前两部分的分析结论可知，除了呈悬浮状态的极微细颗粒以外，低密度粗颗粒的偏离角最大，高密度细颗粒的偏离角最小，低密度细颗粒和高密度粗颗粒的偏离角则介于两者之间（见图5-6-6），这样便形成了颗粒在摇床面上的扇形分带（见图5-6-7）。

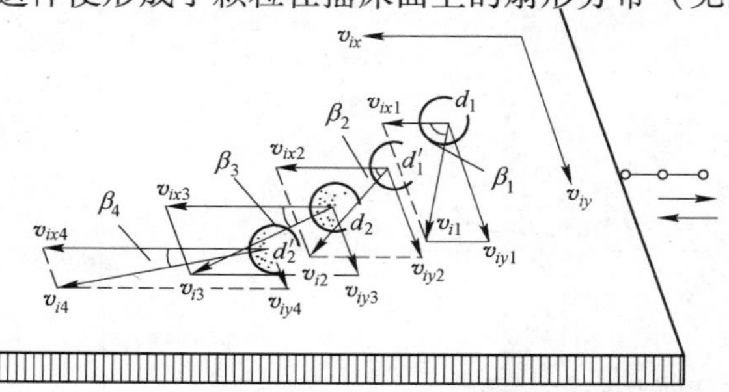

图5-6-6 不同密度颗粒在床面上的偏离角

d_1，d_1'—低密度粗颗粒和细颗粒；d_2，d_2'—高密度粗颗粒和细颗粒；v_{ix}，v_{iy}，v_i—分别是颗粒的纵向、横向和合速度；β—颗粒的偏离角

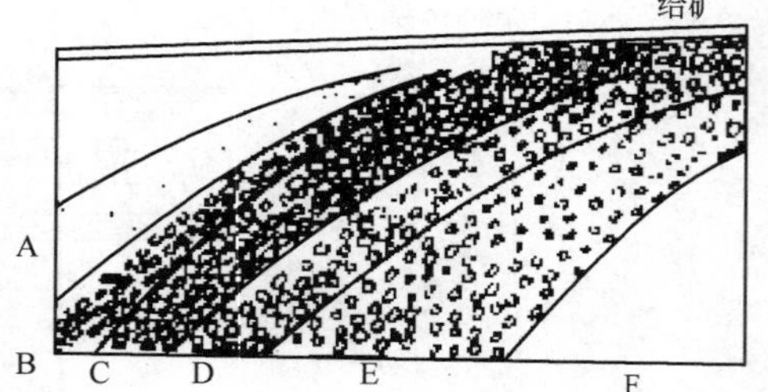

图5-6-7 颗粒在床面上的扇形分带示意图

A—高密度产物；B，C，D—中间产物；E—低密度产物；F—溢流和细泥

5.6.2 摇床的类型及构造

摇床按照机械结构又可分为6-S摇床、云锡式摇床、弹簧摇床、悬挂式多层摇床、台浮摇床等。

5.6.2.1 6-S摇床

6-S摇床的结构如图5-6-8所示，它的床头是图5-6-9所示的偏心连杆式。电动机通过皮带轮带动偏心轴转动，从而带动偏心轴上的摇动杆上下运动，摇动杆两侧的肘板即相应做上下摆动，前肘板的轴承座是固定的，而后肘板的轴承座则支撑在弹簧上，当肘板下降时后肘板座即压迫弹簧向后移动，从而通过往复杆带动床面后退；当肘板向上摆动时，弹簧伸长，保持肘板与肘板座不脱离，并推动床面前进。

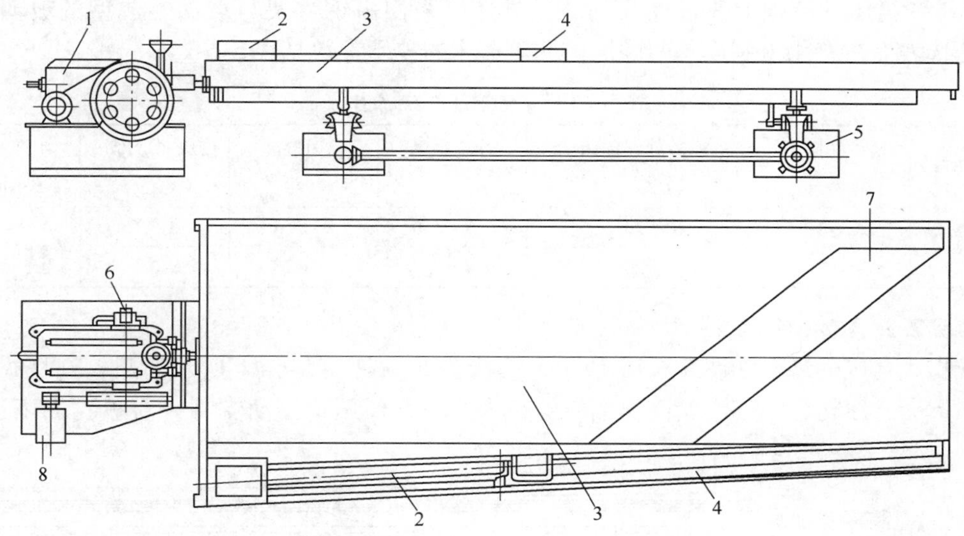

图5-6-8 6-S摇床的结构

1—床头；2—给矿槽；3—床面；4—给水槽；5—调坡结构；6—润滑系统；7—床条；8—电动机

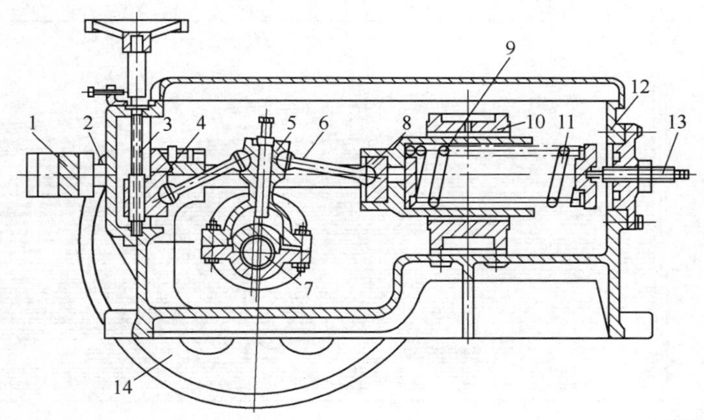

图5-6-9 偏心连杆式床头

1—联动座；2—往复杆；3—调节丝杆；4—调节滑块；5—摇动杆；6—肘板；7—偏心轴；8—肘板座；9—弹簧；10—轴承座；11—后轴；12—箱体；13—调节螺栓；14—大皮带轮

床面向前运动期间，两肘板的夹角由大变小，所以床面的运动速度是由慢变快。反之，在床面后退时，床面的运动速度则是由快而慢，于是即形成了急回运动。固定肘板座又称为滑块，通过手轮可使滑块在84mm范围内上下移动，以此来调节摇床的冲程。调节床面的冲次则需要更换不同直径的皮带轮。

6-S摇床的床面采用4个板形摇杆支撑，这种支撑方式的摇动阻力小，而且床面还会有稍许的起伏振动，这一点对物料在床面上松散更有利。但它同时也将引起水流波动，因而不适合处理微细粒级物料。6-S摇床的床面外形呈直角梯形，从传动端到精矿端有1°~2°上升斜坡。

6-S摇床的冲程调节范围大，松散力强，最适合分选0.5~2mm的物料；冲程容易调节，且调坡时仍能保持运转平稳。这种设备的主要缺点是结构比较复杂，易损零件多。

在6-S摇床的基础上改进而成的北矿摇床，采用由钢骨架与玻璃钢成型的玻璃钢床面，分选表面衬有刚玉制成的耐磨层。北矿摇床的技术参数见表5-6-1。

表5-6-1 北矿摇床的技术参数

设备类型	给矿粒度/mm	给矿浓度（固体质量分数）/%	冲洗水量/$t \cdot h^{-1}$	横向坡度/(°)	纵向坡度/(°)	生产能力/$t \cdot h^{-1}$
矿砂摇床	0.2~2	20~30	0.7~1.0	2~3.6	1~2	0.5~1.8
矿泥摇床	-0.2	15~20	0.4~0.7	1~2	-0.5	0.3~0.5

5.6.2.2 云锡式摇床

云锡式摇床的结构如图5-6-10所示，其床头结构是图5-6-11所示的凸轮杠杆式。在偏心轴上套一滚轮，当偏心轮向下偏离旋转中心时，便压迫摇动支臂（台板）向下运动，

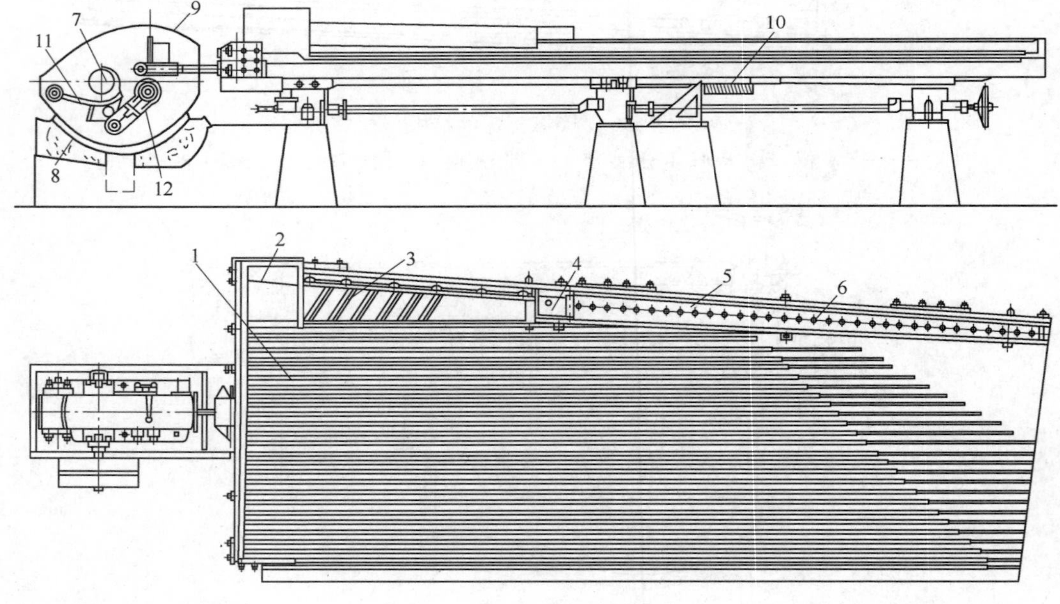

图5-6-10 云锡式摇床的结构

1—床面；2—给矿斗；3—给矿槽；4—给水斗；5—给水槽；6—菱形活瓣；7—滚轮；8—机座；9—机罩；10—弹簧；11—摇动支臂；12—曲拐杠杆

再通过连接杆（卡子）将运动传给曲拐杠杆（摇臂），随之通过拉杆带动床面向后运动，此时位于床面下面的弹簧被压缩。随着偏心轮的转动，弹簧伸长，保持摇动支臂与偏心轮紧密接触，并推动床面向前运动。云锡式摇床的冲程可借改变滑动头在曲拐杠杆上的位置来调节。

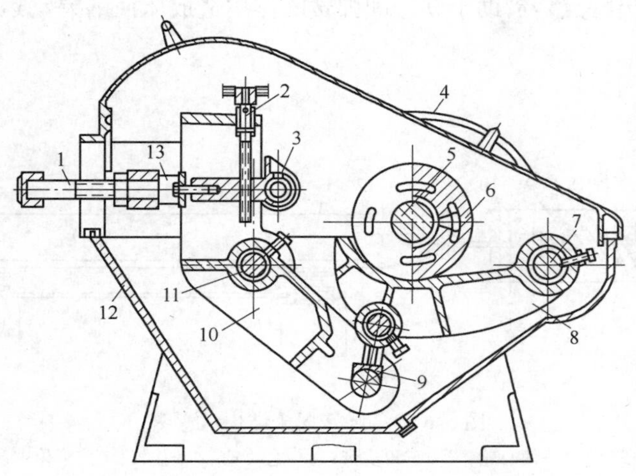

图 5-6-11 凸轮杠杆结构床头

1—拉杆；2—调节丝杠；3—滑动头；4—大皮带轮；5—偏心轴；6—滚轮；7—台板偏心轴；8—摇动支臂（台板）；9—连接杆（卡子）；10—曲拐杠杆；11—摇臂轴；12—机罩；13—连接叉

云锡式摇床的床面采用滑动支撑方式，在床面的 4 角下方固定有 4 个半圆形突起的滑块，滑块被下面长方形油碗中的凹形支座所支承（见图 5-6-12），床面在滑块座上呈直线往复运动。这种支承方式的优点是运动平稳，且可承受较大的压力；缺点是运动阻力较大。调坡机构位于给矿侧，转动手轮可以使床面的一侧被抬高或放下，横向坡度随之改变。

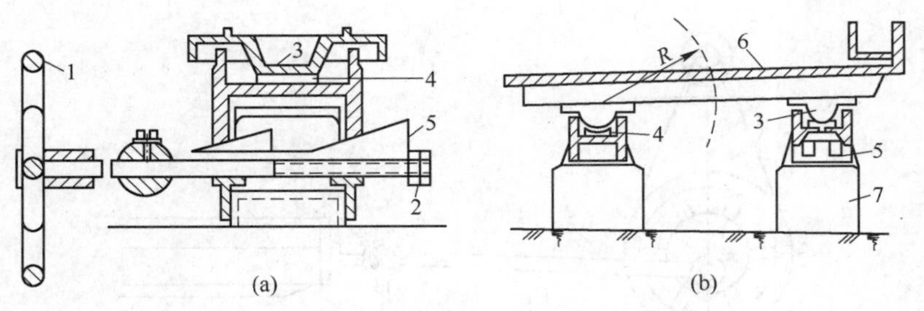

图 5-6-12 云锡式摇床的滑动支承和楔形块调坡机构示意图

（a）调坡装置；（b）床面支撑装置

1—调坡手轮；2—调坡杠杆；3—滑块；4—滑块座；5—调坡楔形块；6—床面；7—水泥基础

云锡式摇床的床面外形和尺寸与 6-S 摇床的相同，上面也钉有床条，所不同的是床面沿纵向连续有几个坡度。

云锡式摇床床头运动的不对称性较大，且有较宽的差动性调节范围以适应不同给料粒度和选别的要求，床头机构运转可靠，易磨损的零件少，且不漏油；缺点是弹簧安装在床面下方，检修和调节冲程均不方便，横向坡度可调范围小（0° ~5°）。

5.6.2.3 弹簧摇床

弹簧摇床的突出特点是借助于软、硬弹簧的作用造成床面的差动运动，其整体结构如图 5-6-13 所示。

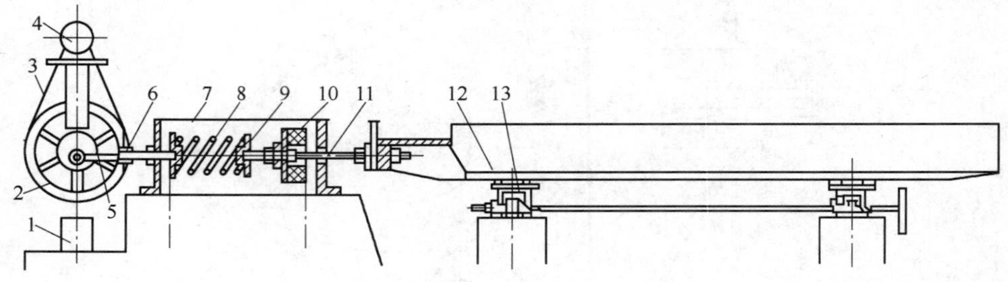

图 5-6-13 弹簧摇床结构示意图

1—电动机支架；2—偏心轮；3—三角皮带；4—电动机；5—摇杆；6—手轮；7—弹簧箱；8—软弹簧；9—软弹簧帽；10—橡胶硬弹簧；11—拉杆；12—床面；13—支承调坡装置

弹簧摇床的床头由偏心惯性轮和差动装置两部分组成（见图 5-6-14）。偏心轮直接悬挂在电动机上，拉杆的一端套在偏心轮的偏心轴上，另一端则与床面绞连在一起。当电动机转动时，偏心轮以其离心惯性力带动床面运动。然而，由于床面及其负荷的质量很大，仅靠偏心轮的离心惯性力不足以产生很大的冲程，因此，另外附加了软、硬弹簧，储存一部分能量，当床面向前运动时，软弹簧伸长，释放出的弹性势能帮助偏心轮的离心力推动床面前进，使硬弹簧与弹簧箱内壁发生撞击。硬弹簧多由硬橡胶制成，其刚性较大，一旦受压即把床面的动能迅速转变为弹性势能，迫使床面立即停止运动。此后硬弹簧伸长，推动床面急速后退，如此反复进行，即带动床面做差动运动。

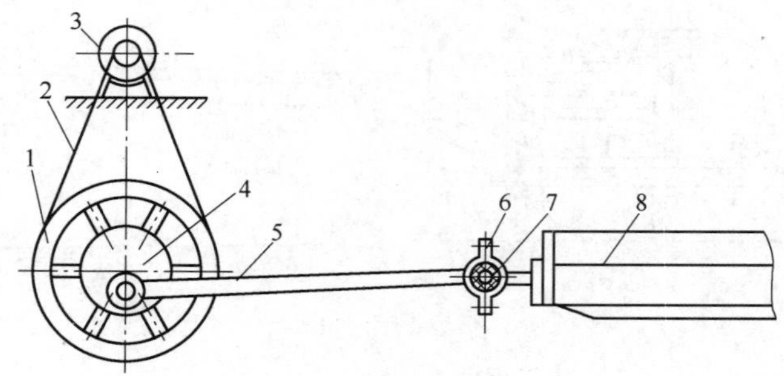

图 5-6-14 弹簧摇床的床头及其柔性连接示意图

1—皮带轮；2—三角皮带；3—电动机；4—偏心轮；5—拉杆；6—卡弧；7—胶环；8—床面

弹簧交替地压缩和伸长，是动能与势能的互相转换过程。在摇床的运转中，只需要补偿因摩擦等消耗掉的那部分能量，因此弹簧摇床的能耗很小。

对于弹簧摇床，根据实践经验总结出偏心轮质量 m(kg)及偏心距 r(mm)与冲程 s(mm)之间的关系为：

$$mr = 0.17Qs \tag{5-6-6}$$

式中 Q——床面与负荷的质量之和，kg。

由式（5-6-6）可见，改变 m 或 r 均能改变冲程 s，但这需要更换偏心轮或在它上面加偏重物。为了简化冲程的调节，在弹簧箱上安装了一个手轮，当转动手轮使软弹簧压紧时，它储存的能量增加，即可使冲程增大，只是用这种方法可以调节的范围很有限。

弹簧摇床的床面支撑方式和调坡方法与云锡式摇床相同。弹簧摇床的床面的床条通常采用刻槽法形成，槽的断面为三角形。弹簧摇床的正、负向运动的加速度差值较大，可有效地推动微细颗粒沿床面向前运动。所以适合处理微细粒级物料，对于 $-30\mu m$ 的黑钨矿或锡石，回收率可达50%。这种摇床的最大优点是造价低廉，仅为6-S 摇床的1/2，且床头结构简单，便于维修；其缺点是冲程会随给料量而变化，当负荷过大时床面会自动停止运动，而且台时处理能力很低，通常在100kg 以下。

5.6.2.4 悬挂式多层摇床

图 5-6-15 所示为4 层悬挂式摇床的基本结构。

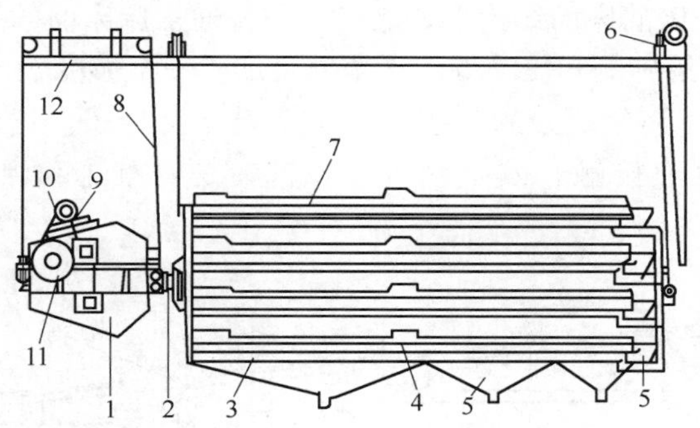

图 5-6-15 悬挂式4 层摇床简图

1—床头；2—床头床架连接器；3—床架；4—床面；5—接料槽；6—调坡装置；7—给矿及给水槽；8—悬挂钢丝绳；9—电动机；10—小皮带轮；11—大皮带轮；12—机架

床头位于床面中心轴线的一端，通过球窝连接器与摇床的框架相连接。床面用具有蜂窝夹层结构的玻璃钢制造。各床面中心间距为400mm。在悬挂钢架上设置能自锁的蜗轮蜗杆调坡装置，该装置与精矿端的一对悬挂钢丝绳相连接。拉动调坡链轮，悬挂钢丝绳即在滑轮上移动，从而改变床面的横向坡度。选别所得的产物，由固定在床面上的高密度产物槽和坐落在地面上的中间产物槽及低密度产物槽分别接出。

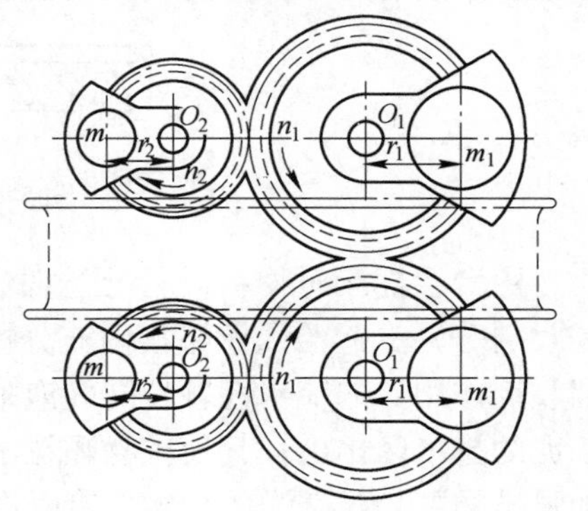

图 5-6-16 多偏心惯性床头简图

悬挂式多层摇床的床头为图 5-6-16 所示的1 组多偏心的齿轮，在1 个密闭的油箱内，将2 对齿轮按图示方式组装在一起。其中大齿轮的齿数是小齿轮的2

倍，驱动电动机安装在齿轮罩上方，直接带动小齿轮转动。在齿轮轴上装有偏重锤，当电动机带动齿轮转动时，偏重锤在垂直方向上产生的惯性力始终是相互抵消的。而在水平方向，当大齿轮轴上的偏重锤与小齿轮轴上的偏重锤同在一侧时，离心惯性力相加，达到最大值；而当大齿轮再转过半周、小齿轮转过一周时，离心惯性力相减，达到最小值。因此，在水平方向上产生一差动运动。大齿轮的转速即是床面的冲次。改变偏重锤的质量可以改变床面的冲程。而且，调节冲次时不会影响冲程。

悬挂式多层摇床占地面积小，单机的生产能力大，能耗低。其缺点是不便观察床面上物料的分带情况，产品接取不准确。

5.6.2.5 台浮摇床

台浮摇床是一种集重选过程和浮选过程于一体的分选设备，其结构与常规摇床的区别仅仅在于床面，机架和传动结构与常规摇床完全一致。台浮摇床主要用于分选粒度比较粗的、含有锡石和有色金属硫化物矿物的砂矿或含多金属硫化物矿物的钨、锡粗精矿或白钨矿-黑钨矿-锡石混合精矿等，粒度范围通常为 0.2～3mm，个别情况可达 -6mm。这些砂矿或粗精矿中需要回收的矿物之间的密度差比较小，再用常规的重选方法不能实现有效分离；用普通的浮选设备进行浮选分离，则粒度又过大，无法取得满意的技术指标。

图 5-6-17 是台浮摇床的床面结构形式之一，与普通摇床床面的主要不同体现在两个方面：其一是这种床面在给矿侧和传动端的夹角处增加了一个坡度较大的给矿小床面（刻槽附加小床面）；其二是在其余部分的刻槽床面上增设了阻挡条。增加这两部分的目的是，给疏水性颗粒创造与气泡接触和发生黏着的条件，是将重选和浮选结合在一起的关键措施。

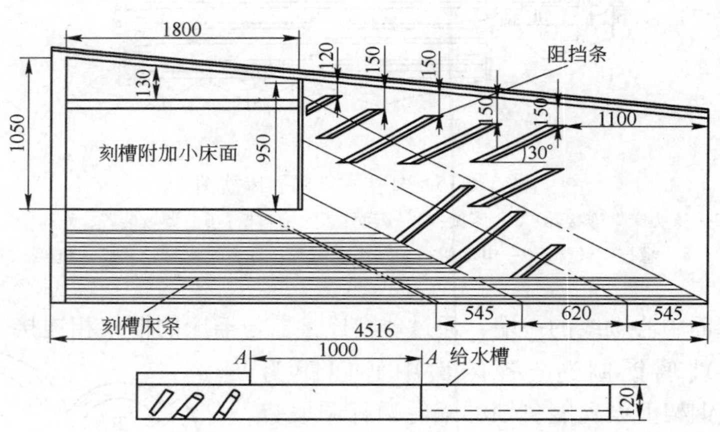

图 5-6-17 台浮摇床的床面结构

用台浮摇床对物料进行分选时，首先将浓度较高的矿浆和分选药剂（pH 值调整剂、捕收剂等）一起给入调浆槽内充分搅拌，使矿粒与药剂充分作用后，给到台浮摇床上；与捕收剂作用后的疏水性颗粒同气泡附着在一起，漂浮在矿浆表面，从低密度产物及溢流和细泥的排出区排出；其他矿物颗粒不与捕收剂发生作用，由台浮摇床的精矿端排出。为了加强矿物颗粒与气泡的接触，有时在台浮摇床床面上加设吹气管，向矿浆表面吹气，或喷射高压水以带入空气。台浮摇床的生产能力与相同规格普通摇床相当。

5.6.3 摇床床面的构造形式

5.6.3.1 床面形状

摇床的床面有左式和右式两种（见图 5-6-18）。站在传动端，给矿侧在右边的称为右式摇床；在左边的称为左式摇床。在重选厂内，这种摇床安装时，可以对称排列，使厂房配置紧凑，节省摇床占地面积。

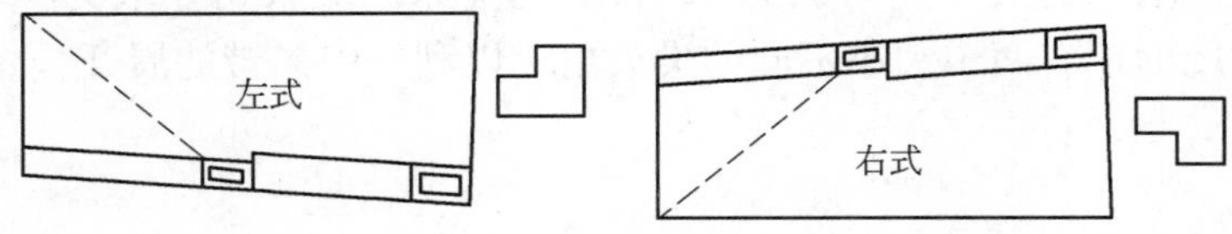

图 5-6-18 左式和右式摇床示意图

常用的摇床床面形状有矩形、梯形和菱形，使用最普遍的是梯形床面。摇床的床面多用木材制成，为了使床面不受水的侵蚀，常常采用生漆、漆灰（生漆与煅烧石膏的混合物）、玻璃钢或聚氨酯在床面上制作一层耐磨层。

梯形床面的标准尺寸为长 × 传动端宽 × 精矿端宽 = 4500mm × 1800mm × 1500mm，面积约为 $7.5m^2$。

5.6.3.2 床条及床面纵坡

一般来说，床条的作用主要包括以下几个方面：

(1) 物料在床条之间的槽沟内进行松散分层后，床条对槽沟内位于底层的高密度矿物颗粒起保护作用，有利于高密度矿粒获得较大的纵向移动速度。

(2) 在横向水流的作用下，激起适当强度的水跃，产生涡流，强化矿粒的松散。

(3) 促使分层后的矿粒在床面上形成不同的矿物带。

(4) 提高摇床的处理能力。

常见的床条断面形状如图 5-6-19 所示。

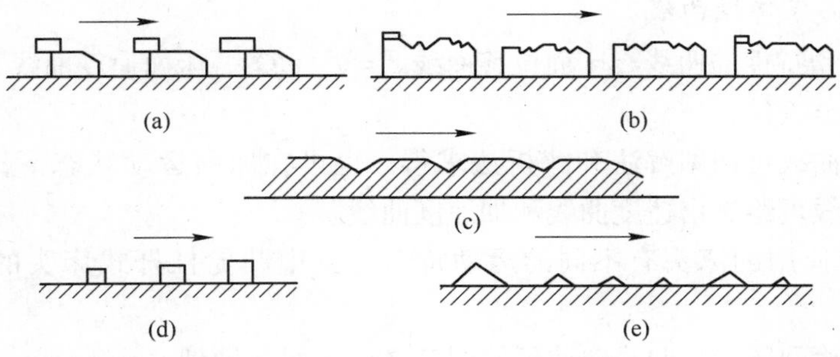

图 5-6-19 常见的床条断面形状

(a) 云锡式粗砂摇床的床条；(b) 云锡式细砂摇床的床条；(c) 刻槽床条；(d) 矩形床条；(e) 三角形床条

矩形断面的床条适用于粗砂摇床，三角形断面的床条适用于细砂和矿泥摇床，这两种床条均钉在或粘贴在床面上，称为凸起式床条。另一类是刻槽床条，它是在平面上往下刻槽，槽的断面呈三角形，适用于矿泥摇床。

6-S 摇床、弹簧摇床以及悬挂式多层摇床的床面为一平整表面，只是在安装时将床面的精矿端略加升高，形成0°～1.5°的纵坡。云锡式摇床将床面制成两个或多个平面，中间以斜坡相连构成阶梯床面。

所有的床条都是由传动端向精矿端逐渐降低，在靠近精矿端，床面上所有的床条与摇床尾矿侧成一定角度的斜线尖灭，床条的尖灭线与尾矿侧的夹角称为摇床的尖灭角，如图 5-6-20 所示。粗砂摇床的尖灭角一般为 40°，矿泥摇床的尖灭角一般为 30°。此外，部分云锡粗砂摇床的床面还有两个大小不同的尖灭角，以利于中矿带的展开。

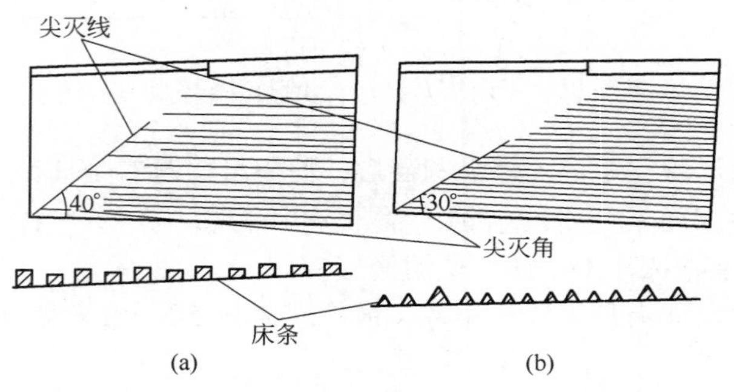

图 5-6-20　床条在床面上的布置

（a）粗砂摇床的床条；（b）矿泥摇床的床条

在摇床床面的横向上，床条的高度自给矿侧向尾矿侧逐渐升高，以避免高密度矿物颗粒流失到尾矿中。平整床面的矿砂摇床床面上一般设置 44～50 根床条，刻槽的细泥摇床床面上有 45～65 个槽沟。

5.6.4　摇床的运动特性

5.6.4.1　摇床特性曲线

表示床面运动特性的曲线有床面位移曲线 $s = f_1(\omega t)$ 、床面速度曲线 $v = f_2(\omega t)$ 和床面加速度曲线 $a = f_3(\omega t)$ 。

床面的位移曲线可用图解法和解析法求得，也可在床面运动状态下，用仪表实测得出。根据位移曲线可绘制出速度曲线和加速度曲线。

目前生产中使用的床头有不同的运动特性，其中凸轮杠杆式床头的运动特性如图 5-6-21 所示。

为了便于讨论问题，将曲线向前延伸四分之一周期（即到 $-\pi/2$ 处），并以虚线表示，则 A 与 A'、E 与 E'、F 与 F'分别为位移曲线上的对应点。显然从 A 至 A'、F'至 F 为一个运动周期。因此，$F'ABC$ 为床面的前进行程，$CDEF$ 为床面的后退行程，$E'F'AB$ 为床面从后退变为前进的转折阶段，BCD 则为床面从前进变为后退的转折阶段。

由图 5-6-21（a）中的床面的位移曲线 $s = f_1(\omega t)$可以看出，随着偏心轮转角的增大（$0 \rightarrow 2\pi$），床面作前进与后退等距离的运动，不过前进行程的时间大于后退行程时间，反

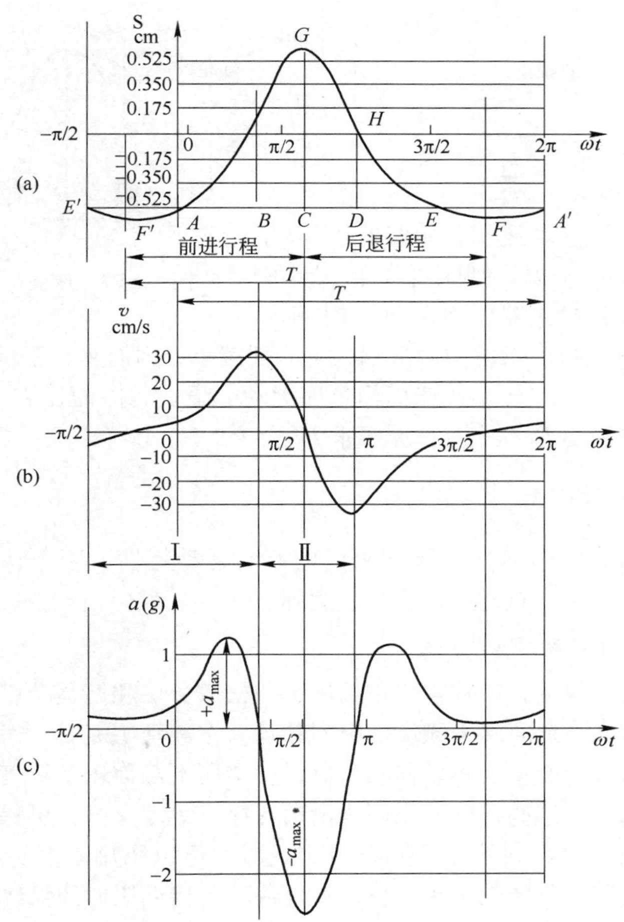

图 5-6-21 凸轮杠杆式床头的运动特性曲线

（a）位移曲线；（b）速度曲线；（c）加速度曲线

映出床面在前进和后退行程中速度和加速度的差异。

图 5-6-21（b）中的床面运动曲线 $v=f_2(\omega t)$ 表明，床面在前进行程中，开始速度逐渐地增大，到接近末端时速度迅速减小；床面在后退行程中，开始迅速地返回（速度的绝对值迅速增大），然后床面逐渐返回（速度绝对值逐渐减小），后退到行程末端时速度为零。

图 5-6-21（c）中的床面加速度曲线 $a=f_3(\omega t)$ 表明，床面从前进行程到后退行程的转折阶段，具有较大的负加速度值；而床面从后退行程转为前进行程的转折阶段，具有较小的正加速度。这种加速度特性，对矿粒在床面的上纵向运动，具有重要意义。人们常把摇床的加速度曲线叫做摇床曲线或摇床特性曲线。

5.6.4.2 床面运动的不对称性判断

摇床头运动特性的不对称程度可用不对称系数 E_1 和 E_2 表示，其定义（见图 5-6-22）为：

$$E_1 = \frac{\text{床面前进的前半段 + 后退后半段所需时间}}{\text{床面前进的后半段 + 后退前半段所需时间}} = \frac{t_1}{t_2}$$

$$E_2 = \frac{\text{床面前进所需时间}}{\text{床面后退所需时间}} = \frac{t_3}{t_4}$$

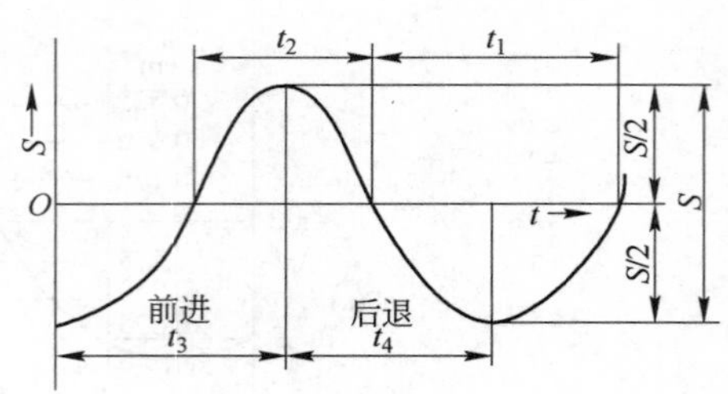

图 5-6-22　床面运动差动性示意图

显然，由于床面作差动运动，始终有 $t_1 > t_2$，故总有 $E_1 > 1$。对于 E_2 来说，则既可大于 1 亦可小于 1。当 $E_2 > 1$ 时，意味着床面前进的时间 t_3 增长，后退的时间 t_4 缩短，颗粒向后滑动的可能性减小，因而有利于颗粒相对于床面向前运动。但 E_1 与 E_2 比较，E_1 表明了床面作急回运动的强弱，因而比 E_2 更为重要。在选别细粒级矿石时，不仅需要 E_1 大于 1，亦要求 E_2 大于 1。

5.6.5　摇床分选的影响因素

影响摇床分选指标的因素主要包括床面的差动运动特性、床条、冲程和冲次、冲洗水、床面横向坡度、入选矿石性质、给矿速度等。

5.6.5.1　*床面的差动运动特性*

床面运动的不对称程度将影响物料在摇床上的松散分层和搬运分带。一般来说，床面的不对称运动程度愈大，愈有利于颗粒的纵向移动。在选别矿泥时，微细的颗粒与床面间常表现有较大的黏结力，而不易相对移动，此时应选用不对称运动程度较大的摇床，如云锡式摇床、弹簧摇床等，这些摇床的床面为滑动支撑或滚动支撑，可保证矿浆层做水平剪切运动，对松散微细矿粒有利。在选别粗粒矿石时，可以采用不对称性稍小一些的摇床（如 6-S 摇床），此时因矿物的粒度粗，分层速度快，可借助床面的弧线往复运动（用摇动杆支撑）迅速将高密度产物排出。

5.6.5.2　*床条及其布置形式*

床条是床面的重要组成部分，必须适应入选原料的性质。床条的高度、间距及形状影响着水流沿床面横向的流动速度，特别是对床条沟内的脉动速度影响更大。矩形床条引起的脉动速度大，处理矿砂的摇床常采用；三角形床条，尤其是刻槽形床条形成的脉动速度很小，适于在处理细砂或矿泥的摇床上使用。

5.6.5.3　*冲程和冲次*

摇床的冲程和冲次对矿粒在床面上的松散分层和搬运分带同样有十分重要的影响。在一定范围内增大冲程和冲次，矿粒的纵向运动速度将随之增大。然而，若冲程和冲次过大，低密度和高密度矿粒又会发生混杂，造成分带不清。过小的冲程和冲次，会大大降低矿粒的纵向移动速度，对分选也不利。因此，摇床冲程一般在 5 ~ 25mm 调节，冲次则在 250 ~ 400r/min 调节。

冲程和冲次的适宜值主要与入选的矿石粒度有关，粗砂摇床取较大的冲程、较小冲次；细砂和矿泥摇床取较小的冲程、较大的冲次。

常用的摇床冲程和冲次见表 5-6-2。

表 5-6-2 常用的摇床冲程和冲次

6-S摇床			云锡式摇床			弹簧摇床		
给料	冲程/mm	冲次/r·min^{-1}	给料	冲程/mm	冲次/r·min^{-1}	给料粒级/mm	冲程/mm	冲次/r·min^{-1}
矿砂	18~24	250~300	粗砂	16~20	270~290	0.5~0.2	15~17	300
			细砂	11~16	290~320	0.2~0.074	11~15	315
矿泥	8~16	300~340	矿泥	8~11	320~360	0.074~0.037	10~14	330
						-0.037	5~8	360

5.6.5.4 冲洗水和床面横向坡度

冲洗水的大小和坡度共同决定着横向水流的流速。增大坡度或增大水量均可增大横向水速。处理同一种物料时，“大坡小水”和“小坡大水”均可使矿粒获得同样的横向速度，但“大坡小水”的操作方法有助于省水，不过此时精矿带将变窄，而不利于提高精矿质量。因此进行粗选和扫选时，采用“大坡小水”；进行精选时采用“小坡大水”。

粗砂摇床的床条较高，其横向坡度亦较大；细砂及矿泥摇床的横坡相对较小。生产中常用的摇床横坡大致为粗砂摇床：2.5°~4.5°；细砂摇床：1.5°~3.5°；矿泥摇床：1°~2°。

从给水量来看，粗砂摇床单位时间的给水量较多，但处理每吨矿石的耗水量则相对较少。通常处理每吨矿石的洗涤水量为 1~3m^3，加上给矿水总耗水量为 3~10m^3。

5.6.5.5 矿石入选前的准备及给矿量

为了便于选择摇床的适宜操作条件，矿石在入选前应进行分级。采用水力分级方法所获得的产物中，高密度矿物的平均粒度要比低密度矿物的小许多，可发生析离分层。所以，生产中常采用4~6室机械搅拌式水力分级机对摇床给矿进行分级。

摇床处理矿石的粒度上限为 2~3mm（粗砂摇床）。矿泥摇床的回收粒度下限一般为 0.020mm。给矿中若含有大量微细粒级矿泥，不仅它们难以回收，而且因矿浆黏度增大，分层速度降低，还会导致较多高密度矿物损失。所以在摇床给矿中含泥（指小于 10~20μm 粒级）量多时，即需进行预先脱泥。

摇床的给矿量在一定范围内变化时，对分选指标的影响不大。但总的来说摇床的生产能力很低，且随处理矿石的粒度及对产品质量要求的不同而变化很大。处理粗粒矿石的摇床，其单台处理能力一般为 1.5~2.5t/h；处理细粒矿石的摇床，其单台处理能力一般为 0.2~0.5t/h。

5.7 离心分选设备

5.7.1 离心选矿机

图5-7-1 是 SLon 型离心选矿机的结构图，其主要工作部件为一截锥形转鼓，借锥形底盘固定在回转轴上，由电动机带动旋转。

矿浆沿切线方向给到转鼓内后，随即贴附在转动的鼓壁上，随之一起转动。因液流在转鼓面上有滞后流动，同时在离心惯性力及鼓壁坡面作用下，还向排料的大直径端流动，于是在空间构成一种不等螺距的螺旋线运动。

矿浆在沿鼓壁运动的过程中，其中的矿物颗粒发生分层，高密度颗粒在鼓壁上形成沉积层，低密度颗粒则随矿浆流一起通过底盘的间隙排出。当高密度颗粒沉积到一定厚度

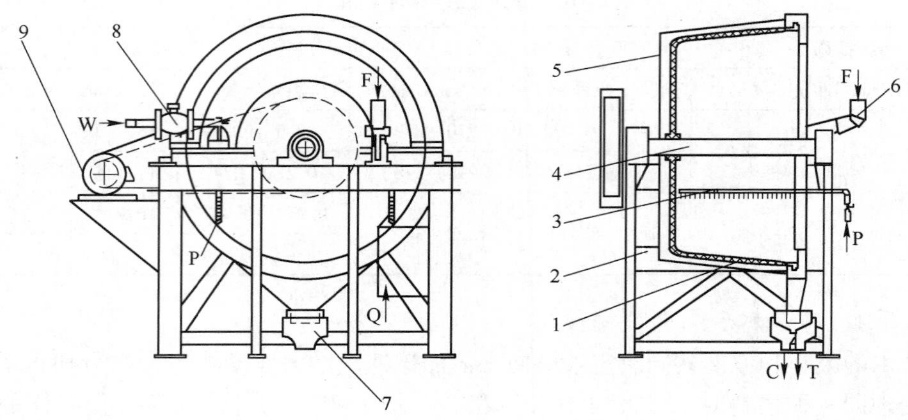

图 5-7-1 SLon 型离心选矿机的结构图

1—转鼓；2—机架；3—漂洗水装置；4—转鼓主轴；5—防护机罩；6—给矿装置；7—分矿装置；8—精矿冲洗水装置；9—转鼓电动机；F—给矿；C—精矿；T—尾矿；W—精矿冲洗水；P—漂洗水；Q—动作气源

时，停止给矿，用精矿冲洗水冲洗下沉积的高密度产物。

离心选矿机的分选过程是间断进行的，但给矿、冲水以及产物的间断排出都自动进行。在排料口下方设有分矿装置，将精矿和尾矿分时段排到精矿槽和尾矿槽中。

5.7.1.1 离心选矿机的分选原理

在离心选矿机内矿浆流沿鼓壁的运动情况如图 5-7-2 和图 5-7-3 所示。矿浆自给矿嘴喷出的速度为 1～2m/s，而在给矿嘴处转鼓壁的线速度一般为 14～15m/s。由于两者之间存在着很大的差异，所以矿浆将逆向流动，出现了滞后流速。此后受黏性牵制，滞后流速逐渐减小。在转鼓壁沿轴向的斜面上，由于离心惯性力及重力的作用，矿浆流的运动速度由零逐渐增大。

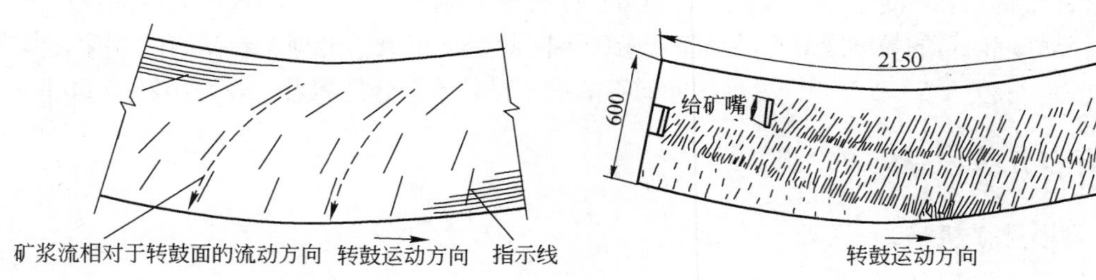

图 5-7-2 矿浆流在转鼓壁上流动方向测定图示

图 5-7-3 液流在转鼓壁上的流动形式

离心选矿机内矿浆流运动的合速度是上述切向速度与沿鼓壁斜面运动速度的矢量和，因此矿浆流层内的剪切作用既有沿斜面流速产生的也有切向流速产生的，只是随着矿浆流向排料端推进，剪切作用逐渐过渡到以沿斜面流速产生的为主。

当矿浆从给矿嘴喷注到鼓壁上时，形成瞬时的堆积。随着转鼓的转动，堆积物呈带状展开，并在向下流动中形成螺旋线向前推进。在正常给矿量下，离心选矿机内矿浆流层厚度的平均值仅有0.3mm，但在给矿嘴附近的波峰处，流层的厚度达2.0mm，在波峰过后，波谷处的厚度只有0.1mm，波峰在设备内大约流动一周即排出。

在波峰向前推进的过程中，与波谷之间有很大的速度差，因而形成分界面结构，在分界面处有很强的剪切应力，并随之产生新的旋涡扰动，这对强化物料的松散有着重要作用。

矿石在离心选矿机内的分选过程与其他细粒溜槽的基本相同，只是在这里一方面由于存在着明显呈湍流流态的峰波区和剪切应力很强并能产生旋涡扰动的流层分界面，而使得物料的松散得到了强化；另一方面由于颗粒受到了比重力大数十倍乃至上百倍的离心惯性力作用，大大加速了颗粒的沉降，从而使离心选矿机不仅具有比一般处理微细粒级物料的重选设备更低的粒度回收下限，而且转鼓的长度也比一般重力溜槽的长度短很多。

5.7.1.2 离心选矿机的影响因素

影响离心选矿机分选指标的因素同样可分为结构因素和操作因素两个方面。但不同的是操作因素的影响情况与设备的结构参数相关。

离心选矿机的结构因素主要包括转鼓的直径、长度及半锥角。增大转鼓直径可以使设备的生产能力成正比增加；而增大转鼓长度则可以使设备的生产能力有更大幅度的提高，但遗憾的是回收粒度下限也将随之上升。增大转鼓的半锥角可以提高高密度产物的质量，但回收率将相应降低。为了解决这一矛盾，又先后研制出了双锥度、三锥度乃至四锥度的离心选矿机。

离心选矿机的操作因素主要包括给矿浓度、给矿体积、转鼓转速、给矿时间及分选周期。当不同规格的离心选矿机处理同一种物料时，单位鼓壁面积的给矿体积应大致相等，而给矿浓度则应随着转鼓长度的增大而增加；当用相同的设备处理不同的物料时，给矿浓度和体积的影响与其他溜槽类设备相同。转鼓的转速大致与转鼓直径和长度乘积的平方根成反比。在一定的范围内增大转速可以提高回收率，但由于分层效果不佳而得到的高密度产物的质量相应降低。

离心选矿机的主要优点是处理能力大、回收粒度下限低、工作稳定、便于操作；但它的富集比不高。SLon型离心选矿机的技术参数见表5-7-1。

表5-7-1 SLon型离心选矿机的技术参数

项　目	SLon-1600	SLon-2400
转鼓直径/mm	1600	2400
转鼓转速/$r \cdot min^{-1}$	155~255	155~255
给矿粒度(-0.074mm)/%	90	90
给矿浓度(固体质量分数)/%	15~25	15~25
干矿处理量/$t \cdot h^{-1}$	2.0~2.5	3.5~4
转鼓电动机功率/kW	11	22
冲水及空压机压强/MPa	0.4~0.6	0.4~0.6
耗水量/$m^3 \cdot h^{-1}$	1.4~1.8	5.0~6.0
耗气量/$m^3 \cdot h^{-1}$	0.3	0.5
主机重量/t	4.5	15.0
主机外形尺寸/mm×mm×mm	2910×1920×4000	4000×2400×5000

SL型射流离心选矿机是在普通离心选矿机的基础上增加了一个高压射流系统，借助于射流的冲击力，推动沉积在转鼓壁上的高密度颗粒逆坡移动，从而实现了高密度产物和

低密度产物同时反方向连续排出。同时，这种设备还通过增加转鼓的转速来抵消射流在矿浆流层内引起的法向脉动速度使微细颗粒不易沉积的问题。

5.7.2　尼尔森选矿机

尼尔森选矿机是由加拿大人尼尔森（Byron Knelson）研制成功的离心选矿设备，其主要组成部分包括分选锥、给矿管、排矿管、驱动装置、供水装置、控制系统等，如图 5-7-4 所示。

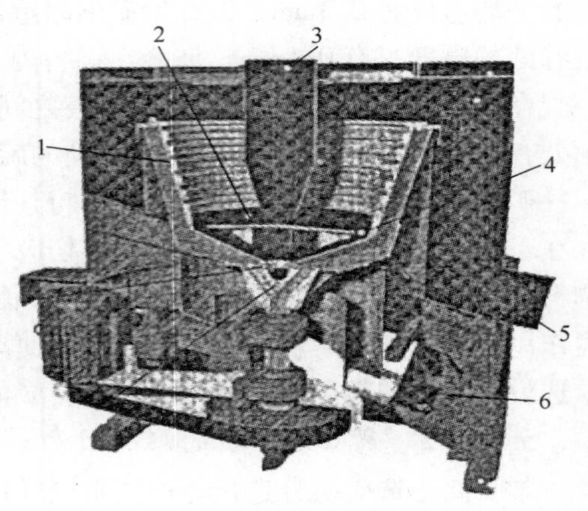

图 5-7-4　尼尔森选矿机的结构

1—分选锥；2—矿浆分配盘；3—给矿管；4—排矿管；5—水腔；6—精矿排出管

分选锥用高耐磨材料铸成，是 1 个内壁带有反冲水孔的双壁倒置截锥，也就是由两个可同步旋转的同心截锥构成，外锥与内锥之间构成 1 个密封水腔；内锥称为富集锥，其内侧有数圈沟槽，沟槽的底部有按设计要求排列的进水孔，称为流态化水孔。

用尼尔森选矿机分选矿石时，分选锥在电动机的带动下高速旋转（$n=400$r/min 以上），其离心力强度 i 可以达到 60 以上；给矿矿浆经给矿管送到矿浆分配盘以后，在与分配盘一起旋转的同时，由于离心惯性力的作用，被甩到富集锥内壁的下部，然后沿富集锥的内壁面一边旋转，一边向上运动。给矿矿浆中的矿物颗粒在随矿浆一起运动的过程中，在离心惯性力、向心浮力 F_r 和介质阻力 R_r 的共同作用下，沿径向发生沉降运动。

对于密度为 ρ_1、直径为 d 的微细矿物颗粒，当离心沉降运动的雷诺数 $Re<1$ 时，在斯托克斯阻力范围内，其径向沉降速度 v_{rs} 为：

$$v_{rs}=\frac{d^2(\rho_1-\rho)}{18\mu}\omega^2 r-v_t \tag{5-7-1}$$

式中　ρ——分选介质的密度，kg/m^3；

μ——分选介质的动力黏度，Pa · s；

ω——分选锥的旋转角速度，s^{-1}；

r——矿物颗粒的回转半径，m；

v_t——流态化反冲水的径向流速，m/s。

矿浆中的矿物颗粒沿径向沉降的结果，是在富集锥内壁的沟槽内形成高浓度床层，由于沟槽的底部有反冲水（流态化水）连续流入，使床层处于稳定的松散悬浮状态，使矿物颗粒在径向上发生干涉沉降分层。式（5-7-1）表明，当分选锥的旋转速度一定时，矿物颗粒的密度越大，其径向沉降速度也越大。因此，矿物颗粒发生分层后，高密度矿物颗粒总是紧贴沟槽底部，在这里形成高密度矿物层；低密度矿物颗粒不能到达沟槽的底部，在离心惯性力沿轴向分力和轴向水流推动力的共同作用下，随矿浆流一起从分选锥的顶部溢流出去，形成尾矿。

尼尔森选矿机于 1978 年开始在选矿工业生产应用，现已形成间断排矿型和连续可变排矿型（CVD）两大类、二十几个规格型号的产品系列，包括实验室小型试验设备、半工业试验设备和工业生产设备，已在70多个国家的金矿石分选厂得到应用。

间断排矿型尼尔森选矿机主要用于回收岩（脉）金矿石、伴生金（铂、钯）的有色金属矿石、砂金矿等矿石中的贵金属，给矿粒度通常为-6mm。连续可变排矿型尼尔森选矿机主要用来分选高密度矿物的含量较大（一般大于0.5%）的矿石，常常用于回收含金银的硫化物矿物、黑（白）钨矿、锡石、钽铁矿、铬铁矿、钛铁矿、金红石、铁矿物等，给矿粒度一般为-3.2mm。尼尔森选矿机的粒度回收下限可达0.010mm。

尼尔森选矿机的突出优点是选矿比非常高，可达10000~30000；用于选别金矿石时，精矿的富集比可以达到1000~5000倍；而且设备的占地面积小，单位占地面积的处理能力大，截锥最大直径为ϕ762mm的尼尔森选矿机，单台处理能力为50~100t/h，ϕ1778mm的尼尔森选矿机的单台处理能力可达650t/h，因而生产成本比较低。

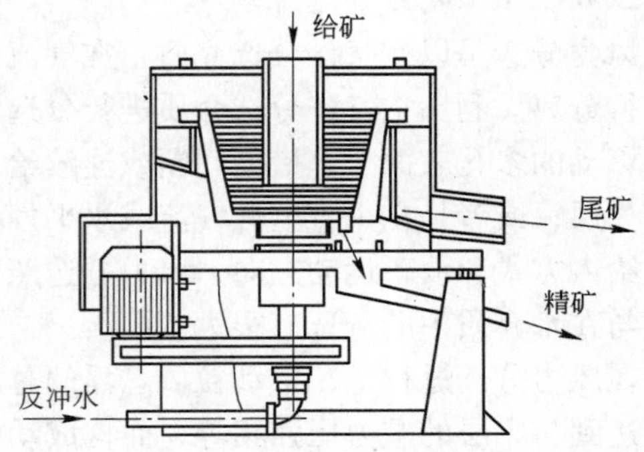

图5-7-5 STL型水套式离心选矿机的结构示意图

在消化吸收尼尔森选矿机技术特点的基础上，长春黄金研究院研制的STL型水套式离心选矿机（见图5-7-5），在砂金矿石的选矿生产中也得到了应用。当给矿粒度为-4mm时，金的选矿回收率可以达到90%以上；当给矿粒度为-2.5mm时，金的选矿回收率可以达到99%以上。

5.7.3 法尔康选矿机

法尔康选矿机是美国南伊利诺斯大学与加拿大法尔康（Falcon）公司共同研制的离心选矿设备，于1996年开始工业应用，迄今已有Falcon SB、Falcon C和Falcon UF 3个系列的设备成功应用于选矿生产实践中。SB系列法尔康选矿机主要用于选别金矿石，采用间歇式排出精矿；C系列和UF系列法尔康选矿机主要用于选别钨矿石、锡矿石和钽矿石，精矿和尾矿都连续排出。法尔康选矿机的机械结构和工作原理与尼尔森选矿机的相似，但工作时分选锥的离心力强度i通常在150~300，是尼尔森选矿机的2~5倍。

SB系列法尔康选矿机的结构如图5-7-6所示，其核心部件是1个立式塑料转筒（高度

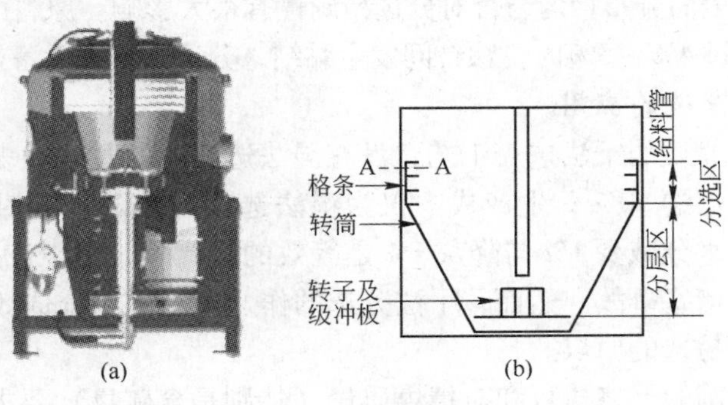

图5-7-6 SB系列法尔康选矿机
(a) 设备外形；(b) 转筒结构

约为其直径的 2 倍)，转筒的下部是 1 个内壁光滑的倒置截锥（筒壁角有 10°、14°、18°等几种），是分选过程的分层区；转筒的上部由两个来复圈槽构成，槽底均匀地分布 1 圈小水孔，以便使反冲水进入来复圈槽内，松散或流态化高密度产物床层。

5.8　风力分选

5.8.1　风力分选原理和应用领域

5.8.1.1　风力分选原理

风力分选是以空气作分选介质，在气流和机械振动的作用下，使入选物料按密度和粒度进行分离。利用空气作分选介质进行分选的基本方式是：将原料给到倾斜安装的、固定的或可动的多孔表面上，借助间断或连续给入的上升气流推动粒群悬浮，并促使按密度差发生分层，或者是在垂直上升气流或水平气流中按密度（粒度）分选，如沉降箱。根据气流的给入方式和设备运动方向，风力分选照样有跳汰、摇床和溜槽等工艺之分，但选别过程则与在水介质中的分选有很大不同。

在风力分选过程中，推动粒群悬浮的总压强包括静压强 P_{st} 和动压强 P_{dy}，静压强的大小应达到与床层的重力压强相等，而构成动压强的上升气流速度则超过使粒群松散的最低流速。总压强 ΣP 可以用式（5-8-1）表示：

$$\Sigma P = P_{st} + P_{dy} = h\varphi\rho_1 g + \frac{u_{up}^2\rho}{2} \tag{5-8-1}$$

式中　h——松散物料层的厚度，m；

φ——松散物料层的固体体积分数；

ρ_1——物料的密度，kg/m^3；

ρ——空气介质的密度，kg/m^3；

u_{up}——使粒群松散的空气最低流速，m/s。

风力跳汰机和风力摇床所需的气体压强介于 1.5～3kPa。气流速度与粒群的干涉沉降速度相等。这时自由沉降速度小的颗粒即悬浮在上层，固体体积分数较小；沉降末速大的颗粒则悬浮在下层，具有较大的固体体积分数。入选矿石中，高密度矿物的平均沉降速度较大，因而富集到底层。在这里悬浮体密度增大对排除低密度矿物也有一定的作用。

气流速度在分选表面分布均匀与否对分选精确性有很大影响。原料的水分对作业也有很大的影响，当水分超过 4%～5% 时，颗粒间发生黏结，分选效率和设备处理能力急剧下降。

5.8.1.2　风力分选的应用

采用空气作分选介质的干法选煤工艺，没有湿法选煤中的脱水和煤泥水处理系统，其基建投资仅为湿法选煤的 20%，生产成本仅为湿法选煤的 50%。同时，精煤水分低可提高发热量，据测算，水分减少 1% 与降灰 1% 是等效的。此外，由于产品水分低，在仓储、运输过程中不易发生堵塞事故。然而，干法分选的作业环境差，分选效率明显比湿法分选的低，仅适用于处理易选的原煤。

随着环境保护条例的严格执行和对精煤质量（特别是含硫量）要求的提高，促使需要对原煤在低于 1500kg/m^3 密度的条件下进行深度分选，这一方面制约了常规风力选煤工艺的推广，同时也促进了新的干法选煤设备和工艺的研发工作。例如，美国在 20 世纪中期风力选煤所占的比例曾达14.6%，设备以风力跳汰为主，但自20世纪60年代中期以后，迅速锐减，目前已较少采用。

我国的原煤入选率还比较低，2013年全国煤炭行业的原煤入选率接近60%，其中以国有重点煤矿和地方煤矿为主，乡镇和民营煤矿入选率很低，需大力发展原煤分选和加工技术。在严寒、缺水地区（如我国西部），干法选煤仍具有其独特的优越性，且投资少、生产成本低。

在城市生活垃圾的资源化综合处理工艺中，风力分选具有其独特的优越性，正处于蓬勃发展和应用中。

在粮食加工行业中，常利用风力分选去除粮食中的糠皮和沙石。

尽管风力分选的效率总体不如湿式的高，且在生产中需要复杂的集尘系统，作业也易受污染，这些不利因素曾限制了它的发展，然而，随着矿产资源广泛被开发利用，在干旱地区建立的选矿厂日益增多，某些须用干法处理的矿物原料也在不断扩大产量，特别是在煤炭和废纸、废塑料等二次资源的分选方面，风选有其独到之处，已显示出了较大的发展潜力。

5.8.2　风力分选设备

常用的风力分选设备有沉降箱、离心式分离器、风力跳汰机、风力摇床和风力尖缩溜槽等。一般情况下，风力分选的供风和集尘系统都采用循环的气流。经过风力分选机的气流，因带有大量的粉尘，故首先在集尘设备中进行除尘，然后再用鼓风机送回分选机中继续使用，形成循环的气流。

5.8.2.1　沉降箱

最简单的沉降箱的结构如图5-8-1和图5-8-2所示，这种设备通常安装在风力运输管道的中途，借沉降箱内过流断面的扩大，气流速度降低，使粗颗粒在箱中沉降下来。

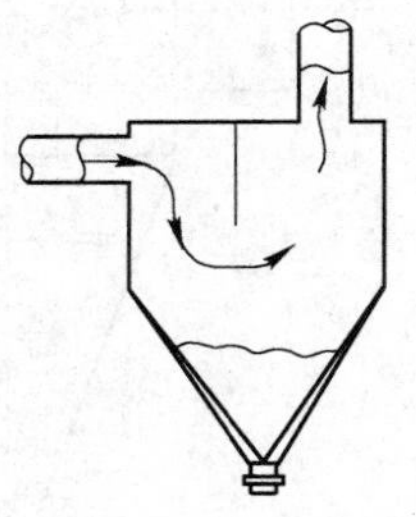

图5-8-1　带拦截板的沉降箱

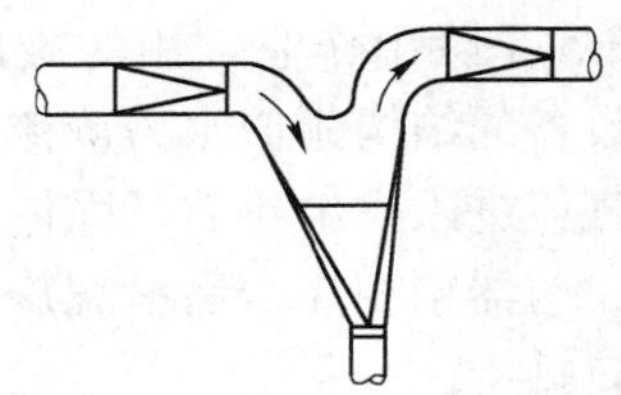

图5-8-2　不带拦截板的沉降箱

在沉降箱内，空气流的上升速度取决于临界颗粒的沉降速度。设在沉降箱内颗粒的沉降高度为h，临界颗粒的沉降速度为v_{cr}，则沉降h高度所需时间t为：

$$t = \frac{h}{v_{cr}} \tag{5-8-2}$$

在同一时间内，颗粒以等于气流的水平速度u在沉降箱内运行了l距离，所以又有：

$$t = \frac{l}{u} \tag{5-8-3}$$

由式（5-8-2）和式（5-8-3）得沉降箱的有效高度与长度之比为：

$$\frac{h}{l} = \frac{v_{cr}}{u} \tag{5-8-4}$$

考虑到湍流流动时受脉动速度的影响，颗粒的沉降速度降低，所以当气流的速度超过0.3m/s时，颗粒的沉降速度应乘以0.5的修正系数。

与沉降箱的工作原理相似的另外两种风力分选设备是水平式风力分选机（见图5-8-3）和锯齿形风力分选机（见图5-8-4）。这两种设备常用于城市生活垃圾分选，其突出优点是构造简单，使用方便。当然，其分选精确度也相对较低。在垃圾可燃物分选中，当物料水分为40%时，可燃物的回收率可达90%。

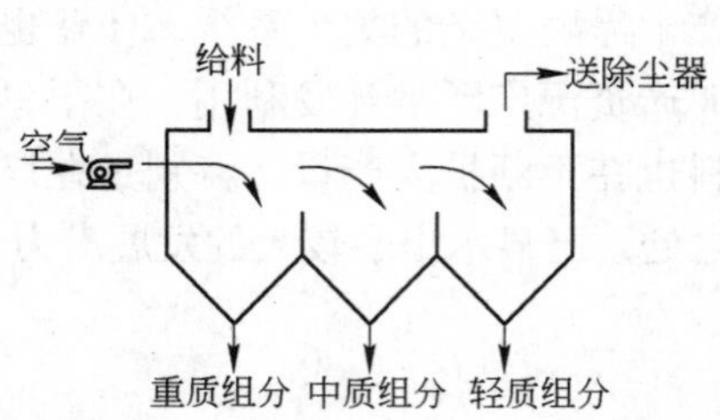

图 5-8-3 水平式风力分选机的结构

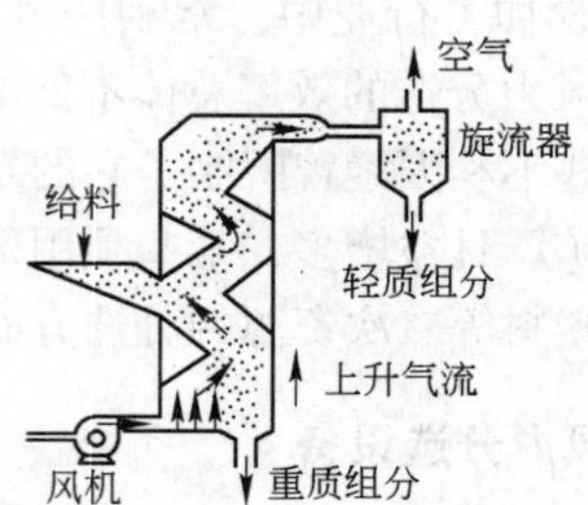

图 5-8-4 锯齿形风力分选机的结构

5.8.2.2 离心式分离器

离心式分离器是借助气流的回转运动，将所携带的固体颗粒按粒度分离。造成气流回转的方法主要有两种：一是气流沿切线方向给入圆形分离器的内室；二是借室内叶片的转动使气流旋转。这类设备常用的有旋风集尘器、通过式离心分离器、离心式气流分级机等。

A 旋风集尘器

图5-8-5是除尘作业常用的旋风集尘器的结构示意图。这种设备的结构颇似水力旋流器，只是尺寸要大一些。含尘气体进入集尘器后，固体颗粒在回转运动中被甩到周边，与器壁相撞击后沿螺旋线向下运动，最后由底部排尘口排出。

旋风集尘器的结构简单，制造容易，使用方便。在处理含有10μm以上颗粒的气体时，集尘效率可达70%～80%（按固体粉尘回收百分数计）。但这种设备的阻力损失较大、能耗高、易磨损。

B 通过式离心分离器

通过式离心分离器常用来对物料进行干式分级，它本身没有运动部件，其结构如图5-8-6所示。

这种设备主要由外锥和内锥组成，两者用螺旋状叶片在上部连接起来。含固体物料的气流沿下部管道以18～20m/s的速度向上流动，气流进入两圆锥间的环形

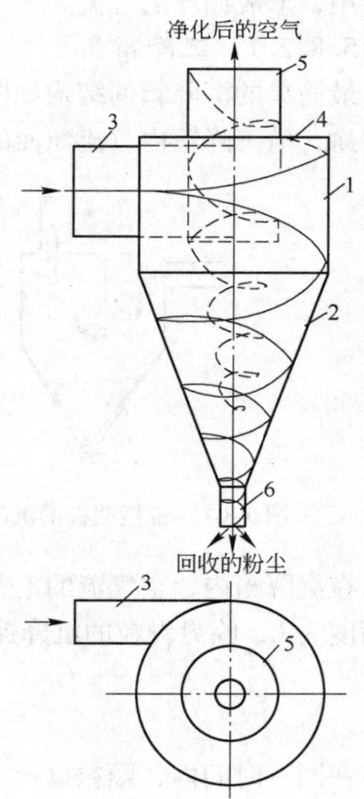

图 5-8-5 旋风集尘器

1—圆筒部分；2—锥体；3—进气管；4—上盖；5—排气管；6—排尘口

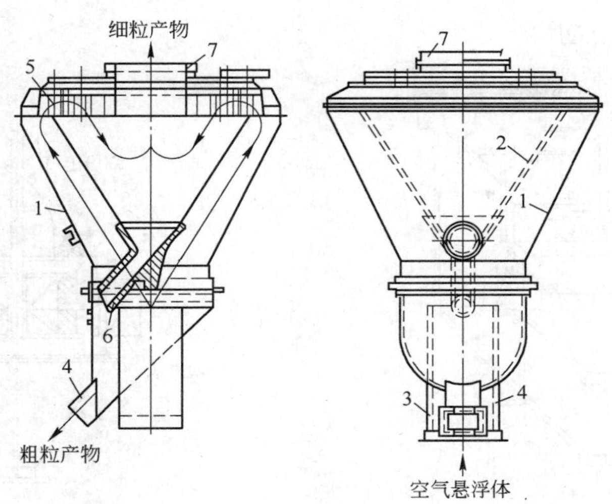

图5-8-6　通过式离心分离器结构
1—外锥；2—内锥；3—进风管道；4，6—套筒；5—叶片；7—排风管道

空间后，速度降到4～6m/s。由于速度降低，最粗的固体颗粒即沉降到外圆锥的内表面，并向下滑落经套筒4排出。较细的固体颗粒随气流穿过叶片，沿切线方向进入内锥，在离心惯性力的作用下，稍粗一些的颗粒又被抛到内锥的锥壁，然后下滑，并经套筒6排出。携带细颗粒的气流在回转运动中上升，由排风管道排出。

C　离心式气流分级机

离心式气流分级机自身带有转动叶片或转子，其结构形式有很多种，广泛应用于微细粒级物料的干式分级。

图5-8-7是双叶轮离心式气流分级机的结构简图。原料由中空轴给到旋转盘上，借助盘的转动将固体颗粒抛向内壳所包围的空间。在中空轴上还装有上部和下部两层叶片，在转动中形成图示方向的循环气流。粗颗粒到达内壳的内壁后，克服上升气流的阻力落下，由底部内管排出，成为粗粒级产物。细小的颗粒被上升气流带走，进入内壳与外壳之间的环形空间内。由于气流的转向和空间断面的扩大，细颗粒也从气流中脱出落下，由底部孔口排出，成为细粒级产物。

叶片转子型离心式气流分级机易于调节分级产物的粒度，分级区的气固浓度波动对分级粒度的影响显著降低，同时还具有能耗低、生产能力高、不需要另外安装通风机和集尘器等优点。其缺点是通过环形断面的气流速度分布不均匀，致使分级的精确度不高，另外还容易导致物料在循环过程中粉碎。

转子为笼形的离心式气流分级机习惯上称为涡流空气分级机或涡轮式气流分级机，为第三代动态空气分级机，其突出特点是采用二次风作为分散方式，这种类型分级机的型号繁多，其中之一的结构如图5-8-8所示。

气流从两个平行对称的进风口切向进入分级机的涡壳中，并沿螺旋形涡壳经环形安置的导流叶片进入转笼外边缘和导流叶片内边缘之间的环形空间。由于风机的抽吸作用，在转笼中心部位形成负压，使进入该环形空间的气流除具有切向速度外，还具有指向轴心的

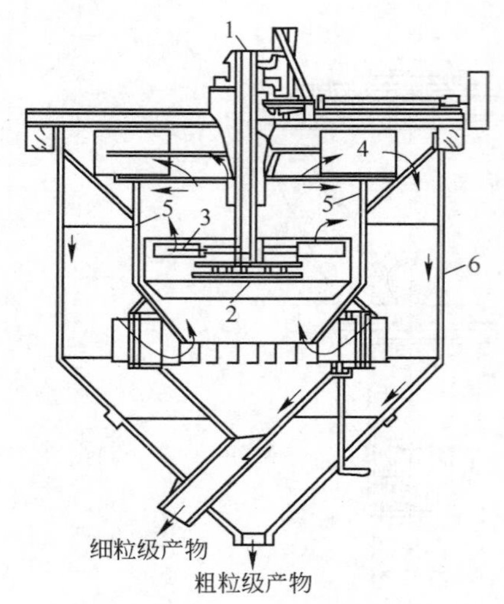

图 5-8-7 双叶轮离心式气流分级机的结构
1—中空轴；2—旋转盘；3—下部叶片；
4—上部叶片；5—内壳；6—外壳

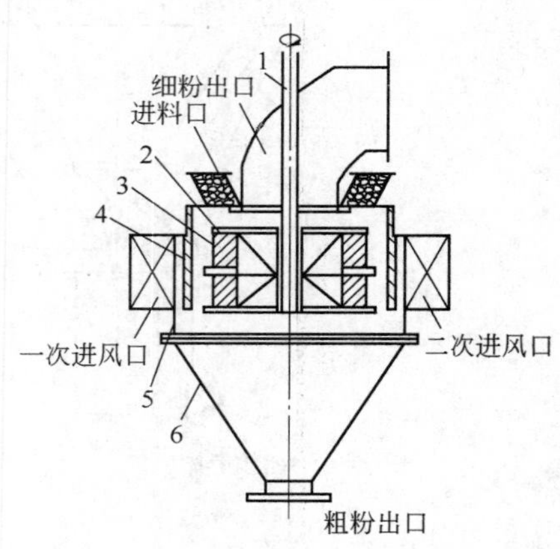

图 5-8-8 涡流空气分级机的结构
1—立轴；2—撒料盘；3—转笼；4—导流叶片；5—涡壳；6—锥形排料斗

径向速度。这股气流将绝大部分进入转笼，并在转笼中心处做90°转弯沿轴向折向排出管流出。

待分级的物料经上部给料口撒落到撒料盘上经分散后，在重力的作用下进入到环形区，随气流被负压抽吸带到转笼外边缘附近，此时物料颗粒同时受到气流切向分速度给予的离心惯性力和气流径向分速度给予的向心阻力的作用，在这两个力的平衡下，物料产生分级。细颗粒随气流排出，经集粉器收集，粗颗粒与涡壳壁相碰后，一边旋转一边下降落入底部的锥形排料斗排出。

影响涡流空气分级机分级性能的主要结构因素有撒料盘结构、环形区宽度、转笼叶片间距等。涡流空气分级机的主要操作参数包括进料速度、转笼转速、风量；当分级机结构尺寸确定后，在分级过程中，通常调整这3个参数，以达到不同的分级目的。涡流空气分级机的分级粒度一般为0.5～60μm，转笼的转速为500～7000r/min，处理能力为0.5～6000kg/h。

5.8.2.3 风力跳汰机

图5-8-9是简单的选煤用风力跳汰机，机中有两段固定的多孔分选筛面。由鼓风机送来的空气通过旋转闸门间断地通过筛板，形成鼓动气流。待分选的物料由筛板的一端给入，在气流的推动下间断地松散悬浮，并随之按密度发生分层。在第1段筛板上分出密度最大的高密度产物，选出的密度低一些的产物进入第2段筛板，进一步分选出低密度产物和中等密度的产物。整个跳汰机由特制的罩子封闭，分层情况从侧面观察孔探视。

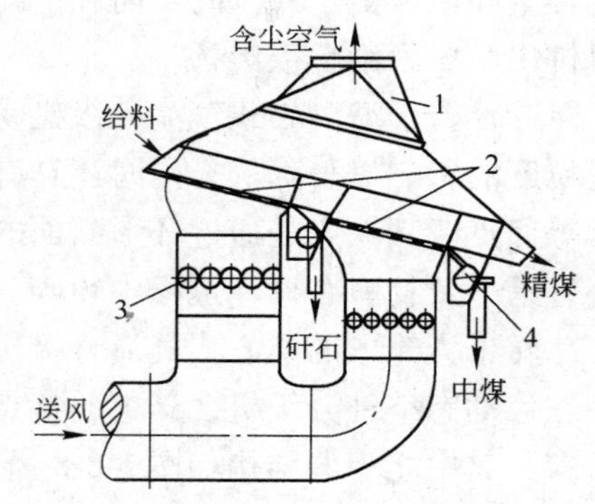

图 5-8-9 简单的风力跳汰机
1—上罩；2—筛板；3—旋转闸门；4—排料滚轮

应用较为广泛的风力选煤设备是美国 R·S 公司的斯坦普风力跳汰机，其结构如图 5-8-10 所示。斯坦普风力跳汰机的工作原理与鲍姆跳汰机相似，原煤从跳汰机一端给到摇动的倾斜筛板上，空气从下部风室脉动地给至筛板下，穿过人工床层使气流均匀分布，原煤在筛板上受脉动气流和机械摇动的作用逐渐分层，高密度矸石在最下层，由 3 个排矸口排出，中煤和精煤分别从筛板末端排出，整个跳汰机密封除尘，在负压下工作。其技术特征和分选效果见表 5-8-1 和表 5-8-2。

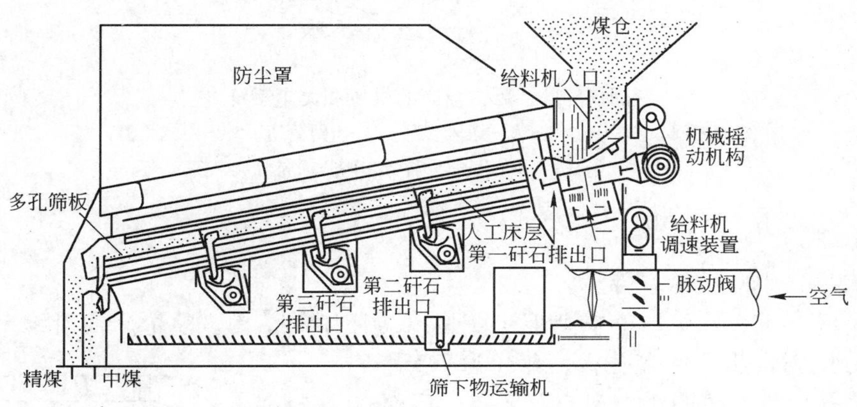

图 5-8-10 斯坦普风力跳汰机结构

表 5-8-1 斯坦普风力跳汰机的技术特征

项 目	指 标	项 目	指 标
给矿粒度/mm	19~50，6~19，0~6	筛孔/mm	1.83
筛板尺寸/mm	宽 2400，长 2740	风压/kPa	1.49
筛板摇动频率/Hz	10	风量/$m^3 \cdot min^{-1}$	274
筛板摇动行程/mm	6.3	气流脉动频率/Hz	6.2

表 5-8-2 斯坦普风力跳汰机的分选效果

项 目	指 标		项 目	指 标	
给料粒度上限/mm	50	25	生产能力/$t \cdot h^{-1}$	150	90
给料外在水分/%	2.1	4.9	精煤灰分/%	9.1	9.0
给料中 -0.5mm 粒级的含量/%	5.0	6.6	矸石灰分/%	40.7	29.9
给料的灰分/%	16.2	15.8	可能偏差 E_p 值	0.29	0.31

5.8.2.4 风力摇床

1905 年塞顿等首次设计出了风力摇床，并于 1916 年在美国开始用于分选烟煤。前苏联作为世界上应用干法选煤生产规模最大的国家之一，采用的主要分选设备也是风力摇床。

风力摇床的结构与湿法分选使用的摇床类似，只是在风力摇床上借助连续上升或间断上升的气流推动矿粒松散，从而发生分层，其结构如图 5-8-11 所示。这种设备在风力分选中应用比较广泛，类型也比较多，主要用来处理粗粒级煤，也常用于分选某些金属矿石和

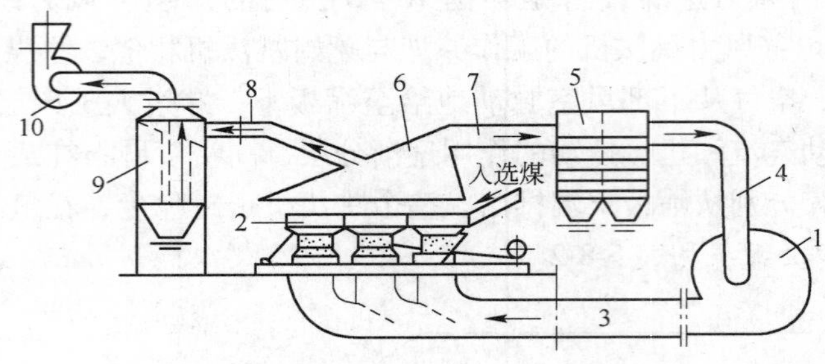

图 5-8-11 风力摇床的供风和集尘系统

1—鼓风机；2—分选机；3—送风管道；4—吸风管道；5，9—集尘器；6—吸尘罩；7，8—管道；10—抽风机

稀有金属砂矿。

A 欧斯玻-100 型风力摇床

图 5-8-12 是前苏联生产的欧斯玻-100 型风力摇床的结构。整个床面沿纵向被分成 4 段，每段分别铺设粗糙的多孔板，孔径为 1.5～3mm，在多孔板表面按图示方向布置床条。床面由传动机构带动作往复运动。为了保持床层有一定的厚度，在床面的纵边和横边均设有挡条。压缩空气由下部通过软管给到床面，并用节流阀控制其流量。

待分选物料从床面低的一端给入，在床面不对称的往复运动推动下，向高的一端运动。借助连续或间断鼓入的气流推动，床层呈松散悬浮状态，并随之发生分层。分层后位于上层的低密度颗粒沿着床面的横向倾斜从侧边排出；而进入底层的高密度颗粒则被床条阻挡，运动到床条末端排出。

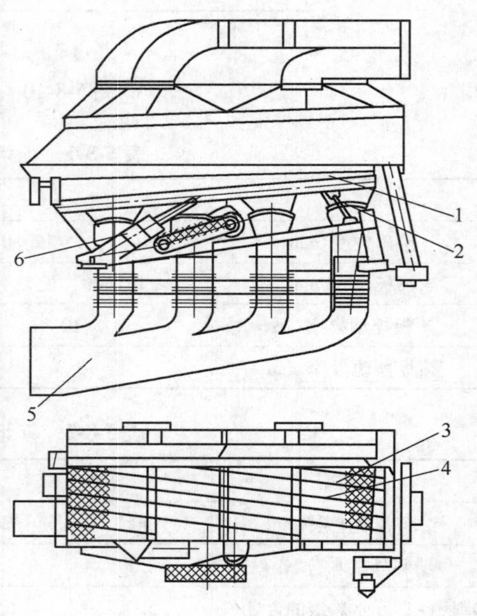

图 5-8-12 欧斯玻-100 型风力摇床的结构

1—运动床面；2—支承杆；3—摇床工作面；4—床条；5—空气导管；6—传动机构

B УШ-3 型风力摇床

前苏联的 УШ-3 型风力摇床是采用连续上升气流的摇床，在选煤厂中用来处理粗粒级原煤，其构造如图 5-8-13 所示。

这种风力摇床的床面支承在刀状支架上，床面在纵向分成两半，每一半又分成 3 段，所以床面由 6 个部分组成。床面各部分上盖有筛孔为 3mm 的筛板，筛板上安有和摇床纵轴成 15°角的梯形床条。每个床条的高度由传动端向精矿端逐渐降低。从最外侧的床条起，各个床条的高度，也是逐渐降低。摇床床面的两个半面都分别向外侧往下倾斜，而整个床面由传动端向尾端升高。

空气由导管送至摇床各部分，用手柄通过杠杆拉动闸门，可以调节给入的空气量。传

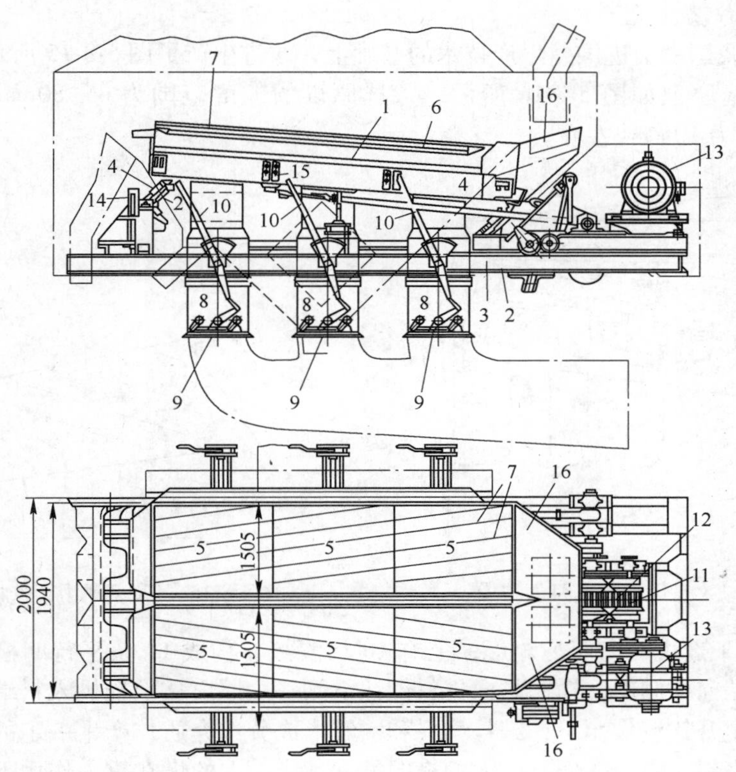

图 5-8-13　УШ-3 型风力摇床的结构

1—可动床面；2—支架；3—传动装置架；4—弹簧；5—床面各部分；6—筛板；7—床条；8—导管；9—闸门；10—手柄；11—传动装置；12—减速器；13—电动机；14—调节轴杆；15—槽子；16—半面可动床面

动机构由电动机带动，并通过偏心连杆推动床面作往复运动。床面的摇动次数可以用变速轮来调节。

入选原煤从传动端给到床面上，在床面的不对称往复运动的作用下，在床条间运动。在气流的作用下，精煤移至物料层的上层，并向床面的两侧移动。矸石不能被气流吹起，在床条间向尾端移动，产物在床面上的分布情况如图 5-8-14 所示。

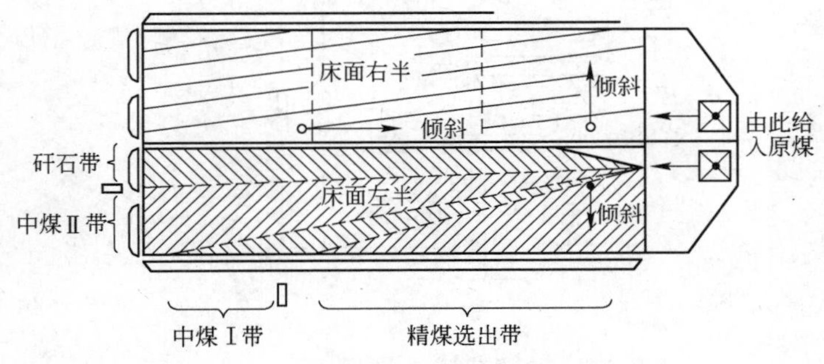

图 5-8-14　风力摇床产物在床面上的分布情况

C FX 型风力干选机

1992 年，我国在引进国外生产技术的基础上，改进生产了图 5-8-15 所示的 FX 型风力干选机，其分选原理如图 5-8-16 所示。入选原煤的粒度范围为 6 ~ 80mm、水分可达到 9%，处理能力为 $10t/m^2$ 左右。

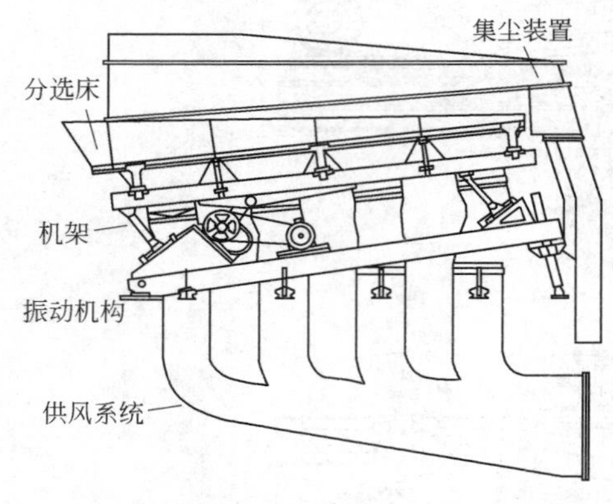

图 5-8-15 FX 型风力干选机的结构

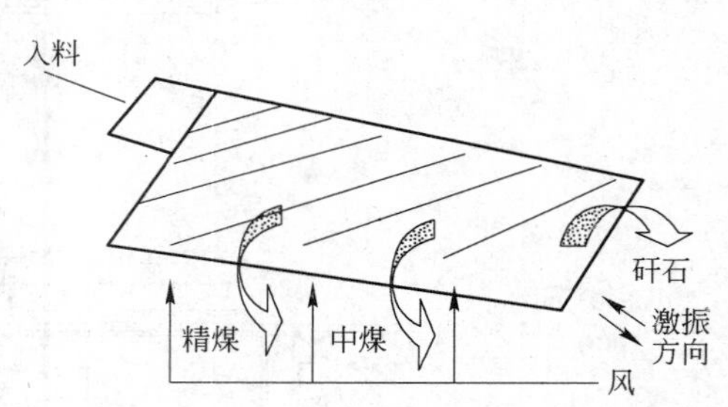

图 5-8-16 FX 型风力干选机分选原理

FX 型风力干选机的床面为矩形，上有 10 块隔板，构成 11 条平行凹槽。床面纵向由排料端至入料端向上倾斜，横向是向排料侧往下倾斜。原煤从干选机入料端给入凹槽，在摇动力和底部上升气流作用下，细粒物料和空气形成分选介质，产生一定的浮力效应，使低密度煤浮向表层。由于床面有较大的横向坡度。床面上的煤在重力作用下，越过平行凹槽经受多次分选。逐渐移至排料侧排出。沉入槽底的矸石从床面末端排出。

山东龙口矿业北皂煤矿于 1998 年 8 月建成投产了国内生产规模最大的第一座采用 FX-12 型干选机的干法选煤厂，年处理能力 1.5×10^6t，图 5-8-17 是该选煤厂生产系统的设备联系图。该生产工艺较为简单，比相同生产能力的湿法选煤厂投资低 1/3 左右，产品水分低，适应性强，占地面积小，运行成本低，采用两段除尘工艺和负压操作，排入大气的气体含尘量小于 $150mg/m^3$。采用这一工艺可有效地剔除 8 ~ 80mm 粒级入选原煤中的矸石，

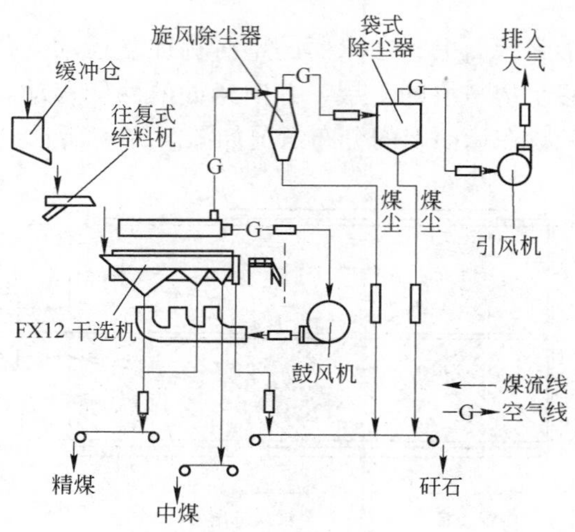

图 5-8-17 北皂煤矿 FX-12 型干选机系统设备联系图

精煤灰分较原煤降低了 5 ~ 8 个百分点。

D FGX 型复合式干选机

图 5-8-18 是我国于 1989 年研制的 FGX 型复合式干选机，它利用空气和入选煤中所含的 0 ~ 6(3) mm 细粒煤作为自生介质，组成气固两相混合介质进行分选。这种设备借助机械振动使分选物料做螺旋翻转运动，形成多次分选，充分利用逐渐提高的床层密度所产生的颗粒相互作用的浮力效应而进行分选。设备的处理能力为 7 ~ 10t/m^2，入料水分要求小于 7%，入料粒度为 6 ~ 60mm，依靠振动电动机振动，冲程小于 10mm，冲次为 980r/min。FGX-12 型干选机的电动机安装功率为 22kW。

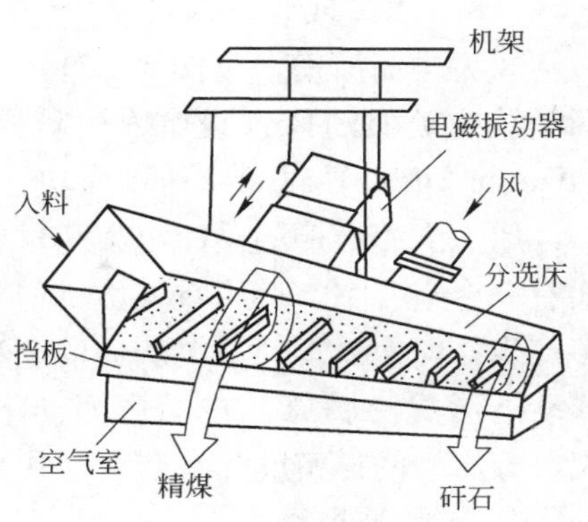

图 5-8-18 FGX 系列复合式干选机的结构示意图

这种设备的分选过程是，给料机把物料送入纵向和横向坡度可调的分选床（由带鼓风孔的床面、反复推送物料的背板、可产生螺旋运动的格条和控制产品质量的隔板组成）；振动电动机带动分选床振动；由于床面呈一定角度，加之床面格条的作用，导致物料向背板方向旋转，做螺旋式运动；随着床面宽度的减小，上层物料依密度由小到大逐次排出。

E FXg 型风力干式分选机

FXg 型风力干选机的结构和激振器如图 5-8-19 和图 5-8-20 所示。与 FX 型风力干选机比较，这种干式分选机的激振器和床面结构进行了一些改进。

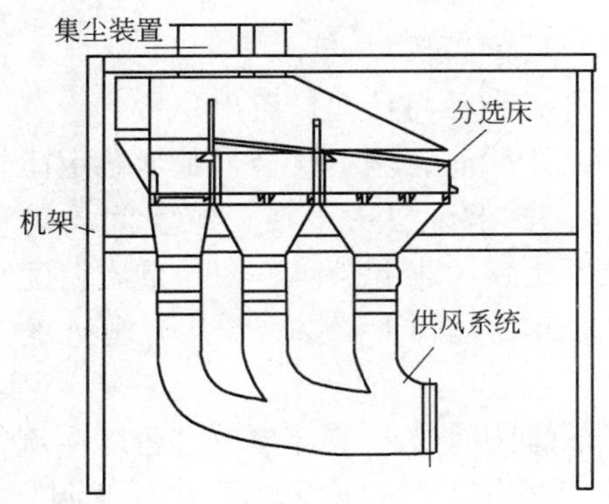

图 5-8-19 FXg 型风力干式分选机的结构

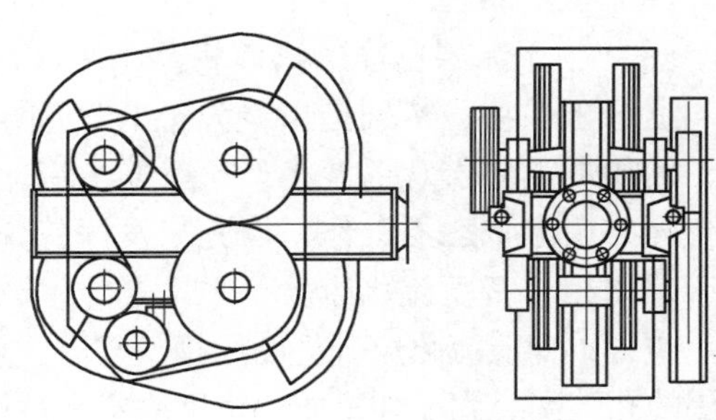

图 5-8-20 FXg 型风力干选机的激振器结构

FXg 型干选机采用同步带传动差动激振器，由一条同步带带 4 根轴，轴上装有两对偏心块，产生差动运动，其工作原理与直线振动筛的激振器、悬挂式摇床的床头相似。

FXg 型干选机工作时，可根据煤质情况灵活调节冲程（调节范围为 12 ~ 24mm）和冲次（调节范围为 250 ~ 400r/min）。由于冲程大且采用了差动运动，FXg 型干选机的处理能力可达 10t/m^2 以上，比同类风力分选机的单位面积处理能力高 2 ~ 5t，同时，采用同步带传动也明显降低了噪声。

另外，FXg 型干选机的床面采用悬挂式支撑（见图 5-8-19），显著降低了设备自身的质量，大幅度降低能耗。

5.8.2.5 风力尖缩溜槽

风力尖缩溜槽（见图 5-8-21）是一种与湿式尖缩溜槽结构类似的风选设备，由英国瓦伦·斯普林（Warren Spring）试验室研制成功。

风力尖缩溜槽的槽面由微孔材料制成，槽面下面有一个空气室。低压空气由槽的一端引入，通过多孔表面向上流动。原料从槽的上端给入，在气流吹动下形成沸腾床，在沿槽面向下运动中发生分层。分层后的低密度和高密度矿物从槽末端排出时利用分隔板分开。

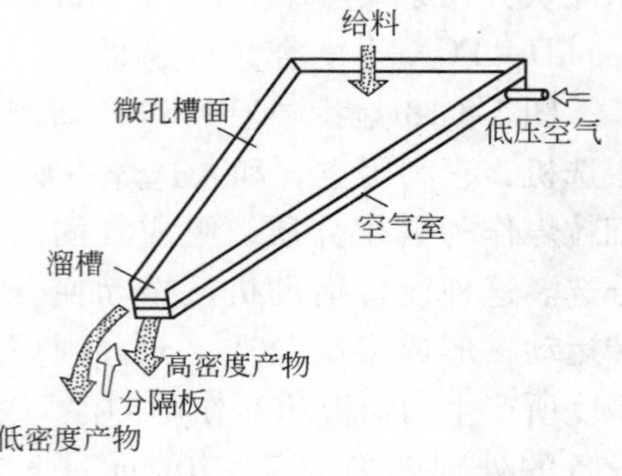

图 5-8-21 风力尖缩溜槽

风力尖缩溜槽亦可像湿式尖缩溜槽那样，由多个单溜槽拼成圆锥面工作。一台直径 1.7m 的组合溜槽处理能力可达 15 ~ 30t/h。

5.8.2.6 空气重介质流化床分选机

固体颗粒本身没有流动性，若采取某种措施使颗粒像流体一样呈流动状态，这种操作过程就称为固体颗粒流态化。呈稳定悬浮状态的固体颗粒群及其中的气流作为 1 个整体称为流化床，其系统主要由气体分布器、床体、流化床层、内部构件等组成，有的还辅以外来能量（如振动力、磁场等）。气固两相流化床在一定气流速度下的鼓泡床阶段具有流体的特性，具体表现为：

（1）两连通床层能自动调整至同一水平面；

（2）当容器倾斜时，床层上表面仍保持水平；

（3）床层中任意两点压强差大致等于此两点间的床层静压头；

（4）具有像流体一样的流动性，如在容器壁上开孔，颗粒将从孔口流出；

（5）小于床层密度的物体将浮于床面，反之，则沉于床底，基本符合阿基米德定律。

适合于矿物，特别是煤炭分选的气固两相流化床，要求床层密度在三维空间均匀稳定，固相加重质宏观返混小。这就要求流化床要在低流化数气速下操作、在加重质粒度级配合理的微泡状态下工作，以充分发挥其分选特性。因此，适用于矿物（煤炭）分选的流化床是浓相高密度流化床。

空气重介质流化床分选的原理，与湿式重介质分选原理相类似，其床层分选密度由流化床层的孔隙率、固相加重质的密度决定。对选煤来说，其可在 500 ~ 2300kg/m^3 内任意调节。

图 5-8-22 是中国矿业大学研制的 50t/h 空气重介质流化床干法分选机的示意图。设备

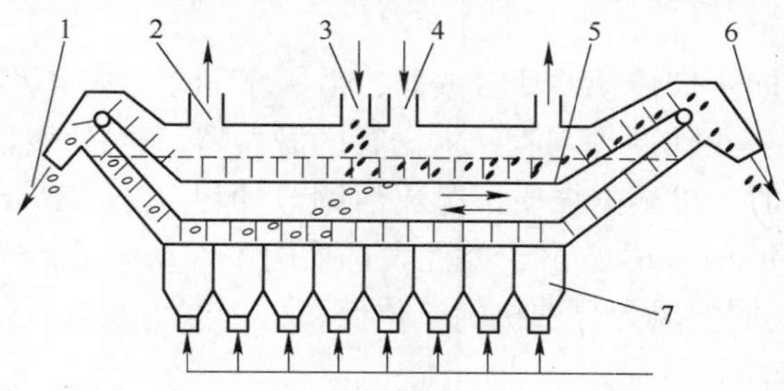

图 5-8-22 空气重介质流化床干法分选机示意图

1—尾煤；2—除尘口；3—50 ~ 6mm 原煤入口；4—加重质入口；5—输送链；6—精煤；7—气体分布器

工作时，入选原煤（6~50mm）经振动给料机进入分选空间，在均匀稳定的流化床中，入选物料按床层密度分层，低密度物料（精煤）上浮，高密度物料（煤矸石）下沉。无级刮板输送机分别将浮物和沉物排出机外，完成分选过程。表5-8-3是空气重介质流化床分选机的主要技术指标和结构参数。

表5-8-3 50t/h空气重介质流化床干法分选机主要技术指标和结构参数

处理能力 /t·h^{-1}	可能偏差 E_p 值	给料粒度 /mm	给料水分/%	外在吨煤电耗 /kW·h	有效宽度 /mm	有效长度 /mm	床层厚度 /mm
50	0.005~0.007	6~50	<5	0.44	2000	5000	350

5.9 洗矿

当分选与黏土或大量微细粒级胶结在一起的块状物料时，为了提高分选指标，常在分选前采用水力浸泡、冲洗和机械搅动等方法，将被胶结的物料块解离出来并与黏土或微细粒级相分离，完成这一任务的作业称为洗矿。因此，洗矿包括碎散和分离两项作业。这两项作业大都在同一设备中完成，个别情况下在不同设备中分别完成。

5.9.1 洗矿作用及黏土性质对洗矿过程的影响

5.9.1.1 洗矿作用

洗矿多是设在选别前作为预处理作业使用。在处理砂锡矿时，利用洗矿方法分离出粗粒的不含矿废石，所得细粒级再经脱泥入选，可以减少处理的矿量。对于手选或光电分选作业，为便于识别，亦常常需要事先对矿石进行洗矿。某些含泥多的矿石经洗矿后可避免在操作中堵塞破碎机、筛分机及矿仓等，保证流程畅通。有些矿石的原生矿泥和矿块在可选性上（如可浮性等）有很大差别，用洗矿方法将泥和砂分开，分别进行处理，可以获得更好的选别指标。这种情况下，洗矿虽然仍是一项辅助作业，但对整个生产过程却有重大影响。

对于某些坡积或残坡积的氧化锰矿石、褐铁矿石、铝土矿矿石，胶结物（黏土）中所含的有用矿物很少，在洗矿之后作为最终尾矿丢弃，所得块状矿石品位高，即可作为最终产品应用。这时的洗矿便成为独立的选别作业。

某些风化硅质胶磷矿采用分级擦洗脱泥流程进行处理也同样可以获得最终产品，高岭土矿也常采用洗选除砂和分级等作业获得最终产品。

5.9.1.2 黏土性质对洗矿过程的影响

矿石中的胶结物（黏土）的性质，对矿石的可洗性有重大影响。黏土的成分是含有云母、褐铁矿、绿泥石、石英、方解石和角闪石混合物的天然水成矾土（Al_2O_3）硅酸盐，其粒度微细，主要由小于2μm的颗粒组成。在微细颗粒中间牢固地保持着水分。因而实际上黏土是由固相和液相（水）组成的两相体系。

含黏土的矿石经过水的浸泡，是否易于分散，这与黏土本身的塑性和膨胀性有关。

塑性是表示黏土在一定的含水范围内，受压发生变形而不断裂，压强除去后继续保持原形而不流动的性质。黏土保持有塑性的最低含水量称为塑性下限（或称塑限）。随着含水量增加到一定限度，黏土开始具有流动性，此时的含水量称为塑性上限（或称液限）。

黏土的塑性大小即以塑性上限的含水率 B_a 和塑性下限的含水率 B_b 之差表示，称为塑性指数，记为 K，即：

$$K = B_a - B_b \tag{5-9-1}$$

黏土的塑性指数愈高，在水中愈难分散，因而洗矿也愈难进行。

黏土的膨胀性是指黏土被水湿润后，体积增大的性质。在湿润前黏土被少量水固着，各颗粒间处在黏结力作用之下。遇水后水分子渗入到颗粒的空隙内，黏结力解除而体积增大。这一过程进行得愈快，矿石就愈容易碎散。

黏土的膨胀性与其致密程度有关。黏土微粒间的空隙愈小，则水分愈不容易渗入，膨胀过程进展愈慢。同时膨胀性也与黏土的润湿性有关。固体颗粒的润湿性愈强，水分子愈容易渗入。黏土的膨胀性 L 可用膨胀后的体积 V_2 与膨胀前的体积 V_1 之差表示：

$$L = V_2 - V_1 \tag{5-9-2}$$

但是这种表示方法未能反映膨胀的速度，对评定矿石可洗性的意义是不够充分的。

5.9.1.3　*矿石的可洗性*

矿石的可洗性与黏土塑性、含水量、膨胀性、渗透性以及矿石的粒度组成有关。黏土塑性愈小，膨胀和渗透性愈强，则矿石愈易洗，矿石中块状物料含量愈多，在洗矿中产生冲击搅拌作用将愈大，亦能加速过程的进行。表 5-9-1 列出了矿石可洗性的分类，可供评定时参考。

表 5-9-1　矿石可洗性的分类

矿石类别	黏土的性质	黏土的塑性	必要的洗矿单位电耗/kW · h · t^{-1}	指数时间/min	一般可用的洗矿方法
易洗矿石	砂质黏土	1 ~ 7	< 5	< 0.25	振动筛冲水
中等可洗性矿石	黏土在手上能擦碎	7 ~ 15	5 ~ 10	0.25 ~ 0.5	圆筒或槽式洗矿机
难洗矿石	黏土黏结成团，在手上很难擦碎	> 15	> 10	1 ~ 5	槽式洗矿机洗两次或水力洗矿擦洗机联合

5.9.1.4　*洗矿效率*

洗矿的完善程度用洗矿效率衡量。洗矿效率习惯上按指定粒度的细粒级在细泥产品中的回收率计算。洗矿效率与矿石可洗性、洗矿时间、水流冲洗力、机械作用强度等因素有关。在其他条件相同时，洗矿效率随时间的增长而增加。图 5-9-1 是洗矿效率随洗矿时间的变化关系。由图 5-9-1 可见，洗矿时间增加到一定程度后，洗矿效率提高缓慢，但设备处理能力却要随时间的增长直线下降。

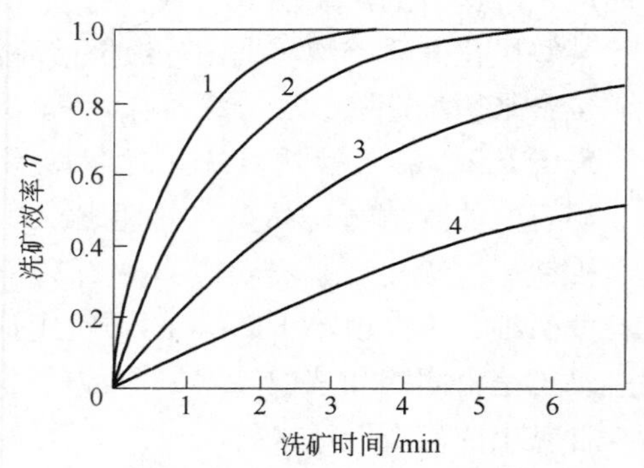

图 5-9-1　洗矿效率与洗矿时间的关系曲线
1—易洗矿石；2—较易洗的矿石；
3—中等可洗性矿石；4—难洗矿石

图 5-9-1 中的曲线弯曲愈大，表明洗矿速度愈高。对于同一种矿石，曲线的弯曲形状亦非一成不变。增加水压和耗水量，洗矿速度随

之增加。在以机械搅拌作用为主的洗矿机中，搅拌器、叶片的运动速度，对洗矿的进程和产物质量也有很大影响。

5.9.2 洗矿设备

在生产中，除了可以在固定格筛、振动筛、滚轴筛等筛分机械上增设喷水管集筛分和洗矿在同一个作业中完成以外，还常用低堰式螺旋分级机（螺旋洗矿机）、圆筒洗矿筛、水力洗矿筛、圆筒洗矿机和槽式洗矿机等完成洗矿作业。

5.9.2.1 筛分机类型洗矿设备

借助于矿粒在筛上翻滚和水力冲洗，可以将黏附在大块矿石上的微细颗粒清洗掉。固定格筛可用来对粗碎前的原矿进行筛洗，滚轴筛可用于筛洗中碎前的矿石，而振动筛则可用来对中碎或细碎前的矿石进行筛洗。

经筛分机类型洗矿设备分出筛上洗净的粗粒矿石和筛下泥砂产品，一般而言筛下泥砂产品还需经槽式选矿机或螺旋分级机进一步泥砂分离。

A 水力洗矿筛

图 5-9-2 是水力洗矿筛的结构，它由高压水枪、平筛、溢流筛、斜筛和大块物料筛等部分组成。平筛及斜筛宽约 3m，平筛长 2 ~ 3m，斜筛长 5 ~ 6m，倾角 20° ~ 22°，大块物料筛倾角 40° ~ 45°。两侧溢流筛与平面筛垂直，筛条多用 25 ~ 30mm 的圆钢制作，间距一般为 25 ~ 30mm。

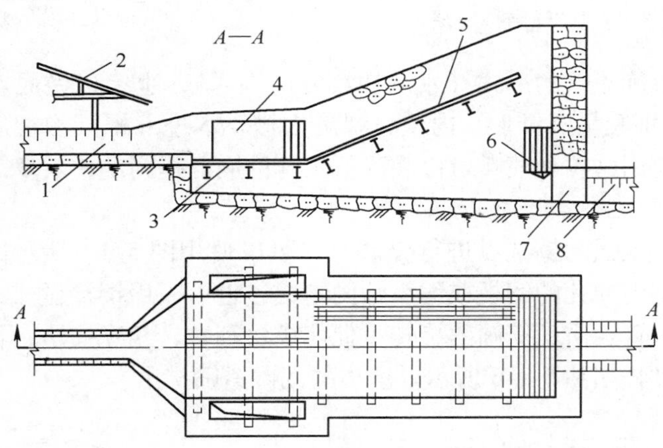

图 5-9-2 水力洗矿筛的结构

1，8—运料沟；2—高压水枪；3—平筛；4—溢流筛；5—斜筛；6—大块物料筛；7—筛下产物排出口

物料由运料沟 1 直接给到平筛上，粒度小于筛孔的细颗粒随即透过筛孔漏下，而粗颗粒则堆积在平筛与斜筛的交界处，在高压水枪冲洗下，胶结团被碎散。碎散后的泥砂也漏到筛下，连同平筛的筛下产物一起沿运料沟 8 经筛下产物排出口排出。被冲洗干净的大块物料被高压水柱推送到大块物料筛上，然后排出。

水力洗矿筛的结构简单、生产能力大、操作容易。其缺点是水枪需要的水压较高、动力消耗大、对细小结块的碎散能力低。

B　振动洗矿筛

洗矿用的各种振动洗矿筛都是在定型的筛分机上增加高压水冲洗装置而构成（见图5-9-3），常采用双层筛面，用于处理中碎或细碎前后的矿石。

冲洗水压强一般为0.2～0.3MPa，处理每吨矿石的水耗为1～2m^3。当原矿含泥量不很大、黏结性不强时，利用这类设备即可满足洗矿的要求。

为均匀地沿筛子的宽度喷射水流，可使用图5-9-4所示的特殊形状喷水嘴。喷水嘴中心线与筛上物料表面间的倾角一般为100°～110°，从喷水嘴到物料表面的距离以300mm为宜。

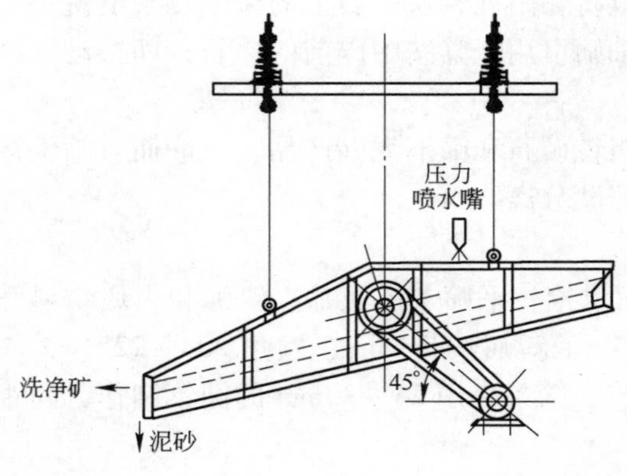

图5-9-3　振动洗矿筛结构简图

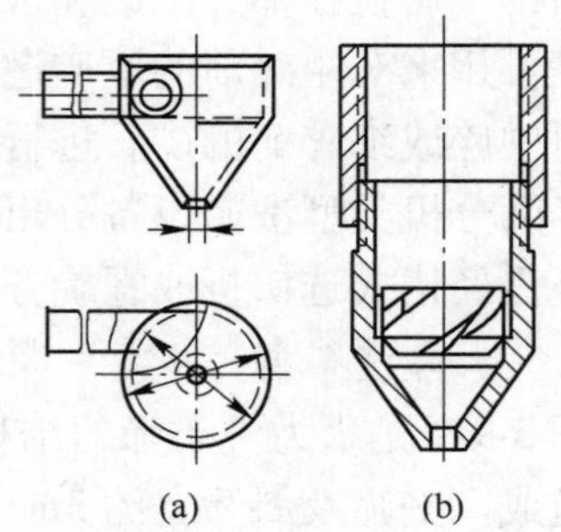

图5-9-4　洗矿机的喷水嘴结构图
（a）旋流器式（水从切线方向进入）；
（b）旋涡式（水从中心进入）

喷水嘴可以做成旋流器的形式（水从切线方向进入），也可以做成旋涡式轴套（水从中心进入）。旋涡式轴套呈圆锥形，内壁为螺旋沟槽。水进入螺旋沟槽后产生旋涡，形成相当均匀的喷射。使用这两种喷嘴可以在降低水耗的同时提高洗矿效率。

C　圆筒洗矿筛

当矿石需要作不太强的擦洗以进行碎散时，可以使用图5-9-5所示的圆筒洗矿筛。这种设备的筛分圆筒是由冲孔的钢板或编织筛网制成，也可以用钢棒做成条筛圆筒。筒内沿纵向设有高压冲洗水管。借助筒筛的旋转，促使矿块翻转、相互撞击，再加上水力冲刷而将矿石碎散，冲洗过程如图5-9-6所示。洗出的泥砂透筛排出。

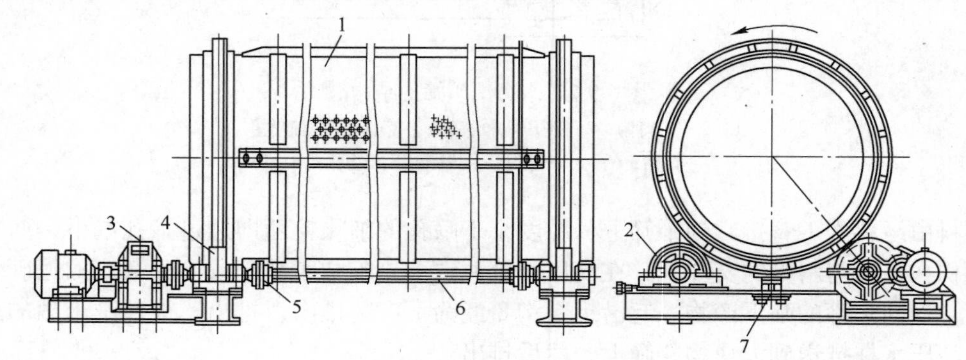

图5-9-5　圆筒洗矿筛的结构

1—筛筒；2—托辊；3—传动装置；4—主传动轮；5—离合器；6—传动轴；7—支承轮

为了改善洗矿效果，有些圆筒洗矿筛在给矿端还专门设置了不带筛孔的碎散段，内设阻碍板、链条等，以强化碎散效果。

圆筒洗矿筛的筒体直径为1.0~3.0m、长度为3.0~7.5m，筒体转速为15~30r/min，生产能力为30~400t/h。

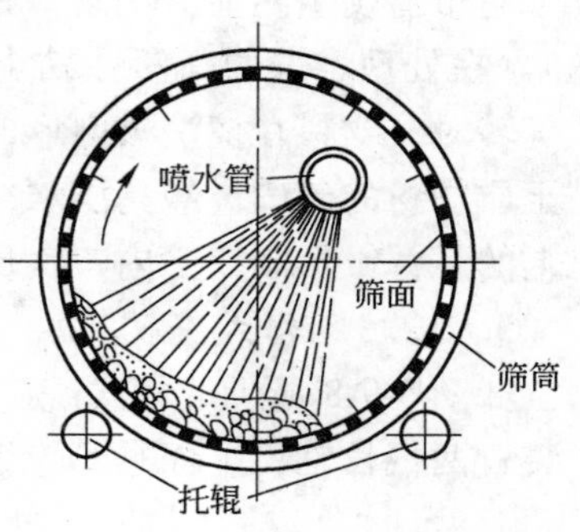

图5-9-6 圆筒洗矿筛内的高压冲洗水管

5.9.2.2 带筛圆筒擦洗机

带筛圆筒擦洗机的结构如图5-9-7所示，适用于处理粒度达300mm的中等可洗和难洗的矿石。

带筛圆筒擦洗机不同于圆筒洗矿筛，它具有无孔的筒体，给料和排料端均有端盖，如同球磨机一样。筒体和端盖内壁均有锰钢或橡胶衬板，衬板上有筋条，形成螺距逐渐向排料端增大的螺旋线，可以使物料得到良好的碎散，并保证物料向排料端运动。筒体是借金属托轮或橡胶轮胎的摩擦，或者是齿轮传动而转动。

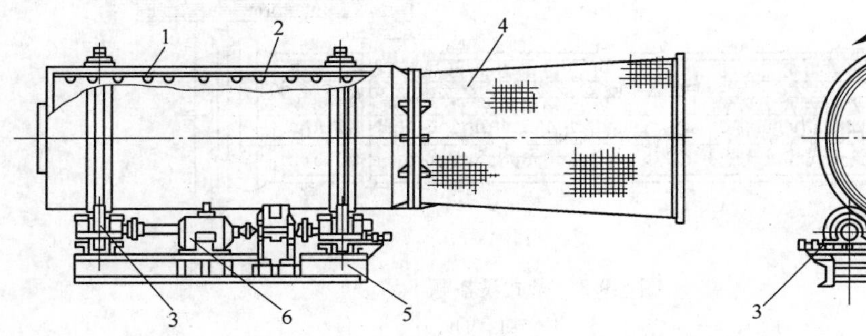

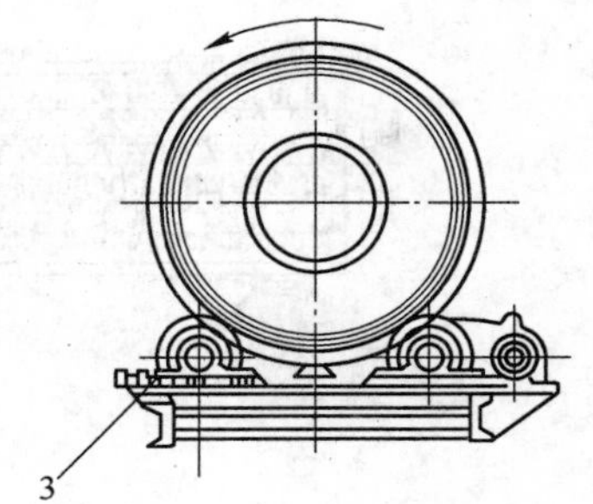

图5-9-7 带筛圆筒擦洗机
1—筒体；2—带筋衬板；3—传动辊；4—圆筒筛；5—减速机；6—电动机

带筛圆筒擦洗机可以水平安装，也可以倾斜安装。在倾斜安装时，为避免筒体的轴向移动，可以用止推托辊支撑着筒体，安装倾角一般小于6°。排料口的直径要大于给料口的直径，但排料口有一定（或可调）高度的环状堰，借以在擦洗机内形成固定的物料层。通常，擦洗机的充填率可达25%。矿石与水同时由给料口进入筒体，要有一定的浓度（固体质量分数为40%~50%），使其有足够的流动性。同时，在擦洗机筒体内可设置固定的喷嘴水管，水压一般为0.1~0.2MPa。部分带筛圆筒擦洗机的技术参数见表5-9-2。

表5-9-2 部分带筛圆筒擦洗机的技术参数

筒体尺寸/mm×mm	筛孔尺寸/mm	筒体转速/$r \cdot min^{-1}$	给矿粒度/mm	生产能力/$t \cdot h^{-1}$
ϕ1000×3000	≤20	27.9	≤80	40
ϕ1200×3000	≤25	27.6	≤100	70
ϕ1400×3000	≤25	27.6	≤100	80
ϕ1500×4500	≤25	21.0	≤160	120
ϕ2200×6500	≤50	19.0	≤230	180

对可能发生明显磨剥现象的矿石，擦洗机应采用较低的转数（30% ~40% 的临界转速）。在处理难洗的高塑性黏土质矿石时，应采用高转数（70% ~80% 临界转速）。在筒体旋转时，物料在擦洗机内形成瀑落式运动，使矿块抛落并产生强烈的摩擦，迫使高塑性黏土质物料的碎散。经高压水冲洗过的块状物料随矿浆流从排料口排出，流入安装在擦洗机上的悬臂锥形圆筒筛内，实现泥砂与块状物料的充分分离。

5.9.2.3　槽式洗矿机

如图 5-9-8 所示，槽式洗矿机的结构与螺旋分级机的类似，在一个近似半圆形的斜槽中装置两根长轴，上面有不连续的搅拌叶片。

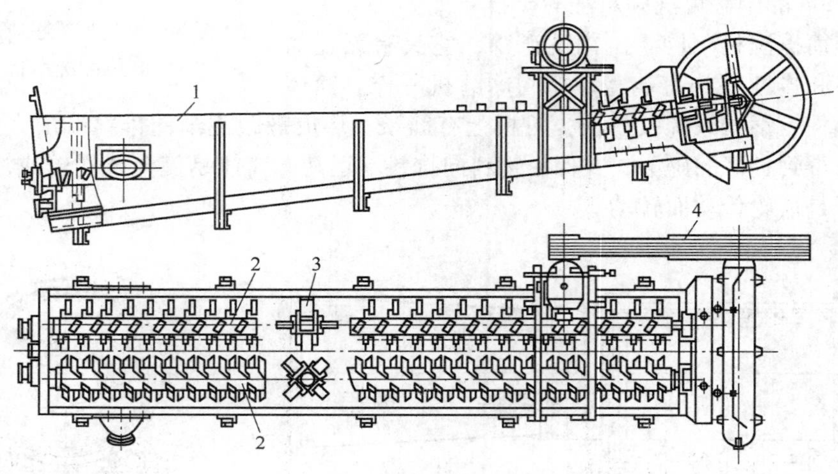

图 5-9-8　槽式洗矿机

1—水槽；2—工作轴；3—工作轴上的叶片；4—传动装置

叶片的顶点连线为一螺旋线，螺旋线的直径为800mm，螺距为300mm。两螺旋的旋转方向相反，上部叶片均向外侧旋动。矿浆由槽的下端给入，矿石的胶结体被叶片切割、擦洗，并受到上端给入的高压水冲洗，黏土和矿块被解离开来。黏土形成矿浆从下部溢流槽排出，粗粒物料则借叶片推动，从槽上端的排矿口排出。

这种洗矿机具有较强的切割、擦洗能力，对小泥团的碎散能力也较强，适合于处理矿石不太致密，矿块粒度中等且含泥较多的难洗矿石，其优点是处理能力大、洗矿效率较高；缺点是入洗矿石粒度受限制，一般不能大于 50mm，否则螺旋叶片易被卡断，甚至出现断轴事故。

规格为 6660mm × 1500mm 的槽式洗矿机，槽容积为 6m^3，处理云南坡积砂锡矿的处理能力为 800 ~1100t/d，每吨矿石耗水量 4 ~6m^3。

5.9.2.4　分级机类型洗矿设备

图 5-9-9 所示的低堰式螺旋分级机亦可用作洗矿设备，但因其碎散能力不太强，故主要用于处理其他洗矿设备排出的泥砂产品，从中进一步脱除泥质部分。

5.9.3　洗矿流程

常用的洗矿流程基本有两类：一是由普通的筛分机械（格筛、振动筛、圆筒筛等）和

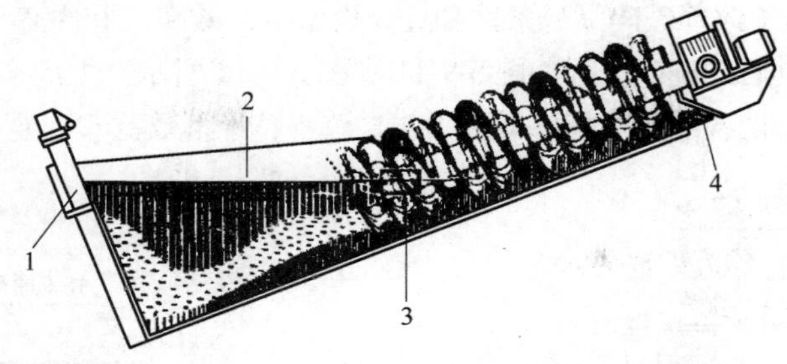

图 5-9-9 用于洗矿作业泥砂分离的螺旋分级机

1—泥质溢流；2—沉降池；3—给料口；4—沉砂

螺旋分级机组成的洗矿—泥砂分离流程；二是由专门的洗矿设备组成的流程。

利用普通筛分机械组成的洗矿流程，通常是与破碎车间的碎矿流程结合在一起的。碎矿流程中的筛分设备同时也是洗矿设备，不需要另外增加专门设备。这种流程节约投资且操作方便。当原有的筛分设备不够用或不合适时，亦可另外增加少量的洗矿筛等设备。这样的流程适合于处理原矿含泥少、黏土的塑性指数低且很少结团的矿石。

对于那些含泥多、黏土塑性高、又多黏结成团的矿石，需要采用专门的洗矿设备，并且要进行2次甚至3次洗矿才能将黏土同矿砂基本分离开来。

一般情况下，在洗矿流程后面，应设有矿泥浓缩作业，主要采用斜板分级浓密机、深锥浓密机、立式砂仓等设备，浓缩作业的溢流水返回洗矿作业。

5.9.3.1 云南砂锡矿的洗矿流程

云锡公司黄茅山选矿厂处理的人工堆积（早年选过的尾矿）和自然堆积的砂锡矿，送往选矿厂的原矿含锡 0.329%、含铁 26.68%，在 +50mm 粒级中基本不含有价金属，可作废石丢弃，-2mm 粒级占原矿的 88.42%，-0.074mm 粒级占原矿的 59.96%，其中不少属于胶体微粒，黏结性强，粗砂被它们黏结在一起，属于难洗矿石。

黄茅山选矿厂采用如图 5-9-10 所示的洗矿流程。矿石先经水力洗矿筛进行第一次洗矿，隔除 +50mm 废石并分散部分泥团，-50mm 粒级的矿石再用槽式洗矿机进行第二次洗矿。槽式洗矿机的沉砂（+2mm）给入一段磨矿机，溢流（-2mm）给入旋流器分级、脱泥，然后送选别作业。

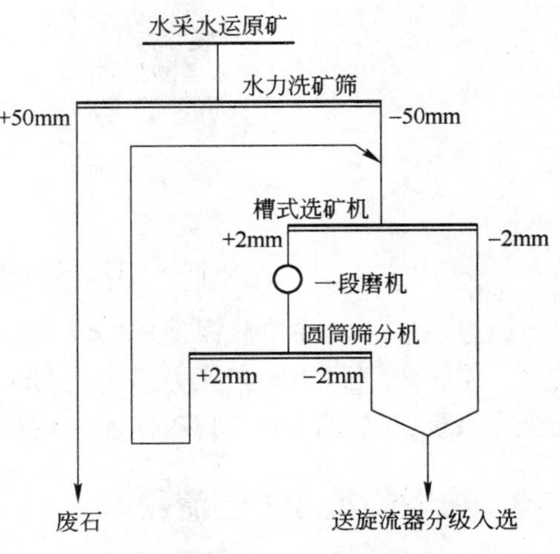

图 5-9-10 黄茅山选矿厂的洗矿流程

对槽式洗矿机的测定结果表明，沉砂产率为 14.86%，溢流产率为 85.14%。沉砂中 -0.074mm粒级的含量在 4% 以下；溢流中 +2mm 粒级的含量仅有 0.23%。洗矿效率达到了 95.76%。

5.9.3.2 湖北丰山铜矿的洗矿流程

湖北大冶有色金属公司丰山铜矿选矿厂设计原矿处理能力为3500t/d，处理的矿石为矽卡岩型铜矿石，其中的主要金属矿物为黄铜矿和黄铁矿。由于丰山铜矿采出的矿石原生矿泥含量高，而且水分达5%以上，为了改善破碎筛分条件和提高设备生产效率，在中碎作业前设置了洗矿作业。选矿厂原设计和改进后的洗矿流程如图5-9-11和图5-9-12所示。生产实践表明，采用立式砂仓的洗矿流程更适用，使各项技术指标得到了明显改善，经济效益非常显著。

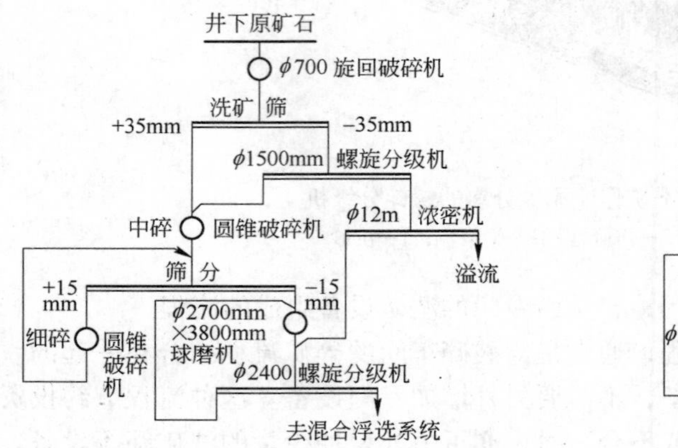

图5-9-11 丰山铜矿选矿厂原设计的洗矿流程

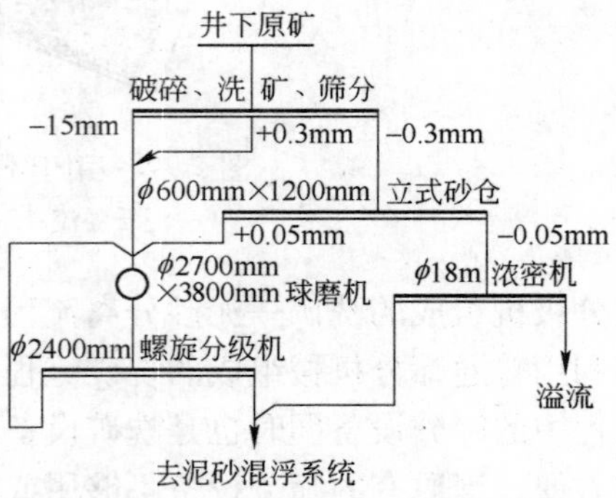

图5-9-12 丰山铜矿选矿厂改进后的洗矿流程

5.9.3.3 山东脉金矿的洗矿流程

山东黄金矿业股份有限公司焦家金矿望儿山分矿选矿厂的处理能力为1000t/d，由于井下矿石含泥量日益增加（达到8%～10%），且矿石破碎时泥化比较严重，造成破碎筛分设备、矿仓、溜槽及漏斗等常常堵塞，使破碎机生产能力受到严重影响，甚至不能正常生产。为了解决这一实际问题，选矿厂在破碎回路增加了洗矿作业，将原碎矿流程中的双层振动筛更换筛网并增设了洗矿高压水管进行洗矿，如图5-9-13所示。

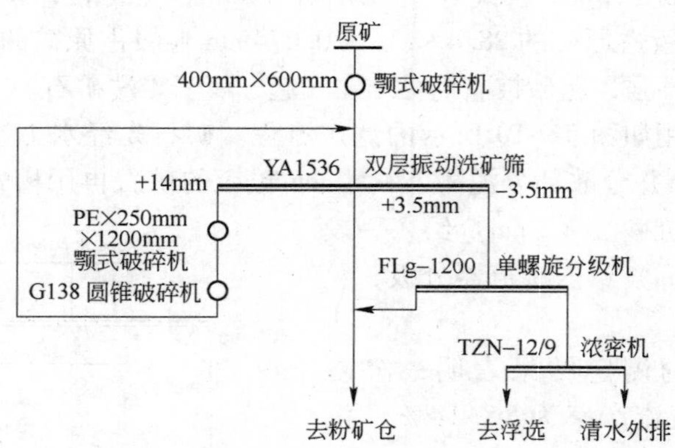

图5-9-13 望儿山金矿选矿厂破碎洗矿流程

通过洗矿，消除了矿泥造成的设备堵塞现象，显著提高了破碎作业的工作效率和生产能力，使破碎回路的生产能力提高到1250t/d。此外，通过洗矿，每天使约50t矿泥直接进入浮选系统，从而减轻了磨矿作业的负荷，降低了能耗，提高了选矿厂的经济效益。

5.10 典型的重选工艺流程

重选是处理金、钨、锡等矿石及煤炭的最有效方法，也常用来回收密度比较大的钛石、钛铁矿、金红石、锆石、独居石、钽铁矿、铌铁矿等稀有和有色金属矿物，还用于分选粗粒嵌布及少数细粒嵌布的赤铁矿矿石和锰矿石以及石棉、金刚石等非金属矿物和固体废弃物。

5.10.1　金矿石的重选工艺流程

紫金山金矿原矿的金品位仅有0.8g/t，选矿厂采用堆浸-溜槽重选-氰化炭浸工艺回收矿石中的金，获得了较为满意的技术经济指标，金的回收率超过80%，选矿厂的经济效益和社会效益都十分显著。选矿厂的生产工艺流程如图5-10-1所示。

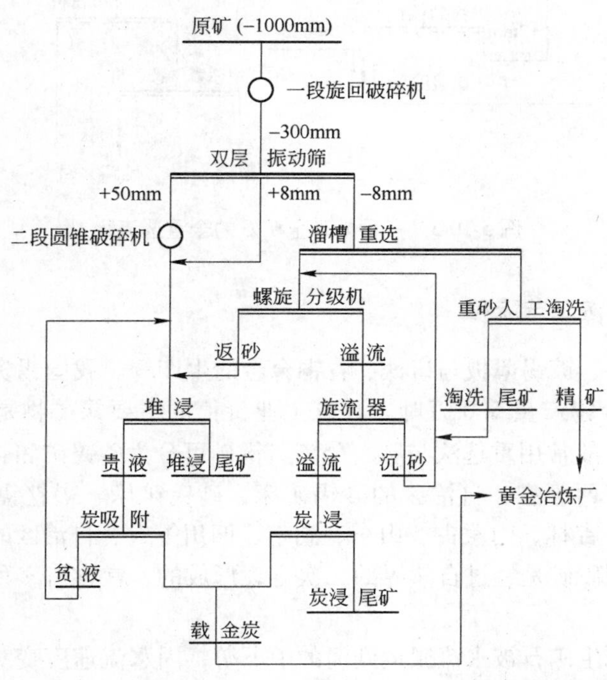

图5-10-1　紫金山金矿选矿厂的生产原则工艺流程

河南金源黄金矿业有限公司处理的金矿石中，51%以上的金以粒度大于0.06mm的自然金状态存在。为了经济、合理、高效地回收这部分金，选矿厂在磨矿回路中设置了一段重选作业，采用2台KC-XD40尼尔森选矿机对粗粒金进行回收，其生产工艺流程如图5-10-2所示。在磨矿产物粒度为−0.075mm占55%、给矿浓度（固体质量分数）为36%的情况下，尼尔森选矿机的金精矿产率为0.03%，精矿的金品位为2800～3500g/t，精矿中金的回收率为38%。

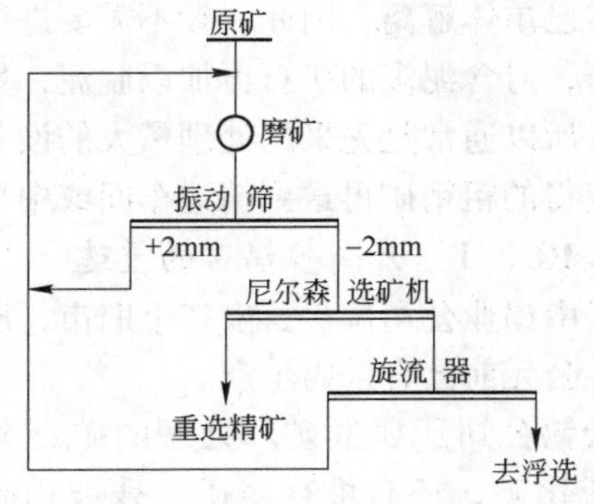

图5-10-2　金源选矿厂的粗粒金重选流程

另一处理金矿石的重选流程如图5-10-3所示，采用的重选设备是尼尔森选矿机。

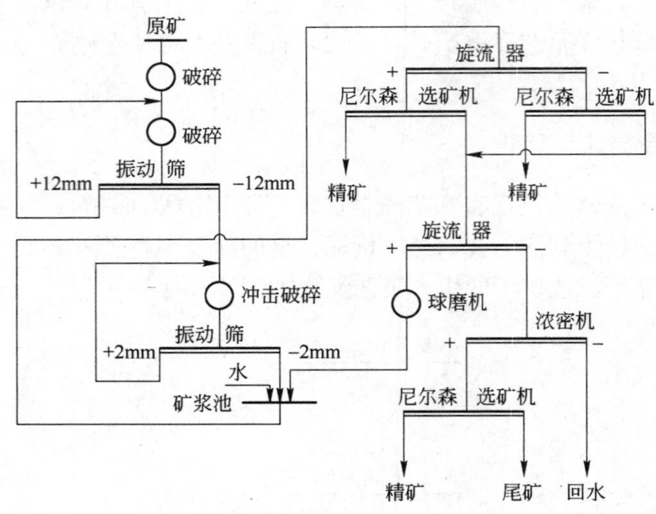

图 5-10-3 一种处理金矿石的全重选流程

5.10.2 锡矿石的重选工艺流程

锡主要用于焊料、镀锡薄板马口铁、青铜合金的生产等。我国锡资源的储量和产量均居世界首位，2008 年锡产量 5.0 万吨。具有工业价值的主要锡矿物是锡石（SnO_2，密度 6800～7200kg/m^3），故常用重选法与脉石分离。锡矿可分为砂锡矿和脉锡矿两类。

云南、广东、广西等省、自治区的砂锡矿床、砂钨矿床、褐钇铌矿床、稀土（独居石）矿床；黑龙江、吉林、内蒙古、山东、湖南、四川等省、自治区的砂金矿床等均属河成冲积砂矿床。冲积砂矿是经过自然界的二次富集形成的，常含有多种有色金属、稀有金属和贵金属矿物。

冲积砂矿床是原生矿石被水流搬运到河的中下游，因水流速度变缓沉积而成。密度大的矿物分布在粗砂层或砾石层中，并在它们的底部形成富集带。这类矿床经历的自然淘洗过程还不是很强烈，矿石中尚夹杂着较多砾石和黏土，并且分布不均匀。

冲积砂矿一般采用水枪-砂泵、电铲-推土机、轮式铲斗或采砂船开采。原矿中有用矿物基本已单体解离，因此一般不需要进行破碎和磨矿。采出后的砂矿先经筛分除去不含矿的砾石，对含泥多的矿石再加以脱泥，然后即可送去选别。砂矿中的高密度矿物含量一般不高，所以通常是先采用处理量大的设备（如大型跳汰机、圆锥选矿机、粗粒溜槽等）粗选，获得的粗精矿再送到精选车间或中央精选厂处理，最终得到单一矿物的精矿。

5.10.2.1 云南砂锡矿的重选

云南锡业公司位于云南省个旧市，所属的个旧矿区属砂锡矿床，占我国锡资源储量的 16%，公元前已有采锡生产。

云锡公司所属选矿厂处理的矿石类型主要是残坡积砂锡矿、氧化脉锡矿、锡石多金属硫化矿，还有堆存尾矿。残坡积砂锡矿和氧化脉锡矿的矿物组成相近，且具有锡石粒度细、含泥多，锡、铁矿物结合紧密，伴生的铅、锌、铜、钨、铟、铋、镉等元素均比较难回收。两者相比，脉锡矿的锡品位较高、块矿较多、锡石粒度稍粗、含泥量也相对较少。

处理氧化矿的选矿工艺流程基本相同，由原矿准备、矿砂选别、矿泥选别等三大系统组成。残坡积砂锡矿的原矿准备系统包括洗矿、破碎、筛分、分级脱泥等作业。矿砂（+0.037mm 粒级）的分选采用图5-10-4 所示的全摇床选别流程，主要包括3 段磨矿、3 段选别、粗精矿集中预先复洗、中矿再磨再选、溢流单独处理等作业。矿泥（-0.037mm 粒级）系统包括离心选矿机粗选、皮带溜槽精选、刻槽矿泥摇床或六层悬挂式矿泥摇床扫选等作业（见图 5-10-5）。全厂生产指标为：原矿锡品位 0.3% ~0.53%、锡精矿品位 45% ~50%、锡总回收率 53% ~57%，其中矿泥系统锡回收率占 5%。

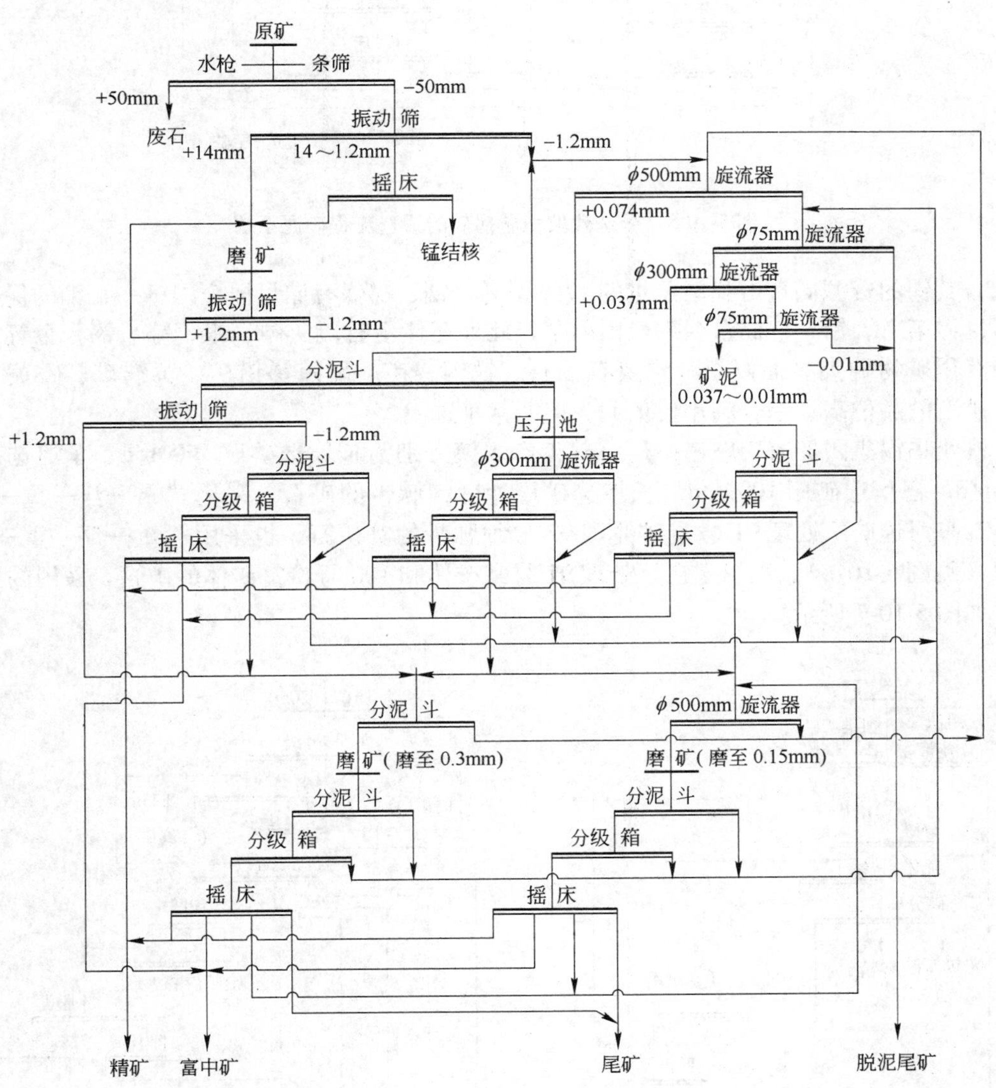

图 5-10-4 分选残坡积砂锡矿的重选流程矿砂系统

5.10.2.2 广西脉锡矿的重选

柳州华锡集团大厂锡矿位于广西南丹县，属特大型锡石-多金属硫化物类碳酸盐型锡

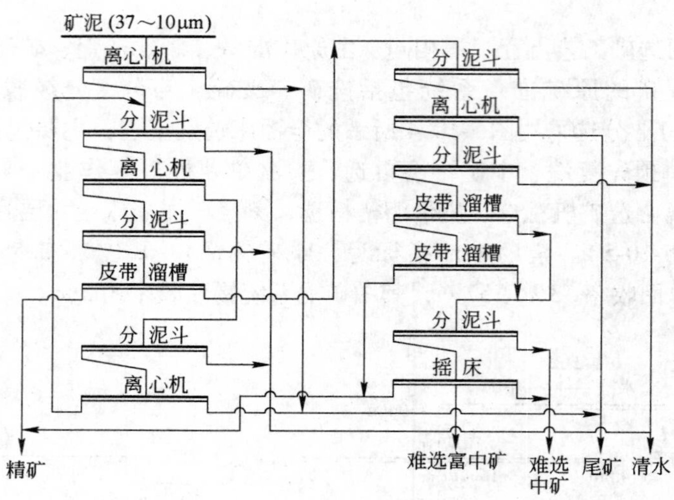

图5-10-5 分选残坡积砂锡矿的重选流程矿泥系统

矿床，其锡的资源储量占我国总量的17%，锡、铟、锑保有储量居全国第一，铟的保有储量居世界第一，铅、锌储量名列全国前茅，此外还伴生有硫、砷、银、镓、镉、金等。矿石中有用矿物种类多而复杂，主要有锡石、铁闪锌矿、脆硫锑铅矿、黄铁矿、磁黄铁矿等，矿石的品位高、综合利用价值大，但非常难选。

柳州华锡集团拥有3座选矿厂，其生产规模分别为长坡选矿厂1600t/d、车河选矿厂5000t/d、巴里选矿厂1000t/d。长坡选矿厂处理细脉带的矿石，采用“重—浮—重—浮”流程；车河选矿厂处理91号富矿体和92号细脉带的贫矿石，也采用“重—浮—重—浮”流程（见图5-10-6）；巴里选矿厂处理91号富矿体和100号特富矿体的矿石，采用的工艺流程如图5-10-7所示。

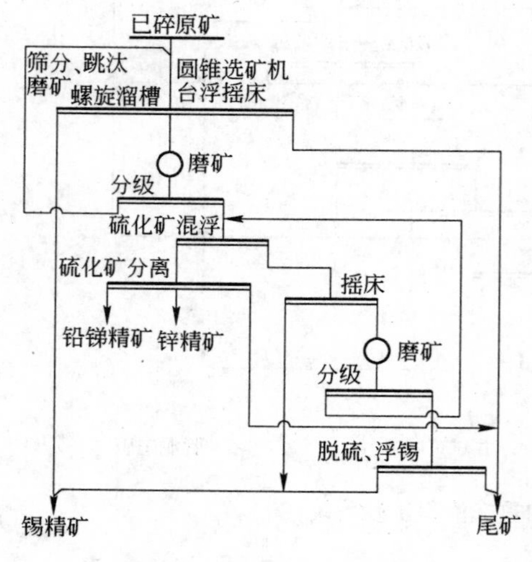

图5-10-6 车河选矿厂处理92号细脉带贫矿石的流程

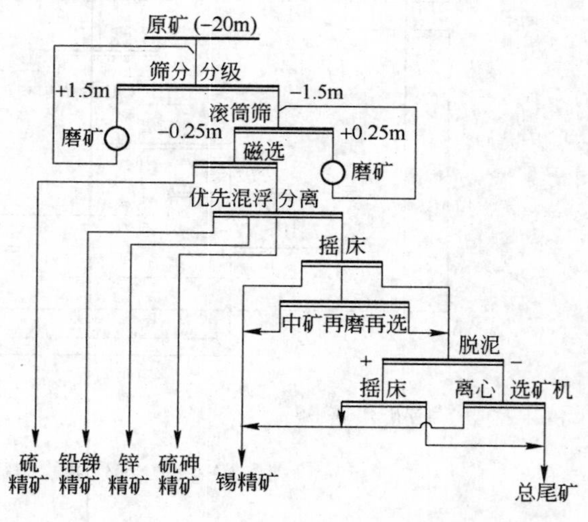

图5-10-7 巴里选矿厂处理100号特富矿体矿石的流程

从图 5-10-6 中可以看出，车河选矿厂在处理贫锡矿石时，采用前重选作业中的跳汰、螺旋溜槽和圆锥选矿机进行预选，抛除大量的粗粒尾矿，减少入磨的矿石量，从而大幅度提高了选矿厂的处理能力和锡金属产量，同时也大幅度降低了选矿生产成本，获得了显著的经济效益。大部分的锡金属在重选系统得到回收，细泥系统采用旋流器先脱除 $-20\mu m$ 粒级的矿泥，然后再浮选脱硫，最后浮选锡，细泥系统回收的锡对选矿厂处理原矿的回收率为 8%。2008 年选矿厂共处理锡品位为 0.50% 的原矿 1.67×10^6t，生产的锡精矿品位为 47.47%，锡的综合回收率为 67.29%。

5.10.3 黑钨矿石的重选

钨具有熔点高、密度大、硬度高的特点，广泛用于电力照明、冶金、机械加工刀具制造、军事等领域。我国钨资源储量居世界首位，约占世界总储量的 61%。具有工业价值的钨矿物是黑钨矿[$(Fe,Mn)WO_4$，密度 7200~7500kg/m^3]、白钨矿（$CaWO_4$，密度 5900~6200kg/m^3）。黑钨矿主要用重选法回收，白钨矿的分选则以浮选或浮-重联合流程为主。2008 年我国的钨精矿产量折合 WO_3 为 84470t，其中，湖南省的产量为 27590t（以白钨为主），江西省的产量为 39306t（以黑钨为主）。

江西省的钨矿资源以黑钨矿为主。目前，江西钨业公司共拥有 11 座钨矿山和相应的选矿厂，即大吉山、西华山、盘古山、岿美山、浒坑、荡坪、漂塘、小垅、铁山垅、下垄、画眉坳钨矿。其中大吉山钨矿于 1952 年建成，是国内第一座机械化钨选厂。在几十年的生产实践中，江西钨矿山积累了丰富的经验，选矿工艺日臻完善。根据钨矿石的性质，选矿厂均采用了以重选为核心预先富集、手选丢废、3 级跳汰、多级摇床、阶段磨矿、摇床丢尾、细泥集中处理、多种工艺精选、矿物综合回收的选矿流程（见图 5-10-8）。

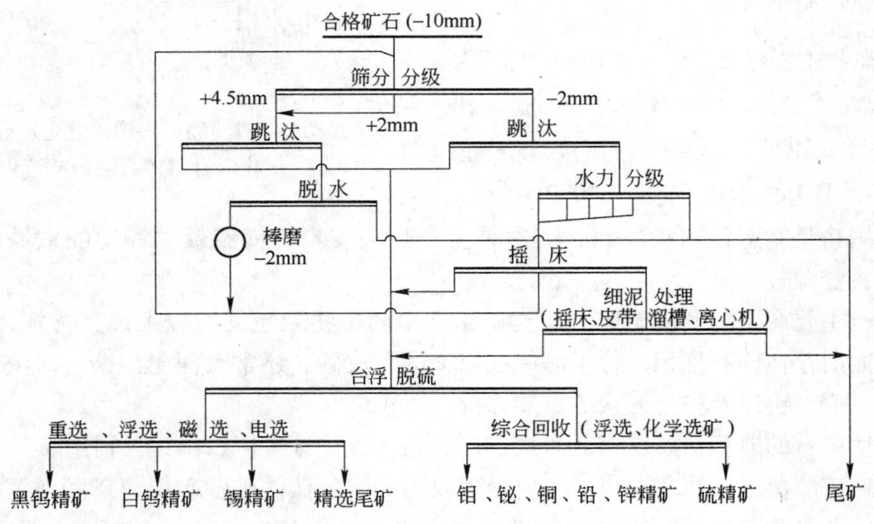

图 5-10-8 处理黑钨矿石的典型原则选矿流程

黑钨矿石的重选以跳汰作业为主干，经过破碎的矿石被分成粗、中、细 3 个粒度级别，分别进行跳汰分选，粗、中粒跳汰选出的尾矿，经再磨后再分级进行跳汰分选，细粒跳汰选出的尾矿直接进行摇床分选，摇床作业丢尾。

重选段获得含 WO_3 为30% ~35%的钨粗精矿，相应的钨作业回收率为88% ~92%，最高达96%。“钨细泥”中的钨金属量一般占入选矿石中的14%以上，常用单一重选、重-浮联合流程、重-磁-浮联合流程、选冶联合流程处理回收。

精选是将钨粗精矿加工成 WO_3 含量大于65%（优质品大于72%）的商品黑钨精矿，常采用重选进一步剔除脉石，借助于台浮、粒浮或泡沫浮选分离硫化矿，用强磁选分离锡石和白钨矿，电选、酸浸除磷等工艺，同时综合回收其他有价金属。

5.10.4 锑矿石的重选

金属锑和锑化合物广泛用于生产耐磨合金、各种阻燃剂、搪瓷、玻璃、橡胶、涂料、颜料、陶瓷等。主要的含锑硫化物矿物是辉锑矿（Sb_2S_3），常用浮选进行回收；锑氧化物矿物主要是黄锑华（$Sb_2O_4 \cdot H_2O$，密度4500 ~5500kg/m^3），常用重选方法进行分选。我国锑资源储量和锑生产量均居世界首位。2008年生产精炼锑 1.84×10^5t。

锡矿山锑矿位于湖南省冷水江市，是世界上最大的锑矿。所属的北选厂处理的矿石为硫化-氧化混合锑矿石，采用图5-10-9所示的手选-重选-浮选-重选流程，在原矿锑品位为3.74%的条件下，生产出锑品位为17.48%的总锑精矿，锑的总回收率为83.22%。

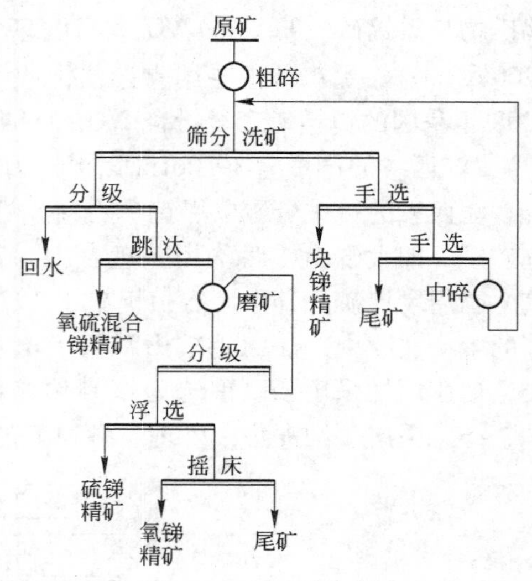

图5-10-9 锡矿山锑矿北选厂硫化-氧化混合锑矿石的选矿流程

5.10.5 钛矿石的重选

含钛矿物主要有钛铁矿（$FeTiO_3$，密度4500 ~5500kg/m^3）、金红石（TiO_2，密度4100 ~5200kg/m^3）、锐钛矿（TiO_2，密度3900kg/m^3）和板钛矿（TiO_2，密度3900 ~4000kg/m^3），其最主要的用途是制造钛白粉颜料，其次是生产焊条皮料和海绵钛。我国的钛铁矿资源丰富，金红石资源较少。

金红石主要产于海滨砂矿床。这类矿床产出的矿物颗粒圆度较大，且含泥质物很少。但砂层下面则存在砾石堆积，位于海岸线以上的海成砂矿还常有泥土混杂。海滨砂矿是获得钛、锆、铌、钽以及稀土元素的重要来源。

处理钛矿石的典型选矿厂有北海选矿厂、乌场钛矿选矿厂、攀钢公司选钛厂等。

北海选矿厂位于广西北海市，主要处理收购的内陆钛铁矿砂矿粗精矿和海滨金红石砂矿精矿。生产流程为磁选—电选—重选—磁电选，经精选后，钛铁矿精矿品位可达 TiO_2 53%，金红石精矿品位可达 TiO_2 58%。

乌场钛矿位于海南省，是我国海滨钛砂矿的主产地，矿石中的有用矿物主要是钛铁矿、金红石和锆石，采用移动式采选联合装置生产，采用圆锥选矿机粗选、螺旋溜槽精选获得粗精矿后，再集中送精选厂用重—磁—电—浮联合流程分离出钛铁矿精矿和金红石精矿。

攀枝花钒钛磁铁矿位于四川省攀枝花市，是世界最大的伴生钛矿床，TiO_2 储量 5 × 10^8t 以上，现属攀钢公司，是我国的铁矿主产地之一。选矿厂首先用磁选法从原矿中分选出铁精矿，然后从选铁尾矿中分选钛铁矿，采用的生产流程如图 5-10-10 所示。生产中可获得含 TiO_2 >47% 的钛铁矿精矿，选钛总回收率约 20%。

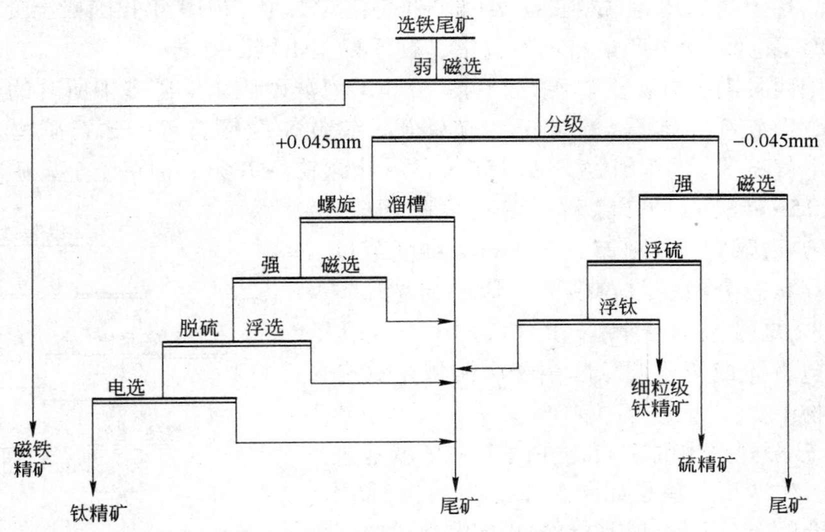

图 5-10-10 攀钢钒钛磁铁矿矿石选铁尾矿选钛流程

对于海滨金红石砂矿，通常采用联合分选流程进行有用矿物的综合回收，国外一典型的联合选矿厂的工艺流程如图 5-10-11 所示。

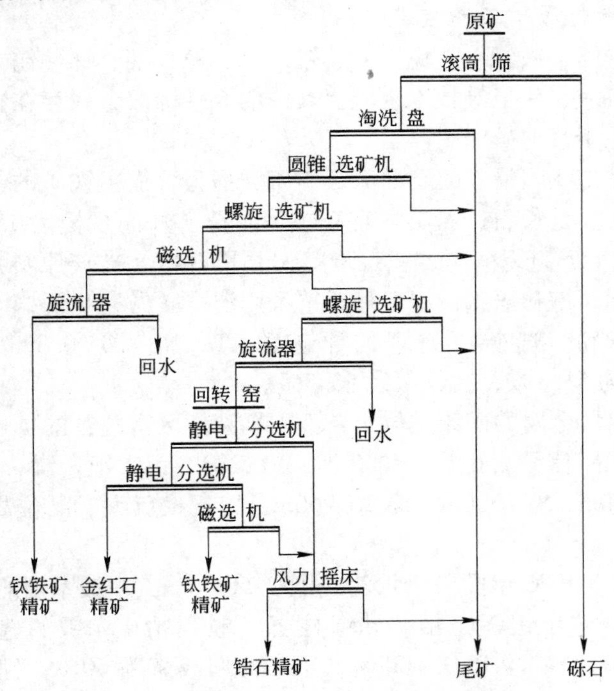

图 5-10-11 金红石海滨砂矿联合选矿厂的工艺流程

5.10.6　稀土砂矿和稀散金属矿石的重选

5.10.6.1　稀土砂矿的重选

稀土金属是指镧系 15 个元素和钇的总称。冶金、石化、荧光粉和永磁体是稀土消费的四大热点。稀土高温超导材料正向实用化迈进。据统计，2010 年我国稀土资源储量占世界总量的 30% 以上，稀土产量居世界首位，有"稀土王国"之称。

广东省阳西县南山海稀土矿矿石产自北部湾的海滨砂矿床。矿砂中所含的金属矿物主要有独居石、磷钇矿、锆石、金红石、白钛矿、钛铁矿及锡石等，脉石矿物有石英、长石、云母、电气石等。原矿中大于 0.15mm 的矿物颗粒占 78%，但稀土金属矿物则主要分布在小于 0.15mm 粒级中。除磷钇矿粒度稍粗外，大部分有用矿物赋存在 0.125～0.06mm 粒度范围内，而且赋存状态分散，除较多部分形成结晶颗粒外，还有不少的稀土氧化物（REO）、ZrO_2、TiO_2 是以细小的包裹体或类质同象、离子吸附等形式分散于脉石矿物中。

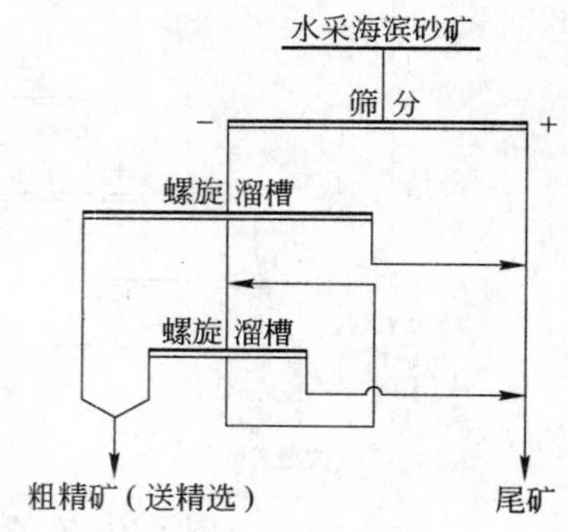

图 5-10-12　南山海稀土矿粗选工艺流程

用水枪-砂泵开采出的矿石，在两个采场就地进行重选处理，生产工艺流程如图 5-10-12 所示。采用可移动式组合螺旋溜槽流程，目的在于节能和便于搬迁，重选粗精矿中含独居石、磷钇矿、锆石、金红石和钛铁矿，然后在精选车间采用重选、磁选、电选、浮选等方法，对粗精矿进行进一步处理，获得独立的精矿。

5.10.6.2　稀散金属矿石的重选

稀散金属主要指锂、铍、钽、铌、锆、铪、锗、镓、铟、铼、铊，主要用于军事、电子、电力、冶金、机械、化工等技术领域，其中前 6 种稀散金属存在独立矿床，其余主要以伴生元素形式存在于其他矿床中。

江西宜春钽铌矿是我国最大的钽矿床，矿床类型为含铌钽铁矿的锂云母化、钠长石化花岗岩矿床。脉石主要是长石、石英。宜春钽铌矿选矿厂的规模为 1500t/d，生产流程为重-浮-重联合流程，生产钽铌精矿、锂云母精矿、长石粉（玻璃原料）3 种产品。钽铌重选设备采用旋转螺旋溜槽和摇床；锂云母浮选采用混合胺做捕收剂，浮选尾矿用螺旋分级机脱泥后得的长石粉。选矿厂处理的原矿含 $(Ta,Nb)_2O_5$ 0.373%，生产的精矿中 $(Ta,Nb)_2O_5$ 的品位为 51.5%、回收率为 56.5%。

我国另一个含稀散金属的矿床是位于新疆阿勒泰地区富蕴县的可可托海矿，其 3 号脉曾是世界上最大的花岗伟晶岩矿床，含有锂、铍、钽、铌、钯、铷、锆、铪等 20 余种稀有金属，矿脉长 2250m、宽 1500m、厚 20～60m，以规模巨大、品位高、矿物种类多著称于地质界。

可可托海选矿厂于 1976 年投产，生产规模为 750t/d，其中铍系列的生产规模为 400t/d，采用重-浮联合流程，选出钽铌粗精矿和绿柱石（铍）精矿，铍的选别指标为：原矿含 BeO 约 0.1%，绿柱石精矿含 BeO 7.35%，BeO 的回收率为 60%；锂系列的生产规模为 250t/d，同样是采用重-浮联合流程，获得的锂辉石精矿含 Li_2O 6%，Li_2O 的回收率为

86.50%；钽铌系列的生产规模为 100t/d，采用重-磁-浮联合流程，获得的钽铌精矿含 $(Ta,Nb)_2O_5$ 50% ~60%，$(Ta,Nb)_2O_5$ 的回收率为 62%。

5.10.7 含金冲积砂矿的重选

金、银、铂等贵金属主要用于国际货币及首饰、摄影感光胶片、电工触点材料、电子元件、化工催化剂等行业。我国的黄金资源比较丰富，保有储量居世界第四，2010 年的黄金产量超过 340t。

金在地壳中的丰度很小，克拉克值仅为 5×10^{-7}g/t。金的化学性质非常稳定，在自然界中金的最主要矿物就是自然金（金，密度 17500 ~ 18000kg/m^3），除产在脉矿床之外，砂矿亦是金的重要来源。

砂金选矿以重选为主，其中冲积砂金矿以采金船为主要分选设备；陆地砂金以溜槽和洗选机组为主要分选设备。在砂矿床中，金多呈粒状、鳞片状，以游离状态存在。粒径通常为 0.5 ~2mm，极少数情况也可遇到质量达数十克的大颗粒金，也有极微细的肉眼难以辨认的金粒。

砂金矿中金的含量一般为 0.2 ~0.3g/m^3，密度大于 4000kg/m^3 的高密度矿物含量通常只有 1 ~3kg/m^3。砂金矿中脉石的最大粒度与金粒的相差极大，甚至达到千余倍，但在筛除不含矿的砾石后，仍可不分级入选。

我国的砂金选矿历史悠久，采选方法以采金船为主，占到砂金总开采量的 70% 以上，其次还有水枪开采和挖掘机露天开采，个别情况采用井下开采。采金船均为平底船，上面装备有挖掘机构、分选设备和尾矿输送装置。典型的采金船结构如图 5-10-13 所示。

采金船可漂浮在天然水面上，亦可置于人工挖掘的水池中。生产时一面扩大前面的挖掘场，一面将选出的尾矿填在船尾的采空区。根据挖掘机构造的不同，采金船可分为链斗

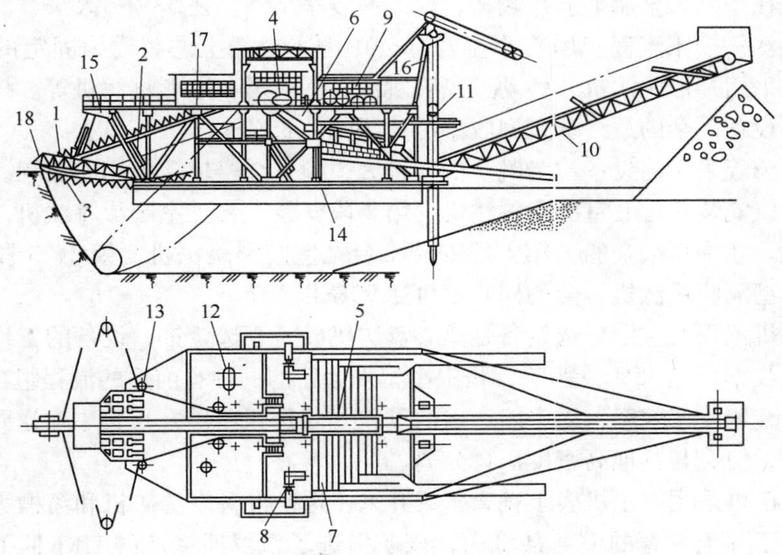

图 5-10-13 采金船的结构示意图

1—挖斗链；2—斗架；3—下滚筒；4—主传动装置；5—圆筒筛；6—受矿漏斗；7—溜槽；8—水泵；9—卷扬机；10—皮带运输机；11—锚柱；12—变压器；13—甲板滑轮；14—平底船；15—前桅杆；16—后桅杆；17—主桁架；18—人行桥

式、绞吸式、机械铲斗式和抓斗式4种，以链斗式应用最多。链斗由装配在链条上的一系列挖斗构成，借链条的回转将水面下的矿砂挖出，并给到船上的筛分设备中。链斗式采金船的规格以一个挖斗的容积表示，在50～600L。小于100L的为小型采金船，100～250L的为中型采金船，大于250L的为大型采金船。船上的选矿设备主要有圆筒筛、矿浆分配器、粗粒溜槽、跳汰机、摇床等。选矿流程的选择与采金船的生产能力和砂矿性质有关，主要有图5-10-14所示的三种，我国采用的典型流程是前两种。

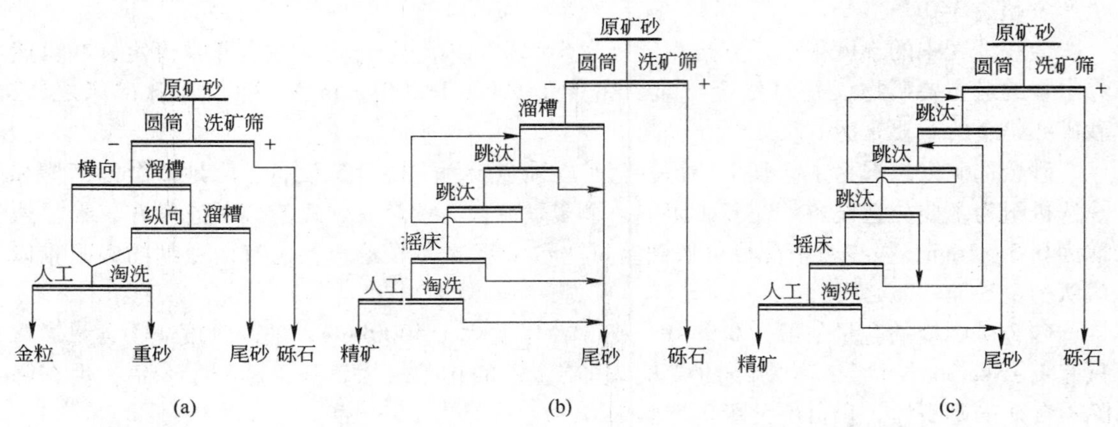

图5-10-14 采金船上常用的生产流程

（a）固定溜槽流程；（b）溜槽-跳汰-摇床流程；（c）三段跳汰流程

固定粗粒溜槽流程是在沿船身配置的圆筒筛两侧对称安装横向溜槽和纵向溜槽。由链斗挖出的矿砂直接卸到圆筒筛内，筛上砾石卸到尾矿皮带上，输送到船尾。这种流程简单、造价低，在小型采金船上应用较多，金的回收率不高，在58%～75%。

溜槽—跳汰—摇床流程多用在小型及部分中型采金船上。溜槽为固定的带格胶带溜槽，跳汰机可采用梯形跳汰机、旁动型隔膜跳汰机、圆形和矩形跳汰机等。摇床可用工业尺寸的或中型设备。金的最终选别回收率可达79%～85%。

三段跳汰流程采用的设备均为跳汰机，是大中型采金船较常应用的流程。在大型采金船上第1段可以安装两台九室圆形跳汰机，第2段安装1台三室圆形跳汰机，第3段为二室矩形跳汰机。在中型采金船上第1段安装1台九室圆形跳汰机，第2、3段依次为矩形跳汰机和旁动型隔膜跳汰机。金的回收率可达90%以上。

离心盘选机流程的主体分选设备是离心盘选机或离心选金锥，设备的工作效率高，占地面积小，回收率可达85%～90%，是中小型采金船的一种有前途的流程组合。

为增加采金船生产效率，采金船产出的重砂（重选粗精矿）可集中输送到岸上固定精选厂进行精选，使金与其他高密度矿物分离。

陆地砂金矿可采用推土机表土剥离露天开采，选矿设备以洗矿机和溜槽为主。黑龙江富克山金矿位于冻土发育的漠河县境内，该矿引进了俄罗斯生产的ПКБШ-100型洗选机组，其最大生产能力为$100m^3/h$，最大耗水量为$792m^3/h$，金的选矿回收率为75%，安装电机总功率为319kW。ПКБШ-100型洗选机组的工作过程为：推土机或汽车将矿砂运至槽式给矿机，再均匀地通过皮带机输送到圆筒筛洗矿机中进行碎散、洗矿、筛分，筛上产品

（+60mm）由皮带机排至尾矿堆，筛下产品经双层筛筛分后，20～60mm 粒级用粗粒溜槽选别，-20mm 粒级的物料用细粒溜槽选别，溜槽的分选尾矿送至尾矿堆，精矿送精选厂精选。

5.10.8 黑色金属矿石的重选

5.10.8.1 铁矿石的重选

我国的钢产量居世界首位，2013 年产粗钢 7.7904×10^8t，对铁矿石需求巨大，铁矿石自产量和进口量均居世界前列。强磁性铁矿石（如磁铁矿，Fe_3O_4），采用简单有效的弱磁场磁选设备即可分选，而弱磁性铁矿石（如赤铁矿，Fe_2O_3，密度 5000～5300kg/m^3）则采用强磁、浮选、重选等联合流程分选或焙烧、磁选。

南京梅山铁矿属矽卡岩型铁矿床，矿石中的铁矿物主要有磁铁矿、假象赤铁矿、菱铁矿和少量黄铁矿，嵌布粒度较粗。梅山铁矿选矿厂采用干式磁选-重选-浮选工艺流程。原矿经粗碎、中碎至 -70mm，水洗筛分成 12～70mm、2～12mm 和 -2mm 3 个粒级。前两个粒级分别用干式弱磁场磁选机选出强磁性矿物作为磁性产物，弱磁选尾矿分别用重介质振动溜槽和跳汰机选出弱磁性矿物作为重选产物；-2mm 粒级则用湿式弱磁场磁选机和跳汰机分出磁性产物和重选产物。磁性产物和重选产物合并经细碎、磨矿至 -0.074mm 占 64% 以上，加入乙黄药和松醇油反浮选脱硫（黄铁矿），槽内产物为铁精矿。

工业生产中处理赤铁矿矿石的典型工艺是阶段磨矿-粗细分级-重选-弱磁选-强磁选-反浮选流程。比较典型的选矿厂有鞍钢集团矿业公司所属的齐大山铁矿选矿分厂、齐大山选矿厂、弓长岭选矿厂、东鞍山烧结厂选矿车间和鞍千矿业有限责任公司选矿厂等。齐大山铁矿选矿分厂采用的生产工艺流程如图 5-10-15 所示。

齐大山铁矿选矿分厂于 1998 年建成投产，原来采用连续磨矿-弱磁-强磁-阴离子反浮选流程，选矿技术指标为：原矿铁品位为 29.69%，精矿的铁品位为 66.50%、铁回收率为 84%；2007 年改为阶段磨矿-粗细分级-重选-弱磁选-强磁选-阴离子反浮选流程，选矿技术指标为：原矿铁品位为 28%，精矿的铁品位为 68%，尾矿的铁品位为 11%。

5.10.8.2 锰矿石的重选

世界上生产的锰（包括锰铁、硅锰、金属锰、优质锰矿石）大约 90% 用于冶金工业生产合金钢。其余用于轻工、化工、农业等方面。锰矿石中的含锰矿物主要有软锰矿（MnO_2，密度 4300～5000kg/m^3）、硬锰矿（mMnO · MnO_2，密度 4900～5200kg/m^3）、菱锰矿（$MnCO_3$，密度 3300～3700kg/m^3）。此外，大洋深部还分布有大量多金属锰结核。依据矿石中矿物的自然类型和所含伴生元素，通常将锰矿石分为碳酸锰矿石（碳酸盐锰矿物中的锰占矿石含锰量的 85% 以上）、氧化锰矿石（氧化锰矿物中的锰占矿石含锰量的 85% 以上）、混合锰矿石及多金属锰矿石。

我国的氧化锰矿多为次生锰帽型、风化淋滤型和堆积型矿床。这类矿石以往只进行简单的洗矿处理，随着新技术和设备的发展，现主要用洗矿—重选流程、洗矿—强磁流程或洗矿—重选—强磁流程处理。

广西的靖西氧化锰矿，矿石中的锰矿物以软锰矿和硬锰矿为主，脉石矿物有石英、高岭石、水云母等；选矿厂采用重选-强磁选-重选流程（见图 5-10-16），处理的原矿的锰品位为 34.22%～38.86%，选出的锰精矿的锰品位为 37.02%～48.43%。

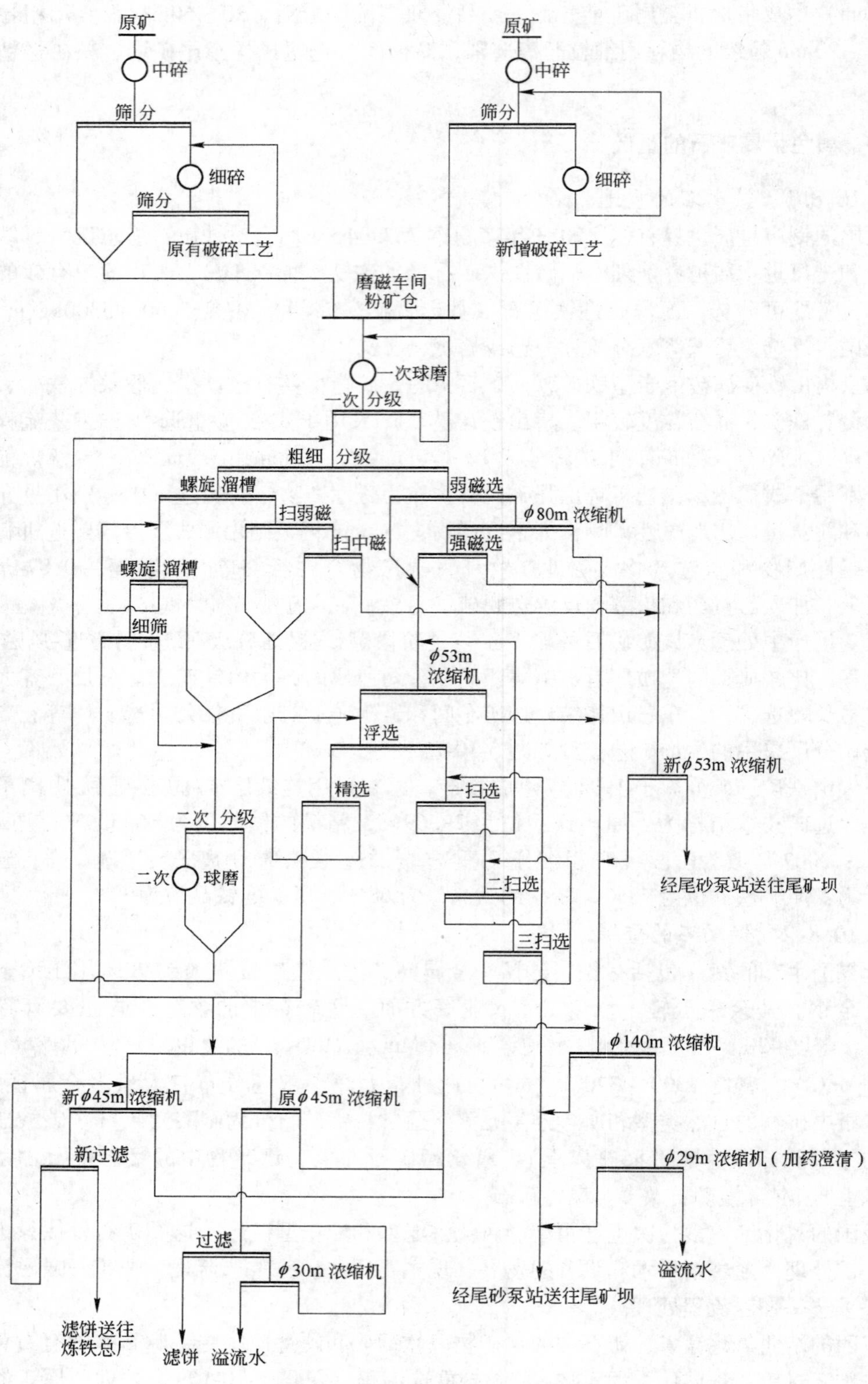

图 5-10-15 齐大山铁矿选矿分厂的生产流程

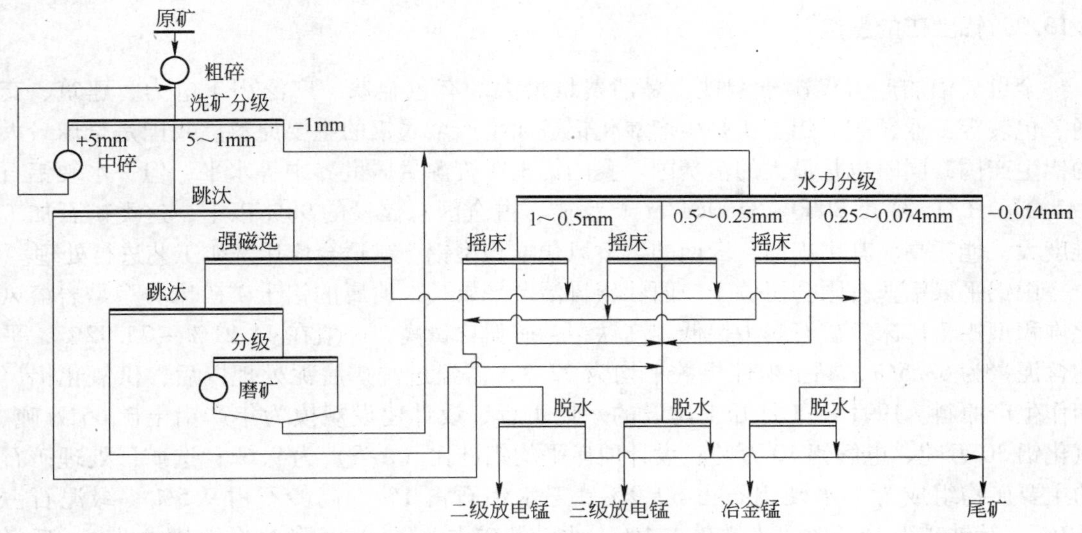

图 5-10-16 靖西锰矿选矿厂氧化锰矿石分选工艺流程

同处于广西的大新锰矿是我国最大的碳酸锰矿床之一，其上部为风化锰帽型氧化锰矿石。大新锰矿选矿厂采用洗矿-重选-磁选工艺流程，原矿经洗矿和跳汰分选后，5 ~0. 8mm 采用 CS-2 型强磁场磁选机分选， -0. 8mm 采用 SHP-1000 型强磁场磁选机分选，获电池锰和冶金锰产品。

国外对简单的氧化锰矿石，仍以洗矿、重选为主。南非戈帕尼锰矿采用水力旋流器脱泥和螺旋洗矿机分选流程，从含 MnO_2 20% 的细粒尾矿中，生产出含 MnO_2 40% 的精矿。巴西的塞腊 · 多纳维奥锰矿采用两台直径 ϕ400mm 的狄纳型涡流旋流器处理 6 ~0. 8mm 的粉矿，以硅铁作加重质，分选密度为 2800 ~3200kg/m^3。分选及重介质循环过程如图 5-10-17 所示。

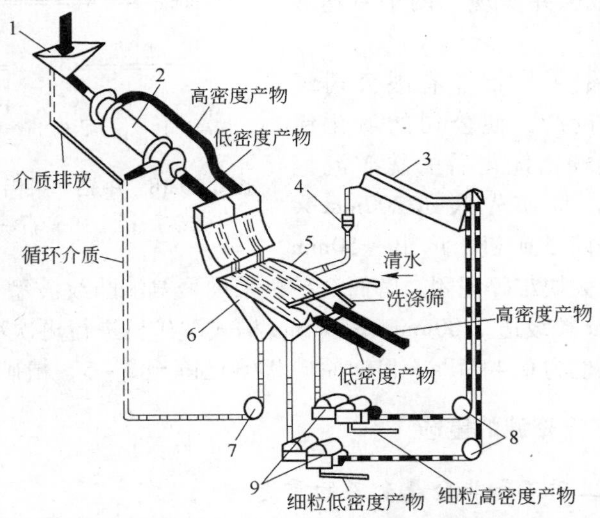

图 5-10-17 狄纳型重介质涡流旋流器分选过程示意图

1—检矿箱；2—涡流选矿机；3—浓密机；4—脱磁线圈；5—脱介筛；
6—主介质仓；7—主介质泵；8—净介质泵；9—磁选机

5.10.9　铝土矿的重选

全世界铝的产量仅次于钢铁，是消费量最大的有色金属，广泛用于电力、建筑、交通、包装等工业领域。铝土矿是生产氧化铝进而生产金属铝的主要原料。我国是全球最大的铝生产国，同时也是最大的消费国。我国铝土矿资源量居世界中等水平，但一水硬铝石（$Al_2O_3 \cdot H_2O$，密度 3000～3500kg/m^3）型矿石占全国总储量的98%以上，这类矿石加工难度大，能耗高。其中广西、云南的岩溶风化堆积型铝土矿适合应用洗矿工艺进行处理。

中铝平果铝业有限公司位于广西壮族自治区平果县，所属的铝土矿矿床类型是岩溶风化堆积型铝土矿床，矿石属中铝低硅高铁型，矿泥含量高，一般在44.21%～75.92%，平均含泥量为63.5%，黏土塑性指数平均为22.8，需经过洗矿脱泥处理以后，供氧化铝厂用作生产原料。1991 年 5 月开工建设的一期工程，设计建设规模为年产铝土矿 65 万吨、氧化铝 30 万吨、电解铝 10 万吨；设计原矿平均铝硅比（A/S）为 9.62；选矿厂处理矿石的主要矿物组成为一水硬铝石占 60.9%、三水铝石占 1%、高岭石占 9.5%、绿泥石占 4.2%、针铁矿占 16.8%、赤铁矿占 4%、水针铁矿占 1%；1995 年底全面建成投产。后经技术改造，至 2002 年 11 月一期工程氧化铝的产能达到了 45 万吨/年。

选矿厂采用的洗矿流程为原矿先给入圆筒洗矿机产出 +50mm 块精矿，矿砂部分经筛分后，+3mm 粒级经 2200mm×8400mm 槽式洗矿机进行洗矿；-3mm 粒级经脱泥斗脱泥，分出的沉砂用小槽式洗矿机进行再次洗矿。最终获得产率为 51.5%、含 Al_2O_3 63.49%、A/S 为 19.37 的铝土矿精矿。洗矿作业产出的矿泥经浓密机浓密后输送到尾矿库，浓密机的溢流水返回洗矿作业。

中铝平果铝业有限公司氧化铝二期工程是在一期的基础上扩建的一条年产 40 万吨的氧化铝生产线。该工程于 2001 年 5 月 10 日正式开工，2003 年 6 月 22 日全线竣工投产，比计划提前 6 个月建成，并实现了两个月达产达标。

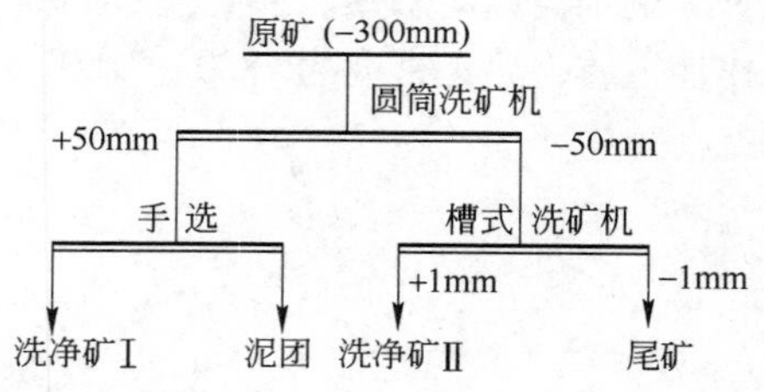

图 5-10-18　中铝平果铝业有限公司二期工程选矿厂铝土矿矿石洗矿分选工艺流程

2003 年 6 月中铝平果铝业有限公司氧化铝二期工程竣工投产，使公司的氧化铝产能达到了 85 万吨/a，优化后的洗矿流程如图 5-10-18 所示。原矿先入 ϕ2200mm×7500mm 带筛条的圆筒洗矿机，产出 +50mm 块精矿，并手选剔除大块难碎泥团。圆筒洗矿机采用聚氨酯凸纹波型衬板，洗矿冲洗水压为 0.44MPa。-50mm 粒级送 2200mm×8400mm 槽式洗矿机进行再次洗矿，产出 +1mm 砂精矿，洗矿冲洗水压也为 0.44MPa。目前原矿 A/S 已降至 3～5，精矿 A/S 约为 12。

5.10.10　其他固体矿产资源的重选

5.10.10.1　*化工矿石和非金属矿石的重选*

采用重选方法处理的化工和非金属矿石主要有黄铁矿、磷灰石、高岭土、重晶石、红柱石、天青石、金刚石、膨润土、云母、石棉等。

黄铁矿是主要的工业硫矿物（FeS_2，密度 4950～5100kg/m^3），也常称作硫铁矿，主要用作生产硫酸的原料。单一硫铁矿和多金属伴生硫铁矿多采用浮选工艺进行选别。广东乐昌铅锌矿对铅锌浮选尾矿中的黄铁矿采用螺旋溜槽-旋流器机组进行重选回收，获得硫品位为37%、硫回收率为82%的硫精矿。另外，煤系硫铁矿在我国分布较广，常结合洗煤工艺在排矸中用重选法回收。

磷灰石($Ca_5[PO_4]_3(F,OH)$，密度3180～3210kg/m^3）是主要的工业磷矿物，是制造磷肥和生产磷化工产品的主要原料。对于某些风化硅质磷块岩（胶磷矿），常采用分级-擦洗-脱泥流程进行分选，如贵州省的瓮福磷矿和开阳磷矿。

高岭土是一种以高岭石族黏土矿物为主的黏土或黏土岩，广泛用于陶瓷、造纸、橡胶、塑料及耐火材料等工业部门。造纸工业用高岭土要求细度达－0.062mm，白度大于75.0%。高岭土的分选方法主要有两大类：一是原矿含 Fe_2O_3 和 TiO_2 等杂质很低时，一般是原矿经破碎捣浆后，用水力旋流器脱除粗粒杂质并分出合格细度的高岭土（见图5-10-19）；二是原矿含铁和钛比较高时，则需采用强磁选除铁。必要时可进一步用水簸精选和化学漂白处理。

重晶石（$BaSO_4$，密度4300～4500kg/m^3）以其独特的物理及化学性质，广泛应用于石油、化工、填料等行业，约有80%～90%的产品用作石油钻井中的泥浆加重剂。我国的重晶石资源丰富，储量和产量均居世界首位。一般残积型矿床（黏土质或砂质）的重晶石矿石可选性较好，经洗矿、破碎、筛分后用跳汰或其他重选方法即可选出精矿。

红柱石($Al_2[SiO_4]O$，密度3100～3200kg/m^3）是一种铝硅酸盐矿物，是优质耐火材料，可用作冶炼工业的高级耐火材料和技术陶瓷工业的原料，常与石英（SiO_2，密度2650kg/m^3）共生。河南省西峡县红柱石矿床的矿石类型为红柱石变斑状云母石英片岩，红柱石晶体粗大，粒度以10～15mm为主，脉石密度为2740～2870kg/m^3。设计采用重介质分选流程（见图5-10-20)。选用含铁67%、磁性物含量为98.21%、密度为4890kg/m^{3}的磁铁矿精矿作为加重质。重介质旋流器直径为ϕ250mm、锥角为20°、溢流口直径为60mm、沉砂口直径为45mm。当用磁铁矿配制成的粗选重悬浮液密度为2250kg/m^{3}时，粗选重介质旋流器实际分选密度为2750kg/m^3；精选重悬浮液密度为2550kg/m^{3}时，精选重

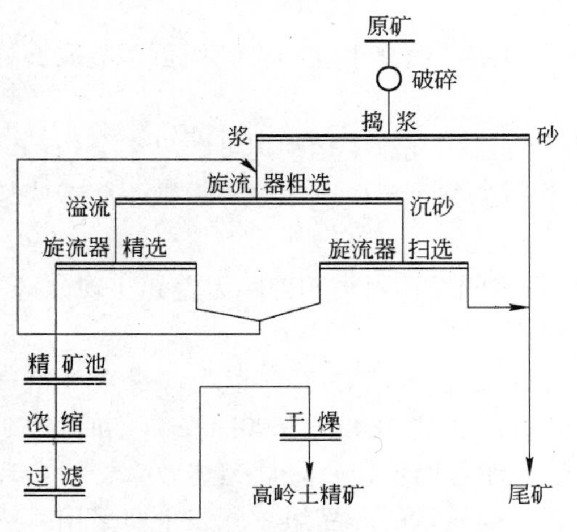

图5-10-19 常见高岭土选矿厂的工艺流程

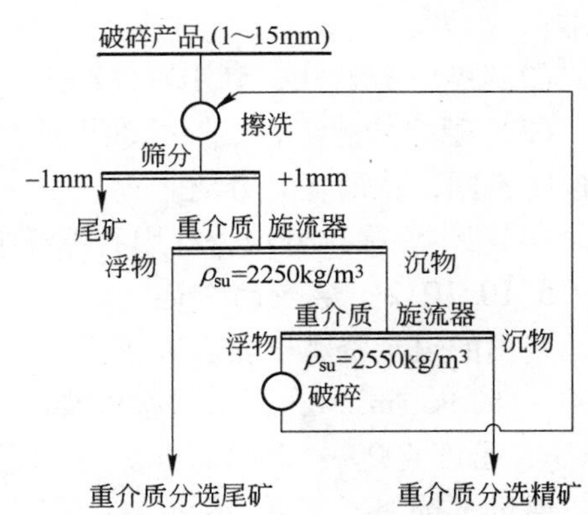

图5-10-20 河南西峡红柱石矿重介质分选工艺流程

介质旋流器实际分选密度为 2860kg/m^3。高密度、低密度产物分别采用 ZKX 1248 脱介筛脱除介质，再用磁选回收磁铁矿加重质并循环使用。通过一粗一精的重介质分选，红柱石精矿的 Al_2O_3 品位达到 55.40%、Al_2O_3 的回收率为 84.20%。

天青石（$SrSO_4$，密度 3900 ~ 4000kg/m^3）是目前开采的最主要的含锶矿物，用于生产锶盐产品。江苏省溧水县爱景山天青石矿，矿石中 $SrSO_4$ 含量为 47.59%，且粒度粗，集合体晶块可达 100mm，脉石有高岭石、石英、长石等，选矿厂的处理能力为 2.2×10^4t/a，采用重选-浮选流程，原矿破碎至 -12mm，经洗矿、筛分出 +6mm、6 ~ 3mm、3 ~ 1mm 3 个粒级分别进行跳汰分选，-1mm 粒级用摇床分选，重选综合指标为：精矿品位 $SrSO_4$ 86.12%，$SrSO_4$ 的回收率为 83.36%。跳汰和摇床的中矿经细磨后用油酸作捕收剂进一步浮选回收天青石。

金刚石（C，密度 3470 ~ 3560kg/m^3）是地球上最硬的物质。工业级金刚石主要用作切割、钻具和研磨材料。山东省蒙阴金刚石矿原矿品位为 0.59g/m^3，采用多段破碎、多段选别的流程，包括洗矿、跳汰、振动油选、手选、X 光拣选等作业，金刚石的回收率为 70% ~ 80%。

膨润土是指由蒙脱石类矿物组成的岩石，主要用于制陶、铸造、能源、钻探、造纸、化工、建筑、医药、纺织行业。原矿质量较好的膨润土可直接破碎，再用雷蒙磨和其他辊碾机粉碎成 -0.15mm、-0.10mm、-0.074mm 等级别的产品出售。对蒙脱石含量为30% ~ 80% 的低品位膨润土，常将原矿粉碎，加水捣制成矿浆后，在水力分级器中进行分级，所获细级别精矿经浓缩、干燥后，再进行粉磨，可获得适用于钻井泥浆品级的产品。

云母是具有层状结构的含水铝硅酸盐族矿物的总称，主要包括白云母、黑云母、金云母、锂云母等。由于云母具有较高的电绝缘性，因而主要用作绝缘材料，同时在建材、地质勘探、润滑、油漆、食品、化妆品等方面也有应用。片状云母通常采用手选、摩擦选和形状选，碎云母采用风选、水力旋流器分选或浮选将云母与脉石分开。

石棉是天然纤维状矿物的集合体，产量最大，分布最广的“温石棉”为蛇纹石石棉的统称。石棉制品达数千种，广泛用于建筑、机械、石油、化工、冶金、电力、交通及军工等领域中。石棉一般采用干式分选，包括：

（1）筛分吸选法，通过筛分使石棉纤维与脉石分层，漂浮于表面，利用负压吸取石棉纤维；

（2）空气分选法，利用石棉纤维与脉石在上升和水平气流中运动速度差异来分选；

（3）摩擦分选法，石棉纤维与脉石颗粒沿溜棉板斜面下滑时，因摩擦系数不同造成运动速度不同，从而将其分离；

（4）摩擦-弹跳分选，利用石棉纤维与脉石颗粒之间摩擦阻力和弹跳力差异实现分选。

5.10.10.2 煤炭的重选

我国的煤炭资源丰富，在能源结构中煤炭所占的比例一直在 70% 以上。煤炭（密度 1200 ~ 1600kg/m^3）在开采过程中会夹杂不少的矸石（密度 1800 ~ 2600kg/m^3）和黄铁矿（FeS_2，密度 4900 ~ 5200kg/m^3），若直接使用，会增加运输负担、降低燃烧效率、污染环境。通过洗选加工，可降低原煤的灰分、硫分，提供高质量的商品煤。原煤主要采用跳汰和重介质分选工艺进行处理，煤泥则采用浮选处理。

河南省平顶山煤业（集团）公司田庄选煤厂设计处理能力为 3.50×10^6t/a，工艺流程如图 5-10-21 所示。入选原煤首先筛分成 3 个粒级，+13mm 粒级用斜轮重介质分选机，13～0.5mm 粒级用重介质旋流器分选，－0.5mm 粒级用浮选处理。原煤统计平均灰分为 25%，洗精煤灰分为 9.78%，洗精煤理论产率为 75.76%。

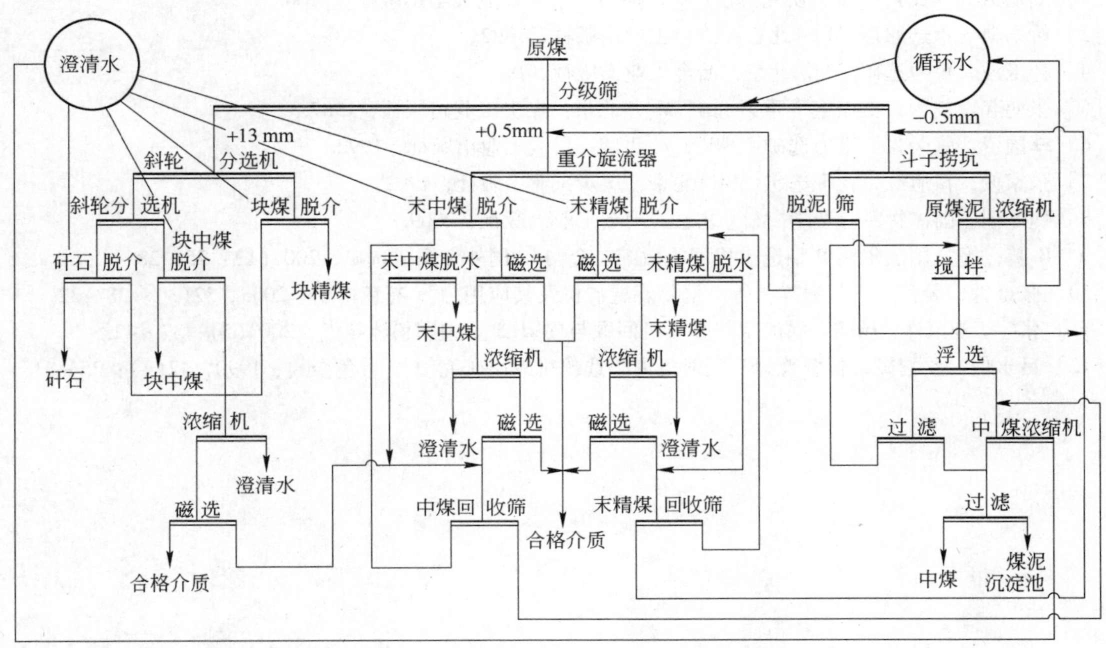

图 5-10-21　平煤集团田庄选煤厂的工艺流程

山西省大同煤矿集团有限责任公司精煤分公司四台选煤厂的设计处理能力为 4.50×10^6t/a，采用块煤动筛跳汰、末煤重介质旋流器分选的联合工艺，煤泥用板框压滤机回收。主要设备从国外引进，工艺参数和指标控制全部实现自动化。精煤的产品结构为 150～50mm、50～25mm、25～0(1.5)mm 等三个品种。图 5-10-22 是四台选煤厂的工艺流程。

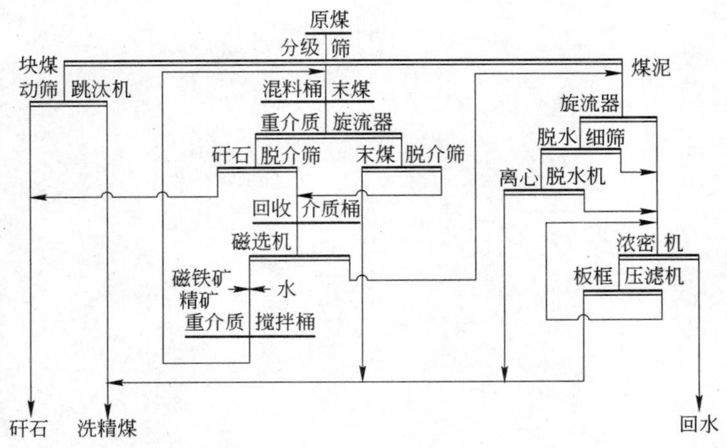

图 5-10-22　四台选煤厂的工艺流程

参 考 文 献

[1] 张卯均．选矿手册[M]．北京：冶金工业出版社，1990.
[2] 刘炯天，樊民强．试验研究方法[M]．徐州：中国矿业大学出版社，2006.
[3] 姚书典．重选原理[M]．北京：冶金工业出版社，1992.
[4] 孙玉波．重力选矿[M]．北京：冶金工业出版社，1993.
[5] 张鸿起，刘顺，王振生．重力选矿[M]．北京：煤炭工业出版社，1987.
[6] 李国贤，张荣曾．重力选矿原理[M]．北京：煤炭工业出版社，1992.
[7] 张家俊，霍旭红．物理选矿[M]．北京：煤炭工业出版社，1992.
[8] 魏德洲．固体物料分选学[M]．北京：冶金工业出版社，2009.
[9] B 基，等．用法尔康 B 型选矿机回收微细粒金[J]．国外金属矿选矿，2007(1)：25 ~ 28.
[10] 张金钟，姜良友，吴振祥，等．尼尔森选矿机及其应用[J]．有色矿山，2003，32(3)：28 ~ 32.
[11] 张宇，刘家祥，杨儒．涡流空气分级机回顾与展望[J]．中国粉体技术，2003(5)：37 ~ 42.
[12] 吕永信，罗醒民，杜懋德．SL 型射流离心选矿机应用研究[J]．有色金属，1990，42(4)：25 ~ 31.

第6章 磁电选矿

6.1 矿物的磁性、磁性分析与测量

6.1.1 矿物按磁性的分类

磁性是物质最基本的属性之一。磁现象范围是广泛的，它从微观世界中的元粒子的磁性扩展到宇宙物体的磁性。自然界中各种物质都具有不同程度的磁性，但是绝大多数物质的磁性都很弱，只有少数物质才有显著的磁性。

物质的磁性理论在近代物理学和固体物理中根据物质结构的量子力学的概念有论述。正如所述的那样，就磁性来说，物质可分为三类：顺磁性物质、逆磁性物质和铁磁性物质。此外，自然界还存在着反铁磁性物质和亚铁磁性物质。铁磁性物质、亚铁磁性物质和反铁磁性物质，在一定温度以上表现为顺磁性。由于反铁磁性物质的涅耳温度很低，所以在通常室温情况下，也可把反铁磁性物质列入顺磁性物质一类。亚铁磁性物质的宏观磁性大体上与铁磁性物质相类似，从应用观点看，也可把它列入铁磁性物质一类。

典型的顺磁性、逆磁性和铁磁性物质的磁化强度和磁场强度之间的关系如图6-1-1所示。顺磁性和逆磁性物质保持着简单的直线关系，而铁磁性物质的情况比较复杂，磁化强度开始变化很快，然后趋于平缓，最后达到磁饱和。值得注意的是，当磁场强度相当小时，磁化强度就趋于饱和值了。

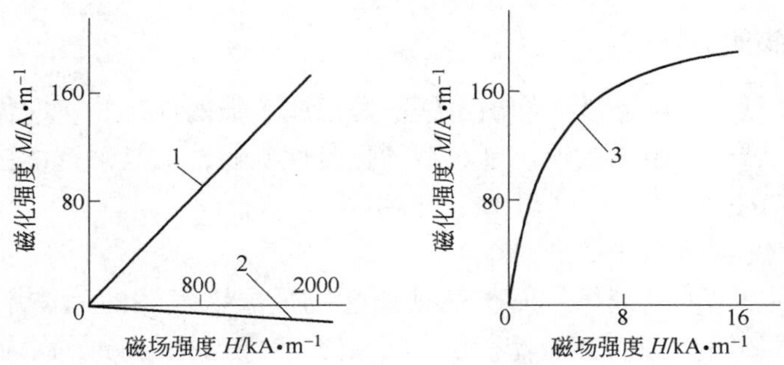

图6-1-1 典型的顺磁性、逆磁性（石英）和铁磁性（磁铁矿）矿物的磁化强度曲线

1—顺磁性矿物；2—逆磁性矿物；3—铁磁性矿物

在磁选实践中，矿物不按上述分类法进行分类，而是按工艺分类法进行分类。这是因为磁选机不能回收逆磁性矿物和磁化率很低的顺磁性矿物。

根据磁性，按比磁化率大小把所有矿物分成强磁性矿物、弱磁性矿物和非磁性矿物。

6.1.1.1　*强磁性矿物*

这类矿物的物质比磁化率$\chi > 3.8 \times 10^{-5} m^3/kg$（或$\chi > 3 \times 10^{-3} cm^3/g$），在磁场强度达120kA/m（约1500Oe）的弱磁场磁选机中可以回收。属于这类矿物的主要有磁铁矿、磁赤铁矿（γ-赤铁矿）、钛磁铁矿、磁黄铁矿和锌铁尖晶石等。这类矿物大都属于亚铁磁性物质。

6.1.1.2　*弱磁性矿物*

这类矿物的物质比磁化率$\chi = 7.5 \times 10^{-6} \sim 1.26 \times 10^{-7} m^3/kg$（或$\chi = 6 \times 10^{-4} \sim 10 \times 10^{-6} cm^3/g$），在磁场强度800～1600kA/m（10000～20000Oe）的强磁场磁选机中可以回收。属于这类矿物的最多，如大多数铁锰矿物——赤铁矿、镜铁矿、褐铁矿、菱铁矿、水锰矿、硬锰矿、软锰矿等；一些含钛、铬、钨矿物——钛铁矿、金红石、铬铁矿、黑钨矿等；部分造岩矿物——黑云母、角闪石、绿泥石、绿帘石、蛇纹石、橄榄石、石榴石、电气石、辉石等。这类矿物大都属于顺磁性物质，也有的属于反铁磁性物质。

6.1.1.3　*非磁性矿物*

这类矿物的物质比磁化率$\chi < 1.26 \times 10^{-7} m^3/kg$（或$\chi < 10 \times 10^{-6} cm^3/g$）。在目前的技术条件下，不能用磁选法回收。属于这类矿物的很多，如部分金属矿物——方铅矿、闪锌矿、辉铜矿、辉锑矿、红砷镍矿、白钨矿、锡石、金等；大部分非金属矿物——自然硫、石墨、金刚石、石膏、萤石、刚玉、高岭土、煤等；大部分造岩矿物——石英、长石、方解石等。这类矿物有些属于顺磁性物质，也有些属于逆磁性物质（方铅矿、金、辉锑矿、石英和自然硫等）。

应当指出的是，矿物的磁性受很多因素影响，不同产地不同矿床的矿物磁性往往不同，有时甚至有很大的差别。这是由于它们在生成过程的条件不同，杂质含量不同，结晶构造不同等所引起的。另外，各类磁性矿物和非磁性矿物的物质比磁化率范围的规定，特别是弱磁性矿物和非磁性矿物的界限规定不是极其严格的，后者将随着磁选技术的发展，磁选机的磁场力的提高会不断地降低，所以上述分类是大致的。对于一个具体的矿物，其磁性大小应通过对矿物的磁性测定才能准确得出。

6.1.2　强磁性矿物的磁性

磁铁矿、磁赤铁矿、钛磁铁矿和磁黄铁矿等都属于强磁性矿物，它们都具有强磁性矿物在磁性上的共同特性。由于磁铁矿是典型的强磁性矿物，又是磁选的主要对象，所以这里重点介绍磁铁矿的磁性。

6.1.2.1　*磁铁矿的磁化过程*

磁铁矿是一种典型的铁氧体，属于亚铁磁性物质。铁氧体的晶体结构主要有三种类型：尖晶石型、磁铅石型和石榴石型。尖晶石型铁氧体的化学分子式为XFe_2O_4，其中X代表二价金属离子，常见的有Fe^{2+}、Co^{2+}、Ni^{2+}、Ca^{2+}、Mg^{2+}、Zn^{2+}、Cd^{2+}、Mn^{2+}等。磁铁矿的分子式为Fe_3O_4，还可写成$Fe^{2+}Fe_2^{3+}O_4$。它是属于尖晶石型的铁氧体。

图6-1-2示出了磁铁矿的磁化强度（曲线1）、比磁化率（曲线2）与磁场强度间的关系。从图中磁化强度的变化曲线看出，磁铁矿在磁场强度为0时，它的磁化强度为0。随着磁场强度的增加，磁铁矿的磁化强度开始时缓慢增加，随后便迅速增加，再往后又变为缓慢增加，直到磁场强度增加而磁化强度不再增加，达到最大值，此点称为磁饱和点。再

降低磁场强度，磁化强度随之减小，但并不是沿着原来的曲线下降，而是沿着高于原来的曲线而下降。当磁场强度减小到0时，磁化强度并不下降为0，而保留有一定的数值，这一数值称为剩磁，这种现象称为磁滞。如要消除矿物的剩磁，需要对磁铁矿施加一个反方向的退磁场。随着退磁场逐渐增大，磁化强度沿着曲线逐渐下降，直到为0。消除剩磁所施加的退磁场强度称为矫顽力，用 H_C 表示。

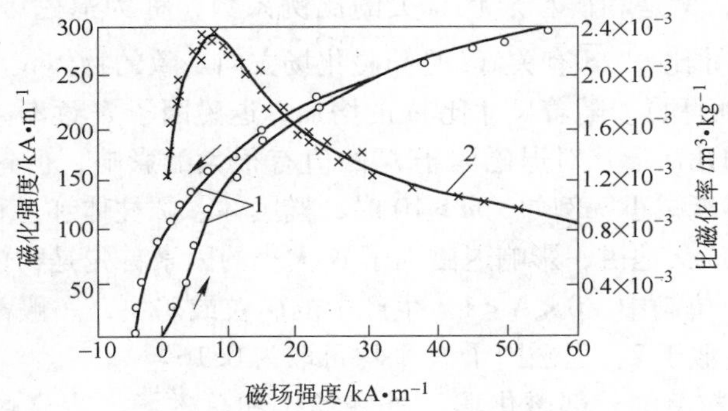

图6-1-2 磁铁矿的磁化强度、比磁化率与磁场强度的关系

1—磁化强度；2—比磁化率

从比磁化率的变化曲线看出，磁铁矿的比磁化率不是一个常数，而是随着磁场强度的变化而变化。开始时，随磁场强度的增加比磁化率迅速增大，在磁场强度达8kA/m时，比磁化率达最大值，之后再增加磁场强度，比磁化率下降。不同的矿物，比磁化率不同，比磁化率达到最大值所需要的磁场强度不同，它们所具有的剩磁和矫顽力也不同。即使是同一矿物，例如都是磁铁矿，化学组成都是 Fe_3O_4，由于它们的生成特性（如晶格构造、晶格中有无缺陷、类质同象置换等）不同，它们的比磁化率、磁化强度和矫顽力也不相同。

6.1.2.2 *磁铁矿的磁性特点*

磁铁矿的磁性特点有：

（1）磁铁矿的磁化强度和磁化率很大，存在着磁饱和现象，且在较低的磁场强度作用下就可以达到磁饱和。

（2）磁铁矿的磁化强度、磁化率和磁场强度之间具有曲线关系。磁化率不是一个常数，随磁场强度的变化而变化。

（3）磁铁矿存在着磁滞现象，当它离开磁化场后，仍保留一定的剩磁。

（4）磁铁矿的磁性与其形状和粒度有关。

6.1.3 影响强磁性矿物磁性的因素

影响强磁性矿物磁性的因素很多，其中主要有磁场强度、颗粒的形状、颗粒的粒度、强磁性矿物的含量和矿物的氧化程度等。磁场强度对磁性的影响见图6-1-2。

6.1.3.1 *颗粒形状的影响*

强磁性矿粒的磁性不仅决定于磁化场的强度和以前的磁化状态，还决定于它的形状。对于组成相同、含量相同的磁铁矿长条形矿粒和球形矿粒，在相同的外部磁化场中被磁化时，所显示出的磁性不同。此外，组成相同、含量相同而长度不同的同一种磁铁矿（圆柱形）矿粒，在同一外部磁化场作用下，磁化强度和比磁化率也不同。

矿粒本身的形状或相对尺寸之所以对其磁性有影响与它们磁化时本身产生的退磁场有密切关系。

根据研究，矿粒在均匀场中磁化时，它所产生的退磁场强度 H' 与矿粒的磁化强度 M 成正比，即 $H' = NM$，N 是和矿粒形状有关的比例系数，称为退磁因子（或退磁系数）。退磁因子与物体的尺寸比 $l/\sqrt{S}$ 有关（l 是与磁化场方向一致的物体长度，而 S 是垂直于磁化场方向的物体的断面积）。随着尺寸比 m 的增加，退磁因子 N 逐渐减小。当物体的尺寸比 m 很小时，物体的几何形状对退磁因子 N 的值有很大的影响，但这种影响随着物体的尺寸比 m 的增大而逐渐减小。例如，$m > 10$ 时，椭圆体、圆柱体和各种棱柱体的退磁因子 N 值很相近。因此，广义地讲，影响退磁因子 N 大小的因素首先是物体的尺寸比，而不是物体的形状。在 SI 单位制中，$0 < N < 1$。生产中的矿粒或矿块，一般都是在某一方向稍长些，它的尺寸比 m 近似于 2，退磁因子 N 平均可取为 0.16。

对应于作用在矿粒上的外部磁化场（外磁场）和总磁场（内磁场）的概念，磁化率分成物体的和物质的两大类。具有一定形状的矿粒（或矿物）的磁性强弱，用物体体积磁化率 κ_0 或物体比磁化率 χ_0 表示。

$$\kappa_0 = \frac{M}{H_0},\quad \chi_0 = \frac{\kappa_0}{\delta} \tag{6-1-1}$$

但由于矿粒形状或尺寸比对磁性的影响，即使同一种矿物，由于形状或尺寸比不同，在同等大小的外部磁化场中磁化时，具有不同的物体体积磁化率和物体比磁化率。为了便于表示、比较和评定矿物的磁性，必须消除形状或尺寸比的影响。此时表示矿物磁性的磁化率不采用磁化强度与外部磁场强度的比值，而采用磁化强度与作用在矿粒内部的总磁场（内磁场）强度的比值。这一比值就是物质体积磁化率。

$$\kappa = \frac{M}{H},\quad \chi = \frac{\kappa}{\delta} \tag{6-1-2}$$

显然，矿物只要组成、含量相同，不管形状或尺寸比如何，在同等大小的总磁场中磁化时，就应有相同的物质体积磁化率和物质比磁化率。一般在进行矿物磁化率测定时都将矿物样品制成长棒形，并使其尺寸比很大，以减小退磁因子 N 和退磁场 H' 的影响。这样作用在矿物上的总磁场 H 与已知外部磁化场 H_0 近似相等。这样，只要知道外部磁化场 H_0、矿物的磁化强度 M 和矿物的密度 δ 就可以求出物质体积磁化率和物质比磁化率。知道了矿物的物质磁化率后，不同形状或尺寸比的矿物的物质磁化率就可计算出来。κ_0 和 κ，χ_0 和 χ 的关系如下：

$$\kappa_0 = \frac{M}{H_0} = \frac{M}{H + H'} = \frac{\kappa H}{H + N\kappa H} = \frac{\kappa}{1 + N\kappa} \tag{6-1-3}$$

$$\chi_0 = \frac{\kappa_0}{\delta} = \frac{1}{\delta}\left(\frac{\kappa}{1 + N\kappa}\right) = \frac{\chi\delta}{\delta(1 + N\chi\delta)} = \frac{\chi}{1 + N\delta\chi} \tag{6-1-4}$$

通常选分磁铁矿石是在场强 80 ~ 120kA/m（1000 ~ 1500Oe）的磁选机上进行。如果磁铁矿颗粒的 $N = 0.16$，$\kappa = 4$，该颗粒的物质体积磁化率 κ_0 为 2.44。

6.1.3.2　颗粒粒度的影响

矿粒的粒度对强磁性矿物的磁性有明显的影响，粒度大小对磁性的影响是比较显著的。随着磁铁矿的粒度的减小，它的比磁化率随之减小，而矫顽力随之增加。

6.1.3.3　强磁性矿物含量的影响

含有弱磁性或非磁性矿物的磁铁矿连生体的比磁化率，实际上取决于其中磁铁矿的含量。这是因为弱磁性矿物的比磁化率比磁铁矿的小得多。例如有较高比磁化率（$\chi \approx 9 \times 10^{-6} m^3/kg$）的假象赤铁矿，它的比磁化率是磁铁矿的比磁化率（$\chi = 8 \times 10^{-4} m^3/kg$）几十分之一，而其他弱磁性矿物的比磁化率更小。

关于磁铁矿连生体比磁化率的测定，有文献介绍了如下计算方法（见参考文献[1]）。

在多数的磁铁矿石中，连生体的比磁化率为$\chi_{连}$（m^3/kg）：

$$\chi_{连} \approx 1.13 \times 10^{-5} \times \frac{\alpha_{磁}^2}{127 + \alpha_{磁}} \tag{6-1-5}$$

式中，$\alpha_{磁}$ 为连生体中磁铁矿的含量，%。

对于磁选机磁场中形成磁链的细粒和微细粒，连生体颗粒的比磁化率为：

$$\chi_{连} \approx 1.8 \times 10^{-5} \times \frac{\alpha_{磁}^2}{127 + \alpha_{磁}} \tag{6-1-6}$$

在磁化场强为 10～20kA/m（125～250Oe）时可用下式求出连生体的比磁化率：

$$\chi_{连} = 2.44 \times 10^{-10}(\alpha_{磁} + 27)^3 \tag{6-1-7}$$

用上述公式计算与试验结果有一定程度的吻合，可作为参考。

6.1.3.4　矿物氧化程度的影响

磁铁矿在矿床中经长期氧化作用以后，局部或全部变成假象赤铁矿（结晶外形仍为磁铁矿，而化学成分已经变成赤铁矿了）。随着磁铁矿氧化程度的增加，矿物磁性要发生较大的变化，即磁铁矿的磁性减弱。

如矿床的矿石物质组成较简单，铁矿石中硅酸铁、硫化铁、铁白云石等含量小于3%，主要的铁矿物又为磁铁矿、赤铁矿和褐铁矿，可采用磁性率法即用矿石中的 FeO 含量和全铁（TFe）含量的百分比 $\left(\frac{FeO}{TFe} \times 100\%\right)$ 来反映铁矿石的磁性。纯磁铁矿的磁性率 = $\frac{56 + 16}{56 \times 3} \times 100\% = 42.8\%$。铁矿石的磁性率值低，说明它的氧化程度高，磁性弱。工业上把磁性率不小于 36% 的铁矿石划为磁铁矿石；把磁性率为 28%～36% 的铁矿石划为半假象赤铁矿石；把磁性率小于 28% 的铁矿石划为假象赤铁矿石。

对于矿石物质组成较复杂，矿石中的硅酸铁、菱铁矿、硫化铁和铁白云石等含量较多，不能采用磁性率法反映铁矿石的磁性。例如某些铁矿石中含有较多的硅酸铁矿物和菱铁矿，它的磁性率很高，有时甚至大于纯磁铁矿石的磁性率，而实际的磁选效果却很差；又如铁矿石中含有较多的磁黄铁矿，它的磁性率不高，实际的磁选效果却很好；再如某些矿石中的半假象赤铁矿在弱磁选时也可被选出，它的磁性率虽然小于37%，磁选效果仍较好，所以可将它划属磁铁矿石类型之中。遇到组成复杂的铁矿石最好用矿石中磁性铁

(mFe) 对全铁 (TFe) 的占有率大小来划分铁矿石的类型，划分标准为：mFe/TFe≥85%为磁铁矿石；mFe/TFe = 85% ~15% 为混合矿石；mFe/TFe≤15% 为赤铁矿石。磁性铁对全铁的占有率可简称为磁性铁率。

对不同氧化程度的磁铁矿石的比磁化率与磁化场强的关系的研究表明，随着磁铁矿石氧化程度的增加，其比磁化率显著减小，比磁化率的最大值愈来愈不明显，曲线愈来愈接近于直线。这说明强磁性的磁铁矿在长期氧化作用下逐渐变成了弱磁性的假象赤铁矿。氧化过程是磁铁矿磁性由量变到质变的过程。

6.1.4 弱磁性矿物的磁性

自然界中大部分天然矿物都是弱磁性的，它们大都属于顺磁性物质，只有个别矿物（如赤铁矿）属于反铁磁性物质。纯的弱磁性矿物的磁性比强磁性矿物弱得多，而且没有强磁性矿物所具有的一些特点，例如：

（1）弱磁性矿物的比磁化率为一常数，与磁场强度、本身形状和粒度等因素无关，只与矿物组成有关。

（2）弱磁性矿物没有磁饱和现象和磁滞现象，它的磁化强度与磁场强度之间的关系呈一直线关系。

如弱磁性矿物中含有强磁性矿物，即使是少量也会对其磁性和其磁性特点产生一定甚至是较大的影响。

6.1.5 矿物磁性对磁选过程的影响

矿物磁性对磁选过程有较大的影响。

细粒、微细粒的磁铁矿或其他强磁性矿物（如硅铁、磁赤铁矿、磁黄铁矿）进入磁选机时，沿着磁力线取向形成磁链或磁束。由于磁链的退磁因子比单个磁性矿物颗粒小，因此在磁选机中形成的磁链有利于微细粒的磁性矿物的回收，湿式磁选效果更好。生产实践也证明，磁铁矿粒在磁选过程中很少以单个颗粒出现，而绝大多数是以磁链存在的。这可以由磁铁矿精矿的沉降分析结果来证实，见表6-1-1。

表6-1-1 磁铁矿磁选精矿的沉降分析结果

<table>
<tr><th rowspan="2">级别/mm</th><th colspan="3">未经处理的磁选精矿（保留磁聚状态）</th><th colspan="3">经氧化处理的磁选精矿（矿粒以单颗粒状态存在）</th></tr>
<tr><th>γ/%</th><th>TFe/%</th><th>Fe分布/%</th><th>γ/%</th><th>TFe/%</th><th>Fe分布/%</th></tr>
<tr><td>+0.1</td><td>17.66</td><td>60.3</td><td>18.04</td><td>3.81</td><td>33.4</td><td>2.25</td></tr>
<tr><td>-0.1 +0.074</td><td>21.45</td><td>54.3</td><td>20.18</td><td>9.36</td><td>36.2</td><td>5.89</td></tr>
<tr><td>-0.074 +0.061</td><td>53.55</td><td>61.6</td><td>57.06</td><td>18.66</td><td>67.2</td><td>22.12</td></tr>
<tr><td>-0.061 +0.054</td><td>0.89</td><td>40.7</td><td>0.63</td><td>9.70</td><td>61.2</td><td>10.47</td></tr>
<tr><td>-0.054 +0.044</td><td>3.06</td><td>34.6</td><td>1.84</td><td>10.21</td><td>56.4</td><td>10.16</td></tr>
<tr><td>-0.044 +0.020</td><td>1.62</td><td>30.4</td><td>0.88</td><td>30.11</td><td>56.4</td><td>29.96</td></tr>
<tr><td>-0.020 +0.010</td><td>0.61</td><td rowspan="2">32.3</td><td rowspan="2">0.99</td><td>13.00</td><td>60.2</td><td>13.81</td></tr>
<tr><td>-0.010</td><td>1.16</td><td>5.15</td><td>57.7</td><td>5.25</td></tr>
<tr><td>合 计</td><td>100.00</td><td>57.77</td><td>100.00</td><td>100.00</td><td>56.69</td><td>100.00</td></tr>
</table>

从表6-1-1中可看出，在未经处理的仍保留磁聚状态的精矿中，-0.061mm级别的产率占7.34%，且该级别的铁品位较低，而经过氧化处理的以单颗粒状态存在的精矿中，-0.061mm级别的产率则提高为68.17%，且该级别的铁品位较高。这是由于细粒磁铁矿相互吸引形成磁团分布在粗级别中造成的。

形成的磁链对磁性产品的质量有坏的影响，这是因为非磁性颗粒特别是微细的非磁性颗粒混入到磁链中而使磁性产品的品位降低。

磁选强磁性矿石时，除了颗粒的磁化率外，起重要作用的还有颗粒的剩磁和矫顽力。正是由于它们的存在，使得经过磁选机或磁化设备的强磁性矿石或精矿，从磁场出来后常常保有磁性，结果细粒和微细粒颗粒形成磁团或絮团。这种性质被应用于脱泥作业以加速强磁性矿粒的沉降。为了这个目的，在脱泥前把矿浆在专门的磁化设备中进行磁化处理或就在脱泥设备（如磁洗槽）中的磁场直接进行磁化。

磁团聚的不利作用除表现在影响磁性产品的质量外，还表现在磁选的中间产品的磨矿分级上。在采用阶段磨矿阶段选别流程时，一段磁选精矿进入第二段磨矿分级作业前如果不进行脱磁处理，分级效率会降低。因此，对经过磁选设备分选后的强磁性物料（中间产品）须安装破坏磁聚团的脱磁设备。在过滤前，对微细磁性精矿脱磁，可以降低滤饼水分、提高过滤机的处理能力。

细粒或微细粒的弱磁性矿石进入磁选机的磁场时不形成磁链或磁束。由于它的磁化率较低，致使磁选回收率不够高（在强磁场磁选机中选分时）。使用高梯度强磁选机，磁选回收率有较大幅度的提高。

磁铁矿石是由高比磁化率的强磁性磁铁矿和具有仅为其数值百分之一左右的低比磁化率的脉石矿物（石英、角闪石和方解石等）所组成。磁铁矿矿粒和脉石矿粒的比磁化率之比，当它们都充分单体分离时，不小于400～800，这与磁铁矿的高比磁化率相结合，就决定了强磁性磁铁矿石的磁选过程效率很高。而磁铁矿与脉石矿物的连生体和相当纯净的磁铁矿矿粒分离时，效率就低得多，因它们的比磁化率之比只是个位数。

按近似计算，连生体的比磁化率和连生体中磁铁矿的含量百分比成正比，连生体中脉石矿物的比磁化率与磁铁矿比较，可以忽略不计。纯净磁铁矿颗粒的比磁化率与磁铁矿含量不同的连生体的比磁化率之比见表6-1-2。

表6-1-2　纯净磁铁矿粒的比磁化率与磁铁矿连生体的比磁化率之比（计算值）

连生体中磁铁矿的含量/%	10	30	50	70	90
被分离矿粒的比磁化率之比	10.0	3.3	2.0	1.4	1.1

从表6-1-2中可看出，如将含有50%以上磁铁矿的连生体与纯净的磁铁矿矿粒分离，有很大困难，因为分离成分的比磁化率之比很小。此外，磁铁矿形成的磁链也易夹杂磁铁矿含量较高的连生体。

在恒定磁场的磁选机中，无论干选或湿选分离相当纯的磁铁矿矿粒和连生体，效率都不高。为了提高分离效率，或采用旋转交变磁场的磁选机，或结合其他选矿方法（如浮选法）以除去磁选精矿中的连生体和单体的脉石。

选别弱磁性矿石时，如所用的强磁场磁选机（如下面给矿的辊式磁选机）的磁场力分布很不均匀，被分离成分的比磁化率的最小比值不得低于5。低于此值时，磁性产品将含有较多的连生体。如磁选机的磁场力分布均匀些，就能在被分离成分的比磁化率之比较小的条件下（2.5 或 3），选别弱磁性矿石。

磁铁矿石受到氧化作用而磁性减弱，氧化程度愈深，磁性愈弱。磁性铁率 mFe/TFe≥85% 的磁铁矿石用磁选法处理，可以获得良好的选别效率；磁性铁率 mFe/TFe = 85% ~ 15% 的混合矿石，应采用磁选结合其他选别方法；磁性铁率 mFe/TFe≤15% 的赤铁矿石，应采用磁选结合其他选别方法或采用单一浮选法处理。

6.1.6　矿物比磁化率的测定

矿物磁性测量方法可分为三大类：有质动力法、感应法和间接法。有质动力法又可分为：古依（Gouy）法和法拉第（Faradav）法。

6.1.6.1　古依法测定矿物比磁化率

古依法测量装置如图 6-1-3 所示，是一种传统的用于矿物比磁化率测定的方法。主要由分析天平、多层螺管线圈、直流安培计、转换开关及薄壁玻璃管等组成。

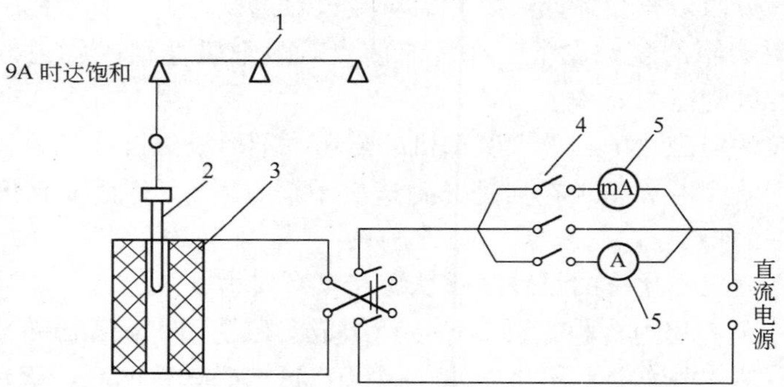

图 6-1-3　测定矿物磁性装置的线路图

1—分析天平；2—薄壁玻璃管；3—磁化线圈；4—开关；5—电流表

将在整个长度上截面相等的试样管装入矿粉（长约 30cm）后，置入磁场中，使其下端处于磁场强度均匀且较高的区域，而另一端处于磁场强度很低的区域。此时试样沿磁场轴线方向所受的磁力 $f_{磁}$ 为：

$$f_{磁} = \int_{H_2}^{H_1} \mu_0 \kappa_0 \cdot \mathrm{d}l \cdot SH \cdot \frac{\mathrm{d}H}{\mathrm{d}l} = \frac{\mu_0 \kappa_0}{2}(H_1^2 - H_2^2)S \tag{6-1-8}$$

式中 $f_{磁}$——试样所受的磁力，N；

κ_0——试样的物质体积磁化率；

μ_0——真空磁导率；

H_1，H_2——试样两端处的磁场强度，A/m；

S——试样的截面积，m^2；

l——试样的长度，m。

当试样足够长，并且 $H_1 \gg H_2$，磁场强度 H_2 很小可忽略不计时，式（6-1-8）就可写成：

$$f_{磁} = \frac{\mu_0 \kappa_0}{2} H_1^2 S \tag{6-1-9}$$

所受磁力以天平测出，即

$$f_{磁} = \Delta m g \tag{6-1-10}$$

式中 g——重力加速度，9.81m/s^2；

Δm——试样在磁场中质量的变化量，kg。

因此

$$\Delta m g = \frac{\mu_0 \kappa_0}{2} H_1^2 S$$

$$\Delta m g = \frac{1}{2} \frac{\mu_0 \chi_0 m}{lS} H_1^2 S$$

$$\chi_0 = \frac{2l \Delta m g}{\mu_0 m H_1^2} \tag{6-1-11}$$

式中 χ_0——试样的物质比磁化率，m^3/kg；

m——试样质量，kg；

l——试样的长度，m。

当试样的长度 l 很长，且截面 S 很小时，则

$$\chi = \chi_0 = \frac{2l \Delta m g}{\mu_0 m H_1^2} \tag{6-1-12}$$

试样所处的磁场是由多层螺管线圈通入直流电形成的，线圈内某点的磁场强度可由下式求出：

$$H = \frac{50ni}{R - r}\left(l_1 \cdot \ln \frac{R + \sqrt{R^2 + l_1^2}}{r + \sqrt{r^2 + l_1^2}} + l_2 \cdot \ln \frac{R + \sqrt{R^2 + l_2^2}}{r + \sqrt{r^2 + l_2^2}} \right) \tag{6-1-13}$$

式中 H——多层螺管线圈内中心线上的磁场强度，A/m；

n——线圈单位长度的匝数；

i——线圈所通过的电流，A；

R——线圈外半径，m；

r——线圈内半径，m；

l_1——线圈内某点（测点）到线圈的上端的距离，m；

l_2——线圈内某点到线圈下端的距离，m。

测量前，先确定空玻璃管的重量，将样品磨成粉状，小心地装入玻璃管中并捣紧，直到达到350mm的刻度为止。将带有样品的玻璃管称重后悬挂于分析天平的左秤盘下，使其下端位于线圈的中心，注意不能碰到线圈壁。线圈通电后可称出在磁场中样品的重量。根据以上数据可算出所测试样的比磁化率。在测定弱磁性矿物的比磁化率时，磁场强度要适当高一些，并反复测量3~4次，取其平均值。

古依法测量方法原理上存在不太严谨之处，测量结果和矿物的实际比磁化率有一定误差，尤其是测量强磁性矿物的比磁化率误差更大。比较精确的测量装置有振动样品磁强计

(感应法)，具有定标简单、灵敏度高、误差较小等特点，它适合铁磁性、顺磁性、抗磁性等矿物磁性能测定，读者可参考其他文献。

6.1.6.2 法拉第法测定矿物比磁化率

法拉第法测量装置如图6-1-4所示，一般用来测定弱磁性矿物的比磁化率。该装置是等磁力磁极的磁力天平，磁极工作区域的$H\text{grad}H$为常数。当被测试样的质量已知并测出其所受磁力，则可按下式求出比磁化率：

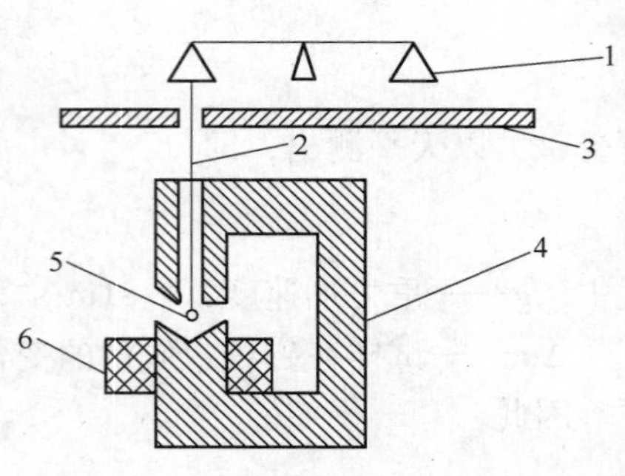

图6-1-4 等磁力磁极的磁天平装置
1—分析天平；2—非导磁材料做的线；3—磁屏；4—铁芯；5—矿样；6—线圈

$$\chi_0 = \frac{f}{\mu_0 m H\text{grad}H} \tag{6-1-14}$$

该装置的$H\text{grad}H$和线圈激磁电流之间的关系，可由说明书直接查出。

由于等磁力磁极较难加工，常用的仍然为不等磁力磁极的磁天平。它与强磁性矿物磁性测量装置类似，测量时将一已知比磁化率的标准样品和待测样品先后装入同一个小玻璃瓶中，并置于磁场中的同一位置，使两次测量的$H\text{grad}H$相等，则试样在磁场中所受的磁力分别为：

$$f_{标} = \mu_0 \chi_{标} m_{标} H\text{grad}H$$
$$f_{试} = \mu_0 \chi_{试} m_{试} H\text{grad}H$$

因此

$$\chi_{试} = \frac{f_{试} \cdot m_{标}}{f_{标} \cdot m_{试}} \chi_{标} \tag{6-1-15}$$

测得$f_{标}$、$f_{试}$后便可根据上式求出待测物料的比磁化率。用作标准试样的一些稳定化合物包括氧化钆（20℃时的比磁化率为$1.65\times10^{-6}\text{m}^3/\text{kg}$）、氯化锰（比磁化率为$1.45\times10^{-6}\text{m}^3/\text{kg}$）、硫酸锰（比磁化率为$0.82\times10^{-6}\text{m}^3/\text{kg}$）、多结晶铋矿（比磁化率为$1.68\times10^{-8}\text{m}^3/\text{kg}$）、纯水（比磁化率为$-9.05\times10^{-9}\text{m}^3/\text{kg}$）等。

6.1.7 矿石的磁性分析

矿石磁性分析的目的在于确定矿石中磁性矿物的磁性大小及其含量。矿石的磁性分析主要包括矿物的比磁化率的测定与矿石中磁性矿物含量测定。比磁化率的测定在前面已作介绍，下面主要介绍矿石中磁性矿物含量的分析。

实验室常用磁选管、手动磁力分析仪、自动磁力分析仪、湿式强磁力分析仪等分析矿石中磁性矿物含量，以确定磁选可选性指标，对矿床进行工业评价，检查磁选过程和磁选机的工作情况。

6.1.7.1 磁选管

磁选管常用于物料中强磁性矿物含量的分析，使用方便、分离效果好；用少量的物料便可进行一系列试验，从而分析各种因素对磁选分离的影响。

磁选管的结构如图6-1-5所示。在C字形铁芯上绕有线圈，其中通以直流电，调节电流强度可以改变磁场强度，最高磁场强度可达160~240kA/m。玻璃管用支架支承在磁极中间，并与水平成45°角，电机带动支架上的圆环（套在玻璃管之外）可使玻璃管作往复上下移动和转动。

试验时，取适量（对 ϕ40mm 左右磁选管以吸在管内壁上2～3g 磁性产物为宜，对 ϕ100mm 左右磁选管一般为7～8g）具代表性的细磨物料，放入烧杯中进行调浆使其充分分散。将水引入玻璃管，并调节玻璃管下端橡皮管的夹子，使管内水量保持稳定，水面高于磁极30mm 左右。接通直流电源将电流调节至所需磁场强度。先将杯中矿泥给入管内，然后缓慢给入杯中沉下的物料。磁性矿粒在磁场力的作用下被吸引至两磁极间的管内壁上，而非磁性矿粒随水流从玻璃管下端排出。当玻璃管内水变清后停止给水，等水放完后更换接矿器，切断电源，洗出磁性产品。将磁性产品、非磁性产品分别澄清、烘干、称重、取样、化验分析，从而求出磁性部分在原试样中的百分比含量并评定磁选效果。

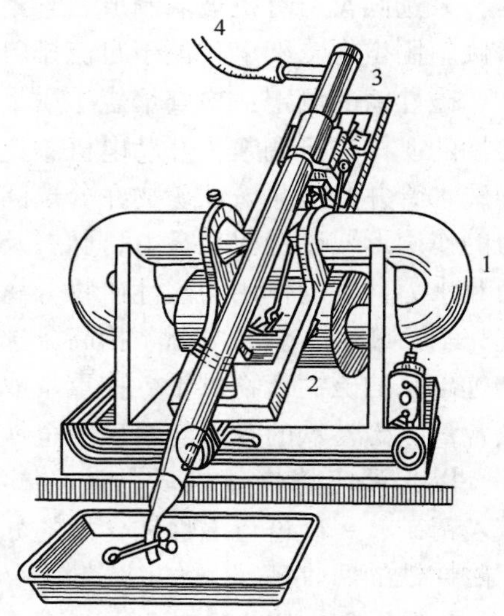

图6-1-5 磁选管外形

1—铁芯；2—线圈；3—玻璃管；4—给水管

在实验室型磁选机上进行分选试验所得的磁性产物，一般用磁选管进行磁性分析，以检查其中磁性矿物的含量，并评定磁选效果。对于组成比较简单的铁矿石，如单一磁铁矿石，磁选管的磁性分析结果可满足矿床工业评价的要求。

6.1.7.2 *磁性铁分析仪*

磁性铁分析仪可用于检查焙烧矿质量，还可用于观察各种磁性矿物在脉冲磁场中运动状态，根据选用转速的不同（磁场交替的频率不同）可以进行精选和扫选。该仪器如图6-1-6所示，由支架、冲洗水管、给矿管、永久磁铁、可调速电机、调压器、电流表等部件组成。永久磁铁是由4块外形尺寸为20mm×20mm×40mm 的磁块，极性交替排列并粘在 ϕ60mm 铁圆盘上（见图6-1-7），此圆盘可随机轴一起转动，从而产生旋转磁场，磁场强度为112～120kA/m，磁盘转速为200～2000r/min。旋转磁盘上安放有 ϕ47mm 分选圆

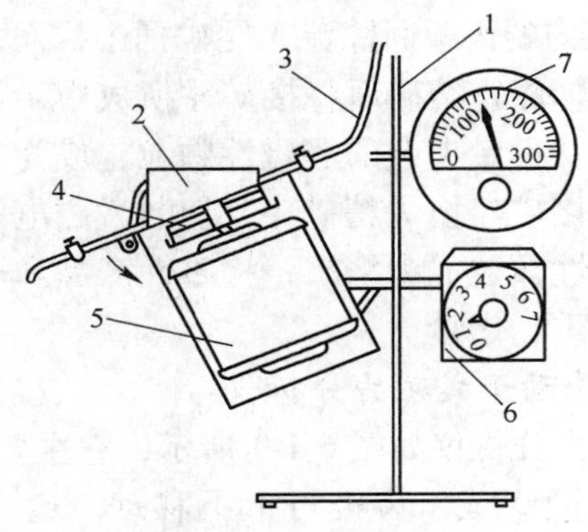

图6-1-6 磁性铁分析仪

1—支架；2—冲洗水管；3—给矿管；4—永久磁铁；5—可调速电机；6—调压器；7—电流表

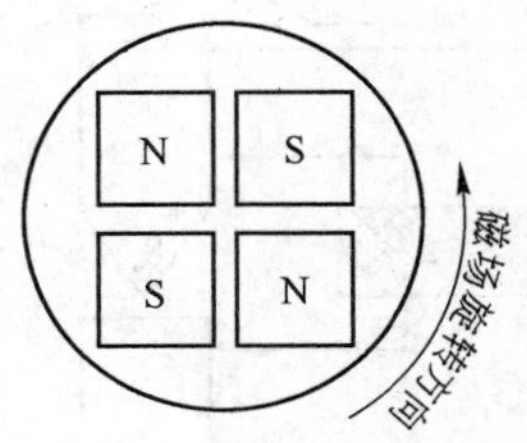

图6-1-7 旋转磁场示意

盘，分选圆盘由有机玻璃制成，它不接触磁盘，整个设备倾斜固定在支架上，便于自流排料。

磁性铁的测定：检查焙烧矿质量时，先取适当有代表性的矿样进行调浆；开动电机调速至规定转速；打开冲洗水管并给矿，磁性矿物在分选圆盘上受旋转磁场磁力的作用形成磁链留在盘上，脉石及弱磁性矿物借助重力和水力冲洗的作用与磁性矿物分离经尾矿端排出，分选完毕，断水、切断电源、抬高分选盘、接取精矿；将分选出来的磁性产物烘干、称重、取样化验，测定磁性铁含量。磁性铁的含量与给矿中全铁含量之比即为磁性率，以此评定焙烧效果。在磁选厂生产过程中，对原矿、精矿、尾矿进行磁性铁含量的分析，可以计算出该厂磁性铁的回收率。

6.1.7.3　湿式强磁力分析仪

可用实验室型湿式强磁选机进行物料中弱磁性矿物含量分析。图6-1-8为SSC-77实验室型湿式强磁选机，主要由铁芯、励磁线圈、分选箱、给矿装置、冲矿及接矿装置等组成，该设备磁场强度高、适用范围广、操作方便。

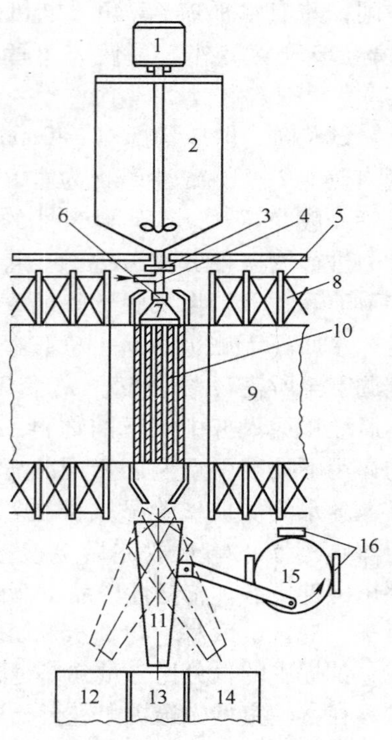

图6-1-8　SSC-77实验室型湿式强磁选机

1—搅拌机；2—搅拌桶；3—给矿阀；4—三通阀；5—冷却水套；6—扁嘴运动拉杆；7—铜扁嘴；8—激磁线圈；9—铁芯；10—分选箱；11—承矿漏斗；12，13，14—精、中、尾矿接矿桶；15—偏心轮；16—微动开关

铁芯断面高170mm，宽120mm，收缩后断面尺寸为170mm×80mm，磁极头间距为42mm。励磁线圈由8个线包组成，在磁极头附近双侧配置。分选箱由5块纯铁制成的齿板和两块铝质挡板组成，齿板高170mm，宽80mm，厚7mm，齿尖角100°，紧靠磁极头的两块齿板为单面，其余为双面齿板，相对两齿板的齿尖距1.5mm，齿谷距6.25mm。在分选箱上有给矿装置，底部有接矿装置。

分析步骤：搅拌桶中的矿浆（浓度10%～40%）通过给矿阀及扁嘴进入分选箱中，非磁性矿物在矿浆流和重力的作用下，沿分选箱内的齿板间隙流入尾矿桶中，而磁性矿物被吸着在齿板上，停止给矿后将接矿斗换成中矿斗冲洗管路中残留的矿浆及少量夹杂的非磁性颗粒，成为中矿进入中矿斗；然后将接矿斗换为精矿斗，切断激磁电源，待磁场消失后冲洗磁性颗粒成为精矿；将磁性产品和非磁性产品分别烘干、称重、化验。

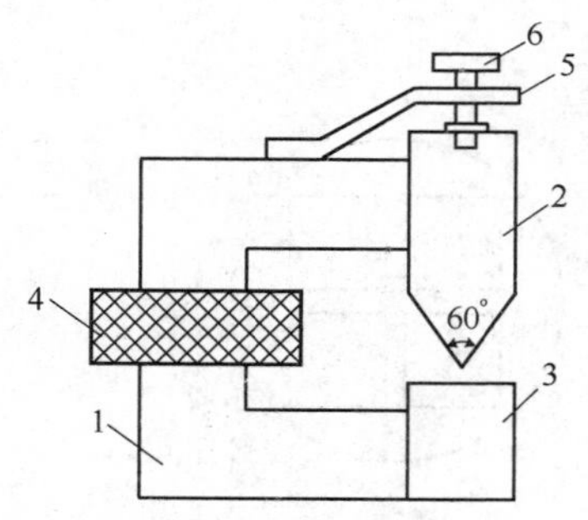

图6-1-9　手动干式磁力分析仪

1—铁芯；2—齿极；3—平板；4—线圈；5—支臂；6—螺杆

6.1.7.4　手动干式磁力分析仪

手动干式磁力分析仪如图6-1-9所示，它主要由铁芯、齿极、平板和线圈组成，齿极可上下移动。通入直流电后，两磁极间产生强磁场，其磁场强度的强弱可以通过调节激磁电流及极距来实现。如果被分析的试样中有不同磁性的矿物，可按磁性强弱依次进行分离。

操作顺序如下：

（1）取1~3g矿砂呈单层撒在玻璃板上，并送至工作间隙；

（2）根据试样粒度调节齿极与玻璃板上矿层之间的距离，将齿极用塑料布包上以便于卸磁性物料；

（3）通入一定大小的激磁电流，将玻璃板贴着平板来回作水平移动，使磁性矿物吸在磁极上；

（4）取出给矿玻璃板，再换上另一块接精矿的玻璃板；

（5）切断电源，吸在齿极上的磁性矿粒落在玻璃板上，即为磁性产品。

由于磁性矿粒所受的磁力随齿极与矿粒之间的距离减少而急剧增加，所以操作过程中玻璃板应始终贴着平板移动，使整个操作过程都在磁力相同的条件下进行。

6.1.7.5　自动磁力分析仪

自动磁力分析仪如图6-1-10所示，由铁芯、磁极头、线圈、电振分选槽等组成。电振分选槽的上端有给料杯和电动给矿器，下端有接料斗和接料杯。分析仪用心轴支放在悬臂式的支架上，调节转动手轮可以改变分选槽的纵向坡度。悬臂支架用心轴固定在机座上，转动心轴上的手轮可以改变分选槽的横向坡度。

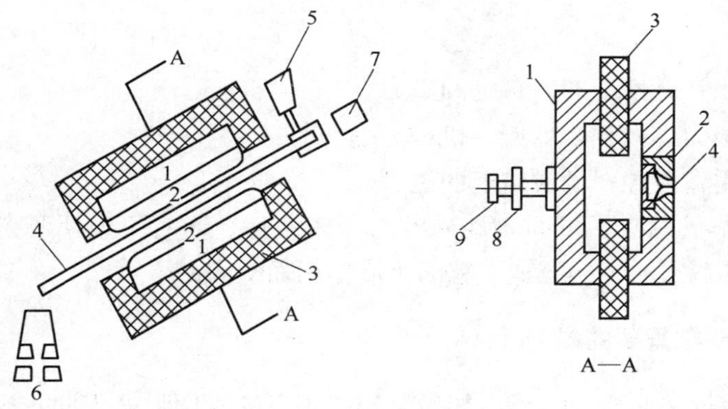

图6-1-10　自动磁力分析仪

1—铁芯；2—磁极头；3—线圈；4—电振分选槽；5—给料杯；6—接料杯；7—电振给矿器；8—支架；9—跳动手轮

操作步骤：

（1）接通励磁直流电和振动给矿器的低压交流电源，使分选槽处在不均匀磁场中，给矿器作纵向振动。分选槽内的磁场力里弱外强，磁性较强的颗粒受磁力作用运动至外边强磁场区，而非磁性颗粒或磁性较弱的颗粒由于重力作用流向里边。

（2）用副样调整励磁电流强度、振动给矿器的强度（即电振强度）、电振分选槽的纵向坡度和横向坡度，使分选槽上矿粒分带明显。在磁场强度和振动强度大体确定之后，如有堵矿现象，适当加大纵向坡度，磁性产品产率较大时，适当加大横向坡度。

（3）调整好后切断电流，刷净分选槽和磁极头之后，再接通励磁电流和振动槽电源，并将正式试样装入给矿杯进行分离操作。

（4）分离完毕后，切断电源，卸下振动分选槽，将黏附在上面的少量物料刷入磁性或非磁性的接矿杯中。

（5）最后将磁性产品和非磁性产品分别称重，计算其重量百分比。

6.2　磁选原理及分选过程

6.2.1　磁选的基本条件

磁选是在磁选设备的磁场中进行的。被选矿石给入磁选设备的选分空间后，受到磁力和机械力（包括重力、离心力、水流动力等等）的作用。磁性不同的矿粒受到不同的磁力作用，沿着不同的路径运动（见图 6-2-1）。由于矿粒运动的路径不同，所以分别接取时就可得到磁性产品和非磁性产品（或是磁性强的产品和磁性弱的产品）。进入磁性产品中的磁性矿粒的运动路径由作用在这些矿粒上的磁力和所有机械力合力的比值来决定。进入非磁性产品中的非磁性矿粒的运动路径由作用在它们上面的机械力的合力来决定。因此，为了保证把被分选的矿石中的磁性强的矿粒和磁性弱的矿粒分开，必须满足以下条件：

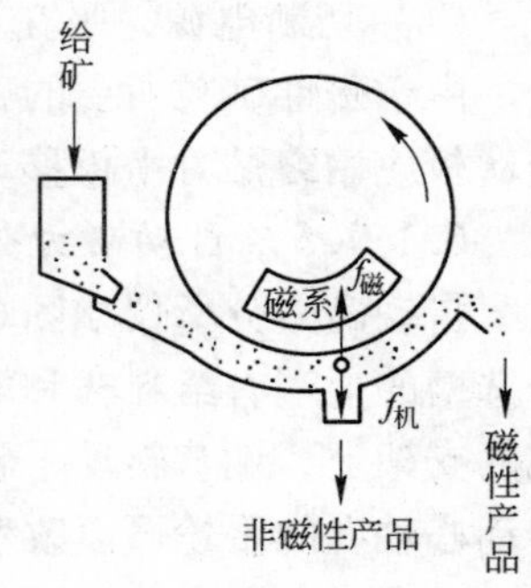

图 6-2-1　矿粒在磁选机中分离的示意图

$$f_{1磁} > \Sigma f_{机} > f_{2磁} \tag{6-2-1}$$

式中　$f_{1磁}$——作用在磁性强的矿粒上的磁力；

$\Sigma f_{机}$——与磁力方向相反的所有机械力的合力；

$f_{2磁}$——作用在磁性弱的矿粒上的磁力。

式（6-2-1）不仅说明了不同磁性矿粒的分离条件，同时也说明了磁选的实质，即磁选是利用磁力和机械力对不同磁性矿粒的不同作用而实现的。

6.2.2　回收磁性矿粒需要的磁力

磁场有均匀磁场和非均匀磁场。如果磁场中各点的磁场强度相同，则此磁场是均匀磁场，否则就是非均匀磁场。磁场非均匀性通过磁极和磁介质的形状、尺寸和排列而产生。磁场的非均匀性用 $\frac{\mathrm{d}H}{\mathrm{d}l}$ 或 $\mathrm{grad}H$ 表示。

作用在磁性物体颗粒上的磁力为：

$$f_{磁} = \mu_0 \kappa_0 V H_0 \mathrm{grad} H_0 \tag{6-2-2}$$

式中　$f_{磁}$——作用在磁性颗粒上的磁力，N；

κ_0——物质的体积磁化率；

V——磁性颗粒的体积；

H_0——外磁场强度，A/m。

在磁选研究中经常用比磁力。比磁力 $F_{磁}$（N/kg）是作用在单位质量颗粒上的磁力，即

$$F_{磁} = \frac{f_{磁}}{m} = \frac{\mu_0 \kappa_0 V H_0 \mathrm{grad} H_0}{\delta V} = \mu_0 \chi_0 H_0 \mathrm{grad} H_0 \tag{6-2-3}$$

式中　m——颗粒的质量，kg；

δ——颗粒的密度，kg/m^3；

χ_0——颗粒物质的体积比磁化率，$\chi_0 = \frac{\kappa_0}{\delta}$，$m^3/kg$；

$H_0 \mathrm{grad} H_0$——磁场力，A^2/m^3。

磁场力 $H_0 \mathrm{grad} H_0$ 便于表示磁选机非均匀磁场的磁场特性，因为对于非均匀磁场仅用磁场强度来表示是不够的，还必须考虑磁场梯度。原则上，上述计算公式在场强方向与梯度方向一致或有一定夹角情况下也是适用的。

由式（6-2-3）可看出，作用在磁性矿粒上的比磁力 $F_{磁}$ 大小决定于磁性矿粒本身的磁性 χ_0 值和磁选机的磁场力 $H_0 \mathrm{grad} H_0$ 值。选分 χ_0 值高的矿物如强磁性矿物时，磁选机的磁场力 $H_0 \mathrm{grad} H_0$ 相对的可以小些，而选分 χ_0 值低的矿物如弱磁性矿物时，磁场力 $H_0 \mathrm{grad} H_0$ 就应很大。

必须指出，在利用式（6-2-2）和式（6-2-3）时一般均采用相当于矿粒重心那一点的 $H_0 \mathrm{grad} H_0$。严格说来，只有在 $H_0 \mathrm{grad} H_0$ 等于常数时才是正确的。一般说来，磁选机磁场的 $H_0 \mathrm{grad} H_0$ 不是常数，矿粒尺寸愈小，这种假设所引起的误差也愈小。对于尺寸相当大的矿粒，为了更正确地计算其比磁力 $F_{磁}$，理论上可以先将矿粒分成很小的体积，先对每个小体积进行个别计算，然后用积分法求出总的比磁力 $F_{磁}$，这实际上很难做到。

如把强磁性矿块紧贴或靠近磁系，则此矿块实际所受到的磁力要比按式（6-2-3）计算出的大。产生这种情况的主要原因是强磁性矿块增加了磁极间气隙的磁导和使磁场发生很强的畸变，致使磁场强度和磁场非均匀性均有所提高。尽管如此，计算强磁性矿块所受的磁力还可以应用式（6-2-3），不过得引入一个修正系数 α。该系数考虑了矿粒的平均直径和磁系极距的比值。修正系数见表6-2-1。

表6-2-1　式（6-2-3）的修正系数 α 值

矿粒平均直径 d/极距 l	<0.05	0.05～0.2	>0.2
修正系数 α	1.1	1.5	2～2.5

从上述知道，为了回收磁性矿粒，必须使作用在其上的磁力有效分量大于作用在其上的、与磁力方向相反的所有机械力的合力，且足够大，即

$$f_{磁} = \mu_0 \kappa_0 V H_0 \mathrm{grad} H_0 > \Sigma f_{机} \tag{6-2-4}$$

在通常情况下，准确计算出 $\Sigma f_{机}$ 值是比较困难的，多是根据磁选机的类型并结合实践（包括试验）来估算出 $\Sigma f_{机}$ 值。

6.3　弱磁选设备的种类、操作与维护

弱磁场磁选设备是分选表面磁感应强度在180mT以下的磁选设备，中磁场磁选机是指介于弱磁场磁选设备和强磁场磁选设备之间，磁感应强度在180～600mT范围。中、弱磁场磁选设备主要是磁体结构设计和使用磁性材料不同，设备的外部结构基本相同。弱（中）磁场磁选设备的种类按照作业方式可以分为干式和湿式；按结构特征可以分为带式、筒式、柱式、盘式等；按工艺过程分，又可以分为预选磁选机、初选磁选机、精选磁选机和再选磁选机。根据目前国内外的发展和应用，弱（中）磁场磁选设备应用较多的有干式

永磁磁滚筒（磁滑轮）、干式永磁筒式磁选机、湿式永磁筒式磁选机和柱式磁选机（磁选柱、磁聚机等）；前两种多用于干式大块分选或粗粒级分选，后两种多用于湿式细粒级分选。本节重点介绍一些常用的和近几年新研究成功的弱（中）磁场筒式磁选机。

6.3.1 干式永磁磁选设备

6.3.1.1 干式永磁磁滚筒（磁滑轮）

磁滚筒磁体有永磁式和电磁式，电磁式磁滚筒由于耗电，有线圈需要冷却等不足，早已被永磁磁滚筒（磁滑轮）所取代。

永磁磁滚筒（磁滑轮）与皮带运输机、分矿箱等组成了干式分选系统，永磁磁滚筒（磁滑轮）通常作为皮带运输机的传动滚筒（头轮）使用。永磁磁滚筒和永磁磁滑轮分选原理相同，但在磁系结构上有所不同。

A 永磁磁滑轮结构

永磁磁滑轮结构图参见图6-3-1。磁极组均布在圆筒内圆周，组成满圆型磁系，磁包角为360°，磁系磁极沿圆周方向N-S-N交替排列；不锈钢圆筒通过端盖与磁系固定在同一主轴上，均采用键连接，磁系与圆筒之间间隙很小。主轴旋转时，磁系与圆筒同步回转，并拖动皮带运动。磁滑轮结构简单，但磁性材料用量较多。

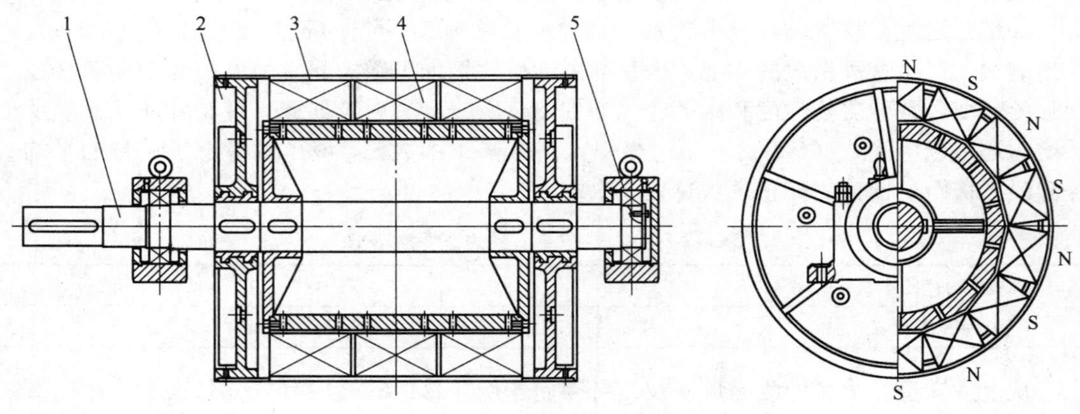

图6-3-1 永磁磁滑轮结构

1—主轴；2—端盖；3—圆筒；4—磁系；5—轴承座

B 永磁磁滚筒结构

永磁磁滚筒结构图参见图6-3-2。磁极组在圆筒内组成扇形磁系，磁包角通常为140°~160°，磁极沿圆周方向N-S-N交替排列；磁系和配重固定在主轴上，可通过磁系调整装置将磁系沿圆周调到需要的工作位置，并将其固定。在工作时，传动轴通过端盖和圆筒带动皮带运动，磁系固定不随筒体旋转，圆筒与磁系之间有一定的间隙，以免因圆筒变形与磁系剐蹭，圆筒要有足够的机械强度。筒体表面的磁场强度和磁场作用深度可以根据分选矿物的不同进行设计。

C 分选过程

矿石经皮带运输机均匀地给到磁滚筒分选区，非磁性物料或弱磁性矿物受离心力、重

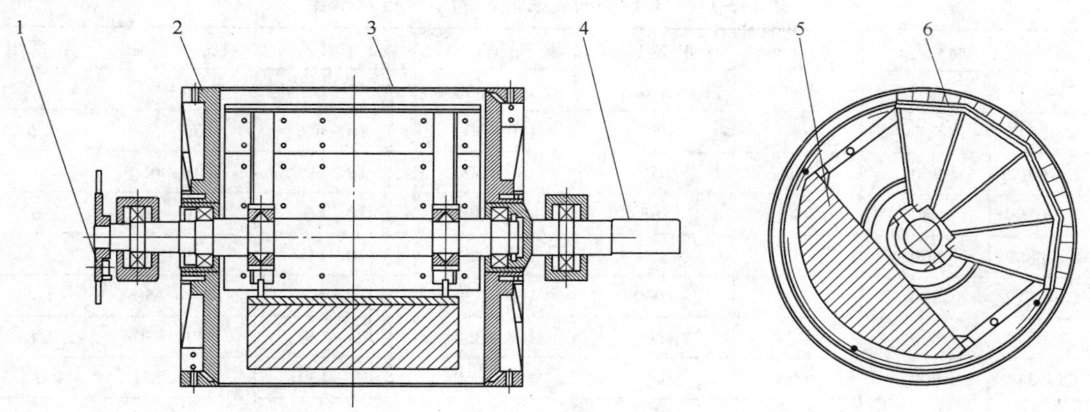

图 6-3-2 永磁磁滚筒结构

1—磁系调整装置；2—端盖；3—圆筒；4—主轴；5—配重；6—磁系

力的作用被抛入非磁性产品料斗；磁性较强矿物受较大磁力的作用被吸在皮带上，并随皮带运动到磁滚筒底部，在皮带的拖动下离开磁场作用区而落入磁性产品料斗。通过调整分矿板位置调节磁性产品和非磁性产品的产率。分选过程示意于图 6-3-3。

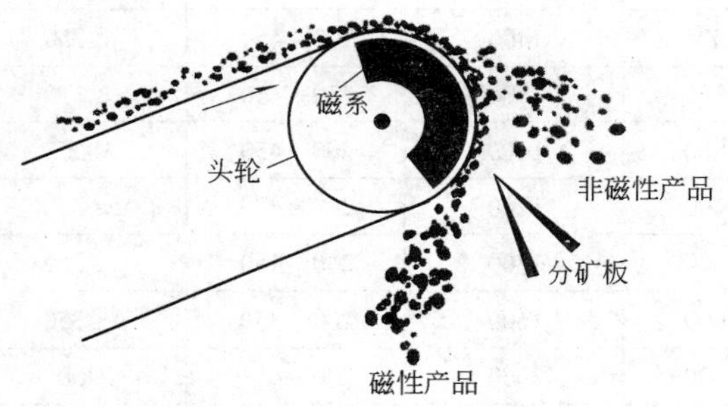

图 6-3-3 分选过程示意

由于磁滑轮的磁系与圆筒一起运转，在分选过程中磁性矿石在皮带上无磁翻滚现象，精矿中夹杂脉石较多，由于没有磁场空区，精矿靠皮带拖动卸矿，皮带损坏较快，近几年使用逐渐减少。

由于磁滚筒磁系位置调整好后就固定不动，在分选过程中磁性矿石在皮带上有磁翻滚现象，抛出的非磁性矿物产率较大；设计时可以将卸料区磁场强度逐渐减弱，有利于卸矿，减少皮带磨损。为了获取更高的铁矿回收率，筒体表面的磁场强度一般要求在 300 ~ 500mT 之间。

D 主要技术性能

永磁磁滚筒（磁滑轮）磁系设计成不同结构和使用不同的磁性材料，获得的技术性能有很大不同，根据所分选物料性质的不同（磁性、粒度、水分、处理量等）选用不同规格和不同性能的设备，并可以根据用户特殊要求（场地、负荷、环保等）进行专门设计。永磁磁滚筒（磁滑轮）通常作为主皮带机的头轮或尾轮，也可以设计成独立的分选系统。CT 系列永磁磁滚筒的主要技术参数见表 6-3-1，表中的磁场强度应根据需要进行选择。

表 6-3-1 CT 系列永磁磁滚筒的主要技术参数

型 号	筒径/mm	筒长/mm	皮带宽度/mm	磁场强度/mT	物料粒度/mm	处理量/t · h^{-1}	重量/t
CT-0609	630	950	800	160 ~ 300	10 ~ 60	50 ~ 60	1.3
CT-0612	630	1150	1000	160 ~ 300	10 ~ 60	70 ~ 80	1.6
CT-0707	750	750	650	160 ~ 300	10 ~ 60	40 ~ 60	1.2
CT-0709	750	950	800	160 ~ 300	10 ~ 60	50 ~ 80	1.62
CT-0809	800	950	800	160 ~ 350	10 ~ 60	50 ~ 90	2.1
CT-0812	800	1150	1000	160 ~ 350	10 ~ 60	60 ~ 150	2.4
CT-0814	800	1400	1200	160 ~ 350	10 ~ 100	80 ~ 250	2.6
CT-0816	800	1600	1400	160 ~ 350	10 ~ 100	100 ~ 300	2.85
CT-1010	1000	970	800	180 ~ 400	10 ~ 100	100 ~ 200	3.41
CT-1012	1000	1150	1000	180 ~ 400	10 ~ 100	100 ~ 200	4.01
CT-1014	1000	1400	1200	180 ~ 400	10 ~ 150	100 ~ 300	4.6
CT-1016	1000	1600	1400	180 ~ 400	10 ~ 150	200 ~ 600	5.2
CT-1210	1200	970	800	200 ~ 450	10 ~ 150	200 ~ 400	4.38
CT-1212	1200	1150	1000	200 ~ 450	≤200	200 ~ 500	5.28
CT-1214	1200	1400	1200	200 ~ 450	≤200	200 ~ 600	6.07
CT-1216	1200	1600	1400	200 ~ 450	≤350	300 ~ 800	6.67
CT-1218	1200	1800	1600	200 ~ 450	≤350	300 ~ 800	7.26
CT-1412	1400	1200	1000	200 ~ 450	≤350	300 ~ 800	6.0
CT-1414	1400	1400	1200	200 ~ 450	≤350	400 ~ 1000	6.6
CT-1416	1400	1600	1400	200 ~ 450	≤350	400 ~ 1500	7.2
CT-1418	1400	1800	1600	200 ~ 450	≤350	600 ~ 1800	8.5
CT-1424	1400	2400	2000	200 ~ 450	400	600 ~ 2000	9
CT-1518	1500	1800	1600	200 ~ 450	400	600 ~ 2000	9
CT-1524	1500	2400	2000	200 ~ 450	400	800 ~ 3000	11
CT-1534	1500	3400	3000	350 ~ 550	400	4000 ~ 6000	17

该种设备主要用于铁矿山预选作业或从剥离围岩中回收磁铁矿。用于磨矿前的预选作业，用于在粗碎、中碎和细碎各作业后除去混入矿石中的围岩或解离的脉石，以提高入磨品位和减少入磨量，达到节能降耗，降低选矿加工成本的目的；用于采场排岩系统，从废石中回收磁性铁矿石，提高矿石资源的利用率。近几年，国内永磁磁滚筒向大型化、高场强、大处理量发展。2006 年鞍钢大孤山铁矿使用 CT1424 磁滚筒用于排岩系统，筒表磁场强度达到 400mT，分选粒度为 0 ~ 350mm，处理能力达到 2200t/(台 · h) 以上。2011 年，国内某矿山在采场新建排岩系统选用了 CT1534（ϕ1500mm × 3400mm）超大型永磁磁滚筒，分选粒度：0 ~ 350mm，胶带宽度 3000mm，双电机驱动 2 × 290kW，带速 0.5 ~ 2.5m/s，处理能力要求达到 6000t/h，筒表磁场强度 550mT。该种设备还用于物料的除铁以及钢铁等金属的回收等，如从有色金属矿、非金属矿、煤炭、粮食、饲料中除铁质杂物，从废钢渣中回收铁，从垃圾中分拣磁性金属等。

E　操作与维护

影响磁滚筒分选指标的因素主要有：分矿板的位置、皮带速度、料层厚度、入选矿石粒度、原矿含水率以及矿石的磁性率等。生产调试时主要是通过调节分矿板位置和给矿量大小来调整分选指标。具体操作和维护为：

（1）操作人员应详细了解磁滚筒和皮带运输机的使用说明书，掌握设备的结构和操作规程。

（2）通过调整手轮或者通过电机减速机驱动，将永磁磁滚筒磁系调整到要求的位置，并用销或螺栓将磁系调整圆盘与机架上的固定支座连接，机械锁定磁系的工作位置。

（3）设备带料运转后，根据非磁性矿物（脉石）的落点调整接料斗中的分矿挡板位置，如果给矿粒级范围较宽，磁性矿物与非磁性矿分离界限不明显，应根据产品质量要求调整分矿板位置。应保证给矿均匀，否则将影响分选指标。

（4）皮带速度调整，综合考虑生产要求的分选指标（品位、回收率、产率），调节皮带速度。如果分选强磁性矿物，适当提高皮带速度，可以提高处理量，提高带速还可以减薄料层厚度，提高分离精度；如果分选较弱磁性矿物，带速适当慢些，避免磁性矿物丢失。可以通过使用调频器实施对带速的调整；通常情况下，带宽小于1000mm，带速选择1.2～1.4m/s；带宽大于1000mm，带速选择1.4～2.2m/s。

（5）入选矿石水分要求，对于分选矿石粒度大于10mm，水分要求不大于5%；对于分选矿石粒度小于10mm，水分要求不大于3%；对于入选物料中含粉料（-1.0mm）较多，要求水分含量更低。

（6）生产时应避免矿石落入皮带与滚筒之间，以免损坏磁滚筒和运输皮带，通常在头轮附近的皮带两侧增加护板加以防护。

6.3.1.2　干式永磁筒式磁选机

干式筒式磁选机有单筒型、双筒型，磁场强度有弱磁和中磁，以永磁磁选机为主。

A　主要结构

永磁干式磁选机主要包括机架、箱体、磁筒、磁系调整机构、传动系统、分矿板等主要部件。永磁干式磁选机结构如图6-3-4所示。

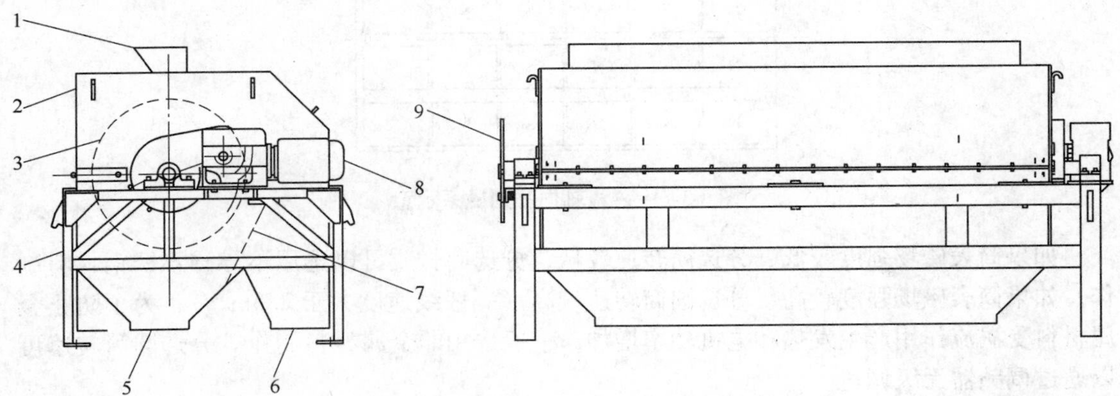

图6-3-4　永磁干式磁选机结构

1—给矿口；2—箱体；3—磁筒；4—机架；5—磁性产品出口；6—非磁性产品出口；7—分矿板；8—电机、减速机；9—磁系调整轮

磁系有圆缺形（含扇形）固定磁系和满圆形旋转磁场磁系。磁系磁极排列有两种形式：

一种是磁极沿圆周方向 N、S 极交替排列，沿轴向极性一致，磁极周向排列磁系示意如图 6-3-5 所示。该种磁系圆周方向可以设计成小极距、多磁极、大磁包角形式，提高磁搅动次数，比较适宜分选细粒（ -1.0mm）粉状磁铁矿，提高其分离精度；也可以设计成较大磁极距、磁极数较少，比较适合分选较粗（ -12mm）磁铁矿，提高磁性产品回收率。

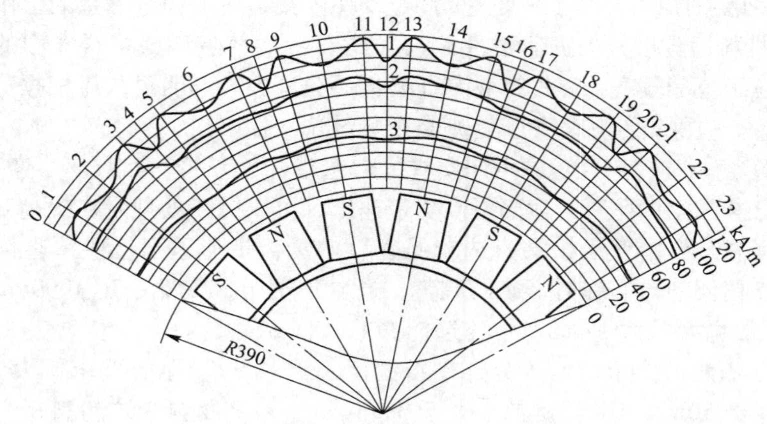

图 6-3-5 磁极周向排列磁系示意

曲线：1—筒体表面；2—距筒表 20mm，3—距筒表 40mm

另一种磁系结构是磁极沿轴向 N、S 极交替排列，如图 6-3-6 所示，圆周方向极性一致，该磁系磁性矿物在分选过程不发生磁翻转，比较适合非金属矿的除铁提纯作业。圆缺形（含扇形）磁系通过调整机构可以将磁系调整到上方适当位置，并将其固定。

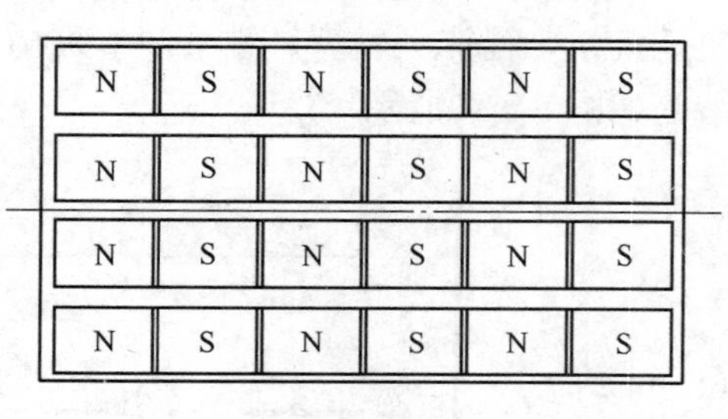

N	S	N	S	N	S
N	S	N	S	N	S
N	S	N	S	N	S
N	S	N	S	N	S

图 6-3-6 磁极轴向排列磁系示意

如果筒表磁场强度较低、分选筒转速较低，分选筒材质可以选用不导磁不锈钢材料制作；如果筒表磁场强度较高、分选圆筒转速较高（一般线速度大于 2.5m/s），为了防止金属材料受涡流作用产生发热和电机功率增加，一般选用非金属材料制作。分选圆筒转速可以通过调频器无级调速。

B 分选过程

永磁干式磁选机工作时，矿石经给料器直接给到磁选机的圆筒上，强磁性颗粒受较大磁力作用被吸附在圆筒上或吸向圆筒方向一侧，进入磁性产品接矿斗内；弱磁性或非磁性颗粒主要受离心力和重力作用被抛到非磁性产品接矿斗内，通过调节分选圆筒的转速和分矿板位置可以调节磁性产品和非磁性产品的分选指标，分选过程如图 6-3-7 所示。双筒型磁选机，在一台设备上可以完成粗—精选或粗—扫选两段作业。

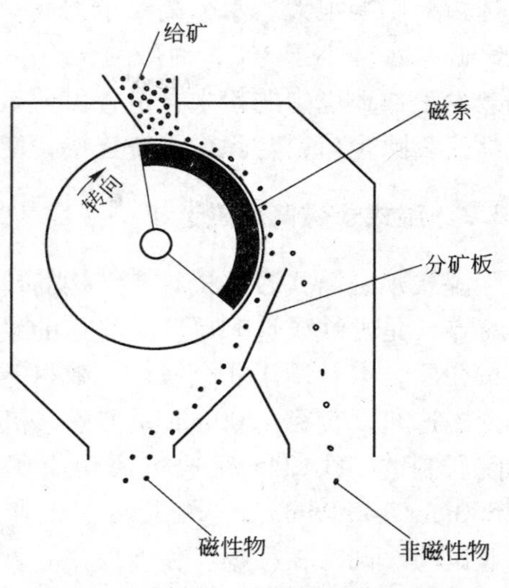

图 6-3-7 永磁干式磁选机分选过程

C 主要技术性能

永磁干式磁选机主要有北京矿冶研究总院生产的 CTX 型和抚顺隆基磁电设备有限公司生产的 LGC 型干式永磁筒式磁选机，各生产厂家的设备规格多种多样，技术性能也有所不同，主要根据矿物分选的要求进行设计。CTX0930 和 CTX1030 永磁干式磁选机主要技术参数见表 6-3-2。

表 6-3-2 CTX0930/CTX1030 永磁干式磁选机主要技术参数

设备型号	CTX0930	CTX1030
筒体规格/mm	ϕ900 × 3000	ϕ1050 × 3000
给矿粒度/mm	0 ~ 25	0 ~ 25
处理能力/$t \cdot h^{-1}$	80 ~ 250	100 ~ 300
筒表场强/mT	100 ~ 500	100 ~ 500
电机功率/kW	7.5 ~ 15	7.5 ~ 15
筒体转速/$r \cdot min^{-1}$	35 ~ 120	35 ~ 100
给料方式	上部给料	上部给料
外形尺寸(长×宽×高)/mm	4650 × 1800 × 1755	4650 × 2000 × 1960
机重/t	5.3	6.2

近几年，干式永磁筒式磁选机多用于贫磁铁矿（原矿磁铁矿含量 8% ~20%）干式预选作业，使用 CTX0930 和 CTX1030 型干式磁选机，磁场强度选用 250 ~ 350mT，分选粒度一般为 -12mm，处理量较大（100 ~ 300t/(台·h)），主要目的是在入磨前大量抛出尾矿，提高入磨磁铁矿品位，减少入磨量，实现低品位铁矿石的经济开发，由于该种设备转速较高、分选区长、料层薄，分选指标优于干式磁滚筒。CTX 型和 LGC 型干式永磁筒式磁选机都是采用小极距、多磁极、大磁包角、高转速设计，比较适合细粒铁矿物（或还原铁粉）分选。

D 操作与维护

影响干式磁选机分选指标的因素主要有矿石性质（品位、磁性、粒度和含水率等）、设备性能和操作水平等。在设备性能一定的条件下，操作调节应当根据所处理的矿石性质和对产品指标的要求来确定。操作调整的主要因素有筒体的转速、分矿板的位置和给矿量的大小，合理地调整这三个因素，可以改善分选指标，通过试验确定合理的技术参数。同时，入选粒度对分选指标影响也很大，入选粒级越窄，分选指标越好。入选物料含水分对分选指标影响很大，水分高可能恶化分选指标；对于粗粒（－12mm）矿物分选，一般要求给矿中水分小于3%，对细粒级（－1.0mm）分选，一般要求给矿中水分小于1%。为了减少工作环境中的粉尘含量，保证工人的身体健康，磁选机设计成密闭结构，在磁选机顶部安装除尘口，与除尘系统连接，使选箱内处于负压状态。

6.3.2　湿式永磁筒式磁选机

湿式永磁筒式磁选机具有结构简单、体积小、重量轻、效率高、处理能力大、能耗低等特点，是磁铁矿选矿厂广泛应用的设备，也广泛用于有色金属矿选矿、重介质选煤厂回收重介质，以及用于非金属矿、建材等物料的除铁提纯作业。目前，国内外都趋向于采用大型磁选机，直径1200mm系列磁选机已是选矿厂使用的主力机型，2007年北京矿冶研究总院研制的CTB1245磁选机成功应用于四川某多金属矿回收磁铁矿，马鞍山院研制的ϕ1500mm×4000mm磁选机投入了工业应用，ϕ1500mm×4500mm超大型磁选机正在进行工业试验。同时，根据各作业段矿石性质的不同，研制出了专用磁选机。

6.3.2.1　CT系列湿式筒式永磁磁选机

A　主要结构

磁选机主要由给矿箱、磁筒、槽体、精矿箱、传动装置、机架、给矿水管、精矿卸矿装置、磁系调整装置等组成，CT系列湿式筒式磁选机结构如图6-3-8所示。弱磁场和中磁场磁选机除磁系结构和使用的磁性材料不同之外，其余结构基本上相同。

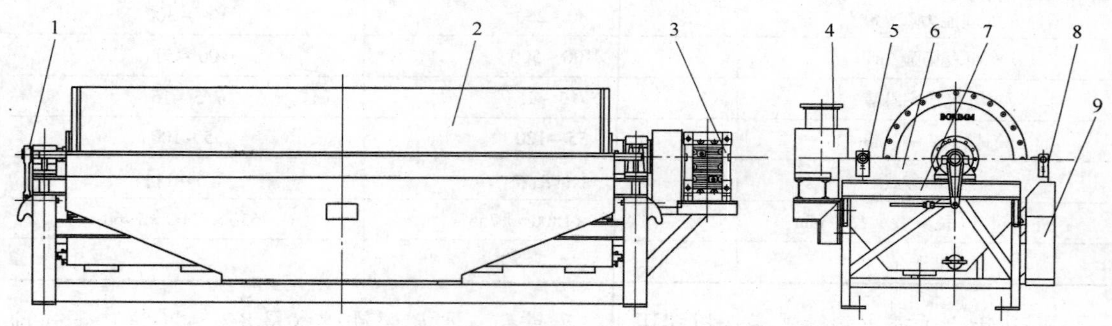

图6-3-8　CT系列湿式筒式磁选机结构
1—磁偏角调整机构；2—磁筒；3—传动装置；4—给矿箱；5—给矿水管；
6—槽体；7—机架；8—冲精矿装置；9—精矿箱

a　磁选机槽体　　槽体结构形式可以分成顺流型、逆流型和半逆流型三种，对应的磁选机型号为CTS、CTN、CTB，最常用的是半逆流型槽体。槽体的材质用不导磁不锈钢材料制作，在易磨损区可以做耐磨处理（衬耐磨橡胶、贴铸石板、涂耐磨涂料等）。槽体与分选筒之间的间隙即工作间隙可以根据处理量的大小在一定范围内调整，磁性产品排矿口大小可以根据出矿量大小调整。

b　磁选机磁筒　　筒式磁选机的磁筒是核心部件，磁筒结构如图6-3-9所示。

圆筒是用不导磁不锈钢板卷成，圆筒两端焊接法兰，圆筒表面使用耐磨材料保护，耐磨材料可以采用硫化（或粘贴）耐磨橡胶板或采用双层不锈钢筒皮结构或采用贴耐磨陶瓷

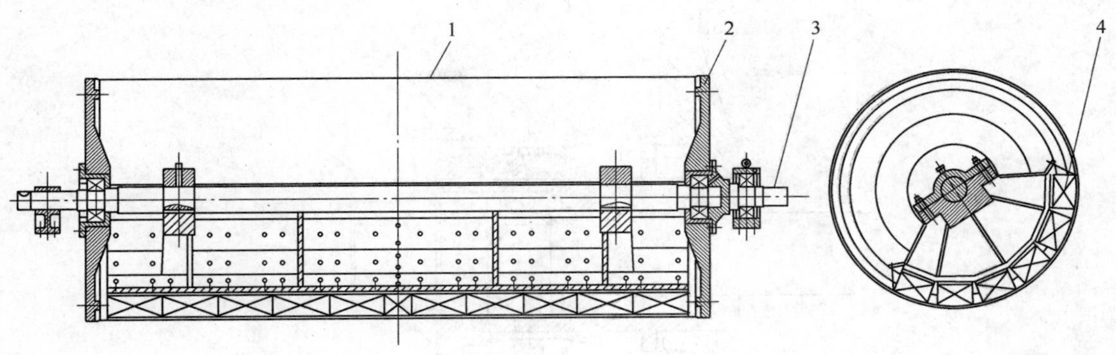

图 6-3-9 磁筒结构

1—圆筒；2—端盖；3—传动轴；4—磁系

片等。圆筒两端的端盖为不锈钢材料或用铝合金材质铸造而成。

CT 系列磁选机磁系圆周方向通常由 4 ~6 个磁极组按 N-S 极性交替排列安装在磁轭上，构成扇形开放式磁系，磁极数一般是偶数，漏磁较少，磁包角一般为 105° ~130°。多磁极磁选机磁系圆周方向由 8 ~12 个磁极组组成，磁包角 135° ~150°。根据所需要的磁场强度，磁极组磁性材料可以使用铁氧体材料、铁氧体与稀土磁钢复合结构或全部使用稀土磁钢材料。磁系使用不锈钢带包裹，避免磁系脱落。

磁筒的传动结构形式有半轴传动结构和通轴传动结构，如图 6-3-10、图 6-3-11 所示。半轴结构磁系的重量通过传动轴传递到轴承座；通轴结构磁系的重量是直接由轴承座支撑。半轴传动结构简单；通轴传动受力较合理，但由于采用了滑动轴承，润滑要求较高；通轴传动结构还有开式齿轮传动和链条传动方式。

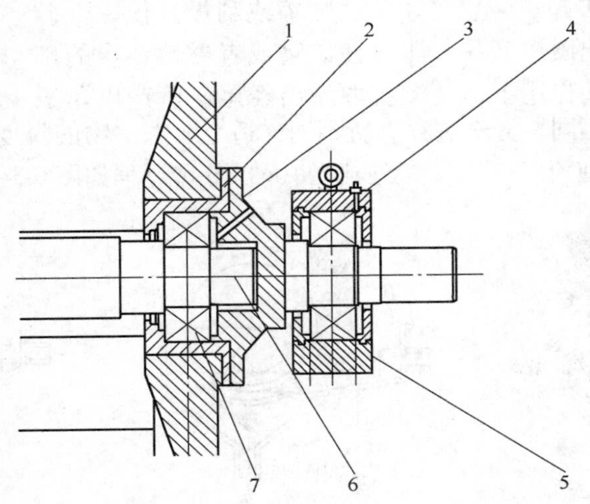

图 6-3-10 半轴传动结构

1—端盖；2—轴承套；3—传动轴；4—轴承座；5，7—滚动轴承；6—主轴

c 给矿装置 为实现磁选机分选区的轴向长度布料均匀，在常规给矿箱中增加一

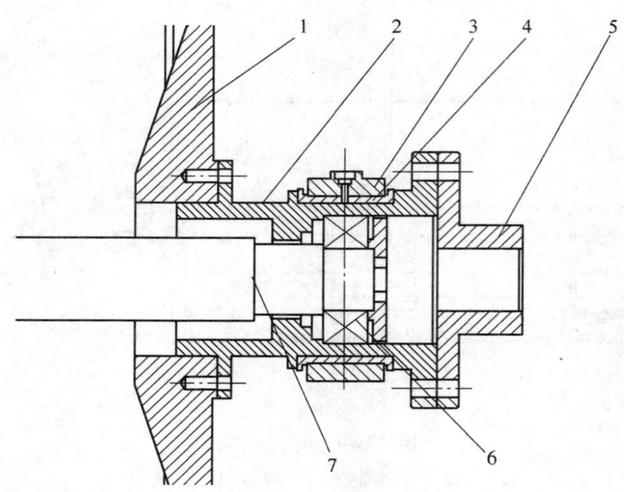

图6-3-11 通轴传动结构
1—端盖；2—传动套；3—滑动轴承座；4—滑动轴承；5—联轴器；6—滚动轴承；7—主轴

套管道分矿装置，给矿装置示意如图6-3-12所示。在其水平钢管下部离中心垂直线30°角处铣出宽25~35mm通长缝隙，给入的矿浆先在给矿管内进行一次分料，然后再通过给矿箱内的溢流板均匀地流入磁选机的槽体，矿浆在轴向均匀分布。

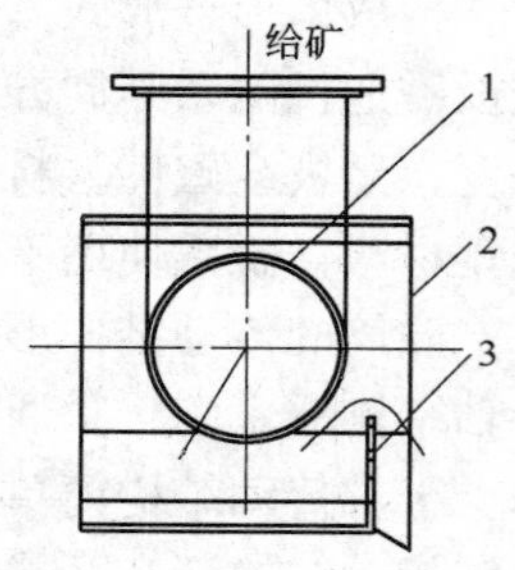

图6-3-12 给矿装置
1—给矿管；2—给矿箱；3—溢流板

B 分选过程

矿浆由给矿箱给入磁选机槽体后，在给矿水管喷出水的作用下呈松散悬浮状态进入磁场作用的分选区。磁性矿物在磁选机磁场作用下被吸在圆筒表面上，随圆筒一起转动到卸矿区，此处磁场强度较低，使用精矿卸矿装置（水管、喷嘴或刮板）使磁性矿物卸入精矿槽中，产出磁性产品；非磁性矿物或者磁性很弱的矿物，在槽体内矿浆流的作用下，从溢流堰流出经尾矿管产出非磁性产品。槽体结构的不同，分选过程有所不同，适合分选矿物的粒度范围不同。湿式筒式磁选机顺流型（a）、逆流型（b）、半逆流型（c）分选过程如图6-3-13所示。

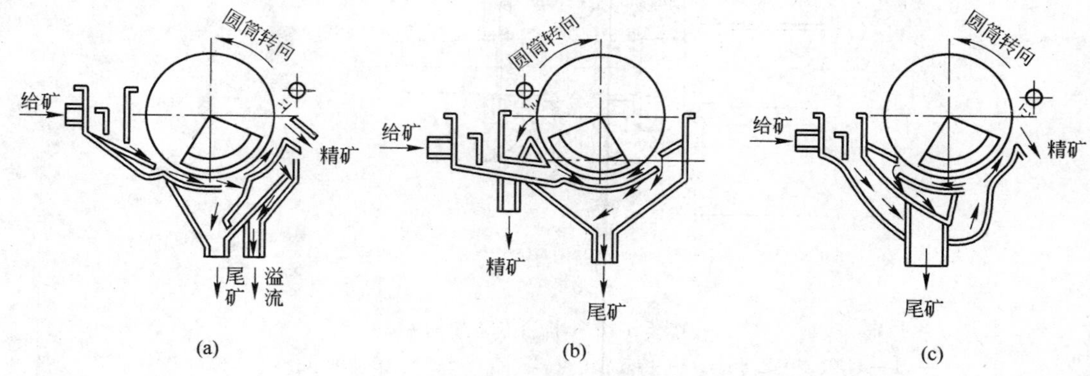

图6-3-13 永磁筒式磁选机分选过程
（a）顺流型；（b）逆流型；（c）半逆流型

a 顺流型磁选机（CTS） 矿浆的流动方向与圆筒的旋转方向或磁性产品移动方向相同。该磁选机适用于分选粒度6~0mm的粗粒级强磁性矿物的粗选和精选作业。

顺流型磁选机的选别指标，受给矿量的影响较大，反应灵敏，当给矿量波动较大时，磁性矿物容易损失，因此，一般在非磁性产品粗砂排矿口安装调节阀或适当减小排矿口面积，控制粗砂排矿流量，增大溢流排矿量，控制矿浆水平面的稳定；也可以适当加大槽体的容积，减小矿液面的波动范围。

b 逆流型磁选机（CTN） 矿浆的流动方向与圆筒旋转方向或磁性产品运动方向相反。该种磁选机适用于分选粒度为3.0~0mm粒级强磁性矿物的粗选和扫选作业。由于这种磁选机的磁性产品排出端距离给矿口较近，磁性矿物在液面之下分选时间短，所以磁性产品品位不高，但是它的非磁性产品出口距离给矿较远，矿浆经过较长的选别区，增加了磁性矿物被吸着的机会，磁性产品回收率较高。

c 半逆流型磁选机（CTB） 给矿矿浆是以松散悬浮状态从槽体下方的中间部位进入分选空间，矿浆流动方向与圆筒的旋转方向相反，磁性物与圆筒转向相同，故称半逆流。非磁性产品是从槽体的溢流堰溢出，溢流堰的高度可以保持槽体中的矿浆液位水平，半逆流磁选机综合选矿指标较好，因此，被广泛地用于处理细粒（小于0.6mm）的粗选和精选作业。

C 主要技术性能

湿式筒式磁选机规格很多，各个生产厂家的型号不一，技术性能主要是根据使用要求设计。目前，大多数选矿厂都使用大型磁选机，表6-3-3列出了部分大型CT型湿式筒式磁选机主要技术参数。

表6-3-3 部分大型CT型湿式筒式磁选机主要技术参数

型号	筒径/mm	筒长/mm	磁场强度/mT	处理量/$t\cdot h^{-1}$	分选物料粒度/mm	安装功率/kW	外形尺寸(长×宽×高)/mm	重量/t
CTB/S/N-1024	1050	2400	120~600	60~80	3~0 6~0 0.6~0	5.5	4100×1980×1790	5.4
CTB/S/N-1030		3000		70~100		7.5	4690×1980×1790	5.9
CTB/S/N-1218	1200	1800	150~600	50~80		5.5	3100×2205×1905	5.1
CTB/S/N-1224		2400		60~100		7.5	3740×2205×1905	6.1
CTB/S/N-1230		3000		80~120		7.5	4772×2205×1905	7.0
CTB/S/N-1236		3600		100~140		7.5	4923×2205×1905	8.0
CTB/S/N-1240		4000		120~160		11	5423×2205×1905	9.1
CTB/S/N-1245		4500		150~200		11	5923×2205×1905	10.2
CTB/S/N-1545	1500	4500		180~250		15	6110×2743×2355	12.1

注：表中处理量仅作参考，磁场强度要根据要求选择。

6.3.2.2 几种新型永磁筒式磁选机

A BK系列永磁筒式磁选机

北京矿冶研究总院研制的BK系列永磁筒式磁选机分为BKY型预选磁选机、BKC型粗选磁选机、BKJ型精选磁选机、BKW型扫选及尾矿再选磁选机、BKF型浮选泡沫分选磁选机。磁铁矿石经过选矿厂流程中各作业段的加工，磁铁矿的解离度和含量发生很大变化，表现出不同的矿物性质（磁性率、品位、粒度等），每个分选作业应使用不同特性的磁选机，将选矿厂分选作业分为预选段、粗选段、精选段和尾矿再选段，设计出了具有不同结构和性能的磁选机（包括磁场分布、槽体结构和给矿方式等）。BK系列磁选机主要的结构特点为：磁系磁包角大（155°~168°），圆周方向磁极宽度变化；槽体是特殊设计的大容积顺流型槽体，矿液面高，多尾矿排矿通道，使用阀门控制底流尾矿排矿，保持液面稳定；每一种磁选机给矿装置不同，即矿浆给入的磁场区域不同，使磁性矿物先在弱磁场区得到预磁化后进入强磁场区，减少磁团聚夹杂，有利于回收磁铁矿和提高精矿品位。BK系列永磁筒式磁选机如图6-3-14所示。

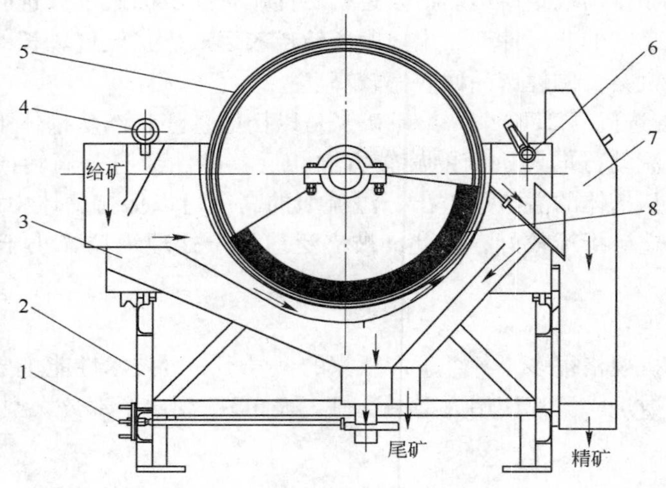

图6-3-14 BK系列永磁筒式磁选机

1—尾矿口调节装置；2—机架；3—槽体；4—给矿水管；5—分选筒；6—卸矿水管；7—精矿箱；8—磁系

BKY型磁选机专用于磁铁矿细碎后（-12mm）或自磨机排矿较粗粒矿的预选抛尾作业。矿石直接给入给矿箱内，加水混合后给入磁选机槽体分选，粗、细粒尾矿从槽体底部分别排出，精矿用刮板卸矿，浓度一般在70%~80%，直接进入一段球磨机磨矿。

BKC型磁选机用于高压辊磨机—筛分—磁选——段球磨机工艺中-3mm湿式预选作业或选矿厂一段粗选作业，入选粒度-3mm。

BKJ型磁选机用于选矿厂二段或三段细粒精选作业。

BKW型用于选矿厂扫选及尾矿再选作业，或用于从含铁的多金属矿浮选尾矿中回收铁矿物，该机矿浆通过量大，磁性矿回收率高。

B BKB、BX多磁极磁选机

BKB、BX型多磁极磁选机分别由北京矿冶研究总院和包头新材料应用设计研究所研制。磁系结构都是采用多磁极（8~12极）、小极距、大磁包角（约145°）设计，BKB、BX型多磁极磁系如图6-3-15、图6-3-16所示；槽体为半逆流型，高矿液面，在精矿输送区增加了精矿漂洗装置。主要特点为：圆筒表面磁场强度高、梯度大、圆周方向磁场分布均匀；分选带长、磁性矿物磁翻转次数多，漂洗水强化除杂；与常规CTB型磁选机相比精矿品位高，尾矿品位低。该机比较适合磁铁矿精选作业，但磁系结构较复杂，漂洗水箱易被杂物堵塞。

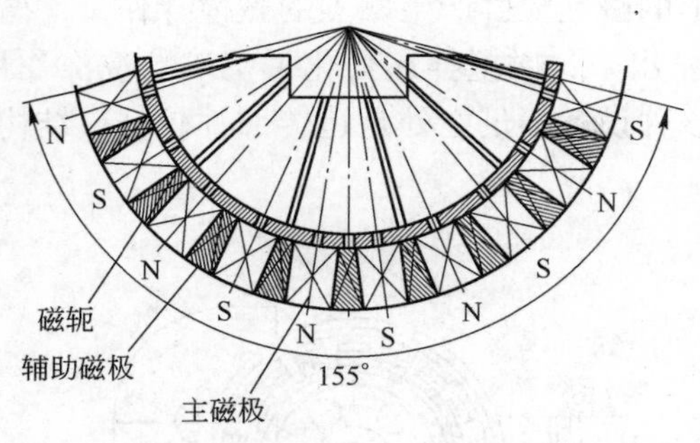

图 6-3-15 BKB 型多磁极磁系示意图

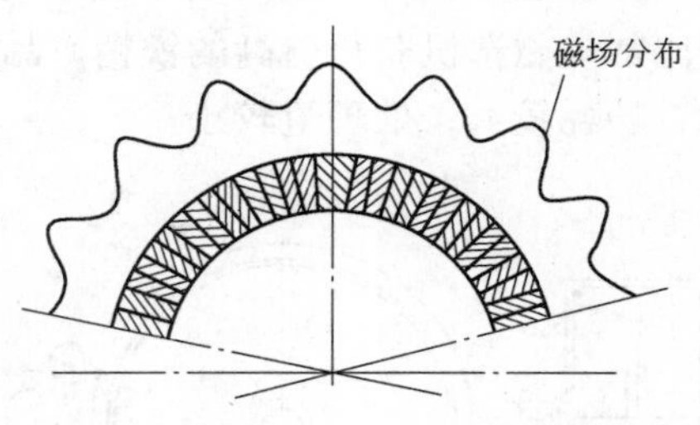

图 6-3-16 BX 型多磁极磁系示意图

C BKT、NCT 型脱水浓缩磁选机

抚顺隆基磁电设备有限公司研制的 NCT 型和北京矿冶研究总院研制的 BKT 型永磁筒式磁选机是磁铁矿脱水浓缩专用磁选机（图 6-3-17），槽体为逆流型，磁包角为 250°～270°，使用压辊挤压脱水，用刮板卸精矿，精矿浓度可以达到 65%～75%，一般用于再磨作业前或过滤机前的脱水浓缩作业。脱水浓缩磁选机也可以使用半逆流型槽体，磁包角一般为 140°～150°，不使用压辊，在圆筒与槽体的精矿输送区设计成楔形空间，迫使铁精矿在输送的过程中被挤压脱水，采用橡胶刮板辅助卸精矿，该磁选机磁系结构相对简单，重量轻，精矿浓度也可以达到 70%左右。

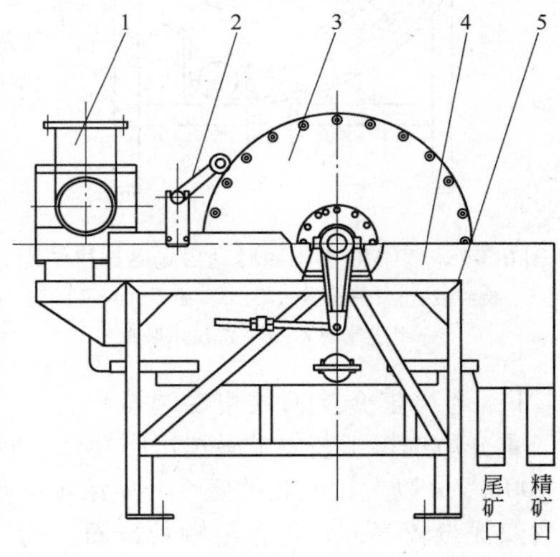

图 6-3-17 浓缩磁选机

1—给矿装置；2—精矿压辊；3—磁筒；4—槽体；5—机架

D YCMC(CNC)永磁脉动磁场磁选机

该机是马鞍山矿山研究院研制的，在磁系结构设计方面比较新颖，在磁系圆周方向精矿输送区部分相邻磁极设计成同性磁极，在两组同性磁极之间产生零磁场或磁场很低（即所称的脉动磁场），YCMC 型永磁脉动磁场磁选机结构如图 6-3-18 所示。该磁选机为半逆流型，在分选过程中，吸附在圆筒上的磁性矿物随圆筒一起运动，在经过脉动磁场区域时，吸附在圆筒表面上的磁性矿物在经过零磁场区时突然离开筒表，向下降落，呈松散状态，夹杂在磁团中的脉石或贫连生体被暴露出来，在水介质作用下被排除，磁性矿物经过零磁场区后又重新被吸到圆筒上。脉动磁场有利于提高磁铁矿质量，该机比较适合细粒磁铁矿的精选作业。

E 永磁旋转磁场磁选机

湿式永磁旋转磁场磁选机主要由圆筒、旋转磁系、槽体、精矿卸料辊等组成，ϕ780mm×1800mm 旋转磁场磁选机结构如图 6-3-19 所示。永磁旋转磁系是由 18 个沿整个圆周极性交替排列的磁极组成；圆筒和磁系分别传动，可以相同方向不同转速运动，也可以以相反的方向运动。这种磁选机不能自行卸精矿，需要通过感应辊卸精矿。旋转磁场提高了分选空间的磁场交变频率，对吸附在筒表上的磁性粒群产生剧烈的磁搅拌作用，磁搅拌不断打破磁团聚，将磁团聚中夹杂的脉石暴露出来，磁搅拌还强化了精矿的洗涤作用，能够比常规磁选机获得更高的铁精矿品位。但该种设备不足之处是运转部件较多，结构较复杂，功耗较大，处理量较小。

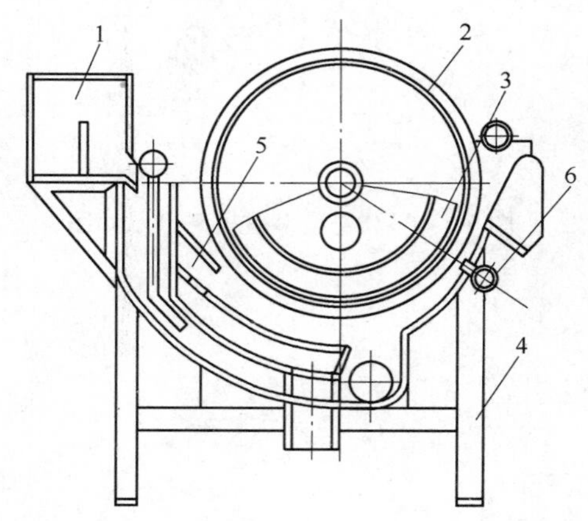

图 6-3-18 YCMC 型永磁脉动磁场磁选机结构
1—给矿装置；2—永磁圆筒；3—磁系；4—机架；5—半逆流槽体；6—漂洗水装置

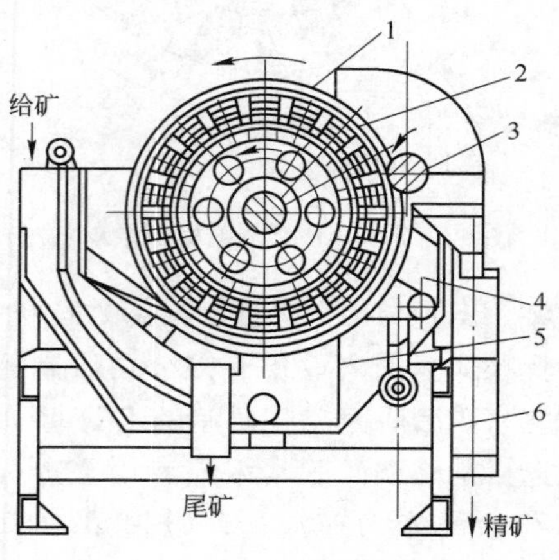

图 6-3-19 ϕ780mm × 1800mm 旋转磁场磁选机结构
1—圆筒；2—旋转磁系；3—精矿卸料辊；4—精矿冲洗水箱；5—槽体；6—机架

F 选煤重介质回收用磁选机

重介质选煤工艺要求磁选机磁性介质回收率达到98%以上，单位长度上的体积通过量在 100m³/m 以上，回收的磁性介质浓度一般要求 65% 以上。由于磁性介质粒度细，矿浆中含煤泥量较多，并含有粗颗粒矸石，为了达到分选要求，一般选择分选带较长的 CTN 逆流型永磁筒式磁选机。磁选机筒表磁感应强度一般选择 250 ~ 300mT，槽体液面较高，并有粗砂排矿口，采用刮板卸磁性介质。重介质选煤厂通常使用 CTN1030 和 CTN1230 大型磁选机，根据工艺要求可以使用单筒也可以双筒型配置。图 6-3-20 是重介质回收用 2CTN 型双筒磁选机示意图。

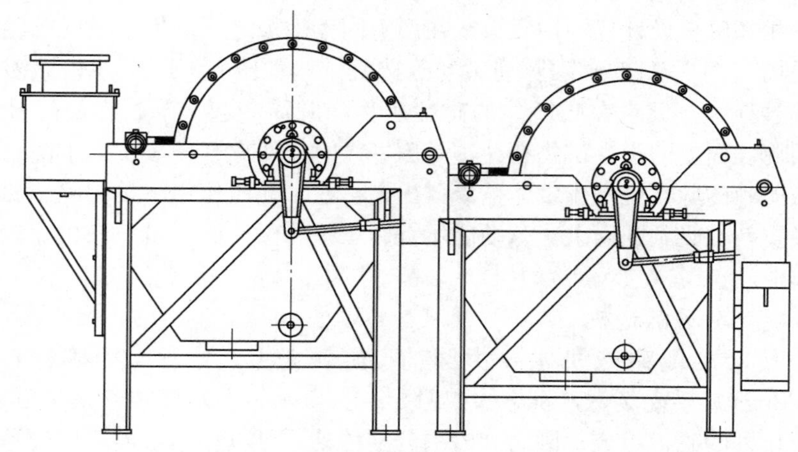

图 6-3-20 重介质回收用 2CTN 型双筒磁选机

由于CTN逆流型磁选机对磁性矿物回收率高，通常还用于有色金属矿和非金属矿除铁提纯作业，由于给矿中含有少量或极少量的磁性铁矿物（或铁杂质），筒表磁感应强度一般选择400~600mT，采用感应辊卸磁性产品。

6.3.2.3 湿式永磁筒式磁选机操作与维护

影响湿式永磁筒式磁选机分选性能的因素很多，除了磁系的结构形式、磁场特性、槽体形式等因素之外，还与磁选机的工作间隙（即圆筒表面与槽体底板之间的距离）、磁系磁偏角、处理量、给矿浓度、筒体转速以及槽体吹散水、精矿卸矿水大小等有关。

A 工作间隙调整

不同规格的磁选机在出厂前设定了工作间隙，该工作间隙在实际生产中应根据具体的工艺条件作适当调整，通过调整槽体与机架之间的调整垫板或调整磁筒轴承座与机架之间的调整垫板来实现。如果工作间隙过大，虽然矿浆通过量大，但槽体底部处的磁场强度较低，会造成尾矿品位增高，影响金属回收率；如果工作间隙过小，虽然槽体底部处的磁场强度较高，但由于矿浆流速较快，分选时间较短，也会造成尾矿品位较高和精矿夹杂脉石较多影响精矿品位，甚至出现矿浆从两端冒槽现象。

B 磁系磁偏角调整

设备出厂前磁系处在完全下垂状态，磁偏角指针指示“0”，设备现场安装之后应将磁系向精矿口方向调整，不同磁选机磁包角大小不同，实际调整幅度也不相同，一般调整到指针指示10°~15°，观察精矿排矿比较顺畅即可。

C 工艺条件调整

磁选机在实际生产中应对工艺条件作适应性调整。给矿量和给矿浓度对分选指标影响较大，通过生产实践来确定。一般情况下，在给矿量（干矿）一定的条件下，浓度太高，矿浆阻力增大，不利于磁性矿的回收，并且磁性产品中脉石夹杂较多，应增加槽体底部的吹散水（补加水），稀释矿浆，改善分选条件；如果给矿浓度太低，矿浆体积量较大，虽然矿物分散性好，但矿浆流速较快，也不利于磁性矿物的回收，应关闭或关小槽体底部的吹散水。一般情况下，给矿浓度以25%~35%为宜。粗选段处理量和给矿浓度可以大一些，精选段处理量和给矿浓度应小一些。精矿卸矿冲洗水的大小以保证卸掉精矿即可，有些磁选机为了获得较高的精矿浓度，用橡胶刮板卸精矿。

D 日常维护

要根据使用、维护说明书进行操作、巡检、维护，发现问题及时解决。磁选机在生产中出现的事故主要有：磁选机槽体内进入异物，严重时会造成槽体堵塞，甚至影响圆筒运转；圆筒表面吸上铁质物品（如螺栓、垫片、铁丝、电焊条等）如不及时清除，会将圆筒表面的橡胶或不锈钢筒皮刮伤；磁系磁块脱落，圆筒内有咔咔的响声，应立即停车检修；由于端盖密封问题或筒皮磨漏，矿浆进入磁筒内部，造成圆筒无法运转。如果设备因故突然停止，给矿未能及时停，在设备下次运行前，应打开槽体两端的槽堵，用水管将积存矿物冲洗后再启动电机，以免大量矿物沉槽后增加设备的启动电流，使减速机、电机受到损伤。

6.4 强磁选设备的种类、操作与维护

强磁场磁选机磁感应强度一般为1~2.2T。为了产生很高的磁感应强度和磁场梯度，

一般采用闭合磁路，在磁路中的两磁极之间放入导磁系数大的磁介质，磁介质被磁化、聚集磁通，在其表面产生高场强和高梯度。按照介质的磁化形式可以分为单层介质和多层介质两类。单层介质是指在磁路的两磁极之间放置一个具有一定形状的聚磁介质，比如具有齿形的转辊、转盘等，所对应的磁选机有感应辊式磁选机、盘式磁选机；多层介质是指在磁路的两磁极之间放置多个具有一定形状的聚磁介质（介质组），比如齿板、钢球、钢棒、钢板网以及钢毛等，所对应的磁选机有平环式、立环式强磁选机等。闭合磁路设计要求磁路短、漏磁少、磁能利用率高。强磁场磁选机有永磁和电磁磁选机，分选有干式和湿式两种。

6.4.1 干式强磁选机

6.4.1.1 永磁干式强磁选机

A 永磁辊带式强磁选机

永磁辊带式强磁选机1981年首先由南非E. L. Bateman公司研制成功，目前，国内外主要生产商有：美国INPROSYS公司、ERIEZ公司，英国BOXMAG-RAPID公司，南非BATEMAN采选设备公司，北京矿冶研究总院、长沙矿冶研究院、马鞍山矿山研究院等。

a 主要结构　图6-4-1是美国INPROSYS公司研制的High-Force永磁单辊式强磁选机结构示意图。主要由给料器、磁辊、超薄型皮带、后支撑托辊及机架、电机等组成。

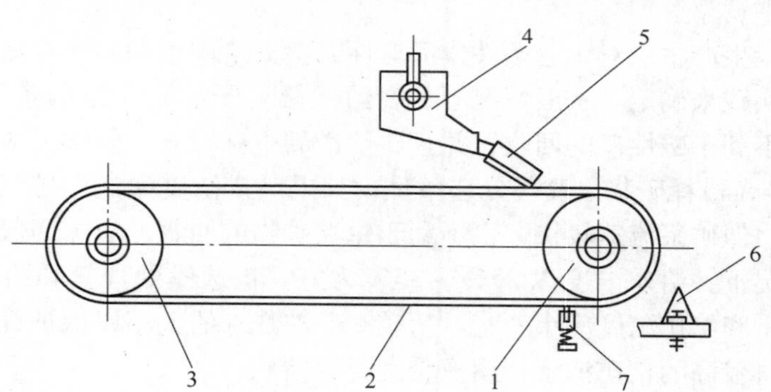

图6-4-1 High-Force永磁单辊式强磁选机结构
1—永磁辊；2—超薄型皮带；3—从动辊；4—给料器；5—漏斗；6—分矿板；7—清扫器

长沙矿冶研究院研制的CRIMM型、北京矿冶研究总院研制的RGC型和马鞍山矿山研究院研制的YCG型永磁辊带式强磁选机，结构上基本相同，有单辊、双辊和三辊，其中双辊式永磁辊带式强磁选机使用较多。2RGC型双辊永磁辊带式强磁选机结构见图6-4-2。该机由永磁磁辊（上辊、下辊）、超薄皮带，张紧辊（尾轮）、分矿板、给矿箱、精矿箱、尾矿箱、传动装置、机架等组成。该种磁选机的永磁辊都是由软铁和钕铁硼磁钢交替挤压组成，挤压式磁系结构如图6-4-3所示。极性沿轴向交替，磁系磁极（软铁盘）表面产生磁感应强度（1.2～1.7T），在距离极表面5mm处的磁感应强度将降至0.5～0.6T。

为了充分利用该机辊表面附近产生的高场强和高梯度的磁场特性，采用高强度超薄输

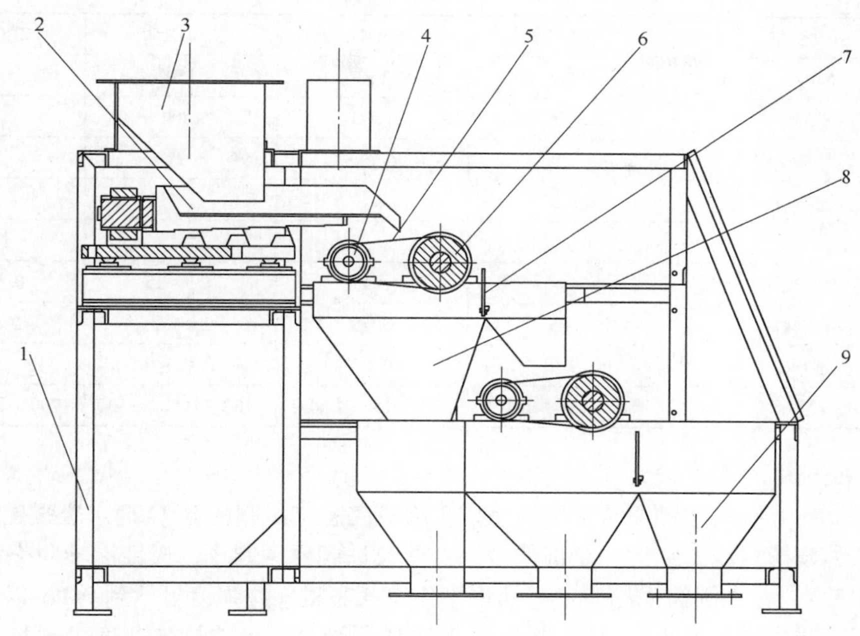

图 6-4-2　2RGC 型永磁辊带式强磁选机结构
1—机架；2—振动给料器；3—给矿箱；4—从动辊；5—超薄皮带；6—磁辊；7—分矿板；8—上槽体；9—下槽体

送带（厚度一般为 0.2～1.0mm）输送矿物到距离辊表面很近的范围内分选，由于辊的轴向存在磁场低谷，为了达到更有效的分选，永磁辊式磁选机通常做成双辊或三辊上下串联配置，每个辊的转速可以无级调整，通过使用不同厚度的磁环和软铁盘组成获得所需要的磁场强度（或采用不同直径的辊）。常用的磁辊规格有辊径（mm）为 75、100、120、150、200、250、300、350 等不同辊径，辊长（mm）有 500、1000、1500 等。

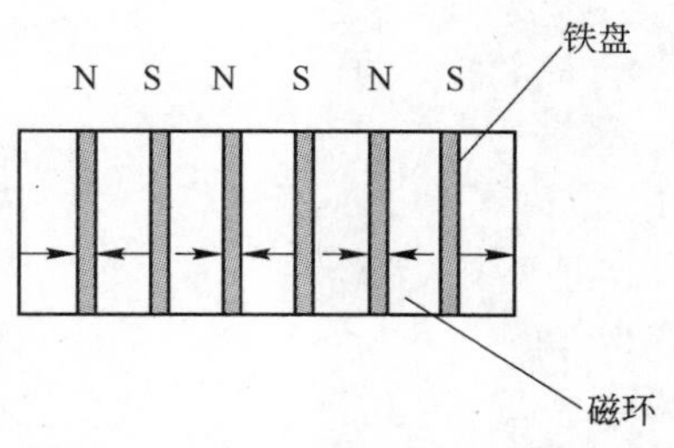

图 6-4-3　挤压式磁系结构

b　分选过程　　入选物料通过给料器均匀给到分选带上，在传送带的拖动下进入分选磁辊，非磁性颗粒由于不受磁力的作用，在离心力和重力的作用下呈抛物线运动，落入非磁性产品接料槽中；而磁性颗粒则由于受到较大磁力的吸引，被吸在分选磁辊的传送带表面上（或吸向磁辊一侧），由传送带带离磁场区后落入磁性产品接料槽中。双辊磁选机在第一个辊完成分选后，再进入第二个辊的传送皮带上进行二次分选作业（精选或扫选），从而实现弱磁性矿物和非磁性矿物的分离。由于该机是开梯度磁系，分选粒度大小不受严格限制，对粒度适应性较强，该种设备在弱磁性铁矿、非金属矿物提纯等领域都有应用。

c　主要技术性能　　永磁辊带式强磁选机（规格很多按不同辊径、辊长、磁辊数量），表 6-4-1 列出了部分永磁辊带式强磁选机技术参数。

表 6-4-1　部分永磁辊带式强磁选机技术参数

设 备 规 格	YCG-300	CRIMM-150	2RGC150	2RGC200
辊径/mm	300	150	150	200
辊长/mm	1000	1000	1000	1000
辊数量	1	1	2	2
辊面场强/T	1.3	1.5	1.5	1.7
处理量/$t \cdot h^{-1}$	8 ~ 30	3 ~ 6	约 10	约 15
给矿粒度/mm	-40	-45	0.1 ~ 15	0.1 ~ 20
电机功率/kW	1.5	0.55	2 × 1.5	2 × 1.5
机重/t	2.8	0.85	1.5	2.0
外形尺寸(长 × 宽 × 高)/mm	1800 × 2049 × 1050	2298 × 1555 × 2011	1700 × 1650 × 1500	1700 × 1650 × 1500

B　永磁强磁力筒式磁选机

长沙矿冶研究院研制的 DPMS 型和北京矿冶研究总院研制的 RTG 型永磁强磁力筒式磁选机的磁系为扇形挤压式结构，全部使用高性能钕铁硼磁钢制作，极性沿轴向交替（也可以沿周向交替）；分选圆筒采用薄壁不锈钢制作，筒表磁感应强度可达到 0.9T 以上，磁场梯度是常规筒式中磁机的 3 ~ 5 倍；采用振动给料器给料，筒体旋转速度可通过调频器无级调速。DPMS 型干式永磁强磁力双筒磁选机结构如图 6-4-4 所示。该种设备较多用于非金属矿的提纯，也可用于锰矿、钛铁矿等中等磁性矿物分选。

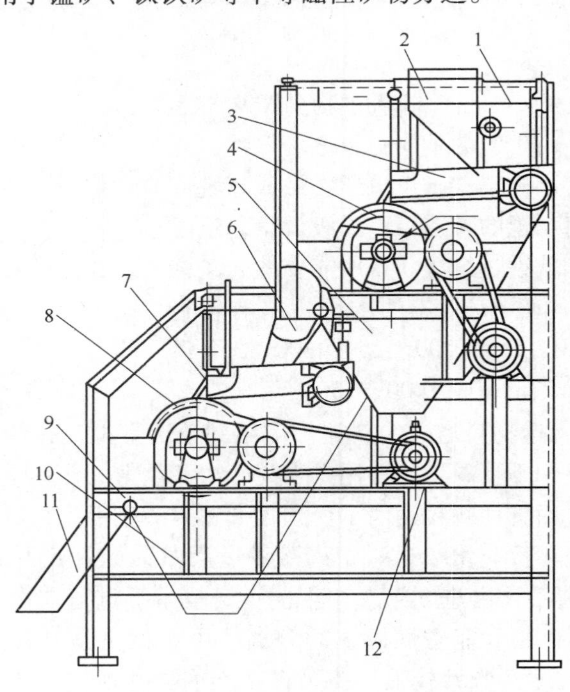

图 6-4-4　DPMS 型干式永磁强磁力双筒磁选机结构

1—机架；2—给矿斗；3—振动给料器；4—上磁筒；5—一段磁性矿斗；6—一段非磁性矿斗；7—挡矿板；8—下磁筒；9—分矿板；10—二段磁性矿斗；11—二段非磁性矿斗；12—传动装置

常用规格的筒径（mm）有300、400、600、900等，筒长（mm）有450、600、900、1200、1500等。有单筒和双筒配置，上筒和下筒磁场强度可以有不同设计。

6.4.1.2　电磁干式强磁选机

A　电磁感应辊式强磁选机

干式感应辊式强磁选机有单辊、双辊和四辊等多种结构形式。单辊强磁选机能完成一次分选，双辊强磁选机可以在一台设备上连续完成两次分选，四辊强磁选机采用双通道给料，每个通道上可以完成两次分选。

a　主要结构　　该系列磁选机主要由给矿器、感应辊、磁轭、线圈、激磁电控柜、接矿槽及传动系统组成。单辊强磁选机结构简单，双辊强磁选机一般采用上下串联布置，用接矿槽将上辊分选后的矿物送到下辊再选，四辊强磁选机上下两个辊为串联，水平的两个辊为并联。感应辊可以使用工业纯铁材料制作，在其表面加工成带齿状；也可以用硅钢片和不导磁金属片叠加制作，辊体表面为平滑表面。一般设计上辊工作间隙较大，下辊工作间隙较小，所以下辊的磁场强度高于上辊，辊表磁感应强度1～2.2T。GCG型电磁双辊和四辊强磁选机结构如图6-4-5、图6-4-6所示。

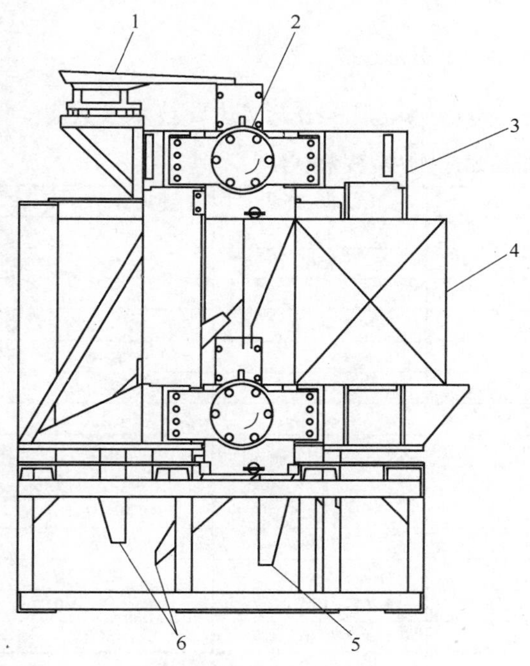

图6-4-5　GCG型电磁双辊强磁选机结构

1—振动给料器；2—感应辊；3—磁轭；4—激磁线圈；5—非磁性物出口；6—磁性物出口

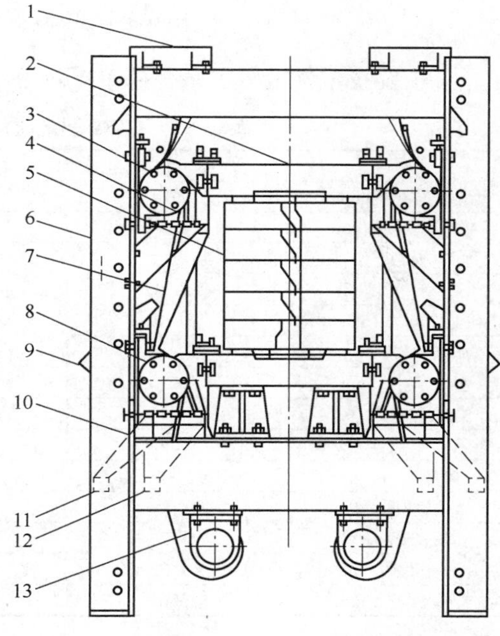

图6-4-6　GCG型电磁四辊强磁选机结构

1—给料斗；2—磁轭；3—上感应辊；4—分矿板；5—激磁线圈；6—机架；7—上接矿槽；8—下感应辊；9—上磁性物出口；10—下接矿槽；11—下磁性物出口；12—非磁性物出口；13—电机减速机

b　分选过程　　将直流电给入激磁线圈时，在感应辊表面齿尖上感应出高场强和高梯度。四辊强磁选机分选过程示意如图6-4-7所示，物料均匀地给入工作间隙，非磁性物料在离心力、重力作用下，沿抛物线方向落入非磁性产品接矿槽，从出矿口排出或进入下感应辊进行二次分选。磁性物料受磁力作用被吸在感应辊的齿尖上，随感应辊一起旋转，当被带至感应辊下部的弱磁场区时，在机械力（主要是离心力和重力）作用下落入磁性产品接矿槽中被排出；通过调整激磁电流大小和调节分矿板位置来获得最佳的分选指标。

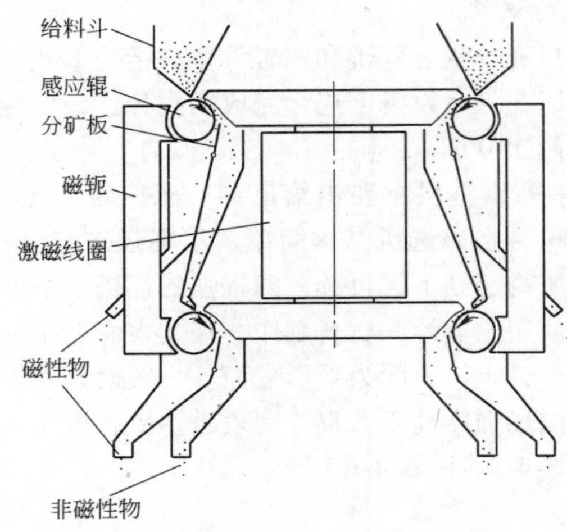

图 6-4-7　GCG 型四辊强磁选机分选过程

c　主要技术性能　　表 6-4-2 所列为 GCG 型电磁感应辊强磁选机主要技术参数。

表 6-4-2　GCG 型电磁感应辊强磁选机主要技术参数

型　号	GCG8/10	GCG20/50	GCG20/75-2	GCG15/50-4
感应辊直径/mm	80	200	200	150
感应辊长度/mm	100	500	750	500
感应辊数量/个	1	1	2	4
磁感应强度/T	1 ~ 2.2	1 ~ 2.2	1 ~ 2.2	1 ~ 2.2
工作间隙/mm	3 ~ 5	4 ~ 6	4 ~ 8	4 ~ 6
感应辊转速/$r \cdot min^{-1}$	80 ~ 120	50 ~ 80	50 ~ 80	60 ~ 100
给矿粒度/mm	<1.5	<2.0	<2.0	<2.0
给矿含水率/%	<1	<1	<1	<1
强磁性矿物含量/%	<2	<2	<2	<2
处理能力/$t \cdot h^{-1}$	0.03 ~ 0.05	0.3 ~ 1	1 ~ 1.5	1 ~ 2
电机功率/kW	0.75	3.0	2 × 3.0	2 × 3.0
激磁功率/kW	1.2	1.8	3.6	2.0
外形尺寸/m	0.95 × 0.93 × 0.5	1.6 × 1.5 × 1.5	1.67 × 1.6 × 2.0	1.4 × 0.94 × 2.2
主机重量/kg	350	4200	7980	5800

B　电磁盘式强磁选机

a　主要结构　　电磁盘式强磁选机有单盘（ϕ900mm）、双盘（ϕ576mm）和三盘（ϕ600mm）等，这三种磁选机的结构和分选原理基本相同。设备主要由给料斗、给料圆筒（弱磁场筒式磁选机）、分选圆盘、振动槽、激磁电源、接矿斗等组成。电磁双盘强磁选机（ϕ576mm）应用较多，结构如图 6-4-8 所示。双盘磁选机振动槽下方的“山”字形磁系与振动槽上方的带有尖边的旋转圆盘构成闭合磁路，旋转圆盘上下可以调整，既调整工作间隙，同时也调整磁场强度，旋转圆盘尖边上的磁感应强度为 1.4 ~ 1.8T。

b　分选过程　　原料由给矿器给到给料圆筒上，给料圆筒是弱磁场筒式磁选机，将

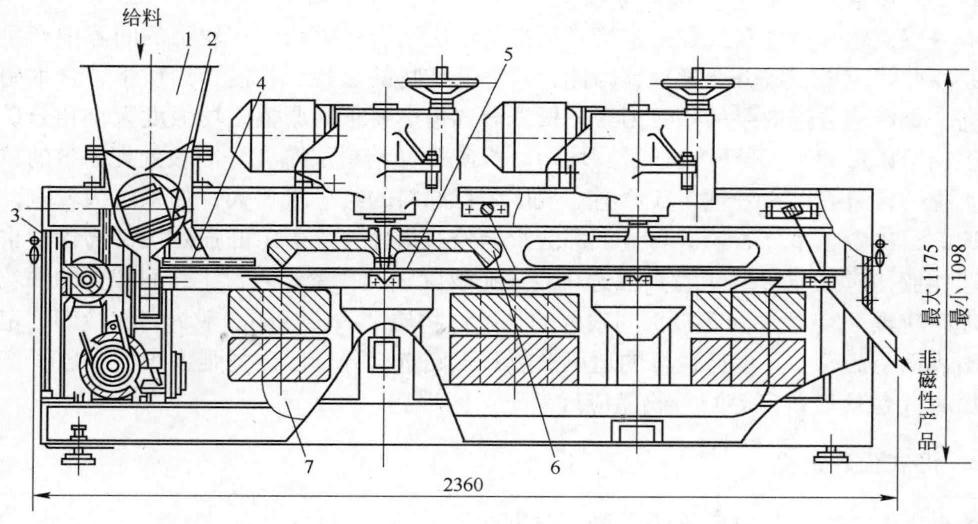

图6-4-8 电磁双盘强磁选机结构

1—给料斗；2—给料圆筒（弱磁场磁选机）；3—强磁性产品接料斗；4—筛子；5—振动槽；6—旋转圆盘；7—“山”字形磁系

物料中的强磁性矿物除去，未被吸引的矿物通过筛子筛分，筛下部分由振动槽送入圆盘下的强磁场区分选，磁性矿物受磁力作用吸到圆盘的齿尖上，并随圆盘一起转动到振动槽外侧的弱磁场区，在重力、离心力和毛刷的作用下卸入磁性产品接矿斗内，未被吸起的矿物从尾部排出或进入下一个圆盘再选。通过调节圆盘到振动槽表面的距离（即工作间隙）实现每个盘的磁场强度调整。多盘强磁选机可以实现多次分选，通过多盘磁选机一次作业能够获得几种不同磁性质量的磁性产品。由于该机分选时磁性矿物是向上吸起，磁性产品中夹杂较少，分离精度较高；根据目的产品的质量要求，通过分选试验确定适宜的给矿量。

6.4.1.3 干式强磁选机操作与维护

A 干式永磁强磁选机的操作与维护

永磁辊带式强磁选机和永磁强磁力筒式磁选机二者都是开梯度磁系，入选粒度大、不堵塞，适合较粗粒级矿物分选。如粗粒赤铁矿、菱铁矿、锰矿、钨矿、钛铁矿等弱磁性矿的选别，同时也适用于石英砂、长石、红柱石、耐火材料、陶瓷原料、金刚石等非金属矿物的提纯。Baterman公司最新设计的MarkⅡ型永磁辊带式强磁选机处理粒度上限可达100mm，处理能力为60t/h。马鞍山院设计的YCG-ϕ350mm×1000mm和长沙院设计的CRIMM型永磁辊带式强磁选机都成功应用于20~2mm粒级弱磁性铁矿的分选，北京矿冶研究总院设计的2RGC150×1000mm永磁辊带式强磁选机应用于-5mm红柱石的提纯。该种设备适合分选的矿物以及处理能力一定要经过试验确定，在生产中，给矿粒级窄、料层薄、含水分低分选效果较好；转速与处理量关系很大，要将转速、分矿板位置和分选指标相结合进行调整。此外，辊带式强磁选机超薄传送带易于磨损，尤其传送带与永磁辊之间容易进入磁性颗粒，加快磨损；传送带一旦磨损，应及时更换；给矿中要避免铁质物品进入，否则造成超薄传送带损坏。永磁强磁力筒式磁选机的圆筒是用薄壁不锈钢制作的，应避免磕碰。

B　干式电磁强磁选机操作与维护

电磁感应辊和电磁盘式强磁选机磁系都是电磁闭合式磁系，在较小的间隙中产生强磁场，并在此间隙中完成分选过程，因此，对分选矿物的磁性、粒度、给矿量、含水率等要求较高，是影响分选效果的主要因素。根据分选指标要求，调整磁场强度大小和分矿板位置，控制给矿量大小，给矿要适量、均匀。给矿量（给料层厚度）与被处理原料的粒度和磁性矿物的含量有关，处理粗粒原料一般比细粒原料的给矿量要大；如果粒级较宽，应分级分选。给矿含水率高、粉矿含量大都会影响分选指标，给矿中的强磁性矿物含量也会干扰分选作业，应提前用中（弱）磁选机将该矿物除去；严禁给入比工作间隙大的颗粒；及时清理感应辊（转盘）和磁极头间残留的强磁性物质。激磁线圈一般为自然冷却，定期清理线圈表面上的粉尘，保持良好的通风散热；强磁选机分选区磁场强度很高，电子产品及仪器仪表（包括磁条卡等）等物品应远离磁场区域。

6.4.2　湿式强磁选机

6.4.2.1　湿式电磁感应辊式强磁选机

湿式电磁感应辊式强磁选机适合中粗粒级的弱磁性矿物分选，如锰矿、赤铁矿、褐铁矿、镜铁矿等以及非金属矿物提纯。湿式电磁感应辊式强磁选机有单辊和双辊型，由于单辊磁选机的“口”字形闭合磁路较长，又存在一个非工作间隙，设备存在磁阻大，磁能利用率低、单位机重处理能力小等不足，因此通常工业设备选用双辊型强磁选机。马鞍山矿山研究院研制的CS-1型和北京矿冶研究总院研制的FC38/105型都是大型湿式电磁双辊强磁选机，主要结构和分选原理基本相同。

A　主要结构

设备主要由给矿箱、电磁铁芯、磁极头、分选辊、精矿和尾矿箱、传动装置、电源柜等构成，CS-1型湿式电磁感应辊强磁选机结构如图6-4-9所示。两个电磁铁芯和四个磁极头与两个感应辊构成了“口”字形磁路，两个感应辊水平布置，四个磁极头和两个感应辊之间构成四道空气隙即是四个分选带，每个感应辊上有两个分选带，每个分选带辊表面加

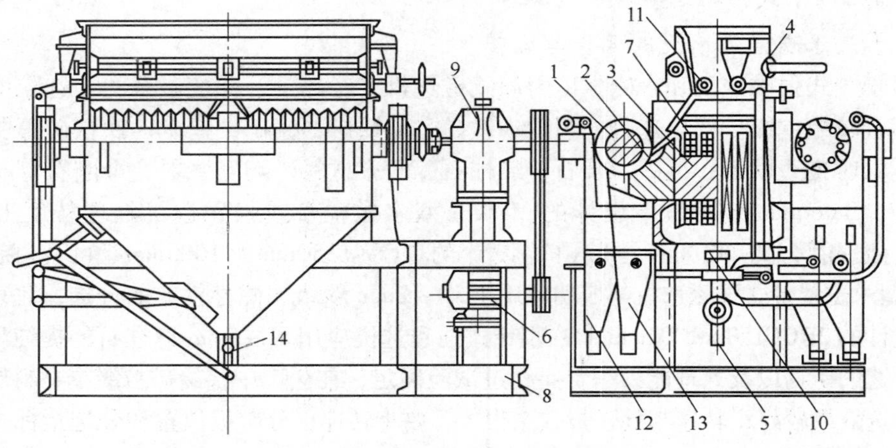

图6-4-9　CS-1型湿式电磁感应辊强磁选机结构

1—感应辊；2—磁极头；3—铁芯；4—给矿箱；5—水管；6—电机；7—激磁线圈；8—机架；9—减速机；10—风机；11—给矿辊；12—精矿箱；13—尾矿箱；14—阀门

工成一定数量的辊齿，与辊齿相对应的磁极头表面部位加工成沟槽形，磁极头端部沟槽为通透沟槽，当激磁线圈通电时，在感应辊的辊齿顶部感应出高场强。

B 分选过程

分选过程如图6-4-10所示，原矿进入给矿箱，由给料辊将其从箱侧壁桃形孔引出，沿溜板和波形板给入感应辊和磁极头之间的分选间隙，磁性矿物受磁力作用被吸附到辊齿上，并随辊运动，在离开磁极头后，磁场减弱，在离心力、重力、水的作用力作用下落入磁性产品接矿斗，非磁性矿物在重力的作用下随矿浆流通过磁极头端部开口沟槽落入非磁性产品接矿斗，整个分选都是在液面下进行。

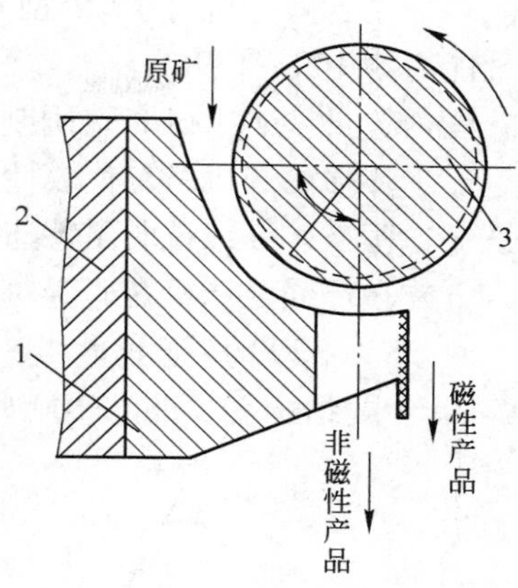

图6-4-10 分选过程示意图

1—磁极头；2—铁芯；3—感应辊

C 主要技术性能

CS-1、CS-2、FC38/320湿式电磁感应辊式强磁选机技术参数列于表6-4-3。

表6-4-3 CS-1、CS-2、FC38/320湿式电磁感应辊式强磁选机技术参数

型 号	CS-1	CS-2	FC38/320
选别方式	湿 式	湿 式	湿 式
感应辊直径/mm	375	380	380
感应辊分选长度/mm	1452×2	1372×2	1600×2
感应辊数量/个	2	2	2
感应辊转数/r·min^{-1}	40/45/50	40/45/50/55	45
磁感应强度/T	0.1~1.87	0.4~1.78	0.1~1.85
分选间隙/mm	14~28	14~35	14~20
给矿粒度/mm	5~0	15~0	7~0
传动功率/kW	13×2	13×2	11×2
线包冷却方式	风 冷	风 冷	水 冷
处理量/t·h^{-1}	8~20	25~30	约12
机重/t	14.8	16	17.3
外形尺寸(长×宽×高)/mm	2350×2374×2277	3320×2420×2780	4080×2780×2310

注：表中的处理量仅供参考。

D 操作与维护

根据分选矿物的粒度，设计感应辊的齿距、齿形。根据矿石性质和对产品质量的要求，适当调节给矿量、磁场强度、补加水量以及感应辊的转速和工作间隙（极距），以便获得较好的分选指标。操作时应注意控制给矿粒度，给矿粒级越窄分选效果越好，粒度过大容易堵塞磁极头沟槽，粒度过细回收率较低；如果给矿中含有强磁性矿物，应事先除去，强磁性矿物进入该机后将聚集在磁极头的沟槽处，并形成磁链，阻碍非磁性矿物顺利排出，影响分选指标。通过调整接矿斗下部的阀门（或闸板），保持矿液面位置；保持激磁线圈工作在良好的冷却状态。

6.4.2.2 湿式电磁平环式强磁选机

湿式电磁平环式强磁选机是一种细粒湿式分选的强磁场磁选机。德国洪堡-威达格公司生产的琼斯平环式强磁选机是一种较有效的强磁选设备，国内几乎被平环式磁选机取代。琼斯型强磁选机有 10 个型号，其中 DP-317 型（转环直径为 3170mm）使用最广泛，处理能力为 100 ~ 120t/h。

国内，长沙矿冶研究院研制的 Shp-700、Shp-1000、Shp-2000 和 Shp-3200 型等系列湿式电磁平环强磁选机最有代表性，该系列磁选机在国内 20 世纪 70 ~ 80 年代，对赤铁矿、菱铁矿、镜铁矿等细粒弱磁性选矿得到广泛应用；北京矿冶研究总院研制的 DCH 型系列湿式电磁平环强磁选机在非金属矿除铁提纯应用较成功。

A　Shp-3200 型湿式电磁平环强磁选机

a　主要结构　　Shp-3200 型湿式电磁平环强磁选机的结构示意如图 6-4-11 所示。在

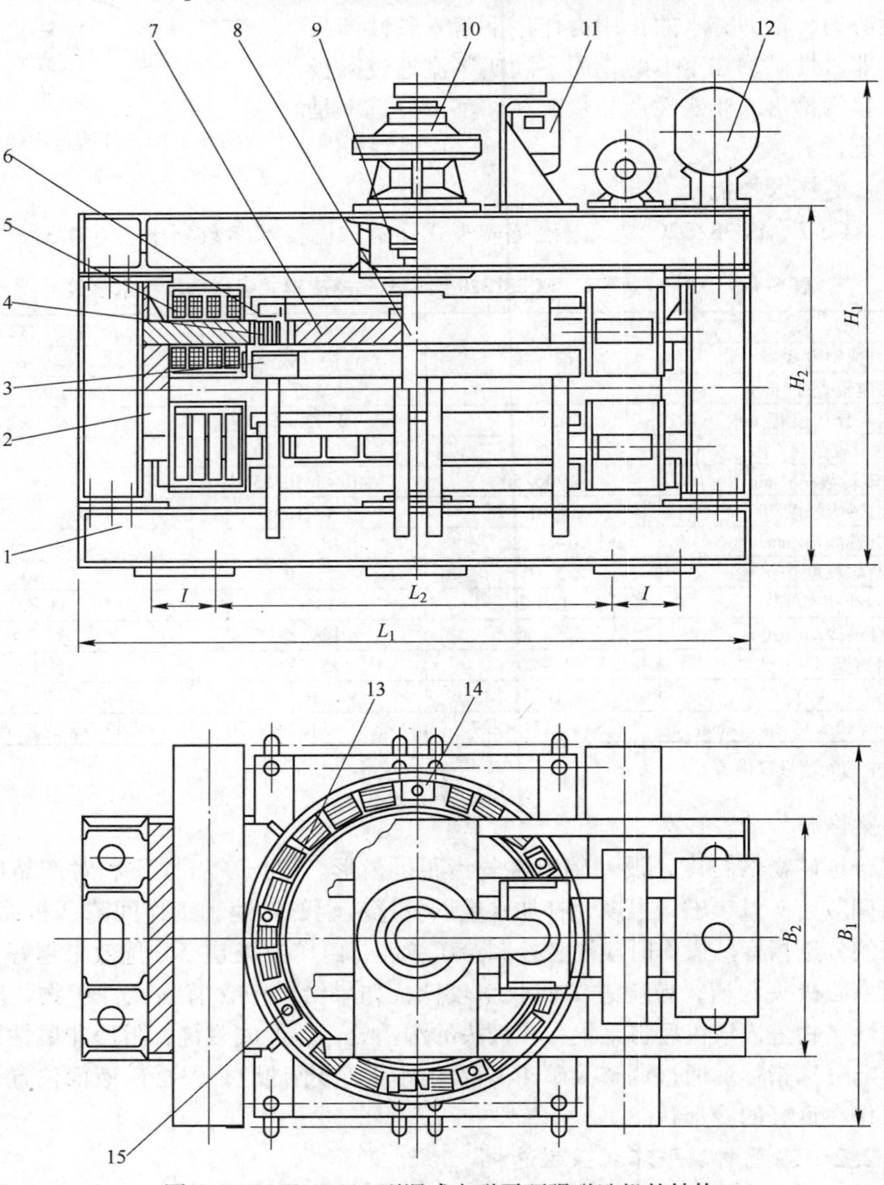

图 6-4-11　Shp-3200 型湿式电磁平环强磁选机的结构

1—机架；2—磁系；3—接矿槽；4—分选室；5—激磁线圈；6—拢矿圈；7—转盘；8—主轴；9—联轴器；10—减速机；11—电动机；12—冷却系统；13—中矿冲洗水；14—精矿冲洗水；15—给矿嘴

机体框架上装有2个U型磁轭，在磁轭上安装4组励磁线圈，线圈外部有密封保护壳，用风扇进行空气冷却或采用油冷。在两个U形磁轭之间装有上下两个分选转盘，转盘周边上有N个分选室，内装不锈钢导磁材料制成的齿形聚磁板，极板间隙一般为1~3mm。两个转盘与磁轭构成闭合磁路。转盘和分选室由安装于顶部的电动机、减速机传动，在两个U形磁极间旋转。根据分选物料粒度，选用不同形式的齿板和极间隙。

b 分选过程 在转盘旋转过程中，分选室进入磁场区，齿板被磁化，矿浆通过给矿盒送入分选室后，弱磁性矿物被吸附在齿板的齿尖上，非磁性矿物逐渐通过齿板间隙排入分选室下部的非磁性产品接矿槽中。当分选室转至中矿冲洗水下方时，冲洗水将吸附在齿板上的磁性矿物进行漂洗，将其夹杂的脉石和连生体一起排入中矿槽。当分选室处于磁场中性区时，由喷嘴喷入高压水，将磁性产品冲入接矿槽，完成选矿过程。本机有4个独立的分选区（即上下各两个给矿点），一般是平行作业，也可以串联起来完成流程中不同的作业（精选或扫选）。

c 主要技术性能 Shp-3200型湿式电磁平环强磁选机主要技术参数见表6-4-4。

表6-4-4 Shp-3200型湿式电磁平环强磁选机主要技术参数

项 目	规 格	项 目	规 格
转盘直径/mm	3200	给矿浓度/%	35~50
转盘转速/r·min^{-1}	3~4	给矿粒度上限/mm	-0.8
额定激磁电流/A	230	冲洗水压力/MPa	0.5
最大激磁功率/kW	126	冲洗水用量/t·h^{-1}	120
工作磁通密度/T	1.5	冷却水压力/MPa	0.2
线圈冷却方式	油 冷	冷却水用量/m^3·min^{-1}	10~15
传动功率/kW	30	最大部件重量/t	18
给矿点数/个	4	整机重量/t	110
处理能力/t·h^{-1}	100~120	外形尺寸(长×宽×高)/mm	6600×3600×46330

B DCH型系列湿式电磁平环强磁选机

北京矿冶研究总院研制的DCH型平环式强磁选机（见图6-4-12），采用低电压(24V)、大电流、水外冷激磁线圈，具有线圈体积小、磁路短、漏磁少、磁场分布合理等优点，分选齿板缝隙磁感应强度达到1.8T，齿板深度220mm。该设备不仅适用于弱磁性铁矿石、锰矿石的分选，而且特别适用于非金属矿物的提纯，如硅线石、蓝晶石、红柱石、霞石、石英砂等。

C SQC系列湿式强磁选机

赣州有色冶金研究所研制的SQC系列湿式强磁选机是一种磁路结构新颖的强磁选机，采用环式链状闭合磁路，磁系由内、外同心环形磁轭及多个放射状磁极组构成。该磁系磁路短、漏磁少、结构紧凑、磁极数多。分选转盘为平环式，采用齿板作为聚磁介质，用低电压大电流激磁，线圈采用水内冷散热。SQC-6-2770型强磁选机结构如图6-4-13所示，转盘直径2770mm，共有6个给矿点，组成6个分选系统，最大激磁功率50kW，最高磁感应强度1.6~1.7T，处理量25~30t/(台·时)。

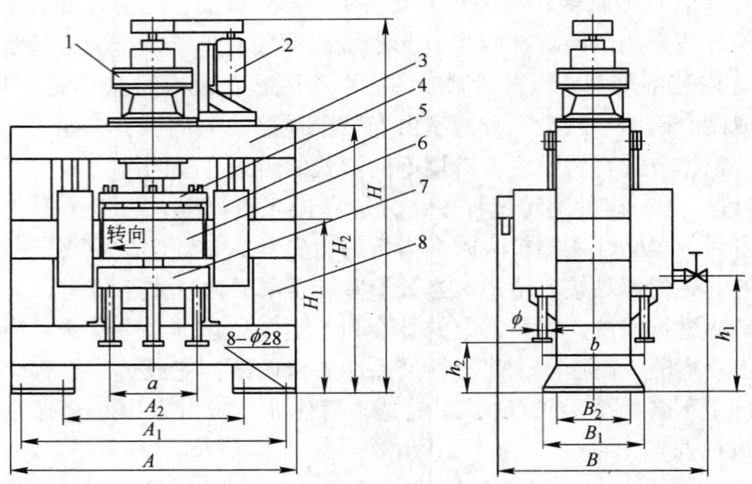

图6-4-12 DCH型湿式电磁平环强磁选机

1—减速机；2—电动机；3—横梁；4—给矿给水装置；5—激磁线圈；6—分选环部件；7—接矿槽；8—磁轭

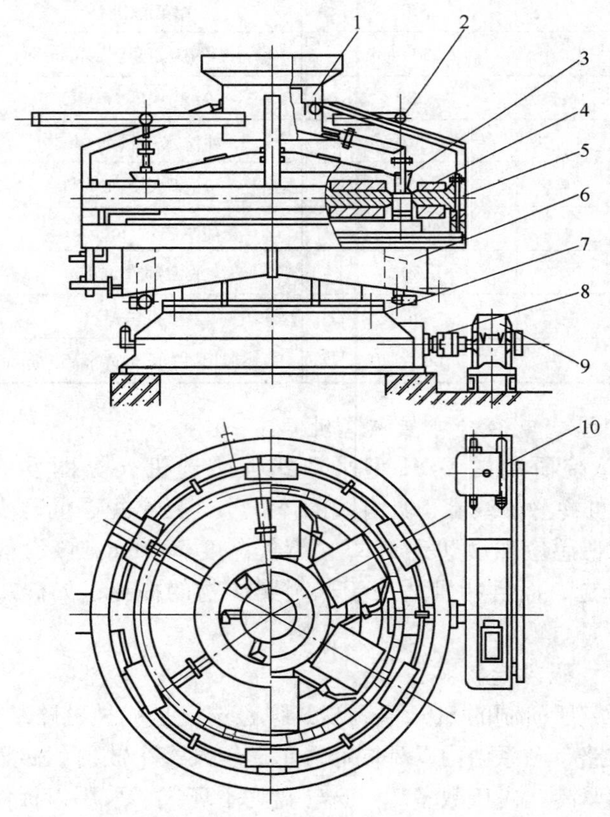

图6-4-13 SQC-6-2770型湿式强磁选机结构

1—给矿装置；2—精、中矿冲洗装置；3—分选转环；4—激磁线圈；5—铁芯；
6—接矿槽；7—机座；8—联轴器；9—减速机；10—电动机

D 操作与维护

影响分选的主要因素有给矿粒度、给矿中强磁性矿物的含量、磁场强度、中矿和精矿的冲洗水压、转环的速度以及给矿浓度等。为了保证设备正常运转，减少介质堵塞，必须严格控制给矿粒度的上限和给矿中强磁性矿物的含量。分选粒度应该和齿板齿形和极间隙匹配，粗粒级分选应选用粗牙齿板，极间隙相应较大，细粒级分选应选用细牙齿板，极间隙相应较小；给矿粒度上限一般为齿板间隙（极间隙）的1/2～1/3，齿板极间隙通常为2～3mm，一般要求给矿粒度上限小于0.8mm，因此强磁机之前必须有控制筛分，除去给矿中粗颗粒矿物和杂物。在强磁选机之前一般都安装了中磁场筒式磁选机用于除去强磁性矿物，要求将给矿中的强磁性矿物含量降至1%以下；中矿漂洗水水压和水量大小应根据产品质量要求确定，漂洗水量大，中矿产率高，精矿品位高；精矿冲洗水水压通常为0.4～0.5MPa，同时要不定期使用0.7～0.8MPa的高压水冲洗齿板介质，避免介质堵塞影响分选指标。给矿浓度一般为35%～45%，如给矿浓度过低（≤15%），设备的处理量较低，但精矿品位较高；给矿浓度过高（≥50%），处理量较大，但精矿品位低。给矿粒度控制和强磁性矿物含量控制是该类强磁选机能否长期稳定工作的关键。

6.4.2.3 湿式立环式强磁选机

ϕ1500mm双立环湿式电磁强磁选机结构如图6-4-14所示，主要由圆环、磁系、球形介质、内圆筛箅、激磁线圈、给矿器、尾矿槽和精矿槽等组成。

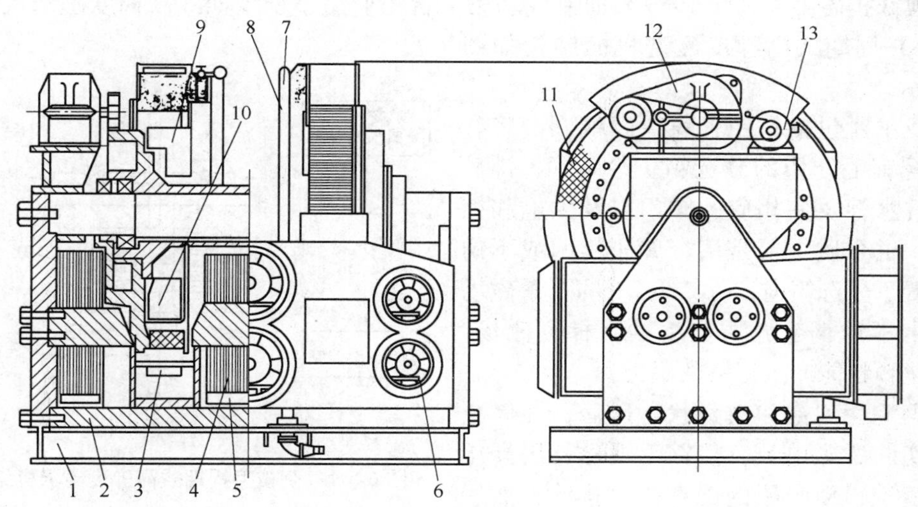

图6-4-14 ϕ1500mm双立环电磁强磁选机

1—机座；2—磁轭；3—尾矿箱；4—线圈；5—磁极；6—风机；7—分选环；8—冲洗水；9—精矿箱；10—给矿器；11—球介质；12—减速机；13—电动机

磁系由磁轭、铁芯和激磁线圈组成，磁轭和铁芯组成“日”字形闭合磁路，该磁系磁路短、漏磁少、磁感应强度可达2.0T（装介质后，转环外侧与极头之间的场强）；分选环沿环周边均匀分成40个格子，每格内装有ϕ6～12mm导磁球介质，也可以装有其他形状的磁性介质，在不同介质表面产生不同磁场梯度和磁场力；圆环绕水平轴旋转，球形介质脱离磁场后消磁，并产生松散和滚动，有利于磁性矿物冲洗卸矿，减少介质堵塞。根据分选矿物粒度选择球介质大小、配比和充填率，球介质应为软磁材料，剩磁小，有利于矿物离开磁场后松散和滚动。

6.5 高梯度磁选机的结构特性、操作与维护

高梯度磁选机的特点是线圈在分选空间中产生均匀磁场，在分选空间内设置导磁率高的钢毛、钢板网之类的聚磁介质，使之被磁化后在其表面产生高梯度磁场，磁场梯度达到 10^7Gs/cm（钢毛介质），是常规磁选机的10~100倍（琼斯型强磁选机齿板介质的磁场梯度为 2×10^5Gs/cm），介质表面获得很高的磁场力，可以分离一般磁选机难以分选的磁性极弱的微细粒物料，大大降低了分选粒度下限（可降至1μm），扩大了磁选机的应用范围并能获得良好的分选指标。高梯度磁选机磁体可分为电磁和永磁，分选机构主要有环式和槽式等，分选过程有周期型和连续型。高梯度磁选机除用来分选弱磁性的微细粒矿物外，还可用来处理工业废水，在废水流过钢毛磁介质时，废水中的磁性颗粒被吸附在钢毛上，从而达到净化废水的目的，故又称为高梯度磁过滤器。根据我国行业内通常的分类习惯，这里将棒介质磁选机归类为高梯度磁选机。

6.5.1 萨拉型高梯度磁选机

6.5.1.1 周期式高梯度磁选机

瑞典萨拉磁力公司于1969年研制成功第1台工业用小型周期式高梯度磁选机。萨拉型（sala）周期式高梯度磁选机的结构如图6-5-1所示。

该机主要包括铁铠、螺线管线圈、装有导磁不锈钢毛介质的分选箱、给矿管、排矿管、冲洗水管及其相应的阀门以及供电和控制装置。磁介质主要是用金属压延网或不锈钢毛，置于分选箱内，可产生2T的背景磁场强度。由不锈钢毛介质产生的高梯度磁场，对可磁化颗粒能产生很强的磁力。

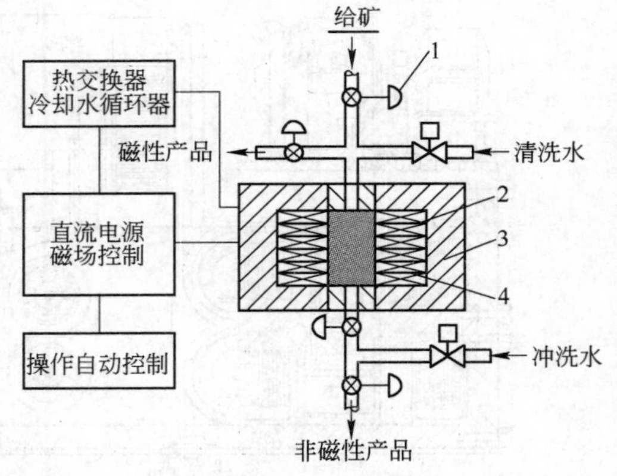

图6-5-1 萨拉型周期式高梯度磁选机结构

1—控制阀；2—磁介质；3—铁铠；4—线圈

当钢毛达到饱和吸附状态以后，即停止给矿，切断激磁电流，使钢毛退磁，用高压冲洗水清洗，使吸附的磁性矿物排除，然后再进行给矿，即完成一个工作周期。该机也可以从下部给矿，上部排非磁性矿物，磁性矿物从下部排除。这种萨拉型周期式高梯度磁选机主要用于高岭土、黏土之类矿物提纯和水处理等，脱出其中所含的极少量细粒弱磁性矿物。

6.5.1.2 连续性高梯度磁选机

萨拉型连续式高梯度磁选机是在萨拉周期式高梯度磁选机基础上研制成功的，其磁体结构和分选特点相似，目的是为了处理弱磁性矿物。该机主要用于弱磁性铁矿石（如赤铁矿）、稀土矿物、其他金属矿石和工业矿物的分选，以及用于选煤除硫和固体废料的处理等。

萨拉型连续式高梯度磁选机的结构如图6-5-2所示，它主要由旋转分选环、马鞍形螺线管线圈、铁铠和装有铁磁性介质的分选室、传动装置等部分组成。

旋转分选环圆周分成多个分选室，分选室内装有导磁聚磁介质。磁介质一般为金属压延网或不锈钢毛，根据分选的矿物粒度不同选择磁介质，有学者研究报道钢毛的直径理论上是磁性颗粒直径的2.69倍。钢毛磁介质充填率只占5%～12%，由于其比表面大，故处理量也大。旋转分选环被支承在导辊上，由1台或几台电动机驱动。铠装螺线管磁体示意于图6-5-3。

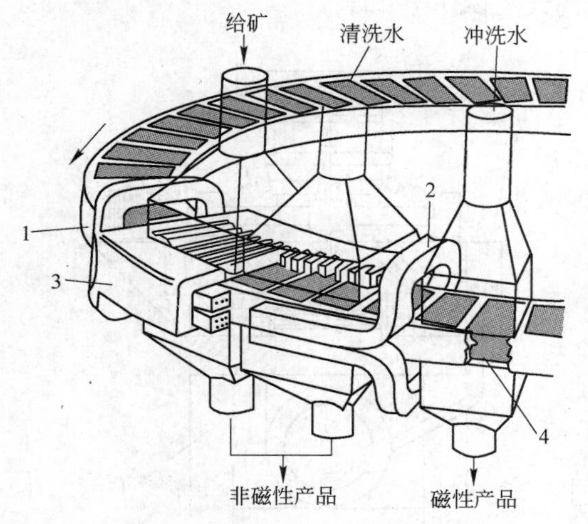

图6-5-2　萨拉型连续式高梯度磁选机

1—旋转分选环；2—马鞍形螺线管线圈；3—铁铠；4—分选室

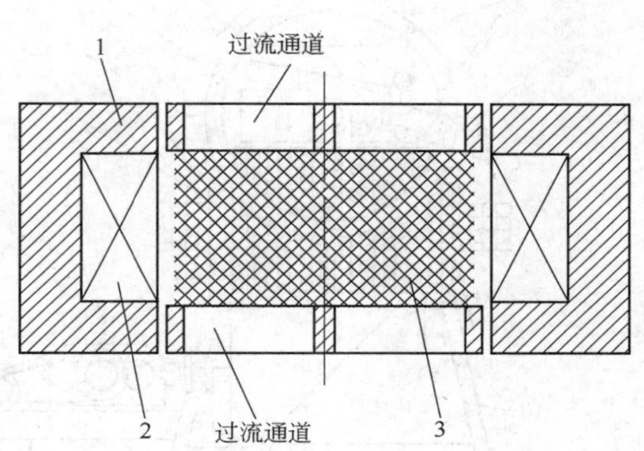

图6-5-3　螺线管磁体示意图

1—铁铠回路框架；2—磁体线圈；3—介质

铠装螺线管磁体是萨拉型磁选机区别于其他强磁选机的主要部分，为了在分选室内产生均匀的磁场，磁体由两个上下分开的马鞍形线圈组成，线圈制成马鞍形是便于旋转分选环在其中通过和给矿，铁铠回路框架包围螺线管电磁体并作为磁回路，减少漏磁。马鞍形螺线管线圈一般用空心方形软紫铜管绕成，通以低电压大电流，通水内冷，导线的电流密度可提高数倍，使其在有限的空间内能达到设计的安匝数。为了提高磁选机的处理能力，可增加螺线管电磁体的宽度，在保持分选室高度不变的情况下，可以增大分选室中磁介质的分选面积，并且不会改变磁路特性，磁场与矿浆流的方向保持平行。

该磁选机的分选过程为矿浆给入处于磁化区的分选室中，非磁性颗粒随矿浆流通过介质的间隙流到分选室的底部排出成为尾矿，而弱磁性颗粒被吸附在磁化了的磁介质上，并随旋转分选环进入磁化区的清洗段，进一步清洗掉非磁性颗粒，然后离开磁化区，用冲洗水冲掉吸附在磁介质上的弱磁性颗粒，排出后成为精矿。

萨拉型Model-480连续式高梯度磁选机旋转分选环外径为7.5m，有4个磁极头（即4个给矿点），每个磁极头生产能力高达200t/h。据报道，萨拉型连续式最大规格高梯度磁选机旋转分选环外径10m，有6个磁极头（即6个给矿点），每台生产能力770～1800t/h。在国外，萨拉型高梯度磁选机用途十分广泛，可用于铁、钛、钨、钼、钽等金属矿物选矿，也可用于高岭土、滑石、石英、长石、萤石等非金属矿物的提纯，还可以用于环境保护方面的污水处理、医学和食品领域等。我国在此类磁选机的研究和应用方面差距较大。

6.5.1.3　SLon 立环脉动高梯度磁选机

赣州金环磁选设备有限公司熊大和博士发明的 SLon 型立环脉动高梯度磁选机是目前国内弱磁性矿物湿式分选应用最广泛的一种高梯度磁选机。它是一种利用磁力、脉动流体力和重力等的综合力场选矿的新型高效连续生产使用的设备。

A　主要结构

该磁选机主要由脉动机构、激磁线圈、铁轭、转环和不同矿斗、水斗等组成（参见图 6-5-4）。该机可以选用导磁不锈钢制成的钢板网或圆棒作磁介质。

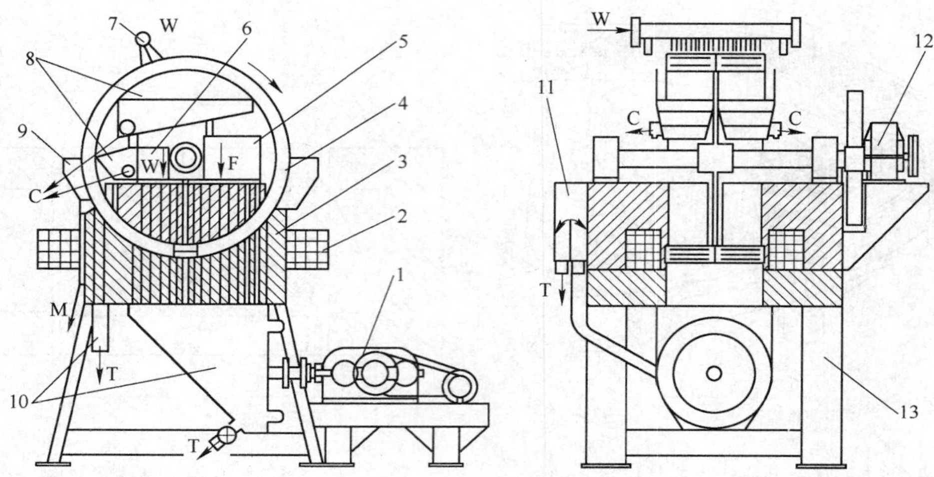

图 6-5-4　SLon 立环脉动高梯度磁选机结构

1—脉动机构；2—激磁线圈；3—铁轭；4—转环；5—给矿斗；6—漂洗水斗；7—精矿冲洗装置；8—精矿斗；9—中矿斗；10—尾矿斗；11—液位计；12—转环驱动机构；13—机架；F—给矿；W—清水；C—精矿；M—中矿；T—尾矿

B　分选过程

当激磁线圈通以直流电后，在分选区产生磁场，位于分选区的磁介质表面产生非均匀磁场即高梯度磁场；转环作顺时针旋转，将磁介质不断送入和运出分选区；矿浆从给矿斗给入，沿上铁轭缝隙流到转环的分选室。图 6-5-5 所示为物料经棒形聚磁介质的分选过程。

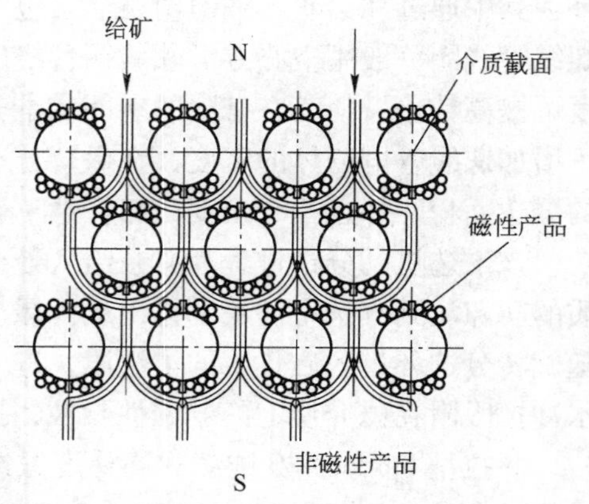

图 6-5-5　物料经棒形聚磁介质分选过程

非磁性颗粒在重力、脉动流体力的作用下穿过聚磁介质堆，沿下铁轭缝隙流入尾矿斗排走；磁性颗粒吸附在聚磁介质棒表面上，随转环转动，在磁场区内用漂洗水清洗后被转环带至顶部无磁场区，被冲洗水冲入精矿斗；该机的转环采用立式旋转方式，对于每一组磁介质而言，冲洗磁性精矿的方向与给矿方向相反，粗颗粒不必穿过聚磁介质堆便可冲洗出来。

该机的脉动机构驱动矿浆产生脉动，可使位于分选区聚磁介质堆中的矿粒群保持松散状态，使磁性矿粒更容易被捕获，使非磁性矿粒尽快穿过聚磁介质堆进入到尾矿中去。反冲精矿和矿浆脉动可防止磁介质堵塞，脉动分选可提高磁性精矿的质量。

C　主要技术性能

表 6-5-1 所列为部分 SLon 立环脉动高梯度磁选机主要技术参数。

表 6-5-1　部分 SLon 立环脉动高梯度磁选机主要技术参数

项　目 \ 机　型	SLon-1500	SLon-1750	SLon-2000	SLon-2500	SLon-3000
转环外径/mm	1500	1750	2000	2500	3000
转环转速/r · min^{-1}	2 ~ 4	2 ~ 4	2 ~ 4	2 ~ 4	2 ~ 4
给矿粒度(-0.074mm)/%	30 ~ 100	30 ~ 100	30 ~ 100	30 ~ 100	30 ~ 100
给矿浓度/%	10 ~ 40	10 ~ 40	10 ~ 40	10 ~ 40	10 ~ 40
矿浆通过能力/m^3 · h^{-1}	50 ~ 100	75 ~ 150	100 ~ 200	200 ~ 400	350 ~ 650
干矿处理量/t · h^{-1}	20 ~ 30	30 ~ 50	50 ~ 80	100 ~ 150	150 ~ 250
额定背景场强/T	1.0	1.0	1.0	1.0	1.0
额定激磁电流/A	950	1200	1200	1400	1400
额定激磁电压/V	37	38	43	45	62
额定激磁功率/kW	35	46	52	63	87
转环电动机功率/kW	3	4	5.5	11	18.5
脉动电动机功率/kW	4	4	7.5	11	18.5
脉动冲程/mm	0 ~ 30	0 ~ 30	0 ~ 30	0 ~ 30	0 ~ 30
脉动冲次/次 · min^{-1}	0 ~ 300	0 ~ 300	0 ~ 300	0 ~ 300	0 ~ 300
供水压力/MPa	0.2 ~ 0.3	0.2 ~ 0.3	0.2 ~ 0.3	0.2 ~ 0.4	0.2 ~ 0.4
耗水量/m^3 · h^{-1}	60 ~ 90	80 ~ 120	100 ~ 150	200 ~ 300	350 ~ 530
冷却水水量/m^3 · h^{-1}	3 ~ 4	4 ~ 5	5 ~ 6	6 ~ 7	8 ~ 10
主机重量/t	20	35	50	105	175
最大部件重量/t	5	11	14	15	25
外形尺寸(长 × 宽 × 高)/mm	3600 × 2900 × 3200	3900 × 3300 × 3800	4200 × 3550 × 4200	5800 × 5000 × 5400	6600 × 5300 × 6400

6.5.1.4　SSS-Ⅱ型双立环高梯度磁选机

A　主要结构

该设备由广州有色金属研究院研制，有 SSS-Ⅰ型、SSS-Ⅱ型，主要由分选环、磁系、激磁线圈、聚磁介质、传动机构、脉冲机构、给矿和产品收集装置等组成。SSS-Ⅱ型双立环高梯度磁选机如图 6-5-6 所示。

B　分选过程

当给矿管 3 给入的矿浆通过由直流激磁线圈 11 形成的弧形分选空间时，磁性矿物颗粒被吸附在聚磁介质 7 的表面，而非磁性颗粒因不受磁场力，穿过磁介质 7 的空隙进入尾矿斗 9，通过调整尾矿脉动机构 1 的运转参数使矿浆对磁介质 7 产生适度的冲刷力，以利于夹杂在磁介质表面的脉石进入尾矿斗 9；磁性颗粒群随分选环 4 转动，在磁介质 7 离开矿浆液面时，由于背景场强变弱，磁性较弱的连生体受到的磁力小于流体冲刷力，因而进

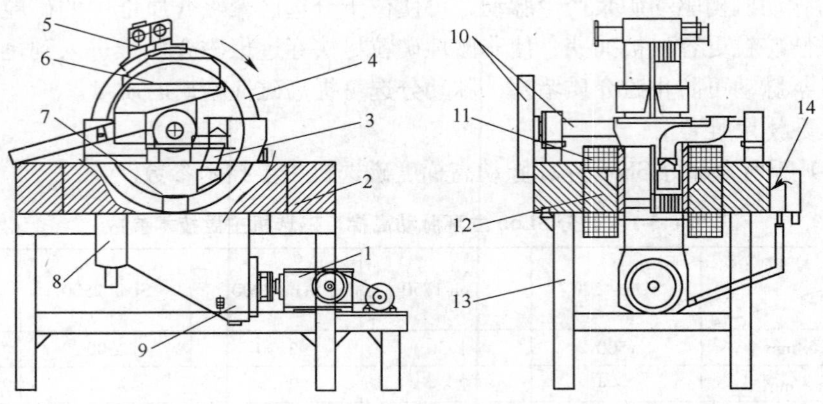

图 6-5-6 SSS-Ⅱ型双立环高梯度磁选机

1—脉冲机构；2—铁轭；3—给矿管；4—分选环；5—气水联合卸矿装置；6—精矿斗；7—聚磁介质；8—中矿斗；9—尾矿斗；10—转环传动机构；11—激磁线圈；12—磁极；13—机架；14—液面斗

入中矿斗8中；磁性较强的颗粒群牢固地吸在聚磁介质7表面上并随分选环4继续转动，进入磁性产品卸矿区，由于在卸矿区无磁场力作用，可通过气水联合卸矿装置5的冲洗气和冲洗水将磁性物从聚磁介质7表面冲洗下来进入精矿斗6，完成分选过程，得到精矿、中矿和尾矿三种产品。

SSS-Ⅱ型高梯度强磁选机的特征是：磁系在分选空间产生水平磁力线，脉冲装置能使矿浆产生与磁力线相垂直的往复运动，分离精度较高。

C 主要技术性能

SSS-Ⅱ型双立环高梯度磁选机主要技术参数列于表6-5-2。

表 6-5-2 SSS-Ⅱ型双立环高梯度磁选机主要技术参数

型号、规格	SSS-Ⅱ-1200	SSS-Ⅱ-1500	SSS-Ⅱ-1750	SSS-Ⅱ-2000
分选环直径/mm	1200	1500	1750	2000
背景磁场/T	1.0			
磁介质	导磁不锈钢钢板网、编织网、棒、钢毛			
处理能力/t·h^{-1}	10~20	15~30	25~50	40~60
额定激磁功率/kW	55	70	85	100
给矿粒度/mm	0.01~1.0			
给矿浓度/%	25~45			
尾矿脉冲参数	冲程：0~30mm，冲次：200r/min，250r/min			
中矿脉冲参数	冲程：0~30mm，冲次：250r/min，300r/min			
冲洗水压力/MPa	0.1~0.3			
冷却水压力/MPa	0.1~0.3			
线圈温升/℃	20~50			
传动功率/kW	3×2.2	2×4.0	3×5.5	3×5.5
外形尺寸(长×宽×高)/mm	2200×1900×2000	2700×2300×2400	4700×2840×3785	5100×3000×4200
最大部件质量/t	4	5	10	15
机重/t	18	26	38	52

6.5.1.5 湿式永磁高梯度磁选机

由于高梯度磁选机可以产生很高的磁场梯度，从而在不太高的背景磁场强度下就可以在磁介质表面附近产生所需要的磁场力，所以很多矿物的分选可以采用永磁高梯度磁选机。国外资料报道：电磁高梯度磁选机的平均电耗为20kW · h/t，超导磁选机的电耗为0.6kW · h/t，而永磁高梯度磁选机的平均电耗仅为0.5kW · h/t。由此可见，永磁高梯度磁选机在节能降耗方面有其明显的优势，为此，国内外首先将高场强磁选机永磁化的研究目标集中在高梯度磁选机上，在技术和应用研究方面都取得了突出的成果。

A 永磁“铁轮”高梯度磁选机

美国Bateman公司推出了铁轮式永磁高梯度磁选机，结构示意图见图6-5-7。其结构特点是永磁磁系由两对磁极组成，即下方的主磁极和上部的副磁极，磁极位于分选立环的两侧，立环圆周的分选室内装有叠加的导磁钢板网，转环下部给矿，上部反向冲洗卸矿，清洗Ⅰ、清洗Ⅱ为漂洗（即中矿）。分选环可以根据处理量的大小采用多个串联，最多可以串联25个环，背景磁场强度为0.15～0.18T，单环处理量为1～5t/h，视处理物料类型而定，传动功率4kW。设备与同类电磁设备相比，每吨产品的成本可以降低50%以上。

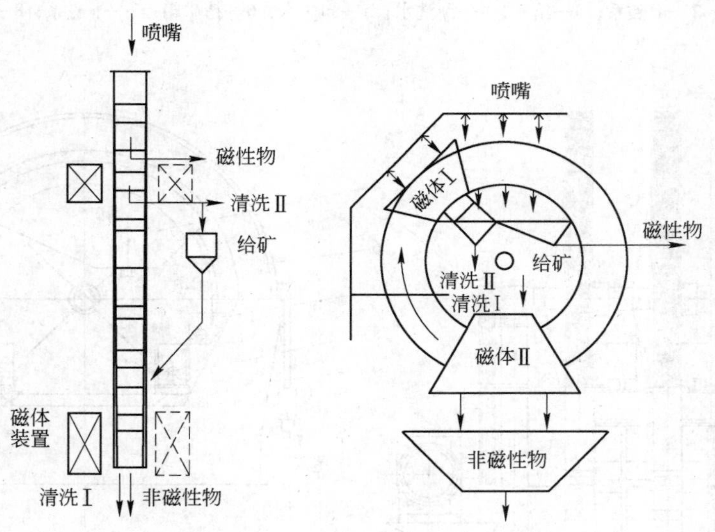

图6-5-7 铁轮式永磁高梯度磁选机结构

在下部给矿立环高梯度磁选机的基础上发展了上部给矿立环高梯度磁选机，其结构示意图见图6-5-8。该机特点是采用永磁磁系，上部磁系用作粗选，得到磁性产品和中矿，中矿再给入下部磁系扫选。

B YLHG永磁立环高梯度磁选机

北京矿冶研究总院研制的YLHG型永磁立环高梯度磁选机，分选环直径1000～1800mm，分选环宽度120～150mm，多环串联，根据处理量要求选择分选环个数，YLHG型永磁高梯度磁选机结构示意图见图6-5-9。磁系由主副磁极组成，对极结构。主磁极位于下部，全部使用钕铁硼材料，背景磁场强度达到0.6～0.7T，产生水平方向的磁场；副磁极产生背景磁场强度在0.18～0.2T以上，主要是使介质产生适当的磁化，使吸附在介

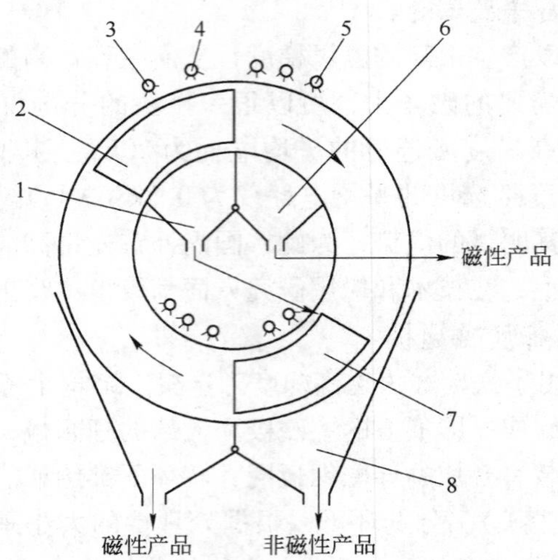

图 6-5-8 上部给矿立环高梯度磁选机结构

1—中矿箱；2—上磁系；3—给矿；4—漂洗水；5—卸矿水；6—精矿箱；7—下磁系；8—下分选箱

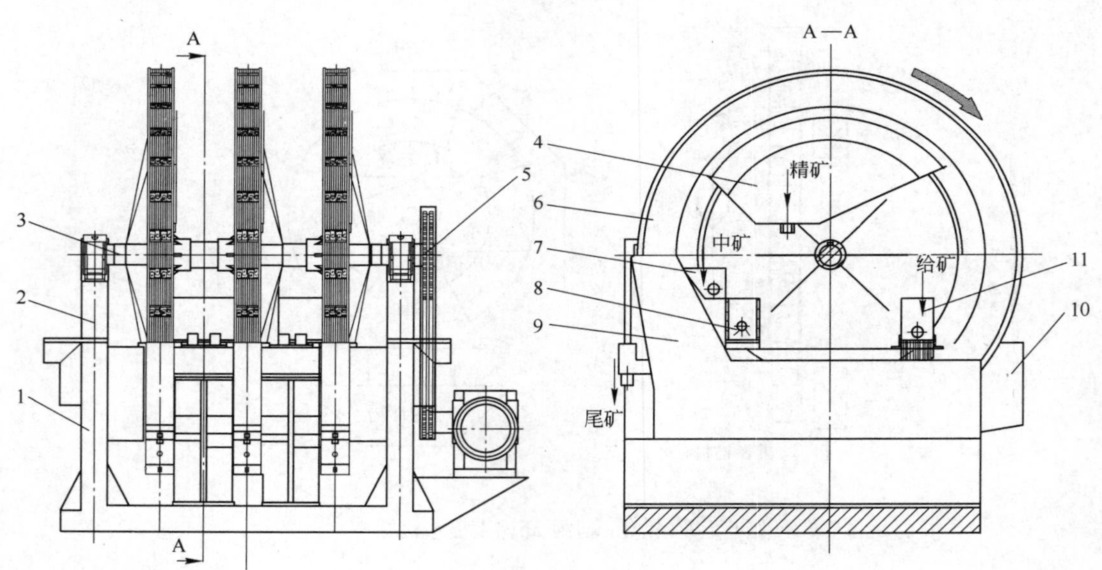

图 6-5-9 YLHG 型永磁高梯度磁选机结构示意

1—磁轭；2—机架；3—主轴；4—精矿箱；5—传动装置；6—分选环；7—中矿箱；8—冲洗水；9—主副磁系；10—分选箱；11—给矿箱

质上的磁性矿物在向上运动过程中不脱落。

分选环周边均匀分布 N 个分选室，分选室内装有磁介质（可以选择钢板网、棒、球等），介质组较深；利用对极磁系磁场分布的特点，在分选室内分为弱磁、中磁、强磁三个分选区，不同分选区使用不同介质。

给矿矿浆流动方向与磁场方向垂直，有利于清洗夹杂的非磁性颗粒；给矿中的矿物按照磁性强弱分别在不同分选区捕收，强磁性矿物在弱磁场区被介质捕获，不能进入强磁场区，减小了介质的强磁性矿物堵塞；给矿方向与精矿卸料方向相反，避免粗颗粒堵塞介质。

C　YG1-15 永磁脉动双立环高梯度磁选机

马鞍山矿山研究院于 1991 年研制出 YG1-15 永磁脉动双立环高梯度磁选机，如图 6-5-10所示。该设备主要由脉动机构、永磁磁系、转环驱动机构及其他配套部件组成。磁系由钕铁硼和铁氧体磁块复合组成，磁系在极距 90mm 时所产生的背景场强 0.5～0.6T，立环运转采用下部正向给矿，上部反向冲洗精矿，还配有矿浆脉动机构，试验结果表明，可以在许多场合代替同类电磁设备作业。

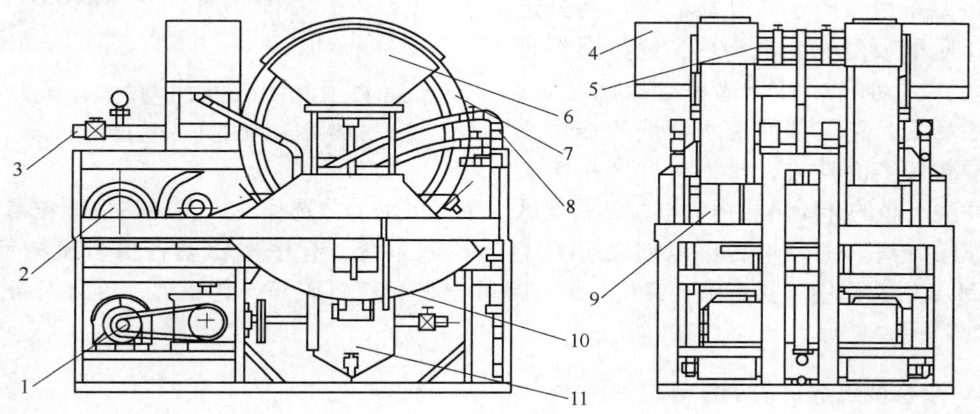

图 6-5-10　YG1-15 永磁双立环高梯度磁选机结构

1—脉动机构；2—驱动机构；3—供气机构；4—给矿斗；5—精矿冲洗装置；6—精矿接矿斗；7—转环；8—漂洗水装置；9—永磁磁系；10—机架；11—脉动箱及尾矿斗

D　CRIMM YCGTD 系列双箱往复式永磁高梯度磁选机

长沙矿冶研究院研制的 CRIMM YCGTD 系列双箱往复式永磁高梯度磁选机，结构示意于图 6-5-11。磁系采用稀土永磁材料组成对极闭合磁体、背景磁场强度 0.8～1.0T，分选

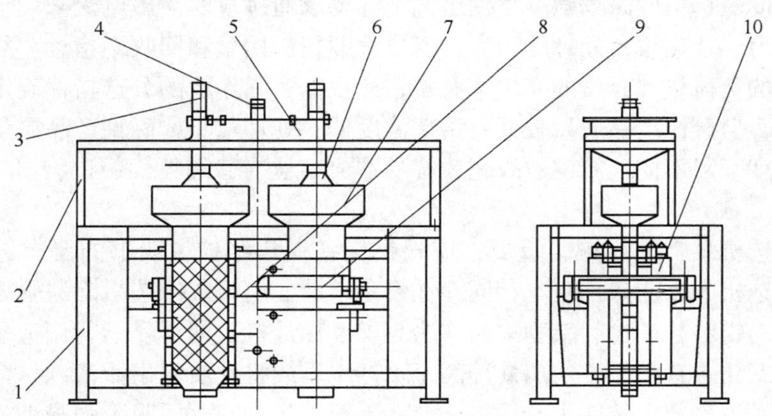

图 6-5-11　CRIMM YCGTD 型双箱往复式永磁高梯度磁选机结构

1—机架；2—支撑架；3—气动阀门；4—进料口；5—给料箱；6—给料阀；7—分选箱；8—分选介质；9—气缸；10—磁系

介质表面磁感应强度 1.2 ~ 1.5T。在磁极中放置不锈钢分选箱，分选箱中装满多维聚磁介质、产生高梯度。分选过程见图 6-5-12，当分选箱进入磁场区后，矿浆给入分选聚磁介质堆，在水槽液位的阻尼作用下，呈离散状态匀速等降通过位于分选磁场中的介质堆，非磁性颗粒因不受磁力作用而进入下部非磁性产品接矿箱。磁性颗粒受磁力作用吸附于磁介质表面；当分选箱磁介质堆吸附达到饱和后，给矿阀将自动关闭，驱动气缸将分选箱推出磁场区，脱离磁场后，在上部冲洗水清洗的作用下磁性颗粒脱离介质堆，排入磁性产品接矿槽；冲洗干净的介质堆再由气缸拉回磁场区，重复以上的分选作业，实现磁性颗粒与非磁性颗粒的分离。生产过程可以启动 PLC 自动控制系统，有序地驱动各执行机构动作。CRIMM 型磁选机用于长石矿、钾长石矿、高岭土矿、霞石矿等矿物提纯，单台设备处理能力为 1 ~ 1.5t/h。

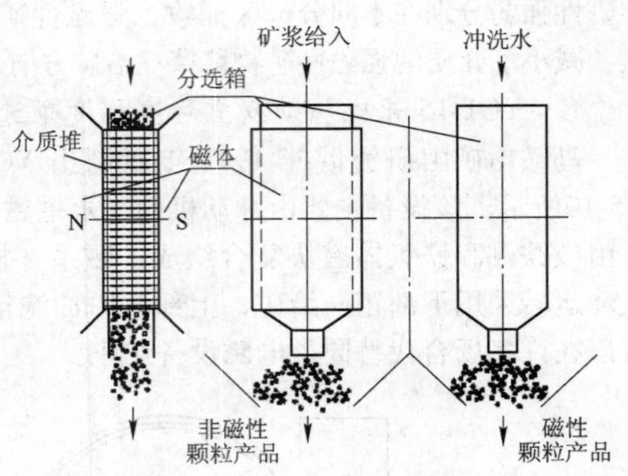

图 6-5-12 CRIMM YCGTD 型双箱往复式永磁高梯度磁选机分选过程

6.5.2 高梯度磁选机的操作与维护

高梯度磁选机的分选介质有棒形、球形、网形、丝形（钢毛）等，每种介质（同一种介质也有粗、中、细之分，充填率也各不相同）适合分选的矿物种类、粒级范围不同，应根据试验确定。一般来说，棒、球介质适合较粗粒级分选（1mm ~ 50μm）；网形介质适合中细粒级分选（100 ~ 30μm），钢毛介质适合细粒和微细粒级分选（50 ~ 5μm）。使用不同介质分选所需要的工艺条件也不相同，应根据设备性能和工艺制定操作调试方案。影响分选的主要因素有磁感应强度、转环转速、给矿量、给矿浓度、给矿粒度等。

电磁高梯度磁选机的磁场强度根据工艺指标要求通过改变激磁电流来调节。转环转速会影响生产能力，转速快，处理能力大，但应兼顾精矿质量和回收率指标。给矿量与磁介质的磁性矿物的负荷量和介质的充填率有关，应根据实际作业的分选指标确定。给矿浓度大，处理量大，但磁性产品质量较低；给矿浓度低，处理量小，磁性产品质量较高。不同磁介质回收粒度下限不同，给矿粒级宽，容易造成细粒（微细粒）级矿物损失，最好进行分级分选。

高梯度磁选机日常的维护很重要，应根据设备操作维护说明书的要求进行操作和维护。高梯度磁选机的作业条件基本相同，在设备之前使用筒式磁选机除去强磁性矿物，用筛子将给矿中的粗颗粒矿物和杂物去除，为高梯度磁选机长期可靠运行创造条件。磁介质堵塞会影响或恶化分选指标，定期使用高压水冲洗，或将介质取出后清洗；介质磨损应及时更换，避免产生事故。长期生产运行，会在磁轭、机头等表面吸附强磁性矿物，造成旋转件磨损和给矿、排矿通道堵塞，应不定期空运转（切断激磁电流），用高压水冲洗。电磁高梯度磁选机长期使用，激磁线圈冷却水会因结钙降低冷却效果，应经常检查冷却水的水量和水温，如冷却问题严重应及时修理，避免烧坏线圈，最好使用软化水冷却线圈，避免结垢现象发生。磁选机在操作时操作人员应禁止携带导磁铁质器物和贵重易磁化仪表（包括手表、手机、磁卡等）靠近磁选机，避免发生人员安全事故和财产损失。磁选机在检修时避免将铁质物品（如电焊渣、电焊条、铁钉、螺丝螺帽等）和其他杂物进入磁选机；永磁高梯度磁选机在检修时应使用不导磁专用工具。

6.6 超导电的基本理论

6.6.1 超导电性的基本概念与基本性质

某些物质在极低的温度（如零点几至几十开［尔文度］）下，电阻突然消失，这种现象称为超导电性。具有超导电性的材料称为超导体。处于临界温度以下的超导体，当外加磁场高于某一临界值时，超导体便从超导态转变为正常态。这个使超导体从超导态转变为正常态的磁场称临界磁场。导电性和完全逆磁性是超导体的两个基本特性。人们把电阻的消失叫做理想导电性或零电阻性。在电阻为零的导体组成的回路中激励起电流后，由于没有电能消耗，电流可以保持不变，永不衰减，这种在超导体上所感生的持续电流称为持久电流。完全逆磁性就是当给处于超导态的某一物质加一磁场时，磁力线无法穿透样品，而保持超导体内的磁通为零。

超导体只有在某种特定条件下才能从正常态突然变为超导态。这些特定条件即是超导体的临界参数。超导体的这一特性称为临界特性。超导体的临界参数主要有临界温度 T_C、临界磁场 H_C 和临界电流 I_C。超导体温度只有低于某一定值 T_C 时，才由正常态转变为超导态。一旦温度高于 T_C，超导态又回到正常态。这一定值温度称为超导体的临界温度 T_C（以 K 为单位）。处于超导态的超导体，当磁化场超过某一定值 H_C 时，超导态被破坏而转为正常态。这一定值磁场称为超导体的临界磁场 H_C。不仅是外磁场可以使超导电性被破坏，而且当超导体样品通过某一定值电流 I_C 时，由于产生的表面磁场达到了临界磁场 H_C，也能使超导电性被破坏。电流值 I_C 称为临界电流。

6.6.2 超导材料、低温的获得和保持

目前已发现几十种超导金属元素，几千种超导合金和化合物。超导元素在周期表中是相当普遍的。铁、钴、镍等强磁性金属和铜、银、金等金属良导体都不是超导元素，而一些导电性差的金属如铌、锆、钛等却是超导元素。在超导元素中以铌（Nb）的临界温度最高（9.2K）。有些元素如铍（Be）做成薄膜，有些元素如硅（Si）、磷（P）、锑（Sb）、碲（Te）等加压后也可以变成超导元素。超导元素形成的合金多半也是超导体。

作为强磁场超导磁体材料必须满足下列要求：高的超导转变温度、高的临界磁场以及在强磁场下临界电流密度要高（一般要求在所设计的磁场条件下，超导线的临界电流密度至少要高于 $1\times10^4 A/cm^2$ 才具有实用价值），而且超导临界特性稳定性好，制作工艺简单可靠，成本低。

超导材料基本可分为两类：超导合金和超导化合物。铌钛合金和超导化合物铌三锡（Nb_3Sn），钒三镓（V_3Ga）目前已被广泛使用。由于超导化合物材料比铌钛合金材料加工困难，价格昂贵，因此一般只用在产生特别高场强（8～90T）的磁体。

高强度超导磁体超导合金材料包括二元合金材料（Nb-Ti、Nb-Zr）和三元合金材料

（Nb-Zr-Ti、Nb-Ti-Ta）两种。属于韧性材料，延展性好，可以用和难熔金属合金相似的方法加工成超导线或超导带。Nb-Ti 合金应用最广泛，它的承载电流密度为 $10^4 A/cm^2$（铜的承载电流密度为 $10^2 \sim 10^3 A/cm^2$），绕制的超导线圈可以产生约为 10T 的磁场。由于其临界磁场比 Nb-Zr 合金高，而且稳定性好，成本低，因此 Nb-Ti 合金逐渐代替了最先发展起来的 Nb-Zr 超导合金材料。在 Nb-Zr 合金基础上发展起来的 Nb-40Zr-10Ti 三元合金，在 60kGs 以下比 Nb-Zr、Nb-Ti 的临界电流密度高很多，并已用来制造磁流体发电机的大型磁体。在 Nb-Ti 合金基础上发展起来的 Nb-Ti-Ta 三元合金的临界磁场可以比 Nb-Ti 合金进一步提高，而且临界电流也较高。这类超导合金材料有线材和带材两种。线材又分单股、多股两种。为了提高和稳定材料的性能，现在使用的 Nb-Ti 等合金材料很少是单根导线形式，而常常将许多股超导线或带和良导体（如铜等）一起做成复合导体。

金属化合物超导材料主要有 Nb_3Sn、V_3Ga 等金属化合物。Nb_3Sn 性能比 Nb-Ti 合金更好，承载的电流密度为 $(1 \sim 5) \times 10^6 A/cm^2$。但这类材料性硬且脆，无法采用合金的加工方法成材。通常采用两种办法来解决性脆的问题。其一是采用适当的方法使化合物在适当的基带（或细线）表面上形成，如表面扩散法、气相沉积法、等离子体喷涂法和反应性溅射法都属此类。其二是将由金属制成的导体绕成线圈，而后进行热处理生成化合物，如粉末芯线烧结法、多股线电缆热扩散法等。

到目前为止，所有的超导磁体材料，尽管它有许多独特的性能，但都必须在很低的温度（一般在 4.2K）下工作，低温是实现超导电的前提。实用超导电材料的研制成功和制冷技术的发展是超导技术得以应用的必要条件。目前，在超导技术的应用中，必须有一套低温设备来获得和保持极低温。

为了获得低温，首先是液化气体。空气、氢气和氦气被液化后，可分别获得 -192℃，-253℃和 -269℃的低温（在一个大气压下）。常用的方法有两种：焦耳-汤姆逊效应（Joule-Thomson）和气体对外作功。

焦耳-汤姆逊效应是非理想气体节流膨胀时的冷却效应，即当高压气体突然地通过节流阀（一个小孔或具有几个小孔的塞子）时，其压力降低，便成为低温气体。要使气体通过节流阀后温度降低，必须先使气体的温度冷却到某一温度以下，否则温度反而会增加，这一温度称为转换温度。每种气体都有它自己特有的转换温度。在 150 个大气压时，氢气和氦气的转换温度分别为 190K 和 40K。空气和其他气体的转换温度均高于室温，因此，液化空气不需要其他预冷剂，液化氢气时要用液态空气做预冷剂，液化氦气时要用液态氢气做预冷剂。所以，用焦耳-汤姆逊效应方法获得液氦时，实验室首先要有液态空气和液态氢气。

气体对外作功的制冷方法，通过机械功（如通过活塞的运动，透平的转动等作功）将气体的能量带走，从而使温度下降。

得到的液态气体要妥善保存，否则就会很快蒸发掉。保存的方法是将它置于玻璃或金属制的杜瓦瓶里。玻璃杜瓦瓶和普通的热水瓶相似，是一个双层的玻璃容器，夹层的内壁上镀了一层银膜，夹层中的空气被抽走，变成真空。这个真空夹层不传热，阻止了瓶内外的热量交换。另外，银层不太吸热，它能将辐射来的热能反射回去。这种杜瓦瓶用来保存液氦仍然不太有效。为了保存好液氦，需要特制的杜瓦瓶，它使用的高级绝缘材料，具有许多真空夹层，同时在外面还用液氮进行热屏蔽。由于玻璃杜瓦瓶容易损坏，也不能做得很大，故近年来，金属杜瓦瓶得到了广泛应用。它的形状完全不像一个瓶子，所以又叫杜瓦容器。今后可能用和金属同样强度的，甚至强度更高的高分子材料来制造。高分子材料一般在低温下热导率很小，而且很轻，热容量小。随着极低温黏结剂的发展，密封问题若能解决，就可能取代金属。

6.6.3 超导磁选机及其应用

自 1970 年班尼斯特（Bannister）超导磁选机在美国取得第一个专利和英国的科恩（Cohen）及古德（Good）发表了他们的第一代超导磁选机（MK-1 型四极头超导磁选机）的论文之后，近几十年来已研制出各种不同类型的超导磁选机。其中德国的柯 · 舒纳特（K. Schĕnert）等人设计的超导螺线管堆磁选机，英国科恩和古德研制的 MK-2 型、MK-3 型和 MK-4 型超导磁选机以及科兰（Collan）等人研制的 MASU-3 型超导磁选机已应用于各种矿物分选的实验室试验或半工业试验。

和常规磁选机一样，超导磁选机也必须建立高度的非均匀磁场，以满足分选细粒弱磁性矿物的需要。超导磁选机和常规磁选机的最主要区别是以超导磁体代替了普通电磁铁或螺线管，因此形成了其独有的特点：

（1）磁场强度高是超导磁选机最主要的特点。迄今，超导磁选机的磁场强度可达到 6T 乃至十几特斯拉，而常规磁选机的磁场强度一般只能达到 2T。

（2）能量消耗低是超导磁选机的第二个显著特点。超导磁体只需很小的功率就可以获得很强的磁场。唯一的能耗是系统中保持超导温度所需的能量。

6.6.3.1 螺线管堆超导磁选机

螺线管堆超导磁选机是连续操作的，它由数个螺线管组成，无充填介质，其结构如图 6-6-1 所示。

该机由 10 个短而厚的螺线管组成，它们沿轴向排列，线圈彼此间有一定的间隔，间距等于其长度。激磁电流的方向要使线圈磁场的极性相反，线圈产生一个径向对称的不均匀磁场和方向向外的径向磁力。磁力在线圈附近最强，在轴线处降为零。电流密度为 30000A/cm^2，产生的磁场强度为 1200 ~ 2000kA/m（1.5 ~ 2.5T）。环状分选器的直径为 110mm，长为 700mm。

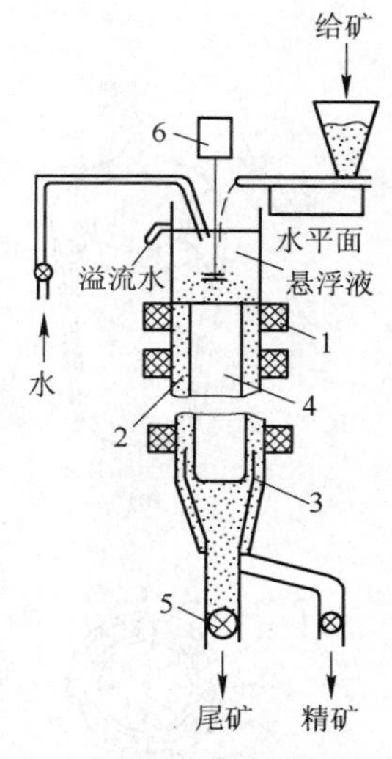

图 6-6-1 螺线管堆超导磁选机
1—超导线圈；2—分选区；3—分隔板；4—分选区限制器；5—阀门；6—搅拌器

入选的物料通过磁选机轴向流入一个具有环状横断面的空心圆柱状容器（分选器），磁化率较高的颗粒在容器壁附近富集。在容器的末端，矿浆被一分流板分成两部分，靠外部的为精矿、靠里面的为尾矿。影响分选效果的主要因素有给料中磁性矿物的含量、颗粒的大小和颗粒的分布、悬浮体的浓度及平均流速、分流器横断面积比等。

6.6.3.2 科恩-古德超导磁选机

科恩-古德超导磁选机已发展到 MK-4 型。MK-1 型超导磁选机是 1969 年前后研制成功的，该设备是一种原型试验装置，其目的是测定超导磁体和低温系统的生命力和实际应用的可能性。1978 年到 1984 年先后研制成功了 MK-2 型、MK-3 型和 MK-4 型超导磁选机，并对多种物料进行了选别试验，取得良好的效果。

A　结构

MK-1 型超导磁选机结构外形如图 6-6-2 所示。它主要由磁体和内、外分选管构成。磁体密封在低温容器中。

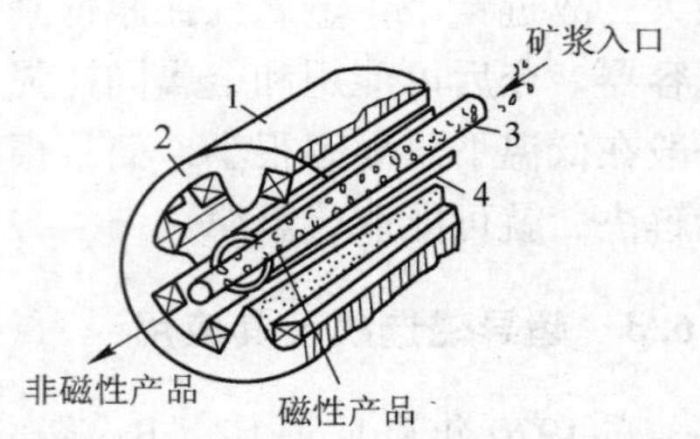

图 6-6-2　MK-1 型超导磁选机外形

1—磁体；2—超导线圈；3—内管；4—外管

磁体由四个超导线圈组成，以圆柱对称形装配（见图 6-6-3）。线圈用铜基 61 股单丝，直径 0.6mm 的铌-钛复合线绕制，每个线圈 1850 匝，绕制后压制成形，为了约束导线间的巨大磁力，整个磁体用玻璃丝加固，并用环氧树脂在真空中浸渍以得到高机械强度和通电良好的刚体结构。磁体高 300mm，内径 140mm，外径 195mm。由于四极头磁体的环形排列，形成了圆柱状的对称磁场，圆柱体轴线上的场强为零。磁力方向从磁体轴心向外散射，从低温容器外部向内集中（见图 6-6-3(b)）。磁体线圈通 70A 电流时，磁场强度达 1.8～2.0T，磁场梯度为 35T/m。

低温容器主要由内、外杜瓦瓶、液氮槽、液氦槽等部分组成（见图6-6-4）。其作用是将超导磁体冷却到临界温度以下，保证超导态不被破坏。超导线圈浸在 4.2K 的液氦中。磁体和低温容器外壁之间的狭窄空间要有良好的热绝缘。液氮（77K）制冷容器放在低温容器上部，保证外面热量不进入液氦槽中。气化的氦气和氮气可分别从上面的排气口排出。

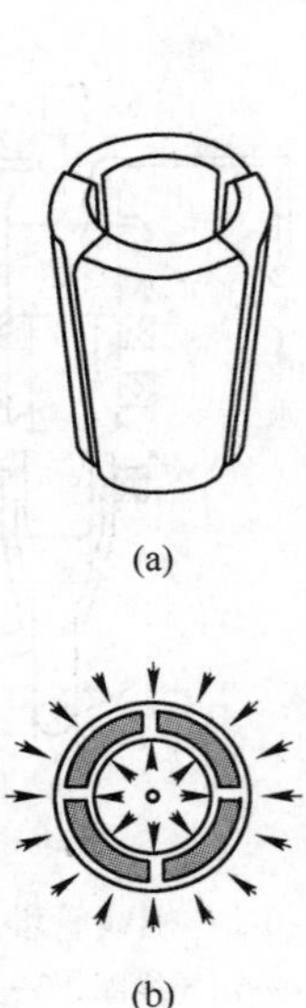

图 6-6-3　四极头超导磁选机磁体示意

（a）四极头线圈简要几何图形；（b）横断面

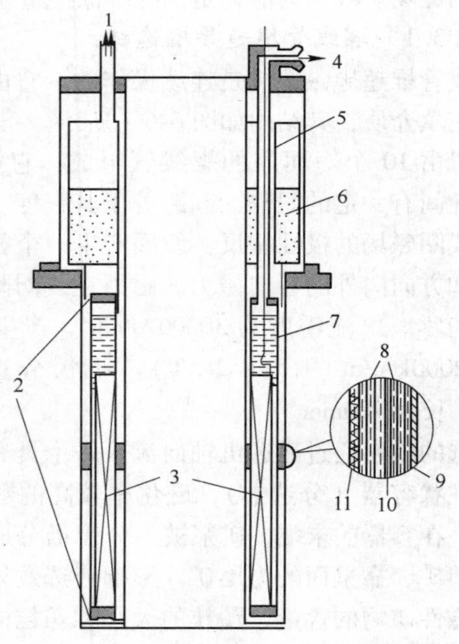

图 6-6-4　磁体结构剖面

1—液氦进出口；2—支撑隔板；3—超导磁体；4—液氮进出口；5—电流引入线；6—液氮；7—液氦；8—绝热材料；9—低温容器外壁；10—80K 的热屏蔽板；11—液氦储槽壁

分选管由内、外分选管组成。内分选管管壁开了许多小孔，便于磁性矿粒在磁力作用下通过小孔进入外分选管。外分选管的作用是运输磁性产物。

B 分选过程

首先使磁体冷却到临界温度以下，然后给超导线圈接通可调的直流电，达正常运行后，线圈用超导环路闭合开关构成回路，切断电源，电流在回路中持续流动，产生所需的磁场。之后将矿浆给入分选管，磁性矿粒在磁力作用下通过内分选管壁上的孔进入外分选管，被水流带到磁场外面，成为精矿。非磁性矿粒从内分选管末端排出，成为尾矿。

6.6.3.3 Eriez 公司 Powerflux 超导磁选机

图 6-6-5 是 Eriez 公司 Powerflux 超导磁选机的结构原理图（与常规超导磁选机对照）。图中左边是过去生产的超导磁选机的结构形式，右边为 Powerflux 超导磁选机的结构形式。

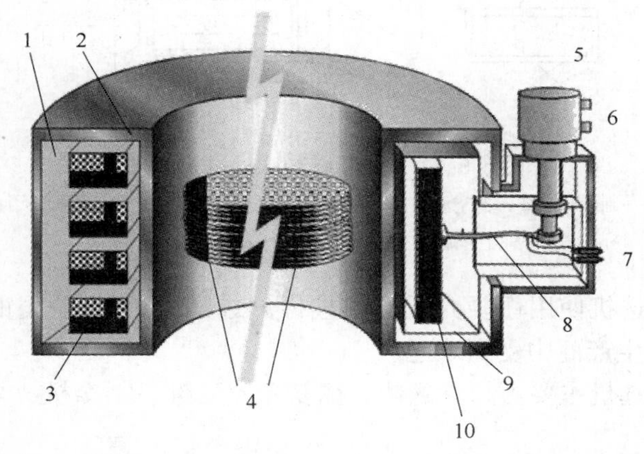

图 6-6-5 常规超导磁选机与 Powerflux 超导磁选机的对照
1—冷却油；2—磁轭；3—传统的超导线圈；4—介质；5—冷头；6—压缩机；
7—磁体功率连接；8—热传导路径；9—防辐射层；10—超导线圈

Powerflux 超导磁选机主要的特点是采用免制冷剂技术。到达 Powerflux 线圈的热量不能靠对流，只能通过热传导或者辐射的方式。就像保温瓶一样，排空的低温恒温器可阻止任何通过空气对流而传导热量的行为，并且因为没有冷却液浸泡所以也就不会像传统湿式超导磁选机中的液氦会产生的对流传导热量的行为。超导线圈必须居中固定在钢结构上，悬浮固定在恒温低温器的中间，热量从支撑线圈的金属棒转移至冷却头，冷却头则与压缩机相接。热量传递到线圈的另一种方式是辐射。为了屏蔽辐射热，会在线圈周围做一个防护罩。防护罩连接冷却器，这样防护罩产生的热量就会被传导进冷却器，而不会辐射到线圈上。

该超导磁选机为周期式工作，背景磁感应强度为 1.5T，介质分选室直径为 1000mm。

Eriez 公司还生产悬挂式超导除铁器。2004 年神华集团订购了 6 台 Eriez 公司的超导除铁器，分别安装在天津、秦皇岛、黄骅港口码头的皮带运输机上，以除去驳运装载前成品煤中如雷管及其碎片等黑色污染杂质。

6.6.3.4 Outotec 公司的 Cryofilter 超导磁选机

Cryofilter 超导磁选机原理如图 6-6-6 所示。

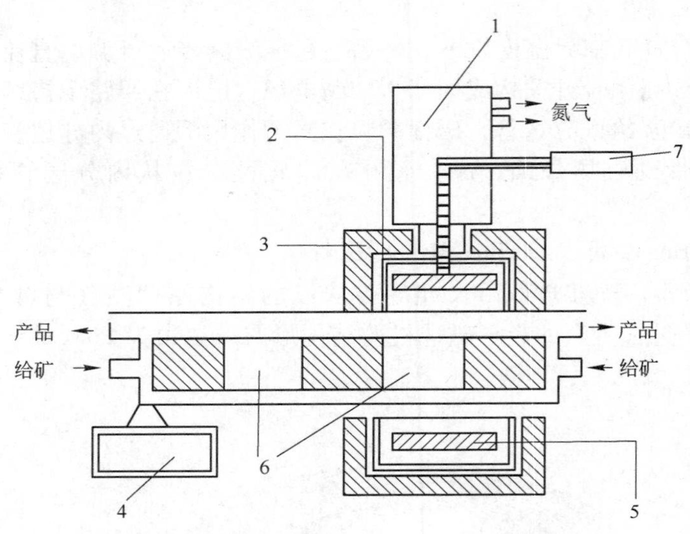

图 6-6-6 Cryofilter 超导磁选机原理

1—制冷器；2—真空套；3—铁铠；4—线性传动器；5—超导线圈；6—分选罐（往复列罐）；7—超导磁体电源

Cryofilter 超导磁选机使用往复介质列罐进行分选是 Outotec 公司的专利，这种超导磁选机在全球的高岭土生产商中受到欢迎。

Cryofilter 超导磁选机主要由超导磁体、往复介质列罐、制冷机、真空容器和线性传动器构成。

超导磁体的超导线圈用 0.5mm Nb-Ti 线绕制，线圈内直径为 275mm，外直径为 570mm，长 750mm。激磁电流为 90A 时，中心磁场磁感应强度为 5T，储能 0.7MJ，激磁时间 24min。铁轭厚 130mm，加设厚铁铠可提高内腔磁场，降低外部磁场。后者可带来两点好处：能采用短列罐和消除磁体对附近工作人员的危害。

介质列罐由两个钢毛罐和三个平衡配罐组成，全长 7.4m。它由线性传动器带动，可在磁场中往复运动，以便实现一个罐在处理物料时，另一个罐在冲洗磁性物；列罐单程移动时间为 10s（可缩短到 6.5s），行程 1.1m，这可大大提高磁体的利用率，克服周期式高梯度磁选机需要交替激磁与断磁和伴生涡流的缺点，使超导磁体不耗功地保持恒定激磁，因而可提高处理能力，降低电耗和减少生产成本。三个平衡配罐中充填磁性物质，但不是用于磁滤，而是用于移动钢毛罐时，抵消磁体与钢毛罐之间的作用力，这与无配罐时相比，作用力可减少到 1/15，因而可大大降低线性传动器的传动功率，并使超导磁体少受机械力的干扰，工作更加稳定。

超导线圈被封闭在真空绝热容器中，用液氦冷却，挥发的氦气可循环使用，一台处理量为 15t/h 的设备液氦的消耗量为 500 ~ 1000L/年。

与一般周期式高梯度磁选机不同，该机采用径向给料。高磁场配合径向给料可弥补小直径磁体处理能力低的缺点，因为径向给料的磁滤面积增大了，取径向给料时的平均磁滤面积与轴向给料磁滤面积相比，磁滤面积扩大为5.73倍。

工作时超导磁体处于恒定激磁状态，列罐由线性传动器带动，使两个钢毛罐交替进出超导磁体的内腔磁场，进入磁场中的钢毛罐处理物料，移出磁场的钢毛罐受压力水冲洗出磁性物，每个周期的停料时间只有10s。

6.6.3.5 JKS-F-600 系列超导磁选机

国内目前有山东华特磁电设备公司和江苏旌凯中科超导高技术有限公司生产超导磁选机，都在进行工业化试生产。下面介绍JKS-F-600系列超导磁选机。

JKS-F-600系列超导磁选机由江苏旌凯中科超导高技术有限公司研制开发，目前已成功用于高岭土、长石、伊利石等非金属矿除杂提纯。

JKS-F-600磁选系统的分选结构采用串罐往复式，分为两个分选腔，高梯度介质采用钢毛，其结构如图6-6-7所示。该磁选设备的技术特点是，液氦零挥发，在正常工作中不消耗液氦，磁腔内液氦受热变成气氦挥发遇到磁体上端冷头后温度降低重新变回液氦，形成循环；磁场强度高，可达4～6T；口径大，旌凯公司的JKS-F-600超导磁选机是国内目前口径最大的工业化低温超导磁选设备；全自动化，该套磁选系统采用先进的自动化应用系统，进入自动模式后可实现无人监控操作，遇到故障则会自动停机，发出报警。

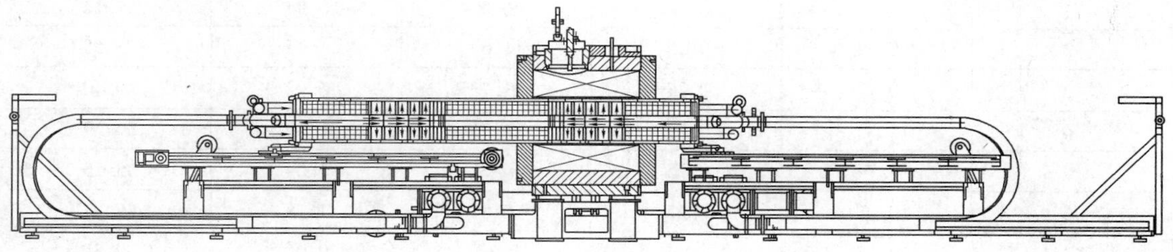

图6-6-7 JKS-F-600超导磁选机结构简图

JKS-F-600超导磁选机的工作参数如表6-6-1所示。

表6-6-1 JKS-F-600超导磁选机的工作参数

处理能力	30～40m^3/h，矿浆浓度15%～20%
耗水量	50～60m^3/h，可循环重复使用
磁选系统耗电量	约15kW/h
原矿处理成本	小于30元/t（不含设备折旧）

工作过程如下：原矿给入有效磁场区域内的分选腔，原矿中的铁、钛等磁性杂质由于磁力作用被钢毛捕获，无磁性的物料流出腔体；当钢毛吸附量接近饱和时，停止给矿并给清水，进行清洗，清洗结束后，腔体移出磁体，在无磁场条件下冲洗钢毛吸附的物料；一个分选腔给料以及进行磁场内清洗时，另一个分选腔进行磁场外冲洗，通过管道阀门自动切换实现设备的连续运行。

JKS-F-600超导磁选机已在中国高岭土有限公司进行工业化试生产，至2014年7月已连续运行4个月，试生产过程中进行两班倒连续运行，设备运行稳定，产品质量和产率均达到生产企业高度认可。JKS-F-600超导磁选机的现场应用如图6-6-8所示，连续生产指标如表 6-6-2 所示（原矿 Fe_2O_3 为 1.71%，TiO_2 含量为 0.44%）。

图 6-6-8 JKS-F-600 超导磁选机的现场应用

表 6-6-2 中国高岭土有限公司某高岭土的工业化连续生产指标

编 号	精矿/%		尾矿/%		精矿产率/%
	Fe_2O_3	TiO_2	Fe_2O_3	TiO_2	
1	0.74	0.16	8.58	0.94	87.12
2	0.79	0.25	11.69	1.15	93.55
3	0.77	0.23	11.71	0.92	89.40
4	0.85	0.29	11.31	1.10	86.19
5	0.74	0.25	10.61	1.04	85.13
6	0.81	0.22	10.84	1.18	89.37
7	0.77	0.24	9.85	0.96	90.53
8	0.74	0.23	10.72	1.06	83.76
9	0.85	0.26	11.02	1.02	88.86
10	0.79	0.20	10.53	0.98	91.22

6.7 磁选机中常用的磁性材料

磁选机的磁系，无论是开放磁系还是闭合磁系都离不开磁性材料。在各种磁性材料中，最重要的是以铁为代表的一类磁性很强的材料，它具有铁磁性。除铁之外，钴、镍、钆、镝和钬等也具有铁磁性。另一类是铁和其他金属或非金属组成的合金，以及某些包含铁的氧化物（铁氧体）。了解它们的磁特性是应用的基础。铁磁性材料的磁特性常用特性曲线的形式来表示。其中最常用的是 $B=f(H)$ 曲线（或 $M=f(H)$ 曲线）。材料的磁特性，除了与给定的测量参数（如磁化场强、温度、有无机械应力等）有关外，还与“磁化经历”有关。

磁性材料的饱和磁感应强度、剩余磁感应强度、矫顽力以及相对磁导率等是标志磁性材料磁特性的参数。根据材料的磁特性参数可以将磁性材料分为软磁材料和硬磁材料。

6.7.1 软磁材料

软磁材料的基本特征是磁导率高（在相同几何尺寸条件下磁阻小），矫顽力小，这意味着磁滞回线狭长，所包围的面积小（见图6-7-1），从而在交变磁场中磁滞损耗小，所以软磁材料适用于交变磁场中。一般交变频率低时采用图6-7-1(a)的软磁性材料。当交变频率高时（大于3000Hz），一般采用磁滞回线如图6-7-1(b)的软磁性材料。

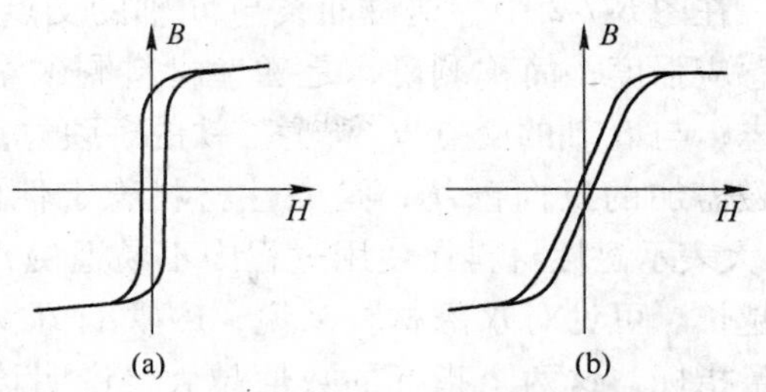

图6-7-1 软磁材料的磁滞回线

磁选设备上所用的软磁材料有工程纯铁、导磁不锈钢和低碳钢等。强磁场磁选设备经常选用工程纯铁制作铁芯、磁轭和极头，而选用导磁不锈钢制作感应介质。在弱磁场磁选设备中，磁系的磁导板往往选用低碳钢。

几种软磁材料的性能见表6-7-1。

表6-7-1 软磁材料性能一览表

材 料	化学成分/%	μ_i	μ_m	H_C /A·m^{-1}	$\mu_0 M_S$ /T	ρ /nΩ·m	居里点 /℃
纯 铁	0.05杂质	10000	200000	4.0	2.15	100	770
纯铁（DT1）	0.44杂质	>3500	<96				
纯铁（DT2）	0.28杂质	>4000	<80				
纯铁（DT3）	0.38杂质	>4500	<64				
硅钢（热轧）	4Si余为Fe	450	8000	4.8	1.97	600	690
硅钢（冷轧晶粒取向）	3.2Si余为Fe	600	10000	16.0	2.0	500	700
45坡莫合金	45Ni余为Fe	2500	25000	24.0	1.6	500	440
78坡莫合金	78.5Ni余为Fe	8000	100000	4.0	1.0	160	580
超坡莫合金	79Ni，5Mo，0.5Mn余为Fe	10000~12000	100000~150000	0.32	0.8	600	400

6.7.2 硬磁材料

硬磁材料也称为永磁材料，其基本特征是它的剩磁高、矫顽力大，在工作空间中能产生很大的磁场能。生产中常用的硬磁材料有两种，一种是合金磁性材料，又称为永磁合金或硬磁合金，例如Al-Ni-Co合金、Ce-Co-Cu合金；另一种是陶瓷磁性材料，又称为铁氧体，它是具有MO·Fe_2O_3分子式的物质，式中M为Ba、Sr或Pb时分别称为钡铁氧体、锶铁氧体和铅铁氧体。目前高性能钕铁硼磁性材料应用越来越广泛。

6.7.2.1 永磁材料的磁特性曲线

永磁材料作为磁选设备的磁源使用时，首先将其在磁化磁场中充磁，取出后使用。因此，表征永磁材料磁特性的是它的饱和磁滞回线中，处于第二象限的这段曲线，该段曲线称为永磁材料的退磁曲线。永磁材料的磁性能由退磁曲线来体现。如果材料成分一定、制造工艺条件相同，则生产出的永磁材料的退磁曲线是相同的。

图6-7-2所示的是锶铁氧体的退磁曲线。

在图 6-7-2 中，退磁曲线与 B 轴的交点 B_r 称为剩余磁感应强度，简称剩磁，是磁性材料剩磁量大小的一个标志；与 H 轴的交点 H_C 称为磁铁的矫顽力，表示要去掉剩磁需加的反向磁场，是磁性材料稳定性的一个标志。H_C 大表示磁性材料在使用过程中不易退磁，使用寿命也就越长。可见对永磁材料来说，磁铁的 B_r 和 H_C 是两个质量指标，这两个指标的数值越大，说明该种永久材料的质量越优。

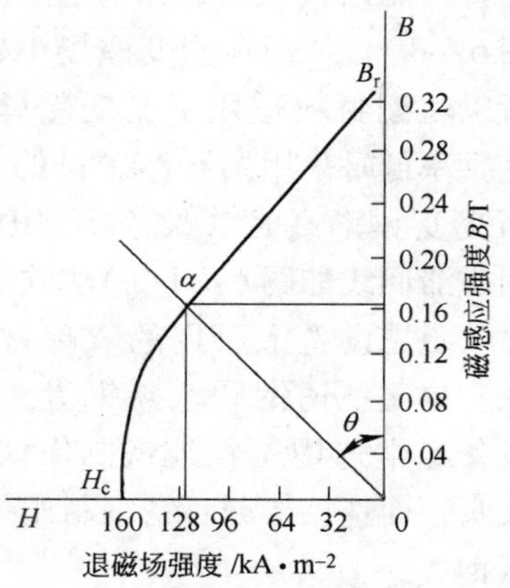

图 6-7-2　锶铁氧体的退磁曲线
（磁特性曲线）

6.7.2.2　永磁材料的视在剩余磁感

永磁材料的退磁曲线一般都是在闭合状态下测得的。而在实际使用时，是先把磁铁磁化到饱和，然后去掉外部磁化磁场，把磁铁取出在开路情况下使用，此时磁铁表面的磁感应强度值并不等于剩余磁感应强度 B_r，而是小于 B_r 的某一值，此时的磁感应强度值称为视在剩余磁感 B_d。视在剩余磁感受退磁因素的影响，即受磁铁的形状和尺寸比的影响。

永磁材料在闭合磁路中磁化，磁感应强度可表示为：

$$B = \mu_0 H + \mu_0 M \tag{6-7-1}$$

式中　B——永磁材料的磁感应强度，T；
H——磁化磁场强度，A/m；
M——磁铁的磁化强度，A/m。

当去掉外磁场，将磁铁从闭合磁路中取出后，其视在剩余磁感 B_d 可用下式表示：

$$B_d = \mu_0 M - \mu_0 H_d \tag{6-7-2}$$

式中，H_d 是磁铁本身产生的退磁场强度，单位是 A/m，可表示成退磁系数 N 与磁化强度的乘积，即：

$$H_d = NM$$

将上述关系代入式（6-7-2），得：

$$B_d = \mu_0 H_d/N - \mu_0 H_d = \mu_0 H_d[(1-N)/N]$$

所以退磁场与视在剩余磁感的比值可写成：

$$\tan\theta = \mu_0 H_d/B_d = N/(1-N) \tag{6-7-3}$$

由式（6-7-3）可知，如果已知磁铁的退磁因子，就可以计算出 θ 角，即可在退磁曲线上划出磁铁的工作线。磁铁工作线和退磁曲线的交点的纵坐标值即为磁铁在该状态下的视在剩余磁感值（见图 6-7-2）。

6.7.2.3　磁铁的磁能积

由物理学知道，磁铁的磁能密度 W(J/m^3) 可表示为：

$$W = B_d H_d/2 \tag{6-7-4}$$

式中，B_d 和 H_d 分别为磁铁在某一工作状态下，在退磁曲线上所对应的剩余磁感和退磁场强度。

退磁曲线上每一点所对应的 B 与 H 相乘所得之积，称为磁能积，代表在此工作状态下磁铁的能量。退磁曲线上每一点的 B 值和对应的 H 值的乘积都对 B 作图，可得到一曲线（如图 6-7-3 所示），此曲线称为磁能积曲线。在所有的乘积中，其中有一最大值称为最大磁能积，是衡量永磁材料的一个重要参数，也是判断永磁材料好坏的一个最好判别量。磁铁最大磁能积标志着磁铁里的最大能量密度，使磁铁工作在这一点，能以最少的磁性材料获得所需要的通量；如果不是工作在这一点，磁铁的能量则不能完全发挥出来。

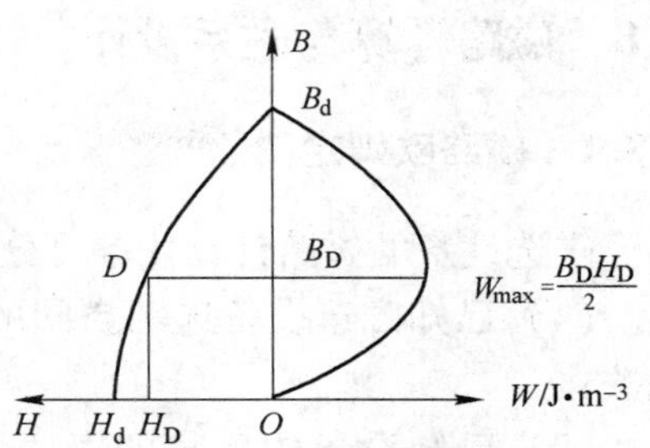

图 6-7-3 磁铁的退磁曲线和磁能积曲线

由以上的讨论和分析可知，永磁材料的剩余磁感应强度 B_r、矫顽力 H_C 以及最大磁能积是磁铁的 3 个性能指标。几种永磁材料和 NdFeB 的主要性能如表 6-7-2、表 6-7-3 所示。

表 6-7-2 几种硬磁材料的主要性能

材 料	化学成分/%	$H_C/kA\cdot m^{-1}$	B_r/T	$(BH)_{max}/kJ\cdot m^{-3}$
钡铁氧体（异性）	$BaO\cdot nFe_2O_3$（$n=5\sim6$）	128～176	0.34～0.38	16～20
锶铁氧体（异性）	$SrO\cdot nFe_2O_3$（$n=5\sim6$）	144～216	0.36～0.40	22.3～27.9
LNG5-3（异性）	8Al，14Ni，24Co，3Cu，余为 Fe	60	1.32	60
LNG8-2（异性）	7Al，15Ni，35Co，4Cu，5Ti，余为 Fe	108	1.1	71.7
钐钴合金	$SmCo_5$	693	0.98	19.1
铈钴铜合金	32.7Ce，10.2Co，49.2Cu，余为 Fe	330	0.65	73.3

表 6-7-3 部分烧结钕铁硼永磁材料的主要性能

牌 号	B_r/T	$H_C/kA\cdot m^{-1}$	$(BH)_{max}/kJ\cdot m^{-3}$
N35	1.17	≥860	263
N40	1.26	≥923	302
N45	1.34	≥876	334
35M	1.17	≥860	263
40M	1.26	≥907	302
45M	1.34	≥939	334
35H	1.17	≥876	263
40H	1.26	≥915	302
45H	1.34	≥955	334
30SH	1.08	≥796	223
35SH	1.17	≥876	263
40SH	1.26	≥939	302
30UH	1.08	≥812	223
35UH	1.17	≥852	263
30EH	1.08	≥812	223
35EH	1.17	≥812	263

6.8 磁路计算与磁系设计

6.8.1 磁路欧姆定律

磁选设备的磁路计算任务可分为两类：

（1）已知磁选设备选别空间的磁感应强度和各部分的几何尺寸，求所需要磁势的安匝数；

（2）已知设备的磁势的安匝数和各部分的几何尺寸，求选别空间所产生的磁感应强度。

磁选设备的磁路计算任务通常是解决第一类问题。

根据磁路计算的基本任务提出的要求和已知条件，选择合适的计算公式，而计算公式又与某些磁量和定律有关。

表示某点磁场性质的基本磁量是磁感应强度 B。磁通的连续性是磁场的一个基本性质。在磁路（等效磁路）的每一个结点处，磁通的代数和等于零，即

$$\Sigma \Phi_{m} = 0 \tag{6-8-1}$$

式（6-8-1）称为磁路第一定律。

磁感应强度和磁场强度的关系是 $B = \mu H$（μ 为磁介质的磁导率）。磁场强度和电流以安培环路定律联系。沿任一闭合回路，各部分磁位降的代数和等于绕在该回路上所有磁势的代数和，即

$$\Sigma \Phi_{m} R_{m} = \Sigma Hl = \Sigma IN \tag{6-8-2}$$

式中 Φ_{m}——磁通，Wb；

R_{m}——磁阻，A/Wb（或 1/H）；

H——磁场强度，A/m；

l——磁路各部分的长度，m；

I——产生磁势线圈的电流，A；

N——线圈的匝数。

式（6-8-2）称为磁路第二定律。

在计算各种磁路时，正确计算磁导是磁路计算中的关键问题，磁导为磁阻的倒数。不同形状磁极的气隙磁导的计算公式如表 6-8-1 所示。

6.8.2 磁系设计

本节仅介绍电磁闭合磁系的磁系设计计算，对于永磁磁系的计算可参考有关磁系设计教材。

经常遇到的是具有分布参数（铁磁阻和漏磁通）的非线性的 U 形磁路。这种磁路一般不易求解。为了求解方便，把磁通连续变化的铁磁导体分成数段（各段可相等，也可不相等。段数越多，计算结果的精度越高，但计算工作量大），并假设每段中的磁导率和磁通不变，而漏磁通集中在各段的交界处通过。下面以实验室用的仿琼斯型强磁选机的磁路

表 6-8-1　气隙磁导的计算公式

序号	几何形状	磁导 G/H
1	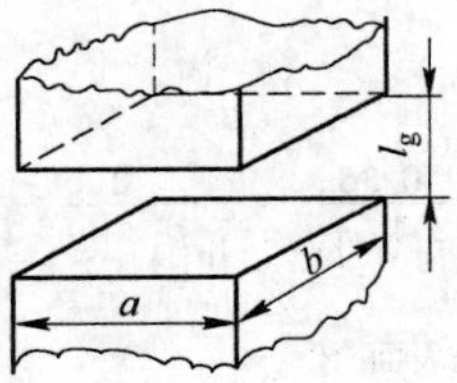 l_g a b	当 $\frac{a}{l_g}\left(或\frac{b}{l_g}\right)=10\sim20$（忽略边缘磁通）时 端面 $G=\mu_0\frac{a\times b}{l_g}$ 当 $\frac{a}{l_g}\left(或\frac{b}{l_g}\right)<10$ 时 端面 $G=\mu_0\frac{(a+Kl_g)(b+Kl_g)}{l_g}$ $K=\frac{0.307}{\pi}$
2	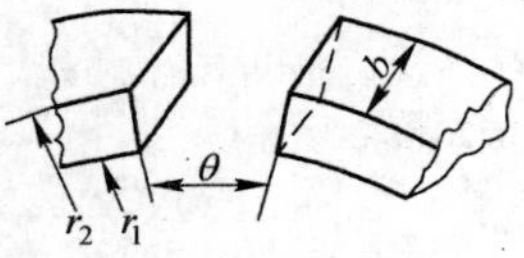 b θ r_2 r_1	忽略边缘磁通时 端面 $G=\mu_0\frac{b}{\theta}\ln\frac{r_2}{r_1}$ （θ 以弧度计）
3	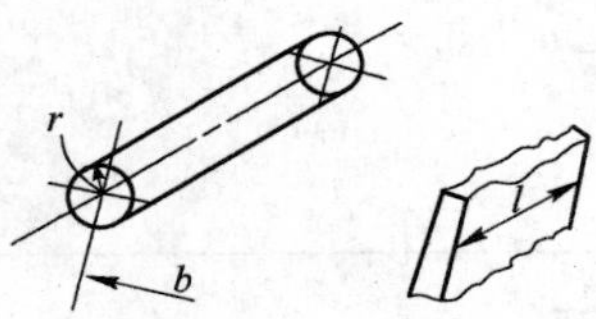 r b l	内侧表面 $G=\mu_0\frac{2\pi l}{\ln\frac{b+\sqrt{b^2-r^2}}{r}}$ 当 $b>4r$ 时， 侧表面 $G=\mu_0\frac{2\pi l}{\ln\frac{2b}{r}}$
4	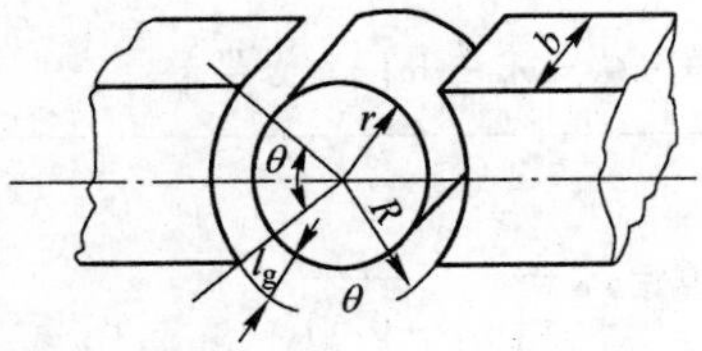 b r θ R l_g θ	两个同心圆 $G=\mu_0\frac{\theta b}{\ln\frac{R}{r}}$ 当 $r\gg l_g$ 时 $G=\mu_0\frac{\left(r+\frac{l_g}{2}\right)b\theta}{2l_g}$
5	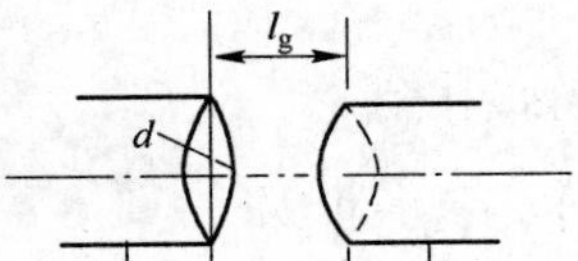 l_g d x x	当 $\frac{l_g}{d}<0.2$ 时，端面 $G=\mu_0\frac{\pi d^2}{4l_g}$ 当 $\frac{l_g}{d}>0.2$， 端面 $G=\mu_0 d\left(\frac{\pi d}{4l_g}+\frac{0.36d}{2.4d+l_g}+0.48\right)$ 距端面为 x 的侧表面 $G=\mu_0\frac{xd}{0.22l_g+0.4x}$

续表 6-8-1

序号	几 何 形 状	磁导 G/H
6	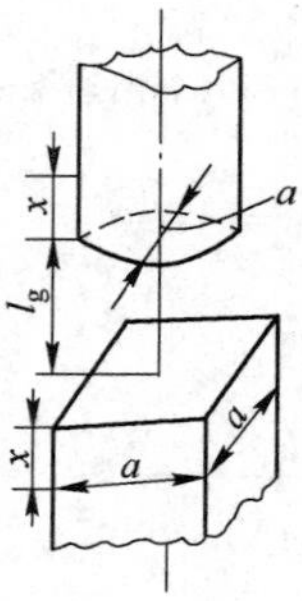	当 $\frac{l_g}{a} < 0.2$ 时，端面 $G = \mu_0 \frac{\pi a^2}{l_g}$ 当 $\frac{l_g}{a} > 0.2$ 时， 端面 $G = \mu_0 a \left[\frac{a}{l_g} + \frac{0.36a}{2.4a + l_g} + \frac{0.14}{\ln\left(1.05 + \frac{l_g}{a}\right)} 0.48 \right]$ 距端面为 x 的侧表面 $G = \mu_0 \frac{xa}{0.17 l_g + 0.4x}$
7	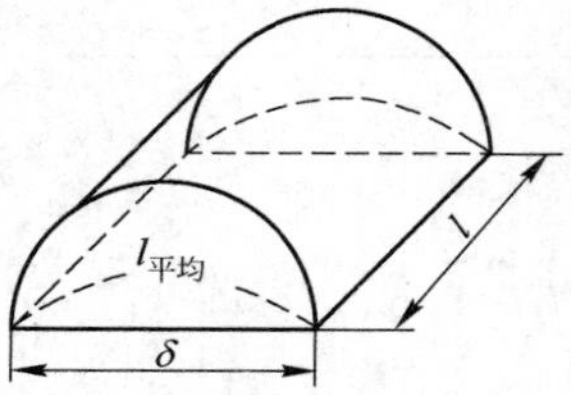	$l_{平均} = 1.22\delta$（图解计算） $S_{平均} = 0.322\delta l$ 1/2 柱内 $G = 0.264\mu_0 l$
8	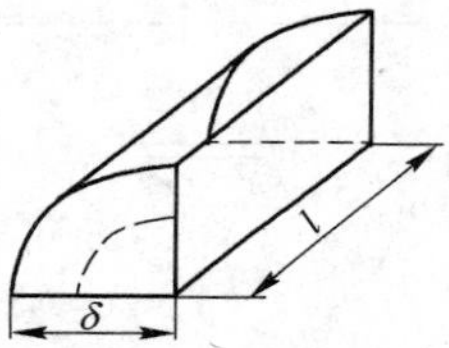	1/4 柱内 $G = 0.528\mu_0 l$
9	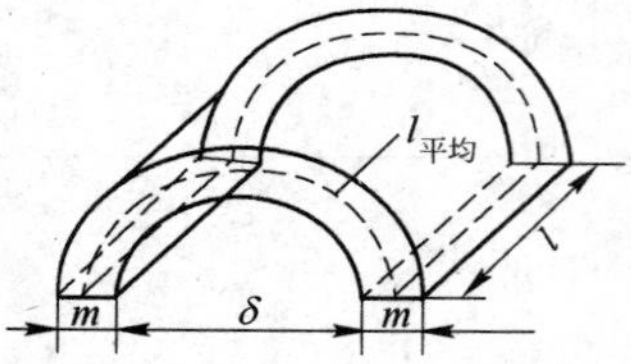	$l_{平均} = \frac{\delta + m}{2}\pi$ 1/2 柱内 $G = \mu_0 \frac{2l}{\pi\left(\frac{\delta}{m} + 1\right)}$ 当 $\delta < 3m$ 时，$G = \mu_0 \frac{l}{\pi} \ln\left(1 + 2\frac{m}{\delta}\right)$
10	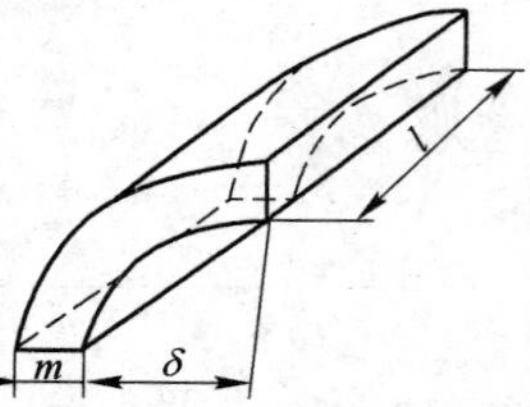	1/4 柱内 $G = \mu_0 \frac{2l}{\pi\left(\frac{\delta}{m} + 0.5\right)}$ 当 $\delta < 3m$ 时，$G = \mu_0 \frac{2l}{\pi} \ln\left(1 + \frac{m}{\delta}\right)$
11	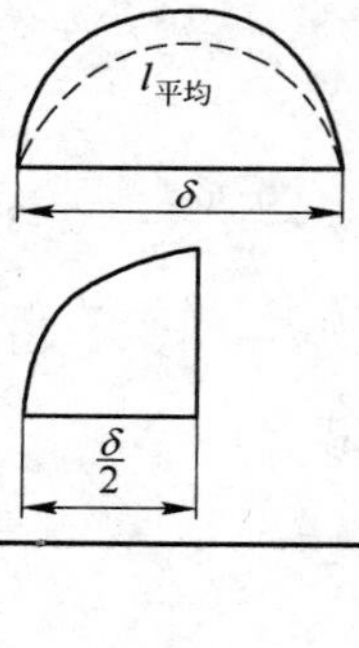	$l_{平均} = 1.3\delta$（图解计算） $\nu = \frac{\pi}{3}\left(\frac{\delta}{2}\right)^3 \quad s_{平均} = 0.1\delta^2$ 1/4 球内 $G = 0.077\mu_0\delta$ 1/8 球内 $G = 0.154\mu_0\delta$

续表 6-8-1

序号	几何形状	磁导 G/H
12	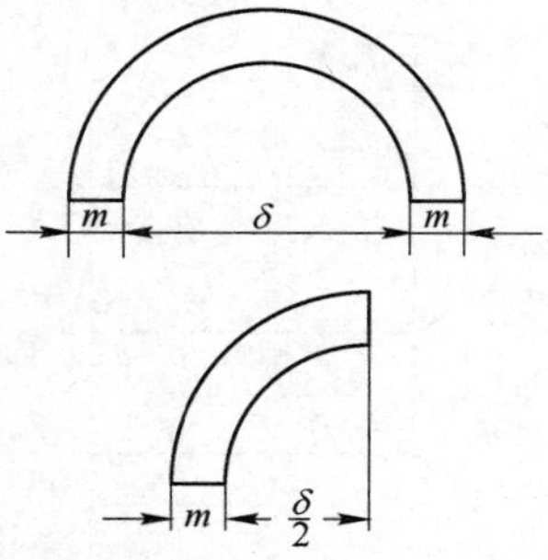	1/4 球壳内 $G=\mu_0\dfrac{m}{4}$ 1/8 球壳内 $G=\mu_0\dfrac{m}{2}$
13	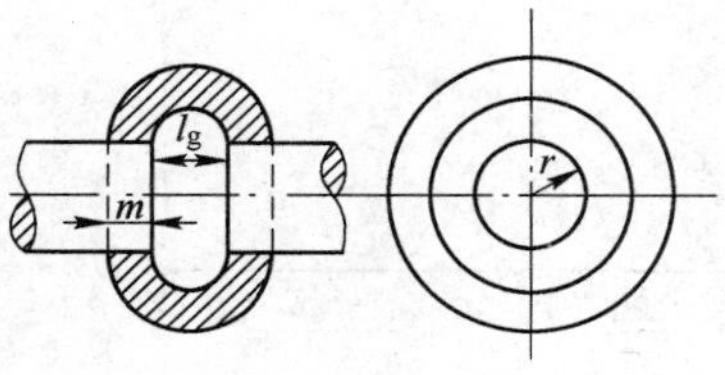	旋转体平均长度 $l_{平均}=2\pi\left(r+\dfrac{l_g}{2}\right)$ $G=\mu_0\dfrac{2l_{平均}}{\pi\left(\dfrac{l_g}{m}+1\right)}=\mu_0\dfrac{4\left(r+\dfrac{l_g}{2}\right)}{\dfrac{l_g}{m}+1}$ 当 $l_g<3m$ 时， $G=\mu_0(2r+l_g)\ln\left(1+\dfrac{2m}{l_g}\right)$
14	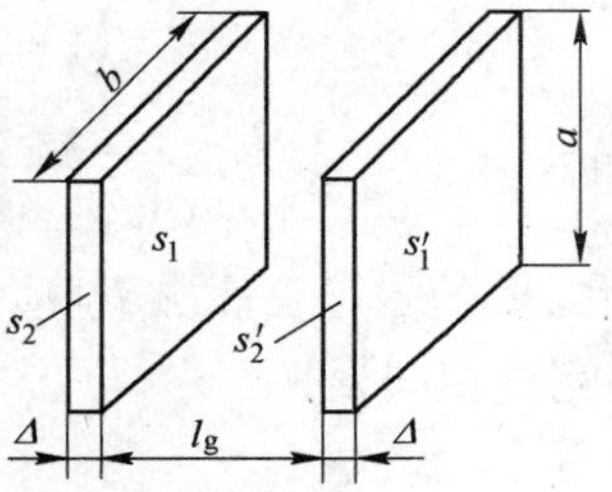	内侧表面 S_1S_2' $G=\mu_0\dfrac{1}{l_g}\left(a+\dfrac{1}{\pi}\right)\left(b+\dfrac{l_g}{\pi}\right)$ 外侧表面 S_2S_2' $G=\mu_0\dfrac{a}{2\pi}\ln(2m^2-1+2m\sqrt{m^2-1})$ $\left(m=\dfrac{2\Delta+l_g}{l_g}\right)$
15	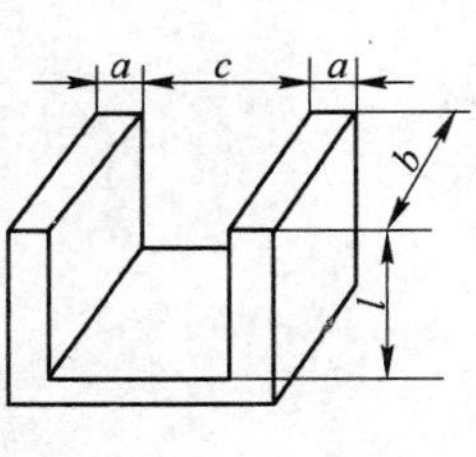	内侧表面 $G=\mu_0 l\left(\dfrac{b}{c}+\dfrac{2a}{c+\dfrac{\pi a}{2}}\right)$ 上端面 $G=\mu_0\dfrac{b}{\pi}\ln\left(1+\dfrac{\pi a}{c}\right)$
16	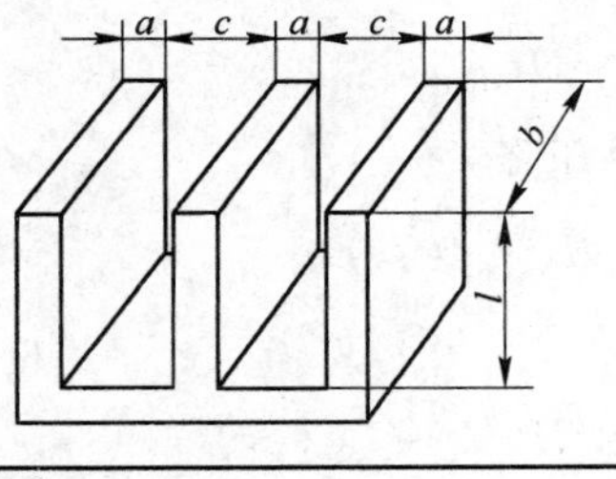	内侧表面 $G=2\mu_0 l\left(\dfrac{b}{c}+\dfrac{2a}{c+\dfrac{\pi a}{4}}\right)$

（图6-8-1）为例（磁路左右对称，这里只画出一半）来介绍这种方法的应用。图6-8-2为该磁选机磁路的等效磁路。

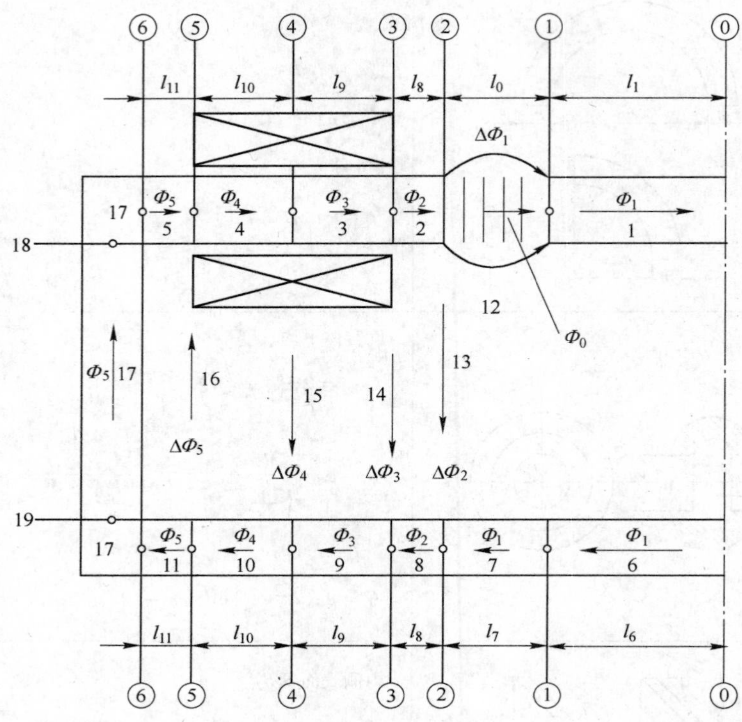

图6-8-1 仿琼斯型强磁选机的磁路

已知选别空间的磁场强度 H_0 或磁通 Φ_0 值，求所需要的磁势安匝数 IN 值。

计算磁路各段的磁位降（假定铁导磁体的截面积完全相同）：

分选环中介质板和压盖的尺寸不大，其磁阻忽略不计。

（1）选别空间工作隙两端的磁压降：

$$U_0 = \Phi_0 R_0 = \frac{\Phi_0}{G_0} = H_0 l_0 \tag{6-8-3}$$

（2）旋转铁盘两端的磁压降：

$$U_1 = \Phi_1 R_1 = H_1 l_1$$

$$\Delta\Phi_1 = \frac{U_0}{R_{12}} = U_0 G_{12}$$

$$\Phi_1 = \Phi_0 + \Delta\Phi_1 = \Phi_0 + U_0 G_{12} \tag{6-8-4}$$

（3）旋转铁盘和选别空间下部的下磁轭两端的磁压降：

$$U_6 + U_7 = \Phi_1 (R_6 + R_7) = H_1 (l_6 + l_7) \tag{6-8-5}$$

（4）铁芯柱②处两端的磁压降：

$$U_2 = U_0 + U_1 + U_6 + U_7 = H_0 l_0 + H_1 (l_1 + l_6 + l_7) \tag{6-8-6}$$

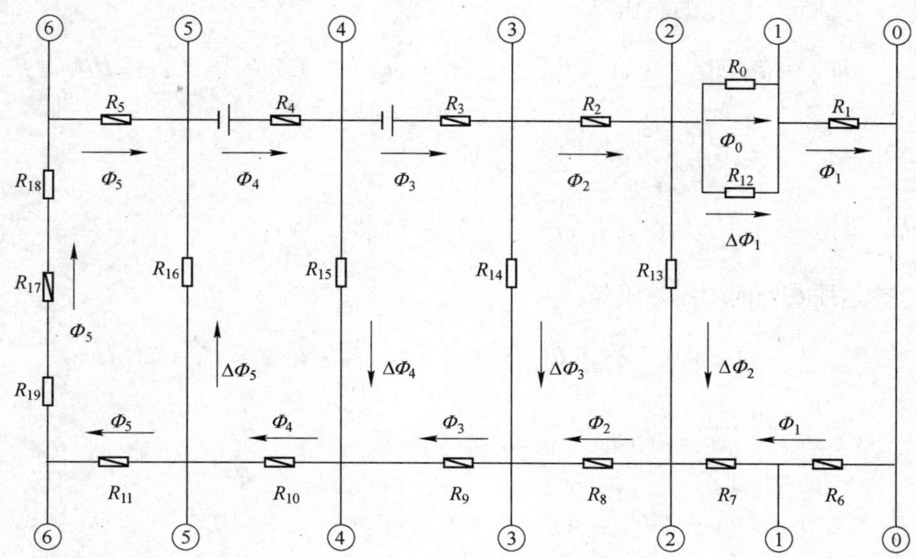

图 6-8-2 仿琼斯型强磁选机磁路的等效磁路

图 6-8-1 和图 6-8-2 中符号说明：

▭—铁磁阻；▭—空气路径的磁阻

R_0—工作气隙的磁阻；R_1—旋转铁盘的磁阻；R_2，R_5—未绕线部分的铁芯磁阻；

R_3，R_4—绕线部分的铁芯磁阻；R_6 ~ R_{11}—与 R_1 ~ R_5 对应的下磁轭的磁阻；

R_{12}—磁极头和铁盘之间的漏磁阻；R_{13} ~ R_{16}—铁芯和下磁轭之间的漏磁阻；

R_{17}—侧磁轭的磁阻；R_{18}，R_{19}—磁轭接合处的气隙磁阻；

$\Delta\Phi_1$ ~ $\Delta\Phi_5$—磁阻 R_{12} ~ R_{16} 上的漏磁通

（5）铁芯柱③处两端的磁压降：

$$U_3 = U_2 + \Phi_2(R_2 + R_8) = U_2 + H_2(l_2 + l_8) = U_2 + 2H_2 l_2$$

$$\Delta\Phi_2 = \frac{U_2}{R_{13}} = U_2 G_{13} = U_2 g l_2$$

$$\Phi_2 = \Phi_1 + \Delta\Phi_2 = \Phi_1 + U_2 g l_2 \tag{6-8-7}$$

式中 g——单位长度漏磁导。

（6）铁芯柱④处两端的磁压降：

$$U_4 = U_3 + \Phi_3(R_3 + R_9) - f l_3 = U_3 + H_3(l_3 + l_9) - f l_3 = U_3 + 2H_3 l_3 - f l_3$$

式中 f——铁芯单位长度磁势，即 $f = \dfrac{F}{l} = \dfrac{IN}{l_3 + l_4}$。

$$\Delta\Phi_3 = \frac{U_3}{R_{14}} = U_3 G_{14} = U_3 g l_3$$

$$\Phi_3 = \Phi_2 + \Delta\Phi_3 = \Phi_2 + U_3 g l_3 \tag{6-8-8}$$

（7）铁芯柱⑤处两端的磁压降：

$$U_5 = U_4 + \Phi_4(R_4 + R_{10}) - fl_4 = U_4 + H_4(l_4 + l_{10}) - fl_4 = U_4 + 2H_4l_4 - fl_4$$

$$\Delta\Phi_4 = \frac{U_4}{R_{15}} = U_4G_{15} = U_4gl_4$$

$$\Phi_4 = \Phi_3 + \Delta\Phi_4 = \Phi_3 + U_4gl_4 \tag{6-8-9}$$

（8）铁芯柱⑥处两端的磁压降：

$$U_6 = U_5 + \Phi_5(R_5 + R_{11}) = U_5 + H_5(l_5 + l_{11}) = U_5 + 2H_5l_5$$

$$\Delta\Phi_5 = \frac{U_5}{R_{16}} = U_5G_{16} = U_5gl_5$$

$$\Phi_5 = \Phi_4 - \Delta\Phi_5 = \Phi_4 - U_5gl_5 \tag{6-8-10}$$

至此得到 5 条横向支路磁通的第一次迭代值。H_i 值可根据铁磁导体材料的 $B = f(H)$ 关系曲线或关系式求出（$i = 1, 2, \cdots, 11, 17$）。

用试探法先假定一 f 值，按上述过程计算，最后得到 U_5' 值，而 $U_5 = \Phi_5(R_5 + R_{11} + R_{17} + R_{18} + R_{19}) = H_5(2l_5 + l_{17}) + \frac{B_5}{\mu_0}(2l_{18})$。如 $U_5' \approx U_5$，则说明假定的 f 值即为所求之值。否则，需重新假定 f 值再行计算。如 $U_5' < U_5$，则说明 f 值选择偏低，应增大。

用全回路上的磁势 F 和磁位降 H_il_i 之差的相对值作为判断计算是否完成的标志，即

$$\begin{aligned}\frac{\Delta F}{F} &= \frac{F - \left[\Phi_0R_0 + \Phi_1R_6 + \sum_{i=1}^{5}\Phi_i(R_i + R_{i+6}) + \Phi_5(R_{17} + R_{18} + R_{19})\right]}{F} \\ &= \frac{F - \left[H_0l_0 + H_1l_6 + \sum_{i=1}^{5}H_i(l_i + l_{i+6}) + H_5l_{17} + \frac{B_5}{\mu_0}(l_{18} + l_{19})\right]}{F} \leqslant \varepsilon\end{aligned} \tag{6-8-11}$$

式中，ε 称为控制变量。ε 值和磁路计算的精度要求有关。而计算精度应根据磁导、B-H 关系的计算和测量精度而定。如果它们的精度不高，把 ε 值定得很小就没有必要。$\varepsilon = 0.001 \sim 0.1$。一般取 $\varepsilon = 0.01$。公式（6-8-11）左边 $\frac{\Delta F}{F}$ 应取绝对值。

如果控制变量 ε 大于要求，则应重新假定 f 值再行计算。

逐段逼近法符合磁路设计的规律，计算过程是迭代解的过程，收敛速度是快的。因为在求解磁通 φ 和磁势 F 的过程中一个个地逐段地得出铁芯各段和磁轭中的磁通量等参数，比在解方程组前一次给出全部初始值要实际得多。

6.9 典型的磁选工艺流程

我国重要的铁矿石类型有六种：鞍山式、宣龙式、大庙式、大冶式、白云鄂博式和镜

铁山式等。磁选是处理铁矿石的重要手段。以下仅简单介绍本钢南芬选矿厂的细筛自循环单一弱磁选工艺、酒钢焙烧磁选及粉矿强磁选工艺。

本钢南芬选矿厂采用的是细筛自循环单一磁选工艺，具体流程见图6-9-1。破碎流程为三段一闭路。磨选流程为阶段磨矿阶段选别。一段磨矿排矿进入分级机进行检查分级，分级溢流进入一次选别，分级返砂返回一段球磨再磨。一段分级溢流产品进入磁选机进行选别，一磁精矿经脱磁器脱磁后至二次分级机进行分级，二次磨矿分级作业是预先分级和检查分级合一的磨矿分级作业，二次分级返矿返回二次磨矿再磨，其排矿进入二次分级机，二次分级溢流产品进入二段选别设备，二段精矿进入三段选别设备，三段精矿进入高频振网筛，高频振网筛筛下产品进入下一段磁选机，振网筛筛上产品直接返回二次磨矿再磨。筛下产品磁选精矿进入磁选柱。磁选柱精矿作为最终精矿，磁选柱中矿进入浓缩磁选机，浓缩精矿返回二次磨矿再磨。

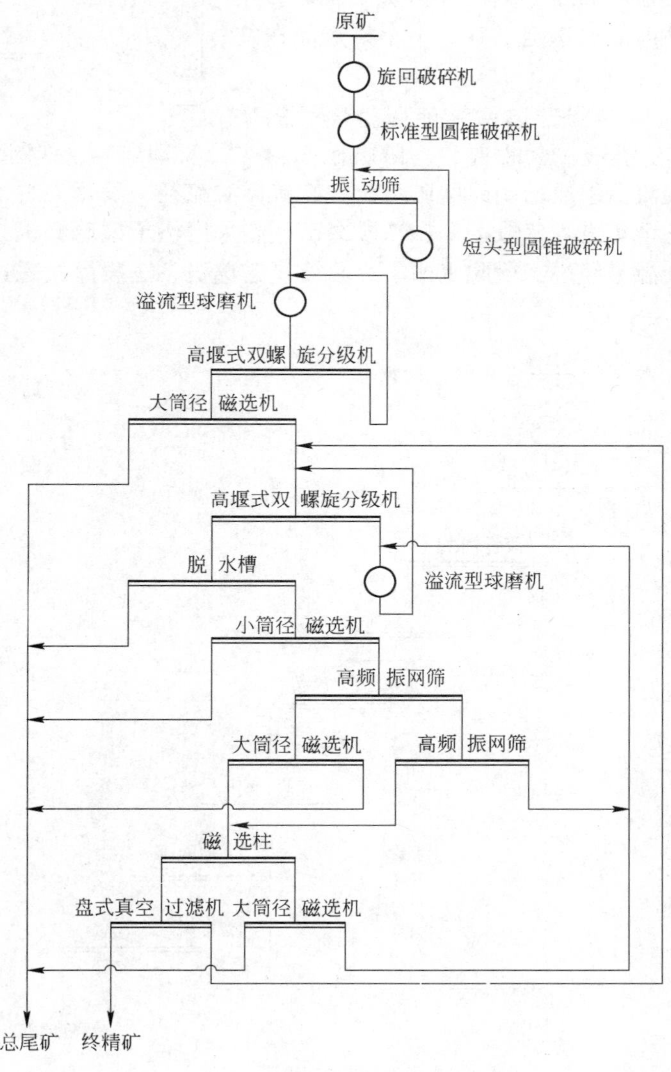

图6-9-1 南芬选矿厂工艺流程

酒泉钢铁公司选矿厂处理镜铁山式铁矿石。原矿为矿山粗碎、中碎、预选后的产品。进入选矿厂的矿石粒度为 -75mm，经振动筛筛分，分为粒度为 -75mm +15mm 的筛上产品（以下简称块矿）和粒度为 -15mm（以下简称粉矿）的筛下产品。筛上块矿进入焙烧磁选系统选别，筛下粉矿进入强磁选系统选别。

块矿焙烧磁选系统的焙烧工艺流程如图6-9-2所示。块矿首先经过振动筛再次筛分，分成 -75mm +50mm的大块矿石和 -50mm +15mm 的小块矿石，然后分别焙烧，焙烧后矿石经干式磁选机选出磁性产品送往矿仓，不合格产品送往返矿炉再次焙烧后，用磁滑轮再选，磁性产品也送至矿仓，不合格产品送往废石场。

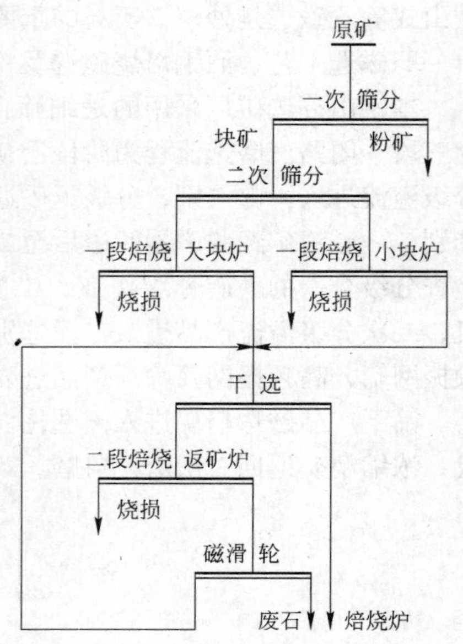

图6-9-2 酒钢选矿厂焙烧流程

与焙烧系统对应的弱磁选系统处理焙烧后的矿石，采用如图6-9-3所示工艺流程。一段磨矿为格子型球磨机与水力旋流器组成的闭路磨矿系统，旋流器溢流经一段磁力脱水槽和一段筒式磁选机选别后，磁选精矿进入二段磨矿，二段磨矿还是采用格子型球磨机与水力旋流器组成闭路，二段旋流器溢流经过二段脱水槽、二段筒式磁选机、三段筒式磁选机选别后得到弱磁选精矿。

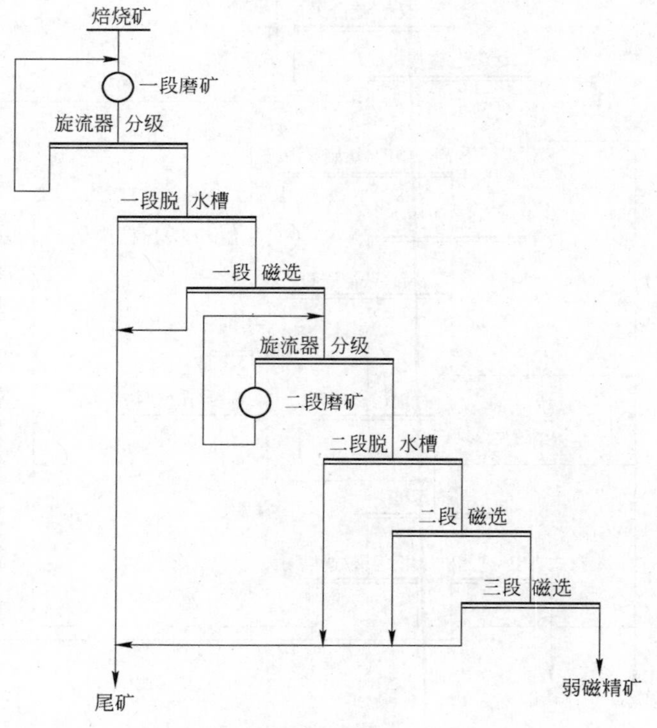

图6-9-3 酒钢选矿厂弱磁选流程

强磁选系统处理一次筛分 -15mm 的粉矿，采用两段连续磨矿—强磁粗细分选工艺流程，如图 6-9-4 所示。一段磨矿为格子型球磨机与高堰式双螺旋分级机组成闭路，分级机溢流给入一段电磁振动高频振网筛分级，筛上产品给入旋流器组与格子型球磨机构成的二段闭路磨矿系统。旋流器溢流与一段高频振网筛筛下产品经隔渣后进入中磁机选别，中磁机尾矿给入粗选 Shp 型强磁选机选别，强磁机粗选尾矿经旋流器组分级，旋流器沉砂进入 Shp 型强磁选机进行二次扫选，溢流经过高效浓密机浓缩后，浓密机底流给入 Slon 立环脉动高梯度磁选机进行一次粗选、一次精选、一次扫选。中磁机选别精矿与粗细两种强磁选精矿混合即为强磁选精矿。

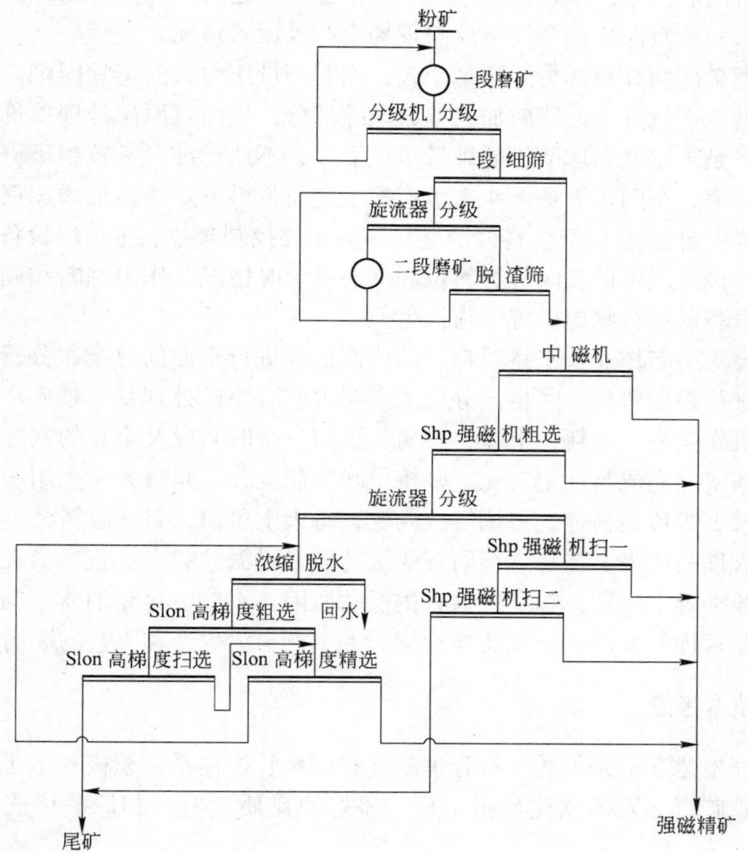

图 6-9-4　酒钢选矿厂强磁选选别流程

6.10　磁选车间的生产管理和技术考查

由于各厂规章制度的不同，磁选车间的生产管理与技术考查不尽相同。下面以某选厂磁选车间为例作一简要叙述。

6.10.1　生产管理

该厂磁选工艺采用三段磨矿、四段磁选工艺流程，是该厂的主要生产单元。磁选车间分四个班组 12h 运行。

日常的生产管理中以过程控制为关注点，结合定点检修计划，把月生产任务详细分解到每一天：重点关注小时处理量，以小时量保每天处理量，以每天量保全月处理量，进而确保全年生产任务完成。

磁选车间强化生产数据的分析应用，每天对生产数据分析汇总，应用科学的统计方法，作为推动工作、发现问题和解决问题的有效工具。

一个班组配备一名班长，班长在生产中负责生产指标记录、整理工作，负责生产信息传递、生产组织工作，对当班设备开停车、设备检修情况和生产情况负责以及班组人员的安全管理、设备的启停车。涉及流程量、生产指标等问题时，与岗位工协商处理，有不同意见时服从班长；负责向矿部调度员反映现场生产及设备情况。

磁选车间把矿部预算指标分解到每个人，面对产量压力大的实际困难，车间经营责任制将全部岗薪纳入产量分配，同时加大基数减除部分，提高吨原矿处理单价，提高岗位工给矿积极性：一是规定系列球磨机处理量最低下限，不达标准，考核当班班长；二是严格控制球磨机充填率，车间每天抽调 4 人负责按工艺质量科下发的标准添加钢球；三是在隔声室安装触摸屏电脑，将 U 型仓料位情况和一磨主要控制参数、主厂房设备运转情况全部显示在界面上，岗位工可以及时掌握料位和球磨机台时情况，作出判断和调整。班长能够随时了解所有设备的运行状况，统一指挥生产。

磁选车间设置一名作业长坚持对每月的生产情况进行全面的总结、分析，制定相应的措施，对措施进行跟踪考核，月生产分析的主要内容有原矿处理量、精矿产量、球磨机利用系数、球磨机作业率、电耗，上旬、中旬、下旬三个时间段及全月的实际完成指标与计划对比、作业率实际完成与计划对比。坚持早晚会制度，车间每天早上组织召开会议了解夜间生产情况及上级传达精神，协调解决问题，每天下班前，召开总结会。

发挥专业管理的优势，在磁选车间有矿工艺质量科派驻的专业技术员在日常的生产中解决生产中的各种异常问题，如利用系数偏低的原因、工艺中存在的瓶颈问题等及时反馈解决，按照专业管理的要求在车间监督管理服务生产，为生产和工艺的顺畅发挥作用。

6.10.2 工艺技术考查

在技术管理中建立了完善的质量管理制度和质量管控体系，积极和上工序沟通、加强联系，做好原矿矿石性质的预测预报工作，搞好原矿质量监测和原矿可选性的预测预报工作。

加强对入磨粒度的检测力度，保证破碎产品粒度，满足生产的同时，有利台时的提高；根据矿石性质及时调整球磨机各种参数，提高球磨机利用系数。

根据原矿性质调节旋流器压力，提高溢流细度，发挥二次球磨机的磨矿效果，保证金属矿物单体解离度，为后续选别作业创造条件，提高精矿品位指标；并在球磨机停车时测量旋流器的沉砂嘴尺寸，适时更换沉砂嘴，保证溢流粒度。

强化对各段磨矿作业钢球充填率和钢球质量的管理，对球磨停车的系统坚持开门检查，对不能停车的系统，根据电流变化判断充填率，若充填率不符合《工艺标准》要求，按标准严格考核，确保磨矿效果。

每小时由矿计量检验室进行对溢流粒度、精矿粒度、精矿品位、尾矿品位的跟踪取样，发现指标异常情况及时调整操作，既保证精矿品位又减少了金属流失。根据矿石性质、精矿品位、尾矿品位和细筛筛上量及循环量的大小及时调整细筛筛网击振器的开关，使工序流程相对稳定，稳定产品质量，同时调节循环量。

6.11 电选的基本原理

6.11.1 矿物的电性质

在电选过程中，首先使固体颗粒带电，而使颗粒带电的方法主要取决于它们自身的电性质。矿物的电性质是指它们的电阻（或电导率）、介电常量、比导电度和整流性等。由于各种物料的组成不同，表现出的电性质也有明显差异，即使是属于同一种物料，由于所含杂质不同，其电性质也有差别。

6.11.1.1 *矿物的电阻*

矿物的电阻是指矿物颗粒的粒度 $d=1\mathrm{mm}$ 时，所测定出的欧姆数值。根据所测出的电阻值，常将矿物分为导体矿物、非导体矿物和中等导体矿物三种类型。

导体矿物的电阻小于 $1\times10^6\Omega$，表明这类矿物的导电性较好，在通常的电选过程中，能作为导体矿物被分出。非导体矿物的电阻大于 $1\times10^7\Omega$，这类矿物的导电性很差，在通常的电选过程中，只能作为非导体矿物被分出。中等导体矿物的导电性介于导体矿物和非导体矿物之间，在通常的电选过程中，这类矿物常作为中间产物被分出。

这里所说的导体矿物和非导体矿物与物理学中的导体、半导体和绝缘体之间有着很大的差别。所谓的导体矿物，是它们在电场中吸附电子以后，电子能在其颗粒上自由移动，或者在高压静电场中受到电极感应以后，能产生可以自由移动的正负电荷；所说的非导体矿物，是指其在电晕电场中吸附电荷以后，电荷不能在其表面自由移动或传导，这些矿物在高压静电场中只能极化，正负电荷中心只发生偏离，而不能被移走，一旦离开电场，立即恢复原状，对外不表现正负电性；所说的中等导体矿物的导电性介于上述二者之间，除个别情况外，它们绝大部分是以连生体颗粒的形式出现。

6.11.1.2 *介电常量*

介电常量是介电体（非导体）的一个重要电性指标，通常用 ε 表示，表征介电体隔绝电荷之间相互作用的能力。在电介质中，电荷之间的相互作用力 F_ε 比在真空中的作用力 F_0 小，F_0 与 F_ε 之比称为该电介质的介电常量。电介质的介电常量越大，表示它隔绝电荷之间相互作用的能力越强，其自身的导电性也越好。反之，介电常量越小，电介质自身的导电性就越差。

6.11.1.3 *矿物的比导电度*

矿物的比导电度也是表征矿物电性质的一个指标。矿物的比导电度越小，其导电性就越好。试验发现，电子流入或流出矿物颗粒的难易程度，除与颗粒自身的电阻有关外，还与颗粒与电极之间接触界面的电阻有关，而界面电阻又与颗粒和电极的接触面（或接触点）的电位差有关。电位差较小时，电子往往不能流入或流出导电性差的矿物颗粒，而当电位差相当大时，电子就能流入或流出，此时导体矿物颗粒表现出导体的特性，而非导体矿物颗粒则在电场中表现出与导体矿物颗粒不同的行为。

电子流入或流出各种矿物颗粒所需要的电位差可用图 6-11-1 所示的装置进行测定。被测物料由给料斗给到转筒上，通过两个电极所形成的电场。当电压达到一定值时，导电性较好的颗粒按照高压电极的极性获得或失去电子，从而带正电或负电并被高压电极吸引，致使其下落的轨迹发生偏离；导电性较差的颗粒则在重力和离心惯性力的作用下，基本上沿着正常的下落轨迹落下。采用不同的电压，就可以测出各种矿物成为导体时所需要的最低电压。石墨是良导体，所需要的电压也最低，仅为 2800V，国际上习惯以它作为标准，把其他矿物在电场中成为导体时所需要的电位差与此标准相比较，两者的比值称为矿物的比导电度。例如，钛铁矿所需的最低电压为 7800V，其比导电度为 2.79(=7800/2800)。显然，两种矿物的比导电度相差越大，就越容易在电场中实现分离。

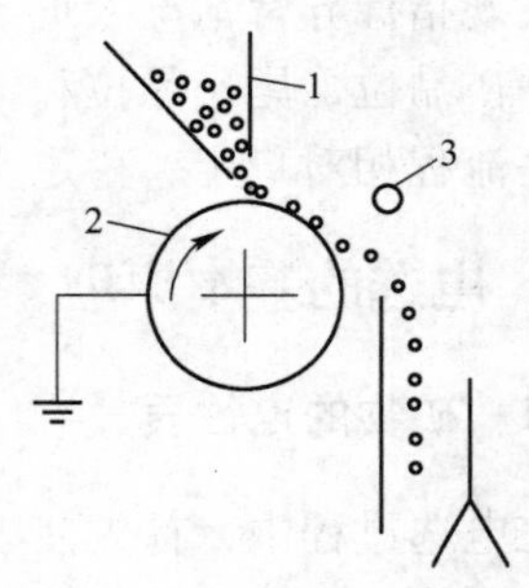

图 6-11-1　测定物料比导电度的装置
1—给料斗；2—转筒；3—高压电极

6.11.1.4　*矿物的整流性*

测定矿物的比导电度时发现，有些矿物只能在高压电极带正电时才起导体的作用，而另一些矿物则只有高压电极带负电时才起导体作用。矿物所表现出的这种电性质称为整流性，并规定只能在高压电极带负电时，获得正电荷的矿物为正整流性矿物；只能在高压电极带正电时，获得负电荷的矿物为负整流性矿物；不论高压电极带什么样的电荷，均表现为导体的矿物称为全整流性矿物。

根据矿物的电性质，可以原则上分析用电选法对其进行分选的可能性及实现有效分选的条件。根据矿物的比导电度可以确定电选时采用的最低分选电压。根据矿物的整流性可以确定高压电极的极性。根据矿物的电阻（或电导率）可以判断用电选法对两种矿物进行分选的可能性，二者的电阻差别越大，越容易实现分离。

6.11.2　颗粒在电场中带电的方法

在电选过程中，使颗粒带电的方法通常有摩擦带电、感应带电、接触带电以及在电晕放电电场中带电。

6.11.2.1　*摩擦带电*

通过摩擦、碰撞等使颗粒带电，完全是由于电子的转移所致。介电常量大的颗粒，具有较高的能位，容易极化而释放出外层电子；反之，介电常量较小的颗粒，能位也较低，难于极化，容易接受电子。释放出电子的颗粒带正电，接受电子的颗粒带负电。需要指出的是，并非所有的物料都能采用摩擦带电的方法使其带电，只有当相互摩擦的两种物料都是非导体，而且两者的介电常量又有明显的差别时，才能发生电子转移，并保持电荷；介电常量相同的两种非导体物料，由于其能位相同，很难产生电荷，所以不能用摩擦带电的方法使之分离；导体颗粒与导体颗粒相互摩擦碰撞时，也能产生电荷，但无法保持下来，所以也同样不能用这种方法进行分选。

6.11.2.2　*感应带电*

感应带电是颗粒并不与带电的电极接触，完全靠感应的方法带电。如导体颗粒移近电极时，由于电极的电场对导体中的自由电子发生作用，使导体颗粒靠近电极的一端产生与电极符号相反的电荷，远离电极的一端产生与电极符号相同的电荷。如颗粒从电场中移开，这两种相反的电荷便互相抵消，颗粒又恢复到不带电的状态。这种电荷称为感应电荷，可以用接地的方法移走。

非导体矿物在电场中只能被极化。非导体分子中的电子和原子核结合得相当紧密，电子处于束缚状态。当接近电极时，非导体分子中的电子和原子核之间只能作微观的相对运动，形成“电偶极子”。这些电偶极子大致按电场的方向排列（称为电偶极子的定向），因此在非导体和外电场垂直的两个表面上分别出现正、负电荷，如图6-11-2所示。这些正负电荷的数量相等，但不能离开原来的分子，因而叫做“束缚电荷”。电场内的非导体中电荷的移动过程（或电偶极子的定向）称为极化。束缚电荷与感应电荷不同，不能互相分离，也不能用接地等方法移走。

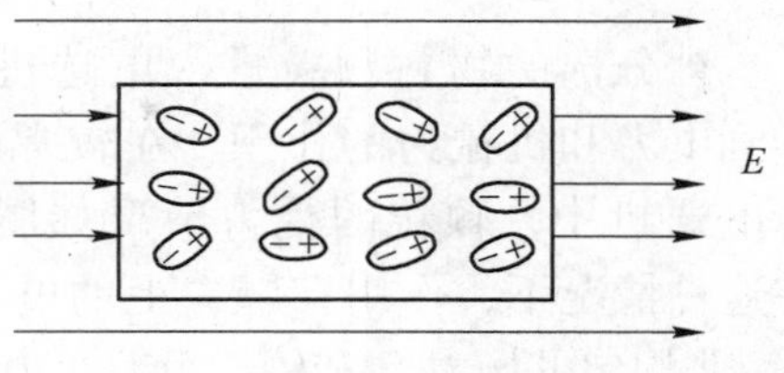

图6-11-2 电偶极子的定向

两种电性不同的颗粒在分选电场中的运动有差异，利用这种差异可以将两种颗粒分开。

6.11.2.3 传导带电

颗粒与带电电极直接接触时，由于颗粒本身的电性质不同，与带电电极接触后所表现出的行为也明显不同。导电性好的颗粒，直接从电极上获得电荷（正电荷或负电荷），因同性电荷相斥而使颗粒被弹离电极；反之，不导电或导电性很差的颗粒则不能很快或根本不能从电极上获得电荷，只能受到电场的极化，极化后发生正、负电荷中心偏移，靠近电极的一端产生与电极极性相反的电荷，因而不能被电极排斥，从而使两种颗粒因运动轨迹的不同而得到分离。

6.11.2.4 电晕电场中带电

电晕放电的电场称为电晕电场，这种电场是一种很不均匀的电场。电晕电场中有两个电极，其中一个电极的曲率很大，直径通常仅有0.2～0.4mm；另一个电极的曲率很小，直径一般为120mm。2个电极相距一定距离，在正常的大气压强下，提高两个电极之间的电压时，两极间即形成不均匀的电场。在大曲率的电极附近，电场强度很大，足以导致发生碰撞电离。而离开电极稍远处，电场强度减弱很多，这里已不能发生碰撞电离。所以，在电晕电场中，碰撞电离并不能发展到两个电极之间的整个空间，只能发生在大曲率电极附近很薄的一层里（称为电晕区）。碰撞电离一发生，即可听到嗞嗞声，同时可以看到围绕电极形成一圈光环，发出淡紫色光亮，此即为电晕放电。如果电压继续升高，气体的电离范围就逐渐扩大。当电压升至一定数值时，就发生“火花放电”，同时发出啪啪的响声，此时的电压称为击穿电压，这时电晕电场已遭破坏。

电晕电极的极性通常为负的，因为负电晕放电的击穿电压比正电晕放电的要高得多，所以电晕电选机的电晕电极与高压电源的负极相连，而辊筒通常接地。

当电晕放电发生时，阳离子飞向负电极，阴离子飞向正电极（即接地辊筒），从而在此空间中形成体电荷（即负电荷充满了电晕外区），通过此空间区的固体颗粒均能获得负电荷，这种带电方式称为电晕电场带电。由于物料传导电荷的能力不同，导电性较好的颗粒获得电荷后，能立刻（在0.01～0.025s内）将电荷传给接地辊筒，不受电力作用；而导电性较差的颗粒则不能将获得的电荷传给接地辊筒，从而受到电力的作用。利用两者在不同力的作用下表现出的行为差异，就可以将它们分离。

6.11.3 电选的基本条件及分离过程

被分选的物料颗粒进入电选机的电场以后，受到电力和机械力的作用。在较常用的圆筒形电晕电选机中，颗粒的受力情况如图 6-11-3 所示。在这种情况下，作用在颗粒上的电力包括库仑力 f_1、非均匀电场力 f_2 和镜面力 f_3（力的计算可参考相关文献）；作用在颗粒上的机械力包括重力和离心惯性力 f_4。

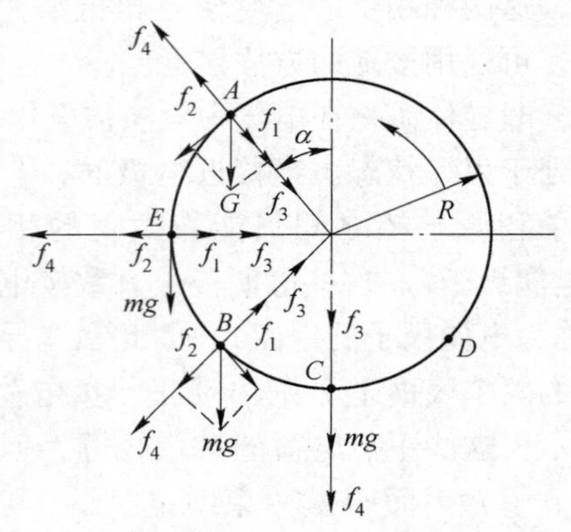

图 6-11-3 颗粒在电晕电选机中的受力情况

对物料进行电选的条件是：

导体颗粒必须在图 6-11-3 所示的 *AB* 范围内落下，其力学关系式为：

$$f_4 + f_2 > f_1 + f_3 + mg\cos\alpha \tag{6-11-1}$$

中等导电性颗粒必须在图 6-11-3 所示的 *BC* 范围内落下，其力学关系式为：

$$f_4 + f_2 > f_1 + f_3 - mg\cos\alpha \tag{6-11-2}$$

非导体颗粒必须在图 6-11-3 所示的 *CD* 范围内强制落下，其力学关系式为：

$$f_3 > f_4 + mg\cos\alpha \tag{6-11-3}$$

6.11.4 电选的作用机理及分选过程

导体颗粒和非导体颗粒在电晕电场和静电场中充放电的行为如图 6-11-4 所示。

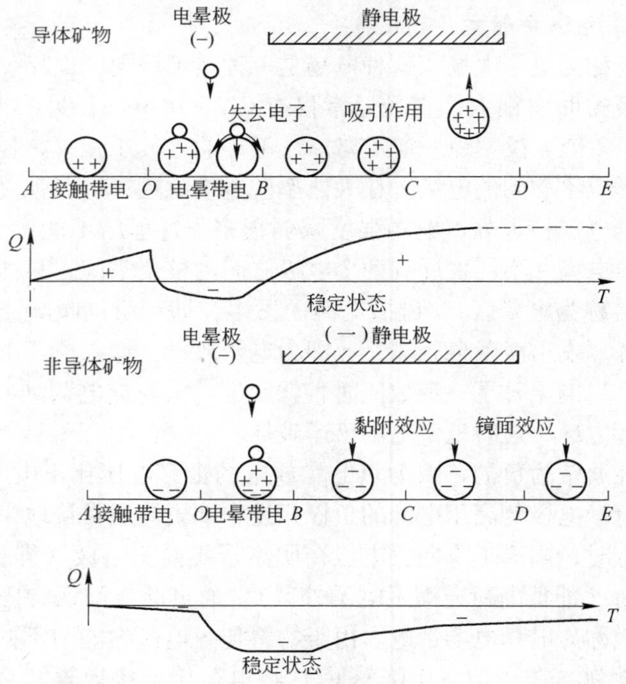

图 6-11-4 电选过程中导体和非导体颗粒的不同充放电行为

图 6-11-4 表明，颗粒在电场中受到传导带电、感应带电和电晕带电 3 种带电效应的作用，但导体颗粒与非导体颗粒有着完全不同的充放电过程。从电晕电场区到静电场区，非导体颗粒所带电荷的正负性不变，带有与高压电极的极性相同的电荷；而导体颗粒在电晕电场区内，所带电荷的正负性与非导体颗粒的相同，但进入静电场后，其电荷的正负性便发生改变。

由于导体颗粒的介电常量比非导体颗粒的大，它获得的最大电荷比非导体颗粒的也大，但它的电阻较小，因而实际上当电荷达到平衡时，导体颗粒上的电荷比非导体颗粒上的电荷要少得多。一旦离开了电晕区，导体颗粒上的电荷很快地经接地电极传走，在高压静电极的作用下，电荷的正负性发生变化，颗粒自辊筒上弹起，对辊筒来说，是发生了排斥作用；对高压静电极来说，则是异性电荷相吸引。

非导体颗粒的情况却与之不同，由于电阻大，加之受到静电极的排斥作用，使得它们在电晕电场中获得的电荷很难传走，于是便紧紧贴伏在辊筒表面，穆勒将这一现象称为黏附效应。非导体颗粒在辊筒后面被毛刷刷下，导体颗粒从辊筒的前面落下，两者因离开辊筒的运动轨迹不同而得到分离。

6.12 电选机的种类、操作与维护

6.12.1 辊筒式电选机

辊筒式电选机现已发展成多种类型，按接地辊筒电极的数量辊筒式电选机可以分为单辊筒、双辊筒（串联型、并列型）、多辊筒型。按辊筒的直径大小辊筒式电选机可以分为两类，一类是比较古老的小直径型，即辊筒直径为 120mm、130mm、150mm 的电选机；另一类是现在世界各国出产的辊径为 200 ~ 350mm 的电选机，其辊筒的长度和转辊数各不相同，采用的电压和电极结构也不同，当然分选效果也不一样。但总的来说，早期产品使用的电压低，一般最高电压为 20kV，效率很低。新的辊筒式电选机，从各方面来说都比老产品优越，现分述如下。

6.12.1.1 ϕ120mm × 1500mm 双辊筒电选机

设备构造如图 6-12-1 所示。它由主机、加热器和高压直流电源三部分组成。

(1) 主机部分　由上下两个转辊（直径 120mm，长 1500mm）、电晕电极、静电极、毛刷和分矿板几部分组成。

辊筒表面镀以耐磨硬铬，由单独的电机经皮带轮传动，但辊筒的转速要通过更换皮带轮才能调节。

电晕电极是采用普通的镍铬电阻丝，直径为 0.5mm，静电极（又名偏移极）采用直径为 40mm 的铝管制成，两者皆平行于辊筒面（电晕极用支架张紧），然后用耐高压瓷瓶支承于机架，而支架必须使两者相对于辊筒的位置可调。高压直流电源的负电则由非常可靠的电缆引入，上下两辊电极的固定方法相同。

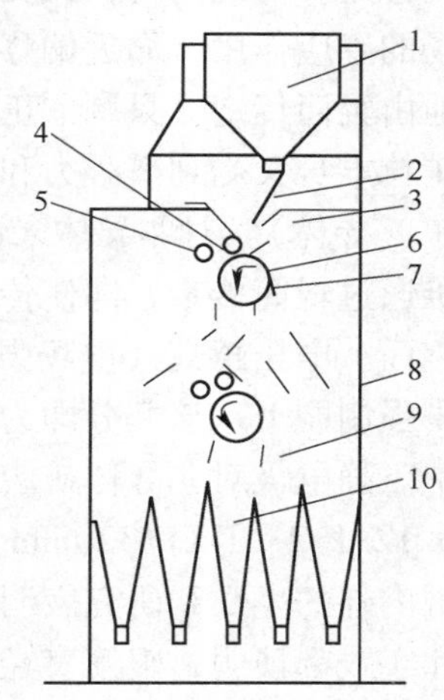

图 6-12-1　双辊筒电选机简图

1—给矿器；2—溜矿板；3—给矿漏斗；4—电晕电极；5—静电极；6—辊筒；7—毛刷；8—机架；9—分矿板；10—产品漏斗

毛刷采用固定压板刷，电选时，由于非导体矿的剩余电荷所产生的镜面吸力紧吸于辊子表面，必须用刷子强制刷下至尾矿斗中。

物料经分选后，所得精、中、尾矿（或称导体、半导体、非导体）的质量、数量除通过电压、转速等调节外，还可通过调节分矿板的位置来调节。每个辊筒可分出三种或两种产品，对全机来说，则可分出五种产品。

（2）加热器　加热器设在给矿斗内，有效容积为 $0.3m^3$，加热组件是用 18 根直径为 25mm 的钢管，内衬以直径为 20mm 的瓷管绝缘，然后在瓷管里面装镍铬电阻丝，加热面积为 $0.3m^2$。在加热器的底部，沿电选机的长度方向，每隔 100mm 钻有直径为 7mm 的圆孔，已加热的原矿经这些圆孔均匀地给进电选机选别。

（3）高压直流发生器　由普通单相交流电先升压，采用二极管半波整流，并加以滤波电容，将正极接地，负极用高压电缆引至电选机的电极，最高电压为 20kV。

此种电选机采用电晕极和静电极相结合的复合电场，其电极与辊的相对位置如图 6-12-2 所示。当高压直流负电通至电晕极和静电极后，由于电晕极直径很小，从而向着辊筒方向放出大量电子，这些电子又将空气分子电离，正离子移向负极，负电子则移向辊筒（接地正极），因此靠近辊筒一边的空间都带负电荷，静电极则只产生高压静电场，而不放电。矿粒随转辊进入电场后，此时不论导体或非导体都同样地吸附有负电荷，但由于矿粒电性质的不同，运动和落下的轨迹也不同。导体矿粒获得负电荷后，能很快地通过转辊传走，与此同时，又受到偏移极所产生的静电场的感应作用，靠近偏移极的一端感生正电，远离偏移极的另一端感生负电，负电又迅速地由辊筒传走，只剩下正电荷，由于正负相吸引，故它被偏移极吸向负极（静电极），加之矿粒本身又受到离心力和重力的切向分力作用，致使导体矿粒从辊筒的前方落下而成为精矿（导体）。对非导体来说，虽然也获得了负电荷，但由于其导电性很差，获得的电荷很难通过辊筒传走，即使传走一部分也是极少的，从而该电荷与辊筒表面发生感应而紧吸于辊面。电压越高（电场强度越大），吸引力也就越大，随辊筒被带到转辊的后方，用压板刷强制刷下，该部分即为尾矿（非导体）。而介于导体与非导体之间的中矿则落到中矿斗中。静电极对非导体矿粒还有一个排斥作用，避免其掉入导体部分。

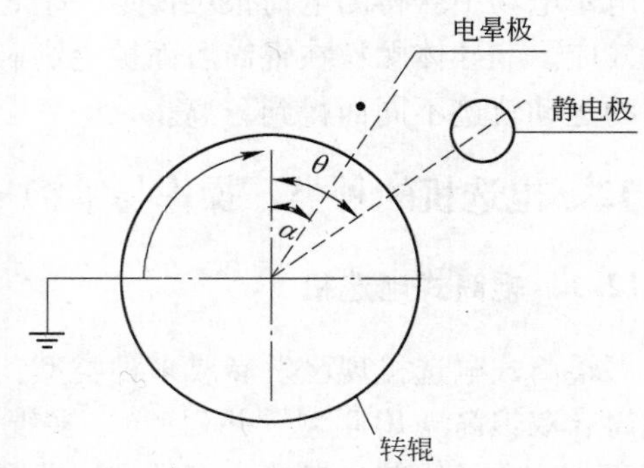

图 6-12-2　转辊与电极相对位置

α—电晕极与辊中心角度；θ—静电极与辊中心角度

6.12.1.2　DXJϕ320mm × 900mm 高压电选机

国内外的生产和研究表明，电选机的电压太低，使得不少矿物难以或不能分选；另外理论和实践都证明，辊筒直径太小时，很不利于分选。基于上述分析，我国研制成功的高压电选机，在国内有色和稀有金属选矿厂中推广应用，取得了显著的效果。

该机采用了一个转辊，直径为 320mm，辊筒用无缝钢管加工而成，表面镀以耐磨硬铬，转辊可以加温至 50 ~ 80℃，加热组件为电加热器，温度可自控，转速采用直流电动机无级变速，在操作台上可以直接读数。

电极采用栅状弧形电极，电晕极最多可装 6 根，采用 0.2mm 镍铬电阻丝，用螺钉张紧于弧形支架上，并装有直径40~50mm的静电极（偏移极）。为了适应不同条件的要求，整个电极可以在水平方向平行移动，以此调节极距，同时也可以沿辊筒方向调节入选角。这些调节都不必停车进行，并都有标记刻度。电极的调节是转动辊筒轴上的手轮，再经齿轮传动而使整个电极绕辊筒方向旋转。电极转动部分的重量平衡是通过滑轮和重锤实现的，从而使手轮操作轻便省力。电选机简图和电极结构与辊筒相对位置如图6-12-3所示。

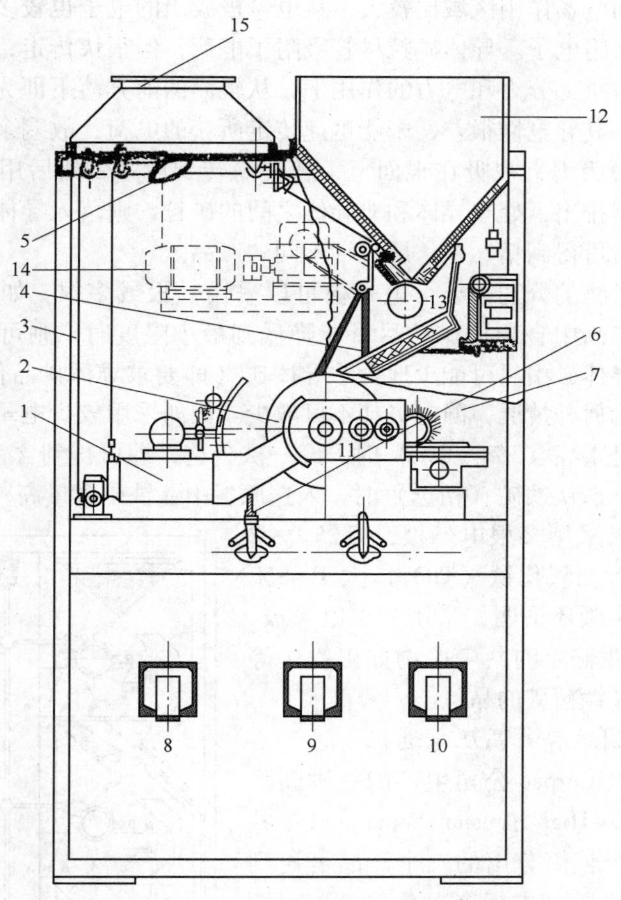

图6-12-3　ϕ320mm×900mm高压电选机简图

1—电极传动平衡装置；2—转辊（正极，接地）；3—机壳；4—给矿板；5—照明装置；6—分矿板；7—毛刷传动装置；8—导体排出口；9—中矿排出口；10—非导体排出口；11—入选角和极距调节装置；12—给矿斗；13—给矿辊；14—给矿辊传动部分；15—排风罩

给矿装置由给矿斗、闸门、给矿辊、电磁振动给矿器等组成。

物料经闸门（可调给矿口的大小）由给矿转辊排至振动给矿板，给矿辊的作用是保证物料均匀地给到振动板。当选别细粒级物料时才开动振动板，在给矿板上安装有电加热装置，使物料能在此过程中得到充分加热，这样做既能省电，又保证了分选效果，且给矿板的角度也能调节。

毛刷的作用是从辊面上强制刷下吸住的非导体物料，考虑到辊筒的加热，只有在正式分选时才能将毛刷贴在辊面，不给料时则应离开辊面。毛刷的排列也与其他电选机不同，采用螺线形，有利于刷矿，其转速为辊筒的 1.25 倍。

分矿板的位置可以调节，以适应产出精、中、尾矿的要求。分出的三种产品落到下部矿斗中，然后用振动器分别排出，振动器频率为 733 次/min，振幅为 2mm。

给矿辊、辊筒及毛刷和排矿振动器分别用电动机传动，以适应各自不同的要求。

物料经给矿板加温后给到转辊，由转辊带入高压电场，由于采用了多根电晕极，加之辊筒直径较大，从而电场作用区域比较大，从电晕极放出的电子也较多，导体和非导体矿粒都有更多的机会吸附电子。导体矿粒尽管吸附了电荷，但很快传走，加之有强的静电场的感应，在离心力、重力分力和电力的作用下，从辊筒的前方落下即为精矿；而非导体矿粒获得电荷后，由于其导电性很差，未能迅速传走所获的电荷，故剩余的电荷多，因而在辊面产生较大的镜面吸力，被吸在辊面上，随辊筒转到后方，然后用毛刷刷落到尾矿斗中，再由振动排矿器排出；处于导体和非导体之间的矿粒，则落入导体与非导体之间的位置成为中矿；这样就可得到精、中、尾三种不同的产品。

为了适应各种矿物的分选需要，电晕极可以采用一根或多根。如要求非导体矿物很纯，即要求非导体产品中含导体矿粒尽可能降低到最小限度时，则可采用较少根数电晕极；反之，如要求导体矿中尽可能少地含非导体矿（即要求导体矿品位很高时），应采用多根电晕极。但不论何种情况，静电极却不可缺少。例如采用较少电晕极分选白钨矿和锡石，当锡石含量不是很高（3% ~8%）时，经一次分选，即可得到含锡低于 0.2% 以下的优质白钨精矿；在分选钛铁矿（精选）时，入选原料中钛铁矿含量高，而要求钛铁矿精矿品位又很高时，如果采用多根电晕极，只经 1 ~2 次分选，即可得到含二氧化钛（TiO_2）大于 48% 以上的优质精矿。实验还证明，采用多根电晕极，分选时还可将导电性较差的共生矿物如褐铁矿等排除于中矿中，提高钛精矿的品位。

6.12.1.3　美国卡普科高压电选机

该电选机为美国 Carpco 公司生产的一种新型高压电选机（Carpco High Tension Separator），共有 6 个辊筒。第一个辊筒分出的三个产品可送到第二个辊筒再选，这样可进行多次分选。采用两列三辊筒并列，共享高压电源的方法安装。其构造简图如图 6-12-4 所示。

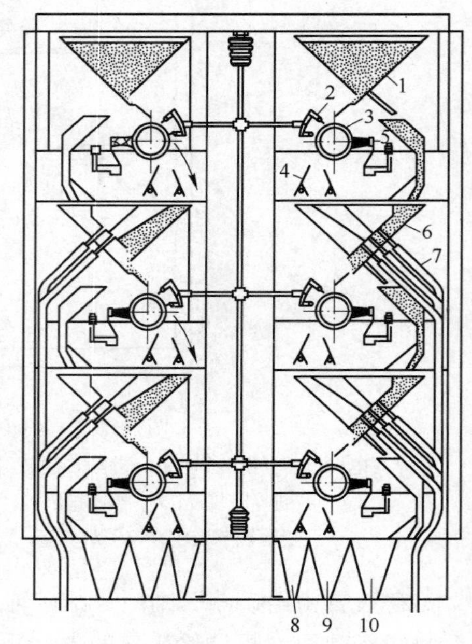

图 6-12-4　美国 Carpco 工业型电选机

1—给矿斗；2—电极（两个）；3—辊筒；4—分矿板；5—排矿刷；6—给矿板；7—接矿槽；8—导体矿斗；9—中矿斗；10—非导体矿斗

该机的主要特点如下：

（1）电极结构与其他电选机不同，是由美国 J. H. Carpenter 所研制，后由美国 Carpco 公司所垄断。其电极实为电晕极与静电极结合在一起的复合电场。最早只有一套电极，后增加至两套。可以调节电极与辊筒的距离（极距），也可调节入选角度。

这种电极结构可从电极向辊筒表面产生束状

电晕放电，提高分选效果，加之高压电源可用正电或负电，电压最高可达40kV。

（2）采用大辊筒。直径有200mm、250mm、300mm和350mm等多种，特别是研究型还可更换辊筒，用直流电动机传动，可无级变速。

（3）处理量大。据报道，每厘米辊筒每小时处理量可达18kg，现在有许多国家选厂采用这种电选机。如加拿大瓦布什选厂采用这种电选机每小时处理量达1000t的高品位铁精矿；瑞典每年生产100万吨高品位铁精矿，也都采用这种电选机。

该机的缺点是中矿循环量仍比较大。据美国报道，中矿循环量达20%～40%。

6.12.1.4　三辊筒式高压电选机

该种电选机与上述两种的不同处，主要是采用了三个直径较大的辊筒。图6-12-5为俄罗斯电晕电场三辊筒电选机（ИГДАН型）。该机的辊径为300mm，长2000mm，工作电压50kV（击穿电压80kV），最大电流50mA。它的优点是电压高，处理能力大，可达30t/h左右。电极结构的特点是只用电晕极而无静电极。由于从上至下有三个转辊，故可将第一辊筒分出的导体、非导体和中矿进一步在第二或第三辊筒上精选或再精选。

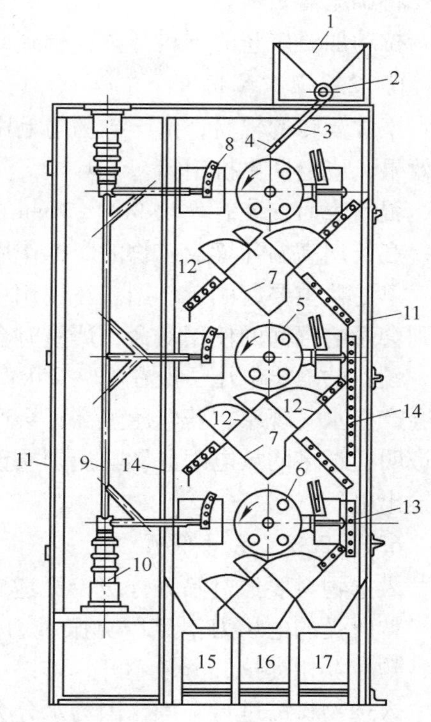

图6-12-5　三辊筒电选机

1—矿斗；2—给矿器；3—溜槽；4—给矿槽盖；5—转辊（接地极）；6—管状电加热器；7—中矿斗；8—电晕电极；9—高压电源支架；10—绝缘瓷瓶；11—机架；12—调节隔板；13—格板；14—下料管；15～17—盛矿斗

除辊筒式电选机外，世界各国研究出的其他电选机种类很多，如自由落下式电选机、电场摇床、回旋电选机（悬浮电选机）、筛板式电选机、箱式电晕电选机，由于这些电选机中都存在局限性，为此不再详细介绍，读者可参考相关文献。

6.12.2　电选机的操作与维护

6.12.2.1　操作规程

（1）开机准备：开机前仔细检查电源是否正常，对地接线是否完好，控制柜上各调压器是否调至零，高压发生器线路是否完好。

（2）矿仓给料加热：把主令开关拨到自动位上，把温度控制仪调到所需的温度位置，开“快”加温或“慢”加温即可工作。当矿物升温到预定温度时转为“低”温，当矿物温度低于预定温度时，电源接通转为自动加温，如自动控温仪失灵，操作人员可使用手动挡加温。

按电动机起动按钮后，起动指示灯亮，慢慢转动电动机调速器，调到预定转速。停机时要将调压器归零。

按高压起动按钮后高压指示灯亮，慢慢转动高压调整器，调到合适的工作电压。停机时要将调压器归零。

拉动加温矿仓的下料开关，调到合适的给矿量（给矿速度），机器可正常工作。

6.12.2.2 维护

正常运转的辊筒，由于矿物与毛刷互相摩擦，时间长会破坏辊筒表面的光泽，影响分选效果，应定期更换辊筒。

辊筒表面安装有一块 0.5 ~ 1mm 的胶皮，质地柔软，其作用是使矿粒和地极接触放电，在长期高温环境及矿物的摩擦作用下，易变硬、破损，应定期更换。

羊毛毡主要起刷矿作用。在使用中必须与辊筒表面接触均匀，不能对辊筒压得太紧，否则会影响辊筒的使用寿命，严重时会烧坏调速直流电机。

设备的输出电压一般在 12 ~ 25kV 之间调整，在使用中由于矿物温度的不均匀，加温时会产生水气现象，若电压过高，会产生火花放电现象，使设备内空间电场负荷紊乱。实践证明：过多的放电现象影响选别质量，同时还会烧坏高压发生器，如放电过频应适当调低输出电压。

6.12.2.3 注意事项

入选物料要经过筛分分级，最适宜的入选粒度为 0.1 ~ 1.0mm。如果粒度过粗，非导体矿粒所受的电场力不足以克服重力和离心力，会过早地落入导体产品中；如果物料过细，颗粒互相裹挟，分散不开，难以进行分选。

入选物料需进行干燥，因为水分会使导体与非导体矿粒的电性差异缩小或消失，分选效果变差，甚至不能分选。有的电选机在给矿斗和辊筒内都有电加热干燥装置，但其干燥能力有限，入选之前仍应有单独的干燥作业。

入选物料性质不同，电选条件也应随之改变，应对电压、电极位置、辊筒转速及分矿板位置进行调整。一般情况下，电压高些分选效果好；电晕极和静电极在接地辊筒斜上方 45°角位置较好，距离 60 ~ 80mm，太近时易产生火花放电，烧毁电晕极，电极位置调好后不再经常调整；辊筒转速视矿石性质和要求的指标进行调整，物料粗时转速应低些，分矿板位置改变，产品产率和品位随之改变，因此分矿板位置应根据要求的分选指标通过试验确定。

电选机采用高电压，安全问题应引起高度重视。电选机应配有专门地线，地线可布置成格状或蛛网状，埋于离地表 1m 以上的潮湿地里，每个连接点必须焊接好且牢固可靠，从电选机连接线至整个地线的电阻规定为 2 ~ 4Ω。高压电极不许裸露，停机时要将放电棒与高压电极接触使之放电。在设备的设计上，必须采取各种严密的安全措施。无论是工业生产型和实验型电选机，都必须具有这些安全条件。例如为了防止电极裸露，机罩等都应有闭锁装置；为了防止变压器的损坏，必须设有过流保护装置。

如采用电子管整流的高压直流发生器，当电源开始工作前，应事先将灯丝加热 10 ~ 15min 后才能将高压电送至电选设备进行电选，否则很容易损坏高压整流管或减少其寿命。如果移动了变压器的油箱，还必须静置 2h 后才能使用。

使用电选机时，必须严格按照操作程序操作，开机前一定要检查机器本身与专用地线是否连接好，切不可接触高压带电电极。停车切断电源后，一定要将放电棒与带电电极接触使之放电，否则电极上的剩电仍会产生危险。

6.13 典型的电选工业实践

6.13.1 白钨锡石的电选

白钨与锡石常常共生在一起，这在我国钨矿山比较普遍。钨矿选矿大都采用重力选矿方法预先富集而得出混合粗精矿，粗精矿再用强磁选分出黑钨矿，强磁的非磁性产品即为以白钨与锡石为主的混合矿。由于白钨矿与锡石两者密度相近（白钨密度为5.9～6.2t/m³；锡石密度为6.8～7.2t/m³），又均无磁性，因此用重选和磁选法不能使两者分开。一般在生产中粗粒用台浮，细粒用浮选，效果都很差，效率也极低。然而两者的电性质则有显著的差别。白钨矿的介电常数为5～6，电阻大于$10^{12}\Omega$，锡石的介电常数为24～27，电阻只有$10^{9}\Omega$左右。因此，采用电选是最有效的分选方法。电选流程简单，生产成本低，不用药剂，不产生污染问题，所以国内外大多采用电选方法来分选白钨和锡石。

国内真正在生产中用电选来分选白钨和锡石是在1964年后。在当时条件下，研制出的电选机只有一种ϕ120mm×1500mm双辊电选机，目前有的选厂还在使用此种设备。由于受到历史条件的限制，这种电选机的性能相对较差，因而造成分选流程复杂，电选效率很低，最终精矿质量和回收率都很不理想，特别是只能分选较粗粒（大于280～154μm）的白钨和锡石，而细粒级则无法进入电选，且中矿返回量很大。

图6-13-1是湖南某矿白钨锡石的电选实际流程。该厂采用ϕ120mm×1500mm双辊电选机，其电压较低，为17.5kV。

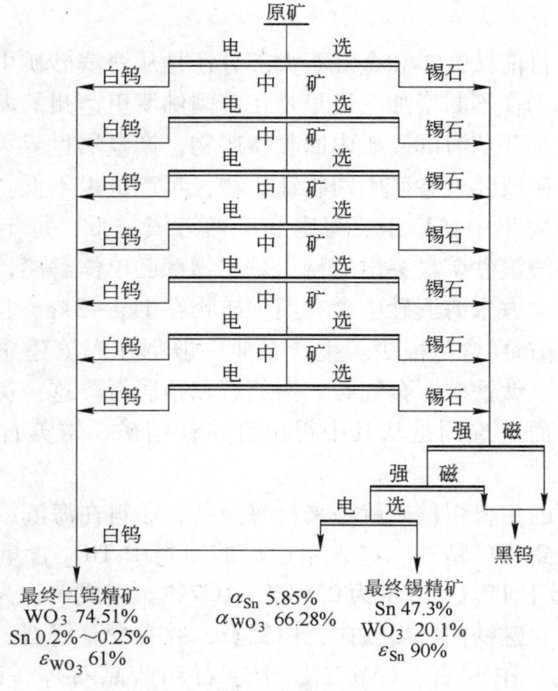

图6-13-1 湖南某矿白钨锡石电选流程

电选原料为重选后的混合粗精矿，经台浮脱除硫化矿，烘干后进入电选。进入电选时的原料中含有的矿物有：白钨矿70%以上，锡石15%～20%，赤铁矿和褐铁矿约5%，辉铋矿约2%，辉钼矿约1%左右。此外，尚有少量锆英石、黄铁矿、闪锌矿、萤石、黑钨矿、泡铋矿等。由于经台浮脱硫，原料中硫、磷、砷、铜含量均不高。

流程考查结果表明，白钨回收率仅为60%左右，品位则高达74.51%，但白钨精矿中含锡常在0.2%～0.3%，很少低于0.2%；锡石电选也无法得出精矿，必须经二次磁选和再次电选（磁选去黑钨矿和其他磁性矿物），所得最终锡精矿的品位仅为47.3%，回收率90%左右，但含WO_3却大于20%，属于不合格精矿。

对上述矿山的白钨与锡石，采用DXJ型ϕ320mm×900mm高压电选机进行了大量试验，对小于1mm的物料进行电选时，可使电选工艺流程大为简化，只需一次电选即可得到高质量的白钨精矿，白钨精矿中$WO_3 \geqslant 70\%$，回收率可达90%～95%，含锡（Sn）低于0.2%；对-0.42mm+0.1mm粒级，只经一次电选，白钨精矿WO_3含量为70.4%，锡含量为0.14%～0.18%，WO_3的回收率为96%；锡石回收率可达96%～97%，锡石品位一次分选能达40%以上。如对锡精矿精选一次，品位可达50%以上，回收率96%。

6.13.2 稀有金属矿石的电选

6.13.2.1 钛铁矿、金红石的电选

钛铁矿、金红石矿分原生矿、陆地砂矿和海滨砂矿，但不论原生矿或砂矿，都必须经过重力选矿预先富集，然后再对重选粗精矿进行电选。工业上一般要求钛精矿中含TiO_2大于48%以上。例如四川某钛铁矿选厂，就是先将原矿进行重选，然后采用热风干燥，分级电选，所用电选机为ϕ300mm×2000mm三辊筒高压电选机，经该工艺选别后，钛精矿含TiO_2达48%左右。

在全世界范围内，目前钛铁矿和金红石大部分还是从海滨砂矿中回收，这是当前最主要的钛原料来源，产量仍在不断增加。最早是在美国佛罗里达州的海滨砂矿中回收钛铁矿和金红石。此后，澳大利亚从海滨砂矿中回收钛矿物，产量居世界第一位。此外，还有其他国家用电选从海滨砂矿或陆地砂矿中回收钛矿物，年产量也不低。我国海滨钛矿具有相当数量的资源，目前主要集中在广东、海南和广西海滨一带，每年回收一定数量的钛精矿，但产量不高。这些海滨砂矿最突出的特点是矿物都已单体解离，因此不需要前面的破碎和磨矿作业，一般每立方米海滨砂中含有用重矿物在1kg～3kg，且还有一个优点，就是细粒级（-100mm+75μm）含量极少。生产企业一般都在海滨建立重选粗选厂，海砂经重选得出的含有磁铁矿、钛铁矿、金红石、锆英石和独居石等这一类型的粗精矿，然后在海滨或陆地集中精选，而电选则是从其中得出合格钛精矿、锆英石和独居石的主要选别手段。

例如南方某精选厂的主要粗精矿就是来自海南岛，原料在海滨或陆地用重选方法进行预先富集，粗精矿集中到该厂精选。进入精选厂的原料中TiO_2含量为30%～38%，ZrO_2含量为6%～7%，总稀土TR_2O_3含量为0.63%～0.7%。组成矿物为钛铁矿、锆英石、金红石、独居石、磷钇矿、磁铁矿、褐铁矿、白钛石，并有少量锡石、黄金、钽铌矿。脉石矿物有石英，石榴子石、电气石、绿帘石、十字石和蓝晶石等。该厂采用的电选机为ϕ120mm×1500mm双辊电选机（20kV）。其选别流程如图6-13-2所示。

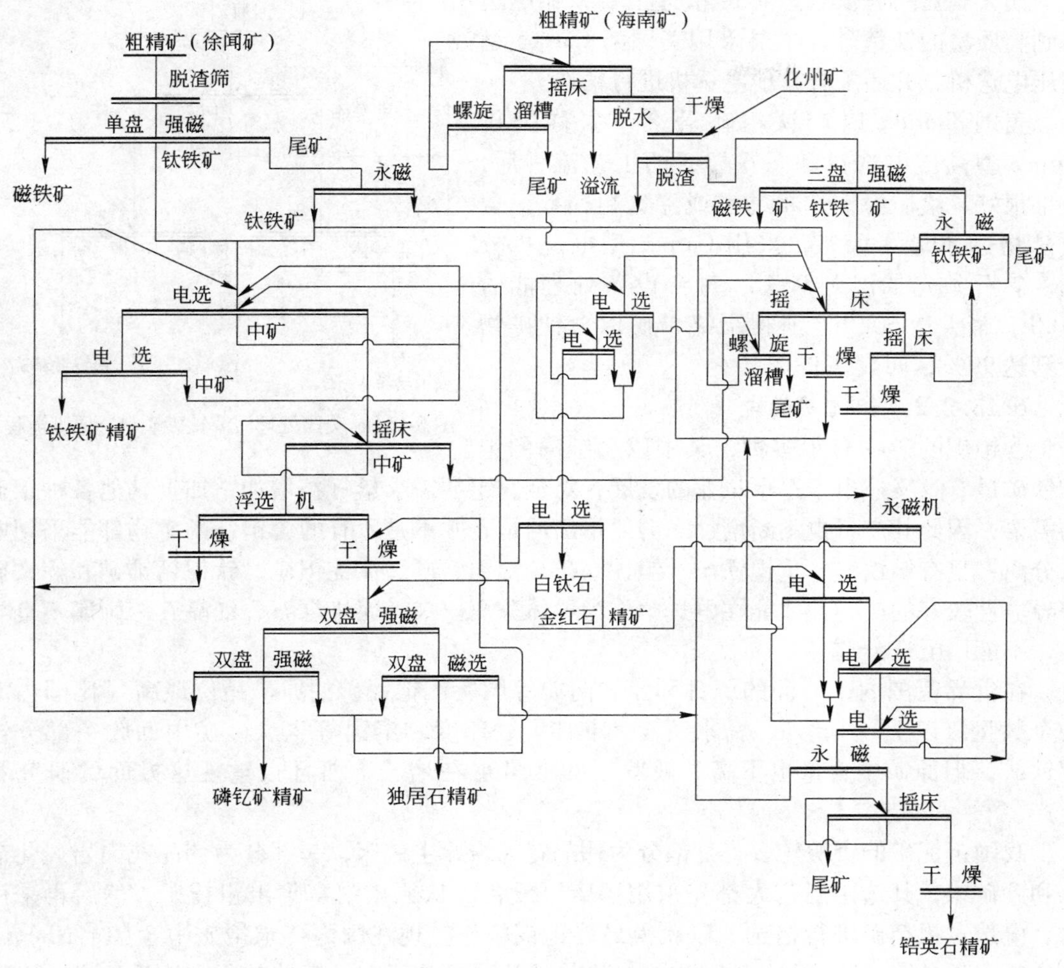

图 6-13-2　南方某精选厂选别流程

由于该精选厂原料来自各个地区，性质也比较复杂，因此采用的流程也是比较复杂的，但它具有较大的灵活性，其分选指标如表 6-13-1 所示。

表 6-13-1　选矿厂精选指标

矿　物	品位/%				回收率/%	备　注
	TiO_2	ZrO_2	TR_2O_3	Y_2O_3		
钛铁矿	50				85	金红石精矿是指金红石、板钛矿、锐钛矿、白钛石组成高钛矿物 原矿中 TiO_2 是指总含量
金红石	85				65	
锆英石		60 ~ 65			82	
独居石			55		72	
磷钇砂				30	68	
原　矿	35	6.5	0.65	0.05	100	

澳大利亚的海滨钛砂矿的精选主要依靠电选得到高质量的钛精砂，主要采用美国的 Carpco 型高压电选机，并还配合其他电选机进行精选。

美国 Florida 以产钛精矿著名，据称采用 Carpco 型高压电选机和图 6-13-3 的工艺流程后，效果很好。给矿为重选粗精矿或浮选粗精矿，含重矿物达 80% ~95%，采用 Carpco 型电选机分选，矿石预先加温到 93℃，每台设备处理能力 14t/h，最大达 50t/h。所得最终精矿以含钛矿物计算达 99%，回收率 98%。

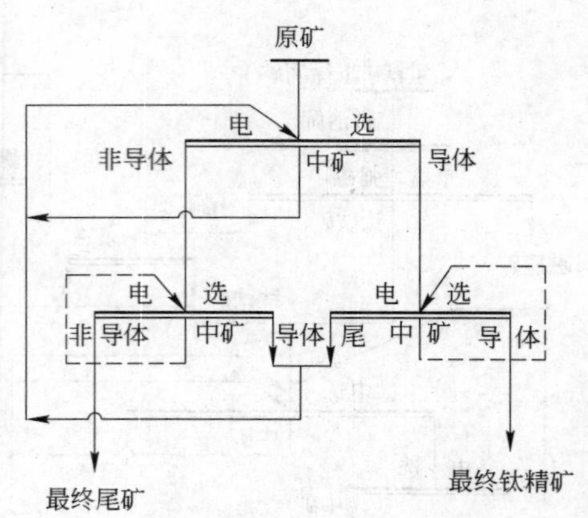

图 6-13-3 美国处理海滨钛砂矿电选原则流程

6.13.2.2 钽铌矿的电选

含钽铌的矿物有很多种，其中以含钽高的钽铌铁矿最有意义。由于军事工业的发展，对金属钽的需求量日益增加，加上其他各种工业的需要，因此其产量也不断增加。需要指出的是，并不是所有的含钽铌的矿物都能采用电选分离，只有钽铁矿、重钽铁矿、钽铌铁矿、锰钽铁矿、钛铌钽矿、钛铌钙铈矿和铌铁矿等导电性较好的矿物，才能在电选中作为导体分离出来，而烧绿石、细晶石等则属不良导体，不能用电选分离。

在世界范围内，非洲的尼日利亚和南非等国所产钽铌矿的原矿品位最高（比国内高一个数量级以上）。此外，马来西亚、菲律宾、印度和泰国等也从砂矿中回收一部分钽铌铁矿，但原矿中含量也不高。俄罗斯的产量也在增长，而且很重视这方面的研究和生产。

我国钽铌矿的资源较多，一部分为伟晶花岗岩原生矿床，一部分为伟晶花岗岩风化矿床和砂矿床，其选矿工艺大都先采用摇床等设备，从原矿中富集出粗精矿，然后再采用磁、电选对粗精矿进行精选，以获得最终钽铌精矿。现在国内要求精矿中含 $(Ta,Nb)_2O_5$ >40%，且含钽（Ta_2O_5）高于 20%。目前已开采的矿石中，铌铁矿所占比重较大，而铌的性能又远不如钽。

根据我国生产的实际情况，钽铌原生矿经重选后所得的粗精矿含 $(Ta,Nb)_2O_5$ 2% ~ 4%，此外含还有黄铁矿、电气石和泡铋矿等；大量的脉石矿物为石榴子石，其次为石英、长石和云母等。采用强磁分选效率不高，主要是石榴石也属弱磁性矿物，其磁性与钽铌矿相近，很难将它们有效分离。而采用 ϕ120mm ×1500mm 高压电选机分选效果也较差甚至不能分选。但国内一些钽铌矿（如新疆某选矿厂等）应用 DXJ 型 ϕ320mm ×900mm 高压鼓型电选机，普遍获得了良好的效果。因为在粗精矿中，钽铌矿属于导体矿，而大量的石榴子石、石英、长石、云母和锆英石等均属于非导体矿，故能用电选有效分离。高压电选机分选钽铌矿的流程如图 6-13-4 所示，分选结果如表 6-13-2 所示。

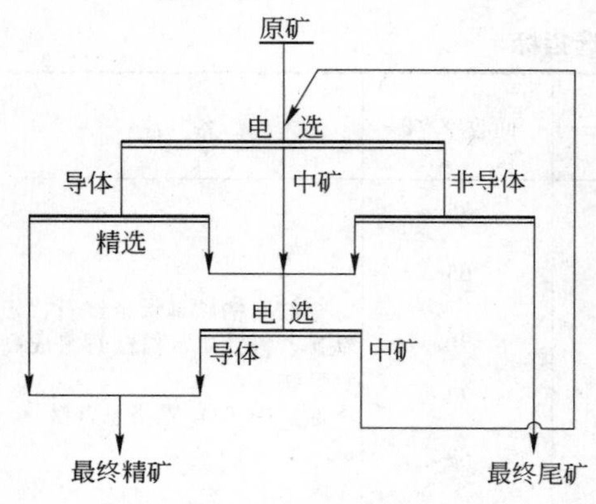

图 6-13-4 钽铌矿电选流程

表 6-13-2 钽铌矿电选指标

产品名称	产率/%	$(Ta,Nb)_2O_5$品位/%	回收率/%	备 注
精 矿	6.51	43.21	83.01	原矿是重选后所得粗精矿
中 矿	7.12	2.71	5.71	
尾 矿	86.37	0.44	11.28	
合 计	100.00	3.386	100.00	

采用 DXJ 型 ϕ320mm×900mm 高压辊筒电选机并用图 6-13-4 的工艺流程后，钽铌总回收率比未采用前（用磁选）总回收率可提高 15% 以上。新疆地区几个矿山的生产情况，同样证明采用该种电选机和选别流程，可显著地提高钽铌选矿的回收率。

图 6-13-5 是前苏联钽铌铁矿的生产实际流程，钽铌矿与其他矿物如锡石、锆英石、钛铁矿、石榴石和独居石等共生在一起。原矿石为砂矿，经重选后得出重矿物粗精矿。粗精矿采用辊筒电选机与强磁选机配合精选，并用摇床等再选，以得出合格钽铌精矿。

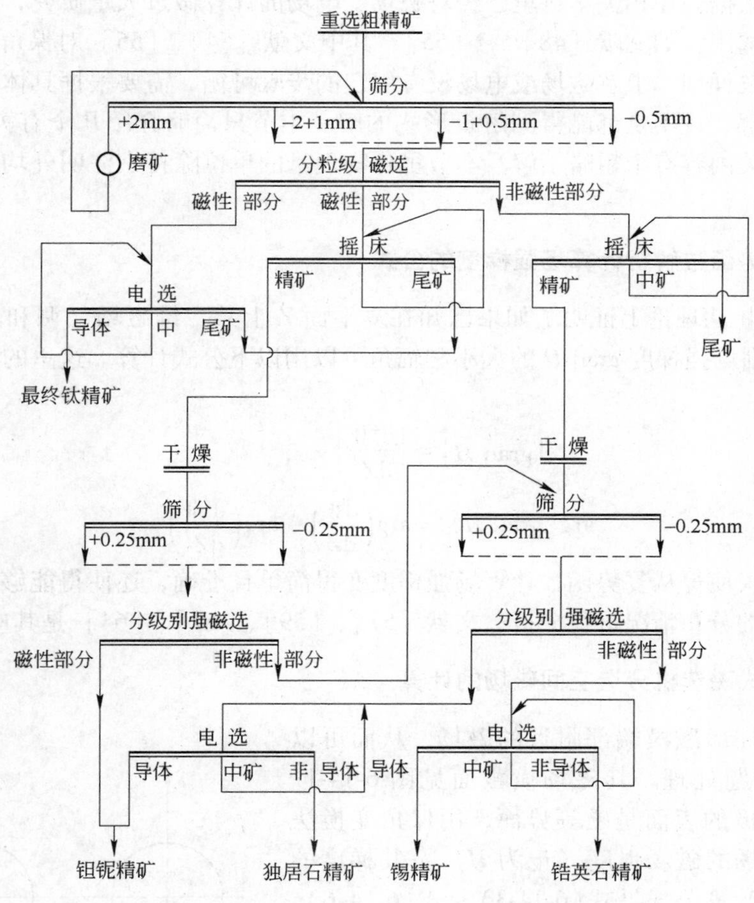

图 6-13-5 前苏联钽铌铁矿选矿工艺流程

流程中采用窄级别筛分以提高磁选效率。第一段磁选的目的在于分出磁性较强的钛铁矿和锰铌铁矿，使非磁性矿物不与钛、钽铌矿混杂。然后用摇床进一步富集非磁性矿物锡石和锆英石，富集钽铌矿，从而排出大量尾矿，再按钽铌系统和锡石、锆英石系统、钛铁矿系统分别电选和磁选，最终得到钛铁矿、铌钽矿、独居石、锡石和锆英石共五种精矿产品，各种精矿品位和回收率如下：

钽铌精矿品位 $Ta_2O_5=28\%$，回收率 $\varepsilon=65\%\sim70\%$，

锡石品位 $Sn=49\%$，回收率 $\varepsilon=85\%\sim87\%$，

钛铁矿的含量（指矿物）96%，回收率 $\varepsilon_{矿}=94\%\sim96\%$。

采用的电选机为 CЭC-1000 辊筒电选机，电选时矿石加温温度为 80～120℃，分选粒度小于 1mm。对电选作业来说，铌钽作业回收率 94.15%，锡石作业回收率 97.49%，锆英石作业回收率 93.89%（均指矿物）。

6.14 磁场计算和电场计算简述

磁场计算和电场计算是指通过理论计算加深对有关选矿设备的磁场或电场的了解，为选矿研究提供依据。在相关学科里已经对磁场、电场的计算做过大量研究，有不少成熟的研究结果可供选用，如文献［48］～［55］，其中文献［54］、［55］对保角变换法的基本概念介绍得比较详细。求解磁场或电场没有固定的步骤可循，需要根据具体情况灵活运用现有知识去求解，且不是都能得到解析形式的解。本节只简略介绍几个有关选矿的例子，读者可以对有关内容有个粗略了解。本节里各物理量的单位除特别注明外均是国际单位制的单位。

6.14.1 由复势函数解析计算场强梯度的公式

文献［56］从理论上证明了如果已知在复平面 Z 上某二维磁场（调和场）的复势函数为 $W(Z)$，则场强梯度 grad H 的大小和辐角可以用以下公式计算。这里的 Z 代表磁场里某点的复数值。

$$|\mathrm{grad}\ H| = \left|\frac{\mathrm{d}^2 W}{\mathrm{d}Z^2}\right| \tag{6-14-1}$$

$$\arg(\mathrm{grad}\ H) = \arg\left(\frac{\mathrm{d}W}{\mathrm{d}Z}\right) - \arg\left(\frac{\mathrm{d}^2 W}{\mathrm{d}Z^2}\right) \tag{6-14-2}$$

这两个公式使得从复势函数计算场强梯度变得简单且准确，还使得能够用函数对磁场里的场强梯度的分布情况进行分析。文献［57］、［59］、［62］、［64］是其应用实例。

6.14.2 对辊式磁选机分选空间磁场的计算

不考虑圆柱形磁极端部附近的磁场，从而可以简化成二维问题处理。其磁场横截面见图 6-14-1。假设圆柱形磁极的表面是磁等势面，用保角变换法求解出气隙磁场的磁场强度（记为 H）及其梯度的大小和方向的计算公式见式(6-14-3)～式(6-14-6)，这些公式中各量的含义见式(6-14-7)～式(6-14-11)。公式的推导过程见文献［57］。这里场点的复数值为 $Z(=x+iy)$，磁辊的半径为 R，两磁辊的轴心距为

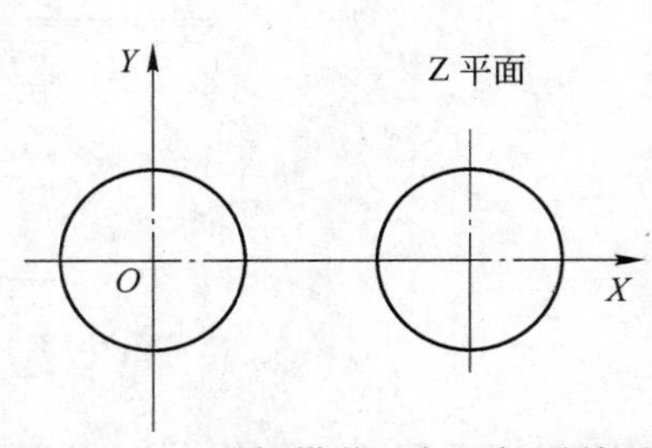

图 6-14-1 磁场横截面与坐标系关系

L，两磁辊之间的磁势差为 U。

$$H = \frac{U(x_1 - x_2)}{2\ln R_1 |Z_1 Z_2|} \tag{6-14-3}$$

$$\arg(\vec{H}) = \pi + \arg(Z_1 Z_2) \tag{6-14-4}$$

$$|\text{grad } H| = \frac{U(x_1 - x_2)|Z_1 + Z_2|}{2\ln R_1 |(Z_1 Z_2)^2|} \tag{6-14-5}$$

$$\arg(\text{grad } H) = \pi - \arg(Z_1 + Z_2) + \arg(Z_1 Z_2) \tag{6-14-6}$$

$$x_1 = (L - \sqrt{L^2 - 4R^2})/2 \tag{6-14-7}$$

$$x_2 = (L + \sqrt{L^2 - 4R^2})/2 \tag{6-14-8}$$

$$R_1 = (L - \sqrt{L^2 - 4R^2})/(2R) \tag{6-14-9}$$

$$Z_1 = Z - x_1 \tag{6-14-10}$$

$$Z_2 = Z - x_2 \tag{6-14-11}$$

把气隙磁场里某点的复数值 Z 代入以上各式，就可以计算出该点上的磁场强度及其梯度的大小和方向。

利用推导上述公式过程中的中间结果，通过计算可以画出从理论上说是准确的场图，还可以准确计算气隙磁导。详细介绍见文献［57］和［62］。

上述计算中除假设两圆柱形磁极无限长以及它们的表面是等磁势面外，所有推导从理论上说是严格的。文献［57］还讨论了圆柱形磁极材料的磁饱和对计算的影响。

一个计算实例如下：两圆柱形磁极的半径均为100mm，它们的中心距为204mm，两圆柱形磁极间的磁势差为7000A。共计算了 7×7=49 个点上的场量，它们是7条等磁势线和7条磁力线的交点。这7条等磁势线包括左侧圆柱形磁极外圆周、磁场中分线（过两磁极中心连线中点且与纵坐标轴平行）及其间的5条等磁势线；它们相邻两线间的磁势差相等，其序号由左向右排。这7条磁力线包括位于横坐标轴上的那条磁力线及位于其上方的6条磁力线，它们相邻两线间的磁通量相等，其序号由上向下排。计算结果列于表6-14-1～表6-14-3。

表 6-14-1　49 个交点的横坐标和纵坐标

磁力线序号	等磁势线序号						
	Ⅰ	Ⅱ	Ⅲ	Ⅳ	Ⅴ	Ⅵ	Ⅶ
1	89.09；45.42	91.05；46.33	93.11；47.10	95.25；47.71	97.46；48.16	99.72；48.43	102；48.53
2	95.66；29.14	96.68；29.42	97.71；29.66	98.77；29.84	99.84；29.97	100.92；30.05	102；30.08
3	98.04；19.71	98.69；19.82	99.34；19.92	100.00；20.00	100.66；20.06	101.33；20.09	102；20.10
4	99.12；13.24	99.59；13.30	100.07；13.34	100.55；13.38	101.03；13.41	101.52；13.42	102；13.43
5	99.66；8.229	100.05；8.258	100.44；8.283	100.83；8.301	101.22；8.315	101.61；8.323	102；8.326
6	99.92；3.957	100.27；3.969	100.61；3.980	100.96；3.988	101.30；3.993	101.65；3.997	102；3.998
7	100；0	100.33；0	100.66；0	101.00；0	101.33；0	101.67；0	102；0

注：交点的横、纵坐标单位均为 mm。

表 6-14-2　49 个交点上的磁场强度的大小和方向

磁力线序号	等磁势线序号						
	Ⅰ	Ⅱ	Ⅲ	Ⅳ	Ⅴ	Ⅵ	Ⅶ
1	273；27.0	268；22.7	263；18.2	260；13.7	257；9.18	256；4.60	255；0
2	556；16.9	550；14.2	546；11.4	543；8.54	540；5.70	539；2.85	538；0
3	890；11.4	884；9.49	880；7.60	876；5.71	874；3.81	873；1.91	872；0
4	1223；7.61	1218；6.35	1214；5.09	1210；3.82	1208；2.55	1206；1.27	1206；0
5	1506；4.72	1501；3.94	1497；3.15	1493；2.37	1491；1.58	1489；0.79	1489；0
6	1695；2.27	1690；1.89	1686；1.52	1682；1.14	1680；0.76	1678；0.38	1678；0
7	1762；0	1756；0	1752；0	1749；0	1746；0	1745；0	1744；0

注：磁场强度的单位为 10^3 A/m。

表 6-14-3　49 个交点上的场强梯度的大小和方向

磁力线序号	等磁势线序号						
	Ⅰ	Ⅱ	Ⅲ	Ⅳ	Ⅴ	Ⅵ	Ⅶ
1	10.0；281.1	9.7；279.4	9.4；277.5	9.2；275.7	9.1；273.8	9.0；271.9	9.0；270
2	26.1；274.7	25.7；273.9	25.4；273.1	25.1；272.4	24.9；271.6	24.8；270.8	24.7；270
3	45.1；270	44.6；270	44.2；270	43.8；270	43.6；270	43.4；270	43.4；270
4	57.5；265.3	56.9；266.1	56.4；266.9	56.0；267.6	55.7；268.4	55.5；269.2	55.4；270
5	55.1；258.9	54.3；260.6	53.6；262.5	53.1；264.3	52.7；266.2	52.5；268.1	52.4；270
6	36.5；244.6	35.1；248.3	34.0；252.3	33.1；256.5	32.5；260.9	32.1；265.4	31.9；270
7	17.6；180	14.6；180	11.6；180	8.7；180	5.8；180	2.9；180	0

注：磁场强度梯度的单位是 10^6 A/m^2。

这 3 个表里都是在与一个磁力线与磁等势线的交点相对应的位置上同时写入两个数据，其间用分号隔开。表 6-14-1 里分号左右两边的数字分别代表该交点的横坐标和纵坐标，单位是毫米。表 6-14-2 里分号左右两边的数字分别代表该交点上的磁场强度的大小和它与横坐标轴的夹角（°）。表 6-14-3 里分号左右两边的数字分别代表该交点上的场强梯度的大小和它与横坐标轴的夹角（°）（详见文献［57］）。

文献［58］推导出来的在磁场强度与其梯度方向不一致时的磁力计算公式表明，矿粒所受磁力的方向这时仍然与场强梯度的方向一致。根据表 6-14-1 里的数据可以计算出从某个交点到坐标原点的方向线与横坐标轴的交角，拿它与表 6-14-3 所列的场强梯度的方向角比较可以看出，在该场域里的许多点上场强梯度的方向（也就是对矿粒的磁吸引力的方向）并不正指向圆柱形磁极的表面。

6.14.3　圆柱形多极磁选机磁场的计算

旋转磁场磁选机以及磁滑轮属于这类磁选机。文献［59］计算了该磁场。不考虑磁系两端的边缘磁场，于是可以简化成二维问题处理。计算中假设磁极头部的端面是它所在的那个圆柱面的一部分，并假设该端面是磁等势面。

图 6-14-2 左图是磁系的横截面，外圆周表示各磁极的外端面所在的圆柱面，外圆周内侧涂黑的一段一段的圆弧状图形（左图画了 12 个）表示磁极头的（周向）位置。整个圆

周共有 $2N$ 个磁极，磁 N 极与磁 S 极相间排列。由于磁场在圆周方向上的对称性，只计算射线 OC 与 OE 之间（并在外圆周以外）的区域上的磁场。

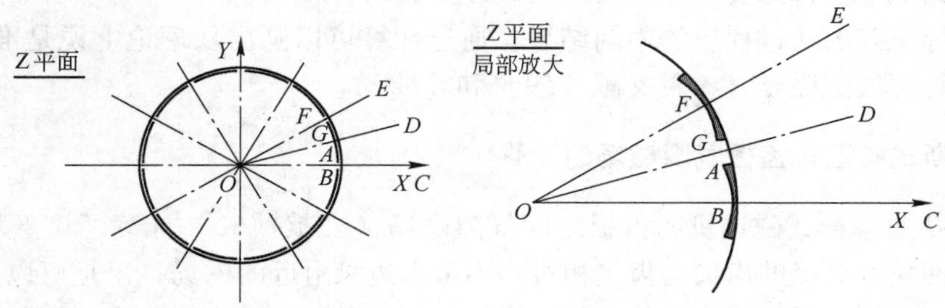

图 6-14-2 磁场横截面及计算场域和坐标系的关系

点 B 和点 F 代表磁极外端面沿周向长度的中点，点 G、A 代表磁极外端面在周向的边缘。坐标原点在圆柱面的中心，X 轴过磁极面的中点 B，射线 OE 过磁极面的中点 F，射线 OD 平分角 COE。记磁极外端面所在的圆柱面的半径为 R，记相邻两个磁极之间的磁势差为 $2U$，记相邻两磁极外端面之间的（周向）间隙所对的圆心角为 2β。用保角变换法求解出磁场强度（记为 H）及其梯度的大小和方向的计算公式见式（6-14-12）~ 式(6-14-15)，这些公式中各量的含义见式（6-14-16）~ 式（6-14-18）及其后的文字说明。各式里 Z 表示场点的复数值，$Z=x+iy$。公式的推导过程参见文献［59］。

$$H=\frac{UN}{2K(k)\,|Zf(Z)|} \tag{6-14-12}$$

$$\arg(\overrightarrow{H})=\pi/2+\arg[Zf(Z)] \tag{6-14-13}$$

$$|\mathrm{grad}\ H|=\frac{UN|F(Z)|}{4K(k)\,|Z^2[f(Z)]^3|} \tag{6-14-14}$$

$$\arg(\mathrm{grad}\ H)=\pi+\arg\{Z[f(Z)]^2\}-\arg[F(Z)] \tag{6-14-15}$$

$$f(Z)=\sqrt{k^2-\{\cos[iN\ln(Z/R)]\}^2} \tag{6-14-16}$$

$$F(Z)=iN\sin[i2N\ln(Z/R)]+2[f(Z)]^2 \tag{6-14-17}$$

$$k=\sin(N\beta) \tag{6-14-18}$$

式中，$K(k)$ 代表以 k 为模的第一类雅可比（Jacobi）完全椭圆积分，它的值可以用级数计算（参见文献［60］和［61］），也可以查椭圆积分表。

把所计算的磁场区域内某点的复数值 $Z(=x+iy)$ 代入以上各式，就可以计算出该点上的磁场强度及其梯度的大小和方向。这时需要做复函数的运算。对于变量是复数的三角函数，先把它的变量部分化简成只有两项（即实部加虚部）的形式，而后根据“平面三角学的一切三角公式对于复的三角函数都适用”（参见文献［61］）把它展开。对变量是纯虚数的三角函数，利用“双曲函数与三角函数的关系”（参见文献［61］）把它转化成对实函数的计算。复数开方不只是一个解，需要根据情况确定其中哪一个解适合。另外，通常根据某一复数的实部和虚部的正负确定出它的辐角在第几象限之后，该辐角是在 0°到 360°之间取值，而在保角变换里不一定是这样，一个复数的辐角的取值有时与变换过程有关。比如复数 $1-Z$，当 $Z>1$ 时用通常的方法确定它的辐角应该是 +180°，而在文献

[49] 第172~173页所提到的具体的保角变换的例子里，通过分析说明了在这里当 $Z>1$ 时复数 $1-Z$ 的辐角应该是 $-180°$，而不是 $+180°$。而这影响本节的计算结果。计算中各个复数的辐角的取值都需要这样仔细处理（参见文献 [49]）。

利用推导上述公式过程里的中间结果，通过计算可以画出从理论上说是准确的场图，还可以准确计算气隙磁导（参见文献 [59] 和 [62]）。

6.14.4 琼斯式磁选机齿板气隙磁场的计算

图6-14-3是琼斯式磁选机的齿板之间气隙磁场（文献 [62] 计算了该磁场）的横截面，相对的两块齿板上的齿尖与齿尖相对。不考虑边缘附近的磁场，于是可以简化成二维问题处理。由于气隙磁场的边界的几何图形的对称使磁场有对称性，图中各点划线（齿尖连线或齿底连线）都是磁场的对称线，同时它们也都是磁力线。故只计算图中 *abcd* 所围的区域。计算场域与坐标系的关系见图6-14-4，图中边界 *ad* 和 *bc* 画成虚线意为它们是磁力线，边界 *ab* 和 *cd* 画成粗实线意为它们是磁等势线。

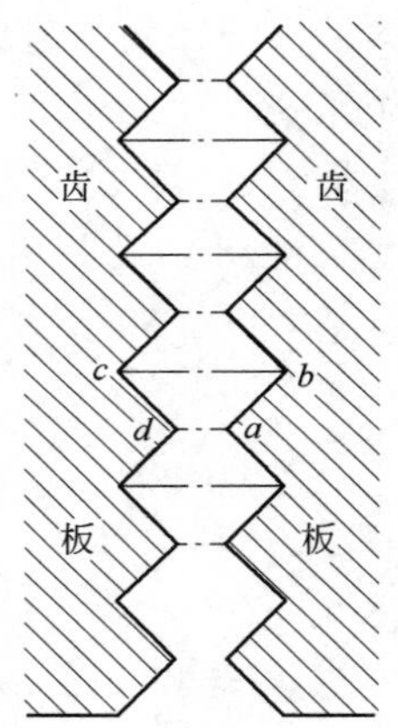

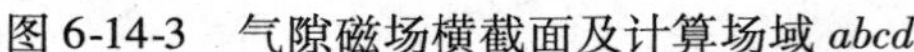

图6-14-3 气隙磁场横截面及计算场域 *abcd*

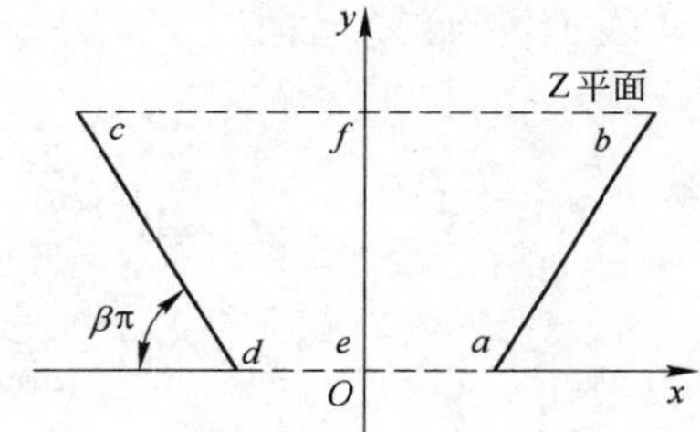

图6-14-4 计算场域 *abcd* 与坐标系关系

记齿尖角之半为 $\beta\pi$（图6-14-4），记相对的两块齿板之间的磁势差为 U。假设齿板的表面是磁等势面，用保角变换法求解得到计算各点上磁场强度（记为 H）及其梯度的大小和方向的公式以及计算气隙磁导（记为 G）的公式，见式（6-14-19）~式（6-14-23）（公式的推导见文献 [62]）。

$$H=\frac{UB}{2mK(k)}\left|\left(\frac{T^2-B^2}{T^2-A^2}\right)^{\frac{1}{2}-\beta}\right| \tag{6-14-19}$$

$$\arg(\overrightarrow{H})=\arg\{[(T^2-A^2)/(T^2-B^2)]^{\frac{1}{2}-\beta}\} \tag{6-14-20}$$

$$|\operatorname{grad} H|=\frac{UB(B^2-A^2)(1-2\beta)}{2m^2K(k)}\left|\frac{T(T^2-B^2)^{\frac{1}{2}-2\beta}}{(T^2-A^2)^{\frac{3}{2}-2\beta}}\right| \tag{6-14-21}$$

$$\arg(\operatorname{grad} H)=\pi+\arg[(T^2-A^2)^{1-\beta}(T^2-B^2)^{\beta}/T] \tag{6-14-22}$$

$$G=\mu_0K(k')/[2K(k)] \tag{6-14-23}$$

式中 A，B，m——待定常数，均为正数，确定方法见后；

T——复平面T上的点，所计算的磁场里的点（记为复数 Z）在复平面T上的影像（或曰对应点），与计算点 Z 的关系见式（6-14-24）；

k——雅可比（Jacobi）椭圆函数的模，$k=A/B$；

$K(k)$——以 k 为模的第一类雅可比（Jacobi）完全椭圆积分；

k'——雅可比（Jacobi）椭圆函数的补模，$k'=(1-k^2)^{1/2}$；

μ_0——真空磁导率，$\mu_0=4\pi\times10^{-7}\text{H/m}$；

G——齿的侧边 ab 与 cd 之间每米长度上的气隙的磁导，H。

复数 T 与磁场里的点的复数值 $Z(=x+iy)$ 之间有如下关系：

$$Z = me^{i\pi}\int_0^T \frac{\mathrm{d}T}{(T^2-A^2)^{\beta}(T^2-B^2)^{1-\beta}} \tag{6-14-24}$$

当复数 T 在第一象限取值时，由上式所计算出的点 $Z(=x+iy)$ 是在图 6-14-4 所示的计算场域的右一半。这个积分是对复函数的积分。

式中 A、B、m 均为正数，且 $B>A$，在任意选定 A 的值后，B 和 m 是如下两个方程式组成的方程组的解：

$$L_{ea} = m\int_0^A \frac{\mathrm{d}T}{(A^2-T^2)^{\beta}(B^2-T^2)^{1-\beta}} \tag{6-14-25}$$

$$L_{ab} = m\int_A^B \frac{\mathrm{d}T}{(T^2-A^2)^{\beta}(B^2-T^2)^{1-\beta}} \tag{6-14-26}$$

式中，L_{ab} 代表边界 ab 的长度，即齿的侧边的长度；L_{ea} 代表边界 ea 的长度，即齿尖的距离之半（图 6-14-4）。联立以上两式消去 m，可以用试算法求出 B。而后把 B 代入两式中任何一式可求出 m。这两个积分是在实数范围里的积分，不过都是瑕积分。

磁场里各点上的场量的计算步骤是：先计算出常数 A、B、m；然后取一个复数 T 的值（在第Ⅰ象限里）代入式（6-14-24）并积分求出它所对应的复数 $Z(=x+iy)$ 的值；最后，把该复数 T 的值代入场量的计算公式，所计算出的场量的值就是这个 $Z(=x+iy)$ 点上的场量的值。

上述积分用数值方法计算，对瑕点附近的积分需要特别处理以保证计算精度（参见文献［63］）。计算中各个复数的辐角的取值（或确定值域）都需要仔细对待（参见文献［49］）。

利用推导上述公式的过程中的中间结果，通过计算可以画出从理论上说是准确的场图，有关步骤详见文献［62］。对一个实例绘制的场图示于图 6-14-5（这里画的是图 6-14-4 所示的计算场域的右一半的场图）。图中点 A 是齿尖，线段 A—8 的右侧是铁齿；点 0 是相对的两个齿的齿尖的连线的中点。图中线段 A—0 以及线段 8—12 是磁力线，线段 A—8 以及线段 0—12 是磁等势线。图中磁等势线把磁势均分，磁力线把磁通量均分。从它们的交点出发

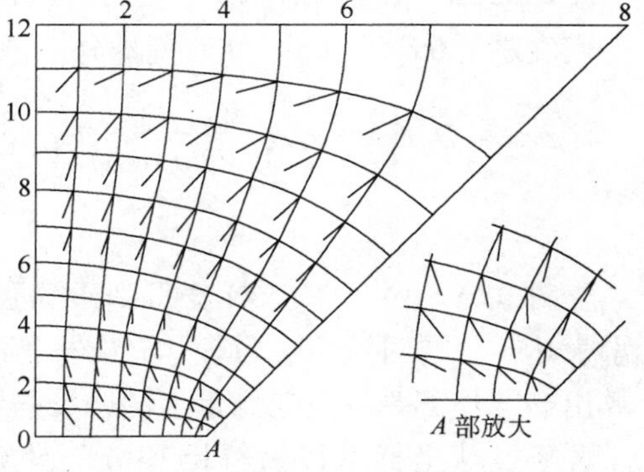

图 6-14-5　齿板之间气隙磁场的场图

的那条短线代表该点上的场强梯度的方向（由起点指向终点）。场图里有些交点（包括边界线上的各个交点）上的场强梯度的方向线与其他线重合，因而看不出来。

由上述场图可以看出，在许多点上场强梯度的方向并不正指齿尖，也不直指齿面，并且在多数交点上场强梯度的方向与磁场强度的方向并不一致。这些交点上的磁场强度与场强梯度的乘积（即 $H\text{grad}\,H$）的计算结果见文献［62］。根据文献［58］推导的在磁场强度与其梯度方向不一致时的磁力计算公式可以看出，在这些交点上矿粒所受的磁力大多不直指齿面。

表6-14-4列出了齿距不同的齿板的气隙磁导的计算结果。它们的齿尖角都是90°，相对的两块齿板的齿尖之间的距离都是2mm。所列的是长度为1m、宽度为15mm的气隙的磁导。文献［64］利用上述磁场计算方法对这种磁选机的磁场进行了较细致的研究。

表6-14-4 齿距不同时的气隙磁导

齿距/mm	7.5	5	2.5	1.25
气隙磁导/H	4.7×10^{-6}	5.6×10^{-6}	7.0×10^{-6}	8.0×10^{-6}

6.14.5 铁磁性椭球内外磁场以及退磁因子的计算

设在磁场强度为 H_0 的无穷大的均匀磁场里有一个铁磁性材料制的椭球，磁场强度 H_0 的方向与 X 轴平行，约定椭球的半轴长 $a>b>c$，椭球的长轴与 X 轴重合，坐标原点在椭球的中心。经严格的理论推导可以得出计算椭球内、外磁场强度及其梯度的公式。

6.14.5.1 铁磁性椭球内部磁场强度的计算

文献［65］、［66］中的计算表明，无论是顺磁性材料的椭球还是铁磁性材料的椭球，其内部的磁场强度（记为 $H_{内}$）的大小和方向处处一样，其方向与 X 轴平行，其大小见式（6-14-27）和式（6-14-28）。式中 μ 代表椭球材料的相对磁导率，$n^{(x)}$ 称为椭球在 X 轴方向上的退磁因子，ξ 是椭球坐标。

$$H_{内} = H_0/[1+(\mu-1)n^{(x)}] \tag{6-14-27}$$

$$n^{(x)} = \frac{abc}{2}\int_0^{\infty}\frac{\mathrm{d}\xi}{(\xi+a^2)\sqrt{(\xi+a^2)(\xi+b^2)(\xi+c^2)}} \tag{6-14-28}$$

6.14.5.2 铁磁性椭球外部磁场强度及其梯度的计算

由文献［65］、［66］知，椭球外部磁场的磁势的计算公式为式（6-14-29）。

$$\varphi = -H_0x\left[1-\frac{abc(\mu-1)}{2[1+(\mu-1)n^{(x)}]}\int_{\xi}^{\infty}\frac{\mathrm{d}\xi}{(\xi+a^2)\sqrt{(\xi+a^2)(\xi+b^2)(\xi+c^2)}}\right] \tag{6-14-29}$$

先对式（6-14-29）求梯度得到磁场强度的矢量表达式，而后由该式导出磁场强度的标量表达式。再对这个标量表达式求梯度得到场强梯度的矢量表达式。利用这些公式可以计算出椭球外部磁场里任意点上的磁场强度及其梯度的大小和方向。

关于椭球坐标系以及椭圆积分的计算问题，读者可参考有关专著（如文献［48］、［60］、［67］和［68］）。

6.14.5.3　磁铁矿颗粒的细长比对其磁化强度的影响

对于长旋转椭球，其半轴长 $a > b = c$，对式（6-14-28）积分可得：

$$n^{(x)} = \frac{ab^2}{(a^2 - b^2)^{3/2}} \ln\left(\frac{b}{a - \sqrt{a^2 - b^2}}\right) - \frac{b^2}{a^2 - b^2} \tag{6-14-30}$$

对于半轴长分别为 a 和 b 的长旋转椭球形的磁铁矿颗粒（$a > b$），先用上计算出它的退磁因子 $n^{(x)}$，而后由磁铁矿的磁化曲线查出与曲线上某点（记为 D 点）对应的椭球内部磁场强度 $H_{内}$ 以及相对磁导率 μ 的数值；把这 3 个数值代入式（6-14-27），就可以计算出该式中外部磁场强度 H_0 的数值。这个 H_0 的数值也就是为使椭球被磁化到上述 D 点所对应的那个磁化状态所需要的外磁场的强度的值。

对半轴长 a 与 b 比值不同的长旋转椭球（需 $a > b = c$）分别进行上述计算并对计算结果进行比较，就可以定量地研究长旋转椭球的细长比对其被磁化程度的影响。

对于一般的铁磁性椭球（半轴长 $a > b > c$），也可以由式（6-14-28）计算它的退磁因子 $n^{(x)}$ 的数值，而后跟上面一样利用式（6-14-27）计算出当外部磁场强度为 H_0 时椭球的磁化状态，只是这时式（6-14-28）是椭圆积分。对于扁椭球的被磁化也可以做类似的计算和比较，但计算公式需另行推导，文献［65］给出了有关公式。

以上的计算除未考虑铁磁性材料的磁滞效应外，从理论上说是严格的。

6.14.6　静电选矿机电场的计算

假设静电选矿机只有接地转筒电极和 1 个圆柱形高压电极，此外没有电极（如电晕电极），且机壳由不导电的材料制成，并且不考虑电极端部附近的电场，于是可以简化成二维问题处理。

6.14.6.1　分选空间电场强度及其梯度的计算

图 6-14-6 为电场的横截面。图中大圆代表接地转筒电极，其半径为 R_1；图中右上方的小圆代表偏转电极（又称高压电极），其半径为 R_2；两电极的中心距为 L。两个电极的中心的连线与水平方向的夹角（即偏转角）为 β。两电极之间的电压为 U，约定接地转筒电极为正极，偏转电极为负极。坐标系见图 6-14-6。称把坐标系 XOY 以其坐标原点 O 为轴沿着逆时针方向旋转 β 角所得到的新坐标系为 $X_{新}OY_{新}$ 坐标系（图中未画出），则电场强度的与该坐标系的 $X_{新}$ 轴平行的分量（$E_{x新}$）以及与 $Y_{新}$ 轴平行的分量（$E_{y新}$）的计算公式见式（6-14-31）和式（6-14-32），式中各量的含义见式（6-14-33）~式（6-14-38）（参见文献［69］~［71］）。

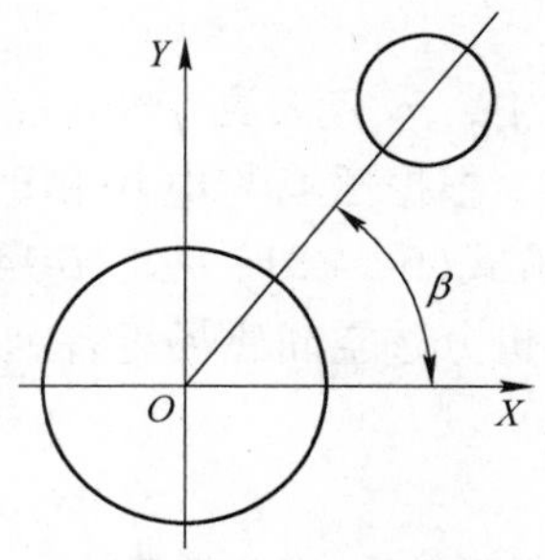

图 6-14-6　电场横截面与坐标系关系

$$E_{x新} = \left[\frac{a - h_1 + x_1}{(a - h_1 + x_1)^2 + y_1^2} + \frac{a + h_1 - x_1}{(a + h_1 - x_1)^2 + y_1^2}\right] f \tag{6-14-31}$$

$$E_{y新} = \left[\frac{y_1}{(a - h_1 + x_1)^2 + y_1^2} - \frac{y_1}{(a + h_1 - x_1)^2 + y_1^2}\right] f \tag{6-14-32}$$

式中

$$h_1 = (L^2 + R_1^2 - R_2^2)/(2L) \tag{6-14-33}$$

$$h_2 = (L^2 - R_1^2 + R_2^2)/(2L) \tag{6-14-34}$$

$$x_1 = \rho\cos(\varphi - \beta) \tag{6-14-35}$$

$$y_1 = \rho\sin(\varphi - \beta) \tag{6-14-36}$$

$$a = \sqrt{h_1^2 - R_1^2} \tag{6-14-37}$$

$$f = U/\ln\frac{(h_1 + a - R_1)(h_2 + a - R_2)}{(R_1 + a - h_1)(R_2 + a - h_2)} \tag{6-14-38}$$

式中，ρ 和 φ 分别代表所计算的电场内某点在以 OX 轴为极轴的极坐标系里的极径和极角，x_1 和 y_1 分别代表该计算点在 $X_{新}\ OY_{新}$ 坐标系里的横坐标和纵坐标的值。

文献［71］有计算实例，并对计算结果进行了分析。

对式（6-14-31）和式（6-14-32）的右端分别平方、取和而后开方，即得电场强度的标量表达式。对该式求梯度可以得到电场强度梯度的与 $X_{新}$ 轴平行的分量（$G_{x新}$）以及与 $Y_{新}$ 轴平行的分量（$G_{y新}$）的计算公式分别是：

$$G_{x新} = \frac{-4a[a^2 - (h_1 - x_1)^2 - y_1^2](h_1 - x_1)}{\{[(a - h_1 + x_1)^2 + y_1^2][(a + h_1 - x_1)^2 + y_1^2]\}^{\frac{3}{2}}}f \tag{6-14-39}$$

$$G_{y新} = \frac{-4y_1[a^2 + (h_1 - x_1)^2 - y_1^2]}{\{[(a - h_1 + x_1)^2 + y_1^2][(a + h_1 - x_1)^2 + y_1^2]\}^{\frac{3}{2}}}f \tag{6-14-40}$$

6.14.6.2　两电极间电容的计算

两圆柱形电极间每米长度电极上的电容为（参见文献[54]p. 456～459.）：

$$C = \frac{2\pi\varepsilon_0}{\ln\left[\frac{L^2 - R_1^2 - R_2^2}{2R_1R_2} + \sqrt{\left(\frac{L^2 - R_1^2 - R_2^2}{2R_1R_2}\right)^2 - 1}\right]} \tag{6-14-41}$$

式中，ε_0 代表真空介电常数，$\varepsilon_0 = 8.85 \times 10^{-12}$ F/m。

根据磁场与电场相似的道理（参见文献［65］、［72］和［73］）把本小节的公式(从式(6-14-31)～式(6-14-41)）中的电场量替换成磁场量以后，可以用来计算对辊式磁选机分选空间磁场里各个点上的磁场强度及其梯度的大小和方向。

参 考 文 献

[1] 王常任．磁电选矿[M]．北京：冶金工业出版社，2008.

[2] 孙仲元．磁选理论[M]．长沙：中南大学出版社，2007.

[3] 北京大学物理系《铁磁学》编写组．铁磁学[M]．北京：科学出版社，1976.

[4] 郑龙熙，中胜人，下饭坂润三．天然赤铁矿的磁性[J]．王常任，译．国外金属矿选矿，1983.

[5] 林毅．磁铁工作点的确定与磁路计算[J]．有色金属，1982.

[6] 山川和郎，等．永久磁石磁回路の设计と用[M]．合电子出版社，昭和 54 年．

[7] [美]J. D. 克劳斯．电磁学[M]．安绍萱，译．北京：人民邮电出版社，1979.

[8] 冯慈璋．电磁场（电工原理Ⅱ)[M]．北京：人民教育出版社，1979.

[9] 夏天伟，丁明道．电器学[M]．北京：机械工业出版社，1999.

[10] 孙仲元．矩形和马鞍形线圈场强的计算[J]．有色金属（选矿部分)，1981. 1.

[11] 袁楚雄，等．特殊选矿[M]．北京：中国建筑工业出版社，1981.

[12] 米克秒．超导电性及其应用[M]．北京：科学出版社，1980.

[13] 中国科学院物理研究所《超导电材料》编写组．超导电材料[M]．北京：科学出版社，1973.

[14] 焦正宽，等．超导电技术及其应用[M]．北京：国防工业出版社，1974.

[15] 章立源．超导体[M]．北京：科学出版社，1982.

[16] 李毓康．国外超导磁分离技术发展及其在矿石选矿上的应用[J]．国外金属矿选矿，1983.

[17] 孙传尧．当代世界的矿物加工技术与装备[M]．北京：科学出版社，2006.

[18] 孙仲元，等．超导磁选设备的发展[J]．中国采选技术十年回顾与展望，2012.

[19] 刘永之．电选中南矿冶学院讲义，1984.

[20] 王常任，郑龙熙．磁选设备的磁系设计原理[M]．沈阳：东北工学院出版社，1984.

[21] 周寿增，董清飞．超强永磁体[M]．北京：冶金工业出版社，1999.

[22] 黄刚．日本磁性材料生产科研走势新材料产业[J]．新材料产业，2001，(7)：33～34.

[23] 孙广飞，强文江．磁功能材料[M]．北京：化学工业出版社，2006.

[24] 吴其胜．材料物理性能[M]．上海：华东理工大学出版社，2006.

[25] 魏德洲．固体物料分选学[M]．北京：冶金工业出版社，2009.

[26] 现代铁矿石选矿编委会．现代铁矿石选矿[M]．合肥：中国科学技术大学出版社，2009.

[27] 陈斌．磁电选矿技术[M]．北京：冶金工业出版社，2008.

[28] 印万忠，丁亚卓．铁矿选矿技术与新设备[M]．北京：冶金工业出版社，2008.

[29] 马华麟，等．现代铁矿石选矿（上册）[M]．合肥：中国科学技术大学出版社，2009.

[30] 王运敏，田嘉印，等．中国黑色金属矿选矿实践[M]．北京：科学出版社，2008.

[31] 杨守业，刘永振，等．磁选新设备和发展趋势[C]//第三届全国选矿设备学术会议论文集．北京：冶金工业出版社，1995.

[32] 冉红想，史佩伟，刘永振．干式磁选设备的应用进展[C]//中国有色金属学会第八届学术年会论文集．长沙：中南大学出版社，2010.

[33] CT 系列永磁磁滚筒[R]．北京矿冶研究总院，2010.

[34] CT 系列湿式筒式磁选机[R]．北京矿冶研究总院，2010.

[35] 谢强，董恩海，等．应用 BK 系列专用筒式磁选机提高磁铁矿选厂的分选效果研究[C]//2002 年全国铁精矿提质降杂学术交流会议论文集．金属矿山，2002.

[36] 史佩伟，陈雷，等．多极永磁磁选机的试验研究[J]．有色金属（选矿部分），2007(1).

[37] 王美华，吴祥林．BK 新磁系永磁磁选机磁路设计及槽体改进对提高选矿指标的关系[C]//2002 年全国铁精矿提质降杂学术交流会议论文集．金属矿山，2002.

[38] 储荣春，王宗林，等．YCMC 型永磁脉动磁场磁选机的研制与应用[C]//2006 年全国金属矿节约资源及高效选矿加工利用学术研讨与技术成果交流会议论文集．金属矿山，2006.

[39] GCG 型电磁感应辊强磁选机[R]．北京矿冶研究总院，2010.

[40] 圣洪，巫竹盛，等．我国高效节能磁选设备的研究与发展方向[J]．金属矿山，2005(8).

[41] 梁殿印，吴建明，等．矿物加工设备新进展[C]//2003 年全国破碎、磨矿及选别设备学术研讨与技术交流会论文集．金属矿山，2003.

[42] SLon 立环脉动高梯度磁选机[R]．赣州金环磁选设备有限公司，2010.

[43] 熊大和．SLon 磁选机在大型红矿选厂应用新进展[C]//2006 年全国金属矿节约资源及高效选矿加工利用学术研讨与技术成果交流会议论文集．金属矿山，2006.

[44] 汤玉和．SSS-Ⅱ型湿式双频脉冲双立环高梯度磁选机的研制[J]．金属矿山，2004(3).

[45] YLHG 型永磁立环高梯度磁选机[R]．北京矿冶研究总院，2008.

[46] 李小静，周岳远，等．CRIMM 型双箱往复式永磁高梯度磁选机研制及应用[J]．非金属矿，2008

(1).

[47] (英)K. J. 宾斯，P. J. 劳伦松. 电场及磁场问题的分析与计算[M]. 余世杰，陶民生，译. 北京：人民教育出版社，1981.

[48] (俄)格·列·伦兹，列·埃·艾尔斯哥尔兹. 复变函数与运算微积初步[M]. 北京：人民教育出版社，1960.

[49] 徐世浙. 地球物理中的复变函数[M]. 北京：科学出版社，1993：128～214.

[50] 曹伟杰. 保形变换理论及其应用[M]. 上海：科学技术文献出版社，1988.

[51] 冯慈璋. 电磁场（电工原理Ⅱ）[M]. 北京：人民教育出版社，1979：185～288.

[52] 徐立勤，曹伟. 电磁场与电磁波理论（第二版）[M]. 北京：科学出版社，2010：68～139.

[53] 梁昆淼. 数学物理方法[M]. 北京：人民教育出版社，1978.

[54] 郭敦仁. 数学物理方法[M]. 北京：人民教育出版社，1979.

[55] 徐建民. 由复势函数求场强梯度的公式[J]. 科学通报，1982，27(15)：958～959.

[56] 徐建民，李润. 对辊式强磁选机分选空间磁场分布和场强梯度的解析计算[J]. 矿冶，2001，10(3)：42～46.

[57] 徐建成，徐建民. 矿粒所受磁力计算公式的几个问题探讨[J]. 有色金属，2005，57(1)：77～80.

[58] 徐建民，徐建成. 圆柱形多极磁选机磁场分布和场强梯度的解析计算[J]. 有色金属，2001，53(4)：66～69.

[59] 王竹溪，郭敦仁. 特殊函数概论[M]. 北京：科学出版社，1979：594，621～623，639～642，740.

[60]《数学手册》编写组. 数学手册[M]. 北京：人民教育出版社，1979：509，510，602.

[61] 徐建民，周二星，杨守业. 齿板型聚磁介质磁场的计算[J]. 有色金属，1983，35(3)：30～35.

[62] 冯康，等. 数值计算方法[M]. 北京：国防工业出版社，1978：43～71.

[63] 高明炜，王常任，杨秀媛. 齿板型磁介质的磁场特性及其工艺参数的研究[J]. 金属矿山，1985(1)：32～37.

[64] (俄)郎道 Л. Д.，栗弗席兹 E. M.. 连续媒质电动力学[M]. 周奇，译. 北京：人民教育出版社，1979：29～41，60～64，161～162.

[65] 徐建成，徐建民. 在均匀外磁场里的铁磁椭球内外磁场和磁力的解析计算及其功用[J]. 矿冶，2005，14(4)：31～33.

[66] (美)爱尔台里 A. 高级超越函数（第三册）[M]. 张致中，译. 上海：科学技术出版社，1958：45～48，93～95.

[67] 尚衍波，徐建民，宋海莲. 椭球的磁化状态对磁选的影响[J]. 有色金属，2010，62(4)：98～101.

[68] 冯慈璋. 电磁场（电工原理Ⅱ）[M]. 北京：人民教育出版社，1979，49～54.

[69] Ангелов АИ，Верещагин ИП，Ершов ВС，и др. Физические основы электрической сепарации[M]. Москва：Недра，1983：160～162.

[70] 徐建成，李润. 转筒型电选机的电场分析[J]. 有色金属，2002，54(3)：83～85.

[71] 赵凯华，陈熙谋. 电磁学（下册）[M]. 北京：人民教育出版社，1979：96，110.

[72] 郭硕鸿. 电动力学[M]. 北京：人民教育出版社，1979：91～94.

第 7 章　选矿药剂

7.1　捕收剂

7.1.1　概述

浮选是利用矿物表面疏水性和亲水性的差异，借助气泡浮力实现矿物分离的方法。矿物表面疏水是实现浮选的基本条件。自然界具有天然疏水性的矿物很少，仅有石墨、辉钼矿、辉锑矿、自然硫等，绝大多数矿物需使用化学药剂来增强矿物表面的疏水性，从而满足浮选过程的要求。这种用来增加目的矿物表面疏水性而使矿物上浮的药剂称为捕收剂。捕收剂在目的矿物表面选择性吸附而产生的选择性疏水化作用，是实现矿物浮选分离的关键因素。捕收剂通常具有表面活性剂的基本结构，即分子一端含有一个或多个极性基团，可吸附固着于目的矿物的表面，而另一端则有适当长度的碳链，使目的矿物疏水而被浮选上来。捕收剂与矿物的作用原理示意图如图 7-1-1 所示。

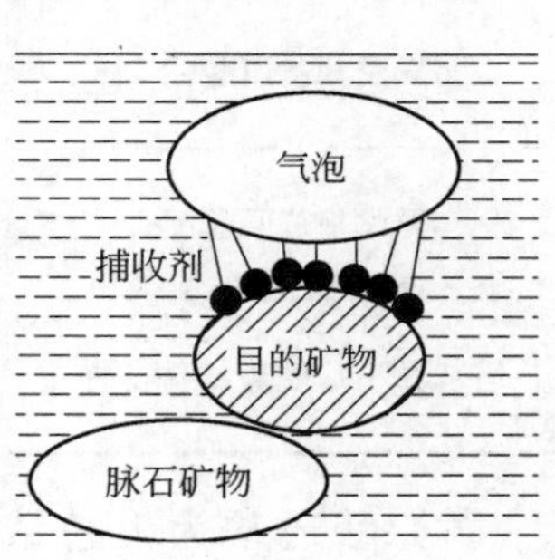

图 7-1-1　捕收剂与矿物的作用原理示意图

不同的矿物对捕收剂的结构与性能的要求也不同。硫化矿具有一定的天然疏水性，所使用的捕收剂一般是含巯基的短碳链捕收剂；氧化矿及盐类矿物亲水性较强，往往需要长碳链的强力捕收剂；对于诸如辉钼矿、辉锑矿、自然硫、石墨以及煤泥等天然疏水性较好的易浮矿物，则仅仅使用烃类油作捕收剂就能实现矿物浮选。因此，捕收剂通常可分为硫化矿捕收剂、氧化矿捕收剂以及烃类油捕收剂三大类。根据亲固基团的类型，捕收剂可分为黄原酸盐（黄药）、脂肪酸、脂肪胺等；根据离子类型，捕收剂又可分为阳离子捕收剂、阴离子捕收剂、两性捕收剂、非离子极性捕收剂以及中性油捕收剂等。

7.1.2　硫化矿浮选捕收剂

7.1.2.1　黄药及其酯类捕收剂

A　黄药

a　黄药的结构与性质　　自 1925 年科勒尔发明黄药捕收剂以来，黄药一直是应用最广泛也是最重要的一类硫化矿捕收剂。黄药捕收剂的学名为烃基黄原酸盐，一般情况下，黄药都是黄原酸钠盐产品，习惯称为钠黄药或黄药。工业上使用的黄药主要为乙基到辛基的各种黄药，其中含有 4 个碳原子以上的黄药又称为高级黄药。在某些高级黄药合成时需要使用氢氧化钾以提高合成效率和改善产品性状，其产品为黄原酸钾盐，称为钾黄药。黄药在纯净状态时为黄色，工业品一般为淡黄色至橘红色粉末，有臭味，易溶于水，一般可配制成质量浓度为 1% ~15% 的水溶液使用。低级黄药无起泡性，随烃链增长黄药的表面活性增强。黄药能溶于酒精、丙酮等极性有机溶剂，但不溶于乙醚、石油醚等非极性溶剂。表 7-1-1 列出了一些黄药的结构、命名及其在水中的溶解度。

表 7-1-1 黄药的结构、命名及其在水中的溶解度

化学名称	分子结构	习惯名称	溶解度/g	
			0℃	35℃
乙基黄原酸钠	$CH_3CH_2OC(=S)—SNa$	乙基黄药	—	—
正丙基黄原酸钠	$CH_3CH_2CH_2OC(=S)—SNa$	丙基黄药	17.6	43.3
异丙基黄原酸钠	$H_3C—CH(CH_3)OC(=S)—SNa$	异丙基黄药	12.1	37.9
正丁基黄原酸钠	$CH_3(CH_2)_2CH_2OC(=S)—SNa$	丁基黄药	20.0	76.2
异丁基黄原酸钠	$H_3C—CH(CH_3)CH_2OC(=S)—SNa$	异丁基黄药	11.2	33.37
异戊基黄原酸钠	$H_3C—CH(CH_3)CH_2CH_2OC(=S)—SNa$	异戊基黄药	24.7	43.5
异戊基黄原酸钾	$H_3C—CH(CH_3)CH_2CH_2OC(=S)—SK$	异戊基钾黄药	28.4	53.3
甲基异丁基甲基黄原酸钠	$H_3C—CH(CH_3)CH_2CH(CH_3)OC(=S)—SNa$	己基黄药	—	—

黄原酸通常为无色或黄色的油状液体，是一种不稳定的弱酸，其 pK_a 值在 2 ~ 3 之间。黄药作为黄原酸的弱酸盐，在水中会发生电离、水解、分解等反应，其水溶液的稳定性受到溶液 pH 值以及氧化作用的影响。黄药在酸性溶液中极不稳定，会快速水解生成黄原酸并进一步分解为醇和二硫化碳；在碱性条件下，黄药性质相对稳定，但过高的碱浓度也会促使黄药分解（见式（7-1-1）~ 式（7-1-4））。异丁基黄药在不同 pH 值条件下的降解性能如图 7-1-2 所示。

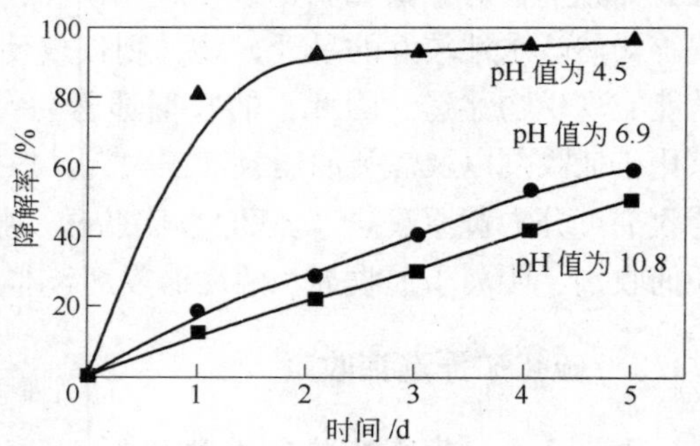

图 7-1-2 异丁基黄药在水溶液中的降解性能
（初始浓度 4.5×10^{-5} mol/L）

黄原酸钠电离： $$ROCSSNa \rightleftharpoons ROCSS^- + Na^+ \tag{7-1-1}$$

黄原酸根水解： $$ROCSS^- + H_2O \rightleftharpoons ROCSSH + OH^- \tag{7-1-2}$$

黄原酸电离： $$ROCSSH \rightleftharpoons ROCSS^- + H^+ \tag{7-1-3}$$

黄原酸分解： $$ROCSSH \rightleftharpoons CS_2 + ROH \tag{7-1-4}$$

在 pH 值为 7 ~ 12 的范围内，黄药在水溶液中会被氧气或 Fe^{3+} 氧化成双黄药(见式(7-1-5))。黄铜矿、方铅矿、黄铁矿等硫化矿物对黄药的氧化均具有显著的催化作用，以黄铁矿的催化作用最强。双黄药也是一种硫化矿捕收剂，其选择性比黄药好。

$$4ROCSS^- + O_2 + 2H_2O \rightleftharpoons 2RO-\overset{\overset{\displaystyle S}{\|}}{C}-S-S-\overset{\overset{\displaystyle S}{\|}}{C}-OR + 4OH^- \tag{7-1-5}$$

由于黄药性质不是很稳定，因此，存储时宜放在通风、阴凉干燥的地方，防止与氧化剂以及重金属等化合物接触，避免药剂分解失效。

b 黄药的制备方法 黄药的合成原理比较简单，所用原料主要有醇、氢氧化钠(或氢氧化钾）和二硫化碳，首先醇与氢氧化钠作用生产醇钠，醇钠再进一步与二硫化碳反应生成各种黄药(见式(7-1-6) ~ 式(7-1-8))：

$$ROH + NaOH \rightleftharpoons RONa + H_2O \tag{7-1-6}$$

$$RONa + CS_2 \rightleftharpoons ROC(=S)-SNa \tag{7-1-7}$$

合成总反应式：

$$ROH + NaOH + CS_2 \rightleftharpoons ROC(=S)-SNa + H_2O + Q \tag{7-1-8}$$

以上制备黄药的方法通常被称为正加料法，20 世纪 70 年代，由原沈阳冶金选矿药剂厂发明了“反加料法”，即先将醇和二硫化碳一次性加入反应器（通常为捏合机），然后缓慢加入氢氧化钠或氢氧化钾。反加料法的优点是反应速度快、转化率高及产品质量好，于是被很快推广。

黄药的合成反应是一个放热反应，反应过程中应控制反应温度并尽量避免水的存在。在较高温度和有水存在的条件下，不仅会使黄原酸盐分解，还会导致副反应的发生(见式(7-1-9))：

$$6NaOH + 3CS_2 \longrightarrow 2Na_2CS_3 + Na_2CO_3 + 3H_2O \tag{7-1-9}$$

工业上制备黄药的主要方法是采用混捏机直接合成。混捏机法生产黄药具有工艺简单、效率高、成本低、生产过程无废水排放等特点，是目前我国黄药生产的主要工艺。醇、氢氧化钠和二硫化碳基本上是按 1∶1∶1 的理论物质的量比（摩尔比）进行配料，一般反应温度以 10 ~ 20℃为宜，在反应接近完成时将温度提高到 30 ~ 40℃，混捏机外部采用 -25 ~ -15℃的冰盐水冷却。在黄药合成过程中必须严格控制温度，否则不仅会严重影响产品质量而且可能导致危险。

目前，我国选矿药剂厂生产的黄药产品以乙基黄药、丁基黄药和异丁基黄药为主，同时也生产异丙基黄药、（异）戊基黄药及己基黄药等。仲辛基黄药较难用混捏机法合成，产品多为黏糊状物。对于 6 个碳原子及以上的高级黄药合成，采用氢氧化钾代替氢氧化钠容易得到性状较好的产品。

混捏机法合成的黄药，一般含有水分，产品稳定性较差，不能存放过久，保质期为 3 个月，适合于就近销售使用。黄药干燥后可得到优质黄药，生产中一般是通过造粒、干燥得到粒状黄药。不同黄药产品的质量标准见表 7-1-2 ~ 表 7-1-5（参见有色金属行业标准

YS/T 268—2003、YS/T 486—2005、YS/T 488—2005、YS/T 487—2005)。

表 7-1-2 乙基钠(钾)黄药的等级及化学成分

品 种	等 级	乙基黄原酸钠(不小于)/%	乙基黄原酸钾(不小于)/%	游离碱(不大于)/%	水及挥发物(不大于)/%	产品形状
B1-01 干燥品	特级品	93	—	0.2	1.5	粉状、粒状
	一级品	90	—	0.2	4.0	
B1-01 合成品	特级品	83.5	—	0.2	—	粉 状
	一级品	82.0	—	0.2	—	
	二级品	79.0	—	0.2	—	
B1-20 干燥品	特级品	—	93	0.2	1.5	粉状、粒状
	一级品	—	90	0.2	4.0	
B1-20 合成品	一级品	—	78.0	0.5	—	粉 状
	二级品	—	76.0	0.5	—	

注:如需方对水分及挥发物不提出要求,可以免检,但供方必须保证产品质量符合本标准要求。

表 7-1-3 异丙基钠(钾)黄药的等级及化学成分

品 种	等 级	异丙基黄原酸钠(不小于)/%	异丙基黄原酸钾(不小于)/%	游离碱(不大于)/%	水及挥发物(不大于)/%	产品形状
B1-03 干燥品	—	90.0	—	0.2	4.0	粉状、粒状
B1-03 合成粒	—	85.0	—	0.5	—	粒 状
B1-03 合成品	特级品	84.0	—	0.5	1.5	粉 状
	一级品	83.0	—	0.5	4	粉 状
	合格品	81.0	—	0.5	—	粉 状
B1-23 干燥品	—	—	90.0	0.2	4.0	粉状、粒状
B1-23 合成品	一级品	—	78.0	0.5	—	粉 状
	合格品	—	78.0	0.5	—	

注:如需方对干燥产品水分及挥发物含量不提出要求,可以免检,但供方必须保证产品质量符合本标准的要求。

表 7-1-4 异丁基钠(钾)黄药的等级及化学成分

品 种	等 级	异丁基黄原酸钠(不小于)/%	异丁基黄原酸钾(不小于)/%	游离碱(不大于)/%	水及挥发物(不大于)/%	产品形状
B1-04 干燥品	—	90.0	—	0.2	4.0	粉状、粒状
B1-04 合成品	特级品	86.0	—	0.5	—	粉 状
	一级品	84.5	—	0.5	—	
	合格品	82.0	—	0.5	—	
B1-24 干燥品	—	—	90.0	0.2	4.0	粉状、粒状
B1-24 合成品	一级品	—	82.0	0.5	—	粉 状
	合格品	—	80.0	0.5	—	

注:如需方对干燥产品水分及挥发物含量不提出要求,可以免检,但供方必须保证产品质量符合本标准的要求。

表 7-1-5 异戊基钠（钾）黄药的等级及化学成分

品 种	等 级	异戊基黄原酸钠（不小于）/%	异戊基黄原酸钾（不小于）/%	游离碱（不大于）/%	水及挥发物（不大于）/%	产品形状
B1-05 干燥品	优级品	80.0	—	0.5	—	粉 状
	合格品	76.0	—	0.5	—	粉 状
B1-25 干燥品	一级品	—	90.0	0.2	4.0	粉状、粒状
B1-25 合成品	优级品	—	82	0.5	—	粉 状
	一级品	—	80	0.5	—	粉 状

注：如需方对水分及挥发物含量不提出要求，可以免检，但供方必须保证产品质量符合本标准的要求。

混捏机法难以做到封闭生产，生产过程有少量二硫化碳挥发损失。为解决这一问题，溶剂法合成黄药曾被采用，该法亦采用“反加料法”，所用溶剂通常为反应物之一的醇。溶剂法生产过程可实现半封闭生产和半自动控制，一般通过真空蒸发以实现溶剂的回收利用并同时得到优质粉状黄药。该法的缺点是溶剂回收过程能耗较高，增加了生产成本。

c 黄药的浮选性能 黄药是最常用的浮选捕收剂，不仅对有色金属硫化矿具有良好的捕收作用，而且对许多重金属氧化矿如白铅矿、孔雀石、硫酸铅矿、角银矿等也具有捕收能力。事实上，黄药几乎应用于金属硫化矿浮选的各个领域，是一种广谱性特征十分明显的硫化矿捕收剂。就黄药捕收剂的分子结构与浮选性能的关系而言，随着黄药分子中的碳链增长，其捕收能力增强。甲基黄药尽管成本最低，但捕收能力过弱，在浮选中几乎没有应用价值。乙基黄药和丁基黄药是使用最为广泛的两种黄药，它们不仅捕收能力强，选择性好，而且其合成原料乙醇和丁醇来源广泛，成本较低。5 个碳及以上的高级黄药如戊基黄药、己基黄药和辛基黄药捕收力强，比较适用于难选矿的浮选，对提高金属回收率具有良好作用。同碳数的黄药同分异构体，如正丁基黄药、异丁基黄药和仲丁基黄药，其浮选性能基本相同。

就矿物可浮性与黄药捕收剂的关系而言，矿物可浮性一般取决于该矿物的金属离子与黄原酸生成盐类的溶解度大小，溶解度愈大，可浮性愈差。例如，铜、铅、锌的黄原酸盐在水中的溶解度大小顺序为：$Zn^{2+} > Pb^{2+} > Cu^{+}$，因此，以黄药为捕收剂，斑铜矿和方铅矿的可浮性要好于闪锌矿。斑铜矿和方铅矿采用乙基黄药就能浮选，而闪锌矿则需采用碳数较长的高级黄药才能浮选。

在金属硫化矿浮选中，黄药通常配制成质量浓度为10%的溶液使用，用量一般为50～100g/t，浮选 pH 值一般为 8～11。黄药的消耗主要取决于三方面因素：一是在浮游矿物表面吸附形成疏水层，二是与矿浆中金属离子发生化学反应，三是脉石矿物特别是矿泥对黄药产生的吸附。因此，对于氧化率高、矿浆中杂质金属离子多、矿泥含量大的矿石，黄药的用量要明显增大，有时会达到 200～300g/t。在氧化矿的浮选中，黄药的用量可以高达1kg/t 以上。

近年来，随着矿产资源日趋“贫、细、杂”化以及对资源利用率的要求的提高，长碳链高级黄药的研究深受重视，不仅戊基黄药、己基黄药等黄药产品在我国有色金属矿山得到愈来愈普遍的应用，一些更高碳数的长链黄药如 C_8～C_{10}、C_{10}～C_{12} 的黄药也相继出现。值得注意的是，在长碳链黄药的应用中，混合黄药产品占据了重要地位，包括戊基与丁基混合黄药、己基与丁基混合黄药等等。与丁基与乙基混合黄药相类似，长碳链混合黄药在一定程度上可以发挥不同碳链黄药捕收剂的协同作用，同时也更有利于降低其销售价格，提高市场竞争力。

B 黄原酸酯类捕收剂

黄原酸酯是黄药的衍生物，其基本结构通式为 $R^1OC(=S)—SR^2$，主要是通过黄药与氯代烃反应合成，也可以由黄药与丙烯腈之类的化合物反应合成。我国研制的这类药剂有烷基黄原酸丙烯酯、烷基黄原酸腈乙酯和烷基黄原酸甲酸酯等，是一类选择性优良的硫化矿浮选捕收剂。

a 烷基黄原酸丙烯酯 烷基黄原酸丙烯酯由黄药与 3-氯丙烯在不超过 35℃ 的温度下反应制备而成（见式(7-1-10)）：

$$ROC(=S)—SNa + ClCH_2CH{=\!=}CH_2 \longrightarrow ROC(=S)—SCH_2CH{=\!=}CH_2 + NaCl \qquad (7\text{-}1\text{-}10)$$

使用乙基黄药时，产品为乙基黄原酸丙烯酯，使用丙基黄药时，产品为丙基黄原酸丙烯酯，以此类推。商品化的黄原酸丙烯酯有乙基黄原酸丙烯酯（国内牌号 OS-23）、正丁基黄原酸丙烯酯（国内牌号 OS-43 或 43 黄烯酯）、异戊基黄原酸丙烯酯（美国 Aero 3302、S-3302 或 AF-3302）。

烷基黄原酸丙烯酯多为黄色油状液体，其捕收能力随着烷基碳链的增长而加强。黄原酸丙烯酯捕收剂的最大特点是选择性好，其对黄铁矿的捕收能力甚至比黑药还弱，即使是被铜离子活化了的黄铁矿，只要有少量氰化钠即能发生强烈的抑制效果。该药剂适合于用在铜钼硫化矿的浮选，不仅可以提高铜和钼的回收率，而且能大幅度地降低黄药捕收剂用量，减少药剂费用。

b 烷基黄原酸腈乙酯 烷基黄原酸丙腈酯可通过黄药与丙烯腈或 β-卤代丙腈反应合成（见式(7-1-11)和式(7-1-12)）：

$$ROC(=S)—SNa + CH_2{=\!=}CHCN \xrightarrow{H_2O} ROC(=S)—SCH_2CH_2CN + NaOH \qquad (7\text{-}1\text{-}11)$$

$$ROC(=S)—SNa + XCH_2CH_2CN \longrightarrow ROC(=S)—SCH_2CH_2CN + NaX \qquad (7\text{-}1\text{-}12)$$

当所用黄药为乙基黄药时，产品为乙基黄原酸腈乙酯，简称 23 黄腈酯或 OSN-23；当所用黄药为正丁基黄药时，产品为正丁基黄原酸腈乙酯，简称 43 黄腈酯或 OSN-43。

乙基黄原酸腈乙酯为橙黄色油状液体，正丁基黄原酸腈乙酯为淡黄色油状液体，两者均为硫化铜矿浮选的选择性捕收剂，可以在较低 pH 值下浮选硫化铜矿。在某些情况下与黄药捕收剂联合使用，可以改善分选效果。

c 烷基黄原酸甲酸酯 烷基黄原酸甲酸酯也是一种重要的黄原酸酯，它是通过黄药与氯甲酸酯反应合成的（见式(7-1-13)）：

$$R^1OC(=S)—SNa + ClCOOR^2 \longrightarrow R^1OC(=S)—S—C(=O)—OR^2 + NaCl \qquad (7\text{-}1\text{-}13)$$

所用的氯甲酸酯通常包括氯甲酸甲酯、氯甲酸乙酯和氯甲酸丁酯。我国该类药剂的生产主要采用氯甲酸乙酯为原料，相应的捕收剂产品包括乙基黄原酸甲酸乙酯、异丙基黄原酸甲酸乙酯和异丁基黄原酸甲酸乙酯等。该系列产品一般呈黄色油状液体，其特点是在矿浆中易分散、药效高、用量少，是高硫铜矿石浮选的选择性捕收剂，在 pH 值为 5.0 ~ 8.5 时，可较好地浮选硫化铜矿石。

7.1.2.2 硫氨酯捕收剂

A 硫氨酯的结构与合成方法

20 世纪 50 年代，美国 Dow 化学公司研发了商品名为 Z-200 的硫氨酯捕收剂，被认为是浮选药剂历史上研发最为成功的一种硫化矿浮选高效捕收剂。硫氨酯捕收剂是一类硫代氨基甲酸酯化合物，其基本结构通式为：

$$R^1OC(=S)—N(R^2)—R^3$$

硫氨酯捕收剂也是一种黄药的衍生物，其早期合成是采用黄药为原料，通过酯化、氨解两步反应而制备。首先将黄药与氯代烃进行酯化反应生成黄原酸酯，然后再与脂肪胺进行氨解反应生成硫氨酯并副产硫醇，其反应式见式（7-1-14）和式（7-1-15）：

$$ROC(=S)—SM + CH_3Cl \xrightarrow{\triangle} ROC(=S)—S—CH_3 + MCl \quad (7\text{-}1\text{-}14)$$

$$R^1OC(=S)—S—CH_3 + R^2NH_2 \xrightarrow{\triangle} R^1OC(=S)—NHR^2 + CH_3SH \quad (7\text{-}1\text{-}15)$$

早期硫氨酯合成采用的氯代烃为氯甲烷，其反应效率高，但副产甲基硫醇具有恶臭。目前工业上主要采用一氯乙酸酯化法，先用 Na_2CO_3 中和一氯乙酸水溶液至 pH 值为 8，加入黄药搅拌 1.5h，然后加入烷基胺水溶液，在 25 ~ 40℃下搅拌 4 ~ 5h。静置分层，上层即为硫氨酯产品，下层为含巯基乙酸钠及氯化钠的暗红色碱性溶液。下层产品可用于铜钼分离抑制剂，也可精制后用于制备巯基乙酸异辛酯。其主要合成反应见式（7-1-16）~ 式（7-1-18）：

$$2ClCH_2COOH + Na_2CO_3 \longrightarrow 2ClCH_2COONa + H_2O + CO_2\uparrow \quad (7\text{-}1\text{-}16)$$

$$ROC(=S)—SNa + ClCH_2COONa \longrightarrow ROC(=S)—SCH_2COONa + NaCl \quad (7\text{-}1\text{-}17)$$

$$R^1OC(=S)—SCH_2COONa + R^2NH_2 \longrightarrow R^1OC(=S)—NHR^2 + HSCH_2COONa \quad (7\text{-}1\text{-}18)$$

由上述合成过程可以看出，硫氨酯捕收剂的结构主要取决于黄药的烃基和脂肪胺的烃基，其中，黄药烃基通常包括乙基、异丙基、丁基及戊基，而脂肪胺则以乙胺、丙胺和丁胺为主。一般而言，脂肪胺的烃基对硫氨酯的捕收性能影响较大，习惯上以脂肪胺的烃基来命名，如乙硫氨酯、丙硫氨酯和丁硫氨酯等。Z-200 是一种最有代表性的硫氨酯捕收剂，其学名为 O—异丙基—N—乙基硫代氨基甲酸酯，简称乙硫氨酯，结构式如下：

$$H_3C—CH(CH_3)—O—C(=S)—NHC_2H_5$$

鉴于氮原子上的取代烃基对硫氨酯捕收剂性能有显著影响，国内外研究开发出一些特殊结构的硫氨酯，其结构式如下：

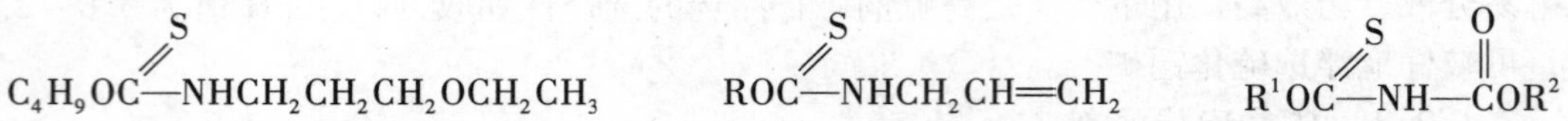

$$C_4H_9OC(=S)—NHCH_2CH_2CH_2OCH_2CH_3$$

O—丁基—N—乙氧丙基硫代氨基甲酸酯

$$ROC(=S)—NHCH_2CH═CH_2$$

O—烷基—N—烯丙基硫代氨基甲酸酯

$$R^1OC(=S)—NH—C(=O)OR^2$$

O—烷基—N—烷氧基羰基硫代氨基甲酸酯

其中，N—烯丙基硫氨酯和N—烃氧羰基硫氨酯是采用异硫氰酸酯法制备的新型硫氨酯捕收剂。异硫氰酸酯法的基本原理是通过氯丙烯或氯甲酸酯与硫氰酸盐的相转移催化反应生成异硫氰酸酯中间体，然后与脂肪醇进行加成反应得到N—烯丙基硫氨酯或N—烃氧羰基硫氨酯。以N—烃氧羰基硫氨酯的制备为例，反应式见式(7-1-19)和式(7-1-20)：

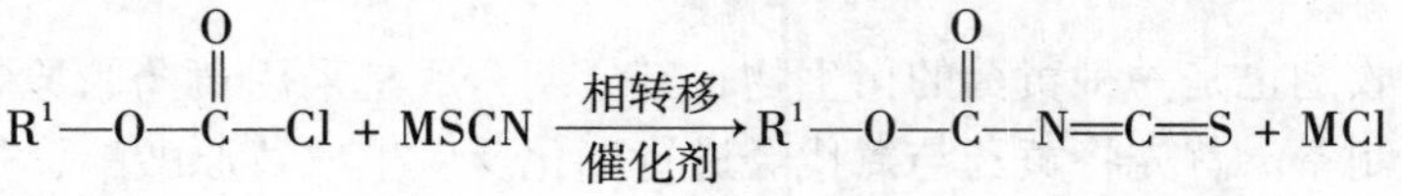

$$R^1—O—\overset{\overset{O}{\|}}{C}—Cl + MSCN \xrightarrow[\text{催化剂}]{\text{相转移}} R^1—O—\overset{\overset{O}{\|}}{C}—N═C═S + MCl \tag{7-1-19}$$

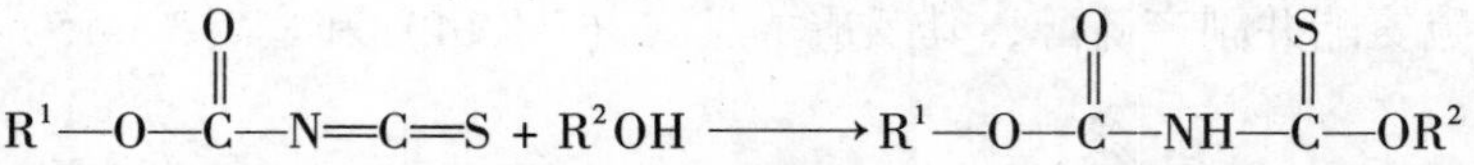

$$R^1—O—\overset{\overset{O}{\|}}{C}—N═C═S + R^2OH \longrightarrow R^1—O—\overset{\overset{O}{\|}}{C}—NH—\overset{\overset{S}{\|}}{C}—OR^2 \tag{7-1-20}$$

异硫氰酸酯的相转移催化合成反应中所用的硫氰酸盐一般为硫氰酸钠或硫氰酸钾，相转移催化剂包括吡啶、喹啉、N,N—二烷基芳胺等，反应温度为 -10 ~ 40℃，一般控制在 0 ~ 10℃，反应时间为 5 ~ 10h。

B 硫氨酯捕收剂的浮选性能

硫氨酯捕收剂一般为呈黄色或淡黄色的油状液体，具有特殊气味，密度略低于水，在水中的溶解度较小，在矿浆中具有良好的分散性，可直接加入浮选槽或搅拌槽中使用。Z-200 外观为淡黄色油状透明液体，20℃以下密度为 0.996g/cm³，折射率为 1.497。

硫氨酯捕收剂在酸性及中性介质中呈硫逐（C═S）形式存在，而在碱性介质中，则能从硫逐型部分转化为硫醇型，因而可以认为硫氨酯类捕收剂具有弱酸性（见式(7-1-21)）。

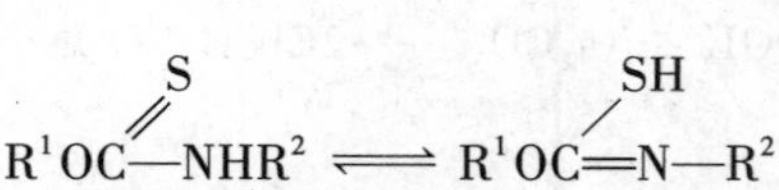

$$\underset{\text{（酸性或中性介质）}}{R^1OC(=S)—NHR^2} \rightleftharpoons \underset{\text{（碱性介质）}}{R^1OC(SH)═N—R^2} \tag{7-1-21}$$

硫氨酯是硫化矿的优良捕收剂，其特点是选择性强、用量少，对铜、锌以及铜钼矿具有较好的捕收性能，而对黄铁矿的捕收能力较弱，对含黄铜矿和黄铁矿的矿石优先浮选铜很有效，对锌硫的分离也能得到较好的效果。该药剂在酸性介质中比较稳定，有较强的起泡性，药剂用量一般仅为黄药的 1/4 ~ 1/3，同时还适用于沉积铜、自然铜等的浮选。

美国氰特公司于20世纪90年代推出N—烯丙基硫氨酯和N—烃氧羰基硫氨酯两种新型硫氨酯捕收剂，如其 Aero 5100 系列捕收剂主要成分为N—烯丙基—O—异丁基硫氨酯。国内生产的 PAC 捕收剂主要成分与氰特公司 Aero 5100 系列捕收剂的成分性质相近。PAC 捕收剂对金、银等贵金属有很好的捕收能力，在传统的选金药剂中，只要加入 5 ~ 25g/t 的 PAC 捕收剂，就可使原药剂使用量减少 1/2 左右，金、银的回收率提高 3 ~ 5 个百分点。PAC 捕收剂对共生关系复杂的铜锌矿也具有较强的分离能力。浙江建德铜矿的浮选工业试验表明，采用 PAC 捕收剂，铜精矿品位提高 1.47%，铜精矿回收率提高 1.59%，锌精矿回收率提高 22.3%，捕收剂和调整剂的用量明显降低。

T-2K 捕收剂主要成分为 N—烃氧羰基硫氨酯。由于在硫氨酯的氮原子上引进了不饱和双键或酰基等取代基，能促进药剂对硫化矿表面的选择性螯合作用，因此，其捕收性能优于 Z-200，用量更少，选择性更好。江西永平铜矿采用 T-2K 捕收剂全优先浮选工艺进行了浮选工业试验，T-2K 捕收剂用量为 12g/t，选硫作业丁基黄药用量为 40g/t；对比系统中采用丁基黄药—丁基铵黑药混浮分选工艺，丁基黄药用量为 33.3g/t，丁基铵黑药用量为 26.7g/t。工业试验结果表明，T-2K 捕收剂全优先浮选工艺与丁基黄药—丁基铵黑药混浮分选工艺相比，铜精矿品位提高 2.50%，铜回收率提高 1.95%，硫精矿品位提高 0.85%，硫回收率提高 0.88%，铜精矿中金银回收率也分别提高 4.17% 和 6.08%。

7.1.2.3 硫氮及其酯类捕收剂

A 硫氮捕收剂的结构与制备方法

硫氮捕收剂的学名为 N,N—二烷基二硫代氨基甲酸盐，或称二烷基氨荒酸盐，其结构通式为：

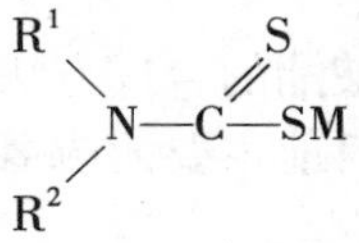

$$\begin{matrix} R^1 & & S \\ & \diagdown & \| \\ & N\text{—}C\text{—}SM & \\ & \diagup & \\ R^2 & & \end{matrix}$$

式中，R^1、R^2 也可以是烷基、芳香基、环烷基、杂环基等；一般情况下 R^1 和 R^2 是两个相同的烷基，我国最有代表性的硫氮捕收剂是 SN-9，其学名为 N,N—二乙基二硫代氨基甲酸钠，简称乙硫氮，结构式为：

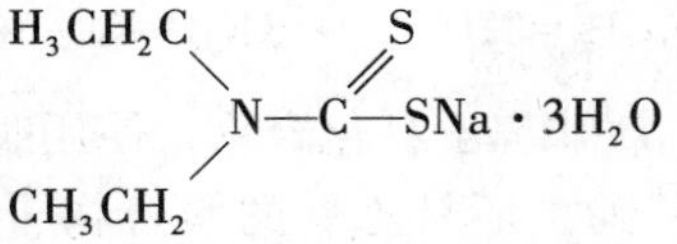

$$\begin{matrix} H_3CH_2C & & S \\ & \diagdown & \| \\ & N\text{—}C\text{—}SNa\cdot 3H_2O & \\ & \diagup & \\ CH_3CH_2 & & \end{matrix}$$

硫氮捕收剂的合成与黄药的合成过程基本类似，只是使用脂肪胺（第一或第二胺）代替了脂肪醇，通过脂肪胺与二硫化碳和氢氧化钠反应而合成。以乙硫氮为例，其反应式见式（7-1-22）：

$$(CH_3CH_2)_2NH + CS_2 + NaOH + 2H_2O \xrightarrow{\triangle} (CH_3CH_2)_2N\text{—}\overset{\overset{S}{\|}}{C}\text{—}SNa\cdot 3H_2O \quad (7\text{-}1\text{-}22)$$

式（7-1-22）中的配料比采用二乙胺：CS_2：NaOH：H_2O = 1.07：1：1：2 的物质的量比（摩尔比）。该反应属放热过程，合成过程中必须用冰盐水冷却。为了控制温度，先将二乙胺和二硫化碳混合，然后在充分搅拌下将粉末氢氧化钠分批加入，反应时温度控制在 0～30℃，但以 10～20℃时较好。反应完毕，产品是结晶固体，合成的乙硫氮含三个结晶水，纯度为 97% 左右，产率达 89%～92%。

B 硫氮捕收剂的性质与浮选性能

乙硫氮是白色晶体，易溶于水（每 100mL 水中溶解 35g）和酒精。在酸性介质中乙硫氮会生成 N,N—二乙基二硫代氨基甲酸而分解，其 pK_a 约为 3.35，因此乙硫氮捕收剂一般在碱性介质中使用。乙硫氮能与重金属离子作用生成盐，因此可作为分析化学试剂用于铜、铅、锌、钴、镍等离子的分析鉴定。此外，硫氮捕收剂在潮湿空气中长期放置时，会吸水、分解变质，宜放在阴凉干燥处。

硫氮捕收剂捕收能力强，浮选速度快，在我国广泛用于铅锌矿的浮选分离。研究表明，硫氮捕收剂对闪锌矿的捕收能力随其烃基的增长而增强，因此在铅锌矿浮选分离时，宜用烃基较短的硫氮类捕收剂优先浮铅为佳，因此我国主要生产应用 SN-9 捕收剂。硫氮捕收剂适合于在高碱度的条件下浮选，显著改善铅-锌的分选效果。此外，硫氮捕收剂也可以应用于硫化铜以及贵金属硫化矿的浮选，其捕收能力比黄药强，用量比黄药要少得多。

C 硫氮酯捕收剂

硫氮酯捕收剂的学名为 N，N—二烷基二硫代氨基甲酸酯，是硫氮捕收剂的一种衍生物，也是一种非离子型极性捕收剂。其结构通式如下：

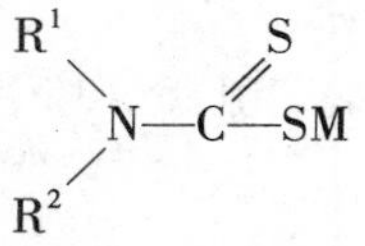

$$(R^1)(R^2)N-C(=S)-SM$$

硫氮酯捕收剂的合成与前述黄原酸酯的合成方法基本类似，主要是通过硫氮捕收剂与氯代烃或丙烯腈等反应而合成。我国目前主要的硫氮酯捕收剂包括硫氮丙烯酯和硫氮腈乙酯两种。

硫氮丙烯酯的学名为 N，N—二烷基二硫代氨基甲酸丙烯酯，可直接用相应的硫氮捕收剂与 3-氯丙烯反应生成，反应式见式（7-1-23）：

$$RNH-\overset{S}{\overset{\|}{C}}-SNa + XCH_2CH=CH_2 \longrightarrow RNH-\overset{S}{\overset{\|}{C}}-SCH_2CH=CH_2 + NaX \quad (7\text{-}1\text{-}23)$$

硫氮丙烯酯多为油状液体，属非离子型化合物，使用时可直接添加或乳化后加入，欲将这类捕收剂和水乳化时，烷基酚、环氧乙烷的聚合物、磺化琥珀酸酯等均可用作乳化剂。无论是单独使用还是与黄药混合使用，硫氮丙烯酯对硫化铜矿的捕收能力比相应的硫氮捕收能力强，一般对黄铜矿都有较高的捕收性能。

硫氮腈乙酯的学名是 N，N—二乙基二硫代氨基甲酸腈乙酯，又名硫氮丙腈酯，俗称酯-105 或 43 硫氮腈酯。它的制法是将等物质的量的二乙胺、二硫化碳和丙烯腈加入反应器中，控制反应温度不超过 40℃，搅拌反应 2h，即得到硫氮腈乙酯产品，其反应式见式（7-1-24）：

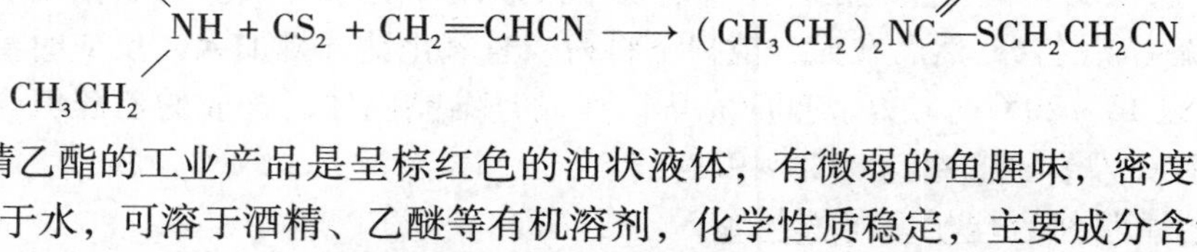

$$(CH_3CH_2)_2NH + CS_2 + CH_2=CHCN \longrightarrow (CH_3CH_2)_2NC(=S)-SCH_2CH_2CN \quad (7\text{-}1\text{-}24)$$

硫氮腈乙酯的工业产品是呈棕红色的油状液体，有微弱的鱼腥味，密度约为 1.11g/cm^3，难溶于水，可溶于酒精、乙醚等有机溶剂，化学性质稳定，主要成分含量在 70% 以上，凝固点约 22℃。硫氮腈乙酯具有较强的捕收能力与起泡性能，在狮子山铜矿、白银铜矿、德兴铜矿等硫化铜矿的工业试验表明，硫氮腈乙酯可代替黄药和松醇油，其用量为黄药和松醇油的 1/4～1/3，可显著地降低药剂费用。

7.1.2.4 黑药类捕收剂

A 黑药的结构与化学性质

黑药在硫化矿的浮选中应用历史悠久，其用途之广仅次于黄药。黑药的化学名为二烃基二硫代磷酸（盐），具有如下的结构通式：

$$\begin{matrix} RO & & S \\ & \diagdown & \| \\ & & P \\ & \diagup & \diagdown \\ RO & & SH(M) \end{matrix}$$

式中，R 可以是芳基，称为酚黑药；也可以是烷基，称为醇黑药。M 可以代表 NH_4^+ 或 Na^+。

采用醇或酚与五硫化二磷反应可以得到酸式黑药，其反应式见式（7-1-25）：

$$P_2S_5 + 4ROH \longrightarrow 2(RO)_2\text{—}\overset{\overset{\displaystyle S}{\|}}{P}\text{—}SH + H_2S\uparrow \tag{7-1-25}$$

酸式黑药用氨中和成铵黑药，用氢氧化钠或碳酸钠中和成钠黑药。改变醇或酚的种类可以制出许多种黑药产品。我国常用的酚黑药主要为甲酚黑药，常用的醇黑药有丁基铵黑药。

用胺代替醇或酚也可以与五硫化二磷发生类似的反应，其产品习惯上称为胺黑药，曾研究过的有苯胺黑药、甲苯胺黑药、环己胺黑药等。

黑药的主要化学性质与黄药类同，在一定条件下会发生氧化、分解以及与重金属离子成盐等反应，但其化学性质比黄药稳定。

酸式黑药呈弱酸性，在水溶液中有部分电离，见式（7-1-26）：

$$(RO)_2P(=S)\text{—}SH \rightleftharpoons (RO)_2P(=S)S^- + H^+ \tag{7-1-26}$$

随着烃基的不同，电离常数也有不同，例如乙基、正丙基、异丙基、异丁基黑药的电离平衡常数分别为 2.4×10^{-2}、1.78×10^{-2}、1.5×10^{-2} 和 1.00×10^{-2}。

黑药较黄药稳定，在酸性矿浆中不如黄药那样易于分解，也较难氧化，但也能氧化成双黑药，例如，碘与黑药作用，能将黑药氧化成双黑药（见式(7-1-27)）。在有 Cu^{2+}、Fe^{3+} 或黄铁矿、辉铜矿的情况下，黑药能部分被氧化成双黑药。双黑药也是一种有效的硫化矿捕收剂。

$$\underset{\text{黑药}}{2(RO)_2PSS^-} + I_2 \longrightarrow \underset{\text{双黑药}}{(RO)_2PSS-SSP(OR)_2} + 2I^- \tag{7-1-27}$$

黑药与重金属离子作用也能生成难溶盐，但其溶度积要比黄原酸盐大，因此，黑药的捕收能力不如黄药，但其选择性要比黄药强。工业上往往将黄药与黑药混合使用，可以同时获得捕收能力与选择性均佳的浮选效果。

B 黑药的制备方法与产品性质

a 甲酚黑药 甲酚黑药是用甲酚与五硫化二磷反应合成（见式(7-1-28)）：

$$4H_3C\text{—}C_6H_4\text{—}OH + P_2S_5 \xrightarrow{\triangle} 2\left(H_3C\text{—}C_6H_4\text{—}O\text{—}\right)_2\overset{\overset{\displaystyle S}{\|}}{P}\text{—}SH + H_2S\uparrow \tag{7-1-28}$$

一般地，只要将反应物料甲酚和五硫化二磷在搅拌的情况下升温到 130℃ 即可出料，在储存器中反应仍会继续进行，直至产品温度降至室温。该反应过程有硫化氢气体放出，不仅有毒而且难闻，因此，反应时从反应器放出的硫化氢和在储存器内放出的硫化氢都必须用氢氧化钠溶液吸收，以消除硫化氢的污染。

我国常用的甲酚黑药有 15 号和 25 号黑药，它们是根据制备时五硫化二磷占原料质量 15% 或 25% 而得名的。工业上还有一些以 25 号黑药为基础的复配型黑药产品，如在 25 号黑药中加入 6% 的白药形成 31 号黑药，25 号黑药及 31 号黑药用氨中和得到的铵盐又分别称为 241 号黑药和 242 号黑药。美国氰特公司生产的黑药商标为 Areofloat，主要产品有 Areofloat 15（15 号黑药）、Areofloat 25（25 号黑药）、Areofloat 31（31 号黑药）、Areofloat 241（241 号黑药）、Areofloat 242（242 号黑药）等。

25 号黑药为褐色或黑绿色的油状液体，20℃ 时密度约为 1.20g/cm^3，有硫化氢味，微溶于水，水溶液呈酸性。工业用甲酚通常是邻位、间位、对位三种甲酚异构体的混合物，因此甲酚黑药产品实际上也是相应三种甲酚黑药的混合物。由于产品中含有较高的游离甲酚，所以甲酚黑药有较强的起泡性能，使用时可以少用或不用起泡剂。但甲酚黑药具有较强的腐蚀性和毒性，使用时应注意防护。

b 丁铵黑药 丁铵黑药是一种醇黑药，其合成过程是先由正丁醇与五硫化二磷在 70～80℃ 下反应生成二丁基二硫代磷酸（丁黑药），然后用氨水中和，经结晶干燥，生成二丁基二硫代磷酸铵，即丁铵黑药。其反应式见式（7-1-29）和式（7-1-30）：

$$4CH_3(CH_2)_3OH + P_2S_5 \xrightarrow{\triangle} 2\,(CH_3CH_2CH_2CH_2O)_2P(=S)\!-\!SH + H_2S\uparrow \qquad (7\text{-}1\text{-}29)$$

$$\underset{\text{丁黑药}}{(CH_3CH_2CH_2CH_2O)_2P(=S)\!-\!SH} + NH_3 \longrightarrow \underset{\text{丁铵黑药}}{(CH_3CH_2CH_2CH_2O)_2P(=S)\!-\!SNH_4} \qquad (7\text{-}1\text{-}30)$$

丁铵黑药纯品为白色结晶，工业品是呈白色或灰色的固体粉末，一级品纯度大于 95%，水不溶物小于 3%；二级品纯度大于 90%，水不溶物小于 5%。工业上也有用氢氧化钠或碳酸钠代替氨进行中和反应，生产的产品为丁钠黑药。

c 胺黑药 胺黑药又称磷胺类药剂，是用芳香族胺或环烷胺与五硫化二磷作用生成。主要产品包括：苯胺黑药（或称磷胺 4 号）、甲苯胺黑药（或称磷胺 6 号）和环己胺黑药。

苯胺黑药的制备是以甲苯为溶剂，通过苯胺与五硫化二磷反应合成（见式（7-1-31）），反应温度约为 40～50℃，反应时间为 1.5～2h。反应混合物经分离残渣洗涤、真空干燥即得成品。

$$4\,C_6H_5\!-\!NH_2 + P_2S_5 \xrightarrow{\triangle} 2\,(C_6H_5\!-\!NH)_2P(=S)\!-\!SH + H_2S\uparrow \qquad (7\text{-}1\text{-}31)$$

苯胺黑药为白色粉末，有臭味，不溶于水，溶于酒精和稀碱溶液。在碱液中溶解后臭味消失，其光热稳定性差，暴露于空气中特别是暴露于潮湿空气中容易分解变质。在稀酸稀碱溶液或水中加热回流水解。甲苯胺黑药的合成和性质与苯胺黑药基本类似。

环已胺黑药的制备是采用轻油作溶剂，环已胺与五硫化二磷在80℃左右反应，时间约为3h。蒸馏回收轻油后，产品经减压干燥后粉碎，即得环已胺黑药产品(见式(7-1-32))。

$$4\,C_6H_{11}\text{—}NH_2 + P_2S_5 \xrightarrow{\triangle} 2\,(C_6H_{11}\text{—}NH)_2P(=S)\text{—}SH + H_2S\uparrow \tag{7-1-32}$$

环已胺黑药为白色或微黄色固体，纯度可达70%～80%。略具臭味，在空气中较稳定，不溶于水、汽油和苯，可溶于1%的氢氧化钠溶液。工业品含有五硫化二磷、环已胺等杂质，产品以含氮量为标准，含氮量一般在7%以上。

C 黑药捕收剂的浮选性能

黑药的捕收性能与黄药基本相似，其捕收能力弱于黄药，而选择性比黄药强，特别是对黄铁矿的捕收能力很弱，因此，黑药捕收剂比较适合于硫化铜或硫化铅锌矿的优先浮选及分离，并且对金银等贵金属的浮选回收也非常有效。黑药通常兼具有较好的起泡性，能使浮选泡沫更加稳定并可减少起泡剂用量。目前，黑药捕收剂在浮选中的应用非常广泛。

25号黑药曾是各种黑药中使用最多的一种，对黄铜矿、方铅矿、闪锌矿具有较强的捕收能力。25号黑药常用于铅、锌的优先分离浮选中，在碱性回路中（条件下）对黄铁矿及其他硫化铁矿捕收能力很弱，但在中性或酸性介质中，它是所有硫化矿的强力非选择性捕收剂，由于其仅能微溶于水，所以必须以原始形态加入调整槽或球磨机中。由于甲酚黑药腐蚀性及毒性较大，有一定污染，一般情况下应尽量少用。

丁铵黑药是我国目前应用最为广泛的黑药类捕收剂，其选择性好，使用方便。用丁铵黑药代替或部分代替黄药浮选铜锌硫化矿、铅锌硫化矿时，浮选指标均能接近或优于单用黄药的指标。丁铵黑药可在较低的pH值浮铜或浮铅，由于选择性好，在铜锌分离或铅锌分离时，可不用或少用氰化钠、硫酸锌等抑制剂。使用丁胺黑药捕收剂还有利于提高伴生金银的回收，提高铜精矿或铅精矿中的金银含量。此外，丁铵黑药有起泡性能，一般可以不加或少加起泡剂。丁铵黑药与黄药混合使用对于提高浮选指标、降低药剂消耗效果显著，已经成为我国浮选厂的一种常用药剂。江西东乡铜矿选矿厂使用丁铵黑药18g/t、丁基黄药96g/t，原矿铜品位为1.57%，历史最好水平精矿铜品位可达24.50%，铜金属回收率可达91.15%。

苯胺黑药具有选择性好、捕收能力强等特点，对细粒方铅矿的捕收比甲酚黑药和乙基黄药更有效，可以在相对较低的pH值下实现铅锌硫和铜硫的分选。甲苯胺黑药与苯胺黑药为同系列化合物，其捕收能力稍强。此外，苯胺黑药和环已胺黑药对于氧化铅矿具有较好的捕收性能，用于混合铅锌矿和氧化铅锌矿的浮选时，其浮选指标优于用25号黑药和丁黄药作捕收剂。

7.1.2.5 其他硫化矿捕收剂

在浮选百余年历史上，研究开发的硫化矿捕收剂至少超过几百种，但真正有工业应用价值的却不外乎十几种。目前得到规模化工业应用的硫化矿捕收剂除了黄药、黑药、硫氮、硫氨酯四大类外，还包括硫脲类捕收剂、硫醇类捕收剂、烷基二硫代膦酸盐、巯基苯骈噻唑等等。

A 硫脲类捕收剂

二苯硫脲，又称白药，是浮选历史上应用最早的硫化矿捕收剂之一。将苯胺和二硫化碳按物质的量比（摩尔比）2∶1的理论量投料，并加入等体积的乙醇作为溶剂，在90~100℃回流反应4~6h，冷却后过滤得到固体白药产品。其反应式见式（7-1-33）：

$$2\,C_6H_5NH_2 + CS_2 \xrightarrow{\triangle} (C_6H_5NH)_2C{=}S + H_2S\uparrow \qquad (7\text{-}1\text{-}33)$$

白药为白色片状晶体，熔点为150℃，分子能发生重排互变异构现象，由硫酮式转化为硫醇式（见式（7-1-34））。白药对黄铁矿的捕收能力很弱，适用于多金属硫化矿浮选。因它难溶于水，故在选矿时常添加于球磨机中，或以苯胺或邻-甲苯胺作溶剂配成浓度为10%~20%的溶液使用（称为TA或TT混合剂）。

$$C_6H_5NH{-}C(SH){=}N{-}C_6H_5 \rightleftharpoons (C_6H_5NH)_2C{=}S \qquad (7\text{-}1\text{-}34)$$

硫醇式 硫酮式

白药比黄药价高，应用又不方便，故目前选厂已较少使用。其他一些硫脲类捕收剂如乙基硫脲、S—烃基异硫脲盐，由于类似的原因在工业上应用甚少。

$$CH_3CH_2NH{-}\overset{\overset{\displaystyle S}{\|}}{C}{-}NH_2 \qquad H_2C{=}CHCH_2SC({=}NH)NH_2\cdot HCl$$

乙基硫脲 S—烯丙基异硫脲盐酸盐

N—烃氧羰基硫脲捕收剂的出现克服了传统硫脲类捕收剂的缺陷，是近年来应用比较成功的一种硫化矿捕收剂。N—烃氧羰基硫脲捕收剂的学名为N—烃基—N'—烃氧羰基硫脲，结构式如下：

$$R^1NH{-}\overset{\overset{\displaystyle S}{\|}}{C}{-}NH{-}\overset{\overset{\displaystyle O}{\|}}{C}{-}OR^2$$

N—烃氧羰基硫脲对铜、钼、金、银等金属离子具有良好的螯合作用，可用于硫化铜矿、辉钼矿、铜钼矿、金矿等硫化矿的浮选，也可用于硫化矿伴生金、银、钼的强化回收。其合成方法与N—烃氧羰基硫氨酯相类似，它是通过氯甲酸酯与硫氰酸盐反应生成异硫氰酸酯中间体，然后与脂肪胺进行加成反应而制备成的（见式(7-1-35)）。

$$R^1{-}O{-}\overset{\overset{\displaystyle O}{\|}}{C}{-}N{=}C{=}S + R^2NH_2 \longrightarrow R^1{-}O{-}\overset{\overset{\displaystyle O}{\|}}{C}{-}NH{-}\overset{\overset{\displaystyle S}{\|}}{C}{-}NHR^2 \qquad (7\text{-}1\text{-}35)$$

N—烃氧羰基硫脲捕收剂为黄色或淡黄色固体，不溶于水，可与高级脂肪醇等配制成30%~50%的溶液使用，用量为10~100g/t。国外代表性的商业化产品有美国氰特公司的改性硫脲和改性硫氨酯类捕收剂，该公司生产的 Aero 7000 系列捕收剂的主要有效成分为N—烃氧羰基硫脲，Aero 5000 系列捕收剂为 N—烃氧羰基硫脲、N—烃氧羰基硫氨酯、N—烯丙基硫氨酯、硫代磷酸酯或其混合物。美国 Jamestown 选矿厂采用 Aero 5688 捕收剂代替 25 号黑药浮选金矿，浮选工艺由原来的 25 号黑药 + 异戊基钾黄药混合浮选改为 Aero 5688 + 异戊基钾黄药优先浮选，原矿平均品位为 2.5g/t，精矿品位由 68g/t 提高到 100 ~ 140g/t，异戊基钾黄药的用量仅为原来的 1/5，滑石抑制剂的用量降低一半。国内 N—烃氧羰基硫脲产品有 Mac-10 和 Mac-12 等捕收剂产品。工业试验表明，Mac-12 捕收剂不仅可以提高铜精矿中铜的品位和回收率，而且可显著提高伴生金、银、钼的浮选指标，铜硫分离的石灰用量降低 2/3。此外，该捕收剂还适用于高氧化率铜矿石的浮选。

B 硫醇类捕收剂

硫醇的结构通式为 R—SH，与同碳原子数的醇相比，硫醇的沸点较低，为易挥发物质。分子量小的硫醇或硫酚都具有特殊的臭味，不适宜用作浮选药剂。但随着分子量增大，其挥发性减小，臭味减弱，分子量大的硫醇基本上没有什么特别难闻的气味，一般可用 C_{12}及以上烷基的硫醇作捕收剂。

硫醇可通过卤代烷与硫脲反应生成异硫脲，然后再在碱性介质中水解而制备，见式(7-1-36)和式(7-1-37)。

$$RX + CS(NH_2)_2 \longrightarrow RSC(=NH)NH_2HX \tag{7-1-36}$$

$$\left[RS-C \genfrac{}{}{0pt}{}{\diagup NH_3}{\diagdown\!\!\diagdown NH} \right]^+ + OH^- + H_2O \longrightarrow RSH + CO_2 + 2NH_3 \tag{7-1-37}$$

正十二烷基硫醇是无色或浅黄色液体，由于它在水中的溶解度和离解度都很低，溶解度为 5.9×10^{-8}mol/L，HLB 值为 0.713，$pK_a = 15.7$，使用时必须添加分散剂，较好的分散剂为壬基聚氧乙烯醚，它的 HLB 值为 12.14。

美国阿科玛公司生产的商品牌号为 Pennfloat 3 的产品主要成分是正十二烷基硫醇，此外还含有水溶性的分散剂，该药剂能增加铜、钼和贵金属的回收率，用量比常用捕收剂低。采用 Pennfloat 3 浮选钼矿石，其用量为 20 ~ 80g/t，原矿品位为 0.18% 左右，精矿品位可达 2.4% 以上，回收率可达 95.6% 以上。此外，采用十二烷基硫醇和常规药剂混合使用，有利于提高银和金的浮选指标。

C 巯基苯骈噻唑

巯基苯骈噻唑（Mercaptobenzothiazole，缩写为 MBT）在橡胶工业中用作硫化促进剂，在浮选中可用作硫化矿或某些氧化矿的捕收剂，其结构式如下：

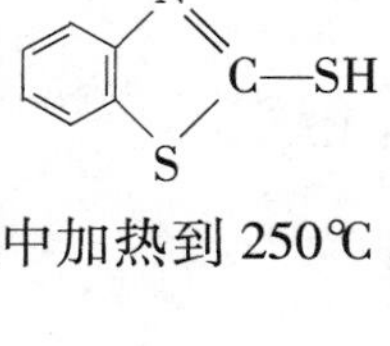

$$\text{C}_6\text{H}_4\langle{}^{N=}_{S-}\rangle C-SH$$

将苯胺、二硫化碳、硫在高压釜中加热到 250℃，即反应生成巯基苯骈噻唑，反应式见式（7-1-38）：

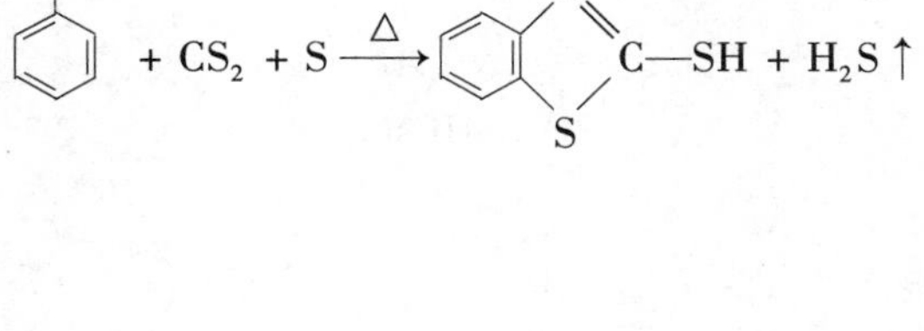

$$C_6H_5NH_2 + CS_2 + S \xrightarrow{\triangle} C_6H_4\langle{}^{N=}_{S-}\rangle C-SH + H_2S\uparrow \tag{7-1-38}$$

巯基苯骈噻唑纯品为白色晶体，熔点 179℃，工业品一般为黄色粉末。难溶于水，能溶于醇或醚，因其具有微弱酸性，可溶于氢氧化钠、氢氧化钾、碳酸钠溶液中，浮选时需要先与氢氧化钠等配制成溶液使用。

巯基苯骈噻唑是一种比较经典的螯合捕收剂，不仅对金和含金黄铁矿具有优良的捕收性能，而且对氧化铜和白铅矿等具有较强的捕收能力。氧化铜矿经硫化后，用巯基苯骈噻唑浮选非常有效；对于白铅矿使用巯基苯骈噻唑捕收剂甚至不需要预先硫化就可以直接浮选。巯基苯并噻唑特别是其二聚体对黄铁矿具有较强的化学吸附作用，因此它也可以用来浮选黄铁矿。

D 三硫代碳酸酯

三硫代碳酸酯是硫醇的衍生物，其结构式如下：

$$R^1—S—\overset{\overset{\displaystyle S}{\|}}{C}—SR^2$$

式中，R^1 为丙烯基、乙烯基、苄基等；R^2 可为烃基或 Na、K。

三硫代碳酸酯的合成与黄药的合成过程基本类似，是用硫醇代替醇与氢氧化钠和二硫化碳反应，其反应式见式(7-1-39)和式(7-1-40)：

$$RSH + NaOH + CS_2 \longrightarrow R—S—\overset{\overset{\displaystyle S}{\|}}{C}—SNa + H_2O \qquad (7\text{-}1\text{-}39)$$

$$R^1—S—\overset{\overset{\displaystyle S}{\|}}{C}—SNa + XR^2 \longrightarrow R^1—S—\overset{\overset{\displaystyle S}{\|}}{C}—SR^2 + NaX \qquad (7\text{-}1\text{-}40)$$

三硫代碳酸酯典型的代表是异丙基三硫代碳酸钠。它易溶于水，但在空气中与水蒸气作用会放出硫醇气味，故在合成和储存时都必须用去湿剂防潮。用异丙基三硫代碳酸钠作捕收剂时，可配成己烷溶液加入矿浆中，调浆后进行浮选。该捕收剂对铂族金属、镍和铜的捕收非常有效。用常用药剂浮选铂族金属回收率为 76.82%，而用异丙基三硫代碳酸钠与黄药和黑药混用浮选铂族金属回收率可达到 83.58%。菲利普石油公司曾提出一种含正丁基三硫代碳酸酯或钾钠盐的捕收剂用于铜、铅锌硫化矿的浮选。

三硫代碳酸酯捕收剂易于合成，但是受原料硫醇的来源及成本的影响，同时，小分子硫醇具有恶臭需要防控。另据报道，2-巯基苯骈咪唑与氢氧化钠和二硫化碳作用后也能形成三硫代碳酸酯，用三硫代碳酸酯浮选铅锌硫化矿比黄药得到了较好的指标（见式(7-1-41)）。

$$\text{(2-巯基苯骈咪唑: 苯环并 N=C—NH 五元环)}—C—SH + NaOH + CS_2 \longrightarrow \text{(苯骈咪唑环)}—C—S—\overset{\overset{\displaystyle S}{\|}}{C}—SNa + H_2O \qquad (7\text{-}1\text{-}41)$$

E 二烷基二硫代次膦酸（盐）

二烷基二硫代次膦酸（盐）的结构通式为：

$$RP—\overset{\overset{\displaystyle S}{\|}}{}SH(M)$$

式中，R 为烷基或芳香基。

二烷基二硫代次膦酸盐的合成是由异丁烯等与磷烷反应生成二烷基膦，然后与硫在水中共热，再用碱中和得到。其反应式见式（7-1-42）和式（7-1-43）：

$$R^1R^2PH + 2S \xrightarrow{\triangle} R^1R^2P(=S)—SH \tag{7-1-42}$$

$$R^1R^2P(=S)—SH + NaOH \longrightarrow R^1R^2P(=S)—SNa + H_2O \tag{7-1-43}$$

二烷基二硫代次膦酸盐常用于硫化铜、铅、锌矿的浮选，并有利于提高其中的伴生金、银的回收率。美国氰特公司生产的 Aerophine 3418A 捕收剂为含二异丁基二硫代次膦酸钠 50% ~52% 的水溶液。用二异丁基二硫代次膦酸钠浮选黄铜矿时，先用石灰将矿浆 pH 值调至 10.5，再加二烷基二硫代次膦酸钠 18g/t，甲基异丁基甲醇 23g/t 进行浮选，铜回收率可达 86.4%。该药剂对方铅矿中 Pb^{2+} 亲和力大，对方铅矿选择性好。二异丁基二硫代次膦酸钠也可代替黄药浮选含黄铁矿高的铅铜矿石和贵金属矿石，用量较常用药剂低 20% ~30%，但矿浆中存在 Pb^{2+}、Fe^{2+} 或 Fe^{3+} 时，会降低浮选的选择性。墨西哥已有选矿厂使用二异丁基二硫代次膦酸钠代替黄药后，铅精矿中含银品位从 10kg/t 提高到 30kg/t。

7.1.3 氧化矿浮选捕收剂

7.1.3.1 脂肪酸捕收剂

A 脂肪酸捕收剂的来源及制备方法

脂肪酸是应用最为广泛的氧化矿捕收剂，其结构式为 R—COOH。我国工业应用的脂肪酸捕收剂主要有两类产品：一类是油酸，另一类是混合脂肪酸（皂）。

工业脂肪酸的来源主要有三类：一是从动植物油脂中提取，包括油酸及混合脂肪酸；二是通过石蜡氧化制备混合脂肪酸，即氧化石蜡皂产品；三是利用造纸、石油等工业的脂肪酸副产品，如塔尔油、环烷酸等。

a 从动植物油脂中提取脂肪酸　　油脂是脂肪酸的主要来源之一，其组成是高级脂肪酸的甘油酯，结构式如下：

$$\begin{array}{l} CH_2—O—C(=O)—R^1 \\ | \\ CH—O—C(=O)—R^2 \\ | \\ CH_2—O—C(=O)—R^3 \end{array}$$

式中，R^1、R^2、R^3 可以是相同或不同的饱和烃基或不饱和烃基。牛油、猪油等动物油脂中大部分是饱和脂肪酸甘油酯，其熔点高，常温下为固体或半固体。植物油脂含有较大量的不饱和脂肪酸甘油酯，主要有油酸、亚油酸以及亚麻酸，其中油酸的含量最高。如油酸的含量在花生油中约为 57%，棕榈油中约为 41%，大豆油和葵花子油中约为 33%。不同来源的油脂其组成显著不同，棕榈油除含油酸外主要为硬脂酸和软脂酸，而椰子油则含 45% 左右的十二烷酸（月桂酸）。

在油脂化工领域，脂肪酸是最基础、产量最大、使用最广的化工原料，通过油脂的水解以及分离精制等工艺，可以生产各类脂肪酸产品，主要包括：油酸、硬脂酸、软脂酸以及椰子油脂肪酸等。油脂的水解反应见式（7-1-44）：

$$\begin{array}{l} CH_2-O-\overset{O}{\overset{\|}{C}}-R^1 \\ | \\ CH-O-\overset{O}{\overset{\|}{C}}-R^2 \\ | \\ CH_2-O-\overset{O}{\overset{\|}{C}}-R^3 \end{array} + H_2O \xrightarrow[H^+]{\triangle} \underset{\text{甘油}}{\begin{array}{l} CH_2OH \\ | \\ CHOH \\ | \\ CH_2OH \end{array}} + \underset{\text{混合脂肪酸}}{\begin{array}{l} R^1COOH \\ \\ R^2COOH \\ \\ R^3COOH \end{array}} \tag{7-1-44}$$

目前，油酸产品已在浮选中得到广泛的应用，但油脂工业生产的饱和脂肪酸在浮选中的应用却非常有限，主要原因是油脂原料价高，影响脂肪酸捕收剂成本。为了降低成本，往往利用油脂工业的下脚料如油脚来生产脂肪酸捕收剂。

油脚是植物油压榨法生产过程的一种沉渣，其主要成分也是脂肪酸甘油酯。先用苛性钠溶液将油脚在蒸汽加热下皂化，然后加食盐使之盐析，静置分层。分离除去下层盐水溶液，将上层皂角再一次皂化，再盐析分层，则上层为第二次皂化的皂角。用硫酸酸化到 pH 值为 2～3 为止，则混合脂肪酸析出上浮与废液分离。将混合脂肪酸冷却至 10℃，熔点高的饱和脂肪酸凝成固体，用压滤法过滤，使固体脂肪酸与液体脂肪酸分离。固体脂肪酸不适合作捕收剂，可用作肥皂及其他化工原料。液体脂肪酸俗称酸化油，其主要成分为油酸、亚油酸以及部分饱和脂肪酸。不同的油脚生产的酸化油成分差异很大，可作脂肪酸捕收剂使用。

b 石蜡氧化制备氧化石蜡皂　石蜡来自石油工业，产量大，原料来源丰富。我国 1959 年开始研究氧化石蜡皂，1961 年开始工业应用，氧化石蜡皂已成为我国铁矿、钨矿以及其他氧化矿浮选的主要捕收剂。

氧化石蜡皂的制备方法是先将石蜡熔化，加入 10% 高锰酸钾水溶液作催化剂，加热到 150℃脱去水分，再鼓入空气氧化，反应开始需要 150℃ 激发反应，然后降温到 120～140℃进行正常反应，反应时间一般为 24h，反应完成后冷却，再用碱中和即可得到产品。

用作浮选捕收剂的氧化石蜡皂在我国主要有 731 和 733 氧化石蜡皂两种。国内最初是采用大连石油化工七厂的三线油，经一榨得到的蜡为原料，故其产品称为 731 氧化石蜡皂。731 氧化石蜡皂是一种红褐色的膏状物，脂肪酸含量约 50%，不皂化物约 15%，水分不超过 30%。731 氧化石蜡皂制备过程中，粗氧化石蜡没有经过提纯，含有醇、醛、酮等中间氧化产物及未氧化的蜡，故浮选用量大、效能差。为了改进 731 的性质，提高产品质量，将 731 产品闪蒸除去其中的水分、醇、醛、酮和未反应的蜡，产品为棕褐色粒状固体，称为 733 氧化石蜡皂。733 氧化石蜡皂中脂肪酸含量约为 70%，不皂化物含量低于 7%，不含水分，其质量和浮选效果明显优于 731 氧化石蜡皂。

c 造纸、石油等工业的脂肪酸副产品 造纸、石油等工业的脂肪酸副产品包括以下两种：

（1）塔尔油（Tall oil）。在硫酸法（即碱法）造纸工业中，木材中所含的脂肪酸酯、松脂酸等会被碱中和或皂化成脂肪酸钠盐进入造纸黑液中，经分离、酸化得到粗制塔尔油。粗制塔尔油的主要成分为脂肪酸、松脂酸及不皂化物，其产量及化学成分随所用木材种类的不同而变化，一般说来，1t 木材可产 30～100kg 粗制塔尔油。粗制塔尔油经减压分馏除去松脂酸后的产品称为精制塔尔油，其浮选效果虽好，但成本较高。因此，用于浮选捕收剂的塔尔油大部分为粗制塔尔油。表 7-1-6 所示为粗制塔尔油的一般性质。

表 7-1-6 粗制塔尔油的一般性质

名 称	最低值	最高值	名 称	最低值	最高值
密度/$g \cdot cm^{-3}$	0.951	1.024	不溶于石油醚物质/%	0.1	0.5
酸 值	107	179	脂肪酸含量/%	18	60
皂化值	142	185	松脂酸含量/%	28	65
碘 值	135	216	非酸性物质含量/%	5	24
灰分/%	0.39	7.2	黏度(18℃)/Pa·s	0.760	1.5×10^4

（2）环烷酸。我国石油中环烷酸含量在千分之几到百分之二左右。在石油加工过程中不同馏分需经氢氧化钠洗涤，其碱洗液（碱渣）中含有石油的酸性成分，经硫酸酸化可得混合有机酸，其主要成分即为环烷酸，其结构式如下：

$$R-\bigcirc-(CH_2)_nCOOH$$

其中 $n=5\sim6$。环烷酸为红棕色油状液体，微臭，凝固点在 -5℃以下，用碱皂化后配成的皂液是透明的液体，具有较强的捕收能力和起泡性能。

B 脂肪酸的性质与捕收性能

a 离解常数与溶解度 脂肪酸是一种弱酸，在水中会离解成羧酸根和氢离子（见式（7-1-45））：

$$RCOOH \rightleftharpoons RCOO^- + H^+ \tag{7-1-45}$$

其电离常数用 K_a 表示：$K_a=[H^+]\times[RCOO^-]/[RCOOH]$。

饱和脂肪酸在水中的电离常数随其相对分子质量的增大而减少。对于用作脂肪酸捕收剂 $C_{10}\sim C_{20}$ 的脂肪酸而言，其电离常数几乎为一个常数，即 1.2×10^{-5}。脂肪酸的酸性比碳酸（$K_a=3.4\times10^{-7}$）强，因此可以用碳酸钠进行皂化反应（见式（7-1-46））：

$$RCOOH + Na_2CO_3 \longrightarrow RCOONa + NaHCO_3 \tag{7-1-46}$$

脂肪酸在水中的溶解度可以看成是离解型（羧酸根离子）和非离解型（羧酸分子）两种脂肪酸之和。离解型脂肪酸的溶解度随溶液 pH 值的增大而增大，非离解型脂肪酸的溶解度与 pH 值无关。可由式（7-1-47）推算出来，其误差在 3% 以内。

$$\lg S = 0.60n + 2.44 \tag{7-1-47}$$

式中 S——25℃时的溶解度，mol/L；

n——脂肪酸的碳原子数。

b 与金属离子生成难溶盐 脂肪酸几乎可以与所有的碱土金属和重金属离子生成难溶性脂肪酸盐（见表7-1-7），并且随碳链的增长溶度积下降。这种性质是脂肪酸能广泛作为金属矿物浮选捕收剂的主要原因。但这一性质同时也造成了脂肪酸捕收剂最明显的缺点，即对矿物选择性差、不耐硬水以及对温度敏感等。

表7-1-7 常见脂肪酸盐溶度积的负对数（$-\lg K_{sp}$）

金属离子	软脂酸	油 酸	硬脂酸
Ca^{2+}	18.0	15.4	19.6
Ba^{2+}	17.6	14.9	19.1
Mg^{2+}	16.5	13.8	17.7
Ag^{+}	12.2	10.9	13.1
Pb^{2+}	22.9	19.8	24.4
Cu^{2+}	21.6	19.4	23.0
Zn^{2+}	20.7	18.1	22.0
Cd^{2+}	20.2	17.3	—
Fe^{2+}	17.8	15.4	19.6
Ni^{2+}	18.3	15.7	19.4
Mn^{2+}	18.4	15.3	19.7
Al^{3+}	31.2	30.0	33.6
Fe^{3+}	34.3	34.3	—

c 脂肪酸捕收剂的结构与捕收性能关系 脂肪酸是最常用的捕收剂，几乎应用于各种氧化矿及盐类矿物浮选的各个领域。有关脂肪酸捕收剂的结构与浮选性能的关系已开展了大量研究，总体上有如下规律：

（1）烃链长度对饱和脂肪酸捕收性能的影响。一般而言，碳原子小于10的脂肪酸捕收能力较弱，不适宜用作浮选捕收剂。随脂肪酸烃链碳原子增加，其捕收能力增强。但当碳链达到18个碳原子时，饱和脂肪酸的溶解度显著下降，熔点增高，其捕收性能逐步减弱。因此，用作浮选捕收剂的脂肪酸的碳链长度一般以$C_{12}\sim C_{16}$最适宜。

（2）烃基不饱和程度对脂肪酸捕收性能的影响。烃基不饱和度对脂肪酸捕收性能具有显著影响，以十八碳脂肪酸为例：硬脂酸学名十八烷酸，油酸学名十八烯酸，亚油酸学名十八二烯酸，亚麻酸学名十八三烯酸，桐酸学名十八三烯酸。它们的结构式和熔点见表7-1-8。

表7-1-8 十八碳脂肪酸的结构式和熔点

化 合 物	结 构 式	熔点/℃
十八烷酸（硬脂酸）	$CH_3(CH_2)_{16}COOH$	65
十八烯酸（油酸）	$CH_3(CH_2)_7CH{=}CH(CH_2)_7COOH$	16.5
十八二烯酸（亚油酸）	$CH_3(CH_2)_4CH{=}CHCH_2CH{=}CH(CH_2)_7COOH$	-6.5
十八三烯酸（亚麻酸）	$CH_3CH_2CH{=}CHCH_2CH{=}CHCH_2CH{=}CH(CH_2)_7COOH$	-12.8
十八三烯酸（桐酸）	$CH_3(CH_2)_3CH{=}CHCH{=}CHCH{=}CH(CH_2)_7COOH$	48~49

由表7-1-8可见，十八碳脂肪酸的硬脂酸熔点最高，达65℃；油酸 $C_9 \sim C_{10}$ 之间有一双键，虽同是18个碳原子，其熔点降为16.5℃；亚油酸也是18个碳原子的脂肪酸，它在 $C_9 \sim C_{10}$、$C_{12} \sim C_{13}$ 处共有两个双键，并且处于非共轭体系，其熔点比油酸低，降到 -6.5℃；亚麻酸也是十八碳脂肪酸，其分子中在 $C_9 \sim C_{10}$、$C_{12} \sim C_{13}$、$C_{15} \sim C_{16}$ 处共有三个双键，均处于非共轭体系，它的熔点更低，仅为 -12.8℃；桐酸分子中在 $C_9 \sim C_{10}$、$C_{11} \sim C_{12}$、$C_{13} \sim C_{14}$ 处共有三个双键，但处于共轭体系，其熔点升高为48~49℃。上述捕收剂的浮选性能与其熔点规律具有一致的关系：非共轭体系的双键越多（即不饱和度愈大），其熔点愈低，捕收性能愈好。但含共轭体系三个双键的桐酸熔点反而升高，其捕收性能也明显较差。因此，上述五种十八碳脂肪酸捕收剂的捕收性能以亚麻酸和亚油酸最好，油酸次之，而硬脂酸和桐酸则不适于用作浮选捕收剂。

在常温下，同碳原子数的脂肪酸的浮选效果，不饱和脂肪酸较饱和脂肪酸好，不饱和程度越大，浮选效果就越好；饱和脂肪酸必须在较高的温度时才能浮选。

C 脂肪酸捕收剂的浮选应用

早在20世纪初，油酸和油酸皂就已经作为浮选捕收剂使用，至今它们仍是浮选工业常用的脂肪酸捕收剂。油酸主要来源于油脂工业，由于油脂水解产生的脂肪酸种类多，分离精制困难，工业油酸产品事实上也是一种混合脂肪酸产品，其中油酸含量约为70%左右。各油脂厂由于原料和技术水平的不同，所生产的油酸产品的成分和性质也有较大差异。一般地，含有亚麻酸等不饱和脂肪酸的油酸浮选性能较好，而含饱和脂肪酸特别是硬脂酸的油酸其捕收性能会较差。工业油酸质量一般以酸值、碘值、凝固点等指标表征，依用途和凝固点分为Y-4型、Y-8型和Y-10型三种型号，其质量指标见表7-1-9（参见轻工业标准QB/T 2153—2010）。

表7-1-9 工业油酸的物理化学指标

项 目	Y-4型	Y-8型	Y-10型
凝固点/℃	≤4.0	≤8.0	≤10.0
碘值/$gI_2 \cdot 100g^{-1}$	80~102		
皂化值/mg KOH · g^{-1}	190~205	190~205	185~205
酸值/mg KOH · g^{-1}	190~203	190~203	185~203
水分/%	≤0.3		
色泽(10%乙醇溶液)/Hazen	≤200		
顺（式）十八碳-9-烯酸含量/%	≥70		

油酸是应用最为广泛的脂肪酸捕收剂，在铁矿、磷矿、萤石矿、铝土矿等各种氧化矿及盐类矿物浮选中均有工业化应用。油酸捕收剂的主要特点是捕收力强、适用性广，但也存在着选择性较差、不耐硬水以及对温度敏感等缺点。工业上油酸可以直接添加使用，也可以用氢氧化钠或碳酸钠皂化后配成水溶液添加，或者将油酸和油酸钠复配使用。由于油酸凝固点较高，使用时矿浆温度应不低于14℃，一般控制在30℃以上，温度较低时需要加温浮选。油酸为天然的不饱和脂肪酸，在空气中放置过久会发生氧化而酸败变质。油酸钠浮选一水硬铝石时，主要是油酸根阴离子在一水硬铝石表面发生化学吸附。当油酸钠浓度为 1×10^{-4} mol/L时，其最佳浮选pH值为5~9；当pH值小于5时，油酸钠在溶液中水

解并生成油酸分子，对浮选不利；pH 值大于 9 时，矿物表面将会有 $Al(OH)_3$ 沉淀产生而使矿物表面亲水，浮选回收率下降。用脂肪酸作捕收剂浮选黑钨矿，矿浆 pH 值为 5～9 时，回收率可达 80% 左右。浮选磷矿可以用油酸与油酸钠按 1∶1 比例混合作为捕收剂。原矿含 P_2O_5 27.20%、铁 17.42%、石英 6.12%，先经重选去铁，再浮选，精矿含 P_2O_5 38.1%，回收率 85.2%。油酸钠还可用于长石矿的浮选除杂过程，土耳其 Cine-Ceyhan 钠长石矿将磨矿、脱泥后的钠长石用胺浮选后，再用油酸钠浮选脱除铁和钛，精矿 $TiO_2 + Fe_2O_3$ 总量不高于 0.12%。

731 和 733 氧化石蜡皂也是应用较为广泛的两种脂肪酸捕收剂，其捕收能力比油酸稍弱，但选择性较好，在我国钨矿浮选中获得较普遍的应用。事实上，氧化石蜡皂的生产原来主要是为了解决油脂原料不足的问题，为肥皂厂提供脂肪酸皂原料。由于石蜡氧化过程中存在着低级酸挥发污染环境的问题，全国原有的 10 家氧化石蜡皂厂大部分已停产或转产，目前用于浮选捕收剂的氧化石蜡皂产量有限。塔尔油、环烷酸以及酸化油等的浮选性能与脂肪酸捕收剂基本一致，在大多数场合它们可以作为油酸的代用品使用，而且它们的药剂成本相对较低。

东鞍山选矿厂建成于 1958 年，是我国第一家采用浮选工艺处理赤铁矿石的大型浮选厂。该厂最初使用大豆油脂肪酸进行浮选，1962 年开始使用氧化石蜡皂和塔尔油作为混合捕收剂，氧化石蜡皂用量为 400g/t，塔尔油 100g/t，硫酸钠 1800g/t，矿浆 pH 值为 9～9.5，赤铁矿原矿品位为 31% 左右，精矿品位大于 60%，回收率大于 70%。

D 其他羧酸类捕收剂

针对脂肪酸捕收剂存在的选择性差、不耐硬水、对温度敏感等问题，国内外研究开发了一些新型的羧酸类捕收剂。

a 醚酸 醚酸的结构通式为 $R^1—O—R^2—COOH$，式中 R^1 为脂肪烃基，R^2 为 $—(CH_2)_n—$基或其异构体。醚酸可通过脂肪醇与丙烯腈反应生成醚腈，然后水解来制备（见式(7-1-48)和式(7-1-49)）：

$$R^1OH + CH_2{=}CH—C{\equiv}N \longrightarrow R^1—O—CH_2CH_2—C{\equiv}N \tag{7-1-48}$$

$$R^1—O—CH_2CH_2C{\equiv}N + 2H_2O \longrightarrow R^1—O—CH_2CH_2—COOH + NH_3 \tag{7-1-49}$$

醚酸中还有另一系列化合物，称为多氧桥脂肪酸，其结构通式为 $R(OCH_2CH_2)_nOCH_2COOH$，式中 R 为 8～18 个碳原子的烷烃或烯烃，n 为氧化乙烯基的数目，在 0～16 之间。这类药剂可由通过脂肪醇与环氧乙烷作用得到醚醇化合物，再与氯乙酸缩合而成。

醚酸捕收剂能捕收脂肪酸所能捕收的矿物，浮选效果比脂肪酸好，表现在其熔点低，黏度低，易溶于水，可用于低温浮选，能在较宽 pH 值范围内使用，对 Ca^{2+}、Mg^{2+} 不敏感，在硬水中能应用，用量比油酸少，一般用量为 75～125g/t。

b 二元羧酸 用作氧化矿捕收剂的二元羧酸有如下两种结构式：

$$R—CH\begin{matrix} \diagup COOH \\ \diagdown COOH \end{matrix}$$

上述二元羧酸代号为 RM-1，R 是含 8、9、10、12 个碳原子的烷基。

$$R-\overset{\diagup COOH}{\underset{\diagdown COOH}{C}}-Br$$

上述二元羧酸代号为 RM-2，R 是含 10 个碳原子的烷基。

使用 RM-1、RM-2 作为捕收剂浮选锡石，以 pH 值为 3 ~ 4 为宜。配合氨基萘酚磺酸（如芝加哥酸）作抑制剂可使锡石与黄玉分离。使用 RM-1 时，Ca^{2+} 体积浓度在 800mg/L 以下不影响锡石浮选，在少量 Fe^{3+} 存在时会抑制锡石。

浮选萤石时，在捕收剂中加二元羧酸，可增加捕收剂的浮选活性及选择性。例如，在碱性矿浆中用水玻璃作石英及硅酸盐的抑制剂，用含二元羧酸 15% ~19%、异羧酸40% ~43%、非皂化物 4.6% ~7%、其余为正常饱和羧酸的混合物为捕收剂，浮选时可使萤石回收率可提高 3% ~8%。

7.1.3.2 羟肟酸及肟类捕收剂

A 羟肟酸的性质与制备方法

烃基羟肟酸是一种典型的螯合捕收剂，通常具有醇式（羟肟酸）和酮式（氧肟酸、异羟肟酸）两种互变异构体，见式（7-1-50）：

$$\underset{\text{氧肟酸}}{R-\overset{\overset{\displaystyle O}{\|}}{C}-NHOH} \rightleftharpoons \underset{\text{羟肟酸}}{R-\overset{\overset{\displaystyle OH}{|}}{C}=NOH} \tag{7-1-50}$$

羟肟酸可以看做是羧酸的一种衍生物，即羧酸中的羟基(—OH)被羟胺基(—NHOH)取代的产物。事实上，羟肟酸捕收剂一般也是以羧酸为原料合成的，其合成反应一般包括两步：首先，羧酸与甲醇（或乙醇）进行酯化反应生产羧酸酯；然后羧酸酯再与羟胺（盐酸羟胺或硫酸羟胺）反应生成羟肟酸化合物，见式（7-1-51）和式（7-1-52)：

$$RCOOH + CH_3OH \xrightarrow{\triangle} RCOOCH_3 + H_2O \tag{7-1-51}$$

$$RCOOCH_3 + NH_2OH \cdot HCl + NaOH \longrightarrow RC\begin{matrix}\diagup O \\ \diagdown NHOH\end{matrix} + CH_3OH + NaCl + H_2O \tag{7-1-52}$$

羟肟酸的酸性比相应的羧酸弱，其 pK_a 值约为 9.4 ~9.7。在无机酸存在下，羟肟酸容易水解成羟胺和羧酸，因此羟肟酸捕收剂一般在碱性介质中使用（见式（7-1-53)）。

$$R\overset{\overset{\displaystyle O}{\|}}{C}-NHOH + H_2O \longrightarrow R\overset{\overset{\displaystyle O}{\|}}{C}-OH + NH_2OH \tag{7-1-53}$$

羟肟酸能与 Ti^{4+}、La^{2+}、Fe^{3+}、Cu^{2+} 等许多金属离子形成稳定的金属螯合物，因此可广泛地用作金属矿物浮选的捕收剂。目前工业上所用的羟肟酸捕收剂主要包括烷基羟肟酸和芳基羟肟酸。

B 烷基羟肟酸

烷基羟肟酸捕收剂以辛基羟肟酸为主要代表，国内外对辛基羟肟酸的捕收性能与作用机理进行了系统的研究，结果表明，辛基羟肟酸是分选硅孔雀石、黑钨矿、氟碳铈矿、氧化铅锌矿等矿物的有效捕收剂。辛基羟肟酸为白色鳞片状晶体，由于原料辛酸价格贵，一般只用在实验室研究。工业上所用的烷基羟肟酸一般是采用 C_7 ~ C_9 羧酸为原料制备的，称为 $C_{7\sim9}$羟肟酸，也有以 C_5 ~ C_9 羧酸为原料制备的，称 $C_{5\sim9}$羟肟酸。

工业烷基羟肟酸（C_7 ~ C_9）为红棕色油状液体，含烷基羟肟酸60% ~65%，含脂肪酸15% ~20%，含水分15% ~20%。该捕收剂毒性较小，对小白鼠的半致死剂量 LD_{50} 为4900mg/kg。

此外，以石油工业副产品环烷酸为原料，可以制备出环烷羟肟酸钠捕收剂，其结构式如下：

$$\text{C}_5\text{H}_9\text{—}(\text{CH}_2)_n\text{—}\overset{\text{O}}{\overset{\|}{\text{C}}}\text{—NHOH(Na)} \qquad (n=5\sim6)$$

烷基羟肟酸是一种捕收能力强、选择性较好的捕收剂，可用于铁矿、氧化铜矿、黑钨矿、氟碳铈矿以及氧化铅锌矿等矿石的浮选。

C 芳基羟肟酸

目前浮选所用的芳基羟肟酸种类较多，主要有苯甲羟肟酸、水杨羟肟酸、邻羟基萘甲羟肟酸（H205 和 H203），它们的结构式如下：

$$\text{C}_6\text{H}_5\text{—}\overset{\text{O}}{\overset{\|}{\text{C}}}\text{—NHOH}$$

苯甲羟肟酸

$$\text{HO—C}_6\text{H}_4\text{—}\overset{\text{O}}{\overset{\|}{\text{C}}}\text{—NHOH}$$

水杨羟肟酸

$$\text{C}_{10}\text{H}_6(\text{OH})\text{—}\overset{\text{O}}{\overset{\|}{\text{C}}}\text{—NHOH}$$

2-羟基-3-萘甲羟肟酸
（代号 H205）

$$\text{C}_{10}\text{H}_6(\text{OH})\text{—}\overset{\text{O}}{\overset{\|}{\text{C}}}\text{—NHOH}$$

1-羟基-2-萘甲羟肟酸
（代号 H203）

苯甲羟肟酸工业品稍带红色，纯品为白色晶体，熔点 126 ~130℃，微溶于水，6℃时在水中溶解度为22g/L，在水中电离溶液呈酸性，$K_a = 1.3 \times 10^{-9}$，易溶于碱液，毒性中等，小白鼠半致死剂量 LD_{50} 为 500mg/kg。苯甲羟肟酸用作捕收剂在钨矿、稀土矿以及铝土矿浮选中应用比较多，它可以单独用作黑钨细泥浮选的捕收剂，也可以与脂肪酸复合使用，用于白钨矿和铝土矿浮选。湖南柿竹园钨矿采用广州有色金属研究院开发的黑白钨浮选的新技术进行浮选，先将矿石进行磁选脱铁，硫化矿浮选脱硫化矿物，尾矿再进入钨矿浮选流程。钨矿浮选捕收剂用量为：苯甲羟肟酸 150 ~550g/t，硫酸化油酸皂或者塔尔皂 20 ~150g/t；调整剂用量为：水玻璃 200 ~3000g/t，硫酸铝 100 ~1500g/t，硝酸铅 200 ~700g/t，钨粗选矿浆 pH 值为6.5 ~8.5，经1 次粗选、2 ~5 次精选、2 ~3 次扫选，获得的钨精矿 WO_3 品位为20% ~50%，98%以上的萤石进入钨尾矿。

水杨羟肟酸工业品为红色粉末物质，纯品为淡红色或浅褐色晶体，熔点 175～178℃，$pK_a = 7.4$，易溶于碱液，毒性较低，小白鼠半致死剂量 LD_{50} 为 1860mg/kg，属低毒药剂。水杨羟肟酸是稀土、锡石等矿石浮选的优良捕收剂。当用于锡石浮选时，通常是与磷酸三丁酯等配合使用，可大幅度提高锡精矿品位和回收率。

邻羟基萘甲羟肟酸具有两种同分异构体，其中 H205 的学名为 2-羟基-3-萘甲羟肟酸，H203 为 1-羟基-2-萘甲羟肟酸。其工业品为土色，纯品为黄色或橘黄色固状物，受热超过 80℃会发生分解，长期处于碱性介质中会缓慢分解。H205 在我国主要用于稀土矿浮选，是一种比较成熟的稀土捕收剂。H205 在使用时，需要先用氨水或氢氧化钠皂化，再加水配成 5% 的溶液使用，矿浆 pH 值一般控制在 8.5～9.5。

D 肟类捕收剂

肟类捕收剂的结构与羟肟酸捕收剂的部分类似，其结构中至少含有一个肟基（—C═N—OH）。通过醛或酮与羟胺的反应可合成相应的醛肟和酮肟。

水杨醛肟及烷基水杨醛肟可由水杨醛或烷基水杨醛与羟胺反应制备（见式(7-1-54)）。产品一般为无色晶体，易溶于水，显极弱的酸性，可作为菱锌矿、黑钨、锡石等的选择性捕收剂。

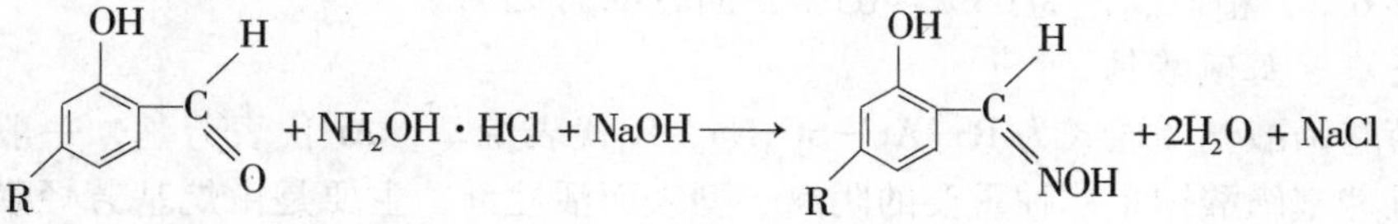

$$\text{R-C}_6\text{H}_3(\text{OH})\text{-CH=O} + NH_2OH \cdot HCl + NaOH \longrightarrow \text{R-C}_6\text{H}_3(\text{OH})\text{-CH=NOH} + 2H_2O + NaCl \qquad (7\text{-}1\text{-}54)$$

与水杨醛肟结构相类似的捕收剂还有 2-羟基 1-萘甲醛肟，可作为稀土矿的浮选捕收剂。

丁二铜二肟在分析化学中称为镍试剂，2,3-烷二酮二肟能与 Cu^{2+}、Ni^{2+} 等离子生成配合物，作为硫化镍矿捕收剂可取得良好效果，作为氧化铜的捕收剂也有报道，其结构如下：

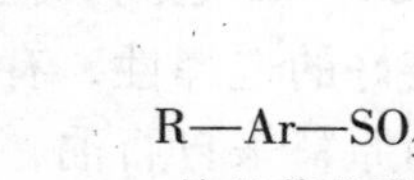

$$CH_3\text{—}\underset{\text{HON}}{\underset{\|}{C}}\text{—}\underset{\text{NOH}}{\underset{\|}{C}}\text{—}R \qquad (\text{R 为烷基})$$

7.1.3.3 烃基磺酸和硫酸酯类捕收剂

烃基磺酸包括烷基磺酸和烷基芳基磺酸，其分子中硫原子是直接与烷基或烷基芳基上的碳相连的；烷基硫酸酯分子中的硫原子则是通过氧原子与烷基上的碳相连，它们的结构通式如下：

$R\text{—}SO_3H(Na)$	$R\text{—}Ar\text{—}SO_3H(Na)$	$RO\text{—}SO_3H(Na)$
烷基磺酸（钠）	烷基芳基磺酸（钠）	烷基硫酸酯（钠）

（R 为烷基，Ar 为芳基）

上述三种捕收剂由于原料来自石油工业，来源广泛且价格便宜，易于规模化工业生产，是很有发展前途的氧化矿捕收剂。

A 烷基磺酸钠

烷基磺酸盐是一类广泛使用的表面活性剂，来源广泛，容易制造，成本低廉。它的工业来源有两个途径：一种是精制石油的副产品，称为石油磺酸，其烷基长度一般为 14 ~ 18 个碳原子；另一种是人工合成煤油经过氯磺化所得的烷基磺酸盐，其质量较高，成分固定。

烷基磺酸钠市售品一般为白色粉末状固体，易溶于水，无臭，毒性很低。烷基磺酸钠与脂肪酸相似，相对分子质量小的可作起泡剂，相对分子质量大的可作捕收剂。一般地，作为洗衣粉原料时，烷基磺酸盐的烷基含碳数为 11 ~ 17，平均约为 15，即通常所用的十五烷基磺酸钠。作为氧化矿的捕收剂，应选用含碳数较高的烷基磺酸盐，其相对分子质量在 400 ~ 600 为宜。

烷基磺酸盐主要用作氧化矿浮选捕收剂，对赤铁矿、褐铁矿、钛铁矿、菱锰矿、萤石、重晶石、方解石、硫酸锶矿、白云石、磷酸盐矿、菱镁矿、钨矿、滑石等都具有捕收能力。烷基磺酸钠的捕收能力随其烃链的增长而增强，由于同碳原子数的烷基磺酸钙溶度积常数比脂肪酸钙的溶度积常数大，因此其捕收能力要比相应的脂肪酸弱，但选择性较好。烷基磺酸钠捕收剂的最大特点是其起泡能力强，泡沫丰富，在浮选中常与油酸等脂肪酸药剂复配使用，通过两种捕收剂的协同作用可以优化捕收性能。

齐大山铁矿矿石主要成分为赤铁矿、假象赤铁矿和磁铁矿，选矿厂采用重选—磁选—浮选联合工艺进行选矿，浮选给矿为磁选精矿，捕收剂为石油磺酸钠，调整剂为硫酸，pH 值为 6 ~6.5，精矿品位为 63% ~65%，回收率为 73%。

B 烷基芳基磺酸钠

烷基芳基磺酸钠的通式为 R—Ar—SO_3Na，R 代表烷基，Ar 代表芳基，一般是苯环或萘环。烷基芳基磺酸钠是一种重要的阴离子型表面活性剂，主要是由烷基芳烃磺化而制备的。十二烷基苯磺酸钠是洗衣粉的主要成分，广泛用于洗涤剂中。

烷基芳基磺酸钠的捕收性能与烷基磺酸钠相类似，相对分子质量小的起泡能力强，捕收能力弱，相对分子质量增大，捕收能力增强。十二烷基苯磺酸钠有良好的起泡能力，但对氧化矿的捕收能力较弱。相对分子质量达到 400 ~ 600 的烷基芳基磺酸钠对氧化铁矿有强的捕收能力。例如，从沸点为 350 ~ 420℃ 和 420 ~ 450℃ 的石油馏分中分离出的烷基苯和烷基萘，分别用浓硫酸进行磺化制成烷基芳基磺酸钠，用作赤铁矿捕收剂。在烷基苯磺酸钠用量为 500g/t 或烷基萘磺酸盐用量为 200g/t 时，铁回收率可达 90%。这种捕收剂还可用来浮选钛和稀土矿物。

烷基芳基磺酸钠还可以浮选富集菱镁矿（主要有用化学成分为 $MgCO_3$）。这种捕收剂中烷基含有 25 ~ 30 个碳原子，芳基为萘环，可以使菱镁矿精矿中的石英和不溶物降低到 0.8%；烷基芳基磺酸钠还可浮选蓝晶石，所用的烷基芳基磺酸钠相对分子质量都在 400 ~ 600 之间，或烷基含碳原子个数在 22 ~ 26 之间，在微酸性的介质中，有最好的选择性。十二烷基苯磺酸钠对重晶石具有较好的选择性，有利于提高重晶石与萤石的分离效果，提高精矿品位。由于这种捕收剂的原料来自石油，价格便宜且容易得到，是很有发展前途的氧化矿捕收剂。

C 烷基硫酸钠

烷基硫酸钠是由高级脂肪醇与浓硫酸、发烟硫酸或氯磺酸作用，然后皂化而制备的。十二烷基硫酸钠就是以月桂醇（十二醇）为原料与浓硫酸进行酯化反应而制备的，它是一种性质温和的表面活性剂。用于浮选捕收剂时，其碳链长度一般在 C_{12} ~ C_{20} 之间为好。

烷基硫酸钠为白色或棕色粉末，易溶于水，有捕收和起泡性能。与烃基磺酸盐不同的是，烷基硫酸钠是一种硫酸盐，其硫原子是通过氧原子再与碳原子相连，故能水解成醇和硫酸氢钠：

$$R—O—SO_3Na + H_2O \xrightarrow{\triangle} ROH + NaHSO_4 \tag{7-1-55}$$

因此烷基硫酸钠溶液放置过久，会有部分水解而减弱其捕收能力。

烷基硫酸钠的捕收性能与烷基磺酸钠、烷基芳基磺酸钠基本类似，对氧化铁矿物、重晶石、萤石、锡石等具有捕收能力，故在用脂肪酸作捕收剂的场合，一般都可用烷基硫酸钠代替或部分代替。对于以石英、电气石、赤铁矿为脉石的锡石，十六烷基硫酸钠用量为135g/t，在添加氟硅酸钠的条件下，得到SnO_2 36.5%的粗精矿及含SnO_2 46%的最终精矿，回收率为86%。在酸性和中性介质中，烷基硫酸钠能很好地浮选萤石，而钨锰矿或黑钨矿不浮，因此可在此条件下从黑钨粗精矿中浮选出萤石，从而提高黑钨精矿品位。

7.1.3.4 烃基膦酸和磷酸酯类捕收剂

A 磷酸酯

磷酸是三元酸，分子中有三个羟基，因此磷酸酯有三种，即磷酸单酯、磷酸二酯和磷酸三酯。它们的结构式如下：

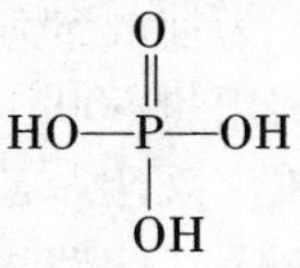

$HO—\overset{\overset{O}{\|}}{P}—OH$ with $—OH$ below	$RO—\overset{\overset{O}{\|}}{P}—OH$ with $—OH$ below	$R^1O—\overset{\overset{O}{\|}}{P}—OR^2$ with $—OH$ below	$R^1O—\overset{\overset{O}{\|}}{P}—OR^3$ with $—OR^2$ below
磷酸	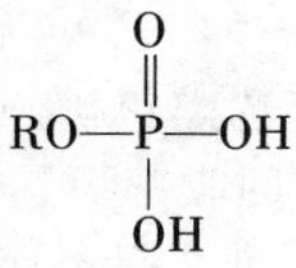 磷酸单酯	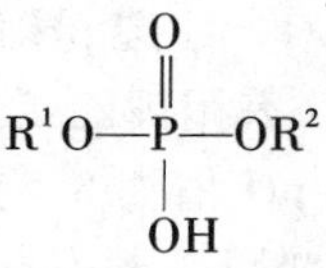 磷酸二酯	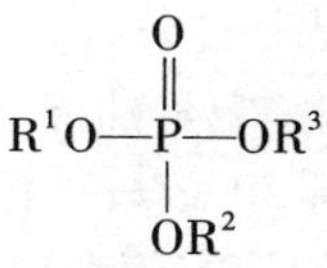 磷酸三酯

（R、R^1、R^2、R^3 可以是烷基或芳基）

磷酸单酯和磷酸二酯又称酸式磷酸酯，可用作捕收剂，其中磷酸单酯的捕收性能较好。酸性磷酸酯的制法很多，通常是用三氯化氧磷与醇作用生成氯化磷酸酯，再水解便可得到酸性磷酸酯。酸性磷酸酯能作氧化矿捕收剂，例如，用庚基磷酸单酯可浮选锡石，二异辛基磷酸二酯可作为浮选铀矿以及赤铁矿和闪锌矿的捕收剂。

磷酸三酯捕收能力很弱，一般只能作辅助捕收剂。磷酸三丁酯与水杨醛肟联合浮选锡石细泥就是一个比较成功的实例。

B 烃基膦酸

烃基膦酸是一种重要的氧化矿捕收剂。与磷酸酯的结构不同的是，烃基膦酸上的磷原子是直接与烃基上的碳相连的，其结构式如下：

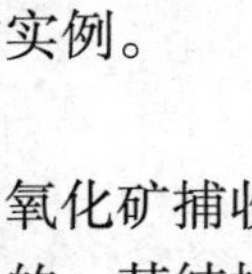

$ROP\begin{matrix} ╱OH \\ ╲OH \end{matrix}$	$R—P\begin{matrix} ╱OH \\ =O \\ ╲OH \end{matrix}$
亚磷酸酯	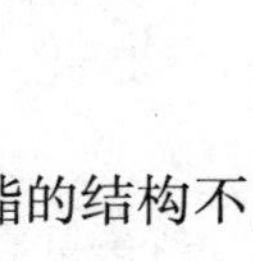 烃基膦酸

膦酸的毒性较胂酸小，用作捕收剂时污染较小。烃基膦酸属二元酸，其酸性较强。膦酸钠溶于水时引起的表面张力下降较明显。膦酸与Ca^{2+}、Fe^{3+}、Sn^{2+}、Sn^{4+}等离子生成难

溶盐，故用作捕收剂时，Ca^{2+}、Fe^{3+}离子对其有明显的影响，方解石和铁矿物会与锡石同时上浮。

己基膦酸和庚基膦酸都是锡石和黑钨的优良捕收剂，但由于合成难、成本高而未能工业化应用。至今为止，烃基膦酸捕收剂以苯乙烯膦酸最为典型。

苯乙烯膦酸的制法：通氯到三氯化磷的四氯化碳溶液中，得到五氯化磷，后者与苯乙烯加成，然后水解得到苯乙烯膦酸。反应见式(7-1-56)～式(7-1-58)：

$$PCl_3 + Cl_2 \xrightarrow{CCl_4} PCl_5 \tag{7-1-56}$$

$$C_6H_5-CH{=}CH_2 + PCl_5 \xrightarrow{CCl_4} C_6H_5-\underset{\underset{Cl}{|}}{CH}-CH_2-PCl_4 \tag{7-1-57}$$

$$C_6H_5-\underset{\underset{Cl}{|}}{CH}CH_2PCl_4 + 3H_2O \xrightarrow{水解} C_6H_5-CH{=}CH-\overset{\overset{OH}{|}}{\underset{\underset{OH}{|}}{P}}{=}O + 5HCl \tag{7-1-58}$$

苯乙烯膦酸是一种白色结晶物质，熔点159～160℃，可溶于水或碱液。苯乙烯膦酸是二元酸，与Sn^{2+}、Sn^{4+}生成难溶盐，对Ca^{2+}、Mg^{2+}相对不敏感，在5×10^{-2}mol/L才能形成盐，是锡石、黑钨矿浮选的优良捕收剂，也是钛铁矿、钽铌矿浮选的有效捕收剂。苯乙烯膦酸用量一般为200～1200g/t，浮选pH值为5～6，它可以单独作为捕收剂使用，也可以与脂肪酸、2号油混合用药。采用苯乙烯膦酸浮选黑钨矿，捕收剂用量500g/t，调整剂硅酸钠用量500g/t，控制矿浆pH值为5，黑钨矿回收率可达73.2%。采用苯乙烯膦酸浮选西昌401厂浮硫尾矿，捕收剂用量810g/t，起泡剂2号油用量212g/t，闭路试验可得到TiO_2品位为48.27%的精矿，回收率可达72.96%。由于苯乙烯膦酸合成过程涉及氯气、三氯化磷等原料，其生成过程污染较大，要求严格控制。

C 双膦酸

双膦酸类捕收剂主要有：二烃基氨基次甲基双膦酸、烃基-α-氨基-1,1-双膦酸、烃基-α-羟基-1,1-双膦酸、烃基二磷酸酯等。它们的结构式如下：

$$R^1R^2N(CH_2PO_3H_2)_2 \qquad R^1-\overset{\overset{NH_2}{|}}{C}(PO_3H_2)_2 \qquad R^1-\overset{\overset{OH}{|}}{C}(PO_3H_2)_2 \qquad R^1(PO_3H_2)_2$$

二烃基氨基次甲基双膦酸　烃基-α-氨基-1,1-双膦酸　烃基-α-羟基-1,1-双膦酸　烃基二磷酸酯

双膦酸类是一类值得重视的氧化矿捕收剂，它们浮选性能比脂肪酸捕收剂好，选择性较高，用量少，基本无毒或低毒，可广泛用于黑钨、锡石、稀土、菱锌矿等氧化矿的浮选。主要不足是它们的原料成本较高，导致药剂价格较高，目前尚难与其他捕收剂产品竞争，因此工业化应用少见。

7.1.3.5 烃基胂酸捕收剂

烃基胂酸是氧化矿捕收剂，特别是对锡石和黑钨浮选效果显著。烃基胂酸可分为烷基胂酸和芳基胂酸。在烷基胂酸中，烷基含碳原子数在4～12时有效；在芳基胂酸中，一般

以 C_6H_5—、$CH_3C_6H_4$—、$C_2H_5C_6H_4$、—$CH_3C_6H_4CH_2$—为有效，以甲苯胂酸为主。

烷基胂酸的合成是用亚砷酸钠与卤代烷作用，制得烷基胂酸钠，再酸化得烷基胂酸。该反应转化率低，产率低，没有工业价值。

甲苯胂酸是历史上首个获得工业应用的胂酸捕收剂，其合成方法是将对-甲苯胺经重氮化、胂化、酸化而成，反应见式（7-1-59）：

$$CH_3-C_6H_4-NH_2 \xrightarrow{HCl} CH_3-C_6H_4-NH_2\cdot Cl \xrightarrow[NaNO_2\ +\ HCl]{HNO_2} CH_3-C_6H_4-N{=}N-Cl \xrightarrow[NaOH\ +\ As_2O_3]{Na_3AsO_3}$$

$$CH_3-C_6H_4-As_2O_3Na_2 \xrightarrow[\text{pH 值为 }1\sim 2]{H_2SO_4} CH_3-C_6H_4-AsO_3H_2 \qquad (7\text{-}1\text{-}59)$$

我国曾采用混合甲苯胺（对-甲苯胺和邻-甲苯胺的混合物）为原料，沿用上述方法成功开发了混合甲苯胂酸，显著降低了生产成本。之后，朱建光教授根据同分异构原理，研究成功了苄基胂酸。目前，苄基胂酸是仍然在工业应用的唯一一种胂酸类捕收剂。

苄基胂酸是通过苄氯和亚砷酸钠反应而制备的。将三氧化砷溶于氢氧化钠溶液中生成亚砷酸钠，再与苄氯作用生成苄基胂酸钠，经硫酸酸化即析出苄基胂酸。其反应原理见式(7-1-60)~式(7-1-62)：

$$As_2O_3 + 6NaOH \longrightarrow 2Na_3AsO_3 + 3H_2O \qquad (7\text{-}1\text{-}60)$$

$$C_6H_5-CH_2Cl + Na_3AsO_3 \longrightarrow C_6H_5-CH_2AsO_3Na_2 + NaCl \qquad (7\text{-}1\text{-}61)$$

$$C_6H_5-CH_2AsO_3Na_2 + H_2SO_4 \longrightarrow C_6H_5-CH_2AsO_3H_2 + 2NaHSO_4 \qquad (7\text{-}1\text{-}62)$$

苄基胂酸是白色粉状物，工业品含苄基胂酸 80% 左右，含无机砷 1% 以下，含少量氯化钠、硫酸钠，其余为水分。在常温下稳定，溶于热水，难溶于冷水，可用水作溶剂重结晶提纯。经提纯的苄基胂酸为无色针状晶体，熔点 196～197℃。苄基胂酸是二元酸，在水溶液中分两步电离，pK_1、pK_2 分别为 4.43 和 7.51，水溶液呈酸性，可溶于碱液中，配制苄基胂酸溶液时可用 Na_2CO_3 调制。

苄基胂酸和甲苯胂酸一样，能与 Fe^{2+}、Fe^{3+}、Mn^{2+}、Sn^{2+}、Cu^{2+}、Pb^{2+}、Zn^{2+} 等作用形成沉淀，对 Ca^{2+}、Mg^{2+} 不敏感，因此它能捕收黑钨、锡石及铜、铅、锌、铁的硫化矿等，对含 Ca^{2+}、Mg^{2+} 的矿物捕收能力较弱。苄基胂酸是一种选择性较好的捕收剂。

由于胂酸捕收剂具有较大毒性，特别是在药剂生产过程中涉及剧毒物三氧化二砷（砒霜）的使用，其废水和污泥处理难度大。因此，胂酸类捕收剂已逐渐减少使用。

7.1.3.6 阳离子捕收剂

A 脂肪胺

阳离子捕收剂通常指的是胺类，包括伯胺盐、仲胺盐、叔胺盐和季铵盐，其结构式如下：

$$R^1NH_2\cdot HX \qquad R^1-\underset{\displaystyle R^2}{\underset{|}{N}}H\cdot HX \qquad R^1-\overset{\displaystyle R^2}{\overset{|}{\underset{\displaystyle R^3}{\underset{|}{N}}}}\cdot HX \qquad \left[R^1-\overset{\displaystyle R^2}{\overset{|}{\underset{\displaystyle R^3}{\underset{|}{N}}}}\cdot R^4\right]X$$

伯胺盐　　仲胺盐　　叔胺盐　　季铵盐

用作浮选捕收剂的脂肪胺的碳原子数通常在 8 ~ 12 之间。尽管各类胺在一定条件下可具有捕收性能，但目前工业应用的脂肪胺阳离子捕收剂主要是十二胺和十八胺，或是它们的盐酸盐及醋酸盐。

脂肪胺在水中可电离形成铵离子(见式(7-1-63))：

$$RNH_2 \cdot HX \longrightarrow RNH_3^+ + X^- \qquad (7\text{-}1\text{-}63)$$

这种带正电的铵离子与矿物表面作用并使矿物疏水上浮，故称为阳离子胺类捕收剂。

脂肪胺是化工基础原料，广泛用于洗涤剂及日用化学品中。我国脂肪胺生产是以脂肪酸为原料，与氨作用后再用氧化铝催化加热脱水成脂肪腈，然后在海绵镍存在下加氢还原成胺(见式(7-1-64))：

$$RCOOH \xrightarrow{NH_3} RCOONH_4 \xrightarrow[Al_2O_3]{-2H_2O} RC{\equiv}N \xrightarrow[(20\sim25)\times101325Pa]{Ni, 2H_2, 170\sim200℃} RCH_2NH_2 \qquad (7\text{-}1\text{-}64)$$

根据脂肪酸原料的不同可生成不同种类的脂肪胺，如以硬脂酸为原料生产十八胺；也可以混合脂肪酸为原料生产混合胺，如以椰子油脂肪酸为原料，则可生成以十二胺为主成分的混合脂肪胺。作为浮选捕收剂使用的工业脂肪胺通常是混合胺，如 $C_{12} \sim C_{14}$脂肪胺、$C_{16} \sim C_{18}$脂肪胺，这不仅可降低成本，而且对捕收性能也无害甚至有利。

脂肪胺有鱼腥味，在水中溶解度很小，但能溶于酒精、乙醚等有机溶剂。用作浮选捕收剂时，可溶于盐酸或醋酸中，胺的盐酸盐或醋酸盐均能溶于水，其中醋酸盐溶得较好。

脂肪胺氮原子上均有孤对电子，这点和氨一样，是呈碱性的原因，也是氨或胺能生成共价配键配合物的原因，因为氨或胺氮原子上的孤对电子能吸引溶液中的质子（H^+），使 OH^- 的浓度相对增大，而显碱性(见式(7-1-65))。

$$RNH_2 + H_2O \rightleftharpoons RNH_3^+ + OH^- \qquad (7\text{-}1\text{-}65)$$

脂肪胺的碱性强弱顺序一般为：仲胺 > 叔胺 > 伯胺 > 氨。季铵是强碱，其碱性与氢氧化钠相当。

脂肪胺阳离子捕收剂能对石英、硅酸盐和铝硅酸盐等矿物具有很强的捕收能力，在铁矿石、铝土矿的反浮选以及氯化钾浮选中应用广泛。

B　醚胺捕收剂

用作捕收剂的醚胺是烷基丙基醚胺（或称 3-烷氧基-正丙基胺），其通式为 $RO—CH_2CH_2CH_2NH_2$，式中 R 为 $C_8 \sim C_{18}$烷基。

醚胺的合成是将丙烯腈在碱催化下与醇作用生成醚腈，醚腈经催化加氢得醚胺(见式(7-1-66)和式(7-1-67))。

$$CH_2{=}CHC{\equiv}N + ROH \longrightarrow ROCH_2CH_2CN \qquad (7\text{-}1\text{-}66)$$

$$ROCH_2CH_2CN + 2H_2 \xrightarrow{镍催化} ROCH_2CH_2CH_2NH_2 \qquad (7\text{-}1\text{-}67)$$

醚胺与脂肪胺相比较，在脂肪胺的烷基上引入一个醚基，可降低熔点，提高溶解度，在矿浆中较易分散，浮选效果得到改善，用于赤铁矿反浮选效果显著。

C　其他阳离子捕收剂

随着我国铁矿石、铝土矿以及盐湖资源开发的不断深入，许多新型阳离子捕收剂获得研究，详见表 7-1-10。

表 7-1-10 新型阳离子捕收剂

药剂名称	结构式	应用对象
N-十二烷基-1,3 丙二胺	$CH_3(CH_2)_{10}CH_2NHCH_2CH_2CH_2NH_2$	赤铁矿、铝土矿脱硅反浮选
十六烷基三甲溴化铵	$CH_3(CH_2)_{14}CH_2N(CH_3)_3Br$	赤铁矿、铝土矿脱硅反浮选
烷基吗啉	$O\langle\begin{smallmatrix}CH_2—CH_2\\CH_2—CH_2\end{smallmatrix}\rangle N—C_nH_{2n+1}$ $n=12\sim22$	钾盐浮选
N-{3-[(3-烷氧基)丙基氨基]丙基}烷基酰氨	$R^1—\overset{\overset{O}{\|}}{C}—NH(CH_2)_3NH(CH_2)_3OR^2$	石英浮选
N-(3-二甲基氨基)丙基月桂酰胺	$CH_3(CH_2)_{10}CONHCH_2CH_2CH_2NH_2$	硅铝酸盐浮选
N-(3-二甲基氨基)丙基脂肪酸酰胺	$CH_3(CH_2)_nCONHCH_2(CH_2)_2N(CH_3)_2$ ($n=10,12,14,16$)	硅铝酸盐浮选
N-(2-氨基乙基)萘乙酰胺	$C_{10}H_7CH_2CONHCH_2CH_2NH_2$	硅铝酸盐浮选
丁烷-1,4-双十二烷基二甲基溴化铵	$[C_{12}H_{25}—\underset{CH_3}{\overset{CH_3}{N}}—(CH_2)_4—\underset{CH_3}{\overset{CH_3}{N}}—C_{12}H_{25}]Br_2$	铝土矿脱硅反浮选

7.1.3.7 两性捕收剂

A 烷基氨基羧酸

两性捕收剂分子中既具有带负电的功能基、又具有带正电的功能基，故称为两性捕收剂。一般地说，它们具有如下通式：$R^1X^1R^2X^2$。通式中 R^1 是较长的烷基，以 $C_8\sim C_{18}$之内的烷基较好，R^2 一般都是碳链较短的烃基；X^1 是阳离子功能团；X^2 是阴离子功能团。一般地，阳离子基团以氨基为主，而阴离子基团则可为羧酸、膦酸、磺酸等。

由于受原料来源、合成费用及捕收性能等限制，两性捕收剂尚属于新兴的领域，研究较多而工业应用较少。它作为一种特殊的捕收剂很值得关注。

烷基氨基羧酸是目前最重要的两性捕收剂，其类型及结构见表 7-1-11，在酸和碱溶液中的平衡式见式（7-1-68）。

表 7-1-11 烷基氨基羧酸两性捕收剂

名称	结构式
N-十六烷基-α-氨基乙酸	$CH_3(CH_2)_{14}CH_2NHCH_2COOH$
N-十二烷基-β-氨丙基酸	$CH_3(CH_2)_{10}CH_2NHCH_2CH_2COOH$
N-十二烷基-β-亚氨基二丙酸	$CH_3(CH_2)_{10}CH_2N\langle\begin{smallmatrix}CH_2CH_2COOH\\CH_2CH_2COOH\end{smallmatrix}$
N-十四烷基牛磺酸	$CH_3(CH_2)_{12}NHCH_2CH_2SO_3H$
N-十二烷基-N-羟基乙基-α-氨基乙酸钠	$CH_3(CH_2)_{10}CH_2N\langle\begin{smallmatrix}CH_2CH_2OH\\CH_2COONa\end{smallmatrix}$
N-十六烷基亚氨基二乙酸钠	$CH_3(CH_2)_{14}CH_2N\langle\begin{smallmatrix}CH_2COONa\\CH_2COONa\end{smallmatrix}$

$$R\overset{+}{N}H_2CH_2COOH \underset{H^+}{\overset{OH^-}{\rightleftharpoons}} RNHCH_2COOH \underset{H^+}{\overset{OH^-}{\rightleftharpoons}} RNHCH_2COO^- \qquad (7\text{-}1\text{-}68)$$

溶于酸　　　　　　等电点　　　　　　溶于碱

带正电向阴极移动　　溶解度最小　　带负电向阳极移动

B　N-烷酰基氨基羧酸

N-烷酰基氨基羧酸也是一种重要的两性捕收剂，可通过烷基酰氯与氨基乙酸、ω-氨基丁酸和 ω-氨基己酸等反应合成，其结构通式如下：

$$\overset{\displaystyle O}{\overset{\displaystyle /\!/}{RC}}—NH(CH_2)_nCOOH$$

美狄兰是一种洗涤剂产品，主要成分是 N-烷酰基氨基羧酸，是脂肪酸经酰氯化后与肌氨酸的缩合物，其通式如下：

$$\underset{\displaystyle CH_3}{RCO\underset{|}{N}}—CH_2COONa \quad (R\text{ 为 }C_{12} \sim C_{18}\text{的烃基})$$

美狄兰水溶液很稳定，能长时间放置，不易分解变质，能耐硬水，有很好的起泡能力和很强的乳化能力，可用作钨矿浮选的捕收剂。

磺丁二酰胺酸四钠盐学名为 N-十八烷基-N-二羧基乙基磺化琥珀酰胺酸四钠，商品名为 A-22，其结构式如下：

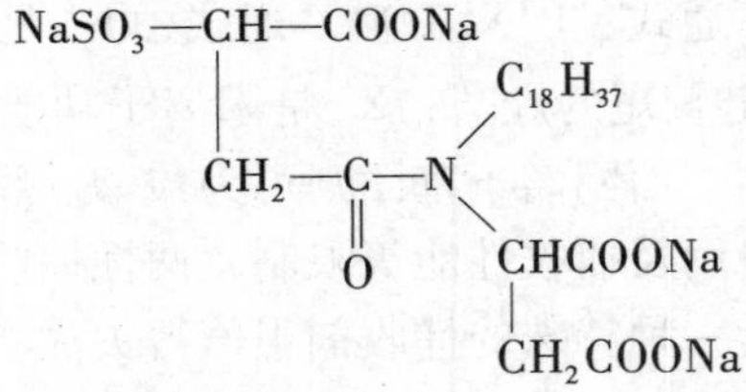

$$\begin{array}{l} NaSO_3—CH—COONa \\ \qquad\qquad | \qquad\qquad\quad C_{18}H_{37} \\ \qquad\qquad | \qquad\qquad\ \ / \\ \qquad\quad CH_2—\underset{\displaystyle \overset{\|}{O}}{C}—N \\ \qquad\qquad\qquad\qquad\quad \backslash \\ \qquad\qquad\qquad\qquad\quad CHCOONa \\ \qquad\qquad\qquad\qquad\quad | \\ \qquad\qquad\qquad\qquad\quad CH_2COONa \end{array}$$

磺丁二酰胺酸四钠盐是广泛使用的表面活性剂，20 世纪 60 年代后开始用作黑钨、锡石的捕收剂。用于浮选的磺丁二酰胺酸四钠盐含水分少的成白色膏状固体，含水分多的像浓肥皂液，因分子中含有三个羧基和一个磺酸基，易溶于水。因其具有较强的起泡作用，捕收速度快，使用时宜分批加药。

7.1.4　烃类油捕收剂

7.1.4.1　来源、组成和性质

烃类油捕收剂也称中性油捕收剂，其成分为烃类化合物，包括脂肪烃和芳香烃，又称矿物油。烃类油多来自石油、煤焦油、木焦油，其中以石油为主，煤焦油也有一定产量，而木焦油产量少，工业价值不大。

石油的主要成分是脂肪烃、脂环烃及芳香烃，随形成地质年代、条件和产地的不同，石油的组成不同，可分为石蜡基、环烷基、异构烷基、芳香基和混合基等数十种原油。例如，我国大庆石油主要是烷烃；玉门石油含有环烷烃，属烷环混合型；印尼石油属芳香型。在石油加工过程中通过原油蒸馏、分馏以及催化重整，可生产不同馏分及不同组成的

烃类油产品（见表7-1-12）。在上述各种石油馏分中，煤油和柴油是两种最主要的烃油捕收剂。

表7-1-12 石油分馏产品

产品		沸程/℃	大致组成	用途
石油气		40以下	$C_1 \sim C_4$	燃料、化工原料
粗汽油	石油醚	40~60	$C_6 \sim C_8$	溶剂
	汽油	60~205	$C_7 \sim C_9$	内燃机燃料、溶剂
	溶剂油	150~200	$C_9 \sim C_{11}$	溶剂（溶解橡胶、油漆等）
煤油	航空煤油	145~245	$C_{10} \sim C_{16}$	喷气式飞机燃料油
	煤油	160~310	$C_{11} \sim C_{16}$	点灯、燃料、工业洗涤油
柴油		180~350	$C_{10} \sim C_{20}$	柴油机燃料
机械油		350以上	$C_{16} \sim C_{20}$	机械润滑
凡士林		350以上	$C_{20} \sim C_{22}$	制药、防锈涂料
石蜡		350以上	$C_{20} \sim C_{24}$	制皂、制蜡烛、脂肪酸、造型等
燃烧油		350以上		船用燃料、锅炉燃料
沥青		350以上		防腐绝缘材料、铺路及建筑材料
石油焦				制电石、炭精棒，用于冶金工业

烃类化合物化学活性很低，不溶于水，表现出明显的疏水性，同时也不电离，故通常称为中性油或非极性油。烷烃、环烷烃化学性质非常稳定，不与酸碱等试剂作用；不饱和脂肪烃可与氢气、卤素等起加成作用；芳香烃在较强的条件下可发生磺化、硝化等反应，在用作捕收剂时一般不会与矿物表面发生化学反应。

7.1.4.2 烃类油在浮选中的作用

烃类油捕收剂在浮选中可用作天然可浮性好的矿物捕收剂，也可以用作辅助捕收剂、稀释分散剂、消泡剂等。

事实上，单用烃类油作捕收剂就能有效分选的矿物种类并不多，只适用于一些天然可浮性很好的矿物，如辉钼矿、石墨、天然硫黄、滑石、煤以及雄黄等。这些矿物表面有一定的天然疏水亲油性，使用烃类油就可成功地进行浮选。

烃类油捕收剂难溶于水，在矿浆中难于分散，主要呈油珠状态存在，在矿物表面形成的油膜也较厚，故捕收剂用量一般较大，通常为0.2~1kg/t或更高。然而，烃类油用量过大，会使浮选泡沫产生消泡作用，导致浮选过程恶化。

烃类油在浮选中的另一个主要作用是作辅助捕收剂。离子型捕收剂若与适量烃油混合使用常可增强捕收能力，强化粗粒矿物的浮选，同时还能降低捕收剂用量及成本，获得良好的浮选效果。无论是在硫化矿还是氧化矿浮选实践中，煤油、柴油以及燃料油和轻蜡油已被国内外证明能有效并广泛地用作离子型捕收剂的辅助捕收剂。烃油与极性捕收剂联合使用可提高矿物浮选效果的主要原因是烃油可在疏水矿物表面吸附和展开，这不仅可增强矿物表面的疏水性，还可大大增强矿粒在气泡上的黏附强度。

7.1.4.3 烃类油的浮选性能

烃类油捕收剂在浮选中的用途主要是使矿物表面呈非极性，常用于天然疏水性好的辉钼矿、煤、天然硫、滑石等。烃类油作为捕收剂时与它的化学组成和结构有关。

煤油和柴油是用得最广泛的烃类油捕收剂，常用来浮选辉钼矿和煤泥，一般有如下几点规律：

（1）煤油馏分的沸点温度越高，捕收能力越强。

（2）同沸点馏分中，正构烷烃对辉钼矿的捕收能力比芳香烃强。

（3）不同结构的液态芳香烃随着相对分子质量的增大捕收性能增强，但固体状芳香烃捕收剂则相反。

（4）烃类油的黏度对捕收性能具有显著影响。低黏度油作辉钼矿捕收剂时，得到的精矿品位高回收率低；高黏度油作辉钼矿捕收剂时，回收率高但精矿品位低。

总体上说，烃类油的相对分子质量越大，其黏度越高，沸点温度也越高，疏水性越强，因此捕收能力越强。但实践表明，黏度高的烃类油尽管能提高粗选辉钼矿的回收率，但同时也强化了黄铜矿和黄铁矿的浮选，造成铜钼分离困难，对钼精矿品位影响较大。因此，应综合考虑各因素以便选择适宜的烃类油捕收剂。

7.1.4.4 烃类油捕收剂的强化

由于烃类油不溶于水，经机械搅拌分散成小油滴进入矿浆，这种油-水分散相是一个不稳定的体系，其中较小油滴会兼并成较大油滴，较大油滴则会因为与水的密度差而漂浮析出水面，并且这种兼并作用会随着烃类油量的增大而加快。因此，靠增大烃类油的用量来强化浮选已不可能，寻求新方法以改善煤油在矿浆中的分散效果则显得尤为重要，而通过烃油的乳化则可以增强烃油捕收剂的作用效果。

美国 Climax 选厂从 1942 年起就在辉钼矿粗选中引进烃油乳化剂辛太克斯（Syntex），将烃油乳化，取得良好效果。我国使用的 PF-100 与辛太克斯是同一物质，其学名为甘油单月桂酸酯单硫酸酯钠盐，化学结构式如下：

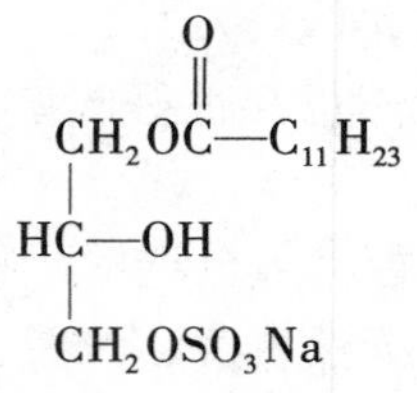

$$
\begin{array}{l}
\qquad\quad\ \ \mathrm{O} \\
\qquad\quad\ \ \| \\
\mathrm{CH_2OC{-}C_{11}H_{23}} \\
\ \ | \\
\mathrm{HC{-}OH} \\
\ \ | \\
\mathrm{CH_2OSO_3Na}
\end{array}
$$

PF-100 是辉钼矿烃类油捕收剂的有效乳化剂，用量很少，一般为 5 ~ 20g/t，它对烃类油起乳化作用，使烃类油充分分散，充分发挥烃类油的作用。此外，它的硫酸根对辉钼矿垂直解理面产生吸附，故有一定的捕收作用。同时，它是表面活性物质，具有起泡性能，使用 PF-100 能降低起泡剂用量。

此外，用超声波乳化或磁化烃类油也能使柴油和煤油在辉钼矿表面上的弥散有所改善，捕收剂用量明显减少，钼回收率有所改善。

7.2 浮选调整剂

7.2.1 概述

除捕收剂和起泡剂之外，浮选调整剂包括了在浮选过程中使用的各种化学药剂，按调整剂在浮选过程中的作用可分为：pH 值调整剂、分散剂、抑制剂、活化剂、凝聚剂和絮凝剂等。事实上，调整剂几乎涉及各种无机化合物、有机化合物以及高分子化合物。因为同一种浮选调整剂在不同的浮选条件下可以起不同的作用，所以调整剂的分类具有一定的相对性。例如，石灰是pH值调整剂，也是一种凝聚剂，还是黄铁矿的抑制剂；不同用量的硫化钠对表面略有氧化的黄铜矿会起活化或抑制两种截然不同的作用；许多抑制剂如水玻璃和六偏磷酸钠同时也具有分散剂作用。本节根据某种化合物在浮选过程所起的主要作用进行归类介绍。由于凝聚剂和絮凝剂不仅应用于浮选，还大量地在固液分离、水处理等诸多过程使用，故另外单独介绍。

7.2.2 pH值调整剂

7.2.2.1 酸性调整剂

酸性调整剂主要包括硫酸、盐酸、磷酸和氢氟酸，此外还包括二氧化碳和二氧化硫或亚硫酸等。硝酸具有强氧化性，且腐蚀性强，一般不作为浮选pH值调整剂使用。

A 硫酸

硫酸是来源最广泛的工业用酸，也是最便宜的酸性调整剂。硫酸为一种无色无味油状液体，98%的浓硫酸密度为1.84g/cm^3，具有强腐蚀性。硫酸价廉、不挥发，是浮选中应用最广泛的酸性调整剂，一般配成10%～20%的质量浓度使用。

B 盐酸

盐酸也是强酸，工业盐酸一般质量浓度约为30%。盐酸由于挥发性大，腐蚀性强，运输费用高，在浮选中应用较少。但在某些矿物的浮选中，如氯化钠与氯化钾的浮选需要使用盐酸作为酸性调整剂。此外，如当地有丰富的盐酸副产品来源时也可考虑使用。

C 氢氟酸

氢氟酸价格昂贵且有剧毒和强烈腐蚀性，使用时应特别注意，一般只在某些稀有金属矿物浮选时才使用。

D 磷酸

磷酸是一种三元酸，其价格较贵，作为pH值调整剂主要用于磷矿石浮选，在磷矿石反浮选脱镁中使用较大量的磷酸。

E 亚硫酸和碳酸

二氧化硫和二氧化碳溶于水所形成的水合物分别被称为亚硫酸和碳酸。亚硫酸是一种二元中强酸，碳酸是二元弱酸。有些选矿厂在矿浆中通入二氧化碳或二氧化硫废气进行调浆，实质上起到加入碳酸和亚硫酸的作用，也可降低pH值。

7.2.2.2 碱性调整剂

在浮选工业中常用的碱性调整剂有石灰、碳酸钠和氢氧化钠等。

A 石灰

石灰价廉且来源广泛，是浮选中应用最为广泛的碱性调整剂。石灰为白色固体，主要成分是氧化钙。工业上的石灰主要是通过石灰石煅烧而制备的，又称生石灰。石灰与水作用生成氢氧化钙，同时放出大量的热（见式(7-2-1)）：

$$CaO + H_2O \xlongequal{} Ca(OH)_2 + 66.6kJ/mol \tag{7-2-1}$$

氢氧化钙也称熟石灰或消石灰，是强碱，氢氧化钙在水中溶解度很小，20℃时溶解度为6.9×10^{-3}mol/L。溶于水的氢氧化钙能电离为Ca^{2+}和OH^-（见式(7-2-2)）：

$$Ca(OH)_2 \rightleftharpoons Ca^{2+} + 2OH^- \tag{7-2-2}$$

石灰不仅是一种碱性pH值调整剂，同时还对黄铁矿、磁黄铁矿等硫化矿物具有较强的抑制作用，因此在硫化矿浮选中石灰的应用非常普遍。工业石灰为固体，易吸潮，并且含有一定渣量，故选矿厂一般是将石灰制备成石灰乳添加使用。

B 碳酸钠

碳酸钠又称苏打，在浮选工业中的应用仅次于石灰，在非硫化矿浮选中是应用广泛的碱性调整剂。碳酸钠是弱酸强碱盐，在水中发生电离、水解而呈碱性(见式(7-2-3)～式(7-2-5))：

$$Na_2CO_3 \xrightarrow{\text{电离}} 2Na^+ + CO_3^{2-} \tag{7-2-3}$$

$$CO_3^{2-} + H_2O \xrightleftharpoons{\text{水解}} HCO_3^- + OH^- \qquad K_1 = 2.226 \times 10^{-4} \tag{7-2-4}$$

$$HCO_3^- + H_2O \xrightleftharpoons{\text{水解}} H_2CO_3 + OH^- \qquad K_2 = 2.95 \times 10^{-8} \tag{7-2-5}$$

式中，K_1、K_2分别代表第一步、第二步水解平衡常数。由反应式(7-2-3)～式(7-2-5)看出，碳酸钠溶液不仅显碱性，而且它有两种不同酸度的弱酸根（HCO_3^-和CO_3^{2-}）可组成缓冲溶液，所以碳酸钠还具有一定的缓冲作用，通常使矿浆pH值保持在8～10之间。

由于脂肪酸类捕收剂对钙、镁离子敏感，不宜使用石灰作pH值调整剂。在浮选各种非硫化矿时，碳酸钠不仅可以起到调整pH值的作用，而且可以沉淀矿浆中的钙离子、镁离子，消除有害影响，改善浮选过程的选择性。

在硫化矿浮选中，碳酸钠对被石灰抑制的黄铁矿具有活化作用。碳酸钠离解出的碳酸根离子、碳酸氢根离子能与黄铁矿表面的氢氧化铁或氢氧化钙亲水性薄膜作用，生成相应的铁、钙碳酸盐，由于这种碳酸盐与黄铁矿性质不同且很容易脱落，从而使黄铁矿得到活化。

C 氢氧化钠

氢氧化钠，俗名苛性钠、火碱、烧碱。氢氧化钠纯品为白色固体，极易溶于水，溶解时放出大量的热，易潮解，水溶液有涩味和滑腻感，有强烈腐蚀性。氢氧化钠比石灰碱性更强，但价格较贵，一般是在要求强碱性矿浆又不能使用石灰的条件下才用氢氧化钠。例如，国外赤铁矿选择絮凝—脱泥—阳离子反浮选脉石的工艺中，为了使微细粒级矿物组分充分分散，所需的强碱性介质条件需要使用氢氧化钠。此外，氢氧化钠也可与水玻璃等联合使用以强化细粒矿物的分散作用。

7.2.3 分散剂

7.2.3.1 分散剂的作用

在浮选工艺中，分散剂常与捕收剂、絮凝剂、活化剂、抑制剂等调整剂相匹配使用。分散剂能使矿浆中的矿粒处于稳定分散状态，从而使捕收剂或絮凝剂能更好地选择性吸附于目的矿物颗粒表面，达到分选的目的。

矿物浮选分离的基本前提是矿物颗粒要达到单体解离状态。尽管磨矿可使矿物达到单体解离度的要求，但在实际矿浆中，由于矿物组成复杂，粒级分布范围宽，加之矿浆中含有许多杂质金属离子，矿物颗粒之间发生聚集形成互凝现象。互凝是一种非选择性聚团，会产生矿泥罩盖，导致浮选无选择性，浮选过程显著恶化。

分散剂的作用就是要消除互凝现象，使矿粒处于稳定的分散状态。根据 DLVO 理论，固液分散体系的稳定性取决于颗粒间斥力和引力的平衡，要使固体颗粒能均匀分散，则颗粒间的斥力就必须克服引力，反之就会发生凝聚或絮凝。颗粒间的斥力主要取决于其静电斥力作用以及表面水化作用。

分散剂包括无机分散剂和有机分散剂。无机分散剂主要有水玻璃、氢氧化钠、碳酸钠、六偏磷酸钠等；有机分散剂主要是分子量较小的有机聚合物，如单宁、木质磺酸钙等。分散剂通常也具有抑制剂的作用，特别是有机分散剂往往会显著影响矿物的可浮性，其抑制作用更为突出，因此主要是作为有机抑制剂归类。

目前，浮选过程使用的分散剂主要是无机分散剂，其中应用最为广泛的是水玻璃和六偏磷酸钠。

7.2.3.2 水玻璃

水玻璃来源广，价格低廉，不仅对细泥有很好的分散作用，而且对石英、硅酸盐等脉石矿物也具有良好的抑制作用，是浮选中应用最广泛的一种无机调整剂，主要用作矿泥分散剂和抑制剂。

水玻璃的分子式可表示为 $Na_2O \cdot nSiO_2$，其中 n 称为水玻璃的模数，即水玻璃中 SiO_2 与 Na_2O 物质的量的比值，水玻璃的模数一般在 1.5 ~ 3.5 之间。工业上水玻璃是将石英砂（SiO_2）与纯碱（Na_2CO_3）共同熔融制得，外观为灰色或绿色的玻璃状。浮选用的水玻璃一般是指水玻璃水溶液，又称泡花碱，是一种黏稠状液体，其质量浓度一般为 30% ~ 40%。水玻璃的性质与其模数有很大关系，水玻璃的模数越小，越易溶于水，其分散能力和抑制能力越差；模数越大，越难溶于水，其分散能力和抑制能力越高，浮选厂用的水玻璃模数一般以 2.4 ~ 2.8 为宜。水玻璃为无机胶体，有黏性，很易将玻璃黏结在一起，故盛水玻璃的瓶子不能用玻璃塞，以免黏结。

水玻璃是弱酸强碱盐，硅酸是极弱的酸，电离常数很小，其电离反应式与电离常数见式(7-2-6) ~ 式（7-2-7）：

$$H_2SiO_3 \rightleftharpoons H^+ + HSiO_3^- \qquad K_1 = 1 \times 10^{-9} \tag{7-2-6}$$

$$HSiO_3^- \rightleftharpoons H^+ + SiO_3^{2-} \qquad K_2 = 1 \times 10^{-12} \tag{7-2-7}$$

水玻璃有强烈的水解反应，使水溶液呈碱性。水解方程式见式（7-2-8）：

$$Na_2SiO_3 + 2H_2O \rightleftharpoons \underset{(NaHSiO_3 \cdot H_2O)}{NaH_3SiO_4} + NaOH \tag{7-2-8}$$

水解所形成的 NaH_3SiO_4，很容易聚合成 $Na_2H_4Si_2O_7$，进而还可形成多硅酸盐（见式(7-2-9)）。

$$2NaH_3SiO_4 \rightleftharpoons Na_2H_4Si_2O_7 + H_2O \tag{7-2-9}$$

水玻璃也可以水解生成 $Si(OH)_4$（见式(7-2-10)）：

$$Na_2SiO_3 + 3H_2O \rightleftharpoons 2NaOH + Si(OH)_4 \tag{7-2-10}$$

水玻璃与酸作用可生成硅酸，将酸加入水玻璃溶液，立即析出硅酸（见式(7-2-11)）。

$$Na_2SiO_3 + 2H^+ \rightleftharpoons H_2SiO_3 + 2Na^+ \tag{7-2-11}$$

硅酸在水中的溶解度很小，但所产生的硅酸并不立即沉淀，而是分散在溶液中，形成硅凝胶。配好的水玻璃溶液，放置过久，会与空气中的 CO_2 作用，便析出硅酸，使水玻璃变质。

水玻璃对矿泥有很好的分散作用，是使用最广泛的矿泥分散剂。水玻璃作分散剂时，是以水中存在的 $HSiO_3^-$、H_2SiO_3 等亲水离子或分子及胶粒吸附在矿粒表面，使矿粒表面电位和水化膜显著增大而起分散作用的。水玻璃也常与氢氧化钠联合使用，以达到微细粒矿泥的最佳分离状态。对于金属氧化矿物和石英及硅酸盐矿物而言，氢氧根离子是它们的定位离子，在强碱性介质条件下，矿物粒子表面均具有较强的负电位，彼此间斥力较大，pH 值越高，其分散效果也越好。碳酸钠是氧化矿浮选时广泛使用的 pH 值调整剂，它调节 pH 值范围约在 8～10，同时它对细泥也有一定的分散作用。在浮选过程中要求 pH 值不能太高且又要分散细泥时，通常可采用碳酸钠与水玻璃联合使用。此外，当水玻璃与酸配制成酸化水玻璃时，其分散效果也会显著增强。

7.2.3.3 六偏磷酸钠

碱金属磷酸盐如三聚磷酸钠、六偏磷酸钠和焦磷酸钠等也是矿泥的分散剂，其中以六偏磷酸钠的分散效果最强，在浮选中得到广泛应用。

六偏磷酸钠的分子式为$(NaPO_3)_6$，是由磷酸二氢钠晶体加热脱水、熔化并聚合而成，呈玻璃状物。六偏磷酸钠有吸湿性，放置空气中易潮解，会逐渐变成焦磷酸盐及正磷酸盐，从而会降低其分散和抑制效果。六偏磷酸钠的阴离子有吸附活性，易吸附在多种矿石表面；与金属离子可形成可溶性配合物，因此可软化硬水。六偏磷酸钠的分散能力非常强，在很少的用量下（如 20～50g/t）就能达到很好的分散效果，常常用它来完成其他分散剂所不能胜任的分散任务。但六偏磷酸钠对许多矿物也具有较强的抑制作用，用量过大会影响浮选回收率。在生产中，六偏磷酸钠经常与水玻璃联合使用。

在硫化铜镍矿石浮选中，六偏磷酸钠不仅对矿泥有较强的分散作用，也是含镁脉石矿物蛇纹石、绿柱石的有效抑制剂。蛇纹石、绿柱石等含镁脉石在磨矿时容易泥化，并由于蛇纹石等含镁矿物的 ζ-电位是正值，而镍黄铁矿的 ζ-电位是负值，两者产生严重的互凝现象，导致镍黄铁矿表面被蛇纹石等含镁矿泥罩盖，使硫化矿捕收剂难以吸附。在矿浆中添加六偏磷酸钠及水玻璃等调浆时，六偏磷酸根吸附在蛇纹石等含镁脉石上，使它们的 ζ-电位由正变负，与镍黄铁矿同号，产生静电斥力，阻止了矿泥在镍磁黄铁矿表面的罩盖。由于六偏磷酸钠不但起了分散矿泥的作用而且与含镁矿泥表面的金属离子生成亲水的螯合物，使它受到抑制，从而强化了镍磁黄铁矿的浮选，使回收率大幅度提高，镍精矿中氧化镁含量大幅度降低。

7.2.4 抑制剂

7.2.4.1 抑制剂的作用

抑制剂通常是指对矿物浮选能起抑制作用的浮选药剂，所谓抑制作用是指增强矿物的亲水性，阻碍或削弱矿物对捕收剂的吸附，从而降低矿物的可浮性。抑制剂通常要与捕收剂配合使用，一般而言，一种良好的抑制剂应不影响捕收剂在目的矿物表面的吸附和捕收作用，但却能阻碍或削弱捕收剂在其他矿物表面的作用，从而提高浮选分离的选择性。同时，抑制剂还应该具有来源广、价廉、无毒或低毒、使用方便等性能。不同的捕收剂和不同的矿物体系所要求的抑制剂往往不同，因此，在浮选药剂中，抑制剂的种类最多，使用量也最大。

抑制剂通常包括无机抑制剂和有机抑制剂两大类。其中，有机抑制剂根据其相对分子量大小又可分为小分子有机抑制剂和大分子有机抑制剂。

7.2.4.2 无机抑制剂

无机抑制剂种类多，前述的pH值调整剂和分散剂往往也是抑制剂，如石灰是黄铁矿的抑制剂，在铜-硫、铜-锌-硫以及铅-锌-硫等硫化矿浮选中均普遍使用；水玻璃和六偏磷酸钠也是石英、硅酸盐等脉石矿物的高效抑制剂，在氧化矿浮选中广为使用，在此不再赘述。

A 硫酸锌

硫酸锌为无色晶体，通常含七个结晶水，分子式为$ZnSO_4 \cdot 7H_2O$。工业硫酸锌因含有少量三价铁，故呈淡的棕黄色。硫酸锌易溶于水，在0℃时，硫酸锌饱和水溶液的质量浓度可达29.4%，并且随温度的升高其浓度增大，70℃时为47.1%，100℃时达到49%。硫酸锌是强酸弱碱盐，其水溶液呈酸性。

硫酸锌是闪锌矿的抑制剂，但单独使用时，对闪锌矿的抑制能力较弱，与亚硫酸钠或氰化物等共同作用时，会产生强烈的抑制作用。硫酸锌在铜锌硫化矿和铅锌硫化矿浮选分离中应用普遍，是硫化矿无氰浮选的一种基础抑制剂。

B 氰化物

氰化物抑制剂主要包括氰化钠和氰化钾。氰化钠（NaCN）为无色立方体结晶，氰化钾（KCN）为无色八面体的无水结晶，易溶于水，使用时可配成1%～10%的水溶液。氰化钠和氰化钾都属剧毒物，误食0.05g即可使人致死，使用时要高度注意安全。

氰化钠和氰化钾都是弱酸强碱盐，其水溶液显碱性。使用氰化物为抑制剂时必须在碱性矿浆中进行，否则会生成剧毒的氰化氢气体。氰化物可与许多金属离子生成可溶性配合物，是金、银等贵金属的优良浸出剂。因此，当矿石中含有金、银等贵金属时，最好不用氰化物作抑制剂，以免造成金银浸出损失。

氰化物不仅对闪锌矿有抑制作用，而且对黄铁矿及黄铜矿也有抑制剂作用，在铜-锌-硫分离时要控制氰化物用量。对受铜离子活化的闪锌矿及黄铁矿，氰化物的抑制作用优异。氰化物对方铅矿则几乎没有抑制作用，因此，铜铅混合精矿的分离可使用氰化钠作抑制剂进行浮铅抑铜。但由于氰化物剧毒且污染环境，目前已逐渐限制使用。

C 亚硫酸盐

用作抑制剂的亚硫酸盐包括亚硫酸钠、二氧化硫和亚硫酸，主要用于代替氰化物抑制闪锌矿及硫铁矿。

二氧化硫是一种无色、有刺激性臭味的气体，在常压下于－10℃就能液化。二氧化硫溶于水形成亚硫酸，亚硫酸是中等强度的酸，可按式（7-2-12）和式（7-2-13）电离：

$$H_2SO_3 \rightleftharpoons H^+ + HSO_3^- \qquad K_1 = 1.7 \times 10^{-2}(25℃) \tag{7-2-12}$$

$$HSO_3^- \rightleftharpoons H^+ + SO_3^{2-} \qquad K_2 = 6.2 \times 10^{-8}(25℃) \tag{7-2-13}$$

亚硫酸与氢氧化钠或碳酸钠作用生成亚硫酸钠，固体亚硫酸钠分子通常含7个结晶水。

亚硫酸及其盐是一种强还原剂，容易被空气及一些氧化剂氧化，生成硫酸或硫酸盐，故使用亚硫酸钠为抑制剂时，宜当天配制当天使用，不宜久置，以免失效。

亚硫酸可以与很多金属离子形成酸式盐或正盐（亚硫酸盐），除碱金属亚硫酸盐较易溶于水外，其他亚硫酸盐都只微溶于水，这种性质是亚硫酸及其钠盐能作抑制剂的主要原因。用二氧化硫、亚硫酸及亚硫酸钠代替氰化物抑制闪锌矿和黄铁矿，国内外都进行大量研究并获工业应用。在一定条件下，二氧化硫或亚硫酸是闪锌矿和黄铁矿的有效抑制剂，对铜矿物则有清洁表面的作用，故对铜锌硫化矿有较好的分选效果。亚硫酸还可以与硫酸锌、淀粉等抑制剂共用，强化抑制闪锌矿和黄铁矿。亚硫酸的抑制能力虽然比氰化钠弱，但毒性小，且易被空气氧化，废水容易处理，是一种很有应用前景的抑制剂。

D 重铬酸盐

重铬酸钠（钾）是方铅矿的抑制剂，常在铜铅混合精矿分选时用于抑制方铅矿。

重铬酸钠通常以细针形的二水合物（$Na_2Cr_2O_7 \cdot 2H_2O$）的形式存在，重铬酸钾（$K_2Cr_2O_7$）没有结晶水，两者都呈橙红色。重铬酸钠和重铬酸钾都是易溶于水的强电解质，在水溶液中，能电离生成 Na^+ 或 K^+ 和重铬酸根(见式(7-2-14))：

$$Na_2Cr_2O_7 = 2Na^+ + Cr_2O_7^{2-} \tag{7-2-14}$$

重铬酸钠（钾）的水溶液呈酸性反应，这是由于重铬酸根在水中发生如下反应(见式(7-2-15))：

$$\underset{\text{重铬酸根(橙色)}}{Cr_2O_7^{2-}} + H_2O \rightleftharpoons 2H^+ + \underset{\text{铬酸根(黄色)}}{2CrO_4^{2-}} \tag{7-2-15}$$

重铬酸钠（钾）在酸性介质中是强氧化剂（六价铬还原为三价铬），可将亚铁盐、亚硫酸盐、氢硫酸和硫化物等氧化；钡、铅、银、汞等金属离子与重铬酸钠（钾）溶液作用形成难溶的铬酸盐沉淀；铬酸盐及重铬酸盐都有毒，其废水需加强处理，通常都是加入氯化钡使其生成铬酸钡难溶物而除去。

重铬酸钾（钠）对方铅矿具有抑制作用，而对铜矿物的浮选基本没有影响，因此通常用于铜铅混合精矿的浮选分离。但若矿石中有次生硫化铜存在时，由于铜离子对方铅矿的活化作用，会导致分选效果变差。此外，重铬酸钾与水玻璃按质量 1∶1 配成的混合物，也是铜铅混合精矿分选的有效抑制剂。

E 硫化物

硫化钠、硫氢化钠、硫化钙等可溶性硫化物均可作为硫化矿的抑制剂，它们也是氧化矿硫化浮选的活化剂，此外，还可作为矿浆 pH 值调整剂、硫化矿混合精矿的脱药剂、重金属离子的沉淀剂等。工业上使用较多的硫化物是硫化钠。硫化钠分子通常含有两个结晶水，呈褐色，易吸潮。工业硫化钠大概含 $Na_2S \cdot 2H_2O$ 91% ~93%。室温下（18℃）硫化钠饱和水溶液约含 15.3% 硫化钠，90℃时则含 36.4% 硫化钠。在 48℃以下时从水溶液中结晶析出 $Na_2S \cdot 9H_2O$，高于 48℃时结晶析出 $Na_2S \cdot 6H_2O$ 以及其他晶体。

硫化钠易溶于水，使用时通常配制为水溶液使用。硫化钠在水中完全电离，生成大量的硫离子(见式(7-2-16))：

$$Na_2S \longrightarrow 2Na^+ + S^{2-} \tag{7-2-16}$$

硫化钠是弱酸强碱盐，在水中易水解，使水溶液呈强碱性反应（见式(7-2-17)和式(7-2-18)）：

第一步水解： $$Na_2S + H_2O \rightleftharpoons NaOH + NaHS \tag{7-2-17}$$

第二步水解： $$NaHS + H_2O \rightleftharpoons NaOH + H_2S \tag{7-2-18}$$

硫化钠是强还原剂，易被氧化。硫化钠溶液置于空气中，慢慢被空气氧化而析出硫（见式(7-2-19)）：

$$2Na_2S + O_2 + 2H_2O \longrightarrow 4NaOH + 2S\downarrow \tag{7-2-19}$$

所以，硫化钠溶液放置时，容易出现混浊。用硫化钠溶液时，应采用新鲜配制的，若放置过久则失效。因硫化钠溶液受空气氧化而析出硫，故输送硫化钠溶液的管道往往受到堵塞。

辉钼矿天然可浮性很好，不受硫化钠的抑制，因此硫化钠常用于辉钼矿浮选中，抑制其他硫化矿。硫化钠用量大时，绝大多数硫化矿都会受到抑制。硫化钠抑制硫化矿的递减顺序大致为：方铅矿、闪锌矿、黄铜矿、斑铜矿、铜蓝、黄铁矿、辉铜矿。

F 磷诺克斯试剂

磷诺克斯试剂是一种由五硫化二磷和氢氧化钠混合制备的抑制剂，主要用于钼矿浮选中方铅矿的抑制，其抑制效果优于重铬酸钾。

磷诺克斯试剂的制备是在搅拌槽内先将氢氧化钠配成10%的水溶液，然后，五硫化二磷与氢氧化钠以1∶1的比例，缓慢地将五硫化二磷倾入搅拌槽中，搅拌15～20h。将配好的溶液稀释至1/200～1/100，即可使用。因五硫化二磷是易燃有毒的固体，在配制时要特别注意，不能与固体碱直接接触，否则有可能导致五硫化二磷燃烧，造成火灾和磷中毒。配药室要通风良好，要及时排除硫化氢气体，防止硫化氢中毒。

G 氟硅酸钠

氟硅酸钠（Na_2SiF_6）是无色结晶状物质，难溶于水，0℃时，饱和溶液中含氟硅酸钠0.39%，100℃时增大到2.4%。氟硅酸钠在氢氟酸溶液中溶解度增大，但当溶液中有食盐存在时，其溶解度降低。

氟硅酸钠与强碱作用，能分解成硅酸，若碱过量，则生成硅酸盐，而不析出硅酸（见式(7-2-20)和式(7-2-21)）。

$$Na_2SiF_6 + 4NaOH \longrightarrow 6NaF + Si(OH)_4 \tag{7-2-20}$$

$$2NaOH + Si(OH)_4 \longrightarrow Na_2SiO_3 + 3H_2O \tag{7-2-21}$$

氟硅酸钠是目前用得较为广泛的抑制剂，常用于抑制石英、长石及其他硅酸盐矿物。在用脂肪酸捕收剂浮选铬铁矿或菱铁矿时，氟硅酸钠对蛇纹石、电气石以及长石和石英等脉石矿物均具有良好的抑制效果。据报道，氟硅酸钠的有效作用在于优先从脉石矿物表面解析脂肪酸。此外，氟硅酸钠可以在水中解离生成（SiF_6）$^{2-}$，并进而水解生成SiO_2胶体，导致脉石矿物亲水而受到抑制。

7.2.4.3 小分子有机抑制剂

A 羧酸、胺、醇类抑制剂

小分子有机抑制剂一般具有一个亲水基，通过烃基与另一个能和目标抑制矿物作用的亲固基相连，这种结构使矿物与抑制剂作用后亲水性增强，难以产生疏水化作用从而抑制矿物上浮。羧酸基、氨基和羟基均为较强的亲水基，所形成的抑制剂主要包括羟基羧酸、羟基胺、二元羧酸、二元醇等。

a 羟基羧酸 羟基羧酸分子中，至少含有一个羟基和一个羧基，用作抑制剂的羟基羧酸主要有酒石酸、柠檬酸和没食子酸，结构式如下：

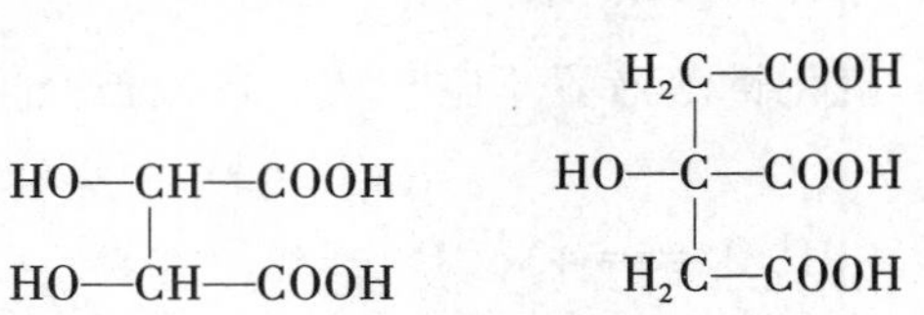

HO—CH—COOH
　　|
HO—CH—COOH

酒石酸

H_2C—COOH
　|
HO—C—COOH
　|
H_2C—COOH

柠檬酸

COOH（苯环上 3,4,5 位分别为 OH、OH、OH）

没食子酸

羟基羧酸一般较相应的羧酸易溶于水，不易溶于石油醚等非极性溶剂。低级羟基羧酸可以与水混溶。羟基羧酸具有羟基和羧基的各种反应及性质，短碳链羟基羧酸是一种螯合剂，容易与金属阳离子螯合，形成溶于水的螯合物。用作抑制剂时，可与矿物表面的金属离子成键而螯合，则另一部分基团向外与水形成水膜，显示抑制性质。

羟基羧酸主要用于含钙矿物的浮选分离，可作为萤石的有效抑制剂，能提高阴离子捕收剂对重晶石与萤石的分离效果，也可以在白钨矿-萤石浮选中应用。

b 羟基胺 作为抑制剂的羟基胺有乙醇胺、丙醇胺、丁醇胺、二乙醇胺等，其结构式如下：

$H_2N—CH_2CH_2OH$

乙醇胺

$H_2N—CH_2CH_2CH_2OH$

丙醇胺

$H_2N—CH_2CH_2CH_2CH_2OH$

丁醇胺

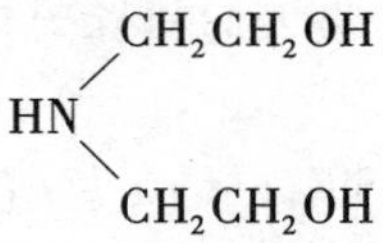

$HN(CH_2CH_2OH)_2$

二乙醇胺

氨基化合物在矿浆中优先吸附硅酸盐，使之表面亲水，阻止阳离子捕收剂对其吸附，故醇胺抑制剂使用过程中常与阳离子捕收剂配合。

c 草酸 草酸是最简单的二元羧酸，分子式为 HOOC—COOH，无色单斜棱形晶体，一般含两个分子结晶水，熔点 101.5℃。草酸与金属盐作用，可以形成草酸盐（正盐或酸式盐），除碱金属草酸盐及草酸铁外，其他草酸盐都是难溶于水的。在钨、锡分离浮选中，草酸可用作黑钨矿的抑制剂。在未加草酸时，黑钨矿细泥在介质 pH 值为 1 ~7 范围内可浮性相当好，在 pH 值大于9 以后几乎不浮。加入草酸后，在 pH 值大于3 时开始发生明显的抑制作用，在 pH 值为 5 ~8 及更高时，黑钨矿被抑制效果最佳。

d 多元醇 可作为有机抑制剂的低分子多元醇有：乙二醇、丙二醇、丙三醇等。这些多元醇吸水性很强，能逐渐吸收空气中的水分，使有效成分下降。在细泥浮选中，多元醇是石英、硅酸盐脉石矿物的抑制剂，与硫逐类阴离子捕收剂配合，可以有效地浮选细泥硫化矿，与羧酸或羧酸盐捕收剂配合，可以有效浮选氧化矿。例如，丙二醇作抑制剂、油酸作捕收剂，在 pH 值为 8 时，可从以蓝铜矿和孔雀石为主的铜矿细泥中，有效地浮选铜，回收率和品位都较高。

B 硫代酸盐

硫代酸盐抑制剂是以多元醇、多糖、醇氨、多胺等化合物为原料与二硫化碳及氢氧化钠进行反应制备的，其分子中至少含有一个黄原酸或二硫代甲酸基团，是针对硫化矿浮选开发的一类有机抑制剂。

a 羟基烷基二硫代氨基甲酸盐 羟基烷基二硫代氨基甲酸钠是由乙醇胺、二硫化碳和氢氧化钠反应得到的。由于乙醇胺具有氨基和羟基，反应过程除生成羟基乙基二硫代氨基甲酸钠外，还可以生成氨乙基黄原酸钠，见式(7-2-22)和式(7-2-23)。

$$HO—CH_2CH_2—NH_2 + CS_2 + NaOH \longrightarrow \underset{\text{羟基乙基二硫代氨基甲酸钠}}{HOCH_2CH_2NH\overset{\overset{\displaystyle S}{\|}}{C}—SNa} + H_2O \tag{7-2-22}$$

$$HO—CH_2CH_2—NH_2 + CS_2 + NaOH \longrightarrow \underset{\text{氨乙基黄原酸钠}}{H_2N—CH_2CH_2O\overset{\overset{\displaystyle S}{\|}}{C}—SNa} + H_2O \tag{7-2-23}$$

式（7-2-22）和式（7-2-23）所示的两个产物均为硫化矿的有效抑制剂。该产品是无色晶体，易溶于水，与重金属阳离子作用生成盐。代号为Д-1的羟基烷基二硫代氨基甲酸盐可用于铜钼混合精矿的分离浮选，在碱性矿浆中可显著抑制黄铜矿和黄铁矿，用量只有硫化钠的1/6～1/3。

b 多羟基黄原酸盐 多羟基黄原酸盐包括多羟基烷基黄原酸盐 $HOCH_2(CHOH)_nCH_2OCSSM(n=2\sim7)$、戊糖黄原酸盐和己糖黄原酸盐 $HOCH_2(CHOH)_nCOCH_2OCSSM(n=2\sim3)$，它们可分别由多元醇、戊糖或已糖与二硫化碳、氢氧化钠反应合成。

多羟基黄原酸盐一般是黄色固体，吸水性强，易溶于水，与重金属阳离子作用生成可溶性盐。这些有机化合物除含有黄原酸根外，烃链上带有多个亲水的羟基，可用作黄铁矿和白铁矿的抑制剂。

c 氨基乙基二硫代氨基甲酸盐 氨基乙基二硫代氨基甲酸钠由乙二胺与等物质的量的氢氧化钠及二硫化碳作用生成。反应式见式（7-2-24）：

$$NH_2—CH_2CH_2—NH_2 + CS_2 + NaOH \longrightarrow H_2N—CH_2CH_2NH\overset{\overset{\displaystyle S}{\|}}{C}—SNa + H_2O \tag{7-2-24}$$

该产品是无色晶体，易溶于水，可作为黄铁矿等的抑制剂。

C 巯基乙酸（盐）及巯基乙醇

作为抑制剂用的巯基化合物有巯基乙酸、巯基乙酸盐、巯基乙醇等，这些抑制剂可以抑制硫化铜矿物和硫化铁矿物，其效果与氰化钠和硫化钠相当，对环境无污染。

巯基乙酸（$HSCH_2COOH$）为无色透明液体，有刺激性气味，能与水、醚、醇、苯等溶剂混溶，密度为1.3253g/cm^3，熔点－16.5℃，巯基乙酸水溶液显酸性，其酸性比醋酸强，有腐蚀性。

选矿中主要使用巯基乙酸的钠盐或铵盐，其主要来源是我国在硫氨酯捕收剂合成中副产的巯基乙酸。根据动物试验，巯基乙酸具有中等程度的毒性，家鼠口服试验半致死剂量为 250 ~ 300mg/kg。美国氰特公司称巯基乙酸钠溶液为 Aero 666 和 Aero 667，其中 Aero 666 是巯基乙酸钠含量为 50% 的水溶液。

巯基乙酸盐主要用于铜钼混合精矿的分离浮选中黄铜矿及黄铁矿的抑制，其用量少，抑制效果明显，可代替硫化钠或氰化钠得到相近结果。

巯基乙醇的结构式为 $HSCH_2CH_2OH$，与巯基乙酸相类似，主要是在辉钼矿浮选时作为硫化铜矿物和黄铁矿的抑制剂。

D 芳基磺酸

芳基磺酸包括萘磺酸和苯磺酸，是萘环上或苯环上连续有一个或一个以上的磺酸根及其他极性基团（如—OH，—NH_2，—COOH）的化合物。这些化合物多数是偶氮染料的中间体，种类众多，基本性质大同小异，特以 H-酸和芝加哥酸为例予以介绍。

H-酸的学名为 1-氨基-8-萘酚-3，6-二磺酸，无色结晶，微溶于冷水。H-酸与某些金属阳离子如 Fe^{3+}、Al^{3+} 容易形成可溶性螯合物。芝加哥酸学名为 1-氨基-8-萘酚-2,4-二磺酸，也是无色结晶，易溶于水，其碱性溶液呈绿色荧光。芝加哥酸与 Fe^{3+} 生成黑绿色可溶性螯合物，与 Al^{3+} 及过渡元素的阳离子可形成可溶性螯合物。H-酸和芝加哥酸的分子结构如下：

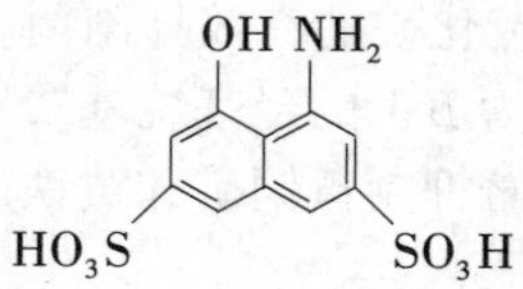

1-氨基-8-萘酚-3,6-二磺酸（H-酸） 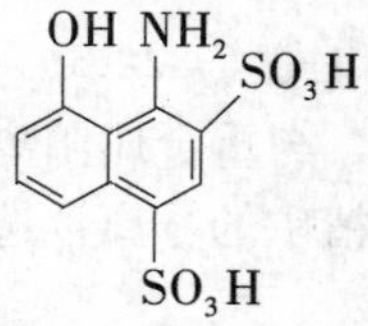　　1-氨基-8-萘酚-2,4-二磺酸（芝加哥酸）

据报道，这些化合物均对黄玉有抑制作用，而对锡石无抑制作用，可以用于分离锡石和黄玉。一般来说，萘基芳香族化合物比单环分子的芳香族化合物抑制效果更好些。

E 单宁及合成单宁

单宁也称植物鞣质，广泛存在于五倍子、红根等植物体中。不同植物来源的单宁在化学结构上常有较大差异，一般而言，单宁具有没食子酸、单宁酸与葡萄糖羟基脱水酯化的产物结构。单宁及其水解产物单宁酸的结构式如下：

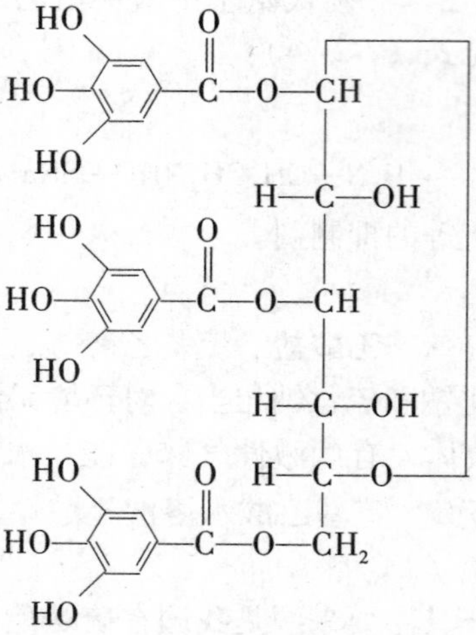

单宁 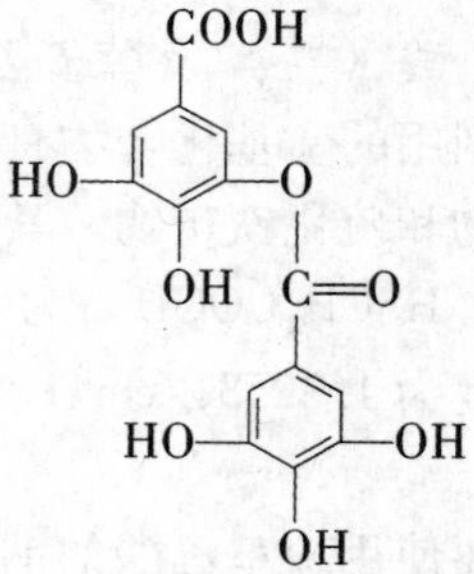　　单宁酸

单宁是分子较大的无定形物质，相对分子质量在2000以上，呈棕色胶质或粉状，易溶于水，可以为明胶、蛋白质及植物碱所沉淀。单宁的钠盐溶于水，而其钾盐和铵盐却是不溶物。国内通常将粗制单宁称为栲胶，系植物萃取液浓缩后的浸膏。

在浮选中，单宁是一种有效的抑制剂，在用量大时几乎可以抑制所有的矿物。单宁最为成功的应用是在钨矿浮选，在白钨矿浮选中广泛使用栲胶等单宁类抑制剂，有利于提高钨精矿品位。在硫化矿浮选方面，单宁也可用作闪锌矿及钙镁脉石矿物的抑制剂。

合成单宁是指对羟基苯磺酸或萘磺酸与甲醛或其他醛（如糠醛、乙醛、丙醛等）的缩合产物。国外多数用在造纸、制革、染色工业等行业。我国合成单宁的类似物用作抑制剂应用在选矿工业中，目前有S-217、S-711、S-804、S-808四种，其结构式如下：

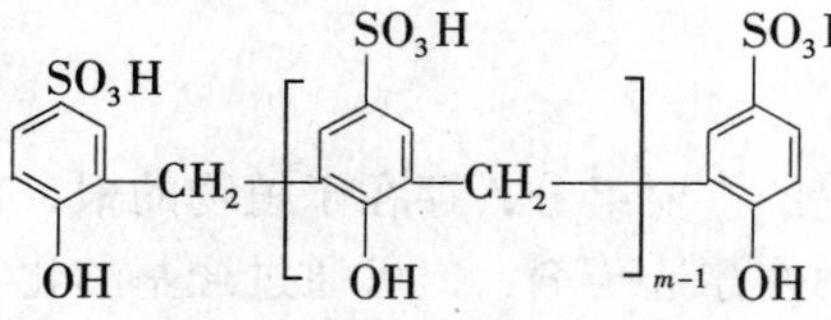

对羟基苯磺酸甲醛缩合物（S-217）

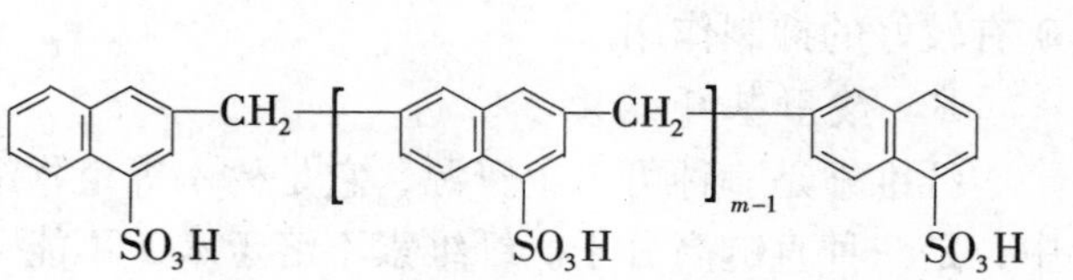

萘磺酸甲醛缩合物（S-711）

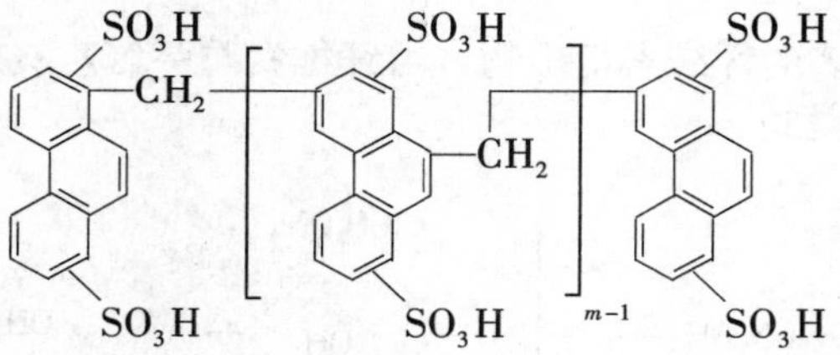

菲磺酸甲醛缩合物（S-804）

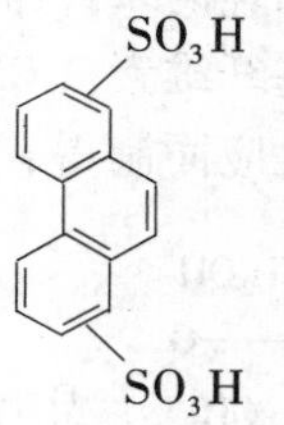

菲磺酸（S-808）

上述四种合成单宁可用作磷矿石浮选的抑制剂，对白云石、方解石、石英和玉髓等具有较好的抑制效果，并已在我国某些磷矿浮选厂得到推广使用。

7.2.4.4 大分子有机抑制剂

大分子有机抑制剂通常是指高分子化合物，包括天然高分子和合成高分子。在浮选中高分子化合物不仅可用作抑制剂，而且由于具有絮凝作用还广泛用作絮凝剂。本文主要介绍在浮选中用作抑制剂的几类重要的高分子化合物，有关这些高分子化合物的结构和物理化学性质请参见第7.4节絮凝剂和凝聚剂。

A 淀粉及其衍生物

淀粉是由葡萄糖组成的多糖高分子化合物，具有支链和直链两种结构，其基本结构如下：

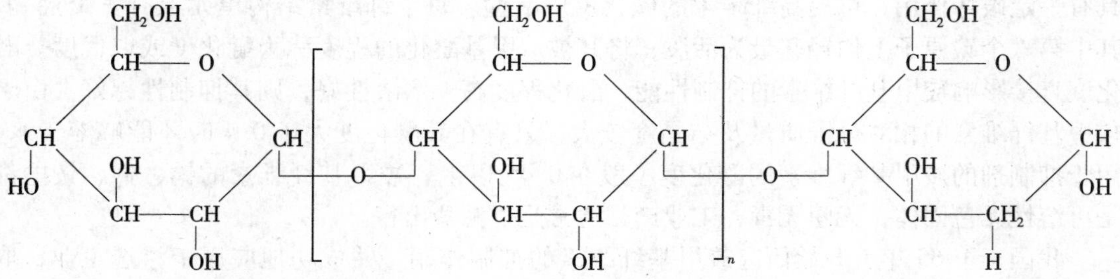

直链淀粉相对分子质量一般在 $3.2 \times 10^4 \sim 1.6 \times 10^5$ 之间，支链淀粉相对分子质量在 $1 \times 10^5 \sim 1 \times 10^6$ 之间。在一般的淀粉中，直链淀粉约占 25%，支链淀粉约占 75%。淀粉主要来源于小麦、玉米、土豆、红薯、木薯等作物，主要存在于植物的根、茎、果实中，来源十分丰富。淀粉几乎不溶于冷水，但能大量吸收热水而成黏性溶液。糊精是淀粉的降解产物，其相对分子质量比淀粉小，能溶于水，性质与淀粉相似。

在浮选工业，淀粉及糊精是应用非常成功的一种铁矿石反浮选抑制剂，对赤铁矿、磁铁矿具有较好的抑制性能。在铁矿石反浮选中，无论是用脂肪酸类捕收剂还是用胺类捕收剂浮选石英，都可用淀粉及其衍生物作赤铁矿及磁铁矿的抑制剂。此外，淀粉在用脂肪酸捕收剂浮选磷灰石时，还可以用作方解石、白云石的抑制剂。糊精在硫化矿浮选中对方铅矿有较好的抑制作用。

B　羧甲基纤维素

纤维素是一种可再生资源，它是树木等植物细胞壁的主要组分，存在于植物的根、茎中，是一种直链高分子。纤维素不溶于水，不能直接用作浮选药剂，但可通过羟基的化学活性对之其进行改性。纤维素的衍生物包括硝酸纤维素、醋酸纤维素、甲基纤维素、羧甲基纤维素和轻丙基纤维素等等。

羧甲基纤维素（CMC）是使用较多的纤维素衍生物，由纤维素与一氯乙酸在碱作用下发生醚化反应而制得，反应见式（7-2-25）：

$$\left[-O-\underset{(CH_2OH,\ OH,\ OH)}{\text{C}_6\text{ ring}}-O-\underset{(OH,\ OH,\ CH_2OH)}{\text{C}_6\text{ ring}}-O-\right]_m + NaOH \longrightarrow \left[-O-\underset{(CH_2ONa,\ OH,\ OH)}{\text{C}_6\text{ ring}}-O-\underset{(OH,\ OH,\ CH_2ONa)}{\text{C}_6\text{ ring}}-O-\right]_m$$

$$\xrightarrow{ClCH_2COOH} \left[-O-\underset{(CH_2OCH_2COOH,\ OH,\ OH)}{\text{C}_6\text{ ring}}-O-\underset{(OH,\ OH,\ CH_2OCH_2COOH)}{\text{C}_6\text{ ring}}-O-\right]_m \qquad (7\text{-}2\text{-}25)$$

羧甲基纤维素的合成一般都包括碱化、醚化和精制三个步骤。首先将纤维素加入氢氧化钠的水溶液中，纤维素开始溶胀，结晶结构被破坏，纤维素的反应能力提高，与碱发生碱化反应得到碱纤维素；再加入醚化剂，开始进行醚化反应，反应温度一般为 40～60℃。为避免醚化剂和碱纤维的水解，一般需要在水溶液中加入一定量的醇。醇对纤维素的结晶具有一定破坏作用，可提高纤维素的碱化反应活性。每个纤维素结构单元上有三个羟基，其中第六个碳原子上伯羟基最为活泼，将其被羧甲基醚化的程度称为醚化度或取代度。醚化度直接影响羧甲基纤维素的抑制性能，醚化程度高，水溶性好，则其抑制性越好。由于羧甲基纤维素的相对分子质量及结晶度较大，只有在其醚化度大于 0.4 时才能够溶于水，用于抑制剂的羧甲基纤维素的醚化度一般在 0.45 以上。羧甲基纤维素的钠、钾、铵盐都是可溶性无色固体，无嗅无毒，工业产品通常是以钠盐出售。

我国于 1965 年就开始研究羧甲基纤维素的抑制作用，并成功地应用于浮选工业，取得了显著的效果。例如用混合甲苯胂酸或苄基胂酸作捕收剂，羧甲基纤维素钠作方解石抑制剂浮选大厂锡石矿泥。用苄基胂酸作捕收剂，羧甲基纤维素钠作铅矿物抑制剂来分离云锡公司期北山的重选锡铅混合精矿，都获得成功。

羧甲基纤维素作为方铅矿的抑制剂可用于铜铅混合精矿的分离，其抑制效果与重铬酸钾基本相当，但药剂用量少且无毒。羧甲基纤维素是辉石、角闪石、蛇纹石、绿泥石、炭质页岩等脉石的抑制剂，对提高镍精矿、铜精矿品位都有良好效果。羧甲基纤维素还可与重铬酸钾联合使用，强化对方铅矿的抑制作用，提高铜铅分离效果。

C 木质素磺酸盐

木质素又称木素，是存在于植物纤维中的一种芳香性高分子，其在植物中的存在量仅次于天然纤维素。据统计，全球陆生植物每年可合成500亿吨木质素，依照焓容量计算，生物学上产生的能量有40%储存在木质素中，所以木质素是一种非常重要的且资源丰富的可再生资源。

木质素是由三种不同类型的苯丙烷单体通过脱氢聚合生成的复杂网状结构的有机高分子聚合物。这三类苯丙烷单体为对位香豆醇、松伯醇和芥子醇。因此，木质素成分复杂，相对分子质量分布广（从几百到上百万），基团种类多。木质素分子中含有醚键、碳碳双键、苯甲醇羟基、酚羟基、羰基和苯环等。但对木质素的反应性能起着重要作用的官能团主要有酚式羟基、苯甲醇羟基以及羰基。利用这些基团的化学活性，可以制得多种木质素衍生物。

天然木质素为不溶性的无色或淡黄色的固体，当它遇酸、碱或进行热处理时，就变成了褐色或黑褐色。木质素磺酸盐是亚硫酸法造纸厂的副产品，这种木素磺酸盐的相对分子质量一般为1000～20000，可作抑制剂使用。木质素磺酸的结构复杂，属大分子化合物，其结构式如下：

OH OH
CH—CH—CH_2OH
CH_2OH
CH
CH · SO_3H OH OCH_3
CH_2OH
CH
H_3CO HO CH · SO_3H HO OCH_3
n

木质素磺酸盐在稀土浮选时可用作方解石、重晶石的抑制剂，提高稀土精矿品位。在萤石浮选中木质素磺酸钙也可用作重晶石、方解石等脉石矿物的抑制剂，提高萤石精矿品位。

D 腐殖酸

腐殖酸是动、植物的残骸经过微生物的分解和转化，以及地球化学的一系列过程造成和积累起来的一组含芳香结构、性质类似的无定形的酸性物质组成的混合物。它广泛存在于褐煤、泥煤、风化烟煤、土壤、湖泊、沼泽地中，其中褐煤、泥煤和风化烟煤中腐殖酸的含量可达50%以上。腐殖酸是无定型的高分子化合物，密度为1.33～1.45g/cm^3，通常为呈棕色或黑色胶体，由于有羧基、酚基呈弱酸性，溶液pH值在3～4作用，酸性基的H^+可以被K^+、Na^+、NH_4^+等置换而成弱酸盐。腐殖酸及其盐构成缓冲溶液，还可以通过其含氧功能团与Fe^{3+}、Al^{3+}、Cu^{2+}、Co^{2+}、Zn^{2+}、Ge^{4+}、U^{6+}等生成可溶性螯合物，其中

与 Fe^{3+} 的螯合能力最强。腐殖酸的碱金属盐溶于水，碱土金属盐微溶于水，三价金属盐不溶于水，但其螯合物溶于水。

腐殖酸分类因其形成与来源方式而不同。按照腐殖酸的形成方式分为两大类：天然腐殖酸和人工腐殖酸。前者包括土壤腐殖酸、水体腐殖酸、煤类腐殖酸；后者包括生物发酵腐殖酸、化学合成腐殖酸和氧化再生腐殖酸。按照腐殖酸来源的方式分为三大类：原生腐殖酸、再生腐殖酸与合成腐殖酸。原生腐殖酸是天然物质的化学组成中所固有的腐殖酸。再生腐殖酸是指各阶煤经过自然风化或人工氧化方法生成的腐殖酸。合成腐殖酸通常指用人工方法从非煤类物质所制得的与天然腐殖酸相类似的物质。

腐殖酸的提取方法一般是将粉碎的褐煤或泥煤与 NaOH 溶液共同煮沸，腐殖酸钠盐浸出。工业上一般用的是该萃取液，但也可加温使之浓缩成固体。根据腐殖酸在溶剂中的溶解度，其可分为以下三个组分：

（1）溶于丙酮或乙醇的部分称为棕腐酸。

（2）不溶于丙酮部分称为黑腐酸。

（3）溶于水或稀酸的部分称为黄腐酸（又称富里酸）。

而各地腐殖酸中三种组分的含量及其分子结构等则随形成过程的千差万别而各不相同。大体上讲，腐殖酸的相对分子质量为 10^2 ~ 10^4，含碳 45% ~70%、氢 2% ~6%、氧 30% ~50%、氮 1% ~6%，有时也含硫。

腐殖酸对铁矿物具有抑制作用，可用于铁矿石的反浮选工艺，也可用于锡石与铁矿物的分离。在锡石浮选中可以使用腐殖酸作为方解石等脉石矿物的抑制剂。此外，腐殖酸还可作为铁矿物的选择性絮凝剂。

7.2.5 活化剂

7.2.5.1 活化剂的作用

活化作用，是指能促使和增强矿物与捕收剂互相作用从而提高矿物的可浮性，而能起这种作用的药剂称为活化剂。

按活化剂的化学性质，活性剂可分为金属离子活化剂、无机酸、无机碱、硫化物、有机活化剂等几类。

A 金属离子活化剂

凡是能与捕收剂分子作用形成难溶盐的金属离子一般都具有活化作用。例如，在黄药捕收剂浮选硫化矿时，能与黄原酸生成难溶盐的铜、铅、银等金属离子对闪锌矿、辉锑矿、黄铁矿等具有活化作用，其中硫酸铜和硝酸铅是最常用的活化剂。在使用脂肪酸捕收剂时，能与羧酸生成难溶盐的碱土金属离子（如钙、钡离子）对石英和硅酸盐矿物具有活化作用，其相应可溶性盐如氯化钙、氧化钙和氯化钡等可用作活化剂。

B 无机酸和无机碱

无机酸和无机碱主要用于清洗欲浮矿物表面的氧化物污染膜或黏附的矿泥。例如，被石灰抑制的黄铁矿采用硫酸或盐酸调浆可恢复可浮性。在长石和石英浮选分离中氢氟酸是特效的活化剂，其作用可能是使硅酸盐矿物表面酸蚀而增加与捕收剂作用的活性。

C 硫化物

无论是对于白铅矿、孔雀石、菱锌矿等有色金属氧化矿，还是对于部分氧化的金属硫化矿，硫化浮选都是一种行之有效的方法。上述矿石或矿物通过硫化钠、硫氢化钠、硫化氢、硫化钙等进行硫化活化，可以应用黄药捕收剂浮选，提高浮选回收率。

D 有机活化剂

许多有机化合物可以通过清洗矿物表面或改变矿物表面结构而活化矿物浮选。如草酸可用于活化被石灰抑制的黄铁矿和磁黄铁矿；乙二胺磷酸盐则是氧化铜矿的有机活化剂，对结合氧化铜和游离氧化铜均有良好的活化作用。

7.2.5.2 金属离子活化剂

A 硫酸铜

硫酸铜，又称胆矾，为蓝色晶体，其分子通常含五个结晶水，分子式为 $CuSO_4 \cdot 5H_2O$，密度为 2.29g/cm^3。在常温下五水硫酸铜不会失去结晶水，加热时依次变为三水硫酸铜和一水硫酸铜，高于258℃时失水成为无水硫酸铜白色粉末。硫酸铜易溶于水，其饱和溶液在0℃时为12.9%，在100℃时为42.4%。当溶液中有游离硫酸存在时，硫酸铜的溶解度下降。

硫酸铜是强电解质，在水溶液中电离出铜离子和硫酸根离子，见式（7-2-26）。

$$CuSO_4 \xlongequal{} Cu^{2+} + SO_4^{2-} \tag{7-2-26}$$

硫酸铜是强酸弱碱盐，在水中能水解，使溶液呈弱酸性，见式（7-2-27）。

$$Cu^{2+} + 2H_2O \rightleftharpoons Cu(OH)_2 + 2H^+ \tag{7-2-27}$$

在浮选厂中，硫酸铜溶液有一定腐蚀作用，一方面由于硫酸铜水解使溶液呈酸性，酸腐蚀设备，而更重要的是铜离子能被铁置换，金属铜析出而铁质设备受到腐蚀。所以，不能用铁质容器盛硫酸铜溶液，也不能用铁质管道输送硫酸铜溶液。

硫酸铜是硫化矿浮选中使用最广泛的一种活化剂，对闪锌矿、辉锑矿、黄铁矿以及磁黄铁矿等均具有活化作用，特别是对于被石灰或氰化物抑制的闪锌矿，硫酸铜具有良好的活化作用。

B 硝酸铅

硝酸铅是辉锑矿、黑钨矿以及雌黄等的有效活化剂。硝酸铅是白色晶体，溶于水，由于是弱碱强酸盐，溶于水中即电离为铅离子和硝酸根离子，并立即水解生成乳白色的溶液，见式(7-2-28)～式(7-2-30)。

$$Pb(NO_3)_2 \xlongequal{} Pb^{2+} + 2NO_3^- \tag{7-2-28}$$

$$Pb^{2+} + H_2O \rightleftharpoons Pb(OH)^+ + H^+ \tag{7-2-29}$$

$$Pb(OH)^+ + H_2O \rightleftharpoons Pb(OH)_2 + H^+ \tag{7-2-30}$$

在配制硝酸铅溶液时，为了防止铅离子水解，可先在配制硝酸铅的水中加入少量硝酸，然后加入硝酸铅晶体，这样可以防止水解，配成清亮透明的硝酸铅溶液。

C 氯化钙

在用脂肪酸为捕收剂浮选石英和硅酸盐矿物时，钙、钡离子都是有效活化剂。但可溶性钡盐有毒，一般不用。工业上最常用的是氯化钙及石灰。

氯化钙晶体分子通常含两个结晶水，分子式为 $CaCl_2 \cdot 2H_2O$，$CaCl_2$ 含量不小于70%，二水氯化钙加热时失去结晶水，变成白色无水氯化钙，具有强吸湿性，密度 2.15g/cm^3，熔点 774℃。氯化钙易溶于水，在水中电离生成钙离子和氯离子，其反应见式（7-2-31）。

$$CaCl_2 \longrightarrow Ca^{2+} + 2Cl^- \qquad (7\text{-}2\text{-}31)$$

氯化钙主要作为铁矿石阴离子反浮选中石英和硅酸盐矿物的活化剂。将铁矿石细磨至单体解离后，加入氢氧化钠和碳酸钠混用的 pH 值调整剂使矿浆 pH 值大于 11，加入氯化钙溶液将石英类脉石活化，加入淀粉抑制赤铁矿，然后用脂肪酸作捕收剂浮出石英类脉石，槽内产品便是铁精矿。

7.2.5.3　其他重要的活化剂

A　氢氟酸和氟化钠

氟化氢是无色、具有强烈臭味的气体，凝固点 −83℃，沸点 19.5℃。氟化氢溶于水中即为氢氟酸，它在水中以二分子缔合（$(HF)_2$）形式存在，在溶液中的电离平衡见式（7-2-32）。

$$H_2F_2 \rightleftharpoons H^+ + HF_2^- \qquad (7\text{-}2\text{-}32)$$

$(HF)_2$ 是一元酸，不是二元酸，25℃时其电离常数 $K = 7.2 \times 10^{-4}$，其酸性比醋酸（25℃时 $K = 1.8 \times 10^{-5}$）强，而较亚硫酸（25℃时 $K_1 = 1.7 \times 10^{-2}$）弱。工业氢氟酸一般含氟化氢 40%。

氟化钠是氢氟酸的钠盐，是无色晶体，可溶于水，在水溶液中完全电离，见式（7-2-33）。

$$NaF \longrightarrow Na^+ + F^- \qquad (7\text{-}2\text{-}33)$$

氟化钠与氢氟酸一样，性质剧毒，误食少量就可以致死，使用时要特别小心。

氢氟酸是长石及绿柱石浮选的特效活化剂，研究表明，氢氟酸对绿柱石、长石以及含铌、铬等矿物具有活化作用，而对石英和某些硅酸盐类矿物则无活化甚至具有抑制作用，因此用氢氟酸处理后能显著提高这些矿物的浮选分离效果。美国长石矿的典型生产流程中，先将云母和含铁矿物从长石中浮选除去，然后再加入氢氟酸作调整剂活化长石，抑制石英。氢氟酸用量为 150g/t 左右，矿浆 pH 值为 2～3，用脂肪胺类捕收剂浮选出长石，实现石英和长石的分离。

B　硫化钠和硫氢化钠

硫化钠和硫氢化钠既是有色金属氧化矿硫化浮选的活化剂，也是硫化矿的有效抑制剂，在不同的条件下可起不同的作用。

一般说来，有色金属氧化矿亲水性强，用黄药类捕收剂不易浮选，用硫化钠硫化后，在氧化矿粒表面生成疏水性较强的硫化物薄膜，此硫化物薄膜容易与黄药类捕收剂作用，故氧化矿得到活化而上浮。硫化过程中硫化钠的用量，要根据矿石性质而定，矿物氧化率低的，可少用一些，氧化率高则多用一些，一般每吨矿石用量在几十克到一千克，甚至也有用几千克的。如某氧化铜矿，在硫化时，硫化钠用量为 4～5kg/t，才能得到比较满意的结果。在氧化铜矿、白铅矿、菱锌矿浮选中，硫化钠及硫氢化钠都是有效的硫化剂。

C　乙二胺磷酸盐

乙二胺磷酸盐为白色、无气味细小晶体，可溶于冷水，性质稳定，它的水溶液有较强的溶解自然铜的能力（如孔雀石和硅孔雀石），同时生成紫色的铜胺螯合物。

乙二胺磷酸盐是由乙二胺与磷酸反应制备的，见式（7-2-34）。

$$\begin{array}{l} H_2C—NH_2 \\ | \\ H_2C—NH_2 \end{array} + H_3PO_4 \longrightarrow \begin{array}{l} H_2C—NH_3 \\ | \\ H_2C—NH_3 \end{array} \rangle HPO_4 \tag{7-2-34}$$

在带有搅拌的不锈钢反应器中，首先加入浓度为85%的磷酸17.5kg，用水稀释到40%左右的质量浓度，将添加乙二胺的导管直接伸到不锈钢反应器底部，在搅拌的情况下，慢慢加入9kg乙二胺，反应放热，用冷水冷却，以减少乙二胺的挥发损失，反应约需1.5~2h，趁热过滤，余液可用于下一槽反应，产率一般在95%左右。

乙二胺磷酸盐是一种典型的有机活化剂，对氧化铜矿浮选具有优良的活化作用。东川矿务局几个氧化铜矿的浮选结果表明，应用乙二胺磷酸盐80g/t左右，可以提高铜精矿的品位和回收率，降低丁基黄药和硫化钠的用量。

7.3 起泡剂与消泡剂

7.3.1 起泡剂的结构与作用

浮选是一种泡沫分离方法。在浮选过程中，经捕收剂作用的疏水性矿物颗粒与气泡黏附形成矿化气泡，并借助气泡的浮力上升至矿浆表面，从而达到与亲水性矿物颗粒分离的目的。形成丰富且稳定性适宜的泡沫是浮选的基本要素，在浮选中使用的具有起泡功能的药剂就称为起泡剂。

起泡剂通常都是异极性表面活性剂，其分子亲水的一端为极性基，亲气的一端为非极性基，可在气液界面上成定向排列，使水的表面张力降低，在搅拌充气条件下形成大小适宜、稳定性合适的泡沫。起泡剂与捕收剂结构相类同的是两者都是异极性分子，即分子的一端为极性，而另一端为非极性。两者主要的区别在于，捕收剂的极性基是亲固基，可吸附于固液界面使矿物表面疏水，而起泡剂的极性基是亲水基，一般是在气液界面吸附。由于很多亲固基也是亲水基，如羧酸、磷酸、羟肟酸以及黄原酸等，因此，许多捕收剂也具有起泡能力，特别是氧化矿捕收剂，绝大多数都具起泡性。但就浮选而言，一般要求起泡剂最好没有捕收作用，以方便实现浮选泡沫的调控。因此，起泡剂的亲水基通常是羟基、醚基以及羧酸酯等基团。

起泡剂性能的好坏将直接影响浮选指标，一种好的起泡剂产品应具有如下性能和要求：

（1）在较小的耗量下形成泡沫数量多，泡的大小分布合理，韧性适中，黏度不高等。

（2）药剂本身具有良好的流动性和适当的水溶性，无毒，无臭味，无腐蚀性，便于运输、添加等操作。

（3）起泡性能不受（或少受）矿浆pH值的影响或矿浆中其他组分（如难免离子、其他浮选药剂）的影响。

（4）不具捕收作用并且不影响捕收剂的选择。

（5）价格、来源等工业应用条件合适。

长期以来，对浮选药剂的研究中关注较多的是捕收剂，而对起泡剂的研究较少。以前，我国大部分矿山浮选时选用的起泡剂以松醇油为主，其他可供选择的品种较少。松醇油的有效成分是环状结构的萜烯醇，主要以林产品松节油为原料加工而成，一方面，消耗大量有限的森林资源，另一方面，松醇油比较稳定，难以生物降解，对矿山尾矿也会造成一定的污染。因此，发达国家逐渐以合成起泡剂甲基异丁基甲醇（MIBC）来代替松醇油的使用。随着人们对松醇油的进一步认识和比较，国内的企业和科研院所也逐渐对起泡剂的开发投入更多的精力和资金，开发出了许多新型的起泡剂，逐渐改变了松醇油“一统天下”的格局。

7.3.2　松醇油起泡剂

松醇油也称 2 号油，淡黄色油状液体，不溶于水。工业上使用的松醇油是由松节油经过化学加工合成的，有效成分为 α，β，γ 三种萜烯醇，含量大于 40％。由于它的来源广，价格便宜，起泡性能好，是我国目前使用最广泛的起泡剂，年用量约数千吨。

生产松醇油时，把松节油置于水中并加入乳化剂，加强搅拌使之形成乳状液，加稀硫酸作为催化剂，在 50℃ 条件下，α-蒎烯或 β-蒎烯发生加水反应生成萜二醇，升温到 65℃，使萜二醇在硫酸的催化下脱去一分子水而得到松醇油。由于脱水位置不同，可生成 α，β，γ 三种萜烯醇（见式(7-3-1)）。

α-蒎烯　β-蒎烯　—催化剂→　α-萜烯醇（OH）　+　β-萜烯醇（OH）　+　γ-萜烯醇（OH）　(7-3-1)

α-蒎烯　β-蒎烯　α-萜烯醇　β-萜烯醇　γ-萜烯醇

根据我国有色金属行业标准 YS/T 32—2011，浮选用松醇油可分精制品和普通品两种类型，每类产品可分为优级品、一级品和合格品三个等级，见表 7-3-1。

表 7-3-1　松醇油的等级标准

项　目	精制品			普通品		
	优级品	一级品	合格品	优级品	一级品	合格品
外　观	无色至浅黄色油状液体，无固体杂质			浅黄至棕色油状液体，无固体杂质		
选矿有效成分（不小于）/%	90	75	65	54	51	48
其中一元醇的含量（不小于）/%	—	—	—	49	44	39
水分（不大于）/%	0.5			0.7		
20℃时的密度/$g \cdot mL^{-1}$	0.910			0.890		

注：1. 选矿有效组分是指 α-松油醇、β-松油醇、α-小茴香醇、β-小茴香醇、桉叶素和萜烯乙醚，一元醇含 α-松油醇、β-松油醇、α-小茴香醇、β-小茴香醇。

2. 水分指标如用户不提出测定时，可不测定，但供方必须保证达到指标。

松醇油广泛应用在浮选作业中，主要用于各种硫化矿如铜、铅、锌及铁矿和各种非硫矿的浮选，它还具有一定的捕收性，特别对滑石、硫黄、石墨、辉钼矿及煤等易浮矿物有效，松醇油的泡沫比其他起泡剂的泡沫更为稳定。但多年来松节油的供应缺口大，导致松醇油的成本和售价居高不下，另外，松醇油的有效成分是环状结构的萜烯醇类，常规条件下难以生物降解，也存在污染矿山尾矿水的问题。

7.3.3 醇和酚类起泡剂

7.3.3.1 脂肪醇起泡剂

脂肪醇类起泡剂是近年来发展最快、应用最广的一类合成起泡剂。

脂肪醇化合物中，低级醇如甲醇、乙醇、丙醇可以与水任意混合，无起泡性能。C_4～C_6 脂肪醇部分溶于水，能明显降低水的表面张力，使气泡稳定，随着分子中碳原子数的增多，在水中溶解度逐渐降低，起泡能力随之增强，至戊醇、已醇、庚醇、辛醇时，起泡能力最强。碳原子数继续增大，起泡能力又逐渐下降。十二碳以上的醇常温下是固体，在水中不易分散，不宜于单独使用作为起泡剂。已经使用或研究过的脂肪醇起泡剂品种很多，如 C_5～C_6、C_6～C_8 混合脂肪醇、甲基异丁基甲醇、芳香醇等。

甲基异丁基甲醇是性能最突出的醇类起泡剂，其代号为 MIBC，纯品为无色液体，折光指数 1.409，密度为 0.813g/mL，沸点为 131.5℃，每毫升水可以溶解 1.8g。国外早在 1935 年用丙酮二缩产品加氢制得，工业上已大量生产，在我国也已小批量生产作为溶剂使用。MIBC 是一种优良的起泡剂，能够形成大小均匀、光滑清爽的气泡，从而降低泡沫产品的夹杂程度，有利于提高产品的精矿品位。MIBC 在国外作为起泡剂广泛使用，但由于价格偏高，我国矿山还极少采用。

混合六碳醇（C_5～C_7）是用聚合级丙烯在常温（10～40℃）、低压（小于 2MPa）及镍系配合催化剂存在的条件下，进行丙烯本体液相二聚，生成由多种六碳烯异构体组成的混合物，丙烯单程转化率可达 90%～94%。烯烃经硫酸酸化生成硫酸酯，再水解生成相应的醇，其合成反应见式(7-3-2)和式(7-3-3)。

$$R{-}CH{=}CH_2 + H_2SO_4 \longrightarrow R{-}\underset{\underset{\displaystyle OSO_3H}{|}}{CH}{-}CH_3 \tag{7-3-2}$$

$$R{-}\underset{\underset{\displaystyle OSO_3H}{|}}{CH}{-}CH_3 + H_2O \longrightarrow R{-}\overset{\overset{\displaystyle OH}{|}}{\underset{\underset{\displaystyle H}{|}}{C}}{-}CH_3 + H_2SO_4 \tag{7-3-3}$$

据报道，混合六碳醇的起泡性能与甲基异丁基醇相似，泡脆、泡沫较稳定。在铜钼分离精选和滑石的浮选中，与甲基异丁基醇效果基本相当。

C_6～C_7 混合仲醇起泡剂是石油工业副产品丙烯经聚合反应后用分馏法截取其中含已烯（沸点 60～75℃）、庚烯（沸点 75～95℃）馏分，通空气氧化，经镍铬催化剂氢化，氢化产物分馏，除去氧化物及烷烃，剩下的即为 C_6～C_7 混合仲醇起泡剂。混合仲醇起泡剂毒性小于酚类，成本低于甲酚酸和松醇油，但有强烈的刺激臭味。作为起泡剂的用量仅相当于甲酚酸的 20%～30%。

C_6～C_8 醇一种来自电石工业的副产物，以乙炔为原料生成丁醇和辛醇时副产 C_6～C_8 馏分。另一种来自石油化工副产物戊烯、已烯、庚烯的混合烯烃，经羰基合成制得。石油

裂化产物制取的 $C_6 \sim C_8$ 醇是一种强有力的起泡剂，浮选用量比一般松油（含醇约 45%）降低 2.5 ~ 3 倍，比甲酚用量低 3 ~ 4 倍，多种矿石浮选中都应用，其选择性低于甲酚。在铁矿石阳离子捕收剂反浮选中，$C_6 \sim C_8$ 醇用量为 10g/t，所得结果比松醇油用量为 20g/t 时好，但有较强烈的刺激气味。

北京矿冶研究总院开发的起泡剂主要有 145 混合醇、BK-201、BK-204、BK-206 等产品。其中，145 混合醇是低碳链（$C_5 \sim C_7$）烯烃经硫酸水合、水解后的醇类起泡剂；BK-201、BK-204 的结构则为链状高碳醇类，BK-201 为 8 碳醇，BK-204 为 6 ~ 7 碳醇，外观都为棕黄色油状液体。BK-201 起泡剂在德兴铜矿的工业试验表明，相比松醇油，其用量可减少 40%，节约药剂费用 45% 以上。而 BK-204 因为碳链缩短，表现出分散容易、泡沫黏度低等特点。随后开发出来的 BK-206 起泡剂，则为高级脂肪醇和醚酯类的混合物，产品为油状透明液体，外观为浅黄色，微溶于水，与醇、酮等有机溶剂能够互溶。用 BK-206作起泡剂，与松醇油相比，在铅锌矿浮选时，不仅能保证铅的品位而且还能提高铅的回收率，并降低铅精矿中锌的含量。在金川镍矿的工业试验表明，BK-206 具有良好的适应性，用它取代生产中原用起泡剂，不仅精矿品位得到提高，而且精矿中 MgO 含量降低，经济效益显著。

除此之外，还有一些起泡剂以石化副产品为原料制成，例如，起泡剂 11 号油，主要成分是 $C_7 \sim C_{11}$ 的混合醇，外观为淡黄色至棕色的油状液体，可以用作有色、稀有金属等矿物浮选起泡剂，具有性能稳定、起泡能力强、浮选速度快、泡沫层充实、易于操作、无刺激性气味和无毒等优点。

昆明冶研新材料股份有限公司开发的 730 系列起泡剂主要成分有 2，2，4-三甲基-3-环己烯-1-甲醇、1，3，3-三甲基双环[2,2,1]庚-2-醇、樟脑、$C_6 \sim C_8$ 醇、醚、酮等。其中最有代表性的是 730A 起泡剂，外观为淡黄色油状液体，微溶于水，与醇、酮等混溶，密度 0.90 ~ 0.91g/cm^3，浮选时可直接滴加，属于低毒类药剂。730A 起泡剂在国内铅锌矿、铜矿的浮选过程中表现出了一定的优点。730A 起泡剂与松醇油相比，起泡能力强、起泡速度可调。浮选应用试验表明，730A 适于多金属矿的分选，从锡石中浮选硫化铜矿物，提高铜的回收率，并减少锡石在铜精矿中的损失；铅锌矿浮选中，提高锌回收率，并提高铅精矿的品位。难选氧化铜矿浮选中，也可提高铜的回收率。

山东淄博选矿药剂厂以石化副产物为原料合成的 SDJ-2 型起泡剂，主要成分也是高级醇类，外观为淡黄色液体，具有生产成本低的优势，并且较松醇油易降解，有利于环保。应用 SDJ-2 可以得到与使用松醇油相近的指标，但该起泡剂价格较松醇油低，可以降低生产成本。

7.3.3.2 酚类起泡剂

酚和醇一样，分子中具有羟基，所以有些性质与醇相似。高级酚在水中的溶解度很小，在水中分散不良，起泡能力不强。低级酚用作浮选起泡剂，称作甲酚酸或甲酚油，是一种含有苯酚、甲苯酚、二甲苯酚、乙苯酚等低级酚的黄色至褐色的油状物。低温焦油的 170 ~ 300℃馏分中含有低级酚和高级酚，一般含酚量为煤焦油总量的 15%，甚至高达 40%，其中主要为沸点高于 230℃的高级酚，约占总量的 20% ~ 40%。由于低温焦油含酚量比高温焦油高得多，所以低温焦油是提取酚类的重要原料。

酚类易于磺化，磺化后由于磺酸基的存在，可增强其水溶性，但也会增加其捕收性能。甲酚酸可用作浮选硫化矿的起泡剂。但由于酚类有毒性，易造成环境污染，近年来已减少使用。

7.3.4 醚醇类起泡剂

醚醇类起泡剂分子中既有羟基又有醚基，水溶性好，起泡性能强，是一类性能优越的起泡剂。该类起泡剂的制造原料大多来源于环氧烷类，属于石油化学工业的产物。

醚醇类起泡剂主要包括二聚乙二醇甲醚、二聚乙二醇丁醚、三聚丙二醇甲醚、三聚丙二醇丁醚，其结构式如下：

$$CH_3OCH_2CH_2OCH_2CH_2—OH$$

二聚乙二醇甲醚

$$CH_3(CH_2)_3OCH_2CH_2OCH_2CH_2—OH$$

二聚乙二醇丁醚

$$CH_3O(CH_2\underset{\displaystyle CH_3}{\underset{|}{C}}HO)_2CH_2\underset{\displaystyle CH_3}{\underset{|}{C}}H—OH$$

三聚丙二醇甲醚

$$CH_3(CH_2)_3O(CH_2\underset{\displaystyle CH_3}{\underset{|}{C}}HO)_2CH_2\underset{\displaystyle CH_3}{\underset{|}{C}}H—OH$$

三聚丙二醇丁醚

醚醇类起泡剂的合成主要是由脂肪醇与环氧乙烷或环氧丙烷反应而制备的。

环氧乙烷与脂肪醇在酸性催化剂（微量硫酸、磷酸等）存在下（有时甚至不需要催化剂）作用，控制反应物比例为1∶1、2∶1或3∶1，可分别生成乙二醇醚、二聚乙二醇醚或三聚乙二醇醚类，见式（7-3-4）。

$$R—OH + nCH_2\underset{O}{\diagdown\!\diagup}CH_2 \longrightarrow RO—(CH_2CH_2O)_nH \qquad (7\text{-}3\text{-}4)$$

$$(n = 1,2,3)$$

当所用脂肪醇为甲醇时，可制备二聚乙二醇甲醚；如用丁醇，则为二聚乙二醇丁醚。二聚乙二醇丁醚还可以利用生产氯乙醇的蒸馏残留物（含有20% ~25%二聚乙二醇）为原料与丁醇钠在碱性溶液中缩合来制备。

同样，用环氧丙烷代替环氧乙烷进行反应，所得的产物就是三聚丙二醇甲醚或丁醚（见式(7-3-5)）。制备三聚丙二醇醚类起泡剂需在约800kPa(8atm)下进行。在无水条件下用苛性钠为催化剂，利用醇与环氧丙烷的加成与聚合反应，制成丙二醇单醚及其聚合物，经过分馏后可以分别获得单一产物。

$$R—OH + nCH_2\underset{O}{\diagdown\!\diagup}CH—CH_3 \longrightarrow R(OCH_2\underset{\displaystyle CH_3}{\underset{|}{C}}H)_n—OH \qquad (7\text{-}3\text{-}5)$$

$$(n = 1,2,3)$$

聚丙二醇烷基醚的起泡能力随分子式中 n 值的加大而增强，但当 n 值为2以上时，起泡能力没有显著增强。R碳链增长，起泡能力加强。泡沫稳定性在低浓度时，随 n 值的增加而增大；在高浓度时，泡沫稳定性相近。聚丙二醇烷基醚在pH值为4 ~8时都能保持强的起泡能力；在pH值为10时起泡能力比在酸性介质中稍强，泡沫稳定性则无显著变化。

醚醇类起泡剂的特点是用量少，起泡能力强。以三聚丙二醚醇为例，浮选铜铅矿时最低用量只要3g/t（用甲酚时为15g/t），浮选锌矿时，最低用量为6～15g/t。此外，醇醚类起泡剂来源于石油工业的副产物，易溶于水，便于使用，能产生稳定性好的泡沫，可以作为2号油的代用品使用。但是由于醚醇起泡剂价格高于混合脂肪醇等起泡剂，其应用尚受到一定限制。

7.3.5　酯类起泡剂

7.3.5.1　混合脂肪酸乙酯

用氧化石蜡得到的C_5～C_9或者馏分更宽的C_2～C_{18}的混合脂肪酸为原料，在浓硫酸催化下与乙醇酯化，反应生成脂肪酸乙酯。产品为淡黄色透明液体，微溶于水，可溶于醇、醚等有机溶剂，具有水果香味，有良好的起泡性能。酯类能与氢氧化钠作用，皂化生成羧酸钠和乙醇，所以在制备过程中洗涤粗酯时，不能用氢氧化钠（钾）溶液，只能用弱碱性的碳酸钠溶液，以防止酯类皂化。

应用C_5～C_6混合脂肪酸乙酯（56号起泡剂）和松醇油混合作为起泡剂，在原矿性质相同、铅锌矿指标相近的情况下，混合乙酯的添加，对于提高硫的回收率有明显的效果。C_5～C_6混合脂肪酸乙酯和C_5～C_9混合脂肪酸乙酯（59号起泡剂）用于浮选硫化铜矿以代替重吡啶，工业试验表明，可获得和重吡啶同样的指标，且气味较好，易于操作，铜回收率较重吡啶高。

7.3.5.2　邻苯二甲酸二乙酯

邻苯二甲酸二乙酯由苯酐与乙醇在硫酸的催化下反应生成，反应见式（7-3-6）。

$$C_6H_4(CO)_2O + 2CH_3CH_2OH \longrightarrow C_6H_4(COOCH_2CH_3)_2 + H_2O \tag{7-3-6}$$

邻苯二甲酸二乙酯为无色或者淡黄色油状液体，不溶于水，溶于有机溶剂，有香味，密度为$1.12g/cm^3$，起泡能力比松醇油强，泡沫大小适中、稳定。邻苯二甲酸二乙酯商品名为苯乙酯油，用于铅锌矿、硫化铜矿、石墨矿浮选时，用量较松醇油少，效果好。

7.3.6　消泡剂

消泡剂的作用则与起泡剂刚好相反，顾名思义就是消除或破坏泡沫的药剂。消泡剂在水性涂料、纺织、轻工等领域应用广泛，而在浮选过程中应用不多，主要是用于浮选泡沫精矿的消泡处理，以利于精矿的沉降、过滤以及后续加工。

从理论上讲，消除泡沫稳定的因素即可以达到消除泡沫的目的。因影响泡沫稳定性的因素主要是液膜的强度，故只要设法使液膜变薄，就能起到消泡作用。可以通过加入某种药剂与起泡剂发生化学反应而达到消泡目的。一般具有破泡能力的液体，其表面张力都较低，且易于吸附、铺展于液膜上，使液膜的表面张力降低，同时带走液膜下层临近液体，导致液膜变薄，泡沫破裂。所以，消泡剂在液体上铺展得越快，液膜变得越薄，消泡能力越强。

一种有效的消泡剂不但可以迅速使泡沫破坏，而且能在相当长的时间内防止泡沫生成。有些消泡剂在加入溶液一定时间之后，就丧失了效力。发生此种情况的原因，可能与溶液中表面活性剂的临界胶束浓度（Critical micelle concentration，CMC）有关。在超过CMC的溶液中，消泡剂（一般为有机液体）有可能被加溶，以至于失去在表面的铺展作用，消泡效力减弱。开始加入消泡剂时，其表面铺展速度大于加溶速度，表现出较好的消泡效果；经过一段时间之后，随着消泡剂被逐步加溶，消泡效果相应减弱。

对于消泡剂的选用，无论是哪种类型的消泡剂，除了发泡体系的特殊要求外，均应具备以下性质：（1）消泡力强，用量少。（2）加到起泡体系中不影响体系的基本性质。（3）表面张力小。（4）与表面的平衡性好。（5）扩散性、渗透性好。（6）耐热性好。（7）化学性稳定、耐氧化性强。（8）气体溶解性、透过性好。（9）在起泡性溶液中的溶解性小。(10) 无毒，气味小，安全性高。

7.3.6.1　中性油类消泡剂

煤油、柴油、燃料油等碳氢化合物的分子结构不含极性基团，且碳氢原子间又都是通过共价键结合成饱和化合物，致使在水溶液中不与偶极性水分子作用，而呈现出疏水性和难溶性，在水中不能电离，是一类中性烃油。

在浮选中当中性油类的用量过大时，会使浮选过程的选择性下降，浮选泡沫变坏而产生消泡作用。这是因为大量的非极性烃油分子，可从气泡表面排挤掉起泡剂分子或在气液界面发生共吸附，由于烃油的疏水化作用使起泡表面的水化外壳保护层变得很不稳定，加速气泡的兼并和破灭。

烃油按分子组成分为脂肪烃、脂环烃和芳香烃三类，其组成随来源而异，烃油的工业来源主要是石油的蒸馏产品，其次是炼焦工业的副产物焦油及其分馏产品。中性油类作为消泡剂价格低廉，为发挥其最大的消泡效果，常配合使用表面活性剂使其分散成适宜的大小颗粒。

7.3.6.2　聚醚类消泡剂

环氧乙烷、环氧丙烷以某些活泼氢化合物为开环聚合，制得的聚醚是优良的水溶性非离子表面活性剂。分子中聚环氧乙烷链节是亲水基，聚环氧丙烷链节是疏水基。环氧乙烷的量超过25%时聚醚溶于水。调节环氧乙烷（EO）和环氧丙烷（PO）的比例可制得不同亲水亲油平衡值（HLB）的表面活性剂，获得所期望的表面活性。通过调节EO/PO比和相对分子质量，改善其水溶性和油溶性，可大大降低发泡液表面张力，具有很好的消泡、抑泡能力。聚醚消泡剂最大的优点是抑泡能力较强，因此，它是目前发酵行业应用的主导消泡剂，但是它又有一个致命的缺点是破泡率低，一旦产生了大量的泡沫，它不能一下子有效地扑灭，而是需要新加一定量消泡剂才能慢慢解决问题。

聚醚类消泡剂按聚合方式可分为整嵌、杂嵌和全杂嵌三种类型。整嵌型聚醚是引发剂上先加上一种氧化烯烃，然后再加上一种氧化烯烃的产物；杂嵌型聚醚有两种，其一为引发剂先加成两种或多种氧化烯烃的混合物，然后再加成某种单一的氧化烯烃，其二则次序相反；全杂型聚醚为引发剂上先引入按一定比例的两种或多种氧化烯烃的混合物，也可能是两者不同的混合物，其中以整嵌型聚醚最为重要。工业上整嵌型聚醚主要有两种，一种是以二元醇为引发剂的Pluronic，另一种是以乙二胺为引发剂的Tetronic，Tetronic具有高的相对分子质量，可达到30000，而Pluronic最大相对分子质量为13000。

7.3.6.3 硅氧烷类消泡剂

硅氧烷类消泡剂一般具有如下的结构：

$$\begin{array}{ccccc} & R & & R & & R & \\ & | & & | & & | & \\ R- & Si & -[O- & Si & -O]_n- & Si & -R \\ & | & & | & & | & \\ & R & & R & & R & \end{array}$$

作为消泡剂的聚硅氧烷，n 值从几十到几百，R 多为甲基，因此聚硅氧烷多为聚二甲基硅氧烷。在某些情况下，也可以是乙基和部分为羟基、苯基、氰基、三氟丙基等的聚硅氧烷。聚硅氧烷本体、复合物、溶液和乳液等构成了一大类消泡剂。聚硅氧烷作为消泡剂具有以下诸方面的特性：

（1）表面张力低。不论甲基附着于烃链还是聚硅氧烷链，甲基有一种固有的表面活性，一个链节表面能递增的次序如下：

$$\begin{array}{c} CF_3 \\ | \\ -C- \\ | \\ CF_3 \end{array} < \begin{array}{c} F \\ | \\ -C- \\ | \\ F \end{array} < \begin{array}{c} CH_3 \\ | \\ -Si- \\ | \\ CH_3 \end{array} < \begin{array}{c} H \\ | \\ -C- \\ | \\ H \end{array}$$

聚合物相对表面能的次序，大多可由这里得到解释。从这个次序可以看出：聚二甲基硅氧烷比碳链烷烃表面能低。聚二甲基硅氧烷油也称为二甲基硅油，其表面张力比水、表面活性剂水溶液和一般油类都要低。

（2）在水和一般油中的溶解度低，且活性高。聚硅氧烷分子结构特殊，其主链为硅氧链，为非极性分子，与极性溶剂水不亲和，与一般油品亲和性也很小，因而，聚硅氧烷在水中和一般油中，溶解度都很低，少量二甲基硅油在水中即可有很高的活性。

日本学者和田正研究表明，如果把一滴二甲基硅油的分子，滴在水面上，本来混乱一团或呈螺旋状的聚二甲基硅氧烷分子，会在水平面上扩展开。由于甲基的斥电作用，聚硅氧烷氧原子上的电子密度增加，形成硅氧链面向水而背上都是甲基的状态。分子链的扩展，使水的氢原子核与聚硅氧烷的原子之间的氢键加强。这样，在水面上横卧铺展为“毛毛虫”状，添加少量的二甲基硅油就能占据较大的面积，因而，少量的二甲基硅油即能显著地降低水的表面张力。据很多研究资料表明，二甲基硅油的添加量远低于0.01g/L的情况下，即可迅速降低水的表面张力。

（3）挥发性低，并具有化学惰性。二甲基硅油挥发性极低，蒸除低沸物之后，在静态下其蒸气压极低，如黏度（20℃）为 $3\times10^{-2}m^2/s$ 的二甲基硅油，在100℃时蒸气压为6.67MPa；在220℃时为40MPa。一般低表面张力的物质，挥发性高，而低表面张力与低挥发性相结合，就使二甲基硅油可以在广泛的温度范围内起消泡作用。甲基硅油和甲基苯基硅油，属于化学惰性物质，在一般水体系和油体系起泡液中，都比较稳定。硅油的化学惰性有利于消泡剂的广泛应用。

（4）无生理毒性。一般用作消泡剂的二甲基硅油，其聚合度较高。而脱除了低聚物的二甲基硅油口服及吸入毒性都很小，无生理毒性。用硅油乳液曾试验过对鱼的毒性，证明排放到江河后对水域没有污染。无生理毒性的性能，使二甲基硅油消泡剂可用于食品、制药与医疗业。

7.4 絮凝剂和凝聚剂

7.4.1 概述

絮凝剂是指能使水溶液中的溶质、胶体或者悬浮物颗粒产生絮状物沉淀的物质。凝聚剂是使固液悬浮体系中的分散颗粒产生凝结现象的物质。絮凝剂和凝聚剂在很多文献中常互相通用，但严格地讲，絮凝剂是一类有机聚电解质或非离子型聚合物，凝聚剂主要是一类无机盐类或无机聚合物。絮凝所形成的絮凝物也称为絮团，它比较松散，是网状的聚集态；凝聚所形成的聚集体或凝结物比较紧密。按照其化学成分，凝聚剂可分为无机盐凝聚剂和无机高分子凝聚剂；絮凝剂包括天然高分子絮凝剂、合成高分子絮凝剂和微生物絮凝剂。

絮凝剂的絮凝原理主要是通过电荷中和作用使离子或胶体凝聚，或通过吸附、架桥和交联作用使粒子聚集，而无机凝聚剂主要是依靠中和粒子上的电荷而凝聚。絮凝或絮凝过程中，由于化学反应使胶体或离子形成不稳定状态，由于搅拌及布朗运动而使得粒子间产生碰撞，当粒子逐渐接近时，氢键及范德华力促使粒子结成更大的颗粒。碰撞一旦开始，粒子便经由不同的物理化学作用而开始聚集，较大颗粒粒子从水中分离而沉降。絮凝剂广泛应用于矿物加工过程中，如絮凝处理选矿废水中的重金属离子，浮选和浸出过程中加入絮凝剂提高沉降和过滤性能等。

7.4.2 无机凝聚剂

无机盐凝聚剂一般指传统铝、铁盐类化合物，无机高分子凝聚剂（IPF）则指铝、铁盐的水解-沉淀动力学中间产物，即羟基聚合离子；其他一些品种，如钙盐、镁盐、活化硅酸等主要作为中和剂或助凝剂使用。

7.4.2.1 无机盐凝聚剂

A 铝盐

硫酸铝是较早使用的一种凝聚剂。其分子中含有不同数量的结晶水，分子式为 $Al_2(SO_4)_3 \cdot nH_2O$，其中 $n=6$、10、14、16、18 和 27，常用的是 $Al_2(SO_4)_3 \cdot 18H_2O$，其相对分子质量为 666.41，相对密度 1.61，外观为白色，光泽结晶。硫酸铝易溶于水，水溶液呈酸性，pH 值在 2.5 以下，室温时溶解度大致是 50g，沸水中溶解度提高到 89g 左右。硫酸铝使用便利，凝聚效果较好，不会给处理后的水质带来不良影响。当水温低时硫酸铝水解困难，形成的絮体较松散。

硫酸铝在我国使用最为普遍，大都使用块状或粒状硫酸铝。根据其中不溶于水的物质的含量，可分为精制和粗制两种。因硫酸铝易溶于水，故可干式或湿式投加，湿式投加时一般采用 10% ~20% 的质量浓度。硫酸铝使用时水的有效 pH 值在 5.5 ~8.0，其有效 pH 值随原水的硬度而异。粗制硫酸铝中有效氧化铝含量基本与精制后相同，主要区别是粗制硫酸铝中不溶于水的酸性物含量较高，腐蚀性强，溶解与投加设备应考虑防腐。

在细粒矿石的浮选过程中，加入适量的硫酸铝，能够大大缩短过滤时间，消除滤液中的固体。矿石含泥较多时，加入凝聚剂，不仅能提高矿浆的过滤性能，而且能够使矿泥加速沉降，提高浮选指标。近些年来，人们认识到长期喝铝盐凝聚剂处理过的饮用水会导致老年痴呆病，因此对饮用水中的残余铝量应严格控制。

B 铁盐

三氯化铁和硫酸亚铁均可用作凝聚剂。三氯化铁（$FeCl_3 \cdot 6H_2O$）是黑褐色的结晶体，有强烈吸水性，极易溶于水，其溶解度随温度上升而增加。我国供应的三氯化铁有无水物、结晶水物和液体。液体、结晶水物或受潮的无水物腐蚀性极大，调制和加药设备必须考虑用耐腐蚀器材。我国很多水厂均采用 $FeCl_3$ 凝聚剂，三氯化铁加入水后与天然水中碱度起反应，形成氢氧化铁胶体，当被处理水的碱度低或投加量较大时，在水中应先加适量的石灰。水处理中配制的三氯化铁溶液浓度宜高，可达45%。对含 Hg^{2+}、Pb^{2+} 等重金属离子的溶液，加入三氯化铁，控制 pH 值为 8～10，汞或铅的氢氧化物与铁的氢氧化物形成凝聚体一起析出，Hg^{2+}、Pb^{2+} 去除率可达96%左右。

三氯化铁的优点是易溶解、易混合，形成的矾花密度大，沉淀速度快，对低温、低浊水有较好效果，适宜的 pH 值范围也较宽，大致在 6.0～8.4，用量一般要比铝盐少；缺点是溶液具有强腐蚀性，对金属腐蚀性大，对混凝土也腐蚀，对塑料管也会因发热而引起变形。用三氯化铁处理后的水的色度比用铝盐高，投加量最佳范围较窄，如果控制不好，会导致出水的色度增大；在配制 $FeCl_3$ 溶液时，若管理不善易造成配制槽周围墙和地面带有不易清洗掉的铁锈。

硫酸亚铁（$FeSO_4 \cdot 7H_2O$）是半透明绿色晶体，易溶于水，在水温 20℃ 时溶解度为21%。硫酸亚铁离解出的 Fe^{2+} 只能生成简单的单核配合物，因此不如三价铁盐那样有良好的凝聚效果。残留于水中的 Fe^{2+} 会使处理后的水带色，当水中色度较高时，Fe^{2+} 与水中有色物质反应，将生成颜色更深的不易沉淀的物质（可用三价铁盐除色）。根据以上所述，使用硫酸亚铁时应将二价铁离子先氧化为三价铁离子，然后再起凝聚作用。

当水的 pH 值大于 8.0 时，加入的亚铁盐的 Fe^{2+} 易在水中被溶解氧氧化成 Fe^{3+}，见式(7-4-1)。

$$4Fe(OH)_2 + 2H_2O + O_2 = 4Fe(OH)_3 \tag{7-4-1}$$

当水的 pH 值小于 8.0 时，则可加入石灰去除水中 CO_2 以提高 pH 值，见式（7-4-2）。

$$Ca(OH)_2 + CO_2 = CaCO_3 + H_2O \tag{7-4-2}$$

当水中没有足够溶解氧时，则可加氯或漂白粉予以氧化，见式（7-4-3）。

$$6FeSO_4 + 3Cl_2 = 2Fe_2(SO_4)_3 + 2FeCl_3 \tag{7-4-3}$$

处理饮用水时，硫酸亚铁的重金属含量应极低，在最高投药量处理后，水中的重金属含量应在国家饮用水水质标准的限度内，因此，硫酸亚铁的使用并不广泛。硫酸亚铁处理水时，矾花形成较快、较大、较稳定、沉淀时间短，适用于碱度高、pH 值为 8.1～9.6、浊度高的水。不论在冬季或夏季其使用性良好稳定，凝聚作用良好，但原水的色度较高时不宜采用。

7.4.2.2 无机高分子凝聚剂

无机高分子凝聚剂是 20 世纪 60 年代后期逐渐发展起来的，其凝聚效果好、价格相对较低，有逐步成为主流药剂的趋势。目前日本、俄罗斯、西欧国家生产此类药剂已达到工业化和规模化、流程控制自动化，且产品质量稳定，无机聚合类凝聚剂的生产已占絮凝剂和凝聚剂总产量的30%～60%。我国在无机凝聚剂方面的研究在 20 世纪 60 年代起步后，逐渐发展出聚合铝、聚合铁以及各种复合型凝聚剂。

A 聚铝类凝聚剂

聚铝类凝聚剂是由若干结构简单的碱式铝离子如 $Al(OH)_2^+$、$Al_2(OH)_4^{2+}$、$Al_3(OH)_5^{4+}$ 等进一步水解、缩合生成的复杂多核多羟基配位聚合物，其相对分子质量在数千范围内。这类凝聚剂通过中和悬浮粒子表面电荷，是悬浮颗粒凝聚而达到净水效果的。

a 聚合氯化铝 聚合氯化铝（PAC）也称聚合铝，是20世纪60年代后期正式投入工业生产和应用的一种新型无机高分子凝聚剂。2003年开始实施的新的国家标准将其命名为聚合氯化铝，并采用通式 $Al_n(OH)_mCl_{3n-m}$ 表示。

聚合氯化铝的生产原料很多，包括铝屑、铝灰、煤矸石、铝土矿、高岭土、铝酸钙矿粉、氢氧化铝等。其合成方法主要有铝矾土法、铝灰法和氢氧化铝法。由于在聚合铝中OH与Al的比值对凝聚效果有很大关系，一般可用碱化度 B 表示，其定义见式（7-4-4）。

$$B = \frac{[OH]}{3[Al]} \times 100\% = \frac{m}{3n} \times 100\% \tag{7-4-4}$$

式中，n 和 m 分别是 $Al_n(OH)_mCl_{3n-m}$ 中Al和OH的分子数，一般要求 B 的值在40%以上。按行业标准，聚合铝产品要求 Al_2O_3 10%以上，盐基度50%～80%，不溶物1%以下。

聚合铝的特点是凝聚性能好、用量少、效率高、沉降快，并能除去水中的铁、铬、铅等重金属杂质。聚铝对污染严重或低浊度、高浊度、高色度的原水都可达到较好的凝聚效果，其适宜的pH值范围较宽，在5～9均可起到良好的效果。赤铁矿浮选的尾矿水中含有铁，pH值为8～9，废水成红色，对环境污染严重。采用聚合铝凝聚处理，当添加量为0.53%～0.67%时，净化率可达99.6%～99.8%，剩余浊度在10mg/L以下，净化的水可作为工业用水返回使用。

目前我国聚合氯化铝应用中存在的主要问题是各地土法制得的产品因受原料、工艺等条件的限制，质量差别较大。

b 聚合硫酸铝 与聚合氯化铝（PAC）相比，聚合硫酸铝（PAS）的研究与开发相对滞后，它的制备技术研究尚不够广泛和深入。目前的制备多是将硫酸铝在碱性物质的作用下发生水解、聚合反应而形成的，碱性物质可采用 $NaOH$、$Ca(OH)_2$、$NaHCO_3$、Na_2CO_3 等无机碱，也可采用含有活性氧化铝物质的铝酸盐，如铝酸钙等。

PAS的凝聚性能优于PAC，且凝聚效果受其碱化度影响比较明显。PAS最大的缺点是稳定性差，新合成的PAS短时间内会发生水解生成 $Al(OH)_3$，沉淀而失去净水作用。且碱化度越高，稳定性越差，为了提高稳定性、改善聚合硫酸铝的性能，必须对其稳定剂进行实验研究和选择。人们在提高PAS稳定性方面做了许多努力，如加有机酸作稳定剂，或加入阴离子 CO_3^{2-}、Cl^-、PO_4^{3-}，阳离子 Mn^{2+}、Zn^{2+} 等提高PAS的稳定性。

B 聚铁类凝聚剂

铁盐和铝盐均是传统的无机凝聚剂，且具有相似的水解-沉淀行为，在聚合铝的启发下日本于20世纪70年代开始研究了聚合铁凝聚剂，如今已应用于实践，取得了良好的效果。

a 聚合硫酸铁 目前得到实际应用的聚铁凝聚剂主要是聚合硫酸铁（PFS），其化学分子式为：$[Fe_2(OH)_n(SO_4)_{3-n/2}]_m$（其中 $n<2, m=f(n)$），实际上聚合铁是铁盐水解聚合过程的动力学中间产物，其本质是羟基桥联或氧桥化的无机高分子化合物。

由于硫酸根的存在，它们易于生成更大的分子。聚合硫酸铁的工业生产主要采用催化氧化法。将硫酸亚铁与水按一定的比例投料，加热至 40℃，常压下充分搅拌并通入氧气，然后分批加入催化剂亚硝酸钠，控制滴加一定量的硫酸，反应 2～3h，即可制得聚合硫酸铁，碱化度在 11% 左右。其中实现溶解是关键步骤，此外对氧化的研究也较多，如使用常规氧化剂直接氧化，也有催化氧化等。近年来，研究者开展了采用硫铁矿烧渣等含铁废渣为原料生产聚合硫酸铁高分子的研究，所用氧化剂包括双氧水、氯酸钾、生物氧化剂等，不仅可以降低成本，实现资源的综合利用，而且消除了亚硝酸钠催化氧化法制备聚铁对环境的二次污染。由于铁盐比铝盐的水解-聚合倾向更大，所以在制备聚合铁时，其碱化度不宜控制过高，过高则易得到高聚合度但电荷低的聚合物，使它在某些场合下的凝聚效果可能降低。

聚合硫酸铁具有许多优良的凝聚性能，如药剂用量少，矾花生成快，沉降速度高，有效 pH 值范围较宽，与三氯化铁相比其腐蚀性大大减弱，处理后水的色度和铁离子含量均较低。但液体 PFS 还存在随碱化度、放置时间增加，稳定性降低，在溶液中会出现黄色沉淀使处理效果下降等问题。此外，在催化氧化工艺过程中，催化剂一般选用为亚硝酸盐类，尽管有资料表明，产品中没有亚硝酸盐残留，但由于其致癌性，也限制了它的应用范围。而且在实际水处理过程中，有硫酸根存在的条件下容易出现硫化细菌的生长与结垢，并造成硫化氢的污染，这也限制了聚合硫酸铁的使用。

b 聚合氯化铁 聚合氯化铁（PFC）的分子式为 $Fe_2(OH)_nCl_{6-n}$，其中 $0 \leqslant n \leqslant 2$。PFC 是以铁矿石、铁屑、氧化铁皮、硫铁矿石为原料进行生产，首先用盐酸将上述物质在一定的条件下溶解，然后采用不同的氧化剂，将剩余亚铁离子氧化。如果在氧化前控制溶液中盐酸的量高于或等于形成氯化铁所需要的量，即可形成含游离酸的氯化铁溶液或聚合氯化铁溶液。如果将盐酸的量控制在低于上述值的范围内，就可以生成不同盐基度的聚合氯化铁。

反应过程中应保证有足够的氧气，使亚铁不断氧化，直至亚铁完全氧化。反应过程中保持溶液的温度在 40～90℃ 范围内，以利于配合物的分解。聚合氯化铁指标：Fe^{3+} 8%～13%，碱化度 6%～12%，$Fe^{2+} \leqslant 0.1\%$。

聚合氯化铁的研究已有近 20 年的历史，其应用研究也有报道。但主要还处于在实验室研究其制备方法、存在形态和处理效果的阶段。它的合成原理来自于氯化铁溶液直接加碱水解聚合过程。其制备方法主要有：高温分解法、加碱滴定法、直接氧化法、催化氧化法等。

PFC 可用于源水净化及印染造纸、洗煤、食品、制革工业废水和城市生活污水的处理。特别是对浊度的源水，对工业废水的处理效果优于其他絮凝剂，对水中各种有害元素都有较高的脱除率，COD 除去率达 60%～95%。对聚合氯化铁的应用性能还存在着很多矛盾的观点，这主要是由于聚合氯化铁的稳定性较差，不同浓度的溶液性质差异也较大，很短的时间内就可能使溶液中的形态发生很大变化。另外，实验中所采用的水力学条件，水质条件（如浊度高低）差异，造成凝聚机理有所不同，也会对实验结论有所影响；此外，由于影响铁溶液聚合的因素颇为复杂，还可能存在一些没有加以考虑但对聚合有很重要影响的因素，这些都需要进一步深入探讨和研究。

C 无机复合型凝聚剂

a 聚合氯化铝铁 聚合氯化铝铁（PAFC）是以铝为主、铁为辅的新型复合无定型、无机高分子净水剂。铁为高价铁，水解后形成多核配合物。PAFC 是在 $FeCl_3$ 和 $AlCl_3$ 的混合溶液中缓慢滴加碱液以达到预定碱化度以制备聚合氯化铝铁凝聚剂。在反应过程中，只要把碱添加到反应液中就可使水解过程中产生的氢离子浓度降低，促使反应向水解方向进行，从而制得铝铁复合凝聚剂。考虑到铝和铁在聚合反应中反应速度的差异，铁具有较强的亲 OH^- 能力，可以迅速地聚合形成多核聚合物，而铝的亲 OH^- 能力较弱，聚合反应较慢，需高温加碱聚合，采取先聚铝，稳定后再加铁共聚的方式来制备铝铁共聚复合凝聚剂。

PAFC 具有 PAC 和铁盐的特性和特点，克服了 PAC 在低温低浊时的净水难点。因此，其净水效果明显优于一般的净水产品。该产品是在聚合氯化铝和氧化铁、铝盐和铁盐混凝剂水解和混凝机理的深入研究基础上发展而来，对铝离子和铁离子的形态都有明显的改善，聚合度也大为提高。

b 聚硅硫酸铝 聚硅硫酸铝（PASS）是将硅酸盐与强碱性的铝酸盐混合生成一种强碱性的预混合物或中间产物，然后将该预混合物在强剪切混合条件下加入或注入酸性物质硫酸铝中形成稳定的多核含硅复合物。基本原材料为碱金属硅酸盐、碱金属铝酸盐、硫酸铝，最好是弱酸或者弱酸盐，比较常用的是硅酸钠。同样，关于碱金属铝酸盐，任何适当的碱金属铝酸盐来源都可以，但铝酸钠是最适合的。

聚硅硫酸铝的分子式如下：$Al_A(OH)_B(SO_4)_C(SiO_x)_D(H_2O)_E$，其中：$A=1.0$，$B=0.75\sim2.0$，$C=0.30\sim1.12$，$D=0.005\sim0.1$，$2<x\leqslant4$，以使 $3A=B+2C+2D(x-2)$；水溶液产品，E 大于 8，固体产品，E 小于 8。产品碱化度一般在 25% ~66% 范围内。

PASS 产品可用在制浆造纸工业上，尤其在酸性造纸过程中，它可以替代硫酸铝用作助滤剂，在中性和碱性造纸过程中，用作增强剂。

c 聚硅氯化铝 聚硅氯化铝（PASiC）是目前在给水和废水处理中一种应用非常广泛的无机高分子混凝剂，此类聚硅铝盐是一种多核碱式硅酸铝或氯化铝的复合物。合成的方法是将硅酸盐与强碱性的铝酸盐混合成一种强碱性的预混合中间产物，在强剪切混合条件下加入酸性物质的硫酸铝或是氯化铝形成稳定的多核硅复合物。

聚硅氯化铝的结构式为：$[Al_A(OH)_B(Cl)_C(SiO_x)_D(H_2O)_E]$，其中：$A=1.0\sim2.0$，$B=0.75\sim2.0$，$C=0.3\sim1.12$，$D=0.005\sim0.50$，$2\leqslant x\leqslant4$，$E\geqslant4$。

由于 PASiC 产品具有凝聚、助凝作用，有电中和、吸附及架桥网捕的三重效果，所以 PASiC 产品处理废水时，具有使用量少，形成的矾花快速而粗大，活泥含水量低等特点。在废水处理中形成一种优势的产品，特别在 pH 值为 6.5 ~8.5 的造纸废水处理中，COD 去除率可达 30% ~45%，脱色效果较为显著。但由于其产品在工艺生产过程中使用的活化硅酸不稳定，与铝盐复合的工艺要求极高，复合后仍不易稳定，只有少数国家可工业化生产。

d 聚合硫酸氯化铁 聚合硫酸氯化铁（PFCS）是一种新型高效的无机高分子凝聚剂，化学性质稳定，能与水混溶，在水处理过程中能很快水解形成大量的阳性多核配离子，中和胶体表面电荷，强烈吸附微粒，形成絮体沉降，达到澄清水的目的。

PFCS 的制备方法是：利用盐酸、硫酸混合溶液处理废钢渣，溶液以氧气作氧化剂、M3 作催化剂，用 H_2SO_4 控制产品碱化度在 10.5%，待 Fe^{2+} 完全氧化为 Fe^{3+} 后停止反应，静置冷却至室温，即可得成品。

该产品凝聚物比重大、凝聚速度快、易过滤、出水率高，其原料均来于工业废渣，成本较低，适合废水处理有显著的脱色、脱臭、脱水、脱油、除菌、脱除重金属离子、放射性物质及致癌物等多种功效，对 COD、BOD 及色度的去除率高达 90% 以上，适合某些特殊源水处理的需要。

7.4.3 有机絮凝剂

7.4.3.1 天然高分子絮凝剂

在近代水处理中，天然高分子化合物是一类重要的絮凝剂，目前天然高分子絮凝剂的主要品种有淀粉类、半乳甘露聚糖类、纤维素衍生物类、微生物多糖类及动物骨胶等。因为受到原料本身性能的限制，直接使用的不多，绝大多数用的是它们的改性产品。经过改性后的天然高分子絮凝剂具有相对分子质量分布广、活性基团点多、结构多样化等特点，而且天然有机高分子原料来源丰富，价格低廉，尤其突出的是安全无毒，可以完全生物降解，因此常被称为绿色絮凝剂。

A 淀粉及其衍生物

天然淀粉具有一定的絮凝作用，在淀粉分子结构中引入带电基团能够改善其分子在水中的伸展及分散情况，加强其对悬浮体系中悬浮物的捕捉与促沉作用，减少投放量，提高絮凝效果。实际使用中，通常对其羟基进行酯化、醚化、氧化、交联、接枝、共聚等化学改性，得到不同电性、不同官能团的多种样品，主要改性产品有糊精、氧化淀粉、双醛淀粉、羧甲基淀粉、淀粉接枝共聚物等。用于絮凝剂的淀粉产品主要有羧甲基淀粉、阳离子淀粉以及淀粉的众多接枝共聚物等。由于淀粉水解或氧化得到糊精或氧化淀粉的过程中，分子发生了严重的降解，致使产品的相对分子质量较低，无法满足絮凝的要求，因此不能作为絮凝剂使用。

羧甲基淀粉（CMS）是原淀粉的羧甲基化产品，为一种阴离子型高分子电解质，具有强水溶性，取代度在 0.1 以上即能溶于冷水，溶液黏度较原淀粉高，稳定性和成膜性均好。引入的羧酸基团既是亲水基，也是强亲固基，可与矿物表面的 Fe^{3+}、Ca^{2+} 等金属离子反应生成羧酸盐，因此它在颗粒表面的吸附能力较原淀粉强。此外，CMS 还可通过适度的交联处理以增大其相对分子质量从而可以更好地发挥架桥作用，表现出良好的絮凝作用。据文献报道，羧甲基淀粉对 Cu^{2+} 有很好的吸附作用，用取代度为 0.841 的羧甲基淀粉处理含 Cu^{2+} 的废水，在 pH 值为 7.0、羧甲基淀粉的投加量 50.00mg/L、吸附时间 15min 时，羧甲基淀粉对废水中 Cu^{2+} 的吸附率高达 98.80%。

阳离子淀粉是淀粉与胺类化合物反应生成的衍生物，氮原子上带有正电荷，因此称为阳离子淀粉。阳离子淀粉取代度在 0.1 以上称为高取代度的阳离子淀粉。它具有阳离子表面活性剂的性质和一般淀粉的性质，在水中具有较好的溶解性，可作为絮凝剂用于染料废水处理。

变性淀粉是指淀粉经物理或化学方法引发，与丙烯酰胺、丙烯酸、丙烯腈、乙酸乙烯、甲基丙烯酸甲酯、苯乙烯等不饱和单体发生共聚反应或将淀粉进行接枝改性，形成共聚或接枝淀粉来改善淀粉产品的性质，是多年来研究比较活跃的领域。共聚、接枝变性淀粉主要有以下几种：

（1）聚丙烯酰胺（PAM）淀粉。以淀粉和丙烯酰胺为原料，过硫酸钾和亚硫酸钠为引发剂，乙二胺四乙酸二钠和尿素为助剂，采用水溶液聚合法制备淀粉接枝丙烯酰胺聚合物絮凝剂。接枝共聚产物对赤泥沉降分离，沉降速度和上清液浊度等性能指标优于一般的改性淀粉。

（2）聚丙烯酸（钠）淀粉。它是以丙烯酸钠为原料，在水溶液中以过氧化氢为引发剂，经过聚合、浓缩而得到的。它有着很好的水溶性，具有活性吸附功能，能将悬浮颗粒吸附在其表面上，使得悬浮颗粒相互凝聚，形成大块絮凝团，因此是一种很好的助凝剂和助滤剂。

（3）氧肟酸淀粉。自 1940 年，Popperle 首次提出了它在选矿中的应用，其随后迅速发展成为一类很有前途的浮选剂。氧肟酸高分子螯合剂因其氧肟酸官能团对某些重金属离子具有迅速而牢固的螯合作用而在絮凝分离领域中受到重视。氧肟酸淀粉是对淀粉通过改性引入氧肟基酸基团来活化淀粉的絮凝作用，通过淀粉中羟基的醚化反应制取淀粉羧酸酯再与羟胺反应制备氧肟酸型淀粉。在含水率为 15% 的乙醇溶剂中，以物料物质的量比为淀粉：NH_2OH：碱 = 1：0.18：1，在 25℃碱化 50min 后，再在 50℃醚化 3h，然后进行羟胺化反应。所得的产物可应用于拜耳法氧化铝厂处理不同类型铝土矿所得赤泥浆液，沉降分离速度快，并可得到含浮游物较低的赤泥沉降溢流液。

B　羧甲基纤维素

羧甲基纤维素是常见的絮凝剂之一，工业上常将其钠盐用作抑制剂、絮凝剂、增稠剂等。羧甲基纤维素钠作为絮凝剂可以有效地去除 Ca^{2+}、Mg^{2+} 等离子。

C　木质素

木质素絮凝剂的研究始于 20 世纪 70 年代，研究结果表明，相对分子质量低的木质素磺酸盐与蛋白质反应生成在酸性溶液中不溶解的复合体；而高分子量的则通过架桥作用使蛋白质形成絮体。与传统的聚铝或聚铁凝聚剂相比，木质素作为絮凝剂可以在酸性条件下进行絮凝，在较低的用量下获得较好的处理效果。

D　腐殖酸

腐殖酸是含芳环骨架的大分子化合物，周围有许多羧基、羟基等官能团和一些氨基酸、氨基糖等残片。由于这些活性基团的存在，赋予了腐殖酸具有对金属离子交换、吸附、配合、螯合等的作用；在分散体系中作为聚电解质，有凝聚、胶溶、分散等作用。此外，腐殖酸分子上还有一定数量的自由基，具有生理活性。腐殖酸盐在拜耳法赤泥絮凝与澄清过程中，可以使赤泥浆液中矿物颗粒空出更大面积，从而得到高质量的溢流。

E　甲壳素和壳聚糖

甲壳素是由虾、蟹或昆虫的外壳经过酸碱加工处理而得的一种直链型天然高分子材料，又名甲壳质或几丁质，它是自然界中含量仅次于纤维素的第二大天然有机高分子，与纤维素具有非常相似的化学结构，与纤维素的不同点是第 2 个碳原子上有一个乙酰胺基（$—NH_2COCH_3$），而纤维素 C_2 上是一个—OH。同时，甲壳素也存在于某些植物中，如菌、藻类的细胞壁中，质量分数为 30% ~60%，是一种十分丰富的自然资源。壳聚糖、甲壳素、纤维素的结构单元分别如下：

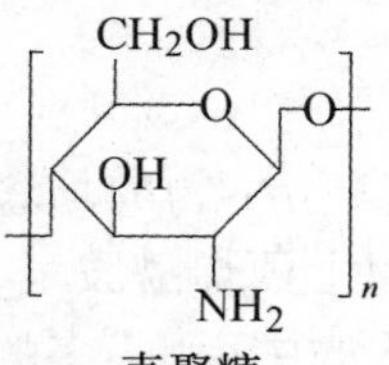

CH_2OH　OH　O　NH_2　$]_n$
壳聚糖

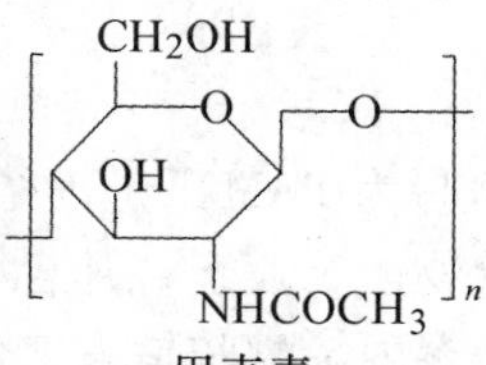

CH_2OH　OH　O　$NHCOCH_3$　$]_n$
甲壳素

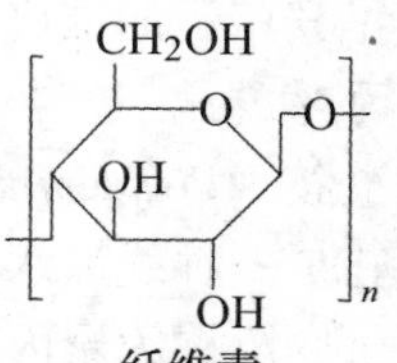

CH_2OH　OH　O　OH　$]_n$
纤维素

壳聚糖是甲壳素脱乙酰达到55%以上的产物。在脱去甲壳素分子中的乙酸基转化成壳聚糖后，产品溶解性能大为改善，成为目前自然界中唯一发现的水溶性多糖类天然阳离子高分子，广泛地应用于很多工业部门。壳聚糖之所以能引起国内外研究人员的重视，除了具有很好的溶解性、螯合性、絮凝能力以及无毒、可降解性等优良性质以外，更重要的是其分子中含有大量的具有高化学活性的羟基和氨基，这是开发壳聚糖系列新产品的重要基础，使得通过化学改性提高其性能、扩大其用途成为可能。近年来壳聚糖的研究也就是集中在壳聚糖的改性及其作为功能材料的应用研究方面。

壳聚糖的化学改性，主要基于两个方面的要求，一是提高它在水中或是有机溶剂中的溶解性，二是获得性能很好甚至独特性能的产品。目前对壳聚糖分子的修饰有酰化、醚化、酯化以及接枝共聚等，其中阳离子化、羧基化以及接枝、共聚是研究的热点。

甲壳素/壳聚糖为高分子聚合物，带有氨基、羟基、酰胺基等功能基，既可以通过反应引入阳离子或阴离子功能基，改善其吸附性能，自身也具有一定的絮凝、吸附功能，尤其是壳聚糖，自身就是一种阳离子聚电解质，经改性或接枝共聚后进一步提高其正电性或形成两性聚电解质，具有良好的吸附和架桥能力，可作为饮用水和各种工业废水的絮凝剂及污泥脱水剂。作为饮用水的净化剂，壳聚糖不仅能去除水中的悬浮物，还能去除一些有害的极性有机物，如一些农药、表面活性剂等。壳聚糖又是一种无毒，无副作用的天然高分子螯合剂，可用于富集盐溶液、天然水、海水、含盐工业废水中的过渡金属离子，降低污染、回收贵重金属。

7.4.3.2 合成高分子絮凝剂

从结构上看，有机合成高分子絮凝剂以聚乙烯、聚丙烯类聚合物及其共聚物为主，其中聚丙烯酰胺类应用最为广泛，用量占有机高分子絮凝剂的80%左右。

根据高分子在水中离解的情况，絮凝剂可分成阴离子型、阳离子型、非离子型和两性离子型4种。当分子上的基团在水中离解后，留下带负电的部位（如得到—SO_3^{2-} 或—COO^-）时，整个分子成为带负电荷的大离子，这种聚合物称为阴离子型絮凝剂；当基团上留下带正电的部分（如得到—NH_3^+、—NH_2^+—）而整个分子成为一个很大的正离子时，称为阳离子型絮凝剂；不含离解基团的聚合物则称为非离子型絮凝剂。当分子链上既带有正离子又带有负离子时则称为两性离子絮凝剂。

在存在形式上，目前的有机高分子絮凝剂产品以粉末型为主，存在溶解速度慢，作业时粉尘飞扬的缺点。近年来开发出了乳液型高分子絮凝剂，其固体质量分数可达30%～40%，比传统的水溶液型高分子絮凝剂乳液高出很多。此外，因其采用反相乳液聚合法制造，高分子粒径可小至0.5～5μm，所以在水中的溶解分散速度快，只需10～15min，易于在生产时实现自动化。为克服乳液型高分子絮凝剂的不稳定性，美国研制出了微乳液型高分子絮凝剂，投入使用后，其性能和优点得到肯定。但是由于乳液型高分子的分散介质是油，成本较高，也不能用于对含油量要求较严格的场合。此外，乳液聚合的技术含量要求较高，限制了其广泛的推广生产。

A 聚丙烯酰胺

聚丙烯酰胺（Polyacrylamide，缩写为PAM）是丙烯酰胺及其衍生物的均聚物和共聚物的总称，它是一种线型水溶液聚合物。工业上，凡含有50%以上丙烯酰胺（AM）单体的聚合物都可以泛称为聚丙烯酰胺。聚丙烯酰胺是人工合成絮凝剂中应用最多的产品。

聚丙烯酰胺按其在水溶液中的电离性可分为非离子型、阴离子型、阳离子型、两性型四大类。其常见结构可分别表示为：

（1）非离子型：

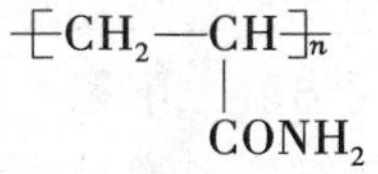

$$\left[CH_2-\underset{\underset{CONH_2}{|}}{CH}\right]_n$$

（2）阴离子型：

$$\left[CH_2-\underset{\underset{CONH_2}{|}}{CH}\right]_m\left[CH_2-\underset{\underset{R}{|}}{CH}\right]_n$$

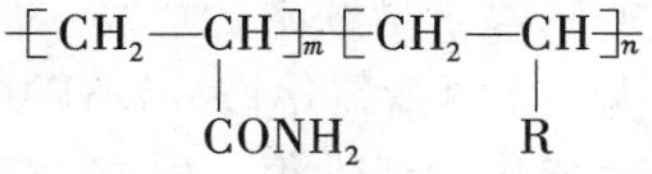

R 可以是—COONa、—SO_3Na 等可电离为阴离子的基团。

（3）阳离子型：

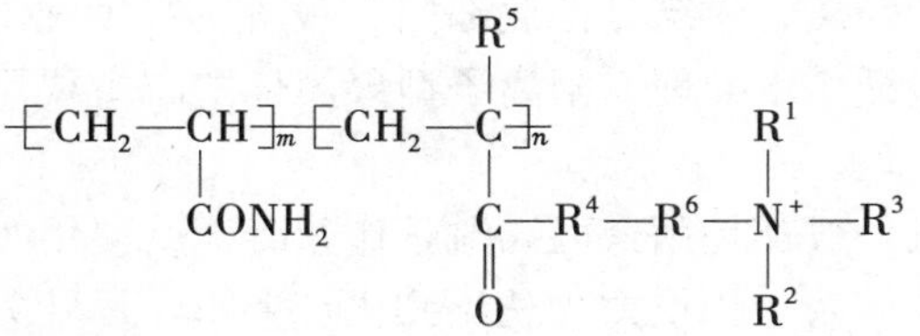

$$\left[CH_2-\underset{\underset{CONH_2}{|}}{CH}\right]_m\left[CH_2-\overset{R^5}{\overset{|}{C}}\right]_n \quad \underset{\underset{O}{\|}}{C}-R^4-R^6-\overset{\overset{R^1}{|}}{\underset{\underset{R^2}{|}}{N^+}}-R^3$$

R^1、R^2、R^3 通常为—CH_3；R^4 为—NH—或—O—；R^5 为—CH_3 或—H；R^6 为—CH_2—或—C_2H_4—。

（4）两性型：

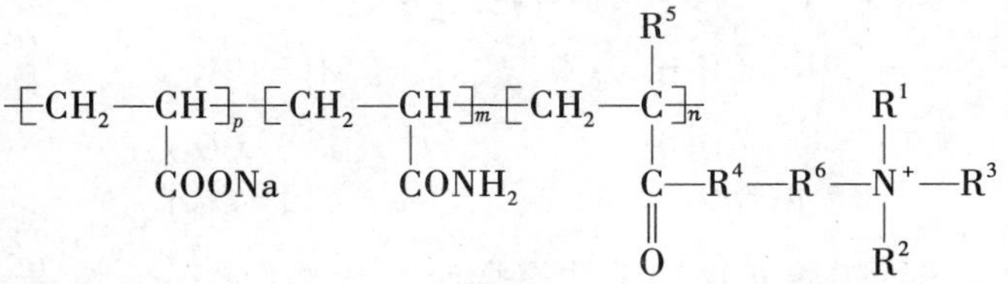

$$\left[CH_2-\underset{\underset{COONa}{|}}{CH}\right]_p\left[CH_2-\underset{\underset{CONH_2}{|}}{CH}\right]_m\left[CH_2-\overset{R^5}{\overset{|}{C}}\right]_n \quad \underset{\underset{O}{\|}}{C}-R^4-R^6-\overset{\overset{R^1}{|}}{\underset{\underset{R^2}{|}}{N^+}}-R^3$$

水溶液聚合法是目前工业生产中最常用的聚丙烯酰胺生产方法，该法是将精制后的丙烯酰胺单体与水、助剂等经过混合配液、调整温度和 pH 值后，吹 N_2 除氧，加入引发剂，聚合反应一段时间后出料，得到胶体产品，并通过后续造粒、干燥、粉碎、筛分、包装过程得到干粉产品。该方法设备简单、操作简便、成本低、对环境污染小，且由于丙烯酰胺类单体水溶性较好，从而适合大规模生产。此外，研究较多的还有沉淀聚合法、悬浮聚合法、反相乳液聚合法和光引发聚合法等。

相对分子质量是影响聚丙烯酰胺性能和应用范围的一个重要因素。例如，相对分子质量高的聚丙烯酰胺主要用作絮凝剂，且絮凝能力随相对分子质量的增加而增强，相对分子质量中等的用作纸张干强剂；相对分子质量低的则用作分散剂。相对分子质量对其水溶性的影响不太明显，但相对分子质量高的聚丙烯酰胺在质量浓度达到 1% 以后，就会形成凝胶状结构。提高温度虽然可以促进溶解，但当温度大于 50℃时，聚丙烯酰胺会发生降解。聚丙烯酰胺溶液的黏度与质量浓度近似成对数关系，不同质量浓度的溶液黏度随相对分子质量增大的曲线都有一个拐点，越过拐点，黏度急剧增大，这个值就是分子链开始缠结的相对分子质量。由于缠结，高分子链相互运动受到阻碍，黏度突变，据报道，这个突变值为44万。

丙烯酰胺易与许多种乙烯基单体共聚，常见的共聚单体有丙烯酸（盐）、甲基丙烯酸（盐）、顺丁烯二酸酐、苯乙烯磺酸（盐）、乙烯磺酸、丙烯磺酸、2-丙烯酰胺基-2-甲基丙磺酸、甲基丙烯酸二甲氨基乙基酯、丙烯酸二甲氨基乙基酯以及它们的季铵盐和二烯丙基二甲基氯化铵等。这些单体溶于水后常发生电离从而使该共聚物具有阴离子、阳离子或两性粒子的特性。在聚丙烯酰胺系列产品中，产量最大的是共聚产品。而共聚产品中主要是丙烯酰胺与丙烯酸盐类共聚制成的阴离子型共聚合产品，以及丙烯酰胺与甲基丙烯酰氧乙基三甲基氯化铵（DMC）、二甲基二烯丙基氯化铵（DADMAC）共聚得到的阳离子产品。

聚丙烯酰胺高分子链上带有大量化学活性很大的酰胺基团，可与多种化合物反应而产生许多衍生物产品，故具有许多优异的性能，如絮凝、增稠、表面活性等等。因此，可用作絮凝剂、增稠剂、纸张增强剂以及液体的减阻剂等，广泛用于水处理、石油开采、造纸、煤炭、矿冶、地质、轻纺、建筑等工业部门，被称为“百业助剂”。应用时，阴离子型聚丙烯酰胺主要用于造纸、水处理，阳离子型聚丙烯酰胺主要用于水处理，两性聚丙烯酰胺主要用于污泥脱水处理。

选煤厂的煤泥浓缩机一般都是用聚丙烯酰胺作絮凝剂，使用时配成0.1%～0.5%的水溶液，用量为2～50g/m^3矿浆，用量太少达不到生产要求，用量太多造成循环使用的澄清水中累积过多的聚丙烯酰胺，影响煤泥的可浮性。

B 聚丙烯酸（钠）

聚丙烯酸（Polyacrylic acid，缩写为PAA）和聚丙烯酸钠（Sodium polyacrylate，缩写为PAAS）是常见的阴离子型絮凝剂，其结构式分别为：

$$\left[CH_2 - \underset{\displaystyle COOH}{\underset{|}{CH}} \right]_n \qquad\qquad \left[CH_2 - \underset{\displaystyle COONa}{\underset{|}{CH}} \right]_n$$

聚丙烯酸　　　　聚丙烯酸钠

聚丙烯酸（钠）由丙烯酸（钠）单体聚合而成，如果聚丙烯酸钠是在温和的条件下干燥，交联度很小，则产品是很容易溶解于水中，呈真溶液。因聚合物本身带有电荷，可促使带有不同表面电荷的悬浮颗粒吸附，另外由于水溶液中分子链上负电基团的静电相斥作用，使得其分子在溶液中的伸展度较高，从而能够更好地发挥架桥作用，提高絮凝效果。

聚丙烯酸或聚丙烯酸盐作为一种功能高分子材料，广泛应用于纺织、造纸、石油化工、矿物加工等行业中。不同相对分子质量的聚丙烯酸或聚丙烯酸盐具有不同的特性和应用，相对分子质量低的聚丙烯酸或聚丙烯酸盐主要起分散剂作用，相对分子质量中等的主要起增稠的作用，而相对分子质量高的聚丙烯酸或聚丙烯酸盐则主要用作絮凝剂或助滤剂。

聚丙烯酸由丙烯酸单体直接在水介质中进行自由基反应聚合而成（见式(7-4-5)），聚合温度控制在60～100℃，引发剂为过硫酸铵，引发剂的用量一般为丙烯酸质量的8%～15%，聚合过程中加入异丙醇作相对分子质量调节剂，不仅可以使相对分子质量分布范围变窄，还有降低黏度、移走反应热的作用。

$$nCH_2=CH-COOH \xrightarrow{\text{引发剂}} \left[CH_2-\underset{\displaystyle COOH}{CH}\right]_n \tag{7-4-5}$$

聚丙烯酸也可由聚丙烯腈或聚丙烯酸酯在100℃左右的温度下用酸性水解的方法进行制取，见式(7-4-6)和式(7-4-7)。

$$\left[CH_2-\underset{\displaystyle CN}{CH}\right]_n + 2H_2O \xrightarrow{H^+} \left[CH_2-\underset{\displaystyle COOH}{CH}\right]_n + NH_4^+ \tag{7-4-6}$$

$$\left[CH_2-\underset{\displaystyle COOR}{CH}\right]_n + H_2O \xrightarrow{H^+} \left[CH_2-\underset{\displaystyle COOH}{CH}\right]_n + ROH \tag{7-4-7}$$

聚丙烯酸钠的制备方法有两种。将丙烯酸在引发剂和链转移剂存在下聚合，用氢氧化钠中和可得到相对分子质量较小的产品。丙烯酸与氢氧化钠中和，精制后，在引发剂存在下聚合可得到相对分子质量较高的产品。

与丙烯酰胺的聚合相似，丙烯酸（钠）聚合制备聚丙烯酸（钠）的过程也遵循自由基聚合原理，其引发方式、聚合方法也基本一致，引发方式有引发剂引发、光引发、紫外线引发等，聚合方法有本体聚合、溶液聚合、悬浮聚合及分散聚合等。

用作絮凝剂的聚丙烯酸（钠）相对分子质量一般在$1\times10^4\sim1\times10^5$，相对分子质量低于$1\times10^4$的聚丙烯酸（钠）可用作分散剂、抑制剂和阻垢剂。在拜耳法生产氧化铝过程中，聚丙烯酸钠的赤泥絮凝沉降效果最佳，优于淀粉、聚丙烯酰胺等絮凝剂。

聚丙烯酸（钠）可与淀粉等天然高分子共聚形成接枝共聚物，还可与羟胺类化合物进行羟肟化反应得到羟肟酸高分子。羟肟酸高分子可用于赤泥的絮凝沉降过程，也可用于重金属离子的捕集。

7.4.4 微生物絮凝剂

7.4.4.1 概述

微生物絮凝剂是由微生物产生的具有絮凝活性的高分子有机物，主要含有糖蛋白、黏多糖、纤维素和核酸等，相对分子质量在10^5以上。微生物在矿物表面吸附时，具有桥联作用、电性中和和化学反应等作用机理而表现絮凝性，是具有生物分解性和安全性的高效、无毒、无二次污染的絮凝剂。最具代表性的微生物絮凝剂有草分枝杆菌；酱油曲霉絮凝剂，如AJ7002；拟青霉素絮凝剂，如PF101；红平红球菌絮凝剂，如NOC-1，其中絮凝剂NOC-1是目前发现的最好的微生物絮凝剂等。

7.4.4.2 典型微生物絮凝剂

目前，微生物絮凝剂已可用来加工处理高岭土、赤铁矿、膨润土等多种矿物，表现出良好的絮凝选择性。微生物絮凝剂的研究已取得不少令人鼓舞的实验室研究成果，工业应用则较少见报道。

A 草分枝杆菌

美国内华达大学的Smith等人的研究表明，草分枝杆菌（*Mycobacterium phlei*）是一种表面高度荷负电而又高度疏水的微生物，其表面有多种基团，可作为磷矿、赤铁矿、煤、方解石、高岭石等矿物的絮凝剂。用该菌处理佛罗里达州的磷酸盐矿泥，效果明显。当加入该菌后，4min 即可产生明显的絮凝沉降效果。而不加入该菌 45min 也达不到这种沉降效果。草分枝杆菌还表现出很好的选择性絮凝。用草分枝杆菌处理煤泥水时，煤絮凝而灰分和黄铁矿保持分散，从而达到分选的目的，对灰分为 12.1%、全硫 2.5% 的煤泥进行试验，一次可去除 85% 以上的黄铁矿及 60% 的灰分。用该菌处理赤铁矿时，4min 内赤铁矿可明显沉降，而不加时，30min 也达不到同样的效果。

B 酱油曲霉微生物絮凝剂

1976 年，Nakamura J 发现的酱油曲霉（*Aspergillus sojae*）产生的絮凝剂 AJ7002。研究表明，酱油曲霉产生絮凝剂的最佳条件为：以蔗糖作碳源，$NaNO_3$ 作氮源，初始 pH 值为 6.0，温度为 28℃，摇床的转速为 140r/min。絮凝试验表明，用酱油曲霉产生的絮凝剂絮凝平均粒度为 2μm 的高岭土，絮凝率可达 93%。酱油曲霉对煤泥水也有很好的絮凝效果，菌体培养 72h 时制成的絮凝剂对煤泥水的絮凝效果最好。当加药量为 1.5%，助凝剂 $CaCl_2$ 用量为 0.2g/L 时，煤泥水的絮凝率可达 90.76%。酱油曲霉产生的絮凝剂不仅具有较强的絮凝净化效果，而且具有较高的热稳定性。

C 拟青霉素微生物絮凝剂

1985 年，Takagi H 用拟青霉素（*Paecilomyces sp. I-1*）产生的微生物絮凝剂 PF101，它对枯草杆菌、大肠杆菌、啤酒酵母、血红细胞、活性污泥、硅藻土、纤维素粉、活性炭、氧化铝等有良好的絮凝效果。

D 红平红球菌微生物絮凝剂

1986 年，Kurane 利用红平红球菌（*Rhodococcus erythropolis*）研制成功微生物絮凝剂 NOC-1，对大肠杆菌、酵母、泥浆水、河水、粉煤灰水、活性炭粉水、膨胀污泥、纸浆废水等均有良好的絮凝和脱色效果。

7.5 化学选矿药剂

7.5.1 概述

化学选矿是利用化学与化工过程的基本原理对矿石原料进行处理的矿物加工方法。化学选矿过程主要包括化学浸出和化学分离等过程，化学浸出过程所用的药剂主要是浸出剂，浸出剂包括酸性浸出剂、碱性浸出剂、盐类浸出剂以及细菌，部分矿石和焙砂可以直接用水浸出；化学分离过程主要是包括溶剂萃取、化学沉淀、离子交换与吸附、膜分离、电积等工艺，所用的药剂包括萃取剂、化学沉淀剂、离子交换与吸附树脂等。

7.5.2 浸出剂

7.5.2.1 酸性浸出剂

酸性浸出剂用于浸出碱性金属氧化物，一般为金属氧化矿或金属硫化矿的焙砂。为避免酸性浸出剂的损耗，一般要求矿石含有较多的酸性脉石。常用的酸性浸出剂有硫酸、盐酸、硝酸、氢氟酸、亚硫酸、王水、氯气等，其中应用最广的是硫酸和盐酸。

A 硫酸

稀硫酸为弱氧化性酸，可用于处理含大量碱性金属氧化物或还原性组分的矿物原料，硫酸价廉易得，设备防腐蚀问题较易解决，硫酸溶液具有较高的沸点，常压下可采用较高的浸出温度，是最常用的酸性浸出剂。金属氧化物与硫酸的其主要反应见式（7-5-1）。

$$MeO + H_2SO_4 = MeSO_4 + H_2O \tag{7-5-1}$$

稀硫酸对金属氧化矿、焙砂、硫化矿物、硝酸盐、碳酸盐矿物以及磷酸盐矿物等具有良好的浸出性能，矿石中的金属在酸的作用下溶解得到浸出液。氧化铜矿、氧化锌矿、氧化镍矿、钒矿、磷矿等大多数氧化矿属于碱性矿石，易于溶入稀硫酸中。一般来讲，溶液酸度越大，浸出率越高，酸用量过多时，浸出液中杂质含量急剧增加。为控制酸耗和浸出液中杂质的含量，可采用分批加酸或分步浸出的方法。如氧化铜矿浸出时，一般采用分批加药的方法进行浸出，pH 值控制为 1 ~ 2。pH 值大于 2.5 时，铜浸出率较低，并且 Fe^{3+} 水解生成的 $Fe(OH)_3$ 胶体会给后续过滤带来困难。氧化锌焙砂浸出时，先将 pH 值控制为 4.5 ~ 5.0 的条件下浸出，再将浸出渣转入另一浸出槽中在 pH 值为 3.0 左右浸出。

用稀硫酸浸出红土镍矿时，镁、铁等金属离子与镍离子一起浸出，镁与铝是主要的耗酸元素，在镍、钴品位一定的情况下，矿石中镁、铝的含量直接影响矿石的硫酸消耗量，从而影响工艺的技术经济指标。根据其中铁、镁的含量，选择适当的提取工艺。在处理镁含量较低的褐铁矿型红土镍矿时，一般采取硫酸加压酸浸工艺，在 120 ~ 207℃，4 ~ 5MPa 的高温高压条件下，用稀硫酸将镍、钴等与铁、铝矿物一起溶解，在随后的反应中，控制一定的 pH 值等条件，使铁、铝和硅等杂质元素水解进入渣中，镍、钴选择性进入溶液。稀硫酸用于浸出含钛酸钡的镍废料时，硫酸根可以抑制钡盐的浸出，浸出温度一般控制在 60 ~ 80℃，镍的浸出率在 95% 以上。

根据矿石的性质，工业上常用空气中的氧气、液氯、硝酸、高价铁盐、次氯酸钠等为氧化剂，控制氧化剂和酸的用量调节浸出矿浆的氧化还原电位和 pH 值，达到选择性浸出特定组分的目的。如使用稀硫酸加氧化剂氧化酸浸铜矿石时，可浸出孔雀石、蓝铜矿、黝铜矿等次生氧化铜矿，也可浸出赤铜矿、辉铜矿等低价态的次生铜矿物，但对金属铜和原生黄铜矿的浸出速度较小。多数金属硫化物在无氧化剂存在的酸液或碱液中相对稳定，但当有氧化剂存在时，则易被氧化分解，金属组分呈离子形态转入溶液中，硫被氧化为元素硫或硫酸根。采用两段逆流氧压浸出工艺处理呷村复杂铜铅锌银混合精矿，硫酸浓度为 80 ~ 150g/L、液固比 3∶1、反应温度 135 ~ 180℃、氧分压 0.75 ~ 1.0MPa，铜和锌的浸出率分别在 93% 和 99% 以上，铅和银大部分转化为铅矾、铅铁矾和硫化银而留在浸出渣中，铜锌和铅银得到分离。

用硫酸和硝酸钠添加剂的溶液作为浸出剂浸出一价硫化铜矿物时，使用体积浓度 1.0mol/L 的硫酸、0.4mol/L 的硝酸，浸出温度 90℃，固液比 $20gCu_2S/1.2L$，浸出 30min，铜浸出率可达到 97.8%。数据还表明在没有任何添加氧化剂的条件下铜矿几乎不与硫酸发生反应。

从辉钼矿精矿中提取钼工艺时，可以用钼矿与石灰一起焙烧以减少二氧化硫的污染，焙烧得到焙砂中的钼以钼酸钙的形式存在，可以用稀硫酸浸出，反应见式（7-5-2）。

$$CaMoO_4 + H_2SO_4 = H_2MoO_4 + CaSO_4 \tag{7-5-2}$$

浸出后留下的硫酸钙和不溶解的残渣，过滤除去后，滤液采用沉淀法得到钼酸钙或钼酸铵，从而实现钼的回收。

浓硫酸为强氧化剂，可将大部分硫化矿物转变为相应的硫酸盐，主要用作硫化矿的硫酸化药剂。用浓硫酸与硫化矿混合焙烧或加热后，得到金属硫酸盐，再用水浸出硫酸化渣，铜、铁等金属盐溶解于浸出液中，铅、金、银、锑等组分则留在水浸渣中。热浓硫酸还可分解相当稳定的稀土金属矿物，如独居石、磷钇矿等。如采用低温焙烧分解工艺对包头稀土精矿进行浓硫酸焙烧时，焙烧温度在200～300℃范围内浓硫酸即可分解稀土精矿为可溶性稀土硫酸盐，同时钍未生成磷酸钍和焦磷酸钍沉淀，保证渣为有利环保的低放射性渣。

B 盐酸

盐酸能与多种金属和金属化合物起作用生成可溶性的金属氯化物，其反应能力比硫酸强，但盐酸的价格较高，易挥发，劳动条件差，设备的防腐蚀要求比硫酸高。盐酸多用于矿石的选择性浸出或除杂。利用钨粗精矿中 WO_3 不溶于盐酸、磷酸钙溶于盐酸的性质，可以用盐酸除去有害杂质磷，见式（7-5-3）。

$$Ca_3(PO_4)_2 + 6HCl = 3CaCl_2 + 2H_3PO_4 \quad (7\text{-}5\text{-}3)$$

盐酸不与锡发生反应，而溶解铁、铋、铅等氧化物杂质的效率比硫酸高，且不会像使用硫酸那样会带入硫，因而经常用于锡矿石或锡焙砂的除杂。使用密度为1140kg/m^3 的浓盐酸，浸出温度378～403K，浸出2～6h，浸出率为：铁80%～90%，铋95%，砷90%，每吨锡精矿消耗盐酸250～400kg。

C 硝酸和王水

硝酸和王水为强氧化酸，价格较高，设备防腐蚀要求较高，常用作氧化剂。硝酸可用作辉钼矿、铜矿物、银矿物、含砷硫化矿物及稀有金属矿物的浸出剂。在利用硝酸浸出磷矿中的稀土时，从磷矿到纯净含稀土磷酸，稀土回收率可达85%以上。该方法对磷化工过程影响小，化工原材料消耗低，因此运行效益良好。且稀土浸出率随温度升高、酸度增加、粒度减小而升高。王水主要用于浸出分离化学性质较稳定的铂族金属，浸出时，铂、钯、金转入浸液中，铑、钌、锇、铱、银则留在浸渣中。

王水浸出铂族金属的反应见式(7-5-4)～式(7-5-7)。

$$HNO_3 + 3HCl = Cl_2 + NOCl + 2H_2O \quad (7\text{-}5\text{-}4)$$

$$Pt + 2Cl_2 + 2HCl = H_2[PtCl_6] \quad (7\text{-}5\text{-}5)$$

$$Pd + 2Cl_2 + 2HCl = H_2[PdCl_6] \quad (7\text{-}5\text{-}6)$$

$$Au + 3Cl_2 + 2HCl = 2H[AuCl_4] \quad (7\text{-}5\text{-}7)$$

D 亚硫酸和二氧化硫

中等浓度的亚硫酸具有还原性，主要用于高价氧化锰矿石的浸出。软锰矿、硬锰矿、锰结核等锰矿石主要成分为酸性高价锰氧化物，难溶于酸，需要还原为氧化锰后才能浸出。工业上常采用二氧化硫通入浸出液，将高价锰矿石还原后浸出。软锰矿的浸出反应见式（7-5-8）。

$$MnO_2 + SO_2 = MnSO_4 \quad (7\text{-}5\text{-}8)$$

同时发生下列副反应（见式(7-5-9)）：

$$MnO_2 + 2SO_2 = MnS_2O_6 \quad (7\text{-}5\text{-}9)$$

因为在该浸取反应过程中有副反应产生，影响了浸取产物硫酸锰的质量，这种方法仍处在理论探讨和小规模实验探索中，技术尚未成熟。2004 年，澳大利亚 HiTec 公司申请的专利指出，通过控制浸出液的电位、酸度、反应温度和反应时间，可有效地抑制副反应的进行，使浸出液中 MnS_2O_6 的含量低于 1~5g/L。HiTec 公司进一步研究采用溶剂萃取法净化浸出液工艺，并于2005 年申请 SO_2 直接浸取软锰矿的第二个专利。在溶剂萃取法净化浸出液的过程中，MnS_2O_6 不会被有机溶剂萃取而留在水相之中，从而与被萃取到有机相的硫酸锰分离开来，因此，在不必考虑生成 MnS_2O_6 副反应的情况下，SO_2 浸取软锰矿过程的反应条件发生了重大的变化，即浸出液的 pH 值从低于 1.5 改变为可低于 5，浸出温度从 95℃以上改变为可低于 60℃，反应时间从不少于 10~15h 改变为可在 2h 以内，使其中 95% 以上的锰被浸出。从而大大放宽了浸出过程的反应条件，即采用较低的温度和酸度，允许生成少部分 MnS_2O_6。

湖南省某厂早在 20 世纪五六十年代就做过二氧化硫还原浸出这方面的工作，1963 年该厂有两套小型的接触法硫酸生产装置投入生产，但由于当时技术条件的限制，排出的尾气严重污染环境，设计了一座用二氧化锰粉吸收硫酸尾气生产硫酸锰的实验车间，1964 年建成投入实验性的生产，两年间共生产合格硫酸锰产品约 300t。另外，广东台山磷肥厂、广西南宁铝厂都是较早应用软锰矿吸收二氧化硫的生产硫酸锰的厂家，但是用此法生产电解金属锰和电解二氧化锰的厂家几乎没有。

7.5.2.2 碱性浸出剂

碱性浸出剂主要包括氨水、碳酸钠、苛性钠、硫化钠等，碱性浸出多用于处理含硫化矿较少、含碱性脉石较多的矿石。

A 氨水

氨水具有弱碱性，氨水可以和多数过渡金属元素形成可溶性铵盐或配合物，是过渡金属的常用浸出剂。氨浸常用于浸出铜、锌、钴、镍等过渡金属氧化矿，或在空气存在时用氨可浸出硫化矿。

氨浸法分为常压氨浸和热压氧氨浸出。若矿石中的结合铜含量高时，应先行还原焙烧，使结合铜转变为高活性氧化铜和金属铜。在常压下浸出硫化铜矿物时，铜的浸出率较低，渣中硫化铜含量较高，故可在浸出后用浮选法从浸出渣中回收硫化铜及贵金属矿物。用热压氧氨浸时，硫化铜与金属铜及铜的氧化物可以同时浸出。镍、钴矿物在氨浸过程中的行为和铜矿物相似。常压浸出时，镍、钴硫化矿及贵金属均余留在浸出渣中，渣再浮选可将其回收。用热压氧氨浸出时，镍、钴硫化物可同时被浸出。加拿大 Sherritt-Gordon 矿山用该法在有空气存在时，180℃和 1013.3kPa 下，成功地浸出硫化镍浮选精矿（镍黄铁矿）。镍和其他伴生的钴、铜、锌和镉以氨的配合物形式进入溶液中。

由于氨水挥发性较强，不宜在较高温度下使用。工业生产中常将氨水与碳酸氢铵、碳酸铵、硫酸铵等共用作为浸出剂。在 $NH_3—NH_4HCO_3—H_2O$ 体系中，锌与氨能形成氨配合物进入溶液，见式(7-5-10)和式(7-5-11)。

$$ZnCO_3 + 4NH_3 \cdot H_2O \longrightarrow Zn(NH_3)_4CO_3 + 4H_2O \qquad (7\text{-}5\text{-}10)$$

$$Zn_4Si_2O_7(OH)_2 \cdot H_2O + 16NH_3 \cdot H_2O + 8NH_4HCO_3 \longrightarrow$$
$$4Zn(NH_3)_4CO_3 + 22H_2O + 2SiO_2 + 4(NH_4)_2CO_3 \qquad (7\text{-}5\text{-}11)$$

采用氨-碳酸氢铵溶液从低品位氧化锌矿中浸出时，在氨水体积浓度 7mol/L、碳酸氢铵体积浓度 0.62mol/L、浸出温度 50℃、氧化锌矿粉粒度为 177μm、液固比 5∶1、浸出时间 3h 的条件下，经过两段浸出，锌总浸出可达到 95% 以上，浸出液采用锌粉还原除杂可得到含量为 99% 以上的氧化锌粉。

采用氨-碳酸铵体系浸出孔雀石中的铜，固液比为 1∶10、浸出时间为 120min、矿石粒度为 -450μm、氨-碳酸铵体积浓度为 5mol/L + 0.3mol/L 时，铜的浸出率达 98% 以上。菲律宾 Marinduque 矿山用氨-碳酸铵加压浸出红土镍矿中的镍也已经实现了工业化。

此外，在辉钼矿浸出实验中，钼焙砂用氨水浸出可生成钼酸铵溶液，反应见式(7-5-12)。

$$MoO_3 + 2NH_3 \cdot H_2O \xlongequal{} (NH_4)_2MoO_4 + H_2O \tag{7-5-12}$$

氨浸出条件控制固液比在 0.5～2.5，温度不大于 70℃，pH 值为 8.5～9，搅拌约 30min，浸出液密度在 1.05g/cm^3 以上，且为不浑浊、清亮透明液体，渣中可溶解钼应不大于 8%。

B 碳酸钠、碳酸氢钠

碳酸钠、碳酸氢钠的碱性较弱，对矿物的分解能力较弱，浸出选择性较强，腐蚀性较小，浸出液较纯净。以碳酸钠和碳酸氢钠的混合液作浸出剂，广泛用于碳酸盐含量高的铀矿物原料的浸出，也可浸出钨矿物原料。

碳酸氢钠用量为碳酸盐总量的 10%～30%，浸出液的 pH 值保持在 9.0～10.5 的范围内，在氧化条件下，可使铀呈三碳酸铀酰配阴离子的形态转入浸出液中；浸出液用硫酸酸化至 pH 值为 2.0～2.5，分解碳酸根后，用氨水中和至 pH 值为 6.5～7.0，铀呈重铀酸铵形态沉淀析出。碳酸钠浸出法不适于处理硫化物含量高的铀矿石，故浸出前可先将硫化物除去或使用酸法浸出。

碳酸钠溶液在热压条件下可分解钨矿原料，使钨以钨酸钠形态转入浸出液中。热压浸出钨原料的一般条件为：温度为 180～200℃，压力为 0.5MPa，碳酸钠用量为理论量的3～4.5 倍。碳酸钠浸出白钨矿时，白钨矿中的钙与碳酸钠的碳酸根生成难溶的碳酸钙沉淀，利于浸出反应的进行。碳酸钠浸出黑钨原料的反应较复杂，反应过程产生的碳酸氢钠会降低碳酸钠质量浓度，故此法适于处理低品位白钨矿、摇床富尾矿及含钨硫化物精矿。

C 苛性钠

苛性钠（NaOH）属强碱，可与弱碱盐矿物反应，可用于浸出铝土矿、方铅矿、闪锌矿、钨锰铁矿、白钨矿和独居石等。苛性钠是拜耳法生产氧化铝的主要浸出剂。若铝土矿为三水铝石型时，在常压 110℃和苛性钠质量浓度 200～240g/L 的条件下，可使全部铝转入浸出液中。

我国铝土矿是以中等品位（铝硅比为 4～7）为主的一水硬铝石-高岭石型铝土矿，具有高铝、高硅的特点，杨波等利用高岭石与一水硬铝石与碱反应的差异性探讨了常压下高浓度氢氧化钠浸出铝土矿的预脱硅过程，在 50% 的氢氧化钠溶液中，碱矿比为 2.5 及 135℃浸出时，反应时间在 5～20min 内，可使铝土矿铝硅比由 7.6 提高到 12 以上，提高铝土矿的品位，以拜尔法生产氧化铝，不仅可以改善浸出与脱硅条件，而且有助于节省生产成本。

苛性钠还常用于浸出含硅高的钨细泥及钨中矿等低品位矿物原料，可采用单一的苛性钠溶液在常压加温（约110℃）或热压条件下浸出黑钨矿原料或黑白钨矿混合物料。在处理单一的白钨矿物原料时，宜采用苛性钠和硅酸钠的混合液作为浸出剂；当白钨矿物原料中含一定量的氧化硅时，可采用单一的苛性钠溶液作浸出剂。

采用苛性钠浸出独居石等稀土矿物原料时，铀转入浸液，稀土和钍呈氢氧化物形态留在浸出渣中，固液分离后用盐酸选择性浸出残渣，可使稀土及部分铀、钍转入浸出液中，固液分离后的酸浸液送后续工序进行净化分离。

D 硫化钠

硫化钠属弱碱性物质，硫化钠溶液可作砷、锑、锡、汞的硫化物浸出剂，使它们分别生成可溶性的硫代酸盐转入浸出液中，铜、铁、锌、镍金属元素的硫化物不溶于水，这些元素不会浸出。大庸冶炼厂冶炼湖南某地的钼酸铅矿，精矿中含钼15.63%，铅54.00%，精矿粒度小于0.8mm的占90%。采用硫化钠做浸出剂，浸出后经过固液分离、水洗，含铅56.34%、钼0.52%，铅回收率94.7%。经蒸发、结晶产出的钼酸钠产品中含钼39.22%，含铅小于0.01%，钼的回收率为83.8%。

为了防止硫化钠水解，提高浸出率，工业上一般采用硫化矿和苛性钠的混合液作浸出剂，用于精矿除杂或从矿物原料中提取砷、锑、锡、汞等组分。

采用硫化钠-苛性钠联合法在常压下以硫化钠浸出含砷复合硫化铜矿进行除砷，适当质量浓度的Na_2S-NaOH溶液，可以除去砷黝铜矿中的砷，而不破坏铜矿。除砷后的铜矿含砷量可降低至0.3%以下。

7.5.2.3 盐类浸出剂

盐类浸出剂主要包括氯化钠、硫酸铵、氯化铵、次氯酸钠、氰化钠、氰化钾、碳酸钠、硫化钠等无机盐。

A 氯化物盐类

氯化钠主要用于提高浸出剂中氯离子体积浓度，使某些溶解度小的氯化物转变为配合物形态转入浸出液中。最常用的氯化介质是盐酸、氯化钠、氯化钙、氯化铁和它们的混合物。用氯化介质回收有价金属的优点很多，如氯化物在溶液中的溶解度大，氯化物浸出体系可以产生元素硫副产品，它比火法冶金产生的二氧化硫对环境影响小，此外，它形成的金属氯化配合物可使通常不稳定的金属组分离子（如Cu^{2+}）稳定。

氯化钠溶液可浸出白铅矿和离子吸附型稀土矿，浸出液中氯化钠的质量浓度一般为6%~7%。氯化钠溶液还可用作氯化焙砂和硫酸化焙砂的浸出剂，使焙砂中的铅、银等组分呈氯配离子形态转入浸出液。

氯化铁是许多金属硫化矿和某些低价金属化合物的浸出剂，其浸出金属硫化物从难到易的顺序为：辉钼矿→黄铁矿→黄铜矿→镍黄铁矿→辉钴矿→闪锌矿→方铅矿→辉铜矿→磁黄铁矿。采用氯化铁浸出某黄铜矿，浸出剂Fe^{3+}体积浓度为212g/L，盐酸体积浓度为20g/L，铜浸出率可达99.9%。某锡铋粗精矿中含Sn 3%~4%，Bi 8%~15%，采用氯化铁浸出法进行锡铋分离，浸出液中Fe^{3+}体积浓度为30g/L，盐酸体积浓度为120g/L，铋的浸出率达80%~90%，锡则残留在浸出渣中。浸出过程中控制pH值在0.5以下，以免氯化铋水解生成氯氧铋或氢氧化铋而沉淀析出。

氯化铜也是金属硫化矿的良好浸出剂，其浸出金属硫化物从难到易的顺序为：黄铁矿

→黄铜矿→方铅矿→闪锌矿→辉铜矿。由于氯化铜的溶解度较小，一般采用氯化铜、氯化钠和盐酸作为混合浸出剂，浸出过程中氯化铅和氧化亚铜等呈 $PbCl_4^{2+}$ 、$CuCl_2^-$ 等配合物的形式转入浸出液，从而提高铜、铅等金属的浸出率。

B 铵盐

硫酸铵溶液是离子吸附型稀土矿的理想浸出剂，已代替氯化钠广泛应用于工业生产中。此外，也可采用氯化铵或硫酸铵与氯化铵的混合液作离子型稀土矿的浸出剂。以硫酸铵作浸出剂，浸出率和浸出选择性较高，但其价格比氯化铵高。铵盐浓度与原矿中稀土氧化物含量和提取工艺有关，一般浓度为 2% ~3.5%，pH 值为 4 ~5。

C 次氯酸盐

用次氯酸钠作浸出剂，钼矿石（含钼 0.03% ~0.07%）采用堆浸法，将钼矿石破碎至 -8mm，pH 值为 3 ~12，室温下喷淋 49d，次氯酸钠溶液循环使用，浸出液含钼大于 0.5g/L 后，将含钼浸出液通过强碱性阴离子交换树脂吸附，吸附率达 95%，而后用 2 ~4mol/L 氨水洗脱，洗脱率不小于 85%，洗脱液经浓缩、提纯、结晶，得钼 54.3% 的仲钼酸铵产品，钼回收率约 65%。

采用氯化钠电氧化过程产生的次氯酸钠为浸出剂浸出辉钼矿（见式（7-5-13）~式（7-5-15）），在电解液中添加碳酸钠和碳酸氢钠形成缓冲体系，控制矿浆 pH 值为 9，钼浸出率可达到 99.5%，其电流效率可以达到 61%，而非缓冲体系电流效率仅为 39%。

$$2NaCl + 2H_2O = 2NaOH + H_2\uparrow + Cl_2\uparrow \tag{7-5-13}$$

$$2NaOH + Cl_2 = NaClO + NaCl + H_2O \tag{7-5-14}$$

$$MoS_2 + 9NaClO + 4NaOH = Na_2MoO_4 + H_2SO_4 + Na_2SO_4 + 9NaCl + H_2O \tag{7-5-15}$$

D 氰化物

氰化钠能与金、银等贵金属形成稳定的可溶性配阴离子。氰化浸出法是金矿分选的常规方法，其主要化学反应见式（7-5-16）。

$$4Au + 8NaCN + O_2 + 2H_2O \longrightarrow 4NaAu(CN)_2 + 4NaOH \tag{7-5-16}$$

矿浆浓度一般应小于 30%，矿浆中的氰化钠浓度常为 0.02% ~0.1%。为避免氰化钠水解，操作时加石灰作为保护碱，使矿浆 pH 值为 9 ~12；充空气，使矿浆中的溶解氧浓度与氰化钠浓度维持最佳比例。提金后的浸出液应循环回用，或加漂白粉处理后再排放。

E 非氰浸出剂

常用的非氰药剂有硫脲、液氯、硫代硫酸盐、多硫化铵、氢溴酸等。

a 硫脲 硫脲溶于水，毒性小，无腐蚀性。硫脲在有氧化剂（如 O_2、Fe^{3+}）的酸性条件下能溶解金、银，使金、银呈配合离子存在于浸出液中（见式（7-5-17）和式（7-5-18））。

$$4Au + 8SC(NH_2)_2 + O_2 + 4H^+ = 4Au[SC(NH_2)_2]_2^+ + 2H_2O \tag{7-5-17}$$

$$Au + 2SC(NH_2)_2 + Fe^{3+} = Au[SC(NH_2)_2]_2^+ + Fe^{2+} \tag{7-5-18}$$

在浸金过程中，硫脲可被氧化成多种产物，先生成的是二硫甲脒，它可作为金银的选择性氧化剂。如果溶液电位过高，二硫甲脒将会被进一步氧化成氨基氰、硫化氰和元素硫，所以利用硫脲浸金必须严格控制浸出液的电位。

硫脲浸出金银的溶解速度比氰化物溶浸快，毒性小，易再生回收。常用硫酸化硫脲液浸出金银，用高价铁盐、溶解氧、软锰矿等作氧化剂。当金矿物原料中的酸溶物和还原性物质的含量高时，应预先采用物理选矿法或焙烧法将其除去，以便降低酸耗，提高金的浸出率。硫脲浸出的金银矿浆可用炭浸法、铁浆法、炭浆法及矿浆树脂法提取金银，也可用铁粉或铝粉置换法、电积法从浸出金银液中提取金银。

硫脲为浸出剂浸取硫化金矿时，原矿需经磨细、焙烧、用稀酸预浸出铜后再浸出。在常温，硫脲体积浓度10g/L，硫酸铁体积浓度3.3g/L，pH值为1～2，浸出时间为2h的条件下，浸出率接近100%。此外，采用硫脲浸出法提取硫酸烧渣中的金、银时，硫酸烧渣中的Fe_2O_3被硫酸溶解得到的Fe^{3+}可以作为氧化剂，不需要外加氧化剂，硫脲浓度（质量分数）为15%，硫酸浓度（质量分数）为18%，浸出温度50℃时，金、银的浸出率分别可达86.0%和72.4%。浸出液经硫脲螯合树脂吸附、洗脱后，再采用铁粉从洗脱液中置换出金、银，金和银的总回收率分别为82.6%和57.3%。

b 液氯 早在19世纪中叶，人们开始在生产中使用氯气处理经过润湿的金矿石。19世纪后期，液氯就广泛用于美国和澳大利亚浸金作业。氯气、次氯酸盐、氯酸盐以及硫酸加漂白粉都是液氯法浸金的浸出剂。液氯为强氧化剂，在水溶液中氯以氯离子、次氯酸、氯酸及高氯酸等形态存在。能溶于王水的物质均可溶于液氯中，使金成四氯化金配阴离子形态转入浸出液中，而银则留在浸渣中。因此，液氯法适用于处理还原性组分含量低的含金矿物原料。用液氯浸金时，对于含金硫化矿和含有硫化物和金属铁的重选金精矿均需先经氧化焙烧，将其转变为高价氧化物后再浸出；对低品位的金铜氧化矿则需先用酸浸法除去铜等氧化物后，才用液氯法浸金。氯气浸出主要用于提取贵金属，如从阳极泥、砂金重砂、重选金精矿及含金焙砂中提取金银，也可浸出复杂硫化矿。氯气浸出时常加入盐酸和氯化钠，以提高浸出液中的氯离子浓度。浸出用的氯气可由液氯、电解氯化钠或漂白粉加硫酸提供。

电氯化浸出采用隔膜电解氯化钠水溶液的方法供给氯气。电解时，阴极析出氢气，阳极析出氯气。进入阳极室的含金矿物原料与新生态氯作用生产三氯化金，进而生成氯氢酸转入浸出液中。

液氯浸金具有速度快、浸出率高、浸出剂价廉易得等特点，但浸出的选择性较差，氯化物对设备的腐蚀性强。工业上常用液氯法处理含金氧化焙砂和含金重砂。

c 硫代硫酸盐 硫代硫酸盐法一般采用硫代硫酸铵和硫代硫酸钠作浸出剂。在氧气存在的条件下，硫代硫酸盐能与金形成稳定的配合物，反应见式（7-5-19）。

$$4Au + 8S_2O_3^{2-} + 2H_2O + O_2 \xlongequal{} 4Au(S_2O_3)_2^{3-} + 4OH^- \tag{7-5-19}$$

在Cu^{2+}和NH_3存在时，Cu^{2+}和NH_3形成的配合物$Cu(NH_3)_4^{2+}$充当氧化剂的作用，金也能与硫代硫酸根形成配合物，反应见式（7-5-20）。

$$Au + 5S_2O_3^{2-} + Cu(NH_3)_4^{2+} \xlongequal{} Au(S_2O_3)_2^{3-} + 4NH_3 + Cu(S_2O_3)_3^{5-} \tag{7-5-20}$$

由于硫代硫酸盐在酸性条件下分解，必须在碱性条件下使用。配合物$Au(S_2O_3)_2^{3-}$在pH值为8.5～10.5时最稳定，超过此pH值时金以二胺配合物存在。常用的硫代硫酸盐是硫代硫酸钠和硫代硫酸铵。加入亚硫酸盐可防止硫代硫酸盐分解，并可阻止元素硫及硫化物的生成。

硫代硫酸盐浸出含金铜矿（Cu 24.6%，Au 5.5g/t）的实验结果表明，在矿浆温度50℃，pH值为9.9～10.1，硫代硫酸铵100g/L，矿浆固体含量400g/L，矿浆中铜离子浓度控制在 3 ~ 5g/L，浸出时间 3h 的条件下，金浸出率大于 97%，银浸出率为 33%。

F 水浸

水浸法可用来处理天然硫酸铜、芒硝、天然碱和钾盐以及氯化焙烧、钠化焙烧和硫酸化焙烧的产物焙砂等水溶液矿物原料。

芒硝的水浸工艺主要包括温度的调节和控制、输注水的管理和浓度管理。一般注水温度为 30 ~ 40℃，新采场首次注水宜高些，平时应避免注入低于 10℃ 的冷水。采场内输出硝水量和注入水量的管理，对于同一采场不同生产时期有不同的要求，大多数情况下为“以输定注”，采用平行式输注为主。浓度管理是一种以调节溶浸采场内硝水浓度为主的“输注水管理”。水浸生产大致可划分为有效生产期、持续生产期和晚期生产期，各个不同生产时期有不同的管理重点。

氯化焙烧时，目的组分转变为气相或固相氯化物，气相氯化物经冷凝后呈固态氯化物溶于水。钠化焙烧时，目的组分转变为相应的水溶液钠盐；硫酸化焙烧时，目的组分转变为相应的硫酸盐。水浸此类焙烧产物，可使相应组分转入浸出液中，其他组分留在浸出渣中。经固液分离，水溶性组分和非水溶性组分分别回收。

G 生物浸出剂

细菌浸出是利用微生物及其代谢产物氧化、溶浸矿石中目的组分的浸出方法。它是在 20 世纪 50 年代才发展起来的新工艺。目前已发现有多种浸矿细菌，其中最常用的是氧化铁硫杆菌，其在硫化物氧化时所起的作用是在 1947 年发现的。当时有人发现矿井酸性水里有一种细菌能把硫氧化成硫酸，并指出，这些细菌在金属硫化物的氧化和矿井酸性水的形成中起着重要的作用，并命名这种细菌为氧化铁硫杆菌。1954 年，又有人把铜矿废石堆流出的水中所分离的细菌，在实验室里浸出了多种硫化铜矿物（黄铜矿、辉铜矿、铜蓝、斑铜矿、黝铜矿）。浸出的铜铁量都比无细菌的对照试验要多。自此以后，细菌浸出的研究和应用便日益广泛发展起来。

浸矿菌广泛分布于金属硫化矿、煤矿的矿坑酸性水中，均属化能自养菌，以铁、硫氧化释放出的化学能作能源，以大气中的二氧化碳和溶液中的无机氮、磷、硫等无机养分合成自身的细胞。此外，也发现有将硫酸盐还原为硫化物，将硫化氢氧化为元素硫，将氮氧化物氧化为硝酸盐的细菌。

现在许多国家已相继开始用细菌浸出法回收废石、尾矿、含铜炉渣、贫矿、采空区和报废矿井里的铜和铀金属。对其他金属的浸出也积极开展试验研究，但其浸出机理还不是很清楚。目前认为细菌浸出机理大致有两种说法。一种说法是，细菌不是对矿物及矿石中的有用金属直接起浸出作用，有用金属的浸出是通过纯化学反应进行的。但在调整浸出所必要的溶液条件时，细菌起着类似触媒一样的极其有效的作用。另一种说法是，细菌本身对矿物及矿石中的有用金属起着直接作用，而使其浸出。

以硫化矿为例，氧化铁硫杆菌具有氧化元素硫的能力，在溶液中能生成硫酸。除此之外，氧化铁硫杆菌等铁氧化细菌都有加速 $FeSO_4$ 氧化成 $Fe_2(SO_4)_3$ 的能力，使溶液中的 $Fe_2(SO_4)_3$ 的含量大大增加。众所周知，H_2SO_4 溶液和 $Fe_2(SO_4)_3$ 溶液是一般硫化矿物及其他矿物化学浸出法中普遍使用的有效溶剂，这样在浸出硫化矿时，生成的 H_2SO_4 和 $Fe_2(SO_4)_3$ 作为溶剂进行化学反应，而将有用金属浸出，这就是提高浸出效果的根本原因。由多种金属硫化矿物构成的矿石中，一般都含有黄铁矿。黄铁矿在有氧和水存在的情况下缓慢的氧化，生成 H_2SO_4 和 $FeSO_4$。

$$2FeS_2 + 7O_2 + 2H_2O \longrightarrow 2FeSO_4 + 2H_2SO_4 \tag{7-5-21}$$

铁氧化细菌在氧及硫酸存在时，把硫酸亚铁氧化，其速度就像有催化剂一样，很快地生成 $Fe_2(SO_4)_3$。

$$4FeSO_4 + 2H_2SO_4 + O_2 \longrightarrow 2Fe_2(SO_4)_3 + 2H_2O \tag{7-5-22}$$

产生的硫酸高铁是一种强氧化剂，可反过来氧化黄铁矿：

$$FeS_2 + 7Fe_2(SO_4)_3 + 8H_2O \longrightarrow 15FeSO_4 + 8H_2SO_4 \tag{7-5-23}$$

$$FeS_2 + Fe_2(SO_4)_3 \longrightarrow 3FeSO_4 + 2S \tag{7-5-24}$$

产生的硫化亚铁及元素硫又可以作为能源被氧化亚铁硫杆菌氧化为硫酸高铁和硫酸。上述生成的硫酸高铁作用于金属硫化物时，把有用金属以硫酸盐的形式溶出来。例如，对辉铜矿作用时进行反应，生成 $CuSO_4$、$FeSO_4$ 及 S。

反应生成的硫酸亚铁可再被铁氧化菌氧化，生成硫酸高铁，从而该反应在溶液中反复循环，浸出作用不断进行。

铁氧化菌不仅能将 Fe^{2+} 氧化成 Fe^{3+}，并能溶解 CuS 和 S。同样也能直接溶解黄铁矿和其他的金属硫化物。对黄铜矿所进行的实验结果指出，相比 Fe^{3+} 质量浓度高于 0.5g/L，当 Fe^{3+} 较小时，铜和硫酸盐能更迅速的游离。假如细菌对黄铜矿的作用是间接的，而 Fe^{3+} 只用作有效浸出剂的话，则不能达到上述效果。由于铁经常溶解在浸出溶液里，因此，在实际作业中，间接作用机理和直接作用机理可能都起作用，到底哪个起主要作用需视被浸出矿物种类而定。

德兴铜矿自 1979 年开始利用含细菌的酸性矿井水从低品位铜矿石中堆浸回收铜，铜品位为 0.12% 的废石，回收率可以达到 16.59%；当废石的品位为 0.279% 时，铜回收率提高到 30%。浸出液经 2～3 次淋浸循环后泵至萃取工序，萃取工序由二段萃取和一段反萃取组成，反萃取液在吸附塔中与有机相分离后送电积工序，电积尾液返回萃取工序作反萃取剂。

澳大利亚 BHP Billition 公司采用 BioCOP™ 技术处理智利一家铜矿山，浸出工厂由磨矿、预浸、生物浸出、浓密洗涤、过滤、溶解萃取和电积等工序组成。采用的浸出剂是一种耐温菌，浸出在 6 个 1260m^3 Stebbins 型反应器中进行，浸出温度 78℃，浸出中通入纯氧，氧的利用率为 80%，每年可生产铜两万吨。

利用微生物及其代谢产物作浸出药剂，具有环境友好、资料利用率高的优点，尤其适用于低品位复杂矿、难选难分离矿和硫化矿精矿有价金属的提取富集。在矿产资源面临“贫、细、杂”化，资源日趋减少，环境问题日益突出，绿色环保日显重要的今天，生物技术成为可持续发展战略中最引人关注的新技术之一。各种细菌、真菌、霉菌和藻类等在生物浸出、生物选矿富集、生物吸附和废弃物的生物处理等方面具有深入研究、广泛应用的前景。

7.5.3 化学沉淀剂

沉淀是采取适当措施使溶液中的溶质过饱和，以固体形态析出后进行分离的方法。沉淀是冶金行业生产中必不可少的分离净化方法，具有操作简单、成本低、投资少等优点。下面将分别从理论和生产结合的角度介绍和讨论化学沉淀和置换沉淀两种方法。

在沉淀剂的作用下，溶液中某种离子与沉淀剂结合后形成难溶化合物沉淀析出的过程叫化学沉淀法。化学沉淀法是分离净化的主要方法之一，目前主要用于从净化液中析出化学精矿。但在某些矿物原料的化学选矿工艺中，化学沉淀法至今仍是主要的净化方法。

化学沉淀时，要求所用沉淀剂的选择性沉淀性能好，生成的沉淀物的过滤性能较好，且价廉易得。根据使用的沉淀剂不同，常见的化学沉淀法有氢氧化物沉淀法、硫化物沉淀法、碳酸盐沉淀法、钡盐沉淀法、卤化物沉淀法、有机物沉淀法等等。

把一种化学活性较强（标准还原电势小）、价格较低的金属，加入另一种活性较弱（标准还原电势大）的金属盐溶液中，使后一种金属沉淀出来的方法叫做置换沉淀法。沉淀出来的金属通常黏结在加入的金属表面。这种方法简单、经济，因而广泛应用于各种湿法冶金过程，例如用铁屑置换铜、锌粉置换金银等。

7.5.3.1　氢氧化物沉淀剂

分步水解法是分离浸出液中各种金属离子的常用方法之一。当用碱中和酸浸液时，其中的金属阳离子呈氢氧化物的形态沉淀析出。金属以氢氧化物析出的过程又叫水解，其反应通式见式（7-5-25）：

$$M^{n+} + nOH^- \longrightarrow M(OH)_n(s) \qquad (7\text{-}5\text{-}25)$$

因为是水解反应，所以沉淀反应的溶度积 K_{sp} 与水的离子积 K_W 有关（见式(7-5-26)和式(7-5-27)）。

$$\ln K_{sp} = \ln(a_{M^{n+}} \cdot a^n_{OH^-}) = \ln a_{M^{n+}} + n\ln a_{OH^-} \qquad (7\text{-}5\text{-}26)$$

$$\ln K_{sp} = \ln a_{M^{n+}} + n(\ln K_W - \ln a_{H^+}) \qquad (7\text{-}5\text{-}27)$$

式中　K_W——水的离子积，$K_W = 1 \times 10^{-14}$。

整理后得（见式(7-5-28)）：

$$pH = \frac{1}{2.303n}[\ln K_{sp} - n\ln K_W - \ln a_{M^{n+}}] \qquad (7\text{-}5\text{-}28)$$

由式（7-5-28）可计算金属离子水解沉淀平衡时的 pH 值。由此也可看出，氢氧化物沉淀水解平衡时的 pH 值与难溶氢氧化物的溶度积和金属离子的活度有关。

常用的氢氧化物化学沉淀剂有石灰、氢氧化钠等，它们与铜、铅、锌、镍、铬、镉、铁等离子生成氢氧化物沉淀。表 7-5-1 列出了不同浓度下金属离子沉淀的 pH 值。

表 7-5-1　25℃常见金属离子的溶度积和沉淀的 pH 值

金属离子	$K^{\ominus}_{sp}$	不同金属离子浓度对应的沉淀 pH 值			沉淀形式
		1mol/L	10^{-3}mol/L	10^{-6}mol/L	
Cu^{2+}	5.6×10^{-20}	4.37	5.87	7.37	$Cu(OH)_2$
Pb^{2+}	1.4×10^{-20}	4.07	5.57	7.07	$Pb(OH)_2$
Zn^{2+}	4.5×10^{-17}	5.83	7.33	8.83	$Zn(OH)_2$
Ni^{2+}	1.0×10^{-15}	6.50	8.00	9.50	$Ni(OH)_2$
Co^{2+}	2.0×10^{-16}	6.15	7.65	9.15	$Co(OH)_2$
Cd^{2+}	1.2×10^{-14}	7.04	8.54	10.04	$Cd(OH)_2$
Fe^{3+}	4.0×10^{-38}	1.53	2.53	3.53	$Fe(OH)_3$
Al^{3+}	1.9×10^{-33}	3.09	4.09	5.09	$Al(OH)_3$
Mg^{2+}	5.5×10^{-12}	8.37	9.87	11.37	$Mg(OH)_2$
Mn^{2+}	4.0×10^{-14}	7.30	8.80	10.30	$Mn(OH)_2$
Cr^{3+}	5.4×10^{-31}	3.91	4.91	5.91	$Cr(OH)_3$

需要指出的是，以上的金属氢氧化物沉淀所需的pH值条件是理论计算值，由于实际废水中离子共存体系十分复杂，受温度、pH值、搅拌时间、静置时间等干扰因素很多，各种金属氢氧化物形成沉淀的pH值通常比理论值要高，所以最佳pH值需要通过实验确定。

A 石灰

石灰是最常用的化学沉淀剂之一，一般是利用石灰溶于水形成的OH^-与金属离子形成氢氧化物沉淀，因此石灰可除去Cu^{2+}、Pb^{2+}、Zn^{2+}、Fe^{3+}、Cr^{3+}等大多数的重金属离子。实际使用过程中，控制沉淀的pH值一般比理论值略高，如沉淀Fe^{3+}一般控制pH值为3.2左右，沉淀Cu^{2+}，一般控制pH值为8.0左右。

石灰的Ca^{2+}可与F^-形成CaF_2沉淀，因此石灰也用作含氟废水的沉淀剂。采用石灰-硫酸铝二段除氟法处理高浓度含氟废水可以取得很好的效果。一段除氟，投加石灰，调pH值至11~12，二段除氟，投加铝盐（$Al/F \geqslant 2.5$），调pH值至6~8。通过二段处理，可使氟浓度降至5mg/L以下。

B 氢氧化钠

氢氧化钠的碱性比氢氧化钙强，溶解性比石灰好，当用石灰无法达到处理要求时，可以用氢氧化钠代替石灰。

对含Fe^{2+}、Fe^{3+}、Mn^{2+}、Zn^{2+}的酸性矿山废水进行处理，结果表明，用石灰调节废水pH值至5时，铁、锰、锌去除率较低，一段中和渣为石膏。再采用氢氧化钠二段中和，当废水pH值为10.0左右时，废水中铁、锰、锌去除率均达到99%以上。采用二段中和处理，二段中和渣量少，而且中和渣具有综合利用价值。

7.5.3.2 碳酸盐

A 碳酸钠

碳酸钠是一种强碱弱酸盐，可以与多种重金属离子形成碳酸盐沉淀，达到分离净化的目的。

Pb^{2+}和Zn^{2+}等金属离子的碳酸盐的溶度积较小，可投加碳酸钠到高浓度的含Pb^{2+}或含Zn^{2+}废水中，形成锌或铅的碳酸盐沉淀，从而回收重金属。碳酸钠沉淀Ni^{2+}时，在pH值为9左右可沉淀完全，为减少碳酸钠用量或实现分步沉淀，可以先加氢氧化钠或氨水调节到一定pH值后再用碳酸钠进行沉淀。此外，Cu^{2+}、Mn^{2+}等重金属离子也可采用碳酸钠沉淀除去。

B 碳酸钙、碳酸镁

利用沉淀转化原理，碳酸钙、碳酸镁这类难溶性碳酸盐能使废水中重金属离子（如Cd^{2+}、Zn^{2+}、Mn^{2+}、Pb^{2+}等离子）生成溶解度更小的碳酸盐而沉淀析出。表7-5-2列出了101325Pa、20℃下部分碳酸盐在水中的溶解度。由表7-5-2可以看出，碳酸钙、碳酸镁的溶解度均大于铅、镉、锰、锌等的碳酸盐沉淀。

表7-5-2 部分碳酸盐在101325Pa、20℃时的溶解度

化合物	溶解度/$g \cdot 100mL^{-1}$	化合物	溶解度/$g \cdot 100mL^{-1}$
$MgCO_3$	3.90×10^{-2}	$CaCO_3$	7.75×10^{-4}
$CdCO_3$	3.93×10^{-5}	$ZnCO_3$	4.69×10^{-5}
$MnCO_3$	4.88×10^{-5}	$PbCO_3$	7.27×10^{-5}

碳酸钙、碳酸镁也可作为沉淀法的中和剂，在酸性溶液中加入碳酸钙或碳酸镁，可以

起到提高 pH 值、沉淀部分金属离子、减少其他沉淀剂用量的目的。实际使用中，可直接加入主要成分为钙、镁碳酸盐的方解石、石灰石、白云石、大理石等矿石，进一步降低成本。例如在含 Fe^{3+} 较高的矿山酸性废水中，加入方解石，Fe^{3+} 可基本去除，其去除效果与石灰沉淀法基本相同，只是操作时间略长。

7.5.3.3　硫化物

硫化物沉淀法是利用硫化剂将矿山废水中重金属离子转化为不溶或者难溶的硫化物沉淀的方法，金属硫化物沉淀比氢氧化物沉淀离子溶度积更小。常用的硫化物沉淀剂有 Na_2S、H_2S、CaS 等，该法的优点是硫化物的溶解度小、沉渣含水率低，不易因返溶而造成二次污染，同时产渣量比石灰中和沉淀法少，当用中和沉淀法处理矿山酸性重金属废水不能达到相应的限制要求时可采用硫化物沉淀法，同时可以与浮选法组合成沉淀浮选工艺，对废水中的重金属进行选择性沉淀回收。

硫化物的难溶性常以其溶度积表示(见式(7-5-29)和式(7-5-30))：

$$M_2S_n \rightleftharpoons 2M^{n+} + nS^{2-} \tag{7-5-29}$$

$$K_{sp} = [M^{n+}]^2 \cdot [S^{2-}]^n \tag{7-5-30}$$

若以 H_2S 作沉淀剂，则溶液中的硫离子浓度 $[S^{2-}]$ 取决于 H_2S 的电离，298K 时 H_2S 的电离反应方程式及电离常数见式(7-5-31)和式(7-5-32)：

$$H_2S \rightleftharpoons 2H^+ + HS^- \qquad K_1 = 10^{-7.6} \tag{7-5-31}$$

$$HS^- \rightleftharpoons H^+ + S^{2-} \qquad K_2 = 10^{-14.4} \tag{7-5-32}$$

总反应方程式及电离常数见式（7-5-33）和式（7-5-34）：

$$H_2S \rightleftharpoons 2H^+ + S^{2-} \tag{7-5-33}$$

$$K = K_1 \cdot K_2 = [H^+]^2 \cdot [S^{2-}]/[H_2S] = 10^{-22} \tag{7-5-34}$$

在25℃下的 H_2S 饱和体积浓度约为0.1mol/L，可得式(7-5-35)～式(7-5-37)：

$$[H^+]^2 \cdot [S^{2-}] = K \cdot [H_2S] = 10^{-23} \tag{7-5-35}$$

$$\begin{aligned} \lg K_{sp} &= 2\lg[M^{n+}] + n\lg[S^{2-}] \\ &= 2\lg[M^{n+}] - 23n + 2n\mathrm{pH} \end{aligned} \tag{7-5-36}$$

$$\mathrm{pH} = 11.5 + (0.5\lg K_{sp} - \lg[M^{n+}])/n \tag{7-5-37}$$

表7-5-3 列出了部分金属硫化物在298K 时的溶度积和平衡 pH 值。

表7-5-3　部分金属硫化物在298K 时的溶度积和平衡 pH 值

硫化物	K_{sp}	不同金属离子浓度对应的沉淀 pH 值		
		1mol/L	10^{-3}mol/L	10^{-6}mol/L
MnS	2.8×10^{-13}	8.36	9.86	11.36
FeS	4.9×10^{-18}	7.17	8.67	10.17
NiS	2.8×10^{-21}	6.36	7.86	9.36
CoS	1.8×10^{-22}	6.06	7.56	9.06
ZnS	8.9×10^{-25}	5.49	6.99	8.49
CdS	7.1×10^{-27}	4.96	6.46	7.96
PbS	9.3×10^{-28}	4.74	6.24	7.74
CuS	8.9×10^{-36}	2.74	4.24	5.74
Ag_2S	5.7×10^{-51}	−13.62	−10.62	−7.62

A 硫化钠

硫化钠纯品为无色结晶粉末，工业品是带有不同结晶水的混合物，并含有杂质，其色泽呈粉红色、棕红色、土黄色等，密度、熔点、沸点也因组成不同而异。

采用硫化钠沉淀法，可将溶液中的 Cu^{2+}、Pb^{2+}、Cd^{2+}、Zn^{2+}、Co^{2+}、Ni^{2+} 依次除去，处理溶度积相差较大的金属离子时，还可以分步沉淀分离金属元素。由表 7-5-3 可知，Cu^{2+} 沉淀至浓度为 10^{-6}mol/L 时，pH 值为 5.74，而此时 Ni^{2+} 浓度为 1mol/L 时沉淀所需的 pH 值为 6.36，Ni^{2+} 还没有开始沉淀，可以实现铜和镍的分离。

由于 Mn^{2+} 的沉淀 pH 值较高，电解锰工业常用硫化钠沉淀法净化电解液。沉淀主要工艺条件为：温度 50 ~ 60℃，硫化钠用量为每吨矿浆液 3kg，沉淀时间 1h，沉淀后静置 24 ~ 48h；除杂后杂质浓度降低为：$Cu^{2+} \leqslant 0.5$mg/L，Co^{2+}、Ni^{2+}、Fe^{3+}（Fe^{2+}）$\leqslant 1$mg/L，$Zn \leqslant 2$mg/L；SiO_2、Al_2O_3 经沉淀和静置也可随硫化物一起沉淀。

B 硫化氢

H_2S 有毒，气味难闻，是二元弱酸。根据 H_2S 的分布曲线，溶液中的 S^{2-} 浓度与溶液的酸度有关，随着 H^+ 浓度的增加，S^{2-} 浓度迅速的降低。因此，控制溶液的 pH 值，即可控制 S^{2-} 浓度，使不同溶解度的硫化物得以分离。采用 H_2S 沉淀法可从热酸浸出液中沉淀并回收 CuS。

当溶液的 pH 值大于平衡 pH 值时，生成硫化物沉淀。当采用 H_2S 作硫化剂时，沉淀反应的同时产生大量的 H^+，使溶液的 pH 值下降（见式(7-5-38)）：

$$M^{2+} + H_2S = MS(s) + 2H^+ \tag{7-5-38}$$

因此，随着沉淀反应的进行应该不断加入碱进行中和，否则 S^{2-} 离子浓度将降低，金属离子沉淀不完全。

C 硫化钙

硫化钙是碱土金属钙的硫化物，室温下为白色具有臭鸡蛋气味的固体，不纯时常带有黄色。极微溶于水，微溶于醇。在湿空气中分解，在干燥空气中则被氧化。

潮湿空气中，硫化钙会发生水解，生成硫氢化钙、氢氧化钙和碱式硫氢化钙的混合物（见式(7-5-39)和式(7-5-40)）：

$$CaS + H_2O \longrightarrow Ca(SH)(OH) \tag{7-5-39}$$

$$Ca(SH)(OH) + H_2O \longrightarrow Ca(OH)_2 + H_2S \tag{7-5-40}$$

使用 CaS 对含 Cu^{2+}、Zn^{2+} 和 Ni^{2+} 的重金属废水进行了研究，结果发现在 pH 值为 1.9 ~ 2.0，CaS 与 Cu 的物质的量的比（摩尔比）约为 1.2 时，Cu^{2+} 的质量浓度从 100mg/L 降到了 1.0mg/L 以下；在 pH 值为 5.5 ~ 6.0，CaS 与 Zn 的物质的量的比（摩尔比）约为 1.5 时，Zn^{2+} 的质量浓度从 100mg/L 降到了 5.0mg/L 以下。当不考虑 pH 值时，硫化钙与金属的物质的量比（摩尔比）为 1.3 时，金属离子的质量浓度由 100mg/L 降到 1mg/L 以下。

7.5.3.4 卤化物

卤化物包括氟化物、氯化物、溴化物、碘化物以及某些卤素互化物。而在化学沉淀剂中应用最多的是氯化钠。氯化钠来源广泛，价格低廉，且无毒，对环境友好，可以沉淀银离子、铅离子和多种稀土金属离子。

当废水中银离子质量浓度为100~500mg/L时，可以用氯化钠沉淀，将银离子质量浓度降至1mg/L左右。当废水中含有多种金属离子时，调pH值至碱性，同时投加氯化钠，则其他金属形成氢氧化物沉淀，银离子形成氯化银沉淀，二者共沉淀。用酸洗沉渣，将金属氢氧化物沉淀溶出，仅剩下氯化银沉淀。这样可以分离和回收银，而废水中的银离子质量浓度可降至0.1mg/L。

氯化沉铊法多用于从锌镉渣或铜镉渣中回收铊。氯化沉铊法是基于铊转化为Tl_2SO_4后，加入饱和食盐水时，在10℃下使铊以TlCl形态沉淀析出，从而达到富集铊的目的。氯化沉铊法是一种经济实用的提铊工艺，铊回收率可达80%~85%。

7.5.3.5 有机物沉淀剂

有机沉淀剂与金属离子形成沉淀的选择性高，沉淀具有组成恒定、相对分子质量大、溶解度小、吸附无机杂质少等优点。

A 草酸

草酸沉淀法是最常用的稀土沉淀分离方法之一。将过量的草酸加入稀土的酸性溶液中，可析出白色的稀土草酸盐，其组成为$RE_2(C_2O_4)_3 \cdot nH_2O$（$n$一般为5、6、9~11）。稀土草酸盐难溶于水，且重稀土草酸盐溶解度比轻稀土草酸盐高。稀土也不易溶于无机酸中，因此可以在盐酸、硝酸或硫酸介质中沉淀稀土元素，避免其他金属离子沉淀。稀土草酸盐加热到800℃即可分解成氧化稀土，草酸根分解为CO_2挥发，因此草酸沉淀法不会引入新杂质。草酸沉淀法得到的沉淀粒度粗，沉淀完全，在酸性溶液中，几乎可以与所有的杂质金属元素分离，因此常作为制备单一稀土氧化物的最后一道湿法工序。

草酸具有较强的还原性，可以作为提纯粗金粉、粗金锭和含金合金的还原沉淀剂。在盐酸溶液中通入氯气，使金溶解形成金氯酸，然后加入氢氧化钠调节pH值后，再加入草酸即可将金还原为单质(见式(7-5-41))：

$$2HAuCl_4 + 3H_2C_2O_4 = 2Au\downarrow + 8HCl + 6CO_2\uparrow \tag{7-5-41}$$

B 黄药

黄药作为一种重要的浮选捕收剂，也可与大多数重金属离子反应生成难溶盐(见式(7-5-42))，其重金属盐在水中的溶解度大小顺序为：$Zn^{2+} > Ni^{2+} > Cd^{2+} > Pb^{2+} > Cu^{+} > Ag^{+} > Au^{3+} > Hg^{2+}$。

$$CH_3CH_2OC(=S)—S^- + M^{n+} \longrightarrow \left(CH_3CH_2OC(=S)—S\right)_n M\downarrow \tag{7-5-42}$$

黄药与重金属离子生成的沉淀可以采用沉降、过滤的方法进行分离，还可利用黄原酸盐的疏水性进行浮选分离。

7.5.3.6 置换沉淀剂

如果将电极电势较负的金属固体粉末加入到电极电势较正的金属盐溶液中，就会发生氧化还原反应。例如，将锌粉（$\varphi^{\ominus} = -0.763V$）加入到硫酸铜（$\varphi^{\ominus} = 0.337V$）溶液中，铜就会还原析出，而锌则氧化成离子进入溶液，反应见式（7-5-43）：

$$CuSO_4 + Zn(s) = Cu(s) + ZnSO_4 \tag{7-5-43}$$

根据热力学氧化还原条件，任何金属离子都可能被电极电势更负的金属从溶液中置换出来(见式(7-5-44))。

$$n_2 M_1^{n_1+} + n_1 M_2 = n_2 M_1 + n_1 M_2^{n_2+} \tag{7-5-44}$$

式中 n_1，n_2——被还原金属 M_1 和还原金属或称被氧化金属 M_2 的价数。

常用电极的电极电势见表 7-5-4。

表 7-5-4 常用电极的电极电势

电 极	反 应	$\varphi^{\ominus}$/V
Mg^{2+} | Mg	$Mg^{2+} + 2e \rightarrow Mg$	−2.38
Al^{3+} | Al	$Al^{3+} + 3e \rightarrow Al$	−1.68
Zn^{2+} | Zn	$Zn^{2+} + 2e \rightarrow Zn$	−0.763
Fe^{2+} | Fe	$Fe^{2+} + 2e \rightarrow Fe$	−0.44
Cd^{2+} | Cd	$Cd^{2+} + 2e \rightarrow Cd$	−0.402
Co^{2+} | Co	$Co^{2+} + 2e \rightarrow Co$	−0.267
Ni^{2+} | Ni	$Ni^{2+} + 2e \rightarrow Ni$	−0.241
Pb^{2+} | Pb	$Pb^{2+} + 2e \rightarrow Pb$	−0.126
Cu^{2+} | Cu	$Cu^{2+} + 2e \rightarrow Cu$	+0.337
Ag^{+} | Ag	$Ag^{+} + e \rightarrow Ag$	+0.799
Au^{+} | Au	$Au^{+} + e \rightarrow Au$	+1.50

从表 7-5-4 可以看出，用负电性的金属锌去置换正电性较大的铜比较容易，而要置换比锌正得不多的镉就困难些。置换金属与被置换金属的电极电势相差越大，置换越完全。在锌的湿法冶金中，用等物质的量的锌粉可以很容易沉淀铜，除镉则要用多倍于镉物质的量的锌粉。在置换铜时，铁虽然没有锌反应容易进行，但相对来说效果也是很好的。每沉淀 1kg 铜的理论耗铁量为 0.88kg，但由于副反应和其他原因，实际耗铁一般为 1.5 ~ 2.0kg，有时高达 4kg。

如我国某矿采用渗滤槽浸法处理重选老尾矿得到含铜、铀的澄清浸出液。浸液流经强碱性阴离子交换柱提铀，流出液进入铁置换池用铁屑置换铜。吸附流出液铜含量约 1.5 ~ 2g/L，控制 pH 值为 1.5 ~ 2.0，置换铁耗为铜理论量的 2 ~ 2.5 倍，置换时间一般为 6h。铀的总回收率约 75% ~ 80%，铜的总回收率为 70% ~ 75%（其中浸出率为 75% ~ 80%，置换率为 90% ~ 95%），海绵铜品位为 60% ~ 65%，酸耗为 40 ~ 45kg/t，每吨铜的铁耗为 2.5t。

氰化法提金的过程中，从贵液中沉金可用金属锌或金属铝置换法、活性炭或离子交换树脂吸附法或电沉积法。目前应用最广泛的是金属锌（锌丝或锌粉）置换法，置换时的主要反应见式(7-5-45) ~ 式(7-5-49)：

$$2Au(CN)_2^- + Zn = Zn(CN)_4^{2-} + 2Au\downarrow \tag{7-5-45}$$

$$Zn + 4CN^- = Zn(CN)_4^{2-} + 2e \tag{7-5-46}$$

$$Zn + 4OH^- = ZnO_2^{2-} + 2H_2O + 2e \tag{7-5-47}$$

$$ZnO_2^{2-} + 4CN^- + 2H_2O \longrightarrow Zn(CN)_4^{2-} + 4OH^- \quad (7\text{-}5\text{-}48)$$

$$2H^+ + 2e \longrightarrow H_2\uparrow \quad (7\text{-}5\text{-}49)$$

锌置换沉金的合适条件：生产实践中，一般控制氰化物浓度为0.04%～0.06%，碱度为0.01%～0.02%；贵液置换前一定要脱氧，并要求溶液中的含氧量低于0.05mg/L，锌用量一般为每立方米贵液耗锌丝200～400g，耗锌粉15～50g；温度一般控制在15～30℃；贵液中悬浮物质量浓度小于5mg/L；每立方米贵液中宜加10～100g醋酸铅或硝酸铅。锌的品质也是影响置换效率的重要因素，无论是锌丝或锌粉，含锌量必须大于98%。并要求严防受潮、结块、高温烘烤或氧化，更不能受酸水或碱水浸泡；同时要求锌粉粒度（-0.045mm）大于95%，锌丝细而薄（宽1～3mm，厚0.2～0.4mm），并且切削后不能久置。

7.5.4 萃取剂

金属溶剂萃取过程中，与金属离子反应的反应物是溶解在有机溶液中的化合物，这种化合物称作萃取剂。萃取剂按化学性质分为以下4种类型：酸性萃取剂、中性萃取剂、碱性萃取剂-有机胺和螯合萃取剂。

7.5.4.1 酸性萃取剂

酸性萃取剂也称为液体阳离子交换剂，主要包括羧酸、磺酸及含磷类萃取剂。在萃取过程中，萃取剂活性基的氢与金属离子发生交换，所以其萃取机理为阳离子交换机理。

A 羧酸类萃取剂

羧酸类（RCOOH）萃取剂具有价格低廉、来源丰富以及能萃取多种金属等优点；羧酸型萃取剂是一种弱酸性萃取剂，因此其 pK_a 值相对较大，要在较高pH值下才能萃取，但这时金属离子易发生水解，萃取过程出现乳化现象。羧酸及其盐类在水中有较大的溶解度，作为萃取剂的羧酸要有足够长的碳链，以减小其水溶性，在工业上常采用含7～9个碳的脂肪酸作为萃取剂。9个碳以上的脂肪酸凝固点高，离解常数小，不适宜作萃取剂。

a 环烷酸　环烷酸是石油工业精制柴油的副产品，是具有一个烷基的一元羧酸，工业品是深色油状混合物，几乎不溶于水，溶于烃类，结构式如下：

R　R

R　$(CH_2)_nCOOH$

R

其中，R为烷基，$n=6\sim8$，由于环烷酸是一个混合物，因此相对分子质量在200～400。分子量变化的主要原因是R碳链的长短不同。

环烷酸广泛地用于铜和镍的萃取分离，以及稀土元素的分离和提纯，是目前我国提取钇的通用萃取剂。经过长期的工业生产实践证明，环烷酸具有来源丰富，价格低廉，萃取平衡酸度低，易反萃等优点。前苏联科技人员在一项中间工厂试验中，用1mol/L环烷酸从含铜、锌、钴、镍、锰的溶液中萃取铜，富集比可达30以上，反萃得到含铜90～100g/L的 $CuSO_4$ 溶液。在高纯钇的制备过程中，采用环烷酸体系只需一步萃取即可获得高纯钇，而传统的萃取法需要两步萃取提纯钇。该工艺具有萃取剂来源广泛、生产成本低、工艺简单、产品纯度和收率高等优点。

环烷酸也存在一些不足，比如：稳定性差，水溶性大，易与醇类发生酯化反应造成有机相黏度增加、分相慢、流动性差，半萃取 pH 值较高，易出现乳化现象，对料液质量要求严格等。

b 叔碳羧酸 叔碳羧酸是指羧基所连接的碳，同时还与另外 3 个碳氢基相连，这种烷基称为叔碳基，相应的酸就是叔碳酸，我国有的文献称其为异构酸。叔碳羧酸可用于萃取分离铜、铁、钴及稀散金属的萃取冶金中，其结构式可表示如下：

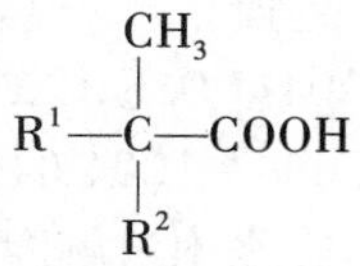

$$R^1—\underset{\displaystyle R^2}{\overset{\displaystyle CH_3}{\overset{|}{\underset{|}{C}}}}—COOH$$

其中 R^1、R^2 为 $C_4 \sim C_5$ 的烷基。国内生产的叔碳羧酸代号为 C547，平均相对分子质量为 172.2，在水中的溶解度为 0.3g/L，但未形成工业规模。国外商业产品有壳牌化学公司（Shell Chemicals）的 Versatic 911、Versatic 9 和 Versatic 10，以及埃克松化学公司（Exxon）的 Neo910 等。商品号中的 911 或 910 代表 9 ~ 11 或 9 ~ 10 个碳的混合烷基，9 或 10 则为 9 个碳或 10 个碳的单一烷基。其在稀土分离和氨溶液中萃取分离钴镍方面有较多应用。由于它们具有很好的高温稳定性，因此可以用加压氢还原的方法，将负荷在叔碳酸中的金属离子直接还原为金属，而不需要先反萃，而后再氢还原。

Versatic 911 是一种一元异构酸，平均相对分子质量为 175，密度为 0.920g/cm^3。它在水中溶解度较小，化学性能稳定，萃取金属的选择性也好，已成功地用于从含有铁、铜、镍、钴、锌的溶液中萃取分离这些金属。在使用 Versatic 911 作萃取剂时，适宜的萃取 pH 值为：铜 3.6 ~ 4.7，锌 4.7 ~ 5.6，镉 5.3 ~ 6.7，钴、镍 5 ~ 6.5。

c 工业脂肪酸 工业脂肪酸是含 $C_7 \sim C_9$ 的混合脂肪酸，通常被称为 $C_{7\sim9}$酸，通式为 $C_nH_{2n+1}COOH$。$C_{7\sim9}$酸的平均相对分子质量为 140，密度为 0.917g/cm^3（20℃），水溶性较大。前苏联学者对工业脂肪酸的应用做过许多工作，我国也曾经将其用于萃取铜、铁，效果很好。但是，由于产品不纯，有时含有带异味的杂质，影响操作环境，现在已很少应用。$C_{7\sim9}$酸主要用于萃取分离铜、铁、钴、镍等。其萃取金属的一般顺序为：$Sn^{4+} > Bi^{3+} > Fe^{3+} > Pb^{2+} > Al^{3+} > Cu^{2+} > Cd^{2+} > Zn^{2+} > Ni^{2+} > Co^{2+} > Mn^{2+} > Ca^{2+} > Mg^{2+} > Na^{+}$。

B 磷（膦）酸类萃取剂

磷（膦）酸类萃取剂可以看成是磷酸分子中的一个或两个羟基被酯化或被烃基取代后的产物。常用的磷（膦）酸类萃取剂主要有 P204、P507 和 Cyanex 272。磷（膦）酸类萃取剂在多种非极性溶剂中可通过氢键发生分子间的缔合作用，其结构式如下：

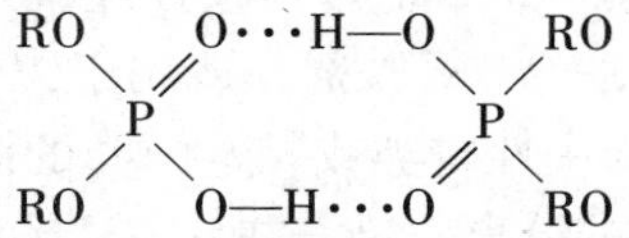

```
RO      O···H—O      RO
  \    //      \    /
    P            P
  /    \      //    \
RO      O—H···O      RO
```

由于磷酰基上氧原子的给电子能力强，故分子间缔合作用很强。它们在非极性溶剂中主要以双分子缔合体（二聚体）的形式存在。随溶剂的不同，其二聚常数 K_2 不同，在苯中 $K_2 = 4000$，在三氯甲烷溶剂中 $K_2 = 500$，这是由于三氯甲烷具有较强的极性，膦酸与三氯甲烷分子间存在缔合作用。

对于含有两个羟基的磷酸单酯，分子间缔合作用很强，常以多聚体的形式存在。它们可交换的氢较少，萃取能力相对较低。由于分子中含有两个羟基，因而水溶性较大，乳化倾向较严重。因此，磷酸单酯萃取剂在工业上应用不多。当烃基为支链或环状结构时，萃取性能有所改善。

磷（膦）酸类萃取剂的酸性比羧酸强，不同磷（膦）酸类萃取剂的酸性强弱与取代基密切相关。随着碳链长度或支链结构的增加，酸性一般会减小。取代基的电负性越大，吸电子能力越强，O—H 键越弱，酸性越强。

a 二（2-乙基己基）磷酸 P204（D2EHPA）是一种二烷基磷酸酯，主要成分为二（2-乙基己基）磷酸，其含量为92.6%，P204 的密度为 $0.9699g/cm^3$、黏度为 $35.79\times10^{-3}Pa\cdot s$，闪点206℃，燃点206℃，在水中溶解度11.8mg/L。其结构式如下：

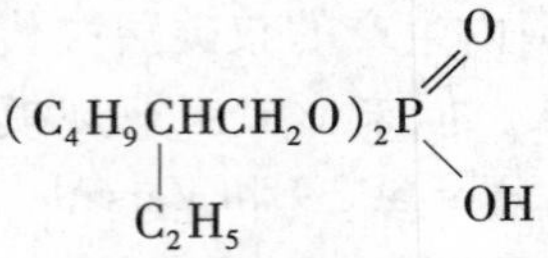

$$(C_4H_9\underset{\displaystyle C_2H_5}{\underset{|}{C}}HCH_2O)_2P(=O)OH$$

P204 从硫酸介质中对一些金属萃取的 $pH_{1/2}$ 值（金属萃取率为50%时的 pH 值）的顺序是：$Fe^{3+}<Zn^{2+}<Cu^{2+}\approx Mn^{2+}<Ca^{2+}<Co^{2+}<Mg^{2+}<Ni^{2+}$。阴离子对 P204 萃取金属的影响顺序为：$NO_3^-<Cl^-<CO_3^{2-}<SO_4^{2-}$。

P204 可用于从硫酸溶液中萃取分离钴、镍，特别是从钴镍溶液中除铁、锌、铜。此外还用于从磷酸溶液中提取铀，从铍矿浸出液中提取铍与镓，以及分离稀土等。采用 P204 与乙酸丁酯、二甲苯、煤油为稀释剂组成的有机相，在 pH 值为 2 的溶液中分离钨、钼，取得了很好的分离效果。

b 2-乙基己基膦酸单（2-乙基己基）酯 P507（EHEHPA）是一种膦酸酯类萃取剂，主要成分为2-乙基己基膦酸单（2-乙基己基）酯，含量约为97%，密度（25℃）为 $0.9460g/cm^3$，黏度（25℃）为 $41\times10^{-3}Pa\cdot s$，闪点196℃，燃点230℃。其结构式如下：

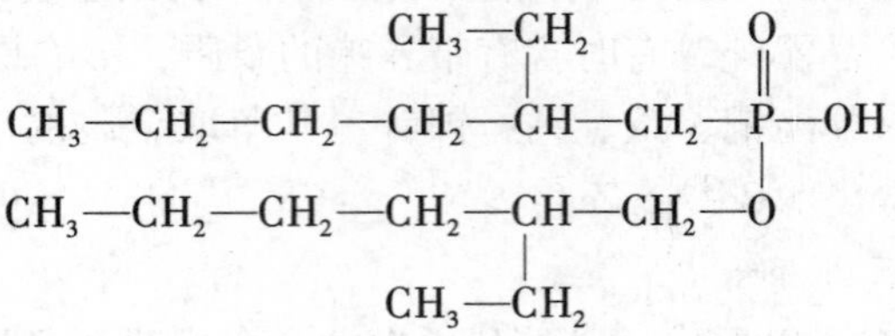

$$\begin{array}{l} \qquad\qquad\qquad\qquad CH_3—CH_2 \qquad\quad O \\ \qquad\qquad\qquad\qquad\qquad\;\; | \qquad\qquad\;\; \| \\ CH_3—CH_2—CH_2—CH_2—CH—CH_2—P—OH \\ \qquad\qquad\qquad\qquad\qquad\qquad\qquad\quad\; | \\ CH_3—CH_2—CH_2—CH_2—CH—CH_2—O \\ \qquad\qquad\qquad\qquad\qquad\;\; | \\ \qquad\qquad\qquad\qquad CH_3—CH_2 \end{array}$$

P507 对金属萃取能力的大小顺序基本上与 P204 相似，但是磷酸的两个 OH 均为烷基取代，烷基直接连接于 P，成为二烷基磷酸，对钴镍的分离效果更好，它也适于分离某些性质相近的稀土元素，如镨和钕。P507 是一种选择性较好的萃取剂。多年研究和工业应用表明，P507 是一种优良的镍钴分离萃取剂，适用于镍/钴比变化范围很大的各种硫酸盐、氯化物溶液。往 P507 中加入中性磷类或长链醇类的添加剂对镍钴分离产生不利的影响，但加入长链醇能提高镍、钴的分离效果，并且在实际操作中 P507 应采用较高皂化率，而相同浓度下的 P204 却可以选用较低的皂化率。P507 在萃取中、重稀土元素（包括钪）时，所需的水相酸度较低，反萃取液的酸度也较低，因此用于钪、钇和镧系元素的分离上优于 P204，特别是用氨化 P507 萃取分离稀土元素，可提高萃取容量和分离系数。目前，用氨化 P507 萃取分离稀土元素的工艺流程已广泛用于稀土的萃取冶金工业。

c 二(2,4,4-三甲基戊基)膦酸 Cyanex 272(DTMPPA)是一种双烷基膦酸，名称是二(2,4,4-三甲基戊基)膦酸，结构式如下：

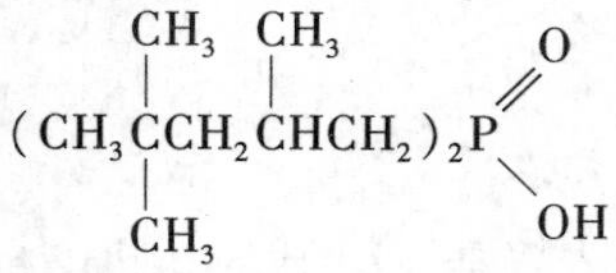

$$(CH_3\overset{CH_3}{\underset{CH_3}{C}}CH_2\overset{CH_3}{C}HCH_2)_2P(=O)OH$$

由于烷基具有多个支链，Cyanex 272 比 P507 具有更大的空间位阻，实践表明它对钴、镍的分离系数远大于 P204 和 P507，在一定条件下 P204、P507 和 Cyanex 272 对钴镍的分离系数分别为 14、280 和 7000。Cyanex 272 是一种高选择性萃取剂，具有水溶性小、对水解的稳定性好等优点，对锌的萃取有很好的选择性。

C 磺酸类萃取剂

磺酸类萃取剂的通式是 RSO_3H，烃基 R 可以是脂肪烃基，也可以是芳香烃基，磺酸是一类强酸性萃取剂，离解常数远大于有机磷酸和羧酸，酸根阴离子是强表面活性剂。表面活性剂能引起乳化，因此磺酸很少单独使用做萃取剂，而只是偶然用做改性剂，即用于调节有机相性质的添加剂。国内工业产品十二烷基苯磺酸钠等不用作工业萃取剂，而仅用于表面活性剂萃取。国外有时将二壬基萘磺酸与其他萃取剂混合使用。

磺酸基是一个强亲水基，因而磺酸类萃取剂有较大的水溶性和吸湿性。它们有很强的萃水能力，能够萃取其物质的量的 10 倍的水，它们的锂、铯等盐也强烈萃水，银盐则很少萃水。因此认为磺酸根通过水分子或质子化的水分子（H_3O^+）形成氢键而相互聚合。采用较大的烃基可以增加油溶性。这类萃取剂能在 pH 值小于 1 的酸性溶液中萃取金属阳离子，但它的选择性差，且容易乳化。

常见的磺酸萃取剂有十二烷基磺酸、十二烷基苯磺酸、5,8-二壬基萘磺酸、5,8-二壬基-2-萘磺酸（DNNSA）、6,7-二壬基-2-萘磺酸等，结构式如下：

$C_{12}H_{25}SO_3H$

十二烷基磺酸

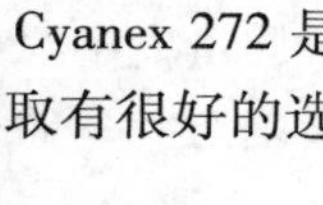

（苯环上连 $-SO_3H$ 和 $-C_{12}H_{25}$）

十二烷基苯磺酸

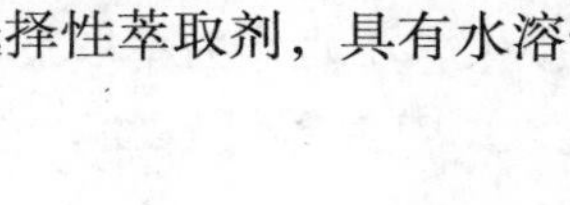

（萘环 6,7 位连 C_9H_{19}，2 位连 $-SO_3H$）

6,7-二壬基-2-萘磺酸

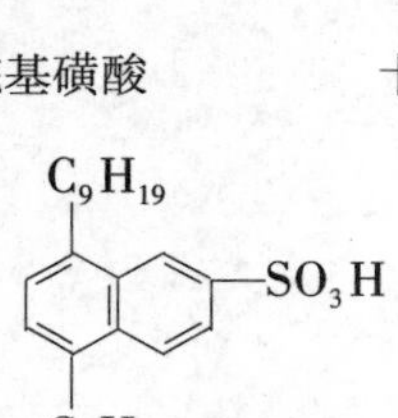

（萘环 5,8 位连 C_9H_{19}，2 位连 $-SO_3H$）

5,8-二壬基-2-萘磺酸（DNNSA）

（萘环连 SO_3H、$H_{19}C_9$、C_9H_{19}）

5,8-二壬基萘磺酸

据报道，6,7-二壬基-2-萘磺酸可以从盐酸溶液中萃取铑（Ⅳ），而与铂系金属的其他金属分离。5,8-二壬基-2-萘磺酸可以从湿法磷酸溶液中萃取铁离子、铝离子和镁离子，并且在低 pH 值时，仍具有较好的萃取能力。

7.5.4.2 碱性萃取剂

属于碱性萃取剂的主要是伯、仲、叔胺与季铵盐。碱性萃取剂的反应机理是阴离子交换反应，氨分子中的 3 个氢依次被烷基取代，生成 3 种不同的胺及季铵盐，其结构式如下：

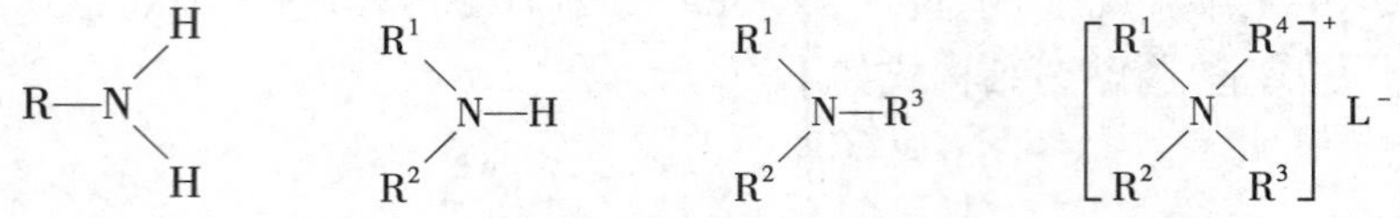

$$\begin{array}{ccc} & & H \\ & \diagup & \\ R—N & & \\ & \diagdown & \\ & & H \end{array} \qquad \begin{array}{ccc} R^1 & & \\ & \diagdown & \\ & & N—H \\ & \diagup & \\ R^2 & & \end{array} \qquad \begin{array}{ccc} R^1 & & \\ & \diagdown & \\ & & N—R^3 \\ & \diagup & \\ R^2 & & \end{array} \qquad \left[\begin{array}{ccc} R^1 & & R^4 \\ & \diagdown\ \diagup & \\ & N & \\ & \diagup\ \diagdown & \\ R^2 & & R^3 \end{array}\right]^+ L^-$$

伯胺　　　　仲胺　　　　叔胺　　　　季铵盐

式中，R、R^1、R^2、R^3、R^4 均代表烷基，L^- 代表无机酸根，如 Cl^-、NO_3^- 等。

用作萃取剂的有机胺多是具有较长碳链或支链的高分子胺类，其相对分子质量通常在250~600。相对分子质量小于250的烷基胺在水中的溶解度较大，使用时将导致萃取剂在水相中溶解损失，不宜作为萃取剂；相对分子质量大于600的烷基胺往往是固体，在有机溶剂（稀释剂）中溶解度较小，萃取时分层困难，萃取容量低，因此也不适宜作为萃取剂。

由于胺分子中既有亲水部分又有亲油部分，在水相与有机相的平衡过程中，有时易形成乳状液，从而给相分离和萃取操作带来困难。为了得到良好的相分离性能，应该尽可能选择在有机溶剂中溶解度大、而在水中溶解度小的有机胺作为萃取剂。在伯、仲、叔胺中，叔胺用得较多，伯胺和仲胺用得较少，这是因为伯胺 RNH_2 和仲胺 R_2NH 中含有亲水基团 N—H，它们在水中的溶解度要比相对分子质量相同的叔胺大。另外，伯胺在有机溶剂中，使有机相能溶解相当多量的水，对萃取不利，所以直链的伯胺一般不作萃取剂，但带有很多支链的伯、仲胺则可以作为萃取剂。

由于铵盐具有强的极性，所以它难溶于非极性的脂肪烃类溶剂中，但易溶于苯、二甲苯、氯仿中。在强极性有机溶剂如高碳醇、TBP、P350中也有较大的溶解性。在萃取工艺中，常用这些溶剂作为稀释剂或添加剂。如N263不溶于煤油中，但向其中加入一定量的TBP，即可配制成N263-TBP-煤油的有机相，取得了良好的应用效果。

胺类萃取剂由于形成氢键而产生缔合作用，但与羧酸萃取剂以及和酸性含磷萃取剂的缔合不同，因为胺中无 C═O 键和 P═O 键这样给电子的氧原子，故一般不是双分子缔合，而往往是多分子缔合。如：

伯胺（RNH_2）的缔合：

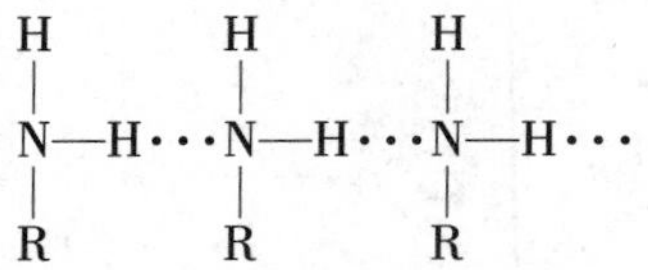

$$\begin{array}{lll} H & H & H \\ | & | & | \\ N—H\cdots & N—H\cdots & N—H\cdots \\ | & | & | \\ R & R & R \end{array}$$

伯胺盐（$RN^+H_3L^-$）的缔合：

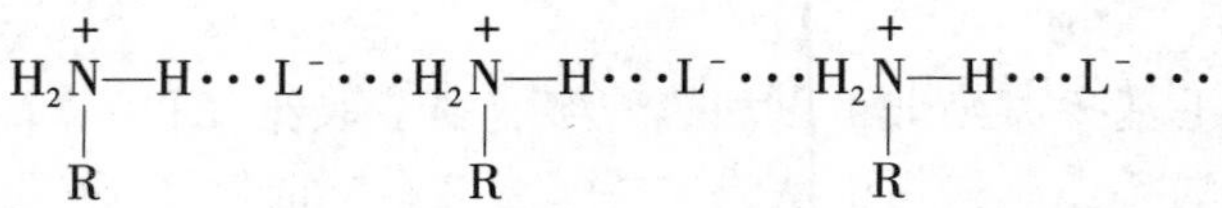

$$\begin{array}{lll} \quad\ + & \quad\ + & \quad\ + \\ H_2N—H\cdots L^-\cdots & H_2N—H\cdots L^-\cdots & H_2N—H\cdots L^-\cdots \\ \quad\ | & \quad\ | & \quad\ | \\ \quad\ R & \quad\ R & \quad\ R \end{array}$$

季铵盐和胺盐一样，也有类似的缔合作用。

缔合程度既和萃取剂结构有关，也和稀释剂性质有关。就脂肪胺盐而言，对硫酸盐以外的阴离子，缔合难易顺序为：伯胺盐 < 仲胺盐 < 叔胺盐 < 季铵盐。

烃基带有支链的仲胺，尤其当支链靠近氮原子时，缔合程度会降低。稀释剂极性越小，缔合程度越大。胺类硫酸盐的缔合程度大于其他盐类。缔合作用会降低胺萃取金属的能力。

当氨分子中的氢原子逐步被 R 基取代后，由于 R 基的诱导效应，使氨中的氮原子带上更强的电负性，即氮的孤对电子更易与质子结合，其碱性增强，但是另一方面，随着烷基数目的增多，体积增大，空间位阻效应更加显著，使其碱性减弱。

伯、仲、叔胺是具有中等强度碱性的萃取剂，它们必须与强酸作用生成胺盐阳离子（如 RNH_3^+、$R_2NH_2^+$、R_3NH^+）后，才能萃取金属配合阴离子或含氧酸阴离子。所以伯、仲、叔胺的萃取只有在酸性溶液中才能进行。季铵盐属于强碱性萃取剂，它本身就含有阳离子 R_4N^+，所以能够直接与金属配合阴离子缔合，因此，季铵盐在酸性、中性和碱性溶液中均可有效地萃取金属。

脂肪胺都具有碱性，因此，它们与酸反应，生成相应的铵盐。当含有叔胺的有机相与盐酸混合振荡后，便生成胺盐，叔胺与盐酸生成胺盐的方程式见式（7-5-50）：

$$R_3N_{(O)} + HCl_{(w)} = R_3NHCl(O) \tag{7-5-50}$$

有机相中的胺盐能以其酸根阴离子与水相中阴离子（包括金属的配阴离子）进行交换反应，见式（7-5-51）：

$$2R_3NHCl(O) + CoCl_4^{2-} \rightleftharpoons (R_3NH)_2CoCl_4(O) + 2Cl^- \tag{7-5-51}$$

因为胺类是弱碱，所以它们的盐在强碱作用下，胺又重新游离出来(见式(7-5-52))：

$$RNH_3Cl(O) + NaOH = RNH_2(O) + NaCl + H_2O \tag{7-5-52}$$

季铵盐与强碱作用则得到含有季铵碱的平衡混合物，例如(见式(7-5-53))：

$$R_4N^+Cl^- + NaOH \rightleftharpoons R_4N^+OH^- + NaCl \tag{7-5-53}$$

胺被作为弱碱，只能在酸性溶液中萃取；而季铵盐可在酸性、中性乃至碱性溶液中萃取。

研究表明，溶液中的阴离子一般均可与有机铵阳离子结合，而被萃入有机相。如无机酸或有机酸的阴离子、金属的配阴离子以及同多酸或杂多酸的阴离子等。碱金属、碱土金属因不能生成配阴离子，所以不能被萃取。

胺盐或季铵盐中的酸根阴离子与水相中某种阴离子发生交换时，阴离子半径越大，电荷越少，水化程度越低，则越有利于萃入有机相。对于一些酸根阴离子萃取顺序是：$ClO_4^- > SCN^- > I^- > Br^- \approx NO_3^- > Cl^- > HSO_4^- > F^- > SO_4^{2-}$。

胺与等当量的酸生成胺盐以后，如果水相酸的浓度比较高，胺盐还能与酸生成 1∶1 的离子配合体。这种反应称为胺盐的加合反应。例如叔胺萃取过量的硝酸或盐酸的反应(见式(7-5-54)和式(7-5-55))：

$$R_3NHO_3(O) + HNO_3 \rightleftharpoons [R_3NHNO_3]HNO_3(O) \tag{7-5-54}$$

$$R_3NHCl(O) + HCl \rightleftharpoons [R_3NHCl]HCl(O) \tag{7-5-55}$$

在硫酸介质中萃取铀表现为中性硫酸铀与胺盐的加合，加合物进而被萃入有机相(见式(7-5-56))。

$$(R_3NH)_2SO_4(O) + UO_2SO_4 \rightleftharpoons (R_3NH)_2UO_2(SO_4)_2(O) \tag{7-5-56}$$

胺及其他一些含氮萃取剂是萃取铜的重要萃取剂，例如伯、仲、叔胺和季铵盐，多元氮等都可以萃取铜。比较重要的碱性萃取剂主要有 N235、N263 等。

A N235（三烷基胺）

N235（三烷基胺，R_3N，$R = C_8 \sim C_{10}$）是一种叔胺萃取剂，在 25℃ 时的密度为 $0.8153g/cm^3$，黏度是 $10.4 \times 10^{-3} Pa \cdot s$，在水中溶解度小于 0.01g/L，闪点为 189℃，燃点为 226℃，平均相对分子质量为 387。市售的 N235 是黄色油状液体，叔胺含量大于 98%，仲胺的含量约 2%。叔胺主要成分为：N-庚基二辛胺、三庚胺、三辛胺、N-辛基二壬胺和三壬胺等。

N235 氮原子上电荷密度受到三个烷基的作用而增强，使之容易和水溶液中金属离子或酸根离子发生离子交换，从而达到浓缩、富集金属、酸的作用，作为一种胺类萃取剂，主要用作贵金属、稀土金属的萃取剂，及用于酚类、有机酸的萃取回收。N235 在硫酸介质中萃取铀、钨的饱和容量大，萃取速度快，因此应用广泛。在萃取冶金中，叔胺主要用于从氯化物中分离钴和镍。N235 萃取钴时，水相中氯离子质量浓度要在 200g/L 以上。用水可把有机相中的钴反萃下来。N235 也是钼、钒等金属的有效萃取剂。在 25℃，相比 O/W = 1/2，错流萃取级数 3 级的条件下，采用 N235 从含钼、锰酸浸液中萃取回收钼，钼的萃取率达到 99.9%，用 17% 的氨水反萃后钼的反萃率可达 99.4%。采用烷基叔胺（N235）-异辛醇-磺化煤油体系从氰化浸金贫液萃取铜、锌，以 NaOH 溶液为反萃取剂从负载有机相中反萃铜、锌，铜、锌富集的质量浓度分别可达到 35g/L、15g/L 以上，铜的回收率达 99%，铜锌分离后铜的纯度可达 98%。

B N263（氯化甲基三烷铵）

N263 是一种季铵盐类萃取剂，名称是氯化甲基三烷铵，它是由 N235 与氯甲烷作用生成的一种季铵盐。

N263 通常简写成 R_2CH_3NCl 或 $(R_2NCH_3)^+Cl^-$。它的平均相对分子质量是 437，密度（25℃）为 $0.895g/cm^3$，黏度为 $19.37 \times 10^{-3} Pa \cdot s$，在水中的溶解度是 0.04g/L。通常市售的 N263 中季铵盐含量为 95% 左右，其余为叔胺及其他杂质。N263 相当于国外的 Aliquat 336。

N263 常用于某些稀有稀土金属和贵金属的萃取分离。N263 可以从硝酸介质中萃取生产富铷物料，从褐钇铌矿混合稀土中分离氧化钇。N263 既可从酸性介质中，也可以从碱性介质中萃取钼。我国用 N263 从钒渣浸出液中萃取钒，从小型实验结果看，效果良好。

7.5.4.3 中性萃取剂

中性萃取剂是由萃取剂的电子给予体与中性无机分子或配合物发生溶剂化作用，使无机物增加在有机相的溶解度，从而实现对金属无机物的萃取。中性萃取剂是包含溶剂化作用的萃取剂，其萃取过程特性是萃取剂和被萃物质均为中性分子，萃取产物，即金属萃合物也是中性配合物。

这类萃取剂有两种主要基团，一种是含有氧-碳键的有机萃取剂，如醚、酯、醇和酮等。另一种是氧或硫与磷键合的萃取剂，如烷基磷酸酯或烷基硫代磷酸酯。这些萃取剂的主要差别表现在对水的作用上。强极性的有机磷化合物具有很强的排水性，它可以取代金属离子周围的配位水分子。酯和酮类萃取剂，其配合物总会有部分水，这大概是部分配合物通过氢键在有机和金属之间搭桥的缘故。这些萃取剂由于溶剂化作用，因而都可以萃取金属和酸。

A 磷氧中性萃取剂

含有磷-氧键的萃取剂是最重要的中性萃取剂。这些萃取剂的萃取机理大多数都一样，也就是磷酰基的氧与金属形成配位键。虽然如此，在这些磷酸酯中还可通过其他氧原子形成一个以上的配位键。这样，生成的分子间或分子内的双功能配合物就会对不同金属的萃取速率发生影响，同样对反萃也有影响。

典型的代表有磷酸三丁酯（通常称为 TBP）、甲基膦酸二甲庚酯（P350）、二辛基膦酸辛酯、三辛基氧化磷（TOPO，有机化学上称为氧化三辛基膦），结构式分别如下：

$$(H_9C_4O)_2P(=O)OC_4H_9$$

磷酸三丁酯（TBP）

$$[H_3C(CH_2)_5CH(CH_3)O]_2P(=O)CH_3$$

甲基膦酸二甲庚酯（P350）

$$(H_{17}C_8)_3P=O$$

三辛基氧化磷（TOPO）

TOPO 是由 TBP 衍生出来的烷基氧膦，由于 R 基取代了磷酸三丁酯的 OR 基，而提高了磷酰氧的配位能力。所以用 TOPO 萃取铀的萃取因数比 TBP 大得多。这些萃取剂的萃取能力大小顺序为：氧膦类 > 亚膦酸酯 > 膦酸酯 > 磷酸酯，随着碳链数的增加，配位能力也增大，而且 TBP 等在水中的溶解度随温度升高而降低，在 10℃时溶解度为 0.7g/L，而 50℃时仅为 0.1g/L。应用 TBP 萃取可以纯化铀，也可用来分离铀、钍、稀土。在铀的精制和锆铪分离中，通常采用浓度为 25% 的 TBP。在金属萃取中采用浓度为 100% 的 TBP 不多，一般浓度范围是 25% ~50%。

B 碳氧中性萃取剂

碳氧中性萃取剂主要是含有—OH 的醇和酚、含有 ═C ═O 的酮和酯以及 ≡C—O—C≡，它们都以与碳相连的氧为给体原子。含碳-氧键的中性萃取剂，除醇外全都是电子给予体试剂。醇具有电子给予和电子接受两种性质，这是由羟基的两性所决定的，它在很多方面类似水的性质。具有工业应用价值的碳-氧萃取剂主要是醇和酮的萃取剂。仲辛醇以及相对分子质量更大的一些高支链醇，工业上用于萃取 Ta(Ⅴ)、Nb(Ⅴ)、Fe(Ⅲ)等。4-特丁基-2-甲苄基酚原用于分析化学，现已用于从矿石或盐湖原料中分离铷和铯。

二次大战期间，美国工程技术人员用乙醚萃取提纯铀，提供了制造原子弹的原料，开创了金属萃取的先河。乙醚也曾经用于提纯黄金。但是现在工业上已经不再使用乙醚为萃取剂。其他小分子的醚萃取金属多用于化学分析，也曾尝试或小规模用于生产，如萃取稀散金属等。另外，工业上萃取金的二丁基卡必醇结构式为 $C_4H_9OC_2H_4OC_2H_4OC_4H_9$，实际上多是醇，而非醚。

酮类用得最多的是甲基异丁基酮（MIBK），化学式为 $(CH_3)_2CHCH_2COCH_3$，相对分子质量为 100.16，密度(20℃)0.8006g/cm^3，闪点 27℃，沸点 115.8℃，在水中的溶解度为 2%。曾经长期用于锆、铪工业分离过程，也曾经用于金等贵金属的萃取分离。MIBK 的缺点是水溶性大，闪点低，挥发损失大。在盐酸浓度 0.5 ~5mol/L 范围内，MIBK 可定量萃取金，铂、钯、铱、铜、镍萃取率低，铁的萃取随酸度的增大而增加，金的萃取容量大于 50g/L。若将 MIBK 中的甲基换成异丁基，改性为二异丁基酮（DIBK）则可克服上述缺点，DIBK在水中的溶解度降至0.05%，闪点升至55℃，金的萃取率和分配比 D（金在有机相浓度和水相浓度之比）略有下降，但选择性增加，降低了Pt(Ⅳ)、Fe(Ⅲ)的共萃比例。

C 磷硫中性萃取剂

含磷-硫键的萃取剂主要性质与含氧-磷键试剂相似，其差别在于氧和硫对各种金属的亲和势不同。如果把氧给予体的萃取剂称为“硬”碱，含硫给予体称作“软”碱，则含氮给予体属于交界碱。由于硬碱与硬酸，软碱与软酸更易于作用，因此金属萃取时应根据金属离子的“硬”、“软”选择相应的萃取剂。如 Be^{2+}、La^{3+}、Ti^{4+}、U^{4+} 等属于“硬”酸，因此选择含氧给予体的萃取剂比选择含氮或含硫给予体萃取剂要好。而 Cu^{+}、Ag^{+}、Cd^{2+}、Pd^{2+} 等属“软”酸性，所以含硫给予体的萃取剂的萃取效果超过氮或氧给予体的萃取剂。有些金属，既不属“软”酸，又不属于“硬”酸，如 Ni^{2+}、Co^{2+}、Fe^{2+}、Zn^{2+}、Cu^{2+}、Bi^{3+} 等，即便如此，根据它们自身的差别选用氧、硫型的萃取剂也比含氮给予体萃取剂有更为明显的优点。金属的酸碱的软硬性质取决于自身的电负性、极化倾向和氧化态。硬酸处于高氧化态，它的外层电子是相对稳定的。希泰克公司的产品Cyanex 471是硫化三异丁基膦，熔点为58～59℃，白色晶体，密度为0.91g/cm³，闪点为152℃，249℃开始分解，水中溶解度为43mg/L，对 Ag^{+} 有很好的选择性，可在硫酸、硝酸及盐酸介质中萃取分离银、铜及分离钯、铂。用含24kg/m³ 的Cyanex 471有机相对含0.97kg/m³ 银的料液（内含有6.0kg/m³ 锌，10.3kg/m³ 铜）进行萃取，在酸度（H_2SO_4）pH值为1时，经二级萃取，萃余液中银仅为 10^{-4}%，而锌和铜基本上不被萃取。美国氰化物公司开发的产品三异丁基硫化磷，商品名为Cyanex 471X，Cyanex 471X能克服铜(Ⅱ)和锌(Ⅱ)的混杂萃取硫酸、硝酸和盐酸溶液中的银，被用于从含铜(Ⅱ)、锌(Ⅱ)、铋(Ⅲ)和铁(Ⅲ)的硝酸溶液中萃取银(Ⅰ)，萃余液中银的含量低于 10^{-5}%。

D 取代酰胺中性萃取剂

羧酸的—OH被—NH_2 取代称为酰胺。酰胺的氢为烷基或芳基取代即为取代酰胺，酰胺萃取剂分子中由于氨基的作用，萃取能力强于酮，弱于醇、醚。取代酰胺以羰基为官能团，能够从酸性溶液中萃取金属阴配离子。除用于铌钽分离，也用于从盐酸溶液萃取除铁。关于酰胺萃取剂的研究国外可追溯到20世纪60年代。我国首先开发工业生产应用的萃取剂为取代乙酰胺，两个取代基是含7～9个碳的烷基，牌号A101用于HF-H_2SO_4 中铌、钽的分离和萃取铊，由长沙矿冶研究院合成。现在用得多的是N503，学名为N，N-二（1-甲基庚基）乙酰胺，由中科院上海有机所合成。N503以及A101是一类性能优良的工业萃取剂，已用于铌、钽分离，以及稀散元素镓、铟、铊、铼的提取和废水脱酚。从HF-H_2SO_4 中萃取钽铌时，萃合物组成主要是 $HMF_6 \cdot n$S（M为铌或钽，S是N503）。从 H_2SO_4-NaCl体系中萃取镓时，镓可能是以HGaCl · nS形式被萃入有机相。

国外研究的酰胺萃取剂还包括取代二丁基酰胺、二异丁基酰胺等，另外还有具有两个酰胺基的双酰胺如N，N′-四丁基甘二胺。近年来报道的单烷基取代酰烷R′-CO-NHR，R′和R为8～18个碳的烷基，对氯化物溶液中贵金属铱（Ⅳ）、钌（Ⅲ）及铂（Ⅳ）、钯（Ⅱ）有选择性，选取适当的R′和R，可以得到非常好的铱（Ⅳ）与铑（Ⅲ）分离效果。作为第二代贵金属萃取剂，已经进行了中间工厂试验，它们的萃取能力强于TBP，而且由于酸度对萃取的影响较大，降低酸度又很容易反萃。

7.5.4.4 螯合萃取剂

螯合萃取剂在萃取过程中与金属离子生成具有螯环状萃合物，即螯合物。螯合萃取剂中具有一些重要的反应官能团，在螯合萃取剂中，至少要有两个参加反应的官能团。

螯合萃取剂的萃取能力既与配位基的碱性大小有关，也与成盐基团的酸性强弱有关。通常碱性官能团的配位原子为氮、硫或氧，其负电性按以上次序递减，所以配位能力按以上顺序递增。另一方面，OH 或 SH 基酸性越强，则形成螯合物的趋势越大，即能够在低的 pH 值下进行萃取。因此，在萃取剂分子的适当位置上引入电负性的基团使其酸性增加，可提高其萃取能力。

所形成的萃合物的疏水性与亲水性，影响螯合萃取剂的萃取效果。一般形成疏水性萃合物的萃取能力强，而形成亲水性萃合物的萃取能力弱。引入磺酸基或强电离的基团到配位体中就能增加所形成配合物的水溶性，作用强弱顺序为：$—SO_4^- > —COO^- > —SO_3^- > —COOH > —OH > —O^-$。

螯合萃取剂的选择性通常比非整合的酸性萃取剂好。这是因为只有合适的金属离子时，才能螯合成环，而非螯合的酸性萃取剂与金属离子间不存在螯合作用。

A 肟类

肟类萃取剂指羟胺与醛或酮的缩合物，其特征是具有—C ═N—OH。由相应的酮或醛合成的肟，可分为羟酮肟和羟醛肟两种类型的萃取剂。长碳链的羟肟与铜形成十分稳定的螯合物，是铜的有效萃取剂，并且具有很高的萃取选择性。此类萃取剂如今已广泛应用于世界各地的铜萃取厂中。

a α-烷基羟肟 1964 年，美国通用选矿化学公司在市场上推出的世界上第一个商品羟肟萃取剂的注册商标是 LIX63，主要成分为 5,8-二乙基-7-羟基-十二烷基-6-酮肟。结构式如下：

$$\begin{array}{ccccccccc} & & C_2H_5 & & & & C_2H_5 & & \\ & & | & & & & | & & \\ H_9C_4 & — & CH & — & CH & — & C & — & CH — C_4H_9 \\ & & & & | & & \| & & \\ & & & & OH & & N—OH & & \end{array}$$

采用 α-羟基肟萃取分离 Mo(Ⅵ)和 W(Ⅵ)，在 pH 值为 1 左右时，分离系数为 1.66，且对 Mo(Ⅵ)有很高的萃取率。佐野诚等采用 LIX63 萃取剂来萃取钼，当水溶液中钨的浓度比较高时，钼的萃取率变化不大，分离系数可以达到 150，能够很好地实现钨、钼分离。由于它的酸性太弱，仅能在 pH 大于 3 的溶液中萃取铜，不能达到从堆浸液中分离回收铜的目的，加之遇强酸易水解，因而未能在工业中得到单独应用。

b 羟基二苯酮肟 通用选矿化学公司在推出 LIX63 之后不久上市了 LIX64 和 LIX65N，LIX64 和 LIX65N，主要成分分别为 2-羟基-5-十二烷基二苯甲酮肟和 2-羟基-5-壬基二苯甲酮肟，结构式如下：

OH, C, N—OH, $C_{12}H_{25}$

LIX64

OH, C, N—OH, C_9H_{19}

LIX65N

LIX64 对铜有很好的选择性，Cu/Fe 选择比大于 100。可在 pH 值为 1.5 ~ 2.0 之间萃取铜，负荷的铜可用含硫酸 150g/L 的贫电解液反萃。因此，1967 年建成的世界上最早的两家铜萃取厂蓝鸟（Bluebird）和巴格达（Bagdad）就使用了这种萃取剂。LIX65N 萃取能力比 LIX64 更强，可以在更高的酸度下使用，其 Cu/Fe 选择性也高于 LIX64。

LIX64 和 LIX65N 单独使用的时候萃取速度很慢，加入少量的 LIX63 就可以显著提高萃取速度，称为“动力协萃”现象。1968 年通用选矿公司将 LIX65N 与 LIX63 按 44∶1 的比例混合，推出 LIX64N，代替 LIX64 使用，其萃取、反萃以及分相速度均高于 LIX64。研究表明，LIX65N 和 LIX65N + LIX63 体系萃取 Cu^{2+} 时，萃取平衡基本相同，而后者萃取动力学得到明显提高。

为提高萃取剂的综合性能，目前工业应用的萃取剂大多是复配物，如荷兰科宁公司生产的 LIX984 和我国北京矿冶研究总院开发的 BK992 均为醛肟和酮肟的混合物，其结构式如下：

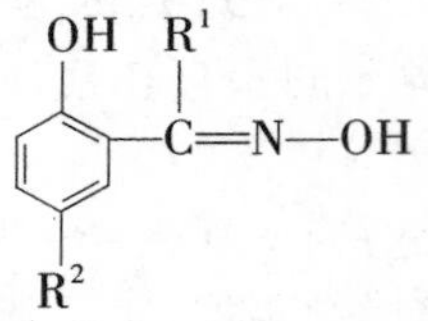

OH R¹ — C=N—OH — R²

硐肟

OH H — C=N—OH — R³

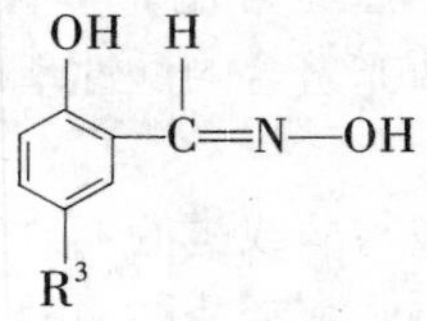

醛肟

LIX984 和 BK992 的化学官能团结构是一样的，区别在于几个烷基 R^1、R^2 和 R^3 不同。

c　二苯酮肟　　汉高公司在 1971 年宣布合成了一种新的、更强的萃取剂 LIX70，就是 2-羟基-3-氯-5-壬基二苯甲酮肟，结构式如下：

OH Cl; C=NOH; $(CH_2)_6—CH(CH_3)—CH_3$

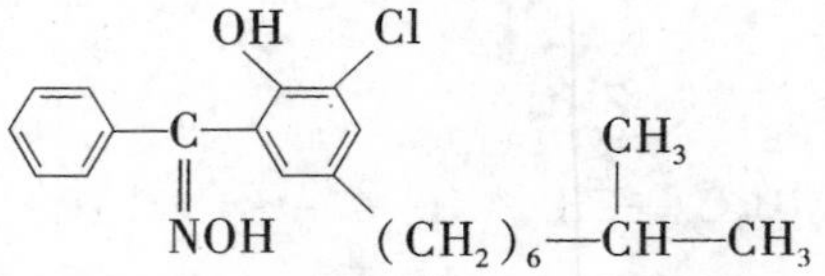

由于在苯环羟基邻位上引入强吸电子的 Cl，提高了酚羟基的酸性，使其萃取能力更强，可以从每升溶液中含几十克硫酸的溶液中萃取铜。但是反萃十分困难，以致不能用通常的铜电积贫液来反萃，而需用 250 ~ 300g/L 的硫酸，至今未得到工业应用。LIX71、LIX73、LIX74 均是 LIX70 与其他 LIX 产品的混合物。

中科院上海有机化学研究所也研制了一种萃取能力很强的二苯酮肟类萃取剂 N530，其化学名称为 2-羟基-4-仲辛氧基二苯甲酮肟，结构式如下：

OH; C=NOH; $—OC_8H_{17}$

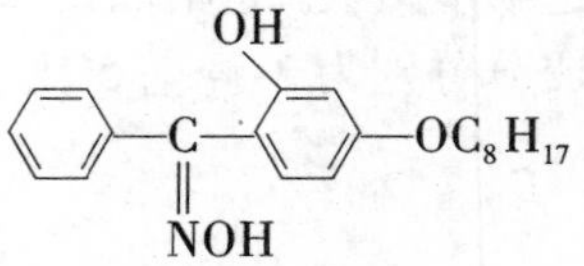

N530 可在 pH 值为 1 ~ 3 的条件下从含铜 1 ~ 30g/L 的溶液中萃取铜，但反萃酸度需在 2.25mol/L 以上。由于在煤油中有较高的溶解度，使用 0.6mol/L 的 N530 溶液，铜负荷可达 16g/L。而且，Cu^{2+} 与 Fe^{3+}、Co^{2+}、Ni^{2+}、Zn^{2+} 之间有良好的分离效果。在含 Pd 5.95g/L，Au 5.42g/L，Pt 10.23g/L 的盐酸溶液中，N530 作萃取剂，煤油作稀释剂，辛胺

作改质剂，萃取溶液中的 Pt 和 Au，萃余液中各金属的含量为：Au 5.42g/L，Pd 0.001g/L，Pt 10.23g/L。

d 羟基苯烷基酮肟 1973 年，壳牌（Shell）国际化学公司开始生产商标为 SME529 的羟肟萃取剂，主要成分为 2-羟基-5-壬基苯乙酮肟，结构式如下：

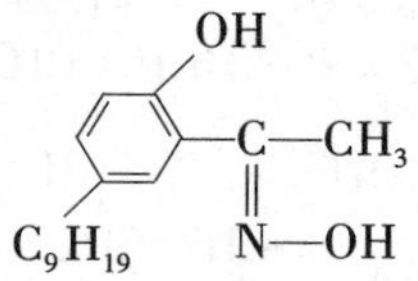

OH
C—CH_3
‖
C_9H_{19} N—OH

由于这个化合物的主要官能团肟的一侧由苯基变为位阻小很多的甲基，萃取铜的速度快很多，而且可以在较强酸溶液中萃取铜。1984 年，壳牌国际化学公司把这个萃取剂的专利权卖给了汉高公司，后被注册为 LIX84。

B β-二酮

β-二酮是指含有中间相隔一个碳的两个酮基的结构，这包含一大类化合物，其中许多可以和过渡金属离子生成螯合物。β-二酮类萃取剂由于两个碳基间的亚甲基或次甲基上的氢原子十分活泼，而实现与金属离子螯合萃取，此外 β-二酮化合物可与许多过渡金属离子生成螯合物。β-二酮类萃取剂的酮式容易互变异构为烯醇式，其烯醇式异构体呈弱酸性，碱性溶液中溶解度很小，因此，是从氨性介质中萃取金属的最佳萃取剂。β-二酮类萃取剂常用于水溶液和氨水溶液中通过液-液离子交换，从含有金属，如镍、铜的溶液中提取金属。最具代表性的是 2，4-戊二酮（常称作乙酰丙酮）$CH_3COCH_2COCH_3$，是重要的分析试剂，人们对此有过广泛的研究。

最早采用的 β-二酮具有直链结构，如 1-苯基-3-异庚基-1，3-丙二酮。但是该种萃取剂存在一定的弊端，如在过滤液体中由于在有机相中引入的具有表面活性物质间的协同作用，如酮与氨反应生产的酮亚氨等，导致循环使用中铜剥取难，同时铜的提取容量和提取效率均有所降低。在相对较高的 pH 值条件下，这种趋势随铜-氨复合程度的增加而增大。

霍齐斯特（Hoechst）化学公司首先开发了一种取代 β-二酮萃取剂，牌号为 Hostarex-DK16。汉高公司也推出牌号为 LIX54 的 β-二酮萃取剂，也就是 4-对十二烷基苯-2，4-丁二酮，其已经在工业上用于从氨溶液中萃取铜，可从高浓度的氨溶液中萃取铜，LIX54 萃取速度快，且反萃容易，其最大的优点在于解决了脂肪类萃取剂从氨-铵盐溶液共萃氨量高、反萃困难的问题。但是，据报道，智利依斯康迪达（Escondida）采用 LIX54 在氨性溶液中萃取铜的过程中，其端甲基易与氨形成酮亚胺而导致变质，导致分相困难，萃取剂损失严重，最终导致停产。此后又生产了一种结构相似，但端甲基改为三氟甲基的产品 XI 51。

β-二酮类萃取剂作为一种螯合型萃取剂，能有效萃取常见金属，但到目前为止，国内外关于这方面的研究大多处于实验室研究阶段，且均因为各自的缺点而未大量地工业应用。

C 8-羟基喹啉

1968 年，阿希兰德（Asland）化学公司（现改名为西雷克斯 Sherex 化学公司）生产的萃取剂 Kelex 100，是两种 7-十二烯基-8-羟基喹啉的混合物，其结构式如下：

$$CH_3\ \ CH_3$$
$$-CH_2CH{=}CHCH_2CCH_2CCH_3$$
$$CH_3\ \ CH_3$$
N OH

$$CH_3\ \ CH_3$$
$$-CHCH_2CCH_2CCH_3$$
$$CH_3\ \ CH_3$$
$$CH{=}CH_2$$
N OH

喹啉上的 N 和 OH 仍是给体中心，在生成萃合物时，两个萃取剂分子的 H^+ 与 Cu^{2+} 交换，生成中性的 $Cu(O_X)_2$ 萃合物，式中 O_X 代表 Kelex 100。在硫酸盐溶液中，对铜离子有较好的选择性。在 pH 值小于 3 时，几乎不萃取除铜以外的离子，Kelex 100 的萃取和反萃取速度均快于二苯基羟酮肟萃取剂。负荷的铜等金属可用 150g/L 的硫酸反萃。

Kelex 100 酸性十分弱，在 pH 值为 0.5 ~ 6 的水溶性小于 1mg/L。它的最大问题是氮原子碱性太强，在反萃时易于萃取酸，如不用水来清洗则酸有可能被传递到萃取体系，使平衡 pH 值下降。正是由于这个致命的弱点，这种萃取剂始终未能应用于大规模的铜湿法冶金工业，而仅在镓及砷的萃取中得到应用。

7.5.4.5 稀释剂与改质剂

A 稀释剂

能溶解萃取剂且与被萃物没有化学结合的惰性溶剂称为稀释剂。组成有机相的惰性溶剂一般是饱和烃、芳烃及某些卤代烃，如庚烷、苯、氯仿等。

稀释剂的选择是确定有机相组成的重要环节，以羟肟萃取剂为例，在出厂时已经加入稀释剂，萃取剂浓度一般为50%左右，在使用时还要进一步稀释。稀释剂中的芳烃含量十分关键，没有足够的芳烃，不能保证羟肟及其铜萃合物充分溶解，有机相中会出现固体沉淀；而过高的芳烃含量会导致有机相负荷量及萃取速度下降。实验室研究表明，以二甲苯为稀释剂，无论萃取还是反萃速度都比以异辛烷或正庚烷为稀释剂慢得多。但是，直链、支链，甚至环状的烷烃差别不大。有人认为这是芳烃的大 π 键的电子云与羟肟的羟基及肟基的氢之间有相互作用，形成加合物，降低了羟肟活性的结果。还有报道说，LIX64N 萃取铜的速度与稀释剂的溶解度参数的平方成直线关系。经验认为，对于工业萃取体系，稀释剂的芳烃含量在20%左右为宜。

目前国际市场上溶剂萃取用稀释剂牌号有 30 多种，常用的稀释剂有煤油、200 号溶剂油、辛烷、庚烷、苯、甲苯、二乙苯、氯仿和四氯化碳等，在工业生产中一般用的是混合物如煤油（主要是 C_{11} ~ C_{17}的烷烃）、200 号溶剂油（主要为 C_9 ~ C_{12}的烷烃）和液体石蜡（主要为 C_{15} ~ C_{20}的烷烃）等。而我国尚无固定的稀释剂产品牌号，市场上也无专门的稀释剂产品出售。我国目前铜萃取-电积工艺中采用的稀释剂大多为工业煤油，与国外铜萃取工艺中常采用的 Exxon 公司生产的 Escaid 100 在性能上有较大的差距。

200 号溶剂油和磺化煤油是常见的萃取稀释剂。200 号溶剂油即沸程在 140 ~ 200℃ 的溶剂油，常用作油漆溶剂和稀释剂。产品特点是有良好的溶解性能，不含四乙基铅，硫含量少，易挥发、易燃、易爆，对油、脂溶解力强，安定性好，产品为无色透明液体。磺化煤油又称260号溶剂油，是煤油磺化而成的，就是将普通煤油用浓硫酸洗涤，以除掉其中的还有不饱和键的烷烃。此产品特点是蒸发速度均匀而缓慢，芳香烃含量较少，毒性很小，安全性较高。无臭味，质纯洁，蒸发无残留物，受热不易氧化，产品质量符合国家标准。

在选择稀释剂的时候，除考虑稀释剂自身的性质外，还应考虑水相溶液的特点、操作的温度、连续相等。

B 改质剂

在酸性或碱性萃取剂的使用过程中，如仅用烃类（主要是以含直链烷烃为主的烃类）作稀释剂，通常会出现两层有机相，其中介于水相和上层有机相之间的有机相称为第三相。它主要含有萃取剂与金属形成的萃合物，凡是加到有机相中能消除第三相的试剂就称为改质剂。

经常作为改质剂的是各种醇，如2-辛醇、2-乙基已醇等，有时也用TBP、MIBK及对-壬基酚等。从物理性质及组成结构来看，这些改质剂是一些极性大的物质（和烃类比）或强质子溶剂，它们会和萃合物发生强烈的溶剂化作用，从而增加萃合物在有机相中的溶解度，消除第三相。

改质剂的选择及其用量一般通过实验确定。将仅含有萃取剂和稀释剂的有机相与料液混合接触，随后分层弃去水相，再向两种有机相中计量加入改质剂并混合，直到两种有机相变成单一有机相，从而确定改质剂用量。

7.5.5 吸附剂

吸附剂是能有效地从气体或液体中吸附其中某些成分的固体物质，通常为球形、圆柱形或无定形的颗粒或粉末。优良的吸附剂的特性主要是具有较大的表面积，对吸附质具有较大的吸附能力，并且具有良好的吸附选择性。此外，还要求容易再生，具有足够的强度和耐磨性等。

吸附剂分为无机吸附剂和有机吸附剂。无机吸附剂主要包括活性炭、硅胶、沸石、黏土、多孔陶瓷等，有机吸附剂主要是离子交换与吸附树脂和天然有机高分子吸附剂。目前，化学选矿中所用的吸附剂主要是活性炭和离子交换与吸附树脂。活性炭具有丰富的孔道和较大的比表面积，表面能较大，依靠分子间力（主要是范德华力）吸附微小粒子或离子。离子交换树脂是一类具有三维交联结构和固定官能团的高分子聚合物，其官能团能和吸附质发生离子交换而起到吸附效果。螯合树脂和氧化还原树脂通常也被归类为离子交换树脂。螯合树脂具有特定的官能团，能与吸附质发生螯合作用形成稳定的螯合环；氧化还原树脂带有具有氧化或还原作用的官能团，与吸附质发生氧化还原反应。吸附树脂是在离子交换树脂基础上发展起来的一类新型树脂，是指一类具有较大的比表面积和适当孔径的多孔性交联高分子聚合物，又称为高分子吸附剂。吸附树脂一般不带官能团，或者仅带有极性官能团，与吸附质仅能发生弱相互作用。离子交换树脂和吸附树脂外形一般为球形或粉末，工业上常使用球形树脂，粉末树脂只适合在实验室小规模使用。粒径均匀的球状树脂对流体的阻力小、不易磨损和破碎，在固定吸附床中可以均匀堆积，不易产生沟流和短路。

7.5.5.1 活性炭

活性炭是黑色粉末状或颗粒状的无定形碳。活性炭主成分除了碳以外还有氧、氢等元素。活性炭在结构上由于微晶碳是不规则排列，在交叉连接之间有细孔，在活化时会产生碳组织缺陷，因此它是一种多孔碳，堆积密度低，比表面积大。

按外观形状可分为：粉状活性炭、颗粒活性炭、不定型颗粒活性炭、圆柱形活性炭、球形活性炭等。按材质可分为：椰壳活性炭、果壳活性炭（包括杏壳活性炭、果核壳活性炭、核桃壳活性炭）、木质活性炭、煤质活性炭等。

活性炭在化学选矿中主要用于从氰化矿浆中提取金、银，也可以从其他溶金药剂所得浸出矿浆中提取金、银。1847 年，俄罗斯拉佐夫斯基发现活性炭能从溶液中吸附贵金属，1880 年戴维斯等人首次用木炭从含金氯化溶液中吸附金，将载金炭熔炼以回收其中的金。由于必须制备含金澄清液且活性炭不能重复使用，此法在工业上无法与广泛使用的锌置换沉金法竞争。1934 年，人们首次用活性炭从浸出矿浆中吸附提取金、银，但活性炭仍无法返回使用。直至 1952 年美国的扎德拉等人发现采用热的氢氧化钠和氰化钠的混合溶液可成功从载金炭上解吸金，这才奠定了当代炭浆工艺的基础，使活性炭的循环使用才变成现实。1961 年，美国科罗拉多州的卡林顿选厂首次将炭浆工艺用于小规模生产，当代完善的炭浆工艺于 1973 年首次用于美国南达科他州霍姆斯特克金矿选矿厂，其矿石处理量为 2250t/d。20 世纪 80 年代以来，新建提金厂多采用炭吸附技术，炭浆法生产的金占世界黄金产量的 50%。炭浆法主要采用高强度的粒状椰壳炭提金，提金用椰壳炭的堆积密度为 0.48～0.54g/mL，孔容积为 0.70～0.80mL/g，颗粒度为 1.18～2.36mm，比表面积为 1050～1200m^2/g。

活性炭还可从氯化物溶液中吸附贵金属，对铂和钯的富集比可达 800 倍以上。在 pH 值小于 1.8 的溶液中，用活性炭吸附浸出液中的钨，再用 NaOH 作洗脱液解吸活性炭中的钨。这种方法可以从低品位黑钨精矿中回收高纯三氧化钨。

由 N · 海德利于 1948 年首创磁性炭浆法，并于 1949 年获得专利。磁性活性炭是采用硅酸钠等黏结剂将磁性铁粉与活性炭黏合后制得的活性炭，用磁铁可以方便地将磁炭与矿浆分离。磁炭工艺曾于 1948 年在美国内华达州格瑞特切尔试验厂进行过 1.81～2.72t/d 的连续半工业试验，在亚利桑那州的萨豪里塔试验厂进行过 2.27t/d 的连续试验，均获得了较理想的指标。由于磁炭制备工艺复杂，磁炭工艺一直未得到广泛的推广。

7.5.5.2 离子交换树脂

自从 20 世纪 30 年代发明合成有机离子交换剂即离子交换树脂以后，离子交换树脂的应用领域和范围逐渐远远超过无机离子交换剂。离子交换树脂往往可重复使用，如在某些应用中离子交换树脂的使用寿命可长达 10 年。

A 离子交换树脂的性质

离子交换树脂是珠状或无定形粒状、带有可离子化基团的交联聚合物。它的两个基本特性是：

（1）其骨架或载体是交联聚合物，因而在酸、碱或有机溶剂中都不能使其溶解，也不能使其熔融。

（2）聚合物上所带的功能基可以离子化。

早期的缩聚型离子交换树脂是由块状粉碎而成的无规则颗粒状，现在所用的离子交换树脂的外形一般为球形珠状颗粒。常用的离子交换树脂的颗粒直径为 0.3～1.2mm，一些特殊用途使用的离子交换树脂的粒径可能大于或者小于这个范围，如高效离子交换色谱所用的离子交换树脂填充的粒径可小到几微米。

B 离子交换树脂的分类

根据不同的分类方法，离子交换树脂可被分为不同的类型，目前主要是根据树脂的孔结构或其所带离子化基团进行分类。

a 根据树脂的孔结构划分 根据树脂的孔结构，可分为凝胶型和大孔型离子交换树脂。

（1）凝胶型离子交换树脂一般是指在合成离子交换树脂或其前体的聚合过程中，聚合相除单体和引发剂外不含有其他不参与聚合的物质，所得的离子交换树脂在干态和溶胀态都是透明的。在溶胀状态下存在聚合物链间的凝胶孔，小分子可以在凝胶孔内扩散。凝胶型离子交换树脂的优点是单位体积交换容量大、生产工艺简单而成本低；其缺点是耐渗透强度差、抗有机污染差。

（2）大孔型离子交换树脂是指在合成离子交换树脂或其前体的聚合过程中，聚合相除单体和引发剂外还存在不参与聚合、与单体互溶的所谓致孔剂。所得的离子交换树脂内存在海绵状的多孔结构，因而是不透明的。大孔型离子交换树脂的孔径从几纳米到几百纳米甚至到微米级。比表面积为每克几平方米到每克几百平方米。大孔型离子交换树脂的优点是耐渗透强度高、抗有机污染、可交换相对分子质量较大的离子；其缺点是单位体积交换容量较小、生产工艺复杂而成本高、再生费用高。

凝胶型和大孔型离子交换树脂目前都在广泛使用。实际应用中，根据不同的用途及要求选择凝胶型或大孔型树脂。

b 根据所带离子化基团划分 根据所带离子化基团的不同，可分类为阳离子交换树脂、阴离子交换树脂和两性离子交换树脂。阳离子交换树脂又分为强酸性阳离子交换树脂和弱酸性阳离子交换树脂，阴离子交换树脂又分为强碱性阴离子交换树脂和弱碱性阴离子交换树脂。国家标准 GB/T 1631—2008 规定了离子交换树脂的命名系统和基本规范，规定树脂的命名由 6 位字符组组成，其中字符组 1 用于区分树脂属于凝胶型还是大孔型，大孔型用字母“D”表示，凝胶型无标示；字符组 2 和字符组 3 分别代表官能团类型和骨架名称，其含义见表 7-5-5；字符组 4 为顺序号，用于区分基团和交联度的差异，交联度用“×”连接阿拉伯数字表示；字符组 5 和字符组 6 分别表示不同床型树脂代号和特殊用途树脂代号。

表 7-5-5 离子交换树脂型号中字符组 2 和字符组 3 代表的含义

字符组 2			字符组 3	
数字代号	分类名称	官能团	数字代号	骨架名称
0	强酸性	磺酸基等	0	苯乙烯系
1	弱酸性	羧酸基、磷酸基等	1	丙烯酸系
2	强碱性	季胺基等	2	酚醛系
3	弱碱性	伯、仲、叔胺基等	3	环氧系
4	螯合型	胺酸基	4	乙烯吡啶系
5	两性	强碱-弱酸、弱碱-弱酸	5	脲醛系
6	氧化还原	硫醇基、对苯二酚基等	6	氯乙烯系

按照上述命名方法，001 树脂对应的就是强酸性苯乙烯系阳离子交换树脂，D311 树脂就是大孔型弱碱性丙烯酸系阴离子交换树脂，001×7 表示交联度为 7% 的强酸性苯乙烯系

阳离子交换树脂。旧的离子交换树脂的型号都是以 7 开头的，如 732 树脂对应的就是 001×7 树脂。

（1）阳离子交换树脂。阳离子交换树脂的功能基团为氢离子及金属阳离子。根据它们解离程度的不同，阳离子交换树脂又分为强酸型、弱酸型。强酸型阳离子交换树脂主要含有强酸性的反应基如磺酸基（$—SO_3H$），此离子交换树脂可以交换所有的阳离子。弱酸型阳离子交换树脂具有较弱的反应基如羧基（—COOH 基），此离子交换树脂仅可交换弱碱中的阳离子如 Ca^{2+}、Mg^{2+}，对于强碱中的离子如 Na^+、K^+ 等无法进行交换。强酸型阳离子交换树脂与硫酸、盐酸等无机酸酸性相当，它在不同酸碱介质中都显示离子交换功能。而且解离出的 H^+，可在反应中取代质子酸作为催化剂使用。

（2）阴离子交换树脂。可与溶液中的阴离子进行交换反应的称为阴离子交换树脂，阴离子交换树脂的反离子是氢氧根离子及其他酸根离子等。强碱性阴离子交换树脂以季铵基为交换基团的离子交换树脂称为强碱性阴离子交换树脂。其碱性较强而相当于一般季铵碱，在酸性、中性、甚至碱性介质中都可显示离子交换功能。弱碱性阴离子交换树脂是以伯胺、仲胺、叔胺为交换基团的离子交换树脂。这种树脂在水中解离程度很小而呈弱碱性，它只在中性及酸性介质中才显示离子交换功能。

（3）两性树脂。两性功能基团离子交换树脂与常规树脂的主要区别在于其同时具有酸碱两种功能基团。由于该类树脂中两种功能基团距离很近（≤10nm），中和了部分电荷，所以与溶液中相反电荷离子吸着力微弱，用水即可使树脂再生，不必使用酸、碱。从而大大降低了再生剂用量。根据酸性和碱性基团的强弱性组合不同，两性树脂可分为强酸强碱、强酸弱碱、强碱弱酸和弱酸弱碱型四类，其中每一类又可以按照能否形成内盐分为几种不同的类型。不同的两性树脂的合成方法有所不同。例如，可以形成内盐的强碱弱酸树脂在合成时需要采用适当技术使阴阳基团隔开。内盐键的形成与否和强度大小还会影响树脂的结构和对电解质的吸附性能。

C 常用离子交换树脂

常用的离子交换树脂一般以交联聚苯乙烯、聚丙烯酸（酯）、聚丙烯腈为基体，离子交换基团一般为磺酸基、羧酸基、氨基或铵盐等。国内外常见商品化树脂及其牌号见表 7-5-6。

表 7-5-6 国内外常见商品化树脂及其牌号

树脂类型	基体结构	离子交换基	商品牌号				
			中国	美国	日本	德国	法国
强酸型	聚苯乙烯	磺酸基	001×7(732)	Amberlite IR-120	Diaion SK-1	Lewatit S100	Duolite C-20
			001×4(734)	Amberlite IR-113	Diaion SK-103	Lewatit M500	
			001×2(735)	Dowex 50×2	Diaion SK-110		
			D001	Amberlite IR-200	Diaion PK-216	Lewatit SP120	Duolite C-26S
弱酸型	聚丙烯酸	羧酸基	116	Amberlite IRC-76	Diaion WK-20		
			D111	Amberlite IRC-84	Diaion WK-40		
			D113	Amberlite IRC-50	Diaion WK-40	Lewatit CNP-80	Duolite HP333
强碱型	聚苯乙烯	季铵盐	201×4	Amberlite IRA-402	Diaion SA-12A	Lewatit M504	Duolite A-113
			201×7	Amberlite IRA-400	Diaion SA-10A	Lewatit M500	Duolite A-109
			D202	Amberlite IRA-910	Diaion PA412	Lewatit MP600	Duolite A-162
弱碱型	聚苯乙烯	伯胺、仲胺和叔胺	320	Amberlite IRA-45			
			D301	Amberlite IRA-94	Diaion WA30	Lewatit MP60	Duolite A-329S
			D311	Amberlite IRA-95		Lewatit CAP-9	

a 强酸性苯乙烯系阳离子交换树脂 强酸性苯乙烯系阳离子交换树脂，为半透明球状颗粒，在溶液中具有强酸性，极易与盐类的金属离子起交换反应。在稀溶液中，其对金属离子的选择性随金属离子价数的递增而变大，对同价金属离子则优先交换高原子序的。树脂失去活性时用适当的酸或盐可使其再生。它不溶于酸、碱及有机溶剂，对一般氧化剂和还原剂也较稳定，还具有一定的耐磨性和耐热性。具有如下结构：

—[—CH—CH_2—]$_n$—CH—CH_2—（苯环；左侧苯环对位连 SO_3H，右侧苯环对位连 —CH—CH_2—）

将苯乙烯和二乙烯在过氧化苯甲酰引发下进行悬浮聚合制成珠体，经干燥、分筛后，用浓硫酸或氯磺酸磺化，再经过滤、转型（用NaOH转型即为Na型）、水洗即得成品。强酸性苯乙烯系阳离子树脂主要用于硬水软化、纯水及高纯水的制备，湿法冶金以分离或提纯稀有元素。此外，还可作催化剂、脱水剂和用于制糖、制药、分析化学中的层析等。

大孔型树脂与同类的普通凝胶型树脂的化学结构一样，但物理结构不同，其主要区别是它们的孔隙度不同。此外，大孔型树脂还具有以下特征：在湿态下呈不透明的乳白色；每克树脂表面积在$5m^2$以上；真密度与表观密度之差每毫升树脂不低于0.05g。大孔型离子交换树脂能吸附高分子有机物，并能在再生时洗脱下来。这种树脂还具有良好的耐磨强度及耐氧化性、耐有机物污染性，其最高使用温度为150℃。大孔树脂的制法与普通凝胶型树脂相似，所不同的是在苯乙烯和二乙烯进行悬浮聚合时，在单体混合液内加一定量的制孔剂。制孔剂可以是良溶剂、不良溶剂、线型大分子或表面活性剂。聚合完成后除去溶剂，再经洗滤、干燥、过筛、磺化、转型、水洗即得成品。

将用盐酸溶解后制成的氯化稀土溶液通过装有001×7树脂吸附柱，然后用NH_4Ac溶液洗稀土。吸附柱树脂粒径0.173～0.23mm，分离柱树脂粒径0.147～0.173mm。可制得高纯氧化钇。

b 弱酸性丙烯酸系阳离子交换树脂 弱酸性丙烯酸系阳离子交换树脂无球状颗粒，酸性较弱，再生效率高，再生剂耗量低，对二价金属离子交换选择性高。它不溶于一般酸、碱、盐类的水溶液及有机溶剂，具有一定的耐磨性、耐热性，使用温度为100～120℃。它的结构式如下：

—[—CH_2—C(COOH)—]$_n$—CH—CH_2—（苯环对位连 —CH—CH_2—）

以甲基丙烯酸、甲基丙烯酸甲酯（少量）、二乙烯苯为主要原料，在饱和硫酸钠溶液中进行悬浮聚合，再经一系列后处理制得成品。也可以将甲基丙烯酸甲酯或丙烯酸甲酯与二乙烯苯在饱和硫酸钠溶液中进行悬浮聚合，再在碱液中进行水解而成。大孔型树脂的生产方法与上述相似，所不同的主要是在悬浮聚合时加入一定量的制孔剂制成大孔共聚体。

弱酸性丙烯酸系阳离子交换树脂可除去碱性或中性钼酸铵溶液中的铜、锌、钙等阳离子杂质。我国早年在一项工业规模的试验中，用122型和110型阳离子交换树脂填装5支交换柱。交换后的溶液中杂质浓度（mg/L）为：Fe<8，Cu<3，Mg<30，Si<6。

c 强碱性季铵盐型苯乙烯系阴离子交换树脂 强碱性季铵盐型苯乙烯系阴离子交换树脂为淡黄至金黄色球状颗粒，在溶液中呈强碱性。它能与液相中带负电荷的离子进行交换反应，不溶于酸、碱及有机溶剂，对于辐射比一般氧化剂、还原剂稳定，具有一定耐磨性和耐热性。一般氯型树脂可耐100℃，氢氧型树脂可耐60℃。强碱性季铵盐型苯乙烯系阴离子交换树脂分为Ⅰ型和Ⅱ型，它们的结构式如下：

Ⅰ型

$$-\left[\begin{array}{c} -CH-CH_2- \\ | \\ C_6H_4 \\ | \\ CH_2 \\ | \\ Cl^- -N^+(CH_3)_3 \end{array}\right]_m \left[\begin{array}{c} -CH-CH_2- \\ | \\ C_6H_4 \\ | \\ -CH-CH_2- \end{array}\right]_n$$

Ⅱ型

$$-\left[\begin{array}{c} -CH-CH_2- \\ | \\ C_6H_4 \\ | \\ CH_2 \\ | \\ Cl^- -N^+-CH_2CH_2OH \\ | \\ (CH_3)_2 \end{array}\right]_m \left[\begin{array}{c} -CH-CH_2- \\ | \\ C_6H_4 \\ | \\ -CH-CH_2- \end{array}\right]_n$$

Ⅰ型树脂的制法是将苯乙烯-二乙烯苯的悬浮共聚珠体进行氯甲基化（用氯甲甲醚，以无水氯化锌为催化剂），然后在三甲胺的酒精溶液中进行胺化即得产品。Ⅱ型树脂制法基本相同，只是胺化时用的是二甲基乙醇胺。大孔型强碱性季铵型离子交换树脂的制法基本与凝胶型相同，只是在将苯乙烯-二乙烯苯进行悬浮共聚时加入200号溶剂汽油等致孔剂。

我国在钨工业中常用的树脂是201×7和D201树脂，两者性能相似，后者颗粒更均匀，机械强度大。后者比前者交换速度快。我国采用201×7树脂从硫酸浸出铀矿的矿浆中提取铀。国内用于分离和提取钒的树脂大都用D201树脂，其在弱碱性条件下（pH值为7~8）对钒的吸附最好。

d 弱碱性苯乙烯系阴离子交换树脂 弱碱性苯乙烯系阴离子交换树脂为淡黄色球状颗粒，在溶液中呈弱碱性，具有交换容量大、再生效率高、交换速度快、脱色能力大等优点，不溶于一般酸、碱、盐的水溶液及有机溶剂。

将苯乙烯-二乙烯苯共聚珠体进行氯甲基化（用氯甲甲醚，以氯化锌为催化剂）后，再用乙二胺、二甲胺或乙烯二胺等进行胺化而成。大孔型弱碱性苯乙烯系阴离子交换树脂的制法基本与凝胶型相同，只是在苯乙烯-二乙烯苯进行悬浮共聚时加入一定量的致孔剂。

pH值对D301树脂吸附钒的影响很大，其原因是在不同pH值下，钒在溶液中的赋存状态不同，吸附速率随浓度和温度的提高而增大。

7.5.5.3 吸附树脂

A 吸附树脂的性质

吸附树脂是在离子交换树脂基础上发展起来的一类新型树脂，是指一类多孔性的、高度交联的高分子共聚物，又称为高分子吸附剂。这类高分子材料具有较大的比表面积和适当的孔径，可从气相或溶液中吸附某些物质。在吸附树脂出现之前，用于吸附的其他吸附剂已广泛使用，例如活性氧化铝、硅藻土、白土和硅胶、分子筛、活性炭等。而吸附树脂是吸附剂中的一大分支，是吸附剂中品种最多、应用最晚的一个类别。

吸附树脂的外观一般是直径为0.3～1.0mm的小圆球，表面光滑，根据品种和性能的不同可为乳白色、浅黄色或深褐色。吸附树脂颗粒的大小对性能影响很大。粒径越小、越均匀，树脂的吸附性能越好。但是粒径太小，使用时对流体的阻力太大，过滤困难，并且容易流失。粒径均一的吸附树脂在生产中尚难以做到，故目前吸附树脂一般具有较宽的粒径分布。吸附树脂手感坚硬，有较高的强度。密度略大于水，在有机溶剂中有一定溶胀性。但干燥后重新收缩。而且往往溶胀越大时，干燥后收缩越厉害。使用中为了避免吸附树脂过度溶胀，常采用对吸附树脂溶胀性较小的乙醇、甲醇等进行置换，再过渡到水。吸附树脂必须在含水的条件下保存，以免树脂收缩而使孔径变小。因此，吸附树脂一般都是含水出售的。吸附树脂内部结构很复杂。从扫描电子显微镜下可观察到，树脂内部像一堆葡萄微球，葡萄珠的大小约在0.06～0.5μm范围内，葡萄珠之间存在许多空隙，这实际上就是树脂的孔。研究表明，葡萄球内部还有许多微孔。葡萄珠之间的相互粘连则形成宏观上球型的树脂。正是这种多孔结构赋予树脂优良的吸附性能，成为了吸附树脂制备和性能研究中的关键技术。

吸附树脂有许多品种，吸附能力和所吸附物质的种类也有区别。但其共同之处是具有多孔性，并具有较大的表面积。吸附树脂目前尚无统一的分类方法，通常按其化学结构分为以下几类：

(1) 非极性吸附树脂。是指树脂中电荷分布均匀，在分子水平上不存在正负电荷相对集中的极性基团的树脂。代表性产品为由苯乙烯和二乙烯苯聚合而成的吸附树脂。

(2) 中极性吸附树脂。其分子结构中存在酯基等弱极性基团，树脂具有一定的极性。

(3) 极性吸附树脂。其分子结构中含有酰胺基、亚砜基、腈基等极性基团，这些基团的极性大于酯基。

(4) 强极性吸附树脂。该树脂含有极性很强的基团，如吡啶、氨基等。

B 大孔吸附树脂

大孔吸附树脂是一类不含离子交换基团，具有大孔结构的高分子吸附剂。理化性质稳定，不溶于酸、碱及有机溶剂，对有机物有浓缩、分离的作用，且不受无机盐类及强离子、低分子化合物的干扰。其吸附性能与活性炭相似，与范德华力或氢键有关。同时，网状结构和高比表面积使得其具有筛选性能。根据树脂的表面性质，大孔吸附树脂可以分为非极性、中极性和极性三类。大孔吸附树脂中广泛存在纵横交错的大孔、中孔和微孔，其吸附行为必然受特殊孔道结构的影响而表现出普通吸附剂所不具有的独特特征，这一现象在已有的研究中有所报道，但并未很好揭示其吸附特征和吸附机理。

由于大孔树脂对有机物具有显著的筛分作用，大孔树脂已经广泛用于植物中有效成分的提取、吸附脱色以及含酚废水、氰化废水等有机物的脱除中。在金属离子的分离中，大孔树脂也表现出了较快的吸附动力学性能和平衡吸附能力。研究发现，在稀盐酸或稀王水介质中，NKA-9 树脂对 Au(Ⅲ)具有强烈的吸附作用. 在 0.1 ~6.0mol/L 的盐酸或 5% ~20% 的王水介质中，该树脂对金的吸附率均大于 98%，饱和吸附容量为 144mg/g；用 5% 硫脲溶液可快速洗脱吸附的金。

7.5.5.4 螯合树脂

A 螯合树脂的性质

螯合树脂是以交联聚合物为骨架连接特殊的功能基，能从含有金属离子的水溶液中有选择地螯合特定的金属离子，通过离子键和共价键形成多元环状配合物，而在适当的条件下又能将配合的金属离子释放出来的一类功能高分子。由于高分子内存在着静电作用、立体效应、协同作用、功能基的稀释和浓缩等高分子效应，因而螯合树脂在螯合金属离子时的选择性比小分子的有机螯合试剂更为优越。由于螯合树脂的骨架均为体形结构，不溶于酸、碱、水和其他有机溶剂，因此分离十分方便，被广泛应用于富集、分离、分析、回收金属离子、脱除工业污水中金属离子等方面。树脂在螯合了金属离子后会使树脂的力学、热学、光学、电学、磁学等性能发生改变，因此有些高分子配合物可以用作耐高温材料和半导体材料，有些则可以用作氧化、还原、水解、聚合反应的催化剂，某些含有手性基团的螯合物还可用于手性氨基酸、多肽的外消旋分离。

B 螯合树脂的分类

a 根据配位原子分类　按螯合树脂的配位原子或官能团的种类进行划分是最常见的分类方法，因为从配位原子和官能团的种类很容易预测树脂对金属离子的吸附选择性，指导螯合树脂的设计合成。按配位原子的种类将螯合树脂分为含氧型、含氮型、含硫型、含磷型、含砷型以及混合型螯合树脂等；按官能团可分为羧酸型（—COOH）、聚酯型（—COOR）、聚醚型（—ROR’—）、聚胺型（$—NH_2$）、胍基型[$—N(C═N)NH_2$]、席夫碱型（—C ═N—）、酰胺型（$—CONH_2$）、氨基羧酸型[$—NCH_2(COOH)_2$]、硫醇型（—SH）、聚硫醚型（—RSR’—）、二硫羧酸型（—CSSH）、硫脲型[$—NH(C═S)NH_2$]等。

b 根据组成螯合树脂的母体分类　根据组成螯合树脂的母体可将螯合树脂分为人工合成母体类和天然高分子材料类。人工合成母体类螯合树脂常见的有聚苯乙烯类、聚丙烯酸类、聚乙烯醇类等；以天然高分子材料为母体的螯合树脂常见的有纤维素类、壳聚糖类以及淀粉类等。

c 根据螯合基团在高分子链中的位置分类　根据螯合基团的位置在高分子主链中还是悬挂在高分子侧链上可以将螯合树脂分为主链型、侧链型以及功能基同时存在于主链和侧链的螯合树脂。

C 常用螯合树脂

a 亚氨基二乙酸树脂　亚氨基二乙酸树脂能与金属离子起螯合作用。它对重金属离子的选择吸附性比强酸性或弱酸性阳离子交换树脂高，对金属离子的选择吸附性与乙二胺四乙酸相似，对二价金属离子具有较高的选择性。当被处理液中一价与二价金属离子共存时，可选择吸附二价金属离子而使其与三价和一价金属离子分开。

亚氨基二乙酸树脂可由苯乙烯与二乙烯苯共聚，再经氯甲基化制得氯甲基化聚苯乙烯，最后与亚氨基二乙酸反应制得。如要制得大孔型树脂，在苯乙烯聚合时应加入致孔剂。其结构式如下：

$$
\begin{array}{c}
\lbrack CH_2—CH \rbrack_n \\
| \\
C_6H_4 \\
| \\
CH—N(CH_2COOH)_2
\end{array}
$$

国内亚氨基二乙酸树脂主要是大孔型的聚苯乙烯系 D751 树脂，它对二价或三价过渡金属离子具有良好的吸附选择性，主要用于铜、钴、镍、汞等金属离子的吸附。

b 羟肟酸树脂 羟肟酸树脂是一类具有羟基和肟基双配体的典型螯合树脂，其羟肟基与小分子羟肟酸类似，具有醇式（羟肟酸）和酮式（氧肟酸、异羟肟酸）两种互变异构体，故羟肟酸树脂也称为氧肟酸树脂或异羟肟酸树脂。羟肟酸树脂对 Fe^{3+}、Cu^{2+}、Ni^{2+} 以及 La^{3+}、Ce^{3+}、Y^{3+} 等金属离子具有良好的吸附性能，因此羟肟酸树脂可以用于铜、镍的提取和稀土元素分离分析。使用过程中，为防止 Fe^{3+} 的干扰，通常需要加入化学沉淀剂将 Fe^{3+} 除去，然后再吸附有价金属离子。

c 硫脲树脂 用氯甲基化交联聚苯乙烯与硫脲反应可得硫脲树脂，这类树脂的硫羰基上连有一个共振偕二氨基，在酸性条件下树脂对贵金属 Au、Ag、Pt、Pd 和重金属 Hg 有强选择性，它对金属离子的吸附能力顺序为：$Hg^{2+} > Ag^{+} > Au^{3+} > Pt^{2+} > Cu^{2+} > Pb^{2+} > Bi^{3+} > Sn^{2+} > Cd^{2+} > Co^{2+} > Ni^{2+}$。吸附后可用乙醇、浓盐酸和 5% 的硫脲溶液的混合液洗脱，在吸附量高的情况下也可以直接灰化回收贵金属。由于硫脲基在碱性条件下易分解，硫脲树脂不适于在碱性条件下使用。

7.5.5.5 萃淋树脂

A 萃淋树脂的性质

萃淋树脂又称为萃取剂浸渍树脂，它是通过将萃取剂干法、湿法或加入改性剂法浸渍于多孔性材料上制得的。多孔性材料有交联聚苯乙烯、聚四氟乙烯、纤维素、硅胶等。其中较为典型的载体是 Amberlite 树脂。萃淋树脂是将萃取剂吸附到常规的大孔聚合物载体（极性或非极性载体）上制备而成，用于萃取、提取各种金属，在萃取、洗脱方面兼有颗粒和液体二者的特点。其最显著的特点是它的大孔径结构，与分离中所用到的其他类型的树脂不同。螯合树脂有较高的选择性，但它们在分离中的应用受到合成的复杂性、高成本以及官能团键合到树脂上的困难和费时等限制。普通的离子交换树脂则存在选择性较差，传质速度相对较慢等缺点。

B 萃淋树脂的吸附性能

萃淋树脂技术将溶剂萃取的高选择性和离子交换的简便、高效性结合起来，克服了溶剂萃取分层困难和离子交换树脂合成困难、成本高等缺点，成为一种新型的简便高效的分离技术。要有效地对它们回收，必须采用高富集效率和选择性好的分离技术。萃淋树脂技术在解决这些金属分离及部分贱金属分离中显示了高效性，引起了人们的关注，为湿法冶金分离开拓了一条新途径。

在 Co 和 Ni 的湿法冶金中，溶剂萃取分离这些金属的商业化应用逐渐增多。使用酸性有机膦化合物作为萃取剂的两种新的 Co/Ni 萃取分离流程已在南非和日本得到发展和工业应用。20世纪80年代初，美国氰特公司为Co/Ni分离开发了一种新的工业萃取剂——Cyanex 272，它的活性物质是二（2,4,4-三甲基戊基）膦酸。从Ni中分离Co，它具有比DEHPA（二(2-乙基己基）磷酸）和PC-88A更高的分离因数。近来，含有Cyanex 272活性组分的Levextrel树脂已由Bayer AG公司推出，它特别适于从大量含Ni水溶液中除去少量Co杂质以生产高纯Ni。用含Cyanex 272活性组分的Amberlite XAD2萃淋树脂从稀硝酸盐和氯化物介质中萃取Zn(Ⅱ)、Cu(Ⅱ)和Cd(Ⅱ),Zn(Ⅱ)比Cu(Ⅱ)和Cd(Ⅱ)有更好的选择性。

将2-乙基己基磷酸（PC-88A）和Amberlite XAD7珠制成萃淋树脂可用于分离稀土。在一定pH值下，分配比随离子半径的减小而增大。以这种萃淋树脂为固定相、盐酸作流动相可实现Y-Gd、La-Pr-Nd、Ho-Er-Tm的相互分离。

使用叔胺、氯化三正癸铵和工业硫代三异丁基膦萃取剂，浸渍到Amberlite XAD2和Amberlite XAD7载体上可以萃取Au(Ⅲ)。在HCl酸性条件下用伯胺萃取剂N1923的萃淋树脂树脂可以萃取Pd。

7.6 其他选矿助剂

7.6.1 助磨剂

7.6.1.1 概述

磨矿作业在选矿厂生产中占有极为重要的地位，选矿的前提是将有用矿物与脉石矿物单体充分解离并减少过粉碎，主要靠碎矿及磨矿来完成。磨矿作业尤其是湿法磨矿是一个复杂的化学（包括溶液化学、界面化学、胶体化学）、微电子学、力学、机械学过程。磨矿过程是一个能耗很高的作业，特别是当需要对矿物进行细磨和超细磨时，能耗更高。统计结果表明，全世界磨矿消耗的电能占当年发电总量的5%；在投资上，磨矿作业占整个选矿厂投资的60%左右；磨矿作业的耗电量占全厂投资的30%～70%，生产经营费占全厂投资40%～50%；特别是在技术上，磨矿产品的质量高低直接影响着选矿指标的好坏，磨矿生产能力决定着选矿厂的生产能力。因此，十分有必要对磨矿过程进行研究，提高磨矿效率，改善磨机能量利用情况。

助磨剂也称粉碎助剂，是在磨碎过程中向磨机系统添加的化学药剂的统称，其主要作用是加快矿石颗粒的破碎速度，通过药剂的分散作用而改善矿浆的流变学特征，提高磨矿效率，并对钢球和衬板起缓蚀作用，最终达到降低能耗、钢耗和选择性磨碎的目的。根据使用过程中的性能特点，助磨剂主要分为分散剂型和表面活性剂型两大类。分散剂类主要起分散颗粒的作用，表面活性剂类主要起降低颗粒强度和硬度的作用，但是，有时同一种助磨剂既可以起到分散作用，又能同时降低颗粒的强度和硬度。根据化学结构，助磨剂也可分为有机助磨剂、无机助磨剂和复合化合物助磨剂三大类；根据助磨剂添加时的物理状态，又可分为固体、液体和气体三类。

7.6.1.2 分散剂类助磨剂

分散剂类助磨剂主要起分散颗粒，降低颗粒的黏附和凝集，防止颗粒间的结团和颗粒与研磨体的黏附，改善物料的流动性等作用。比较常见的分散剂类助磨剂主要为无机盐类和部分有机化合物，如各种磷酸盐、水玻璃、醇类、柠檬酸、氯化铵、氯化镁和氯化铝等，都具良好分散作用。

物料在磨矿过程中，助磨剂能够调节矿浆的流变学性质和矿粒的可流动性。这类助磨剂吸附在固体表面，使颗粒间相互排斥，减少了剪切摩擦，从而降低了黏度，促进颗粒的分散，提高矿浆的可流动性，阻止矿粒在研磨介质及磨机衬板上的黏附以及颗粒之间的团聚，从而提高矿粒的粉末效率。此外，物料的新生表面由于受范德华力和静电力的作用，很容易凝聚和包球。但是，新生表面一旦吸附助磨剂，其活性将下降，从而降低了凝聚性和黏壁性，提高了流动性，有利于粉碎，更有利于分级，这种有效的分散、解聚作用是这类助磨剂的重要功能。

7.6.1.3 表面活性剂类助磨剂

矿物硬度是指矿物颗粒抵抗外界机械力侵入的性质，硬度愈高则抵抗外界机械力侵入的能力越大，粉碎时也愈困难，反之，则愈容易。表面活性剂类助磨剂主要起降低颗粒强度和硬度的作用。主要包括联氨、酰胺和脂肪胺等胺类化合物，油酸（盐）等羧酸、聚羧酸、腐殖酸和聚丙烯酸，以及各类烷基磺酸盐和烷基硫酸盐等类型。

表面活性剂类助磨剂，具有较低的表面张力和较高的表面活性，所以极易吸附于被粉磨物料的颗粒表面，在物料破碎粉磨细化过程中，不断有新的断裂面生成，吸附在新生表面的助磨剂分子可以减少裂纹扩展所需的外应力，防止新生裂纹的重新闭合，促进裂纹的扩展。另外由于吸附作用，助磨剂可以渗透到固体颗粒的微细裂纹中：一方面将新的微细裂纹覆盖，使裂纹难于重新愈合；另一方面，助磨剂渗透到裂纹深处，对其产生强烈的“楔劈作用”加速裂纹的扩展，强化了固体颗粒的微细化作用。此外，被粉碎物料颗粒吸附一层单分子膜的助磨剂后，吸附分子与矿物颗粒表面缺陷组织之间的电子转移，使有些离子型物料的显微硬度降低，加快塑性变形，促进粉碎过程。

列宾捷尔吸附降低表面能假说认为，一切固体都可以看成是由超显微裂缝所组成的缺陷网包割着的独特的胶体结构。这些独特的超显微裂缝的平均间距约 0.01 ~0.1μm。当固体受力发生形变时，新表面即以它们为基础逐渐发展形成，在缺陷最多的地方发生破坏。倘若卸载，在分子力的作用下，已经扩展的裂缝又会重新愈合。当固体周围有表面活性剂时，活性剂就会吸附在微裂缝孔隙的表面上，降低物体的表面自由能，因而固体强度降低，形变增加。周围介质形成的吸附层，沿形变固体的缺陷表面以两维移动的方式透入，延缓了这些缺陷在卸载时的愈合过程，这就降低了固体的强度及周期性载荷下的韧性，从而增加了它的形变，促进粉碎过程。

助磨剂除了在水泥生产中应用比较普遍之外，在矿物加工领域也越来越发挥重要的作用。目前使用的助磨剂产品大都属于有机物表面活性物质。例如，在赤铁矿、褐铁矿的选矿过程中，磨矿矿浆经羟乙基化烷基酚和烷基芳基磺酸盐类助磨剂处理，可以提高后续磁选（Sala 磁选机）作业的效率，效果比较显著。加拿大白马铜矿磨矿中添加由陶氏化学公司生产的 XES-472 助磨剂，可以提高球磨机磨矿效率 5% 左右；俄罗斯对铜镍转炉冰铜进行浮选分离时，在湿磨阶段添加硫黄作为助磨剂，不仅可以提高磨矿效率，而且提高了磨矿产品质量，在用丁基黄药或者脂肪胺类作捕收剂浮选时提高了捕收效果。

7.6.2 助滤剂

7.6.2.1 概述

细粒悬浮液固液分离、浓缩、沉降和过滤，是物料湿法加工过程中不可缺少的作业工序，越来越受到人们的重视。随着矿物资源日趋贫乏，由于嵌布粒度细，为回收有价矿物必须细磨，这样在固液分离时，由于颗粒粒度小，沉降速度慢，浓密机溢流跑浑严重；同时，微细颗粒过滤滤饼孔径小，透气性差，从而导致细粒悬浮液固液分离效率低。固液分离工艺解决不好，不仅会影响产品质量，造成有用物料流失，而且对环境造成的污染也不容忽视。

近年来，助滤剂的研究和应用越来越受到重视。实践证明，在过滤物料中添加某些助滤剂，是一种比较成功的提高过滤效果的方法，它具有简单、价廉等一系列优点。所谓助滤剂是指在过滤物料中添加的能提高过滤速度或者降低滤饼水分的化学药剂。有些助滤剂能提高过滤效率，增加滤饼产率，有些则能降低滤饼水分，或者两种作用兼而有之。使用助滤剂最大的好处是原有的过滤设备和流程不需作改动或只需局部改动，从而强化现有工艺流程，它是一个很有潜力和前途的发展方向。

助滤剂根据其作用特征主要分为三大类：无机型助滤剂、絮凝剂型助滤剂、表面活性型助滤剂。

7.6.2.2 无机助滤剂

常见的絮凝剂如铝盐、铁盐、聚铝类絮凝剂、聚铁类絮凝剂均有一定的助滤作用，石灰、氢氧化钙、氧化镁和碳酸镁等也可作为助滤剂。无机絮凝剂作为助滤剂使用，其助滤原理仍然是对悬浮固体颗粒起凝聚作用。无机絮凝剂加入滤液后，通过电荷中和作用，降低颗粒表面电位，压缩扩散层，使颗粒双电层重叠产生排斥力的颗粒间距离减小，部分动能较大的颗粒冲破势垒，产生凝聚。其凝聚作用慢，凝聚强度大，絮团小，含水率低。由于在凝聚过程中固体颗粒的水化外壳较薄，其凝聚物不牢固，表面疏水化不完全，用量大。研究发现，当无机凝聚剂与絮凝剂或表面活性剂混合使用时，将大大改善其助滤效果。氧化铝生产过程中，在粗液中添加石灰乳，可与铝酸钠溶液反应生成疏松、多孔的水化石榴石，减小过滤阻力，提高过滤机的生产能力。

硅藻土具有独特的微孔结构和比表面积大的特征，硅藻土助滤剂形成的饼层，具有高度的渗透性和吸附性，从而提高截流精度和处理能力。过滤过程中，硅藻土助滤剂可去除悬浮物、胶体物质、细菌、病毒等，截留精度可达0.1μm。过滤作用主要是对杂质的机械截留作用和吸附作用。助滤剂的使用可以改善滤饼结构，吸附小颗粒和凝胶物质，将简单的表面过滤变为深层过滤，产生较强的净化过滤作用。

7.6.2.3 有机助滤剂

有机助滤剂主要为天然高分子絮凝型助滤剂和合成高分子絮凝型助滤剂，国内已商品化的絮凝剂主要有聚丙烯酰胺和聚丙烯酸两大类。

有机高分子絮凝型助滤剂和高分子絮凝剂一样，是水溶性的。目前，普遍认为絮凝剂的助滤机理主要是依靠高分子聚合物的桥联作用，使颗粒物料絮凝成团，防止微细粒堵塞过滤介质和沿厚度方向的分层沉积，强化细粒物料脱水。添加絮凝剂后，颗粒粒度变粗，滤饼中毛细管管径也相应增大，导致毛细管阻滞力减小，过滤速度提高，滤饼脱水性能改善。此外，对于水解体的高相对分子质量或低相对分子质量的絮凝剂，还存在有吸附-电中和作用。聚电解质吸附了带异性电荷的颗粒之后，引起电性中和，导致颗粒聚集。一般而言，相对分子质量较高的絮凝剂形成的絮团较大，滤饼中含水量较高，常用于澄清作业，可防止细粒有用成分损失；相对分子质量较低的絮凝剂所形成的絮团较小，滤饼具有均匀的孔状结构，有利于细粒物料脱水，常用于过滤作业。

7.6.2.4 表面活性剂型助滤剂

在较低浓度情况下，能使体系的表面状态发生明显变化的物质，叫做表面活性剂。表面活性剂一般都是异极性结构的化合物，即是由两种不同性质的“基团”组成，一种是亲水基团，它和水分子的作用较强；另一种是亲油基团，又叫憎水基团，它和水分子不易接近，却容易和“油”接近，所以它可以分散在气水界面上，使水的表面张力降低。有机表面活性剂型助滤剂可分为非离子型、阴离子型、阳离子型三类。其中，非离子型表面活性剂不仅能降低滤液的表面张力，还能增大固体颗粒的疏水性。

目前人们普遍认为表面活性剂是通过降低表面张力、增大固液界面的接触角、提高细粒物料的疏水性来强化物料脱水的。Pearse 从固液界面黏着功角度解释了表面活性剂的助滤机理，认为在滤饼脱水的最后阶段，滤饼毛细管中固、液、气三相接触作用力的平衡与固液接触角相关。流动的空气要排挤水，取代水的位置必须克服固液界面的黏着功。

7.6.3 乳化剂

7.6.3.1 概述

矿物浮选是根据矿物可浮性的差异进行矿物分选，在浮选过程中，浮选药剂的乳化分散程度对其使用效果及浮选效果有着重要的影响。因此，为了提高浮选过程的选择性和降低药剂消耗量，有效的方法是加入一定量相应的乳化剂对不同浮选药剂进行乳化。研究表明，采用合适的表面活性剂、有效的乳化方式及恰当的配比，可制得稳定的乳化捕收剂，且经长期储存而不分离。乳化剂作为乳浊液的稳定剂，是一类表面活性剂，大多数具有两亲结构的物质都可以作乳化剂。根据乳化剂亲水部分的特征，一般可分为阳离子型、阴离子型和非离子型 3 种类型。阳离子型乳化剂是一类在水中电离生成带有烷基或芳基的正离子亲水基团的乳化剂。这类乳化剂一般为胺的衍生物，品种较少，比如 N-十二烷基三甲基氯化铵。阴离子型乳化剂是一类在水中电离生成带有烷基或芳基负离子亲水基团的乳化剂，这类乳化剂最常用，种类和产量也最多。例如，羧酸盐、硫酸盐和磺酸盐等。常见的商品有：肥皂（$C_{15\sim17}H_{31\sim35}CO_2Na$）、硬脂酸钠盐（$C_{17}H_{35}CO_2Na$）、十二烷基硫酸钠（$C_{12}H_{25}OSO_3Na$）和十二烷基苯磺酸钙等。非离子型乳化剂是一类新型乳化剂，其特点是在水中不电离。它的亲水部分是各种极性基团，常见的有聚氧乙烯醚类和聚氧丙烯醚类，它的亲油部分是烷基和芳基。这类乳化剂既可以在酸性条件下使用，也可以在碱性条件下使用，而且乳化效果较好，广泛用于化工、纺织、农药、石油和乳胶等行业。

乳化剂的作用主要有以下 4 个方面：

（1）降低界面张力。乳化剂在两相界面产生正吸附，明显降低界面张力，使界面吉布斯自由能降低，稳定性增加。

（2）形成定向楔的界面。乳化剂分子的一端基团亲水，一端基团亲油，在界面层中，亲水基向外，亲油基密集指向分散相小液滴上，使其表面积最小，界面吉布斯自由能最低，界面膜也更牢固。

（3）形成扩散双电层。离子型表面活性剂在水中电离，生成带电荷的基团，这些基团吸附在油滴表面，使油滴带电荷而具有较大的热力学电势及较厚的扩散双电层，因此乳状液处于比较稳定的状态。

（4）界面膜的稳定作用。界面膜的强度、韧性和厚度对乳状液的稳定性起重要作用，乳化剂吸附在分散相液滴表面，增加界面膜的强度，增加了乳状液的稳定性。

7.6.3.2 乳化剂在煤泥浮选中的应用

浮选是精选细粒煤最有效的方法。目前国内外选煤厂采用最多的是非极性烃类化合物捕收剂，特别是煤油、轻柴油和改性煤油等，占煤泥浮选捕收剂的80%~90%。但柴油等烃类化合物，属非极性分子，在水中不易分散和溶解，常以“油滴”形式存在，易造成油膜过厚，黏度偏高。这样就增加了捕收剂的消耗量，使选煤成本提高。因此，为了改善现有捕收剂的性能，可将油、水及乳化剂和各种添加剂配成乳化捕收剂。乳化捕收剂可以直接添加在浮选槽中，不必在浮选生产线上增加分散设备，且乳化捕收剂对煤种的适应性强，可适用于不同煤种的浮选，具有浮选速度快、效率高等特点。在获得相同的浮选效果时，乳化捕收剂可以节省30%~70%的柴油或煤油，节能降耗效果显著。

7.6.3.3 乳化剂在金属矿浮选中的应用

捕收剂是金属矿浮选工艺中不可少的选矿药剂，对于易处理矿石，一般使用一种捕收剂就可以达到矿物分选的要求，但是在处理复杂多金属矿石时，往往需要不同种类的药剂组合使用，因此，很多情况下就需要对捕收剂进行乳化处理。例如，国内学者郭亮明为了解决白钨矿浮选捕收剂731氧化石蜡皂低温下在矿浆中的溶解和分散问题，采用两种表面活性剂以5∶6的比例混合组成复合乳化剂对731氧化石蜡皂进行乳化，试验结果表明，得到的乳化体系低温时稳定性好，并降低了捕收剂731氧化石蜡皂的用量，同时提高了浮选选择性。

7.6.3.4 乳化剂在非金属矿浮选中的应用

非金属矿物选矿时，浮选药剂主要为煤油、油酸、氧化石蜡、羟肟酸和水杨氧肟酸等。这些捕收剂同样不易在水中分散和溶解，因此，为了减少捕收剂消耗量，提高浮选效果，也经常需要对捕收剂进行乳化处理。

7.6.4 造块黏结剂

7.6.4.1 概述

造块是人造块状原料的一种方法，是将粉状物料变成物理性能和化学组成能够满足下一步加工要求的过程。该过程的应用领域十分广阔，包括粉末冶金中的注射成型、喷射成型、流延成型等，冶金工业中的矿粉成型，煤工业中的粉煤成型等。

自20世纪以来，人们就开始对铁矿粉、黄铁矿烧渣、钢铁厂各类粉尘、煤粉等物料的成型工艺及理论进行研究。目前，随高品位块矿资源的减少，矿石日趋“贫、细、杂”，细磨深选精矿日益增多。将粉矿固结成型，使之具有合适的化学成分、粒度、机械强度和冶金性能就显得很有必要。其中矿粉成型方法可分为五类：压团、回转窑烧结、真空挤压、带式烧结和球团。在成型工艺中，为了改善物料成球性，提高湿、干球团强度及热稳定性，改善焙烧矿或烧结矿质量，降低能耗，一个有效的途径就是采用适宜的黏结剂。它既不必增加设备投资，又无须改变原有的生产工艺，但能获得增产效果，所以，国内外造块工作者都非常重视黏结剂的开发研制与应用。例如，李海普等从功能设计、结构设计和合成设计的角度探讨了造块黏结剂的分子设计原理。认为造块黏结剂应具有良好的润湿性、黏结力和力学性质，提出了黏结剂的基本结构模型和设计原则。通过黏结剂的合成方法及结构分析，认为黏结剂的力学性质是影响黏结剂性能的关键因素，可采用复配或交联方法予以改善和强化。

当前，用于矿粉成型的黏结剂有石灰、水泥、硅酸钠、硼酸盐、膨润土、黏土、煤焦油、石油渣、纸浆废液、糖浆、海洋植物、腐殖酸、Peridur 和聚丙烯酰胺等，名目繁多，分类方法也各有不同。一般来说，根据其来源可以分为无机黏结剂、天然有机黏结剂和合成有机黏结剂三大类。

7.6.4.2　无机黏结剂

A　膨润土

在矿粉造块中使用的无机黏结剂主要有黏土矿物和无机盐化合物，其中，膨润土是铁矿粉成型最早并获得工业应用的一种无机黏结剂，也是目前工业使用的主要黏结剂之一。膨润土的主要成分是蒙脱石，并含有一定数量的其他矿物。蒙脱石的化学成分为 $(Al_2,Mg_3)[Si_4O_{10}][OH]_2 \cdot nH_2O$，是一种具有膨胀性能、呈层状结构的含水铝硅酸盐，有阳离子吸附和交换性能，同时具有强吸水性。因此，膨润土黏结剂可调节造块原料水分，稳定造块操作，提高湿球团强度。但它会使球团矿含铁品位贫化，在生球焙烧时，在铁氧化物颗粒之间形成连接桥，堵塞了进入内部孔隙的通道，导致球团矿还原性下降，增加冶炼时的能耗。另外，膨润土颗粒与磁铁矿颗粒间无化学作用，球团只能依靠范德华引力和内摩擦力获得强度，这种强度很低，所以它不能作为冷固球团黏结剂使用。但其低廉的价格还是赢得了众多烧结厂家的喜好。

B　生石灰

生石灰是当前世界各国烧结厂采用的另一种无机黏结剂，目的在于改善物料成球性、提高烧结球团矿的强度、改善烧结料层透气性以及冶炼性能等。生石灰提高制粒小球强度真正起作用的是其遇水消化后所产生的消石灰氢氧化钙。

无机黏结剂一般具有热稳定性好、制得的干球团强度较好等特点，但都不可避免地带进了杂质元素，降低了精矿品位，致使精矿混合料中的有害元素增加，并且在焙烧过程中不能除去，将会导致产品的冶金性能变差，还可能会造成环境污染。此外，除了膨润土以外，其他的黏结剂不具有控制水分的能力，不能显著提高物料的成球性能。因此，人们逐渐将注意力转移到了有机黏结剂方面。有机黏结剂用量小并具有高黏度、湿团块强度高的优点，但成本较高，耐热性能差，将两者复配，可以得到合适的黏结剂。

7.6.4.3　有机高分子黏结剂

有机黏结剂强化制粒是近几年人们开发出的又一新的技术。它具有不改变原有工艺条件、不增加（或增加得很少）设备投资又可获得增产效果的优点。在实际生产中，它的用量少、效果好、不带入有害元素且来源充足。在混合料受热干燥阶段，由于水分子与有机黏结剂分子间形成较强的氢链等化合键力，使水分固定在立体网络状结构中，蒸发速度较慢，对制粒小球造成的应力较小，而且由于水分的缓慢蒸发，颗粒进一步靠拢，黏结剂分子在矿石颗粒表面的分布密度增大，化学吸附作用增强，同时相邻颗粒表面上的活性点接触增加，产生分子作用力，增强了颗粒间的连接效应，使制粒小球在干燥阶段保持了较高强度。

根据矿粉造块工艺特点及药剂成本要求，黏结剂一般以水作溶剂。良好的润湿性要求黏结剂分子具有足够多的亲水基团，能在被黏物表面吸附以降低其接触角。常见的亲水基团有：—OH、—O—、—SO_3H、—COOH、—$CONH_2$、—PO_3H 和—N^+R_3 等，高分子链所含上述极性基团的密度越高，亲水能力越强。对于金属化合物的造块，应选择能与颗粒表面金属离子产生化学吸附、发生化学反应的基团。氢键也是产生黏结力的主要形式，尽管单个氢键的键能较弱，但聚合度成千上万的高分子黏结剂与矿粒表面氢键结合时，可获得极为可观的总键合能强度。此外，苯环范德华引力要大于脂肪烃，在黏结剂分子中引入苯环结构不仅能提高黏结剂分子的刚性，也有助于提高黏结力。良好的黏结力要求黏结剂分子具有足够多的亲固基团。依据 Pearson 软硬酸碱定则和王淀佐的极性基团设计原理，黏结剂中的键合原子可以是 O、N、S 等，常见的亲固基团有—COOH、—SO_3H、—PO_3H、—OSO_3H、—SH、—OH、—$CONH_2$、—NH_2、—NH—、—N^+R_3 以及—O—、—S—、—NO_2、—Cl 等。事实上许多亲固基团同时也是亲水基团。

黏结剂良好的力学性质要求黏结剂分子具有强的内聚能及热稳定性。湿球团强度要求黏结剂胶体具有较大的黏度，而干球强度及耐热性则涉及高分子的化学结构和聚集态。在高分子主链中应尽量减少单键，引进共轭的双键、三键或环状结构以提高高分子链的刚性。在高分子链或侧链中引入强极性基团或使分子间产生氢键可提高其耐热性。可在主链引入的基团有醚基、酰胺基（—CONH—）、酰亚胺基（—CONHCO—）、脲基(—NHCONH—)等；可在侧链引入的基团有：—OH、—NH_2、—SH、—NO_2 等。

有机黏结剂同样也存在缺点，如热态性能差、成本较高等。

依照有机黏结剂的来源，可将之分为天然有机黏结剂（包括天然改性有机黏结剂）和人工合成有机黏结剂两种。

A 天然高分子黏结剂

天然高分子黏结剂由于来源广、价格低、毒性小且一般为可再生资源，在造块黏结剂研究中一直很受重视。淀粉、腐殖酸和羧甲基纤维素是目前工业上应用较多的有机黏结剂产品或主要成分。

腐殖酸来源于植物成分，广泛分布于褐煤、泥煤、风化烟煤、沼泽地、湖泊中。腐殖酸是无定形的高分子化合物，由若干个相似结构单元形成一个大的复合体，每个结构单元又由核、桥键和功能团连结成，腐殖酸分子中含有羟基和酚基，具有弱酸性，可以通过其含氧功能团与 Al^{3+}、Fe^{3+}、Cu^{2+}、Co^{2+} 等生成螯合物，其中与铁离子的螯合能力最强，但其三价金属盐不溶于水。

羧甲基纤维素同样是应用较多的一种黏结剂原料，如商品名为 Peridur 的黏结剂就是以羧甲基纤维素为基础的。Peridur 是迄今为止在工业上获得比较成功应用的有机黏结剂，其分子中含有大量羧酸基和羟基，是一种水溶性良好的长链高分子化合物，可使磁铁矿颗粒表面接触角降低、亲水性增强，从而使矿粒的成球性得到改善。在球团的干燥固结阶段，随温度升高，球团水分不断蒸发，颗粒间桥液浓度不断增大，球团产生收缩，桥液由溶液变为凝胶，最后变为坚固的黏结膜在颗粒间形成固体桥键，保证干球的强度。但若固结温度超过 Peridur 分子的分解温度，则黏结剂可能发生分解，球团强度反而下降。

淀粉作为一种可再生资源，引起了造块工作者的关注。但淀粉的来源不同，其结构、相对分子质量也会有所不同。不同来源的淀粉应用于磁铁精矿造块表现出的黏结性能也有差异。对湿团块强度而言，玉米淀粉的黏结性能最好，小麦淀粉次之，而马铃薯淀粉最差。对干团块强度而言，玉米淀粉与小麦淀粉性能接近，马铃薯淀粉的黏结性能明显较差，特别是其干团块落下强度较小。淀粉黏结剂应用于铁矿粉造块存在的主要问题是：

(1) 淀粉颗粒由于分子间氢键结合的缘故，它不溶于冷水，虽然将淀粉乳加热，淀粉颗粒可吸水膨胀，最终糊化成半透明的黏稠糊，起到黏合作用，但不利于操作。

(2) 热稳定性差。淀粉在110℃特别是在115℃以上温度时会发生显著的热降解，在酸、碱作用下热降解尤为显著，因此热稳定性差是淀粉黏结剂存在的最主要问题。淀粉高分子中引入亲水、亲固羧甲基，可改善黏结剂的黏结力和内聚力，使团块强度有较大提高。利用淀粉与甲醛或偏磷酸盐反应生成适度交联的淀粉，也可改善黏结剂的耐热性。

B 人工合成高分子黏结剂

合成黏结剂可根据不同黏结体系及强度的要求，选择适宜的单体，采用聚合或缩合方法合成多功能的聚合物，还可依性能要求和用户的需要，借助实验手段控制分子中活性基团的种类、分布等，将其制成固体、液体或乳状液，以方便使用，因此其也是造块黏结剂研究者关注的一个方面。

20世纪80年代初，英国应用胶体有限公司就研究出了膨润土的代用品——合成有机黏结剂 Alcotac，并在世界上许多工厂获得应用，其是丙烯酰胺与丙烯酸的一种共聚物。华东冶金学院同马钢公司第一烧结厂合作研制出的高分子添加剂 HPL 也属于此类，它是非离子型或阴离子型的聚丙烯酰胺。

7.6.5 缓蚀剂

添加到水溶液介质中能抑制或降低金属和合金腐蚀速度，改变金属和合金腐蚀电极过程的一类添加剂称为缓蚀剂或防腐蚀剂。

缓蚀剂大致可以分成四类：无机缓蚀剂、有机缓蚀剂、挥发性防腐蚀剂和防锈油。

7.6.5.1 无机缓蚀剂

无机缓蚀剂有些使阳极过程减慢，有些使阴极过程减慢。所有促进阳极钝化的氧化剂（如铬酸盐、重铬酸盐、硝酸盐、Fe^{3+}）或阳极成膜剂（碱、磷酸盐、苯甲酸盐等），因为是在阳极反应，促进阳极极化，故此类都称为阳极型缓蚀剂。它的效果好，但也存在明显缺陷。如果剂量不够时，膜就不完整，膜缺陷处暴露的阳极面积小，电流密度大，腐蚀更加集中了，容易穿孔，带来安全隐患。

阴极型缓蚀剂聚磷酸盐、碳酸氢钠等则抑制腐蚀的阴极反应和阴极极化。如锌、钙、镁的化合物与阴极反应产生的OH^-生成不溶性的氢氧化物，形成阴极上的厚膜，就会阻滞氧的扩散，增加浓差极化，使腐蚀速度减慢。脱氧剂（亚硫酸钠、肼等）在去氧的极化中性或微酸性溶液中有效，对于钝态边缘的不锈钢则不利。

7.6.5.2 有机缓蚀剂

与无机缓蚀剂不同的是，有机缓蚀剂在金属表面以形成吸附膜为主。通常是由电负性较大的O、N、S和P等原子为中心的极性基团和以C、H原子组成的非极性基团构成，极性基团吸附于金属表面，改变了金属表面双电层结构，提高金属原子的离子化活化能，而非极性基团背向金属表面作定向排布，形成疏水的薄膜，成为腐蚀反应有关物质的扩散屏障，从而起到防止金属腐蚀的作用。

A 羧酸及其金属盐

羧酸及其金属盐包括如油酸、烷基丁二酸、烯基丁二酸、亚油酸的二聚物、氧化石蜡、环烷酸或硬脂酸及其金属盐等。十二烯基丁二酸是一种良好的油溶性缓蚀剂。其油溶性比烷基丁二酸要好，在油中较稳定，常用于透平油中。在透平油中加入0.03%～0.05%的十二烯基丁二酸，即有良好的缓蚀性能，因此被广泛应用于内燃机油、仪表油、齿轮油和液压油中。十二烯基丁二酸对紫铜的抗海水腐蚀性能比石油磺酸盐好，对钢铁抗盐水腐蚀能力稍差，因此常和石油磺酸钡复合使用，其添加量为1%～2%。

B　碱金属、碱土金属磺酸盐

常用的磺酸盐类缓蚀剂有石油磺酸盐、二壬基萘磺酸盐、二烷基苯磺酸盐等。

石油磺酸钡是目前国内外应用较多的一种石油磺酸盐缓蚀剂，国内几乎所有的防锈油脂中都含有石油磺酸钡，其添加量一般为1%～10%。常用于机械产品的工序间和长期封存防锈油中。主要适合于黑色金属防锈，对其他金属也有效果。制备石油磺酸钡的原油，其相对分子质量在300～470为宜。其中含有长烷侧链的芳香烃越多越好。一般认为当长侧链（即R-烃基）上的碳原子数为24左右所制得的石油磺酸钡，其油溶性和防锈性都比较好。

除石油磺酸钡外，还常用石油磺酸钠和石油磺酸钙。钠盐外观呈棕色油状黏稠体，有效含量一般在40%以上，易溶于油，并有一定的亲水性，常用于乳化油中，添加量在1%～10%，适用于黑色金属。石油磺酸钙由于无毒，主要用于食品及医疗器械防锈，也可作为润滑油的清净分散剂。中灰分石油磺酸钙主要特性是提高润滑油对机件的洗涤和防锈能力，减少机件上胶膜和沉淀物的生成，从而改善其抗氧、抗腐蚀性能。高灰分石油磺酸钙适用于轻负荷内燃机油中，并常与抗氧抗腐蚀剂复合使用，以提高油品的氧化安定性和抗腐蚀性能。

二壬基萘磺酸钡是人工合成的油溶性磺酸盐。它由萘与壬烯在适当条件下发生烷基化反应，生成二壬基萘，然后在25～35℃下，用发烟硫酸磺化，生成二壬基萘磺酸，再用乙醇水溶液抽提，抽提后直接用氢氧化钡中和皂化，即得成品。二壬基萘磺酸钡与石油磺酸钡的基本性能相似，其油溶性好，储存稳定性也比较好，有效用量小，一般在2%～6%之间。它是一种多用途的油溶性缓蚀剂，不仅可以添加在润滑油中，而且在内燃机油、专用锭子油中都有良好的缓蚀效果。它有一定的抗盐水能力，对黑色金属有较好的缓蚀效果，对黄铜效果也良好，对青铜、紫铜效果差些。

C　脂肪酸酯

脂肪酸酯类缓蚀剂包括天然化合物和人工合成酯两大类。常用的天然化合物有羊毛脂及其皂类，它是使用较早的一类油溶性缓蚀剂，防锈性能良好。蜂蜡是一种天然的表面活性剂，缓蚀性能也较好，但由于成本高，来源困难，很少使用。人工合成的酯类化合物的极性较弱，在油中的溶解度较大，因此要添加量较大时才有效。如硬脂酸乙酯、月桂酸十八酯、蓖麻醇酸乙酯等缓蚀效果都不是很好。在酯类分子上引进另外的极性基团，可以大大降低酯在油中的溶解度，如失水山梨糖醇单油酸酯、单油酸甘油酯、季戊四醇单油酸酯等。酯类缓蚀剂一般很少单独使用，常与其他缓蚀剂复配，以提高防锈性或作为其他缓蚀剂的助溶剂。它们的缺点是高温下易氧化变成酸而引起金属锈蚀，因此不宜高温下使用。

Span80是应用非常广泛的一种非离子表面活性剂，其HLB值为4.3，亲油性很强，是油溶性乳化剂，故在水中分散不稳定，易分层。由于其亲油性好，常作为缓蚀剂的助溶剂和分散剂，如与苯并三氮唑、氧化石油脂、石油磺酸钡等复配使用，有助溶作用。另外，

Span80 中还含有少量的油酸（<4%），可能腐蚀铅、铜等金属。

D 有机磷酸及其酯或盐

有机磷酸类缓蚀剂主要包括氨基三甲叉膦酸、羟基乙叉二膦酸、乙二胺四甲叉膦酸钠、乙二胺四甲叉膦酸、二乙烯三胺五甲叉膦酸、多元醇磷酸酯、2-羟基膦酰基乙酸、己二胺四甲叉膦酸、多氨基多醚基甲叉膦酸等。它们与金属离子具有良好的螯合配位能力，耐温性好，具有良好的阻垢和缓蚀性能。

E 胺类化合物

胺类缓蚀剂主要包括氧化石蜡十八碳铵的盐、脂肪胺与环氧乙烷加成物、希夫碱等。希夫碱（尤其是一些芳香族的希夫碱）由于含有 C ═N 双键，再加上含有的—OH 极易与铜形成稳定的配合物，从而可以防止金属铜的腐蚀。

F 杂环化合物

杂环化合物包括如巯基苯骈噻唑、苯骈三唑、烷基咪唑啉等。这些表面活性化合物，以其极性基朝金属表面形成吸附层，非极性基朝外，与相邻分子共同组成疏水层，阻止、延缓金属腐蚀。

7.6.5.3 挥发性防腐蚀剂

挥发性防腐蚀剂主要是胺类的亚硝酸盐或羧酸盐，例如二环己胺的亚硝酸盐，将其置于密闭可渗透的包装内，在常温和一定的蒸气压下挥发（挥发性大），与空气和水凝集，沉积于金属的表面防止生锈。

7.6.5.4 防锈油

防锈油主要是在石油系基油中配加腐蚀抑制剂、表面活性剂和一些添加剂搅拌而成。防锈油中的腐蚀抑制剂主要是有机化合物，如上述有机缓蚀剂中的一些化合物。涂于大型机械和水冷却系统内壁的防生锈油是由沥青和凡士林等用溶剂稀释的溶剂稀释型防锈油。

7.6.6 阻垢剂

在矿物开采、加工过程中，以及其他一切工业用水及物料储运系统中，污垢的产生与形成是除材料及设备腐蚀之外的第二大麻烦问题。污垢通常是由难溶或微溶的无机盐、矿粒或其他悬浮颗粒、腐蚀的产物和生物黏泥等共沉积而产生的，主要由碳酸钙、硫酸钙、硫酸钡、硫酸锶、磷酸钙、铁氧化物、氟硅酸盐和铝硅酸盐等物质的一种或多种组成。为了控制污垢的形成，将防止水垢和污垢产生或抑制其沉积生长的化学药剂统称为防垢剂或阻垢剂。

常用的阻垢剂主要包括聚磷酸盐类、膦酸盐、高分子阻垢剂等几类。高分子聚合物阻垢剂作为工业水处理系统的阻垢剂，具备两个特征：一是具有能与水中有害离子发生作用，阻止这些有害离子形成污垢集结于设备管道表面的功能基团。二是聚合物大分子的相对分子质量具有一定的范围。相对分子质量太小时，大分子难于吸附和聚集到污垢颗粒表面，分散作用差。相对分子质量太大时，大分子会引起“搭桥作用”使污垢聚集，形成絮状污垢。

一剂多用，多剂复配，相互配合，取长补短，充分发挥协同效应是阻垢剂使用技术的突出特点。

参 考 文 献

[1] 见百熙．浮选药剂[M]．北京：冶金工业出版社，1981.

[2] 杨运琼．硫化矿捕收剂的降解性能与机理研究[D]．长沙：中南大学，2003.

[3] 黄军．一种丁基黄原酸钠的合成工艺：中国，200910219757.9[P]．2011-05-11.

[4] Konrad Baessler. Georg Polz. Process for the manufacture of alkali xanthates：Australia，AU1713170A[P]. 1970-07-03.

[5] M Alijanianzadeh，A A Saboury，H Mansuri-torshizi，et al. The inhibitory effect of some new synthesized xanthates on mushroom tyrosinase activities[J]. Journal of Enzyme Inhibition and Medicinal Chemistry，2007，22(2)：239～246.

[6] Samuel S Wang，Lino G Magliocco. Process of alkoxy and aryloxy isothiocyanate preparation：US，5194673 [P]. 1993-03-16. [7] Shekhar V. Kulkarni，Vijay C. Desai. Process for manufacture of N-alkoxy (or aryloxy) carbonyl isothiocyanate derivatives in the presence of N，N-dialkylarylamine catalyst and aqueous solvent：US，6184412[P]. 2001-02-06.

[7] 栾和林．新型捕收剂PAC系列产品的研制与应用[J]．有色金属，1998，50(3)：33～39.

[8] 钟宏，刘广义，王晖．新型捕收剂T-2K在铜矿山中的应用[J]．有色金属，2005(1)：41～44.

[9] Hansen，C，Killey，J. Selective Gold Flotation With Aero® 5688 Promoter At Sonora Mining Corporation's Jamestown Concentrator[J]. Minerals and Metallurgical Processing，1990，7(4)：180～184.

[10] 刘广义，钟宏，戴塔根，等．用Mac-12提高德兴铜矿铜金钼回收率的研究[J]．金属矿山，2005，(10)：33～36.

[11] 朱一民．浮选药剂的同分异构原理在研究硫醇捕收剂中的应用[J]．有色金属（选矿部分），2011 (2)：57～59.

[12] Shaw Douglas R. Dodecyl mercaptan：A superior collector for sulfide ores[J]. Mining Engineering，1981，33 (6)：686～692.

[13] Yoshiaki Numata，Katsuyuki Takahashi，Ruilu Liang，et al. Adsorption of 2-mercaptobenzothiazole onto pyrite[J]. International Journal of Mineral Processing，1998，53(1-2)：75～86.

[14] 朱建光．浮选药剂[M]．北京：冶金工业出版社，1993.

[15] Kimble Kenneth B，Bresson Clarence R，Mark Harold W. Ore flotation agent from 2-mercaptobenzimidazole and flotation processes therewith：US，4619760[P]. 1986-10-28.

[16] 朱玉霜，朱建光．浮选药剂的化学原理[M].（修订版）．长沙：中南工业大学出版社，1996.

[17] 董伟霞，顾幸勇，包启富．长石矿物及其应用[M]．北京：化学工业出版社，2010.

[18] T A Rickard. The Foltation Process[M]. La Vergne：Bibliographical Center for Research，2011.

[19] 周长春．铝土矿及其浮选技术[M]．徐州：中国矿业大学出版社，2011.

[20] 蒋昊，胡岳华，徐竞，等．阴离子捕收剂浮选一水硬铝石溶液化学机理[J]．矿冶工程，2001，21 (2)：27～33.

[21] 东乃良．2-苯乙烯膦酸浮选黑钨矿和锡石的行为[J]．国外金属矿选矿，1989(7)：1～4.

[22] 邱俊，吕宪俊，陈平，等．铁矿选矿技术[M]．北京：化学工业出版社，2009.

[23] 朱建光，周菁．钛铁矿、金红石和稀土选矿技术[M]．长沙：中南大学出版社，2009.

[24] Tanzybaeva Lyudmila V，Zhulin Nikolaj V，Lesnikova Galina V，et al. Method of flotation of fluorite-bearing ores：SU，1577845[P]. 1990-07-15.

[25] 张先华，张忠汉，戴子林，等．一种黑白钨矿物的选矿方法：中国，200410051961.1[P]．2005-03-30.

[26] 朱一民，周菁，王庆．草酸抑制黑钨矿细泥的浮选试验及机理[J]．有色金属（选矿部分），1992

(6)：15～17.

[27] М. И. Херсонский，Р. И. Моисеева（孙传尧译）. 寻找低分子有机抑制剂分离铜钼混合精矿[J]. 国外金属矿选矿，1984(7)：16～20.

[28] D V Singh，H Baldauf，H Schuber（赵宝根译）. 用烷基二羧酸和有机抑制剂浮选锡石[J]. 国外金属矿选矿，1982(1)：1～12.

[29] 苏仲平. 1号纤维素在浮选过程中对辉石闪石等的抑制作用[J]. 有色金属，1965(6)：20～25.

[30] 大厂矿务局试验所. 大厂锡石浮选实践[J]. 有色金属（选矿部分），1979(6)：34～40.

[31] 朱建光，孙巧根. 苄基胂酸对锡石的捕收性能[J]. 有色金属，1980(3)：36～40.

[32] 胡绍彬. 乙二胺磷酸盐浮选东川氧化铜矿的生产实践[J]. 云南冶金，1981(2)：27～29，45.

[33] В·Ф·普多夫（张兴仁译）. 甲基异丁基甲醇起泡剂在东哈萨克斯坦铜化学公司尼科拉耶夫选矿厂铜-锌矿石选矿工艺中的应用[J]. 国外金属矿选矿，2001(1)：26～28.

[34] 张瑛，黄文孝. 蒎烯水合制松醇油的研究[J]. 云南冶金，1995(1)：25～28.

[35] 孙传尧. 当代世界的矿物加工技术与装备——第十届选矿年评[M]. 北京：科学出版社，2006.

[36] 郑伟，李晓阳，杨新华. 730A起泡剂在铜矿中的应用研究[J]. 矿冶工程，2002，22(1)：137～138.

[37] 柴垣民，王忠民. 新型起泡剂SDJ-2在铜矿峪矿选矿厂的应用研究[J]. 有色金属（选矿部分），2001(5)：29～31.

[38] 谭义秋，黄祖强，农克强，等. 木薯羧甲基淀粉对铜离子的吸附性能[J]. 化学研究与应用，2010，22(2)：171～175.

[39] 曹文仲，张勋，王磊. 稻米淀粉接枝丙烯酰胺共聚物的合成及性能分析[J]. 南昌大学学报（工科版），2012，34(1)：10～13.

[40] 卢红梅，钟宏. 氧肟酸型淀粉合成的工艺条件实验研究[J]. 轻金属，2002(6)：23～26.

[41] 黄波. 煤泥浮选技术[M]. 北京：冶金工业出版社，2012.

[42] Misra M，Smith R W，Dubel J. Bioflocculation of finely divided minerals[M]. In：Smith R W，Misra M eds. Mineral Bioprocessing，Theminerals，Metals and Materilas Society，Pennsylvania，1991.

[43] Nakamura J，Miyashiro S，Hirose Y. Purification and chemical analysis of microbial cell flocculant produced by *Aspergillus sojae* AJ7002[J]. Agricultural and Biological Chemistry，1976，40(3)：619～624.

[44] 胡筱敏，邓述波，罗茜. 酱油曲霉絮凝特性的研究[J]. 中国有色金属学报，1998，8(S2)：529～532.

[45] 张东晨，吴学凤，刘志勇，等. 煤炭微生物絮凝剂的研究[J]. 安徽理工大学学报，2008，28(3)：42～45.

[46] 徐斌，钟宏，王魁珽，等. 复杂铜铅锌银混合精矿两段逆流氧压浸出工艺[J]. 中国有色金属学报，2011，21(4)：901～907.

[47] 王秀艳，李梅，许延辉，等. 包头稀土精矿浓硫酸焙烧反应机理研究[J]. 湿法冶金，2006，26(3)：134～137.

[48] 江胜东，蒋开喜，蒋训雄，等. 磷矿中稀土浸出的动力学研究[J]. 有色金属（冶炼部分），2011(9)：24～27.

[49] Ward C B. Hydrometallurgical Processing of Manganese Containing Materials：WO，2004033738[P]. 2004-04-22.

[50] Ward C B. Improved Hydrometallurgical Processing of Manganese Containing Materials：WO，2005012582[P]. 2005-02-10.

[51] 梅光贵，张文山，曾湘波，等. 中国锰业技术[M]. 长沙：中南大学出版社，2011.

[52] 张泾生，阙煊兰. 矿用药剂[M]. 北京：冶金工业出版社，2008.

[53] 蒋崇文，罗艺，钟宏．低品位氧化锌矿氨-碳酸氢铵浸出制备氧化锌工艺的研究[J]．精细化工中间体，2010，40(3)：53～56，69.
[54] D Bingo，M Canbazoglu，S Aydogan. Dissolution kinetics of malachite in alnmoina/ammonium carbonate leaching[J]. Hydrometallurgy，2005，76(1-2)：55～62.
[55] 曹占芳．辉钼矿湿法冶金新工艺及其机理研究[D]．长沙：中南大学，2010.
[56] 丁松君，林宝启，王业光．高砷铜矿硫化钠-氢氧化钠浸出脱砷研究[J]．有色金属，1983，(4)：24～26.
[57] 王洪忠．化学选矿[M]．北京：清华大学出版社，2011.
[58] 邹平，赵有才，杜强，等．低品位辉钼矿堆浸回收钼工艺：中国，02113699[P]. 2002-04-30.
[59] 曹占芳，钟宏，邱朝辉，等．缓冲体系中辉钼矿电氧化浸出研究[J]．现代化工，2009，29(Z1)：16～18.
[60] 王清江，程圭芳，宗巍．硫脲法浸取金矿的工艺改进研究[J]．华东师范大学学报，1998，1(1)：61～65.
[61] 钟宏，王帅，赵刚，等．从硫酸烧渣中提取金和/或银的方法：中国，201210046245.9[P]. 2012-07-11.
[62] 黄万抚，王淀佐，胡永平．硫代硫酸盐浸金理论与实践[J]．黄金，1998，19(9)：34～36.
[63] Batter J D，Rorke G V. Development and Commercial Demonstration of the BioCOPTM Thermophile Process [J]. Hydrometallurgy，2006，83(1-4)：83～89.
[64] 陈燎原．石灰-硫酸铝法处理高浓度含氟废水实验研究[D]．长沙：湖南大学，2005.
[65] 郑雅杰，彭映林，李长虹．二段中和法处理酸性矿山废水[J]．中南大学学报，2011，42(5)：1215～1219.
[66] Wang Shuai，Zhao Gang，Wang Zhongnan，et al. Treatment of copper-containing acid mine drainage by neutralization-adsorption process using calcite as neutralizer and polyhydroxamic acid resin as adsorbent[J]. Applied Mechanics and Materials，2012，161：200～204.
[67] Soya K，Mihara N，Kubota M，et al. Selective Sulfidation of Copper Zinc and Nickel in Plating Wastewater using Calcium Sulfide[J]. International Journal of Civil and Environmental Engineering，2010，2(2)：93～97.
[68]《稀有金属手册》编辑委员会．稀有金属手册（下册）[M]．北京：冶金工业出版社，1995.
[69] 黄礼煌．化学选矿[M]．北京：冶金工业出版社，1990.
[70] 韩旗英，李景芬，白炜．环烷酸分离提纯钇工艺技术优化[J]．材料研究与应用，2010，4(2)：137～141.
[71] 刘建，李建．P204-keroene-EDTA 体系萃取分离钨钼[J]．中国钼业，2007，31(4)：26～29.
[72] 徐光宪，袁承业．稀土溶剂萃取[M]．北京：科学出版社，1987.
[73] Richelton W A，Flett D S. Co-Ni separation by solvent extraction with Bis（2，4，4 Trimethylpenthyl）phosphinic acid. Solvent[J]. Extraction and Ion Exchange. 1984，6（2）：815～838.
[74] S Amer，A Luis. The extraction of zinc and other minor metals from concentrated ammonium chloride solutions with D2EHPA and Cyanex 272[J]. Revista de metalurgia . 1995，6（31）：351～360.
[75] Ying Yu，Daijun Liu. Extraction of magnesium from phosphoric acid using dinonylnaphthalene sulfonic acid [J]. Chemical Engineering Research and Design . 2010(8)：712～717.
[76] 钟宏，符剑刚，刘凌波．采用 N235 从含 Mo，Mn 酸浸液中萃取回收 Mo[J]．过程工程学报，2006，6(1)：28～31.
[77] 杨明德，王峻峰，公锡泰．烷基叔胺萃取处理氰化浸金贫液的研究（Ⅰ）萃取体系的选择及工艺实验[J]．有色金属，1997，49(4)：52～56.
[78] 刘波，冯光熙，黄祥玉，等．用 N263 从钒溶液中回收钒[J]．化学研究与应用，2003，15(1)：

53 ~ 57.

[79] 朱屯．萃取与离子交换[M]．北京：冶金工业出版社，2010.

[80] L Persson. Effect of hydrogen-ion concentration on the extraction of cobalt, nikel, cadmium and lead with APDC/MIBK: Time stability of the extracts[J]. Talanta. 1979, 26(12): 1101 ~ 1104.

[81] Xu Zhigao, Wang Lijun, Wu Yanke, et al. Solvent extraction of hafnium from thiocyanic acid medium in DIBK-TBP mixed system[J]. Transactions of Nonferrous Metals Society of China. 2012, 22(7): 1760 ~ 1765.

[82] Zbigniew Hubicki, Halina Hubicka. Studies of extractive removal of silver (I) from nitrate solutions by Cyanex 471X[J]. Hydrometallurgy. 1995, 37(2): 207 ~ 219.

[83] 佐野诚，吴继宝．用 D2EHPA 和 LIX63 萃取钼和钨[J]．中国钨业．1989(6)：22 ~ 27.

[84] Toshinori Kojima, Terukatsu Miyauchi. Catalytic effect of LIX63 on copper extraction in the LIX63/LIX65N system[J]. Industrial & Engineering Chemistry Fundamentals, 1982, 21(3), 220 ~ 227.

[85] 彭钦华，陈述一，李绍民，等．铜萃取剂 BK992 和 LIX84 的性能研究[J]．有色金属（冶炼部分），2002(5)：18 ~ 20.

[86] Y F Shen, W Y Xue. Recovery palladium, gold and platinum from hydrochloric acid solution using 2-hydroxy-4-sec-octanoyl diphenyl-ketoxime[J]. Separation and Purification Technology . 2007(56): 278 ~ 283.

[87] Pesic B, Zhou T. Recovering gallium with Kelex 100[J]. Journal of Metals. 1988, 40(7): 24 ~ 27.

[88] 司士辉，赵坤，李凌璞，等．D301 大孔树脂吸附钒（V）的性能研究[J]．离子交换与吸附，2009，25(6)：511 ~ 514.

[89] 娄嵩，刘永峰，白清清，等．大孔吸附树脂的吸附机理[J]．化学进展，2012，24(8)：1427 ~ 1436.

[90] 何星存，蒋毅民．NKA-9 大孔树脂对金的吸附[J]．贵金属，1997，18（4）：35 ~ 37.

[91] 王帅．聚酯基硫脲树脂的合成及其对贵金属离子的吸附分离性能[D]．长沙：中南大学，2008.

[92] J L Cortina, M Aguilai, A M Sastre. Extraction studies of Zn (Ⅱ), Cu (Ⅱ) and Cd (Ⅱ) with impregnated and Levexrtel resins containing di (2-ethylhexyl) phosphoric acid (Lewaitit 1026 Oc) [J]. Hydrometallurgy, 1994, 36(2): 131 ~ 142.

[93] 程德平，夏式均．萃淋树脂伯胺 N1923 对钯（Ⅱ）的萃取吸附机理[J]．应用化学，1996. 13(1)：18 ~ 21.

[94] 邓善芝，王泽红，程仁举，等．助磨剂作用机理的研究及发展趋势[J]．有色矿冶，2010，26(4)：25 ~ 28.

[95] H. E1-Shall, P Somasundaran. Mechanisms of grindingmodification by chemical additives: organic reagents [J]. Powder Technology, 1984, 38(3): 267 ~ 273.

[96] 王月，都丽红，王士勇，等．硅藻土助滤剂助过滤行为的研究[J]．化工装备技术，2010，31(3)：23 ~ 25.

[97] D J Bradshaw, B Oostendorp, P J Harris. Development of methodologies to improve the assessment of reagent behavior in flotation with particular reference to collectors and depressants[J]. Minerals Engineering, 2005, 18(2): 239 ~ 246.

[98] 林红，付晓恒，张付生．乳化剂在矿物浮选中的应用[J]．精细与专用化学品，2010，18(10)：39 ~ 42.

[99] 李海普，钟宏．造块粘结剂的分子设计原理[J]．中国有色金属学报，1998，8(2)：542 ~ 545.

[100] 钟宏，李海普．天然有机高分子粘结剂在铁矿造块中的粘结性能[J]．矿冶工程，2002，22(1)：49 ~ 55.

第8章 浮 选

浮选是利用矿物表面物理化学性质差异（尤其是表面润湿性），在固-液-气三相界面，有选择性富集一种或几种目的矿物（物料），从而达到与脉石矿物（废弃物料）分离的一种选别技术。

8.1 浮选理论

本节讲述与浮选有关的最基本的表面物理化学分选原理，主要就浮选与矿物表面润湿性和电性的关系、浮选药剂的吸附和浮选速率进行讨论。

8.1.1 矿物表面润湿性与浮选

8.1.1.1 *矿物表面润湿性*

A 润湿现象

润湿是自然界常见的现象，不同矿物的表面被水润湿的情况不同。在一些矿物（如石英、长石、方解石等）表面上水滴很易铺开，或气泡较难于在其表面上扩展；而在另一些矿物（如石墨、辉钼矿等）表面则相反。图 8-1-1 所示的这些矿物表面的亲水性由右至左逐渐增强，而疏水性由左至右逐渐增强。

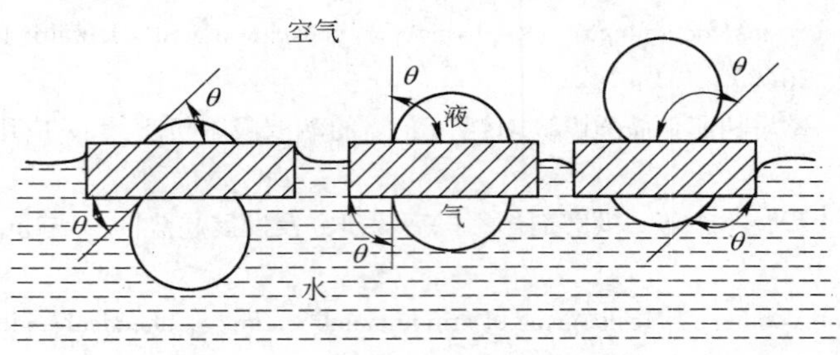

图 8-1-1 矿物表面润湿现象

由此可知，为了占有固体表面，在气相与液相之间存在着一种竞争。但矿物表面液相被另一相（气相或油相）取代的条件是非常重要的。任意两种流体与固体接触后，一种流体被另一种流体从固体表面部分或全部排挤或取代，这是一种物理过程，且是可逆的。例如，浮选过程就是调节矿物表面上一种流体（如水）被另一种流体取代（如空气或油）过程（即润湿过程）。

B 接触角与杨氏方程

为了判断矿物表面的润湿性大小，常用接触角 θ 来度量，如图 8-1-1 和图 8-1-2 所示。在一浸于水中的矿物表面上附着一个气泡，当达平衡时气泡在矿物表面形成一定的接触周边，该周边则被称为三相润湿周边。在任意二相界面都存在着界面自由能，以 γ_{SL}，γ_{LG}，γ_{SG}分别代表固-液、液-气、固-气三个界面上的界面自由能。通过三相平衡接触点，固-液与液-气两个界面所包之角（包含水相）称为接触角，以 θ 表示。可见，在不同矿物表面接触角大小是不同的，接触角可以表征矿物表面的润湿性：如果矿物表面形成的 θ 角很小，则称其为亲水性表面；反之，当 θ 角较大，则称其疏水性表面。亲水性与疏水性的明确界限是不存在的，是相对的。θ 角越大说明矿物表面疏水性越强；θ 角越小，则说明矿物表面亲水性越强。

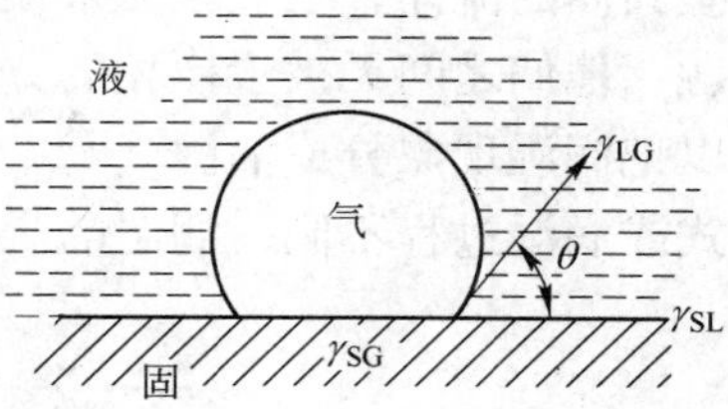

图 8-1-2 气泡在水中与矿物表面相接触的平衡关系

矿物表面接触角大小是三相界面性质的一个综合效应。如图 8-1-2 所示，当达到平衡时（润湿周边不动），作用于润湿周边上的三个表面张力在水平方向的分力必为零。于是其平衡状态方程（杨氏）为：

$$\gamma_{SG} = \gamma_{SL} + \gamma_{LG}\cos\theta$$

或

$$\cos\theta = (\gamma_{SG} - \gamma_{SL})/\gamma_{LG} \tag{8-1-1}$$

上式表明了平衡接触角与三个相界面之间表面张力的关系，平衡接触角是三个相界面张力的函数。接触角的大小不仅与矿物表面性质有关，而且与液相、气相的界面性质有关。凡能引起任何两相界面张力改变的因素都可能影响矿物表面的润湿性。但上式只有在系统达到平衡时才能使用。

常见矿物在水中的接触角列于表 8-1-1。

表 8-1-1 常见矿物在水中的接触角

物 质	θ_1/(°)	θ/(°)	θ_2/(°)	物 质	θ_1/(°)	θ/(°)	θ_2/(°)
Au	85 ±3		46 ±2	$BaSO_4$			0
$CuFeS_2$ 多晶	47		42	$CaCO_3$	0 ~ 10		0
$CuFeS_2$ 单晶	46		46	$CuCO_3$	17		0
HgS	113		47	SiO_2		0	
MoS_2	53		13	SnO_2		0	
Sb_2S_3	80		0	TiO_2		0	
Sb_2S_3		38 ~ 84		$ZnCO_3$	47		0
ZnS	81		47	滑石	69 ~ 77		52
FeS_2 {100}		69		滑石		88	
FeS_2 {010}		74		碳（无定形）		40	
PbS	47	0	0	石墨		60 ~ 86	

8.1.1.2 表面润湿过程

A 一般润湿过程

润湿是在日常生活和生产实践中最常见的现象之一。在如洗涤、浮选、印染、油漆、粘结、防水等这些应用领域中，液体对固体表面的润湿性能均起着重要的作用。实际上，润湿规律是这些应用领域的理论基础。因此研究润湿现象有重要的实际意义。

从宏观来说，润湿是一种流体从固体表面置换另一种流体的过程。从微观角度来看，润湿固体的流体，在置换原来在固体表面上的流体后，本身与固体表面是在分子水平上的接触，他们之间无被置换相的分子。最常见的润湿现象是一种液体从固体表面置换空气。可以把润湿现象分成沾湿（a）、铺展（b）和浸没（c）三种类型，如图 8-1-3 所示。润湿方式或润湿过程不同，润湿的难易程度和润湿的条件亦不同。

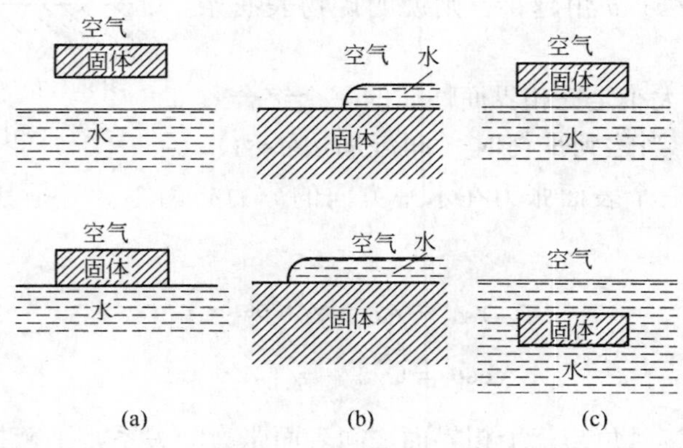

图 8-1-3 三种基本的润湿现象

（a）沾湿；（b）铺展；（c）浸没

以 W 代表该系统由原来状态转变为最终状态时单位面积上所作的功，该功等于系统位能的损失。因此，它是系统变化的推动力的判据。为简化起见，略去了重力和静电力。

a 沾湿 该过程系统消失了固-气界面和水-气界面，新生成了固-水界面，单位面积上位能降低为：

$$W_{SL} = \gamma_{SG} + \gamma_{LG} - \gamma_{SL} = -\Delta G \tag{8-1-2}$$

式中，γ_{SG}为固体-空气界面自由能；γ_{LG}为水-空气界面自由能；γ_{SL}为固体-水界面自由能。

如果 $\gamma_{SG} + \gamma_{LG} > \gamma_{SL}$，则位能的降低是正值，沾湿将会发生。

b 铺展 该过程系统消失了固-气界面，新生成了固-水界面和水-气界面，单位面积上：

$$W = \gamma_{SG} - \gamma_{SL} - \gamma_{LG} = -\Delta G \tag{8-1-3}$$

若 $\gamma_{SG} > \gamma_{SL} + \gamma_{LG}$，水将排开空气而铺展，为了达到很好的润湿，须使 γ_{LG}和 γ_{SL}降低，而不降低 γ_{SG}。

c 浸没 该过程系统消失了固-气界面，新生成了固-水界面，单位面积上：

$$W = \gamma_{SG} - \gamma_{SL} \tag{8-1-4}$$

因此，自发浸没的必要条件是 $\gamma_{SG} > \gamma_{SL}$，但这还不充分。因为固体进入水中必需通过气-水界面，这样就必须满足其他有关的条件。图 8-1-4 示出浸没润湿的几个连续阶段。

使每个连续阶段成为可能的必要条件是：

由阶段Ⅰ到阶段Ⅱ： $\gamma_{SG} + \gamma_{LG} > \gamma_{SL}$

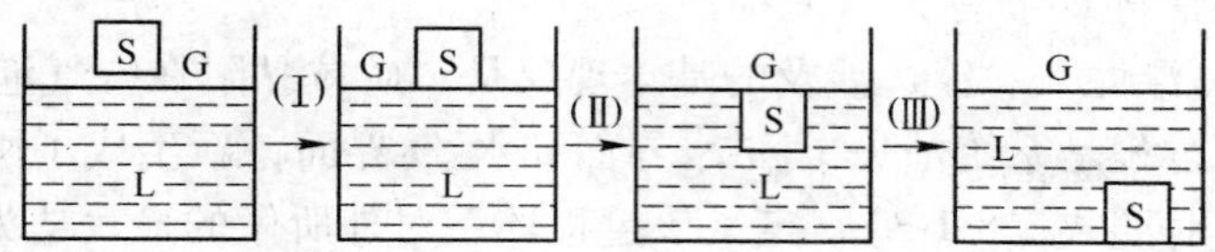

图 8-1-4 浸没润湿的几个连续阶段

S—固体（solid）；L—液体（liquid），一般指水；G—空气（gas）

由阶段Ⅱ到阶段Ⅲ：

$$\gamma_{SG} > \gamma_{SL}$$

由阶段Ⅲ到阶段Ⅳ：

$$\gamma_{SG} > \gamma_{LG} + \gamma_{SL}$$

如果第三阶段是可能的，则其他阶段亦皆可能。因此浸没润湿的主要条件是 $\gamma_{SG} - \gamma_{SL} > \gamma_{LG}$，所以浸没润湿与铺展润湿的条件相同。

三种润湿过程的热力学条件，可从理论上判断一个润湿过程是否能够自发进行。但实际上固体表面自由能和固-液界面自由能，目前尚无合适的测定方法，因而定量运用上面的判断条件是有困难的。

B 固体颗粒表面润湿性的度量

a 接触角 前面已经谈到，接触角可以标志固体表面的润湿性。如果固体表面形成的 θ 角很小，则称其为亲水性表面；反之，当 θ 角较大，则称其疏水性表面。θ 角越大说明固体表面疏水性越强；θ 角越小，则固体表面亲水性越强。

图 8-1-5(a)表示可以被水完全润湿的固体，水滴可沿整个表面展开，θ 值近于零。当 $\theta < 90°$时，如图 8-1-5(b)所示，此亦可被水润湿，属亲水性固体。如图 8-1-5(c)、(d)所示，当 $\theta \geqslant 90°$时，此固体表面不易被水润湿，属于疏水性固体。当 θ 接近于 180°时，说明此固体表面不被水润湿，是几乎完全疏水的固体，如图 8-1-5(e)所示。

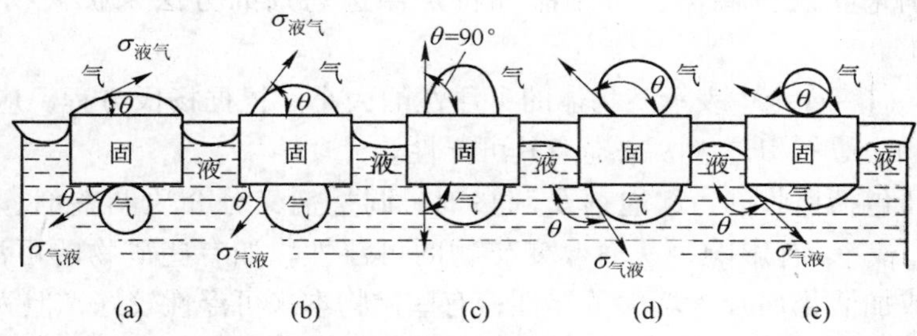

图 8-1-5 不同固体表面的润湿性

b 润湿功与润湿性 如式（8-1-2），水在固体表面黏附润湿过程体系对外所能做的最大功，称为润湿功 W_{SL}，亦称为黏附功。

将杨氏方程（8-1-1）$\gamma_{SG} = \gamma_{SL} + \gamma_{LG}\cos\theta$ 代入式（8-1-2），得：

$$W_{SL} = \gamma_{LG}(1 + \cos\theta) \tag{8-1-5}$$

式中，γ_{LG} 的数值与液体的表面张力相同（如水的表面张力为 0.072N/m），θ 可由实验测定，于是 W_{SL} 可以算出。

润湿功亦可定义为：将固-液接触自交界处拉开所需做的最小功。显然，W_{SL} 越大，即 $\cos\theta$ 越大，则固-液界面结合越牢，固体表面亲水性越强。

因此，浮选中常将 $\cos\theta$ 称为“润湿性”。

c 黏着功与可浮性 浮选涉及的基本现象是，矿粒黏附在空气泡上并被携带上浮。矿粒向气泡附着的过程是系统消失了固-水界面和水-气界面，新生成了固-气界面，即为铺展润湿的逆过程。对照式（8-1-3），定义该过程体系对外所做的最大功为黏着功 W_{SG}，则：

$$W_{SG} = \gamma_{LG} + \gamma_{SL} - \gamma_{SG} = -\Delta G \tag{8-1-6}$$

将杨氏方程（8-1-1）代入式（8-1-6），得：

$$W_{SG} = \gamma_{LG}(1 - \cos\theta) \tag{8-1-7}$$

W_{SG}表征着矿粒与气泡黏着的牢固程度。显然，W_{SG}越大，即（$1-\cos\theta$）越大，则固-气界面结合越牢，固体表面疏水性越强。

因此，浮选中常将（$1-\cos\theta$）称为“可浮性”。

接触角 θ、润湿性 $\cos\theta$、可浮性（$1-\cos\theta$）均可用于度量固体颗粒表面的润湿性，且三者彼此之间是互相关联的。

当矿物完全亲水时，$\theta=0°$，润湿性 $\cos\theta=1$，可浮性$(1-\cos\theta)=0$，此时矿粒不会附着气泡上浮。当矿物疏水性增加时，接触角 θ 增大，润湿性 $\cos\theta$ 减小，可浮性（$1-\cos\theta$）增大。

8.1.1.3 润湿与浮选

A 改变固体间表面润湿性差异的方法

杨氏方程（8-1-1）表明，固体表面的润湿性取决于固-液-气三相界面自由能并可用接触角 θ 来判断。改变三相界面自由能就可改变固体表面润湿性，因此在工业中具有重要的实际意义。

矿物或某些物料的浮选分离就是利用矿物间或物料间润湿性的差别，并用调节自由能的方法扩大差别来实现分离的。常用添加特定浮选药剂的方法来扩大物料间润湿性的差别。

如前所述，（$1-\cos\theta$）表示某物体的可浮性的大小。根据杨氏方程，应设法增大 γ_{SL}，或 γ_{LG}，以及降低 γ_{SG}，以增大 θ 来提高其可浮性。

浮选药剂（包括捕收剂、起泡剂及调整剂，调整剂又分介质调整剂、活化剂及抑制剂）对 γ_{SL}、γ_{LG}或 γ_{SG}有影响，从而改变矿物的可浮性。如有些矿物的可浮性本来不大，可用捕收剂（或加活化剂）来增大可浮性；有些矿物本来可浮性较好，但为强化分离过程而需要用抑制剂来减小其可浮性。各种药剂主要作用如下：

（1）捕收剂 其分子结构为一端是亲矿基团，另一端是烃链疏水基团（石油烃、石蜡等）具有大的 θ 和天然强疏水性。主要作用是使目的矿物表面疏水、增加可浮性，使其易于向气泡附着。

（2）起泡剂 主要作用是促使泡沫形成，增加分选界面，与捕收剂也有联合作用。

（3）调整剂 主要用于调整捕收剂的作用及介质条件，其中促进目的矿物与捕收剂作用的为活化剂；抑制非目的矿物可浮性的，为抑制剂；调整介质 pH 值的，为 pH 值调整剂。

浮选法主要有泡沫浮选，此外还有离子浮选、表层浮选和全油浮选等。这些方法都与润湿性有关。

B 泡沫浮选

泡沫浮选的主要过程是矿粒（或附有捕收剂的矿粒）附着气泡的过程，又叫气泡矿化过程。若将附有捕收剂的矿粒视作一般固体，则气泡矿化过程正是铺展润湿的逆过程，如图 8-1-6 所示，为一消失固液界面及液气界面，生成固气界面的过程。若气泡矿化的条件为：

$$\Delta\gamma_{矿化} = \gamma_{SG} - \gamma_{SL} - \gamma_{LG} \leqslant 0$$

将杨氏方程（8-1-1）$\gamma_{SG} = \gamma_{SL} + \gamma_{LG}\cos\theta$ 代入，得：

$$\Delta\gamma_{矿化} = -\gamma_{LG}(1 - \cos\theta) \leqslant 0 \tag{8-1-8}$$

可见，只有 $\theta > 0$ 时，才有 $(1 - \cos\theta) > 0$，才能发生气泡矿化作用使矿粒上浮。

如果暂不考虑搅拌等外力以及深度所产生的水柱压力，则气泡矿化矿粒的上浮只与矿粒质量、接触面的大小、气泡的半径等因素有关。设半径为 R 的气泡黏附矿粒（见图 8-1-7）浸在水中。受到的上浮力应是 γ_{LG} 的垂直分力（$2\pi r\gamma_{LG}\sin\theta$）。受到的下沉力是气泡内气体对矿粒的压力和矿粒在水中的有效重力（G_0），前者等于气泡反抗曲面附加压力的内压力（$2\gamma_{LG}/R$）与接触面积（πr^2）的乘积。显然，黏附气泡的矿粒上浮的条件应是其上浮力大于或等于下沉力，即：

$$2\pi r\gamma_{LG}\sin\theta \geqslant G_0 + \frac{\pi r^2 2\gamma_{LG}}{R}$$

或

$$\sin\theta \geqslant \frac{G_0}{2\pi r\gamma_{LG}} + \frac{r}{R} \tag{8-1-9}$$

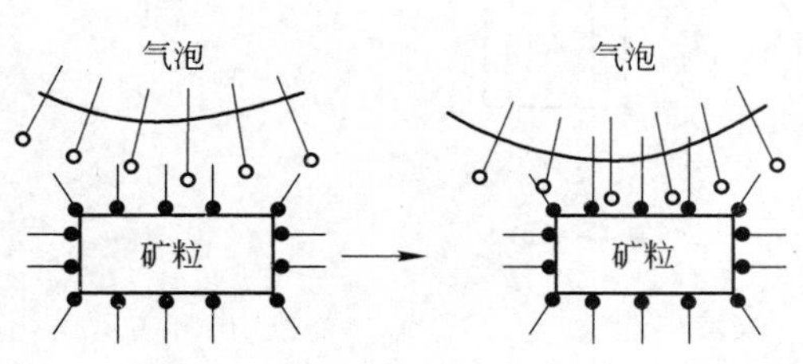

图 8-1-6 气泡矿化过程

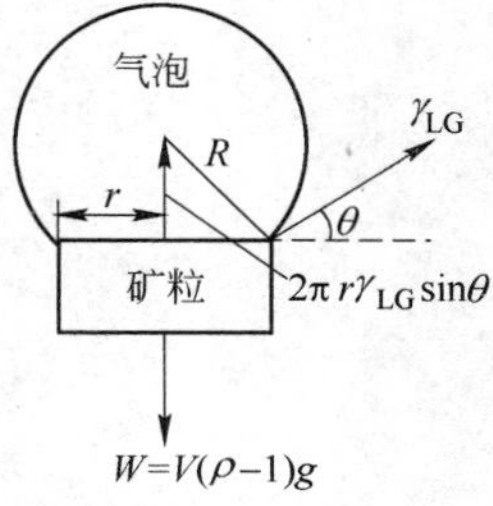

图 8-1-7 矿粒的浮沉

此矿粒在水中的有效重力 G_0，可由矿粒的体积 V、密度 δ，水的密度 ρ 及重力加速度 g 算得：

$$G_0 = V(\delta - \rho)g \tag{8-1-10}$$

代入式（8-1-9）得：

$$\sin\theta \geqslant \frac{V(\delta - \rho)g}{2\pi r\gamma_{LG}} + \frac{r}{R} \tag{8-1-11}$$

从式（8-1-11）可知 θ 越大，γ_{LG} 大或 R 大时，可浮的矿粒可以重些或粗些（G_0 大或 V 大些）；矿粒细（V 或 W 小）时，θ、γ_{LG} 和 R 可以小些。而 θ 及 γ_{LG} 可用浮选药剂加以调整。应该指出，这里所说的 θ、γ_{LG} 及 R 是指矿粒浮出要求的最小值。

图 8-1-8 为泡沫浮选过程框图。

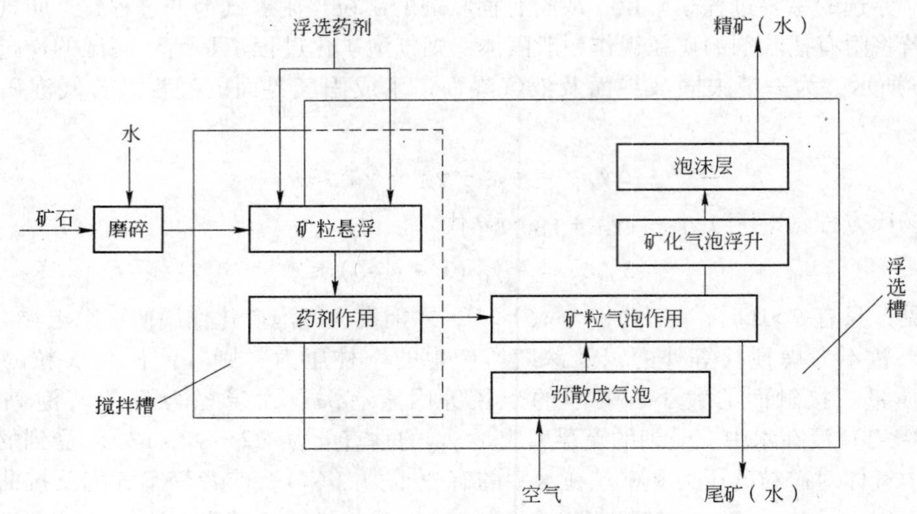

图 8-1-8 泡沫浮选过程框图

C 表层浮选或粒浮

表层浮选或粒浮是让矿物或其他固体物料浮在水面的过程，粒浮的条件是接触角保持在 90°≤θ≤180°的范围内，如图 8-1-9(a)所示。

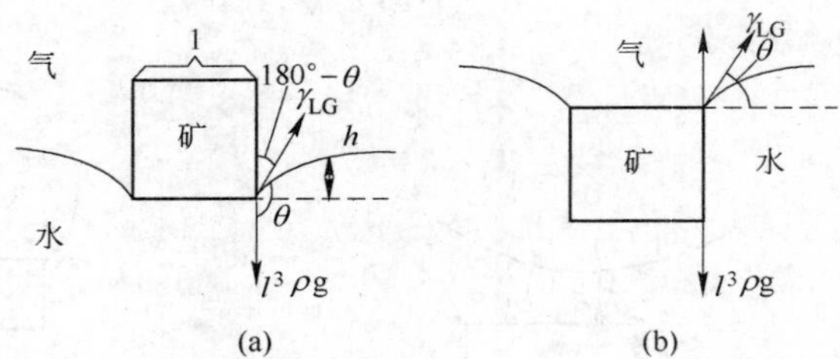

图 8-1-9 表层浮选

设有边长为 l，密度为 δ 的立方体颗粒，水面差距为 h，重力加速度为 g，液气表面张力 γ_{LG}，接触角 θ，水的密度 ρ，则其下沉力为颗粒重力 $l^3\delta g$，上浮力为表面张力的垂直分力 $4l\gamma_{LG}\cos(180° - \theta)$与静水水压力 l^2hg 之和，浮起条件为上浮力大于或等于下沉力，即：

$$l^3\delta g \leqslant l^2hg + 4l\gamma_{LG}\cos(180° - \theta) = l^2hg - 4l\gamma_{LG}\cos\theta$$

或

$$\cos\theta \geqslant \frac{gl(h - \rho l)}{4\gamma_{LG}} \tag{8-1-12}$$

若 0° < θ ≤90°，如图 8-1-9(b)所示，颗粒只能浮在水面下，其上浮力为浮力 $l^3\rho g$ 与表面张力的垂直分力 $4l\gamma_{LG}\sin\theta$ 之和，下沉力为 $l^3\delta g$，浮起条件为：

$$l^3\delta g \leqslant l^3\rho g + 4\gamma_{LG}\sin\theta$$

$$\sin\theta \geqslant \frac{l^3 g(\delta - \rho)}{4\gamma_{LG}} \tag{8-1-13}$$

因 $0 < \sin\theta \leqslant 1$，只要有足够大的接触角及液气表面张力 γ_{LG}，就能使颗粒浮起。颗粒越粗（l 大）要求的 θ 及 γ_{LG} 越大。

所以，对特定的体系要实现浮选，矿物的润湿性需要一个临界接触角（如图 8-1-10(a)），浮选行为与上述讨论的各因素（接触角、粒度等）相关（如图 8-1-10(b)）。石英的不同接触角是用不同浓度的甲基化试剂（三甲基氯硅烷）反应不同的时间而得到的。

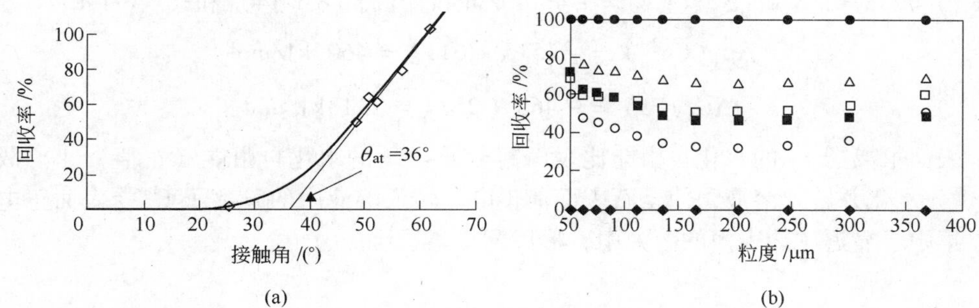

图 8-1-10 石英浮选与表面接触角的关系

（a）浮选的临界接触角；（b）浮选回收率与表面接触角和粒度的关系

不同的前进接触角：◆ 25°，○ 49°，■ 51°，□ 52°，△ 57°，● 62°

8.1.2 表面电性与浮选

8.1.2.1 *矿物表面电性起源*

矿物在水溶液中受水偶极及溶质的作用，表面会带一种电荷。矿物表面电荷的存在影响到溶液中离子的分布，带相反电荷的离子被吸引到表面附近，带相同电荷的离子则被排斥而远离表面。于是，矿物-水溶液界面产生电位差，但整个体系是电中性的。

矿物表面电荷的起源，归纳起来，主要有以下四种类型。

A 优先解离（或溶解）

离子型矿物在水中由于表面正、负离子的表面结合能及受水偶极的作用力（水化）不同而产生非等当量向水中转移的结果，使矿物表面荷电。

表面离子的水化自由能 ΔG_h 可由离子的表面结合能 ΔU_s 和气态离子的水化自由能 ΔF_h 计算。即对于阳离子 M^+：

$$\Delta G_h(M^+) = \Delta U_s(M^+) + \Delta F_h(M^+) \tag{8-1-14}$$

对于阴离子 X^-，则：

$$\Delta G_h(X^-) = \Delta U_s(X^-) + \Delta F_h(X^-) \tag{8-1-15}$$

$\Delta G_h(M^+)$ 和 $\Delta G_h(X^-)$ 何者负值较大，相应离子的水化程度就较高，该离子将优先进入水溶液。于是表面就会残留另一种离子，从而使表面获得电荷。

对于表面上阳离子和阴离子呈相等分布的 1-1 价离子型矿物来说，如果阴、阳离子的表面结合能相等，则其表面电荷符号可由气态离子的水化自由能相对大小决定。

例如碘银矿（AgI），气态银离子 Ag^+ 的水化自由能为 -441kJ/mol，气态碘离子 I^- 的水化自由能为 -279kJ/mol，因此 Ag^+ 优先转入水中，故碘银矿在水中表面荷负电。

相反，钾盐矿（KCl）气态钾离子 K^+ 的水化自由能为 -298kJ/mol，氯离子 Cl^- 的水化自由能为 -347kJ/mol，Cl^- 优先转入水中，故钾盐矿在水中表面荷正电。

对于组成和结构复杂的离子型矿物，表面电荷将决定于表面离子水化作用的全部能量，如式（8-1-14）和式（8-1-15）。

例如萤石（CaF_2）。已知：$\Delta U_s(Ca^{2+}) = 6117$kJ/mol，$\Delta F_h(Ca^{2+}) = -1515$kJ/mol；$\Delta U_s(F^-) = 2537$kJ/mol；$\Delta F_h(F^-) = -460$kJ/mol。由式（8-1-14）和式（8-1-15）得：

$$\Delta G_h(Ca^{2+}) = -1515 + 6117 = 4602\text{kJ/mol}$$

$$\Delta G_h(F^-) = -460 + 2573 = 2113\text{kJ/mol}$$

即表面氟离子 F^- 的水化自由能比表面钙离子 Ca^{2+} 的水化自由能（正值）小。故氟离子 F^- 优先水化并转入溶液，使萤石表面荷正电。转入溶液中的氟离子 F^- 受表面正电荷的吸引，集中于靠近矿物表面的溶液中，形成配衡离子层。

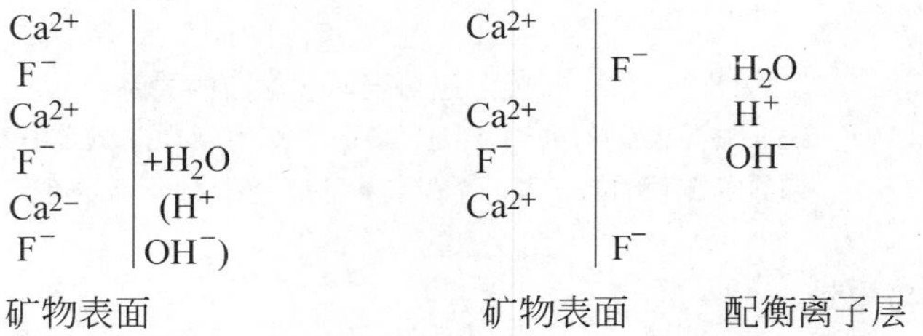

Ca^{2+}			Ca^{2+}		
F^-				F^-	H_2O
Ca^{2+}			Ca^{2+}		H^+
F^-	$+H_2O$		F^-		OH^-
Ca^{2-}	$(H^+$		Ca^{2+}		
F^-	$OH^-)$			F^-	
矿物表面			矿物表面		配衡离子层

其他的例子有，重晶石（$BaSO_4$）、铅矾（$PbSO_4$）的负离子优先转入水中，表面阳离子过剩而荷正电；白钨矿（$CaWO_4$）、方铅矿（PbS）的正离子优先转入水中，表面负离子过剩而荷负电。

B 优先吸附

这是矿物表面对电解质阴、阳离子不等当量吸附而获得电荷的情况。

离子型矿物在水溶液中对组成矿物的晶格阴、阳离子吸附能力是不同的，结果引起表面荷电不同，因此矿物表面电性与溶液组成有关。

例如前述白钨矿在自然饱和溶液中，表面钨酸根离子 WO_4^{2-} 较多而荷负电。如向溶液中添加钙离子 Ca^{2+}，因表面优先吸附钙离子 Ca^{2+} 而荷正电。又如，在用碳酸钠与氯化钙合成碳酸钙时，如果氯化钙过量，则碳酸钙表面荷正电（+3.2mV）。

C 吸附和电离

对于难溶的氧化物矿物和硅酸盐矿物，表面因吸附 H^+ 或 OH^- 而形成酸类化合物，然后部分电离而使表面荷电，或形成羟基化表面，吸附或解离 H^+ 而荷电。以石英（SiO_2）在水中为例，其过程可示意如下：

石英破裂：

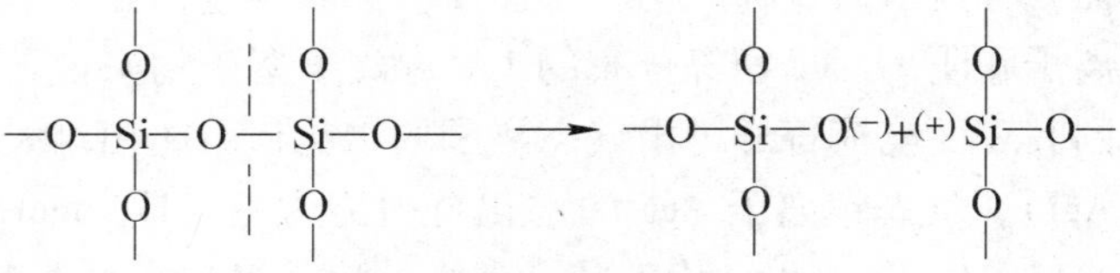

$$\begin{array}{ccccc} & | & & | & \\ & O & \vdots & O & \\ -O- & Si & -O- & Si & -O- \\ & O & \vdots & O & \\ & | & & | & \end{array} \longrightarrow \begin{array}{ccccc} & | & & | & \\ & O & & O & \\ -O- & Si & -O^{(-)} + {}^{(+)} & Si & -O- \\ & O & & O & \\ & | & & | & \end{array}$$

H^+和OH^-吸附：

$$\rangle Si—O^{(-)} + H—O—H + ^{(+)}Si\langle \longrightarrow \rangle Si—OH + HO—Si\langle$$

电离：

$$\rangle Si—OH \longrightarrow SiO^{(-)} + H^+$$

其他难溶氧化物，例如锡石（SnO_2）也有类似情况。因此，石英和锡石在水中表面荷负电。

D 晶格取代

黏土、云母等硅酸盐矿物是由铝氧八面体和硅氧四面体的层状晶格构成。在铝氧八面体层片中，当Al^{3+}被低价的Mg^{2+}或Ca^{2+}取代，或在硅氧四面体层片中，Si^{4+}被Al^{3+}置换，结果会使晶格带负电。为维持电中性，矿物表面就吸附某些正离子（例如碱金属离子Na^+或K^+）。当矿物置于水中时，这些碱金属阳离子因水化而从表面进入溶液，故这些矿物表面荷负电。

8.1.2.2 双电层结构及电位

A 双电层结构

矿物-水溶液界面的双电层可用斯特恩（Stern）双电层模型表示。图8-1-11是其示意图。

在两相间可以自由转移，并决定矿物表面电荷（或电位）和数量的离子称“定位离子”。定位离子所在的矿物表面荷电层称“定位离子层”或“双电层内层”，如图8-1-11中的A层。

根据双电层起源，一般认为，对于氧化物、硅酸盐矿物定位离子是H^+和OH^-；对于离子型矿物、硫化物矿物定位离子就是组成矿物晶格的同名离子。

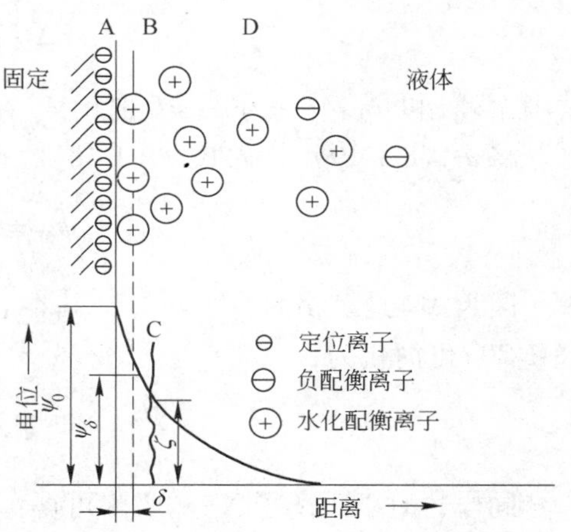

图8-1-11 矿物表面双电层示意图

A—内层（定位离子层）；B—紧密层（Stern层）；C—滑移面；D—扩散层（Guoy层）；ψ_0—表面总电位；ψ_δ—斯特恩层的电位；ζ—动电位；δ—紧密层的厚度

溶液中起电平衡作用的反号离子称“配衡离子”或“反离子”。配衡离子存在的液层称“配衡离子层”或“反离子层”、“双电层外层”。

在通常的电解质浓度下，配衡离子受定位离子的静电引力作用，在固-液界面上吸附较多而形成单层排列。随着离开表面的距离增加，配衡离子浓度将逐渐降低，直至为零。

因此，配衡离子层又可用一假设的分界面将其分成“紧密层”（或称“斯特恩层”），如图8-1-11中的B层；以及“扩散层”（或称“古依（Gouy）层”），如图8-1-11中的D层。该分界面称为“紧密面”。紧密层面离矿物表面的距离等于水化配衡离子的有效半径（δ）。

B 双电层电位

a 表面总电位（ψ_0） 即荷电的矿物表面与溶液之间的电位差。对于导体或半导体矿物（如金属硫化矿物），可将矿物制成电极测ψ_0，故又称“电极电位”。

非导体的矿物ψ_0，可用能斯特（Nernst）公式算出。它取决于溶液中定位离子的活度。其关系式可推导如下：

设 M^+ 或 X^- 为 1-1 型矿物，如果其溶解度小，当在水溶液中平衡时，M^+ 或 X^-（即定位离子）在溶液内的活度分别为 a_{M^+} 和 a_{X^-}，则当阳离子 M^+ 吸附后，其自由能变化（ΔG）为：

$$\Delta G = \Delta G^{\ominus} + RT\ln \frac{a_{M^+}^{s}}{a_{M^+}} \tag{8-1-16}$$

式中，$\Delta G^{\ominus}$ 为标准状态时自由能变化，$a_{M^+}^{s}$，a_{M^+} 分别为 M^+ 离子在表面和溶液内的活度；R 为气体常数，T 为绝对温度。

平衡状态时，化学功应等于电功，即：

$$\Delta G = -F\psi_0 \tag{8-1-17}$$

式中，F 为法拉第常数。

于是式（8-1-17）写成：

$$-F\psi_0 = \Delta G^{\ominus} + RT\ln \frac{a_{M^+}^{s}}{a_{M^+}} \tag{8-1-18}$$

当 $\psi_0 = 0$ 时，则

$$\Delta G^{\ominus} = -RT\ln \frac{a_{M^+}^{s0}}{a_{M^+}^{0}} \tag{8-1-19}$$

式中，$a_{M^+}^{s0}$ 和 $a_{M^+}^{0}$ 分别为 $\psi_0 = 0$ 时，M^+ 在矿物表面和溶液中的活度。

将式（8-1-19）代入式（8-1-18），得：

$$\psi_0 = \frac{RT}{F}\ln \frac{a_{M^+} \cdot a_{M^+}^{s0}}{a_{M^+}^{0} \cdot a_{M^+}^{s}} \tag{8-1-20}$$

因为 M^+ 是矿物的一个组分，其在表面的活度可假定为常数，即 $a_{M^+}^{s} = a_{M^+}^{s0}$，所以式(8-1-20)可简化为：

$$\psi_0 = \frac{RT}{F}\ln \frac{a_{M^+}}{a_{M^+}^{0}} \tag{8-1-21}$$

同样，对于阴离子 X^- 的吸附可得：

$$\psi_0 = -\frac{RT}{F}\ln \frac{a_{X^-}}{a_{X^-}^{0}} \tag{8-1-22}$$

如果离子价数为 n，则式（8-1-21）和式（8-1-22）可写成：

$$\left.\begin{aligned}\psi_0 &= \frac{RT}{nF}\ln \frac{a_{M^+}}{a_{M^+}^{0}} \\ &= -\frac{RF}{nF}\ln \frac{a_{X^-}}{a_{X^-}^{0}}\end{aligned}\right\} \tag{8-1-23}$$

b　斯特恩电位（ψ_δ）　　斯特恩电位（ψ_δ）是水化配衡离子最紧密靠近表面的假设平面（如图 8-1-11 中的 B）与溶液之间的电位差，一般假定它与动电位相等。

c　动电位（ζ）　　当矿物-溶液两相在外力（电场、机械力和重力等）作用下发生相对运动时，紧密层中的配衡离子因吸附牢固会随矿物一起移动，而扩散层将沿位于紧密面稍外一点的“滑移面”（如图 8-1-11）移动。此时，滑移面上的电位称为“动电位”或“电动电位”、“ζ-电位”。

C　零电点和等电点

a　零电点(PZC)　　式（8-1-23）表明，矿物的表面电位决定于溶液中定位离子的活度。当 $a_{M^+}=a^0_{M^+}$ 或 $a_{X^-}=a^0_{X^-}$ 时，$\psi_0=0$ 时，反之亦然。因此，当 ψ_0 为零（或表面净电荷为零）时，溶液中定位离子活度的负对数值被定义为“零电点”，用符号 PZC(Point of Zero Charge)表示。

如果已知矿物的零电点，则可根据式（8-1-23）求出在其定位离子活度条件下的 ψ_0。

对于硅酸盐和氧化物矿物，如石英、刚玉、锡石、赤铁矿、软锰矿、金红石等，根据双电层的起源，一般认为 H^+ 和 OH^- 是定位离子。按式（8-1-23），在 25℃时，代入各常数数值，则：

$$\psi_0 = 2.303\times\frac{8.314\times298}{1\times96500}\lg\frac{[H^+]}{[H_0^+]}$$
$$=0.059(pH_{PZC}-pH)(V) \tag{8-1-24}$$

式中，pH_{PZC} 为氧化物和硅酸盐矿物的零电点 pH 值。

在定位离子是 H^+ 和 OH^- 的情况下，当 pH 值大于 pH_{PZC} 值时，$\psi_0<0$，矿物表面荷负电；当 pH 值小于 pH_{PZC} 值时，$\psi_0>0$，矿物表面荷正电。

对于离子型矿物，如白钨矿、重晶石、萤石、碘银矿、辉银矿等，一般认为定位离子就是组成矿物晶格的同名离子，因此，计算 ψ_0 的式（8-1-23）可写成：

$$\psi_0=\frac{0.059}{n}(pM_{PZC}-pM) \tag{8-1-25}$$

式中，pM_{PZC} 为以定位离子活度的负对数值表示的零电点；例如有人测得重晶石的 $pBa_{PZC}=7.0$，即表示当 $a_{Ba^{2+}}=10^{-7}$ 时，$\psi_0=0$；pM 为定位离子活度的负对数值。

应该指出，离子型矿物在水溶液中，随 pH 值的变化而影响矿物的解离，因此在一定的 pH 值，表面电位 ψ_0 会出现为零的情况，此时称该 pH 值为“零表面电位 pH 值”（或零电点 pH 值）以区别于该矿物的 pH_{PZC}。

一些矿物的零电点列于表 8-1-2 中。

表 8-1-2 常见矿物零电点或等电点

矿 物	pH_{PZC} 或 pH_{IEP}	矿 物	pH_{PZC} 或 pH_{IEP}
赤铁矿 Fe_2O_3	8.0，6，7.8，4	孔雀石 $CuCO_3\cdot Cu(OH)_2$	7.9
针铁矿 FeOOH	7.4，6.7	菱锰矿 $MnCO_3$	10.5
刚玉 Al_2O_3	9.0，9.4	菱铁矿 $FeCO_3$	11.2
锡石 SnO_2	4.5，6.6	水磷铝石 $AlPO_4\cdot 2H_2O$	4.0
金红石 TiO_2	6.2，6.0	红菱铁矿 $FePO_4\cdot 2H_2O$	2.8
软锰矿 MnO_2	5.6，7.4	氟磷灰石 $Ca_5(PO_4)_3(F,OH)$	6.0
墨铜矿 CuO	9.5	黑钨矿 $(Mn\cdot Fe)WO_4$	2~2.8
赤铜矿 Cu_2O	9.5	高岭石 Al	3.4
锆石 $ZnSiO_3$	5.8	蔷薇辉石 $MnSiO_3$	2.8
钛铁矿 $FeTiO_2$	8.5	镁橄榄石 Mg_2SiO_4	4.1
铬铁矿 $FeCr_2O_4$	5.6，7.2	铁橄榄石 Fe_2SiO_4	5.7
磁铁矿 Fe_3O_4	6.5	红柱石 Al_2SiO_3	7.5，5.2
方解石 $CaCO_3$	6.0，8.2，9.5，10.8	透辉石 $CaMg(SiO_3)_2$	2.8
菱镁石 $MgCO_3$	6~8.6	滑 石	3.6
菱锌矿 $ZnCO_3$	7.4，7.8	石英 SiO_2	1.8，2.2
白云石 $(Ca,Mg)CO_3$	7.0	重晶石 $BaSO_4$	9.5，pBa 3.9~7.0
白钨矿 $CaWO_4$	1.8，pCa 4.0~4.8	萤石 CaF_2	6.0，pCa 2.6~7.7

注：非特别注明的均为 pH 值，表中所列同一矿物的多个数据是不同研究者用不同样品、不同制备及测定方法所得结果。

b 等电点（IEP） 双电层中的配衡离子对矿物表面只有静电力相互作用。但当溶液中某种离子（例如表面活性剂离子）对矿物表面除有静电力外尚有附加的其他作用力。例如化学力、烃链缔合力等存在时，则可使这种离子会更多的进入紧密层中，使配衡离子层的电位发生更复杂的变化。当这种离子与表面电荷符号相同时，能克服静电斥力而进入紧密层，其电位变化如图 8-1-12(a)；而当这种离子与表面电荷符号相反时，则可使 ψ_δ 和 ζ 电位符号与 ψ_0 相反，如图 8-1-12(b)，这种作用为特性吸附作用。

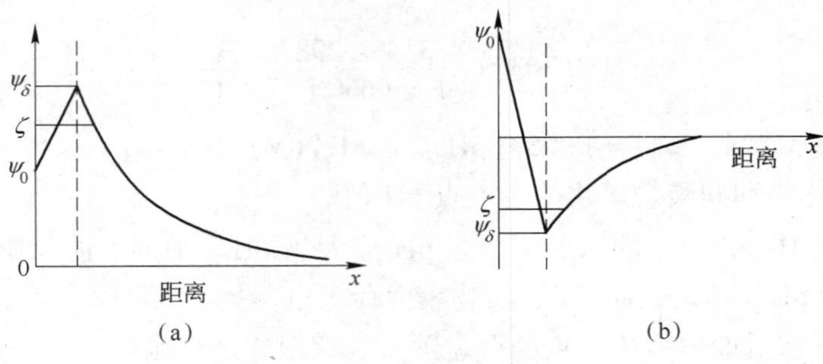

图 8-1-12 特性吸附离子对电位的影响

由于 ζ 电位测定容易，故在浮选中有很重要的意义。因此，与零电点对应，定义当没有特性吸附，ζ 电位等于零时，溶液中定位离子活度的负对数值为“等电点”。用符号 IEP（Isoelectric Point）表示。

在没有特性吸附的情况下，当 $\psi_0=0$ 时，$\zeta=0$，即 PZC = IEP。因此，可用测定动电位的方法来测定矿物的 PZC。即用测量 ζ 电位变号时的 IEP 值来表示 PZC 值。

8.1.2.3 颗粒表面电性与浮选

PZC 和 IEP 是矿物表面电性质的重要特征参数，当用某些以静电力吸附作用为主的阴离子或阳离子捕收剂浮选矿物时，PZC 和 IEP 可作为吸附及浮选与否的判据。当 pH 值大于 pH_{PZC} 时，矿物表面带负电，阳离子捕收剂能吸附并导致浮选，pH 值小于 pH_{PZC} 时，矿物表面带正电，阴离子捕收剂可以靠静电力在双电层中吸附并导致浮选。

以浮选针铁矿为例，针铁矿的动电位可浮性关系如图 8-1-13 所示。针铁矿的零电点 pH_{PZC} 值为 6.7，当 pH_{PZC} 值小于 6.7 时，其表面电位为正，此时用阴离子捕收剂，如烷基硫酸盐 RSO_4^-，或烷基磺酸盐 RSO_3^-，以静电力吸附在矿物表面，使表面疏水良好上浮。当 pH 值大于 6.7 时，针铁矿的表面电位为负，此时用阳离子捕收剂如脂肪胺 RNH_3Cl，以静电力吸附在矿物表面，使表面疏水良好上浮。

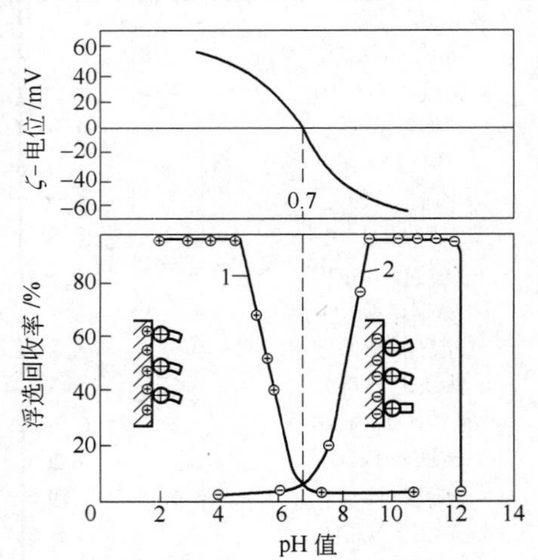

图 8-1-13 针铁矿的动电位与可浮性关系
1—以阴离子型 RSO_4Na 为捕收剂；
2—以阳离子型 RNH_3Cl 为捕收剂

用纯针铁矿与石英混合物分选试验的结果，如图 8-1-14 所示，其中的选择性系数是指在精矿产品中，两者回收率之差。pH 值为 2 时，针铁矿的表面电位为正，石英的表面电位为负，用阴离子捕收剂有最好的分选性。pH 值为 6.7 时，针铁矿的表面电位为负，石英的表面电位为正，用阳离子捕收剂有最好的分选性。

在浮选绿柱石、铬铁矿、石榴子石等矿物时，也常将其表面电位调整到正值，再用阴离子捕收剂（如磺酸盐类药剂）浮选。

由此可见，讨论矿物的表面电性质及其同浮选捕收剂的静电力作用时，矿物的 PZC（或 IEP）值，是基本的理论依据。常见的矿物表面零电点及等电点的 pH 值列于表 8-1-2。

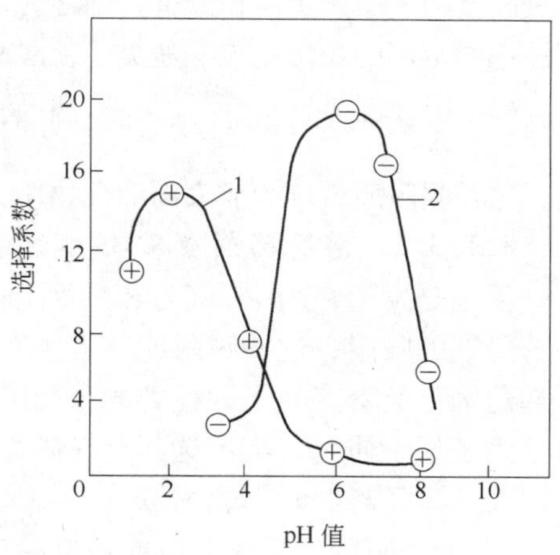

图 8-1-14 针铁矿与石英混合物的分选

1—阴离子型捕收剂 $R_{12}SO_4Na$；

2—阳离子型捕收剂 $R_{12}NH_3Cl$

磺酸盐、烷基硫酸盐和羧酸盐的短链同系物与氧化矿物表面为通过静电力吸附。这种吸附的特点是在氧化矿物表面荷正电的条件下，吸附才能发生。阳离子胺则在氧化矿物表面荷负电的条件下，吸附才能发生。因此，在使用这些捕收剂时，必须知道有关氧化物的零电点。

此外，矿物表面电性质还会影响与浮选有关的颗粒分散和絮凝，细泥在矿物表面的吸附和覆盖等。

8.1.3 浮选剂在矿物表面的吸附

8.1.3.1 吸附及表面活性

吸附是指在吸附剂在表面力作用下，体系表面自由能降低，吸附质从各体相向表面浓集的现象。因此，吸附过程总是发生在各相的界面上。

在浮选中主要的吸附界面有：气-固界面，如水蒸气或各种气体在矿物表面上的吸附，影响矿物的润湿性；气-液界面，如起泡剂的吸附，降低表面自由能，防止气泡兼并，并形成稳定的泡沫层；固-液界面，如各种浮选剂在矿物表面上的吸附，改变矿物表面的疏水性；液-液界面，如表面活性剂在两种不相混溶的液体界面上的吸附，能促进某种液滴的分散。

吸附结果用吸附量(Γ)表示。对于气体在固体界面上的吸附，吸附量通常以每克吸附剂所吸附的标准状态下的气体毫升数表示，或以每克吸附剂吸附的气体摩尔数表示，常用单位是 mol/g；对于表面活性剂在溶液表面上的吸附量，用单位面积上吸附的表面活性剂摩尔数表示，常用单位是 mol/cm^2；对于溶液中浮选药剂在矿物表面上的吸附，吸附量用单位界面面积上吸附药剂的摩尔数表示时，称吸附密度，或用每克矿物吸附的药剂量表示：mol/g 或 g/g。

在液-气界面体系，吸附密度（Γ）与溶液中表面活性物质的平衡浓度（c）及表面张力（γ）的变化规律，可由吉布斯（Gibbs）等温吸附方程计算：

$$\Gamma = \frac{-c\mathrm{d}\gamma}{RT\mathrm{d}c} \tag{8-1-26}$$

式中，R 为气体常数；T 为绝对温度；$\left(\frac{\mathrm{d}\gamma}{\mathrm{d}c}\right)$称为表面活性。

如果吸附质能使吸附剂的表面张力显著降低，即$\left(\frac{\mathrm{d}\gamma}{\mathrm{d}c}\right)$小于零，则 Γ 大于零，即吸附质

在表面层的浓度大于体相浓度，则称为正吸附，这种吸附质就称为表面活性物质（剂），例如浮选中常用的长烃链羧酸盐类、硫酸酯、磺酸盐及胺类捕收剂等。如果吸附质使表面张力升高，即$\frac{d\gamma}{dc}$大于零，则 Γ 小于零，此时吸附质在表面层的浓度小于体相浓度，则称为负吸附，这种吸附质就称为非表面活性物质，如浮选中使用的无机酸、碱、盐调整剂等。

8.1.3.2　浮选药剂在矿物-水溶液界面的吸附类型

浮选是发生在固-液-气各相界面上的复杂物理化学过程，其中最重要的是固-液界面上浮选药剂的吸附，这些吸附就其本质而言，可以分为物理吸附和化学吸附两大类。但由于浮选药剂种类繁多，不同种类的药剂可吸附在界面的不同位置并产生不同性质的吸附及结果。为了便于研究，将浮选药剂在矿物-水溶液界面的吸附作用归纳和分类如下。

A　按吸附物的形态分类

a　分子吸附　　被分散或被溶解于矿浆溶液中的药剂分子在表面上的吸附。

（1）非极性分子的物理吸附，主要是各种烃类油的吸附。例如中性油在天然可浮性矿物（石墨、辉钼矿等）表面的吸附而浮选，在煤表面的吸附而使煤粒团聚。其吸附力为瞬间偶极力（色散力）。

（2）极性分子的物理吸附。弱电解质捕收剂（例如黄原酸类、羧酸类、胺类）在水溶液中解离。其未解离的分子在固-液界面上的吸附，起泡剂分子在液-气界面的吸附。

b　离子吸附　　矿浆溶液中某种离子（例如捕收剂离子、活化剂离子）在矿物表面上吸附，对浮选有重要意义。在 pH 值大于 5 时，黄药在方铅矿表面上的吸附、羧酸类捕收剂在含钙矿物（萤石、方解石、白钨矿等）上的吸附主要都是离子吸附。

络离子的吸附也属这一类。例如有人认为溶液中金属离子是以一羟络离子的形态（$MeOH^+$）在石英表面吸附。

$$\begin{matrix} -O & & OH\cdots OMe^+ \\ & \diagdown\;\diagup & | \\ & Si & H \\ & \diagup\;\diagdown & \\ -O & & O^- \end{matrix} \longrightarrow \begin{matrix} -O & & OMe^+ \\ & \diagdown\;\diagup & \\ & Si & \\ & \diagup\;\diagdown & \\ -O & & O^- \end{matrix} + H_2O$$

c　半胶束吸附　　当捕收剂浓度足够高时，吸附在矿物表面上的长烃链捕收剂的非极性基缔合而形成二维空间的胶束，这种吸附称“半胶束吸附”。图 8-1-15 是以石英动电

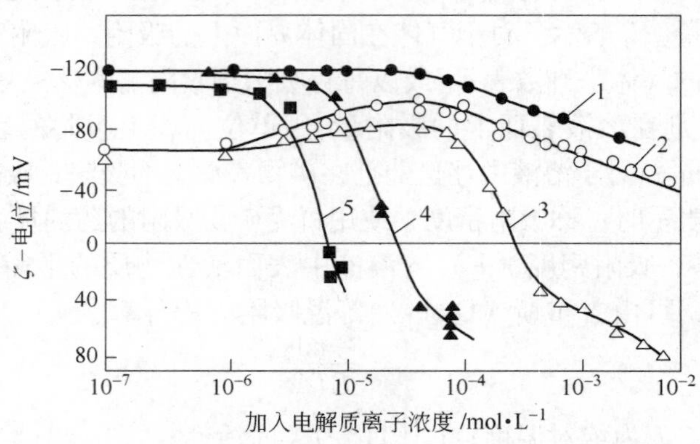

图 8-1-15　石英在十二烷基醋酸胺及氯化钠溶液中的动电位

1—NaCl，pH 值为 10；2—NaCl，pH 值为 7；3—RNH_3AC，pH 值为 7；4—RN_3AC，pH 值为 10；5—RNH_3AC，pH 值为 11

位表示的十二胺离子吸附作用与溶液中胺浓度的关系。

在低浓度时，十二胺离子吸附的影响与 NaCl 相似，是单个胺离子的静电吸附；随十二胺浓度增加，十二胺离子吸附增多在矿物表面形成半胶束，而使 ζ-电位变号；继续增加浓度，则可能形成多层吸附。这三种吸附情况，示意表示于图 8-1-16。

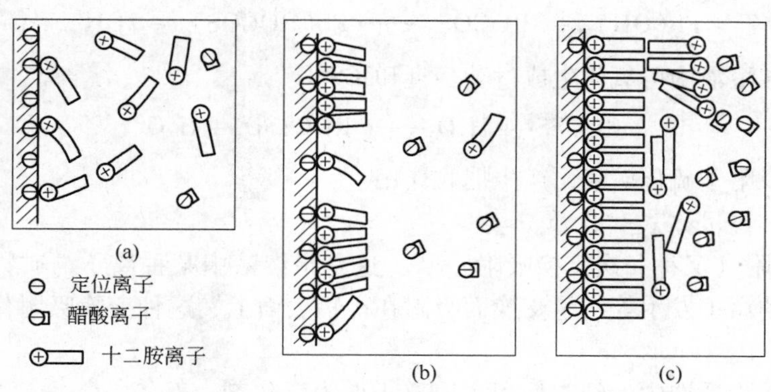

图 8-1-16　石英表面双电层结构与阳离子捕收剂示意图

（a）个别胺离子吸附；（b）半胶束吸附；（c）多层吸附

浓度较高时，胺离子吸附密度增加，相互靠近，靠其非极性端分子引力而互相联合，形成半胶束。区域 b 和 c 之间的转折的吸附密度相当于单分子层的十分之一范围时出现。表面活性剂的吸附密度，吸附的状态，可用斯特恩-格雷姆方程式计算和描述。

$$\Gamma_{\delta} = 2rc_{i}\exp\left(\frac{-\Delta G_{ads}^{\ominus}}{RT}\right) \tag{8-1-27}$$

式中，c_i 为 i 药剂在溶液中的浓度；R 为气体常数；T 为绝对温度；Γ_{δ} 为在紧密层的吸附量；r 为 i 药剂的离子半径。

$\Delta G_{ads}^{\ominus}$ 又可分为：

$$\Delta G_{ads}^{\ominus} = \Delta G_{elec}^{\ominus} + \Delta G_{chem}^{\ominus} + \Delta G_{CH_2}^{\ominus} + \cdots \tag{8-1-28}$$

式中，$\Delta G_{elec}^{\ominus}$ 为静电力吸附自由能；$\Delta G_{chem}^{\ominus}$ 为化学吸附自由能；$\Delta G_{CH_2}^{\ominus}$ 为烃链间发生缔合作用的分子键合自由能。

由上式可得出以下结论：

（1）药剂浓度很低时，表面活性剂仅为配衡离子吸附，只有静电力吸附自由能 $\Delta G_{elec}^{\ominus}$；

（2）若浓度已达到半胶束浓度程度，还应包括烃链间的分子键合自由能 $\Delta G_{CH_2}^{\ominus}$；

（3）若表面活性剂与氧化物间有化学活性，还应包括化学吸附自由能 $\Delta G_{chem}^{\ominus}$。

d　捕收剂及其在矿浆中反应的产物在矿物表面的吸附　　捕收剂在矿浆中与其他离子或在矿物表面作用过程中可能发生一系列反应，反应中的一些产物在矿物表面上发生吸附。

例如黄药在硫化物矿物表面作用或在矿浆中氧化可生成烃基-硫代碳酸盐（$ROCOS^-$）。

在方铅矿表面上：

$$Pb(ROCSS)_2 + OH^- \longrightarrow Pb(ROCSS)OH + ROCSS^- \tag{8-1-29}$$

$$Pb(ROCSS)OH + OH^- \longrightarrow PbS + ROCOS^- + H_2O \quad (8\text{-}1\text{-}30)$$

在矿浆中：

$$ROCSS^- + O_2 + H_2O \longrightarrow ROCOS^- + S^0 + H_2O_2 \quad (8\text{-}1\text{-}31)$$

生成的 $ROCOS^-$ 可与氧化的矿物表面作用，起捕收作用：

$$Pb(OH)_2 + 2ROCOS^- \longrightarrow Pb(ROCOS)_2 + 2OH^- \quad (8\text{-}1\text{-}32)$$

又如黄药在溶液中可氧化生成过黄药（$ROCSSO^-$）：

$$ROCSS^- + H_2O_2 \longrightarrow ROCSSO^- + H_2O \quad (8\text{-}1\text{-}33)$$

过黄药可吸附于硫化矿表面产生捕收作用。

B 按吸附作用方式和性质分类

a 交换吸附（又称一次交换吸附） 这是指溶液中某种离子与矿物表面上另一种相同电荷符号的离子发生等当量交换而吸附在矿物表面上，这种交换吸附作用在浮选中是较常见的。

在硫化物矿物浮选中，经常使用金属离子作为活化剂。例如，Cu^{2+}、Ag^+ 与闪锌矿表面晶格中 Zn^{2+} 交换吸附结果，使闪锌矿的可浮性提高。

$$ZnS_{(s)} + 2Ag^+ \longrightarrow AgS_{(s)} + Zn^{2+} \qquad K = 10^{26} \quad (8\text{-}1\text{-}34)$$

反应的平衡常数很大，表明 Cu^{2+}、Ag^+ 从闪锌矿表面交换 Zn^{2+} 的速度是很快的。

又如，方铅矿表面在轻度氧化过程中表面上的 S^{2-} 会被 OH^-、SO_4^{2-}、CO_3^{2-} 等交换。

b 竞争吸附 矿浆溶液中存在多种离子时，它们在矿物表面的吸附决定于其对表面的活性及在溶液中的浓度，即决定于相互竞争。

物理吸附的捕收剂离子在双电层中起配衡离子作用，其吸附密度取决于与溶液中任何其他配衡离子的竞争。例如胺类捕收剂浮选石英，当捕收剂浓度低时，Ba^{2+} 和 Na^+ 在石英表面与捕收剂离子竞争而抑制浮选。又如用阳离子捕收剂浮选针铁矿时，当 pH 值超过 12 后，浮选就会终止，是由于阳离子捕收剂水解成胺分子使 RNH_3^+ 浓度减少，同时 Na^+（或 K^+）浓度迅速增加，结果与捕收剂阳离子产生竞争作用的结果。

c 特性吸附（或称专属性吸附） 矿物表面对溶液中某种组分有特殊的亲和力，因而产生的吸附叫特性吸附。它具有很强的选择性，可以改变动电位的符号，亦可以使双电层外层产生充电现象。例如，刚玉（Al_2O_3）在不同浓度的 NaCl、Na_2SO_4 和 RSO_4Na 溶液中，其表面动电位变化如图 8-1-17 所示。刚玉在 NaCl 溶液中动电位始终保持正值，在 Na_2SO_4 或 RSO_4Na 溶液中，随着溶液浓度的增加，动电位由正值逐步减小并变为负值，这是由于 SO_4^{2-} 或 RSO_4^{2-} 离子的特性吸附所致。讨论药剂双电层中吸附时，常将静电吸附以外的吸附统称为特性吸附。

C 按双电层中吸附的位置分类

a 双电层内层吸附（又称定位离子吸附） 矿物表面吸附溶液中的晶格离子、晶格类质同象离子和其他双电层定位离子（例如 H^+ 和 OH^-），吸附结果使矿物表面电位改变数值或符号，这种吸附称定位离子吸附。例如离子型矿物吸附溶液中的组成矿物晶格离子；氧化物和硅酸盐矿物吸附 H^+ 和 OH^- 离子。定位离子吸附的特点是单层吸附，不交换。

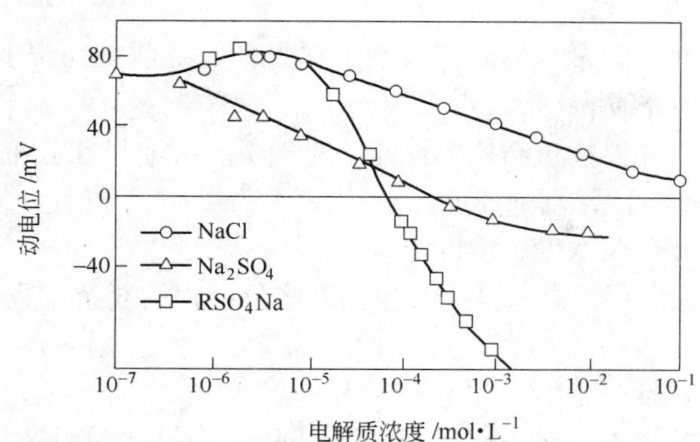

图 8-1-17 刚玉动电位与电解质浓度的关系（pH 值为 6.5）

b 双电层外层吸附(又称二次交换吸附) 这是配衡离子在双电层外层，靠静电力的吸附，其特点是这种吸附只改变动电位的大小而不改变电位的符号。凡与表面电荷符号相反的离子都可产生这样的吸附，因此，在矿浆中原吸附的配衡离子可被溶液中的其他配衡离子交换，例如：

$$2(\mathrm{AgI}\cdots\mathrm{I}^-)\mid\mathrm{H}^+ + \mathrm{Pb}^{2+} \longrightarrow (2\mathrm{AgI}\cdots\mathrm{I}^-)\mid\mathrm{Pb}^{2+} + 2\mathrm{H}^+$$

根据双电层结构，配衡离子吸附又可分为紧密层吸附和扩散层吸附。

D 按吸附作用的本质分类

上述几种吸附是根据吸附特征来分类的。就吸附本质而言，可以分为物理吸附和化学吸附两大类型。

a 物理吸附 凡是由分子键力（范德华力）引起的吸附都称为物理吸附。物理吸附的特征是热效应小，一般只有 21kJ/mol 左右；吸附质易于从表面解吸，具有可逆性；吸附有多层分子或离子；无选择性；吸附速度快。例如分子吸附、双电层外层吸附以及半胶束吸附等属于此类。

b 化学吸附 凡是由化学键力引起的吸附都称为化学吸附。化学吸附的特征是热效应大，一般在 84 ~ 840kJ/mol 之间；吸附牢固，不易解吸，是不可逆的；往往只是单层吸附；具有很强的选择性；吸附速度慢。例如交换吸附、定位离子吸附等。化学吸附与化学反应不同，化学吸附不能形成新“相”，吸附产物的组分与化学反应产物的摩尔质量有差别。

8.1.4 浮选速率

浮选过程进行的快慢，可用单位时间内浮选矿浆中被浮选矿物的浓度变化或回收率变化来衡量，并称之为浮选速率。浮选动力学的主要任务是研究浮选速率的规律并分析各种影响因素。研究浮选速率可以为改善浮选工艺和流程，改进浮选机设计和比例放大，完善浮选试验研究方法，实现浮选机和浮选回路的最佳化控制及为自动化提供依据。

8.1.4.1 影响浮选速率的一般因素

归纳起来，影响浮选速率的因素可分为四类：

（1）矿石和矿物性质 如矿物的种类和成分、粒度分布、矿粒形状、单体解离度、矿物表面性质等。

（2）浮选化学方面诸因素 例如捕收剂的选择性、捕收能力强弱，活化剂、抑制剂、起泡剂的种类和用量，介质pH值，水质等。

（3）浮选机特性 如浮选机结构和性能，充气量、气泡尺寸分布及分散程度，搅拌强度，泡沫层的厚度及稳定性，刮泡速度等。

（4）操作因素 如矿浆浓度、温度等。

就特定的矿石浮选而言，浮选是一个包括许多分过程的复杂过程，这些分过程大体上包括：

（1）给料引入：包括矿浆引入和空气引入。

（2）矿粒和气泡的附着：包括矿粒和气泡碰撞，矿粒向气泡黏附和矿粒从气泡脱附。

（3）矿粒在矿浆和泡沫间的转移：包括矿化气泡进入泡沫，矿粒直接带入泡沫和矿粒从泡沫上返回矿浆。

（4）浮选产品的排除：包括泡沫的排除和尾矿的排除。

上述各分过程均会对浮选速率产生影响。但是，在给定的矿浆条件下，矿粒与气泡的碰撞、黏附和脱附对浮选过程起决定作用，颗粒在浮选机矿浆中被捕收的概率（P）可以用矿粒和气泡碰撞概率（P_c）、矿粒与气泡黏附概率（P_a）和矿粒从气泡脱附概率（P_d）来表示：

$$P = P_c P_a (1 - P_d) \tag{8-1-35}$$

8.1.4.2 矿粒与气泡的碰撞黏附过程

由于颗粒表面的不饱和键能对水偶极分子的吸引，在颗粒表面往往存在一层水化膜。颗粒与气泡的碰撞与黏附示意于图8-1-18。可见，颗粒向气泡的碰撞与黏附过程，可分为a、b、c、d四个阶段。a为颗粒与气泡的互相接近，b为颗粒与气泡的水化层的接触，c为水化膜的变薄或破裂，最后阶段d是颗粒与气泡接触。

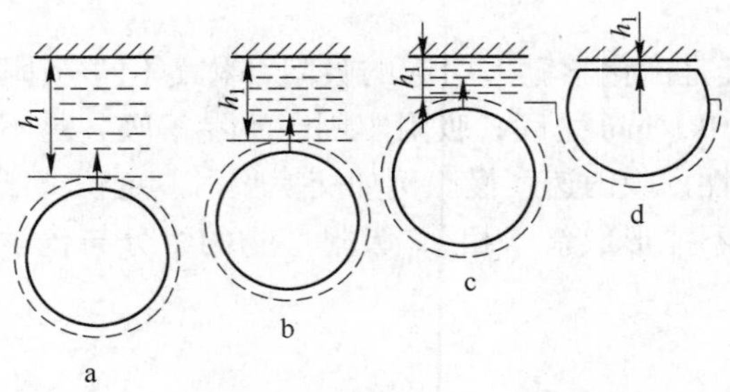

图8-1-18 颗粒与气泡的碰撞与黏附示意图

在浮选过程中，矿粒与气泡互相接近，先排除隔于两者夹缝间的普通水。由于普通水的分子是无序而自由的，所以易被挤走。当矿粒与气泡进一步接近时，矿粒表面的水化膜受气泡的排挤而变薄。水化膜变薄过程的自由能变化，与矿物表面的水化性有关，见图8-1-19。

（1）矿物表面水化性强，即亲水性表面，则随着气泡向矿粒逼近，水化膜表面自由能增加，如图8-1-19曲线1所示。曲线1表明，当矿粒与气泡愈来愈接近时，其表面能不断升高。所以，除非有外加的大能量，否则水化膜不会自发薄化。这表明表面亲水性的矿粒不易与气泡接触附着。

（2）中等水化性表面，如图8-1-19曲线2所示，这是浮选中常遇到的情况。

（3）弱水化性表面，就是疏水性表面，如图8-1-19曲线3所示，有一部分自发破裂，此时自由能降低。但到很接近表面的一层水化层，仍是很难排除，曲线3在左侧急剧上升说明表面的水化膜比较薄而脆弱。

在实际的浮选过程中，表面已疏水的矿粒在流体中向气泡碰撞黏附并上升形成以下几种常见的矿化气泡，见图8-1-20。

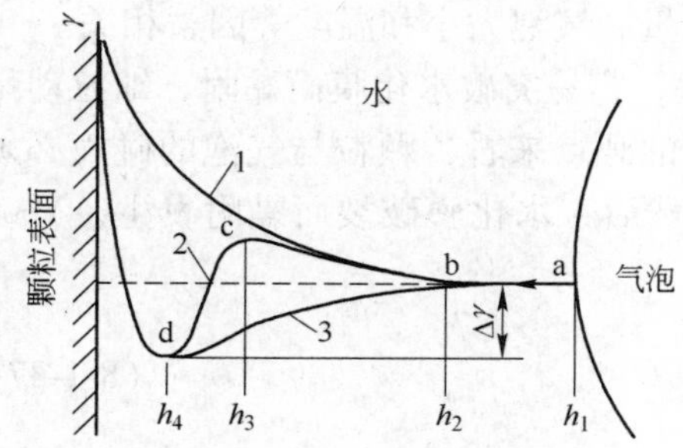

图8-1-19 水化膜的厚度与自由能的变化
（a、b、c、d与图8-1-18同）
1—强水化性表面；2—中等水化性表面；
3—弱水化性表面

图8-1-20 浮选矿浆中矿粒与气泡碰撞和黏附或矿化气泡的基本形式
a—气泡向上运动时，黏附的矿粒群聚集气泡尾部，形成“矿化尾壳”；b—颗粒-微泡联合体，即多个气泡黏附在一个矿粒上；c—多个气泡和许多细小颗粒构成气絮团

8.1.4.3 碰撞概率

矿粒与气泡的碰撞主要与粒子和气泡的大小以及矿浆的水动力学相关，有许多这方面的研究，并推导出了相应的计算公式，如苏则尔兰德（1948年）、弗林特（1971年）、雷依（1973年）等公式，这些都是假定颗粒与气泡在层流中相互碰撞结合。但是，机械搅拌浮选机中的矿浆是紊流的，Schubert等（1979年）利用下式计算气泡-颗粒的碰撞概率（单位体积和时间内的碰撞次数）：

$$P_c = 5N_pN_b\left(\frac{D_p + D_b}{2}\right)^2\sqrt{v_p^2 + v_b^2} \tag{8-1-36}$$

式中，N_p和N_b分别是单位体积中粒子和气泡的个数；D_p和D_b分别是粒子和气泡的大小；v_p和v_b分别是粒子和气泡的平均相对速度。

8.1.4.4 黏附概率

与碰撞概率不同，黏附概率的研究很少且更复杂，可从物理和化学两方面进行机理分析。

A 物理机理

物理机理包括感应时间和动量等因素。

（1）感应时间是指在矿粒、气泡开始碰撞时，气泡在矿粒表面形成三相接触所需时间，即碰撞后，矿粒与气泡之间的液膜变薄、破裂、形成三相接触所用的时间，也称诱导时间。如果感应时间长，则气泡与矿粒黏附就困难，浮选速率就降低。爱格列斯曾以此评判药剂作用及可浮性。克拉辛认为，颗粒愈大，所需感应时间愈长，感应时间过长则较难浮。对于不同的流动状态，感应时间（t）与粒度（d）的关系可以表示如下：

$$t(\text{层流状态}) = \text{常数}$$

$$t(\text{紊流状态}) \propto d^{1.5}$$

$$t(\text{过渡状态}) \propto d$$

即除在层流状态下运动的细矿粒以外，感应时间随粒度的增加而急剧增加，因此，粗粒浮选速率下降很快。此外，感应时间还与捕收剂用量、气泡大小和温度等因素相关。

（2）动量机理是克拉辛首创，他认为粗粒动量大，容易突破水化膜而黏附，细粒动量小不易突破水化膜，故黏附概率也小。因此，从动量的观点来看，颗粒与气泡的碰撞必须拥有足够的相对动能（E_k）来克服能量壁垒（E），然后，水化膜破裂而黏附发生，Yoon将这个概念结合成Arrenius型的附着概率方程：

$$P_a = \exp\left(\frac{-E}{E_k}\right) \tag{8-1-37}$$

能量壁垒（E）的大小主要与浮选化学相关。

很多人详细研究过矿粒粒度对浮选速率的影响。有人曾得出速率常数K与矿粒粒度的经验关系式为：

$$K = qL^{\alpha} \tag{8-1-38}$$

式中，q为与矿物种类有关的常数；L为矿粒直径；α为试验确定的常数，对20～200μm的磷灰石、赤铁矿和方铅矿$\alpha=2$，石英$\alpha=1$。

式（8-1-38）的适用范围是有限的。一般的情况是，在某一中间粒度有最大浮选速率。对于不同矿物，出现最大浮选速率的粒度不同。当粒度小于这一最佳值时，随着粒度增加，气泡和矿粒碰撞并形成气泡-矿粒集合体的概率增加，因此其浮选速率也随着增加。当粒度大于这一最佳值后，粒度对矿粒与气泡碰撞并形成集合体的概率的影响虽然不大，但是粒度增大后惯性增大，使气泡和矿粒集合体在到达浮选机表面的泡沫层之前分开，因此其浮选速率降低。

B 化学机理

化学机理包括吸附速率、矿粒表面寿命、表面能、溶解度、吸附罩盖度等因素。

（1）吸附速率 指药剂向矿粒吸附的速率，药剂从溶液中扩散到表面，并且和表面发生反应，如果表面反应是决定速率的过程，则粒度没有影响，由此推论，粗细粒一样易浮。如药剂扩散是决定速率的过程，则计算表明，粒度小于20～40μm的矿粒，则吸附速率增快。

（2）矿粒表面寿命 高登认为，粗粒在破碎磨细过程中有“自护作用”，暴露寿命较短；而细粒表面暴露时间较长，因而细粒表面被污染罩盖氧化等的机会较多。但有人认为在磨矿分级循环中，粗细粒表面寿命不会有很大差别。

（3）表面能 粗细粒总表面能大小不一样。细粒表面能大，水化度增加，对药剂失去选择吸附作用。磨细过程中，应力集中，裂缝、位错、棱角等高能地区增多，对药剂的吸附量增加。

（4）溶解度　粒度愈小，溶解度愈大，关系式为：

$$RT\ln\left(\frac{S_r}{S_\infty}\right) = \frac{2\sigma_{S-L}V}{r} \tag{8-1-39}$$

式中，R 为气体常数；T 为绝对温度；r 为矿粒半径；S_r 指半径为 r 的细粒溶解度；S_∞ 为无穷大颗粒（即体相）的溶解度；σ_{S-L}为单位面积中固液界面自由能；V 为摩尔体积。对此式的估算表明，只有0.1μm矿粒的溶解度才比较明显地增加，而0.5～10μm的矿粒的溶解度基本相同。

（5）吸附罩盖度　克来门曾试验测定各种粒度的赤铁矿被油酸罩盖度与浮选回收率关系。在同一表面罩盖度条件下，粗粒（60～40μm，40～20μm）比微粒（10～0μm）的回收率高得多。但安妥内（1975年）试验铜离子对闪锌矿的活化时，认为同一表面罩盖度条件下，粒度对回收率影响不显著，这方面还需继续研究。

8.1.4.5　脱附概率

脱落速率是指碰撞黏附的矿粒又脱落的概率。迈克推导认为，脱落速率与粒度的7/3次方成正比。后来伍德波恩提出脱落概率 P_d 与粒度 d 的关系式：

$$P_d = \left(\frac{d}{d_{max}}\right)^{1.5} \qquad (d \leqslant d_{max}) \tag{8-1-40}$$

式中，d_{max}是指在突然加速冲击下，仍能保持不脱落的最粗粒直径，估计约为400μm。可推算出1μm直径的矿粒脱落概率约等于10^{-4}，可见1μm矿粒的脱落概率是极低的。

有些浮选速率理论模型结合了上述理论分析的概念以及考虑了其他因素对浮选速率影响，由于所涉及的问题实际上十分复杂，所以很难得出一个统一的合适的理论模型，也很难对每一因素对浮选速率的影响得出一致的结果。倒是近来发展的高速摄像仪器，能够很好地记录这些碰撞-黏附-脱附过程，原子力显微镜（AFM，Atomic Force Microscopy）也能够测定颗粒-颗粒和颗粒-气泡间作用力的大小。

8.2　浮选工艺影响因素

8.2.1　浮选工艺物理影响因素的调控

8.2.1.1　粒度

为了保证浮选获得较高的指标，研究入选物料粒度对浮选的影响，以便根据物料性质确定最合适的入选粒度（磨碎细度）和其他工艺条件，具有重要的意义。

A　粒度对浮选的影响

浮选时不但要求物料单体解离，而且要求适宜的入选粒度。颗粒太粗，即使已单体解离，因超过气泡的承载能力，往往浮不起来。浮选粒度上限因物料的密度不同而异，如硫化物矿物一般为0.2～0.25mm，非硫化物矿物为0.25～0.3mm，煤为0.5mm。

物料粒度对浮选回收率的影响如图8-2-1所示。由图可知，小于5μm或大于100μm的颗粒的可浮性明显下降，只有中等粒度的颗粒具有最好的可浮性，所以5～10μm以下的矿粒常称为细泥。

物料粒度对浮选产物质量也有一定的影响。一般情况下，随着粒度的变化，疏水性产物的品位有一最大值，当粒度进一步减小时，品位随之下降，这是由于微细的亲水性颗粒机械夹杂所致；粒度增大时，又会因大量的连生体颗粒进入疏水性产物而使其品位降低。

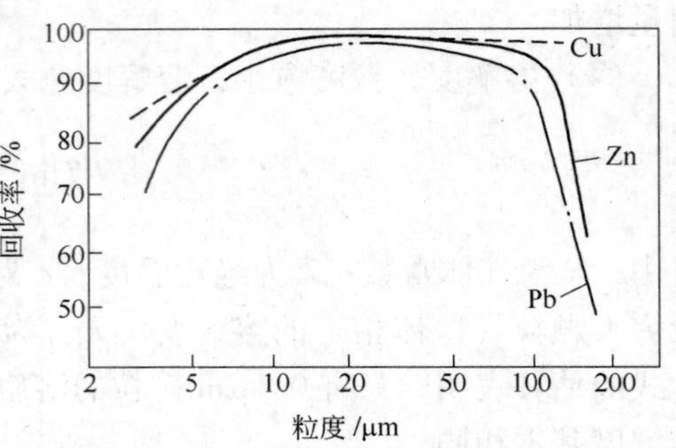

图 8-2-1 浮选回收率与粒度的关系

Cu—铜回收率；Zn—锌回收率；Pb—铅回收率

B 粗粒浮选

在矿粒单体解离的前提下，粗磨浮选可以节省磨矿费用，降低选矿成本。在处理不均匀嵌布矿石和大型斑岩铜矿时，在保证粗选回收率前提下，有粗磨后进行浮选的趋势。

但是，由于较粗的矿粒比较重，在浮选机中不易悬浮，与气泡碰撞的几率减小，附着气泡后因脱落力大，易于脱落，这是粗粒比较难浮的主要原因。所以对于在较粗粒度下即可单体解离的物料，往往采用重力分选方法处理，必须用浮选处理粗磨的物料时，通常采用如下一些措施：

（1）采用捕收能力较强的捕收剂，并适当增大捕收剂用量，以增强颗粒与气泡的固着强度，有时配合使用非极性油等辅助捕收剂。

（2）适当增大充气量，以提供较多的适宜的气泡，为粗颗粒的浮选创造条件。

（3）选择适用于粗粒浮选的浮选机，为防止粗粒在浮选机中产生沉淀，应使用有较大浮升力和较大内循环的浅槽浮选机。

（4）采用较高的矿浆浓度，既增加药剂浓度，又可以使颗粒受到较大的浮升力，但应注意，矿浆的浓度过高时会恶化浮选过程，使选择性降低。

C 微细颗粒浮选

粒度小于5～10μm的微细颗粒，其可浮性明显下降，所以避免物料泥化是非常必要的。浮选过程中的微细颗粒来自两个方面，一是在矿床内部由地质作用产生的微细颗粒，主要是矿床中的各种泥质矿物，如高岭土、绢云母、绿泥石等，称为“原生矿泥”；二是在破碎、磨碎、搅拌、运输等过程中形成的微细颗粒，称为“次生矿泥”。

微细颗粒在浮选过程中的有害影响表现为：增大药剂的耗量；降低浮选速度；污染泡沫产品；降低产物质量；增大金属流失等。为了防止微细颗粒对浮选过程的影响，经常采取的措施有：①采用分散剂，使微细颗粒分散，降低其影响；②降低矿浆浓度，提高选择性；③分批加药减少无选择性吸附；④进行脱泥，浮选前将微细颗粒脱除；⑤对不同粒级的物料分别采用不同的药剂制度进行处理。

微细颗粒难于浮选的原因主要有以下几个方面：

（1）由于微细颗粒的表面能比较大，在一定条件下，不同成分的微细颗粒形成无选择性凝结，发生互凝现象。表面力引起的聚团现象，还会导致微细颗粒在粗颗粒表面上的黏附，形成微细颗粒覆盖。

（2）由于微细颗粒具有较大的比表面积和表面能，因此具有较高的药剂吸附能力，吸附的选择性差；表面溶解度增大，使矿浆中“难免离子”增加；微细颗粒质量小，易被水流机械夹带和被泡沫机械夹带。

(3) 微细颗粒与气泡间的接触率及黏着效率降低，使气泡对颗粒的捕获率下降，同时微细颗粒还会大量地附着在气泡表面，形成所谓的气泡“装甲”现象，影响气泡的运载量。

生产中强化微细颗粒浮选的主要措施有：

(1) 添加分散剂，防止微细颗粒互凝，保证充分分散。常用的分散剂有水玻璃、聚磷酸钠、氢氧化钠（或苏打）和水玻璃等。

(2) 采用适于选别微细颗粒的浮选药剂，使欲浮的颗粒表面选择性疏水化。例如采用化学吸附或螯合作用的捕收剂，以提高浮选过程的选择性。

(3) 使微细粒选择性聚团，增大粒度，以利于浮选，为此常采用的处理方法有疏水絮凝、载体浮选和选择性絮凝浮选等。疏水絮凝又称团聚浮选，即微细颗粒经捕收剂处理后，在中性油的作用下，形成携带颗粒的油状泡沫。疏水絮凝的操作工艺有两类：其一是捕收剂与中性油先配成乳化液加入，称为乳化浮选；其二是在高浓度矿浆中，分先后次序加入中性油及捕收剂，强烈搅拌，控制时间，然后刮出上浮的泡沫。载体浮选又称背负浮选，即利用疏水聚团原理使微细颗粒在易浮的粗颗粒表面黏附，以粗粒为载体与气泡附着并一同浮起。载体可以是同类物料，也可以是异类物料。例如，用硫磺做细粒磷灰石浮选的载体；用黄铁矿作载体来浮选细粒金；用方解石作载体，借浮选除去高岭土中的锐钛矿杂质等。选择性絮凝浮选就是采用絮凝剂选择性絮凝微细颗粒，然后用浮选方法分离。美国的蒂尔登选矿厂采用的是选择絮凝脱泥加石英反浮选。

(4) 减小气泡尺寸，实现微泡浮选。生产中采用的产生大量微泡的方法有真空法和电解法两种，分别称为真空浮选和电解浮选。

8.2.1.2 *矿浆浓度*

矿浆浓度是矿浆中固体物料的含量，常用以下三种方法表示：

(1) 液固比。表示矿浆中液体与固体质量（或体积）之比，有时又称稀释度。

(2) 固体含量百分数。表示矿浆中固体质量（或体积）所占的百分数。

(3) 固体含量。表示每升矿浆中所含固体的克数。

通常矿浆浓度用固体含量百分数来表示。

浮选前矿浆的调节，是浮选过程中的一个重要作业，包括矿浆浓度的确定和调浆方式的选择等工艺因素。浮选厂常用的浮选浓度列于表8-2-1中。

表8-2-1 浮选厂常用的矿浆浓度

物料种类	浮选循环	矿浆浓度/%			
		粗选		精选	
		范围	平均	范围	平均
硫化铜矿石	铜及硫化铁	22~60	41	10~30	20
硫化铅锌矿石	铅	30~48	39	10~30	20
	锌	20~30	25	10~25	18
硫化钼矿石	辉钼矿	40~48	44	16~20	18
铁矿石	赤铁矿	22~38	30	10~22	16

矿浆浓度是影响浮选过程的重要因素之一，其变化将影响矿浆的充气程度、矿浆在浮选机中的停留时间、药剂的体积浓度以及气泡与颗粒的黏着过程等（如图8-2-2所示）。

图 8-2-2 中的曲线 1 表明，浮选机的充气性能随矿浆浓度的变化而变化。矿浆浓度过浓和过稀均使充气情况变坏，影响浮选回收率和浮选时间。

图 8-2-2 中的曲线 2 表明，在相同药剂用量（g/t）条件下，矿浆浓度增大，药剂的浓度亦随之增大，有利于降低药剂用量。

图 8-2-2 中的曲线 3 表明，随着浓度增大，矿浆在浮选机内的停留时间延长，有利于提高回收率。同理，如果浮选时间不变，则随着浓度的增加，浮选机的生产率随之增加，因而可以减少槽数。

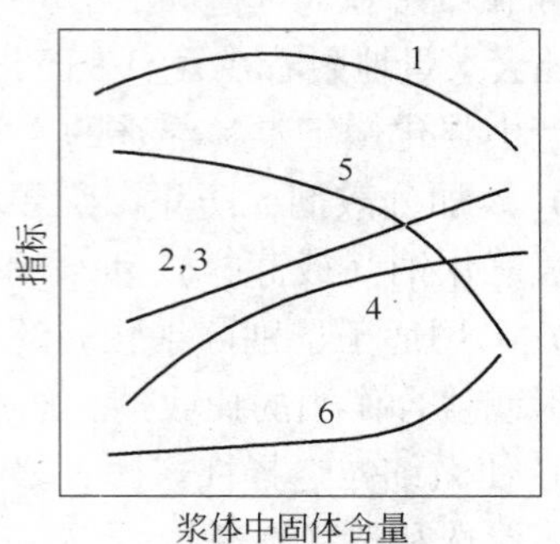

图 8-2-2　矿浆浓度与其他浮选因素的关系
1—矿浆的充气性；2—药剂的体积浓度；3—矿浆在浮选机内的停留时间；4—细颗粒的可浮性；5—粗颗粒的可浮性；6—颗粒表面的磨损程度

图 8-2-2 中的曲线 4 和曲线 5 表明，在一定范围，随矿浆浓度增加，浮力上升，有利于粗粒的浮选；但过浓会恶化充气条件，反而不利。细粒浮选时，随着浓度提高，矿浆的黏度增大，当细粒是疏水性颗粒时增大浓度有利提高细粒的回收率，而当细粒呈亲水性时则会影响疏水性产物的质量。

总之，矿浆较浓时，浮选进行较快，且较完全。适当增加浓度对浮选有利，处理每吨物料所消耗的水、电也较少。浮选时最适宜的矿浆浓度，还须考虑物料性质和具体浮选条件。一般原则是：浮选高密度粗粒物料时采用高浓度；反之采用低浓度；粗选时采用高浓度可保证获得高回收率和节省药剂，精选用低浓度，有利于提高最终疏水性产物的质量。扫选浓度由粗选决定，一般不另行控制。

浮选前在搅拌槽（或称调浆槽）内对矿浆进行搅拌称为“调浆”，可分为不充气调浆、充气调浆和分级调浆等，也是影响浮选过程的重要工艺因素之一。

不充气调浆是指在搅拌槽中不充气的条件下，对矿浆进行搅拌，目的是促进药剂与颗粒互相作用。调浆所需搅拌强度和时间长短，视药剂在矿浆中的分散、溶解程度以及药剂与颗粒的作用速度而定。

充气调浆是指在未加药剂之前预先对矿浆进行充气搅拌，常用于硫化物矿石的浮选。各种硫化物矿物颗粒表面的氧化速度不同，通过充气搅拌即可扩大矿物颗粒之间的可浮性差别，有利于进一步分选，改善浮选效果。但过分充气也将是不利的。例如，对含铜硫化矿的矿浆充气调浆证明，加药以前充气调浆 30min，矿石中磁黄铁矿和黄铁矿受到氧化，而黄铜矿仍保持其原有的可浮性。但充气调浆时间过长，黄铜矿也会受到氧化，在其表面形成氢氧化铁薄膜而降低可浮性；毒砂与黄铁矿的分离也常采用充气调浆，使易氧化的毒砂表面氧化来达到分离浮选的目的。

所谓“分级调浆”是根据物料不同粒度所要求的不同调浆条件等，分别进行调浆，以达到改善浮选效果的目的。矿浆按粗细分成两级或三级进行调浆。分级的粒度界限可以通过试验来确定。图 8-2-3 是两级调浆的方案。

分两级的调浆方案，药剂只加到粗砂部分，粗砂调浆以后，细泥部分冲入粗砂并与其一起浮选。这一方案适用于细粒级浮选活度比粗粒高，而粗粒需要提高药量或补加其他强力捕收剂的情况，这样处理使粗、细粒的可浮性由差别较大而趋于均一化。另外，粗粒要求较高的药剂浓度也会因分级调浆而得到满足。例如，铅锌矿分级调浆的经验证明，粗粒部分的黄药浓度比常规调浆的平均值高 7～10 倍，优点是既保证粗粒有效的浮选，又改善了选择性。

8.2.1.3 *搅拌强度*

浮选过程中对矿浆的搅拌调浆，可根据其作用分为两个阶段：一是矿浆进入浮选机之前的搅拌；二是矿浆进入浮选机之后的搅拌。

矿浆进入浮选机之前的搅拌，通常是在搅拌槽中进行，其目的是为了加速矿粒与药剂的相互作用。在搅拌槽中搅拌时间的长短，应由药剂在水中分散的难易程度及其与矿粒作用的快慢来确定，如松醇油等起泡剂只需要搅拌 1～2min，一般药剂要搅拌 5～15min，当用混合甲苯胂酸浮选锡石和重铬酸钾抑制方铅矿时，则常常需要 30～50min 甚至更长的搅拌时间。有时用重铬酸钾所需的搅拌时间可以长达 4～6h。当采用剪切絮凝浮选工艺时，浮选前需要比较强烈的搅拌。

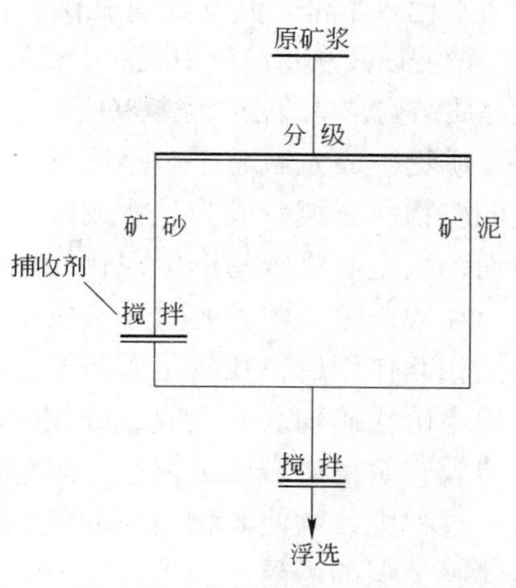

图 8-2-3 两级调浆方案

矿浆进入浮选机之后的搅拌，通常是为了促进矿粒的悬浮及在槽内均匀分散，促进空气很好地弥散并在槽内均匀分布，对机械搅拌式浮选机而言，同时起到充气作用。另外，还可促进空气在浮选机内高压区域加强溶解，而在低压区域加强析出，以造成大量的活性气泡。

综上所述，加强浮选机中矿浆的充气和搅拌，对浮选是有利的，但是不能过分，因为过分会产生气泡兼并，使精矿质量下降、槽内矿浆体积减小、电能消耗增加、机械磨损加快等。在选煤时，搅拌过强还会造成煤的过粉碎和泥化增加。因此，浮选中最适宜的充气和搅拌强度，应根据浮选机的类型和结构特点通过试验确定。

8.2.2 浮选工艺化学影响因素的调控

影响浮选工艺的化学影响因素包括不可调因素和可调因素。不可调因素主要指矿石性质，可调因素包括矿浆酸碱度、浮选药剂制度、浮选温度、水质和浮选泡沫等。

8.2.2.1 *矿石性质及浮选工艺的选择*

矿石性质，主要是指矿石中的矿物组成，各种矿物的含量及比例，有用矿物的嵌布特性及矿物间的共生特性。矿石中的类质同象杂质，矿物的存在形态（如属原生矿或次生矿、硫化矿或氧化矿等），以及可溶性盐的含量及成分等，这些均影响矿物的浮选过程。

不同产地的同一种矿物以及组成相近的矿物往往具有不同的可浮性。例如，从不同产地采集的方铅矿或闪锌矿，其可浮性差别很大，尤其是不同颜色的闪锌矿（与所含杂质如铁、镉的多少有关）更为突出，不同产地产出的磷灰石、方解石或重晶石等，其可浮性亦不相同。产生这种现象的原因，主要与矿物的生成条件及矿物类质同象中杂质的种类及含量等密切相关。此外，矿石在开采、运输与贮存过程中，可能由于矿物表面的氧化作用以及杂质的污染，矿物的可浮性也可能发生变化。

有用矿物的地质成矿条件，影响矿物的结构，对矿物的可浮性有重要影响。在高温高压条件下生成的硫化矿物，如从熔融的岩浆中分离出来的或从热液中沉淀出来的硫化矿物，结构通常比较紧密，其间没有孔隙，矿物晶体的几何尺寸相对也比较大；硫化矿物当受到氧化、溶浸以及从水溶液中沉淀生成氧化矿物（如氧化物、硫酸盐、碳酸盐等）时，通常则具有微晶质结构，呈疏松、脆软状态，在破碎磨矿过程中易形成大量细泥，强烈影响浮选过程。

矿物生成先后顺序对浮选可产生重要影响。较早生成的矿物存在裂隙时，常被较晚生成的矿物所充填，成为脉状或网状构造。在破碎磨矿过程中，矿石常沿着细网脉出现新断裂面，次生矿物较易产生泥化现象。

在成矿过程中，有时还会发生次生富集作用，即原生的某些硫化矿物与其他金属盐类溶液相互作用后，在氧化矿与原生硫化矿接触处沉淀形成富矿带。由于次生富集作用，常在原生硫化矿物表面生成成分相异的薄膜，典型实例是在黄铁矿表面上覆盖有辉铜矿或铜蓝薄膜；黄铜矿表面被铜蓝、闪锌矿表面被银矿薄膜罩盖也是常见的现象。显然，在破碎磨矿过程中，欲使矿物表面的覆盖薄膜与矿物彻底分开是很困难的，这就导致矿物具有覆盖薄膜类似的可浮性。

应指出的是，下列两种变化对矿物的浮选性质有特别大的影响：一是硅化作用；二是高岭石化、绿泥石化以及绢云母化的作用。

在第一种情况下，矿物被二氧化硅所胶合；而在第二种情况下，则生成许多极不相同的微晶质矿物，这些矿物在磨矿过程中会产生大量细泥。

共生矿物种类的不同，浮选分离的难易程度亦大不相同，因为在浮选分离时不仅要看目的矿物进入泡沫层的难易程度，而且还要看其他脉石矿物被抑制的难易程度。例如，从石英脉石中用脂肪酸类捕收剂浮出白钨矿没有困难，但如果脉石是方解石、萤石或白云石，浮选分离就很复杂；从非硫化矿物中用硫代化合物类捕收剂浮出硫化矿物也比较简单，但几种硫化矿物的彼此分离或部分氧化的硫化矿物彼此分离就显得困难得多。

矿石性质是难以改变的客观存在因素，所以在浮选生产实践中必须采取相应的工艺措施，以适应矿石性质及其变化规律。为了要建立相对稳定的工艺操作制度和获得比较稳定的浮选指标，应力求使进入选矿厂的矿石在性质上相对稳定，以利管理，这往往需要通过采矿与选矿工作者的通力合作才能实现。例如，有的矿山在爆破前，首先在各坑口中、各掌子面对矿石进行取样、分析，大致摸清从各掌子面爆破下来的矿石品位及组成等，然后再根据各掌子面的出矿数量比例进行适当配矿；有的矿山并设置有专门的配矿场地，以保持选矿处理矿石性质的相对稳定；有的选矿厂还在破碎过程中通过给矿与卸料进行配矿；还有的选矿厂通过一个公用大型浓密机将全厂各系列的磨矿产物混匀，并脱除部分多余水分或细泥，使浮选作业的给矿浓度亦保持相对稳定。

选择何种浮选工艺流程取决于矿石中有用矿物的可浮性嵌布粒度和泥化程度。嵌布粒度有粗粒嵌布、细粒均匀嵌布、粗细不均匀嵌布、复杂不均匀嵌布和集合体嵌布等 5 种。对于粗粒嵌布矿石，因嵌布粒度粗，易使有用矿物与脉石分离，宜用一段一循环流程；细粒均匀嵌布矿石，因嵌布粒度细而均匀，一段只能分出部分解离体，大部分呈连生体存在，宜用中矿再磨两段浮选原则流程；粗、细不均匀嵌布矿石，因嵌布粒度既有粗粒，又有细粒，一段可以得出部分粗粒合格精矿，细粒连生体再磨再选，宜用尾矿再磨两段浮选原则流程或三段浮选原则流程；复杂不均匀嵌布矿石，因嵌布粒度极不均匀，而且解离范围很宽，宜用三段浮选原则流程；集合体嵌布矿石，因有用矿物都包含在较大的集合体内，粗磨时容易使集合体与脉石分开，宜用粗精矿（即集合体）再磨两段浮选原则流程或中矿再磨两段浮选原则流程。

多金属矿浮选工艺流程选择时，除了要考虑嵌布粒度特性对流程的影响外，还要注意各种矿物的可浮性及其他因素对流程选择的影响。对于原矿品位高、脉石含量少、粗粒嵌布，或矿石性质简单、有用矿物的可浮性差异大、易于分离，或含有大量致密的多金属硫化矿等三种矿石，宜用直接优先浮选原则流程；对于原矿品位中等，或贫而粗的集合嵌布，或含有少量多金属硫化矿的矿石，宜用全混合浮选原则流程；对于具有“等可浮”的复杂多金属矿石，宜用部分混合浮选原则流程。

8.2.2.2　矿浆酸碱度、水质、温度

A　水质及矿浆液相组成

水的质量及矿浆的液相组成对浮选过程有很大影响，浮选用水应保持洁净，如果使用受污染的水时，应进行必要的净化。当使用循环回水时，应适当处理或事先试验回水的影响。

天然水中溶解有许多化合物，并有软水和硬水之分，各国计算硬度的标准和方法也不相同，我国一般是按水中 Ca^{2+}、Mg^{2+} 含量标定水的总硬度，其计算公式为：

$$水的总硬度 = [Ca^{2+}]/20.04 + [Mg^{2+}]/12.15$$

式中，$[Ca^{2+}]$、$[Mg^{2+}]$ 为 Ca^{2+}、Mg^{2+} 在水中的浓度，mg/L。

0.5mmol/L 称为 1 度。硬度小于 4 的称为软水，4 ~ 8 的称为中硬水，8 ~ 10 的称为极硬水。

物料在磨碎和浮选过程中，由于氧化、溶解，常使水中含有该物料溶解的阳离子和阴离子，这些难免离子及硬水中的钙、镁离子等对浮选过程常产生多方面的影响。

用脂肪酸及其皂化浮选非硫化矿时，硬水中的 Ca^{2+}、Mg^{2+} 会与脂肪酸捕收剂反应生成难溶的沉淀，消耗大量的脂肪酸。重金属离子如 Cu^{2+}、Fe^{3+} 等与黄药类捕收剂也能生成重金属黄原酸盐沉淀，消耗大量的黄药类捕收剂。难免离子还会吸附在某些固体表面，改变可浮性，破坏浮选过程的选择性。

消除和控制难免离子对浮选的不良影响，通常采用适当的药剂来解决，比如，加碳酸钠使钙、铁等离子生成难溶的沉淀使之除去，控制 pH 值，使矿浆中难免离子尽量沉淀除去。

B　温度

矿浆温度也是影响浮选工艺的重要因素之一。加温可以加速分子热运动，因此有利于药剂的分散、溶解、水解、分解以及提高药剂与颗粒表面作用的速度；同时也促进药剂的解吸；促使颗粒表面氧化等，加温对浮选过程可产生多方面的影响。

用油酸浮选白钨矿时，矿浆温度保持在20℃以上即可得到较好的效果，而使用氧化石蜡皂浮选时，则需要 35℃才能获得较好的指标。

在使用胺类捕收剂浮选时，为了加速药剂的溶解，配制胺类溶液时，也需加温处理。

近年来，对硫化矿进行加温浮选得到日益广泛的应用。加温可以改善细粒物料的可浮性，减少脱泥的必要性，缩短搅拌和浮选时间，降低药剂用量，降低能耗，减少过量药剂造成的环境污染。

常用的硫化矿加温浮选工艺有以下 3 种：

（1）加温使药剂解吸，即将矿浆加温搅拌，同时加入石灰，可以将硫化矿物颗粒表面的黄药薄膜脱除。实践表明，1t 矿石加石灰 5 ~ 10kg，加热至沸腾，可以将硫化物矿物颗粒表面的捕收剂薄膜脱除干净，再加抑制剂可以实现多种金属矿物之间的有效分离。

钨矿浮选时，白钨粗精矿与方解石、萤石等含钙矿物的浮选分离使用的著名的彼得罗夫法，也是通过加温加强选矿药剂的解吸。

（2）加温使固体的氧化加快，即氧化性加温。氧化后的物料变得容易被抑制。比如对于铜-钼混合浮选的疏水性产物，加入石灰造成高碱度，加温充气搅拌，使硫化铜和硫化铁矿物氧化，而辉钼矿不被氧化，再使用硫化钠法浮钼抑铜和铁的硫化物矿物，结果使铜-钼分离的效果得到明显改善。

（3）加温强化药剂的还原作用，即还原性加温，使用 SO_2 等还原性药剂，通过加温强化药剂的还原作用，加强对颗粒的抑制作用。例如，铜铅混合精矿，经蒸汽加温至70℃左右，通入 SO_2，pH 值降低至 5.5 左右，方铅矿失去了可浮性，而黄铜矿仍有很好的可浮性，从而在不使用氰化物、重铬酸钾等毒性药剂的条件下，实现铜-铅有效分离。

常用的加温方法有蒸汽直接喷射、使用蒸汽蛇形管、电阻直接加热、直接使用工业热回水等，工业上使用蒸汽直接加热的较为普遍。

加温浮选虽有很多优点，但实践中还存在很多问题，比如，因矿浆加温至70℃，厂房内温度高，使劳动条件恶化。由于加温强化了对物料的抑制作用，常导致中间产物的循环量很大。此外，由于加温使浮选机受热，需要注意设备的润滑和防腐。

8.2.2.3 药剂制度的调节

药剂制度（或称药方）主要是指浮选所用药剂种类及其药量；其次是指药剂添加的顺序、地点和方式（一次加入还是分批加入）、药剂的配制方法以及药剂的作用时间等。实践证明，药剂制度对浮选指标有重大影响，是泡沫浮选过程最重要的影响因素之一。

A 药剂的种类、混合用药及药剂用量

药剂种类的选择，主要是根据所处理物料的性质，可能的流程方案，并参考国内外的实践经验，然后通过试验加以确定。

根据固体表面不均匀性和药剂间的协同效应，各种药剂混合使用在应用中取得了良好效果，并得到了广泛应用。混合用药的使用主要包括以下两个方面：

（1）不同捕收剂的混合使用，即同系列药剂混合，如低级与高级黄药混合使用、各种硫化矿捕收剂混合使用（如黄药与黑药混合使用或与溶剂、乳化剂、润湿剂混合使用）、氧化矿的捕收剂与硫化矿的捕收剂共用、阳离子捕收剂与阴离子捕收剂共用、大分子药剂与小分子药剂共用或混用等。

（2）调整剂联合使用，即为了加强抑制作用，将几种抑制剂联合使用，如硫酸锌与亚硫酸钠等。

浮选实践表明，无论是捕收剂和起泡剂，还是抑制剂和活化剂，以及介质 pH 值调整剂等的用量都必须适当，才能获得较好的浮选效果，提高浮选速度，用量过高或过低均对浮选不利。

B 药剂的配制及提高药效的措施

同一种药剂的配制方法不同，其适宜用量和效果都不同。配制方法的选择主要根据药剂的性质、添加方法和功能。

大多数可溶于水的药剂均配制成水溶液，例如水溶性药剂黄药、硫酸铜、硫酸锌、氢氧化钠、硫酸钠等，通常均配成5% ~10%的水溶液使用。

对于一些难溶性药剂，则需要采用特殊方法进行配制。例如将石灰磨到10 ~100μm后在室温条件下与水混合搅拌配成石灰乳；将脂肪酸类捕收剂进行皂化处理后使用；将脂肪酸类、胺类捕收剂及白药等溶在某些特定的溶剂中制成药液使用；对于油酸、煤油、松醇油、柴油等，借助强烈的机械搅拌或超声波处理进行乳化，或加入乳化剂进行乳化后使用；利用一种特殊的喷雾装置，使药剂在空气中进行雾化后使用（即气溶胶法）等。

另外，还可以对药剂进行电化学处理，亦即在溶液中通入直流电，改变药剂本身的状态、溶液的pH值和氧化还原电位等，从而提高药剂的活性组分或提高难溶药剂的分散程度等。例如，采用对黄药进行催化氧化处理后，不仅在黄药中形成一定比例的双黄药，而且形成的双黄药能分散成28 ~30μm的微细液滴，使黄药效能得到充分发挥。

C 药剂的添加

浮选过程常需加入几种药剂，这些药剂与矿浆中各组分往往存在着复杂的交互作用，所以药剂的合理添加也是优化浮选药剂制度的重要因素。

a 加药顺序及加药地点 通常矿物浮选时的加药顺序为：介质pH值调整剂→抑制剂→捕收剂→起泡剂；浮选被抑制过的物料的加药顺序为：活化剂→捕收剂→起泡剂。在加入捕收剂前，添加抑制剂或活化剂是为了使固体表面优先受到抑制或活化，提高分选过程的选择性，减少药剂消耗。当然以上加药顺序不是绝对的，加药顺序不同会影响矿物的分选效果，具体分选体系要具体分析。

也有将捕收剂在调整剂之前就加的情况（加入磨机或搅拌槽中），在此情况下，先使矿物表面吸附捕收剂，再加入调整剂选择性解吸捕收剂，使目的矿物上浮。

药剂的添加地点主要取决于药剂与物料作用所需时间、药剂的功能及性质。生产中通常将pH值调整剂和抑制剂加于球磨机中，使其充分发挥作用；将活化剂、起泡剂和易溶的捕收剂加于浮选前的搅拌槽中；将难溶的药剂加在球磨机中。

b 加药方式 浮选药剂可以一次添加，也可以分批添加。一次添加是指将某种药剂在浮选前一次将全部药剂用量加入，这样可提高浮选过程初期的浮选速度，因操作管理比较方便，生产中常被采用。实践表明，易溶、且不易失效的药剂（如石灰、碳酸钠、黄药等）均适宜采用一次加药方式。分批添加是指将某种药剂在浮选过程中分几批加入，这样可以维持浮选过程中的药剂浓度，有利于提高产品质量。对于难溶于水的药剂、易被泡沫带走的药剂（如油酸、脂肪胺类捕收剂等）、在矿浆中易起反应的药剂（如二氧化碳、二氧化硫等）等，若只在一点上加药，则会很快失效，所以通常采用分批添加的方式。对于要求严格控制用量的药剂（如硫化钠）也必须采用分批添加方式。

c 药剂最佳用量的控制与调节 药剂制度的优化和控制，对浮选过程的稳定和最大限度地降低药剂消耗是非常重要的，因而常常需要通过实验室试验和工业试验了解矿浆中各种药剂与物料之间的相互作用，了解各种药剂浓度的互相关系，建立在不同条件下的函数式（或称数学模型），求出各种物料在不同条件下的特征数据（参数）。

8.2.2.4 调泡

泡沫浮选是在液-气界面进行分选的过程，因此泡沫起着重要的作用。浮选泡沫的气泡大小、泡沫的稳定性、泡沫的结构及泡沫层的厚度等均能影响浮选指标。

A 浮选泡沫及对泡沫的要求

在浮选过程中，疏水性颗粒附着在气泡上，大量附着颗粒的气泡聚集于矿浆表面，形成泡沫层。这种泡沫称为三相泡沫。

为了加速浮选，就必须创造大量能附着疏水颗粒的气-液界面，界面的增加决定于：

(1) 起泡剂。其作用在于帮助获得大量的气-液界面。

(2) 充气量。使足够量的空气进入矿浆中。

(3) 空气在矿浆中的弥散程度。空气弥散度增加，界面随之增大。

进入的空气量一定时，形成的气泡愈小，界面的总面积愈大。要求气泡携带颗粒要有适当的上升速度，气泡过小难于保证充分的上浮力。气泡过大，会降低界面面积，同样降低了浮选速度。因此浮选的气泡大小必须适合，满足浮选机浮选要求的气泡粒径为0.8~1mm。

为了提高浮选过程的稳定性，浮选过程要求泡沫具有一定的强度。保证泡沫能顺利地从分选设备中排出所要求的泡沫的稳定时间，因不同的浮选作业而异，通常精选应长一些，而扫选应短一些，一般为10~60s。

B 泡沫稳定性的影响因素

浮选过程中存在的都是含有颗粒的三相泡沫，在有起泡剂的条件下生成的三相泡沫，一般比两相泡沫更加稳定。其原因是：

(1) 颗粒覆盖在气泡表面，成为防止气泡兼并的障碍物。

(2) 被浮选颗粒的接触角一般均小于90°，颗粒突出于气泡壁之外，相互交错，使气泡间的水层如同毛细管一样，增大了水层流动的阻力。

(3) 固着捕收剂的颗粒因表面捕收剂分子相互作用，增强了气泡的机械强度。颗粒疏水性愈强，形成的三相泡沫也愈稳定。

浮选过程中使用的各种药剂，凡能改变颗粒表面疏水性的，均影响泡沫的稳定性。捕收剂可增强泡沫的稳定性，而抑制剂则相反；易浮的扁平颗粒及细粒使泡沫增强，粗粒及球形颗粒形成的泡沫较脆。

C “二次富集作用”及调节

在三相泡沫中，常夹带有部分连生体及亲水性颗粒，这些颗粒之所以进入了泡沫，一部分是由于表面固着了捕收剂，形成了较弱的疏水性，附着于气泡被带入泡沫，但大部分是由于机械夹杂进来的。由于泡沫层中水层向下流动，可以冲洗大部分夹杂的颗粒，使之落回矿浆中。此外，当气泡在泡沫层中兼并时，气-液界面的面积减小，气泡上原来负荷的颗粒重新排列，发生“二次富集作用”，使疏水性强的颗粒仍附着于气泡上，弱者被水带到下层或落入矿浆中。因而，浮选泡沫中上部的疏水性产物的品质高于下层的。

为了有效地利用“二次富集作用”提高疏水性产物的质量，可以适当地调整泡沫层的厚度和在槽内的停留时间。泡沫层愈厚，刮泡速度愈慢，疏水性产物的质量愈高。泡沫层厚度和停留时间的调节是浮选工艺操作的重要因素之一。若泡沫过黏，气泡间水层难于流动，二次富集作用效果显著降低。为此可在精选槽中采用淋洗法，增大泡沫中流动的水量，从而增强分选作用，提高疏水性产物的质量。在淋洗过程中必须注意喷水的速度、水量，并适当地增加起泡剂用量，以防止回收率降低。

8.3　浮选药剂的联合应用

浮选药剂的研究方向之一是合成新药，另一方向是研究混合用药，从目前文献报道的情况看，后者的发展势头很大。国外著名选矿厂几乎无一例外地采用了混合用药制度，国内的经验也证明了混合用药的优越性。

8.3.1　混合用药效果

混合用药可使精矿品位和回收率提高，浮选速度加快。捕收剂、起泡剂、调整剂均可采用混合用药，举例说明如下。

（1）混合黄药浮选硫化矿　表8-3-1是混合黄药与单一黄药浮选硫化矿结果对比，从表8-3-1看出，在捕收剂用量相同的情况下，混合用药的指标高于单一用药。

表8-3-1　一些混合捕收剂的浮选结果

原　矿	捕收剂名称及用量/g·t^{-1}	精矿品位/%	回收率/%
含铜2.4%的硫化铜矿	戊黄药75	18.7	90
	乙黄药75	18.2	86
	混合剂（乙黄药40%，戊黄药60%）75	18.5	93.5
带有黏土的铜矿（硫化物含铜0.98%～1.1%；氧化物含铜0.18%）	戊黄药75	14.5	75.5
	乙黄药75	14.8	80
	混合剂（乙黄药80%，戊黄药20%）75	15	84
硫化铅锌矿（含铅1.8%～1.9%，含锌2.9%～3.0%）	异丙黄药340	粗选中铅品位6	81.8
	戊黄药340	粗选中铅品位6.5	82.2
	混合剂（异丙黄：戊黄=1：1）340	粗选中铅品位6.2	85.9
硫化铅锌矿（含铅4.83%）	异丙黄药130	铅精矿品位34.1	92.38
	戊黄药130	铅精矿品位27.66	95.32
	混合剂（异丙：戊=41.5：58.5）130	铅精矿品位29.52	96.1

（2）氧化石蜡皂与粗塔尔油混合浮选贫赤铁矿　用氧化石蜡皂浮选贫赤铁矿，我国已经积累了丰富的经验。实践证明，将氧化石蜡皂与粗塔尔油3：1混合使用，比单一使用氧化石蜡皂效果好。

（3）起泡剂的混合使用　国外不少浮选矿厂混合使用或配合使用两种或有两种以上起泡剂。美国的铜矿浮选矿厂有50%以上同时使用两种起泡剂，加拿大某选矿厂用已醇与其他起泡剂，赞比亚某选矿厂使用三乙氧基丁烷与甲基戊烷混合剂。我国使用最广的松醇油，其主要有效成分为α、β、γ三种萜烯醇，也是一种混合物。两种以上起泡剂混合使用，常会得到较好的浮选效果，系统地对混合起泡剂作用效果的研究报道尚很少。

（4）调整剂混合使用　为了提高浮选效果，常将两种（或数种）调整剂联合使用，组成各种配方。例如，在抑制闪锌矿时，将硫酸锌、二氧化硫或亚硫酸盐、硫化钠、碳酸钠、石灰等组成不同配方；抑制方铅矿时，将重铬酸盐、二氧化硫或亚硫酸盐、硫化钠、淀粉等组成各种配方，或将羧甲基纤维素与水玻璃组成配方抑制硫化铜矿时，使用诺克斯试剂或用硫化钠。原来惯用的氰化物类药剂由于其毒性，尽管效果好，但不提倡使用。

8.3.2 混合用药配方类型

混合用药配方类型主要有以下几种：

（1）强药剂与弱药剂共用。如戊黄药与乙黄药。

（2）廉价药与高价药共用。如甲黄药与丁黄药；中性油加黄药；黄药加硫胺脂类（Z-200）等。

（3）不同类型药剂共用。如硫化矿捕收剂加氧化矿捕收剂，阳离子捕收剂加阴离子捕收剂，捕收剂与起泡剂、絮凝剂、抑制剂联合使用。

（4）主要捕收剂与辅助捕收剂（或诱活剂）共用。例如用高价但特效性优良的螯合捕收剂与辅助性的中性油共用；化学活性高但疏水性不甚强的乙二胺（及其磷酸盐）、8-羟基喹啉、水杨醛肟等与疏水性较强的黄药或脂肪酸类共用等。前一类药剂对矿物活化性高，本身疏水性不强，但可诱活普通捕收剂（如黄药）的作用，故称为诱活剂。

8.3.3 混合用药的机理

混合用药的机理主要有两方面，其一为不同特性药剂混合使用，可对不同性质的矿物及同一矿物的不均一性表面发生相应的作用，可提高药剂的总活性；其二为混合药剂彼此交互作用，彼此促进、强化，其中以发生各类共吸附现象最为常见。以乙黄药与戊黄药在方铅矿上吸附为例，当按重量比为1∶1混合使用时，不但总吸附量提高，而且作用强的戊黄药吸附量比单用时增加更多，黄药吸附比例（%）的有关数据如表8-3-2所示。

表8-3-2 乙黄药与戊黄药在方铅矿上的吸附比例

加药方式	戊黄药	乙黄药	二者之和
单一使用/%	57	56	56.5
混合使用/%	67	50	58

根据共吸附研究，同类捕收剂混用（如不同黄药使用，黄药和黑药混用）时，在低浓度时为共吸附；在高浓度时为竞争吸附，强者优先吸附。不同类型捕收剂（如阳离子型氧化矿捕收剂第一胺与阴离子型脂肪酸及硫化矿捕收剂黄药）混合时，发生中性分子与离子的共吸附，例如混合捕收剂对白钨矿的作用，可用联合效应指数 J 表示与单一使用相比较的活性提高程度，令：

$$J = \varepsilon_{1,2}/(\varepsilon_1 + \varepsilon_2)$$

式中，ε_1、ε_2 为单一用药的回收率；$\varepsilon_{1,2}$ 为混合用药的回收率。

两种药剂混合对白钨矿的效应指数 J 列于表8-3-3。从表8-3-3看出，在酸性介质中 J 指数高，这是因为此时发生阴离子捕收剂的酸分子（在酸性介质中不解离）与胺阳离子（解离）的共吸附而相互强化。

表8-3-3 混合用药的联合效应指数

捕收剂名称及用量	在不同pH值下的 J 指数值									
/mg·L^{-1}	3	4	5	6	7	8	9	10	11	12
十二胺+油酸钠	22	13	8.5	0.8	0.4	0.4	0.3	0.4	0.6	0.8
十二胺+戊甲黄药	22.5	12.5	7.5	4.2	2.5	1.7	1.6	1.8	1.3	1.4

共吸附相互强化的模型有两种，一种为穿插型，即与矿物作用活性高的药剂先在某些点吸附，再引起另一种药剂分子（或离子）穿插其间（与矿物表面垂直排列）共吸附；另一种为层叠型，即高活性先与矿物作用，改变其原有特性（如表面电性、润湿性、化学吸附特性等），再引起其他药剂在其上面二次层叠吸附。共吸附的药剂间因有互相作用力，故可协同强化。

8.4 浮选设备的种类、安装与维护

浮选设备是实现泡沫浮选工艺、将目的矿物从矿石中选别出来的机械设备，目前世界范围内有近 20 亿吨矿石是经过泡沫浮选工艺来处理。据粗略统计，有色金属矿物的回收约 90% 是用浮选法，在黑色金属矿物选别领域占有 50% 的比重。

浮选设备自 20 世纪初装备选矿厂以来，经过近 100 年的发展，无论是按比例放大理论、浮选动力学理论还是结构类型设计，都有较大发展。目前代表国际上浮选设备研究开发和应用水平较高的有美国 FLSmidth 公司、芬兰的 OutoTec 公司、瑞典的 Metso 公司和俄罗斯国立有色金属研究院，我国的北京矿冶研究总院（BGRIMM）。具有代表性的产品包括：芬兰 OK-TankCell 型浮选机，美国的 Wemco 型浮选机和 Dorr-Oliver 型浮选机，瑞典 Mesto 公司 RSC（Reactor Cell System）型浮选机，以及我国 BGRIMM 系列浮选机，俄罗斯的φII 型浮选机等，芬兰 OK 型浮选机的最大单槽容积为 $300m^3$，美国的 Wemco 型浮选机为 $200m^3$，瑞典的 RSC™ 型浮选机为 $200m^3$，我国的 BGRIMM 系列 KYF 型浮选机为 $320m^3$。浮选设备的应用领域不断扩大，从矿物分选到工业废水处理、油田污水处理、废纸脱墨，微生物浮选分离等。

纵观几十年来国内外浮选设备的研究现状，浮选设备的进展总体表现如下：

（1）浮选设备大型化。近年来，单槽容积大于 $200m^3$ 浮选设备已经大量进入工业应用。

（2）浮选设备的节能降耗是近期浮选设备研究的热点。通过叶轮结构优化，使浮选的效率提高，同时降低浮选设备的电耗并减少了浮选机部件的磨损；柱型浮选设备因其节能降耗的特性，也成为研究热点。

（3）以浮选机为代表的细粒浮选设备得到快速的发展。多段浮选机的出现大大增强了浮选机对不同可浮性矿物浮选的适应性，复合力场的引入，使浮选机处理细粒和微细粒的效率大大提高。例如重选和浮选的联合，磁选和浮选的联合等。

（4）粗粒浮选、高效节能浮选及复合力场细粒和微细粒浮选设备仍是今后浮选机的研究方向。

（5）应用领域不断扩大。从矿物的分选到工业废水处理、油田污水处理、废纸脱墨等。

（6）自动化控制程度越来越高。

8.4.1 浮选设备的分类

目前，用于矿物分选的浮选设备种类较多、品种规格齐全。按其充气搅拌方式分有充气机械搅拌式浮选机、机械搅拌式浮选机、浮选柱：按选别矿物的类别也可分为常规浮选机、特殊用途浮选机。详细分类见表 8-4-1。

表 8-4-1　浮选设备分类

类　别	浮选设备		设备特点
充气机械搅拌式浮选机	KYF/XCF 型、CLF 型、BS-K 型、CHF-X 型、XJC 型、OK 型、φⅡ型、RSC™型、Dorr-Oliver 型		该类浮选机靠机械搅拌器旋转来搅拌矿浆和分散空气，而充气由鼓风机提供。主要优点是充气量大、气量可按需要进行调节、磨损小、电耗低。缺点是无吸气和吸浆能力、设备配置上不够方便、需增加风机和矿浆循环泵。其中 XCF 型可以自吸中矿，与 KYF 型配套使用可以实现水平配置
机械搅拌式浮选机	JJF 型、BF 型、GF 型、SF 型、Wemco 型、XJQ 型、XJM 型		该类浮选机靠机械搅拌器（叶轮和定子）来实现矿浆的充气和搅拌。优点是可以自吸空气和矿浆，不需外加充气装置；中矿返回时易于实现自流，减少矿浆提升泵数量；设备配置整齐美观，操作方便
浮选柱	CPT 型、CCF 型、KYZB 型、FCSMC 型、CISA 型、KYZE 型、Jameson 型、XPM 型		该类浮选设备的特点是既没有搅拌器也没有传动部件，由专门设置的空压机提供充气用的空气或自吸空气。主要优点是结构简单，容易实行自动控制，减少精选作业的次数
特殊用途浮选机	粗颗粒	CLF 型、自吸气型	浮选机采用特殊的结构，有利于粗颗粒的悬浮和浮选
	闪速浮选机	YX 型、SK 型	充气机械搅拌式浮选机的一种，浮选机采用特殊的结构和叶轮定子系统
	油水分离	JJFⅢ型	机械搅拌式浮选机的一种

8.4.2　浮选设备的安装与维护

浮选设备的型号繁多，以下以国内矿山使用较多、具有代表性的机型进行重点介绍。

8.4.2.1　充气机械搅拌式浮选机的安装与维护

充气机械搅拌式浮选机的代表机型有 KYF 型、XCF 型、OK 型、φⅡ型、RSC™型和 Dorr-Oliver 型等浮选机。其中 KYF 型浮选机（参见图 8-4-1）在我国的矿山应用 5000 多台（套），国内 90% 以上的大型有色、黑色及非金属矿山采用了此机型，其单槽容积最大达到 320m^3，是超大型矿山的首选机型。

A　KYF 型浮选机安装与维护

a　KYF 型浮选机的特点　　采用“U”型槽体或圆筒形槽体、空心轴充气、悬挂定子和叶片后倾叶轮。该叶轮类似于高比转速离心泵叶轮形式，扬送矿浆量大，压头小，功耗低；在叶轮空腔中设计了独特的空气分配器，使空气能预先均匀地分散在叶轮叶片的大部分区域内，提供了大范围的矿浆-空气界面，从而将空气均匀地分散在矿浆中。新设计的叶轮定子系统，具有独特的结构，具有能耗低、结构简单等突出优点。

KYF 型浮选机的工作原理是：当叶轮旋转时，槽内矿浆从四周经槽底由叶轮下端吸入叶轮叶片间，与此同时，由鼓风机给入的低压空气，经中空轴进入叶轮腔的空气分配器中，通过空气分配器周边的孔流入叶轮叶片间，矿浆与空气在叶轮叶片间进行充分混合后，由叶轮上半部周边排出，由安装在叶轮四周斜上方的定子稳流和定向后进入到整个槽子中，矿化泡沫上升到稳定区后富集，从溢流堰溢出或刮泡装置刮出，流入泡沫槽。

该类型设备具有以下特点：

（1）结构简单，维修工作量少；

（2）空气分散均匀，矿浆悬浮好；

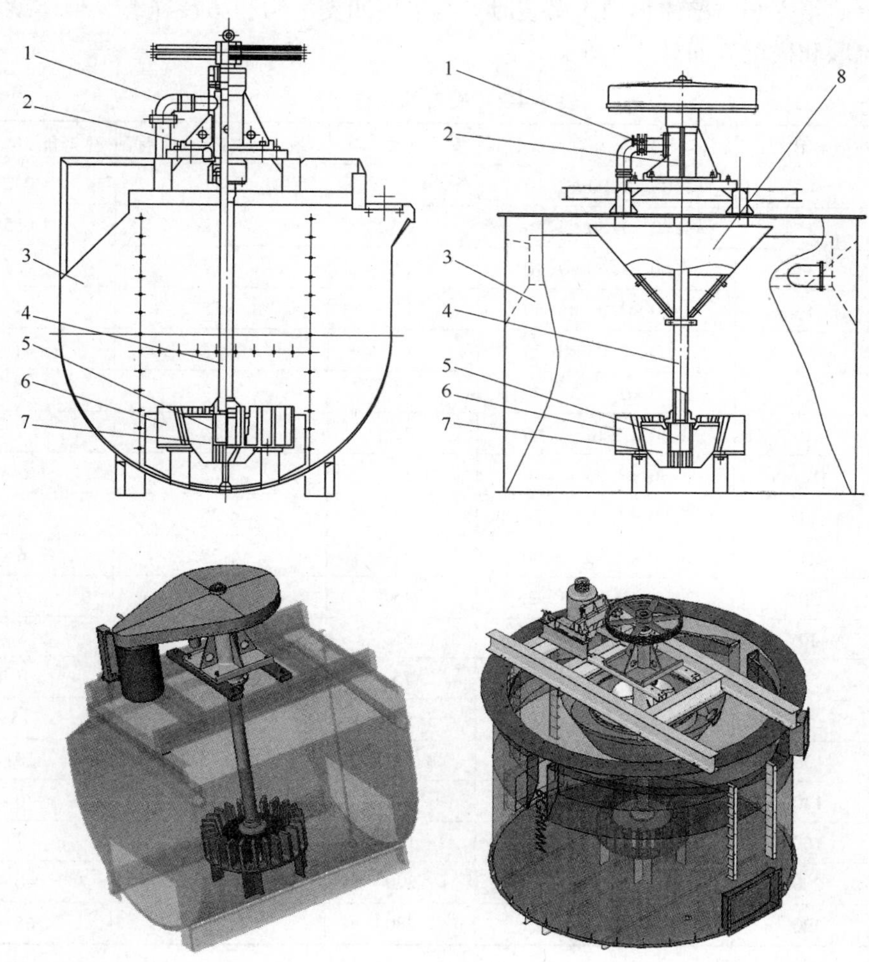

图 8-4-1　KYF 型浮选机结构图

1—空气调节阀；2—轴承体；3—槽体；4—轴；5—空气分配器；6—定子；7—叶轮；8—推泡锥

(3) 叶轮转速低，叶轮与定子之间间隙大，能耗少，磨损轻；

(4) 药剂消耗少；

(5) 带负荷启动；

(6) 配有先进的矿浆液面控制系统和充气量控制系统，操作管理方便。

b　KYF 型浮选机规格型号　KYF 型浮选机适用于选别铜、铅、锌、镍、钼、硫、铁、金、铝土矿、磷灰石、钾盐等矿物；矿浆浓度一般小于 45%；可以单独使用，但各作业之间需阶梯配置，落差一般为 300 ~ 1000mm；也可以与 XCF 型配置成联合机组，即用 XCF 作吸入槽，KYF 作直流槽，实现水平配置。KYF 型浮选机的规格型号按标准容积分类有 19 种，详细分类见表 8-4-2。

c　KYF 型浮选机的安装　安装前必须确认基础依据要求和当地的设计规程。钢结构梁务必结实、无振动，应测量基础表面水平度，水平度小于 5mm。

(1) 槽体安装　定准安装位置，将槽体吊装就位，槽与槽之间用螺栓连接，给矿箱、中间箱和尾矿箱安装与槽体相同。吊装时务必采用四支吊钩和吊装绳缆。槽体就位后需保证泡沫溢流堰和横梁表面处于水平。

表 8-4-2 设备的规格型号

规 格	有效容积/m^3	槽体尺寸(长×宽×高)/m	安装功率/kW	最小进风压力/kPa	生产能力/$m^3 \cdot min^{-1}$
KYF-1	1	1.00×1.00×1.10	3	>11	0.2~1
KYF-2	2	1.30×1.30×1.25	5.5	>12	0.5~2
KYF-3	3	1.60×1.60×1.40	7.5	>14	0.7~3
KYF-4	4	1.80×1.80×1.50	11	>15	1~4
KYF-6	6	2.05×2.05×1.75	11	>17	1~6
KYF-8	8	2.20×2.20×1.95	15	>19	2~8
KYF-10	10	2.40×2.40×2.10	22	>20	3~10
KYF-16	16	2.80×2.80×2.40	30	>23	4~16
KYF-20	20	3.00×3.00×2.70	37	>25	5~20
KYF-24	24	3.10×3.10×2.90	37	>27	6~24
KYF-30	30	3.50×3.50×3.025	45	>31	7~30
KYF-40	40	3.80×3.80×3.40	55	>32	8~38
KYF-50	50	4.40×4.40×3.50	75	>33	10~40
KYF-70	70	ϕ5.10×4.5	90	>41	13~70
KYF-100	100	ϕ5.80×4.56	132	>46	20~100
KYF-130	130	ϕ6.50×4.88	160	>50	30~130
KYF-160	160	ϕ7.00×5.20	160	>52	32~160
KYF-200	200	ϕ7.50×5.60	220	>56	40~200
KYF-320	320	ϕ8.60×6.40	280	>64	65~300

(2) 定子　定子通常由制造厂预先安装在槽底部，待主轴部件安装好后松开固定定子的螺栓。调整叶轮与定子间隙均匀后，再拧紧定子固定螺栓。

(3) 主轴部件　主轴部件除大带轮外通常在制造厂组装成整体（如浮选机出厂已超过一年，安装前需清洗轴承，换新的润滑脂），将主轴部件整体吊到浮选机横梁上，而后安装大带轮，用大带轮上表面找水平，主轴部件与横梁用螺栓固紧。

(4) 电机装置　先将电机支架吊装在横梁上，再装好电机和小带轮，用大、小带轮上表面找水平，固紧电机。

(5) 刮板及刮板电机装置　刮板轴安装要水平同心，运转灵活。刮板电机装置安装，与刮板轴连接一种方式为联轴器，安装时轴要同心；另一种为皮带连接，安装时皮带轮沟槽中心成一个平面。圆形槽体不设有刮板装置。

(6) 中、尾矿阀门装置　中、尾矿自动阀门装置有两种，一种是用角行程电动执行器带动闸板闸门，另一种用直行程电动执行器带动锥形阀门。安装时保证阀杆上下运动灵活。

(7) 检查　设备安装后应进行以下各点检查：检查浮选机安装是否稳固，每个浮选机泡沫堰两端的高差不得超过3mm，泡沫槽两边溢流堰的高差根据生产中的实际情况调节；

检查给矿箱、中间箱和尾矿箱；检查主轴部件安装是否稳固；检查电机支座及电机安装的是否稳固；检查大、小皮带轮的皮带槽是否在同一平面，皮带是否张紧；检查叶轮、定子是否紧固，以及叶轮和定子之间的间隙四周是否均匀一致；检查操作平台、楼梯和护栏是否紧固；检查风管和风阀；检查水管；检查矿浆液位控制系统；检查橡胶衬里，如有破损需修补；检查电气装置，确保事故停机开关工作正常；如果发现缺陷，试车前必须纠正。

d KYF 型浮选机的维护 维护工作主要包括：

(1) 投产 3~6 个月期间停机检查 停机后重点应检查下列项目：

检查叶轮和定子是否松动；检查空气分配器中是否有杂物，有杂物时必须清除干净；检查锥阀和闸板阀；检查槽体状况及衬胶状况，有开胶处必须修补；检查给矿箱、中间箱、尾矿箱及其衬胶状况，有开胶处须修补。

(2) 计划检修 清洗主轴轴承；更换磨损的叶轮、定子和空气分配器；更换磨损的刮板轴承座和轴套；检查槽体、给矿箱、中间箱和尾矿箱的衬胶情况；检查锥阀和橡胶环，更换磨损较重的锥阀和橡胶环。

(3) 润滑 主轴轴承部分润滑主要有轴承和密封圈，采用 2 号锂基润滑脂，电动机轴承润滑使用钠基润滑脂。刮板轴承润滑使用钠基润滑脂，每月加注一次。刮板减速机润滑采用 40 号机油，油面低于油标尺下线即可加油，加注油面到油标尺上线即可。

B 其他机型的安装和维护

XCF 型、OK 型、RSC™型、Dorr-Oliver 型等充气机械搅拌式浮选机与 KYF 浮选机的安装维护内容相似，这里不再具体介绍。

8.4.2.2 机械搅拌式浮选机的安装与维护

机械搅拌式浮选机为自吸气浮选机，有的兼具自吸矿浆功能，代表机型有 JJF 型、BF 型、GF 型、Wemco 型、XJM 型等。其中 JJF 型和 Wemco 型浮选机仅具有自吸气功能，JJF 型浮选机是在 Wemco 型浮选机的基础上发展起来，两者结构和性能相近。BF 型、GF 型和 XJM 型是兼具自吸气和吸浆两种功能的浮选机，其中 BF 型浮选机是 SF 型浮选机改进型，性能更加优良，GF 型浮选机与 BF 型结构相近；XJM 型浮选机在选煤领域应用较多。下面重点介绍国内使用较多 JJF 型浮选机、BF 型浮选机和 XJM 型浮选机。

A JJF 浮选机安装与维护

a JJF 型浮选机的特点 JJF 型浮选机是一种自吸气机械搅拌浮选机，其结构如图 8-4-2 所示，叶轮机构由叶轮、定子、分散罩、竖筒、主轴及轴承体组成，安装槽体主梁上，由电动机通过三角皮带驱动，在槽体下部设有假底和导流管装置。小容积的浮选机槽体结构为方形，大容积的浮选机槽体结构为圆形。

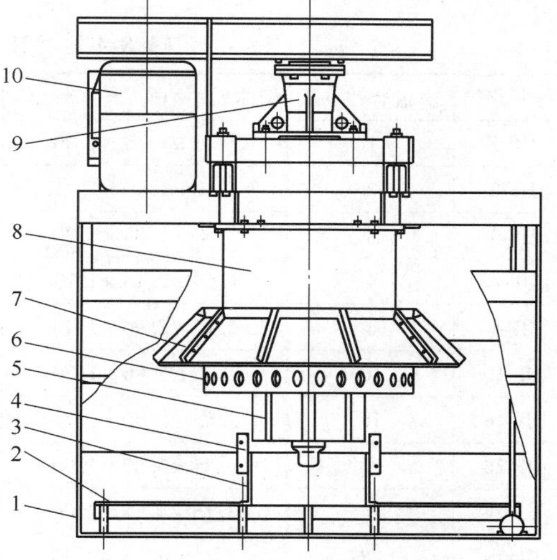

图 8-4-2 JJF 型浮选机结构图

1—槽体；2—假底；3—导流管；4—调节半环；5—叶轮；6—定子；7—分散罩；8—竖筒；9—轴承体；10—电机

工作原理是：叶轮旋转时，使与其邻近的矿浆产生旋涡，这个旋涡的气-液界面向上扩展到竖筒的内壁，向下穿过叶轮中心区延伸至导流管内，在旋涡中心形成负压区。由于竖筒与周围的大气相同，空气由竖筒盖上的吸气孔，引入到竖筒和叶轮中心，在那里与吸入的矿浆相混合。空气与矿浆在叶轮叶片区首先相碰，三相矿浆离开叶轮叶片，较大的切向部分转变成径向，与此同时，产生一个局部湍流场，促使气泡细化，空气与矿浆更好地混合。三相矿浆离开定子上升至分散罩进一步稳流，维持一个相对静止的分离区，完成了可浮矿物与矿浆的分离，矿化气泡上升到刮泡区，通过刮板与自溢到泡沫槽成为产品。槽内矿浆一部分通过假底和导流管进行矿浆大面积循环，促使可浮矿物多次循环进入叶轮区，增加选别机会；另一部分矿浆经槽壁间开孔流入下一槽进行再选或作为某一产品排出槽外。

该类型设备具有以下特点：

（1）自吸气，不需要设风机和供风管道；

（2）叶轮沉没于槽内矿浆深度浅，能自吸足够的空气，可达 1.1m^3/(m^2·min)；

（3）借助于假底、导流管装置，促进矿浆下部大循环，循环区域大，保持矿粒悬浮；

（4）借助于分散罩装置，使矿液面稳定，有利于矿物分选；

（5）叶轮直径小，周速低，叶轮与定子间隙大（一般为100～500mm），磨损轻。如果是橡胶叶轮定子，可使用3～5年；

（6）配有先进的矿液面控制系统和充气量控制系统，操作管理方便。

b JJF型浮选机规格型号　JJF型浮选机适用于有色金属、黑色金属、非金属及化工原料选矿，处理的物料粒度范围一般为0.074mm占45%～95%，矿浆浓度小于45%。该设备可以单独使用，但各作业之间需阶梯配置，落差一般为300～500mm，中矿返回需用泡沫泵。也可以与BF型浮选机作为联合机组，BF型浮选机作吸入槽，JJF型浮选机作直流槽，实现平面配置，各作业之间不需要用泡沫泵。JJF型浮选机现已使用数千台，其规格型号按标准容积分类有14种，详见表8-4-3。

表8-4-3 JJF型浮选机的规格型号

规 格	有效容积/m^3	槽体尺寸(长×宽×高)/m	安装功率/kW	最小进风压力/kPa	生产能力/m^3·min^{-1}
JJF-1	1	1.10×1.10×1.00	5.5	1.0	0.3～1
JJF-2	2	1.40×1.40×1.15	7.5	1.0	0.5～2
JJF-3	3	1.50×1.85×1.20	11	1.0	1～3
JJF-4	4	1.60×2.15×1.25	11	1.0	2～4
JJF-8	8	2.20×2.90×1.40	22	1.0	4～8
JJF-10	10	2.20×2.90×1.70	22	1.0	4～10
JJF-16	16	2.85×3.80×1.70	37	1.0	5～16
JJF-20	20	2.85×3.80×2.00	37	1.0	5～20
JJF-24	24	3.15×4.15×2.00	45	1.0	7～24
JJF-28	28	3.15×4.15×2.30	45	1.0	7～28
JJF-42	42	3.60×4.80×2.65	75/90	1.0	12～42
JJF-130	130	ϕ6.60×4.50	160	1.0	40～65
JJF-200	200	ϕ7.50×5.20	220	1.0	60～100

c JJF 型浮选机的安装 安装前必须确认基础依据要求和当地的设计规程。钢结构梁务必结实、无振动，应测量基础表面水平度。水平度小于 5mm。

(1) 槽体安装 定准安装位置，将槽体吊装就位，槽与槽之间用螺栓连接，给矿箱、中间箱和尾矿箱安装与槽体相同。吊装时务必采用四支吊钩和吊装绳缆。槽体就位后需保证泡沫溢流堰和横梁表面处于水平。

(2) 导流筒 导流筒通常由制造厂预先安装在槽底部，待主轴部件安装好后松开固定导流筒的螺栓。调整叶轮与导流筒间隙均匀后，再拧紧导流筒固定螺栓。

(3) 主轴部件 主轴部件除大带轮外通常在制造厂组装成整体（如浮选机出厂已超过 1 年，安装前需清洗轴承，换新的润滑脂），将主轴部件整体吊到浮选机横梁上，而后安装大带轮，用大带轮上表面找水平，主轴部件与横梁用螺栓固紧。

(4) 电机装置 先将电机支架吊装在横梁上，再装好电机和小带轮，用大、小带轮上表面找水平，固紧电机。

(5) 刮板及刮板电机装置 刮板轴安装要水平同心，运转灵活。刮板电机装置安装，与刮板轴连接一种方式为联轴器，安装时轴要同心；另一种为皮带连接，安装时皮带轮沟槽中心成一个平面。圆筒形槽体不设有刮板装置。

(6) 中、尾矿阀门装置 中、尾矿自动阀门装置有两种，一种是用角行程电动执行器带动闸板闸门，另一种用直行程电动执行器带动锥形阀门。安装时保证阀杆上下运动灵活。

(7) 检查 设备安装后应进行以下各点检查：检查浮选机安装是否稳固，每个浮选机泡沫堰两端的高差不得超过 3mm，泡沫槽两边溢流堰的高差根据生产中的实际情况调节；检查给矿箱、中间箱和尾矿箱；检查主轴部件安装是否稳固；检查电机支座及电机安装的是否稳固；检查大、小皮带轮的皮带槽是否在同一平面，皮带是否张紧；检查叶轮、定子是否紧固，以及叶轮和定子之间的间隙四周是否均匀一致；检查操作平台、楼梯和护栏是否紧固；检查自吸气风管和风阀；检查矿浆液位控制系统；检查橡胶衬里，如有破损需修补。

确保事故停机开关工作正常，如果发现缺陷，试车前必须纠正。

d JJF 型浮选机的维护 维护工作主要包括：

(1) 投产 3 ~6 个月期间停机检查 停机后重点应检查下列项目：

检查叶轮和定子的状况和是否有松动；检查分散罩和定子中是否有杂物，有杂物时必须清除干净；检查锥阀和闸板阀；检查槽体状况及衬胶状况，有开胶处必须修补；检查给矿箱、中间箱、尾矿箱及其衬胶状况，有开胶处须修补。

(2) 计划检修 清洗主轴轴承；更换磨损的叶轮、定子、导流筒和分散罩；更换磨损的刮板轴承座和轴套；检查槽体、给矿箱、中间箱和尾矿箱的衬胶情况；检查锥阀和橡胶环，更换磨损较重的锥阀和橡胶环。

(3) 润滑 主轴轴承部分润滑主要有轴承和密封圈，采用 2 号钠基润滑脂，电动机轴承润滑使用钠基润滑脂。刮板轴承润滑使用钠基润滑脂，每月加注一次。刮板减速机润滑采用 40 号机油，油面低于油标尺下线即可加油，加注油面到油标尺上线即可。

B BF 浮选机安装与维护

a BF 型浮选机的特点 BF 型浮选机的结构图如图 8-4-3 和图 8-4-4 所示，主要由吸气管轴承体、电机、中心筒、槽体、主轴、盖板和叶轮组成，容积大于 $10m^3$ 槽体，增

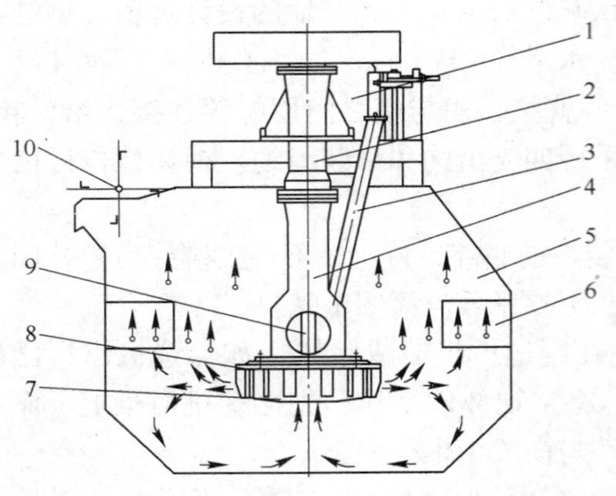

图 8-4-3 BF0.15 ~ BF8 型浮选机

1—电机装置；2—轴承体；3—吸气管；4—中心筒；5—槽体部件；6—稳流板；7—叶轮；8—盖板；9—主轴；10—刮板部件

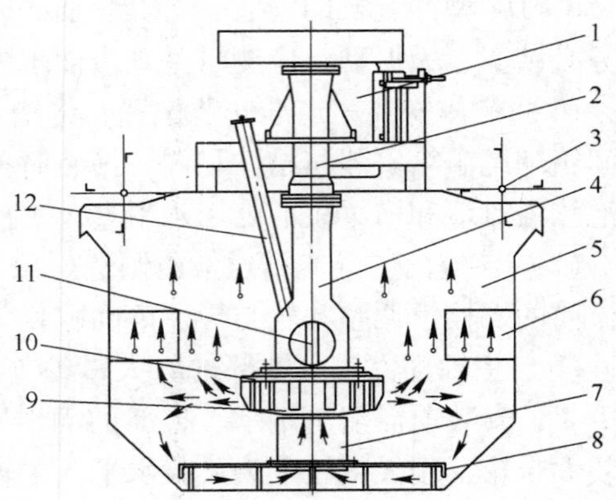

图 8-4-4 BF10 ~ BF20 型浮选机

1—电机装置；2—轴承体；3—刮板部件；4—中心筒；5—槽体部件；6—稳流板；7—导流管；8—假底；9—叶轮；10—盖板；11—主轴；12—吸气管

设导流筒、假底、调节环和稳流板。

工作原理是：当主轴通过电机驱动叶轮旋转时，叶轮腔内的矿浆受离心力的作用向四周甩出，使叶轮内产生负压，空气通过吸入管吸入；与此同时，叶轮下面的矿浆通过叶轮下锥盘中心孔吸入，在叶轮腔内与空气混合，然后通过盖板叶片间的通道向四周甩出，其中的空气和一部分矿浆在离开盖板通道之后，向浮选机上部运动，参与浮选过程；而另一部分矿浆向浮选机底部运动，受叶轮的抽吸再次进入叶轮腔，形成矿浆的下循环。矿浆下循环的存在有利于粗矿粒的悬浮，能最大限度地减少粗砂在槽下部的沉积。

该类型设备具有以下特点：

(1) 槽内矿浆双循环，自吸空气、自吸矿浆，水平配置，不需增设泡沫泵；

(2) 吸气量大、能耗小；

(3) 叶轮圆周速度低，易磨损件使用周期长；

(4) 叶轮与盖板之间的径向间隙要求不严，随着磨损间隙增大，吸气量变化不明显；

(5) 槽内矿浆按固定的流动方式进行上、下循环，有利于粗粒矿物的悬浮；

(6) 配有先进的矿浆液面控制系统和充气量控制系统，操作管理方便。

b BF 型浮选机规格型号　BF 型浮选机适用于有色金属、黑色金属、非金属及化工原料，处理的物料粒度范围一般为 -0.074mm 占 45% ~95%，矿浆浓度小于 45%。可以单独使用，作业之间水平配置，中矿返回不需用泡沫泵。BF 型浮选机现已推广使用数千台。BF 型浮选机的规格型号按标准容积分类有 14 种，详细分类见表 8-4-4。

c BF 型浮选机的安装　安装前必须确认基础依据要求和当地的设计规程。钢结构梁务必结实、无振动，应测量基础表面水平度，水平度应小于 5mm。

(1) 槽体安装　定准安装位置，将槽体吊装就位，槽与槽之间用螺栓连接，给矿箱、中间箱和尾矿箱安装与槽体相同。吊装时务必采用四支吊钩和吊装绳缆。槽体就位后需保证泡沫溢流堰和横梁表面处于水平。

(2) 导流筒　导流筒通常由制造厂预先安装在槽底部，待主轴部件安装好后松开固定导流筒的螺栓。调整叶轮与导流筒间隙均匀后，再拧紧导流筒固定螺栓。

表 8-4-4 BF 浮选机的规格型号

规 格	有效容积/m^3	槽体尺寸(长×宽×高)/m	安装功率/kW	最小进风压力/kPa	生产能力/$m^3 \cdot min^{-1}$
BF-0.15	0.15	0.55×0.55×0.6	2.2（双槽）	0.9~1.05	0.06~0.16
BF-0.25	0.25	0.65×0.6×0.7	1.5	0.9~1.05	0.12~0.28
BF-0.37	0.37	0.74×0.74×0.75	1.5	0.9~1.05	0.2~0.4
BF-0.65	0.65	0.85×0.95×0.9	3.0	0.9~1.10	0.3~0.7
BF-1.2	1.2	1.05×1.15×1.10	5.5	1.0~1.10	0.6~1.2
BF-2.0	2.0	1.40×1.45×1.12	7.5	1.0~1.10	1.0~2.0
BF-2.8	2.8	1.65×1.65×1.15	11	0.9~1.10	1.4~3.0
BF-4	4	1.90×2.00×1.20	15	0.9~1.10	2~4
BF-6	6	2.20×2.35×1.30	18.5	0.9~1.10	3~6
BF-8	8	2.25×2.85×1.40	22/30	0.9~1.10	4~8
BF-10	10	2.25×2.85×1.70	22/30	0.9~1.10	5~10
BF-16	16	2.85×3.80×1.70	37/45	0.9~1.10	8~16
BF-20	20	2.85×3.80×2.0	37/45	0.9~1.10	10~20
BF-24	24	3.15×4.15×2.0	45	0.9~1.10	12~24

(3) 主轴部件 主轴部件除大带轮外通常在制造厂组装成整体（如浮选机出厂已超过1年，安装前需清洗轴承，换新的润滑脂），将主轴部件整体吊到浮选机横梁上，而后安装大带轮，用大带轮上表面找水平，主轴部件与横梁用螺栓固紧。叶轮和盖板轴向间隙标准间隙为15mm。

(4) 电机装置 先将电机支架吊装在横梁上，再装好电机和小带轮，用大、小带轮上表面找水平，固紧电机。

(5) 刮板及刮板电机装置 刮板轴安装要水平同心，运转灵活。刮板电机装置安装，与刮板轴连接一种方式为联轴器，安装时轴要同心；另一种为皮带连接，安装时皮带轮沟槽中心成一个平面。圆形槽体不设有刮板装置。

(6) 中、尾矿阀门装置 中、尾矿自动阀门装置有两种，一种是用角行程电动执行器带动闸板闸门，另一种用直行程电动执行器带动锥形阀门。安装时保证阀杆上下运动灵活。

(7) 检查 设备安装后应进行以下各点检查：检查浮选机安装是否稳固，每个浮选机泡沫堰两端的高差不得超过3mm，泡沫槽两边溢流堰的高差根据生产中的实际情况调节；检查给矿箱、中间箱和尾矿箱；检查主轴部件安装是否稳固；检查电机支座及电机安装的是否稳固；检查大、小皮带轮的皮带槽是否在同一平面，皮带是否张紧；检查叶轮、盖板是否紧固，以及叶轮和盖板之间的间隙四周是否均匀一致；检查操作平台、楼梯和护栏是否紧固；检查自吸气风管和风阀；检查矿浆液位控制系统；检查橡胶衬里，如有破损需修补。

确保事故停机开关工作正常，如果发现缺陷，试车前必须纠正。

d BF型浮选机的维护 维护工作主要包括：

(1) 投产3~6个月期间停机检查 停机后重点应检查下列项目：

检查叶轮、盖板的状况和是否有松动；检查中矿管和给矿管是否松动和泄露；检查假底是否有杂物，有杂物时必须清除干净；检查锥阀和闸板阀；检查槽体状况及衬胶状况，有开胶处必须修补；检查给矿箱、中间箱、尾矿箱及其衬胶状况，有开胶处须修补。

(2) 计划检修 清洗主轴轴承；更换磨损的叶轮、盖板和导流筒；更换磨损的刮板轴承座和轴套；检查槽体、给矿箱、中间箱和尾矿箱的衬胶情况；检查锥阀和橡胶环，更换磨损较重的锥阀和橡胶环。

(3) 润滑 主轴轴承部分润滑主要有轴承和密封圈，采用2号钠基润滑脂，电动机轴承润滑使用钠基润滑脂。刮板轴承润滑使用钠基润滑脂，每月加注一次。刮板减速机润滑采用40号机油，油面低于油标尺下线即可加油，加注油面到油标尺上线即可。

C XJM型浮选机安装与维护

a XJM型浮选机的特点 XJM型浮选机是由槽体、搅拌机构、传动机构、刮泡机构及液位调整机构等部分组成，见图8-4-5。槽底上设有假底，假底上有稳流板、吸浆管及定子导向板。相邻两槽间设有中矿箱，位于前一槽的槽箱内，而在第一槽的前面增设入料箱。搅拌机构由传动机构、套筒、定子盖板、叶轮、锁紧螺母、导管及进气管等组成。在导管与定子盖板间有调节环，用于调节矿浆的循环量。叶轮用锁紧螺母固定在轴上，定子分成盖板和导向板两部分，盖板通过法兰盘与套筒连接，安装时盖板压在固定于假底上的定子导向板上，这样定子导向板不仅用于分配矿浆，而且又成为搅拌机构的支座，保证了叶轮运转时的稳定性。这种结构减小了定子直径，安装检修时便于搅拌机构的起吊及拆装叶轮。进气管上的气量调节阀用来调节进气量。

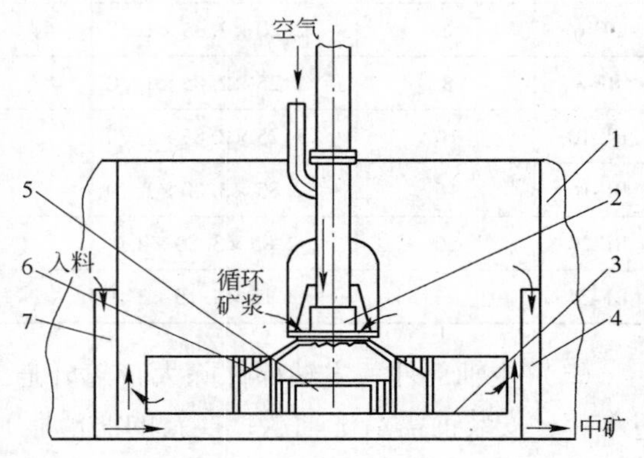

图8-4-5 XJM型浮选机结构

1—槽体；2—套筒；3—假底；4—中间箱；5—吸浆管；6—叶轮；7—给料箱

工作原理：矿浆从浮选机端部的入料箱进入假底的下面，其主流经吸浆管进入叶轮的下层腔内，进入叶轮下腔的还有一部分槽内的循环矿浆，循环矿浆的主流及部分从假底周边泄出的新鲜矿浆一起从叶轮上部的搅拌区进入叶轮的上层，所有矿浆在离心力作用下从叶轮周边甩出进入槽箱。当矿浆被甩出时，叶轮中心部分产生负压，通过吸气管和套筒吸入空气，空气和矿浆在叶轮腔内混合，并在叶片和液流的剪切作用下分散成微细气泡，微泡与疏水性颗粒碰撞并黏附在一起，生成矿化气泡，上升至液面被刮板排出。假底上面的定子导向板和稳流板起到分配和稳定液流的作用。未得分选的颗粒随液流经中矿箱进入下一浮选机，重复上述过程，直至最后一槽排出尾矿，完成浮选过程。固体颗粒在槽内多次循环与气泡接触，有利于提高浮选速度，并有利于较粗颗粒和难浮煤泥的浮选。

特点及用途：

（1）XJM 型浮选机采用矩形槽体；

（2）采用自吸式充气方式，设有一个进气管，管口有气量控制阀，可以在机器运转过程中随时调节充气量，吸入的空气经套筒分别进入叶轮的上下两层；

（3）叶轮为伞形方式；

（4）采用混合给料方式，即新鲜矿浆从假底下部给入，其主要部分从设在假底中心的吸浆管吸入叶轮底部。

b　XJM 型浮选机规格型号　　XJM 型浮选机适用于选煤领域，单槽容积有 $3m^3$、$4m^3$、$8m^3$、$12m^3$、$14m^3$、$16m^3$、$20m^3$ 等七种机型。

c　XJM 型浮选机的安装　　主要部件的安装及其要求是：

（1）浮选机槽体　安装顺序：先安装头部槽体，再安装中间槽体，最后安装尾部槽体。

槽体安装前要用水平测绘仪测出基础座的水平偏差，槽体装到基础上以后，使各个槽体的两边溢流堰成同一水平，用水平尺在不同槽体间找正，并用不同厚度的垫板使整机在长度方向和宽度方向上水平一致，在长度方向上总偏差不应超出 3 ~ 5mm。入料口、槽体与槽体、槽体与中矿箱连接部均不得有渗漏现象，然后紧固机体各部螺栓。

（2）搅拌机构　空心轴与叶轮应安装牢固，叶轮水平面应保证与空心轴垂直，且不能上下窜动。

叶轮应与假底中心孔对中，其偏差不大于 3mm。

定子导向叶片与假底上的稳流板对齐，不得错开。

叶轮与定子之间的径向、轴向间隙应保证在 7 ~ 9mm 之间，在安装中可从叶轮外径上任取等距离的三点测量其间隙，轴向间隙由调整垫来调节。

传动三角带的安装松紧应适度，装三角带之前，先将电机和搅拌轴上的大小皮带轮安装合适，找平后再将三角带放入皮带轮槽中，调节中心距，张紧三角带。转动电机继续调整三角带，使在带负荷驱动时松边稍呈弓形。安装三角带轮安全罩，安全罩支腿插入管座应稳固。

检查电机转动方向，叶轮为顺时针方向转动，搅拌机构应转动灵活，无卡阻现象。

（3）刮板机构　安装刮板轴、刮板架、刮板橡皮，并使刮板轴转动，刮板橡胶板与溢流口之间的间隙一致，不大于 5mm，后一槽刮板与前一槽刮板依次错开 30°。刮板轴的中心都在同一直线上，相邻两轴的同轴度偏差不大于 0.8mm。

（4）液面控制机构　固定液面调整机构，使该机构在手动或自动的操作状态升降灵活，并在设计要求的升降范围内。

闸板机构的安装，应保证闸板灵活升降，而且无渗漏。

放矿机构的安装，应保证手轮转动灵活。

浮选机安装后应根据设计要求向各润滑点注入各种润滑脂，并清理安装过程中掉入槽体中的螺栓、棉布等异物。

将水灌满到溢流口，在不开动搅拌机构的情况下，检查槽体安装水平及有无渗漏现象。

检查正常后，启动电动机，空负荷运行，检查电机电流情况及各部位发热情况，如无异常，可加料运行。

d　XJM 型浮选机的维护　　维护的主要工作包括：

（1）在设备运行中，巡回检查搅拌机构的轴承、刮板轴承的温升，不应超过25℃，电机轴承的温升不应超过允许值。

（2）转子机体内有异响时，应检查定子与转子之间的间隙、主轴轴承、传动胶带、转子固定部件，对异常问题进行处理和更换。

（3）定子导向叶片和假底稳流板在高速矿浆的冲刷下极易磨损，要经常检查并及时更换。

（4）槽体内各紧固螺栓在高速矿浆的冲击下，易松动脱落，可能导致定子下沉，要每班检查并及时更换。

（5）刮泡机构刮泡率下降时，检查耐油橡胶板是否损坏，并及时调整更换。

（6）润滑。搅拌机构和刮泡机构减速机每个月换油一次。搅拌机构主轴轴承每月注油一次。刮泡机构的含油轴承应每天加油一次。

8.4.2.3　浮选柱

浮选柱分为气液混合和空气射流两种类型，气液混合型浮选柱的代表机型有 CISA 型浮选柱、FCSMC 旋流-静态微泡浮选柱和 XPM 型浮选柱。空气射流式浮选柱的代表机型有 CPT 浮选柱、CCF 浮选柱和 KYZB 型浮选柱。下面重点介绍国内使用较多的 FCSMC 旋流-静态微泡浮选柱、XPM 型浮选柱和 KYZB 型浮选柱。

A　FCSMC 旋流-静态微泡浮选柱

a　FCSMC 旋流-静态微泡浮选柱的特点　　旋流-静态微泡浮选柱的主体结构包括浮选柱分选段，旋流分离段、气泡发生与管流矿化三部分，见图 8-4-6。整个浮选柱为一柱体，柱分离段位于整个柱体上部；旋流分离段采用柱-锥相连的水介质旋流器结构，并与柱分离段呈上、下结构的直通连接。从旋流分选角度，柱分离段相当于放大了的旋流器溢流管。在柱分离段的顶部，设置了喷淋水管和泡沫精矿收集槽；给矿点位于柱分离段中上部，最终尾矿由旋流分离段底口排出。气泡发生器与矿化管段直接相连成一体，单独布置在浮选柱柱体外；其出流沿切向方向与旋流分离段柱体相连，相当于旋流器的切线给料管。气泡发生器上设导气管。

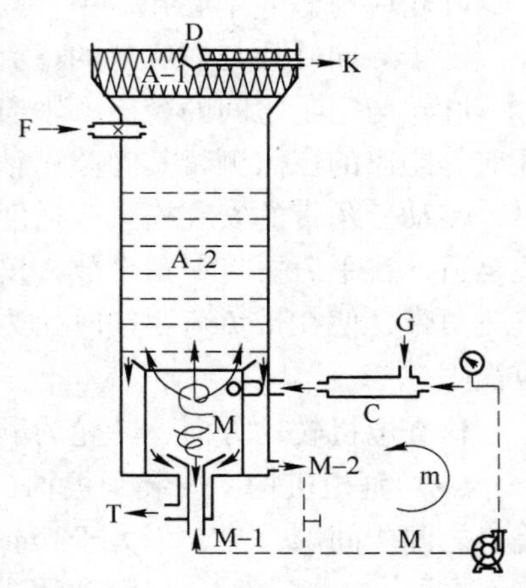

图 8-4-6　旋流-静态微泡浮选柱

工作原理：采用以双旋流结构为主体的旋流分选单元。一个旋流分离单元由一个大直径的旋流分离器与环绕其周围的若干个小直径的分选旋流器组成。分选旋流器的溢流以入料的形式进入旋流分离器，底流排出成为最终尾矿；旋流分离器位于柱分离单元的中心，并把柱分离中矿与分选旋流器的溢流进一步离心分离成两部分，即溢流供柱分离进一步精选，底流以循环矿浆形式供管浮选装置进一步分选。

该设备具有以下特点：

（1）采用自吸射流成泡方式形成微泡，过饱和溶解气体析出，提高了细颗粒矿化效率；

（2）三相旋流分选与柱浮选相结合，产生了按密度分离与表面浮选的叠加效应，保证了微细旋流分选作用的发挥；

（3）利用矿物的密度与可浮性的联系，将浮选与重选方法相结合，形成多重矿化方式为核心的强化分选回收机制；

（4）高效多重矿化方式是提高整个矿化效率的关键，管流矿化进一步提高了难浮物料的分选效率；

（5）静态化与混合充填构建了柱体内的“静态”分离环境，实现微细物料的高效分离；

（6）形成了有利于提高浮选精矿质量的合理分选梯度、泡沫层厚度及二次富集作用的强化。

b FCSMC 旋流-静态微泡浮选柱安装　主要部件的安装及其要求是：

（1）安装时注意水平校准，保证精矿溢流堰周边水平及整个柱体垂直。

（2）注意所有外联管子方位，先核定然后开口连接。

（3）柱内介质板现场设计安装。

（4）微泡发生器各管均沿柱体均匀布设，注意协调与美观。

（5）尾矿箱先简单固定，待调试完成后最终固定。

（6）设备自带泡沫收集槽，但须设操作平台。

c FCSMC 旋流-静态微泡浮选柱维护　维护的主要工作包括：

（1）捕收剂加入搅拌槽，起泡剂进入循环泵吸管，由循环泵乳化。

（2）一般情况下，全部微泡发生器同时工作；不要同时关闭相邻的数个微泡发生器，以免影响气泡分布，降低设备处理能力和效率。

（3）注意检查每个微泡发生器进气情况，发现故障及时关闭阀门修理。

（4）冲洗水尽量少用或不用。

（5）形成定期清理介质板制度。

（6）其他同一般浮选机操作。

B 旋流-静态微泡浮选床

a 旋流-静态微泡浮选床的特点　为了适应大型选煤厂的需要，以浮选柱基本原理研制的大型浮选床也已应用于生产现场。如 FCSMC-3000×6000 型浮选床就在神火煤电公司选煤厂、FCSMC-6000×6000 在峰峰矿业集团孙庄选煤厂使用。

浮选床是基于大型化要求提出的。随着设备的大型化，旋流分选段直径相应加大，旋流分离作用难以保证，因此，单旋流结构的旋流分离段已无法适应大型柱分选设备强化分选的需要。

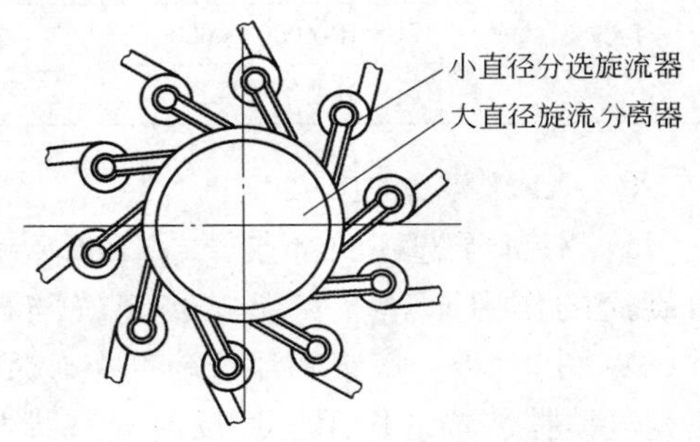

图 8-4-7　旋流分离单元结构示意图

基于该要求，它采用了以双旋流结构为主体的旋流分选单元，见图 8-4-7。一个旋流分离单元有一个大直径的旋流分离器与环绕其周边的若干个小直径的分选旋流器组成。分选旋流器的溢流以入料的形式进入旋流分离器，底流排出成为最终尾矿；旋流分离器位于柱分离单元的中心，并把柱分离中矿与分选旋流器溢流进一步离心分离成两部分：溢流供柱分离进一步精选，底流以循环矿浆形式供管浮选装置进一步分选。

旋流分离单元提供了旋流-静态微泡浮选柱的旋流力场放大的"极端"形式。这种"极端"形式包含了两种含义：旋流力场离心强度的"无限"加大；柱分选设备规格的"无限"放大。这是提出旋流-静态微泡浮选床的理论基础。

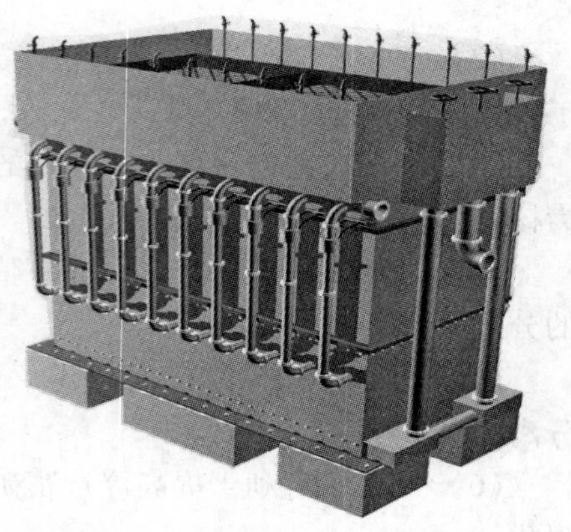

图 8-4-8　旋流-静态微泡浮选床

FCSMC-3000 × 6000 旋流-静态微泡浮选床见图 8-4-8。

从结构和工作原理来看，浮选柱（床）有很多优越性：

（1）分选选择性好。产生的大量微泡选择性高，精矿质量好，更适应微细粒矿物的分选，同样入料条件下，精煤灰分比机械搅拌式浮选机低1 ~2 个百分点。

（2）适应性强，可分选多种矿物。

（3）电耗低、磨损小。柱分选装置只有 1 台循环泵，比同样处理量的浮选机降低电耗 1/3 以上；由于没有叶轮搅拌装置，既节能磨损也小。

（4）适应大型化。现已实现 120 万吨/年选煤厂单台成套；根据浮选床的设计理念，可实现根据厂型设计"无限大"的柱分选设备。

b　FCSMC 旋流-静态微泡浮选柱及浮选床规格型号　旋流-静态微泡浮选柱主要用于 -0.5mm 煤泥的浮选，低灰低硫洁净煤的制备，萤石、白钨矿、铜矿等矿物的分选，还可用于环境工程的污水处理等行业。替代浮选机进行粗选、精选等。其规格型号见表 8-4-5。

表 8-4-5　旋流-静态微泡柱分选设备技术规格系列

类型与规格		性能特点		单机配套厂型
系　列	设备规格	矿浆量/$m^3 \cdot h^{-1}$	泵功率/kW	（选煤厂）年产能/kt
浮选柱	FCSMC-1500	50 ~ 60	15	<80
	FCSMC-2000	100 ~ 120	30	150
	FCSMC-3000	200 ~ 250	55	300
浮选床	FCSMC-3000 × 6000	400 ~ 500	110	600
	FCSMC-6000 × 6000	800 ~ 1000	110 × 2	1200
	不定规格浮选床	—	—	—

C　XPM 浮选柱

a　XPM 浮选柱的特点　XPM 型喷射旋流式浮选柱没有机械搅拌机构，利用喷射旋流的作用原理，实现煤浆充气与矿化，这点与 Jameson 浮选柱和 KHD 浮选机相近，见图 8-4-9。煤浆和浮选药剂在矿浆搅拌槽中经过充分搅拌后，依次进入浮选柱各室，在充气搅拌装置的作用下，反复充气搅拌使煤粒和气泡得到充分碰撞，煤粒黏附于气泡上，完成矿化过程。矿化泡沫上升至浮选柱液面，经刮泡器刮出，尾矿则从浮选柱最后一

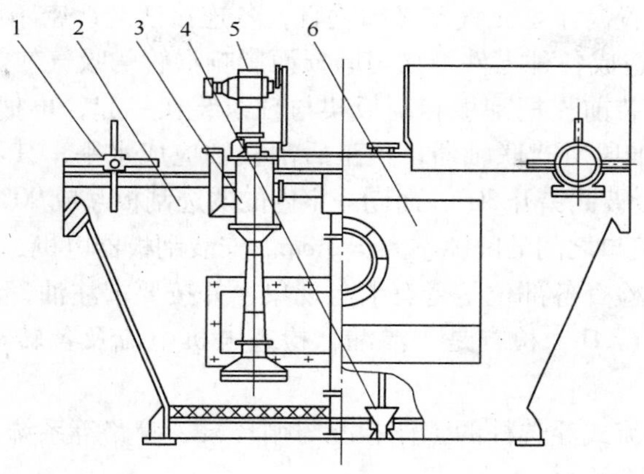

图 8-4-9 XPM-8 喷射浮选柱示意图

1—刮泡器；2—浮选箱；3—充气搅拌装置；4—放矿机构；5—液面自动控制机构；6—入料箱

室的尾矿管排出，从而完成了整个浮选过程。喷射旋流式浮选柱的充气搅拌装置是综合利用喷射和离心力场的原理，即循环煤浆在瞬间连续完成喷射-吸气-旋流三个过程，实现充气、搅拌和气泡的矿化。

循环煤浆经泵加压后，进入带螺旋导流叶片的锥形喷嘴，以 15 ~ 30m/s 的高速射流喷出，由于喷射流压力的急剧下降，溶解在煤浆中的空气便以微泡形式析离出来。在喷射器的混合室中，由于喷射作用产生负压，形成空吸现象，则空气由吸气管进入，同时在高速射流的冲击和切割下，气泡和浮选药剂受到粉碎和乳化。煤浆及空气在喷射器混合室中经过充分混合后，以切线方向射入旋流器，由于在旋流器内受到离心力场的作用，气体煤浆混合体从旋流器底口呈伞状旋转甩出，进入浮选槽。

b XPM 浮选柱的规格与型号　XPM 浮选柱主要应用煤泥浮选上，其规格型号有 3 种，具体见表 8-4-6。

表 8-4-6 XPM 浮选柱的规格型号

名称 \ 型号	XPM-4	XPM-8	XPM-12
给料方式	直流式	直流式	直流式
煤浆通过量/$m^3 \cdot h^{-1}$	250 ~ 300	350 ~ 550	550 ~ 650
单位充气量/$m^3 \cdot m^{-2} \cdot min^{-1}$	0.50 ~ 0.65	0.90 ~ 1.0	1.40 ~ 1.65
单槽容积/m^3	4	8	12
槽深/mm	1050 ~ 1150	1220 ~ 1380	1440 ~ 1520
喷嘴出口直径/mm	26	37	48

c XPM 浮选柱安装　主要部件的安装及其要求是：

（1）槽体　找正基础标高水平，箱体组合安装，依次连接各箱体。要求沿纵横方向平直水平，每个槽箱两边的溢流口必须保持在同一水平线，其不平度不超过 3mm。每室的活动堰板比后一室提高约 40mm，确保直流的煤浆借助水力坡度从浮选柱的第一室流到最后一室。

（2）充气搅拌装置　注意充气器必须垂直，各连接法兰严密不漏水，喷嘴与混合室和喉管均应同心，以防造成各种零件不均匀磨损而影响喉管的吸气效能。

（3）刮泡器　安装前先把刮板和刮板架与轴组装在一起，再把它们安装在轴承座上，找正后固定。连接各轴段链式联轴器，找正后刮板轴应成水平，其不水平度每米不应超过5mm，前后两室的刮板彼此错开30°，而同一室内的两边刮板互成90°。固定于刮板上的可调耐油橡胶板与槽箱溢流口之间的间隙不大于3mm。安装刮板器电机、减速机，找正后固定。

（4）安装完后，检查各部位是否有卡阻现象，并按要求注油，清理杂物。

（5）正常带水运行4h，检查是否渗漏，检查电机电流及各转动部位温升，如无异常可投料运行。

（6）由于喷射旋流式浮选柱的工作状况与循环泵、管路等系统关系密切，故调试过程中应注意系统的配套情况。

d　XPM浮选柱操作维护　　维护的主要工作包括：

（1）经常检查喷嘴磨损情况，并定期清理喷嘴内的杂物。

（2）正确调节搅拌槽或矿浆预处理器的通过量、浓度和药剂添加量。

（3）严格控制浮选柱液面，如果闸板位置调整过高，便会造成前段刮泡沫，后段刮水；反之，则会出现前段刮泡量减少，后段积聚很厚的泡沫层，致使尾矿灰分下降，精矿流失增大。

（4）通过吸气管的盖板，正确调节各浮选柱的充气量。其调节的一般顺序应由前到后逐渐减弱。

（5）经常检查刮泡器与槽箱两侧溢流口的间隙，如出现间隙过大、刮板变形或缺损时，要及时调整、平直或更换。

（6）检查旋流器导向板，磨损严重时及时更换。

D　KYZB空气直接喷射式浮选柱

a　技术特点　　其结构如图8-4-10所示，浮选柱的结构主要由柱体、给矿系统、气泡发生系统、液位控制系统、泡沫喷淋水系统等构成。

浮选柱的工作原理是：空气压缩机作为气源，气体经总风管到各个充气器产生微泡，从柱体底部缓缓上升；矿浆由距顶部柱体约1/3处给入，经给矿器分配后，缓慢向下流动，矿粒与气泡在柱体中逆流碰撞，被附着到气泡上的有用矿物上浮到泡沫区，经过二次富集后产品从泡沫槽流出。未矿化的矿物颗粒随矿流下降经尾矿管排出。液位的高低或泡沫层厚度由液位控制系统进行调节。

其主要性能特点如下：

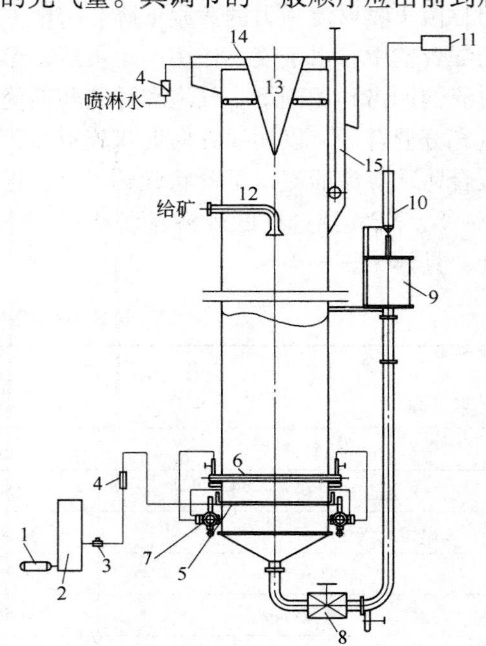

图8-4-10　KYZB浮选柱系统结构示意图

1—风机；2—风包；3—减压阀；4—转子流量计；5—总水管；6—总风管；7—充气器；8—排矿阀；9—尾矿箱；10—气动调节阀；11—仪表箱；12—给矿管；13—推泡器；14—喷水管；15—测量筒

（1）喷射气泡发生器利用超音速的气流制造气泡，喷嘴采用了耐磨的陶瓷衬里，使用寿命长，可以在线检修和更换；

（2）需要配备高压气源，无中矿循环泵；

（3）底流高位排出，下游作业减少泵输送高差；液位控制阀门精度高，使用寿命长；

（4）泡沫槽增加推泡锥装置，缩短泡沫的输送距离，加速泡沫的溢出。

b KYZB 浮选柱规格型号　主要用于黄铜矿、辉钼矿、铅锌矿、萤石、胶磷矿等及多种有色金属、黑色金属和非金属矿物的分选，还可用于环境工程的污水处理等行业。该浮选柱大部分用在精选作业，提高精矿品质和精选段的回收率，简化流程，与现行设备及工艺相比，可降低电耗20%～30%。其主要技术性能参数和规格型号见表8-4-7。

表8-4-7　KYZB 型浮选柱的规格型号

型　号	浮选柱直径/mm	浮选柱高度/mm	所需气量（标态）/$m^3 \cdot min^{-1}$	气源压力/kPa	生产能力/$m^3 \cdot h^{-1}$
KYZB-0612	600	12000	0.2～0.4	500～600	4～8
KYZB-0812	800	12000	0.4～0.8	500～600	6～14
KYZB-0912	900	12000	0.5～1.0	500～600	8～18
KYZB-1012	1000	12000	0.6～1.2	500～600	10～22
KYZB-1212	1200	12000	0.9～1.7	500～600	14～32
KYZB-1512	1500	12000	1.4～2.7	500～600	22～50
KYZB-1812	1800	12000	2.0～3.8	500～600	32～72
KYZB-2012	2000	12000	2.5～4.7	500～600	40～90
KYZB-2512	2500	12000	3.9～7.4	500～600	60～140
KYZB-3012	3000	12000	5.7～10.6	500～600	90～200
KYZB-4012	4000	12000	10.1～18.8	500～600	160～360
KYZB-4312	4300	12000	11.6～21.8	500～600	180～420
KYZB-4510	4500	10000	12.7～23.8	500～600	170～380

c KYZB 浮选柱安装　安装前必须确认基础依据要求和当地的设计规程。钢结构梁务必结实、无振动，应测量基础表面水平度，水平度应小于5mm。

（1）柱体安装　定准安装位置，将柱体吊装就位，吊装时务必采用四支吊钩和吊装绳缆。柱体就位后需保证泡沫溢流堰表面处于水平，柱体直线度与安装垂直度公差不大于柱体高度的1/1000。

（2）充气器安装　安装按图纸所示方向和位置，并保持水平。

（3）液位测量浮球安装　浮筒的安装应保持垂直，以便于浮筒杆的正常动作。

（4）环行总风气管安装　环行总风气管的下端应安装放水阀门，以便于压缩空气中水分的排出。

（5）尾矿阀门安装　尾矿自动阀门装置采用气动执行机构，安装时保证阀杆上下运动灵活。

（6）检查　设备安装后应进行以下各点检查：

充气器检查：检查所有的充气器是否安装正确，充气器是否充分地推入插入口中；充气器的调节机构能确保所有的充气器在未加压时都是关闭的；将所有单独充气器隔离阀门调到关闭状态，将气管和充气器隔离。

空气管路检查：空气压力需控制在500~600kPa之间；确保空气过滤器是干净的；检查所有空气管道是否漏气，如有，及时解决；检查空气流量计是否读数；充气器软管连接；关闭所有充气器隔离阀门；加压至大约500kPa检查漏气情况；缓慢地打开每个充气器隔离阀门，检查软管连接以及检查充气器关闭机构是否打开，并且气流开始流入；检查所有可能漏气的地方。

冲洗水检查：清洗冲洗水管道，确保冲洗水分配器中及其附近无块状杂物；冲洗水水源必须干净，避免流量计的堵塞；确保手动冲洗水控制阀门处于关闭状态，然后对冲洗水管道系统加压；缓慢打开冲洗水隔离阀门，检查泄露情况；打开冲洗水控制阀门确保其能控制水流；清除所有可能堵塞管道的杂物；检查冲洗水分配器中是否有块状杂物。

d KYZB型浮选柱的维护 维护的主要工作包括：

（1）浮选泡沫槽 浮选泡沫槽的内侧和外侧都应当保持清洁没有固体颗粒结垢，确保泡沫溢流顺畅。污垢和矿砂有可能会在溢流堰或浮选柱体上溢流堰下方的某一点聚集，这就要求操作工人定期将其排除或者清洗掉。

（2）清洗水系统 清洗水系统必须维护好，确保冲洗水在泡沫中可以均匀的喷洒。定期检查分配器，防止矿粒聚集堵塞小孔，分配器必须保持清洁。

（3）液位传感器 如果浮选柱上面安装了压力传感器，应当定期进行检查保证压力传感器正常感应。当浮选柱满负荷运转时应当时刻根据读数进行校准，任何结垢的地方都要按照生产厂家的维护规范仔细地清除。

（4）液位浮球 液位控制系统采用浮球的，要定期清洗浮球防止形成矿粒蓄积。液位可通过人工浮标来进行校准，当泡沫的浓度大到可以浮起浮球的时候，向下压浮球将不会感受到冲击力，这种情况通常被称为双液面，下面的液面才是真正的液面。

（5）充气器的维护 充气器设计的可靠而耐用，但是仍然需要进行维护。常规的例行检查不仅可以保证其良好的工作状态，还可以防止在分配管表面形成污垢。主要包含以下几个方面：

喷射孔的磨损：喷射孔的边缘非常耐磨损，但是数月之后孔将会慢慢变大。一旦在某些情况下孔被扩大之后就必须进行更换，保证浮选柱可以进行正常的工作。注意不要让充气器暴露在强酸的环境下。盐酸不仅可以腐蚀不锈钢管，而且可以腐蚀固定陶瓷插件的合成黏合剂。

充气器喷嘴的堵塞：为了方便检查并解决喷嘴的堵塞、空气分散程度降低的问题，应当制定一个维护计划。每一个充气分配管都应当制定基本的维护准则。检查的时间间隔取决于在矿浆中污点的生成趋势。开始的时候充气器每个月（或更短的时间）都要进行检查，如果堵塞不严重，结垢的生成速度不是很快，检查的时间间隔可以相应的延长。如果充气器被堵塞，应当及时将堵塞物清除。

表面的结垢：在非常容易出现沉积污垢的矿浆中，充气器管的外表面就会形成污垢，它们难以清除并妨碍检查。表面的污垢还能够损坏防水装置插件端口的橡胶密封圈。如果出现了表面结垢的状况，不同的充气器就应当根据要求轮换使用，表面的结垢用弱酸清洗。如果充气器的表面结垢经常出现，就应当联系供货商。

（6）空气压缩机 坚决不允许油通过空气压缩机进入浮选柱中，这将会导致浮选出现问题，比如过量的泡沫和较低的选别性。应在空气压缩机后面安装滤油装置。

E 其他机型的安装与维护

CCF 型和 CPT 型等空气直接喷射式浮选柱与 KYZB 型浮选柱的安装维护内容相似，这里不再具体介绍。

8.5 浮选流程

浮选流程是浮选时矿浆流经各作业的总称，是由不同浮选作业（有时包括磨碎作业）所构成的浮选生产工序。

矿浆经加药搅拌后进行浮选的第一个作业称为粗选，其目的是将给料中的某种或几种欲浮组分分选出来。对粗选的泡沫产品进行再浮选的作业称为精选，其目的是提高最终疏水性产物的品位。对粗选槽中残留的固体进行再浮选的作业称为扫选，其目的是降低亲水性产物中欲浮组分的含量，以提高回收率。上述各作业组成的流程如图 8-5-1 所示。

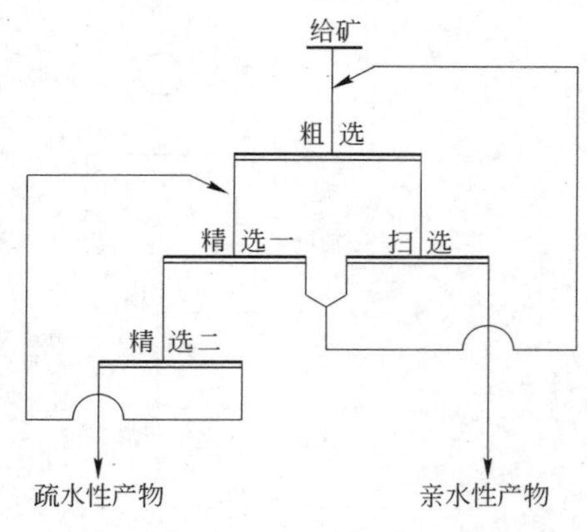

图 8-5-1 粗、精、扫选流程示意图

浮选流程是最重要的工艺因素之一，对选别指标有很大的影响。浮选流程必须与所处理物料的性质相适应，对于不同的物料应采用不同的流程。合理的工艺流程应保证能获得最佳的选别指标和最低的生产成本。

生产中所采用的各种浮选流程，实际上都是通过系统的矿石可选性研究试验后确定的。当选矿厂投产后，因物料性质的变化，或因采用新工艺及先进的技术等，要不断地改进与完善原流程，以获得较高的技术经济指标。

在确定流程时，应主要考虑物料的性质，同时还应考虑对产物质量的要求以及选矿厂的规模等。

8.5.1 浮选原则流程的选择

8.5.1.1 浮选流程的段数

在确定浮选流程时，应首先确定原则流程（又称骨干流程）。原则流程只指出分选工艺的原则方案，其中包括选别段数、欲回收组分的选别顺序和选别循环数。

浮选流程的段数，就是处理的物料经磨碎—浮选、再磨碎—再浮选的次数，即磨碎作业与选别作业结合的次数。浮选流程的段数，主要是根据欲回收组分的嵌布粒度及物料在磨碎过程中泥化情况而选定的。生产实践中所用的浮选流程有一段、两段和三段之分，三段以上流程则很少见到。

磨一次（粒度变化一次），接着进行浮选即称为一段。矿石中常不只含有一种矿物，有时一次磨矿后要分出几种矿物，这还称一段，只是有几个循环而已。一段流程适于处理粒度嵌布较均匀、粒度相对较粗且不易泥化的矿石。

阶段浮选流程又称阶段磨—浮流程，是指两段及两段以上的浮选流程，也就是将第一段浮选的产物进行再磨—再浮选的流程。这种浮选流程的优点是可以避免物料过粉碎，其具体操作是在第一段粗磨的条件下，分出大部分欲抛弃的组分，只对得到的疏水性产物（中间产物）进行再磨—再选。用这种流程处理欲回收组分嵌布较复杂的物料时，不仅可以节省磨碎费用，而且可改善浮选指标，所以在国内外均广为应用。

阶段浮选流程种类较多，如何选择与应用主要由矿物的粒度嵌布和泥化特性决定。以两段流程为例，可能的方案有三种：精矿再磨、尾矿再磨和中矿再磨，如图 8-5-2 所示。

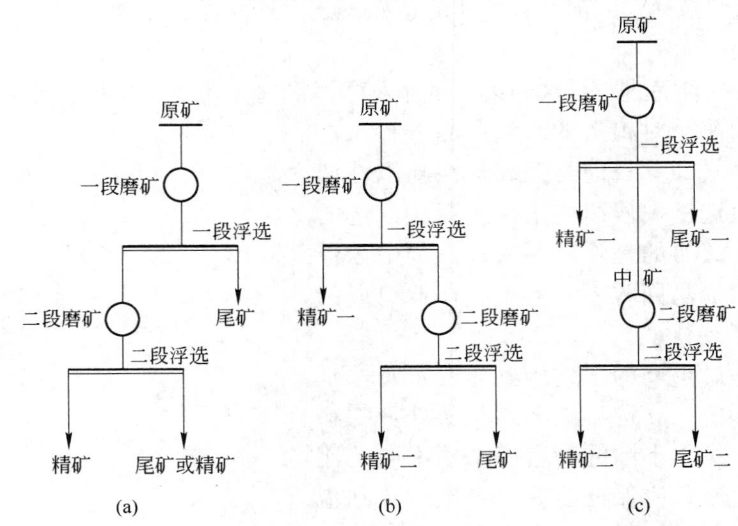

图 8-5-2 两段磨矿浮选流程的类型

（a）精矿再磨流程；（b）尾矿再磨流程；（c）中矿再磨流程

精矿再磨流程适用于有用矿物嵌布粒度较细而集合体又较粗的矿石，粗磨条件下集合体就能与脉石分离，并选出粗精矿和废弃尾矿，第二段对少量精矿再磨再选，这种流程在多金属浮选时较常见；尾矿再磨流程适用于有用矿物嵌布很不均匀，或容易氧化和泥化的矿石，一段在粗磨条件下分出一部分合格精矿，二段将含有细粒矿物的尾矿再磨再选；中矿再磨流程适用于矿物以细粒浸染为主，一段浮选能得到部分合格精矿和尾矿，但中矿含有大量连生体，故需对中矿进行再磨再选。

8.5.1.2 选别顺序及选别循环

在确定多金属矿石的浮选原则流程时，为了得出几种产品，除了确定选别段数外，还要根据有用矿物的可浮性及矿物间的共生关系，确定各种有用矿物的选出顺序。选出顺序不同，所构成的原则流程也不同，生产中采用的流程大体可分为优先浮选流程、混合浮选流程、部分混合优先浮选流程和等可浮流程等四类，如图 8-5-3 所示。

优先浮选流程是指将物料中要回收的各种组分按序逐一浮出，每次都只选一种矿物，抑制其他矿物，分别得到各种富含一种欲回收组分的产物的工艺流程。如图 8-5-3（a）所示，先浮含铅矿物，再浮含锌矿物。

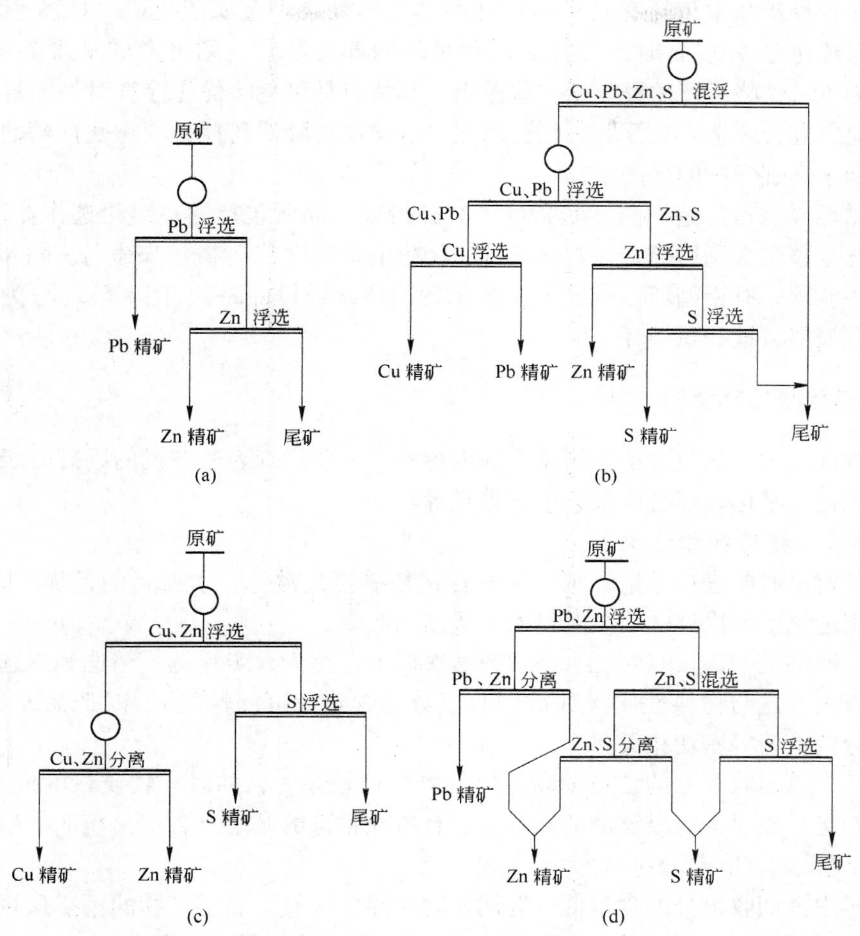

图 8-5-3 常见的浮选原则流程

(a) 优先浮选流程；(b) 混合浮选流程；(c) 部分混合优先浮选流程；(d) 等可浮流程

混合浮选流程是指先将物料中所有要回收的组分一起浮出得到混合精矿，然后再对其进行浮选分离，得出各种富含一种欲回收组分的产物的工艺流程。如图 8-5-3(b)所示，通过混合浮选先获得铜铅锌硫混合精矿，再进行浮选分离获得铜铅混合精矿和锌硫混合精矿，进一步进行铜铅浮选分离和锌硫浮选分离，获得铜精矿、铅精矿、锌精矿和硫精矿。该流程适用于有用矿物呈集合体浸染、粒度较粗、不同的有用矿物可浮性又接近、在粗磨条件下就能抛弃尾矿的矿石，现场也称全浮选流程。

部分混合优先浮选流程是指先从物料中混合浮出部分要回收的组分，并抑制其余组分，然后再活化浮出其他要回收的组分，先浮出的混合精矿再经浮选分离后得出富含一种欲回收组分的产物的工艺流程。如图 8-5-3(c)所示，先混合浮选得到铜锌混合精矿，混合精矿再浮选分离得到铜精矿和锌精矿，混合浮选的尾矿再经浮选获得硫精矿。含铜、锌的矿物相对于含硫矿物属于优先浮选，故称部分混合优先浮选流程。当矿石中有几种有用矿物可浮性接近，而有的矿物可浮性又不同时，可采用该流程。

等可浮流程是指将可浮性相近的要回收组分一同浮起，然后再进行分离的工艺流程，适用于在同一种矿物中包括有易浮与难浮两部分的复杂多金属硫化矿。如图 8-5-3(d)所示，在浮选硫化铅-锌矿石时，锌有易浮和难浮两部分矿物，则可考虑采用等可浮流程，在以浮铅为主时，将易浮的锌与铅一起浮出。其特点是可免除优先浮选对易浮锌的强行抑制，也可免去混合浮选对难浮锌的强行活化，这样便可降低药耗，消除残存药剂对分离的影响，有利于选别指标的提高。

选别循环（或称浮选回路）是指选得某一最终产品所包括的一组浮选作业，如粗选、扫选及精选等整个选别回路，并常以所选矿物中的金属（或矿物）来命名。图 8-5-3(a)为一段两循环流程，有铅循环（或铅回路）和锌循环（或锌回路），图 8-5-3(c)为两段三循环流程，有铜锌、铜和硫循环。

8.5.2 浮选流程内部结构

流程内部结构，除包含了原则流程的内容外，还要详细表达各段的磨碎分级次数和每个循环的粗选、精选、扫选次数、中矿处理等。

8.5.2.1 精选和扫选次数

粗选是对原矿浆进行浮选；精选是对粗选精矿再次浮选，主要目的是提高精矿品位；扫选是对粗选尾矿再次浮选，主要目的是提高回收率。

粗选一般都是一次，有时也有两次或两次以上，称为异步浮选。精选和扫选的次数较多、变化较大，这与物料性质（如欲回收组分的含量、可浮性等）、对产品质量的要求、欲回收组分的价值等密切相关。

当原矿中欲回收组分的含量较高、但其可浮性较差时，如对产物质量的要求不很高，就应加强扫选，以保证有足够高的回收率，且应在粗选的基础上直接出精矿，精选作业应少，甚至不精选，如图 8-5-4 所示。

当原矿中欲回收组分的含量低、有用矿物可浮性较好、而对产物的精矿质量要求很高（如浮选回收辉钼矿）时，就要加强精选，减少扫选，有时精选次数超过 10 次，甚至在精选过程中还需要结合再磨，如图 8-5-5 所示。

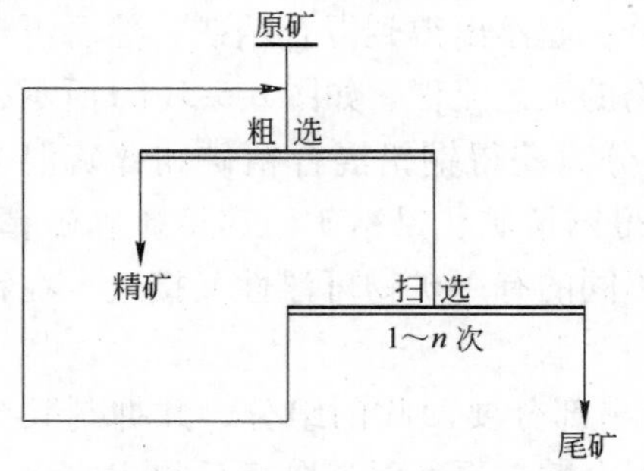

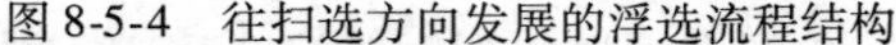

图 8-5-4 往扫选方向发展的浮选流程结构

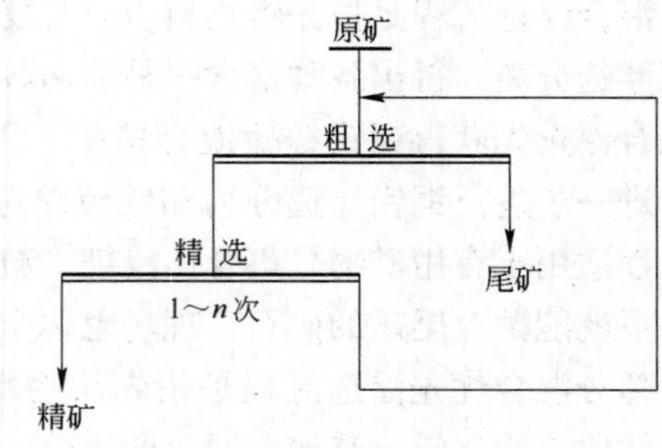

图 8-5-5 往精选方向发展的浮选流程结构

当原矿中两种矿物的可浮性差别较大时，亲水性矿物基本不浮，对这种矿石的浮选，精选次数可以减少。

在实际生产中多数既包括精选又包括扫选的流程，如图 8-5-6 所示。精、扫选次数由试验和实践确定。

8.5.2.2 中矿处理方式

流程中精选作业的亲水性矿物和流程中除精矿和尾矿外的中间产品一般统称为中矿。对它们的处理方法要根据其中的连生体含量、有用矿物的可浮性、组成情况、药剂含量及对精矿质量的要求等来决定。中矿处理的原则是：中矿返回至品位、性质接近的作业。

中矿的处理方法通常有以下几种：

（1）中矿依次返回到前一作业，或送到浮选过程的适当地点，如图 8-5-7 所示。有用矿物基本解离的中矿可采用这一方式，可简化中矿运输（多数情况下可实现自流）。

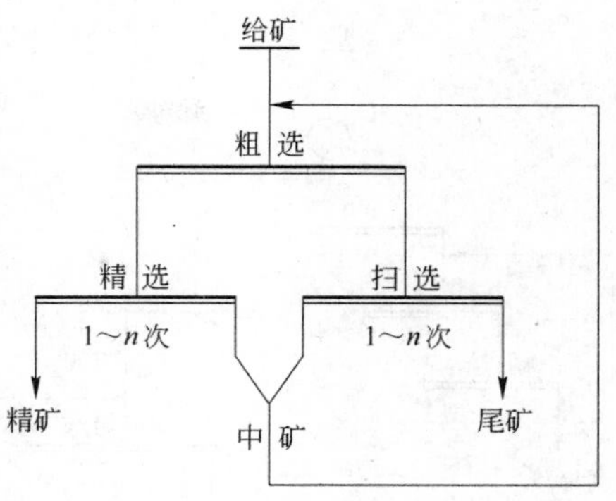

图 8-5-6 实践中常见的浮选流程结构

（2）中矿合并返回粗选或磨矿作业。当有用矿物可浮性良好，对精矿质量要求高时中矿合并返回粗选；当含较多连生体颗粒时可合并返回磨矿，再磨也可以单独进行。

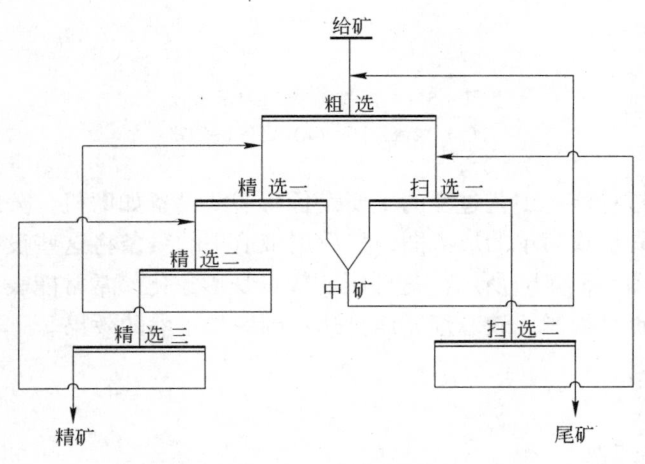

图 8-5-7 常见中矿循序返回流程

（3）中矿单独处理。当中矿的性质比较特殊、不宜直接或再磨后返回前面的作业时，则需要对其进行单独浮选或返回主回路处理；在浮选困难时，可采用火法和化学方法进行单独处理，或不处理直接作低品位精矿销售。

总之，在浮选矿厂的生产实践中，中矿如何处理，是一个比较复杂的问题，由于中矿对选别指标影响较大，所以需要经常对它们的性质进行分析研究，以确定合适的处理方案。

8.5.3 浮选流程图

表示浮选流程的方法较多，各个国家采用的表示方法也不一样。在各种书籍资料中，最常见的有线流程图、设备联系图等。

线流程图是指用简单的线条图来表示物料浮选工艺过程的一种图示法，如图 8-5-8(a) 所示。这种表示方法比较简单，一目了然，便于在流程上标注药剂用量及浮选指标等，所以比较常用。一般将精矿出口放在左边，尾矿出口放在右边。

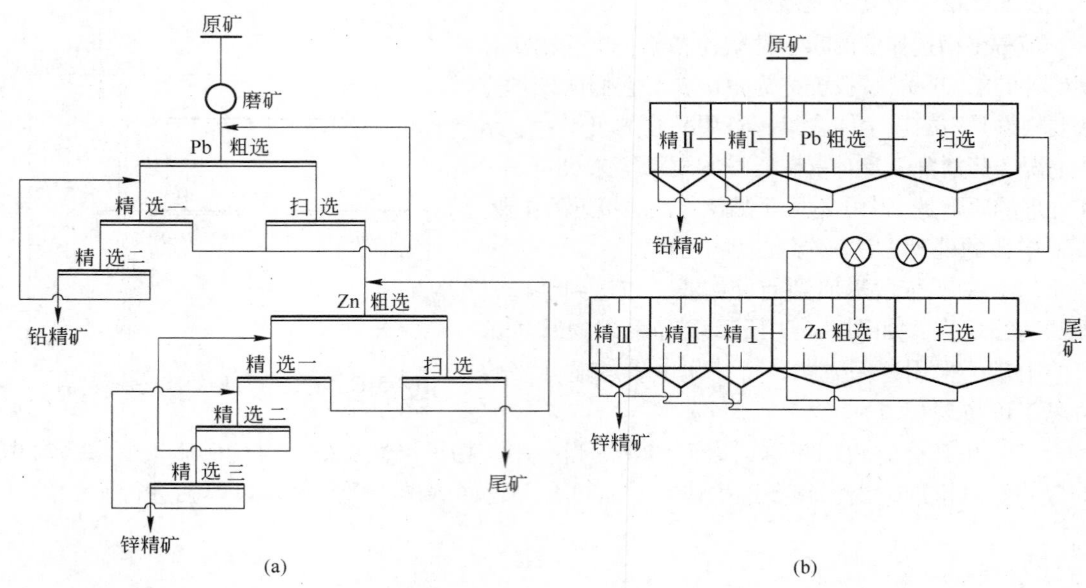

图 8-5-8 浮选流程的表示方法

（a）线流程图；（b）设备联系图

设备联系图是指将浮选工艺过程的主要设备与辅助设备如磨机、分级机、搅拌槽、浮选机以及砂泵等，先绘成简单的形象图，然后用带箭头的线条将这些设备联系起来，并表示矿浆的流向，如图 8-5-8(b)所示。这种图的特点是形象化，常常能表示设备在现场配置的相对位置，其缺点是绘制比较麻烦，而且达不到一目了然的效果。

8.6 特殊浮选法

8.6.1 选择性絮凝浮选

选择性絮凝浮选法是指采用絮凝剂选择性絮凝目的矿物或脉石矿泥，然后用浮选法分离。此法已应用于细粒赤铁矿的分选。

高分子絮凝在固液分离和水处理技术方面已有广泛的应用。在矿物分选中，随着资源的日益贫细杂化，高分子絮凝分选成为处理微细粒矿物的重要手段之一。高分子选择性絮凝分选目前已有很多实验室和半工业性试验成果，也有工业应用，其应用范围包括铁矿、铜矿、钾盐、锡矿、钾盐矿、硅铝酸盐、磷酸盐、锰矿、黏土矿、铝土矿和煤等。

选择性高分子絮凝分选是从稳定分散的悬浮液中选择性絮凝其中某一组分，使之与其他仍处于分散状态的组分分离，从而达到分选的目的。选择性高分子絮凝分选成功的关键在于选择合适的絮凝剂和调节矿浆的物理化学性质，以使药剂与矿物表面的作用具有一定的专属性。选择性絮凝过程可分为几个阶段，首先使悬浮液中的固体颗粒充分而稳定的分散，加入絮凝剂后，絮凝剂选择性吸附在一部分颗粒表面，使其形成絮团，最终与另一部分仍处于稳定分散的颗粒分离。

一般认为高分子絮凝的作用机理是桥联机理，如图 8-6-1 所示。

高分子絮凝剂分子含有能与矿物颗粒表面相互作用的化学基团。高分子链上的某些基团吸附在颗粒表面上，而链的其余部分则朝外伸向溶液中。当另一个具有吸附空位的颗粒接触到聚合物分子的外伸部分，就会发生同样的吸着。这样，两个颗粒借助于聚合物分子连接形成聚集体，聚合物分子起桥联作用。桥联作用的必要条件是：①高分子在表面的吸附不紧密，有足够数量的链环、链尾向颗粒周围自由伸出；②高分子在表面的吸附比较稀疏，颗粒表面有足够的可供进一步吸附的空位。

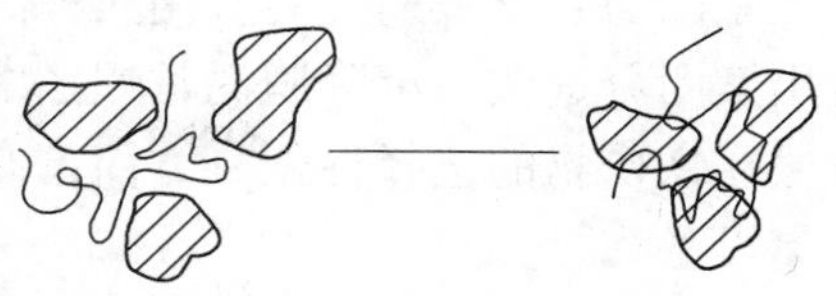

图 8-6-1　高分子絮凝模式

常用的高分子絮凝剂有天然高分子聚合物（如淀粉、单宁、糊精、明胶、羧甲基纤维素、腐殖酸钠等）和合成高分子聚合物（如聚丙烯酰胺、聚氧化乙烯、聚乙烯醇、聚乙烯亚胺等）两大类。天然高分子聚合物作絮凝剂已获实际应用（如淀粉等）。以来源广的石油化工产品为原料，通过人工合成的方法，使分子链上接枝一个官能团，该官能团能与目的矿物发生吸附，这是高分子选择性絮凝分选的发展方向。

矿物选择性絮凝分选工艺大体包括如下环节：①矿浆分散；②絮凝剂选择性吸附及形成絮团；③絮团的调整，以形成符合后续分离过程所要求的絮团，并使絮团中夹杂物减至最小；④从矿浆中分离絮团。

选择性絮凝的关键是吸附过程的选择性，为此可采用以下措施：①调整矿浆介质的 pH 值及离子组成，调节矿粒界面性质（如表面电性等），以利于絮凝剂的选择性吸附；②选用具有高吸附活性官能团的高分子絮凝剂；③与其他选择性高的药剂联合使用。

阴离子型高分子絮凝剂具有较强的絮凝能力，但选择性往往不足，为提高其选择性也可联合使用表面活性剂。例如，水解聚丙烯酰胺（HPAM）与油酸钠联合使用，可强化对赤铁矿的选择性絮凝作用。

抑制剂的添加也很重要，可以阻止聚合物在非目的矿物表面上的吸附。常用的分散剂，如水玻璃、六偏磷酸钠等，在分散脉石矿物的同时，也有抑制作用。用六偏磷酸钠与氟化钠作分散剂和抑制剂，阴离子聚丙烯酰胺为选择性絮凝剂，能有效地分离赤铁矿与石英的混合物。同样，用适当的活化剂可导致聚合物在目的矿物上的吸附，从而提高其选择性。例如，用阴离子聚合物作絮凝剂时，多价金属阳离子往往可以起到活化作用。

合理添加絮凝剂也是提高絮凝效果及其选择性的重要因素。高分子絮凝剂的絮凝效果与絮凝剂的浓度有关。一般在较低用量下即能保证有效的絮凝，过量絮凝剂反而导致微粒分散。通常认为，絮凝剂在矿粒表面吸附量达到50%单分子覆盖时，絮凝效果最佳。因此，对选择性絮凝而言，高聚物用量比固液分离中的絮凝剂要少许多，适宜用量应视具体情况通过实验确定。

添加高分子絮凝剂时必须控制搅拌强度，因为絮凝剂分子链较长，经受强烈的剪切作用时易造成分子断链，引起絮凝剂的降解，使絮团重新分散。为解决夹杂问题，一般应保持适度的搅拌和较低的矿浆浓度。选择性分选的矿浆浓度一般在10%左右，过高的固体含量可能导致严重的机械夹带。

絮团与悬浮液的分离可用典型的物理方法，如沉降脱泥、磁选，甚至筛分法，有时也可用絮团分选法。沉降脱泥常用浓缩机或其他浓缩设备，把絮团从悬浮液中分离出来。该方法在铁矿物的选择性絮凝方面已有工业应用。除浓缩机外尚可采用洗涤柱、淘洗溜槽等分离设备。

自20世纪中叶以来便已开展包括黑色、有色和非金属多种矿石的选择性絮凝分选研究，其中比较成熟的有铁矿、铜矿、锡矿、钾盐矿、磷酸盐矿、黏土矿、铝土矿和煤等。表8-6-1列举各种矿物混合物的实验室或半工业性试验规模的选择性絮凝分离方案。

表 8-6-1 各种矿物混合物的选择性絮凝分离

矿物混合物		絮凝剂	辅助剂	分离方法
被絮凝	被分散			
赤铁矿	石 英	淀粉，石青粉，腐殖酸钠	NaOH，Na_2SiO_3，$(NaPO_3)_6$	(1)
赤铁矿	硅酸盐，铝酸盐	强水解聚丙烯酰胺	NaF 或 NaCl $(NaPO_3)_6$	(1)
硅酸盐	赤铁矿	弱水解聚丙烯酰胺	NaF 或 NaCl $(NaPO_3)_6$	(1)
TiO_2 杂质	高岭土	聚丙烯酰胺	Na_2SiO_3，NaCl $(NaPO_3)_6$	(1)
磷酸盐矿物	石英，黏土	阴离子淀粉	NaOH	(1)
黄铁矿	石 英	聚丙烯酰胺（聚丙烯腈）		(1)
闪锌矿	石 英	聚丙烯酰胺（聚丙烯腈）		(1)
菱锌矿	石 英	聚丙烯酰胺（聚丙烯腈）		(1)
氧化镁，碳酸盐	脉 石	聚丙烯酰胺（聚丙烯腈）	硫酸铝	(1)
滑石，褐铁矿	细粒黄铁矿	聚乙烯氧化物	起泡剂	(2)
脉 石	铬铁矿	羧甲基纤维素	NaOH，Na_2SiO_3	(3)
方铅矿	石 英	水解聚丙烯酰胺		(4)
方铅矿	方解石	弱水解聚丙烯酰胺	Na_2S，Na_2SiO_3	(4)
方解石	石 英	水解聚丙烯酰胺		(4)
方解石	金红石	强水解聚丙烯酰胺	$(NaPO_3)_6$	(4)
铝土矿	石 英	强水解聚丙烯酰胺	$(NaPO_3)_6$	(4)
煤	页 岩	聚丙烯酰胺	$(NaPO_3)_6 + Ca^{2+}$	(4)
重晶石	萤石，石英	玉米淀粉	Na_2SiO_3	(4)
硅孔雀石	石 英	纤维素黄药	NaOH，Na_2S，NaCl	(4)
硅孔雀石	石 英	非离子型聚丙烯酰胺	$(NaPO_3)_6$，NaCl	(4)
氧化铜	白云石	聚丙烯酰胺-双乙羟基乙二醛	$(NaPO_3)_6$	(4)
硫化铜矿物	石英，方解石		NaCl	
钛铁矿	长 石	水解聚丙烯酰胺	NaF	(4)
褐铁矿	石英，黏土	水解聚丙烯酰胺	NaOH，$(NaPO_3)_6$	(4)
锡 石	石 英	水解聚丙烯酰胺	$CuSO_4$，$Pb(NO_3)_2$	(4)

注：1. 絮凝脱泥浮选：用NaOH、Na_2SiO_3分散，赤铁矿絮凝下沉，脱出脉石，阳离子捕收剂浮选夹杂脉石。

2. 选择性絮凝后用浮选法除去被絮凝的脉石矿物，然后用浮选法分离呈分散状态的有用矿物，如絮凝黏土，用浮选法将黏土絮团浮去，然后进行钾盐浮选。

3. 絮凝脉石，然后浮选有用矿物，如铬铁矿在pH值为11.5，用羧甲基纤维素絮凝脉石，油酸浮选铬铁矿。

4. 在浮选前进行粗细分级，粗粒浮选，细粒选择性絮凝。

美国矿山局和克利夫兰克利夫斯（Cleveland Cliffs Inc.）钢铁公司合作，早在20世纪60年代就开始了马凯特细粒非磁性氧化铁燧岩的研究工作，经十多年的努力，终于在1974年建成世界上第一个应用选择性絮凝—脱泥—浮选工艺的蒂尔登（Tilden）选矿厂。该厂处理难选细粒嵌布的非磁性铁隧岩，其主要铁矿物为赤铁矿和假象赤铁矿，脉石矿物主要是石英、燧石和其他硅酸盐矿物。铁矿物平均嵌布粒度为10～25μm，原矿磨至-25μm（500目）的占85%，才能达到充分解离。原矿铁品位36.6%，SiO_2 46.6%，可获铁品位为65%～66%，铁回收率70%～75%的铁精矿。图8-6-2为蒂尔登选矿厂的流程图。

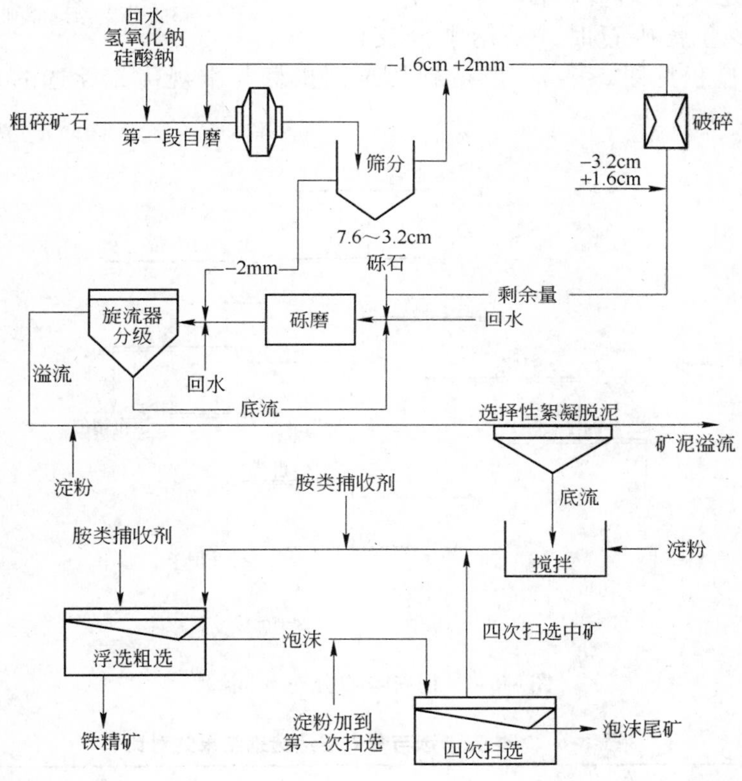

图8-6-2 蒂尔登选矿厂流程图

该工艺过程选用玉米淀粉为絮凝剂，用氢氧化钠、聚磷酸钠作为调整分散剂，加在磨矿机中，矿浆pH值为11。苛性淀粉能有效地同时对氧化铁起选择性絮凝作用及抑制作用。

8.6.2 分支浮选工艺

分支浮选，即分支串流流程，源于前苏联。所谓“分支浮选”，是基于提高入选矿石品位，即将入选矿浆流分支，并将其中一支的富集产物给入另一支的浮选作业，借以提高后一支的入选品位，从而达到改善选别过程及提高选矿指标之目的。其浮选原则工艺流程如图8-6-3所示。

由于分支浮选工艺用于选矿，生产稳定，操作方便，对原有流程的改造工程量小，投资少，无需复杂的技术条件，改建停车时间短，并可利用检修或无矿停车的间隙进行。因而，我国许多选矿厂都采用了这种新工艺。该工艺尤其适用于因原矿品位降低或因采用预选或中间选别作业而导致浮选入选品位降低的脉金选矿厂。

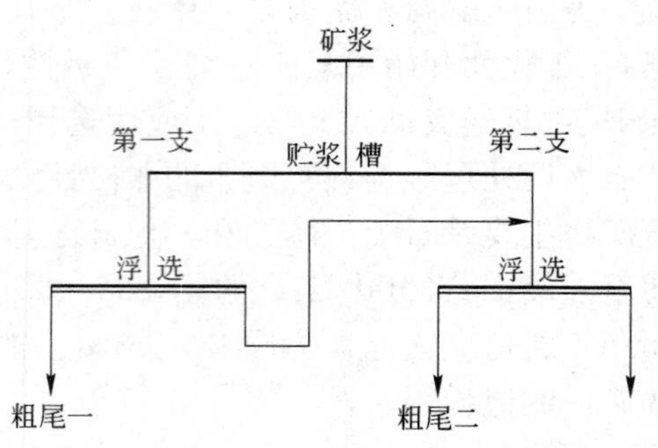

图8-6-3　分支浮选原则工艺流程

前苏联在处理铜-钼贫矿石、贫非金属矿石以及铅-锌多金属矿石时，采用了分支浮选法，其浮选流程见图8-6-4，所得到的选别指标与常规优先浮选的指标对比列于表8-6-2。

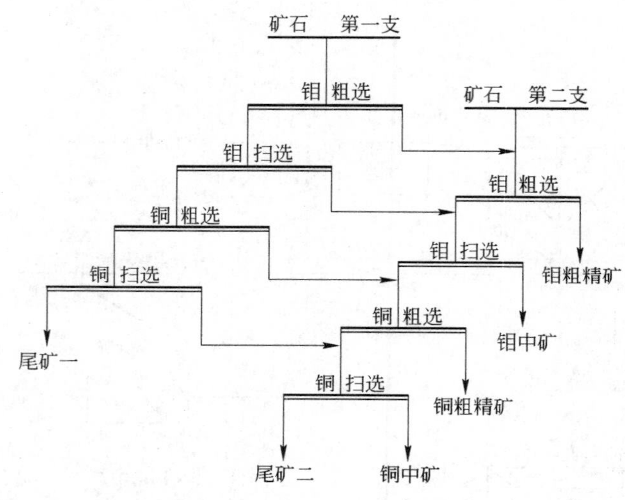

图8-6-4　铜-钼矿石分支浮选流程

表8-6-2　优先浮选与分支浮选选别结果的对比

产　品	优先浮选				分支浮选			
	品位/%		回收率/%		品位/%		回收率/%	
	铜	钼	铜	钼	铜	钼	铜	钼
原　矿	0.33	0.02	100.0	100.0	0.33	0.02	100.0	100.0
钼粗精矿	0.56	0.27	11.6	84.8	0.57	0.59	5.7	86.8
铜粗精矿	3.34	0.083	86.1	3.4	7.18	0.007	91.7	1.2
铜扫选尾矿	0.01	0.003	2.3	11.8	0.009	0.003	2.6	12.0

分选结果表明，泡沫产品（精矿）的重复浮选并未引起尾矿中金属损失的增加，铜、钼分支浮选与原先直接优先浮选流程的结果相比，铜、钼粗精矿的回收率分别由86.1%、84.80%增加至91.7%、86.8%，而且精矿质量大大提高。采用分支浮选工艺后，铜、钼粗精矿的品位比原来增加了一倍多，将此分支浮选流程用于铅-锌多金属硫化矿石的浮选，

同样也证明该流程可以提高精矿质量。

宝山铜矿为热液交代矽卡岩类型，是一含钼、铋、铜、铅、锌复杂多金属矿床。主要金属矿物有黄铜矿、辉铜矿、辉钼矿、方铅矿、闪锌矿、黄铁矿等，主要非金属矿物有石榴石、方解石、石英、绢云母、磷灰石等。原矿中铜、钼的品位分别为 0.224%、0.121%，改用分支串流工艺时，原矿中铜和钼的含量相应地下降为 0.148%、0.117%。矿石性质，尤其是铜的含量变化很大。宝山铜矿采用粗选分支串流浮选流程，如图 8-6-5 所示。即将第一支粗选的泡沫泵入第二支原矿搅拌桶，经过一段时间的试运转后发现，由于第一支泡沫的加入，导致第二支浮选处理量增多，浮选时间相应缩短，第二支的尾矿中，金属的损失量大大高于第一支，而且对第一支的泡沫产品无严格要求，因此，可以得到较高的回收率，尾矿的金属损失小。为了平衡尾矿，降低第二支的处理量，将第二支第一段扫选泡沫引入第一支的同名作业，得到了质量基本一致的尾矿。

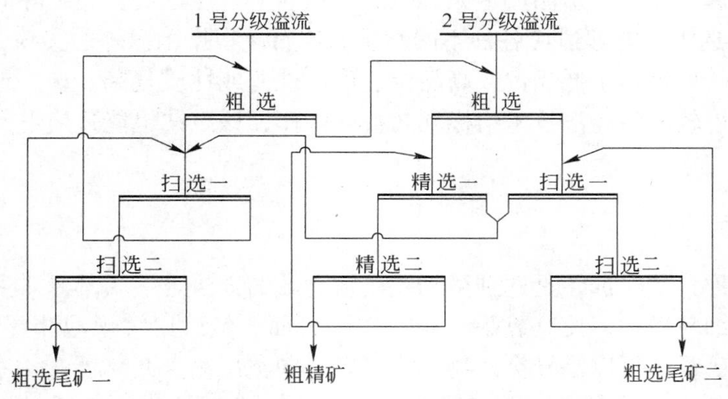

图 8-6-5 宝山铜矿粗选分支串流浮选流程图

试验表明，分支串流浮选使用的药剂种类与原流程相同，加药方式、加药地点也无改变，但药剂用量却比原来的要大幅度降低。在原矿中铜、钼品位下降较多的情况下，分支串流浮选所获得的技术经济指标均优于原浮选流程。

沈阳有色金属研究院根据辽宁地区有色金属矿山选矿处理矿石的特征，采用分支浮选流程从选矿厂废弃尾矿中回收铅、锌；从铜、锌、硫混合矿石中浮选铜矿物以及浮选低品位铝矿物，试验表明，分支浮选流程可以提高粗精矿品位，简化浮选流程，减少精选作业次数。分支浮选流程消耗的捕收剂和起泡剂比传统的浮选流程要少 20% 以上；分支浮选流程适用于低品位单一金属和多金属矿石的选别，对综合回收低品位金、银和从废弃尾矿中回收有用矿物更为有效。

广东凡口铅锌矿 1982 年率先应用了分支浮选工艺浮铅获得成功，选矿年增收节支 30 余万元；大冶铜录山铜矿 1986 年将原铜钼混合浮选 4 个系列改为分支串流浮选取消了铜钼混合精矿的集中精选作业和第一支所在系列的精选作业，仅 5 个月的时间就增收节支 71 万元；河北金厂峪金矿 3 个浮选系列全部改建为分支浮选，其经济效益十分可观，金的选矿回收率提高了 2.5 个百分点，精矿品位提高到 10.5g/t 以上，这样，每年可增加纯收入近百万元。

从上述分支浮选工艺的特点，总结归纳以下几点：

（1）采用分支浮选工艺有利于提高选别指标 其原因有：①由于分支浮选工艺是将前一支的粗精矿并于后一支的原矿，因而，人为地提高了入选矿石的品位。②各支浮选的粗精矿基本上由可浮性好的矿物组成，由此，当前一支的粗精矿并于后一支时，可以加快矿物的浮游速度，富化泡沫层，有利于提高粗精矿品位和作业回收率，并为用较少的精选作业获得合格精矿，实现早收、多收创造了条件。③由于前一支的泡沫对后一支被浮矿物有一定的“负载”作用，而更有利于矿物的浮选，因而可以改善分选过程，提高选矿回收率。④由于前一支泡沫的加入，后一支的被浮矿物量增加，矿浆离子组成发生变化，影响矿物的浮选。同时，由于前一支泡沫的加入，二次富集作用加强，难选矿物的离子、矿泥覆盖等有害影响相对减弱，从而提高分选指标。

（2）可降低药剂用量和能耗 在分支浮选工艺中，前一支泡沫产品所带的过剩药剂进入后一支浮选可继续发挥作用，从而降低第二支的加药量；此外，由于分支浮选工艺流程结构合理，使精选次数和中矿循环量大大减少，从而节省浮选机，达到降低能耗之目的。

（3）分支浮选工艺能够适应各种不同性质的矿石 根据国内外的实践，能够适应各种不同性质的矿石，如可用于低品位或高品位、可浮性差或性质复杂、单一或多金属矿石的选别等，均能获得较好的经济技术指标和效益。因而，该工艺也能适应各类不同性质的含金矿石。

8.6.3 载体浮选

载体浮选又称背负浮选，是选别微细粒矿物有效的方法之一。其基本原理是以粗矿粒为载体，背负微细粒矿物，使其黏附在粗粒矿物表面，然后用常规泡沫浮选法进行分离。作为载体的粗粒矿物，可以是异类矿物，也可以是同类矿物。载体浮选用于黏土中除杂已有数年，在这个过程中采用粗粒方解石作为载体，加入到矿浆中作为微细粒锐钛矿的载体，从而达到除杂的目的。

载体浮选的物理化学基础是利用疏水化载体矿物和微细粒矿物之间的疏水吸引作用，并在高能搅拌作用而产生的强湍流条件下，增强粗粒与微细粒的相互碰撞，促进粗粒与微细粒间的疏水聚团的形成，大大提高与气泡的黏着概率。

载体的大小和数目都会影响浮选结果，研究结果表明，载体的粒度要有一个适宜的范围，载体的添加量应为微细粒矿物量的20~40倍。载体也要和所背负的矿物一样，由于加入药剂而形成疏水的表面。为使载体与微粒碰撞黏附，所要求的搅拌速度比常规浮选要高。

有人在对高岭土除铁载体浮选体系研究中，采用方解石背负赤铁矿细泥，研究结果表明，搅拌强度、捕收剂浓度、介质pH值、载体粒度、载体用量等因素的变化，均能对载体浮选体系产生一定的影响。载体的加入和载体的疏水化，增加了细粒矿物在疏水性载体矿物表面黏附的机会，这是载体能提高微细粒矿物分选效果的实质性因素。

如果被载的微粒矿物是有价回收矿物，这种用异类矿物作为载体的浮选就存在着被载矿物与载体矿物分离，以及载体矿物回收再利用的问题，这样就增加了该工艺的难度，这是影响其工业应用的重要原因。

若采用同类矿物的粗粒负载同类矿物的微细粒，即所谓的自身载体浮选，可避免二者的分离工序，有利于在工业实践中应用。中南大学用大于10μm的不同粒级黑钨矿对

-5μm粒级的黑钨矿进行载体浮选，并与同条件下的常规浮选结果作了比较。结果表明，载体的粒度对载体浮选结果影响很大，最适宜的载体粒度为25～38μm，在此粒度范围内-5μm 的黑钨矿细泥与粗粒载体具有最大的碰撞黏着效应。

研究指出，粗细粒相互作用，除载体效应外，还有载体的裂解-中介作用和粗粒的助凝作用。试验发现，加入粗粒后矿浆中生成大量介于细粒与粗粒之间的团粒。原因之一是细粒先黏附在粗粒上，形成黏附体，随后这些黏附体再受湍流剪应力的裂解作用，脱落形成中间颗粒，此即粗粒的"中间介质作用"，亦即"中介"作用。可见，正因为粗粒载体的存在，才导致中间团粒的形成；原因之二是在强搅拌作用下，在粗颗粒与流体之间存在着一个大边界层，这一边界层随表征流体和颗粒运动特征的颗粒雷诺数 Re_p 而变化。当 $Re_p \geqslant 10$ 时，边界层发生分离，颗粒流线卷曲，直到形成涡环。这种在粗粒尾迹中产生的小尺度旋涡，对促进微细粒的聚团有利，此即为粗粒的助凝作用。在强湍流条件下，粗粒与微细粒的相互碰撞以及它们之间的疏水聚团作用，在载体浮选中具有决定性意义。

载体浮选的影响因素较多，包括载体颗粒粒度、载体比、搅拌器结构等几何因素；搅拌速度、搅拌时间和矿浆浓度等物理因素；药剂种类、药剂浓度、调浆温度和介质 pH 值等化学因素。这一切都要通过试验来确定最佳条件。

胡为柏教授等经过多年研究提出分支载体浮选新工艺，其特点在于将分支浮选与粗粒效应巧妙结合。即将较粗粒级且易浮的一支流程中的精矿，返回到难浮的细泥流程中去，以提供产生载体—助凝作用的粗粒，达到强化细粒浮选之目的。矿石分支载体浮选工艺流程如图 8-6-6 所示。分支载体工艺中的载体矿物可以是同种矿物，也可以是具有同种成分的异类矿物，如粗粒黑钨矿负载黑钨矿细泥，粗粒磁铁矿负载细粒赤铁矿，粗粒硫化铜矿负载细粒氧化铜矿等。曾用该工艺对铜录山氧化铜矿、东鞍山赤铁矿、大厂锡矿、凡口铅锌矿分别做过试验研究，研究结果如表 8-6-3 所示。

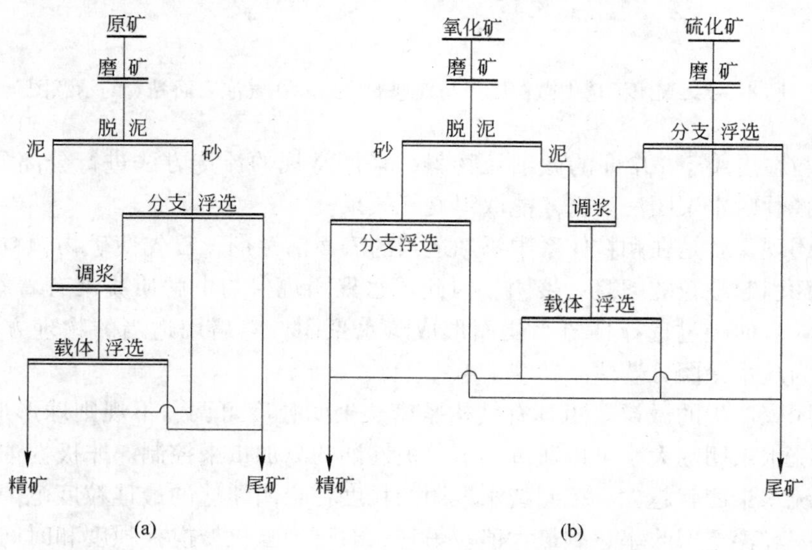

图 8-6-6 分支载体浮选的原则流程

（a）单一矿石；（b）共生矿石

表 8-6-3 载体—分支浮选与常规浮选的比较

矿石类型		常规浮选最佳指标		载体—分支浮选指标		结果比较	
		品位/%	回收率/%	品位/%	回收率/%	品位/%	回收率/%
东鞍山红铁矿		61.23	82.30	65.60	87.93	+4.37	+5.63
铜录山氧化铜矿		20.198	82.76	20.76	91.43	+0.562	+8.67
大厂锡矿		0.59	63.96	2.76	57.45	+2.17	-6.51
凡口铅锌矿	Pb	5.20	85.40	10.30	94.20	+5.13	+8.00
	Zn	10.10	96.71	20.95	98.15	+10.85	+1.44

8.6.4 聚团浮选

8.6.4.1 聚团浮选的基本原理

聚团浮选，是指悬浮体中的微细颗粒通过疏水团聚方法聚集成粒度合适的聚团，然后用浮选法将这些聚团回收的微细粒分选技术。在聚团浮选中，不是单个微细颗粒而是微细颗粒的疏水聚团与气泡发生碰撞，然后黏着在气泡的表面，如图 8-6-7 所示。因此，聚团浮选大大提高了颗粒与气泡的碰撞概率和颗粒在气泡表面上的黏着概率，改善微细颗粒的浮选速率和回收率。

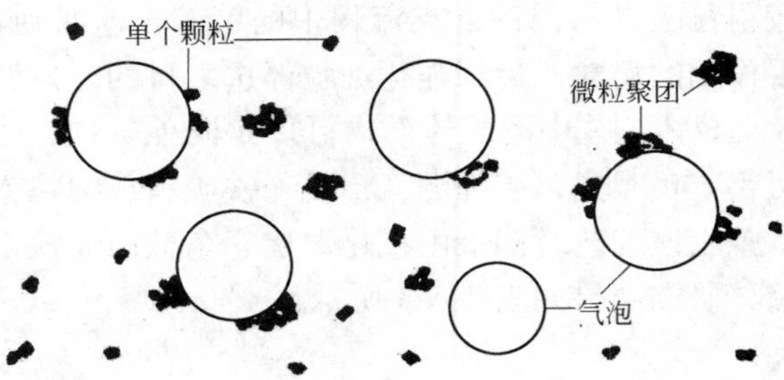

图 8-6-7 聚团浮选中微粒聚团与气泡的碰撞和在气泡表面黏着的示意图

对于颗粒粒度小于 10μm 的微细粒物料，采用常规的浮选方法进行分离的效果不佳，往往采用选择性疏水聚团法浮选才能取得良好效果。

疏水聚团现象就是在颗粒体系中添加适当的表面活性剂，首先使矿物颗粒表面选择性疏水化，进而引起颗粒的絮凝、聚团。因此疏水聚团现象与电解质凝聚有着本质的区别。凡是矿物颗粒表面经过选择性疏水化而形成疏水聚团，然后用适当的物理方法分离的工艺，均可称为疏水聚团分选法。

由疏水团聚产生的微粒聚团具有结构紧密、聚团粒度可调、不规则球形形状等特点。微粒矿物的疏水聚团的大小可以通过调节非极性油的添加量来控制。非极性油的加入量越大，所产生疏水聚团就越大。控制疏水聚团的粒度在聚团浮选的最佳粒度范围，就能使聚团的浮选速率和浮选回收率达到最大值。另外，通过增强机械搅拌强度和时间也可增大疏水聚团的粒度。

疏水聚团过程不遵循 DLVO 理论。颗粒聚团的形成主要依赖于疏水微粒直接接触时产生的“疏水缔合能”。卢寿慈于1983年研究了石英-十二胺、菱锰矿-油酸钠、赤铁矿-油酸钠体系的疏水性变化与絮凝的关系，并运用近代水结构理论及胶团形成原理，首次提出疏水作用能的定量化理论。认为矿物微粒间疏水作用能有两个组成部分，即基于界面水结构变化的疏水作用和基于烃链间穿插缔合作用的疏水缔合能。

8.6.4.2　聚团浮选工艺的特点与应用

选择性疏水聚团分选法包括以下基本工序：调制适宜浓度的矿浆，添加药剂，强烈搅拌，目的矿物颗粒形成疏水聚团，聚团与分散矿粒的分离。

由于疏水聚团的选择性可通过添加抑制剂和活化剂达到很高的程度，因此疏水聚团分选工艺可应用于各种矿石的微细粒选矿中，如黑色金属矿石、有色金属矿石、稀贵金属矿石、非金属矿石和煤炭等。在环境保护及水处理工程中，水中有机分子和固体微粒的脱除、微细固体颗粒的过滤、有机化合物的分离等领域，选择性疏水聚团分选法都有广泛的应用。

大量的实验与研究表明，疏水作用受温度变化的影响明显，随着温度的提高，疏水作用能将增大，疏水聚团亦随之增强。搅拌强度与搅拌时间同样是疏水聚团过程中的重要因素。疏水聚团工艺的选择性不仅要求一定的搅拌作用，而且需要足够长的搅拌时间。

影响疏水聚团过程有诸多因素，但最重要的是微粒表面疏水化、非极性油的强化、高剪切力场或高机械能量的输入三大因素。

疏水聚团浮选工艺的特点如下：

（1）在多种物质颗粒组成的悬浮体中，由于可添加必要的表面活性剂、调整剂、抑制剂，所以只有表面疏水化的颗粒才能产生疏水聚团，因而工艺具有良好的选择性；

（2）可通过添加中性油来强化疏水聚团的团粒强度；

（3）调浆过程中进行中等或强力搅拌，搅拌时间一般大于10min，以保证疏水颗粒形成具有一定强度的致密的聚团，而其他矿粒则保持分散状态；

（4）用适当的物理方法分离疏水聚团和分散的矿粒，分离方法可以是浮选、磁选、脱泥、筛分、相分离等。

8.6.5　微泡浮选

在一定条件下，减小气泡粒径，不仅可以增加气-液界面，同时可增加微粒的碰撞几率和黏附几率，有利于微粒矿物的浮选。

8.6.5.1　加压浮选

加压浮选工艺因具有发泡量容易调节控制，流程灵活可变等优点，得到广泛应用。

加压浮选装置主要由压力泵、空气压缩机、溶气罐、减压阀、浮选机等组成。其工作程序为：压力泵将原水或部分处理水连同0.196～0.49MPa（2～5kg/cm^2）压力的压缩空气导入密闭的溶气罐，水在溶气罐停留1～5min后再经减压阀连同未加压的回水导入开放于常压的浮选机，空气在浮选机析出，与目的物形成泡沫或浮渣，由刮板刮出；水在浮选机内停留10～30min，处理水由浮选机底部或槽的另一端排出。

加压浮选流程包括：

（1）全部原水加压流程：适用于原水中悬浮物含量高，需发泡量大且絮凝体的破坏对浮选无影响的浮选过程。

（2）部分原水加压流程：部分原水加压溶气后再与未加压的原水混合进入浮选机。该过程动力消耗减少，适于絮凝体加压破坏后，一旦与未加压原水混合可再次絮凝的水质。多以水的澄清净化为目的。

（3）处理水循环加压流程：根据原水所需的发泡量，将处理水的10%～30%加压溶气，再与原水混合进入浮选机。该流程不破坏絮凝体，可根据原水性质灵活调节发泡量。但相应浮选机容积较大，动力费稍高。适用于污泥浓缩。

溶气罐的压力和气体的溶解度是加压浮选的重要影响因素。实践证明空气在溶气罐内的溶解效率与压力、水和压缩空气进入溶气罐的方式、送气速度、滞留时间、流动搅拌条件等因素有关。

8.6.5.2 真空浮选

又称减压浮选，采用降压装置，利用减压方法使溶于水中的气体从水中析出，从溶液中析出微泡的方法，气泡粒径一般为0.1～0.5mm。研究证明，从水中析出微泡浮选细粒的重晶石、萤石、石英等是有效的。其他条件相同时，用常规浮选法，重晶石精矿的品位为54.4%，回收率为30.6%，而用真空浮选品位可提高到53.6%～63.6%，相应的回收率为52.9%～45.7%。

减压浮选适于有臭气、有害气体挥发的浮选过程。缺点是发泡量受到限制，需间断操作。

8.6.5.3 电解浮选

利用电解水的方法获得微泡，气泡的产生是靠电解时在阴极和阳极分别析出氢和氧形成的。一般气泡粒径为0.02～0.06mm，用于浮选细粒锡石时，单用电解氢气泡浮选，粗选回收率比常规浮选显著提高，由35.5%提高到79.5%，同时品位提高0.8个百分点。电解浮选是新近发展起来的微细颗粒乃至胶粒的浮选工艺，不仅用于一般固体物料的分选，还用于工业废水处理、轻工及食品工业产品的净化等。

8.7 电化学调控浮选

硫化矿浮选电化学研究的一个最重要的贡献是，发现矿浆电位的调控在浮选中具有十分重要的意义。矿浆电位可以调节和控制导致硫化矿表面疏水和亲水的电化学反应，因而决定了硫化矿的浮选和抑制；同时矿浆电位还对捕收剂、抑制剂等药剂在矿物表面的作用发生重要的影响和调控，从而调节矿物的浮选行为。对浮选行为与电位关系的研究和发展开发了一些新的技术，如电位调控浮选（Electropotential Control Flotation）、无捕收剂浮选（Collectorless Flotation）等。

8.7.1 硫化矿电化学浮选中电位的测定

硫化矿电化学浮选中电位的测定通常包括以下几种：

铂电极电位测定，指通常电化学研究采用铂电极测出的电位。

矿物电极电位测定，在一定的溶液中测得的电位又称静电位（Rest Potential），是溶液成分在矿物电极上发生电化学反应的响应，属于混合电位。

选择性电极电位测定，用选择性电极（最常见实例是测pH值用的氢离子选择性电极电位测定）测得的电位，是溶液中某一特定成分电极反应的响应，实际上反映溶液中该成分的浓度大小，若电极是对某种浮选药剂的选择性电极，则测得的电位反映水溶液中该药剂的浓度。

用选择性电极测定浮选矿物溶液中某成分的浓度（通常是浮选捕收剂的浓度），再经数学处理以达到优化浮选过程，已经发展成为工业应用的实用技术，在文献上也称为电位调控浮选。

电位调控浮选是调整矿浆溶液电化学条件，改变和调控矿物自身可浮性及调控药剂与矿物作用从而影响矿物的可浮性的过程，按过程的本质来说，这是直接改变矿物可浮性的电位调控浮选。

8.7.2 硫化矿物电位调控浮选的实现途径

目前有三种调节和控制矿浆电位的方法，一是采用添加氧化—还原药剂调控矿浆电位；二是外加电极调控矿浆电位；三是既不采用外加电极，也不使用氧化—还原药剂，而是利用硫化矿磨矿—浮选矿浆中固有的氧化—还原反应，通过调节传统浮选操作参数来调控矿浆电位的原生电位浮选。

8.7.2.1 氧化—还原药剂调控矿浆电位

控制矿浆中氧化还原剂的浓度可以改变矿物表面的电极电位和矿浆电位，同时也改变了溶剂中氧化还原组分的能级。两种化学方法控制矿浆电位：一是通过添加适宜的氧化剂（使得电位更正）和还原剂（使得电位更负）；另一种是通过改变矿浆中氧气的活性，矿浆中氧气的活性随着浮选气体的氧含量变化而变化，氮富集则降低活性，氧富集则提高活性。

A. 尤莱伯-萨拉斯等通过添加双氧水将矿浆电位（E）提高到约 0.3V，可提高含有黄铁矿的细粒复杂矿石中方铅矿和黄铜矿的优先浮选指标。研究表明，方铅矿和黄铜矿的可浮性分别在 0.32V 和 0.27V 左右达到最大。

8.7.2.2 外加电极调控矿浆电位

该技术主要是利用外加电场对矿浆进行极化，使矿粒达到浮选电位要求，从而实现硫化矿的浮选分离。采用外加电极调控电位的方法无论是在实验室还是在工业实践中均取得了一定成功，由于该法排除了化学因素对硫化矿物浮选的影响，可以得出硫化矿物浮选行为与电位的单一依赖关系，故在浮选电化学理论研究过程中发挥了重要作用。

澳大利亚马他比公司通过调控矿浆电位、pH 值实现了铜铅锌硫化矿浮选分离。该技术具有节省药耗、成本低的优点，缺点在于矿粒极化很不均匀，浮选指标不稳定。

芬兰 Outotec 公司将一种 OK-PCF 电位调控系统应用于四个选矿厂：Hitura 镍矿、Uammala 镍矿、Vihanti 铜铅锌矿和 Pyhasalmi 铜铅锌矿；在 Vihanti 铜铅锌矿，使用电位调控后效益增加 10% ~20%，且石灰和捕收剂用量都只有以前的 1/30。

8.7.2.3 原生电位调控浮选

1994 ~1998 年，中南大学和广东工业大学合作，共同提出既不采用外加电极，也不使用氧化—还原药剂，而是利用硫化矿磨矿—浮选矿浆中固有的氧化—还原反应调控电位的“原生电位浮选（Originpotential Flotation，OPF）”的硫化矿电位调控新技术。目前，该项技术已获得工业应用。

硫化矿原生电位浮选工艺是指利用硫化矿磨矿—浮选矿浆中本身固有的电化学行为（氧化-还原反应）引起的电位变化，通过调节传统浮选操作因素达到电位调控并改善浮选过程的工艺。该工艺有两个要点：一是主要调节和控制包括矿浆 pH 值、捕收剂种类、用量及用法、浮选时间以及浮选流程结构等在内的传统浮选操作参数；二是不采用外加电极、不使用氧化—还原药剂调控电位。这两点为该工艺在现有浮选体系中实际应用及推广创造了条件。OPF 的主要科学内涵和技术关键在于：将传统浮选过程控制参数与矿浆原生电位结合起来，从浮选电化学的角度分析和研究矿浆原生电位对浮选过程的影响，并从中寻找各因素之间的最佳匹配方案，从而确立最佳浮选条件，包括经济合理的药剂制度、矿物最佳疏水浮选条件及分离选择性以保证良好的精矿质量和高的回收率。

8.8 浮选流程考查与计算

在选矿厂设计时，浮选流程计算的目的在于确定各作业中各产物的质量与数量，通过流程计算，求得各产物的产率（γ）和重量（Q），为选择选别设备（如浮选机）、辅助设备及矿浆流程计算提供基础资料。在设计中，不考虑选别过程的机械损失和其他流失，认为各作业进入和排出产物的重量不变。所以，流程计算的原理是，进入各作业的矿量或金属量，等于该作业排出的矿量或金属量，即物料平衡原理。在日常生产中，流程考查与计算的目的是了解生产过程的详情，发现薄弱环节，换言之，进行过程分析。

在浮选作业中，不仅有数量的变化，而且还有质量的变化。所以，计算的内容包括各产物的产率 γ(%)、重量 Q(t/h)、金属量 P(t/h)、回收率 ε(%)、作业回收率 E(%)、品位 β(%)等。重量、产率统称矿量分配指标；金属量、回收率、作业回收率统称金属量分配指标；品位称为计算指标；有时为了某种特殊需要，还个别地使用补充指标，即富集比 i、选矿比 K。

任何一种工艺流程，都必须知道一定的已知条件（即计算用的已知条件），才能进行全流程计算。这些已知条件包括：原始指标数、原始指标数的分配以及原始指标数值的选择等。在破碎、磨矿流程计算中，由于流程简单，只计算产率和重量，故需要的原始指标少。但选别流程不同，一是流程复杂，二是需要计算的项目多（特别是多金属矿更为明显），计算前如果不解决这些问题，就无法正确地进行选别流程计算。

20 世纪 70 年代，国外成功地开发了用于选矿流程计算的计算机程序，习惯上称为物料平衡程序包。20 世纪 80 年代初期，我国开始了这方面的研究，研究成果可分为三类：

（1）设计用计算机程序；

（2）流程查定用物料平衡程序包；

（3）通用的物料平衡程序包，既可用于流程查定，又可用于设计。

8.8.1 原始指标数的确定

流程计算是通过解联立方程式的方法进行的。要解联立方程式，已知数（即原始指标数）不能多，多了就可能会成为矛盾方程式；反之，已知数也不能少，少了就会成为不定方程式。从数学上讲，计算结果可以是负值，但在生产上是不可以的。因此，流程计算前，确定必需的原始指标数就显得十分重要。

原始指标数可按下式确定：

$$N_p = C(n_p - a_p) \tag{8-8-1}$$

式中，N_p 为原始指标数（不包括已知的给矿指标）；C 为计算成分（参与流程计算的项，若流程只计算产物重量，如破碎、磨矿流程，则 $C=1$；若流程既要计算产物重量，又要计算产物中各种金属的含量，则 $C=1+e$）；e 为参与流程计算的金属种类数，如单金属矿 $e=1$，两种金属矿 $e=2$，…，依此类推；n_p 为流程中的选别产物数（不含混合产物数）；a_p 为流程中的选别作业数（不含混合作业数）。

由上式得知，已知给矿指标时，计算流程所需原始指标数，等于计算成分乘以流程中的选别产物数与选别作业数之差。

8.8.2 原始指标数的分配

浮选流程最常用的指标是 γ（产率）、β（品位）、ε（回收率）和 Q（给矿量）。

如果原始指标采用 γ、β、ε 计算流程，则原始指标数的分配为：

对于单金属矿：

$$N_p = N_\gamma + N_\beta + N_\varepsilon \tag{8-8-2}$$

式中，N_p 为原始指标数；N_γ 为参与流程计算的产率指标数；N_β 为参与流程计算的品位指标数；N_ε 为参与流程计算的回收率指标数。

由上式得知，各类指标数（即 N_γ、N_β、N_ε）之和，必须等于原始指标数 N_p。否则在流程计算时，不是出现矛盾方程式，就是出现不定方程式。而且 N_γ、N_β、N_ε 的个数，也不能任意确定，各有一定的范围，即：

$$N_\gamma \leqslant n_p - a_p \tag{8-8-3}$$

$$N_\beta \leqslant n_p - a_p \tag{8-8-4}$$

$$N_\varepsilon \leqslant 2(n_p - a_p) \tag{8-8-5}$$

对于多金属矿：

$$N_p = N_\gamma + N_\beta + N_\varepsilon + N_{\beta'} + N_{\varepsilon'} + \cdots \tag{8-8-6}$$

式中，β、ε 分别为第一种金属矿的品位、回收率；β'、ε'分别为第二种金属矿的品位、回收率。

在浮选流程计算中，γ 一般不作为原始指标，因浮选是连续作业，很难测得产率（γ）值，既难测得各浮选产物重量（Q），而且也难测准；所以，通常全部用 β（特别是选矿厂的流程考查），或 β、ε（如工业设计）的组合作为原始指标。

8.8.3 原始指标数值的选择

各类原始指标数值的选取，应以选矿试验报告提供的数值为主要依据，同时参考矿石性质相似的选矿厂的生产资料。选择时应注意以下几点：

所选原始指标，应是生产中最稳定、影响最大而且必须控制的指标。

两种产物的选别作业，应选择精矿品位和回收率，特别是最终精矿的品位和回收率；三种产物的选别作业，除选择精矿品位和回收率外，还要选择中矿的产率和品位；四种产物的选别作业，除选择精矿品位和回收率外，还要选择次精矿品位和回收率、中矿的产率和尾矿的回收率等。

在一个选别产物中，不能同时采用 γ、β、ε 为原始指标，只能是 γ、β 或 β、ε 为原始

指标，因为三者互为函数关系，知其二，则可求出第三。

在确定原始指标数值时，应认真、全面地分析选矿试验报告提供的数值。如果试验矿样的原矿品位与采矿设计提供的原矿品位有误差，并超过10%~15%时，首先要复查试验矿样的代表性，仅发现原矿品位有误差，其他代表性均好（如粒度特性、围岩性质、矿物种类等），则试验报告提供的数值仍可作为选择原始指标数值的依据，只是最终精矿品位和回收率须适当加以调整。否则，要重新采样进行选矿试验。

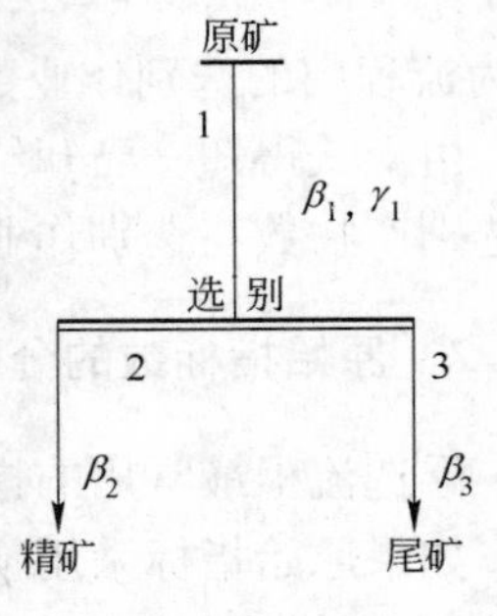

图 8-8-1 单金属矿两种产物选别流程

8.8.4 浮选流程的计算

以单金属矿两种产物流程计算为例。流程如图8-8-1所示。

原始指标数（已知给矿指标）：

$$N_p = C(n_p - a_p) = 2 \times (2-1) = 2$$

原始指标数的分配：

$$N_p = N_\gamma + N_\beta + N_\varepsilon = 2$$

$$N_\gamma \leqslant n_p - a_p \leqslant 2 - 1 \leqslant 1$$

$$N_\beta \leqslant n_p - a_p \leqslant 2 - 1 \leqslant 1$$

$$N_\varepsilon \leqslant 2(n_p - a_p) \leqslant 2 \times (2-1) \leqslant 2$$

常用的分配方案有二：

方案Ⅰ：β_2，β_3；方案Ⅱ：β_2，ε_2

按照方案Ⅰ，各产物的产率计算如下：

$$\begin{cases} \gamma_1 = \gamma_2 + \gamma_3 \\ \gamma_1\beta_1 = \gamma_2\beta_2 + \gamma_3\beta_3 \end{cases}$$

解联立方程式得：

$$\gamma_2 = \frac{\gamma_1(\beta_1 - \beta_3)}{\beta_2 - \beta_3}$$

按照方案Ⅱ计算：

$$\gamma_2 = \frac{\beta_1\varepsilon_2}{\beta_2}$$

$$\gamma_3 = \gamma_1 - \gamma_2$$

各产物的产率为：

$$Q_2 = Q_1\gamma_2;\ Q_3 = Q_1 - Q_2$$

各产物的回收率为：

方案Ⅰ的 ε_2 和 ε_3 为：

$$\varepsilon_2 = \frac{\gamma_2\beta_2}{\beta_1}$$

$$\varepsilon_3 = \varepsilon_1 - \varepsilon_2$$

8.9　典型的浮选工业实践

8.9.1　硫化矿浮选实践

8.9.1.1　硫化铜矿浮选

A　铜硫矿石选矿实例

西北某铜选矿厂处理的为一典型铜硫矿石，属受构造控制后的后生中温热液矿床，矿床由多个矿体组成。该矿同时处理两种类型矿石：块状含铜黄铁矿和浸染状铜硫矿。块矿中黄铁矿占89%～91%，只有少量的石英、阳起石等脉石；浸染矿中黄铁矿占22%～29%，脉石是火山砾和凝灰岩。铜矿物主要是黄铜矿，少量辉铜矿、斑铜矿和铜蓝。

图8-9-1是该铜硫矿选矿厂处理块状和浸染矿石的原则流程。

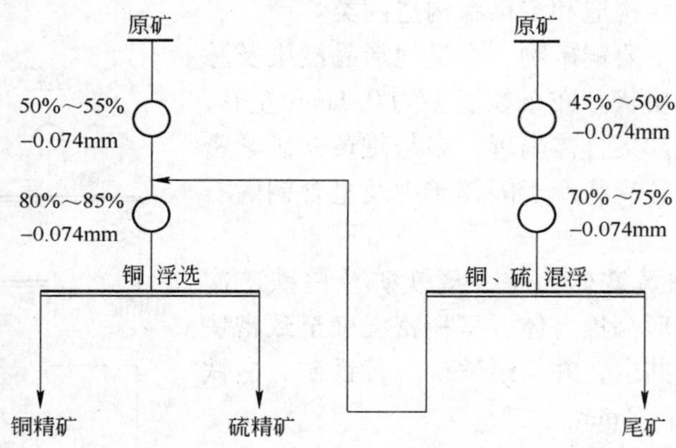

图8-9-1　某铜硫矿浮选原则流程

现场的具体方案是，浸染矿铜硫混浮时，少加石灰、矿浆中游离CaO的含量控制在$100g/m^3$左右，用丁基黄药作捕收剂，松醇油作起泡剂，得到的铜硫混合精矿，进入块矿二段磨矿前的预先分级。块矿浮铜时，加大量的石灰，用量10～15kg/t，矿浆中的游离CaO在$800g/m^3$左右。

生产实际证明，采用这种方案处理浸染矿和块矿，显示出如下优点：浸染矿由优先浮铜改为铜硫混浮，节省了石灰，回收了黄铁矿；浸染矿的铜硫混合精矿，进入块矿浮选系统，节省了块矿浮选的药剂；铜的总回收率略有提高。

该厂处理块矿的药剂制度是：丁黄药100～200g/t，松醇油60～70g/t，石灰10～15kg/t。所得指标见表8-9-1。

表8-9-1　某铜硫矿选矿厂生产指标

成　分	原矿品位/%	精矿品位/%	回收率/%
铜	1.35～2	18～21	90
硫	40～41.5	42	90～91

B　铜硫铁矿石浮选实例

安徽铜官山铜硫铁矿选矿厂处理矿石产于接触变质带，高中温热液交代的矽卡岩矿床。入选矿石包括不同矿区的六类矿石：含铜矽卡岩类、含铜磁铁矿类、含铜磁铁矿与黄铁矿类、含铜滑石与蛇纹石类、含铜角页岩类（石英辉铜矿）、氧化矿石。

矿石中主要金属矿物有磁黄铁矿、黄铁矿、黄铜矿、少量辉铜矿和斑铜矿等。脉石矿物有石榴子石、透辉石、蛇纹石、透闪石、滑石、石英等，矿石伴生金银。原矿化学成分分析结果见表8-9-2。

表8-9-2　原矿化学成分分析结果

成　分	Cu	Fe	S	SiO_2	CaO	MgO	Al_2O_3
含量/%	0.74	33.14	6.70	31.5	7.17	3.68	1.87
成　分	Co	WO_3	Zn	Mo	Ag	Au	
含量/%	0.0038	0.009	0.45	0.0016	7.31g/t	0.83g/t	

矿石构造分为块状构造和浸染状构造两类。

黄铜矿是矿石中主要铜矿物，多呈他形晶浸染及脉状分布，少数为致密块状。嵌布粒度多为0.1mm左右，产出方式大部分以大片集合体出现，多与磁黄铁矿紧密共生，小部分呈细小乳滴状产于闪锌矿中及呈含铜的石英、方解石脉中出现。

硫化铁矿物以磁黄铁矿为主，黄铁矿及白铁矿次之。磁黄铁矿多以他形晶集合体，呈稠密浸染至致密块状，多与黄铜矿紧密共生，并与磁铁矿、黄铁矿、白铁矿伴生。粒度为0.05~1mm。

磁铁矿是矿石中主要的氧化铁矿物，粒度0.3~5mm。集合体呈细粒块状，或沿矽卡岩裂缝分布，呈脉状、稠密浸染状至致密块状。

选矿厂按先浮铜、后浮选硫、再磁选铁及铁精矿脱硫的选别顺序生产，分别产出铜精矿、硫精矿和铁精矿。其生产的原则流程见图8-9-2。药剂方案及生产指标见表8-9-3。

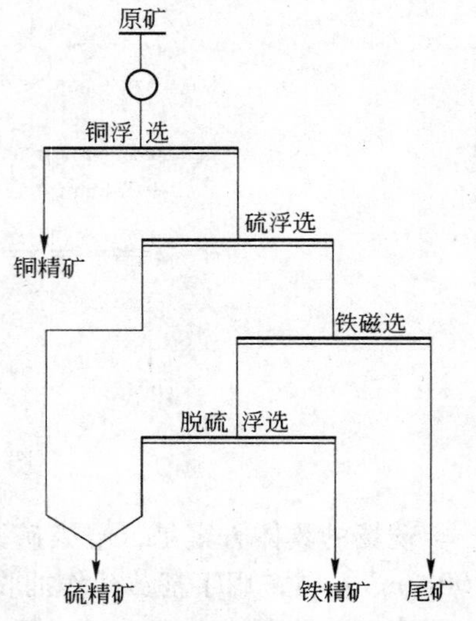

图8-9-2　铜官山铜矿铜硫铁矿浮选原则流程

表8-9-3　铜官山铜矿铜硫铁矿选矿药剂方案及生产指标

药　名	用量/g·t^{-1}		
	铜浮选	硫浮选	脱硫浮选
石　灰	pH值11.5~12.3	pH值11~12	
丁黄药	80~100	100	100
松醇油	10~60	70~100	250
氰化物	0~30		
硫酸铜		100	100
柴油		250	500
CO_2 烟气			pH值7.5
产　品	铜精矿	硫精矿	铁精矿
品位/%	20~21	38~40	57~60
回收率/%	89	70~75	60~65

原矿进入选矿厂后先经洗矿脱泥，块矿进破碎系统，矿泥直接进入单独的矿泥浮选系统。

块矿部分的铜浮选采用一段磨矿、两次粗选、两次精选、两次扫选流程。硫浮选用一次粗选二次扫选流程。硫浮选尾矿经磁选后丢弃尾矿，磁选精矿脱硫后得到铁精矿和硫精矿。

洗矿洗出的矿泥经浓缩机浓缩后，进行一段磨矿、二次粗选、二次扫选和一次精选得到铜精矿和尾矿。

8.9.1.2　硫化铅锌矿浮选

A　广东凡口铅锌矿选矿厂

该矿属中低温热液裂隙充填交代矿床。主要金属矿物为黄铁矿、闪锌矿、方铅矿，并含极少量毒砂、黄铜矿、黝铜矿、磁黄铁矿、车轮矿、辉锑矿、硫锑铅矿、白铁矿、白铅矿、菱锌矿、红银矿、辉银矿等。矿体围岩为灰岩。脉石矿物为方解石、石英、还有少量白云石、绢云母等。

有用矿物嵌布特点：在黄铁矿成矿阶段，由于热液中硫与铁的浓度大，空间充足，温度高，所以黄铁矿首先呈自形、半自形粒状集合体沉淀，粒度较大，一般在0.1mm以上，这部分黄铁矿与方铅矿、闪锌矿关系不密切。在铅与锌矿化阶段，生成的黄铁矿粒度较细，在0.02～0 mm之间，且与方铅矿和闪锌矿的关系极为密切。黄铁矿呈自形生成较早，方铅矿则沿着它的颗粒间隙充填交代，使方铅矿呈他形网状嵌布，与黄铁矿极难解离，这是影响铅精矿质量的主要原因。

当大量黄铁矿沉淀后，在铅与锌的矿化阶段，一部分细粒黄铁矿生成，闪锌矿也结晶，这时，时间和空间都还比较充分，因而闪锌矿较粗，呈他形粒状集合体组成块状铅锌矿石，粒度为0.1～0.15 mm，但在块状铅锌黄铁矿矿石中的部分闪锌矿呈他形粒状、脉状充填在黄铁矿的间隙和裂隙中，粒度较细为0.02～0.1mm。由于方铅矿比黄铁矿与闪锌矿生成晚，受到空间的限制，所以方铅矿呈他形晶粒状或细脉状嵌布在黄铁矿与闪锌矿的间隙和裂隙中，并溶蚀，造成矿物之间的接触界线极为复杂，这是造成锌精矿含铅高的主要原因。

凡口铅锌矿是我国目前最大的地下开采铅锌矿山，自1968年一期工程投产，1990年二期扩建工程投产，现已形成年产铅锌金属15万吨（矿量130万吨）的采选生产能力。目前选矿厂规模为4500t/d。选矿生产工艺流程经过了多次的技术改造，用到高碱电化学调控铅锌快速浮选工艺流程，见图8-9-3。矿石经两段细磨至细度为-0.075mm的占88%，药剂品种及用量（g/t）为铅循环：石灰8000、丁黄药180和乙硫氮60（三者均加入磨机）、松醇油22、PS85；锌循环：石灰1000、硫酸铜529、丁黄药100、松醇油10；硫循环：硫酸、乙黄药、松醇油。

凡口铅锌生产工艺流程采用“高碱电化学调控铅锌快速浮选工艺流程”有两个要点：第一，调节和控制矿浆pH值、捕收剂种类、用量及用法、浮选时间与浮选流程结构等在内的传统浮选操作参数；第二，电化学调控不采用外加电极，不使用特殊氧化-还原药剂调控电位，通过控制电位，使铅锌金属在最佳范围内达到浮选分离与富集。凡口铅锌矿石的电化学调控铅锌浮选，主要依据下列三个方面的研究：

（1）根据铅、锌、铁硫化矿被氧化的电位差别，控制铅锌铁的有序分离。凡口矿石中的方铅矿、闪锌矿、黄铁矿三种硫化矿物的热力学稳定区域与电位pH值分析表明，随着

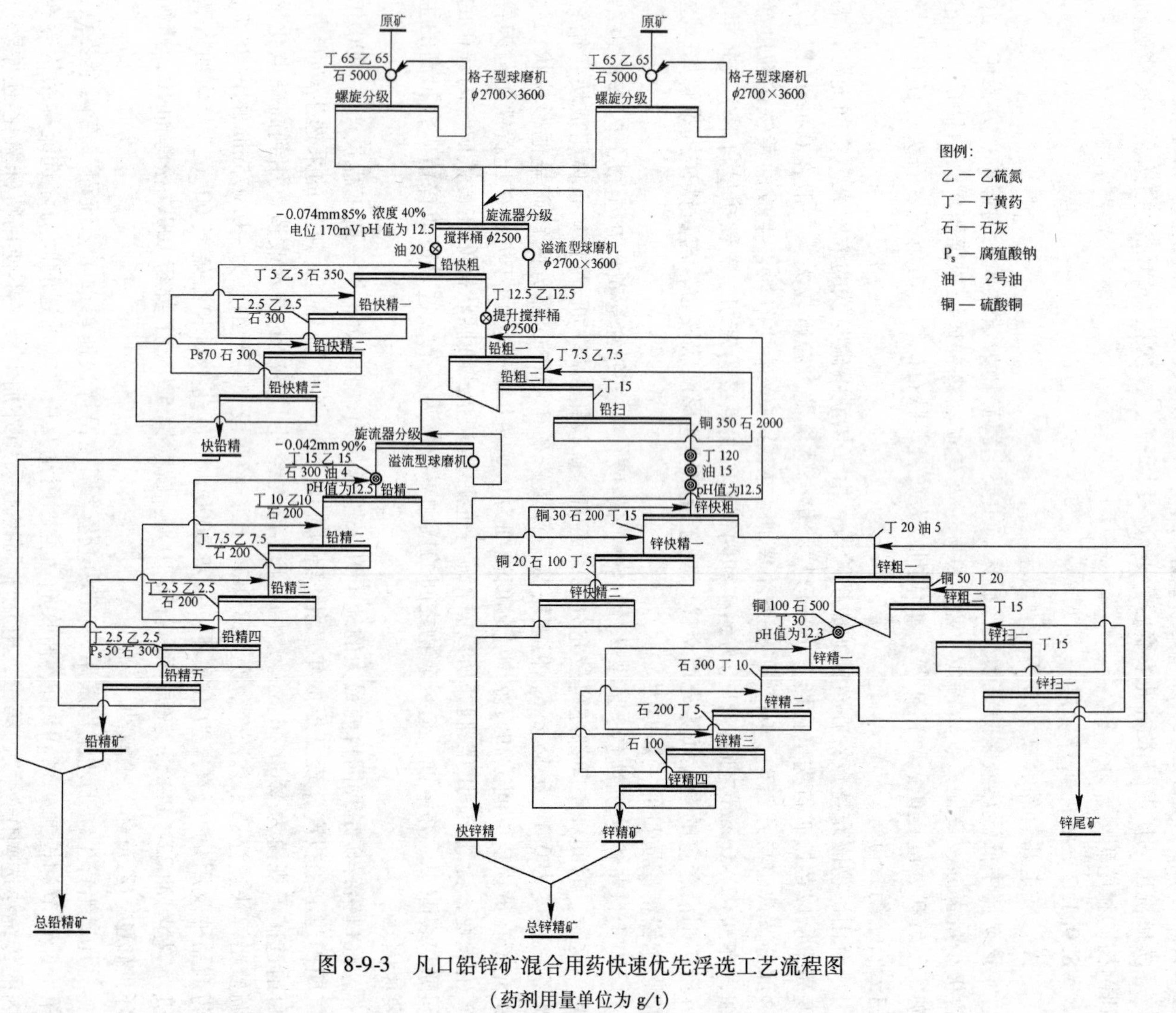

图 8-9-3 凡口铅锌矿混合用药快速优先浮选工艺流程图
（药剂用量单位为 g/t）

pH 值的升高，黄铁矿发生氧化所需要的电位越来越小，闪锌矿次之，而方铅矿发生氧化的电位比它们高得多，在碱性介质中选择适当的矿浆电位可使闪锌矿、黄铁矿被氧化受抑制，而方铅矿不受氧化，保持良好的可浮性，从而达到方铅矿与黄铁矿、闪锌矿分离的目的，对于凡口矿矿石性质最适宜的矿浆 pH 值为 12.5，其对应矿浆电位为 175mV 左右，在此电位下，黄铁矿、闪锌矿易被氧化而方铅矿的氧化电位较高不被氧化。

（2）调整控制矿浆 pH 值与矿浆电位范围，促使铅锌有效分离。凡口铅锌矿矿浆 pH 值与矿浆电位 E_{pt}之间有如下关系：随着 pH 值的升高，矿浆的电位逐渐降低，要使矿浆电位降低到 175mV 左右，矿浆 pH 值必须达到 12.5 左右。为了保证选铅过程中矿浆电位保持在 175mV 左右，必须加入大量石灰才能保证浮选过程中稳定的 pH 值，根据小型试验，对于凡口矿矿石，入选前石灰添加量必须在 14kg/t 以上。

（3）充分利用组合药剂的作用机理，使铅、锌与铁能有效分离与铅锌精矿的富集。在碱性条件下，乙硫氮、丁黄药在碱性条件下对方铅矿的作用有如下反应：

$$2PbS + 4D^- + 3H_2O \longrightarrow 2PbD_2 + S_2O_3^{2-} + 6H^+ + 8e$$

$$E_1 = 0.052 - 0.0295\lg[D^-] - 0.044pH \tag{8-9-1}$$

$$2PbS + 4X^- + 3H_2O \longrightarrow 2PbX_2 + S_2O_3^{2-} + 6H^+ + 8e$$

$$E_2 = 0.131 - 0.0295\lg[X^-] - 0.044pH \tag{8-9-2}$$

乙硫氮、丁黄药在闪锌矿、黄铁矿表面则形成 D_2 和 X_2：

$$2D^- \longrightarrow D_2 + 2e$$

$$E_3 = -0.128 - 0.059\lg[D^-] \tag{8-9-3}$$

$$2X^- \longrightarrow X_2 + 2e$$

$$E_4 = 0.128 - 0.059\lg[X^-] \tag{8-9-4}$$

其中 D 表示乙硫氮，X 表示黄药。

当矿浆 pH 值在 12.5，乙硫氮、丁黄药浓度在 10^{-4} mol/L 时，由式（8-9-1）和式(8-9-2)分别得出，在方铅矿形成 PbD_2、PbX_2 的电位分别为 $E_1 = -0.38V$、$E_2 = -0.301V$，相同条件下在闪锌矿、黄铁矿形成 D_2、X_2 的电位分别为 $E_3 = 0.221V$、$E_4 = 0.108V$。

pH 值在 12.5 时矿浆电位对应为 0.175V，根据 E_1、E_2、E_3、E_4 的值可以看出乙硫氮、丁黄药在方铅矿表面形成 PbD_2、PbX_2 而 $E_1 < E_2$，说明 PbD_2 比 PbX_2 更容易在方铅矿表面分别形成，也即乙硫氮对方铅矿捕收能力强；另外，还可以看出乙硫氮不能在闪锌矿、黄铁矿表面形成 D_2，而丁黄药在方铅矿表面形成 PbX_2 的同时，也在闪锌矿、黄铁矿表面形成 X_2，也就是说乙硫氮对闪锌矿、黄铁矿无捕收作用，丁黄药则能捕收三种矿物。

基于乙硫氮、丁黄药的这种捕收特性，电位调控浮选新工艺改进了原工艺的用药制度，采用乙硫氮与丁黄药 2∶1 ~4∶1 的用量比例，这种用药制度的目的，一是利用两种捕收剂的协同效应来提高对方铅矿的捕收能力；二是利用丁黄药的捕收特性提高铅的回收率。

凡口铅锌生产实践表明，“高碱电位调控铅锌快速浮选工艺”具有技术先进、流程简单、操作方便、药剂用量减少、铅锌分选指标高，并可减少工业场地环境污染等优点，已经为选矿厂新增1300万元/年的综合经济效益，同时在国内外选矿厂进行了推广应用。

B 银山铅锌银矿

a 矿石性质 该矿属中温热液裂隙充填交代的多金属硫化矿床。矿体围岩主要是绢云母千枚岩，其次为火山碎石岩。主要金属矿物为方铅矿、闪锌矿、黄铁矿、黄铜矿、辉银矿及其他含银矿物，其次为黝铜矿、磁铁矿、菱铁矿等，并伴生有镓、铟、镉、金等有用组分，具有综合利用的价值。脉石矿物有石英、绢云母、方解石、白云石、绿泥石、高岭土、长石等。

选矿厂入选矿石来源于银山区、九区和北山三个矿区。

银山矿区矿石特性为含铅高、含锌低，铅品位为1.8%～2%，锌品位为1.0%～1.2%，同时含银高，含黄铁矿少，铅矿物以粗粒嵌布为主，最粗粒径为7.9mm，一般为0.74～0.04mm之间，可浮性较好。锌矿物嵌布粒度比较细，一般为0.03～0.06 mm。

九区和北山矿石含铅低、含锌高，铅品位为1%左右，锌品位为1.8%左右，且含银较低，黄铁矿和毒砂较多，有用矿物以细粒浸染为主，方铅矿最大粒径为0.7mm，小者为0.001mm，一般为0.04～0.08mm，闪锌矿粒度一般为0.05～0.1mm。方铅矿与闪锌矿、黄铁矿、脉石矿物紧密共生，并有少部分呈乳浊状结构，九区矿石易泥化和氧化，氧化铅矿物占18%～20%，铅矿物的可浮性差。

b 选矿工艺 银山铅锌矿选矿厂原有三个系列。自建厂以来一直采用先选铅矿物后选锌矿物和硫矿物的优先浮选流程。随着难选矿石量增加，选矿指标随之下降。1982年，该厂采用分支粗选—分速精选的优先浮选流程，在不增加设备和厂房的条件下，处理量增加了15%，铅回收率提高了1.0%～1.5%，锌回收率提高2.0%。铅精矿中银的含量由138.3g/t提高到299.3g/t，银回收率有明显提高，而且回收了黄铁矿。实践证明该工艺对银山铅锌矿石的特性是适应的。其工艺具体作法是：把第二与第三系列的浮选系统合并，组成一个1380t/d的铅锌硫系列。新系列采用分支浮选流程进行优先浮选铅，是把原矿按球磨机的配置分为两支，第一支用ϕ1.5m×2.95m和ϕ2.7m×2.1m的球磨机，处理量为32t/h，第二支用ϕ2.7m×2.1m球磨机，处理量为25t/h，分支—分速浮选工艺流程见图8-9-4。第一支粗选分为两步（即两次粗选），粗选一的泡沫产品直接进入精选二，粗选二的泡沫产品与第二支原矿一起进行粗选，第一支扫选的泡沫产品分别进入第二支浮选系统的相应作业中，这样就提高了每时二支浮选系统各入选物料的品位，而第一支浮选系统的粗选和扫选作业是开路的，分速精选是按粗选各区泡沫品位的不同，分别进入不同的精选作业。

c 分支分速浮选的特点 其特点主要是：

（1）提高选矿指标，操作稳定，精矿质量易于控制。当处理九区难选矿石为主的入选矿石时，克服了原流程因原矿含铅低，锌、硫难以抑制及含泥量大破坏了正常浮选过程而产生循环量大的缺点。对原流程的考察结果表明，原矿品位为铅1.38%，锌1.24%，铅粗选泡沫含铅13.7%，含锌15.7%，粗选作业产率达199%，由于锌硫在铅粗选作业中大量上浮，使铅的三次精选担负铅锌分离的任务，必须采用强压，使铅的一次精选尾矿产率达到65.2%，而作业回收率只有25%，这种强拉强压的操作，严重影响铅与银的回收率。分支—分速浮选工艺处理难选矿石时，原矿含铅0.902%，锌1.38%，铅粗选泡沫含铅20.3%，含锌11%，粗选作业产率135%。实践证明，当原矿含铅低，含锌硫高，可选性

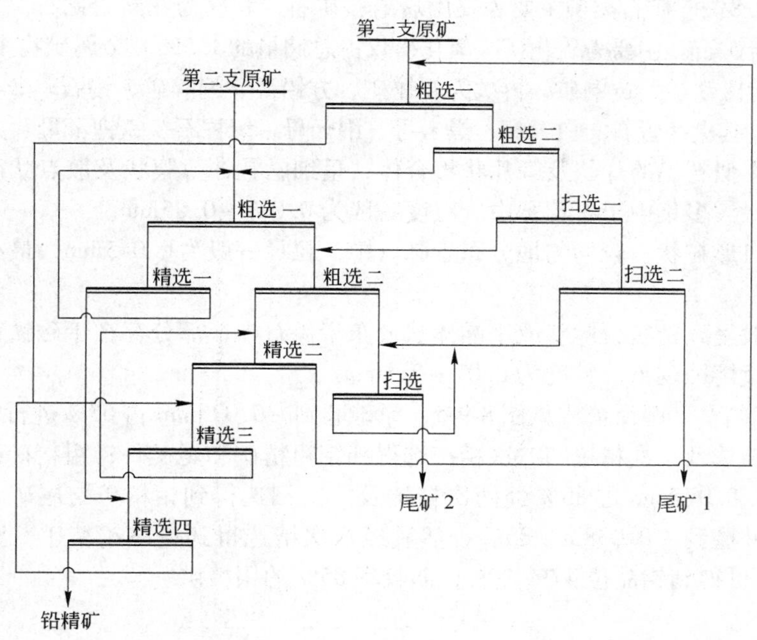

图 8-9-4 分支—分速浮选工艺流程

差时，铅浮选各作业上浮的杂质少，克服了循环量大的不良操作。

第一支浮选的粗精矿进入第二支浮选原矿，使第二支浮选的原矿含铅提高 1.2 倍，并有一部分粗粒的方铅矿成为细粒同名矿物的载体，使第二支浮选原矿中的细粒铅矿物得到较好的回收，铅浮选尾矿中小于 0.001mm 铅的损失减少了 4%，改善了每时二支原矿的浮选可选性，使铅回收率得到提高。

（2）可以根据现场生产规律和设备配置考虑采用不同的分支浮选方案。

（3）可以提高精矿的精选效率。这种按粗精矿品位不同，分别进入不同的精选作业，使浮选速度快的高品位精矿能尽早成为合格精矿，提高了精选效率，并节省了浮选机。

选矿厂应用分支—分速浮选流程，在不增加浮选设备和少量资金的条件下，综合回收了铅锌矿石中的黄铁矿，日处理矿石量由原来的 1200t 提高到 1380t。

分支浮选流程的指标与原流程相比，铅回收率提高了 1.0% ~1.5%，锌回收率提高了 2%。锌回收率提高的原因是锌硫混合浮选流程中，中矿集中返回，增长了难选中矿的浮选时间，使一部分锌矿与黄铁矿及脉石的连生体得到上浮的机会。加强了银的综合回收。采用分支浮选流程后，铅精矿含银量有了明显提高。

浮选药剂用量更合理。应用分支浮选流程得到了三种精矿产品，而药剂用量除增加选硫的药剂外，其他选铅锌的药剂比原工艺还略有降低。

8.9.1.3 硫化钼矿和硫化铜钼矿的浮选

A 单一钼矿

以陕西某钼选矿厂为例。

a 原矿性质 该矿为中温—高中温热液细脉浸染型钼矿床。矿体赋存于花岗斑岩及其接触的安山玢岩中，矿体与围岩石无明显界线，二者呈渐变关系。平均品位为 Mo 0.1%，

Cu 0.02%，S 2.8%。矿石类型主要为安山玢岩石矿石，其次为花岗岩矿石，再次为石英岩石及凝灰质板岩矿石。主要为硫化矿，氧化矿仅占总储量的1.5%。金属矿物主要为辉钼矿、黄铁矿，其次为磁铁矿、黄铜矿，再次为辉铋矿、方铅矿、闪锌矿、锡石。非金属矿物主要为石英、长石，其次为萤石、白云母、黑云母、绢云母、绿柱石、铁锂云母、方解石。

辉钼矿为类似石墨的片状及鳞片状集合体，呈细脉状，薄膜状及散点状浸染于脉石中或近脉围岩中，大多集中于石英脉中。粒度一般为0.027~0.05mm。

黄铁矿呈自形粒状，较均匀地分布于脉石中，粒径一般为0.045mm，最小为0.03mm，最大为2mm。

黄铜矿一般呈致密状，脉状或小晶体状分布于矿石中，部分存在于磁铁矿内，局部可见被黄铁矿交代熔蚀现象。粒度为0.01~0.1mm。

b 选矿工艺 磨浮流程见图8-9-5，原矿磨到-0.075mm占65%进行钼浮选，经一次粗选，二次扫选及三次精选与二次精扫选得到钼粗精矿和尾矿一；粗精矿经浓缩，旋流器分级再磨到-0.075mm占85%经两次精选及一次扫选得到钼精矿与尾矿二；钼精矿再经旋流器分级并磨到-0.038mm 85%，然后经八次精选得到最终钼精矿。原矿钼品位为0.1%左右时，可得到钼品位47%左右，回收率85%的钼精矿。

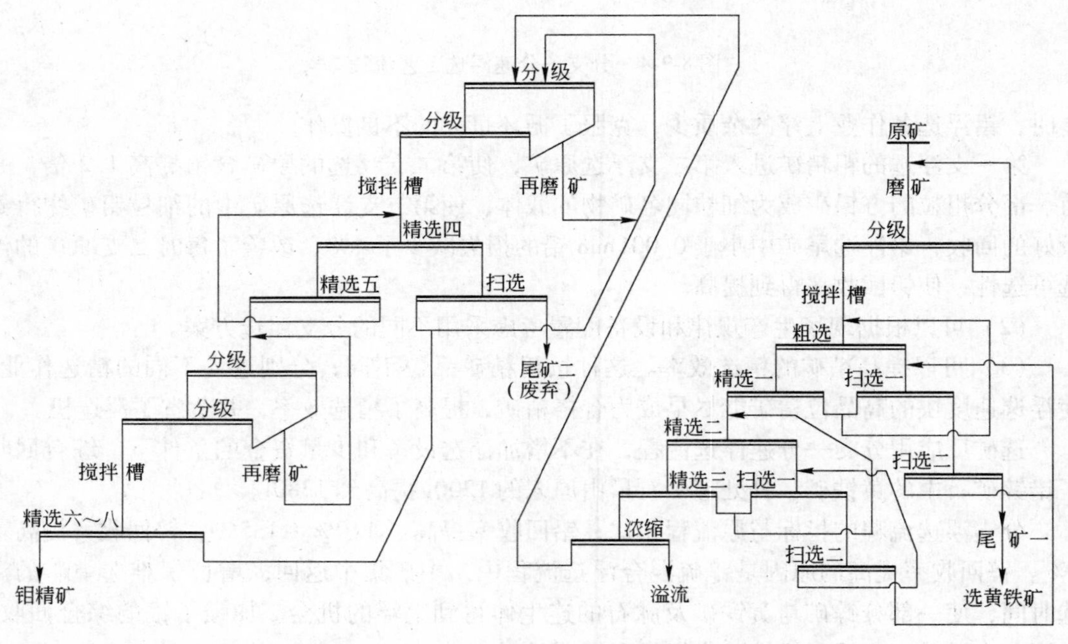

图8-9-5 陕西某钼选矿厂选矿工艺流程

药剂用量及添加点见表8-9-4。

表8-9-4 药剂用量及添加点

药剂	用量/g·t⁻¹	添 加 点	药剂	用量/g·t⁻¹	添 加 点
煤油	180~300	粗选、扫选一、精选二、四	水玻璃	1000~1500	精选四、六、七、十
松油	100~150	粗选、扫选一、精选四的扫选	诺克斯	1000~3000	精选四、六、七、十

B 铜钼矿选矿厂

以江西德兴铜矿为例。

a 原矿性质 江西德兴铜矿是我国大型斑岩铜矿的典型代表，矿床金属矿物主要为黄铜矿、黄铁矿、辉钼矿，矿体范围内铜品位为 0.2% ~0.6%，平均 0.5%，钼 0.008%左右。

该铜矿属中温热液细脉浸染斑岩铜矿。矿体主要赋存于蚀变花岗闪长斑岩和绢云母化千枚岩的内外接触带中。主要金属矿物为黄铜矿与黄铁矿，其次为砷黝铜矿、辉钼矿以及铜的次生硫化物与氧化物，矿物之间共生关系密切。特别是黄铜矿与黄铁矿以极细粒状态互相嵌布，黄铜矿的粒度一般为 0.05 ~0.1mm，而黄铁矿一般为 0.05 ~0.4mm，以粗粒较多。黄铁矿常被细脉状黄铜矿交代呈残留体，辉钼矿与黄铜矿共生密切，其粒度一般为 0.025 ~0.2mm，此外还伴生有微量金、银矿物。脉石矿物主要为石英，“热液绢云母类矿物”和绿泥石及碳酸盐类矿物。

该矿矿石类型有三种：浸染型铜矿石、细脉型铜矿石和细脉浸染型铜矿石，以细脉浸染型铜矿石为主。

b 生产工艺与药剂 生产流程如图 8-9-6、图 8-9-7 所示。德兴铜矿大山选矿厂采用一段粗磨后铜硫混合浮选、粗精矿再磨分离的流程。铜硫混合浮选药剂为黄药、松醇油；粗精矿再磨分离药剂为石灰、黄药、松醇油。这是大型斑岩铜矿的典型流程，能缩短浮选流程，节省浮选设备和磨矿电耗。铜钼混合粗选时，用石灰调整 pH 值为 8.5 ~9，石灰加到球磨机中。粗精矿经再磨精选后，再进行铜钼分离。铜钼分离采用硫化钠法，分离之前混合精矿经浓缩脱药。分离作业添加硫化钠。铜钼混合精矿经分离得到的铜精矿和钼精矿，所得的铜钼混合精矿送精尾厂铜钼分离车间，选用硫化钠做抑制剂、少量煤油做捕收剂进行浮钼抑铜分离，经 8 次精选获得钼精矿，浮选机底流为铜精矿。精矿含铜 25%左右，回收率 90% ~95%。钼精矿含钼 45%左右，回收率 55% ~60%（对原矿）。浮选药剂添加点及用量见表 8-9-5。

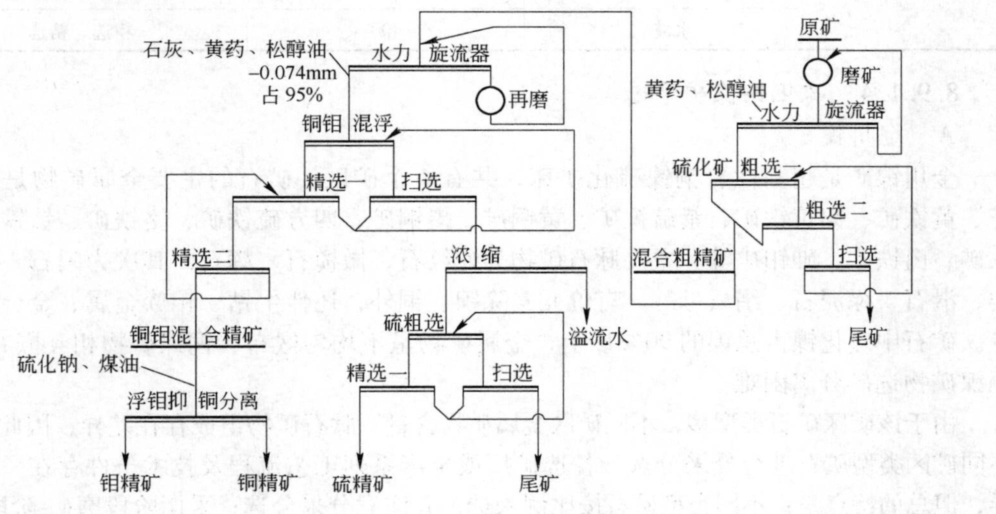

图 8-9-6 德兴铜矿大山选矿厂流程图

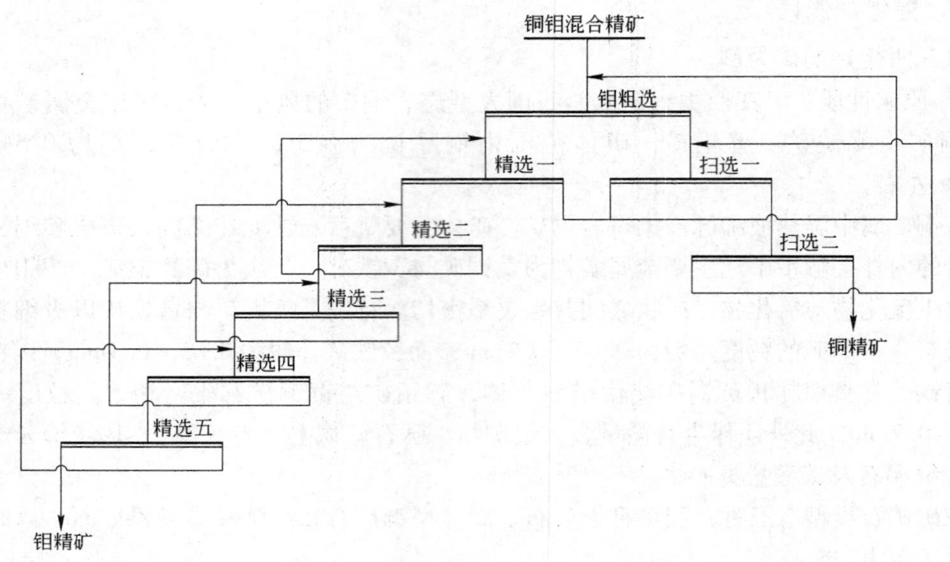

图 8-9-7 德兴铜矿铜钼混合精矿浮选分离工艺流程图

表 8-9-5 浮选药剂添加点及用量

浮选阶段	药剂名称	用量/g·t^{-1}	添 加 点
铜钼混浮	石 灰	2000~2500	粗选前球磨，pH 值为 8.5~9 精矿再磨，pH 值为 10.5~11
	丁基黄药	80~100	粗扫选
	MIBC	15~25	
	硫氨脂	10~15	
铜钼分离	煤 油	10~30	粗选
	硫化钠	320	精选
	水玻璃	400	粗选、精选

8.9.1.4 硫化铜镍矿浮选

A 金川镍矿

金川镍矿是超基性岩铜镍硫化矿床，共有 4 个矿区。矿石的主要金属矿物是磁黄铁矿、黄铁矿、镍黄铁矿、紫硫镍矿、黄铜矿、墨铜矿、四方硫铁矿、铬铁矿、钛铁矿、赤铁矿、白铁矿、砷铂矿等。主要脉石矿物为蛇纹石、橄榄石、辉石，其次为闪石、碳酸盐类、滑石、绿泥石、绢云母等。有价元素除镍、铜外，还伴生钴、铂族金属、金、银和硫等。矿石中硫化镍占总镍的 90% 以上，金属矿物呈不均匀嵌布，铜镍矿物相互嵌布致密，铜镍矿物选矿分离困难。

由于该矿区矿石类型多，不同矿区金属矿物含量、脉石矿物组成存在差异，因此该矿对不同矿区类型矿石进行分采分选，各选矿厂或生产系列工艺流程及技术条件存在一定的差异，但总的特点是：不同类型矿石按比例入选，并注意分采分选；采用阶段磨矿-阶段浮选；选矿产品主要为铜镍混合精矿；采用高冰镍浮选分离铜镍技术，并用磁选法回收贵金属。

a　混合浮选　　对于该矿区第二选矿厂富矿系统，选矿工艺流程见图8-9-8。

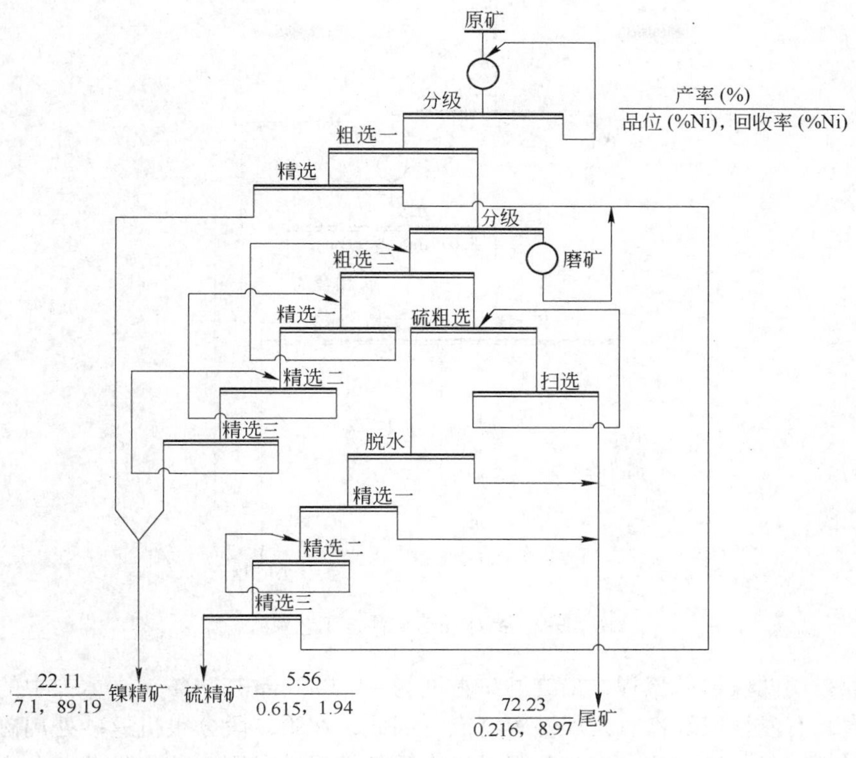

图8-9-8　金川矿区富矿系统选矿工艺流程

中性介质选矿工艺流程：三段磨矿、两段浮选工艺流程。第一段浮选给矿粒度为 -0.074mm占70%，二段为 -0.074mm 占80%；在矿浆自然pH值条件下，以六偏磷酸钠为矿泥分散剂和含镁脉石矿物的抑制剂，加入常规浮选药剂，优先浮选铜镍矿物并得精矿，其尾矿加硫酸铜活化浮选磁黄铁矿，经浓密脱水加入少量硫酸精选，获得合格的硫精矿。选矿技术指标见表8-9-6。

表8-9-6　富矿系统生产技术指标

产品名称	产率/%	品位/%				回收率/%	
		Ni	Cu	S	MgO	Ni	Cu
铜镍精矿	27.95	6.75	3.25	25.05	10	90.03	85.31
硫精矿	1.24	1.44	0.70	30.12		0.85	0.85
尾　矿	70.81	0.269	0.19	2.92		9.12	12.84
原　矿	100.00	1.75	0.89	7.93		100.00	100.00

b　金川冶炼厂高冰镍浮选分离　　金川硫化铜镍矿石中铜镍矿物彼此致密嵌布，矿石直接浮选只能先产出铜镍混合精矿，将其熔炼产出高冰镍，然后再经缓冷、破碎、送高冰镍磨矿浮选分离车间处理。高冰镍磨矿浮选工艺流程见图8-9-9。

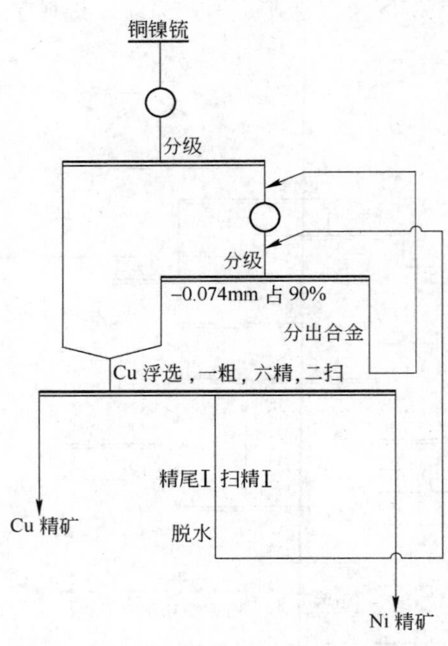

图 8-9-9 高冰镍磨矿浮选工艺流程

高冰镍采用两段磨矿流程，最终磨矿粒度为 -0.053mm占 94%。高冰镍中的镍铁合金具有密度大、有磁性以及富有延展性等特点。因此，在第二段分级机返砂处用磁选方法回收合金。对第二段分级溢流，在矿浆强碱性介质条件下进行铜镍矿物的浮选分离，获得镍精矿和铜精矿。高冰镍及其选矿产品金属平衡列于表 8-9-7。

表 8-9-7 一次高冰镍分选及金属平衡

产品名称	产率/%	品位/%				
		Ni	Cu	Co	Fe	S
镍精矿	60.95	64.05	3.92	0.7	4.05	23.67
铜精矿	28.21	4.02	69.64	0.12	4.28	21.69
合　金	9.59	62.23	20.47	0.95	7.06	8.86
中　矿	0.53	30.45	30.03	0.78	4.12	21.89
损　失	0.72	30.45	30.03	0.78	4.12	21.89
高冰镍	100.00	46.5	24.37	0.56	44	21.67

B 中国磐石镍矿选矿厂

该矿属于岩浆熔离型硫化铜镍矿床。主要金属硫化矿为镍黄铁矿、磁黄铁矿和黄铁矿等，硫化矿物含量占矿石总量的 20% 左右，磁黄铁矿与镍黄铁矿含量之比为 3 ~4，还伴生有钴；主要脉石矿物为斜方辉石、角闪石、滑石、透闪石、橄榄石、蛇纹石、绿泥石和黑云母等。铜矿物和镍矿物呈粗细粒不均匀浸染，选矿工艺流程为阶段磨矿阶段选别、铜镍混合浮选然后浮选分离，产出镍精矿和铜精矿。铜镍混合浮选流程如图 8-9-10 所示。铜镍混合精矿分离浮选工艺流程如图 8-9-11 所示。选矿生产指标列于表 8-9-8。

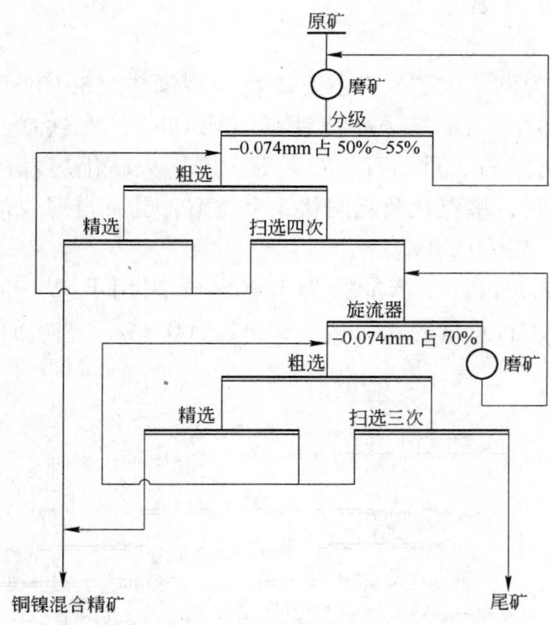

图 8-9-10　磐石镍矿铜镍混合浮选流程

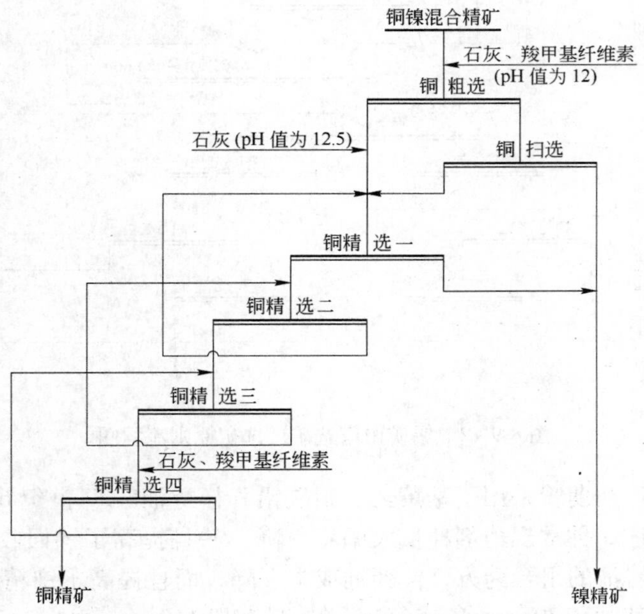

图 8-9-11　磐石镍矿铜镍浮选分离流程

表 8-9-8　磐石镍矿选矿厂生产指标

产品名称	品位/%		回收率/%	
	Ni	Cu	Ni	Cu
镍精矿	6.524	0.55	85	28.8
铜精矿	1.236	22.22	0.8	59.9
原　矿	1.593	0.396	100.00	100.00

8.9.1.5 硫化锑矿浮选

A 单一硫化锑矿石

以锡矿山南选矿厂为例。该矿矿石主要矿物为辉锑矿（5.10%），其次有少量锑的氧化物（0.19%）如黄锑华、锑华以及黄铁矿（0.1%）、褐铁矿等，脉石矿物以石英（37.1%）为主，其次方解石、重晶石、石膏等。围岩为硅化灰岩（57.45%）。辉锑矿呈块状、脉状、交错角砾状、星点状及晶洞状5个类型，具有自形、他形晶等结构。辉锑矿呈粗粒嵌布，1mm以上者占95.8%。

该厂于1968年建成，设计生产能力为1000t/d。采用手选—重介质选—浮选联合流程，三个作业量分别占矿石总量的33.3%、6.6%、60.1%。选矿原则流程见图8-9-12。

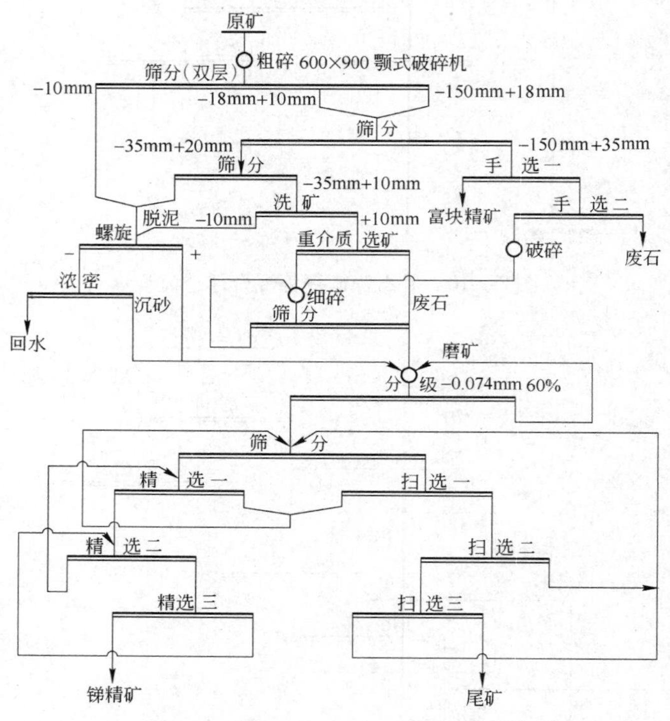

图8-9-12 锡矿山南选矿厂选矿原则流程图

浮选药剂：生产初期曾采用丁基黄药、硝酸铅和松醇油。20世纪60年代以页岩油作辅助捕收剂，使上述3种常规药剂耗量大幅度下降，并且提高了锑回收率。20世纪70年代应用乙硫氮和页岩油的组合药方，使药剂成本下降，而且提高了锑精矿质量。生产上使用的主要药剂为丁基黄药80g/t，乙硫氮90g/t，硝酸铅160g/t，页岩油300～350g/t，松醇油120g/t，煤油60g/t。生产指标如表8-9-9所示。

B 混合硫化-氧化锑矿石

某矿属热液充填交代矿床。主要矿物为辉锑矿、黄锑华，其次为水锑钙矿和少量锑华、硫氧锑矿。辉锑矿呈块状构造，具自形晶、半自形晶、放射状结构，氧化锑呈土状、多孔状、皮壳状等。辉锑矿与氧化锑矿物的混合矿具有块状，残余结构。脉石矿物以石英为主，其次为方解石、重晶石、石膏等。

表 8-9-9 锡矿山南选矿厂生产指标

选别作业	作业量/%	品位(锑)/%			回收率/%
		原 矿	精 矿	尾 矿	
手 选	33.3	2.25	7.8	0.12	95.95
重介质选矿	6.6	1.58	2.65	0.18	95.11
浮 选	60.1	3.19	47.58	0.21	93.97
全 厂	100	2.68	19.44	0.18	94.11

选矿厂工艺流程见图 8-9-13。手选和重选—浮选处理矿石量比例分别为 55.9% 和

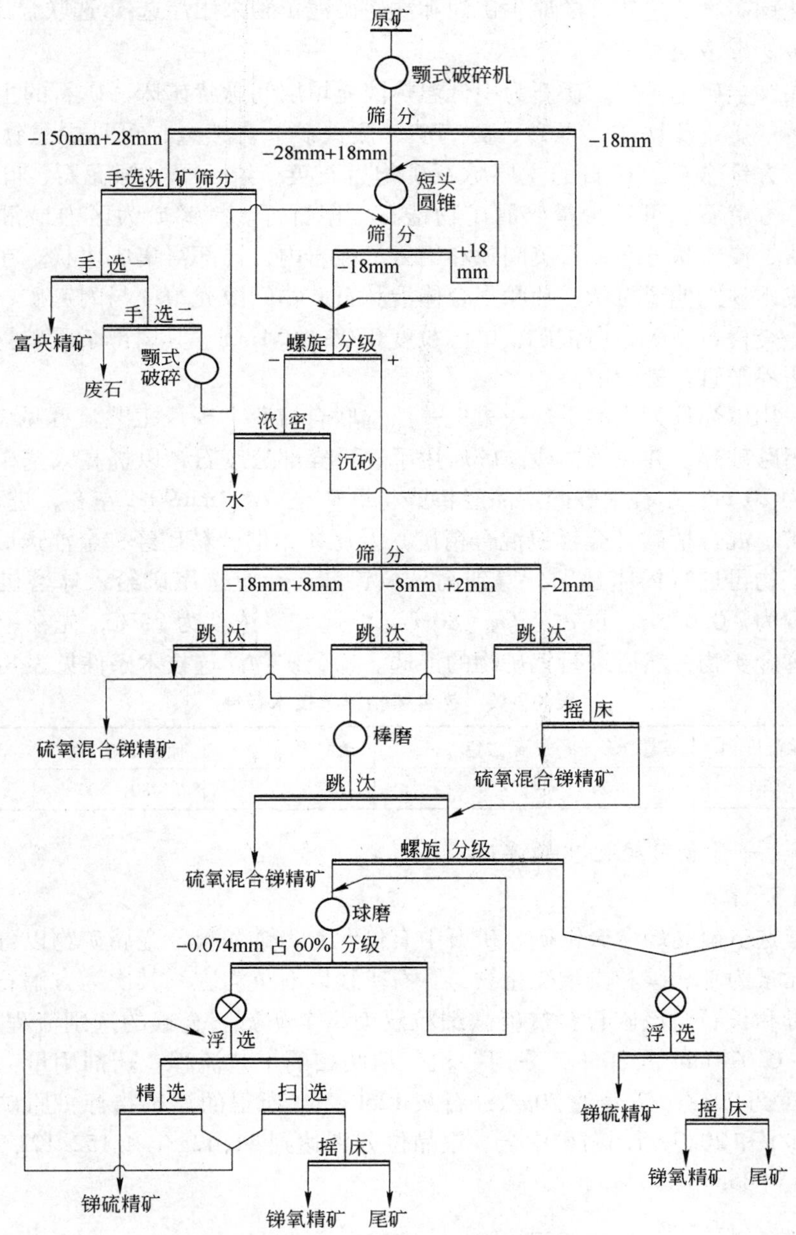

图 8-9-13 混合硫化-氧化锑矿石手选—浮选—重选流程

44.1%。矿石氧化率为50% ~60%。

该矿石选矿工艺的特点包括四个部分：一是碎矿和手选，根据矿石中有用矿物的嵌布特征，在矿石破碎阶段用手选选出大块的富矿石，避免了富块矿在粉碎过程中的损失，同时手选丢弃部分废石，提高了选矿系统的处理能力；二是重选与磨矿，手选后的矿石，采用重选（摇床+跳汰）进行两段选别，得到硫氧混合锑精矿；三是浮选，经闭路磨矿后的跳汰尾矿，采用一次粗选，一次精选，一次扫选的浮选流程，得到硫化锑精矿，浮选药剂为丁基黄药（350g/t），硝酸铅（210g/t），松醇油（150g/t）；四是摇床重选，回收浮选尾矿中的氧化锑矿物。选矿厂的原生矿泥和次生矿泥单独采用浮选-重选联合流程处理。

C 含锑复杂多金属矿

湖南某钨锑金矿选矿厂，矿石为中低温热液充填层间脉状矿床。矿石的主要金属矿物为辉锑矿、黄铁矿、菱铁矿、毒砂、白钨矿、黑钨矿、自然金，可见少量钛铁矿、闪锌矿、金红石、方锑金矿。矿石的主要脉石矿物为石英、绢云母、绿泥石、叶蜡石、高岭石、伊利石、方解石，可见少量碎屑矿物锆石、榍石等。辉锑矿为区内最常见的金属矿物，多呈脉状、浸染状分布在石英间隙和绢云母板岩内，局部富集成块状。在光学显微镜下，辉锑矿成不规则他形粒状、片状集合体沿脉石矿物间隙充填，与闪锌矿、自然金、菱铁矿等共生、交代黄铁矿、白钨矿，单体粒度0.05 ~0.1mm。其内部杂质矿物少，与其他矿物的接触边界平直，易于解离。

选矿厂采用以浮选为主的手选—重选—浮选联合流程，现厂工艺流程见图8-9-14。原矿采用三段闭路破碎，并在第二段破碎后用手选丢弃部分废石，以提高入选矿石品位，破碎产品粒度为20 mm左右，破碎产品经棒磨机磨矿至 -0.4mm90%左右，进行摇床分选，得到富金精矿、混合精矿（金锑钨混合精矿）及尾矿，混合精矿经锑金浮选后，得到锑金精矿，槽内产物再进行摇床选别，得到高品位钨精矿；重选尾矿给入球磨机进行闭路磨矿，溢流细度为 -0.075mm的占75% ~80%，浮选矿浆浓度为25%，先在中性或弱碱性矿浆中浮选锑金矿物，然后进行钨矿物的浮选。锑金矿物浮选技术条件见表8-9-10。

表8-9-10 锑金矿物浮选技术条件

pH值	矿浆温度/℃	矿浆浓度/%	硝酸铅/$g \cdot t^{-1}$	硫酸铜/$g \cdot t^{-1}$	捕收剂/$g \cdot t^{-1}$	2号油/$g \cdot t^{-1}$
7 ~7.5	常温	25 ~27			480 ~500	100 ~120

8.9.1.6 含贵金属硫化矿的浮选

A 金、银浮选

某金矿浮选贫硫高砷含金银矿，矿石中有价元素为金和银，金属矿物以毒砂和黄铁矿为主，有害元素为砷、碳和少量硫化物，脉石矿物以石英为主，其次为方解石、白云石和少量的绢云母和长石。该矿石属贫硫微细粒浸染型金矿石。金银的选别流程见图8-9-15，磨矿细度为 -0.074mm占80%，采用一粗一精两扫的工艺流程。药剂用量：丁基铵黑药30g/t，丁基黄药90g/t，2号油70g/t，石灰1250g/t。所得的浮选指标：原矿金、银品位分别为3.82g/t和20.9g/t，精矿中金、银品位分别达到31.42g/t和152.12g/t，回收率分别为95.30%和85.43%。

B 含铂族元素矿石

俄罗斯科拉半岛费多罗沃图恩德罗矿体为低硫化物铂族金属矿石，主要贵金属矿物是

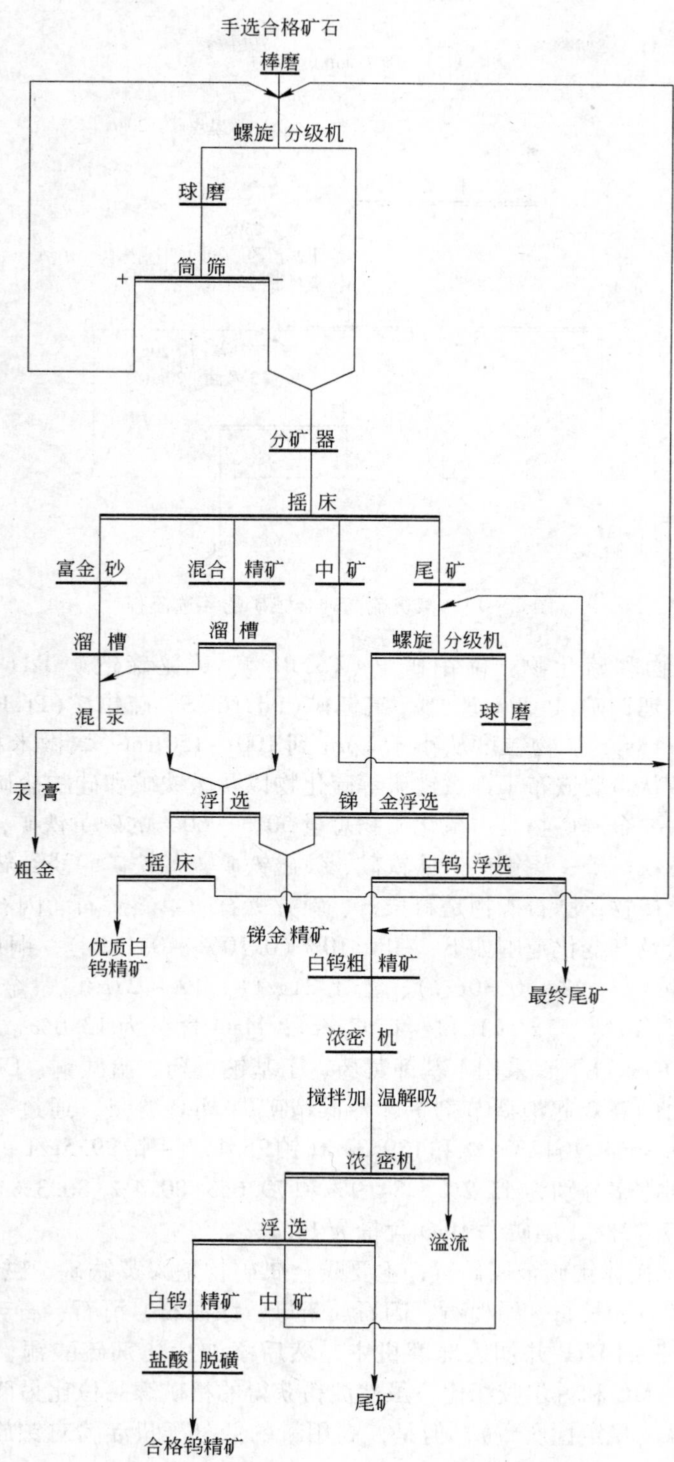

图 8-9-14 钨锑金矿石选矿原则流程

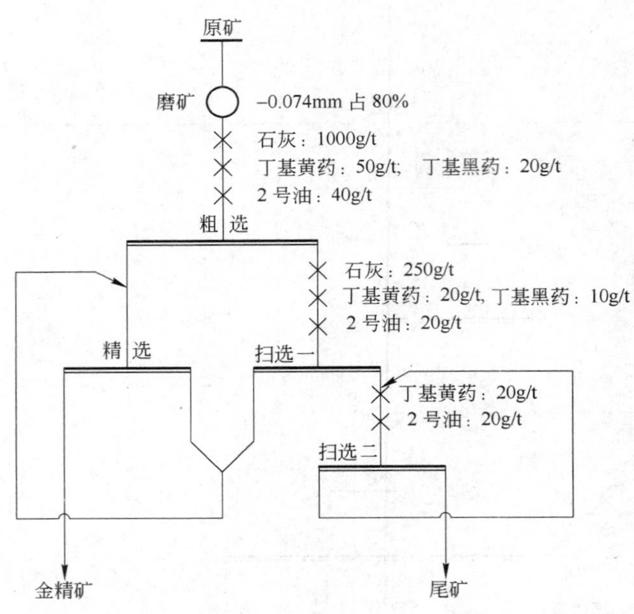

图 8-9-15 某贫硫高砷金银矿的浮选流程

铂和钯的铋-碲化物和硫化物：碲铂矿 $Pt(Te,Bi)_2$、黄铋碲钯矿 Pd(Te,Bi)、碲钯矿 $Pd(Te,Bi)_2$、硫镍钯铂矿(Pt,Pd,Ni)S、硫钯矿(Pd,Ni)S、硫铂矿(Pt,Pd,Ni)S，以及铂的砷化物-砷铂矿 $PtAs_2$，矿物粒度从小于 1μm 到 100 ~ 150μm，属微米粒级和纳米粒级，以类质同象和分散状主要嵌布于镍黄铁矿等硫化物以及磁铁矿和硅酸盐矿物中，此外还有独立的矿物相。主要金属矿物是占硫化矿物总量 50% ~60% 的磁黄铁矿，以及含量大致相同的黄铜矿和镍黄铁矿等；磁铁矿、钛铁矿、钛磁铁矿、黄铁矿、淡红辉镍铁矿和闪锌矿是分布最广的杂质矿物；脉石矿物是斜长石、斜方辉石、单斜辉石、闪石、石英等。原矿中有用成分的含量及其变化范围如下：镍 0.10%(0.10% ~0.11%)、铜 0.12%(0.11% ~0.13%)、铂 0.25g/t(0.22 ~ 0.30g/t)、铅 1.21g/t(1.12 ~ 27g/t)、金 0.09g/t(0.08 ~0.10g/t)和(Pt,Pd,Au)1.55g/t(1.43 ~ 1.67g/t)；MgO 含量为 13.0%。在磨矿细度为 -0.071 mm 占 90% 的条件下，采用丁基钾黄药、丁基钠黑药、硫酸铜、CMC 以及对硅酸盐矿物没有捕收能力的高效起泡调节剂等，降低精矿中 MgO 含量，通过一粗、两扫、四精流程，获得含镍 5.86%、铜 13.1% 和 129.3g/t(铂 25.1g/t + 铅 99.5g/t + 金 4.7g/t) 的贵金属硫化物精矿，回收率分别为 45.2%、84.9% 和 79.6%(80.4%、80.3% 和 65.7%)；精矿中 MgO 含量仅为 7.73%，尾矿中 MgO 含量为 13.1%。

南非 Merensky 矿体铂族金属矿石，主要贱金属矿物是镍黄铁矿、磁黄铁矿、黄铜矿，脉石矿物主要是辉石、长石、橄榄石、闪石、云母、绿泥石、滑石、石英等，采用主捕收剂 SIBX 与辅助捕收剂 DTP 并加入球磨机中，然后添加活化剂硫酸铜、抑制剂和起泡剂 Dow200 浮选。与 CMC 和古尔胶相比，虽然淀粉获得的精矿镍品位比另两种的低（可能是由于泡沫具有较高的稳定性所致），但是，高用量的低分子量淀粉对铂族金属矿物的抑制作用最弱，且提高了镍的回收率。

南非某选矿厂天然铂的游离颗粒在细碎循环中在帘布遮盖的溜槽上分选，所得精矿在摇床上精选，重选精矿经过调浆、增稠后浮选，最终得到含镍3.5%～4.0%、铜2.0%～2.3%、铁15.0%、硫8.5%～10.0%以及铂系金属总量为110～150g/t的精矿。

云南某低品位铂钯矿石，含铂钯仅2g/t，含硫仅0.61%，金属氧化物占6%，脉石矿物占92.7%；硅酸盐脉石矿物以蛇纹石为主，磨矿时容易泥化；矿石中硅酸镍的比例达26.4%，呈硫化物存在的镍占68.5%；除镍黄铁矿、辉钴镍矿、辉钴矿等硫化矿物外，紫硫镍铁矿的比例较高，镍的回收困难；硫化铁（主要呈黄铁矿）仅占5.4%，浮选时硫化铁的载体作用小；铜硫化物占90.3%，主要呈黄铜矿，较易回收。铂族元素矿物颗粒普遍细微，其中44%呈游离状态，17.5%与硫化物连生，36%被脉石矿物夹裹，较难回收；硫化物的嵌布粒度普遍较细，-0.02mm部分占50%以上，磨矿时解离困难。矿石一段棒磨至-0.04mm占96%，在酸性介质条件下，采用一段粗选、两段精选工艺。混合浮选时用亚硫酸铵（6.28kg/t）做介质调整剂，液体水玻璃（4kg/t）做抑制剂，羧甲基纤维素（500g/t）做分散剂，硫酸铜（500g/t）做活化剂，丁黄药（250g/t）做捕收剂，2号油（60g/t）做起泡剂。获得的混合精矿产率约2.5%，精矿中Cu + Ni > 7%，Pt + Pd 55～63g/t。实验室闭路试验结果列于表8-9-11。

表8-9-11 实验室闭路试验指标

产品	产率/%	主要成分					分配率/%			
		%			$g \cdot t^{-1}$	%				
		Cu	Ni	Co	Pt + Pd	MgO	Cu	Ni	Co	Pt + Pd
精矿	2.56	3.98	3.75	0.319	52.94	10.87	88.19	49.9	48.17	71.48
尾矿	97.44	0.014	0.099	0.009	0.555	—	11.81	50.1	21.83	28.5
原矿	100.00	0.116	0.193	0.017	1.897	—	100.00	100.00	100.00	100.00

值得注意的是，铂族金属矿物的浮选虽然一般用硫酸铜活化，但是并非总是有效的。南非人工合成的铋钯铂碲矿（$(Pt,Pd)(Bi,Te)_2$ 和 $PtTe_2$）和铋铂钯碲矿（$(Pd,Pt)(Bi,Te)_2$ 和 $PdTe_2$），采用捕收剂SIBX浮选，两种矿物的回收率均大于99%，而先加硫酸铜后加SIBX，出现反常现象，其回收率分别降至48.5%和41.3%，说明硫酸铜对碲化物矿物的可浮性起负面影响，这可能是由于添加硫酸铜后，矿物表面形成了斑点状的 $Cu(OH)_2$ 沉淀，且大部分活性质点被亲水的 $Cu(OH)_2$ 沉淀所占有，从而降低了黄药在矿物表面Pt和Pd空穴上的吸附量。

8.9.2 金属氧化矿浮选实践

8.9.2.1 铁矿石浮选

A 阴离子捕收剂正浮选

我国某铁矿浮选矿厂处理的是石英岩贫赤铁矿，金属矿物以赤铁矿为主，并含有少量褐铁矿、磁铁矿及镜铁矿，脉石以石英为主，并含有少量硅酸盐。其选别流程见图8-9-16，矿石磨至-74μm占80%，浮选时用塔尔油和氧化石蜡皂作赤铁矿的捕收剂，用量为氧化石蜡皂600g/t，塔尔油200g/t，并以3～41的比例混合加入搅拌槽中。用碳酸钠（200g/t）控制pH值在9左右。矿浆温度用高炉冷却水保持在36～40℃之间，以使氧化石蜡皂很好溶解和分散。当原矿品位为33%左右时，经二次粗选和三次精选之后，得到的精矿铁品位为60%左右，回收率为82%左右。

用脂肪酸类作捕收剂的浮选受温度的影响。为了提高浮选指标，美国克里夫兰-克利夫斯铁矿公司利用蒸汽处理赤铁精矿。当粗选精矿（含61.7% Fe）在矿浆浓度为70%时，通蒸汽加热至沸腾，然后在60～70℃时进行浮选，可获得高品位最终精矿（66.9% Fe，回收率97.8%），这一工艺被称为“热浮选工艺”。加温浮选的优点是：选择性大为提高，精选时不需要再加脂肪酸，再磨后不需要脱泥。从美国共和选矿厂使用热浮选工艺的效果来看，充分证明了这一点。

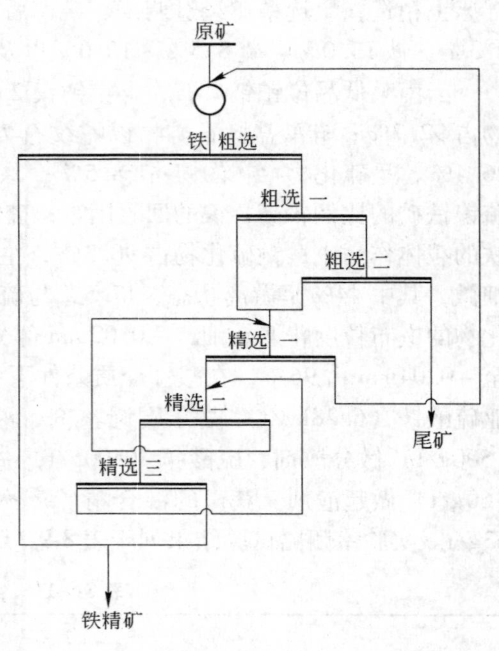

图 8-9-16 某石英岩贫赤铁矿的浮选流程

美国共和选矿厂处理的原矿中主要矿物为镜铁矿，其次有少量的磁铁矿和假象赤铁矿，脉石矿物为绢云母，绿泥石以及方解石为主的碳酸盐。磨矿细度为 -74μm 占65%。采用两段脱泥，高浓度搅拌（70%固体），稀释后加塔尔油（用量为500g/t）进行浮选，得含Fe62%的铁精矿，回收率为85%。浮选流程见图 8-9-17。

该厂的粗精矿用热浮选工艺处理，粗精矿再磨的排矿先送至喷蒸汽的加热池中，蒸汽通过钢管直接喷入矿浆中，边加热边搅拌，在蒸汽压力约1.2MPa（$12kg/cm^2$），温度190℃的条件下，矿浆温度由35～41℃升高到98℃，甚至在沸腾状态下进行浮选。在浮选过程中不再加药，因粗精矿再磨和加热以前吸附在矿粒的新鲜表面上，足以使铁矿物再浮选。影响精矿品位和回收率的重要因素是矿浆浓度，因此精选的矿浆浓度必须保持在32%～34%。加热浮选采用的流程如图 8-9-18 所示，所得精矿品位含铁由62%提高到66%～67%，作业回收率为97%～98%。

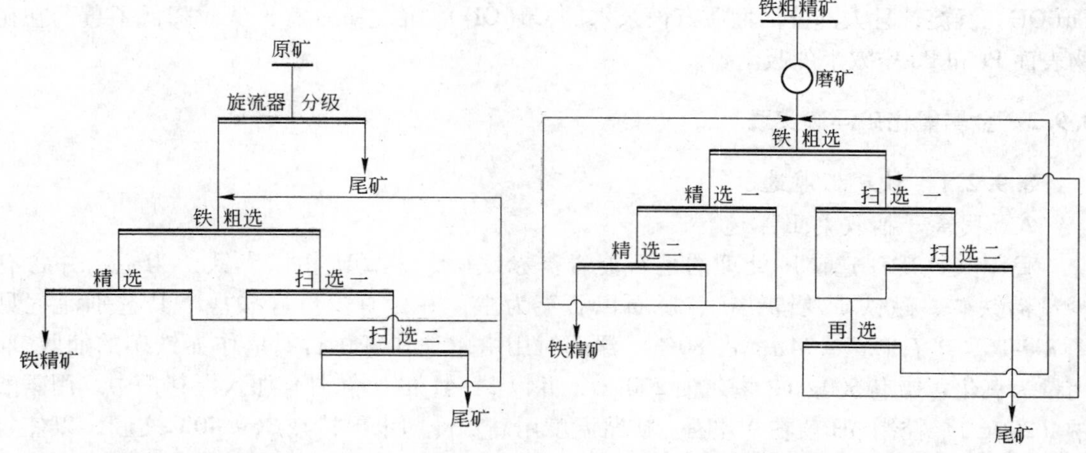

图 8-9-17 美国共和选矿厂赤铁矿浮选流程

图 8-9-18 铁精矿加热浮选流程

B 阴离子捕收剂反浮选

采用反浮选处理赤铁矿石时，用钙离子活化后，采用脂肪酸类捕收剂浮选石英类脉石矿物，槽中产物是铁精矿。用淀粉（木薯淀粉、橡子淀粉和栗子淀粉等）、磺化木素和糊精等抑制铁矿物。单用氢氧化钠或与碳酸钠混用，调整 pH 值到 11 以上。石英因表面电性关系，只有用多价金属阳离子活化后，才能用脂肪酸类捕收剂浮选。尽管镁离子活化能力比钙离子强，但常用钙盐活化，用得最多的是氯化钙，其次是氢氧化钙。

此法适用于品位较高，脉石较易浮起的铁矿石的浮选。用此法时要注意处理或循环利用尾矿水，pH 值高达 11 的尾矿水直接放入公共水系会造成公害。

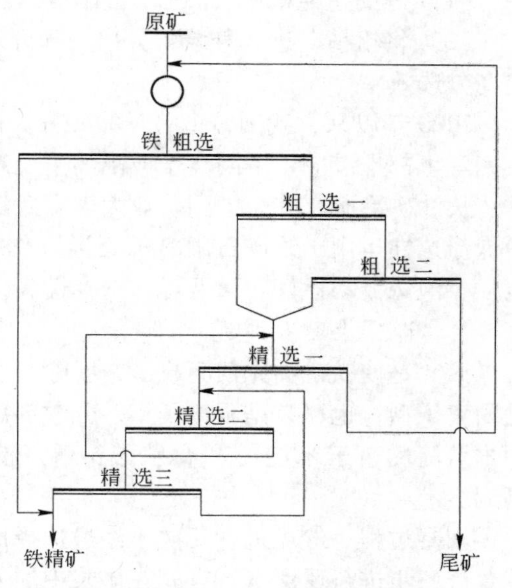

图 8-9-19 美国卡尼司巧选矿厂浮选流程

美国卡尼司巧浮选矿厂，将重选尾矿进行反浮选。流程见图 8-9-19。用塔尔油作捕收剂(325g/t)，用石灰(1.52～1.67kg/t) 调节 pH 值为 11.7，赤铁矿的抑制剂用淀粉(1.15kg/t)。经过浮选后得到品位为 56% 的铁精矿。

C 阳离子捕收剂反浮选

用胺类捕收剂浮选石英脉石，用水玻璃、单宁和磺化木素等抑制铁矿物，在 pH 值为 8～9 时，抑制效果最好。作为铁矿物的抑制剂还可以用各种类型的淀粉（玉米淀粉、木薯淀粉、马铃薯淀粉、高粱淀粉和栗子淀粉等）。此法的优点是：

(1) 可以粗磨矿。用阴离子捕收剂浮铁时需要细磨，而阳离子反浮选时只要磨到单体解离，胺类捕收剂就能很好地把石英等浮起。

(2) 回收率高。在铁矿石中含磁铁矿时，用阴离子捕收剂浮选，磁铁矿易损失于尾矿中，用此法时磁铁矿可一并回收。

(3) 可提高精矿质量。用阴离子捕收剂，含铁硅酸盐大量浮起，用此法时含铁硅酸盐与石英一并进入尾矿，故精矿品位较高。

(4) 用此法可免去脱泥作业，减少铁矿物的损失。

此法适用于高品位，成分较复杂的含铁矿石的浮选。浮选时胺类捕收剂的用量为 0.3～0.5kg/t，淀粉的用量为 0.5～0.7kg/t。

加拿大赛普特艾斯选矿厂处理的矿石主要是赤铁矿，其次是针铁矿及褐铁矿，脉石为石英。建厂前进行了两种反浮选法的半工业试验：阴离子反浮选，用氢氧化钙作活化剂，玉米淀粉为抑制剂，塔尔油为捕收剂；阳离子反浮选用玉米淀粉作抑制剂，醚胺（Mg-83）作捕收剂。磨矿细度为 -74μm 占 70%～80%。试验证明此两种反浮选方法的指标基本相近（当原矿品位为 55.8% 和 53.4% 时，精矿品位为 62.8% 和 62.9%，回收率为 95.2% 和 93.2%），但阳离子反浮选速度快，药剂类型少，胺能捕收粗颗粒石英，所以选用了阳离子反浮选的方法。

现国外大力推广将重选、磁选等所得的铁矿粗精矿，进行阳离子反浮选，其目的为：

（1）得到超纯精矿（铁精矿品位大于65%，SiO_2 小于2%，回收率大于95%）；

（2）将粗精矿进行分级，分出一部分未解离的中矿送去再磁选、再磨、再反浮选，以提高分选效率。

2000年以来，我国鞍钢弓长岭和齐大山铁矿选矿厂、太钢尖山选矿厂、酒钢选矿厂、莱钢等也都推广应用了阴离子或阳离子反浮选“提铁降硅”，效果明显。

长沙矿冶研究院、中国矿业大学、武汉理工大学与鞍钢弓长岭铁矿合作，将旋流静态微泡浮选柱运用于铁矿石阳离子反浮选作业。采用新型阳离子捕收剂“G-609”，捕收性能强、泡沫流动性好、耐低温、选择性高，选矿厂铁精矿品位由64%提高到68%。

D 选择性絮凝脱泥-浮选法

该法是使铁矿物先絮凝成团，脱除分散悬浮的脉石矿泥，然后进行浮选。捕收剂可以是阴离子型，也可以是阳离子型；分散剂用氢氧化钠、水玻璃和六偏磷酸钠等；絮凝剂常用木薯淀粉、玉米淀粉和腐殖酸钠等。淀粉不仅是絮凝剂，同时也是赤铁矿的有效抑制剂。

絮凝过程一般可进行几次。经过选择性絮凝以后，铁粗精矿往往达不到质量要求，这就要进一步进行反浮选。首先在矿浆中加入铁矿物的抑制剂，再加阳离子捕收剂或阴离子捕收剂。用阴离子捕收剂进行反浮选时，要加石英的活化剂，并须用氢氧化钠调整 pH 值到11左右。经过反浮选，槽中产物是铁精矿，泡沫产品是尾矿，一般需要多次扫选。该方法在美国蒂尔登铁矿应用，获得成功。

美国蒂尔登选矿厂处理的矿石中，主要的含铁矿物是假象赤铁矿和赤铁矿。铁矿物嵌布粒度平均为10～25μm。脉石矿物除石英外，还有少量的钙、镁、铝矿物。原矿含铁约35%，含硅约45%。

该厂采用两段磨矿加中间破碎的破碎磨矿流程。第一段自磨加水玻璃和氢氧化钠，第二段磨机的排矿用旋流器分级，分级溢流的 pH 值为10～11，将其导入搅拌槽，并在其中加入玉米淀粉，搅拌后的矿浆进入浓密机进行选择性絮凝脱泥。在浓密机中石英矿泥呈溢流排出，浓密机的沉砂便是絮凝精矿。当浓密机给矿含铁35%～38%时，排出的溢流含铁12%～14%，沉砂含铁44%，浓度为45%～60%，经矿浆分配器进入搅拌槽，在此加入抑制剂玉米淀粉，并进行搅拌，然后用胺类捕收剂浮选脉石矿物。浮选流程如图8-9-20所示，此流程采用了一次粗选，四次扫选流程。粗选排出的槽中产物浓度为17%，最终精矿含铁65%，含石英5%，铁的回收率为70%。

蒂尔登选矿厂采用选择性絮凝反浮选处理细粒贫赤铁矿效果较好，主要特点概括如下：

（1）细磨。采用自磨—细碎—砾磨两段闭路的磨矿流程，选用大型湿式自磨机（ϕ8.2m×4.4m）和大型砾磨机（ϕ4.7m×9.1m）配套，按1∶2平衡两段负荷，加上旋流器分级的应用，使工业生产达到细磨（-25μm 占80%）的要求，为选择性絮凝浮选创造了条件。

（2）絮凝脱泥。分散剂加入磨机中，节省了辅助设备，强化了分散作业但并未影响磨矿分级，这已得到工业生产证实。

（3）反浮选。用胺作捕收剂，高浓度调浆后，只粗选一次得精矿。采用搅拌强充气量大的维姆科型浮选机，减少了浮选机的数量并提高了回收率。泡沫中夹杂的铁矿物，用加

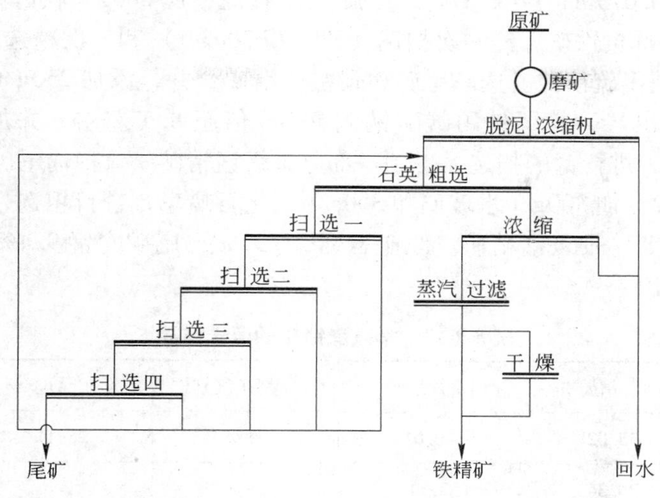

图 8-9-20 蒂尔登选矿厂选择性絮凝流程

强扫选来回收。

(4) 回水利用。工业上成功应用絮凝剂及石灰分别处理回水，简单易行。回水利用率达95%，降低药耗和成本，减少了环境污染。

(5) 精矿三段脱水。精矿粒度细脱水不易，采用了浓缩—过滤—干燥—三段脱水。过滤时还加了药剂和蒸气罩。

该厂所用药剂制度如表 8-9-12 所示。

表 8-9-12 美国蒂尔登选矿厂药剂制度

药 名	总用量 /g · t^{-1}	加 药 点	药 名	总用量 /g · t^{-1}	加 药 点
氢氧化钠	455	第一段自磨机	聚丙烯酰胺	111	精矿浓密机溢流，浮选泡沫尾矿
水玻璃	223	第一段自磨机	石 灰	899	脱泥浓密机，浮选泡沫给矿
玉米淀粉	801	脱泥前及浮选搅拌槽，扫选给矿	液态二氧化碳	289	过滤机给矿
胺	142	粗选第 1，6 槽	表面活性剂	142	过滤机给矿

E 铁矿石浮选脱硫法

我国金山店铁矿属高硫低磷原生磁铁矿。磁选铁精矿中因存在少量的单体黄铁矿和黄铁矿-磁铁矿连生体，粒度一般为 0.005 ~0.1mm 之间，是导致铁精矿含硫较高的原因。通过对该铁精矿进行的反浮选脱硫试验，用丁黄药与 2 号油组合的简单药剂制度，经一次反浮选脱硫，就可使铁精矿硫含量从 0.22% 降低至 0.04%，铁精矿脱硫效果十分明显。

8.9.2.2 锰矿石浮选

我国某锰矿中金属矿物有菱锰矿、钙菱锰矿、锰方解石和黄铁矿，脉石矿物有石英、石髓和碳质黏土。菱锰矿呈细粒集合体和致密块状，钙菱锰矿呈层状结构，锰方解石呈集合体或细脉状。

该锰矿磨到 -0.075mm 占 85% 后，用旋流器脱泥，加 200g/t 松醇油浮出碳质脉石，加 400g/t 丁黄药浮选黄铁矿，经一次扫选（丁黄药 200g/t）和一次精选（丁黄药 250g/t，松醇油 100g/t），获得硫精矿。选硫尾矿和碳粗选精矿合并，添加 250g/t 丁黄药，进行碳质脉石的精选，浮出炭，其尾矿用碳酸钠调整 pH 值至 8.5 左右，并加 300g/t 水玻璃、150g/t 氧化石蜡皂，进行锰的扫选，得到一部分Ⅲ级锰精矿。硫扫选尾矿，加 250g/t 碳酸钠调整 pH 值至 8.2，加 800g/t 水玻璃和 300g/t 氧化石蜡皂，进行粗选，粗选精矿进行二次精选，得到Ⅰ、Ⅱ、Ⅲ级锰精矿。原矿含锰 21.52%，尾矿含锰 9.4%，浮选结果见表 8-9-13。

表 8-9-13 某碳酸锰矿的浮选结果

锰精矿级别	精矿品位/%	回收率/%	锰精矿级别	精矿品位/%	回收率/%
Ⅰ级	35.02	46.61	Ⅲ级	26.11	23.05
Ⅱ级	29.34	2.71			

8.9.2.3 氧化铅锌矿石浮选

兰坪氧化铅锌矿中异极矿、水锌矿等氧化锌矿物是主要的有用矿物，采用 18 ~ 20℃ 低温浮选的高效组合捕收剂（TA + BK），取得了优于十八胺（28 ~ 30℃）的选锌指标，锌精矿品位和回收率分别达到 31.77% 和 73.41%。

宏源氧化铅锌矿铅锌氧化率都达到 95% 以上，采用硫化-黄药法浮铅、硫化胺法选锌、锌精矿反浮选工艺，获得了铅品位 71.20%、锌品位 4.65%、铅回收率 81.50% 的铅精矿，以及锌品位 45.40%、铅品位 0.98%、锌回收率 75.20% 的锌精矿。

某铅锌选矿厂处理含泥量 13% ~ 18% 铅锌混合矿，铅锌的氧化率分别为 25% 和 20%，矿石有呈致密状的原生矿，也有呈细粒浸染的氧化矿，主要有价金属矿物为闪锌矿、方铅矿、黄铁矿、白铅矿、菱锌矿、异极矿和铅矾等，脉石矿物为白云石、方解石及少量的石英和长石等。金属矿物嵌布粒度较粗。采用重介质预选，丢弃占矿石重量约 36% 的尾矿，所得粗精矿磨至 -0.074mm 占 65%，采用硫化铅、氧化铅、硫化锌、氧化锌依次优先浮选的流程（见图 8-9-21）。药剂用量：黄药 250g/t，黑药 50g/t，松醇油 240g/t，硫酸铜 440g/t，脂肪酸 80g/t，盐酸 80g/t，石灰 1500g/t。所得浮选指标：原矿含铅 5.16%，含锌 13.85%；铅精矿含铅 Pb59.73%，回收率 87.2%；锌精矿含锌 51.45%，回收率 80.94%。

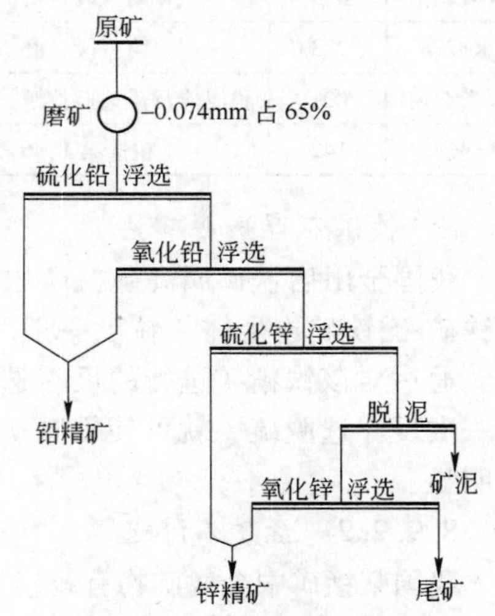

图 8-9-21 某硫化-氧化混合铅锌矿浮选流程

8.9.2.4 锡矿石浮选

广西某选矿厂锡石浮选车间处理重选车间 -37μm次生泥，矿泥中有用矿物为锡石、铁闪锌矿、黄铁矿、脆硫锑铅矿、毒砂、磁黄铁矿、黝锡矿，脉石有石英和方解石。锡石与硫化物致密共生，嵌布粒度较细，锡石、黝锡矿和胶态锡分别占总锡的 97%、2.4% 和 0.5%。生产流程包括旋流器脱泥和残余硫化物浮选的准备作业，以及一次粗选、三次扫选和三次精选的锡石浮选两部分。

给入浮选车间的矿量占重选车间产量的17%，回收率占25%，含锡0.46%。脱泥浮选硫化物的产率为42%，进入浮锡作业产率为58%（占重选车间产率10%，回收率18%），含锡0.60%。锡石浮选可以得到含锡28%、回收率62%（对重选车间回收率15%）的精矿。锡精矿所含元素：铅0.25%、锌0.20%、锑0.71%、硫4.56%、砷5.49%、SiO_2 15%和CaO 5.49%，其杂质主要为石英、黄铁矿、磁黄铁矿、方解石等。泡沫精矿经过沉淀后得到高锡精矿和低锡精矿，用旋流器分级也可以得到高锡精矿和低锡精矿（见图8-9-22）。浮选药剂用量：苄基胂酸100g/t，羧甲基纤维素钠30g/t，松油100g/t。

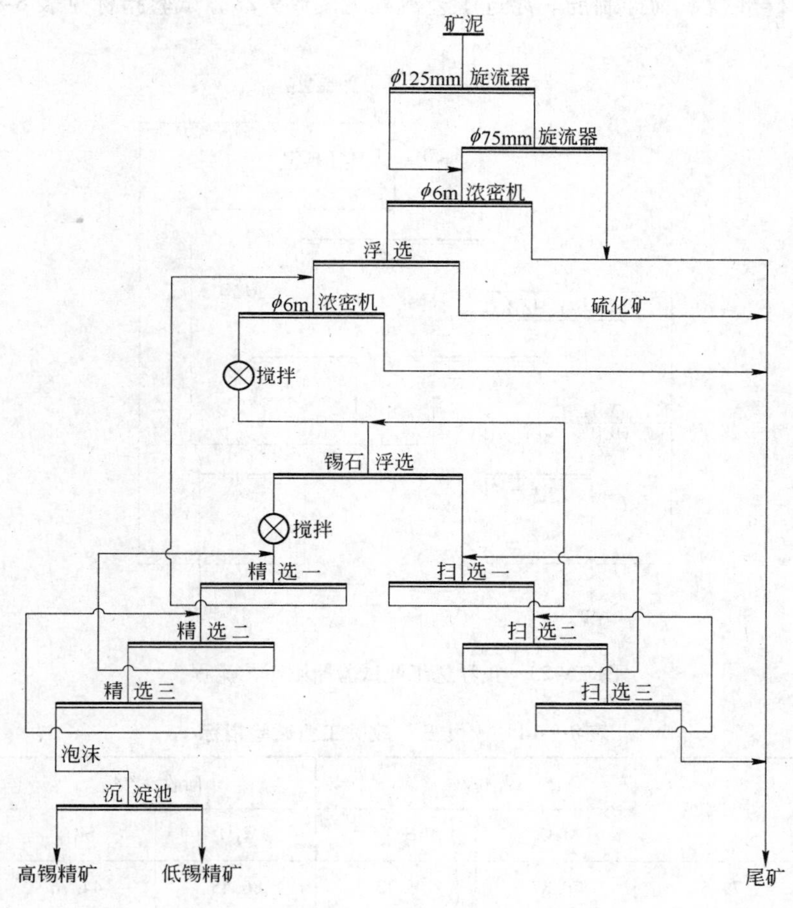

图8-9-22 某选矿厂锡石浮选生产流程

8.9.2.5 一水硬铝石型铝土矿的浮选

A 铝土矿正浮选脱硅工艺

我国铝土矿浮选脱硅除杂目的在于提高铝硅比，获得合格铝土矿精矿，目前有正浮选和反浮选脱硅工艺两种。正浮选工艺浮多抑少，泡沫产品为一水硬铝石，其产率约为80%，槽内产品为含硅脉石矿物，产率约为20%。经过“九五”攻关系统的研究，完成了铝土矿正浮选脱硅工艺50t/d规模的工业试验，并于2003年在河南中州铝厂实现了工业应用，建成了世界上第一座铝土矿选矿厂。

“九五”攻关的工业试验样品取自河南洛阳、渑池、沁阳、济源和巩义等矿区。工艺矿物学研究表明，原矿中一水硬铝石为主要有用矿物，含量大约为66.72%。脉石矿物主要为伊利石、高岭石、叶蜡石及绿泥石。铁矿物有锐钛矿、针铁矿、赤铁矿及板钛矿等。其中，伊利石含量约为15.43%，高岭石含量约为6.45%，叶蜡石含量约为1.96%，含钛矿物约为2.92%，其他矿物含量约为6.52%。

正浮选工艺工业试验中，在磨机中添加碳酸钠分散矿浆，磨矿细度为-0.076mm占75%。添加阴离子捕收剂HZB浮选一水硬铝石，组合药剂HZT（以六偏磷酸钠为主）作矿浆分散剂和硅酸盐矿物抑制剂。浮选工艺流程见图8-9-23，试验指标见表8-9-14。

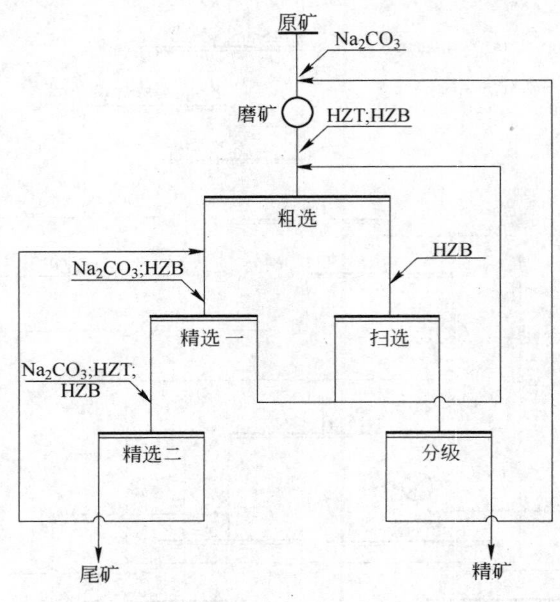

图8-9-23 正浮选工业试验原则工艺流程

表8-9-14 “九五”攻关工业试验指标

产品名称	产率/%	品位/%		回收率/%		A/S
		Al_2O_3	SiO_2	Al_2O_3	SiO_2	
精 矿	79.52	70.87	6.22	86.45	44.76	11.39
尾 矿	20.48	43.13	29.81	13.55	55.24	1.45
原 矿	100.00	65.19	11.05	100.00	100.00	5.90

铝土矿正浮选工业试验结果表明，在原矿铝硅比为5.90时，可获得精矿铝硅比为11.39，Al_2O_3回收率为86.45%的优良指标。

尽管铝土矿正浮选脱硅工艺在工业生产中得到了应用，但尚存在许多不足之处，正浮选工艺表现出以下基本特点：

（1）适用于处理伊利石和高岭石含量高的铝土矿；

（2）由于采用了脂肪酸类药剂，精矿疏水性强，脱水困难，精矿水分高；

（3）使用脂肪酸类药剂，矿浆需保持较高的温度；

（4）精矿含大量有机物，对后续拜耳溶法溶出过程存在一定影响。

B 铝土矿反浮选脱硅工艺

反浮选工艺采用浮少抑多的原则，泡沫产物为含硅矿物（产率约为20%），槽内产物为一水硬铝石（产率约为80%）。一水硬铝石型铝土矿中，硅酸盐矿物种类较多，可浮性差别较大，反浮选脱硅的工艺技术难度明显较正浮选工艺大。在大量实验室研究的基础上，针对采自河南省洛阳铝矿贾沟矿区、渑池铝矿转沟矿区、沁阳民采矿点、巩义涉村矿区及济源民采矿的铝土矿矿样，在河南小关铝矿进行了规模为50t/d 的铝土矿反浮选工业试验。原矿化学组成分析结果见表8-9-15。

表8-9-15 原矿化学成分分析结果

成分	Al_2O_3	SiO_2	Fe_2O_3	TiO_2	CaO	MgO	K_2O	Na_2O	S	A/S
含量/%	64.10	11.12	5.18	3.10	0.67	0.42	1.28	0.095	0.16	5.76

工艺矿物学研究结果表明，试验矿样中主要矿物为一水硬铝石、伊利石、高岭石和叶蜡石，其次为锐钛矿、石英，以及少量的针铁矿和微量的方解石等，见表8-9-16。

表8-9-16 铝土矿矿样的矿物组成

矿物	一水硬铝石	高岭石	伊利石	蒙脱-伊利石	叶蜡石	锐钛矿	石英	赤铁矿
组成/%	67.5	7.9	8.4	5.0	5.5	1.9	2.0	1.8

根据图8-9-24 的工艺流程，工业试验经过32 个生产班的稳定运转，得到的加权综合指标为：处理干矿量162.20t，原矿 Al_2O_3 64.07%，SiO_2 10.89%，铝硅比为5.88，精矿 Al_2O_3 68.67%，SiO_2 6.80%，铝硅比为10.10，精矿 Al_2O_3 回收率82.41%，SiO_2 48.01%。

通过工业试验表明铝土矿反浮选脱硅工艺具有以下基本特点：

（1）与正浮选工艺相比，反浮选工艺采用浮少抑多的原则，原理上更加合理。

（2）得到的一水硬铝石精矿脱水性能好，陶瓷过滤机产能提高约400kg/(m^2·h)，水分低，有机物含量低，有利于拜耳过程，在经济上较正浮选也具有较大的优势。

（3）新型阳离子捕收剂具有良好的水溶性和耐低温性（小于5℃），药剂性能不会受到任何影响，非常适合于北方地区使用。

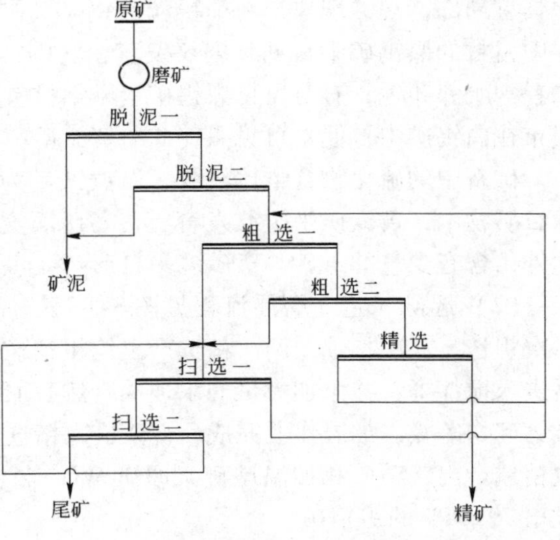

图8-9-24 反浮选工业试验工艺流程

8.9.2.6 白钨矿浮选

以湖南某白钨选矿厂为例。

(1) 原矿性质 该矿平均品位为WO_3 0.24%，铜0.01%，钼0.001%，硫0.64%。其中钨矿物主要为白钨矿，占总钨86.42%；另有少量的黑钨矿，占总钨12.76%；钨华占0.82%；矿石中的金属矿物含量较少，主要为黄铁矿、金红石、毒砂等，有时可见黄铜矿、闪锌矿、磁铁矿、赤铁矿、褐铁矿、方铅矿、磁黄铁矿、钛铁矿、铜蓝、辉铜矿、菱铁矿、辉钼矿、辉铋矿、辉铋铅矿、自然铋、锡石、锆石等。非金属矿物主要为石英、白云母，其次为绿泥石、黑云母，另有少量的斜长石、萤石、磷灰石、方解石、透闪石、绢云母、重晶石等。

各种矿物相对含量见表8-9-17。

表8-9-17 矿石的矿物组成及矿物相对含量

矿 物	含量/%	矿 物	含量/%	矿 物	含量/%
白钨矿	0.26	毒 砂	0.12	黑云母	6.09
黑钨矿	0.04	金红石	0.62	斜长石	1.65
黄铜矿	0.03	石 英	53.52	萤 石	0.63
闪锌矿	0.02	白云母	26.19	其 他	0.44
黄铁矿	1.12	绿泥石	9.27		

白钨矿主要产出在石英脉中，主要呈不规则粒状及其集合体的形式嵌布在脉石矿物中。粗粒的白钨矿中常常包裹有粒度不等的脉石矿物；有时可见白钨矿与萤石、黑钨矿、黄铜矿等共生，在白钨矿颗粒内可以见到细粒包裹的黑钨矿；偶有白钨矿与黄铁矿、毒砂、自然铋、辉铋矿、辉钼矿等共生，自然铋、辉铋矿等常呈微粒状包裹在白钨矿中或嵌布在白钨矿边缘。白钨矿的分布很不均匀，存在局部富集现象，并且其嵌布粒度大小不一，粗粒集合体可达近1.6mm左右，主要集中于0.02~0.42mm之间。

黑钨矿主要呈不规则粒状嵌布在脉石矿物中，其粒度相对白钨矿较细。黑钨矿在矿石中具有局部富集的现象，在中粗粒黑钨矿周围常可见到微粒的黑钨矿嵌布在脉石矿物中；在中粗粒的黑钨矿中常见有裂纹发育，其中被脉石充填。黑钨矿与白钨矿嵌布关系紧密，二者常毗邻共生，有时可见黑钨矿呈微细粒包裹体形式嵌布在白钨矿中或沿白钨矿的裂隙嵌布在白钨矿中；偶尔可见黑钨矿与黄铁矿、毒砂、黄铜矿等共生在一起。

矿石中的硫化物含量比较少，以黄铁矿为主。黄铁矿主要呈自形-半自形粒状嵌布于脉石矿物中，黄铁矿中裂纹发育，常备脉石充填。常见黄铁矿与黄铜矿、闪锌矿等共生。此外，含有少量的毒砂，毒砂多呈自形-半自形晶的形式产出，嵌布粒度较细。

(2) 选矿工艺 磨浮流程见图8-9-25，原矿磨到-0.075mm占60%进行钨浮选，经一次粗选，二次扫选及两次精选产出钨粗精矿和尾矿；粗精矿经浓缩（50%~60%浓度）后进入搅拌桶，并添加大量的水玻璃，然后加温至90~100℃，并保温2h，使萤石等其他含钙矿物解吸。加温作业完成后矿浆进入精选系统进行选别，经一次粗选，二次扫选及四次精选产出钨精矿和加温尾矿。原矿WO_3含量为0.24%时，可得到含WO_3 56.34%，回收率79.66%的钨精矿。

药剂用量及添加点见表8-9-18。

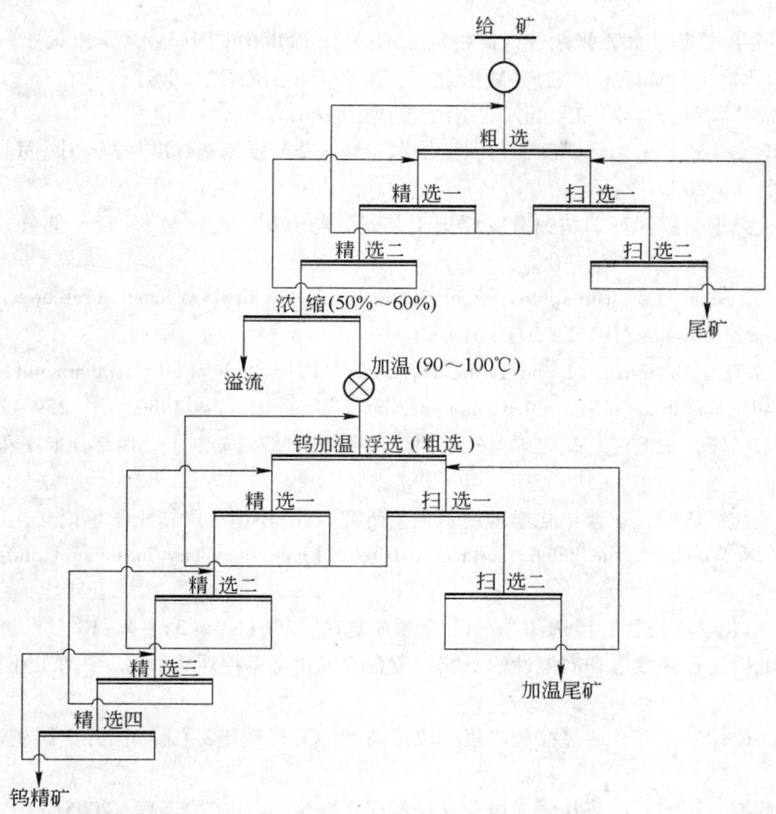

图 8-9-25 湖南某白钨选矿厂选矿工艺流程

表 8-9-18 药剂用量及添加点

药剂	用量/$g \cdot t^{-1}$	添加点	药剂	用量/$g \cdot t^{-1}$	添加点
油酸	180~300	粗选、扫选Ⅰ、扫选Ⅱ	水玻璃	4000~5500	精选Ⅰ、Ⅱ、加温作业
碳酸钠	1500~2000	粗选			

参考文献

[1] 王淀佐，邱冠周，胡岳华．资源加工学[M]．北京：科学出版社，2005.

[2] 李世丰，张永光．表面化学[M]．长沙：中南工业大学出版社，1991.

[3] Washburn E. W.. The dynamics of capillary flow, The Physical Review, 17(1921), 273~283.

[4] Carlos de F. Gontijo, Tatu Miettinen, Daniel Fornasiero, John Ralston Extreme flotation: How particle size, contact angle and hydrodynamics influence flotation limits, in the proceedings of 24th IMPC, 2008 Beijing, volume 1, 1038~1047.

[5] Polat M., Chander S.. 2000, First-order flotation kinetics models and methods for estimation of the true distribution of flotation rate constants, Int. J. Miner. Process. 58(2000), 145~166.

[6] Schubert H., Bischofberger C.. 1979, on the optimization of hydrodynamics in flotation processes, Proceedings of 13th Int. Miner. Process. Cong., Warszawa, V2, 1261~1287.

[7] Yoon R-H. 1991, Hydrodynamics and surface forces in bubble-particle interactions, Aufbereitungs Technik,

32：(9)474.

[8] 王淀佐，卢寿慈，陈清如，张荣曾．矿物加工学[M]．徐州：中国矿业大学出版社，2003.

[9] 张一敏．固体物料分选理论与工艺[M]．北京：冶金工业出版社，2007.

[10] 魏德洲．固体物料分选学[M]．北京：冶金工业出版社，2000.

[11] 于金吾，李安．现代矿山选矿新工艺、新技术、新设备与强制性标准规范全书[M]．北京：当代中国音像出版社，2005.

[12] 邬顺科，戴晶平，罗开贤．快速分支浮选工艺研究与应用．有色金属(选矿部分)[J]，2006(6)：1～5.

[13] Salamy. S. G，Nixon. J. G. The application of electrochemical methods to flotation research，Recent development in mineral dressing，1952，503～516.

[14] Leppinen，J. O.，Basilio，C. I. and Yooh，R. H. Insitu FTIR study of ethylxanthate and sorption on sulfide minerals under conditions of controlled potential，Int. J. Miner. Process. 1989，26：259～274.

[15] 孙水裕，宋巳锋，王淀佐．硫化矿电位调控浮选研究现状与前景[J]．西部探矿工程，2000，9(3)：1～4.

[16] 冯其明．硫化矿物浮选矿浆电化学理论及工艺研究[D]．中南大学博士学位论文，1990.

[17] Buckley A. N. Woods R. The galena surface revisited，Electrochemistry in mineral and metal processing [M]，1996，1～3.

[18] R. 伍兹．电化学电位控制浮选[J]．国外金属矿选矿，2004，41(3)：4～10.

[19] 王会祥．电极过程热效应和润湿性的研究与黄金的电化学调控浮选[D]．中南工业大学博士学位论文，1994.

[20] A·尤莱伯-萨拉斯，等．通过控制矿浆电位提高Pb/Cu浮选指标[J]．国外金属矿选矿，2000(8)：37～42.

[21] 黄和平，邱波，张治元．安庆铜矿电化学调控浮选探索[J]．矿冶工程，2005(4)：36～38.

[22] Helical，S.，In，Richardson P. E. ed. Proceedings International Symposium on Electrochemistry in Mineral and Metal Processing，Electrochemistry Science，1988：170～182.

[23] 顾帼华，王淀佐，刘如意．硫化矿原生电位浮选体系中的迦尼电偶及其浮选意义[J]．矿物工程，2000(3)：48～52.

[24] 顾帼华，王淀佐，刘如意，邱冠周．硫化矿电位调控浮选及原生电位浮选技术[J]．有色金属，2005(5)：18～21.

[25] 顾帼华，刘如意，王淀佐．原生电位浮选过程中的捕收剂匹配[J]．有色金属，1999，11(4)：21～25.

[26] 胡熙庚，黄和慰，毛钜凡，等．浮选理论与工艺[M]．长沙：中南工业大学出版社，1991.

[27] 陈文平，李西栋．新编矿山选矿工程设计与技术标准规范实用全书[M]．徐州：中国矿业大学出版社，2006.

[28] 周龙廷．选矿厂设计[M]．长沙：中南工业大学出版社，1999.

[29] 丁楷如，采逊贤，等．锰矿开发与加工技术[M]．长沙：湖南科学技术出版社，1992.

[30] 潘其经，周永生．我国锰矿选矿的回顾与展望[J]．中国锰业，2000，18(4)：1～10.

[31] 朱俊士，甘怀俊，麦笑宇．细粒软锰矿的浮选研究[J]．中国锰业，1992，10(2)：96～99.

[32] 张一敏．碳酸锰细泥强化浮选研究[J]．中国锰业，1997，15(4)：26～29.

[33] 谭柱中，梅光贵，李维健，等．锰冶金学[M]．长沙：中南大学出版社，2004.

[34] 刘亚川．锰矿浮选技术[J]．矿产综合利用，1989(1)：35～41.

[35] 毛钜凡，张勇．多价金属离子对菱锰矿可浮性的影响[J]．中国锰业，1994，12(6)：23～28.

[36] 翁达．菱锰矿表面电性与其可浮性的研究[J]．中国锰业，1992，10(4)：23～25.

[37] 张一敏，张永红．氧化锰矿电化学浮选研究[J]．中国锰业，1999，17(2)：19～22.

[38] 毛钜凡，张勇．水玻璃等调整剂在菱锰矿浮选中的作用研究[J]．中国锰业，1988(2)：18～36，61.

[39] 毛钜凡，朱友益．药剂在微细粒菱锰矿絮凝—浮选中作用的研究[J]．中国锰业，1990(4)：18～24.

[40] 胡为柏．浮选(第2版)[M]．北京：冶金工业出版社，1992. 10.

[41] Zhang Xiaoyun, Tian Xueda, Zhang Dong-fang. Separation of silver from silver- manganese ore with cellulose as reductant. Trans. Nonferrous Met. Soc. China 16(2006)705～708.

[42] Kazimierz Jurkiewicz. Flotation of zinc and cadmium cations in presence of manganese dioxide. Colloids and Surfaces A：Physicochem. Eng. Aspects 276(2006)207～212.

[43] 孙传尧．当代世界的矿物加工技术与装备——第十届选矿年评[M]．北京：科学出版社，2006.

[44] 朱建光. 2000年浮选药剂的进展[J]．国外金属矿选矿，2001(3)：10～16.

[45] 钱鑫，张文彬，等．铜的选矿[M]．北京：冶金工业出版社，1982：342～368.

[46] 张文彬．氧化铜矿浮选研究与实践[M]．长沙：中南工业大学出版社，1991.

[47] 胡岳华，刘高兴，王淀佐．含硫非离子型极性捕收剂浮选氧化铜矿的研究[J]．有色金属(季刊)，1986(2)：27～32.

[48] 周晓东，王资．氧化铜矿的浮选[J]．云南冶金，1995，24(5)：21～26.

[49] 陈继斌．水热硫化-温水浮选法处理难选氧化铜矿的试验[J]，有色金属(选矿部分)，1984(4)：12～17.

[50] 何发钰，等．氧化铜矿的处理[J]．国外金属矿选矿，1996(7)：3～4.

[51] 刘邦瑞．螯合浮选剂[M]．北京：冶金工业出版社，1982.

[52] 肖安维．用新型离析焙烧炉处理难选氧化铜矿[J]．有色金属(冶炼部分)，2001(4)：18～20.

[53] 张文彬．羟肟酸钠浮选氧化铜矿石的研究[J]．有色金属，1974(8)：45.

[54] 胡绍彬．乙二胺磷酸盐浮选东川氧化铜矿的生产实践[J]．云南冶金，1981(27)：29～45.

[55] 赵援，等．氧化铜矿石的浮选新药剂二硫酚硫代二唑[J]．云南冶金，1985(5)：26～28.

[56] 胡绍彬，罗才高．起泡剂TF-59在因民选矿厂的工业试验[J]．云南冶金，1990(3)：32～34.

[57] 陈继斌．水热硫化法处理难选氧化铜矿[J]．有色金属，1980(3)：11～14.

[58] 陈焕麟．浸出-沉淀-载体浮选法研究[J]．有色金属(季刊)，1984(2)：51～53.

[59] 李炳秋．氧化铜矿浮选流程的研究[J]．有色金属，1985(5)：50～53.

[60] 叶志中．新型捕收剂TLF201对冬瓜山铜矿的浮选研究[J]．矿产综合利用，2004(4)：36～38.

[61] 东川矿务局中心试验所．乙二胺磷酸盐浮选东川氧化铜矿的工业试验[J]．有色金属，1997(2)：8～11.

[62] 韦华祖．烃基含氧酸盐捕收剂浮选孔雀石的研究[J]．有色金属，1988(1)：39～41.

[63] 东川矿务局滥泥坪矿选矿厂．羟甲基纤维素作为碳质脉石抑制剂的使用情况[J]．云南冶金，1973(2)：47～49，66.

[64] 陈府瑞．用腐殖酸钠调高铜精矿品位的试验[J]．云南冶金，1985(3)：33～35.

[65] 胡绍彬．用SO-18提高滥泥坪选矿厂铜精矿品位的工业试验[J]．云南冶金，1985(4)：35～37.

[66] 昆明冶金研究所，牟定铜矿选矿厂．合成起泡剂苯乙酯油代替二号油浮选郝家河硫化铜工业试验[J]．云南冶金，1978(4)：37～39.

[67] 见百熙．国外浮选药剂新进展[J]．国外金属矿选矿，1982(1)：41～44.

[68] 朱龙化，薛玉兰．氧化铅锌矿浮选研究进展[J]．江西有色金属，1997，11(4)：19～22.

[69] 刘军．氧化铅锌矿的浮选[J]．矿业快报，2006(10)：26～29.

[70] 文书明，张文彬，刘全军．乙二胺活化菱锌矿的浮选试验研究[J]．昆明工学院学报，1994(3)：

35～38.
[71] 文书明，张文彬，刘邦瑞．二硫代碳酸盐活化异极矿的浮选试验研究[J]．云南冶金，1995(3)：18～20.
[72] 羊依金，刘邦瑞，冷娥．用二甲酚橙活化异极矿浮选的研究[J]．云南冶金，1992(2)：35～38.
[73] 石道民，杨敖．氧化铅锌矿的浮选[M]．昆明：云南科技出版社，1996.
[74] 杨敖，石道民，兰培林．兰坪氧化锌矿-脉石体系分散与选择性絮凝研究[J]．昆明工学院学报，1992(1)：30～38.
[75] 胡岳华，冯其明．矿物资源加工技术与设备[M]．北京：科学出版社，2006.
[76] 徐晓军，周廷熙．有色金属矿产资源的开发及加工技术(选矿部分)[M]．昆明：云南科技出版社，2000.
[77] V. 鲁格诺夫，等．氧化铅锌矿石选矿新工艺研究[J]．国外金属矿选矿，2001(2)：25～28.
[78] 刘邦瑞．螯合浮选剂[M]．北京：冶金工业出版社，1978.
[79] 谭欣，李长根．国内外氧化铅锌矿浮选研究进展(Ⅰ)[J]．国外金属矿选矿，2000(3)：7～14.
[80]《锡的选矿》编写组．锡的选矿[M]．北京：冶金工业出版社，1978.
[81] 田万诚．锡石浮选[M]．北京：冶金工业出版社，1990.
[82] 胡熙庚，黄和慰，毛钜凡，等．浮选理论与工艺[M]．长沙：中南工业大学出版社，1991.
[83] 孙伟，胡岳华，覃文庆，等．钨矿浮选药剂研究进展[J]．矿产保护与利用，2000(3)：6.
[84] 高玉德．微细粒级黑钨矿浮选现状[J]．广东有色金属学报，1997(2)：11.
[85] 见百熙．浮选药剂[M]．北京：冶金工业出版社，1981.
[86] 王淀佐．矿物浮选和浮选药剂理论与实践[M]．长沙：中南工业大学出版社，1986.
[87] 孙传尧．当代世界的矿物加工技术与装备[M]．北京：科学出版社，2006.
[88] 王资，等．浮游选矿技术[M]．北京：冶金工业出版社，2006：162～164.
[89] M. L. Torem，等．绿柱石的浮选机理[J]．国外金属矿选矿，1992(10)：13～15.
[90] 张超达．四川甲基卡稀有金属矿锂铍浮选研究[J]．四川有色金属，1994(1)：22～26.
[91] 胡国良．昌化绿柱石的浮选回收[J]．浙江冶金，1991(2)：27～28.
[92] 王毓华，于福顺．新型捕收剂浮选锂辉石和绿柱石[J]．中南大学学报，2005(5)：807～811.
[93] 王毓华，陈兴华，等．锂辉石与绿柱石浮选分离的试验研究[J]．稀有金属，2005(3)：320～323.
[94] 崔广仁，等．稀有金属选矿[M]．北京：冶金工业出版社，1975：42～70.
[95] 周高云．浮选锂云母的新捕收剂研究[J]．北京矿冶研究总院学报，1992(1)：60～63.
[96] 陈明星，贺伯诚，等．宜春钽铌矿锂云母浮选技术改造实践[J]．有色金属(选矿部分)，2005(2)：6～8.
[97] 龚明光，等．浮游选矿[M]．北京：冶金工业出版社，1988：160～162.
[98] 孙蔚，叶强．对四川某地锂辉石矿浮选的认识[J]．新疆有色金属，2004(4)：28～30.
[99] A. B. 索萨，等．葡萄牙锂辉石矿石的选矿研究[J]．国外金属矿选矿，2001(10)：29～31.
[100] 波立金 С И，格拉德基赫 Ю Ф，贝科夫 Ю А. 钽铌矿的选矿[M]．克诚，译．北京：中国工业出版社，1965.
[101] 朱建光．铌资源开发应用技术[M]．北京：冶金工业出版社，1992.
[102] 任嗥，杨则器，池汝安．双膦酸捕收铌铁金红石机理研究[J]．有色金属，1998(3)：55～59.
[103] 王淀佐．浮选药剂作用原理及应用[M]．北京：冶金工业出版社，1982.
[104] 雷春雨．新药剂 N_2 对钽铌矿物的捕收性能和作用机理[J]．北京矿冶研究总院学报，1992(2)：23～31.
[105] 徐金球，肖红．新型捕收剂亚硝基苯胲胺的合成及性能研究[J]．化工矿山技术，1996(4)：15～17.

[106] Bulatovic S. De Silvio E. Process development for impurity removal from a tin gravity concentrate [J]. Mineral Engineering, 2000, 13(8 ~9): 871.

[107] Oliveira J F, Saraiva S M, Pimenta J S, et al. Technical note kinetics of pyrochlore flotation from araxa mineral deposits[J]. Minerals Engineering, 2001, 14(1): 99.

[108] Burt R O, Korinet G, Young S R, et al. Ultrafine Tantalum recovery strategies [J]. Minerals Engineering, 1995(8): 857 ~870.

[109] 王仕桂，王碧莲，邹霓，等．宜春钽铌矿次生细泥选矿新工艺的研究[J]．广东有色金属学报，1994，4(1)：13 ~17.

[110] 朱一民．铌钽矿细泥浮选捕收剂及理论[J]．湖南冶金，1991，5(3)：36.

[111] 谢红波，叶金晨．铌在钢铁工业中的研究与应用[J]．钽铌工业进展，2004(3)：11 ~14.

[112] 戴艳阳，钟海云，李荐，等．从二次原料中回收钽铌[J]．矿产综合利用，2002(1)：32 ~35.

[113] 张去非．我国铌资源开发利用的现状及可行性[J]．中国矿业，2003，12(6)：30 ~33.

[114] 何季麟．中国钽铌工业的进步与展望[J]．中国工程科学，2003(5)：40 ~46.

[115] 周少珍，孙传尧．钽铌矿选矿的研究进展[J]．矿冶(增刊)，2002：175 ~178.

[116] 高玉德，邹霓，董天颂．细粒钽铌选矿工艺流程及药剂研究[J]．有色金属(选矿部分)，2004(1)：30 ~33.

[117] 董天颂，邹霓，高玉德．细粒钽铌选矿新工艺的研究[J]．矿冶(增刊)，2002：179 ~180.

[118] 王文梅．白云鄂博铌资源综合利用选矿新工艺[J]．有色金属，2004(1)：472 ~474.

[119] 黄宇林，童雄．钽铌矿物的浮选药剂研究概况[J]．稀有金属，2006(6)：870 ~876.

第9章 化学选矿

9.1 概论

9.1.1 化学选矿发展简史

化学选矿是基于矿石中矿物和矿物组分化学性质的差异，用化学方法将矿石中的有用组分转化为易于物理分选的矿物形态或可溶性化合物，并采用溶剂将其选择性地溶解出来，实现有用组分与杂质组分或脉石组分的分离，最终达到富集有用组分的目的。化学选矿可以直接获得金属或化工产品，也可以生产化学精矿作为冶金原料。

我国是世界上最早采用化学方法提取金属的国家。早在公元前2世纪，文献中就记载了用铁从硫酸铜溶液中置换铜的化学作用，西汉初年淮南王刘安（公元前179～前122年）及门客李尚、苏飞等编著的《淮南子·万毕术》有“曾青得铁则化为铜”的记载，曾青又名白青即水胆矾；唐末或五代十国（公元907～960年）时期出现了从含硫酸铜矿坑水中提取铜的生产方法，称为“胆水浸铜”，该方法在宋代得到发展，成为生产铜的重要工艺之一，当时用该法生产铜的矿场有十一处，年产胆铜达一百万至一百七八十万斤，占当时全国总产量的15%～25%。

现代矿物化学加工利用的标志是1887年提出的浸出铝土矿的拜耳法和1889年提出的氰化提金法。直至今日，拜耳法和氰化法仍然是工业生产中极其重要的方法。

20世纪50年代以前，选矿主要是利用天然矿物物理性质和表面物理化学性质的差异而进行矿物分离富集，获得供后续加工的矿物精矿。在此期间，铁矿、金矿、铀矿和铜矿的化学选矿工艺正逐步用于工业生产，如弱磁性贫铁矿石的还原磁化焙烧磁选工艺、金矿氰化提金工艺、铀矿和氧化铜矿的稀硫酸浸出工艺等均具有相当的规模。从20世纪50年代以来，为解决人类面临的资源、能源和环保方面的问题，选矿工作者不断利用近代科学成就，针对选矿学科要解决的“贫、细、杂”矿石的各种选矿难题，研究和应用了许多新的化学选矿方法和工艺，使化学选矿进入了一个新的发展阶段。

20世纪30年代，我国已成功地应用了弱磁性贫铁矿石的还原磁化焙烧—磁选工艺。解放后，我国的化学选矿取得了较迅速的发展。目前，化学选矿法单独或配合物理选矿工艺已被成功地用于处理某些黑色、有色、稀有金属和非金属矿物原料，除大规模地用于从物理选矿尾矿、难选中矿、难选原矿、表外矿、废石等固体矿物原料中综合回收有用组分外，还用于采用物理选矿难处理的粗精矿除杂和从矿坑水、洗矿水、湿法收尘液、废水和海水中提取某些有用组分。

20世纪50年代发展起来的生物冶金技术已经成功应用于铜矿、铀矿工业化提取，以及硫化矿包裹的难处理金矿的生物氧化预处理；我国从20世纪90年代开始，已经工业化应用生物冶金技术提取铜和铀，采用生物氧化预处理技术处理难处理金矿。从1922年美国俄亥俄铜业公司开始原地溶浸铜以来，由于世界各国都对原地浸出技术争相进行研究，1980年后原地浸出技术发展迅速，已在铀和铜之外开采中大规模应用，研究者正在致力于金、硒、稀土、锰和钼等矿产资源的原地浸出提取试验研究。

化学选矿的应用范围正日益扩大，它已成为选别难选矿物原料、综合利用资源和治理“三废”的常规方法之一。单独使用化学选矿工艺或与物理选矿工艺组成联合流程在选别难选矿物原料中显示了巨大的生命力。随着科学技术的发展，矿物加工工程领域中的化学选矿工艺将越来越完善，应用范围将越来越广，在我国资源开发利用中起的作用将不断增大。

9.1.2 化学选矿的特点

化学选矿的目的和任务与传统的物理选矿相同，均是使有用组分与杂质分离，将共生的有用组分尽可能分离富集为单一产品，经济而合理地综合利用矿产资源，为后续的冶炼和化工作业提供“精料”。但是，化学选矿的处理对象一般为目前技术条件下用物理选矿法或传统冶炼（或化工）法无法处理或处理起来不经济的难选矿物原料，如低品位难选原矿、表外矿、废石、用物理选矿难处理的粗精矿、难选中矿和尾矿、采空区的残矿等。因此，化学选矿比物理选矿的适应性更强，应用范围更广。化学选矿的原理、方法和工艺与物理选矿不同，虽然化学选矿的产品和物理选矿的精矿一般需送冶炼（或化工）进一步加工才能供用户使用，但许多化学选矿过程也可直接产出供用户使用的产品。

化学选矿的原理与处理矿物精矿的传统冶金的原理（火法和水法）基本相同，均是利用化学、物理化学和化工的基本原理解决矿物加工中的相关工艺问题，但其处理对象、产品形态和具体工艺又有较大差别。化学选矿处理的对象一般为“贫、细、杂”的难选矿物原料，其有用组分含量低，杂质含量高（难选粗精矿除杂例外），组成复杂，各组分共生关系密切；而冶炼处理原料一般为选矿的精矿（矿物精矿或化学选矿产品），精矿中有用组分含量高，杂质含量低，组成较简单，冶炼产品可直接供用户使用。因此，化学选矿过程在经济和技术上承受更大的“压力”，它必须采用有别于冶炼常用的工艺和方法才能在处理低价值的难选矿物原料中取得经济效益。所以，化学选矿是介于传统的物理选矿和经典冶金之间的边缘交叉学科，是组成矿物加工工程学的主要内容之一。化学选矿和物理选矿及矿冶的关系如图9-1-1所示。

虽然，化学选矿是处理“贫、细、杂”难选矿物原料和难选粗精矿除杂的有效方法，但是在化学选矿过程中需要消耗大量的化学试剂，因而仅在应用物理选矿法无法处理或不能得到满意的技术经济指标时，才考虑使用化学选矿工艺。采用化学选矿工艺时，尽可能采用物理选矿和化学选矿联合流程，以期最经济合理地综合利用矿物资源。只有当化学选矿工艺具有明显的技术经济效益时，才单独采用化学选矿工艺处理这些矿物原料，而且还要设法降低试剂消耗量，并对化学选矿产生的“三废”进行处理。

9.1.3 化学选矿的基本作业流程

通常认为化学选矿过程包括下列六个基本作业流程（如图9-1-2所示）：

（1）原料准备。包括矿物原料的破碎筛分、磨矿分级、配料混匀等作业，目的是使物料碎磨至一定的粒度，为后续作业准备细度、浓度合适的物料或混合料，以使物料分解更完全。有时还需用物理选矿方法除去某些有害杂质，预先富集目的矿物，使矿物原料与化学试剂配料混匀，为后续作业创造较有利的条件。

（2）焙烧。目的是使原料中的目的组分转变为易选或易浸的形态，使某些杂质转变为难浸的形态，同时可使部分杂质分解挥发，改善矿物结构，使其疏松多孔，为浸出作业准备较好的条件。矿物原料焙烧的产物为焙烧矿（焙砂）、干尘、湿法收尘液和泥浆，可用相应的方法从这些产物中回收有用组分。

（3）矿物原料浸出。浸出是化学选矿的主要作业流程之一，它可直接处理矿物原料，也可处理焙烧后的焙砂、烟尘等物料。浸出时可根据原料性质和工艺要求，使有用组分与杂质组分分离，并使有用组分富集。通常是浸出含量少的组分，浸出后再从浸出液或浸渣中提取各有用组分。

（4）固液分离。浸出矿浆一般需进行固液分离后才能得到供后续处理的澄清浸出液或含少量细矿粒的稀矿浆。浸出矿浆的固液分离一般采用沉降倾析、过滤或分级等方法。这些固液分离方法除用于处理浸出矿浆外，也用于化学选矿过程的其他作业，使沉淀悬浮物与液体分离。为了提高有用组分的回收率和化学选矿产品的品位，固液分离所得的底流（或滤饼）通常需进行洗涤，以洗除其中所夹带的溶液。

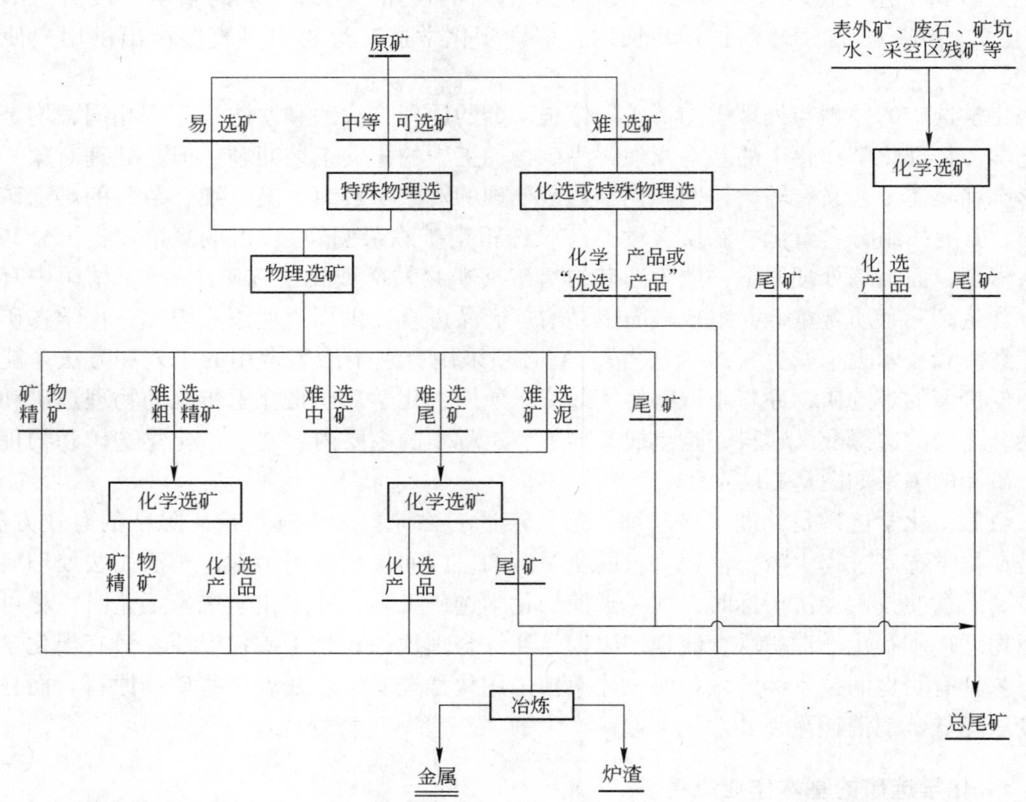

图9-1-1　物理选矿和化学选矿及矿冶关系图

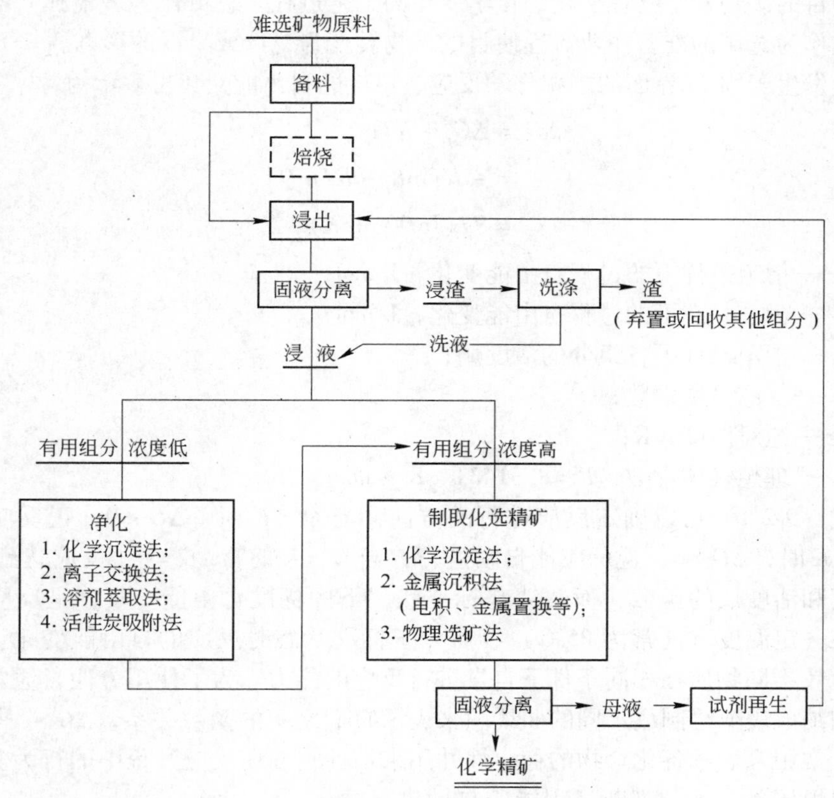

图 9-1-2 化学选矿原则流程

（5）浸出液的净化。为了获得高品位的化学选矿产品，生产中常采用化学沉淀、离子交换或溶剂萃取等方法对浸出液进行净化分离，以除去杂质，得到有用组分含量较高的净化液。

（6）制取化学选矿产品。从净化液中沉淀析出化学选矿产品一般可采用化学沉淀法，化学选矿产品可呈人造化合物或海绵状金属（电解法除外）的形态产出。

某一具体的化学选矿工艺不一定会具备上述各基本作业流程，如有的可不经焙烧而直接进行浸出；难选粗精矿浸出时一般浸出易浸的组分，浸渣常为化学选矿产品；近三十几年来发展了许多一步法工艺，如炭浸法、矿浆树脂法、矿浆电积法等，这些工艺可在矿物原料浸出的同时，将有用组分不断地从浸出液中分离出来，不但可强化浸出过程和简化流程，还可省去昂贵的固液分离作业流程；原地浸出则不需经过采矿和选矿，直接浸出获得含有目的组分的浸出液，可大幅度地提高化学选矿过程的经济效益。

9.2 矿物原料的焙烧

9.2.1 焙烧的基本原理

焙烧是在适当气氛（有时还加入某些化学试剂）和低于矿物原料熔点的温度条件下，

使原料中的目的矿物发生物理变化和化学变化的工艺过程。它可作为一个独立的化学选矿作业流程或作为选矿的准备作业流程使目的矿物转变为易选或易浸的形态。

焙烧是发生于固-气界面的多相化学反应，反应的自由能变化可表示为：

$$\begin{aligned}\Delta G &= \Delta G^{\ominus} + RT\ln Q \\ &= -RT\ln K + RT\ln Q \\ &= RT(\ln Q - \ln K)\end{aligned} \tag{9-2-1}$$

式中 ΔG——指定条件下的过程自由能变化，J/mol；

$\Delta G^{\ominus}$——标准状态下的过程自由能变化，J/mol；

Q——指定条件下各组分的活度熵；

K——反应平衡常数；

T——绝对温度，K；

R——理想气体常数，$R=8.3143\text{J}/(\text{K}\cdot\text{mol})$。

根据式（9-2-1）可以确定反应进行的方向，当 $Q<K$ 时，$\Delta G<0$，正反应能自动进行；当 $Q>K$ 时，$\Delta G>0$，逆反应能自动进行；当 $Q=K$ 时，$\Delta G=0$，反应达到平衡。ΔG 是反应温度和活度熵的函数，而 $\Delta G^{\ominus}$ 是标准状态下的标准自由能变量，是反应温度的函数，表示在一定温度下（常为25℃）物质处于标准状态时反应的自由能变化。因此，可用 $\Delta G^{\ominus}$ 值比较不同物质在相同条件下自发进行反应的能力。为了使用方便，通常将各种热力学数据归纳成表或绘制成不同的曲线图来表示它们之间的函数关系，$\Delta G^{\ominus}$-T 曲线图就是其中之一，常用来表示各化合物的稳定性并用来估计它们在反应过程中的行为。值得注意的是，恒温恒压条件下，判断过程能否自动进行的真正标准是 ΔG，而不是 $\Delta G^{\ominus}$，但 $\Delta G^{\ominus}$ 能为预测反应能否自发进行提供最基本的判断。

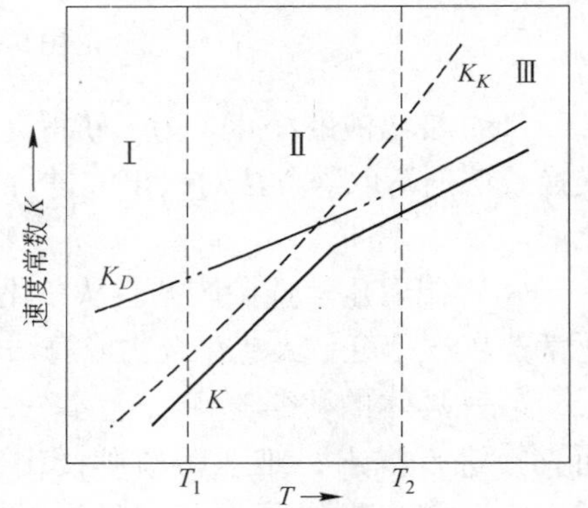

图9-2-1 速度常数 K_D、K_K、K 与温度 T 的关系

Ⅰ—动力学区；Ⅱ—过渡区；Ⅲ—扩散区

矿物焙烧这一多相化学反应大致分为气体的扩散与吸附-化学反应两个步骤，相应的反应速度常数 K_D、K_K 及总反应速度常数 K 与温度 T 的关系如图9-2-1所示。低温时，$K_K \ll K_D$，总反应速度取决于界面的化学反应速度，而与气流速度无关。速度常数与温度的关系可用阿伦尼乌斯公式表示，即：

$$K \approx K_K = A \cdot e^{-\frac{E}{RT}} \tag{9-2-2}$$

式中 A——常数；

E——活化能。

低温时，反应在动力学区进行。随着温度的提高，化学反应速度的增加速率比扩散速度的增加速率快，当 $K_K \gg K_D$，总反应速度则由扩散速度决定，扩散速度对温度不敏感，因此这一区域称为扩散区，由动力学区进入扩散区的转变温度随不同的反应而异。当其他条件相同时，扩散常是高温反应的控制步骤。

扩散过程分内扩散和外扩散。反应初期，过程的反应速度主要与外扩散有关，外扩散速度主要取决于气流的运动特性——层流或紊流反应；反应进行一定时间后，起决定作用的通常是内扩散，内扩散速度与矿粒表面固体产物层的厚度成反比。当气体作层流运动时，气体分子沿着与固体反应产物表面平行的方向运动，其垂直于反应界面的分速度等于零。此时，气体分子的扩散速度可用菲克定律表示，即：

$$\begin{aligned} v_D &= -\frac{\mathrm{d}c}{\mathrm{d}\tau} = \frac{DA}{\delta}(c - c_s) \\ &= K_D \cdot A \cdot (c - c_s) \end{aligned} \tag{9-2-3}$$

式中 v_D——气体分子的扩散速度，mol/s；

D——扩散系数，表示当 $\frac{c - c_s}{\delta} = 1$ 时，单位面积的扩散速度，cm^2/s；

δ——气膜层的厚度，cm；

c，c_s——气体在气流本体和固体表面的浓度，mol/cm^3；

A——反应表面积，cm^2。

气体作紊流运动时，气体分子的扩散速度大大增加，但此时固体颗粒表面上仍保持一层流气膜层，气体分子通过此层流气膜层进行缓慢的扩散，并最终限制外扩散速度。在固-气多相化学反应中，矿粒的粒度对扩散过程有很大影响，反应速度通常随矿粒粒径减小而增大。

根据焙烧时的气氛条件和目的组分发生的主要化学变化，可将焙烧过程大致分为以下几类，即：氧化焙烧、硫酸化焙烧、还原焙烧、氯化焙烧、煅烧和烧结等。

9.2.2 氧化焙烧与硫酸化焙烧

9.2.2.1 氧化焙烧原理

硫化矿物在氧化气氛条件下加热，将全部（或部分）硫脱除而转变为相应的金属氧化物（或硫酸盐）的过程，称为氧化焙烧（或硫酸化焙烧）。焙烧条件下，硫化矿物转变为金属氧化物和金属硫酸盐的反应可表示为：

$$2MS + 3O_2 \longrightarrow 2MO + 2SO_2$$

$$2SO_2 + O_2 \rightleftharpoons 2SO_3$$

$$MO + SO_3 \rightleftharpoons MSO_4$$

氧化焙烧时，金属硫化物转变为金属氧化物和二氧化硫的反应是不可逆的，而二氧化硫和三氧化硫分别生成三氧化硫和硫酸盐的反应是可逆的。上述各反应式的平衡常数分别为：

$$\begin{cases} K_a = \dfrac{p_{SO_2}^2}{p_{O_2}^3} \\ K_b = \dfrac{p_{SO_3}^2}{p_{SO_2}^2 \times p_{O_2}} \\ K_c = \dfrac{1}{p_{SO_3(MSO_4)}} \\ p_{SO_3} = p_{SO_2} \cdot \sqrt{K_b \cdot p_{O_2}} \end{cases} \tag{9-2-4}$$

式中 p_{SO_2}——炉气中二氧化硫的分压；

p_{O_2}——炉气中氧气的分压；

p_{SO_3}——炉气中三氧化硫的分压；

$p_{SO_3(MSO_4)}$——金属硫酸盐的分解压。

式（9-2-4）中 p_{SO_3} 和 $p_{SO_3(MSO_4)}$ 与温度的关系如图9-2-2和表9-2-1所示。

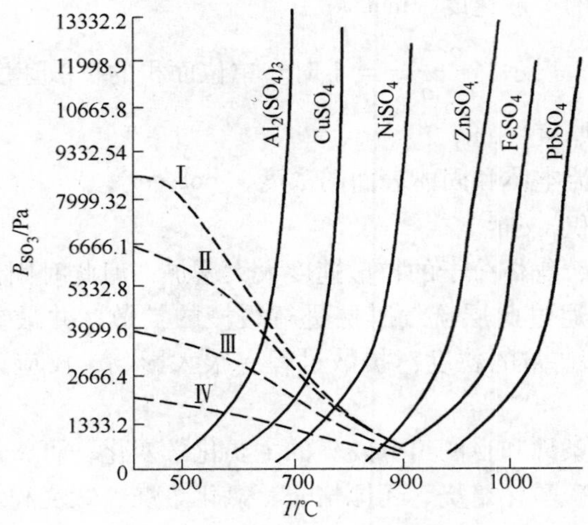

图9-2-2 硫酸盐离解及生成条件

Ⅰ—10.1% SO_2 + 5.05% O_2；Ⅱ—7.0% SO_2 + 10% O_2；Ⅲ—4.0% SO_2 + 14.6% O_2；Ⅳ—2.0% SO_2 + 18.0% O_2

表9-2-1 金属硫酸盐的离解温度及离解产物

硫 酸 盐	开始离解温度/℃	强烈离解温度/℃	离 解 产 物
$FeSO_4$	167	480	$Fe_2O_3 \cdot 2SO_3$
$Fe_2O_3 \cdot 2SO_3$	492	560(708)	Fe_2O_3
$Al_2(SO_4)_3$	590	639	Al_2O_3
$ZnSO_4$	702	720	$3ZnO \cdot 2SO_3$
$3ZnO \cdot 2SO_3$	755	767(845)	ZnO
$CuSO_4$	653	670(740)	$2CuO \cdot SO_3$
$2CuO \cdot SO_3$	702	736	CuO
$PbSO_4$	637	705	$6PbO \cdot 5SO_3$
$6PbO \cdot 5SO_3$	952	962	$2PbO \cdot SO_3$
$MgSO_4$	890	972	MgO
$MnSO_4$	699	790	Mn_3O_4
$CaSO_4$	1200	—	CaO
$CdSO_4$	827	—	$5CdO \cdot SO_3$
$5CdO \cdot SO_3$	378	—	CdO

当 $p_{SO_3} > p_{SO_3(MSO_4)}$，即 $p_{SO_2} \cdot \sqrt{K_b \cdot p_{O_2}} > p_{SO_3(MSO_4)}$ 时，焙烧产物为金属硫酸盐，焙烧过

程属硫酸化焙烧（即部分脱硫焙烧）；反之，当 $p_{SO_2} \cdot \sqrt{K_b \cdot p_{O_2}} < p_{SO_3(MSO_4)}$ 时，硫酸盐分解，焙烧产物为金属氧化物，焙烧过程属氧化焙烧（即全脱硫焙烧）。

实践中，焙烧温度常在580～850℃波动，且不应超过900℃，否则物料将熔化，生成难溶的共熔物。某些硫化矿物的熔化温度见表9-2-2。硫化矿物氧化焙烧的温度应高于相应硫化矿物的着火温度。硫化矿物的着火温度与其粒度有关（见表9-2-3）。

表9-2-2　某些硫化物的熔化温度

硫化物	熔化温度/℃	硫化物	熔化温度/℃
FeS	1171	Ni_3S_2	784
Cu_2S	1135	Sb_2S_3	546
PbS	1120	SnS	812
ZnS	1670	Na_2S	920
Ag_2S	812	MnS	1530
CoS	1140	CaS	1900

表9-2-3　某些硫化矿物的着火温度

硫化矿物	该粒度下的着火温度/℃			
	+0.2mm	-0.2mm +0.1mm	-0.1mm +0.06mm	-0.06mm
FeS		535		
NiS(26.7%S)	886	802	700	
CoS(33.6%S)	859	674	574	
Sb_2S_3	340		290	325
MoS	580		240	
HgS	420		338	
Bi_2S_3	626		500	
Ag_2S	875		605	
NiS	616		573	655
Cu_2S	579		430	435
MnS	700		355	
FeS_2				360
$CuFeS_2$				380
PbS				755
ZnS				615
S				290

氧化焙烧的质量常用脱硫率或目的组分的硫酸化程度来衡量，广泛用于处理铁、铜-镍、铜、钴、钼、锌、锑等硫化矿，使重金属硫化物转变为易浸的金属氧化物或硫酸盐，使铁转变为难浸的氧化铁，可改变矿物结构，使其疏松多孔，而且可使砷、锑、硒、铅呈气态挥发，从而可用从矿物原料中提取或除去这些组分。在氧化焙烧条件下，某些金属的挥发率分别为：Te 10%～20%、In 5%～10%、Ta 50%～70%、As 60%～80%、Sb

20% ~ 40%、Bi 10% ~ 15%、Se 25% ~ 50%、Cd 5% ~ 20%、Pb 5% ~ 10%、Zn 5% ~ 7%。

氧化焙烧过程可根据生产规模采用间断作业的焙烧锅、反射炉或连续作业的回转窑、沸腾炉、多层焙烧炉等作为焙烧设备。

9.2.2.2 氧化焙烧与硫酸化焙烧的应用

遵义某镍钼矿含硫较高，其主要化学成分见表 9-2-4。

表 9-2-4 镍钼矿主要化学成分

元 素	Mo	Ni	Fe	Mg	Al	Si
含量/%	5.42	3.01	7.66	1.48	3.67	11.02
元 素	S	Ca	P	V	As	
含量/%	10.21	7.91	2.19	0.05	0.53	

为同时提取镍钼矿中的镍和钼，并防止镍钼矿氧化焙烧产生的烟气对环境造成污染，彭俊等采用加钙氧化焙烧—低温硫酸化焙烧—水浸的工艺。该工艺具体步骤为：100g 镍钼矿粉加入 35g CaO 混匀磨细，先在 700℃下焙烧 2h，得到的焙砂冷却后加入 70mL 浓硫酸拌匀熟化 2h 后，再经 250℃焙烧 2h。由此得到的焙砂按液固比 2∶1 加水搅拌，在 98℃浸出 2h，搅拌速度为 500r/min 的最佳工艺条件下，钼浸出率可达 97.33%，镍浸出率可达 93.16%，有效地提取了镍钼矿中的镍和钼。试验原则流程如图 9-2-3 所示。

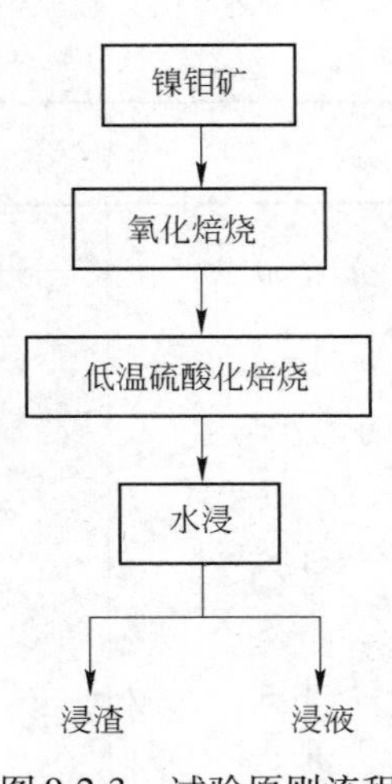

图 9-2-3 试验原则流程

镍钼矿加钙氧化焙烧不仅能有效减少镍钼矿氧化焙烧烟气对环境造成的污染，且能显著提高镍的浸出率；低温硫酸化焙烧可有效强化矿物分解过程，提高酸的利用率和镍钼的浸出率，缩短反应时间。

9.2.3 还原焙烧

在低于炉料熔点和还原气氛条件下，将矿物原料中的金属氧化物转变为相应的低价金属氧化物或金属的过程称为还原焙烧。除汞和银的氧化物在低于 400℃的温度条件下置于空气中加热可以分解析出金属外，绝大多数金属氧化物不可能用热分解的方法将其还原，只有采用相应的还原剂才能将其还原。金属氧化物的还原可用下式表示：

$$MO + R \xlongequal{} M + RO \qquad \Delta G^{\ominus} = \Delta G^{\ominus}_{RO} - \Delta G^{\ominus}_{MO} \tag{9-2-5}$$

式中 MO——金属氧化物；

R，RO——还原剂及还原剂氧化物。

金属氧化物（MO）能被还原剂（R）还原的必要条件是 $\Delta G^{\ominus} < 0$，即 $p_{O_2(RO)} < p_{O_2(MO)}$，因此，凡是对氧的亲和力比被还原的金属对氧的亲和力大的物质均可作为该金属氧化物的还原剂。图 9-2-4 为不同温度下某些金属氧化物的标准生成自由能变化曲线，从曲线可知，在一定的焙烧条件下，多数金属能被 O_2 氧化，其氧化物较稳定，其稳定性随温度的升高

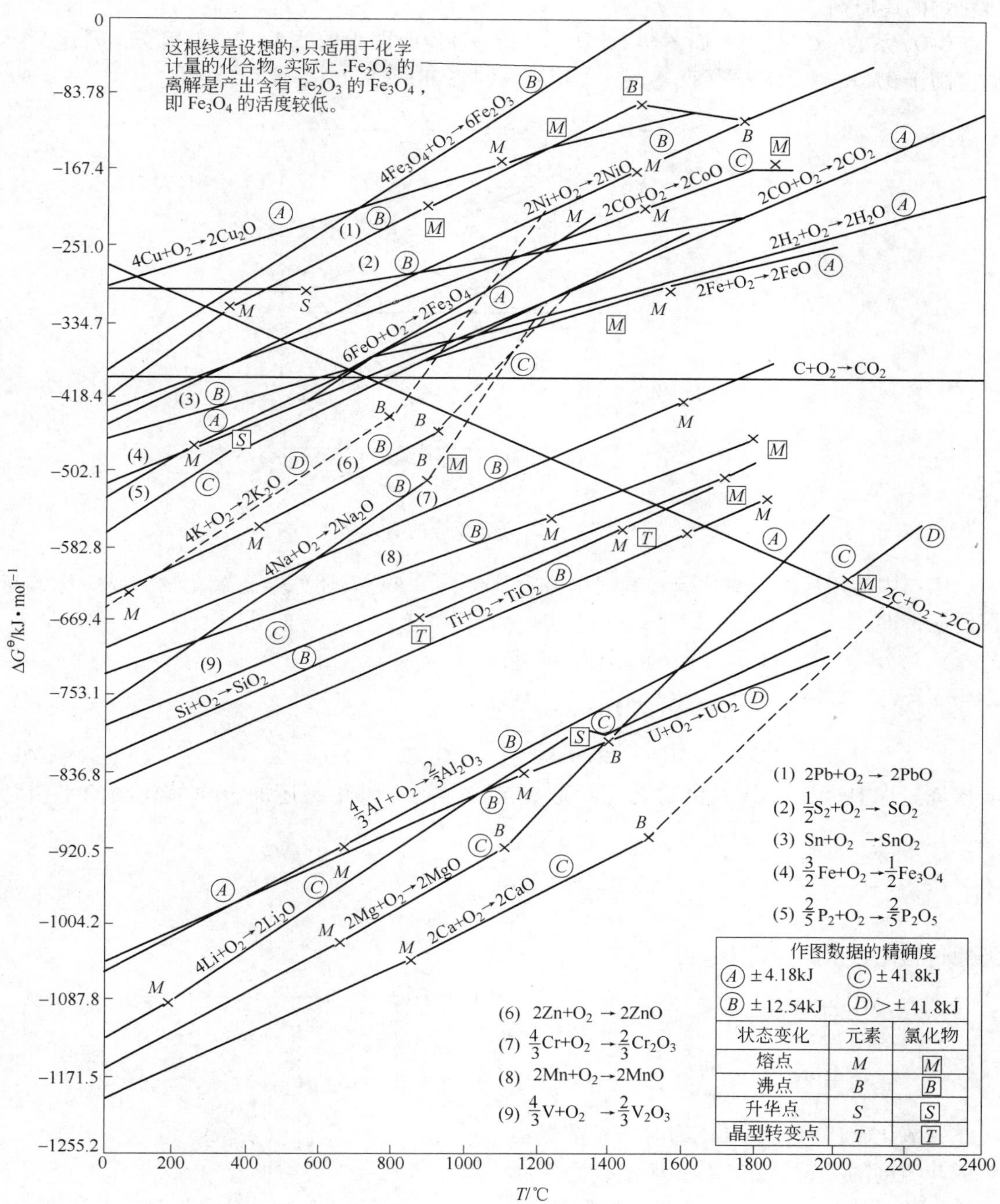

图 9-2-4 氧化物标准生成自由能 $\Delta G^{\ominus}$ 与温度 T 的关系

而降低。图中曲线位置越低的金属氧化物越稳定，越难被还原剂还原；反之，曲线位置越高的金属氧化物越易被还原剂还原。

还原焙烧时可采用固体还原剂、气体还原剂或液态还原剂。从图 9-2-4 可知，一氧化碳的生成自由能随温度的升高而显著降低，因此，在较高温度条件下，炭可作为许多金属氧化物的还原剂。

$C\text{-}O_2$ 系的 $\Delta G^{\ominus}\text{-}T$ 关系如图 9-2-5 所示，在 978K 时图中曲线 1、2、3 相交，因此，当温度高于 978K 时，CO 较 CO_2 稳定；当温度低于 978K 时，CO_2 较 CO 稳定。

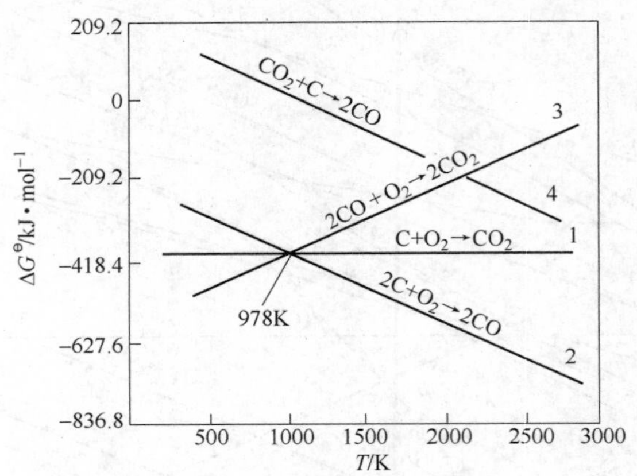

图 9-2-5 $C\text{-}O_2$ 系各反应的 $\Delta G^{\ominus}\text{-}T$

生产中常用炭、一氧化碳和氢气作为还原剂。一氧化碳还原金属氧化物的反应称为间接反应，即：

$$
\begin{array}{lr}
2CO + O_2 = 2CO_2 & \Delta G_1^{\ominus} \\
+) \quad 2MO = 2M + O_2 & \Delta G_2^{\ominus} \\
\hline
MO + CO = M + CO_2 & \Delta G_3^{\ominus}
\end{array}
\tag{9-2-6}
$$

若焙烧过程中金属与其氧化物之间不形成溶液，则一氧化碳还原金属氧化物的平衡常数为：

$$
K_p = \frac{p_{CO_2}}{p_{CO}} = \frac{w_{CO_2}}{w_{CO}} \tag{9-2-7}
$$

还原过程的自由能变化为：

$$
\Delta G_3^{\ominus} = \Delta G_1^{\ominus} + \Delta G_2^{\ominus} = -RT\ln K_p = -RT\ln\frac{w_{CO_2}}{w_{CO}} \tag{9-2-8}
$$

一氧化碳还原金属氧化物时的平衡气相组成与温度的关系如图 9-2-6 所示，当还原反应放热时（$\Delta H<0$），反应平衡常数 K_p 随温度的升高而降低，此时平衡气相中的 w_{CO} 会增大；反之，则平衡气相中的 w_{CO} 会减小。在一定温度下，气相组成与反应方向之间的关系可用下式判断：

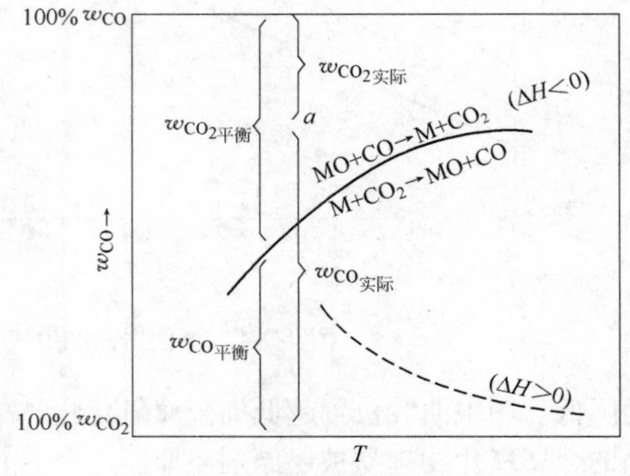

图 9-2-6 用 CO 还原时的平衡气相组成与温度的关系

$$
\Delta G = \Delta G^{\ominus} + RT\ln Q
$$

$$= -RT\ln K_p + RT\ln\left(\frac{w_{CO_2}}{w_{CO}}\right)_{实际}$$

$$= RT\left[\ln\left(\frac{w_{CO_2}}{w_{CO}}\right)_{实际} - \ln\left(\frac{w_{CO_2}}{w_{CO}}\right)_{平衡}\right] \tag{9-2-9}$$

一氧化碳还原金属氧化物的必要条件是 $\Delta G^{\ominus}<0$，即 $\left(\frac{w_{CO_2}}{w_{CO}}\right)_{实际} < \left(\frac{w_{CO_2}}{w_{CO}}\right)_{平衡}$，此条件相当于图 9-2-6 中实线的上部区域。若 $\left(\frac{w_{CO_2}}{w_{CO}}\right)_{实际} > \left(\frac{w_{CO_2}}{w_{CO}}\right)_{平衡}$，则反应向生成金属氧化物的方向进行，此条件相当于图 9-2-6 中实线的下部区域。

用固体碳作为还原剂时，还原反应称为直接还原，还原反应为：

$$MO + CO = M + CO_2 \tag{9-2-10a}$$

$$+)\quad CO_2 + C = 2CO \tag{9-2-10b}$$

$$MO + C = M + CO \tag{9-2-10c}$$

此时的平衡气相组成与温度的关系如图 9-2-7所示，两曲线相交于 a 点，a 点对应的气相组成和温度为该直接还原体系在某给定压力时的平衡状态，其他各点均为非平衡状态。若体系处于 c 点，$T_h > T_o$，反应（9-2-10a）处于平衡，但对反应（9-2-10b）则存在 CO_2 过剩，将促使固体碳进行气化，增加体系中的 w_{CO}，而这又破坏了反应（9-2-10a）的平衡，促使金属氧化物被还原，这一过程一直进行至全部金属氧化物被还原为止。炭的气化促使气相组成向 b 点移动，最后在 b 点达到平衡。若体系处于 d 点，则将促使金属被氧化，使气相组成向 e 点移动，过程进行至全部金属被氧化，最后在 e 点达到平衡。因此，a 点所对应的温度为该压力下固体碳还原金属氧化物的开始还原温度（即理论开始还原温度）。由于碳的气化与压力有关，故理论开始还原温度也随压力而变，即压力愈大，开始还原温度愈高；金属氧化物愈稳定，开始还原温度也愈高。

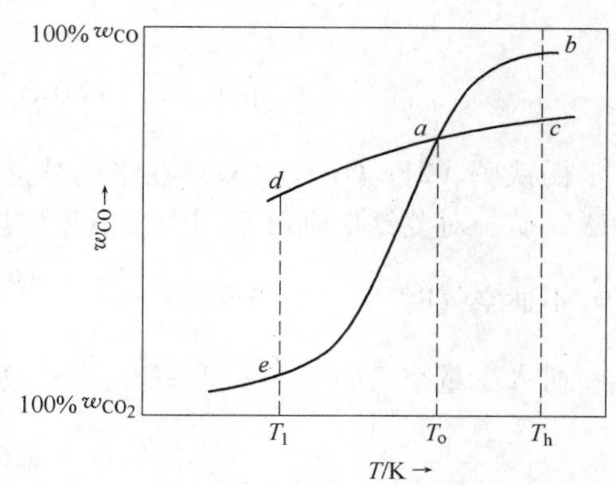

图 9-2-7 用碳还原时的平衡气相组成与温度的关系

金属氧化物除呈纯态存在外，还常呈结合态存在。由于结合态的金属氧化物比纯态稳定，因而更难被还原，必须在较高的温度条件下才能将其还原。

还原焙烧法目前主要用于处理难选的铁、锰、镍、铜、锡、锑等矿物原料，使目的矿物转变为易于用物理选矿法富集或易于浸出的形态。

9.2.3.1 弱磁性贫铁矿石的还原磁化焙烧

赤铁矿还原焙烧过程中 Fe-CO-O_2 系和 Fe-H_2-O_2 系平衡关系如图 9-2-8 所示，其中图中实线为一氧化碳还原的平衡曲线，虚线为氢还原的平衡曲线。由图可知：①Fe_2O_3 几乎在任何温度下均易被还原为 Fe_3O_4，但温度低时的反应速度小；②当温度高于 572℃时，若 w_{CO}（或 w_{H_2}）高时，可产生过还原反应，生成弱磁性的 FeO；③当温度低于 572℃时，

若 w_{CO}（或 w_{H_2}）高时，同样可产生过还原反应，生成金属铁。因此，还原焙烧时必须严格控制炉温和煤气流量，而且焙烧时间不宜过长。当温度低于 810℃（曲线 2、6 的交点）时，一氧化碳的还原能力比氢气强；当温度高于 810℃时，氢气的还原能力比一氧化碳强。曲线 2、3、4、6、7、8 的交点对应于 572℃，当温度低于 572℃时，无论气相组成如何，均不生成氧化亚铁；当温度高于 572℃时，温度越高越易生成氧化亚铁（FeO）。

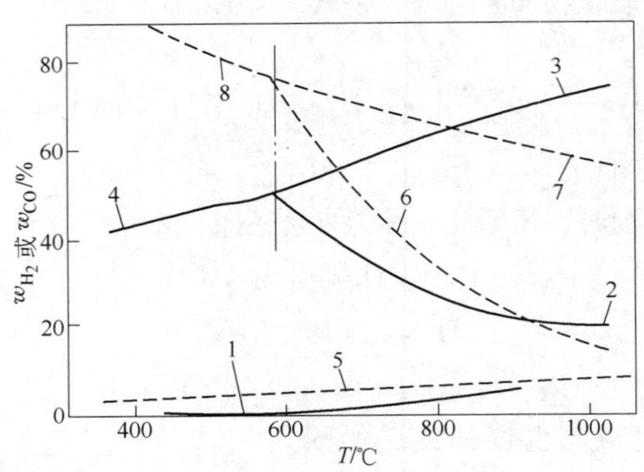

图 9-2-8 Fe-CO-O_2 系和 Fe-H_2-O_2 系平衡关系

褐铁矿（$2Fe_2O_3 \cdot 3H_2O$）在焙烧过程中首先脱除结晶水，然后像赤铁矿一样被还原为磁铁矿。对菱铁矿则可采用中性磁化焙烧法将其分解为磁铁矿，即：

不通空气时 $$3FeCO_3 \xrightarrow{300 \sim 400℃} Fe_3O_4 + 2CO_2 + CO$$

通入少量空气时 $$2FeCO_3 + \frac{1}{2}O_2 \longrightarrow Fe_2O_3 + 2CO_2$$

$$3Fe_2O_3 + CO \longrightarrow 2Fe_3O_4 + CO_2$$

对于黄铁矿则只能采用氧化磁化焙烧法，在氧化气氛下，经短时间焙烧可将黄铁矿氧化为磁黄铁矿，经长时间焙烧则被进一步氧化为磁铁矿，即：

$$7FeS_2 + 6O_2 \longrightarrow Fe_7S_8 + 6SO_2$$

$$3Fe_7S_8 + 38O_2 \longrightarrow 7Fe_3O_4 + 24SO_2$$

还原磁化焙烧工艺主要用于处理贫赤铁矿，中性磁化焙烧和氧化磁化焙烧主要用于从其他精矿（如磷精矿、稀有金属精矿等）中除去菱铁矿和黄铁矿。

生产中常用还原度来衡量磁化焙烧产品的质量。还原度为还原磁化焙烧矿中氧化亚铁含量与全铁含量的比值百分数：

$$R = \frac{w_{FeO}}{w_{TFe}} \times 100\% \tag{9-2-11}$$

式中 R——还原焙烧矿的还原度；

w_{FeO}——还原焙烧矿中氧化亚铁的含量，%；

w_{TFe}——还原焙烧矿中全铁的含量，%。

磁铁矿的还原度为 42.8%。有研究者根据所处理的矿石性质和烧结条件，认为 R 为

42%～52%时，烧结矿的磁性最好，选别指标最高。但必须指出的是，还原度指标不能真实反映焙烧矿的质量，不过此法简单易行，有一定的实用价值。

影响还原焙烧矿质量的主要因素为矿石性质（矿物组成、构造、粒度组成）、焙烧温度、气相组成及还原剂类型等。一般认为层状构造的矿石比致密块状、鲕状及结核状的矿石更易被还原，脉石以石英为主的铁矿石更易被还原，矿块粒度小的矿石更易被还原；矿块粒级范围不宜过宽，75～20mm 较为理想；还原焙烧的温度下限常为 450℃，最高温度宜低于 700～800℃。对气孔率小、粒度大的难还原矿石或采用固体还原剂时，还原温度一般在 850～900℃，温度过高易生成弱磁性的硅酸铁，使炉料软化、熔结，影响正常操作。

9.2.3.2 含镍红土矿的还原焙烧

含镍红土矿是最大的氧化镍矿资源，但含镍品位低，镍呈浸染状存在，目前无法用物理选矿法富集。工业上一般可采用直接酸浸或还原焙烧—低压氨浸的方法回收其中的镍，其中直接酸浸需高温高压设备，因此该方法应用不广泛。还原焙烧—低压氨浸法是预先用焙烧法将氧化镍还原为易溶于 NH_3-CO_2-H_2O 系溶液的金属镍、钴或镍钴铁合金，然后进行低压氨浸，该工艺出现于 1924 年，1944 年用于工业生产。

还原焙烧含镍红土矿时，国外一般采用多层焙烧炉，也可用回转窑；国内采用沸腾炉的工业试验也取得了较好的指标，焙烧温度为 710～730℃。还原后的焙砂宜用保护冷却措施以防止其被空气再度氧化。试验表明，以氮气保护密闭冷却的效果最好，二氧化碳保护冷却的效果次之。

9.2.4 氯化焙烧

氯化焙烧是在一定的温度和气氛条件下，用氯化剂使矿物原料中的目的组分转变为气相或凝聚相的氯化物，以使目的组分分离富集的焙烧过程。根据焙烧产物形态可分为中温氯化焙烧、高温氯化焙烧和氯化—离析三种类型。其中，中温氯化焙烧生成的金属氯化物留在焙砂中，然后用浸出法使其转入溶液中，故常将其称为氯化焙烧—浸出法；高温氯化焙烧生成的金属氯化物呈气态挥发，故称为氯化挥发法；氯化—离析是在氯化挥发的同时使金属氯化物被还原而呈金属态析出，然后用物理选矿法将其与其他组分相分离。

根据气相中的含氧量可分为氧化氯化焙烧（直接氯化焙烧）和还原氯化焙烧（还原氯化），前者主要用于易氯化的物料（如黄铁矿烧渣等），后者主要用于较难被氯化的物料（如金红石、高钛渣、菱镁矿等）。

早在 18 世纪，直接氯化法就被用于处理金银矿石，以后逐渐被用于处理有色重金属原料，目前已成功地应用于处理黄铁矿烧渣以提取其中的铁、铜、铅、锌、钴、镍、金、银等。较难被氯化的高钛渣、钛铁矿、菱镁矿、贫锡矿以及钽、铌、铍、锆等金属的氧化物的氯化挥发也已实现大规模工业化。难选氧化铜矿石的氯化离析在 20 世纪 70 年代已实现大规模工业化。据报道，许多能生成挥发性氯化物或氯氧化物的金属，如锡、铋、钴、铜、铅、锌、镍、锑、铁、金、银、铂等矿物原料均可采用离析法处理。

9.2.4.1 氯化焙烧原理

氯化焙烧可采用气体氯化剂（Cl_2、HCl）或固体氯化剂（NaCl、$CaCl_2$、NH_4Cl 等）。某些金属氧化物、氯化物和硫化物的 $\Delta G^{\ominus}$-T 图及 MO-Cl_2 系和 MS-Cl_2 系的 $\Delta G^{\ominus}$-T 图分别如图 9-2-4 及图 9-2-9～图 9-2-12 所示。从图中曲线可知，常见金属如银、汞、镉、铅、锌、

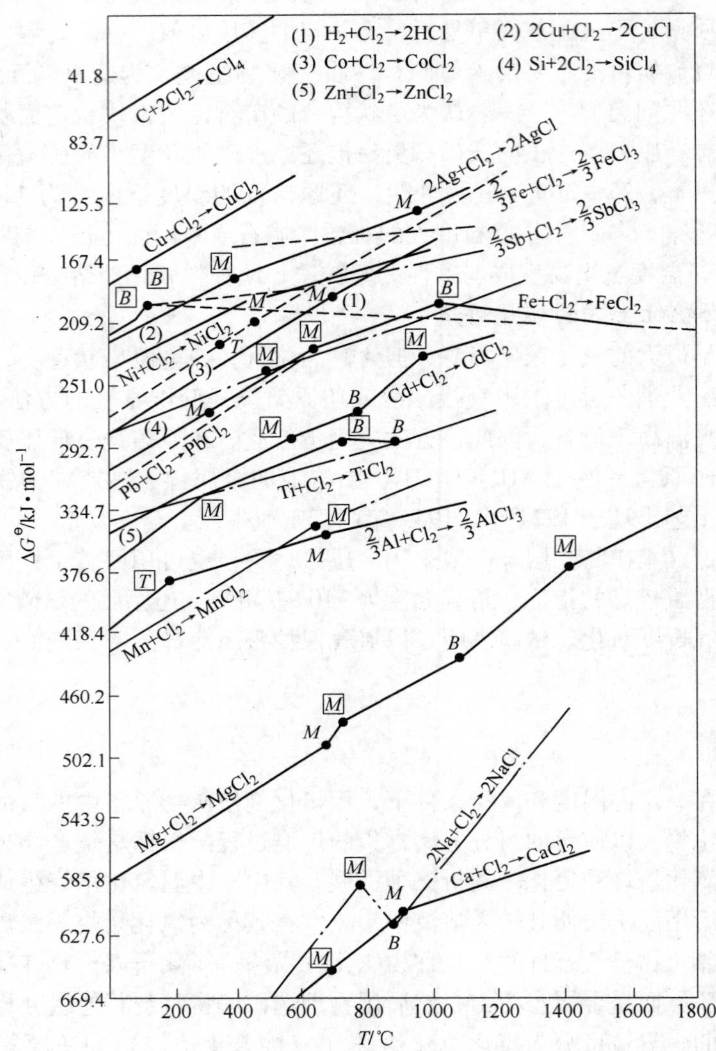

图 9-2-9　某些氯化物的 $\Delta G^{\ominus}$-T 关系

T—金属的晶型转变温度；M—金属的熔点；B—金属的沸点；

$\boxed{T}$—氯化物的晶型转变温度；$\boxed{M}$—氯化物的熔点；$\boxed{B}$—氯化物的沸点

铜等的氧化物较易被氯气氯化，而锡、镍、钴的氧化物的氯化较为困难；氧化亚铁能被氯气氯化，但比上述金属氧化物的氯化困难；常见脉石（如 Fe_2O_3、Al_2O_3、SiO_2、MgO 等）极难被氯化，但氧化钙易被氯化。而采用氯化氢作氯化剂时，其氯化能力随温度的升高而下降，易被氯气氯化的常见金属氧化物也易被氯化氢氯化，难被氯气氯化的脉石也同样难被氯化氢氯化，而 NiO、CoO、FeO 等在低温时可被气体氯化氢氯化，在高温时则极为困难。

对比图 9-2-11 和图 9-2-12 可知，许多金属硫化物比其相应的氧化物更易被氯化，而且氯气的氯化能力比气体氯化氢大。因此，金属硫化物的氯化焙烧常用氯气而不用气体氯化

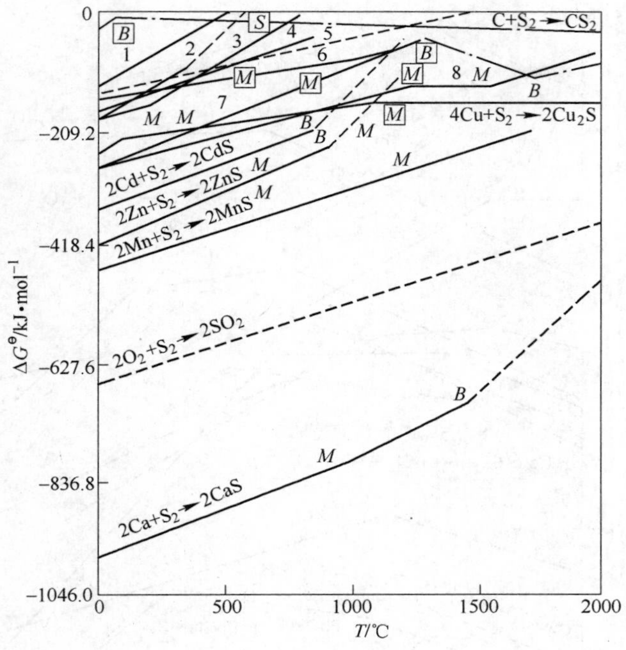

图 9-2-10 MS 标准生成自由能变化 $\Delta G^{\ominus}$ 与温度 T 的关系

1—$Cu_2S + S_2 \rightarrow 4CuS$；2—$2Hg + S_2 \rightarrow 2HgS$；3—$4Bi + 5S_2 \rightarrow 2Bi_2S_5$；4—$4Sb + 3S_2 \rightarrow 2Sb_2S_3$；
5—$2H_2 + S_2 \rightarrow 2H_2S$；6—$4Ag + S_2 \rightarrow 2Ag_2S$；7—$2Pb + S_2 \rightarrow 2PbS$；8—$2Fe + S_2 \rightarrow 2FeS$

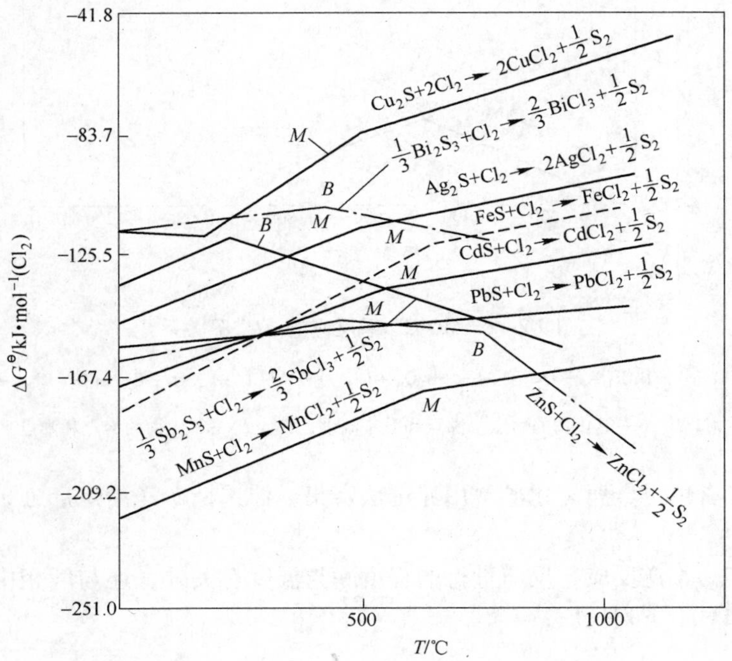

图 9-2-11 MS-Cl_2 系反应的 $\Delta G^{\ominus}$-T 关系

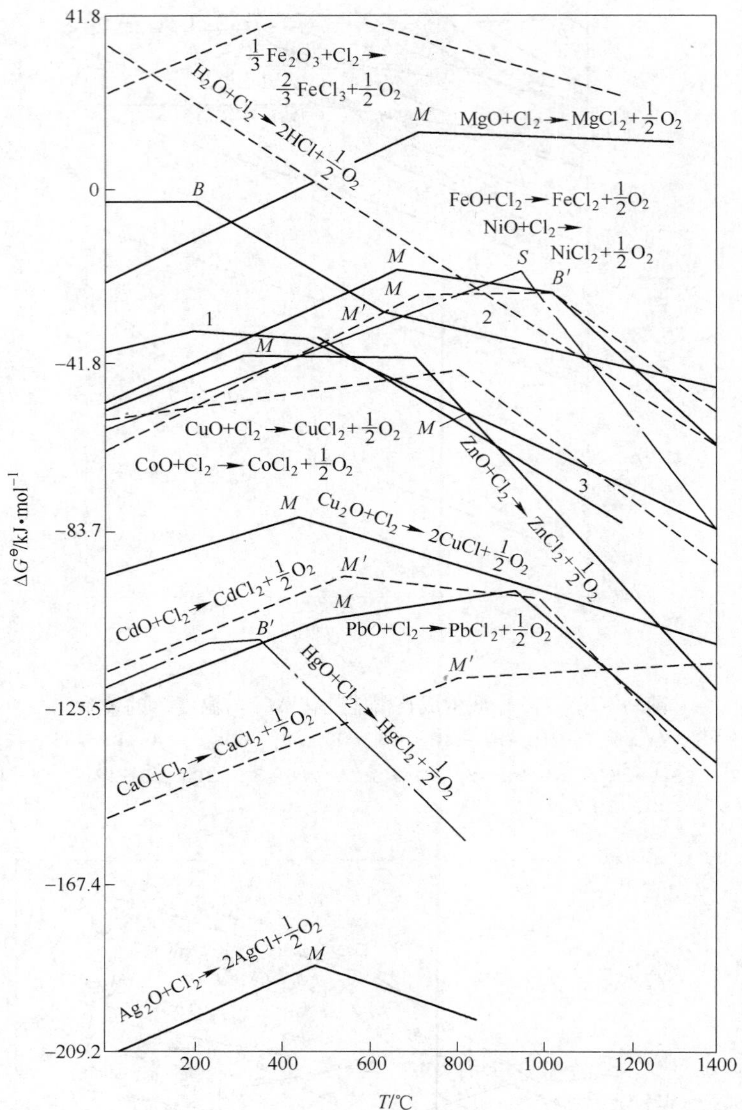

图 9-2-12 MO-Cl_2 系反应的 $\Delta G^{\ominus}$-T 关系

1—$\frac{1}{3}Bi_2O_3+Cl_2 \rightarrow \frac{2}{3}BiCl_3+\frac{1}{2}O_2$；2—$\frac{1}{3}Sb_2O_3+Cl_2 \rightarrow \frac{2}{3}SbCl_3+\frac{1}{2}O_2$；3—$SnO+Cl_2 \rightarrow SnCl_2+\frac{1}{2}O_2$；

M，B，S—氯化物的熔点、沸点和升华温度；M'，B'—氧化物的熔点和沸点

氢作为氯化剂。有色重金属硫化矿常用浮选法富集，浮选精矿送冶炼厂处理，一般不用氯化法处理。

氯化反应实为可逆反应，反应进行的程度除与温度有关外，还与气相中各组分的相对含量有关，例如对于下列反应：

$$MO + Cl_2 \xlongequal{} MCl_2 + \frac{1}{2}O_2 \tag{9-2-12}$$

过程的自由能变化为：

$$\Delta G = \Delta G^{\ominus} + RT\ln \frac{a'_{MCl_2} \cdot p'^{1/2}_{O_2}}{a'_{MO} \cdot p'_{Cl_2}} \tag{9-2-13}$$

若 MO、MCl_2 为固相，则：

$$\Delta G = \Delta G^{\ominus} - RT\ln \frac{p'_{Cl_2}}{p'^{1/2}_{O_2}} \tag{9-2-14}$$

式中，p'_{Cl_2}和p'_{O_2}分别为反应体系气相中 Cl_2 和 O_2 的分压。反应平衡时，$\Delta G^{\ominus}=0$，所以：

$$\Delta G = \Delta G^{\ominus} - RT\ln \frac{p_{Cl_2}}{p^{1/2}_{O_2}} \tag{9-2-15}$$

式中，p_{Cl_2}和p_{O_2}分别为反应平衡时气相中 Cl_2 和 O_2 的分压。

反应向生成氯化物方向进行的必要条件为 $\Delta G^{\ominus}<0$，即$\frac{p'_{Cl_2}}{p'^{1/2}_{O_2}}>\frac{p_{Cl_2}}{p^{1/2}_{O_2}}$，否则，金属氧化物将被氧所氧化。金属氧化物被氯气氯化时需满足一定的氯氧比，此比值的大小与反应温度有关，其最低值可用该温度下的 $\Delta G^{\ominus}$值进行估算。因此，在一定的温度条件下，控制一定的氯氧比即可达到选择性氯化分离的目的，可采用增加体系氯气分压或降低体系氧气分压的方法提高反应体系的氯氧比。加入还原剂是降低体系氧气分压的有效方法，可用碳、一氧化碳、硫黄、氢气等作为还原剂，常用的是碳和一氧化碳，它们与氧反应的 $\Delta G^{\ominus}$值见表 9-2-5。

表 9-2-5 各种还原剂与氧反应时的 $\Delta G^{\ominus}$值

反 应	$\Delta G^{\ominus}$/kJ · mol^{-1}(O_2)	
	500℃	1000℃
$2C+O_2=2CO$	-360.32	-448.6
$C+O_2=CO_2$	-395.18	-395.8
$2CO+O_2=2CO_2$	-429.98	-342.8
$S+O_2=SO_2$	-305.2	-269.2
$2H_2+O_2=2H_2O$	-407.6	-404.0

某些金属氧化物加碳氯化的 $\Delta G^{\ominus}$-T 关系如图 9-2-13 及图 9-2-14 所示，将其与图 9-2-12 比较可知，有固体炭存在时，金属氧化物更易被氯气氯化，甚至某些难被氯气直接氯化的轻金属和稀有金属氧化物也变得易被氯气氯化（如钛、镁、锡等的氧化物）。

同理，用氯化氢气体作氯化剂时，也要求体系中有足够高的 w_{HCl}/w_{H_2O} 比值以防止氯化物水解，可用增加氯化氢分压和降低水蒸气压力的方法来实现。同时，在一定温度下添加还原剂也能使难于被氯化氢氯化的氧化物变得较易被氯化。控制一定的 w_{HCl}/w_{H_2O} 比值也可达到选择氯化的目的。

除采用气态氯化剂外，工业上还常使用氯化钠和氯化钙等固体氯化剂。它们的热稳定性很高，在一般焙烧温度条件下不产生热离解，其氯化作用主要是通过其他组分使其分解而得的氯气和氯化氢气体来实现。试验表明，物料中的氧化硅、氧化铁、氧化铝等，气相

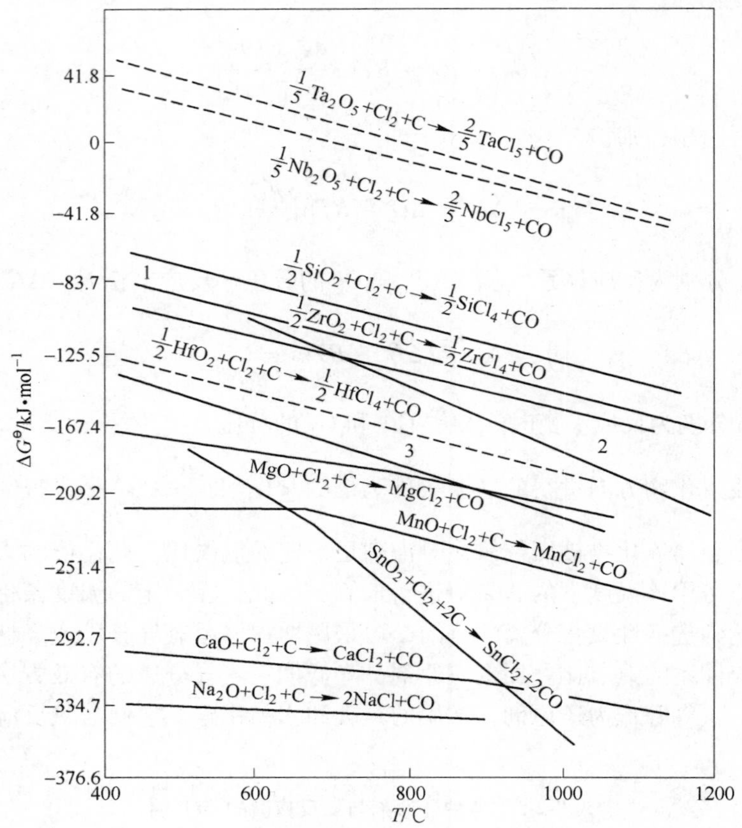

图 9-2-13　反应 $1/nM_2O_n + C + Cl_2 = 2/nMCl_n + CO$ 的 $\Delta G^{\ominus}$-T 关系

1—$1/2TiO_2 + Cl_2 + C = 1/2TiCl_4 + CO$；2—$1/3Al_2O_3 + Cl_2 + C = 2/3AlCl_3 + CO$；

3—$1/3Fe_2O_3 + Cl_2 + C = 2/3FeCl_3 + CO$

中的二氧化硫、氧气、水蒸气等皆可促进固体氯化剂的分解。

固体氯化剂分解时的 $\Delta G^{\ominus}$-T 关系如图 9-2-15 所示。氧化氯化焙烧时，氯化钠主要进行氧化分解，温度较低时，促进氯化钠分解的有效组分是炉气中的二氧化硫。因此，用氯化钠进行中温氯化焙烧时，要求炉料中含有足够量的硫，否则，应加入适量的黄铁矿。在中性和还原气氛中氯化钠主要靠水蒸气进行高温水解，其他组分可起促进作用。氯化钙常用作氧化挥发的氯化剂，此时炉料中含硫量高是有害的，它可促使氯化钙早期分解并生成相当稳定的硫酸钙。高温氯化时，氯化钙主要靠氧气和水蒸气进行分解，其他组分可促进其分解，分解产物主要是氯化氢。由于固体氯化剂的化学分解作用，因此有关气体氯化剂和物料组分的作用规律对固体氯化剂仍有指导作用。

原料中除含简单金属氧化物和硫化物外，还常含有一定量的复杂金属化合物，它们较难被氯化，但其稳定性随温度的升高而下降，故高温氯化时，许多复杂金属化合物可被氯化，添加还原剂或气相缺氧也可提高其氯化效果。

目前，氯化焙烧工艺用于处理黄铁矿烧渣、高钛渣、贫镍矿、红土矿、贫锡矿、复杂金矿、贫铋复合矿等。焙烧过程可在多膛炉、竖炉、回转窑或沸腾炉中进行。

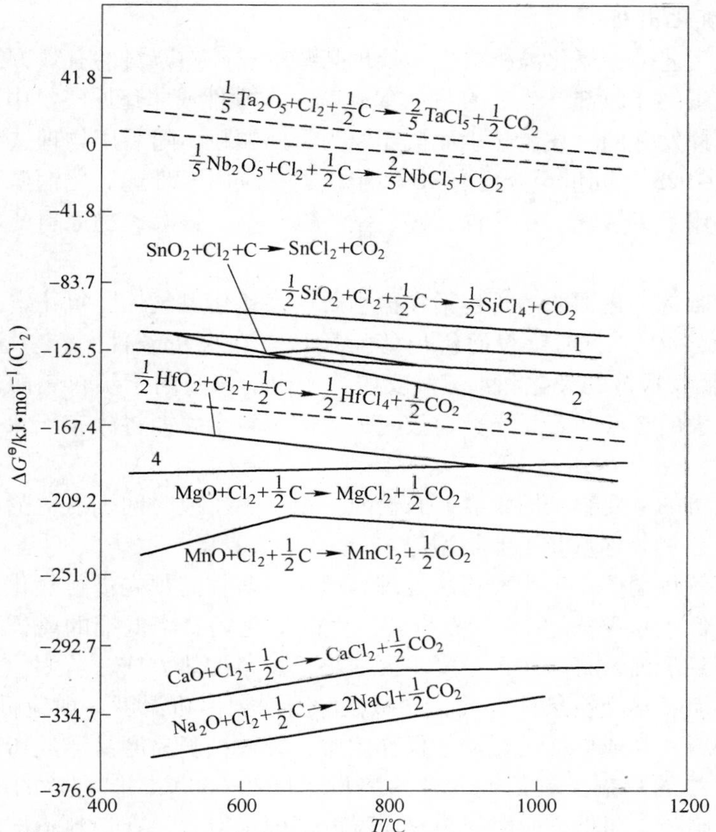

图 9-2-14 $1/nM_2O_n + 1/2C + Cl_2 = 2/nMCl_n + 1/2CO_2$ 的 $\Delta G^{\ominus}$-T 关系

1—$1/2ZrO_2 + Cl_2 + 1/2C = 1/2ZrCl_4 + 1/2CO_2$；2—$1/2TiO_2 + Cl_2 + 1/2C = 1/2TiCl_4 + 1/2CO_2$；
3—$1/3Al_2O_3 + Cl_2 + 1/2C = 2/3AlCl_3 + 1/2CO_2$；4—$1/3Fe_2O_3 + Cl_2 + 1/2C = 2/3FeCl_3 + 1/2CO_2$

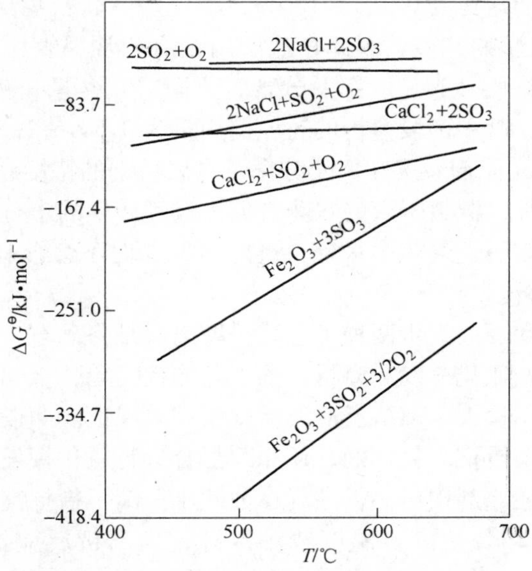

图 9-2-15 氯化剂分解反应的 $\Delta G^{\ominus}$-T 关系

9.2.4.2 氯化离析

除氯化焙烧工艺外，氯化离析法也是处理某些难选矿物原料的有效方法之一，它是在原料中加入一定量的还原剂（碳）和固体氯化剂，在中性或弱还原气氛中加热，使有用组分从矿石中氯化挥发并同时在炭粒表面被还原为金属颗粒，随后用物理选矿法将其富集为精矿。离析法自1923年问世至今已有90多年历史，应用于难选氧化铜矿石的离析法已实现工业化，而应用于铅、锌、铋、锑、锡、钴、镍、金、银等矿物原料的离析仍处于试验研究阶段。

一般认为，难选氧化铜的离析包括食盐水解产生氯化氢气体、氧化铜的氯化与挥发以及氯化亚铜被氢还原并于炭粒表面析出等三阶段。在离析条件下，氢主要来自还原剂（碳）本身所含挥发成分的裂化和水蒸气反应，产出的氢吸附于炭粒表面，炭粒成为离析铜沉积和发育长大的核心。若无炭粒，被氢还原的细粒金属铜将分布于脉石和炉壁表面而难以被回收。

影响氯化离析的主要影响因素有矿石性质、温度、反应时间、氯化剂类型及用量、还原剂类型及用量、水分含量及工业炉型等。

各种难选的氧化铜矿均可用离析法处理，硫化铜矿物需预先进行氧化焙烧，焙烧后的原料中硫含量应低于0.3%。碱性脉石分解产生的氧化钙会降低铜的离析速度，其中方解石的有害影响要甚于白云石。矿石粒度主要取决于炉料加热方式，若用回转窑可粗些。离析温度与矿石性质、热交换条件有关，含碱性脉石时，离析温度一般应低于其分解温度，温度太高可使炉料发黏或局部熔化而使操作困难，并使松脆易磨易浮的离析铜转变为致密有延性的难磨难浮的片铜。氧化铜的开始离析温度约600℃，但有效的离析温度一般为700~800℃或稍高些。离析反应时间与反应温度等因素有关，在炉料不熔结条件下，适当提高温度，热工传热好可缩短反应时间。当其他条件相同时，适当增加离析反应时间，可提高铜的回收率。工业上常用氯化钠作氯化剂，盐比与热工制度、炉型和矿石性质有关，理想条件下，只需补充排料及烟气所带走的氯化物。处理钙、铁含量高的原料时的盐比较硅质原料高，两段离析的盐比为0.1%~1.0%，而一段回转窑离析的盐比则高达1.8%~2.0%。由于食盐的粒度影响甚微，因此食盐不用细磨。常用煤粉、焦炭粉或石油焦作还原剂，其用量与还原剂特性（类型、挥发分含量、固定碳含量、灰分及粒度组成等）、热工制度及原料性质有关，其中两段离析的还原剂用量为0.5%~1.5%，直接加热的一段离析为3.5%~4.0%，而还原剂粒度和挥发分含量对离析铜的特性有很大影响。水蒸气是离析时食盐水解的必要条件，原料带入的水分及离析过程产生的水分足以保证此条件，故离析时不需补加水。试验表明，气相中水分含量高达30%时不会影响铜的离析，且有助于抑制氧化铁矿物的氯化离析。

工业上有一段离析和两段离析两种工艺。一段离析是将矿石、氯化剂和还原剂混合后在同一设备中进行加热、氯化挥发和离析，该工艺流程简单，金属挥发损失小，但热利用率低，还原剂和氯化剂用量大，离析反应所需气氛难以保证。两段离析是预先将矿石加热至离析温度，然后进入离析室与氯化剂、还原剂混合进行氯化挥发和离析，其优点是反应气氛易保证、氯化剂和还原剂用量小，炉气腐蚀性小，离析指标高，但加热后的矿石很难与氯化剂、还原剂混合均匀，离析温度较难保证，且离析反应器难密封，排料装置较复杂。

1973年，瑞典明普罗（MIPRO）公司申请了机械窑的专利。机械窑是内衬隔热耐磨衬里和以氧化铝球为磨矿介质的球磨机，操作时可将机械能转变为热能，从而可在添加煤和其他试剂（如卤化物）的还原气氛条件下，对矿石和矿石产品进行热处理。用机械窑对含镍红土矿进行半工业试验表明，将干燥矿石在焙烧炉内加热至950℃，然后将热矿、氯化钙及焦炭一起投入机械窑进行预处理，产物在中性气氛中冷却至100℃，经棒磨、磁选，可获得含镍60%的镍铁富集物，镍回收率高达90%。试验表明，机械窑在衬里和介质磨损及窑表面热损失方面均未出现严重问题，因此机械窑是氯化离析及其他热处理工艺较理想的设备。

9.2.5 钠盐烧结焙烧

钠盐烧结焙烧是在矿物原料中加入钠盐（如氢氧化钠、碳酸钠、食盐、硫酸钠等），在一定的温度和气氛条件下，使难溶的目的组分矿物转变为相应的可溶性钠盐的焙烧过程。所得焙砂（烧结块）可用水、稀酸液或稀碱液进行浸出，可使目的组分转入浸液中，从而达到分离富集目的组分的目的。钠盐烧结焙烧法可用于提取有用组分，也可用于除去粗精矿中的某些杂质及作为提取某些高熔点金属（如钒、钨、铬等）的准备作业。工业上常用该工艺提取钨、钒等有用组分。

钠盐烧结焙烧温度比一般焙烧温度高，接近于物料的软化点，但仍低于物料的熔点。此时熔剂熔融形成部分液相，可使反应试剂较好地与炉料接触，可提高反应速度。因此，钠盐烧结焙烧的目的不是使炉料烧结，而是使难溶的目的组分矿物转变为相应的可溶性钠盐，烧结块可以直接送去水淬浸出或冷却磨细后送浸出作业。

该工艺除了用于提取某些有用组分外，还常用于除去难选粗精矿中某些杂质以提高精矿质量，例如用于除去锰精矿、铁精矿、石墨精矿、金刚石精矿、高岭土精矿等粗精矿中的磷、铝、硅、钒、铁、钼等杂质。

张家界某镍钼矿石经浮选后获得镍钼粗精矿，其化学成分见表9-2-6。由于其含硫量及含碳量高，为提取其中的镍、钼和钒，某试验采用预先脱硫脱碳焙烧—苏打焙烧—烧碱浸出工艺，将镍钼精矿在300~500℃下氧化焙烧3h，以脱除大部分的硫和碳，再将脱硫脱碳焙砂与苏打按照3∶1的配比，在500℃条件下焙烧2h，使得矿物中的钼、钒以利于浸出的钼酸钠、钒酸钠的形式存在。得到的焙砂用3%烧碱溶液，在液固比4∶1、90℃条件下浸出4h，钼的浸出率为98.7%，钒的浸出率为76.3%，浸液钼钒分离后获得钼酸铵产品和 V_2O_5 产品；镍不被浸出而是保留在渣中，且其品位得到提高，有利于后续镍铁的冶炼。试验原则流程如图9-2-16所示。该镍钼精矿的苏打焙烧过程烟气 SO_2 含量极低，可以达标排放。

表9-2-6 镍钼粗精矿主要化学成分 (%)

成 分	Mo	Ni	S	V	C	SiO_2	Al_2O_3	CaO	MgO	TFe
精矿含量	7.03	3.59	17.84	0.70	14.64	13.28	4.33	2.98	0.28	16.99

9.2.6 煅烧

煅烧是矿物或人造化合物的热离解或晶形转变过程。此时，化合物在一定温度下热离

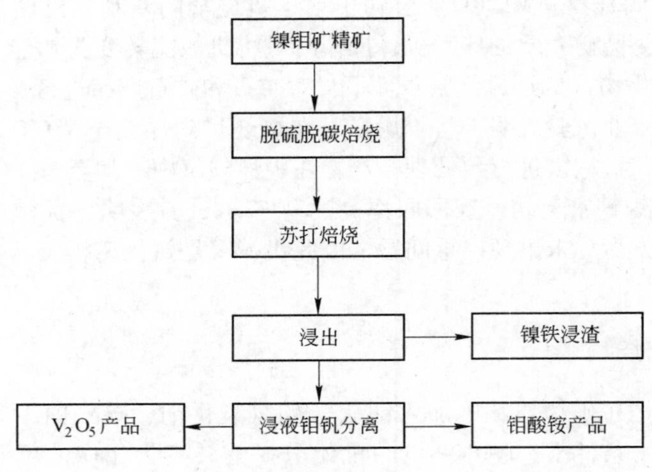

图 9-2-16　镍钼精矿化学选矿工艺流程

解为组成较简单的化合物或发生晶形转变，以利于后续处理或使化学选矿产品转变为适于用户需要的形态。

影响煅烧的主要因素为煅烧温度、气相组成、矿物的热稳定性等。现以碳酸盐的煅烧（焙解）为例，讨论化合物热离解的一般原理。化合物的热离解一般为可逆反应，即：

$$MCO_3 \rightleftharpoons MO + CO_2$$

在固相间无液相存在的条件下，反应的平衡常数为：

$$K_p = p_{CO_2(MCO_3)} \tag{9-2-16}$$

某一温度下，化合物热离解的平衡分压称为该化合物的离解压，其值可用于衡量该化合物的热稳定性。某些碳酸盐的离解压与温度的关系如图 9-2-17 所示，从图中曲线可知，当气相中 p_{CO_2} 相同时，方解石最稳定，而菱铁矿最易焙解。焙解体系的自由能变化为：

$$\begin{aligned}\Delta G &= \Delta G^{\ominus} + RT\ln Q \\ &= -RT\ln K + RT\ln Q \\ &= RT\ln p_{CO_2} - RT\ln p_{CO_2(MCO_3)} \\ &= 4.576(\lg p_{CO_2} - \lg p_{CO_2(MCO_3)})\end{aligned} \tag{9-2-17}$$

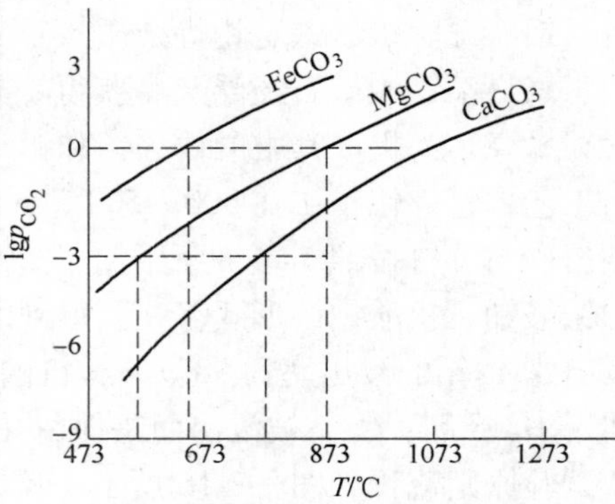

图 9-2-17　碳酸盐离解压与温度的关系

式中　$p_{CO_2(MCO_3)}$——碳酸盐的平衡离解压；

p_{CO_2}——气相中二氧化碳的实际分压。

碳酸盐焙解时，可用体系自由能的变化值来衡量金属氧化物对二氧化碳亲和力的大小。当 $p_{CO_2} = 101325\text{Pa}$ 时，$\Delta G = \Delta G^{\ominus}$，此时的亲和力称为标准化学亲和力，因此，可用 $\Delta G^{\ominus}$ 衡量碳酸盐的热稳定性或金属氧化物对二氧化碳的亲和力。当 $p_{CO_2} > p_{CO_2(MCO_3)}$ 时，反应向生成碳酸盐的方向进行；当 $p_{CO_2} < p_{CO_2(MCO_3)}$ 时，碳酸盐则离解为金属氧化物和二氧化

碳。图 9-2-18 为某些碳酸盐的离解压与温度的关系，若操作条件选在 a 点，则菱铁矿、菱镁矿焙解，而方解石不焙解。

要使方解石焙解，可采用提高温度或降低气相中二氧化碳分压的方法来实现，但工业上皆采用加温法使方解石焙解。白云石的开始分解温度为 750 ~ 800℃，生成的菱镁矿于 600℃开始裂解并瞬时析出二氧化碳；而方解石于 950℃条件下分解完全，当温度高于 1000℃时开始生成密实的烧结块，故碳酸盐的焙解温度应低于 1000℃。降低气相中二氧化碳的分压，可以降低碳酸盐焙解的起始温度，如当 $p_{CO_2}=101325\text{Pa}$ 时，方解石的起始焙解温度为 910℃，而在空气中（$p_{CO_2}=303.98\text{Pa}$）则为 800℃。

某些氧化物的离解压曲线如图 9-2-19 所示，从曲线可知，在空气中，磁铁矿最稳定，而银和汞的氧化物较易热离解，故银、汞可呈金属态存在于地壳中。从图 9-2-4 可知，硅、钒、钛、锆、铝、钡、钙等对氧的亲和力较大，而银、汞、铜、铅等对氧的亲和力较小。在高温时，铜、锌、钙等对硫有较大的亲和力，而且金属对氧的亲和力比对硫的亲和力大。高价化合物热离解时，开始分解时生成较低价的化合物。

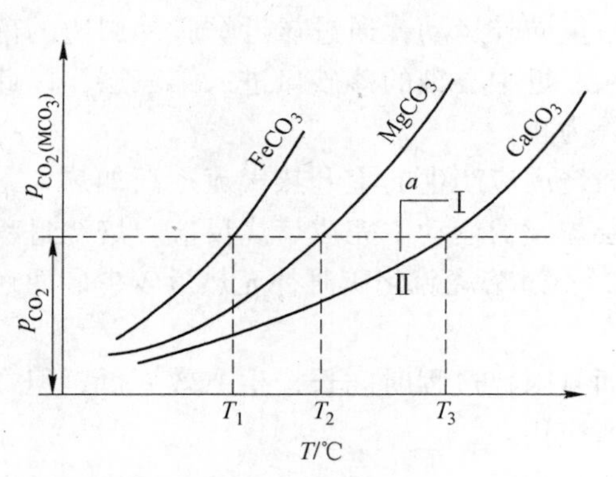

图 9-2-18 某些碳酸盐的热离解曲线

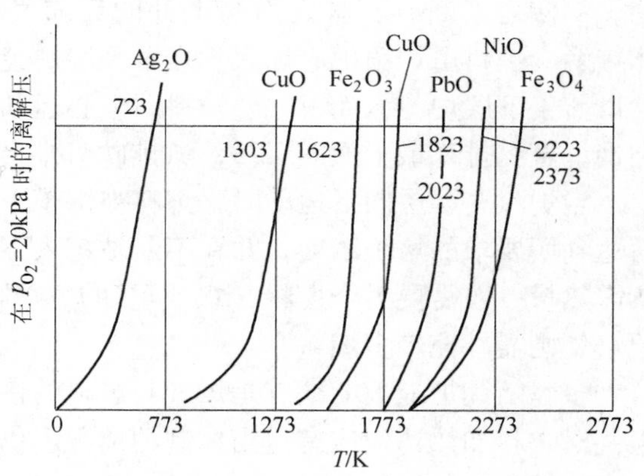

图 9-2-19 某些氧化物的离解压和温度的关系

由于各种化合物的热稳定性不同，因此控制煅烧温度和气相组成可使某些化合物热离解或发生晶形转化，然后进行适当处理可达到除杂或富集有用组分的目的。如菱铁矿可在中性气氛下于 300 ~400℃热离解为磁铁矿，进而可用弱场强磁选机选别；石灰石和菱镁矿可在约 900℃条件下焙解为氧化钙和氧化镁，氧化钙可用消化法分离，氧化镁可用重选法回收；碳酸盐型磷矿可用煅烧—消化工艺进行分选而得高质量磷精矿；锰矿物可在 600 ~ 1000℃条件下煅烧使所有锰矿物转变为黑锰矿，该工艺可用于处理难选锰中矿而获得锰精矿；顺磁性黄铁矿可在 700 ~1000℃下煅烧为单斜系的磁黄铁矿，该工艺可用于除去钼中矿中的黄铁矿；α-锂辉石（与硫酸不起反应）在约 1000℃条件下煅烧可转变为能被硫酸有效分解的 β-锂辉石，在 α 相向 β 相转变的同时，锂辉石的围岩体积发生变化，可用空气分级法从围岩中分选出细级别的 β-锂辉石；绿柱石在 1700℃于电弧炉中进行热处理，随后进行造粒淬火，可使绿柱石转变为易溶于硫酸的无定形态（玻璃状）绿柱石。

9.2.7 焙烧设备

焙烧设备统称为焙烧炉。为了在工业上顺利实现焙烧过程，焙烧炉应当满足许多要求。从气-固反应本身来看，最基本的要求就是能创造良好的气-固接触条件。现代工业中常用的焙烧炉有多膛焙烧炉、沸腾焙烧炉、竖式焙烧炉和回转窑等。

9.2.7.1 多膛焙烧炉

这是一种较为古老的适合于粉状矿物原料焙烧的设备。多膛焙烧炉的结构如图9-2-20所示，其由一系列由下而上重叠的圆形炉膛构成，贯穿于各层炉膛中心的空心轴带动伸在各层炉膛中的搅拌臂不断回转。搅拌臂与中心轴成一定的角度，使炉膛中的搅拌臂不断回转，可使炉膛中的炉料在各层间相互向里和向外移动。搅拌臂上装有耙齿耙动炉料使之不断有新鲜表面与上升的反应气体接触。炉料由炉顶中心加入，在第一层炉膛中由里向外运动，通过靠近炉膛外周边的落砂口落于下层炉膛，而第二层炉料向中心运动，从靠近中心轴的落砂口进入第三层，以此类推，直至排入最下面一层后，从排砂口排出炉外为止。

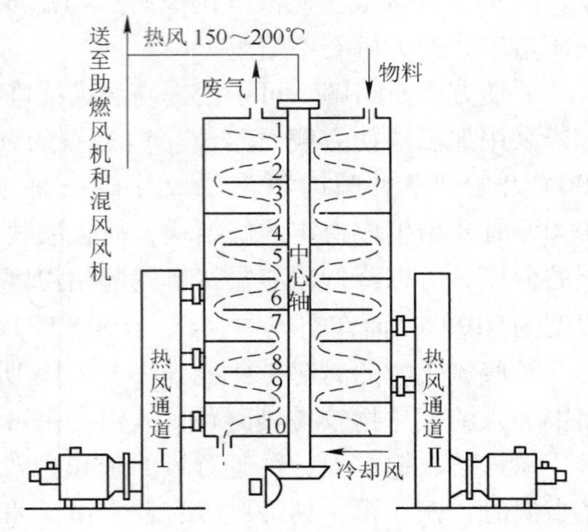

图9-2-20 多膛焙烧炉的结构示意图

当炉料一层层向下运动时，炉料被炉子下部焙烧反应产生的上升热气流逐渐加热，最后达到所要求的焙烧温度，并在不断被耙入下一层炉膛的运动中完成焙烧反应。焙烧过程所需热量一般需要另烧燃料（煤或重油）来维持，不过焙烧硫化矿时补充热量较少，而还原焙烧则需补充较多燃料。

多膛焙烧炉最大的缺点是炉气与炉料的接触面有限，过程时间长，生产效率低，但在某些对炉料加热速度应有适当控制的情况下仍有所应用。

9.2.7.2 沸腾焙烧炉

这是近几十年才发展起来的一种较新型的焙烧设备，适用于处理粉状物料，因为它的气-固接触效率高且结构简单。通常的沸腾炉是一种横断面为圆形的竖式炉，如图9-2-21所示。炉底为装有风帽的空气分布板，下面是一锥形风箱，反应气体或空气由鼓风机送入风箱并经风帽进入炉内。气体与炉料的混合物具有流体的性质，由于每颗炉料在炉内气流中不断翻腾运动，故焙烧反应均匀迅速，传热好，炉气利用率高。排料时焙砂由卸料口自动溢出或由炉气带出。载尘气体经收尘设备分离焙烧后再回收气体中有用组分。

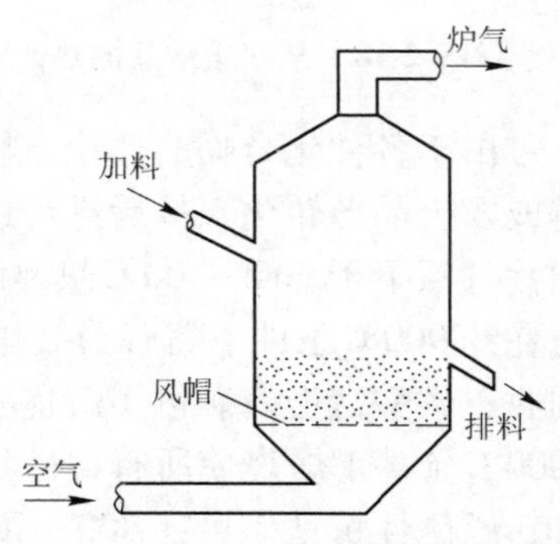

图9-2-21 沸腾炉焙烧示意图

9.2.7.3 竖炉

这种焙烧设备适于焙烧块度为20～75mm的块矿或由粉矿制成的直径为10～15mm的球团矿，其纵断面如图9-2-22所示。炉内容积为几十立方米至几百立方米不等。现以鞍山钢铁集团公司原磁化焙烧所用的竖炉为例说明其主要结构，其炉内容积一般为70m^3，外形尺寸高9m、长6m、宽3m，炉内从上而下分为三个工作带：

（1）预热带。由炉顶料面至加热带顶部属于预热带，高约2.5m。入炉矿石首先在此带中被加热上升的热气流预热。

（2）加热带。预热带以下至导火孔为止为加热带，高约1m。焙烧炉料在此带中被加热至焙烧过程所要求的温度。加热带所需热量由设置于炉子两侧对称位置的燃烧室供给，每一燃烧室都装有一排煤气烧嘴，燃烧热气通过设于燃烧室顶部的一排火孔进入炉内。

（3）反应带。由加热带的火孔到炉底为反应带，高约2.6m。焙烧过程的主要化学反应在此带完成。最后通过炉底的卸料口将焙烧好的炉料排出炉外。排料辊的作用是松动炉料以使炉内气流分布均匀并破碎被烧结的块料。

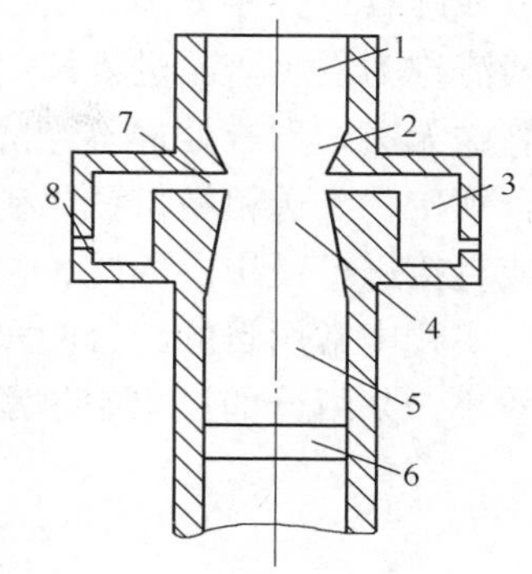

图 9-2-22 竖炉纵断面示意图

1—预热带；2—加热带；3—燃烧室；4—反应带；5—冷却带；6—排料辊；7—火孔；8—烧嘴

应当指出，上述工作带的划分是随焙烧反应类型而异的，通常预热带的作用变化不大。以上划分主要是对铁矿石的磁化焙烧而言。在氯化焙烧中，加热带也是反应带，因为球团中的氯化剂（$CaCl_2$）的分解与析出氯气的氯化反应是在反应带内完成的，而上述划分中的反应带在氯化焙烧中的作用主要是冷却球团矿。

竖炉的优点主要是生产率及热效率较高，易于密封与调节炉内气氛和温度；但加热带横断面上温度分布不均匀，因而容易产生局部过烧和局部欠烧，这是竖炉的主要缺点。

9.2.7.4 回转窑

回转窑是一种空卧式圆筒形焙烧设备，略倾斜于水平面，倾斜度2%～6%。它绕纵轴转动，炉料沿轴借坡度的作用、窑的转动及炉料的推力缓慢向前运动。窑的长度从几十米至一百余米不等，直径为2～6m或6m以上。

为适应高温作业要求，回转窑钢外壳内砌有耐火砖内衬，并在二者间衬以绝热材料。窑的一端装有烧嘴，燃料在窑内进行燃烧，烧嘴可以装在窑的任意一端，以适应相对于固体物料走向的顺流或逆流加热的工艺要求。气体、液体或固体粉末燃料均可使用。

窑中炉料运动情况可随设计、操作方法而变。若窑回转速度小，则炉料层基本上保持稳定状态随着窑的回转向前运动。如有足够的回转速度与合适的提升装置，则可获得较快的混合速度与良好的气-固接触效果。

回转窑用于处理粉状、小块状或球团物料，即回转窑适于处理易于流动的物料。其操作特点是：操作简单，能有良好的混合与气-固接触的效果，易于控制温度和气氛，但生产率与热效率较低。

除上述四种类型的工业焙烧设备外，还有其他工业焙烧设备，如斜坡炉、飘悬焙烧炉、反射焙烧炉等，但应用均不甚广泛，在此就不一一赘述了。

9.3 矿物原料的浸出

9.3.1 概述

浸出是溶剂选择性地溶解矿物原料中某组分的工艺过程，其目的是使有用组分与杂质组分或脉石组分相分离。用于浸出的试剂称为浸出剂，浸出所得溶液称为浸出液，浸出后的残渣称为浸出渣。进入浸出作业的矿物原料一般为目前技术条件下用物理选矿法或传统冶炼法无法处理或处理不经济的难选矿物原料，如难选原矿、物理选矿的难选中矿、难选混合精矿、难选粗精矿、尾矿、贫矿和表外矿等。根据原料特性，可预先进行焙烧而后浸出或直接进行浸出。因此，浸出是化学选矿过程中的常用作业。

实践中常用目的组分的浸出率、浸出过程的选择性和试剂耗量等指标来衡量浸出过程的效率。某组分的浸出率是浸出时该组分转入溶液中的量与其在原料中的总量之比，即：

$$\varepsilon_{浸} = \frac{V \cdot c}{Q \cdot a} \times 100\% = \frac{Qa - m\theta}{Qa} \times 100\% \tag{9-3-1}$$

式中 $\varepsilon_{浸}$——某组分的浸出率,%；

Q——被浸原料的干重，t；

a——被浸物料中某组分的含量,%；

V——浸出液体积，m^3；

c——浸出液中该组分的浓度，t/m^3；

m——浸渣的干重，t；

θ——浸渣中该组分的含量,%。

浸出过程的选择性 s 是浸出时两种组分的浸出率之比，即：

$$s = \frac{\varepsilon_1}{\varepsilon_2} \tag{9-3-2}$$

目前，浸出方法较多，依所用试剂可分为水溶剂浸出和非水溶剂浸出（表9-3-1）。依物料运动方式可分为搅拌浸出和渗滤浸出，其中搅拌浸出是将磨细的物料与浸出剂在搅拌槽中进行强烈搅拌的浸出过程；渗滤浸出是浸出剂在重力作用下自上而下或在压力作用下自下而上通过固定物料层的浸出过程。依浸出方式可分为就地渗滤浸出（地下渗浸）、渗滤堆浸和渗滤槽浸三种。而依浸出温度和压力又可分为常温常压浸出和热压浸出。

表9-3-1 浸出方法分类（依浸出试剂）

浸出方法		常用浸出试剂
水溶剂浸出	常压酸浸	稀硫酸、浓硫酸、盐酸、硝酸、王水、氢氟酸、亚硫酸等
	常压碱浸	碳酸钠、苛性钠（即氢氧化钠）、氨水、硫化钠等
	盐 浸	氯化钠、氯化铁、硫酸铁、氯化铜、氰化物、次氯酸钠等
	热压浸出	酸或碱
	细菌浸出	培养基 + 菌种 + 硫酸
	水 浸	水
非水溶剂浸出		有机溶剂

浸出剂的选择主要取决于原料特性和经济因素，其原则是热力学上可行，浸出率高，浸出速度快，选择性好，价廉易得。工业上常用的浸出剂及其应用范围见表9-3-2。

表 9-3-2 常用浸出试剂及其应用范围

浸出剂	浸出矿物类型	脉石类型
稀硫酸	铜、镍、钴、磷等的氧化物，锰、镍、钴的硫化物，磁黄铁矿	酸 性
稀硫酸+氧化剂	有色金属硫化矿、晶质铀矿、沥青铀矿、含砷硫化矿	酸 性
盐 酸	氧化铋、辉铋矿、磷灰石、白钨矿、氟碳铈矿、复稀金矿、辉锑矿、磁铁矿、白铅矿等	酸 性
热浓硫酸	独居石、易解石、褐钇铌矿、钇易解石、复稀金矿、黑稀金矿、氟碳铈矿、烧绿石、硅铍钇矿、榍石	酸 性
硝 酸	辉钼矿、银矿物、有色金属硫化矿、氟碳铈矿、细晶石、沥青铀矿	酸 性
王 水	金、银、铂族金属	酸 性
氢氟酸	钽铌矿、磁黄铁矿、软锰矿、钍石、烧绿石、榍石、磷灰石、云母、石英、长石	酸 性
亚硫酸	软锰矿、硬锰矿	酸 性
氨 水	铜、镍、钴氧化矿，铜硫化矿，铜、镍、钴金属，钼华	碱 性
碳酸钠	白钨矿、铀矿	
硫化钠+苛性钠	砷、锑、锡、汞的硫化矿物	
苛性钠	铝土矿、锑矿、含砷硫化矿、铅锌硫化矿、独居石	
氯化钠	白铅矿、氯化铅、吸附型稀土矿、氯化焙砂	
高价铁盐+酸	有色金属硫化矿物、铀矿	
氯化铜	铜、铅、锌、铁的硫化矿物	
氰化钠	金、银、铜矿	
硫 脲	金、银、铜、铋、汞矿物	
热压氧浸	有色金属硫化矿物、金、银、独居石、磷钇矿	
细菌浸出	铜、钴、锰、铀矿等	
水 浸	水溶性硫酸铜、硫酸化焙烧产物、钠盐烧结块等	
硫酸铵等盐溶液	离子吸附型稀土矿	

9.3.2 浸出的理论基础

9.3.2.1 浸出过程的热力学

浸出过程是水溶液中的多相化学反应过程。根据浸出时化学反应的实质可将其分为氧化还原反应和非氧化还原反应两大类，每一大类又可分为有氢离子参加和无氢离子参加两类。水溶液中一般化学反应及平衡条件见表 9-3-3。某些简单的 M-H_2O 系的 ε-pH 值见表 9-3-4。若指定反应温度和反应体系各组分的活度或气体分压，则可利用表 9-3-3 中所列的平衡关系式在直角坐标系中绘制 ε-pH 值图。在 ε-pH 值图中，除非有特殊说明，反应温度一般为 298K，体系中各组分的活度（或分压）均为 1，此时的 Fe-H_2O 系 ε-pH 值关系如图 9-3-1 所示，图中每一直线代表一个平衡条件，直线的交点表示各相关平衡式的电位和 pH 值相等，图中的面表示各组分的稳定区。

表 9-3-3 水溶液中一般化学反应及其平衡条件

类型		与平衡有关者	平衡表达式
非氧化-还原反应	无 H^+ 无 e	—、— $m=0$、$n=0$	$\lg K = b\lg\alpha_B - a\lg\alpha_A$
	有 H^+ 无 e	pH、— $m\neq 0$、$n=0$	$pH = pH^{\ominus} - \frac{1}{m}\lg\alpha_{M^{m+}}$
氧化-还原反应	无 H^+ 有 e	—、ε $m=0$、$n=0$	$\varepsilon_1 = \varepsilon_1^{\ominus} + \frac{0.0591}{n}(\lg\alpha_{M^{m+}} - \lg\alpha_{M^{(m-1)+}})$
	有 H^+ 有 e	pH、ε $m\neq 0$、$n\neq 0$	$\varepsilon_3 = \varepsilon_3^{\ominus} - \frac{0.0591}{n}(\lg\alpha_{M^{(m-1)+}} - mpH)$

表 9-3-4 某些简单 M-H_2O 系的 ε-pH 值

$M^{n+}\to M$	$M(OH)_\eta$	$\varepsilon_3^{\ominus}$	$\varepsilon_1^{\ominus}$	$pH^{\ominus}$
$Ag^+\to Ag$	Ag_2O	1.173	0.799	6.32
$Cu^{2+}\to Cu$	$Cu(OH)_2$	0.609	0.337	4.62
$BiO^+\to Bi$	$BiAO_3$	0.37	0.320	2.57
$AsO^+\to As$	As_2O_3	0.234	0.254	-1.02
$SbO^+\to Sb$	Sb_2O_3	0.152	0.212	-3.05
$Tl^+\to Tl$	$Tl(OH)$	0.483	-0.336	13.90
$Pb^{2+}\to Pb$	$Pb(OH)_2$	0.243	-0.126	6.23
$Ni^{2+}\to Ni$	$Ni(OH)_2$	0.110	-0.250	6.09
$Co^{2+}\to Co$	$Co(OH)_2$	0.095	-0.227	6.30
$Cd^{2+}\to Cd$	$Cd(OH)_2$	0.022	-0.403	7.20
$Fe^{2+}\to Fe$	$Fe(OH)_2$	0.047	0.441	6.65
$Sn^{2+}\to Sn$	$Sn(OH)_2$	0.091	-0.136	0.75
$In^{3+}\to In$	$In(OH)_3$	0.173	-0.342	3.00
$Zn^{2+}\to Zn$	$Zn(OH)_2$	0.439	-0.763	5.46
$Cr^{2+}\to Cr$	CrO	0.588	-0.913	5.50
$Mn^{2+}\to Mn$	$Mn(OH)_2$	0.727	-1.179	7.65

在 ε-pH 值图中还绘制了表示水稳定性的 a 线（O_2 线）和 b 线（H_2 线）。若超过水的稳定上限（图 9-3-1 中 b 线）则析出氧气，反应式为：

$$O_2 + 4H^+ + 4e^- = 2H_2O$$

$$\varepsilon_{O_2/H_2} = 1.229 - 0.0591pH + 0.0148\lg p_{O_2}$$

$$= 1.229 - 0.0591pH \quad （当 p_{O_2} = 101325Pa）$$

当反应温度不等于 298K、平衡时各组分的活度不为 1 而为其他数值时，应按所给条件进行计算，用计算值作图。因此，每一个具体的 ε-pH 图仅适用于某一反应温度和特定的组分活度条件。

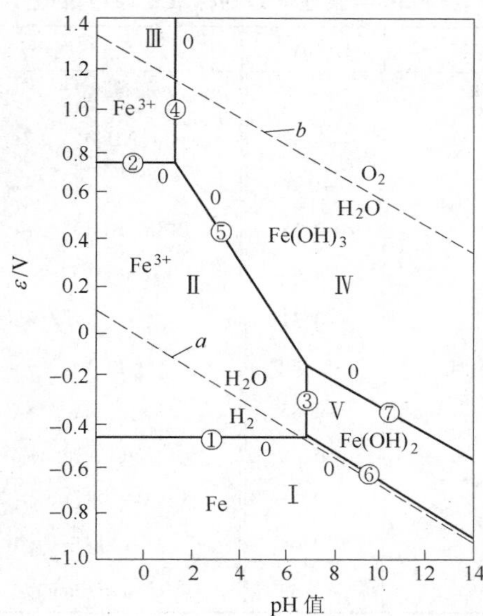

图 9-3-1 Fe-H_2O 系 ε-pH 值关系（25℃，$p_{H_2}=p_{O_2}=101325\mathrm{Pa}$）

若水溶液中含有目的组分的配合剂时，配合物的生成将改变金属离子的氧化还原性。设 M^{n+} 与配合体 L（可带电或不带电）的配合反应为：

$$M^{n+} + zL = ML_z^{n+}$$

则金属配合物与金属电对的标准电位为：

$$\varepsilon^{\ominus}_{ML^{n+}z/M} = \varepsilon^{\ominus}_{M^{n+}/M} - \frac{RT}{nF}\ln K_d = \varepsilon^{\ominus}_{M^{n+}/M} + \frac{0.0591}{n}\lg K_d$$

同理，不同价态的同一金属离子的配合反应为：

$$M^{m+} + (m-n)e^- \rightleftharpoons ML^{n+}(m>n)$$

设最高配位数配合物分别为 ML_z^{m+} 和 ML_z^{n+}，其间的电化学反应为：

$$ML_z^{m+} + (m-n)e^- \rightleftharpoons ML_p^{n+}$$

其间的标准电位为：

$$\varepsilon^{\ominus}_{ML_p^{m+}/ML_p^{n-}} = \varepsilon^{\ominus}_{M^{m+}/M^{n-}} - \frac{0.0591}{n}\lg\frac{K_m}{K_n}$$

式中 K_m，K_n——高价离子和低价离子的配合常数。

从上式可知，金属离子与配合剂生成的配合体愈稳定，其电对的标准电位值愈小，即相应的金属愈易被氧化而呈配离子形态转入溶液中。同理，若同一金属的高价配离子比低价配离子更稳定，则其低价离子愈易被氧化而呈高价配离子形态存在。生产实践中常利用此原理浸出某些较难氧化的目的组分（如氰化物浸金等）。某些体系的还原电位值见表 9-3-5，从表 9-3-5 中数据可知，多数情况下，高价金属配离子比低价金属配离子更稳定，但也有例外，如 Fe^{3+} 和 Fe^{2+} 与 bpy（联吡啶）或 phen（邻二氮菲）形成配合物。

表 9-3-5 某些体系的标准还原电位值

电极反应	$\varepsilon^{\ominus}$/V	电极反应	$\varepsilon^{\ominus}$/V
$Au^{+}+e=Au$	+1.7	$Cu^{2+}+2e=Cu$	+0.337
$Au^{3+}+3e=Au$	+1.42	$Cu(NH_3)_4^{2+}+2e=Cu+4NH_3$	-0.038
$Au(CN)_2^{-}+e=Au+2CN^{-}$	-0.6	$Co^{3+}+e=Co^{2+}$	+1.80
$Au(SCN_2H_4)_2^{+}+e=Au+2SCN_2H_4$	+0.38	$Co(NH_3)_6^{3+}+e=Co(NH_3)_6^{2+}$	+0.10
$Ag^{+}+e=Ag$	+0.799	$Co(CN)_6^{3-}+e=Co(CN)_6^{4-}$	-0.83
$Ag(CN)_2^{-}+e\rightleftharpoons Ag+2CN^{-}$	-0.31	$Mn^{3+}+e=Mn^{2+}$	+1.51
$Ag(SCN_2H_4)_2^{+}+e=Ag+2SCN_2H_4$	-0.005	$Mn(CN)_6^{3-}+e=Mn(CN)_6^{4-}$	-0.22
$Hg^{2+}+2e=Hg$	+0.85	$Fe^{3+}+e=Fe^{2+}$	+0.771
$HgCl_4^{2-}+2e=Hg+4Cl^{-}$	+0.38	$Fe(CN)_6^{3-}+e=Fe(CN)_6^{4-}$	+0.36
$HgBr_4^{2-}+2e=Hg+4Br^{-}$	+0.21	$Fe(edta)^{-}+e=Fe(edta)^{2-}$	-0.12
$HgI_4^{2-}+2e=Hg+4I^{-}$	-0.04	$Fe(bpy)_8^{3+}=Fe(bpy)_3^{2+}$	+1.10
$Hg(CN)_4^{2-}+2e=Hg+4CN$	-0.37	$Fe(phen)_3^{3+}=Fe(phen)_3^{2+}$	+1.14

利用绘制常温 ε-pH 值图的方法，只要确定所研究条件下的各反应物质的热力学数据，同样可绘制出配合物-水系的 ε-pH 值图（见图 9-3-2）和热压下的 ε-pH 值图（见图 9-3-3 和图 9-3-4）。

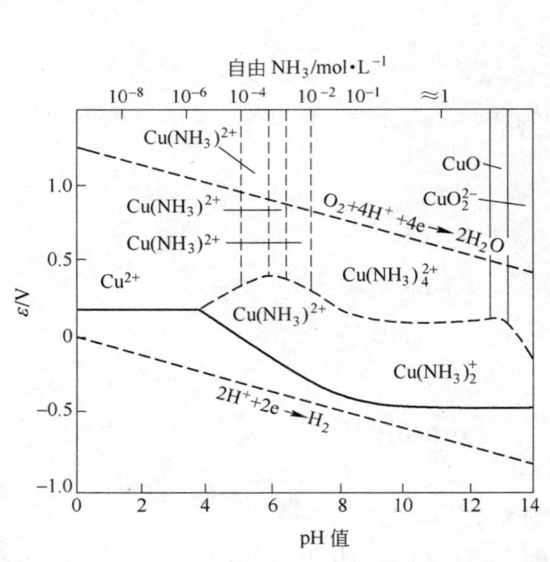

图 9-3-2 $Cu-NH_3-H_2O$ 系的 ε-pH 值关系

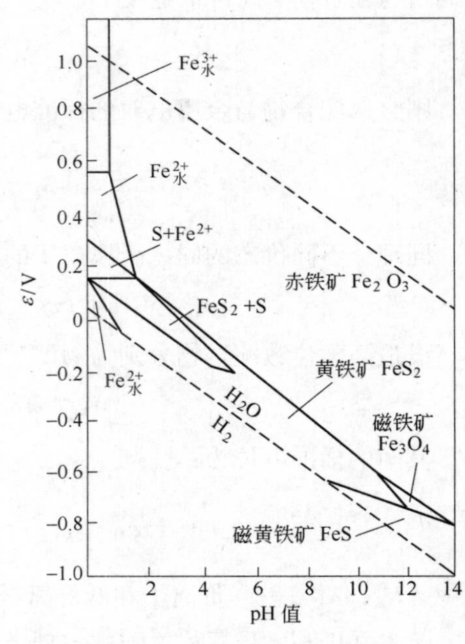

图 9-3-3 110℃下 Fe-S-H-O 系 ε-pH 值关系

利用 ε-pH 值图可以很方便地判断出浸出过程进行的趋势和条件。ε-pH 值图也可用于沉淀、电积等过程。从图 9-3-3 和图 9-3-4 可知，当有氧化剂存在时，FeS_2 在任何 pH 值条件下均不稳定，可被氧化为 S^0、HSO_4^-、SO_4^{2-}，但 FeS 不能直接反应生成 S^0。因此，可根

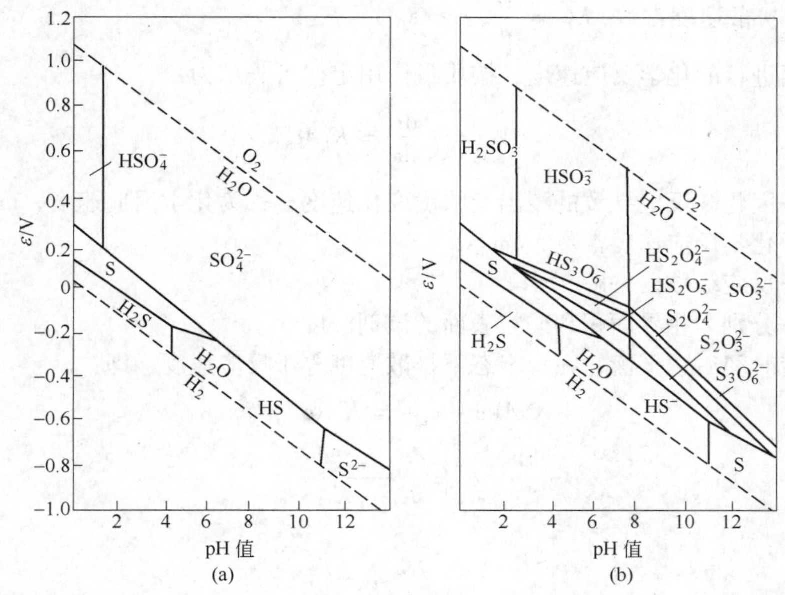

图 9-3-4 110℃下 S-H-O 系的 ε-pH 图

（a）硫氧化到六价；（b）硫氧化到四价

据 MS-H_2O 系的 ε-pH 值图选取浸出的热力学条件。

目前已发表了铜、铁、金、银、铅、锌、钴、钛、锡、镉、汞、铍、铝、砷、硒、碲等元素的 ε-pH 值图，它可用于金属、氢氧化物、氧化物和硫化物的浸出、浸液净化和电积等过程。但是，由于反应体系中各组分的热力学数据不全或不甚可靠，目前与金属矿物有关的 ε-pH 值图尚不多，已发表的多数为 M-H_2O 系的 ε-pH 值图。

9.3.2.2 浸出过程的动力学

浸出是在固-液界面进行的多相化学反应过程，与在固-气界面进行的焙烧过程相似，大致包括扩散、吸附、化学反应、解吸、扩散等五个步骤。

由于固液多相反应动力学的涉及面相当广泛，在讨论非催化的一般多相反应动力学时，由于相界面的吸附速度相当快，反应速度主要取决于扩散和化学反应两个反应步骤。

固体与液体接触时，固体表面上紧附着一层液体，称为能斯特附面层，层内的传质过程仅靠扩散来进行，此时浸出剂由溶液本体向矿粒表面的扩散速度可用菲克定律表示，即：

$$v_D = -\frac{\mathrm{d}c}{\mathrm{d}t} = \frac{DA}{\delta}(c - c_s) = K_D A(c - c_s) \tag{9-3-3}$$

式中 v_D——浸出剂浓度变化速度，称为扩散速度，mol/s；

c——溶液中浸出剂的浓度，mol/mL；

c_s——矿粒表面上浸出剂的浓度，mol/mL；

A——溶液与矿粒接触的相界面积，cm^2；

δ——扩散层厚度，cm；

D——扩散系数，cm/s；

K_D——扩散速度常数，$K_D=\frac{D}{d}$，cm/s。

矿粒表面进行的化学反应速度，按质量作用定律可表示为：

$$V_K=-\frac{\mathrm{d}c}{\mathrm{d}t}=K_KAc_s^n \tag{9-3-4}$$

式中 V_K——因化学反应导致的浸出剂浓度变化速度，称为化学反应速度，mol/s；

K_K——化学反应速度常数，cm/s；

n——反应级数，一般 $n=1$；

A，c_s——分别为相界面积和矿粒表面的试剂浓度。

浸出一定时间后达平衡，在稳定态下扩散速度等于反应速度，即：

$$K_DA(c-c_s)=K_KAc_s=v$$

$$c_s=\frac{K_D}{K_D+K_K}c$$

将其代入可得：

$$v=\frac{K_KK_D}{K_D+K_K}Ac \tag{9-3-5}$$

从式（9-3-5）可知：

（1）当 $K_K\ll K_D$ 时，$v=K_KAc$，浸出过程受化学反应步骤控制，过程在动力学区进行；

（2）当 $K_K\gg K_D$ 时，$v=K_DAc$，浸出过程受扩散步骤控制，过程在扩散区进行；

（3）当 $K_K\approx K_D$ 时，$v=\frac{K_KK_D}{K_D+K_K}Ac$，浸出过程在混合区或过渡区进行。

按活化配合理论，反应速度常数与温度的关系遵循阿伦尼乌斯方程，即：

$$K=K_0\cdot \mathrm{e}^{-\frac{E}{RT}} \tag{9-3-6}$$

式中 E——活化能；

K_0——常数，表示 $E=0$ 时的速度常数。

将式（9-3-6）两边取对数可得：

$$\lg K=\lg K_0-\frac{E}{2.303RT}=B+\frac{A}{T} \tag{9-3-7}$$

其中，$B=\lg K_0$，$A=-\frac{E}{2.303R}=-\frac{E}{4.576}$。

因此，反应速度常数的对数与 $\frac{1}{T}$ 呈直线关系（见图9-3-5）。因为 E 为正值，故斜率 A 为负值。从图9-3-5中曲线可知，低温时斜率大，E 值大，故反应处于动力学区；高温时斜率小，E 值小，反应处于扩散区，这是普遍的规律。一般认为扩散活化能小于13kJ/mol，而化学反应活化能高达42kJ/mol。因此，可用活化能值和温度系数（温度每增高10℃所对应的速度常

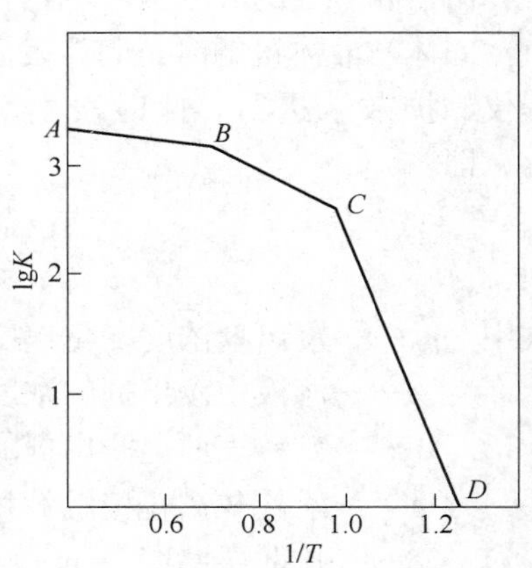

图9-3-5 反应速度常数和温度的关系

数增大的比值）来判断速度控制步骤（见表9-3-6）。知道了浸出过程的速度控制步骤，即可利用其特点来提高反应速度，强化浸出过程。如过程受化学反应步骤控制时，温度系数大，提高浸出温度对提高浸出速度很有效；当过程受扩散步骤控制时，温度系数小，提高温度的效果较小，但提高搅拌速度和磨矿细度可有效地提高浸出速度。

表9-3-6 多相反应的控制类型

控制类型	温度系数 r	活化能/$kJ \cdot mol^{-1}$
扩散控制	<1.5	<13
混合控制		20～34
化学反应控制	2～4	>42

影响浸出速度的主要参数为浸出温度、磨矿细度、试剂浓度、搅拌强度、矿浆液固比和浸出时间等，在一定范围内，目的组分的浸出率皆随上列各值的增大而增大，但存在一适宜值。由于浸出过程本身的复杂性，浸出的最佳工艺参数一般均由试验决定。

9.3.3 常压酸法浸出

9.3.3.1 酸性浸出试剂

常压酸浸是化学选矿中最常用的浸出方法。硫酸、盐酸、硝酸、氢氟酸、王水和亚硫酸等均可作为某些矿物原料的浸出试剂，但最常用的是稀硫酸。

稀硫酸为非氧化酸，可用于处理含大量还原性组分的物料，浸液可用多种方法净化和提取化学选矿产品；同时硫酸价廉易得，且设备防腐蚀问题易解决。另外硫酸的沸点较高，因此可采用较高的浸出温度而获得较高的浸出速度和浸出率。稀硫酸是浸出氧化矿的主要试剂，还能分解碳酸盐、某些磷酸盐和硫化矿物等原料。

盐酸可与多种金属、金属氧化物、碱类及某些金属硫化物生成可溶性氯化物，其反应能力比硫酸强，可浸出某些硫酸无法浸出的含氧酸盐矿物。根据具体的浸出条件，盐酸可表现出还原性或氧化性。但其价格比硫酸高，易挥发，劳动条件较差，对设备的防腐蚀要求较高。

硝酸为强氧化酸，分解能力强，但其价格较高，对设备的防腐蚀要求高，因此一般不采用硝酸作为浸出剂，而常用其作为氧化剂。

氢氟酸主要用于浸出钽铌矿物，随后从氢氟酸和硫酸体系中萃取有用组分。

王水主要用于浸出铂族金属，使铂、钯、金呈氯络盐转入溶液，而铑、钌、锇、铱、银等呈不溶物留在浸渣中，然后用相应方法从浸液和浸渣中回收各有用组分。

中等强度的亚硫酸（或将二氧化硫通入矿浆中）是还原剂，可浸出某些氧化性物料以获得较高的浸出选择性。

9.3.3.2 常压简单酸浸

简单酸浸的矿物原料主要有某些金属氧化矿物和金属硫化矿物经过氧化焙烧所得的焙砂。这些矿物能否直接溶于酸中，主要取决于其在酸中的稳定性，可用 $pH_T^{\ominus}$ 值进行度量，

$pH_T^\ominus$ 值愈大则愈易被酸溶解。某些化合物的 $pH_T^\ominus$ 值见表 9-3-7 ~ 表 9-3-11。从表中数据可知：（1）大部分金属氧化物、铁酸盐、砷酸盐和硅酸盐能溶于酸中，而硫化物中只有 FeS、NiS、CoS 和 MnS 能溶于酸中；（2）同一金属的铁酸盐、砷酸盐和硅酸盐均比其简单氧化物稳定，较难被酸浸出，故焙烧时须严格控制温度以防止生成上述盐类；（3）随着浸出温度上升，化合物在酸中的稳定性也相应提高，故氧化矿酸浸时，常将高温和高酸联系在一起。

表 9-3-7　某些金属氧化物酸溶的 $pH_T^\ominus$ 值

氧化物	MnO	CdO	CoO	NiO	ZnO	CuO	In_2O_3	Fe_3O_4	Fe_2O_3	Ga_2O_3	SnO_2
$pH_{298}^\ominus$	8.96	8.69	7.51	6.06	5.801	3.945	2.522	0.891	−0.24	0.743	−2.102
$pH_{373}^\ominus$	6.792	6.78	5.58	3.16	4.347	3.549	0.969	0.0435	−0.991	−0.431	−2.895
$pH_{473}^\ominus$			3.89	2.58	2.88	1.78	−0.453		−1.579	−1.412	−3.55

表 9-3-8　某些铁酸盐酸溶的 $pH_T^\ominus$ 值

铁酸盐	$CuO\cdot Fe_2O_3$	$CoO\cdot Fe_2O_3$	$NiO\cdot Fe_2O_3$	$ZnO\cdot Fe_2O_3$
$pH_{298}^\ominus$	1.581	1.213	1.227	0.6746
$pH_{373}^\ominus$	0.560	0.352	0.205	−0.1524

表 9-3-9　某些砷酸盐酸溶的 $pH_T^\ominus$ 值

砷酸盐	$Zn_2(AsO_4)_2$	$Co_2(AsO_4)_2$	$Cu_3(AsO_4)_2$	$FeAsO_4$
$pH_{298}^\ominus$	3.294	3.162	1.918	1.027
$pH_{373}^\ominus$	2.441	2.382	1.32	0.1921

表 9-3-10　某些硅酸盐酸溶的 $pH_T^\ominus$ 值

硅酸盐	$PbO\cdot SiO_2$	$FeO\cdot SiO_2$	$ZnO\cdot SiO_2$
$pH_{298}^\ominus$	2.636	2.86	1.791

表 9-3-11　某些硫化物简单酸溶的 $pH_T^\ominus$ 值

硫化物	As_2S_3	HgS	Ag_2S	Sb_2S_3	Cu_2S	CuS
$pH_{298}^\ominus$	−16.12	−15.59	−14.14	−13.85	−13.45	−7.088
硫化物	$CuFeS_2(Cu^{2+})$	PbS	NiS(γ)	CdS	SnS	ZnS
$pH_{298}^\ominus$	−4.405	−3.096	−2.888	−2.616	−2.028	−1.586
硫化物	$CuFeS_2(CuS)$	CoS	NiS(α)	FeS	MnS	
$pH_{298}^\ominus$	−0.7351	+0.327	+0.635	+1.726	+3.296	

实践中常用简单酸浸法处理钴、镍、铜、镉、锰、磷等氧化矿、氧化焙砂和烟尘，有用组分转入溶液中，适当控制酸度即可达到选择性浸出的目的。

稀硫酸浸出时，游离态的二氧化硅不溶解，结合态的硅酸盐部分溶解，其溶解量随酸度和温度的提高而增大；氧化铝在稀硫酸中较稳定，溶解量小；氧化铁很稳定，但氧化亚铁易被硫酸分解（40%～50%）；碳酸盐、钙镁氧化物、磷钒化合物易被硫酸分解；稀土、锆、钛、钽、铌等矿物非常稳定；铜、锑、砷、铬等的硫化物也很稳定，在稀硫酸中一般不溶解。

有时为了除去粗精矿中某些硫酸盐溶解度较小的杂质，可采用盐酸作为浸出剂，如用稀盐酸除去钨粗精矿中的铋、钙、磷、钼等杂质。

王水可浸出铂族金属，其反应为：

$$HNO_3 + 3HCl = Cl_2 + NOCl + 2H_2O$$

$$Pt + 2Cl_2 + 2HCl = H_2[PtCl_6]$$

$$Pd + 2Cl_2 + 2HCl = H_2[PdCl_6]$$

$$Au + 3Cl_2 + 2HCl = 2H[AuCl_4]$$

而铑、钌、铱、锇和氯化银留在浸渣中。可用硫酸亚铁还原金，用氯化铵沉铂，用二氯化氨亚钯法沉钯以及用锌置换法回收废液中的贵金属。

9.3.3.3 氧化酸浸

水溶液中的金属硫化矿物较稳定，某些MS-H_2O系的ε-pH值图如图9-3-6所示，但在有氧化剂存在时，几乎所有的硫化物在酸性或碱性条件下均不稳定。硫化矿物的氧化反应主要有：

$$2MS + O_2 + 4H^+ = 2M^{2+} + 2S\downarrow + 2H_2O \quad (9\text{-}3\text{-}8)$$

$$MS + 2O_2 = M^{2+} + SO_4^{2-} \quad (9\text{-}3\text{-}9)$$

在不控制电位的情况下，硫化矿物中的硫会全部硫酸化。一般而言，低温低pH值时，硫化矿物按式（9-3-8）氧化；高温高pH值时，硫化矿物按式（9-3-9）氧化。但各种硫化物在水溶液中生成元素硫的pH值上限不同，各种硫化物按式（9-3-8）氧化的标准电位及元素硫稳定区的pH值上、下限见表9-3-12。控制电位和pH值可控制硫化矿物的氧化顺序和硫的氧化产物。

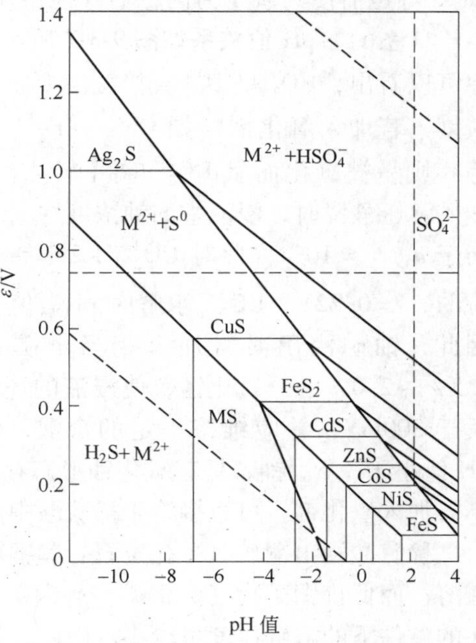

图9-3-6 MS-H_2O系的ε-pH值关系

表 9-3-12　某些硫化物的标准电位 $\varepsilon^{\ominus}$ 及元素硫稳定的 pH 值

电 极 反 应	$\varepsilon^{\ominus}_{298}$	$pH^{\ominus}_{下限}$	$pH^{\ominus}_{上限}$
$Hg^{2+} + S + 2e \rightleftharpoons HgS$	1.093	-15.59	-10.95
$2Ag^{+} + S + 2e \rightleftharpoons Ag_2S$	1.007	-14.14	-9.7
$Cu^{2+} + S + 2e \rightleftharpoons CuS$	0.5906	-7.088	-3.65
$2AsO^{+} + 3S + 4H^{+} + 6e = As_2S_3 + 2H_2O$	0.4888	-16.15	-5.07
$2SbO^{+} + 3S + 4H^{+} + 7e = Sb_2S_3 + 2H_2O$	0.4433	-13.85	-3.55
$Fe^{2+} + 2S + 2e = FeS_2$	0.423	-4.27	-1.19
$Pb^{2+} + S + 2e = PbS$	0.3543	-3.096	-0.946
$Ni^{2+} + S + 2e = NiS(\gamma)$	0.340	-2.888	-0.029
$Cd^{2+} + S + 2e = CdS$	0.326	-2.616	-0.174
$Sn^{2+} + S + 2e = SnS$	0.291	-2.03	0.68
$2In^{3+} + 3S + 6e = In_2S_3$	0.2751	-1.76	0.764
$Zn^{2+} + S + 2e = ZnS$	0.264	-1.586	1.07
$CuS + Fe^{2+} + S + 2e = CuFeS_2$	0.41	-3.89	1.10
$Co^{2+} + S + 2e = CoS$	0.22	-0.83	1.71
$Ni^{2+} + S + 2e = NiS(\alpha)$	0.145	0.450	2.80
$3Ni^{2+} + 2S + 6e = Ni_3S_2$	0.097	1.24	3.46
$Fe^{2+} + S + 2e = FeS$	0.066	1.78	3.94
$Mn^{2+} + S + 2e = MnS$	0.023	3.296	5.05

此外，某些低价化合物如 UO_2、CuS、Cu_2O 等也需使其氧化为高价后才能溶于酸中。U-H_2O 系的 ε-pH 值关系如图 9-3-7 所示。从图中可以看出，UO_2 呈 U^{4+} 直接酸溶要求较高的酸度，若加入氧化剂（如 ClO_3^-、Fe^{3+}、MnO_2 等）则易被氧化而呈 UO_2^{2+} 离子转入溶液中。铀矿常压酸浸时，浸液中的铀浓度约 1g/L，相当于 $a_{UO_2^{2+}} = 10^{-2}$，此时 $UO_2^{2+} + 2e^- = UO_2$ 反应的 $\varepsilon^{\ominus} = 0.22V$，$UO_2^{2+}$ 水解时 $pH^{\ominus}_{298}$ 值为 3.5。因此，铀矿浸出时常加入相当于矿石重量 0.5% ~2.0% 的二氧化锰，使浸液的还原电位大于 300mV，并应维持一定的余酸，使浸液 pH 值小于 3.5。铀若呈三氧化铀形态存在，则不需加入氧化剂，可直接溶于稀硫酸中。

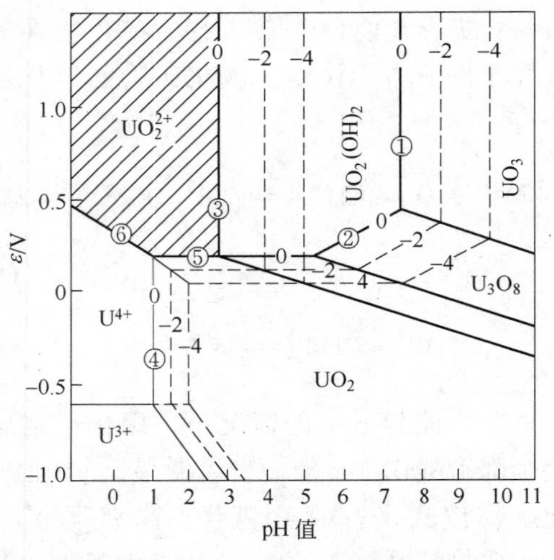

图 9-3-7　U-H_2O 系的 ε-pH 值关系

稀硫酸浸出铜矿时，孔雀石、蓝铜矿、黑铜矿、硅孔雀石、铜蓝等次生铜矿物可直接酸溶；而低价铜矿物（赤铜矿、辉铜矿）只能氧化酸溶，原生黄铜矿和金属铜在氧化剂存在的条件下的溶解速度也较小。因此，稀硫酸宜用于处理次生铜矿尤其是含次生氧化铜矿物的铜矿物原料。

热浓硫酸为强氧化剂，可将多数硫化矿物氧化为硫酸盐，即：

$$MS + 2H_2SO_4(浓) = MSO_4 + SO_2\uparrow + S\downarrow + 2H_2O \quad (9\text{-}3\text{-}10)$$

用水浸出硫酸化渣，使铜、铁等转入溶液，而铅、银、金、锑等留在渣中。在200~250℃下，热浓硫酸还可分解某些稀有元素矿物，如磷铈镧矿、独居石、钛铁矿等。

硝酸可直接浸出辉钼矿，铜、银矿物，含砷硫化矿及某些稀有元素矿物。

9.3.3.4 还原酸浸

还原酸浸的原料为高价金属氧化物或氢氧化物，如低品位锰矿、海底锰结核、净化钴渣和锰渣等，还原浸出原理如图9-3-8所示。工业上可用二价铁离子、金属铁、盐酸和二氧化硫等作还原浸出试剂。

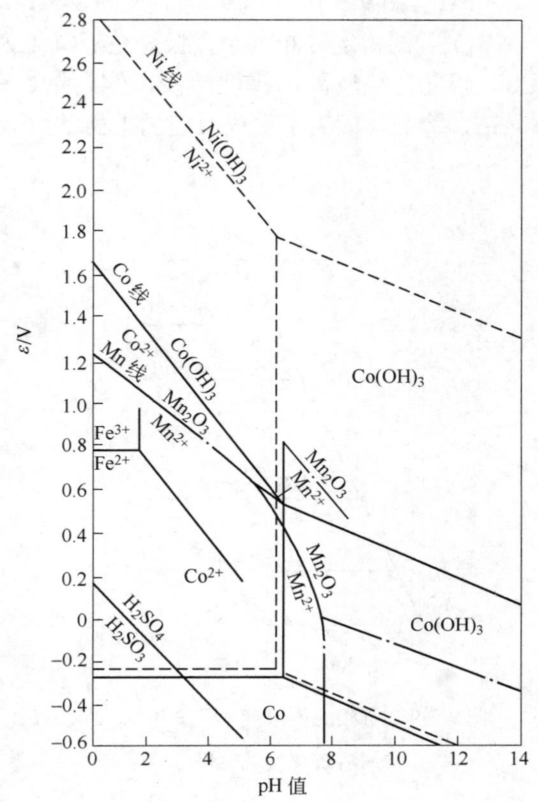

图 9-3-8 还原浸出原理

盐酸主要用于浸出钴渣，但盐酸的还原能力较小，所以要求在较高浸出温度(80~90℃)、浸出 pH 值小于 2 的条件下，才能发生如下反应：

$$2Co(OH)_3 + 6HCl = 2CoCl_2 + 6H_2O + Cl_2\uparrow \quad (9\text{-}3\text{-}11)$$

$$2Ni(OH)_3 + 6HCl = 2NiCl_2 + 6H_2O + Cl_2\uparrow \quad (9\text{-}3\text{-}12)$$

盐酸还可浸出镍冰铜，其浸出反应为：

$$Ni_3S_2 + 6HCl = 3NiCl_2 + 2H_2S\uparrow + H_2\uparrow \quad (9\text{-}3\text{-}13)$$

由于 Cu_2S 的平衡 pH 值为负数且绝对值较大，因此 Cu_2S 难溶于酸，故用盐酸浸出镍冰铜可使镍、钴与铜基本分离。

9.3.4 常压碱法浸出

工业上常用的碱浸试剂有氨、碳酸钠、苛性钠、硫化钠等，现分述如下。

9.3.4.1 氨浸

氨是金属铜、钴、镍的有效浸出剂，其浸出速度取决于氧的分压和氨的浓度（见图9-3-9）。

$Cu\text{-}NH_3\text{-}H_2O$ 系、$Ni\text{-}NH_3\text{-}H_2O$ 系、$Co\text{-}NH_3\text{-}H_2O$ 系和 $Fe\text{-}NH_3\text{-}H_2O$ 系的 ε-pH 值图分别

如图9-3-2、图9-3-10、图9-3-11及图9-3-12所示。从图中曲线可知，当有空气存在时，$Fe(NH_3)_n^{2+}$ 的稳定区相当小，极易被氧氧化为高价铁，并在 pH = 10 的碱液中呈氢氧化物析出。因此，氨液可选择性地浸出铜、钴、镍。目前已知有多种氨配离子，25℃时二价铜、钴、镍的氨配离子生成反应的平衡常数 $\lg K_f$ 和 $\varepsilon^{\ominus}_{M(NH_3)_2^{2+}/M}$ 值见表9-3-13。

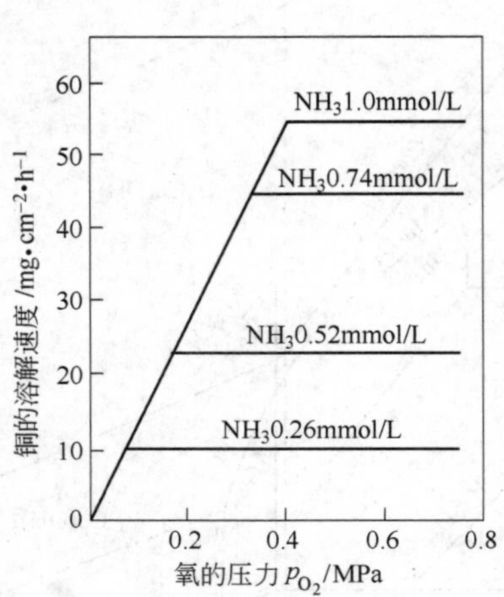

图9-3-9 氨浸的氨浓度 c 和氧压 p_{O_2} 对铜溶解速度的影响

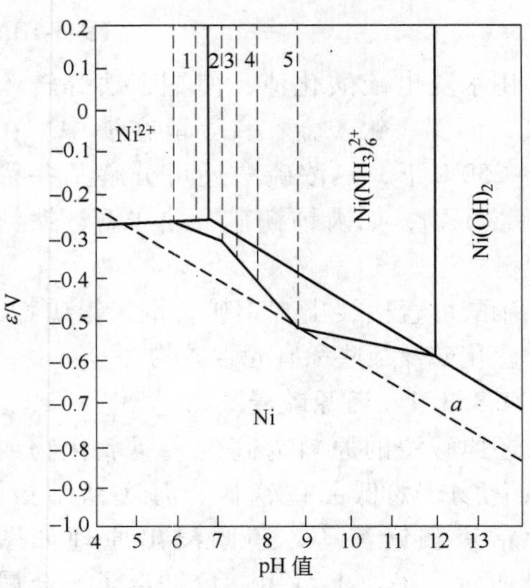

图9-3-10 Ni-NH_3-H_2O 系的 ε-pH 值关系

1—$Ni(NH_3)^{2+}$；2—$Ni(NH_3)_2^{2+}$；3—$Ni(NH_3)_3^{2+}$；4—$Ni(NH_3)_4^{2+}$；5—$Ni(NH_3)_5^{2+}$

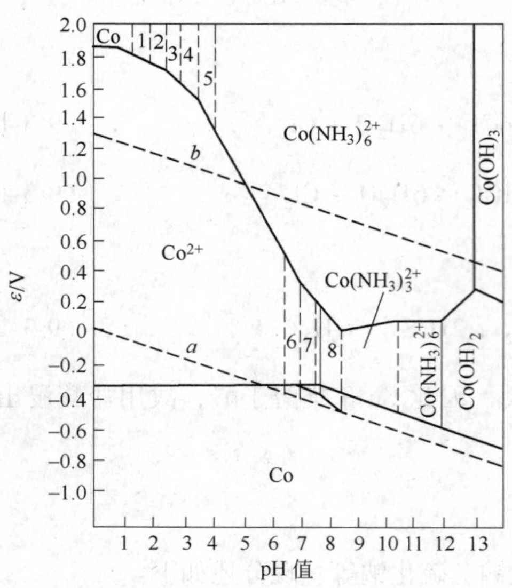

图9-3-11 Co-NH_3-H_2O 系的 ε-pH 值关系

1—$Co(NH_3)^{3+}$；2—$Co(NH_3)_2^{3+}$；3—$Co(NH_3)_3^{3+}$；4—$Co(NH_3)_4^{3+}$；5—$Co(NH_3)_5^{3+}$；6—$Co(NH_3)_2^{2+}$；7—$Co(NH_3)_3^{2+}$；8—$Co(NH_3)_4^{2+}$

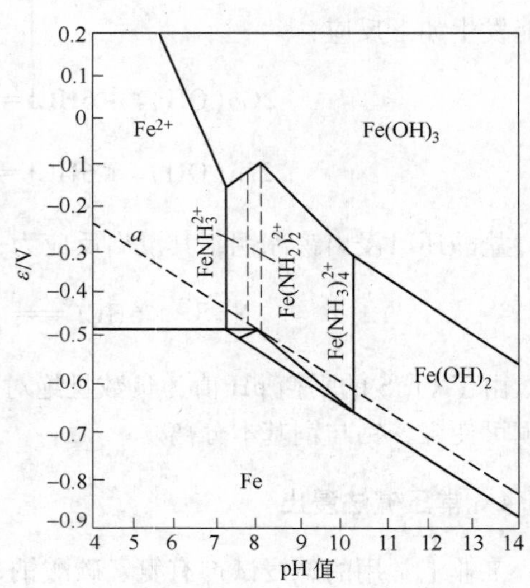

图9-3-12 Fe-NH_3-H_2O 系的 ε-pH 值关系

表 9-3-13 $M(NH_3)_Z^{2+}$ 生成反应的 $\lg K_f$ 和 $\varepsilon^{\ominus}_{M(NH_3)_Z^{2+}/M}$ 值

$M(NH_3)_Z^{2+}$ 中的 Z 值		0	1	2	3	4	5	6
$\lg K_f$	Cu^{2+}		4.15	7.65	10.54	12.68		
	Ni^{2+}		2.80	5.04	6.77	7.96	8.71	8.74
	Co^{2+}		2.11	3.47	4.52	5.28	5.46	4.84
$\varepsilon^{\ominus}_{M(NH_3)_Z^{2+}/M}$	Cu^{2+}	0.337	0.214	0.111	0.026	−0.038		
	Ni^{2+}	−0.241	−0.324	−0.390	−0.441	−0.477	−0.499	−0.500
	Co^{2+}	−0.267	−0.329	−0.378	−0.409	−0.431	−0.436	−0.481

常压氨浸法是浸出金属铜和氧化铜矿原料的有效方法。矿石中结合铜含量高时应预先进行还原焙烧使其转变为金属铜和游离氧化铜，在有氧条件下，氨能浸出矿石中的镍和钴。

浸出矿浆经固液分离可得到较纯净的浸出液，浸液送去蒸氨，将浸液加热至沸点（113~120℃）时，碳酸铵和氨配离子分解，铜呈氧化铜沉淀析出，钴、镍分别呈氢氧化钴和碱式碳酸镍的形式析出。含氨、二氧化碳的蒸气经冷凝器回收后返回至浸出或洗涤作业。

常压氨浸时，硫化铜矿物溶解不完全，镍、钴的硫化矿物和贵金属留在浸渣中，可从浸渣中浮选铜、钴、镍硫化物及贵金属，浮选精矿送冶炼或用热压氨浸法处理。此外，可采用热压氨浸法处理铜、镍、钴的硫化矿物原料。

氨浸法的特点是可选择性地浸出金属铜、钴、镍及其氧化矿，浸液纯净，常压浸出速度高，制取化学选矿产品和试剂再生工艺简单。因此，铁质含量高且以碳酸盐脉石为主的铜镍矿物原料宜用氨浸法处理，但蒸氨时蒸馏塔易结疤，影响生产的正常进行。

从铜的氨浸液中析出铜，除加热蒸氨法，还可采用：

（1）氢还原法。在 170~205℃ 和 4MPa 的条件下，利用氢气可将氨浸液中的铜还原，产出球状铜粉。

（2）萃取—电积法。采用 LIX-64 羟肟萃取剂从氨浸液中萃铜，富铜有机相用硫酸溶液反萃可得硫酸铜溶液，电积产出电铜。

9.3.4.2 碳酸钠溶液浸出

碳酸钠溶液的分解能力比硫酸弱，且价格较高，但其浸出选择性高，浸液较纯净。目前，其广泛用作碳酸盐铀矿的浸出剂，也可浸出钨矿物原料。

浸出铀矿的反应为：

$$UO_3 + 3Na_2CO_3 + H_2O = Na_4[UO_2(CO_3)_3] + 2NaOH \tag{9-3-14}$$

$$Na_2UO_4 + 3Na_2CO_3 + 2H_2O = Na_4[UO_2(CO_3)_3] + 4NaOH \tag{9-3-15}$$

$$K_2O \cdot 2UO_3 \cdot V_2O_5 + 6Na_2CO_3 + 2H_2O = 2Na_4[UO_2(CO_3)_3] + 2KVO_3 + 4NaOH \tag{9-3-16}$$

$$U_3O_8 + 1/2O_2 + 9Na_2CO_3 + 3H_2O = 3Na_4[UO_2(CO_3)_3] + 6NaOH \tag{9-3-17}$$

原料中的氧化硅、氧化铁和氧化铝在碳酸钠溶液中很稳定，甚至在加热的条件下也很少被分解，仅少量的硅呈硅酸钠、铁呈不稳定的配合物、铝呈铝酸钠的形式存在于浸出液中。

原料中的碳酸盐脉石在碳酸钠溶液中相当稳定，但原料中的氧化钙、氧化镁等则易被碳酸钠溶液分解，其反应为：

$$CaO + Na_2CO_3 + H_2O \xlongequal{\quad} CaCO_3 + 2NaOH \tag{9-3-18}$$

$$MgO + Na_2CO_3 + H_2O \xlongequal{\quad} MgCO_3 + 2NaOH \tag{9-3-19}$$

若浸出时添加氧化剂，原料中的硫化物可被氧化而与碳酸钠溶液起作用，其反应为：

$$2FeS_2 + 8Na_2CO_3 + 15/2O_2 + 7H_2O \xlongequal{\quad} 2Fe(OH)_3\downarrow + 4Na_2SO_4 + 8NaHCO_3 \tag{9-3-20}$$

因此，原料中硫化物含量少时，反应生成的碳酸氢钠可中和铀矿物及某些杂质浸出时所生成的氢氧化物，可防止浸出液的 pH 值过高而使铀沉淀析出；但当硫化物含量高时，将消耗大量的碳酸钠，此时应预先将硫化物除去或改用酸法浸出。

矿石中的磷、钒化合物可被碳酸钠溶液分解，生成可溶性钠盐：

$$P_2O_5 + 3Na_2CO_3 \xlongequal{\quad} 2Na_3PO_4 + 3CO_2\uparrow \tag{9-3-21}$$

$$V_2O_5 + Na_2CO_3 \xlongequal{\quad} 2NaVO_3 + CO_2\uparrow \tag{9-3-22}$$

从上述反应可知，碳酸钠溶液分解铀矿物及某些杂质组分时会生成氢氧化钠（俗称苛性钠），使浸出液的 pH 值上升。碳酸钠溶液浸铀需在 pH 值为 9 ~ 10.5 的条件下进行，当 pH 值大于 10.5 时，会沉淀析出重铀酸盐，即：

$$2Na_4[UO_2(CO_3)_3] + 6NaOH \xlongequal{\quad} Na_2U_2O_7\downarrow + 6Na_2CO_3 + 3H_2O \tag{9-3-23}$$

为防止沉淀反应的发生，生产中常用碳酸钠和碳酸氢钠的混合液作浸出剂，碳酸氢钠用量常为总量的 10% ~ 30%。

为提高铀的浸出率，碳酸盐浸出时应保持一定的氧化条件，从氧化速度考虑，添加高锰酸钾较适宜，但其成本较高。因此生产中最理想的氧化剂是空气，为提高空气的氧化速度，可加入少量的化学氧化剂作催化剂，其中铜氨配离子的效果最好。为缩短浸出时间，采用高压充气浸出的方法最适宜，但此法对设备的要求比常压浸出要高。常见的浸出条件为：压强约 980665Pa（10 大气压），温度 100 ~ 150℃，Na_2CO_3 质量浓度为 25 ~ 60g/L，$NaHCO_3$ 质量浓度为 5 ~ 25g/L。

此外，在热压条件下，碳酸钠溶液可浸出钨矿物原料，使钨呈可溶性钨酸钠形态转入浸液中。

9.3.4.3 苛性钠溶液浸出

浓度为 40% ~ 45% 的苛性钠溶液可直接浸出方铅矿、闪锌矿、铝土矿、钨锰铁矿、白钨矿和独居石等，使相应的目的组分转入溶液或沉淀中，也可在 500℃ 条件下压煮浸出铜镍硫化矿粗精矿，使其中的黄铁矿分解而得铜镍硫化矿精矿。浸出的主要反应为：

$$PbS + 4NaOH \xlongequal{\quad} Na_2PbO_2 + Na_2S + 2H_2O \tag{9-3-24}$$

$$ZnS + 4NaOH \xlongequal{\quad} Na_2ZnO_2 + Na_2S + 2H_2O \tag{9-3-25}$$

$$FeWO_4 + 2NaOH \xlongequal{\quad} Na_2WO_4 + Fe(OH)_2 \tag{9-3-26}$$

$$MnWO_4 + 2NaOH \xlongequal{\quad} Na_2WO_4 + Mn(OH)_2 \tag{9-3-27}$$

$$CaWO_4 + 2NaOH \rightleftharpoons Na_2WO_4 + Ca(OH)_2 \tag{9-3-28}$$

$$Al_2O_3 \cdot nH_2O + 2NaOH = 2NaAlO_2 + (n+1)H_2O \tag{9-3-29}$$

$$RePO_4 + 3NaOH = Re(OH)_3 \downarrow + Na_3PO_4 \tag{9-3-30}$$

$$FeS + 2NaOH = Fe(OH)_2 + Na_2S \tag{9-3-31}$$

苛性钠溶液是拜耳法生产氧化铝的主要浸出剂。若铝土矿中的铝呈三水铝石形态存在，在常压、110℃和碱质量浓度为200~240g/L的条件下，铝可全部溶解转入浸出液中；若铝土矿为一水软铝石或一水硬铝石型，浸出作业须在压煮器中进行，压强为3922660Pa（40大气压），温度为180~240℃。

目前，苛性钠溶液浸出除大规模用于生产氧化铝外，还常用于处理硅含量高的钨细泥及钨锡中矿等含钨矿物原料。采用单一的苛性钠溶液（浓度约40%）在常压加温（约110℃）或热压条件下处理钨细泥可得到满意的浸出结果；处理白钨精矿时，苛性钠溶液的浸出反应为可逆反应，此时宜采用苛性钠与硅酸钠的混合溶液作浸出剂才能得到较高的浸出率。当白钨矿原料中含一定量的氧化硅时，可用单一的苛性钠溶液作浸出剂，其反应为：

$$CaWO_4 + SiO_2 + 2NaOH = Na_2WO_4 + CaSiO_3 + H_2O \tag{9-3-32}$$

浸出钨原料时，溶液中的溶解氧可将低价铁和锰部分氧化为高价铁和锰，其反应为：

$$2Fe(OH)_2 + 1/2O_2 + H_2O = 2Fe(OH)_3 \tag{9-3-33}$$

$$2Mn(OH)_2 + 1/2O_2 + H_2O = 2Mn(OH)_3 \tag{9-3-34}$$

此反应有利于钨的浸出。

9.3.4.4 硫化钠溶液浸出

硫化钠溶液可分解砷、锑、锡、汞的硫化矿物，使其生成相应的可溶性硫代酸盐，Bi_2O_3、SnS不溶于硫化钠溶液中。为防止硫化钠水解失效，以提高相应组分的浸出率，实践应用中常用硫化钠与苛性钠的混合液作浸出剂。

生产实践中，可利用上述反应原理进行精矿除杂或从矿物原料中提取这些有用组分，如从铜、钴、镍精矿中除砷，从锡矿中提取锡以及从辰砂中提取汞等。

9.3.5 盐浸

盐浸是用无机盐的水溶液或其酸液（或碱液）作浸出剂，常用的盐浸试剂为氯化钠、高价铁盐、氯化铜、次氯酸钠、氰化物等。

9.3.5.1 氯化钠溶液浸出

氯化钠溶液可作为某些矿物的浸出剂，也可作为添加剂而与盐酸或其他浸出剂混用以提高浸液中的氯离子浓度，从而提高被浸组分在浸液中的溶解度。

氯化钠溶液可作为白铅矿、离子吸附型稀土矿和氯化焙烧烟尘的浸出剂。浸出白铅矿的反应为：

$$PbSO_4 + 2NaCl = PbCl_2 + Na_2SO_4 \tag{9-3-35}$$

$$PbCl_2 + 2NaCl = Na_2[PbCl_4] \tag{9-3-36}$$

离子吸附型稀土矿为稀土离子吸附于风化的高岭土等矿物中形成的稀土风化壳矿床，吸附的稀土组分易被7%的硫酸、6%～7%的氯化钠溶液、1%～2%的硫酸铵或氯化铵溶液浸出，其实质是将吸附的稀土离子交换淋洗下来，然后用草酸沉淀法或碳铵沉淀法从浸液中制取混合稀土氧化物。

氯化钠溶液浸出氯化焙烧烟尘的实质是使难溶的氯化铅和氯化银转变为可溶性的配合物，然后从浸液中回收铅和银。

9.3.5.2 高价铁盐溶液浸出

高价铁盐是一系列硫化矿物浸出时的理想氧化剂，生产中常用三氯化铁作浸出剂。高价铁盐溶解硫化矿物的反应为：

$$MS + 8Fe^{3+} + 4H_2O \xlongequal{} M^{2+} + 8Fe^{2+} + SO_4^{2-} + 8H^+ \tag{9-3-37}$$

$$MS + 2Fe^{3+} \xlongequal{} M^{2+} + 2Fe^{2+} + S \tag{9-3-38}$$

从式（9-3-37）和式（9-3-38）的自由能变化可知，反应主要生成硫酸根，但实际浸出时主要生成单质硫，这可能是生成硫酸根的速度较慢的缘故。

试验表明，高价铁盐浸出硫化矿物从难到易的顺序为：辉钼矿、黄铁矿、黄铜矿、镍黄铁矿、辉钴矿、闪锌矿、方铅矿、辉铜矿、磁黄铁矿。这一溶解顺序与硫化矿物的标准还原电位顺序稍有不同，其原因可能是溶解速度不同。浸出时通过调节浸液的pH值和高价铁离子浓度可控制溶液电位和反应产物。

高价铜离子也是一种氧化剂，其中氯化铜浸出硫化矿物从难到易的顺序为：黄铁矿、黄铜矿、方铅矿、闪锌矿、辉铜矿。由于氯化亚铜难溶于水，故一般采用氯化铜和氯化钠的混合液作浸出剂，使低价铜离子呈配离子转入浸液中。

采用高价铁盐和铜盐作浸出剂时，可用氧化法（空气、液氯、软锰矿等）及隔膜电解等方法进行试剂再生。

难氧化的辉钼矿可用强氧化剂（硝酸、次氯酸钠等）作浸出剂，然后以钼酸钙或钼酸铵的形态从浸液中回收钼。此法可用于处理难选的钼中矿。

9.3.5.3 氰化浸出

氰化物是金矿物、银矿物和铜矿物的有效浸出剂，其反应为：

$$Au(CN)_2^- + e^- \xlongequal{} Au + 2CN^- \tag{9-3-39}$$

$$\varepsilon = -0.64 + 0.0591\lg a_{Au(CN)_2^-} + 0.118p_{CN}$$

$$Ag(CN)_2^- + e^- \xlongequal{} Ag + 2CN^- \tag{9-3-40}$$

$$\varepsilon = -0.31 + 0.0591\lg a_{Ag(CN)_2^-} + 0.118p_{CN}$$

$$Cu_2S + 6CN^- \xlongequal{} 2Cu(CN)_3^{2-} + S^{2-} \tag{9-3-41}$$

$$K_f = 1.85 \times 10^{-28}$$

氰化浸出金、银、铜是基于它们能与氰根生成稳定的可溶性络阴离子，降低了金、银、铜的氧化还原电位，从而使它们易溶于氰化液中，之后可用锌置换法、电积法或吸附-电积法从浸液中回收金银。

浸出金、银时，CN^-浓度一般为0.03%～0.25%，相当于10^{-2}mol/L，金、银的浓度分别为2g/m^{3}和20g/m^3，相当于$a_{Au^+}=10^{-5}$，$a_{Ag^+}=10^{-4}$，若置换时锌的活度为10^{-4}mol/L，

则可绘制氰化提取金银的 Au(Ag,Zn)-CN^--H_2O 系的 ε-pH 值图（见图 9-3-13）。从图中曲线可知，当 p_{CN} 相同时，金的平衡电位比银的电位低，因此金更易被浸出，同时金银的平衡电位皆随浸液中游离氰根浓度的增加而降低，使金银更易被浸出。氰化浸出金银的推动力在 pH 值为 9 时最大。因此，生产中常加入保护碱（石灰）以防止氰化物化学分解并维持矿浆的 pH 值为 8~10。

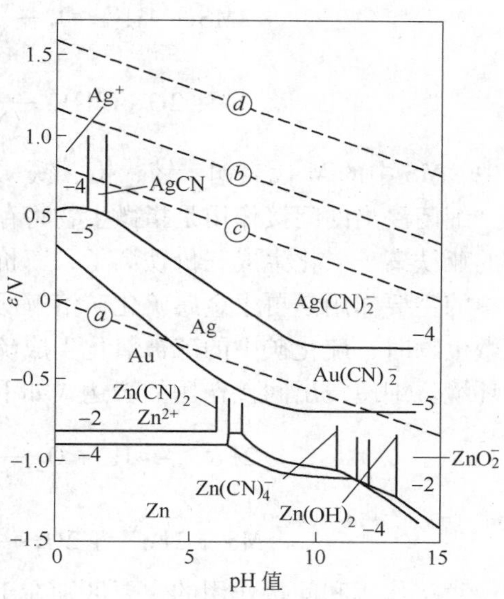

图 9-3-13 Au(Ag,Zn)-CN^--H_2O 系的 ε-pH 值关系

一般认为金银的氰化浸出属电化腐蚀过程，浸出速度取决于氧和氰根的扩散速度，理论推导认为溶液中的氰根浓度与溶解氧的浓度比（物质的量比）为 6 时，金的溶解速度达最大值，而浓度比的试验值为 4.69~7.4，故理论值和试验值是吻合的。因此，氰化浸出时常用充气的方法来提高浸出矿浆中的氧浓度。

9.3.6 细菌浸出

随着社会的发展，有色金属需求量逐渐加大与矿产资源日趋贫杂的矛盾日益突出，许多以前采用传统选矿和冶金技术无法提取利用而被忽视的贫、细、杂金属矿物逐渐引起了人们的重视。20 世纪 50 年代嗜酸氧化亚铁硫杆菌被发现，人们开始利用微生物进行硫化矿浸出，形成了细菌浸出（生物冶金）技术。细菌浸出是利用微生物的氧化作用氧化非溶性矿物（主要是指金属硫化矿），并将其中所含有价金属浸出并加以回收利用的过程。细菌浸出技术相对传统冶金技术具有经济、操作简单、环境友好和适合于处理低品位的金属硫化矿及尾矿的优点，已经成功应用于铜、锌、锰、铀、镍、钴、金和银等金属的提取。

目前应用于细菌浸出的浸矿功能菌按照氧化功能分为氧化亚铁（氧化亚铁钩端螺旋杆菌等）、氧化硫（氧化硫硫杆菌等）和既能氧化亚铁又能氧化硫（氧化亚铁硫杆菌等）三类；按生长的温度范围可分为：中温菌（20~40℃）、中度嗜热菌（40~60℃）、极端嗜热菌（高于 60℃）。这些浸矿功能菌大多分布于金属硫化矿、煤矿的矿坑酸性水和含硫的温泉中，其中中温菌大多属化能自养菌，主要为无机营养性细菌；但是嗜热菌大多需要外加有机物（主要是酵母提取物），以铁和（或）硫氧化时释出的化学能作能源，以大气中的二氧化碳以及溶液中的无机氮、磷、硫等无机养分合成自身的细胞。他们嗜酸好氧，习惯生活于含多种重金属离子的酸性水中。

9.3.6.1 细菌浸出机理

自 20 世纪 50 年代嗜酸氧化亚铁硫杆菌被发现以来，微生物在生物浸出过程中的作用机制就存在争议，研究者提出了微生物在浸出过程中有直接作用和间接作用两种方式。细菌浸出的直接作用是指浸出过程中，细菌吸附于矿物表面通过蛋白分泌物或其他代谢产物直接将硫化矿氧化分解的作用，硫化矿被细菌直接氧化分解为金属离子和元素硫，细菌再进一步将硫氧化为硫酸。细菌浸出的直接作用的表达式如下：

$$2MS + 4H^+ + O_2 \xrightarrow[(NH_3,CO_2)]{\text{细菌}} 2M^{2+} + 2S^0 + 2H_2O \qquad (9\text{-}3\text{-}42)$$

$$S^0 + 2O_2 + 4H^+ \xrightarrow[(NH_3,CO_2)]{\text{细菌}} H_2SO_4 \qquad (9\text{-}3\text{-}43)$$

式中，MS 中的 M 代表铜、锌、铅、铁、镍等金属。

细菌浸出的间接作用是指微生物将存在于浸出体系溶液中及硫化矿氧化溶解过程中生成的亚铁离子氧化生成三价铁离子，三价铁离子进一步氧化溶解硫化矿，因此微生物在浸出中的主要作用是再生金属硫化矿溶解所消耗的三价铁离子，同时当浸出体系中含有硫氧化微生物时，硫化矿中的硫被氧化生成硫酸，提供溶解可溶性金属硫化矿所需的质子和酸性环境。细菌浸出间接作用的表达式如下：

$$2Fe^{2+} + 4H^+ + O_2 \xrightarrow[(NH_3,CO_2)]{\text{细菌}} 2Fe^{3+} + 2H_2O \qquad (9\text{-}3\text{-}44)$$

$$MS + 2Fe^{3+} + 2O_2 \xrightarrow{\text{细菌}} M^{2+} + 2Fe^{2+} + SO_4^{2-} \qquad (9\text{-}3\text{-}45)$$

直接作用和间接作用的主要区别在于硫化矿是在氧化剂（三价铁）还是微生物分泌产生的蛋白质或其他产物的氧化作用下溶解的。虽然一些研究者认为微生物在细菌浸出过程中是直接作用，但是截至目前并未发现微生物直接氧化溶解金属硫化矿的证据，同时也未发现微生物分泌的蛋白或产生的酶具有溶解硫化矿的功能；同时，硫化矿在酸性氧化环境和微生物存在条件下溶解生成的产物的种类基本相同，这些都表明微生物在细菌浸出过程中应该是间接作用。因此，从 21 世纪初开始，研究者基本认同细菌浸出过程中微生物是间接作用。

间接作用根据微生物是否需要和矿物接触可分为接触间接作用和非接触间接作用两种作用方式。接触间接作用是指在生物浸出过程中微生物必须要吸附在矿物表面才能氧化溶解硫化矿，也就是只有吸附在矿物表面的微生物才能氧化溶解金属硫化矿。而非接触间接作用则是指在浸出体系中的浮游微生物在黄铜矿溶解中起主要作用，它们将溶液中的 Fe^{2+} 氧化为 Fe^{3+}，氧化剂 Fe^{3+} 氧化溶解矿物，自身被还原为 Fe^{2+}，微生物再将 Fe^{2+} 氧化再生为 Fe^{3+}，保证了黄铜矿的持续溶解所需的 Fe^{3+}；同时硫氧化菌将溶液中的还原型硫化物氧化为硫酸，维持黄铜矿溶解所需的酸性环境。细菌浸出的三种作用如图 9-3-14 所示。

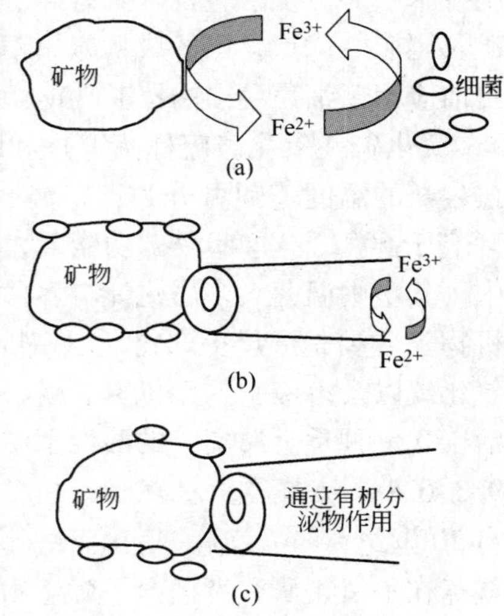

图 9-3-14 细菌浸矿的三种作用
（a）非接触间接作用；（b）接触间接作用；（c）直接作用

一些研究者通过采用半渗透膜将矿物和微生物隔离来研究微生物是否需要和矿物接触才能起到催化氧化作用。结果发现微生物不和矿物接触时，矿物的溶解速率高于化学浸出但却明显低于微生物和矿物接触的速率，这表明生物浸出过程中微生物和矿物的接触间接作用和非接触间接作用都存在，但是非接触间接作用相对较弱。因此，许多研究者认为生物浸出过程中吸附在矿物表面的微生物起主要作用，也就是接触间接作用起主要作用；而游离微生物通过将溶液中的亚铁离子和（或）还原型硫化物氧化为三价铁离子和（或）硫酸进而溶解矿物的非接触间接作用起次要作用。

9.3.6.2 细菌浸出流程

细菌浸出的工艺流程包括原料准备、浸出、固液分离、金属回收和浸出剂再生等5个主要工序，细菌浸出的原则流程如图9-3-15所示。

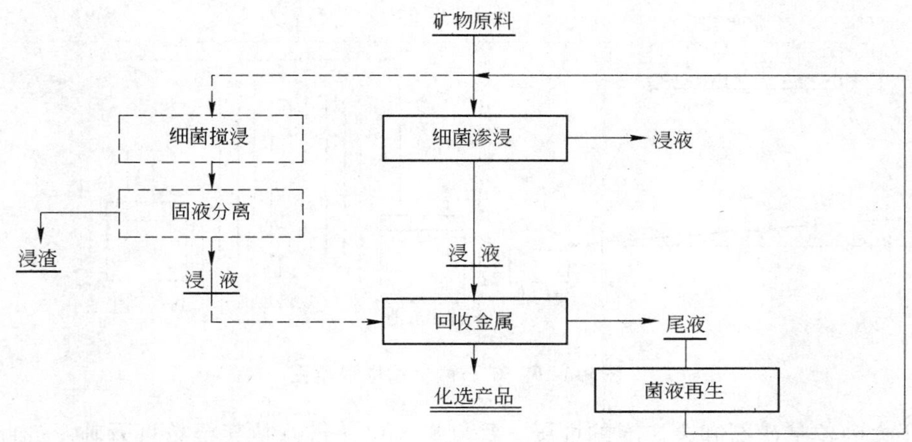

图9-3-15 细菌浸出原则流程

（1）原料准备。原料准备工序是对待处理物料进行处理，制备出适合于后续浸出作业的矿物原料。对于堆浸和槽浸工艺，一般包括配矿、破碎、堆置矿堆或装矿；对于搅拌浸出，则包括配矿、破碎和磨矿；而微生物原位浸出则不需这一工序。

（2）浸出工序。该工序是微生物浸矿工艺流程中的核心，包括微生物浸出剂制备和浸出作业。浸出剂的制备主要是在添加微生物生长所需的营养物质、满足微生物生长所需的氧气和二氧化碳、适宜的酸度及足够数量的微生物菌种的培养槽中培养微生物，使其满足浸出工艺所需的微生物数量。

（3）固液分离工序。堆浸、渗滤浸出或原位浸出都可以直接得到可以进行金属回收的澄清的浸出液，因此不需要这一工序；而搅拌浸出则需要进行固液分离，一般可采用逆流倾析和洗涤得到固体含量很低的浸出液，然后送金属回收工序。

（4）金属回收工序。金属回收工序是指从浸出液中回收金属的作业，常用的有置换沉淀法、电解沉积法、离子交换法和溶剂萃取等。

（5）微生物浸出剂再生工序。这一工序是将回收金属以后的澄清含菌尾液送入细菌培养槽中添加适当的营养成分并且调整其酸度，通入微生物生长所需的空气和二氧化碳进行微生物培养，使微生物数量达到浸出所需的数量后送回浸出工序，循环使用。菌液的再生方法有两种，一是将尾液调pH值后直接送往矿堆浸出，让其在渗浸过程中自行氧化再生；另一种是将尾液置于专门的再生池中再生，再生后的菌液再送往浸出作业。

A 微生物堆浸

微生物堆浸一般都在地面以上进行。首先依据计划每批处理的矿石吨位，设计、建设好不透水的地基；然后将待处理的矿石（未经破碎或经过一些破碎作业）堆置在地基上，形成矿石堆，设置喷淋管路；向矿堆中连续或间断地喷洒微生物浸出剂进行浸出，同时在地势较低的一侧建造集液池收集浸出液。另外也有利用微生物浸出剂直接在矿山附近形成的废矿堆上或在尾矿堆上进行浸出。

微生物堆浸工艺流程如图9-3-16所示。该工艺的特点为：工艺简单、每批处理的矿石量可依据实际情况随意调整，但存在浸出时间长、浸出率偏低等问题。

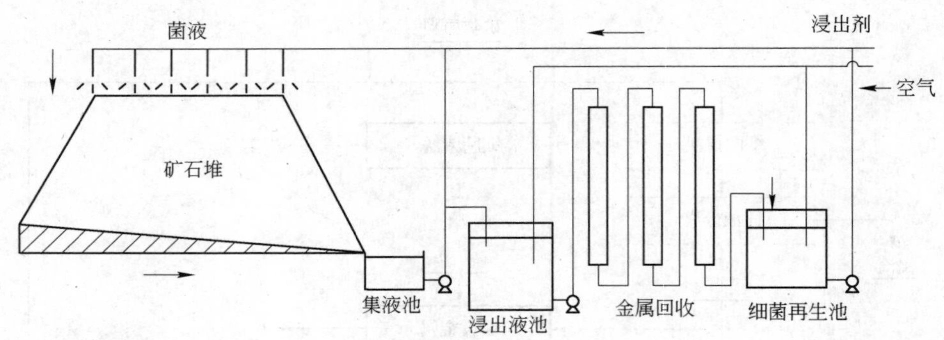

图9-3-16 矿石微生物堆浸流程

对于大吨位贫矿石和废矿石的堆浸，每堆矿石可达数万吨甚至数百万吨。如此大量的矿石，一般都不经过破碎，矿石最大粒度可以达数百毫米甚至上千毫米。由于矿石粒度大，浸出时间一般为几个月，有时甚至需要几年才能完成浸出作业。该工艺生产成本低，适合于处理大吨位的贫矿、废矿和尾矿。对于品位较高的矿石，若要求有较高的浸出率并能在较短时间内完成金属回收，通常将矿石破碎到5～50mm以下，再进行微生物堆浸处理，该条件下浸出周期一般为数十天到数百天。

在细菌堆浸的过程中，需要控制的主要工业参数是溶液的酸度，浸出过程中由于硫氧化微生物氧化硫生成硫酸，因而堆浸过程中的酸度在不断变化。当pH值大于2时，容易产生黄钾铁矾盐类化合物，阻碍传质和传热，进而阻碍矿石的进一步溶解；但是大部分浸矿功能菌不能在pH值为1或pH值小于1的条件下生长。同时，需要根据浸出液的组成补充相应的营养物质，维持细菌生长和浸矿所需的营养。

另外，由于细菌浸矿周期长，为强化浸出过程，矿堆中必须有充足的氧气和二氧化碳来源，可以采用轮流布液法，矿堆交替润湿和干燥，这样有利于矿石毛细管的收缩和扩散，从而强化细菌堆浸过程，缩短堆浸周期。

B 微生物槽浸

槽浸是一种渗滤型浸出作业，通常在浸出池或浸出槽中进行。微生物槽浸工艺常用于处理品位较高的矿石或精矿，待处理矿石的粒度一般为－3mm或－5mm。每一个浸出池（或槽）一次可装矿石数十吨或数百吨，浸出周期为数十天到数百天。微生物槽浸的浸出率明显高于微生物堆浸。

矿石的微生物槽浸工艺通常有两种操作方式：一种是在（连续或间断地）喷洒浸出剂的同时，连续排放浸出液，在矿层中不存留多余的溶液，这种浸出方式和地面堆浸方式非常相似；另一种是在喷洒浸出剂时，不进行排液，使浸出剂淹没矿石层，并在其中存留一段时间，然后再排放浸出液，按照这种方式操作，可以使浸出剂与矿石有更长的接触时间，但矿石层内的透气性不如前一种好。矿石微生物槽浸的常用设备实底渗滤池及槽浸流程如图 9-3-17 所示。

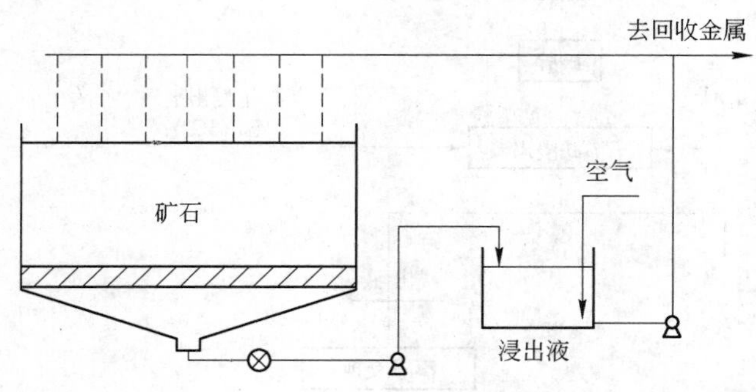

图 9-3-17　实底渗滤池及槽浸流程

C　微生物原位浸出

微生物原位浸出工艺（微生物溶浸采矿）是指由地面钻孔到金属矿体，然后从地面将微生物浸出剂注入到矿体中，原地溶浸有用成分，最后用泵将浸出液抽回到地面，经过下游分离纯化富集回收目的金属。采用好氧微生物浸出时，除了补充浸出剂外还必须要通过专用的钻孔向矿体内鼓入空气，为微生物的生长代谢提供所需的氧气和二氧化碳。

在微生物原位浸出操作中，要定期测定浸出液中的微生物浓度和目的元素浓度，当微生物浓度正常而目的元素浓度低于最小经济浓度时，浸出作业结束。

D　微生物搅拌浸出

微生物搅拌浸出一般用于处理富矿或精矿。在浸出前，先将待处理矿石磨到磨矿细度（-0.074mm）为90%以上。为了减小剪切力对浸矿微生物的损害，矿浆浓度一般小于20%。搅拌的作用是使矿物颗粒和浸出剂混合均匀，增加微生物和矿物的接触机会；同时增加矿浆中的空气含量，为微生物生长代谢提供充足的氧气和二氧化碳。搅拌的方式有机械搅拌和空气搅拌两种，机械搅拌比空气搅拌更容易使矿浆混合均匀，尤其适用于密度较大的矿物原料。

由于微生物浸出周期较长，一般要用多个搅拌槽串联操作来延长物料在设备中的停留时间。一般来说，搅拌越强，混合、传质、传热效果越好；但是搅拌越强产生的剪切力越大，对微生物的损伤越大，同时有可能使吸附在矿物表面的微生物脱离。因此，搅拌强度应根据矿物的密度、矿浆浓度、氧的消耗速率及金属的溶解速率等来确定。如果搅拌提供的空气量不能满足微生物生长的需要，则需要向搅拌槽中通入空气或含有二氧化碳的混合气体。另外，由于浸矿微生物有适宜生长代谢的温度范围，因此需要配置加热或冷却装置来维持槽内温度处于微生物的适宜温度。

9.3.6.3　细菌浸出应用实例

A　铜矿石微生物浸出的应用

湖南省常宁县的柏坊铜矿，属于铜铀共生矿床。矿石中铜以硫化矿物为主，铀绝大部分以 U_3O_8 的形式存在。该矿采用浮选和重选联合流程选出铜精矿，用火法冶炼生产金属铜，而选别尾矿、冶炼炉渣和井下大量贫矿中仍含有数量可观的铜和铀。为了充分利用矿产资源，对这些物料采用微生物浸出工艺回收铜和铀，其生产流程如图9-3-18所示。

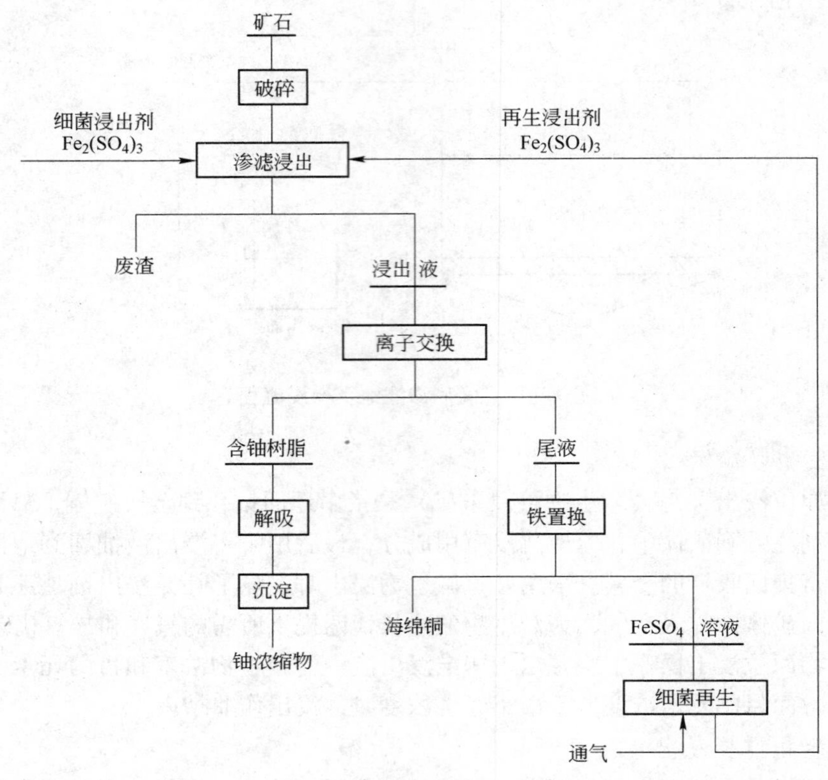

图9-3-18 铜铀矿石微生物浸出工艺流程图

B 难处理金矿石微生物氧化预处理的应用

广西平南县六岭金矿产出的矿石属于含砷黄铁矿型难处理金矿石，其浮选精矿含砷3%以上，对这一精矿直接进行氰化浸出，金的浸出率仅有70%～72%，而用焙烧法进行氧化预处理，又造成严重的环境污染。为了解决这一问题，六岭金矿采用微生物氧化-氰化浸金的工艺流程，于1980～1983年间进行了小型试验和扩大试验，获得了良好的效果。使用的微生物是氧化亚铁硫杆菌，所用金精矿磨矿细度（－0.074mm）为90%以上，精矿含砷低于4%时磨矿细度（－0.074mm）为20%～30%；含砷4%～8%时磨矿细度（－0.074mm）为10%～20%，含砷高于8%时磨矿细度（－0.074mm）为10%以下，浸出体系的pH值控制在1.8～2.3，温度控制在28～30℃，充气量控制在0.15～0.18L/(min·L)，生物氧化时间4～6天，精矿中砷的脱除率可达70%以上。若将浸出渣加稀盐酸溶解数小时，脱砷率可上升到90%左右。扩大试验在通气搅拌槽中进行，槽的容积为1.31～3.24m^3。

精矿氧化脱砷以后进行氰化浸金的工艺条件为：NaCN浓度为0.1%，CaO浓度为0.02%，矿浆浓度为25%，浸出时间为24h。此外，为了抑制精矿中的炭吸附金，在氰化浸出过程中每千克精矿加入2mL煤油。金矿浸出结果表明，当精矿中的砷含量由5%左右降到2% ~3%（相当于脱砷率40% ~60%）时，金的氰化浸出率可达到87%。与直接氰化浸出相比，金的浸出率提高了15 个百分点以上。

9.3.7 热压浸出

在密闭容器中进行热压浸出可提高反应速度，可用气体或易挥发物质作浸出剂。目前，工业上可用热压技术浸出铀、钨、钼、铜、镍、钴、锌、锰、铝、钒、金等矿物原料。

9.3.7.1 热压无氧浸出

溶液的沸点随蒸气压的增大而升高，纯水的沸点与蒸气压的关系如图 9-3-19 所示，水的临界温度为374℃。因此，热压浸出温度一般低于 300℃，否则，水的蒸气压会大于 10.13MPa（100 大气压）。

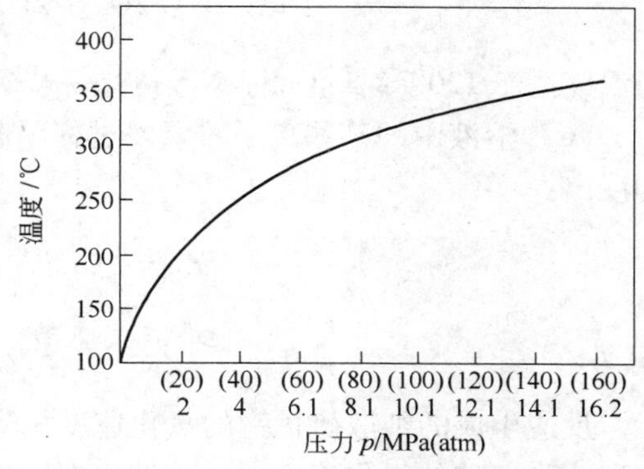

图 9-3-19 水的饱和蒸气压 p 和温度 T 的关系

热压无氧浸出是在不用氧气或其他氧化剂的条件下，仅用提高温度的方法来提高被浸组分在浸液中的溶解度，如铝土矿、钨矿和钾钒铀矿等的碱浸，其反应为：

$$2Al(OH)_3 + 2NaOH \xrightarrow{100℃} 2NaAl(OH)_4 \tag{9-3-46}$$

$$AlOOH + NaOH + H_2O \xrightarrow{155 \sim 175℃} NaAl(OH)_4 \tag{9-3-47}$$

$$Al_2O_3 + 2NaOH + 3H_2O \xrightarrow{230 \sim 240℃} 2NaAl(OH)_4 \tag{9-3-48}$$

$$CaWO_4 + Na_2CO_3 \xrightarrow{180 \sim 200℃} Na_2WO_4 + CaCO_3 \tag{9-3-49}$$

$$K_2O \cdot 2UO_3 \cdot V_2O_5 + 6Na_2CO_3 + 2H_2O \xrightarrow{100 \sim 180℃} 2Na_4[UO_2(CO_3)_3] + 2KVO_3 + 4NaOH \tag{9-3-50}$$

9.3.7.2 热压氧浸

金属硫化物几乎不溶于水，甚至加温至 400℃时也是如此，但当有氧存在时则易溶。热压氧浸硫化矿物一般遵循下列规律。

（1）在温度小于120℃的酸性介质中，金属呈离子态进入浸液中，硫呈单质硫析出，但各硫化矿物在酸性介质中析出单质硫的电位和 pH 值不同，如热压氧浸黄铁矿时，pH 值小于2.5 时生成单质硫，pH 值大于2.5 时则主要生成硫酸根。

（2）在温度小于 120℃ 的中性介质中，金属和硫均进入溶液中，硫呈硫酸根形态存在。

（3）在碱性介质中，金属和硫均进入溶液中，硫主要被氧化为硫酸根，部分呈低度氧化物（如 SO_3^{2-}、$S_2O_3^{2-}$、$S_2O_4^{2-}$、SO_2^{2-} 等）存在，金属呈简单离子或配离子存在，或被水解沉淀析出，两性金属可呈阴离子形态存在。

（4）温度低于 120℃时，单质硫被氧化为硫酸根的反应速度慢，温度高于 120℃时反应加速。因此，在低温酸介质中热压氧浸硫化矿可得到单质硫，否则，硫被氧化为硫酸根或硫的低度氧化物。

（5）热压氧浸低价金属硫化物时，浸出呈现阶段性，如低温热压氧浸 Cu_2S、Ni_3S_2 的反应为：

$$Cu_2S + 1/2O_2 + 2H^+ \xlongequal{} CuS + Cu^{2+} + H_2O \tag{9-3-51}$$

$$Ni_3S_2 + 1/2O_2 + 2H^+ \xlongequal{} 2NiS + Ni^{2+} + H_2O \tag{9-3-52}$$

当温度高于120℃时，CuS、NiS 可进一步氧化为硫酸盐。

（6）溶液中的某些离子对氧浸过程可起到催化作用，如硫酸铜可催化闪锌矿、硫化镉的浸出：

$$ZnS + CuSO_4 \xlongequal{} ZnSO_4 + CuS \tag{9-3-53}$$

$$CuS + 2O_2 \xlongequal{} CuSO_4 \tag{9-3-54}$$

反应生成的细散硫化铜的氧化速度相当大。热压氧浸铜蓝时，采用盐酸比相同浓度的硫酸或高氯酸的氧化速度大，其催化作用为：

$$2Cl^- + 2H^+ + 1/2O_2 \xlongequal{} Cl_2 + H_2O \tag{9-3-55}$$

$$CuS + Cl_2 \xlongequal{} Cu^{2+} + 2Cl^- + S \tag{9-3-56}$$

此外，Fe^{2+}、Cu^{2+}、Zn^{2+}、Ni^{2+} 等可加速单质硫的热压氧浸速度。

硫化矿物的热压氧浸反应速度与试剂浓度、氧的浓度、相界面积、温度、扩散层的厚度和催化作用等因素有关。

在密闭容器中，氧在水中的溶解度随压力和温度而变，如图9-3-20所示。硫化矿物的热压氧浸属电化学反应机理，氧压小时，浸出速度几乎与氧压呈线性关系；氧压大时，浸出速度与氧压无关；中等氧压（0.5~2.5MPa）时，浸出速度与氧压呈抛物线关系。矿浆pH值对浸出速度的影响较小，但氨浸时氨的浓度对浸出速度有较大影响，从图9-3-21可知，氧在氨溶液中的溶解度随氨浓度的提高而增大，试验表明，增加氨的浓度可加速镍的溶解。浸出温度大于120℃时，熔化的硫可包裹硫化矿粒，妨碍硫化矿物的溶解。因此，浸出低硫物料（如多金属冰铜）时，采用180~200℃的作业温度；浸出高硫物料（矿物原料）时，宜用110~115℃的作业温度。氧化氨浸的温度常为70~80℃。

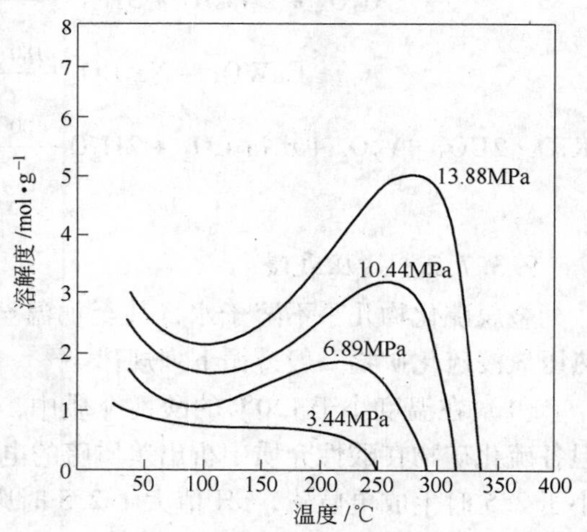

图 9-3-20 水中氧溶解度与温度和压力的关系

热压氧浸法可处理硫化矿和含黄铁矿的氧化矿，可在酸液或氨溶液中进行。

A 热压氧酸浸

a 浸出硫化矿 闪锌矿浸出条件为：浸出温度 110～120℃，$p_{O_2}=0.14Pa$，粒度小于 0.045mm。当浸出时间为 2～4h 时，浸出率达99%，浸液电积可得电锌，废电解液返回浸出。

黄铜矿浸出条件为：浸出温度 110～120℃，$p_{O_2}=1.4\sim3.54Pa$，粒度小于 0.045mm。

此外还可浸出镍钴硫化矿、方铅矿、铜锌硫化矿、镍锍等。

低温热压氧酸浸硫化矿时，有的可得单质硫，可用浮选法或筛选法进行回收。

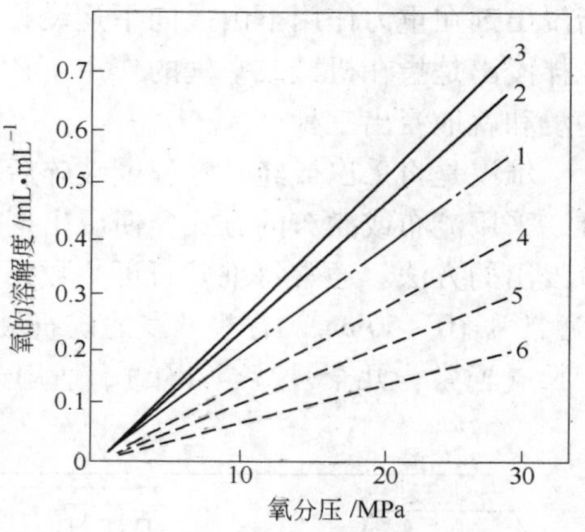

图 9-3-21 127℃时氧分压与氧溶解度的关系
1—蒸馏水；2—质量浓度为 38g/L 的 NH_3 溶液；3—质量浓度为 83g/L 的 NH_3 溶液；4，5，6—质量浓度分别为 100g/L，200g/L 和 300g/L 的 $(NH_4)_2SO_4$ 溶液

b 无酸浸出含黄铁矿的氧化矿 黄铁矿被氧化为硫酸铁，再水解为氧化铁和硫酸，析出的硫酸可浸出其他金属氧化矿。其中，浸出软锰矿的反应为：

$$2FeS_2 + 7O_2 + 2H_2O = 2FeSO_4 + 2H_2SO_4 \tag{9-3-57}$$

$$MnO_2 + 2FeSO_4 + 2H_2SO_4 = MnSO_4 + Fe_2(SO_4)_3 + 2H_2O \tag{9-3-58}$$

c 从黄铁矿制取单质硫 制取单质硫的反应为：

$$FeS_2 = FeS + 1/2S_2 \tag{9-3-59}$$

$$2FeS + 3/2O_2 = Fe_2O_3 + 2S^0 \tag{9-3-60}$$

将热分解黄铁矿所得的硫化铁或磁黄铁矿在 pH 值为 1.0 的稀酸中制浆，在 110℃、$p_{O_2}=1.01Pa$ 的条件下浸出 4h 即可，氧化铁渣含铁量高，可送去炼铁。

B 热压氧氨浸

热压氧氨浸时，凡与氨生成可溶性配合物的金属均进入溶液，但钴的浸出率低且铂族金属会分配于浸液和浸渣中。因此，热压氧氨浸宜处理钴含量小于 3% 和铂族金属含量较低的矿物原料。氨浸反应为：

$$MS + 2NH_3 + 2O_2 = [M(NH_3)_2]^{2+} + SO_4^{2-} \tag{9-3-61}$$

$$2FeS_2 + 15/2O_2 + 8NH_3 + (4+m)H_2O = Fe_2O_3 \cdot mH_2O + 4(NH_4)_2SO_4 \tag{9-3-62}$$

当 pH 值较高时，大量的硫总是被氧化为硫酸根。试验表明，在 120℃、$p_{O_2}=1.01Pa$、$[NH_3]$ 为 1mol/L、硫酸铵浓度为 0.5mol/L 的条件下，硫化矿物的氧化顺序为：$Cu_2S > CuS > Cu_3FeS_4 > CuFeS_2 > PbS > FeS > FeS_2 > ZnS$。

氨浸时需严格控制氨浓度，否则易生成不溶性的高氨配合物，如 $[Co(NH_3)_6]^{2+}$。此工艺在 1953 年已成功地用于处理 Ni-Cu-Co 硫化矿，在 70～80℃、空气压强 $p=0.456\sim0.659Pa$ 的条件下浸出 20～24h，最终产出镍粉、钴粉、硫化铜和硫酸铵等产品。此外，还可处理黄铜矿、方铅矿和铜锌矿等矿物原料。

9.3.8 浸出工艺

9.3.8.1 浸出方法

化学浸出根据矿石和矿浆的运动形式可以分为渗滤浸出和搅拌浸出两种。渗滤浸出是指浸出剂在重力作用下由上向下运动，或是在压力作用下由下向上运动，而矿石不运动；搅拌浸出是指在机械或空气的作用下矿石和溶液同时混合运动。渗滤浸出一般分为堆浸、槽浸和就地浸出三种。

堆浸是将采出或经一定程度破碎后的矿石置于经过防渗处理、设有集液沟的堆场上筑堆，采用流布或撒布的方式，使浸出剂在重力作用下均匀渗滤通过物料堆层来完成目的组分浸出的方法。通常每堆矿石可达数万吨到数百万吨。堆浸的特点为：矿石粒径相对较大（通常为10～50mm，有些堆浸的矿石最大粒度可达数百毫米到上千毫米），浸出周期相对较长（通常为几个月甚至几年），适用于孔隙度较大的贫矿、废石以及表外矿矿石。

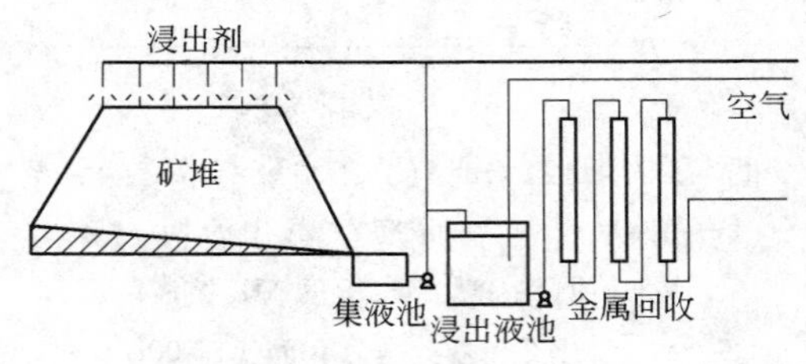

图9-3-22 矿石堆浸流程

与传统选矿工艺相比，堆浸具有投资少、成本低、基建时间短、生产环节少等优点，已经成功应用于从铜矿提取铜的工艺之中。堆浸流程如图9-3-22所示。

槽浸是将待处理的矿石置于渗浸槽或浸出池中，并设置喷淋管道，浸出剂在重力或压力作用下，渗滤通过待处理的矿石进而达到目的组分溶解的浸出方法。槽浸处理的矿石品位较高，矿石粒径小于5mm，浸出槽可装矿石数百吨，浸出周期为数天到数百天，浸出效率远高于堆浸。

槽浸工艺通常有两种操作方式，即连续操作和间歇操作。连续方式是指在喷淋（连续或间歇）浸出剂同时，连续排放浸出液，矿层中不存留多余浸出液，和堆浸操作相似。间歇槽浸是指在喷淋浸出剂时不排放浸出液，使浸出剂淹没矿石层，并在槽中停留一段时间，浸出结束后统一排放浸出液。相比而言，连续方式通气性较好，但是浸出剂和矿石接触时间较短。

与堆浸相比，槽浸在低温或暴雨季节依旧可以进行，增加了全年的作业时间；槽浸可通过提高浸出剂流速和不断排出浸出液以及使浸出剂均匀的与矿石接触来提高浸出率；槽浸也可以更好地保护环境，减少浸出液的流失，避免环境污染。但其前期投资较大，经营成本较堆浸等也要多出20%～40%，因此降低生产成本是槽浸工艺的技术发展方向之一。槽浸流程如图9-3-23所示。

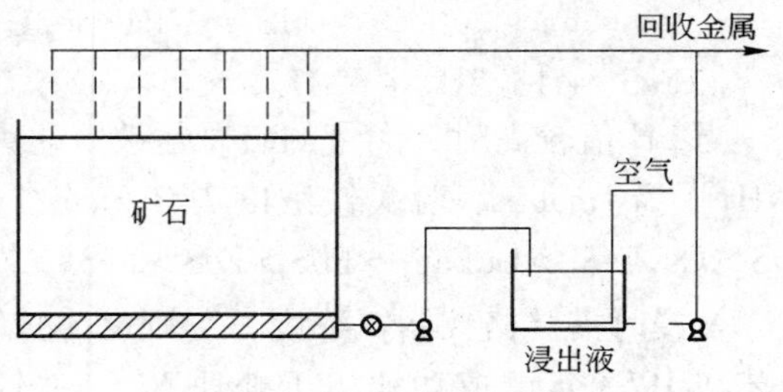

图9-3-23 矿石槽浸流程

就地浸出是指在矿床的原地注入浸出剂溶解矿物进而完成目的组分浸出的方法。它包括地下就地破碎浸出和地下原地钻孔浸出两种。地下就地破碎浸出是指利用爆破法就地将地下矿体中的矿石破碎并且使其达到预定的合理块度，从而将矿石就地形成微细裂隙发育、级配合理、块度均匀以及渗透性能良好的矿堆并布洒浸出剂，对含目的组分的浸出液进行回收和净化处理，以回收目的组分；而将浸渣在矿区进行就地封存。原地钻孔溶浸采矿是通过钻孔工程往矿层中注入浸出剂，浸出剂在扩散过程中和矿石中的目的组分接触并且溶解目的组分，生成的含有目的组分的浸出液在扩散以及对流的作用下离开化学反应区并向一定方向流动，产生沿矿层渗透的液流并且汇集成含有一定浓度的具有有用成分的浸出液，此后将这些浸出液通过抽液钻孔抽至地面水冶车间进行加工处理，以回收目的组分。

由于就地浸出相比传统选冶方法具有总投资较少、运营成本较低、无需在地表堆存矿石和废石等许多优点，还可以对不适合传统开采和加工的新矿床进行开采，因此该工艺已被广泛用于金属和矿物（包括硫、钠、钾、碱、天然碱、磷酸盐、苏打石，以及铀、离子型稀土、铜等）的工业化提取。就地浸出流程如图 9-3-24 所示。

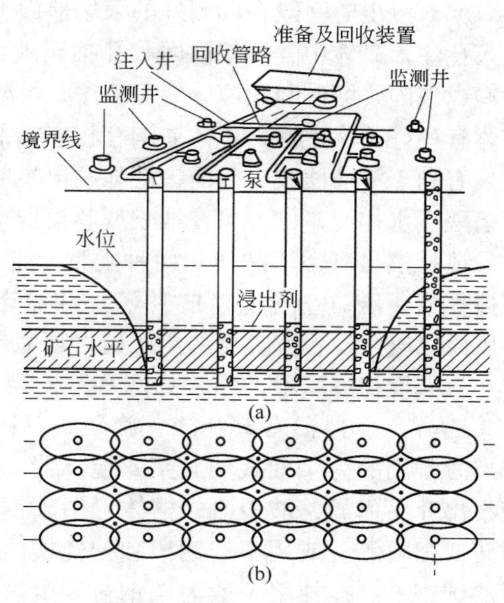

图 9-3-24 就地浸出流程
（a）就地浸出流程；（b）井场布置

搅拌浸出适用于各种矿物原料，可在常温常压或热压条件下进行，可间歇作业或连续作业。根据被浸物料和浸出剂的相对运动方式的不同，浸出流程可分为顺流浸出、逆流浸出和错流浸出三种。若被浸物料与浸出剂的流动方向相同，则为顺流浸出；若其流动方向相反，则为逆流浸出；若其流动方向交错，则为错流浸出。顺流浸出时，浸液中的目的组分含量高，浸出剂的消耗量较小，但其浸出速度小，浸出时间较长。错流浸出的浸出速度大，浸出率较高，但浸液体积大，组分含量低，浸出剂消耗量较大。逆流浸出可较充分地利用浸液中的剩余浸出剂，浸液中的目的组分含量较高，但其浸出速度较错流小。渗滤槽浸可采用上述三种方法的任一种方法进行；而堆浸和就地浸出一般采用顺流循环浸出的方法。连续搅拌浸出常用顺流浸出法，若采用错流或逆流浸出，则各级间需增加固液分离作业，操作较复杂；而间断搅拌浸出一般为单槽顺流浸出。

9.3.8.2 浸出设备

渗滤槽（池）的结构如图 9-3-25 所示，外壳可用木材、砖、混凝土等制成，内衬为防腐蚀层（瓷砖、塑料、环氧树脂等）。渗滤浸出槽应能承压、不漏液、耐腐蚀。主要操作参数为试剂浓度、放液速度、浸液目的组分含量和浸出剂的剩余浓度等，当浸出剂剩余浓度较高时，宜将其返回浸出。通常多槽同时操作，将浸液混合以保证浸液组分较稳定。

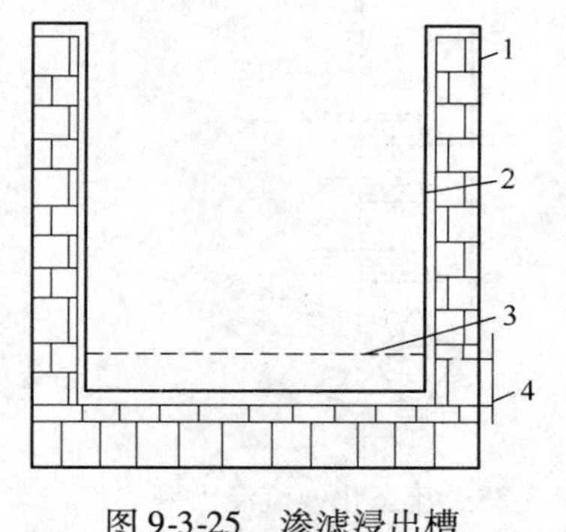

图 9-3-25 渗滤浸出槽
1—槽体；2—防酸层；3—假底；4—浸液出口

用于堆浸的堆浸场可位于山坡、山谷或平地上，地面平整后应进行防渗处理，如压紧并铺以防渗透耐腐蚀层，铺层除具有防渗透耐腐蚀性能外，还能承受矿堆的压力。为保护铺层，常在其上铺以细粒废石和 0.5 ~ 2.0m 厚的粗粒废石。根据气候条件、矿堆高度、矿堆表面积、孔隙度、操作周期、矿物组成和粒度组成等因素决定布液方法，可用洒布、流布或垂直管法布液。浸液一般用泵循环以提高浸液中目的组分浓度并降低试剂消耗量。浸出结束后用汽车或矿车将浸渣运至尾矿场。

就地浸出时一般在勘测好的采场地面上分区钻孔（分注入孔、回收孔等），浸出剂由注入孔注入矿体中，浸液由回收孔抽至地面进行处理。因此，可省去昂贵的建井、采矿、运输、破碎、磨矿和固液分离等工序，可减少环境污染和改善劳动条件。但就地浸出要求矿体有良好的渗透性，矿体周围有相应的不透水层，基岩稳定，地下水位低，以防浸液流失且有利于浸液回收。目前，就地浸出主要用于从采空区回收铜、铀，可用清水、酸液或含菌酸性水作浸矿剂，可在地表或巷道内布液，在适宜处设集液池以回收浸出液。

搅拌浸出有常压和热压两种类型。常压搅浸常用机械搅拌槽、压缩空气搅拌槽（塔）和流态化浸出塔等，热压浸出时常用各种类型的高压釜（压煮器）。

机械搅拌浸出槽的结构如图9-3-26所示，有多桨和单桨之分，搅拌器有桨叶式、旋桨式、锚式和涡轮式，浸出时常用的为桨叶式和旋桨式搅拌器。搅拌槽的材质依浸出介质而异，酸浸时，槽体可用碳钢内衬橡胶、耐酸砖或塑料等，或用不锈钢槽和搪瓷槽。碱浸时可用普通的碳钢槽。搅拌桨一般为碳钢衬胶、衬环氧玻璃钢或由不锈钢制成。槽体为圆柱体，槽底为圆球形或平底，中间有循环筒，可用电加热、夹套加热或蒸气直接加热的方式控制浸出温度。搅拌槽的容积依规模而定，常用于规模较小的厂矿。

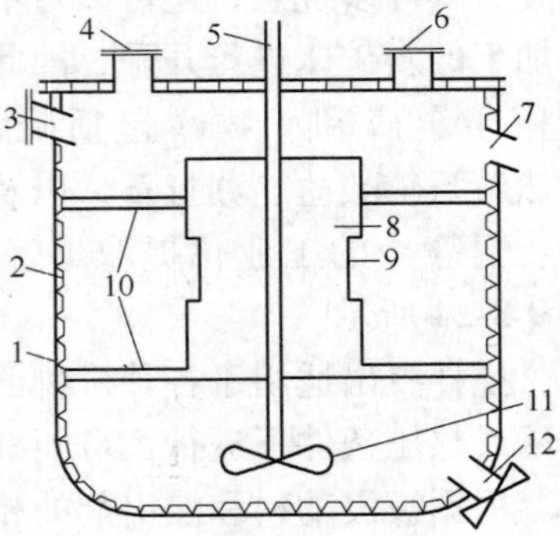

图9-3-26 机械搅拌浸出槽

1—壳体；2—防酸层；3—进料口；4—排气孔；5—主轴；6—人孔；7—溢流口；8—循环筒；9—循环孔；10—支架；11—搅拌桨；12—排料口

常见的压缩空气搅拌槽为泊秋克槽（塔），其结构如图9-3-27所示，上部为高大的圆柱体，下部为锥体，中间有一中心循环筒，压缩空气管直通中心循环筒下部，调节压缩空气压力和流量可控制矿浆的搅拌强度。压缩空气搅拌槽常用于规模较大的厂矿。

近十几年来，流态化技术有了很大的发展，如图9-3-28所示为流态化逆流浸出塔的结

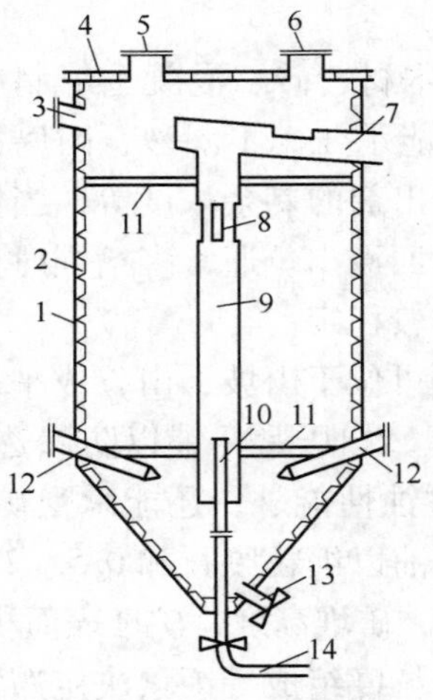

图9-3-27 空气搅拌浸出塔

1—塔体；2—防酸层；3—进料口；4—塔盖；5—排气孔；6—人孔；7—溢流槽；8—循环孔；9—循环筒；10—空气花管；11—支架；12—蒸汽管；13—事故排浆管；14—空气管

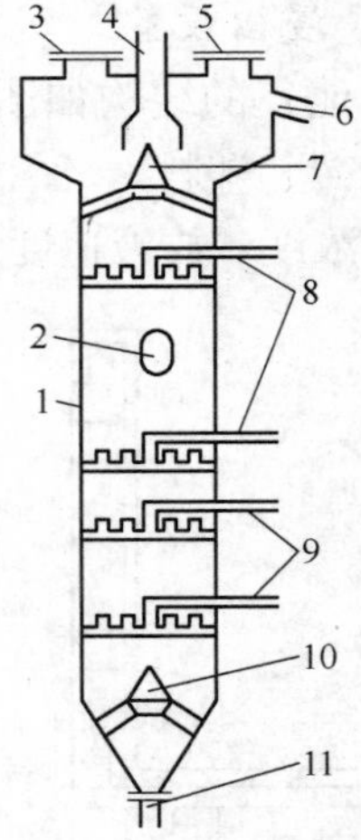

图9-3-28 流态化逆流浸出塔

1—塔体；2—窥视镜；3—排气孔；4—进料管；5—观察孔；6—溢流口；7—进料倒锥；8—硫酸分配管；9—洗涤水分配管；10—粗砂排料倒锥；11—粗砂排料口

构图，矿浆经进料管稳定而均匀地进入塔内，在塔的中部（浸出段）分上下两部分加入浸出剂进行逆流浸出，在塔的下部（洗涤段）分数段加入洗涤水进行逆流洗涤。洗涤后的粗砂经底部排料口排出，含细矿粒的浸出矿浆由溢流口流出。生产中可用50～60℃的热水作洗涤水以提高浸出温度。

目前用于热压浸出的高压釜有立式和卧式两种，搅拌方式有机械搅拌、气流（蒸汽或空气）搅拌和气流-机械混合搅拌三种，常用的哨式空气搅拌高压釜的结构如图9-3-29所示。矿浆自釜的下端进入，与压缩空气混合后经旋涡哨从喷嘴进入釜内，呈紊流态在釜内上升，然后经出料管排至自蒸发器内（自蒸发器的结构见图9-3-30）高速喷出并膨胀，压力骤然降至常压，由此生成的蒸汽吸收能量，降低了矿浆的温度。减压后的矿浆自蒸发器的底部排出，与液体分离后的气体从排气管排出，废气可用于预热矿浆。高压釜内矿浆的加温和冷却一般采用蒸汽夹套加热和水冷却的方式。

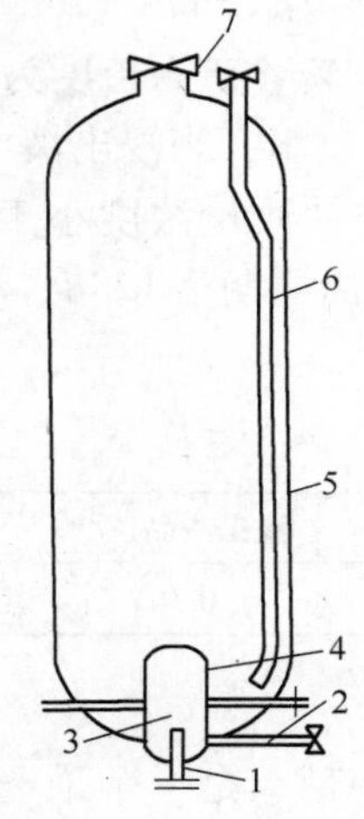

图9-3-29　空气搅拌高压釜

1—进料管；2—空气管；3—旋涡哨；4—喷嘴；5—釜筒体；6—事故排料管；7—出料管

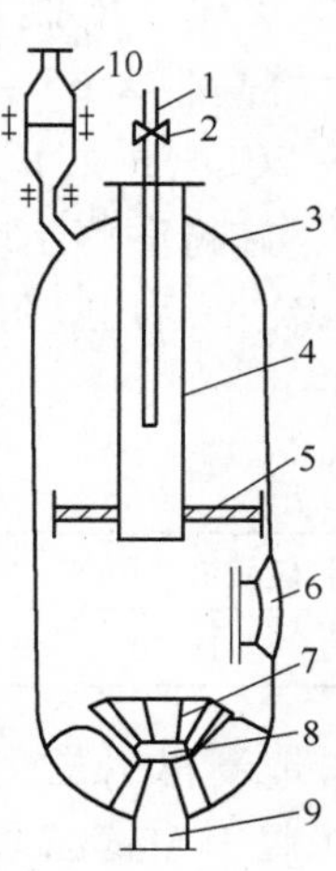

图9-3-30　自蒸发器

1—进料管；2—调节阀；3—筒体；4—套管；5—筛孔板；6—人孔；7—衬板；8—堵头；9—出料口；10—分离器

卧式机械搅拌高压釜的结构如图9-3-31所示，釜内有四个室，室间有隔墙，隔墙上部

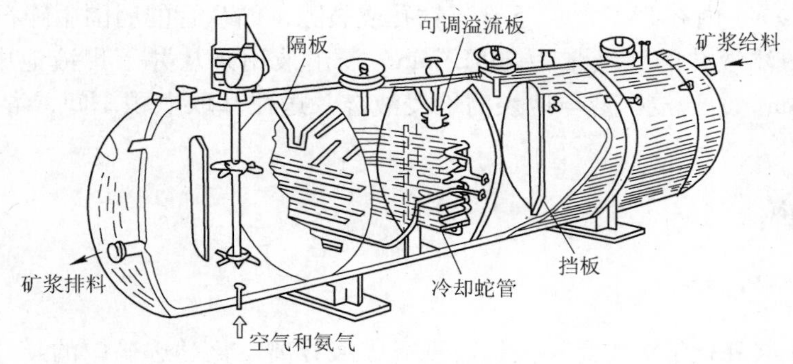

图9-3-31　卧式高压釜

中心有溢流堰，以保持各室液面有一定位差。矿浆进入第一室，之后依次通过其他三室，最后通过自动控制的气动薄膜调节阀减压后排出釜外。各室均有机械搅拌器，空气由位于搅拌器下的鼓风分配支管送入各室。

9.3.8.3 化学浸出应用实例

A 铀矿石堆浸的应用

某难处理硬岩铀矿包括花岗斑岩、凝灰砂岩、晶屑凝灰岩等类型，矿石中铀主要以沥青铀矿、铀石和钛铀矿等独立铀矿物形式存在，脉石矿物有石英、长石、方解石、绿泥石、云母等。由于该铀矿石属于铀-磷灰石-绿泥石类型，磷含量较高且与铀关系密切，浸出过程中需要较强的酸度溶解氟磷灰石，因此浸出过程的酸耗比较高。采用强化酸法进行堆浸，流程主要包括浸出中前期的大流量喷淋和浸出末期的高浓度硫酸溶液熟化淋浸。

现场工业试验采用管式微喷，分布于堆顶和边坡。浸出液输送到离子交换系统进行吸附，吸附尾液经处理后配制浸出剂。露天堆场的堆底尺寸为 25m × 13m，堆顶尺寸为 18.3m ×6.6m，堆高为 2.65 ~3.05m。原矿中铀品位为 0.138%，矿石粒度为 0.15 ~5mm，喷淋强度为 10 ~20L/(m^2 · h)，堆浸初期采用连续喷淋方式浸出；当浸出液中铀质量浓度小于 0.2g/L 时，施行淋停制度，淋停比为 1 ∶ 1，浸出液中铀质量浓度小于 0.12g/L 时，进行三次熟化，完毕后用吸附尾液洗堆。整个浸出过程的浸出周期为 128d，浸出结果见表 9-3-14。

表 9-3-14 强化堆浸条件及结果

矿石质量/t	硫酸消耗量/%	氯酸钠用量/%	熟化程度/g · L^{-1}	浸出渣品位/%	渣汁浸出率/%
1040	18.54	0.67	200，300，300	0.012	91.30

B 铜矿原地浸出的应用

圣曼纽铜矿属于 Magma 铜业公司，位于亚利桑那州的南部，是一个采选冶联合企业。该铜矿是一个大型的斑岩型铜矿，铜的金属储量约为 700 万吨，地质品位为 0.75%，在 20 世纪 70 年代矿量产出达 6.6 万吨/天。该铜矿含有氧化矿 3.3 亿吨，品位为 0.36% ~ 0.40%。1989 年开始在井下老采区开展就地浸出。1991 年电铜产量达 7.3 万吨/年，原地浸出占其中的 1/3，金属回收率达 70%。

原地浸出在地采的陷落区，其上部为露天采坑。1986 年起，露天采矿的边坡台阶或边坡部分钻有注液井和抽液井。目前已有 200 个注液井，深度在 62.5 ~437.5m 不等，注液井直径为 13.45cm，内有 PVC 管，下部有钻孔或裂隙，PVC 管的周围用碎石充填，以便注入浸出剂，每个注液井的注液量为 135L/min。浸出液用泵从井下集液池中提升至地表，提升高度为 623m。原地浸出液与地表的堆浸液合并送往萃取电积车间，混合液中铜的质量浓度为 1.7g/L。

9.4 固液分离

9.4.1 概述

搅拌浸出矿浆和化学沉淀悬浮液均需进行固液分离。化学选矿中的悬浮液（或矿浆）常具腐蚀性，其中的固体颗粒细，且常含某些胶体微粒。因此，化学选矿过程的固液分离一般比物理选矿产品的脱水困难。固液分离后的固体部分（底流或滤饼）常机械夹带相当数量的溶液，为了提高金属回收率和防止产品被污染，对固体部分应进行充分的洗涤。

浸出矿浆可用沉降-倾析、过滤或分级的方法进行固液分离，沉淀悬浮液可用沉降-倾析和过滤的方法进行固液分离。分离后固体部分的洗涤方法依目的而异，若回收溶液而尾弃固体，一般采用逆流洗涤法；反之，若回收固体而尾弃溶液，则用错流洗涤法以提高洗涤效率。

依据固液分离的推动力，可将固液分离方法大致分为三类：

（1）重力沉降法。常用的设备有沉淀池、各种浓缩机、流态化塔和分级机等。沉淀池为间歇作业，其他设备均为连续沉降设备。除流态化塔和分级机得到供后续处理的稀矿浆外，其他设备均获得清液。他们既用于固液分离，也可以用于沉渣的洗涤。

（2）过滤法。借助过滤推动力仅使液体通过过滤介质来实现固液分离的方法，是最常用的获得清液的方法。常用的设备为各种类型的过滤机。

（3）离心分离法。利用离心力使固体颗粒沉降和过滤的方法。常用的设备有水力旋流器、离心沉降机和离心过滤机等。

化学选矿中常用固液分离设备的材质依介质性质而异，一般中性和碱性介质可用碳钢和混凝土制作；酸性介质则要求采用耐腐蚀材料或进行防腐蚀处理，通常可用不锈钢，并衬以橡胶、塑料、环氧玻璃、瓷片或辉绿岩等。

9.4.2 固液分离方法

9.4.2.1 重力沉降分离法

A 重力沉降分离原理

当悬浮液中的固体颗粒直径大于0.1μm时，此悬浮液不稳定，固体颗粒会受重力作用而发生沉降，而且固相和液相的密度相差愈大，固体颗粒愈粗，悬浮液的黏度愈小，固体颗粒的沉降速度则愈大。悬浮液的沉降过程如图9-4-1所示。

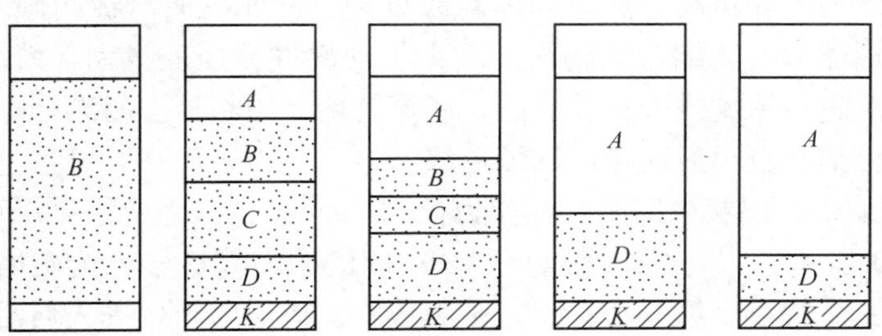

图9-4-1 悬浮液沉降过程的分区现象

A—澄清区；*B*—沉降区；*C*—过渡区；*D*—压缩区；*K*—粗粒区

悬浮液在沉降过程中会出现分区现象，各区的高度随时间而变，*A*、*D*区的高度不断增加，*B*、*C*区的高度不断缩小，最后只有*A*、*D*、*K*区，几乎全部固体颗粒皆进入*D*、*K*区，而*A*区仅含极少量的微细颗粒，此时称为沉降的临界点。连续操作的浓缩机中的颗粒沉降也大致存在上述各区，但操作稳定后，各区高度保持不变。

B 重力沉降设备

工业上的重力沉降操作一般分浓缩澄清和分级两大类。浓缩澄清的目的是使悬浮液增稠或从比较稀的悬浮液中除去少量悬浮物。分级的目的是除去粗砂而得到含细颗粒的悬浮液。这两类操作所用设备分别称为浓缩澄清设备和浓缩分级设备，现分述如下。

a 浓缩澄清设备

(1) 沉淀池。沉淀池一般为方形或圆形池（槽），其材质依介质而定，可用于悬浮液的澄清和沉渣的洗涤。沉淀所得的沉渣或澄清和第一次洗液常为沉淀池的产物，而其他各次洗液一般返至下次洗涤作业，以增加洗液中的金属浓度并减少洗水体积。生产中常将化学沉淀的搅拌槽用作沉淀—浓缩—洗涤之用，化学沉淀物洗净后再送去过滤。

(2) 浓缩机。它是一连续沉降设备，其结构如图 9-4-2 所示。其上部为一圆柱体，中部有一进料筒，进料筒的插入深度因槽体大小和高度而异，但需插至沉降区。清液从上部溢流堰排出。浓缩后的底流由耙子耙至底部中央的排泥口排出。耙机由电机带动作缓慢旋转，可促使底流压缩而不引起扰动。浓缩机的特点是能连续生产，操作简单，易自动化，电能消耗少，可使底流压缩而不引起扰动，但占地面积大。为了提高浓缩机的有效沉降面积，可在浓缩机中安装单层或多层平面倾斜板，变为带倾斜板的单层浓缩机。

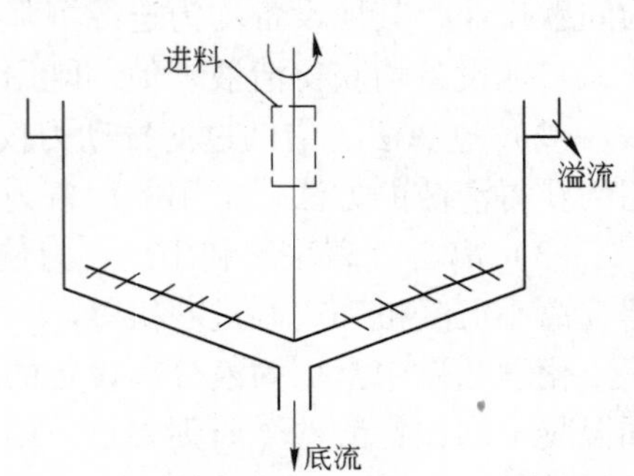

图 9-4-2 单层浓缩机

按传统方式，浓缩机可分为中心传动、周边齿条传动和周边辊轮传动三种。中心传动浓缩机的直径一般小于 15m（国内最大为 30m）；周边齿条传动浓缩机的直径一般大于 15m（国内最大为 53m）；而直径大于 50m 的浓缩机一般用周边辊轮传动。

(3) 倾斜板式浓缩机箱。它是装有许多倾斜板的连续沉降设备，一般上部为平行六面体，内部装有一层或多层倾斜板，下部为一方形锥斗，以收集浓泥。倾斜板的作用是增大有效沉降面积，缩短沉降距离，加速固体颗粒沉降，并使沉渣沿板的倾斜坡下滑至下部，以提高设备的处理能力。浓缩箱结构简单，无传动部件，处理量大，效率高，易于制造，但其容量较小，对进料浓度的变化较敏感，底流易堵，倾斜板上易结疤，常需清洗。倾斜板浓缩箱用于浸出前和浸出后矿浆的浓缩分级。

(4) 层状浓缩机。层状浓缩机又称拉梅拉（Lamella）浓缩机，是一种改进的浓缩机，其结构如图 9-4-3 所示，它有两组倾斜板，从中间的给矿槽进浆，给矿槽的下部出口高度可以调节。其有三个特点：第一个特点是矿浆从给矿槽下部开口进入后沿板上升，最后由溢流口流出，固体沉积在板上，下滑至锥形漏斗排出。因此，以给矿槽的下部开口为分界线在浓缩箱中分为澄清区和浓缩区，调节给矿槽出口高度即可调节这两个区域的界面；第二个特点是倾斜板的上端是封闭的，每一槽仅有一个直径为 13 ~ 25mm 的节流孔，强制排出溢流，进水面较出水面高 50 ~ 100mm，强制排出溢流保证给矿水的均匀分布和使澄清水在倾斜板上部汇集，使给矿均匀，防止局部过负荷而使溢流跑浑；第三个特点是在排矿漏斗处装有振动器，振动由外部振动电机传到漏斗钢板上的定位孔，电机与定位孔间用振轴相连，提高定位孔上的柔性橡胶密封圈以传递振动，目的是振动矿浆而不是振动槽子；振动为低频振动（60Hz、振幅约 0.2mm），它可促使矿泥浓缩，压缩和破坏矿泥的假塑性，使底流易于排出和获得较浓的产品。典型层状浓缩机的倾斜板宽 0.6m，长 3m，两板间距 50mm，倾角 45°～55°，成组配置，架在机壳上，可单独抽出或放入，通常一套组板有 30～50 块，可用聚氟乙烯硬塑料板、玻璃钢或衬胶低碳钢制作。

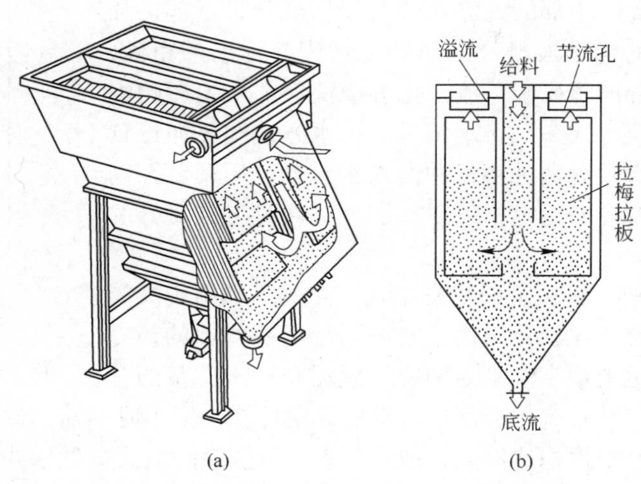

图 9-4-3 瑞典 SALA 公司制造“拉梅拉”分离器及其机构
（a）结构图；（b）剖视图

（5）深锥浓缩机。其结构如图 9-4-4 所示，其主要特点是有很尖的锥角，产生很高的静压力，可产出半固体的塑性浓缩产品，可直接用皮带运输。另外其锥中装有缓慢旋转的搅拌器（2 次/分），一般添加絮凝剂（200g/t）使物料产生过絮凝，缓慢搅拌既保证絮凝剂的完全分散，又可避免絮凝物受到破坏。此外，深锥浓缩机用风动阀门控制底流的排出，由装在锥尖上的压力传感器发出的信号打开阀门。深锥浓缩机为英国专利，国内已有选煤厂应用，可用于尾砂和浸出矿浆的浓缩。

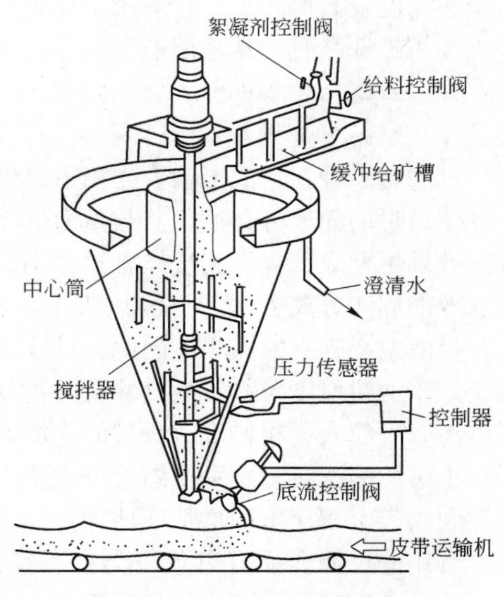

图 9-4-4 标准 4m 深锥浓缩机

b 浓缩分级设备

（1）流态化塔。生产中常用流态化塔进行逆流浸出和处理浸出矿浆，以除去粗砂和进行粗砂洗涤。流态化塔是利用固体颗粒和液体在垂直系统中逆流相对运动的广义流态化理论，以达到无级连续逆流洗涤和固液分离的目的。其结构如图 9-4-5 所示，一般由扩大室、塔身和锥底三部分组成。

整个分级洗涤是连续的，扩大室主要起分级布料的作用，稀相段主要起布料作用，浓相段有一定的洗涤作用。由于稀、浓相的孔隙率不同，因此稀、浓相间的界面有一定的逆止作用，它只允许固体向下沉降，液体向上流动，而不允许固体和液体在稀、浓两相间返混。

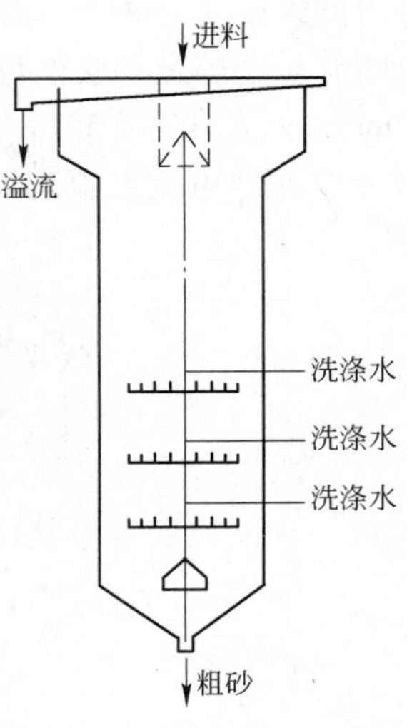

图 9-4-5 流态化洗涤塔

流态化分级洗涤一般用于浸出矿浆的分级洗涤，以得到细粒矿砂浓度较小的矿浆和液相金属浓度小的粗砂。流态化塔也可用作浸出设备，此时中部的洗涤水改为浸出试剂，下部仍加洗涤水，底部排出的仍是液相金属浓度可达废弃标准的粗砂，溢流即为含有用组分的稀矿浆。流态化分级洗涤的主要影响因素有进料方式、溢流方式、洗涤水用量、布水方式和界面位置等，操作时一般是大致固定进料量和洗涤水流量，用调节控制排砂量的方法来保持界面稳定，使粗砂通过界面时得到良好的洗涤。

（2）机械分级机。机械分级机有耙式、浮槽式和螺旋式等类型，化学选矿中常用螺旋分级机，它可用于干磨作业的预先分级和检查分级，也常用于洗矿中的脱水脱泥和浸出矿浆的分级及粗砂洗涤作业。其具有构造简单，操作方便可靠，停车时不需清砂，物料自流、返砂水分含量小等优点。根据构造不同，螺旋分级机可分为高堰式、低堰式和沉没式三种，其中低堰式螺旋分级机现已不生产了。高堰式螺旋分级机的特点是溢流高于螺旋下轴承但低于溢流端螺旋的上缘，它适用于分级大于 0.15mm 的产品。沉没式螺旋分级机的特点是溢流端的整个螺旋沉没于沉降区中，溢流端沉降区的液面高于溢流端的螺旋上缘，沉降区的面积和深度较高堰式大，它适用于分级小于 0.15mm 的产品。螺旋分级机用于浸出矿浆的分级和粗砂洗涤时，常采用逆流流程，只获得适于下步处理的矿浆和可以废弃的粗砂。

9.4.2.2 过滤分离法

A 过滤分离原理

过滤是一种在过滤推动力作用下，借一种多孔过滤介质将悬浮液中的固体颗粒截留而让液体通过的固液分离过程。与重力沉降法相比较，过滤作业不仅固液分离速度快，而且分离效果更彻底，可得到液体含量较小的滤饼和固体含量较小的清液。因此，过滤是普遍而有效的固液分离方法。过滤过程中，滤饼厚度不断增加，滤饼对流体的阻力也不断增加，过滤速率则不断减小。因此，过滤介质对流体的阻力常小于滤饼的阻力，过滤速率主要决定于滤饼厚度及其特性（主要是滤饼的孔隙率）。滤饼孔隙率与固体颗粒的形状、粒度分布、颗粒表面粗糙度和颗粒的充填方式等因素有关。根据滤饼特性，可分为可压缩滤饼和不可压缩滤饼。不可压缩滤饼主要由矿粒和晶形沉淀物构成，流体阻力随滤饼两侧压强差和物料沉积速率的增加而增加。

常用的过滤介质有以下三类：①粒状介质，包括砾石、沙、玻璃碴、木炭和硅藻土等，此类介质颗粒坚硬，将其堆积成层后可处理固体含量较小的悬浮液。②滤布介质，滤布可用金属丝和非金属丝织成，常用的金属材料有不锈钢、黄铜、蒙氏合金等，非金属材料有毛、棉、麻、尼龙、塑料、玻璃等。滤布材质的选择主要应考虑液体的腐蚀性、固体颗粒大小、工作温度及耐磨性等因素。③多孔固体介质，常用的有多孔陶瓷、多孔玻璃、多孔金属、多孔塑料等，常制成板状或管状。此类介质孔径小，机械强度高，耐热性好，能耐酸碱盐及有机溶剂的腐蚀，它适用于含细颗粒物料的过滤。其缺点是微孔易堵，需定期进行再生（反吹或化学清洗）以保持其过滤性能。

B 过滤分离设备

用于过滤的设备称为过滤机，种类较多，依操作方法有连续式和间歇式，依推动力可分为重力过滤机、加压过滤机、真空过滤机和离心过滤机；此外还可依过滤介质进行分类。化学选矿工艺中常见的过滤机主要有以下几种，即吸滤器、转筒真空过滤机、水平圆盘真空过滤机、自动箱式压滤机、带式压滤机和陶瓷过滤机。

a 吸滤器 吸滤器为间歇操作的真空过滤设备，滤框可为方形或圆形槽，槽内有一假底，假底上再铺上滤布，将悬浮液加入后，溶液在真空抽吸下通过滤布，从而达到固液分离的目的，也可采用多孔陶瓷板作为过滤介质。吸滤器结构简单，操作可靠，但其为间歇作业，需人工卸料，劳动强度较大，一般用于处理量小的过滤操作。

b 转筒真空过滤机 转筒真空过滤机是一种连续生产和机械化程度高的真空过滤设备，其结构和操作简单，如图9-4-6所示，主要由过滤转筒、滤浆槽、分配头等部件组成。

过滤转筒由两端的轴承支撑横卧在料浆槽内，料浆槽为半圆形槽，槽内装有往复摆动机构，以搅拌滤浆防止固体颗粒沉降。滤筒两端均有空心轴，一端安装转动机构，另一端则通过滤液和洗涤水，其末端装有分配头，与真空系统和压缩空气系统相连。滤筒表面为多孔滤板，其上再覆以滤布。滤筒分为互不相通的几个过滤室，每个过滤室有一条与分配头相通的管道，以造成真空环境并通入压缩空气，随着转筒旋转，过滤室则成为减压或加压状态。转筒可分为过滤区、第一吸干区、洗涤区、第二吸干区、卸渣区和滤布再生区。

c 水平圆盘真空过滤机 水平圆盘真空过滤机的结构如图9-4-7所示，主要由水平过滤盘和分配盘等部件组成。水平过滤盘分为若干过滤室，每个过滤室有一管道与分配盘相通，过滤室上为平面过滤板，其上再覆以滤布。分配盘由一个随平面过滤盘旋转的转动盘和一个与减压和压缩空气系统相连的固定盘组成。过滤盘由电机通过伞齿轮带动盘下的

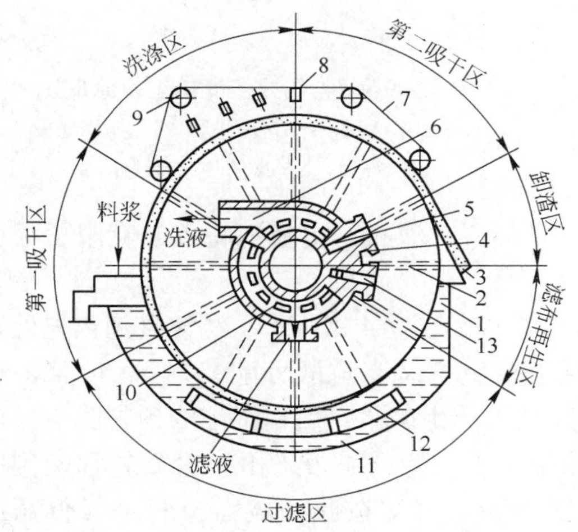

图9-4-6 转筒真空过滤机操作示意图

1—滤筒；2—吸管；3—刮刀；4—分配头；5，13—压缩空气入口；6，10—减压管入口；7—无端带；8—喷液装置；9—换向辊；11—滤浆槽；12—搅拌机

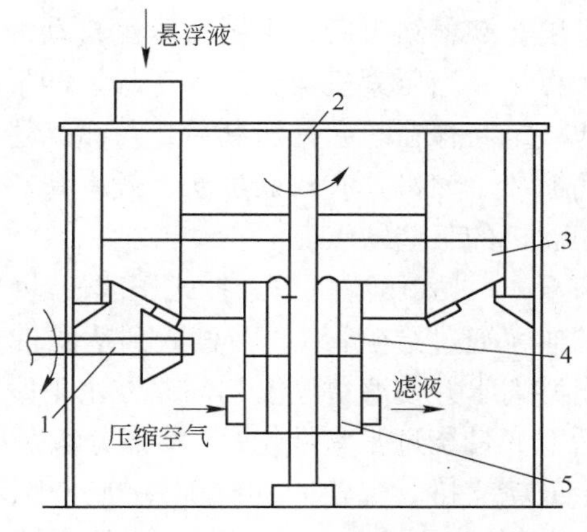

图9-4-7 水平圆盘真空过滤机

1—传动横轴；2—竖轴；3—转盘；4—与过滤盘相连的转动盘；5—与减压和压缩空气相连的固定盘

齿条做水平旋转运动，随盘的转动，过滤室周期性地成为减压态或加压态，以完成连续过滤操作。此类型过滤机的真空度为6~8kPa（450~600mmHg），适用于粗颗粒且比重较大的悬浮液的过滤，如某些密度较大的化学结晶沉淀物的过滤。

如果滤饼需洗涤，则滤板应有两种，一种是有洗涤液进口的称为洗涤板，另一种是没有洗涤液进口的称为非洗涤板。当滤渣充满滤框后，滤饼若需洗涤，则将进料活门关闭，同时关闭洗涤板下的滤液排出活门，然后送入洗涤液，洗涤液由洗涤板进入，透过滤布和滤饼，沿对面滤板向下流至排出口排出。洗涤时洗涤水需穿透滤饼的整个厚度，而过滤时滤液穿透的厚度大约只为其的一半，且洗涤水需穿过两层滤布，而滤液只穿透一层滤布。因此，洗涤水所遇阻力约为过滤终了时滤液所遇阻力的两倍，而洗涤水所通过的过滤面积仅为滤液的一半。若洗涤时的压强与过滤终了时的过滤压强相同，则洗涤速率仅为最终过滤速率的四分之一。

d 自动箱式压滤机 箱式压滤机与板框式的不同处在于箱式的滤室是由凹形滤板和装有挤压隔膜的压榨滤板交替排列而成的（见图9-4-8）。凹形滤板的表面有排液沟槽，橡胶质的挤压隔膜装在表面无液沟的压榨滤板上，滤布分别套挂在每块凹形滤板和压榨滤板上。其主要操作工序为：进料过滤—压榨过滤—拉板卸料—滤布洗涤。首先用加料泵进料，使滤渣通过滤板上的进料孔进入各滤室直至滤渣充满滤室为止，然后将压缩空气通入压榨滤板，进入挤压隔膜内腔，隔膜膨胀挤压滤渣，挤出残留水分，接着滤板移动装置动作，先拉开活动压板，于是第一室开启，卸下里面的滤渣，接着将凹形滤板和压榨滤板依次拉开，使每室中的滤渣依次排出。卸料结束后，采用高压水自动冲洗滤布使滤布再生。当压紧机构将活动压板、凹形滤板及压榨滤板重新移在一起并压紧后，可重新进料，开始新的循环。该机具有双面过滤、效率高、中间加料性能好、滤布易更换等特点，克服了板框压滤机的某些缺点。

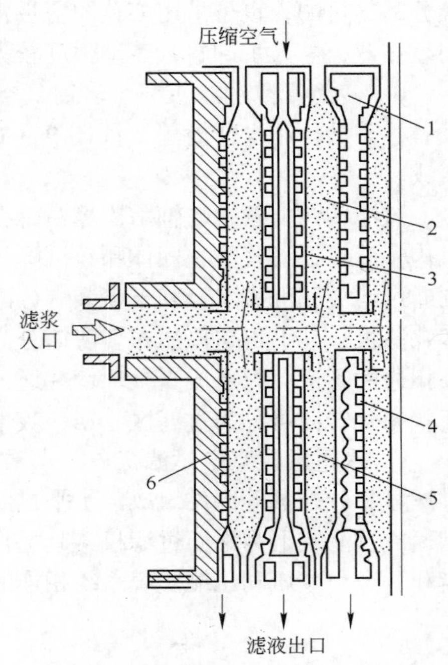

图9-4-8 箱式压滤机工作原理

1—凹形滤板；2—挤压隔膜；3—压榨滤板；4—滤布；5—滤室；6—固定压板

e 带式压滤机 带式压滤机的结构和工作原理如图9-4-9所示。经絮凝剂预先处理的矿浆通过给矿管1、溜槽2到达滤带8上，在滤带上方装有疏散分配装置3，以帮助析出游离水并使滤饼厚度均匀。在水平段（重力区）先产生矿浆，后是沉淀的预先脱水，然后上滤带绕过张紧鼓轮5，将部分滤饼甩至下滤带9上，两条滤带借由张紧鼓轮和两副固定鼓轮支持。辊轮间的缝隙逐渐减小，形成楔形区4，沉淀在此处被强迫脱水（低压脱水）。从光面轮6开始，夹在两条滤带中的物料通过一系列辊轮系统造成的"S"形高压区（压缩区）7，在压力和剪切力以及交变应力作用下最终脱水。此区表面压力达0.196MPa（有的为0.392~0.686MPa），线压力达3.92MPa。此种类型过滤机基建费低，操作费低，生产能力大，指标稳定，可遥控，但滤布磨损快（寿命小于2000h），定量添

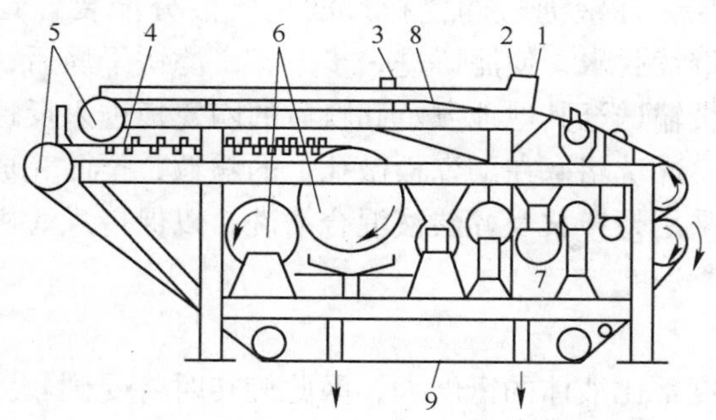

图 9-4-9 SEM3500S7 带式压滤机的工作原理

1—给矿管；2—溜槽；3—疏散分配装置；4—楔形区；5—张紧鼓轮；6—光面轮；7—“S”形高压区；8—滤带；9—下滤带

加絮凝剂较复杂，滤布冲洗水量大。

f 陶瓷过滤机 陶瓷过滤机是近年来最新型高效的过滤设备，是集机电、微孔滤板、自动化控制、超声波清洗等高新技术于一体，可实现高真空、低能耗、全自动、高效率、高分离精度的一种新型过滤机。它采用微孔陶瓷材料作为过滤介质，应用毛细作用原理，在过滤时只许滤液通过过滤板，而空气无法通过。该过滤机由五部分组成，即：主机部分、清洗部分、真空部分、超声部分、微机自动控制部分。陶瓷过滤机的结构如图 9-4-10 所示。主机部分由支撑架、槽体、转子、搅拌系统及卸料装置组成。支撑架支撑着槽体、转子、搅拌系统及卸料装置。槽体用来存放矿浆。转子上固定有若干组陶瓷片，每组陶瓷片有 12 块。转子通过一台摆线针轮减速机由电动机驱动，通过变频调速可得到任意转速（$n=0\sim100\text{r/min}$）。搅拌装置由 $\phi50\text{mm}$ 圆筒密封装置及轴承座组成，其采用旋转搅拌方式，由一对开式链传动并由变频电动机驱动，转速根据工况可调。卸料机构由调整支架及刚玉刮刀组成。此外，该过滤机还有专门的清洗系统、真空系统和微机自动控制系统。陶瓷过滤机的主机由分配阀控制转子循环工作，该循环分为四个过程连续工作，即吸浆、干燥、滤饼剥离（卸料）和反冲洗。首先，浸没在料浆槽的陶瓷过滤板在真空的作用

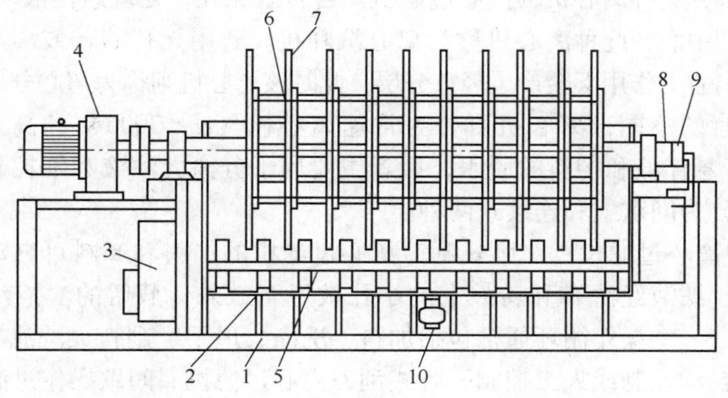

图 9-4-10 TT 型陶瓷过滤机

1—支架；2—槽体；3—电控箱；4—主机转动部分；5—搅拌系统；6—转子部分；7—陶瓷板；8—气路部分；9—分配阀；10—放浆阀

下，表面形成颗粒堆积层，滤液通过陶瓷板过滤至气液分配装置到达排液系统。在干燥区，滤饼在真空作用下继续脱水，使滤饼进一步干燥，滤饼干燥后，在卸料区被刮刀自动刮下卸入料仓或通过皮带输送至其他地方。卸料后的陶瓷板进入反冲洗区，反冲液通过气液分配装置进入陶瓷板，冲洗堵塞在陶瓷板微孔上的颗粒，至此完成一个过滤循环。当过滤机运行较长时间后，采用超声波及稀酸液混合清洗，以保持过滤机的高效运行。

9.4.2.3 离心分离法

A 离心分离原理

由于固体颗粒的密度常比液体的密度大，因此旋转时将受到较大的离心力的作用。设质量为 m 的颗粒在半径为 r 的圆周上以 ω 旋转，则它受到的离心力（F_c）为：

$$F_c = \frac{m \cdot v^2}{r} = m \cdot r \cdot \omega^2$$

而其所受重力（F_g）为：

$$F_g = m \cdot g$$

所以 $\alpha = \frac{F_c}{F_g} = \frac{m \cdot r \cdot \omega^2}{mg} = \frac{r \cdot \omega^2}{g}$。式中，$\alpha$ 称为分离因素，是衡量离心力大小的指标。在离心机中，α 可达数千以上，旋流器中的 α 值不足数千，但固体颗粒所受离心力仍比重力大。

B 离心分离设备

离心分离法所用的设备有水力旋流器和离心机。离心机又分为离心沉降机、离心分离机和离心过滤机三种。

a 水力旋流器 水力旋流器是一种连续的离心分级设备，用于固体含量较小的悬浮液的分级，常用于矿浆的检查分级。其处理量大，无传动部件，结构简单，分离效率高，但其易磨损，动力消耗大，操作不易稳定。

b 离心机 离心机特别适用于晶体或颗粒物料的固液分离。离心机的结构类型较多，但其主要部件为一快速旋转的转鼓，转鼓装在竖轴或水平轴上。转鼓分有孔式和无孔式两种，孔上覆以滤布或其他过滤介质。当转鼓有孔并覆以滤布时，旋转时液体通过滤布，固体颗粒截留于滤布上，此种离心机为离心过滤机。若转鼓无孔，处理悬浮液时粗粒附于鼓壁，细粒则集中于鼓的中心，此种离心机称为离心沉降机。若用无孔的转鼓离心机处理乳浊液时，则乳浊液在离心力作用下会产生轻重分层，此时该离心机则称为离心分离机。

根据分离因素的不同，离心机可分为常速离心机（$\alpha < 3000$）和高速离心机（$\alpha > 3000$），前者用于悬浮液和物料的脱水，后者主要用于分离乳浊液和细粒悬浮液。根据操作方式不同又可分为间歇式和连续式两种。

c 卧式刮刀离心过滤机 卧式刮刀离心过滤机的加料和卸料可自动进行。滤浆经加料管进入转鼓，滤液经滤布和转鼓上的小孔被甩至鼓外，截留的滤渣经洗涤液和甩干后，由刮刀卸下。一个操作循环通常包括加料、洗涤、甩干、刮料、洗滤布五个工序，每个工序的转换可自动控制或人工控制。卧式刮刀离心过滤机属间歇操作过滤机。

d 卧式螺旋卸料离心沉降机 卧式螺旋卸料离心沉降机是一种连续操作的离心机（见图9-4-11）。

悬浮液沿给料管连续地进入螺旋输送器的空心轴再流入转鼓内，在离心力作用下固体颗粒被甩至鼓壁上，由输送螺旋推至转鼓小端的卸料孔（螺旋转速较转鼓慢1%～2%），再经排渣孔排出。当滤液面超过转鼓大端溢流孔时即经此孔流至外壳的排液口排出。沉渣在干燥区可以洗涤，调节溢流挡板高度、进料速度、转速可以调节沉渣的含水量和溢流的澄清度。此类型离心机处理量大，对物料适应性强，脱水效率高，但动力消耗大，对沉渣的粉碎度大，溢流中含有相当量的固体颗粒。

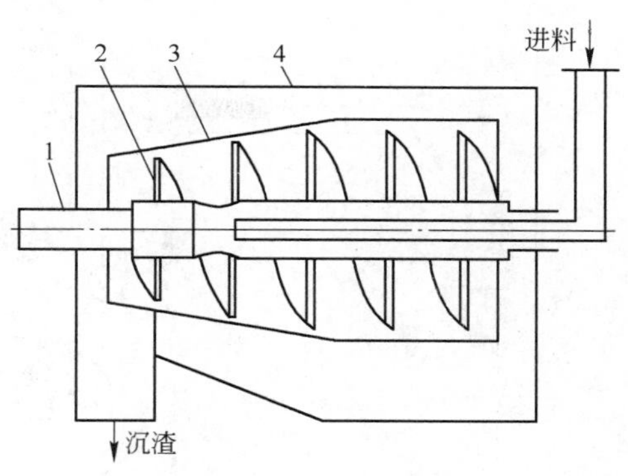

图 9-4-11 卧式螺旋卸料离心沉降机
1—中心轴；2—螺旋；3—转鼓；4—壳体

9.4.3 固液分离工艺

9.4.3.1 凝聚与絮凝

凝聚和絮凝均可使细粒子聚合成大的聚凝体以加速细粒沉降。凝聚是指胶体颗粒在电解质作用下失去稳定性而相互凝聚。絮凝是指固体颗粒在活性物质或高分子聚合物作用下，通过吸附、架桥等作用絮凝成大颗粒絮团的现象。当今许多浓缩新设备和新技术均是以采用絮凝技术以及浓缩倾斜板为基础的，以使微细物料絮凝成大的近似球体的絮团以提高沉降速度，同时提高浓缩面积并缩短颗粒沉降落底距离。

分散体系使固体颗粒分散的原因在于颗粒表面存在双电层和水化膜，颗粒带同号电荷时相斥，水化膜阻止粒间直接接触。加入电解质可以压缩双电层和除去水化膜，从而破坏分散体系的稳定性，凝聚作用的强弱与电解质的阳离子价数和其浓度有关。常用的凝聚剂有石灰、硫酸、明矾、氯化铝、氯化铁等，起作用的是 Ca^{2+}、Al^{3+}、Fe^{3+}、H^{+} 等阳离子，用量约0.5～1kg/m^3 矿浆，混用比单用效果好。

絮凝作用有表面活性物质的吸附絮凝作用和高分子聚合物的架桥絮凝作用两种。吸附絮凝作用是因表面活性分子在颗粒表面吸附后，非极性端向水形成疏水表面而使颗粒相互黏合成絮凝体。高分子聚合物有非离子型和离子型两类。非离子型聚合物（如淀粉）是因其分子为长线形并含大量的羟基官能团，依靠烃基官能团的氢，借助形成氢键而吸附在矿粒上，从而将矿粒联系在一起成为凝聚体。离子型聚合物（聚合电解质）在水中可电离，它通过表面电中和（或吸附）作用和架桥作用，使颗粒连在一起形成絮团。它的絮凝能力取决于其中的电荷密度和相对分子质量，用量应适当，一般为0.1～0.15mg/L，过量会出现胶溶现象，而无法实现架桥作用。当絮凝剂与凝聚剂混用时，一般先加电解质后加絮凝剂。

高分子聚合物有天然的和合成的两类。天然高分子聚合物中使用最多的是淀粉，使用前应预先将其转为可溶性淀粉溶胶，可采用加热法和苛化法。加热法是将50%的淀粉浆液在压煮器中加热至145℃，搅拌15min，放出清水稀释即可。苛化法是在5%淀粉浆液中加入苛性钠，搅拌15min即可，加热温度视苛性钠浓度而异，浓度高时可常温搅拌，浓度低于2.5%时需在较高温度下搅拌。淀粉用量为100～250g/t 固体。此外，还可用油饼、马铃薯渣、海藻粉等作絮凝剂。

9.4.3.2 真空过滤系统

真空过滤机与真空泵、压风机、滤液泵、自动排液装置组成真空过滤系统。其配置有多种方式，但主要有三种（见图9-4-12）。图9-4-12(a)为传统配置法，气、水混合物经

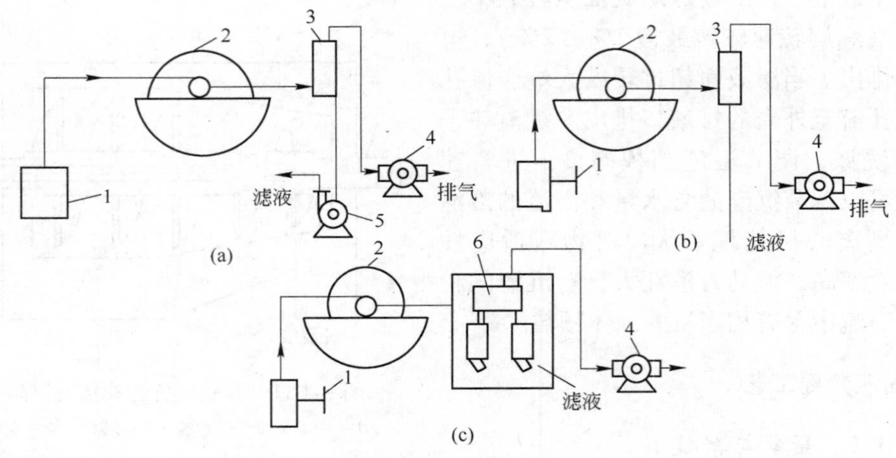

图 9-4-12　真空过滤系统配置

1—压缩空气；2—过滤机；3—气水分离器；4—真空泵；5—离心泵；6—自动排液装置

气水分离器分离为空气和滤液，空气靠真空泵排出，滤液靠离心泵强制排出。图 9-4-12(b)为一种较长期使用的配置法，过滤机和气水分离器放置在很高的位置，使气水分离器与滤液管下口之间有一定的高度差，依靠管内液柱静压克服大气压力向外排放滤液，为此，高度差应大于 9m，滤液管下口应浸在水封槽中或安装逆止阀，以防止空气进入管内。图 9-4-12（c）为一种新式配置法，用自动排液装置排放滤液，不需将过滤机安装在很高的位置上且不需滤液泵。这种自动排液装置于 20 世纪 60 年代末出现于我国金属矿山，目前使用的有浮子式和阀控式两种自动排液装置。浮子式自动排液装置（见图 9-4-13）由气水分离器、左右两个排液罐、浮子、杠杆等组成，图中右边排液罐中浮子上升，胶阀关闭小喉管，空气阀开启，罐内为常压，浮子受到向上压力 p，大喉管下部的滤液阀由于气水分离器与排液罐内的压力差的作用而关闭，排液罐底部的放水阀打开，原来积存在罐内的滤液自动排出，左边排液罐内的浮子受杠杆作用下降，小喉管打开，空气阀关闭，管内具有和杠杆箱、气水分离器内相同的负压，放水阀关闭，滤液阀打开，气水分离器中的滤液流入罐内，使浮子产生向上的浮力 R。当浮力 R 大于压力 p 时，左边浮子浮起，右边浮子下降，两个排液罐的状态对调。自动排液装置如此周而复始地工作。

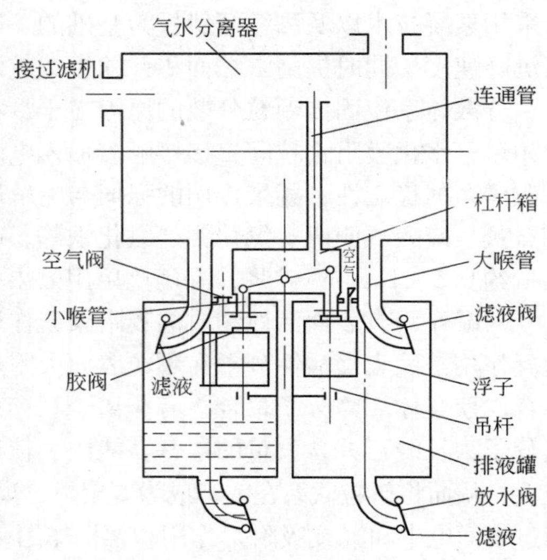

图 9-4-13　新式浮子式自动排液装置

阀控式自动排液装置（见图 9-4-14）由气水分离器、左右两个排液罐、滤液阀、排液阀、控制阀、阀的驱动机构等组成。控制阀为一个往复运动的五通阀，它的阀体上有五个管口（a、b、c、d、e）分别与气水分离器、左排液罐、右排液罐和大气相通，阀芯由驱动机构带动，间歇动作。图9-4-14(a)的阀芯分别使a与b、c与e连通，左排液罐内为负压，左放水阀在大气压力下关闭，左滤液阀打开，滤液从气水分离器流入左滤液罐内；右排液罐与大气相通，滤液阀关闭而放水阀打开，排出罐内积存的滤液。因此，左排液罐积存滤液而右排液罐排放滤液。当阀芯转到图9-4-14(b)位置时，a与c连通，而b与d连通，左排液罐排放滤液，右排液罐积存滤液。

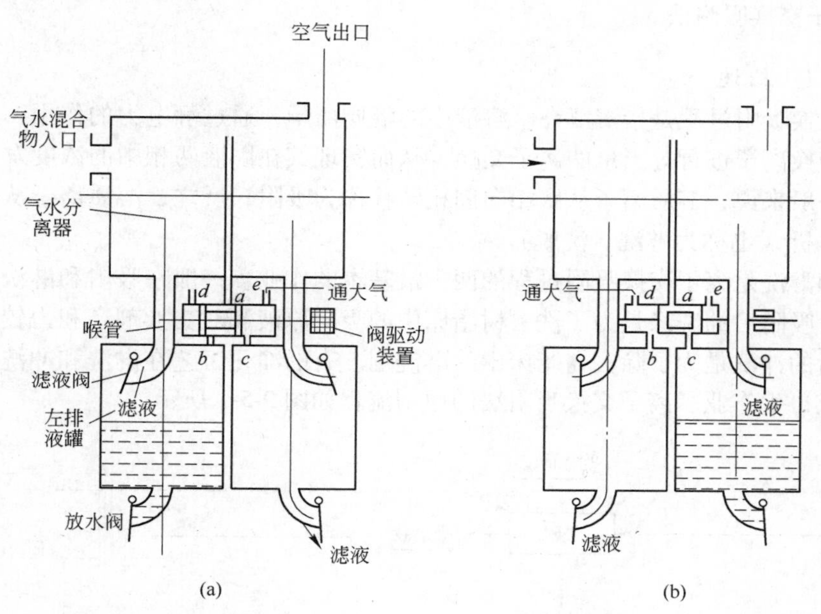

图9-4-14　阀控式自动排液装置

9.4.3.3　固液分离流程

固液分离的目的是为了得到澄清溶液（或滤渣）或含少量固体颗粒的悬浮液（矿浆），而且要求对滤饼或粗砂进行彻底洗涤，以提高金属回收率或产品品位。因此，固液分离的流程可大致分为制取澄清液流程和除去粗砂的分级流程两大类。粗砂洗涤一般采用逆流洗涤流程，而化学精矿的洗涤一般采用错流洗涤流程。

（1）制取清液流程。当固液分离作业是为了回收含有用组分的溶液，固体产物可废弃或送往其他作业处理时（如浸出矿浆或沉淀法除杂后的悬浮液处理），工业上一般采用沉淀或浓缩的方法得到含少量微粒的溢流清液，将底流进行洗涤。洗涤作业可在沉淀池中间断地进行，也可在浓缩机中连续地进行逆流洗涤。若后续作业要求完全澄清的溶液，可将溢流送去过滤以除去其中所含的极少量的固体微粒。

若固液分离作业是为回收悬浮液中的固体颗粒，而溶液可废弃或返回（如制取化学精矿的固液分离），工业上常用浓缩—过滤法。浓缩可在搅拌槽、沉淀池或浓缩机中进行。底流的洗涤可用间歇操作或连续操作的方式，洗涤目的是除去所夹带的含杂质的溶液，间歇操作可用错流洗涤流程，以达到最大的洗涤效率，底流洗净后送去过滤。

（2）粗砂分级流程。若后续工艺能处理含细粒的稀矿浆，则只需采用分级方法除去粗砂并进行粗砂洗涤，一般只用于处理浸出矿浆。工业上常用流态化塔或螺旋分级机进行分级和粗砂洗涤，采用水力旋流器进行控制分级和细砂洗涤，水力旋流器溢流送后续处理。采用螺旋分级机进行分级和粗砂洗涤时，由于返砂中含液量比浓缩机底流少，其洗涤级数可少些，一般三级即可达到要求，洗涤常用逆流流程。

9.5 有用组分的分离与回收

9.5.1 离子交换吸附法

9.5.1.1 概述

离子交换吸附过程是指溶解在水溶液中的溶质离子，通过静电力的作用，与离子交换剂中的可交换离子进行等当量的离子交换，从而实现其在固液两相中的浓度发生显著变化的过程。一般来说，溶质离子从水相向固相转移称为吸附；反之，溶质离子从固相向水相转移称为解析（也称为淋洗、洗脱）。

吸附和淋洗是离子交换吸附过程的两个最基本的作业。一般在吸附和淋洗作业后均有洗涤作业，吸附后的洗涤是为了洗去树脂床中的吸附原液和对交换剂亲和力较小的杂质组分，淋洗后的冲洗是为了除去树脂床中的淋洗剂。有的净化工艺在淋洗和冲洗之后还有交换剂转型或再生作业。离子交换吸附法的原则流程如图9-5-1所示。

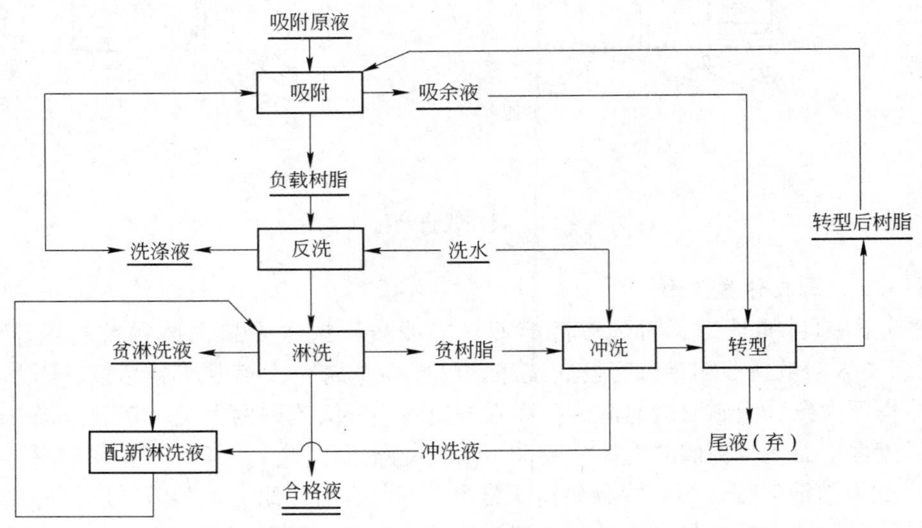

图9-5-1 离子交换吸附法的原则流程

目前，离子交换技术已广泛用于核燃料使用前后的处理工艺、稀土分离、化学分析、工业用水软化、废水净化、高纯离子交换水的制备以及从稀溶液中提取和分离某些金属组分，如从浸出液中提取和分离金属组分，从铀矿坑道水、铀厂废水中回收铀，从金、银氰化废液和浮选厂尾矿水中除去氰根离子和浮选药剂等。

离子交换法具有吸附的选择性高、作业回收率高、作业成本低、获得的化学精矿质量高、固液分离简单等优点，但因吸附容量较小，吸附速率低，吸附周期较长，因此部分被有机溶剂萃取法所替代。

9.5.1.2　离子交换树脂

离子交换树脂是具有三维多孔网状结构和含有交换基团且不溶的有机高分子化合物，其单元结构由不溶性的三维空间网状骨架、连接在骨架上的交换基团（固体离子）和交换基所带的相反电荷离子（可交换离子）三部分组成。交换基团均匀分布于网状骨架中，骨架中的网眼可允许交换离子自由出入。

国产离子交换树脂的全名由分类名称、骨架（或基团）名称、基本名称排列组成。离子交换树脂分凝胶型和大孔型两种，凡具有物理孔结构的称大孔型树脂。氧化还原树脂名称由基团名称、骨架名称、分类名称和“树脂”两字排列组成。国产树脂的型号由五位数字组成，各数值的意义如图9-5-2所示。国产树脂分为七类，骨架也分为七类。分类代号和骨架代号见表9-5-1。

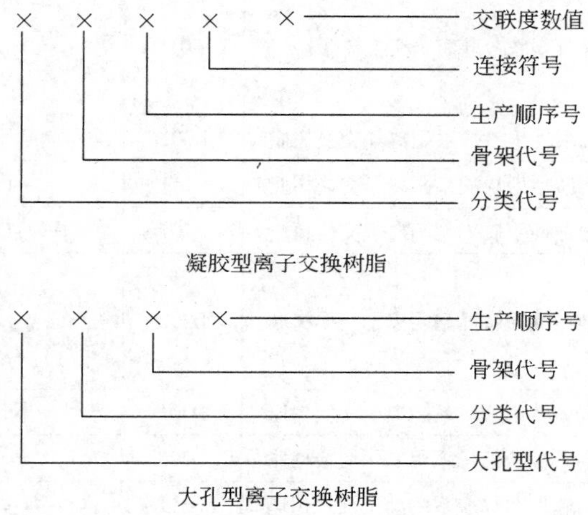

图9-5-2　离子交换树脂型号图解

表9-5-1　离子交换树脂的产品分类及骨架分类

分类代号	分类名称	骨架代号	骨架名称
0	强酸性	0	苯乙烯系
1	弱酸性	1	丙烯酸系
2	强碱性	2	酚醛系
3	弱碱性	3	环氧系
4	螯合性	4	乙烯吡啶系
5	两　性	5	脲醛系
6	氧化还原	6	氯乙烯系

国产树脂旧型号由三位数组成，统一以“7”开头；第二位数表示类型：“0”为弱碱，“1”为强碱，“2”为弱酸，“3”为强酸；第三位数为顺序号。国产常用离子交换树脂性能见表9-5-2。国内外离子交换树脂型号对照见表9-5-3。

表 9-5-2 国产离子交换树脂型号分类、全名称、型号对照

形态	分类	全名称	型号	固定离子基团	可交换离子
凝胶型	强酸性	强酸性苯乙烯系阳离子交换树脂	001	$—SO_3^-$	Na^+
	弱酸性	弱酸性丙烯系阳离子交换树脂	111	$—COO^-$	H^+
			112	$—COO^-$	H^+
		弱酸性酚醛系阳离子交换树脂	122	$—COO^-$	H^+
	强碱性	强碱性季胺Ⅰ型阴离子交换树脂	201	$—N\text{-}(CH_3)_3^+\text{-}Cl$	Cl^-
	弱碱性	弱碱性苯乙烯系阴离子交换树脂	301	$—N(CH_3)_2$	Cl^-
		弱碱性苯乙烯系阴离子交换树脂	303	$—NH_2, —NHR$	Cl^-
		弱碱性环氧系阴离子交换树脂	331	$—NH_2, NHR\text{-}NR_2$	Cl^-
	螯合型	螯合型胺羧基离子交换树脂	401	$—N$ ($CH_2COO—$, CH_2COO)	Na^+
大孔型	强酸性	大孔强酸性苯乙烯系阳离子交换树脂	D001	$—SO_3^-$	Na^+
	弱酸性	大孔弱酸性丙烯酸系阳离子交换树脂	D111	$—COO^-$	H^+
	强碱性	大孔强碱性季胺Ⅰ型阴离子交换树脂	D201	$—N\text{-}(CH_3)_3^+$	Cl^-
		大孔强碱性季胺Ⅱ型阴离子交换树脂	D202	$—N^+$ ($(CH_3)_2—$, C_2H_4OH)	Cl^-
	弱碱性	大孔弱碱性苯乙烯系阴离子交换树脂	D301	$—N(CH_3)_2$	OH^-
		大孔弱碱性苯乙烯系阴离子交换树脂	D302	$—NH_2$	OH^-
		大孔弱碱性丙烯酸系阴离子交换树脂	D311	$—NH_2, NHR\text{-}NR_2$	Cl^-

表 9-5-3 国内外离子交换树脂型号对照

中国	日本	美国	英国	法国	前苏联
001 强酸	Diaion K Diaion BK Diaion SK Diaion SK-1B	Amberlite IR-120 Dowex-50 Nalcite HCR permutit Q Ionacz40	Zeokarb 225 Zowrolit 215 Zerolit 225 Zerolit 325 Zerolit 425 Zerolit SRC	Allassion CS Duolite C-20 Duolite C-21 Duolite C-25 Duolite C-27 Duolite C-202 Duolite C-204 Duolite ABC-351	KY-2 SDB-3 SPV-3
D001 D001-CC D72 D31 D51 大孔强酸	Diaion PK Diaion HPK	Amberlite 200 Am erlite 252 Amberlyst 15 Amberlyst XN100A Amberlyst XN1005 Amberlyst XN1010 permutit QX Dowex 50W	Zerolit S-1104 zerolit S-625 Zerolit S-925	Allassion AS Duolite C-20HL Duolite C-26 Duolite C-261 Duolite ES-26 Duolite ES-264	KY-2-12P KY-23

续表 9-5-3

中国	日本	美国	英国	法国	前苏联
110 742 弱酸	Diaion WK-20	Ambertite IRC-50 Bio-Rad 70	Zeokarb 226 Zeokarb 236 Zerolit 236	Allassion CC Duolite CC	KB-114 KM KP
D110 D152 720 725 D111 113 D113 大孔弱酸	Diaion WK-10 Diaion WK-11	Amberlite IRC-84 Permutit 216 Dowex CCR-2 Ionac 270 Ionac CNN Permutit H-70 permutit C Permutit Q-210 Lewatit GNP-80		Duotlie C-433 Duotlie C-464	KB-3
201×4 201×7 707 711 717 214 强碱	Diaion SA-10A Diaion SA-10B Diaion SA-11A Diaion SA-11B Diaion SA-100 Diaion SA-101 神胶 800 神胶 801	Amberlite IRA-400 Amberlite CG-400 Amberlite IRA-401 Dower 1 Permutit S Nalcite SBR Ionac A-549 Bio-Rad AG-1	DeAcidite FF DeAcidite IP DeAcidite SRA DeAcidite 61-64 Zerelit FF Zerelit FX Zerelit P(IP) Zerelit FF(IP) Zerelit FS(IP)	Allassion AG-217 Allassion AR-12 Allassion AS Duolite A101 Duolite A104 Duolite A109 Duolite A121 Duolite A143 Duolite A12 Duolite FS	AB-17 AB-19
D290 D296 D291 1299 259 大孔强碱	DiaionPA	Amberlite IRA-900 Amberlite IRA-904 Amberlite IRA-938 Ambersorb XE-352 Amberlyst A-26 Amberlyst A-27 AmberlystX N-1001 AmberlystX N-1006 Dower 21K Dower AG21K Dower MSA-1 Ionac A-641	DeAcidite K-MP Zerdite S-1095 S-1102 Zerolit K(MP) Zerolit MPF	Allassion AR-10 Duolite A-140 Duolite A-161 Duolite ES-143 Duolite ES-161	AB-17П
202 GA204 强碱	Diaion SA-20A Diaion SA-20B Diaion SA-21A Diaion SA-21B Diaion SA-200 Diaion SA-201	Ambberlite IRA-410 Amberlite IRA-411 Dowex 2 Nalcite SAR Permutit A-300P	Zerolit N(IP)	Allassion AQ-227 Duolite A-40 Duolite A-102	AB-27 AB-29

离子交换树脂的基本性能包括两个方面，即物理性能和化学性能。

A 物理性能

a 粒度 离子交换树脂一般都做成球状，直径为0.3～1.2mm，树脂颗粒的直径呈连续分布，一般用有效粒径和均一系数来描述。有效粒径是指在筛分树脂时，能使10%体积的树脂颗粒通过，而使90%体积的树脂颗粒保留的筛孔直径。选用树脂的粒度由使用目的而定。大颗粒树脂的通透性较好，但交换速度慢；小颗粒树脂交换速度快，但床层压差大。粒度均匀的树脂交换速度一致，往往能得到比不均匀的树脂更好的分离效率。

b 密度 树脂密度影响交换作业的操作条件和生产率，可用湿视密度、湿真密度和干真密度表示，常用的为湿视密度和湿真密度。湿视密度是树脂在水中充分吸水膨胀后的表观密度，等于湿树脂重量与其堆积体积之比，一般为0.6～0.9g/cm^3。凝胶树脂的湿真密度是树脂在水中充分膨胀后树脂本身的真密度，等于湿树脂重量与树脂本身的体积（包括颗粒内部结构孔隙）之比，一般为(1.03～1.4)t/m^3。有时也可用树脂在某一密度溶液中的漂浮率表示其密度，如在10%食盐溶液（$\rho=1.1$t/m^3）中的漂浮率小于0.5%等。

c 含水量 所谓含水量是指单位质量树脂所含平衡水（非游离水分）的百分含量。测量方法是将树脂颗粒放在水中，使其吸收水分达到平衡，然后用离心法在规定的转速和时间内除去外部水分，得到含平衡水的湿树脂，然后在105℃烘干，比较烘干前后的重量，即得到平衡水占湿树脂的重量百分含量。离子交换树脂是由亲水高分子构成的，水含量取决于亲水基团的多少及树脂孔隙的大小。

d 膨胀度 树脂在水或其他溶剂中，由于部分结构的溶剂化会发生体积的膨胀，而体积的增大会使交联网络产生一种张力，要把溶剂排挤出去。当溶剂化造成的使树脂膨胀的力与结构网络的抵抗力平衡时，树脂就不再膨胀了。干燥的树脂接触溶剂后的体积变化称为绝对膨胀度。湿树脂从一种离子形态转变为另一种离子形态时的体积变化称为相对膨胀度或转型膨胀度。

e 力学性能 力学性能主要指保持树脂颗粒完整的相关性能。树脂颗粒的破裂或破碎会直接影响操作，使树脂床的性能变差。凝胶树脂因反复膨胀与收缩造成的颗粒破裂是造成破球的主要原因。

B 化学性能

a 酸碱性 离子交换树脂是聚电解质，不同树脂的功能团电离出H^+或OH^-能力存在差异，这表示它们酸碱性的不同。树脂可以视为固态的酸或碱，实际上也可以用酸碱滴定的方法测出各种树脂的酸碱滴定曲线。在滴定过程中考虑到离子交换的速度，达到平衡要比通常溶液中的酸碱滴定慢一些。

b 交换容量 交换容量或交换量，是离子交换树脂性能的重要指标，树脂可交换离子的多少，取决于树脂中功能基的多少。实际上可进行交换的离子是从功能基上离解下来的，与功能基上固定离子符号相反的离子。交换容量的单位可以是mol/g，mmol/g，mol/m^3，mmol/mL等。

动力学容量是指动态吸附（如柱作业）时树脂的操作容量。当交换基未完全解离或孔径太小，交换容量未完全利用时，操作容量小于全容量，但当树脂粒度细，吸附现象显著时，操作容量可能高于全容量。生产中常用动力学（即动态）吸附法，因此，动力学容量具有较大的实践意义。严格地说，交换容量的意义仅限于典型的离子交换过程，而且随树脂的离子类型而异，计算结果须注明原来的树脂类型，尤其是体积交换容量，这是因为交换前后的体积有时变化较大。交换树脂进行离子交换时常伴随有吸附现象，它是靠范德华力吸引其他分子，且交换和吸附的界线有时难以区分，故有时将交换量和吸附量统称为全容量，将离子交换过程统称为离子交换吸附过程。

c 选择性 离子交换吸附的选择性表征被吸附离子与树脂间的亲和力的差异，常用选择性系数（分配系数或交换势）表示。一般认为离子与树脂之间亲和力的大小取决于该离子与树脂间的静电引力的强弱。由此，离子交换吸附的选择性与被吸附离子的类型、电荷数、浓度、水合离子半径、溶液 pH 值及树脂性能等因素有关。

d 化学稳定性 离子交换树脂的化学稳定性主要指耐化学试剂、耐氧化和耐辐照的性能。离子交换树脂对一般化学试剂都有较好的耐受能力，但耐受能力与骨架类型有一定关系，以聚苯乙烯为骨架的树脂化学稳定性更好一些。不同离子型式的树脂，化学稳定性也有所不同，钠型树脂一般要比氢型树脂稳定。氢氧型强碱性阴离子交换树脂易发生不可逆的降解作用，使季胺功能团逐渐变为叔胺、仲胺，以至最后使功能团失去交换能力。因此不应将阴离子交换树脂长期置于强碱性溶液之中。一般地说，树脂的交联度越低，其化学稳定性越差。

9.5.1.3 吸附平衡动力学

A 离子交换过程

当溶液中离子 A 与树脂上离子 B 发生交换反应时，整个过程可分为以下五步：

（1）离子 A 到达树脂表面，溶液的搅拌或在树脂柱中的流动有利于这个过程。但由于树脂颗粒的表层总有一层溶液的薄膜，离子 A 必须在此膜内扩散并透过薄膜。此膜厚度与搅拌强度有关，随搅拌速度的增加而有所减少。

（2）离子 A 在树脂内扩散到交换位置。

（3）A 和 B 在交换位置上发生交换反应。

（4）反应后释放出的 B 从交换位置扩散到树脂表面。

（5）离子 B 从树脂表面通过液膜扩散到溶液中。

为了保持电中性条件，步骤（1）和步骤（5）必须同时以同样的速度发生，步骤（2）和步骤（4）也是同时发生的，这样实际上就是三个步骤，即膜扩散、树脂颗粒内的扩散和化学交换。三个步骤中最慢的一步是整个离子交换反应的控制步骤，它决定了交换反应速度，这一步骤往往是两个扩散步骤的其中之一。

扩散速度表示为单位时间内通过单位面积的离子量，即：

$$\frac{\mathrm{d}q}{\mathrm{d}t} = D(c_1 - c_2)/\delta$$

式中 c_1，c_2——扩散界面两侧的离子浓度，$c_1 > c_2$；

δ——界面层厚度；

D——总扩散系数，cm^2/s。

B 影响离子交换速度的因素

a 树脂粒度 树脂颗粒大小决定了树脂的比表面积以及从树脂表面扩散到树脂内部的路程。如果膜扩散是控制步骤，小颗粒增大了树脂的比表面，单位时间内可以有更多的离子到达单位质量树脂的表面，从而增大总的膜扩散速度。如果颗粒内部扩散是控制步骤，则小颗粒使离子通过的路程缩短，从而加快了过程的速度。另外应该注意的是，颗粒均匀的树脂比不均匀的树脂交换速度高，因为其中大的颗粒数目较少。

b 树脂交联度 树脂交联度越大，树脂的溶胀性越差，从而影响离子在树脂颗粒内部扩散的速度。交联度很大时，树脂内扩散速度可能会成为整个过程的控制步骤。

c 温度 提高温度既提高了扩散速度，又提高了交换反应速度，从而加快了整个交换速度。

d 溶液浓度 一般情况下，在溶液浓度小于0.01mol/L时，总的交换速度可由膜扩散决定。当浓度增加时，膜扩散速度上升，浓度达1.0mol/L以上时，树脂内扩散常变成控制步骤，此时继续提高溶液浓度对提高反应速度就不再有效了。

e 交换离子的性质 交换离子的性质主要指离子的价态和水化离子的半径。在树脂内扩散的离子是由于树脂的固定离子库仑力的吸引而扩散进入的，故离子价态越高，吸引力越大，扩散速度越快；而水化离子半径越大，则越难扩散。

除上述各种因素外，在非水介质中，尤其在非极性溶剂中，交换速度要慢得多，有时只有水溶液中的千分之一。其原因之一是树脂在非水溶剂中的溶胀要小得多。同时也因为在非水溶剂中树脂的离解作用很小，只能提供较少的可交换离子。基于同样原因，弱酸和弱碱型的树脂的溶胀也较小，只能提供较低的交换速度。

9.5.1.4 离子交换树脂的选择及应用

实际应用中要求树脂具有尽可能高的交换容量、高的机械强度，能耐干湿冷热变化，耐酸碱胀缩，能抗流速磨损；有较高的化学稳定性，能耐有机溶剂、稀酸、稀碱、氧化剂和还原剂等；选择性和再生性能好；结构性能好，孔径、孔度合适，比表面积大，抗污染性能好等。为满足上述基本要求，选用树脂（种类、交换基团和离子类型）时一般应遵循下列原则：

（1）根据目的组分在原液中的存在形态选择树脂的种类，如目的组分呈阳离子形态则选用阳离子交换树脂，反之则须选用阴离子交换树脂。

（2）对于交换能力强、交换势高的离子，因淋洗再生较困难，应选用弱酸性或弱碱性树脂。在中性或碱性体系中，多价金属阳离子对弱酸性阳离子树脂的交换能力比强酸性树脂强，易于用酸淋洗。

（3）对树脂交换基团作用较弱的无机酸离子，如离解常数较小（pH值大于5）的酸与弱碱树脂成盐后水解度很大，同时还应考虑价数，离子大小及结构因素，此时应选用强碱性树脂；同理，对交换基作用较弱的阳离子应选用强酸性树脂。

（4）中性盐体系中选用强酸或强碱树脂。

（5）彻底除去微量离子时应采用强型树脂，含量较高或要求选择性较高时可选用弱型树脂。

（6）中性盐体系使用盐型树脂，使体系pH值不变，有利于平衡。酸性或碱性体系中应选用氢氧型或氢型树脂，反应后生成水有利于交换平衡。有盐存在需单独除去酸或碱时，可使用弱碱或弱酸树脂，否则交换后系统中的盐会继续交换生成酸或碱，对平衡不利。使用混合柱时，生成的酸、碱可逐步中和除去。

（7）聚苯乙烯型树脂的化学稳定性比缩聚树脂高，阳离子树脂的化学稳定性比阴离子树脂高，阴离子树脂中，以伯、仲、叔胺型弱碱性阴树脂的化学稳定性最差。树脂中最稳定的是磺化聚苯乙烯树脂。

（8）树脂的孔度包括孔容和孔径两部分内容。凝胶型树脂的孔度与交联度有密切的关系，溶胀状态下的孔径约为数十埃。大孔型树脂内部含有真孔和微孔两部分，真孔为数万至数十万埃，它不随外界条件而变，而微孔较小，随外界条件而变，一般为数十埃。一般所用树脂的孔径应比被交换离子横截面积大数倍（3～6倍）。

提取某些金属组分时可选用的树脂型号见表9-5-4。

表9-5-4 提取某些金属组分时所用的树脂型号

金 属	树脂类别	树 脂 型 号
金	强碱	Amberlite IRA-400，Duolite A101D
	弱碱	Duolite A17-17，AM-2B
钨、钼、钒	强碱	BΠ-1AΠ，AB-17Π，Dowex21k，Duolite A101D
	弱碱	AH-80Π，BΠ-1Π
	两性	AHKB-10
铜、镍、钴	螯合	Dowex XFS—4195，Dowex XPS-4196，Dowex XFS-43084
	两性	AHKB-10，AHKB-35，AMΦ-2-7Π Lewatit TP-207，Duolite ES-466，Dowex A-1 Amberlite XE-318
	弱酸	KB-4-2Π，KM-2Π
铼	弱碱	AH-21
铀	强碱	Amberlite IRA-400，IRA-425，Duolite A101D Dowex21K 201×7 Amberlite
	弱碱	XE-299

目前，离子交换技术已在钨、钼和黄金等贵金属冶金中得到广泛运用，我国有生产厂采用离子交换法回收钨的应用实践。钨酸钠原液经离子交换纯化，洗脱的纯钨酸铵溶液蒸发结晶后得到仲钨酸铵（APT），残留母液中的氯化铵和钨需要回收，该厂采用的是弱碱性树脂D354，工艺流程如图9-5-3所示。

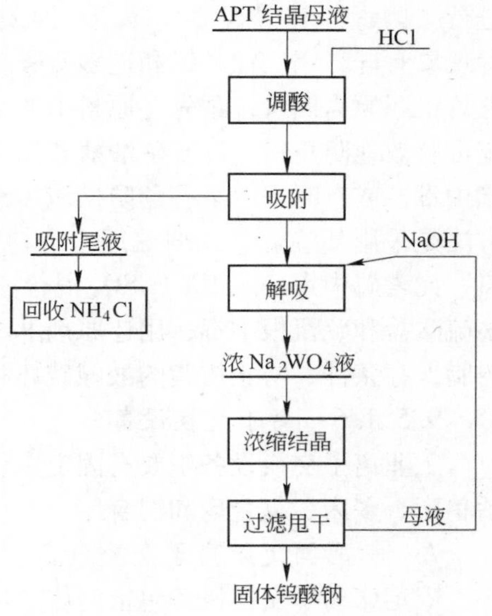

图9-5-3 从钨酸铵结晶母液中回收钨的工艺流程

国外曾有研究人员采用大孔阴离子交换树脂AH-80-7H，从辉钼矿硝酸分解液中回收钼，母液含Mo 15.6g/L，Fe 14.2g/L，SO_4^{2-} 65～67g/L，HNO_3 205g/L。将母液中和至pH值为2.5～3后，流过交换柱，当出液含钼达到1～1.4g/L时，湿树脂相含钼115～136g/L，钼的吸附率为92.7%～92.8%。负载树脂用pH值为2.5～3的水洗去铁，再用10%～15%的氨水解吸，得到含钼60～65g/L的钼酸铵溶液，解吸后的树脂用50～60g/L的HNO_3转型为硝酸根型，用于进行下一周期的交换。将含钼1～1.4g/L的交换后液，用氨中和至pH值为7～8时除铁，而后再用同种树脂交换回收钼，最终废液含钼30mg/L。钼的总回收率为99.4%～99.6%。

9.5.1.5 离子交换树脂的预处理及中毒树脂的处理

出厂树脂皆含有合成过程中生成的低聚合物、反应试剂等有机物和无机物杂质。因此，使用前必须对树脂进行预处理，即先将树脂放入水中浸泡24h让其充分膨胀，再用水反复漂洗以除去色素、水溶性杂质和灰尘等，将水排净后再用95%乙醇浸泡24h以除去醇溶性杂质，将乙醇排净后用水将乙醇洗净。经充分溶胀并除去水溶性和醇溶性杂质后的树脂，用湿筛或沉降分级法得到所需粒级的树脂。出厂树脂一般为盐型（Na型或Cl型）树脂，使用前还需除去酸溶性和碱溶性杂质。若为阳离子树脂可先用2mol/L HCl浸泡2～3h，将盐酸排净后用水洗至溶液pH值为3～4，再用2mol/L NaOH溶液浸泡，然后水洗至溶液pH值为9～10即可贮存使用。若为阴离子树脂，则按2mol/L NaOH—水—2mol/L NH_4Cl—水的顺序处理，以除去碱溶性和酸溶性杂质，最后水洗至pH值为3～4。处理后的树脂用水浸泡贮存，使用时根据分离对象和要求转成所需要的离子类型，如吸附铀时转变为SO_4^{2-}型。为使转型完全，所用酸、碱体积常为树脂体积的5～10倍。

离子交换树脂在长期循环使用过程中其交换容量不断下降的现象称为树脂中毒。使树脂中毒的主要因素为：(1) 原液中含有对树脂亲和力极大的杂质离子，它们不被正常淋洗剂所淋洗；(2) 某些固体杂质或有机物质沉积于树脂网眼中降低了交换速率，从而降低了树脂的操作容量；(3) 外界条件的影响使树脂变质。

因此，树脂中毒可分为物理中毒（沉积）和化学中毒（吸附和变质）两种。根据中毒树脂处理的难易又可分为暂时中毒和永久中毒两种。暂时中毒是指用淋洗方法可以恢复树脂性能的中毒现象，而永久中毒则是目前用淋洗方法不能恢复其吸附性能的中毒现象。由于中毒现象使吸附容量不断降低，甚至完全失去交换能力，故树脂中毒将严重影响吸附作业的正常进行而且会降低其技术经济指标。

实践中发现树脂中毒现象时，首先必须详细查明树脂中毒的原因，然后采取相应措施进行“防毒”和“解毒”。如采用强碱性阴离子树脂从硫酸浸出液中提取铀时，常见的中毒现象有硅、钼、钛、钒和连多硫酸盐等中毒。对应的“防毒”措施有：预先将原液中的五价钒还原为四价；预先将原料中的硫化物浮出；预先用硫化钠沉钼等措施。采用这些措施可有效地防止钒、连多硫酸盐和钼中毒。有时虽然采取了某些预防措施，但仍难免使树脂中毒，或有时采取某些预防措施在经济上不合算或会给工艺造成很大困难时，最有效的方法是采用某些解毒试剂处理中毒树脂，如用NaOH或Na_2CO_3溶液淋洗可消除硅、钼、钒、元素硫中毒；用HF-H_2SO_4混合液淋洗可消除硅、钛、锆中毒；用硝酸淋洗可消除连多硫酸盐和硫氰根中毒；用还原剂淋洗可消除砜中毒等。此外，还应严格注意操作条件和树脂保存条件，防止树脂的酸碱破坏和热破坏。

9.5.1.6 离子交换设备

工业离子交换设备主要有固定床、移动床和流化床。目前使用最广泛的是固定床，包括单床、多床、复合床和混合床。

A 树脂固定床离子交换设备

固定床离子交换设备包括筒体、进水装置、排水装置、再生液分布装置及体外有关管道和阀门，如图9-5-4所示。

(1) 筒体。固定床一般是立式圆柱形压力容器，大多用金属制成，内壁需配防腐材料，如衬胶；小直径的交换器也可用塑料或有机玻璃制造。筒体上的附件有进水管、出水管、树脂装卸口、视镜、人孔等，均根据工艺操作的需要布置。

（2）底部排水装置。其作用是收集出水和分配反洗水，应保证水流分布均匀并且不漏树脂。常用的底部排水装置有多孔板排水帽式和石英砂垫层式两种，前者均匀性好，但结构复杂，一般用于中小型交换器；后者要求石英砂中的二氧化硅含量在99%以上，使用前用10%～20% HCl浸泡12～14h，以免在运行中释放杂质。石英砂的级配和层高根据交换器直径有一定要求，需要达到既能均匀集水，也不会在反洗时浮动的目的，在砂层和排水口间设有穹形穿孔支撑板。

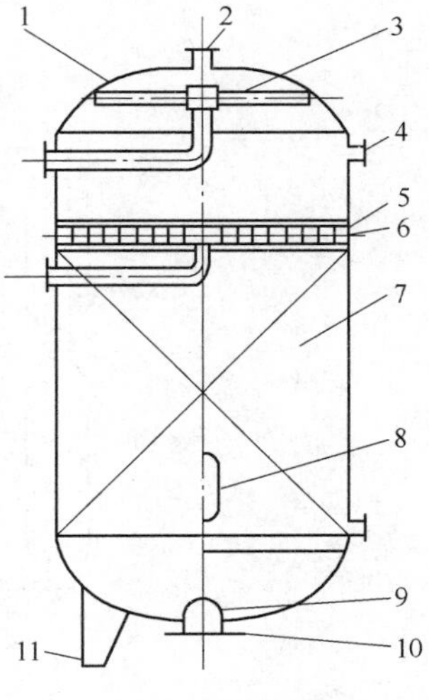

图9-5-4　逆流再生树脂固定离子交换器的结构

1—壳体；2—排气管；3—上布水装置；4—树脂装卸口；5—压脂层；6—中排液装置；7—离子交换层；8—视镜；9—下布水装置；10—排水管；11—地脚

在较大内径的顺流再生固定床中，树脂层面以上150～200mm处设有再生液分布装置，常用的有辐射型、圆环型、母管支撑型等几种。对于小直径固定床，再生液通过上部进水装置分布，不另设再生液分布装置。

在较大内径的顺流再生固定床中，树脂层面以上150～200mm处设有再生液分布装置，常用的有辐射型、圆环型、母管支撑型等几种。对小直径固定床，再生液通过上部进水装置分布，不再另设再生液分布装置。

在逆流再生固定床中，再生液自底部排水装置进入，不需要设再生液分布装置，但需在树脂层面设有中排液装置，用来排放再生液，在小型反洗时，可兼作反洗水进水分配管。中排液装置的设计应保证再生液分配均匀，使树脂层不扰动、不流失。常用的中排液装置有母管支管式和支管式两种，前者适用于大中型交换器；后者适用于ϕ600mm以下的固定床，支管1～3根。上述两种的支管上有细缝或开孔外包滤网。

B　树脂移动床离子交换设备

移动床离子交换设备是针对固定床设备的特点，充分发挥其优势，克服其不足而提出的一种新型设备。这一构思既保留了固定床操作的高效率，简化了柱数、阀门与管线，又将吸附、冲洗与洗脱等步骤分别进行。

Higgins环形移动床离子交换设备，是一种颇具特色的连续离子交换设备。如图9-5-5所示Higgins离子交换设备结构分为三部分：左上端为吸附段，左下端为解吸段，右边立管为循环树脂的储存室，这些部分之间有阀门隔开。在设备中，树脂在吸附段和解吸段向上运动，与吸附剂或解吸剂逆流接触。由于采用树脂泵（往复泵）迫使树脂按时移动，所以阀门和往复泵的开启和闭合都采取自动控制。

Higgins离子交换设备操作按三步进行，即：

（1）通液操作（见图9-5-5(a)）。此时往复泵不运动，树脂不移动；洗水、吸附液和解吸剂分步通入，持续几分钟。

（2）树脂上移操作（见图9-5-5(b)）。此时洗水、吸附液和解吸剂停止通入；往复泵向吸入方向移动，迫使右边立管中的树脂压入左边解吸段的下端；同时，解吸段上端经过

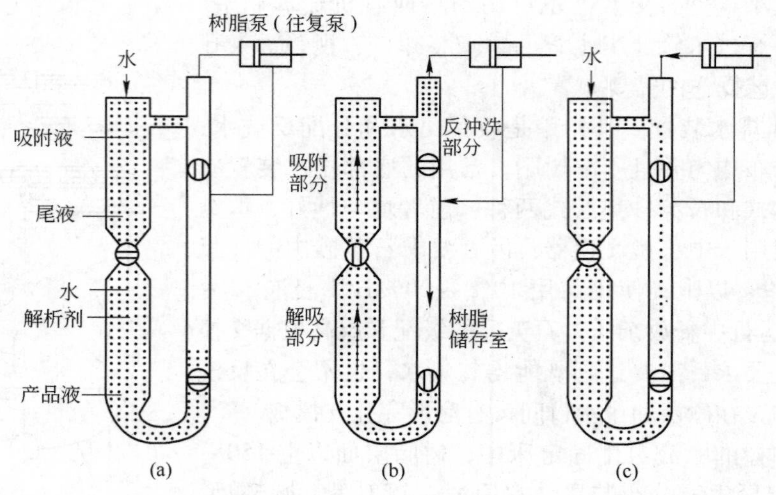

图 9-5-5 Higgins 离子交换设备及工作过程

（a）通液操作；（b）树脂上移操作；（c）树脂下落和通液操作

解吸-洗涤后的树脂压入吸附段的下端，吸附段上端经过水洗后的饱和树脂被送到右边立管的上端。整个过程约 3 ~ 5s。

（3）树脂下落并恢复通液（见图 9-5-5(c)）。此时往复泵回压，使右边立管上端的树脂下落至储存室中；同时，洗水、吸附液和解吸剂恢复通入。

由于树脂上移操作（同时停止通液）时间很短，每次移动的树脂量较少，因此整个操作接近连续。

C 树脂流化床离子交换设备

在流化床离子交换设备中，吸附液一般从塔底进入，从下向上运动；树脂依靠重力由上而下运动。当吸附液的上升流速超过临界速度时，树脂就从密实床转变为流化床，均匀分布在溶液（或矿浆）中，这就是流化床离子交换设备，常被称为 CIX 装置。

流化床离子交换设备比固定床离子交换设备的处理能力大，既可以处理清液，也可以处理矿浆，国内外对此已有广泛的研究，研制了各种结构的流化床离子交换设备。

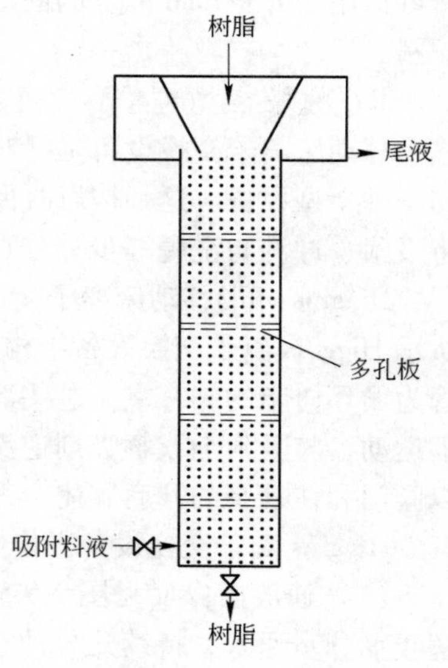

图 9-5-6 穿流板式连续逆流离子交换设备

如图 9-5-6 所示为穿流板式连续逆流离子交换设备。该设备使用多孔板（筛板）把塔截成一系列的隔室，孔的大小和开孔率由所处理的料液（溶液或矿浆）决定，料液通过孔板向上运动时的线速度（12 ~ 48m/h）高于在隔室内的线速度，使隔室内的树脂流化，并防止树脂进入下层隔室。料液周期性地瞬间中断，使树脂依靠重力进入下层隔室，并排出塔外。穿流板式连续逆流离子交换设备，既可用于吸附，也可用于解吸。

穿流板式连续逆流离子交换设备的塔顶有一个扩大

部分，用来降低料液的线速度，避免树脂被料液带出。另外，在塔底可以增加一个树脂洗涤段，减少吸附料液的损失。

D 树脂搅拌床离子交换设备

树脂搅拌床连续移动的离子交换设备一般都为槽式设备，采用多槽串联的方式。在槽内，树脂与料液依靠搅拌作用均匀混合，形成搅拌床，进行离子交换过程。在槽内或槽外通过筛分使树脂与料液（溶液或矿浆）分离，在各槽之间逆流输送，形成逆流离子交换系统。

这类系统多数采用空气搅拌，且搅拌强烈，可以处理固体含量10%～30%的矿浆；但其缺点是体积庞大，而且由于槽内混合均匀，不存在浓度梯度，因此传质效率比塔式逆流离子交换设备低。这类设备的种类繁多，主要采用各种筛分和排料方式的帕丘卡（Pachuca）吸附塔、Infilco型接触器和混合筛分系统。

Infilco型接触器是较早使用的树脂搅拌连续移动的离子交换设备，设备结构见图9-5-7。Infilco型接触器分为搅拌室和分离室两个部分，树脂与矿浆一起通过中心管并经过分配器流入搅拌室的底部，利用从搅拌室底部的多孔隔板进入的压缩空气，使树脂与矿浆在搅拌室内均匀混合，进行离子交换反应。溢流的树脂与矿浆进入环形的分离室，在分离室中由于没有搅拌作用，树脂与矿浆依靠密度差自然分离，密度大的树脂沉降在分离室的底部，借助空气提升器转移到上一个接触器；密度小的矿浆从分离室上部的出料管流入下一个接触器，形成树脂与矿浆的逆流运动。

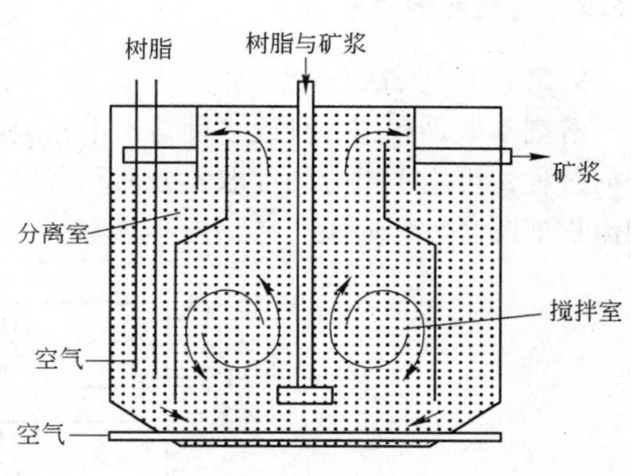

图9-5-7 Infilco型接触器

9.5.1.7 活性炭吸附

吸附法是从稀溶液中提取、分离和富集目的组分的有效方法之一。吸附净化法的原则流程与离子交换法相似，主要包括吸附和解吸两个基本作业。最常使用的吸附剂为活性炭，它是将固体炭质物质在高温下（600～900℃）炭化，然后在400～900℃下用空气、二氧化碳、水蒸气或其混合气体活化后的多孔物质，具有极大的比表面积。

活性炭从清液或矿浆中吸附物质组分的机理目前尚不统一，为了解释这一现象，曾提出过各种吸附模式，综合起来可将其分为物理吸附假说、电化学吸附假说和双电层吸附假说。这些假说都是基于某些实验提出来的，均可说明某些实验结果，但实际上并非用单一理论即可完全解释，吸附现象是复杂的，很可能是几种机理同时起作用。

活性炭的吸附性能取决于氧化活化时的化学性质及其浓度、活化温度、活化程度和炭中无机物组成及含量等因素，主要取决于活化气体的性质和活化温度。活性炭的表面积是衡量其吸附活性的主要技术指标之一。活化温度越高，活性炭的微孔结构越发达，表面积和吸附活性越大；但活化温度增高，活性炭中的灰分含量也会增加，进而降低吸附活性。

活性炭吸附法可用于在氰化物体系中回收金，加入的活性炭可直接吸附矿浆中的

$Au(CN)_2^-$。早期人们都采用先沉降，过滤获得清液，然后采用锌粉置换获得金粉的方法制取金。后来发展到炭浆法（CIP），即直接从矿浆中吸附 $Au(CN)_2^-$，然后再从活性炭上解吸、回收金。CIP 法可以省去过滤作业，因此简化了工序，还可以避免过滤时金的损失，提高金的回收率。此法可使氰化厂的投资减少约 20%，操作费用减少约 50%。进而人们又发展了炭浸（CIL）工艺，即在氰化浸金的过程中加入活性炭，边浸出，边吸附，可以促进金浸取并减少矿石颗粒对溶液中金的吸附，使得金的回收率进一步提高，因此此法特别适合某些难浸金矿的浸出回收。

活性炭除用于吸附金银外，还可从稀的氯化物溶液中吸附铂、钯、锇，也能吸附铷、钐、钇等元素，甚至可从酸性液中选择性地分离铼和钼。此外，活性炭还被广泛地用于废水净化、化学分析等领域。

9.5.2　有机溶剂萃取法

9.5.2.1　概述

溶剂萃取是利用一种或多种与水不相混溶的有机溶剂从水溶液中选择性提取某目的组分的过程，可用于组分的提取、分离和富集，被萃物可为有机物或无机物。溶剂萃取的原则流程如图 9-5-8 所示。

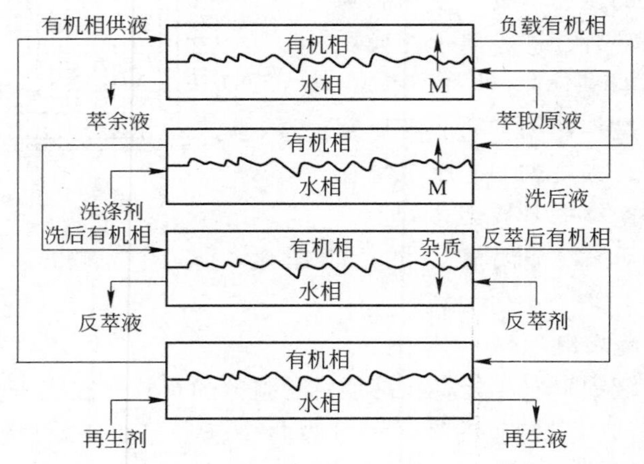

图 9-5-8　溶剂萃取原则流程

溶剂萃取为全液过程，两个液相分别为有机相和水相，通常有机相密度比水相小，混合分层后，有机相在水相上面，但各相内部的物化性质相同。水相为无机化合物的水溶液，如萃取原液、洗涤剂、反萃剂和再生剂等。有机相由萃取剂、稀释剂和改良剂等组成。萃取剂是能与被萃组分生成化学结合的萃合物的有机试剂。稀释剂是不与被萃物生成化学结合的萃合物，但能溶解萃取剂和萃合物的有机溶剂。改良剂是为改善萃取性能、提高萃取效率的有机溶剂。

萃取过程主要包括萃取、洗涤、反萃和有机相再生四个作业流程。

9.5.2.2　主要参数

萃取的主要参数有：分配常数、分配系数、分离因数、萃取率、理论容量、负载容量等。

（1）分配常数（λ）。溶质以相同形态在互不相溶的两相中分配时，其在两相中的平衡浓度之比称为分配常数，其值与萃取条件无关，即：

$$\lambda = \frac{[A_1]_0}{[A_1]_A} \tag{9-5-1}$$

式中 λ——能斯特分配平衡常数，简称分配常数；

$[A_1]_A$，$[A_1]_0$——达到平衡后溶质在两相中的浓度。

（2）分配系数（D）。被萃物在互不相溶的两相中的总分析平衡浓度之比称为分配系数，其值随萃取条件而变，仅在最简单的物理萃取体系中，D 值才与 λ 值相等，即：

$$D = \frac{C_{有总}}{C_{水总}} = \frac{[A_1]_0 + [A_2]_0 + \cdots + [A_i]_0}{[A_1]_A + [A_2]_A + \cdots + [A_i]_A} \tag{9-5-2}$$

式中 $C_{有总}$——被萃物在有机相中的平衡总浓度；

$C_{水总}$——被萃物在水相中的平衡总浓度；

$[A_i]_0$，$[A_i]_A$——达到平衡后溶质在两相中的浓度。

（3）分离因数（选择性系数）（α）。在相同的萃取体系和萃取条件下，两种被分离组分的分配系数之比，即：

$$\alpha = D_1/D_2 \tag{9-5-3}$$

式中 D_2，D_1——水相和有机相的分配系数。

（4）萃取率（ε）。萃取条件下，被萃组分由水相转入有机相的质量百分比。

（5）理论容量。在任何萃取条件下，对给定萃取剂浓度的有机相的理论最大萃取容量。

（6）负载容量。在某一萃取条件下，有机相可能萃取的最大溶质浓度。

（7）分配等温线（萃取平衡线）。在某一萃取条件下，恒温时有机相中被萃物浓度与其水相中的平衡浓度的关系曲线。

（8）理论段。理论段为连续多段萃取接触器的一部分，其中溶质由一相传递至另一相的量相当于两相接触达平衡时的量。可由分配等温线和操作线求得。

（9）pH 值。萃取率为 50% 时的水相 pH 值。

9.5.2.3 影响萃取过程的主要因素

萃取过程是使亲水的金属离子由水相转入有机相的过程，其实质上是萃取剂分子与极性水分子争夺金属离子，使金属离子由亲水变为疏水的过程。萃取过程的效率与有机相的组成、性质和操作以及设备因素有关。

A 萃取剂

萃取体系主要是根据被萃取组分的存在形态来选择的，如从铜矿原料的硫酸浸出液中萃取铜，铜主要以阳离子形态存在，可选用螯合萃取剂；碱液分解钨原料时，钨呈钨酸根阴离子形态存在，且料液碱度相当高，故只能采用胺类萃取剂；硫酸浸出铀矿时，铀呈阳离子和配阴离子形态存在于浸出液中，可采用 P204 或胺类萃取剂萃取铀。

选择萃取剂时一般要考虑的因素为：

（1）有良好的萃取性能，即较好的选择性、较大的萃取容量和较高的萃取速度；

（2）有好的分相性能，即具有较小的密度和黏度，具有较大的表面张力；

（3）易于反萃，不易乳化或生成第三相；

（4）贮存使用方便，无毒，不易燃，化学性质稳定；

（5）价廉易得，水溶性小。

萃取剂的浓度对萃取效率也有影响。原则上尽量使用纯的萃取剂或高浓度有机相，以提高萃取能力和产量，也可以避免有机相组成复杂化，但同时也要考虑到操作因素的影响。

B 稀释剂

稀释剂是有机相中含量最多的组分，其作用是降低有机相的密度和黏度，以改善分相性能、减少萃取剂的损耗，同时可调节有机相中萃取剂的浓度，以达到较理想的萃取效率和选择性。

稀释剂除应具有良好的分相性能、价廉易得、水溶性小以及无毒、不易燃、腐蚀性小、化学性质稳定等特性，还应满足极性小和介电常数小的要求。这是因为稀释剂极性大时常借氢键与萃取剂缔合，降低了有机相中游离的萃取剂浓度，进而降低萃取效率。

C 添加剂

加入添加剂是为了改善有机相的物理化学性质，增加萃取剂和萃合物在稀释剂中的溶解度，抑制稳定乳浊液的形成，防止形成三相并可起协萃作用。一般采用长链醇和TBP作为添加剂，以改善分相性能，减少溶剂夹带，提高萃取作业的技术经济指标。

D 水相的离子组成

被萃组分在水相中的存在形态是选择萃取剂的主要依据，而且从经济方面考虑，一般是萃取低浓度组分，将高浓度组分留在萃余液中，以减少传送质量，这样较为经济。

中性配合萃取只萃取中性金属化合物。溶剂配合物的稳定性与金属离子的电荷大小成正比，与其离子半径成反比。金属离子生成不被萃取的金属阴离子或离子缔合物主要取决于阴离子的类型和浓度，当用TBP从硝酸介质中萃取铀时，阴离子的不良影响按下列顺序递增：$Cl^- < C_2O_4^{2-} < F^- < SO_4^{2-} < PO_3^{3-}$。

酸性配合萃取只萃取金属阳离子。水相中若有其他配合剂是金属离子且呈配阴离子形态存在，则将显著降低酸性萃取剂萃取金属离子的能力。配阴离子对P_{204}从无机酸中萃取UO_2^{2+}的能力的不利影响按下列顺序增强：$ClO_4^- < NO_3^- < Cl^- < SO_4^{2-} < PO_4^{3-}$。

离子缔合萃取只萃取金属配阴离子，金属配阴离子的亲水性越小越有利于萃取；铵盐的极性越小，萃合物的亲水性越小。用叔胺从硫酸盐中萃取铀时，其他阴离子的不利影响顺序为：$SO_4^{2-} < PO_3^{3-} < Cl^- < F^- < NO_3^-$。

E 盐析剂

在中性配合萃取和离子缔合萃取体系中，常使用盐析剂以提高被萃组分的分配系数。盐析剂是一种不被萃取、不与被萃物有相同的阴离子而又可使分配系数显著提高的无机化合物。

选择盐析剂应考虑不污染产品、价廉易得、溶解度大等因素。中性配合萃取时，常用硝酸铵作为盐析剂。离子缔合萃取时，盐析剂的作用是降低离子的亲水性。当盐析剂与配阴离子有相同的配位体时，也存在同离子效应。

F 配合剂

萃取时加入配合剂可以提高分离系数，其中降低分配系数的配合剂称为抑萃配合剂；

使分配系数增加的配合剂称为助萃配合剂。采用中性萃取剂进行稀土分离时，常用 EDTA 等作为抑萃配合剂，增加相邻稀土元素的分配系数。

工业上常用的稀释剂见表 9-5-5，国内外常用的萃取剂见表 9-5-6，工业上常用的改良剂见表 9-5-7。

表 9-5-5 工业上常用的稀释剂

名 称	组成/%			密度 $/g\cdot cm^{-3}$	闪点/℃	黏度 $/mPa\cdot s$	沸点/℃
	石蜡烃	萘	芳香烃				
Amsco 无臭矿物油	85	15	0	0.76	53		
Escaid 100	80		20	0.8	78	1.52	191
Escaid 110	99.7		0.3	0.79	74	1.52	193
Kermac 470B（原 Napoleum470）	48.6	39.7	11.7	0.81	79	2.1	210
Shell 140	45	49	6	0.79	61		174
Cyclosol	1.5		98.5	0.89	66		
Escaid 350（原 SolVesso 150）	3.0	0	97.0	0.89	66	1.2	188
磺化煤油	100	0	0	0.78～0.82	62～65	0.3～0.5	170～240

表 9-5-6 国内外常用萃取剂

分类	类型		名 称	商品名称简称	结 构 式	相对分子质量	应 用
中性溶剂化萃取剂	中性磷	膦酸酯	磷酸三丁酯	TBP	$(C_4H_9O)_3P{=}O$	266	铀、钍萃取，稀土分离，锆、铪分离，钽、铌分离，萃铁
			甲基膦酸二甲庚酯	P_{350} DMHMP	$(CH_3(CH_2)_5\overset{CH_3}{\overset{\vert}{C}}HO)_2P(=O)CH_3$	320	从混合稀土中分离镧
			甲基膦酸二(2-乙基己基)酯	P_{307} DMHMP	$(CH_3(CH_2)_3CH\overset{CH_3}{\overset{\vert}{C}}H_4O)_2P(=O)CH_3$	319.4	
			丁基膦酸二丁酯	Hostarex P_{0212}	$(C_4H_9O)_2P(=O)C_8H_{17}$	250	
			辛基膦酸二辛酯	Hostarex P_{0224}	$(C_8H_{17}O)_2P(=O)C_8H_{17}$	418	

续表 9-5-6

分类	类型	名　称	商品名称简称	结 构 式	相对分子质量	应　用
中性溶剂化萃取剂	中性磷 氧化膦	三正辛基氧化膦	TOPO	$(C_8H_{17})_3P=O$	386	作协萃剂，从湿法膦酸中提铀(D_2EHPA)
	醚	乙醚 二异丙醚		$C_2H_5O\ C_2H_5$ $(CH_3)_2CHOCH(CH_3)_2$	 102	从 HCl 液萃取金 萃取磷酸
	醇	正丁醇 正异戊醇 仲辛醇		C_4H_9OH $C_5H_{11}OH$ $C_6H_{13}CH(CH_3)OH$	74 88 130.2	从盐酸分解磷矿中萃取磷酸 从盐酸分解磷矿中萃取磷酸 从盐酸分解磷矿中萃取钽铌
	酮	甲基异异丁酮	MIBK	$CH_3COCH_2CH(CH_3)_2$	100	锆、铪分离，钽、铌分离，萃取磷酸
	硫醚	二正己基硫醚 二辛基硫醚		$C_6H_{13}SC_6H_{13}$ $C_8H_{17}SC_8H_{17}$	202 268	萃取钯 萃取金、银、铂、钯、汞
	取代酰胺	N,N 二正混合基乙酰胺	A_{101}	$CH_3-\overset{\overset{O}{\|}}{C}-N(C_{7\sim9}H_{15\sim19})_2$	156～184	钽、铌分离，萃取镓、锗
		N,N 二(甲庚基)乙酰胺	N_{503}	$CH_3-\overset{\overset{O}{\|}}{C}-N=(CH_3(CH_2)_5\overset{\overset{CH_3}{\|}}{C}H)_2$	283.5	钽、铌分离，萃取铊、铀、铁，废水脱酚
		N 苯基-N 辛基乙酰胺	A_{404}	$CH_3-\overset{\overset{O}{\|}}{C}-N(C_8H_{17})(C_6H_5)$	247	
		N,N,N′,N′四丁基代尿素	N_{505}	$(C_4H_9)_2N-\overset{\overset{O}{\|}}{C}-N(C_4H_9)_2$	280	萃取铜、钴、镍
酸性配合萃取剂	羧酸	混合脂肪酸		$C_nH_{2n+1}COOH(n=7\sim9)$	144.1	
		叔碳羧酸	Verstic 10	$R_2-\underset{R_3}{\underset{\|}{\overset{\overset{R_1}{\|}}{C}}}-COOH$ $R_1+R_2+R_3=C_8H_{17}$	175	分离铜、钴、镍，回收钇

续表 9-5-6

分类	类型	名称	商品名称简称	结构式	相对分子质量	应用
酸性配合萃取剂	羧酸	新烷基羧酸	Verstic 911 C547	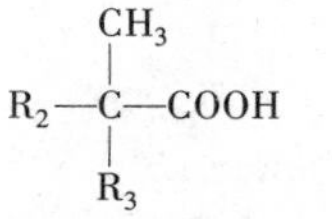 $R_2-C(CH_3)(R_3)-COOH$ $R_2,\ R_3 = C_{3\sim4}H_{7\sim9}$		分离轻稀土
		环烷酸		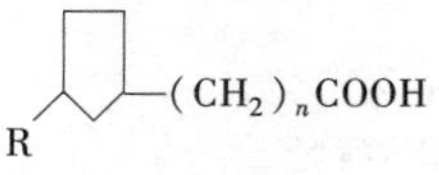 R-环戊基-$(CH_2)_nCOOH$	170 ~ 330	分离铜、钴、镍，分离轻稀土，回收钇
	烷基磷酸	二-(2-乙基己基)磷酸	D_2EHPA HDEHP P_{204}	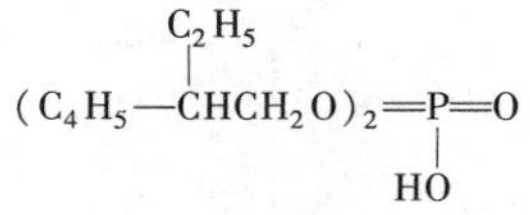 $(C_4H_5-CH(C_2H_5)CH_2O)_2=P(=O)-OH$	322	萃取铀，分离镍、钴，分离重稀土，萃取铟、铊、铕、铍、钇
		单-(2,6,8 三甲基壬基-4)磷酸(十二烷基磷酸)	DDPA	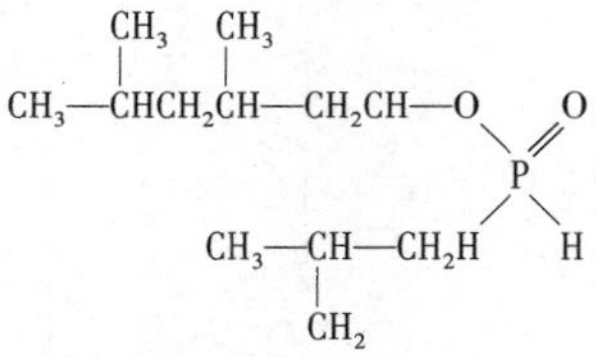 $CH_3-CH(CH_3)CH_2CH(CH_3)-CH_2CH(-O)-$，$P(=O)(H)$，$CH_3-CH(CH_2)-CH_2H$	266	
		辛基苯基磷酸	OP_nPA	$(RO)_3P=O + ROP(HO)_2O$ 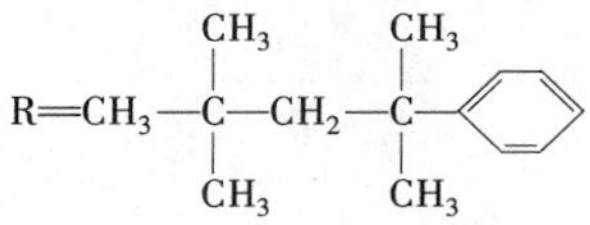 $R=CH_3-C(CH_3)_2-CH_2-C(CH_3)_2-C_6H_5$	287 ~ 476	从湿法磷酸中回收铀
	烷基膦酸酯	2-乙基己基膦酸-2-乙基己基酯	M_2EHPA P_{507} SME-418 PC-88A	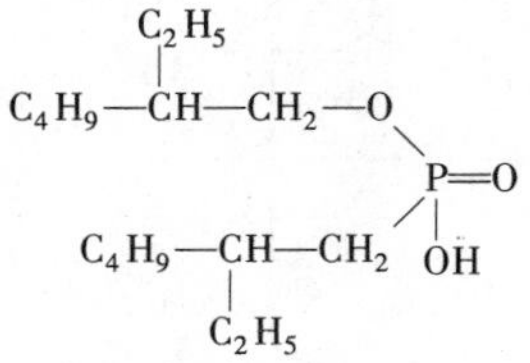 $C_4H_9-CH(C_2H_5)-CH_2-O-P(=O)(OH)-CH_2-CH(C_2H_5)-C_4H_9$	306	镍、钴分离，轻、重稀土分组，铥、镱、镥分离
	脂肪 α-羟肟	5，8-二乙基 7 羟基 6-十二烷酮肟	Lix63 N_{509}	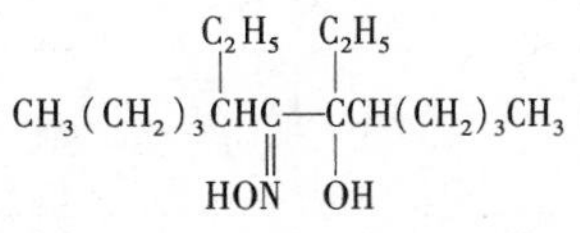 $CH_3(CH_2)_3CH(C_2H_5)-C(=NOH)-CH(OH)-CH(C_2H_5)(CH_2)_3CH_3$	257	萃取铜、镍、钴
	芳基 β-羟肟	2-羟基 5-十二烷基二苯甲酮肟	Lix64 03045	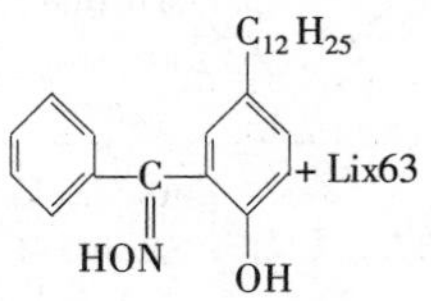 $C_6H_5-C(=NOH)-C_6H_3(OH)(C_{12}H_{25})$ + Lix63	381	从酸液中萃取铜、钯

续表 9-5-6

分类	类型	名 称	商品名称 简称	结 构 式	相对 分子 质量	应 用
酸性 配合 萃取剂	芳基 β- 羟肟	2-羟基-5- 仲辛基二苯甲酮肟	N_{510}	$C_6H_5-C(=NOH)-C_6H_3(OH)(C_8H_{13})$ (HON, OH, C_8H_{13})	325	从酸液中萃铜
		2-羟基-5- 壬基二苯甲酮肟	Lix65N	$C_6H_5-C(=NOH)-C_6H_3(OH)(C_9H_{19})$ (HON, OH, C_9H_{19})	339	
碱性 阴离子 萃取剂	伯胺	烷基甲胺	Primene JMJ	$CH_3-C(CH_3)_2-(CH_2-C(CH_3)_2)_n-NH_2$　$n=3,4,5$	269 ~ 325	萃取钍、铁
			N_{1932}	R_2CH-NH_2　$R=C_{9\sim11}H_{19\sim23}$		萃取钍、稀土
			N_{179}	RNH_2　$R=C_8H_{17}-C(NH_2)(C_8H_{17})-$		
	仲胺	N-十二烯 (三烷基甲基)胺	Amberlire LA-1	$NH[C(R)(R')(R'')][CH_2CH{=}CH-(CH_2-C(CH_3)_2-)_2-CH_3]$ $R+R'+R''=C_{12\sim13}H_{25\sim27}$	297. 5	萃取铀
		N-月桂 (三烷基甲基)胺	Amberlire LA-2	$NH[C(R)(R')(R'')][CH_2(CH_2)_{10}CH_3]$ $R+R'+R''=C_{12\sim13}H_{25\sim27}$	353 ~ 395	萃取铀、锌、钼
		二十三胺	Adogen 283	R_2NH　$R=C_{13}H_{27}$	385	萃取铀、锌、钼、钒
	叔胺	三烷基胺	Amberlite 336 N_{235}	R_3N　$R=C_{8\sim10}H1_{7\sim21}$	约 392	萃取铀、钨、钼、钒、铂，氯化物体系分离镍、钴
	季胺盐	三烷基甲基氯化胺	Aliquat 336 Adogen 464 N-263	$R_3\overset{+}{N}CH_3Cl$ $R=C_{8\sim10}H_{17\sim21}$	约 442 约 431	稀土分离 萃取铬、钒

表 9-5-7 工业上常用的改良剂

名 称	密度/g·cm^{-3}	闪点/℃
2-乙基己基醇	0.834	85
异癸醇	0.841	104
壬基酚	0.95	140
磷酸三丁酯	0.973	193

9.5.2.4 萃取工艺

萃取可采用一级或多级（串级）的形式进行。多级萃取又根据有机相和水相的流动接触方式分为错流萃取、逆流萃取、分馏萃取和回流萃取等形式。

A 一级萃取

将料液与新有机相混合至萃取平衡，然后静止分层而得到萃余液和负载有机相，此为一级萃取。一级萃取的物料平衡为：

$$V_A \cdot X_H = V_O Y_K + V_A \cdot X_K$$

式中 V_O，V_A——有机相和水相体积；

X_H，X_K——水相中被萃物的原始浓度和最终浓度；

Y_K——负载有机相中被萃物的浓度。

虽然一级萃取流程简单，但萃取分离不完全，因此在生产中应用较少。但实验室中常用一级萃取的方法优选最佳萃取操作条件和进行萃取剂的基本性能测定，如测定萃取剂的饱和容量，对酸的萃取能力、萃取平衡时间，考查萃取剂浓度、料液 pH 值、金属离子浓度、相比、洗液 pH 值、温度等因素对分配系数、分离系数和萃取率的影响。

B 错流萃取

错流萃取是一份原始料液多次分别与新有机相混合接触，直至萃余液中的被萃组分含量降至要求值时为止的萃取流程。每接触一次（包括混合、分层、相分离）称为一个萃取级，如图 9-5-9 所示为三级萃取简图。由于每次皆与新有机相接触，故萃取较完全。但错流萃取的萃取剂用量大，负载有机相中被萃物的浓度低，最后几级的分离系数低。

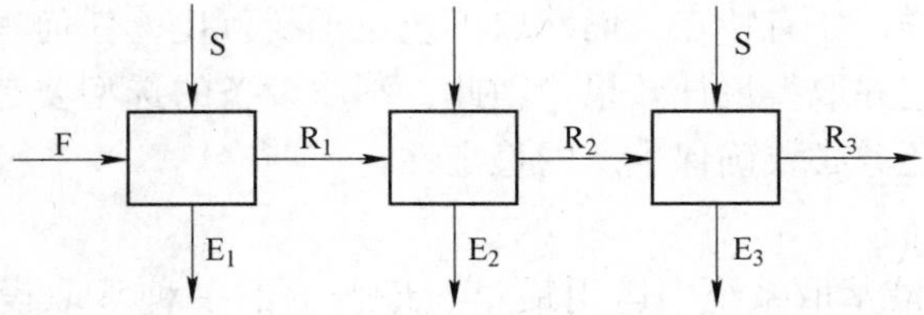

图 9-5-9 三级萃取

所需的萃取级数可利用下式计算，即：

$$n = \frac{\lg m_0 - \lg m_n}{\lg(DR + 1)}$$

式中 n——所需的萃取级数；

m_0——被萃物原始总量；

m_n——一次萃取后残留在水相中的被萃物总量；

D——单级萃取的分配系数；

R——有机相与水相的体积比。

C 逆流萃取

逆流萃取是指水相（料液 F）和萃取剂（S）分别从萃取设备的两端给入，以相向流动的方式经多次接触分层而完成萃取过程的萃取流程，如图 9-5-10 所示为五级逆流萃取简图。逆流萃取可使萃取剂得到充分利用，适用于分配系数和分离系数较小的物质的分离，只要适当增加级数即可达到较理想的分离效果和较高的金属回收率。但级数太多，进入有机相的杂质量也将增加，产品纯度下降。

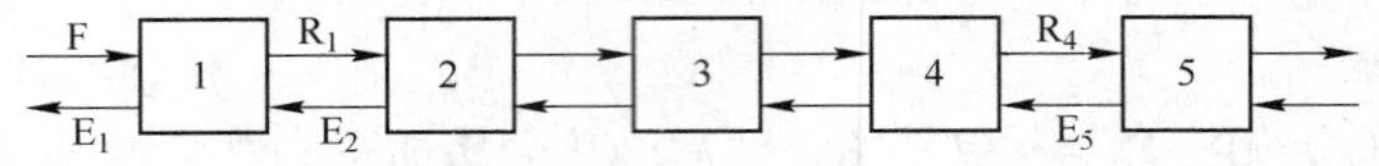

图 9-5-10 五级逆流萃取

D 分馏萃取

分馏萃取是加上逆流洗涤的逆流萃取，又称为双溶剂萃取。此时有机相和洗涤剂分别由系统的两端给入，而料液由系统的某级给入。分馏萃取将逆流洗涤和逆流萃取结合在一起，通过逆流萃取保证较高的回收率，而通过逆流洗涤保证较高的产品的品位，可以同时兼顾回收率和品位，使分离系数小的组分得到较好的分离。此流程在实践中应用最广。

E 回流萃取

回流萃取是改进后的分馏萃取，其流动方式相同，只是使组分回流。组分回流可以提高产品品位，提高分离效果，但产量要低一些。

9.5.2.5 萃取设备

目前，在工业上应用的萃取设备有多种，它们可以按不同的方法分类。按液流接触方式可分为逐级接触式和连续接触式，前者的典型设备是混合澄清器（简称混澄器），而萃取塔则大多属于后一类。按照相分散动力的不同可分为重力式、机械搅拌式、脉冲式和离心式等。

萃取设备多种多样，各有特点，而萃取工艺也千变万化，任何一台或任何一类萃取器都无法使用所有的工艺并取得最佳效果。因此，萃取设备的选型要考虑的因素很多，除技术和经济因素之外，还务必要确保生产的稳定性。

A 混合澄清器

混合澄清器是液-液萃取系统中运用最早、最普遍的一种萃取设备。简单的箱式混澄器从外观上看是一个矩形箱体，其内用隔板分成若干个进行混合和澄清的小室，即混合室和澄清室。每一级由一个混合室构成，如图 9-5-11 所示为一台三级的混澄器。

混澄器的操作过程中两相的流向如图 9-5-12 所示，就设备整体而言，两相流动是逆流，但在任一级中两相流动则是并流。有机相由 $n-1$ 级澄清室通过有机相进口进入 n 级混合室，水相由 $n+1$ 级澄清室底部进口进入前室，借搅拌器的抽吸作用进入 n 级混合室，两相在混合室内搅拌混合，进行萃取。混合相在搅拌离心力作用下，经混合相流通口进入澄清室中澄清，然后两相分别流入相邻的两级。

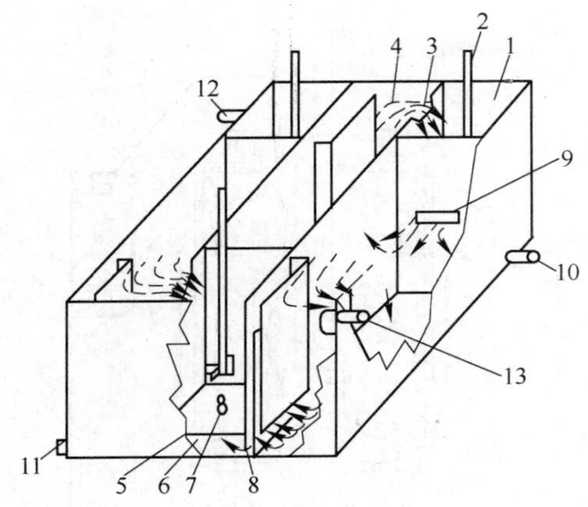

图 9-5-11 简单箱式混合澄清器

1—混合室；2—搅拌器；3—轻相溢流口；4—澄清室；5—汇流板；6—前室；7—汇流口；8—重相溢流口；9—混合相流通口；10—水相进口；11—水相出口；12—有机相进口；13—有机相出口

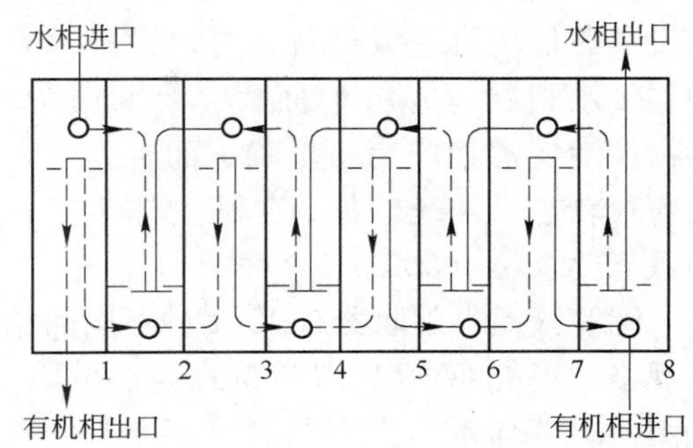

图 9-5-12 混合-澄清室两相流向

B 萃取塔

脉冲萃取塔如图 9-5-13 所示，常见的有脉冲填料塔和脉动筛板塔。在长期的脉冲作用下，脉冲填料塔往往发生填料的有序性排列转正现象，造成沟流，致使塔效率降低，而且填料塔的清洗也极为不方便。脉冲筛板塔塔身结构简单，易于清洗，还可用于稀薄的矿浆萃取。

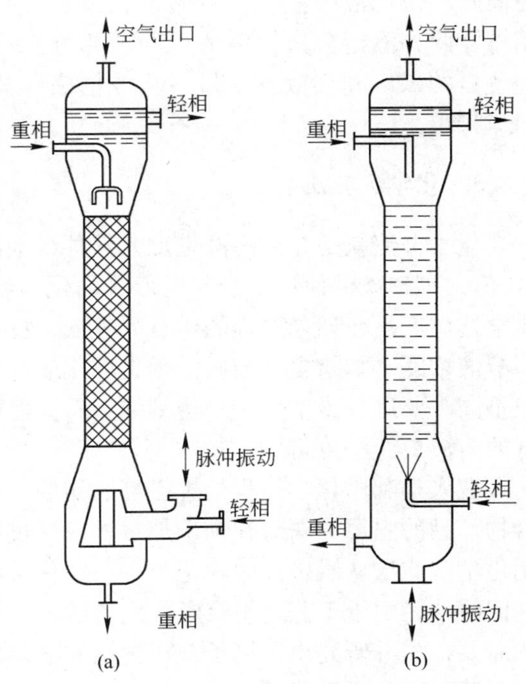

图 9-5-13 脉冲萃取塔

（a）脉冲填料塔；（b）脉冲筛板塔

C 离心萃取器

离心萃取器的形式多种多样，但是操作原理大致相同，即利用离心力、搅拌剪切力或转鼓与外壳环隙之间的摩擦力进行两相混合，并利用离心力使两相澄清分离。由于离心加速度大于重力加速度，离心力远大于重力，所以离心萃取器能在短短几秒的停留时间内保证两相充分混合并迅速分离。

与其他离心萃取器相比，圆筒式离心萃取器具有如下特点：①在离心萃取器的制造中，加工要求最高的是转鼓，而圆筒式离心萃取器的转鼓直径较小、转速较低、结构简单、便于制造，无需特殊加工；②它是单台单级设备，其多级逆流操作可由单级串联而成，级数不受限制；③它拥有不同规格的转速，其处理量范围为 $1\sim100\text{m}^3/\text{h}$，适用于多种萃取体系；④其转鼓是上悬式，浸在液体中的转动件没有密封问题；⑤液体通道的截面积较大，处理量大，而且适合处理含有一定量固体颗粒的料液。

圆筒式离心萃取器主要的不足之处是：该设备因是单台单级设备，每台设备都有单独的传动机构，其占地面积、溶剂滞留量、易损件消耗都相应有所增加；而且，由于转鼓直径较小、转速较低，其适用体系的分离因数均要求小于 500。

圆筒式离心萃取器有 20 多种不同的结构和规格，现介绍 BXP 型圆筒式离心萃取器。如图 9-5-14 所示为大型圆筒式离心萃取器的结构。操作时，两种液体同时进入方槽底部，溢流流入固定槽后被旋转桨叶和固定叶片吸入旋转槽。在此，两种液体靠转动部件和固定部件之间的速度差作用进行输液和混合，混合液经旋转槽的出口进入转鼓。转鼓里的径向叶片带动混合液同步旋转，在离心力作用下，两相澄清分离。澄清后的两相分别流经各自的堰区和集液室，最后从方槽底部的出口排出。

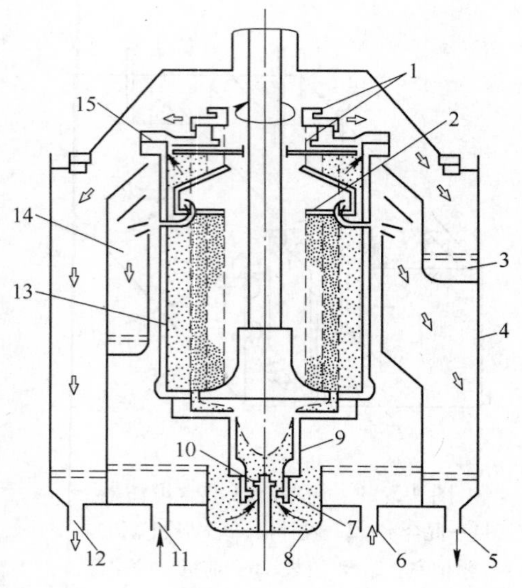

图 9-5-14　大型圆筒式 BXP 型离心萃取器的结构
1—重相堰；2—轻相堰；3—重相集液室；4—方槽（外壳）；5—轻相出口；6—重相入口；7—旋转桨叶；8—固定槽；9—旋转槽；10—固定叶片；11—轻相入口；12—重相出口；13—转鼓；14—轻相集液室；15—重相挡板

9.5.3　化学沉淀法

化学沉淀就是在浸出液中加入某种试剂使主要金属离子生成某种化合物，并通过调整 pH 值，创造条件使主要金属所形成的化合物由溶解状态转变成沉淀而分离出来，即得到化学选矿产品。如果处理的矿石品位低，浸出液中金属离子浓度小，沉淀前必须浓缩，提高溶液浓度。如果含有杂质需预先净化或选择性沉淀。用化学沉淀方法得到的产品纯度一般不高，要进一步精炼才能得到纯金属，但此法比电沉积成本低得多，对于金属离子浓度低的溶液更经济可行。

在人类利用化学过程处理矿物的初期，化学沉淀法是净化金属溶液及分离提取金属化合物产品的主要方法。在铀矿加工的发展过程中，20 世纪 50 年代前各产铀国几乎全部采用化学沉淀法从浸出液中净化和提取铀化合物。当时采用的是多段选择性沉淀法从浸出液中回收铀，由于工艺水平有限，用该法生产铀的回收率比较低。后来由于原子能工业发展的需要，相继研究出了离子交换树脂和萃取剂，铀矿加工中的沉淀工艺逐渐被离子交换和溶剂萃取工艺所取代。

化学沉淀时，要求所用沉淀剂的选择性沉淀性能高，生成的沉淀物的过滤性能较好，且沉淀剂价廉易得。除添加沉淀剂外，还可采用水解及蒸馏结晶、盐析等方法沉淀析出目的组分。根据化学沉淀机理的不同，可将化学沉淀法分为三类，即：水解沉淀法、配合沉淀法和难溶盐沉淀法。

目前，化学沉淀法主要用于从净化液中析出化学精矿。但是在某些矿物原料的化选工艺中，化学沉淀法至今仍是主要的净化方法。此法虽简单可靠，但试剂消耗量大，工序多，金属回收率较低。

9.5.3.1 水解沉淀法

水解沉淀法是用中和水解的方法从水溶液中析出金属氢氧化物及某些金属氧化物。碱中和酸浸液时，随着 pH 值的升高，金属离子呈氢氧化物或碱式盐沉淀析出的现象称为水解。析出氢氧化物的通式为：

$$M^{n+} + nOH^- \longrightarrow M(OH)_n$$

其标准自由能变化为：

$$\Delta G^{\ominus} = \Delta G^{\ominus}_{M(OH)_n} - \Delta G^{\ominus}_{M^{n+}} - n\Delta G^{\ominus}_{OH^-}$$

$$= -RT\ln K$$

$$= RT\ln K_s$$

$$\lg K_s = \frac{\Delta G^{\ominus}}{2.303RT}$$

式中 K_s——$M(OH)_n$ 的溶度积。

金属离子呈氢氧化物析出的 pH 值可用下式计算：

$$\lg K_s = \lg(\alpha_{M^{n+}} \cdot \alpha^n_{OH^-}) = \lg\alpha_{M^{n+}} + n\lg K_w + npH$$

$$pH = \frac{1}{n}\lg K_{sp} - \lg K_w - \lg\alpha_{M^{n+}} \tag{9-5-4}$$

式中 K_{sp}——金属氢氧化物的溶度积常数；

K_w——水的溶度积常数，$K_w = 10^{-14}$；

$\alpha_{M^{n+}}$——金属离子的活度。

各种氢氧化物的溶度积常数见表 9-5-8，某些金属离子呈氢氧化物析出的 pH 值见表 9-5-9。从表中数据可知，控制不同的 pH 值可选择性沉淀出不同的金属氢氧化物。

表 9-5-8 各种金属氢氧化物的溶度积常数（pK 值）

M^{n+}	Ti^+	Li^+	Ba^{2+}	Sr^{2+}	Ca^{2+}	Ag^+	Mg^{2+}	Mn^{2+}	Cu	Cd^{2+}	Co^{2+}	Ni^{2+}	Cr^{2+}
pK	0.2	0.3	2.3	3.5	5.3	7.9	11.3	12.7	14	14.3	14.5	15.3	15.7
M^{n+}	Zn^{2+}	Fe^{2+}	La^{3+}	Cu^{2+}	Pb^{2+}	UO_2^{2+}	Pm^{3+}	Pr^{3+}	Be^{2+}	Nd^{3+}	Tb^{3+}	Dy^{3+}	VO^{2+}
pK	16.1	16.3	19	19.8	19.9	20	21	21.2	21.3	21.5	21.7	22	22
M^{n+}	Y^{3+}	Sm^{3+}	Ce^{3+}	Ho^{3+}	Gd^{3+}	Er^{3+}	Eu^{3+}	Rh^{3+}	Yb^{3+}	Lu^{3+}	Hg^+	Hg^{2+}	Sn^{2+}
pK	22	22	22	22.3	22.7	23	23	23	23.6	23.7	23.7	25.2	26.3
M^{n+}	Cr^{3+}	Sc^{3+}	Pd^{2+}	Bi^{3+}	Al^{3+}	Ga^{3+}	Pt^{2+}	Ru^{3+}	Fe^{3+}	Sb^{3+}	Tl^{3+}	Co^{3+}	Th^{4+}
pK	30	30	31	31	32	35	35	36	38.6	41.4	43	43.8	44
M^{n+}	Au^{3+}	U^{4+}	Zr^{4+}	Ti^{4+}	Ce^{4+}	Mn^{4+}	Sn^{4+}	Pb^{4+}	Pd^{4+}				
pK	45	50	52	53	54.8	56	56	65.5	70.2				

表 9-5-9 25℃时析出某些金属氢氧化物的 $pH^{\ominus}$（$\alpha_{M^{n+}}=1$）和 pH′（$a=10^{-4}$）

M^{n+}	Tl^{3+}	Sn^{4+}	Ti^{4+}	Co^{3+}	Sb^{2+}	Sn^{2+}	Fe^{3+}	Al^{3+}	Bi^{3+}	Cr^{3+}
$pH^{\ominus}$	−0.5	0.1	0.5	1.0	1.2	1.4	1.6	3.1	3.9	3.9
pH′	0.83	1.1	1.5	2.33	2.53	3.40	2.93	4.43	5.23	5.23
M^{n+}	Cu^{2+}	Zn^{2+}	Co^{2+}	Fe^{2+}	Cd^{2+}	RE	Ni^{2+}	Mg^{2+}	Tl^{+}	
$pH^{\ominus}$	4.5	5.9	6.4	6.7	7.0	6.8～8.5	7.1	8.4	13.8	
pH′	6.5	7.9	8.4	8.7	9.0	8.1～9.8	9.1	10.4	14.0	

溶液中的金属离子浓度较高时，水解析出的常是金属的碱式盐，其反应通式和沉淀pH值计算式为：

$$(x+y)M^{n+}+\frac{nx}{m}R^{m-}+nyOH^{-}\longrightarrow xMR_{\frac{n}{m}}\cdot yM(OH)_{n}$$

$$pH=\frac{\Delta G^{\ominus}}{2.303nyRT}-\lg K_{w}-\frac{x+y}{ny}\lg\alpha_{M^{n+}}-\frac{x}{my}\lg\alpha_{R^{m-}} \tag{9-5-5}$$

式中 $\Delta G^{\ominus}$——析出碱式盐时的标准自由能变化；

$\alpha_{M^{n+}}$，$\alpha_{R^{m-}}$——金属离子和阴离子活度。

从式（9-5-5）可知，形成碱式盐沉淀的平衡pH值与金属离子的浓度及其价数、碱式盐成分、阴离子的活度及其价数有关。某些金属碱式盐沉淀析出的pH值见表9-5-10。在硫酸介质中较易形成碱式盐，呈金属碱式盐沉淀的pH值略低于呈氢氧化物沉淀的pH值。从表9-5-10中数据可知，生成碱式盐的标准自由能变化的绝对值越大，则生成的碱式盐沉淀的起始pH值越小，即越易从溶液中沉淀析出。对比表9-5-8和表9-5-9可知，金属离子呈碱式盐析出的pH值稍低于相应的氢氧化物沉淀的pH值，即金属离子较易呈碱式盐沉淀析出。

表 9-5-10 25℃，$\alpha_{M^{n+}}=\alpha_{R^{m-}}=1$ 时生成碱式盐的pH值

碱式盐化学式	碱式盐生成的 $\Delta G^{\ominus}$		碱式盐生成平衡pH值
	kJ/mol	kJ/g(equ)	
$5Fe_2(SO_4)_3\cdot 2Fe(OH)_3$	−819.3	−136.68	<0
$Fe_2(SO_4)_3\cdot Fe(OH)_2$	−305.14	−101.81	<0
$CuSO_4\cdot 2Cu(OH)_2$	−252.9	−63.28	3.1
$2CbSO_4\cdot Cd(OH)_2$	−123.3	−61.72	3.9
$ZnSO_4\cdot Zn(OH)_2$	−115	−57.53	3.8
$ZnCl_2\cdot 2Zn(OH)_2$	−206	−51.57	5.1
$3NiSO_4\cdot 4Ni(OH)_2$	−401.3	−50.21	5.2
$FeSO_4\cdot 2Fe(OH)_2$	−197.3	−49.37	5.3
$CdSO_4\cdot 2Cd(OH)_2$	−190.6	−47.70	5.8

由于金属液中某些金属离子常呈低价形态存在，用单纯水解的方法常不能使其与主体金属相分离。因此，实践中常采用的是氧化水解净化法，即先将低价的杂质氧化为高价形态，再加入中和剂才能将其分离。

常用的氧化剂为 MnO_2、$KMnO_4$、Cl_2、$NaClO_3$、O_2 等，其标准还原电位的顺序为：$H_2O_2 > MnO_4^- > ClO_3^- > Cl_2 > MnO_2 > O_2$。除 Cl_2 外，它们的平衡电位皆与 pH 值有关。双氧水、高锰酸钾、氯酸钠的价格较贵，空气中的氧在常压下的氧化速度较慢，因此，生产中常用的氧化剂为二氧化锰、液氯和空气中的氧。

除在常压下进行氧化水解外，还可在高压下进行氧化水解，此时可用空气或氧气作为氧化剂。实验表明，在热压（温度大于100℃）条件下，金属阳离子的水解顺序与低温时相同，但水解的起始 pH 值较低，可在更低 pH 值的介质甚至在弱酸液中析出铁、铝等杂质。

9.5.3.2 硫化物沉淀法

硫化物沉淀法是以 H_2S 或 Na_2S 作为沉淀剂，使溶液中的金属离子沉淀为硫化物的方法。由于绝大多数金属硫化物的溶度积均很小，因而可以用硫化物形态来定量地回收金属。不同金属硫化物的溶度积数值不同，通过控制沉淀条件还可以实现金属杂质的分离。此法早已得到工业应用，并经实践证明是一种既经济又高效的方法。

硫化物沉淀法是基于许多元素的硫化物难溶于水，因此，当溶液中有 M^{n+} 存在，加入 S^{2-}，将发生以下沉淀反应：

$$2M^{n+} + nS^{2-} \longrightarrow M_2S_n \downarrow$$

在金属提取中一般用气态的 H_2S 从稀溶液中沉淀有价金属，得到品位很高的硫化物富集产品。

硫化沉淀法可用于从溶液中沉淀析出有用组分，也可用于除杂，如古巴茅湾高压酸浸红土矿得的浸出液中含剩余酸 25g/L，用石灰中和至 pH 值为 2.5 ~ 2.8，并用蒸汽将溶液预热至 120 ~ 175℃，泵入高压釜，通入 1.013MPa 的硫化氢，在 118℃条件下处理 17min，镍、钴的沉淀率分别为99%和98%，铜、锌完全沉淀，而铝、锰、镁完全不沉淀。茅湾的镍钴硫化矿经高压氧酸浸后得到含镍 50g/L 的浸出液，在常压 82.4℃条件下经空气氧化，随后用氨中和至 pH 值为 3.8，以除去铁、铝等，然后酸化至 pH 值为 1 ~ 1.5，随后通入一定量的硫化氢即可除去全部铜、铅和50%的锌，真空过滤后的滤液送去提取镍、钴。

9.5.3.3 配合物沉淀法

配合物沉淀法是采用配合剂使某些组分呈可溶性配合物留在溶液中，而其他金属阳离子则水解沉淀析出，从而达到净化和分离的目的。

如铜、镍矿物原料的酸浸液中，除含铜、镍外，还含有其他杂质，若加入氨水和 $(NH_4)_2CO_3$，则铜、镍离子将与氨生成可溶性铜氨配离子和镍氨配离子，其他金属阳离子则水解沉淀析出，过滤后，将滤液加热进行热分解可得铜、镍化学精矿。用氨溶液处理铜镍酸浸液可以得到较高品位的化学精矿。为了节省试剂，工业上已经开始使用氨溶液直接处理低品位的氧化铜矿物原料和氧化镍矿的还原焙烧，以得到较纯的浸出液。

例如，某金矿在生产过程中产生含氰及含重金属离子的废水，采用氰化物配合沉淀净化法进行处理后，该废水实现了循环使用，其原则流程如图 9-5-15 所示。

影响配合沉淀的因素主要有酸度、配合剂的加入等。

A 酸度对配合沉淀氰化物的影响

酸是破坏氰配离子的重要试剂之一，将 H_2SO_4 加入到该氰化废水中时，会使配离子解体，进行如下的主要反应：

$$2CN^- + H_2SO_4 = SO_4^{2-} + 2HCN\uparrow \quad (9\text{-}5\text{-}6)$$

$$2Cu(CN)_3^{2-} + 2H_2SO_4 = Cu_2(CN)_2\downarrow + 4HCN\uparrow + 2SO_4^{2-} \quad (9\text{-}5\text{-}7)$$

$$Zn(CN)_4^{2-} + 2H_2SO_4 = ZnSO_4 + SO_4^{2-} + 4HCN\uparrow \quad (9\text{-}5\text{-}8)$$

$$2Na_3Cu(CNS)(CN)_3 + 3H_2SO_4 = 2CuCNS\downarrow + 3Na_2SO_4 + 6HCN\uparrow \quad (9\text{-}5\text{-}9)$$

$$Cu_2(CN)_2 + 2NaCNS + H_2SO_4 = 2CuCNS\downarrow + Na_2SO_4 + 2HCN\uparrow \quad (9\text{-}5\text{-}10)$$

这些反应受酸的影响很大，他们是传统处理氰化废水的硫酸法中回收氰化物时的主要反应。在固定 $ZnSO_4 \cdot 7H_2O$ 加入量的条件下，改变 H_2SO_4 的加入量，随着酸度的提高，氰化物的沉淀率相应提高。为了提高沉淀率，酸度还可以加大些，但不能无限加大，而是存在一个限度。若酸度太高可能产生较多的 HCN，并引入过多的 SO_4^{2-}，不便于下步处理。

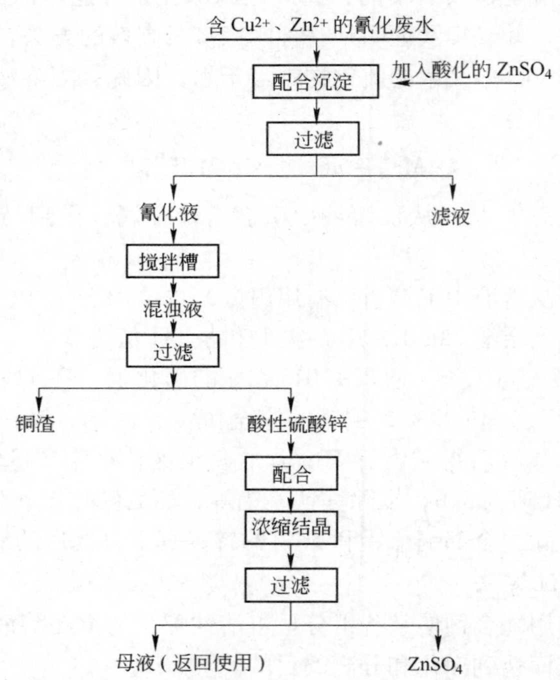

图9-5-15 含氰废水配合沉淀处理工艺流程

B 配合剂硫酸锌的加入量对沉淀率的影响

硫酸锌的水溶液呈酸性，它可以取代少量的 H_2SO_4，也是破坏配离子的试剂之一，与配离子发生的沉淀反应如下：

$$2CN^- + ZnSO_4 = Zn(CN)_2\downarrow + SO_4^{2-} \quad (9\text{-}5\text{-}11)$$

$$Zn(CN)_4^{2-} + ZnSO_4 = 2Zn(CN)_2\downarrow + SO_4^{2-} \quad (9\text{-}5\text{-}12)$$

$$2Cu(CN)_3^{2-} + 2ZnSO_4 = Cu_2(CN)_2\downarrow + 2Zn(CN)_2\downarrow + 2SO_4^{2-} \quad (9\text{-}5\text{-}13)$$

当 $ZnSO_4$ 加入到废水中时，改变废水的酸碱度，所以氰化废水的酸碱度将由 $ZnSO_4$ 和 H_2SO_4 共同确定，或者说 $ZnSO_4$ 的加入量与 H_2SO_4 的加入量有一个匹配的关系，合理的匹配点需要用实验确定。$ZnSO_4$ 的加入量也是有限度的，理论上 1L 污染水中加入 $ZnSO_4 \cdot 7H_2O$ 约 2.4g，而由于 H_2SO_4 的加入，减少了 $ZnSO_4 \cdot 7H_2O$ 的用量，实验指出，1L 污染水只需加入 $ZnSO_4 \cdot 7H_2O$ 约 1g。由于本工艺中将污染水中的锌以 $ZnSO_4$ 的形态产出，成为一种副产品，所以，沉淀剂用的硫酸锌仅是该副产品的一部分。

对于铀矿酸浸液可采用苏打配合法进行处理，此时铀生成可溶性的三碳酸铀酰配合物留在溶液中，而溶液中的大部分杂质则呈碳酸盐、碱式碳酸盐或氢氧化物的形态沉淀析出。苏打配合法处理铀矿酸浸液时，先用石灰乳将溶液中和至 pH 值为 3 ~ 3.5，以除去大部分的 Fe^{3+}、SO_4^{2-} 和部分剩余酸，过滤后的浸液用苏打中和至 pH 值为 9 ~ 10，此时大部分杂质沉淀析出，铀呈可溶性配合物留在溶液中。将溶液过滤后可得较纯净的含铀溶液，可采用酸分解法、热分解法或碱分解法从中析出铀化学精矿。此外，还可采用还原剂（钠汞剂、锌等）将净化液中的六价铀还原成四价，然后在一定的 pH 值条件下沉淀析出 $U(OH)_4 \cdot nH_2O$。

9.5.4 结晶沉淀法

结晶沉淀分离技术是化工生产中从溶液中分离化学固体物质的一种单元操作，在化学选矿过程中占有十分重要的地位。结晶是溶质以晶态从溶液中析出的过程。由于初析出的结晶多少总会带一些杂质，因此需要反复结晶才能得到较纯的产品，从不纯的结晶再通过结晶作用精制得到较纯的结晶，这一过程叫做重结晶（或称再结晶、复结晶）。晶体内部有规律的结构，规定了晶体的形成必须是相同的离子或分子，才可能按一定距离周期性地定向排列而成，所以能形成晶体的物质是比较纯净的。

在铀水冶厂里，用离子交换法或萃取法从庞大的矿石浸出液中浓缩富集并提取铀，得到了浓度较高的含铀的纯化溶液，即合格淋洗液或反萃取液。然后从这种纯化溶液中结晶沉淀铀的浓缩物送纯化工厂进一步精炼，得到合格的铀产品。沉淀铀浓缩物的过程就是一个结晶沉淀过程。当向纯化溶液（硫酸铀酰、硝酸铀酰等）中添加沉淀剂（如 NaOH、$NH_3 \cdot H_2O$、MgO 等溶液）时，立即结晶沉淀出重铀酸盐浓缩物（131，黄饼等）中间产品。铀由水溶液中的离子形式转化成了固态形式，品位和纯度大大的提高，体积大大减少，给下一步工序的加工带来许多方便，使得所需的生产设备、规模大大减少。

9.5.4.1 结晶过程的分析

A 结晶的形成过程

结晶是指溶质自动从过饱和溶液中析出，形成新相的过程。这一过程不仅包括溶质分子凝聚成固体，还包括这些分子有规律地排列在一定晶格中。这种有规律的排列与表面分子化学键力的变化有关，因此结晶过程又是一个表面化学反应过程。

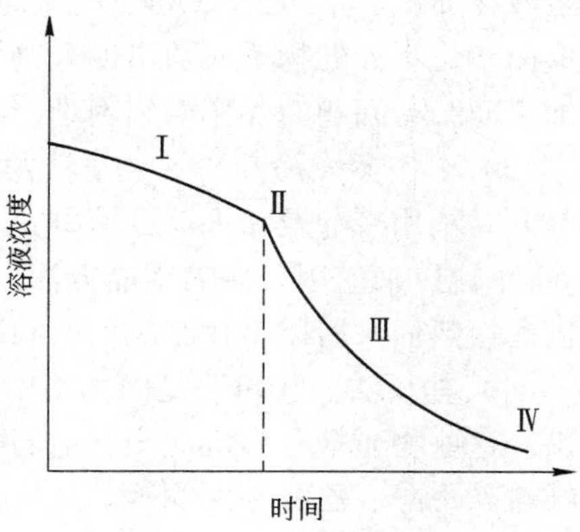

图 9-5-16 结晶过程的三个步骤
Ⅰ—晶核的生成；Ⅱ—诱导期；
Ⅲ—结晶成长；Ⅳ—平衡的饱和溶液

结晶沉淀过程一般分为三个步骤：①溶液形成过饱和溶液；②晶核生成和晶粒生长；③结晶沉淀的生成和陈化。结晶的三个步骤如图 9-5-16

所示。

B 过饱和度与结晶的关系

在一定的条件下，结晶能否生成或生成的结晶沉淀是否溶解，取决于该沉淀的溶度积。固体物质与其溶液相接触时，如果溶液未达到饱和，则固体溶解；如果溶液饱和，则固体与饱和溶液处于平衡状态，溶解速度等于沉淀速度；只有当溶液浓度超过饱和浓度达到一定的过饱和程度时，才有可能析出晶体。由此可见，过饱和度是结晶的推动力，是结晶的关键。

但要注意的是如果溶液的过饱和度太大，则易产生大量的晶核，形成细小的晶粒或非晶形沉淀，甚至形成胶体，所以过饱和度必须恰当。为了减少沉淀的溶解损失，应加入过量的沉淀剂，利用同离子效应来降低沉淀的溶解度，但不可加入太多，过量的沉淀剂可能引发配合效应，反而使沉淀物的溶解度增大，甚至造成反溶。此外，沉淀过程中要严格控制酸碱度，一般控制在 pH 值为 1 ~ 14 的范围内，酸碱度太高或太低时，要么沉淀的不完全，要么沉淀物重新溶解。

由于过饱和度的大小直接影响着晶核的形成过程和晶体成长过程的快慢，而这两个过程的快慢又影响着结晶产品中的粒度及粒度分布，因此，过饱和度是结晶过程中的一个极其重要的参数。

C 过饱和溶液形成的方法

溶液达到过饱和状态是结晶的前提，过饱和度是结晶的推动力。溶质浓度超过溶解度时，该溶液称为过饱和溶液，溶质只有在过饱和溶液中才有可能析出。溶解度与温度有关，一般物质的溶解度随温度升高而增加，但也有少数例外，即温度升高而溶解度降低。溶解度还与溶质的分散度有关，即微小晶体的溶解度要比普通晶体的溶解度大。

通常工业生产上制备过饱和溶液的方法主要有五种：

（1）热饱和溶液冷却法。该法适用于溶解度随温度降低而显著减小的物系，即溶解度随温度升高而显著减小的物系宜应采用加温结晶。由于该法基本不除去溶剂，而是使溶液冷却降温，因此也称之为等溶剂结晶。

（2）溶剂蒸发法。蒸发法是借蒸发除去部分溶解剂的结晶方法，也称等温结晶法，它使溶液在加压、常压或减压条件下加热蒸发达到过饱和。此法主要适用于溶解度随温度的降低而变化不大的物系或随温度升高溶解度降低的物系。由于蒸发法结晶消耗热能最多，且加热面结垢问题使操作遇到困难，因此该法一般不常采用。

（3）真空蒸发冷却法。真空蒸发冷却法是使溶剂在真空下迅速蒸发而绝热冷却，实质上是同时利用冷却及除去部分溶剂这两种效应来达到过饱和度。真空蒸发冷却法为 20 世纪 50 年代以来应用较多的结晶方法。这种方法设备简单，操作稳定，最突出的特点是容器内无换热面，所以不存在晶垢的问题。

（4）盐析法。盐析法是向物系中加入某些物质，从而使溶质在溶剂中的溶解度降低而析出。这些物质被称为沉淀剂，他们既可以是固体，也可以是液体或气体。常用沉淀剂有中性盐、甲醇、乙醇和丙酮等。此法也常用于将不溶于水的有机物质从可溶于水的有机溶剂中结晶出来，此时要往溶液中加入酌量的水，因此也可以叫做“水析”结晶法。另外，还可以使用气体，例如气态氨溶入水后可以改变某些盐的溶解度，使溶液过饱和而便于无机盐结晶出来。盐析法是这类方法的统称。

(5) 化学反应结晶法。化学反应结晶法是加入反应剂或调节 pH 值使新物质产生的方法，当其浓度超过溶解度时，就有结晶析出。

前面的三种主要的结晶方法适用范围的划分并非是绝对的，例如对 dC^*/dT 值中等的物系也可以采用冷却法；相反的，对于 dC^*/dT 值较高的物系也可采用真空冷却法。

D 晶核形成

晶核是过饱和溶液中新生成的微小晶体粒子，是晶体生长过程必不可少的核心。晶核形成是一个新相产生的过程，由于要形成新的表面，就需要对表面做功，所以晶核形成时需要消耗一定的能量才能形成固液界面。

在晶核形成之初，须有一定数目的且依一定规律排列的原子或分子聚拢在一起，形成晶格单元，若干个单元结合在一起形成比晶核还小的晶胚。由于晶胚极不稳定，一些晶胚会重新溶解而消失，另一些晶胚则长大成为稳定的晶核，这些晶核再继续长大就成为了晶体。关于整个成核的机理，至今尚不十分清楚。

晶核形成过程中应注意成核速度，即单位时间内在单位体积晶浆或溶液中生成新粒子的数目。成核速度是决定晶体产品粒度分布的首要动力学因素，因此工业结晶过程要求有一定的成核速度，如果成核速度超过要求，必将导致细小晶体生成，影响产品质量，因此应避免过量晶核的形成。

影响结晶沉淀的因素主要包括以下几个方面：所需组分的纯度、浓度、溶液的 pH 值、结晶的时间，对于不易结晶的产品可以在溶液中添加晶种来促进结晶。

9.5.4.2 生产结晶的方法及应用领域

生产结晶主要有以下几种方法：蒸发结晶法、冷冻结晶法、盐析结晶法、分步结晶法和化学反应结晶法。

A 蒸发结晶法

常用于溶解度变化不大的物质。例如盐田晒盐（氯化钠），即将海水或盐卤引入盐田，经风吹、日晒使水分蒸发、浓缩而结晶出食盐。《天工开物》中就记载了我们的祖先采用该法生产食盐的事实。

B 冷冻结晶法

使溶液冷却（冷冻）达到饱和而产生结晶。此法用于溶解度随温度下降而减少的物质，例如：硝酸铵、硝酸钾、氯化铵、磷酸钠、芒硝等，这些物质的溶解度温度系数变化很大，当温度下降后，这些物质的溶解度下降，形成了过饱和溶液，处于热力学不稳定状态，溶质就会自溶液中结晶析出，这些化学物质特别适合于用冷冻结晶法进行分离。核工业的铀水冶厂用硫酸提取矿石中的铀时，得到了含铀的反萃取液，从其中沉淀铀后产生了含大量 Na_2SO_4 的 Na_2CO_3+NaOH 溶液。为了回收这种碱液必须除去其中的 Na_2SO_4，铀工厂普遍采用冷冻结晶法，即在大约 0℃ 结晶出十水芒硝，过滤分离后，得到的碱液再返回到生产中使用，该过程既回收了碱液，降低了工厂生产成本，又回收了有用的副产物芒硝。

C 盐析结晶法

此法主要是利用同离子效应，降低被分离物质的溶解度而使其结晶析出。例如，侯德榜法生产纯碱工艺中分离氯化铵就采用了该法。当溶液温度小于 10℃ 后，氯化铵的溶解度低于氯化钠，此时可往溶液中添加磨细的氯化钠粉末，固体氯化钠溶解后提供了大量的氯离子使氯化铵的溶解度大大降低而析出。氯化钠溶解是一种吸热反应（约 5.02J/mol），因而氯化钠溶解使溶液温度进一步下降，氯化铵进一步析出。此操作既分离出副产物氯化铵又向溶液中引进了下一步工序所需的钠离子，是冷冻结晶和盐析结晶分离技术巧妙结合应用的杰作。

D　分步结晶法

此法适用于某些相似盐溶解度有差异的情况，由于这种差异，混合物盐类在固相和溶液相间分配时，溶解度小的组分便富集于固相，溶解度大的便留于液相中。该法广泛地用于多种物质的结晶分离，例如，稀土元素复盐的分离。此法也可用来除去杂质成分。分步结晶过程通常采用蒸发结晶或冷冻（冷却）结晶。经过分步作业，会使一些难溶组分和易溶组分分别富集于流程的首尾部分，形成纯度较高的产品。

E　化学反应结晶法

这是工业上常用的方法，铀水冶工艺中沉淀（结晶）铀浓缩物就是一种典型的化学反应结晶过程。溶液的过饱和度、搅拌速度、溶剂性质、溶液组成和 pH 值都是直接或间接影响结晶的因素。结晶过程的影响因素很多，当过程条件达到最优时，实现工业化生产的关键就是设计一个优秀的反应设备。

内循环式流化床沉淀设备是一种先进的铀沉淀设备，如图 9-5-17 所示。沉淀塔内设循环筒，内装搅拌桨，物料在内循环筒中自上向下流动，通过控制搅拌桨转速（物料流速），可以使粗粒的沉淀沉降下来进入塔底的底流中，未沉降的细颗粒随物料经内外筒之间的环形空间由下向上运动，在内筒顶部又随液流进入内筒中。物料在内筒首先与含铀的酸性溶液相遇，部分超细粒沉淀立即被酸溶解，这既中和了料液中的余酸（均相中和），避免了局部酸度过高，又提高了溶液的铀浓度，为沉淀提供了充足的物料，这些都为沉淀结晶过程创造了良好的条件。物料在内筒中继续下行时，与沉淀剂氨水相遇，发生中和沉淀，溶液中的铀在未溶解的固体颗粒表面结晶析出，即所谓的二级成核生长过程。长大的颗粒沉入塔底，需定期排出塔外，细颗粒继续循环、长大、沉淀，母液自塔顶溢流出塔，实现了连续化生产。底流固体沉淀颗粒，易于过滤、洗涤，最终得到优质产品。

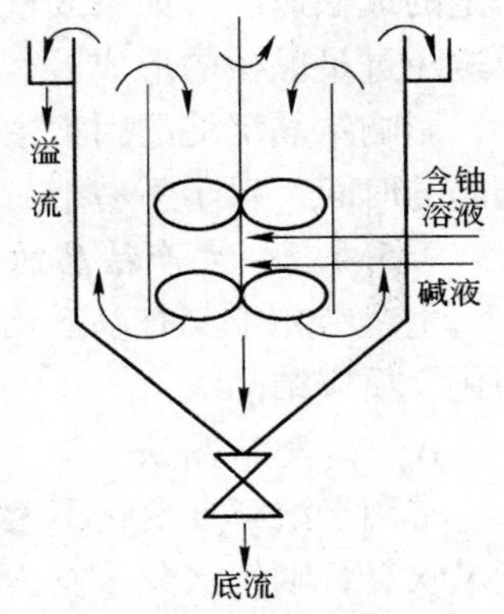

图 9-5-17　内循环式流化床铀沉淀塔

9.5.5　金属沉淀法

9.5.5.1　金属置换沉淀法

用负电性较强的金属从水溶液中将正电性较强的金属置换出来的过程称为金属置换沉淀，金属置换的顺序取决于金属在水溶液中的电位序。金属置换反应为：

$$M_1 + M_2^{n+} \longrightarrow M_1^{n+} + M_2$$

当置换剂 M_1 过量时，平衡时的电位相等：

$$\varepsilon_1^{\ominus} + \frac{0.0591}{n}\lg\alpha_{M_1^{n+}} = \varepsilon_2^{\ominus} + \frac{0.0591}{n}\lg\alpha_{M_2^{n+}}$$

$$\varepsilon_2^{\ominus} - \varepsilon_1^{\ominus} = \frac{0.0591}{n}\lg\frac{\alpha_{M_1^{n+}}}{\alpha_{M_2^{n+}}}$$

$$\frac{\alpha_{M_1^{n+}}}{\alpha_{M_2^{n+}}} = 10^{\frac{n(\varepsilon_2^{\ominus}-\varepsilon_1^{\ominus})}{0.0591}}$$

所以
$$\alpha_{M_2^{n+}} = \alpha_{M_1^{n+}} \cdot 10^{-\frac{n(\varepsilon_2^{\ominus}-\varepsilon_1^{\ominus})}{0.0591}}$$

因此，两金属材料的标准电位相差愈大，置换推动力愈大，被置换金属离子的剩余浓度愈小。金属在酸液中的标准电极电位见表9-5-11，金属在碱液中的标准电极电位见表9-5-12。

表 9-5-11 金属在酸液中的标准电极电位（25℃）

体 系	$\varepsilon^{\ominus}$/V	体 系	$\varepsilon^{\ominus}$/V	体 系	$\varepsilon^{\ominus}$/V	体 系	$\varepsilon^{\ominus}$/V
Li^+/Li	-3.045	Al^{3+}/Al	-1.66	Mo^{3+}/Mo	-0.20	Rh^{2+}/Rh	+0.6
Cs^+/Cs	-2.923	Zr^{4+}/Zr	-1.53	Sn^{2+}/Sn	-0.14	$Hg_2^{2+}/2Hg$	+0.791
K^+/K	-2.925	Mn^{2+}/Mn	-1.19	Pb^{2+}/Pb	-0.126	Ag^+/Ag	+0.799
Rb^+/Rb	-2.925	V^{2+}/V	-1.18	Fe^{3+}/Fe	-0.036	Rb^{3+}/Rb	+0.80
Ba^{2+}/Ba	-2.9	Nb^{3+}/Nb	-1.10	$2H^+/H_2$	0.00	Pb^{4+}/Pb	+0.80
Sr^{2+}/Sr	-2.89	Zn^{2+}/Zn	-0.763	Sb^{3+}/Sb	+0.1	Pd^{2+}/Pd	+0.83
Ca^{2+}/Ca	-2.87	Cr^{3+}/Cr	-0.74	Bi^{3+}/Bi	+0.2	Os^{2+}/Os	+0.850
Na^+/Na	-2.713	Ga^{3+}/Ga	-0.53	As^{3+}/As	+0.3	Hg^{2+}/Hg	+0.854
La^{3+}/La	-2.52	Fe^{2+}/Fe	-0.44	Cu^{2+}/Cu	+0.337	Ir^{3+}/Ir	+1.00
Mg^{2+}/Mg	-2.37	Cd^{2+}/Cd	-0.402	Co^{3+}/Co	+0.4	Ir^{2+}/Ir	+1.15
Y^{3+}/Y	-2.37	In^{3+}/In	-0.335	Ru^{2+}/Ru	+0.45	Pt^{2+}/Pt	+1.20
Th^{4+}/Th	-2.10	Tl^+/Tl	-0.335	Cu^+/Cu	+0.52	Ag^{2+}/Ag	+1.369
Be^{2+}/Be	-1.85	Co^{2+}/Co	-0.267	Te^{4+}/Te	+0.56	Au^{3+}/Au	+1.50
Ti^{2+}/Ti	-1.63	Ni^{2+}/Ni	-0.241	Po^{3+}/Po	+0.56	Au^+/Au	+1.68

表 9-5-12 金属在碱液中的标准电极电位（25℃）

体 系	$\varepsilon^{\ominus}$/V	体 系	$\varepsilon^{\ominus}$/V	体 系	$\varepsilon^{\ominus}$/V
ZnO_2^{2-}/Zn	-1.216	$Zn(NH_3)_4^{2+}/Zn$	-1.03	$Zn(CN)_4^{2-}/Zn$	-1.26
WO_4^{2-}/W	-1.1	$Ni(NH_3)_6^{2+}/Ni$	-0.48	$Cu(CN)_4^{3-}/Cu$	-0.99
$HSnO_2^{2-}/Sn$	-0.79	$Co(NH_3)_6^{2+}/Co$	-0.422	$Cu(CN)_3^{2-}/Cu$	-0.98
AsO_2^-/As	-0.68	$Cu(NH_3)_2^+/Cu$	-0.11	$Cu(CN)_2^-/Cu$	-0.88
SbO_2^-/Sb	-0.67	$Cu(NH_3)_6^{2+}/Cu$	-0.05	$Ni(CN)_4^{2-}/Ni$	-0.82
$HPbO_2^-/Pb$	-0.54	$Ag(NH_3)_2^+/Ag$	+0.373	$Au(CN)_2^-/Au$	-0.60
$BiOOH^-/Bi$	-0.46			$Hg(CN)_4^{2-}/Hg$	-0.37
TeO_2^{2-}/Te	-0.02			$Ag(CN)_2^-/Ag$	-0.29

影响金属置换沉淀的主要因素为被置换金属离子的浓度、标准电位差、氧的浓度、

pH 值和相接触面积等。氧的浓度高会增加金属的反溶，因此，料液最好先脱氧。pH 值的影响程度主要取决于金属的电极电位，正电性金属（如 Cu、Au、Ag、Bi、Hg 等）在任何 pH 值下均不析氢；电位接近零的金属（如 Ni、Co、Cd、Fe 等）的置换条件与 pH 值有密切关系，pH 值太低时，酸溶量显著增大；负电性金属的电位比氢小，在任何 pH 值下均会析氢，故这些金属不宜用金属置换法回收。用负电性金属作置换剂时，电位愈负，其酸溶量愈大。金属置换沉积可用于从溶液中回收有用组分、除杂和有用组分的分离，如用铁置换法从硫酸浸铜液中回收铜，从酸性硫脲浸金液中回收金，从氯化铁浸铋液中回收铋；用锌置换法从氰化浸金银液中回收金银，从锌焙砂的硫酸浸液中除去铜、镉、镍、钴、锑等杂质；用镍粉从含铜、镍液中进行铜镍分离；用铅从银铅液中进行银铅分离。

金属置换设备有下列类型：

（1）溜槽。单级溜槽长 5 ~ 30m，宽 0.5 ~ 3.0m，坡度约 2%，有直流式和折流式两种，溜槽底部有假底，以利于沉积物的回收。

（2）转鼓置换器。转鼓直径为 1 ~ 3m，长 5 ~ 9m，转速 2 ~ 8r/min，其结构如图 9-5-18所示。

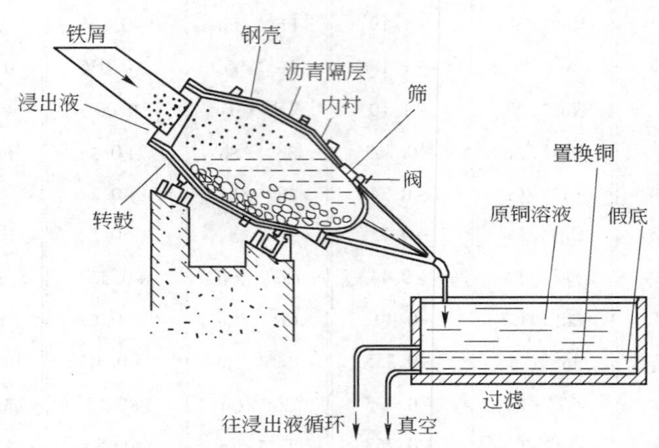

图 9-5-18 转鼓置换器

（3）锥形置换器。其结构如图 9-5-19 所示，倒锥内装满铁屑，锥壁有孔，槽下装有假底，料液由铁屑层下面的喷嘴进入槽内，流经铁屑层后由上部排出，沉积铜聚集在假底上，可定期回收。

（4）脉动置换器。此设备为塔式设备，其结构如图 9-5-20 所示，类似于跳汰机，料液在塔内脉动流动。

（5）流化床置换器。其结构如图 9-5-21 所示，已用于从镍液中除铜，反应器内的镍粉颗粒流化床高达 5m，料液以 0.08 ~ 0.1m/s 的速度从下部送入器内，从上部澄清段排出。此设备也已用于在铜液中铁置换铜。

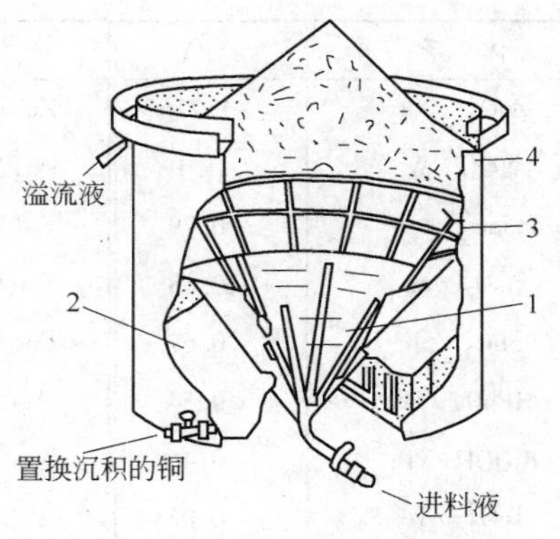

图 9-5-19 锥形置换器

1—锥体；2—假底；3—不锈钢网；4—废铁屑

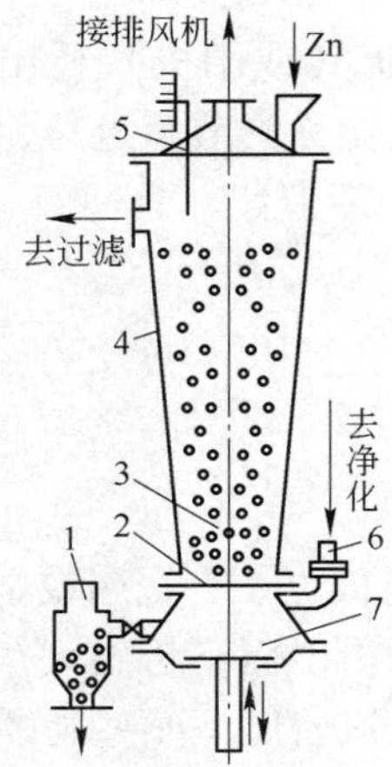

图 9-5-20 脉动置换器

1—细粒物料收集器；2—栅格板；3—层；4—器壁；5—颗粒料位指示器；6—阀；7—隔膜

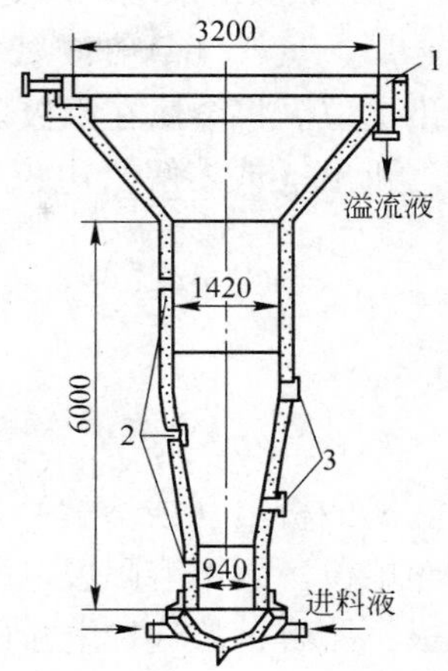

图 9-5-21 流化床置换器

1—溢流管；2—排料直管；3—观测孔

9.5.5.2 电解沉积法

将适当的电极插入电解质溶液中，接上直流电源，溶液中的阴离子和阳离子则分别向阳极和阴极移动，阴离子到达阳极后被氧化，阳离子到达阴极后被还原，此过程称为电解。根据电解时阳极是否溶解可分为可溶阳极电解和不溶阳极电解。可溶阳极电解多用于铜、镍、镉、金、银等的电解精炼。不溶阳极电解一般用于从溶液中电解沉积提取某些有用组分。

电解时接电源正极的电极为阳极，接电源负极的电极为阴极，电源接通后，电极会产生极化，其极化曲线如图 9-5-22 所示。某一电流密度时的电位与其平衡电位的差值称为该电流密度时的超电位，用正值表示为：

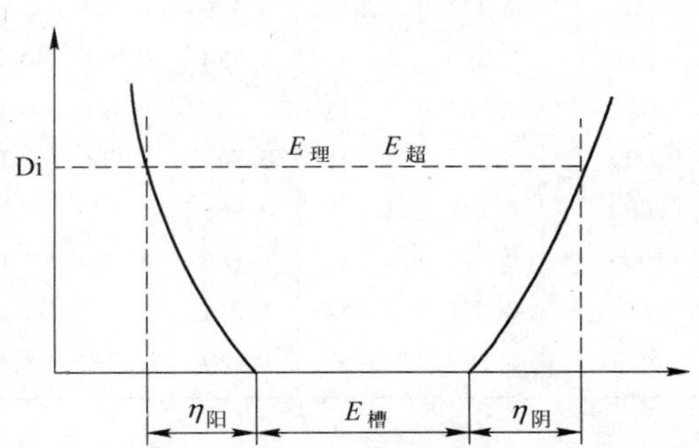

图 9-5-22 电解时阴阳极极化曲线

$$\eta_{阳} = \varepsilon_{阳} - \varepsilon_{阳平}$$

$$\eta_{阴} = \varepsilon_{阴平} - \varepsilon_{阴}$$

$$E_{超} = \eta_{阳} + \eta_{阴}$$

$$E_{理} = \varepsilon_{阳平} - \varepsilon_{阴平}$$

电解槽的分解电压（$E_{分}$）为：

$$E_{分} = \varepsilon_{阳} - \varepsilon_{阴} = E_{理} + E_{超}$$

电解槽内两相邻电极间的电位差称为槽电压（$E_{槽}$），其值为

$$E_{槽} = E_{分} + \Sigma IR$$

式中 ΣIR——电解质溶液电压降、金属导体压降和各接触点压降之和。

通常将金属、氢气（氧气或氯气）等以明显速度在阴极（或阳极）析出的实际电极电位称为析出电位。将金属在阳极以明显速度溶解的电极电位称为溶解电位，分解电压为两者的差值。析出（或溶解）电位与平衡电位及超电位的关系为：

$$\varepsilon_{阴析} = \varepsilon_{阴平} - \eta_{阴} = \varepsilon_{阴}^{\ominus} - \frac{RT}{nF}\ln\frac{\alpha_{M}}{\alpha_{M^{n+}}} - \eta_{阴}$$

$$\varepsilon_{阳溶} = \varepsilon_{阳平} + \eta_{阳} = \varepsilon_{阳}^{\ominus} - \frac{RT}{nF}\ln\frac{\alpha_{M}}{\alpha_{M^{n+}}} + \eta_{阳}$$

因此，金属的析出（或溶解）电位取决于电极的标准电极电位、金属或金属离子的浓度和电极的超电位。因不溶阳极电积时希望金属在阴极沉积析出而不析出氢气，气体在阳极析出而阳极不溶解，故选择电极的材质极为重要。不同电流密度下某些材质的氢的超电位及氧的超电位分别见表9-5-13和表9-5-14。

表9-5-13 25℃时氢的超电位

电流密度 /A·m^{-2}	超电位/V										
	Au	Cd	Cu	Al	Ag	Sn	Fe	Zn	Bi	Ni	Pb
1	0.122	0.651	0.351	0.499	0.2981	0.3995	0.2183				
10	0.241	0.981	0.479	0.565	0.4751	0.8561	0.4036	0.716	0.78	0.563	0.52
20				0.625	0.5987	0.9469	0.4474	0.726		0.633	
50	0.332	1.086	0.548	0.745	0.6922	1.0258	0.5024	0.726	0.98	0.705	1.060
100	0.390	1.134	0.584	0.826	0.7618	1.0767	0.5571	0.746	1.05	0.747	1.090
500	0.507	1.211		0.968	0.8300	1.1851	0.7000	0.926	1.15	0.890	1.168
1000	0.588	1.216	0.801	1.066	0.8749	1.2230	0.8184	1.064	1.14	1.048	1.179
2000	0.688	1.228	0.988	1.176	0.9379	1.2342	0.9854	1.168	1.20	1.130	1.217
5000	0.770	1.246	1.186	1.237	1.0300	1.2380	1.2561	1.201	1.21	1.208	1.235
10000	0.798	1.254	1.254	1.286	1.0890	1.2306	1.2915	1.229	1.23	1.241	1.262
15000	0.807	1.257	1.269	1.292	1.0841	1.2286	1.2908	1.243	1.29	1.254	1.290

表9-5-14 25℃时氧的超电位

电流密度 /A·m^{-2}	超电位/V							
	薄石墨	金	铜	银	光铂	铂黑	光镍	海绵镍
10	0.525	0.673	0.442	0.58	0.721	0.398	0.353	0.414
20	0.705	0.927	0.546	0.674	0.80	0.480	0.461	0.511
50	0.896	0.963	0.580	0.729	0.85	0.521	0.519	0.563
100	0.963	0.996	0.605	0.813	0.92	0.561		
500		1.064	0.637	0.912	1.16	0.605	0.670	0.658
1000	1.091	1.244	0.660	0.984	1.28	0.638	0.726	0.687
2000	1.142		0.687	1.038	1.34		0.775	0.714
5000	1.186	1.527	0.735	1.080	1.43	0.705	0.821	0.740
10000	1.240	1.63	0.793	1.131	1.49	0.766	0.853	0.762
15000	1.282	1.68	0.836	1.14	1.38	0.786	0.871	0.759

根据氢的超电位可将常用电极材料分为三类：

（1）高超电位金属，如铅、镉、汞、铊、锌、锡等；

（2）中超电位金属，如铁、钴、镍、钨、铜、金等；

（3）低超电位金属，如铂、钯等。

不溶阳极电积时常用高超电位金属作阴极材料以防止析氢，如锌电积时，虽然锌的标准电位较氢低，但因其氢的超电位大，选用锌电极可使锌的析出电位大于氢，从而使锌阴极只沉积锌而不析氢。但在电解水时则宜选用低超电位金属作阴极材料以降低电能消耗。阳极析氧是不溶阳极电积时阳极的主要反应，为避免阳极溶解，宜选用氧超电位小的金属作阳极。

电积时的主要技术经济指标为电流效率（η_i）和电能效率（η_e），其计算公式为：

$$\eta_i = \frac{实际产物重量}{理论产物重量} \times 100\% = \frac{G}{qIt} \times 100\% \tag{9-5-14}$$

式中　G——电积时实际所得的产物重量，g；

q——电化当量，g/(A·h)；

I——电流强度，A；

t——电积通电时间，h。

$$\eta_e = \frac{析出一定量物质在理论上所需的电能量}{析出同样重量物质实际消耗的电能量} \times 100\% = \frac{I_o E_{理}}{IE_{槽}} \times 100\% \tag{9-5-15}$$

式中　I_o——电极无副反应时理想的电流强度，A；

I——电积时实际的电流强度，A。

许多金属（如铜、钴、镍、锌等）均可直接从溶液中进行电积，现以铜的硫酸浸出液电积铜为例说明电积的基本过程。铜电积的工艺流程如图 9-5-23 所示。

电解沉积过程的影响因素较多，包括电解液的组成、温度及循环速度，电流密度，极间距，添加剂等。

A　电解液的组成

电解液的导电性与温度及化学组成有关，温度升高时，其电导率升高。电解液的化学组成对导电性的影响较复杂，在铜电积的通常浓度范围内，硫酸和硫酸铜的浓度配比对电解液电导率的影响较大。因此，生产中应选择适宜的电解液组成，以使各槽均有较好的电导率。为降低电解液电阻，适当提高电解液的初始酸度是有利的，但硫酸铜的溶解度随酸度的提高而降低，电解液的初始硫酸酸度以 25～40g/L 为宜，此时铜离子浓度对电导率影响不大。

电解液中的杂质也会对其产生影响。锌、铁、镍等的电位比铜负，在铜电积条件下，它们在阴极较难被还原析出，但对电解液的电阻有影响。溶液中含铁会影响电阻率，并在阴极和阳极进行还原和氧化，增加电流消耗，且可使阴极铜反溶。因此，应尽量降低电解液中铁离子浓度，一般控制铁含量小于 5g/L。

B　电解液温度

电解液的电导率随其温度的升高而增大且硫酸铜的溶解度随溶液温度的升高而增大。因此，在较高的温度下进行电积可允许电解液中含有较高浓度的铜和酸，且可降低槽电

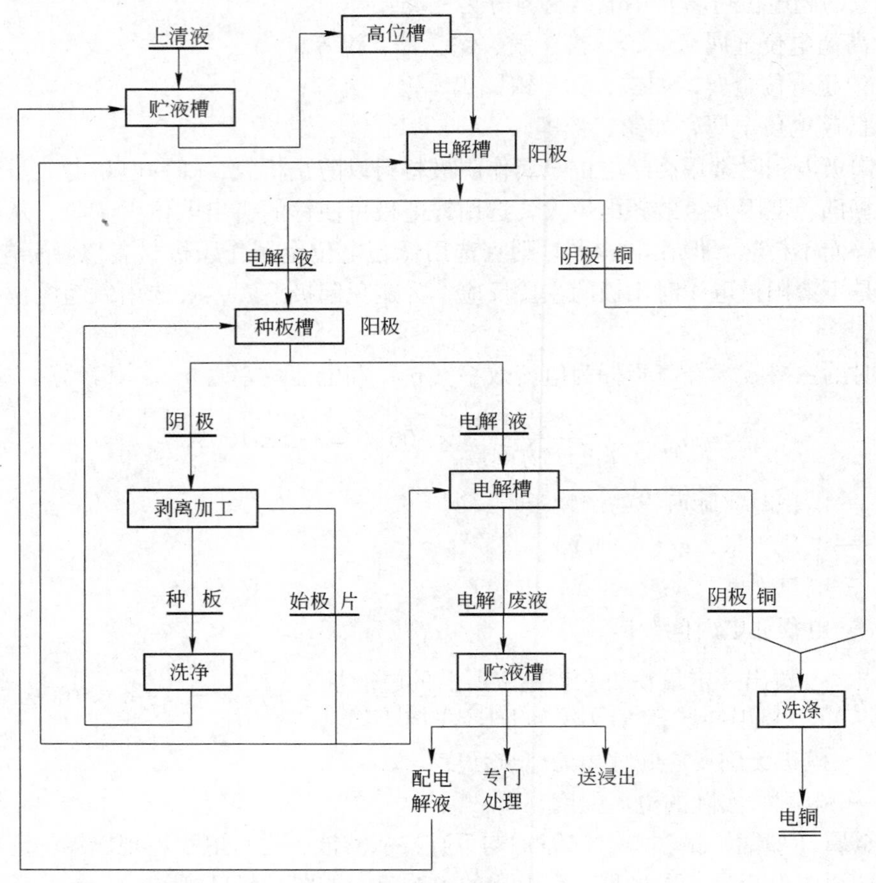

图9-5-23 铜电积的基本工艺流程

压。但温度过高会使酸雾增多，恶化劳动条件，还会加速阴极铜的反应，降低电流效率。电解液的进槽温度一般控制在30～40℃。

C 电解液循环速度

电积时电解液循环流动可减少浓差极化，其循环速度与电流密度和废电解液的铜浓度有关。若电流密度高而循环速度过小，将增加浓差极化现象；反之，若电流密度小而循环速度过大，则将增加废电解液中的铜含量，降低铜的回收率。

D 电流密度

提高电流密度可以提高设备产能，缩短电积时间，相应减少电铜反溶损失，提高了电流效率。但电流密度过高会增加浓差极化，使槽压增加，增加电能消耗，且使电铜质量变坏。因此，提高电流密度的同时，应采取相应措施提高电解液的循环速度和铜含量。电积时的电流密度一般为150A/m^2。实践表明，当电流密度增至180A/m^{2}以上时，电铜结晶颗粒变粗，长粒子现象也比较显著。此外，悬浮物的含量愈高，所能允许的电流密度愈低，若强行提高电流密度则将降低电铜质量（粗糙、杂质及水分含量提高）。

E 极间距

同名电极之间的距离称为极间距。适当减小极间距可增加电解槽内的电极数，提高设备产能，还可降低槽电压。但是极间距太小会造成极间距短路现象，并且增加工人的劳动强度，还会降低电流效率。实践中极间距一般为80~100mm。

F 添加剂

为使阴极铜生长均匀，结构致密，表面平整光滑，电解液中需要加入少量的胶状物质或表面活性物质，以使阴极铜少长粒子。铜电积时常用的添加剂为动物胶（明胶、牛胶）和硫脲，他们可能被吸附于阴极表面生成一层胶状薄膜，对铜离子的生长起抑制作用，从而使电铜结构致密并减少尖端放电。由于电解液中含少量硅酸，有的厂认为硫脲可在一定程度上代替动物胶。因此，近年来多数厂铜电积时不再添加牛胶，只添加硫脲，硫脲用量约为每吨铜20~25g。

9.6 化学选矿实践

化学选矿既可作为独立的选矿过程，又可与其他物理选矿方法组成联合流程。在联合流程中，化学选矿作业可位于物理选矿作业之前、之间或之后。物理选矿作业前的化学选矿作业主要是改变目的组分的存在形态，使其更易被相应的物理选矿作业富集为精矿。化学选矿作业前的物理选矿作业一般用作预先富集、选出部分合格精矿和除去某些有害于化学选矿过程的杂质，为化学选矿创造较有利的作业条件。化学选矿作业位于物理选矿作业之间的联合流程则兼有上述特点。因此，根据原料特性和对产品的要求，采用选矿联合流程可以综合各种选矿方法的特点，更为合理地利用矿产资源。

9.6.1 难选原矿和尾矿的化学选矿

目前，铀矿、部分难选氧化铜矿、弱磁性贫铁矿、含镍红土矿、金矿、离子吸附型稀土矿及部分磷矿均采用化学选矿或化学选矿与物理选矿的联合流程进行选别。

9.6.1.1 铀矿的化学选矿

铀矿石主要采自热液矿床和次生铀矿床，铀矿物主要为晶质铀矿、沥青铀矿和各种次生铀矿物。铀矿石可大致分为硅酸盐型、碳酸盐型和可燃有机物型。硅酸盐及碳酸盐含量少的铀矿石用稀硫酸浸出；碳酸盐型铀矿石用碳酸钠溶液浸出；可燃有机物型则预先焙烧然后用酸浸或碱浸法回收灰渣中的铀。根据铀及杂质在浸液中的存在形态，一般可用离子交换法或溶剂萃取法净化。国内常用201×7(717)树脂或三脂肪胺（TFA）（用于硫酸体系）、季胺盐（7402）（用于碳酸盐体系）、P_{204}（用于硫酸浸液或淋洗液）从浸液中提铀，然后从净化液中用氨沉法制取铀化学浓缩物，也可用淋—萃流程直接从浸液中制取纯的三碳酸铀酰胺晶体。从浸液中萃铀的净化流程如图9-6-1~图9-6-3所示。

9.6.1.2 难选氧化铜矿的化学选矿

难选氧化铜矿的处理方法主要取决于铜的物相组成、脉石矿物的组成、有用矿物与脉石矿物的共生关系以及含泥量的多少等因素。若脉石为酸性岩，铜主要呈次生铜矿物存在，可用稀硫酸作浸出剂；若其中含相当量的原生硫化铜和自然铜，可用氧化酸浸（如热压氧酸浸、高价铁盐浸、细菌浸出等）或氧化焙烧—酸浸法处理。若脉石主要为碱性岩，铜呈氧化铜和自然铜存在，可用常压氨浸法处理；若其中含相当量的硫化铜，可用热压氨浸法处理。若铜呈难分解的硅酸铜及结合铜形态存在，可用还原焙烧—氨浸法或离析法处理。因此，难选氧化铜矿石的化学选矿回收主要在于选择适宜的矿石分解方法。

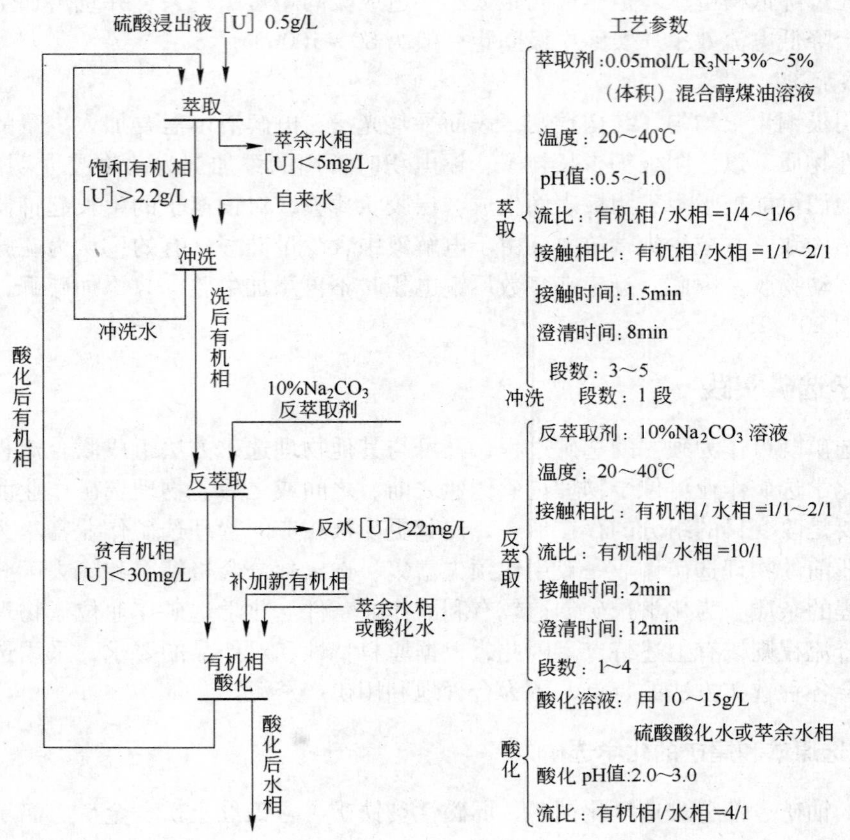

图9-6-1 三脂肪胺萃取流程

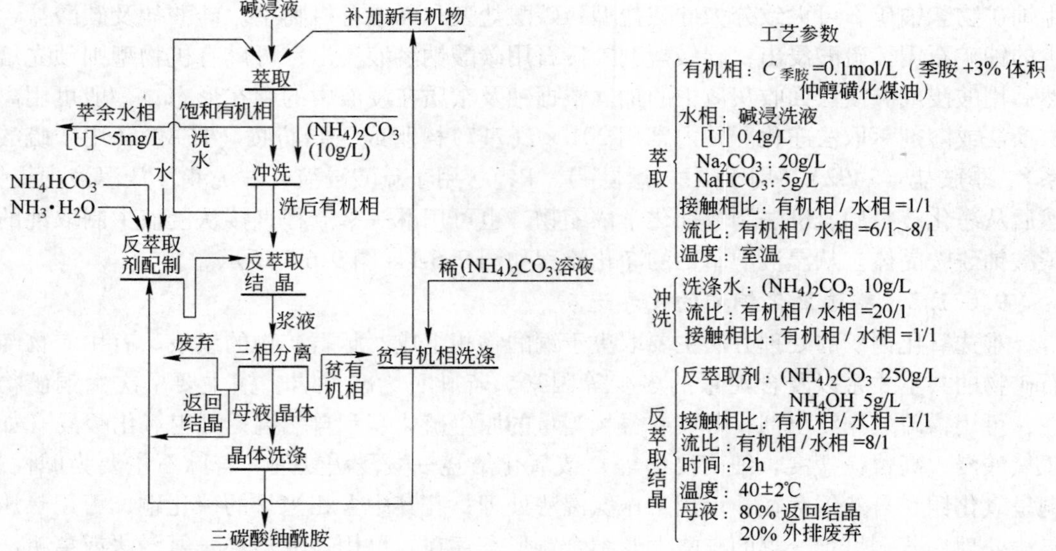

图9-6-2 季胺盐萃取流程

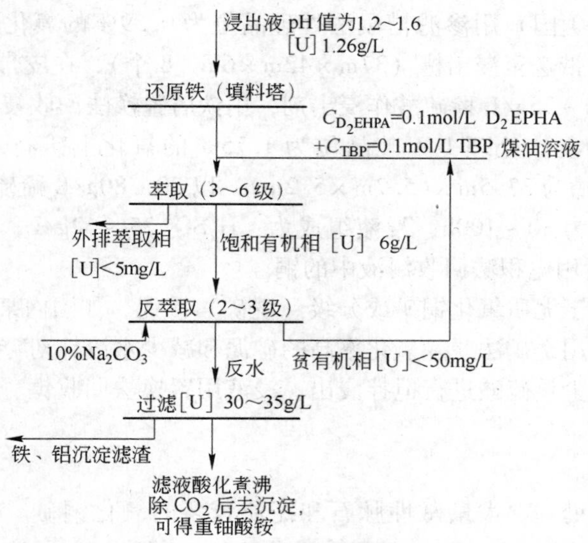

图 9-6-3 D_2EHPA 萃取流程图

A 酸浸法

酸浸法是湿法处理氧化铜的主要手段，一般是用稀硫酸作浸取剂。酸浸工艺适合处理含酸性脉石为主的矿石，常用于从低品位、表外矿、残矿中提取铜。实际生产中从浸出液中获得铜的方法有浸出—置换法、浸出—沉淀—浮选法和酸浸—萃取—电积法等。

永平铜矿是一个以铜、硫为主，伴生钨、金、银等多金属的大型露天矿山。1997 年 4 月建成投产了一条设计能力为 200t/a 的堆浸—萃取—电积法提取铜生产线，2001 年进行了技术改造后，在 2001～2003 年共生产阴极铜约 470t，单位成本 11000 元/吨。改造后的工艺流程如图 9-6-4 所示。

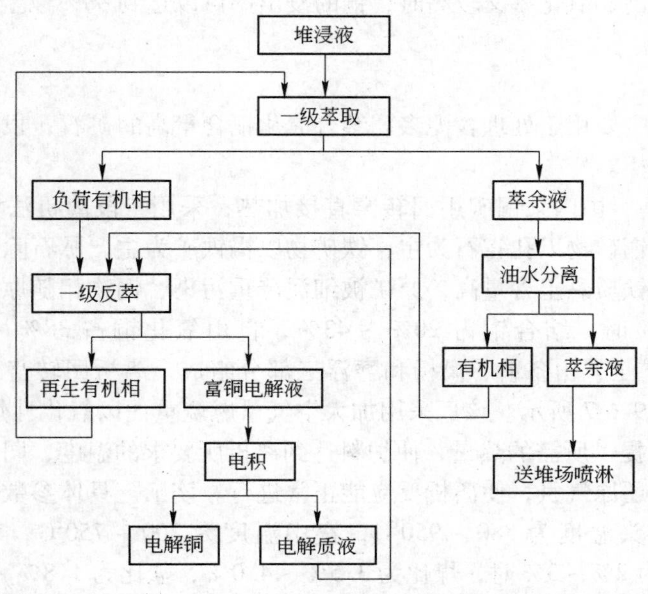

图 9-6-4 永平铜矿 200t/a 堆浸—萃取—电积法提取铜工艺流程

阿纳康达公司（美国）用渗滤槽浸法处理品位为 0.59% 的氧化铜矿石，矿石碎至粒度小于 1.1cm 后用皮带送至浸出槽（37m × 42m × 6m，8 个），在皮带上喷水使细粒矿泥黏附于粗矿粒上。用 30 ~ 35g/L 稀硫酸作浸出剂，用铁屑置换法回收浸液中的铜。巧克维卡厂（智利）每天用槽浸法处理 1 万吨品位为 1.75% 的氧化铜矿石，矿石碎至粒度小于 10mm 后装入槽中（槽为 33.5m × 45.7m × 5.2m），以 70 ~ 80g/L 稀硫酸浸出 40 ~ 60h，经六次洗涤，浸出周期为 80 ~ 100h，浸液组成为：H_2SO_4 25 ~ 42g/L，Cu 25 ~ 30g/L。铜浸出率大于 90%。最后用电积法回收浸液中的铜。

搅拌浸出主要用于泥质氧化铜矿或分级（洗矿）矿泥，如国内某矿的氧化率和水溶铜含量较高，设计流程用洗矿法脱除氧化率高的矿泥和减少水溶铜对浮选作业的影响，洗矿所得矿泥经浓缩后加少量硫酸进行搅拌浸出，浸液用置换法回收铜，浸渣返回磨矿与矿砂一起进行浮选。

B 氨浸法

氨浸工艺适用于处理含大量碱性脉石和泥质较多的氧化铜矿。在氨浸时，一般采用氨-铵作氨浸剂，从氨浸出液中回收铜可采用蒸氨法、萃取—电积法等。但氨浸工艺同时存在对设备要求高、污染环境、能耗高等缺点。

从 1990 年开始，北京矿冶研究总院与东川矿务局合作采用氨浸—萃取—电积工艺处理汤丹高碱性脉石氧化铜矿，在半工业试验的基础上建设了一座年产 500t 阴极铜的试验工厂，其工艺流程如图 9-6-5 所示。该试验工厂于 1997 年底投产，处理高碱性脉石氧化铜原矿。

以铜精矿为原料时，焙烧—氨浸过程中铜的浸出率可以达到 90% 以上，从精矿到阴极铜的回收率为 88%。浸出渣含 Cu 2% ~3%，主要是原生硫化铜和结合铜，之后还可以通过渣浮选进一步回收铜。

以氧化铜原矿为原料时，氨浸过程铜的浸出率与矿石的铜品位及矿石成分有很大关系。当含铜品位较高、氧化率又较高时，铜的浸出率可以达到 88% 以上，通常情况下铜的浸出率在 85% 以上。

C 离析法

目前，离析法主要用于处理含泥多、结合氧化铜含量高的矿石，根据工艺特点可分为一段离析和两段离析。

a 一段离析 国内某铜矿用回转窑直接加热，采用一段离析法处理高硅铁质深度氧化的单一铜矿，铜矿物以孔雀石为主，铁矿物以褐铁矿为主，脉石除铁质黏土外，还含有石英、云母等。铁质黏土含量高，原矿被细泥严重污染，铜物相随原矿品位而异，原矿品位为 0.8% ~6% 时，结合铜占 20% ~43%，自由氧化铜占 38% ~74%，硫化铜占 1.5% ~12%。选矿工艺由备料、离析和磨浮三部分组成，离析回转窑及离析浮选流程分别如图 9-6-6 和图 9-6-7 所示。该厂采用加大空气量燃烧重油以氧化性烟气（含氧 10% ~11%）入窑的方式提供所需的热量，使炉料达到离析所要求的温度，同时用提高煤比的方法保证料层内的弱还原气氛，使离析反应能正常进行。该工艺具体参数如下：入窑烟气为 1150 ~ 1250℃，窑头温度为 880 ~ 950℃，窑中温度为 700 ~ 750℃，窑尾温度为 100 ~ 200℃；原矿品位为 2% ~3% 时，煤比为 3.5% ~4.0%，盐比为 1.8% ~2%，可得品位为 25% 的铜精矿，浮选铜作业回收率为 80% ~85%，离析浮选铜总回收率为 77% 左右。

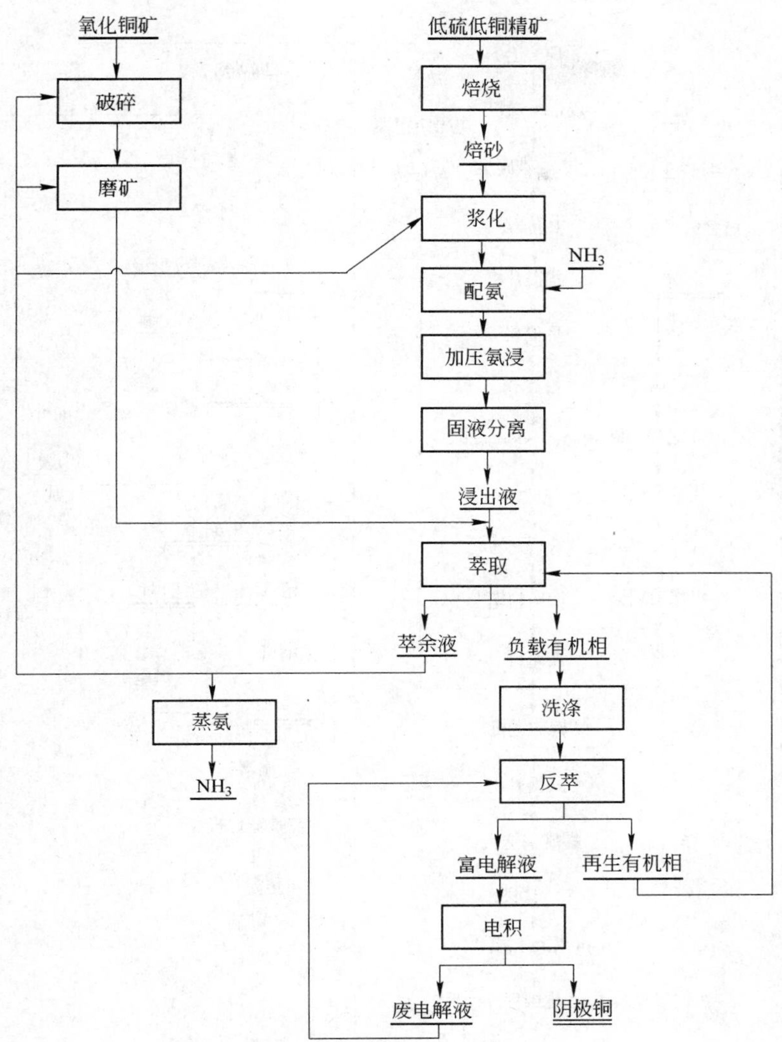

图 9-6-5 碱浸处理高碱难处理氧化铜矿工艺流程

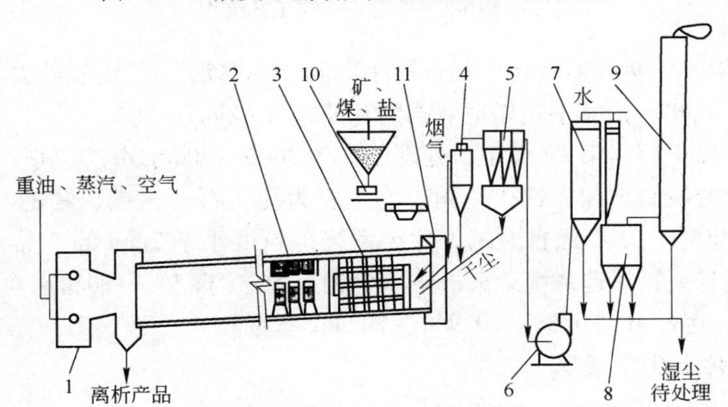

图 9-6-6 离析回转窑

1—燃烧室；2—不锈钢放射状换热器；3—普通钢蜂窝状换热器；4—单管旋涡收尘器；5—多管旋涡收尘器；6—排风机；7—湍动收尘冷却塔；8—水膜除尘器；9—塑料烟囱；10—密封圆盘给料机；11—皮带秤

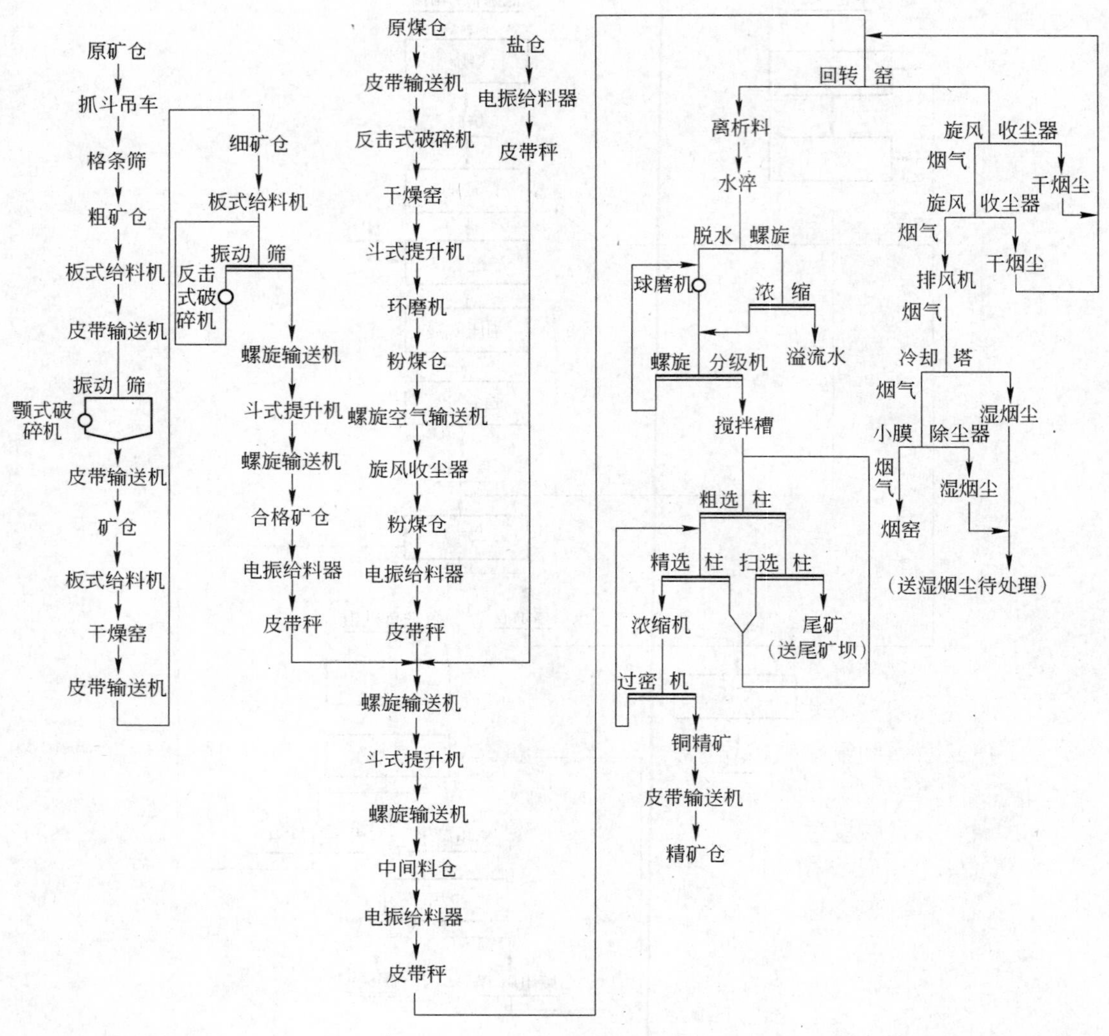

图 9-6-7 离析—浮选工艺流程

b 两段离析 两段离析有“托尔科法”和“三井法”。“托尔科法”已用于赞比亚罗卡纳（Rokana）矿务局和毛里塔尼亚的阿克茹特（Akjouit）矿。

阿克茹特矿离析厂建于1970年，处理能力为3600～4000t/d。其氧化矿体为铁帽，铁矿物主要为风化的磁铁矿和赤铁矿，铜矿物主要为孔雀石（占铜矿物的70%～75%）和硅孔雀石（占20%）。矿石经自磨风力分级系统得粒度小于2mm的产品，用干式磁选机除磁铁矿，磁尾进离析浮选系统。离析焙砂含铜4.5%～6.7%；铜精矿含铜55%～65%，含金20～30g/t；尾矿含铜0.8%～0.9%。铜回收率为70%～75%。

9.6.1.3 稀土化学提取

A 氟碳铈矿-独居石混合型稀土矿

氟碳铈矿-独居石混合型稀土矿，在我国的工业储量居世界第一位，它也是世界上罕见的一种复合型稀土矿。目前工业上处理混合型稀土精矿主要有两种方法，即浓硫酸焙烧和苛性钠溶液分解法。

a 酸法浸出 酸法浸出稀土矿可采用浓硫酸、盐酸和氢氟酸等无机酸作浸出剂。氟碳铈矿-独居石混合型稀土矿可采用硫酸分解。

氟碳铈矿-独居石混合型稀土矿精矿与浓硫酸混合后，按照处理量的大小，可在回转窑或焙烧锅内焙烧。根据原料中的稀土含量、稀土配分值和杂质组分的含量及其存在形态，硫酸用量为稀土原料量的1～2倍，温度一般控制在180～200℃，分解时间为2～4h。

经浓硫酸焙烧后，稀土矿一般生成最大粒径为30～50mm粒径不等的小球。焙烧产物送水浸，一般水浸的液固比为7～15.1，此时稀土、铀、钍等的硫酸盐及铁、磷、锰等杂质元素溶解进入到溶液中，硫酸钙、硫酸钡等则留在浸渣中。水浸渣需用水洗涤，洗涤液可用于浸出下一批焙烧矿，这样将有利于水的回收利用。由于稀土硫酸盐的溶解度随温度的提高而下降，因此硫酸焙烧渣的浸出一般在室温下进行，溶液温度一般不超过20～25℃。

b 碱法浸出 碱法浸出混合稀土矿主要有苏打焙烧—稀硫酸浸出法和苛性钠溶液分解法等。这里主要介绍苛性钠溶液分解法处理氟碳铈-独居石混合稀土矿。

苛性钠溶液分解法主要适用于高品位（$RE_xO_y>60\%$）细粒度的矿物原料。用苛性钠溶液处理混合精矿时，要先对精矿进行酸浸（化学选矿）以除去精矿中的萤石等含钙矿物，然后再进行碱分解处理。

（1）酸浸（化学选矿）除钙：用稀盐酸浸泡稀土精矿，使其中的含钙矿物溶解出来。酸浸过程中，萤石和氟碳铈矿均能被部分溶解，由于萤石部分溶解而进入溶液的氟能和溶液中的稀土离子形成氟化稀土沉淀，从而导致萤石不断溶解。采用酸浸可以除去精矿中绝大部分萤石，而且酸浸过程中稀土元素的损失很小。

（2）液碱分解：采用60%～65%的苛性钠溶液于160～165℃温度下，在三相交流电极的分解槽中进行混合稀土精矿的液碱分解。在液碱分解过程中，过量的NaOH和反应生成的Na_2CO_3、Na_3PO_4、NaF等溶于水的物质，可在水洗时除去。工业生产中的水洗条件按固液比1∶10～1∶12在60～70℃下进行，以保证可溶性钠盐基本除净。浓度较高的废碱溶液还可送去回收碱实现再利用。

B 独居石稀土矿

独居石是稀土和钍的磷酸盐矿物$REPO_4 \cdot Th_3(PO_4)_4$，所含的铀以$U_3O_8$形式存在。独居石稀土原料在工业上主要采用苛性钠溶液分解法处理独居石。

苛性钠溶液分解独居石稀土矿的原则流程如图9-6-8所示。

一般先将独居石磨至磨矿细度（－0.044mm）为95%，再用浓度为50%的苛性钠溶液分解。在NaOH∶稀土精矿＝1.3∶1（重量比），反应温度控制在140～150℃，浸出时间5h的条件下，浸出率可达95%以上。

C 风化壳淋积型稀土矿

风化壳淋积型稀土矿（原称离子吸附型稀土矿）中主要是黏土类矿物，此类稀土矿中稀土元素中有85%左右以离子相存在，该类矿石稀土含量低，稀土品位仅有0.05%～0.3%，矿石粒度极细，50%以上的稀土赋存于产率为24%～32%的－0.78mm粒级的矿石中。由于采用常规的物理选矿法无法使稀土富集为相应的稀土精矿，因此化学提取技术便成为提取此类稀土矿物的唯一技术。

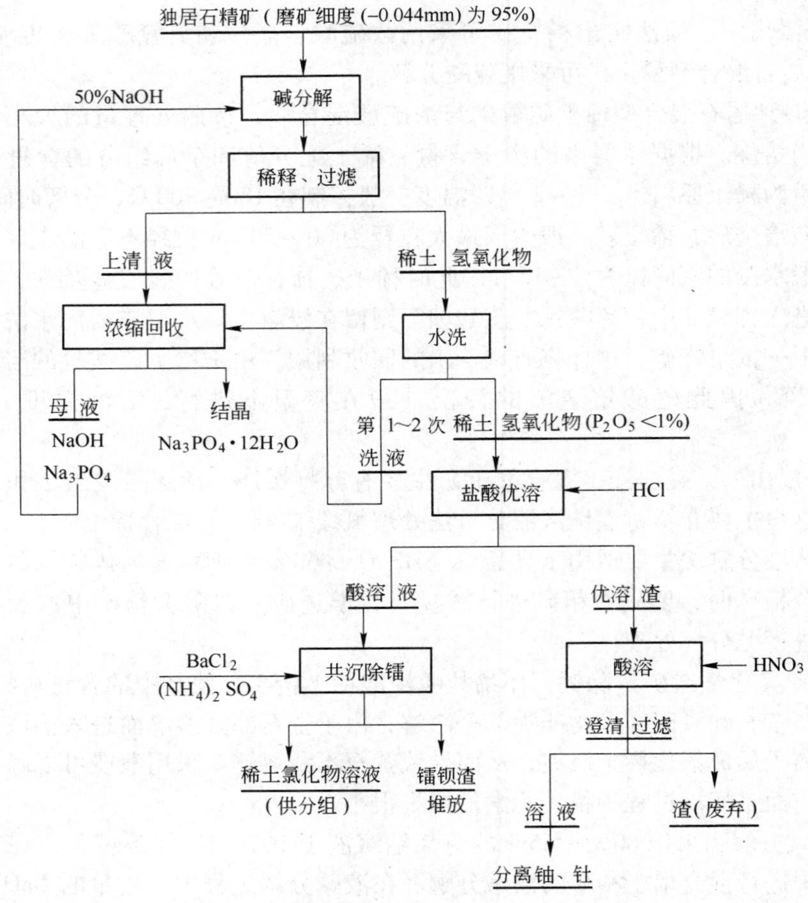

图9-6-8 苛性钠溶液分解独居石稀土矿的原则流程

化学提取风化壳淋积型稀土矿中的稀土元素主要是采用渗滤浸出法，其工艺流程含矿石渗浸、浸液处理和试剂再生回收等步骤，最终产品为混合的稀土氧化物、氯化物、碳酸盐等。风化壳淋积型稀土矿的浸出实质上是个离子交换过程，是用适当浓度的浸出剂（实为淋洗剂）将被吸附的稀土离子淋洗下来，其基本原理是：吸附在黏土等矿物表面的稀土阳离子遇到化学性质更活泼的浸矿液阳离子（Na^+，NH_4^+）时，被更活泼的阳离子交换解吸下来而进入溶液。

根据风化壳淋积型稀土矿的特点，我国科研工作者对这类矿进行了长期的研究和选矿实践，研究出了用电解质进行离子交换浸取稀土的方法，形成了氯化钠浸出、硫酸铵池浸和原地浸出三代工艺。

a 氯化钠浸出 风化壳淋积型稀土矿开采初期主要采用食盐浸取稀土，分为氯化钠桶浸和氯化钠池浸。由于桶浸工艺生产成本高，生产规模小，经过一段时间的实践后，人们便用氯化钠池浸代替了桶浸工艺。氯化钠池浸工艺如图9-6-9所示。

工业上常在水泥池中进行风化壳淋积型稀土的池浸。将稀土原矿样（平均粒度约为1mm）堆积在池中滤层上，装矿高度一般在1~1.5m左右，池面积在$12m^2$左右，用7%

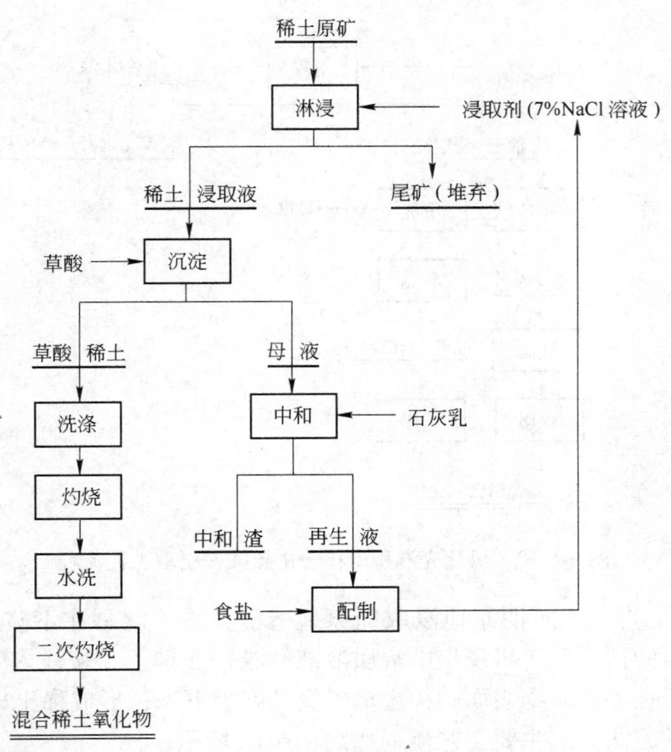

图 9-6-9 氯化钠池浸风化壳淋积型稀土矿工艺流程

氯化钠溶液自上而下自然渗入滤层。在浸取过程中，Na^+ 将原矿中的 RE^{3+} 交换至溶液中，渗滤液汇集在池的底部，池底呈一定倾斜角度，可将浸取液按稀土浓度分别收集。开始淋积出的溶液中，稀土浓度较高，后期淋积出的溶液中稀土浓度较低，可返回配制淋洗液。

但是氯化钠池浸工艺具有以下缺点：①浸矿剂浓度要求较高，一般需要 NaCl 浓度达到6% ~8%，并产生大量的 NaCl 废水；②NaCl 浸出杂质含量高，一次灼烧产品质量达不到国家标准，往往需要多次沉淀灼烧。

b 硫酸铵浸取稀土工艺 硫酸铵池浸工艺工业上采用淋浸方式，用水泥池作浸取槽，池面积为 $12m^2$ 左右，容积一般在 $10 \sim 20m^3$，装矿高度一般在 1.5m 左右，用工业级硫酸铵作浸取剂，配成1% ~4% 溶液，从矿堆上注入水泥池进行淋泡，池底接收浸取液。由于硫酸铵的选择性较高，因而稀土浸出液中杂质含量较低，采用草酸作沉淀剂获得的草酸稀土一次灼烧产品质量就能达到用户的要求（RE_2O_3 含量大于 92%）。硫酸铵浸取稀土的工艺流程如图 9-6-10 所示。

但硫酸铵池浸工艺也存在一些不足，主要表现在池浸过程中硫酸铵溶液靠重力以较大的流速沿疏松多孔的矿粒孔隙向下运移，因流速太快，硫酸铵无法向矿粒内扩散，难以与矿石中的 RE^{3+} 离子接触和发生交换作用，所以浸出液中稀土离子浓度低，导致浸出的液固比较大。更为严重的是，硫酸铵池浸虽然有效提高了浸出效率和稀土纯度，但是该工艺仍要进行“搬山运动”，每生产 1t 稀土产品，需产生尾砂及削离物 $1200 \sim 1500m^3$，大量的尾砂及削离物就地堆弃，既占用土地，又破坏植被，造成水土流失而严重破坏矿区生态环境。

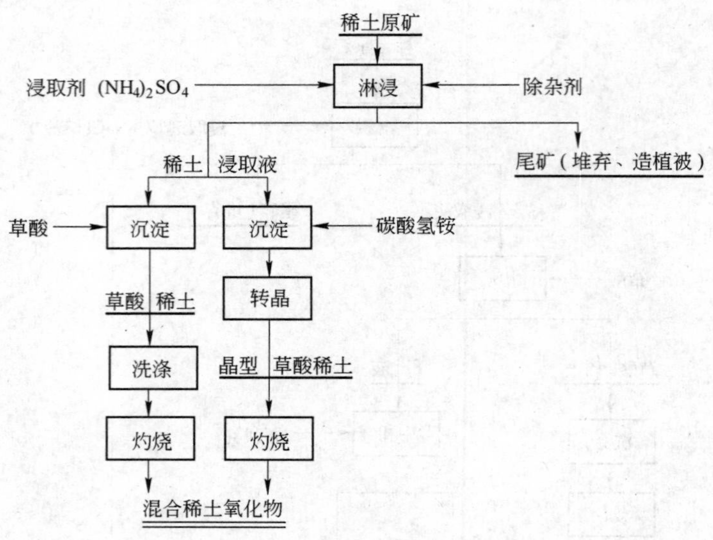

图 9-6-10　风化壳淋积型稀土矿硫酸铵浸取工艺流程

c　原地浸出工艺　　所谓原地浸取即原地溶浸开采，就是在不破坏矿区地表植被、不开挖表土与矿石的情况下，将浸出电解质溶液经浅井（槽）直接注入矿体，电解质溶液中的阳离子将吸附在黏土矿物表面的稀土离子交换解吸下来，形成稀土母液，进而收集浸出母液回收稀土的方法。其主要工艺流程如图 9-6-11 所示。

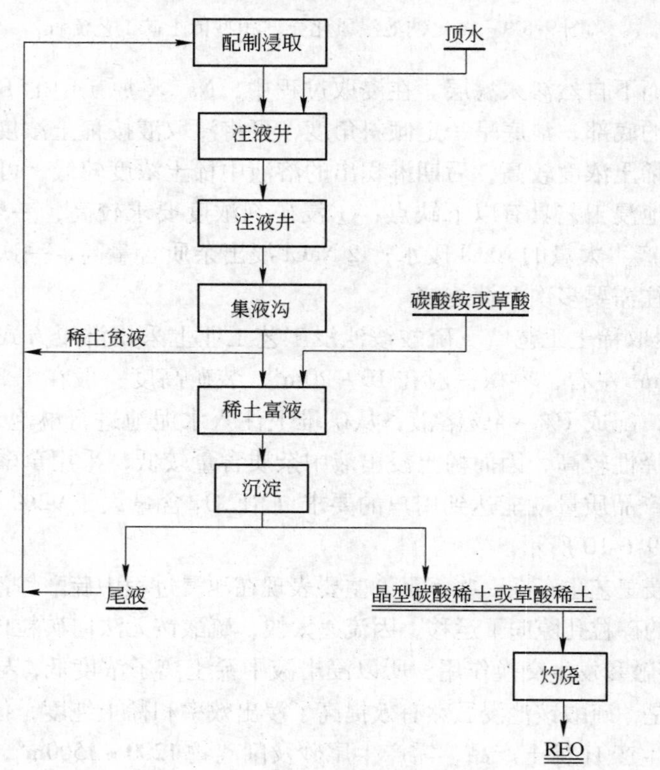

图 9-6-11　风化壳淋积型稀土矿原地浸取工艺流程

从工艺流程可以看出，原地溶浸开采风化壳淋积型稀土矿，基本上不破坏矿山植被，不产生剥离物及尾砂污染，而且对资源的利用率与池浸法相比有了较大的提高，生产成本也大大降低，在开采离子吸附型稀土矿中，有很好的应用前景，并已经逐步取代池浸开采法。

原地浸矿主要技术如下：

（1）因地制宜，合理配置注液量。原地溶浸采矿各注液井所处的位置不同，承担的原地浸析矿量也不尽相同。处于山脊的注液井，矿层较厚，矿量多，需要的注液量就多；而山脚各井，矿层较薄，矿量少，所需的注液量较少。根据所承担的浸析矿量，沿山坡从上往下划分为若干个浸析区，上部各浸析区的注液时间（注液量）依次大于下部各浸析区的注液时间（注液量），以便能获得高浓度的母液。

（2）浸析过程中的水封闭技术。为了防止开采风化壳淋积型稀土矿时，由于该类矿床疏松，矿体孔裂隙发育较好，使浸矿液和浸出母液从注液井经矿体孔隙向四周渗透扩散，因此要采用水封闭工艺，即在采场的上方、左方、右方设置注水井，往注水井中加水，使上、左、右三面形成与母液水位相同的水幕，使浸矿液不能向外渗出，而只能沿向下的方向流入集液沟被收集。

（3）顶水处理技术。在将设计的电解质溶液量注完以后，仍有许多已经与稀土离子发生了交换解吸作用的稀土母液留在矿体中，为了充分利用稀土资源，采用加注顶水的方法（稀土母液沉淀后，并经中和处理的上清液）对其处理。顶水注入原则基本上与注液原则相同，当集液沟中母液浓度从高峰处开始有明显下降趋势时则停止下部浸析区所有注液井中的顶水，以保持集液沟中母液浓度的稳定。

9.6.1.4 石煤钒矿化学提钒

我国石煤的蕴藏量丰富，据《南方石煤资源综合考察报告》称：石煤分布在20多个省区，尤以湖南、湖北、江西、浙江、陕西、广西等省区储量较大。仅湖南、湖北、江西、浙江、安徽、贵州、陕西7省的石煤钒矿中 V_2O_5 的储量就达11797万吨，其中 $w(V_2O_5) \geqslant 0.5\%$ 的石煤储量为7705.5万吨，是我国钒钛磁铁矿中 V_2O_5 总储量的6.7倍。因此，从石煤中提取钒成为了我国利用钒资源的一个重要发展方向。

我国各地石煤中钒的品位相差悬殊，一般为0.13%～1%，就全国而言，品位低于边界品位（0.5%）的占60%。就目前的经济技术水平而言，只有品位达到0.80%～0.85%以上才有开采价值。

A 石煤提钒原理

从石煤中提取钒的基本过程包括焙烧预处理、浸出、净化、分离富集（离子交换与萃取）以及化学产品制备五个步骤，下面就五个步骤分别讲述其基本原理。

a 焙烧预处理　焙烧就是浸出前的预处理步骤，随着浸出所采用的浸出剂不同，对焙烧的要求与采用的添加剂也不同。

（1）钠化焙烧　简单来说，石煤中添加钠盐进行焙烧称为钠化焙烧。钠化焙烧的目的有三个：①破坏含钒矿物的组织结构；②将低价钒（三价或四价）氧化为五价钒氧化物；③使 V_2O_5 与从钠盐中分解出来的 Na_2O 相结合，生成可溶于水的偏钒酸钠 $NaVO_3$。通过钠化焙烧，将石煤中不溶性钒转化为水溶性钒盐，以便在浸出过程中溶解进入溶液。

钠化焙烧可采用的钠盐添加剂有：NaCl、Na_2CO_3、Na_2SO_4、$NaNO_3$、Na_2O_2 和 $NaClO_3$

等。食盐（NaCl）、纯碱（Na_2CO_3）和芒硝（Na_2SO_4）是工业上常用的添加剂。

以食盐（NaCl）作为焙烧添加剂时，石煤中的石英、高岭土等也会参与相关反应，导致回收率下降，此外还会产生大量的 HCl、SO_2 和 Cl_2 等腐蚀性气体，造成了严重的环境污染，因此，氯化钠焙烧工艺已被环保部门禁止使用；以纯碱（Na_2CO_3）作为焙烧添加剂时，纯碱（Na_2CO_3）与钒的作用不具有选择性，也与石煤中的硅、磷和铝等作用生成相应的钠盐干扰钒的回收；以芒硝（$Na_2SO_4 \cdot 10H_2O$）作为焙烧添加剂的特点是焙烧过程中释放出氧气，有利于钒的氧化，但芒硝（$Na_2SO_4 \cdot 10H_2O$）成本较高，因而很难实现工业化应用。

（2）钙化焙烧　钙化焙烧是指添加含钙的氧化物或钙盐进行焙烧，常用的钙化焙烧添加剂有 CaO、$Ca(OH)_2$ 和 $CaCO_3$。钙化焙烧的原理是钙和石煤中钒作用，生成不溶于水的钒酸钙，然后用酸、纯碱、碳酸氢钠或者碳酸氢铵浸出。

b　浸出　按照浸出剂的不同，主要有水浸、酸浸和碱浸。当石煤焙烧渣中钒主要以水溶性钒存在时，宜采用水浸；若渣中钒主要以不溶性钒存在时，宜采用酸浸，以便提高钒浸出率；在钙化焙烧时，除可采用酸浸外，还可采用纯碱或者碳酸氢铵浸出。

（1）水浸　石煤焙烧渣水浸过程是在固液两相间进行的。当焙烧料与水接触后，固相中的水溶性钒化合物由其本身的分子扩散运动和水的溶剂化作用，逐步从内向外扩散进入溶液，实现了钒的浸出。

钒在水溶液中的赋存形式复杂多样，它主要取决于溶液的 pH 值。水浸时浸出液的 pH 值多为 7.5 ~ 9.0，此时，钒主要以偏钒酸根 $V_4O_{12}^{4-}$ 形式存在于溶液中。

（2）酸浸　石煤焙烧过程中生成 $Fe(VO_3)_3$、$Fe(VO_3)_2$、$Mn(VO_3)_2$、$Ca(VO_3)_2$ 以及低价钒化合物，为了回收这部分钒，通常将水浸后的残渣或者焙烧渣用硫酸溶液浸出，在硫酸溶液中钒会生成稳定的五价钒氧基化合物（$(VO_2)_2SO_4$），实现钒的浸出。

（3）碱浸　对于石煤钙化焙烧渣，采用碳酸钠、碳酸铵、碳酸氢钠及碳酸氢铵水溶液浸出，使 $Ca(VO_3)_2$ 转化成溶度积更小的 $CaCO_3$ 沉淀下来，实现钒的浸出。

c　净化　由于浸出剂选择性不好，因而采用各种浸出方法得到的含钒浸出液都需要经过净化处理除去其中含有的杂质，获得纯度高的五氧化二钒产品。

（1）除铁、锰、铬、硅　含钒浸出液中大多含有 Fe^{2+}、Mn^{2+}、CrO_4^{2-}、SiO_3^{2-} 等离子，其中阳离子（Fe^{2+}、Mn^{2+}）可通过调整溶液 pH 值至 10 ~ 12 使之生成氢氧化物沉淀而除去。为了加速生成沉淀的聚集和沉降，净化操作通常在加热条件下进行，必要时还需添加助凝剂。

（2）除磷　除磷的方法主要有镁沉淀法和钙沉淀法。在含钒溶液中加入 $MgCl_2 \cdot NH_4Cl$ 并用 $NH_3 \cdot H_2O$ 调节溶液 pH 值至 9.5 ~ 11，使 Mg^{2+}、NH_4^+ 和 PO_4^{3-} 生成难溶的磷酸铵镁（$MgNH_4PO_4$）沉淀而除磷的方法称为镁沉淀法。在含钒溶液中加入氯化钙（$CaCl_2$）使 Ca^{2+} 与 PO_4^{3-} 离子生成难溶的磷酸钙 $Ca_3(PO_4)_2$ 沉淀而除去磷的方法称为钙沉淀法。但在采用镁沉淀法除磷时，氯化镁加入量不能过多，否则也会造成钒的损失。

d　钒分离富集　含钒溶液中钒浓度较低时，不利于沉淀钒，因此，往往需要对钒进行分离和富集。石煤提钒中常用的分离和富集钒的方法主要有溶剂萃取法和离子交换法。

（1）溶剂萃取法　溶剂萃取法具有钒回收率高、工序少、设备简单以及可连续化操作等优点，主要适用于处理酸性含钒溶液，在工业上已获得较广泛应用。钒的萃取剂很多，主要有一元异构醇（碳链为 C_{12} ~ C_{16}）、工业二元醇（碳链为 C_{13} ~ C_{15}、C_{16} ~ C_{19}、C_{12} ~ C_{19}）、硫酸三丁酯（TBP）以及各种胺（如仲胺、叔胺、季胺盐和三辛胺（TOA）等）。

（2）离子交换法　用于分离和提钒的离子交换树脂一般为强碱性季胺型阴离子交换树脂，有 Amberlite IRA-400、IRA-401、IRA-402、IRA-410、IRA-425 及 Dowex-1、Dowex-25 等。

由于钒浸出液杂质容易黏附在树脂表面，导致树脂交换容量下降，甚至使树脂“中毒”，又因为存在一次性投资大、工艺繁琐、操作条件要求较高等缺点，离子交换法提钒的工业化应用受到一定的限制。

e　化学产品制备　从含钒溶液中回收钒，依据所使用沉淀剂的不同，常用的方法有：水解沉钒法和铵盐沉钒法。

（1）水解沉钒法　水解沉钒法适用于从水浸液中回收钒，如食盐焙烧后钒转化成钒酸钠溶浸在水溶液中，这时水溶液的 pH 值为 7.5 ~ 8.5，V_2O_5 浓度为 4.5 ~ 9g/L。水解沉钒时须把浸出液的 pH 值用酸调至 1.9 ~ 2.2，此时 V_2O_5 溶解度最小，因而可以沉淀下来。此外，用钙焙烧、碳铵浸出所得浸出液也可用此法沉钒。

（2）铵盐沉钒法　在一定条件下向含钒浸出液中加入 NH_4Cl、$(NH_4)_2SO_4$ 和 NH_4NO_3 等，可使钒以偏钒酸铵或多钒酸铵形式从溶液中沉淀析出的方法称为铵盐沉钒法。铵盐沉钒法可分为弱碱性铵盐沉钒、弱酸性铵盐沉钒和酸性铵盐沉钒。

弱碱性铵盐沉钒的溶液 pH 值为 8 ~ 9，溶液中钒主要以 $V_4O_{12}^{4-}$（即 VO_3^-）形式存在，当向钒溶液中加入 NH_4Cl 时，生成溶解度很小的 NH_4VO_3 白色结晶；弱酸性铵盐沉钒的溶液 pH 值为 4 ~ 6，在该酸度下溶液中的钒主要以 $[V_{10}O_{28}]^{6-}$ 形式存在，当向钒溶液中加入铵盐时，钒以十钒酸铵盐形式沉淀。

酸性铵盐沉钒法，是指在酸性条件（pH 值为 2 ~ 3）下进行沉钒，此时多钒酸盐和铵盐作用生成六聚钒酸铵盐。酸性铵盐沉钒具有产品纯度高、含杂质少、沉淀率高、沉淀物含水分少、铵盐消耗量少、硫酸消耗量比水解法少等优点。

B　石煤提钒工艺

a　钠化焙烧—浸出工艺　湖南冶金研究所、锦州铁合金厂、浙江冶金研究所等单位在 20 世纪 60 年代初对石煤提钒进行了研究，开发出了氯化钠焙烧—水浸出—酸沉粗钒—碱溶铵盐沉钒—热解脱氨制得精钒的工艺流程（见图 9-6-12）。该工艺为我国石煤提钒最早采用的工艺，被称作石煤提钒传统工艺或经典工艺。

但是，该工艺资源综合利用率低（回收率为 45% ~ 55%），只回收了部分钒，其他有价元素如银、硒等均未回收。同时，由于产生 HCl、Cl_2 和 SO_2 等有毒的刺激性气体，对环境产生了严重的污染，因而已被环保部门禁止使用。科研人员对该传统工艺流程进行了诸多改进，工艺技术指标提高了不少，但 HCl、Cl_2 和 SO_2 等有毒的刺激性气体排放量虽然有所下降，仍难达到国家规定的排放标准。

b　双循环高效氧化焙烧—浸出工艺　针对传统钠化焙烧提钒工艺存在的问题，武汉科技大学和武汉理工大学在多年研究的基础上，提出了双循环高效氧化焙烧石煤提钒工艺（见图 9-6-13）。该工艺的技术思路是在焙烧阶段添加低钠复合添加剂促进钒的氧化转价，提高焙烧效果；再采用循环水浸方式从焙烧样中浸出钒，水浸渣则采用稀酸浸出；稀酸浸出的钒用铁盐沉淀得到富钒渣后返回复合添加剂焙烧作业，钒在水浸作业中得以回收。这

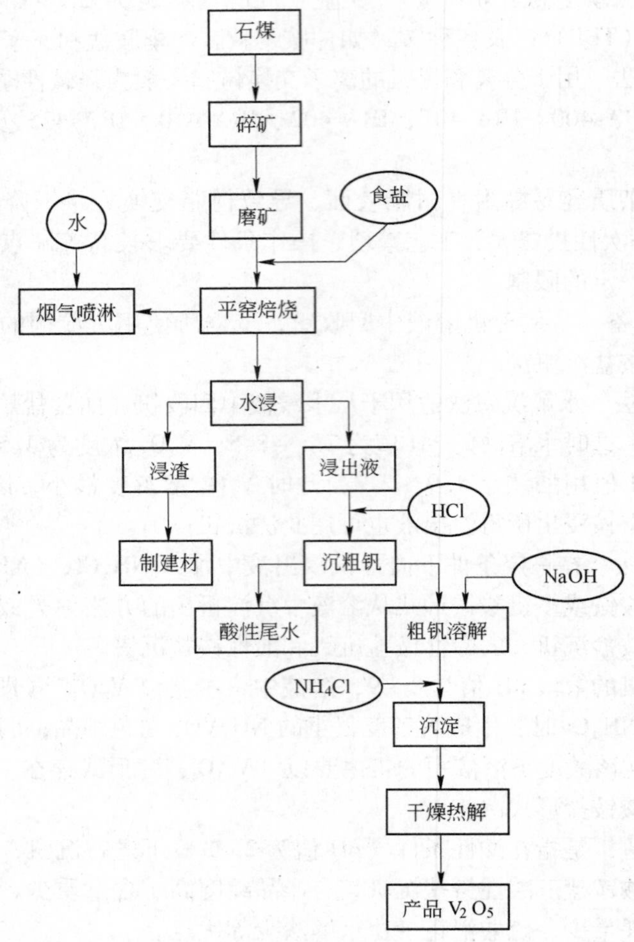

图 9-6-12 石煤钠化焙烧提钒生产工艺流程

样不仅有效回收了浸出渣中的钒，而且大大降低了回收酸浸液中钒的难度和工艺复杂程度。

双循环高效氧化焙烧石煤提钒工艺以自身所产生的富钒渣为催化剂，加速复合添加剂分解的同时，强化对云母晶体结构的破坏，促使低价钒从二八面体束缚中转变为游离状态，实现了低价钒的高效氧化和回收，可获得 99 级高纯 V_2O_5，且回收率高（$\varepsilon > 75\%$），钠盐用量小于 6%，远低于国家 11% 的低钠标准。该工艺具有钒回收率高、生产过程污染小、有利于规模化生产、对原矿适应性强等特点，具有较强的应用价值。湖北通山和江西修水等地的石煤提钒厂利用该工艺技术，钒回收率高，“三废”在线循环，实现了综合利用。

c 无盐焙烧—浸出工艺 无盐焙烧—酸浸工艺一般包括焙烧、酸浸、沉钒、制偏钒酸铵和煅烧这几个步骤。焙烧时不加任何添加剂，靠空气中的氧在高温下将低价钒直接转化为酸可溶的 V_2O_5，然后用硫酸将焙烧产物中的 V_2O_5 以五价钒离子形态浸出，再对浸出液净化，除去 Fe 等杂质，并用水解沉淀法或铵盐沉淀法得到红钒，再将红钒溶解于热的 NaOH 水溶液中，澄清后取上清液采用铵盐沉淀法制偏钒酸铵，再煅烧即得高纯 V_2O_5。

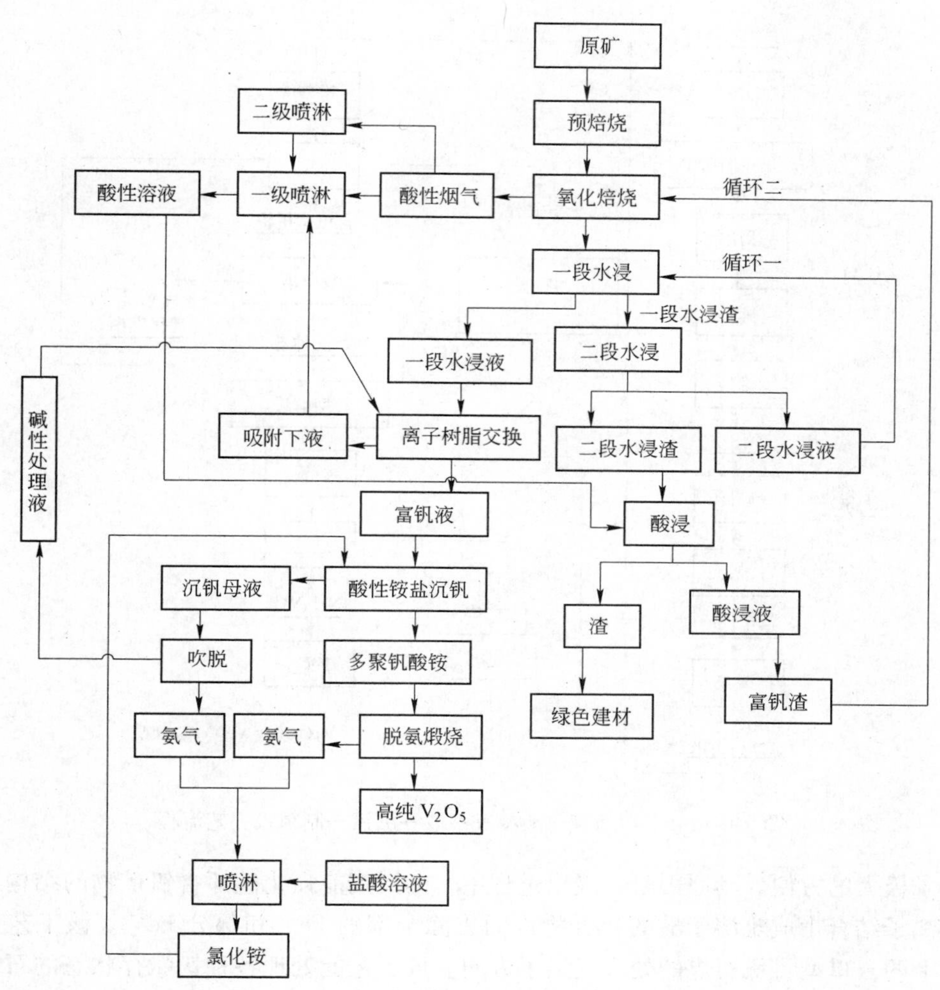

图 9-6-13 双循环高效氧化焙烧石煤提钒工艺流程

该工艺由湖南省煤炭科学研究所与湘西双溪煤矿钒厂共同开发，在双溪煤矿钒厂获得工业应用，其流程如图 9-6-14 所示。研究结果表明：该工艺钒的回收率可达 82.87%，由于在焙烧时不加任何添加剂，生产成本降低 20% ~25%；同时该工艺环境污染小，成本相对低。但是缺点是焙烧转化率低，生产规模小，热利用效率低，偏钒酸铵沉淀过程中氯化铵的消耗过高，且此提钒方法对矿石的选择性较强，一般只适用于钒以吸附形态存在的石煤钒矿。

d 一步法提取工艺 针对空白焙烧提钒工艺对矿石选择性高、浸出酸消耗量大等不足之处，武汉科技大学及武汉理工大学开发了一步法提钒工艺，即焙烧脱碳—酸浸—溶剂萃取—铵盐沉钒—热解脱氨制精钒工艺，使得钒的总回收率达到 80% 以上，而且工艺流程简单，能耗低，适应性强，能处理各种云母型含钒石煤，最终产品 V_2O_5 的纯度可达 99% 以上，满足冶金产品 99 级以上要求。该工艺特点是在酸浸过程中加入助浸剂，可大大降低硫酸的用量，强化钒浸出过程，同时减少杂质离子进入到浸出液中，为后续萃取作

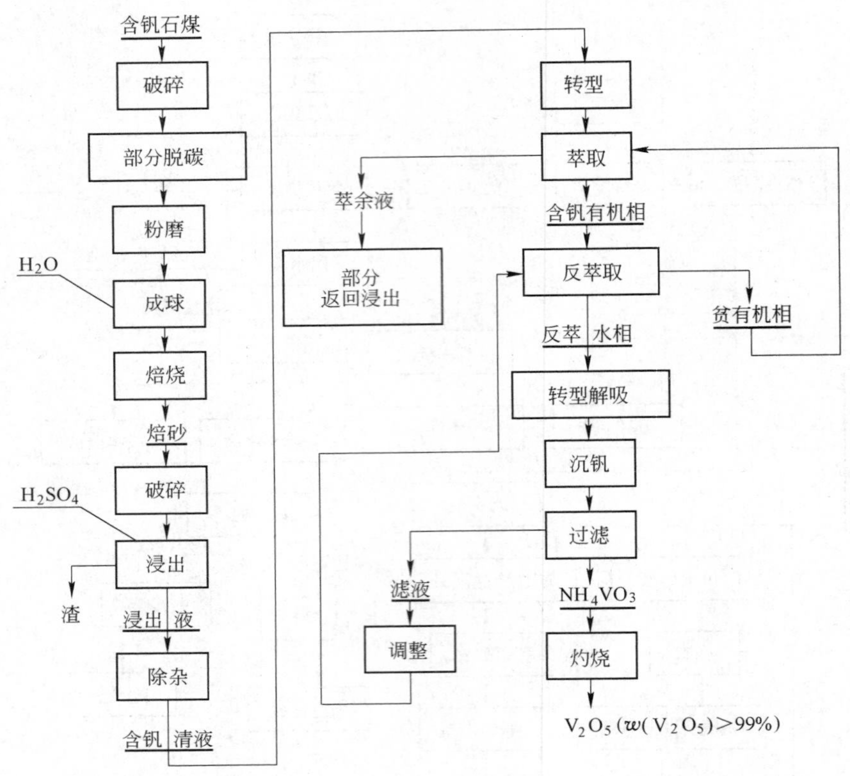

图9-6-14 空白焙烧—酸浸—萃取—沉钒—制精钒工艺流程

业提供了极大的方便。其原因是在浸出过程中，助浸剂能强化破坏含钒矿物的结构，同时能与铁离子结合生成难溶于酸的化合物进而去除全部的 Fe^{3+} 和部分 Fe^{2+}。该工艺为我国80%以上的云母型含钒石煤的处理提供了方向。该工艺能处理各种钒赋存状态的石煤，特别是针对钒以类质同象形式赋存于云母型的石煤其处理能力尤其突出，具有酸耗低、能耗低、工艺流程简单、适应性强、环境污染小等优点。该工艺已在湖北通山及江西彭泽等石煤提钒厂得到应用。

e 直接酸浸—中间盐—萃取—沉钒—制精钒工艺 该工艺由浙江化工研究院提出，工艺流程如图9-6-15所示。采用该工艺，矿石可不经过高温焙烧，直接用合适浓度的酸在高温下即可浸出，得到含钒浸出液。

由原核工业部北京化工冶金研究院开发的“原煤破磨—两段逆流酸浸—溶剂萃取—氨水沉钒—热解制精钒”纯湿法提钒工艺，于1996年在我国西北地区建成年产660t V_2O_5 的生产厂，这也是我国规模最大的用酸浸法从石煤中提取钒的工厂。该工艺主要的工艺参数及流程如下：浸出时氯酸钠加入量2%~3%（若需要），液固比1.1/1~1.2/1，浸出温度85℃，两段逆流浸出，耗酸量11%；萃取体系为10% P_{204} +5% TBP +85%磺化煤油，萃前液电位 -100mV 左右，还原剂为铁屑，前液pH值为2.0~2.5，采用六级逆流萃取，每级接触时间7min，萃余水相中 V_2O_5 的质量浓度可低于50mg/L，萃取率大于98%；反萃剂为1.5mol/L的硫酸，相比 $V_O:V_A=10:1$，采用五级逆流反萃，每级接触时间为15min，

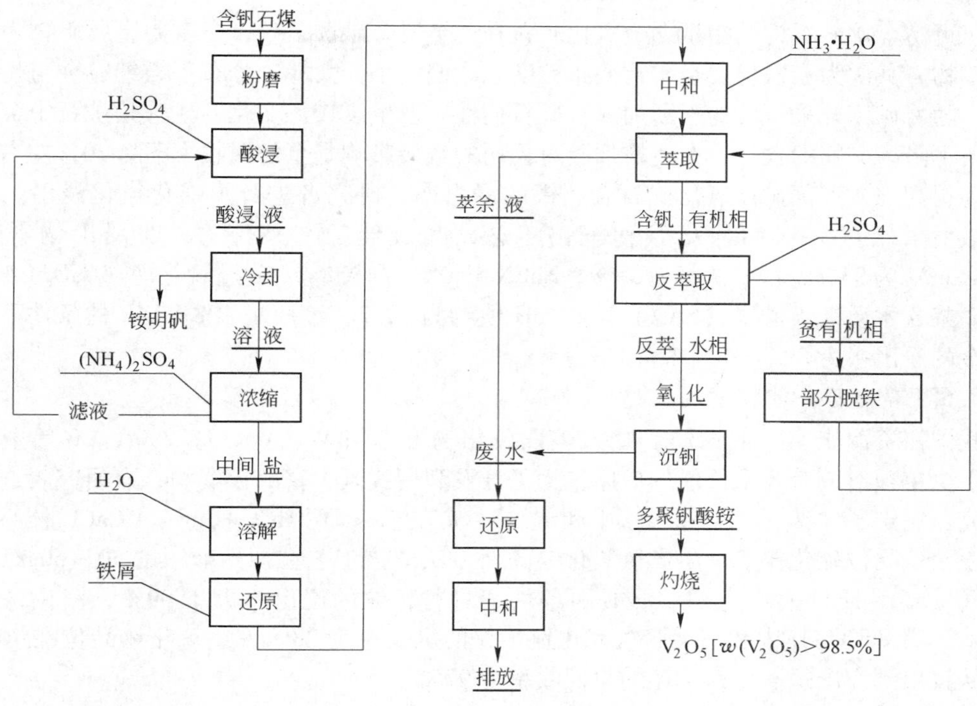

图 9-6-15 直接酸浸—中间盐—萃取—沉钒—制精钒工艺流程

贫有机相用碳酸氢铵再生，硫酸转型后可循环利用。将反萃取液用氯酸钠氧化，氧化时氯酸钠质量浓度为200g/L，在60℃下搅拌1h，氧化还原电位控制在－900mV。然后用氨水将氧化后溶液的pH值调为1.9～2.2，在92℃左右搅拌3h沉淀出多钒酸铵（红钒），沉淀率达99.2%。沉淀的红钒经洗涤后在氧化气氛中于500～550℃条件下热解2h，得到棕黄色或橙红色粉状精钒产品，在690℃下热解2h，可铸烧成片状V_2O_5，产品的V_2O_5含量为99%，整个过程的总回收率达到75%。中间过程的含钒废水送去浸出段进入回收流程，其他废水用石灰中和后，清澈透明，有害元素含量达到国家工业废水外排标准。生产过程无环境污染且实现了自动化操作。

9.6.1.5 弱磁性贫铁矿的磁化焙烧

弱磁性赤铁矿、褐铁矿和菱铁矿在适宜气氛下进行磁化焙烧，可转变为强磁性的磁铁矿。因此，磁化焙烧是处理这类矿石的有效方法之一。根据物相组成的不同，可采用气体或固体还原剂，焙烧温度为600～1100℃，焙砂磁选精矿含铁约60%，铁回收率约为80%。

国内原鞍山烧结总厂用还原磁化焙烧工艺处理鞍山式假象赤铁矿矿石，脉石主要为石英。将粒度为10～70mm的原矿送入鞍山式竖炉进行还原磁化焙烧，焙砂经筛分（筛孔为10mm），筛上物用磁性滑轮进行拣选，其中焙烧不完全磁性较弱的矿石返回焙烧工序，磁性部分与筛下物混合进入磨矿磁选工段。当原矿铁品位为29.84%时，可得品位为65.85%的铁精矿，铁的回收率为75.85%。

9.6.1.6 含金矿石的强化氰化法

黄狮涝金矿矿石为铁帽型含金氧化矿石和含金混合矿石，矿石中主要金属矿物为褐铁矿族矿物，其次为赤铁矿。金矿物嵌布粒度总体偏细小，大部分分布于微细粒金与显微金范围。随着矿床开采深度的不断加深，矿石的性质发生了较大变化，尤其是矿石中金的品位有所下降，矿物的含量也有所增加，对公司的直接影响是金的回收率下降 20% 左右。

为提高该矿深部矿体氧化矿石金、银的浸出率，研究者进行了强化氰化浸出工艺研究，最后采用过氧化钙强化氰化浸出工艺，其最佳工艺条件为：在浸出物料细度（$-74\mu m$）为 93%，浸矿浓度为 35%，NaCN 4kg/t，石灰 8kg/t，过氧化钙（CaO_2）4kg/t，每吨矿浆含木质素磺酸钙（SAA）1kg，pH 值约为 12.3，滚瓶浸出 8 ~ 14h 的条件下，可得到金的浸出率为 89.37% ~ 92.41%。

9.6.1.7 复合贫铋矿的化选

我国铋资源丰富，但铋的矿物大多以硫化物形态与 W、Mo、Pb、Sn、Cu 等金属共生，很少单独形成有开采价值的矿床。为了开发利用我国丰富的铋资源，有研究者通过试验研究，制定了"氯化配合浸出—中和沉铋"新工艺，即用 $HCl + CuCl_2 + CaCl_2$ 体系氯化配合浸出低品位硫化铋矿、生产氯氧化铋的新方法。该工艺在初始酸浓度 50 ~ 60g/L、温度 55℃、Cu^{2+} 质量浓度为 6 ~ 8g/L 的条件下进行，铋的浸出率大于 99%，浸出渣含铋 0.03%，用 $CaCO_3$ 作中和剂沉淀氯氧化铋，铋的沉淀率为 98%，氯氧化铋品位在 70% 左右；从浸出到产出氯氧化铋，铋的总回收率为 97%。

9.6.1.8 贫氧化镍钴矿的还原硫化焙烧

贫氧化镍钴矿的可浮性差，可用黄铁矿、单质硫、硫酸钠、高硫煤、石膏和二氧化硫等作为硫化剂进行还原硫化焙烧，然后采用浮选硫化矿的方法回收。如某含镍为 1% 的氧化镍矿，在黄铁矿用量为 10% ~ 15%，温度为 1100℃ 的还原气氛中进行焙烧，镍的硫化率为 90% ~ 92%，经磨矿后浮选，精矿含镍 2.2% ~ 2.6%，镍回收率为 84% ~ 89%。当采用硫酸钠时，硫酸钠在碳作用下被还原为硫化钠，它是镍、钴、铁氧化物的活性硫化剂。此工艺也可用于强化氧化铜矿的浮选。

9.6.1.9 磷矿的化学选矿

世界上除少数五氧化二磷含量较高的磷矿石可直接用于生产磷肥外，多数磷矿石的五氧化二磷含量小于 30%，其中相当一部分低于 20%。目前，选别碳酸盐型磷矿的主要方法是煅烧—消化法，即在焙烧时使碳酸盐分解，除去有机物和降低氧化铁和氧化铝在酸中的溶解度，改善矿石结构。近年来煅烧—消化工艺有了很大的发展，除北非、中东等地区的国家外，美国、俄罗斯、印度等国也相继采用了此工艺。如阿尔及利亚磷矿是北非著名磷矿之一，含 P_2O_5 24.6%、CO_2 6% ~ 15%、SiO_2 3% ~ 4%，属难选磷矿。该矿用三台沸腾炉（30 吨/(台·时)）煅烧，煅烧矿用水冷却使石灰消化，在沉降槽中形成料浆再进脉冲选矿柱，经水力分级、水力旋流器和离心机脱水后，含水 10% 的精矿经回转窑干燥，精矿中含 P_2O_5 34%、CO_2 1.5%、H_2O 1%，P_2O_5 回收率为 80% 左右。国内某碳酸盐磷块岩组成为：P_2O_5 30.07%、MgO 3.5%、I 0.006%，脉石矿物主要为白云石和少量硅酸盐，进行了煅烧—消化扩大试验，矿石碎至 10mm，在回转窑中于 1000 ~ 1100℃ 下煅烧 80 ~ 100min，在 250℃ 和液固比为 1 的条件下消化，可得 P_2O_5 含量大于 37%、MgO 含量小于 1.5% 的优质磷精矿，P_2O_5 回收率约为 95%，同时还可从煅烧烟气中回收碘。

9.6.1.10 锡矿

国内某选矿厂多年堆存的重选尾矿组成为：Cu 1.57%，Sn 0.35%，Pb 0.28%，Zn 0.56%，Bi 0.01%。铜氧化率约100%，结合率为70%～80%，现厂方采用还原焙烧—氨浸工艺回收铜。重选尾矿经浓缩干燥后于900℃下在回转窑中进行还原焙烧，使结合氧化铜转化为金属铜和游离氧化铜，焙砂在隔绝空气条件下冷却，在机械搅拌槽中进行常压氨浸，浸出矿浆经四级浓缩逆流洗涤后，浸液送去蒸氨产生氧化铜粉；蒸出的氨、二氧化碳经吸收后返回使用；氨浸渣用重选—磁选流程产出锡、铁精矿。氧化铜粉含铜50%，铜回收率为85%。

国内某残坡积砂锡矿含有大量的“锰结核”。其选矿流程为：原矿洗矿后经两层振动筛分级，中间粒级（12～2mm）经重介质旋流器、跳汰和摇床选别，重选尾矿（轻产品）为锰结核粗精矿，重产品与筛上及筛下产品混合后进入选锡系统。锰结核粗精矿组成为：Pb 4%、Mn 12%～15%、Fe 16%～19%，另有少量的Sn、Zn、Cu、Ag、Cd等。试验表明，只能采用化学选矿法才能回收锰结核粗精矿中的有用组分。拟建的中间工厂准备用亚硫酸浸出—还原挥发工艺，其半工业试验指标为：锰浸出率大于90%，电解二氧化锰的锰回收率为78%，质量达到一级品，铅还原挥发率为90%～95%，最终粗铅回收率为83%，品位为96%，副产品为硫化钠和石膏。但因锰结核粗精矿中有用组分含量低，至今仍未实现工业化。

9.6.1.11 黄铁矿烧渣

黄铁矿烧渣的化学组成见表9-6-1。其中铁、铜、铅、锌等元素主要呈氧化物和硫化物的形式存在，可从中回收铁和有色金属。目前可用稀硫酸浸出、磁化焙烧—磁选、磁化焙烧—氯化挥发、氯化焙烧—浸出、高温氯化挥发等方法综合利用烧渣。其中，氯化法是目前综合利用程度较高并且较为完善的方法，有近百年的历史，工业上有中温氯化焙烧和高温氯化挥发两种工艺。

表9-6-1 烧渣的化学组成 （%）

成分＼产地	我国某地	德国杜伊斯堡	日本户畑	成分＼产地	我国某地	德国杜伊斯堡	日本户畑
Fe	54.8～55.6	47～63	62.58	Cu	0.26～0.35	0.03～0.84	0.39
Pb	0.015～0.018	0.01～1.2	0.29	Zn	0.77～1.54	0.08～1.86	0.41
Au	0.33～0.9g/t	0～1.2g/t	0.65g/t	Ag	12～40g/t	2～27.9g/t	31.69g/t
S	1.02～4.85	1.2～3.4	0.46	As	0.05	0.05	0.05
SiO_2		11.42	3.1～12.4				

A 黄铁矿烧渣的中温氯化焙烧

烧渣配入适量食盐在500～600℃下焙烧，有色金属转变为溶于水和稀酸的氯化物，浸出焙砂，浸渣烧结造块后送去炼铁。

前联邦德国杜伊斯堡铜厂使用该工艺历史最久，且规模最大（200万吨/年）。烧渣配入8%～10%的食盐在10～11层多膛炉中焙烧，最高温度为550～600℃，焙砂润湿后进行渗浸，以水吸收烟气产物作浸出剂，其中含硫酸、亚硫酸和盐酸，酸度相当于7%的盐酸。浸渣为紫矿，含61%～63%的铁及部分硫酸铅和氯化银，送烧结造块；浸液送有色金属回收工段。各组分的回收率为：Cu 80%、Zn 75%、Ag 45%、Co 50%。

国内某厂采用沸腾炉中温氯化焙烧含钴烧渣，配入食盐和硫钴精矿，焙砂温度为 650 ±30℃时，各组分的浸出率为：Co 82%、Cu 83%、Ni 60%。温度降至 600℃时，铁的浸出率由 1%～2%增至 3.6%～4.6%，故适当提高焙烧温度可降低铁的浸出率。浸液用 P_{204} 除 Mn、Cu、Zn、Fe 后再用 P_{204} 萃取分离钴、镍，其中钴液用草酸沉钴，煅烧产出氧化钴，而镍则呈硫酸镍形态析出，钴、镍的回收率为：Co 99%，Ni 95%。

B 黄铁矿烧渣的高温氯化挥发

将烧渣与氯化钙混合球团，干燥后在温度 1000℃以上焙烧，从烟尘中回收有色金属，焙球可作炼铁原料。此工艺应用时间较短，但发展迅速，早期用竖炉，现在主要用回转窑。日本的“光和法”较成功，其工艺流程如图 9-6-16 所示。该工艺的流程由原料准备、造球、干燥、焙烧、收尘和回收有色金属及氯化剂等工序组成。原料通过配料、研磨混捏调整氯化钙含量、水分和粒度组成，制成直径为 10～15mm 的小球，在 200～250℃下干燥，干球通过回转窑时完成脱除结晶水、氯化挥发（1000℃）和固结（1250℃）三个过程。

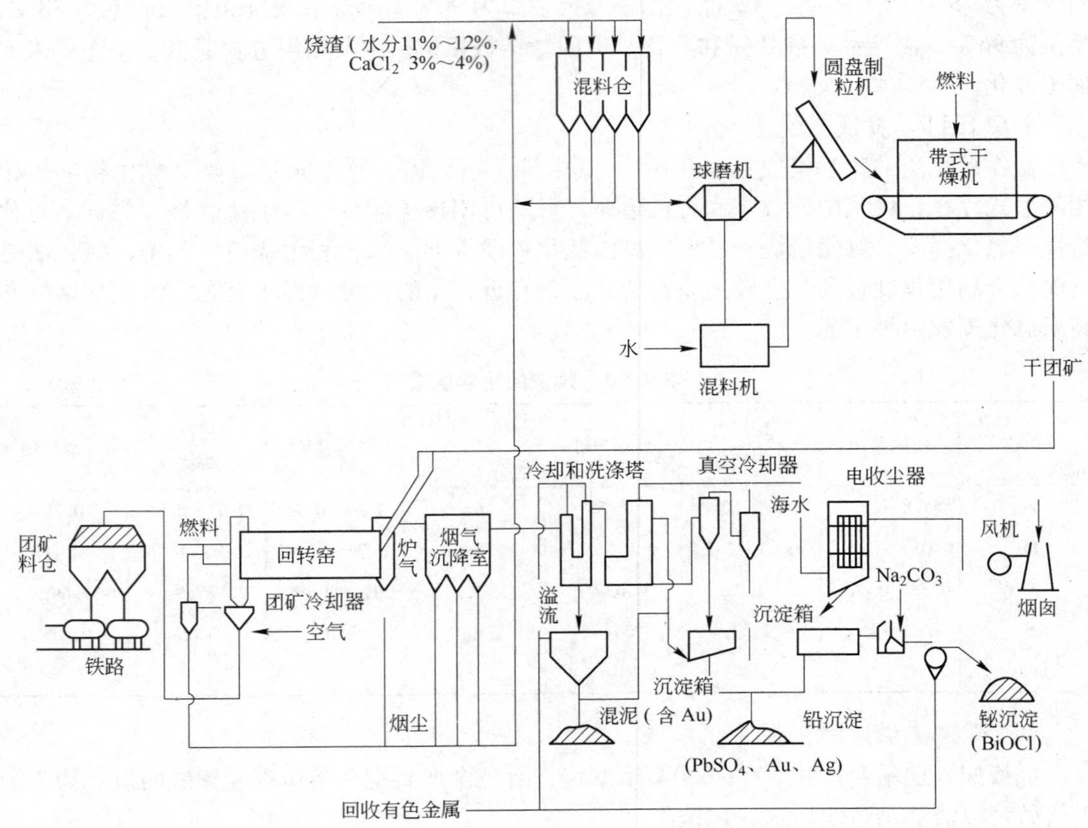

图 9-6-16 日本户烟厂回转窑焙烧流程

球团的化学组成及金属挥发率见表 9-6-2。焙烧球含铁 63.14%，抗压强度为 3430～4410N/球。回转窑烟气经除尘室、冷却塔、湍动洗涤及电除尘器除尘并捕收有色金属氯化物，再通过湿法收尘得沉淀和溶液两种产品，沉淀物中富集了部分铅、金和银，收尘溶液组成见表9-6-3。溶液经稀释后加硫酸析铅，使金银进入铅渣中。此外，将碳酸钠加入脱铅液中可析铋，脱铋液经转鼓置换器可产出海绵铜。置后液用石灰中和至pH值为2.3～2.6，加入硫化氢沉锌。母液主要含氯化亚铁、氯化钙和少量氯化锌，盐类浓度相当于28%的氯化钙溶液，可根据水量平衡直接返回作氯化剂用。该工艺的金属回收率为：Cu 89.1%、Pb 93.4%、Zn 93.4%、Au 94.4%、Ag 85.6%。该工艺金属回收率高，脱硫率高，溶液处理量小，能产出优质球团矿，但"光和法"只适用于S浓度小于2%，As浓度小于0.1%，Cu、Pb、Zn总量小于2.5%（其中铅小于0.2%）的烧渣，对二氧化硅、氧化亚铁的含量也有一定的要求。我国某钢铁厂采用该工艺处理化工烧渣以回收有色金属并制取炼铁原料。

表9-6-2　球团的金属含量及挥发率　（%）

元　素	Cu	Pb	Zn	As	S	Fe	Au	Ag
干球团含量	0.43	0.126	0.30	0.037	0.50	60.38	0.32g/t	28.98g/t
焙球含量	0.043	0.0052	0.0056	0.037	0.015	63.14	0.02g/t	2.23g/t
挥发率	90.8	96.2	98.3		97.2		97.7g/t	92.9g/t

表9-6-3　收尘溶液的化学组成　（g/L）

成　分	Cu	Pb	Zn	Fe	$Cl^-_{总}$	SO_3^{2-}
含　量	13～15	1.2～2.5	14～15	0.6～1.2	95～110	20～25

9.6.2　难选中矿的化学选矿

物理选矿过程中常产出部分难选中矿，若用化学选矿法对其进行单独处理，不仅可提高主流程的选别指标，而且可综合回收中矿中的各有用组分，显著提高企业的经济效益。

9.6.2.1　*铋中矿的化学选矿*

国内外单一的铋矿床极少，铋基本上全部产于多金属矿中，主要工业铋矿物为辉铋矿、泡铋矿和自然铋，这些矿物常和其他金属硫化矿共生在一起。我国铋资源丰富，主要来源于钨、铅和锡选矿厂的综合回收产品，这些选矿厂常产出含铋、铅、锡、钨、钼、铜的混合硫化矿或中矿，其中铋含量约1%～15%。硫化铋和自然铋易被黄药类捕收剂捕收，还可用烃类油作捕收剂；而辉铋矿不被氰化物抑制，因此，常用氰化物抑制其他硫化矿物而浮选铋的方法获得铋含量大于15%的铋精矿。但辉铋矿和方铅矿不易分离，辉铋矿与黄铜矿、黄铁矿的分离也不完全，互含较高，致使铋的回收率较低，如我国各钨选厂，采用浮选法分离铜铋、铅铋和铋硫时，铋的回收率均低于30%，有的甚至低于20%。

近年来采用浮选—化选—重选联合流程处理难选铋中矿的试验研究和生产实践取得了较大的进展，处理的原则流程如图9-6-17所示。根据含铋混合硫化矿中矿的性质，可用盐酸、硫酸与氯化钠混合液、氯化铁与盐酸混合液、稀硝酸液或液氯作浸出剂，将易氧化的辉铋矿、方铅矿等分解，使铋、铅进入溶液，黄铁矿、黄铜矿、辉钼矿和钨矿物等留在浸渣中。为了充分利用氧化浸液中的剩余浸出剂，可将其进行还原浸出，还原浸渣返回氧化浸出，以提高铋、铅的浸出率。由于铋、铅矿物被分解，氧化浸渣中铜、钼、硫、钨的含量相应提高了，矿物表面变清洁了，其天然可浮性的差异与原中矿相比显著提高，采用常规的硫化矿浮选分离药剂可获得单一的钼精矿、铜精矿和硫精矿，浮选尾矿送摇床选别可得合格的钨精矿。还原浸液经冷却结晶可析出氯化铅晶体，母液经水解沉淀或金属置换使铋呈氯氧铋（BiOCl）、氢氧化铋、碳酸铋或海绵铋的形态析出。沉铋母液经再生后可返回氧化浸出作业继续使用。

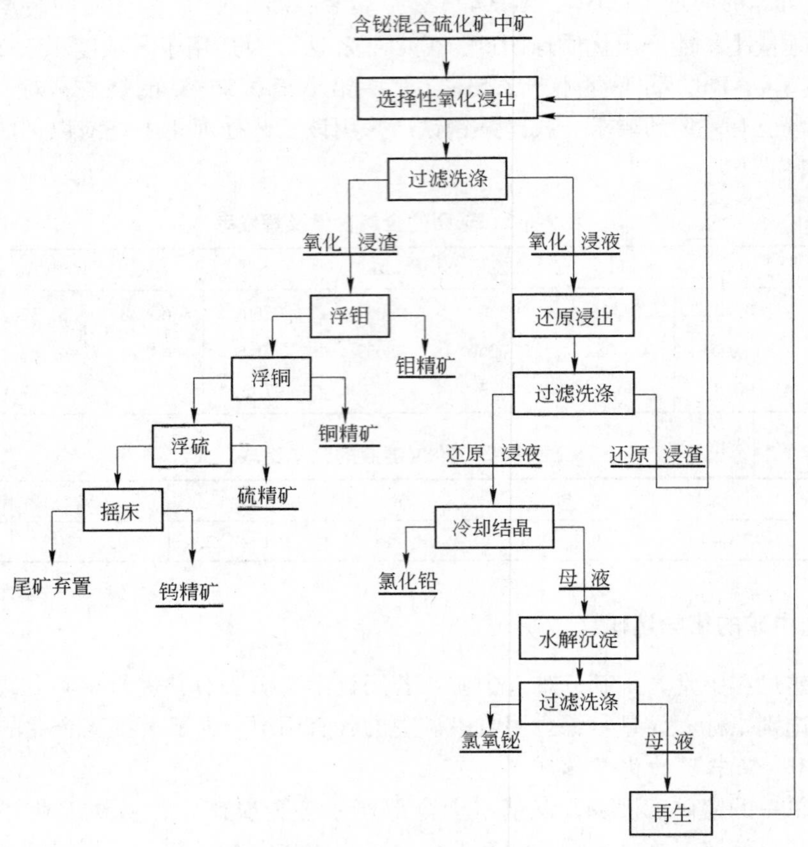

图 9-6-17 难选含铋中矿化学选矿原则流程

我国云锡选矿厂产出含锡、砷、铁的铋中矿，其组成为：Bi 8% ~15%、Sn 3% ~4%、As 18% ~22%、Fe 15% ~20%、Au 20g/t、Ag 200g/t、S 8% ~10%。该厂采用三氯化铁和盐酸混合液作浸出剂进行二段逆流浸出。氧化浸出条件为：Fe^{3+}质量浓度为 30g/L、HCl 质量浓度为 120g/L、固液比 1：4，常温浸出 4h。还原浸液组成（质量浓度）为：Bi^{3+} 50g/L、Fe^{3+} 0.27g/L、Fe^{2+} 25 ~28g/L、Sn^{2+} 0.035g/L、As^{3+} 0.57g/L、Cu^{2+} <0.01g/L、Ag^{+} 0.0001g/L、Cl^{-} 230g/L、HCl 11.75g/L。铋的浸出率为 80% ~90%。采用隔膜电积法回收浸液中的铋，以石墨板作阴、阳极，以微孔塑料布作隔膜套，阴极装在隔膜套内。其阴极液组成（质量浓度）为：HCl 40 ~50g/L、Bi^{3+} 40 ~70g/L；阳极液组成（质量浓度）为：Fe^{2+} 30 ~40g/L。电流密度为 200 ~300A/m^2，温度为 55 ~60℃，槽压为 2 ~2.3V，所得海绵铋中含铋约 85%，含氯约 5%。由于海绵铋极易被氧化，因此为隔绝空气需将其保持在酸性液中，然后熔铸为铋锭。

9.6.2.2 低度钨中矿的化选

钨选厂常产出低度钨细泥精矿和难选中矿（如钨锡中矿、含钨铁砂等），可将其单独进行化学处理以回收钨和其他有用组分。处理低度难选钨中矿的原则流程如图 9-6-18 所示。可用不同的分解方法使钨呈可溶的钨酸钠（铵）形态转入浸液中。黑钨矿原料的碳酸钠（俗称苏打）烧结温度为 700 ~ 860℃，白钨矿原料为 860℃。配料时除加入 130% ~ 150% 的苏打外，有时还加入 3% ~ 8% 的硝石，另外还可加入 2% ~ 3% 的食盐，但当原料中的锡、铋有回收价值时应不加或少加食盐。处理白钨矿原料时需加入少量的石英砂（原料中含一定量二氧化硅时可不加）。烧结块冷却后再磨或直接水淬再磨后送去浸出，浸出矿浆送固液分离，浸液中氧化钨含量达 160 ~ 180g/L（密度 1.18 ~ 1.20g/cm^3）时送净化，否则须返回浸出作业。

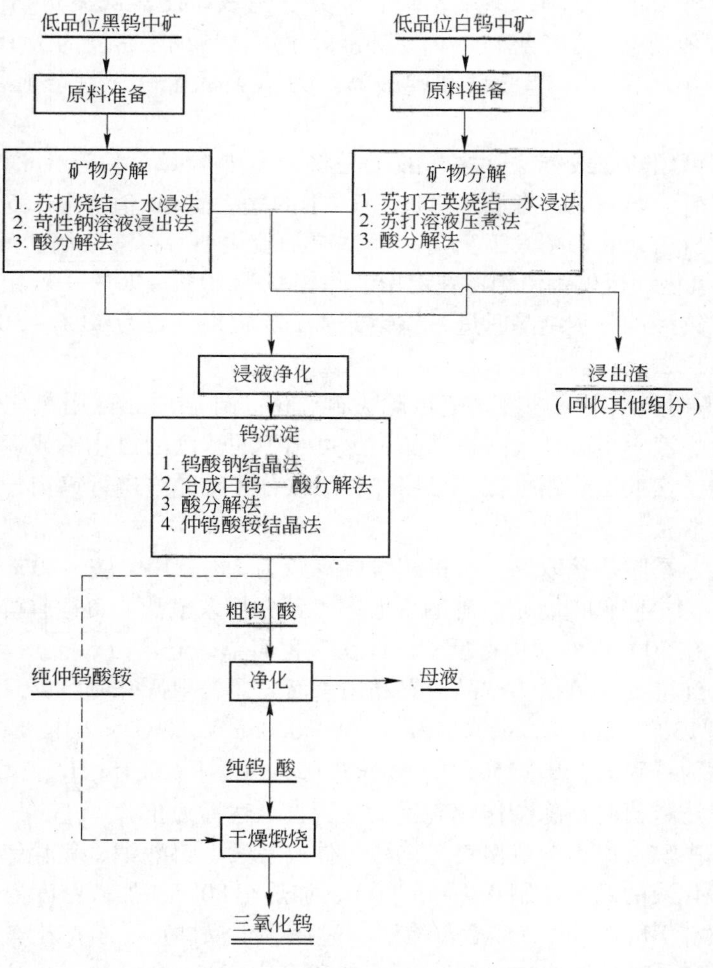

图 9-6-18 化学处理低品位钨矿中矿的原则流程

苛性钠溶液浸出时以浓度为 40% 的苛性钠溶液作浸出剂，在常压加温至 110 ~ 120℃ 的条件下或在热压下进行浸出，所得浸出液可稀释至密度为 1.3g/cm^3 后送净化或将其蒸浓至密度为 1.45g/cm^3 后结晶析出钨酸钠晶体，结晶母液返回浸出，晶体水溶后送净化。

白钨矿原料含硅少时需用苛性钠和硅酸钠的混合液作浸出剂。目前，国内主要用此法分解氧化钨含量为20% ~30%的难选钨原料，钨浸出率大于93%。

酸分解钨原料时，钨呈钨酸形式留在渣中，固液分离后须用氨浸法使钨转入浸液中，此法可得较纯净的钨浸液。

苏打液压煮法分解时，钨原料须经过细磨，温度约200℃，压力约0.5MPa，苏打用量为理论量的3 ~4.5倍，浸液送净化。

目前，钨浸液可用化学沉淀法、离子交换法或溶剂萃取法进行净化。

A 化学沉淀法

钨浸液中的主要杂质为硅、磷、砷、钼等，化学沉淀法除杂有氯化铵法和氯化镁法。氯化铵法是在100℃下将1∶3的盐酸和氯化铵加入浸液中使pH值降至8 ~9，澄清24h析硅，将氯化镁加入除硅液中降低碱度，磷、砷分别呈铵镁复盐沉淀析出。氯化镁法是将1∶3盐酸加入浸液使pH值降至11，可使硅部分水解，再加入密度为1.16 ~1.18g/cm^{3}的氯化镁溶液，析出硅酸镁、磷酸镁和砷酸镁。为除去低价砷，除杂前须加入适量的氧化剂。

浸液中的钼可用酸法或碱法除去，酸法是将密度为1.12 ~1.3g/cm^{3}的硫化钠溶液加入除硅、磷、砷后的溶液中，煮沸，再加入1∶1的盐酸使pH值降至2.5 ~3.0，煮沸2h，钼呈硫化钼形式析出，除钼率大于99%。碱法是加硫化钠后将溶液用盐酸酸化至pH值为5.5左右，加入氯化钙析出钨使钼留在液中，除钼率为70% ~90%。若钼含量低，可在酸分解人造白钨或钨酸钠分步结晶时进行钨钼分离，除钼率一般为40% ~50%。

B 离子交换法

可用201 ×7树脂从浸液中吸附钨以除去硅、磷、砷杂质。可用氯化铵溶液淋洗饱和树脂，然后从合格液中析出仲钨酸铵结晶；也可用不同浓度的氯化钠或氯化铵溶液淋洗以提高除杂率。离子交换法除钼率低，可用仲钨酸铵分步结晶法进行钨钼分离。

C 溶剂萃取法

可用叔胺盐、季胺盐萃取钨，有机相组成一般为2% ~10%胺、20% ~25%醇（C_7 ~C_8）的煤油液。为了降低硅、磷、砷的萃取率可预先加入氟盐。负载有机相洗涤后，可用2% ~4%的氨水在50℃条件下进行反萃。此法流程简单，但除钼率低。

对净化液的纯度要求依据钨产品形态和用途而异，若生产合成白钨，控制标准（质量浓度）为：WO_3 130 ~150g/L，As <0.2g/L，P <0.05g/L，SiO_2 <2.0g/L；若生产氧化钨，则要求质量浓度为：WO_3 130 ~150g/L，As <0.025g/L，P <0.15g/L，SiO_2 <0.05g/L。当杂质含量大于上述数值时，除杂作业应反复进行直至达标为止。

处理难选钨中矿可产出合成白钨、钨酸、仲钨酸铵、钨酸钠、氧化钨粉等产品。合成白钨时，先将净化液的碱度调制0.4 ~0.7g/L，加热至80℃，加入密度为1.2 ~1.26g/cm^{3}的氯化钙液，煮沸10 ~15min，然后再澄清、过滤、干燥即可。若产出其他产品，须将白钨料浆（密度约1.47g/cm^3）加入到80℃的盐酸（密度为1.14g/cm^3）中，至游离酸降至70 ~100g/L时加入适量硝石，煮沸10min，过滤可得钨酸。用氯化铵溶液淋洗饱和树脂或用氨水反萃负载有机相可得钨酸铵溶液，再用蒸浓法或盐酸中和法析出仲钨酸铵晶体。煅烧干燥的钨酸或仲钨酸铵可得工业氧化钨粉，煅烧温度取决于氧化钨粉的粒度要求，一般低于800℃。

9.6.2.3 钼中矿的化学选矿

处理难选钼中矿的典型流程如图9-6-19所示，此流程适于处理含钼6%～20%、含铜2.5%的中矿。该工艺的工艺参数为：氧化焙烧温度为550～600℃，浸出剂为8%～10%碳酸钠溶液，浸出温度为85～90℃，浸渣中钼含量小于0.7%，浸液用新焙砂中和至pH值为8～8.7，过滤后在80～90℃下用氯化钙沉钼，母液中钼含量为0.6～0.7g/L，可用离子交换法回收其中的钼和铼。

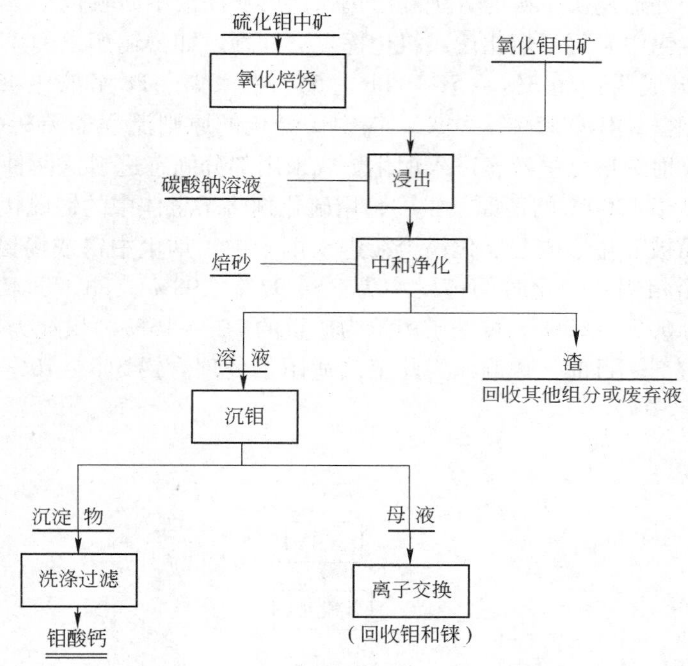

图9-6-19 处理难选钼中矿的典型流程

此工艺可用于处理钼含量小于10%的钼中矿以生产微量化肥，将浸液酸化至pH值为1.5～2.0，用氯化铵沉钼得$(NH_4)_2 \cdot 4MoO_3 \cdot 2H_2O$，钼沉淀率为99.5%，沉淀物中钼含量大于36%。处理钼中矿时除产出三氧化钼、钼酸钙、四钼酸铵盐外，还可用浓缩结晶或中和法从钼酸铵溶液中结晶出仲钼酸铵。

此外，还可用热压氧浸法浸出难选钼中矿，浸出温度为200℃，此时硫化钼氧化并溶于碳酸钠溶液中，净化除去硅、铜、锑、硫酸钠后，用氢、一氧化碳或金属钼使钼呈二氧化钼形态析出，还可从母液中回收钼和铼。处理钼含量为6%的中矿时，钼和铼的回收率分别为96%和90%。处理钼含量小于6%的中矿时，可用苏打、次氯酸钠或氯的混合液作浸出剂，浸出温度宜小于40℃，用离子交换法回收钼，产出仲钼酸铵，钼回收率可达90%。

国内杨家杖子钼选厂产出部分泥含量高和组成复杂的难选钼中矿，用次氯酸钠作浸出剂，在Mo/NaClO的比值为1/9～1/10，温度小于50℃条件下，浸出2h，用盐酸将溶液pH值调至5～6，用氯化钙沉钼。钼浸出率为85%～90%，沉淀率为95%～97%，钼总回收率为80%～85%，产品中钼含量为35%～40%。

含钼为0.4%~32%的黄铁矿钼中矿可在粒度大于0.1mm，焙烧温度为700~800℃及隔绝空气条件下焙烧，黄铁矿转变为磁黄铁矿，钼铁氧化物被气态硫硫化，然后将焙砂用磁选和浮选法处理可得高质量的钼精矿和磁黄铁矿精矿。

钼中矿含易浮的磁黄铁矿和炭质物质时，可进行低温氧化焙烧，然后浮钼，可提高钼精矿的质量。

9.6.2.4 难选锡中矿的化学选矿

钨锡中矿可用处理钨矿中矿的方法浸出钨，然后从浸液中回收钨，从浸渣中回收锡。

产出的低品位锡中矿可用烟化法或氯化挥发法处理。如云锡产出的矿泥锡精矿，粒度为74~100μm，组成为：Sn 3%~5%、Pb 1.5%~2.0%、Fe 42%~45%、SiO_2 7%~9%、Al_2O_3 3%~4%、H_2O 15%~20%。锡中矿烟化的原则流程如图9-6-20所示。烟化时锡中矿可先经反射炉熔化呈液态进入烟化炉或采用部分固态进料这两种方法进料。锡中矿烟化是在温度高于1200℃的还原气氛中，用硫化剂将熔融体中的锡硫化生成硫化亚锡挥发，硫化亚锡继而被氧化形成二氧化锡尘粒进入烟尘中。烟尘中锡或锡铅品位大于50%，经反射炉熔炼产出粗锡。烟化时的挥发率为：Sn 97%~98%，Pb、In和Bi皆为98%~99%，Zn和As为60%~80%。黄铁矿用量为矿重的7%~15%，煤耗为35%~59%，有时加入石英砂作熔剂。目前，普遍认为此工艺适用于处理含锡5%~10%，且铁含量不高于20%~30%的锡中矿。

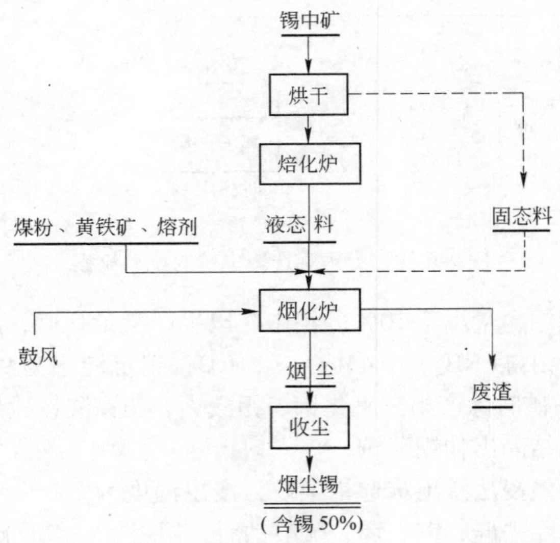

图9-6-20 难选锡中矿烟化原则流程

选别氧化矿和残坡积砂锡矿时常产出难选锡铁中矿、铁矿物中伴生呈微细粒矿物或离子状态的铅、锌、铜、砷、铟、铋、镉等多种金属。目前认为高温氯化挥发法是处理该类型中矿较好的方法（见图9-6-21）。锡中矿配以氯化剂、还原剂（焦粉或煤粉）和黏合剂（细泥，含泥量高时可不加），经制粒、干燥，制成直径为10~18mm的球团，在1000~1050℃的还原气氛下进行高温氯化挥发，各组分挥发率为：Sn 93%~96%、Pb 96%~98%、Zn 80%~85%、In 85%~90%、Bi >95%、Cd 75%~85%，收尘率大于95%，锡的回收率为82%～85%，铅的回收率为86%～90%。焙烧球团经脱砷后可作炼铁原料。目前认为用高温氯化挥发法处理的锡铁中矿的锡含量应大于1.2%，锡铅含量合计大于3%，铁含量应大于45%，硅铝与钙镁的比例能满足自熔性球团矿的要求。

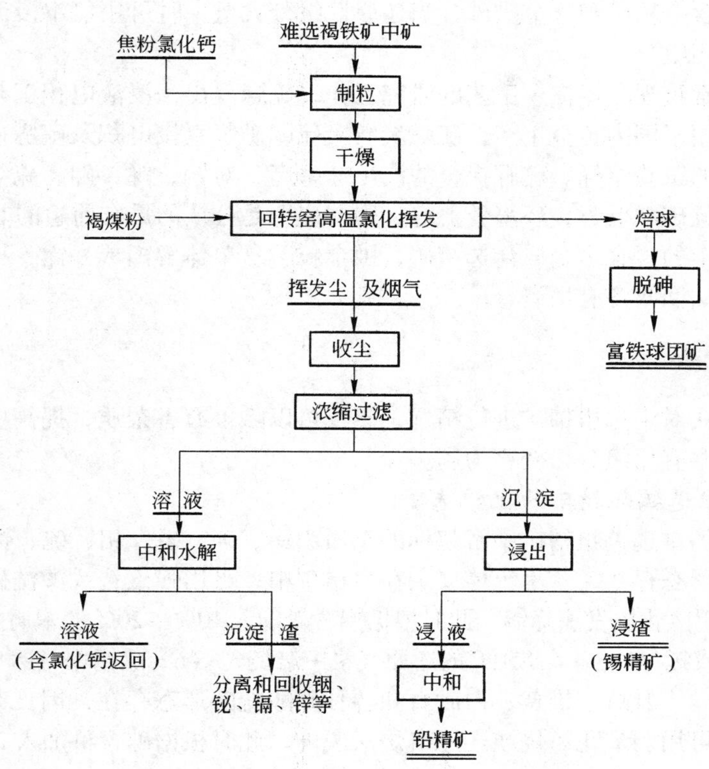

图9-6-21 难选锡铁中矿高温氯化挥发原则流程

9.6.2.5 含金选矿产品的化学选矿

除氧化率高、含泥量大的脉金矿采用全泥氰化提金外，脉金矿石的处理一般采用混汞、跳汰或单槽浮选的方法回收粗粒金，金的回收率为15%～85%，重选或混汞后的尾矿常用浮选法产出金精矿或含金有色金属矿物精矿，其中金精矿可就地氰化产金。若浮选时金的损失大，可将重选或混汞尾矿直接送去氰化。

金精矿中铜、锑、砷、碳等组分含量低时，可用氰化法提金。氰化前精矿必须再磨，用0.02%～0.25%的氰化钠液作浸出剂，处理石英脉型矿石的氰化物消耗量较小（0.2～0.3kg/t），常用多段（1～3段）浸出工艺，浸出时间与氰化物浓度、氧浓度、温度、金粒形状和大小、金粒表面状态、矿浆浓度以及矿石物质组成等因素有关。铜、锑、砷、铁矿物会降低氰化浸出率，石墨和碳会吸附浸液中已溶的金。氰化时需加保护碱（石灰）使矿浆pH值维持在9～11，但保护碱浓度过高会降低金的溶解速度。

粗粒含金物料可用渗滤氰化，渗滤槽容积为80～150t，渗滤速度不小于2cm/h，液量为物料量的80%～200%，槽浸循环周期常大于100h，金浸出率可达80%～90%。搅浸周期一般为6～24h，有时达40h以上。常用锌或铝（银含量较高时）置换法回收金，金泥含金约20%～50%。金泥含金量低时可用硫酸浸出以除去部分杂质。金泥熔炼产出合质金，锌粉消耗量为20～50g/m^3，银含量高达100～300g/m^3。

目前国内外若干选矿厂用炭浆法、炭浸法或矿浆树脂法提金，载金炭或树脂解吸后返回吸附，解吸液送电积回收贵金属。

某些顽固的含金精矿和含金重砂，当还原性组分含量少时可用氯水浸出法回收其中的贵金属和其他有用组分。

国内外均非常重视非氰提金工艺的研究工作，硫脲浸出—浸液电积工艺和硫脲浸出—铁板置换工艺已用于国内黄金生产，硫脲炭浸、硫脲矿浆直接电积及硫脲矿浆—树脂等工艺均取得了较好的试验指标。硫脲提金的浸出速率高，对铜、锑、砷、硫等有害于氰化的杂质不敏感，而且硫脲低毒，环境效益好，因此硫脲是公认的最有前途的非氰提金溶剂。

某些含微粒金的含金多金属浮选精矿，因金粒不易单体解离或暴露，可用焙烧—氰化或高温氯化挥发法回收各有用组分。

9.6.3 粗精矿除杂

用化学选矿法对难选粗精矿进行精选，不仅可以除去有害杂质，提高主成分品位，而且可综合回收某些有用组分，变害为利。

9.6.3.1 难选钨粗精矿的化学选矿

选矿厂产出的难选钨粗精矿中常超标的杂质为锡、砷、磷、钼、硫、铜等。

锡常呈锡石形态存在，若呈单体夹杂在粗精矿中，可用强磁选或酸洗磁选法降锡。当磁选失效时，可用氯化挥发法降锡，此时根据锡含量配入10%～20%的木屑或炭粉和12%～28%的氯化铵（或氯化铁），在850℃的还原气氛中焙烧3～4h，除锡率可达90%以上。

砷主要呈毒砂、雌黄、雄黄、白砒石和各种砷酸盐的形态存在，因夹杂、连生等原因混入钨精矿中，可用弱氧化焙烧或还原焙烧法脱砷，此时根据砷含量加入2%～6%的木炭粉或煤粉，在700～800℃下焙烧2～4h可将砷除去。

磷常呈磷灰石形态留在钨精矿中，可用3%～6%的盐酸浸出除磷，并可一并除去相当量的铋、砷、硅、铜、钼等杂质，部分钨也转入浸液中，可从浸液中回收副产品及钨、钼，如用水解法回收氯氧铋及用石灰中和法回收钨、钼，用苏打液浸出石灰沉淀物中的磷可产出合格的钨钼精矿。若磷呈磷钇矿、独居石等形态存在时，酸浸降磷失效，此时可用浮选法降磷，如国内某钨矿用浮磷抑钨的方法除磷，并可出产副产品稀土精矿。

酸浸法可除去钨精矿中的氧化钼，但无法除去夹带的辉钼矿。钼呈辉钼矿存在时，可用次氯酸钠溶液浸钼，并可除去一定量的铜、砷硫化物。浸液中钼含量高时可副产钼精矿。

铜若呈硫化物形态存在，则可用浮选或枱浮的方法将其除去。

9.6.3.2 锰粗精矿化学选矿

锰精矿中的磷超标（磷锰比应小于0.005）时，可用氧化焙烧—硝酸浸出法或苏打烧结—水浸法除磷。氧化焙烧—硝酸浸出是在950～1000℃的氧化气氛中氧化焙烧碳酸锰精矿，使碳酸锰转变为难溶于硝酸的氧化锰（黑锰矿 Mn_3O_4），再用7%～10%的硝酸浸出焙砂，可使磷含量降至0.1%～0.06%，并可大幅度提高锰的品位。处理锰含量大于28%的锰矿石可得供生产锰铁的产品；处理较贫的锰矿石可得供生产硅铁的锰精矿。

苏打烧结法是在850～920℃下进行烧结（$Na_2O/SiO_2=1.5$），使磷酸盐，部分石英、硅酸盐变为水溶性钠盐，烧结块磨细后水浸可除去水溶性杂质，可副产高质量的氧化硅。

9.6.3.3 钽铌粗精矿化学选矿

国内某选矿厂产出的钽铌粗精矿含锡石、黑钨矿、钽铌铁矿、钛铌钽矿、磁铁矿、砷黄铁矿和黄铁矿等，独立钽铌矿物中的钽铌量约占50%，其余的皆呈微粒（2~14μm）或类质同象与黑钨矿及锡石致密共生。该厂采用的精选流程如图9-6-22所示。

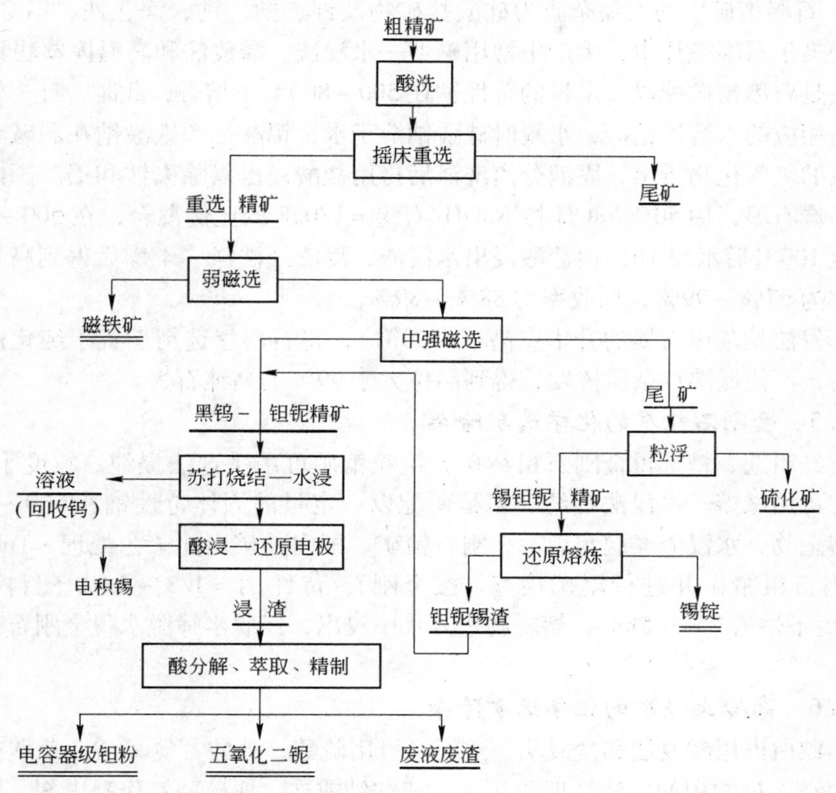

图9-6-22 某选矿厂含钨、锡、钽、铌粗精矿的精选流程

粗精矿用7%的盐酸在80℃下酸洗，洗液废弃，洗渣烘干后送磁选除去磁铁矿，用粒浮法除去硫化矿而产出黑钨矿-钽铌矿精矿和锡-钽铌精矿。锡-钽铌精矿经还原熔炼得金属锡和钽铌锡渣。钽铌锡渣及钽铌钨精矿的组成见表9-6-4。钽铌钨精矿及钽铌锡渣经苏打烧结—水浸、酸浸后可除去钨、锡、铁、钙、镁、锰、铝等杂质，可从水浸液中回收钨，从酸浸液中回收锡。除杂后的钽铌富集物组成为：$(Ta+Nb)_2O_5$ 30%~50%，WO_3约2%，Sn约4%，SiO_2约6%，Fe约5%，其他组分小于1.0%。用浓度为40%~50%的氢氟酸从钽铌富集物中浸出钽铌，调酸后在硫酸和氢氟酸体系中用仲辛醇从浸出矿浆中萃取钽铌，反萃后得钽液和铌液，用氨沉法分别制得氢氧化钽和氢氧化铌，烘干、煅烧可得钽、铌氧化物。该厂目前除继续生产氧化铌外，还生产电容器级钽粉。

表9-6-4 钽铌锡渣及钽铌钨精矿的组成 （%）

化学成分	$(Ta+Nb)_2O_5$	WO_3	Sn	Fe	SiO_2	Cu	Ti
钽铌钨精矿	约20	约10	5	13	18	0.01	0.45
钽铌锡渣	9~10	5~8	4~5	9	23	0.01	3.6

国内某厂经重选粗选，重选—磁选工艺精选后得的钽铌精矿含铁量较高，采用还原磁化焙烧—磁选法除铁，较大幅度地提高了出厂精矿的钽铌含量。

9.6.3.4 石墨精矿的化学选矿除杂

石墨浮选精矿品位常为90%左右，有时达94%～95%，某些特殊用途要求精矿品位大于99%。石墨精矿中的主要杂质为硅酸盐矿物及钾、钠、钙、镁、铁、铝等的化合物，呈极细粒浸染于石墨鳞片中，生产中常用碱熔—水浸法、酸浸法和高温挥发法除杂提纯。

碱熔法是石墨精矿配以一定量的苛性钠在500～800℃下熔融，此时，硅、铝、铁等化合物转变为相应的水溶性钠盐，水浸时硅酸钠溶于水，铝酸钠和铁酸钠在弱碱介质中水解呈高度分散的氢氧化物析出，固液分离洗涤后再用盐酸浸出以除去铁和铝。国内某矿用此工艺制取高炭石墨，用50% NaOH 按 NaOH/石墨 =1/0.8 的比例混合，在500～800℃下熔融，冷却至100℃后水浸1h，用盐酸浸出水浸渣，浸渣经洗涤、干燥后得到高炭石墨，石墨精矿品位为97%～99%，回收率为88%～89%。

高温挥发法是基于石墨的升华点高（4500℃），将石墨浮选精矿置于纯化炉中加热至3000℃左右，可使低沸点杂质挥发，得到品位大于99%的高纯石墨。

9.6.3.5 金刚石精矿的化学选矿除杂

金刚石经粗选、精选得金刚石粗精矿，粗粒精矿可用手选法提纯，粒度小于1mm的细粒粗精矿可用碱熔—水浸法提纯。粗精矿配以一定量的固体苛性钠在600～660℃下熔融，水浸熔融物，水浸渣经脱水后为金刚石精矿。国内某矿用此工艺处理 -1mm +0.2mm 粒级的金刚石粗精矿并进行尾矿检查，按金刚石/苛性钠 =1/3～1/10 配料，在600～650℃的温度下熔融25～45min，熔融物进入水中浸出，经脱水筛脱水得金刚石精矿，回收率为99%。

9.6.3.6 高岭土精矿的化学选矿除杂

高岭土漂白可用酸浸法和盐浸法。酸浸时可用硫酸、盐酸、氢氟酸、草酸或亚硫酸作浸出剂，盐浸（最常用的方法）时采用连二亚酸钠或连二亚硫酸锌作浸出剂。国内某瓷土公司用亚硫酸电解法除铁，原矿经破碎、磨粉、制浆后用水力旋流器分级法除去粗粒杂质，得浓度为7.5%～10%的高岭土泥浆，其中氧化铁含量为1.96%～2.29%。泥浆送去吸收槽并通入二氧化硫气体至亚硫酸浓度达1%～1.25%后送入电解槽进行电解。亚硫酸在阴极被还原为连二亚硫酸，与氧化铁作用生成可溶性亚硫酸亚铁，经过滤洗涤后，可产出优质瓷土。滤液和洗水经碳酸钙处理后排放。

参 考 文 献

[1] 黄礼煌．化学选矿[M].2版．北京：冶金工业出版社，2012.

[2]《选矿手册》编辑委员会．选矿手册（第三卷第三分册）[M]. 北京：冶金工业出版社，1991.

[3] 魏德洲，朱一民，李晓安．生物技术在矿物加工中的应用[M]. 北京：冶金工业出版社，2008.

[4] 彭俊，王学文，王明玉，等．从镍钼矿中提取镍钼的工艺[J]. 中国有色金属学报，2012，22(2)：553～560.

[5] 全宏东．矿物化学处理[M]. 北京：冶金工业出版社，1984.

[6] 李宏煦．硫化铜矿的生物冶金[M]. 北京：冶金工业出版社，2007.

[7] 袁国才．论当前堆浸工艺设计的若干要点[J]. 中国矿业，2010(7)：64～66，87.

[8] 肖松文，曾子高，梁经冬．含金矿石槽浸工艺的复新与发展[J]．湖南有色金属，1995(4)：44～46，57.

[9] 赵何彦．关于采用溶浸采矿技术的发展研究[J]．科技创新与应用，2013(3)：34.

[10] 王艳．原地浸出技术的优缺点分析和实践[J]．世界有色金属，2012(7)：23～25.

[11] 张洪利，康绍辉，程威，等．某难处理铀矿石强化堆浸工艺研究[J]．铀矿冶，2012(4)：178～182.

[12] 徐慧．低品位铜矿资源湿法浸出直接提取技术发展评述[J]．有色金属（选矿部分)，2007(4)：11～13，18.

[13] 孙长泉，孙成林．选矿厂工艺设备安装与维修[M]．北京：冶金工业出版社，2010.

[14] 项则传．难选氧化铜矿堆浸—萃取—电积提铜的研究和实践[J]．有色金属（选矿部分)，2004(4)：1～3.

[15] 刘大星，赵炳智，蒋开喜，等．汤丹高碱性脉石难选氧化铜矿的试验研究和工业实践[J]．矿冶，2003，12(2)：49～52，62.

[16] 黄礼煌．稀土提取技术[M]．北京：冶金工业出版社，2006.

[17] 叶雪均，罗仙平，严群．化学选矿年评[C]//第九届全国选矿年评学术会议论文集．有色金属（选矿部分)，2001(增刊)：267～280.

[18] 罗仙平，陈江安，熊淑华．选矿专题评述——化学选矿[C]//孙传尧．当代世界的矿物加工技术与装备——第十届选矿年评．北京：科学出版社，2006：449～461.

[19] 许延辉，刘海蛟，崔建国，等．包头混合稀土矿清洁冶炼资源综合提取技术研究[J]．中国稀土学报，2012，30(5)：632～635.

[20] 徐光宪．稀土（上)[M]．北京：冶金工业出版社，2005.

[21] 池汝安，田君．风化壳淋积型稀土矿化工冶金[M]．北京：科学出版社，2006.

[22] 罗仙平，邱廷省，严群，等．风化壳淋积型稀土矿的化学提取技术研究进展及发展方向[J]．南方冶金学院学报，2002，23(5)：1～6.

[23] 漆明鉴．从石煤中提钒现状及前景[J]．湿法冶金，1999，72(4)：1～10.

[24] 周宛谕．灰渣资源化综合利用试验研究 [D]．杭州：浙江大学，2010.

[25] 张一敏，刘涛，陈铁军，等．一种从石煤中提取 V_2O_5 的方法：中国，ZL200810047373.9[P].2008-04-17.

[26] 张一敏，刘涛，陈铁军，等．一种提钒焙烧工艺：中国，ZL200810047378.1[P].2008-04-17.

[27] 张一敏，刘涛，陈铁军，等．一种提钒浸出工艺：中国，ZL200810047377.7[P].2008-04-17.

[28] 张一敏，刘涛，陈铁军，等．一种低浓度含钒水溶液的净化富集方法：中国，ZL200810047376.2[P].2008-04-17.

[29] 张一敏，刘涛，陈铁军，等．一种低浓度含钒酸浸液处理工艺：中国，ZL200810047375.8[P].2008-04-17.

[30] 张一敏，刘涛，陈铁军，等．一种沉钒母液的处理方法：中国，ZL200810047374.3[P].2008-04-17.

[31] 张中豪，王彦恒．硅质钒矿氧化钙化焙烧提钒新工艺[J]．化学世界，2000，41(6)：290～292.

[32] 罗仙平，熊淑华，谢明辉，等．氧化金矿石强化氰化浸出实验研究[J]．过程工程学报，2006，6(增刊)：26～29.

[33] 唐冠中，许秀莲，杨新生．从低品位硫化铋矿中生产氯氧化铋的新方法[J]．有色金属（冶炼部分)，1999(04)：16～18.

第10章 拣 选

10.1 概述

拣选是利用矿石的光学性质、导电性、磁性、放射性及不同射线（如γ射线、中子、β射线、X射线、紫外线、红外线、无线电波等）辐射下的反射和吸收特性等差异，通过对呈单层（行）排队的颗粒逐一检测所获得信号的放大处理和分析，采用手工、电磁挡板或高压气等执行机构将有用矿物（矿石）与脉石矿物（废石）分开的一种选矿方法。

拣选用于块状和粒状物料的分选。其分选粒度上限可达250~300mm，下限可小至0.5~1mm。常用于矿石的预富集，也可以用于矿石的粗选和精选。

目前应用拣选法处理的矿石和物料有黑色、有色金属矿（包括稀有金属矿、贵金属矿），非金属矿石、放射性矿石、煤炭、建筑材料、种子、食品等。拣选的基础是根据不同条件下岩石性质差异，包括在可见光下的反射比和颜色的不同，如菱镁矿，石灰岩，普通金属和金矿，磷酸盐，滑石，煤矿；在紫外光下的性质差别，如白钨矿；在自然伽玛辐射下的性质差别，如铀矿；磁性差异，如铁矿；导电性的不同，如硫化矿；X射线冷光下的性质差异，如金刚石；在红外线、拉曼效应、微波衰减以及其他条件检测下性质的差异。

拣选法是从手选发展起来的。随着人类生产的需求和科技的发展，手选应用已逐渐被机械拣选所取代。从20世纪30年代末期，已利用X射线照射金刚石后所发射的强荧光进行金刚石矿床的勘探和分选；40年代开始利用含铀矿石本身的γ放射性，将其与废矿石分开等。70~80年代，各国发表了数十篇理论及实践方面的文章、专利和专著，仅英国的岗森·索特克斯（Gunson Sortex），芬兰的奥托昆普（Outokumpu）及跨国的RTZ Ore Sorters等几家公司就研制生产了十余种型号用于工业生产的光电分选机、放射性分选机等，其中仅RTZ公司研制的M17型放射性分选机就有数十台在世界各地的铀矿山使用。我国也发表了一些专著，内容包括金刚石选矿、特殊选矿、铀矿石放射性分选等，研制出一些拣选机，如江西理工大学研制的CGX-1型光电分选机、赣州有色冶金研究所研制的GS-2型、GS-3型光电选机、GFJ-3型无线电波分选机、武汉理工大学研制的GXJ-2型X射线分选机、核工业总公司研制的201型放射性分选机，5421-Ⅱ型放射性分选机等。80年代末90年代初，拣选工作曾一度出现萧条，这与世界铀工业不景气、铀矿的放射分选机使用减少有一些关系。

近年来，由于各国矿产资源大都有下降趋势，为了保持平衡，对采、选、冶的要求相应有所提高，而拣选的成本较低，使拣选业又得到较大的发展。在拣选方面，俄罗斯一直比较重视，俄罗斯联邦的矿山规划（1997~2005）指出，辐射拣选可以延长矿山寿命，并扩大矿山储量。在2003年还专门召开了第一届俄罗斯X辐射分选会议，会议认为，根据技术水平、工艺加工的深度及经济效益，X 辐射分选必定会被采矿及冶金企业所采用。2005 年 10 月在德国柏林工艺大学召开了第四次分选讨论会讨论了矿石、矿物、食品、农产品及废弃物的拣选，会上有 20 余篇有关拣选工艺及拣选机的文章。另外，在 2006 年 3 月 28 ~ 30 日，在德国阿亨还召开了以探测器为基础的拣选座谈会。近年来随着科技的进步，有关拣选的理论、实践及拣选的新设备的研究工作在不断的发展和充实。在德国和俄罗斯，有关拣选的文章在科技杂志上报道的较多，这说明拣选的发展受到重视。俄罗斯生产的 X 射线分选机现在已有较多的应用；澳大利亚的 UltraSort 公司生产的光电分选机、放射性分选机、X 射线分选机已有近 30 年的历史，目前其设备在很多国家都有应用；德国 Mogensen 公司研制生产的各种型号的光电分选机，也取得较大发展。

拣选法作为矿石预选作业，其优点可归纳如下：

（1）经拣选预选后，可丢弃部分废石，提高了进入选矿厂的原矿品位，这对生产中的老选厂，可扩大选矿厂生产能力、降低选矿成本，对新建选矿厂，则可降低破碎、磨矿的基建费用，符合“能抛早抛、节能降耗”的理念。

（2）拣选法的采用可使表外矿石部分入选，边界品位下降，增大了资源储量，延长矿山寿命，不必采用成本较高的选择性开采方法，从而提高采矿效率。

（3）拣选机易于安装，对厂房要求不严格。有些拣选机甚至不需要厂房，仅电子部件等需安装在可移动式集装箱内，拣选机也可安装在露天采场或矿井旁。它也适用于小矿山及边远矿山。

（4）拣选作业所废弃的块状废石，可以用作充填材料，或筑路及建筑材料，既综合利用了矿产资源，又减少了对环境的污染，符合矿山循环经济发展策略。

（5）拣选工艺的深入发展，使地质勘探工作效率和质量有所提高，在稀有、锡、镍等一系列矿床，拣选所得结果对储量的评价、采矿方法的设计等都能提供基础技术资料。对某些用传统选矿方法难以分选的矿石，辐射拣选却可发挥积极作用。

10.2 拣选法的理论基础及分类

10.2.1 理论基础

拣选发展初期是利用矿石和废石的外貌差别进行分选，但不少矿石在外貌、颜色、形状上基本没有什么差别，因此如何利用矿石中有用元素的物理特性，以便从中分出废石，成为拣选研究的重要课题，这些研究取得了某些成果和工业应用。有些拣选方法，如利用 γ 射线选铀矿石、X 射线选金刚石等，在工业生产上已经取得了很好的经济效果，但当时缺乏系统的理论研究。

20 世纪 70 年代末，苏联科学工作者研究发现，在电磁波谱范围内的各种电磁波都可以为拣选所利用。从电磁波谱图（见图 10-2-1）可以看到，从波长 10^{-10}m 的 γ 射线到波长为 10^{4}m 的无线电波，这些不同的电磁波有不同的特性。如 γ 射线是元素的原子核受激发后产生的；X 射线是由原子内层电子受激发后产生的；可见光、红外线、紫外线是原子的外层电子受激发后产生的；无线电波是由振荡电路中自由电子的周期运动产生的。但是，它们都符合电磁波的共同规律。选矿工作者就是利用矿块中有用元素受不同射线照射后，与废石产生的不同反应而研究出不同的拣选方法，如γ吸收法、γ荧光法、X荧光法等。

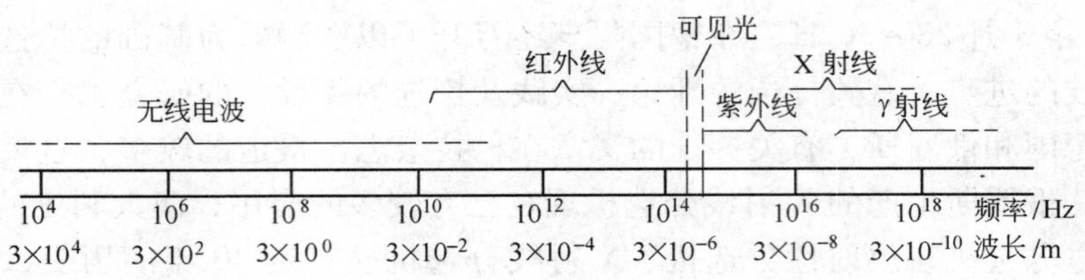

图10-2-1　电磁波谱图

拣选法的选矿，首先是根据矿块受射线照射后的不同反应，借助仪器鉴别出每一矿块是矿石还是废石，品位是多少，然后进行分选。拣选法分离矿石和废石不是靠其本身的物理特性，而是需要借助外力，如借助机械挡板的动作，或借助定时定量的喷射压缩空气等。这与其他选矿方法，如重选、浮选、磁选等有所不同。拣选的发展与物理学、电子学等方面的发展有着密切的联系。

10.2.2　拣选法分类及应用

拣选法的分类及应用如表10-2-1所示。拣选方法可分8大类25种方法，涉及有色、黑色金属矿及非金属矿石，建筑材料等的拣选。

目前拣选所用的主要辐射方法有X辐射法、X荧光法、光电法、光电吸收法、激光-荧光法、辐射共振法、中子吸收法及天然辐射法等。各分选方法及其原理简述如下：

（1）X射线辐射分选法　利用矿石受X射线照射后所激发出的特征X射线（二次X射线）来分选矿石的方法称X辐射分选法。研究发现，X射线辐射法比其他射线分选方法的分选效果好，用途广泛，几乎适用于各种矿石分选，是目前最具有应用前景的一种辐射预选方法。

（2）天然放射性辐射分选法　天然放射性辐射法的分选对象是铀（钍）矿石，该分选法是利用铀（钍）矿石的天然放射性将铀（钍）矿石和废石分开的一种分选方法。铀矿石不受外界干扰自然地发射α、β、γ三种射线，其中α射线在空气中射程为2~9cm，β射线在空气中射程为4~130cm，γ射线在空气中射程为100~200m。γ射线的穿透能力最强，可以穿透几十厘米厚的矿石。γ射线可由NaI晶体和光电倍增管组成的探测器所探测，当矿石中铀-镭平衡时，根据γ射线强度就可确定矿石中铀的含量，以此来分选矿石和废石。天然放射分选法不仅广泛用于分选铀矿石，也可用于分选与铀紧密共生的其他矿石，如南非几个金铀矿床（建立了放射性分选厂，用铀做示踪元素，在选铀的同时，金也得到了富集）。

（3）γ射线吸收法　γ吸收法是利用矿块和废石块对γ射线吸收程度的不同而将其分开的一种分选方法。γ射线穿透物质时，由于光电效应、康普顿-吴有训散射效应和电子对的生成等的作用而被吸收。

表 10-2-1　拣选法的分类和应用

<table>
<tr><th>类别</th><th>辐射种类</th><th>波长/nm</th><th>组别</th><th>用于拣选的特征</th><th>拣选法名称</th><th>应用范围</th></tr>
<tr><td rowspan="5">1</td><td rowspan="5">γ 辐射</td><td rowspan="5">$<10^{-2}$</td><td>1.1</td><td>中子辐射的通量</td><td>γ 中子法</td><td>含锰、铁、锡、铜、钼、铋的矿石等</td></tr>
<tr><td>1.2</td><td>特征荧光的强度</td><td>γ 荧光法</td><td>含锰、铜-镍、铌、锡、钼、铯、钡、钽、钨、铅-锌的矿石等</td></tr>
<tr><td>1.3</td><td>散射的 γ 强度</td><td>γ 反射法</td><td>含铅、汞、铁、铬的矿石等</td></tr>
<tr><td>1.4</td><td>通过矿块的 γ 强度</td><td>γ 吸收法</td><td>含铁、铬、铅-锌、锑、锡、铯、钡的矿石及煤、可燃的页岩等</td></tr>
<tr><td>1.5</td><td>天然 γ 放射性强度</td><td>放射性分选法</td><td>铀、钍矿石及含有铀或钍的钾盐矿石、铀-金矿石等</td></tr>
<tr><td rowspan="2">2</td><td rowspan="2">β 辐射</td><td rowspan="2">10^{-2}</td><td>2.1</td><td>特征荧光强度</td><td>β 荧光法</td><td>含锡、钼、钨的矿石等</td></tr>
<tr><td>2.2</td><td>反射的 β 通量</td><td>β 反射法</td><td>含铅-锌、锑-汞的矿石等</td></tr>
<tr><td rowspan="3">3</td><td rowspan="3">中子辐射</td><td rowspan="3">10^{-2} $\sim10^{-1}$</td><td>3.1</td><td>次生辐射通量</td><td>中子活化法</td><td>含铟、铱、钒、银、金、铜等矿石</td></tr>
<tr><td>3.2</td><td>特征 γ 辐射通量</td><td>中子辐射法</td><td>含有中子有效截面大于 1 个靶恩的元素的矿石</td></tr>
<tr><td>3.3</td><td>通过矿块的中子通量</td><td>中子吸收法</td><td>含硼、锂、镉、稀土、硼-锡、锂的矿石等</td></tr>
<tr><td rowspan="5">4</td><td rowspan="5">X 射线</td><td rowspan="5">5×10^{-2} ~10</td><td>4.1</td><td>X 荧光强度</td><td>X 荧光法</td><td>应用范围与 1.2 相似</td></tr>
<tr><td>4.2</td><td>激发的可见光、红外线或紫外线的通量</td><td>X 激光法</td><td>含金刚石、萤石、锆英石、天青石、锂辉石、白钨矿的矿物等</td></tr>
<tr><td>4.3</td><td>散射的 X 射线强度</td><td>X 反射法</td><td>应用范围与 1.3 相似</td></tr>
<tr><td>4.4</td><td>通过矿块的 X 射线强度</td><td>X 吸收法</td><td>应用范围与 1.4 相似</td></tr>
<tr><td>4.5</td><td>激发射出的特征 X 射线</td><td>X 辐射法</td><td>基本适用于含所有元素的矿石</td></tr>
<tr><td>5</td><td>紫外线</td><td>$(3.8\sim10)$ $\times10^2$</td><td>5.1</td><td>激发的可见光、红外线或紫外线的通量</td><td>紫外激光法</td><td>含萤石、白钨矿、重晶石、白云石、石膏、方解石、金刚石的矿物等</td></tr>
<tr><td rowspan="4">6</td><td rowspan="4">可见光</td><td rowspan="4">$(3.8\sim7.6)$ $\times10^2$</td><td>6.1</td><td>扩散反射的光通量</td><td>光电法</td><td>含有滑石、石膏、石盐、白云石、石灰石、重晶石，含金、钨、锡、铯、锰、钛铁矿的矿物等</td></tr>
<tr><td>6.2</td><td>镜面反射光通量</td><td>镜面光电法</td><td rowspan="2">矿石中含有强镜面反射能力的物质，如石英、石盐、云母等</td></tr>
<tr><td>6.3</td><td>极化反射的光通量</td><td>极化（偏振）光电法</td></tr>
<tr><td>6.4</td><td>通过矿块的光通量</td><td>光吸收法</td><td>光学石英、金刚石、石盐等</td></tr>
<tr><td>7</td><td>红外线</td><td>7.6×10^2 $\sim10^4$</td><td>7.1</td><td>红外辐射强度</td><td>红外法</td><td>石棉矿等</td></tr>
<tr><td rowspan="4">8</td><td rowspan="4">无线电波</td><td rowspan="4">10^5 $\sim10^{14}$</td><td>8.1</td><td>电磁场能量的改变</td><td>电感无线电共振法</td><td>有色及稀有金属的硫化矿，如黄铜矿、铜锡矿、铜钼矿、铅锌矿、锡矿、钨矿、金-砷矿等，还有煤、页岩、石墨等</td></tr>
<tr><td>8.2</td><td>电磁场能量的改变</td><td>电容无线电共振法</td><td>菱镁矿、铝土矿、硫化矿、白云母、黑云母，含锡、钨的矿石等</td></tr>
<tr><td>8.3</td><td>通过矿块的无线电波强度</td><td>无线电波的吸收法</td><td>有色及稀有金属的硫化矿、煤、页岩</td></tr>
<tr><td>8.4</td><td>磁场能量和强度的改变</td><td>磁力测定法</td><td>有色和黑色金属矿石</td></tr>
</table>

γ 射线总的吸收系数 μ 在数量上等于光电效应吸收系数 L、康普顿-吴有训散射效应吸收系数 θ 和电子对生成的吸收系数 x 之和。

$$\mu = L + \theta + x$$

γ 射线通过物质时，它的减弱情况与物质特性和物质厚度有关，服从指数函数：

$$I = I_0 e^{-\mu d}$$

式中　I——经过物体后的 γ 射线强度；

I_0——原始的 γ 射线强度；

d——吸收体的厚度，cm。

由于黑色、有色和稀有金属矿石中有用组分的原子序数（$Z>25$）比围岩组分的原子序数（$Z\approx1\sim15$）大，其质量吸收系数有明显的差别，因此可以用 γ 吸收法将矿石与围岩分开。用 γ 吸收法分选菱铁矿效果较好，已在工业上应用。

（4）γ 射线散射法　γ 射线散射法是利用 γ 射线与矿块作用后产生的散射线的差别而将矿石与废石分开的一种分选方法。在 γ 射线的能量较低（小于 1MeV）时，其与物质作用后主要产生光电效应和康普顿-吴有训效应。光电效应与样品中元素的原子序数的 4.1～4.5 次方成正比，即光电效应与样品的成分有很大关系。而康普顿-吴有训散射效应只与原子序数的一次方成正比，且大多数矿石中有用元素的原子序数与原子质量数之比基本上是一个常数（$Z/A\approx0.5$），故散射效应实际与原子序数无关，而与物质的密度（矿块重量）有关。选择两个不同能量的 γ 源，使一个源与矿块作用后主要产生康普顿-吴有训散射效应，另一个源主要产生光电效应，测量这两个 γ 源散射后的强度比值，则可以除去矿块重量的影响，定量地测出矿块中有用元素的含量。用 γ 散射法可以分选含铬、铁、镍、铜、锌、铂、锡、铅等金属元素的矿石。

（5）无线电谐振法　利用无线电波所产生的电磁场进行矿石和废石的分选即为无线电谐振分选法。将矿石块置于电磁场后，电磁场与矿块相互作用。如矿块为导体，则在电磁场内的矿块中产生感应电流；如矿块为电介质，则矿块中产生极化作用。矿块的电性和磁性都使电磁场损失一定的能量，使电磁振荡电路的参数（如电压、频率）发生变化，其变化的大小与矿块的特性间有数量关系。所以，测量振荡电路某一参数的变化量就可测出矿块中金属的含量，从而达到分选矿石和废石的目的。矿石和脉石的导电性差别较大时，采用电感式自激振荡器作为无线电波发生器，如介电特性差别较大时，则采用电容式自激振荡器。电感式和电容式两种无线电波发生器的形式可以有不同形状。无线电谐振法（电导-磁性法）的分选机中产生交变电磁场的部件（线圈或电容器）就是可以同时探测电磁场变化的部件，一个用于产生电磁场，另一个用于探测电磁场的变化。无线电谐振法适用于多种有色金属矿、黑色金属矿、稀有金属矿及煤的分选。在分选铜、镍、铅-锌等重金属氧化矿石及硫化矿石时，得到了较好的结果。

（6）光电分选法　光电分选法基于利用可见光的窄频带进行分选的方法，在国外，这种方法最广泛用来处理非金属矿产。利用这种方法拣选非金属矿的效率很高，这是由于占有矿块面积很大比例的矿物和围岩的颜色特性所决定的；一般说来，对有色金属矿石采用光电分选乃是基于矿石矿物与某些有特征颜色的围岩及矿物（石英、长石）的共生特性。对于脉状和网脉状矿石采用此法选矿可以取得很高的效率。某些类型黑色冶金原料的试验结果更进一步证实了光电分选作为新的选矿方法的通用性。

（7）荧光分选法　荧光分选法是以某些矿物分子受到 X 光或紫外线光激发时发射光子的能力为基础发展起来的。此法在非金属矿产预选矿中也得到应用。众所周知，在工业上利用 X 光-荧光分选法选金刚石的经验是非常成熟的。许多非金属矿产具有在可见光谱范围内发射荧光的能力。被激发光的波长取决于进入矿物晶格中微量杂质的组成，因此，不同矿床的一种矿物所发荧光可能光谱不同、强度也不同。方解石发出荧光的颜色为红色的可能性最大，而石英及其变种呈黄绿色，荧光则从绿到紫色，磷灰石从紫色到黄色。因此可利用不同矿物在X光或紫外线照射下发出颜色不同的荧光而分离有用矿物和脉石。

（8）中子吸收法　该方法是前苏联为了选别最重要的非金属矿产之一——硼矿石研制成功的，并在地质普查和工业生产中应用。这一方法基于利用 B^{10} 原子核选择性地吸收热中子的特性。对粒度为 -200mm +25mm 的贫矿石和中等品位矿石进行了选矿，辐射选矿实验结果颇有成效。目前研究证明，中子吸收法是目前处理低品位硼矿石最有效的方法。

为了评价各种拣选方法的发展前景，俄罗斯的科学工作者对150多个含有不同有用元素的矿床进行了拣选的可行性研究。在各矿山取了代表性的矿块样品，经试验后得知，很多矿山可以废弃的尾矿量为30%~50%（见表10-2-2）。从表10-2-2可以看出，成本低的拣选作业是很有发展前景的。

表10-2-2　一些矿山辐射拣选法的应用前景

矿石类型	拣选方法	研究的矿山数量	尾矿产率/%
锡　矿	X辐射法	7	30~60
锡-多金属矿	X辐射法、辐射共振法	10	17~43
钨-锡矿	X辐射法	2	20~40
钨　矿	X辐射法、激光法	11	23~51
钨-钼矿	X辐射法	3	42~52
钼　矿	X辐射法	4	22~52
铜　矿	X辐射法、辐射共振法	1	34
铜-镍矿	辐射共振法	9	0~58
镍-钴矿	辐射共振法	1	40~60
铅　矿	X辐射法	1	36
铅-锌矿	X辐射法	7	21~49
铀　矿	放射性分选法	19	20~50
含钽矿	X辐射法、放射性分选法、光电法、X激光法	4	28~35
铌　矿	X辐射法、放射性分选法	8	6~35
稀有金属矿	放射性分选法	4	20~45
锑　矿	X辐射法	3	16~48
锶　矿	X辐射法	3	38~48
含金矿	光电法、X辐射法	5	20~80
含银矿	X辐射法	2	17~35
铬　矿	X辐射法	1	0~42
锰　矿	光电法、X辐射法	2	0~20
铁　矿	辐射共振法、光电法	2	10~20
萤石矿	X激光法	7	16~38
重晶石矿	X辐射法、X激光法	2	31~67
磷灰岩	光电法、放射性分选法	2	8~28
磷灰石矿	X激光法	2	9~30
陶瓷伟晶花岗岩矿	X激光法	7	20~66
硼　矿	中子吸收法、X激光法、激光发光法	5	28~35
硼铁矿	中子吸收法、辐射共振法	1	17
石英矿	光吸收法	6	36~54
次石墨矿	辐射共振法	1	11
硅灰石矿	X激光法、X辐射法	3	16~28
彩　石	激光发光法、X激光法	7	<90
固体生活废物	光电法、辐射共振法	1	60

在开始阶段，拣选只是作为预选的一个手段，即经过拣选废弃掉一些大块的尾矿，使进入主选厂的矿石品位提高。但目前对许多矿床来说，拣选也可作为一种主要的选矿方法，得到合格的精矿。用拣选作为主要选矿作业的一些矿点的试验结果列于表10-2-3。从表10-2-3可以看出，很多类型的矿石经拣选就可得到合格精矿。例如，铬矿石经拣选可得到满足火法炼铬铁的富铬铁精矿；重晶石矿经拣选后得到高品位（大于85%）的化工用重晶石精矿等，平均回收率为45%，个别的达到85%。

表10-2-3 拣选法得到的合格精矿

矿石类型	矿山名称	矿石粒度/mm	拣选方法	原矿品位/%	精矿指标/%		
					产率	品位	回收率
铬矿	中央铬矿		X辐射法	Cr_2O_3=40.91	47.74	48.05	56.05
				32.33	18.04	47.96	26.72
				23.37	24.95	48.21	51.47
	霍伊林斯克	-100+20	X辐射法	39.08	14.5	45.17	16.8
伟晶花岗岩	库鲁-瓦阿拉	-50+8	X激光法	1.77①	50.8	4.82	90.5（钾微斜长石）
	林纳-瓦阿拉	-50+30	X辐射法，X激光法	0.97①	8.5	2.43	15.0（K_2O）
	赫托拉姆比诺	-75+50	X激光法	1.25①	29.0	3.65	58.8（K_2O）
	布北部矿	-50+20	X激光法	1.19①	36.4	3.81	87.4（钾微斜长石）
锑矿	安佐布鲁克		X辐射法	2.57	2.8	32.0	34.9
	德日日克鲁特		X辐射法	3.72	3.71	30.0	29.9
	斯卡利诺		X辐射法	7.5	13.3	30.0	53.2
锰矿	尼科波利		光电法	23.7	13.5（氧化矿）	50.5	28.8
					29.09（碳酸盐）	27.0	33.0
	波罗任斯克	A、低磷酸盐	X辐射法	17.39	11.12;14.61	40.06;28.63	27.21;25.56
		B、磷酸盐	光电法	18.07	20.39;9.59	45.26;25.27	51.12;13.39
	尼科拉耶夫	-75+10	X辐射法	35.34	8.35;30.35	55.08;50.98	13.01;43.78
	鲁德诺依	-30+20	X辐射法	16.94	19.53	43.23	48.8
	苏恩加依斯克	-5+3	光电法	19.51	35.6	34.64	52.9
	杜尔诺夫斯克		光电法	30.43	26.96	45.26	40.1
	南欣甘斯克	-50+30	X辐射法	20.5	11.0;15.0	42.73;36.21	22.93;26.43
	乌辛斯克	-70+8	X辐射法	20.15	14.46;12.28	37.69;33.48	27.05;20.38
	特宁斯克		X辐射法、X激光法	25.5	60.9	30.4	72.6

续表 10-2-3

矿石类型	矿山名称	矿石粒度/mm	拣选方法	原矿品位/%	精矿指标/%		
					产　率	品　位	回收率
重晶石矿	索布斯克		X 辐射法	53.37	20.5;41.4	93.1;86.3	35.8;66.9
	乔尔德斯克	−50 +35	光电法、X 激光法	62.1	43.0	87.0	60.4
钨-锡矿	特鲁多夫		X 辐射法	0.52	1.1	15.25	32.5
	霍普瓦阿拉		X 辐射法	0.59	8.0	5.05	68.5
	穆希斯通		X 辐射法	0.81	7.2	5.85	49.7
锡　矿	雷科戈尔斯克		X 辐射法	0.41	1.9	5.7	26.4
	阿金诺克		X 辐射法	0.13	1.2	5.3	48.9
铅　矿	戈列夫斯克	−100 +50	X 辐射法	5.98	9.9	28.4	47.0
	察　夫	−50 +30	X 辐射法	8.31	17.3	28.62	59.6
石英矿	多　多		光吸收法	43.34②	1.2;16.3	70.0;55.0	1.9;20.7
	普依瓦		光吸收法	53.48②	7.5;31.1	69.1;56.1	9.7;32.6
	克夫塔雷克		光吸收法	51.8②	2.0;25.5	69.0;56.7	2.7;27.9
硼　矿	达里涅哥尔斯克	−50 +30	激光发光法	10.5	30.5	17.0	49.4
	阿克-阿尔哈尔		X 激光法	8.7	22.5	17.6	45.4
萤石矿	克亚赫塔	−50 +30	X 激光法	29.7	12.0	75.0	33.2
	阿巴加图依	−50 +30	X 激光法	26.1	11.7	85.2	45.7
	索罗涅奇诺	−50 +30	X 激光法	28.9	16.0	85.0	50.6
硅灰石矿	阿拉依格尔斯克		X 辐射法	37.0	2.6	71.8	5.1
	博卡金斯克		X 辐射法	61.6	25.5	84.8	35.1
钾盐矿	斯塔罗宾斯克	−75 +50	X 激光法	12.7/3.5①	27.5;57.6	39.7/20.4; 1.5/47.7	85.8/16.7; 6.5/82.1
彩　石	库希拉尔	−50 +1.5	激光发光法	0.68/7.33③	1.27;10.93	45.0/4.9; 0.44/50.0	84.2/0.8; 7.1/72.5
	马罗-贝斯特林斯克		光电法	青金石 =42.2	21.6	90.0	46.0
锶　矿	阿利克斯克	−50 +30	X 激光法	9.85	6.3	50.7	32.4

① K_2O/Na_2O；② 透光性；③ 尖晶石/矽镁石。

10.3 矿石特性对拣选的影响

影响拣选可选性的矿石特性主要有：矿石中有用组分的分布情况、矿石的粒度组成、拣选特征与矿石中有用组分的相关程度，现分述如下。

10.3.1 矿石中有用组分的分布

有用组分在矿石中分布的不均匀性是拣选的基础。有用组分在矿石中的存在形式、有用矿物在矿体中的分布特征（是粗粒嵌布还是浸染状分布）、矿体的形状、大小以及矿体与围岩的接触状态等情况，直接影响采出矿石品位的分布，对能否进行拣选及拣选可能获得的工艺指标有重要影响。

大型海相沉积矿床的矿化均匀，其采出矿石间的品位差别很小，不能进行拣选。热液矿床、脉状矿床、矿体形状复杂及矿体薄的矿床，其矿化不均匀，采出矿石间的品位差别很大，易于拣选。

10.3.2　矿石的粒度特性

拣选是粗粒级矿石选矿的一种方法。一般处理矿石的粒度上限为 250 ~ 300mm，下限为 20 ~ 30mm，随着技术的发展，处理矿石的粒度下限可以降至 10mm，甚至更小（1 ~ 0.5mm）。在矿石可选性确定的前提下，入选的粗粒产率愈大，能拣选出来的废石愈多，经济效益就愈明显。然而，从经济角度来看，拣选厂（车间）处理矿石粒度下限并不是愈小愈好。因为矿块粒度小，则需要探测器的灵敏度高，且矿块小，拣选机的处理量也低，所以成本提高。

影响采出矿石粒度组成的主要因素有：矿石、岩石的物理性质；矿石、岩石的非均质性、节理和裂隙；开采的爆裂参数；矿石从采场到分选机的输送方式等环节。前两种为矿石的自然特性，后两种可以人工控制。根据岩石的强度和裂隙特性，可参考表 10-3-1 所列数值粗略估计粗粒级产率。如可进行拣选的物料产率占原矿不到 30% ~40%，则拣选的经济效益就会较差。

表 10-3-1　根据岩石特性估计的粗粒级矿石产率

普氏硬度	岩石裂隙性	250 ~ 30mm 物料产率/%		
		最　小	最　大	平　均
8 ~ 14	强	40	50	45
	弱	50	60	55
14 ~ 20	强	45	55	50
	弱	60	70	65

10.3.3　拣选特征与矿石有用组分的相关程度

拣选是利用矿石的某个特征来分选矿石和废石，有时是直接利用有用组分的特征，如选铀矿时，当矿石中的铀和镭处于放射性平衡状态，就可利用铀矿石放射性的 γ 射线强度将矿石和废石分开。但有时并不是直接根据有用组分的特征来拣选，所以要求选定的拣选特征与有用组分之间应有很好的相关关系。如俄罗斯有一个钨矿，在研究其 X 辐射拣选特征时发现，利用矿石中铷（Rb）的特征 X 射线，很容易将矿石与废石分开，其原矿中含 Rb 0.044%、WO_3 0.29%，分选后，粗精矿中含 Rb 0.0003%，WO_3 1.43%。在按颜色进行拣选时，有些矿块的颜色与品位并不严格成正比。再如按 X 荧光法拣选时，由于射线穿透能力的限制，矿石发射出的荧光量与矿石的品位也不一定成严格的正比关系。所以，为了了解拣选特征与有用组分的相关程度，需要取一些代表性矿样，根据拣选特征求出品位，然后再求出每个矿块的实际品位，绘制出相关曲线，如曲线有很好的相关关系，就可利用此选定的拣选特征进行拣选。

10.4 拣选的原则流程

拣选是一种预选的手段，流程一般都很简单。因为，这是对大块矿石的分选，所以不需要成本较高的磨矿作业。有时甚至连破碎作业都不需要，经筛分后就可进行预选。在矿化很不均匀的矿山，预选甚至可以在矿斗、矿车中进行，经辐射检查站后，有些整个矿斗、矿车都是废石，可以就地废弃。矿块的预选作业常可与采矿作业紧密结合，可在露天进行，甚至可在井下采场进行。

根据矿石的不同特征，现提供拣选作业的几个原则流程（见图 10-4-1），以便于设备选型和做可选性经济评价的参考。

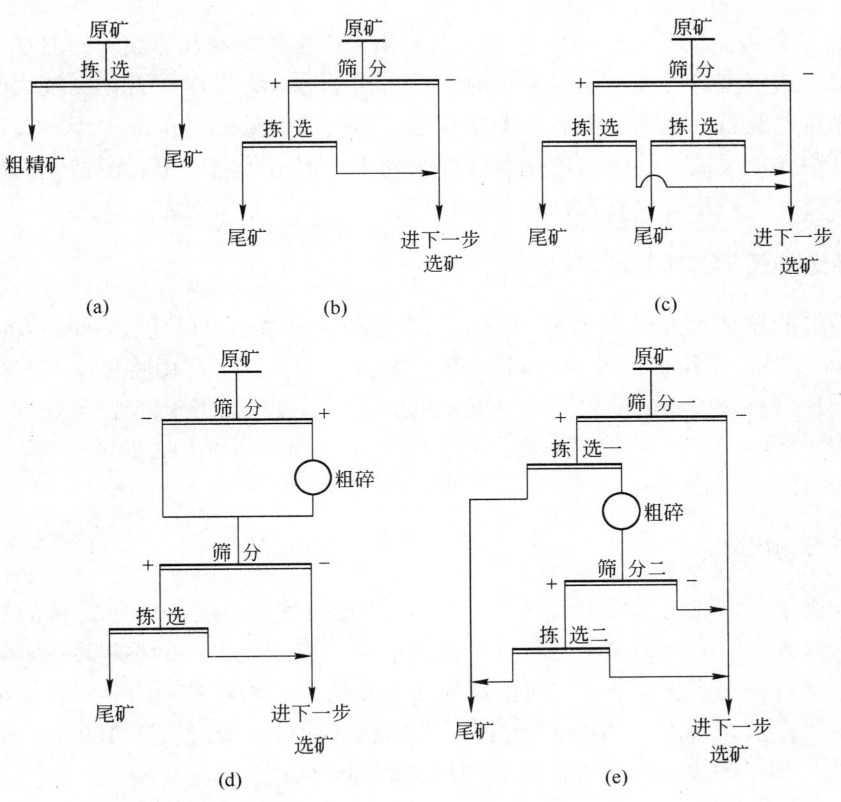

图 10-4-1 拣选的几个原则流程

图 10-4-1 中的几个流程都是以废弃尾矿为目的的预选流程。

流程（a）：采出的矿石不需要破碎筛分就可从原矿中直接拣选，除去废石，粗精矿送至下一步选矿。

流程（b）：矿石需经简单的筛分作业，去掉不能预选的细粒级矿石（如 −25mm）后，再进行拣选。

流程（c）：矿石经筛分作业，除了去掉不能参加拣选的细粒矿石外，并将可选粒级也分成 2 ~ 3 个粒级，分别进行拣选。这是因为分选机对不同粒级的矿石，每小时的处理量不同，若混合进行拣选时，拣选机的处理量不能提高，对大中型矿山，分级后拣选可节约成本，提高效率。

流程（d）：有的矿石在粒度很大时与废石没有完全分离，所以需要经筛分将大块矿石破碎后再进行拣选。有时为了不使大块矿石或废石砸坏设备，所以也进行粗碎后再拣选。

流程（e）：有的矿山的矿石随着矿块粒度的减小，有用矿物与废石解离得更好。所以，在第一次拣选后，所得的粗精矿经粗碎及筛分后再进行拣选，这样可以废弃更多的尾矿。

总之，由于矿石的性质不同，所需的拣选流程有所不同，但总的来说，拣选流程都很简单。

10.5 手选

手选是一种古老的拣选矿石的方法。在采出原矿中如含有较多废石，且矿石和废石在颜色、形状、透明度等方面有明显差别时，常采用手选。它可在矿石粒度较大时就将废石选出，免去这些废石的运输、破碎、磨矿和进一步的选矿处理。虽然由于科技的发展，机械拣选得到很大的发展，手选的应用范围显著缩小，但由于它简单、经济，所以至今手选在国内外的选矿实践中，仍在发挥着一定作用。

10.5.1 手选处理矿石的粒度范围

由于矿块的粒度太大或太小都不利于人工手选，故常用的粒度范围是400～250mm、250～150mm、150～75mm、75～40mm、40～25mm，当然，各矿山将根据其具体情况制定应用范围；在矿石和废石的颜色、光泽确定的情况下，矿石粒度愈大，手选效率愈高；如矿石粒度为－50mm＋30mm时，手选为0.75～1.0t/(班·人)；而在30～15mm时，手选效率为0.3～0.4t/(班·人)。

10.5.2 废石选出率

能否采用手选作业与其能选出多少废石有很大关系，一般需取一定量的有代表性矿石，经手选作业后，根据其选出废石量及其中金属（有用元素）的损失率，经技术经济核算后来确定是否采用手选作业；也可简单做一初步估计，如对未经筛分，粒度小于100mm的难选矿石，能选出30%～40%的废石，或对经过筛分，粒度大于100mm的易选矿石，能选出40%～60%的废石，手选作业的应用可能性较大。

10.5.3 手选设备

常用的手选设备是手选皮带和手选台。手选皮带机与皮带运输机相似，但其皮带托辊需是平型的，皮带速度在0.2～0.4m/s范围，皮带宽度不大于1.2m，皮带上有光源，根据需要，可以是普通的照明光源，也可以是荧光灯等。照明距地面高度约2m。手选台的面积根据参加手选的人数确定；如4人的手选台面积约3.2m^2。

10.5.4 手选应用实例

虽机械拣选在国际国内都有了很大的发展，但手选在国内外还没有完全被取代，它在选金属和非金属矿时，仍有一些应用。

10.5.4.1 手选在钨矿选矿中的应用

由于大多数钨矿床都是低品位矿，很多矿山含矿脉石与围岩之间界线清楚、颜色分明，将矿石洗矿分级后，采用人工手选就能丢弃大量废石，所以我国不少钨矿选矿厂如江西的大吉山钨矿选矿厂、西华山钨矿选矿厂、盘古山钨矿选矿厂、浒坑钨矿选矿厂、湖南瑶岗仙钨矿选矿厂等的工艺流程中，都有手选作业。手选废石率一般可达50%，高的可达70%。又如云南普贝钨业有限公司的钨矿，其矿石粒度为400~300mm时，经手选（手选皮带上有荧光灯照射）可废弃10%~20%的尾矿，粒度为60~20mm的矿石中，手选可废弃60%~70%的废石。该矿曾考虑用光电分选机代替手选，于2006年送矿样给澳大利亚UltraSort公司，经试验，可以得到有效分选，分选机处理量每小时也可高达几十至二百吨，但分选机报价为90万美元一台，且分选机还需一些辅助设备与其配套，经核算，经济上不合算，所以最终没有购买。现场仍在继续进行手选作业。

10.5.4.2 手选在金刚石矿选矿中的应用

金刚石矿的选矿工艺流程一般都很复杂，如包括油膏选矿、浮选、重选、磁选、电选、化学选矿等。和一般矿石的选矿方法不同的是金刚石在X光照射下，表面会发出荧光，而绝大多数脉石没有这个特性，所以金刚石矿的工艺流程中往往有X光拣选（手选或机械拣选），如我国主要的金刚石矿区山东蒙阴金刚石矿的工艺流程中就还保留有手选，该厂曾安装一台X光分选机（GXJ-Ⅱ型），处理矿石粒度20~9mm，但效果不理想。在2005年，其合作伙伴曾提出采用南非生产的X光拣选机（可选粒度下限为1mm，处理量约20t/h），报价为47.8万美元一台，厂方经考虑后，没有采用。所以在工厂的工艺流程中，对粒级为 -50mm +40mm、-5mm +3mm、-3mm +1mm 的矿石还保留着手选作业。

10.6 矿石拣选的可选性研究

前已述及，一个矿区的矿石是否可以进行拣选，需先取数十块符合拣选粒度的矿石和废石，初步鉴定某种拣选方法是否可行。在肯定的基础上，需取200~500块有代表性的矿块，进行矿石可分选性试验。

矿石拣选的可选性评价方法有几种，前苏联马克罗乌索夫（B. A. Мокроусов）建议用矿块中有用元素品位与原矿平均品位的平均相对偏差值 M 的大小来评价矿石拣选的可选性大小，此公式被广泛采用。其推荐的公式见式（10-6-1）。

$$M = \frac{\sum_{i=1}^{n} |(\beta_i - \alpha)\gamma_i|}{\alpha} \tag{10-6-1}$$

式中 α——原矿石中该元素的平均品位,%；

β_i——某一矿块中该元素的品位,%；

γ_i——该矿块占全部矿样的质量比。

实践证明平均相对偏差值 M 与可选性曲线紧密联系，所以偏差值 M 又被称为可选性系数。

M 值在0~2之间变化，对于品位非常均匀的矿石 M 趋向0，对于非常不均匀的矿石 M 趋向2。M 值越大，说明矿石品位变化越大，越易拣选。如 M 值小于0.5，拣选时一般不会有经济效益，所以就没有必要进行拣选。

为了评价一个矿区矿石拣选的可选性，要根据代表性矿样测试结果，利用式（10-6-1），就可计算出可选性的大小。

10.6.1 实验室试验

要评价一个矿区矿石拣选的可选性，需取200~500块有代表性的矿样，在实验室装置上，根据分选特征（如反射的可见光、荧光、放射性强度等），对所取矿块逐块测定其重量及有用组分的含量。将测量结果按分选特征的强弱顺序，把矿石分成若干组，计算出每组矿石的重量及每组矿石的品位，列入表格，进行该矿样的可选性研究。现以某铀矿粒度为-250mm+25mm的矿石，进行放射性测量的结果为例（见表10-6-1），进行可选性研究方法的说明。

表10-6-1 -250mm+25mm粒级铀矿石放射性测定结果计算表

每组铀品位范围/%	平均铀品位/%	每组产率/%	每组回收率/%	精矿（自下而上计算）/%			尾矿（自上而下计算）/%			λ/%
				产率	铀品位	回收率	产率	铀品位	回收率	
1	2	3	4	5	6	7	8	9	10	11
≤0.005	0.003	9.8	0.15	100.0	0.1920	100.00	9.8	0.0030	0.15	4.9
0.006~0.010	0.008	21.8	0.91	90.2	0.2126	99.85	31.6	0.0064	1.06	20.7
0.011~0.020	0.015	18.4	1.44	68.4	0.2777	98.94	50.0	0.0096	2.50	40.8
0.021~0.030	0.025	6.0	0.78	50.0	0.3745	97.50	56.0	0.0112	3.28	53.0
0.031~0.040	0.035	6.1	1.11	44.0	0.4221	96.72	62.1	0.0136	4.39	59.1
0.041~0.050	0.045	5.0	1.17	37.9	0.4840	95.61	67.1	0.0159	5.56	64.6
0.051~0.060	0.055	2.9	0.83	32.9	0.5510	94.44	70.0	0.0175	6.39	68.5
0.061~0.070	0.065	4.0	1.35	30.0	0.599	93.61	74.0	0.0201	7.74	72.0
0.071~0.080	0.075	1.9	0.74	26.0	0.681	92.26	75.9	0.0215	8.48	75.0
0.081~0.090	0.085	2.5	1.11	24.1	0.729	91.52	78.4	0.0235	9.59	77.2
0.091~0.100	0.095	2.3	1.14	21.6	0.804	90.41	80.7	0.0255	10.73	79.6
0.101~0.200	0.150	9.1	7.11	19.3	0.888	89.27	89.8	0.0381	17.84	85.3
0.201~0.300	0.250	1.9	2.47	10.2	1.547	82.16	91.7	0.0425	20.31	90.8
0.301~0.400	0.350	0.4	0.73	8.3	1.844	79.69	92.1	0.0439	21.04	91.9
0.401~0.500	0.450	0.6	1.41	7.9	1.919	78.96	92.7	0.0465	22.45	92.4
>0.500	2.040	7.3	77.55	7.3	2.040	77.55	100.0	0.1920	100.0	97.3
	0.192	100.0	100.0							

表中第1项为矿块分组的品位范围。第2项为每组矿石的平均品位β_i，一般取品位范围的中间值，但最后一组由于组分内矿块品位波动大，所以要用加权平均值求该组的平均品位。实际上，由于目前计算机应用广泛，每个组的平均品位也可采用加权平均值。第3项为实测得各组矿石占全部拟入选矿石的百分产率$\Delta\gamma_i$。第4项为各组矿石铀的回收率，是根据2、3项数据用公式$(\beta_i \times \Delta\gamma_i)/\Sigma(\beta_i \times \Delta\gamma_i)$求得。第5项为精矿累积产率，为自下而上各组$\Delta\gamma_i$累积而成。第6项为精矿品位，也是自下而上累积计算得来，即用自下而上各组的金属量之和被相应的各组的产率之和除后得到。第7项为精矿回收率，是第4项各

组的回收率自下而上累积而得。第8、9、10项与5、6、7项的计算方法类似，不同之处，只是全部自上而下累积。第11项 λ 表示原矿（进行测定的矿样）各组分中铀品位的分布情况。$\lambda_1 = \Delta\gamma_1/2$，$\lambda_2 = \Delta\gamma_1 + \Delta\gamma_2/2$，$\lambda_n = \Delta\gamma_1 + \Delta\gamma_2 + \cdots + \Delta\gamma_{n-1} + \Delta\gamma_n/2$。根据表中数值代入式（10-6-1）就可求出 M 值。根据 M 值就可知该矿样的可选性大小。根据第2项及第11项绘制出的 λ 曲线即为可选性曲线。根据曲线的形状，就可定性地评价拣选的难易程度。

图10-6-1给出了几种典型的可选性曲线图。其中（a）为极易选矿石，矿石由一大部分废石（或品位极低的贫矿石）及一小部分品位极高的矿石组成，极易进行拣选。（b）为一般的可选性曲线。（c）为矿化非常均匀的矿石，各个矿块有用组分的品位都等于原矿品位，无法进行拣选。在实践中，矿石中有用元素分布的曲线形状，常在曲线（b）附近波动，其中（b-1）属易选，（b-2）属中等可选，（b-3）属难选矿石。根据实测出的可选性曲线，除了从其形状可以看出矿石的可选性的难易外，还可以求出矿石的品位不均匀程度指标 M 值，M 值对评价矿区矿石拣选的可能性有直接指导意义。

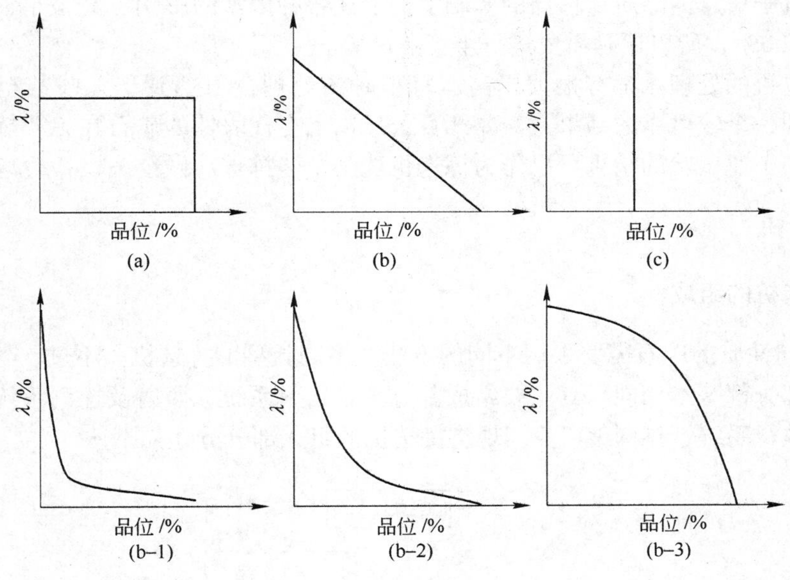

图10-6-1 可选性曲线示意图

（a）极易选矿石；（b）中等可选矿石；（c）不可选矿石

上述例子是以铀矿块中的 γ 射线强度换算铀品位，并计算出矿石可选性系数 M，矿石中 γ 射线强度是与其中铀含量正相关的。而其他拣选方法，如光电选、X射线分选是根据分选特征换算出的有用组分含量（品位），并以此绘制的可选性曲线。然而按分选特征所换算出的含量，与矿块中有用组分的真实含量不一定严格相同。需求出各组矿石的真实品位，然后也绘制出可选性曲线，并用式（10-6-1）求出矿石品位的不均匀程度指数 M'。如 M 值与 M' 相近，M/M' 接近于1，则说明选定的分选特征合理，可以以这种方法进行拣选。如 M/M' 小于0.7～0.8，则说明选定的特征不合适，难以有效的用该分选特征进行拣选，需考虑其他分选方法。

根据有效的分选特征所得到的可选性结果，就可以计算出入选的粗粒级的矿石中可以废弃的尾矿量及其品位。在表10-6-1的实例中，如以0.03%作为拣选的分界品位，则可得到品位为0.0112%、产率占入选矿石56.0%的尾矿及品位为0.4221%、产率为44.0%的精矿。并可依据入选粒级占原矿的矿量，计算出用拣选法可以废弃占全部原矿（包括未入选的细粒级矿石）的废弃尾矿量。如废弃量较大，其中有用组分损失又很少，就可以初步推算出采用该种拣选方法的经济效益，在此基础上做半工业试验。

10.6.2 半工业试验

可选性试验是在实验室进行的，要较准确地从数量上估计拣选的指标，需要在拣选机上做半工业试验。这是因为在实际生产过程中，对每块矿石的探测时间很短（几毫秒），对拣选机的灵敏度要求较高。另外，实际给矿的均匀性如不很高，当两块矿石重叠或距离太近时，对测量结果有干扰。而且，当矿块偏离探测中心时，测量结果可能会有偏差。另外，如分选执行机构（如电磁喷气阀）的动作不十分精确，则对吹准率就会有影响。虽然，在目前电子信息产品质量提高的基础上，上述各种因素的影响已经很小，但拣选效率不可能达到100%，所以还是需要进行半工业试验。

目前拣选机的处理量都有很大提高，每小时的处理量可达到十几吨甚至上百吨。所以，为了得到一个较可靠的结果，需要几百公斤以上有代表性的矿石在工业拣选机上做半工业试验，半工业试验的结果可以作为拣选机选型及建拣选厂做经济核算的基础。

10.7 拣选机

10.7.1 拣选机的组成

拣选不同性质的矿石需要采用不同的方法及不同类型的拣选机。不过，各种类型的拣选机其组成部分都基本相同。其主要组成部分为：给料系统、照射及探测系统、信息处理系统和分选执行系统，见图10-7-1。现将拣选机的组成部分分述如下。

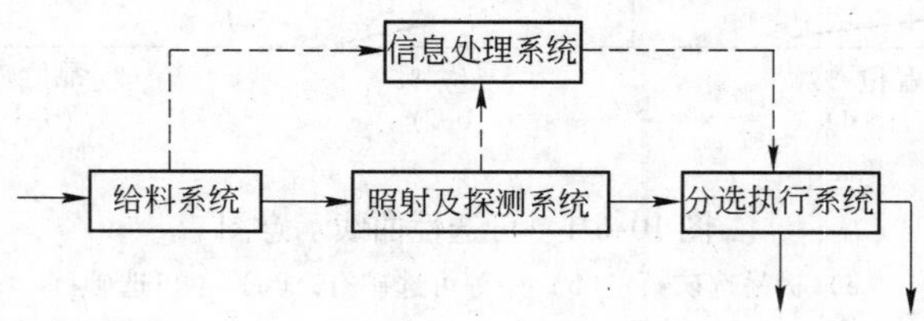

图10-7-1 拣选机的组成方框图

10.7.1.1 给料系统

给料系统的作用是使物料呈单层、单列（或多列）均匀的给到拣选机的照射和探测系统。在进行矿石块式分选时，要求矿块不重叠，且矿块间要有一定的距离。为了满足这样的要求，往往需要几级给料，第一级给矿机控制给料量，第二、三级给矿机使矿块间拉开一定距离。

经常采用的给料机有平板式、槽道式电磁振动给矿机、皮带给矿机等。滑板和滑槽在给料系统也有一定应用。目前由于探测技术的提高，对给矿的要求已有所降低，往往两级给料就可满足要求。

10.7.1.2 照射和探测系统

照射和探测系统是拣选机的重要组成部分，拣选机中的照射和探测部分紧密联系。为了保证拣选机有足够的处理量，矿块的照射和探测时间一般要在几毫秒内完成，故对照射源和探测器都有较高的要求。

A 照射系统

照射系统的主要部件是照射源，不同拣选方法使用不同的照射源。

γ吸收法、γ散射法及γ荧光法等所采用的照射源均为γ放射性同位素。可选择不同能量及半衰期较长的γ照射源。而放射性分选法，不需要专门的照射源，铀、钍矿石本身发射的γ射线就可为探测器所利用。

中子法所用的照射源可以是钋、钚的中子源，也可以用锎等其他同位素。所有这些源所发射的中子都为快中子；为了转化成拣选所需要的热中子，需要将中子源置于减速-反射装置中。

X荧光法、X吸收法等所用的X辐射源一般为X光管。紫外线常用的照射源是石英汞灯。

光电分选法可以用白炽灯、荧光灯、石英碘钨灯及氦氖激光管等为照射源。红外分选法一般不需要专门的照射源，将矿块加热后，其本身发射的红外线就可利用来探测。

在无线电谐振法中，振荡电路产生的交变电磁场即可作为用于矿石的照射源。该振荡电路可以同时也是探测器，探测由于矿石的作用而使振荡电路参数的变化量。

B 探测系统

探测系统包括两部分：一是射线活度探测，二是矿块重量探测。它们分别探测矿块发射、反射或吸收的射线及矿块重量。

较普遍采用闪烁计数器测量γ射线和X射线的活度，该计数器由碘化钠晶体和光电倍增管组成。

中子的活度由充气计数管或闪烁计数器探测。

紫外线、可见光和红外线用光敏元件探测。光敏元件有光导管、光电管，光电倍增管和固体摄像器等。固体摄像器的光敏元件是光电二极管，在25mm的长度上可以有1024个光电二极管。固体摄像器特别适用于探测运动中的物体，其扫描速度每秒可达数万条线，影像输出速率每秒可达20MHz。固体摄像器体积小，功耗低，使用寿命长，灵敏度高，在与微型电子计算机配套使用后，可使拣选质量大为提高。

射线活度探测器所测得的信号与矿块中的有用元素的含量成正比。在求矿块的品位时，需测出矿块的重量，而直接测量快速运动中的矿块重量是困难的，一般是采用测量某一个与矿块重量有关参数的方法，根据该参数值换算出矿块重量的近似值。矿块的长度、截面积、矿块通过平板电容器而引起电压值的变化量等都是与矿块重量有关的参数。根据参数值绘制出矿块重量与所测参数间的关系曲线。再根据曲线用数学方法求出回归方程，将此方程存入计算机内。使用微机的拣选机，利用所存的回归方程，就可较准确地求出每一矿块的重量。

10.7.1.3 信息处理系统

信息处理系统的主要任务是对矿块的射线强度和重量两个信号进行处理。探测到的矿块射线强度信号及矿块重量信号，分别经放大整形后进入主控单元，两个信号经比较（运算）后，即可得到矿块的品位。此品位与预先确定的品位预定值进行比较，如高于预定值则确定为精矿，否则为尾矿。主控单元发布指令，经延时和功率放大后，给到分选机的执行系统，使执行系统（如电磁喷气阀）打开或继续关闭，从而将矿石分成精矿和尾矿。

信息处理系统还可以有其他功能，如根据给料速度信号控制选机的处理量，以保证给矿均匀；根据矿块大小的信号确定执行机构的延续时间，使分离大小矿块的时间恰到好处；根据矿块位置信号，确定在一排执行机构（如喷气阀）中，哪几个应该打开；根据通过矿块的总重量确定选机的实际处理量；根据每个矿块的重量及品位信号分别累积后，可以得到精矿和尾矿的产率和品位。信息处理系统还可以有各种报警功能，如光源污染、矿块过大、气阀压力低等。

近年来，高精度的微型电子计算机先后应用于拣选机上，使拣选机的可靠性越来越高，仪器的体积也很小巧，使用维修都很方便。

10.7.1.4　分选执行系统

分选执行系统由执行装置及辅助部件组成。早期的执行装置有推杆、活动的斗底和挡板等形式，其中挡板应用较多。根据信号处理单元的指令，挡板置于不同位置，使精、尾矿分开。机械挡板由于结构限制，每秒钟动作次数一般不超过5次。随着分选技术的发展，要求执行装置的动作次数提高。所以，目前挡板仅对大块矿石还有应用。在工业上广泛应用的分选执行系统为电磁喷气阀，阀每秒动作次数可以从几十次到数百次。阀启动后，压缩空气将矿石吹离其正常轨道，以达到矿石与废石分离。

各种类型的拣选机，由于组成部分基本相同，只是照射及探测系统的差别较大。所以有的光电分选机，只更换照射源，对探测、电子信息处理做适当调整后就可以变成其他类型的拣选机，如X辐射分选机等。

10.7.2　工业用拣选机

目前世界各国在生产上使用的拣选机型号很多，为了方便起见，现将几种常用的拣选机的性能、特点、生产厂家及应用情况，作一些介绍。

10.7.2.1　光电分选机

对于颜色、形状、透明度等方面有差别的矿石和废石，用人工进行选分，在我国及国外已有数百年的历史。在20世纪初，奥地利研制出了第一台光电分选机。但初期的光电分选机所选出的产品质量不如熟练工人手选的结果，因为颜色、色度差异较小时，当时的光电分选机的灵敏度不够高，难以分辨。

随着科技的发展，20世纪60年代以后，出现了很多型号的光电分选机。当时国际上应用较广的分选机主要集中在两大拣选机制造公司：英国的冈森·索特克斯（Gunson's Sortex Ltd.）研制出6个系列的光电及X光分选机；跨国的RTZ矿石分选机公司（RTZ Ore Sorters）研制成功M16型光电分选机和M17型放射分选机。这两个公司在1973年及1979年曾分别来华对其产品进行介绍。在杂志上也有大量文章发表。但这两家分选机公司以后都逐渐退出市场。随后又有一些新的光电分选机走上市场。新的分选机在技术条件上都有很多改进和提高，且成本却比以前有所下降。

A 斯佩克特拉-索尔特（Spectra-Sort®）型光电分选机

20世纪80年代末，由于灵敏度高的彩色固体摄像机及运算速度快的微型计算机的出现，给研制高质量的光电选机提供了基础。1991年瑞士的明门金融（Minmet Financing Company）等几个公司共同研制出一种新型光电分选机Spectra-Sort®。这是国际上继M16型光电分选机后，在光电选机领域的一个新进展。

a Spectra-Sort®的工作原理 矿石经筛分分级后，由料仓经振动给料机给到皮带给料机上，矿块从皮带末端垂直下落，形成1m宽的矿石流，矿石流首先从位于光源照射区的两台固体摄像器前面通过，此两台固体摄像器各有2048个彩色像素，以每秒3000次的速度对矿石流中每块矿石的两个面进行扫描，每次扫描的面积为$(1\sim1.5)\times0.5\text{mm}^2$，固体摄像器将扫描结果送至微机，微机计算出每一矿块的颜色、粒度及所在位置，将所得结果与预定值比较后判别其为精矿还是尾矿，然后发指令，一方面给到位于其下方400mm处的一排84个电磁高压空气喷气阀，另一方面将信息存储、累积以便计算出选机的处理量及精、尾矿产率等。电磁阀的动作频率可达每秒几百次，每个阀根据指令行动，让矿块继续自由下落或者将矿块吹离其正常下落轨道，这样可以得到两个产品，达到拣选的目的（见图10-7-2）。电磁阀可以调节为吹精矿或者吹尾矿，为了节约能源，一般调节为吹产率小的产品。

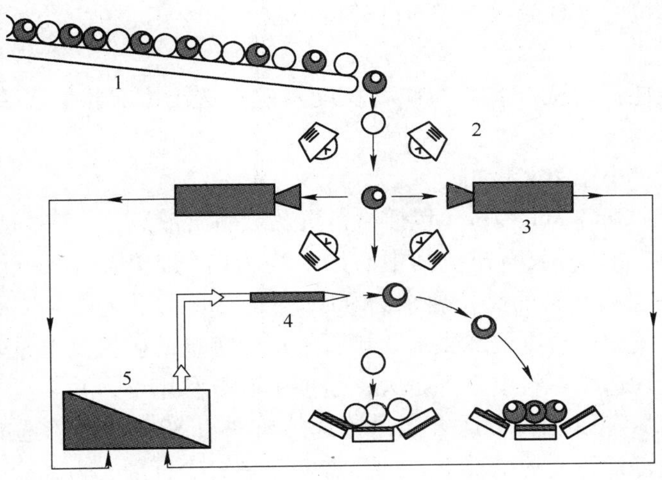

图10-7-2 Spectra-Sort®的工作原理图

1—给料机；2—光源；3—固体摄像器；4—高压空气喷气阀；5—微型计算机

b Spectra-Sort®的特点 Spectra-Sort®型的光电分选机与过去的各种光电选机（包括M16型激光选机）比较，有如下特点：

（1）不是按矿石亮暗程度的差别，而是按矿石真正的颜色进行拣选。

（2）对矿块扫描的精确度高。如M16型光电选机每次扫描的面积为$2\times2=4\text{mm}^2$，而该拣选机为$(1\sim1.5)\times0.5=0.5\sim0.75\text{mm}^2$。

（3）分选机的结构简单，无易磨损件，易于安装和检修；而M16型光电选机的光电扫描系统为机械式，有转速为6000r/min的反射镜需带动，其给矿部分有加速辊、稳定器等复杂结构。

（4）抗干扰性强。

（5）对矿块的两个面进行测量，而其他许多光电选机包括 M16 型，只对矿块的一个面进行测量，故此选机拣选的准确性大大提高。

c　Spectra-Sort®的应用范围　　在有用矿块和废石块之间有颜色差别者，都可用光电拣选，其主要应用范围如下：

菱镁矿：除去蛇纹石、绿泥石和橄榄岩等；

石灰石：除去角闪石及其他带色矿物；

长石：除去暗色的黑云母和染色石英等；

金矿石：回收含在石英脉中的金；

石膏：除去暗色矿物；

锂灰石：除去角闪石；

滑石：除去白云石，石英等；

硅灰石：除去暗色透辉石和石榴石等；

其他：银/铜矿石、矿渣、白钨矿、蛋白石等。

d　分选机的技术参数　　主要技术参数如下：

处理矿石粒度范围：15 ~ 150mm。

处理量：拣选机的处理量根据矿石的密度、粒度和废弃量的大小不同而变动，从每小时几吨到 160t/h。

空气压缩机能耗：空压机能耗与矿石粒度及矿石选出率有很大关系，其能耗在 40 ~ 90kW/h 之间。

给料机等能耗：小于 20kW/h。

选机外形尺寸：3m × 3m × 7m（包括给料机及产品皮带）。

e　应用实例　　某石灰石矿，其中有用矿物为白色方解石，废石为暗色的角闪石，原矿品位为 85%，进石灰窑的品位要求为 90%。开始时用手选丢弃废石以提高品位。手选要求矿块的粒度较大，否则效率太低，矿石中适合拣选的矿块仅占原矿量的 55%。该矿采用光电选以后，入选矿石粒度下限扩大，增加了矿石利用率，并多得了合格产品，相当于扩大了矿床的储量。原矿石中适合光电拣选的矿块占 80%，且拣选的回收率较手选提高。所以在保持烧窑量不变的情况下，每天需要开采的矿石量大为减少。另外，由于光电拣选提高了矿石品位，使采矿的边界品位可以适当下降，也相当于扩大了矿床的储量，经济效益明显。其具体数据如下：

石灰窑年处理量：414000t，年工作日：300d，开采成本：9.0 美元/t。

手选和光电选进行比较的结果见表 10-7-1。

表 10-7-1　石灰石手选和光电选指标比较

项　目	手　选	光电选	项　目	手　选	光电选
可入选矿石量/%	55.0	80.0	选矿回收率/%	94.0	96.0
入选矿石品位/%	85.0	85.0	所需采矿量/$t \cdot d^{-1}$	3140.3	2114.0
粗精矿品位/%	90.0	90.0	采矿费/美元 · d^{-1}	28262.7	19026.0

从表 10-7-1 中可以看出，为了得到相同的品位（90%）和数量（414000/300 = 1380t/d）的石灰石供给石灰窑，采用手选方案，每天需开采 3140.3t 原矿，而光电选方案每天仅需开采 2114t，即采用光电选方案每天可少开采约三分之一的矿量，即可少开采 1026.3t 矿石。

根据开采每吨矿石费用为 9 美元计算，仅此一项，每天节约采矿费 9236.7 美元。每年就可节约开采费 277.1 万美元。另外，矿石开采量减少使矿山寿命延长及节约成品矿运输费等尚未计算，就已经看出，采用光电拣选后的经济效益，其设备投资几个月就可收回。

B 迈克罗·索尔特（MikroSort®）型光电分选机

20 世纪 90 年代中期开始有关于德国莫根森（Mogensen）公司生产的 MikroSort® 型光电分选机的报道。根据生产的需求，经过几年经验的积累和技术的提高，其生产的光电分选机型号逐年增多，设备性能不断提高。现将近年生产的光电分选机的性能介绍如下。

a 工作原理 筛分后的矿石从矿仓 1（见图 10-7-3），经振动给料机 2 将物料分散成单层后，在给料机下端排出。矿石自由下落过程中，首先由高分辨率的彩色摄像机 4，对在宽度 1200mm 上的各矿块进行扫描，根据对其颜色、亮度和粒度扫描的结果，由事先调节好的高速信息处理机 5 进行数据处理，几毫秒后，根据矿块位置及大小给位于下面的一排高压空气喷射阀 6 中的相关阀门下达指令使其启动或不启动。将待选矿块吹离正常下落轨迹后，得到两个分选产品 7。根据入选矿石的粒度，给料情况及吹出量的大小，分选机有不同的处理量。

为了使分选特征明显，以便使颜色差别很小的矿石都有效分选，矿石入选前要预先清洗。另外，为了提高分选效率，降低能耗，进入每台分选机的矿石粒度范围不应很大。

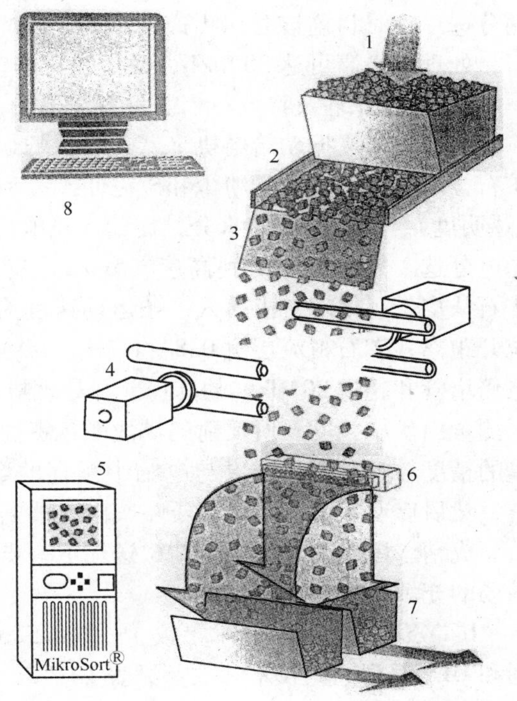

图 10-7-3 MikroSort® 型光电分选机工作原理图

1—矿仓；2—给料机；3—自由下落的矿石；4—高分辨率的摄像机；5—高速信息处理机；6—高压空气阀；7—分选产品；8—网络连接器

b 分选机的特点 主要特点是：

（1）颜色和亮度差别很小的矿石都可有效进行分选。

（2）探测和分选的准确度高，使物料的回收率高。

（3）根据矿块的粒度可准确调节空气阀，使压缩空气耗量小。

（4）AS、AT、AG 和 AH 型的分选机，可以安装第二个摄像机，以便从两个方向对物料进行探测。

（5）使用长寿命的光源及各种优质元件配件等，并有自动清洗装置，所以分选机的维修量小。

c 应用范围 可适用于粒度 1～250mm，在颜色、亮度上有差别的矿物。如石灰石、滑石、玄武岩、黏土、重晶石、硅灰石、长石、红柱石、方晶石、菱镁矿、石英等。另外，也可用于焙烧后的氧化镁等耐火材料及工业垃圾的分选。

d 分选机型号及技术参数 根据处理矿石的粒度及特征的不同，MikroSort®型光电分选机有不同系列的产品，其型号、技术参数和几个生产实例列于表10-7-2。

表10-7-2 MikroSort®型光电分选机系列的型号及技术参数

型 号	矿石粒度/mm	处理量/$t \cdot h^{-1}$	分选区宽度/mm	喷气阀数量/个	应用实例
AF	1~10	0.5~10	900	220	分选高纯石英，3~10mm，处理量10t/h，废弃率约5%
AX，AL，AP	5~40	5~30	1200	256	分选菱镁矿，8~12mm，处理量20t/h，废弃率约40%
AS，AT	30~80	5~30	1200	220	分选焙烧的氧化镁，10~30mm，处理量25t/h，废弃率约30%
AG，AH	80~250	70~200	1200	256	分选碳酸钙，80~250mm，处理量180t/h，废弃率约40%

C 阿尔特勒-索尔特（UltraSort）系列光电分选机

澳大利亚的UltraSort公司，在20年前开始生产光电分选机，最初是用于金矿的拣选，以后逐渐用于菱镁矿、长石、蛋白石、石灰石、彩色宝石、锡矿石、铁矿石和石膏等矿石的分选工作。目前该公司生产两个系列的光电分选机。它们适用于粒度为5~300mm的矿石，处理量最高可达300 t/h，操作较简单，能适应偏远地区矿山使用。

a 工作原理及特点 需进行光电分选的原矿，经初步筛分分级后，首先给入接矿斗，然后经两级振动给料机（其给料机的运动速度为1m/s），在给料机上方用喷射水冲洗矿石，冲去矿石表面的粉尘和矿泥使矿石和废石的表面清洁，显露出其实际的颜色、亮度（透明度），并在此脱除水分，使给入光电拣选机的矿石散布均匀，并呈单层给矿，以便于光电分选。然后矿石给到高速（5m/s）皮带运输机上，使原来重叠的矿石分散成单层。矿石从皮带机尾端自由落入一条运动速度为2m/s的短距离输送带上，各矿块间此时都已拉开距离，矿石料流层宽0.8~1.2m，每秒钟被激光束扫描4000次，在0.25ms之内，光电倍增管和超过80MB/s的高速并行处理机来分析矿石光发射质量。矿石经激光光电探测区测量出矿块粒度及所反射的矿块颜色特征。由于选机已使用第三代激光扫描技术，故测量的精度较高。测量结果与电脑中预存的数据进行比较，确定每一块矿石是精矿还是废石，然后启动一个或多个高压喷气阀，根据矿石的粒度大小、品位高低及所在位置，使矿石分成精、尾矿两个产品。精矿送往下一步的处理厂，尾矿就地废弃或用做建筑材料或采矿场的充填料。

b 分选机型号及技术参数 UltraSort公司生产两个系列的光电分选机，即UFS系列和ULS系列，其技术参数参见表10-7-3。

c 光电分选应用实例 UltraSort公司生产的光电分选机在菱镁矿上应用较多。因为菱镁矿石与其伴生的脉石在密度上差别很小，难以用重选富集。该公司生产的光电分选机在澳大利亚及欧洲的菱镁矿应用上都取得很好的指标。在某矿山，用光电分选粒度8~18mm的菱镁矿，可以丢掉产率为50%的尾矿，其中菱镁矿损失仅为5%，而菱镁矿的精矿品位提高到96%。在另一个菱镁矿用两台光电分选机分选粒度为15~60mm的矿石，处理量达到120t/h，丢弃20%的废石，其中菱镁矿损失仅为2%，而精矿品位提高到98%。

表10-7-3 UltraSort公司光电分选机的技术参数

特 性	UFS系列	ULS系列
粒度范围/mm	5~80	40~300
给矿率/$t \cdot h^{-1}$	可达80	可达300
回收率/%	可达99	可达99
外形尺寸(带给料机)/mm	7899×1685×3215	13487×2156×4332
重量/kg	8000	30000
功率/kW	~10	~12
吹出吨矿石压缩空气/m^3	30	30
阀组/个	80(8~10mm)或120(5mm)	60(14mm,16mm,18mm)

某金矿用该公司生产的光电分选机分选后，丢弃20%的废石，其中金品位为0.7g/t，而粗精矿石的金品位提高到30g/t。

10.7.2.2 放射性分选机

利用铀矿石中的天然放射性（γ射线）进行矿石的拣选始于20世纪40年代，到20世纪70、80年代，铀矿石的放射性分选得到较大的发展，很多国家研制出了很多型号的放射性分选机。在美国、加拿大、法国、澳大利亚、南非、前苏联等国的铀矿山都有放射性分选的应用。我国从20世纪50年代末期开始研制放射性分选机，先后研制出几种型号的放射性分选机，并应用于生产。

第一代放射性分选机是按矿块中铀的金属量来进行分选的，以后逐渐发展到按矿块的铀品位进行分选，分选的质量不断提高。

铀矿石放射性分选机的研制成功，对其他金属及非金属矿石拣选设备的发展，也起了很大的推动作用，如光电分选机、X射线分选机等。

但是，20世纪80年代世界铀工业的萧条，对放射性分选机的发展当然有了负面的影响。

近年来，世界对铀的需求在不断增长，因为从减少温室气体排放角度考虑，核能是最干净的能源，其价格也有竞争力。核能（核电站）的发展，使铀矿山工作（包括放射性分选）重新开始受到重视。对放射性分选机的研制和生产都有推动。

在南非、纳米比亚、澳大利亚、加拿大等国家，辐射分选已用于预选铀矿石。安装在纳米比亚罗辛铀矿的分选机可以应用NaI闪烁探测器和安装在皮带下的光电倍增管检测到较高品位铀矿辐射出的γ射线，如图10-7-4所示。同时，在拣选机里安装铅屏板，从而提高测试分辨率。辐射分选与在光电分选机里使用的相似，运用激光摄像系统探测颗粒的位置以及颗粒需被喷出的粒度，同时也可以根据矿石其他光学性质进行调整。

10.7.2.3 X射线分选机

利用矿石中不同成分受X射线照射后的不同反应，如发射荧光、可见光、紫外线、激发出特征X射线等等，将矿石与废石分开的方法称为X射线分选。X射线分选机在工业上有较多的应用。

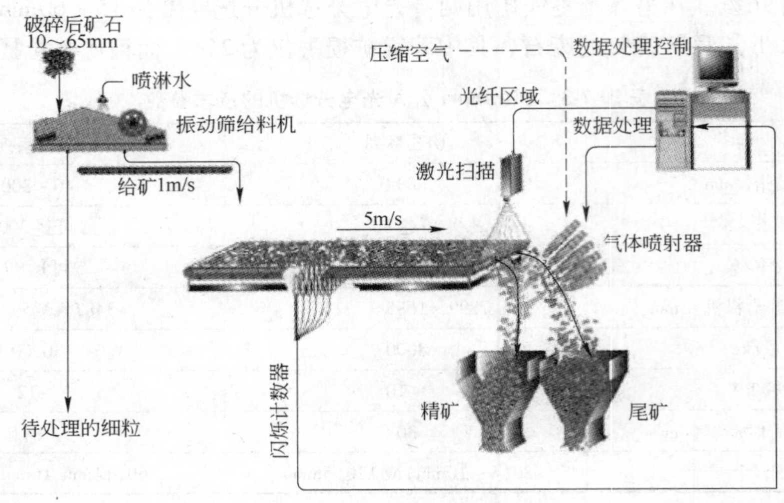

图 10-7-4 放射性拣选机

X 射线分选机应用于金刚石的拣选开始得较早。由于金刚石在 X 射线照射下能够发出荧光，其发光效率较高，而其他脉石大多不发光或所发射的光谱与金刚石不同，所以能够较经济方便地应用于生产。图 10-7-5 为干式 X 射线拣选系统工作示意图：重介质分选后的精矿经传送带自由落入到 X 射线照射区，其发出的荧光由光电倍增器检测后，可使金刚石由喷气机构从矿流中拣选出。干式和湿式 X 射线拣选机均已被使用，选别过程中常采用多段分选以保证脉石的去除率和金刚石的高回收率。

图 10-7-5 早期拣选金刚石的拣选机
A—X 射线发生器；B—光电倍增管；
C—空气喷气阀；D—输送带

在 20 世纪 50 年代，我国开始应用 X 射线拣选机对金刚石矿进行拣选，首先应用 X 射线拣选机。1985 年研制出国产的 GXJ-Ⅱ型金刚石 X 射线拣选机，其性能与国外相比并不逊色。但由于种种原因研制工作没有再深入下去。目前很多国家在生产不同型号的金刚石分选机。在 X 射线分选机中，金刚石拣选机仍是应用最广泛的。

由于科技的发展，X 射线分选的范围有了很大的发展，不仅用于金刚石，已基本适用于含所有元素的拣选（适用于原子序数为 11 ~92 的各种元素）。在这方面，俄罗斯做了很多研究工作，有较多的报道。

A ЛС 型金刚石分选机

俄罗斯生产的 ЛС 型 X 荧光金刚石分选机，到 2005 年已经生产有多种型号，目前有 400 台用于金刚石的拣选厂。ЛС 型分选机的自动化程度较高。其主要技术指标见表 10-7-4。

表 10-7-4 ЛС 型金刚石分选机的主要技术指标

选机型号	ЛС-20-05Н	ЛС-20-05-2Н	ЛС-20-04-3Н	ЛС-ОД-50-03Н	ЛС-Д-4-03Н	ЛС-Д-4-03П	ЛС-Д-4-04Н	ЛС-ОД-4-04Н
应用范围	原矿拣选	原矿拣选	原矿拣选及精选	精选	精选	精选	精选	精选
物料特性	湿矿石	湿矿石	湿矿石	湿矿石	带水矿石	带水矿石	干矿石	干矿石
矿石粒度/mm	-20+10 -10+5	-50+20 -20+10	-20+10 -10+5	-50+20 -20+10 -10+5	-5+2 -2+1	-5+2 -2+1	-5+2 -2+1	-5+2 -2+1 -1+0.5
给料方式	矿石流	矿石流	矿石流	单粒或单块	矿石流	矿石流	矿石流	单粒
处理量/t·h^{-1}	45(-20+10) 25(-10+5)	100(-50+20) 60(-20+10)	20(-20+10) 9(-10+5)	2.5(-50+20) 0.5(-20+10) 0.12(-10+5)	5(-5+2) 1.3(-2+1)	0.5(-5+2) 0.25(-2+1)	0.6(-5+2) 0.2(-2+1)	0.1(-5+2) 0.025(-2+1) 0.004(-1+0.5)
回收率/%	≥98	≥98	≥98	≥99	≥98(-5+2) ≥95(-2+1)	≥99	≥99	≥98(-5+2) ≥96(-2+1) ≥90(-1+0.5)
功率/kW	7	7	6	4	7	6	4	3
外形尺寸/mm	2150×840×2290	2150×840×2290	2250×900×2300	2020×850×1800	2790×850×2600	1120×750×2700	1000×670×1900	1650×700×1850
选机重量/kg	1090	1090	850	1100	1300	800	650	850

B UltraSort 公司生产的金刚石分选机系列

澳大利亚的 UltraSort 公司是专门生产各种拣选机的公司，其中以 X 荧光金刚石分选机的型号最多。其生产的金刚石分选机能适用不同粒度，可适用干法及湿法，能有不同处理量，并有可以适用于偏远矿山的易拆装的分选机组。

a X 射线金刚石分选机的工作原理

UltraSort 公司生产各种型号的 X 射线分选机，虽在构造、处理量、价格等方面有较大差异，但其工作原理是相同的。现举例说明如下：

矿石经筛分后，首先给入给矿斗（见图 10-7-6），然后经两级振动给矿机后，矿石自由下落，在下落过程中首先经 X 射线系统（它包括水冷 X 射线管、可调固态 X 射线发射器等），矿石受 X 射线照射后，其金刚石发射的荧光，被光电倍增管测定，其测量的数据由计算机处理，并与事先预定值比较后，给指令到位于其下面的空气喷射阀，将金刚石的矿块吹离其自由下落的轨迹。在分出含金刚石的矿块后，还可

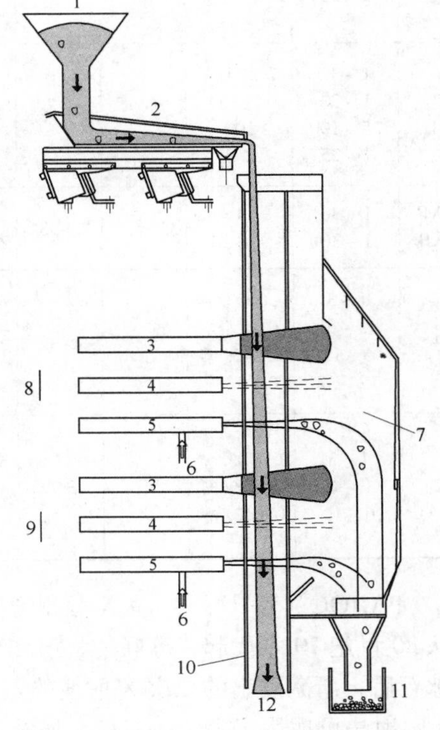

图 10-7-6 X 射线金刚石分选机的工作原理

1—给矿斗；2—振动给矿机；3—X 光管；4—光电倍增管；5—空气喷射阀；6—压缩空气入口；7—精矿槽；8—第一次拣选；9—第二次拣选；10—尾矿槽；11—精矿；12—尾矿

以进行第二次分选（如图10-7-6所示）。不过有些型号的分选机只进行一次拣选。分选机所采用的计算机还可以提供报表并有自动检测功能。

b　X射线金刚石分选机的特性　UltraSort公司生产有6个系列的金刚石分选机，其中有适合小矿山、低处理量、低价位的选机，也有高处理量、高精度的选机。在构造上也有些差别，有皮带式、鼓式、自由下落式等。所使用的电机可以是单相或三相的，功率也不相同，其详细特性见表10-7-5。其共同特点是自动化程度高，全由计算机控制，其排矿全由高速气阀执行，并配有储气系统，有空气过滤器、压力调节器等。分选质量也较高，一次分选的回收率就可达98%以上。

表10-7-5　UltraSort公司生产的X荧光金刚石分选机的特性

选机型号	矿石粒度/mm	处理量/t·h^{-1}	干法或湿法	回收率/%	功率/kW	槽道数	外形尺寸/mm	选机特点
DP	0.8～1.0	可达12	湿	>99	10	6	3600×1690×1800	高处理量鼓式机，两次拣选，第一次选后，物料自动混合
FF	1～25 5～25	可达6.5	干 湿	>98	7	3	2170×1020×2506	高处理量，自由下落式选机，可一次或两次选，操作费低，易维修
JS6 JS12 JS12L JS	1～32 1～32 25～100 1～25	7.5(15) 15(30) 100 2.8	干，湿 干	>98	10	6(12) 5	4000×1500×2200	高处理量，高速皮带式通用的大型机。JS12及JS12L还可共用一个机座。还可以用一台分选机同时处理不同粒级矿石
SW3-XR SD3-XR	1～30 1～30	4 4	湿	>98	单相2.5kV·A	3	1260×1250×1500	低处理量，低价，易维修，适用偏远小矿山
SPS4	1～3 3～6 6～12 12～32	0.0007/槽 0.01/槽 0.045/槽 0.10/槽	干	>99	单相2.5kV·A	4	2000×1350×1910	振动辊筒式给料，低处理量，高精度单颗粒分选或高效高纯度二次分选。4槽道有4套光学系统
SPS2	1～3 3～6 6～12	0.0005/槽 0.003/槽 0.012/槽	干	>99	单相2.5kV·A	2	1200×1000×1200	振动辊筒式给料，高精度单颗粒分选机，适用于小矿山。2槽道有2套光学系统

C　РАДОС（RADOS）型X辐射分选机组

从20世纪70年代起，苏联的科研和生产单位不断努力，利用X光照射不同成分的矿石和脉石后，所激发出的二次X射线的差别进行矿石的拣选，取得了较好的成果。研究证明，X辐射法可适用于黑色、有色金属及非金属矿物等几乎所有矿石的拣选。拣选机除了要有合适的X射线照射源外，关键在于要有较好的探测器，以便能分辨出矿石及废石中不同成分元素所发射的二次X射线的强度及其光谱特征。俄罗斯曾研制出几种型号的X辐射分选机。1994年，“РАДОС”（RADOS）公司生产了РАДОС型X辐射分选机。在1996～2005年，俄“有色金属”及“矿山杂志”曾多次刊登有关此分选机的广告及文章介绍该公司的产品在拣选有色金属方面的报道。РАДОС 型 X 辐射分选机有辅助设备配套，组成 X 辐射分选机组。它可方便地应用于矿山，对贫矿、表外矿，甚至过去的废矿进行拣选。这样可以就地废弃尾矿，免去运输、破碎、磨矿等费用，有明显的经济效益。“РАДОС”（RADOS）公司生产的 X 射线分选机结构如图 10-7-7 所示。

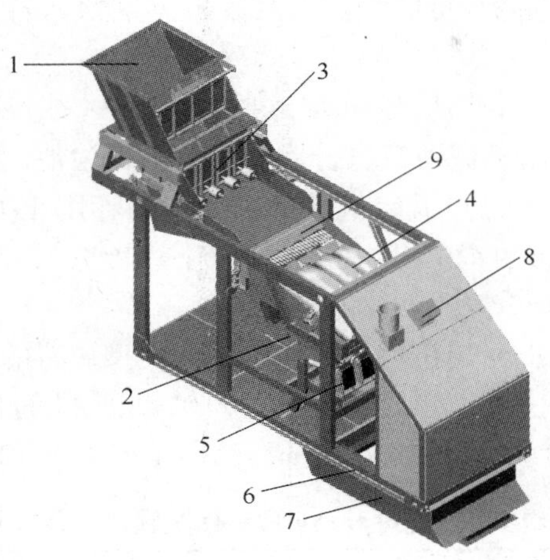

图 10-7-7 “РАДОС”（RADOS）公司生产的 X 射线分选机结构图

1—给矿箱；2—X 射线信号发射与接收装置；3—缓冲器；4—给料通道；5—分离装置；6—尾矿收集槽；7—精矿收集槽；8—录像观察室；9—齿形分级筛

a РАДОС-2 型分选机组的工作原理 该机组可以处理粒度为 40(20) ~ 150(200) mm 的矿石，处理量为 10 ~ 150t/h，其工作原理参见图 10-7-8。

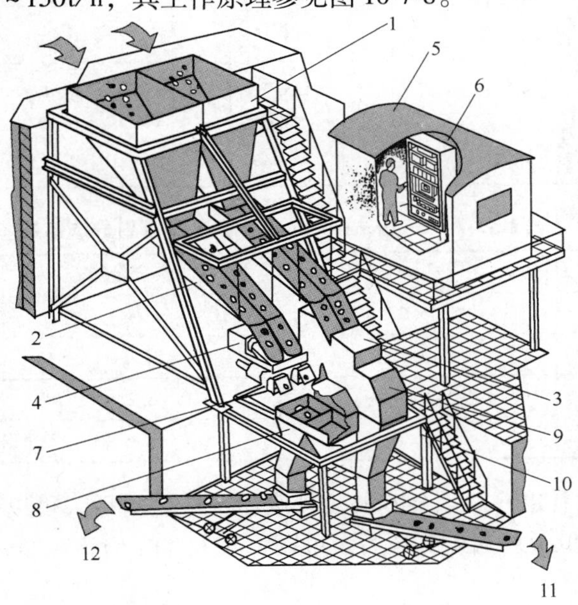

图 10-7-8 РАДОС-2 型分选机组示意图

1—接矿斗；2—给矿机；3—РАДОС-2 型分选机；4—X 射线照射系统；5—操作室；6—仪表控制柜；7—执行机构；8—分选产品料斗；9—机罩；10—机组支架；11—精矿；12—尾矿

破碎、筛分后的矿石，首先给到机组的接矿斗。机组有2个接矿斗，配套有两台РАДОС-2型双槽X辐射分选机。矿石从接矿斗，经两级给矿机后，在自由下落过程，首先受X射线源的照射，不同物质组成的矿块在受照射后所发射的二次X射线，经探测及微机处理，得到该矿块是矿石或废石的信号后，微机将指令给到执行机构，根据启动（或不启动）的指令，执行分选的任务，使矿石与废石分别落入各自相应的矿斗及运输皮带，达到分选的目的。

近年来，各种拣选机基本都用压缩空气吹动矿石（或废石）来执行拣选任务，而РАДОС-2型分选机却仍采用机械挡板执行拣选。这是因为他们所用的挡板性能有所提高，每秒钟可动作6～8次，这样已可满足拣选的需要。而不用压缩空气，可使设备的投资及占地面积减少，管理和维修也简单化。一般情况下，РАДОС-2型机组投产后，所用设备投资不到一年就可返本。

b 应用实例 X辐射分选机可以适用于很多类型矿石的拣选。现将其拣选Бурятия矿山，粒度为150（130）～40（30）mm的含金矿石所得的结果列于表10-7-6。分选Сопчеозерский矿山，粒度为200～60(40)mm的结果列于表10-7-7。

表10-7-6 Бурятия金矿石X辐射分选结果

矿石类型	产品名称	产率/%	品位/ $g\cdot t^{-1}$	回收率/%
表外废矿石	粗精矿	20.0	4.2	77.7
	尾 矿	80.0	0.3	22.3
	原 矿	100.0	1.2	100.0
低品位矿石	粗精矿	38.3	14.4	92.0
	尾 矿	61.7	0.8	8.0
	原 矿	100.0	6.0	100.0
商品矿石	粗精矿	25.0	34.4	93.4
	尾 矿	75.0	0.8	6.6
	原 矿	100.0	9.2	100.0

表10-7-7 Сопчеозерский铬矿石X辐射分选结果

产品名称	产率/%	Cr_2O_3含量/%	回收率/%
精 矿	45.0	41.0	74.3
中 矿	14.2	27.1	15.5
尾 矿	40.8	6.2	10.2
原 矿	100.0	24.8	100.0

从表10-7-6可以看出，对该金矿的表外废矿，经拣选后，可以得到品位为4.2g/t的低品位矿石。对低品位及商品矿拣选后，可以丢弃入选的61%～75%的废石。粗精矿的回收率大于92%。

从表10-7-7可以看出，对该铬矿进行拣选后，可以丢弃入选矿石40.8%的废矿，得到产率为45%，Cr_2O_3品位为41%的冶炼用合格的铬精矿，以及部分需进一步选矿处理的中矿。

近年来，我国东北大学印万忠、刘明宝等人利用俄罗斯生产的 X 射线分选机，对抚顺红透山铜矿和朝阳新华钼矿表外矿石进行了资源化利用技术研究工作。抚顺红透山铜矿表外矿石中含有的金属矿物主要为黄铜矿、闪锌矿、黄铁矿等，脉石矿物主要为石英、长石、石榴子石、辉石、少量尖晶石等。其中铜含量在 0.1% 左右，属于极贫铜矿石。研究过程中系统考察了激发电压、滤光片数量、源样距、矿石喷水次数、不同激发面、矿泥罩盖、给矿频率、分离阈值等条件对低品位铜矿分选指标的影响。研究表明，当激发电压为 36kV、滤片数目为 9 片，分离阈值选择 0.11 时，原矿品位为 0.108% 的红透山铜矿废石经过 X 射线辐射预选后可获得铜品位为 1.150%，作业回收率为 70.80% 的精矿产品；辽宁新华钼矿表外矿石的金属矿物主要是铁矿物和钼矿物，铁矿物主要以硫化铁的形式存在，没有回收价值。矿石中的钼品位在 0.070% 左右，且含钼矿物主要为辉钼矿，钼在硫化钼中所占比例为 95.75% 左右，这对钼元素的选别回收十分有利。矿石中脉石矿物主要有石英、钾长石、钠长石和镁橄榄石等硅酸盐矿物。试验结果表明，当激发电压 45kV，6 片滤光片，分离阈值选择 0.41 时，对品位为 0.072% 的新华钼矿废石预选后可获得钼品位为 0.136%，作业回收率为 88.10% 的精矿产品。研究过程中还分析了低品位矿石 X 射线辐射预选不确定度，并提出了一套矿石 X 射线预选可选性“三度”（即粒度、显明度和相关度）评价体系。

参 考 文 献

[1] Мокроусов В. А., Лилеев В. А.. Радиометрическое обогашение нерадиоактивных руд[M]. Москва, Недра, 1979.

[2] Мокроусов В. А., Гальвбек Г. Р., Архипов Р. А.. Теоретичёские основы радиометрического обогашения радиоактивных руд. [M]. Москва, Недра, 1968.

[3] 湖北建筑工业学院选矿研究室. 金刚石选矿[M]. 北京：中国建筑工业出版社，1975.

[4] 袁楚雄. 特殊选矿[M]. 北京：中国建筑工业出版社，1982.

[5] 汪淑慧，汤家骞，王子翰. 铀矿石放射性分选[M]. 北京：原子能出版社，1988.

[6]《选矿手册》编辑委员会. 选矿手册(第三卷第一分册)[M]. 北京：冶金工业出版社，1993，3~72.

[7] Ma Debiao, Lu Wei. Model 5421-Ⅱ Radiometric Sorter[C]. International Conference on Uranium Extraction. Oct. 22~25, 1996, Beijing: China, 146~150.

[8] Новиков В. В., Ольховой В. А.. Радиометрическое Предварительное Обогащение Руд[J]. 2001(4): 3~5.

[9] Коган Д. И., Фишман Г. Л. Первая Российская Конференция по Проблемам Рентгёнорадиометрическои Сёпарации[J]. Колыма, 2003(1): 59~61.

[10] Anon. 4th Colloquium on Sorting-Sorting technologies for resources and wast materials[J]. Aufbereitungs Technik, 2005(8~9): 39~43.

[11] Heinrich Schubert. On the fundamental of concentration separation: separation criteria-actionmodes-macro-processes-microprocesses[J]. Aufbereitungs Technik, 2004(3): 7~33.

[12] Наумов М. Е., Асонова Н. И., Балакина И. Г. Сравнительный анализ осовенностей и возможностей радиометрического и рентгёнорадиометрического методов обогащёния урановых руд[J]. Горный Журнал, 2009(12): 35~40.

[13] Литвиненко В. Г., Суханов Р. А., Тирский А. В., Тупиков Д. Г.. Совершенствование технологии радиометрического обогащёния урановых руд[J]. Горный Журнал, 2008(8): 54~58.

[14] Matthias Coppers, Katja Duddek. Optical Sorting underground with the RHEWUM DataSort [J]. Aufbereitungs Technik, 2008, 49(9): 10 ~ 16.

[15] Hermann Wotruba, Fabian Riedel. Ore Preconcentration with Sensor-Based Sorting[J]. Aufbereitungs Technik, 2005, 46(5): 4 ~ 13.

[16] Марчевская В. В., Терещёнко С. В.. Систематизация радиометрнческих мётодов опробования и разделения минерального сырья[J]. Горный Журнал, 2000(11 ~ 12): 72 ~ 77.

[17] Эвелев В. В., Литвенцев Э. Г.. Особенности тёхнологии радиометрического обогашения руд в современных условиях горного проиэводства[J]. Раэведка и Охрана Недр, 1999(4): 29 ~ 33.

[18] Эвелев В. В., Литвенцев Э. Г., Рябкин В. К., и др. Радиометрическая сепарация как основной процесс в технологической схеме обогаще-ния минерального сырья [J]. Обогащение Руд, 2001 (5): 3 ~ 6.

[19] Barton P. J.. The Application of lazer-photometric techniques to ore sorting process[C]. XII th International Mineral Processing Congress, 29th. August 1977. Sao Paulo, Brazil.

[20] Salter J. D., Wyatt N. P. G.. Sorting in the minerals industry: past, present and future[J]. Minerals Engineering, 1991(7 ~ 11): 779 ~ 796.

[21] 汪淑慧, Reynolds M. S.. 一种新型光电拣选机[J]. 国外金属矿选矿, 1996(5): 40 ~ 43.

[22] Markus Dehler. Optical sorting of mineral raw materials[J]. Aufbereitungs Technik, 2003(10): 38 ~ 42.

[23] Hermann Wotruba, Werner Jungst. Optoelectronic separation process for sand and gravel industry[J]. Aufbereitungs Technik, 2002(2): 71 ~ 79.

[24] 杨靖, 崔国治. 金刚石 X 光电拣选中矿物的激发光与工艺指标的关系[J]. 非金属矿, 1999, 22 (4): 7, 33 ~ 35.

[25] Федоров Ю. О., Цой В. П., Коренев О. В., и др. Предварительное обогащение бедних и забалансових руд на основе рентгенорадиометрической сепарации—Ключ к повышению эффективности горнодобывающих предприятий[J]. Обогащение Руд, 1998(6): 12 ~ 15.

[26] Федоров Ю. О., Цой В. П., Коренев О. В., и др. Эффективнность предварительного обогащения бедних и забалансових руд на основе рентгенорадиометрической сепарации [J]. Цветные Металлы, 1998(3): 10 ~ 13.

[27] Рыбакова Т. Г., Шаношникова А. Ф., Курилков Б. Р., и др. Рентгенорадиометрическое обогащение тонковкрапленных свинцово-цинковых руд[J]. Обогащение Руд, 1985(5): 12 ~ 16.

[28] Шепелев Д. В., Петухов В. А., Динцие Ю. С., и др. Разработка и внедрение промышлинных радиометрических сепараторов[J]. Цветные Металлы, 1995(12): 61 ~ 62.

[29] Авдеев С. Ё., МахРачёв А. Ф., Казаков Л. В., и др. Рёнтгенолюминесцёнтные Сёпараторы ОАО НПП Буревестник-Аппаратурная Основа Российской Технологии Обогащения Алмазосодёржащего Сырья[J]. Горный Журнал, 2005(7): 105 ~ 107.

[30] Рябкин В. К., Ратнер В. Б., Тилунов Л. П. Особенности рентгенорадиометрической сепарации [J]. Раэведка и Охрана Недр, 2005(4): 63 ~ 65.

[31] Лагов Б. С., Башлыков Т. В., Лагов П. Б., и др. Комбинированная технология обогащения хромитових руд на основе сочетания радиометрических и гравитационных методов[J]. Горный Журнал, 2002(9): 39 ~ 46.

[32] 刘明宝. 极贫铜和钼矿石的资源化利用技术研究[D]. 沈阳: 东北大学, 2013.